НОВЫЙ
АНГЛО-РУССКИЙ
СЛОВАРЬ ПО
РАДИОЭЛЕКТРОНИКЕ

NEW
ENGLISH-RUSSIAN
DICTIONARY OF
ELECTRONICS

F. V. LISOVSKY

NEW ENGLISH-RUSSIAN DICTIONARY OF ELECTRONICS

In two volumes

Approx. 100 000 terms and 7000 abbreviations

Volume I
A — L

MOSCOW
«RUSSO»
2005

MOSCOW
«BKL Publishers»
2005

Ф. В. ЛИСОВСКИЙ

НОВЫЙ АНГЛО-РУССКИЙ СЛОВАРЬ ПО РАДИОЭЛЕКТРОНИКЕ

В двух томах

Около 100 000 терминов и 7000 сокращений

Том I
A — L

МОСКВА
«РУССО»
2005

МОСКВА
«Лаборатория Базовых Знаний»
2005

УДК 621.38(038)=111=161.1
ББК 32
Л 63

Л 63 **Лисовский Ф. В.**
Новый англо-русский словарь по радиоэлектронике: В 2 т. Около 100 000 терминов и 7000 сокращений. — Т. I: A — L. — М.: РУССО : Лаборатория Базовых Знаний, 2005. — 656 с.

Словарь содержит около 100 000 терминов и терминологических сочетаний по информатике и радиоэлектронике, по современной элементной базе и технологии производства радиоэлектронной и вычислительной аппаратуры, микроэлектронике, глобальным, региональным и локальным компьютерным сетям, различным видам связи, телевидению и видеотехнике, электроакустике, телефонии, телеграфии, устройствам электропитания, СМИ, настольным издательским системам и др.

Представлены также следующие области науки и техники: математика, логика, лингвистика, грамматика, теория игр, общая физика и химия, электродинамика, оптика, физика твердого тела, квантовая механика и др.

В конце словаря приведен список 7000 английских сокращений с русскими эквивалентами.

Словарь предназначен для самого широкого круга пользователей – студентов, аспирантов, преподавателей, переводчиков, инженеров, технологов, научных работников, а также для административно-управленческого персонала и предпринимателей.

ISBN 5-88721-289-6 («РУССО»)
ISBN 5-93208-180-5 («Лаборатория Базовых Знаний»)

УДК 621.38(038)=111=161.1
ББК 32 + 81.2 Англ.-4

ISBN 5-88721-289-6 (т. I)
ISBN 5-88721-291-8 («РУССО»)

ISBN 5-93208-180-5 (т. I)
ISBN 5-93208-182-1
(«Лаборатория Базовых Знаний»)

© «РУССО», 2005
Репродуцирование (воспроизведение) данного издания любым способом без договора с издательством запрещается.

ПРЕДИСЛОВИЕ

Предлагаемый читателям труд задумывался как очередной, переработанный и дополненный вариант «Англо-русского словаря по радиоэлектронике» (авторы Ф. В. Лисовский и И. К. Калугин), выдержавшего три издания (1984, 1987 и 1999 гг.). Однако в процессе реализации этого замысла объём дополнений и исправлений оказался столь значительным, что в итоге был создан, по существу, совершенно новый словарь, включающий в себя около 100 000 терминов и 7000 сокращений.

Вынесенное на титульный лист краткое название словаря не отражает в полной мере его содержание. Читатели найдут в нём обширную терминологию не только по информатике и радиоэлектронике, но и по современной элементной базе и технологии производства радиоэлектронной и вычислительной аппаратуры, микроэлектронике, глобальным, региональным и локальным компьютерным сетям, принципам и устройствам записи и воспроизведения информации, компьютерным играм, различным видам связи, радиолокации и радионавигации, радиоастрономии, телевидению и видеотехнике, электроакустике, квантовой и криогенной электронике, акустоэлектронике, оптоэлектронике, магнитоэлектронике, голографии, телефонии, телеграфии, устройствам электропитания и др. Достаточно полно представлена также и лексика, используемая в имеющих непосредственное отношение к перечисленным выше техническим направлениям фундаментальных и прикладных науках, таких как математика, логика, лингвистика, семантика, криптография, грамматика, теория игр, общая физика и химия, электродинамика, оптика, физика твердого тела, магнетизм, кристаллография, квантовая механика и т.д.

При расширении словника основной упор был сделан на термины, относящиеся к таким областям науки и техники, которые недостаточно полно отражены в существующих в настоящее время специализированных словарях, например: искусственные нейронные сети, музыкальные возможности компьютеров, компьютерная телефония, синергетика, фрактальные множества, эволюционные алгоритмы, системы виртуальной реальности, использование информатики в бизнесе, редакционно-издательские системы типа TeX, LaTeX и многое другое.

Словарь содержит в небольшом объёме и такую общеупотребительную лексику, которая либо вызывает трудности при переводе научно-технической литературы, либо позволяет проследить этимологию специальных терминов, способствуя тем самым более глубокому пониманию смысла вкладываемых в них понятий.

В словаре используется американская орфография.

Словарь составлен на основе печатных и электронных энциклопедических изданий, толковых словарей, терминологических справочников, монографий, периодических изданий, стандартов, трудов международных конференций и предназначен для самого широкого круга пользователей – студентов, аспирантов, преподавателей, переводчиков, инженеров, технологов, научных работников, а также для административно-управленческого персонала и предпринимателей.

Отзывы и замечания по содержанию словаря следует направлять по адресу: 119071, Москва, Ленинский проспект 15, офис 320, издательство «РУССО».

Телефон/факс: 955-05-67, 237-25-02
Web: www.russopub.ru
E-mail: russopub@aha.ru

Автор

О ПОЛЬЗОВАНИИ СЛОВАРЕМ

В словаре принята алфавитно-гнездовая система. Ведущие термины расположены в алфавитном порядке. Составные термины, состоящие из определяемого и определяющих компонентов, следует искать по определяемому (ведущему) слову. Например, термин **photoelectrical tachometer** следует искать в гнезде **tachometer**.

Ведущий термин в гнезде заменяется тильдой (~).

Устойчивые терминологические словосочетания даются в подбор к ведущему термину и отделяются знаком ромба (◊). Например: **generality** общность ◊ **without loss of** ~ без ограничения общности.

В русском переводе различные части речи с одинаковым семантическим содержанием разделены параллельками (||) и расположены в следующем порядке: существительное – глагол – прилагательное Например: **angle** угол || располагаться под углом; образовывать угол; иметь наклон || угловой.

Пояснения к русским терминам набраны курсивом и заключены в круглые скобки. Например: **mesopause** мезопауза (*переходный слой между мезосферой и термосферой на высоте от 80 до 90 км*). Для многозначных терминов пояснения в круглых скобках нумеруются арабскими цифрами, например: **electrodynamics** электродинамика (*1. область науки 2. электродинамические явления*).

Факультативная часть английского термина даётся в круглых скобках Например, английский термин **multiterminal(-pair) network** многополюсник следует читать: **multiterminal-pair network, multiterminal network**. В круглые скобки заключается также факультативная часть русского эквивалента. Например, перевод термина **redundancy reduction** снижение (информационной) избыточности следует читать: снижение информационной избыточности, снижение избыточности. Синонимичные варианты английских терминов приводятся в квадратных скобках ([ ]). Например, английский термин **magnetostriction [magnetostrictive] sensor** магнитострикционный измерительный преобразователь, магнитострикционный датчик следует читать: **magnetostriction sensor, magnetostrictive sensor**. Аналогичное правило распространяется и на синонимичные русские эквиваленты. Например, перевод термина **sensory neuron** сенсорный [входной] нейрон следует читать: сенсорный нейрон, входной нейрон.

В переводах принята следующая система разделительных знаков: близкие по значению эквиваленты отделены запятой, более далекие – точкой с запятой, разные значения – цифрами.

СПИСОК ПОМЕТ И УСЛОВНЫХ СОКРАЩЕНИЙ

бион. бионика
вчт вычислительная техника
кв. эл. квантовая электроника
крист. кристаллография
магн. магнетизм, магнитные свойства материалов
микр. микроэлектроника
напр. например
опт. оптика
пп полупроводники
проф. профессиональный жаргон

рлк радиолокация
свпр сверхпроводники
см. смотри
тлв телевидение
тлг телеграфия
тлф телефония
т. над. теория надёжности
фирм. фирменное название
фтт физика твёрдого тела
pl множественное число

СПИСОК СОКРАЩЕНИЙ

АИМ амплитудно-импульсная модуляция
АМ амплитудная модуляция
АОН автоматический определитель номера
АПД аппаратура передачи данных
АПФ автоматическая подстройка фазы
АПЧ автоматическая подстройка частоты
АРУ автоматическая регулировка усиления
АСУ автоматизированная система управления
АТС автоматическая телефонная станция
АЦП аналого-цифровой преобразователь
АЧХ амплитудно-частотная характеристика
БД база данных
БИС большая интегральная схема
ВИМ время-импульсная модуляция
ВОЛС волоконно-оптическая линия связи
ВЧ 1. высокая частота 2. высокочастотный
ГАП гибкое автоматизированное производство
ГИС гибридная интегральная схема
ДВ 1. длинные волны 2. длинноволновый
ДМВ дециметровые волны
ЖИГ железоиттриевый гранат
ЗУ запоминающее устройство
ИИ искусственный интеллект
ИК инфракрасный
ИКМ импульсно-кодовая модуляция
ИКО индикатор кругового обзора
ИН искусственный нейрон
ИНС искусственная нейронная сеть
ИС интегральная схема
ИСЗ искусственный спутник Земли
ИПС информационно-поисковая система
ИТ информационная технология; информационные технологии
ИТ/С информационные технологии и системы
КВ 1. короткие волны 2. коротковолновый
КВЧ крайне высокая частота
КЛА космический летательный аппарат
КМОП комплементарная структура металл — оксид — полупроводник
КСВ коэффициент стоячей волны
КСВН коэффициент стоячей волны по напряжению
КТ компьютерная телефония
КТВ кабельное телевидение
ЛА летательный аппарат
ЛБВ лампа бегущей волны
ЛОВ лампа обратной волны
ЛПД лавинно-пролётный диод
ЛЧМ линейная частотная модуляция
МДП структура металл — диэлектрик — полупроводник
МККР Международный консультативный комитет по радио
МККТТ Международный консультативный комитет по телеграфии и телефонии
МКО Международная комиссия по освещению
МОП структура металл — оксид — полупроводник
МСЭ Международный союз электросвязи
НЧ 1. низкая частота 2. низкочастотный
ОБП одна боковая полоса
ОЗУ оперативное запоминающее устройство
ОКГ оптический квантовый генератор
ОКУ оптический квантовый усилитель
ОНЧ очень низкая частота
ОС операционная система
ПАВ поверхностные акустические волны
ПК персональный компьютер
ПЗС прибор с зарядовой связью
ПЗУ постоянное запоминающее устройство
ПМД плоский магнитный домен
ППЗ прибор с переносом заряда
ПРО противоракетная оборона
ПТ полевой транзистор
ПТК переключатель телевизионных каналов
ПЧ промежуточная частота
РЛС радиолокационная станция
РТС ручная телефонная станция
РЧ радиочастота
САПР система автоматизированного проектирования
СБИС сверхбольшая интегральная схема
СВ 1. средние волны 2. средневолновый
СВЧ 1. сверхвысокая частота 2. сверхвысокочастотный
СТЗ система технического зрения
СУБД система управления базами данных
УВД управление воздушным движением
УВЧ 1. усилитель высокой частоты 2. ультравысокая частоты
УКВ 1. ультракороткие волны 2. ультракоротковолновый
УЗЧ усилитель звуковой частоты
УНЧ усилитель низкой частоты
УПТ усилитель постоянного тока
УПЧ усилитель промежуточной частоты
УФ ультрафиолетовый
ФАПЧ фазовая автоматическая подстройка частоты
ФАР фазированная антенная решётка
ФИМ фазово-импульсная модуляция
ФМ фазовая модуляция
ФЭУ фотоэлектронный умножитель
ХИТ химический источник тока
ЦАП цифроаналоговый преобразователь
ЦВМ цифровая вычислительная машина
ЦМД цилиндрический магнитный домен
ЧИМ частотно-импульсная модуляция
ЧМ частотная модуляция
ШИМ широтно-импульсная модуляция
ЭВМ электронная вычислительная машина
эдс электродвижущая сила
ЭЛТ электронно-лучевая трубка
ЭОП электронно-оптический преобразователь

АНГЛИЙСКИЙ АЛФАВИТ

Aa	Gg	Nn	Uu
Bb	Hh	Oo	Vv
Cc	Ii	Pp	Ww
Dd	Jj	Qq	Xx
Ee	Kk	Rr	Yy
Ff	Ll	Ss	Zz
	Mm	Tt	

A

A 1. буквенное обозначение десятичного числа 10 в двенадцатеричной *или* шестнадцатеричной системе счисления 2. буквенное обозначение первого или второго гибкого диска (*в IBM-совместимых компьютерах*) 3. ля (*нота*)
~ **flat** ля-бемоль
~ **sharp** ля-диез

a0N расширение имени (N–1)-ого тома многотомного архива типа arj (*при N ≥ 2*)

A+ положительный вывод источника напряжения накала

A– отрицательный вывод источника напряжения накала

aahs *вчт* хоровое «а» (*«музыкальный инструмент» из набора General MIDI*)

abacus *вчт* абак

abandon *вчт* отказ (от сохранения *или* записи) (*напр. файла*) || отказываться (от сохранения *или* записи) (*напр. файла*)

abbreviation 1. аббревиатура, акроним 2. сокращение (*процесс или результат*); уменьшение (*напр. длительности*)
extended three-letter ~ аббревиатура из четырёх и более букв, акроним из четырёх и более букв, *проф.* расширенный трёхбуквенный акроним
stupid four-letter ~ *проф.* глупая четырёхбуквенная аббревиатура, глупый четырёхбуквенный акроним
three-letter ~ трёхбуквенная аббревиатура, трёхбуквенный акроним
yet another bloody ~ *проф.* «вот и ещё одна чёртова аббревиатура»

abend *вчт* аварийный останов, авост

aberrance, aberranc/y аберрация, отклонение (*от нормы или стандарта*); девиация

aberrant субъект *или* объект с отклонением (*от нормы или стандарта*); девиант || отклоняющийся (*от нормы или стандарта*); девиантный

aberration 1. аберрация (*1. отклонение (от нормы или стандарта); девиация 2. оптическая аберрация; аберрация оптических систем 3. аберрация света 4. электронно-оптическая аберрация 5. бион. хромосомная аберрация, хромосомная перестройка*) 2. искажение
~ **of magnification** (хроматическая) аберрация увеличения (*изображения*), хроматизм увеличения (*изображения*)
~ **of needle** отклонение магнитной стрелки (*компаса*)
~ **of n-th order** аберрация n-го порядка
~ **of position** (хроматическая) аберрация положения (*изображения*), хроматизм положения (*изображения*)
angle ~ угловая аберрация
antenna ~ аберрация антенны
axial ~ продольная аберрация
beam ~ аберрация луча
chromatic ~ хроматическая аберрация, хроматизм
chromosome ~ хромосомная аберрация, хромосомная перестройка
color ~ хроматическая аберрация, хроматизм
coma ~ кома
convection ~ конвекционная аберрация
diffraction ~ дифракционная аберрация
electron-optical ~ электронно-оптическая аберрация
even-symmetrical ~ чётно-симметричная аберрация
first-order ~ аберрация первого порядка
geometrical ~ геометрическая аберрация
higher-order ~ аберрация высшего порядка
hologram ~ аберрация голограммы
holographic ~ голографическая аберрация
image ~ искажение изображения
induced ~ индуцированная [наведённая] аберрация
lateral ~ поперечная аберрация
lens ~ 1. аберрация линзы 2. аберрация объектива; аберрация окуляра
light ~ аберрация света
longitudinal ~ продольная аберрация
meridional ~ меридиональная аберрация
nonchromatic ~ нехроматическая аберрация
nonlinear ~ нелинейная аберрация
objective ~ аберрация объектива
ocular ~ аберрация окуляра
odd-symmetrical ~ нечётно-симметричная аберрация
optical ~ оптическая аберрация
phase ~ фазовая аберрация
sagittal ~ сагиттальная аберрация
scanning ~ аберрация при сканировании
Seidel ~ геометрическая аберрация
spherical ~ сферическая аберрация
stigmatic ~ стигматическая аберрация
thermooptic ~ термооптическая аберрация
transverse ~ поперечная аберрация
wave ~ волновая аберрация
wavefront ~ аберрация волнового фронта

abilit/y 1. способность 2. умение
absorbing ~ абсорбционная способность
adhesive ~ адгезионная способность
cognitive ~ когнитивная способность, способность к познанию
discrimination ~ дискриминационная способность
emissive ~ эмиссионная способность
power handling ~ максимально допустимая мощность
problem solving ~ умение решать задачи

abilit/y

resolving ~ разрешающая способность; разрешение
ablate подвергать(ся) абляции
ablation абляция, унос вещества (*с поверхности твёрдого тела*) потоком нагретого газа (*напр. при плавлении или сублимации*)
  laser ~ лазерная абляция
ablative абляционный, относящийся к абляции
ablator антиабляционное покрытие (*напр. КЛА*)
Able стандартное слово для буквы *A* в фонетическом алфавите «Эйбл»
abort *вчт* 1. преждевременное завершение (*напр. программы*); отказ от выполнения (*напр. команды*) || преждевременно завершать(ся); отказываться от выполнения 2. аварийное завершение; исключение, не позволяющее установить вызывающую его инструкцию
  job ~ отказ от выполнения задания
About.com *вчт* поисковая машина About.com
abscissa абсцисса
absence 1. отсутствие 2. недостаток
  ~ of degeneracy невырожденность
  ~ of offset отсутствие статизма (*в системе автоматического регулирования*)
  ~ of pattern отсутствие (определённой) структуры; неструктурированность; нерегулярность
absolute 1. абсолютный 2. *вчт* тождественный (*о неравенстве*) 3. контекстно-свободный
absorb 1. поглощать (*напр. энергию*) 2. абсорбировать
absorbabilit/y абсорбционная способность
absorbance 1. логарифм коэффициента поглощения 2. оптическая плотность
absorbanc/y логарифм коэффициента пропускания
absorbent абсорбент || абсорбирующий
absorber 1. поглотитель 2. поглощающий фильтр 3. *тлф* абонентский аппарат с поглощающей нагрузкой
  acoustic ~ звукопоглотитель
  artificial dielectric ~ поглотитель из искусственного диэлектрика
  bleaching ~ насыщающийся светофильтр
  damping membrane ~ демпфированный мембранный звукопоглотитель
  dielectric ~ диэлектрический поглотитель
  dipole ~ дипольный поглотитель
  gradual-transition ~ поглотитель с плавным изменением коэффициента поглощения
  magnetic ~ магнитный поглотитель
  membrane ~ мембранный звукопоглотитель
  microwave ~ СВЧ-поглотитель
  multilayer ~ многослойный поглотитель
  nonreflecting ~ неотражающий поглотитель
  perforated ~ перфорированный звукопоглотитель
  quarter-wavelength ~ четвертьволновый поглотитель
  radar ~ неотражающий поглотитель
  radio ~ поглотитель радиоволн
  resonance ~ резонансный поглотитель
  saturable ~ насыщающийся светофильтр
  selective ~ селективный светофильтр
  shock ~ устройство защиты от ударов; амортизатор
  sound ~ звукопоглотитель
  wideband ~ широкополосный поглотитель
absorptance коэффициент поглощения

  internal ~ коэффициент внутреннего поглощения
absorptiometer абсорбциометр
  photoelectric ~ фотоэлектрический абсорбциометр
absorptiometry абсорбциометрия
absorption 1. поглощение 2. абсорбция
  ~ of gases абсорбция газов
  ~ of light поглощение света
  ~ of liquids абсорбция жидкостей
  ~ of radio waves поглощение радиоволн
  acoustical ~ звукопоглощение
  anisotropic ~ анизотропное поглощение
  atmospheric ~ атмосферное поглощение
  auroral ~ авроральное поглощение
  background ~ фоновое поглощение
  bandgap ~ *пп* собственное [фундаментальное] поглощение
  Cerenkov ~ черенковское поглощение
  characteristic ~ 1. характеристическое поглощение 2. *пп* собственное [фундаментальное] поглощение
  charge-transfer ~ *пп* поглощение при переносе заряда
  cloud ~ поглощение в облаках
  collisional ~ поглощение при столкновениях
  Compton ~ комптоновское поглощение
  cyclotron ~ циклотронное поглощение
  deviative ~ отклоняющее поглощение
  dichroic ~ дихроичное поглощение
  dielectric ~ 1. поглощение в диэлектрике 2. остаточная поляризация диэлектрика
  differential ~ 1. дифференциальное поглощение 2. селективное [избирательное] поглощение
  dipole ~ дипольное поглощение
  edge ~ краевое поглощение
  electrochemical ~ электрохимическая абсорбция
  electronic shock ~ система электронной защиты от ударов, система ESA (*в устройствах воспроизведения цифровых аудиозаписей*)
  energy ~ поглощение энергии
  equivalent ~ эквивалентное звукопоглощение
  exciton ~ *пп* экситонное поглощение
  exponential ~ экспоненциальное поглощение
  extrinsic ~ *пп* примесное поглощение
  ferromagnetic-resonance ~ поглощение при ферромагнитном резонансе
  field-induced ~ поглощение, индуцированное полем
  fractional ~ относительное поглощение
  free-carrier ~ *пп* поглощение на свободных носителях
  fundamental ~ *пп* собственное [фундаментальное] поглощение
  ground ~ поглощение земной поверхностью
  heat ~ теплопоглощение
  hypersonic ~ поглощение гиперзвука
  impurity ~ *пп* примесное поглощение
  induced ~ индуцированное поглощение
  interband ~ *пп* межзонное поглощение
  inter-subband ~ *пп* межподзонное поглощение
  intraband ~ *пп* внутризонное поглощение
  intracavity ~ внутрирезонаторное поглощение
  intra-subband ~ *пп* внутриподзонное поглощение
  intrinsic ~ *пп* собственное [фундаментальное] поглощение
  ionospheric ~ ионосферное поглощение
  isotropic ~ изотропное поглощение

lattice ~ решёточное поглощение
magnon-phonon ~ магнон-фононное поглощение
majority-carrier ~ *пп* поглощение основными носителями
microwave ~ поглощение в СВЧ-диапазоне
minority-carrier ~ *пп* поглощение неосновными носителями
moisture ~ влагопоглощение
multiphoton ~ многофотонное поглощение
multipole ~ мультипольное поглощение
negative ~ отрицательное поглощение
neutral ~ нейтральное поглощение
nondeviative ~ неотклоняющее поглощение
nonresonance ~ нерезонансное поглощение
nuclear magnetic resonance ~ поглощение при ядерном магнитном резонансе
optical ~ оптическое поглощение
Overhauser-enhanced ~ поглощение, усиленное за счёт эффекта Оверхаузера (*при ядерном магнитном резонансе*)
pair-production ~ поглощение с рождением пар
paramagnetic resonance ~ поглощение при парамагнитном резонансе
parasitic ~ паразитное поглощение
photoelectric ~ фотоэлектрическое поглощение
plasma ~ плазменное поглощение
polar cap ~ поглощение в области полярных шапок
quadrupole ~ квадрупольное поглощение
quantized ~ квантованное поглощение
rainfall ~ поглощение в дожде
resonance ~ резонансное поглощение
reststrahl ~ поглощение остаточных лучей
Sabine ~ общий фонд звукопоглощения
saturable optical ~ насыщающееся оптическое поглощение
selective ~ селективное [избирательное] поглощение
self ~ самопоглощение
single-level ~ поглощение с возбуждением одного уровня
solar energy ~ поглощение солнечной энергии
sound ~ звукопоглощение
specific ~ удельное поглощение
spectral ~ спектральное поглощение
spin-phonon ~ спин-фононное поглощение
spin-resonance ~ поглощение при спиновом резонансе
sporadic E ~ поглощение в спорадическом слое E
stimulated ~ индуцированное поглощение
subsidiary-resonance ~ поглощение при дополнительном резонансе
surface-state ~ *пп* поглощение поверхностными состояниями
thermal ~ теплопоглощение
triplet-triplet ~ триплет-триплетное поглощение
two-magnon ~ двухмагнонное поглощение
two-photon ~ двухфотонное поглощение
water vapor ~ поглощение в водяных парах
wing ~ поглощение в крыльях (*спектральной линии*)
X-ray ~ поглощение рентгеновских лучей
absorptive 1. поглощающий 2. абсорбирующий 3. *вчт* абсорбтивный (*в реляционной алгебре*)
absorptivit/y 1. спектральный коэффициент поглощения, поглощательная способность 2. коэффициент звукопоглощения 3. удельный коэффициент поглощения

abstract *вчт* 1. абстракция (*1. метод познания 2. абстрагирование, использование абстракции; отвлечение 3. абстрактный объект; абстрактное понятие; абстрактные данные*) ‖ абстрагировать(ся); использовать абстракцию ‖ абстрактный; отвлечённый 2. реферат ‖ реферировать, составлять реферат
descriptive ~ дескриптивный [описательный] реферат
informative ~ информативный [развёрнутый] реферат
review ~ обзорный реферат
abstracting *вчт* 1. абстрагирование, использование абстракции; отвлечение ‖ абстрактный; отвлечённый 2. реферирование, составление рефератов
automatic ~ автоматическое реферирование
abstraction *вчт* 1. абстракция (*1. метод познания 2. абстрагирование, использование абстракции; отвлечение 3. абстрактный объект; абстрактное понятие; абстрактные данные*) ‖ абстрактный, отвлечённый 2. абстрактность; отвлечённость 3. удаление; отделение; извлечение
analytical ~ аналитическая абстракция
bracket ~ скобочная абстракция
data ~ абстракция данных
deductive ~ дедуктивная абстракция
functional ~ функциональная абстракция
generalized ~ обобщающая абстракция
geometrical ~ геометрическая абстракция
heuristic ~ эвристическая абстракция
hierarchical ~ иерархическое абстрагирование
identity ~ абстракция отождествления
iterated ~ повторная абстракция
key ~ ключевая абстракция
lambda ~ λ-абстракция
mathematical ~ аналитическая абстракция
model ~ модельная абстракция
procedural ~ процедурная абстракция
abstractive *вчт* 1. способный к абстрагированию; абстрагирующий 2. абстрактный; отвлечённый
abuse 1. неверное использование; неправильное использование *или* употребление ‖ неверно использовать; неправильно использовать *или* употреблять 2. введение в заблуждение; обман; подделка ‖ вводить в заблуждение; обманывать; подделывать 3. злоупотребление; превышение полномочий ‖ злоупотреблять; превышать полномочия 4. *вчт* преднамеренное нарушение работы компьютерной системы ‖ преднамеренно нарушать работу компьютерной системы
~ of data неверное использование данных
~ of information неверное использование информации
~ of language неправильное использование языка
computer ~ неправильное обращение с компьютером
privilege ~ злоупотребление привилегиями
regulation ~ нарушение инструкции
abut (сопри)касаться; примыкать; упирать(ся); опирать(ся)
abutment 1. (сопри)касание; примыкание 2. упор; (концевая) опора
Academy:
National ~ Национальная техническая академия (*США*)

Academy

National ~ of Sciences Национальная академия наук (*США*)

accelerating ускоряющий

acceleration ускорение ◊ **~ of gravity** ускорение свободного падения, ускорение силы тяжести
- **~ of electrons** ускорение электронов
- **~ of ions** ускорение ионов
- **absolute ~** абсолютное ускорение
- **angular ~** угловое ускорение
- **centripetal ~** центростремительное [нормальное] ускорение
- **coherent ~** когерентное ускорение
- **convergence ~** *вчт* улучшение сходимости
- **Coriolis ~** кориолисово [поворотное] ускорение
- **cyclotron ~** циклотронное ускорение
- **electrostatic ~** электростатическое ускорение
- **Fermi ~** ускорение Ферми
- **gravitational ~** ускорение свободного падения, ускорение силы тяжести
- **instantaneous ~** мгновенное ускорение
- **ionic ~** ионное ускорение
- **lateral ~** поперечное ускорение
- **linear ~** линейное ускорение
- **longitudinal ~** продольное ускорение
- **magnetic ~** магнитное ускорение
- **multiple ~** многократное ускорение
- **negative ~** отрицательное ускорение, замедление
- **normal ~** нормальное [центростремительное] ускорение
- **pitch ~** ускорение по углу тангажа
- **plasma ~** ускорение плазмы
- **postdeflection ~** послеускорение
- **relative ~** относительное ускорение
- **roll ~** ускорение по углу крена, ускорение по углу вращения
- **stochastic ~** стохастическое ускорение
- **tangential ~** тангенциальное [касательное] ускорение
- **tracking-arm ~** ускорение тонарма
- **translation ~** переносное ускорение
- **transversal ~** трансверсальное ускорение
- **yaw ~** ускорение по углу рыскания

accelerator 1. ускоритель 2. ускоряющий электрод (*напр. кинескопа*) 3. *вчт* клавиша ускоренного доступа, *проф.* «быстрая» клавиша
- **2D ~** видеоускоритель операций формирования двумерных изображений, 2D-видеоускоритель
- **3D ~** видеоускоритель операций формирования трёхмерных изображений, 3D-видеоускоритель
- **download ~** *вчт* ускоритель загрузки (по линии связи в нисходящем направлении); менеджер загрузки
- **graphics ~** видеоускоритель графических операций, графический видеоускоритель
- **helical postdeflection ~** спиральный послеускоряющий электрод
- **video ~** *вчт* видеоускоритель, видеоакселератор
- **Windows(-based) ~** видеоускоритель для операционной системы Windows и её приложений

accelerometer акселерометр
- **integrating ~** интегрирующий акселерометр
- **laser ~** лазерный акселерометр
- **linear ~** линейный акселерометр
- **MEMS (-based) ~** *см.* **microelectromechanical system(-based) accelerometer**
- **microelectromechanical system (-based) ~** акселерометр на основе микроэлектромеханических систем
- **multiple axis ~** многокомпонентный акселерометр

accent *вчт* 1. ударение 2. знак ударения 3. диакритический знак
- **acute ~** знак ударения, диакритический знак ′
- **bar ~** черта над символом, макрон, диакритический знак ¯ (*напр. в символе ā*)
- **bar-under ~** черта под символом, диакритический знак _ (*напр. в символе a̱*)
- **breve ~** диакритический знак краткости ˘ (*напр. в символе ă*)
- **check ~** «галочка», диакритический знак ˇ (*напр. в символе ě*)
- **cedillia ~** седиль, диакритический знак ¸ (*напр. в символе ç*)
- **circumflex ~** циркумфлекс, диакритический знак ˆ, *проф.* «шляпка» (*напр. в символе ê*)
- **dot ~** точка над символом, диакритический знак ˙ (*напр. в символе ġ*)
- **grave ~** грав, диакритический знак ` (*напр. в символе è*)
- **háček ~** «галочка», диакритический знак ˇ (*напр. в символе ě*)
- **hat ~** циркумфлекс, диакритический знак ˆ, *проф.* «шляпка» (*напр. в символе ê*)
- **Hungarian umlaut ~** длинный венгерский умляут, диакритический знак ˝ (*напр. в символе ű*)
- **macron ~** макрон, черта над символом, диакритический знак ¯ (*напр. в символе ā*)
- **math ~** диакритический знак в математической моде
- **tilde ~** тильда, диакритический знак ˜ (*напр. в символе Ã*)
- **tonic ~** ударение
- **umlaut ~** умляут, диакритический знак ¨ (*напр. в символе ü*)

accented ударный (*напр. слог*)

accentuate *вчт* использовать знак ударения *или* диакритический знак

accentuation предыскажения

accentuator частотный корректор (*в схеме предыскажений*)

accept 1. принимать; допускать; считать приемлемым *или* допустимым 2. признавать

acceptable 1. приемлемый; допустимый 2. признаваемый

acceptance 1. принятие (*напр. гипотезы*) 2. приёмка (*напр. приборов*) 3. акцептанс (*максимально возможный эмиттанс фокусирующей электронно-оптической системы*) 4. признание 5. акцепт; акцептование (*в бизнесе*)
- **batch ~** приёмка партии
- **beam ~** акцептанс пучка
- **customer ~** приёмка заказчиком
- **hypothesis ~** принятие гипотезы
- **query ~** *вчт* принятие запроса
- **solder ~** *микр.* смачиваемость припоем

acceptor 1. акцептор, акцепторная примесь 2. акцепторный уровень 3. акцепторный 4. резонансный контур
- **deep ~** глубокий акцепторный уровень
- **electron ~** акцептор (пары) электронов (*при донорно-акцепторной связи*)
- **excess [extra] ~** избыточный акцептор

ionized ~ ионизированный акцептор
shallow ~ мелкий акцепторный уровень
surface ~ поверхностный акцепторный уровень
thermal ~ термоакцептор

Access:
Microsoft ~ программа корпорации Microsoft для управления базами данных, программа Microsoft Access

access 1. доступ (*1. право доступа; возможность доступа 2. способ доступа 3. вчт обращение (напр. к памяти)*) || иметь доступ; использовать доступ; *вчт* обращаться (*напр. к памяти*) 2. любительский (*напр. видеофильм*) ◊ ~ to computer доступ к компьютеру

arbitrary ~ произвольный доступ; прямой доступ
authorized ~ санкционированный доступ
carrier-sense multiple ~ множественный доступ с контролем несущей, МДКН; многостанционный доступ с контролем несущей, МДКН
carrier-sense multiple ~ and collision avoidance множественный доступ с контролем несущей и предотвращением конфликтов; многостанционный доступ с контролем несущей и предотвращением конфликтов
carrier-sense multiple ~ and collision detection множественный доступ с контролем несущей и обнаружением конфликтов; многостанционный доступ с контролем несущей и обнаружением конфликтов
channel ~ доступ к каналу
code division multiple ~ 1. множественный доступ с кодовым разделением каналов; многостанционный доступ с кодовым разделением каналов 2. стандарт CDMA для систем сотовой подвижной радиосвязи
common user ~ стандартный интерфейс пользователя, спецификация CUA (*для операционной системы Windows*)
computer intelligence ~ обращение к компьютерному [машинному] интеллекту; обращение к искусственный интеллекту
conductor-driven ~ токовый доступ
current ~ токовый доступ
delayed ~ задержанный доступ
demand assignment multiple ~ множественный доступ с предоставлением каналов по требованию; многостанционный доступ с представлением каналов по требованию
dial(up) ~ доступ по телефонным каналам с набором номера; коммутируемый доступ
dial-up ~ доступ (по телефонной линии) с автоматическим набором номера
die ~ *микр.* доступ к кристаллу
direct ~ прямой доступ; произвольный доступ
direct memory ~ прямой доступ к памяти; произвольный доступ к памяти
direct inward system ~ прямой внутрисистемный доступ
failure ~ ошибочное обращение
fast ~ быстрый доступ
field ~ доступ (магнитным) полем (*в ЗУ на ЦМД*)
file ~ доступ к файлу
fixed wireless ~ фиксированный радиодоступ
foreign file ~ доступ к файлам других компьютерных платформ

frequency-division multiple ~ множественный доступ с частотным разделением каналов, многостанционный доступ с частотным разделением каналов
illegal ~ несанкционированный доступ
immediate ~ *вчт* доступ в течение такта (процессора), немедленный доступ
index ~ индексный доступ
indirect ~ косвенный доступ
instantaneous ~ немедленный доступ
key(ed) ~ доступ по ключу
library ~ обращение к библиотеке (*напр. к библиотеке подпрограмм*)
memory ~ обращение к памяти
multimedia access ~ система доступа к мультимедиа
multiple ~ множественный доступ; многостанционный доступ
non-broadcast multiple ~ множественный доступ без возможности широковещательной рассылки; многостанционный доступ без возможности широковещательной рассылки
open ~ открытый доступ
page-oriented ~ постраничный доступ
parallel ~ параллельный доступ
preassigned multiple ~ множественный доступ с жёстким закреплением каналов; многостанционный доступ с жёстким закреплением каналов
radio ~ радиодоступ
random ~ произвольный доступ; прямой доступ
remote ~ дистанционный доступ
restricted ~ ограниченный доступ
satellite-switched multiple ~ множественный доступ с коммутацией на спутнике; многостанционный доступ с коммутацией на спутнике
semi-random ~ квазипроизвольный доступ, произвольный доступ с ограниченным последовательным поиском
sequential ~ последовательный доступ
serial ~ последовательный доступ
shared ~ коллективный доступ
simultaneous ~ параллельный доступ
single ~ одиночный доступ; одностанционный доступ
space-division multiple ~ множественный доступ с пространственным разделением каналов; многостанционный доступ с пространственным разделением каналов
space-time division multiple ~ множественный доступ с пространственно-временным разделением каналов; многостанционный доступ с пространственно-временным разделением каналов
spread-spectrum multiple ~ множественный доступ с использованием широкополосных псевдослучайных сигналов; многостанционный доступ с использованием широкополосных псевдослучайных сигналов
storage ~ обращение к памяти
time-division multiple [time-division multiplex] ~ множественный доступ с временным разделением каналов; многостанционный доступ с временным разделением каналов (*см. тж.* TDMA)
token passing multiple ~ множественный доступ с передачей маркера; многостанционный доступ с передачей маркера
track ~ доступ по номеру трека (*в аудиокомпакт-дисках*)

unauthorized ~ несанкционированный доступ
unwanted ~ несанкционированный доступ
wideband code-division multiple ~ широкополосный множественный доступ с кодовым разделением каналов; широкополосный многостанционный доступ с кодовым разделением каналов
zero ~ сверхбыстрый доступ
accessibility доступность (*1. возможность доступа; отсутствие запрета на доступ 2. лёгкость использования или понимания 3. облегчение пользования компьютером для лиц с ограниченными функциональными возможностями*)
  data ~ доступность данных
  full ~ полная доступность (*напр. канала связи*)
  limited ~ ограниченная [неполная] доступность (*напр. канала связи*)
accessing реализация доступа; организация доступа
  demand ~ реализация доступа с предоставлением каналов по требованию; организация доступа с предоставлением каналов по требованию
  network ~ реализация доступа в сеть; организация доступа в сеть
  shared folders ~ реализация доступа к совместно используемым папкам; организация доступа к совместно используемым папкам
  Web ~ реализация доступа в Web-систему; организация доступа в Web-систему
accessor вчт аксессор
accessor/y принадлежность, аксессуар (*дополнительное или вспомогательное оборудование, устройство или программное обеспечение*); *pl* комплектующие; оснастка; арматура; реквизит || дополнительный, вспомогательный
  computer ~ies компьютерные принадлежности, компьютерные аксессуары; комплектующие для компьютеров
  desk(top) ~ies настольный реквизит (*для графического интерфейса пользователя*)
  office ~ies канцелярские принадлежности
  production ~ies технологическая оснастка
  wiring ~ies электроустановочные изделия
accident 1. вчт случайное событие, случай || случайный **2.** вчт несущественный атрибут **3.** авария; происшествие
  flight ~ лётное происшествие
accidental 1. случайный **2.** вчт несущественный атрибут **3.** альтерация, повышение *или* понижение звука на полутон **4.** знак альтерации, знак хроматизма (*диез или бемоль*)
acclimation акклиматизация
  hard disk environmental ~ акклиматизация жёстких (магнитных) дисков при изменении параметров окружающей среды
  hard disk temperature ~ акклиматизация жёстких (магнитных) дисков при изменении температуры
acclimatization акклиматизация
accolade аколада; символ { (*в нотной записи*)
accommodation аккомодация
  ~ of the eye аккомодация глаза
  magnetic ~ магнитная аккомодация
  physiological ~ физиологическая аккомодация
accordion вчт аккордеон (*музыкальный инструмент из набора General MIDI*)
  tango ~ вчт танго-аккордеон (*музыкальный инструмент из набора General MIDI*)

account 1. счёт, учётная позиция юридического лица, абонента *или* пользователя (*для выполнения и учёта финансовых операций*) **2.** сумма вклада на счёте; *проф.* бюджет (*юридического лица, абонента или пользователя*) **3.** вчт ресурсы (*напр. вычислительной системы*) **4.** учётная запись, запись о текущем финансовом состоянии и о выполненных финансовых операциях (*юридического лица, абонента или пользователя*) || учитывать; делать учётную запись о текущем финансовом состоянии и о выполненных финансовых операциях (*юридического лица, абонента или пользователя*) **5.** вчт имя и пароль пользователя; данные о пользователе (*имя, пароль, номер счёта, список предоставляемых услуг*) **6.** бухгалтерский учёт || вести бухгалтерский учёт **7.** денежно-кредитные отношения **8.** юридическое лицо, абонент *или* пользователь, вступающие в кредитно-денежные отношения **9.** отчёт; изложение событий || составлять отчёт; излагать события **10.** объяснение; отчёт; формулировка причин || давать объяснение; формулироваться; формулировать причины **11.** причина; повод; основание; соображение; довод; аргумент || являться причиной *или* поводом; служить основанием, доводом *или* аргументом; оправдывать **12.** важность; ценность **13.** оценка; суждение; мнение **14.** приписывать; относить на чей-либо счёт **15.** полагать; рассматривать как ◊ **take into ~** принимать во внимание; учитывать; **take no ~** не принимать во внимание; не учитывать; пренебрегать; **on ~** в виде очередного взноса; в виде частичной оплаты; **on ~ of** вследствие; из-за; по причине; **on no ~** ни в коем случае; ни при каких обстоятельствах
access ~ вчт **1.** счёт, обеспечивающий доступ к ресурсам; право доступа к ресурсам **2.** имя и пароль пользователя
computer ~ имя и пароль пользователя компьютера; данные о пользователе компьютера
dial-up ~ учётная запись пользователя сети с коммутируемым доступом
disabled ~ заблокированный счёт
e-mail ~ учётная запись абонента электронной почты
first-hand ~ юридическое лицо, абонент *или* пользователь, вступающие в кредитно-денежные отношения непосредственно с провайдером
frozen ~ замороженный счёт
privileged ~ вчт счёт, обеспечивающий привилегированный доступ к ресурсам; право привилегированного доступа к ресурсам
protocol ~ имя и пароль пользователя, соответствующие (используемому) протоколу
sender ~ счёт отправителя
shell ~ вчт счёт, обеспечивающий доступ к ресурсам через оболочку; право доступа к ресурсам через оболочку
user ~ 1. счёт пользователя **2.** имя и пароль пользователя; данные о пользователе (*имя, пароль, номер счёта, список предоставляемых услуг*)
accountability подотчётность; учитываемость; возможность учёта
accountable подотчётный; учитываемый
accountant 1. оператор по работе со счетами **2.** бухгалтер

accounting 1. работа по счетам, операции со счетами (*юридических лиц, абонентов или пользователей для выполнения и учёта финансовых операций*) 2. учёт; выполнение учётных записей о текущем финансовом состоянии и о выполненных финансовых операциях (*юридических лиц, абонентов или пользователей*) 3. бухгалтерский учёт 4. отчёт о финансовых операциях 5. *вчт* нижний уровень архитектуры банковских приложений, уровень бухгалтерского учёта
   automatic message ~ 1. автоматический учёт сообщений 2. система автоматического учёта сообщений, система AMA 3. автоматический учёт телефонных разговоров 4. система централизованного автоматического учёта телефонных разговоров
   centralized automatic message ~ 1. централизованный автоматический учёт телефонных разговоров 2. система централизованного автоматического учёта телефонных разговоров
accretion 1. приращение; увеличение 2. аккреция, падение вещества на космическое тело из окружающего пространства
accumulation 1. накопление, аккумулирование 2. суммирование
   ~ of carriers накопление носителей
   ~ of data накопление данных, накопление информации
   ~ of information накопление информации, накопление данных
   charge ~ накопление заряда
   electron ~ накопление электронов
   error ~ накопление ошибок
   heat ~ аккумулирование тепла
   hole ~ накопление дырок
   limited space-charge ~ ограниченное накопление объёмного заряда, ОНОЗ
   paramagnetic centers ~ накопление парамагнитных центров
   roundoff (error) ~ накопление ошибок округления
   surface ~ поверхностное накопление
accumulator 1. аккумулятор (*см. тж* cell) 2. *вчт* (накапливающий) сумматор, накапливающий регистр
   acid ~ кислотный [свинцовый] аккумулятор
   alkaline ~ щелочной аккумулятор
   dry-charged ~ сухозаряженный аккумулятор
   pulse ~ счётчик импульсов
   reserved ~ 1. резервный аккумулятор 2. *вчт* резервный (накапливающий) сумматор, резервный накапливающий регистр
ace 1. профессионал; мастер, *проф.* ас 2. туз (*в игральных картах*) 3. единица (*в домино*)
accuracy точность
   ~ of approximation точность приближения
   ~ of estimation точность оценки
   alignment ~ 1. точность юстировки; точность установки 2. точность настройки 3. точность ориентации 4. *микр.* точность совмещения
   calibration ~ 1. точность калибровки 2. точность градуировки
   control ~ точность работы системы автоматического управления
   head positioning ~ *вчт* точность позиционирования головки (*магнитного диска*)
   instrument ~ точность измерительного прибора
   measurement ~ точность измерения
   overall ~ результирующая точность
   positioning ~ точность позиционирования
   range ~ точность измерения расстояния до цели
   rated ~ номинальная точность
   registration ~ *микр.* точность совмещения
   relative ~ относительная точность
   tuning ~ точность настройки
achromat *опт.* ахромат
achromatization ахроматизация
achromatize ахроматизировать
acid кислота
   deoxyribonucleic ~ дезоксирибонуклеиновая кислота, ДНК
   ribonucleic ~ рибонуклеиновая кислота, РНК
acidproof кислотостойкий (*напр. о резисте*)
acknowledge 1. подтверждать; удостоверять 2. подтверждать приём, квитировать 3. символ «подтверждение», символ ♠, символ с кодом ASCII 06h
   negative ~ символ «неподтверждение», символ §, символ с кодом ASCII 15h
   positive ~ символ «подтверждение», символ ♠, символ с кодом ASCII 06h
acknowledgment 1. подтверждение; удостоверение 2. подтверждение приёма, квитирование
   affirmative ~ подтверждение приёма, положительное квитирование
   direct memory ~ подтверждение прямого доступа к памяти
   DMA ~ *см.* direct memory acknowledgment
   interrupt ~ подтверждение прерывания
   medium change ~ *вчт* подтверждение смены носителя
   negative ~ неподтверждение приёма, отрицательное квитирование
   negative ~ неподтверждение приёма, отрицательное квитирование
   piggyback ~ вложенное подтверждение приёма, вложенное квитирование
   positive ~ подтверждение приёма, положительное квитирование
acnode *вчт* изолированная точка
acoubuoy автономная надводная шумопеленгаторная станция, *проф.* акустический буй
acoumeter аудиометр
acoustic(al) акустический
acoustician специалист по акустике
acoustics акустика (*1. наука об акустических явлениях 2. акустические явления 3. акустическая характеристика помещения или системы*)
   ~ of buildings строительная акустика
   applied ~ прикладная акустика
   architectural ~ архитектурная акустика, акустика помещений
   engineering ~ 1. инженерная акустика 2. электроакустика
   geometrical ~ лучевая [геометрическая] акустика
   microwave ~ СВЧ-акустика; акустика гиперзвука
   molecular ~ молекулярная акустика
   musical ~ музыкальная акустика
   quantum ~ квантовая акустика
   ray ~ лучевая [геометрическая] акустика
   room ~ акустика помещений, архитектурная акустика

acoustics

    underwater ~ гидроакустика
    wave ~ волновая акустика
acoustoelectronic акустоэлектронный
acoustoelectronics акустоэлектроника
acoustooptic акустооптический
acoustooptics акустооптика
acquire 1. приобретать **2.** *вчт* получать (*напр. данные*); взаимодействовать (*напр. с периферийными устройствами*) **3.** *вчт* сканировать изображение (*позиция экранного меню сканера*) **4.** захватывать цель на автоматическое сопровождение **5.** восстанавливать связь между наземной станцией управления и космическим кораблём после временного перерыва **6.** входить в синхронизм
    ~ and export сканировать изображение и экспортировать полученный файл (*позиция экранного меню сканера*)
acquisition 1. приобретение (*1. процесс приобретения 2. результат процесса приобретения*) **2.** *вчт* получение (*напр. данных*); взаимодействие (*напр. с периферийными устройствами*) **3.** захват цели на автоматическое сопровождение **4.** захват и сопровождение с целью получения информации (*напр. с ИСЗ*) **5.** восстановление связи между наземной станцией управления и космическим кораблём после временного перерыва **6.** вхождение в синхронизм
    coarse ~ грубое сопровождение
    consolidated ~ централизованный сбор данных
    data ~ сбор данных
    electronic missile ~ 1. захват ракет на автоматическое сопровождение **2.** интерферометрическая система захвата и сопровождения ракет и космических кораблей с активным ответом, система «Довап»
    fine ~ точное сопровождение
    image ~ 1. получение изображения **2.** сканирование изображения
    information ~ 1. захват и сопровождение с целью получения информации *или* данных **2.** сбор информации, сбор данных
    initial ~ вхождение в синхронизм
    knowledge ~ *вчт* приобретение знаний
    missile ~ 1. захват ракет на автоматическое сопровождение **2.** фазовая система траекторных измерений при сопровождении ракет
    multi-target ~ захват многих целей на автоматическое сопровождение
    target ~ захват цели на автоматическое сопровождение
acridine акридин (*краситель*)
acriflavin акрифлавин (*краситель*)
Acrobat:
    Adobe ~ пакет программ Adobe Acrobat (*для работы с переносимыми документами*)
acronym аббревиатура, акроним
    extended three-letter ~ аббревиатура из четырёх и более букв, акроним из четырёх и более букв, *проф.* расширенный трёхбуквенный акроним
    recursive ~ рекурсивный акроним
    three-letter ~ трёхбуквенная аббревиатура, трёхбуквенный акроним
Act:
    Communications ~ of 1934 Закон 1934 г. о системах связи (*США*)
    Communication Decency ~ Закон о соблюдении моральных норм в системах коммуникации (*США*)
    Computer Fraud and Abuse ~ of 1984 Закон 1984 г. о борьбе с компьютерным мошенничеством и компьютерными злоупотреблениями (*США*)
    Digital Millennium Copyright ~ Закон о защите авторских прав в сфере цифровой информации в новом тысячелетии (*США*)
    Electronic Communication Privacy ~ Закон 1986 г. о конфиденциальности электронной связи (*США*)
    Federal Privacy ~ Закон 1974 г. о конфиденциальной информации (*США*)
    Freedom of Information ~ Закон о свободе информации (*США*)
    High Performance Computing ~ of 1991 Закон 1991 г. о высокопроизводительных вычислительных системах (*США*)
    Internet Tax Freedom ~ of 1998 Закон 1998 г. об освобождении от налогообложения коммерческих сделок через Internet
    Privacy ~ of 1974 Закон 1974 г. о конфиденциальной информации (*США*)
act 1. действие (*1. деятельность; функционирование; работа; проявление активности 2. воздействие; влияние; эффект 3. операция; акт 4. поступок; акция; деяние*) ‖ действовать (*1. осуществлять деятельность; функционировать; работать; проявлять активность 2. воздействовать; влиять; оказывать влияние; оказывать эффект 3. производить операцию; совершать акт 4. поступать; принимать участие в акции; совершать деяние*) **2.** бой ‖ вести бой; сражаться (*в компьютерных играх*) **3.** вести себя **4.** акт (*1. закон; постановление 2. официальный документ, удостоверяющий совершение определённого действия 3. часть драматического произведения*) **5.** играть роль; исполнять обязанности
    affect ~ аффективное действие
    atomic ~s упорядоченные действия
    forbidden ~ запрещённое действие; запрещённая операция
    impossible ~ невозможное [неосуществимое] действие
    rational ~ рациональное действие
    reflex ~ *биол.* рефлекторный акт; рефлекс
    speech ~ речевой акт
    traditional ~ традиционное действие
    wertrational ~ ценностно-рациональное действие
    zweckrational ~ целерациональное [инструментальное] действие
actinic актиничный
actinism актиничность
actinoelectricity внутренний фотоэффект
actinogram актинограмма
actinometer актинометр
actinometr/y актинометрия
actinomorphism лучевая симметрия
action 1. действие (*1. деятельность; функционирование; работа; проявление активности 2. воздействие; влияние; эффект 3. принцип действия; механизм работы 4. операция; акт 5. поступок; акция; деяние 6. фтт фазовый интеграл*) **2.** бой (*в компьютерных играх*) **3.** *вчт* полноподвижное изображение **4.** *pl* поведение
    ~ at a distance дальнодействие

~ of map действие отображения
adjoint ~ присоединённое действие
admissible ~ допустимое действие
alarm ~ действия по сигналу тревоги, действия при срабатывании тревожной сигнализации
atomic ~ *вчт* неделимое действие; нерасщепляемое действие
composite ~ комбинированное действие (*системы автоматического регулирования*)
continuous floating ~ непрерывное астатическое действие (*системы автоматического регулирования*)
control (system) ~ (автоматическое) регулирование
control system proportional position ~ пропорциональное действие системы (автоматического) регулирования
converging ~ собирающее действие (*напр. линзы*); сведение (*лучей*)
D ~ дифференциальное действие, действие по (первой) производной (*системы автоматического регулирования*)
D₂ ~ действие по второй производной (*системы автоматического регулирования*)
derivative ~ дифференциальное действие, действие по (первой) производной (*системы автоматического регулирования*)
detecting ~ детектирующее действие; детектирование
discontinuous ~ прерывистое действие
drumskin ~ акустический резонанс стен
external ~ внешнее воздействие
floating ~ астатическое действие (*системы автоматического регулирования*)
floating average position ~ многопозиционное астатическое действие (*системы автоматического регулирования*)
focusing ~ фокусирующее действие (*напр. линзы*); фокусировка, фокусирование
gettering ~ газопоглощение, геттерирование
gyroscopic ~ гироскопическое действие
harmonic ~ гармоническое воздействие
holding ~ 1. синхронизирующее действие 2. фиксирующее действие; удерживающее действие 3. блокирующее действие
hunting ~ *тлф* свободное искание
i ~ *см.* integral action
inhibitory ~ 1. запрещающее действие 2. задерживающее действие
integral ~ интегральное действие (*системы автоматического регулирования*)
internal ~ внутреннее воздействие
input ~ входное воздействие
laser ~ принцип действия лазера; механизм работы лазера
local ~ саморазряд (*батареи*)
maser ~ принцип действия мазера; механизм работы мазера
meaningful ~ значимое действие
multiple speed floating ~ многоскоростное астатическое действие (*системы автоматического регулирования*)
multiposition ~ многопозиционное действие *системы автоматического регулирования*
multistep ~ многопозиционное действие (*системы автоматического регулирования*)

on-off ~ релейное действие (*системы автоматического регулирования*)
P ~ пропорциональное действие (*системы автоматического регулирования*)
parametric ~ параметрический механизм
perturbation ~ возмущающее воздействие
phase focusing ~ механизм фазовой фокусировки
photodynamic ~ фотодинамическое действие
piston ~ акустическое короткое замыкание (*в громкоговорителе*)
positioning ~ позиционное действие (*системы автоматического регулирования*)
positive-negative ~ двузначное действие (*системы автоматического регулирования*)
positive-negative three-step ~ двузначное трёхпозиционное действие (*системы автоматического регулирования*)
proportional position ~ пропорциональное действие (*системы автоматического регулирования*)
proportional speed floating ~ интегральное астатическое действие (*системы автоматического регулирования*)
random ~ случайное воздействие
rate ~ дифференциальное действие, действие по (первой) производной (*системы автоматического регулирования*)
reflex ~ *биол.* рефлекторное действие
reset ~ пропорционально-интегральное действие (*системы автоматического регулирования*)
sampling ~ дискретное [прерывистое] действие (*системы автоматического регулирования*)
second derivative ~ действие по второй производной (*системы автоматического регулирования*)
single-speed floating ~ односкоростное астатическое действие (*системы автоматического регулирования*)
spring finger ~ прижимное действие контакта
step ~ 1. многопозиционное действие (*системы автоматического регулирования*) 2. шаговое действие
thermal ~ тепловое (воз)действие
transistor ~ принцип действия транзистора; механизм работы транзистора
trigger ~ пусковое действие
two-position ~ двухпозиционное действие (*системы автоматического регулирования*)
two-step ~ двухпозиционное действие (*системы автоматического регулирования*)
valve ~ вентильное действие
actioner боевик (*напр. компьютерная игра*)
activate активировать (*1.* приводить в действие; активизировать *2.* запускать; включать; управлять *3.* возбуждать *4. вчт* вызывать (*напр. процедуру*) *5.* активировать химический источник тока (*путём заливки электролита или термоактивации*) *6.* использовать технологические методы или внешние воздействия для усиления какого-либо эффекта)
activation активация (*1.* приведение в действие; активизация *2.* запуск; включение; управление *3.* возбуждение *4. вчт* вызов (*напр. процедуры*) *5.* уровень активности; степень активности *6.* активация химического источника тока (заливка электролита или термоактивация) *7.* активирование, использование технологических методов

activation

или внешних воздействий для усиления какого-либо эффекта)
cathode ~ активирование катода
direct ~ прямая активация
false ~ ложный запуск
impurity ~ *пп* активация примеси
indirect ~ косвенная активация
in-place ~ *вчт* непосредственный вызов приложения (*без переключения рабочего окна*)
light ~ 1. фотоактивация 2. фотовозбуждение
neuron ~ активация нейрона, уровень активности нейрона
nonresonant ~ нерезонансное возбуждение
phosphor ~ активация люминофора
photochemical ~ фотохимическая активация
resonance ~ резонансное возбуждение
spreading ~ распространяющееся возбуждение
thermal ~ 1. тепловое возбуждение 2. термоактивация (*первичного элемента или аккумулятора*)
voice ~ *вчт* голосовое [речевое] управление (*напр. компьютером*)

activator 1. активатор 2. блок управления 3. *микр.* катализатор
optical ~ оптический активатор
phosphor ~ активатор люминофора
range ~ блок управления по дальности
switch ~ коммутационный блок управления

Active Open функция Active Open для инициализации соединения по протоколу TCP

ActiveX интегрированные программные средства (*корпорации Microsoft*) для обеспечения возможности использования различных языков программирования в сетевой среде, программные средства ActiveX, *проф.* технология ActiveX

activity 1. активность 2. коэффициент активности 3. деятельность; действия; операции; работа; занятия 4. *вчт* транзакция, обработка запроса 5. *вчт* процесс 6. радиоактивность ◊ **no** ~ бездействие; простой
acoustical ~ акустическая активность
cathode ~ активность термокатода
crystal ~ активность пьезоэлектрического резонатора
database ~ коэффициент активности базы данных
dummy ~ фиктивная работа
file ~ *вчт* коэффициент активности файла
high ~ высокая активность
ion ~ ионный коэффициент активности
low ~ низкая активность
management ~ управленческая деятельность; занятия менеджментом
optical ~ оптическая активность
specific ~ удельная активность
surface ~ удельная поверхностная активность
thunderstorm ~ грозовая активность
volume ~ удельная объёмная активность

ACTOR *вчт* объектно-ориентированный язык программирования Actor

actor *вчт* 1. автономный активный объект с встроенным внутренним состоянием, *проф.* актёр (*в объектно-ориентированном программировании*) 2. единица распределения ресурсов (*в операционной системе Chorus*)

actuate 1. приводить в действие; запускать; приводить в движение 2. возбуждать 3. срабатывать (*напр. о реле*)

actuation 1. приведение в действие; запуск; приведение в движение 2. возбуждение 3. срабатывание (*напр. реле*)
voice ~ голосовое [речевое] управление

actuator 1. исполнительный механизм; исполнительный орган 2. привод 3. электромеханический преобразователь 4. электростатический возбудитель (*микрофона*)
band ~ ленточный привод
band-stepper ~ ленточный привод с шаговым двигателем
cam ~ электромеханический кулачковый исполнительный механизм
control-motor ~ сервопривод
dual-stage ~ двухступенчатый привод (*напр. магнитной головки жёсткого диска*)
electric ~ 1. электрический исполнительный механизм 2. электрический привод, электропривод
electropneumatic ~ 1. электропневматический исполнительный механизм 2. электропневматический привод
electrostatic ~ 1. электростатический исполнительный механизм 2. электростатический возбудитель (*микрофона*) 3. электростатический привод
head ~ привод (магнитной) головки
linear ~ 1. линейный исполнительный механизм, исполнительный механизм с прямолинейным перемещением 2. линейный привод, привод с прямолинейным перемещением
magnetostriction [magnetostrictive] ~ 1. магнитострикционный исполнительный механизм 2. магнитострикционный привод
moving-coil ~ 1. электродинамический исполнительный механизм 2. электродинамический привод
piezoelectric ~ 1. пьезоэлектрический исполнительный механизм 2. пьезоэлектрический привод
relay ~ исполнительный орган реле
rotary ~ 1. поворотный исполнительный механизм, исполнительный механизм с поворотным перемещением 2. поворотный привод, привод с поворотным перемещением
servomotor ~ сервопривод
solenoid ~ соленоидальный исполнительный механизм
stepped-motor ~ 1. исполнительный механизм с шаговым двигателем 2. привод с шаговым двигателем
voice-coil ~ 1. электродинамический исполнительный механизм 2. электродинамический привод

acuity 1. острота зрения 2. острота слуха 3. коэффициент резкости, острость
visual ~ острота зрения

acutance коэффициент резкости, острость

acute 1. *вчт* знак ударения, диакритический знак ′ 2. острый (*об угле*)

Ada *вчт* язык программирования Ada

adaline адалин (*1. алгоритм обучения искусственных нейронных сетей 2. искусственная нейронная сеть с обучением по алгоритму типа «адалин»*)

adapt 1. адаптировать (*1. делать пригодным для использования; приспосабливать для определённых целей; удовлетворять определённым условиям; производить модификацию объекта или вносить изменения в объект с целью обеспечения работо-

adapter

способности 2. упрощать и сокращать текст художественного произведения) 2. адаптироваться; приспосабливаться к условиям окружающей среды; изменяться в соответствии с ситуацией

adaptability адаптируемость, способность к адаптации; приспосабливаемость

adaptation адаптация
- **bright** ~ яркостная адаптация
- **chromatic** ~ цветовая адаптация
- **dark** ~ темновая адаптация
- **iterative** ~ итеративная адаптация
- **light** ~ световая адаптация
- **luminance** ~ яркостная адаптация
- **neuron** ~ адаптация нейрона
- **photopic** ~ световая адаптация
- **scotopic** ~ темновая адаптация
- **syllabic** ~ слоговая адаптация

adapted адаптированный

adapter, adapter 1. переход; переходная часть соединителя 2. переходное устройство; устройство сопряжения, адаптер 3. дополнительное внешнее устройство, *проф.* приставка 4. выпрямитель 5. *вчт* адаптер; интерфейсная плата, плата интерфейса
- **ac** ~ встроенный в вилку миниатюрный выпрямитель (*для электронных приборов с батарейным питанием*)
- **asynchronous communication interface** ~ интерфейсный адаптер асинхронной передачи данных
- **audio** ~ *вчт* аудиоадаптер; звуковая плата
- **bus** ~ *вчт* адаптер управления шиной
- **channel** ~ адаптер канала (*связи*); адаптер линии (*связи*)
- **channel-to-channel** ~ адаптер межканальной связи, межканальный адаптер
- **color graphics** ~ 1. стандарт низкого уровня на отображение текстовой и цветной графической информации для IBM-совместимых компьютеров (*с разрешением не выше 320x200 пикселей в режиме 4-х цветов*), стандарт CGA 2. видеоадаптер (стандарта) CGA
- **display** ~ адаптер дисплея, дисплейный адаптер
- **enhanced graphics** ~ 1. стандарт среднего уровня на отображение текстовой и цветной графической информации для IBM-совместимых компьютеров (*с разрешением не выше 640x350 пикселей в режиме 16-и цветов*), стандарт EGA 2. видеоадаптер (стандарта) EGA
- **graphics** ~ графический (видео)адаптер
- **Hercules graphics** ~ 1. стандарт высокого уровня на монохромное отображение текстовой и графической информации для IBM-совместимых компьютеров (*с разрешением не выше 720x350 пикселей*), стандарт HGC 2. (монохромный) видеоадаптер (стандарта) HGC
- **Hercules graphics plus** 1. стандарт высокого уровня на монохромное отображение текстовой и графической информации с видеобуфером для хранения двенадцати 256-символьных шрифтов для IBM-совместимых компьютеров (*с разрешением не выше 720x350 пикселей*), стандарт HGC plus 2. (монохромный) видеоадаптер (стандарта) HGC plus
- **homing** ~ приставка радиоприёмника ЛА, обеспечивающая связь с приводной радиостанцией *или* радиомаяком
- **homosexual** ~ переходной (электрический) соединитель; переходной кабель; *проф.* переходник (*между двумя однотипными соединителями*)
- **host** ~ хост-адаптер, адаптер обмена данными между контроллером магнитного диска и центральным процессором
- **IBM 8514 display** ~ 1. стандарт высокого уровня на отображение текстовой и графической информации для IBM-совместимых компьютеров (*с разрешением не выше 1024x768 пикселей*), стандарт IBM/8514 2. (монохромный) видеоадаптер (стандарта) IBM/8514
- **input/output** ~ адаптер ввода/вывода
- **I/O** ~ *см.* **input/output adapter**
- **keyer** ~ *тлг* манипуляторная приставка
- **line** ~ адаптер линии (*связи*), адаптер канала (*связи*)
- **LocalTalk** ~ адаптер для локальной вычислительной сети AppleTalk
- **monochrome display (and parallel printer)** ~ 1. стандарт высокого уровня на монохромное отображение текстовой информации для IBM-совместимых компьютеров (*с разрешением не выше 720x350 пикселей*), стандарт MDA 2. (монохромный) видеоадаптер (стандарта) MDA
- **monochrome graphics** ~ монохромный видеоадаптер (стандарта) HGC
- **monographics** ~ графический (видео)адаптер для монохромного отображения текстовой и графической информации
- **multicolor graphics** ~ 1. модификация стандарта низкого уровня CGA на отображение текстовой и цветной графической информации для IBM-совместимых компьютеров, стандарт MCGA 2. видеоадаптер (стандарта) MCGA
- **narrowband FM** ~ узкополосная ЧМ-приставка (*к приёмнику АМ-сигналов*)
- **network** ~ сетевой адаптер
- **panoramic** ~ панорамная приставка (*к приёмнику станции радиотехнической разведки*)
- **peripheral interface** ~ адаптер периферийного интерфейса
- **professional graphics** ~ 1. стандарт высокого уровня на отображение текстовой и графической информации для IBM-совместимых компьютеров, стандарт PGA (*с разрешением не выше 640x480 пикселей в режиме 256-и цветов*) 2. видеоадаптер (стандарта) PGA
- **slide** ~ приставка для сканирования диапозитивов (*в сканерах*)
- **smart** ~ интеллектуальный адаптер
- **socket** ~ переходная (ламповая) панель
- **socket-to-slot** ~ *вчт* переход типа сокет — слот
- **sound** ~ *вчт* аудиоадаптер; звуковая плата
- **stereo** ~ 1. *вчт* стерео(видео)адаптер; стерео(видео)плата 2. стереофоническая приставка (*к двум монофоническим приёмникам*)
- **terminal** ~ терминальный адаптер (*функциональный эквивалент модема в системе ISDN*)
- **text** ~ текстовый (видео)адаптер
- **transparency** ~ приставка для сканирования диапозитивов (*в сканерах*)
- **Truevision advanced raster graphics** ~ формат графических файлов компании Truevision, файловый формат TARGA
- **two-channel** ~ двухканальный адаптер

adapter

UHF band ~ *тлг* ДМВ-приставка
video ~ *вчт* видеоадаптер; видеоплата; видеоконтроллер
waveguide ~ волноводный переход
waveguide-to-coaxial ~ коаксиально-волноводный переход, КВП
adapting адаптация ‖ адаптивный, самоприспосабливающийся
adaptive адаптивный, самоприспосабливающийся
adaptiveness адаптивность, самоприспосабливаемость
adaptivit/y адаптивность, самоприспосабливаемость
add 1. суммировать, складывать 2. добавить, добавлять; присоединить, присоединять 3. *вчт* расширение (*функциональных возможностей*) ‖ расширять (*функциональные возможности*) 4. компонент *или* устройство для расширения функциональных возможностей ◊ **to** ~ **program** добавить программу, добавлять программу; **to** ~ **hardware** добавить аппаратное обеспечение, добавлять аппаратное обеспечение
~ -**in** 1. предусмотренное (*базовой конфигурацией*) расширение, внутреннее расширение 2. внутренний компонент *или* внутреннее устройство для расширения функциональных возможностей
~ -**on** 1. расширение (*функциональных возможностей*) 2. компонент *или* устройство для расширения функциональных возможностей
~ -**out** 1. непредусмотренное (*базовой конфигурацией*) расширение, внешнее расширение 2. внешний компонент *или* внешнее устройство для расширения функциональных возможностей
addend *вчт* второе слагаемое, прибавляемое
adder 1. схема суммирования; блок суммирования 2. *вчт* (полный) сумматор 3. *тлв* смеситель кодера системы цветного телевидения
algebraic ~ алгебраический сумматор
analog ~ аналоговый сумматор
binary ~ двоичный сумматор
carry-save ~ сумматор с запоминанием переноса
complement ~ сумматор в дополнительном коде
digital ~ цифровой сумматор
false ~ псевдосумматор
full ~ (полный) сумматор
half ~ полусумматор
inverting ~ инвертирующий сумматор
ladder ~ цепной сумматор
multibit ~ многоразрядный сумматор
N-bit ~ N-разрядный сумматор
non-inverting ~ неинвертирующий сумматор
one-digit ~ одноразрядный сумматор
optoelectronic ~ оптоэлектронный сумматор
parallel ~ параллельный сумматор
serial ~ последовательный сумматор
three-input ~ (полный) сумматор
two-input ~ полусумматор
adder-subtracter 1. схема суммирования — вычитания; блок суммирования — вычитания 2. *вчт* сумматор-вычитатель
addiction склонность; привычка; привыкание (*к чему-либо*), зависимость (*от чего-либо*)
computer ~ привыкание к компьютеру, компьютерная зависимость (*заболевание*)
adding добавление; присоединение
device ~ добавление устройства
program ~ добавление программы

test point ~ введение контрольных точек
addition 1. сложение, суммирование 2. добавление; присоединение ◊ ~ **without carry** сложение по модулю 2
complementary ~ сложение в дополнительном коде
floating-point ~ сложение чисел с плавающей точкой, сложение чисел с плавающей запятой
holographic ~ голографическое сложение
key ~ ключевое сложение
mod(ulo) N ~ сложение по модулю N
polynomial ~ полиномиальное сложение
additive 1. присадка; добавка 2. аддитивный
novolak ~ *микр.* новолачная добавка
additivit/y аддитивность
additron аддитрон (*радиальный электронный двухлучевой коммутатор*)
address 1. *вчт* адрес ‖ адресовать ‖ адресный 2. печатать адрес (*при рассылке почты*)
~ **of the operand** адрес операнда
absolute ~ абсолютный адрес
actual ~ 1. абсолютный адрес 2. исполнительный адрес
anycast ~ адрес кого-нибудь из ближайших абонентов *или* какого-нибудь ближайшего узла (*вычислительной системы или сети*), *проф.* адрес «кого-нибудь»
base ~ базовый адрес
default ~ адрес по умолчанию; исходный адрес
deferred ~ косвенный адрес
destination ~ адрес получателя; адрес пункта назначения
direct ~ прямой адрес
domain ~ *вчт* адрес домена; имя домена
dot ~ IP адрес, 4-байтный адрес каждой рабочей станции в Internet по протоколу IP (*с десятичным представлением каждого байта и межбайтным разделителем в виде точки, напр. 128.143.7.226*)
dotted quad ~ IP адрес, 4-байтный адрес каждой рабочей станции в Internet по протоколу IP (*с десятичным представлением каждого байта и межбайтным разделителем в виде точки, напр. 128.143.7.226*)
dummy ~ фиктивный адрес
effective ~ исполнительный адрес
electronic ~ электронный адрес, адрес (*пользователя*) в электронной почте
e-mail ~ адрес в электронной почте, электронный адрес (*пользователя*)
Ethernet ~ аппаратный [физический] адрес в сети Ethernet, MAC-адрес в сети Ethernet
executive ~ исполнительный адрес
explicit ~ явный адрес
extended ~ расширенный адрес
extensible ~ расширяемый адрес
external ~ внешний адрес
floating ~ плавающий адрес
general call ~ *вчт* адрес общего вызова
host ~ адрес хоста, адрес компьютера в сети (*часть IP адреса*)
ill-formed ~ неправильно оформленный адрес
immediate ~ адрес-операнд, непосредственный операнд
implicit ~ неявный адрес
indexed ~ индексированный адрес

addressing

indirect ~ косвенный адрес
Internet ~ 1. IP адрес, 4-байтный адрес каждой рабочей станции в Internet по протоколу IP (*с десятичным представлением каждого байта и межбайтным разделителем в виде точки, напр. 128.143.7.226*) **2.** адрес (*узла*) в Internet
internet ~ адрес (*узла*) в internet
Internet Protocol ~ IP адрес, 4-байтный адрес каждой рабочей станции в Internet по протоколу IP (*с десятичным представлением каждого байта и межбайтным разделителем в виде точки, напр. 128.143.7.226*)
invalid memory ~ недопустимый адрес ячейки *или* области памяти
invalid storage ~ недопустимый адрес ячейки *или* области памяти
IP ~ *см.* Internet Protocol address
local loopback ~ адрес для кольцевой самопроверки хоста, адрес 127.0.0.1
long ~ адрес длинного формата
MAC ~ *см.* medium access control address
medium access control ~ аппаратный [физический] адрес, MAC-адрес
memory ~ адрес ячейки *или* области памяти
multicast ~ *вчт* группа адресов нескольких (персонифицированных) абонентов *или* нескольких (определённых) узлов (*вычислительной системы или сети*), *проф.* групповой адрес
network ~ сетевой адрес, адрес сети в Internet (*часть IP адреса*)
network user ~ сетевой адрес пользователя
node ~ адрес узла (*вычислительной системы или сети*)
non-registered ~ незарегистрированный адрес
OSI network ~ сетевой адрес в стандарте ISO/OSI
OSI presentation ~ представительный адрес в стандарте ISO/OSI
page fault linear ~ линейный адрес отказа страницы (*памяти*)
page frame ~ *вчт* страничный адрес, адрес страничного блока; адрес страницы (*памяти*)
paged ~ *вчт* страничный адрес, адрес страничного блока; адрес страницы (*памяти*)
port ~ *вчт* адрес [номер] порта
presentation ~ представительный адрес, адрес на уровне представления данных
presumptive ~ предполагаемый адрес; исходный адрес
private ~ адрес вне адресного пространства Internet
protected memory ~ защищённый адрес ячейки *или* области памяти
protected storage ~ защищённый адрес ячейки *или* области памяти
public ~ адрес из адресного пространства Internet
relative ~ относительный адрес
relocatable ~ допускающий модификацию адрес, модифицируемый адрес, *проф.* «настраиваемый» адрес
reserved memory ~ (начальный) адрес зарезервированной области памяти
reverse ~ обратный [реверсный] адрес
sender ~ адрес отправителя
short ~ адрес короткого формата
socket ~ *вчт* адрес сокета (*комбинация IP адреса и адреса порта*)
specific ~ абсолютный адрес
storage ~ адрес ячейки *или* области памяти
subnet ~ адрес подсети в Internet (*часть IP адреса*)
symbolic ~ символический адрес
TCP/IP ~ *см.* Internet Protocol address
transfer ~ *вчт* адрес передачи управления
unicast ~ *вчт* адрес одного (персонифицированного) абонента или одного конкретного узла (*вычислительной системы или сети*), *проф.* одиночный адрес
virtual ~ виртуальный адрес
zero-level ~ адрес-операнд, непосредственный операнд
addressabilit/y *вчт* адресуемость
addressable 1. *вчт* адресуемый **2.** доступный
  all points ~ поточечно адресуемый, с поточечной адресацией (*о графическом режиме работы дисплея*)
addressee адресат; получатель
addresser 1. устройство для печатания адресов (*при рассылке почты*) **2.** работник, отвечающий за рассылку почты
addressing 1. *вчт* адресация **2.** печатание адресов (*при рассылке почты*)
~ with displacement адресация со смещением
absolute ~ абсолютная адресация
autodecremental ~ автодекрементная адресация
autoincremental ~ автоинкрементная адресация
based ~ базовая адресация
based index ~ базово-индексная адресация
broadcast ~ адресация всем абонентам (*без персонификации*), всему аппаратному *или* программному обеспечению (*вычислительной системы или сети*), *проф.* широковещательная адресация
CHS ~ *см.* cylinder-head-sector addressing
computer ~ печатание адресов с помощью компьютера (*при рассылке почты*)
cyclic ~ циклическая [круговая] адресация
cylinder-head-sector ~ трёхмерная адресация, адресация в пространстве номер цилиндра – номер головки – номер сектора (*в жёстких магнитных дисках*)
direct ~ прямая адресация
doubleword ~ адресация словами двойной длины
dynamic node ~ динамическая адресация узла (*сети*)
ECHS ~ *см.* extended cylinder-head-sector addressing
extended ~ расширенная адресация, адресация с расширяемым адресом
extended cylinder-head-sector ~ расширенная трёхмерная адресация, адресация в расширенном пространстве номер цилиндра – номер головки – номер сектора (*в жёстких магнитных дисках*)
extensible ~ адресация с расширяемым адресом, расширяемая адресация
fixed-length ~ адресация с фиксированной длиной адреса
flat ~ адресация с помощью бесструктурного идентификатора, простая адресация
hierarchical ~ иерархическая адресация
immediate ~ непосредственная адресация
indexed ~ индексная адресация
indirect ~ косвенная адресация

addressing

large disk ~ расширенная трёхмерная адресация, адресация в расширенном пространстве номер цилиндра – номер головки – номер сектора (*в жёстких магнитных дисках*)

logical block ~ адресация логических блоков, линейная адресация (*в жёстких магнитных дисках*)

multicast ~ адресация нескольким (персонифицированным) абонентам, нескольким (определённым) узлам *или* (определённым) программам (*вычислительной системы или сети*), *проф.* многоабонентская адресация (с персонификацией); групповая адресация

multilevel ~ косвенная адресация; многоуровневая адресация

register ~ регистровая адресация

relative ~ относительная адресация

scaled ~ масштабированная адресация

sequential ~ последовательная адресация

unicast ~ адресация одному (персонифицированному) абоненту, конкретному узлу *или* конкретной программе (*вычислительной системы или сети*), *проф.* одноабонентская адресация (с персонификацией)

wraparound ~ циклическая [круговая] адресация

addressor *см.* **addresser**

ADELE язык спецификаций атрибутной грамматики, язык ADELE

adequac/y адекватность; соответствие

~ of forecast адекватность предсказаний

model ~ адекватность модели

adherand адгеранд (*объект, на который наносится адгезив*)

adhere 1. обладать адгезией 2. прилипать; слипаться; сцеплять(ся)

adherence 1. адгезия 2. прилипание; слипание; сцепление

adhesion 1. адгезия 2. прилипание; сцепление 3. сила магнитного притяжения

electrostatic ~ электростатическая адгезия

layer-to-layer ~ слипание соседних слоёв (*магнитной ленты*)

magnetic ~ сила магнитного притяжения

molecular ~ молекулярная адгезия

photoresist ~ адгезия фоторезиста

thermal ~ термическая адгезия

toner ~ адгезия тонера

adhesional адгезионный

adhesive 1. адгезив ‖ адгезионный 2. клей ‖ клеящий; клеевой 3. клеевая этикетка

anisotropic ~ анизотропный адгезив

epoxy ~ эпоксидный клей

hot-melt ~ (термо)плавкий клей, клей-расплав

hot-setting ~ термореактивный клей

optical ~ оптический клей

silicone ~ кремнийорганический [силиконовый] клей

adhesiveness адгезионная способность

adjacenc/y *вчт* 1. смежность; соседство 2. окрестность (*напр. точки*) 3. слипание (*символов*)

adjacent *вчт* 1. смежный; соседний 2. принадлежащий (некоторой) окрестности (*напр. точки*)

adjective 1. прилагательное 2. определение; описание 3. функция принадлежности (*нечёткого множества*)

fuzzy set ~ функция принадлежности нечёткого множества

adjoint 1. эрмитово сопряжённый 2. адъюнкт(а); присоединение ‖ адъюнктный; присоединённый

adjunct 1. *вчт* несущественный атрибут 2. адъюнкт(а); присоединение ‖ адъюнктный; присоединённый

adjunction адъюнкт(а); присоединение

adjunctor адъюнктор

adjust 1. регулировка: настройка; установка; корректировка, коррекция ‖ регулировать; настраивать; устанавливать; корректировать 2. регулятор; орган [ручка, рукоятка] настройки; корректор 3. *вчт* систематизировать

bias ~ 1. орган точной регулировки тока подмагничивания (*в магнитофонах*) 2. корректировка смещения (*напр. при обучении нейронных сетей*)

adjustabilit/y настраиваемость

adjustable регулируемый; настраиваемый

adjuster регулятор; орган [ручка, рукоятка] настройки; корректор

ratio ~ переключатель выходных обмоток трансформатора

squelch range ~ регулятор динамического диапазона схемы бесшумной настройки

voltage ~ регулятор напряжения

zero ~ корректор нуля

adjusting регулировка; настройка; установка; корректировка, коррекция ‖ регулировочный; настроечный; установочный; корректировочный; корректирующий

adjustment 1. регулировка; настройка; установка; корректировка, коррекция 2. *вчт* систематизация

automatic ~ автоматическая регулировка; автоматическая настройка

azimuth ~ регулировка азимута, регулировка угла перекоса рабочего зазора (магнитной) головки

balancing ~ симметрирование (*схемы*)

bias ~ 1. точная регулировка тока подмагничивания (*в магнитофонах*) 2. корректировка смещения (*напр. при обучении нейронных сетей*)

Bonferroni ~ коррекция (по) Бонферрони (*при проверке статистических гипотез*)

coarse ~ грубая регулировка; грубая настройка

color purity ~ *тлв* регулировка чистоты цвета

continuous ~ плавная регулировка; плавная настройка

cursor blink rate ~ регулировка частоты мерцания курсора; настройка частоты мерцания курсора; установка частоты мерцания курсора

delayed ~ регулировка с задержкой

discrete ~ дискретная регулировка; дискретная настройка

elevation ~ наведение по углу места

error-feedback ~ регулировка по сигналу рассогласования

fine ~ точная регулировка; точная настройка

frequency ~ подстройка частоты

head ~ регулировка положения (магнитной) головки

head azimuth ~ регулировка азимута, регулировка угла перекоса рабочего зазора (магнитной) головки

head height ~ регулировка высоты (магнитной) головки

instantaneous ~ мгновенная регулировка; мгновенная корректировка

partial ~ частичная корректировка
peak-power-output ~ *тлв* регулировка выходной мощности передатчика
polarization ~ поляризационная подстройка
seasonal ~ корректировка на сезонность
sensitivity ~ регулировка чувствительности
span ~ регулировка в определённом интервале; настройка в определённом диапазоне
weighting ~ взвешивание, установка весовых коэффициентов; коррекция весовых коэффициентов (*напр. при обучении нейронных сетей*)
wrap ~ регулировка угла обхвата (магнитной) головки
zenith ~ регулировка угла отклонения базовой плоскости (магнитной) головки от вертикали
zero ~ установка на нуль; коррекция нуля
administer, administrate осуществлять административные функции, администрировать; руководить; управлять
Administration:
  Federal Aviation ~ Федеральное авиационное управление (*США*)
  National Aeronautics and Space ~ Национальное управление по аэронавтике и космонавтике, НАСА (*США*)
  National Telecommunications and Information ~ Национальное управление по телекоммуникациям и информации (*США*)
administration 1. осуществление административных функций, администрирование; руководство; управление 2. администрация; административный орган, руководящий орган; орган управления
  distributed ~ of network software распределённое управление сетевым программным обеспечением
  personnel ~ управление персоналом
administrator администратор (*1. руководитель; управляющий 2. вчт управляющая программа*)
  database ~ *вчт* администратор базы данных
  logical channel ~ *вчт* администратор логического канала
  network ~ *вчт* администратор сети
  resource ~ *вчт* администратор ресурсов
  security ~ *вчт* администратор системы обеспечения безопасности
  system ~ *вчт* администратор системы
administratorship осуществление административных функций, администрирование; руководство; управление
admittance 1. полная проводимость, адмиттанс 2. проводимость
  ~ of junction полная проводимость перехода
  acoustic ~ полная акустическая проводимость
  avalanche ~ полная проводимость (*диода*) в области лавинного пробоя
  beam-loading ~ электронная полная проводимость
  characteristic ~ 1. характеристическая проводимость (*напр. фильтра*) 2. волновая проводимость (*линии передачи*)
  circuit ~ полная проводимость цепи
  circuit gap ~ полная проводимость зазора в отсутствие пучка электронов
  collector ~ полная проводимость коллектора
  corner ~ входная полная проводимость отражательного клистрона

  density-modulation ~ электронная полная проводимость пучка электронов с модуляцией
  driving-point ~ 1. входная полная проводимость линии передачи 2. внесённая полная проводимость электромеханического преобразователя 3. полная проводимость в рабочей точке характеристики 4. входная полная проводимость на рабочих зажимах
  effective ~ эффективная полная проводимость
  electrode ~ полная проводимость электрода
  electronic gap ~ электронная полная проводимость зазора
  emitter ~ полная проводимость эмиттера
  feedback ~ проходная полная проводимость (*электронной лампы*)
  forward transfer ~ полная проводимость прямой передачи
  image ~s характеристические проводимости несимметричного четырехполюсника
  indicial ~ переходная характеристика цепи
  input ~ входная полная проводимость
  Josephson ~ *свпр* джозефсоновская полная проводимость
  leakage ~ полная проводимость утечки
  load ~ полная проводимость нагрузки
  network ~ полная проводимость цепи
  normalized ~ нормированная полная проводимость
  open-circuit ~ полная проводимость холостого хода
  open-circuit output ~ *пп* выходная полная проводимость в режиме холостого хода на входе
  output ~ выходная полная проводимость
  phasor ~ полная проводимость
  reverse transfer ~ полная проводимость обратной передачи
  short-circuit ~ полная проводимость короткого замыкания
  short-circuit forward-transfer ~ *пп* полная проводимость прямой передачи в режиме короткого замыкания на выходе
  short-circuit input ~ *пп* входная полная проводимость в режиме короткого замыкания на выходе
  short-circuit output ~ *пп* выходная полная проводимость в режиме короткого замыкания на входе
  short-circuit reverse-transfer ~ *пп* полная проводимость обратной передачи в режиме короткого замыкания на входе
  shunt ~ параллельная [шунтирующая] полная проводимость
  surge ~ волновая проводимость (*линии передачи*)
  transfer ~ передаточная полная проводимость
  transmission-line ~ проводимость линии передачи
  vector ~ полная проводимость
  wave ~ 1. волновая проводимость (*линии передачи*) 2. (эффективная) характеристическая проводимость волны
ADR 1. усовершенствованная технология цифровой записи на (магнитную) ленту, технология цифровой записи на (магнитную) ленту в (кассетном) формате ADR 2. (кассетный) формат ADR для цифровой записи на (магнитную) ленту 3. кассета для (магнитной) ленты (формата) ADR 4. (магнитная) лента для цифровой записи в (кассетном) формате ADR, (магнитная) лента (формата) ADR 5. лентопротяжный механизм для (магнитной) ленты (формата) ADR 6. (запоминающее) устрой-

ство для резервного копирования (данных) на (магнитную) ленту (формата) ADR
OnStream ~ (запоминающее) устройство компании OnStream для резервного копирования (данных) на (магнитную) ленту (формата) ADR

adsorb адсорбировать

adsorbate адсорбат
liquid ~ жидкий адсорбат

adsorbent адсорбент
solid ~ твёрдый адсорбент

adsorption адсорбция
cathodic ~ катодная адсорбция
chemical ~ хемосорбция
cumulative ~ кумулятивная адсорбция
depletive ~ деплетивная адсорбция
fluidized bed ~ адсорбция в псевдоожиженном слое
monolayer [monomolecular] ~ монослойная [мономолекулярная] адсорбция
physical ~ физическая адсорбция
preferential ~ избирательная адсорбция
surface ~ поверхностная адсорбция

adsorptivity адсорбционная способность

adumbral *тлв* затемнённый

adumbrate *тлв* затемнять

advance 1. (поступательное) движение, (поступательное) перемещение; распространение; продвижение || двигать(ся) (поступательно), перемещать(ся) (поступательно), распространять(ся) || поступательный 2. ход (*напр. поршня*); шаг; поступь 3. прогресс; успехи; достижения (*в какой-либо области*) || достигать прогресса; успешно развиваться || прогрессивный; передовой 4. увеличение; рост || увеличиваться; возрастать 5. упреждение; опережение во времени || упреждать, опережать во времени 6. опережение по фазе || опережать по фазе 7. предварять; действовать заблаговременно; опробовать заранее || предварительный; пробный (*напр. оттиск*); сигнальный (*напр. экземпляр печатного издания*) 8. выдвижение (*гипотезы*) || выдвигать (*гипотезу*)
~ **of waves** распространение волн
carriage ~ ход каретки
line ~ 1. *тлв* расстояние между строками 2. шаг развёртки (*в факсимильном аппарате*)
phase ~ опережение по фазе
time ~ упреждение; опережение во времени

advancement 1. подача; протяжка; продвижение 2. прогресс; успехи; достижения (*в какой-либо области*) 3. выдвижение (*гипотезы*)
hard disk ~ прогресс в области разработки жёстких (магнитных) дисков
hypothesis ~ выдвижение гипотезы
tape ~ протяжка ленты

advancer:
phase ~ фазокомпенсатор

advantage 1. польза; выгода; выигрыш 2. преимущество
companding ~ выигрыш (от) компандирования
speech-off noise ~ коэффициент снижения шума в паузах речи
speech-on noise ~ выигрыш по отношению сигнал — шум в речи
staggering ~ уменьшение перекрёстных помех между двумя каналами (*за счёт небольшой расстройки по частоте*)

advection адвекция

advertise 1. передавать *или* показывать рекламу; рекламировать 2. объявлять; давать объявление; выступать с (информационным) сообщением; сообщать

advertisement 1. реклама 2. объявление; (информационное) сообщение

advertiser рекламодатель

advertising 1. передача *или* показ рекламы; рекламирование 2. рекламная деятельность 3. передача *или* показ объявлений *или* (информационных) сообщений
banner ~ показ рекламы в окнах на Web-странице; *проф.* «баннерная» реклама
e-mail based ~ реклама по электронной почте
package ~ размещение рекламы на упаковке

advertorial скрытая реклама в некоммерческих передачах

advice *вчт* 1. извещение; объявление; (официальное) сообщение 2. совет

advise *вчт* 1. извещать; объявлять; (официально) сообщать 2. советовать

aelotropy анизотропия

aeolight лампа тлеющего разряда (*для звукозаписи*)

aeolotropic анизотропный

aerial 1. антенна (*см. тж* antenna) 2. атмосферный 3. подвесной (*напр. кабель*); надземный 4. авиационный
beam ~ антенная решётка
radar ~ радиолокационная антенна

aerogram радиотелеграмма

aerophare радиомаяк

aether эфир (*гипотетическая среда*)

afferent афферентный, центростремительный (*напр. нерв*)

affine аффинный

affine-Euclidean аффинно-евклидов

affineness 1. аффинность 2. подобие; сходство

affinit/y 1. аффинность 2. аффинное преобразование 3. подобие; сходство 4. сродство
central ~ центроаффинное преобразование
chemical ~ химическое сродство
degenerate ~ вырожденная аффинность
electrochemical ~ электрохимическое сродство
electron ~ электронное сродство
negative electron ~ отрицательное электронное сродство, ОЭС
nondegenerate ~ невырожденная аффинность
positive electron ~ положительное электронное сродство, ПЭС
zero electron ~ нулевое электронное сродство

affinor аффинор
contravariant ~ контравариантный аффинор
covariant ~ ковариантный аффинор
null ~ нулевой аффинор
symmetric ~ симметрический аффинор

affirm 1. высказывать (утвердительное) суждение, утверждать 2. подтверждать

affirmation 1. (утвердительное) суждение, утверждение 2. подтверждение
~ **of consequent** доказательство истинности основания методом обращения следствия (*логическая ошибка*)

affirmative *вчт* утвердительный

affix 1. *вчт* аффикс (*1. противопоставляемая корню морфема с грамматической или словообразующей*

функцией 2. *отображающая комплексное число точка на комплексной плоскости* ‖ использовать аффикс 2. присоединённый *или* прикреплённый объект ‖ присоединять; прикреплять 3. добавление; добавка; дополнение ‖ добавлять; дополнять
affixoid *вчт* аффиксоид
after-acceleration послеускорение
aftereffect последействие
   elastic ~ упругое последействие
   magnetic ~ магнитное последействие, магнитная вязкость
afterglow 1. послесвечение 2. фосфоресценция
   long ~ длительное послесвечение
   persistent ~ устойчивое послесвечение
   plasma ~ послесвечение плазмы
   screen ~ послесвечение экрана
   short ~ кратковременное послесвечение
afterheater вторичный тепловой экран
afterhyperpolarization гиперполяризационное последействие
afterimage *тлв* последовательный образ
   complementary ~ дополнительный (*по цветовому тону*) последовательный образ
   homochromatic ~ гомохромный последовательный образ
   negative ~ негативный последовательный образ
   positive позитивный последовательный образ
aftermarket *вчт* сопутствующий рынок, рынок периферийных устройств и программного обеспечения для компьютеров
aftermath последствия
afterpotential потенциал последействия
afterpulse сопровождающий импульс сигнала, ложный импульс (*в ФЭУ*)
aftersensation *тлв* последовательный образ
aftertouch *вчт* давление на клавишу после нажатия (*в MIDI-устройствах*)
   channel ~ одинаковое давление на все клавиши (*в одном канале*) после нажатия (*канальное MIDI-сообщение*)
   polyphonic ~ различное давление на разные клавиши после нажатия (*канальное MIDI-сообщение*)
afterword *вчт* послесловие
agate 1. агат (*1. минерал 2. шрифт размером 5,5 пунктов*)
AGC автоматическая регулировка усиления, АРУ
   amplified ~ усиленная АРУ
   biased ~ АРУ с задержкой
   delayed ~ АРУ с задержкой
   fast ~ быстродействующая АРУ, БАРУ
   gated ~ ключевая АРУ
   instantaneous ~ мгновенная АРУ, МАРУ
   keyed ~ ключевая АРУ
   quiet ~ бесшумная АРУ
age 1. стареть; испытывать старение (*напр. о материале*) 2. срок службы 3. возраст 4. проводить приработку (*приборов или устройств*) 5. эра; эпоха
   calendar ~ срок службы
   information ~ информационная эра
   space ~ космическая эра (*начало - 4 окт. 1957 г.*)
ageing *см.* aging
Agency:
   Advanced Research Projects ~ Управление перспективного планирования научно-исследовательских работ (*Министерства обороны США*)
   Central Intelligence ~ Центральное разведывательное управление, ЦРУ (*США*)
   Defense Advanced Research Projects ~ Управление перспективного планирования научно-исследовательских работ Министерства обороны (*США*)
   Defense Communication ~ Управление связи Министерства обороны (*США*)
   Defense Information Systems ~ Управление информационных систем Министерства обороны (*США*)
   Environmental Protection ~ Агентство по защите окружающей среды (*США*)
   European Space ~ Европейское космическое агентство
   Ground Electronics Engineering Installation ~ Управление по вопросам установки и монтажа наземного электронного оборудования (*США*)
   National Security Agency ~ Агентство национальной безопасности, АНБ (*США*)
   United States Information ~ Информационное Агентство США, ЮСИА
agenc/y 1. агентство 2. (человеческая) деятельность; активность
   news ~ служба новостей (*для вещательных станций*)
   wire ~ информационное агентство
agent агент (*1. субъект или объект, действующий в интересах другого субъекта или объекта 2. вчт (программы-)агент 3. действующее начало; фактор; (активное) вещество 4. биол. агент популяции*)
   ~ **of production** фактор производства
   adaptive ~ *вчт* адаптивный агент
   additive ~ добавка; присадка; легирующая примесь
   advisory ~ *вчт* консультативный агент
   anionic wetting ~ анионный смачивающий агент
   anthropomorphic ~ *вчт* антропоморфный агент
   antistatic ~ антистатик
   autonomous ~ *вчт* автономный агент
   backup ~ *вчт* агент резервного копирования (*напр. файлов пользователя на сервер*)
   bonding ~ связующий агент
   call ~ *вчт* агент вызовов, агент установления соединений
   catalytic ~ катализатор
   cationic wetting ~ катионный смачивающий агент
   change ~ специалист по созданию в организации убеждённости в необходимости перемен
   chelating ~ хелатообразующий агент
   collaborative~s *вчт* сотрудничающие агенты
   coloring ~ красящий агент
   commercial ~ коммерческий агент
   complexing ~ комплексообразующий агент
   cooling ~ хладагент
   coupling ~ связующий агент
   crystal nucleating ~ зародышеобразующий агент (*при кристаллизации*)
   daily news ~ *вчт* агент (доставки) ежедневных новостей
   database ~ *вчт* агент баз данных
   deaggregating ~ *кв. эл.* дезагрегационный агент
   decision-making ~ *вчт* агент, принимающий решения
   directory system ~ *вчт* системный агент каталога, (программный) процесс DSA

agent

    directory user ~ *вчт* пользовательский агент каталога, (программный) процесс DUA
    doping ~ легирующая примесь
    event notification ~ *вчт* агент уведомления о событиях
    fluidizing ~ пластификатор
    hardening ~ отвердитель
    heat-transfer ~ теплоноситель
    hybrid ~ *вчт* гибридный агент
    information ~ *вчт* информационный агент
    intelligent ~ *вчт* интеллектуальный агент
    interface ~ *вчт* интерфейсный агент
    Internet ~ *вчт* агент-посредник между Internet и пользователем, Internet-агент
    knowledge-level ~ *вчт* агент на уровне знаний
    local ~ *вчт* локальный агент
    mail ~ *вчт* почтовый агент
    mail-transfer ~ *вчт* агент передачи почты
    mail user ~ *вчт* почтовый агент пользователя
    mechanical ~ *вчт* механический агент
    message transfer ~ *вчт* агент передачи сообщений (*прикладной процесс в OSI*)
    mobile ~ *вчт* мобильный агент
    nonionic wetting ~ неионный смачивающий агент
    oxidizing ~ окислитель
    pinning ~ агент, создающий центры пиннинга
    plasticizing ~ пластификатор
    quenching ~ 1. хладагент 2. тушитель (*люминесценции*)
    reaction ~ *вчт* реагирующий агент
    relay ~ *вчт* промежуточный агент передачи, агент транзитной передачи (*напр. почты*)
    scattering ~ рассеивающий агент
    self-learning ~ *вчт* самообучающийся агент
    SNMP ~ *вчт* агент SNMP, (программный) процесс ответа на запросы по протоколу SNMP
    stand-alone ~ *вчт* автономный агент
    structure-forming ~ структурообразующий агент
    transformable ~ *вчт* трансформируемый агент
    user ~ агент пользователя (*прикладной процесс в OSI*)
    user profile ~ *вчт* агент профиля пользователя
    wetting ~ *микр.* смачивающий агент
    workgroups ~ *вчт* агент рабочих групп
aggregate 1. агрегат || агрегировать(ся) || агрегированный 2. семейство; совокупность; множество
    ~ of sets совокупность множеств
    ~ of simple events совокупность элементарных событий
    crystalline ~ кристаллический агрегат
    data ~ агрегат данных
    polycrystalline ~ поликристаллический агрегат
aggregation агрегация, агрегирование
    data ~ агрегирование данных
    vacancy ~ *крист.* агрегирование вакансий
aggregator *вчт* агрегатор
    data ~ агрегатор данных
agilit/y быстрое изменение; быстрая перестройка
    beam ~ быстрое сканирование главного лепестка диаграммы направленности антенны
    frequency ~ быстрая перестройка частоты
aging 1. старение 2. приработка (*приборов или устройств*) 3. дисперсионное твердение 4. контроль срока действия
    artificial ~ приработка

    component ~ 1. старение компонента 2. приработка компонента
    heat ~ тепловое [термическое] старение
    high temperature ~ высокотемпературное старение
    irreversible ~ необратимое старение
    load ~ 1. старение под нагрузкой 2. приработка под нагрузкой
    long-term ~ долговременное старение
    magnetic ~ магнитное старение
    password ~ *вчт* контроль срока действия пароля
    quench ~ послезакалочное старение
    reversible ~ обратимое старение
    shelf ~ старение при хранении
    step-stress ~ старение при ступенчатом изменении нагрузки
    system ~ 1. старение системы 2. приработка системы
    thermal ~ тепловое [термическое] старение
agitation возбуждение; возмущение
    ionospheric ~ ионосферное возмущение
    thermal ~ 1. тепловое возбуждение 2. хаотическое тепловое движение электронов
agogo *вчт* агого (*музыкальный инструмент из набора General MIDI*)
    high ~ *вчт* высокий агого (*музыкальный инструмент из набора General MIDI*)
    low ~ *вчт* низкий агого (*музыкальный инструмент из набора General MIDI*)
AGP ускоренный графический порт, порт (стандарта) AGP, магистральный интерфейс AGP (*1. шина расширения стандарта AGP для подключения видеоадаптеров 2. стандарт AGP*)
    ~ **Nx** реализация стандарта AGP с N-кратным увеличением пропускной способности шины, стандарт AGP Nx
    ~ **Pro** усовершенствованный ускоренный графический порт, порт (стандарта) AGP Pro, магистральный интерфейс AGP Pro (*1. шина расширения стандарта AGP Pro для подключения видеоадаптеров 2. стандарт AGP Pro*)
agreement соглашение
    end user license ~ лицензионное соглашение с конечным пользователем, документ EULA (*корпорации Microsoft*)
    license ~ лицензионное соглашение
    nondisclosure ~ соглашение о неразглашении (*определённых сведений*)
aid 1. помощь; поддержка; содействие || помогать, оказывать помощь; поддерживать, осуществлять поддержку; содействовать; способствовать 2. (вспомогательное) средство; средство поддержки
    air navigation radio ~s средства воздушной радионавигации
    audiovisual ~s аудиовизуальные средства
    automated radar plotting ~ радиолокационный автопрокладчик курса
    computer ~s вычислительные средства
    debugging ~s *вчт* средства отладки
    design ~s 1. средства проектирования; средства разработки; средства конструирования 2. средства планирования 3. средства дизайна
    diagnostic ~s диагностические средства
    direct-translation reading ~ читальное устройство с прямым преобразованием (*для слепых*)

documentation ~s *вчт* средства для работы с документами
fixing ~s средства определения местоположения
hearing ~ слуховой аппарат
homing ~s 1. средства привода (*на аэродром*) 2. средства самонаведения
identification ~s средства идентификации; средства опознавания; средства распознавания
long-distance [long-range] navigation ~s средства дальней радионавигации
mnemonic ~ *вчт* мнемоническое правило
modeling ~s средства моделирования
navigation ~s навигационные средства
programming ~s средства программирования
radar and TV ~s **to navigation** радиолокационно-телевизионная навигационная система, система RATAN
radar navigation ~s радиолокационные навигационные средства
radio ~s радиотехнические средства
radio approach ~s радиотехнические средства захода на посадку
radiofixing ~s средства радиоопределения местоположения
radio homing ~s 1. радиотехнические средства привода (*на аэродром*) 2. радиотехнические средства самонаведения
radio landing ~s радиотехнические средства посадки
radio navigation ~s радионавигационные средства
short-distance [short-range] navigation ~s средства ближней радионавигации
VLSI-oriented interactive layout ~ интерактивные средства проектирования топологии СБИС, система Volia

aim 1. цель; мишень ‖ прицеливаться; наводить 2. следить за целью, сопровождать цель
aiming 1. прицеливание; наводка 2. слежение за целью, сопровождение цели
  automatic ~ автоматическое слежение за целью, автоматическое сопровождение цели
air 1. воздух; атмосфера ‖ воздушный; атмосферный 2. авиация ‖ авиационный 3. эфир (*гипотетическая среда*) ‖ эфирный (*напр. о времени*) 4. вещать, передавать по радио *или* телевидению 5. быть объектом передачи по радио *или* телевидению ◊ **on the** ~ в режиме излучения, *проф.* «в эфире»; **off the** ~ *проф.* «вне эфира»
  ambient ~ окружающая атмосфера
  compressed ~ сжатый воздух
  dead ~ внезапное полное *или* кратковременное прекращение вещательной передачи
  dust-free ~ обеспыленный воздух
  free ~ свободное пространство
  low ~ нижняя атмосфера
  pressurized ~ сжатый воздух
  upper ~ верхняя атмосфера
airborne бортовой самолётный (*напр. прибор*)
airbrush аэрограф (*1. устройство для распыления жидкой краски 2. инструмент, имитирующий работу аэрографом в графических редакторах*)
aircraft самолёт; воздушное судно
  homing-and-bustling ~ самолёт с системой обнаружения и уничтожения источников электромагнитного излучения
  mother ~ самолёт, осуществляющий радиоуправление беспилотным самолётом
airdate эфирная дата (*радио- или телепередачи*)
airdrome аэродром ‖ аэродромный
airglow свечение неба
  day ~ свечение дневного неба
  night ~ свечение ночного неба
  twilight ~ свечение сумеречного неба
airing радио- *или* телепередача
airlog бортовой самолётный регистратор пути
airplay радио- *или* телепередача (ранее) записанного материала
airport аэропорт ‖ относящийся к аэропорту
airspace *рлк* воздушное пространство
airspeed *рлк* воздушная скорость
airt направление ‖ направлять
airtight воздухонепроницаемый
airtime эфирное время (*радио- или телепередачи*)
airview аэрофотоснимок
airwaves 1. электромагнитные волны, используемые телевидением *или* радиовещанием 2. радиоэфир
airway *рлк* воздушная трасса
ALADIN язык спецификаций атрибутной грамматики, язык ALADIN
alarm 1. сигнал тревоги, тревожная сигнализация 2. система тревожной сигнализации 3. сигнализатор 4. *вчт* аварийный сигнал 5. будильник; кнопка установки и запуска будильника (*напр. в электронных часах*)
  audible ~ звуковая тревожная сигнализация
  bell ~ 1. сигнал тревоги, тревожная сигнализация 2. система тревожной сигнализации
  body-capacitance ~ система тревожной сигнализации с реакцией на ёмкость человеческого тела
  burglar ~ охранная сигнализация
  circuit ~ сигнал о неисправности схемы
  critical battery ~ сигнал о критическом состоянии батареи (электро)питания
  false ~ сигнал ложной тревоги
  fire ~ система пожарной тревожной сигнализации
  flag ~ 1. флажковый сигнал тревоги 2. флажковый индикатор ошибок (*в электронных навигационных приборах*)
  fuse ~ сигнал о перегорании предохранителя
  light ~ световая тревожная сигнализация
  low battery ~ сигнал о разряженном состоянии батареи (электро)питания
  overflow ~ *вчт* сигнал переполнения
  program failure ~ сигнал тревожной сигнализации о перерыве в передаче вещательной программы
  safety ~ предупредительная тревожная сигнализация
  smoke ~ датчик дыма (*в системе тревожной пожарной сигнализации*)
albedo альбедо
  apparent ~ видимое альбедо
  differential ~ спектральное альбедо
  geometrical ~ геометрическое альбедо
  ground ~ альбедо земной поверхности
  Lambert ~ истинное альбедо
  plane ~ истинное альбедо
  planetary ~ планетарное альбедо
  spectral ~ спектральное альбедо
  spherical ~ сферическое альбедо
  visual ~ визуальное альбедо

albedometer

albedometer альбедометр
album альбом (*напр. звукозаписей*)
alcohol спирт
    ethyl ~ этиловый спирт
    isopropyl ~ изопропиловый спирт
Alcomax алкомакс (*магнитный сплав*)
alef *см.* **aleph**
ALEPH 1. язык программирования ALEPH 2. система формальной семантики ALEPH (*разработанная П.Хендерсоном*)
Aleph язык программирования Aleph для текстовых редакторов
aleph *вчт* алеф, символ א (*1. мощность множества, кардинальное число множества 2. первая буква древнееврейского алфавита*)
    ~ 0 алеф-нуль, мощность множества натуральных чисел
    ~ 1 алеф-единица, мощность наименьшего множества, превышающего по мощности множество натуральных чисел
    ~ N алеф-N, мощность наименьшего множества, превышающего по мощности множество с кардинальным числом N–1
    ~ **naught** алеф-нуль, мощность множества натуральных чисел
    limit ~ предельный алеф
alert 1. оповещение о тревоге || оповещать о тревоге 2. *вчт* предупреждение (*о невозможности исполнения команды или её последствиях*) || предупреждать (*о невозможности исполнения команды или её последствиях*) 3. *тлф* вызов абонента || вызывать абонента
    public ~ оповещение о тревоге по трансляционной сети
    storm ~ штормовое предупреждение
alerting 1. оповещение о тревоге 2. *вчт* предупреждение (*о невозможности исполнения команды или её последствиях*) 3. *тлф* вызов абонента
Alfa стандартное слово для буквы *A* в фонетическом алфавите «Альфа»
alfenol алфенол (*магнитный сплав*)
algebra *вчт* 1. алгебра 2. алгебраические операции
    ~ **of classes** алгебра классов
    ~ **of logic** булева алгебра, алгебра логики
    ~ **of manifolds** алгебра многообразий
    ~ **of traceless matrices** алгебра бесшпуровых [бесследовых] матриц
    abstract ~ абстрактная алгебра
    adjacency ~ алгебра смежности
    Banach ~ банахова алгебра
    Boolean ~ булева алгебра, алгебра логики
    Cayley ~ алгебра Кэли
    circuit ~ алгебра схем
    dual ~ дуальная алгебра
    event ~ алгебра событий
    Galois ~ алгебра Галуа
    graph ~ алгебра графов
    Heisenberg ~ алгебра Гейзенберга
    higher ~ высшая алгебра
    Lie ~ алгебра Ли
    linear ~ линейная алгебра
    loop ~ алгебра петель
    matrix ~ матричная алгебра
    optical ~ оптические алгебраические операции
    pair ~ алгебра пар
    polynomial ~ полиномиальная алгебра
    quantifier ~ кванторная алгебра
    quaternion ~ алгебра кватернионов
    relational ~ реляционная алгебра
    residue ~ алгебра вычетов
    switching ~ алгебра переключательных схем
algebraic *вчт* алгебраический
    omega— омега-алгебраический
ALGOL язык программирования Algol
algorism *вчт* 1. система арабских цифр 2. алгоритм
algorithm 1. алгоритм 2. правило; процедура; метод
    ~ **of doubtful convergence** алгоритм с сомнительной сходимостью
    adaptive ~ адаптивный алгоритм
    Agarval-Cooley ~ алгоритм быстрой свёртки Агарвала — Кули
    aim ~ алгоритм поиска цели
    annealing ~ алгоритм отжига (*для обучения нейронных сетей*)
    asymmetric encryption ~ алгоритм асимметричного [двухключевого] шифрования, алгоритм шифрования с открытым ключом
    autoregressive ~ авторегрессионный алгоритм
    backoff ~ *вчт* алгоритм отката с возвратом
    back propagation of error ~ алгоритм обратного распространения (ошибок) (*для обучения нейронных сетей*)
    batch ~ пакетный алгоритм
    Bellman-Ford ~ алгоритм Беллмана — Форда, алгоритм Форда — Фалкерсона (*напр. для маршрутизации*)
    best cost path ~ алгоритм поиска оптимального пути
    bisection ~ алгоритм двоичного поиска
    branch and bound ~ алгоритм поиска оптимального выбора методом ветвей и границ (*на дереве игры*)
    British Telecom Lempel-Ziv ~ алгоритм (*сжатия данных*) Лемпеля — Зива с двумерным адаптивным кодированием, алгоритм BTLZ
    BTLZ ~ *см.* **British Telecom Lempel-Ziv algorithm**
    CART ~ *см.* **classification and regression tree algorithm**
    channel (routing) ~ алгоритм трассировки в каналах
    Cholesky ~ алгоритм Холецкого
    classification and regression tree ~ алгоритм CART, алгоритм построения бинарного дерева решений
    clustering ~ алгоритм кластеризации
    Cochran-Orcutt ~ алгоритм Кочрена — Оркатта
    compression ~ алгоритм сжатия, алгоритм уплотнения (*данных*)
    conjugate directions ~ метод сопряжённых направлений
    conjugate gradients ~ метод сопряжённых градиентов
    constructive ~ конструктивный алгоритм (*обучения искусственной нейронной сети*)
    contour following ~ алгоритм отслеживания контуров
    control ~ алгоритм управления
    convolution ~ алгоритм вычисления свёртки
    Cooley-Tuckey ~ алгоритм Кули — Тьюки (*быстрого преобразования Фурье*)
    cryptographic ~ криптографический алгоритм

algorithm

deflation compression ~ алгоритм сжатия (данных) Лемпеля — Зива 1977 г.
differential synthesis ~ алгоритм дифференциального синтеза
Diffie-Hellman ~ алгоритм (шифрования) Диффи — Хеллмана
digital signal processing ~ алгоритм цифровой обработки сигналов
digital signature ~ алгоритм цифровой подписи
Dijkstra ~ алгоритм Дейкстры (*поиска кратчайшего пути*)
distance vector ~ дистанционно-векторный алгоритм (*маршрутизации*)
DSP ~ *см.* digital signal processing
dynamic programming ~ алгоритм динамического программирования
edge-tracking ~ алгоритм отслеживания контуров
evolutionary ~ эволюционный алгоритм
exact embedding ~ *микр.* алгоритм точной упаковки
expansion ~ алгоритм разложения (*напр. в ряд*)
fast ~ быстрый алгоритм
fast convolution Agarval-Cooley ~ алгоритм быстрой свёртки Агарвала — Кули
fixed-weight ~ алгоритм обучения (*искусственной нейронной сети*) с фиксированными весами
Ford-Fulkerson ~ алгоритм Беллмана — Форда, алгоритм Форда — Фалкерсона (*напр. для маршрутизации*)
fundamental ~ базовый алгоритм
fuzzy ~ нечёткий алгоритм
general ~ общий алгоритм
genetic ~ генетический алгоритм (*1. адаптивный эволюционный поисковый алгоритм 2. раздел эволюционного моделирования*)
graph search ~ алгоритм поиска по графу
greedy ~ поглощающий алгоритм, *проф.* жадный алгоритм (*в теории графов*)
Gummel's ~ алгоритм Гуммеля
hashing ~ *вчт* алгоритм хеширования
heuristic ~ эвристический алгоритм
ID3 ~ *см.* iterative dichotomizer 3 algorithm
identification ~ алгоритм идентификации
initialization ~ алгоритм инициализации
integer ~ целочисленный алгоритм
international data encryption ~ 1. алгоритм IDEA, стандартный международный алгоритм симметричного блочного шифрования данных с 128-битным ключом 2. (блочный) шифр (стандарта) IDEA
iterative ~ итерационный алгоритм
iterative dichotomizer 3 ~ алгоритм ID3, итерационный дихотомический алгоритм построения дерева решений из набора данных
k-means ~ алгоритм обучения методом k-средних (*для искусственной нейронной сети*)
learning ~ обучающий алгоритм, алгоритм обучения (*напр. искусственной нейронной сети*)
least frequently used ~ алгоритм замещения блока данных с наименьшей частотой обращений (*напр. в кэше*), алгоритм LFU
least recently used ~ алгоритм замещения блока данных с наиболее длительным отсутствием обращений (*напр. в кэше*), алгоритм LRU
Lee-Moore ~ алгоритм Ли — Мура
Lee-(type) ~ алгоритм Ли
Lempel-Ziv ~ алгоритм (*сжатия данных*) Лемпеля — Зива, алгоритм LZ (*в вариантах LZ77 и LZ78, разработанных в 1977 г. и 1978 г.*)
Lempel-Ziv-Welch ~ алгоритм (*сжатия данных*) Лемпеля — Зива — Велча, алгоритм LZW
Levenberg-Marquardt ~ метод Левенберга — Марквардта
LFU ~ *см.* least frequently used algorithm
line-probe ~ алгоритм линейного зондирования
link state ~ алгоритм маршрутизации с учётом состояния каналов
LU decomposition ~ алгоритм LU-разложения
LZ ~ *см.* Lempel-Ziv algorithm
LZW ~ *см.* Lempel-Ziv-Welch algorithm
MacQueen's k-means ~ алгоритм обучения методом k-средних Мак-Квина (*для искусственной нейронной сети*)
McCulloch-Pitts ~ алгоритм обучения Мак-Каллоха — Питтса с фиксированными весами (*для искусственной нейронной сети*)
memetic ~ *вчт проф.* меметический алгоритм, генетический *или* эволюционный алгоритм с негенетическим локальным поиском путей улучшения генотипа
message authentication ~ алгоритм аутентификации сообщений
metaheuristic ~ метаэвристический алгоритм
min-cut ~ алгоритм (минимизации загруженности) сечений
modified Gram-Schmidt ~ модифицированный алгоритм (ортогонализации) Грама — Шмидта
Nelder-Mead simplex ~ симплексный алгоритм Нельдера — Мида (*для обучения искусственной нейронной сети*)
nested ~ вложенный алгоритм
numerical ~ численный алгоритм
Oja iterative ~ итерационный алгоритм Ойа (*для вычисления собственных значений и собственных векторов матрицы*)
on-line ~ работающий в реальном масштабе времени алгоритм, онлайновый алгоритм
optimization ~ алгоритм оптимизации
ordering ~ алгоритм упорядочения
painter's ~ упорядочение по глубине (*в компьютерной графике*)
parallel ~ параллельный алгоритм, алгоритм с возможностью параллельного выполнения операций
pattern classification ~ алгоритм классификации образов
pattern recognition ~ алгоритм распознавания образов
pel-recursive estimation ~ поэлементный рекурсивный алгоритм оценивания
placement ~ алгоритм размещения
planning ~ алгоритм планирования
polynomial ~ полиномиальный алгоритм
predictive ~ алгоритм прогнозирования
preemptive ~ алгоритм реализации приоритетов (*напр. в многозадачном режиме*)
Prim ~ алгоритм Прима
production rule based ~ алгоритм на основе правила вида условие — действие, алгоритм на основе порождающего правила, *проф.* продукционный алгоритм

algorithm

pruning ~ алгоритм (*обучения искусственной нейронной сети*) с сокращением избыточных нейронов в скрытых слоях
pseudo least recently used ~ четырехстрочный алгоритм замещения блока данных с наиболее длительным отсутствием обращений (*напр. в кэше*), алгоритм pseudo-LRU
quantum search ~ квантовый алгоритм поиска
quick-union ~ алгоритм быстрого объединения
quick-union ~ with path compression алгоритм быстрого объединения со сжатием пути
Q-R-~ Q-R-алгоритм
radix sorting ~ алгоритм поразрядной сортировки
randomized ~ рандомизированный алгоритм
rank ~ ранговый алгоритм
Read-Solomon cyclic redundancy compression ~ циклический алгоритм сжатия (*данных*) Рида — Соломона с уменьшением избыточности
recognition ~ алгоритм распознавания
recurrent ~ рекуррентный алгоритм
recursive ~ рекурсивный алгоритм
resilient propagation ~ алгоритм Rprop, алгоритм эластичного распространения (*для обучения нейронных сетей*)
Rivest-Shamir-Adleman ~ алгоритм Ривеста — Шамира — Адлемана, алгоритм RSA, алгоритм асимметричного шифрования с использованием перемножения двух случайно выбранных простых чисел
robust ~ робастный алгоритм
routing ~ алгоритм трассировки
RProp ~ *см.* resilient propagation algorithm
RSA ~ *см.* Rivest-Shamir-Adleman algorithm
scheduling ~ *вчт* алгоритм (оперативного) планирования; алгоритм координации действий и распределения ресурсов; алгоритм диспетчеризации
search ~ алгоритм поиска
search network ~ алгоритм поиска в сети
secure hash ~ стандарт SHA, стандартный алгоритм шифрования сообщений методом хэширования; криптографическая хэш-функция SHA
selective-trace ~ алгоритм выбора трассы
self-organizing ~ самоорганизующийся алгоритм
semi-numerical ~ получисленный алгоритм
sequential ~ последовательный алгоритм, алгоритм с последовательным выполнением операций
sequential leader clustering ~ алгоритм кластеризации типа «последовательный лидер»
serial ~ последовательный алгоритм
shortest path ~ алгоритм нахождения кратчайшего пути
sieving ~ алгоритм просеивания
simulated annealing training ~ алгоритм обучения (*нейронной сети*) методом имитации отжига
simulation ~ имитационный алгоритм
smoothing ~ 1. алгоритм сглаживания (*напр. экспериментальных точек на графике*) 2. алгоритм хеширования
software ~ программно-реализованный алгоритм
spanning tree ~ алгоритм остовного дерева
spline ~ сплайновый алгоритм
splitting ~ алгоритм расщепления нейронов (*для обучения искусственной нейронной сети*)
stack ~ магазинный алгоритм
statistical ~ статистический алгоритм
stochastic ~ стохастический алгоритм
supervised training ~ обучающий алгоритм с учителем, алгоритм контролируемого [управляемого] обучения (*напр. искусственной нейронной сети*)
symmetric encryption ~ алгоритм симметричного шифрования, алгоритм шифрования с секретным ключом
time-wheel ~ алгоритм типа «колесо времени»
training ~ обучающий алгоритм, алгоритм обучения (*напр. искусственной нейронной сети*)
universal ~ универсальный алгоритм
unsupervised training ~ алгоритм обучения без учителя, алгоритм самообучения, алгоритм неконтролируемого [неуправляемого] обучения (*напр. искусственной нейронной сети*)
van der Waerden ~ алгоритм Ван-дер-Вардена
variational ~ вариационный алгоритм
vector distance ~ алгоритм маршрутизации с анализом длины вектора
Viterbi ~ алгоритм Витерби
VLSI ~ алгоритм СБИС
weighted quick-union ~ алгоритм взвешенного быстрого объединения
working ~ рабочий алгоритм
algorithmic алгоритмический
algorithmization алгоритмизация
algorithmize алгоритмизировать
algorithmized алгоритмизированный
alias 1. побочная низкочастотная [НЧ-] составляющая (*в спектре дискретизованного сигнала при частоте дискретизации, меньшей частоты Найквиста*) 2. смешанные эффекты (*в дробном факторном эксперименте*) 3. *вчт* псевдоним
public ~ общий псевдоним
aliasing 1. наложение спектров (*дискретизованного сигнала при частоте дискретизации, меньшей частоты Найквиста*) 2. смешивание эффектов (*в дробном факторном эксперименте*) 3. *вчт* совмещение имён 4. *вчт* образование ступенек при отображении линий или резких переходов (*в компьютерной графике*)
Alice сеть радиостанций тропосферного рассеяния, обслуживающая РЛС дальнего обнаружения системы ПВО США, система Alice
alidade алидада
alife искусственная жизнь
alight освещённый
align 1. выравнивать; юстировать устанавливать 2. настраивать; регулировать 3. ориентировать; упорядочивать 4. *микр.* совмещать 5. синхронизировать; фазировать 6. выставлять направление (*напр. навигационной системы*)
alignability настраиваемость
aligner *микр.* установка совмещения (и экспонирования), установка фотолитографии, установка литографии
hard-contact ~ установка фотолитографии с плотным контактом
mask ~ установка совмещения (и экспонирования), установка фотолитографии; установка литографии
projection (imaging) ~ установка проекционной фотолитографии; установка проекционной литографии

proximity ~ установка фотолитографии с (микро)зазором

reduction projection ~ установка проекционной фотолитографии с уменьшением изображения

soft-contact ~ установка фотолитографии с мягким контактом

alignment 1. выравнивание; юстировка; установка 2. настройка; регулировка 3. ориентация; упорядочение 4. *микр.* совмещение 5. синхронизация; фазирование 6. выставка [выставление] направления (*напр. навигационной системы*)
◊ **~ of optical system** юстировка оптической системы

address ~ *вчт* выравнивание адреса

antiferromagnetic ~ антиферромагнитное упорядочение

automatic azimuth ~ автоматическая регулировка азимута, автоматическая регулировка угла перекоса рабочего зазора (магнитной) головки

azimuth ~ 1. регулировка азимута, регулировка угла перекоса рабочего зазора (магнитной) головки 2. выставка [выставление] (направления) (*напр. навигационной системы*) по азимуту

beam ~ регулировка (положения) луча; регулировка (положения) пучка

domain ~ упорядочение доменов

ferrimagnetic ~ ферримагнитное упорядочение

ferromagnetic ~ ферромагнитное упорядочение

floppy-disk drive ~ юстировка привода гибких (магнитных) дисков

frame ~ цикловая синхронизация

head ~ юстировка (магнитной) головки

homeotropical ~ гомеотропное [поперечное] упорядочение (*в жидких кристаллах*)

homogeneous ~ однородное [продольное] упорядочение (*в жидких кристаллах*)

label ~ выравнивание меток (*в электронных таблицах*)

magnetostrictive ~ магнитострикционная юстировка

mirror ~ юстировка зеркала

multi-domain vertical ~ изменение ориентации нескольких доменов относительно нормали к плоскости слоя

optical ~ оптическая юстировка

parallel ~ параллельная ориентация

phase ~ фазовая синхронизация

point ~ *вчт* выравнивание чисел по десятичной точке, выравнивание чисел по десятичной запятой

proximity mask ~ совмещение фотошаблона при фотолитографии с (микро)зазором

spin ~ упорядочение спинов

alin алин (*магнитный сплав*)

aliquant *вчт* некратный

aliquot *вчт* кратная доля || кратный

alive 1. подключённый к источнику (электро)питания 2. существующий; активный; действующий

all-bottom с преобладанием нижних (звуковых) частот

all-elbows *вчт проф.* «бесцеремонная» резидентная программа (*о программе, стремящейся загрузиться в память в первую очередь*)

allele *биол.* аллель

alligator зажим типа «крокодил»

allocate 1. распределять; размещать 2. распределять частоты *или* полосы частот (*между службами*)

allocation 1. распределение; размещение 2. распределение частот *или* полос частот (*между службами*) 3. размещение (*тип соединения элементов множества*) 4. делёж (*в теории игр*) ◊ **~ of samples** распределение элементов выборки

automatic storage ~ динамическое распределение памяти

channel ~ распределение каналов

concurrent ~ распределение (*напр. ресурсов памяти*) с параллелизмом

connections ~ for each channel распределение соединений по каналам

dynamic channel ~ динамическое распределение каналов

dynamic memory ~ динамическое распределение памяти

file ~ *вчт* размещение файлов

fixed memory ~ фиксированное распределение памяти

frequency ~ распределение частот

group ~ распределение первичных групп (*в линейном спектре*)

I/O pad ~ распределение положения входных и выходных контактных площадок

memory ~ *вчт* распределение памяти

optimum ~ оптимальное распределение

proportional ~ пропорциональное распределение

register ~ переименование регистров и распределение ресурсов

resource ~ распределение ресурсов (*напр. системы*)

slot ~ распределение выделяемых интервалов времени, *проф.* распределение квантов времени (*в системах с разделением времени*)

staggered ~ выделение каналов с разнесёнными боковыми полосами частот

static memory ~ статическое распределение памяти

static storage ~ статическое распределение памяти

time ~ распределение времени

variable-space ~ динамическое распределение

wavelength ~ распределение длин волн (*между службами*)

allocator *вчт* программа распределения, распределитель

control ~ программа распределения функций управления

data/memory ~ программа распределения данных и памяти

allograph *вчт* аллограф (*любое представление графемы*)

allomeric *крист.* изоструктурный

allomerism *крист.* изоструктурность

allomerous *крист.* изоструктурный

allomorph 1. *вчт* алломорф (*любое фонологическое представление морфемы*) 2. *фтт, крист.* полиморфная модификация

allomorphic 1. *вчт* алломорфный 2. *фтт, крист.* полиморфный

allomorphism 1. *вчт* алломорфизм 2. *фтт, крист.* полиморфизм

allonym *вчт* псевдоним

allophone *вчт* аллофон (*любое представление фонемы*)

allophonic *вчт* аллофонный

allot 1. выделять; предоставлять; распределять 2. выделять частоты *или* полосы частот (*зонам, странам*)

allotment 1. выделение; предоставление; распределение 2. выделение частот *или* полос частот (*зонам, странам*) 3. выделенная частота *или* полоса частот (*зонам, странам*)

   band ~ 1. выделение полос частот 2. выделенная полоса частот

   frequency ~ 1. выделение частот 2. выделенная частота

allotrope *фтт* аллотропная модификация
allotropic *фтт* аллотропный
allotropism, allotropy *фтт* аллотропия
allotter *млф* распределитель
allowance 1. нормативные расходы ‖ нормировать расходы 2. разрешение; допуск

   contact wear ~ допуск на (механическое) изнашивание контактов

   standard maintenance ~ нормативные расходы на техническое обслуживание и текущий ремонт

alloy 1. сплав 2. сплавлять, вплавлять 3. легирующий элемент ‖ легировать

   ~ **with superlattice** сплав со сверхрешёткой, сплав с модулированной структурой

   alnico ~ алнико (*магнитный сплав*)

   antiferromagnetic ~ антиферромагнитный сплав

   binary ~ бинарный сплав

   chemically-ordered ~ сплав с химическим упорядочением

   compensator ~ компенсатор (*термомагнитный компенсационный сплав железа с никелем, хромом и марганцем*)

   corrosion-resistant ~ коррозионно-стойкий сплав

   crystalline ~ кристаллический сплав

   dilute ~ разбавленный сплав

   directionally solidified ~ сплав, полученный методом направленной кристаллизации

   disordered ~ неупорядоченный сплав

   doped ~ легированный сплав

   eutectic ~ эвтектический сплав

   ferrimagnetic ~ферримагнитный сплав

   ferromagnetic ~ ферромагнитный сплав

   giant magnetoresistance ~ сплав с гигантским магниторезистивным эффектом, сплав с гигантским магнитосопротивлением

   GMR ~ *см.* **giant magnetoresistance alloy**

   hard magnetic ~ магнитно-твёрдый [магнитно-жёсткий] сплав

   Heusler ~ сплав Гейслера

   high-coercivity ~ высококоэрцитивный сплав

   high-permeability ~ сплав с высокой магнитной проницаемостью

   invar ~ инварный сплав

   magnetic ~ магнитный сплав

   metastable ~ метастабильный сплав

   modulated-structure ~ сплав с модулированной структурой, сплав со сверхрешёткой

   n-type ~ сплав (с электропроводностью) *n*-типа

   ordered ~ упорядоченный сплав

   peritectic ~ перитектический сплав

   permanent magnet ~ сплав для постоянных магнитов

   powder ~ порошковый сплав

   precipitation-hardened ~ сплав дисперсионного твердения

   p-type ~ сплав (с электропроводностью) *p*-типа

   random ~ неупорядоченный сплав

   resistance ~ сплав высокого удельного сопротивления

   semiconducting ~ полупроводниковый сплав

   semi-hard magnetic ~ полутвёрдый [полужёсткий] магнитный сплав

   soft magnetic ~ магнитно-мягкий сплав

   solder ~ припой

   substitution ~ сплав замещения

   temperature-compensated ~ термомагнитный компенсационный сплав

   textured ~ текстурированный сплав

   thermocouple ~ сплав для термопар

   thermomagnetic ~ термомагнитный сплав

   type I superconducting ~ сверхпроводящий сплав I рода

   type II superconducting ~ сверхпроводящий сплав II рода

   Wood's ~ сплав Вуда

alloying 1. сплавление, вплавление 2. легирование

   contact ~ вплавление контактов

all-pass всечастотный, не обладающий частотными ограничениями

all-purpose универсальный

all-top с преобладанием верхних (звуковых) частот

alnico алнико (*магнитный сплав*)

Alpha 64-разрядный (микро)процессор Alpha корпорации Digital Equipment, микропроцессор DECchip 21064

   DEC ~ **(AXP)** 64-разрядный (микро)процессор Alpha корпорации Digital Equipment, микропроцессор DECchip 21064

alpha 1. альфа (*1. буква греческого алфавита, А, α 2. коэффициент передачи по току в схеме с общей базой 3. коэффициент затухания 4. фон-неймановское порядковое альфа*) 2. альфа-частица; альфа-излучение 3. алфавитный 4. *вчт* текстовый (*о режиме работы дисплея*) 5. *тлв* алфавитно-мозаичный, *проф.* альфа-мозаичный (*о растровом методе представления информации в видеотексе*)

   von Neumann ordinal ~ фон-неймановское порядковое альфа

Alphabet:

   International ~ **No. 5** Международный алфавитный код № 5; код ASCII

   International Phonetic ~ Международный фонетический алфавит

   International Telegraph ~ **No. 2** Международный телеграфный код № 2, код Бодо

alphabet 1. алфавит; азбука 2. располагать в алфавитном порядке 3. основы, основные понятия и принципы, *проф.* азбука

   binary ~ двоичный алфавит

   block ~ блочный алфавит

   code ~ 1. алфавит кода, кодовый алфавит 2. фонетический алфавит

   computer ~ машинный алфавит

   cyclic ~ циклический алфавит

   Cyrillic ~ 1. кириллица 2. русский алфавит

   finite ~ конечный алфавит

   Greek ~ греческий алфавит

   group ~ групповой алфавит

   input ~ входной алфавит

altimeter

   radio ~ радиовысотомер
   reflection ~ радиовысотомер
   sonic ~ акустический высотомер
   three-frequency laser ~ лазерный высотомер с трёхчастотной модуляцией
   ultraviolet ~ ультрафиолетовый [УФ-] высотомер
altimetry измерение высоты полёта, альтиметрия
   radar ~ измерение высоты полёта радиолокационными методами, радиоальтиметрия
altitude 1. высота 2. угол места 3. угол возвышения; угол наклона
   absolute ~ истинная высота
   celestial ~ высота светила
   co~ зенитное расстояние (*светила*)
   critical ~ критическая [минимальная] высота работы системы радиоуправления
   flight ~ высота полёта
   radar [radio] ~ истинная высота
   true ~ истинная высота
altocumulus высоко-кучевое облако
   ~ castellanus зазубренное высоко-кучевое облако
   ~ floccus хлопьевидное высоко-кучевое облако
altostratus высоко-слоистое облако
   ~ praecipitans высоко-слоистое облако с осадками в верхней части
alumina оксид алюминия
aluminization покрытие алюминием
alychne *тлв* алихна
amateur 1. любитель 2. радиолюбитель
   radio ~ радиолюбитель
ambience окружение; (окружающая) атмосфера; (окружающая) среда
   acoustic ~ акустическое окружение
AM:
   ~ 386 (микро)процессор третьего поколения фирмы AMD, процессор AM 386
   ~ 486 (микро)процессор четвёртого поколения фирмы AMD, процессор AM 486
   ~ 486DX2 (микро)процессор четвёртого поколения фирмы AMD с удвоением рабочей частоты, процессор AM 486DX2
   ~ 486DX4 (микро)процессор четвёртого поколения фирмы AMD с утроением рабочей частоты, процессор AM 486DX4
   ~ 586 (микро)процессор четвёртого поколения фирмы AMD с учетверением рабочей частоты, процессор AM 586
   enhanced ~ 486 (микро)процессор четвёртого поколения фирмы AMD типа AM 486DX2 *или* AM 486DX4c расширенными возможностями
Amanda язык (функционального) программирования Amanda
ambient окружение; (окружающая) атмосфера; (окружающая) среда || окружающий
   inert ~ инертная среда
   neutral ~ нейтральная атмосфера; нейтральная среда
   oxidizing ~ окислительная среда
   reducing ~ восстановительная среда
ambiguity неоднозначность; неопределённость
   azimuth ~ неоднозначность по азимуту
   data ~ неоднозначность данных
   Doppler ~ неоднозначность по доплеровской частоте
   lexical ~ лексическая неоднозначность; омонимия
   phase ~ неопределённость фазы
   range ~ неоднозначность по дальности
   sign ~ 1. неопределённость знака 2. обратная работа (*при фазовой манипуляции*)
   syntax ~ синтаксическая неоднозначность; амфиболия
ambisonics амбиофония
amend 1. редактировать; править; исправлять 2. изменять; модифицировать 3. улучшать(ся)
amendment 1. редактирование; правка 2. (новая) редакция; исправленная версия 3. исправление; поправка 4. изменение; модификация 5. улучшение
Amiga фирменное название семейства компьютеров корпорации Commodore Business Machines
aminocoumarin аминокумарин (*краситель*)
aminofluoranthene аминофлуорантен (*краситель*)
aminohomopiperedine аминогомопиперидин (*краситель*)
aminophthalimide аминофталимид (*краситель*)
aminothiazole аминотиазол (*краситель*)
ammeter амперметр
   clamp-on ~ токоизмерительные клещи
   digital ~ цифровой амперметр
   electrodynamic ~ электродинамический амперметр
   electron-tube ~ ламповый амперметр
   hinged-iron ~ токоизмерительные клещи с раздвижным ферромагнитным магнитопроводом
   hot-wire ~ тепловой амперметр
   induction ~ электродинамический амперметр
   magnetooptic ~ магнитооптический амперметр
   optical ~ фотоэлектрический амперметр с электрической лампой
   permanent-magnet movable-coil ~ магнитоэлектрический амперметр с подвижной катушкой
   polarized-vane ~ магнитоэлектрический амперметр с подвижным магнитом в форме лопасти
   shunt ~ амперметр с шунтом
   snap-on ~ токоизмерительные клещи
   soft-iron ~ магнитоэлектрический амперметр с магнитом из мягкого железа
   surge-crest ~ максимальный амперметр для измерения пиковых значений тока
   thermal(-expansion) ~ тепловой амперметр
   thermocouple ~ термоэлектрический амперметр
amnesia *вчт, биол.* амнезия; потеря памяти
amnestic *вчт* забывающий, стирающий (*напр. функтор*)
amount 1. (общая) сумма; (общее) количество; объём; итог || составлять в сумме; давать общее количество; доходить до (*какой-либо величины*); составлять объём; давать в итоге 2. быть равнозначным *или* равносильным; равняться
   ~ of feedback глубина обратной связи
   ~ of gain коэффициент усиления
   ~ of information количество информации
   ~ of noise уровень шума
   ~ of redundancy степень избыточности
   ~ of sampling объём выборки
   error ~ суммарная ошибка
   ignorance ~ степень незнания
   total ~ общая сумма; общее количество; объём; итог
ampacity допустимая токовая нагрузка (*кабеля*) в амперах
amper амперсанд, символ &

Latin ~ латинский алфавит, латиница
manual ~ азбука языка жестов глухонемых, дактилологическая азбука
Morse ~ Международный код Морзе
output ~ выходной алфавит
permuted ~ переставленный алфавит (*в криптографии*)
phonetic ~ фонетический алфавит
Roman ~ латинский алфавит, латиница
Russian ~ русский алфавит
source ~ алфавит источника; входной алфавит
symbolic ~ символический алфавит
target ~ алфавит назначения; выходной алфавит
telegraph ~ телеграфный алфавит
user ~ алфавит пользователя

alphabetic(al) 1. алфавитный 2. текстовый
alphabetic(al)-numeric(al) 1. алфавитно-цифровой 2. текстовый
alphabetization расположение в алфавитном порядке
alphabetize располагать в алфавитном порядке
alphageometric алфавитно-геометрический (*1. графический (о режиме работы дисплея) 2. векторный (о способе представления символов)*)
alphamosaic *тлв* алфавитная мозаика, *проф.* альфамозаика || алфавитно-мозаичный, *проф.* альфамозаичный (*о растровом методе представления информации в видеотексе*)
alphanumeric 1. алфавитно-цифровой 2. текстовый
alpha-quartz α [альфа-]кварц
alphatron детектор альфа-излучения
alsifer альсифер, сендаст (*магнитный сплав*)
Alta Vista *вчт* поисковая машина Alta Vista
Altair 8800 (персональный) компьютер Altair (*фирмы Micro Instrumentation Telemetry Systems, 1975 г.*)
altbit *вчт* старший разряд
alter изменять(ся); модифицировать(ся)
alteration изменение; модификация
   chromatic ~ альтерация, повышение *или* понижение звука на полутон
alternant 1. *вчт* лексико-семантический вариант слова 2. чередующийся; попеременный; испытывающий периодические изменения; подвергающийся периодическим изменениям 3. периодически изменяющий знак *или* направление; знакопеременный; переменный (*напр. ток*); возвратно-поступательный (*о движении*) 4. чётный *или* нечётный; каждый второй член ряда *или* последовательности
alternate 1. чередовать(ся); испытывать периодические изменения; подвергать(ся) периодическим изменениям || чередующийся; попеременный; испытывающий периодические изменения; подвергающийся периодическим изменениям 2. периодически изменять знак *или* направление || периодически изменяющий знак *или* направление; знакопеременный; переменный (*напр. ток*); возвратно-поступательный (*о движении*) 3. чётный *или* нечётный; каждый второй член ряда *или* последовательности 4. альтернативный 5. запасной; резервный
alternating 1. чередующийся; попеременный; испытывающий периодические изменения; подвергающийся периодическим изменениям 2. периодически изменяющий знак *или* направление; знакопеременный; переменный (*напр. ток*); возврат-

но-поступательный (*о движении*) 3. чётный *или* нечётный; каждый второй член ряда *или* последовательности
alternation 1. чередование; периодические изменен 2. периодическое изменение знака *или* направ ния 3. полупериод (*напр. переменного тока*) альтерация (*в акустике*) 5. *вчт* многовариа ность значений слова
   color phase ~ *тлв* периодическое изменение ф цветовой поднесущей на 180° (*в системе ПАЛ*
   tape ~ попеременное обращение к несколі (магнитным) лентам
alternative *вчт* 1. альтернатива (*1. необходим выбора одной из двух или более взаимоисклю щих возможностей 2. каждая из двух или взаимоисключающих возможностей*) || аль тивный 2. возможный *или* допустимый вар возможный; допустимый 3. резервный *или* ной вариант || резервный; запасной
   admissible ~ возможный *или* допустимый в
   design ~ возможный *или* допустимый проектного решения
   dichotomic ~ дихотомическая альтернатив
   equiprobable ~**s** равновероятные альтерна
   exclusive ~ исключающая альтернатива
   go-no go ~ дихотомическая альтернатива
   multiple-choice ~ многовариантная альтер
   optimum ~ оптимальный вариант
   stochastic ~ стохастическая альтернатива
alternator синхронный генератор (*переме ка*)
   diphase ~ двухфазный синхронный гене
   Goldschmidt ~ синхронный генератор рад
   high-frequency ~ синхронный ВЧ-генер
   inductor ~ индукторный генератор
   radio-frequency ~ синхронный генера частот
   solid-state static ~ тиристорный прео прямоугольных импульсов в одно трёхфазное переменное напряжение
altigraph самопишущий высотомер
altimeter высотомер, альтиметр
   absolute ~ абсолютный высотомер измеряющий истинную высоту полёт
   aneroid ~ барометрический высотом
   barometric ~ барометрический высо
   capacitance ~ ёмкостный высотомер
   delay-lock radar ~ импульсный ра больших высот с автоподстройкой
   Doppler radar ~ доплеровский ради
   electronic ~ радиовысотомер
   frequency-modulated radio ~ ради лых высот с частотной модуляции
   gamma-ray ~ гамма-высотомер
   high-altitude radio ~ импульсны мер больших высот
   laser ~ лазерный высотомер
   low-altitude radio ~ радиовысото с частотной модуляцией
   microwave ~ СВЧ-радиовысотом
   pressure ~ барометрический выс
   pulsed [pulse-type] ~ импульсі мер больших высот
   radar ~ импульсный радиовь высот

amperage сила тока в амперах
ampere ампер, А
ampere-second кулон, Кл
ampere-turn ампер-виток
    back ~s размагничивающие ампер-витки
    choking ~s реактивные ампер-витки
    demagnetizing ~s размагничивающие ампер-витки
    virtual ~s действующие ампер-витки
ampere-winding ампер-виток
ampersand амперсанд, символ &
amphiboly амфиболия (*1. синтаксическая неоднозначность 2. логическая ошибка, (преднамеренное) использование грамматических конструкций, приводящих к неоднозначному толкованию смысла предложения*))
amplidyne амплидин
amplification 1. усиление 2. коэффициент усиления 3. *биол.* амплификация, размножение копий генетических признаков
    ac ~ 1. усиление переменного тока 2. коэффициент усиления по переменному току
    acoustic-wave ~ усиление акустических волн
    acoustoelectr(on)ic ~ акустоэлектронное усиление
    audio ~ усиление звуковых частот
    carrier-frequency ~ усиление на несущей частоте
    cascade ~ каскадное усиление
    cell ~ газовое [ионное] усиление
    coherent ~ когерентное усиление
    current ~ 1. усиление тока 2. коэффициент усиления по току
    dc ~ 1. усиление постоянного тока 2. коэффициент усиления по постоянному току
    distributed ~ распределённое усиление
    electronic ~ электронное усиление
    feedback ~ 1. усиление в схеме с обратной связью 2. усиление в цепи обратной связи
    gas ~ газовое [ионное] усиление
    integral ~ полное [общее] усиление
    intermediate-frequency ~ усиление на промежуточной частоте
    laser ~ лазерное усиление
    light ~ усиление света
    linear ~ линейное усиление
    maser ~ мазерное усиление
    microwave ~ усиление в СВЧ-диапазоне
    molecular ~ молекулярное усиление
    near-threshold ~ околопороговое усиление
    net ~ полное [общее] усиление
    one-port ~ усиление в режиме «на отражение»
    overall ~ полное [общее] усиление
    parametric ~ параметрическое усиление
    photoelectric ~ фотоэлектрическое умножение, фотоумножение
    piezoelectric ~ усиление (звука) в пьезоэлектрике
    post-threshold ~ запороговое усиление
    power ~ 1. усиление мощности 2. коэффициент усиления по мощности
    quantum ~ квантовое усиление
    radio-frequency ~ 1. усиление в ВЧ-диапазоне 2. усиление в радиочастотном диапазоне
    regenerative ~ регенеративное усиление
    single-pass ~ усиление при однократном прохождении (*активной среды*)
    small-signal ~ 1. усиление при малом уровне сигнала 2. коэффициент усиления при малом уровне сигнала

    space-charge wave ~ усиление волной пространственного заряда
    sub-threshold ~ допороговое усиление
    superregenerative ~ сверхрегенеративное усиление
    traveling-wave ~ усиление бегущей волны
    two-port ~ усиление в режиме «на проход»
    voltage ~ 1. усиление напряжения 2. коэффициент усиления по напряжению
amplifier усилитель
    ac ~ усилитель переменного тока
    accumulating ~ накапливающий усилитель
    acoustic(-wave) ~ усилитель акустических [упругих] волн
    acoustoelectr(on)ic ~ акустоэлектронный усилитель
    AGC ~ *см.* **automatic gain control amplifier**
    all-purpose ~ универсальный усилитель, УУ (*используемый в качестве усилителя записи или усилителя воспроизведения*)
    all-pass ~ частотно-независимый усилитель
    anticoincidence ~ усилитель антисовпадений
    aperiodic ~ апериодический усилитель
    audio(-frequency) ~ усилитель звуковой частоты, УЗЧ
    automatic gain control ~ усилитель с АРУ
    backward-wave ~ усилитель обратной волны
    backward-wave parametric ~ параметрический усилитель обратной волны
    backward-wave power ~ усилитель мощности на лампе обратной волны, усилитель мощности на ЛОВ
    backward-wave tube ~ усилитель на лампе обратной волны, усилитель на ЛОВ
    balanced ~ 1. балансный усилитель 2. двухтактный усилитель
    bandpass ~ полосовой усилитель
    baseband ~ 1. усилитель группового сигнала 2. видеоусилитель
    bass ~ усилитель нижних (звуковых) частот
    beam-injection magnetron ~ усилитель М-типа с инжектированным электронным потоком
    beam-plasma ~ плазменно-пучковый усилитель
    beam-type parametric ~ электронно-лучевой параметрический усилитель
    biased pulse ~ пороговый импульсный усилитель
    bidirectional ~ двунаправленный усилитель
    bi-FET operational ~ *см.* **bipolar-field-effect transistor operational amplifier**
    bilateral ~ двунаправленный усилитель
    bipolar ~ усилитель с биполярным выходом
    bipolar-field-effect transistor operational ~ операционный усилитель на биполярных и полевых транзисторах
    booster ~ 1. выходной каскад операционного усилителя 2. линейный усилитель микшерного блока (*в студийной аппаратуре*)
    bootstrap ~ однокаскадный усилитель с компенсационной обратной связью
    bridge ~ усилитель выходного сигнала мостовой схемы
    bridge magnetic ~ мостиковый магнитный усилитель
    bridging ~ 1. оконечный усилитель опорной усилительной станции (*в проводном вещании*) 2. усилитель с большим входным сопротивлением

amplifier

broadband ~ широкополосный усилитель
buffer ~ буферный усилитель
bulk-wave ~ усилитель объёмных волн
burst ~ усилитель сигналов цветовой синхронизации
camera ~ *тлв* камерный предварительный усилитель
cancellation ~ компенсационный усилитель
capacitance-coupled ~ усилитель с ёмкостной связью
capacitive-differentiation ~ усилитель класса А с дифференцирующей RC-цепочкой
capacitive-integration ~ усилитель класса А с интегрирующей RC-цепочкой
capacitor transmitter ~ усилитель конденсаторного микрофона
carries-type dc ~ УПТ с модуляцией и демодуляцией сигнала, УПТ типа модулятор — демодулятор, УПТ типа М — ДМ
cascade ~ каскадный усилитель
cascade-controlled attenuation ~ усилитель с покаскадной регулировкой усиления
cascode ~ каскодный усилитель
cathode-coupled ~ 1. усилитель с катодной связью 2. катодный повторитель 3. усилитель с заземлённой сеткой
cathode-follower ~ катодный повторитель
cathode-input ~ усилитель с заземлённой сеткой
CATV line ~ *см.* community antenna television line amplifier
cavity-type ~ резонаторный усилитель
ceramic ~ акустоэлектронный усилитель на пьезокерамике
charge ~ электрометрический усилитель
chemical ~ *кв. эл.* химический усилитель
choke-coupled ~ усилитель с дроссельной связью
chopper ~ УПТ с модуляцией и демодуляцией сигнала, УПТ типа модулятор — демодулятор, УПТ типа М — ДМ
chopper-stabilized ~ УПТ с модуляцией и демодуляцией сигнала со стабилизацией нуля, УПТ типа модулятор — демодулятор со стабилизацией нуля, УПТ типа М — ДМ со стабилизацией нуля
chroma ~ усилитель сигналов цветности
chroma bandpass ~ усилитель сигналов цветовой синхронизации
chrominance ~ усилитель сигналов цветности
circlotron ~ регенеративный усилитель М-типа
circular-type magnetron ~ усилитель М-типа с кольцевыми электродами
circulator-coupled ~ усилитель с циркуляторной связью
clamped ~ усилитель-фиксатор уровня, усилитель с фиксацией уровня
class-A ~ усилитель (в режиме) класса А
class-AB ~ усилитель (в режиме) класса АВ
class-B ~ усилитель (в режиме) класса В
class-C ~ усилитель (в режиме) класса С
class-D ~ усилитель (в режиме) класса D
clipper [clipping] ~ усилитель-ограничитель, усилитель с ограничением
coaxial ~ усилитель с коаксиальным настроечным шлейфом
coherent light ~ лазерный усилитель
coincidence ~ усилитель совпадений
cold-cathode ~ усилитель М-типа с холодным катодом
color-burst ~ усилитель сигналов цветовой синхронизации
combining ~ *тлв* линейный усилитель (*в студийной аппаратуре*)
common-base ~ усилитель с общей базой
common-collector ~ усилитель с общим коллектором, эмиттерный повторитель
common-drain ~ усилитель с общим стоком, истоковый повторитель
common-emitter ~ усилитель с общим эмиттером
common-gate ~ усилитель с общим затвором
common-source ~ усилитель с общим истоком
community antenna television line ~ линейный усилитель системы кабельного телевидения с коллективным приёмом
compensated ~ широкополосный усилитель с частотной коррекцией
complementary symmetry [complementary transistor] ~ усилитель на комплементарных транзисторах
complementing ~ инвертирующий усилитель, усилитель-инвертор
contact-modulated ~ УПТ с модуляцией и демодуляцией сигнала, УПТ типа модулятор — демодулятор, УПТ типа М — ДМ
control ~ управляющий усилитель
cooled parametric ~ охлаждаемый параметрический усилитель
coupling ~ согласующий усилитель
crossed-field ~ усилитель М-типа, усилитель магнетронного типа
crossed-field waveguide coupled ~ усилитель М-типа со связанным волноводом
cryogenic ~ криогенный усилитель
cryotron ~ усилитель на криотронах
current ~ усилитель тока
cyclotron-wave ~ усилитель на циклотронной волне
Darlington ~ усилитель на паре Дарлингтона
data ~ усилитель-преобразователь аналоговых сигналов в цифровую форму
dc ~ усилитель постоянного тока, УПТ
dc restoration ~ усилитель с восстановлением постоянной составляющей
deflection ~ выходной (усилительный) каскад блока строчной *или* полевой развёртки
degenerate parametric ~ вырожденный параметрический усилитель
degenerative ~ усилитель с отрицательной обратной связью
dielectric ~ диэлектрический усилитель
difference ~ дифференциальный усилитель
difference-frequency parametric ~ регенеративный усилитель-преобразователь, двухконтурный параметрический усилитель с выходом на разностной частоте
differential(-input) ~ дифференциальный усилитель
differentiating [differentiation] ~ дифференцирующий усилитель
digitally controlled [digitally programmed] ~ усилитель с цифровым управлением
diode ~ параметрический усилитель на полупроводниковом диоде
direct-coupled ~ усилитель с непосредственной связью

amplifier

direct-inductive coupling ~ усилитель с непосредственной индуктивной связью
directional ~ однонаправленный усилитель
direct resistance-coupled ~ усилитель с непосредственной резистивной связью
discontinuous ~ усилитель с сильно нелинейной характеристикой
distributed ~ усилитель с распределённым усилением
distributing [distribution] ~ усилитель-распределитель
Doherty ~ усилитель Догерти (*схема в виде двух параллельно включенных на общую нагрузку усилителей мощности с фазосдвигающими цепочками, обеспечивающая подведение мощности от второго усилителя к нагрузке при переходе первого усилителя в режим насыщения*)
double-detection ~ супергетеродинный приёмник
double-ended ~ усилитель с незаземлённым входом и выходом
double-pumped parametric ~ параметрический усилитель с накачкой на двух частотах
double-sideband parametric ~ двухполосный параметрический усилитель
double-sided ~ усилитель с незаземлённым входом и выходом
double-stream ~ двухпотоковый усилитель (*на ЛБВ О-типа*)
double-tuned ~ усилитель с двухконтурными межкаскадными цепями со сверхкритической связью
drift-corrected ~ усилитель с коррекцией дрейфа
drift-free ~ усилитель без дрейфа
drift-stabilized ~ усилитель со стабилизацией дрейфа
driver ~ 1. (пред)усилитель мощности; предоконечный усилитель 2. *вчт* усилитель записи 3. усилитель-формирователь
dual-channel ~ двухканальный усилитель (*в стереофонии*)
duo-directional ~ двухтактный усилитель
duplex ~ *тлф* дуплексный усилитель
dye-laser ~ лазерный усилитель на красителе
dynamoelectric ~ электромашинный усилитель, ЭМУ
EBS ~ *см.* **electron-bombardment semiconductor amplifier**
echo ~ усилитель отражённых сигналов
echo unit ~ усилитель со схемой создания (искусственного) эха
elastic-wave ~ усилитель упругих [акустических] волн
electric organ ~ усилитель для электрооргана, органный усилитель
electrochemical ~ электрохимический усилитель
electromagnetic ferrite ~ электромагнитный ферритовый усилитель
electrometric ~ электрометрический усилитель
electron-beam ~ электронно-лучевой усилитель
electron-beam parametric ~ электронно-лучевой параметрический усилитель
electron-bombardment semiconductor ~ усилитель на полупроводниковом диоде с управлением электронным лучом
electronic ~ электронный усилитель

electronically tunable ~ усилитель с электронной настройкой
electron-tube ~ ламповый усилитель
EM ferrite ~ *см.* **electromagnetic ferrite amplifier**
emitter-follower ~ эмиттерный повторитель, усилитель с общим коллектором
erase ~ усилитель стирания
error ~ усилитель сигнала рассогласования
exponential ~ экспоненциальный усилитель
extender ~ усилительная подстанция (*в кабельном телевидении*)
Fabry-Perot ~ усилитель с интерферометром Фабри — Перо
fader ~ *тлв* микшерный усилитель
fast ~ усилитель с малой постоянной времени
fast cyclotron-wave ~ усилитель на быстрой циклотронной волне
feedback ~ усилитель с обратной связью
feedback-stabilized ~ усилитель со стабилизацией обратной связью
ferrimagnetic ~ ферримагнитный усилитель
ferrite ~ ферритовый усилитель
ferroelectric parametric ~ сегнетоэлектрический параметрический усилитель
ferromagnetic ~ ферромагнитный усилитель
ferroresonant magnetic ~ феррорезонансный магнитный усилитель
field ~ усилительный каскад блока полевой развёртки
filter ~ полосовой усилитель
final ~ выходной каскад передатчика; оконечный усилитель
fixed-gain ~ усилитель с постоянным коэффициентом усиления
fixed-tuned ~ усилитель с фиксированной настройкой
flat-gain ~ усилитель с плоской амплитудно-частотной характеристикой
floating paraphase ~ парафазный фазоинверсный усилитель
floating-point ~ усилитель с плавающей рабочей точкой
fluid ~ жидкоструйный усилитель
folded ~ усилитель со сложенным шасси
follow-up ~ усилитель следящей системы
forward-wave ~ усилитель прямой волны
four-frequency reactance ~ трёхчастотный [трёхконтурный] параметрический усилитель
frame ~ усилительный каскад блока кадровой развёртки
frequency-elimination ~ частотно-избирательный усилитель
frequency-miltiplier ~ усилитель-умножитель частоты, усилитель с умножением частоты
frequency-rejection [frequency-selective] ~ частотно-избирательный усилитель
front(-end) ~ входной усилитель
gain-adjusting ~ усилитель с автоматическим ограничением громкости
gain-controlled ~ усилитель с регулируемым коэффициентом усиления
gain-programmable ~ усилитель с программируемой регулировкой усиления
gain-stabilized ~ усилитель со стабилизированным коэффициентом усиления

amplifier

gain-switching ~ усилитель со ступенчатой регулировкой усиления
gamma ~ *тлв* гамма-корректор
gate ~ 1. усилитель селекторных [стробирующих] импульсов, усилитель строб-импульсов 2. *вчт* усилитель в схеме логического элемента
gated ~ стробируемый усилитель
gate-pulse ~ усилитель селекторных [стробирующих] импульсов, усилитель строб-импульсов
gating ~ усилитель селекторных [стробирующих] импульсов, усилитель строб-импульсов
general-purpose ~ универсальный усилитель
Goto twin-pair ~ усилитель на паре Гото
grid-modulated ~ усилитель с сеточной модуляцией (*в передатчиках*)
grounded-anode ~ катодный повторитель
grounded-base ~ усилитель с общей базой
grounded-cathode ~ усилитель с общим катодом
grounded-cathode grounded-grid ~ каскодный усилитель
grounded-collector ~ усилитель с общим коллектором, эмиттерный повторитель
grounded-drain ~ усилитель с общим стоком, истоковый повторитель
grounded-emitter ~ усилитель с общим эмиттером
grounded-gate ~ усилитель с общим затвором
grounded-grid ~ усилитель с заземлённой сеткой
grounded-plate ~ катодный повторитель
grounded-source ~ усилитель с общим истоком
guitar ~ усилитель для электрогитары, гитарный усилитель
Gunn (diode) ~ усилитель на диоде Ганна, ганновский усилитель, усилитель на эффекте Ганна, усилитель на эффекте междолинного переноса электронов
half-wave push-pull magnetic ~ однополупериодный двухтактный магнитный усилитель
harmonic magnetic ~ магнитный модулятор с выходом на чётной гармонике
head ~ 1. предварительный усилитель 2. усилитель звуковой головки (*кинопроектора*) 3. камерный предварительный усилитель
head-end ~ входной усилитель
headphone ~ усилитель для головного телефона *или* головных телефонов, *проф.* усилитель для наушника *или* наушников
helix parametric ~ параметрический усилитель с нагруженной спиралью
heterodyne ~ гетеродинный усилитель
Hi-Fi ~ усилитель высокой верности воспроизведения, усилитель категории Hi-Fi
high-frequency ~ усилитель высокой частоты, УВЧ
high power ~ усилитель высокого уровня мощности
horizontal ~ 1. усилитель горизонтального отклонения (*в осциллографе*) 2. *тлв* выходной (усилительный) каскад блока строчной развёртки
hybrid ~ гибридный усилитель
hydraulic ~ гидравлический усилитель
IC ~ *см.* integrated circuit amplifier
image ~ усилитель яркости изображения
image-rejecting intermediate frequency ~ усилитель промежуточной частоты с подавлением помех от зеркального канала
IMPATT ~ усилитель на ЛПД

impedance-capacitance coupled ~ усилитель с импедансной связью и разделительным конденсатором
inductance [inductively coupled] ~ усилитель с индуктивной [трансформаторной] связью
injected-beam crossed-field ~ усилитель М-типа с инжектированным электронным потоком
injected-beam forward-wave magnetron ~ усилитель М-типа с инжектированным электронным потоком
instrumentation ~ измерительный усилитель
integrated-circuit ~ интегральный усилитель, ИС усилителя
integrating ~ интегрирующий усилитель, усилитель-интегратор
intensity ~ усилитель яркости изображения
intermediate ~ промежуточный усилитель
intermediate-frequency ~ усилитель промежуточной частоты, УПЧ
intermediate power ~ усилитель среднего уровня мощности
intervening ~ промежуточный усилитель
inverted ~ обращённый усилитель
inverting ~ инвертирующий усилитель, усилитель-инвертор
isolated [isolating, isolation] ~ развязывающий усилитель
iterative ~ итерационный усилитель
Josephson-junction ~ *свпр* усилитель на джозефсоновском переходе, джозефсоновский усилитель
K ~ эквивалентная схема усилителя
klystron ~ клистронный усилитель
laser ~ лазерный усилитель
launch ~ линейный усилитель (*в системе кабельной связи*)
law ~ функциональный усилитель
level ~ потенциальный усилитель
light ~ 1. усилитель света, оптический усилитель 2. усилитель яркости изображения
lighthouse-tube ~ усилитель на маячковой лампе
limited-gain ~ усилитель с ограничением коэффициента усиления
limiting ~ ограничивающий усилитель, усилитель-ограничитель
line ~ линейный усилитель (*в студийной аппаратуре*)
linear ~ линейный усилитель (*с линейной амплитудной характеристикой*)
linear ~ for various applications универсальный линейный усилитель
linear-type magnetron ~ усилитель М-типа с плоскими электродами
lin-log ~ линейно-логарифмический усилитель
lock-in ~ синхронный усилитель
log(arithmic) ~ логарифмический усилитель
longitudinal-beam ~ усилитель с продольным пучком
lower sideband parametric ~ параметрический усилитель с выходом на нижней боковой полосе
low-frequency ~ усилитель низкой частоты, УНЧ
low-noise ~ малошумящий усилитель
low-power ~ усилитель малого уровня мощности
luminance ~ усилитель сигнала яркости
magnetic ~ магнитный усилитель
magnetic-film ~ усилитель на магнитной плёнке

amplifier

magnetic-recording ~ усилитель (магнитной) записи
magnetic-reproducing ~ усилитель воспроизведения
magnetoelastic-wave ~ усилитель магнитоупругих волн
magnetoresistive ~ магниторезистивный усилитель
magnetostatic ferrite ~ магнитостатический ферритовый усилитель
magnetostatic-wave ~ усилитель магнитостатических волн
magnetron ~ усилитель М-типа, усилитель магнетронного типа
main ~ усилитель мощности
maser ~ мазер, квантовый усилитель СВЧ-диапазона
master oscillator-power ~ (каскадно включенные) задающий генератор — усилитель мощности
matched ~ согласованный усилитель
matching ~ согласующий усилитель
M-D ~ *см.* **modulation-demodulation amplifier**
microphone ~ микрофонный усилитель
microwave atomic ~ мазер, квантовый усилитель СВЧ-диапазона
mid-range ~ усилитель средних (звуковых) частот
Miller integrator ~ усилитель с интегратором Миллера
millimeter-wave ~ усилитель миллиметрового диапазона
mixing ~ 1. групповой усилитель 2. *тлв* микшерный усилитель
modified semistatic ferrite ~ модифицированный полустатический ферритовый усилитель
modulated ~ усилитель модуляторной ступени передатчика
modulating ~ **by variable reactance** параметрический усилитель СВЧ-диапазона
modulation-demodulation ~ усилитель с модуляцией и демодуляцией сигнала, усилитель типа модулятор — демодулятор, усилитель типа М — ДМ
molecular microwave ~ 1. мазер, квантовый усилитель СВЧ-диапазона 2. параметрический усилитель СВЧ-диапазона
monitor ~ 1. контрольный усилитель 2. *тлв* усилитель видеоконтрольного устройства
mono ~ одноканальный усилитель
monolithic ~ интегральный усилитель, ИС усилителя
MS ferrite ~ *см.* **magnetostatic ferrite amplifier**
MSS ferrite ~ *см.* **modified semistatic ferrite amplifier**
M-type ~ усилитель М-типа, усилитель магнетронного типа
multiaperture-core magnetic ~ магнитный усилитель на многоотверстном сердечнике
multicavity-klystron ~ усилитель на многорезонаторном клистроне
multiple-loop feedback ~ усилитель с многоконтурной обратной связью
multistage ~ многокаскадный усилитель
nanosecond pulse ~ усилитель наносекундных импульсов
narrow-band ~ узкополосный усилитель
negative-conductance ~ усилитель с отрицательной проводимостью
negative-effective-mass ~ усилитель на носителях с отрицательной эффективной массой
negative-feedback ~ усилитель с отрицательной обратной связью
negative-resistance ~ усилитель с отрицательным сопротивлением
negative-resistance parametric ~ 1. регенеративный параметрический усилитель 2. регенеративный усилитель-преобразователь
neodymium ~ лазерный усилитель на неодиме
neutralized ~ усилитель с нейтрализацией обратной связи
noise-immune ~ помехоустойчивый усилитель
noiseless ~ нешумящий усилитель
noise-suppression ~ усилитель с шумоподавлением
noisy ~ шумящий усилитель
noncomplementing ~ неинвертирующий усилитель
nondegenerate parametric ~ невырожденный параметрический усилитель
noninverting ~ неинвертирующий усилитель
nonlinear ~ нелинейный усилитель
nonlinear-susceptance ~ параметрический усилитель
nonreciprocal ~ невзаимный усилитель
nonreentrant crossed-field forward wave ~ усилитель на дематроне, усилитель М-типа прямой волны с разомкнутым электронным потоком
off-chip ~ *микр.* навесной [внешний] усилитель
on-chip ~ *микр.* усилитель на кристалле
one-chip ~ однокристальный усилитель
one-port ~ отражательный усилитель, усилитель отражательного типа
one-way ~ однонаправленный усилитель
operational ~ операционный усилитель
optical ~ 1. усилитель света, оптический усилитель 2. оптоэлектронный усилитель с электрическими входом и выходом
optical feedback ~ усилитель с оптической обратной связью
optical fiber laser ~ волоконно-оптический лазерный усилитель
optoelectronic ~ оптоэлектронный усилитель
output ~ 1. выходной усилитель 2. усилитель мощности
overdriven ~ 1. усилитель, работающий в недонапряжённом *или* перенапряжённом режиме 2. усилитель, работающий в режиме с сеточным током
overstaggered ~ усилитель с расстроенными одноконтурными каскадами с двугорбой частотной характеристикой
PA ~ *см.* **public-address amplifier**
packaged ~ усилитель пакетированной конструкции, пакетированный усилитель
paging ~ усилитель системы поискового вызова
panoramic ~ панорамный усилитель
parallel-feed ~ усилитель с параллельным питанием
paramagnetic ~ квантовый парамагнитный усилитель; мазер
parametric ~ параметрический усилитель
parametric varactor ~ параметрический усилитель на варакторе
paraphase ~ парафазный усилитель
peaked ~ усилитель со схемой высокочастотной коррекции

amplifier

peak-limiting ~ усилитель с автоматическим ограничением громкости
pentriode ~ видеоусилитель на пентоде в триодном включении
periodically distributed ~ усилитель с периодически распределёнными параметрами
phase-coherent degenerate ~ вырожденный параметрический усилитель в синхронном режиме
phase-linear ~ усилитель с линейной фазовой характеристикой
phase-preserving ~ усилитель с идеальной фазовой характеристикой
phase-sensitive ~ фазочувствительный усилитель
phase-splitting фазорасщепляющий усилитель
phase-tolerant ~ усилитель, не чувствительный к фазовым искажениям
phonon parametric ~ параметрический усилитель фононов
photocurrent ~ усилитель фототока
photodiode parametric [photoparametric] ~ фотопараметрический усилитель
piezoelectric-semiconductor ultrasonic ~ усилитель ультразвука на пьезополупроводнике
pilot ~ усилитель пилот-сигнала
plasma ~ плазменный усилитель
playback ~ усилитель воспроизведения
plate-modulated ~ усилитель с анодной модуляцией (*в передатчиках*)
plug-in ~ съёмный [сменный] усилитель
polarity-inverting ~ инвертирующий усилитель, усилитель-инвертор
positive-feedback ~ усилитель с положительной обратной связью, регенеративный усилитель
power ~ усилитель мощности
power-video ~ *тлв* линейный усилитель (*в студийной аппаратуре*)
prime ~ предварительный усилитель, предусилитель
printed-circuit ~ усилитель на печатной плате
processing ~ усилитель-формирователь
program ~ *тлв* линейный усилитель (*в студийной аппаратуре*)
programmable-gain ~ усилитель с программным управлением
proportional ~ линейный импульсный усилитель
public-address ~ усилитель системы озвучения и звукоусиления
pulse ~ импульсный усилитель
pulse distribution ~ усилитель-распределитель импульсов
pulse-pumped parametric ~ параметрический усилитель с импульсной накачкой
push-pull ~ двухтактный усилитель
push-pull-parallel ~ двухтактный усилитель с параллельным включением усилительных элементов в плечах
push-push ~ двухтактный удвоитель частоты
quadrature ~ квадратурный усилитель
quadrupole ~ электронно-лучевой параметрический усилитель с квадрупольным полем (*на быстрой циклотронной волне*)
quantum(-mechanical) ~ квантовый усилитель
quasi-degenerate parametric ~ квазивырожденный параметрический усилитель
quiescent push-pull ~ двухтактный усилитель с нулевым выходным током покоя

radio-frequency ~ **1.** усилитель радиочастоты, УРЧ **2.** усилитель высокой частоты, УВЧ
Ramey ~ (магнитный) усилитель Реми
Rayleigh-wave ~ усилитель релеевских волн
RC ~ *см.* **resistance-coupled amplifier**
reactance ~ параметрический усилитель
read(ing) ~ усилитель считывания
reading-writing ~ усилитель записи — считывания
receiving ~ усилитель на приёмном конце (*системы связи*)
reciprocal ~ двунаправленный усилитель
recording ~ усилитель записи
reentrant-beam crossed-field ~ усилитель на амплитроне, усилитель М-типа с замкнутым электронным потоком
reference ~ усилитель опорного сигнала
reflection-type parametric ~ отражательный параметрический усилитель, параметрический усилитель отражательного типа
reflex ~ рефлексная усилительная схема
refrigerated parametric ~ охлаждаемый параметрический усилитель
regenerative ~ регенеративный усилитель, усилитель с положительной обратной связью
Regulex ~ электромашинный усилитель с двумя дополнительными обмотками возбуждения
repeating ~ ретрансляционный усилитель
reset ~ усилитель сброса
resistance-capacitance-coupled ~ усилитель с резистивно-ёмкостной связью
resistance-coupled ~ усилитель с резистивной связью
resistive-wall ~ усилитель на ЛБВ с резистивной стенкой
resonance [resonant] ~ резонансный усилитель
response selection ~ усилитель с регулируемой амплитудно-частотной характеристикой
reversed-feedback ~ усилитель с отрицательной обратной связью
ring ~ кольцевой усилитель
root(er) ~ усилитель со схемой извлечения корня
rotary ~ электромашинный усилитель
rotary fader ~ усилитель поворотного регулятора уровня
rotating (magnetic) ~ электромашинный усилитель
sample-and-hold ~ усилитель выборки и хранения
sampling ~ усилитель с дискретизацией
SAW ~ *см.* **surface-acoustic-wave amplifier**
selective ~ избирательный [селективный] усилитель
self-feedback ~ усилитель с внутренней обратной связью
self-pumped parametric ~ параметрический усилитель с автоматической накачкой
self-saturating magnetic ~ магнитный усилитель с самонасыщением
semiconductor-diode parametric ~ полупроводниковый параметрический усилитель
semistatic ferrite ~ полустатический ферритовый усилитель
sense [sensing] ~ усилитель считывания
sensitive ~ чувствительный усилитель
series-fed ~ усилитель с последовательным питанием

amplifier

series-peaked ~ усилитель с последовательной схемой высокочастотной коррекции
servo ~ сервоусилитель
shunt-and series-peaked ~ усилитель с параллельно-последовательной схемой высокочастотной коррекции
shunt-fed ~ усилитель с параллельным питанием
shunting ~ согласующий усилитель
shunt-peaked ~ усилитель с параллельной схемой высокочастотной коррекции
signal-frequency ~ *тлф* усилитель вызывного сигнала
signal-shaping ~ *тлг* регенерирующее устройство
single-ended ~ усилитель с заземлёнными входом и выходом
single-ended push-pull ~ бестрансформаторный двухтактный усилитель
single-port ~ отражательный усилитель, усилитель отражательного типа
single-pumped parametric ~ параметрический усилитель с накачкой на одной частоте
single-section ~ однокаскадный усилитель
single-sideband parametric ~ однополосный параметрический усилитель
single-sided ~ усилитель с заземлёнными входом и выходом
single-stage ~ однокаскадный усилитель
single-tuned ~ одноконтурный резонансный усилитель
small-signal ~ малосигнальный усилитель
solid-state ~ твердотельный усилитель
solid-state power ~ твердотельный усилитель мощности
source-follower ~ истоковый повторитель, усилитель с заземлённым стоком
speaker ~ усилитель для громкоговорителя
speech ~ 1. микрофонный (пред)усилитель 2. усилитель голосовых [речевых] сигналов
spin-wave ~ усилитель спиновых волн
square-law ~ квадратичный усилитель, усилитель с квадратичной характеристикой
square(-wave) ~ 1. усилитель прямоугольных импульсов 2. усилитель сигналов в форме меандра, усилитель сигналов в форме последовательности симметричных прямоугольных биполярных импульсов со скважностью, равной двум
squaring ~ усилитель-формирователь прямоугольных импульсов
squarish ~ 1. усилитель прямоугольных импульсов 2. усилитель сигналов в форме меандра, усилитель сигналов в форме последовательности симметричных прямоугольных биполярных импульсов со скважностью, равной двум
SS ferrite ~ *см.* semistatic ferrite amplifier
stabilizing ~ стабилизирующий усилитель
staggered ~ многокаскадный усилитель с расстроенными контурами
stagger-damped double-tuned ~ усилитель с двухконтурными междукаскадными цепями и последовательным чередованием сверхкритической и докритической связи
staggered-pair ~ усилитель на парах каскадов с попарно расстроенными (*относительно средней частоты*) контурами
staggered-triple ~ усилитель на тройках каскадов с одним настроенным (*на среднюю частоту*) и двумя расстроенными одиночными контурами
stagger-tuned ~ усилитель с расстроенными одноконтурными каскадами
standing-wave ~ усилитель стоячих волн
starved ~ усилитель с малым потреблением тока
step-up ~ усилитель со ступенчатой регулировкой усиления
stereo ~ стереоусилитель
straight ~ приёмник прямого усиления
sum-frequency parametric ~ нерегенеративный усилитель-преобразователь, двухконтурный параметрический усилитель с выходом на суммарной частоте
summing ~ суммирующий усилитель
superconducting ~ усилитель на сверхпроводниках
superregenerative ~ сверхрегенеративный усилитель
superregenerative paramagnetic ~ сверхрегенеративный квантовый парамагнитный усилитель
superregenerative parametric ~ сверхрегенеративный параметрический усилитель
surface-acoustic-wave ~ усилитель ПАВ
surface-wave ~ усилитель поверхностных волн
sweep ~ усилитель напряжения развёртки
switching ~ коммутирующий усилитель
synchronizing ~ усилитель сигналов синхронизации
synchronous single-tuned ~ усилитель с настроенными на одну частоту одноконтурными каскадами
tandem ~ двухкаскадный усилитель
telephone-repeater ~ телефонный промежуточный усилитель
thermal ~ термоэлектронный усилитель
thick-film ~ толстоплёночный усилитель
three-frequency parametric ~ двухчастотный [двухконтурный] параметрический усилитель
threshold ~ пороговый усилитель
time-base ~ усилитель напряжения развёртки
time-control ~ усилитель с временным регулированием усиления по заданной программе
time-shared ~ многоканальный усилитель с временным разделением каналов
torque ~ усилитель передаваемого момента
totem-pole ~ бестрансформаторный двухтактный усилитель
transconductance ~ управляемый напряжением усилитель тока
transducer ~ усилитель-преобразователь
transferred-electron ~ ганновский усилитель, усилитель на эффекте Ганна, усилитель на эффекте междолинного переноса электронов
transformer-coupled ~ усилитель с трансформаторной [индуктивной] связью
transimpedance ~ управляемый током усилитель напряжения
transistor ~ транзисторный усилитель
transistor-magnetic ~ феррит-транзисторный усилитель
transitionally coupled ~ усилитель с двухконтурными междукаскадными цепями с критической связью
transmission-line ~ усилитель с распределённым усилением

amplifier

transmission-type ~ проходной усилитель, усилитель проходного типа
transresistance ~ усилитель с выходным напряжением, пропорциональным входному току
transverse-wave electron-beam parametric ~ электронно-лучевой параметрический усилитель с поперечной волной
traveling-wave ~ усилитель бегущей волны
traveling-wave acoustic ~ усилитель бегущей акустической волны
traveling-wave parametric ~ параметрический усилитель бегущей волны
traveling-wave tube ~ усилитель на ЛБВ
treble ~ усилитель верхних (звуковых) частот
triode ~ триодный усилитель
triple-tuned ~ усилитель с междукаскадной цепью из трёх расстроенных контуров
trunk ~ магистральный усилитель
tube ~ ламповый усилитель
tuned ~ резонансный усилитель
tunnel-diode ~ усилитель на туннельном диоде
twin-pair ~ усилитель на паре Гото
twin-tee ~ избирательный [селективный] усилитель с двойной Т-образной схемой
two-directional ~ двунаправленный усилитель
two-port ~ проходной усилитель, усилитель проходного типа
two-pump parametric ~ параметрический усилитель с накачкой на двух частотах
two-way ~ 1. двухканальный усилитель (*в стереофонии*) 2. *тлф* дуплексный промежуточный усилитель
TWT ~ *см.* traveling-wave tube amplifier
ultrasonic ~ усилитель ультразвука
unidirectional ~ однонаправленный усилитель
unilateral ~ однонаправленный усилитель
unilateralized ~ усилитель с полной нейтрализацией обратной связи; однонаправленный усилитель
unity-gain ~ усилитель с коэффициентом усиления, равным единице
untuned ~ апериодический усилитель
upper sideband parametric ~ параметрический усилитель с выходом на верхней боковой полосе
vacuum-tube ~ ламповый усилитель
valve ~ ламповый усилитель
varactor parametric ~ параметрический усилитель на варакторе
variable-gain ~ усилитель с регулируемым усилением
variable-parametric [variable-reactance] ~ параметрический усилитель
velocity-modulated [velocity-variation] ~ усилитель на эффекте модуляции носителей по скорости
vertical ~ 1. усилитель вертикального отклонения (*в осциллографе*) 2. *тлв* выходной (усилительный) каскад блока полевой развёртки
vibrating capacitor ~ усилитель с динамическим конденсатором
video ~ видеоусилитель
video-distribution ~ усилитель-распределитель видеосигналов
video-frequency ~ видеоусилитель
video-head ~ камерный предварительный усилитель

vision-distribution ~ усилитель-распределитель видеосигналов
vocal ~ вокальный усилитель
voltage ~ усилитель напряжения
voltage-controlled ~ (магнитный) усилитель, управляемый напряжением
volume-limiting ~ усилитель с автоматическим ограничением громкости
volume-wave ~ усилитель объёмных волн
Wallman ~ каскодный усилитель
Weber tetrode ~ СВЧ-усилитель на тетроде с отрицательной сеткой
wide-band ~ широкополосный усилитель
wide-dynamic range ~ усилитель с большим динамическим диапазоном
Williamson ~ высококачественный двухтактный УНЧ (*на тетродах в триодном включении*)
writing ~ усилитель записи
YIG parametric ~ параметрический усилитель на ЖИГ
zero-phase-shift ~ усилитель с идеальной фазовой характеристикой
amplifier-inverter инвертирующий усилитель, усилитель-инвертор
amplify усиливать
amplistat магнитный усилитель с самонасыщением
  bridge ~ мостиковый магнитный усилитель с самонасыщением
amplitron амплитрон
amplitude амплитуда || амплитудный
  ~ **of oscillations** амплитуда колебаний
  average absolute pulse ~ средняя амплитуда модуля импульса
  average pulse ~ средняя амплитуда импульса
  carrier ~ амплитуда несущей
  complex ~ комплексная амплитуда
  double ~ размах; удвоенная амплитуда
  effective pulse ~ действующее значение амплитуды импульса
  Fourier (transform) ~s амплитуды коэффициентов Фурье
  high ~ большая амплитуда || с большой амплитудой
  hunting ~ амплитуда отклонения (*в следящей системе*)
  instanteneous pulse ~ мгновенное значение амплитуды импульса
  low ~ малая амплитуда || малоамплитудный
  modulation ~ амплитуда модулирующего сигнала
  net ~ результирующая амплитуда
  normalized wave-function ~ нормированная амплитуда волновой функции
  partial field ~ амплитуда поля парциальной волны
  peak ~ максимальная амплитуда
  peak-to-peak ~ размах; удвоенная амплитуда
  picture-signal ~ размах сигнала изображения
  prefilter ~ амплитуда сигнала на входе фильтра
  pulse ~ амплитуда импульса
  pulse spike ~ 1. амплитуда выброса на импульсе 2. *кв. эл.* амплитуда пичка
  pulse valley ~ амплитуда провала на импульсе
  pump ~ амплитуда сигнала накачки
  resonance ~ резонансная амплитуда
  ripple ~ амплитуда пульсаций

analysis

root-mean-square ~ 1. среднеквадратическое значение амплитуды 2. действующее значение амплитуды (*для переменного тока или напряжения*)
scattering ~ *кв. эл.* амплитуда рассеяния
total ~ размах; удвоенная амплитуда
wave ~ амплитуда волны

amplitude-modulated амплитудно-модулированный

anaglyph 1. анаглиф, одно из двух изображений стереопары (*в анаглифическом методе создания стереоизображений*) 2. анаглифическое стереоизображение 3. *вчт* рельефный (*напр. об изображении*)

anaglyphic анаглифический (*напр. метод*); анаглифный (*напр. о стереоочках*) ◊ ~ **by color** метод цветных анаглифов; ~ **by polarization** поляризационный анаглифический метод; ~ **by delay** анаглифический метод с использованием задержки сигналов (*напр. сигнала R относительно суммарного сигнала B + G*)

analog 1. аналог 2. аналоговое представление 3. *микр., проф.* аналоговая ИС 4. аналоговый 5. модель ‖ модельный
acoustic ~ акустический аналог
electronic vocal ~ искусственный (электронный) голос
mechanical ~ механический аналог
thermal ~ термодинамический аналог

analogical основанный на аналогиях; относящийся к аналогиям

analogous аналогичный; сходный

analog-to-digital аналого-цифровой (*о преобразователе*)

analogy аналогия (*1. сходство 2. сохраняющее структуру отображение одной концептуальной области на другую 3. уподобление одних элементов языка другим (более продуктивным) элементам*)
~ **of attributes** аналогия свойств
~ **of features** аналогия признаков
~ **of inferences** аналогия умозаключений
complete ~ полная аналогия
false ~ ложная аналогия (*логическая ошибка*)
organic ~ органическая аналогия
relational ~ реляционная аналогия, аналогия отношений
strict ~ строгая аналогия
structural ~ структурная аналогия

analphabetical 1. неалфавитный 2. нетекстовый

analysis анализ
~ **of covariance** ковариационный анализ (*в математической статистике*)
~ **of means** анализ средних
~ **of observations** анализ результатов наблюдения
~ **of optical spectrum** оптический спектральный анализ
~ **of variance** дисперсионный анализ, ДА (*в математической статистике*)
2,5D ~ **of interconnect** 2,5-мерный анализ межсоединений (*ИС*), двумерный анализ межсоединений (*ИС*) с приближённым учётом третьего измерения
activation ~ активационный анализ
a posteriori ~ апостериорный анализ
approximate ~ приближённый анализ
a priori ~ априорный анализ
automatic number ~ *тлф* автоматический анализ номера
batch circuit ~ групповой анализ цепей
behavioral ~ поведенческий анализ
binding-time ~ *вчт* анализ в процессе установления связи, анализ в процессе присвоения значений
bottom-up ~ восходящий анализ
cepstral ~ кепстральный анализ
cipher ~ криптографический анализ, криптоанализ; взламывание шифров
circuit ~ 1. схемотехнический анализ; схемный анализ 2. анализ цепей 3. теория цепей
cluster ~ кластерный анализ
combinatorial ~ комбинаторный анализ
comparative ~ сравнительный анализ
compatibility ~ анализ совместимости
complex ~ комплексный анализ
content ~ анализ содержимого, *проф.* контент-анализ
contingency ~ анализ сопряжённости признаков
conversational ~ анализ разговора
cost ~ анализ затрат
cost/benefit ~ анализ соотношения затраты/прибыль
covariance ~ ковариационный анализ
critical path ~ анализ методом критического пути
crystal ~ структурный анализ кристаллов
cyclic ~ анализ цикличности (*напр. при прогнозировании*)
dataflow ~ анализ потоков данных
decision-tree ~ анализ дерева решений
dimensional ~ анализ методом размерностей
discourse ~ *вчт* лингвистика речи
discriminant ~ дискриминантный анализ
display data ~ анализ данных с помощью дисплея
domain ~ *вчт* анализ домена
EDX ~ *см.* energy-dispersive X-ray analysis
electron diffraction ~ электронографический анализ, электронография
electron probe ~ электронно-зондовый анализ
empirical ~ эмпирический анализ
energy-dispersive X-ray ~ рентгеноспектральный электронно-зондовый микроанализ
error ~ анализ ошибок
factor ~ факторный анализ
failure ~ анализ отказов
failure mode and effects ~ анализ типа отказа и его последствий
fault-tree ~ анализ дерева отказов
feature ~ анализ признаков (*напр. при распознавании образов*)
finite element ~ анализ методом конечных элементов
flow ~ *вчт* анализ потоков (*информации*)
fluorescence ~ люминесцентный анализ
Fourier ~ гармонический анализ, Фурье-анализ
fractal image ~ фрактальный анализ изображения
frequency ~ спектральный анализ
frequency-domain ~ анализ в частотной области
frequency-response ~ анализ частотных характеристик
functional ~ функциональный анализ
fuzzy (logic) ~ анализ методами нечёткой логики
harmonic ~ 1. Фурье-анализ, гармонический анализ 2. анализ содержания гармоник; анализ нелинейных искажений

analysis

incremental circuit ~ инкрементальный схемотехнический анализ, схемотехнический анализ методом приращений
interactive signal ~ интерактивный анализ сигнала
interferometric ~ интерферометрический анализ
interval ~ интервальный анализ, интервальная математика
joint ~ совместный анализ
Kaplan-Meier ~ анализ времени до наступления (определённого) события методом Каплана — Мейера
kernel discriminant ~ ядерный дискриминантный анализ
k-means cluster ~ кластерный анализ методом k-средних
large-signal ~ анализ в режиме большого сигнала
laser microprobe ~ лазерный микрозондовый анализ
linear two-group discriminant ~ линейный двухгрупповой дискриминантный анализ
linguistic ~ лингвистический анализ
logic ~ логический анализ
logistic ~ логистический анализ
logit ~ логистический анализ
log-linear ~ лог-линейный анализ
luminescent ~ люминесцентный анализ
magnetic neutron diffraction ~ магнитная нейтронография
malfunction ~ анализ неисправностей
mathematical ~ математический анализ
matrix ~ матричный анализ
maximum-likelihood ~ анализ методом максимального правдоподобия
means/ends ~ анализ методом сопоставления средств с конечными результатами
memory operating characteristic ~ анализ методом характеристических кривых распознавания, MOC-метод
mesh ~ анализ цепей методом контурных токов
meta- ~ мета-анализ
microprobe ~ микрозондовый анализ
mixed-level ~ многоуровневый [комбинированный] анализ
mixed-mode ~ анализ смешанного типа, смешанный анализ
modified nodal ~ анализ цепей модифицированным методом узловых потенциалов
Monte-Carlo ~ анализ методом Монте-Карло, анализ методом статистических испытаний
morphological ~ морфологический анализ
multifactor ~ **of variance** многофакторный дисперсионный анализ
multilevel ~ многоуровневый [комбинированный] анализ
multimode ~ 1. анализ смешанного типа, смешанный анализ 2. многомодовый анализ
multiple discriminant ~ многофакторный дискриминантный анализ
multivariate ~ многопеременный анализ
network ~ 1. схемотехнический анализ; схемный анализ 2. анализ цепей 3. анализ проекта компьютерной сети 4. анализ текущего состояния *или* функционирования компьютерной сети
nodal ~ анализ цепей методом узловых потенциалов

numerical ~ численный анализ
object-oriented ~ объектно-ориентированный анализ, OOA
off-line circuit ~ автономный анализ цепей
operation ~ 1. операционный анализ 2. анализ операций; исследование операций (*раздел кибернетики*)
path ~ путевой анализ (*форма многопеременного регрессионного анализа*)
phase-plane ~ анализ методом фазовой плоскости
photon ~ анализ «на языке фотонов»
photothermoelectric ~ фототермоэлектрический анализ
policy ~ анализ стратегий
predictable failure ~ анализ предсказуемых отказов
principal components ~ анализ главных компонент, ортогонализация входных векторов (*нейронной сети*)
probabilistic ~ вероятностный анализ
problem ~ *вчт* анализ задачи
protocol ~ *вчт* анализ протоколов (*при функционировании компьютерной сети*)
qualitative ~ качественный анализ
quantitative ~ количественный анализ
radar signal ~ анализ радиолокационных эхо-сигналов
radiographic ~ радиография
radiometric ~ радиометрический анализ
randomized block ~ **of variance** двухфакторный дисперсионный анализ с рандомизированными блоками
receiver operating characteristic ~ анализ методом характеристических кривых обнаружения, ROC-метод
regression ~ регрессионный анализ
regression correlation ~ регрессионно-корреляционный анализ
repeated measures ~ **of variance** дисперсионный анализ с повторяющимися измерениями
requirements ~ анализ требований
risk ~ анализ риска
sampling ~ выборочный анализ
set ~ теоретико-множественный анализ
signature ~ сигнатурный анализ
single-mode ~ одномодовый анализ
small-signal ~ анализ в режиме малого сигнала
sound ~ анализ звуковых сигналов
sparse table ~ анализ методом разрежённых таблиц (*напр. в САПР*)
spectral ~ спектральный анализ
spectrophotometric ~ спектрофотометрический анализ
spectrum signature ~ спектральный сигнатурный анализ, анализ электромагнитной совместимости радиоэлектронных систем
speech ~ анализ речи
static ~ *вчт* статический анализ (программы), анализ программы до выполнения
statistical ~ статистический анализ
sticky ~ *вчт* анализ программы с учётом всех вызовов функций и процедур, *проф.* придирчивый анализ
structural ~ структурный анализ
structured ~ структурированный анализ

structured systems ~ анализ структурированных систем
survival ~ статистический анализ времени до наступления (определённого) события
syntactic(al) ~ синтаксический анализ
system ~ системный анализ
system ~ in control системный анализ в управлении
tensor ~ тензорный анализ
time-domain ~ анализ во временной области
time-to-event ~ статистический анализ времени до наступления (определённого) события
top-down ~ нисходящий анализ
topological ~ топологический анализ
traffic ~ анализ трафика
trend ~ анализ тренда
two-factor factorial ~ of variance двухфакторный дисперсионный анализ с одним случайным и одним фиксированным признаком
wave-length dispersive X-ray ~ дисперсионный рентгеновский спектральный анализ
weighted ~ взвешенный анализ
what if ~ анализ гипотез
worst-case ~ анализ наихудшего варианта
X-ray ~ рентгенография
X-ray spectral ~ рентгеноспектральный анализ
X-ray structure ~ рентгеноструктурный анализ

analyst *вчт* (эксперт-)аналитик
database ~ эксперт-аналитик по базам данных
news ~ комментатор (*текущих событий*)
systems ~ эксперт по системному анализу

analyzer 1. анализатор **2.** диагностическая система (*для обнаружения и локализации неисправностей*)
acoustooptic spectrum ~ акустооптический анализатор спектра, акустооптический спектроанализатор
amplitude ~ амплитудный анализатор, анализатор амплитуды
antenna pattern ~ анализатор диаграммы направленности антенны
anticoincidence ~ анализатор антисовпадений
Auger cylindrical-mirror ~ оже-анализатор с цилиндрическим зеркалом
autocorrelation ~ (авто)корреляционный анализатор
automatic circuit ~ автоматический схемный анализатор
automatic network ~ автоматический схемный анализатор
automatic spectrum ~ автоматический анализатор спектра
baseband ~ анализатор группового спектра
battery ~ измерительный прибор для проверки аккумуляторов
bottom-up ~ система восходящего анализа
bottom-up acoustic ~ система восходящего акустического анализа (*для начальной обработки при машинном распознавании речи*)
bus state ~ анализатор состояния шин
circuit ~ 1. схемный анализатор **2.** универсальный электроизмерительный прибор (*для измерения двух или более электрических величин*), *проф.* тестер
color ~ *тлв* цветоанализатор
command ~ анализатор команд
continuous ~ анализатор непрерывного действия
cross-correlation ~ взаимно-корреляционный анализатор
curve ~ анализатор кривых
differential ~ 1. дифференциальный анализатор **2.** аналоговая вычислительная машина для решения дифференциальных уравнений
digital differential ~ цифровой дифференциальный анализатор, ЦДА
digital signal ~ мноканальный цифровой анализатор аналоговых сигналов
digital spectrum ~ цифровой анализатор спектра, цифровой спектроанализатор
distortion ~ анализатор искажений
electronic differential ~ аналоговая вычислительная машина для решения дифференциальных уравнений
fault ~ анализатор неисправностей
Fourier ~ 1. гармонический анализатор **2.** анализатор спектра, спектроанализатор
fractional-octave spectrum ~ субоктавный анализатор спектра, субоктавный спектроанализатор
frequency-response ~ анализатор частотных характеристик
half-shade [half-shadow] ~ *опт.* полутеневой анализатор
harmonic(-wave) ~ 1. гармонический анализатор **2.** анализатор спектра, спектроанализатор
height ~ амплитудный анализатор, анализатор амплитуды
heterodyne harmonic ~ гетеродинный анализатор спектра, гетеродинный спектроанализатор
heterodyne spectral noise ~ гетеродинный анализатор спектра шумов
heterodyne wave ~ гетеродинный анализатор спектра, гетеродинный спектроанализатор
impact-noise ~ анализатор (акустических *или* электрических) импульсных помех
integrated-circuit ~ диагностическая система для ИС
interferometric ~ интерферометр
juncture ~ анализ ограничительных пауз речевого такта (*в системе распознавания слитной речи*)
Keuffel-Esser color ~ *тлв* визуальный цветоанализатор
lexical ~ *вчт* сканер, лексический анализатор
line ~ *вчт* анализатор линии связи, анализатор канала связи
logic ~ диагностическая система логического контроля
loudness ~ бортовой самолётный анализатор спектра акустических помех
magnetic reaction ~ магнитный дефектоскоп на эффекте Холла
mass ~ масс-спектрометр
Mössbauer-effect ~ мёссбауэровский спектрометр
multichannel ~ 1. многоканальный амплитудный анализатор импульсов, многоканальный анализатор амплитуды импульсов **2.** анализатор спектра, спектроанализатор
multifrequency ~ многоканальный анализатор частотных характеристик
network ~ 1. схемный анализатор **2.** панорамный измеритель полных сопротивлений **3.** измеритель амплитуды, фазы и групповой задержки двух сигналов относительно опорного сигнала

noise ~ анализатор (спектра) шума
octave ~ октавный анализатор спектра, октавный спектроанализатор
octave-band noise ~ измеритель уровня шума по звуковому давлению в октавных полосах частот
optical spectrum ~ оптический спектрометр
panoramic spectrum ~ панорамный анализатор спектра, панорамный спектроанализатор
ping ~ анализатор отражённых звуковых *или* ультразвуковых импульсов (*в гидролокации*)
polarized-light ~ *опт.* анализатор
protocol ~ *вчт* анализатор протоколов (*при функционировании компьютерной сети*)
pulse ~ анализатор импульсов
pulse-amplitude [pulse-height] ~ амплитудный анализатор импульсов, анализатор амплитуды импульсов
pulse-spacing ~ анализатор периода повторения импульсов
radio interference ~ анализатор радиопомех
recording optical spectrum ~ регистрирующий оптический спектроанализатор
semantic ~ семантический анализатор
set ~ диагностическая система аппаратного контроля
signal ~ анализатор сигналов
signature ~ сигнатурный анализатор
single-channel ~ одноканальный амплитудный анализатор импульсов, одноканальный анализатор амплитуды импульсов
smart spectrum ~ интеллектуальный анализатор спектра
sound ~ анализатор звука
spectrum ~ анализатор спектра, спектроанализатор
speech ~ анализатор речи
surface ~ электронный профилограф
telegraphy channel reliability ~ анализатор надёжности телеграфных каналов
time-delay ~ анализатор времени задержки
time-distribution [time-interval] ~ анализатор временных интервалов
time-of-flight ~ анализатор (*частиц*) по времени пролёта
top-down ~ система нисходящего анализа
transient ~ анализатор переходных процессов
vibration ~ анализатор механических колебаний
wave ~ анализатор спектра, спектроанализатор
waveform ~ анализатор формы сигналов
anamorphic 1. *опт.* анаморфотный **2.** *тлв* широкоэкранный
anamorphosis *опт.* анаморфирование (*изображения*)
anapole анаполь, тороидный диполь
static ~ статический анаполь
anarboricity недревесность (*напр. графа*)
~ of graph недревесность графа
anastigmat *опт.* анастигмат
anastigmatic *опт.* (ана)стигматический
anastigmatism *опт.* (ана)стигматичность
ancestor *вчт* **1.** предок, родитель (*в иерархической структуре*) ‖ родительский (*в иерархической структуре*) **2.** предшественник ‖ предшествующий **3.** порождающий (*объект*) ‖ порождающий (*об объекте*)
anchor 1. *вчт* якорь (*1.* точка привязки, фиксатор *2.* неподвижная точка изображения, инвариантная относительно преобразований изображения точка *3.* отправной или конечный пункт ссылки внутри гипертекста) **2.** *вчт* использовать якорь, привязывать, фиксировать **3.** *вчт* узел, узловая точка (*ломаной или составной кривой*); начальная или конечная точка (*сегмента ломаной или составной кривой*) **4.** вещательная передача с наивысшим рейтингом, *проф.* «гвоздь программы» **5.** главный ведущий (*вещательной программы*)
destination ~ конечный якорь, якорь пункта назначения
highlighted ~ выделенный [высвечиваемый] якорь
HTML ~ якорь в гипертекстовом документе
source ~ отправной якорь
anchorman главный ведущий (*вещательной программы*)
anchorpeople главные ведущие (*вещательных программ*)
anchorperson главный ведущий *или* главная ведущая (*вещательной программы*)
anchorwoman главная ведущая (*вещательной программы*)
AND И (*логическая операция*), конъюнкция, логическое умножение
negative ~ И НЕ (*логическая операция*), отрицание конъюнкции
NOT-~ И НЕ (*логическая операция*), отрицание конъюнкции
AND-INVERT И НЕ (*логическая операция*), отрицание конъюнкции
AND-NOT И НЕ (*логическая операция*), отрицание конъюнкции
android андроид; человекоподобный робот
anechoic безэховый
anemograph анемограф
angel 1. «ангел», ложный отражённый сигнал (*напр. от птиц, зон турбулентности, объектов неизвестной природы*) **2.** уголковый отражатель (*в пассивном радиоэлектронном подавлении*)
dot ~ точечный «ангел», ложный отражённый сигнал в виде ярких точек на экране
angle угол ‖ располагаться под углом; образовывать угол; иметь наклон ‖ угловой
~ of arrival угол прихода волны
~ of attack угол атаки
~ of azimuth азимут, угол перекоса рабочего зазора (*магнитной головки*)
~ of convergence *тлв* угол сведения лучей
~ of current flow угол прохождения тока
~ of cutoff угол отсечки
~ of departure угол ухода волны
~ of divergence угол расхождения (*напр. электронного луча*)
~ of elevation 1. угол места **2.** угол возвышения; угол наклона
~ of flow угол прохождения тока
~ of gap угол наклона зазора (*магнитной головки*)
~ of halftone screen lines ~ угол наклона растровых линий, угол поворота растра (*при печати полутоновых изображений*)
~ of incidence 1. угол падения **2.** угол атаки
~ of internal reflection угол (полного) внутреннего отражения
~ of lag угол запаздывания [угол отставания] по фазе

angle

~ of lead угол опережения по фазе
~ of prism отклоняющий угол призмы
~ of propagation угол распространения волны
~ of radiation угол возвышения главного лепестка диаграммы направленности (*передающей антенны*)
~ of reflection угол отражения
~ of refraction угол преломления
~ of retard угол запаздывания [угол отставания] по фазе
~ of rotation угол поворота; угол вращения
~ of total internal reflection угол полного внутреннего отражения
~ of view 1. угол поля изображения, угол зрения 2. угол [сектор] обзора
acceptance ~ 1. ширина главного лепестка диаграммы направленности приёмной антенны в горизонтальной плоскости 2. (телесный) угол приёма (*фотоприёмника, микрофона*)
acute ~ острый угол
advance ~ угол опережения по фазе
alternate ~s накрест лежащие углы
antenna elevation ~ угол возвышения антенны (*в радиопеленгаторах*)
antenna look ~ *рлк* угол визирования цели
aperture ~ *опт.* угловая апертура
arm ~ угол коррекции тонарма
aspect ~ *рлк* ракурс цели
axial ~ 1. угол между оптическими осями первого рода (*двухосного кристалла*) 2. кажущийся угол между оптическими осями первого рода (*двухосного кристалла*)
azimuth(al) ~ 1. азимут 2. азимут, угол перекоса рабочего зазора (*магнитной головки*) 3. азимутальный угол (*напр. в цилиндрической системе координат*)
beam ~ 1. ширина главного лепестка диаграммы направленности антенны, ширина радиолуча 2. угол отклонения максимума главного лепестка диаграммы направленности антенны от опорного направления
beam coverage solid ~ телесный угол приёма *или* передачи излучения антенны (*по заданному уровню коэффициента усиления*)
beam solid ~ эквивалентный телесный угол излучения антенны
beam width ~ ширина главного лепестка диаграммы направленности антенны, ширина радиолуча
bearing ~ пеленг
bistatic ~ *рлк* бистатический [двухпозиционный] угол
bond ~ *фтт* угол связи
Bragg (reflection) ~ угол Брэгга, угол брэгговского отражения
Brewster ~ угол Брюстера, брюстеровский угол, угол полной поляризации
bubble deflection ~ угол сноса [угол отклонения] ЦМД
bunching ~ угол группирования (*электронов*)
central ~ центральный угол
commutating ~ интервал коммутации (*двухполупериодного выпрямителя*)
complementary ~ дополнительный угол
conduction ~ угол прохождения тока
constraint ~ 1. ограничивающий угол 2. угловой инкремент (*при повороте объекта в графических редакторах*)

contact ~ *фтт* краевой угол
convergence ~ *тлв* угол сведения лучей
course ~ курсовой угол
crab ~ угол сноса
critical ~ 1. критический угол (*для ионосферного распространения радиоволн*) 2. угол полного внутреннего отражения
crossing ~ угол пересечения
current-transformer phase ~ угол сдвига фаз между токами в обмотках измерительного трансформатора тока
cutoff ~ 1. угол отсечки 2. угол прямого выхода (*излучения*)
cutting ~ угол резания (*при механической звукозаписи*)
deflection ~ *тлв* угол отклонения луча
depression ~ *рлк* угол наклона (*напр. цели*)
descending vertical ~ *рлк* угол наклона (*напр. цели*)
dielectric loss ~ угол диэлектрических потерь
dielectric phase ~ угол, дополняющий угол диэлектрических потерь до 90°
diffraction ~ угол дифракции
dig-in ~ острый угол между записывающим резцом и диском (*при механической звукозаписи*)
dihedral ~ двугранный угол
dip ~ 1. угол наклонения (*угол между плоскостями истинного и видимого горизонта*) 2. угол тангажа
drag ~ тупой угол между записывающим резцом и диском (*при механической звукозаписи*)
drift ~ 1. угол сноса 2. угол между курсом и курсом следования
drift correction ~ угол сноса
electrical ~ фаза (*гармонического колебания или волны*)
entrance ~ угол освещения
epoch ~ начальная фаза (*гармонического колебания или волны*)
exterior ~ внешний угол
eye-contact ~ угол зрительного контакта (*с видеосистемой*)
Faraday rotation ~ угол поворота плоскости поляризации, фарадеевское вращение
flare ~ угол раствора (*напр. рупора*)
flight-path ~ угол наклона траектории (*ЛА*)
flow ~ угол прохождения тока
fusion(al) ~ *опт.* фузионный угол, максимально возможный угол слияния изображений стереопары
glancing ~ угол скольжения
glide-slope [gliding] ~ глиссадный угол, угол планирования
grain-boundary ~ *фтт* угол разориентировки зёрен
grating-lobe ~ угловое положение дифракционного максимума
grazing ~ угол скольжения
grid bearing ~ квазипеленг
grid course ~ квазикурс
grid heading ~ путевой угол в системе квазикоординат
groove ~ угол раскрытия канавки записи
half-cone ~ половина угла раствора конуса
half-value ~ угол половинной яркости
Hall ~ угол Холла

angle

head off-set ~ горизонтальный угол коррекции головки звукоснимателя
head wrap ~ угол обхвата (магнитной) головки
horizontal contact ~ угол обхвата (магнитной) головки
hour ~ часовой угол (*в экваториальной системе координат*)
hyperbolic ~ гиперболический угол (*в теории электрических фильтров*)
ignition dwell ~ угол опережения зажигания
impedance ~ аргумент полного сопротивления
included ~ угол конуса (*воспроизводящей иглы*)
interfacial ~ угол между гранями (*кристалла*)
interior ~ внутренний угол
ionosphere critical ~ критический угол для ионосферного распространения радиоволн
listening ~ базовый угол (*в стереофонии*)
loss ~ угол потерь
magnetic loss ~ угол магнитных потерь
major-lobe ~ угловое положение главного лепестка (*диаграммы направленности антенны*)
maximum ~ угловое положение максимума (*диаграммы направленности антенны*)
maximum deflection ~ *тлв* максимальный угол отклонения луча
minimum ~ угловое положение минимума (*диаграммы направленности антенны*)
minor-lobe ~ угловое положение бокового лепестка (*диаграммы направленности антенны*)
minus ~ *рлк* угол наклона (*напр. цели*)
nutation ~ 1. угол конического сканирования (*диаграммы направленности антенны*) 2. угол нутации
oblique ~ отличающийся от прямого угол; острый угол; тупой угол
obtuse ~ тупой угол
off-boresight (target) ~ угол отклонения цели относительно равносигнального направления
offset ~ горизонтальный угол коррекции тонарма
opening ~ угол раскрыва
operating ~ угол прохождения тока
optic(-axial) ~ 1. угол между оптическими осями первого рода (*двухосного кристалла*) 2. кажущийся угол между оптическими осями первого рода (*двухосного кристалла*)
overlap ~ угол перекрытия
phase ~ фаза (*гармонического колебания или волны*)
pitch ~ угол тангажа
plane ~ плоский угол
plate-current ~ of flow угол прохождения анодного тока
polar ~ полярный угол (*напр. в сферической системе координат*)
polarization ~ угол Брюстера, брюстеровский угол, угол полной поляризации
poloidal ~ полоидальный угол
potential-transformer phase ~ угол сдвига фаз между напряжениями на обмотках измерительного трансформатора напряжения
precession ~ угол прецессии
principal ~ of incidence главный угол падения (*в металлооптике*)
principal azimuth ~ главный азимутальный угол (*в металлооптике*)

projection ~ угол проекции
pseudo-Brewster ~ псевдобрюстеровский угол
recording ~ продольный наклон резца (*при механической звукозаписи*)
reentering ~ входящий угол (*внутренний угол многоугольника, превышающий развёрнутый*)
reentrant ~ входящий угол (*внутренний угол многоугольника, превышающий развёрнутый*)
reference ~ *рлк* угол падения
reflex ~ угол, превышающий развёрнутый
relative viewing ~ относительный угол поля изображения, относительный угол зрения
right ~ прямой угол
rocking ~ угол качания
roll ~ угол крена, угол вращения
Sasaki ~ *пп* угол Сасаки
scan ~ 1. угол [сектор] сканирования 2. угол отклонения максимума главного лепестка диаграммы направленности от опорного направления
scanning ~ угол [сектор] сканирования
scattering ~ угол рассеяния
screen ~ угол наклона растровых линий, угол поворота растра (*при печати полутоновых изображений*)
screening ~ *рлк* угол [сектор] экранирования (*поверхностью Земли*)
search ~ угол [сектор] поиска
sidewall ~ *микр.* 1. клин травления (*напр. оксидного слоя*) 2. клин проявления (*фоторезиста*)
sight ~ *рлк* угол наклона линии визирования
sine-wave ~ фаза гармонической волны
slewing ~ угол поворота (*напр. антенны*)
slope ~ 1. *рлк* угол наклона (*напр. цели*) 2. глиссадный угол, угол планирования
solid ~ телесный угол
space [spatial] ~ телесный угол
specular ~ угол зеркального отражения
spherical ~ сферический угол
sputtering source solid ~ телесный угол вылета частиц при распылении мишени
squint ~ 1. угол отклонения максимума диаграммы направленности от оси симметрии антенны 2. угол между двумя положениями максимума диаграммы направленности антенны (*в системах с равносигнальной зоной*) 3. угол раствора конуса, описываемого максимумом диаграммы направленности (*при коническом сканировании*)
station ~ разность обратных пеленгов двух наземных станций (*радионавигационной системы*)
straight ~ развёрнутый угол
supplementary ~ дополнительный угол
synchro ~ угол поворота ротора сельсина
take-off ~ угол закрытия горизонта
thyratron firing ~ угол зажигания тиратрона
tilt ~ 1. угол наклона; угол возвышения 2. угол места 3. угол рефракции (*при распространении радиоволн*) 4. угол отклонения оси лёгкого намагничивания от нормали к поверхности плёнки 5. угол наклона оси эллипса поляризации (*относительно основной поляризации*)
track ~ 1. угол наклона дорожки (*в видеозаписи*) 2. угловое положение сопровождаемой цели
track tilt ~ угол наклона дорожки (*видеозаписи*)
transit ~ угол пролёта
valence(-bond) ~ *фтт* угол валентной связи

vertical ~ s вертикальные [смежные] углы
vertical modulation ~ вертикальный угол записи
vertical tracking ~ угол места сопровождаемой цели
viewing ~ угол наблюдения (*напр. поверхности экрана дисплея*)
visual ~ угол поля изображения, угол зрения
wave ~ 1. угол распространения волны 2. угол прихода *или* ухода волны
wave-deviation ~ угол отклонения траектории радиоволны в горизонтальной плоскости от дуги большого круга, соединяющей приёмник и передатчик
wide scan ~ широкий угол [широкий сектор] сканирования
yaw ~ угол рыскания
zero-coupling ~ угловое положение ротора, соответствующее отсутствию связи (*в вариометрах*)

angström ангстрем, Å, 10^{-10} м
angular 1. угловой 2. имеющий угол *или* углы; образующий угол; составляющий угол
angulation (точное) измерение углов
anhysteresis безгистерезисное намагничивание с подмагничиванием переменным током
anhysteretical безгистерезисный
anicel (один) кадр анимационного фильма (*в компьютерной графике*)
animal животное
  artificial ~ искусственное животное; робот-животное
animate 1. производить анимационные *или* мультипликационные фильмы; использовать анимацию (*напр. в компьютерной графике*) 2. живой (*о существе*); одушевлённый (*объект*)
animation 1. анимация; (видео)мультипликация 2. анимационный фильм; мультипликационный фильм, мультфильм
  cast-based ~ анимация с независимыми персонажами; ролевая анимация
  cell ~ аппликационная анимация
  real-time ~ анимация в реальном масштабе времени
animator (видео)аниматор; (художник-) мультипликатор
animatronics технология и оборудование для производства анимационных *или* мультипликационных фильмов
anion анион
anisotropy анизотропия
  biaxial ~ двуосная анизотропия
  capture ~ анизотропия захвата
  crystalline ~ анизотропия (свойств) кристалла, кристаллическая анизотропия
  crystalline magnetic ~ магнитокристаллическая анизотропия
  cubic ~ кубическая анизотропия
  dielectric ~ 1. анизотропия диэлектрика, анизотропия диэлектрических свойств 2. оптическая анизотропия
  easy-axis ~ анизотропия типа «лёгкая ось»
  easy-plane ~ анизотропия типа «лёгкая плоскость»
  elastic ~ анизотропия упругих свойств
  energy-gap ~ анизотропия энергетической щели
  exchange ~ обменная анизотропия (*1. анизотропия обменного взаимодействия 2. однонаправленная анизотропия*)
  ferromagnetic ~ анизотропия ферромагнетика
  form ~ анизотропия формы
  growth induced ~ ростовая анизотропия, анизотропия, наведённая [индуцированная] в процессе роста
  induced ~ наведённая [индуцированная] анизотропия
  in-plane ~ анизотропия в плоскости (*плёнки*), плоскостная анизотропия
  ion-implantation induced stress ~ анизотропия, наведённая [индуцированная] упругими напряжениями в процессе ионной имплантации
  local ~ локальная анизотропия
  magnetic ~ магнитная анизотропия
  magnetic-dipole ~ магнитодипольная анизотропия
  magnetocrystalline ~ магнитокристаллическая анизотропия
  magnetostriction ~ анизотропия, обусловленная магнитострикцией
  microstructural ~ микроструктурная анизотропия
  multiple-axis magnetic ~ многоосная магнитная анизотропия
  negative ~ отрицательная оптическая анизотропия
  noncubic magnetic ~ некубическая магнитная анизотропия
  optical ~ оптическая анизотропия
  orthorhombic ~ ромбическая анизотропия
  parallel magnetic ~ параллельная магнитная анизотропия (*в плёнках*)
  perpendicular magnetic ~ перпендикулярная магнитная анизотропия (*в плёнках*)
  photoinduced ~ фотоиндуцированная анизотропия
  planar ~ анизотропия типа «лёгкая плоскость»
  positive ~ положительная оптическая анизотропия
  random ~ случайная анизотропия
  resistivity ~ анизотропия удельного сопротивления
  rotatable ~ вращательная анизотропия
  shape ~ анизотропия формы
  single-ion ~ одноионная анизотропия
  spin ~ спиновая анизотропия
  step motion ~ *крист.* анизотропия движения ступеней
  strain-induced ~ анизотропия, наведённая [индуцированная] упругими деформациями
  structural ~ структурная анизотропия
  surface ~ поверхностная анизотропия
  uniaxial ~ одноосная анизотропия
  unidirectional ~ однонаправленная [обменная] анизотропия
anisotype анизотипный (*напр. гетеропереход*)
anneal отжиг (*1. метод температурной обработки изделий 2. имитация отжига, метод обучения нейронных сетей*) ‖ отжигать (*1. подвергать отжигу изделия 2. обучать нейронные сети методом имитации отжига*)
  activation ~ активационный отжиг
  decarbonizing ~ отжиг с обезуглероживанием
  final-growth ~ окончательный ростовой отжиг
  flash ~ мгновенный отжиг
  magnetic ~ магнитный отжиг
  recovery ~ восстановительный отжиг
annealing отжиг (*1. метод температурной обработки изделий 2. имитация отжига, метод обучения нейронных сетей*) ◊ **~ in controlled atmosphere**

annealing

отжиг в контролируемой атмосфере; ~ in temperature gradient отжиг в поле температурного градиента
capless ~ отжиг без защиты поверхности
dry-hydrogen ~ отжиг в атмосфере сухого водорода
electron-beam ~ электронно-лучевой отжиг
high-temperature ~ высокотемпературный отжиг
ion-beam ~ ионно-лучевой отжиг
isochronal ~ изохронный отжиг
isothermal ~ изотермический отжиг
laser ~ лазерный отжиг
low-temperature ~ низкотемпературный отжиг
mean field ~ метод имитации отжига (*для обучения нейронных сетей*)
post-implantation ~ послеимплантационный отжиг
simulated ~ метод имитации отжига (*для обучения нейронных сетей*)
strain ~ деформационный отжиг
vacuum ~ отжиг в вакууме

annex *вчт* присоединять; дополнять ‖ присоединённый; дополняющий; буферный

annihilation аннигиляция
~ **of magnetic field** аннигиляция магнитного поля, *проф.* магнитная аннигиляция
~ **of pairs** аннигиляция пар
Bloch line ~ аннигиляция блоховских линий
bubble ~ аннигиляция ЦМД
magnetic ~ аннигиляция магнитного поля, *проф.* магнитная аннигиляция
n-photon [n-quantum] ~ *n*-квантовая [*n*-фотонная] аннигиляция
triplet-triplet ~ триплет-триплетная аннигиляция

annihilator аннигилятор
bubble ~ аннигилятор ЦМД
domain ~ аннигилятор доменов

annotate 1. снабжать аннотацией 2. аннотировать, составлять аннотации 3. комментировать; снабжать комментарием *или* примечанием

annotation 1. аннотация 2. аннотирование 3. комментарий; примечание 4. комментирование; снабжение комментарием *или* примечанием
audio ~ 1. звуковое комментирование 2. инструмент для добавления звукового комментария (*в графических редакторах*)
voice ~ голосовое [речевое] комментирование

announce зачитывать *или* произносить текст (*в вещательной программе*); исполнять обязанности диктора

announcement 1. сообщение (*в вещательной программе*) 2. зачитывание *или* произнесение сообщения
spot ~ краткое сообщение (*в паузе вещательной программы*)
station break ~ сообщение в паузе вещательной программы

announcer диктор
call ~ *тлф* акустический указатель вызова

annoybot *вчт проф.* надоедливая программа-робот (*в системе групповых дискуссий Internet*)

annoyware *вчт проф.* (лицензированное) условно-бесплатное программное обеспечение с надоедливыми напоминаниями о необходимости регистрации

annular кольцевой

annunciator 1. диктор 2. устройство дистанционной сигнализации
telephone ~ телефонный коммутатор с клапанами

anode анод
~ **of magnetron** анодный блок [анод] магнетрона; резонаторный блок магнетрона
accelerating ~ ускоряющий электрод (*напр. кинескопа*)
angle ~ угловой анод
auxiliary ~ анод возбуждения, вспомогательный анод (*ртутного вентиля*)
cooled ~ охлаждаемый анод
disk ~ дисковый анод
double-squirrel cage-type ~ анодный блок (*магнетрона*) типа «двойное беличье колесо»
excitation ~ анод возбуждения, вспомогательный анод (*ртутного вентиля*)
final ~ анод кинескопа (*в виде проводящего покрытия на конусе баллона*)
first ~ первый анод
focusing ~ фокусирующий электрод
fuel-cell ~ анод топливного элемента
graphite ~ графитовый анод
holding ~ подхватывающий анод (*ртутного вентиля*)
hole-and-slot ~ анодный блок (*магнетрона*) типа щель — отверстие
hollow ~ полый анод
intensifier ~ послеускоряющий электрод
interdigital ~ анодный блок (*магнетрона*) встречно-штыревого типа
keep-alive ~ анод возбуждения, вспомогательный анод (*ртутного вентиля*)
main ~ главный анод (*ртутного вентиля*)
multisegment ~ анодный блок (*магнетрона*) лопаточного типа
multislit [multislot] ~ анодный блок (*магнетрона*) щелевого типа
nonslotted ~ сплошной [неразрезной] анодный блок (*магнетрона*)
phase-reversing ~ анодный блок (*магнетрона*) встречно-штыревого типа с колебаниями π-вида
phosphor-coated ~ анод с люминофорным покрытием
plasma ~ плазменный анод
postaccelerating ~ послеускоряющий электрод
rectifier ~ анод газоразрядного выпрямительного прибора
relieving ~ подхватывающий анод (*ртутного вентиля*)
resonant-segment ~ анодный блок (*магнетрона*) лопаточного типа
ribbon ~ ленточный анод
rising-sun ~ анодный блок (*магнетрона*) разнорезонаторного лопаточного типа, анодный блок (*магнетрона*) типа «восходящее солнце»
rotating ~ вращающийся анод (*рентгеновской трубки*)
second ~ второй анод
slit [slot] ~ анодный блок (*магнетрона*) щелевого типа
smooth ~ сплошной [неразрезной] анодный блок (*магнетрона*)
split ~ разрезной анодный блок (*магнетрона*)
squirrel cage-type ~ анодный блок (*магнетрона*) типа «беличье колесо»

starting ~ зажигатель (*игнитрона*), игнайтер
substrate ~ *крист.* анод-подложка
symmetrical ~ симметричный анодный блок (*магнетрона*)
third ~ послеускоряющий электрод
tuned ~ анод с включенным в анодную цепь колебательным контуром
ultor ~ второй анод
vane(-type) ~ анодный блок (*магнетрона*) лопаточного типа
virtual ~ виртуальный анод
wall ~ анод кинескопа (*в виде проводящего покрытия на конусе баллона*)

anodization анодирование
  electrolytic ~ электролитическое анодирование
  plasma ~ плазменное анодирование
  solid-state ~ твёрдое анодирование
  trim ~ *микр.* анодирование с целью подгонки параметров (*плёночных элементов*)

anodizing анодирование ◊ ~ **to value** *микр.* анодирование с целью подгонки параметров (*плёночных элементов*)

anodoluminescence анодолюминесценция
anolyte анолит (*в ХИТ*)
anomalous аномальный
anomaly аномалия
  ionospheric ~ ионосферная аномалия
  local ~ локальная аномалия
  propagation ~ аномалия при распространении (*напр. радиоволн*)
  sudden phase ~ внезапная фазовая аномалия

anonym *вчт* 1. аноним 2. псевдоним
anonymity *вчт* анонимность
anonymous *вчт* анонимный
ANS-COBOL язык программирования ANS-COBOL
ansi.sys *вчт* конфигурационный файл для управления экраном (*дисплея*)

answer 1. ответ ‖ отвечать 2. ответное сообщение; ответная передача 3. решение (*задачи*); ответ
  auto~ *тлф* автоответ, автоматический ответ
  hands-free ~ *тлф* автоответ, автоматический ответ
  inquiry ~ ответ на запрос

answerback 1. *тлф* автоответ, автоматический ответ 2. реакция на сигнал дистанционного управления 3. ответное сообщение; ответная передача
  data input voice ~ система ввода данных с голосовым [речевым] автоответом
  voice ~ голосовой [речевой] автоответ, голосовой [речевой] автоматический ответ

answering 1. ответ ‖ ответный 2. ответное сообщение; ответная передача
  automatic ~ *тлф* автоответ, автоматический ответ

answer/originate ответ/вызов (*о режиме работы модема*)

antecedent *вчт* 1. антецедент; (логическое) условие ‖ антецедентный, являющийся (логическим) условием 2. первый член отношения 3. первый из двух векторов диады

antenna антенна
  achromatic ~ частотно-независимая антенна
  active ~ 1. активная антенна 2. активный элемент антенны
  active retrodirective ~ активная переизлучающая антенна
  adaptive ~ адаптивная антенна

Adcock ~ радиопеленгаторная антенна в виде двух вертикальных противофазных вибраторов
aerodiscone ~ самолётная дискоконусная антенна
airborne ~ самолётная антенна
air-inflated ~ надувная антенна
Alexanderson ~ антенна с многократным снижением
Alford (loop) ~ 1. квадратная рамочная антенна 2. многоэлементная рамочная антенна с синфазным равноамплитудным возбуждением (*элементов*)
Alford slotted tubular ~ щелевая трубчатая антенна с прямоугольным излучающим отверстием
all-around looking ~ антенна кругового обзора
all-wave ~ широкодиапазонная антенна
amplitude monopulse ~ амплитудная моноимпульсная антенна
angle-reflector ~ антенна с уголковым отражателем
annular ~ кольцевая антенная решётка
annular slot ~ щелевая антенна с кольцевыми излучающими отверстиями
antifading ~ антифединговая антенна (*антенна для борьбы с замираниями с прижатой к земле узкой диаграммой направленности*)
antihunting ~ стабилизированная антенна, антенна со схемой демпфирования
anti-interference ~ антенна с подавлением помех
antistatic ~ антенна с антистатическим покрытием
aperiodic ~ частотно-независимая антенна
aperture ~ апертурная антенна, антенна с раскрывом
apex-drive ~ антенна с центральным возбуждением
arc ~ серповидная антенна
Archimedean spiral ~ арифметическая спиральная антенна, антенна в виде спирали Архимеда
array ~ антенная решётка
artificial ~ эквивалент антенны
autotracking ~ антенна системы автоматического сопровождения цели
axial-mode ~ антенна осевого излучения
azimuth ~ антенна для измерения азимута
backfire ~ двухзеркальная антенна
balanced ~ симметричная антенна
ball ~ сферическая антенна
barrel ~ зеркальная антенна в виде параболического зеркала с козырьком с диаграммой направленности типа «косеканс-квадрат»
base ~ 1. базовая антенна; антенна базовой станции 2. стационарная антенна
base-loaded ~ вертикальная антенна с нагрузкой в нижней части
batwing ~ 1. антенна в виде Ж-образного вибратора, Ж-образный вибратор 2. антенна в виде симметричного вибратора с треугольными плечами 3. многоярусная турникетная антенна с Ж-образными вибраторами
beacon ~ антенна системы радиолокационного опознавания
beam ~ 1. остронаправленная антенна 2. антенная решётка
beavertail ~ антенна с диаграммой направленности типа «двойной косеканс»
Bellini-Tosi ~ гониометрическая антенна
Beverage ~ антенна Бевереджа, однопроводная антенна бегущей волны

antenna

bicone [biconical (horn)] ~ биконическая антенна
bidirectional ~ двунаправленная антенна, антенна с двухлепестковой диаграммой направленности
bifocal ~ бифокальная антенна, антенна с двумя фокусирующими поверхностями
bilateral ~ двунаправленная антенна, антенна с двухлепестковой диаграммой направленности
billboard ~ синфазная многовибраторная антенна с плоским отражателем
bird-cage ~ симметричная антенна с вибраторами в виде системы тонких проводов, расположенных по образующим цилиндра *или* конуса (*напр. диполь Надененко*)
blade ~ самолётная штыревая антенна в форме лопасти (*для уменьшения аэродинамического сопротивления*)
bottom-loaded ~ вертикальная антенна с нагрузкой в нижней части
bow-tie ~ антенна в виде симметричного вибратора с треугольными плечами
box ~ коробчатая антенна
broadband 1. широкополосная антенна 2. *тлв* широкодиапазонная антенна
broadcast ~ вещательная антенна
broadside array ~ антенная решётка поперечного излучения, синфазная антенная решётка
Bruce ~ 1. ромбическая антенна (*с возбуждением у острого угла*) 2. антенна в виде решётки чередующихся вертикальных и горизонтальных четвертьволновых излучателей
buggy-whip ~ гибкая штыревая антенна
built-in ~ встроенная [внутренняя] антенна
Butler ~ антенная решётка с возбуждением от диаграммообразующей матрицы Батлера
cage ~ симметричная антенна с вибраторами в виде системы тонких проводов, расположенных по образующим цилиндра *или* конуса (*напр. диполь Надененко*)
capacitance ~ ёмкостная антенна
capacitance loaded ~ антенна с ёмкостной нагрузкой, антенна с укорачивающим конденсатором
capacitor ~ ёмкостная антенна
car ~ автомобильная антенна
Cassegrain (reflector) ~ антенна (по схеме) Кассегрена (*параболическая двухзеркальная антенна с малым зеркалом в форме гиперболоида вращения*)
cavity ~ резонаторная антенна
cavity(-backed) slot ~ резонаторно-щелевая антенна
center-fed ~ антенна с центральным возбуждением
ceramic rod ~ керамическая стержневая антенна
cheese ~ сегментно-параболическая многомодовая антенна
Christiansen ~ антенна Кристиансена (*разновидность антенны радиотелескопа типа «крест Миллса»*)
cigar ~ ребристо-стержневая антенна сигарообразной формы
Cindy ~ несимметрично усечённая параболическая антенна
circular ~ 1. круглая рамочная антенна 2. круглая петлевая симметричная вибраторная антенна, антенна в виде круглого петлевого симметричного вибратора
circular-aperture ~ антенна с круглым раскрывом

circular horn ~ коническая рупорная антенна
circularly polarized ~ антенна с круговой поляризацией
clam-shell ~ линзовая антенна Люнеберга
closed ~ рамочная антенна
clover-leaf ~ антенна типа «лист клевера»
coaxial ~ коаксиальная антенна (*с четвертьволновым согласующим устройством*)
coaxial-dipole ~ симметричная антенна с коаксиальными вибраторами
cobra ~ антенна в виде симметричного вибратора с бухтой коаксиального кабеля в качестве развязки
coil ~ 1. рамочная антенна 2. цилиндрическая спиральная антенна
collapsible ~ складная антенна
collinear (array) ~ коллинеарная антенна
comb ~ вертикальная несимметричная антенна бегущей волны
combined ~ 1. приёмно-передающая антенна 2. *тлв* коллективная антенна
command ~ управляющая антенна
common ~ 1. приёмно-передающая антенна 2. *тлв* коллективная антенна
community ~ *тлв* коллективная антенна
compensated sleeve ~ компенсированная вибраторная антенна с коаксиальным экраном
compound circular horn ~ коническая рупорная антенна с двумя *или* более изменениями угла раствора
compound horn ~ 1. пирамидальная рупорная антенна с разными углами раствора в E- и H-плоскостях 2. составная рупорная антенна из двух E- и H-секторных рупоров
conformal ~ конформная антенная решётка
conical ~ широкополосная симметричная антенна с коническими вибраторами (*вершинами друг к другу*)
conical helix ~ коническая спиральная антенна
conically scanning ~ антенна с коническим сканированием
conical-scan radar ~ радиолокационная антенна с коническим сканированием
conical spiral ~ коническая спиральная антенна
contoured beam ~ антенна с профилированной диаграммой направленности для получения на облучаемой поверхности равносигнальных контуров заданной формы
corner ~ 1. *тлв* панельная антенна с уголковым решётчатым рефлектором 2. уголковая зеркальная антенна
cornucopia ~ зеркальная антенна с изогнутым рупорным облучателем
corrugated horn ~ гофрированная [ребристая] рупорная антенна
corrugated-surface ~ плоская ребристая антенна поверхностных волн
cosec² [cosecant-squared] (beam) ~ антенна с диаграммой направленности типа «косеканс-квадрат»
cp ~ *см.* circularly polarized antenna
crossed ~ одноярусная турникетная антенна
crossed-coil ~ радиопеленгаторная антенна в виде двух скрещенных рамок
crossed-dipole ~ одноярусная турникетная антенна
crossed-loop ~ радиопеленгаторная антенна в виде двух скрещенных рамок

antenna

cubical ~ кубическая антенная решётка
current-sheet ~ антенна с излучателями в виде токовых листков
curtain ~ многовибраторная синфазная антенна
curtain rhombic ~ многопроводная ромбическая антенна
Cutler ~ двухщелевой точечный облучатель (*с излучением «назад»*)
cut-parabolic ~ зеркальная антенна в виде усечённого параболоида
cylinder ~ симметричная антенна с цилиндрическими вибраторами
cylindrical ~ 1. симметричная антенна с цилиндрическими вибраторами 2. цилиндрическая антенная решётка
cylindrical-dipole ~ симметричная антенна с цилиндрическими вибраторами
deerhorn ~ самолётная антенна в виде симметричного вибратора с изогнутыми концами (*для уменьшения аэродинамического сопротивления*)
delta-matched impedance ~ антенна в виде симметричного вибратора с дельта-трансформатором
demountable ~ разборная антенна
density-tapered array ~ неэквидистантная антенная решётка
deployable ~ развёртываемая антенна
despun ~ (спутниковая) антенна с компенсацией вращения
df ~ *см.* direction-finder antenna
diagonal horn ~ пирамидальная рупорная антенна с линейной поляризацией по диагонали раскрыва
diamond ~ 1. широкополосная симметричная антенна с коническими вибраторами (*основаниями друг к другу*) 2. ромбическая антенна
dielectric ~ диэлектрическая антенна
dielectric-coated ~ антенна с диэлектрическим покрытием
dielectric foam ~ антенна из пенистого диэлектрика
dielectric lens ~ диэлектрическая линзовая антенна
dielectric rod ~ диэлектрическая стержневая антенна
diffraction ~ дифракционная антенна
diplexer ~ диплексная антенна
dipole ~ симметричная вибраторная антенна, антенна в виде симметричного вибратора
directional ~ направленная антенна
directional broadside ~ антенна поперечного излучения
directional end-on ~ антенна осевого излучения
directional-null ~ антенна с узким глубоким провалом на диаграмме направленности
direction-finder [direction-finding] ~ радиопеленгаторная антенна, антенна радиопеленгатора
directive ~ направленная антенна
directly excited [directly fed] ~ антенна с непосредственным возбуждением
director(-type) ~ директорная антенна, антенна типа «волновой канал»
discage ~ антенна в виде комбинации диапазонного вибратора решётчатого типа с диском
discone ~ дискоконусная антенна
dish ~ параболическая антенна с зеркалом в виде параболоида вращения
disk ~ дисковая антенна

displaced phase center ~ антенна со смещенным фазовым центром
distance-measuring equipment ~ антенна дальномерной системы ДМЕ
ditch ~ невыступающая пазовая антенна (*в форме канавки на металлической поверхности*)
diversity ~ антенна для разнесённого приёма
DME ~ *см.* distance-measuring equipment an-tenna
Dolph-Chebyshev (array) ~ дольф-чебышевская антенная решётка, антенная решётка с амплитудным распределением Дольфа — Чебышева
dot-beam ~ антенна с игольчатой диаграммой направленности
double ~ сдвоенная антенна
double-beam ~ двухлучевая антенна
double-cheese ~ двойная сегментно-параболическая многомодовая антенна
double-cone ~ биконическая антенна
double-diamond ~ широкополосная симметричная антенна с биконическими вибраторами
double-dipole ~ 1. симметричная двухвибраторная антенна, антенна из двух симметричных вибраторов 2. симметричная вибраторная антенна, антенна в виде симметричного вибратора
double-doublet ~ диапазонная симметричная двухвибраторная антенна в виде двух скрещенных полуволновых вибраторов, резонирующих на разных частотах
double-fed [double-feed] ~ антенна с возбуждением в двух точках
double-reflector ~ двухзеркальная антенна
double-slot ~ двухщелевая антенна
doublet ~ симметричная вибраторная антенна, антенна в виде симметричного вибратора
double-V ~ V-образная [уголковая] двухвибраторная антенна
downlink ~ антенна линии связи ЛА — Земля
dual-aperture ~ антенна с двумя раскрывами
dual-band ~ двухдиапазонная антенна
dual-frequency ~ двухчастотная антенна
dual-mode ~ 1. двухмодовая антенна 2. антенна, работающая в двух режимах
dual-pattern ~ двухлучевая антенна
dual-polarization ~ антенна с двойной поляризацией
dual-reflector ~ двухзеркальная антенна
dummy ~ эквивалент антенны
echelon lens ~ многоэлементная линзовая антенна
ECM ~ *см.* electronic countermeasure antenna
electrically scanned ~ антенна с электрическим [электронным] сканированием
electrically small ~ антенна с габаритными размерами, малыми по сравнению с длиной волны
electric-dipole ~ симметричная вибраторная антенна, антенна в виде симметричного вибратора
electromechanically scanned ~ антенна с электромеханическим сканированием
electronically scanned ~ антенна с электронным [электрическим] сканированием
electronic countermeasure ~ антенна (системы) радиоэлектронного подавления
elevation ~ антенна для измерения угла места
elevation radar ~ антенна РЛС измерения угла места цели
ellipsoidal ~ симметричная антенна с эллипсоидальными вибраторами

antenna

elliptically polarized ~ антенна с эллиптической поляризацией
end-fed ~ антенна с концевым возбуждением
end-fire [end-on] array ~ антенная решётка осевого излучения
E-plane (flared) sectoral horn ~ Е-секториальная рупорная антенна
equiangular spiral ~ логарифмическая [равноугольная] спиральная антенна
erectable ~ развёртываемая антенна
exponential ~ экспоненциальная антенна
exponential horn ~ экспоненциальная рупорная антенна
external ~ внешняя антенна (*напр. приёмника*)
fading-reducing ~ антифединговая антенна (*антенна для борьбы с замираниями с прижатой к земле узкой диаграммой направленности*)
fakir's bed ~ плоская антенна поверхностной волны с многоштыревой замедляющей структурой
fan ~ веерная антенна, антенна с двумя V-образными [уголковыми] симметричными вибраторами
fan-beam [fan-shaped] ~ антенна с веерной диаграммой направленности
feeding ~ облучатель (*антенны*)
ferrite ~ ферритовая антенна
ferrite-cored ~ антенна с ферритовым сердечником
ferrite loop ~ ферритовая рамочная антенна
ferrite rod ~ ферритовая стержневая антенна
finding ~ радиопеленгаторная антенна, антенна радиопеленгатора
fin-mounted ~ килевая (самолётная) антенна
fir-tree ~ антенна в виде вертикальной решётки симметричных вибраторов с вибраторным рефлектором
fishbone ~ антенна бегущей волны с симметричными вибраторами
fish-eye ~ линзовая антенна Максвелла, линзовая антенна типа «рыбий глаз»
fishpole ~ гибкая штыревая антенна
fixed ~ стационарная антенна
flagpole ~ коаксиально-штыревая антенна (*с излучателем в виде продолжения внутреннего проводника коаксиальной линии*)
flat-top ~ 1. плоская антенна в виде системы горизонтальных проводов 2. антенна в виде короткого несимметричного вертикального вибратора с концевой ёмкостной нагрузкой в верхней части
flexrib ~ антенна поверхностных волн с гибкой ребристой структурой
flush-(mounted) ~ невыступающая антенна (*монтируемая заподлицо*)
folded-dipole ~ петлевая симметричная вибраторная антенна, антенна с петлевым симметричным вибратором
folded-fan ~ антенна с двумя V-образными [уголковыми] петлевыми симметричными вибраторами
folded-monopole ~ петлевая несимметричная вибраторная антенна, антенна с петлевым несимметричным вибратором
folded slot ~ щелевая антенна с петлевым излучателем
Foster ~ антенна со сканером Фостера
fractal ~ фрактальная антенна

fractal Sierpinski ~ фрактальная антенна типа «ковёр Серпинского»
frame ~ рамочная антенна
Franklin ~ коллинеарная антенна
frequency-controlled ~ антенна с частотным сканированием
frequency-independent ~ частотно-независимая антенна
frequency-scan(ned) ~ антенна с частотным сканированием
Fresnel lens ~ 1. зонированная линзовая антенна 2. антенна на зонной пластинке Френеля
fringe ~ *тлв* антенна для дальнего приёма
full-wave ~ антенна в виде волнового симметричного вибратора
funnel ~ коническая рупорная антенна
furlable ~ складная антенна
gain ~ направленная антенна
gamma-type ~ Г-образная антенна
geodesic lens ~ геодезическая линзовая антенна
geodesic-lens scanning ~ сканирующая антенна с геодезической линзой
glide-path [glide-slope] ~ антенна глиссадного радиомаяка
global beam ~ ненаправленная антенна
gravitational-wave ~ антенна гравитационных волн
Gregorian (reflector) ~ антенна (по схеме) Грегори (*параболическая двухзеркальная антенна с эллипсоидальным малым зеркалом*)
ground (based) ~ наземная антенна
grounded whip ~ гибкая штыревая антенна в виде несимметричного вибратора
ground-plane ~ вертикальная антенна с дополнительными горизонтальными отражающими элементами в нижней части
guidance ~ антенна (системы) наведения
H- ~ антенна в виде симметричного полуволнового вибратора с рефлектором
half-cheese ~ усечённая многомодовая сегментно-параболическая антенна
half-rhombic ~ антенна в форме полуромба (*с вибраторами, электрическая длина которых значительно превышает рабочую длину волны*)
half-wave ~ антенна в виде полуволнового вибратора
half-wave dipole ~ антенна в виде полуволнового симметричного вибратора
half-wave resonant ~ антенна в виде тонкого полуволнового симметричного вибратора
hand-held ~ ручная антенна
harmonic ~ антенна с электрической длиной, равной целому числу полуволн (*на рабочей частоте*)
harp ~ V-образная [уголковая] двухвибраторная антенна
headlight ~ самолётная радиолокационная антенна, монтируемая на передней кромке крыла
helical (beam) ~ спиральная антенна
helisphere ~ сферическая спиральная антенна
helix ~ спиральная антенна
helix horn ~ коническая спиральная антенна
helmet ~ линзовая антенна Люнеберга
Hertz ~ 1. электрический диполь Герца, электрический элементарный излучатель 2. незаземлённая антенна в виде полуволнового вибратора

HF ~ *см.* **high-frequency antenna**
high-frequency ~ антенна диапазона декаметровых [коротких] волн, коротковолновая антенна, КВ-антенна
high-gain ~ антенна с высоким коэффициентом усиления
highly directive ~ остронаправленная антенна
hoghorn ~ сегментно-параболическая антенна
holographic ~ антенна голографической РЛС
homing ~ 1. самолётная антенна приёмника сигналов приводной радиостанции 2. антенна системы самонаведения
horizontally polarized ~ антенна с горизонтальной поляризацией
horn ~ рупорная антенна
horn-reflector ~ рупорно-параболическая антенна
H-plane (flared) sectorial horn ~ Н-секториальная рупорная антенна
hybrid-mode horn ~ рупорная антенна с возбуждением гибридной модой
image ~ зеркальное изображение антенны
Indian club ~ широкополосная несимметричная антенна в виде булавообразного вибратора
indirectly excited ~ антенна с косвенным возбуждением
indoor ~ комнатная антенна
inductance loaded ~ антенна с индуктивной нагрузкой, антенна с удлинительной катушкой индуктивности
inflatable ~ надувная антенна
integrated thin-film ~ интегральная тонкоплёночная антенна
interferometer ~ антенна интерферометра
inverted-cone ~ ненаправленная широкополосная многопроводная конусообразная антенна
inverted L- ~ Г-образная антенна
inverted V- ~ однопроводная Λ-образная антенна бегущей волны
ionosonde ~ антенна ионозонда
isotropic ~ абсолютно ненаправленная антенна, изотропный излучатель
J- ~ J-образная антенна (*в виде полуволнового вибратора с концевым возбуждением через четвертьволновую согласующую секцию*)
Janus ~ бортовая двунаправленная антенна, бортовая антенна с двухлепестковой диаграммой направленности (*доплеровской навигационной системы*)
L- ~ Г-образная антенна
laminated ~ металлопластинчатая линзовая антенна
lazy H ~ горизонтальная синфазная многовибраторная антенна
leaky-pipe [leaky-wave, leaky-waveguide] ~ антенна вытекающей волны
left-hand (sense) ~ антенна с левой круговой поляризацией
lens ~ линзовая антенна
Lewis ~ антенна со сканером Льюиса, антенна со сканером типа «улитка»
linear ~ линейная антенна
linear array ~ 1. линейная антенная решётка 2. коллинеарная антенная решётка
linear dipole ~ линейная симметричная вибраторная антенна с центральным возбуждением

linearly polarized ~ антенна с линейной поляризацией
lip-mount ~ (автомобильная) антенна с креплением на кромке (*напр. капота*)
loaded ~ нагруженная антенна, антенна с нагрузкой
lobing ~ антенна с переключением положения лепестков диаграммы направленности
localizer ~ курсовая антенна
log-periodic ~ логопериодическая антенна
long-wire ~ антенна с электрической длиной, значительно превышающей рабочую длину волны
loop ~ рамочная антенна
loopstick ~ ферритовая стержневая антенна
low-noise ~ остронаправленная антенна с низким уровнем шумов
low-profile ~ низкопрофильная антенна
low side-lobe ~ антенна с низким уровнем боковых лепестков диаграммы направленности
LP ~ *см.* **log-periodic antenna**
Luneberg (lens) ~ линзовая антенна Люнеберга
magnetic ~ ферритовая антенна
magnetic dipole ~ 1. рамочная антенна 2. щелевая симметричная вибраторная антенна
magnet-mount ~ (автомобильная) антенна с магнитным креплением
Marconi (vertical-wire) ~ ненаправленная вертикальная проволочная несимметричная антенна (*радиовещательного приёмника или передатчика*)
mast ~ мачтовая антенна
master ~ *тлв* коллективная антенна
metallic ~ эквивалент щелевой антенны (*полученный металлизацией отверстия и введением магнитных токов*)
metallic lens ~ металловоздушная линзовая антенна
microstrip ~ микрополосковая антенна
microstrip linear ~ микрополосковая линейная антенна
microwave ~ СВЧ-антенна
Mills (cross) ~ антенна радиотелескопа типа «крест Миллса»
mirror ~ зеркальная антенна
mobile ~ мобильная [подвижная] антенна
monitoring ~ антенна, принимающая сигнал передатчика в месте его расположения в целях контроля работоспособности
monopole ~ несимметричная вибраторная антенна, антенна в виде несимметричного вибратора
monopulse ~ моноимпульсная антенна
movable ~ передвижная антенна
multiarm spiral ~ многозаходная спиральная антенна
multiband ~ многодиапазонная антенна
multibeam ~ антенна с многолепестковой диаграммой направленности, *проф.* многолучевая антенна
multielement ~ многоэлементная антенна
multifrequency ~ многочастотная антенна (*на несколько фиксированных частот*)
multilobe ~ антенна с многолепестковой диаграммой направленности, *проф.* многолучевая антенна
multimode ~ 1. многомодовая антенна 2. антенна, работающая в нескольких режимах
multiple-beam ~ антенна с многолепестковой диаграммой направленности, *проф.* многолучевая антенна

antenna

multiple-tuned ~ антенна с многократным снижением и настраиваемыми индуктивными элементами
multiple-unit steerable ~ многоэлементная антенна с управлением положением диаграммы направленности
multiprogram ~ многопрограммная антенна
multitier ~ многоярусная антенна
narrow-beam ~ антенна с игольчатой диаграммой направленности
nondirectional ~ ненаправленная антенна
nonresonant ~ 1. частотно-независимая антенна 2. антенна бегущей волны 3. нерезонансная антенна
normal mode helical ~ спиральная антенна бокового излучения
nose-cone ~ спиральная антенна, размещаемая в носовом обтекателе ЛА
notch ~ 1. пазовая антенна 2. щелевая антенна
null-steerable ~ антенна с управлением положением нуля диаграммы направленности
nutating ~ антенна с коническим сканированием
oblate spheroidal ~ антенна в виде сплюснутого сфероида
offset-fed reflector ~ зеркальная антенна со смещённым облучателем
offset paraboloidal reflector ~ зеркальная антенна с несимметрично-усечённым параболоидом
omnidirectional [omnipole] ~ всенаправленная антенна
omnirange ~ антенна всенаправленного радиомаяка
open ~ антенна стоячей волны
optical ~ антенна оптического типа
orange peel ~ параболическая зеркальная антенна
orthogonal ~s антенны с ортогональными поляризациями
oscillating doublet ~ диполь Герца, элементарный излучатель
outdoor ~ наружная антенна
paging ~ антенна системы поискового вызова
parabolic ~ параболическая зеркальная антенна
parabolic-cylinder ~ параболоцилиндрическая зеркальная антенна
parabolic-reflector [paraboloid] ~ параболическая зеркальная антенна
parasitic ~ 1. пассивная антенна 2. пассивный элемент антенны (*напр. директор, рефлектор*)
passive ~ 1. пассивная антенна 2. пассивный элемент антенны (*напр. директор, рефлектор*)
pencil-beam ~ антенна с игольчатой диаграммой направленности
periodic ~ антенна с периодической структурой
periscope ~ перископическая антенна
phantom ~ эквивалент антенны
phased(-array) ~ фазированная антенная решётка, ФАР
phase monopulse ~ фазовая моноимпульсная антенна
phase-shaped ~ антенна с профилированной диаграммой направленности
pickup ~ приёмная антенна
pill-box ~ сегментно-параболическая одномодовая антенна
pivot ~ стержневая антенна
planar-array ~ плоская [двумерная] антенная решётка

planar spiral ~ плоская спиральная антенна
plane ~ плоская антенна
plane-reflector ~ антенна с плоским зеркалом
pocket ~ самолётная щелевая антенна
polarization-diversity ~s антенны с поляризационным разнесением
polyphase ~ многоэлементная антенна с несинфазным возбуждением
polyrod ~ полистироловая стержневая антенна
portable ~ портативная [переносная] антенна
primary ~ облучатель (*антенны*)
printed-circuit ~ антенна на печатных схемах
probe ~ антенна-зонд
progressive-wave ~ антенна бегущей волны
prolate spheroidal ~ антенна в виде вытянутого сфероида
proximity-coupled dipole array ~ плоская антенная решётка симметричных вибраторов с возбуждением симметричной линией передачи
pylon ~ башенная антенна в виде цилиндра со щелью
pyramidal horn ~ пирамидальная рупорная антенна
Q- ~ антенна в виде симметричного вибратора с согласующим шлейфом
quad ~ квадратная рамочная антенна
quadraloop ~ антенна в виде четырёх прямоугольных рамок
quadrant ~ квадрантная антенна
quadrupole ~ квадрупольная антенна
quarter-wave ~ антенна в виде четвертьволнового вибратора
rabbit ears ~ комнатная телевизионная V-образная [уголковая] вибраторная антенна
radar ~ радиолокационная антенна
radar lobe-switching ~ радиолокационная антенна с переключением положения лепестков диаграммы направленности
radioastronomic ~ радиоастрономическая антенна
radio-relay ~ антенна радиорелейной станции
radome ~ антенна с обтекателем
rainspout ~ антенна из рифлёных труб
ram's-horn ~ U-образная антенна
reactive reflector ~ отражательная антенная решётка
receiving [reception] ~ приёмная антенна
rectangular horn ~ рупорная антенна с прямоугольным поперечным сечением
rectangular slot ~ щелевая антенна с прямоугольными излучающими отверстиями
redirective ~ переизлучающая антенна
reference ~ 1. эталонная антенна 2. опорная антенна
reflective array ~ отражательная антенная решётка
reflector ~ зеркальная антенна
reradiating ~ переизлучающая антенна
reradiator ~ пассивный отражатель
resonant ~ резонансная антенна
resonant-V ~ V-образная [уголковая] вибраторная антенна с противофазным возбуждением плеч
retrodirective ~ переизлучающая в обратном направлении антенна
rhombic ~ ромбическая антенна
rhombic end-fire ~ ромбическая антенна осевого излучения

RHS ~ *см.* **right-hand (sense) antenna**
ribbon ~ ленточная антенна
ridged-horn ~ гребенчатая рупорная антенна
right-hand (sense) ~ антенна с правой круговой поляризацией
ring ~ кольцевая антенная решётка
Robinson ~ антенна со сканером Робинсона
rod ~ стержневая антенна
room ~ комнатная антенна
rotary ~ вращающаяся [поворотная] антенна
rotary beam ~ 1. антенна с вращающейся диаграммой направленности 2. вращающаяся [поворотная] остронаправленная мачтовая антенна
rotatable [rotating] ~ вращающаяся [поворотная] антенна
satellite tracking ~ антенна станции слежения за ИСЗ
saxophone ~ линейная антенная решётка с диаграммой направленности типа «косеканс-квадрат»
scanner ~ антенна сканера
scanning ~ антенна со сканированием, сканирующая антенна
Schmidt ~ двухзеркальная антенна (по схеме) Шмидта
Schwarzschild ~ сканирующая зеркальная антенна (по схеме) Шварцшильда
scimitar ~ серповидная антенна
screened helical ~ экранированная спиральная антенна
screened loop ~ экранированная рамочная антенна
sea/land radar ~ антенна корабельной *или* наземной РЛС
search ~ *рлк* антенна поиска
sectionalized vertical ~ секционированная вертикальная антенна
sectoral horn ~ секториальная рупорная антенна
self-focusing ~ самофокусирующаяся антенна
self-phased ~ самофазирующаяся антенна
self-phasing array ~ самофазирующаяся антенная решётка
sense [sensing] ~ антенна, исключающая неоднозначность пеленга
series-excited ~ антенна с последовательным возбуждением
series-fed vertical ~ вертикальная антенна с последовательным возбуждением
serpent ~ щелевая антенна на змейковом волноводе
set-top ~ комнатная телевизионная антенна
shaped-beam ~ антенна с профилированной диаграммой направленности
sheet ~ плоская антенна
shielded loop ~ экранированная рамочная антенна
shipborne fire control ~ антенна корабельной РЛС управления стрельбой
shortwave ~ коротковолновая антенна
shovel ~ рупорно-параболическая антенна
shunt-excited ~ антенна с параллельным возбуждением
shunt-fed vertical ~ вертикальная антенна с параллельным возбуждением
side-looking ~ антенна бокового обзора
signal-proccessing ~ антенна с обработкой сигнала
signpost ~ V-образная [уголковая] волноводно-щелевая антенна

single-aperture ~ одноапертурная антенна
single-band ~ однодиапазонная антенна
single-beam ~ однолучевая антенна
single-slot ~ однощелевая антенна
single-wire ~ однопроводная антенна
skeleton-slot ~ каркасная щелевая антенна УКВ-диапазона
skin ~ самолётная невыступающая диэлектрическая антенна поверхностных волн
skirt ~ конусно-штыревая антенна
skirt-dipole ~ коаксиальная антенна
slave ~ 1. пассивная антенна 2. антенна ведомой станции радионавигационной системы
sleeve ~ вертикальная антенна в виде полуволнового вибратора с коаксиальным экраном в нижней части
sleeve-dipole ~ симметричная вибраторная антенна с коаксиальным экраном в средней части
sleeve-monopole [sleeve-stub] ~ вертикальная несимметричная вибраторная антенна с коаксиальным экраном в нижней части
slit ~ щелевая антенна
sloping-vee ~ наклонная V-образная [уголковая] вибраторная антенна
slot ~ щелевая антенна
slot-fed dipole ~ симметричная вибраторная антенна с возбуждением двумя четвертьволновыми щелями в коаксиальном экране
slotted waveguide ~ волноводно-щелевая антенна
snake ~ щелевая антенна на змейковом волноводе
solid sheet batwing ~ антенна в виде сплошного Ж-образного вибратора, сплошной Ж-образный вибратор
space-born ~ бортовая антенна
spaced(-out) ~s разнесённые антенны, антенны для пространственно-разнесённого приёма
space-tapered array ~ неэквидистантная антенная решётка
spherical ~ сферическая антенна
spherical-radiator ~ абсолютно ненаправленная антенна, изотропный излучатель
spherical-reflector ~ антенна со сферическим зеркалом
spheroidal ~ симметричная антенна со сфероидальными вибраторами
spider-web ~ двухдиапазонная многовибраторная антенна с радиально-кольцевым соединением вибраторов
spiral ~ спиральная антенна
split-lobe ~ двухлучевая антенна с расщеплённой диаграммой направленности
spot-beam ~ антенна с иглообразной диаграммой направленности
square loop ~ квадратная рамочная антенна
squirrel-cage ~ вертикальная многовибраторная цилиндрическая антенна (*в форме беличьего колеса*)
stabilized ~ стабилизированная антенна
stacked ~ многоярусная антенна
stacked-beam ~ многолучевая антенна
stagger ~ многоярусная антенна
standard ~ эталонная антенна
standing-wave ~ антенна стоячей волны
steerable ~ антенна с управлением положением диаграммы направленности

antenna

stepped ~ зонированная (линзовая *или* зеркальная) антенна
step-scan ~ антенна с дискретным сканированием
Sterba ~ антенная решётка чередующихся четвертьволновых и полуволновых вибраторов с последовательным возбуждением
stripline ~ полосковая антенна
stub ~ штыревая антенна
subsurface ~ подземная антенна
superconducting ~ сверхпроводящая антенна
superdirective ~ сверхнаправленная антенна
supergain ~ антенна со сверхвысоким коэффициентом направленного действия
superturnstile ~ многоярусная турникетная антенна с Ж-образными вибраторами
surface ~ наземная антенна
surface-wave ~ антенна поверхностных волн
switch(ed) ~ антенна с коммутационным сканированием
symmetrical ~ симметричная антенна
synthetic(-aperture) ~ антенна с синтезированной апертурой
T- ~ Т-образная антенна
telemetering ~ телеметрическая антенна
telescopic ~ телескопическая антенна
television ~ телевизионная антенна
terminated rhombic ~ согласованная ромбическая антенна
terminated wave ~ согласованная антенна бегущей волны
thinned array ~ разреженная антенная решётка
thunderstick ~ конусно-штыревая антенна
tilting ~ антенна со сканированием по углу места
tin-hat ~ линзовая антенна Люнеберга
top-loaded (vertical) ~ вертикальная антенна с нагрузкой в верхней части
tracking ~ антенна системы сопровождения цели
trailed ~ буксируемая антенна (*гидролокационной станции*)
trailing ~ буксируемая самолётная антенна
transceiver ~ приёмно-передающая антенна
transmitting ~ передающая антенна
traveling-wave ~ антенна бегущей волны
tri-band ~ трёхдиапазонная антенна
tridipole ~ антенна из трёх симметричных вибраторов (*повёрнутых на 120° относительно друг друга*), трипольная антенна
trigonal-reflector ~ антенна с треугольным отражателем
triorthogonal ~ антенна из трёх ортогональных симметричных вибраторов
tripole ~ антенна из трёх симметричных вибраторов (*повёрнутых на 120° относительно друг друга*), трипольная антенна
tubular batwing ~ антенна в виде трубчатого Ж-образного вибратора, трубчатый Ж-образный вибратор
tuned ~ настроенная антенна
turnstile ~ турникетная антенна
two-armed spiral ~ двухзаходная спиральная антенна
two-wire spiral ~ двухзаходная спиральная антенна
umbrella ~ зонтичная антенна
umbrella reflector ~ складная зеркальная антенна

underwater ~ подводная антенна
unfurlable ~ развёртываемая антенна
ungrounded half-wave ~ антенна в виде тонкого симметричного полуволнового вибратора
unidirectional [unilateral] ~ однонаправленная антенна
uniphase ~ коллинеарная антенна
unipole ~ несимметричная вибраторная антенна, антенна в виде несимметричного вибратора
unloaded ~ ненагруженная антенна
unstabilized ~ (бортовая) антенна на нестабилизированной платформе
untuned ~ частотно-независимая антенна
uplink ~ антенна линии связи Земля — ЛА
V- ~ V-образная [уголковая] вибраторная антенна, антенна с V-образным [уголковым] симметричным вибратором
Valentine ~ антенна в виде двух копланарных серповидных вибраторов
variable-coverage ~ антенна с управлением шириной диаграммы направленности
variable-elevation beam ~ антенна со сканированием по углу места
vehicle ~ антенна на подвижном объекте
venetian-blind ~ СВЧ-антенная решётка из параболоцилиндрических зеркал, расположенных в форме жалюзи
vertex-fed ~ антенна узлового возбуждения
vertical ~ вертикальная антенна
vertically polarized ~ антенна с вертикальной поляризацией
very high-frequency ~ антенна диапазона метровых [ультракоротких] волн, ультракоротковолновая антенна, УКВ-антенна
VHF ~ *см.* very high-frequency antenna
wave ~ антенна Бевереджа, однопроводная антенна бегущей волны
waveguide ~ волноводная антенна
whip ~ гибкая штыревая антенна
wide-band ~ широкополосная антенна
Windom ~ горизонтальная многодиапазонная передающая антенна в виде симметричного полуволнового вибратора с возбуждением вертикальной однопроводной линией
wire ~ проволочная антенна
wire-grid lens ~ проволочная линзовая антенна
Wullenweber ~ кольцевая антенная решётка
Y- ~ антенна в виде симметричного вибратора с дельта-трансформатором
Yagi(-Uda) ~ директорная антенна, антенна типа «волновой канал»
Zepp(ellin) ~ антенна типа «цеппелин» (*горизонтальная антенна в виде полуволнового несимметричного вибратора с четвертьволновым вертикальным шлейфом с концевым возбуждением*)
zoned ~ зонированная (линзовая *или* зеркальная) антенна
zone-plate lens ~ антенна на зонной пластинке Френеля

antennafier антенна-усилитель, антенна с встроенным усилителем
antennamitter антенна-передатчик, антенна с встроенным передатчиком
antennamixer антенна-смеситель, антенна с встроенным смесителем

antennaverter антенна-преобразователь, антенна с встроенным преобразователем частоты

anthracene антрацен (*краситель*)

anthropomorphism *вчт* антропоморфизм

antiager противостаритель

antialiasing 1. защита от наложения спектров (*дискретизованного сигнала при частоте дискретизации, меньшей частоты Найквиста*) 2. сглаживание, устранение ступенек при отображении линий *или* резких переходов (*в компьютерной графике*)

    full-screen ~ полноэкранное сглаживание, полноэкранное устранение ступенек при отображении линий *или* резких переходов (*в компьютерной графике*)

antianode антианод

antiasperomagnet антиасперомагнетик

antiasperomagnetic антиасперомагнетик ‖ антиасперомагнитный

antiasperomagnetism антиасперомагнетизм, антиасперомагнитные явления

antibarreling коррекция бочкообразных искажений

anticathode 1. антикатод (*рентгеновской трубки*) 2. мишень (*запоминающей ЭЛТ*)

anticipator фазоопережающая цепь

anticlutter устройство подавления сигналов, обусловленных мешающими отражениями

anticoincidence антисовпадение

anticommutator антикоммутатор (*сумма произведения двух операторов (или операций) и произведения тех же операторов (или операций) в обратном порядке*)

anticyclotron обращенный циклотрон (*разновидность ЛБВ*)

antiderivative неопределённый интеграл

antidot *микр.* (изолированное точечное) отверстие (*в сплошной плёнке*)

antiferroelastic антиферроэластик ‖ антиферроэластический

antiferroelectric антисегнетоэлектрик

    antiferrodistortive ~ антиферродисторсионный антисегнетоэлектрик

    displacive ~ ионный антисегнетоэлектрик, антисегнетоэлектрик типа смещения

    ferrodistortive ~ ферродисторсионный антисегнетоэлектрик

    hydrogen-bonded ~ антисегнетоэлектрик с водородными связями

    order-disorder ~ дипольный антисегнетоэлектрик, антисегнетоэлектрик типа порядок — беспорядок

antiferroelectricity антисегнетоэлектричество

antiferromagnet антиферромагнетик

    biaxial ~ двухосный антиферромагнетик

    canted ~ антиферромагнетик со слабым ферромагнетизмом

    collinear ~ коллинеарный антиферромагнетик

    cubic ~ кубический антиферромагнетик

    easy-axis ~ антиферромагнетик (с анизотропией) типа «лёгкая ось»

    easy-plane ~ антиферромагнетик (с анизотропией) типа «лёгкая плоскость»

    frustrated ~ фрустрированный антиферромагнетик

    Heisenberg ~ гейзенберговский антиферромагнетик

    hexagonal ~ гексагональный антиферромагнетик

    orthorhombic ~ ромбический антиферромагнетик

    singlet-ground-state ~ антиферромагнетик с синглетным основным состоянием

    triangular-lattice ~ антиферромагнетик с треугольной решеткой

    two-sublattice ~ двухподрешёточный антиферромагнетик

    uniaxial ~ одноосный антиферромагнетик

antiferromagnetic антиферромагнетик ‖ антиферромагнитный

antiferromagnetics антиферромагнетизм, антиферромагнитные явления

antiferromagnetism антиферромагнетизм, антиферромагнитные явления

antiferromagnon антиферромагнон (*спиновая волна в антиферромагнетике*)

antiformant антиформанта (*любой из спектральных минимумов звука речи*)

antifuse *микр.* проводящий мостик (*формируемый методом плавления под действием электрического тока*)

antiglare неотражающее покрытие (*напр. экрана дисплея*)

antihunt 1. стабилизирующий [демпфирующий] сигнал (*в следящих системах*) 2. схема стабилизации, схема демпфирования (*в следящих системах*)

    azimuth ~ 1. азимутальный стабилизирующий сигнал 2. схема азимутальной стабилизации, схема азимутального демпфирования

    elevation ~ 1. угломестный стабилизирующий сигнал 2. схема угломестной стабилизации, схема угломестного демпфирования

anti-identity 1. антиидентичность; антитождественность 2. антитождество 3. элемент антитождественности (*напр. в теории антисимметрии*)

antijamming противодействие активным преднамеренным радиопомехам, защита от активных преднамеренных радиопомех

    radar ~ противодействие активным преднамеренным радиопомехам РЛС, защита РЛС от активных преднамеренных радиопомех

antikink «антикинк», солитон типа «антикинк»

antilogarithm антилогарифм

antimagnetic немагнитный, ненамагничиваемый

antinode пучность

    ~ of standing wave пучность стоячей волны

    current ~ пучность тока

    voltage ~ пучность напряжения

antipad *микр.* антиконтактная площадка (*печатной платы*), площадка с удалённой металлизацией (*для предотвращения непредусмотренных электрических контактов*)

antiphase противофаза

antipodal 1. (диаметрально) противоположный 2. противофазный (*о сигнале*)

antipode 1. антипод, (диаметрально) противоположный объект 2. *pl* антиподы, объекты на противоположных концах диаметра Земли 3. противофазный сигнал

antiresonance резонанс токов, параллельный резонанс

    velocity ~ частота механического резонанса (*напр. электроакустического преобразователя*)

antiscintillation схема устранения мерцаний (*напр. сигнала*)

antishock система электронной защиты от ударов (*в устройствах воспроизведения цифровых аудиозаписей*)

antisidetone *тлф* противоместный

antising(ing) защита от паразитного самовозбуждения (*напр. радиоприёмника*); *проф.* защита от зуммирования

   voice-operated device ~ *тлф* голосовой переключатель «приём — передача» для защиты от паразитного самовозбуждения

antiskate компенсатор скатывающей силы

antiskating противоскатывание (*в электропроигрывающих устройствах*)

antiskip система электронной защиты от ударов (*в устройствах воспроизведения цифровых аудиозаписей*)

antistatic антистатик || антистатический

antisymmetric антисимметричный (*1. относящийся к шубниковской симметрии; относящийся к чёрно-белой кристаллографической (магнитной) симметрии 2. обладающий свойством изменять знак индексированных элементов при перестановке любой пары индексов (о матрице, тензоре, операторе или волновой функции)*)

antisymmetry антисимметрия (*1. шубниковская симметрия; чёрно-белая кристаллографическая (магнитная) симметрия 2. свойство матриц, тензоров, операторов или волновых функций изменять знак индексированных элементов при перестановке любой пары индексов*)

   complete ~ полная антисимметрия
   double ~ двойная антисимметрия
   perfect ~ совершенная антисимметрия
   spatial ~ пространственная антисимметрия

antithesis 1. антитеза, противопоставление противоположностей **2.** (полная) противоположность

antithetic 1. антитетичный **2.** (полностью) противоположный

antitranslation *фтт* антитрансляция

anxiety опасение; тревога

   computer ~ боязнь компьютеров, компьютерофобия

anycast *вчт* передача сообщений кому-нибудь из ближайших абонентов *или* какому-нибудь ближайшему узлу (*вычислительной системы или сети*) || передавать сообщения кому-нибудь из ближайших абонентов *или* какому-нибудь ближайшему узлу (*вычислительной системы или сети*) || передаваемый кому-нибудь из ближайших абонентов *или* какому-нибудь ближайшему узлу (*вычислительной системы или сети*)

anycasting *вчт* передача сообщений кому-нибудь из ближайших абонентов *или* какому-нибудь ближайшему узлу (*вычислительной системы или сети*) || передаваемый кому-нибудь из ближайших абонентов *или* какому-нибудь ближайшему узлу (*вычислительной системы или сети*)

apatite апатит (*эталонный минерал с твёрдостью 5 по шкале Мооса*)

aperiodic 1. апериодический **2.** частотно-независимый (*об антенне*)

aperiodicity 1. апериодичность **2.** частотная независимость (*об антенне*)

apertometer прибор для измерения апертуры объективов микроскопа

aperture 1. апертура (*1. диафрагма; отверстие 2. раскрыв (антенны); эффективная площадь (антенны)*) **2.** апертурная диафрагма **3.** окно, отверстие (*напр. в ИС или печатной плате*) **4.** щель; зазор; промежуток

   acoustic ~ акустическая апертура
   angular ~ угловая апертура
   annular ~ кольцевая диафрагма
   antenna ~ апертура [раскрыв] антенны; эффективная площадь антенны
   antenna array ~ апертура [раскрыв] антенной решётки
   antenna effective ~ эффективная площадь антенны
   antenna maximum effective ~ максимальная эффективная площадь антенны
   beam ~ апертура луча; апертура пучка
   blocked ~ затенённая апертура, затенённый раскрыв
   camera ~ кадровое окно камеры
   cartridge ~ кадровое окно кассеты
   chevron ~ шевронная диафрагма
   circular ~ 1. круглая апертура, круглый раскрыв **2.** круглая диафрагма
   clear ~ незатенённая апертура, незатенённый раскрыв
   collecting ~ приёмная [собирающая] апертура
   collimating ~ коллимирующая диафрагма
   cosine tapered ~ апертура [раскрыв] с косинусоидальным амплитудным распределением
   coupling ~ 1. апертура связи **2.** отверстие связи (*напр. в волноводах*)
   effective ~ 1. эффективная площадь (*антенны*) **2.** действующее отверстие (*объектива*)
   element ~ апертура [раскрыв] элемента (*антенной решётки*)
   exposure ~ кадровое окно
   focal ~ действующее отверстие (*объектива*)
   gate ~ кадровое окно
   hologram recording ~ апертура записи голограммы
   illuminated ~ облучаемая апертура, облучаемый раскрыв
   interpolating ~ интерполирующая апертура
   iris ~ ирисовая диафрагма
   lens ~ апертура объектива
   numerical ~ числовая апертура
   objective ~ 1. апертурная диафрагма **2.** диафрагма объектива
   parabolic ~ апертура [раскрыв] с параболическим амплитудным распределением
   pressure-equalizing ~ отверстие для выравнивания давления (*в микрофоне*)
   projected ~ проецируемая апертура, проецируемый раскрыв
   radiating ~ излучающая апертура, излучающий раскрыв
   rectangular ~ 1. прямоугольная апертура, прямоугольный раскрыв **2.** прямоугольная диафрагма
   relative ~ относительное отверстие (*объектива*)
   scanning ~ развёртывающая апертура
   slit-shaped ~ щелевая диафрагма
   synthetic ~ синтезированная апертура
   television ~ развёртывающая апертура
   triangular ~ 1. апертура [раскрыв] с треугольным амплитудным распределением **2.** треугольная

апертура, треугольный раскрыв 3. треугольная диафрагма
   unblocked ~ незатенённая апертура, незатенённый раскрыв
   zoned ~ зонированная апертура
apex 1. вершина 2. апекс
aphelion афелий
apices *pl от* **apex**
APL язык программирования APL
aplanat апланат
aplanatic свободный от сферических аберраций и комы (*напр. объектив*)
apochromat апохромат
apodization аподизация
apogee апогей
Apollo (Computer) фирма Apollo (Computer) (*ныне подразделение фирмы Hewlett-Packard*)
apostrophe *вчт* 1. апостроф, символ ' 2. закрывающая кавычка, символ '
Appaloosa *вчт* улучшенная версия ядра Morgan
apparatus аппарат; установка; устройство
   automatic clearing ~ телефонный аппарат с автоматическим отбоем
   call-back ~ телефонный аппарат с кнопкой для обратного вызова
   cathode sputtering ~ установка (для) катодного распыления
   coupling ~ устройство связи
   crucibleless ~ установка для бестигельного выращивания кристаллов
   crystal pulling ~ установка для вытягивания кристаллов
   desk-top ~ настольный телефонный аппарат
   encryption ~ шифровальный аппарат
   hologram recording ~ установка для записи голограмм
   implantation ~ установка ионной имплантации
   ion-etch ~ установка ионного травления
   measuring ~ измерительный прибор
   multiple-exposure ~ установка для многократного экспонирования
   page printing ~ *тлг* рулонный буквопечатающий аппарат
   projection ~ проекционная установка
   robot control ~ устройство управления роботом
   schlieren ~ установка для фотографирования шлирен-методом
   single-zone refining ~ установка для зонной плавки с одной зоной
   start-stop ~ *тлг* стартстопный аппарат
   tape-printing ~ *тлг* ленточный буквопечатающий аппарат
   telescribing ~ телеавтограф (*факсимильный аппарат для передачи изображений в процессе их начертания от руки*)
   X-ray ~ рентгеновская установка
   zone melting ~ установка для зонной плавки
appeal обращение; апелляция ‖ обращаться; апеллировать
   ~ **to force** аргумент с использованием угрозы, *проф.* апелляция к силе (*логическая ошибка*)
   ~ **to ignorance** подмена доказательства истинности отсутствием доказательства ложности, *проф.* апелляция к невежеству (*логическая ошибка*)
   ~ **to pity** — (ложный) аргумент, ориентированный на сострадание аудитории, *проф.* апелляция к жалости (*логическая ошибка*)
   ~ **to plain folks** ~ (ложный) аргумент, ориентированный на предрассудки и склонности аудитории, *проф.* апелляция к «простому народу» (*логическая ошибка*)
appearance 1. внешний вид; форма 2. появление; возникновение
   ~ **of folders** *вчт* внешний вид папок; форма папок (*на экране дисплея*)
   ~ **of items in folders** *вчт* внешний вид элементов в папках; форма элементов в папках (*на экране дисплея*)
   ~ **of mouse pointer** *вчт* внешний вид указателя мыши; форма указателя мыши (*на экране дисплея*)
   stepped ~ *вчт* ступенчатость; зубчатость (*линий или границ изображения на экране дисплея*)
append 1. добавлять в конец (*напр. файла*); снабжать приложением (*напр. сообщение по электронной почте*) 2. добавлять вирус в конец программы 3. *вчт* конкатенировать
appending 1. добавление в конец (*напр. файла*); снабжение приложением (*напр. сообщения по электронной почте*) 2. добавлять вирус в конец программы 3. *вчт* конкатенация
applause *вчт* аплодисменты («*музыкальный инструмент*» *из набора General MIDI*)
applet исполняемая сервером прикладная программа на языке Java (*для модульного расширения возможностей клиента*), *проф.* (Java)-апплет
   Java ~ исполняемая сервером прикладная программа на языке Java (*для модульного расширения возможностей клиента*), *проф.* Java-апплет
AppleShare сетевая операционная система AppleShare (*для Apple-совместимых компьютеров*)
AppleTalk система AppleTalk, программные и аппаратные средства создания локальных сетей (*для Apple-совместимых компьютеров*)
AppleWorks интегрированный пакет программ Apple Works (*для обработки текстов, электронных таблиц и баз данных на Apple-совместимых компьютерах*)
appliance 1. оборудование; прибор; инструмент 2. *pl* бытовое оборудование, бытовые приборы, бытовая техника 3. применение; приложение
   household ~**s** бытовое оборудование, бытовые приборы, бытовая техника
   information ~**s** бытовые информационные приборы
applicability 1. применимость; возможность использования 2. (при)годность; соответствие; релевантность
applicable 1. применимый; с возможностью использования 2. (при)годный; соответствующий; подходящий; релевантный
application 1. применение 2. приложение (*напр. силы*); наложение (*напр. поля*) 3. подвод (*напр. тепла*), подача (*напр. энергии*) 4. *вчт* приложение, прикладная программа 5. *вчт* применение функции ко всем аргументам 6. *pl* аппроксимация, приближённое выражение *или* значение
   client ~ *вчт* приложение-клиент, прикладная программа-клиент
   client-based ~ клиентское приложение, клиентская прикладная программа
   client-server ~ приложение с архитектурой клиент-сервер

application

computer supported telecommunications ~ стандарт ECMA на применение телекоммуникационных технологий с использованием вычислительной техники, стандарт CSTA
e-mail ~ приложение электронной почты, почтовая прикладная программа
embedded ~ *вчт* встроенное приложение
enterprise ~ *вчт* приложение для предприятия; производственное приложение
function ~ *вчт* применение функции ко всем аргументам
functional ~ функциональное применение
horizontal ~ прикладное программное обеспечение для широкого круга пользователей, неспециализированное прикладное программное обеспечение
interactive ~ интерактивное приложение; интерактивная прикладная программа
Internet server ~ прикладная программа Internet-сервера
killer ~ прикладная программа – устранитель конкурентов
MIDI ~ *вчт* MIDI-приложение, прикладная MIDI-программа
multithreaded ~ приложение с множественным разделением на легковесные процессы
multi-tier ~ *вчт* многоуровневое приложение
native ~ *вчт* приложение, оптимизированное для используемого микропроцессора, *проф.* «родное» приложение
non-transactional ~ нетранзакционное приложение; прикладная программа, результаты работы которой не заносятся в базу данных общего пользования
non-Windows ~ приложение, не требующее использования операционной системы Windows (*напр. DOS-приложение*)
partial ~ *вчт* применение функции к части аргументов
scientific ~s *вчт* научные приложения; прикладные программы для научных исследований
server ~ сервер, обслуживающее приложение
server-based ~ серверное приложение, серверная прикладная программа
server-oriented ~ серверное приложение, серверная прикладная программа
startup ~ (прикладная) программа (*в компьютерах Apple Macintosh*)
vertical ~ прикладное программное обеспечение для узкого круга пользователей, специализированное прикладное программное обеспечение
Windows ~ приложение операционной системы Windows, Windows-приложение
application-dependent *вчт* зависящий от конкретного приложения; проблемно-зависимый
application-oriented *вчт* ориентированный на конкретное приложение; проблемно-ориентированный
application-specific специализированный, для специальных применений; *вчт* ориентированный на конкретное приложение; проблемно-ориентированный
applicative 1. применимый; с возможностью использования **2.** (при)годный; соответствующий; подходящий; релевантный **3.** предназначенный для использования; функциональный *вчт* **4.** квантор, квантификатор **5.** определительное наречие количественного значения
applicator 1. аппликатор, накладной электрод **2.** электрод рабочего конденсатора (*для диэлектрического нагрева*)
 capacitive ~ ёмкостный аппликатор
 implantable microwave ~ имплантируемый аппликатор СВЧ-излучения
 inductive ~ индуктивный аппликатор
 radiation (-type) ~ аппликатор излучения
 sonic ~ *бион.* накладной электроакустический преобразователь
applied 1. прикладной, имеющий практическое значение **2.** приложенный (*напр. о поле*); наложенный; подводимый (*напр. о тепле*) **3.** нанесённый (*напр. о резисте*) **4.** приведённый в контакт; контактирующий
apply 1. применять **2.** прикладывать (*напр. поле*); прилагать, налагать; подводить (*напр. тепло*) **3.** наносить (*напр. резист*) **4.** приводить в контакт
appoggiatura долгий форшлаг (*мелизм*)
apportionment пропорциональное распределение
 reliability ~ пропорциональное распределение надёжности
approach 1. сближение; приближение; стремление || сближать(ся); приближать(ся); стремить(ся) **2.** заход на посадку || заходить на посадку **3.** аппроксимация, аппроксимирование || аппроксимировать **4.** *вчт* приближение; приближённая теория; приближённые расчёты || приближать **5.** подход; метод; технология || вырабатывать подход (*напр. к решению проблемы*); выбирать метод; разрабатывать технологию **6.** приступать к работе; начинать **7.** подвод, подача (*напр. инструмента*) || подводить; подавать (*напр. инструмент*) ◊ **to ~ a limit** стремиться к пределу
 ad hoc ~ специализированный подход
 analogy ~ метод аналогий
 automatic ~ автоматический заход на посадку
 Bayesian ~ байесовский подход
 behaviouristic learning ~ бихевиористский подход к процессу обучения
 blind ~ инструментальный заход на посадку в условиях плохой видимости
 Boolean difference ~ метод булевых [логических] разностей, логико-разностный метод
 bottom-up ~ метод восходящего проектирования
 building-block ~ метод стандартных блоков (*напр. в САПР*)
 carrier-controlled ~ заход на посадку с помощью РЛС авианосца
 cermet ~ *микр.* керметная технология
 chip ~ технология изготовления бескорпусных ИС
 contingency ~ ситуационный подход
 collective resource ~ подход с использованием коллективных ресурсов
 constructive ~ конструктивный подход
 crossover ~ *микр.* метод (реализации) пересечений (*межсоединений*)
 cybernetic ~ кибернетический подход
 deterministic ~ детерминистский подход
 diachronic ~ диахронический подход (*в лингвистике*)
 edge-based ~ метод анализа контуров (*напр. в САПР*)

approximation

elimination ~ метод исключения
empirical ~ эмпирический подход
figure-based ~ метод анализа рисунков (*напр. в САПР*)
first-principles ~ подход из первых принципов
fractal ~ фрактальный подход
gate-array ~ метод матриц логических элементов (*напр. в САПР*)
graphic ~ графический метод
Green function ~ метод функции Грина
ground-controlled ~ заход на посадку по командам с наземного пункта управления
heuristic ~ эвристический подход
hierarchical ~ иерархический подход
hybrid ~ гибридная технология
in-circuit ~ схемный подход
instrument ~ инструментальный заход на посадку в условиях видимости посадочной полосы
instrument landing ~ инструментальный заход на посадку в отсутствие видимости посадочной полосы
integrated-circuit ~ технология изготовления ИС, интегральная технология
kinetic ~ кинетический подход
line-segment ~ метод отрезков прямых
localizer ~ заход на посадку по курсовому посадочному радиомаяку
macrocell ~ метод макроячеек
master-slice ~ технология изготовления ИС на основе базового кристалла
matrix ~ матричный метод
modal ~ метод разложения по собственным модам
modified nodal ~ модифицированный метод узлов
modular ~ модульный метод
multichip ~ технология изготовления многокристальных ИС
multi-issue ~ метод параллельного запуска операций исполняемой (многооперационной) команды (*в процессорах цифровых сигналов*)
nodal ~ метод узлов
object-oriented ~ объектно-ориентированный подход
partitioning ~ метод разделения (*напр. в адаптивном управлении*)
phenomenological ~ феноменологический подход
planar ~ *микр.* планарная технология
procedural ~ процедурный подход
projection pursuit ~ метод (адаптивного) поиска (оптимальных) проекций (*при отображении*)
quasi-optical ~ квазиоптический подход
rapid single flux quantum ~ технология устройств на одиночных быстрых квантах (магнитного) потока, *проф.* технология быстрых одноквантовых устройств
RSFQ ~ *см.* **rapid single flux quantum approach**
scanning ~ метод сканирования
self-consistent potential ~ метод самосогласованного потенциала
shortest route ~ метод кратчайшего пути
silicon foundry ~ метод одновременного автоматизированного проектирования и реализации кристаллов СБИС, метод «кремниевого литья»
sociotechnical ~ социотехнический подход
standard beam ~ заход на посадку с управлением по равносигнальной зоне наземного радиомаяка
statistical ~ статистический подход
structural ~ структурный подход
synergetic ~ синергетический подход
system ~ системный подход
thermodynamical ~ термодинамический подход
top-down ~ метод нисходящего проектирования
tradition ~ традиционный подход
user participation ~ подход (*напр. к проектированию систем*) с участием пользователей
very long instruction word ~ метод использования очень длинных командных слов (*в процессорах цифровых сигналов*)
VLIW ~ *см.* **very long instruction word approach**
worst-case ~ метод наихудшего случая
WSR ~ *см.* **Wu(-)li-Shi(-)li-Ren(-)li approach**
Wu(-)li-Shi(-)li-Ren(-)li (system) ~ системный подход WSR к снижению информационной перегрузки, концептуальная система поиска необходимой информации на основе учёта объективных закономерностей, принципов практической деятельности и особенностей запросов людей (*от неоконфуцианских понятий: Wu - объективная реальность; Shi - дела, занятия; Ren - люди в объектно-субъектном представлении; Li - порядок, система*)

approximability аппроксимируемость
approximable аппроксимируемый, допускающий аппроксимацию
approximant 1. аппроксимация, аппроксимирующий (*математический*) объект (*выражение, функция, кривая, поверхность и др.*); приближение; приближённое значение 2. приближение 3. модель; имитация

polynomial ~ 1. аппроксимирующий полином 2. полиномиальное приближение

approximate 1. аппроксимировать, приближённо заменять математические объекты (*выражения, функции, кривые, поверхности и др.*) более простыми ‖ аппроксимирующий 2. приближать; развивать приближённую теорию; выполнять приближённые расчеты ‖ приближённый 3. моделировать; имитировать ‖ моделирующий; имитирующий

approximating 1. аппроксимирующий 2. приближённый 3. моделирующий; имитирующий

approximation 1. аппроксимация (*1 аппроксимирование 2. аппроксимирующий (математический) объект (выражение, функция, кривая, поверхность и др.); приближение; приближённое значение*) 2. приближение; приближённая теория; приближённые расчеты 3. моделирование; имитация

adiabatic ~ адиабатическое приближение
asymptotic ~ асимптотическое приближение
best ~ наилучшее приближение
bidirectional ~ двухволновое приближение
Born ~ борновское приближение
central-field ~ приближение центрального поля
chain ~ цепное приближение
cluster ~ кластерное приближение
Coulomb ~ кулоновское приближение
crude ~ грубое приближение
effective-mass ~ *ftt* приближение эффективной массы
envelope-function ~ *ftt* приближение огибающей функции

approximation

flat spectrum ~ приближение плоского спектра
fractal ~ of image фрактальная аппроксимация изображений
Fraunhofer ~ приближение Фраунгофера
free-electron ~ приближение свободных электронов
Fresnel ~ приближение Френеля
function ~ аппроксимация функций
functional ~ функциональное приближение
geometrical optics ~ приближение геометрической [лучевой] оптики
global ~ глобальная аппроксимация
Hartree-Fock ~ приближение Хартри — Фока
hydrodynamic ~ гидродинамическое приближение
local-density ~ *фтт* приближение локальной плотности
many-electron ~ многоэлектронное приближение
molecular field ~ приближение молекулярного поля
nearest neighbor ~ *фтт* приближение ближайших соседей
nonrelativistic ~ нерелятивистское приближение
one-electron ~ одноэлектронное приближение
paraxial ~ параксиальное приближение
plasma ~ плазменное приближение
polynomial ~ 1. полиномиальная аппроксимация 2. полиномиальное приближение
progressive ~ последовательное приближение
quasi-classical ~ квазиклассическое приближение, приближение Венцеля — Крамерса — Бриллюэна, приближение ВКБ
quasi-harmonic ~ квазигармоническое приближение
random-phase ~ приближение случайных фаз
ray-optics ~ приближение геометрической [лучевой] оптики
Reuss-Voigt-Hill ~ *крист.* приближение Ройса — Фойгта — Хилла
rough ~ грубое приближение
saddle point ~ метод перевала
self-consistent field ~ приближение самосогласованного поля
spline ~ аппроксимация сплайнами
stochastic ~ стохастическое моделирование
successive ~ последовательное приближение
thin-lens ~ приближение тонкой линзы
tight-binding ~ *фтт* приближение сильной связи
unidirectional ~ одноволновое приближение
weak-binding ~ *фтт* приближение слабой связи
weighted ~ взвешенное приближение
WKB ~ квазиклассическое приближение, приближение Венцеля — Крамерса — Бриллюэна, приближение ВКБ
approximative аппроксимативный
approximativeness аппроксимативность
approximator 1. аппроксимация, аппроксимирующий (*математический*) объект (*выражение, функция, кривая, поверхность и др.*); приближение; приближённое значение 2. *вчт* аппроксиматор
function ~ аппроксиматор функций
universal ~ универсальный аппроксиматор
APRAnet глобальная сеть APRAnet (*финансируемая APRA*)
aquadag аквадаг
aramid арамид

arbiter *вчт* арбитр
internal ~ внутренний арбитр (*напр. шины*)
secondary ~ вторичный арбитр (*напр. шины*)
arbitration *вчт* арбитраж
bus ~ арбитраж шины
arboricity древесность (*напр. графа*)
~ of graph древесность графа
point ~ точечная древесность
vertex ~ вершинная древесность
arc 1. дуга (*1. геометрический объект 2. объект в форме дуги 3. (электрическая) дуга; дуговой разряд 4. дуга графа*) 2. образовывать дугу || дуговой 3. связь (*в искусственной нейронной сети*) 4. ветвь сюжета (*в телесериале*) 5. арка; объект в форме арки || арочный
~ of digraph дуга орграфа
artificial ~ фиктивная дуга (*графа*)
breaking ~ (электрическая) дуга при размыкании (*контактов*)
contact ~ дуговой разряд между контактами
coronal ~ корональная арка (*в солнечной короне*)
direct-current ~ дуговой разряд постоянного тока
duddle ~ «поющая» (электрическая) дуга
dummy ~ фиктивная дуга (*графа*)
electric ~ электрическая дуга; дуговой разряд
flash ~ 1. дуговой пробой (*в электровакуумных приборах*) 2. дуговая вспышка
frying ~ шипящая (электрическая) дуга
glowing ~ тлеющая (электрическая) дуга
high-field-emission ~ автоэлектронная дуга, дуга с автоэлектронной [электростатической] эмиссией
high-pressure ~ (электрическая) дуга высокого давления
hissing ~ шипящая (электрическая) дуга
hot-cathode ~ дуговой разряд с разогревом катода
keep-ailve ~ (электрическая) дуга возбуждения (*в ртутных вентилях*)
magnetic ~ магнитная арка (*в солнечной короне*)
mercury(-pool) ~ (электрическая) дуга в ртутных парах
metal-vapor ~ (электрическая) дуга в парах металла
network ~ связь в (искусственной нейронной) сети
plasma ~ (электрическая) плазменная дуга
precursor ~ (электрическая) дуга-предвестник (*в ударной трубе лазера*)
reflex ~ *бион.* рефлекторная дуга
shear ~ шировая арка (*в солнечной короне*)
singing ~ «поющая» (электрическая) дуга
thermolonic ~ самостоятельный дуговой разряд
tracking ~ дуга (движения) тонарма
tungsten ~ дуга на вольфрамовых электродах
vacuum ~ (электрическая) дуга в вакууме
voltaic ~ электрическая дуга; дуговой разряд
xenon ~ (электрическая) дуга в атмосфере ксенона
arcade 1. аркада (*1. последовательность арок 2. вчт аркадная игра*) 2. зал игровых автоматов 3. пассаж (*тип магазина*)
~ of loops аркада магнитных петель (*в солнечной короне*)
coronal magnetic field ~ корональная аркада магнитного поля, корональная магнитная аркада (*в солнечной короне*)
electronic ~ электронный пассаж
force-free ~ бессиловая (магнитная) аркада (*в солнечной короне*)

architecture

magnetic ~ магнитная аркада, аркада магнитного поля (*в солнечной короне*)
shear ~ *проф.* шировая (магнитная) аркада (*в солнечной короне*)
twisted ~ скрученная (магнитная) аркада (*в солнечной короне*)
arcback обратная дуга; обратное зажигание
arc-drop напряжение на дуге
Archie программа Archie для поиска файлов на серверах, использующих протокол FTP
architecture 1. структура; конфигурация; конструкция 2. *вчт* архитектура
   agent ~ *вчт* архитектура агента
   bit-addressable ~ архитектура с поразрядной адресацией
   bit-slice ~ *вчт* разрядно-модульная [секционированная] архитектура (*процессора*)
   boundary scan ~ 1. архитектура последовательного интерфейса (стандарта) JTAG (*для тестирования цифровых устройств*), архитектура интерфейса (стандарта) JTAG для опроса тестовых ячеек на логической границе цифровых устройств (*при тестировании*) 2. стандарт Объединённой группы (Института инженеров по электротехнике и радиоэлектронике) по тестированию для интегральных схем, стандарт JTAG (*для тестирования интегральных схем*), стандарт IEEE 1149.1 (*для тестирования интегральных схем*) 3. последовательный интерфейс JTAG (*для тестирования цифровых устройств*)
   broadband network ~ архитектура широкополосных сетей
   bubble chip ~ архитектура кристалла ЗУ на ЦМД
   bus (structured) ~ шинная архитектура
   chip ~ архитектура кристалла (*ИС*)
   client-server ~ архитектура «клиент-сервер»
   closed ~ закрытая архитектура
   common object request brokers ~ стандартная архитектура брокеров объектных запросов, архитектура типа CORBA
   computer ~ архитектура компьютера
   computer family ~ архитектура семейства компьютеров
   connectionist ~ ассоциативная архитектура; архитектура типа искусственной нейронной сети
   data bus ~ шинная архитектура
   data flow ~ потоковая архитектура
   defense-in-depth security ~ архитектура, обеспечивающая безопасность (*напр. информационных систем*) по принципу глубоко эшелонированной обороны
   die ~ архитектура кристалла (*ИС*)
   digital network ~ 1. архитектура цифровой сети 2. архитектура цифровой сети, разработанная корпорацией DEC, архитектура типа DNA
   distributed enterprise management ~ распределённая архитектура управления сетью в масштабе (отдельного) предприятия
   document content ~ стандартная архитектура содержимого документов, стандарт форматирования DCA (*для обмена текстовыми документами между IBM-совместимыми компьютерами*)
   document interchange ~ стандартная архитектура обмена документами, стандарт DIA
   domain ~ *вчт* архитектура домена
   dynamic power management ~ архитектура динамического управления энергопотреблением, (энергосберегающая) архитектура DPMA
   dynamic scalable ~ динамическая масштабируемая архитектура
   engagement ~ встречно-потоковая архитектура
   enhanced industry standard ~ 1. усовершенствованная стандартная промышленная архитектура, архитектура стандарта EISA; стандарт EISA 2. шина (расширения) с усовершенствованной стандартной промышленной архитектурой, шина (расширения с архитектурой стандарта) EISA
   extensible ~ расширяемая архитектура
   final-form-text document content ~ стандартная архитектура содержимого документов в окончательном формате, стандарт форматирования FFTDCA (*для обмена текстовыми документами между IBM-совместимыми компьютерами*)
   firewall ~ архитектура брандмауэра
   firmware ~ архитектура микропрограммного обеспечения
   hardware ~ архитектура аппаратного обеспечения
   Harvard ~ Гарвардская архитектура кэш-памяти, архитектура кэша с раздельным запоминанием данных и команд
   high-performance computer ~ высокопроизводительная архитектура компьютера
   hub ~ *вчт* архитектура типа «хаб»; архитектура с топологией звезды
   industry standard ~ 1. стандартная промышленная архитектура, архитектура стандарта ISA; стандарт ISA 2. шина (расширения) со стандартной промышленной архитектурой, шина (расширения с архитектурой стандарта) ISA
   linear addressing ~ архитектура (памяти) с линейной адресацией
   machine check ~ архитектура машинного контроля (*в процессорах поколения Р6*), архитектура MCA
   medium control ~ архитектура управления средой (*передачи данных*)
   micro channel ~ 1. микроканальная архитектура, архитектура стандарта MCA; архитектура компьютеров серии PS/2; стандарт MCA 2. шина (расширения) с микроканальной архитектурой, шина (расширения с архитектурой стандарта) MCA; шина компьютеров серии PS/2
   MIMD ~ *см.* multiple-instruction multiple-data architecture
   MISD ~ *см.* multiple-instruction single-data architecture
   modular ~ модульная архитектура
   multi-issue ~ архитектура (процессора) с параллельным запуском операций исполняемой (многооперационной) команды
   multiple-instruction multiple-data ~ архитектура (компьютера) с несколькими потоками команд и несколькими потоками данных, MIMD-архитектура
   multiple-instruction single-data ~ архитектура (компьютера) с несколькими потоками команд и одним потоком данных, MISD-архитектура
   multiprocessor ~ многопроцессорная архитектура
   multi-tier ~ *вчт* многоуровневая архитектура
   network ~ архитектура сети (*1. конфигурация сети; топология сети 2. детализированная струк-

architecture

тура сети; набор стандартов на программное и аппаратное обеспечение, интерфейсы, функциональные уровни и протоколы связи сети)
neural network ~ архитектура нейронной сети
office document ~ архитектура открытых документов, архитектура стандарта ODA
office document management ~ архитектура управления открытыми документами, архитектура стандарта ODMA
open ~ открытая архитектура
open document ~ архитектура открытых документов, архитектура стандарта ODA
open document management ~ архитектура управления открытыми документами, архитектура стандарта ODMA
open network ~ открытая архитектура сети
organizational ~ организационная архитектура
pipelined ~ *вчт* конвейерная архитектура
Princeton ~ Принстонская архитектура кэш-памяти, архитектура кэша с совместным запоминанием данных и команд
problem-oriented ~ проблемно-ориентированная архитектура
process ~ архитектура процессов, иерархия образующих систему процессов (*в объектно-ориентированном программировании*)
PS/2 ~ **1.** архитектура компьютеров серии PS/2; микроканальная архитектура, архитектура стандарта MCA; стандарт MCA **2.** шина компьютеров серии PS/2; шина (расширения) с микроканальной архитектурой, шина (расширения с архитектурой стандарта) MCA
revisable-form-text document content ~ стандартная архитектура содержимого документов с возможностью изменения формата, стандарт форматирования RFTDCA (*для обмена текстовыми документами между IBM-совместимыми компьютерами*)
scalable processor ~ **1.** масштабируемая архитектура процессора **2.** микропроцессор с сокращённым набором команд фирмы Sun Microsystems, RISC-микропроцессор фирмы Sun Microsystems
security ~ архитектура, обеспечивающая безопасность (*напр. информационных систем*)
segmented addressing ~ архитектура (памяти) с сегментированной адресацией
segmented memory ~ сегментированная архитектура памяти
serial storage ~ **1.** последовательный интерфейс для дисковых массивов стандарта SCSI, интерфейс SSA **2.** стандарт последовательных интерфейсов для дисковых массивов, стандарт SSA
shading ~ *вчт* архитектура создания теней (*в компьютерной графике*)
shared memory ~ архитектура с совместно используемой памятью, архитектура типа SMA
signal computing system ~ стандарт на архитектуру открытых моделей компьютерной телефонии, стандарт SCSA
SIMD ~ *см.* single-instruction multiple-data architecture
single-instruction multiple-data ~ архитектура (компьютера) с одним потоком команд и несколькими потоками данных, SIMD-архитектура
single-instruction single-data ~ архитектура (компьютера) с одним потоком команд и одним потоком данных, фон-неймановская архитектура, SISD-архитектура
SISD ~ *см.* **single-instruction single-data architecture**
slice ~ *вчт* разрядно-модульная [секционированная] архитектура (*процессора*)
software ~ архитектура программного обеспечения
stack(-based) ~ стековая архитектура
superpipelined ~ *вчт* суперконвейерная архитектура
systems application ~ архитектура системных приложений, архитектура стандарта SAA
systems monitor ~ *вчт* архитектура системного мониторинга
systems network ~ *вчт* системная сетевая архитектура, архитектура по протоколу SNA; протокол SNA
systolic ~ систолическая архитектура
systolic array ~ архитектура на основе систолических матриц
Texas Instruments graphics ~ **1.** архитектура компьютерной графики фирмы Texas Instruments **2.** стандарт высокого уровня на отображение текстовой и цветной графической информации для IBM-совместимых компьютеров (*с разрешением не выше 1024x786 пикселей в режиме 256-и цветов*), стандарт TIGA **3.** видеоадаптер (стандарта) TIGA
three-tier ~ *вчт* трёхуровневая архитектура
tree(-and-branch) ~ древовидная структура (*напр. сети*)
twin-bank memory ~ двухбанковая архитектура памяти, архитектура типа TBMA
two-level cache ~ двухуровневая архитектура кэш-памяти
unified memory ~ унифицированная архитектура памяти, архитектура (типа) UMA
very long instruction word ~ архитектура (процессора), использующая очень длинные командные слова, *проф.* VLIW-архитектура
virtual ~ виртуальная архитектура
virtual intelligent storage ~ архитектура виртуальных интеллектуальных систем хранения данных, архитектура типа Vista
VLIW ~ *см.* **very long instruction word architecture**
von Neumann ~ фон-неймановская архитектура, архитектура (компьютера) с одним потоком команд и одним потоком данных, SISD-архитектура
Windows open services ~ архитектура открытых служб операционной системы Windows, архитектура типа WOSA
archival архивный
archive *вчт* **1.** архив ‖ помещать в архив ‖ архивный **2.** снабжённый атрибутом «архивный», модифицированный без создания резервной копии (*о файле*) **3.** архивировать, запаковывать **4.** архивный сайт, архив
archived *вчт* архивированный, запакованный
archiver *вчт* архиватор
arcing 1. дуговой пробой **2.** искрение **3.** *вчт* адаптивное переобъединение классификаторов
~ **magnetron** ~ искрение в магнетроне
ARCnet компьютерная сеть с приданными ресурсами, (локальная) сеть ARCnet

arcover дуговой пробой
arctthrough 1. потеря управления, потеря управляющего действия сетки (*в тиратронах*) 2. прямая дуга
area 1. область; зона 2. площадь 3. помещение *или* зона с определённым функциональным назначением; участок (*напр. производственный*) 4. сфера деятельности; область интересов
~ **of circle** площадь круга
~ **of picture element** *тлв* элемент изображения
~ **of polygon** площадь многоугольника
~ **of science** сфера науки
absorption ~ эффективная площадь поглощения
accounting ~ *тлф* учётная зона
activation ~ область активации (*напр. в нейронных сетях*)
active ~ 1. *вчт* активная [рабочая] область (*напр. в электронных таблицах*) 2. активная площадь (*напр. фотокатода*); рабочая площадь (*напр. экрана*) 3. рабочая зона
active chip ~ активная площадь кристалла
antenna effective ~ эффективная площадь антенны
aperture ~ площадь апертуры, площадь раскрыва (*антенны*); эффективная площадь (*антенны*)
approach ~ зона захода на посадку
auditory sensation ~ область слухового восприятия
backscatter echo ~ моностатическая эффективная площадь отражения, эффективная площадь отражения в обратном направлении (*для определённой поляризации рассеянного излучения*)
base ~ 1. базовая область, база 2. площадь базы
beam ~ площадь поперечного сечения пучка
bearing ~ площадь опоры
blanket ~ зона действия активных преднамеренных радиопомех, зона действия активного радиоэлектронного подавления
BIOS data ~ *вчт* область данных базовой системы ввода/вывода, область данных BIOS (*в ПЗУ*)
blind ~ зона молчания, зона отсутствия приёма
bonding ~ контактная площадка
broadcasting fringe ~ зона неуверенного приёма вещательной станции
business ~ сфера бизнеса
capture ~ эффективное поперечное сечение захвата
central-battery ~ телефонная сеть центральной батареи, телефонная сеть ЦБ
clamping ~ зона прижима (*компакт-диска*)
coherence ~ область когерентности
cold ~ помещение без радиационной опасности
collector ~ 1. коллекторная область, коллектор 2. площадь коллектора
component ~ *микр.* посадочное место, знакоместо
contact ~ 1. *микр.* контактная площадка 2. площадь контакта
coverage 1. рабочая зона (*напр. радионавигационной системы*); зона обслуживания 2. зона уверенного приёма 3. *рлк* зона обзора; сектор обзора
critical ~ 1. *тлв* элемент изображения 2. элементарная площадка факсимильного изображения
crossover ~ кроссовер (*в ЭЛТ*)
cross sectional ~ 1. площадь поперечного сечения 2. сумма площадей поперечного сечения отдельных проводников (*напр. в жгуте*)
data ~ зона данных; программная зона (*напр. на компакт-диске*)

device ~ *микр.* посадочное место, знакоместо
dialing ~ *тлф* зона автоматического установления соединения
dust-controlled ~ помещение с контролируемой пылезагрязнённостью
dynamic ~ динамическая область (*памяти*)
echo ~ эффективная площадь отражения, ЭПО (*для определённой поляризации рассеянного излучения*)
echoing ~ моностатическая эффективная площадь отражения, эффективная площадь отражения в обратном направлении (*для определённой поляризации рассеянного излучения*)
effective ~ 1. эффективная площадь 2. эффективная площадь антенны (*в данном направлении*) 3. максимальная эффективная площадь антенны
effective contusion ~ эффективная площадь отражения пачки дипольных отражателей, маскирующих ЛА
effective echoing ~ **of target** моностатическая эффективная площадь отражения цели, эффективная площадь отражения цели в обратном направлении (*для определённой поляризации рассеянного излучения*)
elemental ~ 1. *тлв* элемент изображения 2. элементарная площадка факсимильного изображения
emitter ~ 1. эмиттерная область, эмиттер 2. площадь эмиттера
emitting ~ эмиттирующая поверхность
equivalent flat plate ~ эквивалентная плоская отражающая поверхность (*рассеивающего объекта*)
exchange ~ зона действия телефонной станции
exposed ~ **of resist** экспонированная область резиста
extended BIOS data ~ *вчт* расширенная область данных базовой системы ввода/вывода, расширенная область данных BIOS (*в ПЗУ*)
fixed ~ фиксированная область
fringe ~ зона неуверенного приёма
hard clip ~ задаваемая пользователем и воспроизводимая при печати область размещения текста *или* изображения (*в компьютерной графике*)
hard-to-rich ~ труднодоступная зона (*напр. для радиовещания*)
high memory ~ область старшей [высокой] памяти (*область памяти в адресном пространстве 1024 — 1088 Кбайт*)
hot ~ помещение с повышенной радиационной опасностью
initial turn-on ~ первоначальная область включения (*в тиристоре*)
input ~ *вчт* 1. область памяти для входных данных 2. буфер ввода
instruction ~ *вчт* область команд
interfacial ~ граница раздела; поверхность раздела
interference ~ зона интерференции
intermittent service ~ зона неуверенного приёма
junction ~ площадь перехода
lead-in ~ зона ввода; зона вводной дорожки (*компакт-диска*)
lead-out ~ зона вывода; зона выводной дорожки (*компакт-диска*)
local access and transport ~ зона обслуживания локальной сети
local-battery ~ телефонная сеть местной батареи, телефонная сеть МБ

magnetized ~ намагниченная область
masked ~ *микр.* маскируемая поверхность
mesa ~ *пп* площадь мезы
middle ~ промежуточная область (*между рабочими слоями двухслойного компакт-диска*)
mush ~ зона неуверенного приёма
normal service ~ зона уверенного приёма
number(ing)-plan ~ зона нумерации (*для автоматической связи*)
optional premastered ~ специально подготовленная зона (*магнитооптического диска*) (*доступная для чтения в обычных дисководах компакт-дисков*)
output ~ *вчт* 1. область памяти для выходных данных 2. буфер вывода
overflow ~ *вчт* область переполнения
partial effective ~ парциальная эффективная площадь антенны (*в данном направлении для данной поляризации*)
phase contact(ing) ~ межфазная поверхность
photolithography ~ участок фотолитографии
picture ~ площадь изображения
polarized ~ поляризованная область
premastered ~ зона многократной записи (*магнитооптического диска*) (*недоступная для чтения в обычных дисководах компакт-дисков*)
primary service ~ зона уверенного приёма
production ~ 1. производственный участок; производственная зона 2. аппаратно-студийный отсек (*передвижной телевизионной станции*)
program ~ программная зона; зона данных (*напр. на компакт-диске*)
program calibration ~ зона калибровки мощности лазера (*для оптимизации процесса записи в программной зоне компакт-диска*)
radar control ~ зона действия радиолокационной системы управления
radar echo ~ эффективная площадь отражения, ЭПО (*для определённой поляризации рассеянного излучения*)
reception ~ зона приёма
recordable user area ~ доступная для записи зона (*магнитооптических дисков*)
recorded data ~ зона данных; программная зона (*напр. на компакт-диске*)
read-only ~ зона постоянной памяти (*на некоторых типах магнитооптических дисков*)
reliable service ~ зона уверенного приёма
reverse-bias safe-operation ~ область безопасной работы при обратном смещении
robot ~ оперативная зона действия робота
safe operating ~ область безопасной работы
scan ~ *вчт* сканируемая область
scanned ~ *рлк* зона обзора; сектор обзора
secondary service ~ зона уверенного дневного приёма
seek ~ *вчт* область поиска
service ~ 1. рабочая зона (*напр. радионавигационной системы*); зона обслуживания 2. зона уверенного приёма
shadow ~ 1. зона молчания, зона отсутствия приёма 2. область тени
shareable ~ *вчт* общая область (*памяти*)
shooting ~ *тлв* съёмочная площадка
short-circuit safe-operation ~ область безопасной работы при коротком замыкании

skip ~ зона молчания, зона отсутствия приёма
soft clip ~ устанавливаемая по умолчанию и воспроизводимая при печати область размещения текста *или* изображения (*в компьютерной графике*)
system ~ *вчт* системная область (*напр. на жёстком диске*)
target ~ 1. предписанная зона обслуживания 2. площадь мишени (*запоминающей ЭЛТ*)
target echoing ~ моностатическая эффективная площадь отражения цели, эффективная площадь отражения цели в обратном направлении (*для определённой поляризации рассеянного излучения*)
terminal [termination] ~ *микр.* контактная площадка
type ~ *вчт* 1. текстовое поле (*страницы*) 2. местоположение группы клавиш для печати символов (*на клавиатуре*)
typing ~ *вчт* 1. текстовое поле (*страницы*) 2. местоположение группы клавиш для печати символов (*на клавиатуре*)
upper memory ~ область верхней памяти (*область памяти в адресном пространстве 640 — 1024 Кбайт*)
window ~ 1. рабочая область окна (*на экране дисплея*) 2. площадь окна сердечника трансформатора
working ~ производственный участок; производственная зона

Argon кодовое название ядра процессора Athlon
argument 1. аргумент 2. *вчт* параметр
actual ~ фактический параметр
circular ~ *проф.* круг в доказательстве (*логическая ошибка*)
command-line ~ аргумент командной строки
complex ~ 1. комплексный аргумент 2. комплексный параметр
default ~ *вчт* 1. используемое по умолчанию значение аргумента, аргумент по умолчанию 2. используемое по умолчанию значение параметра, параметр по умолчанию
dummy ~ формальный параметр
formal ~ формальный параметр
free ~ свободный параметр
imaginary ~ 1. мнимый аргумент 2. мнимый параметр
mandatory ~ обязательный аргумент
optional ~ необязательный аргумент
real ~ 1. вещественный аргумент 2. вещественный [действительный] параметр
retarded ~ запаздывающий аргумент
template ~ *вчт* аргумент шаблона

arithmetic 1. арифметика || арифметический 2. *арифметические* операции 3. арифметический процессор
address ~ адресная арифметика
binary ~ двоичная арифметика
Boolean ~ булева арифметика
cardinal ~ арифметика кардинальных чисел
clock ~ 1. арифметика по модулю N 2. арифметические операции по модулю N
decimal ~ десятичная арифметика
double-precision ~ 1. арифметические операции с удвоенной точностью 2. арифметический процессор для работы с удвоенной точностью
exponent ~ арифметика порядков чисел

external ~ дополнительный арифметический процессор

fixed-point ~ 1. арифметические операции над числами с фиксированной точкой, арифметические операции над числами с фиксированной запятой 2. арифметический процессор для операций над числами с фиксированной точкой, арифметический процессор для операций над числами с фиксированной запятой

floating(-point) ~ 1. арифметические операции над числами с плавающей точкой, арифметические операции над числами с плавающей запятой 2. арифметический процессор для операций над числами с плавающей точкой, арифметический процессор для операций над числами с плавающей запятой

generalized ~ обобщённая арифметика

integer ~ целочисленная арифметика

interval ~ интервальная арифметика

machine ~ машинная арифметика

mixed-mode ~ арифметические действия с разными типами чисел, *проф.* смешанная арифметика

modulo-N ~ 1. арифметика по модулю N 2. арифметические операции по модулю N

parallel ~ арифметическое устройство параллельного действия

polynomial ~ полиномиальная арифметика

precision ~ арифметические действия высокой точности, выполняемые на нескольких компьютерах

residue ~ арифметика вычетов

saturating ~ *вчт* арифметика с насыщением, арифметика с фиксацией максимально возможного значения (*для данного типа данных*) и игнорированием переноса

sequential [serial] ~ арифметическое устройство последовательного действия

signed-magnitude ~ арифметические операции над числами со знаком

arj 1. архиватор arj, утилита создания и распаковки архивов типа arj для операционной системы MS-DOS 2. расширение имени однотомного архива *или* первого тома многотомного архива типа arj

arm 1. плечо (*напр. моста*) 2. рукоятка; ручка; рычаг 3. ветвь; ответвление; отвод 4. тонарм 5. рука (*напр. робота*) 6. сторона (*угла*) 7. *вчт* росчерк (*литеры*)

~ **of angle** сторона угла

~ **of couple** плечо пары сил

~ **of robot** (механическая) рука робота

access ~ *вчт* 1. рычаг доступа 2. рычаг привода блока магнитных головок (*магнитного диска*)

articulated ~ суставная рука

bridge ~ плечо моста

brush ~ 1. ползунок скользящего [подвижного] контакта 2. щёткодержатель

compliance ~ рычаг регулировки натяжения (*ленты в магнитофоне*)

control ~ 1. рукоятка управления; ручка управления; рычаг управления 2. управляющая рука

cooperating manipulator ~s взаимодействующие руки манипулятора

difference ~ разностное плечо (*моста*)

extendable ~ выдвижная рука

flexible ~ гибкая рука

graded thermoelectric ~ ветвь термоэлемента с плавным переходом

guide ~ направляющая (*магнитофона*)

horizontal ~ рука с перемещением в горизонтальной плоскости

input ~ входное плечо (*напр. моста*)

insert/eject ~ рычаг установки и извлечения (*напр. съёмного магнитного диска*)

interferometer ~ плечо интерферометра

isolated ~ развязанное плечо (*моста*)

latch ~ фиксирующий рычаг замкового механизма

lever ~ плечо рычага

linear tracking ~ прямолинейный тонарм

manipulator ~ 1. рука манипулятора 2. манипулятор

mechanical ~ механическая рука

multi-linked ~ многозвенная рука

multiple articulated ~ многосуставная рука

network ~ ветвь цепи

output ~ выходное плечо (*напр. моста*)

pen ~ пишущий рычаг (*самописца*)

pickup ~ тонарм

pivot (tone) ~ поворотный тонарм

radial (tone) ~ тангенциальный тонарм

ratio ~s плечи моста, отношение сопротивлений которых определяет диапазон изменения измеряемой величины

rockable ~ качающаяся рука

rotary ~ вращающаяся рука

segmented thermoelectric ~ секционированная ветвь термоэлемента

sensing ~ очувствлённая рука (*напр. робота*)

single-pivot tone ~ одноосный тонарм

stereotone ~ тонарм стереофонического звукоснимателя

sum ~ суммирующее плечо (*моста*)

switch ~ рычаг переключателя

tape tension ~ рычаг регулировки натяжения ленты (*в магнитофоне*)

telescopic ~ выдвижная рука

tension ~ рычаг регулировки натяжения ленты (*в магнитофоне*)

thermoelectric ~ ветвь термоэлемента

tone ~ тонарм

tracking ~ тонарм

transport ~ транспортная рука, рука для выполнения транспортных операций

vertical ~ рука с перемещением в вертикальной плоскости

vertically-operated tracking ~ вертикальный тонарм

viscous-damped ~ тонарм с жидкостным успокоителем

wiper ~ ползунок скользящего [подвижного] контакта

armature 1. якорь 2. ротор

balanced ~ уравновешенный якорь (*электромагнитного громкоговорителя*)

closed-coil ~ якорь с короткозамкнутой обмоткой

disc ~ дисковый якорь (*электрической машины*)

double ~ двухколлекторный якорь с двумя обмотками

drum ~ барабанный якорь

ferromagnetic ~ магнитный якорь

magnet ~ магнитный якорь

armature

moving ~ подвижная система звукоснимателя
pivot iron ~ перекидной железный якорь (*реле*)
relay ~ якорь реле

armco армко-железо, низкоуглеродистая электротехническая сталь

armor 1. броня (*напр. кабеля*) ‖ бронировать 2. армировка; оплётка ‖ армировать; помещать в оплётку
cable ~ броня кабеля
metallic ~ металлическая броня
tape ~ ленточная броня
wire ~ проволочная броня

armoring 1. бронирование (*напр. кабеля*) ‖ бронированный 2. броня (*напр. кабеля*) 3. армирование; помещение в оплётку ‖ армированный; помещённый в оплётку 4. армировка; оплётка
cord ~ *тлф* защитная спираль коммутаторного шнура

ARP протокол разрешения адресов, протокол ARP
proxy ~ реализация протокола ARP (*хостом или маршрутизатором*) при ответах на запросы других компьютеров

ARPAnet, экспериментальная сеть Управления перспективного планирования научно-исследовательских работ Министерства обороны (*США*), ARPAnet

ARQ автоматический запрос на подтверждение
continuous ~ автоматический запрос на подтверждение без ожидания
go-back-N ~ автоматический запрос на подтверждение с возвращением на *N* блоков
idle ~ автоматический запрос на подтверждение с ожиданием
selective-repeat ~ автоматический запрос на подтверждение с избирательным переспросом
stop-and-wait ~ автоматический запрос на подтверждение с ожиданием

arrange 1. размещать; располагать; компоновать; распределять 2. структурировать 3. *фтт* упаковывать(ся) 4. достигать соглашения 5. производить аранжировку (*музыкального произведения*)

arrangement 1. размещение; расположение; компоновка; распределение 2. структура 3. *фтт* упаковка 4. система; устройство; приспособление 5. (достигнутое) соглашение 6. аранжировка (*музыкального произведения*)
~ **of axes** расположение осей
antenna ~ антенное устройство
antenna-feeder ~ антенно-фидерное устройство
base-centered cubic ~ базоцентрированная кубическая упаковка
beam-forniing ~ 1. устройство формирования пучка 2. диаграммообразующая схема
body-centered cubic ~ объёмноцентрированная кубическая упаковка
channel ~ организация каналов
choke ~ дроссельное устройство
circuit ~ компоновка схемы
closed-packed ~ плотная упаковка
component ~ компоновка
contact ~ расположение контактов (*напр. реле*)
data access ~ 1. система доступа к данным 2. стандарт DAA для систем доступа к данным (*напр. для модемов*)
disordered ~ неупорядоченная структура
dodecahedral bond ~ додекаэдрическое расположение связей
face-centered ~ гранецентрированная кубическая упаковка
follower ~ следящая система; следящее устройство
functional ~ функциональная схема
geometrical ~ геометрическое расположение; геометрия
hexagonal close ~ гексагональная плотная упаковка
line ~ расположение строк (*текста*)
Mach-Zehnder ~ схема Маха — Цендера (*в интерферометрах*)
master/slave ~ *вчт* система с ведущим [главным] устройством и ведомым [подчинённым] устройством
octahedral bond ~ октаэдрическое расположение связей
ordered ~ упорядоченная структура
serial shift ~ *вчт* устройство последовательного сдвига
spin ~ спиновая структура
tetrahedral bond ~ тетраэдрическое расположение связей
topological ~ топологическая структура

arranger 1. устройство для размещения *или* расположения (*чего-либо*); компоновщик; устройство для распределения (*чего-либо*) 2. формирователь структуры 3. аранжировщик (*музыкального произведения*)
optical ~ устройство восстановления изображения (*в ВОЛС с неупорядоченным расположением волокон в кабеле*)

arranging 1. размещение; расположение; компоновка; распределение 2. структурирование 3. *фтт* упаковывание 4. достижение соглашения 5. выполнение аранжировки (*музыкального произведения*)
icons ~ *вчт* размещение пиктограмм (*на экране дисплея*)
monitors ~ *вчт* размещение пиктограмм мониторов (*на экране дисплея*)
windows ~ *вчт* размещение окон (*на экране дисплея*)

array 1. решётка; (упорядоченный) массив; периодическая структура; матрица ‖ формировать решётку *или* (упорядоченный) массив; образовывать периодическую структуру *или* матрицу 2. антенная решётка 3. *вчт* массив (*однотипных индексированных элементов*) 4. (прямоугольная) таблица (*элементов*); матрица
~ **of cores** матрица магнитных сердечников
~ **of MOS capacitors** матрица МОП-конденсаторов
~ **of open-ended waveguides** антенная решётка с излучателями в виде открытых концов волноводов
~ **of vortices** *свпр* решётка вихрей потока
~ **with ECC** (дисковый) массив с кодом обнаружения и исправления ошибок
~ **with parity** (дисковый) массив с проверкой на чётность
~ **with rotating parity** (дисковый) массив с проверкой на чётность и циклическим перемещением контрольных сумм по дискам
active antenna ~ активная антенная решётка
active Van Atta ~ активная антенная решётка Ван-Атта

adaptive ~ адаптивная антенная решётка
adjustable ~ массив с переменным числом элементов; динамический массив
advanced function ~ расширенная таблица функций
aerial ~ антенная решётка
antenna ~ антенная решётка
antidot ~ *микр.* решётка (изолированных точечных) отверстий (*в сплошной плёнке*)
association ~ ассоциативный массив, массив со строковыми индексами
ball-grid ~ 1. матрица шариковых выводов 2. корпус с матрицей шариковых выводов, корпус типа BGA, BGA-корпус
beam-scanning ~ антенная решётка со сканированием луча
bedspring ~ плоская [двумерная] синфазная антенная решётка вибраторов с плоским отражателем
bidimensional ~ плоская [двумерная] антенная решётка
billboard ~ плоская [двумерная] синфазная антенная решётка вибраторов с плоским отражателем
binomial ~ биномиальная антенная решётка, антенная решётка с биномиальным амплитудным распределением
board on chip ball grid ~ корпус с размещаемой на кристалле (миниатюрной) печатной платой с матрицей шариковых выводов, корпус BOC-BGA-типа, BOC-BGA-корпус
broadside ~ антенная решётка поперечного излучения, синфазная антенная решётка
bubble-domain ~ решётка ЦМД
CCD ~ матрица ПЗС
CCD logic ~ логическая матрица на ПЗС
ceramic ball-grid ~ керамический корпус с матрицей шариковых выводов, корпус типа CBGA, CBGA-корпус
ceramic pin-grid ~ керамический корпус с матрицей стержневых выводов, корпус типа CPGA, CPGA-корпус
channeled gate ~ специализированная ИС (*на основе стандартных матриц логических элементов*) с каналами между соседними матрицами логических элементов
channelless gate ~ специализированная ИС с одной большой матрицей логических элементов
Chebyshev ~ дольф-чебышевская антенная решётка, антенная решётка с амплитудным распределением Дольфа — Чебышева
chip scale ball-grid ~ корпус типа CSP с матрицей шариковых выводов, CSP-корпус с матрицей шариковых выводов
Chireix-Mesny ~ плоская [двумерная] квадратная антенная решётка зигзагообразно расположенных полуволновых вибраторов
circular ~ кольцевая антенная решётка
circular grid ~ концентрическая кольцевая антенная решётка
circular-loop ~ антенная решётка круглых рамок
circular-waveguide ~ антенная решётка круглых волноводов
close spaced antenna ~ антенная решётка с шагом, не превышающим половины длины волны

CML ~ логическая матрица на переключателях тока
CMOS transistor ~ матрица КМОП-транзисторов
coaxial-feed ~ антенная решётка с коаксиальным фидерным возбуждением
coherent optical ~ когерентная оптическая решётка
collinear ~ коллинеарная антенная решётка
column-grid ~ 1. матрица колончатых выводов 2. корпус с матрицей колончатых выводов, корпус типа CGA, CGA-корпус
column-steered ~ антенная решётка со столбцовым управлением положением диаграммы направленности
concentric-ring ~ кольцевая антенная решётка
conformal ~ конформная антенная решётка
conformant ~s *вчт* совместимые массивы
conical antenna ~ коническая антенная решётка
continuous linear antenna ~ бесконечная линейная антенная решётка
cophasal [cophased] ~ синфазная антенная решётка
corporate-feed ~ антенная решётка с параллельным возбуждением
correlation ~ корреляционная матрица
Costas ~ массив Костаса
Coulmer antenna ~ остронаправленная плоская антенная решётка с вертикальными и горизонтальными излучателями
crosspoint ~ матричный координатный переключатель
cubical antenna ~ кубическая антенная решётка
curtain (antenna) ~ плоская [двумерная] антенная решётка
curved ~ криволинейная антенная решётка
cylindrical (antenna) ~ цилиндрическая антенная решётка
data ~ массив данных
data processing ~ 1. матричная схема обработки сигналов 2. антенная решётка с обработкой сигнала
density-tapered ~ неэквидистантная антенная решётка
detector ~ детекторная матрица
die dimension ball-grid ~ корпус с матрицей шариковых выводов и с (поперечными) размерами, не превышающими (поперечных) размеров кристалла более чем на 20%, корпус D2BGA-типа, D2BGA-корпус
dielectric covered ~ антенная решётка с диэлектрическим покрытием
digital phased ~ антенная решётка с дискретным фазированием
diode ~ диодная матрица
dipole ~ антенная решётка симметричных вибраторов
discrete ~ дискретная антенная решётка
discretionary-routed ~ БИС с избирательными межсоединениями
dislocation ~ *ftm* сетка дислокаций
disperse ~ 1. разреженный массив 2. разреженная матрица
Dolph-Chebyshev (antenna) ~ дольф-чебышевская антенная решётка, антенная решётка с амплитудным распределением Дольфа — Чебышева

array

dot ~ *микр.* решётка точек, решётка островков, решётка изолированных точечных участков (*плёнки*)
double roll-out ~ двойная развёртывающаяся панель (*солнечных батарей*)
driven ~ антенная решетка с фидерным возбуждением
dynamic ~ динамический массив; массив с переменным числом элементов
edge enhanced ~ массив выделенных контуров
electronically addressed matrix ~ отображающая матрица с электронной адресацией
electronically scanned ~ антенная решётка с электронным сканированием
end-fed ~ антенная решётка с концевым возбуждением
end-fire (antenna) ~ антенная решётка осевого излучения
equal-amplitude antenna ~ равноамплитудная антенная решётка
equally spaced ~ эквидистантная антенная решётка
extended graphics ~ 1. стандарт высокого уровня на отображение текстовой и цветной графической информации для IBM-совместимых компьютеров (*с разрешением до 1024x768 пикселей и выше с возможностью воспроизведения до 65536 цветов*), стандарт XGA 2. видеоадаптер (стандарта) XGA
feed ~ решётка облучателей (*антенны*)
feedthrough ~ проходная антенная решётка
field-programmable analog ~ программируемая матрица аналоговых элементов, программируемая матрица типа FPAA
field-programmable gate ~ программируемая логическая матрица типа FPGA, ПЛМ типа FPGA
field-programmable logic ~ программируемая логическая матрица типа FPLA, ПЛМ типа FPLA
fine-pitch land-grid ~ малошаговая матрица контактных площадок
finite ~ конечная антенная решётка
fir-tree ~ вертикальная антенная решётка горизонтальных симметричных вибраторов с рефлектором в виде полотна вибраторов
fixed-beam ~ антенная решётка с фиксированным положением луча
flat ~ 1. плоская [двумерная] матрица; плоская [двумерная] решётка 2. плоская [двумерная] антенная решётка
flexible ~ динамический массив; массив с переменным числом элементов
four-bay ~ четырёхсекционная антенная решётка
four-over-four ~ двухъярусная антенная решётка с четырьмя вибраторами в ярусе
four-stacked ~ четырёхъярусная антенная решётка
fractal ~ фрактальная решётка
Franklin ~ коллинеарная антенная решётка
frequency-controlled ~ антенная решётка с частотным сканированием
frequency-multiplexed ~ антенная решётка с частотным разделением каналов
frequency-scanned ~ антенная решётка с частотным сканированием
functional ~ *микр.* функциональная матрица; функциональная матричная ИС

fuse-programmable logic ~ логическая матрица, программируемая плавкими перемычками
fusible-link logic ~ логическая матрица, программируемая плавкими перемычками
gate ~ матрица логических элементов, логическая матрица (*с использованием концепции базовых ячеек*)
geometrically addressed matrix ~ отображающая матрица с геометрической адресацией
glide-slope ~ антенная решётка глиссадного радиомаяка
grating ~ дифракционная решётка
grating-lobe ~ антенная решётка с побочными лепестками диаграммы направленности
green ~ индикаторная матрица зелёного свечения
half-wave spaced ~ антенная решётка с полуволновым шагом
helical antenna ~ спиральная антенная решётка
hemispherically scanned ~ антенная решётка с полусферической зоной обзора
hexagonal antenna ~ 1. шестиугольная антенная решётка 2. антенная решётка с шестиугольной сеткой
hexagonal bubble ~ гексагональная решётка ЦМД
high thermal plastic-ball grid ~ термостойкий пластмассовый корпус с матрицей шариковых выводов, термостойкий корпус типа PBGA, термостойкий PBGA-корпус
hologram ~ решётка голограмм
homogeneous antenna ~ эквидистантная антенная решётка
horn antenna ~ антенная решётка с рупорными излучателями
hydrophone ~ гидроакустическая приёмная антенная решётка
image-storage ~ матрица формирователя сигналов изображения
imaging ~ 1. матрица формирования сигналов изображения 2. антенная решётка системы формирования сигналов радиолокационного изображения
immutable ~ *вчт* неизменяемый массив
infrared-detector ~ матрица приёмников ИК-излучения
integer-indexed ~ массив с целочисленными индексами
integrated(-circuit) ~ матричная ИС
integrating ~ интегрирующая матрица (*на ПЗС-структурах*)
interlaced stacked rhombic ~ антенная решётка в виде двух многоярусных ромбических антенн, смещённых в направлении большой диагонали
ion-implanted ~ ионно-имплантированная решётка
isosceles triangular lattice ~ 1. равнобедренная треугольная антенная решётка 2. антенная решётка с равнобедренной треугольной сеткой
iterative ~ матрица для реализации итеративной процедуры
Janus antenna ~ бортовая двунаправленная антенная решётка, антенная решётка с двухлепестковой диаграммой направленности (*доплеровской навигационной системы*)
Koomans ~ вертикальная антенная решётка горизонтальных симметричных вибраторов с рефлектором в виде полотна вибраторов

large aperture ~ широкоапертурная антенная решётка
large aperture seismic ~ широкоапертурная решётка сейсмоприёмников
large-scale integration ~ матричная БИС
large-scale integration/discretionary routed ~ матричная БИС с избирательными (меж)соединениями
light-emitting-diode ~ светодиодная матрица
linear ~ 1. линейная антенная решётка 2. коллинеарная антенная решётка
linear tapered ~ антенная решётка с линейно спадающим амплитудным распределением
logic ~ матрица логических элементов, логическая матрица (*с использованием концепции базовых ячеек*)
log-periodic dipole ~ логопериодическая антенная решётка симметричных вибраторов
log-periodic folded-dipole ~ логопериодическая антенная решётка петлевых симметричных вибраторов
log-periodic folded-monopole ~ логопериодическая антенная решётка петлевых несимметричных вибраторов
log-periodic folded-slot ~ логопериодическая щелевая антенная решётка с петлеобразными излучающими отверстиями
longitudinal-slot ~ антенная решётка с продольными щелевыми излучателями
low-sidelobe ~ антенная решётка с низким уровнем боковых лепестков
magnetic-dot ~ матрица магнитных точек
magnetostatic-wave reflecting ~ отражательная решётка для магнитостатических волн
Marconi-Franklin antenna ~ плоская [двумерная] антенная решётка вертикальных симметричных вибраторов с рефлектором
mask-programmable logic ~ логическая матрица с масочным программированием
matrix-fed ~ антенная решётка с возбуждением от диаграммообразующей матрицы
mattress ~ плоская [двумерная] синфазная антенная решётка вибраторов с плоским отражателем
mechanically-scanned ~ антенная решётка с механическим сканированием
memory ~ матрица (ячеек динамической) памяти
micro ball-grid ~ микрокорпус с матрицей шариковых выводов, корпус типа μBGA, μBGA-корпус
micromirror ~ решётка микрозеркал
microstrip ~ микрополосковая антенная решётка
microvia(-based) ~ *микр.* корпус типа BGA на подложке с межслойными микропереходами, корпус типа BGA на подложке с межслойными переходными микроотверстиями
microwave ~ антенная решётка СВЧ-диапазона
mirrored ~ (дисковый) массив с зеркальным дублированием данных
modulator ~ модуляторная матрица
monopole ~ антенная решётка несимметричных вибраторов
monopulse ~ моноимпульсная антенная решётка
MOS ~ матрица на МОП-структурах
multibeam ~ многолучевая антенная решётка
multichip ~ многокристальная БИС
multielement ~ многоэлементная антенная решётка

multielement detector ~ многоэлементная детекторная матрица
multirate systolic ~ многоскоростная систолическая матрица
mutable ~ *вчт* изменяемый массив
N-dimensional ~ 1. N-мерная решётка 2. N-мерный массив
nonrectangular ~ 1. косоугольная антенная решётка 2. антенная решётка с косоугольной сеткой
nonredundant ~ (дисковый) массив без дублирования данных
nonuniformly spaced ~ неэквидистантная антенная решётка
null-steering ~ антенная решётка с управлением положением нуля диаграммы направленности
oblique triangular lattice ~ 1. антенная решётка в форме косоугольного треугольника 2. антенная решётка с сеткой из косоугольных треугольников
one-dimensional ~ 1. одномерная решётка 2. одномерный массив 3. вектор-строка *или* вектор-столбец
optical gate ~ матрица оптических логических элементов
optically fed ~ антенная решётка с оптическим [пространственным] возбуждением
organic land-grid ~ корпус из органического материала с матрицей контактных площадок, корпус типа OLGA, OLGA-корпус
pad-grid ~ 1. матрица контактных площадок 2. корпус с матрицей контактных площадок, корпус типа PGA, PGA-корпус
parallel ~ (дисковый) массив с параллельной записью данных
parallel-fed (antenna) ~ антенная решётка с параллельным возбуждением
parallel stripe ~ решётка параллельных полосовых доменов
parametric ~ параметрическая антенная решётка (*в гидроакустике*)
parasitic ~ пассивная антенная решётка
passive ~ пассивная антенная решётка
phase ~ фазовая дифракционная решётка
phased ~ фазированная антенная решётка, ФАР
phase-scanned ~ антенная решётка с фазовым сканированием
photodetector ~ матрица фотоприёмников
photovoltaic solar ~ панель солнечных батарей
pin-grid ~ 1. матрица стержневых выводов 2. корпус с матрицей стержневых выводов, корпус типа PGA, PGA-корпус
pine-tree ~ вертикальная антенная решётка горизонтальных симметричных вибраторов с рефлектором в виде полотна вибраторов
planar ~ 1. плоская [двумерная] антенная решётка 2. плоская [двумерная] решётка гидроакустических преобразователей
plastic ball-grid ~ пластмассовый корпус с матрицей шариковых выводов, корпус типа PBGA, PBGA-корпус
plastic land-grid ~ пластмассовый корпус с матрицей контактных площадок, корпус типа PLGA, PLGA-корпус
plastic pin-grid ~ пластмассовый корпус с матрицей стержневых выводов, корпус типа PPGA, PPGA-корпус

array

p-n-junction ~ матрица p—n-переходов
pointer ~ *вчт* массив указателей
point-source ~ решётка точечных излучателей
processing ~ процессорная матрица
programmable logic ~ программируемая логическая матрица типа PLA, ПЛМ типа PLA (*с возможностью программирования массивов элементов И и ИЛИ*)
radar ~ антенная решётка РЛС
ragged ~ двумерный массив с разным числом элементов в строках
RAID ~ дисковый массив типа RAID
RAID tape ~ массив магнитных лент с алгоритмом объединения типа RAID
random ~ антенная решётка со случайным распределением излучателей
receiving ~ приёмная антенная решётка
rectangular antenna ~ **1.** прямоугольная антенная решётка **2.** антенная решётка с прямоугольной сеткой
rectangular grid ~ антенная решётка с прямоугольной сеткой
red ~ индикаторная матрица красного свечения
redirective ~ переизлучающая антенная решётка
redundant ~s of inexpensive disks 1. массивы недорогих/независимых жёстких дисков с избыточностью информации, массивы типа RAID **2.** алгоритм объединения жёстких дисков в виртуальный диск большой ёмкости (*для повышения устойчивости к ошибкам*), алгоритм RAID
reflector ~ отражательная антенная решётка
retrodirective ~ антенная решётка, переизлучающая в обратном направлении
ridge-waveguide ~ антенная решётка на гребенчатых волноводах
right triangular lattice ~ **1.** антенная решётка в форме прямоугольного треугольника **2.** антенная решётка с сеткой из прямоугольных треугольников
ring ~ кольцевая антенная решётка
roll-out solar ~ развёртывающаяся панель солнечных батарей
row-and-column steered ~ антенная решётка со строчно-столбцовым управлением положением диаграммы направленности
row-steered ~ антенная решётка со строчным управлением положением диаграммы направленности
scanned ~ антенная решётка со сканированием, сканирующая антенная решётка
self-phased ~ самофазирующаяся антенная решётка
self-scanned ~ *вчт* самосканируемая матрица
self-steering ~ самофазирующаяся антенная решётка
series-fed ~ антенная решётка с последовательным возбуждением
shaped Fourier plane photodetector ~ матрица фотоприёмников в плоскости преобразования Фурье
shunt-slot ~ щелевая антенная решётка с параллельным возбуждением
silicon solar ~ панель кремниевых солнечных батарей
slot ~ щелевая антенная решётка
slotted-waveguide (antenna) ~ волноводно-щелевая антенная решётка
solar(-cell) ~ панель солнечных батарей
space fed ~ антенная решётка с пространственным [оптическим] возбуждением
space-regular ~ эквидистантная антенная решётка
space-tapered ~ неэквидистантная антенная решётка
sparse ~ **1.** разреженная антенная решётка **2.** разреженный массив **3.** разреженная матрица
spherical antenna ~ сферическая антенная решётка
square lattice bubble ~ квадратная решётка ЦМД
SRAM-based field-programmable gate ~ программируемая логическая матрица типа FPGA на модулях статической (оперативной) памяти, ПЛМ типа FPGA на модулях (оперативной) памяти типа SRAM
stacked ~ многоярусная антенная решётка
stepped-scanned ~ антенная решётка с дискретным сканированием
Sterba antenna ~ антенная решётка чередующихся четвертьволновых и полуволновых вибраторов с последовательным возбуждением
Sterba-curtain ~ многоярусная антенная решётка с плоским отражателем, подвешенным на несущих тросах между мачтами
storage logic ~ запоминающая логическая матрица
stripline ~ полосковая антенная решётка
super extended graphics ~ **1.** стандарт высокого уровня на отображение текстовой и цветной графической информации для IBM-совместимых компьютеров (*с разрешением до 2048x1536 пикселей и с возможностью воспроизведения до 16,7 млн цветов*), стандарт SXGA **2.** видеоадаптер (стандарта) SXGA
super video graphics ~ **1.** стандарт сверхвысокого уровня на отображение текстовой и цветной графической информации для IBM-совместимых компьютеров (*с разрешением от 800x600 пикселей и выше с возможностью воспроизведения до 16,7 млн цветов*), стандарт SVGA **2.** видеоадаптер (стандарта) SVGA
superconducting ~ матрица сверхпроводящих элементов
superdirectional [superdirective] ~ сверхнаправленная антенная решётка
supergain (antenna) ~ антенная решётка со сверхвысоким коэффициентом направленного действия
switched ~ антенная решётка с коммутационным сканированием
systolic ~ систолическая матрица
tape-ball grid ~ кристаллоноситель на гибкой ленте с матрицей шариковых выводов, корпус типа T-BGA, T-BGA-корпус
tapered ~ неэквидистантная антенная решётка
thermally addressed matrix ~ отображающая матрица с тепловой адресацией
thin-film solar ~ панель тонкоплёночных солнечных батарей
thinned ~ разреженная антенная решётка
three-dimensional ~ **1.** трёхмерная решётка **2.** трёхмерный массив
tier ~ одноярусная антенная решётка
time-sampled ~ антенная решётка с временной выборкой

transducer ~ решётка преобразователей
transmissive ~ проходная антенная решётка
transmitting ~ передающая антенная решётка
traveling-wave (antenna) ~ антенная решётка бегущей волны
triangular ~ 1. треугольная антенная решётка 2. антенная решётка с треугольной сеткой
triangular grid ~ антенная решётка с треугольной сеткой
twin-bay ~ двухсекционная антенная решётка
twistor ~ твисторная матрица
two-dimensional ~ 1. плоская [двумерная] антенная решётка 2. двумерная решётка 3. двумерный массив 4. матрица
ultra extended graphics ~ 1. стандарт высокого уровня на отображение текстовой и цветной графической информации для IBM-совместимых компьютеров (*с разрешением до 1600x1200 пикселей и с возможностью воспроизведения до 16,7 млн цветов*), стандарт UXGA 2. видеоадаптер (стандарта) UXGA
uncommitted logic ~ 1. нескоммутированная логическая матрица 2. матрица логических элементов, логическая матрица (*с использованием концепции базовых ячеек*)
unidirectional couplet antenna ~ двухэлементная антенная решётка с кардиоидной диаграммой направленности
uniform antenna ~ равноамплитудная эквидистантная антенная решётка
uniformly spaced ~ эквидистантная антенная решётка
universal logic ~ универсальная логическая матрица
Van Atta ~ антенная решётка Ван-Атта, самофокусирующаяся переизлучающая антенная решётка
very large ~ большая антенная решётка
video graphics ~ 1. стандарт высокого уровня на отображение текстовой и цветной графической информации для IBM-совместимых компьютеров (*с разрешением не выше 640x480 пикселей в режиме 16-и цветов*), стандарт VGA 2. видеоадаптер (стандарта) VGA
VLSI ~ матрица СБИС
wavefront ~ *вчт* волновая матрица
waveguide ~ волноводная антенная решётка
waveguide slot (antenna) ~ волноводно-щелевая антенная решётка

arrester защитный разрядник (*для защиты от грозовых перенапряжений*)
air-gap ~ искровой защитный разрядник
aluminum(-cell) ~ электролитический защитный разрядник
electrolytic ~ электролитический защитный разрядник
electronic ~ электронный защитный разрядник
gap ~ искровой защитный разрядник
horn ~ самогасящийся защитный разрядник с рупорным разрядным промежутком
lightning ~ разрядник для защиты от грозовых перенапряжений
surge ~ разрядник для защиты от перенапряжений

arrival 1. поступление (*напр. сигнала*); приход (*напр. волны*); наступление (*напр. события*) 2. поступающий сигнал; приходящая волна; наступившее событие 3. единичное поступление (*заявки, требования или вызова в системе массового обслуживания*) 4. входящий поток, входной поток (*заявок, требований или вызовов в системе массового обслуживания*) 5. *pl* входящий поток, входной поток (*заявок, требований или вызовов в системе массового обслуживания*)
~ with aftereffect (входящий) поток с последействием
~ without aftereffect (входящий) поток без последействия
aggregated ~s групповой (входящий) поток
batch ~s групповой (входящий) поток
bulk ~s групповой (входящий) поток
correlated ~s коррелированные поступления
deterministic ~ детерминированный (входящий) поток
earliest ~ самое раннее поступление
Erlang ~ (входящий) поток Эрланга
Erlang ~ of n-th order (входящий) поток Эрланга n-го порядка
exponential ~ пуассоновский (входящий) поток
grouped ~s групповой (входящий) поток
independent ~s независимые поступления
lost ~ потерянное поступление
non-ordinary ~ неординарный (входящий) поток
non-stationary ~ нестационарный (входящий) поток
ordinary ~ ординарный (входящий) поток
Poisson ~ пуассоновский (входящий) поток
pooled ~s групповой (входящий) поток
random ~ случайный (входящий) поток
simple ~ простейший (входящий) поток
single ~ единичное поступление
stationary ~ стационарный (входящий) поток
turned away ~ отклонённое [не принятое к обслуживанию] поступление

arrow 1. стрела; стреловидный объект 2. стрелка ‖ использовать стрелку; указывать стрелкой (*напр. на схеме*)
antiparallel ~s знак антипараллельности, знак параллельности и противонаправленности (*векторов*)
cursor ~s клавиши управления положением курсора
danger ~ знак молнии, предупредительный знак о наличии высокого напряжения
down ~ стрелка(, направленная) вниз
left ~ стрелка(, направленная) налево
parallel ~s знак параллельности и однонаправленности (*векторов*)
right ~ стрелка(, направленная) направо
scroll ~ *вчт* стрелка на линейке прокрутки (*для указания направления перемещения изображения или текста в экранном окне*)
up ~ стрелка(, направленная) вверх

arrowhead 1. остриё стрелки 2. размерная стрелка (*на чертежах*) 3. знак «много больше» или «много меньше» 4. частотно-независимая логопериодическая антенна с линейной поляризацией

arsenide *пп* арсенид
gallium ~ арсенид галлия

art 1. искусство 2. произведение искусства; живопись; рисунок; скульптура 3. мастерство; умение; техника 4. иллюстративный и художественный

art

материал печатного издания **5.** оригинал (*изображения*) **6.** декоративное оформление (*напр. телепередачи*) **7.** художественный; декоративный **8.** формат и расширение имени графического файла (*в пакете PFS: First Publisher*)
ASCII ~ вчт псевдографика
black(-and-white) ~ чёрно-белый оригинал
camera-ready ~ оригинал для воспроизведения фотографическим методом
click ~ вчт проф. компакт-диск или дискета с пакетом (свободно используемых) графических файлов оформительского назначения, клипарт на компакт-диске или дискете
clip ~ **1.** вчт пакет (свободно используемых) графических файлов оформительского назначения, *проф.* клипарт **2.** альбом (предназначенных для вырезания и наклеивания) рисунков и графических материалов
computer ~ **1.** компьютерная живопись **2.** подготовленный на компьютере оригинал, компьютерный оригинал
finished ~ подготовленный для воспроизведения оригинал; отретушированный оригинал
industrial ~s теория машин и механизмов
line ~ **1.** штриховая техника **2.** штриховой графический материал, графический материал без полутонов **2.** штриховой оригинал, оригинал без полутонов
printing ~ **1.** полиграфическое искусство **2.** полиграфия; полиграфическая техника
prior ~ состояние вопроса (*стандартный заголовок напр. в описании патента*)
article 1. статья (*1. вид публикации 2. пункт; параграф; раздел*) **2.** вещь; предмет; изделие **3.** товар **4.** артикль
definite ~ определённый артикль
expired ~ вчт статья, уничтоженная в связи с истечением срока хранения (*напр. в UseNet*)
indefinite ~ неопределённый артикль
manufactured ~ изделие
articulate 1. артикулировать (*1. использовать произносительные органы для звукообразования; произносить 2. произносить ясно и отчётливо; говорить разборчиво 3. использовать артикуляцию для исполнения последовательности звуков в музыке или вокале*) || артикуляционный (*1. произносительный 2. отчётливый; разборчивый (о речи) 3. относящийся к использованию артикуляции для исполнения последовательности звуков в музыке или вокале*) **2.** сочленять (*напр. органы робота*) || сочленяющий
articulation 1. артикуляция (*1. движение произносительных органов при звукообразовании 2. разборчивость (звуков или элементов речи) 3. количественная мера качества систем передачи речевой информации 4. способ исполнения последовательности звуков в музыке или вокале*) **2.** сочленение (*напр. органов робота*)
complex ~ сложное сочленение
consonant ~ артикуляция согласных
double-rotations ~ двухстепенное шарнирное сочленение
percent consonant ~ артикуляция согласных
percent syllable ~ слоговая артикуляция
percent vowel ~ артикуляция гласных
prismatic ~ сочленение в виде поступательной кинематической пары
robot ~ сочленение робота
self-compensated ~ сочленение с самокомпенсацией
sentence ~ фразовая артикуляция
simple ~ простое сочленение
sound ~ звуковая артикуляция
speech ~ артикуляция речи
syllable ~ слоговая артикуляция
vowel ~ артикуляция гласных
word ~ словесная артикуляция
wrist ~ сочленение запястья (*руки робота*)
artifact артефакт (*1. паразитный эффект; не присущее изучаемому объекту свойство 2. искусственный [являющийся продуктом человеческой деятельности] объект; синтезированный объект или материал*)
dynamic ~ динамический артефакт
artifactitious 1. паразитный; не присущий изучаемому объекту **2.** искусственный (*напр. диэлектрик*), являющийся продуктом человеческой деятельности; синтезированный (*напр. монокристалл*)
artifactual 1. паразитный; не присущий изучаемому объекту **2.** искусственный (*напр. диэлектрик*), являющийся продуктом человеческой деятельности; синтезированный (*напр. монокристалл*)
artificial искусственный (*напр. диэлектрик*), являющийся продуктом человеческой деятельности; синтезированный (*напр. монокристалл*)
artist художник
animation ~ **1.** специалист по компьютерной анимации **2.** художник-мультипликатор
computer ~ специалист по компьютерной графике
video ~ специалист по компьютерной графике
Artmap прямопотоковая (искусственная) нейронная сеть типа Artmap
artwork 1. микр. оригинал (*напр. шаблона*) **2.** трафарет **3.** графический и иллюстративный материал (*напр. печатного издания*) **4.** художественное оформление (*напр. компакт-диска*)
final ~ эталонный шаблон
mask ~ оригинал шаблона
ascender вчт **1.** строчная литера с верхним выносным элементом **2.** верхний выносной элемент (*литеры*)
ascent восхождение; подъём
steepest ~ наибыстрейший подъём (*метод поиска максимума функции*)
ascension восхождение; подъём
right ~ прямое восхождение (*напр. небесного тела*)
ascribable 1. приписываемый (*напр. статус*) **2.** относимый на чей-либо счёт; полагаемый причиной чего-либо; связываемый с чем-либо
ascribe 1. приписывать (*напр. статус*) **2.** относить на чей-либо счёт; приписывать причину чему-либо; связывать с чем-либо
ascription 1. приписывание (*напр. статуса*) **2.** отнесение на чей-либо счёт; приписывание причины чему-либо; связывание с чем-либо
ascriptive 1. приписывающий (*напр. статус*), вчт аскриптивный **2.** относящий на чей-либо счёт; приписывающий причину чему-либо; связывающий с чем-либо

ascriptor *вчт* аскриптор
as-deposited (непосредственно) после осаждения, свежеосаждённый (*о покрытии или слое*)
asdic противолодочные гидро- и звуколокационные средства
asfir интерферометрическая радиолокационная система наблюдения за воздушной обстановкой с активным ответом
as-grown (непосредственно) после выращивания (*о кристалле*)
ash *микр.* 1. полировать 2. очищать
ashing *микр.* 1. полировка 2. очистка
  plasma ~ плазменное травление
aspect 1. (внешний) вид; (наблюдаемая) форма; *тлв, вчт* формат (*изображения*) 2. аспект; сторона (*напр. проблемы*) 3. точка зрения 4. угловое расстояние (*между точками небесной сферы по дуге большого круга*) 5. *вчт* (грамматический) вид
asperomagnet асперомагнетик
asperomagnetic асперомагнетик || асперомагнитный
asperomagnetism асперомагнетизм, асперомагнитные явления
aspheric(al) асферический
as-polished (непосредственно) после полировки (*о поверхности*)
assemblage 1. сборка; монтаж; формирование 2. семейство; совокупность 3. агрегат; комплекс
assemble 1. собирать; монтировать; формировать 2. *тлв* предварительный (видео)монтаж; (видео)монтаж в режиме продолжения || производить предварительный (видео)монтаж; монтировать (видео)материал в режиме продолжения 3. *тлв* (электронный) видеомонтаж (*путём последовательной перезаписи заранее намеченных фрагментов на видеоленту*) 4. *вчт* транслировать с языка ассемблера
  automatic ~ *тлв* автоматический (электронный) видеомонтаж (*путём последовательной перезаписи заранее намеченных фрагментов на видеоленту по меткам на вспомогательной звуковой дорожке*)
  packet ~ собирать [формировать] (пакеты)
assembler 1. сборочная *или* монтажная установка; сборочно-монтажная установка; сборочное *или* монтажное устройство; сборочно-монтажное устройство; формирователь, устройство формирования 2. программа (автоматической) сборки *или* монтажа (*напр. ИС*) 3. *вчт* ассемблер (*1.* язык ассемблера *2.* транслятор с языка ассемблера)
  chip ~ программа (автоматической) сборки *или* монтажа ИС
  cross ~ кросс-ассемблер
  full ~ ассемблер
  line-by-line ~ построчный ассемблер
  macro ~ *вчт* макроассемблер
  microprocessor language ~ микропроцессорный ассемблер
  packet ~ сборщик [устройство сборки, формирователь] пакетов
  resident ~ резидентный ассемблер
  two-pass ~ двухпроходный ассемблер
assembling 1. сборка; монтаж; формирование 2. *тлв* предварительный (видео)монтаж; (видео)монтаж в режиме продолжения 3. *вчт* трансляция с языка ассемблера

assembly 1. сборка; монтаж; формирование 2. блок; узел 3. *вчт* трансляция с языка ассемблера 4. ансамбль (*напр. квантово-механический*)
  ~ **of atoms** атомный ансамбль
  ~ **of molecules** молекулярный ансамбль
  antenna ~ антенный блок; антенное устройство
  automated ~ автоматизированная сборка
  automatic control ~ система автоматического регулирования
  beam tape-automated ~ автоматизированная сборка ИС с балочными выводами на ленточном носителе
  bench-replacement ~ сменный узел; сменный блок
  board ~ печатный узел
  bonded ~ блок с электрическим контактом между шасси и металлическими элементами конструкции
  brush ~ узел щёткодержателя
  cable ~ кабель с соединителями
  canonical ~ канонический ансамбль
  computer-controlled ~ автоматическая сборка с компьютерным управлением
  connector ~ пара вилка-розетка (*электрического соединителя*)
  drive ~ узел лентопротяжного механизма
  drive head ~ блок (магнитных) головок дисковода
  duplexing ~ антенный переключатель
  guide arm ~ направляющий узел (*магнитофона*)
  hard disk head-actuator ~ блок (магнитных) головок жёсткого (магнитного) диска с приводами
  head carriage ~ блок (магнитных) головок с кареткой (*в дисководах*)
  head disk ~ блок ЗУ на пакетированных жёстких магнитных дисках (с головками и двигателем), блок дисковой памяти
  laser ~ 1. лазерный блок; лазерный узел; лазерная головка 2. блок лазерного сканирования (*в лазерных принтерах*)
  magnetic-head ~ блок магнитных головок
  mechanized ~ полуавтоматическая сборка
  microelectronic-modular ~ микромодульный блок
  modular ~ модульный блок
  multichip ~ многокристальная сборка
  packet ~ сборка [формирование] пакетов
  paragraph ~ вёрстка текста
  play-and-advance drive ~ узел протяжки ленты при воспроизведении и прямой перемотке
  plug-in ~ съёмный узел; съёмный блок
  printed-circuit ~ печатный узел
  printed-component [printed-wiring] ~ печатный узел
  radiation measuring ~ радиометрический прибор
  rectifier stack ~ выпрямительный блок, блок выпрямительных столбов
  rewind drive ~ узел протяжки ленты при обратной перемотке
  robotic ~ роботизированная сборка
  rotor plate ~ секция роторных пластин (*конденсатора переменной ёмкости*)
  scanner ~ 1. сканер 2. блок развёртки 3. блок вращающихся видеоголовок, БВГ
  selective compliance arm robot ~ робот с избирательной податливостью руки, робот типа SCARA
  stack ~ этажерочный модуль

assembly

    statistical ~ статистический ансамбль
    stator plate ~ секция статорных пластин (*конденсатора переменной ёмкости*)
    storage ~ 1. блок ЗУ **2.** узел мишени запоминающей трубки ЭЛТ
    surface mounting ~ узел с поверхностным монтажом
    terminal ~ *тлф* контактное поле; вводная гребёнка
    video-head ~ блок вращающихся видеоголовок, БВГ
    warning ~ система предупредительной сигнализации

assert 1. высказывать (утвердительное) суждение, утверждать **2.** подтверждать **3.** постулировать *или* доказывать существование

assertion 1. (утвердительное) суждение, утверждение **2.** подтверждение **3.** *вчт* оператор подтверждения отсутствия ошибок **4.** постулирование *или* доказательство существования **5.** *вчт* факт *или* правило, добавленные в базу данных (*при исполнении программы*)
    ~ of consequent доказательство истинности основания методом обращения следствия (*логическая ошибка*)
    built-in ~ встроенное утверждение
    conditional ~ условное утверждение
    false ~ ложное утверждение
    prime ~ исходное утверждение
    syntactic ~ синтаксическое утверждение
    true ~ истинное утверждение

assess оценивать; прогнозировать; подвергать экспертизе

assessment оценка; прогноз; экспертиза
    Bayes(ian) ~ байесовская оценка
    conditional ~ условная оценка
    initial ~ начальная оценка
    final ~ конечная оценка
    risk ~ оценка риска
    unconditional ~ безусловная оценка

asset 1. достоинство; ценное *или* полезное качество *или* свойство **2.** имущественный объект **3.** *pl* ресурсы; потенциал **4.** *pl* имущество **5.** секретный агент; шпион
    knowledge ~s ресурсы знаний
    wasting ~ расходуемое имущество

assign 1. приписывать (*численное значение*), присваивать, присвоить; назначать; определять; задавать (*значение величины*) **2.** присваивать частоты *или* полосы частот (*станциям*) **3.** предоставлять каналы; закреплять каналы

assigning 1. приписывание (*численного значения*); присваивание, присвоение; назначение; определение; задание (*значения величины*) **2.** присвоение частот *или* полос частот (*станциям*) **3.** предоставление каналов; закрепление каналов
    channel numbers ~ to video inputs *вчт* присваивание номеров каналов входным видеосигналам (*в видеоадаптерах с телевизионным тюнером*)
    drive letter ~ *вчт* присваивание буквенного обозначения дисководу
    password ~ *вчт* присваивание пароля
    permissions ~ *вчт* определение полномочий
    script ~ *вчт* присваивание сценария
    sounds to events ~ *вчт* присваивание (сопровождающих) звуков событиям

assignment 1. приписывание (*численного значения*); присваивание, присвоение; назначение; определение; задание (*значения величины*) **2.** присвоение частот *или* полос частот (*станциям*) **3.** предоставление каналов; закрепление каналов
    address ~ присваивание адреса
    bandwidth ~ присваивание полосы частот
    channel associated memory ~ распределение памяти по каналам
    code ~ *вчт* присваивание кода
    demand ~ предоставление (*каналов*) по требованию
    drive letter ~ *вчт* присваивание буквенного обозначения дисководу компакт-диска
    dwell ~ *рлк* распределение времени облучения цели
    family ~ *вчт* присваивание семейства
    fixed channel ~ закрепление каналов
    font ~ *вчт* присваивание шрифта
    frequency ~ присваивание частот
    global ~ *вчт* глобальное присваивание
    hyphenation ~ *вчт* присваивание переноса
    interaction mode ~ *вчт* присваивание режима взаимодействия
    key ~s определение функционального назначения клавиш
    macro ~ *вчт* присваивание макрокоманды
    ordered ~ упорядоченное предоставление каналов
    pin ~ разводка контактов (*электрического соединителя*)
    priority-oriented demand ~ предоставление каналов по требованию в порядке приоритетов
    removable drive letter ~ *вчт* присваивание буквенных обозначений съёмным дискам
    reservation demand ~ предоставление резервных каналов по требованию
    round-robin ~ последовательное циклическое предоставление каналов
    shape ~ *вчт* присваивание формы
    state ~ задание состояний (*в конечном автомате*)
    symbolic I/O ~ присваивание символического имени устройству ввода/вывода
    variable ~ *вчт* присваивание переменной

assistance помощь; содействие
    human ~ *вчт* помощь оператора; содействие оператора
    planning ~ through technical evaluation of relevance numbers метод экспертной оценки на этапе планирования, основанный на техническом расчёте определённых показателей, метод PATTERN
    technical ~ техническая помощь

assistant помощник; ассистент
    camera ~ *тлв* ассистент оператора
    laboratory ~ лаборант
    personal digital ~ персональный цифровой помощник (*ручной компьютер с возможностью ввода информации на экран с помощью специального пера*)
    production ~ *тлв* ассистент режиссёра

associate 1. ассоциировать; связывать **2.** ассоциироваться; объединяться

associating 1. ассоциирование; связывание **2.** образование ассоциаций *или* объединений
    camera ~ with program *вчт* связывание (цифровой) камеры с (сервисной) программой
    color profiles ~ *вчт* связывание цветовых профилей

file type ~ with program *вчт* связывание типа файла с (исполнительной) программой
scanner ~ with program *вчт* связывание сканера с (сервисной) программой

Association:
~ for Computing Machinery Ассоциация по вычислительной технике (*США*)
~ for Information Systems Professionals Ассоциация профессионалов по информационным системам
~ for Machine Translation and Computational Linguistics Ассоциация по автоматическому переводу и машинной лингвистике (*США*)
~ for Systems Management Ассоциация системного управления
~ for Women in Computing Ассоциация женщин в компьютерной технике
~ of Cinematograph and Television Technicians Ассоциация специалистов по кинематографии и телевидению
~ of Computer Users Ассоциация пользователей компьютеров
~ of Data Processing Service Organizations Ассоциация организаций, предоставляющих услуги по обработке информации
~ of Machine Translation and Computational Linguistics Ассоциация по автоматическому переводу и машинной лингвистике (*США*)
~ of Microelectronic Professionals Ассоциация специалистов по микроэлектронике (*США*)
American ~ for Artificial Intelligence Американская ассоциация искусственного интеллекта
American Communication ~ Американская ассоциация связи
American Radio ~ Американская радиоассоциация
American Radio-Telegraphists ~ Американская ассоциация радиотелеграфистов
American Software ~ Американская ассоциация программного обеспечения
American Standards ~ Американская ассоциация стандартов
British Engineering Standards ~ Британская ассоциация технических стандартов
British Robot ~ Британская ассоциация роботов
British Videogram ~ Британская ассоциация видеозаписи
Canadian Standards ~ Канадская ассоциация стандартов
Cellular Telecommunication Industry ~ Промышленная ассоциация сотовой связи (*США*)
Computer and Business Equipment Manufacturers ~ Ассоциация производителей компьютеров и оргтехники (*США*)
Data Interchange Standards ~ Ассоциация по стандартам обмена данными (*США*)
Data Processing Management ~ Ассоциация специалистов по управлению обработкой данных (*США*)
Electronic Engineering ~ Ассоциация специалистов по электронной технике (*Великобритания*)
Electronic Industries ~ Ассоциация электронной промышленности (*США*)
Electronic Industries ~ of Japan ~ Ассоциация электронной промышленности Японии
Electronic Messaging ~ Ассоциация разработчиков средств обмена электронными сообщениями

European Computer Manufactures ~ Европейская ассоциация производителей компьютеров
Exchange Carriers Standards ~ Ассоциация по стандартам в области телефонии
Fiber Channel ~ Ассоциация пользователей волоконно-оптических каналов
Independent Computer Consultants ~ Ассоциация независимых консультантов по компьютерной технике
Information Systems Security ~ Ассоциация обеспечения безопасности информационных систем (*США*)
Infrared Data ~ 1. Ассоциация специалистов по проблемам передачи данных в инфракрасном диапазоне 2. стандарт на передачу данных в инфракрасном диапазоне, стандарт IrDA
Interactive Multimedia ~ Ассоциация производителей интерактивных мультимедийных средств
International Communication ~ Международная ассоциация связи
International Computer Facsimile ~ Международная ассоциация компьютерной факсимильной связи
International Computer Security ~ Международная ассоциация компьютерной безопасности
International Standards ~ Международная ассоциация стандартов
International Trademark ~ Международная ассоциация торговли
Japan Electronic Industry Development ~ Японская ассоциация развития электронной промышленности
Japanese Industrial Robot ~ Японская ассоциация промышленных роботов
Message-Oriented Middleware ~ Ассоциация разработчиков ориентированного на сообщения промежуточного программного обеспечения
MIDI Manufacturer's ~ Ассоциация производителей MIDI-устройств
Multimedia Telecommunications ~ Ассоциация специалистов по мультимедиа и телекоммуникациям (*США*)
National ~ of Broadcasters Национальная ассоциация вещательных компаний (*США*)
National ~ of Broadcast Engineers and Technicians Национальная ассоциация инженеров и специалистов по радио- и телевизионному вещанию (*США*)
National ~ of Communication System Engineers Национальная ассоциация инженеров по системам связи (*США*)
National ~ of Radio and Television Broadcasters Национальная ассоциация радио- и телевизионных вещательных организаций (*США*)
National ~ of Securities Dealers Национальная ассоциация фондовых дилеров (*США*)
National Cable Television ~ Национальная ассоциация кабельного телевидения (*США*)
National Computer Graphics ~ Национальная ассоциация специалистов по компьютерной графике (*США*)
National Computer Security ~ Национальная ассоциация специалистов по компьютерной безопасности (*США*)
National Electrical Manufacturers ~ Национальная ассоциация производителей электротехнического оборудования (*США*)

Association

National Electronics Distributors ~ Национальная ассоциация предприятий оптовой торговли изделиями электронной промышленности (*США*)
Optical Storage Technology ~ Ассоциация специалистов по технике оптических ЗУ
Personal Computer Memory Card International ~ 1. Международная ассоциация производителей плат памяти для персональных компьютеров **2.** стандарт Международной ассоциации производителей плат памяти для персональных компьютеров (*на платы памяти, шины расширения, периферийные устройства и другие компьютерные аксессуары*), стандарт PCMCIA
Radio and Electronics Engineering ~ Ассоциация специалистов по радиотехнике и электронике (*Великобритания*)
Radio-Electronics-Television Manufacturers ~ Ассоциация производителей радиотехнического, электронного и телевизионного оборудования (*США*)
Radio Manufactures ~ Ассоциация производителей радиотехнического оборудования (*США*)
Recording Industry ~ of America Американская ассоциация звукозаписывающей промышленности
Scientific Apparatus Manufacturers ~ Ассоциация производителей оборудования для научных исследований (*США*)
SCSI Trade ~ Торговая ассоциация производителей SCSI-устройств (*США*)
Semiconductor Industry ~ Ассоциация полупроводниковой промышленности (*США*)
Special Libraries ~ Ассоциация специальных библиотек (*США*)
Surface Mount Equipment Manufactures ~ Ассоциация производителей оборудования для поверхностного монтажа (*США*)
Systems and Procedures ~ Ассоциация специалистов по системам и методам управления (*США*)
Telecommunication Industry ~ Ассоциация телекоммуникационной промышленности (*США*)
Trans-European Research and Education Networking ~ Трансевропейская ассоциация развития образовательных и исследовательских сетей
Video Electronic Standard ~ Ассоциация стандартов по видеотехнике
association ассоциация (*1. структурно обусловленная связь образов или понятий 2. положительная связанность; сходство 3. объединение лиц или организаций 4. тип слабой химической связи*)
 ~ by contiguity ассоциация по смежности
 ~ by contrast ассоциация по контрасту
 ~ by similarity ассоциация по сходству
 ~ of symbolic logic ассоциация символической логики
 immediate ~ непосредственная ассоциация
 implied ~ неявная ассоциация
 pattern ~ ассоциация образов
 simple ~ простая ассоциация
associative 1. ассоциативный (*1. относящийся к структурно обусловленной связи образов или понятий 2. положительно связанный; сходный 3. не зависящий от порядка выполнения (об операциях сложения или умножения)*) **2.** ассоциированный; присоединённый
associativity ассоциативность (*1. ассоциативный характер (напр. процесса мышления) 2. независимость операций сложения или умножения от порядка их выполнения*)
 cyclic ~ циклическая ассоциативность
 homotopy ~ гомотопическая ассоциативность
 left ~ ассоциативность слева направо
 operator ~ ассоциативность оператора
 right ~ ассоциативность справа налево
assumption предположение; допущение
 ~ of normality предположение о нормальном характере распределения (*случайной величины*)
 ~ of similarity предположение о подобии
 consistent ~s совместимые предположения
 distributional ~ предположение о характере распределения (*случайной величины*)
 erroneous ~ ошибочное предположение
 parallelism ~ предположение о параллельности линий регрессии (*в ковариационном анализе*)
 reasonable ~ обоснованное предположение
 tentative ~ пробное предположение
assurance гарантия
 quality ~ гарантия качества
 reliability ~ гарантия надёжности
astable 1. неустойчивый **2.** нестабильный **3.** несинхронизируемый (*о генераторе*)
astatic астатический (*1. неустойчивый; нестабильный 2. находящийся в состоянии безразличного равновесия*)
asterisk *вчт* звёздочка, символ * (*1. символ 2. знак арифметического умножения 3. шаблон группы символов в имени или расширении файла*)
asterism 1. *крист.* астеризм **2.** созвездие; звёздное скопление
asteroid астероид
astigmatism астигматизм
 anisotropic ~ анизотропный астигматизм
 compensating ~ компенсирующий астигматизм
 electron optical ~ электронно-оптический астигматизм
 higher-order ~ астигматизм высшего порядка
 residual ~ остаточный астигматизм
astonisher *вчт проф.* восклицательный знак (*в UNIX*)
astrionics космическая электроника
Astro кодовое название серии высокопроизводительных (микро)процессоров фирмы Transmeta со сверхнизким уровнем энергопотребления, процессор типа Astro
astrodome обтекатель астронавигационного отсека
astroid астроида
 Stoner-Wohlfarth ~ *магн.* астроида перемагничивания, астроида Стонера — Вольфарта
astronomic(al) астрономический
astronomy астрономия
 gamma ~ гамма-астрономия
 infrared ~ ИК-астрономия
 radar ~ радиолокационная астрономия
 radio ~ радиоастрономия
 satellite ~ спутниковая астрономия
 X-ray ~ рентгеновская астрономия
astrophotometry астрофотометрия
astrophysics астрофизика
asymmetrical асимметричный
asymmetry асимметрия
 intramolecular ~ внутримолекулярная асимметрия

potential ~ скачок потенциала на двойном заряженном слое
asymptote *вчт* асимптота
asymptotic *вчт* асимптотический
asynchronous асинхронный
AT 1. стандарт AT 2. корпус (стандарта) AT 3. материнская плата (стандарта) AT (*размером 350×305 мм²*) 4. шина (расширения стандарта) AT 5. (персональный) компьютер типа (IBM PC) AT 6. префикс команд для управления работой Hayes-совместимых модемов, *проф.* двухсимвольная последовательность «привлечение внимания»
  Baby ~ 1. стандарт Baby AT 2. корпус (стандарта) Baby AT 3. материнская плата (стандарта) Baby AT (*размером 330×220 мм²*)
  full(-size) ~ 1. стандарт AT 2. (полноразмерный) корпус (стандарта) AT 3. (полноразмерная) материнская плата (стандарта) AT (*размером 350×305 мм²*)
at *вчт* знак «коммерческое at», символ @, *проф.* «собака», «лягушка»
ATA *вчт* 1. интерфейс для подключения внешних устройств в AT-совместимых компьютерах, интерфейс (стандарта) ATA; интерфейс (стандарта) IDE 2. стандарт ATA; стандарт IDE
  ~**-2** 1. двухканальный интерфейс для подключения внешних устройств в AT-совместимых компьютерах, интерфейс (стандарта) ATA-2; интерфейс (стандарта) EIDE 2. стандарт ATA-2; стандарт EIDE
  ~**-3** 1. двухканальный интерфейс с повышенной надёжностью для подключения внешних устройств в AT-совместимых компьютерах, интерфейс (стандарта) ATA-3 2. стандарт ATA-3
  Fast ~**-2** 1. двухканальный интерфейс для подключения внешних устройств в AT-совместимых компьютерах со скоростью обмена по шине 13,3 Мбайт/с, интерфейс (стандарта) Fast ATA-2 2. стандарт Fast ATA-2
  CAM ~ *см.* **common access method ATA**
  common access method ~ стандарт ANSI для обеспечения совместимости AT-устройств на уровне сигналов и команд
athermanous непрозрачный для ИК-излучения
Athlon процессор Athlon, (микро)процессор шестого поколения фирмы AMD (*с архитектурой, отличной от используемой фирмой Intel*), процессор K7
atlas атлас
  color ~ атлас цветов
  spectral ~ атлас спектральных линий
atmalloy атмаллой (*магнитный сплав*)
atmosphere 1. атмосфера (*1. газообразная оболочка небесного тела 2. окружающая обстановка; окружающая среда; окружение 3. «музыкальный инструмент» из набора General MIDI*) 2. техническая атмосфера, ат (98066,5 Па) 3. физическая атмосфера, атм (101325 Па)
  aggressive ~ агрессивная атмосфера
  deoxidizing ~ восстановительная атмосфера
  explosive ~ взрывоопасная атмосфера
  exponential ~ экспоненциальная атмосфера
  inert ~ инертная атмосфера
  lower ~ нижняя атмосфера
  neutral ~ нейтральная атмосфера
  oxidizing ~ окислительная атмосфера
  physical ~ физическая атмосфера, атм (101325 Па)
  radio ~ радиоатмосфера
  reducing ~ восстановительная атмосфера
  standard ~ 1. физическая атмосфера, атм (101325 Па) 2. стандартная атмосфера
  technical ~ техническая атмосфера, ат (98066,5 Па)
  upper ~ верхняя атмосфера
atmospherics 1. атмосферики (*радиоволны, излучаемые атмосферными разрядами*) 2. атмосферные радиопомехи 3. приёмник атмосферных радиопомех
  radio ~ атмосферные радиопомехи
  whistling ~ 1. свистящие атмосферики 2. свистящие атмосферные помехи, свисты
atom атом (*1. наименьшая частица химического элемента, сохраняющая его свойства 2. неделимый объект; нерасщепляемый объект; нерасщепляемая операция 3. вчт базовый элемент списка в языках обработки списков 4. вчт элементарная ячейка структур данных*) ∥ атомный
  acc ~ *вчт* атом с диакритическим знаком
  acceptor(-impurity) ~ акцепторный (примесный) атом
  activator ~ активаторный атом
  bin ~ *вчт* атом бинарной операции
  bound ~ связанный атом
  close ~ *вчт* закрывающий атом (*типа закрывающей скобки*)
  closed-shell ~ атом с заполненными электронными оболочками
  cross-relaxing ~s *кв.эл.* кросс-релаксирующие атомы
  donor(-impurity) ~ донорный (примесный) атом
  dopant ~ атом (легирующей) примеси; примесный атом
  encapsulated ~ *фтт* инкапсулированный атом
  excited ~ возбуждённый атом
  foreign ~ 1. инородный атом 2. примесный атом
  fullerene-encapsulated ~ *фтт* инкапсулированный в фуллерен атом
  highly-ionized ~ высокоионизированный атом, многозарядный ион
  host crystal ~ атом основного кристалла, атом кристалла-хозяина
  hot ~ горячий атом
  implanted ~ имплантированный атом
  impurity ~ примесный атом
  inner ~ *вчт* внутренний атом
  interstitial (impurity) ~ (примесный) атом внедрения
  ionized ~ ионизированный атом
  knock(ed)-on ~ атом отдачи
  laser ~ атом активного вещества лазера
  lattice ~ атом (кристаллической) решётки
  magnetic ~ магнитный атом
  metastable ~ метастабильный атом
  migrating ~ мигрирующий атом
  multielectron ~ многоэлектронный атом
  normal ~ атом в основном состоянии
  one-electron ~ одноэлектронный [водородоподобный] атом
  op ~ *вчт* атом большого оператора (*типа знака суммы*)
  open ~ *вчт* открывающий атом (*типа открывающей скобки*)
  ord ~ *вчт* обычный атом

over ~ *вчт* атом с чертой вверху
punct ~ *вчт* пунктуационный атом
rad ~ *вчт* атом радикала
radiating ~ излучающий атом
recoil ~ атом отдачи
rel ~ *вчт* атом бинарного отношения
stranger ~ 1. инородный атом 2. примесный атом
substitutional (impurity) ~ (примесный) атом замещения
under ~ *вчт* подчёркнутый атом
vcent ~ *вчт* центрированный вертикальный блок
atomic 1. атомный 2. неделимый; нерасщепляемый
atomicity 1. атомарность, неделимость; нерасщепляемость; целостность 2. валентность 3. число атомов в молекуле газа
~ of transaction *вчт* атомарность [неделимость] транзакции
atomization 1. деление; расщепление 2. распыление
atomize 1. делить; расщеплять 2. распылять
atran навигационная система с автоматическим опознаванием местности (*для крылатых ракет*)
attach 1. (при)соединение; (при)крепление, посадка || (при)соединять; (при)креплять 2. *кв. эл.* прилипание || прилипать 3. делать вложение, использовать (файловое) приложение (*к текстовому сообщению электронной почты*) 4. *вчт* оснащать периферийными устройствами
single cable ~ однокабельный соединитель для SCSI-устройств, соединитель типа SCA
attachment 1. (при)соединение; (при)крепление, посадка 2. *кв. эл.* прилипание 3. вложение, (файловое) приложение (*к текстовому сообщению электронной почты*) 4. *вчт* оснащение периферийными устройствами
advanced technology ~ 1. интерфейс для подключения внешних устройств в АТ-совместимых компьютерах, интерфейс (стандарта) АТА; интерфейс (стандарта) IDE 2. стандарт АТА; стандарт IDE
chip ~ (при)крепление [посадка] кристалла (*напр. на поверхность платы*)
die ~ (при)крепление [посадка] кристалла (*напр. на поверхность платы*)
dissociative ~ диссоциативное прилипание
electron ~ присоединение электрона
lead ~ присоединение выводов
physical medium ~ *вчт* подсоединение к физической среде
single cable ~ однокабельный соединитель для SCSI-устройств, соединитель типа SCA
attack 1. (агрессивное) (воз)действие среды || оказывать (агрессивное) действие (*о среде*) 2. коррозия || вызывать коррозию 3. бомбардировка (*напр. ионная*) бомбардировать (*напр. ионами*) 4. *вчт* атака (*1. внезапные согласованные действия группы лиц с целью несанкционированного проникновения в защищённую систему или сеть 2. попытка злоумышленника нарушить нормальный ход информационного процесса 3. начало музыкальной фразы 4. манера исполнения начала музыкальной фразы*) || атаковать
adaptive chosen ciphertext ~ атака при возможности адаптивного выбора шифрованного текста
adaptive chosen plaintext ~ атака при возможности адаптивного выбора открытого текста

algebraic ~ атака методом формального анализа шифра, атака алгебраическим методом
birthday ~ атака методом парного соответствия, атака на основе парадокса «день рождения»
brute force ~ атака методом «грубой силы», атака методом подбора ключа
chemical ~ химическая коррозия
chosen key ~ атака при возможности выбора ключа
chosen plaintext ~ атака при возможности выбора открытого текста
chosen text ~ атака при возможности выбора текста
ciphertext only ~ атака при наличии только шифрованного текста
codebook ~ атака методом составления кодовой книги
correlation ~ атака корреляционным методом
cryptoanalytic ~ криптоаналитическая атака
defined ciphertext ~ атака при наличии определённого шифрованного текста
deposit ~ коррозия под осадком
dictionary ~ атака методом составления списка возможных ключей
differential cryptoanalysis ~ атака методом дифференциального криптоанализа
divide-and-conquer ~ атака методом «разделяй и властвуй», атака методом выделения нерешённых проблем
Einstein-Podolsky-Rosen ~ атака Эйнштейна — Подольского — Розена, атака EPR
electrolytic ~ электролитическая коррозия
electronic ~ активное радиоэлектронное подавление
EPR ~ *см.* **Einstein-Podolsky-Rosen attack**
exhaustive key search ~ атака методом «грубой силы», атака методом подбора ключа
fault analysis ~ атака методом инициирования и анализа ошибок шифрования
formal coding ~ атака методом формального анализа шифра, атака алгебраическим методом
hacker ~ атака хакеров
hash ~ атака, ориентированная на хэш-функцию
key authentication ~ атака аутентификации ключа
key schedule ~ атака методом воздействия на раундовые ключи
known plaintext ~ атака при наличии известного открытого текста
linear cryptoanalysis ~ атака методом линейного криптоанализа
man-in-the-middle ~ атака с подставкой, атака методом перехвата сообщений и подмены ключей
meet-in-the-middle ~ атака методом сопоставления результатов шифрования известного открытого теста и дешифрования известного шифрованного текста с помощью двух различных шифров
MITM ~ *см.* **man-in-the-middle attack**
replay ~ атака методом записи и повторной передачи блоков шифрованного текста
timing ~ атака по таймеру, атака методом измерения интервалов времени, затрачиваемых на выполнение отдельных операций шифрования
attacker атакующий; источник атаки
attempt попытка; проба || пытаться; пробовать

busy-hour call ~s число попыток установления соединений в час наибольшей (телефонной) нагрузки
call ~ тлф попытка установления соединения
dialing ~ тлф попытка установления соединения
attendant 1. помощник, секретарь; сопровождающий 2. тлф оператор местного коммутатора
automated ~ тлф автосекретарь (*в системах с интерактивным речевым ответом*)
attenuation 1. затухание; ослабление 2. коэффициент затухания, декремент; коэффициент ослабления ◊
~ **per unit length** погонное затухание
~ **of wave** затухание волны
acoustoelectric ~ акустоэлектрическое ослабление
adjacent-channel ~ избирательность [селективность] по соседнему каналу
atmospheric ~ затухание (*радиоволн*) в атмосфере
beam ~ ослабление пучка
bound-electron ~ поглощение связанными электронами
cloud ~ затухание (*радиоволн*) в облаках
clutter ~ подавление сигналов, обусловленных мешающими отражениями
crosstalk ~ 1. ослабление перекрёстных помех 2. тлф ослабление переходных разговоров
current ~ 1. ослабление тока 2. коэффициент ослабления тока
direct-coupled ~ ослабление прямой связи (*разрядника*)
dissipative ~ диссипативное ослабление
echo ~ ослабление отражённого сигнала
erasing ~ стираемость (*количественная характеристика возможности стирания записанной информации на носителе*)
far-end crosstalk ~ тлф ослабление переходных разговоров на дальнем [приёмном] конце
far-field ~ затухание (*радиоволн*) в дальней зоне
feedback ~ коэффициент ослабления в цепи обратной связи
filter ~ вносимое затухание фильтра
flame ~ затухание (*радиоволн*) в пламени
free-space ~ затухание (*радиоволн*) в свободном пространстве
geometrical ~ геометрическое затухание
harmonic ~ подавление нежелательных гармоник (*на выходе передатчика*)
impurity ~ примесное затухание
ionosphere ~ затухание (*радиоволн*) в ионосфере
lattice ~ решётчатое затухание
leakage ~ затухание вследствие утечки (*энергии*)
magnetoacoustic ~ магнитоакустическое затухание
magnetoelastic ~ магнитоупругое затухание
meteorological precipitation ~ затухание (*радиоволн*) в атмосферных осадках
meteor trail ~ затухание (*радиоволн*) в метеорных следах
microwave ~ затухание в СВЧ-диапазоне
mist ~ затухание (*радиоволн*) в тумане
near-end crosstalk ~ тлф ослабление переходных разговоров на ближнем [передающем] конце
network ~ затухание в кабельной сети
out-of-band ~ затухание вне полосы пропускания
overall system ~ полное затухание в системе
path ~ затухание на трассе (*при распространении радиоволн*)
phonon ~ затухание фононов
plane-earth ~ затухание (*радиоволн*) над плоской земной поверхностью
power ~ вносимое затухание
precipitation ~ затухание (*радиоволн*) в атмосферных осадках
rain(fall) ~ затухание (*радиоволн*) в дожде
range ~ уменьшение дальности
receiver ~ коэффициент затухания в приёмнике
reflective ~ ослабление, обусловленное отражением (*от несогласованной нагрузки*)
relaxation ~ релаксационное затухание
second-channel (interference) ~ избирательность по каналу, следующему за соседним
shadow ~ затухание (*радиоволн*), обусловленное сферичностью Земли
shield ~ затухание, обусловленное экранированием
sideband ~ ослабление боковой полосы частот
signal ~ затухание сигнала; ослабление сигнала
snowfall ~ затухание (*радиоволн*) в снегопаде
sound ~ затухание звука; ослабление звука
space ~ затухание (*радиоволн*) в свободном пространстве
specific ~ погонное затухание
spherical-earth ~ затухание (*радиоволн*) над сферической земной поверхностью
spurious-response ~ ослабление побочных [паразитных] сигналов
stopband ~ затухание в полосе задерживания
submillimeter-wave ~ затухание субмиллиметровых волн
through ~ общее затухание (*в линии связи*)
transmission ~ затухание при передаче или распространении (*волн*)
turbulent fluctuation ~ затухание (*радиоволн*), обусловленное турбулентными флуктуациями
ultrasonic ~ затухание ультразвука; ослабление ультразвука
voltage ~ 1. ослабление напряжения 2. коэффициент ослабления напряжения
wave ~ затухание волны; ослабление волны
waveguide ~ затухание в волноводе
wide-band ~ затухание в широкой полосе; ослабление в широкой полосе
attenuator 1. аттенюатор; ослабитель 2. ручной регулятор усиления
absorptive ~ поглощающий аттенюатор
adaptive clutter ~ адаптивный подавитель сигналов, обусловленных мешающими отражениями
adjustable ~ регулируемый (плавный или ступенчатый) аттенюатор
antiferromagnetic ~ аттенюатор на антиферромагнетике
asymmetrical ~ асимметричный аттенюатор
balanced ~ уравновешенный аттенюатор
balancing ~ симметрирующий аттенюатор
band ~ диапазонный аттенюатор
beyond-cutoff ~ запредельный аттенюатор
bilaterally matched ~ полностью согласованный аттенюатор
bridged ~ аттенюатор мостового типа
broad-band ~ широкополосный аттенюатор
calibrated ~ калиброванный аттенюатор
capacitance [capacitive] ~ ёмкостный аттенюатор
cascade-connected ~s аттенюаторы с последовательным включением

attenuator

cathode-follower ~ аттенюатор на катодном повторителе
chimney ~ коаксиальный аттенюатор с вертикальным шлейфом
coaxial(-line) ~ коаксиальный аттенюатор
constant ~ фиксированный [постоянный] аттенюатор
constant-phase ~ аттенюатор с плоской фазочастотной характеристикой
continuous ~ плавный [плавно-переменный] аттенюатор
controlled ~ регулируемый (плавный или ступенчатый) аттенюатор
cutoff ~ предельный аттенюатор
decimal ~ декадный аттенюатор
digital ~ 1. ступенчатый [переменный] аттенюатор 2. ступенчатый [переменный] диодный аттенюатор с цифровым управлением
diode ~ диодный аттенюатор
disk ~ дисковый аттенюатор
dissipative ~ поглощающий аттенюатор
double-prism (type) ~ двухпризменный аттенюатор
double-vane ~ аттенюатор с двумя (поглощающими) пластинами
electrically-controlled ~ плавный [плавно-переменный] аттенюатор с электрической регулировкой
Faraday-rotation ~ фарадеевский аттенюатор, аттенюатор на эффекте Фарадея
ferrite ~ ферритовый аттенюатор
ferromagnetic resonance ~ аттенюатор на ферромагнитном резонансе
field displacement ~ аттенюатор на эффекте смещения поля
film ~ плёночный аттенюатор
fine(-type) ~ прецизионный аттенюатор
fin(-type) ~ ножевой аттенюатор, аттенюатор ножевого типа
fixed ~ фиксированный [постоянный] аттенюатор
flap ~ аттенюатор с поглощающей пластиной
gas-discharge ~ газоразрядный аттенюатор
grid ~ сетчатый аттенюатор
guillotine ~ ножевой аттенюатор, аттенюатор ножевого типа
H ~ аттенюатор с Н-образной схемой
H-guide ~ аттенюатор на Н-образном волноводе
high-frequency ~ высокочастотный аттенюатор
high-power ~ аттенюатор на высокий уровень мощности
inductive ~ индуктивный аттенюатор
input ~ входной аттенюатор
insulating ~ развязывающий аттенюатор
iris-coupled ~ аттенюатор с диафрагменной связью
L ~ аттенюатор с Г-образной схемой
ladder ~ аттенюатор лестничного типа
loop-coupled ~ аттенюатор с петлевой связью
lossy ~ поглощающий аттенюатор
magnetic ~ ферритовый аттенюатор
magnetically-controlled ~ плавный [плавно-переменный] аттенюатор с магнитной регулировкой
magnetic-film ~ аттенюатор на магнитной плёнке
matched ~ согласованный аттенюатор
microstrip ~ микрополосковый аттенюатор, аттенюатор на несимметричной полосковой линии
microwave ~ СВЧ-аттенюатор
minimum loss ~ аттенюатор с минимальными потерями
model O ~ предельный аттенюатор с диафрагменной связью с короткозамкнутой коаксиальной линией
model S ~ предельный аттенюатор с диафрагменной связью через высокодобротный резонатор
model T ~ предельный аттенюатор с диафрагменной связью с короткозамкнутой коаксиальной линией большого поперечного сечения
mutual-capacitance ~ ёмкостный аттенюатор
mutual-inductance ~ индуктивный аттенюатор
nondissipative ~ предельный аттенюатор
nonreciprocal ~ невзаимный аттенюатор
O ~ предельный аттенюатор с диафрагменной связью с короткозамкнутой коаксиальной линией
one-way ~ вентиль
optical ~ оптический аттенюатор
permalloy-film ~ аттенюатор на пермаллоевой плёнке
pi ~ аттенюатор с П-образной схемой
piston ~ 1. поршневой (волноводный) аттенюатор, (волноводный) аттенюатор поршневого типа 2. предельный аттенюатор с диафрагменной связью через высокодобротный резонатор
polarization ~ поляризационный аттенюатор
power-absorbing ~ поглощающий аттенюатор
power divider ~ аттенюатор — делитель мощности
precision ~ прецизионный аттенюатор
prism ~ призменный аттенюатор
quarter-wave ~ четвертьволновый аттенюатор
quasi-optical ~ квазиоптический аттенюатор
reactance [reactive] ~ реактивный аттенюатор
reciprocal ~ взаимный аттенюатор
resistance [resistive] ~ поглощающий аттенюатор резистивного типа, резистивный аттенюатор
resonance ~ резонансный аттенюатор
rotary ~ вращающийся аттенюатор
rotary-vane ~ аттенюатор с поворотной пластиной
S ~ предельный аттенюатор с диафрагменной связью через высокодобротный резонатор
semiconductor ~ полупроводниковый аттенюатор
single-vane ~ аттенюатор с одной (поглощающей) пластиной
solid-state ~ твердотельный аттенюатор
standard ~ эталонный аттенюатор
step ~ ступенчатый [переменный] аттенюатор
symmetrical ~ симметричный аттенюатор
T ~ предельный аттенюатор с диафрагменной связью с короткозамкнутой коаксиальной линией большого поперечного сечения
transmission diffraction grating ~ аттенюатор на пропускающей дифракционной решётке
transverse-film ~ волноводный аттенюатор с поперечной поглощающей плёнкой
turned-in ~ введённый аттенюатор
turned-out ~ выведенный аттенюатор
unbalanced ~ неуравновешенный аттенюатор
unidirectional ~ однонаправленный аттенюатор
vane ~ аттенюатор с поглощающей пластиной
variable ~ регулируемый (плавный или ступенчатый) аттенюатор

audio

variable beam ~ регулируемый оптический аттенюатор
waveguide ~ волноводный аттенюатор
π ~ аттенюатор с П-образной схемой
attitude 1. положение (*ЛА*) 2. позиция; отношение 3. установка, состояние предрасположенности (*субъекта*)
  consumer ~ позиция потребителя
  pitch ~ положение по тангажу
atto- атто..., а, 10^{-18} (*приставка для образования десятичных дольных единиц*)
attract притягивать
attraction 1. притяжение 2. сила притяжения
  electric ~ электрическое притяжение
  electromagnetic ~ электродинамическое притяжение
  electrostatic ~ электростатическое притяжение
  inverse-square law ~ притяжение, обратно пропорциональное квадрату расстояния
  magnetic ~ магнитное притяжение
  mutual ~ взаимное притяжение
attractor аттрактор
  chaotic ~ хаотический аттрактор
  cyclic ~ циклический аттрактор
  fixed-point ~ аттрактор типа неподвижной точки, точечный аттрактор
  global ~ глобальный аттрактор
  Henon ~ аттрактор Хенона
  Lorenz ~ аттрактор Лоренца
  nonperiodic ~ непериодический аттрактор
  one-dimensional ~ одномерный аттрактор
  periodic ~ периодический аттрактор
  point ~ точечный аттрактор, аттрактор типа неподвижной точки
  quasiperiodic ~ квазипериодический аттрактор
  stochastic ~ стохастический аттрактор
  strange ~ странный аттрактор
  transient ~ аттрактор переходного режима
attribute 1.атрибут (*1. неотъемлемое свойство объекта или явления 2. поименованный кодовый признак блока данных, определяющий возможные операции над ними или способ их графического представления 3. имя столбца кортежей в реляционных базах данных 4. (грамматическое) определение*) 2. приписывать (*чему-либо*); относить (*за счёт чего-либо*) 3. вчт приписывать атрибут; вводить атрибут 4. определять, использовать (грамматическое) определение
  archive ~ атрибут «архивный», атрибут модифицированного файла без резервной копии
  bundled ~s (универсальный) абстрактный набор атрибутов, *проф.* условные атрибуты
  character ~ атрибут символа
  composite ~ составной атрибут
  compound ~ составной атрибут
  data ~ атрибут данных
  derived ~ производный атрибут
  display ~ дисплейный атрибут, атрибут отображаемой информации
  file (description) ~ атрибут файла
  hidden ~ атрибут «скрытый», атрибут скрытого файла
  integer ~ целочисленный атрибут
  mount ~ атрибут установки
  null ~ отсутствующий атрибут
  prime ~ первичный атрибут
  primitive ~ примитивный атрибут
  read-only ~ атрибут «только для чтения», атрибут немодифицируемого файла
  search ~ атрибут поиска
  semantic ~ семантический атрибут
  storage class ~ атрибут класса памяти
  system ~ атрибут «системный», атрибут системного файла
  tag ~ атрибут тега
  unbundled ~s конкретный набор атрибутов
  use ~ атрибут использования
attribution вчт приписывание атрибута; введение атрибута
ATX 1. стандарт ATX (*на корпуса и материнские платы*) 2. корпус (стандарта) ATX 3. материнская плата (стандарта) ATX (*размером 305×244 мм²*)
  flex~ 1. стандарт flex-ATX (*на корпуса и материнские платы*) 2. корпус (стандарта) flex-ATX 3. материнская плата (стандарта) flex-ATX (*размером 229×191 мм²*)
  micro~ 1. стандарт micro-ATX (*на корпуса и материнские платы*) 2. корпус (стандарта) micro-ATX 3. материнская плата (стандарта) micro-ATX (*размером 244×244 мм²*)
  mini~ 1. стандарт mini-ATX (*на корпуса и материнские платы*) 2. корпус (стандарта) mini-ATX 3. материнская плата (стандарта) mini-ATX (*размером 284×208 мм²*)
audial слуховой
audibility 1. слышимость 2. относительный уровень звукового сигнала (*напр. в децибелах от милливатта*)
audible слышимый
audience аудитория (*напр. телезрители или радиослушатели*)
  educated ~ просвещённая аудитория
  gross ~ массовый зритель
  primary [target] ~ целевая аудитория
  virtual ~ виртуальная аудитория
  well-informed ~ эрудированная аудитория
audio 1. аудио (*1. аудиоматериал, звуковой материал 2. аудиоданные; аудиоинформация 3. аудиопроигрыватель или аудиомагнитофон 4. лента или диск для звукозаписи 5. содержимое аудиокассеты или аудиодиска* ‖ *относящийся к содержимому аудиокассеты или аудиодиска 6. методы и технология записи, передачи, приёма и воспроизведения звука*) 2. звук (*воспринимаемый органами слуха человека*) ‖ звуковой 3. аудиоаппаратура, аппаратура для записи и воспроизведения звука 4. звуковой сигнал, аудиосигнал 5. звуковое сопровождение 6. звуковой канал; канал звукового сопровождения, аудиоканал 7. вход *или* выход звукового сигнала, вход *или* выход аудиосигнала
  business ~ бизнес-аудио (*напр. для сопровождения презентаций*)
  compact disk ~ компакт-диск формата CD-A, аналоговый аудиокомпакт-диск
  compact disk digital ~ компакт-диск формата CD-DA, цифровой аудиокомпакт-диск
  digital ~ 1. цифровой звук, цифровое аудио 2. стандарт на цифровой звук для компакт-дисков формата CD-DA (*16-разрядное квантование при частоте дискретизации 44,1 кГц*)

audio

digital ~ for television цифровая система передачи звукового сопровождения для телевидения
four-channel ~ аппаратура для квадрафонической записи и воспроизведения звука
MPEG ~ звуковой формат MPEG; MPEG-аудио
on-board ~ 1. встроенная аудиоаппаратура 2. *вчт* встроенный (*в материнскую плату*) звуковой адаптер
audioacoustics акустика звуковых частот
audio-animatronic аудиоаниматронный, относящийся к электромеханической говорящей модели (*человека или животного*), двигающейся в такт со звуком
audioconference конференц-связь
audiofrequency 1. звуковая частота 2. *тлг* тональная частота
audiogenic аудиогенный, связанный с воздействием звука
audiogram аудиограмма
  masking ~ маскирующая аудиограмма
  noise ~ шумовая аудиограмма
  threshold ~ аудиограмма порога слышимости
audiographic *вчт проф.* аудиографический (*о методе проведения телеконференций с использованием текстовых и графических материалов*)
audiographics *вчт проф.* аудиография (*метод проведения телеконференций с использованием текстовых и графических материалов*)
audiohowler *тлф* тональный генератор
audiolingual аудиоречевой
audiology аудиология
audiometer аудиометр
audiometry аудиометрия
audiophile аудиофил; слушатель, предъявляющий строгие требования к верности звука
audiotape 1. аудиолента, (магнитная) лента для звукозаписи ǁ записывать звук на (магнитную) ленту 2. (магнитная) лента со звуковой записью
  digital ~ (магнитная) лента с цифровой звукозаписью
audiotext аудиотекст (*общее название услуг систем речевого ответа*)
audiovision аудиовидение
audiovisual 1. аудиовизуальная аппаратура 2. аудиовизуальный
audit 1. аудит; (независимая) ревизия 2. (независимая) проверка; (независимый) контроль
  software ~ аудит программного обеспечения
audition 1. полоса частот, воспринимаемая на слух 2. восприятие звука, слуховое ощущение; слух; слышимость 3. (предварительное) прослушивание или просмотр (*напр. в студии*) ǁ прослушивать или осуществлять просмотр; участвовать в прослушивании или просмотре
auditive слуховой
auditor слушатель
auditory 1. аудитория (*напр. телезрители или радиослушатели*) 2. слуховой
augend *вчт* первое слагаемое, увеличиваемое
Auger *микр.* оже-спектроскопия; анализ (*напр. химического состава поверхности*) методом оже-спектроскопии
augment 1. увеличение; приращение ǁ увеличивать; давать приращение 2. *рлк* отвечать на частоте запроса 3. повышать (*звук*) на полутон 4. удваивать длительность ноты

augmentation 1. увеличение; приращение 2. *рлк* ответ на частоте запроса 3. повышение (*звука*) на полутон 4. удвоение длительности ноты
augmentative 1. увеличивающий(ся) 2. дополнительный
augmentor *рлк* ответчик на частоте запроса
  infrared ~ ИК-усилитель-ответчик, ИК-ответчик на частоте запроса
  radar ~ радиолокационный усилитель-ответчик, радиолокационный ответчик на частоте запроса
aura *бион.* аура
aural 1. слуховой; слышимый 2. *бион.* относящийся к ауре; связанный с аурой
aureole *опт.* 1. ореол; гало 2. корона
auricle ушная раковина
aurora полярное сияние, авроральное свечение, аврора
  ~ australis полярное сияние [авроральное свечение, аврора] в южном полушарии
  ~ borealis полярное сияние [авроральное свечение, аврора] в северном полушарии
  ~ polaris полярное сияние [авроральное свечение, аврора] в северном полушарии
  artificial radio ~ искусственная радиоаврора (*неоднородности ионосферы, создаваемые мощным ВЧ-излучением в целях улучшения условий радиосвязи*)
  diffused radio ~ диффузная радиоаврора
  discrete radio ~ дискретная радиоаврора
  optical ~ полярное сияние, авроральное свечение, аврора
  permanent ~ свечение неба
  polar ~ полярное сияние, авроральное свечение, аврора
  radar ~ 1. авроральные отражения радиолокационных сигналов 2. радиоаврора (*неоднородности ионосферы в полярной области, рассеивающие радиоволны*)
  radio ~ 1. радиоаврора (*неоднородности ионосферы в полярной области, рассеивающие радиоволны*) 2. искусственная радиоаврора (*неоднородности ионосферы, создаваемые мощным ВЧ-излучением в целях улучшения условий радиосвязи*)
  visual ~ полярное сияние, авроральное свечение, аврора
authentic аутентичный; подлинный
authenticate аутентифицировать; устанавливать подлинность
authentication 1. аутентификация (*установление подлинности*) 2. имитостойкость (*лишение противника возможности ввести ложную информацию в канал связи или изменить смысл передаваемого сообщения*)
  ~ of user аутентификация пользователя
  biometric ~ биометрическая аутентификация (пользователя) (*напр. по папиллярным линиям*)
  challenge-handshake ~ аутентификация методом «запрос - квитирование»
  challenge-response ~ аутентификация методом «запрос - ответ»
  hash ~ аутентификация хэш-значения
  ID card ~ *см.* identification card authentication
  identification card ~ аутентификация (пользователя) по идентификационной карте
  key ~ аутентификация ключа (*к шифру*)
  message ~ аутентификация сообщения

net ~ аутентификация сети станций
odor ~ аутентификация по запаху
password ~ аутентификация (пользователя) по паролю
station ~ аутентификация приёмной *или* передающей станции
authenticator аутентификатор
hand-held ~ личная аутентификационная карта (*пользователя*)
authenticity аутентичность; подлинность ◊ ~ **of message** аутентичность сообщения; подлинность сообщения
author 1. автор (*напр. документа*); создатель (*напр. устройства*); разработчик (*напр. алгоритма*); составитель (*напр. руководства*) || быть автором, создателем, разработчиком *или* составителем 2. творец; человек творческой профессии; создатель || творить; заниматься творческой деятельностью; создавать 3. авторское произведение; авторская разработка
authoring 1. авторство; принадлежность автору 2. творческая деятельность 3. авторская разработка 4. авторский (*1. принадлежащий автору 2. предназначенный для авторских разработок (напр. о языке программирования*))
hypermedia (documents) ~ гипермедийная авторская разработка
hypertext (documents) ~ гипертекстовая авторская разработка
Authority:
Independent Television ~ Независимое телевизионное агентство (*Великобритания*)
Internet Assigned Numbers ~ Служба регистрации присвоенных номеров в Internet, организация IANA
authority 1. властная структура, наделённый (властными) полномочиями орган 2. авторитетный источник (*напр. информации*) 3. сведения из авторитетного источника 4. эксперт; авторитет (*напр. в определённой области знаний*)
certification ~ сертифицирующая организация; сертификационное агентство
certifying ~ сертифицирующая организация; сертификационное агентство
inappropriate ~ (ложный) аргумент, использующий ссылки на мнение не имеющих отношения к тезису экспертов, *проф.* апелляция к мнимым авторитетам (*логическая ошибка*)
Authorization:
Subsidiary Communication ~ Регламент Федеральной комиссии связи (*США*) на ЧМ-вещание в системах озвучения и звукоусиления
authorization *вчт* 1. полномочие; привилегия 2. санкция; разрешение; обеспечение (права) доступа
frequency ~ разрешение на использование диапазона частот
program ~ *вчт* разрешение на использование программы
signature ~ право подписи
subsidiary communications ~s обеспечение дополнительных прав доступа к коммуникациям
authorize *вчт* 1. обладать полномочиями; иметь привилегии 2. санкционировать; давать разрешение; обеспечивать (право) доступа

authorized *вчт* 1. обладающий полномочиями; привилегированный 2. санкционированный; разрешённый; имеющий (право) доступа
autoabstract автоматический [машинный] реферат; набор автоматически выбранных ключевых слов, фраз *или* предложений
autoadsorption автоадсорбция
autoalarm автоматический радиоприёмник сигналов тревоги
auto-answer автоответ, автоматический ответ
autoassociation автоассоциация
autoassociator автоассоциатор, соревновательная нейронная сеть с квантованием обучающего вектора
autobias автоматическая установка тока подмагничивания (*в магнитофонах*)
autocall автоматический радиопередатчик звуковых сигналов вызова
autochanger проигрыватель-автомат
autochart *вчт* программа создания и сопровождения диаграмм, блок-схем и технологических карт
autoclave автоклав
cold-seal ~ автоклав с холодным затвором
hydrothermal ~ автоклав для выращивания кристаллов в гидротермальных условиях
Tuttle ~ автоклав Татла
autocode *вчт* автокод
autocoder *вчт* автокодер
autocollimation автоколлимация
autocollimator автоколлиматор
photoelectric ~ фотоэлектрический автоколлиматор
autocoordination самокоординация
autocorrelation автокорреляция
partial ~ парциальная [частная] автокорреляция
residual ~ автокорреляция остатков
spatial ~ пространственная автокорреляция
time ~ временная автокорреляция
autocorrelator автокоррелятор
optical ~ оптический автокоррелятор
autocorrelogram автокоррелограмма
autocovariance автоковариация
autocycler *вчт* 1. автоматическое устройство (для) организации циклов 2. автоматический датчик циклов
autodetect *вчт* автоматическое обнаружение (*нового аппаратного обеспечения*) || автоматически обнаруживать (*новое аппаратное обеспечение*)
IDE ~ автоматическое обнаружение жёстких дисков (с интерфейсом) стандарта IDE (*1. опция BIOS 2. пункт экранного меню BIOS*)
autodial автоматический набор номера, автонабор (номера) || автоматически набирать номер
autodialer автоматический номеронабиратель
Autodin Автодин (*автоматическая цифровая сеть связи*)
auto-disconnect автоматическое разъединение || автоматически разъединять
autodoping *пп* автолегирование
autodyne автодин
autoemission автоэлектронная эмиссия
autoencode выбирать ключевые слова из текста с помощью компьютера
autoepitaxy *крист.* автоэпитаксия; гомоэпитаксия
autoequalization автоматическое выравнивание; автокомпенсация; автокоррекция

autoexcitation самовозбуждение
autoexec.bat файл начальной загрузки в MS DOS
autofader система автоматического приглушения звука (*напр. в магнитофонах*)
autoflow *вчт* автоматическое перетекание (текста) (*на следующую страницу*) || автоматически перетекать
autofocus 1. *тлв* автоматическая регулировка резкости, автофокусировка 2. самофокусировка || самофокусирующийся
autofont *вчт* система автоматического распознавания типа шрифта
autoformat *вчт* автоматическое форматирование (*напр. текста в редакционно-издательских системах*) || автоматически форматировать
autoheterodyne автодин
autoindexing *вчт* автоматическое индексирование
autoionization автоионизация, полевая ионизация
autokey 1. автоключ, автоматически определяемый ключ (*к шифру*) 2. автоповтор скан-кода клавиши (*при удерживании в нажатом состоянии*)
autoload *вчт* 1. автоматическая загрузка, автозагрузка || автоматически загружать 2. клавиша автоматической загрузки, клавиша автозагрузки
automata 1. *pl* от **automaton** 2. автоматика
automate автоматизировать
automatic автоматический
   fully ~ полностью автоматический
automatics автоматика
automation 1. автоматизация 2. автоматика 3. автоматическая обработка
   ActiveX ~ автоматизация использования программных средств ActiveX
   design ~ 1. автоматизация проектирования 2. автоматическое проектирование
   digital ~ цифровая автоматика
   electronic design ~ автоматизация проектирования электронных изделий
   flexible ~ гибкая автоматизация
   laboratory ~ автоматизация научных исследований
   library ~ автоматизация библиотечной сферы
   office ~ автоматизация делопроизводства, *проф.* автоматизация офиса
   programmable ~ автоматизация с использованием программируемых средств (*напр. промышленных роботов*)
   source data ~ *вчт* автоматизация ввода исходных данных (*в компьютер*)
automatization автоматизация
   data processing ~ автоматизация обработки данных
automatize автоматизировать
automaton автомат
   abstract ~ абстрактный автомат
   anthropomorphic ~ антропоморфный автомат
   asynchronous ~ асинхронный автомат
   canonical ~ канонический автомат
   cellular ~ клеточный автомат
   completely specified ~ полностью определённый автомат
   deterministic ~ детерминированный автомат
   digital ~ цифровой автомат
   discrete ~ дискретный автомат
   finite(-state) ~ конечный автомат
   fuzzy ~ нечёткий автомат
   heuristic ~ эвристический автомат
   indeterministic ~ недетерминированный автомат
   infinite(-state) ~ бесконечный автомат
   iterative ~ итеративный автомат
   learned ~ обучаемый автомат
   learning ~ обучающий автомат
   linear ~ линейный автомат
   nested ~ вложенный автомат
   nonuniform ~ неоднородный автомат
   piecewise linear ~ кусочно-линейный автомат
   primary ~ первичный автомат
   probabilistic ~ вероятностный автомат
   reducible ~ приводимый автомат
   redundant ~ избыточный автомат
   register ~ регистровый автомат
   secondary ~ вторичный автомат
   self-adapting ~ самоприспосабливающийся автомат
   self-adjusting ~ самонастраивающийся автомат
   self-reproducing ~ самовоспроизводящийся автомат
   stochastic ~ стохастический автомат
   symplectic cellular ~ симплектический клеточный автомат
   synchronous ~ синхронный автомат
   tesselation ~ мозаичный автомат
   uniform ~ однородный автомат
automonitor *вчт* 1. программа автомониторинга 2. программа записи результатов автомониторинга
automonitoring *вчт* автомониторинг
autonavigation 1. автономная навигация 2. функция запоминания уровня записи каждого фрагмента (*в магнитофонах*)
autonavigator автономная навигационная система
autonetics электроника систем самонаведения и радиоуправления
autonomic, autonomous 1. автономный 2. *биол.* спонтанный
autonomy автономия; автономность
   local ~ *вчт* локальная автономия
autooscillations автоколебания
autooxidation автоокисидирование
autopilot автопилот
   electronic ~ электронный автопилот
autoplay 1. автоматическое включение режима воспроизведения после обратной перемотки (*в магнитофонах*) *вчт* 2. автоматическая загрузка программы с компакт-дисков формата CD-ROM 3. стандарт «Autoplay» на компакт-диски формата CD-ROM с автоматической загрузкой программы
autoplotter автоматический графопостроитель
autopoiesis *вчт* самосозидание; самовоспроизводство; самосотворение; самоподдерживание *проф.* аутопоэз
autopoietic *вчт* самосозидающий; самовоспроизводящийся; самосотворяющий; самоподдерживающийся *проф.* аутопоэтический
autopolarity автоматическая индикация полярности сигнала (*в цифровых измерительных приборах*)
autopoll(ing) 1. автоопрос, автоматический опрос 2. автоматическое упорядочение передачи сообщений по каналам связи
autoradiograph авторадиограф, радиоавтограф
autoradiography авторадиография, радиоавтография
autoranging автоматическое переключение диапазонов измерений в радиолокационных дальномерах

auto-redial *тлф* 1. автоматическое повторное установление соединения 2. автоматический повторный набор номера; автоматический повторный вызов

autoregistration *микр.* самосовмещение

autoregression *вчт* авторегрессия
~ **of n-th order** авторегрессия n-го порядка
vector ~ векторная авторегрессия

autoregressive *вчт* авторегрессионный

autorelay трансляционное реле

auto-repeat *вчт* автоповтор скан-кода клавиши (*при удерживании в нажатом состоянии*)

auto-restart *вчт* автоматическая перезагрузка, автоматический перезапуск (*компьютера*)

autoreverse автореверс, автоматическое изменение направления движения (магнитной) ленты после окончания воспроизведения *или* записи одной группы дорожек (*и продолжение этих операций для другой группы дорожек*)

autorouter 1. автоматический трассировщик 2. автоматический маршрутизатор

autorun автоматический запуск (*программы*); автоматическое исполнение, автоматическое выполнение (*программы*)

autosave *вчт* автоматически сохранять, автоматически записывать (*напр. файл*); автоматически копировать (*напр. данные*)

autoscore *вчт* команда подчёркивания текста (*в текстовых редакторах*)

autoset автоматическая установка; автоматическое регулирование; автоматическая настройка
screen depth ~ автоматическая установка глубины пикселей (*на экране дисплея*)
screen resolution ~ автоматическая установка разрешения экрана

autosevocom криптографическая цифровая система передачи речевых сообщений

auto-stop (электронный) автостоп (*напр. электропроигрывателя*)

autosyn сельсин

autotimer автоматические контактные часы, автотаймер

autotrace *вчт* автоматическое выделение контуров; автоматическое преобразование растровой графики в векторную

autotracking 1. автоматическое слежение (*за целью*), автоматическое сопровождение (*цели*) 2. одновременная работа нескольких источников питания с общей системой управления 3. автотрекинг (*в видеомагнитофоне или проигрывателе компакт-дисков*)

autotransductor автотрансдуктор

autotransformer автотрансформатор
single-phase ~ однофазный автотрансформатор
three-phase ~ трёхфазный автотрансформатор

auto-update *вчт* автоматическое обновление (*напр. документа*)
open document ~ автоматическое обновление открываемого документа

Autovon Автовон (*автоматическая сеть телефонной связи*)

A/UX версия операционной системы UNIX для Apple-совместимых компьютеров

AUX логическое имя внешнего устройства (*в MS-DOS*)

auxiliary 1. дополнительное *или* вспомогательное устройство; резервное устройство ǁ дополнительный, вспомогательный; резервный 2. вспомогательный глагол 3. вторичный; не основной; второстепенный 4. *вчт* не управляемый центральным процессором

aux(i)ometer прибор для определения увеличения оптических устройств

availability 1. коэффициент готовности 2. готовность 3. доступность (*линий, каналов*) 4. коэффициент технического использования
channel ~ коэффициент готовности канала
constant ~ постоянная доступность (*не зависящая от состояния сети связи*)
full ~ полная доступность
limited ~ ограниченная [неполная] доступность
network ~ доступность сети связи
selective ~ избирательная доступность (*напр. ресурсов спутниковых систем радиоопределения*)
system ~ коэффициент готовности системы
variable ~ перестраиваемая доступность (*зависящая от состояния сети связи*)

available 1. готовый к использованию; находящийся в состоянии готовности 2. доступный; имеющийся в распоряжении 3. (при)годный; подходящий; соответствующий
publicly ~ публичный; общедоступный

avalanche лавина (*1. лавинообразно развивающийся процесс 2. лавинный пробой (напр. газа) 3. лавинное умножение (напр. носителей тока) 4. лавинообразное изменение шифрованного текста при рассеивании данных или ключей*) ǁ образовывать лавину *или* лавины (*1. развиваться лавинообразно 2. испытывать лавинный пробой (напр. о газе) 3. испытывать лавинное умножение (напр. о носителях тока) 4. вызывать лавинообразное изменение шифротекста при рассеивании данных или ключей*)
~ **of charged particles** лавина заряженных частиц
developing ~ развивающаяся лавина
electron ~ электронная лавина
impact ~ ударная лавинная ионизация
ion ~ ионная лавина
optical ~ оптическая лавина
photoelectron-initiated ~ лавина, инициированная фотоэлектронами
photoinitiated ~ фотоинициированная лавина
S-box ~ лавина при использовании таблицы подстановок (*в криптографии*)
secondary ~ вторичная лавина; вторичный лавинный пробой
surface ~ поверхностный лавинный пробой
Townsend ~ лавина Таунсенда
uniform ~ однородное лавинное умножение
unpredictable ~ непредсказуемая лавина (*в шифротексте*)

avalanche-type лавинный, лавинообразный

avalanching образование лавины

AvantGarde шрифт AvantGarde

avatar *вчт* Аватара (*1. персонификация пользователя в многопользовательских системах виртуальной реальности 2. воплощение героя компьютерных игр в различных обликах*)

average 1. среднее (значение) ǁ усреднять 2. среднее арифметическое

average

   arithmetic ~ среднее арифметическое
   autoregressive moving ~ авторегрессионное скользящее среднее
   center line ~ *микр.* среднее отклонение высоты шероховатостей от центральной линии
   derived ~ момент
   ensemble ~ среднее по ансамблю; математическое ожидание
   geometric ~ среднее геометрическое
   half-period current ~ среднее значение тока за полупериод
   harmonic ~ среднее гармоническое
   long-time ~ долговременное среднее
   moving ~ скользящее среднее
   simple ~ простое [невзвешенное арифметическое] среднее
   space ~ пространственное среднее
   statistical ~ статистическое среднее
   time ~ среднее по времени
   weighted ~ взвешенное среднее

averaging усреднение
   signal ~ 1. усреднение сигнала 2. многократная выборка и усреднение сигнала (*с целью увеличения отношения сигнал — шум*)

avigation воздушная навигация, аэронавигация
avionics авиационная электроника
   digital ~ цифровая авиационная электроника
   integrated communications, navigation and IFF ~ бортовой комплекс аппаратуры связи, навигации и опознавания государственной принадлежности

avoidance исключение возможности; предупреждение
   airborne collision ~ система предупреждения столкновений самолётов

avometer авометр, амперовольтметр
Awacs Авакс (*самолётная система дальнего радиолокационного обнаружения и предупреждения*)
aware 1. осведомленный; информированный 2. компетентный
   ICC ~ *см.* **International Color Consortium aware**
   International Color Consortium ~ имеющий средства поддержки стандартов Международного консорциума по проблемам цвета; ICC-совместимый (*напр. о графическом редакторе*)

awareness 1. осведомленность; информированность 2. компетентность
   computer ~ компьютерная компетентность

axes *pl от* **axis**
axial аксиальный
axicon аксикон
axiom аксиома (*1. постулат, исходное положение теории 2. не требующее доказательства утверждение 3. объект в объектно-ориентированном программировании*)
   ~ of choice аксиома выбора

axiotron магнетронный диод
axis ось
   ~ of ecliptic ось эклиптики
   ~ of n-fold symmetry ось симметрии *n*-го порядка
   ~ of polarization ось сегнетоэлектричества, сегнетоэлектрическая ось
   ~ of precession ось прецессии
   analyzer ~ ось (пропускания) анализатора
   antenna ~ ось антенны
   anisotropy ~ ось анизотропии
   beam ~ 1. ось луча; ось пучка 2. направление максимума главного лепестка (*диаграммы направленности антенны*), направление радиолуча
   binary ~ ось симметрии второго порядка
   birefringent ~ ось двойного лучепреломления
   boat ~ *крист.* ось лодочки
   cardinal ~ главная ось (симметрии)
   cavity ~ ось резонатора
   celestial ~ ось мира
   chrominance ~ цветовая ось
   color ~ цветовая ось
   communication ~ линия полевой связи
   coordinate ~ ось (системы) координат
   crystal principal ~ 1. оптическая ось второго рода, бинормаль 2. главная ось симметрии кристалла кварца
   crystallographic ~ кристаллографическая ось
   cube [cubic] ~ кубическая ось, ось типа [100]
   direct ~ продольная ось (*в электрических машинах*)
   easiest magnetic [easiest magnetization] ~ ось легчайшего намагничивания
   easy (magnetic) ~ ось лёгкого намагничивания, ОЛН
   electric ~ электрическая ось, ось X (*кристалла кварца*)
   Euler ~s углы Эйлера
   Fabry-Perot ~ ось резонатора Фабри — Перо
   ferroelectric ~ ось сегнетоэлектричества, сегнетоэлектрическая ось
   fiber ~ ось оптического волокна
   FP ~ *см.* **Fabry-Perot axis**
   geomagnetic ~ магнитная ось Земли
   growing ~ *крист.* ось роста
   guide ~ ось волновода
   hardest magnetic ~ ось труднейшего намагничивания
   hard magnetic ~ ось трудного намагничивания, ОТН
   hexagonal ~ гексагональная ось, ось С; ось симметрии шестого порядка
   I—~ широкополосная ось, ось сигнала I (*в системе НТСЦ*)
   imaginary ~ мнимая ось
   infinite fold symmetry ~ ось симметрии бесконечного порядка
   intermediate magnetic ~ ось промежуточного намагничивания
   inversion ~ инверсионная ось (симметрии)
   laser ~ ось лазера
   lens ~ (оптическая) ось линзы
   local symmetry ~ локальная ось симметрии
   magnetic anisotropy ~ ось магнитной анизотропии
   major ~ главная [большая] ось (*эллипса*)
   maser ~ ось мазера
   mechanical ~ механическая ось, ось Y (*кристалла кварца*)
   minor ~ малая ось (*эллипса*)
   monopulse null ~ равносигнальное направление (*в моноимпульсных РЛС*)
   narrow-band ~ узкополосная ось, ось сигнала Q (*в системе НТСЦ*)
   neutral ~ ось нейтральных цветов
   n-fold rotation ~ поворотная ось симметрии *n*-го порядка
   oblique ~ наклонная ось

optical ~ 1. оптическая ось второго рода, бинормаль 2. оптическая ось, ось Z (*кристалла кварца*) 3. оптическая ось (*системы*)
piezoelectric ~ пьезоэлектрическая ось
polar ~ полярная ось
polarizer ~ ось (пропускания) поляризатора
principal ~ главная ось (симметрии)
propagation ~ направление распространения
Q~ узкополосная ось, ось сигнала Q (*в системе НТСЦ*)
quadrature ~ поперечная ось (*в электрических машинах*)
quantization ~ ось квантования
ray ~ оптическая ось первого рода, лучевая оптическая ось, бирадиаль
real ~ действительная [вещественная] ось
reference ~ 1. ось (системы) координат 2. полярная ось 3. кристаллографическая ось 4. ось отсчёта
rotation ~ 1. ось вращения 2. (поворотная) ось симметрии
rotation-inversion ~ инверсионная ось (симметрии)
rotation-reflection ~ зеркально-поворотная ось (симметрии)
rotoflectlon ~ зеркально-поворотная ось (симметрии)
scan ~ ось сканирования
screw ~ винтовая ось (симметрии)
texture ~ ось текстуры
theta-pinch ~ ось тета-пинча (*в плазме*)
transducer principal ~ рабочая ось электроакустического преобразователя
twin ~ ось двойникования, двойниковая ось
wide-band ~ широкополосная ось, ось сигнала I (*в системе НТСЦ*)
X ~ 1. ось горизонтального отклонения (*ЭЛТ*) 2. электрическая ось, ось X (*кристалла кварца*)
Y ~ 1. ось вертикального отклонения (*ЭЛТ*) 2. механическая ось, ось Y (*кристалла кварца*)
Z ~ оптическая ось, ось Z (*кристалла кварца*)
x- ~ ось x, ось абсцисс
y- ~ ось y, ось ординат
z- ~ ось z, ось аппликат
axisymmetric осесимметричный
axon *биол.* аксон
giant ~ гигантский аксон
nonuniform ~ неоднородный аксон
axoneme *биол.* аксонема
AZ:
Shipley ~ *фирм.* фоторезист
azimuth 1. азимут (*1. угол перекоса рабочего зазора (магнитной) головки, угол между продольной осью симметрии рабочего зазора (магнитной) головки и перпендикуляром к краям магнитной ленты* 2. *отсчитываемое от точки юга (в астрономии) или от точки севера (в навигации) угловое положение вертикального круга на небесной сфере* 3. *отсчитываемый против часовой стрелки угол отклонения выбранного направления от опорного (напр. от направления на север)*) 2. пеленг ◊ **~ versus amplitude** РЛС противодействия преднамеренным радиопомехам (*создаваемым бортовым передатчиком*) с индикатором кругового обзора, стробируемым по азимуту
astronomical ~ астрономический азимут
geographical ~ географический азимут
head gap ~ угол перекоса рабочего зазора (магнитной) головки, угол между продольной осью симметрии рабочего зазора (магнитной) головки и перпендикуляром к краям магнитной ленты
head segment gap ~ угол перекоса рабочих зазоров блока (магнитных) головок, угол между продольной осью симметрии рабочего зазора (магнитных) головок и перпендикуляром к краям магнитной ленты
magnetic ~ магнитный азимут
real ~ истинный азимут
azran РЛС с индикатором типа азимут — дальность в полярных координатах
azulene азулен (*краситель*)
azusa радиолокационная дальномерно-угломерная система

B

B 1. бел, Б, В 2. байт, Б, В 3. буквенное обозначение десятичного числа 11 в двенадцатеричной *или* шестнадцатеричной системе счисления 4. буквенное обозначение первого *или* второго гибкого диска (*в IBM-совместимых компьютерах*) 5. синий, С, В (*основной цвет в колориметрической системе RGB и цветовой модели RGB*) 6. сигнал синего (цвета), С-сигнал, В-сигнал 7. си (*нота*) ~ **flat** си-бемоль
B+ положительный вывод источника анодного напряжения
B– отрицательный вывод источника анодного напряжения
babble 1. невнятная речь; неразборчивая речь || произносить неотчётливо; говорить невнятно *или* неразборчиво 2. *тлф* невнятные переходные разговоры 3. смешанные перекрестные помехи (*в многоканальной системе*) 4. смешанные суперпозиционные помехи (*в ретрансляторе*)
Baby-AT горизонтальный корпус (*системного блока компьютера*) с уменьшенными размерами, корпус (*системного блока компьютера*) типа Baby-AT
Back:
Piggy ~ *микр.* корпус типа DIP с дополнительной панелькой (*для другой микросхемы*)
back 1. обратная [задняя] сторона *или* часть (*объекта*); тыловая сторона *или* часть (*объекта*) || находиться с обратной стороны; располагать(ся) сзади; размещать(ся) на тыловой стороне || обратный, задний; тыловой 2. произносить заднеязычный гласный, произносить гласный заднего ряда || заднеязычный, заднего ряда (*о гласном*) 3. основа; опора; подложка || служить основой, опорой или подложкой 4. фон || служить фоном || фоновый 5. резервировать || резервный 6. *вчт* создание резервной копии; копирование || создавать резервную копию; копировать || резервный (*о копии*) 7. корешок (*напр. переплёта*) || формировать корешок (*напр. переплёта*) 8. печатать на обратной стороне листа 9. двигать(ся) назад, перемещать(ся) в

back

обратном направлении; возвращать(ся) 10. аккомпанемент || аккомпанировать 11. трудоспособность; готовность прилагать усилия; выносливость

~ **off** двигать(ся) назад, перемещать(ся) в обратном направлении; возвращать(ся)

~ **of page** обратная сторона страницы

~ **up 1.** резервировать **2.** *вчт* создавать резервную копию; копировать **3.** двигать(ся) назад, перемещать(ся) в обратном направлении; возвращать(ся)

book ~ корешок книги
camera ~ задняя стенка камеры
vacuum ~ вакуумный держатель

backboard 1. задняя панель **2.** объединительная плата

auxiliary ~ дополнительная объединительная плата
printed-circuit ~ печатная объединительная плата
slot ~ гнездовая объединительная плата

backbone 1. осевой скелет; хребет; остов **2.** магистральная линия связи **3.** базовая сеть, сеть первичных межсоединений в иерархической распределённой системе **4.** *вчт* корешок (*напр. переплёта*)

common-user ~ магистральная линия связи общего пользования
communication ~ магистральная линия связи
European multiprotocol ~ Европейская многопротокольная магистральная линия связи, сеть EMPB, сеть Ebone
multicast ~ *вчт* (виртуальная) магистральная линия передачи сообщений для нескольких (персонифицированных) абонентов, для нескольких (определённых) узлов *или* (определённых) программ в Internet, *проф.* (виртуальная) магистральная многоабонентской передачи (с персонификацией) в Internet; (виртуальная) магистральная линия групповой [многоадресной] передачи в Internet
packet-switched ~ магистральная линия связи с коммутацией пакетов

backcloth *тлв* фоновый экран (*для рир-проекции*)

backdoor 1. функция-ловушка (*в криптографической системе*) **2.** *вчт* лазейка (*в программе*), *проф.* чёрный ход

backdrop фон (*1.* основной цвет *или* тон, на котором располагается изображение *2.* задний план, *тлв проф.* задник

backend 1. внутренний; удалённый; тыловой **2.** внутренний интерфейс || внутренний интерфейсный **3.** специальный; дополнительный **4.** спецпроцессор; дополнительный процессор; постпроцессор **5.** окончательный; конечный **6.** процессор для окончательной обработки данных **7.** серверное приложение || серверный **8.** программное обеспечение для выполнения конечной стадии процесса *или* для решения неочевидной для пользователя задачи **9.** внутренняя часть; удалённая часть, *проф.* «тыловая» часть (*напр. системы*) **10.** выходные [оконечные] каскады (*приёмника*) || выходной, оконечный

compiler ~ внутренние программы компилятора

backfire обратная дуга; обратное зажигание
backflow противоток, обратный поток
background 1. фон (*1.* основной цвет *или* тон, на котором располагается изображение *2.* задний план, *тлв проф.* задник *3.* окружающие условия; текущая ситуация *4.* фоновое излучение, *напр.* радиоактивное *5.* засветка экрана *6. вчт* фоновый [неприоритетный] процесс; фоновая [неприоритетная] задача *7. вчт* фон программы, наличие работающей в фоновом режиме программы *8. вчт* область памяти, отводимая для фоновой задачи) || фоновый **2.** *вчт* фоновый режим **3.** аккомпанемент **4.** биографические, хронологические *или* исторические данные; данные о происхождении *или* образовании; истоки **5.** образование; подготовка; база **6.** вспомогательные, дополнительные *или* справочные сведения || вспомогательный; дополнительный; справочный (*напр. об информации*) ◊ **to run in the** ~ исполняться в фоновом режиме (*о программе*)

~ **of desktop** фон рабочего стола (*графического интерфейса пользователя*)
~ **of folders** фон папок (*на экране дисплея*)
additive ~ аддитивный фон
black ~ чёрный фон
blue ~ синий фон
chromakey ~ *тлв* фоновый экран (*для рир-проекции*)
color ~ цветной фон
display ~ фон изображения (*на экране дисплея*)
electronic ~ *тлв* задний план, создаваемый электронными средствами
fractal ~ фрактальный фон
gamma ~ гамма-фон
grainy ~ зернистый фон
hard ~ контрастный фон
historical ~ историческая справка
musical ~ аккомпанемент
noise ~ шумовой фон
patterned ~ структурированный фон
physical ~ физическое образование
program ~ *вчт* фон программы
radar ~ *рлк* мешающие отражения
reference ~ опорный фон
sky ~ фон неба
soft ~ неконтрастный фон
technical ~ техническое образование
thermal ~ тепловой фон
uniform ~ однородный фон
white ~ белый фон

backheating разогрев катода магнетрона электронами

backing 1. расположение на обратной [задней] стороне *или* части (*объекта*); расположение на тыловой стороне *или* части (*объекта*) || обратный, задний; тыловой **2.** основа; опора; подложка **3.** подслой; (подслойное) покрытие **4.** резервирование **5.** *вчт* создание резервной копии; копирование **6.** формирование корешка (*напр. переплёта*) **7.** печатание на обратной стороне листа **8.** движение назад, перемещение в обратном направлении; возврат **9.** аккомпанемент

acetate ~ ацетилцеллюлозная основа (*магнитной ленты*)
antihalation ~ противоореольное покрытие
magnetic tape ~ основа магнитной ленты
piggy ~ *микр.* размещение одной ИС на другой

backing-up 1. резервирование **2.** *вчт* создание резервной копии; резервное копирование **3.** движение назад, перемещение в обратном направлении; возврат

~ **before deleting** создание резервной копии (*напр. файла*) перед уничтожением; резервное копирование (*напр. файла*) перед уничтожением

~ **to server** создание резервной копии (*напр. файла*) на сервере; резервное копирование (*напр. файла*) на сервере

automatic ~ автоматическое создание резервной копии; автоматическое резервное копирование

file ~ создание резервной копии файла; резервное копирование файла

folder ~ создание резервной копии папки; резервное копирование папки

registry ~ создание резервной копии реестра; резервное копирование реестра (*в ОС семейства Windows, версии 95 и старше*)

backlash 1. отдача; откат ‖ испытывать отдачу; откатывать(ся) 2. люфт; свободный ход ‖ обладать люфтом; иметь свободный ход 3. обратный ток (*в газонаполненных выпрямителях*)

backlight(ing) 1. тыловое освещение 2. тыловая подсветка (*в ЖК-дисплеях*)

backmatter *вчт* дополнительный материал (*печатного издания*) (*напр. библиография, предметный указатель, приложение и др.*)

backoff 1. движение назад, перемещение в обратном направлении; возврат 2. *вчт* откат с возвратом, (временный) отказ от исполнения чего-либо (*напр. при возникновении коллизии*) с последующей повторной попыткой 3. потери мощности

binary exponential ~ откат с возвратом по двоично-степенному закону

input ~ потери входной мощности

output ~ потери выходной мощности

random ~ откат с возвратом по случайному закону

back-office *вчт* средний уровень архитектуры банковских приложений, уровень внутрибанковской деятельности

backpack ранцевый прибор; ранцевый блок

backpercolation обратная перколяция (*алгоритм обучения нейронных сетей*)

backplane 1. *вчт* материнская [системная] плата 2. объединительная плата 3. *вчт* коммутационная панель с одновременной передачей пакетов в порты назначения 4. *вчт* объединительная шина, *проф.* кросс-шина

backplate 1. сигнальная пластина (*в запоминающей ЭЛТ*) 2. неподвижный электрод (*конденсаторного микрофона*)

perforated ~ перфорированный неподвижный электрод

slotted ~ неподвижный электрод с прорезями

backprime *вчт* обратный штрих (*диакритический знак*), символ `

backprojecting восстановление пространственной обстановки по проекциям (*в робототехнике*)

backprop(agation) 1. алгоритм обратного распространения (ошибок) (*для обучения нейронных сетей*) 2. нейронная сеть с обучением по алгоритму обратного распространения (ошибок)

~ **of error** алгоритм обратного распространения ошибок (*для обучения нейронных сетей*)

~ **through time** 1. алгоритм обратного распространения (ошибок) в реальном масштабе времени (*для обучения нейронных сетей*) 2. нейронная сеть с обучением по алгоритму обратного распространения (ошибок) в реальном масштабе времени

~ **with momentum** 1. алгоритм обратного распространения (ошибок) с моментом (*для обучения нейронных сетей*) 2. нейронная сеть с обучением по алгоритму обратного распространения (ошибок) с моментом

batch ~ групповой алгоритм обратного распространения (ошибок) (*для обучения нейронных сетей*), алгоритм обучения (*нейронных сетей*) с однократной коррекцией весов и смещений за цикл

online ~ 1. алгоритм обратного распространения (ошибок) в реальном масштабе времени (*для обучения нейронных сетей*) 2. нейронная сеть с обучением по алгоритму обратного распространения (ошибок) в реальном масштабе времени

standard ~ стандартный алгоритм обратного распространения (ошибок) (*для обучения нейронных сетей*), алгоритм обучения (*нейронных сетей*) по обобщённому дельта-правилу

backroll 1. (ускоренная) обратная перемотка (*магнитной ленты*) ‖ выполнять (ускоренную) обратную перемотку (*магнитной ленты*) 2. *вчт* повторный прогон (*программы*) ‖ повторно прогонять (*программу*)

backrolling 1. (ускоренная) обратная перемотка (*магнитной ленты*) 2. *вчт* повторный прогон (*программы*)

backroom режимное помещение; секретный отдел; секретная лаборатория ‖ режимный; секретный

backscatter 1. обратное рассеяние ‖ рассеивать в обратном направлении 2. загоризонтная РЛС обратного рассеяния 3. обратное излучение (*направленной антенны*) ‖ излучать в обратном направлении (*о направленной антенне*)

backscattering 1. обратное рассеяние 2. обратное излучение (*направленной антенны*) 3. отражённый сигнал, эхо-сигнал, эхо

atmospheric ~ обратное рассеяние в атмосфере

Bragg ~ брэгговское обратное рассеяние

diffuse ~ диффузное обратное рассеяние

earth ~ обратное рассеяние от земной поверхности

first-order ~ обратное рассеяние первого порядка

ground ~ обратное рассеяние от земной поверхности

Mie ~ обратное рассеяние (по) Ми

radar ~ обратное рассеяние радиолокационных сигналов

Rayleigh ~ рэлеевское обратное рассеяние

RF ~ обратное рассеяние ВЧ-сигналов

sea ~ обратное рассеяние от морской поверхности

backslant *вчт* шрифт с наклоном влево

backslash *вчт* косая черта с наклоном влево, *проф.* бэкслэш, символ \

backspace 1. *вчт* возврат на одну позицию (*с удалением или без удаления символа*); возвратный пробел 2. *вчт* клавиша возврата на одну позицию ‖ возвращать на одну позицию 3. *вчт* символ «возврат на одну позицию», символ ▫, символ с кодом ASCII 08h 4. откат (*сигналограммы*); *вчт* возврат (*магнитной ленты*) к началу предыдущей записи ‖ производить откат (*сигналограммы*); *вчт* возвращать (*магнитную ленту*) к началу предыду-

щей записи ◊ ~ **tape** возвращать (*магнитную*) ленту к началу предыдущей записи
destructive ~ возврат на одну позицию с удалением символа, возвратный пробел
nondestructive ~ возврат на одну позицию без удаления символа
backspacer клавиша возврата на одну позицию (*в пишущей машине*)
backspacing 1. *вчт* возврат на одну позицию (*с удалением или без удаления символа*); возвратный пробел **2.** откат (*сигналограммы*); *вчт* возврат (*магнитной ленты*) к началу предыдущей записи
backspark *вчт* открывающая кавычка, символ `
backsputtering *микр.* обратное распыление; травление методом распыления
rf ~ обратное высокочастотное распыление; травление методом обратного высокочастотного распыления
backstage 1. *тлв* закулисное пространство ‖ закулисный **2.** серия программных пакетов фирмы Macromedia для создания и редактирования Web-страниц
backstop ограничитель обратного хода (*напр. якоря реле*)
backstay оттяжка (*напр. антенной мачты*)
backtick *вчт* **1.** обратный штрих (*диакритический знак*), символ ` **2.** открывающая кавычка, символ `
backtrace возврат прежним путём ‖ возвращаться прежним путём
backtrack 1. возврат прежним путём ‖ возвращаться прежним путём **2.** решение задачи методом поиска с возвратом ‖ решать задачу методом поиска с возвратом (*по дереву поиска решений*) **3.** поиск (*по списку*) в обратном порядке ‖ искать (*по списку*) в обратном порядке
backtracking 1. возврат прежним путём **2.** решение задачи методом отхода с возвратом (*по дереву поиска решений*) **3.** поиск (*по списку*) в обратном порядке
back-tunneling обратное туннелирование
charge ~ обратное туннелирование заряда
backup 1. резервирование ‖ резервировать ‖ резервный **2.** резервное оборудование *вчт* **3.** создание резервной копии; резервное копирование ‖ создавать резервную копию; производить резервное копирование **4.** резервная копия **5.** движение назад, перемещение в обратном направлении; возврат ‖ двигать(ся) назад, перемещать(ся) в обратном направлении; возвращать(ся)
~ **and recovery** резервное копирование и исправление ошибок (*стратегия систем управления базами данных*)
~ **and restore** резервное копирование и восстановление (*файлов*)
archival ~ **1.** полное [зеркальное] резервное копирование **2.** полная [зеркальная] резервная копия
battery ~ резервный источник (электро)питания
cold ~ холодное резервирование, резервирование с автономным запуском резервной системы
data ~ **1.** создание резервной копии данных; резервное копирование данных **2.** резервная копия данных
enterprise ~ **and restore** система резервного копирования и восстановления информации в сети масштаба предприятия

full ~ **1.** полное [зеркальное] резервное копирование **2.** полная [зеркальная] резервная копия
hot ~ горячее [тёплое] резервирование, резервирование с автоматическим запуском резервной системы
image-oriented ~ **1.** полное [зеркальное] резервное копирование; создание резервного образа (*данных*) **2.** полная [зеркальная] резервная копия; резервный образ (*данных*)
incremental ~ инкрементное резервное копирование
intellectual ~ интеллектуальное резервное копирование
level 0 ~ резервная копия 0-го уровня, полная [зеркальная] резервная копия при инкрементном резервном копировании
level 1 ~ резервная копия 1-го уровня при инкрементном резервном копировании
level N ~ резервная копия N-го уровня при инкрементном резервном копировании
mirror ~ **1.** зеркальное [полное] резервное копирование **2.** зеркальная [полная] резервная копия
tape ~ **1.** создание резервной копии на магнитной ленте; резервное копирование на магнитную ленту **2.** резервная копия на магнитной ленте
timed ~ (автоматическое) создание резервной копии через определённый промежуток времени; (автоматическое) резервное копирование через определённый промежуток времени
unattended ~ необслуживаемое резервное копирование
warm ~ тёплое [горячее] резервирование, резервирование с автоматическим запуском резервной системы
bacteria *pl* от **bacterium**
bacterium *вчт* бактерия, размножающийся компьютерный вирус
badness 1. неадекватность; несоответствие; недостаточность **2.** ложность; несправедливость **3.** мера разреженности строки в языке T_EX, *проф.* «плохость»
~ **of fit** неадекватность; несоответствие
baffle 1. экран; перегородка ‖ экранировать; преграждать **2.** анодный экран, манжета (*в лампах дугового разряда*) **3.** диафрагма **4.** акустический экран (*громкоговорителя*), ящик громкоговорителя
acoustic ~ акустический экран; ящик громкоговорителя
arc ~ защитный экран-отражатель (*в ртутных вентилях*)
bass reflex ~ акустический экран с отверстием для подчёркивания нижних (звуковых) частот; ящик громкоговорителя с фазоинвертором
crossline ~ крестообразная диафрагма
deflecting ~ отражательный экран
deionization ~ деионизационный фильтр (*в игнитронах*)
directional ~ ящик громкоговорителя с фазоинвертором
infinite ~ бесконечный акустический экран
ion ~ ионная ловушка
loudspeaker ~ акустический экран громкоговорителя; ящик громкоговорителя
plane ~ плоский акустический экран
reflecting ~ отражательный экран

balancing

~~reflex~~ ~ ящик громкоговорителя с фазоинвертором
~~sound~~ ~ акустический экран
~~splash~~ ~ защитный экран-отражатель (*в ртутных вентилях*)
~~thermal~~ ~ тепловой экран
~~vented~~ ~ ящик громкоговорителя с фазоинвертором

bag 1. мешок; пакет || упаковывать в мешки или пакеты 2. множество с повторяющимися элементами, мультимножество
~~dust~~ ~ пылесборник (*электропроигрывателя*)
~~moisture barrier~~ ~ влагонепроницаемый пакет (*напр. для упаковки ИС*)

baggage портативный прибор; портативное оборудование

bagger упаковочный автомат

bagpipe *вчт* волынка (*музыкальный инструмент из набора General MIDI*)

bail 1. дуга; дужка; скоба 2. накидная фиксирующая скоба (*напр. электрического соединителя*)
~~paper~~ ~ прижимная планка (*напр. матричного принтера*)
~~punch~~ ~ пробивная планка (*ленточного перфоратора*)

bait 1. *крист.* затравка 2. *вчт проф.* приманка || заманивать
~~flame~~ ~ *вчт* провоцирующее электронный дебош сообщение оскорбительного содержания (*напр. в электронных форумах*)

bak расширение имени файла с резервной копией

bake отжиг || отжигать
~~postdevelopment~~ ~ отжиг (*резиста*) после проявления

Bakelite бакелит

Baker стандартное слово для буквы *B* в фонетическом алфавите «Эйбл»

baking отжиг
~~resist infrared~~ ~ отжиг резиста с помощью ИК-излучения
~~resist postexposure~~ ~ отжиг резиста после экспонирования
~~resist preexposure~~ ~ отжиг резиста перед экспонированием

balance 1. уравновешивание; балансировка || уравновешивать(ся); балансировать(ся) 2. равновесие; баланс 3. регулятор баланса стереоканалов 4. сбалансированность (*напр. функции*) 5. балансир 6. весы 7. противовес 8. (электрический) мост 9. симметрирование || симметрировать 10. остаток
~~account~~ ~ остаток на счёте, *проф.* баланс
~~ampere~~ ~ токовые весы, ампер-весы
~~analytical~~ ~ аналитические весы
~~antenna~~ ~ симметрирование антенны
~~back~~ ~ противовес
~~black~~ ~ *тлв* баланс чёрного
~~channel~~ ~ баланс стереоканалов, стереобаланс
~~chemical~~ ~ аналитические весы
~~color~~ ~ *тлв* цветовой баланс
~~Cotton~~ ~ магнитные весы Коттона (*для измерения напряжённости магнитного поля*)
~~Curie~~ ~ торсионные магнитные весы Кюри
~~current~~ ~ токовые весы, ампер-весы
~~detailed~~ ~ детальное равновесие
~~Du Bois~~ ~ магнитометр Дюбуа
~~dynamic~~ ~ динамическое равновесие
~~ecological~~ ~ экологическое равновесие
~~electric~~ ~ 1. токовые весы, ампер-весы 2. электрический мост
~~Felici~~ ~ мост для измерения взаимной индуктивности между обмотками трансформатора
~~function~~ ~ сбалансированность функции (*напр. в криптографии*)
~~gamma~~ ~ *тлв* баланс градаций яркости
~~grey-scale~~ ~ *тлв* нейтральность шкалы серых тонов
~~heat~~ ~ тепловой баланс
~~hybrid~~ ~ баланс гибридного кольца; обратные потери гибридного кольца
~~induction~~ ~ мост для измерения индуктивности
~~internal~~ ~ внутренний баланс (*звучания*)
~~Kelvin~~ ~ токовые весы Кельвина
~~line~~ ~ 1. *вчт* равномерная балансировка нагрузки (*напр. при многопроцессорной обработке данных*) 2. симметрирование линии передачи
~~load~~ ~ 1. *вчт* балансировка нагрузки (*напр. при многопроцессорной обработке данных*) 2. симметрирование нагрузки
~~magnetic~~ ~ магнитные весы
~~momentum~~ ~ *фтт* сохранение импульса
~~multiple-input function~~ ~ сбалансированность функции с несколькими входными значениями (*напр. в криптографии*)
~~sound~~ ~ звуковой баланс; балансировка звучания
~~space-charge~~ ~ баланс объёмного заряда
~~speaker~~ ~ баланс амплитудно-частотных характеристик громкоговорителей (*в стереофонии*)
~~static~~ ~ статическое равновесие
~~tape~~ ~ регулятор баланса стереоканалов при записи на (магнитную) ленту
~~temperature~~ ~ тепловой баланс
~~thermal~~ ~ тепловой баланс
~~tone arm~~ ~ балансировка тонарма
~~white~~ ~ *тлв* баланс белого

balanced 1. уравновешенный; сбалансированный 2. симметричный

balancer 1. балансир 2. симметрирующее устройство 3. компенсатор (*радиопеленгатора*) 4. уравнительная машина постоянного тока 5. звукооператор, отвечающий за балансировку звучания
~~direct-current~~ ~ уравнительная машина постоянного тока
~~hum~~ ~ противофоновый переменный резистор
~~static~~ ~ уравнительное устройство в цепи переменного тока

balancing 1. уравновешивание; балансировка 2. симметрирование
~~black~~ ~ *тлв* балансировка чёрного
~~capacitance~~ ~ ёмкостное симметрирование
~~channel~~ ~ балансировка стереоканалов
~~color~~ ~ *тлв* цветобалансировка
~~continuous~~ ~ плавная балансировка
~~line~~ ~ 1. симметрирование линии передачи 2. *вчт* равномерная балансировка нагрузки (*напр. при многопроцессорной обработке данных*)
~~load~~ ~ 1. симметрирование нагрузки 2. балансировка нагрузки (*напр. при многопроцессорной обработке данных*)
~~performance~~ ~ *вчт* балансировка производительности (*напр. при многопроцессорной обработке данных*)
~~separate~~ ~ автономная балансировка
~~spectral~~ ~ спектральное выравнивание

balancing

white ~ *тлв* балансировка белого
ball шар; шарик
    advance ~ ведущий шарик (*в механической звукозаписи*)
    glow ~ радиолюминесцентный измеритель СВЧ-мощности (*в виде газонаполненного тонкостенного шарика*)
    ionliatlon ~ радиолюминесцентный измеритель СВЧ-мощности (*в виде газонаполненного тонкостенного шарика*)
    rubber ~ *вчт* резиновый шарик (*мыши*)
    solder ~ **1.** *микр.* шариковый вывод **2.** шарик припоя; капля припоя
    spark(ing) ~ (сферический) электрод разрядника
    tinned ~ *микр.* лужёный шариковый вывод
    track ~ *вчт* указательное устройство типа «трекбол», *проф.* указательное устройство типа «перевёрнутая мышь»
    tracking ~ метка слежения за целью (*на экране радиолокационного индикатора*)
ballast **1.** балластный резистор **2.** дроссель стартера (*люминесцентных ламп*)
    built-in ~ встроенный балластный резистор
    inductive ~ балластный дроссель
ballasting использование балластных резисторов или дросселей
    emitter ~ эмиттерная стабилизация
ballastron бареттер
ballistic баллистический
ballistics баллистика
    electron ~ электронная баллистика; баллистика заряженных частиц
balloon воздушный шар; неуправляемый аэростат
    help ~ *вчт* изображение воздушного шара с контекстной подсказкой
    radiosonde ~ шар-пилот с радиозондом
    rawin ~ шар-пилот с радиоветровым зондом
    sounding ~ шар-зонд
    trial ~ *проф.* пробный шар
balop(ticon) *тлв* эпидатчик
balun **1.** симметрирующее устройство **2.** четвертьволновый согласующий трансформатор
    compensated ~ симметрирующее устройство с компенсацией
    quarter-wavelength ~ четвертьволновый согласующий трансформатор
    slotted ~ щелевое симметрирующее устройство
band **1.** лента; полос(к)а **2.** пояс(ок); ремень; обруч; бандаж **3.** полоса; интервал; промежуток; диапазон **4.** полоса частот **5.** область; зона **6.** *фтт* (энергетическая) зона **7.** группа; скопление ‖ группироваться; скапливаться **8.** *вчт* группа дорожек (*напр. магнитного барабана*) **9.** (небольшой) оркестр; музыкальная группа
    ~ **of analiticity** область аналитичности (*напр. функции*)
    ~ **of excitation levels** зона возбуждённых уровней
    A ~ диапазон А (0 — 250 МГц)
    absorption ~ полоса поглощения
    allocated frequency ~ полоса частот, отведённая для данной службы; выделенная полоса частот
    allowed (energy) ~ разрешённая (энергетическая) зона
    altimeter ~ полоса частот, отведённая для радиовысотомеров
    amateur (frequency) ~ полоса частот, отведённая для (радио)любительской службы
    assigned frequency ~ полоса частот, присвоенная данной станции
    atmospheric transmission ~ полоса пропускания атмосферы, полоса радиопрозрачности атмосферы, *проф.* радиоокно
    attenuation ~ полоса ослабления; полоса затухания; полоса задерживания (*фильтра*)
    audio ~ диапазон звуковых частот (15 Гц — 20 кГц)
    B ~ диапазон В (0,25 — 0,5 ГГц)
    binding ~ бандаж (*напр. кабеля*)
    black ~ зона безыскровой работы (*коммутационного устройства*)
    Bloch ~ *фтт* энергетическая зона
    broad ~ **1.** широкая полоса частот; широкий диапазон частот **2.** *фтт* широкая энергетическая зона
    broadcast ~ полоса частот, отведённая для службы АМ-радиовещания (535 — 1605 кГц)
    C ~ диапазон С (0,5 — 1 ГГц)
    carrier ~ *фтт* зона проводимости
    chrominance ~ *тлв* полоса частот сигнала цветности
    citizen ~ полоса частот, отведённая для службы персональной радиосвязи (26,965 — 27,405 МГц; 460—470 МГц)
    cloud ~ зона облачности
    combined ~ *фтт* объединённая энергетическая зона
    communication ~ занимаемая полоса частот
    conduction [conductivity] ~ *фтт* зона проводимости
    confidence ~ доверительный интервал
    control ~ контрольная область
    curved ~ *фтт* искривлённая энергетическая зона
    D ~ диапазон D (1 — 2 ГГц)
    dead ~ мёртвая зона, зона нечувствительности
    decade ~ декадный диапазон частот
    defect absorption ~ полоса поглощения на дефектах
    degenerate conduction ~ *фтт* вырожденная зона проводимости
    dimer ~ *кв. эл.* димерная полоса (*поглощения*)
    E ~ диапазон Е (2 — 3 ГГц)
    emission ~ **1.** полоса испускания **2.** занимаемая полоса частот (*для определённого класса излучения*)
    emission frequency ~ занимаемая полоса частот (*для определённого класса излучения*)
    empty energy ~ *фтт* свободная энергетическая зона
    energy ~ *фтт* энергетическая зона
    energy gap ~ *фтт* запрещённая энергетическая зона, энергетическая щель; ширина запрещённой энергетической зоны
    error ~ *вчт* поле ошибок
    excitation ~ зона возбуждения
    extremely high-frequency ~ диапазон крайне высоких частот (30 — 300 ГГц), диапазон миллиметровых волн (10— 1 мм)
    extremely low-frequency ~ диапазон крайне низких частот (3 — 30 Гц), диапазон декамегаметровых волн (100000— 10000 км)
    F ~ диапазон F (3 — 4 ГГц)
    facsimile ~ полоса частот факсимильного сигнала
    fare ~ тарифная зона
    filled ~ *фтт* заполненная зона
    filter attenuation ~ полоса задерживания фильтра

band

filter elimination ~ полоса задерживания фильтра
filter exclusion ~ полоса задерживания фильтра
filter pass ~ полоса пропускания фильтра
filter rejection ~ полоса задерживания фильтра
filter stop ~ полоса задерживания фильтра
filter suppression ~ полоса задерживания фильтра
filter transmission ~ полоса пропускания фильтра
flat ~ *фтт* плоская энергетическая зона
FM broadcast ~ см. **frequency-modulated broadcast band**
forbidden energy ~ *фтт* запрещённая энергетическая зона, энергетическая щель; ширина запрещённой энергетической зоны
frequency ~ полоса частот; диапазон частот
frequency-modulated broadcast ~ полоса частот, отведённая для службы ЧМ-радиовещания (88 — 108 МГц)
fundamental ~ *фтт* полоса фундаментального поглощения
G ~ диапазон G (4 — 6 ГГц)
Gaussian ~ *фтт* гауссова зона
guard ~ 1. защитный частотный интервал (*между каналами*) 2. защитный [междорожечный] промежуток (*в видеозаписи*) 3. *пп* охранная зона
H ~ диапазон H (6 — 8 ГГц)
ham ~ полоса частот, отведённая для (радио) любительской службы
heavy-hole ~ *фтт* зона тяжёлых дырок
high ~ полоса частот 7— 13 телевизионных каналов (17,6 — 216 МГц)
high-frequency ~ диапазон высоких частот (3 — 30 МГц), диапазон декаметровых [коротких] волн (100—10 м)
high-frequency broadcast ~ полоса частот, отведённая службе ЧМ-радиовещания (88 — 108 МГц)
hot ~ *фтт* зона горячих состояний, горячая зона
I ~ диапазон I (8 — 10 ГГц)
impurity energy ~ *фтт* примесная энергетическая зона
industrial, scientific and medical ~ полоса частот, отведённая для промышленной, научной и медицинской радиослужбы (918 МГц, 2450 МГц, 5800 МГц, 22500 МГц)
infralow-frequency ~ диапазон инфранизких частот (300 — 3000 Гц), диапазон гектокилометровых волн (1000— 100 км)
interference guard ~ защитный интервал частот
ISM ~ см. **industrial, scientific and medical band**
J ~ диапазон J (10 — 20 ГГц)
jammer ~ полоса частот станции активных преднамеренных радиопомех
K ~ диапазон K (20 — 40 ГГц)
L ~ диапазон L (40 — 60 ГГц)
lattice absorption ~ *фтт* полоса решёточного поглощения
light-hole ~ *фтт* зона лёгких дырок
locking ~ 1. полоса синхронизации 2. полоса захватывания частоты
low ~ полоса частот 2 — 6 телевизионных каналов (54 — 88 МГц)
lower ~ нижняя боковая полоса частот
low-frequency ~ диапазон низких частот (30 — 300 кГц), диапазон километровых [длинных] волн (10 — 1 км)
luminance ~ *тлв* полоса частот сигнала яркости

luminescence ~ *кв. эл.* полоса люминесценции
M ~ диапазон M (60 — 100 ГГц)
main conduction ~ *фтт* основная зона проводимости
marine ~ полоса частот, отведённая для морской (подвижной) службы
Mash ~s полосы Маха; кажущееся увеличение контраста на границе светлой и тёмной областей
medium-frequency ~ диапазон средних частот (300 — 3000 кГц), диапазон гектометровых [средних] волн (1 — 0,1 км)
message ~ полоса частот сообщения
meteorological ~ полоса частот, отведённая радиометеорологической службе
microwave ~ диапазон сверхвысоких частот (3—30 ГГц), диапазон сантиметровых волн (10 — 1 см)
millimeter-wave ~ диапазон крайне высоких частот (30 — 300 ГГц), диапазон миллиметровых волн (10 — 1 мм)
monomer ~ *кв. эл.* мономерная полоса (*поглощения*)
Möbius ~ лист Мёбиуса
multivalley conduction ~ *фтт* многодолинная зона проводимости
narrow ~ 1. узкая полоса частот; узкий диапазон частот 2. *фтт* узкая энергетическая зона
nominal facsimile ~ полоса частот факсимильного сигнала
non-parabolic ~ *фтт* непараболическая энергетическая зона
normal ~ *фтт* валентная зона
occupied ~ *фтт* заполненная зона
octave ~ октавная полоса частот
one-third-octave ~ третьоктавная полоса частот
operating ~ рабочий диапазон частот
optical ~ оптический диапазон частот
overlapping ~s 1. перекрывающиеся диапазоны частот 2. *фтт* перекрывающиеся зоны
parabolic ~ *фтт* параболическая энергетическая зона
partially occupied ~ *фтт* частично заполненная зона
pass ~ полоса пропускания
periodicity ~ область периодичности (*напр. функции*)
permitted ~ *фтт* разрешённая зона
phosphorescence ~ *кв. эл.* полоса фосфоресценции
proportional ~ область пропорциональности (*регулятора*)
pumping ~ *кв. эл.* (энергетическая) зона уровней накачки
radar ~s радиолокационные диапазоны частот
Raman ~ *кв. эл.* полоса комбинационного [рамановского] рассеяния
rejection ~ полоса задерживания (*фильтра*), полоса затухания; полоса ослабления
relay ~ группа каналов радиорелейной линии
resonance absorption ~ *кв. эл.* резонансная полоса поглощения
rotation(al) ~ *кв. эл.* вращательная полоса (*поглощения*)
service ~ полоса частот, отведённая для данной службы
short-wave ~ диапазон высоких частот (3 — 30 МГц), диапазон декаметровых [коротких] волн (100—10 м)
side ~ боковая полоса частот

band

slip ~ *фтт* полоса скольжения
spreaded ~ растянутый диапазон частот
standard broadcast ~ полоса частот, отведённая службе АМ-радиовещания (535 — 1605 кГц)
stop ~ полоса задерживания (*фильтра*), полоса затухания; полоса ослабления
straddle ~ накрывающий диапазон частот
subcarrier ~ полоса поднесущей
submillirneter-wave ~ диапазон децимиллиметровых волн (1 — 0,1 мм)
superhigh-frequency ~ диапазон сверхвысоких частот (3—30 ГГц), диапазон сантиметровых волн (10 — 1 см)
surface ~ *фтт* зона поверхностных состояний
sweep ~ полоса качания частоты
sync(hronization) ~ полоса синхронизации
telemeter ~ полоса поднесущей телеметрической системы
television broadcast ~ полоса частот, отведённая службе телевизионного вещания (54 — 890 МГц)
tension ~ 1. бандаж (*напр. кинескопа*) 2. хомут(ик)
transmission ~ полоса пропускания
transmission system frequency ~ необходимая полоса излучения передатчика
ultrahigh-frequency ~ диапазон ультравысоких частот (300 — 3000 МГц), диапазон дециметровых волн (1 — 0,1 м)
unvoiced ~ надтональный диапазон частот
upper ~ верхняя боковая полоса частот
valence ~ *фтт* валентная зона
very high-frequency ~ диапазон очень высоких частот (30 — 300 МГц), диапазон метровых [ультракоротких] волн (10 — 1 м)
very low-frequency ~ диапазон очень низких частот (3 — 30 кГц), диапазон мириаметровых [сверхдлинных] волн (100 — 10 км)
vibration-rotation ~ *кв. эл.* колебательно-вращательная полоса (*поглощения*)
video ~ полоса частот видеосигнала
voice ~ диапазон тональных частот
water-vapor absorption ~ полоса поглощения (*радиоволн*) водяными парами
wave ~ 1. диапазон длин волн 2. полоса частот, отведённая данной службе
waveguide transmission ~ рабочая полоса частот волновода
wide ~ 1. широкая полоса частот; широкий диапазон частот 2. *фтт* широкая энергетическая зона
bandage бандаж (*напр. кабеля*) || применять бандаж
banding 1. обвязывание; связывание; скрепление (*лентой или полоской*) 2. опоясывание (*напр. ремнём*); применение обруча *или* бандажа 3. разделение на полосы; разбиение на интервалы *или* промежутки; выделение диапазонов 4. полосатость (*напр. изображения на экране дисплея*); полосчатость (*напр. кристалла*) 5. группирование; скапливание
color ~ цветовая полосатость
elastic ~ *вчт* упругая привязка (*отрезков или многоугольников*), использование растяжимых прямолинейных отрезков с односторонним закреплением (*в компьютерной графике*)
mip- ~ *вчт* полосатость изображения (*трёхмерного объекта*) при наложении самоподобных текстур с различным уровнем детализации
noise ~ шумовая полосатость
rubber ~ *вчт* упругая привязка (*отрезков или многоугольников*), использование растяжимых прямолинейных отрезков с односторонним закреплением (*в компьютерной графике*)
saturation ~ полосатость цветовой насыщенности
band-limited с ограниченной полосой (*напр. пропускания*)
bandpass полоса пропускания (*фильтра*) || полосовой (*о фильтре*)
bandsplitter устройство разделения на поддиапазоны
bandspread 1. растягивание диапазона (*настройки*) || растягивать диапазон (*настройки*) 2. устранение нелинейных искажений за счёт сдвига боковых полос частот с последующей фильтрацией гармоник || устранять нелинейные искажения за счёт сдвига боковых полос частот с последующей фильтрацией гармоник
electrical ~ электрическое растягивание диапазона
mechanical ~ механическое растягивание диапазона
bandspreader добавочный конденсатор схемы растягивания диапазона (*настройки*)
bandspreading 1. растягивание диапазона (*настройки*) 2. устранение нелинейных искажений за счёт сдвига боковых полос частот с последующей фильтрацией гармоник
bandswitch переключатель диапазонов (*частот*)
bandwidth 1. ширина полосы частот; ширина спектра; диапазон рабочих частот 2. ширина полосы (*напр. пропускания*) 3. пропускная способность (*напр. канала связи, в бит/с, бодах и др.*)
~ of matrix ширина ленточной матрицы, число ненулевых диагоналей ленточной матрицы
active ~ эффективная ширина полосы пропускания (*напр. фильтра*)
allocated frequency ~ полоса частот, отведённая для данной службы; выделенная полоса частот
amplifier ~ ширина полосы пропускания усилителя
antenna ~ диапазон рабочих частот антенны
authorized ~ ширина разрешённой полосы частот
baseband ~ (полная) ширина полосы модулирующих частот
Bragg ~ ширина полосы частот брэгговской дифракции
channel ~ ширина полосы пропускания канала
chrominance(-channel) ~ ширина полосы пропускания канала (сигнала) цветности
closed-loop ~ ширина полосы пропускания при замкнутой цепи обратной связи
communication ~ ширина занимаемой полосы частот
design ~ расчётный диапазон рабочих частот
Doppler ~ ширина полосы доплеровских частот
effective ~ эффективная ширина полосы пропускания (*напр. фильтра*)
emission ~ ширина занимаемой полосы частот
facsimile ~ ширина полосы пропускания канала факсимильной связи
fiber ~ ширина полосы пропускания оптического волокна
half-power ~ 1. ширина полосы частот по уровню половинной мощности; ширина спектра по уровню половинной мощности 2. ширина полосы пропускания по уровню половинной мощности

hopped ~ ширина полосы скачкообразной перестройки частоты
information ~ ширина информационной полосы частот
input/output ~ пропускная способность устройств ввода/вывода
instantaneous ~ мгновенная ширина полосы частот
intelligence ~ ширина информационной полосы частот
intermediate-frequency ~ ширина полосы пропускания по промежуточной частоте
I/O ~ *см.* **input/output bandwidth**
modulation ~ (полная) ширина полосы модулирующих частот
monochrome channel ~ 1. ширина полосы пропускания видеоканала (*в чёрно-белом телевидении*) 2. ширина полосы пропускания канала сигнала яркости (*в цветном телевидении*)
monochrome signal ~ 1. ширина полосы частот видеосигнала (*в чёрно-белом телевидении*) 2. ширина полосы частот сигнала яркости (*в цветном телевидении*)
necessary ~ необходимая ширина полосы частот
noise ~ шумовая полоса частот
normalized ~ 1. нормированная ширина полосы частот 2. нормированная ширина полосы пропускания
null-to-null ~ ширина спектра по первым нулям
Nyquist ~ необходимая ширина полосы частот по Найквисту
occupied ~ ширина занимаемой полосы частот
octave ~ октавная ширина полосы пропускания
open-loop ~ ширина полосы пропускания при разомкнутой цепи обратной связи
phase ~ диапазон рабочих частот, определяемый по фазочастотной характеристике
pin ~ *вчт* пропускная способность на 1 вывод (*в Мбайт/с*)
polarization ~ диапазон рабочих частот, определяемый по поляризационной характеристике
postconversion ~ ширина полосы частот до детектирования
postdetection ~ ширина полосы частот после детектирования
power ~ номинальный диапазон воспроизводимых частот для усилителя звуковой частоты
predetection ~ ширина полосы частот до детектирования
pulse ~ ширина частотного спектра импульса
quantized signal ~ ширина полосы частот квантованного сигнала
radio-frequency ~ ширина пропускания по радиочастоте
receiver ~ ширина полосы пропускания приёмника
RF ~ *см.* **radio-frequency bandwidth**
signal ~ ширина полосы частот сигнала, ширина спектра сигнала
space [spatial] ~ ширина полосы пространственных частот
specifying ~ необходимая ширина полосы частот
stop ~ ширина полосы задерживания (*фильтра*), ширина полосы затухания, ширина полосы ослабления
transmission ~ ширина полосы пропускания

tunable ~ перестраиваемая ширина полосы пропускания
video ~ полоса пропускания видеотракта
wasted ~ ширина неиспользованной полосы частот

bang 1. *вчт проф.* восклицательный знак 2. грохот; звук выстрела или взрыва 3. удар ‖ наносить удар(ы) ◊ **to** ~ **on** испытывать (*программные или аппаратные средства*) в тяжёлых условиях
Big ~ Большой взрыв (*начальная стадия расширения Вселенной*)
big ~ *вчт* копирование *или* пересылка битового блока
gang ~ *вчт* использование большой группы программистов для решения большого числа проблем за короткое время, *проф.* групповой штурм
main ~ зондирующий радиолокационный сигнал
banjo *вчт* банджо (*музыкальный инструмент из набора General MIDI*)
bank 1. банк (*1. кредитно-финансовое учреждение 2. блок; группа; набор; батарея 3. вчт банк данных 4. хранилище; склад 5. запас; резерв*) 2. иметь вклад в банке; вкладывать деньги в банк 3. образовывать блок; группировать; объединять; составлять набор 4. хранить; держать на складе 5. запас; резерв ‖ делать запас; иметь резерв 6. *тлф* контактное поле 7. рабочая область; условия эксплуатации 8. интервал частот 9. вираж ‖ делать вираж
~ **of algorithm** банк алгоритмов
accumulator ~ батарея аккумуляторов
capacitor ~ батарея конденсаторов
channel ~ 1. группа каналов 2. канальный блок, каналообразующее оборудование
contact ~ *тлф* контактное поле
data ~ банк данных; банк информации
filter ~ блок фильтров
information ~ банк информации; банк данных
job ~ *вчт* банк данных о приглашении на работу
memory ~ *вчт* банк памяти
phase shifter ~ блок фазовращателей
resistor ~ магазин сопротивлений
selector ~ контактное поле искателя
storage ~ *вчт* банк памяти
time-oriented data ~ банк данных с временной ориентацией
TV program ~ банк телевизионных программ
waveform ~ *вчт* банк синтезированных звуков музыкальных инструментов; банк синтезированных тембров
banking 1. банковские операции 2. образование блоков; группирование; объединение; составление наборов 3. хранение; складирование 4. формирование запаса *или* резерва
electronic ~ электронные банковские операции
banner *вчт* 1. рекламное окно (*на Web-странице*), *проф.* баннер 2. плакат; транспарант; вымпел, лозунг 3. графический редактор для создания плакатов 4. титульный лист распечатки (с учётными и идентификационными данными) (*на рулонной или фальцованной бумаге*) 5. крупный заголовок во всю ширину наборного поля, *проф.* флаговый заголовок, «шапка»
advertising ~ 1. рекламное окно на Web-странице, *проф.* баннер 2. рекламный плакат, созданный методами компьютерной графики

Flash-~ баннер [рекламное окно] в сетевом файловом формате Flash, *проф.* Flash-баннер
full ~ полноразмерное рекламное окно, полноразмерный баннер (*формата 468×60 пикселей*)
full ~ with vertical navigation bar полноразмерное рекламное окно с вертикальной линейкой прокрутки, полноразмерный баннер с вертикальной линейкой прокрутки (*формата 468×60 пикселей*)
GIF-~ баннер [рекламное окно] в файловом формате GIF, *проф.* GIF-баннер
half ~ полуразмерное рекламное окно, полуразмерный баннер (*формата 234×60 пикселей*)
HTML-~ баннер [рекламное окно] в файловом формате HTML, *проф.* HTML-баннер
Java-~ баннер [рекламное окно] на основе исполняемой сервером прикладной программы на языке Java, *проф.* баннер [рекламное окно] на основе Java-апплета, Java-баннер
JPEG-~ баннер [рекламное окно] в файловом формате JPEG, *проф.* JPEG-баннер
PNG-~ баннер [рекламное окно] в файловом формате PNG, *проф.* PNG-баннер
Rich Media ~ *вчт* баннер [рекламное окно] на основе использования методологии Rich Media, *проф.* баннер формата Rich Media
square ~ квадратное рекламное окно, квадратный баннер (*формата 125×125 пикселей*)
vertical ~ вертикальное рекламное окно, вертикальный баннер (*формата 120×240 пикселей*)
bannermaker *вчт* специалист по созданию баннеров [рекламных окон] (*на Web-странице*), *проф.* баннермейкер
bar 1. брусок; полос(к)а; планка; рейка; штанга 2. (электрическая) шина; ламель 3. *тлг* линейка 4. аппликация (*схемы продвижения ЦМД*) 5. *тлв* полоса (*на экране*) 6. *вчт* вертикальная черта, *проф.* прямой слэш, символ | 7. *вчт* метасинтаксическая переменная 8. *вчт* панель (*напр. инструментов*) 9. тактовая черта (*нотного стана*) 10. двойная тактовая черта (*нотного стана*) 11. такт ‖ тактировать (*в музыке*) 12. заграждение; преграда; препятствие ‖ заграждать; преграждать; препятствовать 13. запрет; исключение ‖ запрещать; исключать
blanking ~ *тлв* тёмная полоса от гасящего импульса
broken vertical ~ *вчт* вертикальная черта с разрывом, *проф.* прямой слэш с разрывом, символ ¦
bus ~ (электрическая) шина
button ~ панель кнопок управления; панель инструментов
clamping ~ прижимная планка
color ~s *тлв* цветные полосы
commutator ~ пластина коллектора (*электрической машины*)
connection ~s соединительные шины
error ~ 1. графическое изображение величины ошибки (*в виде вертикального отрезка*) 2. оценка ошибки; доверительный интервал
fraction ~ дробная черта, символ /
guide ~ направляющая планка; направляющая штанга
holding ~s удерживающие (вертикальные) рейки (*в координатном соединителе*)
horizontal scroll ~ *вчт* линейка горизонтальной прокрутки
hum ~s *тлв* фоновые полосы
I~ 1. *вчт* вертикальная черта, *проф.* прямой слэш, символ | 2. *магн.* прямоугольная [I-образная] аппликация
keeper ~ *микр.* полоска ленточного носителя на каждом из рядов выводов (*ИС*)
macron ~ *вчт* макрон, черта над символом, диакритический знак ¯ (*напр. в символе ā*)
menu ~ панель меню
navigation ~ *вчт* линейка прокрутки
noise ~ зашумлённая полоса частот
or-~ *вчт* вертикальная черта, *проф.* прямой слэш, символ |
permalloy ~ *магн.* пермаллоевая прямоугольная [пермаллоевая I-образная] аппликация
power ~ панель инструментов
push ~ толкатель
rack ~ зубчатая рейка; кремальера; салазки
schlieren ~s оптически сопряжённые растры (*в методе Тёплера*)
scroll ~ *вчт* линейка прокрутки
selector ~s выбирающие (горизонтальные) рейки (*в координатном соединителе*)
sliding ~ направляющая планка; направляющая штанга
solid vertical ~ *вчт* вертикальная черта, *проф.* прямой слэш, символ |
sound ~s *тлв* звуковое «жалюзи» (*чередующиеся тёмные и светлые горизонтальные полосы от канала звукового сигнала*)
space ~ клавиша пробела
speed ~ панель кнопок ускоренного доступа; панель инструментов
split ~ линия расщепления (*напр. окна графического интерфейса пользователя*)
standard length ~ образцовая мера длины
task ~ панель задач
T-I ~s *магн.* Т — I-образные аппликации
title ~ панель заголовка
tool ~ панель инструментов
universal ~ *тлг* пусковая линейка
v~ *см.* vertical bar
vertical ~ *вчт* вертикальная черта, *проф.* прямой слэш, символ |
vertical scroll ~ *вчт* линейка вертикальной прокрутки
writing ~ печатающая линейка (*в факсимильной связи*)
X~ пластина кварца X-среза
Y~ пластина кварца Y-среза
Y-I ~s *магн.* Y—I-образные аппликации
Z~ пластина кварца Z-среза
Barbara *вчт* название правильного сильного модуса первой фигуры силлогизма
Barbari *вчт* название правильного слабого модуса первой фигуры силлогизма
barcode штриховой код, штрихкод
bare 1. неизолированный; без изоляции; оголённый (*напр. о проводе*) 2. бескорпусный (*напр. о ИС*); незащищённый 3. несмонтированный (*напр. о плате*); пустой 4. без программного обеспечения (*о компьютере*)
bare-bones относящийся к сущности *или* сути; представляющий собой «голые факты»; относящийся к основным элементам

barf *вчт проф.* выражать недовольство (*действиями пользователя*)
barline тактовая черта (*нотного стана*)
    double ~ двойная тактовая черта
    final ~ заключительная [жирная] тактовая черта
barnacles *крист.* наросты
barogram барограмма
barograph барограф
Baroko *вчт* название правильного сильного модуса второй фигуры силлогизма
baroluminescence баролюминесценция
barometer барометр
    quartz ~ кварцевый барометр
    standard ~ эталонный барометр
barometric(al) барометрический
barometry барометрия
baroreceptor *биол.* барорецептор
baroresistor барорезистор
barrage 1. заграждение; преграда; препятствие 2. активные заградительные радиопомехи
barrel 1. *тлв* бочкообразное искажение 2. оправа
    lens ~ оправа линзы
barretter 1. барреттер 2. балластный резистор
Barrier пассивная гидроакустическая станция для обнаружения подводных лодок (*США*)
barrier 1. (потенциальный) барьер, переход 2. переход 3. экран; перегородка
    complexity ~ барьер сложности (*при производстве ИС*)
    compound ~ *пп* барьер Мотта
    contact potential ~ контактный потенциальный барьер
    Coulomb potential ~ кулоновский потенциальный барьер
    defensive ~ рубеж обороны (*напр. для обеспечения безопасности информационных систем*)
    diffusion ~ диффузионный барьер
    electron ~ электронно-электронный гетеропереход, n — n-гетеропереход
    energy ~ (потенциальный) барьер
    granular metal-semiconductor ~ переход гранулярный металл — полупроводник
    hole ~ дырочно-дырочный гетеропереход, p — p-гетеропереход
    implanted ~ *пп* (ионно-)имплантированный барьер
    insulator ~ барьер на границе диэлектрика
    insulator-semiconductor ~ переход диэлектрик — полупроводник
    interface ~ барьер на границе раздела (*двух сред*)
    Josephson ~ *свпр* джозефсоновский переход
    metal-oxide ~ переход металл — оксид
    metal-semiconductor ~ переход металл — полупроводник
    Mott ~ *пп* барьер Мотта
    parabolic potential ~ параболический потенциальный барьер
    pinning ~ *свпр* барьер пиннинга
    planar-doped ~ *пп* планарно-легированный барьер, планарно-легированный переход
    p-n junction ~ p — n-переход
    potential ~ потенциальный барьер
    radar ~ 1. граница зоны обнаружения целей, дальность действия РЛС 2. сеть РЛС дальнего обнаружения
    recombination ~ рекомбинационный барьер
    reflecting ~ отражающий экран
    Schottky ~ барьер Шотки
    sonic ~ звуковой барьер
    sound ~ звуковой барьер
    square(-topped) potential ~ прямоугольный потенциальный барьер
    surface ~ поверхностный барьер
    temperature ~ тепловой барьер
    thermal ~ тепловой барьер
    triangular potential ~ треугольный потенциальный барьер
    tunneling ~ туннельный переход
barring 1. использование заграждения, преграды *или* препятствия 2. запрет; исключение
    call ~ *тлф* запрет вызова
bar-to-bar межламельный
Barton *вчт* улучшенная версия ядра Thoroughbred
barycenter центр инерции, центр масс, *проф.* барицентр
barycentric барицентрический
baryon барион ‖ барионный
Base-64 (открытый) код Base-64, код преобразования текстовых символов в 6-битные двоичные числа
base 1. база (*1. базис; базовые принципы; основа; основы; фундамент; фундаментальные принципы 2. совокупность интеллектуальных, технологических или производственных возможностей 3. фундамент; основание; основа; опора; станина; рама 4. хранилище; склад; опорный пункт 5. пп базовая область (напр. транзистора) 6. базовое расстояние (напр. интерферометра) 7. вчт базовый адрес 8. вчт базовый регистр 9. вчт основной компонент порождающей грамматики 10. фтт основание ячейки Браве*) 2. создавать базу; закладывать основы; создавать фундамент; служить базой *или* фундаментом; базироваться (на); обосновывать(ся) ‖ базовый; основной; фундаментальный 3. создавать интеллектуальную, технологическую *или* производственную базу 4. снабжать фундаментом *или* основанием; служить фундаментом *или* основанием; размещать(ся) на фундаменте, основании, опоре, станине *или* раме, опирать(ся) ‖ опорный 5. базовый (*1. пп относящийся к базовой области (напр. транзистора) 2. относящийся к базовому расстоянию (напр. интерферометра) 3. вчт относящийся к базовому адресу 4. вчт относящийся к базовому регистру 5. вчт основной (о компоненте порождающей грамматики)*) 6. базис (*1. линейно независимая порождающая (векторное пространство или многообразие) система векторов 2. опорная линия (при триангуляции)*) ‖ базисный 7. основа (*1. носитель рабочего слоя (напр. магнитной ленты); подложка 2. основной компонент соединения; материал-основа 3. часть словоформы*) ‖ относящийся к основе; основной 8. основание (*1. вчт основание системы счисления 2. вчт основание логарифма 3. основание степенной функции 4. основание геометрической фигуры 5. химическое соединение; щёлочь*) 9. цоколь; панель(ка) (*электрической лампы или электронного прибора*) 10. (коммутационная) панель; (коммутационный) щит 11. система отсчёта; уровень отсчёта; точка отсчёта; отправная точка 12. базовая линия 13.

base

развёртка 14. генератор развёртки 15. *вчт* ножка литеры 16. *крист.* базовый [первый] пинакоид
~ 2 *вчт* 1. двоичное основание (*напр. системы счисления*) 2. двоичное число || двоичный
~ 8 *вчт* 1. восьмеричное основание (*напр. системы счисления*) 2. восьмеричное число || восьмеричный
~ 10 *вчт* 1. десятичное основание (*напр. системы счисления*) 2. десятичное число || десятичный
~ 16 *вчт* 1. шестнадцатеричное основание (*напр. системы счисления*) 2. шестнадцатеричное число || шестнадцатеричный
~ **of cylinder** основание цилиндра
~ **of number system** основание системы счисления
~ **of tree** *вчт* корень дерева
acetate ~ ацетилцеллюлозная основа (*магнитной ленты*)
active ~ *пп* активная база
anion(ic) ~ анионное основание
applied knowledge ~ база прикладных знаний
basic knowledge ~ база фундаментальных знаний
bayonet ~ штифтовый цоколь байонетного сочленения
binary ~ двоичное основание (*напр. системы счисления*)
binary-coded decimal ~ двоично-десятичное основание (*системы счисления*)
bulk ~ *микр.* 1. монолитная подложка 2. подложка из объёмного [массивного] монокристалла
cation(ic) ~ катионное основание
cellulose ~ ацетилцеллюлозная основа (*магнитной ленты*)
ceramic ~ керамическая подложка
chassis ~ основание шасси; рама шасси
closed ~ замкнутая база
cloud ~ нижняя кромка облачности
common ~ *пп* общая база (*в схеме включения транзистора*)
cooperative knowledge ~ кооперативная база знаний
crystal lattice ~ базис кристаллической решётки
customer ~ 1. основной контингент заказчиков или покупателей 2. основной контингент абонентов или пользователей
data ~ база данных (*см. тж.* database)
decimal ~ десятичное основание (*напр. системы счисления*)
design knowledge ~ база знаний по проектированию
diffused ~ *пп* диффузионная база
diheptal ~ четырнадцатиштырьковый цоколь
doped ~ *пп* легированная база
Edison ~ резьбовой цоколь
expert knowledge ~ экспертная база знаний
extrinsic ~ *пп* база с примесной электропроводностью
fact ~ база фактов (*в системах представления знаний*)
field time ~ 1. полевая развёртка 2. генератор полевой развёртки
floating ~ *пп* плавающая база
forwarding information ~ база данных о маршрутизации (*в сети*), база данных FIB
frame time ~ 1. кадровая развёртка 2. генератор кадровой развёртки

gas relay time ~ тиратронный генератор развёртки
general knowledge ~ универсальная база знаний
graded (resistivity) ~ *пп* база с плавным изменением удельного сопротивления
grid ~ точка отсечки (*на характеристике электронной лампы*)
grounded ~ *пп* заземлённая база; общая база (*в схеме включения транзистора*)
hierarchical data ~ иерархическая база данных
homogeneous ~ *пп* однородная база
horizontal time ~ 1. строчная развёртка 2. генератор строчной развёртки
implanted ~ *пп* (ионно-)имплантированная база
inactive ~ *пп* пассивная база
inertial ~ инерциальная система отсчёта
inhomogeneous ~ *пп* неоднородная база
insulating ~ *микр.* диэлектрическая подложка
intellectual ~ интеллектуальная база
interferometer ~ база интерферометра
intrinsic ~ *пп* база с собственной электропроводностью
jack ~ гнездовая панель
k- ~ *см.* knowledge base
knowledge ~ база знаний
linear time ~ 1. линейная развёртка 2. генератор линейной развёртки
listener ~ основной контингент радиослушателей
loaded data ~ заполненная база данных
loctal ~ восьмиштырьковый цоколь замкового типа, локтальный цоколь
logarithm ~ основание логарифма
logarithmic time ~ 1. логарифмическая развёртка 2. генератор логарифмической развёртки
long ~ длинная база (*интерферометра*)
lower ~ нижнее основание (*напр. геометрической фигуры*)
magnal ~ одиннадцатиштырьковый цоколь
magnetic tape ~ основа магнитной ленты
management information ~ 1. управленческая информационная база 2. база данных для текущего контроля работы сети, база данных MIB
metal ~ *пп* металлическая база
mixed ~ основание смешанной системы счисления (*напр. двоично-десятичной*)
mobile ~ подвижное основание (*напр. робота*)
moving ~ подвижная система отсчёта
n- ~ *пп* n-база, база (с электропроводностью) n-типа
Napierian ~ основание натурального логарифма
narrow ~ *пп* короткая база
Newtonian ~ инерциальная система отсчёта
noninertial ~ неинерциальная система отсчёта
nonuniform ~ *пп* неоднородная база
noval ~ пальчиковый девятиштырьковый цоколь
n-type ~ *пп* n-база, база (с электропроводностью) n-типа
octal ~ восьмиштырьковый цоколь
open ~ открытая база
ordered ~ упорядоченная база
orthogonal ~ ортогональный базис
p- ~ *пп* p-база, база (с электропроводностью) p-типа
package ~ основание корпуса
permeable ~ *пп* проницаемая база
phosphor ~ основа люминофора

pin ~ штырьковый цоколь
plastic ~ пластмассовая подложка
polyester ~ полиэфирная основа (*магнитной ленты*)
polyethylene terephthalate ~ полиэтилентерефталатная основа (*магнитной ленты*)
populated data ~ заполненная база данных
power ~ основание степенной функции
prefocus ~ фокусирующий цоколь
primary ~ первичная база
production ~ производственная база
p-type ~ *пп* p-база, база (с электропроводностью) p-типа
pulse ~ основание импульса
pure knowledge ~ база фундаментальных знаний
relational data ~ реляционная база данных
remote ~ *пп* удалённая база
robot ~ основание робота
rule ~ *вчт* база правил
safety ~ ацетилцеллюлозная основа (*магнитной ленты*)
screw-thread ~ резьбовой цоколь
segment ~ *вчт* начало сегмента
shareable data ~ допускающая совместное использование база данных; разделяемая база данных; общая база данных
single knowledge ~ специализированная база знаний
software ~ базовое программное обеспечение
system knowledge ~ системная база знаний
technic hybrid construction ~ многослойное металлическое шасси (магнитофона) с вибропоглощающими прокладками
technological ~ технологическая база
thermoplastic ~ термопластическая основа
time ~ 1. развёртка 2. генератор развёртки
transistor ~ база транзистора
tree-structured data ~ древовидная база данных, база данных с древовидной структурой; иерархическая база данных
tube ~ цоколь электронной лампы
ungated ~ *пп* база без управляющего электрода
uniform ~ *пп* однородная база
upper ~ верхнее основание (*напр. геометрической фигуры*)
valve ~ цоколь электронной лампы
vertical time ~ 1. кадровая развёртка; полевая развёртка 2. генератор кадровой развёртки; генератор полевой развёртки
very long ~ сверхдлинная база (*интерферометра*)
viewer ~ основной контингент телезрителей
wide ~ 1. длинная база (транзистора) 2. широкий (*о корпусе ИС*)

base64 1. алгоритм base64 (*для преобразования двоичных файлов в текстовые и обратно*) 2. программа base64 (*для преобразования двоичных файлов в текстовые и обратно*)
baseband 1. (полная) полоса частот модулирующих сигналов 2. групповой спектр (*передаваемых сигналов*) 3. видеосигнал 4. прямая [безмодуляционная] передача (*сигнала*), передача (*сигнала*) без преобразования спектра 5. канал прямой [безмодуляционной] передачи (*сигнала*)
facsimile ~ полоса частот модулирующего факсимильного сигнала

baseboard 1. опора, опорная поверхность 2. объединительная плата
turntable ~ опора диска электропроигрывателя
base-centered *фтт* базоцентрированный
based 1. основанный (*на чём-либо*); использующий (*что-либо*) в качестве базовых принципов *или* фундамента; базирующийся (*на чём-либо*) 2. снабжённый фундаментом *или* основанием; размещённый на фундаменте, основании, опоре, станине *или* раме; опирающийся
graphics ~ *вчт* в графическом представлении
basegroup основная группа каналов (*в системах с частотным уплотнением*)
baseline 1. базовая линия 2. развёртка 3. база (*напр. интерферометра*)
box ~ базовая линия блока (*напр. в языке T$_E$X*)
long ~ длинная база (*интерферометра*)
loran ~ базовая линия (радионавигационной) системы «Лоран»
very long ~ сверхдлинная база (*интерферометра*)
basename *вчт* базовое имя (*файла или каталога*), часть полного имени после последнего разделителя
baseness фундаментальность; основательность
BASIC язык программирования BASIC
advanced ~ модифицированный язык программирования BASIC
Applesoft ~ версия языка программирования Basic для компьютеров корпорации Apple Computer
integer ~ язык программирования Basic для целочисленного программирования
Power ~ язык программирования Power BASIC
Quick ~ язык программирования Quick BASIC
True ~ язык программирования True BASIC
Visual ~ язык программирования Visual BASIC
Visual ~ for applications язык программирования Visual BASIC для приложений
basic 1. базовый; основной; основополагающий; фундаментальный 2. основной, имеющий основную реакцию (*о химическом соединении*); щёлочной
basing 1. создающий базу; закладывающий основы; создающий фундамент; обосновывающий 2. размещаемый на фундаменте, основании, опоре, станине *или* раме 3. цоколёвка (*электронной лампы или электронного прибора*)
basis 1. базис (*1.* база; базовые принципы; основа; основы; фундамент; фундаментальные принципы *2.* линейно независимая порождающая (*векторное пространство или многообразие*) система векторов *3.* опорная линия (*при триангуляции*)) ‖ базисный 2. база (*1.* фундамент; основание; основа; опора; станина; рама *2.* причина; основание; обоснование *3.* начальная стоимость имущества или собственности (*в финансовых, страховых и налоговых операциях*)) 3. основной компонент (*чего-либо*); основа 4. источник (*напр. средств*) ◊
on regular ~ на регулярной основе
~ of ideal базис идеала
~ of vector space базис векторного пространства
accounting ~ основа бухгалтерского учёта
affine ~ аффинный базис
canonical ~ канонический базис
code ~ базис кода
contract ~ контрактная основа

basis

factual ~ фактографическая основа
left ~ левый базис
legal ~ правовая основа
orthogonal ~ ортогональный базис
orthonormal(ized) ~ ортонормированный базис
polynomial ~ полиномиальный базис
rational ~ рациональный базис
right ~ правый базис
sample ~ выборочная основа
solution ~ базис решений
statistical ~ статистический базис
taxable ~ база налогообложения
topological ~ топологический базис
vector ~ векторный базис

bass 1. нижние (звуковые) частоты (*ниже 256 Гц*), *проф.* «басы» 2. бас (*1. самый низкий мужской голос 2. певец с басом 3. басовая партия 4. музыкальный инструмент низкого регистра*) || басовый
  acoustic ~ *вчт* бас-гитара (*музыкальный инструмент из набора General MIDI*)
  fingered electric ~ *вчт* электрическая бас-гитара с пальцевым щипком (*музыкальный инструмент из набора General MIDI*)
  fretless ~ *вчт* безладовая бас-гитара (*музыкальный инструмент из набора General MIDI*)
  picked electric ~ *вчт* электрическая бас-гитара с медиатором (*музыкальный инструмент из набора General MIDI*)
  slap ~ I *вчт* слэп I (*музыкальный инструмент из набора General MIDI*)
  slap ~ II *вчт* слэп II (*музыкальный инструмент из набора General MIDI*)
  synth ~ I *вчт* синтезаторный бас I (*музыкальный инструмент из набора General MIDI*)
  synth ~ II *вчт* синтезаторный бас II (*музыкальный инструмент из набора General MIDI*)
bass and lead *вчт* бас и соло-гитара (*музыкальный инструмент из набора General MIDI*)
bassoon *вчт* фагот (*музыкальный инструмент из набора General MIDI*)
bassy с преобладанием нижних (звуковых) частот
bastard *вчт* «чужой» символ, символ другой гарнитуры (*в тексте*)
bat 1. расширение имени командного файла 2. палка; бита
  ball ~ *вчт* восклицательный знак, *проф.* бейсбольная бита (*в UNIX*)
batch 1. партия; группа || группировать 2. порция; доза || дозировать 3. *вчт* пакет 4. *вчт* пакетная обработка; пакетный режим || применять пакетную обработку; использовать пакетный режим 5. группа одновременно обрабатываемых входных *или* целевых векторов (*в нейронных сетях*) 6. *вчт* командный (*о файле*)
  job ~ пакет заданий
  pilot ~ опытная партия (*напр. изделий*)
batching 1. разбиение на партии *или* группы; группирование 2. дозировка, дозирование 3. *вчт* формирование пакетов; пакетирование 4. *вчт* формирование групп одновременно обрабатываемых входных *или* целевых векторов (*в нейронных сетях*) 5. *вчт* пакетная обработка; пакетный режим
  remote ~ дистанционная пакетная обработка; (дистанционный) пакетный режим

bath 1. погружение; окунание 2. ванна
  electrolytic ~ электролитическая ванна, электролизёр
  electroplating ~ гальваническая ванна
  etch ~ травильная ванна
  soldering ~ ванна с припоем
  ultrasonic ~ ультразвуковая ванна
bathe погружать(ся); окунать(ся)
battery батарея (*1. группа совместно функционирующих однотипных элементов 2. батарея гальванических элементов (первичных элементов, аккумуляторов или топливных элементов)*)
  A ~ батарея накала
  acid storage ~ батарея кислотных [свинцовых] аккумуляторов
  air-depolarized ~ батарея воздушно-металлических элементов
  alkaline storage ~ батарея щелочных аккумуляторов
  anode ~ анодная батарея
  atomic ~ ядерная батарея
  B ~ анодная батарея
  baby ~ миниатюрная батарея, *проф.* батарейка
  balancing ~ буферная батарея
  beta(-current) ~ ядерная батарея с бета-излучателем
  biasing ~ батарея смещения, сеточная батарея
  biogalvanic ~ биоэлектрическая батарея
  bridge ~ батарея-перемычка (*резервная батарея, позволяющая осуществить замену основного источника питания в портативных компьютерах без риска потери информации*)
  buffer ~ буферная батарея
  button ~ батарея таблеточного типа
  bypass ~ буферная батарея
  C ~ батарея смещения, сеточная батарея
  central ~ *тлф* центральная батарея, ЦБ
  chemical ~ батарея химических источников тока
  CMOS ~ *вчт* батарея питания КМОП-памяти (*в BIOS*)
  common ~ *тлф* центральная батарея, ЦБ
  contact-potential (difference) ~ ядерная батарея с электродами с разной работой выхода
  Drumm storage ~ батарея никель-цинковых аккумуляторов
  dry ~ сухая батарея
  dry-charged ~ батарея сухозаряженных аккумуляторов
  electric ~ гальваническая батарея (*батарея первичных элементов, аккумуляторов или топливных элементов*)
  electrolyte reservoir ~ ампульная батарея
  emergency ~ батарея аварийного питания
  Faure storage ~ батарея аккумуляторов с пастированными пластинами
  filament ~ батарея накала
  floating ~ запасная батарея аккумуляторов (*включаемая параллельно основной батарее*)
  fuel-cell ~ батарея топливных элементов
  fuel-gas ~ батарея газовых топливных элементов
  galvanic ~ гальваническая батарея (*батарея первичных элементов, аккумуляторов или топливных элементов*)
  grid ~ сеточная батарея, батарея смещения
  high-potential nuclear ~ высоковольтная ядерная батарея

beacon

ion-exchange ~ батарея топливных элементов с ионообменной мембраной
junction ~ ядерная батарея с *p — n*-переходом
lead-acid [lead storage] ~ батарея свинцовых [кислотных] аккумуляторов
line ~ буферная батарея
lithium ~ батарея литиевых аккумуляторов
lithium-ion ~ батарея литий-ионных аккумуляторов
lithium-pol(ymer) ~ батарея литий-полимерных аккумуляторов
local ~ *тлф* местная батарея, МБ
long wet-stand life ~ батарея аккумуляторов с длительным сроком сохраняемости в залитом состоянии
low-potential nuclear ~ низковольтная ядерная батарея
magnesium-mercuric oxide ~ магниево-оксидртутная батарея
mercury ~ батарея (сухих) ртутно-цинковых элементов
nicad [nickel-cadmium] ~ батарея никель-кадмиевых аккумуляторов
nickel-iron ~ батарея никель-железных аккумуляторов
nickel metal-hydride ~ батарея никель-металлгидридных аккумуляторов
nuclear ~ ядерная батарея
photojunction ~ фотогальваническая ядерная батарея
plate ~ анодная батарея
plug-in ~ сменная батарея
p-n-junction ~ ядерная батарея с *p — n*-переходом
portable ~ переносная батарея
primary ~ батарея (первичных) элементов
quiet ~ микрофонная батарея
rechargeable ~ 1. батарея аккумуляторов 2. батарея перезаряжаемых элементов
ringing ~ *тлф* вызывная батарея
secondary ~ батарея аккумуляторов
secondary-emission ~ ядерная батарея с использованием вторичной электронной эмиссии
signaling ~ *тлф* вызывная батарея
silver-cadmium storage ~ батарея серебряно-кадмиевых аккумуляторов
silver-zinc storage ~ батарея серебряно-цинковых аккумуляторов
smart ~ интеллектуальная батарея (*напр. аккумуляторов*)
solar ~ солнечная батарея
standby ~ батарея аварийного питания
stationary ~ стационарная батарея аккумуляторов
storage ~ батарея аккумуляторов
talking ~ микрофонная батарея
thermal ~ 1. батарея термоэлементов 2. термоактивируемая батарея
thermoelectric ~ батарея термоэлементов
thermojunction nuclear ~ термоэлектрическая ядерная батарея
water-activated ~ водоактивируемая батарея
zinc-air ~ батарея воздушно-цинковых элементов
zinc-manganese dioxide ~ батарея марганцево-цинковых элементов
zinc-nickel ~ батарея никель-цинковых аккумуляторов
β—~ ядерная батарея с бета-излучателем
baud *тлф, тлг* бод
bay 1. секция; стойка; отсек; ячейка (*для размещения аппаратуры*) 2. плавный провал (*на кривой*)
antenna ~ антенный отсек
docking ~ *вчт* стыковочный отсек для портативного компьютера, отсек для пристыковки портативного компьютера к настольному
drive ~ отсек для дисковода
equipment ~ приборный отсек
group terminal ~ *тлф* стойка группового оборудования
half-height drive ~ *вчт* отсек для дисковода половинной высоты
patch ~ коммутационная панель
radiator ~ секция излучателей
repair ~ ремонтный отсек
baz *вчт* метасинтаксическая переменная
bazooka 1. симметрирующее устройство 2. четвертьволновый согласующий трансформатор (*вибратора*)
BCD 1. двоично-десятичное представление, двоично-десятичный код 2. двоично-десятичное число, число в двоично-десятичном представлении
80-bit unpacked ~ 80-битное неупакованное двоично-десятичное число
packed ~ упакованное двоично-десятичное число (*два десятичных разряда в байте*)
unpacked ~ неупакованное двоично-десятичное число (*один десятичный разряд в байте*)
beacon 1. маяк 2. радиомаяк 3. предупредительный *или* направляющий сигнал ‖ передавать предупредительный *или* направляющий сигнал 4. *вчт* сообщение о неисправности ‖ передавать сообщение о неисправности (*в компьютерных сетях*)
acoustic ~ гидроакустический маяк
airborne ~ бортовой опознавательный радиолокационный маяк (*службы УВД*)
airport ~ радиомаяк аэропорта
airway ~ навигационный радиомаяк для обслуживания воздушных трасс
aural-type ~ курсовой радиомаяк со звуковой индикацией передаваемых сигналов
bearing ~ пеленговый радиомаяк, ПРМ
boundary marker ~ пограничный маркерный радиомаяк (*в системе инструментальной посадки самолётов*)
buoy ~ радиобуй
chain radar ~ многостанционный радиолокационный ответчик (*с малым временем восстановления*)
code ~ кодированный радиоответчик
cone marker ~ зональный маркерный радиомаяк
crash locator ~ бортовой аварийный радиомаяк
equisignal radio-range ~ равносигнальный курсовой радиомаяк
fan marker ~ маркерный радиомаяк с веерной диаграммой направленности
flashing ~ путевой мигающий огонь
glide-path [glide-slope] ~ глиссадный радиомаяк
ground ~ наземный радиомаяк
H ~ ненаправленный приводной радиомаяк с выходной мощностью 50 — 2000 Вт
hazard ~ заградительный маяк
HH ~ ненаправленный приводной радиомаяк с выходной мощностью более 2000 Вт

homing ~ приводной радиомаяк
identification ~ опознавательный радиомаяк
IFF ~ ответчик системы опознавания государственной принадлежности
infrared ~ навигационный маяк ИК-диапазона
inner marker ~ ближний маркерный радиомаяк (*в системе инструментальной посадки самолётов*)
landing ~ посадочный радиомаяк
landmark ~ опознавательный радиомаяк
marker ~ маркерный радиомаяк, МРМ
МН ~ ненаправленный приводной радиомаяк с выходной мощностью менее 50 Вт
middle marker ~ средний маркерный радиомаяк (*в системе инструментальной посадки самолётов*)
navigation ~ навигационный радиомаяк
nondirectional ~ ненаправленный радиомаяк
occulting ~ маяк с затмевающимся огнём
omnidirectional ~ всенаправленный радиомаяк
on-course ~ курсовой радиомаяк, КРМ
outer marker ~ дальний маркерный радиомаяк (*в системе инструментальной посадки самолётов*)
personal locator ~ персональный приводной радиомаяк
radar ~ радиолокационный маяк
radar safety ~ бортовой опознавательный радиолокационный маяк (*службы УВД*)
radio ~ радиомаяк
radio fan marker ~ маркерный радиомаяк с веерной диаграммой направленности
radio homing ~ приводной радиомаяк
radio marker ~ маркерный радиомаяк, МРМ
radio-range ~ курсовой радиомаяк
rotating radio ~ курсовой радиомаяк с вращающейся антенной
runway alignment ~ маяк приближения
runway-localizing ~ приводной радиомаяк
sonar ~ гидроакустический маяк
splasher ~ всенаправленный приводной радиомаяк
Z maker ~ зональный маркерный радиомаяк
beaconing 1. использование маяков *или* радиомаяков 2. предупредительная *или* направляющая сигнализация; передача предупредительных *или* направляющих сигналов 3. *вчт* сигнализация о неисправности; передача сообщений о неисправности (*в компьютерных сетях*)
beaconry радионавигационная служба с использованием радиомаяков
bead 1. бусин(ка); шайба; небольшая шарообразная *или* цилиндрическая деталь со сквозным отверстием 2. буртик; валик 3. капля, капелька; пузырёк ‖ образовывать капли или пузырьки
axial ~ опорная шайба (*коаксиальной линии*)
ceramic ~ керамическая (опорная) шайба (*коаксиальной линии*)
dielectric ~ диэлектрическая (опорная) шайба (*коаксиальной линии*)
ferrite ~ ферритовая (опорная) шайба (*коаксиальной линии*)
ink ~ капелька краски
insulating ~s изоляционные бусинки
plastic ~ пластмассовая (опорная) шайба (*коаксиальной линии*)
polystyrene ~ полистироловая (опорная) шайба (*коаксиальной линии*)

beagle станция автоматического активного радиоэлектронного подавления РЛС обзора и поиска целей
beam 1. луч; пучок ‖ излучать; испускать; формировать луч *или* пучок 2. главный лепесток (*диаграммы направленности антенны*), радиолуч ‖ формировать диаграмму направленности антенны 3. производить направленную передачу *или* направленный приём 4. *вчт* передавать *или* записывать данные (*напр. в виде файла*) 5. ориентировать (*вещательную программу*) на определённую аудиторию 6. ребро; балка; брус; поперечина 7. ребро, вязка (*в нотной записи*) ‖ группировать (*ноты*), объединять (*ноты*) с помощью ребра, снабжать (*ноты*) вязкой 8. *вчт проф.* корпорация IBM ◊ **~ a copy** передавать копию (*напр. файла*) (электронным способом); **off the ~** с отклонением от радиолуча (*о курсе ЛА*); **on the ~** по радиолучу (*о курсе ЛА*)
accelerated ~ пучок ускоренных частиц
aiming ~ *рлк* радиолуч системы автоматического слежения (*за целью*); радиолуч системы автоматического сопровождения (*цели*)
annular ~ кольцевой пучок
antenna ~ главный лепесток диаграммы направленности антенны, радиолуч
antiparallel ~s встречные [противонаправленные] пучки
astigmatic ~ астигматический пучок
axially asymmetric ~ неосесимметричный луч
axially symmetric ~ осесимметричный луч
back ~ задний лепесток диаграммы направленности антенны
beavertail ~ главный лепесток диаграммы направленности антенны типа «двойной косеканс»
blue ~ *тлв* синий луч
bunched electron ~ сгруппированный пучок электронов
cathode ~ электронный луч; электронный пучок
cathode-ray ~ луч ЭЛТ
channeled ~ канализируемый пучок
charge-particle ~ пучок заряженных частиц
chopped ~ модулируемый луч; модулируемый пучок
circular ~ цилиндрический пучок
cluster ~ *кв. эл.* пучок кластеров
coherent ~ когерентный пучок
cold-electron ~ холодный электронный пучок
collimated ~ коллимированный пучок
concentrated ~ 1. сфокусированный луч; сфокусированный пучок 2. остронаправленный радиолуч
cone-shaped [conical] ~ конусообразный луч; конусообразный пучок
contour ~ профилированный главный лепесток для получения на облучаемой поверхности равносигнальных контуров заданной формы
control(ling) ~ управляющий луч
convergent ~ 1. сходящийся луч; сходящийся пучок 2. сфокусированный луч; сфокусированный пучок
cosecant-squared ~ главный лепесток диаграммы направленности антенны типа «косеканс-квадрат»
counter-propagating ~ встречные [противонаправленные] пучки

defocused ~ расфокусированный луч; расфокусированный пучок
density modulated ~ пучок, модулированный по плотности
diffracted ~ дифрагированный луч; дифрагированный пучок
diffused ~ диффузный луч; диффузный пучок
directed [directional, directive] ~ направленный луч; направленный пучок
divergent ~ расходящийся луч; расходящийся пучок
E ~ *см.* **electron beam**
electron ~ электронный луч; электронный пучок
emergent ~ выходящий луч; выходящий пучок
energy ~ мощный луч: мощный пучок
erasing ~ стирающий луч; стирающий пучок
fanning ~ радиолуч с периодическим сканированием по дуге
fan-shaped ~ 1. веерный луч; веерный пучок 2. главный лепесток веерной диаграммы направленности антенны
fixed ~ фиксированный [неподвижный] луч
flat-top (flared) ~ главный лепесток секторной диаграммы направленности антенны
flooding ~ считывающий электронный пучок (*в запоминающих ЭЛТ*)
focused ~ сфокусированный луч; сфокусированный пучок
Gaussian ~ *опт.* гауссов пучок
glide-path [glide slope] ~ глиссадный радиолуч
green ~ *тлв* зелёный луч
guidance ~ *рлк* радиолуч системы наведения
Hermite-Gaussian ~ *опт.* пучок Эрмита — Гаусса
high-directivity ~ остронаправленный радиолуч
holding ~ поддерживающий пучок (*в запоминающих ЭЛТ*)
hollow ~ полый пучок
I~ *вчт проф.* корпорация IBM
illuminating ~ *рлк* радиолуч системы подсвета цели
incident ~ падающий луч; падающий пучок
injected ~ инжектированный пучок
intensity-modulated light ~ модулированный луч света; модулированный пучок света
ion ~ ионный луч; ионный пучок
landing ~ посадочный радиолуч
laser ~ лазерный луч
light ~ луч света; пучок света
line-focus ~ плоский [ленточный] луч; плоский [ленточный] пучок
low-altitude ~ главный лепесток диаграммы направленности антенны, прижатый к земле
low-divergence ~ луч с малой расходимостью
main ~ главный лепесток диаграммы направленности антенны, радиолуч
metastable-atom ~ *кв. эл.* пучок метастабильных атомов
modulated ~ модулированный луч: модулированный пучок
monochromatic ~ 1. монохроматический пучок 2. моноэнергетический пучок
monoenergetic ~ моноэнергетический пучок
multilobed ~ многолепестковая диаграмма направленности антенны
narrow ~ 1. узкий луч; узкий пучок 2. игольчатый главный лепесток
neutral ~ пучок нейтральных частиц
n-th-order diffracted ~ дифрагированный пучок *n*-го порядка
object ~ объектный луч; объектный пучок
off-axis ~ внеосевой [непараксиальный] луч; внеосевой [непараксиальный] пучок
offset ~ смещенный луч; смещенный пучок
on-axis ~ осевой [аксиальный] луч; осевой [аксиальный] пучок
optical ~ луч света; пучок света
parallel ~ пучок параллельных лучей
paraxial ~ приосевой [параксиальный] луч; приосевой [параксиальный] пучок
pencil ~ 1. узкий луч; узкий пучок 2. игольчатый главный лепесток
polarized ~ поляризованный луч: поляризованный пучок
polychromatic ~ полихроматический пучок
probing laser ~ зондирующий лазерный луч
projecting light ~ проецирующий пучок света
pumping ~ пучок накачки
radar ~ главный лепесток диаграммы направленности антенны РЛС, луч радиолокатора
radio ~ главный лепесток диаграммы направленности антенны, радиолуч
radio-landing ~ посадочный радиолуч
radio-range ~ главный лепесток диаграммы направленности антенны курсового радиомаяка, луч курсового радиомаяка
reading [readout] ~ считывающий луч; считывающий пучок
receive ~ 1. принимаемый луч; принимаемый пучок 2. главный лепесток диаграммы направленности приёмной антенны
reconstructed ~ восстановленный луч; восстановленный пучок
reconstructing ~ восстанавливаемый луч; восстанавливаемый пучок
red ~ *тлв* красный луч
reentrant ~ замкнутый электронный пучок (*в приборах М-типа*)
reference ~ опорный луч; опорный пучок
reflected ~ отражённый луч; отражённый пучок
refracted ~ преломленный луч; преломленный пучок
relativistic electron ~ пучок релятивистских электронов
return ~ отражённый луч; отражённый пучок
ribbon ~ 1. плоский [ленточный] луч; плоский [ленточный] пучок 2. плоский главный лепесток, плоский радиолуч
rotating electron ~ вращающийся электронный пучок
SAW ~ *см.* **surface-acoustic-wave beam**
scanning ~ 1. сканирующий луч; сканирующий пучок 2. сканирующий главный лепесток, сканирующий радиолуч 3. луч развёртки 4. считывающий луч; считывающий пучок
scattered ~ рассеянный луч; рассеянный пучок
sector(-shaped) ~ главный лепесток секторной диаграммы направленности антенны
shaped ~ 1. профилированный луч; профилированный пучок 2. профилированный главный лепесток, профилированный радиолуч
sharp ~ 1. узкий луч: узкий пучок 2. игольчатый главный лепесток

beam

sheet(like) ~ **1.** плоский [ленточный] луч; плоский [ленточный] пучок **2.** плоский главный лепесток, плоский радиолуч
single-lobed ~ однолепестковая диаграмма направленности антенны
single-velocity ~ моноэнергетический пучок
space-charge focused electron ~ электронный пучок с фокусировкой за счёт пространственного заряда
speckle ~ *кв. эл.* спекл-пучок, пучок со спекл-структурой
spiraling electron ~ спиральный электронный пучок
split ~ расщеплённый луч; расщеплённый пучок
spot ~ **1.** сфокусированный луч; сфокусированный пучок **2.** игольчатый главный лепесток
stacked ~ многолучевая диаграмма направленности антенны
steadily injected electron ~ задача о релаксации слабо размытого электронного пучка в плазме, SIEB-проблема
surface-acoustic-wave ~ пучок поверхностных акустических волн, пучок ПАВ
switched ~s переключаемые лучи; переключаемые пучки
tracking ~ главный лепесток диаграммы направленности антенны системы сопровождения цели, радиолуч системы сопровождения цели
ultrasonic ~ ультразвуковой луч
unidirectional ~ однонаправленный радиолуч
useful ~ используемый пучок
variable-shape ~ главный лепесток диаграммы направленности антенны переменной формы, радиолуч переменной формы
wave ~ волновой пучок
wide(-angle) ~ **1.** широкий луч; широкий пучок **2.** широкий главный лепесток диаграммы направленности антенны, широкий радиолуч
writing ~ записывающий луч; записывающий пучок
X-ray ~ пучок рентгеновских лучей, рентгеновский пучок

beamer компьютерный видеопроектор (*для презентаций*)
beamformer 1. концентратор излучения; формирователь луча; формирователь пучка **2.** формирователь диаграммы направленности антенны
  frost ~ неперестраиваемый формирователь диаграммы направленности антенны
  receive-array-adaptive ~ адаптивный формирователь диаграммы направленности приёмной антенной решётки
  slaved ~ перестраиваемый формирователь диаграммы направленности антенны
beamforming 1. концентрация излучения; формирование луча; формирование пучка **2.** формирование диаграммы направленности антенны
beaming 1. концентрация излучения; формирование луча; формирование пучка **2.** формирование диаграммы направленности антенны **3.** направленная передача; направленный приём **4.** *вчт* передача *или* запись данных (*напр. в виде файла*) **5.** группировка (*нот*), объединение (*нот*) с помощью ребра, снабжение (*нот*) вязкой
  long-range energy ~ дальняя направленная передача энергии

beamsplitter 1. расщепитель пучка **2.** светоделительный элемент
  coated pellicle beam ~ плёночный светоделительный элемент с покрытием
  neutral beam ~ нейтральный светоделительный элемент
  polarizing beam ~ **1.** поляризационный расщепитель пучка **2.** поляризационный светоделительный элемент
  uncoated pellicle beam ~ плёночный светоделительный элемент без покрытия
beamsteerer устройство управления положением диаграммы направленности антенны
beamwidth 1. ширина луча; ширина пучка **2.** ширина диаграммы направленности антенны **3.** ширина диаграммы направленности антенны по уровню половинной мощности
  areal ~ произведение ширин (игольчатой) диаграммы направленности антенны по уровню половинной мощности в двух главных плоскостях
  elevation ~ ширина диаграммы направленности антенны по углу места
  half-power ~ ширина диаграммы направленности антенны по уровню половинной мощности
  principal half-power ~ ширина диаграммы направленности антенны по уровню половинной мощности в главной плоскости
  side-lobe ~ ширина бокового лепестка диаграммы направленности антенны по уровню половинной мощности
  tenth-power ~ ширина диаграммы направленности антенны по уровню 0,1 от максимальной мощности
beamwriter *микр.* установка сканирующей литографии
bean *вчт* объект [компонент] объектной модели JavaBeans
beanie клавиша с изображением листа клевера, (служебная) клавиша управления модификацией кодов других клавиш, клавиша «Alt» (*на клавиатуре Apple Macintosh*)
bear 1. определять пеленг; пеленговать **2.** нести; носить; переносить **3.** поддерживать; выдерживать **4.** передавать; распространять **5.** *вчт проф.* монстр
  cookie ~ монстр типа «cookie», хакерская атака с блокированием терминала *или* клавиатуры и беспрерывной выдачей на экран дисплея сообщений с упоминанием термина «cookie»
bearer 1. пеленгатор **2.** несущий элемент; носитель **3.** опора; основание **4.** речевой канал; телефонный канал
bearing 1. пеленг **2.** азимут **3.** несущий; поддерживающий **4.** подшипник **5.** опора; основание || опорный
  acoustic ~ акустический пеленг
  air ~ аэростатический [воздушный] подшипник
  antenna ~ антенный пеленг
  apparent ~ кажущийся пеленг
  ball ~ шариковый подшипник, шарикоподшипник
  bilateral ~ двузначный пеленг
  commutator ~ подшипник коллектора
  compass ~ компасный пеленг
  course ~ курсовой пеленг
  cursor target ~ пеленг цели по метке на индикаторе кругового обзора

direction ~ однозначный пеленг
fixed ~ неподвижная опора
frictionless ~ подшипник качения
great-circle ~ ортодромический пеленг
intercept ~ пеленг радиостанции, определённый методом радиоперехвата
loxodromic ~ локсодромический пеленг
magnetic ~ 1. магнитный пеленг 2. (магнитный) азимут
magnetic radio ~ магнитный радиопеленг
mounting ~ опорный подшипник
movable ~ подвижная опора
radar ~ радиолокационный пеленг
radio ~ радиопеленг
reciprocal ~ обратный пеленг
relative ~ относительный пеленг
rhumb ~ локсодромический пеленг
roller ~ роликовый подшипник
slider ~ подшипник скольжения
true ~ истинный пеленг
true radio ~ радиопеленг
unilateral ~ однозначный пеленг
wireless ~ радиопеленг

beat 1. биения || образовывать биения 2. *pl* биения со звуковой частотой 3. первое сообщение о сенсации || сообщать о сенсации первыми (*в вещательной программе*) 4. сведения из анонимного источника (*напр. в сводке теленовостей*) 5. (тактовая) доля (*в музыке*)
composite ~ сложные биения
cross ~ перекрёстные биения
facsimile carrier ~ биения по несущей в факсимильной связи
facsimile fork ~ камертонные биения в факсимильной связи
intercarrier ~ *тлв* интерференционная картина на экране кинескопа, обусловленная прохождением звукового сигнала разностной частоты
intermode ~ межмодовые биения
spatial ~ пространственные биения
zero ~ нулевые биения

beating-in настройка по нулевым биениям
beauty прелесть, красота (*напр. кварка*)
beavertail диаграмма направленности антенны типа «двойной косеканс»
bebugging *вчт проф.* отладка программ с преднамеренно введёнными ошибками (*при обучении программированию*)
bed 1. стенд 2. станина; основание
~ of nails 1. антенна поверхностных волн с замедляющей системой в виде двумерной решётки штырей 2. двумерная матрица игольчатых контактов (*в испытательном стенде*)
multiple technology network test ~ многофункциональный сетевой испытательный стенд
test ~ испытательный стенд
bedrock база; базис; базовые принципы; основа; основы; фундамент; фундаментальные принципы (*напр. науки*)
bedspring синфазная антенная решётка с плоским отражателем
beep 1. (предупредительный) короткий звуковой сигнал || подавать (предупредительные) короткие звуковые сигналы; предупреждать путём подачи коротких звуковых сигналов 2 тонально-модулированный сигнал системы командного радиоуправления ◊ ~ **when done** (предупредительный) короткий звуковой сигнал о завершении работы
beeper 1. устройство *или* прибор для подачи (предупредительных) коротких звуковых сигналов 2. вызывной сигнал пейджера или мобильного телефона 3. система командного радиоуправления с тональной модуляцией 4. оператор системы командного радиоуправления с тональной модуляцией
beetle 1. разрядный промежуток широкополосного разрядника защиты приёмника 2. *вчт* координатный манипулятор для управления курсором, *проф.* «жучок»
begathon телевизионное обращение с просьбой о пожертвованиях (*для определённых целей*)
begging:
~ **the question** объявление спорного вопроса не требующим доказательств (*логическая ошибка*)
behave вести себя; реагировать *или* действовать (*определённым образом*)
behavior 1. поведение 2. режим 3. свойства; характеристика
asymptotic ~ асимптотическое поведение
black-box ~ неизвестное *или* не принимаемое во внимание поведение, поведение (*объекта*) типа «чёрный ящик»
chaotic ~ хаотическое поведение
cognitive ~ когнитивное поведение
collective ~ *фтт* коллективное поведение
critical ~ 1. критическое поведение 2. критический режим 3. критические свойства
decision-making ~ режим принятия решения
diurnal ~ суточные изменения (*напр. ионосферы*)
dynamic ~ динамическое поведение
emergent ~ неочевидное поведение; непредсказуемое поведение
ferroelectric ~ сегнетоэлектрические свойства
ferromagnetic ~ ферромагнитные свойства
frequency ~ частотная характеристика
idling ~ режим молчания, пауза (*напр. в дельта-модуляторе*)
implementation-dependent ~ поведение, зависящее от реализации (*программного продукта*)
instance ~ *вчт* поведение объекта
invar ~ *магн.* инварные свойства
parallel ~ параллельный режим работы
seasonal ~ сезонные изменения (*напр. ионосферы*)
sequential ~ последовательный режим работы
spiking ~ пичковый режим (*лазера*)
static ~ статическое поведение
stochastic ~ стохастическое поведение
thermal ~ температурный режим
threshold ~ пороговый режим
time ~ поведение во времени
top-level ~ поведение на высшем уровне
transient ~ поведение в переходном режиме
unpredictable ~ непредсказуемое поведение
behaviorism бихевиоризм
behaviorist бихевиорист
being 1. бытие; существование 2. существо; существующий объект || существующий 3. жизнь || живущий
animate ~ живое существо; одушевлённый объект
artificial ~ искусственное существо; искусственный объект

being

human ~ человек
inanimate ~ неживое существо; неодушевлённый объект

bel бел, Б

belief предположение; соображение
prior ~s априорные соображения

Bell Лаборатории Белла, Bell Laboratories, филиал компании AT&T
~ 103 американский стандарт дуплексной модемной связи с частотной модуляцией и частотным разделением каналов со скоростью 300 бит/с; протокол Bell 103 (*аналог международного протокола V.21*)
~ 212A американский стандарт дуплексной модемной связи с двукратной относительной фазовой модуляцией и частотным разделением каналов со скоростью 1,2 Кбит/с; протокол Bell 121A (*аналог международного протокола V.22*)
Baby ~ *проф.* любая из региональных компаний, ранее входивших в компанию Bell Laboratories
Ma ~ *проф.* компания AT&T

bell 1. звонок (*напр. электрический*) 2. звон(ок), звук звонка 3. символ «звонок», символ •, символ с кодом ASCII 07h 4. колокол (*музыкальный инструмент*)
call ~ *тлф* вызывной звонок
end-of-line ~ *тлг* звонок, сигнализирующий о конце строки
jingle ~s *вчт* бубенцы (*музыкальный инструмент из набора ударных General MIDI*)
magneto ~ *тлф* звонок переменного тока
metronom ~ *вчт* звенящий метроном (*музыкальный инструмент из набора ударных General MIDI*)
pocket ~ (карманный) абонентский приёмник системы поискового вызова, пейджер
ride (cymbal) ~ *вчт* звенящая райд-тарелка (*музыкальный инструмент из набора ударных General MIDI*)
tinkle ~ *вчт* звенящий колокольчик (*музыкальный инструмент из набора ударных General MIDI*)
tubular ~s *вчт* трубчатые колокола (*музыкальный инструмент из набора ударных General MIDI*)

bells and whistles 1. дополнительные компоненты; дополнительное оборудование; аксессуары 2. дополнительные возможности; дополнительные функции (*напр. прибора*) 3. *вчт* ненужные свойства программы; *проф.* «украшения»

belltree *вчт* бунчук (*музыкальный инструмент из набора ударных General MIDI*)

bellyband бандаж

belt 1. пояс; поясок; лента || опоясывать; обвязывать лентой 2. бандаж 3. ремень (*напр. приводной*) 4. лента конвейера; лента транспортёра (*напр. для подачи компонентов*) 5. пояс; полоса; зона; область
confidence ~ доверительный интервал
conveyer ~ лента конвейера; лента транспортёра
dead ~ мёртвая зона, зона нечувствительности
driving ~ приводной ремень
Earth radiation ~ радиационный пояс Земли, радиационный пояс Ван-Аллена
feed ~ лента конвейера; лента транспортёра
orbiting dipole ~ орбитальный пояс из дипольных отражателей
plasma ~ плазменный пояс
polar ~ полярный пояс (*из дипольных отражателей*)
power ~ приводной ремень
radiation ~ радиационный пояс Земли, радиационный пояс Ван-Аллена
radio auroral ~ пояс радиоавроры
transmission ~ приводной ремень
Van Allen ~ радиационный пояс Земли, радиационный пояс Ван-Аллена
West Ford ~ орбитальный пояс из дипольных отражателей

bench 1. стенд 2. (оптическая) скамья 3. монтажный стол
collimation ~ коллимационная скамья
editing ~ *тлв* монтажный стол
measuring ~ измерительный стенд
optical ~ оптическая скамья
photometer ~ фотометрическая скамья
test ~ испытательный стенд

benchboard пульт

benchmark *вчт* эталонный тест

benchmarking *вчт* эталонное тестирование

bend 1. изгиб (*1. искривление; отклонение от прямой линии или плоской поверхности 2. конструктивный элемент волноводного тракта*) 2. изгибать(ся); искривлять(ся) 3. *тлв, вчт* искривление изображения 4. отклонение навигационного курса от прямой линии 5. модификация *или* видоизменение (*чего-либо*) || модифицировать *или* видоизменять (*что-либо*)
angled ~ уголковый изгиб, уголок (*волновода*)
anode ~ нижняя часть анодно-сеточной характеристики (*электронной лампы*)
edgewise ~ изгиб (*волновода*) в плоскости H
E-plane ~ изгиб (*волновода*) в плоскости E
field ~ искривление изображения по вертикали, искривление изображения по полю
flatwise ~ изгиб в плоскости E
frame ~ искривление изображения по вертикали, искривление изображения по полю
glide-path ~ изгиб глиссады
H-plane ~ изгиб (*волновода*) в плоскости
H line ~ искривление изображения по горизонтали, искривление изображения по строкам
major ~ изгиб (*волновода*) в плоскости H
minor ~ изгиб (*волновода*) в плоскости E
optically compensated ~ оптически компенсируемое отклонение луча (*в жидкокристаллических дисплеях*)
pitch ~ *вчт* изменение высоты тона
quarter ~ уголковый изгиб на 90°, 90-градусный уголок (*волновода*)
T~ волноводный тройник
tee ~ волноводный тройник
waveguide ~ изгиб волновода

bender 1. приспособление *или* устройство для изгиба 2. модифицирующее *или* видоизменяющее (*что-либо*) устройство
beam ~ *тлв* магнит ионной ловушки
ceramic ~ пьезокерамический элемент, работающий на изгиб
gender ~ переходной (электрический) соединитель; переходной кабель; *проф.* переходник (*между двумя однотипными соединителями*)

bias

~ lead *микр.* гибочный станок для формовки выводов

~ pitch *вчт* (челночный) регулятор высоты тона (*в MIDI-устройствах*)

bending 1. изгиб; изгибание; искривление 2. модификация *или* видоизменение (*чего-либо*)

~ of (energy) band *пп* изгиб границ (энергетической) зоны

beam ~ *тлв* отклонение (электронного) пучка полями мозаики (*в передающей ЭЛТ с развёрткой пучком медленных электронов*)

domain wall ~ изгиб доменной границы

lead ~ изгиб выводов

pitch ~ *вчт* изменение высоты тона

stripe ~ изгиб полосового домена

tropospheric ~ искривление траектории радиоволны за счёт тропосферной рефракции

benefit прибыль ‖ приносить прибыль; получать прибыль

tangible ~ реальная прибыль

Benetton 1. модель (фирмы) Benetton для сетей мелкого бизнеса 2. сеть типа Benetton

Beowulf система Beowulf (*для объединения компьютеров в сеть распределённых вычислений под управлением операционной системы Linux*)

Beta 1. (магнитная) лента для бытовой аналоговой композитной видеозаписи в формате Beta, лента (формата) Beta (*с вариантами Beta-I, Beta-II, Beta-III*) 2. формат Beta (*бытовой аналоговой композитной видеозаписи с вариантами Beta-I, Beta-II, Beta-III*)

beta бета (*1. буква греческого алфавита, В, β 2. коэффициент усиления по току в схеме с общим эмиттером*) 2. параметр бета, плазменное β 3. β-кварц 4. магнитная запись без междорожечных промежутков (*от японского «beta» – повсюду; плотно*) 5. бета-частица; бета-излучение

plasma ~ параметр бета, плазменное β

Betacam 1. (магнитная) лента для профессиональной аналоговой компонентной видеозаписи в формате Betacam, лента (формата) Betacam 2. формат Betacam (*профессиональной аналоговой компонентной видеозаписи для видеожурналистики*)

~ SP *см.* Betacam Super Performance

~ Super Performance 1. (магнитная) лента для профессиональной аналоговой компонентной видеозаписи в формате Betacam SP, лента (формата) Betacam SP 2. формат Betacam SP (*профессиональной аналоговой компонентной видеозаписи для видеожурналистики*), улучшенный вариант формата Betacam с возможностью записи ЧМ-звука

~ SX 1. (магнитная) лента для профессиональной цифровой компонентной видеозаписи в формате Betacam SX, лента (формата) Betacam SX 2. формат Betacam SX (*профессиональной цифровой компонентной видеозаписи для видеожурналистики*)

Digital ~ 1. (магнитная) лента для профессиональной цифровой компонентной видеозаписи в формате Digital Betacam, лента (формата) Digital Betacam 2. формат Digital Betacam (*профессиональной цифровой компонентной видеозаписи с цифровой записью звука*)

Betamax 1. (магнитная) лента для бытовой аналоговой композитной видеозаписи в формате Betamax, лента (формата) Betamax 2. формат Betamax (*бытовой аналоговой композитной видеозаписи*)

beta-quartz β-кварц

between промежуточное состояние; промежуточное положение; промежуточный интервал времени; промежуточное направление

betweenness промежуточное положение в упорядоченной последовательности (*объектов или событий*)

bevel 1. отклонение угла между прямыми *или* поверхностями от прямого ‖ отклоняться от прямого угла 2. неортогональная поверхность 3. фаска; фацет; (скошенная) грань ‖ снимать фаску *или* фацет; скашивать (*грань*) 4. конусный

beyond-line-of-sight загоризонтный

bezel 1. оправ(к)а; рамка; держатель 2. фаска; фацет; (скошенная) грань 3. лицевая панель; фальшпанель (*напр. отсека дисковода*)

~ with light-emitting diode лицевая панель со светодиодом

biamping раздельное усиление верхних и нижних (звуковых) частот

bias 1. смещение; отклонение ‖ смещать; отклонять 2. напряжение смещения, (электрическое) смещение ‖ подавать напряжение смещения, подавать смещение 3. подмагничивающее поле 4. подмагничивание ‖ подмагничивать, прикладывать подмагничивающее поле 5. ток подмагничивания 6. регулятор тока подмагничивания (*в магнитофонах*) 7. (механическое) смещение ‖ (механически) смещать 8. сабельность (*магнитной ленты*) 9. *тлг* преобладание 10. смещение (*оценки*); систематическая ошибка (*при оценивании*) 11. тенденция; тренд 12. наклон; уклон; наклонная *или* диагональная линия; наклонное *или* диагональное направление ‖ иметь наклон; располагать(ся) под наклоном *или* по диагонали; иметь наклонное *или* диагональное направление ‖ наклонный; диагональный

~ of estimator смещение оценки; систематическая ошибка при оценивании

ac (magnetic) ~ подмагничивание переменным полем

antiskate ~ компенсатор скатывающей силы

applied ~ 1. внешнее напряжение смещения, внешнее смещение 2. внешнее подмагничивающее поле 3. внешнее подмагничивание 4. механическое смещение

asymptotic ~ асимптотическое смещение (оценки)

automatic ~ автоматическое смещение

automatic back ~ *рлк* автоматическое смещение (*для борьбы с перегрузкой радиоприёмника*)

back ~ 1. напряжение обратного смещения, обратное смещение 2. *тлв* обратная подсветка мозаики (в иконоскопе)

backside ~ (электрическое) смещение на тыловой поверхности (ИС)

base ~ *пп* напряжение смещения на базе, базовое смещение

black ~ смещение чёрного (*в факсимильной связи*)

C~ напряжение смещения на сетке, сеточное смещение

cathode ~ автоматическое смещение

confirmation ~ смещение, обусловленное необходимостью аргументации выбранной точки зрения

constant ~ систематическая ошибка (при оценивании); смещение (оценки)
control-grid ~ напряжение смещения на управляющей сетке, смещение на управляющей сетке
cross-field ~ подмагничивание поперечным полем
cutoff ~ напряжение отсечки (*электронной лампы*)
dc (magnetic) ~ подмагничивание постоянным полем
delayed ~ напряжение смещения, вырабатываемое схемой АРУ с задержкой
detector balance ~ *рлк* напряжение смещения на (амплитудном) детекторе, вырабатываемое схемой мгновенной АРУ
direct grid ~ постоянное напряжение смещения на сетке, постоянное сеточное смещение
downward ~ смещение вниз, занижение (оценки)
drain ~ *пп* напряжение смещения на стоке, смещение стока
electrical ~ напряжение смещения, (электрическое) смещение
emitter ~ *пп* напряжение смещения на эмиттере, эмиттерное смещение
etching ~ *микр.* клин травления
fine ~ орган [ручка, рукоятка] точной регулировки тока подмагничивания (*в магнитофонах*)
fixed ~ фиксированное напряжение смещения, фиксированное смещение
forward ~ напряжение прямого смещения, прямое смещение
frequency ~ смещение частоты
gate ~ *пп* напряжение смещения на затворе, смещение затвора
grid ~ напряжение смещения на сетке, сеточное смещение
high-frequency ~ высокочастотное подмагничивание
high-temperature reverse ~ высокотемпературная тренировка при обратном смещении
internal ~ внутреннее подмагничивание
line ~ преобладание на линии
magnetic ~ подмагничивающее поле
marking ~ *тлг* преобладание рабочих [токовых] посылок
negative ~ отрицательное напряжение смещения, отрицательное смещение
neuron ~ смещение нейрона
no ~ без смещения
positive ~ положительное напряжение смещения, положительное смещение
potential ~ напряжение смещения, (электрическое) смещение
relay ~ механическое смещение (дифференциального) реле
relocation ~ *вчт* смещение адресов при модификации, *проф.* смещение адресов при «настройке»
reverse ~ напряжение обратного смещения, обратное смещение
saturation ~ подмагничивание постоянным полем в режиме насыщения
source ~ *пп* напряжение смещения на истоке, смещение истока
spacing ~ *тлг* преобладание бестоковых посылок
systematic ~ систематическая ошибка (при оценивании); смещение (оценки)
thermal ~ температурное [тепловое] смещение
timing ~ сдвиг синхронизирующих импульсов, сдвиг синхроимпульсов; сдвиг тактовых импульсов
unidirectional ~ подмагничивание постоянным полем
upward ~ смещение вверх, завышение (оценки)
white ~ смещение белого (*в факсимильной связи*)
zero ~ 1. нулевое напряжение смещения, нулевое смещение 2. нулевое поле подмагничивания 3. нулевое подмагничивание 4. нулевое преобладание

biased 1. смещенный; отклонённый 2. использующий (электрическое) смещение *или* подмагничивание; работающий с (электрическим) смещением *или* с подмагничиванием 3. подвергнутый (механическому) смещению 4. смещённый (*об оценке*); обладающий систематической ошибкой (*при оценивании*) 5. имеющий тенденцию; обладающий трендом 6. имеющий наклон; расположенный наклонно *или* по диагонали; направленный наклонно *или* по диагонали; наклонный; диагональный

biasing 1. смещение; отклонение 2. (электрическое) смещение 3. использование (электрического) смещения 4. подмагничивание 5. использование подмагничивания 6. (механическое) смещение 7. использование (механического) смещения 8. существование смещения (оценки); существование систематической ошибки (при оценивании) 9. тенденция; тренд 10. наклон; уклон; наклонное *или* диагональное расположение; наклонное *или* диагональное направление

ac (magnetic) ~ подмагничивание переменным полем
dc (magnetic) ~ подмагничивание постоянным полем
electric ~ (электрическое) смещение
exchange ~ обменное подмагничивание
magnetic ~ подмагничивание
nominal (magnetic) ~ номинальное подмагничивание
optimal (magnetic) ~ оптимальное подмагничивание (*обеспечивающее наибольший уровень записи*)
pulsed ~ 1. импульсное смещение 2. импульсное подмагничивание

biax биакс (*ферритовый сердечник с разветвленным магнитопроводом и двумя непересекающимися ортогональными отверстиями*)
biaxial двуосный
biaxiality двуосность
bibliographic(al) библиографический
bibliography 1. библиография (*1. список литературы; список использованных источников 2. тематический или авторский библиографический указатель 3. аннотированный каталог документов*) 2. составление каталогов *или* перечней
annotated ~ аннотированная библиография
authorial [author's] ~ авторская библиография, авторский библиографический указатель
comprehensive ~ обширная библиография; исчерпывающая библиография
poor ~ скудная библиография
selective ~ тематическая библиография, тематический библиографический указатель
thematic ~ тематическая библиография, тематический библиографический указатель

BibTeX программа библиографического сопровождения документов на языке TeX

bichromate *микр.* дихромат
bichromatic 1. двуцветный 2. бихроматический, содержащий два монохроматических колебания
bicolor двуцветный
bicompact *вчт* бикомпакт (*компактное множество в хаусдорфовом пространстве*)
biconcave двояковогнутый
biconditional *вчт* эквивалентность, эквиваленция (*логическая связка*)
biconvex двояковыпуклый
bicotar двухпозиционная система траекторных измерений с использованием систем «Котар»
bicrystal бикристалл
bicyclic 1. бипериодический 2. бициклический
bid 1. предложение цены ‖ предлагать цену 2. предлагаемая цена
bidirectional двунаправленный; взаимный
bidirectionality двунаправленность, взаимность
bidops система «Бидопс» (*доплеровская система коррекции траектории управляемого ЛА при сближении с целью*)
bi-endian *вчт* способность аппаратного обеспечения работать с «старшеконечным» и «младшеконечным» форматом записи слов, *проф.* компьютерная шизофрения
biexciton биэкситон
BIFET, bi-FET 1. прибор на биполярных и полевых транзисторах 2. (комбинированная) технология изготовления ИС на биполярных и полевых транзисторах
bifilar 1. бифилярный (*относящийся к обмотке одним вдвое сложенным проводом*) 2. двухпроводный
bifocal 1. бифокальные очки; бифокальные контактные линзы 2. бифокальный, двухфокусный
biform *вчт* шрифт с комбинацией строчных и капительных букв в нижнем регистре
bifunction бифункция
bifunctional бифункциональный
bifunctor бифунктор
bifurcate 1. испытывать бифуркацию 2. разветвляться (*на две ветви*)
bifurcation 1. бифуркация 2. разветвление (*на две ветви*) 3. соосное разветвление (*напр. волновода на два волновода*)
 asymmetrical ~ асимметричное соосное разветвление
 coaxial ~ соосное разветвление коаксиальной линии
 dynamic ~ динамическая бифуркация
 E-(plane) ~ Е-плоскостное соосное разветвление (*волновода*)
 global ~ глобальная бифуркация
 Hopf ~ бифуркация рождения цикла, бифуркация Хопфа
 H-(plane) ~ Н-плоскостное соосное разветвление (*волновода*)
 local ~ локальная бифуркация
 period-doubling ~ бифуркация, приводящая к удвоению периода, бифуркация удвоения периода
 primary ~ первичная бифуркация
 resonance ~ резонансная бифуркация
 secondary ~ вторичная бифуркация
 separator ~ бифуркация на сепараторе
 spine ~ бифуркация на спайне, бифуркация на шипе
 static ~ статическая бифуркация
 supercritical ~ надкритическая бифуркация
 symmetrical ~ симметричное соосное разветвление
 tertiary ~ третичная бифуркация
 waveguide ~ соосное разветвление волновода
Big Blue *вчт* корпорация IBM, *проф.* «Голубой Гигант»
big-endian *вчт* 1. относящийся к формату слова с записью старшего байта по наименьшему адресу, *проф.* «старшеконечный» 2. ориентированная на «старшеконечный» формат слов архитектура (*компьютера*)
bigram *вчт* биграмма, диграмма
bigyrotropic бигиротропный
bijection биекция, взаимно-однозначное отображение
bijective биективный, взаимно-однозначный (*напр. об отображении*)
bijector биектор, биективный функтор
bilateral 1. двусторонний; симметричный 2. двунаправленный; взаимный
bilaterality 1. двусторонность; симметричность 2. двунаправленность; взаимность
bilateralization 1. делать двусторонним *или* симметричным; обеспечивать двусторонность *или* симметричность 2. делать двунаправленным *или* взаимным; обеспечивать двунаправленность *или* взаимность
bilateralize 1. делать двусторонним *или* симметричным; обеспечивать двусторонность *или* симметричность 2. делать двунаправленным *или* взаимным; обеспечивать двунаправленность *или* взаимность
Bill:
 U.S. 1996 Telecommunications ~ Билль 1996 г. о телекоммуникациях в США
bill 1. счёт ‖ составлять счёт; предъявлять счёт (*напр. за услуги связи*) 2. список ‖ составлять список 3. афиша; рекламный листок ‖ распространять афиши *или* рекламные листки 4. билль; законопроект
billing 1. составление счёта; предъявление счёта (*напр. за услуги связи*) 2. составление списка 3. распространение афиш *или* рекламных листков
billion миллиард, 10^9
billisecond наносекунда, нс, 10^{-9} с
bimag магнитный сердечник с двумя устойчивыми состояниями
bimatron биматрон
bimorph 1. *крист.* биморфная модификация, биморф 2. двухслойный пьезоэлектрический преобразователь, *проф.* биморф, биморфная пластина
bin 1. элемент разрешения (*напр. по дальности*) 2. элемент выборки 3. элемент кодированного сигнала 4. карман (*напр. для перфокарт*) 5. *микр.* магазин, бункер (*для компонентов*) 6. выбранный интервал значений (*случайной величины*) 7. подмассив, структурный элемент разбиения массива данных, *проф.* корзина, ведро
 card ~ карман для перфокарт
 frequency ~ элемент разрешения по частоте
 range ~ элемент разрешения по дальности
 recycle ~ *вчт* 1. папка для промежуточного хранения предназначенных для удаления файлов, *проф.* «корзина для мусора» 2. пиктограмма папки для промежуточного хранения предназначенных для

bin

удаления файлов, *проф.* пиктограмма «корзины для мусора»
  storage ~ *вчт* буфер обмена
  tape ~ карман для лент
binarization преобразование в двоичную форму
binarize преобразовывать в двоичную форму
binarizer преобразователь в двоичную форму
binary 1. бистабильное устройство; бистабильная схема 2. *вчт* двоичное число || двоичный 3. двоичный код 4. бинарная система (*напр. сплав*) || бинарный 5. двузначный (*напр. о логике*); с двумя переменными, двух переменных (*напр. функция*)
  executable ~ исполняемый двоичный код
  folded ~ симметричный двоичный код
  offset ~ смещённый двоичный код
  pure ~ чисто двоичный
  reflected ~ рефлексный двоичный код
binate *вчт* бинатное множество || бинатный
binaural 1. бинауральный 2. стереофонический
bind 1. связывать (*1. выполнять функции связующего вещества 2. образовывать связь или связи, напр. валентные; обладать связями 3. вчт устанавливать связь имени и значения; присваивать значение, напр. переменной 4. вчт компоновать, напр. модули*) 2. уплотняться; слипаться; затвердевать 3. обвязывать; скреплять; закреплять; соединять 4. брошюровать (*напр. листы печатного издания*); переплетать (*напр. книгу*)
binder 1. связующее (вещество) 2. *вчт* редактор связей 3. *вчт* компоновщик (*напр. модулей*) 4. крепёжная *или* соединительная деталь 5. брошюровальщик 6. скоросшиватель 7. переплёт (*напр. книги*)
  glass-frit ~ стекловидное связующее
  glass frit-organic ~ стеклоорганическое связующее
  polymer ~ полимерное связующее
binding 1. связывание (*1. выполнение функции связующего вещества 2. образование связь или связей, напр. валентных; обладание связями 3. вчт установление связи имени и значения; присваивание значения, напр. переменной 4. вчт компоновка, напр. модулей*) 2. уплотнение; слипание; затвердевание 3. обвязывание; скрепление; закрепление; соединение 4. брошюровка; переплёт (*процесс*) 5. переплёт (*напр. книги*)
  compile-time ~ *вчт* связывание в процессе компиляции
  dynamic ~ *вчт* динамическое связывание
  early ~ *вчт* статическое связывание
  late ~ *вчт* динамическое связывание
  link-time ~ *вчт* связывание в процессе компоновки
  module ~ компоновка модуля
  name ~ *вчт* связывание имени
  run-time ~ *вчт* связывание в процессе исполнения программы
  shallow ~ поверхностное связывание
  static ~ *вчт* статическое связывание
  variable ~ *вчт* связывание переменной
BinHex формат для представления двоичных файлов в компьютерах Apple Macintosh, (файловый) формат BinHex
binhex *вчт* программа *или* алгоритм для взаимного преобразования двоичных и текстовых файлов, программа *или* алгоритм binhex

binistor бинистор
binning разбиение значений случайной величины на интервалы
binocular бинокулярный (оптический) прибор || бинокулярный
binocularity бинокулярное зрение
binoculars бинокль
  night-vision ~ бинокль ночного видения
binode двойной диод
binor структурно-меандровый сигнал
bioacoustics биоакустика
bioastronautics биокосмонавтика
biochip *микр.* биокристалл, *проф.* биочип, ИС на биологических объектах *или* органических молекулах
biocommunication биокоммуникация
biocomputer биокомпьютер
biocontrol 1. биоуправление 2. биоконтроль
biocorrosion биокоррозия
bioeconomics биоэкономика
bioelectric биоэлектрический
bioelectricity биоэлектричество
bioelectronic биоэлектронный
bioelectronics био(электро)ника
bioenergetics биоэнергетика
bioengineering 1. био(электро)ника 2. биотехнология
biofeedback 1. метод биоэлектронной обратной связи 2. биоэлектронная обратная связь
biogenetics генетическая [генная] инженерия
biogenic биогенный
bioinstrumentation 1. биоэлектронные измерительные приборы; биоэлектронные средства измерения; биоэлектронная измерительная аппаратура 2. биоэлектронная измерительная техника 3. биоэлектронные измерения
biology биология
  molecular ~ молекулярная биология
  new ~ молекулярная биология
bioluminescence биолюминесценция
biomagnetic биомагнитный
biomagnetics биомагнетизм, учение о биомагнитных явлениях
biomagnetism биомагнетизм, биомагнитные явления
biomagnetography биомагнитография
biomathematics биоматематика
biomechanics биомеханика
biomembrane биомембрана
biometeorology биометеорология
biometrics 1. биометрия, биостатистика 2. антропометрия (*напр. для систем обеспечения безопасности*)
biomodeling биомоделирование
biomolecule биомолекула
bionic биоэлектронный
bionics био(электро)ника
biophysics биофизика
biopolymer биополимер
bioresearch биологическое исследование; биологические исследования; изучение биологических процессов *или* объектов
biorhythm биоритм, биологический ритм
biosatellite биоспутник, спутник для исследования биологических процессов *или* объектов
BIOS *вчт* базовая система ввода-вывода, BIOS
  ACFG ~ *см.* **auto-configuration BIOS**

additional ROM ~ дополнительный модуль ПЗУ (для) базовой системы ввода/вывода, дополнительный модуль ПЗУ (для) BIOS
AMI ~ базовая система ввода-вывода компании American Megatrends, Inc.
auto-configuration ~ базовая система ввода-вывода с поддержкой операции автоматического конфигурирования, BIOS стандарта plug-and-play, PnP BIOS
flash ~ хранящаяся во флэш-памяти базовая система ввода-вывода, флэш-BIOS
Phoenix ~ базовая система ввода-вывода компании Phoenix Technologies, Ltd.
PnP ~ *см.* plug-and-play BIOS
plug-and-play ~ базовая система ввода-вывода с поддержкой операции автоматического конфигурирования, BIOS стандарта plug-and-play, PnP BIOS
read-only memory ~ хранящаяся в ПЗУ базовая система ввода-вывода, ROM BIOS
ROM ~ *см.* read-only memory BIOS
system ~ системный модуль базовой системы ввода/вывода, системный модуль BIOS
video ROM ~ область видеоадаптера хранящейся в ПЗУ базовой системы ввода-вывода, ROM BIOS видеоадаптера, видео ROM BIOS

biosensor биодатчик
biospeckle биоспекл
biostatistics биостатистика, биометрия
biosteritron *фирм.* источник ультрафиолетового излучения
biosignal биоэлектрический сигнал, биосигнал
biosynthesis биосинтез
biotechnology биотехнология
biotelemetrics биотелеметрия
biotelemetry биотелеметрия
biotron биотрон
biphone головные телефоны, *проф.* наушники
biplex уплотнение (*напр. линии связи*) для образования двух каналов, биплекс ‖ уплотнять (*напр. линию связи*) для образования двух каналов
biplexer аппаратура уплотнения (*напр. линии связи*) для образования двух каналов, биплексор
bipolar 1. биполярный **2.** биполярный транзистор **3.** ИС на биполярных транзисторах, биполярная ИС **4.** биполярный код **5.** двухполюсный
compatible high-density ~ совместимый высокоплотный биполярный код
high density ~ высокоплотный биполярный код
bipolarity биполярность
bipyramid *крист.* бипирамида
biquad биквадратный фильтр
biquadratic *вчт* **1.** биквадратное уравнение **2.** биквадратный
biquinary *вчт* двоично-пятеричный
biradial бирадиальный (*о симметрии*)
bird 1. птица *проф.* **2.** летательный аппарат, ЛА **3.** спутник связи
~s of feather неофициальная группа новостей; неофициальная телеконференция, *проф.* птицы одного полёта
bird-dogging медленные отклонения регулируемого параметра от требуемой величины (*в системах автоматического регулирования*)
birdie свист высокого тона (*при настройке радиоприёмника*)

birdnesting слипание пассивных дипольных отражателей (*после выбрасывания из самолётного контейнера*)
birefringence дву(луче)преломление, двойное лучепреломление
circular ~ циркулярное дву(луче)преломление
Cotton-Mouton ~ линейное магнитное дву(луче)преломление, эффект Коттона—Мутона
electrically controlled ~ электрически управляемое дву(луче)преломление (*напр. в жидкокристаллических дисплеях*)
electrooptical ~ электрооптический эффект Керра, квадратичный электрооптический эффект
Faraday ~ эффект Фарадея
induced ~ индуцированное дву(луче)преломление
linear ~ линейное дву(луче)преломление
magnetic ~ магнитное дву(луче)преломление
stress-induced ~ индуцированное (упругими) напряжениями дву(луче)преломление
birefringent дву(луче)преломляющий, двоякопреломляющий
birk *вчт* **1.** обратный штрих (*надстрочный знак*), символ ` **2.** открывающая кавычка, символ '
bisagitta бисагитта, двухсторонняя стреловидная аберрация
bispectral биспектральный
bispectrum биспектр
bistability бистабильность
absorptive optical ~ абсорбционная оптическая бистабильность
dispersive optical ~ дисперсионная оптическая бистабильность
excitonic optical ~ экситонная оптическая бистабильность
optical ~ оптическая бистабильность
polarization optical ~ поляризационная оптическая бистабильность
bistable 1. бистабильный мультивибратор **2.** триггер; бистабильная ячейка, БЯ **3.** бистабильный, с двумя устойчивыми состояниями
D ~ *см.* delay bistable
dc level-triggered ~ триггер, тактируемый уровнем напряжения
delay ~ D-триггер, триггер задержки
D-R-S ~ (комбинированный) DRS-триггер
D-V ~ DV-триггер, триггер задержки с управляемым приёмом информации по одному входу
E ~ E-триггер, запоминающий триггер-повторитель
edge-triggered ~ триггер, тактируемый перепадом напряжения
falling-edge triggered ~ триггер, тактируемый срезом импульса
J-K ~ J-K-триггер, универсальный триггер
J-K-R-S ~ (комбинированный) JKRS-триггер
J-K-T ~ JKT-триггер, (комбинированный) тактируемый [синхронный] JK-триггер
level-triggered ~ триггер, тактируемый уровнем напряжения
master-slave ~ MS-триггер, тактируемый [синхронный] двухступенчатый триггер
M-S ~ *см.* master-slave bistable
R ~ *см.* reset bistable
reset ~ R-триггер, запоминающий триггер с преимуществом по отключению, запоминающий триггер с преобладанием отключающего сигнала

bistable

reset-set ~ RS-триггер, триггер с раздельной установкой 0 и 1
rising-edge triggered ~ триггер, тактируемый фронтом импульса
R-S ~ *см.* reset-set bistable
R-S-T ~ RST-триггер, (комбинированный) тактируемый [синхронный] RS-триггер
S ~ *см.* set bistable
set ~ S-триггер, запоминающий триггер с преимуществом по включению, запоминающий триггер с преобладанием включающего сигнала
T ~ *см.* trigger bistable
trigger ~ Т-триггер, триггер со счётным запуском
bi-state бистабильное состояние
bistatic *рлк* бистатический, двухпозиционный
bistochastic бистохастический
biswitch симметричный диодный тиристор, симметричный динистор
BISYNC, bisync 1. двоичная синхронная связь, связь по протоколу BSC **2.** протокол двоичной синхронной связи, протокол BSC
bit 1. бит (*1.* двоичный разряд *2.* единица ёмкости памяти *3.* единица информации *4.* физическое представление единицы информации на носителе или в виде сигнала) **2.** прицельная отметка **3.** *вчт проф.* сведения **4.** характерное поведение *или* действие; характерная ситуация **5.** обсуждаемая тема; рассматриваемый вопрос **6.** (сменная) головка; (сменный) наконечник; (сменная) вставка с рабочим инструментом ◊ **~s per inch** число бит на дюйм (*характеристика плотности записи напр. на магнитную ленту*)
~ of content бит содержимого
64 ~ 1. 64-разрядный **2.** 64-битный
additional ~ дополнительный (соединительный) бит (*в кодировании EFM Plus*)
address ~ адресный бит
archive ~ архивный бит
availability ~ бит готовности
binary ~ бит, двоичный разряд
carry ~ бит переноса
change ~ бит изменений
channel ~ канальный бит (*в EFM-кодировании*)
check ~ контрольный бит
clock ~ бит синхронизации, синхробит
color ~s биты цвета
control ~ управляющий бит
copper ~ медное жало (*электропаяльника*)
cutting ~ резец
data ~ информационный бит
drilling ~ сверло
erroneous ~ ошибочный бит
flag ~ бит признака
framing ~ импульс цикловой синхронизации; (цикловый) синхробит
granularity ~ бит, определяющий степень дробления программы
guard ~ бит признака защиты
high-order ~ старший разряд
housekeeping ~ служебный бит
information ~ информационный бит
input ~ входной бит; исходный бит
junior ~ младший разряд
least significant ~ младший разряд
lockout ~ бит блокировки
mask ~ *вчт* бит маски
matching ~ бит совпадения
merging ~ соединительный бит (*в EFM-кодировании*)
meta ~ старший разряд
most significant ~ старший разряд
overflow ~ бит переполнения
overhead ~ дополнительный разряд
parity ~ 1. бит чётности, разряд (контроля) чётности **2.** *pl тлг* защитные посылки
presence ~ бит наличия (*требуемой страницы или сегмента в оперативной памяти*)
q ~ *см.* quantum bit
qualifying ~ квалифицирующий бит
quantum ~ кубит, q-бит (*1.* квантовый бит *2.* элементарная квантовая ячейка памяти)
redundant ~ избыточный бит
reference ~ бит обращения
senior ~ старший разряд
sign ~ знаковый разряд
start ~ стартовый бит
status ~ разряд состояния
sticky ~ бит закрепления (*вызываемого файла или каталога*) в памяти (*с защитой от уничтожения и переименования*)
stop ~ стоповый бит
sync ~ бит синхронизации, синхробит
tail ~s начальная *или* концевая комбинация (кадра), признак начала *или* конца кадра
track ~s биты дорожки (*записи*)
valid(ity) ~ бит достоверности
wrapping ~ водило (*инструмент для соединения проводников накруткой*)
zero ~ бит нулевого признака
zone ~s код алфавитно-цифрового знака (*напр. в ASCII-коде*)
bit-basket *вчт проф.* корзина для бит (*название вымышленного места, куда исчезают данные из компьютера*)
bitbl(i)t 1. копирование *или* пересылка битового блока **2.** алгоритм копирования *или* пересылки битового блока, алгоритм BLT
bite 1. захват; схват; зацепление; зажим ‖ захватывать; схватывать; зацеплять; зажимать **2.** травление; разъедание ‖ травить; разъедать **3.** (небольшой) фрагмент (*напр. текста*); (короткий) эпизод (*напр. телефильма*); цитата **4.** *вчт* белое пятно (*брак печати*) **5.** укус; след укуса ‖ кусать **6.** *см.* byte
mouse ~s *микр.* неровность краёв металлизации, *проф.* мышиные укусы
sound ~ фрагмент аудио- *или* видеозаписи, предназначенный для использования в сводке новостей
bitermitron битермитрон
bitmap *вчт* **1.** битовый массив (*напр. для представления изображения*); растр; отображение матрицы пикселей на биты (видео)памяти; *проф.* битовая карта **2.** (по)битовый; растровый
interrupt redirection ~ битовая карта перенаправления прерываний
bit-mapped *вчт* (по)битовый; растровый
bitonic *вчт* битонический (*напр. порядок*)
Bitronics 1. (36-контактный) соединитель (типа) Bitronics (*для реализации двунаправленного режима LPT-порта*) **2.** параллельный интерфейс (типа) Bi-

tronics (*для LPT-порта*) **3.** протокол (обмена данными через параллельный порт для интерфейса) Bitronics
bitsbyte двоичный байт
bit-slice *вчт* разрядно-модульный, секционированный (*о процессоре*)
bitsword двоичное слово
bitwise побитовый (*напр. о копии*); поразрядный (*напр. о сложении*)
bi-unique *вчт* взаимно однозначный (*напр. о соответствии*)
bivalent 1. двухвалентный **2.** бивалентный
bivariate ~ двумерный (*о статистическом распределении*)
bivicon *тлв* бивикон
biz бизнес
  show ~ *тлв* индустрия развлечений, *проф.* шоу-бизнес
black 1. *тлв* чёрный **2.** чёрное поле (*в факсимильной связи*) **3.** сигнал чёрного поля (*в факсимильной связи*) **4.** чёрный цвет ‖ делать(ся) чёрным; зачернять(ся) ‖ чёрный **5.** непрозрачный **6.** *вчт* насыщенный; жирный (*о шрифте*) **7.** скрытый; тайный
  following ~s *тлв* чёрное тянущееся продолжение
  leading ~s *тлв* фронтальные чёрные выбросы
  peak ~ *тлв* пик чёрного
  picture ~ сигнал чёрного поля
  trailing ~s *тлв* чёрное тянущееся продолжение
black-and-white 1. чёрно-белый; ахроматический **2.** чёрно-белое телевидение
blackboard *вчт проф.* «(классная) доска» (*1. настенная доска в аудиториях и классных комнатах для рисования мелом 2.общедоступная область памяти 2. общедоступная часть базы данных*)
  electronic ~ электронная доска
blackbody чёрное тело, полный излучатель, излучатель Планка
blackbox чёрный ящик (*1. защищенный бортовой самописец самолёта. 2. электронный блок управления ракеты 3. объект исследования с неизвестными или не принимаемыми во внимание свойствами*)
Blackcomb операционная система Blackcomb (*корпорации Microsoft*)
blackness *вчт* насыщенность [степень жирности] шрифта; чернота шрифта
blackout 1. временное нарушение радиосвязи (*напр. из-за солнечных вспышек*) **2.** длительное глубокое замирание **3.** временная потеря чувствительности (*электронного прибора*) **4.** отключение (электро)питания; перерыв в подаче электроэнергии **5.** *тлв* затемнение **6.** радиомолчание **7.** запрет на телевизионную трансляцию некоторых событий (*напр. соревнований по боксу с целью увеличения кассового сбора*)
  electromagnetic-pulse ~ временное нарушение радиосвязи под действием электромагнитного импульса (*при ядерном взрыве*)
  electronic countermeasures ~ нарушение радиосвязи в результате радиоэлектронного подавления
  frequency ~ временное нарушение радиосвязи в определённом диапазоне частот
  radio ~ 1. временное нарушение радиосвязи **2.** длительное глубокое замирание
  reentry communications [reentry radio] ~ временное нарушение радиосвязи при вхождении (*космического корабля*) в плотные слои атмосферы

blade 1. врубной контакт (*напр. рубильника*) **2.** лопасть (*напр. колеса вентилятора*) **3.** чешуйка (*напр. кристалла*) **4.** режущий инструмент
  diamond ~ диск с алмазной режущей кромкой
  dicing ~ *микр.* инструмент для резки монокристалла на пластины
  inner cutting ~ диск с внутренней режущей кромкой
  mirrored ~ зеркальная лопасть (*обтюратора*)
  opaque ~ непрозрачная лопасть (*обтюратора*)
  peripheral ~ диск с внешней режущей кромкой
  slicing ~ *микр.* инструмент для резки монокристалла на пластины
  squeegee ~ *микр.* ракель
  switch ~ врубной контакт рубильника
bladed 1. врубной (*напр. контакт рубильника*) **2.** снабжённый лопастями (*напр. о колесе вентилятора*) **3.** чешуйчатый (*напр. кристалл*) **4.** имеющий режущую кромку; режущий
blank 1. гасящий (*напр. электронный луч*) импульс; запирающий (*напр. приёмник*) импульс ‖ гасить (*напр. электронный луч*); запирать (*напр. приёмник*) **2.** *вчт* пробел **3.** *тлг* пауза **4.** *микр.* необработанная подложка; плата без монтажа **5.** пластина из природного монокристалла **6.** заготовка **7.** *вчт* не подвергавшийся записи (*напр. диск*) **8.** *вчт* пустое место (*напр. в тексте*); незаполненные графы (*напр. в анкете*) **9.** пустой, незаполненный **10.** *вчт* команда очистки ячейки *или* группы ячеек (*напр. в электронных таблицах*)
  crystal ~ 1. *микр.* необработанная монокристаллическая подложка **2.** пластина из природного монокристалла **3.** пластина из природного монокристалла кварца
  finished ~ 1. *микр.* обработанная подложка **2.** пластина из природного монокристалла с электродами **3.** пластина из природного монокристалла кварца с электродами
  recording ~ диск для механической звукозаписи
blanker схема гашения (*напр. электронного луча*); схема запирания (*напр. приёмника*)
  beam ~ *тлв* схема гашения луча
  interference ~ схема запирания приёмника для подавления помех
  synchronous noise ~ схема запирания приёмника для подавления синхронных помех
blanket 1. оболочка; (защитное) покрытие ‖ иметь оболочку; снабжать оболочкой; использовать (защитное) покрытие; покрывать **2.** панель (*напр. солнечных батарей*) **3.** создавать активные преднамеренные радиопомехи, использовать активное радиоэлектронное подавление **4.** прерывать; нарушать; служить препятствием
  foldout ~ развёртываемая панель (*солнечных батарей*)
  plasma ~ плазменная оболочка
  protective ~ защитное покрытие
  rollup ~ развёртываемая панель (*солнечных батарей*)
  solar-cell ~ панель солнечных батарей
blanketing 1. помещение в оболочку; снабжение оболочкой; использование (защитного) покрытия; покрытие **2.** создание активных преднамеренных радиопомех, активное радиоэлектронное подавление **3.** перерыв; нарушение; создание препятствия

electronic ~ создание активных преднамеренных радиопомех, активное радиоэлектронное подавление

blanking гашение (*напр. электронного луча*); запирание (*напр. приёмника*)

azimuth ~ 1. запирание передатчика РЛС в определённом секторе сканирования по азимуту **2.** гашение луча индикатора кругового обзора в определённом секторе сканирования по азимуту

beam ~ гашение луча

clutter ~ *рлк* запирание приёмника для подавления сигналов, обусловленных мешающими отражениями

deflection ~ гашение луча отклоняющей системой

frame ~ гашение обратного хода луча при кадровой развёртке

horizontal ~ 1. гашение обратного хода луча (*напр. в осциллографе*) **2.** гашение обратного хода луча при строчной развёртке

line ~ гашение обратного хода луча при строчной развёртке

receiver ~ запирание приёмника

retrace [return-trace] ~ 1. гашение обратного хода луча (*напр. в осциллографе*) **2.** гашение обратного хода луча при строчной развёртке

vertical ~ 1. гашение обратного хода луча при кадровой развёртке **2.** гашение обратного хода луча при полевой развёртке

blankness белизна (*бумаги для печати или копирования*)

blast 1. *вчт* освобождение памяти ‖ освобождать память **2.** *вчт* программирование ППЗУ ‖ программировать ППЗУ **3.** *вчт* копирование *или* пересылка битового блока ‖ копировать *или* пересылать битовый блок **4.** *вчт* алгоритм копирования *или* пересылки битового блока, алгоритм BLT **5.** *вчт* (преднамеренное) удаление каталога *или* тома; (преднамеренное) удаление *или* блокирование части аппаратного *или* программного обеспечения ‖ (преднамеренно) удалять каталог *или* том; (преднамеренно) удалять *или* блокировать часть аппаратного *или* программного обеспечения **6.** *вчт* уничтожение (*напр. данных*); прекращение (*напр. процесса*) ‖ уничтожать (*напр. данные*); прекращать (*напр. процесс*) **7.** хлопок; резкий отрывистый звук *или* шум (*при радиоприёме*); хлопок в микрофоне (*от дыхания исполнителя или ветра*) **8.** *микр.* струйная очистка ‖ производить струйную очистку

air-abrasive ~ воздушно-абразивная очистка

blaster *вчт* **1.** программатор ППЗУ **2.** аудиоадаптер, звуковая плата, *проф.* саундбластер **3.** плата для оцифровки видео, плата цифрового видеопреобразователя **4.** видеооверлейный адаптер; видеооверлейная плата, *проф.* видеобластер **5.** *микр.* аппарат для струйной очистки

ghetto ~ *проф.* портативный стереофонический радиоприёмник

raster ~ специализированная ИС, выполняющая функции копирования *или* пересылки битового блока (*напр. в растровой графике*)

sound ~ *вчт* аудиоадаптер, аудиоконтроллер, звуковая плата, *проф.* саундбластер

video ~ *вчт* **1.** плата для оцифровки видео, плата цифрового видеопреобразователя **2.** видеооверлейный адаптер; видеооверлейная плата, *проф.* видеобластер

blasting 1. *вчт* освобождение памяти **2.** *вчт* программирование ППЗУ **3.** *вчт* копирование *или* пересылка битового блока **4.** *вчт* (преднамеренное) удаление каталога *или* тома; (преднамеренное) удаление *или* блокирование части аппаратного *или* программного обеспечения **5.** *вчт* уничтожение (*напр. данных*); прекращение (*напр. процесса*) **6.** хлопки; резкие отрывистые звуки *или* шум (*при радиоприёме*); хлопки в микрофоне (*от дыхания исполнителя или ветра*) **7.** *микр.* струйная очистка

blat *вчт* **1.** копировать *или* пересылать битовый блок **2.** метасинтаксическая переменная

BLE система BLE, система автоматической калибровки для определения оптимальной величины тока подмагничивания, уровня записи и коррекции частотной характеристики (*с тестовыми частотами 400 Гц и 10 кГц*)

auto ~ система BLE, система автоматической калибровки для определения оптимальной величины тока подмагничивания, уровня записи и коррекции частотной характеристики (*с тестовыми частотами 400 Гц и 10 кГц*)

super auto ~ усовершенствованная система BLE, система автоматической калибровки для определения оптимальной величины тока подмагничивания, уровня записи и коррекции частотной характеристики (*с тестовыми частотами 400 Гц, 3 кГц и 15 кГц*)

bleach 1. отбеливатель ‖ отбеливать **2.** выцветание; обесцвечивание ‖ выцветать; обесцвечивать(ся)

silver ~ отбеливатель

bleaching 1. отбеливание **2.** выцветание; обесцвечивание

crystal ~ обесцвечивание кристалла

hologram ~ отбеливание голограмм

reversal ~ обратное отбеливание

rhodopsin ~ выцветание зрительного пурпура, выцветание родопсина

signal ~ отбеливание сигнала

visual purple ~ выцветание зрительного пурпура, выцветание родопсина

bleed 1. стабилизация (*напр. тока*) ‖ стабилизировать (*напр. ток*) **2.** расплывание; растекание (*напр. чернил*); размытие (*напр. цвета*) ‖ расплываться; растекаться; размываться **3.** выцветание; обесцвечивание ‖ выцветать; обесцвечивать(ся) **4.** опустошение; опорожнение; отвод; отбор; выпуск (*напр. жидкости или газа*) ‖ опустошать; опоражнивать; отводить; отбирать; выпускать (*напр. жидкость или газ*) **5.** часть изображения *или* текста за пределами рабочего поля ‖ выходить за пределы рабочего поля (*об изображении или тексте*) ◊ **to ~ pressure** снижать давление; **to ~ white** исчерпать все ресурсы

color ~ выцветание; обесцвечивание

bleeder 1. стабилизирующий нагрузочный резистор **2.** устройство для отбора или выпуска (*напр. жидкости или газа*) ‖ опустошать; опоражнивать; отводить; отбирать; выпускать (*напр. жидкость или газ*) **3.** предохранительный клапан **4.** изображение или текст за пределами рабочего поля

bleeding 1. стабилизация (*напр. тока*) **2.** расплывание; растекание (*напр. чернил*); размытие (*напр. цвета*) **3.** выцветание; обесцвечивание **4.** опустошение; опорожнение; отвод; отбор; выпуск (*напр. жидкости или газа*) **5.** выход части изображения *или* текста за пределы рабочего поля

bleep короткий звуковой сигнал высокого тона (*создаваемый электронной аппаратурой*) || излучать короткие звуковые сигналы высокого тона

blemish *тлв* **1.** пятно (*напр. на экране кинескопа*) **2.** дефект фона
 ion spot ~ ионное пятно
 negative ion ~ ионное пятно
 picture ~ пятно на изображении
 target ~ пятно на мишени (*передающей телевизионной трубки*)

blend 1. смесь; композиция || смешивать(ся) **2.** (гармоничное) сочетание; гармоничность || (гармонично) сочетаться; гармонировать **3.** плавный переход; сопряжение || плавно переходить; обеспечивать плавный переход (*напр. от одного цветового оттенка к другому*); сопрягать **4.** сливаться; становиться неразличимым **5.** сочетание двух *или* более согласных в одном слоге **6.** сложносокращённое слово (*напр. edutaiment*)
 JAVA ~ *вчт* программное средство для взаимного преобразования объектов и баз данных в JAVA

blende цинковая обманка, сфалерит
 zinc ~ цинковая обманка, сфалерит

blender 1. смесительное устройство; смеситель **2.** переходник; сопрягающее устройство
 gender ~ переходной (электрический) соединитель; переходной кабель; *проф.* переходник (*между двумя однотипными соединителями*)

blending 1. смешивание **2.** обеспечение (гармоничного) сочетания; гармонизация **3.** реализация плавного перехода (*напр. от одного цветового оттенка к другому*); сопряжение **4.** слияние; неразличимость
 alpha ~ *вчт* получение дополнительных цветовых оттенков за счёт использования добавочного 8-разрядного альфа-канала (*в 24-разрядных видеоадаптерах*)

bletcherous *вчт проф.* бездарный, бездарно выполненный (*о системе или программе*)

blimp (небольшой) дирижабль
 broadcast ~ дирижабль-ретранслятор

blind 1. диафрагма || диафрагмировать **2.** жалюзи; штор(к)а; экран
 Venetian ~ **1.** зубчиковые искажения (*изображения*) **2.** жалюзи

blinders боковые экраны

blindness слепота
 array ~ провал в диаграмме направленности антенной решётки, *проф.* слепота антенной решётки
 banner ~ невосприимчивость к окнам с назойливой рекламой (*на Web-странице*), *проф.* баннерная слепота
 color ~ *тлв* цветовая слепота
 night ~ *тлв* эффект сумеречного зрения, «куриная слепота»

blindsight светоощущение слепых

blink мерцание; мигание; мелькание || мерцать; мигать; мелькать
 cursor ~ *вчт* мерцание курсора

blinker 1. мигающий огонь, *проф.* «мигалка» **2.** источник мигающего *или* мерцающего света

blinking 1. мерцание; мигание; мелькание || мерцающий; мигающий; мелькающий **2.** *рлк* мерцание отметки цели

blip 1. яркая точка на экране (*напр. дисплея*) **2.** *рлк* отметка цели (*на экране индикатора*) **3.** короткий перерыв в записи (*напр. звука*) **4.** разрыв изоляции (*провода*) **5.** *вчт* бирка [метка, ярлычок] (*носителя информации*) **6.** стирать часть фонограммы (*на видеоленте*)

blister 1. (выступающий) обтекатель (*самолётной бортовой антенны или судового гидроакустического излучателя*) **2.** *микр.* пузырёк; вспучивание || пузыриться; вспучиваться **3.** контурная упаковка (*в виде прозрачной капсулы на картонном основании*), упаковка типа «блистер» (*напр. для плат*)

blistering *микр.* пузырение; вспучивание

blit 1. копирование *или* пересылка битового блока **2.** алгоритм копирования *или* пересылки битового блока, алгоритм BLT

blitter специализированная ИС, выполняющая функции копирования *или* пересылки битового блока (*напр. в растровой графике*)

blivet *вчт проф.* **1.** казус; парадокс; невероятное стечение обстоятельств **2.** неразрешимая проблема **3.** выход из строя оборудования без возможности его замены *или* ремонта **4.** безнадёжно испорченная в результате многократных переделок программа **5.** программный *или* аппаратный сбой во время демонстрационного показа **6.** атака типа «отказ в обслуживании» **7.** *микр.* контактная площадка

bloat разбухание; раздутие || разбухать; раздуваться
 software ~ разбухание программного обеспечения (*несовместимое с имеющимися ресурсами или не дающее положительного эффекта*)

bloatware разбухшее программное обеспечение (*несовместимое с имеющимися ресурсами или не дающее положительного эффекта*)

blob 1. большой блок двоичных данных (*напр. мультимедийный файл*) **2.** поле для записи большого блока двоичных данных (*напр. в базе данных*) **3.** капля; шар(ик); сгусток
 plasma ~ сгусток плазмы, плазмоид

blobspace поле для записи большого блока двоичных данных (*напр. в базе данных*)

block 1. блок (*1. аппаратный блок; узел (напр. прибора) 2. группа данных, рассматриваемая как единое целое при пересылке 3. блок памяти 4. единица измерения объёма данных при обмене 5. дольная часть сектора на треке компакт-диска*) **2.** формировать блоки; разбивать на блоки; объединять в блоки **3.** блокировка; преграда; препятствие || блокировать; преграждать; препятствовать; запирать
 ~ **started by symbol** начинающийся с символа блок, неинициализируемый блок (*данных*)
 analog ~ аналоговый блок
 bit ~ битовый блок; битовый массив
 boot(strap) ~ блок (начальной) загрузки; блок самозагрузки
 bristle ~ связанный блок
 building ~ стандартный блок
 cacheable ~ *вчт* кэшируемый блок (*памяти*)
 cohesive ~s связанные блоки
 coil ~ обмотка катушки

block

conceptual ~ концептуальный блок; блок понятий
contact ~ контактная группа (*реле*)
control ~ управляющий блок
cryptographic ~ криптографический блок, блок криптоалгоритма
data ~ блок данных
data control ~ блок управления данными
digital ~ цифровой блок
editing ~ *тлв* монтажный стол
embedded array ~s массив встроенных блоков (*в программируемых логических интегральных схемах*)
end-of-transmission ~ символ «конец передачи блока», символ ↨, символ с кодом ASCII 17h
event control ~ блок управления событием
file control ~ блок управления файлом (*в памяти*)
fixed-sized ~ блок фиксированного размера
functional electronic ~ функциональный электронный блок, ФЭБ
fuse ~ колодка для плавких предохранителей
gate array ~ блок матриц логических элементов
hash ~ хэш, хэш-блок, хэш-значение
interface ~ 1. блок интерфейса 2. устройство ввода — вывода
intermediate ~ промежуточный блок
interruption request ~ блок запроса прерываний
label ~ *вчт* блок метки
logical ~ *вчт* логический блок
low-noise ~ малошумящий блок
message reference ~ блок данных о начале и конце сообщения
mixed-signal ~ цифро-аналоговый блок
modular ~ модульный блок; модуль
mosaic ~s *крист.* мозаичные блоки
multifunction(al) ~ многофункциональный блок
nested ~ вложенный блок
non-cacheable ~ *вчт* некэшируемый блок (*памяти*)
operation systems function ~ блок функций систем управления
queue control ~ блок управления очередью
pipelined ~ блок конвейерной обработки
protocol data ~ протокольный блок данных
regular parametrizable ~ регулярный параметризуемый блок
replicated data ~ блок дублированных данных (*в ЗУ на ЦМД*)
request ~ блок запроса
server message ~ блок сообщений сервера, протокол взаимодействия типа клиент — сервер для локальных сетей, протокол SMB
solid-state functional ~ твердотельный функциональный блок
splicing ~ *тлв* монтажный стол
system message ~ блок системных сообщений
upper memory ~ блок верхней памяти
variable-sized ~ блок переменного размера
blockage 1. затенение (*напр. антенны*) 2. блокировка; преграда; препятствие; запрет 3. *биол.* блокада
aperture ~ затенение раскрыва (*антенны*)
feed ~ затенение облучателем
subreflector ~ затенение вспомогательным зеркалом
terrain ~ затенение за счёт рельефа местности
blockbuster популярная *или* приносящая большой доход продукция (*напр. видеофильм*), *проф.* «блокбастер»

blockette 1. субблок 2. *вчт* передаваемая как целое группа слов
blockiness блочность; блочная структура (*напр. изображения*)
blocking 1. формирование блоков; разбиение на блоки; объединение в блоки 2. блокирование; блокировка; запирание
oscillator ~ перегрузка генератора
signal ~ блокировка сигнала
striction ~ of nuclei *фтт* стрикционная блокировка зародышей
bloom(ing) 1. *тлв* ореол 2. расплывание (*напр. изображения*)
thermal ~ тепловое расплывание (*луча*)
blooper 1. самовозбуждающийся радиоприёмник 2. существенная ошибка в вещательной программе, *проф.* «прокол»
blow 1. удар 2. перегорать (*напр. о предохранителе*); выходить из строя 3. программировать ППЗУ 4. издавать звук (*о духовых музыкальных инструментах*); свистеть 5. дуновение; дутьё || дуть 6. продувка || продувать
~ away *вчт* (*случайно*) удалять файлы *или* каталоги
~ up *вчт* 1. катастрофическая ошибка (*в программе*) 2. расходиться; становиться неустойчивым (*напр. о решении задачи*)
bottle ~ дуновение в бутылку («*музыкальный инструмент*» *в наборе General MIDI*)
blowfish шифр «рыба-ёж», 64-разрядный блочный криптографический код (*с длиной ключей от 32 до 448 бит*)
blow-hole *микр.* недопрессовка
blowing 1. ударное воздействие 2. перегорание (*напр. предохранителя*); выход из строя 3. программирование ППЗУ 4. издание звука (*духовым музыкальным инструментом*); свист 5. дуновение; дутьё 6. продувка
magnetic ~ магнитное дутьё (*в выключателях*)
blow-up 1. увеличение (*изображения*) || увеличивать (*изображение*) 2. *вчт* катастрофическая ошибка (*в программе*) 3. быстрое возрастание (*какой-либо величины*), *проф.* «обострение» (*в открытых системах*)
blue 1. синий, С, В (*основной цвет в колориметрической системе RGB и цветовой модели RGB*) 2. сигнал синего (цвета), С-сигнал, В-сигнал
calcein ~ кальцеин синий (*краситель*)
methylene ~ метиленовый голубой (*краситель*)
Michler's hydrol ~ синий гидрол Михлера (*краситель*)
rhoduline ~ родулин синий (*краситель*)
toluidine ~ толуидин синий (*краситель*)
victoria ~ виктория голубая (*краситель*)
blueprint 1. синяя светокопия, *проф.* «синька» || изготавливать светокопию 2. модель; прототип
BlueTooth *вчт* 1. система радиосвязи с радиусом действия не более 10м и использованием скачкообразной перестройки частоты, система BlueTooth 2. стандарт на систему радиосвязи с радиусом действия не более 10м и использованием скачкообразной перестройки частоты, стандарт BlueTooth 3. (беспроводный) интерфейс стандарта BlueTooth
bluff блеф || блефовать (*в теории игр*)
bluffing блеф (*в теории игр*)

board

blur 1. потеря чёткости; размытие (*изображения*) ‖ терять чёткость; размывать(ся) (*об изображении*) 2. инструмент для размытия изображения (*в графических редакторах*)
   defocused ~ потеря чёткости (*изображения*), обусловленная расфокусировкой
   Gaussian ~ гауссово размытие (*в графических редакторах*)
   image ~ потеря чёткости изображения
   motion ~ размытие, имитирующее движение объекта (*в графических редакторах*)
   radial ~ радиальное размытие (*в графических редакторах*)
   smart ~ интеллектуальное размытие (*в графических редакторах*)

blurb *вчт* 1. текст на отвороте суперобложки 2. подзаголовок

Board:
   Accreditation ~ for Engineering and Technology Представительный совет по технике и технологии
   British Approval ~ for Telecommunications Британский наблюдательный совет по телекоммуникациям
   British Joint Communications ~ Британский объединённый совет по связи
   International Frequency Registration ~ Международный комитет по регистрации частот
   Internet Activity ~ Административный совет по деятельности Internet
   Internet Architecture ~ Административный совет Internet по архитектуре сетей Internet
   RAID Advisory ~ Совет экспертов по RAID-системам

board 1. панель; пульт; щит 2. *тлф* коммутатор 3. плата 4. печатная плата ◊ **on the drawing ~** в стадии планирования *или* разработки
   adapter ~ (плата-)адаптер, адаптерная плата
   bare ~ 1. плата без монтажа 2. плата без схем памяти
   bulletin ~ доска объявлений (*напр. электронная*)
   circuit ~ 1. монтажная плата 2. печатная плата
   clock/calendar ~ *вчт* плата с часами и календарём, плата для отслеживания времени и даты
   control ~ пульт управления; контрольный щит
   copper-clad ~ фольгированная медью заготовка печатной платы
   cordless ~ бесшнуровой коммутатор
   daughter ~ дочерняя плата, плата расширения
   dial system A ~ коммутатор оператора А на АТС
   discrete-wired (circuit) ~ плата с дискретными межсоединениями (*изолированными проводниками*) (*с контактными узлами, выполненными методом ультразвуковой сварки под управлением компьютера*)
   distributed bulletin ~ распределённая (электронная) доска объявлений
   double-sided printed-circuit ~ двусторонняя печатная плата
   DVI ~ плата с аппаратным кодеком DVI (*для сжатия видеоданных*)
   dynamic flex~ гибкая печатная плата, устойчивая к непрерывному динамическому изгибу
   electronic bulletin ~ электронная доска объявлений
   expander ~ дополнительная плата (*для расширения функциональных возможностей ЭВМ*)
   expansion ~ *вчт* переходная плата (*напр. для подключения плат расширения*)
   extender ~ *вчт* переходная плата (*напр. для подключения плат расширения*)
   fax ~ *вчт* плата для факсимильной связи
   fiberglass ~ фиберглассовая печатная плата
   flexible circuit ~ гибкая печатная плата
   fully populated ~ полностью укомплектованная плата
   graphics accelerator ~ плата видеоускорителя графических операций, плата графического видеоускорителя
   high-density ~ плата с высокой плотностью монтажа
   input/output ~ плата ввода/вывода (*данных*)
   instrument ~ приборная доска; приборная панель; приборный щит
   integrating ~ объединительная плата
   I/O ~ *см.* **input/output board**
   junction ~ *тлф* звено В
   known-good ~ эталонная плата
   LD ~ *см.* **long-distance board**
   loaded ~ печатная плата с компонентами, смонтированная печатная плата
   logic ~ логическая плата, плата с логическими схемами
   long-distance ~ коммутатор междугородной линии связи, междугородный коммутатор
   manual ~ ручной коммутатор
   memory-array ~ плата с матрицей (ячеек динамической) памяти
   microprocessor ~ микропроцессорная плата
   microvia printed-circuit ~ печатная плата с межслойными микропереходами, печатная плата с межслойными переходными микроотверстиями
   MIDI (interface) ~ *вчт* плата MIDI-интерфейса, MIDI-плата
   mixer ~ микшерный пульт
   module ~ плата объединения модулей
   mother ~ материнская [системная] плата
   multifunction ~ многофункциональная плата
   multilayer printed-circuit [multilayer printed-wiring] ~ многослойная печатная плата
   multiwire ~ плата с большим числом межсоединений
   one-sided printed-circuit ~ односторонняя печатная плата
   orchestral mixer ~ оркестровый микшерный пульт
   overlay ~ *вчт* видеооверлейный адаптер; видеооверлейная плата, *проф.* видеобластер
   panel ~ приборная доска; приборная панель; приборный щит
   patch ~ коммутационная панель; наборное поле (*аналоговой вычислительной машины*)
   pc ~ *см.* **printed-circuit board**
   peg ~ 1. коммутационная панель; наборное поле (*аналоговой вычислительной машины*) 2. штекерная панель; штепсельная панель
   piggyback ~ (миниатюрная) печатная плата, размещаемая на другой печатной плате большего размера
   pin ~ 1. коммутационная панель; наборное поле (*аналоговой вычислительной машины*) 2. штекерная панель; штепсельная панель
   plotting ~ планшетный графопостроитель

board

plug ~ 1. коммутационная панель; наборное поле (*аналоговой вычислительной машины*) 2. штекерная панель; штепсельная панель
populated (circuit) ~ печатная плата с компонентами, смонтированная печатная плата
printed-circuit [printed-component, printed-wire, printed-wiring] ~ печатная плата
programmer ~ программирующая плата, плата-программатор
radar data display ~ индикаторная панель для отображения радиолокационных данных
rigid ~ жёсткая печатная плата
rigid-flex ~ жёстко-гибкая печатная плата, печатная плата с жёсткими и гибкими секциями
servo ~ плата сервосистемы (*напр. видеомагнитофона*)
signal ~ сигнальная плата, плата разводки сигналов
single-sided printed-circuit ~ односторонняя печатная плата
solid-state design ~ панель для монтажа твердотельных схем
sound ~ *вчт* аудиоадаптер; звуковая плата; аудиоконтроллер
sounding ~ *тлв* отражательный звуковой экран (*за или над сценой*)
speech ~ голосовой [речевой] адаптер; голосовая [речевая] плата; голосовой [речевой] контроллер
static flex ~ статически деформируемая гибкая печатная плата
system ~ материнская [системная] плата
TARGA ~ *см.* Truevision advanced raster graphics adapter board
test ~ испытательный стенд
thermal insulation ~ теплоизоляционная плата
toll ~ коммутатор междугородной линии связи, междугородный коммутатор
transputer ~ *вчт* транспьютерная плата
Truevision advanced raster graphics adapter ~ усовершенствованный адаптер для растровой графики компании Truevision, видеоадаптер TARGA
two-sided printed-circuit ~ двусторонняя печатная плата
unloaded ~ печатная плата без компонентов, несмонтированная печатная плата
unpopulated (circuit) ~ печатная плата без компонентов, несмонтированная печатная плата
video ~ *вчт* видеоадаптер; видеоплата; видеоконтроллер
video graphics ~ *вчт* графический адаптер; графическая плата; графический контроллер
voice ~ *вчт* голосовой [речевой] адаптер; голосовая [речевая] плата; голосовой [речевой] контроллер
wire [wired-circuit] ~ монтажная плата
wireless telephone ~ пульт системы радиотелефонной линии связи
wire-wrapping ~ плата для монтажа компонентов методом накрутки
wiring ~ монтажная плата
wrapping ~ плата для монтажа компонентов методом накрутки
boat *крист.* лодочка
diffusion ~ лодочка для процесса диффузии
graphite ~ графитовая лодочка
growth ~ лодочка для выращивания кристаллов
horizontal ~ горизонтальная лодочка
induction-heated ~ лодочка с индукционным нагревом
ladder-type ~ лодочка каркасного типа
open ~ открытая лодочка
resistance-heated ~ лодочка с резистивным нагревом
silica ~ кварцевая лодочка
tungsten ~ вольфрамовая лодочка
W ~ вольфрамовая лодочка
water-cooled metal ~ водоохлаждаемая металлическая лодочка
wolfram ~ вольфрамовая лодочка
boat-grown выращенный в лодочке (*о кристалле*)
bob подпрыгивание; подскакивание; раскачивание ‖ подпрыгивать; подскакивать; раскачивать(ся)
bobbin 1. каркас (*катушки индуктивности*) 2. катушка (*напр. для магнитной ленты*) 3. агломерат (*опрессованный угольный стержень-токоотвод ХИТ*)
bobbing 1. подпрыгивание; подскакивание; раскачивание 2. *рлк* мерцание отметки цели
bobble шарик, пузырёк (*символ на принципиальной схеме электронного прибора для обозначения сигнала с активным нижним уровнем на входе или инверсии сигнала с активным верхним уровнем на выходе*)
body 1. тело (*1. материальный объект* (*как целое*) *в его внешних формах 2. трёхмерный* [*объёмный*] *геометрический объект 3. вчт внутренняя часть; основная часть* (*напр. программы*); *главная часть* (*напр. документа*) *4. организм человека или животного в его внешних формах 5. корпус; основная часть; каркас; остов; основание*) 2. *микр.* подложка; тело интегральной схемы 3. *вчт* ножка литеры 4. ассоциация; (корпоративная) организация 5. коллектив; группа 6. большое количество; масса 7. пакет (*напр. документов*); собрание (*напр. сочинений*) 8. консистенция; густота; плотность 9. формировать; придавать форму 10. помещать в корпус; формировать каркас или остов; снабжать основанием 11. относящийся к основному тексту (*печатного издания*) 12. относящийся к телу; телесный
~ of function тело функции
~ of information блок данных
~ of program *вчт* тело программы
~ of text основная часть текста
~ of Web-page тело Web-страницы
~ of works пакет (*напр. документов*); собрание (*напр. сочинений*)
black ~ чёрное тело, полный излучатель, излучатель Планка
cell ~ 1. тело ячейки 2. *бион.* тело (нервной) клетки, перикарион
ciliary ~ ресничное тело (*средней оболочки глаза*)
cycle ~ тело цикла
government ~ правительственная организация
iteration ~ тело итерационного цикла
loop ~ тело цикла
main ~ *вчт* внутренняя часть; основная часть (*напр. программы*); главная часть (*напр. документа*)

message ~ тело сообщения
package ~ 1. *микр.* тело корпуса 2. *вчт* тело пакета
100 percent yield ~ область 100%-го выхода годных
pole ~ сердечник полюса
procedure ~ тело процедуры
program ~ тело программы
semiconductor ~ полупроводниковая подложка
statement ~ *вчт* тело оператора
transaction ~ тело транзакции

boffin *проф.* эксперт в области науки *или* техники

boffo высокодоходный продукт кино- *или* телеиндустрии

bogey среднее *или* типовое значение (*параметров лампы*)

bogie *рлк* появление отметки неопознанного самолёта *или* самолёта противника

bogodynamics *вчт проф.* «богодинамика», (вымышленная) наука о свойствах «богонов»
quantum ~ *вчт проф.* квантовая «богодинамика»

bogometer *вчт проф.* (вымышленный) прибор для измерения интенсивности «богонного» излучения

bogon *вчт проф.* «богон» (*1. вымышленная элементарная частица неработоспособности, дезорганизации или ошибочности 2. неправильно оформленный или содержащий ошибки пакет данных 3. вымышленная элементарная частица глупости 4. неразумный человек; глупец*) ◊ **emit ~s** излучать «богоны» (*1. находиться в неработоспособном или дезорганизованном состоянии; функционировать с ошибками 2. посылать неправильно оформленные или содержащие ошибки пакеты данных 3. говорить глупости*)

bogosity *вчт проф.* 1. степень неработоспособности или дезорганизации 2. уровень ошибочности 3. уровень неразумности *или* глупости; степень бесполезности 4. (вымышленное) поле, связанное с «богонным» излучением

bogotify *вчт проф.* нарушать функционирование; делать неработоспособным; дезорганизовывать

bogus *вчт проф.* 1. не функционирующий; неработоспособный; дезорганизованный 2. неверный; ошибочный; содержащий ошибки 3. неразумный; глупый; бесполезный 4. поддельный; фальшивый; фиктивный

boilerplate 1. шаблон (*1. шаблон или образец документа 2. избитое или трафаретное выражение; трюизм*) 2. текстовые материалы, распространяемые агентствами печати

Bokardo *вчт* название правильного сильного модуса третьей фигуры силлогизма

bold *вчт* полужирный (*о шрифте*)

boldface *вчт* полужирный шрифт || полужирный (*о шрифте*)

boldness *вчт* насыщенность [степень жирности] шрифта; чернота шрифта

bollard тумба
illuminated ~ *тлв* световая тумба

bologram запись показаний регистрирующего болометра

bolograph 1. регистрирующий болометр 2. запись показаний регистрирующего болометра

bolometer болометр
capacitive ~ ёмкостный болометр
carbon ~ угольный болометр
coaxial film ~ коаксиальный плёночный болометр
immersion ~ иммерсионный болометр
infrared ~ болометр ИК-диапазона
metal ~ металлический болометр
microwave ~ СВЧ-болометр
Paschen ~ болометр Пашена
resistive-film ~ болометр на резистивной плёнке
semiconductor ~ полупроводниковый болометр
superconducting ~ сверхпроводящий болометр
thin-film ~ тонкоплёночный болометр
transverse film ~ плёночный болометр, размещаемый в поперечной плоскости волновода
tuned ~ резонансный болометр
waveguide ~ волноводный болометр
waveguide wall ~ болометр, размещаемый на стенке волновода

bolometric болометрический

bolt 1. болт; винт 2. вспышка молнии 3. задвижка; засов; язык (*замка*) || задвигать; запирать 4. рулон || скатывать (*в рулон*)
collar-head ~ болт с буртиком на головке
countersink- [countersunk-] head ~ болт с потайной головкой
hexagonal ~ болт с шестигранной головкой
machine ~ болт
screw~ болт
spade ~ болт с плоской головкой с отверстием (*для крепления экранов к шасси*)
square-head ~ болт с квадратной головкой
wing ~ болт с барашком

bomb 1. бомба || бомбить, производить бомбардировку 2. огромное число (электронных) писем (*рассылаемых по одному и тому же адресу или по разным адресам*), *проф.* (электронная) почтовая бомба || рассылать *или* принуждать других к рассылке огромного числа (электронных) писем (*по одному и тому же адресу или по разным адресам*), *проф.* бомбить (электронными) письмами, производить бомбардировку (электронными) письмами 3. *тлв* полный провал; абсолютная неудача (*в США*) 4. неудачная кино- *или* телепродукция (*в США*) 5. *тлв* шумный успех; большая удача (*в Великобритании*) 6. хит (*в Великобритании*) 7. *тлв* сделанное внезапно сенсационное сообщение, *проф.* «бомба» 8. *вчт* приводящая к порче программы *или* компьютерной системы ошибочная команда, *проф.* «бомба» ◊ ~ **out** *вчт* отказ; сбой || отказывать; давать сбой
carpet ~ огромное число одинаковых (электронных) писем, рассылаемых по разным адресам, *проф.* средство ковровой бомбардировки (электронными) письмами || рассылать *или* принуждать других к рассылке огромного числа одинаковых (электронных) писем по разным адресам, *проф.* производить ковровую бомбардировку (электронными) письмами
fork ~ *вчт* ветвящаяся «бомба» (*в программе*)
letter ~ 1. электронное письмо с компьютерным вирусом, создающим данные, интерпретируемые как исполняемый код 2. огромное число (электронных) писем, рассылаемых по одному и тому же адресу, *проф.* (электронная) почтовая бомба || рассылать *или* принуждать других рассылать огромное число (электронных) писем по одному и тому же адресу, *проф.* бомбить (электронными)

bomb

письмами, производить бомбардировку (электронными) письмами

logic ~ *вчт* логическая «бомба» (*в программе*)

mail ~ огромное число (электронных) писем, рассылаемых по одному и тому же адресу, *проф.* (электронная) почтовая бомба ‖ рассылать *или* принуждать других рассылать огромное число (электронных) писем по одному и тому же адресу, *проф.* бомбить (электронными) письмами, производить бомбардировку (электронными) письмами

smart ~ интеллектуальная бомба

time ~ *вчт* вирус типа «бомба с часовым механизмом»

bombing 1. бомбардировка **2.** рассылка *или* принуждение других к рассылке огромного числа (электронных) писем (*по одному и тому же адресу или по разным адресам*), *проф.* бомбардировка (электронными) письмами

carpet ~ рассылка *или* принуждение других к рассылке огромного числа одинаковых электронных писем по разным адресам, *проф.* ковровая бомбардировка (электронными) письмами

letter ~ рассылка *или* принуждение других к рассылке огромного числа электронных писем по одному и тому же адресу, *проф.* бомбардировка (электронными) письмами

mail ~ рассылка *или* принуждение других к рассылке огромного числа электронных писем по одному и тому же адресу, *проф.* бомбардировка (электронными) письмами

bombshell *тлв* сделанное внезапно сенсационное сообщение, *проф.* «бомба»

bombsight бомбоприцел

bond 1. связующее (вещество) **2.** (химическая) связь **3.** соединение; сочленение ‖ соединять **4.** диффузионный слой (*тепловыделяющего элемента*)

atomic ~ ковалентная [гомеополярная] связь

ball ~ соединение, полученное методом шариковой термокомпрессии

cable ~ кабельное соединение

chisel ~ соединение, полученное методом термокомпрессии клинообразным инструментом

cold ~ соединение, полученное методом холодной сварки

complete ~ насыщенная связь

coordination ~ координационная [донорно-акцепторная, семиполярная] связь

covalent ~ ковалентная [гомеополярная] связь

dangling ~ ненасыщенная [свободная] связь

dative ~ дативная [обратная донорно-акцепторная, обратная координационная] связь

die ~ присоединение кристалла

donor ~ донорная связь

double ~ *фтт* двойная связь

electron-pair ~ ковалентная [гомеополярная] связь

electrostatic [electrovalent] ~ ионная [электровалентная, гетерополярная] связь

face-down ~ соединение, полученное методом перевёрнутого кристалла

frustrated ~s фрустрированные связи

gold ~ золотая связка (*в диоде*)

gold ball ~ соединение, полученное методом шариковой термокомпрессии золотой проволоки

heteropolar ~ ионная [электровалентная, гетерополярная] связь

homopolar ~ ковалентная [гомеополярная] связь

hydrogen ~ водородная связь

inner lead ~ *микр.* соединение проводников выводной рамки с выводами кристалла

ionic ~ ионная [электровалентная, гетерополярная] связь

metallic ~ металлическая связь

metallurgical ~ металлургическое соединение

mixed double ~ координационная [донорно-акцепторная, семиполярная] связь

molecular ~ молекулярная связь

nail-head ~ соединение, полученное методом шариковой термокомпрессии

optical-contact ~ соединение, полученное методом оптического контакта

outer lead ~ *микр.* соединение контактов выводной рамки с проводниками коммутационной платы

polar ~ полярная связь

pulse ~ соединение, полученное методом импульсной сварки

random ~s случайные [неупорядоченные] связи

semipolar ~ координационная [донорно-акцепторная, семиполярная] связь

shared electron ~ ковалентная [гомеополярная] связь

silver ~ серебряная связка (*в диоде*)

single ~ *кв. эл.* простая связь

thermal compression [thermocompression] ~ соединение, полученное методом термокомпрессии

ultrasonic ~ соединение, полученное методом ультразвуковой сварки

uncompleted [unsatisfied, unsaturated] ~ ненасыщенная [свободная] связь

valence ~ валентная связь

Van der Waals ~ ван-дер-ваальсова связь

wedge ~ соединение, полученное методом термокомпрессии клинообразным инструментом

wire ~ соединение, полученное методом проволочного монтажа

wire-post ~ соединение проволочных выводов со штырьками корпуса

π ~ *кв. эл.* π-связь

σ ~ *кв. эл.* σ-связь

bonder 1. *микр.* установка для (при)соединения *или* прикрепления (*компонентов к выводам на носителе*); монтажная установка **2.** установка (для) термокомпрессионной сварки, установка (для) термокомпрессии **3.** установка (для) пайки; установка (для) сварки; сварочный аппарат

thermocompression wire ~ установка термокомпрессионной сварки

ultrasonic wire ~ установка ультразвуковой сварки

wedge (wire) ~ установка термокомпрессионной сварки клинообразным инструментом

bonding 1. (при)соединение; прикрепление **2.** термокомпрессионная сварка, термокомпрессия **3.** соединение пайкой, пайка; соединение сваркой, сварка **4.** заземление (*напр. аппаратуры*)

aircraft ~ металлизация (*на летательных аппаратах*)

area array tape-automated ~ 1. автоматизированное прикрепление кристаллов к матрице выводов на ленточном носителе, ТАВ-технология для матричных выводов **2.** компонент, изготовленный методом автоматизированного прикрепления кри-

сталла к матрице выводов на ленточном носителе, компонент с матрицей выводов, изготовленный по ТАВ-технологии, ТАВ-компонент с матрицей выводов
ball ~ шариковая термокомпрессия, термокомпрессионная сварка шариком
batch ~ групповая сварка
beam-lead ~ присоединение балочных выводов
chip ~ присоединение кристалла; прикрепление кристалла
coherent light ~ лазерная сварка
die ~ присоединение кристалла; прикрепление кристалла
diffusion ~ диффузионная сварка
epoxy ~ прикрепление кристалла эпоксидной смолой
eutectic ~ присоединение кристалла эвтектическим сплавом
explosive ~ *микр.* сварка методом взрыва
face-down ~ монтаж методом перевёрнутого кристалла
face-up ~ монтаж кристалла стандартным методом
flip-chip ~ монтаж методом перевёрнутого кристалла
friction ~ сварка трением
gang ~ 1. групповое соединение 2. групповая пайка 3. групповая сварка
impulse ~ импульсная стежковая сварка, импульсная сварка «сшиванием»
laser ~ лазерная сварка
optical-contact ~ соединение при помощи оптического контакта
solder ~ соединение пайкой, пайка
spider~ присоединение кристаллов к паучковым выводам (*на ленточном носителе*)
stitch ~ 1. присоединение кристалла к паучковым выводам (*на ленточном носителе*) 2. импульсная стежковая сварка, импульсная сварка «сшиванием»
tape-automated [tape-automatic] ~1. автоматизированное прикрепление кристаллов к выводам на ленточном носителе, ТАВ-технология 2. компонент, изготовленный методом автоматизированного прикрепления кристалла к выводам на ленточном носителе, компонент, изготовленный по ТАВ-технологии, ТАВ-компонент
ТС ~ *см.* thermocoinpression bonding
ТС bird beak ~ термокомпрессионная сварка инструментом в виде птичьего клюва
thermal-compression ~ 1. термокомпрессионное соединение 2. термокомпрессионная сварка, термокомпрессия
thermal-pulse ~ 1. термоимпульсное соединение 2. термоимпульсная сварка
thermocompression ~ 1. термокомпрессионное соединение 2. термокомпрессионная сварка, термокомпрессия
ultrasonic ~ 1. соединение методом ультразвуковой сварки 2. ультразвуковая сварка
wedge ~ термокомпрессионная сварка клинообразным инструментом
wire ~ проволочный монтаж
bone:
  bare ~s сущность; суть; «голые факты»; основные элементы

bongo бонго (*ударный музыкальный инструмент*)
  high ~ *вчт* высокий бонго (*музыкальный инструмент из набора ударных General MIDI*)
  low ~ *вчт* низкий бонго (*музыкальный инструмент из набора ударных General MIDI*)
  mute high ~ *вчт* закрытый высокий бонго (*музыкальный инструмент из набора ударных General MIDI*)
  open high ~ *вчт* открытый высокий бонго (*музыкальный инструмент из набора ударных General MIDI*)
boo-boo *вчт проф.* ошибка ◊ **make a** ~ допускать ошибку
boob-tube *проф.* 1. телевидение 2. телевизионный приёмник, телевизор
Book:
  ~ **A** «Книга А», описание физического формата компакт-дисков DVD-ROM для хранения данных
  ~ **B** «Книга В», описание физического формата видеокомпакт-дисков DVD-Video
  ~ **C** «Книга С», описание физического формата аудиокомпакт-дисков DVD-Audio
  ~ **D** «Книга D», описание физического формата записываемых компакт-дисков типа DVD-R (*магнитооптических дисков DVD-MO, однократно записываемых дисков DVD-WO и перезаписываемых дисков DVD-RW*)
  ~ **E** «Книга А», описание физического формата компакт-дисков DVD-RAM
  Blue ~ «Голубая книга», описание физического формата компакт-дисков CD Extra и CD Plus
  Green ~ «Зелёная книга», описание физического формата компакт-дисков CD-I
  Munsell ~ **of Color** атлас цветов Манселла
  Orange ~ «Оранжевая книга», описание физического формата записываемых компакт-дисков типа CD-R (*магнитооптических дисков CD-MO, однократно записываемых дисков CD-WO, гибридных дисков типа PhotoCD и перезаписываемых дисков CD-RW*)
  Red ~ «Красная книга», описание физического формата аудиокомпакт-дисков CD-DA
  White ~ «Белая книга», описание физического формата видеокомпакт-дисков VideoCD
  Yellow ~ «Жёлтая книга», описание физического формата компакт-дисков CD-ROM для хранения данных
book 1. книга; книжка 2. регистрационная книга; регистрационный журнал; книга для записей ‖ регистрировать; вести регистрационный журнал; записывать 3. сборник документации 4. *тлв* сценарий; либретто 5. заказывать; размещать заказы
  code [coding] ~ кодовая книга; кодовый словарь
  e~ *см.* electronic book
  electronic ~ *вчт* электронная книга
  electronic code ~ 1. электронная кодовая книга; электронный кодовый словарь 2. режим электронной кодовой книги, режим ECB (*для блочных шифров*)
  log ~ регистрационная книга; регистрационный журнал; книга для записей
  open e~ стандарт на электронные книги, стандарт OEB
  phone ~ телефонный справочник
  reference ~ справочное руководство

book

run ~ *вчт* документация по текущей задаче
telephone ~ телефонный справочник
bookend телевизионный рекламный ролик из двух частей (*с перебивкой другой рекламой*)
bookkeeping *вчт* служебные [вспомогательные] действия (*программы или системы программирования*)
Bookman шрифт Bookman
bookmark *вчт* закладка (*pl* 1. записанный перечень адресов используемых пользователем информационных ресурсов в Internet 2. позиция экранного меню браузера)
boom 1. консоль; стрела 2. микрофонный журавль; стрела микрофонного журавля 3. несущая конструкция (*антенной решётки*) 4. манипулировать; управлять 5. бум || участвовать в возникновении бума; создавать шумиху; широко рекламировать
baby ~ короткая стрела микрофонного журавля
computer ~ компьютерный бум
microphone ~ микрофонный журавль; стрела микрофонного журавля
sonic ~ звуковой удар (*при преодолении звукового барьера*)
telescopic ~ телескопическая стрела микрофонного журавля
Web-enabled ~ бум, связанный с всемирной паутиной
boost 1. помощь; содействие; усиление || помогать; содействовать; усиливать 2. подзаряд (*аккумулятора*) || подзаряжать (*аккумулятор*) 3. подъём частотной характеристики || поднимать частотную характеристику 4. добавочное (электрическое) напряжение || добавлять (электрическое) напряжение
bass ~ подъём (частотной характеристики в области) нижних (звуковых) частот
high(-frequency) ~ 1. подъём (частотной характеристики в области) высоких частот 2. подъём (частотной характеристики в области) верхних (звуковых) частот
treble ~ подъём (частотной характеристики в области) верхних (звуковых) частот
booster 1. вспомогательное устройство; дополнительное устройство 2. устройство для подзаряда (*аккумулятора*) 3. *тлв* автономный усилитель несущей 4. ретрансляционная станция 5. вольтодобавочное устройство; вольтодобавочный трансформатор
antenna ~ автономный усилитель несущей
voltage ~ вольтодобавочное устройство; вольтодобавочный трансформатор
boot 1. защитный (изоляционный) колпачок (*вывода*) 2. защитная изоляция (*напр. кабеля*) 3. *вчт* (начальная) загрузка, запуск (*компьютера*) || загружать(ся), запускать(ся) (*о компьютере*)
cold ~ *вчт* перезагрузка [перезапуск] с начальной загрузкой, перезагрузка [перезапуск] с отключением (электро)питания, *проф.* «холодная» перезагрузка, «холодный» перезапуск
disk ~ (начальная) загрузка с диска, запуск (*компьютера*) с диска
hard ~ *вчт* перезагрузка [перезапуск] всей системы, *проф.* «жёсткая» перезагрузка, «жёсткий» перезапуск
remote ~ *вчт* удалённая (начальная) загрузка (*напр. по локальной сети*)
soft ~ *вчт* перезагрузка [перезапуск] части системы, *проф.* «мягкая» перезагрузка, «мягкий» перезапуск
warm ~ *вчт* перезагрузка [перезапуск] из памяти, перезагрузка [перезапуск] без отключения (электро)питания, *проф.* «горячая» перезагрузка, «горячий» перезапуск
booth будка; кабина
broadcasting ~ дикторская кабина; дикторская студия
phone ~ кабина таксофона, телефонная будка
resist spray ~ *микр.* камера для распыления резиста
telephone ~ кабина таксофона, телефонная будка
bootstrap 1. однокаскадный усилитель с компенсационной обратной связью 2. использовать компенсационную обратную связь 3. *вчт* (начальная) загрузка, самозагрузка || выполнять (начальную) загрузку, самозагружаться 4. *вчт* раскрутка || раскручивать 5. *фтт* «зашнуровка», бутстрап 6. самоподдержка; самообеспечение || самоподдерживаться; самообеспечиваться || самоподдерживающийся; самообеспечивающийся 7. самонастройка || самонастраиваться || самонастраивающийся 8. самостоятельный; независимый
error map ~ загрузка данных о карте дефектов
bootstrapping 1. использование компенсационной обратной связи (*обеспечивающей изменение потенциала источника входного сигнала по отношению к Земле на величину, равную выходному сигналу*) 2. *вчт* (начальная) загрузка, самозагрузка 3. *вчт* раскрутка 4. самоподдержка; самообеспечение 5. самонастройка 6. обобщённая кросс-валидация (*метод оценки ошибки обобщения в нейронной сети*)
border 1. граница; кромка; рамка; обрамление; окантовка || ограничивать; помещать в рамку; обрамлять; окантовывать 2. орнамент на полях (*страницы*); бордюрная линейка || орнаментировать поля (*страницы*); использовать бордюрную линейку
image ~ граница изображения
page ~ обрамление страницы
table ~s окантовка таблицы и границы между столбцами и колонками
window ~ рамка окна (*на экране дисплея*)
bordism *вчт* бордизм, внутренняя гомология
~ of nodes бордизм [внутренняя гомология] узлов
oriented ~ ориентированный бордизм
singular ~ сингулярный бордизм
unitary ~ унитарный бордизм
bore 1. (высверленное) отверстие || сверлить 2. диаметр отверстия
magnet ~ зазор (электро)магнита
boresight 1. опорное направление || совмещать с опорным направлением 2. электрическая ось (*антенны*), направление максимума диаграммы направленности (*антенны.*) 3. равносигнальное направление 4. ось сканирования
electrical ~ 1. электрическая ось, направление максимума диаграммы направленности 2. равносигнальное направление 3. ось сканирования
radar ~ 1. электрическая ось, направление максимума диаграммы направленности 2. равносигнальное направление 3. ось сканирования

boundary

reference ~ опорное направление
borgese *вчт* боргес, кегль 9 (*размер шрифта*)
Borland фирма Borland International Inc. (*производитель программного обеспечения*)
borrow *вчт* заём, отрицательный перенос || занимать, выполнять отрицательный перенос (*при вычитании*)
  end-around ~ циклический заём, циклический отрицательный перенос
boson *фтт* бозон
boss контактная площадка
bot робот (*1. автоматический программно управляемый манипулятор 2. программное или аппаратное средство имитации деятельности человека; программа-робот; программа-агент; робот-игрушка*)
botmaster *вчт* владелец программ-роботов
bottle бутылка; сосуд в форме бутылки
  blown ~ дуновение в бутылку («*музыкальный инструмент*» *в наборе General MIDI*)
  Klein ~ *вчт* бутылка Клейна
  magnetic ~ зеркальная магнитная ловушка
  plasma ~ плазменная зеркальная магнитная ловушка
  source ~ *пп* источник паров диффузанта
  vacuum ~ термос; дьюар, сосуд Дьюара
bottleneck 1. критическое ограничение, сильное ограничение; узкое место, *проф.* «узкое горло» 2. критический элемент; критический параметр
  expansion ~ узкое место шины расширения
  phonon ~ фононное «узкое горло»
  von Neumann ~ фон-неймановское ограничение; узкое место фон-неймановской архитектуры
bottom дно; нижняя граница || нижний
  ~ **of conduction band** дно зоны проводимости
  ~ **of energy band** дно энергетической зоны
  ~ **of valley** *пп* дно долины
  stack ~ дно стека
bottoming работа в режиме насыщения для положительной полуволны напряжения на сетке (*в лучевых тетродах и пентодах*)
bottom-up восходящий (*напр. анализ*)
boule *крист.* буля; слиток
bounce 1. прыжок; скачок || прыгать; скакать 2. отскок; рикошет || отскакивать; рикошетировать 3. резкое изменение; скачок || резко изменяться; испытывать скачкообразное изменение 4. дребезг контактов (*реле*); *вчт* дрожание клавиши; ложные повторные нажатия клавиши (*компьютерной клавиатуры*) || дребезжать (*о контактах реле*); дрожать (*о клавишах компьютерной клавиатуры*) 5. *тлв* дрожание; подёргивание (*изображения*) || дрожать; подёргиваться (*об изображении*) 6. *тлв* внезапное изменение яркости или размера (*изображения*) 7. *вчт* возврат не доставленного (*по электронной почте*) сообщения 8. перезагрузка компьютера для устранения случайной ошибки при начальной загрузке 9. автоматическая перезагрузка [автоматический перезапуск] из памяти при ошибке, автоматическая перезагрузка [автоматический перезапуск] при ошибке без отключения (электро)питания, *проф.* автоматическая «горячая» перезагрузка при ошибке, автоматический «горячий» перезапуск при ошибке 10. перезагрузка [перезапуск] периферийного устройства

contact ~ дребезг контактов
e-mail ~ возврат не доставленного по электронной почте сообщения
frame ~ *тлв* дрожание [подёргивание] кадра
key ~ *вчт* дрожание клавиши; ложные повторные нажатия клавиши (*компьютерной клавиатуры*)
line ~ *тлв* дрожание [подёргивание] строк
picture ~ дрожание [подёргивание] изображения
relay ~ дребезг контактов реле

bouncing 1. совершение прыжков *или* скачков 2. отскакивание; рикошетирование 3. резкое изменение; скачкообразное изменение 4. дребезг контактов (*реле*); *вчт* дрожание клавиши; ложные повторные нажатия клавиши (*компьютерной клавиатуры*) 5. *тлв* дрожание; подёргивание (*изображения*) 6. *тлв* внезапное изменение яркости или размера (*изображения*) 7. *вчт* возврат не доставленного (*по электронной почте*) сообщения 8. перезагрузка компьютера для устранения случайной ошибки при начальной загрузке 9. автоматическая перезагрузка [автоматический перезапуск] из памяти при ошибке, автоматическая перезагрузка [автоматический перезапуск] при ошибке без отключения (электро)питания, *проф.* автоматическая «горячая» перезагрузка при ошибке, автоматический «горячий» перезапуск при ошибке 10. перезагрузка [перезапуск] периферийного устройства

bound 1. предел; граница; ограничение || имеющий предел *или* границу; ограниченный || устанавливать предел *или* границу; ограничивать 2. связанный
  a priori ~ априорная граница
  asymptotic ~ асимптотический предел
  Bremmerman ~ предел Бреммермана, 10^{93} бит (*количество информации, которое может обработать компьютерная система с массой Земли за время возраста планеты*)
  compute ~ ограниченный быстродействием процессора
  confidence ~ доверительная граница
  Cramer-Rao ~ граница Крамера — Рао
  error probability ~ вероятностный предел ошибки
  finite ~ конечный предел
  input ~ ограниченный скоростью ввода (*данных*)
  input/output ~ ограниченный скоростью ввода/вывода (*данных*)
  I/O ~ *см.* **input/output bound**
  lower ~ нижняя граница
  output ~ ограниченный скоростью вывода (*данных*)
  process ~ ограниченный скоростью обработки (*данных*)
  processor ~ ограниченный быстродействием процессора
  sphere-packing ~ *вчт* предел для упаковки сфер
  union ~ *вчт* граница объединения
  upper ~ верхняя граница

boundary 1. предел; граница; ограничение 2. граница раздела; поверхность раздела
  Brillouin zone ~ граница зоны Бриллюэна
  crystal ~ 1. поверхность кристалла 2. межзёренная граница
  decision ~ граница решений
  domain ~ 1. доменная граница, доменная стенка 2. граница области

boundary

grain ~ межзёренная граница
hard cell ~ жёсткая граница ячейки (*напр. в электронных таблицах*)
integral ~ *вчт* целочисленная граница (*поля данных*)
large-angle ~ *крист.* большеугловая граница
low-angle ~ *крист.* малоугловая граница
normal-superconducting ~ граница раздела между нормальной и сверхпроводящей фазами
Pareto ~ граница Парето; множество Парето
plasma ~ граница плазмы
p-n ~ *p — n* -переход
purple ~ линия пурпурных цветностей
reflected shadow ~ граница области тени при отражении
reflection ~ граница области отражения
self-excitation ~ граница области самовозбуждения
shadow ~ граница области тени
small-angle ~ *крист.* малоугловая граница
soft cell ~ мягкая граница ячейки (*напр. в электронных таблицах*)
tilt ~ наклонная граница (*напр. между зёрнами*)
twin ~ *крист.* двойниковая граница
twist low-angle grain ~ *крист.* малоугловая межзёренная граница кручения

bounded ограниченный
bounding 1. ограничивающий **2.** пороговое (по входу) ограничение выходного сигнала
bourgeois *вчт* боргес, кегль 9 (*размер шрифта*)
boustrophedonic *вчт* печатающий строки попеременно справа налево и слева направо
bow 1. изгиб; кривая; дуга ‖ изгибать(ся); искривлять(ся); образовывать дугу **2.** смычок ‖ играть на смычковых музыкальных инструментах
bowtie *вчт* «бабочка», знак ▷◁
box 1. кожух; футляр **2.** блок; узел **3.** (измерительный) магазин **4.** стойка; шкаф; камера **5.** *вчт* прямоугольник; рамка; блок; поле; окно ‖ помещать в прямоугольник *или* рамку; формировать блок; помещать в поле; размещать в окне **6.** кабина таксофона, телефонная будка **7.** телевизионный приёмник, телевизор **8.** портативный (стереофонический) радиоприёмник; портативный (стереофонический) радиоприёмник с встроенным магнитофоном **9.** аудиопроигрыватель, аудиоплейер
alert ~ *вчт* окно предупреждений
anechoic ~ безэховая камера
anti-TR ~ *см.* **anti-transmit-receive box**
anti-transmit-receive ~ разрядник блокировки передатчика
ATR ~ *см.* **anti-transmit-receive box**
attenuation ~ аттенюатор магазинного типа
Bernoulli ~ кассета с диском Бернулли
bitty ~ *проф.* допотопный компьютер
black ~ чёрный ящик (*1. защищённый бортовой самописец самолёта 2. электронный блок управления ракеты 3. объект исследования с неизвестными или не принимаемыми во внимание свойствами*) **2.** *вчт* чёрный прямоугольник
blue ~ аппаратура, используемая для незаконного бесплатного подключения к междугородной телефонной сети
boom ~ портативный (стереофонический) радиоприёмник; портативный (стереофонический) радиоприёмник с встроенным магнитофоном
bounding ~ *вчт* граничная рамка
breakout ~ *вчт* контрольно-коммутационный промежуточный блок (*напр. между компьютером и внешним модемом*)
brush ~ обойма щёткодержателя
call ~ **1.** кабина таксофона, телефонная будка **2.** телефон *или* устройство экстренного вызова
capacitance [capacitor] ~ магазин ёмкостей
character ~ формат знакоместа (*для текстового режима дисплея*)
check ~ *вчт* прямоугольник для пометки выбранного режима, состояния или действия (*на экране дисплея*)
close ~ *вчт* кнопка закрытия окна (*на экране дисплея*)
compatibility ~ *вчт* блок эмуляции DOS (*в OS/2*)
condenser ~ магазин ёмкостей
current page ~ *вчт* индикатор текущей страницы (*в текстовых редакторах*)
data switch ~ коммутатор данных
dead letter ~ файл для хранения не доставленных сообщений
dialog ~ *вчт* диалоговое окно
decade ~ декадный магазин
decision ~ блок принятия решения
DOS ~ *вчт* блок эмуляции DOS (*в OS/2*)
drop-down list ~ *вчт* ниспадающее окно списка
echo ~ **1.** эхо-резонатор **2.** искусственная радиолокационная цель
entrance ~ входной блок
fade ~ плавное вытеснение одного изображения (*напр. телевизионного*) другим изображением в расширяющемся квадрате, *проф.* «квадрат»
function ~ функциональный блок
fuse ~ блок плавких предохранителей
ghetto ~ *проф.* портативный стереофонический радиоприёмник
glove ~ *микр.* бокс [скафандр] с перчатками
gray ~ **1.** *проф.* серый ящик (*объект исследования с частично неизвестными или частично не принимаемыми во внимание свойствами*) **2.** *вчт* серый прямоугольник
horizontal scroll ~ *вчт* бегунок (линейки) горизонтальной прокрутки
idiot ~ *проф.* **1.** телевидение **2.** телевизионный приёмник, телевизор
inductance ~ магазин индуктивностей
interactive set-top ~ *проф.* интерактивная телевизионная приставка
iron ~ *вчт проф.* сетевое окружение, создаваемое для обнаружения и пресечения попыток несанкционированного проникновения в систему
jack ~ **1.** корпус гнездовой части электрического соединителя **2.** распределительная коробка **3.** корпус коммутатора
junction ~ **1.** распределительная коробка **2.** соединительная коробка
key ~ клавишный коммутатор
keyed S~es выбираемые по ключу таблицы подстановок (*в криптографии*)
letter ~ *вчт* почтовый ящик
lock(out) box *тлв* электронный замок (*в системе кабельного телевидения*)
mail ~ *вчт* почтовый ящик
morphological ~ морфологический ящик (*метод экспертной оценки*)

music ~ *вчт* музыкальная шкатулка (*музыкальный инструмент из набора General MIDI*)
outlet ~ распределительная коробка
process ~ прямоугольник для обозначения блока обработки (*на структурной схеме алгоритма*)
resistance ~ магазин сопротивлений
S~ *см.* substitution box
scroll ~ *вчт* бегунок (линейки) прокрутки
set-top ~ 1. дополнительное внешнее устройство, *проф.* приставка 2. размещаемое поверх корпуса электронное устройство для сопряжения телевизионного приемника с другими коммуникационными каналами (*телефонными линиями, компьютерными сетями, волоконно-оптическими или кабельными линиями*), *проф.* телевизионная приставка
shadow ~ экран (*напр. дисплея*) для защиты от внешней засветки
squawk ~ *проф.* 1. громкоговоритель системы озвучения и звукоусиления 2. громкоговоритель переговорного устройства
squeeze ~ сжимаемый волновод
storage ~ блок памяти
stunt ~ вспомогательный блок управления телетайпом
substitution ~ таблица подстановок (*в криптографии*)
telephone ~ кабина таксофона, телефонная будка
television set-top ~ размещаемое поверх корпуса электронное устройство для сопряжения телевизионного приемника с другими коммуникационными каналами (*телефонными линиями, компьютерными сетями, волоконно-оптическими или кабельными линиями*), *проф.* телевизионная приставка
terminal ~ 1. распределительная коробка 2. соединительная коробка
TR ~ *см.* transmit-receive box
transmit-receive ~ разрядник защиты приёмника
tunable echo ~ перестраиваемый эхо-резонатор
twinkle ~ устройство для оптического сканирования трёхмерных объектов (*с обтюратором*)
vertical scroll ~ *вчт* бегунок (линейки) вертикальной прокрутки
virtual safe deposit ~ *вчт* виртуальный сейф
volt [voltage-ratio] ступенчатый делитель напряжения
web set-top ~ *проф.* телевизионная приставка для сопряжения телевизионного приемника с глобальной гипертекстовой системой WWW для поиска и использования ресурсов Internet, телевизионная приставка для сопряжения телевизионного приемника с Web-системой, телевизионная приставка для сопряжения телевизионного приемника с WWW-системой, телевизионная приставка для сопряжения телевизионного приемника с «всемирной паутиной»
white ~ *проф.* белый ящик (*объект исследования с полностью известными или полностью принимаемыми во внимание свойствами*)
zoom ~ *вчт* кнопка для изменения масштаба изображения (*напр. в графических или текстовых редакторах*)
box-and-whisker *проф.* «ящик с усами», способ представления данных в интервальной шкале
boxboard *тлв* лист для рисования кадра (*в мультипликации*)
boxcar 1. интегратор с узкополосным фильтром 2. *pl* серия импульсов с малой скважностью 3. блок узкополосных фильтров (*в доплеровской РЛС*)
boxology *вчт проф.* псевдографика с использованием стрелок и прямоугольников
boy:
  best ~ *тлв* первый помощник главного электрика (*при производстве теле- или кинофильмов*)
Bozo, bozo *вчт проф.* глупый *или* некомпетентный человек; идиот (*от имени циркового клоуна Bozo the Clown*)
bozotic *вчт проф.* глупый *или* некомпетентный; идиотский
bra *фтт* бра-вектор
brace *вчт* фигурная скобка
  horizontal ~ горизонтальная фигурная скобка
  piano ~ акколада (*в нотном письме*)
bracket 1. *вчт* скобка; квадратная скобка ‖ заключать в скобки 2. кронштейн; консоль 3. акколада (*в нотной записи*)
  angle ~ угловая скобка
  curly ~ *вчт* фигурная скобка, *проф.* «кудрявая» скобка
  hdd ~ кронштейн для крепления дисковода жёсткого диска
  round ~ круглая скобка
  square ~ квадратная скобка
  squiggle ~ *вчт* фигурная скобка, *проф.* «скрученная» скобка
braid оплётка ‖ оплетать
braider оплёточный станок
brain 1. мозг 2. интеллект 3. компьютер 4. блок управления (*напр. робота*) *или* наведения (*напр. ракеты*) 5. механизм управления (*напр. робота*) *или* наведения (*напр. ракеты*)
  artificial ~ 1. искусственный мозг 2. искусственный интеллект
brain-damaged *вчт проф.* сумасшедший (*напр. о программе*)
brain-state-in-a-box нейронная сеть типа BSB с обратной связью, рекуррентная нейронная сеть типа BSB
brainstorm(ing) мозговой штурм
brain-teaser, brain-twister головоломка
brake тормоз ‖ тормозить(ся); замедлять(ся)
  magnetic ~ электромагнитный тормоз
  radar ~ радиолокационная система торможения (*в автомобильном радиолокаторе*)
  reel ~ тормоз подкассетника (*магнитофона*)
brakeage торможение
braking торможение ‖ тормозящий; замедляющий
  capacitor ~ конденсаторное торможение
  countercurrent ~ торможение противовключением, электрическое торможение противотоком
  dc (injection) ~ торможение постоянным током
  dynamic ~ рекуперативное торможение
  eddy-current ~ торможение вихревыми токами
  electric ~ электрическое торможение
  electrodynamic ~ электродинамическое торможение
  electromagnetic ~ электромагнитное торможение
  friction ~ фрикционное торможение (*в магнитофонах*)

plug ~ торможение за счёт изменения порядка следования фаз
regenerative ~ рекуперативное торможение
resistance ~ рекуперативное торможение

Bramantip *вчт* название правильного сильного модуса четвёртой фигуры силлогизма

branch 1. ветвь (*1. ответвление; отвод; отходящая в сторон часть главного 2. ветвь дерева, ветвь древовидной иерархической структуры 3. отдельная линия родства (в генетических алгоритмах) 4. фрагмент программы или алгоритма, выполняемый по команде условного или безусловного перехода 5. фтт континуум однотипных элементарных возбуждений; континуум элементарных возбуждений в изолированной полосе спектра*) 2. ответвлять(ся); разветвлять(ся); ветвиться; отводить 3. канал (*в многоканальной системе*) 4. плечо (*моста*) 5. *вчт* операция (условного или безусловного) перехода, операция передачи управления (*при условном или безусловном переходе*) ‖ выполнять операцию (условного или безусловного) перехода, осуществлять передачу управления (*при условном или безусловном переходе*)
acoustic ~ *фтт* акустическая ветвь
active ~ активная ветвь (*цепи*)
capacitance tree ~ ёмкостная ветвь дерева (*графа*)
capacitor ~ ёмкостная ветвь (*цепи*)
conditional ~ ветвь (*программы или алгоритма*) при условном переходе
conjugate ~s сопряжённые ветви (*цепи*)
cophasal ~ синфазный канал
dendrite ~ *крист.* ветвь дендрита
directed ~ ориентированная ветвь (*графа*)
diversity ~ канал разнесённого приёма
electromagnetic ~ *фтт* электромагнитная ветвь
exchange ~ *фтт* обменная ветвь
forest ~ дерево леса (*несвязного графа*)
graph tree ~ ветвь дерева графа
inductance tree ~ индуктивная ветвь дерева (*графа*)
inductor ~ индуктивная ветвь (*цепи*)
magnetostatic ~ *фтт* магнитостатическая ветвь
optical ~ *фтт* оптическая ветвь
optical phonon ~ *фтт* оптическая фононная ветвь
passive ~ пассивная ветвь (*цепи*)
point ~ узел цепи
quadrature ~ квадратурный канал
resistance tree ~ резистивная ветвь дерева (*графа*)
resistor ~ резистивная ветвь (*цепи*)
spin-wave ~ *фтт* спин-волновая ветвь
T- ~ тройник
thermoelectric ~ ветвь термоэлемента
unconditional ~ ветвь (*программы или алгоритма*) при безусловном переходе
Y- ~ Y-образный тройник

branching 1. ветвление 2. *кв. эл.* побочные переходы 3. *вчт* условный *или* безусловный переход, передача управления (*при условном или безусловном переходе*)
~ of discharge ветвление разряда
dichotomic ~ дихотомическое ветвление
luminescence ~ ветвление люминесценции
program ~ ветвление программы

branchpoint 1. *вчт* точка ветвления, точка (условного *или* безусловного) перехода, точка передачи управления (*при условном или безусловном переходе*) 2. точка разветвления; узел (*цепи*)

brand 1. сорт; качество 2. товарный знак ‖ снабжать товарным знаком; использовать товарный знак

brandmauer *вчт* брандмауэр, средства защиты от несанкционированного доступа в локальную сеть

brandname фирменный знак; фабричная марка ‖ снабжённый фирменным знаком; имеющий фабричную марку

brand-name снабжённый товарным знаком (*об изделии*); с товарным знаком

brass 1. латунь, жёлтая медь 2. медный духовой музыкальный инструмент; медные (духовые) (*в оркестре*)
synth ~ I синтезированные медные I (*«музыкальный инструмент» в наборе General MIDI*)
synth ~ II синтезированные медные II (*«музыкальный инструмент» в наборе General MIDI*)

Bravo стандартное слово для буквы *B* в фонетическом алфавите «Альфа»

braze (высокотемпературная) пайка ‖ паять, припаивать (*тугоплавким припоем*)
side ~ пайка по контуру (*напр. корпуса ИС*)

brazing (высокотемпературная) пайка
arc ~ дуговая пайка
chemical dip ~ пайка погружением во флюс
dip ~ пайка погружением
electric ~ электрическая пайка, электропайка
induction ~ индукционная пайка
metal dip ~ пайка погружением в расплавленный припой
resistance ~ пайка электросопротивлением
ultrasonic ~ ультразвуковая пайка

bread *рлк* отметка цели на экране индикатора

breadboard 1. макет ‖ макетировать 2. монтажная плата для макетирования *или* тестирования

breadboarding макетирование
integrated-circuit ~ макетирование ИС

breadth 1. ширина 2. широта (*взглядов*); кругозор

break 1. выключение; размыкание ‖ выключать; размыкать 2. *вчт* прерывание (*программы*) ‖ прерывать (*программу*) 3. *вчт* клавиша прерывания (*программы*) 4. *тлг* коммутатор 5. (предусмотренный) перерыв в вещательной программе (*напр. рекламная пауза*) ‖ прерывать вещательную программу 6. *т. над.* отказ 7. зазор контакта 8. *микр.* разламывание; ломка ‖ разламывать; ломать 9. разрыв; разделение ‖ разрывать; разделять; разбивать 10. *вчт* маркер разбиения (*напр. страниц*) 11. *тлф* подслушивать 12. преодоление (*напр. электронной системы защиты*), *проф.* «взламывание» (*напр. шифра*); подбор ключа (*напр. к шифру*) ‖ преодолевать (*напр. электронную систему защиты*), *проф.* «взламывать» (*напр. шифр*); подбирать ключ (*напр. к шифру*)
academic ~ взламывание на основе теоретического подхода, *проф.* академическое взламывание
bad ~ *вчт* плохое разбиение (*напр. страниц*)
bad page ~ *вчт* плохое разбиение страниц
baseline ~ измерительная метка дальности в виде разрыва линии развёртки (*на индикаторе А-типа*)
certificational ~ взламывание на основе теоретического подхода, *проф.* академическое взламывание
code ~ 1. взламывание кода 2. взламывание шифра; криптоанализ

breaker

column ~ разбиение колонки
control ~ (внешнее) прерывание (*напр. от клавиатуры*)
forced page ~ *вчт* 1. жёсткое [принудительное] разбиение страниц 2. маркер жёсткого [принудительного] разбиения страниц
hard ~ *вчт* 1. жёсткое [принудительное] разбиение (*напр. страниц*) 2. маркер жёсткого [принудительного] разбиения (*напр. страниц*)
line ~ *вчт* 1. разбиение строк 2. маркер разбиения строк
mark(er) ~ измерительная метка в виде разрыва линии развёртки (*на индикаторе А-типа*)
page ~ *вчт* 1. разбиение страниц 2. маркер разбиения страниц
section ~ разбиение разделов
soft ~ *вчт* 1. мягкое [автоматическое] разбиение (*напр. страниц*) 2. маркер мягкого [автоматического] разбиения (*напр. страниц*)
station ~ (предусмотренный) перерыв в вещательной программе (*напр. рекламная пауза*)
theoretical ~ взламывание на основе теоретического подхода, *проф.* академическое взламывание
breakaway трогание (*электродвигателя*)
breakback *пп* обратный пробой
breakdown 1. пробой 2. выход из строя; авария 3. *тлф* разъединение 4. возникновение разряда, зажигание 5. *вчт, бион.* срыв 6. классификация; разбиение (*на составные части*); анализ 7. разложение (*напр. химического соединения*) ◊ ~ **to chassis** пробой на корпус
alpha-equal-one ~ лавинный пробой между коллектором и эмиттером
alpha-multiplication ~ лавинный пробой между коллектором и эмиттером
alpha-unity ~ лавинный пробой между коллектором и эмиттером
avalanche ~ лавинный пробой
back-voltage ~ пробой при обратном напряжении
continuous-wave ~ пробой в непрерывном режиме
current-mode second ~ *пп* токовый вторичный пробой
CW ~ *см.* continuous-wave breakdown
destructive ~ разрушающий [деструктивный] пробой
dielectric ~ пробой диэлектрика
discharge ~ пробой в результате газового разряда
dye ~ *кв. эл.* пробой красителя
early ~ преждевременный пробой
edge ~ *пп* краевой пробой, пробой у кромки перехода
first ~ 1. первичный пробой (*напр. газа*) 2. (туннельный *или* лавинный) первичный пробой $p - n$-перехода
gate-insulator ~ пробой изоляции затвора
induced ~ вынужденный [индуцированный] пробой
interdevice ~ пробой между приборами
irreversible ~ необратимый пробой
laser-induced ~ лазероиндуцированный пробой
magnetic ~ *свпр* магнитный пробой
mesoplasma ~ *пп* мезоплазменный пробой
multipactor ~ мультипакторный пробой
nondestructive ~ неразрушающий [деструктивный] пробой

p-n-junction thermal ~ тепловой пробой $p - n$-перехода
point-contact ~ *пп* пробой точечного контакта
premature ~ преждевременный пробой
primary ~ 1. первичный пробой (*напр. газа*) 2. (туннельный *или* лавинный) первичный пробой $p - n$-перехода
punch-through ~ смыкание, прокол базы
reach-through ~ сквозной пробой
reversible ~ обратимый пробой
secondary ~ 1. вторичный пробой (*напр. газа*) 2. тепловой пробой $p - n$-перехода
self-healing ~ самовосстанавливающийся пробой
soft ~ *пп* мягкий пробой
streamer-type ~ стримерный пробой
surface ~ поверхностный пробой
task ~ *вчт* срыв решения задачи
thermal ~ тепловой пробой
Townsend avalanche ~ лавина Таунсенда
transverse ~ поперечный пробой
tunneling ~ туннельный пробой
vacuum ~ вакуумный пробой
Walker *магн.* уокеровский «пробой», переход к нестационарному движению (*блоховской доменной границы*)
Zener ~ туннельный пробой $p - n$-перехода; пробой Зенера
breaker 1. выключатель 2. абонент системы персональной радиосвязи, пытающийся передать сообщение по занятому каналу
automatic opening circuit ~ автоматический выключатель
automatic reclosing circuit ~ выключатель с автоматическим повторным включением
automatic tripping circuit ~ автоматический выключатель
circuit ~ 1. автоматический (контактный) выключатель 2. рубильник 3. плавкий предохранитель
contact ~ прерыватель
current limiting circuit ~ токоограничивающий автоматический выключатель
deion circuit ~ выключатель с магнитным дутьём
double-throw (circuit) ~ переключатель на два положения, двухпозиционный переключатель
field circuit ~ выключатель поля возбуждения
gas-blast circuit ~ выключатель с газовым дутьём
magnetic circuit ~ электромагнитный выключатель
mercury ~ ртутный выключатель
oil circuit ~ масляный выключатель
overvoltage tripping circuit ~ максимальный выключатель с расцеплением параллельно включённой катушкой
reverse power tripping circuit ~ выключатель с расцеплением обратным током
series overcurrent tripping circuit ~ максимальный выключатель с расцеплением последовательно включённой катушкой
series undercurrent tripping circuit ~ минимальный выключатель тока с расцеплением последовательно включённой катушкой
shunt tripping circuit ~ выключатель с расцеплением через реле параллельно включённой катушкой
single-throw (circuit) ~ выключатель

breaker

thermal circuit ~ тепловой выключатель
transformer overcurrent tripping circuit ~ максимальный выключатель тока с расцеплением катушкой с трансформаторной связью
transformer undercurrent tripping circuit ~ минимальный выключатель тока с расцеплением катушкой с трансформаторной связью
trip-free circuit ~ выключатель со свободным расцеплением
undervoltage tripping circuit ~ минимальный выключатель напряжения с расцеплением параллельно включённой катушкой

break-in радиоприём в паузах (*работы собственного передатчика*)

breaking 1. выключение; размыкание **2.** *микр.* разламывание; ломка **3.** разделение; разбиение **4.** *тлф* подслушивание **5.** преодоление (*напр. электронной системы защиты*), *проф.* «взламывание» (*напр. шифра*); подбор ключа (*напр. к шифру*)
~ of Cooper pairs *свпр* разрыв куперовских пар
code ~ 1. взламывание кода **2.** взламывание шифра; криптоанализ
connection ~ разъединение
wave ~ разрыв типа ударной волны

breaking-up распад; разрушение; расслоение, расщепление
data stream ~ разрушение потока данных

breakout 1. классификация; разбиение (*на составные части*); анализ **2.** подготовка к действию; приведение в состояние готовности **3.** отсоединение; отключение; переключение **4.** удаление упаковки; распаковка **5.** вырез (*на чертеже*) **5.** место отвода (*из многожильного кабеля*)

breakover 1. включение (*тиристора*) **2.** *вчт* переход на следующую страницу (*о тексте*)
forward ~ включение (*тиристора*) при прямом смещении

breakpoint 1. *вчт* точка прерывания (*программы*); контрольная точка **2.** *вчт* точка деления пакета (*при фрагментации*) **3.** точка изменения тенденции, *проф.* перелом

breakthrough 1. прорыв; переворот (*напр. в технике*) **2.** паразитный сигнал, *проф.* наводка

breakup распад; разрушение; расслоение, расщепление
~ of laser beam распад лазерного пучка
~ of plasma column разрушение плазменного столба
beam ~ разрушение пучка (*в оптических волноводах*)
color ~ *тлв* расслоение цветов, распад цветного изображения на первичные компоненты

breastplate *тлф* гарнитура

breather 1. барометрический (воздушный) фильтр, воздушный фильтр с выравниванием внутреннего давления (*в герметизированной оболочке*) с атмосферным (*напр. в блоке ЗУ на жёстких магнитных дисках*) **2.** «бризер», солитон типа «бризер»

breathing 1. выравнивание внутреннего давления (*в герметизированной оболочке*) с атмосферным (*напр. в блоке ЗУ на жёстких магнитных дисках*) **2.** придыхание
rough ~ 1. присутствие придыхания **2.** знак присутствия придыхания, символ `
smooth ~ 1. отсутствие придыхания **2.** знак отсутствия придыхания, символ '

breedle *вчт проф.* надоедливый звуковой фон (*работающего терминала*)

breeze:
electric ~ электрический ветер, конвекционный разряд
static ~ электрический ветер, конвекционный разряд

breezeway *тлв* временной интервал между срезом синхронизирующего импульса строк и фронтом импульса цветовой синхронизации

bremsstrahlung тормозное излучение
inner [internal] ~ внутреннее тормозное излучение
inverse ~ обратное тормозное излучение
magnetic ~ синхронное [магнитно-тормозное] излучение
outer ~ внешнее тормозное излучение

breve 1. *вчт* диакритический знак краткости ˘ (*напр. в символе ĕ*) **2.** бревис, две целых (ноты); знак двух целых (нот), символ ⋈

brevier *вчт* петит, кегль 8 (*размер шрифта*)
two-line ~ *вчт* терция, кегль 16 (*размер шрифта*)

brewster брюстер (*единица измерения двулучепреломления*)

bricolage групповой стиль поведения в предметном выражении, *проф.* бриколяж

bridge 1. (измерительный) мост; мостовая схема ‖ соединять по мостовой схеме **2.** шунт; перемычка ‖ шунтировать; соединять перемычкой **3.** *свпр* мостик **4.** *вчт* мост (*1. программное или аппаратное средство обеспечения совместимости между системами 2. часть набора формирующих функциональный блок компьютера ИС (на материнской плате), проф. часть чипсета 3. устройство для соединения сегментов сети на канальном уровне в модели ISO/OSI 4. ребро графа, не принадлежащее ни одному циклу*) **5.** *вчт* радиомост (*для соединения сегментов сети через радиоэфир*) **6.** связка между частями (*вещательной программы*) **7.** *фтт* мостик; мостиковый фрагмент; валентная связь (*в химических соединениях*) **8.** *вчт* бридж (*карточная игра*)
admittance ~ мост для измерения полной проводимости
alternating-current ~ мост переменного тока
amplification factor ~ мост для измерения коэффициента усиления
amplistat ~ мостиковый магнитный усилитель с самонасыщением
Anderson ~ мост Андерсона, мост для измерения собственной индуктивности
Anderson-Dayem ~ *свпр* мостик Андерсона — Дайема
balanced ~ уравновешенный мост
Belfils ~ мостовой электронный прибор для измерения содержания гармоник
bolometer ~ болометрический мост
box ~ магазинный мост
Campbell ~ мост для измерения взаимной индуктивности
Campbell-Colpitz ~ мост для измерения ёмкости методом замещения
capacitance ~ мост для измерения ёмкости
capacitance-balance ~ мост для измерения полного сопротивления с ёмкостным балансом и одной заземлённой вершиной

carbon ~ *кв. эл.* углеродный мостик
Carey-Foster ~ мост Кэрея — Фостера (*разновидность моста Уитстона*)
comparison ~ 1. мостовая схема сравнения выходного напряжения с опорным (*в системах регулирования с обратной связью*) 2. мост для измерения отношения полных сопротивлений
conductance [conductivity] ~ мост для измерения малого сопротивления
conference ~ 1. коммутатор телеконференции 2. *тлг* коммутатор для конференц-связи
conjugate ~ сопряжённая мостовая схема, мостовая схема с переставленными (*по отношению к исходной*) входной и выходной цепями
Dayem ~ *свпр* мостик Дайема
decade ~ декадный мост
differential ~ дифференциальный мост
digital ~ цифровой мост
direct-current ~ мост постоянного тока
direct-reading ~ мост с непосредственным отсчётом
double ~ двойной мост, мост Томсона
electric ~ электрический мост
equal-arm ~ равноплечий мост
flutter ~ детонометр
four-arm ~ четырёхплечий мост
frequency ~ частотомерный мост
full-wave ~ двухполупериодная мостовая схема (*выпрямителя*)
graph ~ мост графа
Hay ~ мост для измерения частотной зависимости полного сопротивления
Heaviside-Campbell mutual-inductance ~ частотно-независимый мост для сравнения собственных *или* взаимных индуктивностей с дополнительной катушкой индуктивности
Heaviside mutual-inductance ~ частотно-независимый мост для сравнения собственных *или* взаимных индуктивностей
Heydweiller ~ мост Кэрея — Фостера (*разновидность моста Уитстона*)
high-frequency ~ высокочастотный [ВЧ-] мост
high-resistance ~ 1. мост для измерения большого сопротивления 2. *микр.* высокоомный мостик
Hoopes ~ разновидность моста Томсона для измерения сопротивления низкоомных проводников
host ~ *вчт* главный мост (*1. главное программное или аппаратное средство обеспечения совместимости между системами 2. часть набора формирующих функциональный блок компьютера ИС* (*на материнской плате*), *проф. часть чипсета 3. главное устройство для соединения сегментов сети на канальном уровне в модели ISO/OSI*)
immittance ~ мост для измерения полных проводимости и сопротивления
impedance ~ мост для измерения полного сопротивления
inductance [induction] ~ мост для измерения индуктивности
inductive ~ индуктивный мост
Kelvin ~ двойной мост, мост Томсона
limit ~ предельный мост Уитстона (*для отбраковочных испытаний*)
low-frequency dielectric ~ НЧ-мост для измерения параметров диэлектриков
magnetic ~ мост для измерения магнитной проницаемости
mail ~ мост электронной почты
Maxwell ~ мост Максвелла для измерения реактивного сопротивления
Maxwell dc commutator ~ мост Максвелла для измерения ёмкости (*с периодической коммутацией постоянного напряжения*)
Maxwell inductance ~ мост Максвелла для измерения индуктивности
Maxwell mutual-inductance ~ мост Максвелла для измерения взаимной индуктивности
Maxwell-Wien ~ мост Максвелла для измерения реактивного сопротивления
measuring ~ измерительный мост
Mercereau-Notarys ~ *свпр* мостик Мерсеро — Нотариса
microwave ~ СВЧ-(измерительный) мост
Miller ~ мост Миллера (*для измерения коэффициента усиления электронных ламп*)
Mueller ~ 1. мост Мюллера (*для прецизионных измерений сопротивления многоотводных резисторов*) 2. терморезисторный мост Мюллера
multiplex ~ многоканальное устройство сопряжения
mutual-inductance ~ мост для измерения взаимной индуктивности
Nernst ~ мост Нернста (*для измерения ёмкости на высоких частотах*)
north ~ *вчт* северный мост (*на материнской плате*)
Notarys ~ *свпр* мостик Нотариса
ohmic ~ *микр.* омический [проводящий] мостик
out-of-balance ~ неуравновешенный мост
Owen ~ резистивно-ёмкостный мост Оуэна (*для измерения собственной индуктивности*)
oxygen ~ *кв. эл.* кислородный мостик
Parks ~ *свпр* мостик Паркса
PCI ~ *см.* peripheral component interconnect bridge
peer-to-peer ~ *вчт* одноранговый мост
peripheral component interconnect ~ *вчт* мост шины (стандарта) PCI
permeability ~ мост для измерения магнитной проницаемости
phase-shift ~ фазосдвигающий мост
plug ~ магазинный мост
post-office ~ магазинный мост
proximity-effect ~ *свпр* мостик на эффекте близости
Raphael ~ реохордный мост Рафаэля (*для обнаружения и локализации неисправностей в линиях передачи*)
ratio-arm ~ мост отношений
rectifier ~ мостовая выпрямительная схема
resistance ~ мост Уитстона для измерения активного сопротивления
resonance ~ резонансный мост
Schering ~ мост Шеринга (*для измерения ёмкости и тангенса угла потерь*)
six-branch ~ шестиплечий мост
slideless ~ безреохордный мост
slide-wire ~ реохордный мост
south ~ *вчт* южный мост (*на материнской плате*)
space ~ телемост
standing-wave ratio ~ мост для измерения КСВ

bridge

strain-gage ~ мост с тензочувствительным первичным измерительным преобразователем, мост с тензодатчиком
substitution ~ мост для измерения методом замещения
summation ~ мост, работающий по принципу суммирования с опорным током
superconducting ~ сверхпроводящий мостик
superconducting thin-film ~ сверхпроводящий тонкоплёночный мостик
SWR ~ *см.* **standing-wave ratio bridge**
thermistor ~ терморезисторный мост
Thomson ~ двойной мост, мост Томсона
transconductance ~ мост для измерения крутизны
transformer ~ дифференциальный трансформатор
transmission ~ *тлф* аппаратура согласования входящих и исходящих цепей передачи
tube(-factor) ~ мост для измерения параметров электронных ламп, ламповый тестер
unbalanced ~ неуравновешенный мост
Wagner ground ~ мост переменного тока для измерения полного сопротивления с трансформаторной схемой питания
waveguide ~ волноводный мост
Wheatstone ~ мост Уитстона (*для измерения активного или полного сопротивления*)
Wien ~ мост Вина
zero-balance ~ уравновешенный мост
bridge/router мост-маршрутизатор
    dial-up ~ мост-маршрутизатор в коммутируемых линиях, вызываемый мост-маршрутизатор
bridgeware *вчт* средства обеспечения совместимости (*напр. программного обеспечения или форматов файлов*)
bridging 1. соединение по мостовой схеме 2. шунтирование; соединение перемычкой 3. режим работы многопозиционного переключателя с перекрывающим подвижным контактом 4. *вчт* использование моста (*1. использование программного или аппаратного средства обеспечения совместимости между системами 2. использование устройства для соединения сегментов сети на канальном уровне в модели ISO/OSI* 5. *вчт* использование радиомоста (*для соединения сегментов сети через радиоэфир*) 6. использование связки между частями (*вещательной программы*) 7. *фтт* образование мостиков; образование мостиковых фрагментов; образование валентной связи (*в химических соединениях*)
    end-point ~ шунтирование в конечной точке
    source route ~ *вчт* мостовая передача с маршрутизацией источника; протокол SRB
    toner ~ *вчт* спекание тонера
brief 1. *вчт* аннотация; реферат || аннотировать; реферировать 2. *тлв* брифинг || устраивать брифинг
briefing *тлв* брифинг
brigade:
    bucket ~ ПЗС типа «пожарная цепочка»
    insulated-gate FET bucket ~ ПЗС типа «пожарная цепочка» на полевых транзисторах с изолированным затвором
    MOS bucket ~ ПЗС типа «пожарная цепочка» на МОП-структурах
brighten 1. увеличивать яркость (*напр. изображения*); осветлять 2. *микр.* полировать

brightener 1. средство увеличения яркости (*напр. изображения*); осветлитель 2. *микр.* полировочное средство (*напр. полировочная паста*)
picture-tube ~ повышающий трансформатор в цепи накала кинескопа (*для увеличения тока эмиссии катода*)
brightness 1. яркость 2. освещённость 3. светлота 4. яркость звука (*1. присутствие верхних (звуковых) частот, напр. при воспроизведении записи 2. «музыкальный инструмент» из набора General MIDI 3. контроллер «яркость звука», MIDI-контроллер № 74*)
    adaptation ~ яркость поля адаптации
    electroluminescent ~ яркость электролюминесцентного источника
    field ~ яркость поля адаптации
    mark(er) ~ яркость метки; яркость отметки (*на экране индикатора или дисплея*)
    mean ~ средняя яркость
    photometric ~ яркость
    picture ~ яркость изображения
    sky-radio ~ радиояркость неба
    subjective ~ субъективная яркость
brilliance, brilliancy 1. *тлв* яркость 2. светлота 3. яркость звука, присутствие верхних (звуковых) частот (*напр. при воспроизведении записи*)
brilliant *вчт* бриллиант, кегль 3½ (*размер шрифта*)
brittle 1. *вчт* машинно-зависимый; непереносимый (*о программе*) 2. неустойчивый 3. хрупкий
broadbanding расширение полосы частот
broadbandness широкополосность
broadcast 1. (вещательная) передача (*1. радиопередача 2. телевизионная передача, телепередача 3. передача по сети проводного вещания*) || вещать (*1. передавать по радио 2. передавать по телевидению 3. передавать по сети проводного вещания*) || вещательный (*1. передаваемый по радио 2. передаваемый по телевидению 3. передаваемый по сети проводного вещания*) 2. *вчт* передача сообщений для всех абонентов (*без персонификации*), для всего аппаратного или программного обеспечения (*вычислительной системы или сети*), *проф.* широковещательная передача || передавать сообщения для всех абонентов (*без персонификации*), для всего аппаратного или программного обеспечения (*вычислительной системы или сети*), *проф.* использовать широковещательную передачу || передаваемый для всех абонентов (*без персонификации*), для всего аппаратного или программного обеспечения (*вычислительной системы или сети*), *проф.* широковещательный 3. *тлф* циркулярный вызов || использовать циркулярный вызов || циркулярный (*о вызове*)
    amplitude-modulation (radio) ~ радиопередача с использованием амплитудной модуляции
    coast-to-coast ~ вещание на всю территорию США
    color television ~ цветная телевизионная передача, цветная телепередача
    commercial ~ 1. коммерческое вещание 2. передача рекламы
    fox ~ несанкционированная радиопередача
    frequency-modulation (radio) ~ радиопередача с использованием частотной модуляции

    live ~ прямая передача
    multilingual ~ многоязычное вещание
    outdoor [outside] ~ внестудийная передача
    playback ~ передача под фонограмму
    radio ~ радиопередача
    remote ~ внестудийная передача
    simultaneous ~ **1.** одновременно передаваемая (*несколькими станциями*) программа ‖ передавать программу одновременно (*несколькими станциями*) **2.** репортаж с места событий (*напр. с трассы автогонок*) по замкнутой системе телевидения
    studio ~ студийная передача
    television ~ телевизионная передача, телепередача
broadcaster 1. вещательная компания (*1. радиовещательная компания 2. телекомпания*) **2.** служба вещания
    digital radio ~ служба цифрового радиовещания
    over-the-air terrestrial ~ наземная служба радиовещания
Broadcasting:
    Digital Video ~ **1.** Европейская организация по цифровому телевизионному вещанию **2.** европейский стандарт цифрового телевидения, стандарт DVB
    Digital Video ~ - Cable Европейский стандарт кабельного цифрового телевидения, стандарт DVB-C
    Digital Video ~ - Satellite Европейский стандарт спутникового цифрового телевидения, стандарт DVB-S
    Digital Video ~ - Terrestrial Европейский стандарт наземного цифрового телевидения, стандарт DVB-T
broadcasting 1. вещание (*1. радиовещание 2. телевизионное вещание 3. проводное вещание*) ‖ вещательный (*1. передаваемый по радио 2. передаваемый по телевидению 3. передаваемый по сети проводного вещания*) **2.** *вчт* передача сообщений для всех абонентов (*без персонификации*), для всего аппаратного *или* программного обеспечения (*вычислительной системы или сети*), *проф.* широковещательная передача ‖ передаваемый для всех абонентов (*без персонификации*), для всего аппаратного *или* программного обеспечения (*вычислительной системы или сети*), *проф.* широковещательный **3.** *тлф* циркулярный вызов; использование циркулярного вызова ‖ циркулярный (*о вызове*)
    amplitude-modulation (radio) ~ АМ-радиовещание, радиовещание с использованием амплитудной модуляции
    binaural ~ стереофоническое радиовещание
    digital audio ~ цифровое радиовещание
    digital sound ~ цифровое радиовещание
    direct ~ прямое вещание
    direct satellite ~ прямое спутниковое вещание
    domestic ~ национальное вещание
    frequency-modulation (radio) ~ ЧМ-радиовещание, радиовещание с использованием частотной модуляции
    fringe-area ~ вещание в зоне неуверенного приёма
    government ~ правительственное вещание
    high-frequency ~ ЧМ-радиовещание, радиовещание с использованием частотной модуляции
    international ~ международное вещание
    outside ~ внестудийное вещание
    radio ~ радиовещание
    satellite ~ спутниковое вещание
    simultaneous ~ **1.** одновременная передача программы (*несколькими станциями*) **2.** репортаж с места событий (*напр. с трассы автогонок*) по замкнутой системе телевидения
    space ~ спутниковое вещание
    standard ~ АМ-радиовещание, радиовещание с использованием амплитудной модуляции
    stereo ~ стереофоническое радиовещание
    television ~ телевизионное вещание
    three-program wire ~ трёхпрограммное проводное вещание
    video ~ телевизионное вещание
    wire ~ проводное вещание
broadening уширение
    anisotropy ~ **1.** уширение вследствие анизотропии **2.** анизотропное уширение
    artificial line ~ искусственное уширение линии
    band ~ уширение (*энергетической*) зоны
    collision(al) ~ столкновительное уширение
    collisionless ~ бесстолкновительное уширение
    crystalline inhomogeneities ~ уширение за счёт неоднородностей кристалла
    dipolar [dipole-dipole coupling] ~ дипольное уширение
    Doppler ~ доплеровское уширение (*1. рлк расширение спектра принимаемых частот за счёт движения цели 2. уширение спектральной линии в газе за счёт теплового движения атомов или молекул*)
    exchange ~ обменное уширение
    homogeneous ~ однородное уширение
    hyperfine interaction ~ сверхтонкое уширение
    inhomogeneous ~ неоднородное уширение
    inhomogeneous applied magnetic field ~ уширение за счёт неоднородности поля подмагничивания
    laser line ~ уширение линии излучения лазера
    line ~ уширение (*спектральной*) линии
    porosity ~ уширение вследствие пористости
    pseudodipole ~ псевдодипольное уширение
    pulse(-width) ~ уширение импульса
    resonance ~ резонансное уширение
    saturation ~ уширение вследствие насыщения
    spectral line ~ уширение спектральной линии
    spin-lattice (interaction) ~ спин-решёточное уширение
    spin-spin (coupling) ~ спин-спиновое уширение
    Stark ~ штарковское уширение
    temperature ~ температурное [тепловое] уширение
    thermal ~ температурное [тепловое] уширение
broadsheet формат А2, формат $48,2 \times 63$ см^2 (*о листе бумаги*)
broadside 1. сторона объекта с наибольшей площадью поверхности *или* с наибольшей длиной **2.** направление, перпендикулярное стороне объекта с наибольшей площадью поверхности *или* с наибольшей длиной
    array ~ направление, перпендикулярное плоскости антенной решётки *или* линии расположения элементов решётки
brochureware *проф.* запланированное, но не реализованное программное обеспечение, программное обеспечение «на бумаге»

brocket вчт знак «больше» или «меньше», проф. «рога», символ > или <
   left ~ вчт знак «меньше», проф. «левые рога», символ <
   right ~ вчт знак «больше», проф. «правые рога», символ >
broker брокер
   object request ~s брокеры объектных запросов, промежуточное программное обеспечение типа ORB
   software ~ брокер, специализирующийся на продаже программного обеспечения
brouter мост/маршрутизатор
brownprint коричневая светокопия || изготавливать коричневую светокопию
brownout резкое снижение напряжения (электро)питания
browse вчт просматривать
browser вчт проф. браузер (*1. программа просмотра, поиска и организации доступа к ресурсам сети 2. программа просмотра*)
   cookie-enabled ~ браузер, допускающий использование данных типа «cookie»
   forms-capable ~ браузер с поддержкой интерактивных форм
   graphics ~ графический браузер
   line ~ браузер в строковом режиме
   text ~ текстовый браузер
   voice-driven ~ браузер с голосовым [речевым] управлением
   WAP ~ браузер, использующий протокол (сетевых) приложений с радиодоступом, WAP-браузер (*напр. в сотовых телефонах*)
   Web ~ браузер глобальной гипертекстовой системы WWW для просмотра, поиска и организации доступа к ресурсам Internet, браузер Web-системы, Web-браузер
browsing вчт 1. просмотр, поиск и организация доступа к ресурсам сети 2. просмотр
   computer ~ просмотр файлов компьютера
   Web ~ просмотр, поиск и организация доступа к ресурсам глобальной гипертекстовой системы WWW; просмотр Web-страниц
brush 1. щётка 2. скользящий [подвижный] контакт 3. вчт кисть (*1. инструмент для рисования в графических редакторах 2. инструмент для нанесения краски*) || использовать кисть
   art history ~ вчт кисть предыстории с созданием художественных эффектов, инструмент для выборочной отмены действий и создания художественных эффектов (*в графических редакторах*)
   history ~ вчт кисть предыстории, инструмент для выборочной отмены действий (*в графических редакторах*)
   resistive ~ резистивная щётка
brushing кистевой разряд
brusselator брюсселятор
bubble 1. цилиндрический магнитный домен, ЦМД 2. шарик, пузырёк (*символ на принципиальной схеме электронного прибора для обозначения сигнала с активным нижним уровнем на входе или инверсии сигнала с активным верхним уровнем на выходе*) 3. продолжение телесериала
   anomalous ~ жёсткий ЦМД
   bistable ~ бистабильный ЦМД
   buffer ~ буферный ЦМД
   chiral ~ киральный [хиральный] ЦМД
   collapsing ~ коллапсирующий ЦМД
   compensation ~ компенсационный ЦМД
   data ~ информационный ЦМД
   extra ~ избыточный ЦМД
   floating ~ несквозной [плавающий] ЦМД
   free ~ свободный ЦМД
   gradient propagated magnetic ~ ЦМД, движущийся в градиенте (магнитного) поля
   hard ~ жёсткий ЦМД
   high-mobility ~ ЦМД с высокой подвижностью
   hollow ~ полый ЦМД
   intermediate ~ промежуточный ЦМД
   isolated ~ изолированный ЦМД
   lattice ~ ЦМД (гексагональной) решётки
   low-mobility ~ ЦМД с низкой подвижностью
   magnetic ~ цилиндрический магнитный домен, ЦМД
   mobile ~ подвижный ЦМД
   noncollapsing ~ неколлапсирующий ЦМД
   normal ~ мягкий ЦМД
   S-0 ~ ЦМД с индексом границы, равным нулю
   S-1 ~ ЦМД с индексом границы, равным единице
   seed ~ зародышевый ЦМД
   self-biasing ~ ЦМД с внутренним подмагничиванием
   single ~ изолированный ЦМД
   soft ~ мягкий ЦМД
   stable ~ устойчивый ЦМД
   state-one ~ ЦМД с индексом границы, равным единице
   state-zero ~ ЦМД с индексом границы, равным нулю
   submicron ~ ЦМД субмикронного размера
   trapped ~ захваченный ЦМД
   uncoded ~ некодированный ЦМД
   uncoding ~ некодируемый ЦМД
   unstable ~ неустойчивый ЦМД
buck противодействие || противодействующий || противодействовать
bucket вчт 1. (адресуемый как единое целое) блок (*напр. памяти*) 2. ведро (*тип подмножества в теории графов*) 3. проф. груда; большое количество 4. ковш(ик), черпак 5. лопатка; лопасть
   bit ~ вчт проф. 1. мусорное ведро (для данных) (*1. устройство фиктивного копирования или вывода данных, напр. устройство NUL в MS-DOS 2. воображаемое хранилище пропавшей электронной почты и недоставленных электронных новостей*) 2. память типа «только для записи», недоступная для считывания память
   hash ~ хэш-блок
   nonempty ~ непустое ведро
   paint ~ вчт ковшик с краской, инструмент для однотонной заливки выделенной области изображения (*в графических редакторах*)
bucking противодействие || противодействующий
   hum ~ компенсация фона (*напр. в громкоговорителе*)
buckling 1. изгиб; прогиб 2. коробление (*напр. пластин аккумулятора*)
   stripe ~ изгиб полосового магнитного домена
buckyball микр. бакибол, фуллерен (*молекула углерода C_{2n} в форме полого выпуклого многогранника*)

buffer 1. буферная схема; буферный каскад **2.** буферный усилитель **3.** *вчт* буфер ‖ буферизовать, использовать буфер *или* буферы **4.** буферная зона (*в геоинформационных системах*)
branch target ~ буфер адресов перехода (*напр. в процессоре Pentium*)
cache (memory) ~ буфер кэша
data ~ буфер данных
disk ~ буфер диска; буфер системы ввода-вывода; кэш диска
empty ~ пустой буфер (*катастрофический сбой при записи на компакт-диск*)
exchange ~ буфер обмена
frame ~ 1. *тлв* буфер кадра, кадровый буфер **2.** *вчт* буфер изображения (*выводимого на экран дисплея*)
gated ~ стробируемая буферная схема
input ~ буфер ввода
keyboard ~ клавиатурный буфер (*в памяти компьютера*)
keystroke ~ клавиатурный буфер (*в памяти компьютера*)
line ~ буферная зона линии
map ~ буфер данных о карте дефектов
object ~ буферная зона объекта
output ~ буфер вывода
page-image ~ *вчт* буфер изображения страниц
point ~ буферная зона точки
print ~ буфер печати
read-ahead ~ буфер упреждающего считывания
refresh ~ *вчт* видеобуфер
regeneration ~ *вчт* видеобуфер
re-order ~ переупорядочивающий буфер
return stack ~ буфер стековых возвратов
on-chip ~ буфер на кристалле
sound ~ *вчт* буфер звука
texture ~ буфер текстур (*в компьютерной графике*)
track ~ *вчт* буфер дорожки; буфер трека
translation look aside ~ *вчт* буфер ассоциативной трансляции (*напр. для кэша второго уровня*)
tristable output ~ буфер с тремя состояниями выхода, тристабильный буфер
TSO ~ *см.* **tristable output buffer**
type-ahead ~ клавиатурный буфер (*в памяти компьютера*)
video ~ *вчт* видеобуфер, буферная видеопамять
write ~ буфер записи
Z- ~ Z-буфер, буфер глубины изображения (*в компьютерной графике*)
buffering *вчт* буферизация, использование буфера *или* буферов
advanced system ~ усовершенствованная системная буферизация, метод ASB (*напр. в процессорах Pentium IV*)
double ~ двойная буферизация
exchange ~ буферизация обмена
extra ~ дополнительная буферизация
input/output ~ буферизация ввода/вывода
I/O ~ *см.* **input/output buffering**
multiple ~ многократная буферизация
simple ~ простая буферизация
system ~ системная буферизация
track ~ *вчт* буферизация дорожки; буферизация трека

Z- ~ Z-буферизация, использование буфера глубины изображения (*в компьютерной графике*)
bug 1. полуавтоматический [вибрационный] телеграфный ключ **2.** *проф.* отказ **3.** электронное подслушивающее устройство, *проф.* «жучок» ‖ устанавливать электронное подслушивающее устройство **4.** *вчт* ошибка в программе
electronic ~ *тлг* электронный ключ
millenium ~ *вчт* проблема 2000 года
Pentium F0 ~ ошибка типа F0, блокировка процессора Pentium *или* Pentium MMX при исполнении недопустимой инструкции с кодовой последовательностью F0 0F C7 C8
Schrödinger ~ *вчт* трудно обнаруживаемая скрытая ошибка (*в программе*), *проф.* ошибка типа «кошка Шредингера»
bugging подслушивание с помощью электронных устройств
bugle *вчт* открывающая кавычка, символ '
build 1. физическая структура; строение **2.** стиль *или* форма конструкции **3.** строить; создавать; возводить; сооружать **4.** формировать; конструировать **5.** увеличивать; усиливать; развивать **6.** толщина катушки индуктивности *или* обмотки трансформатора (*с учётом межслойной изоляции*)
coil ~ толщина катушки индуктивности
transformer ~ толщина обмотки трансформатора
building 1. здание; сооружение; помещение **2.** строительство; создание; возведение; сооружение **3.** формирование; конструирование; построение **4.** увеличение; усиление; развитие
~ of data warehouse создание хранилищ данных
model ~ построение модели
shielded ~ экранированное помещение
building-out настройка *или* согласование с помощью добавления элементов, аналогичных использованным
build(ing)-up 1. нарастание (*напр. импульса*) **2.** разгорание, нарастание яркости свечения (*люминофора*) **3.** *фтт* застройка
phosphor ~ разгорание люминофора
voltage ~ нарастание напряжения
built-in 1. встроенное оборудование; встроенный прибор; встроенный элемент ‖ встроенный **2.** характерный; присущий; неотъемлемый
bulb 1. баллон (*электровакуумного прибора*), колба (*электрической лампы*) **2.** (электрическая) лампа
clear ~ прозрачная колба
dark ~ кинескоп с тёмным экраном
electric light ~ 1. колба электрической лампы **2.** электрическая лампа
flash ~ импульсная лампа
glass ~ стеклянная колба
internally coated ~ колба с внутренним (рассеивающим) покрытием
kinescope ~ баллон кинескопа
metallized ~ 1. металлизированный баллон **2.** зеркальная колба
neon ~ неоновая лампа
photoflash ~ лампа-вспышка, фотовспышка
bulge 1. горб (*на кривой*); выступ; выброс ‖ обладать горбом; иметь выступ; образовывать выброс **2.** отклонение частотной зависимости затухания в линии передачи от линейной
bulk 1. объём ‖ объёмный; трёхмерный **2.** подложка (*ИС*) **3.** *вчт* большой массив данных

bulk

~ **of semiconductor** объём полупроводника
data ~ большой массив данных
neutral ~ нейтральная подложка

bullet 1. *вчт* чёрный кружок (*для выделения элементов перечня*), *проф.* «горошина», символ • 2. *вчт* нецифровой символ для выделения элементов перечня 3. пуля
magic ~ оригинальное решение (*проблемы*), *проф.* волшебная пуля
silver ~ оригинальное решение (*проблемы*), *проф.* серебряная пуля

bulletin 1. бюллетень ‖ выпускать бюллетень 2. сводка новостей ‖ передавать сводку новостей 3. объявление ‖ передавать объявление

bulletproof *вчт проф.* «пуленепробиваемый», отказоустойчивый (*о программе*)

Bull Goose радиолокационная ловушка в виде ракеты класса «земля — воздух»

bullhorn рупорный громкоговоритель *или* мегафон

bump 1. горб (*на кривой*); выступ; выброс ‖ обладать горбом; иметь выступ; образовывать выброс 2. *микр.* столбиковый вывод, контактный столбик
contact ~ столбиковый вывод, контактный столбик
solder-coated ~ столбиковый вывод, покрытый припоем

bumping *микр.* создание выступов; формирование выступов
silicon ~ наращивание контактных площадок (*напр. для создания столбиковых выводов*)
solder ~ осаждение припоя на контактные выступы (*напр. для создания шариковых выводов*)

bunch 1. связка; пучок (*напр. лучей*) ‖ образовывать связку; образовывать пучок 2. группа; сгусток; скопление ‖ группировать(ся); образовывать сгустки; скапливаться 3. *фтт* кластер ‖ образовывать кластеры 4. *крист.* эшелон
dislocation ~ скопление дислокаций
electron ~ сгусток электронов
fuzzy ~ нечёткий пучок
plasma ~ плазменный сгусток
step ~ эшелон ступеней (*роста*)

buncher 1. входной резонатор (*клистрона*) 2. группирователь
input ~ входной резонатор
resonator ~ входной резонатор

bunching группирование, группировка
~ **of carriers** группирование носителей
angle ~ фазовое группирование
electron ~ группирование электронов
impurity ~ группирование примесей
optimum ~ оптимальное группирование
phase ~ фазовое группирование
reflex ~ группирование в пространстве отражения отражательного клистрона)
velocity-modulation ~ группирование (*электронов*) при модуляции по скорости

bundle 1. жгут ‖ объединять в жгут 2. связка; пучок (*напр. лучей*) ‖ образовывать связку; образовывать пучок 3. группа; сгусток; скопление ‖ группировать(ся); образовывать сгустки; скапливаться 4. набор однотипных сигналов (*скаляров*) и (*или*) групп таких сигналов (*векторов*) ‖ использовать наборы однотипных сигналов (*скаляров*) и (*или*) группы таких сигналов (*векторов*) 5. *вчт* расслоение; расслоенное пространство (*в топологии*) ‖ расслаиваться (*о пространстве*) 6. практиковать продажу аппаратуры *или* программных продуктов с бесплатными дополнениями (*в рекламных целях*) 7. продавать в комплекте; включать в стоимость компьютерной системы стоимость программного обеспечения, периферийного оборудования и услуг
~ **of circuits** группа каналов
~ **of electrons** сгусток электронов
~ **of fiber** 1. волоконно-оптический жгут 2. расслоение; расслоенное пространство
~ **of lines** 1. пучок линий 2. линейное расслоение
~ **of rays** пучок лучей
~ **of vortices** *свпр* связка вихрей
algebraic ~ алгебраическое расслоение
analytical ~ аналитическое расслоение
bifurcated fiber ~ волоконно-оптический жгут с разветвлением
conjugate ~ сопряжённое расслоение
convergent ~ сходящийся пучок
differential ~ дифференциальное расслоение
divergent ~ расходящийся пучок
fiber ~ 1. волоконно-оптический жгут 2. расслоение; расслоенное пространство
flux ~ *свпр* связка вихрей
homocentric ~ гомоцентрический пучок
jet ~ струйное расслоение
nanotube ~ пучок нанотрубок
optical fiber ~ волоконно-оптический жгут
orthogonal ~ ортогональное расслоение
pinned flux ~ *свпр* закреплённая связка вихрей
ray ~ пучок лучей
reducible ~ приводимое расслоение
regular fiber ~ волоконно-оптический жгут без разветвлений
single fiber ~ волоконно-оптический жгут без разветвлений
smooth ~ гладкое расслоение
tensor ~ тензорное расслоение
vector ~ векторное расслоение

bundled 1. объединённый в жгут 2. образующий связку; образующий пучок 3. сгруппированный; имеющий сгустки; имеющий скопления 4. объединённый в наборы однотипных сигналов (*скаляров*) и (*или*) группы таких сигналов (*векторов*) 5. продаваемый (*об аппаратуре или программных продуктах*) с бесплатными дополнениями (*в рекламных целях*) 6. продаваемый в комплекте; включающий стоимость программного обеспечения, периферийного оборудования и услуг (*напр. о компьютерной системе*)

bundling 1. объединение в жгут 2. образование связок; образование пучков 3. группирование; образование сгустков; образование скоплений 4. использование наборов однотипных сигналов (*скаляров*) и (*или*) групп таких сигналов (*векторов*) 5. *вчт* расслоение пространствf (*в топологии*) 6. практика продажи аппаратуры *или* программных продуктов с бесплатными дополнениями (*в рекламных целях*) 7. продажа в комплекте; включение в стоимость компьютерной системы стоимости программного обеспечения, периферийного оборудования и услуг

buoy буй

burst

data ~ телеметрический буй
repeater ~ ретрансляционный буй
burden нагрузка (*измерительного трансформатора*)
quarter-thermal ~ максимально допустимая температура для работы измерительного трансформатора без нагрева при 25%-ой нагрузке
rated ~ номинальная нагрузка (*измерительного трансформатора*)
thermal rating ~ максимально допустимая нагрузка для работы измерительного трансформатора без перегрева
Bureau:
Federal ~ of Investigation Федеральное бюро расследований, ФБР (*США*)
Interactive Advertising ~ Бюро интерактивной рекламы, организация IAB
Intergovernmental ~ of Informatics Межправительственное бюро информатики
bureau бюро; агентство; центр
imagesetter service ~ бюро услуг по фотонабору
service ~ бюро услуг; центр обслуживания
burglar взломщик
burglarize взламывать; осуществлять несанкционированное проникновение (*напр. в помещение с ограниченным доступом*)
burglarproof защищённый от взлома; оборудованный системой защиты от несанкционированного проникновения (*напр. в помещение с ограниченным доступом*)
burglary взлом; несанкционированное проникновение (*напр. в помещение с ограниченным доступом*)
burn 1. выгорание; выжигание || выгорать; выжигать 2. послеизображение 3. программировать постоянную память, программировать постоянное запоминающее устройство 4. приработка (*1. длительные (в течение нескольких суток) непрерывные испытания (прибора или устройства) при нормальных условиях перед поставкой заказчику 2. электротермотренировка, длительные (в течение нескольких суток) непрерывные испытания (прибора или устройства) при повышенной (напр. до 50° С) температуре перед поставкой заказчику*) || производить приработку 5. испортить (*прибор или схему из-за перегрева или избыточного напряжения*), *проф.* «спалить» (*прибор или схему*) 6. затемнение (*части изображения*) || затемнять (*часть изображения*) 7. инструмент для локального затемнения изображения (*в графических редакторах*) ◊ ~ in 1. вжигание || вжигать 2. приработка (*1. длительные (в течение нескольких суток) непрерывные испытания (прибора или устройства) при нормальных условиях перед поставкой заказчику 2. электротермотренировка, длительные (в течение нескольких суток) непрерывные испытания (прибора или устройства) при повышенной (напр. до 50° С) температуре) перед поставкой заказчику*) || производить приработку 3. затемнение (*части изображения*) || затемнять (*часть изображения*)
dark ~ ионное пятно (*на экране ЭЛТ*)
image ~ послеизображение
ion ~ ионное пятно (*на экране ЭЛТ*)
radiation ~ радиационное выгорание
raster ~ выжигание растра
retained ~ послеизображение
screen ~ выжигание экрана
target ~ выжигание мишени
burner 1. горелка 2. программатор постоянной памяти, программатор постоянного запоминающего устройства
glazing ~ горелка для оплавления стекла
multitube ~ многотрубная горелка
plasma ~ плазменная горелка
programmable read-only memory ~ программатор постоянной памяти, программатор постоянного запоминающего устройства
PROM ~ *см.* programmable read-only memory burner
tricone ~ трёхконусная горелка
burn-in 1. приработка (*1. длительные (в течение нескольких суток) непрерывные испытания (прибора или устройства) при нормальных условиях перед поставкой заказчику 2. электротермотренировка, длительные (в течение нескольких суток) непрерывные испытания (прибора или устройства) при повышенной (напр. до 50° С) температуре перед поставкой заказчику*) 2. вжигание 3. затемнение (*части изображения*)
high-temperature reverse-bias ~ высокотемпературная приработка при обратном смещении
burning 1. выгорание; выжигание 2. программирование постоянной памяти, программирование постоянного запоминающего устройства ◊ ~ a hole in line *кв. эл.* выгорание провала на линии излучения
burn-out выгорание; выжигание
continuous-wave ~ *пп* выгорание в непрерывном режиме
crystal ~ выгорание кристалла
CW ~ *см.* continuous-wave burn-out
filamentary ~ *пп* выгорание в результате шнурования (*тока*)
photochemical hole ~ фотохимическое выгорание провала
pulse ~ *пп* выгорание в импульсном режиме
spatial hole ~ пространственное выгорание провала
burst 1. всплеск; выброс 2. *тлв* сигнал цветовой синхронизации, *проф.* «вспышка» цветовой поднесущей 3. пакет (*напр. данных*); пачка (*напр. импульсов*) 4. пробой (*в ионизационной камере*) 5. интервал, промежуток; зазор; щель 6. *вчт* разбивка (на части) || разбивать (на части) (*при пакетной передаче*) 7. *вчт* сигнал разбивки (на части) 8. разделение на отдельные листы (*распечатки на фальцованной бумажной ленте*); разделение оригинала и копий с удалением копировальной бумаги || разделять на отдельные листы (*распечатку на фальцованной бумажной ленте*); разделять оригиналы и копии с удалением копировальной бумаги
~ of luminescence вспышка люминесценции, сцинтилляция
access ~ (временной) интервал доступа (*канала связи*)
color ~ сигнал цветовой синхронизации
dummy ~ установочный (временной) интервал (*канала связи*)
error ~ пакет ошибок
frequency correction ~ (временной) интервал коррекции частоты (*канала связи*)

burst

noise ~ шумовой выброс
normal ~ нормальный (временной) интервал (*канала связи*)
reference ~ сигнал цветовой синхронизации
signal ~ 1. выброс сигнала 2. информационный пакет
synchronization ~ 1. синхрогруппа, синхронизирующая посылка 2. интервал временной синхронизации (*канала связи*)
tone ~ тональная посылка

burster устройство для разделение на отдельные листы (*распечатки на фальцованной бумажной ленте*); устройство для разделение оригинала и копий с удалением копировальной бумаги

bursting 1. *вчт* разбивка (на части) (*при пакетной передаче*) 2. пакетная передача; пакетный режим 3. разделение на отдельные листы (*распечатки на фальцованной бумажной ленте*); разделение оригинала и копий с удалением копировальной бумаги

bury передавать шифрованное сообщение внутри обычного текста

bus 1. шина (*1. вчт группа функционально объединённых проводников, образующих канал обмена информацией между различными частями компьютера; проф. магистраль 2. электрическая шина; сборная шина (в распределительных электрических устройствах)*) 2. *проф.* магистраль (*1. высокоскоростная магистральная линия связи; высокоскоростной магистральный тракт передачи информации*) 3. вершина графа 4. набор однотипных сигналов (*скаляров*)

Access.~ *см.* Accessory bus
Accessory ~ последовательная шина (расширения стандарта) I^2C, шина Access.bus
address ~ адресная шина
advanced technology ~ шина (расширения стандарта) AT
advanced technology attachment ~ шина (расширения стандарта) ATA
analog expansion ~ аналоговая шина расширения (для компьютерной телефонии), шина (расширения стандарта) AEB
Apple desktop ~ (последовательная) шина расширения (стандарта) ADB (*для Apple-совместимых компьютеров*)
AT ~ *см.* advanced technology bus
ATA ~ *см.* advanced technology attachment bus
back-side ~ шина кэш-памяти (второго уровня), шина типа BSB (*в архитектуре DIB*)
bidirectional data ~ двунаправленная шина данных
broadcast ~ *вчт* шина широковещательной передачи
buffered ~ буферизованная шина
common ~ общая шина
control ~ управляющая шина
daisy-chain ~ шина с последовательным опросом
data ~ шина данных
destination address ~ шина адреса получателя
distributed queue double ~ распределённая двойная шина с очередями, шина (типа) DQDB, шина стандарта IEEE 802.6
domestic digital ~ домашняя цифровая магистраль (*для управления последовательностью операций в комплексе бытовой электронной аппаратуры*)

dual independent ~ двойная независимая шина, шина с архитектурой DIB (*в процессорах Pentium*)
earth ~ шина заземления
EISA ~ *см.* extended industry standard architecture bus
enclosed ~ шина в оболочке
expansion ~ шина расширения
extended industry standard architecture ~ шина (расширения) с усовершенствованной стандартной промышленной архитектурой, шина (расширения с архитектурой стандарта) EISA
external data ~ шина внешних данных
fault ~ шина заземления с системой сигнализации об отказе
front-side ~ системная шина, шина процессора, шина типа FSB, *проф.* «хост-шина» (*в архитектуре DIB*)
general purpose ~ универсальная шина
general purpose interface ~ универсальная интерфейсная шина (корпорации Hewlett-Packard), шина (расширения стандарта) GPIB, шина (расширения стандарта) IEEE 488, шина (расширения стандарта) HPIB
H.100 ~ цифровая шина расширения стандарта H.100 для компьютерной телефонии, шина (расширения стандарта) H.100
Hewlett-Packard interface ~ универсальная интерфейсная шина (корпорации Hewlett-Packard), шина (расширения стандарта) GPIB, шина (расширения стандарта) IEEE 488, шина (расширения стандарта) HPIB
high performance serial ~ высокопроизводительная последовательная шина (расширения), шина (расширения стандарта) HPSB, шина FireWire, шина (стандарта) IEEE 1394 (*напр. шина SCSI-3*)
host ~ системная шина; шина процессора
global broadcasting ~ *вчт* шина глобальной широковещательной передачи
ground ~ шина заземления
I^2C ~ *см.* inter-integrated-circuit bus
industry standard architecture ~ шина (расширения) со стандартной промышленной архитектурой, шина (расширения с архитектурой стандарта) ISA
intercluster ~ межкластерная шина
interface ~ *вчт* интерфейсная шина
inter-integrated-circuit ~ шина для соединения ИС
intermodule ~ межмодульная шина
ISA ~ *см.* industry standard architecture bus
local ~ локальная шина
MCA ~ *см.* micro channel architecture bus
Media ~ дополнительный слот расширения (*слота PCI для установки ISA-совместимых устройств*), слот Media bus
message ~ шина передачи сообщений; шина передачи управляющих сигналов (*напр. для шины SCbus*)
micro channel architecture ~ шина (расширения) с микроканальной архитектурой, шина (расширения с архитектурой стандарта) MCA; шина компьютеров серии PS/2
mix-down ~ шина микширования звука после записи
multi-transaction system ~ системная шина для одновременного выполнения нескольких транзакций

Multi-Vendor Integration Protocol [MVIP] ~ цифровая шина расширения для объединения устройств различных поставщиков по протоколу MVIP для компьютерной телефонии, шина (расширения) MVIP

PCI ~ *см.* peripheral component interconnect(ion) bus

PCM expansion ~ цифровая шина расширения (для компьютерной телефонии) с использованием ИКМ, шина (расширения стандарта) PEB

PCMCIA ~ *см.* Personal Computer Memory Card International Association bus

peripheral component interconnect(ion) ~ (локальная) шина для подключения периферийных компонентов, (локальная) шина (стандарта) PCI

Personal Computer Memory Card International Association ~ шина (расширения) стандарта Международной ассоциации производителей плат памяти для персональных компьютеров, шина (расширения стандарта) PCMCIA

proprietary local ~ собственная локальная шина (*изготовителя аппаратного обеспечения*)

PS/2 ~ шина компьютеров серии PS/2; шина (расширения) с микроканальной архитектурой, шина (расширения с архитектурой стандарта) MCA

S-100 ~ шина расширения S-100, шина (расширения) стандарта IEEE 696/S-100

SCSI ~ *см.* small computer system interface bus

small computer system interface ~ шина интерфейса малых вычислительных систем, шина интерфейса (стандарта) SCSI

software ~ среда для поддержки обработки данных в гетерогенных системах, *проф.* программная шина

source address ~ шина адреса источника

status ~ *вчт* шина состояния

system management ~ (двухпроводная) системная управляющая шина, шина типа SMB (*для передачи команд и информации между интеллектуальным аккумулятором и другими устройствами в портативных компьютерах*)

token ~ маркерная шина

universal serial ~ универсальная последовательная шина, шина (расширения стандарта) USB

universal serial ~ on-the-go универсальная последовательная шина для переносимых компьютеров, шина (расширения стандарта) USB OTG

Versa Module Europe ~ шина (стандарта) VME (*для одноплатных компьютеров*)

VESA local ~ *см.* Video Electronic Standard Association local bus

Video Electronic Standard Association local ~ локальная шина с архитектурой Ассоциации стандартов по видеотехнике, (локальная) шина (стандарта) VESA

VL ~ *см.* VESA local bus

VME ~ *см.* Versa Module Europe bus

VXI ~ шина (стандарта) VXI, расширение шины (стандарта) VME

busbar (электрическая) шина

bushing 1. проходной изолятор; изолирующая втулка **2.** ввод *или* вывод с изолирующей втулкой **3.** изолирующая оболочка (*напр. жгута*) **4.** фильера (*1. фильерная [волочильная] пластина, волочильная доска; волока (напр. для вытягивания стекловолокна) 2. канал фильерной [волочильной] пластины*) **5.** втулка; вкладыш (*напр. подшипника*)

capacitance ~ ёмкостный ввод *или* вывод

capacitor ~ проходной изолятор конденсатора

ceramic ~ керамический ввод *или* вывод

coupling ~ соединительная втулка

drain ~ фильера

entrance ~ ввод с изолирующей втулкой

forming ~ фильера

glass ~ стеклянный проходной изолятор

guide ~ направляющая втулка

tapered ~ коническая втулка

business 1. бизнес (*1. дело; занятие 2. предпринимательство, предпринимательская деятельность 3. коммерция, коммерческая деятельность; торговля*) || относящийся к бизнесу (*1. деловой; относящийся к занятию 2. предпринимательский 3. коммерческий; торговый*) **2.** деятельность; профессия (*относящийся к деятельности; профессиональный 3.* сделка; проект **4.** *тлв* (невербальное) сценическое действие (*жест или движение*)

electronic ~ электронный бизнес

kinetic ~ кинетический бизнес

show ~ *тлв* индустрия развлечений, *проф.* шоу-бизнес

stage ~ (невербальное) сценическое действие

virtual ~ виртуальный бизнес

Business.com *вчт* поисковая машина Business.com

business-to-business отношения типа «бизнес-бизнес»

business-to-customer отношения типа «бизнес-покупатель»

business-to-government отношения типа «бизнес-правительство»

busing соединение с общей шиной

busline (электрическая) шина

bussback проверочный шлейф

bust грубая ошибка оператора (*в криптографии*)

buster укротитель; дрессировщик

virus ~ *вчт* антивирусная программа, *проф.* укротитель вирусов

busy 1. быть занятым || занятый **2.** *тлф* занятая линия связи

busying 1. занятие **2.** *тлф* занятие линии связи

forward ~ *тлф* прямое соединение

busyness 1. занятость **2.** перегруженность мелкими несущественными деталями (*напр. об изображении*)

edge ~ *тлв* нестабильность контуров

butterfield *рлк* противорадиолокационный отражатель из проволочной сетки

button 1. кнопка; клавиша **2.** капля; навеска **3.** (металлическая) заготовка (*для изготовления сплавного транзистора*) **4.** капсюль (*угольного микрофона*) **5.** *вчт* якорь (*отправной или конечный пункт ссылки внутри гипертекста*)

~ # 1 *вчт* баннер [рекламное окно] формата «кнопка № 1» (*120×90 пикселей*)

~ # 2 *вчт* баннер [рекламное окно] формата «кнопка № 2» (*120×60 пикселей*)

~s **in window** *вчт* кнопки управления окном

~ **on the mouse** *вчт* клавиша мыши

~s **on the taskbar** *вчт* кнопки панели задач

call ~ вызывная кнопка

carbon ~ капсюль угольного микрофона

ceramic disk ~ *микр.* круглый керамический корпус с радиальными выводами

close ~ *вчт* кнопка закрытия окна
command ~ *вчт* кнопка задачи (*на панели задач экрана дисплея*)
control ~ кнопка управления
date and second ~ кнопка установки секунд и даты (*в электронных часах*)
default ~ *вчт* кнопка, выбираемая по умолчанию
dial light ~ кнопка подсветки шкалы
disk ~ *микр.* круглый пластмассовый корпус с радиальными выводами
disk eject ~ кнопка извлечения диска (*из дисковода*)
eject ~ клавиша извлечения (*напр. кассеты*)
fast forward ~ кнопка (ускоренной) прямой перемотки (*магнитной ленты*), или кнопка (ускоренной) перемотки (*магнитной ленты*) вперёд
FF ~ *см.* fast forward button
fire ~s кнопки ведения стрельбы (*в джойстике для компьютерных игр*)
function ~ *вчт* функциональная клавиша
fuzz ~ *микр.* 1. шариковый вывод из пористого золота 2. техника монтажа с помощью шариковых выводов из пористого золота
Green (functions) ~ *вчт* кнопка включения (и выключения) энергосберегающего режима
hour and minute ~ кнопка установки часов и минут (*в электронных часах*)
key ~ кнопка; кнопочный переключатель
left mouse ~ *вчт* левая клавиша мыши
maximize ~ *вчт* кнопка для увеличения размеров окна до полноэкранного (*с сохранением изображения панели задач*)
micro ~ *вчт* баннер [рекламное окно] формата «микрокнопка» (*88×31 пикселей*)
microphone ~ 1. тангента (*на микротелефонной трубке*) 2. капсюль (*угольного микрофона*)
middle mouse ~ *вчт* средняя клавиша мыши
minimize ~ *вчт* кнопка для преобразования окна в кнопку панели задач
mouse ~ *вчт* клавиша мыши
navigation ~ *вчт* кнопка для поиска, просмотра и организации доступа к ресурсам (*напр. сети*)
OK ~ *вчт* кнопка подтверждения (*напр. выбранных действий*)
option ~s *вчт* кнопки для выбора опций (*в диалоговом окне экрана дисплея*), *проф.* радиокнопки
pause ~ кнопка «пауза»
plastic disk ~ *микр.* круглый пластмассовый корпус с радиальными выводами
playback ~ кнопка «воспроизведение»
Power ~ *см.* power button
power ~ кнопка включения (и выключения) (электро)питания, кнопка «power» или «Power» (*напр. на передней панели компьютера*)
press ~ нажимная кнопка
press-to-talk ~ тангента (*на микротелефонной трубке*)
pull ~ отжимная кнопка
push(ing) ~ нажимная кнопка
push-pull ~ нажимно-отжимная кнопка
radio ~s *вчт* кнопки для выбора опций (*в диалоговом окне экрана дисплея*), *проф.* радиокнопки
record ~ кнопка «запись»
Reset ~ *см.* reset button
reset ~ 1. кнопка сброса, кнопка аппаратного перезапуска, кнопка «reset» или «Reset» (*на передней панели компьютера*) 2. кнопка восстановление исходного состояния 3. кнопка установки в состояние «0»
restore ~ *вчт* кнопка восстановления максимального размера окна
rewind ~ кнопка (ускоренной) обратной перемотки (*магнитной ленты*), кнопка (ускоренной) перемотки (*магнитной ленты*) назад
right mouse ~ *вчт* правая клавиша мыши
run ~ кнопка пуска
start ~ кнопка пуска
stop ~ кнопка выключения; кнопка «стоп»
surface mounted disk ~ *микр.* круглый корпус с радиальными выводами для поверхностного монтажа
talk-listen ~ тангента (*на микротелефонной трубке*)
Turbo ~ *см.* turbo button
turbo ~ кнопка переключения режима работы процессора, кнопка «turbo» или «Turbo» (*на передней панели компьютера*)
turbo/auto fire ~s кнопки ведения непрерывной стрельбы (*в джойстике для компьютерных игр*)
turn-pull ~ поворотно-отжимная кнопка
turn-push ~ поворотно-нажимная кнопка

buzz 1. жужжание (*напр. работающего в коротком цикле компьютера*), жужжащий звук; гудение ‖ жужжать (*напр. о работающем в коротком цикле компьютере*); гудеть 2. гудок (*напр. телефона*); сигнал зуммера ‖ вызывать гудком *или* сигналом зуммера 3. *проф.* звонок (*по телефону*) ‖ звонить (*по телефону*) 4. «подмешивание» вибраций (*для уменьшения трения покоя*) 5. кратковременная помеха ◊ **give a ~** *проф.* звонить (*по телефону*)
intercarrier ~ *тлв* перекрёстная помеха типа сигнал изображения — звук

buzzer зуммер
clearing signal ~ зуммер окончания разговора
test ~ пробный зуммер

buzzword жаргонный профессиональный термин, профессиональный жаргонизм

by-form *вчт* (языковой) вариант

by-line *вчт* строка с фамилией и служебным адресом автора *или* авторов ‖ вставлять строку с фамилией и служебным адресом автора *или* авторов

by-liner *вчт* фамилия и служебный адрес автора, вынесенные в отдельную строку

bypass 1. шунт; перемычка ‖ шунтировать; соединять перемычкой 2. полосовой фильтр 3. обход ‖ обходить 4. охват (*напр. территории средствами связи*) ‖ охватить (*напр. территорию средствами связи*)
device ~ *вчт* обход устройства; отключение драйвера устройства при загрузке
feed rate ~ обход скорости передачи информации
global ~ 1. глобальный охват 2. глобальная сеть (*напр. связи*)
local ~ 1. локальный охват 2. локальная сеть (*напр. связи*) 3. обходная местная телефонная сеть
recycle bin ~ *вчт* обход папки для промежуточного хранения предназначенных для удаления файлов, *проф.* обход «корзины для мусора»
total ~ 1. глобальный охват 2. глобальная сеть (*напр. связи*)

byte байт, Б, В

8-bit ~ байт
14-bit ~ 14-битный байт, *проф.* оптический байт (*в EFM-кодировании*)
check ~ контрольный байт
control ~ управляющий байт
CRC ~ *см.* cyclic redundancy check byte
cyclic redundancy check ~ байт данных контроля циклическим избыточным кодом, байт контрольной суммы CRC
data ~ байт данных
extensibility ~ *вчт* байт расширяемости
framing ~ синхробайт; синхрослово
green ~s метаданные (*в теле файла*)
integer ~ целочисленный байт
least-significant ~ младший байт
lock ~ байт запрета
logical ~ логический байт
longitudinal ~ продольный байт
magnetic ~ байт
most-significant ~ старший байт
optical ~ 14-битный байт, *проф.* оптический байт (*в EFM-кодировании*)
packed ~ упакованный байт (*напр. 8 байт в расширении MMX*)
physical ~ физический байт
redundancy ~ избыточный байт
signed ~ байт со знаком
slack ~s заполняющие байты
status ~ байт состояния
sync ~ синхробайт; синхрослово
unsigned ~ байт без знака
byte-code байт-код
bytesexual *вчт* способный работать с «старшеконечным» и «младшеконечным» форматом записи слов, *проф.* «байтсексуальный»
Byzantine относящийся к схеме с лабиринтообразной многоуровневой системой межсоединений, не позволяющей проследить связь между компонентами, *проф.* византийский

C

C 1 язык программирования (высокого уровня) Си, язык C **2.** C-образный объект **3.** буквенное обозначение десятичного числа 12 в шестнадцатеричной системе счисления **4.** буквенное обозначение первого логического диска (*в IBM-совместимых компьютерах*) **5.** до (*нота*)
~ **for graphics** язык программирования (высокого уровня) Cg для графических приложений, Cg
~ **sharp** до-диез
ANSI ~ стандартизованная ANSI версия языка Си
Landolt ~ *опт.* кольцо Ландольта
middle ~ *вчт* (нота) до третьей октавы на MIDI-клавиатуре, *проф.* среднее до
Objective~ объектно-ориентированная версия языка Си, язык программирования Objective-C
Turbo ~ язык программирования Turbo C
Visual ~ язык программирования Visual C
C# язык программирования (высокого уровня) Си#

C+ 1. положительный вывод источника напряжения смещения на сетке **2.** язык программирования (высокого уровня) Си+
C++ язык программирования (высокого уровня) Си++
C– отрицательный вывод источника напряжения смещения на сетке
C5A (микро)процессор шестого поколения фирмы Via Technologies (*совместно с фирмой Cyrix*) с рабочей частотой до 700 МГц, процессор C5A, процессор Cyrix III
C5B (микро)процессор шестого поколения фирмы Via Technologies (*разработка фирмы Centaur*) с рабочей частотой до 800 МГц, процессор C5B
C5C (микро)процессор шестого поколения фирмы Via Technologies (*разработка фирм Cyrix и Centaur*) с рабочей частотой до 1 ГГц, процессор C5C
C5X (микро)процессор шестого поколения фирмы Via Technologies с рабочей частотой до 1,5 ГГц, процессор C5X
cab *вчт* расширение имени кабинетного файла, расширение имени кабинета
cabasa *вчт* кабаса (*музыкальный инструмент из набора ударных General MIDI*)
cabinet 1. отсек **2.** стойка (*для размещения аппаратуры*) **3.** корпус; кожух **4.** *вчт* кабинет, кабинетный файл (*архивированный файл, используемый при установке 32-разрядных операционных систем семейства Windows*)
tool ~ ящик для инструментов
cable 1. кабель || прокладывать кабель **2.** телеграмма || передавать телеграмму **3.** каблограмма || передавать каблограмму **4.** трос
A~ *вчт* А-кабель, 50-проводный кабель для 8-битного интерфейса SCSI
accordion ~ складной плоский многожильный кабель
aerial ~ подвесной кабель
antenna ~ антенный кабель; антенный фидер
armored ~ бронированный кабель
audio ~ звуковой кабель, аудиокабель
B~ *вчт* B-кабель, 50-проводный кабель для 16-битного интерфейса SCSI
balanced ~ симметричный кабель
banded ~ жгут (из) кабелей
bidirectional ~ кабель для двунаправленной связи
block ~ *тлф* распределительный кабель городского квартала
booster ~ кабель для зарядки аккумулятора
braided coaxial ~ коаксиальный кабель в свободной оплётке
branch feeder ~ кабель вторичной сети связи
bundled ~ многожильный кабель; жгут изолированных проводов
buried ~ подземный кабель
BX ~ кабель в стальной гофрированной оболочке
camera ~ *тлв* камерный кабель
coaxial ~ **1.** коаксиальный кабель **2.** коаксиальная линия передачи
coil-loaded ~ пупинизированный кабель
combination ~ кабель парной скрутки; кабель четвёрочной скрутки
communication ~ кабель связи
composite ~ **1.** комбинированный кабель **2.** композитный кабель

cable

concentric ~ коаксиальный кабель
concentric-lay ~ кабель повивной скрутки
connecting ~ соединительный кабель
continuously loaded ~ крарупизированный кабель
D ~ двухжильный секторный кабель
delay-line ~ кабель задержки, линия задержки на отрезке кабеля
dial ~ тросик верньерного устройства
distributing [distribution] ~ распределительный кабель
drop ~ абонентский отвод (*напр. в системе кабельного телевидения*)
duplex ~ двухжильный кабель
electric ~ электрический кабель
entrance ~ вводной кабель
exchange ~ абонентский кабель
feeder ~ **1.** кабель первичной *или* вторичной сети связи **2.** магистральный кабель (*в кабельном телевидении*)
fiber optic ~ волоконно-оптический кабель
five connector floppy interface ~ *вчт* интерфейсный кабель приводов гибких дисков с пятью соединителями
flat ~ плоский кабель
flat-conductor ~ кабель с плоскими проводниками
flex(ible) ~ гибкий кабель
flex(ible) interconnect ~ гибкий соединительный кабель, кабель типа FIC
gas-filled ~ газонаполненный кабель
high-frequency ~ высокочастотный [ВЧ-]кабель
high-voltage ~ высоковольтный кабель
impregnated ~ кабель с бумажной пропитанной изоляцией
intelligent ~ интеллектуальный кабель, кабель со встроенной в соединитель ИС
interface ~ *вчт* интерфейсный кабель
interference-suppression ignition ~ помехоподавляющий кабель системы зажигания
jumper ~ **1.** кабель для зарядки аккумулятора **2.** кабельная перемычка
jute-protected ~ кабель в джутовой оболочке
layer ~ кабель повивной скрутки
lead-covered ~ кабель в свинцовой оболочке
leader ~ направляющий [ведущий] кабель (*в навигации*)
lead-in ~ кабель снижения
lead-sheathed ~ кабель в свинцовой оболочке
loop ~ кабельная перемычка
loose-braid ~ кабель в свободной оплётке
main ~ *тлф* магистральный кабель
main feeder ~ кабель первичной сети связи
messenger ~ *тлф* несущий трос
microphone ~ микрофонный кабель
microwave ~ сверхвысокочастотный [СВЧ-]кабель
MIDI *вчт* MIDI-кабель, кабель MIDI-устройства
multiple-conductor [multistrand] ~ многожильный кабель
N-conductor concentric ~ N-проводный коаксиальный [N-аксиальный] кабель
nonmetallic sheathed ~ кабель с неметаллическим защитным покровом
null-modem ~ *вчт* нуль-модемный кабель
ocean ~ трансокеанский кабель
oil-filled ~ маслонаполненный кабель
one-way ~ кабель для однонаправленной связи
P~ *вчт* P-кабель, 68-проводный кабель для 32-битного интерфейса SCSI
paired ~ **1.** кабель парной скрутки **2.** *вчт* витая пара, кабель типа TP
parallel ~ *вчт* кабель для параллельного порта
pay ~ система кабельного телевидения с показом специальных программ за дополнительную плату
pulse ~ широкополосный кабель
Q~ *вчт* Q-кабель, 68-проводный кабель для 32-битного интерфейса SCSI
quadded ~ кабель четвёрочной скрутки
radio-frequency ~ радиочастотный кабель
RCA ~ кабель с соединителями типа RCA
ribbon ~ плоский кабель
rigid ~ жёсткий кабель
rise [riser] ~ вертикальный кабель
SCSI ~ кабель для интерфейса SCSI
sector ~ кабель с секторными жилами
semi rigid ~ полужёсткий кабель
serial ~ *вчт* кабель для последовательного порта
service ~ абонентский кабель
shielded ~ экранированный кабель
single(-conductor) ~ одножильный кабель
smart ~ интеллектуальный кабель, кабель со встроенной в соединитель ИС
solid-jacketed ~ кабель в жёсткой оболочке
spiral four ~ звёздная четвёрка
split-conductor ~ кабель с расщеплёнными жилами
standard ~ эталонный кабель
stub ~ кабельное ответвление
submarine ~ подводный кабель
superconducting ~ сверхпроводящий кабель
suspension ~ *тлф* несущий трос
tape ~ плоский кабель
television ~ телевизионный кабель
thermoplastic moisture-proof ~ влагостойкий кабель в оболочке из термопласта
three-core ~ трёхжильный кабель
tie ~ **1.** кабель связи **2.** соединительный кабель
triax(ial) ~ коаксиальный трёхпроводный кабель, триаксиальный кабель
triplex ~ трёхжильный кабель
trunk ~ магистральный кабель
twin ~ симметричный двухжильный кабель
twisted-pair ~ **1.** кабель парной скрутки **2.** *вчт* витая пара, кабель типа TP
underground ~ подземный кабель
uniform ~ однородный кабель
unit ~ кабель пучковой скрутки
video ~ коаксиальный кабель для системы кабельного телевидения

cablecast радио- *или* телевизионное вещание по кабельной сети ‖ передавать вещательные программы по кабельной сети
cablecasting радио- *или* телевизионное вещание по кабельной сети
cablegram каблограмма
cabletelecasting телевизионное вещание по кабельной сети
cablevision кабельное телевидение, КТВ
cabling 1. кабельная сеть **2.** прокладка кабеля **3.** разводка кабелей
cache *вчт* кэш; кэш-память ‖ использовать кэш; помещать в кэш; сохранять в кэше; *проф.* кэшировать

calculation

~ **on a stick** модульная подсистема кэша второго уровня, модуль COAST
advanced transfer ~ кэш-память с усовершенствованной системой передачи данных, кэш-память типа АТС (*напр. в процессорах Pentium IV*)
backside ~ кэш второго уровня с прямым доступом для процессора
built-in ~ встроенный кэш
data ~ кэш данных
direct-map(ped) ~ кэш прямого отображения
disk ~ 1. кэш диска; буфер диска 2. дисковый кэш, кэш-память на диске
external ~ внешний кэш
first-level ~ кэш первого уровня
four-way set associative ~ четырёхканальный наборно-ассоциативный кэш
full(y) associative ~ полностью ассоциативный кэш
hardware ~ аппаратный кэш, аппаратная реализация кэш-памяти
instruction ~ кэш команд
integrated ~ интегрированный кэш
internal ~ внутренний кэш
L1 ~ кэш первого уровня
L2 ~ кэш второго уровня
L3 ~ кэш третьего уровня
memory ~ кэш; кэш-память
motherboard ~ кэш на материнской [системной] плате
on-board ~ встроенный кэш; кэш на материнской [системной] плате
pixel ~ кэш пикселей (*в компьютерной графике*)
primary ~ кэш первого уровня
processor's ~ кэш процессора
RAM ~ кэш ОЗУ
secondary ~ кэш второго уровня
second-level ~ кэш второго уровня
sectored ~ секторированный кэш
segment descriptor ~ кэш сегментных дескрипторов
set associative ~ наборно-ассоциативный кэш
simply write ~ кэш с обратной записью, кэш с последующей выгрузкой модифицируемых при записи блоков в основную память
software ~ программный кэш, программная реализация кэш-памяти
texture ~ кэш текстур (*в компьютерной графике*)
third-level ~ кэш третьего уровня
two-level ~ двухуровневый кэш
two-way set associative ~ двухканальный наборно-ассоциативный кэш
unsectored ~ несекторированный кэш
vertex ~ кэш вершин (*в компьютерной графике с аппроксимацией поверхностей мозаикой из многоугольников*)
virtual ~ виртуальный кэш
write (back) ~ кэш с обратной записью, кэш с последующей выгрузкой модифицируемых при записи блоков в основную память
write behind ~ кэш с обратной записью, кэш с последующей выгрузкой модифицируемых при записи блоков в основную память
write through ~ кэш со сквозной записью, кэш с одновременной записью в основную память
cacheable *вчт* кэшируемый
caching *вчт* кэширование
  hard disk ~ кэширование жёсткого диска
  memory ~ кэширование памяти
  off-screen ~ кэширование с использованием неотображаемой видеопамяти
  page ~ кэширование страниц
  RAM ~ *см.* random access memory caching
  random access memory ~ кэширование оперативной памяти
  shadow memory ~ кэширование теневой памяти
  video BIOS ~ кэширование базовой системы ввода-вывода видеоадаптера
cacti *pl* от **cactus**
cactus кактус (*в теории графов*)
  Husimi ~ кактус Хусими
  labeled ~ помеченный кактус
  triangular ~ треугольный кактус
CAD автоматизированное проектирование
CAD/CAM автоматизированное проектирование и производство
caddy защитная кассета (*компакт-дисков*) для безлотковой загрузки в окно дисковода
cadence 1. каденция (*1. картина чередования звука и пауз при наборе телефонного номера 2. завершающий музыкальное построение гармонический или мелодический оборот 3. виртуозный сольный оборот в инструментальном концерте*) 2. *тлг* тактовый сигнал
cadmicon *тлв* кадмикон
CAE автоматизированное конструирование
Caesar гидроакустическая станция противолодочной обороны на решётках гидрофонов, размещаемых на континентальном шельфе
caesura пауза; перерыв
cage 1. клетка; кожух *или* каркас типа клетки || помещать в клетку; заключать в кожух *или* каркас типа клетки 2. экранирующая клетка; экранирующая сетка || экранировать (*с помощью металлической клетки или сетки*) 3. сетчатое защитное ограждение; сетчатый защитный кожух (*напр. для электрооборудования*) || использовать сетчатое защитное ограждение *или* сетчатый защитный кожух 4. каркас; скелет; арматура 5. арретировать гироскоп
  card ~ экранированный отсек для печатных плат (*в приборе или устройстве*)
  Faraday ~ клетка Фарадея
caging 1. помещение в клетку; заключение в кожух *или* каркас типа клетки 2. экранирование (*с помощью металлической клетки или сетки*) 3. использование сетчатого защитное ограждения *или* сетчатого защитного кожуха (*напр. для электрооборудования*) 4. арретирование гироскопа
CAI программированное обучение
CAL программированное обучение
calcite кальцит (*эталонный минерал с твёрдостью 3 по шкале Мооса*)
calculate вычислять; рассчитывать; определять численное значение
calculating вычислительный; способный выполнять расчёты
calculation 1. вычисление; расчёт; определение численного значения 2. результат вычисления *или* расчёта; численное значение
  integer ~s целочисленные вычисления

Calculator

Calculator:
Automatic Sequence Controlled ~ калькулятор с автоматическим управлением последовательностью выполнения операций, первая электромеханическая вычислительная машина Mark I
calculator 1. калькулятор; вычислитель 2. оператор компьютера 3. специалист по выполнению расчётов 4. (прикладная) программа для специализированных расчётов
automatic sequence control ~ калькулятор с автоматическим управлением последовательностью выполнения операций
desk ~ настольный калькулятор
electronic ~ электронный калькулятор
hand-held ~ ручной калькулятор
network ~ схемный анализатор
pocket(-size) ~ карманный калькулятор
printing ~ калькулятор с выводом на печать
programmable ~ программируемый калькулятор
transmission line ~ программа для расчета линий передачи
calculus *вчт* исчисление
Boolean ~ булево исчисление
differential ~ дифференциальное исчисление
domain ~ исчисление областей; реляционное исчисление
functional ~ исчисление предикатов
infinitesimal ~ исчисление бесконечно малых, дифференциальное и интегральное исчисление; математический анализ
integral ~ интегральное исчисление
predicate ~ исчисление предикатов
propositional ~ исчисление высказываний
relational ~ реляционное исчисление
sentential ~ исчисление высказываний
tuple ~ (реляционное) исчисление кортежей
μ~ μ-исчисление
calefaction 1. нагрев 2. состояние нагрева
calendar 1. календарь 2. реестр; (регистрационный) список ǁ заносить в реестр; регистрировать 3. повестка дня ǁ включать в повестку дня
Gregorian ~ григорианский календарь
Julian ~ юлианский календарь
calendaring 1. занесение в реестр *или* (регистрационный) список; регистрация 2. включение в повестку дня
calender каландр ǁ каландрировать
calibrate 1. калибровать 2. градуировать 3. поверять (*средства измерения*)
calibration 1. калибровка 2. градуировка 3. поверка (*средств измерений*) 4. *pl* точные измерения (*характеристик или параметров*) 5. кнопка включения режима калибровки (*напр. в магнитофонах*)
automatic tape ~ автоматическая калибровка (магнитной) ленты (*для оптимизации процесса записи в магнитофонах*)
falling-ball acoustic ~ акустическая калибровка микрофонов с помощью стальных шариков
frequency ~ калибровка частоты
interval ~ ступенчатая калибровка
monitor ~ калибровка монитора
phase ~ калибровка фазы
precision ~ прецизионная калибровка
radar ~ калибровка радиолокационной системы
range ~ *рлк* калибровка дальности

ratio ~ относительная калибровка
sensitometric ~s точные сенситометрические измерения
step ~ ступенчатая калибровка
thermal ~ температурная калибровка, термокалибровка (*напр. сервосистемы жёсткого магнитного диска*)
time ~ калибровка длительности
calibrator калибратор
~ **of power** калибратор мощности
crystal ~ кварцевый калибратор
current ~ калибратор тока
frequency ~ калибратор частоты
level ~ калибратор уровня
moire ~ «муаровый» калибратор (*для мёссбауэровских спектрометров*)
time ~ калибратор длительности
voltage ~ калибратор напряжения
caliper 1. толщиномер ǁ измерять толщину 2. щуп для контроля подачи бумажных листов ǁ контролировать подачу бумажных листов с помощью щупа 3. микрометр
vernier ~ штангенинструмент (*напр. штангенциркуль*)
calipering 1. измерение толщины 2. контроль подачи бумажных листов с помощью щупа
Call:
Remote Procedure ~ протокол дистанционного вызова процедур, протокол RPC (*для реализации модели распределённой работы системы «клиент-сервер»*)
call 1. вызов (*1. запрос на установление соединения; попытка установления соединения 2. разговор по телефону 3. обращение к подпрограмме или функции, передача параметров и управления подпрограмме или функции*) ǁ вызывать 2. запрос ǁ запрашивать 3. обращение ǁ обращаться 4. позывные
~ **by name** 1. вызов (*подпрограммы или функции*) по имени 2. вызов (*подпрограммы или функции*) с передачей параметров по имени
~ **by need** вызов (*подпрограммы или функции*) с передачей значений параметров (только) по требованию
~ **by pattern** вызов (*подпрограммы или функции*) по образцу
~ **by reference** вызов (*подпрограммы или функции*) с передачей параметров по ссылке
~ **by sharing** вызов (*подпрограммы или функции*) в соответствии с условиями разделения ресурса
~ **by value** вызов (*подпрограммы или функции*) с передачей параметров по значению
~ **far** *вчт* дальний вызов (*в BIOS*)
~ **for vote** *вчт* вызов процедуры голосования (*напр. при создании группы новостей в Usenet*)
~ **on carry** вызов по переносу
~ **on no carry** вызов по отсутствию переноса
~ **on parity even** вызов по чётности
~ **on parity odd** вызов по нечётности
~ **on positive** вызов по плюсу
~ **on zero** вызов по нулю
asynchronous procedure ~ *вчт* асинхронный вызов процедуры
automatic ~ автоматический вызов
blocked ~ *тлф* потерянный вызов

broadcast ~ циркулярный вызов
cell ~ *вчт* вызов ячейки, обращение к ячейке
charged ~ оплаченный телефонный разговор
collect ~ телефонный разговор за счёт вызываемого абонента
conference ~ *тлф* вызов в режиме конференц-связи; циркулярный вызов
dialed ~ автоматический вызов
discriminating ~ избирательный вызов
distress ~ 1. экстренный вызов 2. сигнал бедствия (*SOS*)
general ~ *вчт* общий вызов
hurry-up phone ~ экстренный телефонный вызов
incoming ~ *тлф* входящий вызов
intercom ~ вызов по внутренней телефонной связи
LD ~ *см.* **long distance call**
local ~ местный телефонный разговор
long-distance ~ междугородный телефонный разговор
lost ~ *тлф* потерянный вызов
macro ~ *вчт* вызов макрокоманды, обращение к макрокоманде
multi-unit ~ срочный вызов (*с оплатой по повышенному тарифу*)
network ~ *вчт* вызов в сети, сетевой вызов
outgoing ~ *тлф* исходящий вызов
packet-data ~ вызов по сети с пакетной передачей данных
person-to-person ~ междугородный телефонный разговор с персональным вызовом
phonic ~ зуммерный вызов
preemptory ~ приоритетный вызов
radiotelephone distress ~ международный радиотелефонный сигнал бедствия (*mayday*)
reverting ~ взаимный вызов
selective ~ избирательный вызов
SR ~ *см.* **subroutine call**
station-to-station ~ межстанционный вызов
subroutine ~ вызов подпрограммы, обращение к подпрограмме
supervisor ~ *вчт* вызов супервизора, обращение к супервизору
system ~ *вчт* 1. обращение к операционной системе 2. операция операционной системы
telephone ~ телефонный вызов
toll ~ междугородный телефонный разговор
touch ~ *тлф* вызов кнопочным номеронабирателем, кнопочный набор
universal remote procedure ~ универсальная система дистанционного вызова процедур
urgent ~ срочный вызов (*с оплатой по повышенному тарифу*)
video ~ вызов по видеотелефону
callback *вчт* обратный вызов (*1. процедура в программе 2. метод аутентификации пользователя*) ‖ относящийся к обратному вызову
callbook справочник позывных
    radio-amateur ~ справочник позывных для радиолюбителей
callee *вчт* вызываемая подпрограмма *или* функция
caller 1. вызывающий абонент; абонент (*телефонной сети*) 2. *вчт* вызывающая подпрограмма *или* функция
calling 1. вызов; использование вызова; реализация вызова ‖ вызывающий 2. профессия; занятие 3. импульс; побудительный мотив

inner ~ внутренний импульс; внутренний побудительный мотив, *проф.* внутренний голос
name ~ (ложный) аргумент, воздействующий на чувства, *проф.* апелляция к личности (*логическая ошибка*)
selective ~ избирательный вызов; использование избирательного вызова; реализация избирательного вызова
calliper *см.* **caliper**
callout *вчт* выноска (*на иллюстрации*)
calmalloy кальмаллой (*магнитный сплав*)
calorescence калоресценция
calorie калория, кал
calorimeter калориметр
    balanced ~ балансный калориметр
    broad-band ~ широкополосный калориметр
    coaxial ~ коаксиальный калориметр
    differential ~ дифференциальный калориметр
    flow ~ проточный калориметр
    laser ~ лазерный калориметр
    microwave ~ СВЧ-калориметр
    substitution ~ калориметр, работающий на принципе замещения
    water-flow ~ проточный калориметр
    waveguide ~ волноводный калориметр
    wide-band ~ широкополосный калориметр
calorimetry калориметрия
    laser ~ лазерная калориметрия
    microwave ~ СВЧ-калориметрия
calque *вчт* 1. структурное иноязычное заимствование, *проф.* «калька» 2. процесс структурного иноязычного заимствования, *проф.* «калькирование» ‖ осуществлять структурное иноязычное заимствование, *проф.* «калькировать»
calquing процесс структурного иноязычного заимствования, *проф.* «калькирование»
CAM автоматизированное производство
cam кулачок; эксцентрик
camber 1. прогиб; выгиб; кривизна ‖ прогибать; выгибать; искривлять 2. поперечный наклон (движущегося) объекта (*относительно направления перемещения*)
    ~ **of stylus** поперечный наклон (записывающего) резца *или* (воспроизводящей) иглы
cambric электроизоляционная лакоткань
    varnished ~ электроизоляционная лакоткань
camcorder камкордер, видеокамера с встроенным видеомагнитофоном
    Beta ~ камкордер формата Beta
    Beta-movie ~ камкордер формата Beta с модифицированным лентопротяжным трактом
    digital video ~ цифровой камкордер
    DV ~ *см.* **digital video camcorder**
    multiport ~ многопортовый камкордер
    VHS ~ камкордер формата VHS (*для полноформатных видеокассет*)
    VHS-C *см.* **video home system camcorder**
    VHS-Movie ~ камкордер формата VHS с модифицированным лентопротяжным трактом
    video home system ~ 1. (магнитная) лента для бытовой аналоговой композитной видеозаписи в формате VHS-C, лента (формата) VHS-C 2. формат VHS-C (бытовой аналоговой композитной видеозаписи на кассеты уменьшенного размера) 3. камкордер формата VHS-C (*для видеокассет уменьшенного размера*)

Camenes

Camenes *вчт* название правильного сильного модуса четвёртой фигуры силлогизма

Camenos *вчт* название правильного слабого модуса четвёртой фигуры силлогизма

cameo эпизодическая роль для выдающегося исполнителя (*в кинофильме или телешоу*)

camera камера (*1. телевизионная передающая камера 2. видеокамера 3. кинокамера, киносъёмочная камера, киносъёмочный аппарат 4. фотокамера, фотографическая камера, фотографический аппарат, фотоаппарат 5. рентгеновская камера*) ◊ **off** ~ *проф.* вне кадра; за кадром; **on** ~ *проф.* в кадре

aerial [air-survey] ~ аэрофотоаппарат

all-sky ~ камера кругового обзора, панорамная камера

background ~ камера (для съёмки) заднего плана

black-and-white ~ камера чёрно-белого телевидения

candid ~ скрытая камера

CCD ~ *см.* **charge-coupled device camera**

charge-coupled device ~ камера на приборах с зарядовой связью, камера на ПЗС

chip-size ~ микрокамера, камера размером с ИС; камера на одном кристалле, однокристальная камера

cine ~ киносъёмочный аппарат, кинокамера

closed-circuit TV ~ камера замкнутой телевизионной системы

close-up ~ камера для передачи крупным планом

CMOS ~ (цифровая) камера на КМОП-структурах

color television ~ камера цветного телевидения

Debye-Scherrer(-Hull) ~ порошковая рентгеновская камера Дебая – Шерера

digital ~ цифровая камера

digital PC ~ цифровая ПК-совместимая камера, цифровая камера с форматом изображений, используемым в персональных компьютерах

digital video ~ цифровая видеокамера

digitizing ~ цифровая камера

direct pickup ~ камера для прямой передачи

electron ~ (телевизионная передающая) камера

electron diffraction ~ электронограф

electrostatic tape ~ устройство электростатической записи на (фотопроводящую) ленту (*электростатический аналог магнитофона*)

emitron ~ камера на трубке типа эмитрон

field ~ камера для внестудийной передачи

field-sequential ~ камера цветного телевидения с последовательной передачей цветовых сигналов по полям

foreground ~ камера (для съёмки) переднего плана

Guinier ~ порошковая рентгеновская камера Гинье

high-resolution ~ камера высокого разрешения

high-speed ~ камера для высокоскоростной киносъёмки

holographic movie ~ голографическая кинокамера

industrial (-type) TV ~ камера для промышленного телевидения

infrared ~ передающая тепловизионная камера

instant ~ **1.** фотокамера мгновенного действия, фотокамера типа «Polaroid» **2.** цифровая фотокамера

isolated ~ *тлв* камера для видеозаписи и повтора отдельных кадров

laser ~ лазерная камера для ночной аэрофотосъёмки

live ~ камера для прямой передачи

low-velocity ~ камера на трубке с развёрткой пучком медленных электронов

masking ~ *микр.* установка для изготовления фотошаблонов

monochrome ~ камера чёрно-белого телевидения

movie ~ киносъёмочный аппарат, кинокамера

moving-image ~ фотохронограф

N-pixel ~ камера с разрешением N-пикселей

on-board video ~ бортовая видеокамера

oscillorecord ~ камера для съёмки осциллограмм

picture ~ киносъёмочный аппарат, кинокамера

pocket ~ карманная камера

portable single ~ портативная видеокамера-моноблок

powder (diffraction) ~ порошковая рентгеновская камера

precession ~ прецессионная (рентгеновская) камера

projection ~ проектор

radar ~ камера для съёмки с экрана индикатора РЛС

recording ~ **1.** камера для съёмки с экрана кинескопа **2.** *рлк* камера для регистрации показаний приборов и съёмки с экрана индикатора

reduction ~ *микр.* редукционная камера

reflex ~ зеркальная фотокамера

rotating-crystal ~ рентгеновская камера с вращающимся кристаллом

simultaneous ~ камера одновременной системы цветного телевидения

single-crystal ~ рентгеновская камера для исследования монокристаллов

single-lens reflex ~ однолинзовая зеркальная фотокамера

slow-scan ~ камера малокадровой телевизионной системы

solid-state television ~ твердотельная (телевизионная передающая) камера

step-and-repeat ~ *микр.* фотоповторитель, фотоштамп

stereo ~ стереоскопическая камера

still ~ цифровая видеокамера для покадровой съёмки

streak ~ фотохронограф

stroboscopic ~ микрофотосъёмочная камера со стробоскопическим освещением

studio ~ камера для студийной передачи

superemitron ~ камера на трубке типа суперикононоскоп

surveillance ~ обзорная (телевизионная передающая) камера

telecine (film) ~ телекинопроектор

television ~ (телевизионная передающая) камера

three-vidicon ~ камера цветного телевидения на трёх видиконах

tricolor ~ трёхцветная (телевизионная передающая) камера

TV ~ (телевизионная передающая) камера

twin-lens ~ двухобъективный фотоаппарат

twin-lens reflex ~ двухлинзовая зеркальная фотокамера

ultrafast streak ~ высокоскоростной фотохронограф

USB digital ~ **digital** ~ цифровая камера с USB-интерфейсом

video ~ (телевизионная передающая) камера
video input ~ цифровая камера для ввода изображений в компьютер
vidicon ~ камера на трубке типа видикон
view ~ складная штативная фотокамера с наводкой на резкость по матовому стеклу
wrist ~ наручная (цифровая) фотокамера
X-ray (diffraction) powder ~ порошковая рентгеновская камера

cameraman 1. телевизионный оператор, телеоператор **2.** кинооператор **3.** фоторепортёр

camera-microscope микрофотосъёмочная камера

camera-on-chip камера на одном кристалле, однокристальная камера

cameraperson 1. телевизионный оператор, телеоператор **2.** кинооператор **3.** фоторепортёр

camera-ready подготовленный к воспроизведению фотографическим способом (*напр. о тексте*)

Camestres *вчт* название правильного сильного модуса второй фигуры силлогизма

Camestros *вчт* название правильного слабого модуса второй фигуры силлогизма

camouflage камуфляж (*1. тип маскировки 2. дезориентирующие действия*)
electronic ~ противорадиолокационная маскировка
radar ~ противорадиолокационная маскировка

camp-on задержка вызова

camp лагерь
computer ~ компьютерный лагерь

campimeter прибор для изучения косвенного *или* периферического восприятия формы и цвета объектов, *проф.* кампиметр
stereo ~ стереокампиметр

can 1. кожух; чехол **2.** *пп* корпус (*прибора*) **3.** коробка для видеокассеты **4.** *pl* головные телефоны, *проф.* наушники **5.** *pl* стереофонические головные телефоны, стереотелефоны, *проф.* стереонаушники
metal ~ 1. металлический корпус **2.** *микр.* металлостеклянный корпус транзисторного типа, металлостеклянный корпус типа ТО, металлостеклянный ТО-корпус
trash ~ *вчт* папка для промежуточного хранения предназначенных для удаления файлов, *проф.* «корзина для мусора»

canal канал
semicircular ~ полукружный канал (*внутреннего уха*)

cancel 1. компенсация; нейтрализация ‖ компенсировать; нейтрализовать **2.** подавление ‖ подавлять **3.** стирание (*напр. записи*) ‖ стирать **4.** гашение ‖ гасить (*напр. луч*) **5.** отмена; аннулирование ‖ отменять; аннулировать **6.** символ «отмена», символ ↑, символ с кодом ASCII 18h **7.** сокращение (*дроби*); взаимное уничтожение (*членов выражения*) ‖ сокращать(ся) (*о дроби*) ‖ взаимно уничтожать(ся) (*о членах выражения*) **8.** вычеркивание; удаление, *проф.* выкидка (*части текста*) ‖ вычеркивать; удалять, *проф.* выкидывать (*часть текста*)

cancelbot фильтр нежелательных сообщений (*на сервере сети Usenet*)

cancellation 1. компенсация; нейтрализация **2.** подавление **3.** стирание (*напр. записи*) **4.** гашение (*напр. луча*) **5.** отмена; аннулирование **6.** *вчт* потеря точности (*при вычитании*) **7.** сокращение (*дроби*); взаимное уничтожение (*членов выражения*) **8.** вычеркивание; удаление, *проф.* выкидка (*части текста*) **9.** знак удаления, *проф.* знак выкидки (*части текста*)
~ of call *млф* аннулирование заказа на разговор
adaptive-reference ~ адаптивная компенсация с подстройкой по опорному сигналу
chrominance ~ подавление сигнала цветности (*в приёмнике черно-белого телевидения*)
data ~ стирание информации
drift ~ компенсация дрейфа
echo ~ 1. подавление эхо-сигналов от неподвижных предметов **2.** *тлв* подавление повторного изображения **3.** *тлф* эхоподавление, подавление электрического эха
envelope ~ компенсация огибающей
image ~ подавление радиопомех от зеркального канала
intersymbol interference ~ компенсация межсимвольной интерференции
multipath (wave) ~ — подавление полезного сигнала, обусловленное многолучевым распространением
noise ~ подавление шумов, шумоподавление
record ~ стирание записи
side-lobe ~ подавление сигналов, принимаемых по боковым лепесткам

cancellator, canceller 1. подавитель, устройство подавления **2.** эхозаградитель, эхоподавитель
adaptive-noise ~ адаптивный эхозаградитель, адаптивный эхоподавитель
bootstrapping interference ~ следящий подавитель помех
echo ~ эхозаградитель, эхоподавитель
hard-constrained ~ подавитель с жёстким ограничением
interference ~ подавитель помех
side-lobe ~ устройство подавления сигналов, принимаемых по боковым лепесткам (*диаграммы направленности антенны*)
soft-constrained ~ подавитель с мягким ограничением

Cancelmoose анонимные пользователи, фильтрующие нежелательные сообщения (*на сервере сети Usenet*)

candela кандела, кд

candidate (возможный) вариант (*напр. решения*)

candlepower 1. сила света (в *канделах*) **2.** британская стандартная свеча (1,02 кд)
lower mean hemispherical ~ нижняя средняя полусферическая сила света
mean horizontal ~ средняя горизонтальная сила света
mean spherical ~ средняя сферическая сила света
mean zonal ~ средняя зональная сила света
upper mean hemispherical ~ верхняя средняя полусферическая сила света

candoluminescence кандолюминесценция

cane 1. стержень **2.** посох
laser ~ *проф.* лазерный «посох» (*для слепых*)

cannibalization замена блоков *или* узлов одной системы блоками *или* узлами другой аналогичной системы

canoe «каноэ» (*участок магнитной ленты между входным и выходным направляющими роликами*)

canonical канонический (*напр. о преобразовании*)

canonicity

canonicity каноничность (*напр. преобразования*)
can't happen вчт проф. «это невозможно» (*стандартный комментарий в программе для никогда не реализуемого условия*)
canvas холст (*1. тип ткани 2. тканевая основа для картины 3. вчт рабочая область (в растровых графических редакторах)*)
cap 1. крышка; колпачок 2. цоколь (*электрической лампы*) 3. кожух: корпус (*электрического соединителя*) вчт 4. прописная [заглавная] буква 5. знак пересечения, символ ∩, *проф.* «шапка»
   attachment ~ штекер
   bayonet ~ штифтовый цоколь байонетного сочленения
   drop ~ инициал, врезанный в текст
   fuel-element ~ головка топливного элемента
   grid ~ сеточный колпачок (*на баллоне лампы*)
   line ~ маркер конца отрезка линии (*напр. дужка*)
   pin ~ штырьковый цоколь
   prefocus ~ фокусирующий цоколь
   screw ~ резьбовой цоколь
   small ~s капитель, капительные буквы
   stickup ~ инициал, возвышающийся над текстом
   top ~ верхний колпачок (*на баллоне лампы*)
Capability:
   Computer Incidence Advisory ~ Консультативный центр по компьютерным инцидентам (*США*)
   U.S. Federal Computer Incident Response ~ Федеральная служба реагирования на компьютерные инциденты (*США*)
capability 1. возможность; способность 2. мощность; производительность
   antijam ~ степень помехозащищенности (*от активных преднамеренных радиопомех*)
   bandwidth ~ пропускная способность канала
   bleed ~ способность (*принтера*) печатать изображение *или* текст за пределами рабочего поля
   computation ~ производительность компьютера
   correction ~ корректирующая способность (*в системе передачи данных*)
   di/dt ~ максимально допустимая скорость нарастания тока в открытом состоянии (*тиристора*)
   dv/dt ~ максимально допустимая скорость нарастания напряжения в закрытом состоянии (*тиристора*)
   fan-in ~ коэффициент объединения по входу
   fan-out ~ коэффициент разветвления по выходу
   information ~ информативность (*сообщения*)
   modulation ~ максимально допустимый коэффициент модуляции
   non-coded information ~ информативность некодированного сообщения
   performance ~ рабочая характеристика
   power ~ допустимая мощность
   power-dissipation ~ рассеиваемая мощность
   quick reaction ~ быстрота реакции
   resolution ~ разрешающая способность, разрешение
   segmentation ~ сегментируемость, возможность сегментации (*напр. устройств*)
   speed ~ быстродействие
   start/stop ~ возможность функционирования в стартстопном режиме
   thyristor blocking ~ максимально допустимое обратное напряжение тиристора

   type-ahead ~ вчт способность к набору (*текста*) с опережением (*исполнения*)
capacitance (электрическая) ёмкость ◊ ~ **per unit length** погонная ёмкость
   acoustic ~ акустическая ёмкость
   antenna ~ входная ёмкость антенны
   barrier(-layer) ~ барьерная ёмкость
   body ~ ёмкость, вносимая оператором
   case ~ ёмкость корпуса
   cathode interface (layer) ~ ёмкость промежуточного слоя катода
   charge ~ зарядная ёмкость
   coil ~ (собственная) ёмкость катушки индуктивности
   collector [collector-base, collector-junction] ~ ёмкость коллекторного перехода
   collector-substrate ~ ёмкость коллектор — подложка
   collector-transition ~ ёмкость коллекторного перехода
   common-mode input ~ синфазная входная ёмкость (*операционного усилителя*)
   depletion (-layer) ~ барьерная ёмкость
   differential ~ дифференциальная ёмкость
   differential input ~ дифференциальная входная ёмкость (*дифференциального усилителя*)
   diffusion ~ диффузионная ёмкость
   diode ~ ёмкость диода
   direct ~ коэффициент электростатической индукции (*системы проводящих тел*), взятый со знаком минус
   direct-to-ground ~ ёмкость «на землю»
   discontinuity ~ ёмкость неоднородности (*в линии передачи*)
   distributed ~ 1. распределённая ёмкость 2. собственная ёмкость
   drain-source ~ ёмкость сток — исток (*полевого транзистора*)
   dynamic ~ динамическая ёмкость
   edge ~ пп краевая ёмкость
   effective ~ 1. эффективная ёмкость 2. эффективная ёмкость зазора (*половина производной мнимой части проводимости зазора резонатора клистрона по частоте*)
   electrode ~ электродная ёмкость
   electrostatic ~ статическая ёмкость
   emitter [emitter-base, emitter-transition] ~ ёмкость эмиттерного перехода
   equivalent differential input ~ эквивалентная дифференциальная входная ёмкость (*дифференциального усилителя*)
   feedback ~ ёмкость обратной связи
   filament ~ ёмкость нити накала
   flat-band ~ пп (барьерная) ёмкость для случая плоских зон
   gap ~ ёмкость зазора
   gate-drain ~ ёмкость затвор — сток (*полевого транзистора*)
   gate-source ~ ёмкость затвор — исток (*полевого транзистора*)
   geometric ~ геометрическая ёмкость (*определяемая геометрическими размерами*)
   grid-cathode ~ ёмкость сетка — катод, входная ёмкость (*триода*)
   grid-ground ~ ёмкость сетка-земля

grid-plate ~ ёмкость сетка-анод, проходная ёмкость (*триода*)
ground ~ ёмкость «на землю»
hand ~ ёмкость, вносимая оператором
heterojunction ~ ёмкость гетероперехода
high-frequency ~ высокочастотная ёмкость
initial reversible ~ начальная обратимая ёмкость (*ёмкость нелинейного конденсатора при нулевом напряжении смещения*)
input ~ входная ёмкость
interelectrode ~ междуэлектродная ёмкость
interturn ~ межвитковая ёмкость
isolation ~ ёмкость изоляции (*ИС*)
junction ~ ёмкость перехода
layer ~ ёмкость промежуточного слоя (*катода*)
load ~ ёмкость нагрузки
low-frequency ~ низкочастотная ёмкость
lumped ~ сосредоточенная ёмкость
mutual ~ взаимная ёмкость
negative ~ *пп* отрицательная ёмкость
node-to-node ~ межузловая ёмкость
nonlinear ~ нелинейная ёмкость
output ~ выходная ёмкость
package ~ ёмкость корпуса
parasitic ~ паразитная ёмкость
plate-cathode ~ ёмкость анод — катод, выходная ёмкость (*триода*)
plate-filament ~ ёмкость анод — нить накала
p-n junction ~ ёмкость *p—n*-перехода
punch-through ~ *пп* ёмкость при смыкании, ёмкость при проколе базы
residual ~ остаточная ёмкость
reversible ~ обратимая ёмкость (*нелинейного конденсатора*)
self-~ собственная ёмкость
short-circuit input ~ входная ёмкость (в режиме) короткого замыкания (*многоэлектродной лампы*)
short-circuit output ~ выходная ёмкость (в режиме) короткого замыкания (*многоэлектродной лампы*)
short-circuit transfer ~ проходная ёмкость (в режиме) короткого замыкания (*многоэлектродной лампы*)
sizable stray ~ паразитная объёмная ёмкость
space-charge-layer ~ барьерная ёмкость
spurious ~ паразитная ёмкость
static ~ статическая ёмкость
storage ~ диффузионная ёмкость
straight-line ~ прямоёмкостный (*о конденсаторе*)
stray ~ паразитная ёмкость
substrate junction ~ ёмкость перехода на границе с подложкой (*ИС*)
surface ~ поверхностная ёмкость, ёмкость поверхностного слоя
surface-state ~ ёмкость, связанная с поверхностными состояниями
target ~ элементарная ёмкость мишени (*передающей телевизионной трубки*)
terminal ~ 1. ёмкость вывода 2. (общая) ёмкость (*диода*)
total electrode ~ полная ёмкость электрода (*по отношению ко всем другим электродам лампы, соединённым параллельно*)
transfer ~ проходная ёмкость
transition(-layer) ~ барьерная ёмкость

tuning ~ настроечная ёмкость
voltage-controlled (negative) ~ (отрицательная) ёмкость, управляемая напряжением
voltage-dependent ~ управляемая напряжением ёмкость
wiring ~ ёмкость монтажа

capacitivity диэлектрическая проницаемость
absolute ~ абсолютная диэлектрическая проницаемость
complex ~ комплексная диэлектрическая проницаемость
differential ~ дифференциальная диэлектрическая проницаемость
effective ~ эффективная диэлектрическая проницаемость
initial ~ начальная диэлектрическая проницаемость
relative ~ относительная диэлектрическая проницаемость
specific inductive ~ относительная диэлектрическая проницаемость

capacitor конденсатор
adjustable ~ конденсатор переменной ёмкости
air ~ конденсатор с воздушным диэлектриком
aligning ~ подстроечный конденсатор
aluminum electrolytic ~ алюминиевый оксидный конденсатор
anode bypass ~ конденсатор анодного развязывающего фильтра
anodized-film ~ плёночный конденсатор, полученный методом анодирования
antenna (series) ~ укорачивающий конденсатор антенны
antenna tuning ~ конденсатор настройки антенны
antihum ~ *тлф* противофонный конденсатор
axial-lead ~ конденсатор с аксиальными выводами
barium-titanate ~ сегнетокерамический конденсатор из титаната бария
bathtub ~ бумажный конденсатор в металлическом корпусе в форме усечённой четырёхугольной пирамиды со сглаженными рёбрами
bead ~ миниатюрный дисковый конденсатор
bistable ferroelectric ~ бистабильный сегнетоэлектрический конденсатор
blocking ~ разделительный конденсатор
bonded silvered mica ~ слюдяной конденсатор с серебряными обкладками, изготовленный методом вжигания
book ~ конденсатор переменной ёмкости V-образного типа
boost ~ *тлв* конденсатор вольтодобавки, вольтодобавочный конденсатор
bootstrap ~ конденсатор в цепи компенсационной обратной связи
bridging ~ шунтирующий конденсатор
buffer ~ буферный конденсатор
building-out ~ настроечный конденсатор; согласующий конденсатор
butterfly ~ переменный конденсатор типа «бабочка»
button mica ~ плоский коаксиальный слюдяной конденсатор (*с металлическими обкладками в виде центрального пистона и пояска*)
bypass ~ развязывающий конденсатор

capacitor

ceramic ~ керамический конденсатор
ceramic chip ~ бескорпусный керамический конденсатор
charging ~ зарядный конденсатор
chip ~ бескорпусный конденсатор
clamp-type mica ~ фольговый слюдяной конденсатор с металлическими обоймами
clockwise ~ конденсатор переменной ёмкости, увеличивающейся при повороте роторных пластин по часовой стрелке
commutating ~ конденсатор, ограничивающий снижение потенциала анода после разряда (*в ртутном вентиле*)
concentric-sphere ~ сферический конденсатор
continuously-adjustable ~ конденсатор переменной ёмкости
counterclockwise ~ конденсатор переменной ёмкости, увеличивающейся при повороте роторных пластин против часовой стрелки
coupling ~ 1. разделительный конденсатор 2. конденсатор связи
cylindrical ~ цилиндрический конденсатор
decoupling ~ развязывающий конденсатор
differential ~ дифференциальный конденсатор
diffused(-junction) ~ диффузионный конденсатор
disk ~ дисковый конденсатор
doorknob ~ полусферический (высоковольтный) конденсатор
dry-electrolytic ~ сухой оксидный конденсатор
dual ~ двойной [сдвоенный] конденсатор
duct ~ проходной конденсатор
duodielectric ~ двухслойный конденсатор
electrochemical [electrolytic] ~ оксидный конденсатор
elemental ~ элементарный конденсатор (*мишени передающей телевизионной трубки*)
encapsulated ~ герметичный конденсатор
end ~ концевая ёмкостная нагрузка (*ёмкостной антенны*)
evaporated ~ конденсатор, изготовленный методом вакуумного напыления
eyelet-construction mica ~ слюдяной конденсатор с металлическими пистонами
feedthrough ~ проходной конденсатор
ferroelectric ~ сегнетоэлектрический конденсатор
field-effect ~ полевой конденсатор
film ~ плёночный конденсатор
filter ~ конденсатор сглаживающего фильтра
fixed ~ конденсатор постоянной ёмкости
foil ~ фольговый конденсатор
gang ~ многосекционный конденсатор переменной ёмкости
gas ~ газонаполненный конденсатор
glass-plate ~ стеклянный конденсатор
grid-leak ~ сеточный конденсатор
guard-ring ~ конденсатор с охранным кольцом
guard-well ~ конденсатор с охранным колодцем
high-power ~ конденсатор большой мощности
high-voltage ~ высоковольтный конденсатор
integrated-circuit ~ конденсатор ИС
integrating ~ интегрирующий конденсатор
interdigitated ~ встречно-гребенчатый [встречно-штыревой] конденсатор
interlocking-finger ~ встречно-гребенчатый [встречно-штыревой] конденсатор

interstage ~ межкаскадный разделительный конденсатор
junction(-type) ~ конденсатор на обратносмещённом *p—n*-переходе
lacquer-film ~ лакоплёночный конденсатор
leaky ~ конденсатор с утечкой
liquid-filled ~ конденсатор с жидким диэлектриком
low-power ~ конденсатор малой мощности
low-voltage ~ низковольтный конденсатор
mansbridge ~ самовосстанавливающийся конденсатор
metal-insulator-silicon ~ МДП-конденсатор, конденсатор со структурой металл — диэлектрик — полупроводник
metallized ~ конденсатор с металлизированными обкладками
metallized paper ~ бумажный конденсатор с металлизированными обкладками
metal-oxide-semiconductor ~ МОП-конденсатор, конденсатор со структурой металл — оксид — полупроводник
metal-silicon nitride-oxide-semiconductor ~ МНОП-конденсатор, конденсатор со структурой металл — нитрид кремния — оксид — полупроводник
metal-silicon nitride-silicon ~ МНП-конденсатор, конденсатор со структурой металл — нитрид кремния — полупроводник
mica ~ слюдяной конденсатор
miniature foil ~ миниатюрный фольговый конденсатор
molded ~ опрессованный конденсатор
monolithic ceramic ~ монолитный керамический конденсатор
MOS ~ *см.* metal-oxide-semiconductor capacitor
Mylar ~ лавсановый плёночный конденсатор
neutralizing ~ конденсатор для нейтрализации обратной связи
n-layer ~ конденсатор с *n*-слойным диэлектриком
noninductive ~ безындуктивный конденсатор
nonlinear ~ конденсатор с нелинейной ёмкостью
nonpolarized electrolytic ~ неполярный оксидный конденсатор
oil (-filled) ~ масляный конденсатор
oscillator ~ сопрягающий конденсатор (*гетеродина*)
oxide ~ оксидный конденсатор
padding ~ сопрягающий конденсатор (*гетеродина*)
paper ~ бумажный конденсатор
parallel-plate ~ плоский конденсатор
phasing ~ конденсатор, компенсирующий ёмкость кристаллодержателя (*в кварцевом фильтре*)
plane ~ плоский конденсатор
plasma ~ плазменный конденсатор
plastic-film ~ плёночный конденсатор
plate-bypass ~ конденсатор анодного развязывающего фильтра
p-n junction ~ конденсатор на обратносмещённом *p—n*-переходе
polarized electrolytic ~ полярный оксидный конденсатор
polycarbonate-film ~ поликарбонатный плёночный конденсатор
polyester-film ~ полиэфирный плёночный конденсатор

polystyrene-film ~ полистирольный плёночный конденсатор
porcelain ~ фарфоровый конденсатор, керамический конденсатор из ультрафарфора
preset ~ подстроечный конденсатор
pressure-type ~ газонаполненный конденсатор
printed ~ печатный конденсатор
radial-lead ~ конденсатор с радиальными выводами
reference ~ эталонный конденсатор
resonant ~ резонансный конденсатор (*контур, состоящий из трубчатого конденсатора с намотанной на нём катушкой индуктивности*)
roll-off ~ выравнивающий конденсатор
rotary ~ поворотный переменный конденсатор
self-healing [self-sealing] ~ самовосстанавливающийся конденсатор
semiconductor ~ конденсатор на обратносмещённом $p - n$-переходе
shortenings ~ укорачивающий конденсатор (*антенны*)
silicon ~ кремниевый варактор, кремниевый параметрический диод
silvered mica ~ слюдяной конденсатор с обкладками в виде слоя серебряной металлизации
SLF ~ *см.* straight-line frequency capacitor
solid-electrolytic ~ оксидный полупроводниковый конденсатор
solid tantalum ~ полупроводниковый танталовый конденсатор
spark ~ искрогасящий конденсатор
speedup ~ конденсатор, используемый для повышения быстродействия схемы *или* прибора
split-stator variable ~ конденсатор переменной ёмкости с двумя статорами и общим ротором
standard ~ эталонный конденсатор
steatite ~ керамический конденсатор из (радио)стеатита
stopping ~ разделительный конденсатор
straight-line ~ прямоёмкостный конденсатор
straight-line frequency ~ прямочастотный конденсатор
straight-line wavelength ~ прямоволновый конденсатор
subdivided ~ литой секционный конденсатор
suppression ~ помехоподавляющий конденсатор
switched ~ переключаемый [коммутируемый] конденсатор
synchronous ~ синхронный компенсатор (*синхронный электродвигатель, работающий без нагрузки на валу*)
tank ~ конденсатор параллельного резонансного контура
tantalum bead ~ миниатюрный дисковый танталовый конденсатор
tantalum chip ~ оксидно-металлический танталовый конденсатор
tantalum-foil electrolytic ~ танталовый фольговый сухой конденсатор
tantalum (pent)oxide ~ танталовый оксидный конденсатор
tantalum-slug electrolytic ~ танталовый жидкостный конденсатор
telephone ~ телефонный конденсатор
temperature-compensating ~ конденсатор цепи термокомпенсации
thick-film ~ толстоплёночный конденсатор
thin-film ~ тонкоплёночный конденсатор
tin-oxide (thin-)film ~ конденсатор на тонкой плёнке оксида олова
trimmer [trimming] ~ подстроечный конденсатор
tubular ~ трубчатый конденсатор
tuning ~ настроечный конденсатор
vacuum ~ вакуумный конденсатор
vacuum-deposited ~ конденсатор, изготовленный методом вакуумного осаждения
variable ~ конденсатор переменной ёмкости
vernier ~ подстроечный конденсатор (*включаемый параллельно настроечному конденсатору*)
vibrating ~ вибрационный конденсатор
voltage-controlled [voltage-dependent, voltage-variable] ~ 1. конденсатор с ёмкостью, управляемой напряжением 2. варикап 3. варактор
wet electrolytic ~ жидкостный конденсатор

capacitron ртутный вентиль с внешним зажиганием разряда

capacity 1. ёмкость (*1. электрическая ёмкость 2. объём; вместимость 3. информационная ёмкость; разрядность (напр. регистра) 4. (разрядная) ёмкость ХИТ*) 2. способность вмещать *или* (вос)принимать (*что-либо*) 3. (реальная *или* потенциальная) способность противостоять (*чему-либо*), выдерживать (*что-либо*), выполнять *или* производить (*что-либо*); функциональные возможности 4. пропускная способность (*напр. канала связи*) 5. нагрузочная способность (*напр. линии связи*) 6. предельно допустимое *или* максимально достижимое значение тока, напряжения *или* мощности 7. производительность 8. положение; качество; род деятельности 9. компетенция 10. максимально заполненный

~ **of arc** пропускная способность дуги (*графа*)
~ **of capacitor** ёмкость конденсатора
~ **of CD-ROM** ёмкость компакт-диска формата CD-ROM
~ **of DVD** ёмкость компакт-диска формата DVD
absorbing ~ абсорбционная способность
accumulator ~ (разрядная) ёмкость аккумулятора
adsorptive ~ адсорбционная способность
ampere-hour ~ (разрядная) ёмкость (*напр. ХИТ*)
battery ~ (разрядная) ёмкость батареи
bearing ~ несущая способность (*напр. кабельного троса*)
breaking ~ отключающая способность (*коммутационного аппарата*)
capacitor ~ ёмкость конденсатора
carrying ~ пропускная способность
channel ~ 1. пропускная способность канала 2. максимальное количество одновременно обслуживаемых линий связи каналов; нагрузочная способность линии связи
charge-carrying ~ зарядовая способность (*ПЗС*)
circuit ~ 1. пропускная способность канала 2. максимальное количество одновременно обслуживаемых линий связи каналов; нагрузочная способность линии связи
computer ~ производительность компьютера
current(-carrying) ~ допустимая токовая нагрузка
data-handling ~ пропускная способность системы обработки информации
depletion-layer ~ барьерная ёмкость

capacity

diffusion ~ диффузионная ёмкость
discharge ~ разрядная ёмкость (напр. ХИТ)
disk ~ ёмкость диска
display ~ (информационная) ёмкость дисплея
electronic heat ~ электронная теплоёмкость
field ~ полевая ёмкость (полевого транзистора)
formatted ~ ёмкость (от)форматированного носителя (информации)
head interwinding ~ межвитковая ёмкость магнитной головки
heat ~ теплоёмкость
idle ~ пропускная способность при отсутствии нагрузки
inductive ~ диэлектрическая проницаемость
information [informative] ~ информационная ёмкость
input ~ коэффициент объединения по входу
interrupting ~ максимальный прерываемый ток
lattice heat ~ решёточная теплоёмкость
magnetic inductive ~ магнитная проницаемость
memory ~ ёмкость памяти, ёмкость ЗУ
modular ~ модульная ёмкость
output ~ 1. нагрузочная способность (схемы) 2. коэффициент разветвления по выходу
overload ~ предельно допустимое значение (тока, напряжения или мощности)
picture information ~ информационная ёмкость изображения
power-handling ~ предельно допустимая мощность
power-handling ~ of tube предельно допустимая мощность, рассеиваемая анодом лампы
primary cell ~ (разрядная) ёмкость первичного элемента
raw ~ ёмкость (напр. компакт-диска) с учётом служебной информации (на носителе)
refrigeration ~ холодопроизводительность
register ~ вчт разрядность регистра
selector carrying ~ тлф пропускная способность искателя
Shannon ~ шенноновская [предельная] пропускная способность
shock-absorbing ~ амортизирующая способность
short-circuit breaking ~ наибольшая отключающая способность
short-circuit making ~ наибольшая включающая способность
specific inductive ~ относительная диэлектрическая проницаемость
storage ~ ёмкость памяти, ёмкость ЗУ
thermal ~ теплоёмкость
traffic-carrying ~ тлф, вчт пропускная способность (напр. канала связи)
transmission ~ 1. коэффициент прохождения; коэффициент пропускания 2. пропускная способность (напр. канала связи)
unformatted ~ ёмкость неформатированного носителя (информации)
wearing ~ износостойкость
wiring ~ ёмкость монтажа
word ~ длина слова, разрядность слова
working ~ работоспособность
zero-error ~ пропускная способность при нулевой вероятности ошибок
capital 1. вчт прописная [заглавная] буква 2. капитал
human ~ человеческий капитал
small ~s капитель, капительные буквы
capitalization 1. вчт прописная [заглавная] буква 2. капитализация, преобразование в капитал
~ on chance излишне тщательная подгонка (модели) к особенностям выборки
capitalize 1. вчт набирать прописными [заглавными] буквами 2. капитализировать, преобразовывать в капитал
capristor фирм. резисторно-ёмкостный модуль
capstan ведущий вал (лентопротяжного механизма)
retractable ~ отводимый ведущий вал
capsulation 1. капсулирование; помещение в футляр или оболочку 2. герметизация, помещение в герметизирующую оболочку; снабжение герметизирующим покрытием
compound ~ герметизация компаундом
glass ~ герметизация стеклом
metal ~ металлическая герметизация
plastic ~ герметизация пластмассой
capsule 1. капсула; футляр; оболочка ǁ капсулировать; помещать в футляр или оболочку 2. герметизирующая оболочка; герметизирующее покрытие ǁ помещать в герметизирующую оболочку; герметизировать 3. отделяемая автономная часть КЛА; космическая капсула
space ~ отделяемая автономная часть КЛА; космическая капсула
caption 1. тлв титр; субтитр ǁ снабжать титрами; снабжать субтитрами 2. тлв заставка 3. вчт заголовок (напр. раздела) 4. вчт подпись (напр. к рисунку)
captioning тлв снабжение титрами; снабжение субтитрами
capture 1. захват; захватывание ǁ захватывать 2. сбор данных; сбор информации ǁ собирать данные; собирать информацию 3. ввод (собранных) данных в компьютер ǁ вводить (собранные) данные в компьютер
adatom ~ крист. захват адатомов
data ~ 1. сбор данных; сбор информации 2. ввод (собранных) данных в компьютер
electron ~ захват электрона
hole ~ захват дырки
input ~ вчт входная фиксация, подстройка таймера для измерения временных характеристик
K-~ К-захват (электрона)
name ~ вчт захват имени
nonradiative ~ безызлучательный захват
resonance ~ резонансный захват
screen ~ 1. формирование стоп-кадра (напр. в видеотехнике); захват видеокадра, захват и запись (на диск) текущего содержимого экрана дисплея 2. захват и распечатка информации, воспроизводимой на экране (дисплея)
source data ~ сбор исходных данных; сбор исходной информации
capturing 1. захват; захватывание 2. сбор данных; сбор информации 3. ввод (собранных) данных в компьютер
data ~ сбор данных; сбор информации
printer port ~ вчт захват параллельного порта
car автомобиль
by-wire ~ автомобиль с радиоуправлением
Civis ~ автомобиль с системой автоматического радиоуправления, автомобиль с системой Civis

card

    radio ~ автомобиль с дуплексной радиосвязью
carbide карбид
    hard magnet ~ магнитно-твёрдый [магнитно-жёсткий] карбид
carbon 1. углерод 2. технический углерод; сажа 3. угольный электрод 4. лист копировальной бумаги 5. машинописная копия
    amorphous ~ аморфный углерод
    diamond-like ~ алмазоподобный углерод
carbonate карбонат
    antiferromagnetic ~ антиферромагнитный карбонат
carbonization карбидирование (*напр. катода*)
carcase, carcass каркас; остов
carcinotron лампа обратной волны, ЛОВ
    type-M ~ лампа обратной волны М-типа, ЛОВ М-типа
    type-O ~ лампа обратной волны О-типа, ЛОВ О-типа
card 1. карта (*1. электронное устройство в виде карты, электронная карта (напр. для выполнения безналичных финансовых операций) 2. (полное или частичное) графическое изображение поверхности планет, звёздных тел или звёздного неба 3. карточка, лист плотной бумаги небольшого формата с текстом или изображением (напр. почтовая карточка)* 4. игральная карта) 2. *тлв* печатная плата 3. *тлв* испытательная таблица 4. перфорационная карта, перфокарта 5. *pl* карточная игра
    accelerated graphics port ~ подключаемый к ускоренному графическому порту видеоадаптер, видеоадаптер (стандарта) AGP
    accessory ~ *вчт* дополнительная плата (*для расширения функциональных возможностей компьютера*)
    adapter ~ *вчт* адаптер, адаптерная плата расширения
    advanced communication riser ~ переходная плата-ступенька для установки усовершенствованной сетевой платы расширения (*параллельно плоскости материнской платы*)
    AGP ~ *см.* accelerated graphics port card
    aperture ~ апертурная перфокарта
    audio ~ *вчт* аудиоадаптер; звуковая плата; аудиоконтроллер
    audio/modem riser ~ переходная плата-ступенька для установки модема и звуковой платы расширения (*параллельно плоскости материнской платы*)
    calling ~ кредитная телефонная карта
    caption ~ *тлв* заставка
    check ~ чековая карта
    chip ~ интеллектуальная карта, *проф.* смарт-карта (*электронное устройство для хранения данных, безналичных расчётов или контроля доступа в форме пластмассовой карты с встроенными интегральными схемами (микропроцессором с памятью или памятью с непрограммируемой логикой)*)
    chip-carrying ~ карта (*напр. кредитная*) с встроенной ИС
    circuit ~ 1. печатная плата 2. монтажная плата
    cognitive ~ когнитивная карта
    color test ~ цветная испытательная таблица
    communication and networking riser ~ переходная плата-ступенька для установки модема или сетевой платы расширения (*параллельно плоскости материнской платы*)
    contactless ~ бесконтактная (электронная) карта (*напр. с радиоинтерфейсом*)
    control ~ управляющая перфокарта
    controller ~ контроллер; плата с контроллерами
    credit ~ кредитная карта
    cryptographic smart ~ криптографическая интеллектуальная карта
    debit ~ дебетовая карта
    definition ~ испытательная таблица для проверки разрешающей способности
    disk controller ~ контроллер диска; плата с контроллерами дисков
    display ~ *вчт* видеоадаптер; видеоплата; видеоконтроллер
    expansion ~ *вчт* плата расширения
    fax ~ *вчт* факсимильный адаптер; факсимильная плата; факсимильный контроллер
    feature ~ суперпозиционная перфокарта
    flash memory ~ плата флэш-памяти
    fluorescent multilayer ~ флуоресцентная многослойная плата (*для трёхмерной оптической записи информации*)
    geometry test ~ *тлв* испытательная таблица для проверки геометрических искажений
    graphics ~ *вчт* графический адаптер; графическая плата; графический контроллер
    green ~ *вчт проф.* описание языка ассемблера
    Hagaki ~ лист бумаги формата $10,0 \times 14,8$ см^2
    half- ~ *вчт* короткая плата, плата половинной длины
    hard (disk) ~ плата жёсткого диска
    Hercules graphics ~ 1. стандарт высокого уровня на монохромное отображение текстовой и графической информации для IBM-совместимых компьютеров (*с разрешением не выше 720×350 пикселей*), стандарт HGC 2. (монохромный) видеоадаптер (стандарта) HGC
    identification ~ идентификационная карта (*напр. пользователя*)
    index ~ 1. карточка каталога *или* указателя 2. лист бумаги формата $10,2 \times 15,2$ см^2 *или* $12,7 \times 20,3$ см^2
    idiot ~ *тлв* телесуфлёр, *проф.* плакат с подсказкой текста (*для диктора*)
    interface ~ интерфейсная плата, плата интерфейса
    key ~ электронный ключ в виде карты
    legacy ~ *вчт* унаследованная плата, плата предыдущего поколения; вынужденно используемая устаревшая плата
    linearity test ~ *тлв* испытательная таблица для проверки линейности
    logic ~ логическая плата, плата с логическими схемами
    magnetic ~ *вчт* магнитная карта
    magnetic-stripe credit ~ магнитная кредитная карта со штриховым кодом
    marginally-punched ~ перфокарта с краевой перфорацией
    MIDI (interface) ~ плата MIDI-интерфейса, MIDI-плата
    multifunctional smart ~ многофункциональная интеллектуальная карта

card

multilayer ~ многослойная печатная плата
N-column ~ N-колонная перфокарта
network interface ~ сетевая интерфейсная плата, плата сетевого интерфейса
PC ~ 1. *см.* **PCMCIA card** 2. торговая марка Международной ассоциации производителей плат памяти для персональных компьютеров, торговая марка PCMCIA
PCI ~ *см.* **peripheral component interconnect(ion) card**
PCMCIA ~ 1. плата расширения (стандарта) PCMCIA 2. карта флэш-памяти (стандарта) PCMCIA
PCMCIA ~ type I плата расширения (стандарта) PCMCIA типа I (*толщиной 3,3 мм*)
PCMCIA ~ type II плата расширения (стандарта) PCMCIA типа II (*толщиной 5,0 мм*)
PCMCIA ~ type III плата расширения (стандарта) PCMCIA типа III (*толщиной 10,5 мм*)
peripheral component interconnect(ion) ~ плата расширения (стандарта) PCI
printed-circuit ~ печатная плата
program ~ плата расширения
punch(ed) ~ перфорационная карта, перфокарта
QSL ~ QSL-карточка (*карточка подтверждения в коротковолновой радиолюбительской связи*)
RAM ~ плата с оперативной памятью
retail ~ кредитная карта покупателя (*с постоянным местом покупок*)
riser ~ *вчт* переходная плата-ступенька (*для установки плат расширения параллельно плоскости материнской платы*), плата типа «riser», *проф.* «ёлка»
SCSI хост-адаптер SCSI
short ~ *вчт* короткая плата, плата половинной длины
smart ~ интеллектуальная карта, *проф.* смарт-карта (*1. электронное устройство для хранения данных, безналичных расчётов или контроля доступа в форме пластмассовой карты с встроенными интегральными схемами (микропроцессором с памятью или памятью с непрограммируемой логикой) 2. пластмассовая карта с магнитным кодом для хранения данных, безналичных расчётов или контроля доступа*)
solid-state floppy disk ~ карта флэш-памяти (стандарта) SSFDC, *проф.* твердотельная дискета; карта флэш-памяти (стандарта) SmartMedia
sound ~ *вчт* аудиоадаптер; звуковая плата; аудиоконтроллер
speech ~ *вчт* голосовой [речевой] адаптер; голосовая [речевая] плата; голосовой [речевой] контроллер
test ~ *тлв* испытательная таблица
television test ~ *тлв* телевизионная испытательная таблица
TV tuner ~ *вчт* плата телевизионного тюнера
video (display) ~ *вчт* видеоадаптер; видеоплата; видеоконтроллер
voice ~ *вчт* голосовой [речевой] адаптер; голосовая [речевая] плата; голосовой [речевой] контроллер
wild ~ 1. *вчт* шаблон подстановки (*символа или группы символов*), подстановочный символ, универсальный образец 2. джокер (*в карточных играх*)

CardBus *вчт* высокоскоростная шина расширения CardBus
cardinal 1. *вчт* мощность, кардинальное число (*множества*) 2. кардинальный (*1. вчт относящийся к мощности множества 2. относящийся к кардинальным плоскостям и точкам оптической системы*) 3. главный; основной
cardinality *вчт* 1. мощность, кардинальное число (*множества*) 2. мощность связи, мощность отношения (*отношение количества экземпляров сущности-родителя к количеству экземпляров сущности-потомка в реляционных базах данных*)
~ of continuum мощность континуума
fuzzy ~ нечёткая мощность
infinity ~ мощность, кардинальное число
relationship ~ мощность связи, мощность отношения
cardiod 1. кардиоида 2. кардиоидная диаграмма направленности антенны 3. кардиоидная характеристика направленности (*микрофона или громкоговорителя*)
caret каре, символ ^ (*1. вчт оператор возведения в степень 2. вчт текстовое обозначение клавиши «Control» 3. корректурный знак вставки, проф. «галочка»*)
careware *проф.* (лицензированное) программное обеспечение с оплатой в виде пожертвования на благотворительные цели
carillion карийон (*ударный самозвучащий музыкальный инструмент*)
electronic ~ электрокарийон (*электромузыкальный инструмент*)
carmatron карматрон
carnauba карнаубский воск (*изоляционный материал*)
carousel карусельный конвейер
carpet 1. защитное покрытие || использовать защитное покрытие 2. самолётная станция активных преднамеренных радиопомех, самолётная станция активного радиоэлектронного подавления 3. ковёр; коврик || ковровый 4. выстилающий (*напр. о функции*) выстилать
safety rubber ~ резиновый коврик для предохранения от поражения электрическим током
Sierpinski ~ *вчт* ковёр Серпинского (*фрактальное множество*)
carriage каретка
automatic ~ каретка с автоматическим управлением (*в принтерах*)
head ~ каретка (магнитных) головок (*в дисководах*)
printer ~ каретка принтера (*напр. матричного*)
tape-controlled ~ (автоматическая) каретка с управлением от перфоленты
wide ~ широкая каретка (*напр. матричного принтера*)
carrier 1. носитель; переносчик; перевозчик || несущий; переносящий; перевозящий 2. несущая (*волна, амплитуда, частота или фаза которой подвергаются модуляции с целью передачи сигналов*) 3. (многоканальная) система передачи данных с использованием несущей 4. высокочастотная [ВЧ-]связь 5. носитель (*заряда или информации*) 6. держатель; носитель; кассета (*для обработки, транспортировки или хранения деталей*) 7. ком-

пания, предоставляющая услуги в области связи; поставщик услуг в сфере связи; владелец сети *или* линии связи 8. система связи; сеть связи 9. несущий элемент (*конструкции*) 10. *вчт* несущее множество, *проф.* носитель

adjacent picture ~ несущая изображения соседнего канала
adjacent sound ~ несущая звукового сопровождения соседнего канала
adjacent video ~ несущая изображения соседнего канала
amplitude-modulated ~ 1. амплитудно-модулированная несущая 2. импульсная несущая с амплитудной модуляцией
aural ~ несущая звукового сопровождения
bump ~ ленточный кристаллоноситель с контактными столбиками
ceramic leaded chip ~ керамический кристаллоноситель с четырёхсторонним расположением J-образных выводов, корпус типа CLCC, CLCC-корпус
charge ~ носитель заряда
chip ~ *микр.* кристаллоноситель, кристаллодержатель
chrominance ~ цветовая поднесущая
coherent ~ несущая, равная гармонике несущей запросного сигнала (*в радиолокационных системах с активным ответом*), *проф.* когерентная несущая
cold ~ холодный носитель (*заряда*)
color ~ цветовая поднесущая
commercial Internet ~ поставщик платных услуг в Internet
common ~ компания, предоставляющая услуги в области связи; поставщик услуг в сфере связи; владелец сети связи
constant-power ~ несущая постоянной мощности
continuous ~ непрерывная несущая
controlled ~ авторегулируемая [плавающая] несущая
current ~ носитель заряда
data ~ носитель информации
data-activated ~ несущая, включаемая потоком данных
energetic ~ носитель (*заряда*) с высокой энергией
equilibrium ~ равновесный носитель (*заряда*)
exalted ~ восстановленная несущая
excess ~ избыточный носитель (*заряда*)
excited ~ возбуждённый носитель (*заряда*)
extra ~ избыточный носитель (*заряда*)
extrinsic ~ несобственный носитель (*заряда*)
ferromagnetic ~ ферромагнитный носитель (*информации*)
film ~ плёночный носитель (*информации*)
floating ~ авторегулируемая [плавающая] несущая
free ~ свободный носитель (*заряда*)
frequency-modulated ~ импульсная несущая с частотно-импульсной модуляцией
fuse ~ держатель плавкой вставки (*предохранителя*)
fuzzy set ~ *вчт* носитель нечёткого множества
hard disk ~ держатель (*съёмного*) жёсткого (магнитного) диска
hermetic chip ~ герметизированный кристаллоноситель

hot ~ горячий носитель (*заряда*)
image ~ несущая изображения
immobile ~ неподвижный носитель (*заряда*)
incidental ~ случайная несущая
information ~ носитель информации
injected ~ инжектированный носитель (*заряда*)
inter-exchange ~ 1. межстанционная телефонная сеть 2. владелец межстанционной телефонной сети
international record ~ международная линия передачи документальной информации
intrinsic ~ собственный носитель (*заряда*)
ionizing ~ ионизирующий носитель (*заряда*)
I-phase ~ несущая, сдвинутая по фазе на 57° по отношению к цветовой поднесущей (*в системе НТСЦ*)
leaded ceramic chip ~ керамический кристаллоноситель с четырёхсторонним расположением J-образных выводов, корпус типа LDCC, LDCC-корпус
leaded chip ~ кристаллоноситель с выводами
leadless ceramic chip ~ безвыводный керамический кристаллоноситель с четырёхсторонним расположением торцевых контактных площадок, корпус типа LCCC, LCCC-корпус
leadless chip ~ безвыводный кристаллоноситель с четырёхсторонним расположением контактных площадок для поверхностного монтажа *или* монтажа в (контактной) панельке, корпус типа LCC, LCC-корпус
light-generated ~ фотовозбуждённый носитель (*заряда*)
local exchange ~ 1. местная телефонная сеть 2. владелец местной телефонной сети
long-distance ~ поставщик услуг дальней связи
luminance ~ несущая сигнала яркости
magnetic ~ магнитный носитель (*информации*)
main ~ несущая (*в системе стереофонического радиовещания с поднесущей*)
majority ~ основной носитель (*заряда*)
microwave ~ СВЧ-несущая
minority ~ неосновной носитель (*заряда*)
mobile ~ подвижный носитель (*заряда*)
modulated ~ модулированная несущая
monochrome ~ несущая изображения системы черно-белого телевидения
negative ~ носитель отрицательного заряда
next generation digital loop ~ линия кольцевой цифровой связи следующего поколения
noise ~ шумовая несущая
nonequilibrium ~ неравновесный носитель (*заряда*)
offset ~ смещённая несущая
optical ~ волоконно-оптическая среда
orthogonal ~s несущие канала с ортогональным частотным разделением сигналов
overdeviated ~ частотно-модулированная несущая с избыточной девиацией
phase-modulated ~ фазомодулированная несущая
phase-shift keying ~ фазоманипулированная несущая
photoexcited [photo-induced] ~ фотовозбуждённый носитель (*заряда*)
photon-generated ~ фотовозбуждённый носитель (*заряда*)

carrier

picture ~ несущая изображения
pilot ~ 1. пилот-сигнал на несущей частоте; высокочастотный пилот-сигнал 2. подавленная несущая, используемая для демодуляции при приёме
pix ~ несущая изображения
plastic leaded chip ~ пластмассовый кристаллоноситель с четырёхсторонним расположением J-образных выводов, корпус типа PLCC, PLCC-корпус
positive ~ носитель положительного заряда
power-line ~ система ВЧ-связи по линиям электропередачи
pulse ~ импульсная несущая, несущая в виде последовательности импульсов
pulse-displacement-modulated ~ импульсная несущая с фазоимпульсной модуляцией
pulse-modulated ~ 1. импульсно-модулированная несущая 2. модулированная импульсная несущая
pulse-number-modulated ~ импульсная несущая с частотно-импульсной модуляцией
quiescent ~ несущая, подавляемая в отсутствие модулирующего сигнала
radio common ~ компания, предоставляющая услуги в области радиотелефонной связи; поставщик услуг в сфере радиотелефонной связи; владелец сети радиотелефонной связи
radio-frequency ~ высокочастотная [ВЧ-] несущая
reduced ~ ослабленная несущая
reference ~ опорный сигнал на несущей частоте; опорный высокочастотный [ВЧ-] сигнал
set ~ *вчт* носитель множества
single-sideband suppressed ~ 1. несущая в системе передачи с подавленной боковой полосой 2. система передачи на одной боковой полосе с подавленной несущей
sound ~ несущая звукового сопровождения
spent ~ «отработанный» носитель (*заряда*)
sub ~ поднесущая
subscriber line ~ 1. сеть абонентских линий связи 2. владелец сети абонентских линий связи
substrate ~ *микр.* держатель подложек
suppressed ~ подавленная несущая
T ~ (многоканальная) система передачи дискретной информации с использованием импульсно-кодовой модуляции (*с временным разделением каналов*), (многоканальная) ИКМ-система передачи дискретной информации
tape chip ~ *микр.* ленточный кристаллоноситель
television picture ~ несущая изображения
thermally generated ~ термовозбуждённый носитель (*заряда*)
trapped ~ захваченный носитель (*заряда*)
value-added ~ 1. (арендуемая) линия связи с расширенными техническими возможностями 2. владелец сети, предоставляющей дополнительные услуги пользователям
variable ~ авторегулируемая [плавающая] несущая
video (-frequency) ~ несущая изображения
vision ~ несущая изображения
voice ~ несущая звукового сопровождения
voice-activated ~ несущая, включаемая голосовым [речевым] сигналом
voice-controlled ~ несущая, модулируемая голосовым [речевым] сигналом
voice-frequency ~ система передачи телеграфной информации с использованием телефонных сигналов в качестве несущей
wafer ~ *микр.* кассета для пластин
warm ~ тёплый носитель (*заряда*)
width-modulated ~ импульсная несущая с широтно-импульсной модуляцией

carry 1. перемещение; транспортирование; перенос ‖ перемещать; транспортировать; переносить 2. *вчт* перенос (*1. процесс переноса 2. разряд переноса*) ‖ переносить (*единицу из младшего разряда в ближайший старший разряд при превышении основания системы счисления*) 3. *вчт* сигнал переноса; импульс переноса 4. передавать (*напр. сообщение*); осуществлять связь 5. служить средой *или* средством передачи (*напр. сигналов*) 6. достигать (*напр. цели*); осуществлять; выполнять 7. служить опорой; поддерживать ◊ ~ **in** ввод (*напр. сигнала*); ~ **out** вывод (*напр. сигнала*)
accelerated ~ ускоренный перенос
binary ~ двоичный перенос
cascaded ~ поразрядный [каскадный] перенос
complete ~ полный перенос
cyclic ~ циклический перенос
delayed ~ задержанный перенос
end-around ~ циклический [круговой] перенос
high-speed ~ ускоренный перенос
input ~ входной сигнал переноса
output ~ выходной сигнал переноса
partial ~ частичный перенос
ripple-through ~ сквозной перенос
self-instructed ~ автоматический перенос
separately instructed ~ командный перенос
sequential ~ последовательный перенос
step-by-step ~ поразрядный [каскадный] перенос
stored ~ хранимый перенос

cart 1. кар; тележка 2. робокар
computer-controlled ~ электрокар с компьютерным управлением
electric ~ электрокар
robot ~ робокар
shopping ~ данные типа «cookie» для сайтов электронных покупок, *проф.* «тележка для покупок»
smart ~ интеллектуальный кар, кар с микропроцессорным управлением

cartogram картограмма; картодиаграмма
cartoon мультипликация ‖ изготавливать рисунки для мультипликационных фильмов
animated ~ мультипликационный фильм, мультфильм

cartridge 1. картридж (*любое автономное устройство или расходный материал в пластмассовом или ином контейнере*); кассета 2. головка звукоснимателя 3. однокатушечная кассета (*с бесконечным рулоном ленты*) 4. корпус радиовзрывателя
back-up ~ картридж для записи и хранения резервных копий
Bernoulli ~ картридж (со съёмным магнитным диском) Бернулли
capacitor ~ ёмкостная головка звукоснимателя
ceramic ~ пьезокерамическая головка звукоснимателя
continuous-loop ~ (однокатушечная) кассета с бесконечным рулоном ленты
crystal ~ пьезоэлектрическая головка звукоснимателя

data ~ 1. картридж с данными; кассета с данными 2. полноразмерная кассета для (магнитной) ленты шириной 6,35 мм, полноразмерная кассета для (магнитной) ленты (формата) QIC (с габаритами 101,6×152,4×15,875 мм³)
disk ~ дисковый картридж
domestic (type) ~ кассета для бытовых магнитофонов
eight-track ~ кассета для восьмидорожечных магнитофонов
endless-loop ~ (однокатушечная) кассета с бесконечным рулоном ленты
flip-over ~ головка звукоснимателя с двумя иглами, сменяемыми путём переворачивания головки
font ~ картридж со шрифтами
four-channel ~ квадрафоническая головка звукоснимателя
full-sized data ~ полноразмерная кассета для (магнитной) ленты шириной 6,35 мм, полноразмерная кассета для (магнитной) ленты (формата) QIC (с габаритами 101,6×152,4×15,875 мм³)
game ~ игровой картридж
ink ~ картридж с чернилами
magnetic ~ 1. магнитная головка звукоснимателя 2. (однокатушечная) кассета с бесконечным рулоном магнитной ленты 3. (двухкатушечная) кассета с магнитной лентой
magnetic tape ~ 1. (однокатушечная) кассета с бесконечным рулоном магнитной ленты 2. (двухкатушечная) кассета с магнитной лентой
memory ~ кассета памяти
mini~ 1. миникартридж; минникассета 2. миникассета для (магнитной) ленты шириной 6,35 мм, миникассета для (магнитной) ленты (формата) QIC (с габаритами 82,55×63,5×15,24 мм³)
phono ~ головка звукоснимателя
photoelectric ~ фотоэлектрическая головка звукоснимателя
pickup ~ головка звукоснимателя
professional (type) ~ кассета для студийных магнитофонов
program ~ картридж с программами
quarter-inch ~ 1. (кассетный) формат QIC для цифровой записи на (магнитную) ленту 2. кассета для (магнитной) ленты шириной 6,35 мм, кассета для (магнитной) ленты (формата) QIC 3. (магнитная) лента для цифровой записи в (кассетном) формате QIC, (магнитная) лента (формата) QIC 4. лентопротяжный механизм для (магнитной) ленты (формата) QIC 5. (запоминающее) устройство для резервного копирования (данных) на (магнитную) ленту (формата) QIC 6. Комитет по стандартизации (кассетного) формата QIC для цифровой записи на (магнитную) ленту
quarter-inch ~ wide 1. (кассетный) формат QIC-Wide для цифровой записи на (магнитную) ленту 2. кассета для (магнитной) ленты шириной 8 мм, кассета для (магнитной) ленты (формата) QIC-Wide 3. (магнитная) лента шириной 8 мм для цифровой записи в (кассетном) формате QIC-Wide, (магнитная) лента (формата) QIC-Wide 4. лентопротяжный механизм для (магнитной) ленты (формата) QIC-Wide 5. (запоминающее) устройство для резервного копирования (данных) на (магнитную) ленту (формата) QIC-Wide

ribbon ~ кассета с красящей лентой
ROM ~ картридж ПЗУ
S.E.C.C [SECC] ~ *см.* **single edge contact cartridge**
single edge contact ~ картридж процессора с односторонним торцевым расположением выводов, картридж типа S.E.C.C., S.E.C.C.-картридж
stereo ~ стереофоническая головка звукоснимателя
streaming ~ картридж запоминающего устройства для резервного копирования данных на магнитную ленту в потоковом режиме
sum-and-difference ~ стереофоническая головка звукоснимателя
SyDOS ~ картридж (со съёмным магнитным диском) SyDOS
SyQuest ~ картридж (со съёмным магнитным диском) SyQuest
tape ~ 1. (однокатушечная) кассета с бесконечным рулоном ленты 2. (двухкатушечная) кассета с лентой 3. кассета для (магнитной) ленты
toner ~ картридж с тонером
Travan ~ кассета для (магнитной) ленты (формата) Travan
turnover ~ головка звукоснимателя с двумя иглами и поворотным иглодержателем
cascade 1. каскад (*1. каскадный процесс; лавина 2. ступень (напр. усилителя)*) 2. каскадное [последовательное] включение, каскадирование ‖ включать последовательно, каскадировать 3. лавина Таунсенда *вчт* 4. каскадное размножение символов приглашения *или* кавычек (*при обмене электронными сообщениями*) 5. каскадная запись (*при архивировании*)
~ **of failure** каскад отказов
~ **of message** каскад сообщений; лавина сообщений (*напр. из-за компьютерного вируса*)
downward ~ нисходящий каскадный процесс
electron ~ электронно-каскадный процесс
transformer ~ трансформаторный каскад
upward ~ восходящий каскадный процесс
Cascades кодовое название процессора Pentium III Xeon
cascading 1. каскадные процессы; лавинообразование 2. каскадное [последовательное] включение, каскадирование
cascode каскод, каскодная схема
case 1. корпус; кожух *вчт* 2. регистр (клавиатуры) 3. случай; ситуация; событие 4. наблюдение, экспериментальные значения параметров одного и того же объекта *или* субъекта (*в статистике*) 5. падеж (*грамматическая категория*) 6. (переплётная) крышка
coaxial ~ коаксиальный корпус
desktop ~ горизонтальный корпус (*системного блока компьютера*), корпус (*системного блока компьютера*) с горизонтальным рабочим положением, корпус типа Desktop
diaphragm ~ микрофонный капсюль
enumerated ~s нумерованные позиции (*напр. в перечне*)
figures ~ *тлг* цифровой регистр
floppy disk ~ футляр дискеты
jewel ~ (пластмассовый) футляр компакт-диска
jittered ~ наблюдение в присутствии искусственного шума

case

lower ~ нижний регистр; строчные буквы
metal-to-ceramic ~ металлокерамический корпус
outlying ~ выпадающее (*из общей закономерности*) наблюдение
pill ~ корпус таблеточного типа
shielding ~ экранирующий кожух
slim ~ низкопрофильный горизонтальный корпус (*системного блока компьютера*)
test ~ прецедент
tool ~ ящик для инструментов
tower ~ вертикальный корпус (*системного блока компьютера*), корпус (*системного блока компьютера*) с вертикальным рабочим положением; корпус типа Tower, *проф.* (корпус типа) «башня»
training ~ обучающий случай; обучающее событие
upper ~ верхний регистр; прописные буквы

cash 1. деньги, денежные знаки (*банкноты и монеты*) **2.** наличные; наличность; средство оплаты наличными (*в денежной или эквивалентной форме* (*напр. по чеку*) *непосредственно в момент покупки*) || платить наличными; продавать за наличные; выписывать *или* принимать чек за покупку
digital ~ электронные деньги
e~ *см.* electronic cash
electronic ~ электронные деньги

cash-box кошелёк
electronic ~ электронный кошелёк; интеллектуальная карта, *проф.* смарт-карта

casing обшивка; оболочка; корпус; кожух
telephone ~ корпус телефонного аппарата

Cassegrain антенна (по схеме) Кассегрена

cassette (двухкатушечная) кассета (*напр. для магнитных лент*); однокатушечная кассета (*напр. для фотоплёнки*)
audio ~ магнитофонная кассета
compact ~ магнитофонная кассета
compact video ~ видеомагнитофонная кассета, видеокассета
coplanar ~ копланарная кассета
digital ~ кассета для цифровой записи
digital compact ~ **1.** компакт-кассета для цифровой записи звука в формате DCC, компакт-кассета (формата) DCC **2.** (кассетный) формат DCC для цифровой записи звука **3.** компакт-кассета с цифровой звукозаписью
digital video ~ **1.** компакт-кассета для цифровой записи видео в формате DVC, компакт-кассета (формата) DVC **2.** (кассетный) формат DVC для цифровой записи видео **3.** компакт-кассета с цифровой видеозаписью
endless ~ кассета с бесконечным рулоном ленты
magnetic ~ **1.** (двухкатушечная) кассета для магнитных лент **2.** (двухкатушечная) кассета с магнитной лентой
magnetic tape ~ (двухкатушечная) кассета
quarter-inch tape ~ кассета для (магнитной) ленты шириной 6,35 мм, кассета для (магнитной) ленты (формата) QIC
tape ~ (двухкатушечная) кассета
video compact ~ видеомагнитофонная кассета, видеокассета

cassingle аудиокассета с записью одной *или* двух популярных песен

cast 1. вычисления; расчёт || вычислять; рассчитывать **2.** *вчт* приведение типов || приводить типы **3.** форма; схема расположения *или* размещения; вид || формировать; придавать форму; располагать *или* размещать по определённой схеме; придавать вид **4.** пресс-форма; матрица; отливная форма; опока || прессовать; опрессовывать; отливать **5.** оттенок || оттенять; придавать оттенок **6.** подбор актёра || подбирать актёра (*для исполнения роли*), *проф.* производить кастинг **7.** распределение ролей || распределять роли **8.** состав исполнителей ◊ **to** ~ **off** рассчитывать объём печатного издания
color ~ оттенок цвета

castanet *вчт pl* кастаньеты (*музыкальный инструмент из набора ударных General MIDI*)

casting 1. вычисления; расчёт **2.** *вчт* приведение (типов) **3.** формирование; придание формы; расположение *или* размещение по определённой схеме; придание вида **4.** прессование; опрессовка; отливка **5.** (о)прессованное изделие; отливка **6.** подбор актёра (*для исполнения роли*), *проф.* кастинг **7.** распределение ролей **8.** состав исполнителей
pressure ~ отливка под давлением
template ~ отливка по шаблону
type ~ отливка шрифта

cat радиолокационный маяк системы «Обое»
Schrödinger ~ *вчт* кошка Шредингера (*квантово-механический парадокс*)

catacaustic катакаустика
catadioptrics катадиоптрика
Catalog:
Whole Internet ~ Полный каталог Internet, обслуживаемое издательской фирмой O'Reilly & Associates дерево тем Internet

catalog(ue) 1. каталог || составлять каталог; вносить в каталог **2.** *вчт* распечатывать список каталогов и файлов диска
~ **of colors** каталог стандартных цветов
~ **of programs** каталог программ
card ~ карточный каталог
CUI W3 ~ *вчт* поисковая машина Университетского информационного центра
data ~ каталог данных
electronic ~ электронный каталог
file ~ каталог файлов
Messier ~ каталог Мессье (*первый каталог туманностей, галактик и звёздных скоплений*)
user ~ каталог пользователя

catalysis катализ
catalyst катализатор
acid ~ кислотный катализатор
anode ~ анодный катализатор (*в ХИТ*)
base ~ основной катализатор
cathode ~ катодный катализатор

cataphoresis электрофорез
catapoint точка катакаустики
catastrophe катастрофа (*1. бедствие; катаклизм; серьёзная авария 2. вчт особенность дифференцируемого (гладкого) отображения*)
butterfly ~ катастрофа типа «бабочка»
compact ~ компактная катастрофа
cusp ~ катастрофа с точкой возврата
diffraction ~ дифракционная катастрофа
double cusp ~ катастрофа с двумя точками возврата
pyramid ~ катастрофа типа «пирамида»
swallow tail ~ катастрофа типа «ласточкин хвост»

catch 1. захват; замок; запор; фиксатор ‖ захватывать; запирать; фиксировать 2. направляющий выступ или паз (*напр. в головке бесшлицевого потайного болта*); направляющий ключ (*напр. цоколя лампы*) ‖ направлять 3. *вчт* захват исключения (*напр. при исполнении программы на языке Java*) 4. улавливание; захват ‖ улавливать; захватывать
~**-22(s)** 1. безвыходная ситуация 2. дилемма (*по названию парадоксального правила, описанного в романе Дж. Хеллера «Catch-22»*)
exception ~ захват исключения
spring loaded disk ~ подпружиненный фиксатор (гибкого) диска (*в дисководах*)
catcher 1. захват; замок; запор; фиксатор 2. улавливающее устройство; ловушка 3. выходной резонатор (*многорезонаторного клистрона*)
catchword *вчт* колонтитул
categorization *вчт* 1. категоризация; распределение по категориям *или* классам; классификация 2. описание с помощью меток *или* путём присвоения имён; характеристика
categorize *вчт* 1. производить категоризацию; распределять по категориям *или* классам; классифицировать 2. описывать с помощью меток *или* путём присвоения имён; характеризовать
category категория (*1. класс; группа 2. основное понятие области знания*)
basic ~ категория промежуточного уровня
class ~ *вчт* категория классов
fuzzy ~ нечёткая категория
lexical ~ лексическая категория
mereologic ~ мереологическая категория
nonterminal syntactic ~ *вчт* нетерминальная синтаксическая категория
ordered ~s упорядоченные категории
subordinate ~ категория низшего уровня
superordinate ~ категория высшего уровня
syntactic ~ *вчт* синтаксическая категория
taxonomic ~ таксономическая категория, таксон
terminal syntactic ~ *вчт* терминальная синтаксическая категория
unordered ~s неупорядоченные категории
catena цепь; связная последовательность (*напр. звеньев*)
catenary 1. несущий трос (*напр. кабеля*) 2. цепная линия 3. цепной; связный
catenate 1. образовывать цепь; соединять последовательно; использовать каскадное включение 2. *вчт* конкатенировать, сцеплять
catenation 1. цепь; каскадное [последовательное] соединение 2. *вчт* конкатенация, сцепление
catenet *вчт* цепочка сетей, соединённых шлюзами; составная сеть
catercornered диагональный
cathamplifier катодный усилитель, усилитель с двухтактным трансформатором в цепи катода
cathode катод
activated ~ активированный катод
adconductor ~ плёночный лазерный катод
air ~ воздушный катод (*топливного элемента*)
arc ~ катод дугового разряда
bariated ~ барированный катод
barium ~ бариевый катод
beam ~ лучевой катод
beam-forming ~ лучеобразующий катод

bipotential ~ бипотенциальный катод
carbonized ~ карбидированный катод
cesium-activated [**cesium-coated**] ~ цезиевый катод
cesium hollow ~ цезиевый полый катод
coated ~ 1. катод с покрытием 2. оксидный катод
cold ~ холодный катод
comb ~ *кв. эл.* гребенчатый катод
common ~ общий катод (*комбинированной лампы*)
diffusion ~ диффузионный катод
dimpled ~ ячеистый катод
directly heated ~ катод прямого накала
dispenser [**dispensing**] ~ диспенсерный катод
electrolytic ~ катод химического источника тока, катод ХИТ
emitting ~ эмиттирующий катод
equipotential ~ катод косвенного накала
erasing-gun ~ катод стирающего прожектора
field arc ~ холодный катод дугового разряда
field-emission ~ холодный катод
filamentary [**filament-type**] ~ катод прямого накала
film(-coated) ~ плёночный катод
flooding-gun ~ катод считывающего прожектора
glow-discharge ~ катод тлеющего разряда
glowing ~ накалённый катод
gun ~ катод электронного прожектора
hairpin ~ булавочный катод
heater(-type) ~ катод косвенного накала
heavy-duty ~ мощный катод
hollow ~ полый катод
hot ~ термокатод
impregnated ~ импрегнированный катод
incandescent ~ накалённый катод
indirectly heated ~ катод косвенного накала
injection-limiting ~ катод с ограниченной инжекцией
ionic-heated ~ ионно-нагревный катод
L(-type) ~ Л-катод
mercury-pool ~ ртутный катод
nickel-matrix ~ катод с матрицей из никеля
oxide(-coated) ~ оксидный катод
photoelectric [**photoemissive, photoemitter**] ~ фотокатод
plasma ~ плазменный катод
pool ~ жидкометаллический катод
pressed ~ прессованный катод
reading-gun ~ катод считывающего прожектора
rectifier ~ катод газоразрядного выпрямительного прибора
reflection-mode ~ отражательный фотокатод
reset ~ катод возврата (*в газоразрядной индикаторной панели*)
RM ~ *см.* **reflection-mode cathode**
separately heated ~ катод косвенного накала
slotted ~ щелевой катод
target ~ антикатод
thermionic ~ термокатод
thick ~ массивный катод
thoria ~ ториевый катод
thoriated ~ торированный катод
TM ~ *см.* **transmission-mode cathode**
translucent ~ просвечивающий фотокатод
transmission-mode ~ просвечивающий фотокатод

cathode

    tunnel ~ туннельный катод
    two-band ~ *пп* двухзонный катод
    unipotential ~ катод косвенного накала
    viewing-gun ~ катод воспроизводящего прожектора
    virtual ~ виртуальный катод
    writing-gun ~ катод записывающего прожектора
cathodoluminescence катодолюминесценция
cathodophosphorescence катодофосфоресценция
cathodothermoluminescence катодотермолюминесценция
cation катион
    interstitial ~ катион внедрения
    monoatomic ~ моноатомный катион, простой катион
    monovalent ~ однозарядный катион
catoptric катоптрический
catoptrics катоптрика
catwhisker *пп* контактный волосок, контактная пружина (*точечного диода*); проволочный контакт
causal *вчт* причинный, каузальный
causality *вчт* причинность, каузальность; (взаимная) причинно-следственная зависимость
    instantaneous ~ мгновенная причинно-следственная зависимость
    Granger ~ причинность по Грейнджеру
causation *вчт* 1. причинность, каузальность; (взаимная) причинно-следственная зависимость 2. наличие (взаимной) причинно-следственной зависимости
    downward ~ нисходящая причинно-следственная зависимость
    upward ~ восходящая причинно-следственная зависимость
cause 1. причина ‖ служить причиной; причинять; вызывать 2. основание; мотив; повод 3. аргумент (*в логике*)
    false ~ ложный аргумент, *проф.* основное заблуждение (*логическая ошибка*)
caustic *опт.* каустика
    axial ~ аксиальная каустика
    elliptic ~ эллиптическая каустика
    parabolic ~ параболическая каустика
cavitation кавитация
    photoacoustic ~ фотоакустическая кавитация
cavity 1. (объёмный) резонатор 2. резервуар; контейнер 3. полость; пора; раковина
    ~ **with flat mirrors** резонатор с плоскими зеркалами
    accelerating ~ ускоряющий резонатор
    astigmatically compensated (optical) ~ (оптический) резонатор с компенсацией астигматизма
    biconical ~ биконический резонатор
    bimodal ~ двухмодовый резонатор
    bistable ~ бистабильный резонатор
    Bragg-Gray ~ полость Брэгга — Грея
    built-in ~ встроенный резонатор
    cell ~ резервуар с электролитом (*ХИТ*)
    circular ~ круглый резонатор
    coaxial ~ коаксиальный резонатор
    concentric ~ концентрический резонатор
    confocal ~ конфокальный резонатор
    corrosion ~ коррозионная раковина
    coupled ~**ies** связанные резонаторы
    crossed-stripline ~ резонатор на связанных полосковых линиях
    cylindrical ~ цилиндрический резонатор
    degenerate ~ резонатор с вырожденными модами
    direct-coupled ~ резонатор с непосредственной связью
    duplex ~ проходной резонатор
    electromagnetic ~ электромагнитный резонатор
    elliptical ~ эллиптический резонатор
    empty ~ ненагруженный резонатор
    end ~ торцевой резонатор
    fixed ~ неперестраиваемый резонатор, резонатор с фиксированной настройкой
    folded ~ свёрнутый резонатор
    grating ~ резонатор с дифракционной решёткой
    guide ~ волноводный резонатор
    high-Q ~ высокодобротный резонатор
    idle(-frequency) ~ холостой резонатор
    insert ~ отверстие для штырька (*в корпусе вилки электрического соединителя*)
    integrated ~ встроенный резонатор
    interferometer ~ резонатор интерферометра
    iris-coupled ~ резонатор с диафрагменной связью
    klystron (resonant) ~ резонатор клистрона
    large optical ~ (лазер) с большим оптическим резонатором
    laser ~ резонатор лазера
    loaded ~ нагруженный резонатор
    loop-coupled ~ резонатор с петлевой связью
    loop-excited ~ резонатор с петлевым возбуждением
    maser ~ резонатор мазера
    matched ~ согласованный резонатор
    microwave ~ СВЧ-резонатор
    multimode ~ многомодовый резонатор
    optical ~ оптический резонатор
    output ~ выходной резонатор
    pump ~ резонатор накачки
    quasi-optical ~ квазиоптический резонатор
    reaction ~ перестраиваемый резонатор для ручной или автоматической подстройки частоты (*генератора*)
    reentrant ~ резонатор с обратной связью
    resonant ~ (объёмный) резонатор
    ring ~ кольцевой резонатор
    ruby(-filled) ~ рубиновый резонатор
    septate coaxial ~ коаксиальный резонатор с перегородкой
    signal ~ сигнальный резонатор
    single-entry ~ резонатор с одним входом
    single-mode ~ одномодовый резонатор
    slot-coupled ~ резонатор с щелевой связью
    slotted ~ резонатор со щелью
    stable ~ *опт.* устойчивый резонатор
    stalo ~ *рлк* резонатор стабилизированного гетеродина
    superconductive ~ сверхпроводящий резонатор
    telescopic ~ телескопический резонатор
    totally internally reflecting optical ~ оптический резонатор с полным внутренним отражением
    TR ~ *см.* transmit-receive cavity
    transmission-line ~ резонатор на отрезке линии передачи
    transmission-type ~ проходной резонатор
    transmit-receive ~ резонатор разрядника защиты приёмника
    tunable ~ перестраиваемый резонатор

CD

tuned ~ объёмный резонатор
uncoupled ~ ненагруженный резонатор
unstable ~ *опт.* неустойчивый резонатор
variable ~ перестраиваемый резонатор

Cayenne кодовое название ядра процессоров Gobi и MediaGX (*фирмы Cyrix*)

Cber *проф.* абонент системы персональной радиосвязи

CCD прибор с зарядовой связью, ПЗС
   aluminum-gate ~ ПЗС с алюминиевыми затворами
   bipolar ~ биполярный ПЗС
   bucket-brigade ~ ПЗС типа «пожарной цепочки»
   bulk-channel ~ ПЗС с объёмным каналом
   buried-channel ~ ПЗС со скрытым каналом
   conductively connected ~ прибор с гальванической зарядовой связью
   doped surface ~ поверхностно-легированный ПЗС
   double-level ~ двухслойный [двухуровневый] ПЗС
   four-phase ~ четырёхфазный ПЗС
   implanted-barrier ~ ПЗС с имплантированными барьерами
   majority-carrier ~ ПЗС на основных носителях
   moat etched ~ ПЗС с вытравленными канавками
   multilevel ~ многослойный [многоуровневый] ПЗС
   multiple-tap ~ многоотводный ПЗС
   n-channel ~ *n*-канальный ПЗС, ПЗС с каналом *n*-типа
   n-phase ~ *n*-фазный ПЗС
   offset-mask ~ ПЗС, изготовленный методом смещенной маски
   overlapping-gate ~ ПЗС с перекрывающимися затворами
   parallel-transfer ~ ПЗС с параллельным переносом
   p-channel ~ *p*-канальный ПЗС, ПЗС с каналом *p*-типа
   peristaltic ~ перистальтический ПЗС
   polysilicon-gate ~ ПЗС с поликристаллическими кремниевыми затворами
   razorback ~ ПЗС с четырьмя входами
   recirculating ~ ПЗС с рециркуляцией заряда
   sealed-channel ~ ПЗС с изолированным каналом
   self-aligned electrode ~ ПЗС с самосовмещёнными электродами
   staggered oxide ~ ПЗС со ступенчатым профилем оксида
   stepped-oxide ~ ПЗС со ступенчатым профилем оксида
   submicron electrode separation ~ ПЗС с субмикронным расстоянием между электродами
   surface-channel ~ ПЗС с поверхностным каналом
   three-level metallization трёхслойный [трехуровневый] ПЗС
   time-delay-and-integrating ~ интегрирующий ПЗС с временной задержкой
   undercut-isolated ~ ПЗС с подрезанной изоляцией
   uniformly-doped ~ ПЗС с однородно легированной подложкой
   visible-light ~ ПЗС для формирователей сигналов изображений в видимом диапазоне
   wide-gap ~ ПЗС с широким зазором (*между электродами*)
   X-ray ~ ПЗС для формирователей сигналов рентгеновских изображений

CD компакт-диск
   ~ **-A** компакт-диск формата CD-A, аналоговый аудиокомпакт-диск
   ~ **-Bridge disk** компакт-диск формата CD-ROM XA с возможностью воспроизведения в режиме для компакт-дисков формата CD-I
   ~ **-DA** компакт-диск формата CD-DA, цифровой аудиокомпакт-диск
   ~ **-E** компакт-диск формата CD-RW, перезаписываемый компакт-диск
   ~ **Extra** компакт-диск формата CD Extra, компакт-диск формата CD Plus, мультимедийный компакт-диск с двумя сессиями (*аудио и CD-ROM*)
   ~ **-G** компакт-диск формата CD-G, компакт-диск с аналоговой записью звука и цифровой записью неподвижных изображений
   ~ **-I** компакт-диск формата CD-I, интерактивный видеокомпакт-диск
   ~ **-MO** компакт-диск формата CD-MO, магнитооптический компакт-диск
   ~ **Plus** компакт-диск формата CD Extra, компакт-диск формата CD Plus, мультимедийный компакт-диск с двумя сессиями (*аудио и CD-ROM*)
   ~ **-R** компакт-диск формата CD-R, записываемый компакт-диск
   ~ **-RW** компакт-диск формата CD-RW, перезаписываемый компакт-диск
   ~ **-V** аналоговый видеокомпакт-диск фирмы Philips
   ~ **-WO** компакт-диск формата CD-WO, однократно записываемый компакт-диск
   ~ **-WORM** компакт-диск формата CD-WORM, однократно записываемый компакт-диск с многократным считыванием
   Audio ~ компакт-диск формата CD-A, аналоговый аудиокомпакт-диск
   audio ~ аудиокомпакт-диск, звуковой компакт-диск (*любого формата*)
   bootable ~ загружаемый компакт-диск
   double-density ~ компакт-диск формата DDCD, компакт-диск с удвоенной плотностью записи (информации)
   enhanced ~ компакт-диск формата CD Extra, компакт-диск формата CD Plus, мультимедийный компакт-диск с двумя сессиями (*аудио и CD-ROM*)
   high-density ~ компакт-диск формата HDCD, компакт-диск с высокой плотностью записи (информации)
   hot-pressed ~ компакт-диск, изготовленный методом горячего прессования; тиражированный компакт-диск
   Kodak Photo ~ компакт-диск формата PhotoCD, видеокомпакт-диск формата Kodak
   mass-reproduced ~ тиражированный компакт-диск; компакт-диск, изготовленный методом горячего прессования
   Mini-~ аудиокомпакт-диск диаметром 8 см для проигрывателя типа Sony Data Diskman
   non-ISO 9660 ~ компакт-диск с форматом, не предусмотренным стандартом ISO 9660 (*напр.* HSF CD-ROM)
   one-off ~ компакт-диск с записью, выполненной непосредственно лазерной головкой; компакт-диск формата CD-R, записываемый компакт-

PD/~ см. phase change disk/CD
phase change disk/~ компакт-диск с записью методом фазового перехода (*в материале носителя*)
Photo ~ компакт-диск формата PhotoCD, видеокомпакт-диск формата Kodak
super-density ~ компакт-диск формата SDCD, компакт-диск со сверхвысокой плотностью записи (информации)
Video ~ компакт-диск формата Video CD, видеокомпакт-диск
video ~ видеокомпакт-диск (*любого формата*)
virtual ~ виртуальный компакт-диск, образ компакт-диска (*напр. на жёстком диске*)

CD-ROM 1. компакт-диск формата CD-ROM; ПЗУ на компакт-диске 2. дисковод (компакт-дисков формата) CD-ROM
  ~ XA компакт-диск формата CD-ROM XA, компакт-диск формата CD-ROM с расширенной архитектурой
  ~ XA Mode 1 компакт-диск формата CD-ROM XA со стандартной ёмкостью (650 Мбайт), компакт-диск формата CD-ROM с расширенной архитектурой и со стандартной ёмкостью (650 Мбайт)
  ~ XA Mode 2 компакт-диск формата CD-ROM XA с повышенной ёмкостью (780 Мбайт), компакт-диск формата CD-ROM с расширенной архитектурой и с повышенной ёмкостью (780 Мбайт)
  extended architecture ready ~ компакт-диск формата CD-ROM со считыванием аудиоданных XA формата только с помощью звуковой карты
  external ~ внешний дисковод (компакт-дисков формата) CD-ROM
  High Sierra format ~ компакт-диск формата CD-ROM по стандарту HSF
  HSF ~ см. High Sierra format CD-ROM
  internal ~ внутренний дисковод (компакт-дисков формата) CD-ROM
  MPC ~ см. multimedia personal computer CD-ROM
  multimedia ~ мультимедийный компакт-диск формата CD-ROM
  multimedia personal computer ~ мультимедийный компакт-диск формата CD-ROM для персональных компьютеров
  multisession ~ многосеансовый [многосессионный] компакт-диск формата CD-ROM
  XA-ready ~ см. extended architecture ready CD-ROM

cedillia вчт седиль, диакритический знак , (*напр. в символе* ç)
ceilometer облакомер
  fixed-beam ~ облакомер с неподвижным лучом
  laser ~ лазерный облакомер
  rotating-beam ~ облакомер с вращающимся лучом
cel 1. целлулоид 2. (один) кадр мультфильма на целлулоиде; (один) кадр мультфильма (*в компьютерной графике*) 3. киноплёнка
Celarent вчт название правильного сильного модуса первой фигуры силлогизма
Celaront вчт название правильного слабого модуса первой фигуры силлогизма
Celeron процессор семейства Celeron (*упрощённый вариант процессора Pentium II или Pentium III*)
celesta вчт челеста (*музыкальный инструмент из набора General MIDI*)

cell 1. элемент 2. ячейка 3. гальванический элемент (*первичный элемент, аккумулятор или топливный элемент*) 4. электролитическая ячейка 5. вчт ячейка (данных), пакет фиксированной длины (*в режиме асинхронной передачи данных*) 6. тлф сот 7. клетка
absolute ~ абсолютная ячейка (*в электронных таблицах*)
absorbing ~ кв.эл. поглощающая ячейка
acid ~ кислотный [свинцовый] аккумулятор
acid fuel ~ кислотный топливный элемент
acoustooptic deflection ~ акустооптическая отклоняющая ячейка, акустооптический дефлектор
active ~ рабочая ячейка (*напр. в электронных таблицах*)
air ~ воздушно-металлический элемент
alkaline ~ 1. (первичный) щелочной элемент 2. щелочной марганцево-цинковый элемент
alcaline dry ~ 1. сухой щелочной элемент 2. (сухой) ртутно-цинковый элемент
alcaline-manganese ~ щелочной марганцево-цинковый элемент
alkaline storage ~ щелочной аккумулятор
anchor ~ базовая ячейка (*напр. в электронных таблицах*)
application-specific integrated circuit ~ (стандартная) ячейка специализированной ИС, ячейка из библиотеки для ASIC-технологии
aqueous-electrolyte fuel ~ топливный элемент с водным электролитом
array ~ вчт элемент массива
ASIC ~ см. application-specific integrated circuit cell
asymmetrical ~ асимметричная электрохимическая ячейка
azimuth ~ элемент разрешения по азимуту
back-wall photovoltaic ~ фотогальванический элемент тылового действия
bag-type ~ стаканчиковый (первичный) элемент с куколкой
barrier-layer photoelectric [barrier photovoltaic] ~ фотогальванический элемент
base-centered (Bravais) ~ фтт базоцентрированная ячейка (Браве)
basic ~ базовая ячейка (*напр. логической матрицы*)
Becquerel (photovoltaic) ~ фотоэлектрический элемент
Bernard ~ ячейка Бенара
bias ~ элемент батареи смещения, элемент сеточной батареи
bichromate ~ (первичный) элемент с дихроматным раствором
bimorph ~ биморфная (пьезо) пластина, биморф
binary ~ двоичная ячейка
biochemical fuel ~ биохимический топливный элемент
bipolar ~ вчт биполярная ячейка
bit ~ вчт одноразрядная ячейка (*напр. на магнитном диске*)
bistable ~ бистабильная ячейка, БЯ
blank ~ вчт пустая ячейка
blocking-layer ~ фотогальванический элемент
body-centered (Bravais) ~ фтт объёмноцентрированная ячейка (Браве)

cell

boundary scan ~ ячейка тестирования (*интерфейса JTAG*), ячейка сбора данных на логической границе цифровых устройств (*при тестировании по стандарту JTAG*)
Bragg ~ *кв.эл.* ячейка Брэгга, брэгговская ячейка
Bravais (unit) ~ *фтт* (элементарная) ячейка Браве
Brillouin ~ *кв.эл.* ячейка Бриллюэна, бриллюэновская ячейка
B/S ~ *см.* **boundary scan cell**
bubble ~ ячейка устройства на ЦМД
bubble-lattice ~ ячейка устройства на решётке ЦМД
Bunsen ~ (азотно-кислотно-цинковый) элемент Бунзена
cadmium normal ~ (ртутно-кадмиевый) нормальный элемент Вестона
cadmium selenide photoconductive ~ фоторезистор из селенида кадмия
cadmium-silver oxide ~ оксидсеребряно-кадмиевый гальванический элемент
cadmium telluride solar ~ солнечный элемент на теллуриде кадмия
cad-telluride solar ~ *см.* **cadmium telluride solar cell**
calomel half~ каломельный электрод сравнения
canal fuel ~ трубчатый топливный элемент
carbon ~ (первичный) элемент с угольным электродом
carbon-zinc ~ (сухой) элемент с цинковым анодом и угольным катодом
cartridge ~ ячейка для кассеты
cationic membrane ~ топливный элемент с катионной мембраной
cesium plasma ~ цезиевый плазменный элемент
character ~ *вчт* ячейка [матрица] символа
chargeable ~ перезаряжаемый элемент
charge-storage ~ ячейка с запоминанием заряда
charge-transfer ~ ячейка с переносом заряда
chromic acid ~ дихроматно-цинковый элемент
Clark ~ (ртутно-цинковый) элемент Кларка
closed-circuit ~ элемент с неполяризуемыми электродами
color ~ *тлв* триада экрана
color Bravais ~ *фтт* цветная ячейка Браве
color unit ~ *фтт* цветная элементарная ячейка
concentration ~ концентрационный элемент
concentric fuel ~ соосный топливный элемент
conductivity ~ электрохимическая ячейка для измерения удельной электропроводности жидкостей
copper-oxide photovoltaic ~ медно-оксидный фотогальванический элемент
copper-zinc ~ медно-цинковый элемент
counter(electromotive) ~ противодействующий элемент
counting ~ *вчт* счётная ячейка
Crowe ~ *свпр* запоминающая ячейка Кроу
current ~ рабочая ячейка (*напр. в электронных таблицах*)
cryogenic memory ~ 1. ячейка криогенной памяти, ячейка криогенного ЗУ 2. криогенный запоминающий элемент
crystal ~ 1. кристаллографическая (элементарная) ячейка 2. ячейка Керра
crystallographic ~ кристаллографическая (элементарная) ячейка

Daniell ~ (медно-цинковый) элемент Даниеля
DDC ~ *см.* **dual-dielectric charge-storage cell**
decomposition ~ элемент с (побочной) реакцией электролитического разложения
delay ~ элемент задержки
dichromate ~ (первичный) элемент с дихроматным раствором
diffraction ~ дифракционная ячейка
direct(-oxidation) fuel ~ топливный элемент прямого действия
displacement ~ элемент с (побочной) реакцией электролитического замещения
divalent silver oxide ~ элемент с оксидированием серебра до двухвалентного состояния
Doppler-resolution ~ *рлк* элемент разрешения по доплеровской частоте
double-fluid ~ двухжидкостный элемент
dry ~ сухой элемент
dry-charged ~ сухозаряженный аккумулятор
dry-tape ~ топливный элемент с сухой лентой
dual-dielectric charge-storage ~ ячейка с запоминанием заряда на двухслойном диэлектрике
dye ~ *кв.эл.* кювета с красителем
E ~ электролитический куло(но)метр
edge-centered (Bravais) ~ *фтт* рёберноцентрированная ячейка (Браве)
Edison ~ никель-железный аккумулятор
EL ~ *см.* **electroluminescence cell**
electric ~ гальванический элемент (*первичный элемент, аккумулятор или топливный элемент*)
electrode concentration ~ электродно-концентрационный элемент
electroluminescence ~ электролюминесцентная ячейка
electrolytic ~ 1. электролитическая ячейка 2. электролитический куло(но)метр
electrooptic liquid-crystal ~ электрооптическая ячейка на жидком кристалле
element ~ элементарная ячейка (*антенной решётки*)
emergency ~s аккумуляторы аварийного питания батареи
emission ~ (электровакуумный) фотоэлемент
end ~s запасные аккумуляторы батареи
end-centered (Bravais) ~ *фтт* базоцентрированная ячейка (Браве)
face-centered (Bravais) ~ *фтт* гранецентрированная ячейка (Браве)
Faraday ~ ячейка Фарадея, фарадеевская ячейка
ferrimagnetic ~ ферримагнитная ячейка
ferrite ~ ферритовая ячейка
ferroelectric ~ сегнетоэлектрическая ячейка
ferromagnetic ~ ферромагнитная ячейка
force ~ противодействующий элемент
front-wall photovoltaic ~ фотогальванический элемент фронтального действия
fuel ~ топливный элемент
fuel-gas ~ газовый топливный элемент
function ~ *микр.* функциональная ячейка
functional logic ~ функциональная логическая ячейка
fused-electrolyte элемент с расплавленным электролитом
galvanic ~ 1. гальванический элемент (*первичный элемент, аккумулятор или топливный элемент*)

2. электрохимическая ячейка в режиме гальванического элемента
ganglion ~ *бион.* клетка ганглия
gas ~ **1.** *кв.эл.* газовая ячейка **2.** (первичный) элемент с газовым электродом **3.** ионный [газонаполненный] фотоэлемент **4.** газовый топливный элемент
gas-filled ~ ионный [газонаполненный] фотоэлемент
glass half-~ стеклянный электрод сравнения
Golay (pneumatic) ~ ячейка Голея
gravity ~ элемент с гравитационным разделением растворов
Grenet ~ (дихроматно-цинковый) элемент Грене
grid-bias ~ батарея смещения, сеточная батарея
half-~ электрод сравнения
halftone ~ ячейка полутонового изображения; растровая точка
hexagonal ~ гексагональная ячейка
high-temperature fuel ~ высокотемпературный топливный элемент
hot ~ камера с манипулятором для работы с радиоактивными веществами
hydroelectric ~ наливной элемент
hydrogen-air ~ водородно-воздушный топливный элемент
hydrogen-oxygen ~ водородно-кислородный топливный элемент
hypercube ~ ячейка в виде гиперкуба
hysteretic memory ~ **1.** гистерезисная ячейка памяти, гистерезисная ячейка ЗУ **2.** гистерезисный запоминающий элемент, запоминающий элемент с гистерезисом
indirect-oxidation ~ топливный элемент косвенного действия
ion-exchange (membrane) ~ топливный элемент с ионообменной мембраной
iterative master ~**s** *микр.* повторяющиеся базовые ячейки
jumbo ~ *микр.* крупная ячейка
Kerr ~ ячейка Керра
L-~ L-ячейка (*при трассировке*)
Lalande ~ (щелочной оксидмедно-цинковый) элемент Лаланда
lattice ~ ячейка решётки
lead(-acid) ~ кислотный [свинцовый] аккумулятор
lead-calcium ~ свинцово-кальциевый элемент
lead-dioxide primary ~ первичный элемент с электродами из диоксида свинца
lead sulfide ~ фоторезистор из сульфида свинца
leaf ~ *микр.* ячейка сложной формы
Leclanche ~ (марганцево-цинковый) элемент Лекланше
light-sensitive ~ фотоприёмник
Li-ion ~ *см.* **lithium-ion cell**
Li-pol ~ *см.* **lithium-pol(ymer) cell**
liquid-crystal ~ жидкокристаллическая ячейка
liquid-crystal display ~ ячейка жидкокристаллического дисплея
liquid diffraction ~ жидкостная дифракционная ячейка
liquid-gas ~ жидкостно-газовый топливный элемент
liquid-liquid ~ жидкостно-жидкостный топливный элемент

liquid-metal fuel ~ топливный элемент с жидкометаллическими реагентами (*и расплавленным электролитом*)
lithium ~ элемент с литиевым анодом
lithium-ion ~ литий-ионный аккумулятор
lithium-iron sulfide secondary ~ хлориджелезно-литиевый аккумулятор
lithium-pol(ymer) ~ литий-полимерный аккумулятор
lithium-silver chromate ~ хроматосеребряно-литиевый элемент
lithium-water ~ водно-литиевый элемент
load ~ тензочувствительный измерительный преобразователь, тензодатчик
logic ~ логическая ячейка
low-temperature fuel ~ низкотемпературный топливный элемент
macro ~ макроячейка (*напр. логической матрицы*)
magnesium ~ первичный элемент с магниевым анодом
magnesium-cuprous chloride ~ хлоридмедно-магниевый элемент
magnesium-silver chloride ~ хлоридсеребряно-магниевый элемент
magnesium-water ~ водно-магниевый элемент
magnetic ~ **1.** магнитная ячейка (*напр. ЗУ*) **2.** магнитная [магнитно-структурная] элементарная ячейка
magnetic tunnel junction memory ~ **1.** ячейка памяти на магнитном туннельном переходе, ячейка ЗУ на магнитном туннельном переходе **2.** запоминающий элемент на магнитном туннельном переходе
magnetic unit ~ магнитная [магнитно-структурная] элементарная ячейка
manganese-magnesium ~ марганцево-магниевый элемент
master ~ *микр.* базовая ячейка
memory ~ **1.** ячейка памяти, ячейка ЗУ **2.** запоминающий элемент
mercury ~ (сухой) ртутно-цинковый элемент
metal-air storage ~ воздушно-металлический аккумулятор
metal(-based) fuel ~ металлический топливный элемент
metallic rectifier ~ ячейка поликристаллического выпрямителя
metal-oxide-semiconductor ~ ячейка на МОП-структурах
metal-semiconductor barrier ~ фотогальванический элемент с барьером Шотки
microphoto ~ микрофотопреобразователь
molten-carbonate fuel ~ топливный элемент с расплавленным карбонатом
molten-electrolyte fuel ~ топливный элемент с расплавленным электролитом
MOS ~ *см.* **metal-oxide-semiconductor cell**
multijunction solar ~ многопереходный солнечный элемент
Na/S ~ серно-натриевый аккумулятор
nerve ~ нейрон
nickel-cadmium ~ никель-кадмиевый аккумулятор
nickel-iron ~ никель-железный аккумулятор
nickel metal-hydride ~ никель-металлгидридный аккумулятор

NiMH ~ *см.* nickel metal-hydride cell
n-on-p solar ~ солнечный элемент типа *n* на *p*
nonprimitive Bravais ~ непримитивная ячейка Браве
nonprimitive unit ~ непримитивная элементарная ячейка
nonregenerative fuel ~ нерегенерируемый топливный элемент
nuclear ~ элемент ядерной батареи
organic-semiconductor solar ~ солнечный элемент на органическом полупроводнике
oxygen concentration ~ кислородный концентрационный элемент
oxygen-hydrogen ~ водородно-кислородный топливный элемент
Penning ~ ячейка с разрядом Пеннинга
photochemical ~ электролитический фотоэлемент
photoconducting [photoconductive] ~ фоторезистор
photoelectric ~ 1. фотодиод 2. фотогальванический элемент 3. фоторезистор 4. фототранзистор 5. (электровакуумный) фотоэлемент
photoelectrolytic ~ фотоэлектролитический элемент
photoemissive ~ (электровакуумный) фотоэлемент
photogalvanic [photovoltaic, photronic] ~ фотогальванический элемент
piezoelectric ~ пьезоэлемент
pilot ~ контрольный аккумулятор батареи
planar solar ~ планарный солнечный элемент
Plante ~ свинцовый [кислотный] аккумулятор с полотняным сепаратором
plasma ~ плазменный элемент
Pockels ~ ячейка Поккельса
polycrystalline-film photoconducting ~ фоторезистор на поликристаллической плёнке
p-on-n solar ~ солнечный элемент типа *p* на *n*
postsynaptic ~ *биoн.* постсинаптическая мембрана
pressure ~ измерительный преобразователь давления, датчик давления
presynaptic ~ *биoн.* пресинаптическая мембрана
primary ~ (первичный) элемент
primary fuel ~ топливный элемент одноразового действия
primitive ~ примитивная ячейка
primitive unit ~ примитивная элементарная ячейка
processing ~ процессорная ячейка
promethium ~ элемент ядерной батареи на прометии
protected ~ *вчт* защищённая (*от записи, редактирования и перемещения содержимого*) ячейка (*напр. в электронных таблицах*)
Purkinje ~ *биoн.* ячейка Пуркинье
quinhydrone electrode half-~ хингидронный электрод сравнения
radar ~ объёмный элемент разрешения РЛС
Raman ~ ячейка Рамана
range-resolution ~ *рлк* элемент разрешения по дальности
rapid single flux quantum ~ ячейка (устройства) на одиночных быстрых квантах (магнитного) потока, *проф.* быстрая одноквантовая ячейка
rectifier photoelectric ~ фотогальванический элемент

rectifying ~ выпрямительный элемент
regenerative fuel ~ регенерируемый топливный элемент
reserve ~ гальванический элемент резервной батареи
resolution [resolving] ~ элемент разрешения
resonance ~ резонансная ячейка
rhombohedral ~ ромбоэдрическая ячейка
robotic work ~ роботизированное рабочее место
RSFQ ~ *см.* rapid single flux quantum cell
Ruben ~ (сухой) ртутно-цинковый элемент
rubidium gas ~ рубидиевая газовая ячейка
sal-ammonia ~ (первичный) элемент с растворами солей аммония
SAM ~ *см.* synchronous active-memory machine cell
saturated standard ~ насыщенный нормальный элемент
Schottky-barrier solar ~ солнечный элемент с барьером Шотки
sealed ~ 1. герметичный (первичный) элемент 2. герметичный аккумулятор
secondary ~ аккумулятор
selenium ~ селеновый фотоэлемент
silicon rectifying ~ кремниевый выпрямительный элемент
silicon solar ~ кремниевый солнечный элемент
silver-hydrogen ~ серебряно-водородный аккумулятор
silver-oxide ~ (первичный) элемент с серебряным электродом
silver-zinc primary ~ серебряно-цинковый первичный элемент
single-bit storage ~ 1. одноразрядная ячейка памяти, одноразрядная ячейка ЗУ 2. одноразрядный запоминающий элемент
slot ~ изолирующая прокладка (*в зазоре магнитного сердечника*)
solar ~ солнечный элемент
solid-electrolyte fuel ~ топливный элемент с твёрдым электролитом
standard ~ 1. нормальный элемент *микр.* 2. стандартная ячейка (*ИС*) 3. метод стандартных ячеек (*при разработке ИС*)
standard Daniell ~ (медно-цинковый) нормальный элемент Даниэля
Stark ~ ячейка Штарка
storage ~ 1. ячейка памяти, ячейка ЗУ 2. запоминающий элемент 3. аккумулятор
synchronous active-memory machine ~ процессор машины с синхронно-активной памятью, процессор САП-машины
thallofide ~ фоторезистор из оксисульфида таллия
thermal ~ 1. термоэлемент 2. термоактивируемый элемент (*ХИТ*)
thermoelectric solar ~ термоэлектрический солнечный элемент
thin-film solar ~ тонкоплёночный солнечный элемент
TR ~ *см.* transmit-receive cell
transition ~ *вчт* одноразрядная ячейка (*напр. на магнитном диске*)
transmit-receive ~ разрядник защиты приёмника
tube fuel ~ трубчатый топливный элемент
ultrasonic modulation ~ ультразвуковая модулирующая ячейка

cell

ultrasonic refraction ~ ультразвуковая рефракционная ячейка
ultrasonic storage ~ запоминающий элемент на ультразвуковой линии задержки
unit ~ элементарная ячейка
unsaturated standard ~ ненасыщенный нормальный элемент
vertical junction solar ~ солнечный элемент с вертикальным *p* – *n*-переходом
vertical memory ~ вертикальная ячейка памяти, вертикальная ячейка ЗУ
voltaic ~ элемент Вольта; элемент с металлическими электродами и жидким электролитом
Weston (standard) ~ (ртутно-кадмиевый) нормальный элемент Вестона
wet ~ элемент с жидким электролитом
Wigner-Seitz ~ *фтт* ячейка Вигнера — Зейтца
zinc-air fuel ~ воздушно-цинковый топливный элемент
zinc-chlorine ~ хлорно-цинковый аккумулятор
zinc-copper oxide ~ оксидмедно-цинковый элемент
zinc-iron ~ железоцинковый элемент
zinc-mercury oxide ~ оксидртутно-цинковый элемент
zinc-silver chloride primary ~ хлоридсеребряно-цинковый первичный элемент
zinc-silver oxide ~ оксидсеребряно-цинковый элемент

cello *вчт* виолончель (*музыкальный инструмент из набора General MIDI*)

cellular 1. ячеистый 2. сотовая связь || сотовый 3. клеточный
enhanced throughout~ протокол усовершенствованной сотовой связи, протокол ETC

celluloid 1. целлулоид 2. (один) кадр мультфильма на целлулоиде; (один) кадр мультфильма (*в компьютерной графике*) 3. киноплёнка
animation ~ (один) кадр анимационного фильма (*в компьютерной графике*)

celotex целотекс (*звукопоглотитель*)

censoring цензурирование (*напр. наблюдений*)
double ~ двойное цензурирование

census перепись

cent (*1. частотный интервал, равный 1/1200 октавы 2. разменная монета ряда стран (напр. США), равная 1/100 доллара*)

Center:
~ for Innovative Computer Applications Центр инновационных компьютерных приложений (*Университет шт. Индиана, США*)
~ for Networked Information Discovery and Retrieval Центр поиска и обнаружения информации в сетях (*США*)
Asia Pacific Network Information ~ Сетевой информационный центр для Азии и Тихоокеанского региона
Defense Data Network Network Information ~ Сетевой информационный центр открытой информационной вычислительной сети, объединяющей военные базы США и их подрядчиков, организация DDN NIC
Electronics Research ~ Центр научных исследований по электронике (*США*)
European Space Technology ~ Европейский центр космических исследований
International Computation ~ Международный вычислительный центр
International Patent Documentation ~ Международный центр патентной документации
Internet Network Information ~ Информационный центр сети Internet
Internet Network Operations ~ Центр сетевых операций Internet
National ~ for Supercomputing Applications Национальный центр приложений для суперкомпьютеров (*США*)
National Crime Information ~ Национальный центр криминальной информации (*США*)
National Computing ~ Национальный вычислительный центр (*США*)
National Fraud Information ~ Национальный центр информации о компьютерном мошенничестве (*США*)
National Information Technology ~ Национальный центр информационных технологий (*США*)
On-line Computer Library ~ Компьютерный библиотечный центр, организация OCLC
Palo Alto Research ~ Научно-исследовательский центр корпорации Xerox в Пало-Альто (*США*)

center 1. центр (*1. центральная точка; средняя точка; середина 2. центр геометрической фигуры 3. вчт центр группы 4. особая точка на фазовой плоскости 5. источник (воз)действия, силы или эффекта 6. элемент симметрии 7. фтт ядро (напр. дислокации); сердцевина 8. центральное учреждение; главное учреждение; центральный офис 9. тлф, вчт узел; узловая станция 10. приспособление для крепления обрабатываемых деталей*) 2. центрировать(ся); располагать(ся) в центре; находиться в центре 3. определять центр; помечать центр
~ of bending центр изгиба
~ of circle центр круга
~ of corrosion центр коррозии
~ of curvature центр кривизны
~ of equilibrium центр равновесия
~ of force центр сил, силовой центр
~ of gravity центр тяжести
~ of curvature центр гомотетии, центр подобия
~ of inertia центр инерции, центр масс
~ of inversion центр инверсии
~ of luminescence центр люминесценции
~ of mass центр масс, центр инерции
~ of phosphorescence центр фосфоресценции
~ of pressure центр давления
~ of quenching центр тушения (*напр. люминесценции*)
~ of similitude центр подобия, центр гомотетии
~ of symmetry центр симметрии
~ of twist центр кручения
acceptor (impurity) ~ *пп* акцепторный (примесный) центр
active ~ *фтт* активный центр
adjustment training ~ центр повышения квалификации
administrative ~ административный центр
air communication ~ центр воздушной радиосвязи
air traffic control ~ центр управления воздушным движением, центр УВД
area communication ~ зональный узел связи

center

array phase ~ фазовый центр антенной решётки
authentication ~ центр аутентификации
automatic message switching ~ узел автоматической коммутации сообщений
automatic switch ~ узел автоматической коммутации
autoswitching ~ узел автоматической коммутации
band ~ 1. центральная частота (*полосы частот*) 2. центр энергетической зоны
broadcast(ing) ~ вещательный центр (*1. радиовещательный центр 2. центр телевизионного вещания, телевизионный центр, телецентр 3. центр сети проводного вещания*)
call ~ *тлф* центр обработки вызовов
charge ~ *пп* заряженный центр
circuit switching ~ узел коммутации каналов
color ~ 1. *фтт* центр окраски 2. *тлв* цветовой центр
communication ~ 1. центр связи, коммуникационный центр 2. узел связи, коммуникационный узел
computer ~ компьютерный центр
control ~ центр управления
crisis ~ телефонная служба экстренной помощи в кризисных ситуациях
data ~ центр хранения данных
data processing ~ центр обработки данных; центр обработки информации
dead ~ мёртвая точка (*механизма*)
deep space communication ~ центр дальней космической связи
deflection ~ центр отклонения (*в ЭЛТ*)
dislocation ~ ядро дислокации
distribution ~ распределительный центр
donor (impurity) ~ *пп* донорный (примесный) центр
effective acoustic ~ эффективный акустический центр (*напр. громкоговорителя*)
electrical ~ 1. электрический центр (*напр. резистора*) 2. фазовый центр
electron-trapping ~ *пп* центр захвата электронов, электронная ловушка
F ~ *фтт* F-центр (*от нем. Farbenzentrum - центр окраски*), центр окраски в щёлочно-галоидных кристаллах
face ~ центр грани
filter ~ центр обработки радиолокационной информации
flexural ~ центр изгиба
flight information ~ центр (сбора и обработки) полётной информации
gateway mobile services switching ~ межсетевой коммутационный центр подвижной связи
generation-recombination ~ *пп* генерационно-рекомбинационный центр
geometrical ~ геометрический центр
ground control ~ наземный центр управления
group ~ *фтт* центр группы
halaxy ~ галактический центр
hole-trapping ~ *пп* центр захвата дырок, дырочная ловушка
impurity ~ *пп* примесный центр
information ~ информационный центр
information processing ~ центр обработки информации; центр обработки данных
instantaneous rotation ~ мгновенный центр вращения

international switching ~ международный коммутационный центр
Internet ~ центр по предоставлению доступа в Internet, Internet-центр
ion-exchange ~ ионообменный центр
junction ~ *тлф* узловая станция
key distribution ~ центр распределения ключей DES, распределяющий ключи DES компьютер
LD switching ~ *см.* long-distance switching center
leading ~ ведущий центр; ритмоводитель, водитель ритма (*напр. в автоволнах*)
location ~ центр определения местоположения
long-distance switching ~ узел автоматической коммутации междугородной телефонной станции
magnetic reversal ~ центр зародышеобразования при перемагничивании
message (switching) ~ узел коммутации сообщений, УКС
mission control ~ центр управления (космическим) полётом
mobile services switching ~ коммутационный центр служб подвижной связи
mode ~ *опт.* центр моды
multiple-energy level impurity ~ *пп* многоуровневый примесный центр
nerve ~ *биол.* нервный центр
network information ~ сетевой информационный центр, центр NIC
network management ~ центр управления сетью (*напр. подвижной связи*)
network operation ~ центр управления сетью (*напр. подвижной связи*)
network production (television) ~ программный телевизионный центр, программный телецентр
nonbleaching F ~ необесцвечивающийся F-центр
nonradiative-recombination ~ *пп* центр безызлучательной рекомбинации
nucleating [nucleation] ~ *фтт* центр зародышеобразования
operation ~ вычислительный центр
operations and maintenance ~ центр управления и обслуживания
optical ~ *фтт* оптический центр
phase ~ фазовый центр
photosensitivity ~ центр светочувствительности
preparation ~ центр подготовки данных
production (television) ~ программный телевизионный центр, программный телецентр
program production (television) ~ программный телевизионный центр, программный телецентр
quenching ~ центр тушения (*напр. люминесценции*)
radiation-induced trapping ~ *пп* радиационно-индуцированный центр захвата
radiative-recombination ~ *пп* центр излучательной рекомбинации
rate ~ тарифный пояс
ray ~ 1. начало луча; центр пучка лучей 2. центр гомотетии, центр подобия
recombination ~ *пп* центр рекомбинации
reference ~ центр отсчёта
regional program production (television) ~ региональный программный телевизионный центр, региональный программный телецентр
relay ~ узел коммутации сообщений, УКС

center

rotation ~ центр вращения
sample ~ центр выборки
satellite data transmission ~ центр спутниковой системы передачи информации
scattering ~ 1. рассеивающий центр **2.** центр рассеяния
self-activated ~ самоактивируемый центр (*люминесценции*)
service ~ центр технического обслуживания, сервисный центр
single-energy level impurity ~ *пп* одноуровневый примесный центр
software support ~ центр поддержки программного обеспечения
step source ~ *крист.* источник ступеней роста
supporting communication ~ опорный узел связи
surface-trap(ping) ~ *пп* поверхностный центр захвата, поверхностная ловушка
switching ~ 1. узел коммутации сообщений, УКС; коммутационная станция; коммутационный центр **2.** коммутационный блок **3.** *тлв* центральная аппаратная
switching control ~ центр управления коммутацией
technical assistance ~ центр технической поддержки
telecommunication ~ телекоммуникационный центр
television (operating) ~ телевизионный центр, телецентр
toll ~ междугородная телефонная станция
tracking ~ центр сопровождения (*целей*); центр слежения (*за целями*)
transmission ~ вещательный центр (*1. радиовещательный центр 2. центр телевизионного вещания, телевизионный центр, телецентр 3. центр сети проводного вещания*)
trap(ping) ~ *пп* центр захвата, ловушка
vision [visual] ~ центр перспективы
zone ~ зоновая междугородная АТС
centered центрированный
centerfold *вчт* **1.** центральная вкладка (*в виде листа двойного формата*), *проф.* «калитка» **2.** фотография на центральной вкладке *или* изображённая на ней персона
centering 1. центрирование, центровка; расположение в центре; нахождение в центре **2.** определение центра; отметка центра
beam ~ *тлв* центрирование луча
CD ~ центрирование компакт-диска (*в дисководе*)
dialog boxes ~ *вчт* центрирование диалоговых окон
permanent magnet ~ центрирование с помощью постоянного магнита
text ~ центрирование текста (*относительно правого и левого полей*)
wallpaper ~ *вчт* центрирование узора рабочего стола, *проф.* центрирование «обоев»
center-second центральная секундная стрелка
centi- санти..., с, 10^{-2} (*приставка для образования десятичных дольных единиц*)
centile процентиль
central 1. центральная телефонная станция **2.** оператор центральной телефонной станции **3.** центральный; главный; основной

communications ~ *тлф* узел связи
radar mapping ~ сеть РЛС для картографирования земной поверхности
radar missile-tracking ~ сеть РЛС для записи и индикации сигналов ответчиков управляемых снарядов
Centre:
~ Universitaire d'Informatique Университетский информационный центр (*Женевского университета*)
centrex система автоматического установления входящих и междугородных соединений (*для абонентов учрежденческой АТС*)
centroid центроид, центр распределения вероятностей, центр рассеивания
Centronics 1. (36-контактный) соединитель (типа) Centronics **2.** параллельный интерфейс (типа) Centronics (*для LPT-порта*) **3.** протокол (обмена данными через параллельный порт для интерфейса) Centronics
Fast ~ высокоскоростной параллельный интерфейс (типа) Fast Centronics (*с аппаратной реализацией протокола Centronics*)
cepstrum кепстр, обратное преобразование Фурье логарифма частотного спектра
complex ~ комплексный кепстр
image ~ кепстр изображения
power ~ кепстр мощности
ceramet металлокерамика, кермет
ceramic керамика, керамический материал ‖ керамический
ceramics керамика (*1. керамический материал 2. керамические изделия*)
alumina ~ керамика из оксида алюминия, корундовая керамика
cofired ~ *микр.* многослойная керамика, полученная методом спекания сырых пластин
electrooptic ~ электрооптическая керамика
FE ~ *см.* **ferroelectric ceramics**
ferroelectric ~ сегнетокерамика
green ~ сырая керамика
low-fired cofired ~ *микр.* многослойная керамика, полученная методом низкотемпературного спекания сырых пластин
magnetic ~ магнитная керамика
metal ~ металлокерамика, кермет
piezoelectric ~ пьезокерамика
PZT ~ керамика на основе цирконата-титаната свинца, ЦТС-керамика
quasi-ferroelectric ~ квазисегнетокерамика
solution ~ низкотемпературная (электротехническая) керамика
cermet металлокерамика, кермет
cerpack плоский керамический корпус (*герметизированный стеклянной фриттой*) с четырёхсторонним расположением выводов (*параллельно плоскости основания*) и металлической выводной рамкой, корпус типа PQFP, PQFP-корпус
cerquad керамический кристаллоноситель с четырёхсторонним расположением J-образных выводов
Certificate:
~ in Computer Programming Аттестат специалиста по компьютерному программированию (*Института аттестации специалистов в области компьютерной техники США*)

~ **in Data Processing** Аттестат специалиста по обработке данных (*Института аттестации специалистов в области компьютерной техники США*)
Data Processing Management Association ~ Сертификат Ассоциации по управлению обработкой данных
DPMA ~ *см.* **Data Processing Management Association Certificate**

certificate 1. сертификат, свидетельство о сертификации; удостоверение || сертифицировать, выдавать сертификат; удостоверять **2.** аттестат || аттестовать
  blind ~ *вчт* (цифровое) удостоверение на предъявителя
  competence ~ квалификационное удостоверение
  digital ~ *вчт* цифровое удостоверение
  security ~ *вчт* **1.** сертификат безопасности **2.** цифровое удостоверение (*по протоколу SSL*)
certification 1. сертификация; выдача удостоверения **2.** сертификат, свидетельство о сертификации; удостоверение, выдавать сертификат; удостоверять **3.** аттестация; выдача аттестата
certified 1. сертифицированный; удостоверенный **2.** аттестованный
certify 1. сертифицировать, выдавать сертификат; удостоверять **2.** аттестовать
Cesare *вчт* название правильного сильного модуса второй фигуры силлогизма
Cesaro *вчт* название правильного слабого модуса второй фигуры силлогизма
chaff дипольные противорадиолокационные отражатели; облако дипольных противорадиолокационных отражателей
  active ~ передатчик активных преднамеренных радиопомех с батарейным питанием (*сбрасываемый с ЛА на парашюте или воздушном шаре*)
  delay opening ~ дипольные противорадиолокационные отражатели с задержкой выброса (*из контейнера*)
  passive ~ пассивные дипольные противорадиолокационные отражатели
  radar ~ дипольные противорадиолокационные отражатели; облако дипольных противорадиолокационных отражателей
  reentry ~ дипольные противорадиолокационные отражатели, разбрасываемые при входе (*ракеты*) в атмосферу
  semiactive ~ дипольные противорадиолокационные отражателей, снабжённые устройством для модуляции коэффициента отражения
  track breaker ~ сбрасываемая противорадиолокационная ловушка для срыва автоматического сопровождения цели
chain 1. цепь; цепочка || образовывать цеп(оч)ки; сцепляться **2.** сеть (*напр. РЛС*) **3.** цепь; канал **4.** последовательное соединение (*объектов*); последовательное подключение, *проф.* шлейфовое подключение (*напр. устройств*) || соединять *или* подключать последовательно
  ~ of inferences цепочка умозаключений
  ~ of structures цепочка структур
  anharmonic ~ ангармоническая цепочка
  antiferromagnetic ~ антиферромагнитная цепочка
  backward ~ of inferences обратная цепочка умозаключений

binary ~ цепочка двоичных элементов
branched ~ разветвлённая сеть
camera ~ *тлв* **1.** камерный канал **2.** тракт передачи изображения
causal ~ причинная цепочка
cavity ~ *кв. эл.* цепочка (объёмных) резонаторов
color-slide ~ диаканал системы цветного телевидения
customer-unique value ~ стоимостная цепочка конкретного покупателя
daisy ~ последовательное подключение, *проф.* шлейфовое подключение
decorative ~ *тлв* световая гирлянда
distribution ~ цепочка распределения (*напр. продукции*)
embedded Markov ~ вложенная марковская цепь
Fermi–Pasta–Ulam ~ цепочка Ферми — Паста — Улама
forked ~ разветвлённая сеть
forward ~ of inferences прямая цепочка умозаключений
heater ~ цепь накала
Heisenberg ~ *фтт* гайзенберговская цепочка
horizontal divider ~ *тлв* цепь делителя частоты для формирования синхронизирующих импульсов строк
logistic ~ логистическая цепочка
Loran ~ сеть станций системы «Лоран»
lost ~ *вчт* потерянная цепочка
Markov ~ марковская цепь, цепь Маркова
playback ~ канал воспроизведения
pulse ~ последовательность импульсов, импульсная последовательность
receive ~ канал приёма
recording ~ канал записи
reproducing ~ канал воспроизведения
standard replay ~ стандартный канал воспроизведения
star ~ активная радионавигационная система с радиальным расположением ведомых станций (*относительно ведущей*)
supply ~ цепочка поставок; снабженческая цепочка
Toda ~ цепочка Тоды
transmit ~ канал передачи
vertical divider ~ *тлв* цепь делителя частоты для формирования синхронизирующих импульсов полей
virtual value ~ виртуальная стоимостная цепочка

chaining 1. образование цепочек; *вчт* сцепление (*напр. блоков*) **2.** последовательное соединение (*объектов*); последовательное подключение, *проф.* шлейфовое подключение (*напр. устройств*)
  backward ~ использование обратной цепочки умозаключений, использование метода «от цели к событиям»
  block ~ сцепление блоков (*в криптографии*)
  buffer(red) ~ сцепление буферов
  burst ~ сцепление пакетов
  call ~ последовательная передача вызовов
  cipher block ~ 1. сцепление блоков шифра **2.** режим сцепления блоков шифра, режим CBC
  command ~ сцепление команд
  data ~ сцепление данных
  forward ~ использование прямой цепочки умозаключений, использование метода «от событий к цели»

chaining

program ~ сцепление программ

chalk 1. мел, мелок ‖ писать мелом; помечать мелом, делать пометки мелом **2.** меловать (*бумагу*) **3.** пастель ‖ рисовать пастелью

~ **on the barn-door** делать оценки; производить приближённые вычисления

chalker 1. пишущий мелом; делающий пометки мелом **2.** рисующий пастелью

war ~ *вчт* наносящий мелом условные знаки для обозначения мест беспрепятственного несанкционированного проникновения в локальные сети с радиодоступом

chalking 1. писание мелом; нанесение пометок мелом **2.** мелование (*бумаги*) **3.** рисование пастелью

war ~ *вчт* нанесение мелом условных знаков для обозначения мест беспрепятственного несанкционированного проникновения в локальные сети с радиодоступом

Challenge:

Grand ~ крупная нерешённая научная *или* техническая проблема, *проф.* Великий вызов

challenge *рлк* запрос ‖ запрашивать

challenge-and-reply двухсторонняя аутентификация

challenger *рлк* передатчик запросчика

chalnicon *тлв* хальникон

chamber 1. камера (*1. помещение специального назначения 2. замкнутый объём; замкнутая полость 3. название ряда измерительных приборов и приборов для научных исследований с рабочим телом внутри замкнутой полости*) ‖ камерный **2.** помещать в камеру **3.** отсек; секция

accelerating [acceleration] ~ ускорительная камера

acoustic ~ безэховая камера

air-equivalent [air-wall] ionization ~ воздухоэквивалентная ионизационная камера

air-filled ~ **1.** воздухонаполненная камера **2.** барабанная полость (*уха*)

alpha ~ альфа-камера

altitude ~ климатическая барокамера для проведения высотных испытаний

anechoic ~ безэховая камера

back-to-back ionization ~ сдвоенная ионизационная камера

boron ~ борная ионизационная камера

boron-lined ionization ~ ионизационная камера с покрытием из бора

Bragg-Gray cavity ionization ~ полостная ионизационная камера Брэгга — Грея

bubble ~ пузырьковая камера

burn-in ~ камера для приработки

capacitor ionization ~ рентгенметр с ионизационной камерой

chromatographic ~ хроматографическая камера

climatic ~ климатическая камера

cloud ~ расширительная (диффузионная) камера, камера Вильсона

coating ~ напылительная камера

compensated ionization ~ компенсационная ионизационная камера

counting ionization ~ импульсная ионизационная камера

current ionization ~ токовая ионизационная камера

deposition ~ камера для осаждения плёнок

differential ionization ~ дифференциальная ионизационная камера

diffusion (cloud) ~ диффузионная камера

echo ~ эхо-камера

electron-collection pulse ~ импульсная ионизационная камера с собиранием электронов

environmental ~ камера для климатических испытаний

evacuated ~ вакуумная камера

evaporation ~ напылительная камера, камера для напыления плёнок

exhaust ~ вытяжная камера

expansion (cloud) ~ расширительная (диффузионная) камера, камера Вильсона

extrapolation ionization ~ экстраполяционная ионизационная камера

fission ionization ~ ионизационная камера деления

fog ~ расширительная (диффузионная) камера, камера Вильсона

free-air ionization ~ ионизационная камера со свободным газом

gamma-ray ~ сцинтилляционная гамма-камера, сцинтилляционный детектор гамма-квантов

gas-flow ionization ~ ионизационная камера с проточным газом

high-pressure cloud ~ расширительная (диффузионная) камера высокого давления, камера Вильсона высокого давления

hodoscope ~ годоскопическая (разрядная) камера, камера Конверси

integrating [integration] ionization ~ интегральная ионизационная камера

ion ~ ионизационная камера

ion-collection pulse ~ импульсная ионизационная камера с собиранием ионов

ion-implantation ~ камера для ионной имплантации

ionization ~ ионизационная камера

ionization ~ **with internal gas source** ионизационная камера с внутренним газовым наполнением

jet ~ распылительная камера

laser welding ~ камера для лазерной сварки

liquid-wall ionization ~ жидкостенная ионизационная камера

low-pressure cloud ~ камера Вильсона низкого давления, расширительная (диффузионная) камера низкого давления

mixing ~ смесительная камера; смеситель

monitor ionization ~ **1.** ионизационная камера для дозиметрического контроля **2.** ионизационная камера для контроля выходной мощности рентгеновской трубки

narrow-gap spark ~ узкозазорная искровая камера

open-air ionization ~ ионизационная камера со свободным газом

optical-fiber scintillation ~ сцинтилляционная камера на стекловолокне, сцинтилляционный детектор на стекловолокне

parallel-plate counter ~ импульсная ионизационная камера с плоскопараллельными электродами

pocket ~ карманный дозиметр

positron ~ позитронная сцинтилляционная камера, сцинтилляционный детектор позитронов

projection ~ стримерная камера

proportional ionization ~ пропорциональная ионизационная камера

pulse ionization ~ импульсная ионизационная камера
recoil proton ionization ~ ионизационная камера протонов отдачи
resonance [resonant] ~ объёмный резонатор
reverberation ~ реверберационная камера
sampling ~ трековая искровая камера
scintillation ~ сцинтилляционная камера, сцинтилляционный детектор
sorting ~ сортирующая камера (*масс-спектрометра*)
sound ~ акустическая камера
sputtering ~ распылительная камера, камера для катодного *или* анодного распыления
standard ionization ~ стандартная ионизационная камера
streamer ~ стримерная камера
temperature ~ камера для проведения температурных испытаний
test ~ камера для проведения испытаний
thimble ionization ~ напёрстковая ионизационная камера
tissue-equivalent ionization ~ тканеэквивалентная ионизационная камера
toroidal vacuum ~ тороидальная вакуумная камера
track ~ трековая камера
vacuum ~ 1. вакуумная камера 2. вакуумный буфер (*видеомагнитофона*)
wall-less ionization ~ бесстеночная ионизационная камера
water-brushing ~ *микр.* камера для отмывки щётками
well-type ionization ионизационная камера с колодцем
Wilson (cloud) ~ камера Вильсона, расширительная (диффузионная) камера

chamfer 1. фаска; скос || снимать фаску; скашивать 2. плавное сопряжение образующих угла || плавно сопрягать образующих угла (*между пересекающимися прямыми*)

chance 1. возможность; вероятность; шанс 2. случай; случайное событие; случайность || случаться; происходить случайно || случайный 3. риск || рисковать
  conditional ~ условная вероятность
  unconditional ~ безусловная вероятность

change 1. изменение; смена; замена || изменять(ся); сменять(ся); заменять(ся) 2. переход; превращение; трансформация; модификация || переходить; превращать(ся); трансформировать(ся); модифицировать(ся) 3. обмен; перестановка || обменивать(ся); переставлять(ся) ◊ **~ of coordinates** преобразование (системы) координат; **~ of orientation** изменение ориентации; **~ of origin** изменение начала отсчёта; **~ of variables** замена переменных; **flux ~s per inch** число изменений (магнитного) потока на дюйм
  ~ of state фазовый переход, фазовое превращение
  address ~ переадресация
  allotropic phase ~ аллотропное фазовое превращение
  bounded ~ ограниченное изменение
  cholesteric-nematic phase ~ фазовый переход типа «холестерик — нематик» (*в жидком кристалле*)
  constitutional ~ фазовый переход, фазовое превращение
  continuous ~ непрерывное изменение
  control ~ 1. смена управления 2. смена органа управления 3. *вчт* смена значения контроллера (*в MIDI-устройствах*)
  controller ~ *вчт* смена контроллера (*в MIDI-устройствах*)
  design ~ изменение проекта
  discrete ~ дискретное изменение
  first-order phase ~ фазовый переход первого рода
  forecasted ~ прогнозируемое изменение
  frequency ~ 1. преобразование частоты 2. транспонирование частоты
  gradual ~ плавное изменение
  habit ~ изменение габитуса (*кристалла*)
  infinitesimal ~ бесконечно малое изменение
  irreversible ~ необратимое изменение
  medium ~ *вчт* смена носителя данных
  order-disorder phase ~ фазовый переход типа «порядок – беспорядок»
  order-order phase ~ фазовый переход типа «порядок – порядок»
  phase ~ 1. изменение фазы 2. фазовый переход, фазовое превращение
  pitch bend ~ *вчт* смена высоты тона (*MIDI-сообщение*)
  polymorphic phase ~ полиморфное фазовое превращение
  program ~ *вчт* смена программы (*MIDI-сообщение*)
  proportional ~ пропорциональное изменение
  reversible ~ обратимое изменение
  scene ~ *тлв* смена сцены
  seasonal ~ сезонное изменение
  second-order phase ~ фазовый переход второго рода
  secular ~ секулярное [вековое] изменение
  shot ~ *тлв* смена кадра
  sign ~ изменение знака
  speed ~ колебания скорости (*магнитной ленты*)
  step ~ ступенчатое изменение
  structural phase ~ структурный фазовый переход, структурное фазовое превращение

changeover 1. изменение; замена, смена 2. переключение; переброс; опрокидывание 3. преобразование

changer 1. преобразователь 2. проигрыватель-автомат
  automatic record ~ проигрыватель-автомат
  CD ~ дисковод компакт-дисков магазинного типа с полуавтоматической сменой дисков
  circuit ~ переключатель; коммутатор; коммутационное устройство
  controllable-displacement-factor frequency ~ конвертор с регулируемым коэффициентом сдвига частоты
  current ~ преобразователь тока
  frequency ~ 1. преобразователь частоты 2. конвертор, блок транспонирования частоты
  gender ~ 1. оператор изменения пола (*в генетических алгоритмах*) 2. переходной (электрический) соединитель; переходной кабель; *проф.* переходник (*между двумя однотипными соединителями*)
  mode ~ 1. преобразователь мод 2. трансформатор типа волн (*в волноводе*)
  off-load tap ~ переключатель выходных обмоток трансформатора без нагрузки

on-load tap ~ переключатель выходных обмоток трансформатора под нагрузкой
phase ~ фазовращатель
polarization ~ поляризатор
range ~ переключатель диапазонов
record ~ проигрыватель-автомат
sex ~ 1. оператор изменения пола (*в генетических алгоритмах*) 2. переходной (электрический) соединитель; переходный кабель; *проф.* переходник (*между двумя однотипными соединителями*)
tap ~ переключатель выходных обмоток трансформатора
unity-displacement-factor frequency ~ конвертор с единичным коэффициентом сдвига частоты
unity-power-factor frequency ~ конвертор частоты с единичным коэффициентом мощности
unrestricted frequency ~ конвертор с неограниченным коэффициентом сдвига частоты
voltage ~ преобразователь напряжения
wave ~ 1. переключатель диапазонов 2. преобразователь мод

changing изменение; смена; замена || изменяющий; сменяющий; заменяющий
desktop themes ~ *вчт* изменение темы оформления рабочего стола
electronic scale ~ электронное изменение масштаба
file format ~ изменение формата файла
password ~ изменение пароля
pixel dimension ~ *вчт* изменение размеров пиксела (*для модификации размеров изображения*)
polarity ~ изменение полярности
power scheme ~ *вчт* изменение схемы управления энергопотреблением
regional settings ~ *вчт* изменение региональных установок (*часового пояса и поправки на летнее, зимнее или декретное время*)

chank *вчт проф.* блок данных

channel 1. канал (*1. тракт передачи данных; носитель передаваемых данных* 2. ресурсы системы связи или системы вещания, выделяемые для передачи определённых данных 3. любой из составляющих сигналов в стереофонии или квадрафонии 4. *тлв* любой из сигналов цветности 5. любой из каналов в многоканальной системе 6. *пп* область между истоком и стоком в полевом транзисторе, канальная область 7. *микр.* область между соседними матрицами логических элементов в *специализированной ИС*) || использовать канал; передавать по каналу; канализировать || канальный 2. образовывать канал; формировать канал 3. тракт; трасса; дорожка (*напр. магнитной ленты*) 5. ствол (*в радиорелейной линии*) 6. *вчт* шина
A ~ левый стереоканал
access ~ канал доступа
access grant ~ канал разрешенного доступа
accompanying audio [accompanying sound] ~ *тлв* канал звука, канал звукового сопровождения
active ~ *пп* активный канал
actuating ~ исполнительный канал, канал управления исполнительным механизмом
additive-noise ~ канал с аддитивным шумом
adjacent ~ соседний канал
adjacent audio ~ *тлв* канал звука [канал звукового сопровождения] соседнего канала
allocated ~ выделенный канал

alpha ~ *вчт* альфа-канал, дополнительный цветовой канал (*в многоканальной модели представления цветов*)
alternate ~ канал, следующий за соседним
analog data (transfer) ~ канал передачи аналоговых данных, аналоговый канал
arithmetic ~ арифметический канал
associated ~ присоединённый канал; объединённый канал; связанный канал
asynchronously multiplexed ~ мультиплексный канал асинхронной передачи данных
audio ~ *тлв* канал звука, канал звукового сопровождения
audio-frequency ~ 1. канал звуковой частоты 2. *тлв* канал звука, канал звукового сопровождения
auxiliary ~ вспомогательный канал
available ~ доступный канал
aviation ~ канал бортовых самолётных и фиксированных воздушных станций
B ~ 1. правый стереоканал 2. B-канал, канал передачи данных (*в сети стандарта ISDN*)
back ~ секретный, неофициальный *или* нерегулярный канал связи
backward ~ обратный канал
band-limited ~ канал с ограниченной полосой пропускания
basic ~ основной канал
bearer ~ 1. B-канал, канал передачи данных (*в сети стандарта ISDN*) 2. речевой канал; телефонный канал
binary ~ канал передачи двоичных данных, двоичный канал
binary erasure ~ двоичный канал со стиранием
binary symmetric ~ симметричный двоичный канал
binary symmetric dependent ~ зависимый симметричный двоичный канал
binary symmetric independent ~ независимый симметричный двоичный канал
BL ~ *см.* band-limited channel
block-multiplexer ~ блок-мультиплексный канал
blue ~ *тлв* канал сигнала синего
brightness ~ *тлв* канал сигнала яркости
broad-band ~ 1. широкополосный канал 2. широкополосный речевой канал (*с верхней граничной частотой более 4 кГц*)
broadcast ~ 1. радиовещательный канал 2. радиоканал вещательного телевидения
broadcast control ~ широковещательный канал управления
bulk ~ *пп* объёмный канал
buried ~ *пп* скрытый канал
burst ~ канал сигнала цветовой синхронизации
burst-error ~ канал с пакетами ошибок
busy ~ занятый канал
bypass ~ параллельный канал
byte-multiplexer ~ байт-мультиплексный канал
calling ~ *тлф* канал вызова
camera ~ *тлв* камерный канал
common ~ общий канал
carrier (current) ~ 1. канал передачи данных с использованием несущей 2. канал высокочастотной [ВЧ-]связи
chocked ~ перегруженный канал
chroma [chromaticity, chrominance] ~ 1. канал сигнала цветности 2. канал цветоразностного сигнала

channel

citizen band ~ канал службы персональной радиосвязи
class D ~ **1.** канал службы персональной радиосвязи **2.** канал передачи данных со скоростью до 10 перфокарт в минуту
class E ~ канал передачи данных со скоростью до 1200 бит/с
clear ~ канал вещательной станции
coherent ~ когерентный канал
color ~ **1.** канал цветового телевизионного сигнала **2.** канал сигнала цветности **3.** *вчт* цветовой канал (*в многоканальной модели представления цветов*)
color-difference ~ *тлв* канал цветоразностного сигнала
color-sync ~ *тлв* канал сигнала цветовой синхронизации
color-sync processing ~ *тлв* канал формирования сигнала цветовой синхронизации
color transmitting ~ **1.** канал передачи цветового телевизионного сигнала **2.** канал передачи сигнала цветности
command ~ канал командного радиоуправления
common-user ~ канал общего пользования
communication ~ канал связи
companded ~ канал с компандированием
conducting [conductive] ~ *пп* проводящий канал
contiguous ~**s** соседние каналы
control ~ канал управления
cross-polarized ~**s** каналы с взаимно ортогональной поляризацией
D ~ D-канал, дельта-канал, канал передачи управляющих сигналов (*в сети стандарта ISDN*)
data ~ канал передачи данных; информационный канал
data transfer ~ канал передачи данных
dedicated ~ **1.** выделенный канал; закреплённый канал; арендованный канал (*напр. связи*) **2.** специализированный канал (*напр. связи*)
dedicated control ~ специализированный канал управления
deep (sound) ~ подводный звуковой канал
default color ~**s** *вчт* цветовые каналы, используемые по умолчанию (*в многоканальной модели представления цветов*)
delta ~ D-канал, дельта-канал, канал передачи управляющих сигналов (*в сети стандарта ISDN*)
demand-assigned ~ предоставляемый по требованию канал, незакрепленный канал
demodulator ~ канал демодулятора
depletion ~ *пп* обеднённый канал
dial-up ~ коммутируемый канал
difference ~ разностный канал, канал S (*в стереофонии*)
diffuse optical ~ диффузный оптический канал
digital data (transfer) ~ канал передачи цифровых данных, цифровой канал
dipole ~ канал связи, использующий рассеяние радиоволн от пояса орбитальных диполей
direct-access radar ~ канал прямого доступа к радиолокационной информации
direct memory access ~ канал прямого доступа к памяти, DMA-канал
discrete ~ дискретный канал
discrete-input ~ канал с дискретным входом

discrete memoryless ~ дискретный канал без памяти
display data ~ интерфейс обмена данными между монитором и видеоадаптером, канал DDC
display data ~ **1** однонаправленный интерфейс обмена данными между монитором и видеоадаптером, канал DDC1
display data ~ **2** двунаправленный интерфейс обмена данными между монитором и видеоадаптером, канал DDC2
diversity ~ канал разнесённого приёма
DMA ~ *см.* **direct memory access channel**
dogleg ~ коленчатый канал (*при трассировке*)
domain-tip propagation ~ схема продвижения ПМД
Doppler-shifted ~ канал с доплеровским сдвигом частоты
duplex ~ дуплексный [одновременный двухсторонний] канал
emergency radio ~ аварийный радиоканал (*напр. для передачи сигналов бедствия*)
engineering ~ служебный канал
excitation ~ канал управления
fading ~ канал с замираниями
fast-acting ~ быстродействующий канал
fast associated control ~ быстрый объединённый канал управления
feedback ~ канал обратной связи
FET ~ *см.* **field-effect transistor channel**
fiber ~ волоконно-оптический канал
fiber-optic communication ~ волоконно-оптический канал связи
field-effect transistor ~ канал полевого транзистора
fixed-tuned ~ канал с фиксированной настройкой
forward ~ прямой канал
four-wire ~ четырёхпроводный канал
frequency-modulation broadcast ~ канал ЧМ-радиовещания
full rate traffic ~ информационный канал с полной скоростью передачи (данных)
Gaussian ~ гауссовский канал
green ~ *тлв* канал сигнала зелёного
guard ~ **1.** *пп* охранный канал **2.** защитный канал
half-duplex ~ полудуплексный [поочерёдный двухсторонний] канал
half rate traffic ~ информационный канал с половинной скоростью передачи (данных)
hard-limited ~ канал связи с жёстким ограничением
high-frequency ~ высокочастотный [ВЧ-]канал
horizontal ~ горизонтальный канал (*при трассировке*)
I ~ **1.** канал цветоразностного сигнала I (*в системе НТСЦ*) **2.** синфазный канал
idle ~ **1.** свободный [незанятый] канал **2.** молчащий канал
induced ~ *пп* индуцированный канал
information ~ информационный канал; канал передачи данных
information bearer ~ канал передачи данных и управляющих сигналов
input ~ канал ввода (*данных*); входной канал
input/output ~ канал ввода/вывода (*данных*)
interference ~ канал с помехами

channel

Internet relay chat ~ канал системы групповых дискуссий в Internet, канал системы IRC
interrupt ~ канал прерываний
inversion ~ *тп* инверсионный канал
I/O ~ *см.* **input/output channel**
ion ~ *бион.* ионный канал
ion-implanted ~ *микр.* ионно-имплантированный канал
ionospheric ~ ионосферный канал
IRC ~ *см.* **Internet relay chat channel**
isolating ~ *тп* изолирующий канал; изолирующая канавка
jammed ~ канал с активными преднамеренными радиопомехами
L ~ *см.* **left stereo(phonic) channel**
leased ~ арендованный канал; выделенный канал; закреплённый канал (*напр. связи*)
left front ~ левый передний канал (*в квадрафонии*)
left rear ~ левый задний канал (*в квадрафонии*)
left stereo(phonic) ~ левый стереоканал
line-of-sight ~ радиорелейный канал
local ~ канал местного радиовещания
logical ~ логический канал
low-frequency ~ низкочастотный [НЧ-]канал
luminance ~ *тлв* канал сигнала яркости
M ~ суммирующий канал, канал M (*в стереофонии*)
melting ~ канал тепловыделения (*индукционной печи*)
memory ~ канал с памятью
memoryless ~ канал без памяти
meteor-burst ~ метеорный канал
MIDI ~ *вчт* MIDI-канал, (логический) канал передачи информации в стандарте MIDI
monochrome ~ **1.** канал сигнала черно-белого телевидения **2.** канал сигнала яркости (*в цветном телевидении*)
multipath ~ канал с многолучевым распространением
multipath-fading resistant ~ канал связи, устойчивый к замираниям вследствие многолучевого распространения
multiple-access ~ канал с множественным доступом; канал с многостанционным доступом
multiplex ~ **1.** *вчт* мультиплексный канал **2.** уплотнённый канал
multiuser ~ канал коллективного пользования
narrow-band ~ узкополосный канал
news-talk-sports ~ канал новостей, ток-шоу и спорта
noiseless ~ канал без помех
noisy ~ канал с помехами
nonswitched ~ некоммутируемый канал
n-type ~ *тп* канал *n*-типа, *n*-канал
off-hook ~ занятый канал
one-way ~ симплексный [односторонний] канал
on-hook ~ свободный [незанятый] канал
optical ~ оптический канал
optical scatter ~ оптический канал с рассеянием
ordinary ~ канал телеграфной связи без регенеративной трансляции
output ~ канал вывода (*данных*); выходной канал
paging ~ канал поискового вызова
percolating conduction ~ *фтт* перколяционный проводящий канал
permanent virtual ~ постоянный виртуальный канал

photo-defined ~ *микр.* канал, изготовленный методом фотолитографии
picture ~ *тлв* канал изображения
pilot ~ **1.** канал пилот-сигнала; канал управляющего сигнала; канал контрольного сигнала **2.** канал тональной тревожной сигнализации
plasma ~ плазменный канал
primary color ~ *тлв* канал сигнала основного цвета
programmed ~ программируемый канал, канал с программным управлением
p-type ~ *тп* канал *p*-типа, *p*-канал
Q ~ **1.** канал цветоразностного сигнала Q (*в системе НТСЦ*) **2.** квадратурный канал
R ~ *см.* **right stereo(phonic) channel**
radio ~ радиоканал
radio-frequency ~ радиочастотный канал
random access ~ канал произвольного доступа
Rayleigh ~ рэлеевский канал, канал с рэлеевским замиранием
read/write ~ канал записи — считывания
recording ~ канал записи
red ~ *тлв* канал сигнала красного
reference ~ опорный канал
regional ~ канал регионального радиовещания
relay ~ канал радиорелейной линии
rented ~ арендованный канал
reproducing ~ канал воспроизведения
reverberation ~ реверберационный канал
right front ~ правый передний канал (*в квадрафонии*)
right rear ~ правый задний канал (*в квадрафонии*)
right stereo(phonic) ~ правый стереоканал
S ~ разностный канал, канал S (*в стереофонии*)
scatter ~ канал с рассеянием
scribe ~ *микр.* линия скрайбирования
sealed ~ *микр.* герметизированный канал
second ~ канал, следующий за соседним
selector ~ селекторный канал
serial management ~ последовательный канал управления
service ~ служебный канал
shared ~ **1.** *вчт* мультиплексный канал **2.** уплотнённый канал
side-lobe blanker ~ *рлк* канал подавления сигналов, принимаемых по боковым лепесткам
side-lobe canceller ~ *рлк* канал подавления сигналов, принимаемых по боковым лепесткам
signal ~ канал сигнала
signaling ~ канал тональной сигнализации
simplex ~ симплексный [односторонний] канал
single ~ **per carrier** один канал на несущую
SLB ~ *см.* **side-lobe blanker channel**
SLC ~ *см..* **side-lobe canceller channel**
slow associated control ~ медленный объединённый канал управления
sofar ~ канал гидроакустической службы поиска терпящих бедствие на море
sound ~ **1.** *тлв* канал звука, канал звукового сопровождения **2.** подводный звуковой канал
spacecraft ~ канал спутниковой системы радиосвязи
SPX ~ *см.* **simplex channel**
standard broadcast(ing) ~ стандартный вещательный канал
stereo(phonic) ~ стереоканал
subcarrier ~ канал поднесущей

subcarrier-regeneration ~ канал восстановления поднесущей
sum ~ 1. суммирующий канал, канал М (*в стереофонии*) 2. канал суммарного сигнала (*в моноимпульсных РЛС*)
superconducting ~ сверхпроводящий канал
supervisory ~ контрольный канал
surface ~ *пп* поверхностный канал
switched ~ коммутируемый канал
symmetrical ~ симметричный канал
synchronizing ~ канал синхронизации
telecommunication ~ канал электросвязи
telegraph ~ телеграфный канал
telemeter(ing) ~ телеметрический канал
telephone ~ телефонный канал
television ~ телевизионный канал, радиоканал вещательного телевидения
time-derived ~ канал с временным разделением
time-division multiplex ~ канал с временным уплотнением
time-varying ~ нестационарный канал
tone ~ канал тональной частоты; речевой канал
top ~ верхний телефонный канал (*в групповом спектре*)
traffic ~ информационный канал, канал обмена информацией
transfer ~ канал передачи
transponder ~ *рлк* канал ответчика
troposcatter ~ тропосферный канал
two-wire ~ двухпроводный канал связи
undersea communication ~ подводный звуковой канал
vertical ~ вертикальный канал (*при трассировке*)
VESA media ~ внутренняя (32-битная) шина для обмена данными между мультимедийными устройствами, шина VMC
vestigial-sideband ~ канал передачи с частично подавленной боковой полосой
VF ~ *см.* voice-frequency channel
VHF ~ *тлв* канал метровых волн
video-frequency ~ *тлв* видеоканал
virtual ~ виртуальный канал
vision ~ *тлв* видеоканал
VM ~ *см.* VESA media channel
voice [voice-band, voice-frequency, voice-grade] ~ 1. речевой канал; канал тональной частоты 2. телефонный канал
waveguide ~ волноводный канал
wide-band ~ широкополосный канал
wireless ~ 1. радиоканал 2. канал радиосвязи
wire-tap ~ канал для подслушивания
write ~ канал записи
channeling 1. канализирование; передача по каналу 2. образование каналов
   current ~ *пп* канализирование тока
   emitter ~ образование паразитных проводящих каналов между эмиттером и базой (*двухбазового диода*)
   surface ~ *пп* образование поверхностных каналов
   time-dividing ~ временное разделение каналов
channelize 1. канализировать; передавать по каналу 2. образовывать каналы
channelizing 1. канализирование; передача по каналу 2. образование каналов
chaos 1. хаос 2. физика хаоса
   ~ in laser хаос в лазере
   acoustic ~ акустический хаос
   continuous ~ непрерывный хаос
   deterministic ~ детерминированный [динамический] хаос
   dynamic ~ динамический [детерминированный] хаос
   helical ~ спиральный хаос
   low-dimensional ~ низкоразмерный хаос
   structured ~ структурированный хаос
   topologic ~ топологический хаос
chaotic хаотический
chaotization хаотизация
   ~ of neural network хаотизация нейронной сети
chapter 1. глава || разбивать на главы 2. фрагмент (*напр. записи*) 3. этап; стадия
character 1. символ; знак 2. *вчт* литера 3. иероглиф 4. стиль (*напр. документа*) 5. *фтт* характер группы 6. печатать; писать 7. шифр 8. шифрованное сообщение 9. характерная особенность; отличительный признак 10. роль (*напр. в телесериале*)
◊ **~s per inch** число символов на дюйм (*характеристика плотности расположения символов в строке*); **~s per second** число символов в секунду (*единица измерения скорости печати*)
   abstract ~ абстрактный символ
   acknowledge ~ символ подтверждения приёма
   active ~ активный символ
   admissible ~ допустимый символ
   all-zeros ~ символ из сплошных нулей
   alpha(betic) ~ алфавитный символ, буква
   alphanumeric ~ алфавитно-цифровой символ
   ASCII ~ ASCII-символ
   assignment ~ символ присваивания
   auxiliary ~ вспомогательный символ
   backspace ~ символ возврата на одну позицию
   bang ~ *вчт проф.* восклицательный знак
   barred ~ символ с чертой сверху
   basic ~ основной символ
   binary-coded ~ двоично-кодированный символ
   blank ~ символ пробела
   block cancel ~ символ отмены блока
   block check ~ символ проверки блока
   built-up ~ надстроенный символ
   cancel ~ символ отмены
   checking ~ контрольный символ
   code ~ кодовый символ
   code extension ~ символ расширения кода
   command ~ управляющий символ
   communication control ~ символ управления передачей данных
   control ~ управляющий символ
   Cyrillic ~s кириллица
   delete ~ символ стирания
   device control ~ управляющий символ
   digital ~ цифровой символ, цифра
   dot-pattern ~ растровый символ
   editing ~ символ управления форматом
   enquiry ~ символ запроса
   erase ~ символ стирания
   escape ~ символ начала управляющей последовательности
   extensible ~ расширяемый символ
   face-change ~ символ изменения стиля шрифта
   fill ~ *вчт* (символ-)заполнитель, неинформативный символ (*напр. пробел*)

character

font-change ~ символ изменения шрифта
format ~ символ управления форматом
form-feed ~ символ перевода страницы; символ выдачи страницы
fully formed ~ полностью сформированный символ
function ~ функциональный символ
fundamental ~ основной символ
garbage ~s вчт бессмысленные или ошибочные данные, проф. «мусор», «грязь»
global ~ вчт шаблон подстановки (*символа или группы символов*), подстановочный символ, универсальный образец
graphic ~ графический символ
group ~ характер группы
high-order ~ символ высшего порядка, ASCII-символ с номером кода больше 128
idle ~ холостой символ
illegal ~ недопустимый символ
information ~ информационный символ
layout ~ символ управления форматом
least significant ~ младший символ
literal ~ 1. *вчт* литерал, самозначимый символ или самозначимая группа символов, *проф.* буквальный символ *или* буквальная группа символов (*в тексте программы*) 2. алфавитный символ, буква
lower-case ~ символ нижнего регистра
magnetic ~ символ, нанесённый магнитными чернилами
math(ematical) ~ математический символ
most significant ~ старший символ
national ~ символ национального алфавита
negative acknowledgement ~ символ неподтверждения приёма
new-line ~ символ новой строки
nonadmissible ~ недопустимый символ
non-ASCII ~ символ, не входящий в набор ASCII-символов
nonblocking shift ~ символ смены регистра без блокировки
nongraphic ~ не воспроизводимый при печати символ
nonprinting ~ не воспроизводимый при печати символ
null ~ пустой символ
numeric ~ цифровой символ, цифра
oblique stroke ~ *вчт* косая черта с наклоном вправо, *проф.* слэш, символ /
optical ~ оптически распознаваемый символ
pad ~ *вчт* (символ-)заполнитель, неинформативный символ (*напр. пробел*)
page-eject ~ символ выдачи страницы; символ перевода страницы
paper-throw ~ символ выдачи страницы; символ перевода страницы
pipe ~ *вчт* вертикальная черта, *проф.* прямой слэш, символ |
polling ~ символ опроса
print control ~ символ управления печатью
reserved ~ зарезервированный [служебный] символ
scan-pattern ~ растровый символ
shift ~ символ смены регистра
shift-in ~ символ переключения на стандартный регистр

shift-out ~ символ переключения на дополнительный регистр
sign ~ символ знака
space ~ символ пробела
special ~ специальный символ
standard ~ стандартный символ
stroke ~ *вчт* 1. косая черта с наклоном вправо, *проф.* слэш, символ / 2. штриховой символ
stroke-pattern ~ штриховой символ
sync ~ синхросимвол
synchronous idle ~ *тлг* символ фазирующей посылки
underscore ~ символ подчёркивания
unprintable ~ не воспроизводимый при печати символ
upper-case ~ символ верхнего регистра

characteristic 1. характеристика (*1. графическое, табличное или аналитическое представление функциональных зависимостей, описывающих работу компонента, прибора, устройства или системы 2. порядок числа с плавающей запятой 3. целая часть логарифма 4. показатель; признак (статистических объектов из выбранной совокупности*)) 2. закон; зависимость 3. характерный; типичный 4. характеристический
absolute spectral sensitivity ~ характеристика абсолютной спектральной чувствительности (*напр. фотокатода*)
aging ~s характеристики старения
alternating-charge ~ кривая зависимости переменного заряда от напряжения (*для нелинейной ёмкости*)
amplitude-frequency ~ амплитудно-частотная характеристика, АЧХ
anode ~ 1. анодная характеристика (*электронной лампы*) 2. вольт-амперная характеристика (*тиристора*)
anode-to-cathode voltage-current ~ вольтамперная характеристика (*тиристора*)
attenuation ~ характеристика затухания (*фильтра*)
Bessel filter ~ бесселевская [линейная] фазочастотная характеристика фильтра
breakdown ~ характеристика пробоя
breakdown transfer ~ анодно-сеточная характеристика (*тиратрона*)
Butterworth filter ~ амплитудно-частотная характеристика фильтра по Баттерворту, максимально плоская амплитудно-частотная характеристика фильтра
camera spectral [camera taking] ~ спектральная характеристика (передающей телевизионной) камеры
capacitor-voltage ~ вольт-фарадная характеристика
cardioid radiation ~ кардиоидная характеристика направленности (*микрофона или громкоговорителя*)
cathode-ray tube control ~ модуляционная характеристика ЭЛТ
Chebyshev filter ~ чебышевская [равноволновая] амплитудно-частотная характеристика фильтра
closed-circuit ~ характеристика короткого замыкания
collector ~ коллекторная [выходная] характеристика (*транзистора*)
common-base collector ~ коллекторная [выходная] характеристика транзистора в схеме с общей базой

characteristic

common-base emitter ~ эмиттерная [входная] характеристика транзистора в схеме с общей базой
common-base input ~ входная [эмиттерная] характеристика транзистора в схеме с общей базой
common-base output ~ выходная [коллекторная] характеристика в схеме с общей базой
common-emitter base ~ базовая [входная] характеристика транзистора в схеме с общим эмиттером
common-emitter collector ~ коллекторная [выходная] характеристика транзистора в схеме с общим эмиттером
common-emitter input ~ входная [базовая] характеристика транзистора в схеме с общим эмиттером
common-emitter output ~ выходная [коллекторная] характеристика транзистора в схеме с общим эмиттером
common-mode ~s характеристики (*операционного усилителя*) в синфазном режиме
companding ~ характеристика компандирования; закон компандирования
compounding ~ характеристика (электрической) машины со смешанным возбуждением
constant-current ~ статическая характеристика (*электронной лампы*)
control ~ 1. пусковая характеристика тиратрона 2. модуляционная характеристика (*ЭЛТ*) 3. (статическая) характеристика управления (*магнитного усилителя*)
counting-rate versus voltage ~ счётная характеристика (*счётчика излучения*)
current-illumination ~ световая характеристика
current-voltage ~ вольт-амперная характеристика, ВАХ
cutoff current ~ токоограничивающая характеристика (*коммутатора*)
decay ~ 1. кривая затухания (*напр. тока*) 2. характеристика послесвечения (*люминесцентного экрана*)
diode ~ 1. вольт-амперная характеристика диода 2. вольт-амперная характеристика многоэлектродной лампы в диодном включении
direct-current ~ статическая характеристика (*напр. электронной лампы*)
directional ~ характеристика направленности (*микрофона или громкоговорителя*)
drain(-current) ~ стоковая [выходная] характеристика (*полевого транзистора*)
drooping ~ падающая характеристика
double-humped ~ двугорбая характеристика
dynamic ~ динамическая характеристика (*напр. электронной лампы*)
electrode ~ электродная характеристика (*напр. электронной лампы*)
electron-tube dynamic ~ динамическая характеристика электронной лампы
electron-tube static ~ статическая характеристика электронной лампы
electrooptical ~ электрооптическая характеристика
emission ~ 1. эмиссионная характеристика 2. вольт-амперная характеристика многоэлектродной лампы в диодном включении
emitter ~ эмиттерная [входная] характеристика (*транзистора*)
emitter I-V ~ вольт-амперная характеристика двухбазового диода
envelope delay ~ характеристика групповой задержки
exposure-development ~ кривая зависимости времени проявления от времени экспозиции (*фоторезиста*)
falling ~ падающая характеристика
figure-of-eight polar ~ косинусоидальная [*проф.* восьмёрочная] характеристика направленности микрофона
flat ~ плоская амплитудно-частотная характеристика
forward-bias ~ характеристика (*диода*) при прямом смещении
frequency-response ~ 1. амплитудно-частотная характеристика, АЧХ 2. частотная характеристика (*машины переменного тока*) 3. логарифмическая частотная характеристика, ЛЧХ
fuse (time-current) ~ время-токовая характеристика плавкого предохранителя
gain ~ амплитудная [передаточная] характеристика (*операционного усилителя*)
gain-frequency ~ амплитудно-частотная характеристика, АЧХ
gain-phase ~ амплитудно-фазовая характеристика
gain-transfer ~ амплитудная характеристика
gamma ~ *тлв* показатель гамма
gas-tube control ~ пусковая характеристика тиратрона
grid ~ сеточная характеристика (*многоэлектродной лампы*)
grid-drive ~ 1. анодно-сеточная характеристика (*электронной лампы*) 2. модуляционная характеристика (*ЭЛТ*)
grid-plate ~ анодно-сеточная характеристика (*электронной лампы*)
group-delay ~ характеристика группового времени запаздывания
halftone facsimile ~ полутоновая характеристика факсимильного аппарата
hearing ~s кривые равной громкости
heart-shaped ~ кардиоидная характеристика направленности (*микрофона или громкоговорителя*)
hysteresis ~ петля гистерезиса
impedance(-frequency) ~ частотная зависимость полного сопротивления
intrinsic ~ собственная характеристика, характеристика беспримесного материала
life ~s показатели долговечности
light(-transfer) ~ световая характеристика
linear ~ линейная характеристика
load ~ 1. динамическая характеристика (*напр. электронной лампы*) 2. нагрузочная характеристика (*электрической машины*)
load angle ~ угловая характеристика
luminous(-resistance) ~ люкс-омическая характеристика (*фоторезистора*)
magnetization transfer ~ характеристика намагничивания магнитной ленты
mean-charge ~ кривая зависимости среднего заряда от напряжения (*для нелинейной ёмкости*)
memory operating ~ характеристическая кривая распознавания, МОС-характеристика
modulation transfer ~ 1. модуляционная передаточная функция (*оптического прибора*) 2. частотно-контрастная характеристика, ЧКХ (*ЭЛТ*)

characteristic

mutual ~ переходная характеристика
no-load ~ характеристика холостого хода
nonlinear ~ нелинейная характеристика
open-circuit ~ характеристика холостого хода
operational ~ рабочая характеристика
overload ~ перегрузочная характеристика (*канала с дельта-модуляцией*)
performance ~ рабочая характеристика
persistence ~ характеристика послесвечения (*люминесцентного экрана*)
phase(-frequency) ~ фазочастотная характеристика
photoemissive ~s фотоэмиссионные свойства
phototube ~ 1. световая характеристика фотоэлемента 2. спектральная характеристика фотоэлемента
pickup spectral ~ спектральная характеристика передающей телевизионной камеры
plate ~ анодная характеристика (*электронной лампы*)
plateau ~ счётная характеристика (*счётчика излучения*)
processing ~s технологические свойства
pulse response ~ импульсная характеристика
punch-through ~ характеристика (процесса) смыкания (*в транзисторе*)
qualitative ~ качественная характеристика
quantitative ~ количественная характеристика
quantization ~ характеристика квантования
quantum efficiency ~ характеристика квантовой эффективности
radiant-power ~ энергетическая характеристика (чувствительности) (*фотоприёмника*)
receiver operating ~ характеристическая кривая обнаружения, ROC-характеристика
record(ing) ~ амплитудно-частотная характеристика канала записи звука
record/reproduce ~ амплитудно-частотная характеристика сквозного канала записи и воспроизведения звука
rectifying ~ детекторная характеристика (*диода*)
relative spectral-sensitivity ~ характеристика относительной спектральной чувствительности (*напр. фотокатода*)
reproduce [reproducing] ~ амплитудно-частотная характеристика канала воспроизведения звука
resonance ~ резонансная характеристика; резонансная кривая
response ~ амплитудно-частотная характеристика, АЧХ
reverse-bias ~ характеристика (*диода*) при обратном смещении
reversible-capacitance ~ вольт-фарадная характеристика обратимой ёмкости (*для нелинейной ёмкости*)
saturation ~ характеристика (*прибора или устройства*) в области насыщения
secondary-emission ~ кривая зависимости коэффициента вторичной эмиссии от энергии первичных электронов
short-circuit ~ характеристика короткого замыкания
sine-wave response ~ пространственная частотно-контрастная характеристика для синусоидального испытательного растра
small-signal ~ характеристика при малом уровне сигнала, малосигнальная характеристика

spectral ~ спектральная характеристика
spectral-sensitivity ~ характеристика спектральной чувствительности (*напр. фотокатода*)
speed regulation ~ скоростная характеристика
square-wave response ~ пространственная частотно-контрастная характеристика для прямоугольного испытательного растра
static ~ статическая характеристика (*напр. электронной лампы*)
steady-state ~ характеристика (*устройства*) в установившемся режиме
switching ~ характеристика переключения
tape transfer ~ характеристика намагничивания магнитной ленты
terminal ~ внешняя характеристика
thyratron control ~ пусковая характеристика тиратрона
time-current ~ время-токовая характеристика (*коммутатора*)
Townsend ~ вольт-амперная характеристика ионного [газонаполненного] фотоэлемента (*на участке до возникновения тлеющего разряда*)
transfer ~ 1. проходная характеристика (*многоэлектродной лампы*) 2. передаточная характеристика 3. световая характеристика (*передающей телевизионной камеры*) 4. стокозатворная характеристика (*полевого транзистора*) 5. характеристика намагничивания (*магнитной ленты*)
transferred-charge ~ кривая зависимости переносимого заряда от напряжения (*для нелинейной ёмкости*)
transrectification ~ детекторная характеристика (*электронной лампы или транзистора*)
tube ~ характеристика электронной лампы
voltage-capacitance ~ вольт-фарадная характеристика
voltage regulation ~ внешняя характеристика
volt-ampere ~ вольт-амперная характеристика
wavelength ~ спектральная характеристика
zero power-factor ~ нагрузочная характеристика (*электрической машины*) при нулевом коэффициенте мощности

characterization характеризация; обнаружение характерных признаков и особенностей
characterplexing посимвольное объединение
charactery 1. (полный) набор символов 2. использование символов
charactron характрон
charge 1. заряд(ка); подзаряд(ка) ‖ заряжать; подзаряжать 2. (электрический) заряд 3. шихта; загрузка ‖ загружать 4. стоимость; цена; тариф ‖ определять стоимость; назначать цену 5. *pl* расходы; издержки

additional ~ добавленная стоимость
atomic ~ (электрический) заряд иона
background ~ фоновый заряд
base ~ *пп* заряд базы
battery constant-current ~ заряд батареи аккумуляторов при постоянном (зарядном) токе
battery constant-voltage ~ заряд батареи аккумуляторов при постоянном (зарядном) напряжении
boost ~ (форсированный) подзаряд (*батареи аккумуляторов*)
bound ~ связанный заряд
bulk ~ объёмный заряд

capacitor ~ заряд конденсатора
compensation ~ компенсирующий заряд
connect ~ стоимость подключения (*к линии связи*)
Debye ~ *nn* экранирующий заряд
electric ~ электрический заряд
electron ~ заряд электрона, элементарный заряд $(1,6 \cdot 10^{-19}$ Кл)
electrostatic ~ электростатический заряд
elementary ~ элементарный заряд, заряд электрона $(1,6 \cdot 10^{-19}$ Кл)
equalizing ~ уравнительный заряд (*батареи аккумуляторов*)
excess ~ избыточный заряд
exchange ~ обменный заряд
extra ~ 1. избыточный заряд 2. добавленная стоимость
fixed ~ связанный заряд
floating ~ непрерывный подзаряд (*батареи аккумуляторов*)
free ~ свободный заряд
gate ~ заряд затвора
image ~ зеркальный заряд
immobile ~ неподвижный заряд
implanted ~ имплантированный заряд
induced ~ индуцированный [наведённый] заряд
interface ~ заряд на поверхности раздела (*двух сред*)
inversion ~ *nn* инверсионный заряд
linear ~ линейный заряд
localized ~ локализованный заряд
magnetic ~ магнитный заряд
majority-carrier ~ заряд основных носителей
minority-carrier ~ заряд неосновных носителей
mobile ~ подвижный заряд
modified battery constant-voltage ~ модифицированный заряд батареи аккумуляторов при постоянном (зарядном) напряжении
momentary ~ мгновенный заряд
negative ~ отрицательный заряд
nuclear ~ заряд ядра
per-call ~ *тлф* тариф по количеству соединений
per-minute ~ *тлф* поминутный тариф
per-second ~ *тлф* посекундный тариф
photo-produced ~ фотовозбуждённый заряд
picture ~ потенциальный рельеф (*напр. в запоминающих ЭЛТ*)
piezoelectric ~ пьезоэлектрический заряд
point ~ точечный заряд
polarization ~ поляризационный' заряд
positive ~ положительный заряд
powder ~ порошкообразная шихта
recovery ~ *nn* заряд переключения
remanent ~ остаточный заряд
residual ~ остаточный заряд
saturation (excess) ~ *nn* (избыточный) заряд при насыщении
sheet ~ 1. заряд слоя 2. поверхностный заряд
signal ~ 1. информационный заряд (*в ПЗС*) 2. изменение заряда при переполяризации сегнетоэлектрика
space [spatial] ~ объёмный заряд (*в твердотельных приборах*); пространственный заряд (*в электровакуумных приборах*)
specific ~ удельный заряд
static ~ статический заряд
stored ~ 1. накопленный заряд 2. потенциальный заряд (*напр. в запоминающих ЭЛТ*)
stored base ~ *nn* заряд, накопленный в базе
surface ~ поверхностный заряд
total ~ полный заряд
transferred ~ переносимый заряд
trapped ~ захваченный заряд
trickle ~ компенсационный подзаряд (*батареи аккумуляторов*)
unit ~ 1. единичный заряд 2. единица заряда
unsimilar ~s разноимённые заряды
volume ~ объёмный заряд
chargeback возврат платежа (*напр. при несанкционированном использовании кредитной карты*)
charger 1. зарядное устройство; зарядный агрегат 2. кассета (*напр. для фотоплёнки*)
battery ~ зарядное устройство батареи аккумуляторов
built-in ~ встроенное зарядное устройство
car ~ автомобильное зарядное устройство
light-tight ~ светонепроницаемая кассета
magnetic ~ агрегат для намагничивания постоянных магнитов
radiac detector ~ электростатический генератор для заряда детектора радиометра
solar ~ солнечное зарядное устройство
travel ~ туристическое зарядное устройство
trickle ~ агрегат для компенсационного подзаряда (*батареи аккумуляторов*)
wind ~ ветроэлектрическое зарядное устройство
charger-reader прибор для зарядки и измерения остаточного заряда (*конденсаторного дозиметра*)
charging 1. заряд(ка); подзаряд(ка) 2. накопление заряда 3. загрузка 4. определение стоимости; назначение цены
charityware *проф.* (лицензированное) программное обеспечение с оплатой в виде пожертвования на благотворительные цели
Charlie 1. стандартное слово для буквы *C* в фонетическом алфавите «Альфа» 2. стандартное слово для буквы *C* в фонетическом алфавите «Эйбл»
charm очарование (*напр. кварка*)
chart 1. диаграмма; график; номограмма; таблица || строить диаграмму *или* график; представлять в виде номограммы *или* таблицы 2. схема || составлять схему 3. карта || рисовать карту; наносить на карту 4. диаграммная бумага
~s of spectra спектральный атлас
acceptance ~ диаграмма аксептанса
alignment ~ номограмма
area ~ зонная диаграмма
band ~ ленточная диаграмма
bar ~ столбиковая [столбчатая] диаграмма (*горизонтальная или вертикальная*); гистограмма (*вертикальная столбиковая диаграмма с соприкасающимися столбцами*)
bipolar ~ биполярная диаграмма
brightness test ~ *тлв* градационная испытательная таблица
bubble ~ диаграмма из кругов и линий, *проф.* пузырьковая диаграмма
circle [circular transmission line] ~ круговая диаграмма полных сопротивлений
color (test) ~ *тлв* цветная испытательная таблица

chart

column ~ столбиковая [столбчатая] вертикальная диаграмма; гистограмма (*вертикальная столбиковая диаграмма с соприкасающимися столбцами*)
column text ~ *вчт* текстовая таблица
communication ~ схема соединений
composite bar ~ столбиковая [столбчатая] составная диаграмма (*горизонтальная или вертикальная*); составная гистограмма (*составная вертикальная столбиковая диаграмма с соприкасающимися столбцами*)
cone ~ коническая диаграмма
cylinder ~ цилиндрическая диаграмма
decision-making process flow ~ блок-схема алгоритма принятия решения
definition ~ *тлв* испытательная таблица для определения разрешающей способности *или* чёткости
direction-finding ~ радиопеленгационная (навигационная) карта
doughnut ~ кольцевая диаграмма
embedded ~ *вчт* встроенная диаграмма
emittance ~ диаграмма эмиттанса
failure ~ диаграмма отказов
flow ~ 1. блок-схема (*программы или алгоритма.*) 2. временная диаграмма (*процесса*) 3. схема технологического процесса; технологическая карта
free-form text ~ *вчт* текстовая таблица свободного формата
Gantt band ~ ленточная диаграмма Гантта
gray-scale test ~ *тлв* градационная испытательная таблица
grid ~ *вчт* таблица, связывающая вводимые в ячейки данные с соответствующими прикладными программами
high/low/close/open ~ диаграмма типа «наибольшее/наименьшее/конечное/начальное значение»
HLCO ~ *см.* high/low/close/open chart
horizontal bar ~ столбиковая [столбчатая] горизонтальная диаграмма
impedance ~ круговая диаграмма полных сопротивлений
implementation ~ 1. таблица реализации 2. схема технологического процесса; технологическая карта
isodose ~ диаграмма равных доз
layout ~ 1. схема размещения; схема расположения 2. *микр.* топологический чертёж
line ~ график (*зависимости одной или нескольких величин от другой*) в виде ломаных; линейная диаграмма
linked pie-column ~ связанные круговая [секторная] и столбиковая [столбчатая] вертикальная диаграммы
logarithmic ~ график в логарифмическом масштабе
logic ~ логическая схема
magnetron performance ~ диаграмма Рике
MIDI implementation ~ *вчт* сводная таблица поддерживаемых MIDI-сообщений
mixed column/line ~ линейно-столбчатая диаграмма
mode ~ диаграмма мод
network ~ сетевая диаграмма (*в планировании*)
organizational ~ *вчт* организационная диаграмма
PERT ~ *см.* program evaluation and review technique chart
pie ~ круговая [секторная] диаграмма
pilot ~ 1. контрольная карта 2. аэронавигационная карта
plugging ~ схема коммутации
point ~ график с отображением функциональных зависимостей точками, *проф.* диаграмма рассеяния; точечный график
polar ~ полярная диаграмма
polar impedance ~ круговая диаграмма полных сопротивлений
print ~ *вчт* схема печати, схема размещения печатного материала
printer spacing ~ *вчт* схема печати, схема размещения печатного материала
process ~ схема технологического процесса; технологическая карта
profile ~ карта профиля трассы (*распространения радиоволн*)
program evaluation and review technique ~ сетевой график (*в методе сетевого планирования и управления*)
program flow ~ блок-схема программы
pyramid ~ пирамидальная диаграмма
radar ~ 1. график в полярных координатах, *проф.* лепестковая диаграмма 2. радиолокационная карта (*местности*)
radio facility ~ радионавигационная карта
ratio ~ график в полулогарифмическом масштабе, график отношений
reactance ~ номограмма для определения сопротивления конденсаторов и катушек индуктивности на различных частотах
recorder ~ запись на ленте самописца
resolution ~ *тлв* испытательная таблица для определения разрешающей способности *или* чёткости
run ~ схема прогона схемы
scatter ~ график с отображением функциональных зависимостей точками, *проф.* диаграмма рассеяния; точечный график
semilogarithmic ~ график в полулогарифмическом масштабе
simple list text ~ текстовая диаграмма в виде простого списка
Smith ~ круговая диаграмма полных сопротивлений
stacked column ~ многослойная столбиковая [многослойная столбчатая] вертикальная диаграмма; многослойная гистограмма (*многослойная вертикальная столбиковая диаграмма с соприкасающимися столбцами*)
stock ~ биржевая диаграмма
string ~ ленточная диаграмма
strip ~ ленточная диаграмма
structure ~ структурная схема
surface ~ трёхмерный график
system ~ блок-схема системы
television (test) ~ телевизионная испытательная таблица
test ~ *тлв* испытательная таблица
text ~ текстовая диаграмма
time ~ временная диаграмма
trouble ~ диаграмма отказов
vertical bar ~ столбиковая [столбчатая] вертикальная диаграмма; гистограмма (*вертикальная столбиковая диаграмма с соприкасающимися столбцами*)
Warnier-Orr ~ *вчт* диаграмма Уорнье — Орра
x-y ~ график в координатах (x,y)

chase 1. отслеживание; слежение ‖ отслеживать; следить; проследить 2. фальц 3. гравировать

chassis шасси
   live ~ шасси под напряжением

chat *вчт* 1. групповая дискуссия, беседа ‖ принимать участие в групповой дискуссии, беседовать (*в сети*) 2. комната для групповой дискуссии, комната для бесед (*в сети*)
   Internet relay ~ система групповых дискуссий в Internet, система IRC

chatboard экран для диалога в режиме кратких сообщений (*напр. в мобильных телефонах*)

chatbot программа-робот системы групповых дискуссий в Internet

Chatpen авторучка для цифрового ввода данных по системе радиосвязи с радиусом действия не более 10м и использованием скачкообразной перестройки частоты, авторучка (стандарта) Bluetooth

chatter 1. вибрация; дрожание ‖ вибрировать; дрожать 2. дребезг ‖ дребезжать 3. вибрация рекордера
   armature ~ вибрация якоря реле
   contact ~ дребезг контактов
   monkey ~ радиопомеха от соседнего канала
   needle ~ вибрация иглы
   relay ~ дребезг контактов реле

chatterbot программа-робот системы групповых дискуссий в Internet

check 1. проверка; контроль ‖ проверять; контролировать‖ проверочный; контрольный 2. *вчт* верификация ‖ верифицировать ‖ верифицирующий 3. «галочка», диакритический знак ˇ (*напр. в символе ě*) 4. отметка о прохождении контроля или проверки, *проф.* «галочка» ‖ отмечать прохождение контроля и проверки, *проф.* ставить «галочку» 5. препятствие; остановка; помеха ‖ препятствовать; останавливать; мешать 6. критерий, стандарт *или* способ недопущения ошибок 7. поиск; осмотр; исследование ‖ искать; осматривать; исследовать 8. клетка; клеточный узор ‖ клеточный
   air ~ контроль излучаемого сигнала
   automatic ~ автоматическая проверка; автоматический контроль
   bench ~ проверка комплектности
   block ~ контроль по блокам
   block redundancy ~ продольный контроль за счёт избыточности, контроль за счёт избыточности по строкам и столбцам (*двумерного массива данных*)
   built-in ~ встроенный контроль
   code ~ проверка программы
   compile-time ~ статический контроль (*при трансляции программы*)
   connectivity ~ контроль связности (*напр. сети*)
   consistency ~ проверка совместимости; проверка целостности (*данных*)
   continuity ~ проверка связности (*напр. цепи*)
   control path ~ *тлф* проверка трактов управления
   cross ~ перекрёстная проверка
   cross-footing ~ *вчт* проверка (*напр. правильности счёта*) методом перекрёстного суммирования или вычитания
   current ~ текущий контроль
   cycle [cyclic] ~ периодический контроль
   cyclic redundancy ~ 1. контроль циклическим избыточным кодом 2. (численный) результат контроля циклическим избыточным кодом

   desk ~ логический контроль работы программы без использования компьютера, *проф.* домашний анализ
   destructive ~ разрушающий контроль
   diagnostic ~ диагностический контроль
   division ~ проверка (*результатов умножения*) делением
   duplication ~ *вчт* 1. проверка (*напр. правильности счёта*) методом дублирования 2. проверка на дублирование (*напр. файлов*)
   dynamic [dynamic computer, dynamic problem] ~ *вчт* динамический контроль
   echo ~ *вчт* эхо-проверка, эхо-контроль (*напр. правильности передачи данных*)
   error ~ контроль ошибок
   false-code ~ *вчт* контроль отсутствия запрещенных комбинаций
   functional ~ функциональный контроль
   ground ~ наземная проверка (*аппаратуры*)
   hardware ~ *вчт* аппаратный контроль
   horizontal redundancy ~ продольный контроль за счёт избыточности, контроль за счёт избыточности по строкам и столбцам (*двумерного массива данных*)
   in-line ~ *вчт* встроенный контроль
   input/output ~ контроль (канала) ввода/вывода
   input/output range ~ контроль граничных значений ввода/вывода, проверка диапазона ввода/вывода
   layout-rule ~ проверка соблюдения технологических норм
   leak ~ проверка герметизации
   limit ~ контроль граничных значений (*данных*), проверка диапазона (*изменения данных*)
   logical ~ логический контроль
   longitudinal redundancy ~ продольный контроль за счёт избыточности, контроль за счёт избыточности по строкам и столбцам (*двумерного массива данных*)
   machine ~ автоматический контроль
   mathematical ~ *вчт* математический контроль
   memory ~ *вчт* проверка памяти
   modulo N ~ *вчт* контроль по модулю N
   network path ~ *тлф* проверка трактов поля
   nondestructive ~ неразрушающий контроль
   nozzle ~ проверка состояния сопел (*струйного принтера*)
   odd-even ~ контроль (по) чётности
   overflow ~ *вчт* контроль переполнения
   parity ~ контроль (по) чётности
   problem ~ *вчт* динамический контроль
   programmed ~ *вчт* программный контроль
   programmed-logic ~ программно-логический контроль
   range ~ проверка диапазона (*изменения данных*), контроль граничных значений (*данных*)
   reasonableness ~ проверка логической непротиворечивости
   redundancy ~ контроль за счёт избыточности
   run-time ~ динамический контроль (*при выполнении программы*)
   selection ~ выборочный контроль
   sequence ~ контроль порядка следования (*напр. операций*); контроль упорядочения (*напр. данных*)
   six-bit cyclic redundancy ~ 6-разрядный (численный) результат контроля циклическим избыточным кодом

check

    software ~ *вчт* программный контроль
    spot ~ выборочный контроль
    static ~ *вчт* статический контроль
    summation ~ контроль суммированием
    sync ~ контроль синхронизации
    system ~ 1. контроль системы 2. системный контроль
    test ~ тестовый контроль
    transfer ~ проверка передачи
    twin ~ проверка (*напр. правильности счёта*) методом дублирования
    unallowable instruction ~ *вчт* контроль отсутствия запрещенных команд
    validity ~ 1. *вчт* проверка обоснованности; проверка достоверности 2. проверка соответствия результатов измерения измеряемым величинам, *проф.* проверка валидности
    vertical redundancy ~ вертикальный контроль за счёт избыточности, контроль за счёт избыточности по строкам (*двумерного массива данных*)
    zero-balance ~ проверка на нулевую разность

checkbox *вчт* прямоугольник для пометки выбранного режима, состояния или действия (*на экране дисплея*)

checker 1. контрольно-измерительный прибор 2. *вчт* программа проверки 3. *вчт* структура типа «шахматная доска» 4. *вчт* программа обнаружения (орфографических и (или) синтаксических) ошибок, *проф.* корректор 5. компьютерная игра (*упрощённый вариант русских шашек*)
    assertion ~ программа подтверждения отсутствия ошибок
    automatic ~ автоматический корректор, корректор с исправлением ошибок
    design rule ~ программа проверки соблюдения проектных норм
    electrical performance ~ программа проверки электрических характеристик
    electrical rule ~ программа проверки соблюдения электрических норм
    flyback ~ контрольно-измерительный прибор для проверки выходных трансформаторов строчной развёртки
    grammar ~ синтаксический корректор
    interconnection ~ программа проверки межсоединений
    layout-versus-schematic consistency ~ программа проверки соответствия топологии электрической схеме
    source ~ корректор текста исходной программы
    spell(ing) ~ орфографический корректор
    style ~ корректор стиля

checkerboard *вчт* структура типа «шахматная доска»

checking 1. проверка; контроль 2. *вчт* верификация 3. испытания
    automatic consistency ~ автоматический контроль совместимости
    character ~ *вчт* проверка символов
    complete automatic ~ автоматическая проверка
    data ~ контроль данных; контроль информации
    diagnostic ~ диагностическая проверка
    disk errors ~ *вчт* проверка ошибок на диске
    echo ~ *вчт* эхо-проверка, эхо-контроль (*напр. правильности передачи данных*)
    functional redundancy ~ 1. проверка методом функциональной избыточности 2. (двухпроцессорная) конфигурация с проверкой методом функциональной избыточности
    loop ~ *вчт* эхо-проверка, эхо-контроль (*напр. правильности передачи данных*)
    marginal ~ матричные [граничные] испытания
    model ~ верификация модели
    parity ~ контроль (по) чётности
    rule ~ контроль соблюдения проектных норм
    static type ~ *вчт* статическая проверка типов
    type ~ *вчт* проверка типов

checkout 1. проверка; контроль 2. испытания 3. наладка (*оборудования*), отладка (*программы*)
    acceptance ~ приёмо-сдаточные испытания
    circuit functional ~ функциональные испытания схемы

checkpoint 1. *вчт* контрольная точка 2. контрольный ввод; контрольный вывод 3. контрольно-пропускной пункт 4. *вчт* записывать данные о состоянии процесса *или* задачи (в контрольной точке), *проф.* выгружать задачу *или* процесс (в контрольной точке)
    local ~ локальная контрольная точка
    mirror ~ зеркальная контрольная точка
    product cycle ~ контрольная точка производственного цикла
    reality ~ *вчт проф.* контрольно-пропускной пункт в реальный мир
    stable ~ устойчивая контрольная точка

checkpointing *вчт* запись данных о состоянии процесса *или* задачи (в контрольной точке), *проф.* выгрузка задачи *или* процесса (в контрольной точке)

checksum *вчт* 1. контрольная сумма 2. сигнатура

checkup всеобъемлющий контроль; комплексная проверка

chelate *кв. эл.* хелат

chemical химикалий; химикат ∥ химический

chemiluminescence хемилюминесценция

chemisorption хемосорбция

chemist химик (*1. специалист в области химии 2. вчт проф. человек, затрачивающий массу времени на бесполезные занятия на компьютере*)

chemistry химия (*1. наука о химических процессах и явлениях 2. химические процессы и явления*)
    plasma ~ плазмохимия

chemokinesis хемокинетические явления

chemoreceptor *биол.* хеморецептор

chemosphere хемосфера (*область атмосферы от 30 до 80 км с фотохимической активностью*)

chemotaxis хемотаксис

chemotronics хемотроника

chess шахматы
    computer ~ компьютерные шахматы

chest ящик; шкаф(чик)
    tool ~ ящик для инструментов

chevron шеврон (*1. знак шеврона, символ ⟩ 2. элемент аппликационной схемы продвижения ЦМД в виде шеврона*) ∥ шевронный
    asymmetrical ~ асимметричный шеврон
    symmetrical ~ симметричный шеврон

chi хи (*буква греческого алфавита, Х, χ*)

child 1. потомок, сын *или* дочь (*в иерархической структуре*) ∥ являющийся потомком, сыновний *или* дочерний 2. последователь ∥ последующий 3. порождённый (*объект*) ∥ порождённый (*об объекте*)

chime 1. (мелодичный) электрический звонок **2.** *pl* карийон (*ударный самозвучащий музыкальный инструмент*) **3.** гармоничное сочетание звуков; музыка; мелодия **4.** аккорд

electronic ~s электрокарийон (*электромузыкальный инструмент*)

chimney 1. труба (*напр. вентиляционная*) **2.** металлическая трубка вокруг радиатора транзистора (*для усиления теплоотвода*)

air ~ вентиляционная труба

chip 1. кристалл (*ИС*), *проф.* чип **2.** интегральная схема, ИС; микросхема **3.** стружка (*напр. при механической звукозаписи*) **4.** *вчт pl* конфетти **5.** скол (*кристалла*) ‖ обкалывать; скалывать (*кристалл*) **6.** элемент сигнала, элементарный сигнал; элементарная посылка

~ on board 1. монтаж бескорпусных ИС на поверхность печатной платы, поверхностный монтаж кристаллов **2.** межсоединения на уровне кристалл — плата

~ on ceramic монтаж бескорпусных ИС на керамической подложке, технология «кристалл на керамике»

~ on chip 1. монтаж бескорпусных ИС друг на друга, этажерочный монтаж кристаллов **2.** межсоединения на уровне кристалл – кристалл

~ on flex 1. монтаж бескорпусных ИС на поверхность гибкого ленточного кристаллоносителя, поверхностный монтаж кристаллов на гибкий ленточный кристаллоноситель **2.** межсоединения на уровне кристалл – гибкий ленточный кристаллоноситель

Alpha ~ 64-разрядный (микро)процессор Alpha корпорации Digital Equipment, микропроцессор DECchip 21064

analog ~ аналоговая ИС
array ~ матричная ИС
bad ~ дефектный кристалл
bare ~ бескорпусная ИС
beam-lead ~ ИС с балочными выводами
bipolar ~ ИС на биполярных транзисторах
Bluetooth ~ ИС для системы радиосвязи с радиусом действия не более 10м и использованием скачкообразной перестройки частоты, ИС (стандарта) Bluetooth
bubble-domain memory ~ кристалл ЗУ на ЦМД
bubble-lattice ~ кристалл ЗУ на решётке ЦМД
bumped ~ ИС со столбиковыми выводами
calculator ~ ИС калькулятора
carbon ~ углеродная ИС
charge-coupled device ~ ИС на ПЗС
circuit ~ кристалл ИС
Clipper ~ *вчт* ИС «Clipper» для шифрования электронных сообщений
CMOS ~ ИС на комплементарных МОП-транзисторах, ИС на КМОП-транзисторах, КМОП ИС
code ~ кодовый элемент сигнала, кодовый элементарный сигнал; кодовая элементарная посылка
color conversion ~ ИС преобразователя телевизионных стандартов (*напр. из формата YUV в формат RGB*)
component ~ бескорпусный компонент (*ИС*)
coprocessor ~ ИС сопроцессора, сопроцессор
corner ~ угловой кристалл (*СБИС*)
custom ~ заказная ИС

data-link control ~ ИС для управления линией передачи данных
data processing ~ ИС обработки данных
dedicated ~ специализированная ИС
digital ~ цифровая ИС
eight-bit ~ 8-разрядная ИС (*напр. процессора*)
face-down ~ ИС, смонтированная методом перевёрнутого кристалла
factory-programmable ~ ИС, программируемая изготовителем
field-programmable ~ программируемая (пользователем) ИС; ИС с эксплуатационным программированием
field-programmable interconnect ~ программируемый (пользователем) интегральный электрический соединитель (*для плат с логическими матрицами*)
flip(ped) ~ 1. перевёрнутый кристалл **2.** ИС, смонтированная методом перевёрнутого кристалла **3.** метод перевёрнутого кристалла
game ~ ИС для электронных игр
garnet ~ гранатовый кристалл
general-purpose ~ универсальная ИС
good ~ годный кристалл
imaging ~ ИС формирователя сигналов изображения
integrated-circuit ~ кристалл ИС
intelligent network termination ~ интеллектуальная сетевая оконечная ИС
inverting ~ ИС инвертора, ИС для преобразования постоянного тока в переменный
link ~ ИС уровня связей
logic ~ логическая ИС
LSI ~ кристалл БИС
magnetic ~ 1. магнитный кристалл **2.** магнитная ИС
major-minor loop ~ кристалл с последовательно-параллельной организацией (*в ЗУ на ЦМД*)
mask-programmable ~ кристалл с масочным программированием, масочный кристалл
master(-slice) ~ базовый кристалл
memory ~ 1. кристалл ЗУ **2.** интегральная схема ЗУ
metal-oxide-semiconductor [metal-oxide-silicon] ~ ИС на МОП-транзисторах, МОП ИС
microcomputer ~ однокристальный микрокомпьютер; однокристальный персональный компьютер, однокристальный ПК
microminiature ~ 1. микроминиатюрный кристалл (*ИС*), *проф.* микроминиатюрный чип **2.** микроминиатюрная интегральная схема, микроминиатюрная ИС
microprocessor ~ ИС микропроцессора, микропроцессорная ИС
mid-array ~ внутренний кристалл (*СБИС*)
mixed-signal ~ цифро-аналоговая ИС
monolithic ~ монолитная ИС
MOS ~ ИС на МОП-транзисторах, МОП ИС
naked ~ бескорпусная ИС
N-bit ~ N-разрядная ИС (*напр. процессора*)
packaged ~ ИС в корпусе, корпусированная ИС
passive-circuit ~ пассивная ИС
perfect ~ идеальный кристалл
physical ~ ИС физического уровня
planar passivated ~ пассивированная ИС, изготовленная по планарной технологии

chip

processor ~ ИС процессора, процессорная ИС
RAM ~ ИС оперативной памяти
rapid single flux quantum ~ ИС с устройствами на одиночных быстрых квантах (магнитного) потока, *проф.* ИС с быстрыми одноквантовыми устройствами
reprogrammable ~ перепрограммируемая [многократно программируемая] ИС
resistor ~ бескорпусный резистор
RSFQ ~ *см.* **rapid single flux quantum chip**
semiconductor ~ 1. полупроводниковый кристалл 2. полупроводниковая ИС
side ~ боковой кристалл (*СБИС*)
silicon ~ 1. кремниевый кристалл 2. кремниевая ИС
silicon-spacer ~ кремниевая пластина-прокладка (*в волоконно-оптическом соединителе*)
single ~ однокристальная ИС
single-crystal ~ ИС на монокристалле
sixteen-bit ~ 16-разрядная ИС (*напр. процессора*)
sixty-four-bit ~ 64-разрядная ИС (*напр. процессора*)
sound ~ ИС для звуковых карт
supervisory ~ ИС супервизора
support ~ поддерживающая ИС (*для микропроцессоров*)
telephone ~ ИС для телефонной аппаратуры
thirty-two-bit ~ 32-разрядная ИС (*напр. процессора*)
transistor ~ ИС с транзисторами
transmitter ~ ИС передатчика
unpacked ~ бескорпусная ИС
Viterbi-decoder ~ ИС декодера Витерби
Viterbi-encoder ~ ИС кодера Витерби
VLSI ~ кристалл СБИС
watch ~ ИС для электронных часов

chipping 1. монтаж кристаллов (*ИС*) 2. обкалывание; скалывание (*кристалла*)
edge ~ обкалывание по периферии
flip ~ монтаж методом перевёрнутого кристалла
peripheral ~ обкалывание по периферии

chipset 1. набор кристаллов, набор микросхем, *проф.* чипсет 2. набор формирующих функциональный блок компьютера ИС (*на материнской плате*), *проф.* чипсет

chipspeech ИС цифрового кодера речи
chiral киральный, хиральный
chirality киральность, хиральность
bubble ~ киральность [хиральность] ЦМД
symmetry ~ киральность [хиральность] симметрии

chirp 1. радиоимпульс с линейной частотной модуляцией, ЛЧМ-импульс; радиоимпульс с частотной модуляцией, ЧМ-импульс ‖ использовать внутриимпульсную линейную частотную модуляцию; использовать внутриимпульсную частотную модуляцию 2. метод сжатия импульсов с использованием линейной частотной модуляции 3. паразитная частотная модуляция несущей (*при работе в телеграфном режиме*)
discrete ~ радиоимпульс с дискретной частотной модуляцией
down ~ частотно-модулированный радиоимпульс с линейным уменьшением частоты
keying ~ 1. паразитная частотная модуляция несущей при работе в телеграфном режиме 2. щелчок при работе телеграфным ключом
linear ~ радиоимпульс с линейной частотной модуляцией, ЛЧМ-импульс
up ~ частотно-модулированный радиоимпульс с линейным увеличением частоты

chirping 1. использование внутриимпульсной линейной частотной модуляции; использование внутриимпульсной частотной модуляции 2. звук высокого тона с изменяющейся частотой (*прослушиваемый при радиоприёме из-за нестабильности передатчика или приемника*)

chisel 1. инструмент с торцевой клинообразной режущей кромкой (*долото; стамеска; зубило*) 2. клинообразный инструмент (*для термокомпрессии*) 3. резец (*рекордера*)
cutting ~ резец рекордера

chi-square *вчт* 1. хи-квадрат, величина χ^2 2. критерий хи-квадрат, χ^2-критерий

chlorofluorocarbon *микр.* хлорфторугле(водо)род

choice 1. выбор; отбор; альтернатива 2. *вчт* пункт меню
binary ~ парный выбор
discrete ~ дискретный выбор
dichotomous ~ дихотомический выбор
forced ~ принудительный выбор
model ~ выбор модели
multiple ~ множественный выбор
pairwise ~ парный выбор
random ~ случайный выбор

choir *вчт* 1. хор ‖ хоровой 2. хоровое пение; хоровое исполнение ‖ петь хором; исполнять хором 3. хоровой звук, звук хорового пения 4. хоры

choke 1. (электрический) дроссель 2. дроссель; дроссельная канавка (*в волноводах*) 3. *вчт проф.* отказ в приёме вводимой информации ‖ отказывать в приёме вводимой информации (*о компьютере*)
audio-frequency ~ низкочастотный дроссель
broad-band ~ широкополосный дроссель
cable ~ кабельный дроссель
charging ~ зарядный дроссель
constant-inductance ~ широкополосный дроссель
decoupling ~ развязывающий дроссель
discharging ~ разрядный дроссель
filter ~ дроссель сглаживающего фильтра, сглаживающий дроссель
gap ~ дроссель с незамкнутым сердечником
high-frequency ~ высокочастотный [ВЧ-] дроссель
inductance ~ (электрический) дроссель
iron-coil ~ насыщающийся (электрический) реактор
iron-core ~ дроссель с железным сердечником
low-frequency ~ низкочастотный [НЧ-] дроссель
quarter-wave ~ четвертьволновый дроссель
radio-frequency ~ высокочастотный [ВЧ-]дроссель
resonant charging ~ резонансный зарядный дроссель
smoothing ~ дроссель сглаживающего фильтра, сглаживающий дроссель
supply ~ дроссель источника питания
swinging ~ насыщающийся (электрический) реактор

choking *вчт* 1. *проф.* отказ в приёме вводимой информации (*о компьютере*) 2. устранение пробелов между областями различного цвета за счёт расширения области, соседствующей с выбранной (*при многоцветной печати*), *проф.* внутренний треппинг

cholesteric холестерик, холестерический жидкий кристалл (*хиральный нематик*) || холестерический

choose выбирать

chooser *вчт* утилита выбора драйверов принтеров и сетевых устройств (*для локальной сети на базе компьютеров фирмы Apple*)

choosing выбор
  icons for programs ~ выбор пиктограмм для программ
  items ~ **with the mouse** выбор элементов с помощью мыши

chop 1. (об)рубка; (на)резка; (об)резка || рубить; обрубать; (на)резать; обрезать 2. амплитудное ограничение || ограничивать амплитуду 3. *вчт* избавление от ненужных данных || избавляться от ненужных данных 4. (резкое) изменение; (быстрые) колебания || (резко) изменяться; совершать (быстрые) колебания 5. *вчт* оператор канала, привилегированный пользователь канала (*в системе IRC*)
  binary ~ дихотомический поиск

chopper 1. рубящий *или* режущий инструмент 2. прерыватель 3. *тлг* манипулятор 4. обтюратор; модулятор света, оптический модулятор 5. модулятор (*УПТ*) 6. вибропреобразователь 7. инвертор (*устройство преобразования постоянного тока в переменный*) 8. вертолёт
  dc ~ 1. прерыватель постоянного тока 2. модулятор УПТ
  electromechanical ~ 1. электромеханический прерыватель 2. вибропреобразователь
  Jones ~ автотрансформаторный инвертор на однооперационных триодных тиристорах
  light ~ обтюратор; модулятор света, оптический модулятор
  optical ~ обтюратор: модулятор света, оптический модулятор
  output ~ демодулятор (*УПТ*)
  peak ~ амплитудный ограничитель
  sinusoidal radiation ~ модулятор света [оптический модулятор] с синусоидальной модуляцией потока
  thyristor ~ тиристорный инвертор
  transistor ~ транзисторный инвертор

chopping 1. (об)рубка; (на)резка; (об)резка 2. амплитудное ограничение 3. *вчт* избавление от ненужных данных 4. (резкое) изменение; (быстрые) колебания
  speech ~ амплитудное ограничение речи

chord 1. хорда 2. аккорд
  arc ~ хорда дуги
  focal ~ фокальная хорда

chore повседневная *или* рутинная работа
  testing ~ ежедневный контроль

Chorus распределённая операционная система Chorus (*разработки INRIA*)

chorus 1. утренние хоры (*разновидность атмосферных помех*) 2. хор (*1. певческий коллектив 2. музыкальное произведение для хорового исполнения*) 3. эффект хорового исполнения, хоровой эффект, *проф.* хорус (*в компьютерной музыке*)
  dawn ~ утренние хоры

chroma 1. насыщенность цвета 2. цветность 3. сигнал цветности 4. цветоразностный сигнал
  Munsell ~ насыщенность цвета в системе. Манселла

chromakey *тлв* цветовая электронная рирпроекция || осуществлять цветовую электронную рирпроекцию
  moving ~ следящая цветовая электронная рирпроекция
  shadow ~ следящая цветовая электронная рирпроекция с тенями

chromakeyer *тлв* блок цветовой электронной рирпроекции
  analog ~ блок аналоговой цветовой электронной рир-проекции
  digital ~ блок цифровой цветовой электронной рир-проекции

chromakeying *тлв* цветовая электронная рир-проекция

chromatic хроматический

chromaticity цветность
  complementary ~ дополнительная цветность
  reference-white ~ *тлв* цветность опорного белого
  zero-subcarrier ~ *тлв* цветность, соответствующая нулевому значению поднесущей

chromaticness 1. ощущение цветности 2. цветовой тон и насыщенность цвета

chromatics наука о цвете

chromatogram хроматограмма
  characteristic ~ характеристическая хроматограмма
  reference ~ эталонная хроматограмма

chromatograph хроматограф
  general-purpose ~ универсальный хроматограф
  ion ~ ионный хроматограф

chromatography хроматография
  adsorption ~ адсорбционная хроматография
  high-speed ~ высокоскоростная хроматография
  ion-exchange ~ ионообменная хроматография
  molecular ~ молекулярная хроматография
  multidimensional ~ многомерная хроматография

chromaton *тлв* хроматрон с малым экраном

chromatron *тлв* хроматрон
  Lawrence ~ хроматрон

chromel хромель (*хромоникелевый сплав для изготовления термопар*)

chrominance 1. вектор цветности 2. цветность 3. сигнал цветности 4. цветоразностный сигнал

chromodynamics хромодинамика
  quantum ~ квантовая хромодинамика

chromophore *кв.эл.* хромофора
  dye ~ хромофора красителя
  polarizable ~ поляризующаяся хромофора

chromoscope 1. *тлв* хроматрон 2. колориметр-яркомер

chromosome *вчт, биол.* хромосома

chromosphere хромосфера

chronaxie *биол.* хронаксия

chronistor прибор, фиксирующий время работы аппаратуры

chronoamperometry хроноамперометрия

chronobiology хронобиология

chronocomparator хронокомпаратор

chronocoulometry хронокуло(но)метрия

chronogram хронограмма

chronograph 1. хронограф 2. хроноскоп
  electric ~ электрический хронограф
  fuze ~ хронограф для контроля радиовзрывателя
  radar ~ радиолокационная система для измерения скорости снаряда

chronology 1. хронология (*1. наука об измерении времени 2. временная последовательность событий*) **2.** хронологическая запись (*напр. событий*)
chronometer хронометр
  electronic ~ электронный хронометр
chronopher формирователь сигналов времени
chronometry хронометрия
chronopotentiometry хронопотенциометрия
chronoscope хроноскоп
chronotron 1. прибор для измерения пикосекундных интервалов времени **2.** прибор для измерения времени задержки между импульсами в линии передачи
chuck 1. патрон; оправка; держатель; зажимное устройство **2.** иглодержатель (*в проигрывателе грампластинок*)
  clamping ~ зажимной патрон
  electrostatic ~ электростатический держатель
  magnetic ~ магнитный держатель
  vacuum ~ вакуумный держатель
  water-cooled ~ водоохлаждаемый держатель
chunking прерывистый глухой звук (*напр. от работающего оборудования*) ◊ ~ **along** вчт проф. «пыхтенье» (*о работе надёжной, но медленной программы*)
churning вчт проф. перегрузка (*напр. виртуальной памяти при свопинге*); переполнение (*напр. буферов*)
cifax система «Сифакс», система шифрованной факсимильной связи
cinch затягивать; туго охватывать
cinching затяжка (*напр. магнитной ленты*); тугой охват
cine 1. кинофильм **2.** кинотеатр
cineast(e) режиссёр *или* постановщик кинофильма
cinecamera киносъёмочный аппарат, кинокамера
cineholography 1. киноголография **2.** голографическая киносъёмка
cineholomicroscopy голографическая микрокиносъёмка
cinema 1. кинематография **2.** кинотеатр
  D ~ *см.* **digital cinema**
  digital ~ цифровая кинематография
  electronic ~ электронный кинематограф
cinematheque кинотеатр повторного фильма
cinematograph 1. кинематограф **2.** кинопроекционный *или* киносъёмочный аппарат
cinematographer 1. кинематографист **2.** кинооператор
cinematographic кинематографический
cinematography кинематография
  holographic ~ голографическая кинематография
  process ~ комбинированная киносъёмка методом рирпроекции
cinemicrograph микрофильм
cinemicrography микрофильмирование; микрокиносъёмка
cipher 1. шифр || шифровать **2.** ключ к шифру **3.** (арабская) цифра || представлять в цифровом виде; *проф.* оцифровывать **4.** вычислять **5.** комбинация букв (*напр. инициалы*) **6.** нуль
  additive ~ аддитивный шифр
  asymmetric ~ асимметричный [двухключевой] шифр, шифр с открытым ключом
  authenticating block ~ блочный шифр с аутентификационными полями
  back-door ~ шифр с функцией-ловушкой
  block ~ блочный шифр
  breakable ~ несовершенный шифр, не абсолютно стойкий шифр
  broken ~ раскрытый шифр, *проф.* взломанный шифр
  Caesar ~ шифр (Юлия) Цезаря, шифр с циклическим сдвигом букв в алфавите на N позиций
  codebook(-style) ~ шифр типа «кодовая книга»
  conceptually different ~s концептуально различные шифры
  conventional ~ шифр с секретным ключом, симметричный шифр
  cylinder ~ цилиндрический шифр
  Diffie-Hellman ~ шифр Диффи — Хеллмана
  dynamic ~ динамический шифр
  dynamically-keyed block ~ блочный шифр с динамически изменяемым ключом
  dynamic-transposition block ~ блочный шифр с динамическими перестановками
  exclusive OR stream ~ потоковый шифр с использованием операции исключающее ИЛИ
  Feistel ~ шифр Файстеля
  full-size ~ полноразмерный шифр
  gamming ~ шифр гаммирования
  general stream ~ общий потоковый шифр
  homomorphic block ~ гомоморфный блочный шифр
  homophonic ~ омофонический шифр (*с шифрованием одного и того же символа открытого текста разными символами из некоторого набора*)
  iterative ~ итерационный шифр
  meta~ меташифр
  mixing ~ блочный шифр со смешиванием блоков
  monoalphabetic ~ моноалфавитный шифр
  monographic ~ монографический шифр, шифр с посимвольным шифрованием открытого текста
  permutation ~ шифр перестановки
  Playfair ~ шифр Плейфейера
  polyalphabetic ~ полиалфавитный шифр
  polygraphic ~ полиграфический шифр, шифр с групповым шифрованием символов открытого текста
  polyphonic ~ полифонический шифр (*с шифрованием разных символов открытого текста одним и тем же символом*)
  product ~ **1.** производный шифр **2.** составной шифр
  public-key ~ шифр с открытым ключом, асимметричный [двухключевой] шифр
  running-key ~ шифр с бегущим ключом
  scalable ~ масштабируемый шифр
  secret ~ секретный шифр
  secret key ~ шифр с секретным ключом, симметричный шифр
  self-synchronizing ~ шифр с самосинхронизацией
  S-P ~ *см.* **substitution-permutation cipher**
  stream ~ потоковый шифр
  stream-generator ~ шифр типа «генератор потока»
  stream meta~ потоковый меташифр
  strong ~ криптостойкий шифр с высокой секретностью
  substitution ~ шифр подстановки
  substitution-permutation ~ шифр подстановки с перестановкой

symmetric ~ симметричный шифр, шифр с секретным ключом
transposition ~ шифр перестановки
two-key ~ двухключевой [асимметричный] шифр, шифр с открытым ключом
unbreakable ~ абсолютно стойкий шифр
variable size block ~ блочный шифр с динамически изменяемым размером блоков
cipherer 1. шифратор **2.** шифровальщик
ciphering 1. использование шифра, шифрование и дешифрование **2.** представление в цифровом виде; *проф.* оцифровка **3.** вычисления
  block ~ использование блочного шифра, блочное шифрование и дешифрование
  stream ~ использование потокового шифра, потоковое шифрование и дешифрование
  triple ~ трёхкратное использование шифра *или* (различных) шифров
ciphertext шифрованный текст, шифротекст
  enciphered ~ повторно зашифрованный шифротекст
ciphony шифрованная телефонная связь *или* радиосвязь
circadian циркадный, (около)суточный (*напр. о биоритме*)
circannual циркани(уальн)ый, (около)годичный (*напр. о биоритме*)
circarhythm циркаритм (*биологический ритм с периодом, близким к солнечным или лунным суткам, лунному месяцу или астрономическому году*)
circle 1. круг || обводить кружком **2.** окружность **3.** круговое движение, движение по окружности || совершать круговое движение, двигаться по окружности **4.** цикл **5.** параллель; широта
  ~ of confusion круг [кружок] рассеяния (*изображения точки*)
  ~ of marginal legibility круг предельной различимости
  altitude ~ светлый ореол вокруг центра экрана ИКО (*обусловленный мешающими отражениями от земной поверхности*)
  blur ~ круг [кружок] рассеяния (*изображения точки*)
  circumscribed ~ описанная (*напр. вокруг многоугольника*) окружность
  definition ~ окружность постоянных значений КСВ (*на круговой диаграмме полных сопротивлений*)
  eccentric ~ заключительная эксцентрическая канавка записи
  feed ~ окружность вращения облучателя (*антенны*)
  guard ~ защитная концентрическая канавка записи
  hour ~ круг склонений (*в экваториальной системе координат*)
  inscribed ~ вписанная (*напр. в многоугольник*) окружность
  parametrized ~ параметризованная окружность
  range ~ *рлк* метка дальности в форме окружности
  tangential ~ касательная окружность
  unit ~ окружность единичного радиуса
  vertical ~ вертикал (*небесной сферы*)
  vicious ~ 1. круг в доказательстве (*логическая ошибка*) **2.** порочный круг
circlotron регенеративно-усилительный магнетрон, РУМ

circuit 1. схема; цепь; контур **2.** канал; линия; тракт **3.** *тлф* шлейф **4.** цикл (*графа*) **5.** круговое движение, движение по окружности || совершать круговое движение, двигаться по окружности
~ of graph цикл графа
2D ~ 1. плоская [двумерная] схема **2.** тонкоплёночная ИС
3D ~ объёмная [трёхмерная] схема
absorbing [absorption] ~ поглощающая цепь; поглощающий контур
ac ~ цепь переменного тока
acceptor ~ резонансный контур
adaptive logic ~ адаптивная логическая схема
additive printed ~ печатная плата, изготовленная по аддитивной технологии
adjustable threshold logic ~ логическая схема с регулируемым пороговым уровнем
aerial ~ 1. воздушная линия **2.** антенный контур
alive ~ схема, подключенная к источнику питания
alumin(i)um-gate MOS integrated ~ ИС на МОП-структурах с алюминиевыми затворами
AM detecting ~ схема детектирования АМ-сигналов
analog ~ 1. аналоговая схема **2.** эквивалентная схема
ancillary ~ служебная линия
AND ~ логическая схема И
anode ~ анодная цепь; анодный контур
antenna ~ антенный контур
anticlutter ~ схема подавления сигналов, обусловленных мешающими отражениями
anticoincidence ~ схема антисовпадения; *вчт* схема несовпадения
antihunt ~ схема стабилизации, схема демпфирования (*в следящих системах*)
antijamming ~ схема защиты от активных преднамеренных радиопомех
anti-Karp ~ периодическая замедляющая система на Т-образном волноводе
antiresonance [antiresonant] ~ параллельный резонансный контур
antisidetone ~ *тлф* противоместная схема
aperiodic ~ апериодическая цепь; апериодический контур
application-specific integrated ~ 1. специализированная ИС (*на основе стандартных матриц логических элементов*) **2.** технология создания специализированных ИС на основе стандартных матриц логических элементов, ASIC-технология
approved ~ канал, удовлетворяющий техническим условиям передачи информации в виде открытого текста
array integrated ~ матричная ИС
astable ~ 1. неустойчивая схема **2.** автоколебательная схема
autodyne ~ автодинная схема
automatic start ~ 1. схема с автоматическим запуском **2.** цепь автоматического запуска записи (*в факсимильной связи*)
averaging ~ схема усреднения
azimuth-sweep ~ схема азимутальной развёртки
back-plate ~ цепь сигнальной пластины (*запоминающей ЭЛТ*)
back-to-back ~ схема со встречно-параллельным включением (*ламп или полупроводниковых приборов*)

circuit

balanced ~ 1. уравновешенная схема 2. симметричная схема
base-line marker ~ *рлк* схема отметки начала отсчёта на линии развёртки
basic ~ принципиальная схема
beta (feedback) ~ цепь обратной связи (*в петле обратной связи*)
bias ~ цепь смещения
bidirectional clamping ~ биполярная схема фиксации уровня
bilateral ~ 1. двунаправленная схема 2. канал связи с раздельным обслуживанием на оконечных пунктах
bipolar ~ 1. биполярная схема 2. ИС на биполярных транзисторах, биполярная ИС
bipolar integrated ~ ИС на биполярных транзисторах, биполярная ИС
bistable ~ бистабильная схема
bistable multivibrator ~ схема бистабильного мультивибратора
black-level restoring ~ *тлв* схема восстановления уровня чёрного
black-level setting ~ *тлв* схема установки уровня чёрного
black stretch ~ *тлв* схема растягивания сигнала в области чёрного
blanking ~ схема гашения (*луча кинескопа*)
bootstrap ~ 1. цепь компенсационной обратной связи 2. однокаскадный усилитель с компенсационной обратной связью
bound ~ амплитудный ограничитель
boxcar ~ накопитель [схема дискретизации с запоминанием отсчётов] с набором узкополосных фильтров
branch(ed) ~ параллельная [шунтирующая] цепь; шунт
bridge ~ 1. мостовая схема, мост 2. двухполупериодная схема (*выпрямителя*)
bridged ~ параллельная [шунтирующая] цепь; шунт
broken ~ разомкнутая цепь
bubble ~ схема на ЦМД
bubble(-domain) annihilation ~ схема аннигиляции ЦМД
bubble(-domain) detection ~ схема детектирования [регистрации] ЦМД
bubble(-domain) propagation ~ схема продвижения ЦМД
bubble(-domain) replication ~ схема расщепления [деления] ЦМД
bubble(-domain) stretching ~ схема растягивания [расширения] ЦМД
bubble(-domain) switching ~ схема коммутации [переключения] ЦМД
bucket-brigade ~ схема на ПЗС типа «пожарная цепочка»
buffer ~ буферная схема; разделительная схема
building-out ~ подстроечная схема; согласующая схема
built-up ~ *тлф* транзитная цепь
bulk-effect integrated ~ ИС на приборах с объёмным эффектом
butterfly (tank) ~ (резонансный) контур типа «бабочка»
calibrating ~ схема калибровки
call ~ *тлф* вызывная цепь

capacitive differentiator ~ дифференцирующая резистивно-ёмкостная цепь, дифференцирующая RC-цепь
capacitive oscillatory ~ ёмкостная трёхточечная схема генератора
cathode ~ катодная цепь; катодный контур
central-battery ~ *тлф* цепь центральной батареи, цепь ЦБ
ceramic printed ~ печатная схема на керамической плате
charge-coupled device integrated ~ ИС на ПЗС
chemically-assembled integrated ~ ИС с химической сборкой
chemically deposited printed ~ печатная схема, полученная методом химического осаждения
chemically reduced printed ~ печатная схема, полученная методом химического восстановления
chevron bubble(-domain) propagation ~ шевронная схема продвижения ЦМД
chip integrated ~ бескорпусная ИС
cholesteric ~ *крист.* холестерическая спираль (*в хиральном нематике*)
chopping ~ схема прерывания; цепь прерывания
chrominance matrix ~ *тлв* матричная схема формирования сигнала цветности
chrominance separation [chrominance take-off] ~ *тлв* схема выделения сигнала цветности
clamping ~ 1. схема фиксации уровня, фиксатор уровня 2. *тлв* схема восстановления постоянной составляющей, схема ВПС
clamp-on ~ *тлф* схема закрепления вызова
clipping ~ схема одностороннего ограничения
clock(ed) ~ 1. тактируемая схема 2. схема синхронизации
closed ~ замкнутая цепь; замкнутый контур
close-coupled ~s 1. сильно связанные резонансные контуры, резонансные контуры с сильной [сверхкритической] связью 2. короткозамкнутая и разомкнутая цепи с непосредственной связью
closed magnetic ~ замкнутая магнитная. цепь
CMOS integrated ~ *см.* complementary (symmetry) MOS integrated circuit
coaxial ~ 1. коаксиальный контур 2. коаксиальная линия передачи
coincidence ~ логическая схема И, схема совпадения
collector ~ цепь коллектора
collector-diffusion isolated integrated ~ ИС с изоляцией методом коллекторной диффузии
color-balance ~ *тлв* схема цветового баланса
color-indexing ~ *тлв* схема фазирования цветов в индексном кинескопе
color-killer ~ *тлв* схема выключения канала цветности
color processing ~ *тлв* схема формирования сигнала цветности
color purity ~ *тлв* схема регулировки чистоты цвета
Colpitts oscillatory ~ ёмкостная трёхточечная схема генератора
combinational [combinatorial] ~ комбинационная схема
combiner ~ объединитель, схема объединения
common-base ~ схема с общей базой
common-battery ~ *тлф* цепь центральной батареи, цепь ЦБ

common-cathode ~ схема с общим катодом
common-collector ~ схема с общим коллектором
common-drain ~ схема с общим стоком
common-emitter ~ схема с общим эмиттером
common-gate ~ схема с общим затвором
common-grid ~ схема с общей сеткой
common-source ~ схема с общим истоком
common-use ~ канал общего пользования
compander ~ схема компандирования, компандер
comparator [comparison] ~ схема сравнения, компаратор
compatible ~ совместимая схема
compensating ~ 1. схема компенсации; схема коррекции; цепь компенсации; цепь коррекции 2. цепь компенсации обратной связи 3. компенсатор радиопеленгатора
complementary ~ комплементарная [дополняющая] схема
complementary-output ~ логическая схема с дополняющими выходами
complementary symmetry ~ комплементарная [дополняющая] схема
complementary symmetry MOS integrated ~ ИС на комплементарных МОП-структурах, ИС на КМОП-структурах, КМОП ИС
composite ~ телефонно-телеграфный канал
compound ~ схема с последовательным включением потребителей тока и источников напряжения
compression ~ схема компрессии, компрессор
computer ~s (электронные) схемы для компьютерной техники
conference ~ *тлф* цепь конференц-связи; цепь циркулярной связи
consumer integrated ~ ИС для бытовой аппаратуры
contiguous-disk bubble(-domain) propagation ~ схема продвижения ЦМД на соприкасающихся дисках
control ~ 1. схема управления; цепь управления 2. *pl* устройство управления; блок управления
controller ~ канал связи между операторами станций ПВО
convergence ~ *тлв* схема сведения лучей
cord ~ *тлф* шнуровая цепь; шнуровая пара
core-diode ~ феррит-диодная схема
core-transistor ~ феррит-транзисторная схема
correction input ~ схема ввода поправок
COSMOS ~ *см.* complementary-symmetry MOS integrated circuit
countdown ~s схемы, связанные с бортовым оборудованием ракеты через отрывной кабель
counter ~ счётная схема
counter timer ~ схема счётчика времени; счётчик-таймер
counting ~ счётная схема
coupled ~s связанные контуры
cross-control ~ схема компандирования с управлением экспандером от компрессора
crossed-waveguide ~ система из двух скрещенных волноводов, волноводный крест
crosspoint integrated ~ ИС координатного переключателя
cryotron ~ криотронная схема, схема на криотронах

cue ~ 1. *вчт* однонаправленная схема для передачи контрольной информации 2. режиссёрский канал
current-access bubble ~ схема на ЦМД с токовым доступом
current-feedback ~ цепь обратной связи по току
current-limited ~ цепь ограничения тока
current-source equivalent ~ эквивалентная схема с источником тока
custom ~ заказная схема
customer-specific integrated ~ 1. специализированная ИС (*на основе стандартных матриц логических элементов*) 2. технология создания специализированных ИС на основе стандартных матриц логических элементов, ASIC-технология
custom-wired integrated ~ ИС с заказной разводкой
cutoff ~ запертая схема
damping ~ демпфирующая цепь
dash ~ *тлг* цепь образования тире
data ~ канал передачи данных
dc ~ цепь постоянного тока
dc restoration ~ *тлв* схема восстановления постоянной составляющей, схема ВПС
dead-on-arrival integrated ~ ИС, вышедшая из строя до использования
decision ~ решающая схема
decision making ~ схема принятия решения
decoupling ~ развязывающая цепь
dedicated integrated ~ специализированная ИС
deep-submicron integrated ~ ИС с зазором между элементами менее 0,1 мкм
degenerative ~ схема с отрицательной обратной связью
delay ~ 1. схема задержки 2. линия задержки
delay-insensitive ~ схема, не чувствительная к задержке (*сигнала*)
delay-sensitive ~ схема, чувствительная к задержке (*сигнала*)
delta ~ схема соединения треугольником
demultiplexing ~ схема разуплотнения каналов
deposited integrated ~ ИС, изготовленная методом осаждения
derived ~ параллельная [шунтирующая] цепь
despiker [despiking] ~ схема сглаживания выброса на фронте импульса (*магнетрона*)
detector ~ схема детектирования
detuned ~ ненастроенная схема; расстроенная схема; расстроенный контур
dial toll ~ междугородная линия связи
dial-up ~ коммутируемый канал
diamond ~ 1. мостовая выпрямительная схема 2. логическая схема с линейной передаточной характеристикой в состоянии «включено» и с идеальной развязкой между входом и выходом в состоянии «выключено»
die integrated ~ бескорпусная ИС
dielectric isolated integrated ~ ИС с диэлектрической изоляцией
differential-frequency ~ схема с выходом на разностной частоте
differentiating ~ дифференцирующая схема; дифференцирующая цепь
diffused-isolation integrated ~ ИС с изоляцией методом диффузии
digital ~ 1. цифровая схема 2. цифровой канал
digital integrated ~ цифровая ИС

circuit

digital logic ~ цифровая логическая схема
diode (array) integrated ~ ИС с диодной матрицей
diode-coupled ~ схема с диодной связью
diplex ~ диплексная схема (*для одновременного приёма или передачи двух сигналов*)
direct-coupled ~ схема с непосредственной связью
direct international ~ прямая международная линия связи
direct transit international ~ прямая транзитная международная линия связи
direct-wire ~ однопроводная схема защитной сигнализации
discharge ~ разрядная цепь; цепь разряда
discrete(-component) ~ схема на дискретных компонентах
disjunction ~ логическая схема (включающее) ИЛИ
distributed-element ~ схема с распределёнными параметрами
divided ~ разветвлённая цепь
dividing ~ схема деления
Doppler tracking ~ схема отслеживания доплеровской частоты
dot ~ *тлг* цепь образования точек
double-coincidence ~ схема двойных совпадений
double-ended cord ~ *тлф* шнуровая цепь; шнуровая пара
double-ridge easitron [double-ridge Karp] ~ периодическая замедляющая система на Н-образном волноводе
double-sided ~ двухсторонняя печатная схема
double-tuned ~ 1. схема с настройкой двумя элементами, схема с двойной настройкой 2. сильно связанные резонансные контуры, резонансные контуры с сильной [сверхкритической] связью
down-scaled integrated ~ масштабированная ИС
driven ~ возбуждаемая схема; ведомая схема
dry ~ 1. схема с рабочим напряжением менее 3 мВ и рабочим током менее 200 мА 2. речевой канал без источника питания
dry-processed integrated ~ ИС, изготовленная по сухой технологии (*без применения жидких реактивов*)
DTF – *см.* dynamic-track following circuit
dual-in-line integrated ~ ИС в плоском корпусе с двухрядным расположением выводов (*перпендикулярных плоскости корпуса*), ИС в DIP-корпусе
duplex ~ дуплексный [одновременный двухсторонний] канал
duplicated ~ схема с резервированием
dynamic-convergence ~ *тлв* схема динамического сведения лучей
dynamic-focus ~ *тлв* схема динамической фокусировки
dynamic-track following ~ схема автотрекинга (*видеомагнитофона*)
earth(ed) ~ схема заземления; цепь заземления
E-beam litho ~ ИС, изготовленная методом электронно-лучевой литографии
EC ~ *см.* emitter-coupled circuit
Eccles-Jordan ~ бистабильный мультивибратор
EITHER-OR ~ логическая схема включающее ИЛИ
electric ~ электрическая схема; электрическая цепь

electronic ~ электронная схема
elevated-electrode integrated ~ ИС с выступающими электродами
embossed-foil printed ~ печатная схема с фольговой металлизацией
emitter-coupled ~ схема с эмиттерной связью
emitter-follower logic integrated ~ логическая ИС на эмиттерных повторителях, ИС на ЭПЛ, ЭПЛ ИС
engineering ~ канал служебной связи
epitaxial ~ ИС, изготовленная методом эпитаксии, эпитаксиальная ИС
epitaxial passivated integrated ~ *микр.* эпик-процесс
equalization ~ 1. схема (активного) формирования амплитудно-частотной характеристики; схема коррекции амплитудно-частотной характеристики; схема выравнивания амплитудно-частотной характеристики; схема введения частотных предыскажений и коррекция (*в звукозаписи и звуковоспроизведении*) 2. *вчт, тлв* схема (активного) формирования передаточной характеристики; схема коррекция цветопередачи (*при формировании изображений*) 3. схема коррекции (*для устранения частотной зависимости параметров устройства или линии связи*) 4. схема уравнивания; схема выравнивания 5. схема компенсации
equivalent ~ эквивалентная схема; схема замещения
equivalent integrated ~ эквивалентная ИС (*единица измерения степени интеграции СБИС*)
etched printed ~ печатная схема, изготовленная методом травления
evaporated ~ схема, изготовленная методом напыления
exclusive OR ~ логическая схема исключающее ИЛИ
expanded-sweep ~ схема растягивания развёртки
expander ~ схема экспандирования, экспандер
external ~ цепь нагрузки источника питания
external magnetic ~ внешняя магнитная цепь
extra LSI ~ ИС со степенью интеграции выше сверхвысокой
face-down integrated ~ ИС, смонтированная методом перевёрнутого кристалла
fail-safe ~ отказоустойчивая схема
fallback ~ резервная цепь
fan-in ~ схема объединения по входу
fan-out ~ схема разветвления по выходу
fast time-constant ~ 1. схема с малой постоянной времени *рлк* 2. селектор импульсов малой длительности (*для устранения сигналов, обусловленных мешающими отражениями*) 3. дифференцирующая схема с малой постоянной времени (*для защиты от активных преднамеренных радиопомех*)
feed ~ схема возбуждения; схема питания; цепь возбуждения; цепь питания
feedback ~ цепь обратной связи
ferrite-diode ~ феррит-диодная схема
ferrite-transistor ~ феррит-транзисторная схема
ferroresonant ~ феррорезонансная схема
field-access bubble ~ схема на ЦМД с доступом (магнитным) полем
field-programmable integrated ~ программируемая (пользователем) ИС; ИС с эксплуатационным программированием
filament ~ цепь накала

film integrated ~ плёночная ИС
fine-line [fine-pattern] integrated ~ ИС с элементами уменьшенных размеров
flat-pack integrated ~ ИС в плоском корпусе с копланарным расположением выводов
flexible printed ~ 1. гибкая печатная плата **2.** технология изготовления гибких печатных плат
flip-chip integrated ~ ИС, смонтированная методом перевёрнутого кристалла
flip-flop ~ 1. триггерная схема; триггер **2.** бистабильный мультивибратор
flux transfer ~ *свпр* трансформатор потока
flywheel ~ *тлв* схема инерционной синхронизации
forced coupled ~s связанные контуры в режиме вынужденных колебаний
forked ~ разветвленная цепь
four-wire ~ четырёхпроводная линия
frame-grounding ~ цепь заземления на корпус
frame-scanning ~ *тлв* схема кадровой развёртки
free [freely oscillating] coupled ~s связанные контуры в режиме собственных колебаний
free-running ~ схема без внешней синхронизации
frequency-changing ~ схема преобразования частоты, преобразователь частоты
full-wave ~ двухполупериодная схема (*выпрямителя*)
fully integrated ~ монолитная ИС
function ~ функциональная схема
ganged ~s резонансные контуры с одноручечной настройкой
gate ~ стробируемая схема; стробируемая цепь
gate equivalent ~ схема, эквивалентная логическому элементу (*условная единица измерения степени интеграции цифровых ИС*)
g equivalent ~ схема замещения в g-параметрах
Giacoletto ~ схема замещения Джиаколетто, гибридная П-образная физическая схема замещения (*транзистора*)
Goto-pair ~ схема на паре Гото
grid ~ сеточная цепь; сеточный контур
grounded ~ заземлённая схема
grounded-base ~ схема с общей базой
grounded-collector ~ схема с общим коллектором
grounded-emitter схема с общим эмиттером
grounded-grid ~ схема с общей сеткой
ground-return ~ цепь с замыканием через землю; цепь с замыканием через корпус
grouping ~ групповой тракт
guard-ring isolated monolithic integrated ~ монолитная ИС с изоляцией компонентов охранным кольцом
Gunn-effect ~ схема на приборах Ганна
half-phantom ~ несимметричная искусственная линия связи
half-wave ~ однополупериодная схема (*выпрямителя*)
Hamilton ~ гамильтонов цикл (*графа*)
hardened ~ схема с повышенной радиационной стойкостью
Hartley oscillatory ~ индуктивная трёхточечная схема генератора
Hazeltine neutralizing ~ схема нейтрализации обратной связи в УВЧ с помощью автотрансформаторного включения нагрузки и дополнительной ёмкости

head ~ *тлф* цепь гарнитуры оператора
heater ~ цепь подогревателя (*катода*)
h equivalent ~ *пп* схема замещения в h-параметрах
high-temperature superconductor integrated ~ ИС на высокотемпературных сверхпроводниках
holding ~ 1. схема блокировки; цепь блокировки **2.** *тлф* контрольная цепь
horizontal-deflection ~ 1. схема горизонтального отклонения **2.** *тлв* схема строчной развёртки
horizontal scanning [horizontal sync] ~1. схема горизонтальной развёртки **2.** *тлв* схема строчной развёртки
hotline ~ линия прямого вызова, «горячая линия»
hybrid ~ 1. гибридная схема **2.** гибридная ИС, ГИС **3.** многокристальная ИС **4.** *тлф* дифференциальная система, дифсистема
hybrid integrated ~ гибридная ИС, ГИС
hybrid thin-film (integrated) ~ тонкоплёночная гибридная ИС, тонкоплёночная ГИС
hybrid-type ~ 1. гибридная схема **2.** многокристальная ИС
hybrid pi equivalent ~ схема замещения Джиаколетто, гибридная П-образная физическая схема замещения (*транзистора*)
ideal-transformer equivalent ~ эквивалентная схема в виде идеального трансформатора
identification ~ схема опознавания
idler ~ холостой контур
ignition ~ цепь зажигания
I^2L ~ *см.* **integrated injection logic circuit**
image ~ холостой контур
impulsing ~ контур ударного возбуждения
inclusive NOR ~ логическая схема (включающее) ИЛИ НЕ
inclusive OR ~ логическая схема (включающее) ИЛИ
incoming ~ *тлф* входящая цепь
individually wired ~ схема с индивидуальным монтажом элементов
inductance-capacitance coupling ~ схема с дроссельным выходом
inductive ~ индуктивная цепь
inductive differentiator ~ дифференцирующая индуктивно-резистивная цепь, дифференцирующая LR-цепь
inductively coupled ~ контур с индуктивной связью
inductive oscillatory ~ индуктивная трёхточечная схема генератора
injection ~ схема связи с гетеродином (*в смесителе*)
injection integrated ~ логическая ИС с инжекционным питанием, И²Л-схема
input ~ входная схема; входная цепь; входной контур
inquiry ~ *тлф* справочная линия
insulated-substrate integrated ~ ИС на диэлектрической подложке
integrate-and-dump ~ схема интегрирования со сбросом
integrated ~ интегральная схема, ИС (*см. тж.* **IC**); микросхема
integrated injection logic ~ интегральная логическая схема с инжекционным питанием, И²Л-схема
integrated optical ~ оптическая ИС

integrating ~ интегрирующая схема; интегрирующая цепь
interaction ~ замедляющая система
interface ~ схема сопряжения; цепь сопряжения
inter-integrated ~ 1. стандарт I²C (на интерфейс и шину расширения) (*фирмы Philips*) 2. интерфейс I²C 3. последовательная шина (расширения стандарта) I²C, шина Access. bus
interlock ~ схема блокировки; цепь блокировки
intermediate-frequency ~ 1. контур ПЧ 2. тракт ПЧ
inverter ~ логическая схема НЕ, схема (функции) отрицания, инвертор
ion-implanted bubble(-domain) propagation ~ ионно-имплантированная схема продвижения ЦМД
ion-implanted MOS integrated ~ ионно-имплантированная ИС на МОП-структурах
iron ~ магнитопровод
isolated integrated injection logic ~ И²Л-схема с изолированными компонентами
isolated-substrate solid ~ монолитная ИС на изолированной подложке
isoplanar(-based) integrated ~ ИС, изготовленная по изопланарной технологии, изопланарная ИС
joint ~ объединённая сеть связи (*для нескольких служб*)
joint denial ~ логическая схема (включающее) ИЛИ НЕ
Josephson(-junction) logic integrated ~ логическая схема на приборах с переходами Джозефсона
junction ~ соединительная линия
junction-isolation integrated ~ ИС с изоляцией p—n-переходами
Кагр ~ периодическая замедляющая система на П-образном *или* Н-образном волноводе
keep-alive ~ схема вспомогательного разряда (*разрядника*)
keying ~ схема манипуляции
killer ~ *тлв* схема формирования запирающих импульсов
label ~ блок-схема с условными обозначениями
ladder ~ многозвенная схема лестничного типа (*с чередованием, последовательно и параллельно включенных звеньев*)
lagging ~ фазозадерживающая схема; фазозадерживающая цепь
large-scale hybrid integration ~ гибридная большая ИС, гибридная БИС
large-scale integration ~ ИС с высокой степенью интеграции, большая ИС, БИС (*см. тж.* **LSI**)
laser-configured application-specific integrated ~ специализированная ИС (*на основе стандартных матриц логических элементов*) с лазерным конфигурированием
latched ~ линия засекреченной связи
latching ~ 1. ключевая схема с фиксацией состояния *или* воздействия 2. триггер; D-триггер, триггер задержки 3. *вчт* фиксатор
latching Boolean ~ логическая схема с фиксацией состояния, *проф.* логическая схема с «защёлкой»; логический элемент с фиксацией состояния, *проф.* логический элемент с «защёлкой»
leak(age) ~ цепь утечки
leased ~ 1. закреплённый канал 2. арендованный канал

line ~ 1. линия связи; канал связи; линия передачи; канал передачи 2. *млф* линейная цепь
linear ~ 1. линейная схема 2. аналоговая схема
linear integrated ~ линейная ИС
line-scan(ning) ~ *тлв* схема строчной развёртки
live ~ схема, подключенная к источнику питания
load ~ цепь нагрузки
local (-battery) ~ *млф* цепь местной батареи, цепь МБ
locking ~ 1. схема синхронизации 2. схема блокировки
Loftin-White ~ схема усилителя с непосредственной связью
logic ~ логическая схема
long-distance telephone ~ междугородная телефонная линия
longitudinal ~ однопроводная телефонная линия с возвратом через землю
losser ~ апериодический контур
low-energy ~ схема с малым потреблением энергии
low-temperature superconductor integrated ~ ИС на низкотемпературных сверхпроводниках
L-section ~ Г-образная схема; Г-образная цепь
lumped(-constant) ~ схема с сосредоточенными параметрами
made-to-order ~ заказная схема
magnetic ~ магнитная цепь
magnetic convergence ~ *тлв* схема магнитного сведения лучей
magnetic-core ~ схема на магнитных сердечниках
magnetic integrated ~ магнитная ИС
majority ~ *вчт* мажоритарная схема
matching ~ согласующая схема; согласующая цепь
master-slice integrated ~ ИС на основе базового кристалла
matrix ~ матричная схема
matrix integrated ~ матричная ИС
McCulloh ~ схема сигнализации об обрыве цепи *или* коротком замыкании на линии
medium-scale integration ~ ИС со средней степенью интеграции, средняя интегральная схема, СИС
memory ~ запоминающая схема
merged transistor logic integrated ~ интегральная логическая схема с инжекционным питанием, И²Л-схема
Mesny ~ схема генератора на двух электронных лампах с индуктивностями в анодной и сеточной цепях
message ~ междугородная линия связи; магистральная линия связи
metal-dielectric-semiconductor integrated ~ ИС на структурах металл — диэлектрик — полупроводник, ИС на МДП-структурах, МДП ИС
metal-oxide-semiconductor integrated ~ ИС на структурах металл — оксид — полупроводник, ИС на МОП-структурах, МОП ИС
metal-oxide-semiconductor large scale integration ~ БИС на структурах металл — оксид — полупроводник, БИС на МОП-структурах, МОП БИС
metallic ~ 1. (симметричная) двухпроводная линия 2. незаземлённая схема
meter-current ~ схема измерения тока (*измерительного прибора*)

meter-voltage ~ схема измерения напряжения (*измерительного прибора*)
microcomputer integrated ~ однокристальный микрокомпьютер; однокристальный персональный компьютер, однокристальный ПК
microelectronic integrated ~ интегральная схема, ИС; микросхема
microenergy logic ~ микромощная логическая схема
micrologic ~ логическая микросхема
micropower ~ микромощная схема
microprinted ~ печатная микросхема
microprocessor integrated ~ ИС микропроцессора, микропроцессорная ИС
microprocessor logic-support ~ поддерживающая логическая ИС микропроцессора
microprogrammed ~ схема с микропрограммным управлением
microwatt ~ микроваттная схема
microwave ~ СВЧ-схема
microwave integrated ~ ИС СВЧ-диапазона, СВЧ ИС
mix ~ логическая схема (включающее) ИЛИ
mixing ~ 1. смесительная схема, смеситель 2. схема преобразования частоты, преобразователь частоты 3. микшерная схема, микшер
molecular integrated ~ молекулярная ИС
monobrid integrated ~ однокристальная ГИС
monolithic integrated ~ интегральная схема, ИС
monolithic microwave integrated ~ монолитная ИС СВЧ-диапазона
monophase integrated ~ однофазная ИС
monostable ~ моностабильная схема
MOS integrated ~ 1. ИС на структурах металл — оксид — полупроводник, ИС на МОП-структурах, МОП ИС 2. ИС на структурах металл — оксид — кремний, ИС на МОП-структурах, МОП ИС
MOS-on-sapphire integrated ~ ИС на структурах металл — оксид — кремний — сапфир, МОП ИС типа «кремний на сапфире»
MTL integrated ~ *см.* merged transistor logic integrated circuit
mu (feedback) ~ цепь прямой передачи (*в петле обратной связи*)
multibrid integrated ~ многокристальная ГИС
multichip integrated ~ многокристальная ИС
multidrop ~ многопунктовая линия связи
multifunctional integrated ~ многофункциональная ИС
multilayer ~ многослойная схема; многоуровневая схема
multilevel-metallized integrated ~ ИС с многоуровневой металлизацией
multiphase integrated ~ многофазная ИС
multiplanar ~ многослойная схема; многоуровневая схема
multiple ~ схема объединения с параллельным включением
multiple-chip [multiple-substrate solid] ~ многокристальная ИС
multipoint ~ многопунктовая линия связи
multistable ~ схема с несколькими устойчивыми состояниями
multistage ~ многокаскадная схема
muting ~ 1. схема бесшумной настройки, схема автоматической регулировки громкости для подавления взаимных радиопомех при настройке 2. схема отключения выхода приёмника (*на время действия шумов*)
NAND ~ логическая схема И НЕ
nanotube integrated ~ ИС на нанотрубках
n-channel logic MOS integrated ~ логическая МОП ИС с каналами *n*-типа
negative OR ~ логическая схема (включающее) ИЛИ НЕ
NEITHER-NOR ~ логическая схема (включающее) ИЛИ НЕ
neutralizing ~ цепь нейтрализации (*обратной связи*)
neutral magnetic ~ нейтральная магнитная цепь
noise equivalent ~ шумовая эквивалентная схема
noise suppression ~ схема шумоподавления
nondisjunction ~ логическая схема (включающее) ИЛИ НЕ
noninductive ~ безындуктивная цепь
nonlinear ~ нелинейная схема
nonphantomed ~s основные линии связи (*используемые для организации искусственной линии*)
nonredundant ~ схема без резервирования
NOR ~ логическая схема (включающее) ИЛИ НЕ
NOT ~ логическая схема НЕ, инвертор
NOT-AND ~ логическая схема И НЕ
NOT-OR ~ логическая схема (включающее) ИЛИ НЕ
off-the-shelf ~ стандартная [серийная] схема
one-chip integrated ~ однокристальная ИС
one-sided ~ односторонняя печатная схема
one-wire ~ однопроводная схема защитной сигнализации
open ~ разомкнутая цепь; разомкнутый контур
open magnetic ~ незамкнутая магнитная цепь
open-wire ~ двухпроводная воздушная линия передачи
optical integrated ~ оптическая ИС
optically coupled ~ схема с фотонной связью
optoelectronic integrated ~ оптоэлектронная интегральная схема
optron integrated ~ оптронная ИС
OR ~ логическая схема (включающее) ИЛИ
OR-ELSE ~ логическая схема исключающее ИЛИ
oscillator ~ генераторная схема, генератор
oscillatory ~ 1. колебательный контур 2. генераторная схема, генератор
output ~ выходная схема; выходная цепь; выходной контур
overcoupled ~s сильно связанные резонансные контуры, резонансные контуры с сильной [сверхкритической] связью
overlap telling ~ дополнительный речевой канал связи между станциями обзора воздушного пространства и дальнего обнаружения
oxide-isolated integrated ~ ИС с оксидной изоляцией
packaged ~ схема в корпусе
painted printed ~ печатная схема, изготовленная с применением проводящей жидкости
parallel ~ параллельная схема, схема с параллельным включением (*напр. компонентов*)
parallel LCR [parallel-resonant] ~ параллельный резонансный контур
parallel-series ~ параллельно-последовательная схема, схема с параллельно-последовательным включением (*напр. компонентов*)

circuit

passivated integrated ~ пассивированная ИС
p-channel logic MOS integrated ~ логическая МОП ИС с каналами *p*-типа
peak-holding ~ схема пикового детектирования
peaking ~ 1. схема высокочастотной [ВЧ-] коррекции (*напр. видеоусилителя*) 2. схема обострения импульсов
peak-riding clipping ~ схема ограничения сверху [схема ограничения по максимуму] со следящим порогом
perforated bubble(-domain) propagation ~ перфорированная схема продвижения ЦМД
periodic ~ периодическая структура
peripheral integrated ~ периферийная ИС
permalloy ~ схема продвижения ЦМД на пермаллоевых аппликациях
permanent virtual ~ постоянный виртуальный канал, постоянное виртуальное соединение
phantom ~ фантом, фантомная цепь (*искусственный путь передачи сигналов*)
phase-advance ~ фазоопережающая схема; фазоопережающая цепь
phase-comparison ~ фазосравнивающая схема; фазовый компаратор
phase-compensating ~ схема фазовой компенсации, фазокомпенсатор; цепь фазовой компенсации
phase-delay ~ фазозадерживающая схема; фазозадерживающая цепь
phase-equalizing ~ фазовыравнивающая схема; фазовыравнивающая цепь
phase-inverting ~ 1. фазоинвертирующая схема, инвертор фазы; фазоинвертирующая цепь 2. фазоинвертор
phase-lag ~ фазозадерживающая схема; фазозадерживающая цепь
phase-shift ~ фазосдвигающая схема, фазовращатель; фазосдвигающая цепь
photonic integrated ~ оптоэлектронная интегральная схема, интегральная схема с фотонными связями
physical ~s физические цепи (*используемые для организации фантомной цепи*)
physical equivalent ~ физическая схема замещения (*напр. транзистора*)
pi ~ П-образная схема; П-образная цепь
pickax bubble(-domain) propagation ~ схема продвижения ЦМД на элементах типа «кирка»
piezoelectric-crystal equivalent ~ эквивалентная схема пьезоэлектрического кристалла
pilot ~ цепь пилот-сигнала; цепь управляющего сигнала; цепь контрольного сигнала
planar integrated ~ ИС, изготовленная по планарной технологии, планарная ИС
planex integrated ~ ИС, изготовленная по планарно-эпитаксиальной технологии, планарно-эпитаксиальная ИС
plastic(-encapsulated) integrated ~ ИС в пластмассовом корпусе
plate ~ анодная цепь; анодный контур
plated (printed) ~ печатная схема, изготовленная методом электролитического осаждения
p-n junction isolated integrated ~ ИС с изоляцией *p—n*-переходами
point-to-point ~ двухпунктовая линия связи; линия прямой связи

polar ~ цепь двухполюсной телетайпной связи
polarized magnetic ~ поляризованная магнитная цепь
polling ~ *тлф* опросная цепь
polymer(-based) logic ~ полимерная логическая схема, логическая схема на полимерах
polymer integrated ~ полимерная ИС, ИС на полимерах
polyphase ~ многофазная схема
positioning ~ схема центрирования (*напр. кадра*)
potentiometer ~ потенциометрическая схема
potted ~ схема, герметизированная компаундом
power adder ~ схема суммирования мощностей (*напр. генераторов*)
preemphasis ~ частотный корректор (*в схеме предыскажений*)
presetting ~ схема предварительной установки
primary ~ первичная цепь
primary series ~ главная цепь
printed [printed-component, printed wiring] ~ печатная схема
program ~ телефонная линия с расширенной полосой для передачи музыкальных программ
programmed interconnection pattern large-scale integration ~ большая интегральная схема с программируемым рисунком межсоединений, БИС с программируемым рисунком межсоединений
propagation ~ схема продвижения ЦМД
proprietary integrated ~ ИС собственной разработки
pulse-actuated ~ схема с импульсным возбуждением
pulse-shaping ~ схема формирования импульсов; цепь формирования импульсов
pulsing ~ преобразователь постоянного напряжения *или* тока
pump(ing) ~ схема накачки; цепь накачки; контур накачки
purity ~ *тлв* схема регулировки чистоты цвета
push-pull ~ двухтактная схема
push-push ~ схема двухтактного удвоителя частоты
push-to-talk ~ *тлф* симплексный [односторонний] канал
push-to-type ~ *тлг* симплексный [односторонний] канал
quadruplex ~ квадруплексный [двойной одновременный двусторонний, двойной дуплексный] канал
quasi-bistable ~ квазибистабильная схема (*автоколебательная схема, запускаемая на частоте выше собственной*)
quasi-monostable ~ квазимоностабильная схема (*моностабильная схема, запускаемая на частоте выше собственной*)
quenching ~ схема гашения (*счётной трубки*)
quiet-tuning ~ схема бесшумной настройки, схема автоматической регулировки громкости для подавления взаимных радиопомех при настройке
radiating ~ излучающая схема
radiation hardened integrated ~ радиационно-стойкая ИС
radio ~ 1. радиосхема 2. канал радиосвязи, радиоканал
radio communication ~ канал радиосвязи, радиоканал
radio-frequency integrated ~ радиочастотная ИС

circuit

radio-receiving ~ радиоприёмная схема
radio-transmitting ~ радиопередающая схема
range-marker ~ *рлк* схема формирования меток дальности
range-sweep ~ *рлк* схема развёртки по дальности
range-tracking ~ *рлк* схема сопровождения цели по дальности
rapid single flux quantum ~ схема на одиночных быстрых квантах (магнитного) потока, *проф.* быстрая одноквантовая схема
RC ~ *см.* resistance-capacitance circuit
RCG ~ *см.* reverberation-controlled gain circuit
RCTL ~ 1. *см.* resistor-capacitor-transistor logic circuit **2.** *см.* resistor-coupled transistor logic circuit
RDTL ~ *см.* resistor-diode-transistor logic circuit
reactance control ~ *тлв* схема автоматической подстройки частоты гетеродина на варикапе
reaction ~ 1. цепь положительной обратной связи **2.** регенеративная схема, схема с положительной обратной связью
reactive ~ реактивная цепь
read-and-write ~ схема считывания и записи
redundant ~ схема с резервированием
reflex ~ рефлексная схема (*усилителя*)
regenerative ~ регенеративная схема, схема с положительной обратной связью
rejector ~ схема режекции, режектор
repeat ~ *тлф* цепь трансляционного реле
r equivalent ~ *пп* схема замещения в *r*-параметрах
reset ~ схема возврата; цепь возврата
reset control ~ схема восстановления исходного состояния насыщающегося реактора (*магнитного усилителя*)
reshaping ~ нелинейная схема
resistance-capacitance ~ резистивно-ёмкостная цепь, RC-цепь
resistance-inductance ~ резистивно-индуктивная цепь, RL-цепь
resistance-inductance-capacitance ~ резистивно-индуктивно-ёмкостная цепь, RLC-цепь
resistor-capacitor-transistor logic ~ транзисторная логическая схема с резистивно-ёмкостной связью
resistor-coupled transistor logic ~ транзисторная логическая схема с резистивной связью
resistor-diode-transistor logic ~ резисторно-диодно-транзисторная логическая схема
resistor-transistor logic ~ резисторно-транзисторная логическая схема, РТЛ-схема
resonant ~ резонансный контур
retroactive ~ 1. цепь положительной обратной связи **2.** регенеративная схема, схема с положительной обратной связью
reverberation-controlled gain ~ схема автоматического подавления реверберации (*в гидролокационной станции*)
right-plane ~ замедляющая система в виде цепочки колец *или* трубок с отверстиями (*в ЛБВ*)
ring ~ гибридная [мостовая] кольцевая схема, гибридное кольцо
ring-and-bar ~ замедляющая система типа кольцо – стержень
ringdown ~ *тлф* цепь прямого вызова
ringing ~ 1. контур ударного возбуждения **2.** *тлф* цепь вызова

RL ~ *см.* resistance-inductance circuit
RLC ~ *см.* resistance-inductance-capacitance circuit
RSFQ ~ *см.* rapid single flux quantum circuit
RTL ~ *см.* resistor-transistor logic circuit
sample-and-hold ~ 1. схема выборки и хранения **2.** дискретизатор [схема дискретизации] с запоминанием отсчётов
sampling ~ 1. схема выборки **2.** дискретизатор, схема дискретизации **3.** схема стробирования
scaled integrated ~ масштабированная ИС
scale-of-eight ~ восьмеричная пересчётная схема
scale-of-ten ~ десятичная пересчётная схема
scale-of-two ~ двоичная пересчётная схема
scaling ~ пересчётная схема; пересчётное устройство
scanning ~ схема развёртки
scrambler ~ схема скремблирования, скремблер
screened ~ схема, изготовленная методом трафаретной печати
sealed ~ герметизированная схема
sealed-junction integration ~ ИС с герметизированными переходами
selective ~ избирательная [селективная] цепь
self-holding ~ цепь самоблокировки
self-repairing ~ самовосстанавливающаяся схема
self-saturating ~ схема (*магнитного усилителя*) с самонасыщением
semiconductor integrated ~ полупроводниковая ИС
semiconductor-magnetic ~ схема на полупроводниковых и магнитных элементах
semicustom integrated ~ полузаказная ИС
separation ~ схема разделения сигналов
series ~ последовательная схема, схема с последовательным включением (*напр. компонентов*)
series-peaking ~ последовательная схема высокочастотной [ВЧ-]коррекции (*видеоусилителя*)
series-resonant ~ последовательный резонансный контур
series RLC ~ последовательный резонансный контур
service ~ служебная линия
short ~ 1. цепь короткого замыкания **2.** короткое замыкание
shunt ~ параллельная [шунтирующая] цепь; шунт
shunt-peaking. ~ параллельная схема высокочастотной [ВЧ-]коррекции (*видеоусилителя*)
shunt-series ~ параллельно-последовательная схема, схема с параллельно-последовательным включением (*напр. компонентов*)
side ~s физические цепи (*используемые для организации фантомной цепи*)
sidetone suppression ~ *тлф* противоместная схема
signal ~ 1. цепь сигнала; сигнальный контур **2.** тракт сигнала
signal-processing ~ схема обработки сигналов
silent ~ *тлф* чистая линия
silicon integrated ~ кремниевая ИС
silicon-on-sapphire integrated ~ ИС типа «кремний на сапфире»
simple parallel ~ параллельный резонансный контур
simplex ~ симплексный [односторонний] канал
single-chip integrated ~ однокристальная ИС

single-ended ~ несимметричная схема
single-mask level bubble ~ схема на ЦМД с одним уровнем маскирования
single-phase ~ однофазная схема
single-ridge easitron [single-ridge Karp] ~ периодическая замедляющая система на П-образном волноводе
single-shot [single-trip] trigger ~ одновибратор, ждущий [моностабильный] мультивибратор
single-tuned ~ контур с одним элементом настройки
single-wire ~ однопроводная линия
slave ~ схема с внешним запуском
sliding short ~ подвижный короткозамыкатель
slow-wave ~ замедляющая система
small outline integrated ~ плоский микрокорпус ИС с двусторонним расположением выводов в форме крыла чайки, (микро)корпус ИС типа SO, SO-(микро)корпус ИС
small-scale integrated ~ ИС с низкой степенью интеграции, малая интегральная схема, МИС
smoothing ~ сглаживающий фильтр
sneak ~ паразитная цепь; паразитный контур
software ~ встраиваемый программный модуль, *проф.* программная интегральная схема
solid-state ~ твердотельная схема
spare ~ резервная линия
spark ~ искровой (колебательный) контур
speaker ~ служебная линия
sprayed printed ~ печатная плата, полученная методом распыления
square-rooting ~ схема извлечения квадратного корня
squaring ~ 1. схема формирования [формирователь] прямоугольных импульсов 2. схема возведения в квадрат, квадратор
squelch ~ схема бесшумной настройки, схема автоматической регулировки коэффициента усиления *или* громкости для подавления радиопомех при настройке
stacked ~ этажерочная схема
staggered ~s взаимно расстроенные контуры
stamped printed ~ штампованная печатная схема
standard scale ~ ИС со стандартной степенью интеграции
star-connected ~ схема соединения звездой
starting ~ пусковая цепь
start-stop ~ стартстопная схема
static-induction transistor integrated ~ ИС на полевых транзисторах с управляющим $p-n$-переходом и вертикальным каналом
stenode ~ 1. схема с кварцевым фильтром 2. УПЧ с кварцевым фильтром
stick ~ схема с блокировкой отключения питания
stopper ~ схема подавления [подавитель] паразитных колебаний
storage ~ запоминающая схема
straightforward ~ *тлф* односторонняя цепь с автоматической сигнализацией
stripline ~ 1. полосковая схема 2. полосковая линия передачи
submicron integrated ~ ИС с элементами субмикронных размеров
subscriber-line audio-processing ~ схема обработки звуковых сигналов в комплекте абонентской линии

subscriber line interface ~ схема интерфейса абонентской линии
superconducting tank ~ сверхпроводящий (параллельный) резонансный контур
superimposed [superposed] ~ наложенный канал
supervising ~ замкнутая цепь защитной сигнализации
support ~ 1. вспомогательная схема 2. поддерживающая ИС (*напр. для микропроцессоров*)
sweep ~ схема развёртки
switch virtual ~ коммутируемый виртуальный канал, коммутируемое виртуальное соединение
switched ~ коммутируемый канал
switching ~ переключающая [коммутационная] схема
synchronous ~ схема синхронизации; цепь синхронизации
sync separator ~ схема разделения синхроимпульсов
sync stretch ~ схема растягивания синхроимпульсов
T~ Т-образная схема; Т-образная цепь
talk-back ~ 1. система внутренней телефонной связи 2. переговорное устройство, ПУ
tank ~ (параллельный) резонансный контур
tantalum thin-film ~ танталовая тонкоплёночная схема
tap ~ цепь отвода; цепь ответвления
tapped ~ цепь с отводами; цепь с ответвлениями
tapped-capacitor (resonant) ~ резонансный контур с внутренней ёмкостной связью
tapped-coil (resonant) ~ резонансный контур с автотрансформаторной связью
tapped-inductor (resonant) ~ резонансный контур с автотрансформаторной связью
tapped resonant ~ резонансный контур с внутренней связью
T-bar bubble(-domain) propagation ~ схема продвижения ЦМД на T – I-образных аппликациях
telegraph ~ телеграфная линия
telephone ~ телефонная линия
telling ~ речевой канал связи между станциями обзора воздушного пространства
terminating ~ оконечная схема; оконечная цепь; оконечный контур
Thevenin equivalent ~ эквивалентная схема Тевенина
thick-film ~ толстоплёночная схема
thin-film ~ тонкоплёночная схема
three-dimensional ~ объёмная [трёхмерная] схема
three-phase ~ трёхфазная цепь
threshold ~ пороговая схема
through ~ *тлф* транзитная цепь
tie-line ~ 1. соединительная линия 2. частный канал учрежденческой телефонной станции с исходящей и входящей связью
time-base ~ схема развёртки
time-delay ~ схема задержки; линия задержки
T²L ~ *см.* transistor-transistor logic circuit
toll ~ магистральная линия связи; междугородная линия связи
totem-pole ~ бестрансформаторная схема двухтактного усилителя
transfer ~ *тлф* передаточная цепь
transformer-coupled ~ схема с индуктивной [трансформаторной] связью

transistor equivalent ~ эквивалентная схема транзистора; схема замещения транзистора
transistor-transistor logic ~ транзисторно-транзисторная логическая схема, ТТЛ-схема
traveling-wave-tube interaction ~ замедляющая система ЛБВ
tributary ~ схема разветвления (*коммутационного центра*)
trigger ~ 1. триггер 2. бистабильный мультивибратор 3. *рлк* схема с внешним запуском
trunk ~ 1. магистральная линия (*связи*); магистральный тракт (*передачи информации*) 2. *тлф* соединительная (*межстанционная или внутристанционная*) линия
trunk-junction ~ соединительная линия, подключаемая к магистральной линии связи
trunk terminating ~ *тлф* оконечная соединительная линия
tse ~ пиктографическая схема
TTL ~ *см.* **transistor-transistor logic circuit**
tube ~ ламповая схема
tube equivalent ~ эквивалентная схема электронной лампы
tuned ~ 1. резонансный контур 2. перестраиваемая схема
tuning ~ перестраиваемая схема
twin ~ схема на паре Гото
twin-T ~ двойной Т-образный мост
two-dimensional ~ плоская [двумерная] схема
two-state ~ бистабильная схема
two-way ~ дуплексный [одновременный двусторонний] канал
two-wire ~ двухпроводная линия
UHS integrated ~ *см.* **ultra-high-speed integrated circuit**
ultra-audion ~ схема регенеративного приёмника (*с контуром в цепи сетка – катод и переменным конденсатором в цепи анод – катод*)
ultra-high-speed integrated ~ сверхбыстродействующая ИС
unbalanced ~ 1. неуравновешенная схема 2. несимметричная схема
undefined function ~ функциональная схема с внешним управлением
underdamped ~ контур с докритическим затуханием
unilateral ~ однонаправленная схема
unipolar integrated ~ ИС на полевых транзисторах
universal cord ~ *тлф* универсальная шнуровая цепь; универсальная шнуровая пара
vacuum-deposited integrated ~ ИС, изготовленная методом вакуумного осаждения
vacuum integrated ~ вакуумная ИС
vapor-deposited printed ~ печатная схема, изготовленная методом осаждения из паровой фазы
vertical deflection ~ 1. схема вертикального отклонения 2. *тлв* схема полевой развёртки 3. схема кадровой развёртки
vertical scanning [vertical sync] ~ 1. *тлв* схема полевой развёртки 2. схема кадровой развёртки
very high-speed integrated ~ сверхбыстродействующая ИС
very large-scale integration ~ сверхбольшая интегральная схема, сверхбольшая ИС, СБИС

V-groove isolated integrated injection logic ~ И^{2}Л-схема с изоляцией элементов V-образными канавками
vibrating ~ *тлг* схема фазирования с местным генератором
video ~ цепь видеосигнала
virtual ~ *вчт* виртуальный канал, виртуальное соединение
voltage-feedback ~ цепь обратной связи по напряжению
voltage-source equivalent ~ эквивалентная схема с генератором напряжения
wafer-on-scale integrated ~ ИС на целой пластине
warning ~ цепь предупредительной сигнализации
watch integrated ~ ИС для электронных часов
waveguide ~ волноводная схема
waveguide short ~ короткозамкнутый отрезок волновода
weakly superconducting ~ схема на основе слабосвязанных сверхпроводников
weighting ~ схема с весовой обработкой сигналов
welded electronic ~ электронная схема со сварными соединениями
white ~ катодный повторитель с лампой в цепи катода
wire ~ проводная линия
wired ~ схема с проволочным монтажом
wire-wrapped ~ схема с соединениями методом скрутки
writing ~ схема записи; цепь записи
X-bar bubble(-domain) propagation ~ схема продвижения ЦМД на X – I-образных аппликациях
XNOR ~ логическая схема исключающее ИЛИ НЕ
XOR ~ логическая схема исключающее ИЛИ
X-ray litho integrated ~ ИС, изготовленная методом рентгеновской литографии
Y-bar bubble(-domain) propagation ~ схема продвижения ЦМД на Y — I-образных аппликациях
Y-connected ~ схема соединения звездой
y equivalent ~ *пп* схема замещения в *y*-параметрах
z equivalent ~ *пп* схема замещения в *z*-параметрах
zig-zag asymmetrical permalloy-wedges [zigzag permalloy track] ~ зигзагообразная схема продвижения ЦМД на асимметричных пермаллоевых клиньях
π- ~ П-образная схема; П-образная цепь

circuitry 1. схемы 2. схемотехника 3. компоненты схем 4. план *или* схема цепи
electronic ~ электронные схемы
firmware ~ схемы для хранения встроенных [зашитых] программ (*в ПЗУ*)
hardware ~ *вчт* схемы аппаратного обеспечения
I^{2}L ~ интегральные логические схемы с инжекционным питанием, интегральная инжекционная логика, И^{2}Л
microelectronic ~ микросхемотехника
microminiature ~ микросхемотехника
refresh ~ 1. схемы регенерации (*динамической памяти*) 2. схемы обновления изображения (*на экране дисплея*)
sense ~ схемы обнаружения; схемы детектирования; схемы считывания

circular 1. *вчт* циркуляр, циркулярное письмо 2. круговой; имеющий круглую форму 3. циклический

circulation 1. циркуляция (*1. движение по круговой или замкнутой траектории; круговорот; круговращение 2. криволинейный интеграл по замкнутому контуру 3. последовательный переход или передача из одной позиции в другую или от одного объекта к другому*) **2.** распространение копий (*напр. документа*); распределение тиража (*периодических изданий*)
~ **of vector** циркуляция вектора
atmospheric ~ циркуляция атмосферы
bubble ~ циркуляция ЦМД
forced ~ принудительная циркуляция
vector-field ~ циркуляция векторного поля
velocity ~ циркуляция скорости
circulator циркулятор
active ~ активный циркулятор
broad-band ~ широкополосный циркулятор
coaxial ~ коаксиальный циркулятор
distributed-constant [distributed-element] ~ циркулятор с распределёнными параметрами
E-plane (junction) ~ (волноводный) Е-циркулятор
Faraday rotation ~ циркулятор на эффекте Фарадея
ferrite ~ ферритовый циркулятор
field-displacement ~ циркулятор на эффекте смещения поля
film ~ плёночный циркулятор
four-port ~ четырёхплечий циркулятор
H-plane (junction) ~ (волноводный) H-циркулятор
integrated ~ интегральный циркулятор
junction ~ циркулятор с симметричным соединением линий передачи
latching ~ энергонезависимый циркулятор (*на феррите с остаточной намагниченностью*)
lossy ~ циркулятор с потерями
lumped-constant [lumped-element] ~ циркулятор с сосредоточенными параметрами
microstrip ~ микрополосковый циркулятор
microwave ~ СВЧ-циркулятор
multiple-section ~ многосекционный циркулятор
narrow-band ~ узкополосный циркулятор
n-port ~ *n*-плечий циркулятор
optical ~ оптический циркулятор
phase-differential [phase-shift] ~ фазовый циркулятор
reflection-type ~ циркулятор отражательного типа
remanence ~ энергонезависимый циркулятор (*на феррите с остаточной намагниченностью*)
resonance ~ резонансный циркулятор
rotation ~ поляризационный циркулятор
strip-line ~ полосковый циркулятор
symmetrical ~ симметричный циркулятор
thin-film ~ тонкоплёночный циркулятор
T-junction ~ Т-циркулятор
turnstile ~ турникетный циркулятор
waveguide ~ волноводный циркулятор
wave rotation ~ поляризационный циркулятор
X(-junction) ~ Х-циркулятор
Y(-junction) ~ Y-циркулятор
circumference 1. контур, внешняя граница; окружность (*плоской фигуры*) **2.** длина контура, длина внешней границы; длина окружности (*плоской фигуры*); периметр **3.** окружение графа
~ **of graph** окружение графа
~ **of sphere** окружность большого круга

circumfix *вчт* циркумфикс, конфикс
circumflex *вчт* циркумфлекс, диакритический знак ˆ, *проф.* «шляпка» (*напр. в символе ê*)
circumlunar находящийся на окололунной орбите
circumpolar приполярный
circumscribe *вчт* описывать (*напр. окружность вокруг многоугольника*)
circumsolar находящийся на околосолнечной орбите
circus:
  field ~ *проф.* неквалифицированное техническое обслуживание и текущий ремонт
cirri *pl от* **cirrus**
cirrocumulus перисто-кучевое облако
cirrostratus перисто-слоистое облако
cirrus перистое облако
Cisco Systems компания Cisco Systems (*США*)
cislunar находящийся внутри лунной орбиты
citation *вчт* **1.** цитата; цитирование **2.** перечисление; список **3.** ссылка; *pl* библиография; список литературы
cite *вчт* **1.** цитировать **2.** ссылаться
citizen 1. гражданин **2.** штатский
  network ~ активный абонент сети, *проф.* гражданин сети
clad 1. заключать в оболочку (*напр. стекловолоконный кабель*) **2.** *микр.* наносить защитное покрытие; плакировать || с защитным покрытием; плакированный
cladding 1. заключение в оболочку (*напр. стекловолоконного кабеля*) **2.** оболочка (*напр. стекловолоконного кабеля*) *микр.* **3.** нанесение защитного покрытия; плакирование **4.** защитное покрытие; плакирующее покрытие
  interconnect ~ защитное покрытие межсоединений
  titanium nitride ~ **1.** оболочка из нитрида титана **2.** защитное покрытие из нитрида титана
claim 1. заявка || подавать заявку (*напр. на изобретение*) **2.** рекламация; иск || предъявлять рекламацию; предъявлять иск, подавать исковое заявление
~ **on the innovation** заявка на изобретение
clamp 1. клемма; зажим; струбцина; фиксатор || использовать клеммовое соединение; зажимать; скреплять; фиксировать **2.** схема фиксации уровня, фиксатор уровня || фиксировать уровень **3.** *тлв* схема восстановления постоянной составляющей, схема ВПС
  absorbing ~ поглощающие клещи
  battery ~ клемма батареи
  C ~ С-образная клемма
  cable ~ клемма для кабеля
  diode ~ **1.** диодная схема фиксации уровня, диодный фиксатор уровня **2.** *тлв* диодная схема восстановления постоянной составляющей
  drop-wire ~ *тлв* клемма абонентского ввода
  ground ~ клемма заземления
  keyed ~ **1.** управляемая схема фиксации уровня **2.** *тлв* управляемая схема восстановления постоянной составляющей
  manipulator ~ схват манипулятора; захватное устройство манипулятора
  potential ~ схема фиксации уровня, фиксатор уровня
  tone-arm ~ фиксатор тонарма

waveguide ~ струбцина для соединения волноводных фланцев

clamper 1. схема фиксации уровня, фиксатор уровня **2.** *тлв* схема восстановления постоянной составляющей, схема ВПС
  blanking ~ *тлв* схема фиксации уровня гашения (*луча*)
  signal ~ *рлк* фиксатор уровня сигнала

clamping 1. фиксация уровня, фиксирование уровня **2.** *тлв* восстановление постоянной составляющей
  black-level ~ *тлв* фиксация уровня чёрного
  horizontal ~ восстановление постоянной составляющей с управлением строчными синхроимпульсами
  vertical ~ восстановление постоянной составляющей с управлением полевыми синхроимпульсами

clamp-on *тлф* закрепление вызова

clandestine тайный; секретный; скрытый

clap 1. хлопок ‖ хлопать **2.** хлопать в ладоши; аплодировать
  hand ~ *вчт* хлопок в ладоши («*музыкальный инструмент*» *из набора ударных General MIDI*)

clapper 1. поворотный якорь (*реле*) **2.** *тлф* молоточек звонка

clarification 1. пояснение, разъяснение **2.** улучшение верности звуковоспроизведения

clarifier регулятор точной настройки для обеспечения максимальной верности звуковоспроизведения (*в ОБП-приёмнике*)
  acoustic ~ система улучшения верности звуковоспроизведения при избыточной громкости (*с помощью рупоров, размещаемых на акустическом экране громкоговорителя*)

clarify пояснять, разъяснять

clarinet *вчт* кларнет (*музыкальный инструмент из набора General MIDI*)

clash конфликт; столкновение ‖ конфликтовать; сталкиваться
  hash ~ *вчт* конфликт при хэшировании, конфликт при расстановке ключей

clashing конфликт; столкновение
  name ~ *вчт* конфликт по именам (*напр. при множественном наследовании*)

Class:
  Java Foundation ~es библиотека базовых классов для объектно-ориентированного программирования в среде Java, библиотека (классов) JFS
  Microsoft Foundation ~es библиотека базовых классов для объектно-ориентированного программирования в среде Windows, библиотека (классов) MFS

class 1. класс; категория; тип ‖ классифицировать; относить(ся) к классу, категории *или* типу **2.** расширение имени файла с описанием класса (*в языке Java*)
  ~ of characters *вчт* класс символов
  ~ of service *тлф* категория обслуживания (*при коммутации*)
  abstract ~ *вчт* абстрактный класс
  abstraction ~ *вчт* класс абстракции
  access rights ~ класс полномочий доступа
  additional crystal(lographic) magnetic ~ чёрно-белый кристаллографический магнитный класс; шубниковский кристаллографический (магнитный) класс
  aggregate ~ *вчт* класс агрегатов
  base ~ *вчт* базовый класс, суперкласс, надкласс
  bicolored crystal(lographic) ~ чёрно-белый кристаллографический (магнитный) класс; шубниковский кристаллографический (магнитный) класс
  black-and-white ~ чёрно-белый кристаллографический (магнитный) класс; шубниковский кристаллографический (магнитный) класс
  black crystal(lographic) ~ чёрный [белый] кристаллографический (магнитный) класс; фёдоровский кристаллографический (магнитный) класс
  bordism ~ *вчт* класс бордизмов, класс внутренних гомологий
  centrosymmetrical crystal(lographic) ~ центросимметричный кристаллографический класс
  classical crystal(lographic) ~ фёдоровский кристаллографический (магнитный) класс; белый [чёрный] кристаллографический (магнитный) класс
  closed ~ *вчт* замкнутый класс
  container ~ *вчт* класс контейнеров, контейнерный класс
  crystal(lographic) ~ кристаллографический класс
  crystal(lographic) magnetic ~ кристаллографический магнитный класс
  derived ~ производный класс
  device ~ класс устройства
  dihexagonal-dipyramidal ~ *крист.* гексагонально-дипирамидальный класс
  dihexagonal-pyramidal ~ *крист.* гексагонально-пирамидальный класс
  diploidal ~ *крист.* дидодекаэдрический класс
  ditetragonal-dipyramidal ~ *крист.* дитетрагонально-дипирамидальный класс
  ditetragonal-pyramidal ~ *крист.* дитетрагонально-пирамидальный класс
  ditrigonal-dipyramidal ~ *крист.* дитригонально-дипирамидальный класс
  ditrigonal-pyramidal ~ *крист.* дитригонально-пирамидальный класс
  ditrigonal-scalenohedral ~ *крист.* дитригонально-скаленоэдрический класс
  ergodic ~ эргодический класс
  Fedorov crystal(lographic) ~ фёдоровский кристаллографический (магнитный) класс; белый [чёрный] кристаллографический (магнитный) класс
  forward ~ *вчт* предварительно созданный класс (*с определением только имени*), *проф.* предварённый класс
  generic ~ родовой [параметризованный] класс; порождающий класс
  grey crystal(lographic) ~ серый [немагнитный] кристаллографический класс
  gyroidal ~ *крист.* пентагон-триоктаэдрический класс
  helper ~ вспомогательный класс
  hexagonal-dipyramidal ~ *крист.* гексагонально-дипирамидальный класс
  hexagonal-pyramidal ~ *крист.* гексагонально-пирамидальный класс
  hexagonal-trapezohedral ~ *крист.* гексагонально-трапецеэдрический класс
  hexoctarahedral ~ *крист.* гексоктаэдрический класс
  hextetrahedral ~ *крист.* гексатетраэдрический класс

class

integer ~ класс целых чисел
local ~ локальный класс (*напр. класс, объявленный внутри функции*)
monoclinic-domatic ~ *крист.* диэдрический безосный класс
monoclinic-prismatic ~ *крист.* призматический класс
monoclinic-sphenoidal ~ *крист.* диэдрический осевой класс
monocolored crystal(lographic) ~ белый [чёрный] кристаллографический (магнитный) класс; фёдоровский кристаллографический (магнитный) класс
nested ~ вложенный класс
nonmagnetic crystal(lographic) ~ немагнитный [серый] кристаллографический класс
orthorhombic-dipyramidal ~ *крист.* ромбо-дипирамидальный класс
orthorhombic-disphenoidal ~ *крист.* ромбо-тетраэдрический класс
orthorhombic-pyramidal ~ *крист.* ромбо-пирамидальный класс
parameterized ~ параметризованный [родовой] класс; порождающий класс
predicatively closed ~ *вчт* предикативно замкнутый класс
privilege ~ *вчт* класс привилегий
residue ~ класс остатков
rhombohedral ~ *крист.* ромбоэдрический класс
Shubnicov crystal(lographic) ~ шубниковский кристаллографический (магнитный) класс; чёрнобелый кристаллографический (магнитный) класс
statutory ~ класс изобретения (*в США*)
storage ~ *вчт* класс памяти
structured ~ структурированный класс
template ~ шаблон класса
tetragonal-dipyramidal ~ *крист.* тетрагонально-дипирамидальный класс
tetragonal-disphenoidal ~ *крист.* тетрагонально-тетраэдрический класс
tetragonal-pyramidal ~ *крист.* тетрагонально-пирамидальный класс
tetragonal-scalenohedral ~ *крист.* тетрагонально-скаленоэдрический класс
tetragonal-trapezohedral ~ *крист.* тетрагонально-трапецоэдрический класс
tetratoidal ~ *крист.* пентагон-тритетраэдрический класс
traffic ~ *вчт* класс трафика
triclinic-pedial ~ *крист.* моноэдрический класс
triclinic-pinacoidal ~ *крист.* пинакоидальный класс
trigonal-dipyramidal ~ *крист.* тригонально-дипирамидальный класс
trigonal-pyramidal ~ *крист.* тригонально-пирамидальный класс
trigonal-trapezohedral ~ *крист.* тригонально-трапецоэдрический класс
uncolored ~ серый [немагнитный] кристаллографический класс
unstructured ~ неструктурированный класс
white crystal(lographic) ~ белый [чёрный] кристаллографический (магнитный) класс; фёдоровский (магнитный) кристаллографический класс
word ~ тип слова

Classification:
  Brussels Decimal ~ Универсальная десятичная классификация, УДК
  Dewey Decimal ~ Десятичная классификация Дьюи
  International ~ **of Patents** Международная классификация патентов
  Universal Decimal ~ Универсальная десятичная классификация, УДК

classification 1. классификация 2. гриф (*секретности*)
  computer ~ классификация компьютеров
  cross-~ перекрёстная классификация
  face air ~ классификация выражения лица (*при распознавании образов*)
  facetted ~ фасетная классификация
  format ~ *вчт* классификация форматов
  mereologic ~ мереологическая классификация
  one-way ~ односторонняя классификация, классификация по одному признаку
  security ~ гриф секретности
  supervised ~ контролируемая [управляемая] классификация
  target ~ *рлк* классификация целей
  taxonomic ~ таксономическая классификация
  two-way ~ двусторонняя классификация, классификация по двум признакам
  unsupervised ~ самоклассификация, неконтролируемая [неуправляемая] классификация

classified 1. классифицированный 2. секретный; имеющий гриф секретности

classifier 1. классификатор 2. *микр.* сортирующее устройство, сортировщик
  Bayes ~ байесов классификатор
  Carpenter-Grossberg ~ классификатор Карпентера — Гроссберга, искусственная нейронная сеть с обучением по алгоритму ART1
  divide and conquer ~ классификатор с использованием принципа «разделяй и властвуй»
  fully-specified ~ полностью определённый классификатор
  fuzzy ~ нечёткий классификатор
  Gaussian ~ гауссов классификатор
  linear ~ линейный классификатор
  maximum likehood ~ классификатор по критерию максимального правдоподобия
  multi-level ~ многоуровневый классификатор
  multi-stage ~ многокаскадный классификатор
  nearest neighbor ~ классификатор ближайшего соседа (*в распознавании образов*)
  neural network ~ нейросетевой классификатор
  NN ~ *см.* **nearest neighbor classifier**
  pattern ~ классификатор образов
  vector ~ векторный классификатор

classify 1. классифицировать 2. засекречивать; снабжать грифом секретности
classpath путь к классу (*для Java-приложений*)
clause *вчт* предложение; фраза; выражение
  at ~ at-выражение, фрагмент текста после символа @ (*в языке* T_EX)
  Horn ~ дизъюнкт Хорна
clave *вчт pl* деревянные палочки (*музыкальный инструмент из набора ударных General MIDI*)
clavier 1. клавишный электромузыкальный инструмент 2. клавиатура электромузыкального инструмента
clavinet *вчт* клавинет (*музыкальный инструмент из набора General MIDI*)

ClawHammer (первый) 64-разрядный процессор фирмы AMD

cleaner 1. установка (для) (о)чистки **2.** средство очистки, чистящее средство
   air ~ **1.** пылеуловитель **2.** электрофильтр, электростатический пылеуловитель
   data ~ фильтр очистки данных
   electronic [electrostatic] air ~ электрофильтр, электростатический пылеуловитель
   vacuum ~ пылесос

cleaning (о)чистка
   abrasive ~ абразивная очистка
   anode [anodic] ~ анодная электролитическая очистка
   cathode [cathodic] ~ катодная электролитическая очистка
   electrolytic ~ электролитическая очистка
   glow-discharge ~ очистка в тлеющем разряде
   head ~ чистка головки (*напр. струйного принтера*)
   ionic(-bombardment) ~ ионная очистка, очистка ионной бомбардировкой
   magnetic head ~ чистка магнитной головки (*напр. магнитофона*)
   nozzle ~ чистка сопел (*струйного принтера*)
   reverse-current ~ электролитическая очистка
   solvent ~ очистка в растворителях
   ultrasonic ~ ультразвуковая очистка

cleanup жестчение (*электровакуумных приборов в процессе приработки или путём геттерирования*)
   gas ~ жестчение путём геттерирования

clear 1. *тлф* разъединение, отбой ∥ разъединять **2.** *вчт* очистка, занесение «0»; сброс ∥ очищать, заносить «0»; сбрасывать **3.** кнопка «очистка» (*калькулятора*) **4.** предоставлять право доступа к секретным работам и документам **5.** зачищать (*напр. провод*) **6.** открытый, незашифрованный (*напр. о тексте*) **7.** свободный, незанятый (*напр. о канале связи*) **8.** *вчт* уничтожение файла; очистка экрана дисплея ∥ уничтожать файл; очищать экран дисплея **9.** *вчт* команда полного стирания информации (*напр. в электронных таблицах*) ◊ ~ **to send** сигнал готовности продолжения передачи, сигнал CTS
   all ~ сигнал отбоя (*напр. воздушной тревоги*)

clearance 1. зазор; просвет **2.** *вчт* очистка, занесение «0»; сброс **3.** разрешение **4.** право доступа к секретным работам и документам, *проф.* допуск
   air ~ воздушный зазор (*магнитопровода*)
   approach ~ *рлк* разрешение захода на посадку
   armature ~ ход якоря (*реле*)
   departure ~ *рлк* разрешение на вылет
   flight ~ *рлк* разрешение на полёт
   frequency ~ неиспользуемый диапазон частот
   landing ~ *рлк* разрешение на посадку
   path ~ просвет трассы (*распространения радиоволн*)
   security ~ право доступа к секретным работам и документам, *проф.* допуск

clearing 1. *тлф* разъединение, отбой **2.** *вчт* очистка, занесение «0»; сброс **3.** зачистка (*напр. провода*) **4.** *вчт* уничтожение файла; очистка экрана дисплея **5.** *вчт* полное стирание информации (*напр. в электронных таблицах*)
   automatic ~ автоматический отбой
   backward ~ обратное разъединение
   file ~ уничтожение файла
   forward ~ прямое разъединение
   through ~ сквозной отбой

cleartext открытый текст (*в криптографии*)

cleat клеммник

cleavage 1. *крист.* спайность **2.** расщепление; деление
   natural ~ естественная спайность

cleaving *крист.* спайность

clef ключ (*в нотной записи*)
   bass ~ басовый ключ, ключ фа; символ 𝄢
   C ~ ключ до; символ 𝄡
   F ~ басовый ключ, ключ фа; символ 𝄢
   G ~ скрипичный ключ, ключ соль; символ 𝄞
   treble ~ скрипичный ключ, ключ соль; символ 𝄞

clerk 1. служащий; исполнитель (*работы*) ∥ служить; исполнять (*работу*) **2.** конторский *или* канцелярский работник, *проф.* клерк
   cipher ~ шифровальщик
   code ~ шифровальщик
   control ~ *вчт* оператор, управляющий процессом обработки информации
   data ~ конторский *или* канцелярский работник, отвечающий за компьютерное оборудование

click 1. щелчок (*1. быстрое нажатие и освобождение клавиши или телеграфного ключа 2. резкий отрывистый звук 3. прослушиваемая одиночная импульсная радиопомеха*) **2.** щёлкать; щёлкнуть; быстро нажать и освободить клавишу *или* телеграфный ключ **3.** удар метронома **4.** защёлка; фиксатор ∥ защёлкивать; фиксировать ◊ ~ **checkbox** *вчт* установить флажок в прямоугольнике для пометки выбранного режима, состояния *или* действия (*на экране дисплея*)
   ~ **of death** *проф.* смертельный щелчок, последовательность резких отрывистых звуков при порче Zip-дисковода (*при физическом контакте головки с диском*)
   ~ **through** число обращений к рекламному окну (*на Web-странице*)
   ~ **to buy** эффективность рекламного окна по числу совершивших (*или намеревающихся совершить*) покупку посетителей, параметр CTB (*для оценки эффективности рекламного окна*), отношение числа совершивших (*или намеревающихся совершить*) покупку посетителей к общему числу обращений к рекламному окну (*Web-страницы*)
   ~ **to interest** эффективность рекламного окна по числу заинтересовавшихся посетителей, параметр CTI (*для оценки эффективности рекламного окна*), отношение числа обращений к рекламному окну к общему числу посетителей (*Web-страницы*)
   Alt + ~ щелчок клавишей (*напр. мыши*) при нажатой клавише «Alt»
   button ~ щелчок клавишей (*напр. мыши*)
   Ctrl + ~ щелчок клавишей (*напр. мыши*) при нажатой клавише «Ctrl»
   double (button) ~ двойной щелчок клавишей (*напр. мыши*), двойное быстрое нажатие и освобождение клавиши (*напр. мыши*)
   key ~ **1.** щелчок клавишей (*напр. мыши*) **2.** щелчок телеграфным ключом
   left button ~ щелчок левой клавишей (*напр. мыши*)

class

metronome ~ *вчт* удар метронома («*музыкальный инструмент*» *из набора ударных General MIDI*)
middle button ~ щелчок средней клавишей (*напр. мыши*)
MIDI ~ *вчт* удар метронома («*музыкальный инструмент*» *из набора ударных General MIDI*)
mouse button ~ щелчок клавишей манипулятора типа «мышь», щелчок клавишей мыши
right button ~ щелчок правой клавишей (*напр. мыши*)
square ~ *вчт* удар электронного метронома (с сигналом в форме меандра) («*музыкальный инструмент*» *из набора ударных General MIDI*)
Shift + ~ щелчок клавишей (*напр. мыши*) при нажатой клавише «Shift»
triple (button) ~ тройной щелчок клавишей (*напр. мыши*), тройное быстрое нажатие и освобождение клавиши (*напр. мыши*)

clickstream *вчт* маршрут перехода по гиперсвязям
client клиент (*1. объект обслуживания; пользователь 2. вчт клиент сервера 3. вчт программа-клиент*) || клиентский
~ **of abstraction** *вчт* пользователь абстракции
e-mail ~ абонент электронной почты
fat ~ мощное аппаратное *или* программное обеспечение (*клиента сервера*), *проф.* жирный клиент (*сервера*)
light ~ простейшее аппаратное *или* программное обеспечение (*клиента сервера*), *проф.* тощий клиент (*сервера*)
thick ~ мощное аппаратное *или* программное обеспечение (*клиента сервера*), *проф.* жирный клиент (*сервера*)
thin ~ простейшее аппаратное *или* программное обеспечение (*клиента сервера*), *проф.* тощий клиент (*сервера*)

clientage клиентура
cliental клиентский
Clik! (съёмный магнитный) диск Clik! (*корпорации Iomega*)
Iomega ~ (съёмный магнитный) диск Clik! корпорации Iomega
climb подъём; движение наверх; движение к вершине || подыматься; двигаться наверх; двигаться к вершине
dislocation ~ *крист.* переползание дислокаций
climbing подъём; движение наверх; движение к вершине
hill ~ 1. поиск максимума (*функции*) 2. *биол.* способность увеличения приспосабливаемости при мутации
steepest ascent ~ поиск максимума (*функции*) методом наибыстрейшего подъёма
cling прилипание; залипание || прилипать; залипать
static ~ залипание одежды (*за счёт статической электризации*)
clinometer *микр.* клинометр
clip 1. зажим; струбцина; скрепка 2. зажим типа «крокодил» 3. *проф.* клип; короткий теле- *или* кинофильм; музыкальный видеосюжет 4. отсечка начальных и конечных звуков (*в системах с речевым управлением*), потеря начала *или* конца фонограммы (*при воспроизведении звукозаписи*) 5. (односторонее) ограничение || ограничивать (с одной стороны) 6. *вчт* отсечение частей изображения вне выбранной рамки *или* контура || отсекать части изображения вне выбранной рамки *или* контура (*в графических редакторах*)
alligator ~ зажим типа «крокодил»
battery ~ пружинный зажим для временного подключения батареи
cable ~ скоба для крепления кабеля
canoe ~ стяжка-фиксатор типа «каное» (*в виде упруго деформируемой ромбовидной рамки с закладной головкой*)
contact ~ зажим контакта
Fahnestock ~ пружинный зажим (*для временных соединений*)
film ~ клип; короткий теле- *или* кинофильм; музыкальный видеосюжет
fuse ~ пружинный держатель плавкого предохранителя
grid ~ зажим сеточного колпачка (*электронной лампы*)
grounding ~ заземляющая стяжка-фиксатор
lanyard ~ петличный зажим (*микрофона*)
paper ~ 1. (канцелярская) скрепка 2. пружинный зажим (для бумаг)
safety-ground ~ зажим (для) защитного заземления
spring-loaded ~ пружинный зажим
test ~ пружинный зажим (*для временных соединений*)

clipart 1. *вчт* пакет (свободно используемых) графических файлов оформительского назначения, *проф.* клипарт 2. альбом (предназначенных для вырезания и наклеивания) рисунков и графических материалов
clipboard *вчт* 1. буфер обмена 2. программа обмена графическими и текстовыми фрагментами между различными приложениями 3. компьютер с устройством ввода типа «световое перо», *проф.* «пюпитр»
Clipper *вчт* ИС «Clipper» для шифрования электронных сообщений
clipper (односторонний) ограничитель
base ~ ограничитель снизу, ограничитель по минимуму
center ~ двусторонний ограничитель
diode ~ диодный ограничитель
noise ~ ограничитель шумов; ограничитель помех
overshoot ~ ограничитель выбросов
peak ~ ограничитель сверху, ограничитель по максимуму
peak-riding ~ ограничитель сверху [по максимуму] со следящим порогом
sine-wave ~ двусторонний ограничитель гармонической волны
speech ~ ограничитель выбросов голосовых [речевых] сигналов
sync ~ *тлв* ограничитель синхронизирующих импульсов, ограничитель синхроимпульсов
variable-threshold ~ ограничитель с переменным порогом
video ~ *тлв* ограничитель видеосигнала
clipper-limiter ограничитель сверху и снизу, ограничитель по максимуму и минимуму
clipping 1. отсечка начальных и конечных звуков (*в системах с речевым управлением*), потеря начала *или* конца фонограммы (*при воспроизведении зву-*

козаписи) 2. (одностороннее) ограничение 3. вчт отсечение частей изображения вне выбранной рамки или контура ‖ отсекать части изображения вне выбранной рамки или контура (в графических редакторах) 4. нелинейные искажения

center ~ двустороннее ограничение около нулевого уровня сигнала

diagonal ~ нелинейные искажения (в амплитудном детекторе) при большой постоянной времени

finite ~ ограничение по уровню, не превышающему максимальную амплитуду

infinite ~ двустороннее ограничение с малым порогом

negative-peak ~ нелинейные искажения (в амплитудном детекторе) при малой постоянной времени

noise ~ подавление шума, шумоподавление

one-side ~ одностороннее ограничение

peak ~ ограничение сверху, ограничение по максимуму

plate-current cutoff ~ ограничение анодного тока в режиме отсечки

side-band ~ подавление сигналов боковой полосы частот

speech ~ ограничение выбросов голосовых [речевых] сигналов, проф. клиппирование речи

two-side ~ двустороннее ограничение

clique клика, полный подграф

clitic 1. клитика, проклитика или энклитика (1. безударное примыкание слева или справа 2. проф. «хвост» распределения слева или справа) ‖ клитический, проклитический или энклитический (1. относящийся к безударному примыканию слева или справа 2. проф. относящийся к «хвосту» распределения слева или справа) 2. наклоняющийся вперёд или назад

clobber вчт непреднамеренно записывать данные в область хранения полезной информации, проф. (случайно) затирать информацию

clock 1. часы 2. генератор синхронизирующих импульсов, генератор синхроимпульсов; генератор тактовых импульсов, тактовый генератор; синхронизатор 3. синхронизирующие импульсы, синхроимпульсы; тактовые импульсы ‖ синхронизировать; тактировать 4. таймер (1. вчт системный тактовый генератор 2. схема для автоматического включения или выключения устройства или для сигнализации о моментах включения и выключения) 5. период синхронизации; такт 6. регистратор скорости или пройденного пути

alarm ~ будильник; кнопка установки и запуска будильника (напр. в электронных часах)

ammonia maser ~ мазерные квантовые часы на пучке молекул аммиака

atomic ~ квантовые часы

biological ~ биологические часы

cesium ~ цезиевые часы

chargeable time ~ тлф счётчик оплачиваемого времени

CPU ~ генератор синхроимпульсов центрального процессора

crystal ~ кварцевые часы

digital ~ часы с цифровым табло

dot ~ вчт период синхронизации для вывода пикселей (в графическом режиме работы монитора) или точек разложения символов (в текстовом режиме работы монитора)

flying ~ авиационные или автомобильные цезиевые часы

internal ~ вчт встроенные часы

master ~ 1. задающий генератор схемы синхронизации 2. вчт генератор главных синхроимпульсов; генератор главных тактовых импульсов 3. главные синхроимпульсы; главные тактовые импульсы

MIDI ~ вчт 1. генератор синхронизирующих импульсов MIDI-устройства, генератор синхроимпульсов MIDI-устройства 2. синхронизирующие импульсы MIDI-устройства, синхроимпульсы MIDI-устройства 3. синхронизация (MIDI-сообщение)

molecular ~ квантовые часы

overlapping ~s перекрывающиеся тактовые импульсы

pseudo ~ псевдосинхроимпульсы

quantum ~ квантовые часы

quartz ~ кварцевые часы

real-time ~ часы реального времени

reference ~ 1. опорный генератор тактовых импульсов 2. опорные тактовые импульсы

serial ~ 1. линия синхронизации (последовательной шины ACCESS.Bus с интерфейсом I^2C) 2. синхросигнал в линии синхронизации (последовательной шины ACCESS.Bus с интерфейсом I^2C), SCL-сигнал

synchronous ~ электрические часы с управлением от синхронного электродвигателя

system ~ таймер, системный тактовый генератор

test ~ сигналы синхронизации тестовых данных (напр. в интерфейсе JTAG)

time ~ регистратор времени прихода и ухода (напр. в проходной предприятия)

time-delayed ~ сдвинутые синхроимпульсы; сдвинутые тактовые импульсы

time-gated ~ стробируемые синхроимпульсы; стробируемые тактовые импульсы

timing ~ 1. генератор синхронизирующих импульсов, генератор синхроимпульсов; генератор тактовых импульсов, тактовый генератор; синхронизатор 2. синхронизирующие импульсы, синхроимпульсы; тактовые импульсы 3. синхронизация (MIDI-сообщение)

tuning fork time ~ камертонные часы

voltage-controlled ~ генератор синхроимпульсов, управляемый напряжением; генератор тактовых импульсов, управляемый напряжением

clock-doubling вчт удвоение частоты

clocking синхронизация; тактирование

dataset ~ тактирование с помощью модема

multiphase ~ многофазное тактирование

clockwise по часовой стрелке

clockwork часовой механизм

clogging загрязнение; засорение

head ~ засаливание магнитной головки

clone клон (1. копия компьютера-прототипа 2. копия графического или текстового фрагмента, автоматически изменяющаяся вместе с оригиналом 3. генетическая копия 4. клон состояния) ‖ клонировать (1. создавать копию компьютера-прототипа 2. создавать копию графического или текстового фрагмента, автоматически изме-

няющуюся вместе с оригиналом 3. создавать генетическую копию)
~ **of action** клон действия
~ **of operation** клон операции
IBM PC ~ клон персонального компьютера типа IBM PC
state ~ клон состояния

cloneability клонируемость

clonebot (многократно) клонируемая программа-робот системы групповых дискуссий в Internet

cloning клонирование (*1. создание копии компьютера-прототипа 2. создание копии графического или текстового фрагмента, автоматически изменяющейся вместе с оригиналом 3. создание генетической копии*)
activity ~ клонирование активности
object ~ клонирование объекта

close 1. *вчт проф.* закрывающая круглая скобка, символ) **2.** кнопка закрытия окна (*на экране дисплея*) **3.** позиция экранного меню для закрытия файла или выхода из программы **4.** закрытие (*1. окончание; конец; заключение 2. конечная стадия; завершение*) **5.** каденция, завершающий музыкальное построение гармонический *или* мелодический оборот **6.** тупик **7.** близкий (*1. примыкающий; соседний; контактирующий 2. сходный; похожий; подобный*) **8.** плотный; тесный; связный; без промежутков *или* пробелов **9.** сжатый; убористый **10.** подробный; тщательный **11.** закрывать(ся) (*1. переводить(ся) в неактивное или нерабочее состояние (напр. о файле) 2. делать(ся) недоступным, ограничивать доступ и использование 3. преграждать проход; запахивать(ся); затворять(ся); запирать(ся) 4. снабжать крышкой; снабжать покрытием 5. заканчивать(ся); завершать(ся); прекращать(ся)*) **12.** замыкать(ся) (*1. обеспечивать электрический контакт; иметь электрический контакт 2. делать(ся) замкнутым (напр. о множестве)*) **13.** сближать(ся); приближать(ся); смыкать(ся); приводить(ся) в контакт

closed 1. закрытый (*1. неактивный; нерабочий (напр. файл) 2. недоступный; с ограниченным доступом и использованием; эксклюзивный 3. закрывающий проход; запахнутый; затворённый; запертый 4. оканчивающийся согласной (о слоге) 5. составной (о сложном слове) 6. законченный; решённый; завершённый; прекращённый 7. изолированный; независимый; автономный; самодостаточный; самоподдерживающийся*) **2.** замкнутый (*1. электрически замкнутый, с электрическим контактом 2. не обменивающийся со средой веществом, энергией или импульсом (о термодинамической системе) 3. вчт нерасширяемый (о системе) 4. содержащий все предельные точки (о множестве); не имеющий граничных точек (о кривой) 5. имеющий график, являющийся замкнутой кривой (об операторе или функции)*)
normally ~ размыкающий (*о контакте переключателя*)
predicatively ~ *вчт* предикативно замкнутый

closed-captioned *тлв* со скрытыми титрами

closed-loop с обратной связью

close-up *тлв* крупный план

closing 1. *вчт* закрытие (*напр. файла*) **2.** *вчт* закрывающий оператор **3.** замыкание (*напр. множества*) **4.** заключение; заключительная часть **5.** завершение **6.** задвижка; запор
Kleene ~ замыкание Клини
set ~ замыкание множества

closure 1. замыкание потока (*вектора*) **2.** замыкание (*напр. множества*) **3.** *вчт* клауза, замкнутое выражение (*без свободных переменных*) **4.** смычка (*рабочих органов при произношении смычных согласных*) **5.** крышка; пробка; затвор **6.** ограждённая территория **7.** целостность зрительного восприятия изображения (*даже при отсутствии деталей*)
Bridgman ~ *крист.* затвор Бриджмена
flux ~ замыкание магнитного потока
graph ~ *вчт* замыкание графа
reflexive ~ *вчт* рефлексивное замыкание
relation ~ *вчт* замыкание отношения
symmetric ~ *вчт* симметричное замыкание
transitive ~ *вчт* транзитивное замыкание

cloth ткань
empire ~ лакоткань
glass ~ стеклоткань
grill ~ (декоративная) ткань защитной решётки (*громкоговорителя*)
varnished ~ лакоткань

clothe 1. снабжать чехлом; помещать в кожух; снабжать обшивкой; обшивать **2.** заключать в оболочку (*напр. стекловолоконный кабель*) **3.** *микр.* наносить защитное покрытие

clothing 1. чехол; кожух; обшивка **2.** оболочка (*напр. стекловолоконного кабеля*) **3.** *микр.* защитное покрытие

clothoid спираль Корню

cloud 1. облако **2.** *тлв* (тёмное) пятно (*на изображении*) **3.** скопление; сгусток
~ **of medium height** облако средней высоты
chaff ~ облако дипольных противорадиолокационных отражателей
charge ~ облако заряда
charged ~ заряженное облако
dipole ~ облако дипольных противорадиолокационных отражателей
electron ~ электронное облако
flat-based heap ~ плоское кучевое облако
funnel ~ облачный рукав (*при смерче*)
heap ~ кучевое облако
heap ~ **with vertical development** мощное кучевое облако
high-level ~ облако верхнего яруса
ice-crystal ~ перистое облако
ion ~ ионное облако
ionized ~ ионизированное облако
layer ~ слоистое облако
low-level ~ облако нижнего яруса
luminous ~ серебристое облако
Magellanic ~ Магелланово облако (*галактика*)
medium-level ~ облако среднего яруса
noctilucent ~ серебристое облако
ragged ~ рваное облако
rain ~ дождевое облако
sheet ~ слоистое облако
sheet ~ **arranged in heavy masses** слоисто-кучевое облако
space [spatial]charge ~ облако объёмного заряда (*в твердотельных приборах*); облако пространственного заряда (*в электровакуумных приборах*)

thick layer ~ мощное слоистое облако
vacancy ~ *фтт* скопление вакансий
very high ice-crystal ~ перистое облако
window ~ облако дипольных противорадиолокационных отражателей
wool-pack ~ кучевое облако

clover 1. клевер **2.** клавиша с изображением листа клевера, (служебная) клавиша управления модификацией кодов других клавиш, клавиша «Alt» (*на клавиатуре Apple Macintosh*)
 smoking ~ *вчт проф.* дразнящий клевер (*галлюциногенное изображение*)

club 1. клуб **2.** (игральная) карта трефовой масти **3.** *pl* трефы, трефовая масть (*игральных карт*) **4.** клюшка (*в спортивных компьютерных играх*) || наносить удар клюшкой
 computer ~ компьютерный клуб

clump кластер; группа *или* скопление (*однотипных объектов*) || образовывать кластеры; объединять(ся) в кластеры; группироваться *или* скапливаться (*об однотипных объектах*) || кластерный; групповой
 Bloch line ~ *магн.* кластер блоховских линий

cluster 1. кластер; группа *или* скопление (*однотипных объектов*) || образовывать кластеры; объединять(ся) в кластеры; группироваться *или* скапливаться (*об однотипных объектах*) || кластерный; групповой **2.** *вчт* кластер (*1. описатель данных абстрактного типа 2. группа элементов изображения 3. группа внешних устройств, обслуживаемых одним контроллером*) || выделять кластеры, производить кластеризацию
 ~ of computers кластер компьютеров; группа компьютеров
 ~ of (data) terminal кластер терминалов; группа терминалов
 collapsed vacancy ~ *фтт* разрушенный кластер вакансий
 device ~ кластер устройств; группа устройств
 dislocation ~ *фтт* кластер дислокаций
 equiprobable ~**s** равновероятные кластеры
 ferromagnetic ~ ферромагнитный кластер
 fractal ~ фрактальный кластер
 logical ~ *вчт* логический кластер
 lost ~ *вчт* потерянный кластер
 macroscopic ~ макроскопический кластер
 mesoscopic ~ мезоскопический кластер
 molecular ~ *кв.эл.* молекулярный кластер
 multiple-beam ~ пучок лучей
 nanowire ~ кластер нанопроволок
 physical ~ *вчт* физический кластер
 primary ~ *вчт* первичный кластер
 subcritical ~ субкритический кластер
 terminal ~ *вчт* кластер терминалов
 winning ~ кластер-победитель (*напр. в нейронной сети*)

clustering кластеризация (*1. образование кластеров; объединение в кластеры; группирование или скапливание (однотипных объектов) 2. вчт выделение кластеров*)
 extended ~ создание лингвистических переменных с использованием расширенных кластеров (*в программах извлечения нечётких правил из баз данных*)
 fuzzy ~ нечёткая кластеризация
 k-means ~ кластеризация методом k-средних
 raw ~ создание лингвистических переменных с использованием исходных кластеров (*в программах извлечения нечётких правил из баз данных*)
 scale-invariant ~ масштабно-инвариантная кластеризация
 spatial ~ пространственная кластеризация

clusterization кластеризация (*1. образование кластеров; объединение в кластеры; группирование или скапливание (однотипных объектов) 2. вчт выделение кластеров*)

clutch муфта; зажимное устройство; захват || соединять с помощью муфты; зажимать; захватывать
 magnetic ~ электромагнитная муфта
 magnetic fluid ~ порошковая электромагнитная муфта с жидким наполнителем
 magnetic friction ~ фрикционная электромагнитная муфта
 slipping ~ муфта скольжения

clutter *рлк* мешающие отражения; мешающие эхо-сигналы
 angel ~ «ангелы», ложные отражённые сигналы (*напр. от птиц, зон турбулентности, объектов неизвестной природы*)
 aurora ~ авроральные мешающие отражения
 distributed ~ мешающие отражения от распределённых объектов (*напр. дождя, снега*)
 ground ~ мешающие отражения от земной поверхности *или* наземных предметов
 land ~ мешающие отражения от земной поверхности *или* наземных предметов
 main beam ~ мешающие эхо-сигналы, принимаемые по главному лепестку диаграммы направленности антенны
 precipitation ~ мешающие отражения от атмосферных осадков
 radar ~ мешающие отражения; мешающие эхо-сигналы
 rain (return) ~ мешающие отражения от дождя
 sea ~ мешающие отражения от морской поверхности
 second-time-around ~ повторные мешающие отражения
 side-lobe ~ мешающие эхо-сигналы, принимаемые по боковым лепесткам диаграммы направленности антенны
 wave ~ мешающие отражения от морской поверхности

CMOS 1. комплементарная структура металл – оксид – полупроводник, комплементарная МОП-структура, КМОП-структура **2.** логическая схема на комплементарных МОП-структурах, логическая схема на КМОП-структурах **3.** память на КМОП-структурах **4.** ИС ПЗУ на КМОП-структурах с батарейным питанием для хранения данных о конфигурации компьютера, КМОП-память компьютера (*в BIOS*)
 advanced ~ усовершенствованная комплементарная структура металл – оксид – полупроводник, усовершенствованная КМОП-структура

coalesce 1. коалесцировать, сливаться **2.** *вчт* объединять файлы

coalescence 1. коалесценция, слияние **2.** *вчт* объединение файлов
 ~ of magnetic islands слияние магнитных островов (*в плазме*)

coalescence

electrostatic ~ электрокоалесценция
nuclei ~ слияние зародышей
Coalition:
~ **for Advertising Supported Information and Entertainment** Коалиция для рекламной поддержки средств передачи информации и компьютерных развлечений, организация CASIE
~ **for Networked Information** Коалиция по вопросам обмена информацией в сетях
coanchor второй главный ведущий (*вещательной программы*)
coarse 1. орган [ручка, рукоятка] грубой регулировки или настройки 2. грубый; неплавный (*напр. о настройке*) 3. некачественный; несовершенный 4. крупнозернистый 5. обладающий крупной структурой; не содержащий мелких деталей; крупноструктурный; крупноразмерный 6. неочищенный; нерафинированный; содержащий примеси
coarse-grain 1. крупнозернистый 2. обладающий крупной структурой; не содержащий мелких деталей; крупноструктурный; крупноразмерный
coarsening 1. огрубление 2. укрупнение
normal ~ нормальное укрупнение (*зёрен*)
coarticulation артикуляция с наложением *или* слиянием конечной фазы (*рекурсии*) с начальной (*приступом*)
coast схема для предотвращения срыва автоматического сопровождения выбранной цели (*в случае появления другой цели*)
coat покрытие || покрывать
coater установка для нанесения покрытий
flow ~ установка для нанесения покрытия (*напр. резиста*) методом полива
roller ~ валковая машина для нанесения покрытия (*напр. резиста*)
coating 1. покрытие 2. нанесение покрытия 3. рабочий слой (*магнитной ленты*)
absorbing ~ поглощающее покрытие
anodic ~ анодирование
antenna mirror ~ покрытие зеркала антенны
antiglare ~ антибликовое покрытие (*напр. экрана дисплея*)
antiradar ~ неотражающее покрытие
antireflection ~ 1. неотражающее покрытие 2. *опт.* просветляющее покрытие
antistatic ~ антистатическое покрытие
aquadag ~ покрытие из аквадага
AS ~ *см.* antistatic coating
cathodic ~ катодное покрытие
chrome-dioxide ~ рабочий слой (*магнитной ленты*) из диоксида хрома
cobalt ~ рабочий слой (*магнитной ленты*) из феррита кобальта
conformal ~ *микр.* конформное покрытие
dip ~ нанесение покрытия методом погружения
double resist ~ двухкратное нанесение резиста
electrolytic ~ 1. электролитически осаждённое покрытие, гальваническое покрытие 2. электролитическое осаждение, электроосаждение; гальваностегия, нанесение гальванического покрытия (*методом электролитического осаждения*)
ferrichrome ~ рабочий слой (*магнитной ленты*) из феррита хрома
ferric-oxide ~ рабочий слой (*магнитной ленты*) из оксида железа

flow resist ~ нанесение резиста методом полива
fluidized-bed ~ нанесение покрытия методом псевдоожиженного слоя
peelable ~ отслаивающееся покрытие
photoresist ~ нанесение фоторезиста
plasma arc ~ покрытие, полученное методом распыления в плазме дугового разряда
quarter-wave ~ четвертьволновое покрытие
reflective ~ зеркальное покрытие
remeltable alloy ~ саморасплавляющееся покрытие (*обеспечивающее восстановление соединения при обрыве цепи*)
roller ~ нанесение резиста методом прокатывания
spin ~ *микр.* покрытие, полученное методом центрифугирования
sprayed ~ покрытие, нанесённое методом распыления
water-repellent radome ~ водоотталкивающее покрытие антенного обтекателя
coauthor соавтор || быть соавтором
coax(ial) 1. коаксиальный кабель 2. коаксиальная линия передачи 3. коаксиальный
air-spaced ~ коаксиальный кабель с воздушным диэлектриком
beaded ~ коаксиальный кабель с диэлектрическими (опорными) шайбами
hybrid fiber ~ гибридная сеть с волоконно-оптическими и коаксиальными элементами
coaxswitch коаксиальный переключатель
COBOL язык программирования Кобол, COBOL
cobordism *вчт* кобордизм
co-branding совместное использование товарных знаков (*напр. в рекламе*)
cobs колоколообразные импульсы на экране индикатора, обусловленные непрерывными преднамеренными радиопомехами с частотной модуляцией
cock взводить затвор (*напр. камеры*)
cocktail:
cationic ~ антистатическое катионное жидкое средство (*для распыления в помещениях с ковровым покрытием*)
Downy ~ антистатическое катионное жидкое средство (*для распыления в помещениях с ковровым покрытием*)
cocooning домашний досуг в форме просмотра телевизионных программ *или* видеофильмов
cocurrent параллельный ток
codan устройство запирания приёмника в отсутствие полезного сигнала
Code:
~ **of Fare Information Practices** Кодекс справедливой информационной политики
American Standard ~ **for Information Interchange** Американский стандартный код для обмена информацией, ASCII-код
Extended Binary Coded Decimal Interchange ~ Расширенный двоично-десятичный код для обмена информацией
National Electrical ~ Нормы проектирования, установки и эксплуатации электрического оборудования (*США*)
Uniform Commercial ~ Универсальный (*штриховой*) товарный код, (*штриховой*) товарный код по системе UCC (*США*)
code 1. код (*1. совокупность символов или сигналов и система правил для представления информации в*

виде последовательности элементов такой совокупности 2. вчт программа; текст программы) 2. кодировать (1. представлять информацию в виде последовательности элементов некоторой совокупности символов или сигналов по определённой системе правил 2. вчт программировать) 3. pl вчт скрытые коды (напр. в текстовых редакторах) 4. бион. генетический код 5. модулировать (напр. в системе с дельта-модуляцией) 6. преобразовывать из аналоговой формы в цифровую 7. кодекс

Able ~ фонетический алфавит «Эйбл»
absolute ~ 1. абсолютный код, программа в абсолютных адресах 2. машинный код, программа в машинном коде
access ~ код доступа
adaptive ~ адаптивный код
additional ~ дополнительный код
address ~ тлв временной код; адресно-временной код
air-to-ground liaison ~ код для связи на участке ЛА – Земля
A-law ~ система импульсно-кодовой модуляции с компандированием по А-характеристике
Alfa ~ фонетический алфавит «Альфа»
alphanumeric ~ алфавитно-цифровой код
alternate mark inversion ~ перемежающийся биполярный код, код с чередованием полярности посылок
AMI ~ см. **alternate mark inversion code**
answerback ~ тлф код автоответчика
area ~ тлф код зоны
assembly ~ программа на языке ассемблера
authentication ~ код аутентификации
authorization ~ идентификационный код; код доступа; пароль
automatic ~ автокод
auxiliary ~ вспомогательный код
balanced ~ сбалансированный код
bank ~ идентификационный код банка, BIC (в системе SWIFT)
bar ~ штриховой код
Barker ~ код Баркера
base station identity ~ идентификационный код базовой станции
Baudot ~ код Бодо
BCD ~ см. **binary-coded decimal code**
BCH ~ см. **Bose-Chaudhuri-Hocquenghem code**
binary ~ двоичный код
binary-coded decimal ~ двоично-десятичный код
biorthogonal ~ двоичный ортогональный код
bipolar ~ биполярный код
bipolar with N zero substitution ~ биполярный код с подстановкой N нулей
biquinary ~ двоично-пятеричный код
block ~ блочный код
BNZS ~ см. **bipolar with N zero substitution code**
boot ~ программа загрузки, загрузочная программа (напр. для бездисковых рабочих станций)
bootstrap ~ программа начальной загрузки
Bose-Chaudhuri-Hocquenghem ~ код Боуза — Чоудхури — Хоквингема, код БЧХ
break ~ вчт код размыкания клавиши
brevity ~ сокращённый код
BT ~ см. **burst-trapping code**

burst-correcting ~ код с исправлением пакетов ошибок
burst-detecting ~ код с обнаружением пакетов ошибок
burst-trapping ~ код с фильтрацией пакетов ошибок
byte– ~ байт-код
C/A ~ см. **coarse acquisition code**
cable ~ 1. цветовой код [цветовая маркировка] кабельных жил 2. трёхэлементный код Морзе
cable Morse ~ трёхэлементный код Морзе
call directing ~ тлф код идентификации вызова
call-station ~ вызывной код станции
capacitor color ~ цветовой код [цветовая маркировка] конденсаторов
card ~ код перфокарты
carrier identification ~ код идентификации канала
chain ~ цепной код
channel ~ канальный код
character ~ код символа
circulant ~ циркулянтный код
close-packed ~ плотноупакованный код
coarse acquisition ~ код грубого сопровождения (ИСЗ в системах радиоопределения местоположения), код типа C/A
color ~ цветовой код, цветовая маркировка (схемных элементов и проводников)
color bar ~ код в виде цветных полос
command ~ 1. код операции 2. система команд
complementary ~ дополнительный код
complementary Golay ~ дополнительный код Голея
completion ~ вчт код завершения
computer ~ машинный код, язык машины
computer numerical ~ компьютерный числовой код
concatenated ~ каскадный код
condensation ~ уплотняющий код
condition ~ код ситуации (после выполнения команды), код результата (выполнения команды)
constant-weight ~ код с постоянным весом
Continental ~ Международный код Морзе
control ~ управляющий код
convolution(al) ~ свёрточный код
country ~ региональный кодовый замок (напр. для компакт-дисков формата DVD-Video)
cross-interleaved Read-Solomon ~ код Рида — Соломона с перекрёстным перемежением
cue ~ код режиссёрского канала; магнитные метки режиссёрского канала (для видеомонтажа)
cyclic ~ циклический код
cyclic binary ~ код Грея
decimal ~ десятичный код
decomposable Golay ~ разложимый код Голея
dense binary ~ плотный двоичный код
destination ~ код адресата
device ~ код устройства
diffuse ~ диффузный код
digital ~ цифровой код
direct ~ 1. программа в абсолютных адресах, абсолютный код 2. программа в машинном коде, машинный код
directing ~ тлг вызывной код
dot-and-dash ~ код Морзе
double-adjacent error-correcting ~ код с исправлением двух смежных ошибок

code

drawing ~ графический код
DVD regional ~ региональный кодовый замок для компакт-дисков формата DVD-Video (*1 – Северная Америка, 2 – Япония, Европа, Ближний Восток, Южная Африка, 3 – Юго-Восточная Азия, Гонконг, 4 – Австралия, Новая Зеландия, Центральная и Южная Америка 5 – Северо-Западная Азия, Россия, Северная Африка, 6 - Китай*)
EFM *см.* **eight-to-fourteen modulation code**
EIA color ~ цветовой код [цветовая маркировка] Ассоциации электронной промышленности (*США*)
eight-level ~ восьмиэлементный код
eight-to-fourteen modulation ~ (канальный) код EFM, код с модуляцией 8 – 14, код с преобразованием 8-разрядных символов в 14-разрядные канальные символы (*при цифровой записи на компакт-диск*)
elaborated ~ разработанный код
electrical (safety) ~ правила эксплуатации и обслуживания электрических установок
entropy ~ статистический код
equal-length ~ равномерный код, код с фиксированной длиной
equidistant ~ эквидистантный код
equipment manufacturer ~ код производителя оборудования
error ~ код ошибки
error-control ~ помехоустойчивый [корректирующий] код
error-correcting ~ код с исправлением ошибок
error-detecting ~ код с обнаружением ошибок
error detection and correction ~ код с обнаружением и исправлением ошибок
error-locating ~ код с локализацией ошибок
escape ~ управляющий код
excess-three ~ код с избытком три
executable machine ~ машинный код, программа на машинном языке, программа в машинном коде
extended binary-coded decimal interchange ~ расширенный двоично-десятичный код обмена информацией, EBCDIC-код
extremal ~ экстремальный код
feedback balanced ~ сбалансированный код с обратной связью
fieldata ~ военная схема кодирования информации (*США*)
firewall ~ **1.** защитный код брандмауэра **2.** программные средства защиты от ошибок типа «невозможное событие», программные средства защиты от ошибок типа «can't happen»
five-level ~ пятиэлементный код
fixed-length ~ равномерный код, код с фиксированной длиной
fixed-weight ~ код с постоянным весом
format ~ *вчт* код формата
four-(out-)of-eight ~ код «четыре из восьми», восьмиразрядный код из четырёх единиц и четырёх нулей
fractal ~ фрактальный код
framing ~ **1.** кодовая группа цикловой синхронизации **2.** код фазирования (*напр. в системе «Телетекст»*)
full frame time ~ временной код полного [выпадающего] кадра (*в видеозаписи*)

function ~ *вчт* код функции
GBT ~ *см.* **generalized burst-trapping code**
generalized burst-trapping ~ код с обобщённой фильтрацией пакетов ошибок
genetic ~ генетический код
Golay sequential ~ **1.** последовательный код Голея **2.** стандарт GSC для систем поискового вызова
Gray ~ код Грея
group ~ групповой код
Hamming ~ код Хемминга
hidden ~s *вчт* скрытые коды (*напр. в текстовых редакторах*)
high density bipolar ~ высокоплотный биполярный код
Hollerith ~ код Холлерита
HSF ~ *см.* **Huffman-Shannon-Fano code**
Huffman-Shannon-Fano ~ код Хаффмена — Шеннона —Фано, код ХШФ
ID ~ *см.* **identification code**
identification [identity] ~ **1.** *рлк* опознавательный код **2.** *вчт* идентифицирующий код
inheritance ~ *вчт* код наследования
in-line ~ встраиваемые (*в программу на языке высокого уровня*) команды (*ассемблера или машинного языка*)
instruction ~ **1.** код операции **2.** система команд
interchange ~ код обмена
interlace ~ код с перемежением (*напр. для сжатия видеоданных*)
interleaved ~ код с перемежением (*напр. для сжатия видеоданных*)
International cable ~ трёхэлементный код Морзе
international Morse ~ Международный код Морзе
international standard recording ~ код записи по международному стандарту
interrogation ~ код запроса
interrupt ~ код прерывания
inverted ~ обратный код
iterative ~ итеративный код
jargon ~ код, основанный на использовании жаргона (*в обычном тексте*)
Java ~ система кодирования языка Java
key ~ *вчт* код клавиши
lead color ~ цветовой код [цветовая маркировка] выводов
legacy ~ *вчт проф.* унаследованное программное обеспечение; устаревшее программное обеспечение
line ~ линейный код, линейная программа, программа без переходов и циклов
linear ~ линейный код (*1. код с линейным преобразованием данных 2. линейная программа, программа без переходов и циклов*)
lock ~ *вчт* кодовый замок
longitudinal time ~ продольный временной код (*видео- или аудиограммы*)
loop ~ **1.** программа с циклами **2.** блок организации цикла (*в программе*)
machine ~ машинный код (*1. машинный язык, язык машины 2. программа на машинном языке, программа в машинном коде*)
macro ~ *вчт* макрокоманда
magnetic tape ~ *вчт* код для записи (*данных*) на магнитную ленту
majority-decodable ~ код с мажоритарным декодированием

code

make ~ *вчт* код замыкания клавиши
Manchester ~ код «Манчестер», манчестерский код
Manchester II ~ код «Манчестер II»
manipulation detection ~ код обнаружения манипуляций (*в криптографии*)
manufacturer ~ код (фирмы-)производителя, код (фирмы-)изготовителя
maximally compressed pattern recognition ~ кластер, максимально сжатый код распознавания образа (*в теории адаптивного резонанса*)
message authentication ~ код аутентификации сообщений
Miller ~ код Миллера
minimum redundance ~ код с минимальной избыточностью
mnemonic ~ мнемонический код
mobile country ~ код страны в системе подвижной связи
mobile network ~ код сети подвижной связи
modular ~ модульный код, модульная программа
Moore ~ код Мура
Morse ~ код Морзе
Morse cable ~ трёхэлементный код Морзе (*для подводной телеграфной связи*)
multiple-address ~ код многоадресной команды
multiple-burst ~ код с исправлением многократных пакетов ошибок
mutual ~ взаимный код
N-address ~ код N-адресной команды
N-ary ~ N-ричный код
native ~ 1. программа, оптимизированная для используемого микропроцессора, *проф.* «родная» программа 2. машинный код (*1. машинный язык, язык машины 2. программа на машинном языке, программа в машинном коде*)
nonprint ~ 1. *тлг* служебный управляющий код 2. код запрета печати
nonreturn-to-zero ~ код без возвращения к нулю, код БВН
nonreturn-to-zero inverted ~ код без возвращения к нулю с инверсией, код БВН-И
NRZ ~ *см.* **nonreturn-to-zero code**
NRZI ~ *см.* **nonreturn-to-zero inverted code**
object ~ объектный код, объектная программа
offset binary ~ смещённый двоичный код
on-drop frame time ~ временной код выпадающего [полного] кадра (*в видеозаписи*)
one-level ~ 1. программа в абсолютных адресах, абсолютный код 2. машинный код, программа на машинном языке, программа в машинном коде
open source ~ *вчт* открытый исходный код
operation ~ 1. код операции 2. система команд
order ~ 1. код операции 2. система команд
P ~ *см.* **precision code**
p-~ *вчт* П-код (*1. псевдокод, система команд абстрактной машины 2. система программирования на основе использования абстрактной машины*)
parity(-checking) ~ код с контролем (по) чётности
partial-response ~ код с частичным откликом
path-invariant ~ код, инвариантный к временному сдвигу
perfect ~ совершенный код
permutation ~ перестановочный код

permutation-modulation ~ код перестановочной модуляции
pilot ~ код пилот-сигнала
PN ~ *см.* **pseudonoise code**
polynomial ~ полиномиальный код
position ~ позиционный код
postal ~ почтовый индекс
precision ~ код точного сопровождения (*ИСЗ в системах радиоопределения местоположения*), код типа P
predictive ~ код с предсказанием, предиктивный код
prefix ~ 1. префиксный код 2. *тлф* код зоны
primary address ~ код основного адреса
printer-telegraph [printing-telegraph] ~ код для телеграфных буквопечатающих аппаратов
PRN ~ *см.* **pseudorandom noise code**
progressive ~ код с перемежением (*напр. для сжатия видеоданных*)
progressive/sequential ~ код с перемежением/последовательный код (*в совместимой системе сжатия видеоданных*)
pseudonoise ~ код типа псевдослучайного шума, код PRN
pseudorandom noise ~ код типа псевдослучайного шума, код PRN
pseudo-ternary ~ псевдотроичный код
public ~ открытый код
pulse ~ импульсный код
punched-card ~ код перфокарты
punched-tape ~ код перфоленты
punctured ~ перфорированный код
quasi-cyclic ~ квазициклический код
quasi-perfect ~ квазисовершенный код
quaternary ~ четверичный код
quinbinary ~ двоично-пятеричный код
radar (-type) ~ радиолокационный код
radio paging ~ N 1 1. код N 1 для систем поискового вызова 2. стандарт RPCN1 для кодирования сигналов систем поискового вызова
randomized ~ код с использованием последовательности случайных чисел
Read-Solomon ~ код Рида — Соломона
Read-Solomon product ~ код Рида — Соломона с вычислением произведений
recurrent ~ рекуррентный код
redundancy-reducing ~ код с уменьшением избыточности
redundant ~ избыточный код
Reed-Muller ~ код Рида – Маллера
reenterable ~ *вчт* допускающая рекурсивное *или* параллельное использование программа, *проф.* реентерабельная программа
reentrant ~ *вчт* допускающая рекурсивное *или* параллельное использование программа, *проф.* реентерабельная программа
reflected binary ~ код Грея
reflective ~ циклический код
regional ~ региональный кодовый замок (*напр. для компакт-дисков формата DVD-Video*)
relocatable ~ перемещаемая программа; перемещаемая программа
reserved ~ зарезервированный [запрещённый] код
residue ~ код в остатках
resistor color ~ цветовой код [цветовая маркировка] резисторов

code

restricted ~ ограниченный код
RETMA color ~ Цветовой код [цветовая маркировка] Ассоциации радиоэлектронной и телевизионной промышленности (*США*)
return ~ *вчт* код возврата
return-to-zero ~ код с возвращением к нулю, код ВН
RL ~ *см.* **run-length code**
RMA color ~ цветовой код [цветовая маркировка] Ассоциации радиопромышленности (*США*)
robust ~ робастный код
routing ~ код маршрута (*в сетях*)
run-length ~ код по длинам серий
RZ ~ *см.* **return-to-zero code**
salami ~ *вчт проф.* программа-салями (*для последовательного похищения небольших сумм со счетов при электронных банковских операциях*)
scan ~ *вчт* скан-код, идентификационный код клавиши (*клавиатуры компьютера*)
search ~ код поиска
secret ~ секретный код
self-checking ~ код с обнаружением ошибок
self-complementing ~ самодополняющийся код
self-correcting ~ код с исправлением ошибок
self-documenting ~ самодокументированная программа
self-dual ~ самодуальный код
self-modifying ~ самомодифицирующаяся программа
self-validating ~ 1. код с автоматической проверкой правильности данных; код с автоматической проверкой достоверности результатов 2. программа с автоматической проверкой правильности данных; программа с автоматической проверкой достоверности результатов
sequential ~ последовательный код (*напр. для сжатия видеоданных*)
servo ~ сервокод, (рабочие) данные для сервосистемы, сервоинформация, серводанные (*на жёстком магнитном диске*)
servo Gray ~ сервокод Грея (*для сервометок жёсткого магнитного диска*)
seven-unit teleprinter ~ семиэлементный код телетайпа
SF ~ *см.* **Shannon-Fano code**
Shannon-Fano ~ код Шеннона — Фано
shift ~s коды дополнительного регистра
short ~ 1. сокращённый код 2. сокращённая система команд
signature ~ *вчт* сигнатура
simplex ~ симплексный код
single-burst ~ код с исправлением одиночных пакетов ошибок
SMPTE control ~ *тлв* код управления SMPTE
SMPTE time ~ *тлв* временной код SMPTE
source ~ 1. код источника 2. исходный код, исходная программа
spaghetti ~ *вчт* плохо структурированная программа; программа с избыточным количеством операторов безусловного перехода, *проф.* программа-спагетти
specific ~ 1. программа в абсолютных адресах, абсолютный код 2. машинный код, программа на машинном языке, программа в машинном коде
station-identification ~ опознавательный код станции
stochastic ~ стохастический код
stop ~ *вчт* код останова
straight-line ~ линейный код, линейная программа, программа без переходов и циклов
substitution error-correcting ~ код с исправлением ошибок замещения символов
synchronization error-correcting ~ код с исправлением ошибок синхронизации
systematic ~ систематический код
systematic error-checking ~ код с обнаружением систематических ошибок
tape ~ код ленты
telegraph ~ телеграфный код
teletype ~ код телетайпа
teletypewriter ~ международный телеграфный код № 2, МТК-2
threaded ~ *вчт* шитый код
time ~ временной код; адресно-временной код (*видео- или аудиограммы*)
time address ~ адресно-временной код
time-invariant ~ код, инвариантный к временному сдвигу
transaction ~ код транзакции
transfer authentication ~ код аутентификации передачи
transorthogonal ~ трансортогональный код
transparent ~ прозрачный код
tree ~ древовидный код
trellis ~ решётчатый код
twinned-binary ~ псевдотроичный код
two-(out-)of-five ~ код «два из пяти», пятиразрядный код из двух единиц и трёх нулей *или* из трёх единиц и двух нулей
two-part ~ код для засекречивания речевых сообщений путём наложения последовательности случайных чисел
unbreakable ~ нераскрываемый код
unipolar ~ униполярный код
unit disparity ~ несбалансированный двоичный код (*с асимметрией в одном символе*)
unit-memory ~ код с памятью на один символ
Universal ~ *вчт* Универсальный (16-битный) код (представления символов), код Unicode
universal product ~ универсальный товарный код
variable-length ~ неравномерный код
variable-rate ~ код с переменной скоростью
Walsh ~ код Уолша
weighted ~ взвешенный (позиционный) код
word ~ правила и система символов для представления информации
Wyner-Ash ~ код Вайнера – Эша
zero-disparity ~ сбалансированный двоичный код
ZIP [zip] ~ почтовый индекс
codebook кодовая книга; кодовый словарь
codebreaker 1. специалист по взламыванию кодов 2. специалист по взламыванию шифров; специалист по криптоанализу
codebreaking 1. взламывание кода 2. взламывание шифра; криптоанализ
codec 1. кодек, кодер-декодер (*1. устройство 2. компьютерная программа; алгоритм или метод*) 2. модем (*в системе с дельта-модуляцией*)
audio ~ аудиокодек
audio compression ~ аудиокодек со сжатием [уплотнением] данных

coding

Cinepak ~ *вчт* программный кодек Cinepak (*для воспроизведения «живого» видео с разрешением 320×240 пикселей*)
convolutional ~ свёрточный кодек
delta modulation ~ дельта-модем
Digital Video Interactive ~ аппаратный кодек DVI (*для сжатия [уплотнения] видеоданных о изображениях движущихся объектов с коэффициентом до 160:1 и записи звукового сопровождения*)
DVI ~ *см.* **Digital Video Interactive codec**
Indeo ~ аппаратный кодек Indeo (*для воспроизведения «живого» видео с разрешением 320×240 пикселей*)
interfield video ~ межполевой видеокодек
interframe video ~ межкадровый видеокодек
intrafield video ~ внутриполевой видеокодек
intraframe video ~ внутрикадровый видеокодек
JPEG ~ алгоритм JPEG (*для сжатия [уплотнения] видеоданных о изображениях неподвижных объектов*)
M-JPEG ~ *см.* **Motion JPEG codec**
Motion JPEG ~ алгоритм M-JPEG (*для сжатия [уплотнения] видеоданных о изображениях движущихся объектов*)
PCM ~ *см.* **pulse-coded modulation codec**
pulse-coded modulation ~ кодек системы с импульсно-кодовой модуляцией
source ~ кодек источника
video ~ видеокодек
voiceband ~ кодек речевого канала
Wyner-Ash ~ кодек Вайнера – Эша
codeclination дополнение (*по дуге большого круга*) к склонению (*светила*)
codelet механизм концептуального сжатия в моделях структурного отображения, *проф.* коделет
coder 1. кодер (*1. устройство 2. компьютерная программа; алгоритм или метод*) 2. кодер системы цветного телевидения 3. модулятор (*в системе с дельта-модуляцией*) 4. аналого-цифровой преобразователь, АЦП 5. кодировщик 6. программист
adaptive ~ адаптивный кодер
amplitude ~ амплитудный кодер
channel ~ канальный кодер
color ~ кодер системы цветного телевидения
differential ~ дифференциальный кодер
EFM *см.* **eight-to-fourteen modulation coder**
eight-to-fourteen modulation ~ EFM-кодер, кодер системы с модуляцией 8 – 14, преобразователь 8-разрядных символов в 14-разрядные канальные символы (*при цифровой записи на компакт-диск*)
error-correcting ~ кодер с исправлением ошибок
image ~ кодер изображения
interfield ~ межполевой кодер
interframe ~ межкадровый кодер
linear predictive ~ кодер с линейным предсказанием
low-bit-rate ~ низкоскоростной кодер
noise-shaping ~ кодер с фильтрацией и преобразованием шума
oversampled ~ кодер с избыточной дискретизацией, кодер с передискретизацией
partial-response ~ кодер с частичным откликом; кодер с весовым откликом

perceptual audio ~ кодер воспринимаемых цифровых аудиосигналов, кодер типа PAC
predictive ~ кодер с предсказанием, предиктивный кодер
pulse ~ кодер импульсной последовательности
pulse-duration ~ кодер системы с широтно-импульсной модуляцией
source ~ кодер источника
speech ~ вокодер
stereophonic ~ стереокодер
ternary ~ кодер троичных сигналов
voice ~ вокодер
Wyner-Ash ~ кодер Вайнера — Эша
codewalker преобразователь программ (*для обеспечения их работоспособности в конкретном окружении*)
codeword кодовое слово, кодовая комбинация
codificate кодифицировать; индексировать
codification кодификация; индексирование
codified кодифицированный; индексированный
codifier кодификатор; индексатор
codify кодифицировать; индексировать
coding 1. кодирование (*1. представление информации в виде последовательности элементов некоторой совокупности символов или сигналов по определённой системе правил 2. вчт программирование*) 2. модуляция (*напр. в системе с дельта-модуляцией*) 3. преобразование из аналоговой формы в цифровую
absolute ~ 1. программирование в абсолютных адресах 2. программирование в машинном коде
adaptive ~ адаптивное кодирование
adaptive transform acoustic ~ стандарт ATRAC, сжатие аудиоданных с адаптивным преобразованием при цифровой магнитооптической звукозаписи на минидиски (*формата Minidisk*)
alphabetic ~ алфавитное кодирование
alpha-geometric ~ алфавитно-геометрическое кодирование
alpha-photographic ~ алфавитно-фотографическое кодирование
alternate mark inversion ~ кодирование с чередованием полярности посылок
AMI ~ *см.* **alternate mark inversion coding**
angle [angular] ~ угловое кодирование
antinoise ~ помехоустойчивое кодирование
automatic ~ *вчт* 1. автоматизированное программирование 2. трансляция
binary ~ двоичное кодирование
bipolar ~ биполярное кодирование
bit-by-bit ~ поэлементное кодирование; *вчт* поразрядное кодирование
biternary ~ битроичное кодирование
blink rate ~ кодирование частотой вспышек
block ~ блочное кодирование
block-to-block ~ поблочное кодирование
channel ~ канальное кодирование
color ~ 1. цветовая маркировка (*схемных элементов и проводников*) 2. кодирование в системе цветного телевидения 3. *вчт* кодирование цветом (*для идентификации записей различного типа*)
component ~ компонентное кодирование, кодирование составляющих видеосигнала
composite ~ композитное кодирование, кодирование полного видеосигнала

conditional replenishment ~ кодирование с условным замещением
contour ~ кодирование контуров (*изображений*)
convolution(al) ~ свёрточное кодирование
depth ~ кодирование по глубине расположения (*в дисплеях с объёмным отображением информации*)
deviations from means ~ кодирование отклонениями от средних
digital ~ цифровое кодирование
direct-feedback ~ кодирование с прямой и обратной связью
display ~ кодирование отображаемой информации
double-frequency ~ *тлг* кодирование методом частотной манипуляции
duobinary ~ парное двоичное кодирование, *проф.* дуобинарное кодирование
eight-to-fourteen modulation ~ EFM-кодирование, модуляция 8 – 14, преобразование 8-разрядных символов в 14-разрядные канальные символы (*при цифровой записи на компакт-диск*)
entropy ~ статистическое кодирование
fractal ~ фрактальное кодирование
fractal block ~ блочное фрактальное кодирование
fuzzy ~ 1. нечёткое кодирование 2. нечёткое программирование
gap ~ пробельное кодирование
grid ~ решётчатое кодирование
Hadamard transform image ~ кодирование изображений с использованием преобразования Адамара
hash ~ *вчт* хэширование
image ~ кодирование изображений
image sequence ~ кодирование последовательности кадров
interfield ~ *тлв* межполевое кодирование
interframe ~ *тлв* межкадровое кодирование
interleaved ~ кодирование с перемежением (*напр. для сжатия видеоданных*)
intraframe ~ внутрикадровое кодирование
linear ~ линейное кодирование (*1. кодирование с линейным преобразованием данных 2. линейное программирование, программирование без переходов и циклов*)
luminance ~ яркостное кодирование (*в дисплеях*)
MIDI ~ кодирование по MIDI-стандарту
minimum-access ~ кодирование с минимизацией времени доступа
modular ~ модульное кодирование, модульное программирование
multilevel ~ многопозиционное кодирование
numeric ~ цифровое кодирование
parametric ~ параметрическое кодирование
partial-response ~ кодирование с частичным откликом
picture ~ кодирование изображений
plateau ~ кодирование по участкам
precision adaptive subband ~ точное адаптивное поддиапазонное кодирование, алгоритм цифровой записи звука в формате DCC
predictive ~ кодирование с предсказанием, предиктивное кодирование
program ~ составление программы на языке программирования; программирование
progressive ~ кодирование с перемежением (*напр. для сжатия видеоданных*)

pulse-width ~ кодирование методом широтно-импульсной модуляции
relative ~ кодирование в относительных адресах, программирование в относительных адресах
reply ~ ответное кодирование
robust ~ робастное кодирование
run-length ~ кодирование по длинам серий
run-length limited ~ кодирование по сериям ограниченной длины
sequential ~ последовательное кодирование (*напр. для сжатия видеоданных*)
serial ~ последовательное кодирование (*напр. для сжатия видеоданных*)
shape ~ 1. кодирование по форме (*в дисплеях*) 2. использование кнопок и ручек регуляторов специальной формы (*для облегчения идентификации и тактильного восприятия*)
slant transform ~ кодирование (*изображений*) S-преобразованием, кодирование (*изображений*) двумерным преобразованием с несимметричной матрицей специального вида
size ~ кодирование по размеру (*в дисплеях*)
source ~ 1. кодирование источника 2. исходное кодирование, исходное программирование
space-time ~ пространственно-временное кодирование
specific ~ программирование в абсолютных адресах
structured ~ 1. структурное кодирование 2. структурное программирование
subsampling ~ кодирование с субдискретизацией, кодирование с пониженной (*по отношению к минимально допустимой*) частотой дискретизации
symbolic ~ символьное программирование, программирование на символическом (псевдо)языке
symbology ~ кодирование по форме (*в дисплеях*)
transformation ~ кодирование с использованием преобразования
transition ~ кодирование по переходу между цветными полосами
two-dimensional transform ~ кодирование (*изображений*) с использованием двумерного преобразования
variable-length ~ кодирование по сериям переменной длины
video ~ кодирование видеосигнала
Walsh ~ кодирование по Уолшу
waveform ~ кодирование формы сигнала
Weston ~ *тлв* (компонентное цифровое) кодирование Вестона
width ~ кодирование методом широтно-импульсной модуляции
co(-)directional сонаправленный
codistor кодистор (*многопереходный полупроводниковый прибор*)
codomain кодомен; кообласть; образ (*при отображении*); область значений (*функции*)
codress текст с закодированным адресом (*в криптографии*)
coefficient 1. коэффициент; константа; постоянная 2. действующий совместно; взаимодействующий
~ **of beam utilization** коэффициент использования светового потока
~ **of contingency** коэффициент сопряжённости
~ **of determination** коэффициент детерминации (*при регрессии*)

coefficient

~ **of fineness** *опт.* коэффициент резкости
~ **of harmonic distortion** коэффициент нелинейных искажений, КНИ
~ **of induction** индуктивность
~ **of linear thermal expansion** коэффициент линейного теплового расширения
~ **of mutual induction** взаимная индуктивность
~ **of reflection 1.** коэффициент отражения; отражательная способность **2.** коэффициент рассогласования (*отношение мощности, отдаваемой генератором в нагрузку, к мощности, отдаваемой в режиме согласования*)
~ **of regression** *вчт* коэффициент регрессии
~ **of variation** коэффициент вариации (*случайной величины или распределения вероятностей*)
~ **of volume thermal expansion** коэффициент объёмного теплового расширения
absolute Peltier ~ абсолютный коэффициент Пельтье
absorption ~ коэффициент поглощения
acoustic-absorption ~ коэффициент звукопоглощения
acoustic noise reduction ~ средний коэффициент звукопоглощения (*в интервале частот 256 – 2048 Гц*)
acoustic-transmission ~ коэффициент звукопроницаемости
active reflection ~ коэффициент отражения элемента антенной решётки (*при условии возбуждения всех остальных элементов*)
activity ~ коэффициент активности
adhesion ~ коэффициент адгезии
adjusted for degrees of freedom ~ **of determination** коэффициент детерминации, скорректированный с учётом числа степеней свободы
ambipolar diffusion ~ коэффициент (ам)биполярной диффузии
amplification ~ коэффициент усиления
amplitude coupling ~ коэффициент связи по амплитуде
Ångström ~ коэффициент Ангстрема (*коэффициент пропорциональности в формуле для рассеяния света атмосферной пылью*)
atomic absorption ~ атомный коэффициент поглощения
attenuation ~ **1.** коэффициент ослабления; коэффициент затухания, декремент **2.** постоянная потерь (*четырёхполюсника*)
Auger ~ коэффициент Оже (*отношение выхода оже-электронов к выходу флуоресценции*)
autocorrelation ~ коэффициент (авто)корреляции
autoregression ~ коэффициент авторегрессии
avalanche ~ коэффициент ударной ионизации при лавинном пробое
backscattering ~ моностатическая [однопозиционная] эффективная площадь отражения, эффективная площадь отражения в обратном направлении (*для определённой поляризации рассеянного излучения*)
barrier-transmission ~ коэффициент прохождения [коэффициент пропускания] (потенциального) барьера
beam coupling ~ коэффициент взаимодействия (*в электронно-лучевых СВЧ-приборах*)
beta ~ коэффициент бета (*в уравнении регрессии*)
binomial ~ **s** биномиальные коэффициенты

brightness ~ коэффициент яркости
bulk-wave piezoelectric-coupling ~ коэффициент электромеханической связи для объёмной волны
capacitance ~ коэффициент ёмкости (*системы проводящих тел*)
carrier diffusion ~ коэффициент диффузии носителей заряда
charge removal ~ коэффициент удаления заряда
chromatic ~**s** цветовые координаты
chromaticity ~**s** координаты цветности
Clebsh-Gordon ~**s** *кв. эл.* коэффициенты Клебша – Гордона
confidence ~ коэффициент доверия
correlation ~ коэффициент корреляции
coupling ~ коэффициент связи
current reflection ~ коэффициент отражения по току
damage ~ коэффициент повреждения
damping ~ коэффициент затухания, декремент; коэффициент ослабления
decay ~ **1.** коэффициент затухания, декремент; коэффициент ослабления **2.** постоянная распада
deflection ~ коэффициент отклонения (*ЭЛТ*)
demagnetizing ~ размагничивающий фактор, коэффициент размагничивания
derivative-action ~ коэффициент воздействия по производной
diffusion ~ коэффициент диффузии
distribution ~ **1.** коэффициент распределения **2.** *pl тлв* ординаты кривых сложения; удельные координаты
Einstein ~**s** *кв. эл.* коэффициенты Эйнштейна, вероятности переходов
elastic-compliance ~ коэффициент упругой податливости
elastic-stiffness ~ коэффициент упругости, коэффициент упругой жёсткости
electrical reflection ~ коэффициент отражения по электрическому полю
electrocaloric ~ электрокалорический коэффициент
electromechanical-coupling ~ коэффициент электромеханической связи
electron-tube differential [**electron-tube incremental**] ~**s** дифференциальные параметры электронной лампы
electrooptic ~ электрооптический коэффициент
electrostatic-induction ~**s** коэффициенты электростатической индукции
excitation ~**s** относительные комплексные амплитуды возбуждения (*элементов антенной решётки*)
expansion ~ коэффициент теплового расширения
extinction [**extinguishing**] ~ коэффициент поглощения
F ~ *см.* Fourier coefficient
feeding ~**s** относительные комплексные амплитуды возбуждения (*элементов антенной решётки*)
Fourier ~ коэффициент Фурье
Fresnel ~ коэффициент Френеля
fuzzy ~ нечёткий коэффициент
gap ~ коэффициент взаимодействия (*в электронно-лучевых СВЧ-приборах*)
Hall ~ коэффициент Холла
image attenuation ~ характеристическая постоянная потерь (*несимметричного четырёхполюсника*)

coefficient

image phase(-change) ~ характеристическая постоянная распространения (*несимметричного четырёхполюсника*)
image transfer ~ характеристическая постоянная передачи (*несимметричного четырёхполюсника*)
impurity diffusion ~ *фтт* коэффициент диффузии примеси
incomplete (charge-transfer) ~ коэффициент неэффективности передачи заряда
integral-action ~ коэффициент интегрального воздействия
intensity coupling ~ коэффициент связи по интенсивности
interdiffusion ~ коэффициент взаимной диффузии
kinetic ~ кинетический коэффициент
linear absorption ~ линейный коэффициент поглощения
luminance [luminosity] ~s цветовые модули
luminous ~ относительная световая эффективность
magnetoelastic-conpling ~ коэффициент магнитоупругой связи
magnetomechanical-coupling ~ коэффициент магнитомеханической связи
magnetooptic ~ магнитооптический коэффициент
magnetoresistance ~ коэффициент магнитосопротивления, магниторезистивный коэффициент
magnetostriction ~ константа магнитострикции
mass absorption ~ массовый коэффициент поглощения
molecular-field ~ *магн.* постоянная молекулярного поля
multiple correlation ~ коэффициент множественной корреляции
mutual-coupling ~ коэффициент связи
noise-reduction ~ коэффициент шумопонижения
optical-coupling ~ коэффициент оптической связи
optical transmission ~ оптический коэффициент прохождения, оптический коэффициент пропускания
partial correlation ~ парциальный [частный] коэффициент корреляции
path ~ множитель ослабления, обусловленный выбором трассы (*распространения радиоволн*)
Pearson correlation ~ коэффициент корреляции Пирсона
Peltier ~ коэффициент Пельтье
phase(-change) ~ 1. фазовая постоянная; коэффициент фазы 2. постоянная распространения (*четырёхполюсника*)
photocurrent ~ токовая чувствительность фотоприёмника к световому потоку
piezoelectric ~ пьезоэлектрический коэффициент
piezoelectric-coupling ~ коэффициент электромеханической связи
potential ~s компоненты тензора, обратного тензору коэффициентов электростатической индукции
production ~ коэффициент умножения (*каскада фотоэлектронного умножителя*)
programming ~ отношение изменения сопротивления регулирующего элемента к изменению выходного напряжения (*в управляемых выпрямителях*)
propagation ~ постоянная распространения; коэффициент распространения
proportional-action ~ коэффициент усиления (*в системе автоматического регулирования*)

quadratic electrooptic ~ квадратичный электрооптический коэффициент, электрооптическая константа Керра
quantum-mechanical transmission ~ квантовомеханический коэффициент прохождения, квантовомеханический коэффициент пропускания
reciprocity ~ коэффициент взаимности (*отношение чувствительностей электроакустического преобразователя в режимах микрофона и громкоговорителя*)
recombination ~ коэффициент рекомбинации
reflection ~ коэффициент отражения
regression ~ коэффициент регрессии
relative Peltier ~ приведённый коэффициент Пельтье
relative Seebeck ~ приведённый коэффициент термоэдс
reliability ~ коэффициент надёжности
reverberation absorption ~ коэффициент звукопоглощения для диффузного (звукового) поля
reverberation reflection ~ коэффициент звукоотражения для диффузного (звукового) поля
reverberation transmission ~ коэффициент звукопроницаемости для диффузного (звукового) поля
Sabine ~ средний коэффициент звукопоглощения
sample correlation ~ выборочный коэффициент корреляции
scattering ~ коэффициент рассеяния
secondary electron-emission ~ коэффициент вторичной электронной эмиссии
Seebeck ~ коэффициент термоэдс
skewness ~ коэффициент асимметрии (*распределения случайной величины*)
slope ~ угловой коэффициент, коэффициент наклона
small-signal coupling ~ малосигнальный коэффициент связи
sound-absorption ~ коэффициент звукопоглощения
sound-reflection ~ коэффициент звукоотражения
sound-transmission ~ коэффициент звукопроницаемости
Spearman (rank) correlation ~ коэффициент (ранговой) корреляции Спирмена
specific ionization ~ удельный коэффициент ионизации
spin-phonon absorption ~ коэффициент спин-фононного поглощения
standardized ~ нормированный коэффициент
synchronizing ~ коэффициент синхронизации
temperature ~ температурный коэффициент, ТК
temperature ~ **of capacitance** температурный коэффициент ёмкости, ТКЕ
temperature ~ **of delay** температурный коэффициент (времени) задержки, ТКЗ
temperature ~ **of frequency** температурный коэффициент частоты, ТКЧ
temperature ~ **of Geiger-Muller threshold** температурный коэффициент порога Гейгера – Мюллера
temperature ~ **of permeability** температурный коэффициент магнитной проницаемости, ТКμ
temperature ~ **of resistance** температурный коэффициент сопротивления, ТКС
temperature ~ **of voltage drop** температурный коэффициент падения напряжения (*для стабилитрона*)

thermal expansion ~ коэффициент теплового расширения; температурный коэффициент расширения, ТКР
thermoelectric ~ **of performance** кпд термоэлемента
Thomson (heat) ~ коэффициент Томсона
Townsend ~ коэффициент Таунсенда
transfer ~ постоянная передачи (*четырёхполюсника*)
transmission ~ коэффициент прохождения; коэффициент пропускания
transport ~ *пп* коэффициент переноса
tube ~**s** параметры электронной лампы
variation ~ коэффициент вариации (*случайной величины*)
voltage reflection ~ коэффициент отражения по напряжению
Walsh ~**s** коэффициенты Уолша
weighting ~ весовой множитель; весовая функция; вес

coerce 1. принуждать; вынуждать; заставлять **2.** приводить (*напр. в установленные пределы*); смещать; (принудительно) устанавливать **3.** *вчт* автоматически преобразовывать типы в зависимости от контекста, *проф.* приводить типы

coerced 1. принуждённый; вынужденный **2.** приведённый (*напр. в установленные пределы*); смещённый; (принудительно) установленный **3.** *вчт* автоматически преобразованный в зависимости от контекста, *проф.* приведённый (*о типах*)

coercimeter коэрцитиметр

coercion 1. принуждение; вынуждение **2.** приведение (*напр. в установленные пределы*); смещение; (принудительная) установка **3.** *вчт* автоматическое контекстно-зависимое преобразование типов, *проф.* приведение (*типов*)

coercivity 1. коэрцитивность **2.** коэрцитивная сила
bulk ~ объёмная коэрцитивная сила
cyclic ~ циклическая коэрцитивная сила
dynamic ~ динамическая коэрцитивная сила
intrinsic ~ максимальная собственная коэрцитивная сила
static ~ статическая коэрцитивная сила
surface ~ поверхностная коэрцитивная сила
volume ~ объёмная коэрцитивная сила

co-evolution коэволюция
cofactor *вчт* кофактор
cofunction *вчт* тригонометрическая функция дополнительного угла
cog 1. зуб(ец) (*напр. шестерни*) **2.** второстепенная стадия (*процесса*); второстепенный элемент (*системы*)
cogging изменение мгновенной скорости вращения и момента электрического двигателя (*за счёт зубцовых составляющих поля*)
cognition 1. познание **2.** познавательная способность
cognitional познавательный
cognitive относящийся к процессу познания, когнитивный; познавательный
cognitron когнитрон (*1. алгоритм обучения искусственных нейронных цепей 2. искусственная нейронная сеть с обучением по алгоритму типа «когнитрон»*)
COGO проблемно-ориентированный язык программирования COGO (*для геометрических приложений*)

cohere 1. обладать когерентностью; быть когерентным **2.** обладать логической связностью; не обнаруживать логических противоречий **3.** связываться; сцепляться **4.** быть связным; образовывать единое целое; объединяться; слипаться **5.** согласовываться; быть согласованным **6.** проявлять когезию, обладать связью в пределах одной фазы (*о молекулах, атомах или ионах*)

coherence 1. когерентность **2.** логическая связность; отсутствие логических противоречий **3.** связь; сцепление; сцеплённость **4.** связность; целостность; объединение **5.** связность пикселей (*в компьютерной графике*) **6.** согласование **7.** когезия
~ **in quantum computers** когерентность в квантовых компьютерах
~ **of transitions** *кв. эл.* когерентность переходов
complete ~ полная когерентность
frame-frame ~ межцикловая когерентность
long-range ~ когерентность дальнего порядка
mutual ~ взаимная когерентность
n-th-order ~ когерентность *n*-го порядка
optical ~ оптическая когерентность
partial ~ частичная когерентность
phase ~ фазовая когерентность
pixel ~ связность пикселей
quantum ~ квантовая когерентность
short-range ~ когерентность ближнего порядка
space [spatial] ~ пространственная когерентность
structural ~ структурная когерентность
temporal [time] ~ временная когерентность

coherence-invariant *вчт* когерентно-инвариантный

coherency 1. когерентность **2.** логическая связность; отсутствие логических противоречий **3.** связь; сцепление; сцеплённость **4.** связность; целостность; объединение **5.** связность пикселей (*в компьютерной графике*) **6.** согласование **7.** когезия
cache ~ целостность данных в кэш-памяти

coherent 1. когерентный **2.** логически связный; логически не противоречивый **3.** связанный; сцеплённый **4.** связный; целостный; объединённый **5.** согласованный **6.** когезионный

coherer когерер

cohesion 1. связывание; сцепление **2.** связь; сцепление; сцеплённость **3.** связность; целостность; объединённое состояние **4.** согласованность **5.** когезия ◊ ~ **in module** сцеплённость модуля
coincidental ~ конъюнктурная сцеплённость
communicational ~ коммуникационная сцеплённость
functional ~ функциональная сцеплённость
logical ~ логическая сцеплённость
procedural ~ процедурная сцеплённость
sequential ~ последовательная сцеплённость
spatial ~ пространственная сцеплённость
temporal ~ временная сцеплённость

cohesive 1. связующий **2.** связывающий; сцепляющий **3.** связывающий; объединяющий **4.** согласующий **5.** когезив ∥ когезионный

cohesiveness когезионная способность

coho когерентный гетеродин (*когерентно-импульсной РЛС*)

cohort 1. сообщество; группа *вчт* **2.** особь; экземпляр (*в популяции*) **3.** *вчт* когорта
hypothetical ~ гипотетическая когорта

coil 1. спираль ∥ формировать спираль; скручивать в спираль **2.** виток (*спирали*) **3.** обмотка; намотка;

coil

катушка ‖ обматывать(ся); наматывать(ся) **4.** катушка индуктивности **5.** соленоид **6.** рулон (*напр. перфоленты*) **7.** навивка ‖ навивать(ся) **8.** клубок (*полимерной цепи*) ‖ образовывать клубок (*полимерной цепи*)
~ **of wire** соленоид
air-core(d) ~ катушка индуктивности без сердечника
antenna ~ антенная катушка
antenna loading ~ удлинительная катушка антенны
anti-sidetone induction ~ телефонная индукционная катушка [телефонный трансформатор] противоместной схемы
armature ~ **1.** катушка якоря (*электромагнитного громкоговорителя*); обмотка якоря (*электрической машины*) **2.** обмотка ротора
axially-symmetric ~ осесимметричная катушка
B ~ измерительная катушка тесламетра
balance ~ симметрирующая катушка
base-loaded ~ удлинительная катушка (*антенны*)
bending ~ отклоняющая катушка
bent-head ~ катушка с изогнутыми торцами
bias ~ обмотка подмагничивания
bifilar ~ бифилярная обмотка
blank ~ рулон неиспользованной перфоленты
blow-out ~ катушка магнитного дутья
bridging ~ шунтирующая катушка
bubble memory ~ катушка для создания магнитного поля в ЗУ на ЦМД
bucking ~ **1.** компенсационная обмотка; компенсационная катушка **2.** противофонная катушка (*электродинамического громкоговорителя*)
bypass ~ шунтирующая катушка
cancellation ~ компенсационная обмотка; компенсационная катушка
carrier isolating choke ~ (электрический) дроссель схемы развязки по несущей (*в линии ВЧ-связи*)
carrier tap choke ~ (электрический) дроссель схемы развязки по несущей в ответвлении (*линии ВЧ-связи*)
carrier tap transmission choke ~ (электрический) дроссель схемы контроля уровня несущей в ответвлении (*линии ВЧ-связи*)
centering ~ центрирующая катушка
choke ~ (электрический) дроссель
circular-head ~ катушка с закруглёнными торцами
closing ~ замыкающая катушка (*автоматического выключателя*)
coiled ~ биспираль (*электрической лампы*)
compensating ~ компенсационная обмотка; компенсационная катушка
composite IF ~ катушка индуктивности контуров ПЧ и гетеродина на общем каркасе
concentric-wound ~ катушка с концентрическими обмотками
convergence ~ *тлв* катушка сведения лучей
core ~ **1.** катушка индуктивности с сердечником **2.** обмотка сердечника
cored ~ катушка индуктивности с сердечником
correction ~ корректирующая катушка
coupling ~ катушка связи
crisscross ~ **1.** корзиночная обмотка **2.** катушка индуктивности с корзиночной обмоткой
deflecting [deflection] ~ отклоняющая катушка

degaussing [demagnetizing] ~ размагничивающая катушка
diamond ~ равносекционная обмотка
digit ~ *вчт* разрядная обмотка
donut ~ кольцевая катушка
double-wound ~ катушка с двумя обмотками (*на общем сердечнике*)
doughnut ~ кольцевая катушка
drainage ~ отводная катушка
duolateral ~ катушка индуктивности с сотовой обмоткой
dust-core ~ катушка индуктивности с ферритовым сердечником
electrically variable ~ ферровариометр с электрическим управлением (*с двумя U-образными сердечниками*)
electromagnetic ~ **1.** катушка индуктивности **2.** соленоид
electromagnetic-deflection ~ отклоняющая катушка (*передающей телевизионной трубки с магнитным отклонением*)
elevator ~ *тлв* согласующий трансформатор
energizing ~ обмотка возбуждения; катушка возбуждения
exciting ~ обмотка возбуждения; катушка возбуждения
exploring ~ измерительная катушка
ferrite(-core) ~ катушка индуктивности с ферритовым сердечником
field ~ обмотка возбуждения; катушка возбуждения
field-neutralizing ~ размагничивающая катушка (*кинескопа*)
flip ~ измерительная катушка баллистического [импульсно-индукционного] тесламетра
focusing ~ фокусирующая катушка
form-wound ~ шаблонная катушка, катушка специальной формы
frame ~ центрирующая катушка
frame-deflection ~ *тлв* кадровая отклоняющая катушка
GA ~ *см.* **gap-air coil**
gap-air ~ катушка с шаговой обмоткой
ground-equalizer ~ уравновешивающая катушка (*заземлённой антенны*)
guidance ~ направляющая катушка (*в системе с магнитной левитацией*)
H ~ измерительная катушка тесламетра
hairpin ~ катушка U-образной формы
head ~ обмотка (магнитной) головки
heat ~ предохранитель, основанный на тепловом действии тока
Helmholtz ~**s** катушки Гельмгольца
holding ~ обмотка самоблокировки
honeycomb ~ катушка индуктивности с сотовой обмоткой
horizontal-deflection ~ **1.** катушка горизонтального отклонения **2.** *тлв* строчная отклоняющая катушка
hum-bucking ~ противофонная катушка (*электродинамического громкоговорителя*)
hybrid ~ **1.** гибридный трансформатор **2.** *тлф* дифференциальная система, дифсистема
ignition ~ катушка зажигания
impedance ~ (электрический) дроссель
impregnated ~ обмотка с пропиткой

inductance ~ катушка индуктивности
induction ~ 1. индукционная катушка 2. индуктор 3. катушка зажигания
iron-core ~ катушка с железным сердечником
kicking ~ (электрический) реактор
lattice-wound ~ дроссель индуктивности с сотовой обмоткой
line-deflection ~ *тлв* строчная отклоняющая катушка
load ~ индуктор электронагревателя
loading ~ 1. удлинительная катушка (*антенны*) 2. *тлф* пупиновская катушка
loudspeaker voice ~ звуковая катушка громкоговорителя
magnetic ~ 1. обмотка электромагнита 2. соленоид
magnetic biasing ~ обмотка подмагничивания
magnetic convergence ~ *тлв* катушка сведения лучей
magnetic test ~ измерительная катушка
mirror ~ пробочная катушка
motor ~ обмотка электродвигателя
moving ~ звуковая катушка (*громкоговорителя*)
multipole ~ мультипольная катушка
multisection ~ многосекционная катушка
no-former ~ бескаркасная катушка
nonlinear ~ катушка с насыщением
nonuniformly wound ~ катушка с неравномерной намоткой
Odin ~ миниатюрная индукционная катушка
open-ended ~ разомкнутая катушка
opposing ~s встречно-включённые обмотки
oscillator ~ катушка обратной связи (*автогенератора*)
pancake ~ спиральная катушка индуктивности
peaking ~ *тлв* катушка индуктивности цепи высокочастотной [ВЧ-]коррекции
pickup ~ измерительная катушка
picture control ~ центрирующая катушка
plug-in ~ сменная катушка
primary ~ первичная обмотка
printed ~ печатная катушка индуктивности
Pupin ~ *тлф* пупиновская катушка
purity ~ *тлв* катушка цепи регулировки чистоты цвета
radio-frequency ~ высокочастотная [ВЧ-]катушка индуктивности
reactance ~ катушка индуктивности
relay ~ обмотка реле, катушка реле
ring-shaped ~ кольцевая катушка
rotating exploring ~ вращающаяся измерительная катушка
rotor ~ обмотка ротора, роторная обмотка
saddle ~s седлообразные отклоняющие катушки
scanning ~ отклоняющая катушка
scramble-wound ~ катушка с намоткой внавал
search ~ измерительная катушка
secondary ~ вторичная обмотка
self-supported ~ бескаркасная катушка
series ~ 1. последовательная обмотка 2. сериесная катушка
shading ~ экранирующий короткозамкнутый виток (*в реле или двигателе с экранированным полюсом*)
side-circuit loading [side-circuit repeating] ~ *тлф* пупиновская катушка основной цепи
simplex ~ *тлф* линейный трансформатор со средней точкой
single-turn ~ одновитковая катушка
spark ~ катушка зажигания
speaker voice ~ звуковая катушка громкоговорителя
speech ~ звуковая катушка (*громкоговорителя*)
spider-web ~ звуковая катушка (*громкоговорителя*) с паучковой центрирующей шайбой
stator ~ обмотка статора, статорная обмотка
straight-head ~ катушка с прямоугольными торцами
sucking ~ катушка с втяжным сердечником
superconducting [supercooled] ~ 1. сверхпроводящая обмотка 2. сверхпроводящий соленоид
tapped ~ катушка с отводами
telephone induction ~ телефонная индукционная катушка, телефонный трансформатор
telephone loading ~ *тлф* пупиновская катушка
telephone repeating ~ линейный трансформатор
telephone retardation ~ развязывающий дроссель
Tesla ~ трансформатор Тесла
thin-film ferrite ~ тонкоплёночная (спиральная) катушка на ферритовой подложке
tickler ~ катушка обратной связи (*регенеративного приёмника*)
toroidal ~ кольцевая намотка; кольцевая катушка
trip ~ расцепляющая катушка (*автоматического выключателя*)
truncated quadrupole ~ усечённая квадрупольная катушка
tuning ~ настроечная катушка
unity-coupled ~s катушки с полной связью
variable ~ вариометр
vertical-deflection ~ 1. катушка вертикального отклонения 2. *тлв* полевая отклоняющая катушка
vibrating exploring ~ вибрирующая измерительная катушка
voice ~ звуковая катушка (*громкоговорителя*)
work ~ индуктор электронагревателя
writing ~ обмотка записи
X ~ катушка для создания магнитного поля по оси X (*в ЗУ на ЦМД*)
Y ~ катушка для создания магнитного поля по оси Y (*в ЗУ на ЦМД*)

coil-build толщина *или* высота обмотки (*трансформатора*)
coiler намоточное устройство, *проф.* моталка
coiling 1. формирование спирали; скручивание в спираль 2. виток (*спирали*) 3. обматывание, обмотка; наматывание, намотка 4. навивание, навивка 5. образование клубков (*полимерной цепи*)
  continuous ~ непрерывная навивка
coin 1. монета 2. снабжённый монетоприёмником; с монетоприёмником (*напр. об автомате*)
coincidence 1. совпадение; совмещение 2. И (*логическая операция*), конъюнкция, логическое умножение 3. *вчт* коинцидентность
  ~ **of axes** соосность
  ~ **of phases** совпадение фаз
  ~ **of subsidiary absorption with main resonance** *магн.* совпадение основного резонанса с дополнительным
  chance ~ случайное совпадение (*напр. в счётной системе*)

coincidence

   delayed ~ задержанное совпадение (*напр. в счётной системе*)
   double ~ двойное совпадение
   image ~ совпадение изображений
   multiple ~ многократное совпадение
   pulse ~ 1. совпадение импульсов 2. совпадение, импульс совпадения (*в счётной системе*)
   random ~ случайное совпадение (*напр. в счётной системе*)
   spurious ~ ложное совпадение
   true ~ истинное совпадение (*напр. в счётной системе*)
coin-operated снабжённый монетоприёмником; с монетоприёмником (*напр. об автомате*)
cointegrability вчт коинтегрируемость (*напр. временных рядов*)
cointegrated коинтегрированный
cointegrating коинтегрирующий
cointegration коинтеграция
cokebottle вчт несуществующий символ; несуществующая клавиша; *проф.* «бутылка кока-колы»
colatitude дополнение к широте (*до 90⁰*)
colidar лазерный локатор
collaboration 1. сотрудничество; совместная работа 2. результат сотрудничества; совместная разработка
   computer(-aided) ~ сотрудничество на базе использования компьютеров (*с использованием сетей*)
   inter-organizational ~ сотрудничество между организациями
collaboratory вчт виртуальная (научная) лаборатория, совместно используемая научными организациями среда (*базы данных, научные приборы, телеконференции и др.*)
collage тлв коллаж
collapsar чёрная дыра
collapse 1. коллапс (*напр. ЦМД*); исчезновение; уничтожение || коллапсировать (*напр. о ЦМД*), исчезать; уничтожаться 2. стягивание (*в точку*) || стягиваться (*в точку*) 3. вчт сворачивание (*напр. дерева каталогов*) 4. рлк срыв автоматического сопровождения (*цели*)
   automatic tracking ~ срыв автоматического сопровождения
   axial ~ аксиальный коллапс (*несквозного ЦМД*)
   bubble ~ коллапс ЦМД
   radial ~ коллапс ЦМД
   spontaneous ~ спонтанный коллапс
   stripe ~ уничтожение полосового домена
collar 1. буртик (*головки болта*) 2. шайба; втулка; фланец
   integral ~ буртик (*головки болта*)
   set ~ буртик (*головки болта*)
collate 1. производить детальное сравнение; сопоставлять; выполнять сравнительный анализ 2. объединять с сохранением упорядочения; производить упорядоченное слияние 3. сверять (*напр. с оригиналом*); сличать 4. комплектовать (*печатное издание*); объединять текстовый и графический материал при подготовке (*печатного издания*) к печати
collateral 1. ответвление; отросток || ответвляющийся 2. побочный, дополнительный; параллельный; второстепенный 3. *pl* (множественные) выходные связи (*в нейронной сети*)

collation 1. детальное сравнение; сопоставление; сравнительный анализ 2. объединение с сохранением упорядочения; упорядоченное слияние 3. сверка (*напр. с оригиналом*); сличение 4. комплектование (*печатного издания*); объединение текстового и графического материала при подготовке (*печатного издания*) к печати 5. проверка аутентичности телеграфного сообщения путём повторного приёма
collect 1. собирать (*напр. данные*); собираться 2. коллекционировать 3. взимать; взыскивать
collection 1. сбор (*напр. данных*) 2. коллекция 3. взимание; взыскивание
   current ~ токосъём
   data ~ сбор данных
   electron ~ сбор электронов
   garbage ~ вчт очистка памяти от ненужных данных, *проф.* сбор «мусора»
   sample ~ выборка
collector 1. коллектор (*1. устройство сбора; сборщик; устройство съёма; улавливатель* 2. *пп коллекторная область (транзистора)* 3. *электрод СВЧ-прибора* 4. *коллектор электрической машины*) 2. гелиоконцентратор 3. коллекционер
   ~ **of continuity check messages** тлф устройство сбора сообщений о проверке целостности разговорного тракта
   ~ **of test alarm messages** устройство сбора испытательных сообщений о тревоге
   ~ **of true alarm messages** устройство сбора истинных сообщений о тревоге
   brush ~ щёточный коллектор
   buried ~ пп скрытый коллектор
   common ~ пп общий коллектор
   data ~ программное *или* аппаратное средство сбора данных
   depressed potential ~ коллектор с рекуперацией
   dust ~ пылеуловитель
   electric-arc power ~ дуговой токоприёмник
   electron ~ 1. *пп* коллектор электронов 2. коллектор (*СВЧ-прибора*)
   flat-plate ~ панельный гелиоконцентратор
   floating ~ *пп* плавающий коллектор
   garbage ~ программа очистки памяти, *проф.* сборщик мусора
   grounded ~ *пп* общий коллектор
   heterojunction ~ *пп* коллектор на гетеропереходе
   hole ~ *пп* коллектор дырок
   honeycomb ~ сотовый гелиоконцентратор
   hook ~ *пп* коллектор с ловушкой
   magnetic-lens ~ коллектор с магнитной линзой (*СВЧ-прибора*)
   multistage depressed ~ многоступенчатый коллектор с пониженным напряжением (*в ЛБВ*)
   solar ~ гелиоконцентратор
   standard buried ~ *пп* стандартная структура со скрытым коллектором
   system traps ~ программное *или* аппаратное средство сбора системных прерываний
   tilted electric-field ~ коллектор с наклонным электрическим полем (*в ЛБВ*)
collectron коллектрон
collet цанга; цанговый патрон || цанговый
collider кольцевой ускоритель со встречными пучками заряженных частиц, коллайдер

collimate коллимировать
collimation коллимация, коллимирование
collimator коллиматор, коллимационное устройство
   auto ~ автоколлимационное устройство
   beam ~ коллиматор пучка
   bench ~ коллиматор для оптической скамьи
   folded ~ складной коллиматор
   right-angle ~ угловой коллиматор
collinear коллинеарный
collinearity 1. коллинеарность 2. мультиколлинеарность, множественная линейная зависимость переменных
collision 1. столкновение; соударение 2. вчт конфликт; столкновение (напр. запросов)
   binary ~ кулоновское столкновение
   Compton ~ комптоновское столкновение
   Coulomb ~ кулоновское столкновение
   dephasing ~ кв. эл. расфазирующее столкновение
   disorienting ~ кв. эл. разориентирующее столкновение
   e-i ~ см. **electron-ion collision**
   elastic ~ упругое столкновение
   electron-ion ~ соударение электрона с ионом
   electron-molecule ~ соударение электрона с молекулой
   electron-neutral ~ соударение электрона с нейтральной частицей
   e-m ~ см. **electron-molecule collision**
   e-n ~ см. **electron-neutral collision**
   first-kind ~ столкновение первого рода
   hash ~ вчт конфликт при хэшировании, конфликт при расстановке ключей
   inelastic ~ неупругое столкновение
   ionizing ~ ионизирующее столкновение
   neutral ~ столкновение нейтральных частиц
   neutron ~ столкновение нейтронов
   packet ~ наложение пакетов (при передаче)
   pair(ed) ~ кулоновское столкновение
   phonon ~ столкновение фононов
   scattering ~ столкновение с рассеянием
   second-kind ~ столкновение второго рода
   signal ~ наложение сигналов (при передаче)
collocation 1. вчт коллокация, метод коллокации (при численном решении дифференциальных или интегральных уравнений) 2. последовательное расположение или размещение; расположение или размещение в соседних позициях 3. словосочетание
   boundary ~ метод коллокации для решения граничных задач
   complex ~ сложное словосочетание
   free ~ свободное словосочетание
   simple ~ простое словосочетание
colloid коллоид, коллоидная система; коллоидный раствор, золь || коллоидный
   lyophillic ~ лиофильный коллоид
   lyophobic ~ лиофобный коллоид
   magnetic ~ магнитный коллоид
   protective ~ защитный коллоид
cologarithm логарифм обратного числа
colon вчт двоеточие
colophon вчт 1. эмблема; фирменный знак (издательства) 2. выходные данные (печатного издания)
Color:

   4-bit ~ вчт цветопередача с разрешением 4 бита на пиксел (16 цветов)
   8-bit ~ вчт цветопередача с разрешением 8 бит на пиксел (256 цветов)
   15-bit ~ вчт высококачественная цветопередача с разрешением 15 бит на пиксел (32768 цветов)
   16-bit ~ вчт высококачественная цветопередача с разрешением 16 бит на пиксел (65536 цветов)
   24-bit ~ вчт реалистичная цветопередача с разрешением 24 бита на пиксел (16777216 цветов)
   32-bit ~ вчт реалистичная цветопередача с разрешением 32 бита на пиксел (16777216 цветов; в цветопередаче используются только 24 бита)
   High ~ вчт высококачественная цветопередача с разрешением 15 или 16 бит на пиксел
   True ~ вчт реалистичная цветопередача с разрешением 24 или 32 бита на пиксел
color 1. цвет (1. воспринимаемый цвет; цветовое ощущение 2. колориметрическое понятие 3. атрибут выводимых на экран символов или фрагментов изображения 4. позиция экранного меню) || цветной 2. краска; пигмент; краситель || красить; окрашивать(ся); приобретать окраску; пигментировать(ся) 3. раскраска || раскрашивать 4. тембр, окраска звука || придавать тембр, окрашивать звук
   achromatic ~ 1. ахроматический цвет (в колориметрии), ахроматическое цветовое ощущение 2. (опорный) белый цвет
   additive ~ аддитивный цвет (напр. каждый из основных цветов в системе RGB)
   aperture ~ (воспринимаемый) цвет в отверстии; нелокализованный (воспринимаемый) цвет
   background ~ цвет фона
   basic ~ основной цвет
   centroid ~ цвет, соответствующий центроиде (цветовой области)
   chromatic ~ хроматический цвет (в колориметрии), хроматическое цветовое ощущение
   CMY ~s цвета голубой, пурпурный, жёлтый; цвета ГПЖ; (субтрактивные) цвета CMY
   complementary ~ дополнительный цвет
   cross ~ перекрёстная цветовая помеха
   dancing ~s вчт проф. танцующие цвета (дефект MPEG-изображения)
   desaturated ~ ненасыщенный цвет
   device-dependent ~ зависящий от (воспроизводящего) устройства цвет, аппаратно-зависимый цвет
   device-independent ~ не зависящий от (воспроизводящего) устройства цвет, аппаратно-независимый цвет
   Fechner ~s цветовое ощущение, возникающее при быстрой смене ахроматических стимулов
   foreground ~ 1. цвет переднего плана 2. вчт цвет символа (на экране дисплея)
   good enough ~ вчт проф. достаточно хороший цвет (из стандартной палитры)
   grid ~ цвет сетки (напр. в графических редакторах)
   indexed ~ вчт индексированный цвет
   invariant ~ инвариантный цвет
   line-sequential ~s цвета, последовательно передаваемые по строкам
   metameric ~ метамерный цвет
   non-object (perceived) ~ нелокализованный (воспринимаемый) цвет; (воспринимаемый) цвет в отверстии
   nonphysical ~ нереальный цвет

color

non-self-luminous (perceived) ~ (воспринимаемый) цвет несамосветящегося объекта
nonspectral [nonspectrum] ~ неспектральный цвет
object (perceived) ~ (воспринимаемый) цвет объекта
physical(ly obtainable) ~ реальный цвет
primary ~s основные цвета
principal ~s основные цвета
process ~ 1. составной цвет; цвет, полученный методом наложения основных цветов (*при многоцветной печати*) 2. многоцветная печать методом наложения основных цветов 3. *pl* основные цвета
real ~ реальный цвет
related (perceived) ~ неизолированный (воспринимаемый) цвет
RGB ~s цвета красный, зелёный, синий; цвета КЗС; (аддитивные) цвета RGB
saturated ~ насыщенный цвет
secondary ~ смешанный цвет; смесь двух основных цветов
self-luminous (perceived) ~ (воспринимаемый) цвет самосветящегося объекта
spectral [spectrum] ~ спектральный цвет
spot ~ 1. цвет точки (*при печати методом неперекрывающихся точек*) 2. многоцветная печать методом неперекрывающихся точек
subtractive ~ субтрактивный цвет (*напр. каждый из основных цветов в системе CMY*)
tertiary ~ смесь трёх основных цветов
tone ~ тембр
unrelated (perceived) ~ изолированный (воспринимаемый) цвет

colorant пигмент; краситель
coloration 1. окрашивание; приобретение окраски; пигментация 2. раскраска; раскрашивание 3. придание тембра, окрашивание звука
  ~ of sound окрашивание звука
  edge ~ раскрашивание рёбер (*напр. графа*)
  face ~ раскрашивание граней
  graph ~ раскрашивание графа
  induced ~ индуцированное окрашивание
  vertex ~ раскрашивание вершин (*напр. графа*)
colorcast цветная телевизионная передача, цветная телепередача || вести цветную телевизионную передачу, вести цветную телепередачу
colorcasting цветное телевизионное вещание
color-field с цветным фоном; на цветном фоне (*напр. об изображении*)
colorimeter колориметр
  differential ~ дифференциальный колориметр
  photoelectric tristimulus ~ фотоэлектрический трёхцветный колориметр
  physical ~ физический колориметр
  sector ~ секторный колориметр
  spectral ~ спектроколориметр
  trichromatic ~ трёхцветный колориметр
  visual ~ визуальный колориметр
colorimetry колориметрия
  indirect ~ косвенная колориметрия
  visual ~ визуальная колориметрия
coloring 1. метод получения цветов 2. окрашивание; приобретение окраски; пигментация 3. раскраска; раскрашивание 4. придание тембра, окрашивание звука
  additive ~ 1. аддитивный метод получения цветов 2. *кв. эл.* аддитивное окрашивание

colorization подкрашивание; придание окраски; тонирование
colorize подкрашивать; придавать окраску; тонировать
colorplexer кодер системы цветного телевидения
colortron *млв* колортрон
colour *см.* color
Columbian *вчт* терция, кегль 16 (*размер шрифта*)
column 1. колонка; столбец 2. звуковая колонка 3. столб (*разряда*) 4. плазменный шнур
  acoustic ~ звуковая колонка
  air ~ воздушная колонка (*в громкоговорителе*)
  bubble ~ колонка ЦМД
  card ~ колонка перфокарты
  conducting ~ проводящий столб
  determinant ~ 1. контрольная колонка; контрольный столбец 2. столбец детерминанта
  display ~ столбец экрана
  mark-sensing ~ *вчт* столбец для (автоматически) считываемых (карандашных) пометок
  matrix ~ столбец матрицы
  newspaper ~ *вчт* формат (*страницы*) типа «газетные колонки»
  parallel ~s смежные [соседние] столбцы (*напр. таблицы*)
  plasma ~ плазменный шнур
  side-by-side ~s смежные [соседние] столбцы (*напр. таблицы*)
  snaking ~s извивающиеся колонки (*текстового документа*)
  table ~ столбец таблицы
  pinch [pinched-plasma] ~ плазменный шнур пинч-разряда
  positive ~ положительный столб (*тлеющего разряда*), положительное тлеющее свечение
  sound ~ звуковая колонка
  tubular plasma ~ полый плазменный шнур
com *вчт* 1. расширение имени исполняемого файла размером не более 64 КБ 2. имя домена верхнего уровня для коммерческих организаций
coma 1. кома (*вид аберрации*) 2. оболочка ядра кометы
  anisotropic ~ анизотропная кома
  isotropic ~ кома
  meridional ~ меридиональная кома
  sagittal ~ сагиттальная кома
  third-order ~ кома третьего порядка
comb 1. гребень (*1. гребёнка; объект в форме гребёнки 2. пик; вершина 3. гребень волны 4. верхнее ребро (напр. жесткости)*) 2. гребенчатая структура 3. гребенчатая функция 4. гребенчатый 5. сотовая структура
combat бой; сражение; битва; поединок (*жанр компьютерных игр*)
  first person ~ поединок от первого лица
  space ~ космическое сражение
  squad ~ командный поединок
  tactic ~ тактический бой
combinance комбинанс (*элемент эквивалентной схемы, отражающий рекомбинацию носителей заряда*)
combination 1. комбинация; соединение; объединение 2. сочетание (*тип соединения элементов множества*) 3. биномиальный коэффициент

command

~ **of classifiers** объединение классификаторов
code ~ кодовое слово, кодовая комбинация
cointegrating ~ коинтегрирующая комбинация
contact ~ система контактов
forbidden ~ *вчт* запрещенная комбинация
horizontal loop ~ *вчт* преобразование в кортежи; горизонтальное свёртывание циклов
combinational 1. цифровая комбинаторная функция **2.** комбинационный
combinator *вчт* комбинатор, функция без свободных аргументов
   fixed point ~ комбинатор для нахождения неподвижных точек (*функции*)
combinatorial 1. цифровая комбинаторная функция **2.** комбинаторный
combinatorics комбинаторика
   geometrical ~ геометрическая комбинаторика
combine 1. образовывать комбинацию *или* комбинации; соединять; объединять; суммировать **2.** образовывать сочетание *или* сочетания (*элементов множества*)
combiner 1. объединитель (*1.* схема объединения *2. вчт* алгоритм *или* реализация алгоритма образования комбинаций) **2.** сумматор, схема сложения **3.** *тлг* передающий распределитель
   additive ~ аддитивный объединитель
   balanced ~ сбалансированный объединитель
   beam ~ объединитель пучков
   cryptographic ~ криптографический объединитель
   dynamically balanced ~ динамически сбалансированный объединитель
   dynamic substitution ~ объединитель с динамической таблицей подстановок
   hybrid ~ гибридный сумматор
   in-phase ~ когерентная схема сложения
   irreversible ~ необратимый объединитель
   Latin square ~ объединитель типа «латинский квадрат»
   linear ~ линейный объединитель
   microwave-power ~ СВЧ-сумматор мощностей
   non-invertible ~ необратимый объединитель
   nonlinear ~ нелинейный объединитель
   out-of-phase ~ некогерентная схема сложения
   polyalphabetic ~ полиалфавитный объединитель, объединитель с таблицей выбора
   power ~ сумматор мощностей
   reversible ~ обратимый объединитель
   statically balanced ~ статически сбалансированный объединитель
   table selection ~ объединитель с таблицей выбора, полиалфавитный объединитель
   Y-junction ~ Y-образный объединитель, Y-объединитель
combining 1. образование комбинации *или* комбинаций; соединение; объединение; суммирование **2.** суммирование **3.** образование сочетания *или* сочетаний (*элементов множества*)
   additive ~ аддитивное объединение
   code ~ сложение кодов
   network ~ объединение сетей
combo *проф.* комбинация; соединение; объединение
comedy *тлв* комедия
   musical ~ *тлв* мюзикл, музыкальная комедия
   situation ~ *тлв* комедия положений

comet 1. комета **2.** *тлв* искажения (изображения) типа «комета», искажения (изображения) типа «хвост кометы»
   Halley's ~ комета Галлея
COMIT язык программирования (*с функциями обработки строковых переменных и сопоставления с образцом*)
comma *вчт* запятая
   double inverted ~**s** двойные кавычки
   inverted ~**s** кавычки
   single inverted ~**s** кавычки
   turned ~**s** кавычки
command команда (*1.* сигнал управления *2. вчт* математический или логический оператор *3. вчт* инструкция) || командный || командовать
   absolute ~ абсолютная команда (*в компьютерной графике*)
   assembler directive ~ управляющая команда ассемблера; директива ассемблера
   AT ~ AT-команда, команда с префиксом AT (*для управления работой Hayes-совместимых модемов*)
   branch ~ команда перехода
   built-in ~ встроенная команда
   ciphering mode ~ команда перехода в режим шифрования
   data ~ встроенная команда, обозначаемая префиксом в виде символа . (*точки*)
   data editing ~ команда редактирования данных
   dataset management ~ команда управления наборами данных
   dimmed ~ отображаемая тусклым шрифтом команда, недоступная для исполнения команда (*экранного меню*), *проф.* тусклая команда
   drawing ~**s** команды рисования (*для построения графических примитивов*)
   dummy ~ пустая команда
   embedded ~ встроенная команда
   embedded formatting ~ встроенная команда форматирования (*текста*)
   external ~ внешняя команда
   filling ~ *вчт* команда заливки, команда закраски (*замкнутых контуров*)
   filter ~ *вчт* команда фильтрации (*напр. в MS DOS*)
   frequency ~ сигнал управления частотой
   generic ~ родовая команда
   Hayes ~ AT-команда, команда с префиксом AT (*для управления работой Hayes-совместимых модемов*)
   immediate-mode ~ команда немедленного исполнения (*при нажатии на клавишу*)
   internal ~ внутренняя команда; встроенная команда
   internal DOS ~**s** внутренние команды DOS
   interrogation ~ команда запроса
   intrinsic ~ резидентная команда
   message handling ~ команда обработки сообщений
   MIDI ~ *вчт* управляющее MIDI-сообщение
   native ~ собственная команда
   program control [program management] ~ *вчт* **1.** управляющая конструкция **2.** команда перехода
   radio ~ радиокоманда
   relative ~ относительная команда (*в компьютерной графике*)

command

    reserved ~ зарезервированная [запрещённая] команда
    seek ~ **1.** команда поиска **2.** команда наведения (*ЛА*)
    single-step ~ команда пошагового режима
    skip ~ команда пропуска
    speech ~ речевая [голосовая] команда
    system ~ системная команда
    task management. ~ команда управления задачами
    text editing ~ команда редактирования текста
    transient ~ нерезидентная команда
    unwanted ~ ложная команда
    user ~ команда пользователя
    voice ~ голосовая [речевая] команда
    @ ~ встроенная команда, обозначаемая префиксом в виде символа @

command-driven *вчт* работающий в командном режиме

Commander:
    Norton ~ оболочка Norton Commander (*операционной системы DOS IBM-совместимых компьютеров*)

commensurate соизмеримый

comment комментарий (*1. аналитическое сопровождение (напр. новостей) 2. заметка на полях, глосса*) || комментировать (*1. сопровождать комментарием (напр. новости) 2. снабжать комментарием; составлять комментарий*) ◊ ~ **out** превращать в комментарий (*одну или несколько строк программы*)
    explanatory ~ комментарий; заметка на полях, глосса

commentation комментирование (*1. сопровождение комментарием (напр. новостей) 2. снабжение комментарием; составление комментария*)

commentator 1. комментатор **2.** составитель комментария
    radio ~ радиокомментатор
    television ~ телекомментатор

commerce коммерция; коммерческие операции; торговля; торговые операции
    e-~ электронная коммерция; электронные коммерческие операции; электронная торговля; электронные торговые операции

commercial 1. рекламная передача **2.** коммерческий; торговый

commercial-free некоммерческий (*напр. о телевидении*)

Commission:
    Advisory ~ on Electronic Commerce Консультативная комиссия по электронной коммерции (*США*)
    Consumer Products Safety ~ Комиссия по контролю безопасности потребительских товаров (*США*)
    Federal Communications ~ Федеральная комиссия связи, ФКС (*США*)
    Federal Trade ~ Федеральная торговая комиссия (*США*)
    Independent ~ for World-Wide Telecommunication Development Независимая комиссия по развитию всемирной электросвязи
    Information Resource ~ Комиссия по информационным ресурсам (*США*)
    International ~ on Illumination Международная комиссия по освещению, МКО
    International Electrotechnical ~ Международная электротехническая комиссия, МЭК
    Security and Exchange ~ Комиссия по ценным бумагам и биржам (*США*)

commit *вчт* завершение, фиксация (*напр. транзакции*) || завершать, фиксировать (*напр. транзакцию*)
    transaction ~ завершение [фиксация] транзакции
    two-phase ~ двухстадийное завершение, двухстадийная фиксация (*напр. транзакции*)

commitment *вчт* завершение, фиксация (*напр. транзакции*)
    bit ~ привязка к биту, (секретный криптографический) протокол ВС

Committee:
    ~ for Information and Documentation on Science and Technology Комитет по научной и технической информации и документации
    ~ on Multimedia Technology Комитет по мультимедийным технологиям
    ~ on Radio Frequency Комитет по радиочастотам
    ~ on Scientific and Technical Information Комитет по научной и технической информации
    ~ on Space Research Комитет по космическим исследованиям, КОСПАР
    Advanced Television Systems ~ Комитет по перспективным телевизионным системам
    American Engineering Standards ~ Американский комитет технических стандартов
    American National Standards Institute/Standards Planning and Requirements ~ Комитет планирования стандартов и требований Американского национального института стандартов
    Anti-Submarine Detection Investigation ~ противолодочные гидро- и звуколокационные средства
    British ~ on Radiation Units and Measurements Британский комитет по радиационным единицам и измерениям
    Color Television ~ Комитет по цветному телевидению
    Coordinating ~ for Intercontinental Research Networks Координационный комитет межконтинентальных научно-исследовательских сетей
    Interdepartment Radio Advisory ~ Межведомственный консультативный комитет по радиосвязи
    International Radio Consultative ~ Международный консультативный комитет по радио, МККР
    International Special ~ on Radio Interference Международный специальный комитет по радиопомехам
    International Telegraph and Telephone Consultative ~ Международный консультативный комитет по телеграфии и телефонии, МККТТ
    International Telegraph Consultative ~ Международный консультативный комитет по телеграфии
    International Telephone Consultative ~ Международный консультативный комитет по телефонии
    Inter-Service Components Technical ~ Межведомственный технический комитет по радиокомпонентам
    National Advisory ~ for Electronics Национальный консультативный комитет по электронике (*США*)
    National Television System ~ Национальный комитет по телевизионным системам, НТСЦ (*США*)

communication

Semiconductor Electronics Education ~ Комитет по образованию в области полупроводниковой электроники
Standards Planning and Requirements ~ Комитет планирования стандартов и требований Американского национального института стандартов
Technical Coordination ~ Комитет по технической координации
U.S. National ~ Национальный комитет США
commonality унифицированность
common-mode синфазный (*о входном сигнале операционного усилителя*)
communicability 1. совместимость систем передачи информации 2. коммуникабельность; коммуникативная компетентность; общительность
communicable 1. совместимый (*о системах передачи информации*) 2. коммуникабельный; коммуникативно компетентный; общительный
communicant отправитель (*сообщения*); источник информации; информатор
communicate 1. соединяться; объединяться; быть связанным; сообщаться 2. связываться; устанавливать связь (*напр. телефонную*) 3. передавать информацию; обмениваться информацией 4. информировать; передавать новости; извещать; делать известным 5. вступать в (межличностное) общение (*с целью выяснения позиций сторон или достижения взаимопонимания*), осуществлять коммуникацию; общаться
communicatee получатель (*сообщения*); адресат
communicating 1. установление связи (*напр. телефонной*) 2. коммуникация, передача информации; обмен информацией
communication 1. соединение; объединение; сообщение 2. связь; установление связи (*напр. телефонной*) 3. коммуникация (*1. передача информации; обмен информацией; передача данных; обмен данными 2. среда для передачи информации или для обмена информацией; среда для передачи данных или для обмена данными; канал связи; линия связи 3. акт межличностного общения с целью выяснения позиций сторон или достижения взаимопонимания 4. биокоммуникация*) 4. передаваемая информация; передаваемые данные; сообщение 5. информационная передача; сводка новостей 6. содержание информационной передачи; новости 7. система связи 8. способ связи; сообщение (*напр. телеграфное*) pl 9. коммуникации (*1. средства связи 2. средства передачи информации или обмена информацией; средства передачи данных или обмена данными 3. средства сообщения 4. средства массовой информации, СМИ; коммуникационная сфера 5. системы и средства передвижения войск и материально-технического обеспечения*) 10. работники средств массовой информации 11. информационные службы (*напр. на предприятиях*) 12. коммуникология
adaptive ~ адаптивная связь
advanced program-to-program ~ усовершенствованный протокол межпрограммной связи, протокол APPC
aeronautical ~ связь для целей воздушной навигации
air-to-ground ~ радиосвязь на участке ЛА – Земля
amateur radio ~ (радио)любительская связь

analog ~ аналоговая связь
asynchronous ~ асинхронная передача
antijam ~ помехозащищённая связь
auroral long-distance ~ дальняя авроральная радиосвязь
automated ~ автоматизированная связь
automatic secure voice ~ криптографическая система цифровой передачи голосовых [речевых] сообщений, система AUTOSERVOCOM
background ~ фоновая передача
band-limited ~ узкополосная связь
beyond-the-horizon ~ дальняя (ионосферная *или* тропосферная) радиосвязь, дальняя радиосвязь за счёт (ионосферного *или* тропосферного) рассеяния
binary synchronous ~s 1. синхронная передача двоичных данных 2. протокол (*канального уровня*) синхронной передачи двоичных данных корпорации IBM, протокол BSC
buffered ~ буферизованная связь (*с промежуточным преобразованием*)
business ~ система связи для бизнеса
cable ~ кабельная связь
carrier-current ~ высокочастотная [ВЧ-]связь
CB ~ *см.* citizen band communication
citizen band ~ персональная радиосвязь (*в отведенной для неё полосе частот*), *проф.* СВ-связь
coherent ~ когерентная связь
coherent-light ~ лазерная связь
computer ~ компьютерная связь
computer-mediated ~ связь с использованием компьютеров
computer-to-computer ~ межкомпьютерная [межмашинная] связь
conference ~ *тлф, тлг* конференц-связь; циркулярная связь
cross-channel ~ дуплексная [одновременная двухсторонняя] связь с частотным уплотнением каналов
cryptographic (digital) ~ (цифровая) засекреченная связь
data ~ 1. передача данных; обмен данными; передача информации; обмен информацией 2. теория передачи информации
decision-feedback ~ передача с решающей обратной связью
deep space ~ дальняя космическая связь
digital ~ цифровая связь
digital speech [digitized voice] ~ цифровая передача речевых сообщений
dipole-belt ~ радиосвязь с помощью пояса из орбитальных дипольных отражателей
direct ~ прямая связь
diversity ~ связь с разнесённым приёмом
downstream ~ приём (*входящих к пользователю*) сообщений
duplex ~ дуплексная [одновременная двухсторонняя] связь
electrical ~ электросвязь, дальняя связь
electronic ~ электронные средства связи
emergency ~ аварийная связь
enciphered facsimile ~ шифрованная факсимильная связь
facsimile ~ факсимильная связь
fiber-optics ~ волоконно-оптическая связь

communication

field ~ полевая связь
fixed ~ постоянная связь
frequency-hop(ping) ~ связь со скачкообразной перестройкой частоты
global ~ глобальная связь
ground-to-air ~ связь на участке Земля – ЛА
half-duplex ~ полудуплексная [поочерёдная двусторонняя] связь
harmonic ~ связь с ответной передачей на гармонике
high-capacity ~ система связи с высокой пропускной способностью
high-frequency ~ высокочастотная [ВЧ-]связь
highway ~ связь на автомагистралях
host ~ связь с хостом
image ~ передача изображений
industrial ~s средства связи для промышленности
infrared ~ оптическая связь в ИК-диапазоне
in-house (data) ~ внутренняя связь
interactive ~ интерактивная [диалоговая] связь
intercomputer ~ межкомпьютерная [межмашинная] связь
interplanetary ~ межпланетная связь
interprocess ~ средства обеспечения взаимодействия процессов (*при программировании или работе вычислительной системы*)
interprocessor ~ межпроцессорная связь
intersatellite ~ межспутниковая связь
intertask ~ *вчт* межзадачная связь
ionoscatter [ionospheric] ~ ионосферная связь, связь за счёт ионосферного рассеяния
jam-resistant ~ помехоустойчивая связь
joint ~ связь совместного пользования
laser ~ лазерная связь
leaky-feeder ~ связь по линии передачи с вытекающей волной
light(-wave) ~ оптическая связь
line ~ проводная связь
long-distance ionospheric-scatter ~ дальняя ионосферная радиосвязь, дальняя радиосвязь за счёт ионосферного рассеяния
long-haul [long-range] ~ дальняя связь
machine-to-machine data ~ межкомпьютерная [межмашинная] передача данных
man-computer [man-machine] ~ связь человек – компьютер, человекомашинная связь
marine(-vehicle) ~ судовая радиосвязь
message switched ~ связь с коммутацией сообщений
meteor-burst ~ метеорная радиосвязь
microwave ~ СВЧ-связь
MIDI ~ *вчт* 1. MIDI-связь, связь MIDI-устройств 2. MIDI-сообщение 3. *pl* средства связи MIDI-устройств
mobile ~ подвижная [мобильная] (радио)связь, (радио)связь с подвижными [мобильными] объектами
multicast ~ 1. стереофоническое *или* квадрафоническое радиовещание с помощью двух *или* четырёх передатчиков 2. *вчт* передача сообщений для нескольких (персонифицированных) абонентов, для нескольких (определённых) узлов *или* (определённых) программ (*вычислительной системы или сети*), *проф.* многоабонентская передача (с персонификацией); групповая [многоадресная] передача

multichannel ~ многоканальная связь
multimedia ~ связь для передачи мультимедийных данных
multiple-access ~ связь с множественным [многостанционным] доступом
multiplex ~ связь с уплотнением линии
multipoint ~ многопунктовая связь
multi-purpose ~s многоцелевая система связи
office ~s учрежденческая связь, связь для офиса
one-way ~ симплексная [односторонняя] связь
operator ~ связь с оператором
optical ~ оптическая связь
optical-fiber ~ волоконно-оптическая связь
orbital-scatter [orbiting-dipole] radio ~ радиосвязь с помощью пояса из орбитальных дипольных отражателей
over-the-horizon ~ дальняя (ионосферная *или* тропосферная) радиосвязь, дальняя радиосвязь за счёт (ионосферного *или* тропосферного) рассеяния
packet-switched ~ связь с коммутацией пакетов
party-line ~ селекторная связь
personal ~ персональная радиосвязь
plane-to-plane ~ межсамолётная радиосвязь
point-to-multipoint ~ радиально-узловая многопунктовая связь
point-to-point ~ двухпунктовая связь; прямая связь
polling ~ связь с опросом
queued ~ связь с организацией очереди
radio ~ радиосвязь
radio-relay ~ радиорелейная связь
repeater satellite ~ спутниковая связь
rural ~ сельская связь
safety ~ экстренная связь
satellite ~ спутниковая связь
secure ~ 1. конфиденциальная [секретная] связь 2. безопасная [защищённая от несанкционированного вмешательства] связь
self-adjusting [self-optimizing] ~ адаптивная связь
sensory ~ *бион.* сенсорная система
shore-to-ship ~ связь между береговыми и судовыми станциями
signaling ~ сигнальная связь (*между базовой станцией и подвижными объектами*)
simplex ~ симплексная [односторонняя] связь
single-sideband ~ система связи с передачей на одной боковой полосе, система связи с ОБП-передачей
sky-wave ~ ионосферная связь, связь за счёт ионосферного рассеяния
sonar ~ подводная связь с помощью гидроакустических станций
sonic ~ звуковая подводная связь
space ~ космическая связь
spacecraft-to-Earth ~ связь на участке КЛА – Земля
speech ~ передача голосовых [речевых] сообщений
spread spectrum ~ система связи с широкополосными псевдослучайными сигналами
SSB ~ *см.* single-sideband communication
supersonic ~ ультразвуковая подводная связь
synchronous ~ синхронная передача информации
telegraphic ~ телеграфная связь
telephone ~ телефонная связь
television ~ телевизионная связь

transcontinental ~ трансконтинентальная связь
transhorizon ~ дальняя (ионосферная или тропосферная) радиосвязь, радиосвязь за счёт (ионосферного или тропосферного) рассеяния
troposcatter [tropospheric-scatter] ~ дальняя тропосферная радиосвязь, радиосвязь за счёт тропосферного рассеяния
trunk ~ *тлф* междугородная связь
two-way ~ дуплексная [одновременная двухсторонняя] связь
two-way alternate ~ полудуплексная [поочерёдная двусторонняя] связь
ultrasonic ~ ультразвуковая подводная связь
underwater ~ подводная связь
upstream ~ передача (*исходящих от пользователя*) сообщений
voice ~ голосовая [речевая] связь
waveguide ~ волноводная связь
wire-free [wireless] ~ радиосвязь
wireless telephone ~ радиотелефонная связь
world-wide telephone ~ глобальная телефонная связь
written ~ система связи для передачи рукописных сообщений

Communications:
  Afro-Asian Satellite ~ система спутниковой связи для Африки и Азии

communicative 1. связной; относящийся к связи **2.** коммуникационный **3.** коммуникабельный; коммуникативно компетентный; общительный

communicator 1. средство коммуникации (*1. средство связи 2. средство передачи информации или обмена информацией; средство передачи данных или обмена данными*) **2.** *pl* средства массовой информации, СМИ; коммуникационная сфера **3.** радист **4.** карманный персональный компьютер с встроенным мобильным телефоном **5.** отправитель (*сообщения*); источник информации; информатор **6.** работник средств массовой информации **7.** *pl тлв* творческий персонал студии
  personal ~ карманный персональный компьютер с встроенным мобильным телефоном
  search and rescue ~ поисково-спасательная радиостанция
  sky-wave ~ станция ионосферной связи

Community:
  Fiber Channel Loop ~ Сообщество пользователей волоконно-оптических каналов с кольцевой топологией

community сообщество
  Internet relay chat ~ сообщество пользователей системы групповых дискуссий в Internet, сообщество пользователей системы IRC
  IRC ~ *см.* **Internet relay chat community**
  virtual ~ виртуальное сообщество

commutant *вчт* коммутант (*группы*)

commutate 1. коммутировать (*1. переключать 2. не зависеть от порядка исполнения (напр. о произведении операторов*) **2.** переставлять

commutation 1. коммутация; переключение **2.** коммутирование, изменение порядка исполнения (*напр. в произведении операторов*) **3.** перестановка

commutative *вчт* коммутативный

commutativity *вчт* коммутативность, независимость от порядка исполнения (*напр. о произведении операторов*)

commutator 1. коммутатор (*1. устройство для установления или (и) разрыва соединений между электрическими цепями, линиями передачи, каналами связи и др.; коммутационное устройство; переключатель 2. произведение Ли, разность между произведением двух операторов (или операций) и произведением тех же операторов (или операций) в обратном порядке*) **2.** коллектор (*электрической машины*)
  beam-switching ~ электронно-лучевой коммутатор
  electric motor ~ коллектор электрического двигателя
  electromechanical ~ электромеханический коммутатор
  electronic ~ электронный коммутатор
  matrix ~ матричный коммутатор
  mercury-jet ~ ртутно-струйный коммутатор
  plug ~ штепсельный коммутатор; штепсельный переключатель
  scalar ~ скалярный коммутатор

comol комол (*магнитный сплав*)

comp *вчт* **1.** макет страницы (*в редакционно-издательских системах*) **2.** иерархическая группа новостей comp (*в UseNet*)

compact 1. уплотнять; увеличивать плотность (*напр. монтажа*); повышать компактность ‖ уплотнённый; плотный; компактный **2.** *вчт* сжимать, уплотнять (*напр. данные*) ‖ сжатый, уплотнённый (*напр. о данных*) **3.** прессованное изделие (*напр. из магнитного микропорошка*) ‖ прессовать ‖ прессованный **4.** *вчт* компакт (*компактное множество в метрическом пространстве*)
  cellular ~ *вчт* клеточный компакт
  composite ~ композитное прессованное изделие
  irreducible ~ *вчт* неприводимый компакт
  powder ~ порошковое прессованное изделие
  precipitation-hardened ~ прессованное изделие дисперсионного твердения

compacta *pl* от **compactum**

CompactFlash карта флэш-памяти (стандарта) CompactFlash

compaction 1. уплотнение; увеличение плотности (*напр. монтажа*); повышение компактности **2.** *вчт* сжатие [уплотнение] (*напр. данных*) **3.** прессование
  data ~ сжатие [уплотнение] данных
  hot ~ горячее прессование
  memory ~ сжатие [уплотнение] памяти

compactness 1. уплотнённость; плотность (*напр. монтажа*); компактность **2.** *вчт* степень сжатия, степень уплотнения (*напр. данных*)

compactor 1. *микр.* уплотнитель схем (*программа, алгоритм или метод уплотнения*) **2.** *вчт* (программное или аппаратное) средство сжатия, (программное или аппаратное) средство уплотнения (*напр. данных*)
  circuit ~ уплотнитель схем

compactron комбинированная многоэлектродная электронная лампа с двенадцатиштырьковым цоколем

compactum *вчт* компакт (*компактное множество в метрическом пространстве*)

compand компандировать, использовать (последовательное) сжатие и расширение динамического диапазона сигнала с промежуточным усилением

compander

compander *см.* **compandor**
companding компандирование, использование (последовательного) сжатия и расширения динамического диапазона сигнала с промежуточным усилением
  high-order ~ компандирование высокого порядка
  hyperbolic ~ гиперболическое компандирование, компандирование по гиперболическому закону
  instantaneous ~ мгновенное компандирование
  logarithmic ~ компандирование по логарифмическому закону
  log-linear ~ логарифмически-линейное компандирование
  parabolic ~ параболическое компандирование, компандирование по параболическому закону
  syllabic ~ инерционное [слоговое] компандирование
  uniform ~ линейное компандирование
  voice ~ компандирование голосовых [речевых] сигналов
compandor компандер, устройство (последовательного) сжатия и расширения динамического диапазона сигнала с промежуточным усилением
  piece-wise linear ~ компандер с кусочно-линейной характеристикой
  syllabic ~ инерционный [слоговый] компандер
companion 1. парный объект ‖ парный 2. звезда с меньшим блеском из двойной системы 3. компаньон
Company:
  American Telephone and Telegraph ~ Американская телефонно-телеграфная компания
  Hewlett-Packard ~ компания Hewlett-Packard
  National Broadcasting ~ Национальная радиовещательная компания, Эн-би-си (*США*)
  Nippon Electric ~ компания Nippon Electric
company компания
  computer leasing ~ лизинговая компьютерная компания
  computer services ~ сервисная компьютерная компания
  dot ~ компания с адресом в домене .com сети Internet
  know-how ~ компания, обладающая производственными секретами
  knowledge-creating ~ компания, производящая знания
  leasing ~ лизинговая компания
  software ~ *проф.* компания-разработчик программного обеспечения
  supply ~ компания-поставщик
comparand *вчт* (слово-)признак
comparator компаратор (*1. измерительный прибор для сравнения измеряемой величины с эталоном 2. программное или аппаратное средство сравнения двух величин, объектов, параметров или характеристик 3. схема сравнения; блок сравнения 4. модуль сравнения-обмена (в сортирующей сети)*)
  amplitude ~ амплитудный компаратор
  analog ~ аналоговый компаратор
  Brooks standard cell ~ потенциометр для сравнения нормальных элементов
  color ~ компаратор цвета
  current ~ компаратор токов
  data ~ блок сравнения данных
  differential ~ дифференциальный компаратор
  digital ~ цифровой компаратор
  dual-limit ~ двухпороговый компаратор, компаратор с двумя порогами срабатывания
  dual opamp ~ компаратор на двух операционных усилителях
  electrical ~ электрический компаратор
  frequency ~ частотный компаратор
  high-speed ~ быстродействующий компаратор
  image ~ компаратор изображений
  interference ~ интерференционный компаратор
  merging ~ компаратор слияния
  neural network ~ нейросетевой компаратор
  null ~ нуль-индикатор
  optical ~ оптический компаратор
  panoramic ~ панорамный компаратор
  phase ~ фазовый компаратор
  photoelectric color ~ фотоэлектрический компаратор цвета
  power ~ компаратор мощностей
  pulse-phase ~ фазоимпульсный компаратор
  relay ~ релейный компаратор
  resistance ~ компаратор сопротивлений
  sawtooth phase ~ фазовый компаратор пилообразных сигналов
  single-threshold ~ компаратор с одним порогом срабатывания, однопороговый компаратор
  sinusoidal phase ~ фазовый компаратор синусоидальных сигналов
  spectral ~ спектрокомпаратор
  stereo ~ стереокомпаратор
  synch(ro) ~ синхрокомпаратор
  tape ~ 1. контрольник (для) перфолент 2. устройство для сравнения магнитных лент
  visual ~ визуальный компаратор
  voltage ~ компаратор напряжений
  window ~ 1. компаратор с эталонными уровнями напряжения 2. двухпороговый компаратор, компаратор с двумя порогами срабатывания
  zero-crossing ~ компаратор нулевого уровня
compare 1. сравнение; сличение; сопоставление ‖ сравнивать; сличать; сопоставлять 2. компарирование ‖ компарировать (*в геодезии*)
comparison 1. сравнение; сличение; сопоставление 2. компарирование (*в геодезии*)
  ~ **in space** сравнение в пространстве
  ~ **in time** сравнение во времени
  algebraic ~ алгебраическое сравнение
  amplitude ~ сравнение по амплитуде
  bit-by-bit ~ побитовое сравнение
  data ~ сравнение данных
  direct ~ непосредственное сличение (*с эталоном*)
  output ~ выходное сравнение
  logical ~ *вчт* логическое сравнение
  multiple ~s множественные сравнения (*в математической статистике*)
  pair ~ парное сравнение
  pattern ~ сравнение образов
  row-to-row ~ *вчт* построчное сравнение
  statistical ~ статистическое сравнение
compart 1. компьютерная живопись 2. подготовленный на компьютере оригинал, компьютерный оригинал
compartment отсек; отделение; ячейка; гнездо ‖ делить на отсеки; отделять; разделять на ячейки *или* гнёзда; перегораживать

battery ~ аккумуляторная
cable ~ кабельный отсек
environmental ~ камера для климатических испытаний
radio ~ радиорубка
compass 1. компас 2. контур; граничная линия; периметр 3. окружность 4. *pl* циркуль
   automatic (loop) radio ~ автоматический радиокомпас с рамочной антенной
   bow ~ кронциркуль
   dual-automatic radio ~ двухканальный автоматический радиокомпас
   earth-inductor ~ компас с вращающейся рамкой
   fixed-loop radio ~ автоматический радиокомпас с неподвижной рамочной антенной
   flux-gate ~ феррозондовый гирокомпас
   gyromagnetic ~ гиромагнитный компас
   induction ~ компас с вращающейся рамкой
   radio ~ автоматический радиокомпас, АРК
   rotatable-loop radio ~ автоматический радиокомпас с вращающейся рамочной антенной
   slaved gyromagnetic ~ синхронизируемый гиромагнитный компас
compatibility совместимость
   backward ~ *вчт* обратная [нисходящая] совместимость, совместимость с предыдущими версиями *или* вариантами
   color/black-and-white ~ совместимость системы цветного телевидения
   cross-platform ~ *вчт* межплатформенная совместимость
   data ~ *вчт* совместимость на уровне данных
   design ~ проектная совместимость
   diffusion ~ совместимость процессов диффузии
   downward ~ *вчт* нисходящая [обратная] совместимость, совместимость с предыдущими версиями *или* вариантами
   electromagnetic ~ электромагнитная совместимость, ЭМС
   equipment ~ совместимость аппаратного обеспечения, аппаратная совместимость
   forward ~ *вчт* прямая [восходящая] совместимость, совместимость с последующими версиями *или* вариантами
   hardware ~ совместимость аппаратного обеспечения, аппаратная совместимость
   inverse ~ 1. *вчт* обратная [нисходящая] совместимость, совместимость с предыдущими версиями *или* вариантами 2. совместимость системы черно-белого телевидения
   media ~ *вчт* совместимость на уровне (рабочих) сред
   metallurgical ~ *пп* металлургическая совместимость
   MIDI ~ *вчт* MIDI-совместимость, совместимость MIDI-устройств
   mono-and-stereo ~ совместимость системы стереофонического радиовещания
   processing ~ технологическая совместимость
   radio ~ электромагнитная совместимость, ЭМС
   reverse ~ 1. *вчт* обратная [нисходящая] совместимость, совместимость с предыдущими версиями *или* вариантами 2. совместимость системы цветного телевидения
   software ~ совместимость программного обеспечения, программная совместимость
   spectral ~ спектральная совместимость
   union ~ *вчт* объединяемость (*напр. баз данных*)
   upward ~ *вчт* восходящая [прямая] совместимость, совместимость с последующими версиями *или* вариантами
compatible совместимый
   AT ~ совместимое со стандартом AT устройство (*напр. компьютер*) || совместимый со стандартом AT, AT-совместимый
   binary ~ совместимый на уровне двоичного кода
   downward ~ с нисходящей [обратной] совместимостью
   hardware ~ с совместимым аппаратным обеспечения, аппаратно совместимый
   IBM PC ~ совместимый с компьютерами семейства IBM PC, IBM-совместимый
   MIDI ~ *вчт* MIDI-совместимое устройство || MIDI-совместимый
   PC ~ совместимый с компьютерами семейств IBM PC и IBM PS/2
   pin ~ с совместимыми (электрическими) соединителями
   plug ~ с совместимыми (электрическими) соединителями
   socket ~ с совместимыми (электрическими) соединителями
   software ~ с совместимым программным обеспечения, программно совместимый
   upward ~ с восходящей [прямой] совместимостью
   YABA ~ *см.* yet another bloody acronym compatible
   yet another bloody acronym ~ *проф.* «аббревиатурно-совместимый»
compel вынуждать; принуждать; заставлять
compensate 1. компенсировать 2. корректировать; осуществлять коррекцию 3. осуществлять частотную коррекцию
compensation 1. компенсация 2. коррекция 3. частотная коррекция
   antiskating ~ компенсация скатывающей силы (*в электропроигрывающем устройстве*)
   aperture ~ *тлв* апертурная коррекция (*верхних частот*)
   automatic bass ~ автоматическая коррекция нижних (звуковых) частот
   automatic level ~ автоматическая компенсация изменения уровня входного сигнала
   bass ~ коррекция нижних (звуковых) частот
   bias ~ компенсация скатывающей силы (*в электропроигрывающем устройстве*)
   cavity ~ *кв. эл.* автоматическая подстройка частоты (*с помощью изменения длины резонатора*)
   common-mode ~ компенсация синфазных сигналов
   current ~ компенсация токов утечки в стабилизированном источнике тока
   doping ~ *пп* компенсация легирующей примесью
   Doppler ~ компенсация доплеровского сдвига частоты
   drop-out ~ компенсация выпадений сигнала (*при запаси или воспроизведении информации*)
   feedback ~ нейтрализация обратной связи
   frequency ~ частотная коррекция
   high-frequency ~ 1. высокочастотная [ВЧ-] коррекция 2. подъём (частотной характеристики в области) высоких частот

compensation

impurity ~ *пп* компенсация легирующей примесью
inductive ~ индуктивная компенсация
inherent ~ компенсация унаследованных ошибок
lag ~ коррекция запаздывания
lead ~ коррекция опережения
load ~ компенсация нагрузки
low-frequency ~ 1. низкочастотная [НЧ-]коррекция 2. подъём (частотной характеристики в области) низких частот
motion ~ компенсация изменений (видеоданных о движущихся объектах), дифференциальный метод сжатия видеоданных о движущихся объектах
phase ~ фазовая компенсация
pilot-tone velocity ~ коррекция ошибок по скорости с помощью пилот-сигнала (*в видеозаписи*)
positioning error ~ компенсация ошибок позиционирования
radar motion ~ компенсация собственной скорости носителя РЛС
servo ~ следящая коррекция
temperature ~ температурная компенсация, термокомпенсация
treble ~ коррекция верхних (звуковых) частот

compensator 1. компенсатор 2. компенсатор радиопеленгатора 3. корректор 4. частотный корректор
acoustical ~ корректор направления прихода звука к слушателю (*в стереофонических системах*)
Babinet ~ *опт.* компенсатор Бабине
drop-out ~ компенсатор выпадений сигнала (*при записи или воспроизведении информации*)
Ehringhaus ~ *опт.* компенсатор Эрингауза
filter-impedance ~ схема коррекции полного сопротивления параллельно включенных фильтров
head reactance ~ компенсатор реактивного сопротивления (магнитной) головки
impedance ~ схема коррекции (частотной зависимости) полного сопротивления
jitter ~ *тлв* компенсатор дрожания
lead (resistance) ~ компенсатор сопротивления выводов
level ~ схема автоматической компенсации изменения уровня входного сигнала
optically active ~ компенсатор из оптически активного кристалла
phase ~ фазокомпенсатор
quartz ~ кварцевый компенсатор
record ~ частотный корректор канала воспроизведения записи
Senarmont ~ *опт.* компенсатор Сенармона
Soleil ~ *опт.* компенсатор Солейля
synchronous ~ синхронный компенсатор
velocity error ~ корректор ошибок по скорости (*в видеозаписи*)
wedge ~ *опт.* компенсатор с клином

competence 1. компетенция 2. профессиональное умение; квалификация
competition 1. конкуренция; соперничество 2. состязание; соревнование; поединок; турнир
free ~ свободная конкуренция
mode ~ *кв. эл.* конкуренция мод
oncoming-wave ~s *кв. эл.* конкуренция встречных волн
perfect ~ совершенная конкуренция

competitive 1. конкурирующий; соперничающий 2. конкурентоспособный 3. соревнующийся
compilation 1. *вчт* компиляция 2. составление (*напр. отчёта*); сбор (*напр. данных*)
conditional ~ условная компиляция
incremental ~ инкрементная компиляция
separate ~ раздельная компиляция
compile 1. *вчт* компилировать 2. составлять (*напр. отчёт*); собирать (*напр. данные*)
compile-and-go компиляция с немедленным исполнением (*программы*)
compiler *вчт* компилятор
behavioral ~ поведенческий компилятор
byte-code ~ компилятор байт-кода
circuit ~ компилятор схем
cross ~ кросс-компилятор
functional ~ функциональный компилятор
in-core ~ резидентный компилятор
layout ~ компилятор топологии
multipass ~ многопроходный компилятор
native(-mode) ~ компилятор для собственной системы команд (*данного компьютера*), проф. «родной» компилятор
one-pass ~ однопроходный компилятор
optimizing ~ оптимизирующий компилятор
resident ~ резидентный компилятор
self-compiling ~ самокомпилирующийся компилятор
silicon ~ компилятор СБИС
single-pass ~ однопроходный компилятор
syntax-directed ~ *вчт* синтаксически ориентируемый компилятор
two-pass ~ двухпроходный компилятор
compiler-compiler метакомпилятор
complement 1. дополнение || дополнять 2. *вчт* поразрядное дополнение 3. дополнительный цвет 4. дополнительный угол
~ **of digraph** дополнение орграфа
~ **of event** дополнение события
~ **of graph** дополнение графа
~ **of predicate** дополнение предиката
algebraic ~ алгебраическое дополнение
analytical ~ аналитическое дополнение
Boolean ~ булево дополнение
cable ~ группа однотипных жил, пар *или* четвёрок комбинированного кабеля
combinatorial ~ комбинаторное дополнение
connected ~ связное дополнение
countable ~ счётное дополнение
diminished ~ поразрядное дополнение (до основания системы счисления без единицы); обратный код числа (*в выбранной системе счисления*)
disjunctive ~ дизъюнктивное дополнение
invariant ~ инвариантное дополнение
nine's ~ поразрядное дополнение до девяти; обратный код десятичного числа
noughts ~ точное поразрядное дополнение, поразрядное дополнение до основания системы счисления (*с учётом переносов*); дополнительный код числа (*в выбранной системе счисления*)
one's ~ поразрядное дополнение до единицы; обратный код двоичного числа
orthogonal ~ ортогональное дополнение
radix ~ точное поразрядное дополнение, поразрядное дополнение до основания системы счис-

ления (*с учётом переносов*); дополнительный код числа (*в выбранной системе счисления*)
radix-minus-one ~ поразрядное дополнение (до основания системы счисления без единицы); обратный код числа (*в выбранной системе счисления*)
relative ~ 1. относительное дополнение 2. дополнение множества
set ~ дополнение множества
ten's ~ точное поразрядное дополнение в десятичной системе счисления, поразрядное дополнение до десяти (*с учётом переносов*); дополнительный код числа в десятичной системе счисления
topological ~ топологическое дополнение
true ~ точное поразрядное дополнение, поразрядное дополнение до основания системы счисления (*с учётом переносов*); дополнительный код числа (*в выбранной системе счисления*)
tube ~ комплект электронных ламп (прибора)
two's ~ поразрядное дополнение до двух; дополнительный код двоичного числа
zero ~ точное поразрядное дополнение, поразрядное дополнение до основания системы счисления (*с учётом переносов*); дополнительный код числа (*в выбранной системе счисления*)
complementary 1. комплементарный (*напр. о транзисторах*), дополняющий 2. дополнительный объект || дополнительный 3. дополнительный цвет
complete 1. полный (*напр. о системе функций*) 2. завершать; заканчивать; выполнять || завершённый; законченный; выполненный
completeness 1. полнота (*напр. системы функций*) 2. завершённость; законченность
omega-~ омега-полнота
complex 1. комплекс 2. комплексный (*1. сложный; составной 2. имеющий действительную и мнимую часть (о числе)*) 3. координационное соединение, соединение с координационной связью
~ **of values** комплекс ценностей
acceptor ~ акцепторный комплекс
broadcast television ~ *тлв* аппаратно-студийный комплекс
coordination ~ координационное соединение, соединение с координационной связью
donor ~ донорный комплекс
donor-acceptor charge-transfer ~ донорно-акцепторный комплекс с переносом заряда
electromagnetic ~ электромагнитный комплекс
memes ~ *вчт проф.* меметический комплекс; идейный комплекс
military-industrial ~ военно-промышленный комплекс, ВПК
simplicial ~ *вчт* симплициальный комплекс
complexity 1. сложность 2. степень интеграции (*ИС*)
~ **of analog computations** сложность аналоговых вычислений
algorithmic ~ алгоритмическая сложность
apparent ~ явная [очевидная] сложность
chip ~ степень интеграции ИС
computational ~ вычислительная сложность
descriptive ~ дескриптивная [описательная] сложность
device ~ степень интеграции приборов
explicit ~ явная [очевидная] сложность

gate ~ степень интеграции ИС в эквивалентных логических элементах
hidden ~ неявная [скрытая] сложность
implicit ~ неявная [скрытая] сложность
linear ~ линейная сложность (*наименьшая разрядность сдвигового регистра с линейной обратной связью, необходимая для создания заданной последовательности*)
logical ~ логическая сложность
observable irreducible ~ наблюдаемая непреодолимая сложность
observational ~ наблюдательная сложность
physical ~ физическая сложность
processing ~ сложность обработки
quantum circuit ~ сложность квантовых схем
relational ~ реляционная сложность
semiotic ~ семиотическая сложность
system ~ сложность системы
wafer ~ *микр.* сложность пластины (*количество сформированных на пластине ИС*)
compliance 1. податливость 2. коэффициент упругой податливости 3. гибкость (*напр. звукоснимателя*) 4. совместимость; согласуемость
1284 ~ *вчт* совместимость со стандартом IEEE 1284
acoustic ~ акустическая податливость
elastic ~ коэффициент упругой податливости
elastic ~s at constant displacement коэффициенты упругой податливости при постоянной электрической индукции
elastic ~s at constant field коэффициенты упругой податливости при постоянном электрическом поле
horizontal ~ горизонтальная гибкость (*звукоснимателя*)
lateral ~ боковая гибкость (*звукоснимателя*)
mechanical ~ упругая податливость
pickup ~ гибкость звукоснимателя
rectilinear ~ продольная гибкость (*диффузора громкоговорителя*)
tone-arm ~ гибкость тонарма
vertical ~ вертикальная гибкость (*звукоснимателя*)
compliant 1. податливый; гибкий 2. совместимый; согласуемый
ICC ~ *см.* International Color Consortium compliant
International Color Consortium ~ совместимый со стандартами Международного консорциума по проблемам цвета; ICC-совместимый (*напр. о графическом редакторе*)
component 1. компонент; элемент 2. составляющая; компонента
~ **of graph** компонента графа
~ **of tensor** компонента тензора
ac ~ переменная составляющая
acoustic-surface-wave ~ компонент на ПАВ
active ~ 1. активный компонент 2. активная составляющая
ActiveX ~ компонент программных средств ActiveX
ActiveX server ~ серверный компонент программных средств ActiveX
added [add-on] ~ навесной компонент
alias ~ побочная низкочастотная [НЧ-] составляющая (*в спектре дискретизованного сигнала при частоте дискретизации, меньшей частоты Найквиста*)

component

antl-Stokes ~ *кв. эл.* антистоксова компонента
aperiodic ~ апериодическая составляющая
array ~ 1. *вчт* элемент массива **2.** *микр.* ячейка матричной ИС
audio ~ составляющая звуковой частоты
axial ~ осевая [аксиальная] составляющая
axial-lead ~ компонент с аксиальными выводами
base [basic] ~ базовый компонент
beam-lead ~ компонент с балочными выводами
binary logical ~ двоичный логический элемент
bubble memory ~ компонент ЗУ на ЦМД
bumped ~ компонент со столбиковыми выводами
chip ~ *микр.* бескорпусный компонент
chrominance(-signal) ~ *тлв* **1.** составляющая сигнала цветности **2.** составляющая вектора цветности
circuit ~ компонент схемы; схемный элемент
complex ~ 1. многофункциональный компонент **2.** комплексная составляющая
connectivity ~s компоненты связности (*напр. графа*)
cryptographic system ~ компонент криптографической системы
cyclical ~ циклическая компонента
dc ~ постоянная составляющая
delay ~ элемент задержки
die ~ *микр.* бескорпусный компонент
diffused ~ *микр.* компонент, изготовленный методом диффузии
direct-axis ~ of current составляющая тока по продольной оси
direct-axis ~ of magnetomotive force составляющая магнитодвижущей силы по продольной оси
direct-axis ~ of synchronous generated voltage составляющая синхронной эдс по продольной оси
direct-axis ~ of voltage составляющая напряжения по продольной оси
discrete ~ дискретный компонент
dual-in-line package ~ компонент в плоском корпусе с двусторонним расположением выводов (*перпендикулярно плоскости основания*), компонент в корпусе типа DIP, компонент в DIP-корпусе
electric ~ электрическая составляющая (*поля*)
electronic ~ компонент электронной схемы
electrostatic ~ электростатическая составляющая (*поля*)
elementary potential digital computing ~s потенциальная элементная база цифровых вычислительных машин
extraordinary-wave ~ необыкновенная компонента волны
film ~ плёночный компонент
fundamental ~ основная гармоника
Gausslan ~ of noise гауссова составляющая шума
harmonic ~ гармоника
hybrid ~ гибридный компонент
I~s составляющие сигнала I (*в системе НТСЦ*)
idle ~ реактивная составляющая
imaginary ~ 1. мнимая составляющая **2.** реактивная составляющая
in-phase ~ синфазная составляющая
inserted ~ дискретный компонент
integrated(-circuit) ~ компонент ИС; элемент ИС
irregular ~ стохастическая компонента

luminance ~ *тлв* составляющая яркостного сигнала
magnetic ~ 1. магнитная составляющая (*поля*) **2.** магнитный элемент (*схемы*)
marginal ~ компонент, работающий в предельном режиме
matrix ~ элемент матрицы
measurement ~ компонент измерительного прибора
MEMS (-based) ~ *см.* **microelectromechanical system (-based) component**
microelectromechanical system (-based) ~ компонент на основе микроэлектромеханических систем
modular ~ модульный компонент
multiplexed analog ~s система МАС, система телевидения повышенного качества с временным уплотнением аналоговых компонент
ordinary-wave ~ обыкновенная компонента волны
orthogonal ~s ортогональные компоненты
out-of-phase ~ противофазная составляющая
O-wave ~ *см.* **ordinary-wave component**
packageless ~ бескорпусный компонент
parasitic ~ 1. пассивный компонент **2.** паразитная составляющая
passive ~ пассивный компонент
pellet ~ компонент (*схемы*) в таблеточном исполнении
plastic surface mount ~ компонент в пластмассовом корпусе для поверхностного монтажа
plug-in ~ съёмный [сменный] компонент
potted ~ герметизированный компонент
pressurized ~ герметизированный компонент
principal ~s главные компоненты
printed(-circuit)~ печатный компонент; печатный элемент
printed-on ~ печатный компонент; печатный элемент
Q~s составляющие сигнала Q (*в системе НТСЦ*)
quadrature ~ 1. квадратурная составляющая **2.** реактивная составляющая
quadrature-axis ~ of current составляющая тока по поперечной оси
quadrature-axis ~ of magnetomotive force составляющая магнитодвижущей силы по поперечной оси
quadrature-axis ~ of synchronous generated voltage составляющая синхронной эдс по поперечной оси
quadrature-axis ~ of voltage составляющая напряжения по поперечной оси
radial ~ радиальная составляющая
radial-lead ~ компонент с радиальными выводами
radio ~ компонент радиосхемы; радиодеталь
radio-frequency ~ составляющая радиочастоты
reactive ~ реактивная составляющая
real ~ вещественная [действительная] составляющая
resin-cast ~ элемент, герметизированный смолой
screened ~ компонент, изготовленный методом трафаретной печати
seasonal ~ сезонная квазидетерминированная компонента случайного процесса, *проф.* сезонный тренд
side-band ~ комбинационная составляющая

smooth ~ гладкая составляющая
solid-state ~ твердотельный компонент
spurious(-frequency) ~ паразитная составляющая (спектра)
standard ~ стандартный компонент
Stokes ~ *кв. эл.* стоксова компонента
strongly connected ~s сильно связанные компоненты
structural ~ структурный компонент
supercurrent ~ сверхпроводящая составляющая тока
surface mount ~ компонент для поверхностного монтажа
tangential ~ тангенциальная составляющая
testable ~ компонент, допускающий тестирование
thick-film ~ толстоплёночный компонент
thin-film ~ тонкоплёночный компонент
trend ~ квазидетерминированная составляющая случайного процесса, *проф.* тренд (*в математической статистике*)
uncased ~ бескорпусный компонент
uncommitted ~ *микр.* нескоммутированный компонент
uniform ~ унифицированный компонент
variable ~ переменная составляющая
vector ~s компоненты вектора
wattless ~ реактивная составляющая
waveguide ~ волноводный компонент
X-wave ~ *см.* extraordinary-wave component
zero-frequency ~ постоянная составляющая
compose 1. компоновать; объединять; составлять; располагать; набирать (*напр. текст*); верстать 2. состоять из; входить в (состав)
composer 1. компоновщик; составитель; наборщик (*напр. текста*) 2. наборная машина
page ~ компоновщик страниц
composite 1. полный телевизионный сигнал 2. композитный видеосигнал ‖ композитный 3. составной цвет 4. композит, композиционный материал ‖ композитный, композиционный 5. смесь; соединение; сплав; комбинация ‖ смешанный; составной; сложный; комбинированный 6. *вчт.* макет страницы (*в редакционно-издательских системах*)
A-B ~ составной видеоматериал (*из двух источников*)
glass-based ~ композит со стеклянной матрицей
metal-based ~ композит с металлической матрицей
polymer-based ~ композит с полимерной матрицей
composition 1. компоновка; объединение; составление; расположение; набор (*напр. текста*); вёрстка 2. макет (*напр. печатного издания*); вёрстка; гранки 3. (химический) состав 4. состав; составные части; элементы; компоненты 5. смесь; соединение; сплав; комбинация 6. *вчт.* композиция, свёртка (*операция над отношениями*)
display ~ *вчт.* выделения в тексте (*напр. жирным шрифтом*)
electronic ~ электронная вёрстка
max-min ~ (max-min)-композиция
page ~ компоновка страниц
text ~ 1. набор текста; вёрстка текста 2. макет текста; гранки
compound 1. смесь ‖ смешивать(ся) ‖ смешанный 2. составной объект ‖ составлять ‖ составной 3. сложное слово 4. химическое соединение 5. компаунд (*заливочная или пропиточная масса*) 6. *вчт.* составной оператор 7. смешанного возбуждения (*об электрической машине*)
coordination ~ координационное соединение, соединение с координационной связью
epoxy ~ эпоксидный компаунд
filling ~ наполнитель
intercalated ~ интеркалированное соединение
intermetallic ~ интерметаллическое соединение
organic silicone ~ кремнийорганическое соединение
photochromic ~ фотохромное соединение
potting ~ герметизирующий компаунд
sealing ~ герметизирующий компаунд
thermoplastic ~ термопластичный компаунд
uncharged ~ электронейтральное соединение
I-VI-~ *пп* соединение типа $A^I B^{VI}$, соединение элементов I и VI групп
comprehend 1. *вчт.* понимать письменную *или* устную речь 2. охватывать; включать
comprehension 1. *вчт.* понимание письменной *или* устной речи 2. охват; широта представления
comprehensive 1. *вчт.* понимающий письменную *или* устную речь 2. обширный; исчерпывающий
compress 1. сжимать 2. осуществлять компрессию, сжимать динамический диапазон (*сигнала*) 3. *вчт.* сжимать [уплотнять] данные
compressed 1. сжатый 2. подвергнутый компрессии, со сжатым динамическим диапазоном (*о сигнале*) 3. *вчт.* сжатый, уплотнённый (*о данных*)
compression 1. сжатие 2. компрессия, сжатие динамического диапазона (*сигнала*) 3. коэффициент компрессии, коэффициент сжатия динамического диапазона (*сигнала*) 4. *вчт.* сжатие [уплотнение] данных 5. *вчт.* коэффициент сжатия [уплотнения] данных 6. перекрёстные нелинейные искажения
adaptive ~ 1. адаптивное сжатие [адаптивное уплотнение] данных 2. протокол адаптивного сжатия [адаптивного уплотнения] данных фирмы Hayes, протокол ADP
advanced lossless data ~ усовершенствованное сжатие [усовершенствованное уплотнение] данных без потерь, метод ALDC (*в запоминающих устройствах для резервного копирования данных на магнитную ленту формата AIT*)
analog ~ компрессия аналоговых сигналов
automatic volume ~ компрессия (*сигнала*)
bandwidth ~ сжатие спектра
bit-rate ~ сжатие по скорости передачи
black ~ *тлв* сжатие (в области) чёрного
contrast ~ уменьшение контраста
data ~ сжатие [уплотнение] данных
deflate/inflate ~ сжатие [уплотнение] данных по алгоритму Лемпеля — Зива 1977 г., сжатие [уплотнение] данных по алгоритму LZ77
delay-line-time ~ автокорреляционный приём со сжатием сигналов
digital video ~ 1. сжатие цифровых видеосигналов 2. телевизионный стандарт сжатия видеосигналов на базе анализа только быстро изменяющихся деталей изображения, стандарт DVC
encoding ~ сжатие при кодировании
fractal data ~ фрактальное сжатие [фрактальное уплотнение] данных

compression

interframe ~ *вчт* межкадровое сжатие, межкадровое уплотнение (*видеоданных*)
intraframe ~ *вчт* внутрикадровое сжатие, внутрикадровое уплотнение (*видеоданных*)
Lempel-Ziv ~ сжатие [уплотнение] данных по алгоритму Лемпеля — Зива, сжатие [уплотнение] данных по алгоритму LZ
Lempel-Ziv-Welch ~ сжатие [уплотнение] данных по алгоритму Лемпеля — Зива — Велча, сжатие [уплотнение] данных по алгоритму LZW
linear FM pulse ~ сжатие импульсов с линейной частотной модуляцией
lossless ~ сжатие [уплотнение] без потери данных
lossy ~ сжатие [уплотнение] с потерей данных
non-uniform quantizing logarithmic ~ логарифмическое сжатие с неоднородным квантованием
on-the-fly data ~ синхронное сжатие [синхронное уплотнение] данных, *проф.* сжатие [уплотнение] данных «на лету»
picture ~ *тлв* вытянутость изображения по полю
picture image ~ *вчт* 1. сжатие [уплотнение] видеоданных о неподвижных изображениях, алгоритм PIC (*для сжатия видеоданных*) 2. формат графических файлов, формат PIC 3. расширение имени графических файлов
pinch ~ сжатие при пинч-разряде (*в плазме*)
plasma ~ сжатие плазмы
predictive ~ сжатие [уплотнение] с предсказанием, предикативное сжатие, предикативное уплотнение
preemphasis ~ компрессия с предыскажениями
retransmission ~ сжатие с переприёмом информации
software ~ сжатие программ(ного обеспечения)
speech ~ 1. сжатие спектра голосового [речевого] сигнала 2. компрессия речи
speech bandwidth ~ сжатие спектра голосового [речевого] сигнала
syllabic ~ инерционная [слоговая] компрессия
sync ~ компрессия синхронизирующих импульсов, компрессия синхроимпульсов
synchronous data ~ синхронное сжатие [синхронное уплотнение] данных, *проф.* сжатие [уплотнение] данных «на лету»
thermal ~ термокомпрессия
time ~ временное сжатие, сжатие временного масштаба
white ~ *тлв* сжатие (в области) белого
zero ~ сжатие [уплотнение] данных за счёт нулей
compressor 1. устройство сжатия 2. компрессор, схема компрессии, схема сжатия динамического диапазона сигнала 3. *вчт* схема сжатия [уплотнения] данных 4. программа, алгоритм *или* метод сжатия [уплотнения] данных
automatic volume ~ компрессор
beam-width ~ устройство сжатия пучка
digital video ~ *тлв* цифровое устройство сжатия видеосигнала
harmonic ~ устройство сжатия спектра
syllabic ~ инерционный [слоговый] компрессор
time ~ устройство сжатия временного масштаба
video ~ устройство сжатия спектра видеосигнала
volume ~ компрессор
compunication *проф.* компьютерная связь
CompuServe *вчт* сетевая информационная служба CompuServe
compusex компьютерный секс, киберсекс
computability вычислимость
computable вычислимый
computation 1. вычисление, процесс счёта 2. результат вычислений 3. вычислительная техника 4. выкладки; расчёты; манипулирование абстрактными символами по определённому правилу *или* алгоритму
block-transfer ~ невыполнимые на компьютере расчёты
bulk spin-resonance quantum ~s квантовые вычисления на объёмном спиновом резонансе
DNA ~ вычислительная техника на генетических принципах
molecular ~ молекулярная вычислительная техника
quantum ~s квантовые вычисления
quantum ~s **with cold trapped ions** квантовые вычисления на холодных захваченных ионах
computation-bound зависящий только от быстродействия процессора; счётный (*о задаче*)
compute вычислять, производить вычисления
compute-bound зависящий только от быстродействия процессора; счётный (*о задаче*)
Computer:
  Apple ~ корпорация Apple (Computer)
  IBM Personal ~ компьютер серии IBM PC (*на базе процессора Intel 8088*)
  IBM Personal ~ **AT** компьютер серии IBM PC AT (*на базе процессора Intel 80286*)
  IBM Personal ~ **XT** компьютер серии IBM PC XT (*на базе процессора Intel 8088*)
  NeXT ~ компьютерная система NeXT (*на базе процессора Motorola 68030*)
computer 1. компьютер (*1. вычислительная машина, ВМ 2. электронная вычислительная машина, ЭВМ*) 2. вычислительное устройство, вычислитель
airspeed ~ вычислитель воздушной скорости
analog ~ аналоговый компьютер, аналоговая вычислительная машина, АВМ
analog-digital ~ аналого-цифровой компьютер, аналого-цифровая [гибридная] вычислительная машина, АЦВМ
Apple Macintosh ~ компьютер (серии) Мак(интош), компьютер (серии) Mac(intosh) (*корпорации Apple Computer*)
arbitrary course ~ вычислитель курса
asynchronous ~ асинхронный компьютер
AT-compatible ~ совместимый со стандартом AT компьютер, AT-совместимый компьютер
automatic ~ автоматический вычислитель
azimuth rate ~ вычислитель скорости изменения азимута
beam-steering ~ компьютер (для) управления положением диаграммы направленности
bearing distance ~ вычислитель курса
board ~ одноплатный компьютер
briefcase ~ портативный компьютер
bubble-domain ~ компьютер с ЗУ на ЦМД
buffered ~ буферированный компьютер
business ~ компьютер для (решения) экономических *или* коммерческих задач
client ~ компьютер клиента (*при взаимодействии с сервером*)
clipboard ~ (портативный) компьютер-пюпитр

computer

coherent optical ~ когерентная оптическая вычислительная машина; когерентный оптический процессор

communication ~ связной компьютер

complex instruction set ~ компьютер с архитектурой полного набора команд, компьютер с CISC-архитектурой

control ~ управляющий компьютер

course-line ~ вычислитель курса

cryogenic ~ компьютер на криогенных элементах

data analog ~ аналоговый компьютер, аналоговая вычислительная машина, АВМ

database ~ машина базы данных, содержащий и обслуживающий базу данных периферийный компьютер

dead-reckoning ~ счислитель пути

dedicated ~ 1. выделенный (*для специальных целей*) компьютер 2. специализированный компьютер

desktop ~ настольный компьютер

digital ~ цифровой компьютер, цифровая вычислительная машина, ЦВМ

discontinued ~ снятый с производства компьютер

diskless ~ бездисковый компьютер, компьютер без ЗУ на магнитных дисках

dockable ~ (портативный) компьютер, допускающий подключение к настольному компьютеру с помощью устройства для пристыковки

docked ~ (портативный) компьютер, подключённый к настольному компьютеру с помощью устройства для пристыковки

electronic digital ~ цифровой компьютер, электронная цифровая вычислительная машина, ЭЦВМ

embedded personal ~ встроенный персональный компьютер

fifth generation ~ компьютер пятого поколения, компьютер с использованием искусственного интеллекта, естественного языка и экспертных систем

first generation ~ компьютер первого поколения, компьютер на электровакуумных лампах

fixed-program ~ компьютер с фиксированной программой

flight ~ компьютер для летательного аппарата

flight-path ~ вычислитель курса и высоты полёта

fluid(-jet) ~ компьютер на струйных элементах

follow-on ~ компьютер следующего поколения

fourth generation ~ компьютер четвёртого поколения, компьютер на больших и сверхбольших ИС

fuzzy ~ компьютер, использующий нечёткую логику

general-purpose ~ универсальный компьютер

green ~ компьютер с системой управления энергопотреблением (*по стандарту Energy Star Агентства по защите окружающей среды США*)

guest ~ компьютер-гость

guidance ~ компьютер системы наведения

guidance and navigation ~ компьютер системы наведения и навигации

hand-held personal ~ ручной персональный компьютер, портативный персональный компьютер типа «палмтоп»

high-end ~ компьютер с широкими функциональными возможностями; профессиональный компьютер; отвечающий современным требованиям компьютер

home ~ домашний компьютер

host ~ 1. хост, узловой компьютер (*предоставляющий услуги Internet*) 2. главный компьютер; ведущий компьютер; выполняющий централизованные функции компьютер

hybrid ~ аналого-цифровой [гибридный] компьютер, аналого-цифровая [гибридная] вычислительная машина, АЦВМ

IBM-compatible ~ IBM-совместимый компьютер

industrial ~ промышленный компьютер

interface ~ интерфейсный компьютер

keyboard ~ компьютер с клавиатурой

keyboardless ~ компьютер без клавиатуры

laptop ~ портативный персональный компьютер типа «лаптоп», наколенный (*размещаемый на коленях сидящего оператора*) портативный персональный компьютер

legacy-free ~ компьютер без унаследованных компонент; компьютер, не требующий использования морально устаревших плат *или* узлов

logarithmic ~ логарифмический вычислитель

mainframe ~ *вчт* мэйнфрейм, *проф.* «большой компьютер» (*большая многопользовательская вычислительная система*); суперкомпьютер, супер-ЭВМ

massively parallel ~ мультипроцессорный [многопроцессорный] компьютер с массовым параллелизмом

master ~ главный компьютер

member ~ абонентский компьютер

memory test ~ компьютер для проверки ЗУ

microfluidic ~ микрожидкостный компьютер

microprogrammable ~ микропрограммируемый компьютер

mobile ~ мобильный компьютер (*напр. портативный*)

mobile network ~ мобильный сетевой компьютер

multiaccess ~ компьютер с коллективным доступом

multihomed ~ компьютер, подключённый к нескольким разнородным сетям

multimedia personal ~ 1. персональный компьютер для мультимедиа, мультимедийный персональный компьютер 2. стандарт MPC, стандарт на аппаратное обеспечение мультимедийных персональных компьютеров

multi-user ~ многопользовательский компьютер

navigation ~ навигационный вычислитель

network ~ сетевой компьютер

nonsequential ~ компьютер с принудительным порядком выполнения операций

notebook ~ портативный персональный компьютер типа «ноутбук», блокнотный персональный компьютер

object ~ объектный [целевой] компьютер

office ~ компьютер для делопроизводства, *проф.* офисный компьютер, компьютер для офиса

off-line ~ 1. автономный компьютер 2. отключённый компьютер; не соединённый с другими устройствами компьютер; не находящийся в сети компьютер 3. вычислитель курса

offset-course ~ вычислитель курса

on-board ~ бортовой компьютер

one-address ~ одноадресный компьютер
on-hand wearable personal ~ наручный персональный компьютер
on-line ~ **1.** неавтономный компьютер; работающий с управлением от основного оборудования компьютер **2.** работающий в темпе поступления информации компьютер; работающий в реальном масштабе времени компьютер; *вчт проф.* онлайновый компьютер **3.** активный компьютер; готовый к работе компьютер **4.** подключённый компьютер; соединённый с другим устройством компьютер; находящийся в сети компьютер
optical ~ оптическая вычислительная машина; оптический процессор
palmtop personal ~ ручной персональный компьютер, РПК, портативный персональный компьютер типа «палмтоп»
parallel ~ мультипроцессорный [многопроцессорный] компьютер с параллелизмом, *проф.* параллельный компьютер
parallel course ~ вычислитель курса
parallel digital ~ мультипроцессорный [многопроцессорный] цифровой компьютер с параллелизмом, *проф.* параллельный цифровой компьютер
Pel ~ компьютер семейства Pel (фирмы Commodore Business Machines) (*один из первых персональных компьютеров*)
pen(-based) ~ перьевой компьютер
performance optimized with enhanced RISC personal ~ персональный компьютер с оптимизированной производительностью и расширенной RISC-архитектурой, компьютер (серии) Macintosh PowerPC
peripheral ~ периферийный компьютер
personal ~ персональный компьютер, ПК, персональная ЭВМ, ПЭВМ
pipelined ~ компьютер с конвейерной обработкой данных
plugboard ~ компьютер с коммутационной панелью
pocket ~ карманный компьютер
pocket(-size) personal ~ карманный персональный компьютер, КПК
portable ~ **1.** портативный компьютер **2.** переносимый компьютер
process ~ управляющий компьютер, управляющая вычислительная машина, УВМ
process control ~ компьютер для управления производственными процессами
quantum ~ квантовый компьютер
radiac ~ компьютер радиометра (*для определения активности и концентрации радиоактивных веществ*)
range ~ вычислитель дальности
reduced instruction set ~ компьютер с архитектурой сокращённого набора команд, компьютер с RISC-архитектурой
remote ~ удалённый компьютер
rho-theta ~ вычислитель курса
ruggedized ~ компьютер с повышенной устойчивостью к неблагоприятным условиям окружающей среды
satellite ~ компьютер-сателлит (*1. периферийный компьютер 2. вспомогательный компьютер*)

scientific ~ компьютер для научных применений
second generation ~ компьютер второго поколения, компьютер на транзисторах
sequential ~ компьютер с последовательным выполнением операций, *проф.* последовательный компьютер
serial ~ компьютер с последовательным выполнением операций, *проф.* последовательный компьютер
serial digital ~ цифровой компьютер с последовательным выполнением операций, *проф.* цифровой последовательный компьютер
simultaneous ~ синхронный компьютер
single-board ~ одноплатный компьютер
single-chip ~ однокристальный компьютер
slave ~ ведомый [подчинённый] компьютер
small business ~ компьютер для малого бизнеса
solid-state ~ твердотельный компьютер
sonar data ~ компьютер для обработки гидролокационных данных
source ~ компьютер-транслятор (*в объектно-ориентированный код*)
special-purpose ~ специализированный компьютер, компьютер специального назначения
stack-oriented ~ компьютер со стековой организацией
standalone ~ автономный компьютер
stored-program ~ компьютер с хранимой программой
superconducting ~ компьютер на сверхпроводниках
supervisory ~ управляющий компьютер
synchronous ~ синхронный компьютер
synergetic ~ синергетический компьютер
talking ~ компьютер с синтезатором речи, *проф.* говорящий компьютер
tandem ~**s** объединённая группа компьютеров, одновременно выполняющих одну и ту же задачу, *проф.* компьютерный тандем
target intercept ~ вычислитель системы перехвата целей
tesselated ~ мозаичный компьютер
third generation ~ компьютер третьего поколения, компьютер на ИС с низкой степенью интеграции
three-address ~ трёхадресный компьютер
Total Talk ~ компьютер для слепых операторов
tse ~ пиктографический компьютер
ultralight ~ портативный компьютер
undocked ~ (портативный) компьютер, извлечённый из устройства для пристыковки к настольному компьютеру
universal ~ универсальный компьютер
wired-program ~ компьютер с аппаратной программой, компьютер с аппаратно реализованной программой, *проф.* компьютер с зашитой программой
zero wait state ~ компьютер с отсутствием тактов ожидания; компьютер, работающий в режиме без тактов ожидания
computer-aided, computer-assisted автоматизированный; выполняемый с помощью компьютера
computer-controlled управляемый компьютером; работающий *или* происходящий под управлением компьютера
computer-dependent *вчт* машинно-зависимый

computerization внедрение вычислительной техники, компьютеризация

computerize внедрять вычислительную технику, производить компьютеризацию

computer-limited ограничиваемый возможностями компьютера

computer-on-the-chip однокристальный компьютер

computer-readable *вчт* машинно-читаемый, пригодный для ввода в компьютер

computerese компьютерный жаргон

computerist энтузиаст внедрения и использования компьютеров

computernik компьютерный фанатик

computing 1. вычисления || вычислительный 2. использование компьютеров 3. вычислительная техника

   asynchronous data-driven ~ асинхронные вычисления, управляемые потоком данных

   centralized ~ централизованные вычисления

   complex instruction set ~ 1. архитектура полного набора команд, CISC-архитектура 2. микропроцессор с полным набором команд, CISC-микропроцессор

   cross-platform ~ кросс-платформенные вычисления

   data-flow ~ потоковые вычисления

   digital optical ~ 1. цифровые оптические вычисления 2. цифровая оптическая вычислительная техника

   distributed ~ распределённые вычисления

   DNA ~ вычисления с помощью генетических алгоритмов

   evolutionary ~ вычисления с помощью эволюционных алгоритмов

   Java ~ (открытые сетевые) вычисления на языке программирования Java, архитектура распределённых вычислений стандарта Java computing

   massively parallel ~ вычисления с массовым распараллеливанием, массовые параллельные вычисления

   neural-net ~ вычисления с помощью нейронных сетей

   open network ~ открытые сетевые вычисления, архитектура распределённых приложений стандарта ONC

   parallel ~ вычисления с распараллеливанием, параллельные вычисления

   personal ~ использование персональных компьютеров

   quantum ~ вычисления с помощью квантовых компьютеров

   real world ~ международная программа «Вычисления в реальном мире»

   reduced instruction set ~ 1. архитектура сокращённого набора команд, RISC-архитектура 2. микропроцессор с сокращённым набором команд, RISC-микропроцессор

   sequential ~ последовательные вычисления

computron *вчт проф.* «компьютрон» (*1. вымышленная элементарная частица компьютерного мира 2. условная единица измерения функциональных возможностей компьютера, равная произведению числа выполняемых в секунду операций, ёмкости оперативной памяти и ёмкости внешней памяти*)

COMSAT, Comsat 1. Корпорация связных спутников, КОМСАТ, Комсат 2. глобальная система спутниковой сотовой связи КОМСАТ (*с использованием геостационарных спутников-ретрансляторов*)

concatenate 1. последовательно соединять 2. связывать; сочленять 3. *вчт* конкатенировать, сцеплять

concatenation 1. цепь; последовательное соединение 2. связывание; сочленение 3. *вчт* конкатенация, сцепление

   iterated ~ итерационная конкатенация

   speech ~ связывание фрагментов речи (*в компьютерной телефонии*)

concave вогнутая поверхность *или* кривая || вогнутый

concavity вогнутость

concavo-concave двояковогнутый

concavo-convex вогнуто-выпуклый

conceal маскировать; скрывать

concealment маскирование; сокрытие

   cipher ~ сокрытие шифра; использование скрытого шифра в обычном тексте

   error ~ маскирование ошибок

   error ~ by holding маскирование ошибок методом удержания

   error ~ by interpolation маскирование ошибок методом интерполяции

   error ~ by muting маскирование ошибок методом приглушения

concentrate 1. концентрировать(ся) (*1. сосредотачивать(ся); уплотнять(ся)* 2. *скапливать(ся)*) 2. фокусировать(ся)

concentration 1. концентрация (*1. плотность 2. сосредоточение; уплотнение 3. скопление*) 2. кучность 3. фокусировка

   acceptor ~ концентрация акцепторов

   activity ~ удельная объёмная активность

   bulk ~ объёмная концентрация

   carrier ~ концентрация носителей

   data ~ концентрация данных

   defect ~ концентрация дефектов; плотность дефектов

   diffusant-impurity ~ концентрация диффундирующей примеси

   dislocation ~ концентрация дислокаций

   donor ~ концентрация доноров

   doping ~ концентрация легирующей примеси

   hole ~ концентрация дырок

   intrinsic-carrier ~ концентрация собственных носителей

   ion ~ концентрация ионов

   line ~ концентрация линий (*связи*); концентрация каналов (*связи*)

   majority-carrier ~ концентрация основных носителей

   minority-carrier ~ концентрация неосновных носителей

   packaging ~ плотность упаковки

   spectral ~ спектральная плотность

   trace ~ концентрация на уровне следов; следы (*массовая доля менее 0,01 %*)

   vacancy ~ концентрация вакансий

concentrator концентратор (*1. устройство для концентрации энергии 2. хаб, многопортовый повторитель с дополнительными функциональными возможностями 3. фокусирующее устройство*)

   call ~ концентратор вызовов

concentrator
    channel ~ концентратор каналов (*связи*); концентратор линий (*связи*)
    circuit switching ~ концентратор с коммутацией каналов
    data ~ концентратор данных
    dual attachment ~ топология сети типа «двойное кольцо»
    line ~ концентратор линий (*связи*); концентратор каналов (*связи*)
    message ~ концентратор сообщений
    processor-based ~ процессорный концентратор
    radio ~ концентратор радиоканалов
    remote data ~ дистанционный концентратор данных
    remote line ~ концентратор удалённых линий (*связи*); концентратор удалённых каналов (*связи*)
    solar ~ гелиоконцентратор
    sound ~ 1. акустический концентратор 2. концентратор микрофона

concentric концентрический

concept 1. понятие; идея; представление 2. концепция
    fuzzy ~ нечёткое понятие
    logic ~ логическое понятие
    semantic ~ семантическое понятие
    stored-program ~ концепция хранимой программы, концепция фон Неймана

conception концепция
    base ~ базовая концепция
    JIT ~ *см.* just-in-time conception
    just-in-time ~ концепция «точно в нужный момент времени», концептуальная система JIT

conceptual концептуальный; семантический

conceptualization концептуализация

concordance 1. алфавитный указатель 2. тематический указатель 3. согласие; соответствие

concordant 1. согласованные наблюдения, пара наблюдений с монотонным изменением всех характеристик 2. согласованный; соответствующий

concretization конкретизация
    partial ~ частичная конкретизация

concurrence, concurrency 1. совместное *или* одновременное действие; параллелизм 2. *вчт* параллельный режим; параллелизм 3. *вчт* многозадачный режим; многозадачность 4. согласие; согласованность 5. *вчт* отличительный признак активного объекта (*в объектной модели данных*)
    bit ~ побитовый параллелизм
    coarse-grain ~ крупноструктурный параллелизм
    fine-grain ~ мелкоструктурный параллелизм
    implicit ~ скрытый параллелизм
    large-scale ~ крупномасштабный параллелизм
    light-weight ~ параллелизм для легковесных процессов
    task ~ многозадачность; многозадачный режим

concurrent 1. параллельный процесс; параллельное действие || действующий совместно *или* одновременно; параллельный 2. *вчт* параллельный (*о режиме*) 3. *вчт* многозадачный (*о режиме*) 4. согласованный 5. неотъемлемое свойство; атрибут

condensance ёмкостное сопротивление

condensate конденсат
    Bose-Einstein ~ конденсат Возе – Эйнштейна, Бозе-конденсат
    coherent Langmuir ~ когерентный ленгмюровский конденсат

condensation 1. конденсация 2. концентрация (*1. плотность 2. сосредоточение; уплотнение 3. скопление*) 3. сужение, сжатие (*напр. шрифта*)
    Bose-Einstein ~ конденсация Бозе – Эйнштейна, Бозе-конденсация
    capillary ~ капиллярная конденсация
    electrochemical ~ электрохимическая конденсация
    exciton ~ конденсация экситонов
    laminar ~ ламинарная конденсация

condense 1. конденсировать(ся) 2. концентрировать(ся) (*1. сосредотачивать(ся); уплотнять(ся) 3. скапливать(ся)*) 3. сужать, сжимать (*напр. шрифт*); сужаться, сжиматься (*напр. о шрифте*)

condensed 1. конденсированный 2. концентрированный 3. узкий, сжатый (*напр. о шрифте*)

condenser конденсатор 2. *опт.* конденсор
    Abbe ~ конденсор Аббе
    bright-field ~ конденсор светлого поля
    dark-field ~ конденсор тёмного поля
    grounded ~ заземлённый конденсатор
    microscope ~ конденсор микроскопа
    synchronous ~ синхронный компенсатор (*синхронный электродвигатель, работающий без нагрузки на валу*)

condition 1. условие; ограничение || ставить условие, обусловливать 2. состояние; ситуация; положение 3. *pl* режим 4. улучшать; повышать качество
    ~s of existence условия существования
    Bernstein ~ *вчт* условие Бернштейна, необходимое условие возможности параллельного выполнения операций
    cold ~s нерабочий режим
    cyclic magnetic ~s режим циклического перемагничивания
    Einstein frequency ~ формула Эйнштейна для частоты квантового перехода
    equilibrium ~ условие равновесия
    first-order ~ первое (необходимое) условие существования экстремума
    guard ~ *вчт* условие сохранения; условие наследования (*в логике*)
    hot ~s рабочий режим
    idle channel ~ режим молчания канала
    IFR ~ *см.* instrument(-flight rules) conditions
    instrument(-flight rules) ~s режим инструментального полёта
    join ~ *вчт* условие соединения (*напр. отношений в реляционной алгебре*)
    latch-up ~s ключевой режим с фиксацией состояния; релейный режим с фиксацией воздействия
    Lorentz ~ условие калибровки Лоренца, лоренцева калибровка
    normalizing ~ условие нормировки
    operating ~s рабочий режим
    order ~ порядковое условие, необходимое условие идентифицируемости (*регрессионного уравнения*)
    orthogonality ~ условие ортогональности
    overload ~ условие перегрузки по наклону (*в канале с дельта-модуляцией*)
    pinchoff ~ условие отсечки у стока (*полевого транзистора*)
    race ~s режим состязания; режим соперничества; режим конкуренции

rank ~ ранговое условие, необходимое и достаточное условие идентифицируемости (*регрессионного уравнения*)
repairable ~ ремонтопригодное состояние
resolvent ~ *вчт* резольвентное условие
serviceable ~ работоспособное состояние
slack ~ нестрогое условие; нежёсткое условие
Sommerfeld's (radiation) ~s условия (излучения) Зоммерфельда
stability ~ условие устойчивости
standard sea-water ~s нормальные условия для морской воды
standby ~s дежурный режим
stationary ~ условие стационарности
stereo listening ~s условия получения стереоэффекта при прослушивании
symmetrically-cyclically magnetized ~s режим симметричного циклического перемагничивания
VFR ~s *см.* visual-flight rules conditions
visual-flight rule ~s режим полёта с визуальным наблюдением

conditional *вчт* условное выражение || условный
conditioned обусловленный
  poorly ~ плохо обусловленный
  well ~ хорошо обусловленный
conditioner 1. согласующее устройство **2.** кондиционер; устройство для оптимизации условий функционирования *или* жизнедеятельности
  signal ~ устройство согласования по уровню и форме сигнала
conditioning 1. согласование устройств (*по уровню и форме сигнала или полному сопротивлению*), стыковка аппаратуры **2.** обеспечение невыводимости (*напр. матрицы*) **3.** бион. приспособительная реакция; адаптивное поведение **4.** оптимизация условий функционирования *или* жизнедеятельности; кондиционирование
  circuit ~ согласование каналов связи
  classical ~ классическая приспособительная реакция; классическое адаптивное поведение
  ill ~ 1. (многократная) вырожденность **2.** мультиколлинеарность, множественная линейная зависимость переменных
  line ~ согласование линии (*передачи данных*)
  operant ~ стимулированная приспособительная реакция; стимулированное адаптивное поведение
  signal ~ согласование устройств по уровню и форме сигнала
condom *вчт проф.* **1.** защитный полиэтиленовый конверт дискеты **2.** защитная пластмассовая оболочка волоконно-оптического кабеля **3.** гибкое прозрачное пластмассовое покрытие для клавиатуры (*не препятствующее нажатию на клавиши*)
  elephant ~ прозрачный пластмассовый мешок для упаковки продукции при перевозке
  keyboard ~ гибкое прозрачное пластмассовое покрытие для клавиатуры
condor система «Кондор» (*фазовая радионавигационная система*)
conduct 1. проводить (*электрический ток, тепло, звук, свет и др.*); служить проводником *или* средой для распространения (*чего-либо*); канализировать (*напр. волны*) **2.** поведение; образ действия || вести себя; действовать определённым образом **3.** управление; (про)ведение || управлять; проводить **4.** дирижировать
conductance 1. (активная) проводимость **2.** теплопроводность ◊ **~ for rectification** крутизна детектирования
  anode ~ выходная проводимость (*электронной лампы*)
  bulk ~ объёмная проводимость
  bulk negative ~ объёмная отрицательная проводимость
  conversion ~ крутизна преобразования
  diffusion ~ *пп* диффузионная проводимость
  direct-current ~ проводимость по постоянному току
  drain ~ проводимость стока (*полевого транзистора*)
  effective ~ проводимость по переменному току
  electrical ~ активная проводимость
  electrode ~ проводимость электрода
  electrolytic equivalent ~ эквивалентная проводимость электролита
  emitter ~ проводимость эмиттера
  equivalent noise ~ эквивалентная шумовая проводимость
  frequency-dependent negative ~ частотно-зависимая отрицательная проводимость
  grid ~ входная проводимость (*электронной лампы*)
  ionic ~ ионная проводимость
  junction ~ *пп* проводимость перехода
  leakage ~ проводимость утечки
  mutual ~ крутизна (*электронной лампы*)
  negative ~ отрицательная проводимость
  plate ~ выходная проводимость (*электронной лампы*)
  post-threshold ~ *пп* запороговая проводимость
  pre-threshold ~ *пп* допороговая проводимость
  quantum Hall ~ квантовая холловская проводимость ($3{,}874 \cdot 10^{-5}$ Ом$^{-1}$)
  reduced ~ приведённая [нормированная] проводимость
  sheet ~ поверхностная проводимость
  source ~ проводимость истока (*полевого транзистора*)
  specific ~ удельная электропроводность
  transient ~ нестационарная проводимость
  tunneling ~ *свпр* туннельная проводимость
conductimeter прибор для измерения удельной электропроводности
conduction 1. электропроводность **2.** теплоперенос **3.** канализирование (*напр. волн*)
  contact-limited ~ электропроводность, лимитируемая контактными явлениями
  dark ~ темновая электропроводность
  defect ~ дырочная электропроводность, электропроводность *р*-типа
  electric(al) ~ электропроводность
  electrode-limited ~ электропроводность, лимитируемая контактными явлениями
  electrolytic ~ электропроводность электролита
  electron ~ электронная электропроводность, электропроводность *n*-типа
  excess ~ электропроводность за счёт избыточных носителей
  extrinsic ~ примесная электропроводность

conduction

filamentary ~ *пп* электропроводность за счёт шнурования тока
heat ~ теплопроводность
hole ~ дырочная электропроводность, электропроводность *p*-типа
hopping ~ *пп* прыжковая электропроводность
impurity ~ примесная электропроводность
impurity-band ~ электропроводность по примесной зоне
intrinsic ~ собственная электропроводность
ionic ~ ионная электропроводность
majority-carrier ~ электропроводность за счёт основных носителей
minority-carrier ~ электропроводность за счёт неосновных носителей
nonohmic ~ *пп* неомическая электропроводность
oxide-skin ~ электропроводность в поверхностном слое оксида
Poole-Frenkel ~ электропроводность Пуля — Френкеля
secondary-electron ~ электропроводность за счёт вторичных электронов (*в передающих телевизионных трубках*)
streamer ~ стримерная электропроводность
thermal ~ теплопроводность
conductive проводящий
conductivity 1. удельная электропроводность 2. способность проводить (*электрический ток, тепло, звук, свет и др.*); способность служить проводником *или* средой для распространения (*чего-либо*); способность канализировать (*напр. волны*)
acoustic ~ акустическая удельная проводимость
bombardment-induced ~ удельная электропроводность, индуцированная бомбардировкой (*напр. ионами*)
cathode ~ удельная электропроводность катода
complex ~ комплексная электропроводность
effective ~ удельная электропроводность по переменному току
electrical ~ удельная электропроводность
electron-bombardment-induced ~ 1. удельная электропроводность, индуцированная электронной бомбардировкой 2. *тлв* формирование сигналов изображения на основе использования удельной электропроводности, индуцированной электронной бомбардировкой
excess tunneling ~ избыточная туннельная удельная электропроводность
extrinsic ~ примесная удельная электропроводность
field-enhanced ~ удельная электропроводность, усиленная полем
Hall ~ холловская электропроводность
high ~ высокая удельная электропроводность
intrinsic ~ собственная удельная электропроводность
lateral thermal ~ горизонтальная [боковая] удельная электропроводность
light-induced ~ фотоиндуцированная удельная электропроводность
low ~ низкая удельная электропроводность
mass ~ массовая удельная электропроводность
molecular ~ мольная удельная электропроводность
negative differential ~ отрицательная дифференциальная удельная электропроводность
n-type ~ электронная удельная электропроводность, удельная электропроводность *n*-типа
p-type ~ дырочная удельная электропроводность, удельная электропроводность *p*-типа
small-signal ~ малосигнальная удельная электропроводность
specific ~ удельная электропроводность
surface ~ поверхностная удельная электропроводность
thermal ~ удельная теплопроводность
thermally stimulated ~ термостимулированная удельная электропроводность
transient ~ нестационарная удельная электропроводность
unilateral ~ односторонняя удельная электропроводность
volume ~ удельная электропроводность
conductometric кондуктометрический
conductometry кондуктометрия
conductor 1. проводник (*электрического тока, тепла, звука, света и др.*) 2. провод; кабель; (токопроводящая) жила, проводник 3. дирижёр
aerial ~ провод воздушной линии
asymmetrical ~ невзаимный проводник
bare ~ провод без изоляции, неизолированный провод
branch ~ ответвляющий провод; отвод
bunch-stranded ~ кабель пучковой скрутки; жила пучковой скрутки
bundle ~ многожильный провод; многожильный кабель; многопроволочная жила
coaxial inner ~ внутренний проводник коаксиального кабеля
coaxial outer ~ внешний проводник коаксиального кабеля
composite ~ 1. комбинированный провод 2. композитный провод
concentric-lay ~ кабель повивной скрутки; жила повивной скрутки
contact ~ неподвижный контакт
cryogenic ~ 1. сверхпроводник 2. криогенный кабель
electric ~ 1. проводник 2. провод; кабель; (токопроводящая) жила, проводник
grounded ~ заземлённый провод
grounding ~ провод заземления
high-temperature proton ~ высокотемпературный протонный проводник
insulated ~ провод с изоляцией, изолированный провод
lightning ~ молниеотвод
line ~ силовой провод; силовой кабель
magnet ~ провод для намотки электромагнитов; провод для намотки соленоидов
magnetic ~ магнитный проводник
multifilamentary ~ многожильный провод; многожильный кабель; многопроволочная жила
neutral ~ нейтральный провод, нейтраль
optical ~ световод, светопровод
parallel-strand ~ 1. кабель с параллельными жилами 2. прядь (*нитей или проволок*)
plain ~ провод без изоляции, неизолированный провод
proton ~ протонный проводник
quasi~ квазипроводник (*проводник с добротностью меньше единицы*)

conferencing

resistive ~ провод высокого сопротивления
round ~ круглый проводник
screened ~ *микр.* межсоединение, изготовленное методом трафаретной печати
shielded ~ экранированный провод; экранированный кабель
solid ~ одножильный провод; одножильный кабель; однопроволочная жила
stranded ~ многожильный провод; многожильный кабель; многопроволочная жила
strip ~ полосковый проводник
conduit 1. кабелепровод: кабельный канал 2. изоляционная трубка (*для проволоки или жгута*) 3. *микр.* перемычка
flexible ~ гибкий кабелепровод
ground ~ кабелепровод заземления
heavily-doped silicon ~ *микр.* перемычка из сильнолегированного кремния, низкоомная кремниевая перемычка
interconnection ~ *микр.* соединительная перемычка
rigid ~ жёсткий кабелепровод
cone 1. конус (*1. геометрический объект 2. коническая поверхность 3. объект в форме конуса или конической оболочки*) 2. конус баллона (*ЭЛТ*) 3. диффузор (*громкоговорителя*) 4. *опт.* колбочка, колбочковая клетка (*фоторецептор сетчатки глаза*)
~ of attraction конус притяжения
~ of easy directions конус направлений легкого намагничивания
~ of external refraction конус внешней рефракции
~ of internal refraction конус внутренней рефракции
~ of nulls конус молчания (*антенны*)
~ of silence конус молчания (*антенны*)
drone ~ пассивный излучатель (*громкоговорителя*)
elliptic ~ 1. эллиптический конус 2. эллиптический диффузор
half-angle ~ полуконус
light ~ световой конус
loss ~ конус потерь
loudspeaker ~ диффузор громкоговорителя
mirror loss ~ конус потерь пробкотрона
resonance ~ резонансный конус
right ~ 1. прямой конус 2. диффузор с прямой образующей
semiinfinite ~ полубесконечный конус
shadow ~ конус тени
slave ~ диффузор пассивного излучателя (*громкоговорителя*)
Tyndall ~ *опт.* конус Тиндаля
velocity-space loss ~ конус потерь в пространстве скоростей (*пробкотрона*)
Conference:
~ of European Postal and Telecommunications Operators Европейская конференция администраций почт и связи
~ on Data Systems and Languages Комитет по информационным системам и языкам программирования
Coordinating ~ for Military Export Controls Координационный комитет по контролю за экспортом военной техники, КОКОМ
Electrical and Electronic Measurements Test Instrument ~ Конференция по электрическим и электронным измерительно-испытательным приборам
Extraordinary Administrative Radio ~ Чрезвычайная административная радиоконференция
International ~ on Magnetics Международная конференция по магнетизму
International Solid-State Circuit ~ Международная конференция по твердотельным схемам
National Aerospace Electronics ~ Национальная конференция по авиационно-космической электронике (*США*)
National Educational Computing ~ Национальная конференция по применению компьютеров в системе образования (*США*)
World ~ on Computers in Education Всемирная конференция по применению компьютеров в системе образования
World Administrative Radio ~ Всемирная административная радиоконференция
World Administrative Telegraph and Telephone ~ Всемирная административная конференция по телеграфии и телефонии
World Radiocommunication ~ Всемирная конференция по радиосвязи
conference 1. конференция ‖ проводить конференцию; участвовать в конференции 2. *тлф* конференц-связь; циркулярная связь ‖ организовывать конференц-связь; организовывать циркулярную связь; использовать конференц-связь; использовать циркулярную связь
asynchronous ~ асинхронная (компьютерная) конференция
computer(-aided) ~ компьютерная конференция
dial ~ коммутируемая конференц-связь; коммутируемая циркулярная связь
echo ~ (компьютерная) конференция с автоматической рассылкой каждого поступающего сообщения всем участникам, *проф.* эхо-конференция
multimedia ~ мультимедийная конференция
news ~ пресс-конференция
real-time ~ (компьютерная) конференция в режиме реального времени, синхронная (компьютерная) конференция
video ~ 1. видеоконференция 2. *тлф* видеотелефонная конференц-связь; видеотелефонная циркулярная связь
conferencer *тлф* средства организации коммутируемой конференц-связи; средства организации коммутируемой циркулярной связи
conferencing 1. проведение конференций; участие в конференции *тлф* 2. конференц-связь; циркулярная связь 3. организация конференц-связи; организация циркулярной связи; использование конференц-связи; использование циркулярной связи
computer ~ проведение компьютерных конференций
multimedia ~ проведение мультимедийных конференций
video ~ 1. проведение видеоконференций *тлф* 2. видеотелефонная конференц-связь; видеотелефонная циркулярная связь 3. организация видеотелефонной конференц-связи; организация видеотелефонной циркулярной связи; использование видеотелефонной конференц-связи; использование видеотелефонной циркулярной связи

confidence

confidence 1. доверие **2.** доверительная вероятность **3.** доверительный **4.** конфиденциальное [секретное] сообщение

confidential 1. конфиденциальный; секретный **2.** для служебного пользования (*о степени секретности документа*)

confidentiality конфиденциальность; секретность
~ **without encryption** конфиденциальность без шифрования; стеганография

config.sys конфигурационный файл начальной загрузки в MS DOS

configurability конфигурируемость, возможность изменения конфигурации; гибкость конфигурации

configurable конфигурируемый, допускающий возможность изменения конфигурации

configurate конфигурировать, задавать конфигурацию

configuration 1. конфигурация (*1. внешние очертания; форма; геометрия 2. пространственное расположение элементов объекта; пространственная структура 3. внутренняя структура 4. система; агрегат 5. совокупность физических и функциональных связей между элементами системы или агрегата*) **2.** конфигурирование, задание конфигурации **3.** *микр.* топология

active ~ *вчт* активная конфигурация

auto ~ **with BIOS defaults** автоматическое конфигурирование и настройка базовой системы ввода/вывода (со значениями параметров) по умолчанию, автоматическое конфигурирование и настройка BIOS (со значениями параметров) по умолчанию

auto ~ **with power-on defaults** автоматическое конфигурирование и настройка с минимальными требованиями к параметрам системы

automatic ~ автоматическое конфигурирование

base ~ базовая конфигурация

bipolar ~ *микр.* биполярная структура

centralized network ~ *вчт* централизованная конфигурация сети

charge ~ **1.** распределение заряда **2.** *тлв* потенциальный рельеф

default ~ конфигурация (со значениями параметров) по умолчанию

domain ~ доменная структура

electronic ~ электронная структура

factory ~ заводская [устанавливаемая производителем] конфигурация

firmware ~ конфигурация микропрограммного обеспечения

hardware ~ *вчт* конфигурация аппаратного обеспечения

high-resolution ~ *микр.* структура с высоким разрешением

invalid ~ неправильная конфигурация; ошибочная конфигурация

left-handed mouse ~ *вчт* конфигурация мыши для левши

loop ~ кольцевая структура (*напр. сети*)

manual ~ ручное конфигурирование

metal-oxide-semiconductor ~ МОП-структура

multipoint ~ многопунктовая конфигурация (*напр. линии связи*)

pinout ~ расположение выводов

post-installation ~ конфигурирование после установки программного обеспечения, послеинстал(л)яционное конфигурирование

right-handed mouse ~ *вчт* конфигурация мыши для правши

software ~ конфигурация программного обеспечения

spider ~ радиально-кольцевая конфигурация; радиально-кольцевая структура

tape wrap ~ форма петли ленты (*петлевого лентопротяжного механизма*)

Tower ~ вертикальная конфигурация корпуса (*системного блока компьютера*), конфигурация корпуса (*системного блока компьютера*) с вертикальным рабочим положением; конфигурация корпуса типа Tower, *проф.* конфигурация (корпуса типа) «башня»

track ~ формат записи (*сигналограммы, фонограммы или видеограммы*)

configurational конфигурационный

configurative конфигурационный

configurator *вчт* конфигуратор

configure конфигурировать, задавать конфигурацию

configured конфигурируемый

jumperless ~ конфигурируемый без использования съёмных перемычек; программно конфигурируемый

rule-based ~ конфигурируемый на основе системы правил

software ~ программно конфигурируемый; конфигурируемый без использования съёмных перемычек

configurer *вчт* программа конфигурирования, *проф.* конфигуратор

configuring конфигурирование, задание конфигурации

confinement 1. ограничение; локализация **2.** удержание (*напр. плазмы*)

beam ~ ограничение пучка

bubble ~ удержание ЦМД

carrier ~ ограничение носителей; локализация носителей

electron ~ электронное ограничение; локализация электронов

electrostatic plasma ~ электростатическое удержание плазмы

field ~ локализация поля

magnetic plasma ~ магнитное удержание плазмы

optical ~ оптическое ограничение, волноводный оптический эффект

quantum ~ квантовое ограничение, квантовая локализация

spectral power ~ ограничение спектральной плотности мощности

confirmation подтверждение

conflict *вчт* конфликт ‖ вступать в конфликт, конфликтовать

approach - approach ~ конфликт при выборе между двумя благоприятными исходами, конфликт типа «буриданов осёл»

avoidance - approach ~ конфликт при выборе между благоприятным и неблагоприятным исходами

avoidance - avoidance ~ конфликт при выборе между двумя неблагоприятными исходами, конфликт типа «Сцилла и Харибда»

cache ~ конфликт в кэш-памяти

direct memory access ~ конфликт при реализации прямого доступа к памяти, DMA-конфликт

DMA ~ *см.* **direct memory access conflict**

font ID ~ конфликт при идентификации шрифтов (*в Apple-совместимых компьютерах*)
hardware ~ *вчт* аппаратный конфликт
interrupt request (line) ~ конфликт в канале запроса прерывания
IRQ ~ *см.* **interrupt request (line) conflict**
port ~ конфликт при подключении внешних устройств к последовательным портам
software ~ *вчт* программный конфликт
confix *вчт* конфикс, циркумфикс ‖ использовать конфикс, использовать циркумфикс
confocal *опт.* конфокальный
conform 1. быть *или* становиться подобным, конгруэнтным *или* совместимым; делать подобным, конгруэнтным *или* совместимым 2. приспосабливать(ся); адаптировать(ся) 3. подчиняться (*определённым правилам*); действовать в соответствии (*с определёнными правилами*)
conformable 1. приводимый к подобию, конгруэнтности *или* совместимости 2. приспосабливаемый; адаптируемый 3. допускающий подчинение (*определённым правилам*)
conformal *вчт* конформный
conformance *см.* **conformity**
conformant 1. подобный, конгруэнтный *или* совместимый 2. приспосабливающийся; адаптирующийся 3. подчиняющийся (*определённым правилам*); действующий в соответствии (*с определёнными правилами*)
conformation 1. приведение к подобию, конгруэнтности *или* совместимости 2. приспособление; адаптация 3. подчинение (*определённым правилам*); согласование 4. структура; конфигурация; форма 5. конформация (*молекулы*)
conformity 1. подобие; конгруэнтность; совместимость 2. приспособление; адаптация 3. подчинение (*определённым правилам*); согласование
confound перемешивать
confounding перемешивание
confuse 1. использовать методы и средства радиоэлектронного подавления 2. делать нерезким (*об изображении*) 3. перемешивать; использовать бегущий ключ (*в криптографии*)
confusion 1. *рлк* методы и средства радиоэлектронного подавления 2. нерезкость (*изображения*) 3. перемешивание; использование бегущего ключа (*в криптографии*)
conga *вчт* конга (*музыкальный инструмент из набора ударных General MIDI*)
low ~ *вчт* низкая конга (*музыкальный инструмент из набора ударных General MIDI*)
congest 1. создавать затор, перегружать (*напр. линию связи*); испытывать затор, перегружаться (*напр. о линии связи*) 2. *тлф* терять (*вызов*)
congestion 1. затор, перегрузка (*напр. линии связи*) 2. *тлф* потеря вызова
frequency ~ перегруженность диапазона частот
switching ~ коммутационная перегрузка
traffic ~ 1. насыщение трафика 2. *тлф* перегрузка
congruence, congruency 1. *вчт* конгруэнтность (*1. «равенство» геометрических объектов 2. «равенство» целых чисел в арифметике вычетов по модулю N*) 2. соответствие; адекватность 3. сравнение 4. *вчт* конгруэнция; сравнимость
~ **modulo N** конгруэнтность по модулю N

~ **of numbers** сравнение чисел
logical ~ логическое сравнение
polynomial ~ полиномиальное сравнение
verbal ~ вербальная конгруэнция
congruent 1. *вчт* конгруэнтный 2. соответствующий; адекватный; подходящий 3. сравнимый
conic коническое сечение ‖ конический
conics геометрия конических сечений
conjecture предположение
conjugacy 1. сопряжение 2. сопряжённость 3. обращение (*волнового фронта*)
phase ~ обращение волнового фронта
conjugate 1. сопряжённая величина ‖ сопрягать ‖ сопряжённый 2. обращать (*волновой фронт*)
complex ~ комплексно сопряжённая величина ‖ комплексно сопряжённый
Hermitian ~ эрмитово сопряжённая величина ‖ эрмитово сопряжённый
conjugation 1. сопряжение 2. сопряжённость 3. обращение (*волнового фронта*)
charge ~ зарядовое сопряжение, C-преобразование
complex ~ комплексное сопряжение
nonlinear optical phase ~ нелинейное обращение волнового фронта
optical phase ~ обращение волнового фронта
phase ~ обращение волнового фронта
conjugator 1. *вчт* оператор сопряжения 2. устройство (для) обращения волнового фронта
phase ~ устройство (для) обращения волнового фронта
conjunct *вчт* конъюнкт
conjunction 1. И (*логическая операция*), конъюнкция, логическое умножение 2. (нижнее) соединение (*планеты или ЛА с Солнцем*) 3. *вчт* паратаксис, сочинение, сочинительная связь (*предикатов*)
~ **of disjunctions** конъюнкция дизъюнкций
fuzzy ~ нечёткая конъюнкция
conjuncture конъюнктура
connect 1. соединять(ся); объединять(ся); сообщаться 2. связывать(ся) (*напр. по телефону*); сообщаться; устанавливать связь (*напр. телефонную*) 3. устанавливать (электрический) контакт; соединять; подключать (*напр. к источнику электропитания*) 4. *вчт* ассоциировать; ставить в причинную зависимость
connected 1. соединённый; объединённый; сообщающийся 2. с (установленной) связью; связанный 3. имеющий (электрический) контакт; соединённый; подключённый (*напр. к источнику электропитания*) 4. *вчт* ассоциированный; поставленный в причинную зависимость 5. связный (*напр. о графе*)
deductively ~ дедуктивно связанный
edge ~ рёберносвязный (*о графе*)
electrically ~ электрически связанный; с электрической связью
magnetically ~ магнитно связанный; с магнитной связью
multiple ~ многосвязный
optically ~ оптически связанный; с оптической связью
simple ~ односвязный
Connection:
Java Developer ~ служба поддержки пользователей Java, служба JDC

connection

connection 1. соединение (*результат или процесс*); объединение (*результат или процесс*) **2.** связь; установление связи (*напр. телефонной*) **3.** канал связи; линия связи; коммуникация **4.** установление (электрического) контакта; реализация (электрического) соединения; подключение (*напр. к источнику электропитания*) **5.** включение; способ включения (*напр. обмоток электродвигателя*) **6.** вывод; клемма; контакт **7.** ассоциация, структурно обусловленная связь образов *или* понятий

accordant ~ согласное включение (*обмоток*)
active ~ активная связь (*в нейронных сетях*)
aiding ~ согласное включение (*обмоток*)
back-to-back ~ встречно-параллельное включение (*напр. электронных ламп*)
base ~ **1.** *пп* вывод базы **2.** штырёк цоколя (*лампы*)
bayonet ~ байонетное соединение
bridge ~ включение по мостовой схеме
bridging ~ параллельное включение
built-up ~ *тлф* транзитное соединение
bypass ~ перемычка; дополнительное соединение
cascade ~ последовательное [каскадное] включение
cascode ~ каскодное включение, соединение по каскодной схеме
channel-to-channel ~ соединение каналов при межмашинном обмене данными
collector ~ *пп* вывод коллектора
common-base ~ включение транзистора по схеме с общей базой
common-collector ~ включение транзистора по схеме с общим коллектором
common-emitter ~ включение транзистора по схеме с общим эмиттером
conference ~ **1.** соединение для установления конференц-связи **2.** *тлг* соединение для установления циркулярной связи
crossover ~s пересекающиеся соединения
cut-in ~ врубное сочленение
delayed ~ соединение с задержкой
delta ~ соединение треугольником
dial-in ~ коммутируемое соединение, подключение абонента к сети по коммутируемой телефонной линии (*через модем*)
dial-up ~ **1.** *тлф* автоматическое соединение **2.** *вчт* коммутируемое соединение, подключение абонента к сети по коммутируемой телефонной линии (*через модем*)
diode ~ **of transistor** диодное включение транзистора
direct ~ **1.** прямое соединение **2.** постоянное соединение **3.** прямое подключение
direct client ~ прямое подключение абонента (*напр. в системе IRC*)
drain ~ вывод стока (*полевого транзистора*)
emitter ~ *пп* вывод эмиттера
enterprise system ~ связь систем в сети масштаба предприятия
evaporated ~ напылённое соединение
excitatory ~ возбуждающая связь (*в нейронных сетях*)
feed-thru ~ межслойное соединение (*печатной платы или ИС*)
forked ~ соединение вилкой

future ~ будущее соединение; повторное соединение (*напр. с сервером*)
gate ~ **1.** вывод затвора (*полевого транзистора*) **2.** вывод управляющего электрода
global ~s *микр.* глобальные межсоединения; шины
ground ~ соединение с землёй, заземление
grounded-base ~ включение транзистора по схеме с общей базой
grounded-collector ~ включение транзистора по схеме с общим коллектором
grounded-emitter ~ включение транзистора по схеме с общим эмиттером
inactive ~ неактивная связь (*в нейронных сетях*)
inhibitory ~ тормозящая связь (*в нейронных сетях*)
input ~ входная связь (*напр. в нейронных сетях*)
interbridge ~ *вчт* связь между мостами
interface [interfacial] ~ **1.** межслойное соединение (*печатной платы или ИС*) **2.** межслойная связь (*напр. в нейронных сетях*)
interlayer ~ **1.** межслойное соединение (*печатной платы или ИС*) **2.** межслойная связь (*напр. в нейронных сетях*)
interneuron ~ межнейронная связь
intralayer ~ **1.** внутрислойное соединение (*печатной платы или ИС*) **2.** внутрислойная связь (*напр. в нейронных сетях*)
inverse-parallel ~ встречно-параллельное включение (*напр. электронных ламп*)
mesh ~ соединение треугольником
MIDI ~ **1.** соединение MIDI-устройств **2.** подключение MIDI-устройств
multipoint ~ многопунктовое соединение
network ~ сетевое соединение
nonpersistent ~ *вчт* невозобновляемое соединение, соединение без сопровождения состояния
no ~ **1.** свободный вывод **2.** свободный штырёк цоколя (*электронной лампы*)
one-way ~ **1.** однонаправленное соединение **2.** *тлф* исходящее соединение
output ~ выходная связь (*напр. в нейронных сетях*)
parallel ~ параллельное соединение
permanent virtual ~ постоянное виртуальное соединение, постоянный виртуальный канал
persistent ~ *вчт* возобновляемое соединение, соединение с сопровождением состояния
phonograph ~ гнездо для подключения электропроигрывающего устройства
pin ~ цоколёвка (*электронной лампы*), расположение выводов (*напр. транзистора*)
plastic ~ пластичная связь (*в биологических нейронных сетях*)
point-to-point ~ **1.** двухпунктовое соединение (*в технике связи*) **2.** *микр.* печатное соединение **3.** прямое соединение
printed ~ печатное соединение
push-pull ~ байонетное соединение; самозапирающееся соединение
quick-disconnect ~ быстрорасчленяемое соединение
reliable ~ надёжное соединение
rosin ~ непропаянное соединение
screened [screen-on] ~ соединение, изготовленное методом трафаретной печати

connector

series ~ последовательное [каскадное] соединение
shunt ~ параллельное соединение
soldered ~ паяное соединение
solderless ~ 1. беспаечное соединение 2. обжимное соединение
source ~ вывод истока (*полевого транзистора*)
star ~ соединение звездой
switch virtual ~ коммутируемое виртуальное соединение, коммутируемый виртуальный канал
T1 ~ 1. канал с временным уплотнением для одновременной передачи 24-х потоков данных со скоростью 1,544 Мбит/с, канал T1 2. стандарт (передачи данных по каналу) T1
T2 ~ 1. канал с временным уплотнением для одновременной передачи 96-и потоков данных со скоростью 6,312 Мбит/с, канал T2 2. стандарт (передачи данных по каналу) T2
T3 ~ 1. канал с временным уплотнением для одновременной передачи 672-х потоков данных со скоростью 44,736 Мбит/с, канал T3 2. стандарт (передачи данных по каналу) T3
T4 ~ 1. канал с временным уплотнением для одновременной передачи 4032-х потоков данных со скоростью 274,176 Мбит/с, канал T4 2. стандарт (передачи данных по каналу) T4
tandem ~ последовательное [каскадное] включение
telephone ~ телефонное соединение
thru-hole ~ межслойное соединение (*печатной платы или ИС*)
virtual ~ виртуальное соединение, виртуальный канал
virtual channel ~ соединение виртуальных каналов
voice ~ связность речи
wire-logic ~ *вчт* монтажное соединение
wire-wrap ~ соединение накруткой
wrapped ~ соединение накруткой
wye ~ соединение звездой
Y~ соединение звездой

connection-based *вчт* на базе логического соединения, с установлением логического соединения; потоко-ориентированный; с ориентацией на обмен потоками (*напр. о методе связи*)
connectionism коннекционизм, нейросетевой подход к моделированию процесса мышления
connectionist 1. коннекционный; нейросетевой 2. ассоциативный
connectionless *вчт* без установления логического соединения; без ориентации на обмен потоками (*о методе связи*); без коммутации пакетов (*о компьютерной сети*)
connection-oriented *вчт* с установлением логического соединения, на базе логического соединения; потоко-ориентированный; с ориентацией на обмен потоками (*напр. о методе связи*)
connective 1. связующий объект; связующее 2. *вчт* связка (*логическая или лингвистическая*)
  linguistic ~ лингвистическая связка
  logic ~ логическая связка
connectivity 1. возможность установления связи 2. возможность соединения *или* подключения; стыкуемость 3. связность (*напр. множества*)
  ~ of computers возможность установления связи между компьютерами

biologic ~ биологическая связность
electrical ~ электрическая связность
Java database ~ интерфейс связи с базами данных для платформы Java, интерфейс стандарта JDBC
line ~ рёберная связность
network ~ связность сети
open database ~ интерфейс связи с открытыми базами данных, интерфейс стандарта ODBC
semantic ~ семантическая связность
structural ~ структурная связность

connector 1. (электрический) соединитель, *проф.* (электрический) разъём 2. *вчт* знак объединения или соединения (*в виде круга или пятиугольника*) на блок-схеме 3. (механический) соединитель
baby N~ соединитель типа BNC, миниатюрный коаксиальный байонетный соединитель
bayonet nut ~ соединитель типа BNC, миниатюрный коаксиальный байонетный соединитель
bifurcated ~ гибрид с раздвоенным контактом, штырьково-гнездовой (электрический) соединитель с раздвоенным контактом
Bitronics ~ (36-контактный) соединитель (типа) Bitronics (*для реализации двунаправленного режима параллельного порта*)
BNC ~ соединитель типа BNC, миниатюрный коаксиальный байонетный соединитель
board ~ соединитель для плат
butting ~ униполярный соединитель
cable ~ кабельный соединитель
card-edge ~ торцевой [гребенчатый] соединитель
cell ~ межэлементное соединение (*в батарее аккумулятора*)
Centronics ~ (36-контактный) соединитель (типа) Centronics
choke ~ дроссельный волноводный соединитель
coaxial (-line) ~ коаксиальный соединитель
coax PC ~ коаксиальный соединитель для печатных плат
D shell ~ соединитель с D-образным бандажным пояском, соединитель D-типа (*напр. DB-25S*)
DB-XP ~ вилка соединителя с D-образным бандажным пояском, вилка соединителя D-типа (*X – число штырьков, равное 9, 15 или 25*)
DB-XS ~ розетка соединителя с D-образным бандажным пояском, розетка соединителя D-типа (*X – число гнёзд, равное 9, 15 или 25*)
DIN ~ соединитель типа DIN, малогабаритный цилиндрический многоконтактный соединитель
double-row ~ двухрядный соединитель
downstream ~ соединитель для подключения кабеля, не отсоединяемого от подключаемого устройства (*напр. клавиатуры*), *проф.* нисходящий соединитель
drive A ~ соединитель для подключения дисковода A (*на кабеле*)
drive B ~ соединитель для подключения дисковода B (*на кабеле*)
edge(-board) ~ торцевой [гребенчатый] соединитель
enhanced video ~ 1. гибридный (коаксиально-штырьковый) соединитель для подключения периферийных устройств к системному блоку, соединитель (стандарта) EVC 2. стандарт EVC (на интерфейс между периферийными устройствами и системным блоком)

237

connector

F ~ коаксиальный резьбовой соединитель, соединитель F-типа
fan ~ *вчт* соединитель для подключения вентилятора (*напр. на материнской плате*)
female ~ розеточная часть соединителя, розетка; гнездо
fiber-optics ~ волоконно-оптический соединитель; элемент связи с оптическим волокном
FireWire ~ *вчт* соединитель (для подключения устройств к шине) FireWire, соединитель стандарта IEEE 1394
flange ~ фланцевый (волноводный) соединитель
ground ~ соединитель для подключения заземления
head ~ соединитель для подключения (магнитных) головок (*в дисководах*)
hermaphroditic ~ гибрид, штырьково-гнездовой (электрический) соединитель
idiot-proof ~ соединитель с защитой от ошибок обслуживающего персонала
insulation-displacement ~ соединитель с подрезкой и смещением изоляции (*для заделки ленточных кабелей*), соединитель типа IDC
interface ~ интерфейсный соединитель
intermediate ~ переходный соединитель
keyboard ~ соединитель для подключения клавиатуры
LIF ~ *см.* **low-insertion-force connector**
low-insertion-force ~ соединитель с малым усилием сочленения
male ~ вилочная часть соединителя, вилка; штырь
mini-DIN ~ соединитель типа mini-DIN, миниатюрный цилиндрический многоконтактный соединитель
motherboard ~ соединитель для подключения к материнской плате (*на кабеле*)
multiple ~ соединитель с разветвлением
multiple-contact ~ многоштырьковый соединитель
offpage ~ *вчт* знак объединения *или* соединения (*в виде пятиугольника*) с переходом на следующую страницу блок-схемы
optical-fiber ~ волоконно-оптический соединитель
optional ~ дополнительный соединитель, не предусмотренный базовой конфигурацией соединитель
PC ~ *см.* **PCMCIA connector**
PCMCIA ~ (электрический) соединитель (для плат расширения стандарта) PCMCIA
PC modular ~ унифицированный соединитель для печатных плат
phone ~ телефонный соединитель
pin ~ штырьковый соединитель
plug ~ вилочная часть соединителя, вилка; штырь
power ~ соединитель для подключения к источнику питания
pressure ~ соединитель нажимного действия
printed-wiring ~ соединитель для печатных плат
PS/2 ~ соединитель типа PS/2, 6-контактный соединитель типа mini-DIN
push-pull ~ соединитель с самозапирающимся сочленением
quick-disconnect ~ быстрорасчленяемый соединитель
RCA ~ безрезьбовой коаксиальный электрический соединитель, соединитель типа RCA, *проф.* (соединитель типа) «тюльпан», (соединитель типа) «азия»
real time interface ~ интерфейсный соединитель для систем реального времени
RJ-11 ~ стандартный 6-контактный телефонный соединитель, соединитель типа RJ-11
RJ-45 ~ стандартный 8-контактный соединитель для последовательного порта, соединитель типа RJ-45
rod-lens ~ (волоконно-оптический) соединитель со стержневыми линзами
sexless ~ гибрид, штырьково-гнездовой (электрический) соединитель
slot 1 ~ *вчт* соединитель для слота 1 (*напр. у картриджа типа S.E.C.*)
socket ~ розеточная часть соединителя, розетка; гнездо
solderless ~ 1. беспаечный соединитель 2. соединитель с обжимными контактами
T~ тройниковый соединитель
threaded ~ соединитель с резьбовым сочленением
two-pin mains ~ двухполюсная сетевая вилка
umbilical ~ электроразрывной соединитель
upstream ~ соединитель для подключения кабеля, отсоединяемого от подключаемого устройства (*напр. принтера*), *проф.* восходящий соединитель
VESA advanced feature ~ двухрядный (56-контактный *или* 80-контактный) соединитель для передачи видеосигналов в VGA- и SVGA-адаптерах, внутренний интерфейс VAFC
VESA feature ~ двухрядный (26-контактный) соединитель для передачи видеосигналов в VGA- и SVGA-адаптерах, внутренний интерфейс VFC
VGA auxiliary video ~ (ламельный краевой) дополнительный (26-контактный) соединитель для передачи видеосигналов в VGA-адаптерах
waveguide ~ волноводное соединение
wiring ~ соединительный зажим (*для проводников*)
zero insertion force ~ соединитель с (нулевым усилием сочленения и) принудительным обжатием
ZIF ~ *см.* **zero-insertion-force connector**

connotation *вчт* 1. коннотация (*дополнительное или второстепенное значение понятия*) 2. коннотат (*набор атрибутов, характеризующих объём данного понятия*)
conoid коноид || коноидальный
conoidal коноидальный
co-norm *вчт* конорма
  t~ *см.* **triangular norm**
  triangular ~ *вчт* треугольная конорма, t-конорма
conoscope поляризационный микроскоп для наблюдения коноскопических фигур
conoscopic коноскопический
conoscopy коноскопия
cons *вчт проф.* синтезировать
consciousness сознание
  artificial ~ искусственное сознание
consecutive *вчт* 1. консеквентный, являющийся (логическим) следствием 2. последующий; следующий за чем-либо
consecution *вчт* 1. консеквент; (логическое) следствие 2. следование
consequence *вчт* следствие
  deductive ~ дедуктивное следствие
  direct ~ прямое следствие
  formal ~ формальное следствие
  indirect ~ косвенное следствие

inductive ~ индуктивное следствие
logical ~ логическое следствие, консеквент
consequent *вчт* 1. консеквент; (логическое) следствие ‖ консеквентный, являющийся (логическим) следствием 2. второй член отношения 3. второй из двух векторов диады
conservation 1. консервация (*напр. оборудования*) 2. сохранение; неизменность ◊ **~ of energy** сохранение энергии; **~ of mass** сохранение массы
conservative консервативный
consistence, consistency 1. совместимость; согласованность; непротиворечивость; целостность 2. консистенция 3. *вчт* состоятельность (*напр. оценки*)
~ of classifier состоятельность классификатора
~ of transaction *вчт* согласованность [непротиворечивость] транзакции
cache ~ целостность данных в кэш-памяти
constrained ~ ограниченная непротиворечивость
logical ~ логическая непротиворечивость
omega~ омега-непротиворечивость
semantic ~ семантическая непротиворечивость
syntactic ~ синтаксическая непротиворечивость
universal ~ универсальная состоятельность
consistent 1. совместимый; согласованный; непротиворечивый 2. *вчт* состоятельный (*напр. об оценке*)
autocorrelation ~ состоятельный при автокорреляции
heteroscedasticity ~ состоятельный при гетероскедастичности
Consol радионавигационная служба «Консол», радионавигационная служба «Зонне»
Consolan система «Консолен» (*система дальней радионавигации*)
console 1. пульт 2. стойка 3. *вчт* консоль (*1. совокупность клавиатуры и дисплея компьютера 2. пульт оператора; операторский терминал*) 4. *вчт* клавиатура 5. напольный корпус (*телевизора или радиоприёмника*)
alternate ~ вспомогательный пульт
computer ~ *вчт* 1. консоль 2. клавиатура компьютера
control ~ 1. пульт управления 2. *вчт* консоль 3. *вчт* клавиатура
display ~ 1. консоль 2. *тлв* стойка с дисплеями
flight-control ~ пульт системы управления воздушным движением, пульт системы УВД
local ~ местный пульт
mixing ~ микшерный пульт
system ~ пульт управления вычислительной системой
typewriter ~ телетайпный пульт
video ~ видеопульт
consonance 1. консонанс 2. электрический *или* акустический резонанс между телами *или* цепями, не имеющими непосредственной связи
consonant 1. согласный (звук) 2. обозначающая согласный (звук) буква
consonantism консонантизм, система согласных фонем языка
Consortium:
Advanced Television Research ~ Консорциум по перспективным исследованиям в области телевидения
DVD ~ Консорциум фирм-производителей компакт-дисков формата DVD
International Color ~ Международный консорциум по проблемам цвета
Universal Wireless Communication ~ Всемирный консорциум беспроводной связи, организация UWCC
World Wide Web ~ Консорциум по разработке и распространению стандартов и протоколов для WWW-системы, Консорциум World Wide Web, Консорциум WWW
conspectus *вчт* конспект; аннотация; тезисы
conspiracy заговор; сговор
connector ~ преднамеренное использование (*производителями*) нестандартных соединителей (*с целью увеличения сбыта собственной продукции*)
constancy постоянство, неизменность
~ of curvature постоянство кривизны
parameter ~ постоянство параметров
shape ~ постоянство воспринимаемой формы (*при зрительном восприятии*)
size ~ постоянство воспринимаемого размера (*при зрительном восприятии*)
constant 1. константа (*1. постоянная (величина) 2. постоянная; коэффициент; модуль*) 2. постоянный; не изменяющийся; неизменяемый; фиксированный 3. *вчт* литерал, самозначимый символ *или* самозначимая группа символов, *проф.* буквальный символ *или* буквальная группа символов (*в тексте программы*)
absolute dielectric ~ абсолютная диэлектрическая проницаемость
acoustical attenuation ~ коэффициент ослабления звука
acoustical phase ~ фазовая постоянная звука
acoustical propagation ~ постоянная распространения звука
adaptation ~ постоянная адаптации
address ~ *вчт* адресная константа
adiabatic dielectric ~ адиабатическая диэлектрическая проницаемость
anisotropy ~ константа анизотропии
aperiodic time ~ постоянная времени апериодической составляющей
arbitrary ~ произвольная постоянная
attenuation ~ 1. коэффициент ослабления; коэффициент затухания, декремент 2. постоянная потерь (*четырёхполюсника*)
Boltzmann ~ постоянная Больцмана
capacitor ~ добротность конденсатора
charge-storage time ~ постоянная времени сохранения заряда
clamped dielectric ~ диэлектрическая проницаемость зажатого образца
coil ~ добротность катушки индуктивности
collector-base time ~ постоянная времени цепи коллектора
collector depletion-layer time ~ постоянная времени коллекторного обеднённого слоя
complex ~ *вчт* комплексная константа
complex dielectric ~ комплексная диэлектрическая проницаемость
compliance ~ коэффициент упругой податливости
constant-strain electrooptic ~ электрооптический коэффициент при постоянных деформациях
constant-stress electrooptic ~ электрооптический коэффициент при постоянных (упругих) напряжениях

constant

Cotton-Mouton ~ квадратичный магнитооптический коэффициент, коэффициент магнитного дву(луче)преломления, постоянная Коттона — Мутона
Coulomb force ~ постоянная кулоновского взаимодействия
coupling ~ коэффициент связи
damping ~ коэффициент затухания, декремент; коэффициент ослабления
decay ~ 1. коэффициент ослабления; коэффициент затухания, декремент 2. постоянная распада
decimal ~ *вчт* десятичная константа
demagnetizing ~ коэффициент размагничивания, размагничивающий фактор
derivative-active time ~ постоянная времени воздействия по производной
dielectric ~ 1. диэлектрическая проницаемость 2. действительная часть комплексной диэлектрической проницаемости
dielectric ~ at constant strain диэлектрическая проницаемость при постоянных деформациях
dielectric ~ at constant stress диэлектрическая проницаемость при постоянных упругих напряжениях
dielectric phase ~ фазовая постоянная диэлектрика
differential dielectric ~ дифференциальная диэлектрическая проницаемость
diffusion ~ коэффициент диффузии
direct-axis transient open-circuit time ~ переходная постоянная времени по продольной оси при разомкнутой первичной обмотке
direct-axis transient short-circuit time ~ переходная постоянная времени по продольной оси при короткозамкнутой первичной обмотке
distributed ~ распределённый параметр
distribution ~ коэффициент распределения
effective dielectric ~ эффективная диэлектрическая проницаемость
elastic compliance ~ константа [модуль] податливости, коэффициент упругой податливости
elastic stiffness ~ константа [модуль] упругости, коэффициент упругой жёсткости
elastoresistive ~ эласторезистивный коэффициент
electric ~ электрическая постоянная, диэлектрическая проницаемость вакуума
electric charge time ~ постоянная времени заряда
electric discharge time ~ постоянная времени разряда
electrocaloric ~ электрокалорический коэффициент
electromagnetic ~ скорость света в вакууме
electron diffusion ~ коэффициент диффузии (для) электронов
electron-phonon coupling ~ константа электрон-фононного взаимодействия
electrooptic ~ электрооптический коэффициент
electrostrictive ~ константа электрострикции
equilibrium-distribution ~ *фтт* равновесная константа распределения
exchange interaction ~ константа обменного взаимодействия
Faraday ~ число [коэффициент] Фарадея
fast time ~ *рлк* схема для подавления низкочастотных [НЧ-] составляющих сигналов, обусловленных мешающими отражениями
Feigenbaum ~ константа Фейгенбаума

fine-structure ~ постоянная тонкой структуры
first-order anisotropy ~ константа анизотропии первого порядка
floating-point ~ константа с плавающей запятой
fundamental ~ фундаментальная постоянная
galvanometer ~ постоянная гальванометра
grating ~ постоянная [параметр] дифракционной решётки
Hall(-effect) ~ постоянная Холла
hole diffusion ~ коэффициент диффузии (для) дырок
hyperfine coupling ~ постоянная сверхтонкой структуры
hysteresis material ~s гистерезисные параметры материала
image attenuation ~ характеристическая постоянная потерь (*несимметричного четырёхполюсника*)
image phase(-change) ~ характеристическая постоянная распространения (*несимметричного четырёхполюсника*)
image transfer ~ характеристическая постоянная передачи (*несимметричного четырёхполюсника*)
imaginary ~ *вчт* мнимая константа
inertia ~ инерционная постоянная (*ротора электрического двигателя*)
initial dielectric ~ начальная диэлектрическая проницаемость
integer ~ *вчт* целочисленная константа
integral-action time ~ постоянная времени интегрального воздействия
Kerr ~ квадратичный электрооптический коэффициент, электрооптическая константа Керра
Lame ~s коэффициенты Ламе
lattice ~ постоянная [параметр] решётки
longitudinal piezoresistive ~ продольный пьезорезистивный [продольный тензорезистивный] коэффициент
lumped ~ сосредоточенный параметр
magnetic ~ магнитная постоянная, магнитная проницаемость вакуума
magnetic anisotropy ~ константа магнитной анизотропии
magnetic hysteresis ~s гистерезисные параметры (материала)
magnetoelastic coupling ~ константа магнитоупругой связи
magnetoelectric ~ магнитоэлектрический коэффициент
magnetoresistive ~ коэффициент магнитосопротивления, магниторезистивный коэффициент
magnetostriction ~ константа магнитострикции
Margie-Righi-Leduc ~ коэффициент Маджи — Риги — Ледюка
molecular-field ~ *магн.* постоянная молекулярного поля
momentum ~ коэффициент импульса (*в методе импульса для обучения нейронных сетей*)
morphic ~ морфическая константа, коэффициент упругости третьего порядка
Nernst-Ettingshausen ~s коэффициенты Нернста — Эттингсхаузена
network ~s параметры схемы
network attenuation ~ постоянная потерь схемы
network phase ~ постоянная распространения схемы

network transfer ~ постоянная передачи схемы
numeric ~ численная константа
Peltier ~ коэффициент Пельтье
phase(-change) ~ 1. фазовая постоянная; коэффициент фазы 2. постоянная распространения (*четырёхполюсника*)
phenomenological ~ феноменологическая константа; феноменологическая постоянная
photoelectric ~ отношение постоянной Планка к заряду электрона
piezoelectric ~ пьезоэлектрический коэффициент
piezomagnetic ~ пьезомагнитный коэффициент
piezooptic ~ пьезооптический коэффициент
piezoresistive ~ пьезорезистивный [тензорезистивный] коэффициент
Planck ~ постоянная Планка
propagation ~ постоянная распространения; коэффициент распространения
pulse-fall time ~ длительность среза импульса
pulse-rise time ~ длительность фронта импульса
pyroelectric ~ пироэлектрический коэффициент
pyromagnetic ~ пиромагнитный коэффициент
quadratic electrooptic ~ квадратичный электрооптический коэффициент, электрооптическая константа Керра
quadrature-axis transient open-circuit time ~ переходная постоянная времени по поперечной оси при разомкнутой первичной обмотке
quadrature-axis transient short-circuit time ~ переходная постоянная времени по поперечной оси при короткозамкнутой первичной обмотке
quadrupole coupling ~ константа квадрупольного взаимодействия
Rayleigh ~s *магн* константы Рэлея
RC ~ постоянная времени RC-цепи
real ~ 1. вещественная [действительная] константа 2. константа с плавающей запятой
reciprocity ~ коэффициент взаимности (*отношение чувствительности электроакустического преобразователя в режимах микрофона и громкоговорителя*)
recoil ~ *магн* коэффициент возврата
reduced Planck's ~ приведённая постоянная Планка (*постоянная Планка, делённая на 2π*)
register ~ масштабный множитель записи на ленте самописца
relative dielectric ~ относительная диэлектрическая проницаемость
relative stress optical ~ постоянная Брюстера
reversible dielectric ~ обратимая диэлектрическая проницаемость
Righi-Leduc ~ коэффициент Риги — Ледюка
Rydberg ~ постоянная Ридберга
scintillation-counter energy-resolution ~ постоянная энергетического разрешения сцинтилляционного счётчика
screening ~ постоянная экранирования
Seebeck ~ дифференциальная термоэдс
shielding ~ постоянная экранирования
solar ~ солнечная постоянная, 1369 Вт/м^2
specific gamma-ray ~ гамма-постоянная
spin-lattice coupling ~ константа спин-решёточного взаимодействия
spin-orbit coupling ~ константа спин-орбитальной связи
spread ~ константа распространения (*разность входного и весового векторов нейрона, при котором выход равен 0,5*)
Stefan-Boltzmann ~ постоянная Стефана — Больцмана
stored-energy ~ постоянная запасённой энергии
thermal-stress ~ термоупругий коэффициент
thermal time ~ тепловая постоянная времени
third-order elastic ~ морфическая константа, коэффициент упругости третьего порядка
time ~ 1. постоянная времени 2. постоянная времени эквивалентной резистивно-ёмкостной цепи (*для описания амплитудно-частотной характеристики магнитной ленты*)
transfer ~ постоянная передачи (*четырёхполюсника*)
transmission ~ коэффициент прохождения, коэффициент пропускания
transmission-line ~s параметры линии передачи
Verdet ~ постоянная Верде
wavelength ~ фазовая постоянная; коэффициент фазы
Weiss(-field) ~ *магн*. постоянная молекулярного поля
Zeeman splitting ~ константа зеемановского расщепления

constantan константан (*сплав*)
constellation 1. созвездие 2. совокупность; группа 3. конфигурация; структура 4. набор реализуемых состояний сигнала (*при выбранном способе модуляции*)
constituent 1. компонент(а); элемент; составная часть; составляющая ‖ составляющий; образующий 2. конституэнт (*в логике*)
~ **of matrix** элемент матрицы
~ **of unit** конституэнт единицы
antecedent ~ антецедентный [левый] конституэнт
consequent ~ консеквентный [правый] конституэнт
immediate ~ *вчт* непосредственная (*любая из двух*) составляющая (*синтаксической конструкции*)
left ~ левый [антецедентный] конституэнт
right ~ правый [консеквентный] конституэнт
ultimate ~ *вчт* элементарная составляющая (*синтаксической конструкции*)
constrain 1. ограничивать 2. налагать связь, ограничивать число степеней свободы 3. *вчт* обеспечивать целостность данных 4. вынуждать; принуждать
constrained 1. ограниченный; подверженный ограничениям 2. с наложенной связью, с ограничением числа степеней свободы 3. способный обеспечивать целостность данных 4. вынужденный
constraint 1. ограничение 2. связь, ограничение числа степеней свободы 3. *вчт* обеспечение целостности данных 4. принуждение
bandwidth ~ ограничение по полосе частот
behavioral ~ поведенческое ограничение
delay ~ ограничение по задержке
design ~ проектное ограничение
dynamic-range ~ ограничение по динамическому диапазону
electrical ~ электрическое ограничение
fuzzy ~ нечёткое ограничение
hard ~ жёсткое ограничение
informational ~ информационное ограничение (*напр. в криптоанализе*)

constraint

  integer ~ целочисленное ограничение
  modular ~ модульное ограничение (*напр. в компьютерной графике*)
  operating ~ эксплуатационное ограничение
  soft ~ мягкое ограничение
  structural ~ структурное ограничение
  technological ~ технологическое ограничение
constrict стягивать(ся); сжимать(ся)
constriction 1. стягивание; сжатие **2.** суженная часть (*напр. токового шнура*)
  current ~ стягивание токового шнура
  weak link ~ *свпр* слабое звено в виде сужения
construct 1. конструировать; создавать; изготавливать **2.** конструкция; структура; изделие **3.** строить (*напр. геометрическую фигуру*)
construction 1. конструирование; создание; изготовление **2.** конструкция; структура; изделие **3.** метод создания; метод изготовления **4.** построение (*напр. геометрической фигуры*) **5.** объяснение; интерпретация
  ~ **of hypothesis** построение гипотезы
  auxiliary ~ вспомогательное построение
  breadboard ~ **1.** макет **2.** макетирование
  cipher ~ **1.** создание шифра **2.** метод создания шифра
  Feistel ~ метод Файстеля, метод создания блочных шифров (*напр. шифра DES*)
  geometrical ~ геометрическое построение
  mesa ~ *пп* меза-структура
  model ~ построение модели
  modular ~ модульная конструкция
  p-n-p ~ *p — n — p*-структура
  procedural ~ процедурное конструирование
  rack-and-panel ~ блочно-стоечная конструкция
  stream cipher ~ метод создания потокового шифра
  test ~ построение критерия
  thin-film ~ **1.** тонкоплёночная структура **2.** изготовление по тонкоплёночной технологии
  unit cable ~ конструкция кабеля с группированием жил
  unitized ~ унифицированная конструкция
constructor *вчт* конструктор
  copy(ing) ~ копирующий конструктор
  non-strict ~ нестрогий конструктор
  skip list ~ *вчт* конструктор списка пропусков (*напр. узлов дерева*)
  strict ~ строгий конструктор
  universal ~ универсальный конструктор
consultant консультант
  independent ~ независимый консультант
consumables *вчт* расходные материалы
consume потреблять (*напр. энергию*); расходовать (*напр. энергию*)
consumer потребитель
  final ~ конечный потребитель
  global ~ глобальный потребитель
consumption потребление (*напр. энергии*); расход (*напр. энергии*)
  power ~ потребляемая мощность
  rated ~ номинальное потребление; номинальный расход
  specific ~ удельное потребление; удельный расход
contact 1. контакт ‖ контактировать **2.** ввод; вывод **3.** установление связи ‖ устанавливать связь **4.** *рлк* обнаружение цели ‖ обнаруживать цель **5.** контактная линза ◊ **to break** ~ размыкать; **to make** ~ замыкать
  ~ **by phone** *проф.* связаться по телефону
  a— замыкающий контакт
  amateur ~ короткий сеанс в (радио)любительской связи
  antibarrier [antiblocking] ~ антизапирающий контакт
  arcing ~ дугогасительный контакт
  armature ~ подвижная (контактная) пружина; подвижный якорь (*реле*)
  b— размыкающий контакт
  back ~ неподвижный контакт размыкающей группы контактов (*реле*)
  base ~ **1.** базовый контакт **2.** вывод базы
  beam-lead ~ балочный вывод
  blade ~ врубной контакт (*напр. рубильника*)
  blocking ~ *пп* запирающий контакт
  bonded ~ сварной контакт
  bounceless ~ контакт (*реле*) со схемой подавления дребезга
  break ~ размыкающий контакт
  break-(before-)make ~ неперекрывающий контакт
  bridging ~ мостиковый контакт
  brush ~ щёточный контакт
  bump ~ *микр.* столбиковый вывод, контактный столбик
  buried ~ скрытый контакт
  butt ~ стыковой контакт
  buttonhook ~ изогнутый контакт
  clip ~ пружинящий зажим (*рубильника*)
  closed ~ замкнутый контакт
  closed-entry ~ неупругое гнездо контакта (*исключающее возможность сочленения со штырём большего диаметра*)
  collector ~ **1.** коллекторный контакт **2.** вывод коллектора
  continuity-transfer ~ перекрывающий контакт
  crimp ~ обжимной контакт
  current ~ токовый контакт
  diffused ~ диффузный контакт
  donor-alloy ~ сплавной донорный контакт
  double-break ~ мостиковый контакт
  dry ~ **1.** сухой магнитоуправляемый контакт **2.** окисленный контакт (*реле*) **3.** контакт, не пропускающий ток
  dry-reed ~ язычковый сухой магнитоуправляемый контакт
  electric ~ электрический контакт
  electron-injecting ~ контакт, инжектирующий электроны
  electroplated ~ электроосаждённый контакт
  emitter ~ **1.** эмиттерный контакт **2.** вывод эмиттера
  epitaxial ~ эпитаксиальный контакт
  evaporated ~ напыленный контакт
  face ~ стыковой контакт
  female ~ гнездо контакта
  finger ~ кнопочный контакт
  fixed ~ **1.** неподвижный контакт **2.** неподвижная (контактная) пружина (*реле*)
  floating ~ плавающий контакт
  formed ~ формованный контакт
  front ~ неподвижный контакт замыкающей группы контактов (*реле*)
  gold-bonded ~ сварной контакт с золотой связкой

hard ~ плотный контакт (*при фотолитографии*)
head-to-tape ~ контакт (магнитной) ленты с (магнитной) головкой
hermaphroditic ~ гибридный [штырьково-гнездовой] контакт
high recombination-rate ~ *пп* контакт с высокой скоростью (поверхностной) рекомбинации
high-resistance ~ высокоомный контакт
hole-injecting ~ контакт, инжектирующий дырки
instantaneous ~ безынерционный контакт
ion-implanted ohmic ~ омический контакт, изготовленный методом ионной имплантации
Josephson ~ *свпр* джозефсоновский контакт
keep-alive ~ удерживающий контакт
linear ~ омический контакт
locking ~ фиксируемый контакт
low-capacitance ~s контакты с малой межконтактной ёмкостью
lower fixed ~ нижний неподвижный контакт (*реле*)
low-impedance ~ низкоомный контакт
low-level ~ слаботочный контакт
majority-carrier ~ *пп* омический контакт для основных носителей
make ~ замыкающий контакт
make(-before)-break ~ перекрывающий контакт
male ~ штырь контакта
marking ~ рабочий контакт (*телеграфного реле*)
mating ~ встречный контакт
mercury ~ ртутный магнитоуправляемый контакт
mercury-wetted ~ смачиваемый ртутный магнитоуправляемый контакт
metal-semiconductor ~ контакт металл – полупроводник
Mott-Curney ~ омический контакт
movable ~ **1.** подвижный контакт **2.** подвижная (контактная) пружина; подвижный якорь (*реле*)
multiple-break ~s контакты для многократного размыкания цепи
neutral ~ нейтральный контакт
noninjecting ~ *пп* неинжектирующий контакт
nonlocking ~ нефиксируемый контакт
nonohmic ~ неомический контакт
nonrectifying ~ омический контакт
normal ~ нормальный контакт
normally closed ~ размыкающий контакт
normally open ~ замыкающий контакт
off-limit ~s ограничительные контакты (*шагового реле*)
ohmic ~ омический контакт
open ~ разомкнутый контакт
optical ~ оптический контакт
overlapping ~ перекрывающий контакт
pin ~ **1.** штырь контакта **2.** штырьковый вывод
planar ~ планарный контакт
plated ~ электроосаждённый контакт
point ~ точечный контакт
pressed [pressure] ~ прижимной контакт
printed ~ печатный контакт
probe ~ зондовый контакт
radar ~ обнаружение цели
radio ~ установление радиосвязи
reading [readout] ~ считывающий контакт
rectifying ~ неомический контакт
refractory ~ контакт из тугоплавкого металла

relay ~ **1.** контакт реле **2.** *pl* контактная группа [контакты] реле
retaining ~ удерживающий контакт
rolling ~ катящийся контакт
Schottky barrier ~ контакт с барьером Шотки
sealed ~ герметизированный контакт, геркон
self-cleaning [self-wiping] ~ скользящий контакт
semiconductor-electrolyte ~ контакт полупроводник — электролит
slider [sliding] ~ скользящий контакт
snap-action ~ контакт мгновенного действия
socket ~ гнездо контакта
soft ~ мягкий контакт (*при фотолитографии*)
soldered ~ паяный контакт
solderless ~ **1.** беспаечный контакт **2.** обжимной контакт
spacing ~ контакт покоя (*телеграфного реле*)
spring ~ контактная пружина (*напр. реле*)
stationary ~ неподвижный контакт
strip ~ ленточный контакт
superconducting point ~ сверхпроводящий точечный контакт
switch ~ переключающий контакт
tape-head ~ контакт (магнитной) ленты с (магнитной) головкой
tinned ~ лужёный контакт
total groove ~ полный контакт иглы со стенками канавки записи
transfer ~ неперекрывающий контакт
two-way ~ переключающий контакт
upper-fixed ~ верхний неподвижный контакт (*реле*)
wedge ~ клиновой контакт
wet ~ **1.** смачиваемый магнитоуправляемый контакт **2.** контакт, пропускающий ток
wiping ~ скользящий контакт
contactor контактор
break-(before-)make ~ контактор с неперекрывающими контактами
electric ~ контактор
magnetic ~ (электро)магнитный контактор
make(-before)-break ~ контактор с перекрывающими контактами
vibrating ~ вибропреобразователь
container 1. контейнер (*1. сосуд; тара; упаковка* **2.** класс, содержащий несколько других классов объектов) **2.** *вчт* составной документ (*созданный двумя и более приложениями*)
Dewar ~ сосуд Дьюара, дьюар
nitrogen ~ сосуд Дьюара для жидкого азота
wafer ~ *микр.* кассета для пластин
containment 1. оболочка для защиты от радиоактивного излучения **2.** удержание (*напр. плазмы*) **3.** включение (*множества*)
plasma ~ удержание плазмы
proper ~ собственное включение
contaminant 1. загрязняющее вещество **2.** загрязнение, (нежелательная) примесь
ionic ~ ионная примесь
contamination 1. загрязнение **2.** загрязнение, (нежелательная) примесь **3.** распространение (*ошибок*)
~ **of errors** распространение ошибок
airborne particulate ~ загрязнение воздуха частицами пыли
background ~ фоновое загрязнение

contamination

color ~ *тлв* загрязнение цвета

content 1. содержимое 2. содержание (*1. совокупность частей целого 2. суть; сущность 3. тема; предмет; фабула 4. смысл; значение 5. ёмкость; вместимость; объём 6. оглавление 7. доля частного в целом*)
~ **of business transaction** содержимое бизнес-транзакции
~ **of data stream** содержимое потока данных
~ **of display** содержимое изображения на экране дисплея
~ **of file** содержимое файла
~ **of hypertext node** содержимое гипертекстового документа
~ **of message** содержание сообщения
actual ~ реальное содержание
average information ~ среднее количество информации
cache ~ содержимое кэша
cell ~ содержимое ячейки
conceptual ~ концептуальное содержание
document's ~ содержание документа
executable ~ *вчт* исполняемое содержимое
impurity ~ содержание примесей
harmonic ~ 1. содержание гармоник 2. *вчт* контроллер «содержание гармоник», MIDI-контроллер № 71
information ~ количество информации
memory ~s содержимое памяти
page ~ *вчт* содержимое страницы
sticky ~ *вчт* содержимое сайта, требующего последовательного просмотра нескольких ненужных страниц до получения нужной информации, *проф.* навязываемое содержимое
storage ~s содержимое памяти
technical ~ техническое содержание
tonal ~ *тлв* градационное содержание
World Wide Web ~ содержимое глобальной гипертекстовой системы WWW для поиска и использования ресурсов Internet, *проф.* содержимое «всемирной паутины»
WWW ~ *см.* **World Wide Web content**

content-addressable 1. адресуемый по содержанию 2. ассоциативный (*напр. о памяти*)

content-free *вчт* 1. бессодержательный (*напр. о сообщении*); бесполезный (*напр. о программном обеспечении*) 2. неспециализированный; общего назначения (*напр. о программном обеспечении*)

contention 1. конкуренция; соперничество; борьба; противоборство 2. *вчт* соперничество, одновременное обращение к неразделяемому ресурсу 3. *вчт* режим соперничества (*в сетях передачи данных*), режим с попытками захвата канала связи перед началом передачи 4. объект конкуренции *или* соперничества; предмет спора *или* дискуссии
device ~ соперничество устройств

context контекст (*1. фрагмент речи или текста, оказывающий влияние на смысл выбранного слова или выражения 2. набор фактов и обстоятельств, относящихся к выбранному событию*) || контекстный
default ~ *вчт* контекст по умолчанию
dynamically expanding ~ динамически расширяющийся контекст (*1. алгоритм обучения нейронных цепей Кохонена 2. нейронная сеть Кохонена с обучением по алгоритму DEC*)

extensional ~ *вчт* экстенсиональный контекст
intensional ~ *вчт* интенсиональный контекст
login ~ *вчт* контекст входа в систему, контекст начала сеанса (*работы*), контекст регистрации (*при получении доступа к сети*)

context-dependent контекстно-зависимый; контекстный

context-free контекстно-свободный
context-independent контекстно-свободный
context-sensitive контекстно-зависимый; контекстный

contextual контекстный
contiguity соприкосновение; касание; смежность
contiguous соприкасающийся; касающийся; смежный
contingency 1. зависимость от обстоятельств *или* условий; сопряжённость; связанность 2. *вчт* сопряжённость признаков 3. непредвиденное обстоятельство; непредусмотренный случай 4. побочное *или* сопровождающее явление

contingent 1. контингент; штатный состав 2. доля; квота 3. непредвиденное обстоятельство; непредусмотренный случай || непредвиденный; непредусмотренный 4. зависящий от обстоятельств *или* условий; сопряжённый; связанный 5. побочный; сопровождающий 6. неопределённо-истинностный (*напр. о высказывании*)

continua *pl* от **continuum**

continual 1. регулярный; часто повторяющийся 2. непрерывный 3. неизменный; постоянный 4. континуальный (*напр. подход*)

continuality 1. регулярность; частая повторяемость 2. непрерывность 3. неизменность; постоянство

continuance 1. неизменность; постоянство 2. продолжение 3. дополнение

continuant *вчт* 1. континуант, трёхпозиционная ленточная матрица 2. фрикативный согласный

continuation 1. продолжение 2. дополнение
~ **of mapping** продолжение отображения
~ **of trend** продолжение тренда
analytic ~ аналитическое продолжение
asymptotic ~ асимптотическое продолжение
function ~ аналитическое продолжение функции
holomorphic ~ голоморфное продолжение
local ~ локальное продолжение
meromorphic ~ мероморфное продолжение

continuity 1. непрерывность; связность 2. *тлв* ход программы 3. полный сценарий (*напр. телефильма*) 4. текстовый *или* музыкальный материал для обеспечения непрерывности хода (*вещательной*) программы
~ **in point** непрерывность в точке
absolute ~ абсолютная непрерывность
current ~ непрерывность тока
extensional ~ *вчт* экстенсиональная непрерывность
intensional ~ *вчт* интенсиональная непрерывность
left ~ непрерывность слева
mean-square ~ среднеквадратическая непрерывность
piece-wise ~ кусочная непрерывность
recursive ~ рекурсивная непрерывность
right ~ непрерывность справа
sample ~ непрерывность выборки
unilateral ~ двусторонняя непрерывность

continuous 1. непрерывный 2. незатухающий гармонический (*напр. о волне*)

continuous-form непрерывной формы, в виде непрерывной ленты (*о бумаге*)

continuous-tone плавнотоновый, с плавным изменением тона; нерастровый (*напр. об изображении*)

continuum 1. *вчт* континуум 2. абсолютно непрерывный объект; сплошная среда

~ **of phase values** континуум значений фазы

contour 1. контур; очертание ‖ вычерчивать контур; оконтуривать ‖ контурный 2. линии равных значений (*какой-либо величины*)

equal-loudness ~s кривые равной громкости

equiloss ~ кривая равных потерь

equiphase ~ линия равных фаз, эквифазная линия

equipotential ~ эквипотенциальная линия

Fletcher-Munson ~s кривые равной громкости

Fresnel ~ граница зоны Френеля (*при расчёте поля методом Гюйгенса – Френеля*)

half-power ~ контур (*диаграммы направленности антенны*) по уровню половинной мощности

illusory ~s иллюзорные контуры; эффект цельного восприятия формы трёхмерных объектов

isoactivation ~s изоактивационные контуры (*гиперплоскости во входном пространстве скрытого слоя нейронной сети*)

isoservice ~s границы зон приёма (*телевизионного центра*)

loudness(-level) ~s кривые равной громкости

mesh ~ контур сетки

moiré ~ s *тлв* муаровые фигуры

contouring 1. вычерчивание контура; оконтуривание 2. построение линий равных значений (*какой-либо величины*) 3. контурность, возникновение дополнительных градаций полутонового изображения (*в компьютерной графике*); *проф.* постеризация 4. придание требуемой формы рабочей поверхности видеоголовки 5. прилегание магнитной ленты к головке 6. апертурная коррекция в передающей телевизионной камере

contrabass *вчт* контрабас (*музыкальный инструмент из набора General MIDI*)

contract 1. контракт; договор 2. контрагировать (*о газовом разряде*); стягивать(ся) 3. сжимать; уплотнять 4. редуцировать(ся)

license ~ лицензионное соглашение

service ~ договор на обслуживание

contraction 1. контракция (*газового разряда*); стягивание 2. сжатие; уплотнение 3. *вчт* редукция; упрощение; сведение сложного к более простому или к более доступному для анализа или решения

address ~ сжатие адреса

data ~ сжатие [уплотнение] данных

discharge ~ контракция разряда

stripe ~ сжатие полосового (магнитного) домена

contradiction противоречие

contra(-)directional противонаправленный

contrast 1. контраст (*1. противоположность 2. противопоставление 3. оптический контраст 4. фотографический контраст 5. дифференцирующее различие лингвистических элементов*) ‖ контрастировать; обладать контрастом; использовать контраст; противопоставлять 2. контрастность (*качественная или количественная характеристика контраста*)

~ **of emulsion** коэффициент контрастности эмульсии

brightness ~ яркостный контраст

color ~ цветовой контраст (*1. зависимость цвета наблюдаемого объекта от цвета фона 2. минимальное число порогов цветоразличения между сравниваемыми цветами*)

detail ~ контраст в мелких деталях

direct viewing ~ контраст при прямом наблюдении

electrostatic ~ электростатический контраст

font ~ *вчт* контрастность шрифта

gradient ~ *тлв* дифференциальное значение (показателя) гамма

image ~ контраст изображения

large-area ~ контраст в крупных деталях

luminance ~ яркостный контраст

minimum discernible ~ пороговый контраст

minimum perceptible ~ пороговый контраст

phase ~ фазовый контраст

phonemic ~ фонематический контраст

photometric brightness ~ (относительный) яркостный контраст

picture ~ контраст изображения

sequential (color) ~ последовательный цветовой контраст (*зависимость цвета наблюдаемого объекта от цвета ближайшего окружения*)

signal ~ отношение (факсимильных) сигналов белого и чёрного полей (*в децибелах*)

simultaneous (color) ~ одновременный цветовой контраст (*зависимость цвета наблюдаемого объекта от цвета фона, к которому был ранее адаптирован глаз*)

speckle ~ контрастность спеклов

square-wave ~ контраст для прямоугольного испытательного растра

threshold ~ пороговый контраст

visual ~ наблюдаемый контраст

contrasting 1. контрастирование; обладание контрастом; использование контраста; противопоставление 2. использование контрастных методов (*в диагностике*) 3. контрастирование [упрощение] нейронных сетей

dynamic ~ динамическое контрастирование, динамическое упрощение (*нейронных сетей*)

neural network ~ контрастирование [упрощение] нейронных сетей

contravariance контравариантность

contravariant контравариантный

contribute 1. делать вклад; вносить вклад 2. направлять в печать (*напр. статью*)

contribution 1. вклад 2. материал, подготовленный к печати

magnetoelastic ~ **to anisotropy** магнитоупругий вклад в анизотропию

control 1. управление; регулирование, регулировка ‖ управлять; регулировать 2. орган управления; регулятор; орган настройки 3. система управления; система регулирования 4. *pl* средства управления; средства регулирования 5. контроль; проверка ‖ контролировать; проверять 6. система контроля; система проверки 7. *pl* средства контроля; средства проверки 8. *pl* методы контроля; рычаги управления 9. *вчт* контроллер 10. *pl вчт* методы управления данными и контроля данных в процессе обработки 11. *pl вчт* позиции управления экранного меню 12. управляющий провод (*криотрона*) ◊ ~

control

during material регулирование (*уровня громкости*) во время передачи сигнала; **~ with fixed setpoint** стабилизирующее управление
acceptance ~ приёмочный контроль
access ~ *вчт* **1.** управление доступом **2.** контроль доступа
ActiveX ~ элемент управления программных средств ActiveX
adaptive ~ адаптивное управление
aids-to-navigation radio ~ радионавигационные средства
airport ground traffic ~ управление наземным движением в районе аэропорта
airport radar ~ РЛС управления воздушным движением в районе аэропорта
air-traffic ~ управление воздушным движением, УВД
amplitude balance ~ временная автоматическая регулировка усиления, ВАРУ
ANSI screen ~ *вчт* управление экраном (*дисплея*) с помощью конфигурационного файла ansi.sys
antenna position ~ управление положением антенны
anticipatory ~ упреждающее регулирование
anticlutter gain ~ временная автоматическая регулировка усиления, ВАРУ
approach ~ управление заходом на посадку
armature voltage ~ регулирование числа оборотов электродвигателя путём изменения напряжения на обмотке ротора
artistic effect ~ регулирование уровня громкости для создания художественного эффекта
astatic ~ астатическое регулирование
attitude ~ устройство управления положением (*ЛА*)
audible ~ дистанционное управление с использованием звуковых сигналов
audio-fidelity ~ регулятор тембра
audio volume ~ 1. регулировка громкости **2.** регулятор громкости
automatic ~ автоматическое управление; автоматическое регулирование, автоматическая регулировка
automatic background ~ *тлв* автоматическая установочная регулировка яркости, АРЯ
automatic bandwidth ~ автоматическая регулировка ширины полосы частот
automatic bias ~ автоматическая регулировка смещения
automatic brightness ~ *тлв* автоматическая регулировка яркости, АРЯ
automatic chroma ~ *тлв* **1.** автоматическая регулировка насыщенности цвета **2.** автоматическая регулировка усиления сигнала цветности
automatic chrominance ~ *тлв* автоматическая регулировка усиления сигнала цветности
automatic color ~ *тлв* автоматическая регулировка усиления сигнала цветности
automatic contrast ~ *тлв* автоматическая регулировка контрастности
automatic fine-tuning ~ *тлв* автоматическая подстройка частоты гетеродина
automatic flight ~ автоматическое управление полётом
automatic frequency ~ автоматическая регулировка частоты, АРЧ; автоматическая подстройка частоты, АПЧ

automatic gain ~ автоматическая регулировка усиления, АРУ (*см. тж.* **AGG**)
automatic knee ~ *тлв* автоматическая регулировка динамического диапазона контраста, функция АКС, функция DCC
automatic level ~ 1. автоматическая регулировка усиления, АРУ **2.** автоматическая регулировка уровня (*напр. записи*)
automatic light ~ *тлв* автоматическая регулировка освещённости
automatic load ~ автоматическая регулировка нагрузки
automatic modulation ~ автоматическая регулировка коэффициента модуляции
automatic overload ~ автоматическое устройство защиты от перегрузок
automatic peak search ~ автоматическая установка максимального уровня записи
automatic pedestal ~ *тлв* автоматическая регулировка уровня гашения (*луча*)
automatic phase ~ автоматическая подстройка фазы, АПФ
automatic picture ~ *тлв* автоматическая регулировка качества изображения
automatic range ~ *рлк* автоматическое сопровождение цели по дальности
automatic recording level ~ 1. автоматическая регулировка уровня записи **2.** автоматический регулятор уровня записи
automatic remote ~ автоматическое дистанционное управление
automatic selectivity ~ автоматическая регулировка избирательности
automatic sensitivity ~ автоматическая регулировка чувствительности
automatic tint ~ *тлв* автоматическая регулировка цветового тона
automatic voltage ~ автоматическая регулировка напряжения
automatic volume ~ автоматическая регулировка громкости, АРГ
automatic volume expansion ~ экспандирование
automatic volume level ~ автоматическая регулировка громкости, АРГ
background ~ *тлв* установочная регулировка яркости
balance ~ 1. регулировка стереобаланса **2.** регулятор стереобаланса
bandspread tuning ~ регулятор точной настройки (*для растянутых диапазонов*)
bang-bang ~ 1. двухпозиционное регулирование, двухпозиционное управление **2.** двухпозиционный регулятор **3.** система двухпозиционного управления **4.** релейное регулирование
bass ~ 1. регулирование тембра в области нижних (звуковых) частот **2.** регулятор тембра в области нижних (звуковых) частот
beam-rider ~ система наведения по (радио)лучу
bilateral ~ двустороннее регулирование
black level ~ *тлв* регулировка уровня чёрного
blue-gain ~ *тлв* регулировка усиления синего
breath ~ *вчт* контроль дыхания, MIDI-контроллер № 2
brightness ~ *тлв* **1.** регулировка яркости **2.** регулятор яркости

control

brilliance ~ *тлв* 1. регулировка яркости 2. регулятор яркости
bumped phase ~ импульсная регулировка фазы
camera ~ *тлв* управление камерой
carrier-current ~ управление по линии высокочастотной [ВЧ-]связи
Cartesian ~ радиоуправление по двум взаимно ортогональным координатам
cascade ~ каскадное управление; каскадное регулирование
centering ~ *тлв* 1. центрирование 2. регулятор центрирования
charge ~ *пп* управление зарядом
chroma ~ *тлв* 1. регулировка насыщенности цвета 2. регулятор насыщенности цвета 3. регулировка усиления сигнала цветности 4. регулятор усиления сигнала цветности
chromaticity ~ *тлв* 1. регулировка усиления сигнала цветности 2. регулятор усиления сигнала цветности
chrominance-gain ~ *тлв* 1. регулировка усиления сигнала цветности 2. регулятор усиления сигнала цветности
closed-loop ~ 1. управление с обратной связью 2. система управления с обратной связью, замкнутая система управления
coarse ~ грубая регулировка; грубая настройка
color-saturation ~ *тлв* 1. регулировка насыщенности цвета 2. регулятор насыщенности цвета
command ~ 1. командное управление 2. командное наведение
compensated volume ~ 1. тонкомпенсированная регулировка громкости 2. тонкомпенсированный регулятор громкости
computer ~ управление с помощью компьютера, компьютерное [машинное] управление
computer-aided quality ~ автоматизированный контроль качества (продукции)
computer(ized) numerical ~ числовое программное управление, ЧПУ
concurrency ~ *вчт* 1. управление параллелизмом 2. управление многозадачностью
concurrency ~ and recovery управление параллельной обработкой и восстановлением данных
continuity ~ *тлв* контроль хода программы
continuous (feedback) ~ 1. непрерывное управление (с обратной связью) 2. система непрерывного управления (с обратной связью), замкнутая система непрерывного управления
contouring ~ контурное управление (*роботом*)
contrast ~ *тлв* 1. регулировка контрастности 2. регулятор контрастности
convergence ~ *тлв* 1. регулировка сведения лучей 2. регулятор сведения лучей
convergence phase ~ *тлв* регулировка фазы напряжения при динамическом сведении лучей
counter ~ управление счётчиками
crystal ~ кварцевая стабилизация частоты
cue ~ *тлв* режиссёрский контроль
cursor ~ *вчт* управление курсором
cybernetic ~ кибернетическая система управления
data acquisition ~ управление сбором данных
data-link ~ управление линией передачи данных
data recording ~ устройство управления записью данных

dc motor ~ электронный регулятор скорости вращения двигателя постоянного тока
delayed automatic volume ~ автоматическая регулировка громкости с задержкой, АРГ с задержкой
depth ~ *микр.* контроль глубины проникновения примеси
derivative ~ 1. дифференциальное регулирование 2. дифференциальный регулятор
differential gain ~ временная автоматическая регулировка усиления, ВАРУ
digital ~ цифровое управление
digital remote ~ цифровое дистанционное управление, цифровое телеуправление
direct digital ~ прямое цифровое управление
directional ~ автоматическое управление курсом (*ЛА*)
direct manual ~ прямое ручное управление
direct numerical ~ прямое числовое программное управление
distributed ~ распределённое управление
distribution ~ *тлв* 1. регулировка линейности 2. регулятор линейности
domain-wall state ~ управление структурой доменной границы
dramatic effect ~ регулирование уровня громкости для создания драматических эффектов
drive ~ *тлв* регулятор размера изображения по горизонтали
dual ~ двойное управление
dynamic astigmatism ~ динамическая коррекция астигматизма (*в ЭЛТ*)
dynamic contrast ~ *тлв* автоматическая регулировка динамического диапазона контраста, функция DCC, функция АКС
echo duration ~ регулятор длительности (искусственного) эха
echo return ~ регулятор задержки (искусственного) эха
echo tone ~ регулятор тембра (искусственного) эха
electrical ~ электрическое управление; электрическое регулирование, электрическая регулировка
electronic ~ 1. электронное управление; электронное регулирование, электронная регулировка 2. электронный регулятор
electronic motor ~ электронный регулятор скорости вращения двигателя постоянного тока
embedded ~ *вчт* встроенный контроль
end-point ~ регулирование по выходным данным
end-to-end ~ сквозное управление
environmental ~ контроль внешних условий
error ~ коррекция ошибок
external ~ внешнее управление
fail-safe ~ отказоустойчивое управление
fast automatic gain ~ быстродействующая автоматическая регулировка усиления, БАРУ
feedback ~ 1. управление с обратной связью 2. система управления с обратной связью, замкнутая система управления
feedback tone ~ регулятор тембра с использованием обратной связи
feedforward ~ автоматическое управление с прямой передачей, автоматическое управление «вперёд»
field-effect conductivity ~ управление удельной электропроводностью с помощью поля
field linearity ~ *тлв* 1. регулировка линейности по вертикали 2. регулятор линейности по вертикали

fine-tuning ~ 1. точная регулировка; точная настройка **2.** *тлв* подстройка частоты гетеродина
finite ~ финитное управление
flight ~ наземное управление полётом, управление полётом по командам с Земли
flow ~ управление потоком данных
focus(ing) ~ *тлв* **1.** фокусировка **2.** регулятор фокусировки
follow-up ~ следящее управление
foot ~ 1. педальное [ножное] управление, педальное [ножное] регулирование **2.** *вчт* педальный [ножной] контроллер, MIDI-контроллер № 4
forms ~ *вчт* управление документооборотом
forward error ~ прямая коррекция ошибок
frame ~ *тлв* **1.** регулировка частоты кадров **2.** регулятор частоты кадров
framing ~ 1. *тлв* регулировка положения кадра **2.** устройство фазирования (*в факсимильной связи*)
frequency ~ регулировка частоты; подстройка частоты
frequency monitoring and interference ~ контроль частоты сигнала и помехи
frequency-response ~ формирование амплитудно-частотной характеристики
front-panel ~ регулятор на передней [лицевой] панели
full-wave ~ двухполупериодная регулировка фазы (*в источниках питания*)
fuzzy ~ нечёткое управление; нечёткое регулирование
gain ~ 1. регулировка усиления **2.** регулятор усиления
gain-sensitivity [gain-time] ~ временная автоматическая регулировка усиления, ВАРУ
ganged volume ~ одноручечная регулировка громкости (*в нескольких каскадах*)
gate mobile communications ~ подсистема управления подвижной связью
generator field ~ регулировка возбуждения генератора
global ~ глобальное управление
green-gain ~ *тлв* регулировка усиления зелёного
grid ~ сеточное управление
ground ~ 1. управление наземным движением в районе аэропорта **2.** наземное управление, управление командам с Земли
guidance ~ наведение
half-wave ~ однополупериодная регулировка фазы (*в источниках тока*)
hardware error ~ аппаратная коррекция ошибок
height ~ *тлв* **1.** регулировка размера по вертикали **2.** регулятор размера по вертикали
hierarchical ~ иерархическое управление
hierarchically intelligent ~ управление с иерархической организацией интеллекта
high-level data link ~ протокол высокоуровневого управления каналом передачи данных, протокол HDLC (*в модели ISO/OSI*)
higher-level intelligent ~ интеллектуальное управление верхнего уровня
high-level data-link ~ высокоуровневое управление каналом передачи данных
hold(ing) ~ *тлв* **1.** регулировка частоты строк *или* полей **2.** регулятор частоты строк *или* полей
homing ~ самонаведение

horizontal-amplitude ~ *тлв.* регулировка размера по горизонтали **2.** регулятор размера по горизонтали
horizontal centering ~ *тлв* **1.** центрирование по горизонтали **2.** регулятор центрирования по горизонтали
horizontal convergence ~ *тлв* регулировка сведения лучей по горизонтали
horizontal drive ~ *тлв* регулятор размера изображения по горизонтали
horizontal hold ~ *тлв* **1.** регулировка частоты строк **2.** регулятор частоты строк
horizontal-linearity ~ *тлв* **1.** регулировка линейности по горизонтали **2.** регулятор линейности по горизонтали
horizontal parabola ~ *тлв* **1.** регулировка фазы напряжения *или* тока в строчных катушках динамического сведения **2.** регулятор фазы напряжения *или* тока в строчных катушках динамического сведения
hue ~ *тлв* **1.** регулировка цветового тона **2.** регулятор цветового тона
illumination ~ регулятор освещения (*с фотореле*)
independent ~ автономное управление
inertial ~ инерциальное наведение
infinitely fast ~ безынерционное управление
infinity ~ *вчт* управление представлением бесконечности; задание способа представления бесконечности
in-process ~ контроль на стадии производства
instantaneous automatic gain ~ мгновенная автоматическая регулировка усиления, МАРУ
integral ~ 1. интегральное регулирование **2.** интегральный регулятор
intelligent ~ интеллектуальное управление
intensity ~ *тлв* **1.** регулировка яркости **2.** регулятор яркости
interface-shape ~ *крист.* регулирование формы межфазной границы, регулирование формы мениска
interference ~ контроль помех
intermediate ~ промежуточный контроль
intermittent ~ прерывистое регулирование
internal ~ внутреннее управление
interrupt ~ 1. прерывистое управление **2.** *вчт* управление прерываниями
inventory ~ управление имуществом; управление материально-техническими ресурсами
ISDN data link ~ управление каналами передачи данных в сетях стандарта ISDN, протокол IDLC
ISDN media access ~ уровень управления доступом к среде в сетях (стандарта) ISDN
keyboard ~ управление от клавиатуры, клавишное управление
keyboard reset ~ управление аппаратным перепуском через контроллер клавиатуры
learning ~ обучающееся управление
linear ~ 1. линейное регулирование **2.** линейный регулятор
linearity ~ *тлв* **1.** регулировка линейности **2.** регулятор линейности
local ~ локальное управление
logical ~ *вчт* логический контроль
logical link ~ 1. управление логическими связями **2.** подуровень (*канального уровня*) управления ло-

гическими связями (*в модели ISO/OSI*) 3. протокол управления логическими связями, протокол LLC (*в модели ISO/OSI*)
long-range ~ дистанционное управление, телеуправление
loop ~ 1. управление с обратной связью 2. система управления с обратной связью, замкнутая система управления 3. фотоэлектрический регулятор скорости движения ленточного конвейера
loudness ~ 1. тонкомпенсированная регулировка громкости 2. тонкомпенсированный регулятор громкости
lower-level intelligent ~ интеллектуальное управление нижнего уровня
manual ~ 1. ручное управление 2. ручной регулятор
manual gain ~ ручная регулировка усиления
mass storage volume ~ управление томами массовой памяти, управление томами внешнего ЗУ большой ёмкости
master ~ 1. центральный пульт управления 2. *тлв* центральная аппаратная
master brightness ~ регулятор яркости (*в телевизоре цветного изображения*)
master gain ~ 1. общий регулятор громкости стереоканалов 2. регулятор усиления студийного пульта
material gap ~ регулирование уровня громкости в паузах передачи
mechanical fader ~ механическое управление регулятором уровня
medium access ~ 1. управление доступом к среде (*передачи данных*) 2. подуровень управления доступом к среде (*канального уровня в модели ISO/OSI*), МАС-подуровень
message data link ~ управление каналом передачи данных сообщений
microcomputer ~ управление с помощью микрокомпьютера
microprocessor ~ микропроцессорное управление
microprogrammed ~ микропрограммное управление
middle ~ регулятор тембра в области средних (звуковых) частот
MIDI ~ *см.* musical instrument digital interface control
mission ~ центр управления (космическим) полётом, ЦУП
mobile communications ~ 1. управление подвижной [мобильной] (радио)связью 2. станция управления подвижной [мобильной] (радио)связью
mode ~ селекция мод
motor ~ электронный регулятор скорости вращения двигателя постоянного тока
motor-concatenation ~ регулирование скорости вращения двигателя путём переключения числа пар полюсов
motor-field ~ регулирование скорости вращения двигателя путём изменения тока в обмотке возбуждения
motor-voltage ~ регулирование скорости вращения двигателя переменными резисторами в цепи обмотки ротора *или* статора
multicoordinate ~ многокоординатное управление

multivariable ~ многомерное управление
musical instrument digital interface ~ *вчт* управляющий MIDI-параметр
narrow ~ узкая управляющая плёнка (*криотрона*)
neighboring optimal ~ квазиоптимальное управление
neuromuscular ~ *бион.* нервномышечное управление
noise gain ~ шумовая регулировка усиления
nuclear level ~ радиоизотопный следящий уровнемер
numerical ~ числовое программное управление, ЧПУ
off-line ~ автономное управление
on-line ~ управление в реальном масштабе времени
on-off ~ 1. двухпозиционное регулирование, двухпозиционное управление 2. двухпозиционный регулятор 3. система двухпозиционного управления 4. релейное регулирование
open-loop ~ 1. управление без обратной связи 2. разомкнутая система управления
optimal ~ оптимальное управление
organizational ~ *вчт* организационное управление
overtemperature ~ максимальный терморегулятор
parametric ~ параметрическое управление
parity ~ контроль (по) чётности
partitioned adaptive ~ разделённое адаптивное управление
passively adaptive ~ пассивное адаптивное управление
pattern ~ управление формой диаграммы направленности антенны
peaking ~ схема регулирования линейности генератора горизонтальной развёртки
peripheral ~ *вчт* управление периферийным оборудованием
phase ~ 1. регулировка фазы 2. регулятор фазы *тлв* 3. регулировка цветового тона 4. регулятор цветового тона 5. регулировка фазы напряжения *или* тока в строчных катушках динамического сведения 6. регулятор фазы напряжения *или* тока в строчных катушках динамического, сведения
phase-shift ~ 1. регулировка фазы 2. регулятор фазы
photoelectric ~ 1. фотоэлектрический регулятор 2. фотоэлектрическая система контроля
photoelectric loop ~ фотоэлектрический регулятор скорости движения ленточного конвейера
photoelectric register ~ фотоэлектрическая система контроля совмещения на движущемся материале
pin ~ *вчт* управление внешним выводом
plugged ~ коммутационное управление
point-to-point ~ позиционное управление (*роботом*)
portamento ~ *вчт* контроллер «управление режимом портаменто», MIDI-контроллер № 84
positioning ~ контроль позиционирования (*робота*)
power up/down ~ стабилизация мощности
precision ~ управление точностью; задание точности
presence ~ регулировка эффекта присутствия (*при звуковоспроизведении*)

control

priority ~ приоритетное управление
process ~ управление производственными процессами
program ~ программное управление
programmable gain ~ программная регулировка усиления
project ~ управление проектом
proportional ~ 1. пропорциональное регулирование 2. пропорциональный регулятор
proportional plus derivative ~ пропорционально-дифференциальное регулирование
proportional plus integral plus derivative ~ пропорциональное интегро-дифференциальное регулирование
PTP ~ *см.* **point-to-point control**
purity ~ *тлв* 1. регулировка чистоты цвета 2. регулятор чистоты цвета
push-button ~ кнопочное управление
quality ~ 1. контроль качества 2. управление качеством
quiet automatic volume ~ 1. автоматическая регулировка усиления с задержкой, АРУ с задержкой 2. схема бесшумной настройки, схема автоматической регулировки громкости для подавления взаимных радиопомех при настройке
radar ~ 1. радиолокационное управление 2. радиолокационное наведение
radar traffic ~ радиолокационное управление воздушным движением
radio ~ радиоуправление
radio-frequency interference ~ контроль радиопомех
random decision-directed adaptive ~ адаптивное управление со случайным принятием решения
range ~ управление по дальности
rate ~ 1. дифференциальное регулирование 2. дифференциальный регулятор
ratio ~ регулирование по отношению
ray~ управляющий электрод электронно-светового индикатора настройки
real-time ~ управление в реальном масштабе времени
recording ~ управление записью (*напр. звука*)
red-gain ~ *тлв* регулировка усиления красного
reflexive ~ рефлексивное управление
regeneration ~ 1. регулирование положительной обратной связи 2. регулятор положительной обратной связи
regional playback ~ контроль воспроизведения (компакт-дисков) по регионам
reject ~ выбраковка
relay ~ релейное регулирование
relay directional ~ регулирование с помощью направленного реле
reliability ~ контроль надёжности
remote ~ 1. дистанционное управление, ДУ, телеуправление 2. пульт дистанционного управления, ПДУ
retarded ~ регулирование с запаздыванием
rewind ~ клавиша *или* кнопка (ускоренной) обратной перемотки, клавиша *или* кнопка (ускоренной) перемотки (*магнитной ленты*) назад
RFI ~ *см.* **radio-frequency interference control**
ringing ~ *тлф* контроль посылки вызова
robot ~ роботизированное управление

roll-and-pitch ~ управление по крену и тангажу
rounding ~ управление округлением (*чисел*); задание способа округления (*чисел*)
saturation ~ *тлв* 1. регулировка насыщенности цвета 2. регулятор насыщенности цвета
screen ~ управление экраном (*дисплея*)
security ~**s** методы обеспечения безопасности
selectivity ~ регулировка избирательности
self-acting ~ саморегулирование
self-organizing ~ самоорганизующееся управление
semiremote ~ управление с выносного пульта
sensitivity ~ 1. регулирование чувствительности 2. регулятор чувствительности
sensitivity-time ~ временная автоматическая регулировка усиления, ВАРУ
sequence ~ контроль последовательности операций
sequential ~ 1. последовательное управление 2. последовательная система управления телетайпной связью
servo ~ саморегулирование, автоматическое регулирование (*механической величины*) с помощью сервопривода; сервоуправление, автоматическое управление (*механической величиной*) с помощью сервопривода
servo-loop ~ замкнутая система серворегулирования; замкнутая система сервоуправления
set-point ~ управление по заданным значениям
sidetone ~ *тлф* противоместная схема
single-dial ~ одноручечное управление; одноручечная регулировка; одноручечная настройка
size ~ *тлв* 1. регулировка размера изображения 2. регулятор размера изображения
slide ~ ползунковый регулятор
software error ~ программная коррекция ошибок
sound ~ 1. регулировка уровня громкости 2. регулятор уровня громкости
sound volume ~ 1. регулировка громкости 2. регулятор громкости
speech ~ речевое [голосовое] управление
speed ~ 1. регулировка скорости 2. регулятор скорости *тлв* 3. регулировка частоты строк *или* полей 4. регулятор частоты строк *или* полей
spin ~ *тлв* менеджмент рекламы (*напр. политической*)
squelch ~ схема бесшумной настройки, схема автоматической регулировки громкости для подавления взаимных радиопомех при настройке
static ~ статический регулятор, регулятор без подвижных частей
statistical process ~ автоматизированный статистический контроль (производственных) процессов
statistical quality ~ статистический контроль качества
stored-program ~ микропрограммное управление
supervisory ~ 1. *вчт* диспетчерское управление 2. дистанционное управление, телеуправление
surge ~ сглаживание пульсаций
swept gain ~ временная автоматическая регулировка усиления, ВАРУ
synchronous data link ~ синхронное управление передачей данных, протокол передачи данных SDLC для систем с сетевой архитектурой
system-wide ~ общесистемное управление
tapped ~ линейный регулятор с отводами

temperature ~ 1. регулирование температуры, терморегулирование 2. регулятор температуры, терморегулятор 3. стабилизация температуры; термостатирование 4. схема температурной компенсации
temporal gain ~ временная автоматическая регулировка усиления, ВАРУ
time polarity ~ временной контроль полярности
time-schedule ~ программное регулирование
time-varied gain ~ временная автоматическая регулировка усиления, ВАРУ
titration ~ электронное регулирование титрования
tone ~ 1. регулировка тембра 2. регулятор тембра
tone-compensated audio volume ~ 1. тонкомпенсированная регулировка громкости 2. тонкомпенсированный регулятор громкости
total distributed ~ полностью распределённое управление
total quality ~ тотальное управление качеством
touch-sensitive ~ сенсорное управление
traffic ~ *вчт* управление трафиком
treble ~ 1. регулировка тембра в области верхних (звуковых) частот 2. регулятор тембра в области верхних (звуковых) частот
trigger ~ управление запуском (*напр. тиратрона*)
tuning ~ 1. настройка 2. орган настройки; ручка настройки
undertemperature ~ минимальный терморегулятор
unilateral ~ одностороннее регулирование
usage parameter ~ управление параметрами пользования
variable speech ~ регулирование скорости воспроизведения голосовых [речевых] сигналов
vertical-amplitude ~ *тлв* 1. регулировка размера по вертикали 2. регулятор размера по вертикали
vertical-centering ~ *тлв* 1. центрирование по вертикали 2. регулятор центрирования по вертикали
vertical convergence ~ *тлв* регулировка сведения лучей по вертикали
vertical-hold ~ *тлв* 1. регулировка частоты полей 2. регулятор частоты полей
vertical-linearity ~ 1. регулировка линейности по вертикали 2. регулятор линейности по вертикали
video gain ~ 1. регулировка усиления видеосигнала 2. регулятор усиления видеосигнала
visit mobile communications ~ подсистема контроля перемещения подвижных абонентов
voice ~ голосовое [речевое] управление
volume ~ 1. регулировка громкости 2. регулятор громкости
white-level ~ *тлв* регулировка уровня белого
wide ~ широкая управляющая плёнка (*криотрона*)
width ~ *тлв* 1. регулирование размера по горизонтали 2. регулятор размера по горизонтали
μP ~ микропроцессорное управление
controllability 1. управляемость; регулируемость 2. контролируемость; контролепригодность; проверяемость; допустимость проверки
controllable 1. управляемый; регулируемый 2. контролируемый; контролепригодный; проверяемый; допускающий проверку
controllableness 1. управляемость; регулируемость 2. контролируемость; контролепригодность; проверяемость; допустимость проверки

controller 1. регулятор 2. контроллер 3. управляющий электрод 4. оператор
1:1 interleave ~ *вчт* контроллер (дисковода жёсткого магнитного) диска с кратностью чередования (секторов) 1:1
access ~ контроллер доступа
active ~ активный контроллер
adaptive ~ адаптивный контроллер
advanced programmable interrupt ~ усовершенствованный программируемый контроллер прерываний
air(craft) ~ оператор службы управления воздушным движением
air-traffic ~ оператор службы управления воздушным движением
amplifier ~ регулятор с усилителем
attribute ~ *вчт* контроллер атрибутов
automatic ~ 1. автоматический регулятор 2. контроллер
base station ~ контроллер базовой станции
broadband interface ~ контроллер широкополосного интерфейса
bubble memory ~ контроллер ЗУ на ЦМД
built-in ~ встроенный контроллер
bus ~ контроллер шин
cache ~ контроллер кэш-памяти
cam-type ~ кулачковый регулятор
cathode-ray tube ~ *вчт* контроллер дисплея на ЭЛТ
circuit ~ контроллер схемы
cluster ~ 1. *вчт* контроллер кластера 2. групповой контроллер
communications ~ связной контроллер
continuous ~ 1. регулятор непрерывного действия, непрерывный регулятор 2. контроллер непрерывного действия, непрерывный контроллер
CRT ~ *см.* **cathode-ray tube controller**
database ~ контроллер базы данных
data entry system ~ контроллер системы ввода данных
digital ~ цифровой контроллер
digital AC'97 ~ цифровая часть интегрированной в материнскую плату высококачественной звуковой подсистемы с архитектурой AC'97
direct memory access ~ контроллер прямого доступа к памяти, DMA-контроллер
disk drive ~ контроллер дисковода
display ~ контроллер дисплея
DMA ~ *см.* **direct memory access controller**
drum ~ регулятор с барабанным переключателем
dual channel ~ двухканальный контроллер
dual-channel port ~ контроллер порта сдвоенного канала
dual direct memory access ~ сдвоенный контроллер прямого доступа к памяти
dynamic motion ~ динамический контроллер движения (ленты); функция DMC (*в видеомагнитофонах с системой динамического автотрекинга*)
editing ~ система видеомонтажа с компьютерным управлением
electric ~ 1. электрический регулятор 2. (электрический) контроллер
electronic ~ электронный регулятор
embedded ~ встроенный контроллер

controller

feedback ~ система управления с обратной связью, замкнутая система управления
fiber-polarization ~ устройство для контроля поляризации в оптическом волокне
floppy disk (drive) ~ контроллер (дисковода) гибкого (магнитного) диска
fuzzy ~ нечёткий регулятор
game ~ *вчт* игровой контроллер
general peripheral ~ универсальный периферийный контроллер
general-purpose ~ универсальный контроллер, контроллер общего назначения
graphics ~ графический контроллер
ground ~ оператор службы управления наземным движением в районе аэропорта
hard disk (drive) ~ контроллер (дисковода) жёсткого (магнитного) диска
Hercules graphics ~ 1. стандарт высокого уровня на монохромное отображение текстовой и графической информации для IBM-совместимых компьютеров (*с разрешением не выше 720×350 пикселей*), стандарт HGC 2. (монохромный) видеоадаптер (стандарта) HGC
host ~ хост-контроллер
hub ~ контроллер концентратора
IDE ~ контроллер устройства с интерфейсом (стандарта) IDE, контроллер IDE-устройства, IDE-контроллер
input/output ~ контроллер ввода/вывода
interrupt ~ контроллер прерываний
I/O ~ *см.* input/output controller
keyboard ~ контроллер клавиатуры
local intelligent network ~ локальный интеллектуальный сетевой контроллер
line(-at-a-time) printer ~ контроллер построчно-печатающего принтера
magnetic ~ электромагнитный контроллер
manual ~ ручной регулятор
mass storage ~ контроллер массовой памяти, контроллер внешнего ЗУ большой ёмкости
master ~ ведущий [главный] контроллер
memory access ~ контроллер доступа к памяти
message-queuing ~ контроллер организации очередей сообщений
microcomputer ~ контроллер на основе микрокомпьютера
microprocessor(-based) ~ микропроцессорный контроллер
microprogrammed ~ микропрограммный контроллер
MIDI ~ *см.* musical instrument digital interface controller
multiline ~ многоканальный контроллер
musical instrument digital interface ~ *вчт* контроллер MIDI-устройства, MIDI-контроллер
network ~ 1. сетевой контроллер 2. *тлф* контроллер
network termination ~ оконечный сетевой контроллер
nonvolatile ~ контроллер энергонезависимой памяти
off-board ~ контроллер на плате расширения; автономный контроллер
on-board ~ контроллер на материнской плате
on-off ~ двухпозиционный регулятор
parallel data ~ параллельный контроллер данных
passive ~ пассивный контроллер
peripheral ~ периферийный контроллер
photoelectric lighting ~ фотоэлектрический регулятор освещённости
potentiometric ~ потенциометрический регулятор
programmable ~ 1. программируемый регулятор 2. программируемый контроллер
programmable logic ~ программируемый логический контроллер
proportional ~ пропорциональный регулятор
radar ~ 1. система радиолокационного управления 2. система радиолокационного наведения 3. оператор РЛС
radio network ~ контроллер сети с радиодоступом
RAID ~ контроллер дискового массива типа RAID
Rambus memory ~ контроллер динамической (оперативной) памяти компании Rambus с внутренней шиной, контроллер динамической (оперативной) памяти типа RDRAM
rate-action ~ дифференциальный регулятор
resistance-bridge ~ регулятор с мостом Уитстона
rotation ~ регулятор угла поворота
serial bus ~ контроллер последовательной шины
serial communication ~ контроллер последовательной связи
serial data ~ последовательный контроллер данных
single-chip ~ однокристальный контроллер
slave ~ ведомый [подчинённый] контроллер
smart access ~ интеллектуальный контроллер доступа
sound, video and game ~s контроллеры аудио, видео и игровых устройств
stand-alone ~ автономный контроллер
state-variable feedback ~ регулятор с обратной связью по параметру состояния
stereo ~ стерео(видео)контроллер
stored-program ~ микропрограммный контроллер
switch ~ 1. регулятор дискретного действия, дискретный регулятор 2. контроллер дискретного действия, дискретный контроллер
TAP ~ *см.* test access port controller
terminal access ~ контроллер терминального доступа
test access port ~ контроллер тестового порта (*интерфейса JTAG*)
token bus ~ контроллер маркерной шины
translation ~ регулятор линейного перемещения
video ~ 1. *вчт* видеоконтроллер; видеоадаптер; видеокарта, видеоплата 2. видеооператор
Winchester ~ контроллер (дисковода) жёсткого (магнитного) диска

convect переносить (*напр. тепло*) путём конвекции
convection 1. конвекция 2. перенос (электрических) зарядов движущимся объектом (*напр. в электростатических принтерах*)
  Rayleigh-Bernard ~ конвекция Рэлея — Бенара
convector 1. конвектор 2. устройство с переносом (электрических) зарядов движущимся объектом (*копировальное устройство*)
  convenience ~ копировальное устройство с дополнительными возможностями (*принтера, сканера или факсимильного аппарата*)
Convention:

International Telecommunication ~ Международная конвенция по электросвязи

convention 1. конвенция; соглашение; договор 2. (общепринятое) условие; правило 3. обычай; традиция
  calling ~s соглашения о вызове
  Einstein summation ~ правило суммирования по повторяющимся индексам

conventional 1. обусловленный конвенцией; вытекающий из соглашения; договорный 2. условный 3. обычный; традиционный; стандартный

converge 1. сходиться; стремиться к (общему) пределу 2. сводить (в одну точку)

convergence 1. *тлв* сведение лучей 2. сходимость; стремление к (общему) пределу 3. *опт.* конвергенция, поворот глаз в направлении фиксируемого объекта 4. сближение интересов; устранение разрыва (*напр. между пользователями компьютеров и потребителями аудио- и видеопроигрывателей компакт-дисков*) 5. сбор и сводный анализ возможных маршрутов соединения (*при маршрутизации в сетях с коммутацией пакетов*)
  ~ in distribution сходимость по распределению
  ~ in law сходимость по закону
  ~ in mean square сходимость в среднеквадратическом
  ~ in probability сходимость по вероятности
  ~ of algorithm сходимость алгоритма
  ~ of wavefront сходимость волнового фронта
  beam ~ 1. сведение лучей 2. сходимость пучка
  dynamic ~ динамическое сведение лучей
  electrostatic ~ электростатическое сведение лучей
  horizontal dynamic ~ динамическое сведение лучей по горизонтали
  magnetic ~ магнитное сведение лучей
  resolvent ~ *вчт* резольвентная сходимость
  static ~ статическое сведение лучей
  vertical dynamic ~ динамическое сведение лучей по вертикали

convergent сходящийся; стремящийся к (общему) пределу

conversation диалог (*1. разговор или беседа между двумя лицами 2. вчт диалоговый [интерактивный] режим*)
  man-computer ~ человеко-машинный диалоговый [человеко-машинный интерактивный] режим
  phone ~ телефонный разговор
  telegraph ~ телеграфные переговоры

conversational диалоговый (*1. разговорный 2. вчт интерактивный*)

converse 1. диалог (*1. разговор или беседа между двумя лицами 2. вчт диалоговый [интерактивный] режим*) 2. вести диалог (*1. разговаривать или беседовать с одним лицом 2. вчт использовать диалоговый [интерактивный] режим*) 3. обратное; обратное утверждение *или* положение || обратный 4. обратная теорема 5. противоположное; противоположность || противоположный

conversion 1. преобразование; превращение; трансформация 2. преобразование частоты 3. *вчт* перекодировка; изменение способа представления данных 4. обращение; изменение чего-либо на обратное 5. конверсия (*1. кв. эл. переход в ядре с испусканием конверсионного электрона 2. словообразование с переводом основы в новую парадигму словоизменения 3. конверсия займов 4. переход на выпуск новой продукции*) 6. замена оборудования; *вчт* переход на новое аппаратное и программное обеспечение; ввод в действие новой системы ◊ **~ to baseband** демодуляция

A-D ~ *см.* analog-to-digital conversion

amplitude-phase ~ амплитудно-фазовое преобразование

AM-PM ~ преобразование амплитудной модуляции в фазовую

analog-to-digital ~ аналого-цифровое преобразование

anodic ~ анодирование

bipolar-unipolar ~ преобразование биполярных сигналов в униполярные

chemical ~ химическая конверсия

code ~ преобразование кода, перекодирование

computer hologram ~ компьютерное преобразование голограмм

conductivity-type ~ *пп* изменение типа удельной электропроводности

D-A ~ *см.* digital-to-analog conversion

data ~ преобразование данных

decimal-to-binary ~ преобразование из десятичной системы (счисления) в двоичную

decimal-to-hexadecimal ~ преобразование из десятичной системы (счисления) в шестнадцатеричную

decimal-to-octal ~ преобразование из десятичной системы (счисления) в восьмеричную

digital-to-analog ~ цифроаналоговое преобразование

digital-to-image ~ преобразование цифрового кода в изображение

direct ~ 1. прямое [непосредственное] преобразование 2. *вчт* ввод в действие новой системы одновременно с прекращением функционирования заменяемой системы 3. *кв. эл.* прямая конверсия

display-data ~ преобразование изображения в цифровые данные; *проф.* оцифровка изображения

domain-wall state ~ преобразование структуры доменной границы

down ~ преобразование с понижением частоты

dynamic ~ динамическое преобразование

explicit ~ явное преобразование

file ~ преобразование файла (*1. преобразование формата файла 2. перенос файла с одной платформы на другую*)

frequency ~ преобразование частоты

implicit ~ неявное преобразование

indirect ~ 1. непрямое [косвенное] преобразование 2. *кв. эл.* косвенная конверсия

integral ~ 1. интегральное преобразование 2. преобразование целых (чисел)

internal ~ *кв. эл.* внутренняя конверсия

magnetooptic ~ магнитооптическое преобразование

mode ~ преобразование мод

noncoherent-to-coherent image ~ преобразование некогерентного изображения в когерентное

operating system ~ смена операционной системы

parallel ~ *вчт* ввод в действие новой системы без прекращения функционирования заменяемой системы

parallel-series ~ параллельно-последовательное преобразование

conversion

parametric ~ параметрическое преобразование
phased ~ *вчт* поэтапный ввод в действие новой системы
photovoltaic ~ фотогальваническое преобразование
polarization ~ преобразование поляризации
process ~ 1. конверсия, переход на выпуск новой продукции 2. замена оборудования; *вчт* переход на новое аппаратное и программное обеспечение; ввод в действие новой системы
PS ~ *см.* **parallel-series conversion**
quaternary-to-analog ~ преобразование из четверичной системы (счисления) в аналоговую форму
radiationless ~ *кв. эл.* безызлучательная конверсия
radiative ~ *кв. эл.* излучательная конверсия
scan ~ 1. *тлв* преобразование стандарта развёртки 2. *рлк* преобразование развёртки
series-parallel ~ последовательно-параллельное преобразование
SP ~ *см.* **series-parallel conversion**
standard ~ стандартное преобразование (*напр. в языках программирования*)
storage media ~ перенос данных с одного носителя на другой
TDM-FDM ~ преобразование сигналов с временным разделением в сигналы с частотным разделением, трансмультиплексирование
text-to-speech ~ преобразование (типа) «текст — речь»
thermal ~ *пп* термоконверсия (*изменение типа электропроводности при термообработке*)
thermionic ~ термоэлектронное преобразование
thermophotovoltaic ~ термофотогальваническое преобразование
time-to-digital ~ преобразование временных интервалов в код, аналого-цифровое преобразование времени
TPV ~ *см.* **thermophotovoltaic conversion**
triple ~ тройное преобразование частоты
type ~ *вчт* преобразование типа
up ~ преобразование с повышением частоты
user-defined ~ пользовательское преобразование (*напр. в языках программирования*)

convert 1. преобразовывать(ся); превращать (ся); трансформировать(ся) 2. преобразовывать частоту 3. конвертировать, транспонировать частоту 4. *вчт* перекодировать; изменять способ представления данных

converter 1. преобразователь 2. преобразователь частоты 3. конвертор (*1. блок транспонирования частоты 2. программа трансляции с входного языка на другой язык того же уровня*) 4. *вчт* преобразователь кода; перекодировщик 5. (частотная) приставка факсимильного аппарата 6. инвертор (*устройство преобразования постоянного тока в переменный*) 7. одноякорный преобразователь 8. двигатель-генератор

A-B ~ *см.* **analog-to-binary converter**
absolute value ~ схема определения модуля (*алгебраической величины*)
A-D ~ *см.* **analog-to-digital converter**
A-F ~ *см.* **analog-to- frequency converter**
amplitude-to-time ~ амплитудно-временной преобразователь
analog-to-binary ~ преобразователь из аналоговой формы в двоичную систему счисления
analog-to-digital ~ 1. аналого-цифровой преобразователь, АЦП 2. цифровая система сотовой подвижной радиотелефонной связи стандарта AMPS/D
analog-to-frequency ~ преобразователь код — частота, аналого-цифровой преобразователь частоты
analog-to-Gray code ~ преобразователь из аналоговой формы в код Грея
arc ~ дуговой генератор
B-A ~ *см.* **binary-to-analog converter**
backward-wave ~ преобразователь на лампе обратной волны, преобразователь на ЛОВ
baffle-plate ~ трансформатор типа волн на волноводной секции с металлической перегородкой
balanced ~ 1. симметрирующее устройство 2. четвертьволновый согласующий трансформатор
bilateral ~ двунаправленный преобразователь
binary-to-analog ~ преобразователь из двоичной системы счисления в аналоговую форму
booster ~ 1. ретранслятор 2. промежуточный преобразователь
Brown ~ реле модулятора УПТ с модуляцией и демодуляцией сигнала
Cartesian-to-polar ~ преобразователь прямоугольной системы координат в полярную
cascade ~ двигатель-преобразователь
code ~ преобразователь кода; перекодировщик
commutating-pole ~ инвертор с добавочными полюсами
commutator-type frequency ~ коллекторный преобразователь частоты
current-inversion negative-immittance ~ преобразователь отрицательных иммитансов с инверсией тока
current-inversion negative-impedance ~ преобразователь отрицательных сопротивлений с инверсией тока
current-to-frequency — преобразователь ток — частота
D-A ~ *см.* **digital-to-analog converter**
data ~ преобразователь данных
dc/dc ~ преобразователь постоянного напряжения
dc-to-ac ~ инвертор
digital ~ цифровой преобразователь
digital scan ~ *рлк* цифровой преобразователь развёртки
digital television ~ цифровой преобразователь телевизионных стандартов
digital-time ~ преобразователь время—код, аналого-цифровой преобразователь времени
digital-to-analog ~ цифро-аналоговый преобразователь, ЦАП
digital-to-synchro ~ преобразователь цифровой код — угол поворота ротора сельсина
direct-current ~ инвертор
down ~ преобразователь с понижением частоты, понижающий преобразователь
D-S ~ *см.* **digital-to-synchro converter**
electromechanical ~ двигатель-генератор
electronic standards ~ *тлв* электронный преобразователь телевизионных стандартов
electro-optical analog-digital ~ электрооптический аналого-цифровой преобразователь
facsimile ~ (частотная) приставка факсимильного аппарата

facsimile AM. to FS ~ передающая [АМ-ЧМ] приставка факсимильного аппарата
facsimile FS to AM ~ приёмная [ЧМ-АМ] приставка факсимильного аппарата
facsimile receiving ~ приёмная [ЧМ-АМ] приставка факсимильного аппарата
facsimile transmitting ~ передающая [АМ-ЧМ] приставка факсимильного аппарата
ferroelectric ~ сегнетоэлектрический термоэлектрический генератор
four-frequency parametric ~ трёхчастотный параметрический усилитель-преобразователь
frequency ~ 1. преобразователь частоты 2. конвертор, блок транспонирования частоты
frequency-shift ~ частотный детектор; частотный дискриминатор
frequency-to-number ~ преобразователь частота — код, аналого-цифровой преобразователь частоты
frequency-to-current ~ преобразователь частота — ток
frequency-to-voltage ~ преобразователь частота — напряжение
F/V ~ *см.* **frequency-to-voltage converter**
generalized impedance ~ преобразователь обобщённых импедансов
general protocol ~ преобразователь общего протокола
grating ~ трансформатор типа волн на проволочных сетках
gyro ~ гироскопический преобразователь, гиропреобразователь
heptode-triode ~ преобразователь частоты на гептоде-триоде
heterodyne ~ гетеродинный конвертор
image ~ 1. преобразователь изображения 2. волоконно-оптический преобразователь изображения 3. электронно-оптический преобразователь, ЭОП
incoherent-to-coherent optical ~ преобразователь некогерентного оптического излучения в когерентное
induction frequency ~ асинхронный преобразователь частоты
inductor frequency ~ индукторный преобразователь частоты
infrared image ~ электронно-оптический преобразователь ИК-диапазона
inverted ~ обращенный инвертор
language ~ *вчт* конвертор
line-balance ~ 1. симметрирующее устройство 2. четвертьволновый согласующий трансформатор
line standards ~ преобразователь телевизионных стандартов
logarithmic ~ логарифмический преобразователь
magnetooptic ~ магнитооптический преобразователь
magnetostrictive ~ магнитострикционный преобразователь
mercury-arc power ~ мощный игнитронный преобразователь частоты переменного напряжения
mercury-hydrogen spark-gap ~ искровой генератор на паортутном водородном тиратроне
mode ~ 1. преобразователь мод 2. трансформатор типа волн (*в волноводе*)
multimedia ~ мультимедийный преобразователь (видеоформатов)

multiplying digital-to-analog ~ перемножающий цифро-аналоговый преобразователь, ПЦАП
multiport ~ многополюсный преобразователь
negative-admittance ~ *тлф* преобразователь отрицательных проводимостей, ПОП
negative-immittance ~ *тлф* преобразователь отрицательных иммитансов, ПОИ
negative-impedance ~ *тлф* преобразователь отрицательных сопротивлений, ПОС
neutron ~ нейтронный генератор
noninverting(-type) parametric ~ необращающий параметрический преобразователь
number ~ преобразователь чисел
number-to-frequency ~ преобразователь код — частота
number-to-time ~ преобразователь код — время
number-to-time-to-voltage ~ преобразователь код — время — напряжение
number-to-voltage ~ преобразователь код — напряжение
omnibearing ~ бортовое устройство преобразования сигналов пеленгового радиомаяка
oversampling A-D ~ аналого-цифровой преобразователь с передискретизацией
oversampling D-A ~ цифро-аналоговый преобразователь с передискретизацией
parallel-to-series ~ параллельно-последовательный преобразователь
parallel-to-voltage ~ преобразователь параллельный код — напряжение
parametric ~ параметрический преобразователь
parametric down ~ параметрический преобразователь с понижением частоты, понижающий параметрический преобразователь
parametric frequency ~ параметрический преобразователь частоты
pentagrid ~ преобразователь частоты на пентагриде, преобразователь частоты на гептоде
phase ~ преобразователь фаз
phase-to-voltage ~ фазовый детектор; фазовый дискриминатор
photovoltaic ~ фотогальванический преобразователь
piezoelectric ~ пьезоэлектрический преобразователь, пьезопреобразователь
plasma ~ плазменный преобразователь
polarization ~ поляризатор
position-to-number ~ преобразователь положение — код, аналого-цифровой преобразователь положения
power ~ инвертор
protocol ~ *вчт* преобразователь протоколов (*аппаратный или программный*)
PS ~ *см.* **parallel-to-series converter**
push-pull ~ двухтактный преобразователь
quantum spectrum ~ квантовый преобразователь спектра
quenched-spark ~ искровой генератор со схемой гашения
radio-frequency ~ высокочастотный [ВЧ-] инвертор
random-access memory digital-to-analog ~ цифро-аналоговый преобразователь (сигналов базисных цветов) с быстродействующей памятью (регистров палитр) (*в видеоадаптерах*), микросхема (типа) RAMDAC

RC parametric ~ параметрический RC-преобразователь
reactance ~ параметрический преобразователь
receiver input ~ входной конвертор приёмника
receiving facsimile ~ приёмная [ЧМ-АМ] приставка факсимильного аппарата
rotary ~ двигатель-генератор
rotary phase ~ преобразователь фаз
scan ~ 1. *тлв* преобразователь стандарта развёртки 2. *рлк* преобразователь развёртки
semiconductor image ~ полупроводниковый электронно-оптический преобразователь, полупроводниковый ЭОП
serial-to-voltage ~ преобразователь последовательный код — напряжение
series-to-parallel ~ последовательно-параллельный преобразователь
set-top ~ размещаемый поверх корпуса входной конвертор приёмника
sheath-reshaping ~ трансформатор типа волн на волноводной секции с профилированной стенкой и продольными металлическими пластинами
short-wave ~ КВ-конвертор
signal ~ преобразователь сигнала
sine-wave-to-square-wave ~ преобразователь гармонической волны в волну с огибающей в форме меандра
single-ended primary inductor ~ несимметричный преобразователь постоянного напряжения на катушках индуктивности
single-sideband ~ приставка для приёма сигналов с одной боковой полосой (*к приёмнику АМ-сигналов*)
SP ~ *см.* **series-to-parallel converter**
static ~ преобразователь (*частоты или напряжения*) без подвижных частей
superconductor A/D ~ аналого-цифровой преобразователь на сверхпроводниках
superheterodyne ~ преобразователь частоты супергетеродинного радиоприёмника
synchronous ~ одноякорный преобразователь
synchro-to-digital ~ преобразователь угол поворота ротора сельсина — цифровой код
television standards ~ преобразователь телевизионных стандартов
thermal ~ термоэлектрический генератор
thermionic ~ термоэлектронный генератор, термоэлектронный преобразователь энергии, ТЭП
thermocouple ~ термоэлектрический генератор
thermoelectric ~ 1. термоэлектрический генератор 2. фотоэлектрический генератор
thermophotovoltaic ~ термофотогальванический преобразователь
three-frequency parametric ~ двухчастотный параметрический усилитель-преобразователь
time-to-amplitude ~ преобразователь время — амплитуда
time-to-digital ~ преобразователь время — код, аналого-цифровой преобразователь времени
time-to-number ~ преобразователь время — код, аналого-цифровой преобразователь времени
time-to-pulse height ~ преобразователь время — амплитуда импульсов
TPV ~ *см.* **thermophotovoltaic converter**
transmission interface ~ преобразователь интерфейса канала передачи данных
transmitting facsimile ~ передающая [АМ-ЧМ] приставка факсимильного аппарата
triode-hexode ~ преобразователь частоты на триоде-гексоде
TV-VGA ~ *вчт* преобразователь видеоформатов типа TV-VGA, преобразователь телевизионного формата в формат VGA
UHF ~ *см.* **ultrahigh-frequency converter**
ultrahigh-frequency ~ селектор каналов ДМВ, ДМВ-приставка
ultrasonic image ~ преобразователь ультразвукового изображения (*в оптическое изображение*)
unidirectional [unilateral] ~ однонаправленный преобразователь
up- ~ преобразователь с повышением частоты, повышающий преобразователь
upper sideband up- ~ повышающий преобразователь с выходом на суммарной частоте
V/F ~ *см.* **voltage-to-frequency converter**
VGA-TV ~ *вчт* преобразователь видеоформатов типа VGA-TV, преобразователь формата VGA в телевизионный формат
video ~ 1. *вчт* преобразователь видеоформатов (*напр. TV-VGA*) 2. *рлк* преобразователь изображения на основе ЭЛТ и (телевизионной передающей) камеры
video digital-to-analog ~ цифроаналоговый преобразователь видеосигналов, видео ЦАП, ВЦАП
voltage-inversion negative-immittance ~ преобразователь отрицательного иммитанса с инверсией напряжения
voltage-inversion negative-impedance ~ преобразователь отрицательного сопротивления с инверсией напряжения
voltage-to-digital ~ преобразователь напряжение — цифровой код, аналого-цифровой преобразователь напряжения
voltage-to-frequency ~ преобразователь напряжение — частота
voltage-to-pulse ~ преобразователь напряжение — импульс
wave ~ 1. преобразователь мод 2. трансформатор типа волн (*в волноводе*)
waveguide ~ трансформатор типа волн в волноводе

convex выпуклая поверхность *или* кривая ‖ выпуклый
convexity выпуклость
  polynomial ~ полиномиальная выпуклость
convexo-concave выпукло-вогнутый
convexo-convex двояковыпуклый
conveyer, conveyor конвейер; транспортёр (*напр. для подачи компонентов на сборку*)‖ конвейерный
  screw ~ 1. червячная передача 2. червячное колесо
conveyorize оборудовать конвейером; снабжать транспортёром (*напр. для подачи компонентов*)
convolution свёртка
  acoustic ~ свёртка на акустических волнах
  aperiodic ~ апериодическая свёртка
  complex ~ комплексная свёртка
  cyclic ~ циклическая свёртка
  digital ~ цифровая свёртка
  discrete ~ дискретная свёртка
  fast ~ быстрая свёртка (*напр. по алгоритму Агарвала — Кули*)
  high-speed ~ высокоскоростная свёртка

linear ~ линейная свёртка, полиномиальное умножение
n-fold ~ *n*-кратная свёртка
one-dimensional ~ одномерная свёртка
polynomial ~ полиномиальная свёртка
q-point ~ q-точечная свёртка
(q×q)-point ~ (q×q)-точечная свёртка
real ~ вещественная свёртка
real-time ~ свёртка в реальном масштабе времени
spin ~ свёртка на спиновых волнах
two-dimensional ~ двумерная свёртка

convolve свёртывать, выполнять операцию свёртки
convolver конвольвер, устройство свёртки
acoustic ~ конвольвер на ПАВ
acoustoelectric ~ акустоэлектрический конвольвер
beamwidth compressor ~ конвольвер для сжатия диаграммы направленности антенны (*в РЛС с синтезированной апертурой*)
bulk-wave ~ конвольвер на объёмных волнах
BWC ~ *см.* **beamwidth compressor convolver**
degenerate acoustic surface-wave ~ конвольвер на вырожденных ПАВ
integrated ~ конвольвер на ИС
planar piezoelectric ~ планарный конвольвер на пьезоэлектрическом кристалле
SAW ~ *см.* **surface-acoustic-wave convolver**
semiconductor ~ полупроводниковый конвольвер
silicon-lithium niobate ~ конвольвер на структуре кремний — ниобат лития
spin-wave ~ конвольвер на спиновых волнах
strip-coupled ~ конвольвер с полосковой связью
surface-acoustic-wave ~ конвольвер на ПАВ
systolic acousto-optic binary ~ систолический акустооптический двоичный конвольвер
tapped ~ конвольвер на линии задержки с отводами
thin-film ~ тонкоплёночный конвольвер

cookbook *вчт* подробное описание (*напр. программы*)
cookie *вчт* 1. данные типа «cookie» (*1. псевдоним, идентификационные данные для транзакции или маркер с челночной передачей между взаимодействующими программами или системами 2. список паролей для взлома многопользовательских компьютеров*) 2. файл данных типа «cookie» 3. волшебное печенье (*предмет для универсального бартера в приключенческих компьютерных играх*) 4. *проф.* вышедший из строя; «сгоревший» (*напр. о компьютере*)
electronic ~ данные типа «cookie»
fortune ~ *вчт* развлекательные материалы (*напр. анекдоты или афоризмы*), передаваемые для заполнения паузы при входе *или* выходе из системы
HTTP ~ HTTP-данные типа «cookie», данные типа «cookie» для взаимодействия сервера и браузера по протоколу передачи гипертекста
Internet ~ данные типа «cookie» для Internet
magic ~ 1. данные типа «cookie» (*для межпрограммного взаимодействия*) 2. волшебное печенье 3. внутренний код для изменения вида представления графических данных (*напр. для подчёркивания текста*)
persistent ~ постоянные [постоянно хранимые] данные типа «cookie»
temporary ~ временные [не сохраняемые] данные типа «cookie»

coolant хладагент
cooler (активное) охлаждающее устройство, *проф.* кулер; вентилятор; вентилятор с радиатором (*напр. для охлаждения процессора*)
active ~ активное охлаждающее устройство, *проф.* кулер; вентилятор; вентилятор с радиатором
Peltier ~ охлаждающее устройство на (электротермическом) эффекте Пельтье
radiative ~ радиатор
thermoelectric ~ термоэлектрическое охлаждающее устройство

cooling 1. охлаждение 2. система охлаждения
closed circuit ~ замкнутая система охлаждения
closed-cycle cryogenic ~ криогенная система охлаждения с замкнутым циклом
convection ~ конвекционное охлаждение
jacket ~ циркуляционная система охлаждения с водяной рубашкой
liquid ~ жидкостное охлаждение
liquid-helium ~ охлаждение жидким гелием
magnetic (-field) ~ магнитное охлаждение
nuclear ~ охлаждение методом адиабатического размагничивания системы ядерных спинов
open-circuit ~ разомкнутая система охлаждения
radiant ~ радиационное охлаждение
spot ~ *крист.* точечное охлаждение

cooperation 1. взаимодействие 2. совместные действия; коллективные действия; кооперация
cooperative 1. взаимодействующий 2. совместный; коллективный; кооперативный
coordinate 1. координата ∥ координатный 2. координировать; согласовывать; приводить в соответствие; действовать согласованно ∥ координированный; координирующий; согласованный; согласующий; приведённый в соответствие; действующий согласованно 3. равнозначный объект *или* субъект ∥ располагать *или* классифицировать по равнозначности ∥ равнозначный
absolute ~ *вчт* абсолютная координата
affine ~s аффинные координаты
barycentric ~s барицентрические координаты
bicylindrical ~s бицилиндрические координаты
bipolar ~s биполярные координаты
Cartesian ~s прямоугольные координаты
chromaticity ~s координаты цветности
CIE ~s координаты цветности МКО
color ~s цветовые координаты
column ~ индекс [номер] столбца (*матрицы*); номер колонки (*таблицы*)
confocal elliptic ~s конфокальные эллиптические координаты
conic ~s конические координаты
curvilinear ~s криволинейные координаты
cylindrical (polar) ~s цилиндрические координаты
ellipsoidal ~s эллипсоидальные координаты
elliptic ~s эллиптические координаты
navigation ~ навигационная координата
parabolic ~s параболические координаты
paraboloidal ~s параболоидальные координаты
polar ~s полярные координаты
primary-color ~s координаты цветности основных цветов
ray ~s лучевые координаты
rectangular ~s прямоугольные координаты
relative ~ *вчт* относительная координата

coordinate

row ~ индекс [номер] строки (*матрицы*); номер ряда (*таблицы*)
space [spatial] ~s пространственные координаты
spherical (polar) ~s сферические координаты
spin ~ спиновая координата
time ~ временная координата
toroidal ~s тороидальные координаты
trichromatic [trilinear] ~s координаты цветности

coordination 1. координация; согласование; приведение в соответствие 2. координация; согласованность; согласованные действия 3. расположение *или* классификация по равнозначности
auto-~ самокоординация
hierarchical ~ иерархическая координация

coordinatograph *микр.* координатограф

coordinator координатор
computer ~ координатор преподавательской деятельности в области компьютерной техники (*в учебном заведении*)
project ~ координатор проекта
section emergency ~ координатор отдела аварийной связи (*секции Американской лиги радиосвязи*)

copier 1. копировальное устройство, копировальный аппарат, *проф.* копир; множительное устройство 2. светокопировальный аппарат; фотокопировальная машина
diazo ~ диазокопировальный аппарат
display ~ устройство копирования с экрана дисплея
electrostatic ~ электростатический копировальный аппарат
intelligent ~ интеллектуальный копировальный аппарат
multiple original ~ принтер/копировальное устройство для размножения оригинала, *проф.* мопир
optical ~ проекционный копировальный аппарат
rotary ~ ротационный копировальный аппарат, *проф.* ротатор
xerographic ~ ксерографический копировальный аппарат, *проф.* ксерокс

coplanar компланарный
coplanarity компланарность
co-polarization собственная [основная] поляризация (*антенны*)
copolymer сополимер
copper 1. медь || медный 2. медное изделие
resin-coated ~ медная фольга с покрытием из смолы (*для ламинирования печатных плат*)
solder mask over bare ~ (аддитивная) технология формирования маски припойного покрытия над медными проводящими дорожками

Coppermine название ядра процессоров Pentium III и Celeron (*изготовленных с фотолитографическим разрешением 0,18 мкм*)
~ **T** название ядра процессоров Pentium III и Celeron (*изготовленных с фотолитографическим разрешением 0,13 мкм*)

coprocessor *вчт* сопроцессор
floating-point ~ математический сопроцессор
graphics ~ графический сопроцессор
math(ematical) ~ математический сопроцессор
numeric ~ математический сопроцессор
Weitek ~ математический сопроцессор корпорации Weitek

coproduct *вчт* 1. копроизведение 2. букет (*в топологии*)

cop/y 1. копия (*1. точное воспроизведение, точное повторение чего-либо 2. имитация; подражание 3. отдельный оттиск; репродукция; экземпляр*) 2. копировать; размножать; подвергаться копированию; воспроизводить(ся) 3. копирование; размножение 4. имитировать; подражать 5. (издательский) оригинал 6. текст рекламного объявления 7. лист бумаги формата $40{,}6 \times 50{,}8$ см^2
additional ~ дополнительный экземпляр
backup ~ *вчт* резервная копия
bitwise ~ побитовая копия
blind ~ электронная копия сообщения без персональной адресации и приложения списка рассылки
blind courtesy ~ персонально адресованная электронная копия сообщения без приложения списка рассылки
cached ~ помещённая в кэш копия; сохранённая в кэше копия; *проф.* кэшированная копия
camera-ready ~ подготовленная к воспроизведению (фотографическим способом) копия
carbon ~ машинописная копия
courtesy ~ (персонально адресованная) электронная копия сообщения с приложением списка рассылки
deep ~ полная копия (*напр. структуры данных*)
double ~ лист бумаги формата $50{,}8 \times 83{,}8$ см^2
extra ~ дополнительный экземпляр
hard ~ *вчт* документальная копия, *проф.* твёрдая копия
master ~ второй оригинал
memberwise ~ поэлементная копия
mirror ~ зеркальная копия; образ (*данных*)
multiple original ~ печать с размножением оригинала
photomask ~ *микр.* копия эталонного фотошаблона; рабочий фотошаблон
recorded ~ факсимильная копия
soft ~ *вчт* недокументальная (*напр. электронная*) копия, *проф.* мягкая копия
Solo ~ система SCMC, система защиты от копирования в магнитофонах формата DAT (*с возможностью изготовления одной копии*)
subject ~ оригинал (в *факсимильной связи*)
tape ~ копия сообщения на ленте

copyfit *вчт* 1. *проф.* «примерка» страницы (*печатного издания*), сопоставление страницы (*печатного издания*) с заданным форматом 2. подгонка страницы (*печатного издания*) под заданный формат

copying копирование
bitwise ~ побитовое копирование
disk ~ копирование (содержимого) диска
electrostatic ~ электрография
hardware profile ~ *вчт* копирование профиля аппаратного обеспечения
memberwise ~ поэлементное копирование
power scheme ~ *вчт* копирование схемы управления энергопотреблением (*компьютера*)
registry ~ *вчт* копирование реестра
uncontrolled software ~ неконтролируемое копирование программного обеспечения
xerographic ~ ксерография

copyleft *проф.* отсутствие авторского права, возможность неограниченного использования интеллектуальной собственности (*с условием отсутствия авторского права на создаваемую на этой основе интеллектуальную собственность*)

copy/paste *вчт* скопировать (*напр. фрагмент текста*) и вставить (*в другое место через буфер обмена*)
   live ~ скопировать и вставить с введением горячей связи с оригиналом
copy-protected *вчт* защищённый от копирования
copyright 1. знак охраны авторского права, копирайт, символ © **2.** защита авторских прав ǁ защищать авторские права ǁ с защитой авторского права
   digital ~ защита авторских прав в сфере цифровой информации
cord 1. шнур; провод ǁ снабжать шнуром *или* проводом **2.** скрутка волокон; жгут
   AC line ~ сетевой шнур для переменного тока
   answering ~ *тлф* опросный шнур
   attachment ~ *тлф* соединительный шнур
   cheater ~ удлинительный шнур с переходной колодкой (*для подключения радиоприёмника или телевизора со снятой задней крышкой*)
   connecting ~ *тлф* соединительный шнур
   dial ~ тросик верньерного устройства
   double-ended ~ *тлф* шнуровая пара
   extension ~ (электрический) удлинитель
   hand-set ~ микротелефонный шнур
   lamp ~ сетевой шнур
   line ~ сетевой шнур
   mains ~ сетевой шнур
   nerve ~ *биол.* **1.** нервное волокно **2.** нервное сплетение
   patch ~ *тлф* соединительный шнур
   power (supply) ~ сетевой шнур
   receiver ~ микротелефонный шнур
   three-wire ~ сетевой шнур с проводом заземления
   tinsel ~ сверхгибкий шнур из металлической фольги (*для головных телефонов или измерительных приборов*)
   umbilical ~ 1. шнур с электроразрывным соединителем; отрывной кабель (*напр. ракеты*) **2.** фал космонавта (*при работе в открытом космосе*)
   vocal ~ *биол.* голосовые связки
cordless бесшнуровой (*напр. о бытовом электронном приборе*)
cordwood *микр.* колончатый модуль
core 1. (магнитный) сердечник **2.** ЗУ на магнитных сердечниках. **3.** сердцевина (*напр. оптического волокна*); центральная часть (*напр. соединителя*) **4.** сердечник (*устройство без боковых ограничителей, предназначенное для намотки носителя записи или сигналограммы в форме ленты*) **5.** жила кабеля **6.** ядро (*1. вчт основная память 2. управляющая и распределяющая резидентная часть операционной системы 3. центральная массивная часть атома*)
   air ~ воздушный сердечник
   antenna ~ сердечник антенны
   armature ~ сердечник якоря
   bead(-like) ferrite ~ бусинковый ферритовый сердечник
   biased ~ сердечник с подмагничиванием
   bimag ~ магнитный сердечник с двумя устойчивыми состояниями
   binary magnetic ~ магнитный сердечник с двумя устойчивыми состояниями
   bistable magnetic ~ магнитный сердечник с двумя устойчивыми состояниями
   bobbin ~ сердечник катушки (*напр. для магнитной ленты*)
   C ~ U-образный сердечник
   cable ~ кабельный сердечник
   central ~ жила; центральный провод (*напр. кабеля*)
   clockspring ~ кольцевой ленточный сердечник
   closed ~ 1. сердечник с замкнутым магнитопроводом **2.** замкнутая магнитная цепь
   coincidence-current magnetic ~ магнитный сердечник с записью информации по принципу совпадения полутоков
   composite-elliptic ~ сердцевина (*оптического волокна*) в форме составного эллиптического цилиндра
   crusiform ~ крестообразный сердечник (*трансформатора*)
   cup ~ броневой сердечник
   dislocation ~ ядро дислокации
   distributed-gap ~ сердечник с распределённым зазором
   dust ~ ферритовый сердечник
   E ~ Ш-образный сердечник
   electromagnet ~ ярмо электромагнита
   ferrimagnetic ~ ферримагнитный сердечник
   ferrite ~ ферритовый сердечник
   ferromagnetic ~ ферромагнитный сердечник
   fluxoid ~ *свпр* сердцевина флюксоида, сердцевина (квантованного) вихря потока
   H ~ Н-образный сердечник
   head ~ сердечник (магнитной) головки
   hollow ~ трубчатый сердечник
   insert ~ подстроечный сердечник, *проф.* подстроечник
   integrated graphics ~ *вчт* интегрированное графическое ядро
   iron-duct ~ сердечник из карбонильного железа
   L ~ Г-образный сердечник
   laminated ~ шихтованный [пластинчатый] сердечник
   latched ferrite ~ ферритовый сердечник с остаточной намагниченностью
   liquid ~ жидкостная сердечник (*оптического волокна*)
   load ~ нагрузочный сердечник
   magnetic ~ магнитный сердечник
   magnetic-head ~ сердечник магнитной головки
   magnetic-tape ~ ленточный сердечник
   metallic-tape ~ (кольцевой) ленточный сердечник
   molded ~ прессованный сердечник
   multiaperture ~ многоотверстный сердечник
   multipath ~ многоотверстный сердечник
   open ~ 1. сердечник с незамкнутым магнитопроводом **2.** незамкнутая магнитная цепь
   out-of-order ~ *вчт* ядро с неупорядоченным исполнением (*команд*)
   plasma ~ ядро плазмы
   pot ~ броневой сердечник
   powdered-iron ~ сердечник из карбонильного железа
   resistor ~ основание резистора
   printed-circuit ~ сердцевина (многослойной) печатной платы
   processor ~ ядро процессора
   ring-shaped ~ кольцевой сердечник

saturable ~ насыщаемый сердечник
saturated ~ насыщенный сердечник
square(-loop) ~ сердечник с прямоугольной петлёй гистерезиса
star-type ~ сердцевина (*оптического волокна*) звездообразного поперечного сечения
storage ~ 1. ЗУ на магнитных сердечниках 2. сердечник ЗУ
sucking ~ втяжной сердечник
tape wound ~ спиральный ленточный сердечник
toroidal ~ кольцевой сердечник
transformer ~ сердечник трансформатора
tuning ~ подстроечный сердечник, *проф.* подстроечник
wound ~ спиральный ленточный сердечник
co-reference перекрёстная ссылка
Corel Draw мощный (векторный) графический редактор Corel Draw
coresident одновременно загруженные резидентные (*о программах*)
corge *вчт* метасинтаксическая переменная
corner уголок, уголковый изгиб (*волновода*)
   E(-plane) ~ E-уголок, уголковый изгиб в E-плоскости
   H(-plane) ~ H-уголок, уголковый изгиб в H-плоскости
   waveguide ~ волноводный уголок, уголковый изгиб волновода
corollary *вчт* следствие
corona 1. коронный разряд 2. *опт.* корона 3. *опт.* ореол; гало
   solar ~ солнечная корона
coronen коронен (*краситель*)
corotron коротрон, коронирующий провод (*напр. в лазерных принтерах*)
   charger ~ зарядный коротрон
   detract ~ разрядный [антистатический] коротрон
   transfer ~ передаточный коротрон
coroutine подпрограмма
Corporation:
   ~ **for Open Systems** Корпорация открытых систем
   ~ **for OSI Networking in Europe** Европейская корпорация сетей стандарта OSI
   ~ **for Research and Educational Networking** Корпорация сетей научно-исследовательских и образовательных организаций
   American Broadcasting ~ Американская радиовещательная корпорация, Эй-би-си
   British Broadcasting ~ Британская радиовещательная корпорация, Би-би-си
   Canadian Broadcasting ~ Канадская радиовещательная корпорация, Си-би-си
   Communications Satellite ~ Корпорация связных спутников, КОМСАТ
   Compaq Computer ~ корпорация Compaq Computer
   Control Data ~ корпорация Control Data
   Data General ~ корпорация Data General
   Dell Computer ~ корпорация Dell Computer
   Digital Equipment ~ корпорация Digital Equipment
   Intel ~ корпорация Intel
   International Business Machines ~ корпорация IBM
   International Data ~ корпорация International Data
   Internet ~ **for Assigned Names and Numbers** Общество по выработке рекомендаций для распределения назначенных имён и адресов в Internet, общество ICANN
   Iomega ~ корпорация Iomega, производитель сменных носителей информации (*США*)
   National Cash Register ~ корпорация NCR
   NCR ~ *см.* **National Cash Register Corporation**
   Radio ~ **of America** Американская радиовещательная корпорация, Ар-си-эй
   Seiko Epson ~ корпорация Seiko Epson (*производитель компьютерной периферии*)
   Xerox ~ корпорация Xerox
corporation корпорация
   virtual ~ виртуальная корпорация
corps род войск; служба
   signal ~ войска связи; служба связи
corpuscle 1. корпускула; частица 2. *биол.* клетка; (клеточный) орган; тельце
   tactile ~ орган осязания; осязательный механорецептор
corpuscular корпускулярный
correct 1. корректировать 2. вводить поправку 3. исправлять ошибки ◊ **to** ~ **the gamma** *тлв* использовать гамма-коррекцию
correction 1. коррекция 2. поправка 3. исправление ошибок
   accidental coincidence ~ поправка на разрешающее время (*в счётной системе*)
   autocorrelation ~ поправка на автокорреляцию
   automatic error ~ автоматическое исправление ошибок
   background ~ поправка на фон
   bias ~ поправка на смещение
   coincidence ~ поправка на мёртвое время (*в счётной системе*)
   continuity ~ поправка на непрерывность
   dead-time ~ поправка на мёртвое время (*в счётной системе*)
   Debye ~ *фтт* дебаевская поправка
   degrees of freedom ~ поправка на число степеней свободы
   delay ~ коррекция запаздывания
   erasure ~ коррекция со стиранием ошибок
   error ~ исправление ошибок
   forward error ~ прямое исправление ошибок
   frequency ~ частотная коррекция
   gamma ~ *тлв* гамма-коррекция
   grouping ~ поправка на группировку
   heteroscedasticity ~ поправка на гетероскедастичность
   high-frequency ~ высокочастотная [ВЧ-] коррекция
   identification data error ~ идентификационные данные об исправлении ошибок (*в заголовках секторов компакт-дисков формата DVD*)
   instrument ~ поправка к показаниям прибора
   knee ~ *тлв* коррекция изгиба характеристики передачи уровней яркости
   multierror ~ исправление многократных ошибок
   nonredundant error ~ исправление ошибок без введения избыточности
   on-line ~ коррекция в реальном масштабе времени
   phase ~ 1. фазовая коррекция 2. *тлг* фазирование; синхронизация
   power-factor ~ увеличение коэффициента мощности

recording ~ коррекция при записи (*напр. звука*)
replay ~ коррекция при воспроизведении (*напр. звука*)
resolving-time ~ поправка на разрешающее время (*в счётной системе*)
sky-wave ~ поправка на ионосферное распространение радиоволны
spelling ~ *вчт* исправление орфографических ошибок
syntax ~ *вчт* исправление синтаксических ошибок
temperature ~ поправка на температурную зависимость
time-base (error) ~ 1. коррекция развёртки 2. коррекция временных искажений (*видеосигнала*)
two-way ~ двухсторонняя коррекция (*регистра*)
correctional 1. коррекционный 2. поправочный 3. исправляющий ошибки
corrector 1. корректор 2. регулятор
aperture ~ апертурный корректор
color field ~ *тлв* регулятор чистоты цвета
Doppler (-shift) ~ корректор доплеровского сдвига частоты
echo waveform ~ амплитудный корректор эхосигналов
gamma ~ *тлв* гамма-корректор
line source ~ облучатель, корректирующий аберрации рефлектора (*в линейной антенной решётке отражательного типа*)
phase ~ фазовый корректор
pincushion ~ *тлв* корректор подушкообразных искажений
time-base (error) ~ 1. корректор развёртки 2. корректор временных искажений (*видеосигнала*)
voltage ~ автоматический регулятор напряжения
waveform ~ амплитудный корректор, корректор формы сигнала
correed блок язычковых магнитоуправляемых контактов со схемой управления
correlate 1. *вчт* коррелят, соотносительное понятие 2. коррелировать; находиться в определённой связи
correlated коррелированный, находящийся в определённой связи
serially ~ сериально коррелированный
correlation 1. корреляция 2. корреляционная обработка (*напр. сигналов*)
apparent ~ кажущаяся корреляция
auto ~ автокорреляция
baseband ~ корреляционная обработка по групповому спектру
canonical ~ каноническая корреляция
cascade ~ каскадная корреляция (*метод обучения нейронных сетей*)
circular ~ циркулярная корреляция
coherent ~ когерентная корреляционная обработка
cross ~ взаимная корреляция, кросс-корреляция
Doppler ~ корреляция по доплеровской частоте
envelope ~ корреляция по огибающей (*сигнала*)
false ~ ложная корреляция
fractal ~ фрактальная корреляция
fuzzy ~ нечёткая корреляция
linear ~ линейная корреляция
mode ~ корреляция мод
multilook ~ многовыборочная корреляция
multiple ~ множественная корреляция

partial ~ частичная корреляция
pulse-to-pulse ~ межимпульсная корреляция
range ~ *рлк* корреляция по дальности
range-to-range ~ *рлк* межэлементная корреляция по дальности
rank ~ ранговая корреляция
recurrent cascade ~ рекуррентная каскадная корреляция (*метод обучения нейронных сетей*)
sample-to-sample ~ корреляция между соседними отсчётами
scale-invariant ~ масштабно-инвариантная корреляция
serial ~ корреляция данных в виде временных последовательностей
sign ~ знаковая корреляция
simple ~ простая корреляция
space ~ пространственная корреляция
space-integrating ~ корреляция с пространственным интегрированием
spatial ~ пространственная корреляция
speckle ~ корреляция спеклов
spurious ~ ложная корреляция
time ~ временная корреляция
time-integrating ~ корреляция с временным интегрированием
two-dimensional ~ двумерная корреляция
correlator коррелятор, коррелометр; корреляционный приёмник
1D optical ~ одномерный оптический коррелятор
acoustic(-wave) ~ акустический коррелятор, коррелятор на акустических волнах
analog ~ аналоговый коррелятор
bulk-wave ~ коррелятор на объёмных волнах
burst ~ коррелятор пакета импульсов
coherent ~ когерентный коррелятор
cross ~ кросс-коррелятор
digital ~ цифровой коррелятор
dual-in-line optical ~ двухрядный оптический коррелятор
heterodyne ~ коррелятор с преобразованием частоты
holographic ~ голографический коррелятор
hybrid ~ гибридный коррелятор
image ~ коррелятор изображений
incoherent optical ~ некогерентный оптический коррелятор
in-line ~ коррелятор прямого действия (*без преобразования частоты*)
integrating ~ коррелятор с интегрированием
joint-transform ~ коррелятор с совместным преобразованием
linear ~ линейный коррелятор
magnetostatic-wave ~ коррелятор на магнитостатических волнах
matched-filter ~ коррелятор с согласованным фильтром
multilevel coincidence ~ коррелятор со сравнением уровней
nonlinear ~ нелинейный коррелятор
optical ~ оптический коррелятор
polarity coincidence ~ коррелятор со сравнением полярности
quadrature ~ квадратурный коррелятор
radar data ~ коррелятор радиолокационных сигналов

correlator

random reference ~ коррелятор с произвольным опорным сигналом
replica ~ коррелятор с опорным информационным сигналом
sampled-data ~ коррелятор с дискретизацией
sign ~ знаковый коррелятор
sliding ~ коррелятор с перестраиваемым опорным сигналом
space-integrating ~ коррелятор с пространственным интегрированием
spin-wave ~ коррелятор на спиновых волнах
surface-charge ~ коррелятор на ПЗС
surface-wave ~ коррелятор на поверхностных волнах
tap-weight ~ коррелятор с весовыми отводами
threshold ~ пороговый коррелятор
time-domain ~ временной коррелятор
time-integrating ~ коррелятор с временным интегрированием
video ~ *рлк* коррелятор видеосигналов
volume-wave ~ коррелятор на объёмных волнах

correlogram коррел(ят)ограмма
   partial ~ парциальная [частная] коррелограмма
   residual ~ коррелограмма остатков

correlograph коррел(ят)ограф

correspondence, correspondency 1. соответствие 2. подобие; аналогия 3. корреспонденция 4. обмен корреспонденцией
   affine ~ аффинное соответствие
   algebraic ~ алгебраическое соответствие
   analytical ~ аналитическое соответствие
   asymptotic ~ асимптотическое соответствие
   bijection ~ биективное [взаимно однозначное] соответствие
   bijective ~ биективное [взаимно однозначное] соответствие
   bilinear ~ билинейное соответствие
   binary ~ бинарное соответствие
   conformal ~ конформное соответствие
   electronic ~ электронная корреспонденция
   functional ~ функциональное соответствие
   heuristic ~ эвристическое соответствие
   incident ~ тождественное соответствие
   incomplete ~ неполное соответствие
   injective ~ инъективное соответствие
   irreducible ~ неприводимое соответствие
   isomorphic ~ изоморфное соответствие
   logical ~ логическое соответствие
   one-to-one ~ взаимно однозначное соответствие, биективное соответствие
   ordered ~ упорядоченное соответствие
   partial ~ частичное соответствие
   perfect ~ взаимно однозначное соответствие
   projective ~ проективное соответствие
   reducible ~ приводимое соответствие
   surjective ~ сюръективное соответствие
   technical ~ обмен технической корреспонденцией
   topological ~ топологическое соответствие
   transitive ~ транзитивное соответствие

corrigenda *pl от* **corrigendum**
corrigendum *вчт* 1. опечатка 2. *pl* список опечаток
corrosion коррозия
   ac ~ коррозия под действием переменного тока
   anodic ~ анодная коррозия
   atmospheric ~ атмосферная коррозия
   cathodic ~ катодная коррозия
   chemical ~ химическая коррозия
   deposition ~ коррозия под осадком
   electrochemical ~ электрохимическая коррозия
   electrolytic ~ электролитическая коррозия
   fatigue ~ усталостная коррозия
   galvanic ~ электрохимическая коррозия
   intercrystalline ~ межкристаллитная коррозия
   pitting ~ питтинговая коррозия
   selective ~ селективная коррозия

corrupt 1. искажать; делать недостоверным ‖ искажённый; недостоверный 2. портить; разрушать ‖ испорченный; разрушенный

corruption 1. искажение; недостоверность 2. порча; разрушение
   data ~ 1. искажение данных; недостоверность данных 2. порча данных; разрушение данных

corundum корунд (*эталонный минерал с твёрдостью 9 по шкале Мооса*)

Corvette кодовое наименование ядра процессора Mustang для портативных компьютеров

cosecant косеканс
   area ~ ареакосеканс
   hyperbolic ~ гиперболический косеканс
   inverse ~ арккосеканс
   inverse hyperbolic ~ ареакосеканс
   logarithmic ~ логарифм косеканса
   versed ~ обращённый косеканс (*функция, равная единице минус секанс*)

coset смежный класс
   left(-hand) ~ левый смежный класс
   normal ~ нормальный смежный класс
   right(-hand) ~ правый смежный класс

cosine косинус
   area ~ ареакосинус
   direction ~ направляющий косинус
   elliptic ~ эллиптический косинус
   hyperbolic ~ гиперболический косинус
   integral ~ интегральный косинус
   inverse ~ арккосинус
   inverse hyperbolic ~ ареакосинус
   logarithmic ~ логарифм косинуса
   versed ~ обращённый косинус (*функция, равная единице минус синус*)

cosmic космический
cosmochemistry космохимия
cosmogony космогония
cosmography космография
cosmology космология
cosmos космос
co-spectral ко-спектральный
co-spectrum ко-спектр

cost 1. цена; стоимость ‖ иметь цену; обладать стоимостью, стоить 2. *pl* издержки; затраты; себестоимость
   ~ **per action** стоимость однократного действия (*на сайте*)
   ~ **per click** стоимость тысячекратного обращения к рекламному окну (*на сайте*)
   ~ **per millenium** стоимость тысячекратного показа рекламы (*на сайте*)
   ~ **per page** *вчт* стоимость страницы; стоимость расходных материалов, используемых для печати одной страницы
   ~ **per sale** стоимость однократной продажи (*на сайте*)

~ per visitor стоимость однократного посещения рекламного объявления (на сайте)
design ~s затраты на проектирование и разработку
recurring ~s периодические затраты
costing расчёт издержек производства; расчёт затрат; исчисление себестоимости
cotangent котангенс
area ~ ареакотангенс
hyperbolic ~ гиперболический котангенс
inverse ~ арккотангенс
inverse hyperbolic ~ ареакотангенс
logarithmic ~ логарифм котангенса
versed ~ обращённый котангенс (функция, равная единице минус тангенс)
COTAR система «Котар» (радиолокационная пассивная фазовая система слежения)
COTAT система «Котат» (корреляционная система слежения с использованием триангуляционного метода)
cottage:
electronic ~ помещение для сотрудников, выполняющих свои производственные обязанности с помощью дистанционного доступа, проф. электронный коттедж, телекоттедж
coulomb кулон, Кл
international ~ международный кулон (0,99985 Кл)
coulombmeter куло(но)метр
coulometer электролитический куло(но)метр
coulometry электролитическая куло(но)метрия
Council:
~ of Registrars Совет регистраторов, организация CORE, объединение компаний для регистрации доменных имён и сопровождения серверов в Internet (корневых доменов и доменов верхнего уровня)
Digital Audio-Video Interactive ~ Совет по интерактивному цифровому аудио и видео
Federal Networking ~ Федеральный совет по сетям (США)
Joint Electronic Devices Engineering ~ Объединённый технический совет по электронным приборам
Joint Electron Tube Engineering ~ Объединённый технический совет по электронным лампам
Multimedia PC Marketing ~ Совет по маркетингу персональных компьютеров для мультимедиа (США)
Radio Industry ~ Совет по радиопромышленности (США)
count 1. счёт; подсчёт || считать; подсчитывать 2. отсчёт || производить отсчёты; отсчитывать 3. количество; (общее) число; итог 4. встречаемость, число n-кратных наступлений определённого события в серии испытаний
air ~ измерение радиоактивности стандартного объёма воздуха
background ~ фон счётчика
bin ~s отсчёты, попадающие в выбранный интервал
chip ~ количество кристаллов (ИС)
cumulative ~ кумулятивная [накопленная] встречаемость
dropout ~ число выпадений сигнала
hop ~ вчт подсчёт скачков (для оптимизации сетевого маршрута при многоскачковой передаче сообщения)

lead ~ количество выводов (напр. ИС)
lost ~ потерянный счёт (в счётной трубке)
multiple tube ~s повторные ложные импульсы в счётной трубке
repeat ~ повторный счёт
spurious (tube) ~s ложные импульсы (в счётной трубке)
telephone time ~ отсчёт телефонного времени
tube ~ 1. счёт счётной трубки 2. отсчёт в счётной трубке
countable вчт счётный (о множестве)
countdown 1. вчт обратный счёт 2. обратный отсчёт времени (напр. при запуске ракет) 3. относительное число импульсов запросчика, оставшихся без ответа
trigger ~ уменьшение частоты повторения запускающих импульсов
counter 1. счётчик; счётная схема 2. счётчик излучения 3. пересчётное устройство; пересчётная схема 4. противоположный; обратный; встречный
address ~ счётчик адреса
alpha ~ счётчик альфа-частиц
anticoincidence ~ счётчик антисовпадений
bidirectional ~ реверсивный счётчик
binary ~ двоичный счётчик
bucket ~ счётчик (аналого-цифрового преобразователя) с генератором пилообразного напряжения
call ~ счётчик вызовов
Cerenkov ~ черенковский счётчик
coincidence ~ счётчик совпадений
computer ~ счётчик оборотов вала аналогового компьютера
control ~ счётчик команд
crystal ~ кристаллический счётчик
current location ~ счётчик текущих адресов (команд или констант)
cycle (index) ~ счётчик циклов
cylindrical wire ~ цилиндрический нитяной счётчик излучения
decade [decimal] ~ десятичный счётчик
delay ~ счётчик интервалов задержки
directional ~ телескоп счётчиков
divide-by-10 ~ десятичный счётчик
down ~ счётчик обратного действия
electromagnetic quantum ~ счётчик квантов электромагнитного излучения, счётчик фотонов
electromechanical ~ электромеханический счётчик
electronic ~ электронный счётчик
enhanced time ~ счётчик рабочего времени и времени использования батареи (электро)питания
flow proportional ~ проточный пропорциональный счётчик
forward-backward ~ реверсивный счётчик
frequency ~ частотомер
FWD-BCK ~ см. forward-backward counter
gamma-ray ~ счётчик гамма-квантов
gas ~ счётчик с внутренним газовым наполнением
gas-tube ~ газонаполненная счётная трубка
Geiger ~ 1. счётчик Гейгера 2. счётная трубка Гейгера—Мюллера
Geiger-Mueller ~ счётчик Гейгера
G-M ~ см. Geiger-Mueller counter
halogen ~ галогенный счётчик

counter

  hexadecimal ~ шестнадцатеричный счётчик
  hop ~ *вчт* счётчик скачков (*для оптимизации сетевого маршрута при многоскачковой передаче сообщения*)
  infrared quantum ~ счётчик квантов ИК-излучения
  instruction ~ счётчик команд
  ionization ~ ионизационный счётчик
  liquid-flow ~ счётчик с проточной жидкостью
  liquid-sample ~ счётчик для измерения радиоактивности жидкостей
  mechanical ~ электромеханический счётчик
  microwave ~ частотомер СВЧ-диапазона (*работающий на принципе счёта периодов*)
  modulo-N ~ счётчик по модулю N
  on/off ~ счётчик (числа) включений / выключений
  photoelectric ~ фотоэлектрический счётчик (*числа пересечений светового луча*)
  photoelectric directional ~ однонаправленный фотоэлектрический счётчик (*числа пересечений светового луча*)
  photomultiplier ~ сцинтилляционный счётчик с фотоумножителем
  photon ~ счётчик фотонов, счётчик квантов электромагнитного излучения
  preset interval ~ счётчик с предварительной установкой интервала
  print-out ~ счётчик с выводом данных на печать
  program ~ счётчик команд
  programmable ~ программируемый счётчик
  proportional ~ пропорциональный счётчик
  proton-recoil ~ счётчик быстрых нейтронов на протонах отдачи
  pulse ~ счётчик импульсов
  quadrature zero-crossing ~ квадратурный счётчик числа пересечений нулевого уровня
  quantum ~ счётчик квантов
  radiation ~ счётчик излучения
  reciprocal ~ счётчик обратных временных интервалов
  repeat ~ *вчт* счётчик повторений
  reversible ~ реверсивный счётчик
  ring ~ 1. кольцевой счётчик 2. пересчётное устройство с кольцевой схемой
  ripple (through) ~ счётчик на каскадно-включённых триггерах
  run-length ~ счётчик длин серий (*при кодировании по RLE-алгоритму*)
  scale-of-ten ~ десятичный счётчик
  scale-of-two ~ двоичный счётчик
  scintillation ~ сцинтилляционный счётчик
  sector ~ *вчт* счётчик секторов; регистр номера сектора
  self-quenched ~ самогасящийся счётчик
  step ~ счётчик циклов
  tape ~ счётчик (магнитной) ленты, устройство для отсчёта текущего положения головки относительно начала *или* конца ленты
  ternary ~ троичный счётчик
  time-interval ~ счётчик временных интервалов
  twisted-ring ~ счётчик Джонсона (*кольцевой счётчик с коэффициентом пересчёта, вдвое превышающим число разрядов*)
  up ~ счётчик прямого действия
  up-down ~ реверсивный счётчик

  well ~ счётчик излучения с колодцем
  word-frame ~ счётчик числа слов в кадре; счётчик кадров (*в телеметрии*)
counteract противодействовать
counteraction противодействие
counterbalance противовес
counterclockwise против часовой стрелки
counter-countermeasures противодействие преднамеренным радиопомехам, радиоэлектронная защита
  electronic ~ радиоэлектронная защита, противодействие преднамеренным радиопомехам
  infrared ~ противодействие преднамеренным радиопомехам в ИК-диапазоне
countercurrent противоток, ток обратного направления
counterdopant *пп* компенсирующая примесь
counterdoping *пп* легирование компенсирующей примесью
counterespionage контрразведка
counterfactual предположение от обратного
counterflow противоток, ток обратного направления
counterforce противодействующая сила
counterintelligence контрразведка
countermeasures радиоэлектронное подавление, РЭП
  active electronic ~ активное радиоэлектронное подавление
  communication ~ радиоэлектронное подавление средств связи
  deception electronic ~ радиоэлектронное подавление путём создания имитирующих радиопомех
  electromagnetic [electronic] ~ радиоэлектронное подавление, РЭП
  high-confidence ~ высокоэффективное радиоэлектронное подавление
  infrared ~ радиоэлектронное подавление в ИК-диапазоне
  navigational ~ радиоэлектронное подавление радионавигационных средств
  noise electronic ~ радиоэлектронное подавление путём создания шумовых помех
  passive electronic ~ пассивное радиоэлектронное подавление
  radar ~ радиоэлектронное подавление радиолокационных средств
  radio ~ радиоэлектронное подавление, РЭП
  spot electronic ~ радиоэлектронное подавление путём создания прицельных помех
counterpartner *вчт* партнёр по переписке
counterpoise противовес
  antenna ~ противовес антенны
counterproductive непродуктивный; непроизводительный
counterpropagation встречное распространение
countersign *вчт* 1. пароль 2. вторая подпись (*для подтверждения подлинности документа*)
counterweight of tone arm противовес тонарма
counting 1. счёт; подсчёт, подсчитывание || счётный; считающий; подсчитывающий 2. выполнение отсчётов; отсчитывание || выполняющий отсчёты; отсчитывающий
  asynchronous ~ асинхронный счёт
  direct ~ прямой счёт
  reference ~ 1. подсчёт ссылок (*при очистке памяти*) 2. очистка памяти методом подсчёта ссылок

reverse ~ обратный счёт
synchronous ~ синхронный счёт
country-specific национальный; специфический для данной страны
couplant *микр.* связующее (вещество)
couple 1. пара || образовывать пару; объединять(ся) в пару; спаривать(ся) **2.** гальваническая пара **3.** термоэлемент, термопара **4.** пара сил **5.** связь; взаимное влияние; взаимодействие || связывать(ся); оказывать взаимное влияние; взаимодействовать **6.** соединитель, соединительный элемент, соединение; сцепка || соединять(ся); сцеплять(ся)
chromel p-alumel ~ хромель-алюмелевая термопара
copper/constantan ~ медь-константановая термопара
copper/platinum ~ медь-платиновая термопара
corrosion ~ коррозионная пара
electric ~ гальваническая пара
exact ~ точная пара
force ~ пара сил
homotopy ~ гомотопическая пара
iridium/iridium-rhodium ~ иридий-родиевая термопара
iris ~ диафрагменная связь
iron/constantan ~ железо-константановая термопара
multiple-junction ~ многоспайная термопара
optoelectronic ~ оптопара, оптрон
ordered ~ упорядоченная пара
platinum/platinum-rhodium ~ платино-родиевая термопара
scaling ~ триггер; бистабильная ячейка, БЯ
slot ~ щелевая связь
thermal [thermoelectric] ~ термоэлемент; термопара
unordered ~ неупорядоченная пара
voltaic ~ гальваническая пара
coupled 1. объединённый в пару; спаренный **2.** связанный; оказывающий взаимное влияние; взаимодействующий **3.** соединённый; сцеплённый
ac ~ связанный по переменному току
dc ~ связанный по постоянному току
tightly ~ тесно связанный
coupler 1. устройство связи; элемент связи; цепь связи **2.** ответвитель **3.** *микр.* связующее (вещество) **4.** соединитель, соединительный элемент, соединение; сцепка **5.** устройство сопряжения; блок сопряжения
acoustic ~ *вчт* акустическое устройство связи, устройство сопряжения на базе акустического модема
adjustable ~ регулируемый ответвитель
anamorphic ~ *опт.* анаморфический элемент связи
antenna ~ цепь связи с антенной; входная цепь приёмника; выходная цепь передатчика
asymmetric ~ асимметричный ответвитель
autopilot ~ блок сопряжения автопилота с бортовой навигационной системой
Bethe (hole) directional ~ одноотверстный направленный ответвитель
biconical-taper fiber ~ биконический волоконно-оптический соединитель
bidirectional ~ двунаправленный ответвитель
birefringent ~ элемент связи на эффекте дву(луче)преломления (*для оптических волноводов*)
branch ~ ответвитель шлейфного типа, шлейфный ответвитель
broadside-coupled ~ ответвитель со связью по широкой стенке волновода
cable ~ кабельный соединитель
capacitance-loop directional ~ направленный ответвитель с ёмкостной связью
capacity ~ ёмкостный элемент связи
coax(ial) ~ коаксиальный ответвитель
coupled-transmission line directional ~ направленный ответвитель на связанных линиях передачи
cross-guide ~ крестообразный волноводный ответвитель
Cuccia ~ мазер на циклотронном резонансе, гиротрон
directional ~ направленный ответвитель
earphone ~ акустическая камера для проверки головных телефонов
electromagnetic spin-wave ~ преобразователь электромагнитных волн в спиновые волны
electron ~ мазер на циклотронном резонансе, гиротрон
electron-tube ~ устройство связи с электронной лампой
end-fire optical-waveguide ~ торцевой элемент связи для оптического волновода
ferrite ~ ферритовый ответвитель
fiber-optics ~ волоконно-оптический соединитель; элемент связи с оптическим волокном
first ~ входное устройство связи
forward ~ направленный ответвитель падающей волны
gyromagnetic ~ гиромагнитный направленный ответвитель, направленный ответвитель с гиромагнитной связью
inductive ~ цепь индуктивной [трансформаторной] связи
input ~ входное устройство связи
long-slot ~ ответвитель с длинной щелью
loop-type (directional) ~ кольцевой направленный ответвитель
microstrip ~ ответвитель на несимметричной полосковой линии, микрополосковый ответвитель
multibranch ~ многошлейфный ответвитель
multihole ~ многоотверстный направленный ответвитель
multimode ~ многомодовый ответвитель
multiple-branch ~ многошлейфный ответвитель
multistrip surface-acoustic-wave ~ многополосковый преобразователь для возбуждения ПАВ
optical ~ оптопара, оптрон
optical-waveguide ~ волоконно-оптический соединитель; элемент связи с оптическим волокном
output ~ выходное устройство связи
photoresist ~ устройство связи на дифракционной решётке из фоторезиста (*для оптических волноводов*)
polarization-maintaining fiber-optics ~ волоконно-оптический соединитель с сохранением поляризации
polarization-sensitive ~ поляризационно-чувствительный элемент связи
polarization-splitting fiber-optics ~ волоконно-оптический соединитель с расщеплением поляризации

coupler

prism ~ призменный элемент связи (*для оптических волноводов*)
reverse ~ ответвитель отражённой волны
Riblet ~ ответвитель с короткой щелью, трёхдецибельный ответвитель
ring (directional) ~ кольцевой направленный ответвитель
rotary [rotating] ~ вращающееся соединение (*волноводов*)
Schwinger directional ~ волноводный направленный ответвитель на эффекте взаимодействия продольной и поперечной компонент магнитного поля в связанных волноводах
second ~ выходное устройство связи
short-slot ~ ответвитель с короткой щелью, трёхдецибельный ответвитель
single-mode ~ одномодовый ответвитель
single-mode fiber-optics ~ одномодовый волоконно-оптический соединитель
slot-line ~ ответвитель на щелевой линии
stripline ~ полосковый ответвитель
three-decibel ~ трёхдецибельный ответвитель, ответвитель с короткой щелью
transmission-line ~ симметрирующее устройство линии передачи
two-hole directional ~ двухотверстный направленный ответвитель
unidirectional ~ однонаправленный ответвитель
variable-iris waveguide ~ волноводный элемент связи с регулируемой диафрагмой
waveguide ~ волноводный ответвитель

coupling 1. образование пары; объединение в пару; спаривание 2. связь; взаимное влияние; взаимодействие || связывающий; реализующий взаимное влияние; реализующий взаимодействие 3. соединитель, соединительный элемент, соединение; сцепка || соединяющий; сцепляющий 4. муфта; сочленение; шарнир
active air ~ активная воздушная связь (*в звуковых колонках*)
alternating-current ~ связь по переменному току
antenna ~ связь с антенной
antiferromagnetic ~ антиферромагнитная связь
aperture ~ щелевая связь, связь через отверстие
bandpass ~ сильная [сверхкритическая] связь
bayonet ~ байонетное соединение
beam ~ взаимодействие электронного потока с электромагнитной волной
capacitive ~ ёмкостная связь
cathode ~ катодная связь
cavity ~ 1. резонаторная связь 2. связь с объёмным резонатором
choke ~ 1. дроссельная связь 2. дроссельно-фланцевое соединение (*волноводов*)
choke-flange ~ дроссельно-фланцевое соединение (*волноводов*)
circulator ~ циркуляторная связь
close ~ сильная [сверхкритическая] связь
coflow ~ согласная связь (*мод*)
common-impedance ~ прямая импедансная связь
conductive ~ резистивная связь
contraflow ~ встречная связь (*мод*)
critical ~ критическая связь
cross ~ 1. перекрёстные помехи 2. развязка (*в циркуляторе*)
crosstalk ~ тлф уровень переходных разговоров
direct ~ непосредственная связь
direct-current ~ связь по постоянному току
direct exchange ~ прямое обменное взаимодействие
direct inductive ~ автотрансформаторная связь
electric ~ 1. электрическая связь 2. электрическое взаимодействие 3. электропривод 4. электромагнитная муфта
electric-field ~ связь по электрическому полю
electromagnetic ~ 1. электромагнитная связь 2. электромагнитное взаимодействие
electromechanical ~ электромеханическая связь
electron ~ электронная связь
electron-ion collisional ~ электронно-ионная столкновительная связь
electrostatic ~ 1. электростатическая связь 2. электростатическое взаимодействие
exchange ~ фтт обменная связь
flange ~ фланцевое соединение (*волноводов*)
flexible ~ 1. гибкое (волноводное) соединение 2. упругая муфта
high-side capacitance ~ ёмкостная связь с точкой высокого потенциала
hyperfine ~ сверхтонкое взаимодействие
hysteresis ~ гистерезисная муфта
impedance ~ импедансная связь
indirect exchange ~ косвенное обменное взаимодействие
induction ~ индукционная муфта
inductive ~ 1. индуктивная [трансформаторная] связь 2. автотрансформаторная связь
injection emitter ~ инжекционная эмиттерная связь
intercavity ~ межрезонаторная связь
interelectrode ~ межэлектродная связь
interlayer ~ межслойная связь
interstage ~ межкаскадная связь
intracavity ~ внутрирезонаторная связь
iris ~ диафрагменная связь
Josephson ~ свпр джозефсоновская связь, связь через слабое сверхпроводящее звено
junction ~ непосредственная связь с проходным резонатором (*в коаксиальной линии передачи*)
line ~ схема подключения к линии
link ~ петлевая связь через отрезок линии
load ~ связь с нагрузкой
loop ~ связь с помощью петли, петлевая связь
loose ~ слабая [докритическая] связь
L-S ~ связь Рассела—Саундерса, LS-связь
magnetic ~ 1. магнитная связь 2. магнитное взаимодействие
magnetic-dipole ~ магнитное дипольное взаимодействие
magnetic-field ~ связь по магнитному полю
magnetoelastic ~ магнитоупругая связь
mode ~ 1. связь мод 2. взаимодействие мод
mutual-inductance ~ индуктивная [трансформаторная] связь
negative ~ индуктивная [трансформаторная] связь с отрицательной взаимной индуктивностью
n-order ~ взаимодействие *n*-го порядка
ohmic ~ резистивная связь
optical ~ 1. оптическая связь 2. фотонная связь (*в оптронах*)
optimum ~ критическая связь

over ~ сильная [сверхкритическая] связь
photon ~ фотонная связь (*в оптронах*)
piezoelectric ~ электромеханическая связь в пьезоэлектрике
positive ~ индуктивная [трансформаторная] связь
probe ~ штыревая связь
radiation ~ радиационная связь, связь через излучение
RC ~ *см.* resistance-capacitance coupling
reference ~ эталонная связь (*обеспечивающая уровень 0 дБ по шкале шумомера относительно контрольного уровня шумов при уровне испытательного тонального сигнала на входе —90 дБм*)
resistance ~ резистивная связь
resistance-capacitance ~ резистивно-ёмкостная связь, RC-связь
resistive ~ резистивная связь
series-capacitance ~ внешняя ёмкостная связь
shunt-capacitance ~ внутренняя ёмкостная связь
slot ~ щелевая связь, связь через отверстие
spin-orbit ~ спин-орбитальное взаимодействие
spin-phonon ~ спин-фононное взаимодействие
spin-spin ~ спин-спиновое взаимодействие
strip ~ полосковая связь
synchronous ~ синхронная муфта
tight ~ 1. сильная [сверхкритическая] связь 2. полная индуктивная [полная трансформаторная] связь по магнитному потоку
transformer ~ трансформаторная [индуктивная] связь
transitional ~ индуктивная [трансформаторная] критическая связь
unity ~ полная индуктивная [полная трансформаторная] связь по магнитному потоку
universal ~ универсальное сочленение; универсальный шарнир
variable ~ регулируемая связь
waveguide ~ волноводное соединение
weak ~ слабая [докритическая] связь
Courier (моноширинный) шрифт Courier
course 1. курс 2. радиолуч [главный лепесток диаграммы направленности антенны] курсового радиомаяка 3. режим; поведение; течение 4. учебный курс; курс лекций
beacon ~ радиолуч [главный лепесток диаграммы направленности антенны] курсового радиомаяка
bearing ~ пеленг
corrected compass ~ магнитный курс
false ~ ложный курс
obstacle ~ полоса препятствий (*напр. в компьютерных играх*)
magnetic ~ магнитный курс
multiple ~ многозначный курс (*в радионавигации*)
ray ~ ход луча
true ~ истинный курс
courseware программное обеспечение для компьютерного обучения
open ~ свободно распространяемое программное обеспечение для компьютерного обучения
web-based ~ программное обеспечение для дистанционного компьютерного обучения
covalence *фтт* кратность ковалентной связи
covar ковар (*магнитный сплав*)
covariance ковариация || ковариационный
cross~ кросс-ковариация, взаимная ковариация

instantaneous ~ ковариация между одновременными переменными
sample ~ выборочная ковариация
covariant ковариантный
covariate ковариата (*1. присоединённая переменная; неосновная переменная 2. независимая переменная; предиктор (в логистической регрессии)*)
cover 1. охватывать; перекрывать 2. *рлк* прикрытие; защита || прикрывать; защищать 3. непрерывное дежурство в эфире (*приёмно-передающей радиостанции*) 4. чехол; кожух; обшивка 5. *вчт, микр.* крышка (*напр. корпуса ИС*) 6. *вчт* обложка; переплёт (*печатного издания*) 7. *вчт* (переплётная) крышка 8. конверт 9. покрытие (*1. микр. нанесённый на поверхность слой 2. микр. материал нанесённого на поверхность слоя 3. вчт покрытие множества*) || покрывать (*1. микр. наносить на поверхность слой 2. вчт покрывать множество*) 10. освещать события (*в вещательной программе*)
book ~ 1. обложка; переплёт (*печатного издания*) 2. (переплётная) крышка
clique ~ покрытие клики (*в теории графов*)
drive ~ *вчт* крышка дисковода
dust ~ 1. пыленепроницаемый кожух 2. *вчт* суперобложка (*печатного издания*)
end-winding ~ кожух лобовых частей (*электрической машины*)
radar ~ радиолокационное прикрытие; радиолокационная защита
stylus ~ защитный колпачок иглы (*электропроигрывающего устройства*)
telephone ~ корпус телефонного аппарата
coverage 1. охват; перекрытие 2. *рлк* зона обзора; сектор обзора 3. рабочая зона (*напр. радионавигационной системы*); зона обслуживания 4. зона уверенного приёма 5. покрытие (*1. микр. нанесённый на поверхность слой 2. микр. материал нанесённого на поверхность слоя 3. вчт покрытие множества*) 6. освещение событий (*в вещательной программе*) 7. тираж (*печатного издания*) ◊ **to be out of ~** находиться вне зоны обслуживания
altitude ~ зона обзора по высоте
angular ~ сектор обзора по углу
azimuth ~ сектор обзора по азимуту
contiguous ~ соприкасающиеся зоны обслуживания
early-warning ~ зона дальнего обнаружения
elevation ~ сектор обзора по углу места
frequency ~ перекрытие по частоте, перекрываемый диапазон частот
global ~ глобальная зона обзора
hemispherical ~ полусферическая зона обзора
line-of-sight ~ зона прямой видимости
night ~ зона обзора в ночных условиях
omnidirectional ~ всенаправленный обзор
satellite ~ зона обслуживания связного ИСЗ
search ~ зона поиска
step ~ *микр.* покрытие ступеньки
volumetric ~ пространственный сектор обзора
covering 1. охват; перекрытие 2. *рлк* прикрытие; защита 3. непрерывное дежурство в эфире (*приёмно-передающей радиостанции*) 4. чехол; кожух; обшивка 5. *вчт, микр.* крышка (*напр. корпуса ИС*) 6. *вчт* обложка; переплёт (*печатного издания*) 7. *вчт* (переплётная) крышка 8. конверт 9. покрытие (*1. микр. нанесённый на поверхность слой 2. микр.*

материал нанесённого на поверхность слоя 3. *вчт* покрытие множества) 10. тираж (*печатного издания*) 11. освещение событий (*в вещательной программе*)

covert 1. сокрытие 2. скрытый

covertness скрытность

Covington кодовое название первого варианта процессора Celeron

cowbell *вчт* альпийский [коровий] колокольчик (*музыкальный инструмент из набора ударных General MIDI*)

cozi система станций ионосферного зондирования для определения условий радиосвязи

CP/M семейство операционных систем CP/M (*корпорации Digital Research*)

CPU-bound зависящий только от быстродействия процессора; счётный (*о задаче*)

crab перемещение боком ‖ перемещать боком (*микрофон или передающую телевизионную камеру*)

crack 1. компьютерный взлом; разработка и реализация способов несанкционированного проникновения в защищённые компьютерные системы и программные продукты 2. *проф.* «влезать» в программу; «взламывать» программу 3. трещина ‖ трескаться

   cleavage ~ трещина спайности

   intergranular ~ межкристаллитная трещина

   strain ~ деформационная трещина

cracker *проф.* «крекер» (*1. компьютерный взломщик; программист, специализирующийся на разработке и реализации способов несанкционированного проникновения в защищённые компьютерные системы и программные продукты 2. программа для несанкционированного проникновения в защищённые программные продукты, программа «взлома» защищённых программных продуктов*)

cracking 1. компьютерный взлом; разработка и реализация способов несанкционированного проникновения в защищённые компьютерные системы и программные продукты 2. растрескивание; образование трещин 3. *микр.* разламывание (*пластины на кристаллы после скрайбирования*)

crackling потрескивание (*радиопомеха*)

cradle рычажный переключатель *или* гнездо (*для микротелефонной трубки*)

   handset ~ рычажный переключатель *или* гнездо (*для микротелефонной трубки*)

craft 1. (профессиональное) мастерство; навыки; сноровка; искусные приёмы ‖ использовать (профессиональное) мастерство, навыки, сноровку *или* искусные приёмы *вчт проф.* 2. «заумная» программа ‖ создавать «заумные» программы 3. «заумность» программы ◊ ~ **together** создавать заумные программы

crafting 1. использование (профессионального) мастерства, навыков, сноровки *или* искусных приёмов *вчт проф.* 2. «заумная» программа 3. «заумность» программы

   knowledge ~ *вчт* построение области знаний; создание экспертной системы

craftmanship 1. использование (профессионального) мастерства, навыков, сноровки *или* искусных приёмов 2. *вчт проф.* создание «заумных» программ

crane *тлв* операторская кран-тележка

   camera ~ операторская кран-тележка

crank рукоятка ‖ поворачивать рукоятку ◊ ~ **up** *проф.* увеличивать громкость

crash 1. катастрофический отказ; утрата работоспособности ‖ испытывать катастрофический отказ; утрачивать работоспособность (*напр. об электронном приборе*) 2. *вчт* фатальный сбой; авария; аварийное завершение работы ‖ испытывать фатальный сбой; завершать работу вследствие аварии 3. поломка; разрушение; выход из строя ‖ ломаться; разрушаться; выходить из строя 4. акцентированная тарелка, крэш (*ударный музыкальный инструмент*)

   disk ~ утрата работоспособности диска

   head ~ поломка (магнитной) головки

crater кратер (*1. воронка на вершине конусообразного объекта 2. физический или абстрактный объект в форме кратера*) ‖ образовывать кратер *или* кратеры

   admittance ~ кратер полной проводимости, адмиттансный кратер

   cathode-spot ~ кратер катодного пятна (*в приборах с дуговым разрядом*)

   impedance ~ кратер полного сопротивления, импедансный кратер

cratering образование кратера *или* кратеров

   solder ~ *микр.* образование кратеров при пайке волной припоя

crawler (программный) робот для поиска новых общедоступных ресурсов и занесения их в базы данных поисковых машин, *проф.* «паук»

Cray фирменное название серии суперкомпьютеров корпорации Cray Research

crayola суперминикомпьютер *или* супермикрокомпьютер

Cray Research, Inc. корпорация Cray Research

create (по)рождать; созда(ва)ть; творить ◊ **to** ~ **file** созда(ва)ть (новый) файл; **to** ~ **cells** созда(ва)ть (новые) ячейки (*напр. в таблицах*)

creating (по)рождение; создание; творчество

   directory ~ *вчт* создание каталога

   file ~ *вчт* создание файла

   file type ~ *вчт* создание типа файла

   shortcut ~ *вчт* создание ярлыка, создание пиктограммы ускоренного доступа

   startup disk ~ *вчт* создание диска, используемого для запуска (*компьютера*) и начальных действий; создание системного [загрузочного] диска

creation 1. (по)рождение; создание; творчество 2. Вселенная

   ~ **of value** создание стоимости

   ~ **of vortices** *свпр* рождение вихрей потока

   bubble ~ образование ЦМД

   defect ~ *микр.* образование дефектов

   electron-hole pair ~ рождение электронно-дырочных пар

   frame ~ кадросинтез

   pair ~ *фтт* рождение пар

   plasmon ~ образование плазмонов

   wall ~ образование доменной границы

creativity 1. творчество 2. способность к творчеству

creator создатель (*1. творец 2. программа создания файлов*)

creep 1. сползание: ползучесть; течение 2. магнитная вязкость; магнитное последействие 3. дрейф (*напр. характеристик*)

bubble ~ сползание ЦМД
flux ~ *свпр* течение потока
magnetic ~ магнитная вязкость; магнитное последействие
thermally activated flux ~ *свпр* термически активированное течение потока

creepage *см.* **creeping**

creeping 1. сползание; ползучесть; течение 2. магнитная вязкость; магнитное последействие 3. утечка по поверхности (*диэлектрика*) 4. самопроизвольное вращение (*машины постоянного тока*)
domain-wall ~ сползание доменной границы
magnetization ~ магнитная вязкость; магнитное последействие

crest 1. максимальное значение, амплитуда || достигать максимума, принимать максимальное значение, принимать амплитудное значение 2. пик; вершина; гребень || образовывать пик, вершину *или* гребень
ac current ~ амплитуда переменного тока
current ~ максимальное значение тока
wave ~ 1. амплитуда волны 2. гребень волны

crew 1. *тлв* творческая группа; съёмочная группа 2. *вчт* группа разработчиков программного продукта *или* компьютерной игры, *проф.* команда

crime преступление
computer ~ компьютерное преступление

crippleware *проф.* 1. (лицензированное) условно-бесплатное программное обеспечение с преднамеренно урезанными функциональными возможностями 2. аппаратное обеспечение с преднамеренно урезанными функциональными возможностями 3. (лицензированное) программное обеспечение с оплатой в виде пожертвования на благотворительные цели

crisis кризис; критическая ситуация || кризисный; критический

crisp чёткий; ясно очерченный; отчётливый || делать чётким; ясно очерчивать; делать отчётливым

crispener схема *или* устройство выделения контуров

crispening 1. увеличение чёткости; увеличение отчётливости 2. выделение контуров

crisscross 1. крестик, символ × || отмечать крестиком 2. структура в виде диагональной сетки 3. совершать возвратно-поступательное движение

Criteria:
Common ~ стандарт «Общие критерии», пакет критериев для тестирования систем защиты в компьютерных сетях

criteria *pl от* **criterion**
trusted computer system evaluation ~ критерии оценки заслуживающих доверия компьютерных систем

criterion критерий; условие; признак
absolute instability ~ критерий абсолютной неустойчивости
Akaike information ~ информационный критерий Акаике
ascriptive ~ аскриптивный критерий
Barkhausen ~ условие баланса амплитуд в автогенераторе
clustering fidelity ~ критерий верности кластеризации (*при распознавании образов*)
choice ~ критерий выбора
Conrady's ~ *опт.* критерий Конради
controllability ~ критерий управляемости
convective instability ~ критерий конвективной неустойчивости
cycle ~ параметр [число повторений] цикла
damage-risk ~ порог болевого ощущения
exceedance ~ критерий превосходства
fidelity ~ критерий верности
fitting ~ критерий подгонки
information ~ информационный критерий
Nyquist (stability) ~ критерий (устойчивости) Найквиста
optimality ~ критерий оптимальности
rank ~ ранговый критерий
Rayleigh (resolution) ~ *опт.* критерий разрешения по Рэлею, критерий Рэлея
Routh-Hurwitz ~ критерий Рауса—Гурвица
Schwarz information ~ информационный критерий Шварца
Schwarz's Bayesian ~ байесов критерий Шварца
selection ~ критерий выбора
sequencing ~ критерий упорядочения
stability ~ критерий устойчивости
Townsend ~ условие Таунсенда
strict avalanche ~ строгий критерий образования лавины (*в блочном шифре*)
validity ~ критерий пригодности
weighted least-squares ~ критерий взвешенных наименьших квадратов
WLS ~ *см.* weighted least-squares criterion

critic критик || критический
adaptive heuristic ~ адаптивный эвристический критик, прямоточная нейронная сеть типа AHC

critical 1. критичный 2. критический

criticality критичность
diametrical ~ диаметральная критичность
self-organized ~ самоорганизованная критичность

critique критика
Lucas ~ критика Лукаса

crlf *вчт проф.* возврат каретки с переводом строки

crock *вчт* 1. неустойчивая программа, *проф.* «крок»; громоздкая программа, *проф.* «монстр» 2. неуклюжий метод *или* приём (*напр. в программировании*)

crockitude *вчт* 1. неустойчивость (программы); громоздкость (программы) 2. неуклюжесть (*напр. метода или приёма в программировании*)

crocky *вчт* 1. неустойчивый; громоздкий (*о программе*) 2. неуклюжий (*напр. о методе или приёме в программировании*)

crook *вчт* изгиб (*напр. кривой*) || изгибать(ся)

crop 1. обрезание (*напр. сигнала*); кадрирование (*напр. изображения*) || обрезать (*напр. сигнал*); кадрировать (*напр. изображение*) 2. инструмент для кадрирования изображения (*в графических редакторах*) 3. группа; коллектив; команда 4. комплект; набор

cropping обрезание (*напр. сигнала*); кадрирование (*напр. изображения*)

cross 1. крест || скрещивать (*напр. проводники*) 2. пересечение || пересекать *вчт* 3. крестик, символ × || отмечать крестиком 4. наклонная черта, перечёркивающая символ || перечёркивать
Mills ~ радиотелескоп «крест Миллса»
Northern ~ радиотелескоп «Северный крест»
tracking ~ следящее перекрестие

cross-assembler кросс-ассемблер
crossband двухсторонняя радиосвязь с частотным разнесением || использовать частотное разнесение (*в радиолокационных системах с активным ответом*)
crosscheck *вчт* перекрёстная проверка || выполнять перекрёстную проверку (*напр. правильности счёта*)
cross-classification перекрёстная классификация
cross-color перекрёстные искажения типа яркость — цветность
cross-compiler кросс-компилятор
cross-compiling/assembling оперативная разработка, компиляция и отладка программ для микрокомпьютеров с помощью мейнфреймов
crosscorrelator кросс-коррелятор
crosscoupling 1. перекрёстные помехи 2. развязка (*в циркуляторе*)
cross-covariance кросс-ковариация, взаимная ковариация
cross-elasticity перекрёстная эластичность
cross-entropy кросс-энтропия
cross-fade 1. (плавный) монтажный переход || производить (плавный) монтажный переход (*напр. при монтаже видеоматериала*) 2. плавное микширование || выполнять плавное микширование (*напр. фонограммы*); *проф. вчт* перекрёстное слияние || использовать перекрёстное слияние (*напр. звуковой петли в сэмплерах*)
crossfire перекрёстные помехи
  receiving-end ~ перекрёстные помехи на дальнем [приёмном] конце
  sending-end ~ перекрёстные помехи на ближнем [передающем] конце
cross-foot(ing) *вчт* перекрёстное суммирование *или* вычитание (*для проверки правильности счёта*)
crossguide крестообразное волноводное соединение, волноводный крест
crosshair перекрестие
cross(-)hatch 1. *вчт* перекрёстная диагональная штриховка || штриховать перекрёстными диагональными линиями 2. *тлв* сетчатое поле 3. *вчт проф.* «решётка», символ #
cross(-)hatching 1. *вчт* перекрёстная диагональная штриховка 2. *микр.* отслаивание проводящего покрытия за счёт образования пустот
cross-index *вчт* указатель перекрёстных ссылок || снабжать указателем перекрёстных ссылок
crossing 1. пересечение; перекрытие 2. *кв.эл.* конверсия 3. *биол.* скрещивание
  band ~ перекрытие зон
  conductor ~ пересечение проводников
  energy-level ~ пересечение энергетических уровней
  intersystem ~ интеркомбинационная конверсия
  threshold ~ превышение порога
  zero ~ точка изменения знака (*напр. функции*); точка пересечения нулевого уровня; точка пересечения оси абсцисс
crossing-over *биол.* кросс(инг)овер, перекрест, взаимный обмен гомологичными участками хромосом
cross-link *вчт, фтт* перекрёстная связь || обладать перекрёстной связью; использовать перекрёстную связь
cross-luminance перекрёстные искажения типа цветность—яркость

cross-match *вчт* взаимное соответствие
cross-modulation перекрёстная модуляция, кросс-модуляция
cross-neutralization перекрёстная нейтрализация (*обратной связи в двухтактных усилителях*)
crossover 1. кроссовер (*1. электронный прибор для разделения спектра звукового сигнала на два или более каналов 2. минимальное поперечное сечение электронного пучка 3. кроссинговер, перекрест, взаимный обмен гомологичными участками хромосом*) 2. точка пересечения; пересечение 3. переходная область; переход ◊ ~ **with adjustable transition frequencies** кроссовер с регулируемыми частотами разделения спектра; ~ **with bend** пересечение межсоединений с изгибом
  automatic ~ схема автоматического перехода от режима стабилизации тока к режиму стабилизации напряжения (*в источнике питания*)
  beam ~ кроссовер (*электронного пучка*)
  electronic ~ электронный кроссовер
  interconnection ~ пересечение межсоединений по поверхности подложки (*в многоуровневых структурах*)
  magnetoelastic ~ точка пересечения фононной и магнонной ветвей спектра
  multiconductor ~ пересечение нескольких межсоединений
  multilayer ~ многослойное пересечение межсоединений
  printed glass ~ пересечение межсоединений печатной схемы со стеклянной изоляцией
  three-way ~ трёхканальный кроссовер
  two-way ~ двухканальный кроссовер
  ultrasonic ~ область перехода от затухания к усилению ультразвуковых колебаний
cross-partition *вчт* измельчение (*разбиения множества*)
cross-plugging коммутация (*на панели*)
crosspoint 1. коммутационный элемент (*координатного переключателя*) 2. координатный переключатель
  bidirectional ~ двунаправленный координатный переключатель
  electronic ~ электронный [бесконтактный] коммутационный элемент
  magneto-optical ~ магнитооптический координатный переключатель
  metallic ~ контактный коммутационный элемент
  monolithic ~ монолитный координатный переключатель
  solid-state ~ твердотельный координатный переключатель
  two-by-two ~ матричный координатный переключатель типа 2x2
cross-polarization кросс-поляризация, поперечная поляризация (*по отношению к выбранному направлению*)
cross-post рассылка одного и того же сообщения в несколько компьютерных групп новостей
cross-refer *вчт* использовать перекрёстные ссылки
cross-reference *вчт* 1. *pl* перекрёстные ссылки 2. использовать перекрёстные ссылки
cross-relaxation *кв. эл.* кросс-релаксация
  double-spin-flip ~ кросс-релаксация с переворотом двух спинов

cross-section 1. поперечное сечение; площадь поперечного сечения **2.** эффективное сечение **3.** (поперечный) срез (*данных*), одномоментная выборка (*данных*), данные в выбранный момент времени
cross-spectrum кросс-спектр
cross-tabulation кросс-табуляция
crosstalk 1. перекрёстные искажения **2.** перекрёстные помехи **3.** переходное затухание **4.** *тлф* переходный разговор ◊ ~ **between spiral grooves** механическое эхо (*в грамзаписи*)
   antenna ~ перекрёстные помехи между антеннами
   diffractional ~ дифракционные перекрёстные помехи
   far-end ~ переходный разговор на дальнем [приёмном] конце
   fiber ~ перекрёстные помехи в волоконно-оптической линии связи
   intelligible ~ внятный переходный разговор
   interaction ~ перекрёстные помехи через третий канал
   interpicture ~ перекрёстные искажения изображений
   inverted ~ невнятный переходный разговор
   near-end ~ переходный разговор на ближнем [передающем] конце
   needle ~ перекрёстные искажения при воспроизведении стереофонической грампластинки
   optical ~ оптические перекрёстные помехи
   positional ~ позиционные перекрёстные искажения (*в многолучевых ЭЛТ*)
   quadrature ~ *тлв* перекрёстные искажения сигналов цветности
   receiving-end ~ переходный разговор на дальнем [приёмном] конце
   runaround ~ *тлф* переходный разговор через промежуточные усилители
   sending-end ~ переходный разговор на ближнем [передающем] конце
   side-to-phantom ~ переходный разговор с основной цепи на искусственную
   side-to-side ~ переходный разговор между основными цепями
   stylus ~ перекрёстные искажения при воспроизведении стереофонической грампластинки
   telegraph ~ телеграфные перекрёстные помехи
   television ~ телевизионные перекрёстные искажения (*напр. типа цветность — яркость*)
   transmitting-end ~ переходный разговор на ближнем [передающем] конце
   unintelligible ~ невнятный переходный разговор
   uninverted ~ внятный переходный разговор
crosstie поперечная связь (*в доменной границе*)
crossunder *микр.* пересечение межсоединений с использованием перемычки в подложке
cross-validation 1. перекрёстная проверка данных **2.** *проф.* кросс-валидация (*метод оценки ошибки обобщения в нейронной сети*)
   k-fold ~ k-кратная кросс-валидация
   leave-v-out ~ кросс-валидация с пропуском всех возможных подмножеств v наблюдений
crossware 1. межплатформенное программное обеспечение **2.** программный продукт, разработанный на одном компьютере, но предназначенный для использования на другом
crowbar схема автоматического шунтирования выхода источника питания (*при превышении максимально допустимого уровня напряжения*)

overvoltage ~ схема автоматического шунтирования выхода источника питания при превышении максимально допустимого уровня напряжения
crowd 1. аудитория (*слушателей или зрителей*) **2.** скопление; толпа ‖ скапливать(ся); толпиться **3.** вытеснять(ся); теснить(ся); сжимать(ся)
crowding 1. скопление **2.** вытеснение; стеснение; сжатие
   current ~ сжатие тока
   emitter ~ вытеснение эмиттера (*смещение границы эмиттерной области в базовую*)
crucible тигель ◊ ~ **with a conical bottom** тигель с коническим дном
   ceramic ~ керамический тигель
   conducting ~ проводящий тигель
   graphite ~ графитовый тигель
   porcelain ~ фарфоровый тигель
   quartz ~ кварцевый тигель
   rf-heated ~ тигель с индукционным нагревом
   transparent ~ прозрачный тигель
crudware *проф.* низкокачественное программное обеспечение большого объёма
crumb *вчт проф.* дибит, группа из двух бит
crunch *вчт* **1.** оперировать огромными массивами данных; обрабатывать большие массивы информации, *проф.* перемалывать информацию **2.** работать с электронными таблицами **3.** сокращать (*напр. текст*); представлять в сжатом виде (*напр. результаты*) **4.** *проф.* «хэш», «кранч», символ #
cruncher 1. компьютер *или* компьютерная программа, оперирующие огромными массивами данных; компьютер *или* компьютерная программа для обработки больших массивов информации, *проф.* перемалыватель информации **2.** программа для работы с электронными таблицами
   number ~ **1.** компьютер *или* компьютерная программа для обработки огромных массивов численных данных **2.** программа для работы с электронными таблицами **3.** человек с выдающимися счётными способностями
crunching 1. оперирование огромными массивами данных; обработка больших массивов информации, *проф.* перемалывание информации **2.** работа с электронными таблицами
   number ~ **1.** обработка огромных массивов численных данных **2.** работа с электронными таблицами
crunchy *вчт проф.* гибкий (магнитный) диск, дискета
crushing *тлв* градационные искажения
Crusoe название серии (микро)процессоров фирмы Transmeta (*модели TM3200, TM5400, TM5600, TM5800*) для портативных компьютеров, процессор типа Crusoe
cryobiology криобиология
cryoelectronics криоэлектроника
cryogen хладагент
cryogenerator криогенератор
cryogenic криогенный
cryogenics, cryogeny криогеника, криогенная техника, техника низких температур
cryologic криогенная логика
cryometer термометр для измерения низких температур
cryophysics физика низких температур
cryopump криогенный [конденсационный] насос

cryopumping криогенная откачка
cryosar криосар
    compensated ~ криосар с компенсированным полупроводником
    germanium ~ германиевый криосар
    uncompensated ~ криосар с нескомпенсированным полупроводником
cryoscope криоскоп
cryoscopy криоскопия
cryosistor криогенный полупроводниковый прибор с обратносмещённым $p - n$-переходом
cryostat криостат
    helium ~ гелиевый криостат
    nitrogen ~ азотный криостат
cryotron криотрон
    control ~ управляющий криотрон
    crossed-film [cross-strip] ~ поперечный плёночный криотрон
    film ~ плёночный криотрон
    hybrid ~ гибридный криотрон
    in-line ~ продольный криотрон
    Josephson tunneling ~ туннельный криотрон на основе эффекта Джозефсона
    lead-tin ~ свинцово-оловянный криотрон
    planar ~ планарный криотрон
    read-in ~ управляющий криотрон
    read-out ~ выходной криотрон
    simple ~ криотрон с одной управляющей плёнкой
    tantalum ~ танталовый криотрон
    thin-film ~ тонкоплёночный криотрон
    tunneling ~ туннельный криотрон
    wire-wound ~ проволочный криотрон
cryotronics криоэлектроника
crypple *вчт проф.* **1.** криптограф, специалист по криптографии **2.** шифровальщик
cryptanalysis *см.* cryptoanalysis
cryptoanalysis криптоанализ; взламывание шифра
    quantum ~ квантовый криптоанализ
cryptoanalyst специалист по криптоанализу; специалист по взламыванию шифров
cryptoanalytic криптоаналитический
cryptochannel канал засекреченной связи
cryptoferromagnetism криптоферромагнетизм
cryptogear криптографическая защита (*напр. системы связи*)
cryptogram криптограмма
cryptograph **1.** криптограмма **2.** шифр **3.** шифровальный аппарат
cryptographer **1.** криптограф, специалист по криптографии **2.** шифровальщик
cryptographic **1.** криптографический **2.** шифровальный
cryptography криптография
    communication ~ криптографическая защита (системы) связи
    computer-based ~ компьютерная криптография
    conventional ~ криптография с секретным ключом, симметричная [одноключевая] криптография, *проф.* традиционная криптография
    mathematical ~ математическая криптография
    mechanistic ~ криптография с использованием механических и электронных устройств
    public-key ~ криптография с открытым ключом, асимметричная [двухключевая] криптография, *проф.* современная криптография
    quantum ~ квантовая криптография
    secret-key ~ криптография с секретным ключом, симметричная [одноключевая] криптография, *проф.* традиционная криптография
    technical ~ техническая криптография
    traditional ~ криптография с секретным ключом, симметричная [одноключевая] криптография, *проф.* традиционная криптография
    virtual key ~ криптография с виртуальным ключом
cryptologic криптологический
cryptologist специалист по криптологии
cryptology криптология
cryptomagnet криптомагнетик
cryptomagnetic криптомагнитный
cryptomagnetics криптомагнетизм, сосуществование магнетизма и сверхпроводимости
cryptomicroprocessor криптомикропроцессор, микропроцессор, работающий по засекреченной программе
cryptosystem криптографическая система, криптосистема
    asymmetric ~ асимметричная [двухключевая] криптографическая система, криптографическая система с открытым ключом, *проф.* современная криптографическая система
    Merkle-Hellman ~ криптографическая система Меркле — Хеллмана
    M.I.T. public-key ~ криптографическая система с открытым ключом Массачусетского технологического института
    public key ~ криптографическая система с открытым ключом, асимметричная [двухключевая] криптографическая система, *проф.* современная криптографическая система
    Rivest-Shamir-Adleman ~ криптографическая система Райвеста — Шамира — Адлемана, криптосистема РША
    secure ~ безопасная криптографическая система
    symmetric ~ симметричная [одноключевая] криптографическая система, криптографическая система с секретным ключом, *проф.* традиционная криптографическая система
    trapdoor knapsack ~ криптографическая система типа «укладка в рюкзак» с функцией-ловушкой
    virtual key ~ криптографическая система с виртуальным ключом
crystal **1.** кристалл || кристаллический **2.** кристаллический детектор **3.** кварц, кварцевая пластина **4.** пьезокристалл, пьезоэлектрическая пластина **5.** кристалл ИС **6.** защитное стекло циферблата (*напр. электронных часов*) **7.** *вчт* хрустальный звон («*музыкальный инструмент*» из набора General MIDI)
    AC-cut ~ кварц [кварцевая пластина] AC-среза
    ADP ~ *см.* ammonium-dihydrogen-phosphate crystal
    ammonium-dihydrogen-phosphate ~ кристалл дигидрофосфата [первичного кислого фосфорнокислого] аммония, кристалл ПФКА, кристалл ADP
    anharmonic ~ ангармонический кристалл
    anisotropic ~ анизотропный кристалл
    antiferroelectric ~ антисегнетоэлектрический кристалл
    antiferromagnetic ~ антиферромагнитный кристалл

crystal

as-grown ~ кристалл непосредственно после выращивания
AT-cut ~ кварц [кварцевая пластина] AT-среза
atomic ~ ковалентный кристалл
BC-cut ~ кварц [кварцевая пластина) BC-среза
biaxial ~ двуосный кристалл
birefringent ~ двупреломляющий [двоякопреломляющий] кристалл
boat-grown ~ кристалл, выращенный в лодочке
BT-cut ~ кварц [кварцевая пластина] BT-среза
bulk ~ объёмный [массивный] кристалл
centrosymmetric ~ центросимметричный кристалл
chalcogenide ~ халькогенидный кристалл
chiral liquid ~ киральный [хиральный] жидкий кристалл
cholesteric liquid холестерический жидкий кристалл
clamped ~ зажатый кристалл
clear ~ бесцветный кристалл
compound semiconductor ~ кристалл полупроводникового соединения
covalent ~ ковалентный кристалл
crucible-grown ~ кристалл, выращенный в тигле
CT-cut ~ кварц [кварцевая пластина] CT-среза
cubic ~ кубический кристалл
Czochralski grown ~ кристалл, выращенный методом Чохральского
DC-cut ~ кварц [кварцевая пластина] DC-среза
dendritic ~ дендритный кристалл
dextrorotatory ~ правовращающий кристалл
diamagnetic ~ диамагнитный кристалл
diluted ~ разбавленный кристалл
dislocation-free ~ бездислокационный кристалл
dispersed-polymer liquid ~ дисперсная жидкокристаллическая фаза в (непрерывной) полимерной среде, матрица жидкокристаллических капель в полимере (напр. для гибких дисплеев)
doped ~ легированный кристалл
DT-cut ~ кварц [кварцевая пластина] DT-среза
electrooptic ~ электрооптический кристалл
extrinsic semiconductor single ~ монокристалл примесного полупроводника
faced ~ кристалл с естественной огранкой
faceted ~ огранённый кристалл
ferrielectric ~ сегнетоэлектрический кристалл
ferrimagnetic ~ ферримагнитный кристалл
ferroelectric ~ сегнетоэлектрический кристалл
ferromagnetic ~ ферромагнитный кристалл
fibrous ~ волокнистый кристалл
filter ~ кристаллическая пластина кварцевого фильтра
floating-zone ~ кристалл, полученный методом зонной плавки
fluorescent ~ люминесцентный кристалл
grown ~ выращенный кристалл
gyrotropic ~ гиротропный кристалл
heteropolar ~ ионный кристалл
hexagonal ~ гексагональный кристалл
homopolar ~ ковалентный кристалл
host ~ кристалл-хозяин
hydrothermally grown ~ кристалл, выращенный методом гидротермального синтеза
idiochromatic ~ кристалл с собственной фотопроводимостью

implanted ~ имплантированный кристалл
intrinsic ~ кристалл собственного полупроводника
ionic ~ ионный кристалл
KDP ~ *см.* potassium-dihydrogen-phosphate crystal
laminar ~ слоистый кристалл
laser ~ лазерный кристалл
LEC ~ *см.* liquid encapsulated Czochralski crystal
levorotatory ~ левовращающий кристалл
liquid ~ жидкий кристалл
liquid encapsulated Czochralski ~ кристалл, выращенный методом Чохральского со слоем жидкого расплава
lyotropic liquid ~ лиотропный жидкий кристалл
magnetic-ordering ~ магнитоупорядоченный кристалл
magnetothermoelectric single ~ монокристалл, обладающий термогальваномагнитным эффектом
man-made ~ выращенный кристалл
maser ~ мазерный кристалл
melt-grown ~ кристалл, выращенный из расплава
modulated (structure) ~ кристалл с модулированной структурой
monoaxial ~ одноосный кристалл
monoclinic ~ моноклинный кристалл
mosaic ~ мозаичный кристалл
mother ~ 1. природный кристалл 2. синтетический кристалл
multidomain single ~ многодоменный монокристалл
native-grown ~ природный кристалл
needle ~ игольчатый кристалл
negative ~ (оптически) отрицательный кристалл
nematic liquid ~ нематический жидкий кристалл
n-type ~ кристалл с электронной электропроводностью, кристалл *n*-типа
optically active ~ оптически активный кристалл
order-disorder ~ кристалл типа порядок — беспорядок, дипольный кристалл
orthorhombic ~ ромбический кристалл
overtone ~ кварцевая пластина (*резонатора*), работающая на гармониках
paramagnetic ~ парамагнитный кристалл
partially clamped ~ частично зажатый кристалл
perfect ~ идеальный кристалл
piezoelectric ~ пьезоэлектрический кристалл, пьезокристалл
piezomagnetic ~ пьезомагнитный кристалл
plasma addressed liquid ~ жидкокристаллический дисплей с адресацией плазменной панелью
plated ~ кварцевая пластина с нанесёнными металлическими электродами
polar ~ полярный кристалл
polarized ~ 1. поляризованный кристалл 2. кристалл, намагниченный до насыщения
poled ~ поляризованный кристалл
polygonized ~ призматический кристалл
polyhedral ~ кристаллический многогранник
polymer ~ кристаллический полимер
polymer dispersed liquid ~ дисперсная матрица типа полимер — жидкий кристалл
positive ~ (оптически) положительный кристалл
potassium-dihydrogen-phosphate ~ кристалл дигидрофосфата [первичный кислого фосфорнокислого] калия, кристалл ПФКК, кристалл KDP
powdered ~ кристаллический порошок

pseudo-single ~ псевдомонокристалл
p-type ~ кристалл с дырочной электропроводностью, кристалл *p*-типа
pulled ~ кристалл, выращенный методом вытягивания
pyroelectric ~ пироэлектрический кристалл
quartz ~ кристалл кварца
ranging ~ *рлк* кварцевая пластина генератора для грубого определения дальности
rhombic ~ ромбический кристалл
rhombohedral ~ тригональный кристалл
Rochelle-salt ~ кристалл сегнетовой соли
scintillation ~ сцинтилляционный кристалл
seed ~ затравочный кристалл; затравка
single ~ монокристалл
single-domain ~ монодоменный кристалл
smectic liquid ~ смектический жидкий кристалл
solution-grown ~ кристалл, выращенный из раствора
steam-grown ~ кристалл, выращенный из паровой фазы
strain-annealed ~ кристалл, полученный методом деформационного отжига
strained ~ деформированный кристалл
strain-free ~ недеформированный кристалл
stress-free ~ ненапряжённый кристалл
tapelike ~ лентовидный кристалл
tetragonal ~ тетрагональный кристалл
thermotropic liquid ~ термотропный жидкий кристалл
tree-shaped ~ дендритный кристалл
triclinic ~ триклинный кристалл
trigonal ~ тригональный кристалл
twin-free ~ бездвойниковый кристалл
twinned ~ двойниковый кристалл
twisted nematic liquid ~ твистированный нематический жидкий кристалл
two-dimensional ~ двухмерный кристалл
two-valley ~ двухдолинный (полупроводниковый) кристалл
undoped ~ нелегированный кристалл
uniaxial ~ одноосный кристалл
unpoled ~ неполяризованный кристалл
unstrained ~ недеформированный кристалл
virgin ~ природный кристалл
whisker ~ нитевидный кристалл
X-cut ~ кварц [кварцевая пластина] X-среза
XY-cut ~ кварц [кварцевая пластина] XY-среза
Y-cut ~ кварц [кварцевая пластина] Y-среза
Z-cut ~ кварц [кварцевая пластина] Z-среза
zero-cut ~ кварц [кварцевая пластина] среза с нулевым температурным коэффициентом резонансной частоты
zone-leveled ~ кристалл, полученный методом горизонтальной зонной плавки
III-V ~ кристалл соединения типа $A^{III}B^{V}$
crystalline кристаллический
crystallinity кристалличность
crystallite кристаллит
crystallization кристаллизация ◊ ~ **by devitrification** кристаллизация при расстекловывании; ~ **from solution** кристаллизация из раствора
molten-salt ~ кристаллизация из раствора в расплаве солей
monocomponent ~ однокомпонентная кристаллизация
planar ~ направленная кристаллизация
polycomponent ~ многокомпонентная кристаллизация
thin-alloy-zone ~ кристаллизация из тонкой плёнки расплава
crystallize 1. кристаллизовать(ся) **2.** художественный фильтр, основанный на объединении близких по цвету пикселей в одноцветные многоугольные области неправильной формы (*в растровой графике*)
crystallizer кристаллизатор
rotary ~ вращающийся кристаллизатор
crystallogram рентгенограмма кристалла
crystallographer специалист по кристаллографии; кристаллограф
crystallographic кристаллографический
crystallography кристаллография
macromolecular ~ макромолекулярная кристаллография
neutron ~ структурная нейтронография
X-ray ~ рентгеноструктурная кристаллография
Ctrl + Alt + Del комбинация клавиш для тёплой перезагрузки (*IBM-совместимых компьютеров*)
cube 1. куб (*1. геометрическая фигура 2. объект в форме куба 3. третья степень числа или математического выражения 4. вчт проф. компьютер компании NeXT 5. вчт проф. типовой модуль комнаты для размещения компьютеров*) **2.** кубик (*напр. светоделительный*)
Glan-Thompson beam-splitting ~ светоделительный кубик на призме Глана — Томсона
reversible ~ неоднозначно интерпретируемый куб (*о трёхмерном изображении*)
cubic 1. *вчт* кубическое уравнение; полином третьей степени ∥ кубический; третьей степени **2.** кубический (*о единице объёма*) **3.** кубический (*о кристаллографической системе или элементарной ячейке кристалла*) **4.** объёмный; трёхмерный
face-centered ~ *крист.* гранецентрированный кубический
cubicle 1. кожух высоковольтного блока **2.** кабина; отсек
control ~ *тлв* техническая аппаратная
cuboid 1. прямоугольный параллелепипед **2.** кубообразный; сходный по форме с кубом
cue 1. монтажная метка; монтажный сигнал ∥ монтировать (*напр. фонограмму*) **2.** контрольная метка; контрольный сигнал; управляющий сигнал ∥ контролировать; управлять **3.** синхронизирующий сигнал, синхросигнал ∥ синхронизировать (*напр. магнитофон*) **4.** режиссёрское указание ∥ давать режиссёрские указания **5.** титры; вставка ∥ вводить титры; использовать вставку **6.** *вчт* команда вызова подпрограммы *бион* **7.** стимул **8.** побудительный сенсорный сигнал
time ~ синхронизирующая метка
cueing 1. монтаж (*напр. фонограммы*) **2.** контроль; управление **3.** синхронизация (*напр. магнитофона*) **4.** режиссёрское указание **5.** введение титров; использование вставки
accurate ~ точный монтаж
depth ~ отображение по глубине (*в машинной графике*)
disc ~ монтаж грамзаписей
external ~ **1.** внешнее управление **2.** внешняя синхронизация

metal-foil ~ управление сменой дорожек с помощью меток из металлической фольги (*в восьмидорожечных кассетных магнитофонах с бесконечным рулоном ленты*)

MIDI ~ *вчт* 1. монтаж MIDI-последовательностей 2. управление порядком следования событий, отличных от проигрывания нот в стандарте MIDI (*напр. режимами записи и воспроизведения, включением осветительных приборов и др.*)

cuica *вчт* куика (*музыкальный инструмент из набора ударных General MIDI*)

mute ~ *вчт* закрытая куика (*музыкальный инструмент из набора ударных General MIDI*)

open ~ *вчт* открытая куика (*музыкальный инструмент из набора ударных General MIDI*)

cumulant кумулянт, полуинвариант, семиинвариант || кумулянтный

joint ~ совместный кумулянт

cumulative 1. кумулятивный; накопленный 2. суммарный; интегральный; общий

cumuli *pl от* **cumulus**

cumulonimbus кучево-дождевое облако

cumulus кучевое облако

~ **congestus** мощное кучевое облако

~ **humilis** низко-кучевое облако

fair-weather ~ кучевое облако хорошей погоды

cuneiform *вчт* клинопись || клинописный

cunico кунико (*магнитный сплав*)

cunife кунифе (*магнитный сплав*)

cup 1. чаш(к)а (*1. чашеобразный сосуд 2. объект в форме чаши*) || придавать или приобретать чашеобразную форму 2. *вчт* знак объединения, символ ∪, *проф.* «чашка»

cupboard шкаф(чик)

tool ~ шкаф(чик) для инструментов

cupping 1. придание *или* приобретение чашеобразной формы 2. поперечное коробление (*магнитной ленты*)

cure 1. *микр.* отверждать 2. *вчт* лечить, устранять последствия работы компьютерных вирусов

cured 1. *микр.* отверждённый 2. *вчт* вылеченный, освобождённый от последствий работы компьютерных вирусов

curie кюри, Ки (3,7·10^{10} Бк)

curl 1. вихрь; завихрение || образовывать вихрь; завихрять(ся) 2. ротор (*вектора*) 3. закручивание; скручивание || закручивать(ся); скручивать(ся) (*в спираль или кольцо*) 4. коробление (*напр. магнитной ленты*) || коробиться (*напр. о магнитной ленте*)

longitudinal ~ продольное коробление

transverse ~ поперечное коробление

current 1. (электрический) ток || токовый 2. поток; течение || текущий; протекающий 3. скорость потока; скорость течения 4. течение; ход событий || текущий, относящийся к рассматриваемому моменту времени; современный 5. *вчт* рабочий (*напр. о файле*); текущий (*напр. о записи*) 6. общая тенденция; курс || общепринятый; общераспространённый

absorption ~ ток абсорбции (*диэлектрика*)

acoustoelectric ~ акустоэлектрический ток

action ~ биоток

active ~ активный ток

alternating ~ переменный ток

anode ~ ток анода, анодный ток

antenna ~ антенный ток

arc ~ ток дугового разряда

armature ~ 1. ток в обмотке якоря 2. ток в обмотке ротора

avalanche ~ *пп* лавинный ток

average ~ средний ток

back ~ обратный ток

balanced ~s равные противонаправленные токи симметричной цепи

band-to-band ~ *пп* межзонный ток

base ~ ток базы, базовый ток

beam ~ ток луча; ток пучка

bias(ing) ~ 1. ток смещения 2. ток подмагничивания

bidirectional ~ двунаправленный ток

biphase ~ двухфазный ток

bleeder ~ ток через стабилизирующий нагрузочный резистор

blowing ~ ток плавления (*предохранителя*)

branch ~ ток ветви

breakaway ~ *свпр* ток появления нормального состояния

breakaway starting ~ начальный пусковой ток (*двигателя переменного тока*)

breakdown ~ ток пробоя

breaking ~ ток отключения (*одного полюса коммутатора*)

breakover ~ ток включения тиристора

bulk ~ объёмный ток

carrier ~ 1. ток несущей 2. система высокочастотной [ВЧ-]связи

catcher ~ СВЧ-ток выходного резонатора (*клистрона*)

cathode ~ ток катода, катодный ток

cathode covering ~ минимальный катодный ток (*знакового индикаторного прибора*)

cathode-ray ~ ток пучка электронов

channel ~ ток канала (*полевого транзистора*)

charging ~ зарядный ток

collector ~ ток коллектора, коллекторный ток

collector cutoff ~ обратный ток коллектора

collector-junction ~ ток коллекторного перехода

collector leakage ~ коллекторный ток утечки

collector-saturation ~ ток насыщения коллектора

complex (sinusoidal) ~ комплексный ток

conduction ~ ток проводимости

conjugate complex (sinusoidal) ~ сопряжённый комплексный ток

constant ~ 1. неизменяющийся постоянный ток 2. стабилизированный ток

continuous ~ постоянный ток

control ~ управляющий ток

convection ~ конвекционный ток

conventional fusing ~ условный ток плавления (*предохранителя*)

conventional nonfusing ~ условный ток неплавления (*предохранителя*)

critical ~ *свпр* критический ток

critical controlling ~ критический управляющий ток (*криотрона*)

critical grid ~ критический ток сетки тиратрона

crystal ~ ток через кристалл

cutoff ~ пропускаемый ток (*коммутационного аппарата*)

current

cyclic ~ контурный ток
damped ~ затухающий переменный ток
dark ~ темновой ток
decaying ~ затухающий ток
demarcation ~ *бион.* альтерационный ток, ток повреждения
diacritical ~ полуток насыщения (*магнитного сердечника*)
dielectric ~ ток диэлектрика
diffusion ~ диффузионный ток
digit ~ *вчт* разрядный ток
direct ~ постоянный ток
discharge ~ ток разряда
displacement ~ ток смещения
double-injection ~ ток биполярной инжекции
drain ~ ток стока (*полевого транзистора*)
drift ~ дрейфовый ток
drop-away [drop-out] ~ ток отпускания (*реле*)
earth ~ 1. блуждающие токи 2. теллурический ток
echo ~ ток отражённой волны
eddy ~s вихревые токи
edge leakage ~ *пп* ток утечки по кромке перехода
effective ~ действующее значение переменного тока
electric ~ электрический ток
electric induction ~ ток смещения
electrode ~ ток электрода
electrode dark ~ темновой ток электрода
electrode inverse ~ обратный ток электрода
electron ~ электронный ток
emission ~ 1. ток эмиссии 2. анодный ток (*диода*)
emitter ~ ток эмиттера, эмиттерный ток
equivalent input offset ~ входной ток смещения (*операционного усилителя*)
equivalent noise ~ эквивалентный шумовой ток
erasing ~ ток стирания
excess ~ избыточный ток
excitation [exciting] ~ 1. ток возбуждения 2. ток намагничивания 3. ток холостого хода (*трансформатора*)
exponential excess ~ *пп* экспоненциальный избыточный ток
external ~ ток во внешней цепи
extra ~ экстраток
extraction ~ *пп* ток экстракции
extraneous ~ паразитный ток
faradic ~ *бион.* фарадический ток
fault (electrode) ~ выброс тока электрода (*при неисправности или повреждении схемы*)
feedback ~ ток в цепи обратной связи
field-free emission ~ ток эмиссии в отсутствие электрического поля
filament starting [filament surge] ~ пусковой ток накала
firing ~ ток возникновения разряда (*в газоразрядном приборе*)
flash ~ ток короткого замыкания (*ХИТ*)
flection-point emission ~ ток диода в (верхней) точке максимальной кривизны характеристики
fluctuating ~ флуктуирующий ток
focus(ing) ~ ток фокусирующей катушки
follow ~ остаточный ток (*разрядника*)
forward ~ прямой ток
forward-bias ~ ток при прямом смещении

Foucault ~s вихревые токи, токи Фуко
Frenkel-Poole ~ *пп* ток Френкеля—Пуля
full-select ~ *вчт* ток выборки
fusing ~ ток плавления (*предохранителя*)
galvanic ~ *бион.* гальванический ток
gap ~ ток в зазоре
gas (ionization) ~ ионный ток разряда
gate ~ 1. ток управляющего электрода тиристора 2. ток затвора (*полевого транзистора*) 3. управляющий ток (*магнитного усилителя*)
gate-body leakage ~ ток утечки затвор — подложка
gate holding ~ незапирающий ток управляющего электрода тиристора
gate nontrigger ~ неотпирающий ток управляющего электрода тиристора
gate trigger ~ отпирающий ток управляющего электрода тиристора
gate turn-off ~ запирающий ток управляющего электрода тиристора
generation-recombination ~ *пп* генерационно-рекомбинационный ток, ток генерации — рекомбинации
grid ~ ток сетки, сеточный ток
ground ~ 1. блуждающие токи 2. теллурический ток
gun ~ ток пучка электронного прожектора
half-select ~ *вчт* ток полувыборки
Hall ~ ток Холла, холловский ток
harmonic ~ синусоидальный [гармонический] ток
heater ~ ток подогревателя (*катода*)
heater-cathode (insulation) ~ ток утечки подогреватель — катод
heater starting [heater surge] ~ пусковой ток подогревателя (*катода*)
heavy ~ сильный ток
high-frequency ~ ток высокой частоты, ВЧ-ток
high-tension ~ ток в цепи высокого напряжения
high-voltage direct ~ линия электропередачи высокого напряжения на постоянном токе
hold(ing) ~ 1. ток удержания (*реле*) 2. удерживающий ток (*тиристора*)
hole ~ дырочный ток
hot-electron ~ ток горячих электронов
hump ~ пиковый ток (*туннельного диода*), максимальный ток (*прямой туннельной ветви*)
idle [idling] ~ реактивный ток
image ~ *свпр* экранирующий ток
impurity diffusion ~ диффузионный поток примеси
incident ~ ток падающей волны
induced ~ наведённый [индуцированный] ток
inflection-point emission ~ ток диода в точке перегиба характеристики
initial symmetrical short-circuit ~ начальный ток при симметричном коротком замыкании
initial-velocity ~ начальный ток (*электронной лампы*)
injection ~ *пп* инжекционный ток, ток инжекции
input offset ~ входной ток смещения (*операционного усилителя*)
interbase ~ базовый ток (*двухбазового диода*)
intermittent ~ прерывистый ток
inverse ~ обратный ток
ion(ic) ~ ионный ток
ionization ~ 1. ионизационный ток 2. ионный ток разряда

current

irradiation saturation ~ ток насыщения при облучении
Josephson tunnel ~ *свпр* джозефсоновский туннельный ток
lagging ~ запаздывающий (по фазе) ток
latching ~ ток фиксации
leading ~ опережающий (по фазе) ток
leakage ~ ток утечки
leakage tube ~ ток утечки между электродами
Leduc ~ прерывистый постоянный ток (*в виде регулярной последовательности прямоугольных импульсов*)
light ~ фототок
limiting slider ~ предельный ток подвижного контакта (*переменного резистора*)
load ~ ток нагрузки
local ~ 1. локальный ток (*в ХИТ*) 2. *pl* вихревые токи
locked-rotor ~ ток при заторможенном роторе
longitudinal ~ продольный ток
loop ~ контурный ток
magnetization [magnetizing] ~ ток намагничивания
majority(-carrier) ~ ток основных носителей
make-and-break ~ прерывистый ток
making ~ ток включения (*одного полюса коммутатора*)
marker ~ *тлг* синхронизирующий ток
marking ~ *тлг* значный [рабочий] ток
mesh ~ контурный ток
minority(-carrier) ~ ток неосновных носителей
Morton wave ~ *бион.* ток Мортона
nerve-action ~ биоток
net ~ полный ток
noise ~ шумовой ток
no-load ~ ток холостого хода (*трансформатора*)
offset ~ входной ток смещения (*операционного усилителя*)
off-state ~ ток тиристора в закрытом состоянии
one-carrier ~ ток монополярной инжекции
one-particle ~ одночастичный ток (*напр. при туннелировании*)
open-circuit ~ ток холостого хода
operating ~ 1. рабочий ток 2. ток срабатывания (*напр. реле*)
oscillating [oscillatory] ~ колебательный ток
over ~ сверхток, экстраток
paired-electron ~ *свпр* сверхпроводящий ток
particle ~ поток частиц
peak inverse anode ~ максимальный обратный ток анода
peak plate ~ максимальный ток анода
peak-point ~ 1. ток пика, ток включения (*двухбазового диода*) 2. пиковый ток (*туннельного диода*)
peak-switching ~ пиковое значение тока при включении
peak-withstand ~ пиковое значение допустимого сквозного тока
pedestal ~ опорный ток
periodic ~ периодический ток
persistent ~ *свпр* незатухающий ток
phasor ~ комплексный ток
photoelectric ~ фототок
photon-induced ~ фототок
pick-up ~ ток срабатывания (*напр. реле*)
piezoelectric ~ пьезоэлектрический ток

pinch ~ 1. ток пинч-разряда 2. ток отсечки (*полевого транзистора*)
pinch-off ~ ток отсечки (*полевого транзистора*)
plate ~ ток анода, анодный ток
poloidal ~ полоидальный ток
post-arc ~ послеразрядный ток
prebreakdown ~ предпробойный ток
preconduction ~ ток несамостоятельного разряда (*газоразрядного прибора*)
preionization ~ ток предварительной ионизации
preoscillation ~ стартовый ток (*ЛОВ*)
primary ~ ток первичной обмотки (*трансформатора*)
probability ~ ток вероятности
probe ~ зондовый ток
prospective ~ ожидаемый ток
pull-in ~ ток срабатывания (*реле*)
pulsating ~ пульсирующий ток
push-pull ~s равные противонаправленные токи симметричной цепи
push-push ~s равные сонаправленные токи симметричной цепи
pyroelectric ~ пироэлектрический ток
quiescent ~ ток покоя
radiation-induced ~ ток, индуцированный облучением
radiation-induced thermally activated ~ индуцированный облучением термовозбуждённый ток
rated ~ номинальный ток
rated ac discharge ~ номинальный ток периодического разряда (*разрядника*)
rated coil ~ номинальный ток катушки индуктивности
rated contact ~ номинальный ток (электрического) контакта
rated follow ~ номинальный остаточный ток (*разрядника*)
reactive ~ реактивный ток
read(-out) ~ ток считывания
recombination-generation ~ рекомбинационно-генерационный ток, ток рекомбинации-генерации
recording audio-frequency ~ ток записи
recovery ~ *свпр* ток восстановления сверхпроводящего состояния
rectified ~ выпрямленный ток
reflected ~ ток отражённой волны
regeneration ~ регенерационный ток, ток регенерации
release ~ ток размыкания (*реле*)
residual ~ 1. остаточный ток 2. начальный ток (*электровакуумного диода*)
residual stored ~ *свпр* незатухающий остаточный ток
resistor-substrate leakage ~ ток утечки перехода резистор — подложка (*в ИС*)
return ~ ток отражённой волны
reverse ~ обратный ток
reverse-bias ~ ток при обратном смещении
reverse blocking ~ обратный ток тиристора
reverse leakage ~ обратный ток утечки
reverse recovery ~ обратный ток восстановления тиристора
reverse saturation ~ обратный ток насыщения
reversible absorption ~ ток абсорбции (*диэлектрика*)
RF ~ ток радиочастоты
ringing ~ *тлф* вызывной ток

current

ripple ~ (слабая) пульсирующая компонента постоянного тока (*напр. на выходе выпрямителя*)
saturation ~ ток насыщения
sawtooth ~ пилообразный ток
SCL ~ *см.* space-charge-limited current
secondary ~ ток вторичной обмотки (*трансформатора*)
selection ~ *вчт* ток выборки
short-circuit ~ ток короткого замыкания
short-circuit ~ per unit wavelength ток короткого замыкания (*солнечной батареи*) на единичный интервал длин волн
short-time withstand ~ кратковременно допустимый сквозной ток
signal output ~ фототок анода (*ФЭУ*)
simple harmonic ~ синусоидальный [гармонический] ток
single-electron ~ *свпр* ток нормальных электронов, нормальный ток
single-injection ~ ток монополярной инжекции
sinusoidal ~ синусоидальный [гармонический] ток
skinned ~ ток в поверхностном слое
sneak ~ паразитный ток
source ~ 1. ток истока (*полевого транзистора*) 2. ток источника питания
space ~ ток катода, катодный ток (*многоэлектродной лампы*)
space-charge-limited ~ ток, ограниченный пространственным зарядом
spacing ~ *тлг* пробельный ток
spin-polarized ~ спин-поляризованный ток, поток носителей с поляризованными спинами
split-phase ~ ток расщеплённой фазы
sputtering ~ ток распыления (*в установках для осаждения плёнок*)
standing ~ ток покоя
starter transfer ~ пусковой ток переноса разряда
starting ~ 1. стартовый ток (*ЛОВ*) 2. пусковой ток
steady ~ ток неизменной амплитуды
steady short-circuit ~ установившийся ток короткого замыкания
steady-state ~ установившийся ток
stray ~ 1. ток утечки 2. паразитный ток
subthreshold ~ допороговый [предпороговый] ток
surface ~ поверхностный ток
surge ~ сверхток, экстраток
surge electrode ~ выброс тока электрода (*при неисправности или повреждении схемы*)
sustaining ~ поддерживающий ток (*в криосаре*)
sweeping-out ~ *пп* ток экстракции носителей
switching ~ 1. ток переключения, переключающий ток 2. коммутируемый ток
synaptic ~ *биол.* синаптический ток
take-off ~ *свпр* ток появления нормального состояния
target ~ ток мишени
telephone ~ телефонный ток
telephone carrier ~ телефонный ток несущей
telluric ~ теллурический ток
thermal ~ тепловой поток
thermal-convection ~ конвекционный тепловой поток
thermally activated ~ термовозбуждённый ток
thermionic ~ ток термоэлектронной эмиссии, термоэлектронный ток
three-phase ~ трёхфазный ток
threshold ~ 1. пороговый ток 2. ток перехода несамостоятельного разряда в самостоятельный
toroidal ~ тороидальный ток
total ~ полный ток
transfer ~ 1. ток подготовительного разряда (*газоразрядного прибора*) 2. ток переноса заряда
transient ~ 1. неустановившийся ток 2. переходный ток
transient-decay ~ остаточный ток
tree-branch ~ ток ветви дерева
tunnel(ing) ~ туннельный ток
turn-on base ~ ток базы в открытом состоянии
turnover ~ ток переброса
two-carrier ~ ток биполярной инжекции
undulating [undulatory] ~ прерывистый ток
unidirectional ~ однонаправленный ток
unit-step ~ ток в виде единичной ступенчатой функции
vacancy ~ поток вакансий
valley(-point) ~ ток впадины, ток долины (*двухбазового или туннельного диода*)
vector ~ комплексный ток
video ~ ток видеосигнала
video record ~ ток видеозаписи
voltage saturation ~ ток насыщения
voltaic ~ ток гальванического элемента
write ~ ток записи
Zener ~ *пп* зеноровский ток
zero-field emission ~ начальный ток (*электровакуумного диода*)
zero-voltage ~ *свпр* ток при нулевом напряжении
current-carrying токонесущий
current-controlled токоуправляемый, с управлением по току
curriculum 1. учебная программа; учебный курс 2. курс обучения
 computer ~ компьютерная учебная программа; компьютерный учебный курс
 data processing ~ учебная программа по обработке данных; учебный курс по обработке данных; учебная программа по обработке информации; учебный курс по обработке информации
 engineering ~ программа технического обучения
 hidden ~ скрытая учебная программа
 information processing ~ учебная программа по обработке информации; учебный курс по обработке информации; учебная программа по обработке данных; учебный курс по обработке данных
curse бич; бедствие; неприятности
 ~ **of dimensionality** неприятности с размерностью, экспоненциальный рост гиперобъёма при увеличении размерности входного пространства (*в нейронных сетях*)
curses набор подпрограмм для управления движением курсора (*в UNIX*)
cursive *вчт* 1. рукописный символ; рукописный текст || рукописный 2. шрифт, имитирующий рукописные символы 3. начертание «от руки»
cursor 1. движок (*шкалы*), метка (*шкалы*); масштабная метка; маркер 2. визир; визирная линия; указатель; указательная линейка 3. вращающееся защитное стекло (*индикатора*) с визирной линейкой 4. *вчт* курсор 5. *вчт* именованный указатель

строки (*в языках структурированных запросов*) ◊
~ **dipped in bile** *проф.* курсор, окунутый в желчь
3D ~ объёмный курсор
addressable ~ адресуемый курсор
angle ~ масштабная метка шкалы угловой координаты
animated ~ анимированный курсор
azimuth coverage ~ визирные линии сектора обзора по азимуту
bearing ~ визирная линейка пеленга
blinking ~ мерцающий курсор
block ~ прямоугольный курсор
coarse sweep ~ грубая метка развёртки
elevation ~ визирная линия угла места
fine laying ~ визир точной шкалы
fine sweep ~ точная метка развёртки
light ~ световой указатель
mouse ~ курсор [указатель] мыши
movable ~ перемещаемый курсор (*напр. курсор мыши*)
nonblinking ~ немерцающий курсор
pedestal ~ маркер типа «пьедестал»
perforated ~ визир в виде отверстия
range ~ метка шкалы дальности
text ~ текстовый курсор
cursor-addressable адресуемый курсором
curtage ток *или* напряжение
curtain 1. полотно (*плоской антенной решётки или яруса трехмерной антенной решётки*) 2. *тлв* шторка
active ~ активное полотно
antenna ~ полотно антенны
neutron ~ тонкий экран для нейтронов
parasitic ~ пассивное полотно
passive ~ пассивное полотно
radiating ~ активное полотно
reflecting ~ пассивное полотно
curvature кривизна; изгиб; искривление
band-edge ~ *пп* изгиб края зоны
field ~ кривизна поля изображения
field ~ **of higher order** кривизна поля изображения высшего порядка
longitudinal ~ сабельность (*магнитной ленты*)
on-course ~ кривизна курсовой линии
tape ~ сабельность магнитной ленты
wavefront ~ кривизна волнового фронта
curve 1. кривая 2. характеристика
absorption ~ кривая поглощения (*напр. излучения*)
aging ~ характеристика старения
anhysteretic (magnetization) ~ безгистерезисная кривая намагничивания
anode characteristic ~ анодная характеристика
antiferromagnetic resonance ~ кривая антиферромагнитного резонанса
arrival ~ *тлф* кривая входящего тока
bathtub ~ 1. U-образная кривая 2. U-образная кривая зависимости интенсивности отказов от времени
bell(-shaped) curve ~ колоколообразная кривая
Bezier ~ *вчт* кривая Безье
B-H ~ кривая намагничивания по индукции
blackbody ~ характеристика излучения чёрного тела
Bloch ~ *магн.* блоховская кривая
Bragg ~ 1. кривая зависимости удельной ионизации от расстояния (*вдоль пучка моноэнергетических частиц*) 2. кривая зависимости средней удельной ионизации от кинетической энергии *или* скорости частицы
calibration ~ 1. калибровочная кривая 2. градуировочная кривая
capacitance-voltage ~ *пп* вольт-фарадная характеристика
characteristic ~ характеристика (*напр. транзистора*)
characteristic time ~ характеристика срабатывания (*реле*)
coexistence ~ *фтт* граница области сосуществования
collector characteristic ~ коллекторная [выходная] характеристика (*транзистора*)
commutation ~ 1. коммутационная кривая 2. нормальная кривая намагничивания
confidence ~ функция распределения времени наработки до отказа
counter tube characteristic ~ счётная характеристика счётной трубки
counting-rate ~ счётная характеристика
current-voltage ~ вольт-амперная характеристика, ВАХ
C-V ~ *см.* **capacitance-voltage curve**
decay ~ 1. кривая затухания 2. кривая радиоактивного распада
demagnetization ~ кривая размагничивания
density ~ *опт.* пограничная кривая, кривая резкости
discriminator ~ дискриминационная характеристика
dispersion ~ дисперсионная кривая
distribution ~ кривая распределения
D-log E ~ характеристическая кривая (*фотографической эмульсии*)
dynamic transfer-characteristic ~ динамическая передаточная характеристика
electro-capillary ~ электрокапиллярная кривая (*для ХИТ*)
energy product ~ кривая зависимости энергетического произведения от магнитной индукции
equalization ~ амплитудно-частотная характеристика канала звуковоспроизведения, необходимая для компенсации предыскажений
experience ~ кривая освоения производства
exponential ~ кривая экспоненциальной зависимости
ferromagnetic resonance ~ кривая ферромагнитного резонанса
fitness ~ кривая выживания
Fletcher-Munson ~s кривые равной громкости
fractal ~ *вчт* фрактальная кривая
French ~ лекало
frequency-response ~ амплитудно-частотная характеристика, АЧХ
gauge ~ калибровочная кривая
Gaussian ~ кривая Гаусса, кривая нормального распределения
growth ~ кривая нарастания (*напр. тока*)
H and D ~ *см.* **Hurter and Driffield curve**
heteroclinic ~ гетероклиническая кривая
homoclinic ~ гомоклиническая кривая
Hurter and Driffield ~ характеристическая кривая (*фотографической эмульсии*)
hysteresis ~ петля гистерезиса
initial magnetization ~ начальная кривая намагничивания

isobathic ~ изобата, линия равной глубины
isocandela ~ изокандела, кривая равной силы света
isocost ~ изокоста, линия равных издержек производства
isoluminance ~ кривая равной яркости
isolux ~ изолюкса
isopreference ~ кривая равного предпочтения
i-v ~ вольт-амперная характеристика, ВАХ
Kingsbury ~s кривые равной громкости
learning ~ *вчт* 1. кривая обучаемости 2. метод обучения с использованием кривых обучаемости 3. кривая освоения производства
liquidus ~ линия ликвидуса, ликвидус
Lissajous ~s фигуры Лиссажу
load ~ нагрузочная характеристика
logarithmic ~ логарифмическая характеристика
log-log ~ кривая в двойном логарифмическом масштабе
logistic ~ *вчт* логистическая кривая
Lorentzian ~ лоренцева кривая
luminosity ~ кривая относительной спектральной световой эффективности
luminous intensity distribution ~ кривая распределения силы света
magnetic induction demagnetization ~ кривая размагничивания по индукции
magnetic induction magnetization ~ кривая намагничивания по индукции
magnetic induction thermal-sensitivity ~ термомагнитная характеристика
magnetic moment demagnetization ~ кривая размагничивания по намагниченности
magnetic moment magnetization ~ кривая намагничивания по намагниченности
magnetic-product ~ кривая зависимости энергетического произведения от размагничивающего магнитного поля
magnetization ~ кривая намагничивания
manufacturing learning ~ кривая освоения производства
Meissner ~ *свпр* кривая намагничивания для сверхпроводников первого рода
memory operating characteristic ~ характеристическая кривая распознавания, МОС-характеристика
NC ~s *см.* **noise criterion curves**
noise criterion ~s кривые частотной зависимости порога слышимости при маскировке шумом
normal distribution ~ кривая Гаусса, кривая нормального распределения
normal induction ~ нормальная кривая намагничивания
normal magnetization ~ 1. нормальная кривая намагничивания 2. коммутационная кривая
operating ~ рабочая характеристика
phase equilibrium ~ кривая фазового равновесия, кривая фазового перехода
phase transition ~ кривая фазового перехода, кривая фазового равновесия
photon emission ~ кривая высвечивания (*сцинтиллятора*)
plateau characteristic ~ счётная характеристика (*счётчика излучения*)
point set ~ кусочно-линейная кривая, *проф.* кривая, построенная «по точкам»
polar response ~ характеристика направленности (*микрофона*)
potential ~ потенциальный рельеф
price-learning ~ кривая освоения производства
pulse response ~ импульсная характеристика
receiver operating characteristic ~ характеристическая кривая обнаружения, ROC-характеристика
recoil ~ *магн.* кривая возврата
recording ~ амплитудно-частотная характеристика канала записи
regression ~ кривая регрессии
resistor derating ~ кривая зависимости номинальной рассеиваемой мощности резистора от температуры окружающей среды
resonance [resonant] ~ резонансная кривая
response ~ 1. кривая отклика 2. амплитудно-частотная характеристика, АЧХ 3. характеристика направленности (*микрофона*)
RIAA ~ 1. стандартная амплитудно-частотная характеристика канала записи для долгоиграющих грампластинок Американской ассоциации звукозаписи 2. стандартная амплитудно-частотная характеристика канала воспроизведения для долгоиграющих грампластинок Американской ассоциации звукозаписи
Robinson-Dadson ~s кривые равной громкости
saturation ~ кривая насыщения
sensitivity ~ характеристика подмагничивания (*носителя записи*)
sine ~ синусоида
smooth ~ гладкая кривая
solidus ~ линия солидуса, солидус
spectral response ~ спектральная характеристика (*фотокатода*)
static magnetization ~ статическая кривая намагничивания
transmission ~ кривая прохождения (*напр. излучения*)

curvilinear криволинейный
cushion 1. подушкообразные искажения 2. амортизатор; буфер; подвеска; *проф.* подушка
air ~ воздушная подушка (*напр. между головкой и жёстким магнитным диском*)
earphone ~ заглушка головного телефона
cushioning 1. подушкообразные искажения 2. амортизация
cusp 1. кончик; остриё; острый конец; наконечник 2. *вчт* точка возврата (*кривой*) 3. касание сепаратрисных линий *или* поверхностей; область касания сепаратрисных линий *или* поверхностей, *проф.* «касп» 4. серповидный объект 5. начало зодиакального созвездия на эклиптике
magnetospheric ~ магнитосферный касп
cuspy *вчт* надёжный; *проф.* «ходовой» (*о программном обеспечении*)
custodian *вчт проф.* хранитель данных, лицо *или* организация, ответственная за сохранность данных на съёмных носителях
custom 1. заказной, изготавливаемый на заказ; удовлетворяющий требованиям заказчика; специализированный 2. *вчт* выбираемый по собственному усмотрению, выбираемый самостоятельно, *проф.* самостоятельно настраиваемый (*о параметрах или опциях*) 3. заказная аппаратура 4. заказная ИС
full ~ полностью заказная ИС

semi ~ полузаказная ИС (*на основе базового кристалла*)
customer 1. заказчик; покупатель 2. абонент; пользователь
  specific ~ заказчик специальной аппаратуры
  telephone ~ абонент телефонной сети
customization 1. изготовление на заказ; удовлетворение требований заказчика 2. *вчт* выбор по собственному усмотрению, самостоятельный выбор, *проф.* самостоятельная настройка (*о параметрах или опциях*) 3. производство заказной аппаратуры 4. производство заказных ИС 5. применение заказной аппаратуры 6. применение заказных ИС
  mass ~ массовое изготовление на заказ
customize 1. изготавливать на заказ; удовлетворять требования заказчика 2. *вчт* выбирать по собственному усмотрению, выбирать самостоятельно, *проф.* настраивать самостоятельно (*параметры или опции*) 3. производить заказную аппаратуру 4. производить заказные ИС 5. применять заказную аппаратуру 6. применять заказные ИС
customizing 1. изготовление на заказ; удовлетворение требований заказчика 2. *вчт* выбор по собственному усмотрению, самостоятельный выбор, *проф.* самостоятельная настройка (*о параметрах или опциях*) 3. производство заказной аппаратуры 4. производство заказных ИС 5. применение заказной аппаратуры 6. применение заказных ИС
  desktop ~ *вчт* самостоятельный выбор (вида) рабочего стола
  icons ~ *вчт* самостоятельный выбор пиктограмм
  menu ~ *вчт* самостоятельный выбор (содержимого) меню
  taskbar ~ *вчт* самостоятельный выбор панели задач
custom-made заказной, изготавливаемый на заказ; удовлетворяющий требованиям заказчика; специализированный
cut 1. резание, резка ‖ резать, подвергать резке 2. срез (*кристалла*) 3. *вчт* вырезать (*напр. фрагмент текста*); вырезать и поместить в буфер обмена 4. *проф.* фрагмент записи (*напр. отдельная песня*); кадр (*напр. видеофильма*) 5. *тлв* монтаж ‖ монтировать (*напр. видеофильм*) 6. *тлв* (резкий) монтажный переход 7. скачкообразный переход 8. отключать; разъединять 9. сигнал о прекращении передачи ‖ прекращать передачу 10. завал частотной характеристики ‖ заваливать частотную характеристику ◊ **to** ~ **in** собирать схему; ~ **and paste** *вчт* вырезать (*напр. фрагмент текста*) и вставить (*в другое место*) через буфер обмена
  bass ~ завал (частотной характеристики в области) нижних (звуковых) частот
  branch ~ точка ветвления
  conical ~ коническое сечение (*диаграммы направленности антенны*)
  contact ~ *микр.* контактное окно
  crystal ~ срез кристалла
  diagonal ~ **of tape** наклонный срез магнитной ленты (*для сращивания*)
  direct ~ процесс изготовления пробного экземпляра компакт-диска (*для тестирования и демонстрационных целей*)
  final ~ *тлв* окончательная редакция (*напр. фильма*)
  fuzzy ~ нечёткое сечение
  great-circle ~ сечение (*диаграммы направленности антенны*) по дуге большого круга
  high-frequency ~ завал (частотной характеристики в области) высоких частот
  jump ~ *тлв* резкий монтажный переход
  low-frequency ~ завал (частотной характеристики в области) низких частот
  parallel ~ Y-срез (*кварца*)
  presence ~ завал (частотной характеристики) для создания эффекта присутствия (*при звуковоспроизведении*)
  principal ~ основной вид среза
  radiation pattern ~ сечение диаграммы направленности антенны
  rotated Y ~ косой Y-срез (*кварца*)
  rough ~ *тлв* черновая редакция (*напр. фильма*)
  scribe ~ линия скрайбирования
  spiral ~ спиральное сечение (*диаграммы направленности антенны*)
  temperature compensated ~ термостабильный срез
  threshold ~ пороговое ограничение
  treble ~ завал (частотной характеристики в области) верхних (звуковых) частот
  X ~ X-срез (*кварца*)
  Y ~ Y-срез (*кварца*)
  Z ~ Z-срез (*кварца*)
cut-and-paste *вчт* полученный методом вырезания и вставки через буфер обмена (*напр. о текстовом материале*)
cutback 1. *тлв* возврат к предшествующим эпизодам (*напр. в видеофильме*) 2. сокращение уровня производства
cut-form листовой формы, в виде отдельных листов (*о бумаге*)
cut-in вставка; врезка
cutoff 1. отсечка 2. напряжение отсечки 3. предельная [граничная] частота; критическая частота 4. частота среза (*фильтра*) 5. частота отсечки 6. экранировать
  alpha ~ граничная частота коэффициента передачи по току в схеме с общей базой
  beam ~ гашение луча
  beta ~ граничная частота коэффициента усиления [коэффициента передачи] по току в схеме с общим эмиттером
  channel ~ отсечка канала (*полевого транзистора*)
  current ~ отсечка тока (*в стабилизированном источнике питания*)
  diffusion ~ предельная частота диффузии
  diode ~ отсечка диода (*способ ввода заряда в ПЗС*)
  extraordinary-wave ~ отсечка необыкновенной волны
  frequency ~ 1. предельная [граничная] частота; критическая частота 2. частота среза (*фильтра*) 3. частота отсечки
  high-frequency ~ подавление ВЧ-составляющих
  long-wavelength ~ длинноволновая [красная] граница спектральной чувствительности (*фотоприёмника*)
  low-frequency ~ подавление НЧ-составляющих
  ordinary-wave ~ отсечка обыкновенной волны
  remote ~ удалённая отсечка (*электровакуумного прибора*)

cutoff

short-wavelength ~ коротковолновая граница спектральной чувствительности (*фотоприёмника*)
theoretical ~ расчётная частота среза
cutout (электрический) выключатель
automatic ~ автоматический выключатель
centrifugal ~ центробежный автоматический выключатель
electric ~ электрический выключатель
electromagnetic ~ электромагнитный выключатель
fuse ~ плавкий предохранитель
thermal ~ электрический выключатель с тепловым расцепителем
cutover перескакивание (*резца рекордера в соседнюю канавку при механической записи звука*)
cutset сечение; разрез (*напр. графа*)
fundamental ~ главное сечение
vertex ~ вершинное сечение
cutter 1. монтажёр (*напр. видеофильма*) 2. режущий инструмент; резец; фреза 3. резальное устройство; резак 4. *pl* кусачки 5. рекордер
circle ~ центрорез (*устройство для изготовления в шасси отверстий под ламповые панели*)
crystal ~ пьезоэлектрический рекордер
cutoff ~ отрезная фреза
diamond ~ алмазный резец
electromagnetic ~ магнитный рекордер
end-milling ~ концевая фреза
feedback ~ рекордер с обратной связью
flame ~ газовый резак
fly ~ центрорез (*устройство для изготовления в шасси отверстий под ламповые панели*)
glass ~ стеклорез
magnetic ~ магнитный рекордер
milling ~ фреза
paper ~ бумагорезальное устройство
piezoelectric ~ пьезоэлектрический рекордер
shaping ~ 1. фасонный резец 2. фасонная фреза
wire ~s острогубцы [кусачки] с боковыми режущими губками, *проф.* бокорезы
cutter/trimmer устройство для обрезки и подравнивания (*напр. перфорированной бумаги*)
edge ~ устройство для обрезки и подравнивания (*напр. перфорированной бумаги*
cut-through сквозной; непосредственный; прямой
cutting 1. резание, резка 2. механическая запись (*звука*) ◊ **on disk** механическая запись (*звука*)
acid ~ кислотная резка
laser ~ лазерная резка
spark ~ электроискровая резка
stripe ~ разрезание полосового домена
ultrasonic ~ ультразвуковая резка
cuvette *кв. эл.* кювета
Brewster angle ~ кювета с брюстеровскими окнами
double-walled ~ кювета с двойными стенками
dye ~ кювета с красителем
CX название серии (микро)процессоров шестого поколения фирмы Via Technologies
cyan голубой (*один из основных цветов в колориметрических моделях CMY и CMYK*)
Cyber название серии мейнфреймов и суперкомпьютеров корпорации Control Data
cyberamics компьютерная робототехника
cybercrook киберплут, кибермошенник, использующий компьютерные сети мошенник

cyberlink гиперсвязь
cybernation использование вычислительной техники для автоматизации
cybernetic кибернетический
cybernetics кибернетика
biological ~ биологическая кибернетика, биокибернетика
economical ~ экономическая кибернетика
engineering ~ техническая кибернетика
medical ~ медицинская кибернетика
theoretical ~ теоретическая кибернетика
cyberphobia киберфобия, патологическая боязнь компьютеров
cyberpunk *вчт* 1. киберпанк, панк в киберпространстве 2. хакер
cybersecurity (компьютерная) безопасность в киберпространстве
cybersex киберсекс, компьютерный секс
cyberspace киберпространство, созданный компьютером виртуальный мир
cybersqwatter киберсквотер, незаконно присваивающий чужие доменные имена субъект
cyberwar война в киберпространстве
cyborg *проф.* киборг (*человек, поведение которого полностью или частично определяется встроенными электронными и механическими средствами*)
cybrarian субъект, зарабатывающий на жизнь за счёт поиска в Internet
cycle цикл; период ‖ периодически повторяться ◊ ~s per second герц, Гц
~ **of magnetization** цикл намагничивания
~ **of reincarnation** *вчт* многократно повторяющийся паразитный цикл при разделении функций между основным и вспомогательным (*напр. графическим*) процессором, *проф.* период реинкарнации
access ~ цикл обращения (*к ЗУ*)
burst ~ *вчт* пакетный цикл (*обмена данными*)
bus ~ *вчт* шинный цикл
carbon ~ углеродный цикл
cell ~ *бион.* клеточный цикл
clock ~ 1. период повторения тактовых *или* синхронизирующих импульсов 2. *вчт* такт, период повторения импульсов таймера, период повторения импульсов системного тактового генератора
closed ~ замкнутый цикл
computer processing ~ 1. полный цикл решения задачи на компьютере 2. цикл ввода, обработки и вывода данных
conditioning ~ тренировочный цикл
CPU ~ цикл центрального процессора
dash ~ *тлг* период тире
data processing ~ цикл обработки данных
decode ~ *вчт* цикл декодирования (*команды*)
Deming ~ *вчт* цикл Деминга
design ~ цикл проектирования и разработки
direct ~ прямой цикл
display ~ цикл обновления изображения (*на экране дисплея*)
dot ~ *тлг* период точки
drive-in (diffusion) ~ *микр.* цикл разгонки примеси
duty ~ 1. рабочий цикл 2. коэффициент заполнения (*для последовательности импульсов*)
execute ~ *вчт* цикл исполнения (*команды*)
fetch ~ *вчт* цикл выборки (*команды*)

file ~ цикл принятия заказа (*к исполнению*)
half ~ полупериод
hysteresis ~ гистерезисный цикл
inquire ~ *вчт* цикл запроса, цикл слежения (*в кэшируемой памяти*)
life ~ *вчт, бион.* жизненный цикл
limit(ing) ~ предельный цикл
machine ~ *вчт* машинный цикл (*выборка, декодирование и исполнение машинной команды и запись результатов исполнения команды*)
main-program ~ цикл основной программы
major hysteresis ~ предельный гистерезисный цикл
maximum permeability hysteresis ~ гистерезисный цикл максимальной проницаемости
memory ~ цикл обращения к памяти
minor hysteresis ~ частный гистерезисный цикл
monthly duty ~ 1. месячный рабочий цикл 2. *вчт* номинальная месячная производительность принтера
null ~ *вчт* пустой цикл
open ~ открытый цикл
operating ~ коммутационный цикл (*коммутационного устройства*)
operating hysteresis ~ рабочий гистерезисный цикл
operation ~ цикл (выполнения) операции
penalty ~ *вчт* штрафной цикл
predeposition (diffusion) ~ *микр.* цикл загонки примеси
product ~ производственный цикл
program ~ цикл программы
program development ~ цикл разработки программного обеспечения
publishing ~ *вчт* заключительный цикл печати (*в редакционно-издательских системах*)
Rayleigh ~ рэлеевский цикл (*намагничивания*)
read-write ~ цикл считывание — запись
recovery ~ цикл восстановления
refresh display ~ период обновления изображения на экране дисплея
repair ~ цикл восстановления (*РЭА*)
schedule ~ цикл основной программы
snoop ~ *вчт* цикл слежения, цикл запроса (*в кэшируемой памяти*)
software development life ~ жизненный цикл разработки программного обеспечения
software life ~ жизненный цикл программного обеспечения
solar ~ солнечный цикл
stolen ~ *вчт* захваченный цикл
storage access ~ цикл обращения к ЗУ
store ~ *вчт* цикл записи (*результатов исполнения команды*)
cyclic циклический; периодический
cycling циклическое изменение; периодическое повторение
color ~ *вчт* изменение палитры цветов (*программными средствами*)
temperature ~ циклическое изменение температуры
cycloconverter понижающий преобразователь частоты переменного напряжения
cyclogram циклограмма (*1. графическое изображение процесса установления колебаний в автогенераторе 2. диаграмма согласования действий исполнительных органов в системах, работающих по заданному циклу*)

cycloheptatetraene циклогептатетраен (*тушитель*)
cycloid циклоида
cycloidal циклоидальный
cycloinverter повышающий преобразователь частоты переменного напряжения
cyclooctatetraene циклооктатетраен (*тушитель*)
cyclophon(e) электронно-лучевой коммутатор с аксиальным пучком
cyclotron циклотрон
cylinder цилиндр (*1. геометрический объект 2. цилиндрическая поверхность 3. объект в форме цилиндра или цилиндрической оболочки 4. вчт совокупность дорожек с одинаковым радиусом на всех пластинах жёсткого диска*)
adjacent ~s соседние цилиндры (*жёсткого диска*)
inner ~ внутренний цилиндр (*жёсткого диска*)
logical ~ логический цилиндр (*жёсткого диска*)
middle ~ средний цилиндр (*жёсткого диска*)
outer ~ внешний цилиндр (*жёсткого диска*)
physical ~ физический цилиндр (*жёсткого диска*)
plasma ~ плазменный цилиндр
plastic ~ *микр* пластмассовый цилиндрический корпус транзисторного типа, пластмассовый цилиндрический корпус типа ТО, пластмассовый цилиндрический ТО-корпус
Wehnelt ~ цилиндр Венельта (*в ЭЛТ*)
cymbal *вчт* тарелка (*музыкальный инструмент из набора General MIDI*)
Chinese ~ *вчт* китайская тарелка (*музыкальный инструмент из набора ударных General MIDI*)
crash ~ I *вчт* крэш-тарелка I (*музыкальный инструмент из набора ударных General MIDI*)
crash ~ II *вчт* крэш-тарелка II (*музыкальный инструмент из набора ударных General MIDI*)
reverse ~ *вчт* реверсивная тарелка, обращённый (*во времени*) звук тарелки (*музыкальный инструмент из набора General MIDI*)
ride ~ I *вчт* райд-тарелка I (*музыкальный инструмент из набора ударных General MIDI*)
ride ~ II *вчт* райд-тарелка II (*музыкальный инструмент из набора ударных General MIDI*)
splash ~ *вчт* сплэш-тарелка (*музыкальный инструмент из набора ударных General MIDI*)
cymograph кимограф
cymometer частотомер; волномер
cypher см. **cipher**
cypherpunk *вчт* сторонник свободного применения шифров, *проф.* шифропанк
cyphony см. **ciphony**
Cyrillic *вчт* кириллица || кириллический
Cyrix фирма Cyrix Corporation, производитель интегральных схем (*США*)
~ III (микро)процессор шестого поколения фирмы Via Technologies (*совместно с фирмой Cyrix*) с рабочей частотой до 700 МГц, процессор C5A, процессор Cyrix III
~ 486DX процессор четвёртого поколения фирмы Cyrix, процессор Cyrix 486 DX
~ 486DX2 процессор четвёртого поколения фирмы Cyrix с удвоением рабочей частоты, процессор Cyrix 486 DX2
~ 486DX4 процессор четвёртого поколения фирмы Cyrix с утроением рабочей частоты, процессор Cyrix 486 DX4

Cyrix

~ **5x86** процессор четвёртого поколения (*с некоторыми функциями процессоров пятого поколения*) фирмы Cyrix, процессор Cyrix 5x86

~ **6x86** процессор пятого поколения фирмы Cyrix, процессор Cyrix 6x86, процессор MI

~ **6x86MX** процессор пятого поколения фирмы Cyrix с блоком MMX, процессор Cyrix 6x86MX

~ **MI** процессор пятого поколения фирмы Cyrix, процессор Cyrix 6x86, процессор MI

~ **MII** процессор шестого поколения фирмы Cyrix, процессор Cyrix MII

~ **MII+** процессор шестого поколения фирмы Cyrix с расширенными возможностями, процессор Cyrix MII+, процессор Gobi

cytology цитология
cytoplasm *биол.* цитоплазма

D

D 1. буквенное обозначение десятичного числа 13 в шестнадцатеричной системе счисления **2.** (*допустимое*) буквенное обозначение i-го ($2 \leq i \leq 26$) логического диска, съёмного устройства памяти *или* компакт-диска (*в IBM-совместимых компьютерах*) **3.** ре (*нота*)

~ **flat** ре-бемоль

~ **sharp** ре-диез

Somer's ~ мера связи D Сомера (*в таблицах сопряжённости признаков*)

dabble:
  double ~ *вчт* метод удвоения (*для преобразования двоичных чисел в десятичные*)

dactylology дактилология, ручная азбука (*для глухонемых*)

dactylography дактилоскопия

daemon *вчт* присоединённая программа; присоединённая процедура (*работающая в фоновом режиме и выполняющая определённые функции без ведома пользователя*); задаваемая текущей информацией функция; *проф.* «демон», «дракон»

~ **remote monitoring** присоединённая процедура стандартных средств дистанционного контроля сети, *проф.* «демон» стандарта RMON

hypertext transmission protocol ~ программный сервер для фоновой обработки запросов по протоколу HTTP

dag аквадаг

dagger 1. операция ИЛИ НЕ **2.** символ †, *проф.* крестик, кинжал ‖ помечать крестиком

  double ~ символ ‡, *проф.* двойной крестик, двойной кинжал

dah звукоподражательное слово для обозначения тире в коде Морзе

dailies *тлв* предварительно смонтированные материалы дневной съёмки

damage 1. повреждение; разрушение ‖ повреждать; разрушать **2.** износ ‖ изнашиваться

  abrasive ~ абразивный износ

  catastrophic ~ катастрофическое повреждение

  cavitation ~ кавитационный износ

  decorated ~ декорированное повреждение

  displacement ~ дефект типа смещения

  electron-beam ~ электронно-лучевое повреждение; электронно-лучевое разрушение

  implantation ~ имплантационное повреждение

  ionization-produced ~ ионизационное повреждение

  laser ~ лазерное повреждение; лазерное разрушение

  lattice ~ повреждение (кристаллической) решётки

  long-term ~ долговременное повреждение; долговременное разрушение

  overvoltage ~ повреждение, обусловленное перенапряжением

  permanent ~ стойкое повреждение

  radiation ~ радиационное повреждение (*объектов неживой природы*), радиационное поражение (*объектов живой природы*)

  short-term ~ кратковременное повреждение; кратковременное разрушение

  structural ~ структурное повреждение

  subthreshold ~ допороговое повреждение

  surface ~ поверхностное повреждение; поверхностное разрушение

  tree ~ древовидное повреждение

  volume ~ объёмное повреждение; объёмное разрушение

damaging 1. повреждение; разрушение **2.** износ

  data ~ повреждение данных; разрушение информации

  data integrity ~ нарушение целостности данных

dambar *микр.* бортик по периметру выводной рамки (*для предотвращения попадания компаунда на торцы*)

damp 1. вносить затухание; ослаблять **2.** успокаивать; демпфировать **3.** увеличивать фонд звукопоглощения

damper 1. ослабитель **2.** успокоитель; демпфер **3.** *тлв* демпферный диод

  electromagnetic ~ магнитный успокоитель

  noise ~ схема шумопонижения

damping 1. затухание; ослабление **2.** успокоение; демпфирование **3.** увеличение фонда звукопоглощения

~ **of oscillation 1.** затухание колебаний **2.** успокоение колебаний

  adiabatic ~ поперечное сужение пучка заряженных частиц при ускорении

  aperiodic ~ сильное [сверхкритическое] затухание

  Bloch ~ затухание по Блоху

  Bloch-Bloembergen ~ затухание по Блоху — Бломбергену

  Cerenkov ~ **1.** черенковское затухание **2.** затухание по Ландау, бесстолкновительное затухание

  collisional ~ столкновительное [ударное] затухание

  collisionless ~ затухание по Ландау, бесстолкновительное затухание

  critical ~ критическое затухание

  cyclotron ~ циклотронное затухание

  edge ~ краевое демпфирование (*напр. диффузора*)

  electromagnetic ~ магнитоиндукционное успокоение

  error-rate ~ пропорционально-дифференциальное регулирование

exponential ~ экспоненциальное затухание
fluid ~ 1. вязкое [вязкостное] затухание **2.** вязкое [вязкостное] успокоение
Gilbert ~ затухание по Гильберту
instrument ~ успокоение измерительного прибора
Landau ~ затухание по Ландау, бесстолкновительное затухание
Landau-Lifshitz ~ затухание по Ландау — Лифшицу
magnetic ~ магнитоиндукционное успокоение
magnetomechanical ~ магнитомеханическое успокоение
mechanical ~ механическое успокоение
negative-feedback ~ успокоение с отрицательной обратной связью
overcritical ~ сильное [сверхкритическое] затухание
periodic ~ слабое [докритическое] затухание
radiation ~ излучательное [радиационное] затухание
radiationless ~ безызлучательное затухание
relative ~ степень успокоения (*измерительного прибора*)
specific ~ степень успокоения (*измерительного прибора*)
viscous ~ 1. вязкое [вязкостное] затухание **2.** вязкое [вязкостное] успокоение

dance 1. танец (*1.* вид искусства или досуга *2.* ритуальный танец *2.* музыкальное произведение) || танцевать || танцевальный **2.** прыжки; скачки || прыгать; скакать || прыгающий; скачущий
rain ~ *вчт* немотивированные *или* бессмысленные действия над аппаратным *или* программным обеспечением с целью достижения какого-либо результата, *проф.* ритуальный танец

dancing 1. танцевальный; танцующий **2.** прыжки; скачки || прыгающий; скачущий
spot ~ *кв.эл.* нестабильность пятна

dangle 1. нахождение в висячем положении; подвешивание || висеть; подвешивать **2.** висячий *или* подвешенный объект

dangling нахождение в висячем положении; подвешивание || висячий; подвешенный

daraf обратная фарада (*единица «электрической жёсткости»*)

Darapti *вчт* название правильного сильного модуса третьей фигуры силлогизма

darkbox тёмная комната; тёмный шкаф; тёмная камера
Salisbury ~ безэховая камера для испытания антенн СВЧ-диапазона

darken 1. затемнять(ся) **2.** темнеть; делать более тёмным; уменьшать яркость (*напр. изображения*)

dark-field относящийся к методу тёмного поля (*в микроскопии*)

darkness низкая яркость *или* освещённость

darkroom тёмная комната; тёмный шкаф; тёмная камера
antenna ~ безэховая камера для испытания антенн

Darii *вчт* название правильного сильного модуса первой фигуры силлогизма

Darlington *пп* пара Дарлингтона

Darwin (конфигурационный) язык программирования Darwin

dasar оптический аттенюатор на эффекте индуцированного поглощения

dash тире (*1. вчт* знак препинания *2. тлг* длинная токовая посылка кода Морзе)

30- ~ знак конца набора, символ –30– *или* –XXX– (*в США*)
diamond ~ *вчт* тире с ромбом в центре, *проф.* французская линейка
em ~ *вчт* длинное тире, символ —
en ~ *вчт* короткое тире, символ –
French ~ тире с ромбом в центре, *проф.* французская линейка
intra-word ~ *вчт* дефис
medium ~ *вчт* короткое тире, символ –
number-range ~ *вчт* короткое тире, символ –
paragraph ~ *вчт проф.* абзацное тире, короткое полужирное тире, символ –
parallel ~ *вчт* двойное тире, символ =
plus ~ знак плюс, символ +
punctuation ~ *вчт* длинное тире, символ —
swell ~ *вчт* тире с ромбом в центре, *проф.* французская линейка
swung ~ *вчт* тильда, символ – (*знак замены ранее употреблённого слова или его части*)

dashpot амортизатор

DAT 1. (магнитная) лента для цифровой записи звука в (кассетном) формате DAT, лента (формата) DAT **2.** (кассетный) формат DAT для цифровой записи звука **3.** (магнитная) лента с цифровой звукозаписью
R~ 1. (магнитная) лента для цифровой записи звука (вращающимися магнитными головками) в (кассетном) формате R-DAT, лента (формата) R-DAT **2.** (кассетный) формат R-DAT для цифровой записи звука вращающимися магнитными головками
S~ 1. (магнитная) лента для цифровой записи звука (неподвижными магнитными головками) в (кассетном) формате S-DAT, лента (формата) S-DAT **2.** (кассетный) формат S-DAT для цифровой записи звука неподвижными магнитными головками

data (*pl* от **datum**) **1.** данные; информация **2.** координаты ◊ **~ above voice** система СВЧ-диапазона для передачи цифровых данных на частотах, выше выделенных для речевых сигналов; **~ in voice** система СВЧ-диапазона для передачи цифровых данных на частотах, выделенных для речевых сигналов; **~ under voice** система СВЧ-диапазона для передачи цифровых данных на частотах, ниже выделенных для речевых сигналов
analog ~ аналоговые данные; аналоговая информация
angular ~ угловые координаты
array ~ массив данных
atomic ~ атомные данные; неделимые данные; нерасщепляемые данные
ballistic ~ баллистические данные
binary ~ двоичные данные; двоичная информация
binary coded ~ 1. усовершенствованное двоично-десятичное представление, усовершенствованный двоично-десятичный код, BCI-код **2.** данные в усовершенствованном двоично-десятичном представлении, данные в BCI-коде
categorized ~ категоризованные данные
cellular digital packet ~ стандарт на пересылку пакетов данных (*по свободным линиям речевой связи*) в цифровых системах сотовой подвижной связи, стандарт CDPD

data

ciphered ~ шифрованные данные; шифрованная информация
coded ~ кодированные данные; кодированная информация
color ~ цветовые координаты, координаты цвета
color mixture ~ удельные координаты цвета
compressed ~ сжатые [уплотнённые] данные
configuration ~ конфигурационные данные, информация о конфигурации
continuous ~ 1. текущие данные; текущая информация 2. аналоговые данные; аналоговая информация
control ~ управляющие данные; управляющая информация
cookie ~ *вчт* данные типа «cookie»
count ~ счётные данные; дискретные данные
CRC ~ *см.* cyclic redundancy check data
cross-sectional ~ поперечный срез данных, одномоментная выборка данных, данные в выбранный момент времени
current ~ текущие данные; текущая информация
cyclic redundancy check ~ данные контроля циклическим избыточным кодом, контрольная сумма CRC
deciphered ~ дешифрованные данные; дешифрованная информация
decoded ~ декодированные данные; декодированная информация
decompressed ~ разуплотнённые данные
defragmented ~ дефрагментированные данные; оптимизированные данные
descriptive ~ описательные данные
designation ~ *рлк* параметры целеуказания; параметры подсвета цели
differenced ~ разности исходных данных; приращения исходных данных
digital ~ 1. цифровые данные; цифровая информация 2. дискретные данные; дискретная информация
digital voice ~ цифровые речевые данные
digitized ~ 1. дискретизованные данные; дискретизованная информация 2. *проф.* оцифрованные данные; оцифрованная информация
dynamic ~ динамические данные
ephemeris ~ текущие данные о положении небесных тел *или* ИСЗ
extended system configuration ~ 1. область дополнительных данных о конфигурации системы (*в энергонезависимой или дисковой памяти*) 2. спецификация методов взаимодействия и структуры данных в описывающей конфигурацию системы области памяти, спецификация ESCD
extra ~ избыточные данные; избыточная информация
factual ~ фактографические данные; фактографическая информация
filtered radar ~ отфильтрованные радиолокационные данные
financial ~ финансовые данные; финансовая информация
finite-extent ~ конечный массив данных
fragmented ~ фрагментированные данные; неоптимизированные данные
framing ~ синхроданные кадра
graphical [graphics] ~ графические данные; графическая информация

gridded ~ данные с привязкой к сетке (*напр. в компьютерной графике*); данные с координатной привязкой (*напр. в навигации*)
grouped ~ сгруппированные данные
high speed circuit switched ~ *тлф* система высокоскоростной передачи данных по коммутируемым каналам, система HSCSD
identification ~ идентификационные данные
image ~ графические данные; графическая информация
immutable ~ *вчт* неизменяемые данные
in-band ~ данные, передаваемые по основному каналу
injected ~ вводимые данные; вводимая информация
input ~ входные данные; входная информация
integer ~ целочисленные данные
integrated ~ интегрированные данные
interactive ~ интерактивные данные
interpretable ~ интерпретируемые данные
lazy ~ данные вычисления с учётом частоты запросов, *проф.* данные ленивого вычисления
linguistic ~ лингвистические данные
live ~ *вчт* 1. реальные [нетестовые] данные 2. данные с указателями функций (*в языке Си*) 3. данные, интерпретируемые как исполняемый код (*в компьютерных вирусах*), *проф.* «живые» данные 4. генерируемые в ходе исполнения программы данные, интерпретируемые как исполняемый код
long-range ~ данные, поступающие от РЛС к командному центру
missing ~ пропущенные данные; отсутствующие данные
mutable ~ *вчт* изменяемые данные
noise-free ~ данные без шумов, *проф.* незашумленные данные
noisy ~ данные с шумами, *проф.* зашумленные данные
numeric(al) ~ числовые данные; числовая информация
on-line ~ 1. оперативная информация; данные в памяти (*компьютера*) 2. информация, доступная в интерактивном режиме
operational ~ эксплуатационные параметры
optimized ~ оптимизированные данные; дефрагментированные данные
ordered ~ упорядоченные данные
original ~ исходные данные; необработанные данные
out-of-band ~ данные, передаваемые по вспомогательному каналу
output ~ выходные данные; выходная информация
overlapping ~ перекрывающиеся данные
parallel ~ параллельно передаваемые данные
pattern ~ графические данные; графическая информация
pictorial ~ графические данные; графическая информация
pooled ~ объединённые данные
position ~ *рлк.* координаты цели
predicted ~ 1. данные прогнозирования 2. упреждённые координаты
present-position ~ *рлк.* текущие координаты цели

database

processed ~ обработанные данные; обработанная информация
processing ~ текущие данные; текущая информация; текущая информация; поступающая информация
quantum ~ квантовая информация
radar ~ радиолокационные данные
radiometric ~ радиометрические данные
radiosonde ~ данные радиозондирования
ranked ~ ранжированные данные
raw ~ необработанные данные; исходные данные; первичные данные
real-time ~ данные, поступающие в реальном масштабе времени
received ~ полученные данные; полученная информация
reduced ~ обработанные данные; обработанная информация
redundant ~ избыточные данные; избыточная информация
resource ~ данные ресурса
sample ~ выборочные данные; выборочная информация
sampled ~ дискретизованные данные; дискретизованная информация
scratch ~ временные (*рабочие*) данные; промежуточные данные
secret ~ секретные данные; секретная информация
security ~ секретные данные; секретная информация
serial ~ 1. последовательно передаваемые данные 2. линия передачи данных (*последовательной шины ACCESS.Bus с интерфейсом I^2C*) 3. сигнал данных в линии передачи данных (*последовательной шины ACCESS.Bus с интерфейсом I^2C*), SDA-сигнал
servo ~ (рабочие) данные для сервосистемы, сервоинформация, серводанные, сервокод (*на жёстком магнитном диске*)
shareable ~ допускающие совместное использование данные; разделяемые данные; общие данные
signaling ~ передаваемые данные; передаваемая информация
smart battery ~ 1. данные о состоянии интеллектуальных аккумуляторов 2. метод контроля состоянии интеллектуальных аккумуляторов с помощью встроенной ИС, метод SBD
spatial ~ пространственные координаты
state-of-health ~ данные о состоянии *или* исправности (*аппаратуры*)
structured ~ структурированные данные
synchronous transmission ~ синхронно передаваемые данные
target ~ *рлк.* координаты цели
technical ~ технические данные; техническая информация
telemetry ~ телеметрические данные; телеметрическая информация
television ~ телевизионная программа
test ~ тестовые данные
time-series ~ данные в виде временной последовательности
timing ~ синхроданные; синхрослова

training ~ обучающие данные (*напр. для искусственной нейронной сети*)
transaction ~ *вчт* параметры транзакции
transferred ~ *вчт* пересылаемые данные; пересылаемая информация
transmitted ~ передаваемые данные; передаваемая информация
uncompressed ~ несжатые [неуплотнённые] данные
uninterpretable ~ неинтерпретируемые данные
unoptimized ~ не оптимизированные данные; фрагментированные данные
unstructured ~ неструктурированные данные
variable ~ динамические данные
weighted ~ взвешенные данные
white noise ~ данные типа белого шума

databank банк данных
distributed ~ распределённый банк данных
time-oriented ~ банк данных с временной ориентацией

database база данных
active ~ активная [рабочая] база данных
archive ~ архивная база данных
centralized ~ централизованная база данных
closed ~ замкнутая база данных
computerized ~ компьютеризованная база данных
cooperative ~ кооперативная база данных
design ~ база данных проектирования
distributed ~ распределённая база данных
e-mail address ~ база данных об электронных почтовых адресах
enterprise ~ база данных предприятия
extensional ~ экстенсиональная база данных
factual ~ фактографическая база данных
federated ~ объединённая база данных (*напр. для сотрудничающих организаций*)
fielded ~ база полей данных
flat-file база данных с бесструктурными файлами, файловая неиерархическая база данных
full-text ~ база текстовых данных (*индексированных и подготовленных для прямого использования компьютерными программами*)
generalized ~ обобщённая база данных
geometric ~ база геометрических данных
goal ~ база целей
graphic ~ графическая база данных
graph-oriented ~ графо-ориентированная база данных
hierarchical ~ иерархическая база данных
identity-based ~ база данных с уникальными идентификаторами объектов
image ~ база видеоданных
integrated ~ интегрированная база данных
intelligent ~ интеллектуальная база данных
inverted (list) ~ инвертированная база данных
knowledge ~ база знаний
loaded ~ заполненная база данных
local ~ локальная база данных
logical ~ логическая база данных
meta-~ метабаза данных, база баз данных
multidimensional ~ многомерная база данных
network ~ сетевая база данных
normalized ~ нормализованная база данных
object-oriented ~ объектно-ориентированная база данных

database

on-line ~ интерактивная база данных
parallel ~ параллельная база данных
pattern ~ *микр.* база структур
personal ~ персональная база данных
physical ~ физическая база данных
pictorial ~ база видеоданных
populated ~ заполненная база данных
private ~ частная база данных
problem-oriented ~ проблемно-ориентированная база данных
pseudo-relational ~ псевдореляционная база данных
public domain ~ общедоступная база данных, база данных без защиты авторских прав
quasi-relational ~ квазиреляционная база данных
record-oriented ~ база данных, ориентированная на записи
relational ~ реляционная база данных
security ~ база данных для обеспечения безопасности (*напр. в компьютерной телефонии*)
semantic ~ семантическая база данных
shareable ~ допускающая совместное использование база данных; разделяемая база данных; общая база данных
structured ~ структурированная база данных
tree-structured ~ древовидная база данных, база данных с древовидной структурой; иерархическая база данных
unified ~ унифицированная база данных
user ~ база данных пользователя
very large ~ очень большая база данных, размещаемая на нескольких компьютерах база данных с различными системами управления
virtual ~ виртуальная база данных

data-based основывающийся на данных
DataDAT формат представления данных при цифровой записи на (магнитную) ленту (кассетного) формата DAT, формат DataDAT
dataflow поток данных; поток информации
  fine-grain ~ мелкоструктурированный поток данных
  large-grain ~ крупноструктурированный поток данных
datagloves *вчт* информационные перчатки (*системы виртуальной реальности*)
datagram дейтаграмма (*1. автономный пакет данных с задаваемой отправителем информацией о месте назначения 2. единица данных протокола третьего уровня в модели ISO/OSI*)
  Internet Protocol ~ IP дейтаграмма, единица данных протокола IP
  IP ~ *см.* Internet Protocol datagram
  user ~ дейтаграмма пользователя
data-hold хранение данных
data-in входные данные
data-out выходные данные
datapath 1. канал передачи данных 2. путь данных 3. внутренняя шина данных (*микропроцессора*)
  generalized ~ универсальная внутренняя шина данных (*микропроцессора*)
  microprocessor ~ внутренняя шина данных микропроцессора
Dataphone система «Дейтафон» (*для передачи цифровых данных со скоростью 220 бит/с по телефонным каналам*)

dataplex объединение (*сигналов*), уплотнение (*линии связи*)
Datapro *вчт* компания Datapro (*публикующая исчерпывающую информацию об аппаратном и программном обеспечении*)
dataset 1. набор данных 2. модем
data-slice разрядно-модульный [секционированный] микропроцессор || разрядно-модульный, секционированный (*о процессоре*)
datasuit *вчт* информационный скафандр (*системы виртуальной реальности*)
date *вчт* дата
  application ~ дата подачи заявки (*напр. на изобретение*)
  blind ~ открытая дата
  expiration ~ дата истечения срока использования (*напр. программы*) или срока хранения (*напр. файла типа «cookie»*)
  expiry ~ дата истечения срока использования (*напр. программы*) или срока хранения (*напр. файла типа «cookie»*)
  Julian ~ *вчт* юлианская форма представления даты, две последние цифры года и порядковый номер дня (*напр. 93-156 соответствует 156-му дню, то есть 5-му июня 1993 г.*)
  system ~ *вчт* системная дата
dating датировка
Datisi *вчт* название правильного сильного модуса третьей фигуры силлогизма
datum 1. элемент данных; элементарный блок информации 2. исходное суждение; посылка 3. реперная (горизонтальная) плоскость, линия *или* точка (*при измерении высот*)
  sense ~ элементарное ощущение; элементарный чувственный образ
daughter 1. потомок, дочь (*в иерархической структуре*) || являющийся потомком, дочерний 2. последователь || последующий 3. порождённый (*объект*) || порождённый (*об объекте*)
daughterboard дочерняя плата (*подключаемая к материнской плате через торцевой соединитель*)
  caseless ~ бескорпусная дочерняя плата (*напр. для процессоров типа Celeron*)
day 1. день 2. сутки (*напр. солнечные*)
  astronomical ~ астрономические сутки
  broadcast ~ радиодень (*время от восхода солнца до полуночи по местному времени*)
  civil ~ сутки по поясному времени
  flag ~ *вчт проф.* «день флага» (*срок внесения изменений, блокирующих работу ранее использовавшихся программ*)
  lunar ~ лунные сутки
  Martian ~ марсианские сутки
  mean solar ~ средние солнечные сутки
  sidereal ~ сидерические [звёздные] сутки
  solar ~ солнечные сутки
  working ~ рабочий день (*единица измерения трудозатрат*)
daylight дневной свет
  average ~ *опт.* рассеянный дневной свет
day-side дневная сторона (*напр. Луны*)
DB D–образный (электрический) соединитель, (электрический) соединитель типа DB
  ~N N-контактный D–образный (электрический) соединитель, (электрический) соединитель типа DB с N контактами (*N = 9, 15, 19, 25, 37 или 50*)

decay

dBASE семейство программ управления реляционными базами данных

deaccentuator схема коррекции предыскажений

deactivation 1. *кв.эл.* снятие возбуждения; переход в основное состояние; релаксация 2. высвечивание 3. дезактивация
 laser ~ снятие возбуждения лазера
 radiationless ~ безызлучательный переход в основное состояние
 radiative ~ излучательный переход в основное состояние

deactivator 1. *кв. эл.* фактор, способствующий снятию возбуждения 2. дезактиватор

dead 1. заглушённая камера 2. обесточенный, отключённый (*от сети*) 3. разомкнутый (*о контакте*) 4. не обеспечивающий выходной сигнал; с отсутствующим выходным сигналом (*о приборе*) 5. вышедший из строя; неисправный 6. нечувствительный; утративший основную функцию *или* основное свойство; *проф.* мёртвый 7. простаивающий; неподвижный; *проф.* мёртвый

deadbeat апериодический (*о характере движения подвижной части измерительного прибора*)

deadening увеличение фонда звукопоглощения

deadline 1. срок завершения 2. предельный срок 3. оборудование, сданное в ремонт *или* на профилактическое обслуживание ‖ сдавать оборудование в ремонт *или* на профилактическое обслуживание

deadlock тупик (*1. тупиковая ситуация; безвыходное положение* 2. *вчт взаимная блокировка*) ‖ заходить в тупик (*1. попадать в тупиковую ситуацию; находиться в безвыходном положении* 2. *вчт взаимно блокировать*)

dead-on-arrival вышедший из строя до использования (*напр. о приборе*)

deaerate обезгаживать

deaeration обезгаживание

deaggregation *кв.эл.* дезагрегация

dealer посредник-поставщик (*между производителем и покупателем*), *проф.* дилер
 computer ~ посредник-поставщик компьютерного оборудования

deallocate *вчт* освобождать (ресурс) (*напр. память*)

deallocation *вчт* освобождение (ресурса) (*напр. памяти*)

deasil по часовой стрелке

death 1. разрушение; угасание; уничтожение 2. смерть
 heat ~ тепловая смерть (*Вселенной*)
 slow ~ медленная деградация (*параметров*)
 terminal brain ~ *вчт* сильное выжигание растра

deblocking 1. разблокирование; отпирание; высвобождение 2. *вчт* извлечение (*напр. логической записи*) из блока

deblooming тушение люминесценции

deblurring устранение потери чёткости; устранение размытия (*изображения*)
 holographic ~ голографическое устранение потери чёткости (*изображения*)
 image ~ устранение потери чёткости изображения
 optical computer-aided image ~ устранение потери чёткости изображения с помощью оптической вычислительной машины

debounce устранение дребезга контактов (*реле*); *вчт* устранение дрожания клавиш; устранение ложных повторных нажатий клавиши (*компьютерной клавиатуры*) ‖ устранять дребезг контактов (*реле*); *вчт* устранять дрожание клавиш; устранять ложные повторные нажатия клавиши (*компьютерной клавиатуры*)

debouncing устранение дребезга контактов (*реле*); *вчт* устранение дрожания клавиш; устранение ложных повторных нажатий клавиши (*компьютерной клавиатуры*)
 switch ~ устранение дребезга контактов

debug 1. дорабатывать (*аппаратуру*) 2. *вчт* отлаживать (*программу*) 3. обнаруживать и удалять подслушивающие электронные устройства; нейтрализовать электронные подслушивающие устройства (*методами радиоэлектронного противодействия*)

debugger *вчт* отладчик
 high-level ~ отладчик на языке высокого уровня
 high-level language ~ отладчик для языков высокого уровня
 layout ~ топологический отладчик
 symbolic ~ символический отладчик

debugging 1. доработка (*аппаратуры*) 2. *вчт* отладка (*программы*) 3. обнаружение и удаление электронных подслушивающих устройств
 hardware ~ доработка аппаратуры
 software ~ отладка программы
 source-language ~ отладка программы на исходном языке

debuncher разгруппирователь (*напр. электронов*), *проф.* дебанчер

debunching разгруппирование (*напр. электронов*)
 space-charge ~ разгруппирование за счёт пространственного заряда
 spatial ~ пространственное разгруппирование

debye дебай, Д ($3{,}33564 \cdot 10^{-30}$ Кл·м)

decade 1. декада ‖ декадный 2. десятичный разряд ‖ десятичный
 counter ~ десятичный счётчик
 resistance ~ декадный магазин сопротивлений

deca- дека..., да, 10 (*приставка для образования десятичных кратных единиц*)

decalescence декалесценция

decapsulation извлечение из корпуса; демонтаж

decatenate *вчт* декатенировать, расцеплять

decatenation *вчт* декатенация, расцепление

decatron декатрон

decay 1. спад; затухание; ослабление ‖ спадать; затухать; ослабляться 2. послесвечение (*экрана*) 3. срез (*импульса*) 4. распад ‖ распадаться 5. непрерывное уменьшение среднего радиуса орбиты ИСЗ (*за счёт торможения в атмосфере*)
 abnormal ~ аномальное затухание (*в запоминающей ЭЛТ*)
 amplitude ~ убывание амплитуды
 back-tunneling charge ~ убывание заряда за счёт обратного туннелирования
 bit ~ *вчт проф.* «распад битов» (*мифическая причина неработоспособности долго не используемых программ*)
 charge ~ убывание заряда
 contrast ~ ухудшение контраста
 diffusional ~ диффузионный распад (*плазмы*)
 dynamic ~ динамическое затухание (*в запоминающей ЭЛТ*)

decay

    field ~ уменьшение [ослабление] поля
    image ~ ухудшение изображения
    luminescence ~ затухание люминесценции
    metastable ~ *кв. эл.* распад метастабильного состояния
    migration ~ *кв. эл.* миграционный распад
    phosphor ~ послесвечение люминофора
    phosphorescence ~ затухание фосфоресценции
    plasma ~ распад плазмы
    radioactive ~ радиоактивный распад
    static ~ статическое затухание (*в запоминающей ЭЛТ*)
    weight ~ уменьшение весов (*при обучении нейронных сетей*)

Decca система «Декка» (*фазовая радионавигационная система*)
    hi-fix ~ система «Декка» для ближней радионавигации

DECchip 21064 64-разрядный (микро)процессор Alpha корпорации Digital Equipment, микропроцессор DECchip 21064

decelerate замедлять; тормозить
deceleration замедление; торможение
decelerator тормозящий электрод
deception *рлк* радиоэлектронное подавление путём создания имитирующих радиопомех, создание имитирующих радиопомех
    azimuth ~ создание имитирующих радиопомех системам автоматического сопровождения по азимуту
    communication ~ радиоэлектронное подавление средств связи и радионавигационных систем путём создания имитирующих радиопомех
    electronic ~ радиоэлектронное подавление путём создания имитирующих радиопомех, создание имитирующих радиопомех
    imitative ~ радиоэлектронное подавление путём создания имитирующих радиопомех, создание имитирующих радиопомех
    radar ~ радиоэлектронное подавление радиолокационных средств путём создания имитирующих радиопомех
    radio ~ радиоэлектронное подавление радиотехнических средств путём создания имитирующих радиопомех
    range ~ создание имитирующих радиопомех системам автоматического сопровождения по дальности

decertificate 1. десертифицировать, лишать сертификата 2. лишать аттестата
decertification 1. десертификация, лишение сертификата 2. лишение аттестата
decertified 1. десертифицированный, лишенный сертификата 2. лишенный аттестата
decertify 1. десертифицировать, , лишать сертификата 2. лишать аттестата
dechirping сжатие сигналов с внутриимпульсной линейной частотной модуляцией
deci- деци..., д, 10^{-1} (*приставка для образования десятичных больных единиц*)
decibel децибел, дБ (0,1 Б) ◊ ~s **above 1 milliwatt psophometrically weighted** *тлф* децибелы, отсчитываемые относительно псофометрически взвешенного уровня 1 мВт; ~s **above reference coupling** децибелы, отсчитываемые относительно контрольного уровня связи (*по шкале шумомера при уровне тестового сигнала —90 дБм относительно контрольного уровня шумов*), ~s **above reference noise** децибелы, отсчитываемые относительно контрольного уровня шумов (—90 дБм), ~s **above 1 volt** децибелы, отсчитываемые относительно уровня 1 В; ~s **above 1 watt** децибелы, отсчитываемые относительно уровня 1 Вт; ~s **adjusted** децибелы, отсчитываемые относительно контрольного уровня шумов (— 85 дБм)
    effective perceived noise ~ эффективный воспринимаемый уровень звуковых шумов (в децибелах)

decidability возможность принятия решения
decidable дающий возможность принятия решения
decile *вчт* дециль (*квантиль порядка n/10, где n = 1, 2, ... 9*)
    first ~ первый дециль
    n-th ~ n-ый дециль

decimal 1. десятичный 2. десятичная дробь; десятичное число 3. десятичная запятая, запятая в десятичном представлении числа
    binary coded ~ 1. двоично-десятичное представление, двоично-десятичный код 2. двоично-десятичное число, число в двоично-десятичном представлении
    circulating ~ бесконечная десятичная дробь
    packed ~ 1. двоично-десятичное представление, двоично-десятичный код 2. двоично-десятичное число, число в двоично-десятичном представлении
    recurring ~ бесконечная десятичная дробь
    repeating ~ бесконечная десятичная дробь

decimalization приведение к десятичному представлению
decimation 1. выбор каждого десятого элемента (*упорядоченного множества*) 2. вычисление десятой части; деление на десять 3. прореживание (*импульсной последовательности*)
decimator прореживатель (*импульсной последовательности*)
decipher дешифровать; дешифрировать
decipherability дешифруемость, степень криптостойкости
decipherer дешифратор
deciphering дешифрование; дешифрирование
decipherment дешифрование; дешифрирование
decision 1. решение 2. принятие решения; выбор (*способа действия*)
    ~ under risk принятие решения в условиях риска
    ~ under uncertainty принятие решения в условиях неопределённости
    admissible ~ возможное *или* допустимое решение
    Bayesian ~ байесовское решение
    binary ~ принятие решения при наличии альтернативы
    bit ~ поэлементное решение
    delay ~ задержанное решение
    design ~ проектное решение
    fuzzy ~ нечёткое решение
    go-no go ~ принятие решения при наличии дихотомической альтернативы
    hard ~ жёсткое решение
    logical ~ логическое принятие решения
    majority ~ мажоритарное решение
    null-zone ~ решение с нулевой зоной

decoder

randomized ~ рандомизированное решение
reorder ~ решение о подаче повторного заказа
team ~ групповое принятие решения
trade-off ~ компромиссное решение
voiced/unvoiced ~ распознавание вокализированных и невокализированных звуков
decisionmaker блок принятия решения
deck 1. дека (*1. магнитофон-приставка 2. лентопротяжный механизм 3. ЗУ на магнитной ленте*) 2. плата лентопротяжного механизма 3. электропроигрывающее устройство, ЭПУ 4. плата 5. колода (*напр. перфокарт*)
   cassette ~ кассетный магнитофон-приставка
   dusty ~ *вчт проф.* устаревшее программное обеспечение; унаследованное программное обеспечение
   four-speed ~ четырёхскоростное ЭПУ
   job ~ пакет заданий
   record ~ электропроигрывающее устройство, ЭПУ
   tape ~ 1. катушечный магнитофон-приставка 2. лентопротяжный механизм 3. плата лентопротяжного механизма
declaration *вчт* 1. декларация (*1. заявление; объявление 2. команда изменения смысла или значения параметра или другой команды, напр. в редакционно-издательской система L^AT_EX*) 2. описание 3. определение
   access ~ *вчт* объявление доступа (*напр. в C++*)
   array ~ описание массива
   channel ~ описание канала
   color ~ декларация цвета
   constant ~ описание константы
   data ~ описание данных
   forward ~ 1. *вчт* предваряющее объявление 2. предварительное описание
   function ~ описание функции
   global ~ глобальная декларация
   identifier ~ описание идентификатора
   label ~ описание меток
   local ~ локальная декларация
   macro ~ макроопределение
   markup ~ описание разметки
   module-level ~ описание на уровне модуля
   multiple ~ множественное определение (*напр. ошибка в описании данных*)
   name ~ описание имени
   outer ~ внешнее описание
   parametrized ~ параметризованное описание
   picture ~ декларация рисунка
   procedure ~ описание процедуры
   structure ~ описание структуры
   style-specifying ~ декларация определения стиля
   switch ~ описание оператора выбора, *проф.* описание переключателя
   template ~ объявление шаблона
   type ~ описание типа
   type-size changing ~ декларация изменения размера шрифта
   variable ~ описание переменной
declarative *вчт* 1. декларативный (*1. непроцедурный, напр. язык программирования 2. описательный*) 2. определяющий, содержащий определение 3. повествовательный (*о предложении*)
declarator *вчт* 1. (собственно) объявление, содержащая идентификатор часть объявления 2. описатель

declare 1. декларировать (*1. заявлять; объявлять 2. использовать команду изменения смысла или значения параметра или другой команды, напр. в редакционно-издательской система L^AT_EX*) 2. описывать 3. определять
declassification рассекречивание, снятие грифа секретности
declassify рассекречивать, снимать гриф секретности
declination 1. магнитное склонение 2. склонение (*светила*) 3. спад; падение; снижение; уменьшение 4. отклонение
   celestial ~ астрономическое склонение
   grid ~ квазимагнитное склонение
   magnetic ~ 1. магнитное склонение 2. магнитное отклонение
decline 1. спад; падение; снижение; уменьшение || спадать; снижаться; уменьшаться 2. отклонение || отклонять
DECnet 1. сетевая архитектура корпорации Digital Equipment, архитектура DNA 2. торговая марка оборудования и программных продуктов корпорации Digital Equipment для сетей передачи данных 3. набор сетевых протоколов, используемых операционными системами корпорации Digital Equipment (*вместо TCP/IP*)
decodability декодируемость
decode 1. декодировать 2. демодулировать 3. преобразовывать код
decoder 1. декодер (*1. устройство 2. компьютерная программа, алгоритм или метод*) 2. демодулятор 3. преобразователь кода 4. декодер системы цветного телевидения
   address ~ декодер адресов
   analog ~ аналоговый демодулятор
   bubble ~ декодер ЦМД
   channel ~ канальный декодер
   color ~ декодер системы цветного телевидения
   command ~ декодер команд
   decision-feedback ~ декодер с решающей обратной связью
   delta modulation ~ дельта-демодулятор
   Dolby ~ демодулятор в системе (шумопонижения) Долби
   EFM ~ *см.* eight-to-fourteen modulation decoder
   eight-to-fourteen modulation ~ декодер системы с модуляцией 8 – 14, преобразователь 14-разрядных символов в 8-разрядные
   error-detection [error-trapping] ~ декодер с обнаружением ошибок
   FM multiplex ~ стереодекодер
   gated ~ стробированный декодер
   instruction ~ *вчт* декодер инструкций
   local ~ демодулятор в цепи обратной связи (*дельта-модулятора*)
   magnetic ~ магнитный декодер
   matrix ~ матричный декодер
   maximum-likelihood ~ декодер максимального правдоподобия
   one-of-eight ~ восьмиразрядный декодер
   pulse ~ декодер импульсной последовательности
   quadrature ~ квадратурный декодер
   stereo ~ стереодекодер
   tone ~ декодер тональных сигналов
   touch-tone ~ *тлф* декодер кнопочного набора
   voltage ~ преобразователь код — напряжение

decoder

Wyner-Ash ~ декодер Вайнера — Эша
decoding 1. декодирование **2.** демодуляция **3.** преобразование кода
  bit-by-bit ~ поэлементное декодирование; *вчт* поразрядное декодирование
  decision-directed ~ декодирование на основе прямого принятия решения
  differential ~ дифференциальное декодирование
  erasure ~ декодирование со стиранием ошибочных символов
  erasure-and-error ~ декодирование со стиранием и исправлением ошибок
  feedback ~ декодирование с обратной связью
  hard-decision ~ декодирование с жёстким решением
  linguistic ~ лингвистическое декодирование
  list ~ декодирование списком
  majority ~ мажоритарное декодирование
  maximum-likelihood ~ декодирование по максимуму правдоподобия
  Reed-Solomon ~ декодирование по Риду — Соломону
  sequential ~ последовательное декодирование
  soft-decision ~ декодирование с мягким решением (*со стиранием части символов*)
  step-by-step ~ поэлементное декодирование
  stereo ~ стереодекодирование
  syndrome ~ синдромное декодирование
  threshold ~ пороговое декодирование
  Viterbi ~ декодирование по Витерби
decoherence *вчт, кв. эл.* декогеренция, распад суперпозиционных состояний
decollate *вчт* разделять копии и удалять копировальную бумагу
decolor обесцвечивать; отбеливать
decoloration обесцвечивание; отбеливание
decometer декометр (*интегральный фазометр в системе «Декка»*)
decommutation дешифрирование кадра (*в радиотелеметрической системе*)
decommutator дешифратор кадра (*в радиотелеметрической системе*)
decompilate *вчт* декомпилировать, производить обратную трансляцию (*программы в машинных кодах*)
decompilation *вчт* декомпиляция, обратная трансляция (*программы в машинных кодах*)
decompilator *вчт* декомпилятор, обратный транслятор (*программы в машинных кодах*)
decomposition 1. разложение **2.** *вчт* разбиение; декомпозиция **3.** разделение **4.** образование радиационных дефектов внедрения
  ~ **of matrix** разбиение матрицы
  Bruhat ~ разложение Брюа
  Cholesky ~ разбиение Холецкого
  circuit ~ декомпозиция схемы
  double ~ двойное разбиение
  eigenvalue ~ разложение по собственным значениям
  electrolytic ~ электролитическое разделение
  functional ~ функциональная декомпозиция
  life cycle ~ декомпозиция по жизненному циклу
  line ~ *тлв* разложение по строкам
  LU ~ LU- разбиение
  multiparameter ~ многопараметрическое разбиение
  natural ~ естественная декомпозиция
  parameter matrix ~ параметрическое разбиение матрицы
  photochemical ~ фотохимическое разложение
  photolytic ~ фотолитическое разложение
  Q-R ~ Q-R-разбиение
  singular-value ~ разложение по особым значениям
  spectral ~ спектральное разложение
  spinodal ~ *фтт* спинодальный распад
  structural ~ структурная декомпозиция
  television ~ телевизионное разложение
  topological ~ топологическое разбиение (*напр. схемы межсоединений в ИС*)
  triangular ~ **1.** триангуляция **2.** треугольное разбиение матриц
  Wold ~ разбиение Вольда
decompress 1. возвращать к состоянию до сжатия **2.** осуществлять декомпрессию **3.** *вчт* разуплотнять данные
decompression 1. возврат к состоянию до сжатия **2.** декомпрессия **3.** *вчт* разуплотнение данных
decompressor 1. устройство восстановления состояния, предшествовавшего сжатию **2.** декомпрессор, схема декомпрессии **3.** *вчт* схема разуплотнения данных **4.** программа, алгоритм *или* метод разуплотнения данных
deconstruction деконструкция
deconvolution 1. обращение свёртки, нахождение первообразной **2.** обращенная свёртка, первообразная
  digital ~ цифровое обращение свёртки
  holographic ~ голографическое обращение свёртки
  homomorphic ~ гомоморфная обращенная свёртка
  image ~ обработка изображений методом обращения свёртки
  predictive ~ обращение свёртки с предсказанием
deconvolve обращать свёртку, находить первообразную
decouple 1. развязывать **2.** уменьшать связь
decoupler развязывающее устройство
decoupling 1. развязка **2.** уменьшение связи
  cross-polarization ~ развязка по кросс-поляризации
  feedback ~ нейтрализация обратной связи
  power-supply ~ развязка по цепи питания
decoy 1. ложная цель ‖ создавать ложную цель **2.** радиолокационная ловушка
  active ~ активная ложная цель
  antiradiation ~ противорадиолокационная ложная цель
  chaff ~ ложная цель, создаваемая дипольными противорадиолокационными отражателями
  heat-emitting ~ тепловая ложная цель
  missile ~ ложная цель
  passive ~ пассивная ложная цель
  radar ~ **1.** радиолокационная ложная цель **2.** радиолокационная ловушка
  smoke-puff ~ электронное подавление в ИК-диапазоне
decrement 1. декремент (*1. коэффициент затухания, 2. отрицательное приращение; уменьшение значения*) **2.** уменьшать **3.** шаг (*при уменьшении*)
  data ~ уменьшение значения данных
  logarithmic ~ логарифмический декремент
  numerical ~ коэффициент затухания, декремент

define

parameter ~ уменьшение значения параметра
registered parameter number ~ *вчт* **1.** уменьшение номера зарегистрированного параметра на единицу **2.** контроллер «уменьшение номера зарегистрированного параметра на единицу», MIDI-контроллер № 97
RPN ~ *см.* **registered parameter number decrement**

decremental декрементный; выполняемый с помощью отрицательных приращений

decremeter прибор для измерения логарифмического декремента *или* коэффициента затухания

decrypt 1. дешифрование; дешифрирование ‖ дешифровать; дешифрировать **2.** декодирование ‖ декодировать

decryption 1. дешифрование; дешифрирование **2.** декодирование

DECtalk устройство распознавания и озвучивания текста (*для обучения правильной речи*)

Dectra система «Дектра» (*фазовая радионавигационная система*)

dedicated *вчт, тлф* **1.** закреплённый; выделенный; арендованный **2.** специализированный

dedication *вчт, тлф* **1.** закрепление; выделение; аренда **2.** специализированное исполнение

deduce выводить (*напр. формулу*)

deducible выводимый (*напр. о формуле*)

deducibility выводимость (*напр. формулы*)

deduct *вчт* вычитать; уменьшать

deduction *вчт* **1.** вычитание; уменьшение **2.** дедукция **3.** вывод (*напр. формулы*)
rule-based ~ дедукция, основанная на системе порождающих правил, *проф.* продукционная дедукция

deductive дедуктивный

dee дуант (*циклотрона*)

dee-jay ведущий дискотеки, диск-жокей, *проф.* «диджей»

deemphasis коррекция предыскажений
high-frequency ~ коррекция высокочастотных [ВЧ-]предыскажений
video ~ коррекция предыскажений видеосигнала

deemphasize корректировать предыскажения

deenergize 1. отключать питание, обесточивать **2.** снимать возбуждение

deepening:
iterative ~ итерационное углубление (*алгоритм поиска по графу*)

Deerfield кодовое название упрощённого варианта ядра и процессора Foster

deexcitation 1. *кв.эл.* снятие возбуждения; переход в основное состояние; релаксация **2.** высвечивание **3.** дезактивация
collisional ~ снятие возбуждения при столкновениях
metastable level ~ высвечивание метастабильных уровней

default *вчт* значение, используемое по умолчанию ‖ принимать значение, используемое по умолчанию ‖ используемый по умолчанию
user ~ определённое пользователем значение, используемое по умолчанию ‖ принимать определённое пользователем значение, используемое по умолчанию ‖ определённый пользователем и используемое по умолчанию

defect 1. *фтт* дефект **2.** неисправность; повреждение **3.** *тлв* искажение
aperture ~ апертурное искажение
birth ~ дефект изготовления
bulk ~ объёмный дефект
centering ~ *тлв* нарушение центрирования
crystalline ~ структурный дефект, дефект кристаллической решётки
deep-level ~ *пп* дефект, создающий глубокие уровни
fault ~ неисправность, нарушающая работоспособность прибора
Frank ~ дефект по Франку
Frenkel ~ дефект по Френкелю
grown-in [growth] ~ ростовой дефект
image ~ искажение изображения
impurity ~ примесный дефект
intermittent ~ временная неисправность; самоустраняющаяся неисправность
interstitial ~ дефект внедрения
ion-implantation ~ дефект, созданный ионной имплантацией
lattice ~ дефект кристаллической решётки; структурный дефект
light-sensitive ~ фоточувствительный дефект
linear ~ линейный дефект
loop-shaped ~ *крист.* петлеобразный дефект
mass ~ дефект массы
microshort ~ микрозамыкание
planar ~ двумерный [плоский] дефект
point ~ точечный дефект
primary ~ первичный дефект
process-induced ~ дефект, созданный в процессе обработки
protrusive ~ *крист.* выступ
quantum ~ квантовый дефект
radiation(-induced) ~ радиационный дефект
Schottky ~ дефект по Шотки
secondary ~ вторичный дефект
Shockley ~ дефект по Шокли
stoichiometric ~ стехиометрический дефект
structural ~ структурный дефект; дефект кристаллической решётки
substitutional ~ дефект замещения
surface ~ поверхностный дефект
two-dimensional ~ двумерный [плоский] дефект
vacancy ~ вакансия
zero ~**s** бездефектная сдача (*продукции*)

defective дефектный; имеющий дефекты; несовершенный
lot tolerance percent ~ допустимый процент брака в партии

defecton *фтт* дефектон

defense 1. защита **2.** оборона
air ~ противовоздушная оборона
civil ~ гражданская оборона
radiological ~ радиационная защита

deficiency 1. дефицит; недостаток; нехватка **2.** *вчт* невязка
carrier ~ недостаток носителей (*заряда*)
electron ~ недостаток электронов
graph ~ дефицит графа
total ~ общая невязка

define *вчт* **1.** определять **2.** устанавливать границы *или* пределы

defined *вчт* 1. определённый 2. с установленными границами *или* пределами
extensionally ~ экстенсионально определённый
intensionally ~ интенсионально определённый

definition 1. чёткость (*изображения*) 2. разрешающая способность, разрешение 3. *микр.* формирование рисунка 4. *вчт* определение
~ **of situation** определение ситуации
apparent ~ чёткость изображения
block ~ *вчт* 1. определение блока 2. выделение блока (*в тексте*)
brightness ~ яркостная чёткость
cell ~ *вчт* определение значения в ячейке (*электронной таблицы*)
channels ~ *микр.* формирование рисунка каналов
color ~ цветовая чёткость
conceptual ~ концептуальное определение
data ~ определение данных; описание данных
dataset ~ определение набора данных
document type ~ 1. определение типа (разметки) документа, стандарт DTD 2. формат файлов для определения типа (разметки) документа, файловый формат DTD 3. расширение имени файла с определением типа (разметки) документа
facsimile ~ чёткость факсимильного изображения
field ~ определение поля; описание поля
fine-line ~ *микр.* формирование рисунка с высоким разрешением
high ~ 1. высокая чёткость 2. высокая разрешающая способность, высокое разрешение
horizontal ~ 1. горизонтальная чёткость 2. разрешающая способность по горизонтали
image ~ чёткость изображения
line ~ *тлв* 1. горизонтальная чёткость 2. разрешающая способность по горизонтали
low ~ 1. низкая чёткость 2. низкая разрешающая способность, низкое разрешение
macro ~ макроопределение
problem ~ 1. постановка задачи 2. описание задачи
template ~ определение шаблона
vertical ~ 1. вертикальная чёткость 2. разрешающая способность по вертикали

definitional *вчт* дефиниционный; относящийся к определению; используемый в определении; входящий в определение

deflagrator ХИТ с малым внутренним сопротивлением

deflate 1. откачивать; выкачивать; обезгаживать 2. истощать(ся); исчерпывать(ся) 3. испытывать эрозию (*под действием потока газа*) *вчт* 4. сжимать [уплотнять] данные по алгоритму Лемпеля — Зива 1977 г., сжимать [уплотнять] данные по алгоритму LZ77 5. понижать порядок (*напр. уравнения*) 6. выполнять сокращённое деление (*полиномов*) 7. чрезмерно убывать; резко уменьшаться; испытывать дефляцию 5. занижать (*напр. оценку*)

deflated 1. откачанный; обезгаженный 2. истощённый; исчерпанный 3. испытывающий эрозию (*под действием потока газа*) *вчт* 4. сжатый [уплотнённый] по алгоритму Лемпеля — Зива 1977 г., сжатый [уплотнённый] по алгоритму LZ77 (*о данных*) 5. с пониженным порядком (*напр. об уравнении*) 6. чрезмерно уменьшенный; испытывающий дефляцию 5. заниженный (*напр. об оценке*)

deflation 1. откачка; обезгаживание 2. истощение; исчерпывание 3. эрозия (*под действием потока газа*) *вчт* 4. сжатие [уплотнение] данных по алгоритму Лемпеля — Зива 1977 г. 5. понижение порядка (*напр. уравнения*) 6. сокращённое деление (*полиномов*) 7. чрезмерно убывающий; резкое уменьшение; дефляция 8. занижение (*напр. оценки*)
polynomial ~ сокращённое деление полиномов

deflect отклонять

deflection 1. отклонение (*1. процесс или результат отклонения 2. величина отклонения*) 2. *тлв* развёртка
acoustooptic (light) ~ акустооптическое отклонение светового пучка
angular ~ угловое отклонение
beam ~ отклонение луча; отклонение пучка
Bragg ~ брэгговское отклонение
digital ~ дискретное отклонение
dynamic angular ~ динамическое угловое отклонение
electric ~ электростатическое отклонение
electromagnetic ~ магнитное отклонение
electrooptic ~ электрооптическое отклонение
electrostatic ~ электростатическое отклонение
field ~ *тлв* 1. отклонение по полю 2. полевая развёртка
frame ~ *тлв* кадровая развёртка
horizontal ~ 1. горизонтальное отклонение *тлв* 2. строчное отклонение 3. строчная развёртка
light ~ 1. отклонение светового пучка 2. преломление света
magnetic ~ магнитное отклонение
magnetooptic ~ магнитооптическое отклонение
symmetrical ~ симметричное отклонение
vertical ~ 1. вертикальное отклонение *тлв* 2. отклонение по полю 3. полевая развёртка 4. кадровая развёртка

deflective отклоняющий

deflector 1. отклоняющий электрод; отклоняющие пластины 2. *тлв* отклоняющая система; отклоняющая катушка 3. *опт.* дефлектор
acoustooptic ~ акустооптический дефлектор
beam ~ 1. отклоняющая система 2. оптический дефлектор
bimorph ~ дефлектор на биморфной пластинке
Bragg ~ брэгговский дефлектор
cantilevered beam ~ консольный оптический дефлектор
convergent light-beam ~ дефлектор сходящегося светового пучка
digital light-beam ~ дискретный оптический дефлектор
dispersive-medium optical ~ оптический дефлектор на эффекте отклонения луча в диспергирующей среде
dynamic ~ динамический дефлектор
electric ~ электростатическая отклоняющая система
electrostatic ~ электростатическая отклоняющая система
Faraday effect ~ дефлектор на эффекте Фарадея, фарадеевский дефлектор
horizontal ~ 1. горизонтальные отклоняющие пластины 2. строчная отклоняющая катушка
hybrid ~ гибридная отклоняющая система

in-cavity optical ~ внутрирезонаторный оптический дефлектор
magnetic ~ магнитная отклоняющая система
magnetooptical ~ магнитооптический дефлектор
piezoceramic ~ пьезокерамический дефлектор
prism-array ~ дефлектор на решётке призм
selective-access optical ~ оптический дефлектор с избирательным доступом
sequential-access optical ~ оптический дефлектор с последовательным доступом
TIR ~ *см.* total internal reflection deflector
total internal reflection ~ дефлектор на эффекте полного внутреннего отражения
vertical ~ 1. вертикальные отклоняющие пластины **2.** полевая отклоняющая катушка; кадровая отклоняющая катушка
Wollaston-prism ~ дефлектор на призме Волластона
xy ~ двухкоординатный дефлектор

defocus дефокусировать, расфокусировать
defocusing дефокусировка, расфокусировка
  deflection ~ дефокусировка при отклонении
  thermobaric ~ термобарическая дефокусировка *(изображения)*
deform 1. деформировать *(1. создавать упругие или неупругие деформации в твёрдом теле 2. искажать)*; деформироваться *(1. приобретать упругие или неупругие деформации (о твёрдом теле) 2. искажаться)* **2.** изменять форму; изменяться по форме
deformable деформируемый
deformation 1. деформация *(1. упругая или неупругая деформация твёрдого тела 2. искажение)* **2.** изменение формы
  ~ of band деформация (энергетической) зоны
  angular ~ угловая деформация
  axial ~ аксиальная деформация
  bubble ~ деформация ЦМД
  elastic ~ упругая деформация
  fatigue ~ усталостная деформация
  image ~ деформация изображения
  irreversible ~ необратимая деформация
  isomonodromic ~s изомонодромные деформации
  isospectral ~s изоспектральные деформации
  plastic ~ пластическая деформация
  residual ~ остаточная деформация
  shear ~ деформация сдвига
  static ~ статическая деформация
  tensile ~ деформация растяжения
  thermal ~ температурная деформация
  thermoelastic ~ термоупругая деформация
  torsional ~ деформация кручения
  volumetric ~ объёмная деформация
defragment *вчт* дефрагментировать *(напр. данные на жёстком диске)*
defragmentation *вчт* дефрагментация *(напр. данных на жёстком диске)*
defruit *рлк* подавление импульсных несинхронных помех || подавлять импульсные несинхронные помехи *(на экране индикатора)*
  single ~ подавление импульсных несинхронных помех методом сравнения видеосигналов на двух последовательных периодах развёртки
defuzzification восстановление [приведение к] чёткости, преобразование нечёткого множества в дискретное, *проф.* скаляризация, «дефазификация»
  centroid ~ восстановление [приведение к] чёткости методом центра тяжести
  modal ~ восстановление [приведение к] чёткости методом определения максимума функции принадлежности
defuzzifier программа восстановления [приведения к] чёткости, программа преобразования нечёткого множества в дискретное, *проф.* программа скаляризации, программа «дефазификации»
defuzzify восстанавливать чёткость, приводить к чёткости, преобразовывать нечёткое множество в дискретное, *проф.* скаляризовать, «дефазифицировать»
degarbler схема устранения искажений
degas обезгаживать *(напр. электровакуумные приборы)*
degassing обезгаживание *(напр. электровакуумных приборов)*
degate 1. блокировка || блокирующий || блокировать **2.** блокирующая схема; блокирующее устройство
  clock ~ блокировка синхроимпульсов
degating блокировка || блокирующий
degauss 1. размагничивание || размагничивать **2.** стирание *(магнитной записи)* || стирать *(магнитную запись)*
degausser 1. схема размагничивания; размагничивающее устройство **2.** стирающее *(магнитную запись)* устройство
  automatic ~ схема автоматического размагничивания; автоматическое размагничивающее устройство
  bulk ~ размагничивающее устройство для рулонов магнитной ленты
  tape ~ размагничивающее устройство для рулонов магнитной ленты
degaussing 1. размагничивание **2.** стирание *(магнитной записи)*
  automatic ~ автоматическое размагничивание
  ship ~ размагничивание судов
degeneracy 1. вырождение **2.** кратность вырождения
  energy ~ вырождение по энергии
  exchange ~ обменное вырождение
  frequency ~ вырождение по частоте
  Kramer's ~ крамерсово вырождение
  mode ~ вырождение моды
  n-fold ~ n-кратное вырождение
  orbital (angular momentum) ~ орбитальное вырождение, вырождение по орбитальному моменту
  space ~ пространственное вырождение, вырождение по проекции орбитального момента
  spin ~ спиновое вырождение, вырождение по спину
  state ~ кратность вырождения состояния
degeneration отрицательная обратная связь
  cathode ~ отрицательная обратная связь по катодной цепи
deglitcher нелинейный фильтр для ограничения длительности переходных процессов *(в цифровых преобразователях)*
degradation 1. деградация **2.** замедление *(частиц)*
  aging ~ деградация при старении
  catastrophic ~ катастрофическая деградация
  channel ~ ухудшение характеристик канала
  flux ~ *свпр* затухание потока
  gain ~ уменьшение усиления

degradation

graceful ~ *вчт проф.* умеренная деградация (*не приводящая к полной потере работоспособности*)
hologram ~ деградация голограммы
image ~ ухудшение качества изображения
interface ~ деградация поверхности раздела
performance ~ ухудшение характеристик
scan ~ ухудшение характеристик при сканировании
speech ~ искажение голосового [речевого] сигнала
X-ray ~ деградация под действием рентгеновского излучения

degrade 1. деградировать 2. замедлять (*частицы*)

degree 1. степень (*1. относительная мера; сравнительная величина 2. степень полинома 3. степень сравнения (грамматическая категория) 4. категория; разряд; ранг 5. учёная степень*) 2. градус (*1. единица измерения температуры 2. единица измерения углов,* ° (*1° = 2π/360 рад*) *3. вчт символ* °*4. условная единица измерения различных величин* (*напр. жёсткости воды, концентрации кислот и др.*)) 3. ступень (*1. стадия; этап 2. уровень 3. тон звукоряда*) 4. *вчт* порядок (*1. порядок плоской кривой 2. порядок дифференциального уравнения 3. порядок определителя или матрицы*) 5. кратность ◊ **by ~s** постепенно

~ **of abstraction** уровень абстракции
~ **of accuracy** степень точности
~ **of belief** степень доверия
~ **of blocking** *тлф* уровень потерь
~ **of current rectification** коэффициент выпрямления тока
~ **of curve** порядок кривой
~ **of degeneracy** 1. *пп* степень вырождения 2. *кв. эл.* кратность вырождения
~ **of dependence** степень зависимости
~ **of differential equation** порядок дифференциального уравнения
~ **of discrimination** степень дискриминации
~ . **of dissociation** *кв.эл.* степень диссоциации
~ **of fill** степень заполнения
~**s of freedom** 1. степени свободы (*1. независимые (обобщённые) координаты, определяющие полную энергию или гамильтониан физической системы 2. независимые термодинамические параметры, определяющие состояние термодинамического равновесия 3. независимые величины в статистической выборке*) 2. число степеней свободы 3. степени подвижности (*напр. манипулятора*)
~ **of inversion** *кв.эл.* степень инверсии
~ **of ionization** 1. степень ионизации 2. кратность ионизации
~ **of modulation** коэффициент модуляции
~ **of redundancy** *т. над.* кратность резерва
~ **of safety** *т. над.* коэффициент безопасности
~ **of saturation** степень насыщения
~ **of voltage rectification** коэффициент выпрямления напряжения
abstraction ~ степень абстракции
arc ~ дуговой градус
association ~ уровень ассоциации
completeness ~ степень полноты
complexity ~ уровень сложности
confidence ~ уровень доверительной области
conventional ~ **of distortion** условная величина искажения (*в аппаратуре передачи данных*)
correlation ~ степень корреляции
divisor ~ степень дивизора
electrical ~ электрический градус
manifold ~ степень многообразия
node ~ степень вершины, степень узла (*графа*)
operator ~ степень оператора
ramification ~ степень ветвления
rotational ~ **of freedom** вращательная степень свободы
spherical ~ сферический градус
translational ~ **of freedom** поступательная степень свободы
vertex ~ степень вершины, степень узла (*графа*)
vibrational ~ **of freedom** колебательная степень свободы

dehopping восстановление сигналов со скачкообразной перестройкой частоты

de-icing защита от обледенения
antenna ~ защита антенны от обледенения
radome ~ защита обтекателя антенны от обледенения

deinstall 1. разбирать; демонтировать (*напр. оборудование*) 2. *вчт* удалять программное обеспечение, *проф.* деинстал(л)ировать

deinstallation 1. разборка; демонтаж (*напр. оборудования*) 2. *вчт* удаление программного обеспечения, *проф.* деинстал(л)яция
drive ~ демонтаж дисковода
external (unit) ~ демонтаж внешнего устройства
hard disk ~ демонтаж жёсткого (магнитного) диска
internal (unit) ~ демонтаж внутреннего устройства
program ~ удаление [деинстал(л)яция] программы

deinstaller *вчт* утилита для удаления программного обеспечения, *проф.* деинстал(л)ер

deinstallment 1. процесс разборки; процесс демонтажа (*напр. оборудования*) 2. *вчт* процесс удаления программного обеспечения, *проф.* процесс деинстал(л)яции

deinterleaver обращающий перемежитель
deinterleaving обращение перемежения
deionization деионизация
impurity ~ деионизация примесей

deionizator 1. установка деионизации 2. ионообменная установка

deionize деионизировать

dejagging *вчт* устранение зубцов или ступенек (*на прямой линии или крае изображения*)

dejam подавлять активные преднамеренные радиопомехи

dejitterizer схема устранения дрожаний (*напр. изображения*)

deka- дека..., да, 10 (*приставка для образования десятичных кратных единиц*)

dekatron декатрон

del оператор Гамильтона, набла, символ ∇

delamination отслоение (*проводящего рисунка*); расслоение (*печатной платы*)

delay 1. задержка; запаздывание ∥ задерживать; запаздывать 2. время задержки; время запаздывания 3. линия задержки; элемент задержки
absolute ~ *рлк* заданное время задержки между двумя импульсами излучения (*одной или двух станций*)

altitude ~ задержка развёртки в ИКО для устранения сигналов, обусловленных мешающими отражениями от земной поверхности
artificial time ~ устройство для создания искусственной задержки (*в системах звукоусиления*)
average packet ~ средняя задержка (при передаче) пакета
beacon ~ задержка сигнала при ретрансляции в радиомаяке
bit ~ задержка на бит
break ~ время отпускания (*реле*)
bulk-effect ~ элемент задержки на объёмном эффекте
CAS timing ~ *см.* column address strobe timing delay
CAS to RAS ~ *см.* column address strobe to row address strobe delay
chorus out ~ *вчт* время задержки (звукового) сигнала при создании эффекта хорового исполнения
code [coding] ~ кодовая задержка (*в системе «Лоран»*)
column address strobe timing ~ *вчт* время задержки строб-импульса адреса столбца относительно строб-импульса адреса строки
column address strobe to row address strobe ~ *вчт* время задержки строб-импульса адреса столбца относительно строб-импульса адреса строки
command ~ задержка командного цикла (*напр. в процессоре*)
compensating ~ компенсирующая задержка
cross-network ~ межсетевая задержка
cross-office ~ межстанционная задержка
differential ~ дифференциальная задержка
digital (time) ~ 1. цифровая задержка 2. цифровая линия задержки
display (time) ~ задержка отображения
domain-wall movement ~ задержка смещения доменных границ
envelope ~ 1. групповая задержка 2. групповое время задержки
falling ~ задержка выключения
field ~ *тлв* задержка на поле
fly-back ~ запаздывание обратного хода луча
frame ~ *тлв* задержка на кадр
gate ~ время задержки сигнала на логический элемент
group ~ 1. групповая задержка 2. групповое время задержки
incremental ~ дискретно регулируемая задержка
interchip ~ время задержки сигнала на соединениях между кристаллами
interconnection ~ время задержки сигнала на межсоединениях
ionospheric ~ задержка сигналов в ионосфере
laser-acoustic ~ лазерноуправляемая акустическая линия задержки
line ~ *тлв* задержка на строку
linear group ~ групповая задержка с линейной зависимостью от частоты
loop ~ задержка в контуре
Loran absolute ~ *рлк* заданное время задержки между импульсами излучения ведущей и ведомой станций системы «Лоран»
magnetic ~ магнитная задержка
magnetoelastic ~ магнитоупругая задержка

magnetostatic ~ магнитостатическая задержка
multipath ~ задержка при многолучевом распространении
multi-tap ~ 1. многократная последовательная задержка, *проф.* «мультизадержка» (*для создания искусственных звуковых эффектов*); задержка (сигнала) с помощью многоотводной линии 2. многоотводная линия задержки
network ~ сетевая задержка
packet ~ задержка (при передаче) пакета
parabolic group ~ групповая задержка с параболической зависимостью от частоты
path ~ задержка на трассе (*распространения*)
phase ~ фазовая задержка
pre~ предварительная задержка, *проф.* предзадержка (*напр. в системах искусственной реверберации*)
propagation ~ задержка при распространении (*волны*), задержка на прохождение (*сигнала*)
pulse ~ задержка импульса
read array ~ задержка сигнала в матрице при считывании
real-time ~ задержка в фазовращателях (*антенной решётки*)
recovery ~ of junction *пп* задержка восстановления перехода
relative time ~ относительное запаздывание
rising ~ задержка включения
rotational ~ задержка (*записи или считывания*), обусловленная ожиданием подхода рабочего сектора к головке (*в дисковых ЗУ*)
round-trip ~ задержка при распространении (*сигнала*) в прямом и обратном направлениях; циклическая задержка
round-trip loop ~ циклическая задержка в контуре
select array ~ задержка сигнала в матрице при выборке
service ~ *вчт* задержка при обслуживании
signal ~ задержка сигнала
sky-wave transmission ~ время задержки ионосферной (радио)волны (*относительно земной радиоволны*)
stage ~ время задержки сигнала на каскад
statistical ~ случайное запаздывание
statistical ~ of ignition запаздывание возникновения разряда
suppressed time ~ кодовая задержка (*в системе «Лоран»*)
time ~ 1. время задержки, время запаздывания 2. элемент задержки
turn-off ~ задержка выключения
turn-on ~ задержка включения
typematic ~ задержка автоповтора скан-кода клавиши (*при удерживании в нажатом состоянии*)
write array ~ задержка сигнала в матрице при записи
write-read ~ время задержки на цикл запись — считывание
delayer линия задержки; элемент задержки
time ~ линия задержки; элемент задержки
delete *вчт* 1. удаление, стирание ǁ удалять, стирать (*файл, символ или выделенный фрагмент документа с возможностью последующего восстановления*) 2. команда удаления (*символа или выделенного фрагмента документа*); программа уда-

deletion

ления (*файла с возможностью последующего восстановления*) **3.** клавиша *или* позиция экранного меню для вызова команды удаления *или* запуска программы удаления

deletion *вчт* **1.** удаление, стирание (*файла, символа или выделенного фрагмента документа с возможностью последующего восстановления*) **2.** удалённый объект
  cascade ~ каскадное удаление
  data ~ удаление данных
  directory ~ удаление каталога
  file ~ удаление файла
  variable ~ удаление переменных

delidding извлечение из корпуса; демонтаж

delimit *вчт* **1.** ограничивать; определять границы **2.** разделять

delimiter *вчт* **1.** ограничитель **2.** разделитель
  parameter ~ ограничитель параметра
  self-defining ~ самоопределяющий разделитель

delineate 1. определять форму и размеры **2.** составлять чертёж *или* план; формировать рисунок

delineation 1. определение формы и размеров **2.** составление чертежа *или* плана; формирование рисунка
  contact pattern ~ формирование рисунка контакта
  photolithographic ~ формирование рисунка методом фотолитографии
  resistor pattern ~ формирование рисунка резистора

delint *вчт* **1.** транслятор *или* интерпретатор с контролем синтаксических и орфографических ошибок **2.** исправление синтаксических и орфографических ошибок, обнаруженных транслятором *или* интерпретатором

delivery 1. доставка **2.** поставка (*напр. аппаратного или программного обеспечения*)
  deferred ~ задержанная доставка (*электронной почты*), отправка (*электронной почты*) по команде из накапливающего почтового ящика
  electronic document ~ электронная доставка документов

delocalization делокализация
delocalize делокализовать

Delphi 1. оперативно-информационная служба Delphi (*в Internet*) **2.** язык программирования Delphi, объектно-ориентированная версия языка Pascal (*для Microsoft Windows*)

Delrac система «Дельрак» (*фазовая радионавигационная система*)

Delta стандартное слово для буквы *D* в фонетическом алфавите «Альфа»

delta 1. дельта (*1. буква греческого алфавита*, Δ, δ *2. математический символ приращения величины или функции, символ Δ или δ 3. оператор Лапласа, лапласиан 4. вчт проф. незначительное изменение программы 5. (бесконечно) малое приращение; (бесконечно) малая величина*) **2.** дельта-поток **3.** соединение треугольником, треугольник ◊ **within ~ of** *проф.* в небольших пределах; в (бесконечно) малой окрестности; в дельта-окрестности

delta-bar-delta 1. алгоритм обучения искусственных нейронных сетей с адаптивным подбором скорости обучения для каждого синаптического веса, алгоритм DBD, *проф.* алгоритм «дельта – дельта с чертой» **2.** искусственная нейронная сеть с обучением по алгоритму DBD

  extended ~ **1.** расширенный алгоритм DBD **2.** искусственная нейронная сеть с обучением по расширенному алгоритму DBD

delta-delta треугольник — треугольник, соединение по схеме треугольник — треугольник

delta-wye треугольник — звезда, соединение по схеме треугольник — звезда

demagnetization 1. размагничивание **2.** стирание (*магнитной записи*)
  ~ **by ac field** размагничивание переменным полем
  ~ **by dc field** размагничивание постоянным полем
  ~ **by heating above Curie temperature** размагничивание нагревом выше температуры Кюри
  adiabatic ~ адиабатическое размагничивание
  self-~ саморазмагничивание

demagnetize 1. размагничивать **2.** стирать (*магнитную запись*)

demagnetizer 1. схема размагничивания **2.** размагничивающее устройство **3.** стирающее устройство
  head ~ устройство для размагничивания головок

demagnification уменьшение (*напр. изображения*)

demand 1. (*потребляемая*) мощность **2.** спрос (*напр. на товар*) **3.** *вчт* требование; запрос ǁ требовать; запрашивать ◊ **on** ~ по требованию; по запросу

dematron дематрон

demerit *вчт* дефект

demigod *вчт проф.* полубог (*опытнейший хакер национального масштаба*)

demo 1. *вчт* демонстрационная версия (*напр. программы*) **2.** демонстрационная аудио- или видеозапись музыкальной новинки **3.** объект демонстрации

demode выпадать (*из общей закономерности*)

demoder обнаружитель выпадений (*из общей закономерности*)
  pulse ~ дискриминатор постоянной задержки (*между импульсами*)

demodifier *вчт* демодификатор

demodulate 1. демодулировать; детектировать **2.** уменьшать глубину модуляции

demodulation 1. демодуляция; детектирование **2.** уменьшение глубины модуляции
  amplitude ~ амплитудная демодуляция
  chrominance(-subcarrier) ~ демодуляция сигнала цветности
  enhanced-carrier ~ демодуляция с усиленной несущей (*для уменьшения нелинейных искажений*)
  frequency ~ частотная демодуляция
  homodyne ~ гомодинная демодуляция
  optical ~ оптическое детектирование
  phase ~ фазовая демодуляция
  slope ~ частотная демодуляция на расстроенном резонансном контуре
  synchronous ~ синхронное детектирование
  time ~ демодуляция в системах с временным разделением сигналов

demodulator демодулятор; детектор
  amplitude ~ амплитудный демодулятор
  angle ~ демодулятор сигналов с угловой модуляцией
  baseband ~ демодулятор групповых сигналов
  chrominance(-subcarrier) ~ демодулятор сигнала цветности
  coherent ~ когерентный демодулятор
  Costas ~ демодулятор Костаса

diode ~ диодный детектор
envelope ~ детектор огибающей
FM feedback ~ демодулятор ЧМ-сигналов с обратной связью по частоте
I ~ демодулятор цветоразностного сигнала I (*в системе НТСЦ*)
noncoherent ~ некогерентный демодулятор
phase ~ фазовый демодулятор
phase-locked ~ демодулятор с фазовой автоподстройкой частоты, демодулятор с ФАПЧ
phase-sensitive ~ фазочувствительный демодулятор
product ~ синхронный детектор
pulse-code ~ импульсно-кодовый демодулятор
pulse-count ~ демодулятор типа «счётчик импульсов» (*в видеомагнитофоне*)
pulse-position ~ фазоимпульсный [фазово-импульсный] демодулятор
Q ~ демодулятор цветоразностного сигнала Q (*в системе НТСЦ*)
square-law ~ квадратичный детектор
synchronous ~ синхронный детектор
threshold-extension ~ порогопонижающий демодулятор

demon *см.* daemon
demonstration 1. демонстрация; показ (*продукции*) в рекламных *или* коммерческих целях 2. доказательство
demonstrator 1. объект демонстрации 2. демонстратор
dynamic ~ демонстрационная функциональная схема
voice operation ~ 1. аппарат «искусственный голос» 2. синтезатор речи с клавишным пультом

demos *вчт* демос, подпопуляция (*в генетических алгоритмах*)
demote *вчт* понижать ранг; переводить в более низкую категорию
demotion *вчт* понижение ранга; перевод в более низкую категорию
demount демонтаж; разборка; съём ∥ демонтировать; разбирать; снимать
demountability демонтируемость; возможность разборки *или* съёма
demountable демонтируемый; разбираемый; съёмный
demultiplexer 1. аппаратура разуплотнения (*напр. линии связи*), аппаратура разделения (*напр. сигналов*) 2. *вчт* демультиплексор
demultiplexing 1. разуплотнение (*напр. линии связи*), разделение (*напр. сигналов*) 2. *вчт* демультиплексирование
code ~ кодовое разделение
digital ~ временное разделение цифровых каналов связи
frequency ~ частотное разделение
time ~ временное разделение

demultiplexor *см.* demultiplexer
demultiplier делитель
frequency ~ делитель частоты
denary 1. десятичный 2. кратный десяти; десятикратный
dendrite 1. дендрит 2. ветвящийся [древовидный] объект; процесс с ветвлением
neuron ~ *бион.* дендрит нейрона
paraboloidal ~ *крист.* параболоидальный дендрит
pseudo ~ *крист.* псевдодендрит
dendritic 1. дендритный 2. ветвящийся, древовидный
denial 1. отказ 2. отрицание (*логическая операция*)
~ of service 1. отказ в обслуживании 2. хакерская атака типа «отказ в обслуживании», полное *или* частичное блокирование программного обеспечения сайта (*напр. коммерческого*)
alternative ~ И НЕ, дизъюнкция отрицаний, штрих Шеффера
distributed ~ of service 1. распределённый отказ в обслуживании 2. хакерская атака типа «распределённый отказ в обслуживании», полное *или* частичное блокирование множеством серверов программного обеспечения сайта (*напр. коммерческого*)
joint ~ (включающее) ИЛИ НЕ, отрицание дизъюнкции

denoise понижать уровень шума
denominate именовать; присваивать имя ∥ (по)именованный; имеющий имя
denominated (по)именованный; имеющий имя
denomination (по)именование; присвоение имени
denominator *вчт* знаменатель ◊ **to reduce to common** ~ приводить к общему знаменателю
common ~ общий знаменатель
least [lowest] common ~ наименьший общий знаменатель

denotant *вчт* денотантный; внеязыковый
denotata *pl от* denotatum
denotation *вчт* 1. объём понятия (*класс объектов, к которым применимо данное понятие*) 2. денотат (*предметное значение знака или символа*) 3. знак; символ; индикатор 4. предметная отнесённость 5. обозначение
computer ~ обозначение компьютера (*напр. в данных типа «cookie»*)
denotatum *вчт* обозначаемое
denote 1. служить знаком *или* символом; быть индикатором 2. обозначать символом
densimeter денсиметр, плотномер
densitometer денситометр
integrating-sphere ~ интегрирующий денситометр
photoelectric ~ фотоэлектрический денситометр
schlieren ~ шлирен-денситометр
video ~ видеоденситометр
visual ~ визуальный денситометр
density 1. плотность; концентрация 2. оптическая плотность фотоматериала 3. *вчт* плотность записи 4. плотность распределения (*напр. случайной величины*)
~ of codebook vectors плотность векторов кодовой книги
~ of conduction current плотность (электрического) тока проводимости
~ of convection current плотность (электрического) конвекционного тока
~ of data плотность записи
~ of displacement current плотность (электрического) тока смещения
~ of field напряжённость поля
~ of levels плотность (энергетических) уровней
~ of recombination centers плотность центров рекомбинации
~ of states плотность состояний
~ of training data плотность обучающих данных

density

acceptor ~ концентрация акцепторов
anisotropy energy ~ плотность энергии анизотропии
area(l) ~ *вчт* поверхностная плотность (*записи*), произведение линейной и продольной плотностей (*записи*)
area(l) recording ~ поверхностная плотность записи
arrival ~ плотность входящего потока, плотность входного потока (*заявок, требований или вызовов в системе массового обслуживания*)
band edge ~ of states *фтт* плотность состояний на краю зоны
beam ~ плотность пучка
bit ~ плотность записи в битах на единицу измерения
black-light flux ~ плотность потока ближнего ультрафиолетового излучения
Bloch line ~ *магн.* плотность блоховских линий
bubble(-memory) ~ плотность ЦМД
bunch ~ плотность сгустка
carrier ~ концентрация носителей
cathode-current ~ удельная эмиссия катода
character ~ плотность записи символов
charge ~ плотность (электрического) заряда
charged-particle ~ концентрация заряженных частиц
collision ~ удельное число столкновений за единицу времени
component ~ плотность упаковки; плотность компоновки; плотность монтажа
conditional ~ плотность условного распределения
conduction current ~ плотность (электрического) тока проводимости
cross-spectral ~ взаимная спектральная плотность
current ~ плотность (электрического) тока
defect ~ концентрация дефектов
delta flux ~ плотность дельта-потока
dielectric flux ~ электрическая индукция, электрическое смещение
diffuse (transmission) ~ диффузная оптическая плотность
diffusion-current ~ плотность диффузионного тока
dislocation ~ концентрация дислокаций
donor ~ концентрация доноров
doping ~ концентрация (легирующей) примеси
double ~ двойная линейная плотность (*записи*)
double diffuse ~ двойная диффузная оптическая плотность
effective ~ эффективная плотность
elastic energy ~ плотность упругой энергии
electric displacement current ~ плотность (электрического) тока смещения
electric-field energy ~ плотность энергии электростатического поля
electric flux ~ электрическая индукция, электрическое смещение
electrolyte ~ концентрация кислоты в электролите (*ХИТ*)
electron ~ концентрация электронов
electrostatic-field energy ~ плотность энергии электростатического поля
energy-flux ~ плотность потока энергии
equilibrium ~ равновесная концентрация
equivalent electron ~ эквивалентная концентрация электронов

etch pit ~ плотность ямок травления
excess-carrier ~ концентрация избыточных носителей
extended ~ увеличенная плотность; сверхвысокая плотность (*записи*)
facsimile ~ оптическая плотность факсимильной копии
failure ~ интенсивность отказов
field energy ~ плотность энергии поля
flux ~ 1. плотность потока 2. магнитная индукция 3. электрическая индукция, электрическое смещение
Fourier ~ спектральная плотность
function ~ функциональная плотность (*ИС*)
gate ~ плотность упаковки (*ИС*) в эквивалентных логических элементах
Gaussian ~ плотность нормального распределения
gray-level probability ~ плотность вероятности распределения уровней серого (*в распознавании образов*)
high ~ высокая плотность (*напр. записи*); высокая концентрация (*напр. примеси*)
hole ~ концентрация дырок
image ~ оптическая плотность
impurity ~ концентрация примесей
induced anisotropy energy ~ плотность энергии наведённой анизотропии
induction ~ 1. магнитная индукция 2. электрическая индукция, электрическое смещение
integrated-circuit ~ 1. плотность упаковки ИС 2. степень интеграции ИС
integration ~ степень интеграции
internal transmission ~ внутренняя оптическая плотность
intrinsic ~ собственная концентрация (*напр. носителей заряда*)
intrinsic flux ~ собственная магнитная индукция
inverted population ~ инверсная заселённость
joint ~ плотность совместного распределения
Josephson current ~ *свпр* плотность джозефсоновского тока
level ~ плотность уровней
linear ~ *вчт* линейная плотность записи, число записанных бит на единицу длины (*дорожки*)
linear ~ of electric charge линейная плотность электрического заряда
linear ion ~ линейная концентрация ионов
linear recording ~ продольная плотность записи
longitudinal ~ *вчт* продольная плотность записи, число дорожек записи на единицу длины (*вдоль радиуса диска*)
luminous ~ объёмная плотность световой энергии
luminous flux ~ поверхностная плотность светового потока
magnetic energy ~ плотность магнитной энергии
magnetic field energy ~ плотность энергии магнитостатического поля
magnetic flux ~ магнитная индукция
magnetic moment ~ намагниченность
magnetic-pole volume ~ плотность магнитных полюсов
magnetocrystalline anisotropy energy ~ плотность энергии магнитокристаллической анизотропии
magnetoelastic energy ~ плотность магнитоупругой энергии

magnetostatic-field energy ~ плотность энергии магнитостатического поля
majority-carrier ~ концентрация основных носителей
marginal ~ маргинальная плотность распределения
minority-carrier ~ концентрация неосновных носителей
mode ~ плотность мод
momentum ~ плотность импульса
momentum flow ~ плотность потока импульса
multivariate ~ плотность многомерного распределения
neutral (particle) ~ концентрация нейтральных частиц
noise spectral ~ спектральная плотность шума
nonequilibrium ~ неравновесная концентрация
normal ~ плотность нормального распределения
occupation ~ степень заполнения; заселённость (*энергетических уровней*)
optical ~ оптическая плотность
orbital-belt ~ плотность орбитального пояса (*из дипольных отражателей*)
packaging ~ плотность упаковки; плотность компоновки; плотность монтажа
packing ~ плотность записи
pair ~ концентрация пар
particle flux ~ плотность потока частиц
peak energy ~ максимальная плотность энергии
photographic оптическая плотность фотоматериала
photographic transmission ~ оптическая плотность фотоматериала
photoionization ~ концентрация фотовозбуждённых носителей
pinch ~ плотность плазменного шнура
pinhole ~ *пп* плотность микроотверстий
plasma ~ плотность плазмы
plasma-current ~ плотность тока плазмы
population ~ степень заполнения; заселённость (*энергетических уровней*)
posterior ~ апостериорная плотность распределения
power ~ 1. плотность мощности 2. плотность потока энергии
power flow [power flux] ~ плотность потока энергии
power spectrum ~ спектральная плотность мощности
prior ~ априорная плотность распределения
probability ~ плотность (распределения) вероятности
quad ~ двойная линейная плотность (*записи*) с удвоенным количеством дорожек
radiant (energy) ~ объёмная плотность энергии излучения
radiant flux (surface) ~ поверхностная плотность потока излучения
recording ~ плотность записи
reflection (optical) ~ оптическая плотность по отражению
relative ~ относительная плотность
remanent flux ~ остаточная магнитная индукция
residual ~ остаточная оптическая плотность
residual flux ~ остаточная магнитная индукция
saturation flux ~ магнитная индукция насыщения

single ~ одинарная плотность (*записи*)
single-sided noise spectral ~ односторонняя спектральная плотность шума
sound-energy ~ объёмная плотность акустической [звуковой] энергии
sound-energy-flux ~ интенсивность звука
space-charge ~ плотность пространственного заряда
spectral ~ спектральная плотность
specular (transmission) ~ оптическая плотность по нормали
spin ~ концентрация спинов
steady-state ~ равновесная концентрация
step ~ плотность ступеней (*при росте кристаллов*)
subsurface ~ подповерхностная концентрация
supercurrent ~ плотность сверхпроводящего тока
surface ~ поверхностная плотность; поверхностная концентрация
surface ~ **of electric charge** поверхностная плотность электрического заряда
surface-defect ~ концентрация поверхностных дефектов
surface-state ~ *пп* плотность поверхностных состояний
thermodynamic equilibrium ~ термодинамически равновесная концентрация
threshold current ~ пороговая плотность тока
total electric-current ~ полная плотность электрического тока
track ~ *вчт* число дорожек записи на единицу длины (*вдоль радиуса диска*), продольная плотность записи
trail electron ~ концентрация электронов в метеорном следе
transmission (optical) ~ оптическая плотность
trap ~ концентрация ловушек, концентрация центров захвата
tunneling ~ туннельная плотность (*состояний*)
uniform current ~ однородная плотность тока
very high ~ сверхвысокая плотность (*записи*)
volume ~ **of electric charge** объёмная плотность электрического заряда
volume ~ **of magnetic pole strength** намагниченность
volume recording ~ объёмная плотность записи
volumetric energy ~ объёмная плотность энергии
wire ~ плотность трасс (*ИС*)
writing ~ плотность записи
denuder сепаратор-электролитоноситель (*в ртутно-цинковых элементах*)
denumerability *вчт* счётность (*множества*)
denumerable *вчт* счётный (*о множестве*)
deorbit 1. покидать орбиту 2. вынудить покинуть орбиту
depart 1. оставлять; покидать 2. отклоняться; расходиться; иметь отличия 3. *вчт* возвращаться в операционную систему (*после завершения прикладной программы*)
Department:
   ~ **of Defense** Министерство обороны США
   British Broadcasting Corporation Research ~ научно-исследовательский отдел Британской радиовещательной корпорации
department 1. отдел; отделение; подразделение 2. министерство; ведомство 3. факультет

department

telegraph ~ телеграфное отделение
telephone ~ телефонное отделение
departure 1. уход; вылет **2.** отклонение; расхождение; отличие **3.** *вчт* возврат в операционную систему (*после завершения прикладной программы*)
  electron ~ вылет электрона
  frequency ~ уход частоты
depassivation *микр.* депассивация, депассирование
depend 1. зависеть; быть зависящим от условий *или* обстоятельств **2.** полагаться; доверять; быть уверенным **3.** рассчитывать на помощь *или* поддержку
dependability надёжность
  software ~ надёжность программного обеспечения
dependable надёжный; заслуживающий доверия
dependence 1. зависимость **2.** доверительность; доверие
  anomalous ~ аномальная зависимость
  angular ~ угловая зависимость
  azimuthal ~ азимутальная зависимость
  device ~ *вчт* зависимость от устройства, аппаратная зависимость (*напр. о программе*)
  energy ~ энергетическая зависимость
  frequency ~ частотная зависимость
  linear ~ линейная зависимость
  mutual ~ взаимная зависимость, взаимозависимость
  nonlinear ~ нелинейная зависимость
  orientation ~ ориентационная зависимость
  phase ~ фазовая зависимость
  polarization ~ поляризационная зависимость
  power ~ **1.** зависимость от мощности **2.** степенная зависимость
  quadratic ~ квадратичная зависимость
  stochastic ~ стохастическая зависимость
  space ~ пространственная зависимость
  speaker ~ зависимость от говорящего; необходимость обучения на образцах речи говорящего (*о системе распознавания речи*)
  temperature ~ температурная зависимость
  time ~ временная зависимость
dependency зависимость
  computer ~ компьютерная зависимость (*заболевание*), привыкание к компьютеру (*как к наркотику*)
  data ~ зависимость данных
  false ~ ложная зависимость
  viewing angle ~ зависимость (*напр. характеристик изображения на экране дисплея*) от угла наблюдения
dependent зависимый; зависящий от условий *или* обстоятельств
  device ~ *вчт* зависящий от устройства, аппаратно зависимый (*напр. о программе*)
  hardware ~ *вчт* **1.** зависящий от устройства, аппаратно зависимый (*напр. о программе*) **2.** машинно-зависимый (*напр. о программе*)
  machine ~ *вчт* машинно-зависимый (*напр. о программе*)
deperming размагничивание
depiction воспроизведение; отображение; описание
deplete обеднять
depletion обеднение
  battery ~ полный разряд батареи

carrier ~ обеднение носителями
deep ~ глубокое обеднение
electron ~ обеднение электронами
hole ~ обеднение дырками
population ~ кв. эл. опустошение, уменьшение заселённости (*энергетического уровня*)
total ~ полное обеднение
deploy развёртывать; размещать
deployment развёртывание; размещение
  quality function ~ система улучшения качества продукции с анализом отзывов потребителей, система QFD
depolarization 1. деполяризация **2.** размагничивание
  ~ of light деполяризация света
  air ~ воздушная (электродная) деполяризация
  antenna radiation ~ деполяризация излучения антенны (*за счёт паразитного возбуждения кросс-поляризационной составляющей*)
  electrical ~ уменьшение электрической поляризации
  electrode ~ электродная деполяризация
  membrane ~ *бион.* деполяризация мембраны
  rain ~ деполяризация, обусловленная дождём
  thermally activated ~ термостимулированная деполяризация
depolarize 1. деполяризовать **2.** размагничивать
depolarizer деполяризатор
  light ~ оптический деполяризатор, деполяризатор света
depoling уменьшение электрической поляризации (*сегнетоэлектрика*)
depopulate *кв. эл.* опустошать; уменьшать заселённость (*энергетического уровня*)
depopulation *кв. эл.* опустошение, уменьшение заселённости (*энергетического уровня*)
  collisional ~ столкновительное опустошение
  level ~ опустошение энергетического уровня
  parasitic ~ бесполезное опустошение
  selective ~ селективное опустошение
deposit осаждённый слой || осаждать
deposition 1. осаждение **2.** осаждённый слой
  angular ~ наклонное осаждение
  axial vapor ~ аксиальное осаждение из паровой фазы
  cathodic sputter(ing) ~ осаждение методом катодного распыления
  chemical ~ химическое осаждение
  chemical vapor ~ химическое осаждение из паровой фазы
  contact metal ~ осаждение металлических контактов
  directional ~ направленное осаждение
  electrochemical ~ электрохимическое осаждение
  electroless ~ осаждение методом химического восстановления
  electrolytic ~ электролитическое осаждение
  electron-beam ~ электронно-лучевое осаждение
  epitaxial ~ эпитаксиальное наращивание
  evaporative ~ осаждение из паровой фазы
  film ~ осаждение плёнки
  gas ~ осаждение из газовой фазы
  heteroepitaxial ~ гетероэпитаксиальное наращивание
  homoepitaxial ~ гомоэпитаксиальное наращивание
  inside vapor ~ внутриобъёмное осаждение из паровой фазы

ion ~ ионное осаждение (*тонера в электростатических принтерах*)
liquid-source chemical vapor ~ химическое осаждение из паровой фазы с жидким источником
mask(ed) ~ осаждение через маску
metal-organic chemical vapor ~ химическое осаждение из паровой фазы методом разложения металлоорганических соединений
molecular-beam ~ молекулярно-пучковое осаждение
multistep ~ многократное осаждение
normal incidence ~ нормальное осаждение
outside vapor ~ внешнее осаждение из паровой фазы
planar epitaxial ~ планарное эпитаксиальное наращивание
plasma ~ осаждение методом плазменного распыления
pulse-laser ~ осаждение с помощью импульсного лазера
pyrolytic ~ пиролитическое осаждение
reactive sputter(ing) ~ осаждение методом реактивного распыления
selective ~ избирательное осаждение
serigraphic ~ трафаретная печать
sputter(ing) ~ осаждение методом распыления
vacuum vapor ~ вакуумное осаждение, осаждение из паровой фазы

deprecated не рекомендуемый (*напр. термин*)
depression 1. ослабление; снижение 2. разрежение 3. отрицательное склонение (*небесного тела*)
collector ~ снижение потенциала коллектора
field ~ снижение напряжённости поля
mode ~ подавление моды
signal strength ~ снижение уровня сигнала

deprotonation *кв.эл.* депротонирование
depth глубина; толщина
~ of current penetration глубина проникновения тока
~ of fading глубина замирания
~ of field *опт.* глубина резкости
~ of focus *опт.* глубина резкости
~ of heating глубина нагрева (*в индукционной печи*)
~ of modulation 1. глубина модуляции 2. коэффициент модуляции
auto set screen ~ *вчт* автоматическая установка глубины пикселей (*на экране дисплея*)
box ~ глубина блока (*в языке T$_E$X*)
channel ~ *микр.* глубина канала
characteristic penetration ~ *свпр* характеристическая глубина проникновения
color ~ глубина [разрядность числа состояний] цвета (*в битах на пиксел*)
detuning ~ глубина детонации, амплитуда изменения высоты тона при звуковоспроизведении
diffusion ~ глубина диффузии
electron escape ~ глубина выхода электрона
gap ~ глубина рабочего зазора (*магнитной головки*)
groove ~ глубина канавки (*при механической записи*)
half-value ~ толщина слоя половинного ослабления (*ионизирующего излучения*)
head gap ~ глубина рабочего зазора магнитной головки
Josephson penetration ~ *свпр* джозефсоновская глубина проникновения
junction ~ *пп* глубина залегания перехода
lexical ~ *вчт* лексическая глубина
light penetration ~ глубина проникновения света
London penetration ~ *свпр* лондоновская глубина проникновения
magnetic well ~ глубина магнитной ямы
modulation ~ глубина модуляции
notch ~ глубина канавки (*при механической записи*)
optical ~ оптическая толщина
page ~ глубина страницы (*гипертекстового документа*)
penetration ~ 1. глубина проникновения поля, толщина скин-слоя 2. *свпр* глубина проникновения
recording ~ глубина записи
pixel ~ глубина [разрядность числа состояний] пиксела (*в битах на пиксел*)
screen ~ *вчт* глубина [разрядность числа состояний] пиксела (*на экране дисплея*)
skin ~ глубина проникновения поля, толщина скин-слоя
superconducting penetration ~ *свпр* глубина проникновения магнитного потока
trap ~ глубина ловушки
variable groove ~ переменная глубину канавки (*при механической записи*)

depumping *кв. эл.* уменьшение инверсной заселённости
de-Q снижение добротности
deque *вчт* двусторонняя очередь, *проф.* дек
dequeue *вчт* выводить из очереди
derate уменьшение номинальных или максимально допустимых значений (*тока, напряжения или мощности с целью повышения надёжности или обеспечения работоспособности при повышенной температуре*)
derating уменьшение номинальных или максимально допустимых значений (*тока, напряжения или мощности с целью повышения надёжности или обеспечения работоспособности при повышенной температуре*)
component ~ использование компонентов, рассчитанных на повышенные номинальные значения (*тока, напряжения или мощности*)
temperature ~ уменьшение номинальных значений (*тока, напряжения или мощности*) для обеспечения работоспособности при повышенных температурах
derax радиолокатор, радиолокационная станция, РЛС
dereference *вчт* разыменование, получение значений переменных объекта по указателю ‖ разыменовать, получать значения переменных объекта по указателю
double ~ *вчт* двойное разыменование, получение значений переменных объекта по указателю через указатель ‖ дважды разыменовать, получать значения переменных объекта по указателю через указатель
dereferencing *вчт* разыменование, получение значений переменных объекта по указателю
double ~ *вчт* двойное разыменование, получение значений переменных объекта по указателю через указатель

deregulation

deregulation дерегулирование, смягчение *или* устранение регулирования
   frequency spectrum ~ смягчение требований регламента распределения спектра частот
derivation 1. вывод (*напр. уравнения*) 2. источник; начало; происхождение 3. *вчт* словообразование, деривация 4. *вчт* дифференцирование
derivative 1. выведенный (*напр. об уравнении*) 2. вторичный; не оригинальный 3. *вчт* производное (*слово*), дериват 4. *pl* производные (*химического соединения*) 5. *вчт* производная (*результат дифференцирования*) ◊ ~ **with respect to** производная по
   alternative ~ знакопеременная производная
   coumarin ~**s** производные кумарина (*красители*)
   fractional ~ дробная производная
   numerical ~ численная производная
   partial ~ частная производная
   space ~ пространственная производная, производная по координате
   time ~ временная производная, производная по времени
   xanthone ~**s** ксантоновые производные (*красители*)
derive 1. выводить (*напр. уравнение*) 2. обладать источником; иметь начало; исходить; происходить 3. получать производные (*химического соединения*) 4. вычислять производную; дифференцировать
DES 1. стандарт DES, национальный стандарт США для симметричного шифрования данных 2. шифр (стандарта) DES
   fenced ~ шифр (стандарта) DES с двумя (*входным и выходным*) уровнями таблиц подстановок
   triple ~ шифр (стандарта) DES с трёхкратным шифрованием (*различными шифрами*)
desaccommodation *магн.* дезаккомодация
   magnetic ~ магнитная дезаккомодация
desampling восстановление аналогового сигнала по выборке *или* дискретным отсчётам
desaturation 1. устранение насыщения 2. уменьшение насыщенности цвета
descendant 1. потомок (*в иерархической структуре*) || являющийся потомком 2. последователь || последующий 3. порождённый (*объект*) || порождённый (*об объекте*)
descender *вчт* 1. строчная литера с нижним выносным элементом 2. нижний выносной элемент (*литеры*)
descent 1. спуск 2. убывание; уменьшение; снижение
   gradient ~ наибыстрейший спуск (*метод поиска минимума функции*)
   steepest ~ наибыстрейший спуск (*метод поиска минимума функции*)
Deschutes название ядра процессоров типа Pentium II
descrambler дескремблер
describe описывать
description 1. описание 2. перечень с заголовками (*в языке T_EX*)
   ~ **of invention** описание изобретения
   behavioral ~ поведенческое описание
   design ~ проектное описание
   fractal(-based) ~ фрактальное описание
   functional ~ функциональное описание
   geometrical ~ геометрическое описание
   machine-level layout ~ *микр.* машинное описание топологии
   photon ~ квантовое описание
   primitive ~ первичное описание (*в распознавании образов*)
   problem ~ описание задачи
   procedural ~ процедурное описание
   prototype ~ описание прототипа
   self-contained ~ замкнутое описание
   structural ~ структурное описание
   symbolic ~ символическое описание
   topological ~ топологическое описание
   λ-based ~ описание на языке λ-характеристик
descriptive *вчт* дескриптивный, описательный
descriptor *вчт* дескриптор (*1. паспорт; описатель 2. ключевое слово*)
   ~ **of thesaurus** дескриптор тезауруса
   array ~ дескриптор массива
   base ~ главный [опорный] дескриптор
   direct memory access channels ~ дескриптор каналов прямого доступа к памяти
   gate ~ дескриптор логического элемента
   in-line image ~ дескриптор встроенного изображения
   interrupt requests ~ дескриптор запросов прерываний
   medium ~ дескриптор среды
   memory ~ дескриптор памяти
   N-bit memory ~ N-битный дескриптор памяти
   ports ~ дескриптор портов
   segment ~ дескриптор сегмента
   string ~ дескриптор строки
   vector ~ дескриптор массива
   volume ~ дескриптор тома
deseasonalization удаление сезонной составляющей (*в математической статистике*)
deseasonalize удалять сезонную составляющую (*в математической статистике*)
deselect 1. отмена выбора || отменять выбор 2. *вчт* отмена выделения || отменять выделение (*напр. фрагмента при пользовании текстовым процессором, электронной таблицей или базой данных*)
desensitization 1. десенсибилизация 2. снижение чувствительности приёмника за счёт сильной помехи по соседнему каналу
desequencing нарушение последовательности
deserialization 1. *вчт* преобразование из последовательной формы (*в какую-либо иную*); представление в виде, отличном от последовательности 2. *вчт* переход из последовательного режим (*обработки данных*) в параллельный режим; переход от побитовой передачи (*данных*) к побайтовой 3. *вчт* восстановление состояния (*по записям данных о текущем состоянии объектов или переменных*) 4. отказ от серийного производства; отказ от серийного выпуска продукции
deserialize 1. *вчт* преобразовывать из последовательной формы (*в какую-либо иную*); представлять в виде, отличном от последовательности 2. *вчт* переходить из последовательного режима (*обработки данных*) в параллельный режим; переходить от побитовой передачи (*данных*) к побайтовой 3. *вчт* восстанавливать состояние (*по записям данных о текущем состоянии объектов или переменных*) 4. отказываться от серийного производства; отказываться от серийного выпуска продукции

design

deserializer *вчт* преобразователь из последовательной формы (*в какую-либо иную*)

design 1. проектирование; разработка; конструирование; синтез ‖ проектировать; разрабатывать; конструировать; синтезировать 2. проект; конструкция; схема; чертёж 3. расчёт 4. план; планирование ‖ планировать 5. дизайн ‖ заниматься дизайном

~ **for assembly** проектирование с учётом пригодности для массовой сборки

~ **for manufacturability** проектирование с учётом пригодности для массового производства (*с точки зрения выхода годных, качества продукции и др.*)

~ **of experiments** планирование экспериментов

ad hoc ~ специализированное проектирование

AMS ~ *см.* analog/mixed signal design

analog/mixed signal ~ разработка аналоговых и цифро-аналоговых устройств

architectural ~ разработка архитектуры (*напр. вычислительной системы*)

artwork ~ *микр.* 1. разработка оригинала (*шаблона*) 2. чертёж оригинала (*шаблона*)

balanced ~ уравновешенный план

batch circuit ~ групповое проектирование схем

bipolar ~ разработка ИС на биполярных транзисторах, разработка биполярных ИС

bottom-up ~ восходящее проектирование

brain-dead ~ *проф.* идиотская конструкция

chip ~ проектирование кристаллов (*ИС*)

circuit ~ проектирование схем 2. конструкция схемы

compositional ~ композиционное проектирование

computer-aided ~ автоматизированное проектирование

computer-aided control system ~ автоматизированное проектирование систем управления, АПСУ

conceptual ~ концептуальное проектирование

conceptual database ~ концептуальное проектирование баз данных

cooperative ~ кооперативное проектирование

coplanar ~ копланарная конструкция

custom ~ разработка заказных изделий (*напр. приборов*)

data ~ организация данных

data-structure ~ разработка структуры данных

dedicated ~ разработка специализированных изделий (*напр. приборов*)

designer-directed semiautomatic ~ полуавтоматическое проектирование под управлением разработчика

detailed ~ детальное проектирование

differential ~ дифференциальное проектирование

digital ~ логическое проектирование

digital logic ~ разработка цифровых логических устройств

discrete-circuit ~ проектирование схем на дискретных компонентах

distributed ~ распределённое проектирование

down-top ~ восходящее проектирование

electronic computer-aided ~ автоматизированное проектирование электронных приборов

engineering ~ техническое проектирование

experimental ~ экспериментальная разработка

factorial ~ факторный план

fail-safe ~ отказоустойчивая конструкция

flip-chip ~ конструкция ИС с перевёрнутыми кристаллами

forms ~ *вчт* разработка форм

functional ~ функциональное проектирование

hardware ~ разработка аппаратного обеспечения

hierarchical ~ иерархическое проектирование

high-level ~ проектирование высокого уровня

incomplete ~ неполный план

in-house ~ собственная разработка

in-situ testability ~ проектирование с обеспечением внутрисхемного тестирования

instructional ~ приобретение знаний, умений и навыков (*в поведенческом плане*), *проф.* научение

integrated-circuit ~ проектирование ИС

inverted T~ for cursor keys инвертированное Т-образное расположение клавиш управления курсором

keyswitch ~ конструкция клавишного *или* кнопочного переключателя

layout ~ проектирование топологии (*напр. ИС*)

level-sensitive scan ~ метод разработки цифровых ИС с использованием системы опроса чувствительных к уровню тестовых ячеек (*при тестировании*)

logic(al) ~ логическое проектирование

logical data ~ логическая организация данных

man-machine ~ автоматизированное проектирование

manual ~ with computer aids автоматизированное проектирование

mask ~ *микр.* 1. разработка шаблонов 2. чертёж шаблона

mechanical computer-aided ~ автоматизированное проектирование механических устройств

microcomputer-based ~ проектирование с использованием микрокомпьютеров

mixed signal ~ разработка цифро-аналоговых устройств

modular ~ модульное проектирование

multichip ~ проектирование многокристальных ИС

object-oriented ~ объектно-ориентированное проектирование, ООП

on-line ~ оперативное проектирование

optimization-based ~ оптимальное проектирование

organizational ~ организационное проектирование

orthogonal ~ ортогональный план

page ~ разметка страницы; схема расположения полей и текстового (*включая сноски, заголовки, колонтитулы и пр.*) *или* графического материала

participatory ~ проектирование с участием пользователей

photomask ~ *микр.* 1. разработка фотошаблонов 2. чертёж фотошаблона

physical ~ *вчт* физическая реализация (*хранения, записи и считывания данных*)

procedural ~ процедурное проектирование

random ~ случайный [рандомизованный] план

randomized block ~ метод случайных [рандомизованных] блоков (*в дисперсионном анализе*)

random logic ~ разработка систем на дискретных логических схемах

scan ~ метод разработки цифровых ИС с использованием системы опроса тестовых ячеек (*при тестировании*)

signal ~ синтез сигналов

design

software ~ разработка программного обеспечения
solid-state level ~ проектирование на уровне твердотельных схем
space structure computer-aided ~ автоматизированное проектирование объёмных структур
structural ~ структурное проектирование
structured ~ структурированное проектирование
structured systems ~ проектирование структурированных систем
system ~ проектирование систем
system-on-chip ~ разработка систем на одном кристалле
top-down ~ нисходящее проектирование
topography ~ топографическое проектирование
worst-case ~ проектирование на наихудший случай

designate 1. обозначать; определять; указывать || обозначенный; определённый; указанный 2. маркировать || маркированный 3. *вчт* именовать; присваивать имя || (по)именованный; имеющий имя 4. *рлк* осуществлять целеуказание

designation 1. обозначение; определение; указатель 2. маркировка 3. *вчт* (по)именование; присвоение имени 4. *вчт* литерал, самозначимый символ *или* самозначимая группа символов, *проф.* буквальный символ *или* буквальная группа символов (*в тексте программы*) 5. *рлк* целеуказание
  base ~ маркировка цоколя (*напр. электронных ламп*)
  code radar ~ кодовое обозначение РЛС
  color ~ обозначение цвета
  functional ~ функциональное обозначение
  Munsell hue ~ обозначение цветового тона по Манселлу
  number ~ обозначение числа
  specimen ~ маркировка образца
  string ~ строковый литерал
  target ~ целеуказание

designator 1. указатель 2. *вчт* именующее выражение 3. *рлк* целеуказатель
  drive ~ *вчт* указатель диска
  laser target ~ лазерный целеуказатель
  target ~ целеуказатель

designer 1. проектировщик; разработчик; конструктор 2. дизайнер
  cipher ~ разработчик шифра
  circuit ~ разработчик схем
  creative ~ художественный редактор
  database ~ разработчик базы данных
  device ~ разработчик приборов
  expert ~ конструктор-эксперт
  sound ~ *вчт* программа обработки и синтеза звука
  web ~ специалист *или* группа специалистов по оформлению Web-сайта, *проф.* веб-дизайнер

desintegration дезинтеграция
  horizontal ~ горизонтальная дезинтеграция
  vertical ~ вертикальная дезинтеграция

desk 1. пульт 2. стенд 3. (рабочий) стол
  anchor ~ стол главного ведущего (*вещательной программы*)
  audio mixing ~ *тлв* пульт звукорежиссёра; аудиомикшерский пульт
  control ~ пульт управления
  dispatcher ~ диспетчерский пульт
  drafting ~ чертёжный стол
  information ~ стол справок
  instrument ~ приборный пульт
  lighting ~ *тлв* пульт режиссёра по свету
  picture control ~ *тлв* пульт видеоинженера
  radio control ~ пульт управления передатчиками
  test ~ испытательный стенд
  video mixing ~ *тлв* пульт видеорежиссёра; видеомикшерский пульт

de-skilling деквалификация
deskman оператор, принимающий телефонограммы
DeskTop горизонтальный корпус (*системного блока компьютера*), корпус (*системного блока компьютера*) с горизонтальным рабочим положением, корпус типа Desktop || горизонтальный, с горизонтальным рабочим положением (*о корпусе системного блока компьютера*)

desktop 1. горизонтальный корпус (*системного блока компьютера*), корпус (*системного блока компьютера*) с горизонтальным рабочим положением, корпус типа Desktop 2. настольный 3. рабочий стол (*графического интерфейса пользователя*)

desolder распаивать; демонтировать
desorb десорбировать
desorption десорбция
  gas ~ десорбция газа
despike подавлять выбросы
despiker подавитель выбросов
despreading сжатие (*напр. спектра*); свёртка (*широкополосных псевдослучайных сигналов*)
  bandwidth ~ сжатие полосы частот
  spectrum ~ сжатие спектра
destaticization антистатическая обработка
destaticize производить антистатическую обработку
destination *вчт* 1. адресат; получатель 2. пункт [место] назначения 3. адрес назначения
destruction 1. деструкция; разрушение; уничтожение 2. *кв.эл.* распад
  ~ **of metastable states** распад метастабильных состояний
  magnetic-surface ~ разрушение магнитных поверхностей
  polymer ~ деструкция полимера
  structural ~ структурная деструкция
destructive деструктивный; разрушающий
destructor *вчт* деструктор, функция освобождения ресурсов
detail 1. деталь (*напр. изображения*); подробность || детализировать; описывать подробности || детальный; подробный 2. среднее геометрическое значение линейной плотности записи 3. *тлв* среднее геометрическое значение линейной плотности элементов разложения
  access rights ~s описание полномочий доступа
  fine ~s мелкие детали (*изображения*)
  horizontal ~ линейная плотность элементов разложения в строке
  image ~ 1. деталь изображения *тлв* 2. среднее геометрическое значение линейной плотности элементов разложения 3. число строк *или* элементов разложения
  picture ~ 1. деталь изображения *тлв* 2. среднее геометрическое значение линейной плотности элементов разложения 3. число строк *или* элементов разложения
  vertical ~ линейная плотность строк разложения (*число строк разложения на единицу длины*)

detailing детализация
detect 1. обнаруживать 2. детектировать; демодулировать 3. принимать (*излучение*) 4. *вчт* обозначение сигнала
  carrier ~ сигнал обнаружения несущей (*в модемной связи*), сигнал CD
  data carrier ~ сигнал об активности и готовности модема к передаче, сигнал RLSD, сигнал DCD
  parallel presence ~ 1. параллельная идентификация модуля памяти 2. содержащая идентификационные данные модуля памяти микросхема с параллельным выходом, PPD-микросхема
  presence ~ 1. идентификация модуля памяти 2. содержащая идентификационные данные модуля памяти микросхема
  received line signal ~ сигнал об активности и готовности модема к передаче, сигнал RLSD, сигнал DCD
  serial presence ~ *вчт* 1. последовательная идентификация модуля памяти 2. содержащая идентификационные данные модуля памяти микросхема с последовательным выходом, SPD-микросхема
detectability обнаружительная способность (*напр. фотоприёмника*)
detection 1. обнаружение 2. локация 3. детектирование; демодуляция 4. приём (*излучения*)
  ~ and ranging локация
  active ~ активная локация
  active infrared ~ активная ИК-локация
  active intrusion ~ активное обнаружение (несанкционированного) вторжения *или* проникновения
  amplitude ~ амплитудное детектирование
  anode ~ анодное детектирование
  anomaly-driven intrusion ~ обнаружение (несанкционированного) вторжения *или* проникновения методом выявления аномалий
  asymptotically robust ~ асимптотически робастное обнаружение
  beat-frequency ~ гетеродинный приём
  binary ~ дихотомическое обнаружение
  blind-spot ~ обнаружение объектов вне зоны видимости водителя (*в автомобильной радиолокации*)
  bubble ~ детектирование [считывание] ЦМД
  burst-error ~ обнаружение пакетов ошибок
  cathode ~ катодное детектирование
  charge ~ регистрация заряда
  coherent ~ когерентный приём
  coherent light ~ лазерная локация
  collision ~ *вчт* 1. обнаружение конфликтов (*в локальной сети*) 2. выявление столкновений объектов (*в программах для моделирования или для компьютерных игр*)
  computer-based intrusion ~ автономное обнаружение (несанкционированного) вторжения *или* проникновения
  correlation ~ корреляционный приём
  crack ~ дефектоскопия
  Doppler ~ обнаружение доплеровского сдвига частоты, доплеровское обнаружение
  early ~ *рлк* дальнее обнаружение
  edge ~ выделение контуров (*в распознавании образов*)
  envelope ~ детектирование огибающей
  error ~ обнаружение ошибок
  failure ~ обнаружение неисправностей
  flaw ~ дефектоскопия
  frequency ~ частотное детектирование
  full aperture collinear ~ коллинеарное детектирование при полной апертуре (*в оптических процессорах*)
  grid ~ сеточное детектирование
  heterodyne ~ гетеродинный приём
  holographic ~ голографическая регистрация
  homodyne ~ гомодинный приём
  host-based intrusion ~ автономное обнаружение (несанкционированного) вторжения *или* проникновения
  hydrospace ~ гидролокация
  infrared (range and direction) ~ ИК-локация; радиотеплолокация
  interference ~ *рлк* обнаружение помех
  interferometrical ~ интерферометрическое обнаружение
  intrusion ~ обнаружение (несанкционированного) вторжения *или* проникновения (*напр. в вычислительную сеть*); *проф.* обнаружение «взлома» (*напр. системы*)
  linear ~ линейное детектирование
  magnetic anomaly ~ 1. обнаружение магнитных аномалий 2. бортовой самолётный магнитометр для обнаружения подводных лодок
  magnetic bubble ~ детектирование [считывание] ЦМД
  maximum-likelihood ~ обнаружение по методу максимального правдоподобия
  motion ~ *тлв* регистрация движения
  N-array ~ N-позиционное обнаружение
  network-based intrusion ~ сетевое обнаружение (несанкционированного) вторжения *или* проникновения
  nonlinear ~ нелинейное детектирование
  null ~ индикация нуля
  null-zone ~ обнаружение ошибок при приёме с нулевой зоной
  offset ~ смещенное детектирование (*в оптических процессорах*)
  optical ~ 1. оптическое обнаружение 2. оптическая локация 3. оптическое детектирование 4. приём оптических сигналов
  optical ~ and ranging 1. оптическая локация 2. оптический локатор
  optical heterodyne ~ приём методом оптического гетеродинирования, гетеродинный приём оптических сигналов
  over-the-horizon ~ *рлк* загоризонтное обнаружение
  passive ~ пассивная локация
  passive intrusion ~ пассивное обнаружение (несанкционированного) вторжения *или* проникновения
  phase ~ фазовое детектирование
  plate ~ анодное детектирование
  radar ~ радиолокационное обнаружение
  radio ~ радиообнаружение
  robust ~ робастное обнаружение
  sequential cumulative ~ последовательное детектирование с накоплением
  serial presence ~ *вчт* 1. последовательная идентификация (модуля памяти) 2. ИС для последова-

detection

тельной идентификации (модуля памяти), SPD-схема
signal ~ 1. *рлк* обнаружение сигналов 2. детектирование сигналов
signature-driven intrusion ~ сигнатурное обнаружение (несанкционированного) вторжения *или* проникновения
slope ~ частотное детектирование на расстроенном резонансном контуре
sonic flaw ~ ультразвуковая дефектоскопия
square-law ~ квадратичное детектирование
stroke ~ выделение штрихов (*в распознавании образов*)
superheterodyne ~ супергетеродинный приём
synchronous ~ синхронное детектирование
target ~ обнаружение цели
threshold ~ пороговое обнаружение
triple ~ супергетеродинный приём с двойным преобразованием частоты
ultrasonic liquid-level ~ ультразвуковое измерение уровня жидкости
variable-threshold ~ обнаружение с переменным порогом
video ~ видеодетектирование

detectivity обнаружительная способность (*напр. фотоприёмника*)

detectophone подслушивающее устройство со скрытым микрофоном

detector 1. обнаружитель 2. детектор; демодулятор 3. смеситель (*в супергетеродинном радиоприёмнике*)
acoustic bubble ~ акустический детектор ЦМД
acquisition and tracking ~ устройство захвата и сопровождения цели
activation ~ радиоактивационный детектор (*излучения*)
active bubble ~ активный детектор ЦМД
air pollution ~ прибор для регистрации степени загрязнённости воздушной среды
amplifying semiconductor ~ усиливающий полупроводниковый детектор
amplitude ~ амплитудный детектор
amplitude-sensitive area ~ амплитудно-чувствительный двумерный обнаружитель
analog ~ аналоговый детектор (*излучения*)
anode(-bend) ~ анодный детектор
average ~ детектор средних значений, детектор с усреднением
badge ~ индивидуальный дозиметр в виде значка (*с рентгеночувствительной плёнкой*)
balance ~ нуль-индикатор
balanced ~ балансный детектор
baseband ~ 1. детектор группового сигнала 2. видеодетектор
beat-note ~ детектор тона биений
boron-coated semiconductor ~ полупроводниковый детектор с покрытием из бора
boxcar ~ детектор накопителя с набором узкополосных фильтров
break-in ~ детектор прерываний
bridge ~ демодулятор УПТ (*типа М — ДМ*)
broad-band ~ широкополосный обнаружитель
bubble ~ детектор ЦМД
bubble stretching ~ детектор ЦМД с расширителем

capacitance-operated intrusion ~ ёмкостное устройство защитной сигнализации (*о проникновении в помещение посторонних лиц*)
Cerenkov ~ детектор Черенкова
charge ~ датчик заряда
charge emission ~ эмиссионный детектор (*излучения*)
chevron expander ~ шевронный детектор ЦМД с расширителем
Chinese letter bubble ~ детектор ЦМД типа «китайский иероглиф»
cloud-height ~ облакомер
coherent ~ когерентный приёмник
coincidence ~ детектор совпадений
color phase ~ *тлв* фазовый детектор схемы автоматической подстройки генератора цветовой поднесущей (*в системе НТСЦ*)
compensated semiconductor ~ детектор из компенсированного полупроводника
contact ~ детектор электромагнитного излучения на эффекте изменения сопротивления контакта
correlation ~ корреляционный детектор
crack ~ дефектоскоп
cross-correlation ~ кросс-корреляционный обнаружитель
cross-tie/Bloch-line ~ *вчт* детектор пар (типа) поперечная связь — блоховская линия
crystal ~ 1. кристаллический детектор 2. полупроводниковый диод
crystal conduction ~ кристаллический детектор
current-leak ~ обнаружитель утечки; прямопоказывающий прибор для измерения сопротивления изоляции
difference ~ разностный детектор
differential dE/dx semiconductor ~ дифференциальный полупроводниковый детектор dE/dx
differential null ~ дифференциальный нуль-индикатор
diffused junction semiconductor ~ диффузионный полупроводниковый детектор
diode ~ диодный детектор
Doppler ~ доплеровский обнаружитель
double-tuned ~ частотный детектор с расстроенными контурами
driving-point impedance ~ детектор, использующий нелинейность входного полного сопротивления
dropout ~ детектор выпадений сигнала (*в видеомагнитофоне*)
edge ~ детектор контуров (*в распознавании образов*)
electrode cable ~ прибор для определения места повреждения в кабеле
electrolytic ~ электролитический детектор
electromagnetic crack ~ магнитный дефектоскоп
enhancement/thresholding edge ~ детектор контуров с выделением перепада яркости и пороговым ограничением (*в распознавании образов*)
envelope ~ детектор огибающей
error ~ обнаружитель ошибок
feature ~ детектор контуров (*в распознавании образов*)
fine tracking ~ устройство точного слежения
first ~ смеситель
flaw ~ дефектоскоп

detector

fluorescent radiation ~ флуоресцентный детектор излучения
flux transition ~ детектор изменений направления вектора намагниченности, детектор обращений магнитного потока
FM ~ частотный детектор
Foster-Seeley ~ фазочастотный дискриминатор
frequency ~ частотный детектор
frequency-difference ~ частотный дискриминатор
galvanomagnetic bubble ~ гальваномагнитный детектор ЦМД
gamma-ray ~ детектор гамма-излучения
gas ~ датчик (наличия) газа
gas flow radiation ~ проточный газовый детектор излучения
gate ~ стробируемый детектор
gated-beam tube ~ частотный дискриминатор на ЭЛТ со стробированием луча
gated optical ~ стробируемый фотоприёмник
glass ~ (диэлектрический) детектор на стекле
glow discharge ~ детектор на лампе тлеющего разряда
go-no-go ~ детектор со ступенчатой вольт-амперной характеристикой
grid ~ сеточный детектор
grid-leak ~ сеточный детектор на лампе с сопротивлением в цепи сетки
ground ~ индикатор замыкания на землю
heat ~ термочувствительный элемент (*напр. болометр*)
heterodyne ~ детектор биений
high-level ~ линейный детектор высокого уровня мощности
hot-carrier ~ детектор на горячих носителях
hot-electron ~ детектор на горячих электронах
humidity ~ датчик влажности
inductive loop bubble ~ индукционный детектор ЦМД
infinite-impedance ~ детектор с бесконечным входным сопротивлением
infrared ~ приёмник ИК-излучения, ИК-приёмник
infrared heterodyne ~ приёмник ИК-излучения с оптическим гетеродинированием
in-phase ~ синфазный детектор
input ~ *тлф* обнаружитель вызова
in-range frequency ~ сигнализатор выхода за пределы частотного диапазона
interference ~ *рлк* обнаружитель помех
interfinger ~ межпальцевый детектор (*схвата робота*)
internal gas ~ детектор (*излучения*) с внутренним газовым наполнением
intruder ~ устройство сигнализации о несанкционированном проникновении в помещение
ionization ~ ионизационный детектор
Josephson-effect ~ *свпр* джозефсоновский детектор
klystron ~ клистронный детектор
large-signal ~ линейный детектор высокого уровня мощности
laser radiation ~ обнаружитель лазерного излучения
leak ~ течеискатель
light(-sensitive) ~ фотоэлектрический приёмник, фотоприёмник

linear ~ **1.** линейный детектор **2.** пропорциональный детектор (*излучения*)
liquid-crystal area ~ жидкокристаллический двумерный обнаружитель
liquid-evaporation light ~ фотоприёмник на эффекте испарения жидкости
lithium-coated semiconductor ~ полупроводниковый детектор с покрытием из лития
lithium-drifted semiconductor ~ литий-дрейфовый полупроводниковый детектор
locked-oscillator ~ трёхконтурный частотный детектор, нечувствительный к амплитудной модуляции
low-level ~ детектор слабых сигналов
magnetic airborne ~ бортовой самолётный магнитометр для обнаружения подводных лодок
magnetic-bubble ~ детектор ЦМД
magnetic flaw ~ магнитный дефектоскоп
magnetic tunable ~ детектор с магнитной настройкой
magnetooptical bubble ~ магнитооптический детектор ЦМД
magnetoresistive bubble ~ магниторезистивный детектор ЦМД
magnetostrictive-piezoelectric bubble ~ магнитострикционно-пьезоэлектрический детектор ЦМД
maser ~ мазерный детектор
mask edge ~ детектор контуров с маской (*в распознавании образов*)
maximum-likelihood ~ приёмник максимального правдоподобия
metal ~ металлоискатель
microwave ~ СВЧ-детектор
middle-infrared ~ приёмник излучения для средней ИК-области спектра
missing-pulse ~ обнаружитель пропуска импульсов
mixer(-first) ~ смеситель
mosaic ~ мозаичный детектор
movement ~ *тлв* детектор движения
moving-target ~ селектор движущихся целей, СДЦ
moving-window ~ обнаружитель со следящим окном
narrow-band ~ узкополосный обнаружитель
narrow-field ~ фотоприёмник с малым полем зрения
nonlinear ~ **1.** нелинейный детектор **2.** непропорциональный детектор (*излучения*)
null(-point) ~ нуль-индикатор
optical ~ фотоэлектрический приёмник, фотоприёмник
optical heterodyne ~ фотоприёмник с оптическим гетеродинированием
oscillator-mixer-first ~ преобразователь частоты
parallel diode ~ диодный детектор с параллельным включением диода
passive bubble ~ пассивный детектор ЦМД
peak ~ пиковый детектор
PEM ~ *см.* **photoelectromagnetic detector**
phase ~ фазовый детектор
phase-discriminating ~ фазочувствительный детектор
phase-frequency ~ фазочастотный детектор
phase-lock ~ синхронный детектор
phase-sensitive ~ фазочувствительный детектор

detector

photoconductive ~ фотоприёмник на фотосопротивлении
photodielectric ~ фотодиэлектрический детектор
photoelectric ~ фотоэлектрический приёмник, фотоприёмник
photoelectromagnetic ~ фотоэлектромагнитный детектор
photoemissive ~ фотоприёмник на (электровакуумном) фотоэлементе
photoluminescence ~ фотолюминесцентный детектор
photon ~ счётчик фотонов, счётчик квантов электромагнитного излучения
photoparametric ~ фотопараметрический детектор
photovoltaic ~ фотоприёмник на фотогальваническом элементе
pitch ~ детектор высоты тона (*в вокодере*)
plate(-circuit) ~ анодный детектор
pneumatic ~ пневматический фотоприёмник
position-sensitive ~ позиционно-чувствительный детектор
power ~ детектор на высокий уровень мощности
presence ~ детектор присутствия (*автомобиля на магистрали*)
primary ~ (первичный) измерительный преобразователь, датчик
proximity ~ датчик расстояния до объекта
pulse ~ 1. импульсный детектор 2. декодер последовательности импульсов
push-pull ~ двухтактный детектор
pyroelectric ~ пироэлектрический приёмник
quadrature ~ квадратурный детектор
quadrature-grid FM ~ *тлв* квадратурный частотный детектор на пентоде
quasi-peak ~ квазипиковый детектор
radiac ~ детектор радиометра
radiation ~ детектор излучения
radio-frequency metal ~ высокочастотный [ВЧ-] металлоискатель
radiometric ~ радиометрический приёмник
ratio ~ детектор отношений, дробный детектор
recycling ~ накопительный демодулятор
regenerative ~ регенеративный приёмник
remote ~ телеметрический измерительный преобразователь, телеметрический датчик
resistance temperature ~ термометр сопротивления
resistance thermal ~ термометр сопротивления
resistance thermometer ~ термометр сопротивления
ringing ~ индикатор вызова
rms ~ *см.* root-mean-square detector
root-mean-square ~ среднеквадратичный детектор
sampling phase ~ фазовый детектор с дискретизацией
sawtooth phase ~ фазовый детектор с пилообразной характеристикой
scintillation ~ сцинтилляционный детектор
second ~ амплитудный детектор (*в супергетеродинном радиоприёмнике*)
secondary emission ~ вторично-эмиссионный детектор
seismic ~ сейсмоприёмник
selective ~ селективный детектор
self-powered neutron ~ коллектрон

self-quenched [self-quenching] ~ сверхрегенеративный приёмник с периодическим срывом колебаний за счёт внутренней обратной связи по сеточному смещению
semiconductor ~ полупроводниковый детектор
serpentine bubble ~ серпантинный детектор ЦМД
sign ~ знаковый детектор, детектор полярности
signal ~ 1. *рлк* обнаружитель сигналов 2. детектор сигналов
signal quality ~ детектор качества сигналов
silence ~ детектор пауз
slope ~ частотный детектор на расстроенном резонансном контуре
small-signal ~ детектор слабых сигналов
smoke ~ датчик дыма (*в системе тревожной пожарной сигнализации*)
solid-state ~ твердотельный детектор
spark ~ искровая камера (*ионизирующего излучения*)
speech ~ детектор речи
spread-spectrum ~ приёмник широкополосных псевдослучайных сигналов
square-law ~ квадратичный детектор
standing-wave ~ детектор измерительной линии (*для измерения КСВ*)
superconducting magnetic flux ~ сверхпроводящий квантовый интерференционный датчик, сквид
superregenerative ~ сверхрегенеративный приёмник
suppressed-carrier signal ~ демодулятор УПТ (*типа М — ДМ*)
surface-barrier semiconductor ~ поверхностно-барьерный полупроводниковый детектор
switch ~ стробируемый детектор
synchronous ~ синхронный детектор
thallium-activated sodium iodide ~ детектор гамма-излучения на иодиде натрия, активированном таллием
thermal ~ термочувствительный элемент (*напр. болометр*)
thermal-type infrared ~ тепловой приёмник ИК-излучения
thermionic ~ детектор на лампе с термокатодом
thermoluminescent ~ термолюминесцентный детектор
thick-film bubble ~ толстоплёночный детектор ЦМД
thin-film bubble ~ тонкоплёночный детектор ЦМД
threshold ~ пороговый детектор
totally depleted semiconductor ~ детектор на полностью обеднённом полупроводнике
tracking ~ следящий детектор
transfer-impedance ~ детектор, использующий нелинейность передаточного полного сопротивления
transition radiation ~ детектор переходного излучения
transmission semiconductor ~ пролётный полупроводниковый детектор
traveling ~ детектор измерительной линии (*для измерения КСВ*)
triangular phase ~ фазовый детектор с треугольной характеристикой
triode ~ триодный детектор
tuned ~ резонансный детектор
ultrasonic ~ приёмник ультразвука

development

ultrasonic flaw ~ ультразвуковой дефектоскоп
vacuum-leak ~ течеискатель
vibration ~ вибродатчик
video ~ *тлв* видеодетектор
voice ~ детектор речи
voice activity ~ детектор активности голосового [речевого] процесса (*в компьютерной телефонии*)
voiced-unvoiced ~ детектор вокализированных и невокализированных звуков (*в вокодере*)
voltage limit ~ предельный индикатор напряжения
wide-field ~ фотоприёмник с большим полем зрения
zero-crossing ~ детектор пересечений левого уровня
2π radiation ~ 2π-детектор излучения
4π radiation ~ 4π-детектор излучения
detent стопор; защелка; собачка; фиксатор
  switch ~ фиксатор (положения) переключателя
deteriorate 1. ухудшаться 2. изнашиваться
deterioration 1. ухудшение 2. изнашивание; износ
determinant 1. *вчт* детерминант (*1. определитель (матрицы или системы уравнений*) *2. атрибут или группа атрибутов, от которых зависит любой другой атрибут или любая другая группа атрибутов*) 2. *бион. ген* 3. *бион.* антигенный детерминант, эпитоп 4. определяющий фактор
  ~ **of n-th order** детерминант [определитель] *n*-го порядка
  ~ **of quadratic form** детерминант [определитель] квадратичной формы
  Jacobian ~ якобиан
  matrix ~ детерминант [определитель] матрицы
  minor ~ минор (*определителя*)
  network ~ детерминант [определитель] матрицы контурных сопротивлений, сопротивлений холостого хода *или* проводимостей короткого замыкания (*в теории цепей*)
  Wronskian ~ вронскиан
determination 1. определение; измерение 2. определение (место)положения; обнаружение
  absolute ~ абсолютное определение; измерение абсолютным методом
  direct ~ прямое определение; измерение прямым методом
  experimental ~ экспериментальное определение
  indirect ~ косвенное определение; измерение косвенным методом
  radar ~ радиолокационное определение (*местоположения*); радиолокационное обнаружение
  radio ~ радиоопределение (*местоположения*)
  signal ~ обнаружение сигнала
  single ~ однократное определение; однократное измерение
  target ~ радиолокационное определение местоположения цели; радиолокационное обнаружение цели
determine 1. определять; измерять 2. определять (место)положение; обнаруживать
determinism детерминизм
deterministic детерминированный
detrend удалять тренд
detrending удаление тренда
detune 1. расстройка || расстраивать 2. выводить из рабочего состояния; разрегулировать 3. детонация, изменение высоты тона при звуковоспроизведении (*напр. за счёт флуктуаций скорости движения носителя записи*); детонирование, фальшивое [неточное по высоте] исполнение звуков (*при пении или игре на музыкальных инструментах*) || испытывать детонацию; детонировать
detuning 1. расстройка 2. детонация, изменение высоты тона при звуковоспроизведении (*напр. за счёт флуктуаций скорости движения носителя записи*); детонирование, фальшивое [неточное по высоте] исполнение звуков (*при пении или игре на музыкальных инструментах*)
detwinning *крист.* раздвойникование
  torque ~ раздвойникование скручиванием
deuteranopia *опт.* дейтеранопия
develop 1. развивать 2. разрабатывать; внедрять 3. разрабатывать программное обеспечение; программировать 4. проявлять(ся) (*о фоточувствительном материале*) 5. визуализировать (*напр. магнитную запись*) 6. *вчт* представлять в развёрнутом виде; разлагать
developer 1. разработчик 2. разработчик программного обеспечения; программист 3. проявитель (*фоточувствительного материала*) 4. проявляющий валик (*напр. в лазерных принтерах*) 5. устройство визуализации (*напр. магнитной записи*) 6. вещество *или* среда для визуализации магнитной записи (*напр. магнитная суспензия*)
  ~ **of open-resource software** разработчики программного обеспечения для открытых ресурсов
  electrographic ~ электрографический проявитель
  holographic ~ голографический проявитель
  photographic ~ фотографический проявитель
  two-component ~ двухкомпонентный проявитель
  two-stage ~ двухрастворный проявитель
development 1. развитие 2. разработка; внедрение 3. разработка программного обеспечения; программирование 4. проявление (*фоточувствительного материала*) 5. визуализация (*напр. магнитной записи*) 6. *вчт* представление в развёрнутом виде; разложение
  ~ **of photoresist** проявление фоторезиста
  activator-stabilizer ~ проявление методом активации — стабилизации
  advanced ~ перспективная разработка
  alternative ~ дизъюнктивное разложение
  bottom-up ~ восходящая разработка (*напр. программ*)
  bubble (memory) ~ разработка ЗУ на ЦМД
  chemical ~ химическое проявление
  conventional ~ проявление
  cross ~ кросс-разработка, разработка программ для определённой системы на другой системе
  custom ~ разработка заказных изделий
  dry ~ сухое проявление
  engineering ~ конструкторская разработка
  heat ~ тепловое проявление
  Jackson system ~ модифицированная система структурного программирования, система Джексона, система JSD
  joint application ~ совместная разработка приложений, совместная разработка прикладных программ
  knowledge ~ развитие знаний
  magnetic record ~ визуализация магнитной записи
  magnetooptic ~ магнитооптическая визуализация

development

monobath ~ однорастворное проявление
object-oriented ~ объектно-ориентированная разработка
organizational ~ организационное развитие, плановые организационные изменения, концепция OD
powder ~ визуализация с помощью порошка
rapid application ~ программные средства быстрой разработки приложений, программные средства быстрой разработки прикладных программ
resist ~ проявление резиста
software ~ разработка программного обеспечения
spray ~ проявление методом разбрызгивания, струйное проявление
top-down ~ нисходящая разработка (*напр. программ*)
two-stage ~ двухрастворное проявление
wet ~ проявление жидкими химическими реактивами

deviance дисперсия (*случайной величины*)
deviate (случайное) отклонение ‖ отклоняться
deviation 1. девиация; отклонение 2. девиация частоты 3. девиация магнитной стрелки ◊ ~ **from teached path** отклонение от заданной траектории в процессе обучения (*в робототехнике*)
absolute ~ абсолютное отклонение
average ~ среднее отклонение
beam ~ отклонение луча; отклонение пучка
compass ~ девиация магнитной стрелки
course-line ~ курсовая ошибка, отклонение от курсовой линии
direction-finder ~ ошибка определения пеленга радиопеленгатора
flight-path ~ отклонение от заданной траектории полёта
fractional standard ~ дробное стандартное отклонение
frequency ~ 1. девиация частоты 2. уход частоты
frequency-modulation ~ девиация частоты
groove ~ глубина модуляции канавки записи
linearity ~ максимальное отклонение кривой от аппроксимирующей линейной зависимости (*полученной методом наименьших квадратов*)
magnetic ~ девиация магнитной стрелки
maximum system frequency ~ максимальная девиация частоты (радиопередающей) системы
mean ~ среднее отклонение
mean absolute ~ среднее абсолютное отклонение
mean absolute percentage ~ среднее абсолютное отклонение (в процентах)
phase ~ индекс фазовой модуляции
pulse flatness ~ относительный спад вершины импульса (*в процентах*)
quartile ~ интерквартильная широта (*распределения случайной величины*)
residual ~ паразитная модуляция (*обусловленная шумами передатчика*)
root-mean-square ~ среднее квадратическое отклонение
slope ~ отклонение по тангажу
standard ~ среднее квадратическое отклонение
steady-state ~ остаточное отклонение
steady-state ~ **of n-th order** остаточное отклонение *n*-го порядка
stoichiometric ~ отклонение от стехиометрии
studentized ~ стьюдентизированное отклонение

deviator 1. *фтт* девиатор 2. частотный модулятор
FM ~ частотный модулятор
strain ~ девиатор деформаций
stress ~ девиатор напряжений
device 1. прибор; устройство; установка 2. компонент; элемент 3. план (*действий*); схема; процедура 4. фигура речи 5. девиз; лозунг
absolute pointing ~ *вчт* устройство ввода абсолютных координат *или* управления положением в абсолютных координатах
absolute value ~ устройство для определения модуля
accumulation-mode charge-coupled ~ ПЗС, работающий в режиме накопления
acoustic correlation ~ акустический коррелятор, коррелятор на акустических волнах
acoustic delay ~ акустическая линия задержки
acoustic imaging ~ акустический формирователь сигналов изображения
acoustic-surface-wave ~ прибор на ПАВ
acoustic-surface-wave interaction charge-coupled ~ комбинированный прибор типа ПЗС — устройство на ПАВ
acoustic-volume-wave ~ прибор на объёмных акустических волнах
acoustic-wave ~ прибор на акустических волнах
acoustooptic ~ акустооптический прибор
acoustoresistive ~ акусторезистивный прибор
active ~ активное устройство
active medium propagation ~ прибор на волнах в активной среде
adaptive ~ адаптивное устройство
add-on ~ навесной компонент
all-junction ~ 1. планарный прибор 2. прибор с $p - n$-переходом
aluminum-gate MOS ~ МОП-транзистор с алюминиевым затвором
amorphous semiconductor memory ~ запоминающий элемент на аморфном полупроводнике
amorphous semiconductor switching ~ переключающий элемент на аморфном полупроводнике
analog ~ аналоговый прибор; аналоговое устройство
answer ~ *тлф* устройство ответа
antihunt ~ стабилизирующее [демпфирующее] устройство (*в следящих системах*)
anti-inrush ~ устройство защиты от противотока
antijamming ~ устройство защиты от активных преднамеренных радиопомех
anti-pumping ~ устройство блокировки от повторного включения
antisidetone ~ *тлф* противоместная схема
antistatic ~ антистатическое средство (*напр. специальный аэрозоль*)
antistrike ~ система предотвращения столкновений (*в рабочей зоне робота*)
AO ~ *см.* **acoustooptic device**
arc-control ~ дугогасительное устройство
array ~ матричная ИС
attached ~ навесной компонент
attention ~ устройство сигнализации, сигнализатор
audible signal ~ устройство звуковой сигнализации
audio ~ 1. звуковой прибор; звуковое устройство 2. *вчт* звукового аппаратного обеспечения
audio-response ~ *вчт* устройство с речевым [голосовым] ответом

device

augmentative ~ дополнительное устройство
autocorrelation ~ (авто)коррелятор
automatic-alarm-signal keying ~ (судовое) автоматическое радиотелеграфное устройство подачи международных сигналов тревоги
automatic holding ~ *тлф* устройство автоматической блокировки
avalanche(-effect) ~ 1. лавинный прибор, прибор на эффекте лавинного пробоя 2. лавинно-пролётный прибор
backup ~ резервное устройство
band-compression ~ устройство для сжатия полосы частот
beam-expanding ~ расширитель луча; расширитель пучка
beam-lead ~ прибор с балочными выводами
beam-manipulating ~ устройство управления лучом; устройство управления пучком
beam-narrowing ~ устройство сужения луча; устройство сужения пучка
beam-transforming ~ трансформатор пучка
bidirectional ~ двунаправленное устройство; взаимное устройство
bipolar ~ 1. прибор на биполярных транзисторах 2. биполярный прибор
bistable ~ бистабильный прибор; бистабильное устройство
bistable optical ~ бистабильное оптическое устройство
block ~ устройство блочного ввода *или* вывода данных (*напр. дисковод*)
BlueTooth ~ устройство для системы радиосвязи с радиусом действия не более 10м и использованием скачкообразной перестройки частоты, устройство (стандарта) Bluetooth
bogey electron ~ электронный прибор со стандартными характеристиками
bubble (domain) ~ устройство на ЦМД
bubble lattice storage ~ ЗУ на (гексагональной) решётке ЦМД
bubble memory ~ ЗУ на ЦМД
bucket-brigade (charge-coupled) ~ ПЗС типа «пожарная цепочка»
built-in pointing ~ *вчт* встроенное (*напр. в корпус портативного компьютера*) указательное устройство (*напр. трекбол*)
bulk-acoustic-wave ~ прибор на объёмных акустических волнах
bulk channel charge-coupled ~ ПЗС с объёмным каналом
bulk-charge-coupled ~ прибор с объёмной зарядовой связью, ПЗС с переносом зарядов в углублённом слое
bulk-effect [bulk-property] ~ прибор на объёмном эффекте
bulk-type acoustooptic ~ акустооптический прибор на объёмных волнах
bunching ~ группирователь
buried channel charge-coupled ~ ПЗС со скрытым каналом
burst ~ устройство пакетной передачи (*данных*); *вчт проф.* монопольное устройство
bus-powered ~ устройство с (электро)питанием от шины

callback port protection ~ устройство защиты порта от входящих вызовов (*в компьютерной телефонии*)
calling ~ *тлф* вызывное устройство
carrier-operated antinoise ~ устройство подавления помех, управляемое несущей
cascade charge-coupled ~ каскадный ПЗС
cascaded thermoelectric ~ каскадный термоэлемент
center-bonded ~ устройство в корпусе с выводами в центре основания
CFAR ~ *см.* constant false-alarm ratio device
character ~ 1. устройство посимвольного ввода *или* вывода данных (*напр. клавиатура или принтер*) 2. устройство, работающее только в текстовом режиме (*напр. монитор*)
charge-control ~ прибор с зарядовым управлением
charge-coupled ~ прибор с зарядовой связью, ПЗС (*см. тж.* CCD)
charge-coupled imaging ~ формирователь сигналов изображения на ПЗС
charge-coupled line imaging ~ линейный формирователь сигналов изображения на ПЗС
charge-coupled storage ~ ЗУ на ПЗС
charge-injection ~ прибор с инжекцией заряда, прибор с зарядовой инжекцией, ПЗИ
charge-injection imaging ~ формирователь сигналов изображения на приборах с инжекцией заряда
charge-transfer ~ прибор с переносом заряда, ППЗ; прибор с зарядовой связью, ПЗС; прибор с инжекцией заряда, ПЗИ
charge-trapping ~ прибор с захватом заряда
chip ~ *микр.* бескорпусный прибор
chip-and-wire ~ ИС с проволочным монтажом
clip-on pointing ~ *вчт* закрепляемое (*на корпусе портативного компьютера*) указательное устройство (*напр. трекбол*)
clustered ~s *вчт* кластеризованные (внешние) устройства; (внешние) устройства с общим контроллером
CMOS ~ прибор на комплементарной МОП-структуре, КМОП-прибор
coder ~ кодер
coherent electroluminescence ~ инжекционный лазер
color imaging ~ формирователь сигналов цветного изображения
COM ~ *см.* computer output microfilm device
complex programmable logic ~ сложная программируемая логическая интегральная схема, СПЛИС (*на основе использования базовых программируемых логических матриц типа PAL и PLA с программируемой матрицей соединений между ними*)
compound ~ *вчт* составное устройство (*напр. из двух MIDI-устройств*)
computer output microfilm ~ устройство вывода (*данных*) из компьютера на микроплёнку
conductively connected charge-coupled ~ прибор с гальванической зарядовой связью
constant false-alarm ratio ~ устройство с фиксированным значением вероятности ложных тревог
consumer ~ бытовой прибор
contiguous-disk bubble domain ~ устройство на ЦМД со схемой продвижения на соприкасающихся дисках

device

controlled avalanche ~ управляемый прибор на эффекте лавинного пробоя (*напр. тринистор*)
controlled-surface ~ *пп* прибор с управляемыми поверхностными свойствами
correlation ~ коррелятор
countermeasure ~**s** средства радиоэлектронного подавления, средства РЭП
coupling ~ устройство связи
cross-correlation ~ кросс-коррелятор
cross-field ~ электронный СВЧ-прибор магнетронного [М-]типа
cryogenic ~ криогенный прибор
current-access magnetic bubble ~ ЗУ на ЦМД с токовым доступом
current-controlled ~ токовый [управляемый током] прибор
current-controlled differential-negative-resistance ~ токовый [управляемый током] прибор с дифференциальным отрицательным сопротивлением
current-controlled DNR ~ *см.* **current-controlled differential-negative-resistance device**
current-mode logic ~ логическая ИС на переключателях тока
current-operated ~ токовый [управляемый током] прибор
custom ~ заказной прибор
data entry ~ *вчт* устройство ввода данных
data preparation ~ *вчт* устройство подготовки данных
data recording ~ устройство записи данных
deception ~**s** средства создания имитирующих радиопомех
decision-making ~ устройство принятия решения
decoding ~ декодер
dedicated ~ **1.** выделенное (*для определённых целей*) устройство **2.** специализированное устройство
deformable-mirror ~ прибор с деформируемым зеркалом
DEFT ~ *см.* **direct electronic Fourier transform device**
delay ~ **1.** линия задержки **2.** элемент задержки
dense ~ ИС с высокой плотностью упаковки
depletion-mode ~ *пп* прибор, работающий в режиме обеднения
detecting ~ **1.** обнаружитель **2.** детектор; демодулятор
DI ~ *см.* **dielectric isolation device**
dielectric isolation ~ ИС с диэлектрической изоляцией
diffused ~ диффузионный прибор
digital ~ цифровой прибор; цифровое устройство
digital micromirror ~ **1.** цифровое микрозеркальное устройство **2.** цифровая кинопроекционная установка с решёткой микрозеркал
digit delay ~ элемент задержки на один разряд
diode-array imaging ~ формирователь сигналов изображения на диодной матрице
direct-access storage ~ память с прямым доступом, ЗУ с прямым доступом
direct electronic Fourier transform ~ устройство прямого электронного преобразования Фурье
direct-view(ing) ~ прибор прямого видения
discrete ~ устройство с дискретными элементами
disk ~ *вчт* дисковое (запоминающее) устройство

display ~ устройство (визуального) отображения информации (*дисплей, принтер или графопостроитель*)
distributed diode ~ устройство с распределёнными диодами
distributed interaction ~ прибор с распределённым взаимодействием
division ~ делитель
D-MOS ~ МОП-прибор, изготовленный методом двойной диффузии
domain propagation ~ устройство на движущихся магнитных доменах
domain-tip ~ устройство на ПМД
double-negative-resistance ~ прибор с двумя участками отрицательного сопротивления (*на вольт-амперной характеристике*)
double-quantum stimulated-emission ~ двухфотонный лазер
dynamically configurable ~ *вчт* динамически конфигурируемое устройство
eavesdropping ~ подслушивающее устройство
E-beam fabricated ~ прибор, изготовленный методом электронной литографии
EBS ~ *см.* **electron-beam-semiconductor device**
edge-bonded ~ устройство в корпусе с выводами по периметру основания
EL ~ *см.* **electroluminescence device**
elastooptic ~ акустооптический прибор
electrically programmable logic ~ электрически программируемое логическое устройство
electroluminescence ~ электролюминесцентный прибор
electromagnetic ~ электромагнитный прибор
electron ~ **1.** электровакуумный прибор **2.** газоразрядный прибор **3.** полупроводниковый прибор
electron-beam semiconductor ~ прибор на полупроводниковом диоде с управлением электронным лучом
electronic ~ электронный прибор; электронное устройство
electronic imaging ~ электронный формирователь сигналов изображения
electron-optical ~ электронно-оптический прибор
electrooptical ~ электрооптический прибор
elementary MOS ~ элементарный МОП-прибор (*напр. МОП-конденсатор*)
embedded ~ *вчт* встроенное устройство
encoding ~ кодер
end ~ первичный измерительный преобразователь, датчик
energy conversion ~ устройство преобразования энергии
enhancement-mode ~ *пп* прибор, работающий в режиме обогащения
epiplanar ~ планарно-эпитаксиальный прибор
epitaxial ~ эпитаксиальный прибор
error-sensing ~ обнаружитель ошибок
exchange-coupled thin-film memory ~ ЗУ на обменно-связанных тонких (магнитных) плёнках
external control ~ внешнее устройство управления
false-echo ~**s** средства создания имитирующих помех
Faraday-rotation ~ устройство на эффекте Фарадея
fast-discharge ~ быстродействующий разрядник
ferrite ~ ферритовый прибор
ferroelectric ~ сегнетоэлектрический прибор

device

FET ~ *см.* field-effect transistor device
fiber-laser ~ устройство на волоконно-оптическом лазере
field-access memory ~ ЗУ с доступом (магнитным) полем
field-effect ~ 1. полевой транзистор (*см. тж.* FET) 2. полевой диод 3. МДП-диод
field-effect transistor ~ прибор на полевых транзисторах
field-emission ~ прибор с автоэлектронной эмиссией
field-programmable interconnect ~ программируемый интегральный электрический соединитель (*для плат с логическими матрицами*)
file ~ файловое (запоминающее) устройство
file-protection ~ устройство защиты файла
fixed tap-weight bucket-brigade ~ ПЗС типа «пожарная цепочка» с фиксированными весовыми коэффициентами отводов
floating-gate ~ полевой транзистор с плавающим затвором
fluidic ~ струйный элемент
follow-up ~ следящее устройство
four-layer ~ четырёхслойный (полупроводниковый) прибор (*напр. с $p—n—p—n$-переходом*)
four-terminal ~ четырёхполюсник
Frame Relay access ~ устройство доступа к сети Frame Relay
free-electron ~ прибор на свободных электронах
freestanding pointing ~ *вчт* автономное указательное устройство
FS ~ *см.* full-speed device
full-speed ~ полноскоростное устройство; высокоскоростное устройство (*напр. для передачи данных*)
functional ~ функциональное устройство
galvanomagnetic ~ гальваномагнитный прибор
galvanomagnetic semiconductor ~ 1. гальваномагнитный полупроводниковый прибор 2. прибор на эффекте Холла, холловский прибор
gate-array ~ матрица логических элементов, логическая матрица (*с использованием концепции базовых ячеек*)
graphic input ~ *вчт* входное графическое устройство, преобразователь изображений в цифровую форму
graphic output ~ *вчт* выходное графическое устройство, преобразователь цифровых данных в изображение
gripping ~ схват; захватное устройство (*напр. робота*)
groove locating ~ устройство для обнаружения канавки записи
guided-wave acoustooptic ~ волноводный акустооптический прибор
guided-wave AO Bragg ~ волноводный акустооптический прибор на эффекте брэгговской дифракции
Gunn(-effect) ~ ганновский прибор, прибор на эффекте Ганна, прибор на эффекте междолинного переноса электронов
gyromagnetic ~ гиромагнитный прибор; гиромагнитное устройство
Hall(-effect) ~ прибор на эффекте Холла, холловский прибор

harbor echo ranging and listening ~ портовая гидроакустическая установка, система HERALD
head-cleaning ~ устройство для очистки головок (*напр. магнитных*)
heteroepitaxial ~ гетероэпитаксиальный прибор
heterojunction ~ полупроводниковый прибор с гетеропереходом
high-technology ~ прибор, изготовленный с применением высокой технологии
high-threshold ~ прибор с высоким пороговым напряжением
homing ~ 1. приводное устройство 2. устройство самонаведения 3. устройство дистанционного управления со схемой определения начального направления перемещения *или* вращения
hot-electron ~ прибор на горячих электронах
human interface ~ человеко-машинный интерфейс
hybrid ferromagnet-semiconductor ~ гибридный ферромагнитно-полупроводниковый прибор
hybrid integrated-circuit ~ гибридная ИС, ГИС
hybrid-type ~ гибридное устройство
identification ~ устройство идентификации; устройство опознавания; устройство распознавания
image-storage ~ устройство запоминания изображений
imaging ~ формирователь сигналов изображения
implanted ~ 1. *микр.* ионно-имплантированный прибор 2. имплантированный [вживлённый] прибор
incidental radiation ~ источник индустриальных радиопомех
industrial data collection ~ прибор для автоматического учёта рабочего времени
infrared charge-coupled ~ преобразователь ИК-излучения на ПЗС
input ~ 1. входное устройство 2. устройство ввода (*данных*)
input-output ~ устройство ввода-вывода (*данных*)
insulated-gate ~ полевой транзистор с изолированным затвором
integrated electron ~ электронный прибор на ИС
integrated injection ~ интегральная логическая схема с инжекционным питанием, И^{2}Л-схема
integrated optic ~ интегрально-оптическое устройство
integrating ~ интегрирующее устройство, интегратор
interface ~ *вчт* интерфейс
interlocking ~ устройство взаимной блокировки; блокирующее устройство; запирающее устройство
I/O ~ *см.* input-output device
ion-implantation ~ ионно-имплантированный прибор
ion-implanted bubble ~ ЗУ на ЦМД с ионно-имплантированными схемами продвижения
ion-injection electrostatic plasma confinement ~ установка для электростатического удержания плазмы с инжекцией ионов
jelly-bean ~ логическая ИС с небольшим набором функций
Josephson(-effect) ~ *свпр* прибор на эффекте Джозефсона, джозефсоновский прибор
junction ~ прибор с $p—n$-переходом
junction-gate ~ полевой транзистор с затвором на $p—n$-переходе

device

keying ~ *тлф, тлг* манипулятор
known-good ~ эталонный прибор
large-area p-n junction ~ прибор с *p — n*-переходом большой площади
laser ~ лазер
laser annealing ~ установка (для) лазерного отжига
laser-beam machining ~ установка для (механической) обработки лазерным лучом
laser welding ~ установка для лазерной сварки
leaded ~ прибор с выводами
leadless ~ безвыводной прибор
left ventricular assist ~ кардиостимулятор левого желудочка
light-detecting ~ фотоэлектрический приёмник, фотоприёмник
light-emitting ~ светоизлучающий прибор (*напр. диод*)
linear beam ~ электронный СВЧ-прибор О-типа
linear imaging ~ линейный формирователь сигналов изображения
locked dynamically configurable ~ заблокированное динамически конфигурируемое устройство
logic ~ **1.** логическое устройство **2.** логический элемент
long-channel ~ *пп* прибор с длинным каналом
low-speed ~ низкоскоростное устройство (*напр. для передачи данных*)
low-threshold ~ прибор с низким пороговым напряжением
LS ~ *см.* **low-speed device**
magnetic ~ магнитный прибор; магнитное устройство
magnetic bubble ~ устройство на ЦМД
magnetic detecting ~ магнитный дефектоскоп
magnetic flux quantum ~ устройство на (одиночных быстрых) квантах магнитного потока, *проф.* быстрое одноквантовое устройство
magnetic tunnel junction memory ~ запоминающее устройство на магнитных туннельных переходах
magnetic-wave ~ устройство на магнитных волнах
magnetoelastic-wave ~ устройство на магнитоупругих волнах
magnetoelectronic ~ магнитоэлектронный прибор; магнитоэлектронное устройство
magnetooptic bubble-domain ~ магнитооптическое устройство на ЦМД
magnetostatic-wave ~ устройство на магнитостатических волнах
magnetostrictive ~ магнитострикционный прибор
magnetotunneling ~ магнитный туннельный прибор; магнитное туннельное устройство
majority-carrier ~ *пп* прибор на основных носителях
make-and-break ~ прерыватель
manipulating ~ манипулятор
marginal ~ прибор с предельно допустимыми отклонениями параметров от оптимальных
maser ~ мазер
matching ~ согласующее устройство; согласующий трансформатор
measurement ~ измерительный прибор
mechanical switching ~ контактный коммутационный аппарат

memory ~ **1.** запоминающее устройство, ЗУ **2.** запоминающий элемент
MEMS (-based) ~ *см.* **microelectromechanical system (-based) device**
metal-gate ~ МОП-транзистор с металлическим затвором
metal-insulator-metal ~ прибор на структуре металл — диэлектрик — металл, МДМ-прибор
metal-insulator-piezoelectric semiconductor ~ прибор на структуре металл — диэлектрик — пьезополупроводник
metal-oxide-silicon ~ прибор на структуре металл — оксид — полупроводник, МОП-прибор
metal-semiconductor ~ прибор с переходом металл — полупроводник
microcomputer ~ микрокомпьютер; персональный компьютер, ПК
microdiscrete ~ прибор на микродискретных элементах
microelectromechanical system (-based) ~ прибор на основе микроэлектромеханических систем; устройство на основе микроэлектромеханических систем
microelectronic ~ микроэлектронное устройство
microfluidic ~ микрожидкостный прибор, микрожидкостное устройство
MIDI ~ MIDI-устройство, поддерживающее MIDI-стандарт устройство
minority-carrier ~ *пп* прибор на неосновных носителях
MIPS ~ *см.* **metal-insulator-piezoelectric semiconductor device**
MIS ~ прибор на структуре металл — диэлектрик — полупроводник, МДП-прибор
MNOS ~ прибор на структуре металл — нитрид — оксид — полупроводник, МНОП-прибор
molecule-sized ~ прибор *или* устройство молекулярного размера
MOS ~ прибор на структуре металл — оксид — полупроводник, МОП-прибор
MOS color imaging ~ формирователь сигналов цветного изображения на МОП-структуре
MOS memory ~ ЗУ на МОП-структуре
MSW ~ *см.* **magnetostatic-wave device**
M-type ~ электронный СВЧ-прибор магнетронного [М-]типа
multiaperture ~ многоотверстный (магнитный) элемент
multijunction ~ *пп* многопереходный прибор
multilayered memory ~ ЗУ на многослойной структуре
multilevel storage ~ многоуровневый запоминающий элемент
multiple-tap bucket-brigade ~ многоотводный ПЗС типа «пожарная цепочка»
multiple-unit semiconductor ~ многофункциональный полупроводниковый прибор
multiport ~ многополюсник
multistable ~ прибор с несколькими устойчивыми состояниями
multiterminal ~ многополюсник
n-channel ~ *n*-канальный прибор, прибор с каналом *n*-типа
negation ~ схема НЕ, схема (функции) отрицания
negative-resistance ~ прибор с отрицательным сопротивлением

device

night viewing ~ прибор ночного видения, ПНВ
n-n heterojunction ~ прибор с n — n-гетеропереходом
noise-rejection ~ устройство подавления шума, шумоподавитель
nonburst ~ устройство без пакетной передачи (*данных*); *вчт проф.* немонопольное устройство
noninverting parametric ~ необращающий параметрический прибор
nonreciprocal field-displacement ~ *магн.* невзаимное устройство ни эффекте смещения поля
n-p-n ~ прибор на n — p — n-структуре
n-terminal ~ n-полюсник
one-port ~ двухполюсник
open-collector ~ транзисторно-транзисторная логическая схема с открытым коллектором, ТТЛ-схема с открытым коллектором
optically coupled ~ оптопара, оптрон
optically pumped ~ прибор с оптической накачкой
optoelectronic ~ оптоэлектронное устройство
O-type ~ электронный СВЧ-прибор О-типа
output ~ 1. выходное устройство 2. устройство вывода данных
overlay ~ многоэмиттерный прибор; многоэмиттерный транзистор
oxide-passivated ~ пассивированный оксидом прибор
P&P ~ *см.* plug-and-play device
parallel ~ *вчт* устройство с параллельной обработкой данных
parametric ~ параметрический прибор
passivated ~ пассивированный прибор
passive ~ пассивное устройство
pattern recognition ~ устройство распознавания образов
p-channel ~ p-канальный прибор, прибор с каналом p-типа
p-channel MOS ~ p-канальный прибор на МОП-структуре
periodic permanent magnet focusing ~ фокусирующее устройство на периодической структуре постоянных магнитов
persistent current ~ *свпр* прибор с незатухающим током
persistent-image ~ устройство с сохранением изображения
personal communication ~ карманный персональный компьютер с встроенным сотовым телефоном
photoconducting ~ фоторезистор
photoelectric ~ фотоэлектрический прибор
photoemissive ~ (электровакуумный) фотоэлемент
photosensitive ~ фоточувствительный прибор
photovoltaic ~ фотогальванический элемент
picking ~ *вчт* указательное устройство, устройство управления положением курсора и манипулирования объектами на экране дисплея (*напр.* мышь)
piezoelectric ~ пьезоэлектрический прибор
piezomagnetic ~ пьезомагнитный прибор
planar ~ планарный прибор
planar-doped barrier ~ *пп* прибор с планарно-легированным барьером, прибор с планарно-легированным переходом
plasma ~ плазменный прибор

plasma-coupled semiconductor ~ полупроводниковый прибор с плазменной связью
plotting ~ графопостроитель
plug-and-play ~ *вчт* автоматически конфигурируемое устройство, устройство стандарта plug-and-play, устройство стандарта PnP
plug-in ~ съёмный [сменный] прибор
PMOS ~ *см.* p-channel MOS device
p-n junction ~ прибор с p — n-переходом
PnP ~ *см.* plug-and-play device
p-n-p ~ прибор на p — n — p-структуре
p-n-p-n ~ прибор на p — n — p — n-структуре
point-contact superconducting ~ точечный сверхпроводящий прибор
pointing ~ *вчт* указательное устройство (*1. устройство ввода координат, напр. графический планшет 2. устройство управления положением курсора и манипулирования объектами на экране дисплея, напр. мышь*)
polysilicon charge-coupled ~ прибор с зарядовой связью с электродами из поликристаллического кремния
port protection ~ устройство защиты порта (*в компьютерной телефонии*)
p-p heterojunction ~ прибор с p — p-гетеропереходом
PPM focusing ~ *см.* periodic permanent magnet focusing device
programmable ~ 1. программно-управляемое устройство 2. программируемое ПЗУ, ППЗУ
programmable logic ~ программируемая логическая интегральная схема, ПЛИС
protective ~ защитное устройство, устройство защиты
punch-through ~ *пп* прибор на эффекте смыкания
pyroelectric thermal imaging ~ пироэлектрический формирователь сигналов ИК-изображения
quantum-dot resonant tunneling ~ прибор на эффекте резонансного туннелирования между квантовыми точками
quasioptical ~ квазиоптическое устройство
quenched domain mode ~ *пп* прибор, работающий в режиме подавления доменов
rapid single flux quantum ~ устройство на одиночных быстрых квантах (магнитного) потока, *проф.* быстрое одноквантовое устройство
readout ~ устройство считывания
reciprocal ~ взаимное устройство
recognition ~ 1. устройство распознавания образов 2. *рлк* устройство опознавания
rectifying ~ выпрямитель
relative pointing ~ *вчт* устройство ввода относительных координат *или* управления положением в относительных координатах
radiation-measuring ~ радиометр
random-access ~ оперативная память, оперативное ЗУ, ОЗУ
regulating ~ 1. стабилизатор 2. (автоматический) регулятор
restricted radiation ~ радиопередающее устройство с ограниченным уровнем основного излучения
reverberation ~ ревербератор
ringing ~ *тлф* устройство вызова
robot control ~ устройство управления роботом

device

rotating-field bubble (domain) ~ устройство на ЦМД с вращающимся управляющим полем
RSFQ ~ *см.* **rapid single flux quantum device**
safety ~ защитное устройство, устройство защиты
SAW ~ *см.* **surface acoustic-wave device**
Schottky (barrier semiconductor) ~ *пп* прибор с барьером Шотки
Schottky-barrier-gate Gunn-effect digital ~ цифровой ганновский прибор с затвором (в виде барьера) Шотки, цифровой прибор на эффекте Ганна с затвором (в виде барьера) Шотки, цифровой прибор на эффекте междолинного переноса электронов с затвором (в виде барьера) Шотки
SCSI ~ подключаемое к интерфейсу (стандарта) SCSI устройство, SCSI-устройство
security ~ *вчт* электронный защитный ключ (*для защиты от несанкционированного использования программных продуктов*)
self-powered ~ устройство с встроенным источником (электро)питания
self-reacting ~ самореагирующий прибор
self-synchronous ~ сельсин
semiconductor ~ полупроводниковый прибор
semiconductor-magnetic ~ магнитно-полупроводниковое устройство
semiconductor switching ~ полупроводниковый коммутационный аппарат
sensing ~ (первичный) измерительный преобразователь, датчик
serial ~ *вчт* устройство с последовательной обработкой данных
shallow-base ~ *пп* прибор с короткой базой
short-channel ~ *пп* прибор с коротким каналом
short-circuit-stable ~ прибор, устойчивый к короткому замыканию
silicon-gate MOS memory ~ ЗУ на МОП-транзисторах с кремниевыми затворами
silicon imaging ~ кремниевый формирователь сигналов изображения
silicon-on-insulating substrate ~ прибор на структуре типа «кремний на диэлектрике»
single-junction ~ прибор с одним переходом
single-tap bucket-brigade ~ ПЗС типа «пожарная цепочка» с одним отводом
single-unit semiconductor ~ моноблочный полупроводниковый прибор
slot ~ автомат с монетоприемником
snap-on pointing ~ *вчт* подключаемое (без кабеля) к специальному порту (*на корпусе портативного компьютера*) указательное устройство
solid-state ~ твердотельный прибор
SOS ~ прибор на структуре типа «кремний на сапфире», прибор на КНС структуре
sound-absorbing ~ звукопоглотитель
spark-quenching ~ искрогаситель
speech recognition ~ устройство распознавания речи; устройство распознавания голоса
spin-wave ~ прибор на спиновых волнах
square-law ~ 1. устройство возведения в квадрат, квадратор 2. элемент с квадратичной вольт-амперной характеристикой
starting ~ зажигающее устройство
static discharge ~ антистатическое устройство (*напр. электропроигрывателя*)

storage ~ 1. запоминающее устройство, ЗУ 2. запоминающий элемент
storage-charge ~ прибор с накоплением заряда
storage display ~ запоминающее индикаторное устройство
stream(-oriented) ~ потоковое устройство
stroke input ~ *вчт* векторное устройство ввода
superconducting ~ сверхпроводящий прибор
superconducting quantum ~ сверхпроводящий квантовый прибор
superconducting quantum interference ~ сверхпроводящий квантовый интерференционный датчик, сквид
surface acoustic-wave ~ прибор на ПАВ
surface charge-transfer ~ ППЗ с поверхностным каналом
surface-controlled ~ поверхностно-управляемый прибор
surface mount ~ 1. устройство для поверхностного монтажа (*напр. ИС*) 2. корпус транзисторного типа для поверхностного монтажа, корпус типа ТО для поверхностного монтажа, ТО-корпус для поверхностного монтажа
switching ~ 1. коммутационный (электрический) аппарат 2. переключающий элемент
symbolic ~ символическое имя устройства ввода/вывода
tape ~ *вчт* (запоминающее) устройство на ленте
tape-moving ~ лентопротяжный механизм
TE ~ *см.* **transferred-electron device**
tensoelectric ~ тензоэлектрический прибор
terminal ~ *вчт* терминал
thermoelectric ~ 1. термоэлектрический прибор 2. термоэлемент; термопара
thermoelectric cooling ~ теплопоглощающий термоэлемент
thermoelectric heating ~ тепловыделяющий термоэлемент
thick-film ~ толстоплёночный прибор
thin-film ~ тонкоплёночный прибор
Tokamak ~ установка «Токамак» (*система удержания плазмы*)
transferred-electron ~ ганновский прибор, прибор на эффекте Ганна, прибор на эффекте междолинного переноса электронов
transferred-electron microwave ~ ганновский СВЧ-прибор, СВЧ-прибор на эффекте Ганна, СВЧ-прибор на эффекте междолинного переноса электронов
transit-time ~ пролётный прибор
traveling magnetic domain memory ~ ЗУ на движущихся магнитных доменах
traveling-wave Gunn effect ~ ганновский прибор бегущей волны, прибор бегущей волны на эффекте Ганна, прибор бегущей волны на эффекте междолинного переноса электронов
trip-free mechanical switching ~ контактный коммутационный аппарат со свободным расцеплением
tse ~ пиктографическое устройство
tube ~ ламповый прибор
tunnel ~ туннельный прибор
tunnel emission ~ прибор с туннельной эмиссией
twisted nematic ~ устройство на твистированных нематических жидких кристаллах

two-junction bipolar ~ двухпереходный биполярный прибор
two-port ~ четырёхполюсник
two-terminal ~ двухполюсник
ULA ~ *см.* **uncommitted logic array device**
uncommitted logic array ~ 1. нескоммутированная логическая матрица 2. матрица логических элементов, логическая матрица (*с использованием концепции базовых ячеек*)
unidirectional ~ однонаправленное устройство
unilateral ~ невзаимное устройство
unpacked ~ бескорпусный прибор
vacuum tunnel ~ электровакуумный туннельный прибор
variable grating mode ~ устройство управления решёткой
variable inductance cryogenic ~ *свпр* криотрон
vertical junction ~ прибор с вертикальным *p — n*-переходом
VGM ~ *см.* **variable grating mode device**
V-groove MOS ~ МОП-транзистор с V-образной канавкой
virtual ~ *вчт* виртуальное устройство
visual signal ~ устройство световой сигнализации
V-MOS [VMOS] ~ *см..* **V-groove MOS device**
voice-operated ~ устройство с голосовым [речевым] управлением
voice-operated gain-adjusting голосовой [речевой]регулятор уровня громкости
voltage-controlled ~ потенциальный [управляемый напряжением] прибор
voltage-controlled differential-negative-resistance ~ потенциальный [управляемый напряжением] прибор с дифференциальным отрицательным сопротивлением
voltage-controlled DNR ~ *см.* **voltage-controlled differential-negative-resistance device**
voltage-operated ~ потенциальный [управляемый напряжением] прибор
wafer printing ~ установка литографии
wireless ~ радиотехническое устройство
X-ray detecting ~ 1. рентгеновский дефектоскоп 2. приёмник рентгеновского излучения
YIG ~ устройство на железо-иттриевом гранате, устройство на ЖИГ
λ-(shaped negative-resistance) ~ прибор (с отрицательным сопротивлением) с λ-характеристикой
dewar дьюар, сосуд Дьюара
 storage ~ транспортный дьюар
dextro *см.* **dextorotatory**
dextrorotation правовинтовое вращение, вращение по часовой стрелке (*о плоскости поляризации света*)
dextrorotatory *крист.* правовращающий, вращающий по часовой стрелке
dextrorse *крист.* правовинтовое двойникование
dextrorsal *крист.* правовращающий, вращающий по часовой стрелке
Dhrystone *вчт* эталонный тест для оценки общей производительности компьютера, тест Dhrystone
diac симметричный диодный тиристор, симметричный динистор
diacetylfluoroscein диацетилфлуоросцеин (*краситель*)
diachronic диахронический (*напр. о лингвистике*)
diachrony диахрония

diacritic *вчт* диакритический (*о знаке*)
diagnose диагностировать; определять техническое состояние
diagnosis 1. диагностирование; диагностика; определение технического состояния 2. результаты диагностирования; техническое состояние
 computer-aided ~ компьютерная (медицинская) диагностика
 cross ~ *вчт* перекрёстная диагностика
 error ~ диагностика ошибок
 malfunction ~ диагностика сбоев
 pulse-echo ~ эхоскопия
diagnostic 1. диагностирование; диагностика; определение технического состояния 2. средства диагностирования; средства диагностики 3. диагностический
diagnostics 1. диагностирование; диагностика; определение технического состояния 2. средства диагностирования; средства диагностики 3. диагностическая статистика 4. *вчт* сообщения об ошибках
 hardware ~ диагностика аппаратного обеспечения
 laser ~ лазерная диагностика
 microwave ~ СВЧ-дагностика
 radar ~ радиолокационная диагностика
 slack ~ диагностика разбросов
 software ~ диагностика программного обеспечения
 system ~ 1. диагностирование системы; диагностика система; определение технического состояния системы 2. средства диагностирования системы; средства диагностики системы
diagonal 1. диагональ 2. диагональная плоскость 3. диагональный; наклонный 4. разделительный знак *или* знак деления, символ /
 cube ~ *крист.* пространственная диагональ (*элементарной ячейки*)
 face ~ *крист.* диагональ грани (*элементарной ячейки*)
 main [principal] ~ главная диагональ (*матрицы, определителя*)
 secondary ~ побочная диагональ (*матрицы, определителя*)
diagonalization диагонализация, приведение к диагональному виду
 matrix ~ диагонализация матрицы
diagram диаграмма; схема; график; чертёж ‖ строить диаграмму; составлять схему; строить график
 antenna polar ~ полярная диаграмма направленности антенны
 Applegate ~ пространственно-временная диаграмма группирования электронов в клистроне
 application flow ~ блок-схема прикладной программы, блок-схема приложения
 Argand ~ представление комплексных чисел на плоскости
 band ~ *фтт* зонная диаграмма
 bifurcation ~ бифуркационная диаграмма
 binary decision ~ *вчт* дерево решений
 binary-phase ~ 1. структура двоичного кода фазоманипулированного сигнала 2. *фтт* фазовая диаграмма бинарной системы
 block ~ блок-схема; структурная схема
 Bode ~ логарифмическая частотная (амплитудная или фазовая) характеристика

diagram

Bohr-Grotrian ~ диаграмма энергетических уровней атома
Cayley ~ диаграмма Кэли
cardioid ~ кардиоидная диаграмма направленности
chain ~ функциональная схема
chromaticity ~ цветовой график, график цветностей
CIE chromaticity ~ цветовой график Международной комиссии по освещению, цветовой график МКО
CIE uniform-chromaticity-scale ~ равноконтрастный цветовой график Международной комиссии по освещению, равноконтрастный цветовой график МКО
CIE USC ~ *см.* **CIE uniform-chromaticity-scale diagram**
circle ~ круговая диаграмма полных сопротивлений
circuit ~ принципиальная (электрическая) схема
class ~ *вчт* диаграмма классов
cluster ~ диаграмма кластеров (*для нейронных сетей*)
cognitive ~ когнитивная диаграмма
color-phase ~ *тлв* векторная диаграмма цветности
conceptual ~ концептуальная диаграмма
connection ~ схема электрических соединений
constellation ~ диаграмма реализуемых состояний сигнала (*при выбранном способе модуляции*), *проф.* звёздная диаграмма
constitution ~ *фтт* фазовая диаграмма, диаграмма состояний
control ~ блок-схема программы *или* алгоритма
cording ~ *тлф* коммутационная схема
cosecant-squared ~ диаграмма направленности антенны типа «косеканс-квадрат»
coverage ~ 1. контур рабочей зоны (*напр. радионавигационной системы*), контур зоны обслуживания 2. контур зоны уверенного приёма
dataflow ~ диаграмма потоков данных
directional [directivity] ~ диаграмма направленности антенны
elementary ~ простейшая принципиальная (электрическая) схема
energy(-level) ~ диаграмма энергетических уровней
entity-relationship ~ диаграмма сущность – связь, диаграмма объект – отношение (*в базах данных*)
equilibrium ~ *фтт* фазовая диаграмма, диаграмма состояний
eye ~ глазковая диаграмма
flow ~ 1. блок-схема (*программы или алгоритма*) 2. временная диаграмма (*процесса*) 3. схема технологического процесса; технологическая карта
functional ~ функциональная схема
Gabor ~ диаграмма Габора
geodesic chromaticity ~ геодезический цветовой график, геодезический график цветностей
geometric power ~ векторная диаграмма сложения мощностей
Hartree ~ диаграмма рабочих режимов магнетрона
highway ~ монтажная схема с цифровым обозначением соединительных проводов
impedance circle ~ круговая диаграмма полных сопротивлений
indicator ~ индикаторная диаграмма
interconnection ~ схема электрических межсоединений

isocandela ~ диаграмма равных сил света
isolux ~ диаграмма равных освещённостей
key ~ принципиальная (электрическая) схема
layer ~ **of neural network** диаграмма слоёв нейронной сети
load impedance ~ диаграмма Рике
logic(al) ~ логическая блок-схема
module ~ модульная диаграмма (*в объектно-ориентированном проектировании*)
network ~ сетевой график
neuron ~ диаграмма нейронов и межнейронных связей (*в нейронной сети*)
nodal ~ диаграмма мод
Nyquist ~ диаграмма Найквиста
object ~ *вчт* диаграмма объектов
onion ~ концентрическая кольцевая диаграмма
phase ~ *фтт* фазовая диаграмма, диаграмма состояний
phasor ~ векторная диаграмма
pictorial wiring ~ наглядная монтажная схема
point ~ график с отображением функциональных зависимостей точками, *проф.* диаграмма рассеяния; точечный график
polar ~ полярная диаграмма
potential ~ диаграмма распределения потенциала; график эквипотенциальных кривых
process ~ 1. временная диаграмма процесса 2. схема технологического процесса; технологическая карта
RGB chromaticity ~ цветовой график RGB
Rieke ~ диаграмма Рике
SADT ~ *см.* **structured analysis and design technique diagram**
scatter ~ диаграмма рассеяния (*1. график с отображением функциональных зависимостей точками, проф. точечный график 2. индикатриса рассеяния*)
scattering ~ диаграмма рассеяния; индикатриса рассеяния
schematic circuit ~ принципиальная (электрическая) схема
skeleton ~ структурная схема
Smith ~ круговая диаграмма полных сопротивлений
stability ~ диаграмма устойчивости
standard chromaticity ~ стандартный цветовой график Международной комиссии по освещению, стандартный цветовой график МКО
state(-transition) ~ 1. *фтт* диаграмма состояний, фазовая диаграмма 2. *вчт* диаграмма состояний (конечного автомата)
stick ~ палочковая диаграмма
structured analysis and design technique ~ диаграмма потоков данных в методе структурного анализа и проектирования программных продуктов и производственных процессов, диаграмма потоков данных в методе SADT, SADT-диаграмма
tactical circuit ~ схема тактической сети связи
time ~ карта поясного времени
timing ~ временна́я диаграмма
tree ~ дерево (*напр. графа*)
trunking ~ *тлф* схема группообразования
UCS ~ *см.* **uniform chromaticity scale diagram**
uniform chromaticity scale ~ равноконтрастный цветовой график

vector ~ векторная диаграмма
Venn ~ *вчт* диаграмма Венна
wiring ~ **1.** монтажная схема **2.** принципиальная (электрическая) схема

diak *см.* **diac**

dial 1. *тлф* установление соединения; автоматическое установление соединения ‖ устанавливать соединение; автоматически устанавливать соединение **2.** *тлф* набор (номера); вызов (*абонента*) ‖ набирать (*номер*); вызывать (*абонента*) **3.** *тлф* номеронабиратель **4.** (круговая) шкала; лимб ‖ производить отсчёт по (круговой) шкале *или* лимбу; снимать показания с (круговой) шкалы *или* лимба **5.** (круговой) шкальный регулятор; (круговая) шкальная ручка настройки ‖ регулировать; настраивать (*по* (*круговой*) *шкале*) **6.** радио- или телевизионное вещание по сетке
  airplane ~ круговая шкала настройки бортового самолётного радиоприёмника
  calibrated ~ круговая шкала с делениями
  counting ~ циферблат счётчика
  direct ~ **1.** автоматическое установление соединения; установление соединения через АТС **2.** автоматический набор (номера), набор (номера) через АТС ‖ набирать (*номер*) через АТС
  drum ~ шкала барабанного типа
  fan ~ секторная шкала
  graduated ~ круговая шкала с делениями
  meter ~ (круговая *или* секторная) шкала измерительного прибора
  repertory ~ набор номера из каталога постоянных абонентов
  rotary ~ дисковый номеронабиратель
  slide-rule ~ линейная шкала с подвижным указателем
  telephone ~ дисковый номеронабиратель
  vernier ~ шкала точной настройки с верньером

dial-back *тлф* обратный вызов, вызов пытающегося установить соединение абонента

dialect диалект
  programming language ~ диалект языка программирования
  social ~ социальный диалект

dialer 1. *тлф* устройство автоматического набора (номера), автоматический номеронабиратель **2.** *тлф, вчт* программа автоматического установления соединения
  automatic ~ устройство автоматического набора (номера)
  card ~ устройство автоматического набора (номера) по кодовой карте
  electromechanical ~ электромеханическое устройство автоматического набора (номера)
  radio-activated ~ радиоуправляемое устройство автоматического набора (номера)

dialing 1. *тлф* установление соединения; автоматическое установление соединения **2.** *тлф* набор (номера); вызов (*абонента*) **3.** отсчёт по (круговой) шкале *или* лимбу; снятие показаний с (круговой) шкалы *или* лимба **4.** шкальная регулировка; шкальная настройка **5.** радио- или телевизионное вещание по сетке
  abbreviated ~ сокращённый набор (номера)
  ac ~ набор (номера) переменным током; тональный набор (номера)
  auto ~ **1.** автоматическое установление соединения; установление соединения через АТС **2.** автоматический набор (номера), автонабор (номера); набор (номера) через АТС
  battery ~ набор (номера) по одному проводу с возвратом через землю
  card ~ набор (номера) по кодовой карте
  chain ~ сцепленный (автоматический) набор (номера) (*напр. для установления междугородного соединения*)
  code ~ кодовый набор (номера)
  dc ~ набор (номера) импульсами постоянного тока; импульсный набор (номера)
  direct ~ **1.** автоматическое установление соединения; установление соединения через АТС **2.** автоматический набор (номера), автонабор (номера); набор (номера) через АТС
  direct distance ~ автоматическое установление междугородного соединения
  direct inward ~ автоматическое установление входящего соединения
  direct outward ~ автоматическое установление исходящего соединения
  distance ~ установление междугородного соединения
  distorted ~ неправильный набор (номера)
  DTMF ~ *см.* **dual-tone multi-frequency dialing**
  dual-tone multi-frequency ~ двухтональный многочастотный набор (номера)
  four-frequency ~ набор (номера) по четырёхчастотной системе
  hands-free ~ полный громкоговорящий режим и речевой [голосовой] набор (номера), *проф.* набор (номера) в режиме «свободные руки при разговоре»
  inductive ~ набор (номера) индуктивным способом
  intercity (direct) ~ автоматическое установление междугородного соединения
  international subscriber ~ автоматическое установление международного соединения
  long-distance ~ установление междугородного соединения
  loop ~ набор (номера) по шлейфовой системе
  mix-mode ~ комбинированный [тонально-импульсный] набор (номера)
  national toll ~ автоматическое установление соединения внутри страны
  one-frequency ~ набор (номера) по одночастотной системе
  on-hook ~ набор (номера) без снятия трубки
  operator-trunk ~ полуавтоматическое установление международного соединения
  predictive ~ автоматическое установление соединения с предсказанием, *проф.* автоматический обзвон
  preview ~ автоматическое установление соединения с предварительным выводом на дисплей информации о собеседнике, *проф.* набор (номера) с просмотром
  pulse-code ~ импульсно-кодовый набор (номера)
  pushbutton ~ кнопочный набор (номера)
  pushdown ~ тональный набор (номера)
  subscriber's trunk ~ **1.** прямой набор (номера) по автоматической междугородной телефонной линии связи **2.** автоматическое установление международного соединения

dialing

tandem ~ установление соединения через узловые станции
toll ~ установление междугородного соединения
tone ~ тональный набор (номера)
touch-tone ~ тональный кнопочный набор (номера)
two-frequency ~ набор по двухчастотной системе
voice-activated ~ речевой [голосовой] набор (номера)
voice-frequency ~ тональный набор (номера)

dialing-in набор номера абонента АТС оператором РТС
dialing-out набор номера оператора РТС абонентом АТС или оператором
dialog *вчт* диалог, интерактивное человеко-машинное взаимодействие
    password entry ~ диалог (*напр. в сети*) при вводе пароля
dial-up 1. *тлф* автоматическое установление соединения между станциями 2. *тлф* набор (номера); вызов (*абонента*) 3. *вчт* коммутируемый (*напр. о терминале*)
diamagnet диамагнетик
diamagnetic диамагнетик || диамагнитный
diamagnetics диамагнетизм, диамагнитные явления
diamagnetism диамагнетизм, диамагнитные явления
diamant *вчт* диамант, кегль 4 (*размер шрифта*)
diameter 1. диаметр 2. длина диаметра
    inner ~ внутренний диаметр
    inner ~ **of recorded surface** конечный [внутренний] диаметр зоны записи
    inside ~ внутренний диаметр
    outer ~ внешний диаметр
    outer ~ **of recorded surface** начальный [внешний] диаметр зоны записи
    outside ~ внешний диаметр
diamond 1. алмаз (*эталонный минерал с твёрдостью 10 по шкале Мооса*) 2. ромб || ромбовидный 3. (игральная) карта бубновой масти 4. *pl* бубны, бубновая масть (*игральных карт*)
diapason 1. диапазон 2. тон стандартной частоты 3. камертон
diaphragm 1. диафрагма || диафрагмировать 2. мембрана
    aperture ~ апертурная диафрагма
    capacitive ~ ёмкостная диафрагма
    cell ~ диафрагма гальванического элемента; сепаратор гальванического элемента
    electret ~ электретная мембрана (*микрофона*)
    field ~ *опт.* диафрагма осветителя (*напр. микроскопа*)
    headphone ~ мембрана головного телефона
    inductive ~ индуктивная диафрагма
    instant-return ~ *опт.* прыгающая диафрагма (*напр. фотоаппарата*)
    iris ~ *опт.* ирисовая диафрагма
    lens ~ *опт.* диафрагма объектива
    loudspeaker ~ диафрагма громкоговорителя
    matching ~ согласующая диафрагма
    microphone ~ мембрана микрофона
    plane ~ плоская диафрагма
    pressure-reading ~ мембрана микрофона — приёмника давления
    resonant ~ резонансная диафрагма
    slit ~ *опт.* щелевая диафрагма
    waveguide ~ волноводная диафрагма
diary журнал регистрации

session ~ *вчт* журнал регистрации сеансов взаимодействия (*пользователя с системой*)
diathermy диатермия
diatomic двухатомный
diatonic диатонический (*напр. полутон*)
diazide *микр.* диазид
diazo *микр.* диазосоединение, диазониумовое соединение
    dye ~ диазокраситель
    negative-working ~ диазокраситель, дающий негативное изображение
    photosensitive ~ фоточувствительное диазосоединение
    positive-working ~ диазокраситель, дающий позитивное изображение
    thermal ~ термочувствительное диазосоединение
    vesicular ~ везикулярное диазосоединение
diazoresist диазорезист
diazotype *опт.* диазотипия
dibasic двухосновной (*о кислоте*)
dibit *вчт* дибит (*1. группа из двух бит 2. единица передаваемой информации в системах с двукратной относительной фазовой манипуляцией*)
dibromofluorescein дибромфлуоросцеин (*краситель*)
dicarbocyanine дикарбоцианин (*краситель*)
dice (*pl* от **die**) 1. кристаллы (*ИС*) 2. разделять пластину на кристаллы 3. игральные кости (*в компьютерных играх*)
dichlorofluorescein дихлорфлуоросцеин (*краситель*)
dichotomic дихотомический
dichotomization *вчт* деление пополам; дихотомическое деление
dichotomize *вчт* делить(ся) пополам
dichotomizer дихотомический алгоритм; дихотомическая процедура
    iterative ~ алгоритм ID3, итерационный дихотомический алгоритм построения дерева решений из набора данных
dichotomous *вчт* 1. разделённый пополам 2. дихотомический
dichotomy 1. *вчт* деление пополам; дихотомическое деление 2. *вчт* дихотомия 3. дихотомическая фаза, фаза Луны или планеты с прямым терминатором
    spectral ~ спектральная дихотомия
dichroic 1. дихроичный (*напр. кристалл*) 2. двухцветный; бихроматический
dichroism 1. дихроизм 2. бихроматизм
    circular ~ циркулярный дихроизм
    linear ~ линейный дихроизм
    magnetic ~ магнитный дихроизм
    magnetic circular ~ магнитный циркулярный дихроизм, МЦД
    photoinduced ~ фотоиндуцированный дихроизм
dichromate *микр.* дихромат
dichromatic двухцветный; бихроматический
dichromatism дихроматизм
dichromic двухцветный; бихроматический
dicing разделение пластины на кристаллы
Dictaphone *фирм.* диктофон
dictate 1. диктовать 2. *вчт* приказ; распоряжение; предписание
dictation 1. диктовка 2. *вчт* приказ; распоряжение; предписание
dictionary 1. словарь 2. энциклопедический словарь

color ~ атлас цветов
conceptual ~ словарь понятий
contents ~ *вчт* справочник содержимого
cross-reference ~ словарь с перекрёстными ссылками
custom ~ дополнительный словарь, словарь дополнений пользователя (*для проверки орфографии и расстановки переносов в текстовых редакторах*)
data ~ словарь данных (*в метаданных или системах управления базами данных*)
exception ~ словарь исключений
external symbol ~ *вчт* словарь внешних символов
fault ~ *вчт* словарь неисправностей
main ~ основной словарь, словарь базовой лексики (*для проверки орфографии и расстановки переносов в текстовых редакторах*)
relocation ~ *вчт* таблица переназначения адресов; таблица модификации адресов, *проф.* таблица «настройки»
searchable ~ (электронный) словарь с возможностью поиска
WWWebster ~ Web-словарь Вебстера
Dictograph *фирм.* устройство для несанкционированного прослушивания и записи телефонных разговоров
dicyanine дицианин (*краситель*)
diddle 1. совершать быстрые периодические движения; дёргаться 2. *тлв* подёргиваться (*об изображении*) *вчт проф.* 3. схалтурить; смастерить (*напр. программу*) на скорую руку 4. шифровать данные перед записью в файл 5. искажать; портить (*напр. данные*)
diddling 1. быстрые периодические движения 2. *тлв* подёргивание изображения *вчт проф.* 3. халтура; сделанное на скорую руку (*напр. о программе*) 4. шифрование данных перед записью в файл 5. искажение; порча (*напр. данных*)
data ~ шифрование данных перед записью в файл
die 1. кристалл (*ИС*) || разделять пластину на кристаллы 2. штамп; пуансон 3. фильера, фильерная [волочильная] пластина, волочильная доска, волока (*напр. для вытягивания стекловолокна*) 4. плашка
~ **of chip** грань кристалла
bare ~ бескорпусная ИС
circuit ~ кристалл ИС
flip-chip ~ перевёрнутый кристалл ИС
integrated-circuit ~ кристалл ИС
master ~ базовый кристалл
semiconductor ~ полупроводниковый кристалл
silicon ~ кремниевый кристалл
uncommitted ~ несоммутированный кристалл
dielectric 1. диэлектрик || диэлектрический 2. метод электростатической печати на бумагу с диэлектрическим покрытием
charged ~ электрет
dispersive artificial ~ диспергирующий искусственный диэлектрик
ideal ~ идеальный диэлектрик
imperfect ~ неидеальный диэлектрик
isotropic ~ изотропный диэлектрик
magnetic ~ магнитодиэлектрик, магнитный диэлектрик
metal-disk ~ (искусственный) диэлектрик на металлических дисках
metal-flake artificial ~ металлопластинчатый искусственный диэлектрик
metallic-delay ~ (искусственный) диэлектрик на замедляющих металлических структурах
obstacle-type ~ (искусственный) диэлектрик на решётке препятствий
perfect ~ идеальный диэлектрик
polar ~ полярный диэлектрик
quasi ~ квазидиэлектрик (*схема с добротностью больше единицы*)
slotted ~ (искусственный) дырчатый диэлектрик
dieresis трема, диакритический знак диереза, символ ¨ (*напр. в слове naïve*)
die-stock плашкодержатель
die-upset *микр.* метод перевёрнутого кристалла
difference 1. отличие; различие || отличать; различать 2. разность; приращение || вычислять разность; определять приращение 3. отличительный признак; особенность 4. выделение; дискриминация || выделять; дискриминировать 5. *вчт* (относительное) дополнение, разность (*двух множеств*) 6. исключающее ИЛИ (*логическая операция*), альтернативная дизъюнкция 7. разностная операция; дискретная производная ◊ ~ **in depth of modulation** относительная разность коэффициентов модуляции (*в равносигнальном методе*)
angular phase ~ разность фаз (*в градусах или радианах*)
brightness ~ яркостное различие
color ~ цветовое различие
contact-potential ~ контактная разность потенциалов
dielectric phase ~ угол диэлектрических потерь
electric potential ~ разность электрических потенциалов, электрическое напряжение
element-to-element ~ *тлв* межэлементная разность
frame-to-frame ~ *тлв* межкадровая разность
frequency ~ **of arrival** сдвиг частоты между сигналами
geometrical-path ~ геометрическая разность хода
gray-level ~ *тлв, вчт* разность уровней серого
interaural intensity ~ интерауральная разность интенсивности (звука)
interaural time ~ интерауральная разность времени прихода (звука), интерауральная задержка (звука)
intrinsic-contact potential ~ внутренняя контактная разность потенциалов
just-noticeable color ~ порог цветоразличения
line ~ *тлв* межстрочная разность
logical ~ логическая разность
luminance ~ яркостное различие
magnetic potential ~ разность (скалярных) магнитных потенциалов, магнитное напряжение
minimum perceptible color ~ порог цветоразличения
negative population ~ *кв. эл.* отрицательная разность заселённостей
opposite color ~ обратное цветовое различие
optical-distance [optical-length, optical-path] ~ оптическая разность хода
path ~ разность хода
phase ~ разность фаз
photometric brightness ~ абсолютное яркостное различие
population ~ *кв.эл.* разность заселённостей

difference

potential ~ разность (электрических) потенциалов, (электрическое) напряжение
propagation ~ разность хода
quantum phase ~ *свпр* квантовая разность фаз
relation ~ разность отношений
sample ~ разность отсчётов
set ~ разность множеств
symmetric ~ симметрическая разность (*двух множеств*)
temperature ~ перепад температур
thermal-equilibrium population ~ *кв. эл.* термически равновесная разность заселённостей
threshold brightness ~ пороговое яркостное различие
time ~ **of arrival** разность времени между моментами прихода сигналов
work-function ~ контактная разность потенциалов

differencing 1. вычисление разности; определение приращения 2. выделение; дискриминация

differentiability дифференцируемость

differential 1. степень различия 2. *вчт* дифференциал (*функции*) ‖ дифференциальный 3. перепад 4. дифференциальная (электронная) схема 5. отличительный; характерный

field ~ *тлв* межполевая разность
line ~ *тлв* межстрочная разность
partial ~ частный дифференциал
recognition ~ отношение сигнал — шум, обеспечивающее 50 %-ую вероятность обнаружения звукового сигнала
temperature ~ перепад температур

differentiate 1. отличать(ся); различать(ся) 2. выделять; дискриминировать 3. дифференцировать

differentiation 1. дифференциация 2. выделение; дискриминация 3. дифференцирование

automatic ~ 1. автоматическая дифференциация 2. автоматическое выделение; автоматическая дискриминация
fast ~ 1. быстрая дифференциация 2. быстрое выделение; быстрая дискриминация 3. быстрое дифференцирование
matrix ~ матричное дифференцирование
numerical ~ численное дифференцирование
vector ~ векторное дифференцирование

differentiator 1. дифференцирующее устройство, дифференциатор 2. дифференцирующая схема; дифференцирующая цепь

grounded-capacitor ideal ~ идеальное дифференцирующее устройство [идеальный дифференциатор] с заземлённым конденсатором
lossless ~ дифференцирующая цепь без потерь
mutual-inductance ~ дифференцирующая цепь на взаимной индуктивности
RC ~ *см.* resistance-capacitance differentiator
resistance-capacitance ~ дифференцирующая RC-цепь

diffract дифрагировать; рассеиваться (*об излучении или потоке частиц*)

diffraction дифракция; рассеяние (*излучения или потока частиц*) ◊ ~ **by circular aperture** дифракция на круглом отверстии; ~ **by hole** дифракция на отверстии; ~ **by slit** дифракция на щели
acoustic ~ акустическая дифракция
acoustooptic ~ акустооптическая дифракция
anisotropic ~ анизотропная дифракция

backward ~ дифракция в обратном направлении, дифракция «назад»
Bragg (angle) ~ брэгговская дифракция, дифракция (под углом) Брэгга
bubble lattice light ~ дифракция света на решётке ЦМД
Debye-Sears ~ дифракция света на ультразвуковых волнах
edge ~ дифракция на ребре *или* крае
electron ~ дифракция электронов
forward ~ дифракция в прямом направлении, дифракция «вперёд»
Fraunhofer ~ дифракция Фраунгофера
Fresnel ~ дифракция Френеля
grating ~ дифракция на решётке
high-energy electron ~ дифракция быстрых электронов
isotropic ~ изотропная дифракция
knife-edge ~ дифракция на клине
light ~ дифракция света
low-energy electron ~ дифракция медленных электронов
magnetic domain light ~ дифракция света на магнитных доменах
magnetoelastic-wave light ~ дифракция света на магнитоупругих волнах
magnetooptic ~ магнитооптическая дифракция
magnetostatic-wave light ~ дифракция света на магнитостатических волнах
microwave ~ дифракция электромагнитных волн СВЧ-диапазона
multiple ~ многократная дифракция
neutron ~ дифракция нейтронов
optical ~ дифракция света
polarired neutron ~ дифракция поляризованных нейтронов
radio-wave ~ дифракция радиоволн
Raman ~ мандельштам-бриллюэновское рассеяние, рассеяние Мандельштама — Бриллюэна
Raman-Nath ~ раман-натовская дифракция, дифракция Рамана — Ната
reflection electron ~ дифракция электронов на отражение
ridge ~ дифракция на гребне
spin-wave light ~ дифракция света на спиновых волнах
terrain ~ дифракция на рельефе местности
ultrasonic light ~ дифракция света на ультразвуковых волнах
wave ~ дифракция волн
wedge ~ дифракция на клине
X-ray powder ~ дифракция рентгеновских лучей на порошке, дифракция Дебая — Шерера

diffractograph дифрактограф
electron ~ электронограф

diffractometer дифрактометр
Bragg ~ брэгговский дифрактометр
neutron ~ нейтронный дифрактометр
X-ray ~ рентгеновский дифрактометр

diffractometry дифрактометрия
scanning electron ~ растровая электронная дифрактометрия

diffractor объект, на котором происходит дифракция; рассеивающий объект

diffusance элемент эквивалентной схемы, описывающий диффузию носителей

diffusion

diffusant диффузант (*1. диффундирующее вещество; диффундирующая примесь 2. источник диффундирующего вещества; источник диффундирующей примеси*)
    gas(-phase) ~ газообразный диффузант
    interstitial ~ примесь внедрения
    liquid(-phase) ~ жидкий диффузант
    solid(-phase) ~ твёрдый диффузант
    substitutional ~ примесь замещения

diffuse 1. диффундировать; распространяться путём диффузии || диффундирующий; распространяющийся путём диффузии 2. испытывать *или* осуществлять диффузное рассеяние; рассеивать(ся) в широких пределах || диффузный

diffuser 1. диффузант, диффундирующая примесь 2. (диффузный) рассеиватель (*напр. света*)
    fast ~ быстрый диффузант
    Lambert ~ ламбертовский рассеиватель
    line ~ *тлв* вобулятор электронного луча
    perfect reflecting ~ идеальный отражающий рассеиватель
    perfect transmitting ~ идеальный пропускающий рассеиватель
    slow ~ медленный диффузант
    uniform ~ равномерный рассеиватель

diffusion 1. диффузия; распространение путём диффузии 2. диффузное рассеяние; рассеяние в широких пределах 3. рассеивание, распространение влияния одного знака *или* одного элемента ключа на несколько знаков (*в криптографии*) ◊ ~ **across magnetic field** диффузия поперёк магнитного поля; ~ **under film** подслойная диффузия
    ~ **of excitation** *кв. эл.* распространение возбуждения
    ~ **of heat** перенос тепла
    abnormal ~ аномальная диффузия
    adiabatic ~ адиабатическая диффузия
    ambipolar ~ амбиполярная диффузия
    anisotropic ~ анизотропная диффузия
    anomalous ~ аномальная диффузия
    axial ~ аксиальная диффузия
    base ~ базовая диффузия, диффузия для формирования базы
    beam ~ диффузия пучка
    binary ~ двойная диффузия
    block cipher data ~ рассеивание данных в блочном шифре
    Bohm ~ бомовская диффузия
    capacitor ~ диффузия для формирования конденсаторов
    carrier ~ диффузия носителей
    closed-tube ~ диффузия методом закрытой трубы
    coherent ~ когерентное рассеяние
    collector ~ коллекторная диффузия, диффузия для формирования коллектора
    collector-contact ~ диффузия для формирования коллекторного контакта
    collisional ~ столкновительная диффузия
    complementary ~ дополняющая [комплементарная] диффузия
    complete ~ полное рассеяние
    controlled ~ управляемая диффузия
    convective ~ конвективная диффузия
    cooperative ~ кооперативная диффузия
    cross ~ встречная диффузия
    current ~ диффузия тока
    data ~ рассеивание данных
    deep ~ глубокая диффузия
    defect ~ диффузия дефектов
    differential ~ диффузия двух различных примесей
    doped-oxides ~ диффузия из легированных оксидов
    double ~ двойная диффузия
    drive-in ~ разгонка примеси (*вторая стадия двухстадийной диффузии*)
    electrolyte ~ диффузия электролита
    emitter ~ эмиттерная диффузия, диффузия для формирования эмиттера
    enhanced ~ ускоренная диффузия
    free-radical ~ диффузия свободных радикалов
    gas-phase (source) ~ диффузия из газовой фазы
    grain-boundary ~ диффузия по границам зёрен, зернограничная диффузия
    guarding ~ диффузия для формирования охранных колец
    improper ~ некорректное рассеивание (*данных*)
    impurity ~ диффузия примеси
    in- ~ прямая диффузия, диффузия внутрь объёма
    incomplete ~ неполное рассеяние
    initial ~ начальная диффузия
    insulation ~ разделительная [изолирующая] диффузия
    intervening ~ промежуточная диффузия
    inward ~ прямая диффузия, диффузия внутрь объёма
    isolation ~ разделительная [изолирующая] диффузия
    isothermal ~ изотермическая диффузия
    key ~ рассеивание ключа
    lateral ~ горизонтальная [боковая] диффузия
    liquid-phase (source) ~ диффузия из жидкой фазы
    localized ~ локальная диффузия
    masked ~ масочная диффузия
    membrane ~ диффузия через мембрану
    mesa ~ меза-технология
    narrow-angle ~ малоугловое рассеяние
    nonmasked ~ безмасочная диффузия
    nonuniform ~ 1. неоднородная диффузия 2. неравномерное (диффузное) рассеяние
    n-type ~ диффузия (примеси) n-типа
    omnidirectional ~ изотропная диффузия
    one-way ~ однонаправленное рассеивание (*данных*)
    open-tube ~ диффузия методом открытой трубы
    out- [outward] ~ обратная диффузия, диффузия изнутри объёма
    overall ~ глобальное рассеивание данных (*с вероятностью 50%*)
    oxide-masked ~ диффузия через оксидную маску
    partial ~ неполное рассеяние
    particle ~ диффузия частиц
    perfect ~ идеальное рассеяние
    phase ~ диффузия фазы
    planar-source ~ диффузия из плоскопараллельного источника
    plasma ~ диффузия плазмы
    post-alloy ~ послесплавная диффузия
    predeposition ~ загонка примеси (*первая стадия двухстадийной диффузии*)
    preferential ~ 1. селективная [избирательная] диффузия 2. анизотропная диффузия
    proton enhanced ~ диффузия, ускоренная протонами

diffusion

p-type ~ диффузия (примеси) *p*-типа
quadruple ~ четырёхкратная диффузия
quantum ~ квантовая диффузия
radiation enhanced ~ диффузия, ускоренная излучением
reach-through ~ сквозная диффузия (*диффузия в скрытый слой*)
resistive ~ резистивная диффузия, диффузия магнитного поля (в *плазме*)
resistor ~ диффузия для формирования резисторов
selective ~ селективная [избирательная] диффузия
sequential ~ последовательная диффузия
shallow ~ мелкая [неглубокая] диффузия
sheet-type ~ диффузия в тонком слое
simultaneous ~ одновременная диффузия
single ~ однократная диффузия
solid-phase (source) ~ диффузия из твёрдой фазы
solid-state ~ диффузия в твёрдом теле
spin ~ *кв. эл.* диффузия спинов
standard boron base and resistor ~ стандартная диффузия бора для формирования базы и резистора
steady-state ~ стационарная [установившаяся] диффузия
stop ~ ограничивающая диффузия
stream cipher data ~ рассеивание данных в потоковом шифре
successive ~ последовательная диффузия
surface ~ поверхностная диффузия
technology ~ распространение технологии
through ~ сквозная диффузия (*диффузия в скрытый слой*)
transient ~ нестационарная [неустановившаяся] диффузия
triple ~ тройная диффузия
turbulent ~ турбулентная диффузия
two-stage [two-step] ~ двухстадийная диффузия
two-way ~ двунаправленное рассеивание (*данных*)
uniform ~ 1. однородная диффузия 2. равномерное (диффузное) рассеяние
vacuum ~ диффузия в вакууме
vapor ~ диффузия из паровой фазы
volume ~ объёмная диффузия
wide-angle ~ рассеяние в широких пределах

diffusivity 1. коэффициент диффузии 2. температуропроводность, коэффициент температуропроводности
grain-boundary ~ коэффициент зернограничной диффузии
impurity ~ коэффициент диффузии примеси
magnetic ~ *свпр* коэффициент магнитной диффузии

diffusor *см.* diffuser
difluoride дифторид
antiferromagnetic ~ антиферромагнитный дифторид
dig 1. продольный наклон резца (*рекордера*) 2. продольный наклон иглы (*головки звукоснимателя*)
digest 1. дайджест; аннотация ‖ издавать в форме дайджестов; аннотировать 2. сборник; справочник 3. классифицировать; приводить в систему
message ~ 1. дайджест сообщения 2. стандарт MD, стандартный алгоритм шифрования сообщений методом формирования дайджеста; криптографическая хэш-функция MD
digicom цифровая связь
digicon *тлв* дигикон

digipeater 1. цифровая ретрансляционная станция; цифровой ретранслятор 2. промежуточная станция цифровой радиорелейной линии 3. промежуточный усилитель проводной цифровой линии связи 4. цифровой повторитель
digispeak жаргон Internet (*на базе акронимов*), *проф.* цифровая речь
digit 1. цифра 2. разряд (*в позиционной системе счисления*) 3. *pl* *млф* код
binary ~ 1. двоичная цифра 2. двоичный разряд, бит
binary-coded ~ двоично-кодированная цифра
check ~ 1. контрольная цифра 2. контрольный разряд
decimal ~ 1. десятичная цифра 2. десятичный разряд
decimal-coded ~ десятично-кодированная цифра
fee ~s *млф* тарифный код
function ~ разряд кода операции
guard ~ разряд защиты
high-order ~ старший разряд
least significant ~ младший разряд
low-order ~ младший разряд
most significant ~ старший разряд
nonsignificant ~ незначащий разряд
octal ~ 1. восьмеричная цифра 2. восьмеричный разряд
PABXpre-~s автоматический набор цифр для выхода в городскую телефонную сеть из частной АТС с исходящей и входящей связью
redundant ~ контрольный разряд
self-checking ~ *вчт* разряд самоконтроля
sign ~ знаковый разряд
significant ~ значащий разряд
ten ~ *млф* десятичная цифра набора
digital 1. цифровое устройство; цифровой прибор 2. цифровой; дискретный
digitalization преобразование в цифровую форму, *проф.* оцифровка
digitalize преобразовывать в цифровую форму, *проф.* оцифровывать
digital-to-analog цифроаналоговый (*о преобразователе*)
digitization 1. преобразование в цифровую форму, *проф.* оцифровка 2. дискретизация 3. цифровое кодирование 4. определение координат точек на топологии масок
image ~ преобразование изображений в цифровую форму, оцифровка изображений
pattern ~ преобразование образов в цифровую форму, оцифровка образов
speech ~ преобразование речи в цифровую форму, оцифровка речи
voice ~ преобразование речи в цифровую форму, оцифровка речи
digitize 1. преобразовывать в цифровую форму, *проф.* оцифровывать 2. дискретизировать 3. производить цифровое кодирование 4. определять координаты точек на топологии масок
digitizer 1. преобразователь в цифровую форму, *проф.* устройство оцифровки 2. *вчт* графический планшет 3. дискретизатор 4. цифровой кодер
graphic ~ графический планшет
image ~ преобразователь изображений в цифровую форму, устройство оцифровки изображений
picture ~ преобразователь изображений в цифровую форму, устройство оцифровки изображений

radar ~ преобразователь радиолокационных сигналов в цифровую форму, устройство оцифровки радиолокационных сигналов

spatial ~ преобразователь трёхмерных изображений в цифровую форму, устройство оцифровки трёхмерных изображений

speech ~ преобразователь речи в цифровую форму, устройство оцифровки речи

video ~ преобразователь видео в цифровую форму, устройство оцифровки видео

digitizing 1. преобразование в цифровую форму, *проф.* оцифровка **2.** дискретизация **3.** цифровое кодирование **4.** определение координат точек на топологии масок

diglot *вчт* двуязычное (печатное) издание || двуязычный

digram *вчт* диграмма, биграмма

digraph 1. ориентированный граф, орграф **2.** *вчт* диграф (*совокупность двух соседних символов, произносимая как один звук*) **3.** *вчт* диграмма, биграмма ◊ **~s equivalent up to conversion** орграфы, эквивалентные относительно обращения

~ of graph орграф, соответствующий графу

acyclic ~ ациклический орграф

complete ~ полный орграф

connected ~ связный орграф

Euler(ian) ~ эйлеров орграф

functional ~ функциональный орграф

Hamilton(ian) ~ гамильтонов орграф

iterated line ~s итерированные рёберные орграфы

labeled connected ~ помеченный связный орграф

point-symmetric ~ вершинно-симметрический орграф

self-converse ~ самообратный орграф

signed ~ знаковый орграф

strongly connected ~ сильносвязный орграф

transitive ~ транзитивный орграф

unilateral ~ односторонний орграф

weakly connected ~ слабосвязный орграф

dihedral двугранный

dike 1. препятствие; барьер || препятствовать; ставить барьер **2.** *вчт проф.* удалять *или* блокировать часть аппаратного *или* программного обеспечения (*напр. для сохранения работоспособности системы в целом*)

dilatation расширение; растяжение

dilate расширять(ся); растягивать(ся)

dilation расширение; растяжение

time ~ замедление (музыкального) темпа

dilatometer дилатометр

capacitive ~ ёмкостный дилатометр

induction ~ индукционный дилатометр

interference ~ интерференционный дилатометр

recording capacitance ~ самопишущий ёмкостный дилатометр

resonance ~ резонансный дилатометр

dilatometry дилатометрия

dilemma *вчт* дилемма

constructive ~ конструктивная [утверждающая] дилемма

destructive ~ деструктивная [отрицающая] дилемма

prisoners ~ дилемма заключённых, проблема выбора оптимальной смешанной стратегии в играх на выживание (*с одинаковыми интересами участников*), *проф.* игра «два бандита»

stability-plasticity ~ дилемма устойчивость — пластичность (*в нейронных сетях*)

diluent растворитель

dilute 1. *тлв* разбавлять (*напр. цвет*) **2.** растворять(ся)

dilution 1. *тлв* разбавление (*напр. цвета*) **2.** растворение **3.** раствор

Dimaris *вчт* название правильного сильного модуса четвёртой фигуры силлогизма

dimension 1. размер **2.** *pl* габариты, габаритные размеры **3.** измерение; координата **4.** размерность **5.** указывать размеры (*напр. на чертеже*) **6.** придавать нужные размеры

attractor fractal ~ фрактальная размерность аттрактора; ёмкость аттрактора

broad ~ размер прямоугольного волновода по широкой стенке

cellular ~ клеточная размерность

characteristic ~ характеристический размер

coding ~ размерность кодирования

correlation ~ корреляционная размерность

covering ~ (фрактальная) размерность, определяемая методом покрытия (*напр. хаусдорфова размерность*)

critical ~ размер прямоугольного волновода по широкой стенке

dynamic fractal ~ динамическая фрактальная размерность

facsimile recorded spot ~ размер записанного пятна в приёмном факсимильном аппарате

fourth ~ четвёртое измерение

fractal ~ фрактальная размерность

generalized ~ обобщенная размерность

geometrical ~ геометрическая размерность

global fractal ~ глобальная фрактальная размерность

Hausdorf ~ хаусдорфова размерность

Hilbert ~ гильбертова размерность

local fractal ~ локальная фрактальная размерность

Lyapunov ~ ляпуновская размерность

mass fractal ~ массовая фрактальная размерность

metric ~ метрическая размерность

mounting ~ монтажный [установочный] размер

outline [outside] ~s габариты, габаритные размеры

overall ~s габариты, габаритные размеры

static fractal ~ статическая фрактальная размерность

third ~ 1. третье измерение **2.** глубина (*напр. изображения*)

waveguide critical ~ размер прямоугольного волновода по широкой стенке

dimensional размерный; имеющий размерность

n~ n-мерный

null~ нульмерный; точечный

one~ одномерный; линейный

three~ трёхмерный; объёмный

two~ двумерный; плоский

dimensionality размерность

effective ~ эффективная размерность

reduced ~ пониженная размерность

dimensioning 1. привязка к координатам **2.** задание размерности **3.** указание размеров (*напр. на чертеже*) **4.** придание нужных размеров

coordinate ~ привязка к координатам

dimensionless безразмерный

dimer димер

dimer

non-fluorescing ~ нефлуоресцирующий димер
dimerization *кв.эл.* димеризация
dimethylaniline диметиланилин (*краситель*)
dimmed *вчт* тусклый; отображаемый тусклым шрифтом *или* цветом; недоступный для исполнения (*напр. пункт экранного меню*); относящийся к рабочему объекту (*напр. о пиктограмме*)
dimmer регулятор света
dimorph диморф, диморфная модификация
dimorphism диморфизм
dimorphous диморфный
dingbat *вчт* декоративный элемент; примитив орнамента (*в графических или текстовых редакторах*)
dinistor диодный тиристор, динистор
dink *проф.* допотопный компьютер
diode 1. диод **2.** переход транзистора ◊ **~ upside down** перевёрнутый диод
   abrupt-junction ~ диод с резким переходом
   absorber ~ полупроводниковый детектор
   ac heated ~ диод косвенного накала
   adjustable ~ регулируемый диод
   alloy(ed-junction) ~ сплавной плоскостной диод
   antireflective coated (laser) ~ лазерный диод с просветляющим покрытием
   apertured ~ фотодиод с увеличенной апертурой
   avalanche ~ **1.** лавинно-пролётный диод, ЛПД **2.** лавинный диод
   avalanche breakdown ~ **1.** лавинно-пролётный диод, ЛПД **2.** диод с лавинным пробоем
   avalanche injection ~ **1.** лавинно-пролётный диод, ЛПД **2.** лавинно-инжекционный диод
   avalanche-oscillator ~ генераторный лавинно-пролётный диод, генераторный ЛПД
   avalanche photosensitive ~ лавинный фотодиод
   avalanche transit-time ~ лавинно-пролётный диод, ЛПД
   back ~ обращенный диод
   back-biased ~ обратносмещённый диод
   back-to-back ~**s** встречно-включённые диоды
   backward ~ обращенный диод
   BARITT ~ *см.* **barrier-injection and transit-time diode**
   barrier ~ диод Шотки
   barrier-injection and transit-time ~ инжекционно-пролётный диод
   base-emitter ~ эмиттерный переход
   beam-lead ~ диод с балочными выводами
   bidirectional ~ симметричный диод
   bidirectional breakdown ~ диод с двухсторонним ограничением
   blooming inhibitor ~ ограничительный диод в канале изображения (*для устранения потери чёткости изображения*)
   blue light-emitting ~ светодиод голубого свечения
   Boff ~ диод с накоплением заряда, ДНЗ
   bonded ~ диод со связкой
   booster ~ вольтодобавочный диод
   breakdown ~ диод на эффекте лавинного *или* туннельного пробоя при обратном смещении (*напр. обращенный диод, стабилитрон*)
   bulk ~ диод на объёмном эффекте
   bulk-barrier ~ диод с внутренним униполярным барьером, ВУБ-диод
   bulk NC ~ *см.* **bulk negative conductivity diode**
   bulk negative conductivity ~ **1.** диод Ганна, диод на эффекте междолинного переноса электронов **2.** диод с отрицательной объёмной электропроводностью
   bypass ~ обратный диод; возвратный диод
   catching ~ ограничительный диод
   CATT ~ *см.* **controlled avalanche-transit-time diode**
   catwhisker ~ точечный диод
   centering ~ *рлк* фиксирующий диод схемы ИКО
   ceramic package ~ диод в керамическом корпусе
   charge-storage ~ диод с накоплением заряда, ДНЗ
   charging ~ зарядный диод
   chip ~ *микр.* бескорпусный диод
   circular laser ~ лазерный диод с кольцевым резонатором
   clamping ~ фиксирующий диод
   clipper ~ диод с двухсторонним ограничением
   coaxial ~ коаксиальный диод
   cold-cathode gas ~ газотрон тлеющего разряда с холодным катодом
   collector(-junction) ~ коллекторный переход
   commutating ~ коммутирующий диод (*транзисторного стабилизатора с импульсным регулированием*)
   complementary ~**s** комплементарные диоды
   conductivity modulated ~ **1.** $p-i-n$-диод **2.** диод с модулированной удельной электропроводностью
   constant-current ~ диод схемы стабилизации тока
   contact ~ точечный диод
   controlled avalanche-transit-time ~ управляемый лавинно-пролётный диод, управляемый ЛПД
   crystal ~ полупроводниковый диод
   current-regulator ~ диод схемы стабилизации тока
   cylindrical ~ диод в цилиндрическом корпусе
   damper [damping] ~ демпферный диод
   dc clamp [dc restorer] ~ *тлв* диод схемы восстановления постоянной составляющей
   DDR ~ *см.* **double-drift(-region) diode**
   deep ~ *микр.* глубокий диод
   degenerate tunnel ~ обращенный диод
   demodulator ~ детекторный диод
   detector ~ детекторный диод
   dielectric ~ диэлектрический диод
   diffused (p-n junction) ~ диффузионный диод, диод, изготовленный методом диффузии
   discharge ~ разрядный диод
   discrete ~ дискретный диод
   distributed ~ распределённый диод
   double ~ двойной диод
   double-base (junction) ~ двухбазовый диод, однопереходный транзистор
   double-diffused ~ диод, изготовленный методом двойной диффузии
   double-drift(-region) ~ двухпролётный лавинно-пролётный диод, двухпролётный ЛПД
   double-epitaxial ~ диод, изготовленный методом двойной эпитаксии
   double-glass seal ~ диод в двойном герметичном стеклянном корпусе
   double-injection ~ диод с биполярной инжекцией
   double-saturation ~ симметричный стабилитрон
   double velocity transit time ~ двухскоростной лавинно-пролётный диод, двухскоростной ЛПД
   DOVETT ~ *см.* **double velocity transit time diode**
   drain ~ стоковый переход (*в полевом транзисторе*)

diode

drift ~ 1. дрейфовый диод 2. однопролётный лавинно-пролётный диод, однопролётный ЛПД
dual ~ двойной диод
dummy ~ 1. поглощающий диод 2. диод-эквивалент
EBS ~ *см.* **electron-beam [electron-bombarded] semiconductor diode**
efficiency ~ вольтодобавочный диод
EL ~ *см.* **electroluminescent diode**
electrochemical ~ хемотронный диод
electroluminescent ~ светодиод, светоизлучающий диод, СИД
electron-beam [electron-bombarded] semiconductor ~ полупроводниковый диод с управлением электронным лучом
emitter(-junction) ~ эмиттерный переход
epitaxial ~ эпитаксиальный диод
equivalent ~ эквивалентный диод (*для многоэлектродной лампы*)
Esaki tunnel ~ туннельный диод
evaporated thin-film ~ тонкоплёночный диод, изготовленный методом напыления
fast ~ импульсный диод
fast-recovery ~ 1. диод с накоплением заряда, ДНЗ 2. импульсный диод
field-effect ~ 1. полевой диод 2. МДП-диод
flangeless package ~ диод в бесфланцевом корпусе
flexible-lead ~ диод с гибкими выводами
flexible transparent organic light-emitting ~ органический светодиод в гибкой прозрачной матрице
formed ~ формованный диод
forward-biased ~ прямосмещённый диод
four-layer [four-region] ~ диодный тиристор, динистор
fuse ~ защитный диод
gallium arsenide ~ арсенид-галлиевый диод
gallium phosphide ~ фосфид-галлиевый диод
gas(-filled) ~ газотрон
gate-controlled ~ 1. двухбазовый диод, однопереходный транзистор 2. полевой транзистор
gate-to-channel ~ переход затвор — канал (*в полевом транзисторе*)
gate-triggered ~ 1. двухбазовый диод, однопереходный транзистор 2. полевой транзистор 3. переключательный диод
gating ~ 1. переключательный диод 2. стробирующий диод
germanium ~ германиевый диод
glass ~ 1. диод в стеклянном корпусе 2. диод из аморфного полупроводникового материала
glass-ambient ~ диод в стеклянном корпусе
glass-sealed ~ диод в стеклянном корпусе
gold-bonded ~ диод с золотой связкой
graded-junction ~ диод с плавным переходом
green emitting ~ светодиод зелёного свечения
grid-cathode ~ диод, образованный сеткой и катодом лампы
grown(-junction) ~ диод с выращенным переходом
guard-ring ~ диод с охранным кольцом
Gunn(-effect) ~ диод Ганна, диод на эффекте междолинного переноса электронов
hard-lead ~ диод с жёсткими выводами
heavily doped ~ диод из сильнолегированного материала
heterojunction ~ гетеродиод, диод с гетеропереходом, гетероструктурный диод, диод на гетероструктуре

heterojunction light-emitting ~ светоизлучающий гетеродиод, светоизлучающий диод с гетеропереходом, СИД с гетеропереходом
high-burnout ~ диод с высокой стойкостью к выгоранию
high-current ~ сильноточный диод
high-power ~ мощный диод
high-pressure gas(-filled) ~ газотрон высокого давления
high-radiance electroluminescent ~ светодиод с высокой энергетической яркостью
hold-off ~ переключательный диод
honeycomb ~ диодная матрица
hot-carrier ~ 1. диод на горячих носителях 2. диод Шотки
hot-cathode gas(-filled) ~ газотрон с термокатодом
hot-cathode X-ray ~ двухэлектродная рентгеновская трубка с термокатодом
hot-electron ~ диод на горячих электронах
hot-hole ~ диод на горячих дырках
ideal noise ~ идеальный шумовой диод
impact (ionization) avalanche transit-time ~ лавинно-пролётный диод, ЛПД
IMPATT ~ *см.* **impact (ionization) avalanche transit-time diode**
infrared(-emitting) ~ излучающий диод ИК-диапазона
injection laser [injection luminescent] ~ лазерный диод, инжекционный лазер
integrated ~ интегральный диод
intrinsic-barrier ~ $p—i—n$-диод
inversed ~ обращенный диод
inverted mesa ~ инвертированный меза-диод
ion-implanted planar mesa ~ планарный мезадиод, изготовленный методом ионной имплантации
I^2-PLASA ~ *см.* **ion-implanted planar mesa diode**
isolating [isolation] ~ 1. развязывающий диод 2. изолирующий $p—n$-переход
isolation-substrate junction ~ изолирующий $p—n$-переход
junction(-type) ~ плоскостной диод
lambda ~ лямбда-диод (*многофункциональный прибор с отрицательным сопротивлением*)
laminar ~ плоскостной диод
laser [lasing] ~ лазерный диод, инжекционный лазер
light-emitting ~ светодиод, светоизлучающий диод, СИД
lighthouse ~ маячковый диод
lightly doped ~ диод из слаболегированного материала
light-proof package ~ диод в светонепроницаемом корпусе
limited space-charge accumulation ~ диод Ганна в режиме ограниченного накопления объёмного заряда, диод на эффекте междолинного переноса электронов в режиме ограниченного накопления объёмного заряда, диод Ганна в ОНОЗ-режиме, диод на эффекте междолинного переноса электронов в ОНОЗ-режиме
limiter ~ ограничительный диод
limiting-velocity ~ 1. диодный стабилизатор тока (*на эффекте ограничения скорости носителей*) 2. лавинно-пролётный диод, ЛПД

diode

logarithmic ~ логарифмический диод
long-base ~ диод с длинной базой
low-barrier ~ низкобарьерный диод
low-barrier hot-carrier ~ низкобарьерный диод на горячих носителях
low-power ~ диод малой мощности
low-voltage ~ низковольтный диод
LSA ~ *см.* **limited space-charge accumulation diode**
luminescent ~ люминесцентный диод
magnetic ~ магнитодиод
majority-carrier ~ диод с переносом тока основными носителями
matched ~s согласованные (по параметрам) диоды
mesa(-type) ~ мезадиод
metal-film semiconductor ~ диод Шотки
metal package ~ диод в металлическом корпусе
metal-semiconductor (barrier) ~ диод со структурой металл — полупроводник
microglass ~ микродиод в стеклянном корпусе
microplasma-free ~ диод без микроплазмы
microwave ~ СВЧ-диод
Miller-Ebers ~ лавинный транзистор с закороченными базой и эмиттером
MIM ~ диод со структурой металл — диэлектрик — металл, МДМ-диод
minority-carrier ~ диод с переносом тока неосновными носителями
MIS ~ диод со структурой металл — диэлектрик — полупроводник, МДП-диод
Misawa ~ лавинно-пролётный диод с однородным умножением носителей
mixer ~ смесительный диод
mm-wave ~ диод миллиметрового диапазона
MNS ~ диод со структурой металл — нитрид — полупроводник, МНП-диод
Moll ~ диод с накоплением заряда, ДНЗ
MOM ~ диод со структурой металл — оксид — металл, МОМ-диод
monolithic ~ монолитный диод
MOS ~ 1. диод со структурой металл — оксид — полупроводник, МОП-диод 2. диод со структурой металл — оксид — кремний, МОП-диод
Mott ~ диод Мотта
MSM ~ диод со структурой металл — полупроводник — металл, МПМ-диод
multicurrent-range ~ диод с большим динамическим диапазоном
multielement ~ диодная матрица
narrow-base ~ диод с короткой базой
negative-resistance ~ 1. диод с отрицательным сопротивлением 2. туннельный диод
noise ~ шумовой диод
noise-generator ~ шумовой генераторный диод
nonlinear capacitance ~ 1. варикап 2. варактор
optical ~ 1. оптрон, оптопара 2. фотодиод 3. светодиод, светоизлучающий диод, СИД
organic light-emitting ~ органический светодиод
oscillator ~ генераторный диод
overcritically doped ~ диод из материала со сверхкритическим уровнем легирования
packaged ~ диод в корпусе, корпусной диод
packageless ~ бескорпусный диод

parallel emitter-collector junction ~ транзистор в диодном включении
parametric ~ параметрический (полупроводниковый) диод
passivated metal-semiconductor ~ пассивированный диод Шотки
phosphor-coated electroluminescent ~ светодиод с люминесцентным покрытием
photoemissive ~ (электровакуумный) фотоэлемент
photomixer ~ фотосмесительный диод
photoparametric ~ фотопараметрический диод
photosensitive ~ фотодиод
pick-off ~ переключательный диод
pill ~ диод в таблеточном корпусе
p-i-n ~ p — i — n-диод
pinhead ~ сверхминиатюрный диод
planar ~ планарный диод
planar-doped barrier ~ планарно-легированный диод Шотки
planar epitaxial passivated ~ пассивированный эпитаксиальный планарный диод
plasma ~ плазменный диод
plastic-encapsulated ~ диод в пластмассовом корпусе
pneumatic ~ тензодиод
p-n junction ~ плоскостной диод с p — n-переходом
point [point-contact, point-junction] ~ точечный диод
pressure-sensitive ~ тензодиод
p-semi-insulating-n ~ диод с p — s — n — n-структурой
pulse ~ импульсный диод
punch-through ~ диод на эффекте прокола базы (*транзистора*), диод на эффекте смыкания
quenched-domain Gunn ~ диод Ганна, работающий в режиме с подавлением доменов, диод на эффекте междолинного переноса электронов, работающий в режиме с подавлением доменов
reactance ~ параметрический (полупроводниковый) диод
Read ~ диод Рида (*ЛПД с p — n — i — n- или n — p — i — n-структурой*)
rectifier ~ выпрямительный диод
red light-emitting ~ светодиод красного свечения
reference ~ опорный диод
refrigerated ~ охлаждаемый диод
retarded field ~ 1. лавинно-пролётный диод, ЛПД 2. диод с тормозящим полем
reverse-biased ~ обратносмещённый диод
reverse-polarity silicon ~ кремниевый диод с обратной полярностью выводов
Riesz(-type) ~ диод Риса (*фотодиод с p — i — n-структурой*)
saturated ~ диод в режиме насыщения
Schottky(-barrier) ~ диод Шотки
Schottky power ~ диод Шотки на высокий уровень мощности
Schottky-Read ~ диод Рида с барьером Шотки
SCL ~ *см.* **space-charge-limited diode**
SDR ~ *см.* **single-drift(-region) diode**
sealed ~ диод в герметичном корпусе, герметизированный диод
semiconducting glass ~ диод из аморфного полупроводникового материала

semiconductor ~ полупроводниковый диод
shallow ~ диод с мелким [неглубоким] переходом
Shockley ~ диодный тиристор, динистор
short-base ~ диод с короткой базой
side-emitting laser ~ лазерный диод торцевого излучения
silicon ~ кремниевый диод
silicon-on-sapphire ~ диод, изготовленный по технологии «кремний на сапфире»
silver-bonded ~ диод с серебряной связкой
single-drift(-region) ~ однопролётный лавинно-пролётный диод, однопролётный ЛПД
single-injection ~ диод с монополярной инжекцией
smoke-emitting ~ сгорающий [выходящий из строя] диод, *проф.* дымоизлучающий диод
snap-action [snapback, snap-off] ~ диод с накоплением заряда, ДНЗ
solion (liquid) ~ хемотронный диод
SOS ~ *см.* **silicon-on-sapphire diode**
space-charge-limited ~ диод с ограничением тока пространственным зарядом
stacked organic light-emitting ~ многослойная структура из органических светодиодов в прозрачной матрице
steering ~ управляющий диод; входной диод (*триггера*)
step-recovery ~ диод с накоплением заряда, ДНЗ
storage ~ диод с накоплением заряда, ДНЗ
subtransit-time IMPATT ~ лавинно-пролётный диод, работающий на частоте ниже оптимальной (*по времени пролёта*)
superconducting ~ джозефсоновский диод
superluminescent ~ суперлюминесцентный диод
surface-barrier ~ поверхностно-барьерный диод
surface-emitting laser ~ лазерный диод поверхностного излучения
surface-passivated ~ пассивированный диод
switching ~ переключательный диод
temperature-compensated Zener ~ стабилитрон с температурной компенсацией
thermionic ~ электровакуумный диод
thick-film ~ толстоплёночный диод
thin-film ~ тонкоплёночный диод
transferred-electron ~ диод на эффекте междолинного переноса электронов, диод Ганна
transit-time microwave ~ 1. инжекционно-пролётный СВЧ-диод 2. лавинно-пролётный СВЧ-диод 3. лавинно-ключевой СВЧ-диод
transparent organic light-emitting ~ органический светодиод в прозрачной матрице
TRAPATT ~ *см.* **trapped plasma avalanche transit-time diode**
trapped plasma avalanche transit-time ~ лавинно-ключевой диод, ЛКД
trigger ~ симметричный диодный тиристор, симметричный динистор
triple ~ тройной диод
tube ~ электровакуумный диод
tunnel ~ туннельный диод
tunnel-emission ~ диод с туннельной эмиссией
twin ~ 1. двойной диод 2. *микр.* спаренные диоды
two-base ~ двухбазовый диод, однопереходный транзистор
ultrafast-recovery ~ диод с накоплением заряда, ДНЗ

uniformly avalanching ~ лавинно-пролётный диод с однородным умножением носителей
uniplanar ~ унипланарный диод
unitunnel ~ обращённый диод
vacuum ~ электровакуумный диод
vacuum-deposited ~ диод, изготовленный методом осаждения в вакууме
varactor ~ варактор
variable-capacitance [variable-reactance] ~ 1. варикап 2. варактор
vertical-cavity laser ~ лазерный диод с вертикальным резонатором
visible light-emitting ~ светодиод, светоизлучающий диод, СИД
voltage-reference ~ 1. стабилитрон; стабистор 2. опорный диод
voltage-regulator ~ стабилитрон; стабистор
voltage variable-capacitance ~ 1. варикап 2. варактор
waveguide ~ диод в волноводном корпусе
welded-junction ~ диод со сварным переходом
whisker ~ точечный диод
wide-base ~ диод с длинной базой
yellow emitting ~ светодиод жёлтого свечения
Zener (breakdown) ~ стабилитрон; стабистор
diode-pentode диод-пентод
  double ~ двойной диод-пентод
diode-thyristor диодный тиристор, динистор
  bidirectional ~ симметричный диодный тиристор, симметричный динистор
diode-triode диод-триод
  double ~ двойной диод-триод
  single ~ диод-триод
  twin ~ двойной диод-триод
diopter диоптрия
dioptrics диоптрика
dioxide диоксид
  chromium ~ диоксид хрома (*магнитный материал*)
  silicon ~ *микр.* диоксид кремния
dip 1. погружение; окунание (*в жидкость*) || погружать(ся); окунать(ся) (*в жидкость*) 2. *микр.* обработка (материалов) методом погружения (*в жидкость*) || обрабатывать (материал) методом погружения (*в жидкость*) 3. *микр.* жидкость для обработки (материалов) методом погружения 4. магнитное наклонение 5. кратковременное снижение напряжения (электро)питания 6. провал (*например, на кривой*)
  absorption ~ *кв. эл.* провал на кривой поглощения
  acid ~ *микр.* обработка (материалов) методом погружения в кислоту
  activity ~ провал на температурной зависимости активности пьезоэлектрического резонатора
  emitter ~ углубление эмиттера
  hot ~ *микр.* обработка (материалов) методом погружения в горячую ванну (*для нанесения покрытий*)
  Lamb ~ *кв. эл.* лэмбовский провал, провал Лэмба
  magnetic ~ магнитное наклонение
  matte ~ матирующий раствор
  saturation ~ *кв. эл.* лэмбовский провал, провал Лэмба
  solder ~ пайка методом погружения
diphase двухфазный
diphenylanthracene дифенилантрацен (*краситель*)
diphenyloxazole дифенилоксазол (*краситель*)

diphthong дифтонг
diplex диплекс, одновременная передача двух сообщений в одном направлении ‖ диплексный
diplexer диплексер
diploid *бион* диплоид ‖ диплоидный
dipolar дипольный
dipole 1. диполь (*1. совокупность двух близко расположенных разноимённых электрических или (фиктивных) магнитных зарядов 2. симметричный вибратор*) **2.** дипольный (*1. относящийся к совокупности двух близко расположенных разноимённых электрических или (фиктивных) магнитных зарядов 2. относящийся к симметричному вибратору*) **3.** симметричная вибраторная антенна, антенна в виде симметричного вибратора
antiphased ~s противофазные симметричные вибраторы
cage ~ симметричный вибратор в виде системы тонких проводов, расположенных по образующим цилиндра *или* конуса (*напр. диполь Надененко*)
capacitively loaded ~ симметричный вибратор с ёмкостной нагрузкой
chaff ~ дипольный отражатель
cylindrical ~ симметричная антенна с цилиндрическими вибраторами
double ~ двойной симметричный вибратор
electric ~ 1. электрический диполь **2.** симметричный вибратор, диполь **3.** электрический диполь Герца, электрический элементарный излучатель
electrically short ~ короткий симметричный вибратор, симметричный вибратор с малой электрической длиной
exciting ~ активный симметричный вибратор
fan ~ веерная антенна, антенна с двумя V-образными [угловыми] симметричными вибраторами
ferroelectric ~ сегнетоэлектрический диполь
folded ~ петлевой симметричный вибратор
full-wave ~ волновый симметричный вибратор
half-wave ~ полуволновый симметричный вибратор
helical ~ спиральная антенна
Hertz(ian) electric ~ электрический диполь Герца, электрический элементарный излучатель
Hertz(ian) magnetic ~ магнитный диполь Герца, магнитный элементарный излучатель
horizontal ~ горизонтальный симметричный вибратор
horizontal magnetic ~ горизонтальный щелевой симметричный вибратор
line electric ~ линейный электрический диполь
log-periodic~ логопериодическая антенна с симметричными вибраторами
magnetic ~ 1. магнитный диполь **2.** щелевой симметричный вибратор **3.** магнитный диполь Герца, магнитный элементарный излучатель
microstrip ~ микрополосковый симметричный вибратор
near-end fed ~ симметричный вибратор с концевым возбуждением
needle ~ 1. тонкий симметричный вибратор **2.** дипольный отражатель
off-center ~ смещённый (с оси) облучатель в виде симметричного вибратора (*в параболических зеркальных антеннах с коническим сканированием*)
oscillating ~ активный симметричный вибратор
pickup ~ приёмный симметричный вибратор
planar ~ плоский симметричный вибратор
quarter-wave ~ over ground ~ четвертьволновый несимметричный вибратор
reference ~ эталонный симметричный вибратор
resonant ~ резонансный симметричный вибратор
short ~ короткий симметричный вибратор, симметричный вибратор с малой электрической длиной
shunt-fed ~ симметричный вибратор с параллельным возбуждением
slot-fed ~ симметричный вибратор с возбуждением двумя четвертьволновыми щелями в коаксиальном экране
source equivalent ~ эквивалентный (источнику) диполь
stacked ~s многоярусная антенная решётка симметричных вибраторов
straight ~ полуволновый симметричный вибратор
tuned ~ настроенный симметричный вибратор
V- ~ V-образный [угловой] симметричный вибратор
vertical ~ вертикальный симметричный вибратор
vertical magnetic ~ вертикальный щелевой симметричный вибратор
wide-band ~ широкополосный симметричный вибратор
wide-band horizontal ~ диполь Надененко
dipulse система передачи двоичной информации с кодированием «1» и «0» соответственно присутствием и отсутствием одного периода колебаний
direct 1. управлять; руководить **2.** приказывать; указывать **3.** направлять; ориентировать **4.** адресовать **5.** *рлк* наводить **6.** нацеливать(ся); прицеливать(ся) **7.** прямой (*1. непосредственный; кратчайший 2. не имеющий кривизны 3. противоположный обратному*) **8.** постоянный (*напр. ток*) **9.** совпадающий по направлению вращения с Землёй (*о небесном теле*) **10.** *тлв* выполнять функции режиссёра *или* постановщика **11.** дирижировать
Direct3D *вчт* **1.** программный интерфейс с прямым доступом к видеопамяти для трёхмерной графики, (программный) интерфейс Direct3D (*составная часть интерфейса DirectX*) **2.** стандарт программных интерфейсов с прямым доступом к видеопамяти для трёхмерной графики, стандарт Direct3D
direct-coupled с непосредственной связью
DirectDraw *вчт* **1.** программный интерфейс с прямым доступом к видеопамяти для двумерной графики, (программный) интерфейс DirectDraw (*составная часть интерфейса DirectX*) **2.** стандарт программных интерфейсов с прямым доступом к видеопамяти для двумерной графики, стандарт DirectDraw
directed 1. управляемый; руководимый **2.** направленный; ориентированный **3.** *тлв* выполняемый под руководством режиссёра *или* постановщика **4.** находящийся под управлением дирижёра
DirectInput *вчт* **1.** программный интерфейс с прямым доступом к памяти для поддержки устройств ввода (*клавиатуры, мыши, джойстика и др.*), (программный) интерфейс DirectInput (*составная часть интерфейса DirectX*) **2.** стандарт программных интерфейсов с прямым доступом к па-

director

мяти для поддержки устройств ввода (*клавиатуры, мыши, джойстика и др.*), стандарт DirectInput

direction 1. управление; руководство; менеджмент 2. управляющий *или* руководящий орган; дирекция 3. приказ; указание; директива 4. направление; ориентация 5. адрес 6. *рлк* наведение 7. нацеливание; прицеливание 8. цель 9. *тлв* выполнение функций режиссёра *или* постановщика; режиссура; постановка 10. дирижирование

~ **of current** направление тока
~ **of lay** направление повива (*в кабеле*)
~ **of observation** направление наблюдения
~ **of polarization** направление поляризации; плоскость поляризации
aspect ~ направление наблюдения
backward ~ 1. направление, противоположное максимуму главного лепестка (*диаграммы направленности антенны*) 2. *пп* обратное [запирающее] направление 3. обратное направление
beam ~ направление, соответствующее максимуму главного лепестка (*диаграммы направленности антенны*)
blocking ~ *пп* обратное [запирающее] направление
bond ~ направление связи
Bragg ~ направление брэгговского рассеяния
broadside ~ 1. направление, перпендикулярное стороне объекта с наибольшей площадью поверхности *или* с наибольшей длиной 2. направление, перпендикулярное плоскости антенной решётки *или* линии расположения элементов решётки; ось антенной решётки
close-packed ~ *крист.* направление плотной упаковки
conducting ~ *пп* прямое [проводящее] направление
crystallographic ~ кристаллографическое направление
easiest ~ направление легчайшего намагничивания
easy ~ направление лёгкого намагничивания; ось лёгкого намагничивания, ОЛН
energy-propagation ~ направление (вектора) потока энергии; направление вектора (Умова —) Пойнтинга
flow ~ 1. направление потока 2. направление прохождения сигнала (*на блок-схеме*)
forward ~ 1. направление, соответствующее максимуму главного лепестка (*диаграммы направленности антенны*) 2. *пп* прямое (проводящее) направление 3. прямое направление
growth ~ *крист.* направление роста
hard ~ направление трудного намагничивания; ось трудного намагничивания, ОТН
horizontal ~ 1. направление в горизонтальной плоскости 2. азимут
induced-current ~ направление наведённого [индуцированного] тока
inverse ~ 1. *пп* обратное [запирающее] направление 2. обратное направление
magnetic easy ~ направление лёгкого намагничивания; ось лёгкого намагничивания, ОЛН
magnetic hard ~ направление трудного намагничивания; ось трудного намагничивания, ОТН
magnetic intermediate ~ направление промежуточного намагничивания; ось промежуточного намагничивания

null ~ 1. направление, соответствующее нулю *или* минимуму диаграммы направленности (*напр. антенны*) 2. *кв. эл.* направление, соответствующее нулевой вероятности перехода
propagation ~ направление распространения
pulse ~ полярность импульса
pure-mode ~ направление распространения невозмущённых мод
radar ~ радиолокационное наведение
ray ~ лучевой вектор
receiver ~ направление приёма
reference ~ опорное направление
reverse ~ 1. *пп* обратное [запирающее] направление 2. обратное направление
scan ~ направление сканирующего луча
scanning ~ направление сканирования
stage ~ режиссура
transition-probability null ~ *кв. эл.* направление, соответствующее нулевой вероятности перехода
transmitter ~ направление передачи
traveling ~ направление распространения
tunneling ~ направление туннелирования

directional направленный

directionality направленность

directive 1. директива (*1. указание; предписание; установка* 2. *вчт* управляющая команда) 2. директивный; направляющий; предписывающий
assembler ~ директива ассемблера
compiler ~ директива компилятора
executive ~ обращение к операционной системе
game ~ правила игры
INCLUDE ~ директива включения файла в текст программы, директива INCLUDE
preprocessor ~ директива препроцессора

directivity 1. направленность 2. коэффициент направленного действия, КНД (*антенны в данном направлении*) 3. максимальный коэффициент направленного действия антенны

~ **of antenna** 1. коэффициент направленного действия антенны 2. максимальный коэффициент направленного действия антенны
antenna normalized ~ относительный максимальный коэффициент направленного действия (апертурной) антенны (*по сравнению с эквивалентной линейной антенной*)
partial ~ парциальный коэффициент направленного действия (*антенны для данной поляризации*)
reference ~ коэффициент направленного действия эквивалентной линейной антенны
standard ~ коэффициент направленного действия эквивалентной линейной антенны
total ~ сумма парциальных коэффициентов направленного действия (*антенны в данном направлении*) для двух ортогональных поляризаций

director 1. директор (*1. управляющий; руководитель; менеджер* 2. *вторичный излучатель многоэлементной антенны* 3. *единичный вектор ориентации в жидких кристаллах*) 2. блок управления 3. *тлф* директорский коммутатор 4. *рлк* блок наведения 5. *тлв* режиссёр; постановщик 6. дирижёр
antenna ~ директор антенны
art ~ *тлв* художник; декоратор
computer center ~ директор компьютерного центра
program ~ *тлв* выпускающий режиссёр

director

stage ~ режиссёр
Directorate:
 ~ of Communication Development Управление по вопросам развития связи (*США*)
 ~ of Signals Управление связи (*США*)
directory каталог (*1. справочник; указатель 2. вчт каталог файловой системы; директория*)
 ~ of files каталог файловой системы; директория
 ~ of servers каталог серверов
 cache ~ каталог кэша
 contents ~ указатель содержимого (*области памяти*), список очередей с дескрипторами и адресами программ (*в некоторой области памяти*)
 current ~ вчт текущий [рабочий] каталог
 data ~ каталог данных с указателями
 default ~ каталог, выбираемый по умолчанию
 default startup ~ стартовый каталог по умолчанию
 disk ~ каталог диска
 flat (file) ~ бесструктурный каталог, каталог без иерархии, каталог без подкаталогов
 hierarchical ~ иерархический каталог, каталог с иерархической структурой
 home ~ домашний [базовый] каталог
 login ~ домашний [базовый] каталог
 network ~ сетевой каталог
 parent ~ родительский каталог (*в иерархической структуре*)
 phantom ~ вчт фантомный каталог (*возникающий при смене дискет в активном дисководе*)
 program ~ справочник программ
 root ~ вчт корневой каталог
 routing ~ таблица маршрутизации
 shared ~ совместно используемый каталог
 shared network ~ совместно используемый сетевой каталог
 startup ~ стартовый каталог
 telephone ~ телефонный справочник
 X.500 ~ сетевой каталог стандарта X.500
directory/dictionary вчт словарь-каталог
 data ~ словарь-каталог данных с указателями
DirectPC спутниковая система радиодоступа в Internet, система DirectPC
DirectPlay вчт 1. программный интерфейс с прямым доступом к сетевым возможностям для поддержки мультимедийных проигрывателей, (программный) интерфейс DirectPlay (*составная часть интерфейса DirectX*) 2. стандарт программных интерфейсов с прямым доступом к сетевым возможностям для поддержки мультимедийных проигрывателей, стандарт DirectPlay
directrix вчт директриса (*кривой второго порядка*)
DirectSound вчт 1. программный интерфейс с прямым доступом к памяти для поддержки звуковых карт, (программный) интерфейс DirectSound (*составная часть интерфейса DirectX*) 2. стандарт программных интерфейсов с прямым доступом к памяти для поддержки звуковых карт, стандарт DirectSound
DirectX (API) вчт 1. программный интерфейс с прямым доступом к памяти для мультимедийных приложений, (программный) интерфейс DirectX 2. стандарт программных интерфейсов с прямым доступом к памяти для мультимедийных приложений, стандарт DirectX

disability 1. блокировка 2. вчт маскирование; запрет, отмена; невозможность; недопустимость; недоступность 3. выведение из строя
disable 1. блокировать 2. вчт маскировать; запрещать, отменять; делать невозможным; не допускать || маскированный; запрещённый; отменённый; невозможный; недопустимый; недоступный 3. запирающий сигнал; запрещающий сигнал || запирать (*напр. схему*) 4. вход запирающего сигнала; вход запрещающего сигнала 5. вчт сигнал на отключение *или* запрет использования (*устройства*) || отключать *или* запрещать использование (*устройства*) 6. выводить из строя
disabled 1. блокированный 2. вчт маскированный; запрещённый; отменённый; невозможный; недопустимый; недоступный 3. вчт отключённый *или* запрещённый для использования (*об устройстве*) 4. выведенный из строя
disabling 1. блокирующий 2. вчт маскирующий; запрещающий; исключающий возможность; не допускающий; исключающий доступ 3. запирающий (*сигнал*) 4. вчт отключающий *или* запрещающий использование (*устройства*) 5. выводящий из строя
disaggregate дезагрегировать
disaggregated дезагрегированный
disaggregation дезагрегация
disalign 1. разъюстировать; расстраивать 2. разориентировать; разупорядочивать 3. рассинхронизовать; расфазировать
disalignment 1. разъюстировка; расстройка 2. разориентация; разупорядочение 3. микр. неточное совмещение 4. рассинхронизация; расфазирование
Disamis вчт название правильного сильного модуса третьей фигуры силлогизма
disarrange разупорядочивать; разориентировать
disarrangement разупорядочение; разориентация
disassemble 1. разбирать; демонтировать; расформировывать; осуществлять декомпозицию 2. вчт транслировать на язык ассемблера
 packet ~ разбирать [расформировывать] пакеты, осуществлять декомпозицию пакетов
disassembler 1. установка (для) разборки *или* демонтажа; устройство (для) разборки *или* демонтажа; расформирователь, устройство расформирования; устройство декомпозиции 2. вчт дисассемблер, транслятор на язык ассемблера
 packet ~ разборщик [устройство разборки, расформирователь] пакетов
disassembly 1. разборка; демонтаж; расформирование; декомпозиция 2. вчт трансляция на язык ассемблера
 packet ~ разборка [расформирование, декомпозиция] пакетов
disassociation 1. диссоциация 2. отрицательная связанность; различие
disaster катастрофический отказ; авария
disc *см.* **disk**
discard 1. отбрасывание; сброс || отбрасывать; сбрасывать 2. отказ; аннулирование || отказываться; отвергать; аннулировать 3. избавление; ликвидация || избавляться; отделываться; ликвидировать 4. брак || браковать
discardable 1. отбрасываемый; сбрасываемый 2. аннулируемый; отвергаемый 3. ликвидируемый 4. бракуемый

discharge

discharge 1. разряд 2. разряд(ка) || разряжать 3. рассасывание заряда || рассасываться (*о заряде*)
abnormal glow ~ аномальный тлеющий разряд
ac-excited ~ разряд, возбуждаемый переменным током
alternating ~ периодический разряд
aperiodic ~ апериодический разряд
arc ~ дуговой разряд
assisted ~ полностью несамостоятельный [полностью несамоподдерживающийся] разряд
auxiliary ~ 1. вспомогательный разряд (*в разряднике или ртутном вентиле*) 2. кв. эл. инициирующий разряд
avalanche ~ лавинный разряд; лавинный пробой
back ~ разряд конденсатора
beam-plasma ~ плазменно-пучковый разряд
brush(ing) [bunch] ~ кистевой разряд
cathode glow ~ разряд типа катодного свечения
cold-cathode ~ разряд (в системе) с холодным катодом
condensed ~ кв. эл. конденсированный разряд
condenser ~ разряд конденсатора
conductive ~ разряд через проводник
constricted ~ контрагированный разряд
continuous ~ непрерывный разряд
convection [convective] ~ конвекционный разряд, электрический ветер
corona ~ коронный разряд
creeping ~ ползучий [поверхностный] разряд
crossed-field gas ~ газовый разряд в скрещенных полях
current ~ токовый разряд
dark ~ тихий разряд
deadbeat ~ апериодический разряд
de-excited ~ разряд, возбуждаемый постоянным током
developing ~ развивающийся разряд
disruptive ~ пробой диэлектрика
double transverse ~ кв. эл. двойной поперечный разряд
dynamic ~ динамический разряд
electrical ~ электрический разряд
electrode ~ электродный разряд
electrodeless ~ безэлектродный разряд
electron ~ электронный разряд
electron-beam produced [electron-beam sustained] ~ разряд, поддерживаемый электронным пучком
electron oscillation ~ (газовый) разряд Пеннинга, колебательный разряд
electrostatic ~ электростатический разряд
equilibrium ~ равновесный разряд
exponential ~ экспоненциальный разряд
fast ~ быстрый [быстро развивающийся] разряд
filamentary ~ нитевидный разряд
first Townsend ~ тихий разряд первого типа (*квазисамоподдерживающийся разряд с ионизацией газа только первичными электронами*)
flare ~ факельный разряд
gas(eous) ~ газовый разряд, электрический разряд в газе
globular ~ шаровой разряд; шаровая молния
glow ~ тлеющий разряд
helium-neon ~ кв. эл. разряд в смеси гелия с неоном
high-current ~ сильноточный разряд
high-energy electrical ~ мощный электрический разряд
high-frequency ~ высокочастотный разряд
high-pressure ~ разряд высокого давления, разряд при высоком давлении
hollow-cathode ~ разряд (в системе) с полым катодом
hydrogen ~ разряд в водороде
ignitor ~ вспомогательный разряд (*в разряднике или ртутном вентиле*)
impulsing ~ импульсный разряд
laminar [laminated] ~ ламинарный [слоистый] разряд
laser [lasing] ~ разряд в лазере
lateral ~ горизонтальное рассасывание заряда (*в ИС*)
leakage ~ ползучий [поверхностный] разряд
lightning ~ грозовой разряд, молния
linear ~ линейный разряд
linear pinch ~ линейный самостягивающийся разряд, линейный пинч, Z-пинч (*в плазме*)
low-current ~ слаботочный разряд
low-pressure ~ разряд низкого давления, разряд при низком давлении
marginal ~ краевой разряд, разряд с острия
mercury-vapor ~ разряд в парах ртути
microwave ~ СВЧ-разряд
moving microwave ~ движущийся СВЧ-разряд
non-self-maintained [non-self-sustained] ~ полностью несамостоятельный [полностью несамоподдерживающийся] разряд
normal glow ~ нормальный тлеющий разряд
optical ~ оптический разряд
oscillatory ~ (газовый) разряд Пеннинга, колебательный разряд
oxygen ~ разряд в кислороде
Penning (gas) ~ (газовый) разряд Пеннинга, колебательный разряд
Penning ion-gage ~ (газовый) разряд Пеннинга, колебательный разряд
photoinitiated ~ фотоинициированный разряд
PIG(-type) ~ *см.* Penning ion-gage discharge
pinch(-effect) ~ самостягивающийся разряд, пинч
plasma ~ плазменный разряд
point ~ точечный разряд
point-to-plane ~ разряд между остриём и плоскостью
positive column ~ разряд типа положительного столба
preionization ~ разряд предварительной ионизации
preionized ~ разряд с предварительной ионизацией
pulsed ~ импульсный разряд
residual ~ разряд с целью удаления остаточного заряда (*напр. конденсатора*)
ring ~ кольцевой [тороидальный] разряд
screw ~ винтовой [спиральный] разряд
second Townsend ~ тихий разряд второго типа (*несамостоятельный газовый разряд с ионизацией вторичными электронами*)
self-maintained [self-sustained] ~ самостоятельный [самоподдерживающийся] разряд
semi-self-maintained ~ несамостоятельный [несамоподдерживающийся] разряд
short electric ~ разряд при коротком замыкании

discharge

silent ~ тихий разряд
slow ~ медленный [медленно развивающийся] разряд
small bore electric ~ короткий электрический разряд
space ~ пространственный разряд
spark ~ искровой разряд
spatially uniform ~ пространственно однородный разряд
spontaneous ~ самопроизвольный разряд
spray ~ кистевой разряд
static ~ статический разряд
storm ~ грозовой разряд, молния
striated ~ ламинарный [слоистый] разряд
subnormal ~ тлеющий разряд
surface ~ поверхностный [ползучий] разряд
thermionic ~ термоэлектронный разряд
theta-pinch ~ тета-пинч (*в плазме*)
thin-sheet ~ кв. эл. тонкослойный разряд
torch ~ факельный разряд
toroidal ~ кольцевой [тороидальный] разряд
Townsend ~ тихий разряд; таунсендовский разряд
unassisted ~ самостоятельный [самоподдерживающийся] разряд
unstable ~ неустойчивый разряд
vaccum ~ разряд в вакууме
xerographic ~ ксерографический разряд
zet-pinch ~ линейный самостягивающийся разряд, линейный пинч, Z-пинч (*в плазме*)

discharger антистатик

discipline 1. дисциплина (*1. область знания; учебная дисциплина 2. порядок; соблюдение правил*) 2. устанавливать порядок; соблюдать правила 3. обучение; тренировка ‖ обучать; тренировать
batch-service ~ групповой порядок обслуживания
circuit ~ техника безопасности и регламент электросвязи
order-service ~ обслуживание в порядке поступления
polling ~ *вчт* порядок опроса
priority ~ порядок с приоритетами
queue ~ порядок организации очереди; порядок обслуживания
routing and connectivity ~ *тлф* режим выбора направления и установления соединения

disclaimer отказ от ответственности за последствия использования (*напр. программного продукта в бизнесе*)

disclination *фтт* дисклинация
circular ~ клиновая дисклинация
magnetic ~ магнитная дисклинация
radial ~ дисклинация кручения

disclose разглашать (*напр. конфиденциальную информацию*); раскрывать (*напр. предмет изобретения*)

disclosure 1. разглашение (*напр. конфиденциальной информации*); раскрытие (*напр. предмета изобретения*) 2. разглашённые сведения; разглашённая информация 3. раскрытый предмет изобретения

disco дискотека

discography дискография (*1. каталог музыкальных записей на дисках 2. анализ, история развития и классификация грамзаписей*)

discolor 1. искажать цветопередачу 2. обесцвечивать

discoloration 1. искажение цветопередачи 2. обесцвечивание

single-photon ~ однофотонное обесцвечивание

disconnect разъединять; расчленять
quick ~ с быстрым разъединением; быстрорасчленяемый (*напр. о электрическом соединителе*)

disconnection 1. разъединение; расчленение 2. обрыв (*электрической цепи*) 3. *тлф* отбой
premature ~ *тлф* преждевременный отбой

disconnector разъединитель
fuse ~ предохранитель-разъединитель
single-pole ~ однополюсный разъединитель
switch ~ выключатель-разъединитель

discontinue 1. претерпевать разрыв 2. прерывать(ся); перемежать(ся); иметь нерегулярный характер 3. прекращать(ся); приостанавливать(ся) 4. снимать с производства *или* с продажи

discontinuity 1. разрыв, нарушение непрерывности 2. неоднородность (*напр. в линиях передачи*) 3. прерывистость; перемежаемость; нерегулярность 4. прекращение; приостанавливание 5. снятие с производства *или* с продажи
~ of function разрыв функции
absorption ~ край полосы поглощения
Alfven ~ альфвеновский разрыв (*в ударной волне*)
capacitive ~ ёмкостная неоднородность
contact ~ контактный разрыв (*в ударной волне*)
curve ~ разрыв кривой
derivative ~ разрыв производной (*функции*)
edge ~ краевая неоднородность
inductive ~ индуктивная неоднородность
isomagnetic ~ изомагнитный скачок
magnetohydrodynamic ~ магнитогидродинамический разрыв
matching ~ согласующая неоднородность
reflection-canceling ~ согласующая неоднородность
removable ~ устранимый разрыв
resonant ~ резонансная неоднородность
space ~ пространственная неоднородность
tangential ~ тангенциальный разрыв (*в ударной волне*)
temporal ~ временная неоднородность
time ~ временная неоднородность
waveguide ~ неоднородность в волноводе

discontinuous 1. разрывный 2. прерывающийся; перемежающийся; нерегулярный

discontinuousness 1. разрывность 2. прерывистость; перемежаемость; нерегулярность

discophile коллекционер и ценитель музыкальных записей на дисках

discordant рассогласованные (*наблюдения*), пара наблюдений с немонотонным изменением характеристик

discotheque дискотека

discount дисконт; учётная ставка ‖ дисконтировать; учитывать

discounting дисконтирование

discourse *вчт* речевой диалог ‖ использовать речевой диалог

discovery открытие; обнаружение
knowledge ~ in databases обнаружение новых знаний в базах данных

discrepancy расхождение; несоответствие
local ~ локальное несоответствие
statistical ~ статистическое несоответствие

discrete 1. дискретный; прерывный; прерывистый 2. дискретный компонент 3. монофункциональный

элемент 4. цифровой 5. чёткий; ясно очерченный; отчётливый
   active ~ активный дискретный компонент
   application specific ~s специализированные дискретные компоненты
   passive ~ пассивный дискретный компонент
discretionary *вчт* необязательный; выполняемый по усмотрению пользователя *или* программы
discretization дискретизация
   linear ~ линейная дискретизация
   nonuniform ~ неравномерная дискретизация
   space ~ пространственная дискретизация
   space-time ~ пространственно-временная дискретизация
   spatial ~ пространственная дискретизация
   temporal [time] ~ временная дискретизация
   uniform ~ равномерная дискретизация
discriminable 1. различимый; распознаваемый 2. разрешаемый; разрешимый 3. селектируемый; выделяемый
discriminant дискриминант || дискриминантный
discriminate 1. различать; распознавать 2. разрешать 3. селектировать; выделять
discriminating 1. различающий; распознающий 2. разрешающий 3. селектирующий; выделяющий 4. *тлф* избирательный (*о вызове*) 5. аналитический
discrimination 1. дискриминация, различение; распознавание 2. разрешающая способность, разрешение 3. избирательность, селективность 4. селекция; выделение 5. *вчт* условный переход
   amplitude ~ амплитудная дискриминация
   aural ~ бинауральный эффект
   bearing ~ *рлк* разрешающая способность по азимуту
   chromatic ~ цветовая разрешающая способность
   color ~ цветовая разрешающая способность
   correlation ~ корреляционная дискриминация
   cross-polar ~ выделение поперечной поляризации
   decoy ~ распознавание ложных целей
   domain-wall state ~ дискриминация состояний доменной границы
   Doppler shift ~ селекция по доплеровскому сдвигу частоты
   filter ~ избирательность фильтра
   frequency ~ частотная дискриминация
   gain ~ дискриминация по усилению
   interferometric ~ интерферометрическая дискриминация
   light ~ оптическая разрешающая способность
   mode ~ 1. дискриминация мод 2. селекция мод
   phase ~ фазовая дискриминация
   polarization ~ 1. поляризационная дискриминация 2. поляризационная селекция
   pulse-repetition frequency ~ 1. дискриминация импульсов по частоте повторения 2. селекция импульсов по частоте повторения
   pulse-width ~ 1. дискриминация импульсов по длительности 2. селекция импульсов по длительности
   range ~ *рлк* разрешающая способность по дальности
   signal-noise ~ выделение сигналов из шумов, увеличение отношения сигнал — шум
   spatial ~ 1. пространственная дискриминация 2. пространственная селекция

   speech silence ~ распознавание пауз в речи
   target ~ *рлк* селекции цели
   time ~ временная разрешающая способность
   visual ~ визуальная разрешающая способность
   voiced-unvoiced ~ *тлф* распознавание вокализированных и невокализированных звуков
   wavelength ~ дискриминация по длинам волн
discriminator 1. дискриминатор 2. селектор; выделитель
   amplitude ~ амплитудный дискриминатор
   balanced ~ балансный дискриминатор
   balanced optical ~ балансный оптический дискриминатор
   baseband ~ селектор видеосигнала
   birefringent ~ двоякопреломляющий дискриминатор
   charge ~ дискриминатор заряда
   clock-frequency ~ выделитель тактовой частоты
   constant-delay ~ дискриминатор постоянной задержки (*между импульсами*)
   differential ~ амплитудный селектор
   differential pulse-height ~ амплитудный селектор
   digital frequency ~ цифровой частотный дискриминатор
   direct-current amplitude ~ дискриминатор постоянного тока
   double-tuned frequency ~ частотный дискриминатор с расстроенными контурами
   Foster-Seeley ~ фазочастотный дискриминатор
   frequency ~ частотный дискриминатор
   gated-beam tube ~ частотный дискриминатор на ЭЛТ со стробированием луча
   magnetic ~ дискриминатор на реверсивном магнитном усилителе
   navigational ~ навигационный дискриминатор
   optical ~ оптический дискриминатор
   phase(-shift) ~ фазовый дискриминатор
   pulse ~ дискриминатор импульсов
   pulse-averaging ~ усредняющий дискриминатор импульсов
   pulse-duration ~ дискриминатор импульсов по длительности
   pulse fall-time ~ дискриминатор импульсов по длительности среза
   pulse-height ~ амплитудный дискриминатор
   pulse-length ~ дискриминатор импульсов по длительности
   pulse rise-time ~ дискриминатор импульсов по длительности фронта
   pulse-shape ~ дискриминатор формы импульсов
   pulse-width ~ дискриминатор импульсов по длительности
   strobed ~ строб-дискриминатор
   subcarrier ~ выделитель поднесущей
   time ~ временной дискриминатор
   window ~ строб-дискриминатор
discussion дискуссия; обсуждение
   panel ~ дискуссия за круглым столом
disequilibrium 1. отсутствие равновесия 2. неравновесный
disfunction дисфункция
dish параболические зеркало; сферическое зеркало (*антенны*); *проф.* тарелка
   concave ~ вогнутое параболическое зеркало; вогнутое сферическое зеркало

dish

flat ~ плоское зеркало
parabolic ~ параболическое зеркало
satellite ~ параболическое *или* сферическое зеркало спутниковой антенны; *проф.* спутниковая тарелка
disinformation дезинформация
disintegration 1. распад, расщепление; разложение **2.** разрушение **3.** радиоактивный распад
  cathode ~ разрушение катода
  electric ~ 1. электроискровая обработка **2.** электрическое диспергирование
  resonance ~ of magnetic surface резонансное расщепление магнитной поверхности
  screen ~ *тлв* разрушение экрана
disjunction (включающее) ИЛИ (*логическая операция*), дизъюнкция, логическое сложение
  ~ of descriptors дизъюнкция дескрипторов
disjunctive *вчт* дизъюнктный
disjunctivity *вчт* дизъюнктность
Disk:
  Mini-~ аудиокомпакт-диск диаметром 8 см для проигрывателя типа Sony Data Diskman
disk 1. диск (*1. тонкая круглая пластин(к)а 2. объект в форме диска 3. круглая поверхность 4. дисковый носитель информации, аудио- или видеозаписей 5. дисковое запоминающее устройство*) ‖ дисковый **2.** грампластинка, *проф.* диск
  ~ of sun солнечный диск
  acetate ~ ацетилцеллюлозный диск (*для механической записи*)
  accretion ~ аккреционный диск (*напр. в чёрных дырах*)
  Airy ~ диск [круг] Эйри
  antispark ~ противоискровой диск (*ввода антенны*)
  aperture ~ *тлв* развёртывающий диск
  audio ~ 1. аудиодиск **2.** цифровая грампластинка
  backup ~ резервная дискета, дискета с резервной копией другой дискеты
  Bernoulli (removable) ~ *вчт* (съёмный) диск Бернулли
  binary code ~ кодирующий диск для двоичного кода
  Bitter ~ диск Биттера (*в электромагнитах*)
  Blue-ray ~ лазерный [оптический] диск формата Blue-ray, диск с записью и считыванием информации с помощью голубого лазера
  boot(able) ~ загрузочный [системный] диск, загружаемый диск; диск с операционной системой
  bridge ~ компакт-диск формата CD-ROM XA с возможностью воспроизведения в режиме для компакт-дисков формата CD-I
  capacitance electronic ~ цифровая грампластинка с ёмкостным звукоснимателем
  cartridge ~ кассетный диск
  cellulose-nitrate ~ нитроцеллюлозный диск (*для механической записи*)
  cleaning ~ чистящая дискета
  Clik! ~ (съёмный магнитный) диск Clik! (*корпорации Iomega*)
  coding ~ *вчт* кодирующий диск
  compact ~ 1. компакт-диск **2.** цифровая грампластинка диаметром 11 см
  constant linear velocity ~ компакт-диск *или* цифровая грампластинка с постоянной линейной скоростью считывания
  constant rotational velocity ~ компакт-диск *или* цифровая грампластинка с постоянной угловой скоростью считывания
  constant tangential velocity ~ компакт-диск *или* цифровая грампластинка с постоянной линейной скоростью считывания
  Corbino ~ *пп* диск Корбино
  coupling ~ диск связи
  current ~ рабочий диск
  diagnostic ~ диагностическая дискета
  digital audio ~ 1. цифровой аудиодиск **2.** цифровая грампластинка
  digital versatile ~ 1. компакт-диск формата DVD **2.** стандарт цифровой записи в формате DVD
  digital video ~ 1. цифровой видеодиск **2.** компакт-диск формата DVD **3.** стандарт цифровой записи в формате DVD
  discrete four-channel ~ дискретная квадрафоническая грампластинка
  dongle ~ *вчт проф.* защитная дискета-ключ (*для предотвращения несанкционированного использования программных продуктов*)
  double-faced ~ двусторонний (гибкий) диск, двусторонняя дискета, двусторонний флоппи-диск
  double-layer ~ двуслойный диск (*напр. формата DVD*)
  double-sided (floppy) ~ двусторонний (гибкий) диск, двусторонняя дискета, двусторонний флоппи-диск
  double-sided/double-density (floppy) ~ двусторонний (гибкий) диск с двойной линейной плотностью записи (*5,25-дюймовая дискета ёмкостью 360 Кбайт*)
  double-sided/extended-density (floppy) ~ двусторонний (гибкий) диск со сверхвысокой плотностью записи (*3,5-дюймовая дискета ёмкостью 2,88 Мбайт*)
  double-sided/high-density (floppy) ~ двусторонний (гибкий) диск с высокой плотностью записи (*5,25-дюймовая дискета ёмкостью 1,2 Мбайт или 3,5-дюймовая дискета ёмкостью 1,44 Мбайт*)
  double-sided/quad-density (floppy) ~ двусторонний (гибкий) диск с двойной линейной плотностью записи и удвоенным количеством дорожек (*5,25-дюймовая или 3,5-дюймовая дискета ёмкостью 720 Кбайт*)
  double-sided/single-density (floppy) ~ двусторонний (гибкий) диск с одинарной плотностью записи (*5,25-дюймовая дискета ёмкостью 180 Кбайт*)
  dry-type cleaning ~ дискета для сухой чистки (*магнитных головок*), абразивная чистящая дискета
  DS/DD (floppy) ~ *см.* double-sided/double-density (floppy) disk
  DS/ED (floppy) ~ *см.* double-sided/extended-density (floppy) disk
  DS/HD (floppy) ~ *см.* double-sided/high-density (floppy) disk
  DS/QD (floppy) ~ *см.* double-sided/quad-density (floppy) disk
  DS/SD (floppy) ~ *см.* double-sided/single-density (floppy) disk
  dual-actuator hard ~ жёсткий (магнитный) диск с двумя приводами (*магнитных головок*)

disk

electronic ~ *вчт* электронный [фантомный] диск, (логический) псевдодиск на базе оперативной памяти

erasable digital audio ~ магнитооптический диск формата EDAD, перезаписываемый цифровой аудиодиск (с термомагнитной записью)

erasable optical ~ перезаписываемый оптический диск

exchangeable ~ сменный диск; съёмный диск

external hard ~ внешний жёсткий (магнитный) диск

ferritine ~ ферритиновый диск, диск с (мономолекулярным) ферритиновым покрытием

fixed ~ фиксированный [несъёмный] жёсткий (магнитный) диск

fixed-head ~ (магнитный) диск с неподвижными головками

flexible ~ *вчт* гибкий (магнитный) диск, дискета, флоппи-диск

floppy ~ *вчт* гибкий (магнитный) диск, дискета, флоппи-диск

floptical ~ *вчт* гибкий магнитооптический диск

fluorescent multilayer ~ флуоресцентный многослойный диск (*для трёхмерной оптической записи информации*)

formatted ~ *вчт* (от)форматированный диск

hard ~ *вчт* жёсткий (магнитный) диск

hard ~ type 47 *вчт* жёсткий (магнитный) диск с параметрами, задаваемыми пользователем (*в BIOS*)

hard-sectored ~ *вчт* дискета с жёсткой маркировкой начала секторов (*по нескольким индексным отверстиям*)

hot-pressed ~ компакт-диск, изготовленный методом горячего прессования; тиражированный компакт-диск

idle ~ *вчт* диск в состоянии простоя, не имеющий обращений диск (*напр. о жёстком магнитном диске*)

internal hard ~ внутренний жёсткий (магнитный) диск

interrupter ~ *тлв* диск прерывателя (*света*)

Jaz ~ (съёмный магнитный) диск Jaz (*корпорации Iomega*)

key ~ ключевая дискета (*для защиты программного обеспечения от несанкционированного использования*)

lacquer ~ лаковый диск (*для механической записи*)

laminated ~ многослойная грампластинка

laser ~ лазерный [оптический] диск, диск с записью и считыванием информации с помощью лазера

laser-read ~ цифровая грампластинка с лазерным звукоснимателем

lens ~ *тлв* развёртывающий диск

liquid-type cleaning ~ дискета для влажной чистки (*магнитных головок*), жидкостная чистящая дискета

loading ~ нагрузочный диск (*в верхней части вертикальной антенны*)

logical ~ *вчт* логический диск

long-play ~ долгоиграющая грампластинка

magnetic ~ *вчт* 1. магнитный диск 2. жёсткий магнитный диск 3. гибкий магнитный диск, дискета, флоппи-диск

magnetooptical ~ магнитооптический диск, диск с термомагнитной записью и магнитооптическим считыванием информации

mass-reproduced ~ тиражированный компакт-диск; компакт-диск, изготовленный методом горячего прессования

master ~ главный [ведущий] жёсткий диск (*управляющий подчинённым [ведомым] диском*)

mechanical digital ~ цифровая грампластинка с механическим звукоснимателем

mechanical recording ~ 1. диск для механической записи 2. грампластинка

microfloppy ~ *вчт* 3,5-дюймовый гибкий (магнитный) диск, 3,5-дюймовая дискета, 3,5-дюймовый флоппи-диск

microgroove ~ долгоиграющая грампластинка

milk ~ *вчт* диск для сбора информации с малых компьютеров и переноса собранного на большой компьютер

mini ~ 1. минидиск, цифровой магнитооптический аудиодиск формата Minidisk, цифровой магнитооптический аудиодиск формата MD (*диаметром 6,4 см*) 2. система Minidisk, система цифровой магнитооптической звукозаписи со сжатием данных по стандарту ATRAC

mixed-mode ~ компакт-диск формата CD Extra, компакт-диск формата CD Plus, мультимедийный компакт-диск с двумя сессиями (*аудио и CD-ROM*)

M-O ~ см. magnetooptical disk

mono ~ монофоническая грампластинка

network ~ *вчт* сетевой диск

Nipkow ~ *тлв* диск Нипкова

non-system ~ несистемный диск, диск без операционной системы; незагружаемый диск

one-off ~ компакт-диск с записью, выполняемой непосредственно лазерной головкой; компакт-диск формата CD-R, записываемый компакт-диск

optical ~ оптический [лазерный] диск, диск с записью и считыванием информации с помощью лазера

original wax ~ восковой оригинал (*в механической записи*)

PCM audio ~ цифровая грампластинка с импульсно-кодовой модуляцией

phantom ~ *вчт* фантомный диск, (логический) псевдодиск на базе оперативной памяти

phase change ~ компакт-диск с записью методом фазового перехода (*в материале носителя*)

phase change disk / compact ~ компакт-диск с записью методом фазового перехода (*в материале носителя*)

physical ~ *вчт* физический диск

preformatted ~ заранее (от)форматированный диск (*до поступления в продажу*)

pressed ~ тиражированный компакт-диск; компакт-диск, изготовленный методом горячего прессования

quadraphonic ~ квадрафоническая грампластинка

radiation ~ *крист.* радиационный щиток

RAM ~ *вчт* (логический) псевдодиск на базе оперативной памяти, электронный [фантомный] диск

Rayleigh ~ диск Рэлея

recording ~ 1. оптический [лазерный] диск 2. диск для механической записи 3. грампластинка

removable ~ *вчт* съёмный диск; сменный диск

rewritable optical ~ перезаписываемый оптический диск, допускающий многократную запись (и стирание) оптический диск

disk

RIAA standard test ~ эталонная испытательная грампластинка Американской ассоциации звукозаписи
rigid ~ *вчт* жёсткий (магнитный) диск
scanning ~ *тлв* развёртывающий диск
scratch ~ *вчт* временный диск; виртуальная память
SCSI (hard) ~ (жёсткий магнитный) диск с интерфейсом SCSI
shared ~ совместно используемый (жёсткий магнитный) диск
sine-cosine encoding ~ синус(но)-косинусный кодирующий диск
single ~ 1. диск с записью одной *или* двух популярных песен, *проф.* «сингл» 2. аудиокомпакт-диск диаметром 8 см для проигрывателя типа Sony Data Diskman (*техника начала 90-х годов XX столетия*)
single-faced ~ односторонний (гибкий) диск, односторонняя дискета, односторонний флоппи-диск
single-groove stereo-quadraphonic ~ квадрафоническая грампластинка с дискретной записью
single-layer digital versatile ~ однослойный компакт-диск формата DVD
single-sided digital versatile ~ односторонний компакт-диск формата DVD
single-sided (floppy) ~ односторонний (гибкий) диск, односторонняя дискета, односторонний флоппи-диск
single-sided/single-density (floppy) ~ односторонний (гибкий) диск с одинарной плотностью записи (*5,25-дюймовая дискета ёмкостью 90 Кбайт*)
slave ~ подчинённый [ведомый] жёсткий диск (*управляемый главным [ведущим] диском*)
soft-sectored ~ вчт дискета с мягкой маркировкой начала секторов (*по одному индексному отверстию*)
solid ~ однослойная грампластинка
source ~ *вчт* диск, с которого производится копирование (*напр. файла*)
SS/SD (floppy) ~ *см.* **single-sided/single-density (floppy) disk**
startup ~ *вчт* диск, используемый для запуска (*компьютера*) и начальных действий; системный [загрузочный] диск
stereo ~ стереофоническая грампластинка
stroboscopic ~ стробоскопический диск
super-density compact ~ компакт-диск формата SDCD, компакт-диск со сверхвысокой плотностью (информации)
SyDOS (removable) ~ *вчт* (съёмный магнитный) диск SyDOS (*фирмы SyQuest*)
SyQuest (removable) ~ *вчт* съёмный магнитный диск (фирмы) SyQuest
system ~ системный [загрузочный] диск
target ~ *вчт* диск, на который производится копирование (*напр. файла*)
Teldec video ~ *фирм.* цифровой видеодиск с механическим звукоснимателем на воздушной подушке и шириной канавки записи 2,5 мкм
test ~ испытательная грампластинка
two-channel ~ стереофоническая грампластинка
unformatted ~ *вчт* неформатированный диск
user defined hard ~ *вчт* жёсткий (магнитный) диск с параметрами, задаваемыми пользователем (*в BIOS*)

vacancy ~ *крист.* дискообразное скопление вакансий
video ~ видеодиск
video compact ~ компакт-диск формата Video CD, видеокомпакт-диск
video head ~ диск видеоголовок
video home ~ видеодиск для домашнего кинотеатра
video magnetic ~ магнитный видеодиск
virtual ~ *вчт* виртуальный диск (*1. временный логический диск 2. фантомный диск, логический псевдодиск на базе оперативной памяти*)
Vise-11 (format) ~ *фирм.* цифровой видеодиск с механическим звукоснимателем на воздушной подушке и шириной канавки записи 2 мкм
Vis-O-Pac ~ *фирм.* цифровой видеодиск с механическим звукоснимателем на воздушной подушке в пластмассовом корпусе
Winchester ~ *вчт* жёсткий (магнитный) диск, *проф.* «винчестер»
Zip ~ (съёмный магнитный) диск Zip (*с воздушной подушкой на принципе Бернулли*)
disk-at-once запись (на компакт-диск) в режиме «диск за одну сессию», односеансовая [односессионная] запись (на компакт-диск)
diskette *вчт* дискета, гибкий (магнитный) диск, флоппи-диск
analog alignment ~ аналоговая юстировочная дискета
boot ~ загрузочная [системная] дискета
digital diagnostic ~ цифровая диагностическая дискета
high-resolution diagnostic ~ диагностическая дискета высокого разрешения
key ~ ключевая дискета (*для защиты программного обеспечения от несанкционированного использования*)
system ~ системная [загрузочная] дискета
DiskMan:
Data ~ портативный проигрыватель миниатюрных (*диаметром 8 см*) аудиокомпакт-дисков фирмы Sony
dislocation дислокация
bent ~ изогнутая дислокация
Burgers ~ винтовая дислокация
diffusion-induced ~ дислокация, индуцированная диффузией
edge ~ краевая дислокация
extended ~ расщеплённая дислокация
fast ~ быстрая дислокация
Frank ~ дислокация Франка
grown-in ~ ростовая дислокация
helical ~ геликоидальная дислокация
imperfect ~ дислокация несоответствия
induced ~ индуцированная дислокация
interfacial ~ дислокация на границе раздела (*двух сред*)
line ~ линейная дислокация
magnetic ~ магнитная дислокация
misfit ~ дислокация несоответствия
mixed ~ смешанная дислокация
mobile ~ подвижная дислокация
multiple ~ кратная дислокация
paired ~ парная дислокация
partial ~ частичная дислокация
perfect ~ полная дислокация
prismatic ~ призматическая дислокация

pure ~ полная дислокация
screw ~ винтовая дислокация
sessile ~ сидячая дислокация
single ~ единичная дислокация
stress-induced ~ дислокация, индуцированная напряжениями
superlattice ~ дислокация сверхрешётки
surface ~ поверхностная дислокация
twinning ~ двойникующая дислокация
unit ~ единичная дислокация
wave-front ~ дислокация волнового фронта
wedge ~ клиновая дислокация
dislodging выбивание (*напр. электронов*)
disorder 1. разупорядочение; беспорядок ‖ разупорядочивать; разрушать порядок **2.** нарушение; дисфункция; расстройство
cumulative trauma ~ *вчт* перенапряжение мышц или заболевания (*напр. лучезапястного сустава*) типа тендовагинита в результате длительного повторения однотипных движений (*напр. при работе с мышью*)
functional ~ функциональное нарушение
implantation ~ имплантационное разупорядочение
Internet addiction ~ привыкание к Internet, Internet-зависимость
lattice ~ разупорядочение (кристаллической) решётки
disordered 1. неупорядоченный; разупорядоченный **2.** нарушенный; имеющий дисфункцию; расстроенный
disparity неравенство; несоответствие; различие; несоразмерность
binocular ~ расстройство бинокулярного зрения
dispatch 1. передача; посылка; сообщение ‖ передавать; посылать; сообщать **2.** диспетчеризация, диспетчерские функции (*оперативная координация и контроль хода работы*) ‖ диспетчеризовать, осуществлять диспетчерские функции **3.** диспетчерская связь **4.** распределение ‖ распределять
economic ~ распределение активной нагрузки
var ~ распределение реактивной нагрузки
dispatcher 1. диспетчер (*1. лицо или устройство, осуществляющее диспетчерские функции 2. программа-диспетчер*) **2.** распределитель
alarm ~ диспетчер сигналов тревоги
event ~ диспетчер событий
flight ~ диспетчер системы управления воздушным движением, диспетчер системы УВД, авиадиспетчер
time-sharing ~ диспетчер режима разделения времени
TS ~ *см.* time-sharing dispatcher
dispense 1. распределять; раздавать **2.** дозировать
dispenser 1. разбрасыватель дипольных противорадиолокационных отражателей **2.** дозатор; дозирующее устройство
dipole ~ разбрасыватель дипольных противорадиолокационных отражателей
dispersal разбрасывание; рассеяние; рассредоточение
carrier energy ~ рассредоточение энергии несущей (*по полосе частот*)
chaff ~ разбрасывание дипольных противорадиолокационных отражателей
queue ~ рассредоточение очереди
disperse 1. разбрасывать; рассеивать; рассредоточивать **2.** рассеивать (*напр. излучение*) **3.** производить разложение (*напр. спектральное разложение*); сортировать (*напр. электроны*) **4.** диспергировать (*измельчать твёрдое или жидкое вещество до размеров, необходимых для формирования дисперсных систем*) ‖ дисперсный
dispersion 1. дисперсия (*1. зависимость свойств среды от частоты или длины волны 2. среднеквадратическое отклонение случайной величины*) **2.** разбрасывание; рассеивание; рассредоточение **3.** степень рассредоточения; степень рассеивания **4.** разброс (*напр. показаний*) **5.** рассеяние (*напр. излучения*) **6.** разложение (*напр. спектральное*), сортировка (*напр. электронов*) **7.** диспергирование (*измельчение твёрдого или жидкого вещества до размеров, необходимых для формирования дисперсных систем*) **8.** дисперсная система **9.** дисперсность (*характеристика размеров частиц дисперсной фазы*) **10.** И НЕ (*логическая операция*), отрицание конъюнкции ◊ **~ in the readings** разброс показаний (*напр. прибора*)
abnormal ~ аномальная [положительная] дисперсия
acoustic ~ дисперсия звука
angular ~ угловая дисперсия (*призмы*)
anomalous ~ аномальная [положительная] дисперсия
Bohm-Gross ~ дисперсия Бома — Гросса (*в тёплой плазме*)
chromatic ~ хроматическая дисперсия
dielectric ~ дисперсия диэлектрической проницаемости
electrical ~ электрическое диспергирование
Faraday rotation ~ дисперсия фарадеевского вращения
ferroelectric ~ сегнетоэлектрическая дисперсия
frequency ~ частотная [временная] дисперсия
intermode ~ межмодовая дисперсия
intramode ~ внутримодовая дисперсия
ionospheric ~ дисперсия радиоволн в ионосфере
magnetic permeability ~ дисперсия магнитной проницаемости
material ~ 1. дисперсия среды **2.** диспергирование
molecular ~ молекулярная дисперсия
multipath ~ дисперсия, обусловленная многолучевым распространением
negative ~ нормальная [отрицательная] дисперсия
normal ~ нормальная [отрицательная] дисперсия
optical ~ дисперсия света
optic axis ~ дисперсия оптических осей
phase ~ дисперсия фазы
positive ~ аномальная [положительная] дисперсия
radiation ~ рассеяние излучения
rotary [rotational] ~ вращательная дисперсия
sound ~ дисперсия звука
spatial ~ пространственная дисперсия
standard ~ дисперсия (*случайной величины*)
time ~ временная [частотная] дисперсия
turbulent ~ турбулентный разлёт (*плазмы*)
ultrasonic material ~ ультразвуковое диспергирование
wave ~ дисперсия волн
dispersivity дисперсия (*зависимость свойств среды от частоты или длины волны*)

displace

displace смещать; перемещать; сдвигать
displacement смещение (*1. перемещение; сдвиг 2. вчт разность между базовым адресом и абсолютным или исполнительным адресом*)
  angular ~ угловое перемещение; поворот
  antiresonance ~ (упругое) смещение при антирезонансе
  audio ~ смещение сигнала звукового сопровождения (*относительно видеосигнала*)
  beam ~ смещение луча; смещение пучка
  bubble ~ смещение ЦМД
  charge ~ смещение заряда
  dielectric ~ электрическое смещение, электрическая индукция
  electric ~ электрическое смещение, электрическая индукция
  electrical spot ~ электрическое смещение пятна (*в ртутных вентилях*)
  field ~ смещение поля
  interchannel time ~ межканальный временной сдвиг
  leakage spot ~ электрическое смещение пятна (*в ртутных вентилях*)
  magnetic ~ магнитная индукция
  maximal ~ регистр сдвига с максимальным смещением
  nonreciprocal field ~ невзаимное смещение поля
  phase ~ сдвиг фазы
  vibrational ~ колебательное смещение
  wall ~ смещение границ доменов
  Zeeman ~ зеемановский сдвиг
display 1. дисплей ‖ выводить (*напр. изображение*) на экран дисплея **2.** устройство отображения; устройство индикации, индикатор; (электронное) табло; (индикаторная) панель; дисплейная панель **3** отображение; индикация ‖ отображать; использовать индикатор **4.** *вчт* выделение ‖ выделять (*напр. особым шрифтом*) **5.** *вчт* вектор указателей на блоки данных о переменных (в области действия идентификатора) и о связях, *проф.* вектор указателей на записи активации ◊ ~ **for front projection** фронтпроекционный дисплей; ~ **for rear projection** рирпроекционный дисплей
  A~ индикатор А-типа (*индикатор дальности с линейной развёрткой и амплитудным отклонением*)
  absorptive (-mode) ~ дисплей поглощающего типа
  active matrix liquid-crystal ~ жидкокристаллический дисплей с активной матрицей
  active-screen laser ~ лазерный дисплей с активным экраном
  air traffic control ~ дисплей системы управления воздушным движением, дисплей системы УВД
  alarm ~ *рлк* сигнал тревоги на экране индикатора (*синтезируемый компьютером*)
  alarm control ~ *рлк* контрольный индикатор сигналов тревоги
  alignment ~ выровненное выделение
  alpha(nu)meric ~ алфавитно-цифровой дисплей; знаковый дисплей
  antiferroelectric liquid crystal ~ антисегнетоэлектрический жидкокристаллический дисплей
  azel ~ модифицированный индикатор кругового обзора с дополнительным отображением третьей координаты
  B~ индикатор В-типа (*индикатор дальности и азимута с прямоугольной растровой развёрткой*)
  back-light liquid-crystal ~ жидкокристаллический дисплей с тыловой подсветкой
  bar-graph ~ гистограммный дисплей
  beam-addressed ~ дисплей с электроннолучевой адресацией
  bit-map(ped) ~ растровый дисплей
  black-and-white ~ черно-белый дисплей, дисплей с черно-белым изображением
  branching ~**s** разветвленная сеть дисплеев
  C~ индикатор С-типа (*индикатор азимута и угла места с прямоугольной растровой развёрткой*)
  call ~ *тлф* указатель вызовов
  cathode-ray tube ~ **1.** дисплей на ЭЛТ **2.** электронно-лучевой индикатор
  character ~ символьный [текстовый] дисплей
  character-mapped ~ отображение по карте символов
  cockpit traffic situation ~ бортовой индикатор воздушной обстановки
  coincidence-voltage ~ индикатор совпадения напряжений
  color ~ цветной дисплей, дисплей с цветным изображением
  complex ~ *рлк* блок индикаторов
  control-message ~ **1.** дисплей для вывода контрольной *или* управляющей информации **2.** индикатор командных сигналов
  CRT ~ *см.* **cathode-ray tube display**
  D~ индикатор D-типа (*индикатор азимута и угла места с прямоугольной растровой развёрткой и дополнительным отображением информации о дальности в виде амплитуды отметки*)
  3-D ~ *см.* **three-dimensional display**
  deflected-beam ~ индикатор с отметкой отклонением
  dial ~ индикатор со шкалой
  digital ~ **1.** цифровой дисплей **2.** цифровой индикатор
  digital information ~ цифровой информационный дисплей
  direct ~ индикатор с непосредственным отсчётом, прямопоказывающий индикатор
  direct-current electroluminescent ~ электролюминесцентный дисплей на постоянном токе
  direct-view laser ~ лазерный дисплей прямого наблюдения
  Doppler-range ~ индикатор дальность — скорость
  dot-matrix ~ растровый дисплей
  dynamic-scattering liquid-crystal ~ жидкокристаллический дисплей на эффекте динамического рассеяния
  E~ индикатор Е-типа (*индикатор дальности и угла места с прямоугольной растровой развёрткой*)
  EL ~ *см.* **electroluminescence display**
  electrochromic ~ электрохромный дисплей
  electroluminescence ~ **1.** электролюминесцентный дисплей **2.** электролюминесцентный индикатор; электролюминесцентное табло; электролюминесцентная дисплейная панель
  electroluminescent crossed-grid panel ~ электролюминесцентная дисплейная панель с двумерной сеткой управляющих проводников

display

electron-beam-addressed liquid-crystal ~ жидкокристаллический дисплей с электронно-лучевой адресацией
electronic ~ электронный дисплей
electronic watch ~ дисплей электронных часов
electrooptic ~ электрооптический индикатор
electrophoretic ~ электрофоретический дисплей
electrostatic ~ дисплей с электростатической записью
electro-thermo-optic ~ электротермооптический дисплей
expanded center (PPI) ~ индикатор кругового обзора с открытым центром
F-~ индикатор F-типа (*индикатор ошибок наведения по азимуту и углу места с прямоугольной растровой развёрткой*)
ferroelectric liquid crystal ~ сегнетоэлектрический жидкокристаллический дисплей
fiber-optics ~ волоконно-оптический дисплей
field-emission ~ люминесцентный дисплей с использованием автоэлектронной эмиссии, плоский люминесцентный дисплей с активной матрицей на триадах электронных микропрожекторов, коммутируемых диодами
film-based projection ~ фильмопроекционный дисплей
film-compensated super twisted nematic ~ дисплей на супертвистированных [сверхскрученных] нематических жидких кристаллах с компенсирующей (полимерной) плёнкой
flat-panel ~ плоский дисплей; плоская дисплейная панель
flat-panel TV ~ телевизионный дисплей с плоским экраном
flexible ~ гибкий дисплей (*напр. на полимерной основе*)
flexible organic light-emitting diode ~ дисплей на органических светодиодах в гибкой прозрачной матрице
flicker-free ~ дисплей с подавлением эффекта мерцания
fluorescence-activated ~ жидкокристаллический дисплей с люминесцентным усилением яркости
FOLED ~ *см.* flexible organic light-emitting diode display
formatted ~ форматированное отображение
front-projection ~ фронтпроекционный дисплей
F-STN ~ *см.* film-compensated super twisted nematic display
full-page ~ полностраничный дисплей, дисплей с возможностью отображения страницы размером $21,6 \times 27,9$ см^2 в натуральную величину
full-size TV ~ полноформатный телевизионный дисплей
G-~ индикатор G-типа, индикатор типа «крылья» (*индикатор ошибок наведения по азимуту и углу места с прямоугольной растровой развёрткой и дополнительным отображением изменения дальности в виде «крыльев»*)
gas-discharge ~ 1. газоразрядный дисплей 2. газоразрядная индикаторная панель
gas-plasma ~ (газо)плазменный дисплей; (газо)плазменная индикаторная панель
glow-discharge ~ индикатор тлеющего разряда
graphic ~ графический дисплей
gray-tone ~ полутоновый дисплей
group ~ дисплей коллективного пользования
H-~ индикатор H-типа (*индикатор B-типа с дополнительным отображением информации об угле места цели в виде наклонной чёрточки*)
half-page ~ полустраничный дисплей
hand-drawn ~ дисплей для воспроизведения графических данных, вводимых вручную
head-mounted ~ видеошлем (*в системах виртуальной реальности*)
high-aspect ratio ~ широкоформатный дисплей
high-gain emission ~ люминесцентный дисплей с использованием усиленной автоэлектронной эмиссии
high-powered ~ дисплей с мощным аппаратным обеспечением
histogram ~ гистограммный дисплей
holographic ~ голографический индикатор
hybrid field-emission ~ гибридный люминесцентный дисплей с использованием автоэлектронной эмиссии, плоский люминесцентный дисплей с активной матрицей на триадах электронных микропрожекторов, коммутируемых транзисторами
I-~ индикатор I-типа (*индикатор дальности с радиальной развёрткой и. отображением ошибки наведения по угловым координатам путём изменения яркости части кольца дальности*)
incremental [increment-mode] ~ дисплей с перемещением луча по приращениям, инкрементный дисплей
individual ~ персональный дисплей
individual character ~ однознаковый индикатор
information ~ информационный дисплей
in-plane switching ~ жидкокристаллический дисплей с изменением ориентации доменов в плоскости матричного слоя
intensity-modulated CRT ~ индикатор на ЭЛТ с яркостной отметкой
interactive ~ интерактивный дисплей
interdigital twisted-nematic ~ дисплей на твистированных нематических жидких кристаллах с системой встречно-штыревых электродов
IPS ~ *см.* in-plane switching display
J-~ индикатор J-типа (*индикатор дальности с круговой развёрткой и радиальным отклонением отметки цели*)
K-~ индикатор K-типа (*индикатор дальности с двойной линейной развёрткой и отображением ошибки по азимуту в виде относительного изменения амплитуд отметок*)
L-~ индикатор L-типа (*индикатор дальности с вертикальной линейной развёрткой и отображением отметки цели в виде отклонения электронного пятна в горизонтальном направлении*)
lamp ~ световое табло
landscape ~ горизонтальный дисплей, дисплей с горизонтальной ориентацией экрана
laser(-beam) ~ лазерный дисплей
laser television ~ лазерный телевизионный дисплей
LCD ~ *см.* liquid-crystal display
LCoS ~ *см.* liquid-crystal-on-silicon display
LED ~ *см.* light-emitting diode display
light ~ световое табло
light-emitting diode ~ 1. светодиодный дисплей 2. светодиодное индикаторное табло

display

light-valve ~ светоклапанный дисплей
liquid-crystal ~ дисплей на жидких кристаллах, жидкокристаллический [ЖК-]дисплей
liquid-crystal-on-silicon ~ дисплей на структуре типа «жидкий кристалл на кремнии»
liquid-vapor ~ дисплей на эффекте испарения жидкости
M~ индикатор M-типа (*индикатор дальности с линейной развёрткой и измерением расстояния путём совмещения перемещения опорного импульса с отметкой цели*)
N~ индикатор N-типа (*индикатор с линейной развёрткой, со ступенчатым электронным визиром дальности и с отображением отклонения цели по азимуту в виде двух отметок, не равных по амплитуде*)
magnetooptic ~ магнитооптический дисплей
magnitude ~ индикация величин
matrix ~ матричный дисплей
matrix-addressed ~ дисплей с матричной адресацией
matrix-controlled ~ дисплей с матричным управлением
matrix panel ~ матричная индикаторная панель
megap(ix)el ~ мегапиксельный дисплей
memory CRT ~ дисплей на запоминающей ЭЛТ
meter ~ приборная панель
micro B~ индикатор B-типа с крупным масштабом изображения, микроплановый индикатор B-типа
micromirror ~ дисплей на решётке микрозеркал, микрозеркальный дисплей
mirror ~ отражательный дисплей
monochrome ~ монохромный дисплей
monolithic semiconductor ~ матричный светодиодный дисплей на монолитной ИС
monostable ~ моностабильный дисплей
moving-vane ~ дисплей с движущимся визиром
multibar ~ гистограммный дисплей
multicolor ~ цветной дисплей, дисплей с цветным изображением
multidial ~ многошкальный индикатор
multi-domain vertical alignment ~ жидкокристаллический дисплей с изменением ориентации нескольких доменов относительно нормали к плоскости матричного слоя
multiscreen ~ многоэкранный дисплей
MVA ~ *см.* **multi-domain vertical alignment display**
nonstorage ~ отображение незапоминаемой информации (*без разрушения информации, хранящейся в памяти*)
numeric ~ цифровой дисплей
off-center (PPI) ~ индикатор кругового обзора со смещённым центром
OLED ~ *см.* **organic light-emitting diode display**
on-screen ~ 1. экранное меню 2. отображение (*напр. служебной информации*) на экране
open-center (PPI) ~ индикатор кругового обзора с открытым центром
optoelectronic ~ оптоэлектронный дисплей
organic light-emitting diode ~ дисплей на органических светодиодах
oscilloscope ~ экран (электронно-лучевого) осциллографа
P~ индикатор кругового обзора, ИКО
panel ~ индикаторная панель
panoramic ~ панорамный индикатор
passive-matrix liquid-crystal ~ жидкокристаллический дисплей с пассивной матрицей
personal ~ персональный дисплей
photochromic ~ фотохромный дисплей
pictorial ~ панорамный индикатор
pip-matching ~ индикатор навигационной системы с парной отметкой сигнала
plan-position indicator ~ индикатор кругового обзора, ИКО
plasma ~ (газо)плазменный дисплей, (газо)плазменная дисплейная панель
polychrome ~ цветной дисплей, дисплей с цветным изображением
polymer ~ полимерный дисплей
portrait ~ вертикальный дисплей, дисплей с вертикальной ориентацией экрана
PPI ~ *см.* **plan-position indicator display**
primary ~ вчт первичный дисплей (*в системе с двумя видеоадаптерами*)
projection ~ проекционный дисплей
pseudo-three-dimensional ~ псевдотрёхмерный дисплей
R~ индикатор R-типа (*индикатор A-типа с возможностью растягивания развёртки*)
radar ~ радиолокационный дисплей
radarscope ~ визуальное отображение информации на экране радиолокационного индикатора
random-point ~ дисплей с произвольным расположением отображающих точек
range-amplitude ~ индикатор дальности с амплитудным отклонением отметки цели
range-azimuth [range-bearing] ~ индикатор дальность — азимут, индикатор типа ДАЗ
range-height (indicator) ~ индикатор дальность — высота
raster ~ растровый дисплей
real-time ~ отображение информации в реальном масштабе времени
rear-projection ~ рирпроекционный дисплей
rectangular radar ~ радиолокационный индикатор с прямоугольной системой координат
redox ~ *см.* **reduction-oxidation display**
reduction-oxidation ~ дисплей, работающий на основе окислительно-восстановительных реакций
reflective liquid-crystal ~ отражательный жидкокристаллический дисплей
reflective(-mode) ~ отражательный дисплей
remote ~ дистанционный дисплей
scanned ~ растровый дисплей
sector ~ 1. секторный дисплей 2. индикатор секторного обзора
segment ~ сегментный дисплей
selective-access ~ отображение с селективным доступом
sequential-access ~ отображение с последовательным доступом
seven-color ~ дисплей с семицветным изображением
side-light liquid-crystal ~ жидкокристаллический дисплей с боковой подсветкой
single-screen ~ одноэкранный дисплей
situation ~ индикатор обстановки

dissipation

SOLED ~ *см.* **stacked organic light-emitting diode display**
solid-state panel ~ твердотельная индикаторная панель
specular ~ отражательный дисплей
stacked organic light-emitting diode ~ дисплей на трёхслойной структуре из органических светодиодов в прозрачной матрице
status ~ индикатор состояния
step-mode ~ устройство отображения шагового типа
stereo ~ стереоскопический дисплей
STN ~ *см.* **super twisted nematic display**
storage-tube ~ дисплей на запоминающей ЭЛТ
super twisted nematic ~ дисплей на супертвистированных [сверхскрученных] нематических жидких кристаллах
target-tracking ~ индикатор контроля сопровождения цели
teletype ~ 1. дисплей, работающий в режиме телетайпа 2. отображение (*информации на экране дисплея*) в режиме телетайпа
television ~ телевизионный дисплей, видеодисплей
TFT ~ *см.* **thin-film transistor display**
thermally addressed liquid-crystal ~ жидкокристаллический дисплей с термоадресацией
thin-film transistor ~ жидкокристаллический дисплей с активной матрицей на тонкоплёночных транзисторах
thin-window ~ однострочный дисплей
three-dimensional ~ трёхмерный дисплей
TN ~ *см.* **twisted nematic display**
TOLED ~ *см.* **transparent organic light-emitting diode display**
touch ~ сенсорный дисплей; сенсорный экран
touch information ~ сенсорный информационный дисплей; сенсорный информационный экран
touch-sensitive ~ сенсорный дисплей; сенсорный экран
transparent organic light-emitting diode ~ дисплей на органических светодиодах в прозрачной матрице
TTY ~ *см.* **teletype display**
TV ~ телевизионный дисплей, видеодисплей
twisted nematic ~ дисплей на твистированных [скрученных] нематических жидких кристаллах
vacuum fluorescent ~ 1. вакуумный флуоресцентный дисплей 2. вакуумный люминесцентный индикатор, ВЛИ
velocity-azimuth ~ индикатор скорость —азимут
video ~ телевизионный дисплей, видеодисплей
virtual-image ~ отражательный дисплей
virtual retina ~ виртуальный дисплей с прямым проецированием изображения на сетчатку
visible laser ~ лазерный дисплей прямого наблюдения
visual ~ 1. дисплей 2. устройство отображения; устройство индикации, индикатор; (электронное) табло; (индикаторная) панель; дисплейная панель 3. отображение; индикация
wallboard [wall-map] ~ 1. настенный дисплей 2. настенный дисплей
windshield ~ 1. дисплей с проекцией изображения на ветровое стекло 2. индикатор на лобовом стекле (*самолёта*)

X-Y matrix ~ двухкоординатная матричная индикаторная панель
display-scanner *вчт* дисплей-сканер
   color ~ цветной дисплей-сканер
disposition 1. размещение; расположение 2. тенденция
disproof опровержение || опровергающий, являющийся опровержением
   ~ by reduction to absurdity опровержение путём сведения к абсурду
   abstract ~ абстрактное опровержение
   direct ~ прямое опровержение
   experimental ~ экспериментальное опровержение
   flat ~ абсолютное опровержение
   indirect ~ косвенное опровержение
   logical ~ логическое опровержение
   partial ~ частичное опровержение
   theoretical ~ теоретическое опровержение
disproportion *вчт* диспропорция; непропорциональность; несоразмерность || вносить диспропорции; делать непропорциональным *или* несоразмерным
disruption 1. разделение; раскалывание; разрушение 2. пробой (*напр. диэлектрика*) 3. перерыв; (временное) прекращение (*напр. вещания*)
dissector *тлв* диссектор
   direct-readout image ~ диссектор с прямым считыванием изображения
   image ~ диссектор
   photomultiplier image ~ диссектор с фотоумножителем
disseminate вещать; вести передачу; передавать
dissemination вещание; (вещательная) передача
   time and frequency ~ передача сигналов точного времени и частоты
dissipate диссипировать; рассеивать (*напр. мощность*)
dissipation 1. диссипация, рассеяние (*напр. мощности*) 2. рассеиваемая мощность
   anode ~ мощность, рассеиваемая анодом
   Cerenkov ~ черенковская диссипация
   coil ~ мощность, рассеиваемая в обмотке
   collector ~ мощность, рассеиваемая коллектором
   collision ~ столкновительная диссипация
   collisionless ~ бесстолкновительная диссипация
   dielectric ~ диссипация в диэлектрике
   electric power ~ диссипация [рассеяние] электрической энергии
   electrode ~ мощность, рассеиваемая электродом
   energy ~ диссипация [рассеяние] энергии
   grid (power) ~ мощность, рассеиваемая сеткой
   magnetic power ~ диссипация [рассеяние] энергии магнитного поля
   module ~ мощность, рассеиваемая модулем
   plate ~ мощность, рассеиваемая анодом
   power ~ 1. диссипация [рассеяние] мощности; диссипация [рассеяние] энергии 2. рассеиваемая мощность
   quiescent ~ мощность, рассеиваемая при отсутствии входного сигнала
   screen ~ мощность, рассеиваемая экранирующей сеткой
   topological ~ топологическая диссипация (*напр. в плазме*)
   transistor ~ мощность, рассеиваемая транзистором

dissipation

turbulent ~ турбулентная диссипация
dissipative диссипативный
dissociate 1. диссоциировать (*1. кв. эл. распадаться на более мелкие частицы (о молекуле, радикале или ионе)* 2. обладать нарушением связности процессов мышления) 2. разъединяться; распадаться; разлагаться
dissociation 1. диссоциация (*1. кв. эл. распад на более мелкие частицы (о молекуле, радикале или ионе)* 2. нарушение связности процессов мышления) 2. разъединение; распад; разложение
  ~ **in memory experiment** *вчт* диссоциация при тестировании памяти (*различное влияние двух переменных на результаты двух тестов*)
  chemical ~ химическая диссоциация
  detrimental ~ паразитная диссоциация
  diffraction ~ дифракционная диссоциация
  discharge ~ электроразрядная диссоциация
  electrolytic ~ электролитическая диссоциация
  flash ~ импульсная фотодиссоциация
  homogenous ~ однородная диссоциация
  isotopically selective ~ изотопически селективная диссоциация
  molecular ~ молекулярная диссоциация
  photochemical ~ фотохимическая диссоциация
  photolytical ~ фотолитическая диссоциация
  thermal ~ термическая диссоциация
dissociator *кв. эл.* диссоциатор
  electric-discharge ~ электроразрядный диссоциатор
  microwave ~ СВЧ-диссоциатор
dissolution растворение
dissolve 1. растворять(ся) 2. наплыв ‖ использовать наплыв (*напр. при монтаже кадров в телевидении*)
  lap ~ *тлв* наплыв
dissolvent растворитель
dissonance диссонанс
  cognitive ~ когнитивный диссонанс
dissymmetric(al) 1. несимметричный; асимметричный 2. энантиоморфный 3. обладающий бирадиальной симметрией
dissymmetry 1. несимметричность; асимметрия 2. энантиоморфизм 3. бирадиальная симметрия
distance 1. расстояние; длина 2. дальность 3. промежуток; интервал (*напр. временной*)
  angular ~ электрическая длина
  break ~ минимально допустимое расстояние между разомкнутыми контактами (*выключателя или реле*)
  code ~ кодовое расстояние
  coherence ~ длина когерентности
  correlation ~ длина корреляции; радиус корреляции
  creep(age) ~ расстояние утечки
  Debye shielding ~ дебаевский радиус экранирования, дебаевская длина
  diffusion ~ диффузионная длина
  disruptive ~ пробивной промежуток
  electrical ~ электрическая длина
  Euclidian ~ евклидово расстояние
  expected Hamming ~ ожидаемое хеммингово расстояние
  flashover ~ пробивной промежуток
  focal ~ фокусное расстояние
  Frechet ~ расстояние Фреше
  fuzzy ~ нечёткий интервал
  great circle ~ расстояние по дуге большого круга, ортодромическое расстояние
  hailing ~ дальность распространения звуков человеческого голоса
  Hamming ~ хеммингово расстояние, кодовое расстояние по Хеммингу
  helix pitch ~ шаг спирали (*напр. антенны*)
  horizon ~ горизонтальная дальность
  Housdorf ~ расстояние Хаусдорфа
  hyperfocal ~ гиперфокальное расстояние
  image ~ *опт.* расстояние до изображения
  interaction ~ длина (области) взаимодействия
  jump ~ длина скачка (*при диффузии*)
  lattice ~ постоянная [параметр] (кристаллической) решётки
  line-of-sight ~ расстояние прямой видимости
  long ~ служба междугородной телефонной связи
  loxodromic ~ расстояние по локсодромии
  Mahalanobis ~ расстояние Махалонобиса
  Manhattan ~ расстояние Манхэттена, сумма модулей разностей компонент двух векторов, *проф.* расстояние городских кварталов
  object ~ *опт.* расстояние до объекта
  optical ~ оптическая длина
  Pippard coherence ~ *свпр* пиппардовская длина когерентности
  propagation ~ дальность распространения
  relaxation ~ длина релаксации
  rhumb-line ~ расстояние по локсодромии
  scale ~ *опт* расстояние до шкалы
  Shoran ~ расстояние между ЛА и наземной станцией системы «Шоран» вдоль траектории распространения
  shouting ~ дальность распространения звуков человеческого голоса
  signal ~ кодовое расстояние
  skip ~ ширина зоны молчания (*при ионосферном распространении радиоволн*)
  slant ~ наклонная дальность
  social ~ социальная дистанция
  striking ~ разрядный промежуток
  unicity ~ минимальная длина шифротекста, необходимая для определения ключа и соответствующего открытого текста; интервал однозначности (*в криптографии*)
  vector ~ *вчт* длина вектора, количество переходов через маршрутизаторы для анализируемого пути
  viewing ~ расстояние наблюдения
distort 1. искажать (*напр. кристаллическую решётку*); деформировать (*напр. симметричное тело*); перекашивать (*напр. плату*) 2. искажать (*напр. сигнал*); воспроизводить с искажениями (*напр. объект на экране дисплея*)
distortion 1. искажение (*напр. кристаллической решётки*); деформация (*напр. симметричного тела*); перекашивание (*напр. платы*) 2. искажение, искажения (*напр. сигнала*); воспроизведение с искажениями (*напр. объекта на экране дисплея*) 3. искажения звукового сигнала, имитирующие эффект перегрузки аналогового усилителя, *проф.* «дистошн» (*цифровой звуковой спецэффект*) 4. дисторсия (*1. тлв, опт. подушкообразные или бочкообразные искажения изображения* 2. *фтт*

distortion

градиент вектора смещения 3. *фтт* механическая дисторсия)
~ of focal length дисторсия фокусного расстояния
aliasing ~ искажения, обусловленные наложением спектров (*дискретизованного сигнала при частоте дискретизации, меньшей частоты Найквиста*)
amplifier ~ искажения в усилителе
amplitude ~ амплитудные искажения
amplitude-amplitude ~ дифференциальные искажения
amplitude-frequency ~ амплитудные искажения
anisotropic ~ анизотропная дисторсия
aperture ~ апертурные искажения
asymmetrical ~ асимметричные искажения
attenuation ~ 1. амплитудные искажения 2. искажения, обусловленные затуханием
audio-frequency harmonic ~ 1. нелинейные [гармонические] искажения звукового сигнала 2. *тлв* предыскажения звукового сигнала
barrel ~ бочкообразная [отрицательная] дисторсия; бочкообразные искажения
bias ~ 1. асимметричные искажения 2. *тлг* преобладания
bias telegraph ~ *тлг* преобладания
bubble-domain elliptical ~ эллиптические искажения (формы) ЦМД
characteristic (telegraph) ~ *тлг* характеристические искажения
cosine tapered ~ *тлв* серповидность
cross-modulation ~ искажения, обусловленные перекрёстной модуляцией
crossover ~ искажения типа «ступенька» (*в двухтактном усилителе*)
cross-product ~ интермодуляционные искажения
delay(-frequency) ~ 1. искажения, обусловленные дисперсией времени задержки 2. фазочастотные искажения
deviation ~ искажения при приёме ЧМ-сигналов
dial ~ *тлф* сбой импульсов набора
end ~ *тлг* краевые искажения
envelope-delay ~ искажения, обусловленные дисперсией времени задержки
fading ~ искажения, обусловленные замиранием
field ~ искажение (структуры) поля
fortuitous telegraph ~ *тлг* случайные искажения
frequency ~ амплитудные искажения
geometric(al) ~ геометрические искажения
granular ~ искажения, обусловленные зернистостью изображения
group-delay ~ искажения, обусловленные дисперсией времени задержки
harmonic ~ нелинейные [гармонические] искажения
higher-order ~ дисторсия высшего порядка
hysteresis ~ искажения, обусловленные гистерезисом
IM ~ *см.* intermodulation distortion
image ~ искажения изображения
in-band ~ внутриполосные искажения
intermodulation ~ интермодуляционные искажения
irregular ~ случайные искажения
isochronous ~ изохронные искажения
Jahn-Teller ~ *крист.* дисторсия за счёт эффекта Яна — Теллера
keystone ~ *тлв* трапецеидальные искажения
lattice ~ 1. искажения (кристаллической) решётки 2. дисторсия (кристаллической) решётки
limit ~ *тлв* критические искажения
line ~ *тлв* нелинейность изображения
linear ~ линейные искажения
modulation ~ модуляционные искажения
multipath ~ искажения, обусловленные многолучевым распространением
nonlinear ~ 1. нелинейные [гармонические] искажения 2. интермодуляционные искажения
optical ~ 1. оптические искажения 2. дисторсия
origin ~ нелинейные искажения при малом отклонении луча (*в трубках с ионной фокусировкой*)
overshoot ~ искажения формы импульса в виде выброса на вершине
overthrow ~ искажения формы импульса в виде выброса на вершине
parallelogram ~ перекос (*растра*)
peak ~ *тлг* максимальные общие искажения
percent harmonic ~ (полный) коэффициент гармоник (*в процентах*)
phase-delay [phase-frequency] ~ фазочастотные искажения
pillow ~ подушкообразная [положительная] дисторсия; подушкообразные искажения
pincushion ~ подушкообразная [положительная] дисторсия; подушкообразные искажения
quantization ~ шумы квантования
radio wavefront ~ искажения фронта радиоволны
ratio ~ относительные искажения (*выходного сигнала по сравнению с входным*)
ray ~ дисторсия пучка
recording/reproducing harmonic ~ нелинейные [гармонические] искажения в канале записи — воспроизведения
RF intermodulation ~ радиочастотные интермодуляционные искажения
rise-time ~ искажения фронта (*импульса*)
S~ 1. *тлв* зигзагообразные искажения 2. *вчт* зубчатые искажения изображения линий (*в растровой графике*)
sawtooth ~ 1. *тлв* зигзагообразные искажения 2. *вчт* зубчатые искажения изображения линий (*в растровой графике*)
scalloping ~ *тлв* гребешковые искажения
shooting ~ *тлв* съёмочные искажения
single-harmonic ~ коэффициент гармоник по отдельной гармонике
size ~ 1. искажение (геометрических) размеров 2. искажение размера (статистического) критерия
slope overload ~ искажения, вызванные перегрузкой по наклону (*в дельта-модуляции*)
spacing end ~ *тлг* краевые искажения с преобладанием
spiral ~ *тлг* зигзагообразные искажения
spot ~ *тлв, вчт* искажения формы светящегося пятна
start-stop ~ стартстопные искажения
telegraph ~ телеграфные искажения
telegraph bias ~ *тлг* преобладания
telegraph signal ~ *тлг* краевые искажения
teletypewriter end [teletypewriter signal] ~ *тлг* стартстопные искажения
total ~ *тлг* общие искажения
total harmonic ~ (полный) коэффициент гармоник

347

distortion

total harmonic ~ + noise (полный) коэффициент гармоник с учётом шума
tracing ~ искажения огибания (*при механической записи*)
tracking ~ искажения, обусловленные ошибкой следования (*напр. в ЭПУ*)
transient ~ искажения в переходном режиме
trapezium [trapezoidal] ~ *тлв* трапецеидальные искажения
triangular ~ *тлв* рупорность
underthrow ~ искажения формы импульса в виде провала на вершине
velocity ~ искажения, обусловленные неравномерностью скорости
waveform-amplitude ~ амплитудные искажения
wavefront ~ искажения волнового фронта

distribute 1. распределять 2. распространять; доставлять; поставлять 3. классифицировать 4. использовать термин *или* понятие в широком смысле

distribution 1. распределение 2. распространение; доставка; поставка 3. классификация 4. использование термина *или* понятия в широком смысле 5. дистрибуция (*в дескриптивной лингвистике*)
amplitude ~ амплитудное распределение
amplitude-frequency ~ амплитудно-частотное распределение
angular ~ угловое распределение
antenna current and voltage ~ распределение тока и напряжения в антенне
aperture ~ распределение поля в раскрыве (*антенны*)
arbitrary ~ произвольное распределение
asymmetrical luminous intensity ~ асимметричное распределение силы света
asymptotical ~ асимптотическое распределение
automatic call ~ *тлф* автоматическое распределение вызовов
Bayliss ~ распределение Бейлисса
beam ~ *кв. эл.* распределение интенсивности по сечению пучка
bell-shaped ~ колоколообразное распределение
Bernoulli ~ распределение Бернулли, биномиальное распределение
beta ~ бета-распределение
bimodal ~ бимодальное распределение
binomial ~ биномиальное распределение, распределение Бернулли
bivariate Laplace-Gauss ~ двумерное распределение Лапласа — Гаусса
bivariate normal ~ двумерное нормальное распределение
Boltzmann ~ распределение Больцмана
Bose-Einstein ~ распределение Возе — Эйнштейна
call ~ *тлф* распределение вызовов
Cauchy ~ распределение Коши
censored ~ цензурированное распределение
Chebyshev ~ чебышевское распределение
chi-square ~ распределение хи-квадрат, χ^2- распределение
circular Bayliss ~ распределение Бейлисса для (плоского) круглого раскрыва
circular Taylor ~ распределение Тейлора для (плоского) круглого раскрыва
conditional ~ условное распределение

conditional frequency ~ условное распределение частот (*в статистике*)
conditional probability ~ условное распределение вероятностей
contaminated ~ загрязнённое распределение; смешанное распределение
contaminated normal ~ гауссовское [нормальное] распределение с загрязнением; смесь гауссовских [нормальных] распределений
continuous ~ непрерывное распределение
cophased ~ синфазное распределение
cumulative ~ кумулятивное распределение
current ~ распределение тока
degenerate ~ вырожденное распределение
density ~ распределение плотности
dipole density ~ распределение плотности диполей
discontinuous ~ разрывное распределение
discrete ~ дискретное распределение
display ~ распределение отображаемой информации
distribution ~ распространение знаний
Dolf-Chebyshev ~ распределение Дольфа — Чебышева
electron ~ распределение электронов
empiric(al) ~ эмпирическое распределение
energy ~ распределение энергии
equilibrium ~ равновесное распределение
Erlang ~ распределение Эрланга
exponential ~ экспоненциальное распределение
extreme value ~ распределение экстремального значения
F~ распределение Фишера, F-распределение
failure ~ распределение отказов
Fermi-Dirac ~ распределение Ферми — Дирака
Fisher ~ распределение Фишера, F-распределение
frequency ~ 1. частотное распределение 2. плотность распределения вероятности
gamma ~ гамма-распределение
Gaussian (probability) ~ гауссовское [нормальное] распределение, распределение Гаусса
geometric ~ геометрическое распределение
heavy-tailed ~ распределение с широкими (*по сравнению с нормальным распределением*) хвостами
Hermite-Gaussian ~ распределение Эрмита — Гаусса
hypergeometric ~ гипергеометрическое распределение
impurity ~ распределение примеси
in-phase ~ синфазное распределение
inter-arrival ~ распределение длительности интервалов между моментами поступления сигналов
inverse ~ обратная функция распределения
key ~ распространение ключей (*в криптографии*)
Laplace-Gauss ~ распределение Лапласа — Гаусса
large-sample ~ распределение в больших выборках
level ~ распределение уровней
light-tailed ~ распределение с узкими (*по сравнению с нормальным распределением*) хвостами
limiting ~ предельное распределение
linear Bayliss ~ распределение Бейлисса для линейного излучателя

distributor

linear tapered ~ линейно спадающее распределение

linear Taylor ~ распределение Тейлора для линейного излучателя

logarithmically logistic ~ логарифмически логистическое распределение, лог-логистическое распределение

logarithmically normal ~ логарифмически гауссовское распределение, логнормальное распределение

logistic ~ логистическое распределение

log-logistic ~ *см.* logarithmically logistic distribution

log-normal ~ *см.* logarithmically normal distribution

marginal ~ маргинальное распределение

marginal frequency ~ маргинальное распределение частот

marginal probability ~ маргинальное распределение вероятностей

Maxwellian [Maxwell velocity] ~ распределение Максвелла

mixed ~ смешанное распределение

monomodal ~ мономодальное распределение

multimodal ~ мультимодальное распределение

multinomial ~ полиномиальное распределение

multivariate ~ многомерное распределение

multivariate normal ~ многомерное нормальное распределение

negative binomial ~ отрицательное биномиальное распределение

noise ~ распределение шумов

non-central ~ нецентральное распределение

nonequilibrium ~ неравновесное распределение

normal ~ гауссовское [нормальное] распределение, распределение Гаусса

parabolic index ~ *опт.* параболическое распределение показателя преломления

Pearson ~ пирсоновское распределение

phase ~ фазовое распределение

Poisson ~ распределение Пуассона

polarization ~ поляризационное распределение

polynomial ~ полиномиальное распределение

population ~ *кв. эл.* распределение заселённостей

posterior ~ апостериорное распределение

potential ~ распределение потенциала

power and ground ~ распределение коммутационных дорожек заземления и электропитания

pre-second breakdown current ~ *пп* распределение тока перед вторичным пробоем

prior ~ априорное распределение

probability ~ распределение вероятностей

public key ~ открытое распространение ключей (*в криптографии*)

radiation ~ распределение излучения

random ~ случайное распределение

range ~ распределение пробегов частиц

Rayleigh ~ распределение Рэлея, рэлеевское распределение

rectangular ~ прямоугольное [равномерное] распределение

reference ~ эталонное распределение

sample [sampling] ~ выборочное распределение

scintillation photon ~ спектр излучения сцинтиллятора

secure key ~ секретное распространение ключей (*в криптографии*)

service time ~ закон обслуживания

sinusoidal ~ синусоидальное распределение

small-sample ~ распределение в малых выборках

software ~ распределение программного обеспечения

source ~ распределение источников

space [spatial] ~ пространственное распределение

spectral ~ спектральное распределение

spectral energy ~ спектральное распределение энергии

spherical momentum ~ сферическое распределение импульса

standard(ized) bivariate Laplace-Gauss ~ стандартное двумерное распределение Лапласа — Гаусса

standard(ized) bivariate normal ~ стандартное двумерное гауссовское [стандартное двумерное нормальное] распределение, стандартное двумерное распределение Гаусса

standard(ized) Laplace-Gauss ~ стандартное распределение Лапласа — Гаусса

standard(ized) normal ~ стандартное гауссовское [стандартное нормальное] распределение, стандартное распределение Гаусса

stationary ~ стационарное распределение

stress ~ распределение напряжений

Student's ~ распределение Стьюдента, t-распределение

symmetric ~ симметричное распределение

symmetrical (luminous) intensity ~ симметричное распределение силы света

t- ~ t-распределение, распределение Стьюдента

time ~ временное распределение

time-to-failure ~ распределение наработок на отказ

traffic ~ *тлф* распределение нагрузки

truncated ~ усечённое распределение

type III extreme value ~ распределение экстремальных значений типа III (*для случайной величины*)

unconditional ~ безусловное распределение

uniform ~ равномерное [прямоугольное] распределение

unimodal ~ унимодальное распределение

univariate ~ одномерное распределение

univariate frequency ~ одномерное распределение частот

Weibull ~ распределение Вейбулла

wide-area network ~ распространение программ по региональной сети

Wishart ~ распределение Уишарта

wrapped-up normal ~ свёрнутое нормальное распределение

distribution-free свободный от распределения; не зависящий от выбора распределения

distributive 1. распределительный 2. дистрибутивный 3. разделительное слово *или* понятие || разделительный

distributivity дистрибутивность

distributor 1. распределитель, распределительное устройство 2. распространитель; поставщик 3. посредник между производителями и продавцами, *проф.* дистрибьютор

distributor

automatic call ~ автоматический распределитель вызовов
call ~ *тлф* распределитель вызовов
common channel ~ распределитель общих каналов
data ~ распределитель данных
ignition ~ прерыватель-распределитель зажигания
network call ~ распределитель вызовов в сети
plate ~ *тлг* дисковый распределитель
pulse ~ распределитель импульсов
quadruple ~ распределитель четырёхкратного телеграфного аппарата
telegraph ~ *тлг* распределитель
timing-pulse ~ распределитель синхронизирующих импульсов; распределитель тактовых импульсов
traffic ~ *тлф* распределитель нагрузки
transmitter ~ *тлг* трансмиттер-распределитель

disturb 1. возмущать; нарушать равновесное состояние 2. мешать; служить помехой; вмешиваться
disturbance 1. возмущение 2. помеха; помехи
acoustic ~ акустическая помеха
atmospheric ~ 1. атмосферное возмущение 2. атмосферная помеха
continuous ~ гладкая помеха
crosstalk ~ 1. перекрёстные помехи 2. *тлф* переходные разговоры
electromagnetic ~ 1. электромагнитное возмущение 2. электромагнитная помеха
feedback control system ~ возмущение в системе управления с обратной связью
geomagnetic ~ геомагнитное возмущение; магнитная буря
hydromagnetic ~ гидромагнитное возмущение (*в плазме*)
impulsive ~ импульсная помеха
ionospheric ~ ионосферное возмущение
large-scale ~ крупномасштабное возмущение
magnetic ~ геомагнитное возмущение; магнитная буря
non-spherical ~s несферические возмущения
periodic ~ периодическое возмущение
quasi-impulsive ~ квазиимпульсная помеха
radio ~ 1. радиовозмущение 2. радиопомеха
random ~ 1. случайное возмущение 2. случайная помеха
small-scale ~ мелкомасштабное возмущение
spherical ~s сферические возмущения
step ~ ступенчатое возмущение
sudden ionospheric ~ внезапное ионосферное возмущение
traveling ionospheric ~ движущееся ионосферное возмущение
unstable ~ неустойчивое возмущение
wave ~ волновое возмущение
wave-front ~ возмущение волнового фронта

disused *вчт* пользователь с заблокированным счётом || с заблокированным счётом
disuser *вчт* пользователь с заблокированным счётом
dit звукоподражательное слово для обозначения точки в коде Морзе
dither 1. подмешиваемый псевдослучайный сигнал || подмешивать псевдослучайный сигнал (*напр. при квантовании*) 2. подмешиваемые вибрации || подмешивать вибрацию (*напр. для уменьшения трения покоя*) 3. вобуляция луча || осуществлять вобуляцию луча 4. подмешивание цвета, псевдосмешение цветов (*напр. для имитации отсутствующих в палитре приложения или браузера полутонов*) || подмешивать цвет, использовать псевдосмешение цветов 5. дрожание; вибрация || дрожать; вибрировать
application ~ подмешивание цвета для имитации отсутствующих в палитре приложения полутонов
browser ~ подмешивание цвета для имитации отсутствующих в палитре браузера полутонов
diffusion ~ псевдосмешение цветов по случайному закону с взаимопроникновением
noise ~ псевдосмешение цветов по случайному закону без взаимопроникновения
pattern ~ структурированное подмешивание цвета, структурированное псевдосмешение цветов

dithering 1. подмешивание псевдослучайного сигнала 2. подмешивание вибраций (*для уменьшения трения покоя*) 3. вобуляция луча 4. подмешивание цвета, псевдосмешение цветов (*напр. для имитации отсутствующих в палитре приложения или браузера полутонов*) 5. дрожание; вибрация
beam ~ вобуляция луча

dithiofluorescein дитиофлуоресцеин (*краситель*)
ditto *вчт* 1. то же || использовать (*напр. в таблицах*) выражение «то же» или знак «то же» (") 2. таким же образом 3. аутентичная копия || изготавливать аутентичную копию
dityndallism *опт.* дитиндализм, изменение интенсивности и деполяризации рассеянного света под действием электрического поля
divacancy бивакансия
divalent двухвалентный
diverge расходиться
divergence, divergency 1. дивергенция 2. расходимость 3. расхождение; отклонение; несоответствие
~ of vector function дивергенция векторной функции
beam ~ расходимость луча; расходимость пучка
diffraction(-limited) ~ дифракционная расходимость
dyadic ~ дивергенция диадика
Kullback-Leibler ~ расходимость Кульбака — Лейблера
one-half peak ~ угловая ширина пучка по уровню половинной силы света
one-tenth peak ~ угловая ширина пучка по уровню 10%-ной силы света
surface ~ поверхностная дивергенция
vector ~ дивергенция вектора
divergent расходящийся
diversification диверсификация
diversify диверсифицировать; применять диверсификацию
diversion 1. изменение маршрута 2. обход; отклонение; отвод
call ~ *тлф* изменение маршрута прохождения вызова
follow-me ~ *тлф* сопровождающий вызов абонента
diversity 1. разнесение (*напр. трасс*) 2. исключающее ИЛИ (*логическая операция*), альтернативная дизъюнкция, неэквивалентность, сложение по модулю 2 3. многовариантность; многообразие форм

angle ~ угловое разнесение
baseband ~ разнесение в групповом тракте
enhanced access ~ улучшенная многовариантность доступа (*метод маршрутизации*)
frequency ~ частотное разнесение
height ~ разнесение (*антенн*) по высоте
in-band ~ внутриполосное разнесение
n-fold ~ *n*-кратное разнесение
path ~ разнесение трасс
polarization ~ поляризационное разнесение
sideband ~ разнесение боковых полос
site ~ пространственное разнесение
space ~ пространственное разнесение
space-frequency ~ пространственно-частотное разнесение
space-polarization ~ пространственно-поляризационное разнесение
spatial ~ пространственное разнесение
switching ~ коммутационное разнесение
time ~ временное разнесение
tone ~ частотное разнесение

divert разносить (*напр. трассы*)
diverter, divertor инвертор на двух транзисторах
divide 1. делить, выполнять (математическую) операцию деления 2. делить на равные части 3. быть делителем (*числа*) 4. распределять 5. разделять(ся); разветвлять(ся); ветвиться; делиться; расщеплять(ся) 6. градуировать; наносить (равномерную) шкалу
~ **and conquer** разделяй и властвуй (*метод атаки в криптоанализе*)
divided 1. разделённый; разветвлённый; расщеплённый 2. градуированный; снабжённый (равномерной) шкалой
dividend 1. делимое 2. дивиденд
divider 1. делитель (*1. делитель частоты 2. делитель напряжения 3. делитель мощности; разветвитель 4. устройство для выполнения арифметической операции деления*) 2. схема разделения; устройство разделения (*напр. сигналов*)
adjustable ratio ~ делитель с переменным коэффициентом деления
adjustable voltage ~ регулируемый (плавный *или* ступенчатый) делитель напряжения
analog ~ аналоговый делитель
block ~ устройство разделения на блоки
capacitance voltage ~ ёмкостный делитель напряжения
digital ~ цифровой делитель
electronic ~ электронный делитель
field ~ *тлв* делитель частоты для формирования синхронизирующих импульсов.полей
fixed ratio ~ делитель с постоянным коэффициентом деления
frequency ~ делитель частоты
horizontal ~ *тлв* делитель частоты для формирования синхронизирующих импульсов строк
hybrid power ~ гибридный делитель мощности
image ~ светоделительное устройство
inductive ~ индуктивный делитель напряжения
in-line power ~ проходной делитель мощности
light ~ светоделительное устройство
line ~ *тлв* делитель частоты для формирования синхронизирующих импульсов строк
load ~ распределитель нагрузки

measurement voltage ~ измерительный делитель напряжения
modulator ~ регенеративный делитель частоты
N-way ~ N-канальный делитель мощности
optical waveguide power ~ световодный делитель мощности
potential ~ делитель напряжения
potentiometer-type voltage ~ резистивный делитель напряжения
power ~ делитель мощности; разветвитель
pulse frequency ~ делитель частоты повторения импульсов
reactance frequency ~ параметрический делитель частоты
refresh ~ делитель частоты регенерации (*динамической памяти*)
regenerative ~ регенеративный делитель частоты
resistive ~ резистивный делитель напряжения
slow memory refresh ~ делитель частоты для замедления регенерации (динамической) памяти
strip power ~ полосковый делитель мощности
superconducting ~ сверхпроводящий делитель напряжения
variable power ~ регулируемый делитель мощности
variable-ratio ~ делитель с переменным коэффициентом деления
vertical ~ *тлв* делитель частоты для формирования синхронизирующих импульсов полей
voltage [volt/ratio] ~ делитель напряжения
Y-junction ~ Y-разветвитель

dividing 1. деление, выполнение (математической) операции деления 2. деление на равные части 3. распределение 4. (раз)деление; (раз)ветвление; расщепление 5. градуировка; нанесение (равномерной) шкалы
holographic ~ голографическое деление

division 1. деление, выполнение (математической) операции деления 2. деление на равные части 3. распределение 4. (раз)деление; (раз)ветвление; расщепление 5. градуировка; нанесение (равномерной) шкалы 6. деление (равномерной) шкалы 7. *вчт* раздел; часть
~ **by zero** деление на нуль
amplitude ~ деление амплитуд
asynchronous code ~ асинхронно-кодовое разделение
binary ~ двоичное деление
code ~ кодовое разделение
data ~ раздел данных (*в программе на языке COBOL*)
environment ~ раздел окружения (*в программе на языке COBOL*)
frequency ~ 1. деление частоты 2. частотное разделение
hardware ~ аппаратное деление
identification ~ раздел идентификации (*в программе на языке COBOL*)
knowledge ~ *вчт* разделение знаний
load ~ распределение нагрузки
polynomial ~ полиномиальное деление
procedure ~ *вчт* раздел процедур (*в программе на языке COBOL*)
relation ~ деление отношений
scale ~ деление шкалы

division

space ~ пространственное разделение
space-time ~ пространственно-временное разделение
time ~ временное разделение
traffic ~ *тлф* распределение нагрузки

divisor делитель (*числа*)
  greatest common ~ наибольший общий делитель

Dixon кодовое название ядра и процессора Pentium II для портативных компьютеров

dixonac аквадаг

DLT 1. (магнитная) лента для цифровой записи звука в (кассетном) формате DLT, лента (формата) DLT **2.** (кассетный) формат DLT для цифровой записи звука

DM дельта-модуляция, ДМ
  adaptive ~ адаптивная дельта-модуляция
  A-law ~ дельта-модуляция с компандированием по A-характеристике
  asymmetric ~ асимметричная дельта-модуляция
  asynchronous ~ асинхронная дельта-модуляция
  c ~ *см.* conventional DM
  companded ~ дельта-модуляция с компандированием
  continuous ~ дельта-модуляция с непрерывным кодированием импульсной последовательности, непрерывная дельта-модуляция
  continuously variable-slope ~ дельта-модуляция с плавно изменяемым наклоном
  conventional ~ дельта-модуляция, ДМ
  digital ~ цифровая дельта-модуляция
  discrete adaptive ~ дискретная адаптивная дельта-модуляция
  double-integration ~ дельта-модуляция с двойным интегрированием
  exponential ~ экспоненциальная дельта-модуляция
  externally companded ~ дельта-модуляция с внешним управлением компандированием
  first-order constant-factor ~ дельта-модуляция с мгновенным компандированием и постоянными множителями увеличения и уменьшения аппроксимирующего напряжения
  high-information ~ дельта-модуляция с повышенной информативностью, ДМПИ
  instantaneously adaptive ~ дельта-модуляция с мгновенной адаптацией
  instantaneously companded ~ дельта-модуляция с мгновенным компандированием
  linear ~ линейная дельта-модуляция
  mapping ~ дельта-модуляция с логическим преобразованием импульсной последовательности
  multi-level ~ многоуровневая дельта-модуляция
  pitch-companded ~ дельта-модуляция с компандированием по высоте тона
  predictive coding ~ дельта-модуляция с предикативным кодированием, ДМПК
  pulse ~ импульсная дельта-модуляция
  pulse group ~ дельта-модуляция с кодированием комбинаций
  reset ~ дельта-модуляция с кодированием информационной последовательности, ДМКП, *проф.* ресет-модуляция
  robust ~ робастная дельта-модуляция
  speech-reiteration ~ дельта-модуляция с прореживанием [сокращением избыточности] речи
  statistical ~ статистическая дельта-модуляция, СДМ
  syllabically companded ~ дельта-модуляция с инерционным [слоговым] компандированием
  variable-slope ~ дельта-модуляция с переменным наклоном
  waveform tracking ~ дельта-модуляция со слежением за формой сигнала

DMA прямой доступ к памяти
  multiple word ~ прямой доступ к памяти с обменом множеством слов
  single word ~ прямой доступ к памяти с обменом одиночными словами
  Ultra ~/33 **1.** прямой доступ к памяти по шине (стандарта) ATA со скоростью обмена 33 Мбайт/с **2.** усовершенствованный интерфейс (стандарта) ATA *или* (стандарта) IDE со скоростью обмена по шине 33 Мбайт/с с использованием прямого доступа к памяти, интерфейс (стандарта) Ultra DMA/33 **3.** стандарт Ultra DMA/33

dock 1. стыковочное устройство; стыковочный узел; устройство для пристыковки; блок подключения || стыковать; соединять в точках соприкосновения; пристыковывать; подключать **2.** погрузочно-разгрузочная платформа **3.** урезать; укорачивать; обрубать

docker *вчт* пристыкованная (*к основному программному пакету*) программа; присоединённая (*к основному набору функций*) функция

docking 1. стыковка; соединение в точках соприкосновения; пристыковка; подключение || стыковочный; предназначенный для пристыковки *или* подключения **2.** урезание; укорачивание
  device ~ стыковка устройства (*с другим устройством*); подключение устройства (*к другому устройству*)
  program ~ пристыковка программы (*к основному программному пакету*)
  spacecraft ~ стыковка космического корабля (*напр. с орбитальной станцией*)

doctor доктор
  computer ~ специалист по ремонту компьютеров, *проф.* компьютерный доктор
  disk ~ программа для диагностики и восстановления работоспособности памяти на магнитных дисках
  spin ~ *тлв* менеджер рекламы (*напр. политической*)

docudrama документальный *или* исторический телевизионный фильм

document *вчт* **1.** документ || документировать; прилагать *или* создавать документацию; снабжать документацией **2.** текст
  ActiveX ~ *вчт* документ ActiveX
  associated ~ ассоциированный [связанный] с приложением документ
  boilerplate ~ **1.** документ, созданный по шаблону *или* образцу **2.** шаблонный документ, не содержащий новой информации документ
  compound ~ *вчт* составной документ (*созданный двумя и более приложениями*)
  destination ~ выходной документ; конечный документ
  HTML ~ документ на языке HTML, HTML-документ, гипертекстовый документ
  image ~ графический документ; видеодокумент

irrelevant ~ *вчт* не относящийся к делу документ; неподходящий документ; не соответствующий (*напр. запросу*) документ; *проф.* нерелевантный документ
  portable ~ *вчт* переносимый документ
  presentation-quality ~ документ презентационного качества
  relevant ~ *вчт* относящийся к делу документ; подходящий документ; соответствующий (*напр. запросу*) документ; *проф.* релевантный документ
  software ~**s** документация на программное обеспечение
  source ~ входной документ; исходный документ
  Web ~ документ глобальной гипертекстовой системы WWW, Web-документ
documentarian *тлв* документалист
documentary *тлв* документальный фильм; документальная передача
documentation 1. документация (*напр. прибора*); руководство (*напр. по применению*) **2.** документирование
  design ~ проектная документация
  graphics ~ графическая документация
  hard-copy ~ печатная документация
  in-line ~ сопроводительная документация
  internal ~ **1.** внутренняя документация; служебная документация **2.** *вчт* комментарии (*в программе*) **3.** *вчт* использование комментариев (*в программе*)
  off-line ~ автономная документация
  on-line ~ интерактивная документация
  operator ~ руководство для оператора
  program ~ программная документация
  project ~ проектная документация
  technical ~ техническая документация
documentor *вчт* программа создания и сопровождения текстовой и графической документации
documercial рекламная передача с документальным сюжетом
dodge 1. осветление (*части изображения*) ∥ осветлять (*часть изображения*) **2.** инструмент для локального осветления изображения (*в графических редакторах*) **3.** скачок; скачкообразное изменение ∥ совершать скачки; испытывать скачкообразное изменение
dodging 1. осветление (*части изображения*) **2.** скачок; скачкообразное изменение
  frequency-time ~ скачкообразное изменение частоты
Dog стандартное слово для буквы *D* в фонетическом алфавите «Эйбл»
dog собачка; фиксатор; захват
  watch ~ сторожевой таймер
doghouse кожух для настроечного оборудования (*у основания антенны*)
Dolby система Dolby, система Долби (*напр. система шумопонижения*)
  ~ **A** система шумопонижения Dolby A (*с четырьмя каналами компандирования*)
  ~ **AC-3** система цифровой записи звука Dolby Digital
  ~ **B** система шумопонижения Dolby B (*с одним каналом компандирования*)
  ~ **C** система шумопонижения Dolby C (*с двумя каналами компандирования*)
  ~ **Digital** система цифровой записи звука Dolby Digital
  ~ **Headroom Extension Pro** система Dolby HX Pro автоматического регулирования тока подмагничивания при записи (*для увеличения отношения сигнал — шум и расширения динамического диапазона*)
  ~ **HX Pro** *см.* **Dolby Headroom Extension Pro**
  ~ **Noise Reduction** система шумопонижения Dolby (*общее название*)
  ~ **NR** *см.* **Dolby Noise Reduction**
  ~ **S** *см.* **Dolby Spectral**
  ~ **Spectral** система шумопонижения Dolby S (*с двумя каналами компандирования и предварительной спектральной обработкой входного сигнала*)
  ~ **Surround** система звукового окружения Dolby Surround
  ~ **Surround Pro-Logic** система звукового окружения Dolby Surround Pro-Logic, усовершенствованная система Dolby Surround
  audio noise-reduction ~ система шумопонижения Dolby (*общее название*)
dolly *тлв* **1.** операторская тележка **2.** операторский кран **3.** отъезд *или* наезд ∥ отъезжать *или* наезжать
dolly-in *тлв* наезд
dolly-out *тлв* отъезд
domain 1. домен (*1. множество допустимых значений атрибута в системах проектирования и управления базами данных 2. группа ресурсов, управляемых одним узлом 3. иерархический способ описания адреса компьютера с помощью символов 4. замкнутая область магнетика или сегнетоэлектрика с каким-либо специфическим признаком или набором специфических признаков*) **2.** область; пространство **3.** регион; зона **4.** *вчт* область, связное множество **5.** *вчт* область определения; область значений (*функции*)
  ~ **of base event** область основного события
  ~ **of field** домен (электрического) поля
  ~ **of function** область определения функции; область значений функции
  ~ **of lattice** домен решётки (*ЦМД*)
  acoustic ~ акустический домен
  acoustoelectric ~ акустоэлектрический домен
  administration management ~ домен административного управления, система обработки сообщений (*в стандарте X.400*)
  administrative ~ административный домен
  anode ~ *пп* анодный домен
  antiferroelectric ~ антисегнетоэлектрический домен
  antiferromagnetic ~ антиферромагнитный домен
  antiparallel ~**s** домены с антипараллельной намагниченностью
  application ~ *вчт* предметная область
  Berkeley Internet name ~ система управления серверами доменных имён в Internet Университета Беркли, система BIND
  bubble ~ цилиндрический магнитный домен, ЦМД
  cell ~ область ячейки
  circuit ~ схемный домен
  circular magnetic ~ цилиндрический магнитный домен, ЦМД

domain

closure ~ замыкающий домен
collision ~ домен с конфликтами
contracting ~ сжимающийся домен
cylindrical (magnetic) ~ цилиндрический магнитный домен, ЦМД
data ~ область данных
delayed ~ задержанный домен
digital ~ область цифровых данных
dipole ~ дипольный домен
double-click ~ вчт домен, создающий у пользователя файл с данными типа «cookie» при обработке запроса на загрузку
E ~ см. entity domain
entity ~ вчт область сущностей, область объектов, E-область (в расширенной реляционной модели данных)
expanding ~ расширяющийся домен
f ~ см. frequency domain
ferroelectric ~ сегнетоэлектрический домен
ferromagnetic ~ ферромагнитный домен
floating ~ несквозной [плавающий] домен
flux-closure ~ замыкающий домен
frequency ~ частотная область
fuzzy ~ нечёткая область
Gunn ~ домен Ганна, ганновский домен
hard (magnetic) ~ жёсткий (магнитный) домен
high-field ~ домен сильного (электрического) поля
high-level ~ вчт домен высокого уровня
image ~ 1. опт. пространство изображений 2. вчт область отображения
infinite ~ бесконечная область
initial ~ вчт первичный домен
isolated ~ изолированный домен
knowledge ~ вчт область знаний
lamellar ~s свпр слоистая доменная структура
layout ~ топологическая область
light-scattering ~ светорассеивающий домен
low-field ~ домен слабого (электрического) поля
low-level ~ вчт домен нижнего уровня
magnetic ~ магнитный домен
mature ~ сформировавшийся домен
MPLS ~ см. multiprotocol label switching domain
multiprotocol label switching ~ домен с многопротокольной коммутацией (дейтаграмм) по меткам, MPLS-домен
n-dimensional ~ n-мерная область
optically triggered ~ пп фотоиндуцированный домен
planar ~ плоский домен
plasma ~ плазменный домен (в магнитосфере)
private management ~ вчт домен частного управления
public ~ вчт общедоступный; без защиты авторских прав (напр. о программном обеспечении)
reverse ~ вчт обратный [реверсный] домен (сети)
reversed ~ домен с обратной намагниченностью
root ~ вчт корневой домен
routing ~ вчт маршрутизационный домен
saturated ~ насыщенная область
Scott ~ вчт область, связное множество
seed ~ зародышевый домен
single ~ одиночный домен
soft (magnetic) ~ мягкий (магнитный) домен
space ~ пространственная область

spectral ~ спектральная область
spike(-shaped) ~ игольчатый домен
stable ~ устойчивый домен
strip(e) ~ полосовой домен
tapered ~ клиновидный домен
time ~ временная область
top-level ~ вчт домен верхнего уровня
transform ~ область преобразования
traveling ~ движущийся домен
triangular bubble ~ треугольный ЦМД
vanity ~ домен, регистрируемый (пользователем) только для удовлетворения собственного тщеславия
vestigial ~ остаточный домен
Weiss ~ ферромагнитный домен
domain-specific проблемно-ориентированный; проблемно-зависимый
dome 1. обтекатель (антенны) 2. колпак; кожух; купол; свод 3. кристалл куполообразной формы
antenna ~ обтекатель антенны
fenestrated ~ армированный обтекатель
half-wave wall ~ обтекатель с полуволновой стенкой
louvered ~ обтекатель с жалюзи
microphone ~ защитный кожух микрофона
nose ~ носовой обтекатель
ogive ~ оживальный обтекатель
plastic ~ пластмассовый обтекатель
radar ~ обтекатель антенны РЛС
rubber ~ резиновый куполообразный контактно-возвратный элемент (клавишного или кнопочного переключателя)
sonar ~ обтекатель антенны гидроакустической станции
dominance доминирование; преобладание
donationware (лицензированное) условно-бесплатное программное обеспечение, свободно распространяемое программное обеспечение с ограничением времени использования
dongle вчт (подключаемый к параллельному или последовательному порту) электронный защитный ключ (для предотвращения несанкционированного использования программных продуктов или для обеспечения компьютерной безопасности), проф. аппаратный ключ
daisy-chained ~ последовательно включённые электронные защитные ключи
dongle-disk вчт проф. защитная дискета-ключ (для предотвращения несанкционированного использования программных продуктов)
donor 1. донор, донорная примесь 2. донорный уровень 3. донорный
deep ~ глубокий донорный уровень
electron ~ донор (пары) электронов (при донорно-акцепторной связи)
excess ~ избыточный донор
ionized ~ ионизированный донор
shallow ~ мелкий донорный уровень
surface ~ поверхностный донорный уровень
donut см. doughnut
donutron цельнометаллический магнетрон с перестройкой частоты
Doom вчт трёхмерная [объёмная] игра-боевик «Рок» от первого лица, компьютерная игра Doom (прототип серии компьютерных игр типа Doom)

dosimetry

doom вчт неизбежные (тяжёлые) последствия (какого-либо действия)

door дверь; дверца; ход
  back ~ 1. функция-ловушка (в криптографической системе) 2. вчт лазейка (в программе), проф. чёрный ход
  spring loaded access ~ дверца с возвратной пружиной (в загрузочном окне дисководов для гибких дисков)
  trap ~ 1. функция-ловушка (в криптографической системе) 2. вчт лазейка (в программе), проф. чёрный ход 3. люк (напр. слота)

dopant легирующая примесь
  active ~ активатор
  interfacial ~ примесь для создания состояний на границе раздела
  nonoxidizing ~ неокисляющаяся примесь

dope 1. легирующая примесь ‖ легировать 2. эфироцеллюлозный лак (напр. для изоляции витков катушки) 3. тлв проф. сводка новостей 4. секретная или скрытая информация ‖ предоставлять или получать секретную или скрытую информацию

doped 1. легированный 2. содержащий предоставленную или полученную секретную или скрытую информацию
  heavily ~ сильнолегированный
  lightly ~ слаболегированный

doping 1. легирование 2. предоставление или получение секретной или скрытой информации
  amphoteric ~ амфотерное легирование
  auto ~ автолегирование
  background ~ фоновое легирование
  chemical ~ химическое легирование
  controlled ~ управляемое легирование
  direct ~ непосредственное легирование
  gas ~ легирование из газовой фазы
  gold ~ легирование золотом
  heavy [high] ~ сильное легирование
  impurity ~ легирование
  indirect ~ косвенное легирование
  interelectrode ~ межэлектродное легирование
  ion-implantation ~ ионное [ионно-имплантационное] легирование
  lifetime-killer ~ легирование примесью, уменьшающей время жизни неосновных носителей заряда
  light ~ слабое легирование
  net ~ полная концентрация примесей
  neutron transmutation ~ легирование с использованием радиоактивных превращений под действием нейтронов
  n-type ~ легирование донорной примесью
  post-oxidation ~ легирование после оксидирования
  p-type ~ легирование акцепторной примесью
  relaxation-time (foreign) ~ легирование с целью уменьшения времени релаксации
  retrograde ~ обратное легирование
  selective ~ избирательное легирование
  subcritical ~ субкритическое легирование
  substrate ~ легирование подложки
  uniform ~ однородное легирование
  zone-leveling ~ легирование методом зонного выравнивания

Doppler 1. эффект Доплера, доплеровский эффект 2. доплеровская частота, доплеровский сдвиг частоты 3. доплеровская РЛС
  CW ~ доплеровская РЛС с непрерывным излучением
  down ~ отрицательный доплеровский сдвиг частоты
  FM ~ доплеровская РЛС с частотной модуляцией
  hyperbolic ~ гиперболическая доплеровская РЛС
  offset ~ доплеровская РЛС со сдвигом частоты
  pulsed ~ импульсная доплеровская РЛС
  radial ~ доплеровская РЛС для измерения радиальной скорости (цели)
  range-measuring ~ дальномерная доплеровская РЛС
  reflection ~ доплеровская РЛС без ответчика
  up ~ положительный доплеровский сдвиг частоты

doran система «Доран» (доплеровская система траекторных измерений)

doroid катушка индуктивности с C-образным сердечником

DOS 1. дисковая операционная система, ДОС 2. DOS, стандартная операционная система для IBM-совместимых компьютеров
  Digital Research ~ операционная система фирмы Digital Research (*Caldera*) для персональных компьютеров, система DR-DOS
  DR-DOS см. Digital Research DOS
  Microsoft ~ операционная система фирмы Microsoft, система MS-DOS
  MS-DOS см. Microsoft DOS
  Novell ~ операционная система фирмы Novell, система Novell DOS
  PC-DOS см. personal computer DOS
  personal computer ~ операционная система фирмы IBM для персональных компьютеров, система PC-DOS

dosage 1. дозировка 2. доза

dose доза ‖ дозировать
  absorbed ~ поглощённая доза
  exposure ~ экспозиционная доза
  integral (absorbed) ~ интегральная доза
  integrated total ~ интегральная общая доза
  lethal ~ летальная доза
  maximum permissible ~ максимально допустимая доза
  radiation ~ доза (ионизирующего) излучения
  tolerance ~ допустимая доза
  volume ~ интегральная доза

dosemeter, dosimeter дозиметр
  direct-reading pocket ~ прямопоказывающий карманный дозиметр
  glass ~ (люминесцентный) дозиметр на стекле
  film ~ плоский плёночный дозиметр
  film-ring ~ кольцевой плёночный дозиметр
  indirect-reading pocket ~ карманный дозиметр с косвенным отсчётом
  integrating ~ интегральный дозиметр
  noise ~ измеритель суточной дозы акустических шумов
  personal ~ индивидуальный дозиметр
  phosphate-glass ~ дозиметр на фосфатном стекле
  photoluminescent personal ~ радиофотолюминесцентный индивидуальный дозиметр
  solid-state ~ твердотельный дозиметр
  thermoluminescent personal ~ термолюминесцентный индивидуальный дозиметр

dosimetry дозиметрия

exoelectron emission ~ экзоэлектронная эмиссионная дозиметрия
doskey утилита DOS для манипулирования командами
dot 1. точка (*1. геометрический объект 2. пятно или отметка небольшого размера 3. наименьший элемент изображения; пиксел 4. точка люминофора 5. знак умножения 6. десятичная запятая, десятичная точка 7. разделительный символ между именем и расширением файла 8. короткая токовая посылка кода Морзе 9. микр. островок, изолированный точечный участок (плёнки)*) 2. ставить точку *или* точки 3. (точечный) пунктир || проводить (точечный) пунктир 4. *т. над.* партия изделий 5. (небольшая) навеска; капля
~s per inch 1. *тлв, вчт* разрешающая способность экрана, шаг (расположения) формирующих изображение элементов (*напр. триад экрана в кинескопах*) 2. плотность символов (*количество печатаемых символов на 1 дюйм*), *проф.* питч
blue ~ точка люминофора синего свечения
green ~ точка люминофора зелёного свечения
light-emitting quantum ~ *микр.* светоизлучающая квантовая точка
phosphor ~ люминофорная точка, точка люминофора
picture ~ наименьший элемент изображения; пиксел
primary-color ~s триада экрана; точки люминофоров основных цветов
quantum ~ *микр.* квантовая точка, точечный физический объект с квантовыми свойствами
red ~ точка люминофора красного свечения
dot-and-dash *тлг* точка — тире
dotless *вчт* без точки над символом (*напр. о букве i*)
dot-matrix 1. метод представления изображений в виде точечной матрицы 2. точечно-матричный; матричный (*напр. принтер*); точечный (*напр. растр*); растровый (*напр. дисплей*)
double 1. объект удвоенного (*по сравнению с обычным*) размера; удвоенная величина || удваивать; превышать в два раза || удвоенный 2. сдвоенный; двойной 3. складка || складывать (вдвое) || сложенный (вдвое) 4. копия; дубликат; дубль 5. *вчт* двукратное повторение, двукратное вхождение (*напр. элемента в последовательность*) 6. *тлв* дублёр || выполнять роль дублёра
augmented ~s расширенные двукратные повторения
double-acting 1. двунаправленный; реверсивный 2. с двойной эффективностью
double-check *вчт* двойная проверка || выполнять двойную проверку
double-density с двойной линейной плотностью записи (*о дискете*)
double-dome *проф.* интеллектуал || интеллектуальный
double-ended 1. двусторонний 2. симметричный 3. двухцокольный (*напр. магнетрон*) 4. дифференциальный; симметричный (*напр. вход или выход электронного устройства*) 5. проходной 6. с незаземлёнными входом и выходом (*об усилителе*)
double-pole двухполюсный
double-port четырёхполюсный
double-precision *вчт* с двойной точностью
doubler удвоитель (*1. удвоитель частоты 2. удвоитель напряжения 3. вчт устройство умножения на два*)

frequency ~ удвоитель частоты
full-wave voltage ~ двухполупериодный удвоитель напряжения
half-wave voltage ~ однополупериодный удвоитель напряжения
push-pull ~ двухтактный удвоитель частоты
voltage ~ удвоитель напряжения
double-sideband двухполосный (*о передаче*)
double-sided двусторонний (*напр. о дискете*)
double-space *вчт* печатать *или* набирать (*текст*) с двойным интервалом (*между строками*)
double-spaced *вчт* напечатанный *или* набранный (*о тексте*) с двойным интервалом (*между строками*)
double-striking двойной проход (*в матричных принтерах*)
doublet 1. кв. эл. дублет 2. симметричный вибратор, диполь 3. симметричная вибраторная антенна, антенна в виде симметричного вибратора 4. *фтт* диполь 5. пара; группа из двух сходных объектов 6. дубликат
Brillouin (scattering) ~ бриллюэновский дублет
electric ~ электрический диполь
ground ~ основной дублет
half-wave ~ полуволновый симметричный вибратор
isotopic ~ изотопический дублет
Kramer's ~ крамерсов дублет
magnetic ~ магнитный диполь
orbital ~ орбитальный дублет
quadrupole ~ квадрупольный дублет
Raman (scattering) ~ рамановский дублет
resonance ~ резонансный дублет
spin ~ спиновый дублет
double-throw 1. двухпозиционный (*о переключателе*) 2. группа переключающих контактов
double-pole ~ 1. двухполюсный двухпозиционный (*о переключателе*) 2. двухполюсная группа переключающих контактов
four-pole ~ 1. четырёхполюсный двухпозиционный (*о переключателе*) 2. четырёхполюсная группа переключающих контактов
single-pole ~ 1. однополюсный двухпозиционный (*о переключателе*) 2. однополюсная группа переключающих контактов
two-pole ~ 1. двухполюсный двухпозиционный (*о переключателе*) 2. двухполюсная группа переключающих контактов
double-tuned с двойной настройкой
double-wave двухполупериодный
doubleword двойное слово, слово удвоенной длины
packed ~ упакованное двойное слово (*напр. 2 двойных слова в расширении MMX*)
double-wound бифилярный (*о намотке*)
doubling удвоение
clock ~ *вчт* удвоение частоты
frequency ~ удвоение частоты
doughnut 1. тороид 2. тороидальная вакуумная камера (*ускорителя*) 3. круглая контактная площадка (*печатной схемы*)
do until оператор цикла с постусловием, оператор цикла с условием завершения
DOVAP система «Довап» (*доплеровская система траекторных измерений*)
extended-range ~ система «Довап» с увеличенной базой

hyperbolic ~ гиперболическая радионавигационная система с использованием четырёх *или* более систем «Дован»

do while оператор цикла с предусловием, оператор цикла с условием продолжения

down 1. нерабочее состояние ‖ не работающий, не функционирующий; неисправный **2.** *вчт* операция освобождения; опускание (*семафора*)

down-beam 1. излучать в нисходящем направлении **2.** нисходящий радиолуч

downbeat сильная доля такта (*в музыке*)

down-chirp убывание частоты по линейному закону

down-conversion преобразование с понижением частоты

down-converter преобразователь с понижением частоты, понижающий преобразователь

down-Doppler отрицательный доплеровский сдвиг частоты

down-lead снижение антенны

downlink 1. линия связи ЛА — Земля **2.** *вчт* канал передачи данных в нисходящем направлении

download *вчт* загрузка (по линии связи в нисходящем направлении) (*1. передача данных с большого компьютера на малый по запросу 2. передача данных из компьютера на периферийное устройство*) ‖ загружать (по линии связи в нисходящем направлении)

downloader *вчт* программа загрузки (по линии связи в нисходящем направлении), *проф.* загрузчик
   font ~ загрузчик шрифтов (*с жёсткого диска компьютера в память принтера*)
   mass ~ программа массовой загрузки, *проф.* массовый загрузчик

downloading *вчт* загрузка (по линии связи в нисходящем направлении) (*1. передача данных с большого компьютера на малый по запросу 2. передача данных из компьютера на периферийное устройство*)
   accelerated ~ ускоренная загрузка
   multithreaded ~ многопотоковая загрузка

downrange 1. сужать диапазон; уменьшать пределы измерений **2.** область (*Земли*) вблизи траектории полёта (*ЛА*)

downranging: сужение диапазона; уменьшение пределов измерений
   automatic ~ автоматическое переключение на ближний диапазон (*в радиодальномерах*)

downsample 1. использовать субдискретизацию **2.** увеличивать размеры пиксела, уменьшать число пикселей (*для модификации размеров изображения*)

downsampling 1. субдискретизация **2.** увеличение размеры пиксела, уменьшение числа пикселей (*для модификации размеров изображения*)

downstream в нисходящем направлении (*о передаче данных*)

downstroke 1. *вчт* свисающий элемент (*литеры*) **2.** нижний ход (*напр. поршня*)

downswing 1. интервал убывания (*периодической функции*) ‖ периодически убывать **2.** спад; уменьшение ‖ испытывать спад; спадать; уменьшать(ся)

downtime время пребывания в нерабочем состоянии; время простоя из-за отказов *или* сбоев

downward направленный *или* движущийся вниз; убывающий

downweighting понижающее взвешивание

doze *вчт проф.* режим «дремоты» (*один из режимов пониженного энергопотребления аппаратного средства*); режим энергосбережения с прекращением 80% полезных функций (*при умеренном понижении частоты процессора*) ‖ переводить *или* переходить в режим «дремоты»; переводить *или* переходить в режим энергосбережения с прекращением 80% полезных функций

dpb *вчт проф.* вставлять дополнительные биты

DPCM дифференциальная импульсно-кодовая модуляция, ДИКМ
   adaptive ~ адаптивная ДИКМ
   element ~ поэлементная ДИКМ

dracon *см.* **dragon**

draft 1. чертёж; план ‖ чертить; изготовлять чертёж *или* план ‖ чертёжный **2.** набросок; черновик; эскиз; эскизный проект ‖ выполнять в виде наброска, черновика *или* эскиза ‖ черновой; эскизный
   Internet-~ Internet-проект, предварительный вариант документа Оперативного технического подразделения Internet, разработанный организацией IEFT проект документа
   rough ~ грубый набросок, набросок в общих чертах

drafting 1. черчение; изготовление чертёжа *или* плана **2.** выполнение наброска, черновика *или* эскиза; эскизное проектирование

draft-quality черновой, низкого качества (*о печати деловой корреспонденции*)

drag 1. увлечение ‖ увлекать **2.** торможение ‖ тормозить **3.** *вчт* перемещение (*объекта на экране дисплея напр. с помощью мыши при нажатой клавише*) ‖ перемещать (*объект на экране дисплея напр. с помощью мыши при нажатой клавише*)
   ion(ic) ~ ионное увлечение
   magnon ~ увлечение (*носителей*) магнонами
   needle ~ сила тяги (*звукоснимателя*)
   phonon ~ увлечение (*носителей*) фононами
   stylus ~ сила тяги (*звукоснимателя*)

drag-and-drop 1. *вчт* перемещение (*объекта на экране дисплея напр. с помощью мыши при нажатой клавише*) и фиксация (*напр. путём отпускания клавиши*), *проф.* буксировка ‖ переместить (*объект на экране дисплея напр. с помощью мыши при нажатой клавише*) и зафиксировать (*напр. путём отпускания клавиши*), *проф.* буксировать **2.** *тлв* видеомонтаж методом перемещения и вставки кадров

dragon *вчт* **1.** присоединённая программа; присоединённая процедура (*работающая в фоновом режиме и выполняющая определённые функции без ведома пользователя*); задаваемая текущей информацией функция; *проф.* «дракон», «демон» **2.** дракон (*1. персонаж компьютерных игр 2. фракталоподобная кривая*)
   Harter-Heituey's ~ фрактал Хартера — Хейтуэя

drain 1. сток, стоковая область (*полевого транзистора*) **2.** потребление тока
   common ~ общий сток
   current ~ потребление тока
   external ~ потребление тока внешней цепью
   initial ~ начальное потребление тока (*при номинальном напряжении*)
   power ~ потребление мощности

DRAM динамическая (оперативная) память, (оперативная) память типа DRAM

DRAM

BEDO ~ см. burst extended data output DRAM
burst extended data output ~ пакетная (оперативная) динамическая память с расширенным набором выходных данных, (оперативная) динамическая память типа BEDO DRAM
cached ~ кэшированная (оперативная) динамическая память, (оперативная) динамическая память типа CDRAM
conventional ~ 1. стандартная (оперативная) динамическая память, стандартная (оперативная) динамическая память типа DRAM 2. (оперативная) динамическая память с быстрым последовательным доступом в пределах страницы, (оперативная) динамическая память типа FPM DRAM
EDO ~ см. extended data output DRAM
enhanced ~ усовершенствованная (оперативная) динамическая память, (оперативная) динамическая память типа EDRAM
extended data output ~ (оперативная) динамическая память с увеличенным временем доступности выходных буферов данных, (оперативная) динамическая память типа EDO DRAM
fast page mode ~ (оперативная) динамическая память с быстрым последовательным доступом в пределах страницы, (оперативная) динамическая память типа FPM DRAM
FPM ~ см. fast page mode DRAM
multibank ~ многобанковая оперативная видеопамять на 32-Кбайтных банках DRAM, оперативная видеопамять типа MDRAM
Rambus ~ синхронная оперативная видеопамять компании Rambus с передачей данных по фронту и спаду синхроимпульса, оперативная видеопамять типа RDRAM
standard ~ 1. стандартная (оперативная) динамическая память, стандартная (оперативная) динамическая память типа DRAM 2. (оперативная) динамическая память с быстрым последовательным доступом в пределах страницы, (оперативная) динамическая память типа FPM DRAM
std ~ см. standard DRAM
synchronous ~ синхронная (оперативная) динамическая память, (оперативная) динамическая память типа SDRAM
synchronous link ~ (оперативная) динамическая память с синхронной связью, (оперативная) динамическая память типа SyncLink DRAM
SyncLink ~ см. synchronous link DRAM
dramedy *тлв* передача с сочетанием комедийного и драматического сюжетов
draw 1. вычерчивать 2. вытягивать (*напр. кристалл*); выдвигать (*напр. панель*); протягивать (*напр. перфоленту*) 3. *вчт* рисовать; создавать рисунок *или* изображение (*в компьютерной графике*) 4. жребий || бросать жребий 5. генерация случайных чисел || генерировать случайные числа ◊ **~ to sample** делать выборку; генерировать выборку
drawer выдвижная панель (*напр. прибора*)
  motherboard mounting ~ выдвижная панель для установки материнской [системной] платы
Drawing:
  Standard Military ~ Военный стандарт (*США*)
drawing 1. чертёж; схема; план; диаграмма 2. вычерчивание 3. вытягивание (*напр. кристалла*); выдвигание (*напр. панели*); протягивание (*напр. перфоленты*) 4. *вчт* рисование; создание рисунка *или* изображения (*в компьютерной графике*) 5. *вчт* рисунок; изображение (*в компьютерной графике*) 6. выбор; извлечение ◊ **~ with replacement** выбор с возвращением
  airline ~ наглядная монтажная схема с цветной маркировкой соединений (*соответствующей цвету используемых соединительных проводов*)
  assembly ~ сборочный чертёж; сборочная схема
  computer ~ компьютерный рисунок
  hardcopy ~ *вчт* документальная копия рисунка, *проф.* твёрдая копия рисунка
  layout ~ 1. топологический чертёж 2. вычерчивание топологии
  line ~ 1. рисование отрезками прямых линий 2. контурное линейное изображение 3. штриховой рисунок
  master ~ *микр.* 1. эталонный чертёж 2. оригинал
  optical fiber ~ вытягивание оптического волокна
  orifice ~ вытягивание оптического волокна через фильеру
  phantom ~ фантомный рисунок, рисунок с показом внутриобъёмных деталей (*объекта*)
  plotter ~ кривая графопостроителя
  softcopy ~ *вчт* недокументальная (*напр. электронная*) копия рисунка, *проф.* мягкая копия рисунка
draw-tube тубус (*напр. микроскопа*)
dreaming мыслительная деятельность во время сна; сновидение
dreck-in dreck-out *вчт проф.* «каков вопрос, таков и ответ», «мусор на входе - мусор на выходе» (*выражение для характеристики факта получения бессмысленного результата при вводе ошибочных данных*)
dress заделка (*кабеля*) || заделывать (*кабель*)
dribble 1. капля || капать; закапывать 2. небольшое количество; малая порция || поставлять небольшое количество; передавать малыми порциями 3. *вчт* непрерывное копирование; запись протокола исполнения программы в текстовый файл || производить непрерывное копирование; записывать протокол исполнения программы в текстовый файл
dribble-back *вчт* непрерывное обратное копирование
drift 1. дрейф (*1. упорядоченное движение носителей заряда 2. медленное изменение параметров, проф. уход параметров 3. смещение ЛА или судна с линии заданного курса 4. бион. медленное поступательное движение глаз в процессе восстановления зрительных пигментов*) || дрейфовать || дрейфовый 2. уход; смещение || уходить; смещать 3. *пп* пролёт || пролётный 4. тенденция || иметь тенденцию
  carrier ~ дрейф носителей
  Doppler ~ уход частоты из-за доплеровского эффекта
  downward ~ тенденция к возрастанию
  elastic ~ упругое последействие
  electron ~ дрейф электронов
  eyes ~ *бион.* дрейф, медленное поступательное движение глаз (*в процессе восстановления зрительных пигментов*)
  frequency ~ уход частоты

drive

gradient ~ градиентный дрейф
hole ~ дрейф дырок
ignitor-current temperature ~ температурный дрейф тока электрода вспомогательного разряда (*разрядника*)
image ~ смещение изображения
level ~ сдвиг уровня
long-term frequency ~ долговременный уход частоты
loop ~ дрейф петли гистерезиса
magnetic ~ магнитное последействие, магнитная вязкость
potential ~ дрейф потенциала
radar ~ дрейф самолёта, определяемый с помощью многократного пеленгования неподвижной радиолокационной мишени
short-term frequency ~ кратковременный уход частоты
structural ~ структурный дрейф
subject ~ вчт уход от темы (*напр. в группах новостей UseNet*)
thermal ~ температурный дрейф
toroidal ~ тороидальный дрейф (*плазмы*)
upward ~ тенденция к убыванию
voltage ~ уход напряжения
zero ~ дрейф нуля (*прибора*)

drilling сверление
electron-beam ~ электронно-лучевое сверление
laser ~ лазерное сверление
sonic ~ ультразвуковое сверление

drip-proof каплезащищённый

drive 1. возбуждение; запуск ‖ возбуждать; запускать 2. привод 3. лентопротяжный механизм; лентопротяжное устройство 4. вчт дисковод 5. управлять 6. вчт диск (*рассматриваемый как ЗУ*); ЗУ на диске (*напр. на жёстком магнитном диске*) 7. управлять
8 mm video tape (backup) ~ (запоминающее) устройство для резервного копирования (данных) на видеоленту шириной 8 мм
A(:) ~ вчт дисковод A, первый *или* второй дисковод (*для гибких дисков*)
ADR (tape) ~ 1. лентопротяжный механизм для (магнитной) ленты (формата) ADR 2. (запоминающее) устройство для резервного копирования (данных) на (магнитную) ленту (формата) ADR
AIT ~ 1. лентопротяжный механизм для (магнитной) ленты (формата) AIT 2. (запоминающее) устройство для резервного копирования (данных) на (магнитную) ленту (формата) AIT
antenna ~ привод антенны
azimuth ~ азимутальный привод (*напр. антенны*)
B(:) ~ вчт дисковод B, первый *или* второй дисковод (*для гибких дисков*)
Bernoulli (removable media) ~ 1. дисковод (съёмного) кассетного диска Бернулли 2. (съёмный) кассетный диск Бернулли
biperipheral ~ лентопротяжный механизм с внутренним и внешним сцеплением с полым маховиком
bootable ~ вчт (непосредственно) загружаемый диск
C(:), D(:), ... Z(:) ~ s вчт дисководы C, D, ... Z (*для жёстких дисков*)
caddy-type CD(-ROM) ~ дисковод (компакт-дисков формата) CD-ROM с (безлотковой) загрузкой дисков в защитной кассете

Castlewood Orb (removable media) ~ 1. дисковод (съёмного магнитного) диска Orb (фирмы) Castlewood 2. (съёмный магнитный) диск Orb (фирмы) Castlewood
CD(-ROM) ~ дисковод (компакт-дисков формата) CD-ROM
Clik! (removable media) ~ 1. дисковод (съёмного магнитного) диска Clik! 2. (съёмный магнитный) диск Clik! (*корпорации Iomega*)
Clik! (removable media) mobile ~ переносной дисковод (съёмного магнитного) диска Clik!
closed-loop double capstan ~ лентопротяжный механизм с двумя ведущими валами и замкнутой системой автоматического регулирования скорости ленты
crystal-controlled turntable ~ привод с кварцевой стабилизацией частоты вращения диска (*ЭПУ*)
current ~ текущий [рабочий] дисковод
DAT (tape) ~ 1. лентопротяжный механизм для (магнитной) ленты (формата) DAT 2. (запоминающее) устройство для резервного копирования (данных) на (магнитную) ленту (формата) DAT
DDS-1 ~ (запоминающее) устройство ёмкостью 2 ГБайт для резервного копирования данных в формате DDS-1 на (магнитную) ленту (кассетного) формата DAT
DDS-2 ~ (запоминающее) устройство ёмкостью 4 ГБайт для резервного копирования данных в формате DDS-2 на (магнитную) ленту (кассетного) формата DAT
DDS-3 ~ (запоминающее) устройство ёмкостью 12 ГБайт для резервного копирования данных в формате DDS-3 на (магнитную) ленту (кассетного) формата DAT
default ~ 1. текущий [рабочий] дисковод 2. дисковод, используемый по умолчанию
digital servo quartz direct ~ прямой привод ведущего вала (*магнитофона*) со следящей системой кварцевой стабилизации частоты вращения
direct ~ прямой привод
disk ~ 1. дисковод жёсткого *или* гибкого (магнитного) диска 2. жёсткий *или* гибкий (магнитный) диск 3. дисковод съёмного диска *или* компакт-диска 4. съёмный диск *или* компакт-диск
diskette ~ дисковод дискеты, дисковод гибкого (магнитного) диска, дисковод флоппи-диска
DLT (tape) ~ 1. лентопротяжный механизм для (магнитной) ленты (формата) DLT 2. (запоминающее) устройство для резервного копирования (данных) на (магнитную) ленту (формата) DLT
double capstan ~ лентопротяжный механизм с двумя ведущими валами
double-sided ~ привод для двусторонних дискет (*с двумя магнитными головками*)
double-speed CD(-ROM) ~ дисковод (компакт-дисков формата) CD-ROM с удвоенной скоростью считывания
dual capstan pinch wheel ~ лентопротяжный механизм с двумя ведущими валами и прижимными роликами
dual disk ~ привод для двух дискет
dual-sided disk ~ привод для двусторонних дискет (*с двумя магнитными головками*)
DVD ~ дисковод (компакт-дисков формата) DVD
elevation ~ угломестный привод (*напр. антенны*)

drive

enhanced disk ~ метод преодоления предела 8,4 ГБ для ёмкости жёстких дисков за счёт придания дополнительных функций BIOS, спецификация EDD
erasable optical ~ привод перезаписываемого оптического диска
external ~ внешний дисковод
EzFlyer (removable media) ~ **1.** дисковод (съёмного магнитного) диска EzFlyer (*фирмы SyQuest*) **2.** (съёмный магнитный) диск EzFlyer (*фирмы SyQuest*)
FAT16 ~ диск с 16-разрядной таблицей размещения файлов, диск с (файловой) системой FAT16
FAT32 ~ диск с 32-разрядной таблицей размещения файлов, диск с (файловой) системой FAT32
fixed ~ фиксированный [несъёмный] жёсткий (магнитный) диск
Flash USB ~ **1.** карта флэш-памяти с USB-интерфейсом **2.** ЗУ на картах флэш-памяти с USB-интерфейсом
flexible ~ **1.** дисковод гибкого (магнитного) диска **2.** гибкий (магнитный)диск
flexible disk ~ дисковод флоппи-диска, гибкого (магнитного) диска, дисковод дискеты
floppy ~ **1.** дисковод гибкого (магнитного) диска **2.** гибкий (магнитный)диск
floppy disk ~ дисковод флоппи-диска, гибкого (магнитного) диска, дисковод дискеты
floptical ~ **1.** дисковод гибкого магнитооптического диска, дисковод с оптической [лазерной] системой позиционирования магнитных головок **2.** гибкий магнитооптический диск, диск для записи магнитными головками с оптической [лазерной] системой позиционирования
follow-up ~ сервопривод; следящий привод
friction ~ фрикционный привод
Galeb it ~ **1.** дисковод (съёмного гибкого магнитного) диска Galeb it (*одноимённой фирмы*) **2.** (съёмный гибкий магнитный) диск Galeb it (*одноимённой фирмы*)
Galeb UHD144 ~ **1.** дисковод (съёмного гибкого магнитного) диска Galeb UHD144 (*фирмы Galeb it*) **2.** 144Мб (съёмный гибкий магнитный) диск Galeb UHD144 (*фирмы Galeb it*)
galvanometric ~ гальванометрический привод
gas-electric ~ газоэлектрический привод
half-height ~ дисковод (жёсткого магнитного) диска половинной высоты
hard ~ **1.** дисковод жёсткого (магнитного) диска **2.** жёсткий (магнитный) диск
hard disk ~ дисковод жёсткого (магнитного) диска
head-per-track disk ~ дисковод с отдельными головками для каждой дорожки
internal ~ внутренний дисковод
Jaz (removable media) ~ **1.** дисковод (съёмного магнитного) диска Jaz **2.** (съёмный магнитный) диск Jaz (*корпорации Iomega*)
left ~ вчт левый (*при отображении на экране дисплея*) (логический) диск
linear ~ линейный привод
logged ~ текущий [рабочий] дисковод
logical ~ логический диск
LS-120 (SuperDisk) ~ **1.** дисковод гибкого магнитооптического диска (типа) LS-120 (SuperDisk) **2.** (120 Мб) гибкий магнитооптический диск (типа) LS-120 (SuperDisk)

LTO (tape) ~ **1.** лентопротяжный механизм для (магнитной) ленты (формата) LTO **2.** (запоминающее) устройство для резервного копирования (данных) на (магнитную) ленту (формата) LTO
magnetic ~ *тлф* электромагнитный привод
multifunction optical ~ многофункциональный оптический диск
network ~ сетевой дисковод
n-x-speed CD(-ROM) ~ дисковод (компакт-дисков формата) CD-ROM с n-кратной скоростью считывания
Options HiFD ~ **1.** дисковод (съёмного гибкого магнитного) диска HiFD фирмы Options **2.** (съёмный гибкий магнитный) диск HiFD фирмы Options
Orb (removable media) ~ **1.** дисковод (съёмного магнитного) диска Orb (*фирмы Castlewood*) **2.** (съёмный магнитный) диск Orb (*фирмы Castlewood*)
piezoelectric ~ пьезоэлектрический привод
portable tape (backup) ~ (автономное) портативное (запоминающее) устройство для резервного копирования (данных) на (магнитную) ленту (*с подключением к параллельному порту*)
physical ~ физический диск
QIC (tape) ~ **1.** лентопротяжный механизм для (магнитной) ленты (формата) QIC **2.** (запоминающее) устройство для резервного копирования (данных) на (магнитную) ленту (формата) QIC
quadro-speed CD(-ROM) ~ дисковод (компакт-дисков формата) CD-ROM с учетверённой скоростью считывания
quad-spin CD(-ROM) ~ дисковод (компакт-дисков формата) CD-ROM с учетверённой скоростью считывания
removable hard ~ **1.** дисковод съёмного жёсткого (магнитного) диска **2.** съёмный жёсткий (магнитный) диск
removable media ~ **1.** лентопротяжный механизм или дисковод для съёмных носителей **2.** ЗУ на съёмных носителях
right ~ вчт правый (*при отображении на экране дисплея*) (логический) диск
rim ~ фрикционный привод по периферии диска (*ЭПУ*)
rubber belt ~ резиновый приводной ремень; пасик (*магнитофона*)
servo ~ сервопривод, исполнительный (*силовой*) орган сервосистемы; следящий привод; серводвигатель, сервомотор
silicon disk ~ дисковод с ОЗУ
single-sided ~ привод для односторонних дискет (*с одной магнитной головкой*)
single-speed CD(-ROM) ~ дисковод (компакт-дисков формата) CD-ROM с обычной скоростью считывания (150 Кбайт/с)
Sony HiFD ~ **1.** дисковод (съёмного гибкого магнитного) диска HiFD фирмы Sony **2.** (съёмный гибкий магнитный) диск HiFD фирмы Sony
SparQ (removable media) ~ **1.** дисковод (съёмного магнитного) диска SparQ (*фирмы SyQuest*) **2.** (съёмный магнитный) диск SparQ (*фирмы SyQuest*)
streaming tape ~ **1.** стример, внешняя память на магнитной ленте **2.** лентопротяжный механизм стримера
SuperDisk ~ **1.** дисковод гибкого магнитооптического диска (типа) LS-120 (SuperDisk) **2.** (120 Мб)

drop

гибкий магнитооптический диск (типа) LS-120 (SuperDisk)
SyDOS (removable media) ~ 1. дисковод (съёмного магнитного) диска SyDOS (*фирмы SyQuest*) 2. (съёмный магнитный) диск SyDOS (*фирмы SyQuest*)
SyJet (removable media) ~ 1. дисковод (съёмного магнитного) диска SyJet (*фирмы SyQuest*) 2. (съёмный магнитный) диск SyJet (*фирмы SyQuest*)
SyQuest (removable media) ~ 1. дисковод (съёмного магнитного) диска SyQuest 2. (съёмный магнитный) диск (фирмы) SyQuest
tape ~ 1. лентопротяжный механизм; лентопротяжное устройство 2. (запоминающее) устройство для резервного копирования (данных) на магнитную ленту 3. (запоминающее) устройство для резервного копирования (данных) на магнитную ленту в потоковом режиме, *проф.* стример
tape backup ~ 1. (запоминающее) устройство для резервного копирования (данных) на магнитную ленту 2. (запоминающее) устройство для резервного копирования (данных) на магнитную ленту в потоковом режиме, *проф.* стример
Travan (tape) ~ 1. лентопротяжный механизм для (магнитной) ленты (формата) Travan 2. (запоминающее) устройство для резервного копирования (данных) на (магнитную) ленту (формата) Travan
tray-type CD(-ROM) ~ дисковод (компакт-дисков формата) CD-ROM с выдвигающимся лотком
tuning-fork ~ камертонное возбуждение
turntable ~ привод диска (*ЭПУ*)
Winchester ~ 1. дисковод жёсткого (магнитного) диска 2. жёсткий (магнитный) диск, *проф.* винчестер
Zip (removable media) ~ 1. дисковод (съёмного магнитного) диска Zip 2. (съёмный магнитный) диск Zip (*с воздушной подушкой на принципе Бернулли*)

drive-in *пп* разгонка примеси (*вторая стадия двухстадийной диффузии*)

driver 1. возбудитель; запускающее устройство; задающее устройство 2. предоконечный каскад усилителя мощности 3. *рлк* подмодулятор 4. формирователь 5. *вчт* драйвер 6. схема для расширения функциональных возможностей устройства 7. головка (*рупорного громкоговорителя*) 8. инструмент для завинчивания *или* вывинчивания (*напр.* отвёртка)
basic packet ~ стандартный драйвер пакетов (*для локальной сети*)
bias ~ источник электрического смещения
blocking-oscillator ~ генератор модулирующих импульсов на блокинг-генераторе
bootstrap ~ *рлк* компенсационный формирователь модулирующих прямоугольных импульсов
bubble memory ~ формирователь управляющего магнитного поля в ЗУ на ЦМД
bus ~ драйвер шины
clock ~ 1. *рлк* синхронизатор 2. формирователь тактовых импульсов; формирователь синхронизирующих импульсов
current ~ формирователь тока
device ~ *вчт* драйвер устройства
disk ~ *вчт* драйвер диска
display ~ драйвер дисплея
dongle ~ драйвер электронного защитного ключа
extended packet ~ драйвер пакетов с расширенными функциональными возможностями (*для локальной сети*)
file system ~ драйвер файловых систем, программа FSD, система инсталлируемых файлов, система IFS
frame ~ *тлв* выходной каскад блока кадровой развёртки
graphics device ~ драйвер графического устройства
line ~ 1. линейный драйвер (*в компьютерной телефонии*) 2. *тлв* выходной каскад блока строчной развёртки
memory ~ драйвер ЗУ
modulator ~ подмодулятор
mouse ~ драйвер мыши
open-collector ~ транзисторно-транзисторная логическая схема с открытым коллектором, ТТЛ-схема с открытым коллектором
packet ~ драйвер пакетов (*для локальной сети*)
printer ~ драйвер принтера
pulse ~ формирователь импульсов
relay ~ управляющая цепь реле
sweep ~ выходной каскад блока развёртки
tape punch ~ контроллер ленточного перфоратора
teletype ~ контроллер телетайпа
test ~ драйвер тестирования программ
three-phase ~ трёхфазный формирователь
time sharing ~ драйвер режима разделения времени
TWAIN ~ драйвер (стандарта) TWAIN для сканеров и цифровых камер
two-phase ~ двухфазный формирователь
user-written ~ драйвер пользователя
virtual device ~ драйвер виртуального устройства
WIA ~ драйвер (стандарта) WIA для сканеров и цифровых камер

droid андроид; человекоподобный робот
drone беспилотный самолёт (*с дистанционным управлением*)
target ~ беспилотный самолёт-мишень
droop относительный спад вершины импульса (*в процентах*)
drop 1. падение; понижение; снижение || падать; понижать(ся); снижать(ся) 2. падение напряжения 3. отпадание (*напр. якоря реле*) 4. *вчт* присутствие затребованных данных (*напр. при поиске с помощью информационно-поисковой системы*); *проф.* попадание 5. опускание; спуск || опускать(ся); спускать(ся) 6. бросание; сбрасывание; разбрасывание || бросать; сбрасывать; разбрасывать 7. *вчт* фиксация (*объекта на экране дисплея после перемещения напр. с помощью мыши путём отпускания клавиши*) || зафиксировать (*объект на экране дисплея после перемещения напр. с помощью мыши путём отпускания клавиши*) 8. щель монето- *или* жетоноприёмника (*напр. в торговых автоматах*) 9. отвод || отводить 10. *вчт* удалённый терминал 11. перепад 12. *вчт* высота бумажного листа 13. *тлф* бленкер 14. тайник (*для агентурной связи*) 15. капля || капать 16. падение; выпадение || падать; выпадать 17. пропадание, пропажа; исчезновение; выпадение; пропуск || пропадать; исчезать; выпадать; пропускаться ◊ ~ **a bomb** *тлв* сде-

drop

лать сенсационное сообщение, *проф.* «взорвать бомбу»; ~ **a brick** *тлв* сделать сенсационное сообщение, *проф.* «взорвать бомбу»; **to ~ in 1.** вклинивать(ся); вставлять(ся) **2.** впадать в синхронизм; **to ~ out 1.** пропадать; исчезать; выпадать; пропускать(ся) **2.** отпадать (*напр. о якоре реле*) **3.** выпадать из синхронизма

~ **of potential** падение напряжения
anode ~ анодное падение напряжения
arc ~ анодное напряжение (*ртутного вентиля*) в проводящую часть периода
automatic ~ *тлф* блёнкер
bit ~ пропадание битов
calling ~ *тлф* **1.** вызывной клапан **2.** отпадание вызывного клапана
cathode ~ катодное падение напряжения
channel ~ *тлф* выделение абонентского канала
contact ~ падение напряжения на контакте
electrode ~ падение напряжения на электроде
electron ~ электронная капля
electron-hole ~ электронно-дырочная капля
exciton ~ экситонная капля
false ~ *вчт* ложное присутствие затребованных данных (*напр. при поиске с помощью информационно-поисковой системы*); *проф.* ложное попадание
forward voltage ~ падение напряжения (*на выпрямителе*) в режиме прямого тока
ignitor voltage ~ падение напряжения на зажигателе, падение напряжения на игнайтере
impedance ~ полное внутреннее падение напряжения (*электрической машины*)
indicator ~ *тлф* блёнкер
IR ~ падение напряжения на (активном) сопротивлении
mail ~ **1.** прорезь почтового ящика **2.** тайник (*для агентурной связи*)
line ~ падение напряжения в линии
pixel ~ пропажа пикселей (*в матричных дисплеях*)
needle ~ использование короткого фрагмента музыкального произведения (*напр. для заполнения паузы*)
relay ~ *тлф* блёнкер
resistance [resistive voltage] ~ падение напряжения на (активном) сопротивлении
subscriber's ~ *тлф* абонентский отвод
switching voltage ~ *пп* падение напряжения при переключении
telephone ~ *тлф* абонентский отвод
tube voltage ~ падение напряжения на электронной лампе
voltage ~ падение напряжения

drop-in 1. вклинивание; вставка **2.** появление (вклинивающегося) ложного сигнала; *вчт* появление (вклинивающихся) ложных символов *или* разрядов (*напр. при записи или считывании*) **3.** впадение в синхронизм
bit ~ вклинивание битов; появление (вклинивающихся) ложных разрядов

droplet капля
liquid-alloy ~ капля расплава
solder ~ капля припоя

drop-out 1. пропадание, пропажа; исчезновение; выпадение; пропуск **2.** выпадение сигнала; *вчт* выпадение символов *или* разрядов **3.** выпадение из синхронизма **4.** отпадание (*напр. якоря реле*) **5.** *pl* знаки совмещения (*на фотошаблоне*)
bit ~ выпадение битов
circuit ~ выпадение сигнала из-за неисправности схемы
target ~ *рлк* пропуск цели

dropper гасящий резистор

dropping 1. падение; понижение; снижение **2.** отпадание (*напр. якоря реле*) **3.** опускание; спуск **4.** бросание; сбрасывание; разбрасывание **5.** *вчт* фиксация (*объекта на экране дисплея после перемещения напр. с помощью мыши путём отпускания клавиши*) **6.** создание отвода, отвод **7.** капание **8.** падение; выпадение **9.** пропадание, пропажа; исчезновение; выпадение; пропуск
arm ~ опускание тонарма
chaff ~ сбрасывание дипольных противорадиолокационных отражателей
dashpot-damped arm ~ опускание тонарма микролифтом с вязким демпфированием
disk ~ опускание грампластинки (*в проигрывателе-автомате*)
manual ~ ручное опускание (*тонарма*)
mouse ~ *вчт* **1.** след на экране дисплея после перемещения курсора мыши, *проф.* мышиные слёзы **2.** несанкционированная запись адресов посетителей сайта в журнале регистрации
pick-up ~ опускание головки звукоснимателя
pixel ~ пропажа пикселей (*в матричных дисплеях*)

dropsonde сбрасываемый (*с ЛА*) радиозонд
dross окалина (*напр. на поверхности расплавленного припоя*)
drought:
cycle ~ *вчт проф.* «подсаживание» производительности

drum барабан (*1. деталь в форме полого цилиндра, многогранной призмы или конуса 2. ударный мембранный музыкальный инструмент 3. магнитный барабан*)
acoustic bass ~ *вчт* большой акустический барабан (*музыкальный инструмент из набора ударных General MIDI*)
bass ~ I *вчт* большой барабан I (*музыкальный инструмент из набора ударных General MIDI*)
graduated ~ шкала барабанного типа
lens ~ *кв. эл.* линзовый барабан
magnetic ~ магнитный барабан
mirror ~ *кв. эл.* зеркальный барабан
recording head ~ барабан с блоком записывающих видеоголовок
scanner ~ развёртывающий барабан
snare ~ малый барабан (*музыкальный инструмент*)
steel ~s *вчт* стальные барабаны (*музыкальный инструмент из набора General MIDI*)
synth ~ *вчт* синтезаторный барабан (*музыкальный инструмент из набора General MIDI*)
taiko ~ *вчт* таико (*музыкальный инструмент из набора General MIDI*)
video head ~ барабан с блоком видеоголовок

dryad дриада (*персонаж компьютерных игр*)
druse *крист.* друза
dryer сушильная печь; сушильная установка
freeze ~ установка для сушки в вакууме, сублимационная камера

infrared ~ печь для радиационной сушки ИК-излучением

drying сушка
  freeze ~ сушка в вакууме, сублимационная сушка
  resist air ~ сушка резиста на воздухе
  solution spray ~ сушка распылением раствора
  spun ~ центробежная сушка, сушка в центрифуге

DSL цифровая абонентская линия, линия типа DSL
  asymmetric ~ асимметричная цифровая абонентская линия, линия типа ADSL
  high data-rate ~ цифровая абонентская линия с высокой скоростью передачи данных, линия типа HDSL
  ISDN ~ цифровая абонентская линия для сетей (стандарта) ISDN, линия типа IDSL
  rate adaptive ~ цифровая абонентская линия с адаптированной скоростью передачи данных, линия типа RADSL
  single-pair symmetrical ~ симметричная цифровая абонентская линия на витой паре, линия типа SDSL
  very high data-rate ~ цифровая абонентская линия со сверхвысокой скоростью передачи данных (*до 56 Мбит/с*), линия типа VDSL
  voice over ~ цифровая абонентская линия для компьютерной телефонии, линия типа VoDSL

DSM дельта-сигма-модуляция, ДСМ
  asynchronous ~ асинхронная дельта-сигма-модуляция
  double-integration ~ дельта-сигма-модуляция с двойным интегрированием
  exponential ~ экспоненциальная дельта-сигма-модуляция

dual 1. двойной; сдвоенный; парный **2.** *фтт* дуальный, двойственный

dual-band двухполосный; двухдиапазонный

dual-beam двухлучевой

dual-density с двойной линейной плотностью записи (*о дискете*)

dualism дуализм
  corpuscular-wave ~ корпускулярно-волновой дуализм

duality дуальность

dual-purpose двойного назначения; бифункциональный (*напр. прибор*)

dual-track двухдорожечный

dub 1. монтаж ‖ монтировать (*напр. видеограмму*) **2.** дубляж ‖ дублировать **3.** копия ‖ копировать **4.** перезапись ‖ перезаписывать **5** наложенная запись ‖ накладывать запись (*напр. звука на видеограмму*) **6.** озвучивать (*напр. видеофильм*)
  video ~ видеокопия

dubbing 1. монтаж (*напр. видеограммы*) **2.** дубляж **3.** копирование **4.** перезапись **5.** наложение записи **6.** озвучивание (*напр. видеофильма*)
  audio ~ озвучивание
  high-speed ~ копирование кассет с удвоенной скоростью (*в двухкассетных магнитофонах*)
  post- ~ перезапись

ducking компрессия с подавлением слабого сигнала более сильным

duct 1. канал; волновод ‖ канализировать **2.** кабельная канализация: кабелепровод
  absorbent-walled ~ волновод с поглощающими стенками
  acoustic ~ акустический волновод
  air ~ воздушный [вентиляционный] канал
  atmospheric ~ атмосферный волновод
  core ~ вентиляционный канал сердечника
  elevated ~ приподнятый (тропосферный) волновод
  evaporation ~ приповерхностный волновод, образуемый испарениями (*с морской поверхности*)
  gravity-wave ~ канал распространения гравитационной волны
  high-latitude ionospheric ~ высокоширотный ионосферный волновод
  ionospheric ~ ионосферный волновод
  magnetohydrodynamic ~ магнитогидродинамический [МГД-]канал
  magnetoionic ~ магнитоионный волновод
  mid-latitude ionospheric ~ среднеширотный ионосферный волновод
  radio ~ радиоволновод
  surface(-bounded) ~ приземный (тропосферный) волновод
  tropospheric ~ тропосферный волновод
  ventilating ~ вентиляционный [воздушный] канал
  wave ~ 1. канал распространения волн, волновой канал **2.** трубчатый волновод
  whistler ~ канал распространения свистящего атмосферика

ducting волноводное распространение
  acoustic ~ волноводное распространение акустических волн
  conjugate ~ сопряжённое волноводное распространение
  direct ~ прямое волноводное распространение

dude:
  wares ~s продавцы незаконно скопированных программных средств

duff:
  huff ~ система радиоопределения по двум радиомаякам в ВЧ-диапазоне

dulcimer *вчт* цимбалы (*музыкальный инструмент из набора General MIDI*)

dummy 1. эквивалент (*напр. антенны*) **2.** дезинформирующий символ (*в шифрованном тексте*) **3.** макет **4.** *вчт* формальный; фиктивный; пустой **5.** фиктивная переменная, индикаторная переменная
  seasonal ~ сезонная переменная

dump 1. снятие, выключение (*напр. напряжения*) **2.** *вчт.* дамп (*1.* запись содержимого памяти на магнитный диск *2.* распечатка содержимого памяти или файла)
  binary ~ дамп в двоичном коде
  bulk ~ полный дамп
  core ~ дамп ядра
  disaster ~ аварийный дамп
  disk ~ дамп диска
  dynamic ~ динамический дамп
  hex- ~ дамп в шестнадцатеричном коде
  memory ~ дамп памяти
  MIDI ~ дамп MIDI-данных
  post-mortem ~ аварийный дамп
  power ~ отключение напряжения питания
  rescue ~ полный дамп
  screen ~ 1. дамп информации, воспроизводимой на экране (*дисплея*), *проф.* дамп экрана **2.** распечатка информации, воспроизводимой на экране (*дисплея*)

dump

selective ~ выборочный дамп
snapshot ~ 1. выборочный динамический дамп 2. выборочная распечатка информации, воспроизводимой на экране (*дисплея*)
static ~ статический дамп

dungeon 1. темница; подземелье (*в компьютерных играх*) 2. (главная) башня; бастион (*в компьютерных играх*)
multi-user ~ среда многопользовательской интерактивной игры с использованием элементов виртуальной реальности, среда MUD, *проф.* многопользовательское подземелье
multi-user ~ object-oriented среда многопользовательской интерактивной игры с использованием элементов виртуальной реальности и объектно-ориентированного программирования, объектно-ориентированная среда MUD, среда MOO, *проф.* объектно-ориентированное многопользовательское подземелье

duo пара; группа из двух однотипных или взаимодополняющих объектов; двойка || парный; двойной
duobinary парный двоичный, *проф.* дуобинарный
duo-decimal двенадцатеричный
duodiode двойной диод
duodiode-pentode двойной диод-пентод
duodiode-triode двойной диод-триод
duolaser двойной лазер
duopentode двойной пентод
duotetrode двойной тетрод
duotone *вчт* 1. одноцветное полутоновое *или* двухцветное изображение || одноцветный полутоновый *или* двухцветный 2. одноцветный полутоновый *или* двухцветный метод печати
duotriode двойной триод
duplet обобществленная электронная пара (*в ковалентной связи*)
electron ~ обобществленная электронная пара

duplex 1. дуплексная [одновременная двусторонняя] связь, дуплекс || дуплексный, одновременный двусторонний 2. двойной; сдвоенный
bridge ~ мостиковая дуплексная [мостиковая одновременная двусторонняя] связь, мостиковый дуплекс
double-channel ~ двухканальная дуплексная [двухканальная одновременная двусторонняя] связь, двухканальный дуплекс
frequency hopping/time-division ~ система дуплексной [одновременной двусторонней] связи с временным разделением каналов и скачкообразной перестройкой частоты
full ~ дуплексная [одновременная двусторонняя] связь, дуплекс
half ~ полудуплексная [поочерёдная двусторонняя] связь, полудуплекс || полудуплексный, поочерёдный двусторонний
incremental ~ дифференциальная дуплексная [дифференциальная одновременная двусторонняя] связь, дифференциальный дуплекс
single-band ~ однополосная дуплексная [однополосная одновременная двусторонняя] связь, однополосный дуплекс
single-frequency ~ одночастотная дуплексная [одночастотная одновременная двусторонняя] связь, одночастотный дуплекс
time-division ~ дуплексная [одновременная двусторонняя] связь с временным разделением каналов

two-frequency ~ двухчастотная дуплексная [двухчастотная одновременная двусторонняя] связь, двухчастотный дуплекс

duplexer дуплексер (*1. антенный переключатель (типа приём - передача) 2. антенный переключатель двухдиапазонной антенны 3. телеграфный дуплексер 4. блок двусторонней печати (принтера)*)
balanced ~ симметричный антенный переключатель
circular-polarization ~ антенный переключатель для волн с круговой поляризацией
coaxial ~ коаксиальный антенный переключатель
gaseous ~ газоразрядный антенный переключатель
solid-state ~ твердотельный антенный переключатель
turnstile ~ турникетный антенный переключатель
waveguide ~ волноводный антенный переключатель

duplexing 1. дуплексный [одновременный двусторонний] режим (*связи*) 2. *вчт* дуплексная [одновременная двусторонняя] передача 3. дублирование *или* резервирование оборудования
disk ~ 1. изготовление дубликата диска 2. запись одних и тех же данных на двух различных дисках, зеркальное дублирование, *проф.* зеркалирование диска (*напр. в дисковых массивах типа RAID*)

duplicate 1. копия; дубликат || копировать; изготавливать дубликат; подвергать копированию; выполнять функции дубликата 2. *микр.* мультиплицировать 3. дублирование, однократное резервирование || дублировать, однократно резервировать
diazo ~ *микр.* диазокопия

duplication 1. копирование 2. *микр.* мультиплицирование 3. копия 4. дублирование, однократное резервирование
disk ~ 1. изготовление дубликата диска 2. запись одних и тех же данных на двух различных дисках, зеркальное дублирование, *проф.* зеркалирование диска (*напр. в дисковых массивах типа RAID*)

duplicator 1. копировальный аппарат 2. множительная машина; дубликатор
tape ~ лентокопировальный аппарат

durability 1. прочность; износостойкость 2. долговечность; срок службы
~ of transaction *вчт* долговечность транзакции

duration 1. длительность 2. продолжительность; время действия
~ of selection время выборки
active line ~ *тлв* длительность активной части строки
afterglow ~ длительность послесвечения
average pulse ~ средняя длительность импульсов (*импульсной последовательности*)
first-transition ~ длительность фронта импульса
frame ~ длительность кадра
half-amplitude ~ длительность импульса по уровню половинной амплитуды, длительность импульса по уровню 0,5
last-transition ~ длительность среза импульса
pulse ~ длительность импульса
response ~ 1. длительность отклика 2. длительность импульса анодного тока (*фотоумножителя*) 3. время срабатывания
response pulse ~ of photomultiplier tube длительность импульса анодного тока фотоумножителя
second-transition ~ длительность среза импульса

durometer 1. прибор для измерения твёрдости (*резиновых, пластмассовых и других неметаллических сред*) **2.** международный стандарт на измерения твёрдости (*резиновых, пластмассовых и других неметаллических сред*)

Duron семейство процессоров фирмы AMD с модифицированным ядром Thunderbird и урезанной кэш-памятью второго уровня

dust пыль
   cosmic ~ космическая пыль

dust-proof пылезащищённый

duty 1. режим (работы) **2.** режим нагрузки
   continuous ~ режим непрерывной нагрузки
   cyclic ~ циклический режим
   extra ~ перегрузка
   heavy ~ тяжёлый режим
   intermittent ~ режим прерывистой нагрузки
   operating ~ рабочий режим
   periodic ~ режим периодической нагрузки
   short-time ~ режим кратковременной нагрузки
   varying ~ режим переменной нагрузки

DVD 1. компакт-диск формата DVD **2.** стандарт цифровой записи в формате DVD
   ~-Audio компакт-диск формата DVD-Audio, аудиокомпакт-диск формата DVD
   ~ -E компакт-диск формата DVD-RW, перезаписываемый компакт-диск формата DVD
   ~ -MO компакт-диск формата DVD-MO, магнитооптический компакт-диск формата DVD
   ~ -R компакт-диск формата DVD-R, записываемый компакт-диск формата DVD
   ~ -RAM компакт-диск формата DVD-RAM, перезаписываемый (*методом фазового перехода в материале носителя*) компакт-диск формата DVD
   ~ -real-time-recording компакт-диск формата DVD-RTR, компакт-диск с возможностью записи «живого» видео
   ~ -ROM компакт-диск формата DVD-ROM; ПЗУ на компакт-диске формата DVD-ROM
   ~ -RTR *см.* **DVD-real-time-recording**
   ~ -RW компакт-диск формата DVD-RW, перезаписываемый компакт-диск формата DVD
   ~ -Video компакт-диск формата DVD-Video, видеокомпакт-диск формата DVD
   ~ -WO компакт-диск формата DVD-WO, однократно записываемый компакт-диск формата DVD
   ~ -WORM компакт-диск формата DVD-WORM, однократно записываемый компакт-диск формата DVD с многократным считыванием
   DL ~ двухслойный компакт-диск формата DVD
   DS ~ двусторонний компакт-диск формата DVD
   PD/~ *см.* **phase change disk / DVD**
   phase change disk / ~ компакт-диск формата DVD с записью методом фазового перехода (*в материале носителя*)
   SL ~ однослойный компакт-диск формата DVD
   SS ~ односторонний компакт-диск формата DVD
   virtual ~ виртуальный компакт-диск формата DVD, образ компакт-диска формата DVD (*напр. на жёстком диске*)

dwarf карлик (*1. объект или субъект очень малого размера среди себе подобных 2. малое предприятие или организация 3. звезда небольшого размера*) || карликовый
   red ~ красный карлик (*о звезде*)
   white ~ белый карлик (*о звезде*)

dwell 1. пребывание; нахождение || пребывать; находиться **2.** местопребывание; местонахождение **3.** неподвижность; покой || оставаться неподвижным; покоиться **4.** период неподвижности (*рабочего органа механизма*), *проф.* выстой **5.** концентрическая часть рабочей поверхности кулачка **6.** холостой цикл *или* период; нерабочий цикл *или* период **7.** задержка срабатывания **8.** пауза; перерыв || делать паузу; прерывать(ся)
   radar ~ период облучения (*цели*)

dwim *вчт проф.* «излишество» (*бесполезная добавка, усложняющая программу*)

dyad диада, диадное произведение
   mutual ~ взаимная диада

dyadic 1. диадик, тензорный оператор второго ранга **2.** двуместный, двухоперандный, с двумя операндами (*напр. о команде*) **3.** двойной, состоящий из двух объектов (*напр. двухпроцессорный*)

dye *кв. эл., микр.* краситель
   acridine ~ акридиновый краситель
   amidopyrylium ~ амидопирилиумный краситель
   amplifying ~ усиливающий краситель
   anionic ~ анионный краситель
   azo ~ азокраситель
   carbocyanine ~ карбоцианиновый краситель
   carbon-bridged ~ краситель с углеродными мостиками
   cationic ~ катионный краситель
   cryptocyanine ~ криптоцианиновый краситель
   cyanine ~ цианиновый краситель
   dicarbocyanine ~ дикарбоцианиновый краситель
   fluorescent ~ флуоресцирующий краситель
   fuchsin ~ фуксиновый краситель
   heptacamethine ~ гептакаметиновый краситель
   ionic ~ ионный краситель
   laser ~ лазерный краситель
   liquid-crystalline azo ~ жидкокристаллический азокраситель
   monomethine ~ монометиновый краситель
   nonacamethine ~ нонакаметиновый краситель
   oxygen-bridged ~ краситель с кислородными мостиками
   pentacamethine ~ пентакаметиновый краситель
   pentacarbocyanine ~ пентакарбоцианиновый краситель
   phenoxazine ~ феноксазиновый краситель
   pleochroic ~ плеохроичный краситель
   polyene ~ полиеновый краситель
   protonated ~ протонированный краситель
   pyrylium ~ пирилиумный краситель
   safranin ~ сафраниновый краситель
   saturable ~ насыщающийся краситель
   scintillator ~ сцинтилляционный краситель
   sensitizing ~ сенсибилизирующий краситель
   stable ~ устойчивый краситель
   tetracarbocyanine ~ тетракарбоцианиновый краситель
   thiazine ~ тиазиновый краситель
   thiazole ~ тиазоловый краситель
   thiopyronin ~ тиопирониновый краситель
   transparent ~ прозрачный краситель
   tricarbocyanine ~ трикарбоцианиновый краситель
   trimethine ~ триметиновый краситель

triphenylmethane ~ трифенилметановый краситель

uncharged ~ электронейтральный краситель

undecamethine ~ ундекаметиновый краситель

unprotonated ~ непротонированный краситель

xanthene ~ ксантеновый краситель

xanthone ~ ксантоновый краситель

xanthylium ~ ксантилиумный краситель

dyeing окрашивание

resist ~ *микр.* окрашивание резиста

two-photon ~ *кв. эл.* двухфотонное окрашивание

dynamic динамический

dynamics динамика (*1. раздел механики 2. динамические свойства; динамические характеристики*)

bubble ~ динамика ЦМД

crystal lattice ~ динамика кристаллической решётки

light ~ волновая оптика

nonequilibrium ~ неравновесная динамика

plasma ~ динамика плазмы

symbolic ~ символическая динамика

target ~ *рлк* динамические характеристики цели

dynamo электрический генератор

homopolar ~ униполярный электрический генератор

dynamoelectric механоэлектрический; электромеханический

dynamometer динамометр

electrical ~ электрический динамометр

dynamotor двигатель-генератор

dynasonde цифровой ионозонд

dynatron динатронный генератор

dyne дина, дн

dynistor динистор, диодный тиристор

dynode динод

gain ~ усиливающий динод

reflection(-type) ~ динод, работающий на отражение

sampling ~ стробирующий динод

slotted ~ разрезной динод

transmission(-type) ~ динод, работающий на прохождение

dysfunction дисфункция

E

E 1. буквенное обозначение десятичного числа 14 в шестнадцатеричной системе счисления 2. (допустимое) буквенное обозначение i-го ($2 \leq i \leq 26$) логического диска, съёмного устройства памяти или компакт-диска (*в IBM-совместимых компьютерах*) 3. символ показателя степени в числах с плавающей запятой 4. ми (*нота*)

~ flat ми-бемоль

E1 1. европейский стандарт E1 для импульсно-кодовой модуляции 2. линия цифровой связи с пропускной способностью 2048 Кбит/с, линия связи стандарта E1

E2 европейский стандарт E2 для защиты сетей связи

E3 1. европейский стандарт E3 для импульсно-кодовой модуляции 2. линия цифровой связи с пропускной способностью 34 Мбит/с, линия связи стандарта E3

E2000 шведский стандарт E2000 на энергопотребление мониторов

e число $e = 2{,}71828$, неперово число, основание натуральных логарифмов

ear 1. ухо 2. слуховой аппарат

analog ~ эквивалент уха

artificial ~ акустический эквивалент уха (*камера для испытания головных телефонов*)

electrical [electronic] analog ~ электрический эквивалент уха

external ~ наружное ухо

inner ~ внутреннее ухо

internal ~ внутреннее ухо

magic ~ автоматическая регулировка уровня записи

middle ~ среднее ухо

mouse ~ *вчт проф.* клавиша мыши

rabbit ~s 1. комнатная телевизионная V-образная [уголковая] антенна 2. *вчт* двойные кавычки, *проф.* «уши кролика»; символ «или»

eardrum барабанная перепонка (*уха*)

earhanger зажим миниатюрного телефона (*напр. слухового аппарата*), вставляемого в ушную раковину

earphone 1. головной телефон *или* головные телефоны, *проф.* наушник *или* наушники 2. *pl* стереофонические головные телефоны, стереотелефоны, *проф.* стереонаушники 3. миниатюрный телефон (*напр. слухового аппарата*), вставляемый в ушную раковину

four-channel ~s квадрафонические головные телефоны, *проф.* квадрафонические наушники

insert ~ миниатюрный телефон (*напр. слухового аппарата*), вставляемый в ушную раковину

stereo ~s стереофонические головные телефоны, стереотелефоны, *проф.* стереофонические наушники, стереонаушники

wireless ~s беспроводные головные телефоны; головные радиотелефоны, *проф.* беспроводные наушники; радионаушники

earpiece 1. телефон (*микротелефонной трубки*) 2. миниатюрный телефон (*напр. слухового аппарата*), вставляемый в ушную раковину

earshot предел слышимости ◊ **out of ~** вне пределов слышимости; **within ~** в пределах слышимости

Earth:

plane ~ плоская Земля (*модель в теории распространения радиоволн*)

spherical ~ сферическая Земля (*модель в теории распространения радиоволн*))

earth 1. заземление ‖ заземлять 2. земля; суша ‖ наземный

quiet ~ заземление (*антенны*) в виде системы расположенных под землёй проводов

rare ~ редкоземельный элемент

earthlight земное сияние (*при наблюдении Земли из космоса*)

earth-moon-earth радиолюбительская связь с использованием отражения от Луны

earthrise восход Земли (*при наблюдении Земли с поверхности Луны или другого небесного тела*)

earthshine земное сияние (*при наблюдении Земли из космоса*)

east восток ‖ восточный

eastern восточный

Easy стандартное слово для буквы *E* в фонетическом алфавите «Эйбл»

eavesdrop 1. перехватывать (*сообщения*) **2.** *тлф* подслушивать

eavesdropper 1. станция перехвата (*сообщений*) **2.** подслушивающее устройство

eavesdropping 1. перехват (*сообщений*) **2.** *тлф* подслушивание

ebicon *тлв* ибикон

ebiconductivity удельная электропроводность, индуцированная электронной бомбардировкой

Ebone Европейская многопротокольная магистральная линия связи, сеть EMPB, сеть Ebone

ebonite эбонит

e(-)book электронная книга
   open ~ стандарт на электронные книги, стандарт OEB

ebullator фреоновый термостат клистрона

ebullition кипение

e(-)business электронный бизнес

e(-)cash электронные деньги

e(-)catalog электронный каталог

eccentric эксцентрик || эксцентричный

eccentricity 1. эксцентриситет **2.** эксцентриситет диска (*для механической звукозаписи*)

e(-)check электронный чек

echelette *опт.* эшелет

echelle *опт.* эшель

Echelon глобальная система перехвата сообщений с целью предотвращения угрозы гражданским правам, система Echelon

echelon 1. эшелон (*1. расположение уступами по глубине или высоте 2. уровень в ступенчатом расположении по глубине или высоте*) **2.** иерархическая структура; иерархия **3.** уровень; ступень; ранг; разряд (*в иерархической структуре*)
   ~ **of accuracy** уровень точности
   ~ **of calibration** разряд рабочего эталона
   flight ~ эшелон полёта (*ЛА*)
   Michelson ~ *опт.* эшелон Майкельсона
   reflecting [reflection] Michelson ~ *опт.* отражательный эшелон Майкельсона
   top ~ **1.** верхний эшелон **2.** высший разряд (*рабочего эталона*)
   transmission [transmitting] Michelson ~ *опт.* пропускающий [прозрачный] эшелон Майкельсона

Echo стандартное слово для буквы *E* в фонетическом алфавите «Альфа»

echo 1. отражённый сигнал, эхо-сигнал, эхо || отражать **2.** задержанный сигнал (*в линии задержки, работающей на отражение*) **3.** *тлв* повторное изображение **4.** *вчт* эхо (*1. команда MS-DOS для управления выводом сообщений об исполняемых командах на экран дисплея 2. отображение сообщений об исполняемых командах на экране дисплея 3. ретрансляция входных данных на транзитный порт MIDI-интерфейса*) ◊ ~ **off** отмена вывода сообщений об исполняемых командах на экран дисплея; ~ **on** включение вывода сообщений об исполняемых командах на экран дисплея
   angel ~**es** *рлк* «ангелы», ложные отражённые сигналы (*напр. от птиц, зон турбулентности, объектов неизвестной природы*)
   artificial ~ **1.** искусственное эхо (*при звуковоспроизведении*) **2.** искусственный отражённый сигнал, искусственный эхо-сигнал (*напр. от углового отражателя*) **3.** задержанный импульс (*от генератора*)
   auroral ~ авроральное (радио)эхо
   back(-lobe) ~ отражённый сигнал, обусловленный излучением по заднему лепестку диаграммы направленности антенны
   chaff ~ эхо-сигнал от дипольных противорадиолокационных отражателей; эхо-сигнал от облака дипольных противорадиолокационных отражателей
   cloud ~ эхо-сигнал от облаков
   clutter ~ мешающие эхо-сигналы
   coherent ~ *рлк* когерентное отражение
   cold-front ~ эхо-сигнал от холодного фронта
   decoy ~ **1.** эхо-сигнал от ложной цели **2.** эхо-сигнал от радиолокационной ловушки
   delayed ~ задержанный сигнал; запаздывающий сигнал
   dot ~**es** *рлк* «ангелы», ложные отражённые сигналы (*напр. от птиц, зон турбулентности, объектов неизвестной природы*)
   earth ~**es** мешающие эхо-сигналы от земной поверхности *или* наземных предметов
   electron paramagnetic spin ~ спиновое эхо при электронном парамагнитном резонансе
   false ~ ложный отражённый сигнал
   fixed ~ эхо-сигнал от неподвижного предмета
   flutter ~ **1.** порхающее эхо **2.** многократное эхо
   fog ~ эхо-сигнал от тумана
   ghost ~ паразитный отражённый сигнал, «духи»
   ground ~**es** мешающие эхо-сигналы от земной поверхности *или* наземных предметов
   local ~ *вчт* локальное эхо, непосредственный вывод набираемых на клавиатуре удалённого терминала команд на экран собственного дисплея
   long-delayed ~ дальнее радиоэхо (*с задержкой от 2 до 30 с*)
   magnetoelastic ~ магнитоупругое эхо
   magnetostatic ~ магнитостатическое эхо
   meteor-trail ~ эхо-сигнал от метеорных следов
   mirror-reflection ~ *рлк* эхо-сигнал, обусловленный последовательным отражением от плоской поверхности (*напр. Земли*) и цели
   multipath ~**es** эхо-сигналы, обусловленные многолучевым распространением волн
   multiple (reflection) ~ **1.** многократное эхо **2.** *тлв* повторное изображение
   multiple-trip ~ *рлк* эхо-сигнал с временем запаздывания, превышающим несколько периодов повторения зондирующих импульсов
   musical ~ музыкальное эхо
   permanent ~ эхо-сигнал от неподвижного предмета
   phonon ~ фононное эхо
   photon ~ фотонное эхо
   plasma ~ плазменное эхо
   plasma wave ~ плазменно-волновое эхо
   post- ~ запаздывающее эхо (*в механической звукозаписи*)
   pre- ~ опережающее эхо (*в механической звукозаписи*)
   radar ~ отражённый радиолокационный сигнал
   radar auroral ~ авроральное радиолокационное эхо

echo

radio ~ радиоэхо
radio auroral ~ авроральное радиоэхо
rain ~ эхо-сигнал от дождя
returned ~ отражённый сигнал, эхо-сигнал, эхо
round-the-world ~ кругосветное эхо
sea ~ эхо-сигнал от морской поверхности
second-time-around ~ эхо-сигнал с временем запаздывания, превышающим период повторения зондирующих импульсов
second-trip ~ *рлк* эхо-сигнал с временем запаздывания от одного до двух периодов повторения зондирующих импульсов
side (-lobe) ~ отражённый сигнал, обусловленный излучением по боковому лепестку диаграммы направленности антенны
simulated ~ имитационная помеха
spin ~ спиновое эхо
spread ~ эхо-сигнал, обусловленный рассеянием
spurious ~ ложный отражённый сигнал
stimulated spin ~ индуцированное спиновое эхо
talker ~ *тлф* эхо говорящего
target ~ эхо-сигнал от цели
terrain ~es мешающие эхо-сигналы от земной поверхности *или* наземных предметов
transient ~ эхо-сигнал от движущегося предмета
unwanted ~ паразитный отражённый сигнал, «духи»

echocardiogram эхокардиограмма
echocardiograph эхокардиограф
echoencephalogram эхоэнцефалограмма
echoencephalograph эхоэнцефалограф
echogram эхограмма (*в ультразвуковой диагностике*)
echolocation 1. эхолокация (*у биологических объектов*) 2. локация (*любого типа*), основанная на регистрации и измерении времени запаздывания отражённых от объекта сигналов
echolocator 1. сонар (*система эхолокации у биологических объектов*) 2. локатор (*любого типа*), работающий на принципе регистрации и измерении времени запаздывания отражённых от объекта сигналов 3. эхолот
echometer эхолот
echoplex эхоплексирование, передача данных с использованием информационной обратной связи ‖ эхоплексировать, передавать данные с использованием информационной обратной связи (*при работе терминала*)
echo-request эхо-запрос, запрос на возврат сигнала
echo-response эхо-ответ, возврат сигнала
ecitizen *вчт проф.* электронный гражданин
eclipse 1. *рлк* затенение (*экрана индикатора*) ‖ затенять (*экран индикатора*) 2. затмение (*напр. солнечное*) ‖ затмевать(ся); заслонять(ся) 3. эклипсный (*о системе стереовидения*)
  lunar ~ лунное затмение
  solar ~ солнечное затмение
  total ~ полное затмение
ecliptic эклиптика
e(-)commerce электронная коммерция
econometric эконометрический
econometrician эконометрик
econometrics эконометрика
economic 1. экономический 2. практический; прикладной (*напр. о науке*)
economical экономический

economics экономика
  biological ~ биоэкономика
  e-lance ~ экономика, использующая надомные формы труда на основе электронной почты, *проф.* экономика электронно-наёмных
  global ~ глобальная экономика; мировая экономика
  knowledge-intensive ~ экономика с активным использованием знаний
  remotely-manned ~ экономика с дистанционным присутствием, *проф.* экономика с телеприсутствием
ecosphere 1. экосфера 2. биосфера
ecosystem экосистема
ectoplasm *биол.* эктоплазма
eddy вихрь ‖ завихрять(ся); образовывать вихри ‖ вихревой
edge 1. край; граница; кромка ‖ ограничивать; окаймлять 2. фронт (*импульса*), срез (*импульса*), перепад (*сигнала*) 3. ребро (*кристалла*) 4. ребро (*графа*) 5. контур (*1. очертания объекта 2. очертания изображения объекта 3. линия равного цвета на изображении объекта*) ‖ оконтуривать 6. *вчт* обрез (*печатного издания*) 7. режущая кромка; остриё; лезвие 8. острота (*напр. режущей кромки*)
  ~ of chaos свойство самоорганизующейся системы находиться в состоянии, промежуточном по отношению к хаосу и детерминированному поведению, *проф.* эффект «кромки хаоса»
  absorption (band) ~ край полосы поглощения
  aligning ~ *вчт* направляющая [опорная] кромка (*напр. листа бумаги*)
  band ~ граница (энергетической) зоны
  bottom ~ of band дно (энергетической) зоны
  color ~ *тлв* искажение границ цветных переходов
  depletion(-layer) ~ граница обеднённого слоя
  directed ~ ориентированное [направленное] ребро (*графа*)
  falling ~ срез; отрицательный перепад
  fore ~ внешнее поле (*разворота печатного издания*), левое поле (*чётной страницы*) или правое поле (*нечётной страницы*)
  gap leading ~ передний край рабочего зазора магнитной головки
  gap trailing ~ задний край рабочего зазора магнитной головки
  graph ~ ребро графа
  impurity absorption ~ край полосы примесного поглощения
  inbound ~ входящее ребро (*графа*)
  leading ~ 1. фронт; положительный перепад 2. ведущая передняя кромка (*напр. листа бумаги*) 3. ведущие позиции; передний край
  negative(-going) ~ отрицательный перепад; срез
  outbound ~ исходящее ребро (*графа*)
  plasma ~ плазменная граница
  positive(-going) ~ положительный перепад; фронт
  predecessor ~ ребро-предок, ребро-родитель, предшествующее ребро (*древовидного графа*)
  reference ~ 1. базовый край (*магнитной*) ленты 2. *вчт* опорная [направляющая] кромка (*напр. листа бумаги*)
  rising ~ фронт; положительный перепад
  successor ~ последовательное ребро (*графа*)
  targeted ~ целевое ребро (*графа*)

trailing ~ 1. срез; отрицательный перепад **2.** задняя кромка (*напр. листа бумаги*)
transmission (band) ~ край полосы пропускания
upper ~ of band потолок (энергетической) зоны
writing ~ печатающая линейка (*в факсимильной печати*)
zone ~ граница (энергетической) зоны
edgelighting краевая подсветка (*в ЖК-дисплеях*)
edge-sensitive чувствительный к перепаду (*напр. напряжения*); тактируемый перепадом (*напр. напряжения*)
edging 1. ограничивание; окаймление **2.** оконтуривание **3.** *тлв* искажение границ переходов
color ~ *тлв* искажение границ цветных переходов
edit 1. редактирование (*напр. текста*) ǁ редактировать (*напр. текст*) **2.** монтаж (*напр. видеофильма*) ǁ монтировать (*напр. видеофильм*) **3.** *вчт* компоновка; сборка; связывание; установление связей; редактирование связей ǁ компоновать; собирать; связывать; устанавливать связи; редактировать связи ◊ **to ~ link** связывать; устанавливать связи; редактировать связи
A-B ~ двухканальный (электронный) видеомонтаж без прокрутки
A-B roll ~ двухканальный (электронный) видеомонтаж с прокруткой
off-line (electronic) ~ (электронный) монтаж без выхода в эфир; предварительный (электронный) монтаж
on-line (electronic) ~ (электронный) монтаж непосредственно в эфире; окончательный (электронный) монтаж
post ~ *вчт* постредактирование, редактирование выходных данных ǁ производить постредактирование, редактировать выходные данные
pre ~ *вчт* предварительное редактирование, редактирование входных данных ǁ производить предварительное, редактировать входные данные
rough-cut ~ черновой монтаж
editing 1. редактирование (*напр. текста*) **2.** монтаж (*напр. видеофильма*) **3.** *вчт* компоновка; сборка; связывание; установление связей; редактирование связей
accurate ~ точный монтаж
add-on [assemble] ~ 1. предварительный (видео)монтаж; монтаж в режиме продолжения **2.** *тлв* (электронный) видеомонтаж (*путём последовательной перезаписи заранее намеченных фрагментов на видеоленту*)
automatic assemble ~ *тлв* автоматический (электронный) видеомонтаж (*путём последовательной перезаписи заранее намеченных фрагментов на видеоленту по меткам на вспомогательной звуковой дорожке*)
color sequences ~ монтаж цветных телевизионных программ
cut (and splice) ~ механический монтаж
data ~ редактирование данных
electronic ~ электронный монтаж
full-page ~ полностраничное редактирование
helical ~ монтаж видеофонограммы при наклонно-строчной записи
insert ~ монтаж в режиме вставки
interactive ~ интерактивное редактирование
joint ~ коллективный монтаж (*с использованием компьютерной сети*)
line ~ строковое редактирование
line-by-line ~ построчное редактирование
link(age) ~ связывание; установление связей; редактирование связей
manual ~ механический монтаж
off-line (electronic) ~ (электронный) монтаж без выхода в эфир; предварительный (электронный) монтаж
on-line (electronic) ~ (электронный) монтаж непосредственно в эфире; окончательный (электронный) монтаж
physical ~ механический монтаж
post ~ *вчт* постредактирование, редактирование выходных данных
pre ~ *вчт* предварительное редактирование, редактирование входных данных
pre-read ~ монтаж с предварительным просмотром (*функция в профессиональных видеокамерах*)
quadruplex ~ монтаж видеофонограммы при четырёхголовочной записи
tape (recording) ~ монтаж сигналограммы на магнитной ленте
text ~ редактирование текста
two-machine time-code ~ монтаж видеофонограммы на двух магнитофонах с общей синхронизацией адресным кодом
video(-tape) ~ видеомонтаж, монтаж видеофонограммы
edition *вчт* **1.** издание **2.** тираж (*издания*)
copyrighted ~ издание с защитой авторских прав
electronic ~ электронное издание
facsimile ~ факсимильное издание
unauthorized ~ несанкционированное издание
editor 1. редактор (*1. лицо, осуществляющее редактирование 2. вчт программа редактирования*) **2.** монтажёр; монтажница **3.** режиссёр монтажа **4.** монтажный пульт
adjectives ~ редактор функций принадлежности (*нечётких множеств*)
attribute ~ редактор атрибутов
column ~ редактор колонок
default ~ *вчт* редактор, выбираемый по умолчанию
drum ~ *вчт* редактор ударных (*в компьютерной музыке*)
electronic ~ блок электронного монтажа
entity ~ редактор сущностей, редактор объектов (*в базах данных*)
font ~ *вчт* редактор шрифтов
full-screen ~ *вчт* полноэкранный (текстовый) редактор
graphics ~ *вчт* графический редактор
gray-map ~ *вчт* редактор яркости и контрастности ахроматических изображений
grid ~ *вчт* редактор списка (*MIDI-событий*)
hierarchical graphic ~ иерархический графический редактор
HTML ~ *см.* **hypertext markup language editor**
hypertext markup language ~ редактор документов в формате HTML, редактор гипертекстовых документов
key ~ *вчт* клавишный редактор (*в компьютерной музыке*)

editor

line ~ *вчт* строковый редактор
link(age) ~ *вчт* компоновщик; редактор связей
list ~ *вчт* редактор списка (*MIDI-событий*)
logical ~ *вчт* логический редактор (*напр. музыкальных программ*)
managing ~ заведующий редакцией
microprocessor language ~ языковый редактор микропроцессора
relationship ~ редактор отношений, редактор связей (*в базах данных*)
score ~ *вчт* нотный редактор
stream ~ редактор потоков (*напр. в операционной системе UNIX*)
symbolic ~ *вчт* символьный редактор
syntax-directed ~ *вчт* синтаксически управляемый редактор
syntax-oriented ~ *вчт* синтаксически ориентированный редактор
table ~ редактор таблиц
text ~ текстовый редактор
vector symbol ~ утилита VSE, интерактивная программа для работы с векторной графикой (*часть программы PGF для мейнфреймов компании IBM*)
video (-tape) ~ 1. блок видеомонтажа; видеомонтажный пульт, пульт видеомонтажа 2. режиссёр видеомонтажа

edu имя домена верхнего уровня для образовательных и научных организаций

educability 1. способность к образованию; способность к обучению, обучаемость 2. способность поддаваться тренировке

educable 1. способный к образованию; способный к обучению, обучаемый 2. способный поддаваться тренировке

educant 1. объект *или* субъект обучения, обучаемый 2. объект *или* субъект тренировки, тренируемый

educate 1. давать образование; обучать 2. просвещать 3. тренировать; развивать способности

educated 1. образованный; обученный 2. просвещённый 3. тренированный; с развитыми способностями

educatee 1. объект *или* субъект обучения, обучаемый 2. объект *или* субъект тренировки, тренируемый

education 1. образование; обучение 2. просвещение 3. тренировка; развитие способностей
consumer ~ обучение потребителей
distant ~ 1. дистанционное образование, *проф.* телеобразование; дистанционное обучение, *проф.* телеобучение 2. заочное образование, заочное обучение
engineering ~ техническое образование; техническое обучение
occupational ~ профессиональное образование; профессиональное обучение
professional ~ профессиональное образование; профессиональное обучение
technical ~ техническое образование; техническое обучение

educational 1. образовательный; относящийся к обучению 2. просветительский

educator 1. учитель; обучающий; преподаватель, педагог 2. просветитель 3. тренирующий; тренер

educe 1. извлекать; выделять 2. делать вывод; приходить к заключению

edutaiment обучение в развлекательной форме (*от education + entertainment*)

EERROM электрически программируемая постоянная память, электрически программируемое ПЗУ, ЭППЗУ
scratch ~ электрически программируемая постоянная память для занесения системной информации

effect 1. эффект; явление || производить эффект; порождать явление 2. влияние; (воз)действие || влиять; оказывать влияние; (воз)действовать; оказывать воздействие 3. *pl тлв вчт* спецэффекты
~ **of intermediate valence** явление промежуточной валентности
ac Hall ~ эффект Холла на переменном токе, нестационарный эффект Холла
ac Josephson ~ *свпр.* эффект Джозефсона на переменном токе, нестационарный эффект Джозефсона
acoustical Faraday ~ акустический эффект Фарадея
acoustic Doppler ~ акустический эффект Доплера
acoustoelectric ~ акустоэлектрический эффект
acoustoresistive ~ акусторезистивный эффект
ambisonic ~ амбифонический эффект, амбифония
anisotropic ~ анизотропный эффект
anode ~ явление поляризации в электролитах
anomalous Hall ~ аномальный эффект Холла
anomalous Sasaki-Shibuya ~ *пп* аномальный эффект Сасаки — Шибуя
anomalous Zeeman ~ аномальный [сложный] эффект Зеемана
antenna ~ 1. антенный эффект рамки 2. антенный эффект фидера (*вибраторной антенны*) 3. появление ненаправленного излучения у направленной антенны (*в навигационных системах*)
aspect ~ ракурсный эффект (*при наблюдении аврорального радиоэха*)
atomic photoelectric ~ фотоионизация
Auger ~ эффект Оже
avalanche ~ 1. лавина Таунсенда 2. *пп* лавинное умножение 3. лавинообразное изменение шифрованного текста при рассеивании данных *или* ключей
background ~ 1. фоновый эффект 2. фон
back-porch ~ *пп* затягивание коллекторного тока после окончания входного импульса (*за счёт накопления неосновных носителей*)
back stress ~ *крист.* эффект самоторможения
back-wall photoelectric ~ тыловой внешний фотоэффект
Barkhausen ~ эффект Баркгаузена, скачки Баркгаузена
Barnett ~ эффект Барнетта
barrier ~ барьерный эффект
base-robbing ~ эффект шунтирования базы (*в логических схемах на транзисторах с непосредственными связями*)
binaural ~ бинауральный эффект
blackout ~ 1. временная потеря чувствительности (*электронного прибора*) 2. временное нарушение радиосвязи
blindness ~ эффект мёртвой зоны (*в антенной решётке*)
Boers ~ (энергетический) эффект Бёрша (*для создаваемых термоэлектронными прожекторами пучков*)
Bragg ~ эффект Брэгга — Вульфа

effect

Bridgman ~ эффект Бриджмена
bulk ~ объёмный эффект
Burstein-Moss ~ *пп* эффект Бурштейна — Мосса
butterfly ~ эффект (взмаха крыла) бабочки, возможность катастрофических вариаций состояния сложной системы при ничтожно малом изменении начальных условий
capture ~ захватывание частоты
Casimir ~ эффект Казимира
Cerenkov ~ эффект Черенкова
channel ~ канальный эффект (*существование тока утечки между эмиттером и коллектором*)
charge-storage ~ эффект накопления заряда
cocktail-party ~ отсутствие бинаурального эффекта при воспроизведении звуковых образов системой микрофонов и громкоговорителей
collector-follower ~ явление насыщения напряжения коллектор — эмиттер (*при работе транзистора в ключевом режиме*)
colossal magnetoresistive ~ колоссальный магниторезистивный эффект, колоссальный эффект Гаусса, *проф.* колоссальное магнетосопротивление, колоссальное магнитосопротивление
comet ~ *тлв* искажения (изображения) типа «комета», искажения (изображения) типа «хвост кометы»
Compton ~ эффект Комптона, комптон-эффект
conductivity modulation ~ эффект модуляции удельной электропроводности
contour ~ эффект «змейки» (*в механической звукозаписи*)
conventional skin ~ нормальный скин-эффект, нормальный поверхностный эффект
converse ~ обратный эффект
converse magnetostrictive ~ эффект Виллари, магнитоупругий эффект
Cooper ~ *свпр* эффект Купера, спаривание электронов, эффект образования пар электронов
Corbino ~ *пп* эффект Корбино
corner ~ сглаживание амплитудно-частотной характеристики (*фильтра*) на краях полосы пропускания
corona ~ коронирование
Cotton ~ эффект Коттона, круговой дихроизм
Cotton-Mouton ~ эффект Коттона ~ Мутона, эффект Фохта, квадратичный магнитооптический эффект, линейное магнитное дву(луче)преломление
cryptomagnetic ~ криптомагнетизм, сосуществование магнетизма и сверхпроводимости
dc Hall ~ эффект Холла на постоянном токе, стационарный эффект Холла
dc Josephson ~ *свпр* эффект Джозефсона на постоянном токе, стационарный эффект Джозефсона
dead-end ~ поглощение энергии неподключенной частью катушки индуктивности с отводами
Debye ~ эффект Дебая (*селективное поглощение электромагнитной энергии дипольными диэлектриками*)
Debye-Sears ~ эффект Дебая — Сирса (*дифракция света на продольных акустических волнах в жидкости*)
delayed-sidetone ~ эффект Ли
Dellinger ~ полное глубокое замирание (*при солнечных вспышках*)
Dember ~ *пп* эффект Дембера, кристалл-фотоэффект

dephasing ~ *кв. эл.* **1.** эффект расфазировки **2.** расфазирующее влияние
Destriau ~ предпробойная электролюминесценция
digital multi-~s *тлв, вчт* цифровые мультиэффекты
digital video ~ цифровой видеоэффект
direct piezoelectric ~ прямой пьезоэлектрический эффект
domino ~ *вчт* эффект домино
Doppler ~ эффект Доплера
dynamic pinch ~ динамический пинч-эффект
dynamic stereoscopic ~ динамический стереоскопический эффект, динамический стереоэффект
dynatron ~ динатронный эффект
Early ~ *пп* эффект Эрли, эффект модуляции базы
echo ~ **1.** копирэффект, КЭ (*в звукозаписи*) **2.** эховый эффект (*в плазме*)
edge ~ **1.** краевой эффект, увеличение ёмкости конденсатора за счёт краевых электрических полей **2.** краевой эффект газоразрядного счётчика
Edison ~ термоэлектронная эмиссия
Einstein-de Haas ~ эффект Эйнштейна — де Хааза
elastooptical ~ упругооптический эффект
elastoresistive ~ эласторезистивный эффект
electroacoustic ~ акустоэлектрический эффект
electrooptical ~ электрооптический эффект
electrooptical Kerr ~ электрооптический эффект Керра, квадратичный электрооптический эффект
electro-opto-acoustical ~ электроакустооптический эффект
electroosmotic ~ электроосмос
electrophonic ~ звуковое ощущение при пропускании электрического тока через тело человека
electrophoretic ~ электрофорез
electroresistive ~ электрорезистивный эффект
electrostatic Kerr ~ электрооптический эффект Керра, квадратичный электрооптический эффект
electrostrictive ~ электрострикция
emitter dip ~ эффект углубления эмиттера
emitter push ~ эффект вытеснения эмиттера
end ~ концевой эффект (*1. граничный эффект; влияние границы или границ 2. эффективное укорочение длины вибратора антенны за счёт концевой ёмкости*)
equatorial (magnetooptical) Kerr ~ экваториальный (магнитооптический) эффект Керра
Esaki ~ туннельный эффект
Ettingshausen ~ эффект Эттингсхаузена, поперечный гальванотермомагнитный эффект
external photoelectric ~ фотоэлектронная эмиссия, внешний фотоэффект
extrinsic photoconductive ~ примесная фотопроводимость, примесный фоторезистивный эффект
extrinsic photoelectric ~ примесная фотоэлектронная эмиссия, примесный внешний фотоэффект
Faraday ~ эффект Фарадея
ferroelectric ~ сегнетоэлектричество
ferromagnetic proximity ~ ферромагнитный эффект близости
field ~ *пп* полевой эффект, эффект поля
field-rejection ~ *пп* эффект вытеснения поля
fixed -s фиксированные эффекты (*напр. в дисперсионном анализе*)
flexoelectric ~ флексоэлектрический эффект (*в жидких кристаллах*)

effect

flicker ~ 1. фликкер-эффект 2. мерцание (*напр. сигнала*)
flywheel ~ 1. инерционный эффект 2. возбуждение квазипериодических колебаний в колебательном контуре последовательностью коротких периодических импульсов
forbidden ~ запрещённый эффект
fractional quantum Hall ~ дробный квантовый эффект Холла
fringe ~ 1. искажение структуры электрического поля у краёв плоского конденсатора 2. *тлв* окантовка
galvanomagnetic ~s гальваномагнитные явления
galvanothermomagnetic ~s гальванотермомагнитные явления
gap ~ щелевые потери (*при воспроизведении магнитной записи*)
Gauss ~ магниторезистивный эффект, эффект Гаусса, *проф.* магнетосопротивление, магнитосопротивление
giant Hall ~ гигантский эффект Холла
giant magnetoimpedance ~ гигантский магнитоимпедансный эффект, *проф.* гигантский магнетоимпеданс, гигантский магнитоимпеданс
giant magnetoresistive ~ гигантский магниторезистивный эффект, гигантский эффект Гаусса, *проф.* гигантское магнетосопротивление, гигантское магнитосопротивление
granularity ~ *кв. эл.* гранулярность, пятнистость
greenhouse ~ парниковый эффект
Gudden-Pohl ~ электрофотолюминесценция; вспышка люминесценции под действием электрического поля в люминофоре, предварительно возбуждённом УФ-излучением
Gunn ~ *пп* эффект Ганна
gyromagnetic ~s магнитомеханические [гиромагнитные] явления
Haas ~ эффект Хааса (*зависимость кажущегося направления прихода звука от двух источников от задержки и уровней громкости*)
Hall ~ эффект Холла
Hallwachs ~ разряд отрицательно заряженного тела в вакууме под действием УФ-излучения
Hanle ~ эффект Ханле
heating ~ **of current** тепловое действие тока
height ~ появление ненаправленного излучения у направленной антенны (*в навигационных системах*)
hole-burning ~ *кв. эл.* выгорание провала на линии излучения
hyperfine ~ эффект, обусловленный сверхтонкой структурой
image ~ зеркальный эффект (*напр. для антенны*)
inlay ~ *тлв* вытеснение участком заступающего изображения специальной формы (*спецэффект*)
interface ~s *фтт* граничные явления
internal photoelectric ~ внутренний фотоэффект
intrinsic photoconductive ~ собственная фотопроводимость, собственный фоторезистивный эффект
invar ~ *магн.* инвар-эффект
inverse ~ обратный эффект
inverse Faraday ~ обратный эффект Фарадея
inverse photoelectric ~ катодолюминесценция
inverse piezoelectric ~ обратный пьезоэлектрический эффект
island ~ островковый эффект (*в электронной лампе с термокатодом*)
isotope ~ *свпр* изотопический эффект
Jahn-Teller ~ эффект Яна — Теллера
Josephson ~ *свпр* эффект Джозефсона
Joule ~ 1. тепловое действие тока 2. продольная магнитострикция
junction edge ~ краевой эффект в p — n-переходе
Kapitza-Dirac ~ *кв. эл.* эффект Капицы — Дирака
Kerr ~ 1. электрооптический эффект Керра, квадратичный электрооптический эффект 2. магнитооптический эффект Керра
Kirk ~ *пп* эффект Кирка, расширение базы
Kirkendall ~ *фтт* эффект Киркендалла
Kundt ~ эффект Фарадея
lagged ~ 1. запаздывающий эффект; *проф.* отложенный эффект 2. запаздывающее влияние
laser ~ лазерный эффект
Leduc-Righi ~ эффект Риги — Ледюка, поперечный термомагнитный эффект
linear electrooptic ~ линейный электрооптический эффект, эффект Поккельса
longitudinal galvanothermomagnetic ~ продольный гальванотермомагнитный эффект, эффект Нернста
longitudinal Kerr ~ продольный [меридиональный] (магнитооптический) эффект Керра
longitudinal magnetoresistive ~ продольный магниторезистивный эффект, продольный эффект Гаусса, *проф.* продольное магнетосопротивление, продольное магнитосопротивление
longitudinal thermomagnetic ~ продольный термомагнитный эффект, эффект Маджи — Риги — Ледюка
long-line ~ эффект длинной линии (*скачкообразные изменения частоты генератора, нагруженного на длинную линию*)
long-run ~ 1. долговременный эффект 2. долговременное влияние
Lorentz ~ отклонение электронов под действием силы Лоренца
Lossev ~ инжекционная электролюминесценция прямосмещённого p — n-перехода
Luxemburg ~ люксембург-горьковский эффект (*перекрёстная модуляция в ионосфере*)
Maggi-Righi-Leduc ~ эффект Маджи — Риги — Ледюка, продольный термомагнитный эффект
magnetoelastic ~ эффект Виллари, магнитоупругий эффект
magnetoelectric ~ 1. магнитоэлектрический эффект (*в магнитоупорядоченных кристаллах*) 2. *pl* гальваномагнитные явления 3. *pl* гальванотермомагнитные явления; термогальваномагнитные явления
magnetogalvanic ~s гальваномагнитные явления
magnetoimpedance ~ магнитоимпедансный эффект, *проф.* магнетоимпеданс, магнитоимпеданс
magnetooptical Kerr ~ магнитооптический эффект Керра
magnetoresistive ~ магниторезистивный эффект, эффект Гаусса
magnetostrictive ~ магнитострикция
magnetron ~ магнетронный эффект
Malter ~ эффект Молтера
Meisner ~ *свпр* эффект Мейснера

meridional (magnetooptical) Kerr ~ меридиональный (магнитооптический) эффект Керра
metamagnetic ~ метамагнетизм
metamagnetoelastic ~ метамагнитоупругость
microphonic ~ микрофонный эффект
microwave biological ~ биологическое действие СВЧ-излучения
Miller ~ увеличение ёмкости сетка — катод за счёт пространственного заряда
moiré ~ *тлв, опт.* муар
Mössbauer ~ эффект Мёссбауэра, ядерный гамма-резонанс, ЯГР
motor ~ отталкивание параллельных проводников с противонаправленными токами
multipactor ~ мультипакторный эффект
multipath ~ многолучевое распространение, многолучёвость (*радиоволн*)
multi-valued Sasaki-Shibuya ~ *пп* многозначный эффект Сасаки — Шибуя
mutual coupling ~ on input impedance эффект взаимного влияния излучателей антенной решётки на полное входное сопротивление
mutual coupling ~ on radiation pattern эффект взаимного влияния излучателей антенной решётки на диаграмму направленности
negative resistance ~ эффект отрицательного сопротивления
Nernst ~ эффект Нернста, продольный гальванотермомагнитный эффект
Nernst-Ettingshausen ~ эффект Нернста — Эттингсхаузена, термогальваномагнитный эффект
night ~ поляризационная ошибка (*радиопеленгатора*), возникающая в ночное время суток
normal Hall ~ нормальный эффект Холла
normal Zeeman ~ нормальный [простой] эффект Зеемана
Nottingham ~ эффект Ноттингема
Ovshinsky ~ *пп* эффект Овшинского
pairing ~ *свпр* спаривание, эффект образования пар (*напр. электронов*)
parallel pumping (spin wave) instability ~ явление неустойчивости (спиновых волн) при параллельной накачке
Pashen-Back ~ эффект Пашена — Бака
peak ~ *свпр* пик-эффект
Peltier ~ явление Пельтье, электротермический эффект Пельтье
photocapacitor ~ фотоёмкостный эффект
photoconductive ~ фотопроводимость, фоторезистивный эффект
photodielectric ~ фотодиэлектрический эффект
photodiffusion ~ *пп* эффект Дембера, кристалл-фотоэффект
photoelastic ~ фотоупругость, пьезооптический эффект
photoelectret ~ фотоэлектретный эффект
photoelectric ~ фотоэлектронная эмиссия, внешний фотоэффект
photoelectromagnetic ~ эффект Кикоина — Носкова, фотомагнитоэлектрический эффект
photoemissive ~ фотоэлектронная эмиссия, внешний фотоэффект
photomagnetic ~ фотомагнитный эффект
photomagnetoelectric ~ эффект Кикоина — Носкова, фотомагнитоэлектрический эффект

photopiezoelectric ~ фотопьезоэлектрический эффект
photothermoelectric ~ фототермоэлектрический эффект
photovoltaic ~ фотогальванический (фотовольтаический) эффект
picket-fence ~ эффект «частокола» (*паразитная амплитудная модуляция спектра*)
piezoelectric ~ пьезоэлектрический эффект
piezomagnetic ~ пьезомагнитный эффект
piezomagnetoelectric ~ пьезомагнитоэлектрический эффект
piezooptical ~ пьезооптический эффект, фотоупругость
piezoresistance [piezoresistive] ~ пьезорезистивный [тензорезистивный] эффект
pinch ~ пинч-эффект (*1. самостягивание разряда 2. паразитные колебания воспроизводящей иглы вследствие сужения канавки записи*)
pinch-in ~ эффект стягивания (*токового шнура*)
Pockels ~ эффект Поккельса, линейный электрооптический эффект
polar (magnetooptical) Kerr ~ полярный (магнитооптический) эффект Керра
Pool-Frenkel ~ эффект Пуля — Френкеля
print-through ~ копирэффект, КЭ (*в звукозаписи*)
proximity ~ эффект близости (*перераспределение тока в проводнике под действием поля другого токонесущего проводника*)
pyroelectric ~ пироэлектрический эффект
pyromagnetic ~ пиромагнитный эффект
quadraphonic [quadro] ~ квадрафонический эффект
quadratic magnetooptical ~ эффект Коттона — Мутона, эффект Фохта, квадратичный магнитооптический эффект, линейное магнитное дву(луче)преломление
quantized [quantum] Hall ~ квантовый эффект Холла
Raman ~ комбинационное [рамановское] рассеяние света, эффект Рамана
Ramsauer ~ эффект Рамзауэра
random ~ случайный эффект
rate ~ снижение включающего напряжения тиристора при превышении максимально допустимой скорости нарастания импульса
red eyes ~ *вчт проф.* красные глаза (*дефект изображения или цифровой фотографии*)
Renner ~ эффект Реннера
Richardson ~ термоэлектронная эмиссия
Ridley-Watkins-Hilsum-Gunn ~ *пп* эффект Ридли — Уоткинса — Хилсума — Ганна
Righi-Leduc ~ эффект Риги — Ледюка, поперечный термомагнитный эффект
Rijke ~ эффект Рийке
ripple(-through) ~ 1. лавинообразный эффект 2. эффект с множественными последствиями
Rocky-Point ~ дуговая вспышка
S ~ эффект поверхностного заряда
Sasaki-Shibuya ~ *пп* эффект Сасаки — Шибуя
Schottky ~ эффект Шотки
schrot ~ дробовой эффект
screening ~ эффект экранирования
seasonal ~ сезонный эффект
Seebeck ~ явление Зеебека, термоэлектрический эффект

effect

shore ~ береговая рефракция (*при распространении волн*)
short-channel ~ *пп* эффект короткого канала
short-run ~ 1. кратковременный эффект 2. кратковременное влияние
shot ~ дробовой эффект
side ~ 1. побочный эффект 2. побочное действие
sidewalk ~ *пп* образование паразитного канала
Silsbee ~ разрушение сверхпроводимости магнитным полем, эффект Сильсби
size ~ *фтт* размерный эффект
skin ~ скин-эффект, поверхностный эффект
sound ~s звуковые эффекты
space-charge ~ влияние пространственного заряда
special ~s *тлв* спецэффекты
speckle ~ образование спекл-структуры
spillover ~ побочный эффект; сопутствующий эффект
Stark ~ эффект Штарка
stereo ~ стереоэффект (*1. стереофонический эффект 2. стереоскопический эффект*)
stereophonic ~ стереофонический эффект, стереоэффект
stereoscopic ~ стереоскопический эффект, стереоэффект
Stiles-Crawford ~ *тлв* эффект Стайлса — Крауфорда
stimulated Raman ~ вынужденное комбинационное рассеяние света
stirring ~ *крист.* циркуляция расплава
storage ~ эффект накопления заряда (*в p — n-переходе*)
stroboscopic ~ стробоскопический эффект
Stroop ~ искажение образа связанного с цветовым восприятием понятия при наборе соответствующего термина шрифтом неадекватного цвета
Suhl ~ эффект Сула (*1. дополнительное поглощение СВЧ-мощности за счёт параметрического возбуждения спиновых волн 2. изменение сопротивления поверхностного слоя полупроводника при эффекте Холла*)
superparamagnetic ~ суперпарамагнитный эффект, явление суперпарамагнетизма
surface-charge ~ эффект поверхностного заряда
surface field ~ *пп* поверхностный эффект поля
tensoresistive ~ тензорезистивный [пьезорезистивный] эффект
tertiary pyroelectric ~ третичный пироэлектрический эффект, ложный пироэлектрический эффект второго рода
thermal ~ явление хаотического теплового движения электронов
thermoelectric ~ термоэлектрический эффект, явление Зеебека
thermogalvanomagnetic ~ термогальваномагнитный эффект, эффект Нернста — Эттингсхаузена
thermomagnetic ~ термомагнитный эффект
Thomson ~ явление Томсона, электротермический эффект Томсона
threshold ~ 1. пороговый эффект 2. пороговое подавление шумов сигналом (*в ЧМ- или ФМ-приёмнике*)
transferred-electron ~ изменение дрейфовой подвижности электронов при междолинных переходах

transverse galvanothermomagnetic ~ поперечный гальванотермомагнитный эффект, эффект Эттингсхаузена
transverse Hall ~ поперечный эффект Холла
transverse Kerr ~ поперечный [экваториальный] (магнитооптический) эффект Керра
transverse magnetoresistive ~ поперечный магниторезистивный эффект, поперечный эффект Гаусса, *проф.* поперечное магнитосопротивление, поперечное магнитосопротивление
transverse Nernst-Ettingshausen ~ поперечный эффект Нернста — Эттингсхаузена, поперечный термогальваномагнитный эффект
transverse pumping (spin wave) instability ~ явление неустойчивости (спиновых волн) при поперечной накачке
transverse thermogalvanomagnetic ~ поперечный термогальваномагнитный эффект, поперечный эффект Нериста — Эттингсхаузена
transverse thermomagnetic ~ поперечный термомагнитный эффект, эффект Риги — Ледюка
trap(ping) ~ эффект захвата
tunnel(ing) ~ туннельный эффект
turnpike ~ *вчт* существование участка с пониженной пропускной способностью в системе передачи данных, существование узкого места в системе передачи данных, *проф.* эффект шлагбаума
twisted nematic ~ скручивание нематической структуры (*в жидких кристаллах*)
Tyndall ~ *опт.* эффект Тиндаля
Venetian blind ~ *тлв* зубчиковые искажения (*изображения*)
vertical component ~ антенный эффект (*в рамочной антенне*)
Villari ~ эффект Виллари, магнитоупругий эффект
Voigt ~ эффект Коттона — Мутона, эффект Фохта, квадратичный магнитооптический эффект, линейное магнитное дву(луче)преломление
Volta ~ контактная разность потенциалов
wall ~ действие стенки (*детектора излучения на результаты измерений*)
Webster ~ *пп* эффект Вебстера
Wertheim ~ эффект Вертхайма (*возникновение продольной эдс при скручивании ферромагнитного стержня в магнитном поле*)
Wiedemann ~ эффект Видемана (*скручивание токонесущего ферромагнитного стержня в продольном магнитном поле*)
Wiegand ~ эффект Виганда (*появление разрывов на петле гистерезиса скрученного ферромагнитного стержня, у которого сердцевина и наружный слой имеют разные коэрцитивные силы*)
window ~ эффект «окна» (*в гетеропереходах*)
word superiority ~ эффект увеличения вероятности распознавания буквы в слове (*по сравнению с несловом*)
X-ray photoelectric ~ эффект Комптона, комптон-эффект
Zeeman ~ эффект Зеемана
Zener ~ *пп* эффект Зенера
ΔE- ~ ΔE-эффект
effecter *бион.* эффектор
effective эффективный
effectiveness эффективность

asymptotic ~ вчт асимптотическая эффективность (*оценки*)
conceptual ~ концептуальная эффективность
jamming ~ эффективность активного радиоэлектронного подавления (*отношение помеха — сигнал*)
relative biological ~ относительная биологическая эффективность

effector 1. исполнительный орган **2.** бион. эффектор
end ~ рабочий орган; захватное устройство (*робота*)

efferent эфферентный, центробежный (*напр. нерв*)

efficacy эффективность
luminous ~ 1. световая эффективность (*излучения*) **2.** световая отдача (*источника*)
spectral luminous ~ спектральная световая эффективность

efficiency 1. эффективность; выход; отдача **2.** коэффициент полезного действия, кпд **3.** рентабельность, экономичность
ampere-hour ~ отдача (аккумулятора) по ёмкости
anode ~ кпд анодной цепи
antenna aperture ~ коэффициент использования площади [КИП] раскрыва антенной решётки
antenna illumination [aperture illumination] ~ относительный максимальный коэффициент направленного действия (апертурной) антенны (*по сравнению с эквивалентной линейной антенной*)
asymptotic ~ асимптотическая эффективность
asymptotic relative ~ асимптотическая относительная эффективность
bandwidth ~ эффективность использования полосы частот
blockage ~ коэффициент затенения антенны
cathode ~ эффективность катода
channel ~ коэффициент использования канала
charge-transfer ~ эффективность переноса (*в ПЗС*)
code ~ эффективность программы
collection ~ эффективность собирания электронов (*в фотоумножителе*)
collector ~ кпд коллекторной цепи
conversion ~ 1. коэффициент преобразования **2.** кпд анодной цепи **3.** коэффициент передачи преобразователя; коэффициент усиления преобразователя
conversion quantum ~ квантовая эффективность (*фотокатода*)
counting ~ эффективность счёта (*напр. сцинтилляционного счётчика*)
dc-to-RF conversion ~ пп коэффициент преобразования инвертора
detection ~ рлк эффективность обнаружения
detector ~ кпд детектора
display ~ (информационная) эффективность дисплея *или* индикатора
down-conversion ~ коэффициент передачи (параметрического) преобразователя с понижением частоты
effective quantum ~ квантовая эффективность (*фотокатода*)
electronic ~ электронный кпд
emission ~ эффективность катода
emitter (injection) ~ коэффициент инжекции
energy conversion ~ конверсионная эффективность (*сцинтиллятора*)
external quantum luminescence ~ внешний квантовый выход люминесценции
fluorescence ~ выход флуоресценции
frame ~ кадровая эффективность (*отношение используемой части кадра к полной длине кадра*)
information ~ пропускная способность канала
injection ~ коэффициент инжекции
innate collector ~ собственный кпд коллекторной цепи
light-collection ~ коэффициент использования светового потока
luminescent ~ выход люминесценции
luminous ~ 1. относительная световая эффективность (*излучения*) **2.** световая отдача (*источника*)
optical power ~ световой кпд
plate ~ кпд анодной цепи
polarization ~ коэффициент поляризационной согласованности (*антенны*)
projector ~ кпд громкоговорителя
pyroelectric ~ пироэлектрическая добротность
quantum ~ квантовая эффективность, квантовый выход
quenching ~ эффективность тушения
radiant ~ кпд источника излучения
radiation ~ кпд (передающей) антенны
recording head relative ~ относительная чувствительность (магнитной) головки записи
rectification ~ кпд выпрямителя
run-time ~ эффективность исполнения программы
scintillator-material conversion ~ квантовый выход сцинтиллятора
screen ~ световая отдача экрана
solar-energy conversion ~ кпд солнечной батареи
solid-beam ~ 1. отношение мощности, принимаемой антенной в определённом телесном угле от изотропного излучателя, к общей принимаемой мощности **2.** отношение мощности принимаемого *или* излучаемого сигнала в определённом телесном угле с определённой поляризацией к общей принимаемой *или* излучаемой мощности
speaker ~ кпд громкоговорителя
spectral luminous ~ относительная спектральная световая эффективность
stage ~ кпд каскада
thermionic-emission ~ эффективность термоэлектронной эмиссии
thermomagnetic ~ термомагнитная добротность
throughput ~ 1. производительность (*напр. процессора*) **2.** пропускная способность (*напр. канала*) **3.** объём выпускаемой (*за определённый промежуток времени*) продукции
transducer ~ коэффициент передачи преобразователя по мощности
transfer ~ 1. эффективность переноса (*в ПЗС*) **2.** коэффициент переноса
transmitting ~ кпд громкоговорителя
transport ~ коэффициент переноса
tube ~ кпд электронной лампы
unity quantum ~ квантовый выход, равный единице
up-conversion ~ коэффициент усиления (параметрического) преобразователя с повышением частоты

effluence 1. вытекание; испускание **2.** вытекающий поток; испускаемый поток

effluent вытекающий поток; испускаемый поток ‖ вытекающий; испускаемый

effluve электрический ветер, конвекционный разряд

effluvia *pl* от **effluvium**

effluvium 1. (невидимое) выделение (*напр. пара*); выброс (*напр. газа*) **2.** (невидимая) выделяемая или выбрасываемая субстанция (*напр. пар или газ*)

efflux 1. вытекающий поток; испускаемый поток **2.** вытекающая *или* испускаемая субстанция; содержимое вытекающего *или* испускаемого потока; эманация

effort 1. усилие **2.** (совместные) усилия; (целенаправленная) работа **3.** продукт *или* результат усилий; достижение; успех **4.** затраты (*напр. энергии*); трудозатраты **5.** попытка

   development ~ **1.** усилия, направленные на проектирование; конструкторские работы **2.** затраты на проектирование; затраты на конструкторские работы

   sort ~ количество шагов при сортировке неупорядоченного списка; затраты на сортировку

   tractive ~ тяговое усилие (*транспортного средства*); сила тяги (*двигателя*)

effortful 1. требующий значительных усилий; трудный **2.** трудоёмкий

effortless 1. не требующий значительных усилий; лёгкий **2.** нетрудоёмкий

effuse испытывать эффузию

effusion эффузия (*1. истечение; излияние 2. медленное истечение газа через малое отверстие*)

effusive эффузивный

EFM EFM-кодирование, модуляция 8 – 14, преобразование 8-разрядных символов в 14-разрядные канальные символы (*при цифровой записи на компакт-диск*)

   ~ **Plus** кодирование EFM Plus, модуляция 8 – 16, преобразование 8-разрядных символов в 16-разрядные канальные символы (*при цифровой записи на компакт-диск*)

egg яйцо; яйцеобразный предмет

   Easter ~ *вчт* скрытое (*внутри программы*) изображение *или* сообщение, извлекаемое только с помощью недокументированных процедур, *проф.* пасхальное яйцо

e(-)government электронное правительство

Eiffel объектно-ориентированный язык программирования Eiffel

eigenfrequency собственная частота

   complex ~ комплексная собственная частота

eigenfunction собственная функция

   energy ~ собственная функция в энергетическом представлении

eigenket собственная функция кет-вектора

   energy ~ собственная функция кет-вектора в энергетическом представлении

eigenmode собственная мода

eigenpolarization собственная поляризация

eigensolution собственное решение

eigenstate собственное состояние

   degenerate ~ вырожденное собственное состояние

   energy ~ энергетическое собственное состояние

   phase ~ фазовое собственное состояние

eigentone собственная акустическая мода

eigenvalue собственное значение

   energy ~ собственное значение энергии

eigenvector собственный вектор

eighty-six *проф.* отказывать в обслуживании

eikonal *опт.* эйконал

Einstellung (психологическая) установка, предрасположенность к определённым действиям в определённой ситуации

EITHER-OR (включающее) ИЛИ (*логическая операция*), дизъюнкция, логическое сложение

Eivetone стандарт Eivetone для систем поискового вызова

eject 1. выбрасывать; извлекать; удалять (*напр. кассету из видеомагнитофона*); эжектировать (*напр. пучок*) **2.** клавиша *или* кнопка для приведения в действие механизма выброса, извлечения *или* удаления (*напр. кассеты из видеомагнитофона*)

   battery ~ клавиша *или* кнопка для выброса, извлечения *или* удаления аккумулятора (*напр. в видеокамерах*)

   manual ~ рычаг для ручного извлечения (*съёмного магнитного*) диска

ejection выбрасывание; выброс; извлечение; удаление (*напр. кассеты из видеомагнитофона*); эжекция (*напр. пучка*)

   beam ~ эжекция пучка

   chaff ~ сбрасывание дипольных противорадиолокационных отражателей

   coronal mass ~ выброс корональной массы (*в межпланетное пространство*)

   cumulative ~ **of plasma stream** кумулятивный выброс плазменной струи

ejector эжектор (*напр. пучка*)

e(-)journal электронный журнал

e(-)lance надомник, выполняющий рабочие функции с помощью электронной почты, *проф.* электронно-наёмный работник

elastance электрическая жёсткость (*обратная ёмкость*)

   mutual ~ взаимная электрическая жёсткость

elastic 1. упругий **2.** эластичный

elasticity 1. упругость **2.** эластичность (*1. свойство тел восстанавливать форму при значительных упругих деформациях 2. характеристика скорости изменения функции*)

   arc ~ дуговая эластичность

   cross ~ перекрёстная эластичность

   point ~ точечная эластичность

   unit ~ единичная эластичность

elastivity удельная электрическая жёсткость (*обратная диэлектрическая проницаемость*)

elastomer эластомер

elbow 1. локоть (*напр. руки робота*) **2.** уголок, угольный изгиб (*напр. волновода*); колено (*напр. трубопровода*) ‖ изгибать углом; делать колено

   antenna ~ уголок [угольный изгиб] антенного фидера

   mouse ~ *вчт* перенапряжение мышц *или* заболевания (*напр. лучезапястного сустава*) типа тендовагинита в результате длительной работы с мышью; *проф.* «мышиный» локоть

   robot ~ локоть (руки) робота

   twin ~ тройник

   waveguide ~ уголок [угольный изгиб] волновода

electra система «Электра» (*многозональная равносигнальная радионавигационная система*)

electret электрет

   ceramic ~ керамический электрет

electrode

organic ~ органический электрет
single-polarity ~ гомополярный электрет
electric 1. электрический прибор; электрический инструмент; электрическая игрушка ‖ электрический 2. электрическая часть (*напр. установки*) 3. электронный (*о музыкальном инструменте*)
gram ~ электрическая часть ЭПУ
electrical электрический
electricity 1. электричество (*1. электрические явления 2. наука об электрических явлениях*) 2. электрический ток *или* напряжение; электрическая мощность
atmospheric ~ атмосферное электричество
contact ~ контактная электризация
dynamic ~ электрический ток
friction(al) ~ трибоэлектричество
induction ~ электростатическая индукция, электризация через влияние
negative ~ отрицательное электричество
positive ~ положительное электричество
static ~ статическая электризация, электризация путём передачи заряда
terrestrial ~ земное электричество, геоэлектричество
electrification 1. электрификация 2. электризация
friction ~ трибоэлектризация
induced ~ электростатическая индукция, электризация через влияние
electritian электрик
head ~ главный электрик
electroacoustic электроакустический
electroacoustics электроакустика
electrocardiogram электрокардиограмма, ЭКГ
electrocardiograph электрокардиограф
electrochemiluminescence электрохемилюминесценция
electrochemistry электрохимия
semiconductor ~ электрохимия полупроводников
electrocleaner *микр.* установка (для) электроочистки
electrocleaning *микр.* электроочистка
electrode электрод
accelerating ~ ускоряющий электрод
active ~ *бион.* активный электрод
after-acceleration ~ послеускоряющий электрод
applicator ~ 1. аппликатор, накладной электрод 2. электрод рабочего конденсатора (*для диэлектрического нагрева*)
base ~ базовый электрод, электрод базы
beam-forming ~ лучеобразующий электрод (*лучевого тетрода*)
bifunctional ~ бифункциональный электрод (*ХИТ*)
bipolar ~ биполярный электрод (*ХИТ*)
body ~ *бион.* 1. вживляемый электрод 2. аппликатор, накладной электрод
calomel (reference) ~ каломельный электрод
carry ~ электрод связи
central ~ центральный электрод (*напр. ионизационной камеры*)
chronically implanted ~ *бион.* вживленный электрод
collecting [collector] ~ 1. *пп* коллекторный электрод, электрод коллектора 2. коллектор, собирающий электрод
consumable ~ расходуемый электрод
control ~ управляющий электрод
convergence ~ *тлв* электрод сведения, сводящий электрод
coplanar ~s копланарные электроды
decelerating ~ тормозящий электрод
decinormal calomel ~ децинормальный каломельный электрод
deflection ~ отклоняющий электрод; отклоняющая пластина
double-skeleton ~ двухкаркасный электрод (*топливного элемента*)
drain ~ электрод стока (*полевого транзистора*)
edge ~ боковой электрод (*пироэлектрического приёмника излучения*)
elevated ~ *микр.* выступающий электрод
emitter ~ эмиттерный электрод, электрод эмиттера
evaporated ~ напылённый электрод
exploring ~ *бион.* активный электрод
face ~ лицевой электрод (*пироэлектрического приёмника излучения*)
floating ~ плавающий электрод
focusing ~ фокусирующий электрод
fuel ~ топливный электрод (*топливного элемента*)
gas-diffusion ~ газодиффузионный электрод (*топливного элемента*)
gas-free ~ обезгаженный электрод
gas-loaded ~ газонасыщенный электрод
gate ~ 1. электрод затвора (*полевого транзистора*) 2. *пп* управляющий электрод
ground(ing) ~ электрод заземления
guard-ring ~ охранное кольцо
guide ~ переходной электрод (*разрядника*)
horizontal-deflection ~s пластины горизонтального отклонения, X-пластины
hydrogen ~ 1. нормальный водородный электрод 2. водородный электрод (*топливного элемента*)
ignitor ~ 1. зажигатель, игнайтер (*игнитрона*) 2. электрод вспомогательного разряда, поджигающий электрод (*разрядника*)
input ~ ввод
intensifier ~ послеускоряющий электрод
intracellular ~ *бион.* внутриклеточный электрод
ion-selective ~ ионоселективный электрод
keep-alive ~ электрод вспомогательного разряда, поджигающий электрод (*разрядника*)
main ~ рабочий электрод
make-break ~ переключающий электрод
micro glass ~ *бион.* стеклянный микроэлектрод
modulating ~ модулятор (*ЭЛТ*)
monitoring ~ контрольный электрод
monopolar ~ монополярный электрод
multiple ~ блок электродов, полиэлектрод
negative ~ 1. отрицательный электрод (*ХИТ*) 2. катод (*электронной лампы*)
normal ~ нормальный электрод
output ~ вывод
oxidant ~ окислительный электрод (*топливного элемента*)
oxygen ~ кислородный электрод (*топливного элемента*)
pad ~ электрод рабочего конденсатора (*для диэлектрического нагрева*)
phase ~s электроды (одной) фазы (*ПЗС*)
pickup ~ *бион.* отводящий электрод
poling ~ поляризующий электрод

electrode

    porous ~ пористый электрод (*ХИТ*)
    positive ~ 1. положительный электрод (*ХИТ*) 2. анод (*электронной лампы*)
    post-(deflection) accelerating ~ послеускоряющий электрод
    primer ~ поджигающий электрод (*тригатрона*)
    probe ~ зонд
    quinhydrone ~ хингидронный электрод
    radial deflecting ~ электрод радиального отклонения
    ray-control ~ управляющий электрод электронно-светового индикатора настройки
    RC ~ *см.* ray-control electrode
    receiver ~ приёмный электрод (*ПЗС*)
    reference ~ электрод сравнения
    reflecting [reflector] ~ отражатель (*клистрона*)
    repelling ~ отражатель (*клистрона*)
    saturated calomel ~ насыщенный каломельный электрод
    segmented ~ секционированный электрод
    self-aligned ~s самосовмещённые электроды
    sensing ~ зонд
    signal ~ сигнальная пластина (*запоминающей ЭЛТ*)
    skewed ~s косопоставленные отклоняющие пластины
    sounding ~ зонд (*в газовом разряде*)
    source ~ электрод истока (*полевого транзистора*)
    staggered ~s ступенчатые отклоняющие пластины
    standard ~ стандартный электрод
    starter ~ поджигающий электрод (*тригатрона*)
    starting ~ 1. поджигающий электрод (*тригатрона*) 2. зажигатель, игнайтер (*игнитрона*)
    storage ~ электрод хранения (*ПЗС*)
    superconducting ~ сверхпроводящий электрод
    suspension ~ суспензионный электрод
    target ~ мишень (*запоминающей ЭЛТ или передающей телевизионной трубки*)
    transfer ~ 1. передающий электрод (*ПЗС*) 2. переходной электрод (*разрядника*)
    transparent ~ прозрачный электрод
    trigger ~ поджигающий электрод (*тригатрона*)
    valve ~ электрод клапанного типа (*топливного элемента*)
    vertical-deflection ~s пластины вертикального отклонения, Y-пластины

electrodeposition электролитическое осаждение, электроосаждение
electrodiagnosis электродиагностика
electrodissolution электролитическое растворение
electrodynamics электродинамика (*1. область науки 2. электродинамические явления*)
    fractal ~ фрактальная электродинамика
    macroscopic ~ макроскопическая электродинамика
    Minkowski ~ электродинамика движущихся сред
    quantum ~ квантовая электродинамика
electrodynamometer электродинамический измерительный прибор
electroelectret электроэлектрет
electroencephalogram электроэнцефалограмма, ЭЭГ
electroencephalograph электроэнцефалограф
electroerosion электрическая эрозия
electroerosive электроэрозионный
Electrofax *фирм.* 1. электростатическая печать 2. бумага для электростатической печати
electroflor электрохромный материал

electroforming 1. гальванопластика 2. *пп* электроформовка
electrogasdynamics электрогазодинамика
electrograph 1. электрическая запись 2. электрофотографическое изображение 3. передающий факсимильный аппарат 4. рентгеновский снимок
electrography электрофотография
    electrostatic ~ электростатическая (электро)фотография; ксерография
electrohysterymography электрогистеримография
electrojet токовые струи (*в ионосфере*)
    auroral ~ авроральные токовые струи
electrokinetics электрокинетика
electroluminescence электролюминесценция
    heterojunction ~ электролюминесценция гетероперехода
    injection ~ инжекционная электролюминесценция
    intrinsic ~ внутренняя электролюминесценция
    recombination ~ инжекционная электролюминесценция
electroluminescent электролюминесцентный
electrolysis электролиз
electrolyte электролит
    aqueous ~ водный электролит
    foul ~ загрязнённый электролит
    fused ~ расплавленный электролит
    inorganic ~ неорганический электролит
    ion-exchange membrane ~ ионообменный электролит в виде мембраны
    liquid ~ жидкий электролит
    matrix ~ матричный электролит
    molten ~ расплавленный электролит
    nonaqueous ~ безводный электролит
    one-one ~ симметричный 1-1-валентный электролит
    paste ~ загущенный электролит
    semisolid ~ полутвёрдый электролит
    solid ~ твёрдый электролит
    two-one ~ несимметричный 2-1-валентный электролит
    two-three ~ несимметричный 2-3-валентный электролит
    two-two ~ симметричный 2-2-валентный электролит
electrolyzer электролитическая ванна, электролизёр
electromagnet электромагнит
    hold-up ~ удерживающий' электромагнит
    iron-core ~ электромагнит с железным сердечником
    plunger ~ втяжной электромагнит
    sector ~ секторный электромагнит
    superconducting ~ сверхпроводящий электромагнит
electromagnetic электромагнитный
electromagnetics электромагнетизм (*1. электромагнитные явления 2. наука об электромагнитных явлениях*)
electromagnetism электромагнетизм (*1. электромагнитные явления 2. наука об электромагнитных явлениях*)
electromanometer электроманометр
electromechanical электромеханический
electrometer электрометр
    absolute ~ абсолютный электрометр
    attracted-disk ~ электрометр с притягивающимися дисками
    quadrant ~ квадрантный электрометр
    solid-state ~ твердотельный электрометр

electronics

  string ~ вибрационный электрометр с металлизированной кварцевой нитью
  tube ~ ламповый электрометр
  vacuum-tube ~ ламповый электрометр
  vibrating-reed ~ электрометр с вибрационным конденсатором, динамический электрометр
electromigration электромиграция
  grain-boundary ~ электромиграция на границах зёрен, зернограничная электромиграция
  solute ~ электромиграция ионов в растворе
electromotance электродвижущая сила, эдс
electromotive электродвижущий
electromyogram электромиограмма
electromyograph электромиограф
electron электрон
  Auger ~ электрон Оже, оже-электрон
  back(ward) scattered ~ электрон, рассеянный в обратном направлении
  bound ~ связанный электрон
  captured ~ захваченный электрон
  Compton (recoil) ~ комптоновский электрон отдачи
  conduction ~ электрон проводимости
  conversion ~ конверсионный электрон
  decelerated ~ замедленный электрон
  discharge ~s электроны газового разряда
  energetic ~ быстрый электрон
  equivalent ~s эквивалентные электроны
  excess [extra] ~ избыточный электрон
  fast ~ быстрый электрон
  fat ~s *микр. проф.* жирные электроны (*вымышленная причина отказов ИС, напр. из-за «засаливания» межслойных переходных отверстий*)
  free ~ свободный электрон
  hot ~ горячий электрон
  incoming ~ налетающий электрон
  lone ~ одиночный электрон (*на энергетическом уровне*)
  minority ~ неосновной электрон
  mobile ~ подвижный электрон
  negative ~ электрон
  nonequilibrium ~ неравновесный электрон
  normal ~ *свпр* нормальный электрон
  optically excited ~ фотовозбуждённый электрон, фотоэлектрон
  orbital ~ орбитальный электрон
  outer-shell ~ валентный электрон
  paired ~s спаренные электроны
  peripheral ~ внешний электрон
  photoexcited ~ фотовозбуждённый электрон, фотоэлектрон
  planetary ~ орбитальный электрон
  plasma ~ электрон плазмы
  positive ~ позитрон
  primary ~ первичный электрон
  recoil ~ электрон отдачи
  relativistic ~ релятивистский электрон
  resonant ~ резонансный электрон
  runaway ~ уходящий электрон (*в ионизированном газе*)
  secondary ~ вторичный электрон
  sharing ~ обобществлённый электрон
  shell ~ электрон оболочки
  spinning ~ вращающийся электрон
  streaming ~ дрейфующий электрон
  subshell ~ электрон подоболочки
  superconducting ~ сверхпроводящий электрон
  transferred ~ *пп* электрон, испытавший междолинный переход
  trapped ~ захваченный электрон
  tunneling ~ туннелирующий электрон
  ultrarelativistic ~ ультрарелятивистский электрон
  uncoupled ~ несвязанный электрон
  unpaired ~ неспаренный электрон
  valence ~ валентный электрон
  warm ~ тёплый электрон
electronegative электроотрицательный
electronegativity электроотрицательность
electronic 1. электронный 2. электрический (*о музыкальном инструменте*) 3. компьютерный; работающий под управлением компьютера
electronics электроника (*1. область науки и техники 2. электронная аппаратура; электронные устройства 3. электронные схемы*)
  aerospace ~ авиационно-космическая электроника
  antenna-mounted ~ электронная аппаратура, монтируемая на антенне
  audio ~ 1. электронная аудиоаппаратура, звукозаписывающая и звуковоспроизводящая электронная аппаратура 2. канал записи и воспроизведения звука
  automotive ~ электронная аппаратура подвижных объектов
  baseband ~ канал прямой [безмодуляционной] передачи (*сигнала*)
  bucket-brigade ~ электронные схемы на ПЗС типа «пожарная цепочка»
  communications ~ электроника средств связи
  consumer ~ бытовая электроника
  cryogenic ~ криогенная электроника, криоэлектроника
  digital ~ цифровые электронные схемы
  display ~ электроника средств отображения информации
  embryonic ~ область науки и техники, относящаяся к самовосстанавливающимся и саморазмножающимся электронным схемам, *проф.* эмбрионика
  engineering ~ техническая электроника
  enhanced integrated device ~ усовершенствованный интерфейс (дисковода) с встроенной электроникой управления, интерфейс (стандарта) EIDE
  functional ~ функциональная электроника
  geoscience ~ электронная аппаратура для геофизических исследований
  guidance and navigation ~ электроника систем наведения и навигации
  home [household] ~ бытовая электроника
  industrial ~ промышленная электроника
  integrated ~ 1. интегральная электроника 2. интегральные схемы
  integrated device ~ 1. интерфейс (дисковода) с встроенной электроникой управления, интерфейс (стандарта) IDE; интерфейс (стандарта) ATA 2. стандарт IDE; стандарт ATA 3. устройство с интерфейсом (стандарта) IDE, IDE-устройство
  medical ~ медицинская электроника
  microminiature ~ микроэлектроника
  micromodule ~ микромодульная электроника

electronics

microsystem ~ микроэлектроника
microwave ~ СВЧ-электроника
molecular ~ молекулярная электроника, молектроника
navigation ~ навигационная электроника
nuclear ~ ядерная электроника
one-particle ~ одночастичная электроника, *проф.* одноэлектроника
parametric ~ параметрическая электроника
physical ~ физическая электроника
polymer ~ полимерная электроника
quantum ~ квантовая электроника
ranging ~ дальномерная электронная аппаратура
record ~ усилитель записи
replay ~ усилитель воспроизведения
semiconductor ~ полупроводниковая электроника
sensor ~ электроника средств первичного преобразования информации
signal system playback ~ *тлв* канал воспроизведения изображения
signal system record ~ *тлв* канал записи изображения
solid-state ~ твердотельная электроника
space ~ космическая электроника
spin ~ электронные схемы с использованием поляризованных по спину электронов, *проф.* спинтроника
superconductive ~ 1. электроника сверхпроводников 2. криогенная электроника, криоэлектроника
thin-film ~ тонкоплёночная электроника
transistor ~ транзисторная электроника
two-dimensional ~ плёночная электроника
video ~ электронная видеоаппаратура, электронная аппаратура для записи и воспроизведения видео
electronvolt электронвольт, эВ (1,60219·10⁻¹⁹ Дж)
electronystagmograph прибор для записи быстрого движения глаз под действием электрических стимулов
electrooptical электрооптический
electrooptics электрооптика
electroosmosis электроосмос
electrophoresis электрофорез
electrophorus электр(остат)ическая индукционная машина
electrophotocopier электрофотокопировальный аппарат
electrophotograph электрофотографическое изображение
electrophotography 1. электрофотография 2. ксерография 3. ксерорадиография
  electrostatic ~ электростатическая фотография; ксерография
electrophotoluminescence электрофотолюминесценция
electrophotometer электрофотометр
electrophysiology электрофизиология
electroplating электролитическое осаждение, электроосаждение; гальваностегия, нанесение гальванического покрытия (*методом электролитического осаждения*)
electropolisher установка для электролитической полировки, установка для электрополировки
electropolishing электролитическая полировка, электрополировка

electropositive электроположительный
electropult электропульта (*аэродромная стартовая установка*)
electrorefining электролитическая очистка, электроочистка
electroretinogram электроретинограмма
electroretinograph электроретинограф
electroscope электроскоп
  condenser ~ конденсаторный электроскоп
  gold-leaf ~ электроскоп с золотыми листочками
  quartz-fiber ~ электроскоп с кварцевой нитью
electroshock электрошок
electrostatic электростатический
electrostatics электростатика (*1. область науки 2. электростатические явления*)
electrostatography электростатическая (электро)фотография; ксерография
electrostriction электрострикция
electrotape фазовый метод определения дальности, основанный на использовании кварцевого генератора с частотой 10 МГц
electrotaxis *биол.* электротаксис, гальванотаксис
electrothermal электротермический
electrotonus *биол.* электротонус
electrotype гальваностереотип || изготавливать гальваностереотип
electrovalence, electrovalency 1. ионная валентность, электровалентность, гетеровалентность 2. ионная [электровалентная, гетерополярная] связь
electroweak электрослабый (*о взаимодействии*)
electrowriter *вчт* графический планшет
elegant изящный; красивый (*напр. об алгоритме*)
element 1. элемент; компонент; составная часть; деталь 2. (химический) элемент 3. *pl* основы; фундамент; исходные принципы; первые принципы (*напр. науки*) 4. *pl* природные явления
  acoustic dissipation ~ звукопоглощающий элемент
  acoustic radiating ~ акустический излучатель
  active ~ активный элемент
  adaptive linear ~ адалин (*1. алгоритм обучения искусственных нейронных цепей 2. искусственная нейронная сеть с обучением по алгоритму типа «адалин»*)
  aligning ~ элемент настройки, настроечный элемент
  antenna array ~ элемент приёмной антенной решётки; элемент [излучатель] передающей антенной решётки
  antenna radiating ~ излучатель передающей антенны
  array ~ 1. элемент приёмной антенной решётки; элемент [излучатель] передающей антенной решётки 2. *вчт* элемент массива 3. *микр.* ячейка матричной ИС
  asynchronous ~ асинхронный элемент
  base [basic] functional ~ базовый функциональный элемент
  beam-shaping ~ 1. лучеобразующий электрод (*лучевого тетрода*) 2. элемент системы формирования пучка (*в электронно-оптических приборах*)
  bender ~ пьезоэлемент с изгибными колебаниями
  bilateral ~ двунаправленный элемент
  bistable ~ бистабильный элемент
  branch ~ элемент ветви графа
  branching ~ ответвитель

element

bubble-domain readout ~ детектор ЦМД
C ~ ёмкостный элемент
capacitive-storage ~ ёмкостный элемент хранения (*в ПЗС*)
charge-transfer ~ элемент ППЗ
chevron propagating ~ шевронный элемент схемы продвижения ЦМД
circuit ~ схемный элемент; компонент схемы
code ~ элемент кода
collimating ~ коллимирующий элемент
common management information service ~ общий служебный элемент управления информацией
compensating ~ компенсирующий элемент; корректирующий элемент
computer ~ составная часть компьютера
control ~ управляющий элемент; регулирующий элемент
correction ~ корректирующий элемент
coupling ~ элемент связи
current-stable ~ элемент, устойчивый по току, элемент (с характеристикой) S-типа
data ~ элемент данных
data transmitting ~ элемент передачи сигналов
decision ~ решающий элемент
decoupling ~ элемент развязки
delay ~ элемент задержки
depletion ~ отображающий элемент
destructive readout ~ считывающий элемент с разрушением информации
detector array ~ элемент матрицы фотоприёмников
diagonal matrix ~ диагональный элемент матрицы
diagonal tensor ~ диагональная компонента тензора
diffused ~ *микр.* элемент, изготовленный методом диффузии
director ~ директор (*пассивный вибратор многоэлементной антенны*)
discrete ~ дискретный элемент
display ~ графический примитив, базовый графический элемент (*в компьютерной графике*)
display ~ отображающий элемент
distributed(-constant) ~ элемент с распределёнными параметрами
domain tip readout ~ детектор ПМД
doping ~ легирующий элемент
driven ~ 1. возбуждаемый элемент 2. активный вибратор (*многоэлементной антенны*) 3. облучатель (*антенны*)
driving ~ задающий элемент; возбуждающий элемент
dummy ~ эквивалент элемента; эквивалент компонента
EL ~ *см.* electroluminescence element
electrical ~ электрический элемент; электрический компонент
electroluminescence ~ электролюминесцентный элемент
electronegative ~ электроотрицательный элемент
electropositive ~ электроположительный элемент
essential ~s **of information** *вчт* существенные элементы информации
excitable ~ *биол.* возбудимый элемент
Faraday ~ элемент на эффекте Фарадея

fast ~ быстродействующий элемент
feed ~ 1. возбуждающий элемент 2. облучатель (*антенны*)
ferroelectric ~ сегнетоэлектрический элемент
field-alterable control ~ управляющий элемент с эксплуатационным программированием
final control(ling) ~ исполнительный элемент (*системы автоматического регулирования*)
floating-gate ~ элемент с плавающим затвором
foreign ~ примесный элемент
Friele line ~ линейный элемент Фриля (*в колориметрии*)
fusing ~ плавкая вставка (*предохранителя*)
fuze-setting ~ элемент установки порога срабатывания радиовзрывателя
generating ~ производящий элемент, генератор (*группы*)
Goto-pair memory ~ запоминающий элемент на паре Гото
governing ~ управляющий элемент
heat(ing) ~ нагревательный элемент
Helmholtz line ~ линейный элемент Гельмгольца (*в колориметрии*)
high-speed ~ быстродействующий элемент
holographic ~ голографический элемент
hook-up wiring ~ навесной элемент; навесной компонент
IC ~ элемент ИС; компонент ИС
idempotent ~ *вчт* идемпотентный элемент (*не изменяющийся при умножении на самого себя*)
identity ~ *вчт* единица, единичный элемент (*группы*)
image ~ элемент изображения
impurity ~ примесный элемент
inactive ~ 1. пассивный элемент 2. пассивный вибратор (*многоэлементной антенны*)
initial ~ первичный измерительный преобразователь, датчик
intracavity laser (frequency) tuning ~ внутрирезонаторный элемент для регулировки частоты лазера
Kerr ~ элемент на эффекте Керра
key ~ ключевой элемент; ключ
L ~ индуктивный элемент
lexical ~ лексический элемент; лексема
light-dividing ~ светоделительный элемент
line ~ линейный элемент (*в колориметрии*)
linear electric current ~ электрический диполь Герца, электрический элементарный излучатель
linear magnetic current ~ магнитный диполь Герца, магнитный элементарный излучатель
logic ~ логический элемент
luminous ~ светящееся тело
lumped(-constant) ~ элемент с сосредоточенными параметрами
M ~ элемент взаимной индуктивности
magnetoresistance bubble readout ~ магниторезистивный детектор ЦМД
marking ~ *тлг* рабочая [токовая] посылка
master ~ задающий элемент
matrix ~ 1. элемент матрицы 2. матричный элемент 3. ячейка матричной ИС
memory ~ 1. запоминающий элемент 2. элемент ЗУ
MEMS (-based) optical ~ *см.* microelectromechanical system (-based) optical element

element

message key ~ модифицируемая часть ключа (*шифра*)
META ~ метаданные в заголовке HTML-документа
microelectromechanical system (-based) optical ~ оптический элемент на основе микроэлектромеханических систем
monolithic ~ *микр.* монолитный элемент
motor ~ электромеханический преобразователь
moving meter ~ подвижный элемент измерительного прибора
multi-layer adaptive linear ~ мадалин (*1. алгоритм обучения искусственных нейронных цепей 2. искусственная многослойная нейронная сеть с обучением по алгоритму типа «мадалин»*)
multi-wire ~ излучатель в виде системы тонких проводов, расположенных по образующим цилиндра *или* конуса (*напр. диполь Надененко*)
negative resistance ~ элемент с отрицательным сопротивлением
nondestructive readout ~ считывающий элемент без разрушения информации
nonlinear ~ нелинейный элемент
nonlinear charge-storage ~ нелинейный элемент с накоплением заряда
N-type ~ элемент, устойчивый по напряжению, элемент (с характеристикой) N-типа
off-diagonal matrix ~ недиагональный элемент матрицы
off-diagonal tensor ~ недиагональная компонента тензора
optical fiber ~ волоконно-оптический элемент
optoelectronic ~ оптоэлектронный элемент
parasitic ~ 1. пассивный элемент 2. пассивный вибратор (*многоэлементной антенны*)
pass ~ последовательный регулирующий элемент (*стабилизатора постоянного напряжения*)
passive ~ 1. пассивный элемент 2. пассивный вибратор (*многоэлементной антенны*)
picture ~ 1. *вчт* элемент двумерного [плоского] изображения, пиксел 2. элементарная площадка факсимильного изображения
piezoelectric(-crystal) ~ пьезоэлектрический элемент
piezoresistive ~ 1. пьезорезистивный [тензорезистивный] элемент 2. тензорезистор
planar Hall-effect bubble readout ~ детектор ЦМД на планарном эффекте Холла
plug-in ~ съёмный [сменный] элемент
point-to-point wiring ~ навесной элемент; навесной компонент
polarization determining ~ *опт.* анализатор
position-finding ~ элемент системы определения местоположения
positioning ~ элемент системы позиционирования (*робота*)
primary ~ первичный измерительный преобразователь, датчик
primitive ~ *вчт* примитив, базовый элемент
print ~ печатающий элемент (*напр. печатающая головка*)
printed ~ печатный элемент; печатный компонент
processing ~ 1. процессор 2. нейрон
propagating [propagation] ~ элемент схемы продвижения ЦМД
R ~ резистивный элемент

radiating ~ излучатель (*антенны*)
rare-earth ~ редкоземельный элемент
rectifying ~ выпрямительный элемент
reference ~ опорный элемент (*многовибраторной антенной решётки*)
reference input ~ элемент сравнения с эталонным задающим воздействием (*в замкнутой системе автоматического управления*)
reflecting ~ 1. *опт.* отражающий элемент 2. рефлектор (*пассивный вибратор многоэлементной антенны*)
reflector ~ рефлектор (*пассивный вибратор многоэлементной антенны*)
refracting ~ *опт.* преломляющий элемент
remote operations service ~ служебный элемент дистанционных действий, упрощённый вариант протокола дистанционного вызова процедур, упрощённый вариант протокола RPC
resistance ~ резистивный нагревательный элемент
resistive ~ резистивный элемент
resistor ~ проводящий элемент резистора
resolvable ~s разрешаемые элементы
resonant ~ 1. резонансный элемент 2. объёмный резонатор
sampling ~ 1. дискретизатор 2. стробирующий элемент
scheduling processing ~ нейрон-диспетчер (*в искусственных нейронных сетях*)
Schrödinger line ~ линейный элемент Шредингера (*в колориметрии*)
screen ~ деталь изображения на экране
semiconductor ~ 1. полупроводниковый элемент; полупроводниковый компонент 2. полупроводниковый (химический) элемент; простой полупроводник
sensing ~ первичный измерительный преобразователь, датчик
sequential logic ~ последовательный логический элемент
signal ~ 1. *тлг* элементарная посылка 2. элементарный сигнал 3. единичный элемент (*в теории информации*)
signal processing ~ элемент обработки сигналов
spacing ~ *тлг* бестоковая посылка, пауза
standard ~ стандартный элемент
start ~ 1. стартовый элемент 2. *тлг* стартовая посылка
stop ~ 1. стоповый элемент 2. *тлг* стоповая посылка
storage ~ 1. запоминающий элемент 2. элемент ЗУ 3. элемент мишени (*запоминающей ЭЛТ или передающей телевизионной трубки*)
S-type ~ элемент, устойчивый по току, элемент (с характеристикой) S-типа
suppression ~ помехоподавляющий элемент
tactile ~ сенсорный элемент, *проф.* тактел
target ~ элемент мишени (*запоминающей ЭЛТ или передающей телевизионной трубки*)
telegraph signal ~ *тлг* элементарная посылка
temperature, ~ термочувствительный элемент
temperature-compensated reference ~ термокомпенсированный опорный диод
tensor ~ компонента тензора
texture ~ *вчт* элемент текстуры, тексел
thermoelectric ~ термоэлемент

thick-film ~ толстоплёночный элемент
thin-film ~ тонкоплёночный элемент
threshold ~ пороговый элемент
time-varying ~ элемент с изменяющимися во времени параметрами
timing ~ 1. хронирующий элемент 2. синхронизирующий элемент
tracer ~ изотопный индикатор
transition ~ переход (*напр. коаксиально-волноводный*)
tree-branch ~ элемент ветви дерева графа
trimming ~ подстроечный элемент
tse processing ~ пиктографический элемент обработки (*данных*)
tuning ~ элемент настройки, настроечный элемент
two-terminal ~ двухполюсник
ultor ~ второй анод (*ЭЛТ*)
undriven ~ пассивный вибратор (*многоэлементной антенны*)
unidirectional ~ однонаправленный элемент
unit ~ единичный элемент (*в передаче данных*)
voltage-stable ~ элемент, устойчивый по напряжению, элемент (с характеристикой) N-типа
volume picture ~ *вчт* элемент трёхмерного [объёмного] изображения, воксел

elemental 1. элементарный 2. являющийся составной частью; составляющий 3. элементарный; относящийся к (химическим) элементам 4. основной; фундаментальный; исходный 5. относящийся к природным явлениям; природный; естественный

elementary 1. элементарный 2. основной; фундаментальный; исходный 3. относящийся к природным явлениям; природный; естественный

elevation 1. угол места 2. угол возвышения; угол наклона 3. высота
  target ~ 1. угол места цели 2. угол возвышения цели; угол наклона цели

elicitation извлечение
  knowledge ~ извлечение знаний

eligible подходящий; приемлемый; допустимый; удовлетворяющий определённым условиям; обусловленный

eliminate 1. подавлять (*напр. шумы*) 2. устранять (*напр. неисправность*); исключать (*напр. величину из уравнения*)

elimination 1. подавление (*напр. шумов*) 2. устранение (*напр. неисправности*); исключение (*напр. величины из уравнения*)
  ~ **by substitution** исключение методом подстановки
  ~ **of seasonal variations** исключение сезонных колебаний
  ~ **of singularity** устранение особенности
  ~ **of systematic errors** исключение систематических ошибок
  ~ **of unknown** исключение неизвестного
  ~ **of variable** исключение переменной
  branch ~ *вчт* устранение переходов
  error ~ исключение ошибок
  Gauss ~ исключение методом Гаусса
  harmonic ~ подавление гармоник
  jump ~ *вчт* устранение переходов
  noise ~ подавление шумов, шумоподавление; подавление помех, помехоподавление
  sideback lock ~ устранение синхронизма по боковым полосам
  speckle ~ устранение спеклов
  stage-by-stage ~ покаскадное устранение неисправностей
  trend ~ исключение тренда

eliminator 1. подавитель (*напр. шумов*) 2. заменитель; блок замены; эквивалент 3. режекторный фильтр; режектор, схема режекции
  A- ~ выпрямитель напряжения накала (*для прибора с батарейным питанием*)
  antenna ~ заменитель антенны (*схема подключения антенного ввода приёмника к электрической сети через разделительный конденсатор*)
  B- ~ выпрямитель анодного напряжения (*для прибора с батарейным питанием*)
  interference ~ 1. подавитель помех 2. режектор несущей
  modem ~ заменитель модема
  static ~ подавитель атмосферных помех

elinvar элинвар (*сплав*)

elite *вчт* 1. шрифт размером 10 пунктов с плотностью печати 12 символов на дюйм, шрифт «Элита» 2. печать с плотностью 12 символов на дюйм

ellipse эллипс (*1. геометрическая фигура 2. инструмент для рисования эллипсов в графических редакторах*)
  ~ **of acceptance** эллипс акцептанса
  ~ **of emittance** эллипс эмиттанса
  color matching ~s эллипсы ошибок для порогов цветоразличения (*на равноконтрастном цветовом графике*)
  MacAdam ~s эллипсы ошибок Мак-Адама (*для порогов цветоразличения на равноконтрастном цветовом графике*)
  polarization ~ эллипс поляризации
  Stiles ~s эллипсы ошибок Стайлса (*для порогов цветоразличения на равноконтрастном цветовом графике*)
  transition probability ~ *кв.эл.* эллипс вероятности перехода

ellipsis 1. многоточие; знак продолжения, символ ... 2. знак пропуска, символ ..., -- или *** 3. эллипсис (*преднамеренный пропуск части текста, легко восстанавливаемой по содержанию*)
  contextual ~ контекстуальный эллипсис

ELLIPSO глобальная система спутниковой связи ELLIPSO (*подвижная персональная связь, телефакс, пейджинговая связь, определение местоположения абонента*)

ellipsoid эллипсоид || эллипсоидальный
  ~ **of inertia** эллипсоид инерции
  ~ **of regression** *вчт* эллипсоид регрессии
  central ~ **of inertia** центральный эллипсоид инерции
  Fresnel's (index) ~ эллипсоид Френеля
  index [indicatrix] ~ оптическая индикатриса
  oblate ~ сплюснутый эллипсоид
  polarizability ~ эллипсоид поляризуемости
  prolate ~ вытянутый эллипсоид
  ray ~ эллипсоид Френеля
  reciprocal ~ эллипсоид поляризуемости
  strain ~ эллипсоид деформаций
  stress ~ эллипсоид напряжений
  three-axial ~ трехосный эллипсоид
  two-axial ~ двуосный эллипсоид

ellipsometer эллипсометр

ellipsometer

half-shadow ~ полутеневой эллипсометр
ellipsometry эллипсометрия
  spectral ~ спектральная эллипсометрия
ellipticity эллиптичность; коэффициент эллиптичности
  ~ of polarization коэффициент эллиптичности поляризации
  Kerr ~ *опт.* эллиптичность Керра
elongate удлинять(ся); расширять(ся)
elongation 1. удлинение; относительное удлинение; расширение **2.** расширение огибающей (*за счёт многолучевого распространения радиоволн*) **3.** элонгация (*небесного тела*)
em *вчт* эм, ширина прописной буквы М латинского алфавита (*относительная мера ширины шрифта*)
e(-)mail электронная почта ‖ отправлять сообщение по электронной почте; пользоваться электронной почтой ◊ **to send message by ~** отправлять сообщение по электронной почте
  free ~ бесплатная электронная почта
  private ~ частная электронная почта
  unsolicited commercial ~ незапрашиваемая рекламная электронная почта; *проф.* «спам»
e(-)mall электронный торговый комплекс
emanate 1. излучать **2.** эманировать
emanation 1. излучение **2.** эманация **3.** эманирование
e(-)market электронный рынок
e(-)marketing электронный маркетинг
e(-)marketplace сфера электронного бизнеса, электронной торговли и электронной экономики
Embassy кодовое название системы идентификации пользователей в электронном бизнесе (*разработка фирм Wave и AMD*)
embed 1. *вчт* внедрять (*в документ назначения объект из другого приложения*); встраивать (*напр. команду*); вкладывать (*напр. цикл в цикл*) **2.** упаковывать; уплотнять **3.** опрессовывать (*напр. пластмассой*); внедрять (*напр. в матрицу*)
embeddability вложимость (*напр. одного цикла в другой*)
  compact ~ компактная вложимость
  local ~ локальная вложимость
embeddable вложимый (*напр. об одном цикле относительно другого*)
embedded 1. *вчт* внедрённый (*в документ назначения объект из другого приложения*); встроенный (*напр. о команде*); вложенный (*напр. о цикле в цикле*) **2.** упакованный; уплотнённый **3.** опрессованный (*напр. пластмассой*); внедрённый (*напр. в матрицу*)
embedding 1. *вчт* внедрение (*в документ назначения объекта из другого приложения*); встраивание (*напр. команды*); вложение (*напр. цикла в цикл*) **2.** упаковка; уплотнение **3.** опрессовка (*напр. пластмассой*); внедрение (*напр. в матрицу*)
  ~ of manifold вложение многообразия
  cell ~ *микр.* упаковка ячеек
  exact ~ *микр.* точная упаковка
  tame ~ правильное вложение
  tournament ~ вложение турнира (*в граф*)
embellishment 1. орнамент (*1. упорядоченный узор из повторяющихся элементов 2. элемент украшения инструментальных и вокальных произведений*); декоративные элементы **2.** орнаментация, орнаментировка; орнаментирование **3.** орнаментика (*в музыке*) **4.** орнаментированное состояние; декорированное состояние; наличие орнамент(аль)ных или декоративных элементов
emboss *вчт* делать рельефным (*плоское изображение*), придавать рельефность (*плоскому изображению*)
embossment *вчт* придание рельефности (*плоскому изображению*)
embouchure 1. амбюшур, мундштук (*язычковых музыкальных инструментов*) **2.** положение губ при игре на язычковых музыкальных инструментах
embrace *вчт проф.* «объятие», левая фигурная скобка, символ {
  deadly ~ *вчт* тупик, взаимная блокировка, *проф.* «смертельное объятие» (*напр. о программах, ожидающих друг от друга команды на продолжение*)
embranchment 1. ответвление; отвод **2.** разветвление
embryonics область науки и техники, относящаяся к самовосстанавливающимся и саморазмножающимся электронным схемам, *проф.* эмбрионика
emerge 1. возникать (*внезапно*); появляться (*неожиданно*) **2.** выходить (*на поверхность*); прорастать; всплывать
emergence 1. (внезапное) возникновение; (неожиданное) появление **2.** выход (*на поверхность*); прорастание; всплытие
  ~ of dislocations выход дислокаций на поверхность; прорастание дислокаций
emergency 1. (внезапно) возникающая ситуация; непредвиденный случай ‖ (внезапно) возникающий; непредвиденный **2.** авария; критическая ситуация ‖ аварийный; требующий экстренного вмешательства; критический **3.** запасной; вспомогательный; аварийный
emergent 1. (внезапно) возникающий; непредвиденный **2.** аварийный; требующий экстренного вмешательства; критический **3.** запасной; вспомогательный; аварийный **4.** *вчт, бион.* эмерджентный, обладающий способностью к скачкообразному возникновению нового качества
emergentness *вчт, бион.* эмерджентность, способность к скачкообразному возникновению нового качества
  system ~ эмерджентность системы, способность системы обладать качествами, не присущими её компонентам
e(-)message сообщение электронной почты, электронное почтовое сообщение; электронное письмо
emf электродвижущая сила, эдс
  acoustoelectric ~ акустоэлектродвижущая сила, акустоэдс
  back ~ противоэлектродвижущая сила, противоэдс
  chemical ~ химическая электродвижущая сила, химическая эдс
  contact ~ контактная разность потенциалов
  counter ~ противоэлектродвижущая сила, противоэдс
  Dember ~ *пп* электродвижущая сила Дембера, эдс Дембера
  electromagnetic ~ электромагнитная электродвижущая сила, электромагнитная эдс
  electrostatic ~ электростатическая электродвижущая сила, электростатическая эдс

induced ~ наведённая электродвижущая сила, наведённая эдс
photoelectric ~ фотоэлектродвижущая сила, фотоэдс
piezoelectric ~ пьезоэлектрическая электродвижущая сила, пьезоэдс
psophometric ~ псофометрическая эдс
Sasaki ~ *пп* электродвижущая сила Сасаки, эдс Сасаки
Seebeck ~ термоэлектродвижущая сила, термоэдс
thermal ~ термоэлектродвижущая сила, термоэдс
thermionic ~ термоионная электродвижущая сила, термоионная эдс
emission 1. эмиссия **2.** электронная эмиссия **3.** излучение
 ~ of light излучение света
acoustic ~ акустическая эмиссия
alpha(-ray) ~ альфа-излучение
anode ~ анодная эмиссия
associated corpuscular ~ сопутствующее корпускулярное излучение
autoelectronic ~ автоэлектронная эмиссия
avalanche ~ лавинное излучение
avalanching photon ~ лавинообразное излучение фотонов
back ~ обратная эмиссия
beta(-ray) ~ бета-излучение
Brillouin ~ бриллюэновское излучение
cathode ~ эмиссия катода
class A0 ~ излучение класса A0 (*немодулированная несущая*)
class A1 ~ излучение класса A1 (*телеграфия незатухающими колебаниями*)
class A2 ~ излучение класса A2 (*тональная телеграфия*)
class A3 ~ излучение класса A3 (*телефония, две боковые полосы*)
class A3A ~ излучение класса A3A (*телефония, одна боковая полоса с частично подавленной несущей*)
class A3B ~ излучение класса A3B (*телефония, две независимые боковые полосы*)
class A3J ~ излучение класса A3J (*телефония, одна боковая полоса с подавленной несущей*)
class A4 ~ излучение класса A4 (*факсимильная связь, модуляция посредством изменения амплитуды или частотная модуляция поднесущей*)
class A4A ~ излучение класса A4A (*факсимильная связь, одна боковая полоса с ослабленной несущей*)
class A5 ~ излучение класса A5 (*телевидение*)
class A5C ~ излучение класса A5C (*телевидение, остаточная боковая частота*)
class A7A ~ излучение класса A7A (*многократная тональная телеграфия, одна боковая полоса с частично подавленной несущей*)
class A9B ~ излучение класса A9B (*комбинированная передача телефонии и телеграфии, две независимые боковые полосы*)
class F1 ~ излучение класса F1 (*частотная телеграфия, частотная манипуляция*)
class F2 ~ излучение класса F2 (*частотная тональная телеграфия, частотная манипуляция*)
class F3 ~ излучение класса F3 (*телефония, частотная модуляция*)
class F4 ~ излучение класса F4 (*факсимильная связь, непосредственная модуляция несущей*)
class F5 ~ излучение класса F5 (*телевидение*)
class F6 ~ излучение класса F6 (*двойная частотная телеграфия*)
class F9 ~ излучение класса F9 (*другие виды частотной модуляции, не предусмотренные предыдущими классами излучения*)
class P0 ~ излучение класса P0 (*импульсы с ВЧ-заполнением без применения модуляции, напр., в радиолокации*)
class P1D ~ излучение класса P1D (*телеграфия посредством изменения амплитуды импульсов*)
class P2D ~ излучение класса P2D (*телеграфия посредством амплитудной модуляции тональной частоты*)
class P3D ~ излучение класса P3D (*телефония посредством амплитудно-импульсной модуляции*)
class P2E ~ излучение класса P2E (*телеграфия посредством широтно-импульсной или временной импульсной модуляции*)
class P3E ~ излучение класса P3E (*телефония посредством широтно-импульсной или временной импульсной модуляции*)
class P3F ~ излучение класса P3F (*телефония посредством фазоимпульсной модуляции*)
class P3G ~ излучение класса P3G (*импульсно-кодовая модуляция*)
class P9 ~ излучение класса P9 (*другие виды импульсной модуляции, не предусмотренные предыдущими классами излучения*)
cold ~ автоэлектронная эмиссия
collisionless ~ бесстолкновительное излучение (*плазмы*)
cooperative ~ кооперативное излучение
corpuscular ~ корпускулярное излучение
cyclotron ~ циклотронное излучение
deceleration ~ тормозное излучение
edge ~ краевое излучение
electron ~ электронная эмиссия
electron-ion ~ электронно-ионная эмиссия
exoelectron ~ экзоэлектронная эмиссия
exoion ~ экзоионная эмиссия
extraneous ~ побочное излучение
field ~ автоэлектронная эмиссия
field-enhanced photoelectric ~ фотоэлектронная эмиссия, усиленная полем
filament ~ электронная эмиссия термокатода
free-field ~ электронная эмиссия в отсутствие электрического поля
Frenkel-Poole ~ *пп* эмиссия Френкеля — Пуля
gamma(-ray) ~ гамма-излучение
grid ~ эмиссия сетки
heat ~ тепловое излучение
hole ~ эмиссия дырок
impurity ~ примесное излучение
induced ~ 1. индуцированное [вынужденное] излучение **2.** индуцированная [стимулированная] эмиссия
induced electron ~ рентгеновская фотоэлектронная эмиссия, рентгеновский внешний фотоэффект
internal field ~ эмиссия под действием внутреннего электрического поля
intrinsic ~ собственное излучение
ion-ion ~ ион-ионная эмиссия

emission

isothermal thermionic ~ изотермическая термоэлектронная эмиссия
laser ~ лазерное излучение
luminescent ~ люминесцентное излучение
magnetointernal field ~ эмиссия под действием внутреннего магнитного поля (*в магнитных полупроводниках*)
off-frequency ~ внеполосное излучение
out-of-band ~ внеполосное излучение
pair ~ *пп* межпримесное излучение
parametric ~ параметрическое излучение
particle ~ корпускулярное излучение
phosphorescence ~ фосфоресцентное излучение
photoelectric [photoelectron] ~ фотоэлектронная эмиссия, внешний фотоэффект
photon ~ излучение фотонов
photostimulated exoelectron ~ фотоиндуцированная [фотостимулированная] экзоэлектронная эмиссия
polarized ~ поляризованное излучение
positive(-ion) ~ анодная эмиссия
positron ~ позитронное излучение
primary (electron) ~ первичная (электронная) эмиссия
primary grid ~ первичная [термоэлектронная] эмиссия сетки
pulse ~ импульсная эмиссия
Raman ~ комбинационное излучение
Raman-Stokes ~ комбинационное стоксово излучение
resonance ~ резонансное излучение
reverse ~ обратная эмиссия
Schottky ~ эмиссия Шотки
secondary (electron) ~ вторичная (электронная) эмиссия
secondary grid ~ вторичная эмиссия сетки
self-stimulated ~ самоиндуцированное излучение
sensitized ~ сенсибилизированное излучение
space-charged limited ~ эмиссия, ограниченная пространственным зарядом
specific ~ удельная эмиссия (*катода*)
spontaneous ~ спонтанное излучение
spurious ~ 1. паразитная эмиссия 2. паразитное излучение
stimulated ~ 1. индуцированное [вынужденное] излучение 2. стимулированная [индуцированная] эмиссия
stray ~ 1. паразитная эмиссия 2. паразитное излучение
surface ~ поверхностная эмиссия
synchrotron ~ синхротронное излучение
telephone ~ телефонный сигнал
thermal electron ~ термоэлектронная эмиссия
thermally stimulated exoelectron ~ термостимулированная [термоиндуцированная] экзоэлектронная эмиссия
thermionic ~ 1. термоэлектронная эмиссия 2. термоионная эмиссия
thermionic field ~ термоэлектронная эмиссия, усиленная полем
thermionic grid ~ термоэлектронная [первичная] эмиссия сетки
thermostimulated exoelectron ~ термостимулированная [термоиндуцированная] экзоэлектронная эмиссия

total ~ полная эмиссия (*катода*)
tunnel ~ автоэлектронная эмиссия
unwanted ~ нежелательное излучение
zero-field ~ термоэлектронная эмиссия при нулевом поле

emissivity 1. излучательная способность 2. коэффициент излучения (*теплового излучателя*), коэффициент черноты
directional ~ коэффициент направленного излучения (*теплового излучателя*)
spectral ~ спектральная излучательная способность
thermal ~ коэффициент излучения (*теплового излучателя*)
total ~ интегральная излучательная способность

emit 1. эмитировать 2. излучать 3. порождать (*код*) 4. *вчт* генерировать (*напр. сообщение*) ◊ **to ~ output** генерировать выходные данные *или* данные для вывода на экран дисплея; **to ~ special symbol** генерировать специальный символ

emitron *тлв* эмитрон
cathode-potential-stabilized ~ *тлв* суперортикон
CPS ~ *см.* **cathode-potential-stabilized emitron**

emittance 1. энергетическая светимость 2. эмиттанс (*пучка*)
beam ~ эмиттанс пучка
luminous ~ светимость
radiant ~ энергетическая светимость
two-dimensional ~ двумерный эмиттанс

emitter 1. эмиттер, эмиттерная область 2. излучатель 3. эмиттер (*напр. ионов*), катод 4. *вчт* генератор (*напр. символов*)
alloyed ~ сплавной эмиттер
alpha(-ray) ~ альфа-излучатель
auxiliary ~ вспомогательный эмиттер
barium-strontium-oxide ~ оксидный бариево-стронциевый катод
beta(-ray) ~ бета-излучатель
boron ~ эмиттер из бора
character ~ *вчт* знакогенератор, генератор знаков; генератор символов
common ~ общий эмиттер
diffused ~ диффузионный эмиттер
dot ~ точечный эмиттер
electroluminescent ~ электролюминесцентный излучатель
electron ~ электронный эмиттер
filamentary ~ нитевидный эмиттер
floating ~ плавающий эмиттер
gamma(-ray) ~ гамма-излучатель
grounded ~ заземлённый эмиттер
guard-ring ~ эмиттер с охранным кольцом
heterostructure light ~ светоизлучающая гетероструктура
hole ~ дырочный эмиттер
hot electron ~ эмиттер горячих электронов
illumination ~ РЛС подсвета цели
implanted ~ ионно-имплантированный эмиттер
ion ~ эмиттер ионов
ion-implanted ~ ионно-имплантированный эмиттер
isotropic ~ изотропный излучатель
lasing ~ лазерный излучатель
light ~ излучатель света
magnesium-oxide ~ оксидно-магниевый холодный катод

majority ~ эмиттер основных носителей
mesa ~ мезаэмиттер
mesh ~ эмиттер ячеистого типа
metal ~ металлический эмиттер
minority ~ эмиттер неосновных носителей
neutralizing ~ нейтрализующий эмиттер
patchy ~ неоднородный эмиттер
plasma ~ плазменный эмиттер
ring-type ~ кольцевой эмиттер
Schottky barrier ~ эмиттер с барьером Шотки
secondary(-electron) ~ динод
space-charge-limited ~ эмиттер с током, ограниченным объёмным зарядом
star-type ~ звездообразный эмиттер
step-function type ~ эмиттер с резким переходом
thermionic electron ~ термоэлектронный [термоэмиссионный] преобразователь
thin-film ~ тонкоплёночный эмиттер
tunnel ~ туннельный эмиттер
wide-gap ~ эмиттер из широкозонного материала, широкозонный эмиттер
X-ray ~ рентгеновский излучатель
emitter-coupled с эмиттерной связью
e(-)money электронные деньги
emoticon *вчт* группа ASCII-символов для обозначения экспрессивно-эмоциональных *или* экспрессивно-оценочных фраз в сообщениях электронной почты *или* групп новостей, *проф.* эмотикон
emphasis 1. эмфаза 2. предыскажения
emphasize 1. использовать эмфазу 2. вводить предыскажения
emphasizer частотный корректор схемы введения предыскажений
empirical эмпирический
empiricism эмпиризм
  abstracted ~ абстрактный эмпиризм
empty 1. опустошать (*напр. энергетический уровень*); освобождать (*напр. энергетический уровень или канал связи*) || опустошённый; пустой (*напр. энергетический уровень*); незанятый (*напр. энергетический уровень или канал связи*) 2. выгружать (*содержимое*); очищать (*напр. память*); опорожнять (*напр. резервуар*) 3. бессодержательный; лишённый смысла 4. чистый (*напр. лист бумаги*); незаполненный (*напр. о таблице*); порожний (*напр. резервуар*) ◊ **to ~ tank** опорожнять резервуар
emptying 1. опустошение (*напр. энергетический уровня*); освобождение (*напр. энергетического уровня или канала связи*) 2. выгрузка (*содержимого*); очистка (*напр. памяти*); опорожнение (*напр. резервуара*) 3. *pl* остаток; осадок (*после опорожнения*)
  ~ of level опустошение [освобождение] (энергетического) уровня
  ~ of states опустошение [освобождение] (энергетических) состояний
  memory ~ очистка памяти
  register ~ очистка регистра
emulate 1. имитировать (*до мельчайших подробностей*); (*искусно*) подражать; *вчт* эмулировать (*программное или аппаратное средство программными или аппаратными средствами*) 2. соперничать; конкурировать
emulation 1. имитация (*до мельчайших подробностей*); (*искусное*) подражание; *вчт* эмуляция (*программного или аппаратного средства программными или аппаратными средствами*) 2. соперничество; конкуренция
  DOS ~ эмуляция DOS, эмуляция стандартной операционной системы для IBM-совместимых компьютеров
  hardware ~ эмуляция аппаратного средства
  in-circuit ~ внутрисхемная эмуляция
  local area network ~ эмуляция локальных сетей, метод LANE
  printer ~ эмуляция принтера
  software ~ эмуляция программного средства
  terminal ~ эмуляция терминала
emulator 1. имитатор (*до мельчайших подробностей*); (*искусный*) подражатель; *вчт* эмулятор (*программного или аппаратного средства программными или аппаратными средствами*) 2. соперничество; конкуренция
  backward mode ~ эмулятор с обратной совместимостью
  DOS ~ эмулятор DOS, эмулятор стандартной операционной системы для IBM-совместимых компьютеров
  expanded memory ~ эмулятор отображаемой памяти
  fully integrated RISC ~ полностью встроенный эмулятор архитектуры сокращённого набора команд, полностью встроенный RISC-эмулятор
  in-circuit ~ внутрисхемный эмулятор
  Petri net ~ эмулятор сети Петри
  ROM ~ эмулятор ПЗУ
  stand-alone ~ автономный [внесистемный] эмулятор
  terminal ~ эмулятор терминала
emulsification эмульгирование; эмульсификация
  double(-jet) ~ двуструйная эмульсификация
  ink ~ эмульгирование краски
emulsifier эмульгатор (*1. установка для эмульгирования 2. эмульгирующий агент*)
emulsion 1. эмульсия 2. фотоэмульсия, светочувствительная эмульсия
  fine-grain ~ мелкозернистая фотоэмульсия
  high-resolution ~ фотоэмульсия с высоким разрешением
  infrared ~ фотоэмульсия для ИК-диапазона
  light-sensitive ~ светочувствительная эмульсия, фотоэмульсия
  negative ~ негативная фотоэмульсия
  nuclear ~ ядерная фотоэмульсия
  orthochromatic ~ ортохроматическая фотоэмульсия
  panchromatic ~ панхроматическая фотоэмульсия
  photographic ~ фотографическая эмульсия, фотоэмульсия
  positive ~ позитивная фотоэмульсия
  solvent ~ *микр.* эмульсионный растворитель
en *вчт* эн, полуэм, ширина строчной буквы n латинского алфавита (*относительная мера ширины шрифта*)
enable 1. деблокировать || деблокированный 2. *вчт* демаскировать; разрешать; делать возможным; допускать || демаскированный; разрешённый; возможный; допустимый; доступный 3. отпирающий сигнал; разрешающий сигнал || отпирать (*напр. схему*) 4. вход отпирающего сигнала; вход

enable

разрешающего сигнала **5.** *вчт* сигнал на подключение *или* использование (*устройства*) ‖ подключать *или* разрешать использование (*устройства*)
    chip ~ сигнал, разрешающий подключение ИС (*напр. к шине*)
    clock ~ разрешающий сигнал для генератора синхронизирующих импульсов, разрешающий сигнал для генератора синхроимпульсов; разрешающий сигнал для генератора тактовых импульсов, разрешающий сигнал для тактового генератора
    interrupt ~ *вчт* сигнал разрешения прерывания
enabled 1. деблокированный **2.** *вчт* демаскированный; разрешённый; возможный; допустимый; доступный **3.** *вчт* подключённый *или* разрешённый для использования (*об устройстве*)
enabling 1. деблокирующий **2.** *вчт* демаскирующий; разрешающий; обеспечивающий возможность; допускающий; обеспечивающий доступ **3.** отпирающий (*сигнал*) **4.** *вчт* подключающий *или* разрешающий использование (*устройства*)
enamel эмаль ‖ наносить эмаль, эмалировать (*напр. провод*)
enameled эмалированный (*напр. о проводе*)
    cotton ~ эмалированный с хлопчатобумажной изоляцией (*о проводе*)
    single-silk ~ эмалированный с однослойной шёлковой изоляцией (*о проводе*)
enantiomer энантиомер, оптический изомер
enantiomorph *крист.* энантиоморф, энантиоморфная модификация
enantiomorphism 1. *крист.* энантиоморфизм **2.** киральность, хиральность
encapsulant герметизирующий материал, герметик
encapsulate 1. герметизировать **2.** *вчт* инкапсулировать; применять сокрытие информации **3.** *вчт* оформлять модуль
encapsulation 1. герметизация **2.** *вчт* инкапсуляция; сокрытие информации **3.** *вчт* оформление модуля
    active ~ герметизация активным веществом
    compression bonded ~ герметизация методом компрессии
    dip ~ герметизация методом погружения
    glass ~ герметизация стеклом
    liquid ~ жидкостная герметизация
    passive ~ герметизация пассивным веществом
    plastic ~ герметизация пластмассой
encephalogram энцефалограмма
encephalograph 1. энцефалограмма **2.** электроэнцефалограф
encipher шифровать
encipherer шифратор
encipherment шифрование
enclitic 1. энклитика (*1. безударное примыкание справа 2. проф. «хвост» распределения справа*) ‖ энклитический (*1. относящийся к безударному примыканию справа 2. проф. относящийся к «хвосту» распределения справа*) **2.** наклоняющийся назад
enclosure 1. кожух; оболочка; корпус **2.** акустический экран (*громкоговорителя*); ящик (*громкоговорителя*) ◊ ~ **with acoustic resistance** ящик громкоговорителя с внутренним звукопоглотителем **3.** *вчт* вложение (*напр. в сообщение*)
    acoustical sound ~ звукопоглощающий акустический экран
    bass reflex speaker ~ звукоотражающий акустический экран громкоговорителя для нижних (звуковых) частот
    camera ~ корпус камеры
    computer ~ корпус компьютера
    detachable loudspeaker ~ съёмный акустический экран громкоговорителя
    drip-proof ~ брызгозащищённый кожух; брызгозащищённая оболочка
    driptight ~ брызгозащищённый кожух; брызгозащищённая оболочка
    explosion-proof ~ взрывобезопасный кожух; взрывобезопасная оболочка
    hermetic ~ герметичный корпус
    insulated ~ изолирующая оболочка
    loudspeaker ~ акустический экран громкоговорителя; ящик громкоговорителя
    loudspeaker ~ **with transmission line loading** фазоинвертор со связью через отрезок линии передачи длиной $\lambda/8$
    separate terminal ~ камера выводов
    shielded ~ экранирующий кожух
    vented ~ фазоинвертор
encode 1. кодировать (*1. представлять информацию в виде последовательности элементов некоторой совокупности символов или сигналов по определённой системе правил 2. вчт программировать*) **2.** модулировать (*напр. в системе с дельта-модуляцией*) **3.** преобразовывать из аналоговой формы в цифровую
encoder 1. кодер (*1. устройство 2. компьютерная программа; алгоритм или метод*) **2.** кодер системы цветного телевидения **3.** модулятор (*напр. в системе с дельта-модуляцией*) **4.** аналого-цифровой преобразователь, АЦП **5.** кодировщик ◊ ~ **with multilevel quantizer** модулятор с многоуровневым квантователем
    AD ~ *см.* **analog-to-digital encoder**
    analog-to-digital ~ аналого-цифровой преобразователь, АЦП
    analogue ~ аналоговый модулятор
    asymmetrical ~ асимметричный модулятор
    asynchronous ~ асинхронный модулятор
    brush ~ кодер с щёточными контактами
    chronometric ~ тактируемый кодер
    color ~ кодер системы цветного телевидения
    companded ~ модулятор с компандированием
    convolutional ~ свёрточный кодер
    dc signal ~ модулятор постоянного тока
    decimal ~ преобразователь из аналоговой формы в десятичную
    delta-modulation ~ дельта-модулятор
    delta-sigma-modulation ~ дельта-сигма-модулятор
    flash ~ высокоскоростной аналого-цифровой преобразователь, высокоскоростной АЦП
    interleaved ~ кодер-перемежитель, кодер с перемежением
    linear ~ линейный модулятор
    optical ~ оптический кодер
    pcm ~ *см.* **pulse-code-modulation encoder**
    pulse-code-modulation ~ импульсно-кодовый модулятор
    pulse-width ~ широтно-импульсный модулятор
    quantizing ~ квантующий кодер

shaft(-position) ~ аналого-цифровой преобразователь углового положения вала, преобразователь вал — код
sine-cosine ~ синус(но)-косинусный преобразователь
telemetry ~ телеметрический кодер
tracking ~ следящий модулятор

encoder-decoder 1. кодек (*1. устройство 2. компьютерная программа; алгоритм или метод*) 2. модем (*напр. в системе с дельта-модуляцией*)

encoding 1. кодирование (*1. представление информации в виде последовательности элементов некоторой совокупности символов или сигналов по определённой системе правил 2. вчт программирование*) 2. модуляция (*напр. в системе с дельта-модуляцией*) 3. преобразование из аналоговой формы в цифровую
  advanced run-length limited ~ 1. усовершенствованное кодирование по сериям ограниченной длины, ARLL-кодирование 2. алгоритм ARLL, усовершенствованный алгоритм сжатия данных с использованием кодирования по сериям ограниченной длины
  ARLL ~ *см.* **advanced run-length limited encoding**
  binary ~ двоичное кодирование
  character ~ 1. кодирование символов 2. схема кодирования символов
  convolutional ~ свёрточное кодирование (*сообщений*)
  correlation-min ~ корреляционное преобразование (*функции принадлежности нечёткого множества*) методом минимума
  correlation-product ~ корреляционное преобразование (*функции принадлежности нечёткого множества*) методом произведения
  data ~ кодирование данных
  delayed ~ кодирование с задержкой
  differential Manchester ~ дифференциальное манчестерское кодирование
  flux transition ~ кодирование зон обращения магнитного потока (*в магнитных дисках*)
  FM ~ *см.* **frequency modulation encoding**
  fractal ~ фрактальное кодирование
  frequency modulation ~ кодирование методом частотной модуляции, FM-кодирование; кодирование при записи с одинарной плотностью
  horizontal ~ горизонтальное (микро)программирование
  intraframe ~ внутрикадровое кодирование
  knowledge ~ вчт кодирование знаний; ввод знаний в экспертную систему
  Manchester ~ манчестерское кодирование
  MFM ~ *см.* **modified frequency modulation encoding**
  modified frequency modulation ~ кодирование методом модифицированной частотной модуляции, MFM-кодирование; кодирование при записи с двойной плотностью
  multiple sub-Nyquist sampling ~ система MUSE, система кодирования с множественной субдискретизацией (для телевидения высокой точности)
  noiseless ~ бесшумовое кодирование
  normal Manchester ~ стандартное манчестерское кодирование
  one-hot ~ кодирование с использованием индивидуальных переменных для каждого состояния (*в конечных автоматах*)
  phase ~ фазовое кодирование
  predictive ~ кодирование с предсказанием
  quadrature ~ квадратурное кодирование
  resistance-capacitance ~ резистивно-ёмкостное кодирование
  RL ~ *см.* **run-length encoding**
  RLL ~ *см.* **run-length limited encoding**
  run-length ~ 1. кодирование по длинам серий, RL(E)-кодирование 2. алгоритм RLE, алгоритм сжатия данных с использованием кодирования по длинам серий
  run-length limited ~ 1. кодирование по сериям ограниченной длины, RLL- кодирование 2. алгоритм RLL, алгоритм сжатия данных с использованием кодирования по сериям ограниченной длины
  source ~ исходное кодирование
  speech-predictive ~ кодирование речи с предсказанием
  topologically distributed ~ топологически распределённое кодирование
  vertical ~ вертикальное (микро)программирование

encompass охватывать
encompassing охват
  parsimonious ~ экономный охват

encrypt 1. шифрование || шифровать 2. кодирование || кодировать

encryption 1. шифрование 2. кодирование
  antiwiretap ~ шифрование, защищённое от перехвата
  asymmetric ~ асимметричное [двухключевое] шифрование, шифрование с открытым ключом
  block ~ блочное шифрование
  bulk ~ групповое шифрование
  conventional ~ симметричное [одноключевое] шифрование, шифрование с секретным ключом, *проф.* традиционное шифрование
  data ~ шифрование данных
  end-to-end ~ сквозное шифрование
  hardware ~ аппаратное шифрование
  link ~ шифрование передач по линии связи
  Microsoft point-to-point ~ протокол (*корпорации Microsoft*) шифрования данных для двухпунктовой связи, протокол MPPE
  multiple ~ многократное шифрование
  public key ~ шифрование с открытым ключом, асимметричное [двухключевое] шифрование, *проф.* современное шифрование
  secret ~ симметричное [одноключевое] шифрование, шифрование с секретным ключом, *проф.* традиционное шифрование
  software ~ программное шифрование
  stream ~ потоковое шифрование
  symmetric ~ симметричное [одноключевое] шифрование, шифрование с секретным ключом, *проф.* традиционное шифрование
  traditional ~ симметричное [одноключевое] шифрование, шифрование с секретным ключом, *проф.* традиционное шифрование
  virtual key ~ шифрование с виртуальным ключом

Encyclop(a)edia:
Computer Telephony Integration ~ рекомендации Консорциума производителей средств компьютерной телефонии по реализации интерфейса

Encyclop(a)edia

прикладного программирования, стандарт CTI Encyclopedia

CTI ~ *см.* **Computer Telephony Integration Encyclop(a)edia**

encyclop(a)edia энциклопедия

electronic ~ электронная энциклопедия

end 1. конец; окончание; заключение; прекращение ‖ окончить(ся); оканчивать(ся); заканчивать(ся); прекращать(ся); служить заключением ‖ конечный; окончательный; заключительный **2.** предел; граница; край ‖ служить пределом *или* границей; ограничивать(ся) ‖ предельный; граничный **3.** результат; итог **4.** цель **5.** доля; часть

~ of block конец блока

~ of file конец файла, символ окончания (текстового) файла

~ of frame конец кадра

~ of interrupt завершение прерывания

~ of job конец задачи

~ of line конец строки, символ окончания строки

~ of media 1. конец носителя **2.** символ «конец носителя», символ ↓, символ с кодом ASCII 19h

~ of message конец сообщения

~ of packet конец пакета

~ of page конец страницы

~ of paragraph 1. конец абзаца **2.** конец параграфа

~ of SysEx *вчт* конец исключительного [привилегированного] системного сообщения (*MIDI-сообщение*)

~ of tape конец ленты, маркер конца (доступной для записи части) магнитной ленты

~ of text 1. конец текста **2.** символ «конец текста», символ ♥, символ с кодом ASCII 03h

~ of thread «конец беседы»; «конец обсуждения» (*акроним Internet*)

~ of transmission 1. конец передачи, **2.** символ «конец передачи», символ ♦, символ с кодом ASCII 04h

~ of volume конец тома, символ окончания тома

analog front ~ аналоговые внешние интерфейсные аппаратные средства

auto ~ of interrupt автоматическое завершение прерывания

back ~ 1. внутренний; удалённый; тыловой **2.** внутренний интерфейс ‖ внутренний интерфейсный **3.** специальный; дополнительный **4.** спецпроцессор; дополнительный процессор; постпроцессор **5.** окончательный; конечный **6.** процессор для окончательной обработки данных **7.** серверное приложение ‖ серверный **8.** программное обеспечение для выполнения конечной стадии процесса *или* для решения неочевидной для пользователя задачи **9.** внутренняя часть; удалённая часть, *проф.* «тыловая» часть (*напр. системы*) **10.** выходные [оконечные] каскады (*приёмника*) ‖ выходной; оконечный

Brewster-angle ~ *кв.эл.* торец (*напр. стержня активного вещества твердотельного лазера*), скошенный под углом Брюстера

clearing ~ зачищенный конец (*проводника*)

compiler back ~ внутренние программы компилятора

dead ~ 1. заглушенная часть (*студии*) **2.** неподключённая часть катушки индуктивности с отводами

far ~ дальний [приёмный] конец (*линии связи*)

front ~ 1. внешний; ближайший; фасадный **2.** внешний интерфейс ‖ внешний интерфейсный **3.** связной [коммуникационный] процессор ‖ связной, коммуникационный **4.** предварительный; буферный **5.** препроцессор, процессор для предварительной обработки данных; буферный процессор **6.** связной [коммуникационный] контроллер **7.** внешняя часть; ближайшая часть, *проф.* «фасадная» часть (*напр. системы*) **8.** входные каскады (*приёмника*) ‖ входной **9.** *тлв* переключатель телевизионных каналов, ПТК

head ~ 1. головная организация; головное предприятие; главный офис ‖ головной; главный **2.** головная станция кабельного телевидения **3.** головной узел (*сети*); узловая ретрансляционная станция ‖ узловой **4.** вход приёмного устройства ‖ приёмный

high ~ 1. высшего класса; высококачественный; наилучший **2.** с широкими функциональными возможностями; профессиональный; отвечающий современным требованиям **3.** дорогостоящий, с высокой стоимостью

live ~ 1. гулкая часть (*студии*) **2.** подключённая часть катушки индуктивности с отводами

loop ~ конец звуковой петли (*в сэмплерах*)

low ~ 1. низшего класса; невысокого качества; наихудший **2.** с малыми функциональными возможностями; любительского уровня; не отвечающий современным требованиям **3.** недорогой, с низкой стоимостью

near ~ ближний [передающий] конец (*линии связи*)

rear ~ 1. наиболее удалённая часть (*напр. системы*), *проф.* «тыловая» часть **2.** выходные каскады (*приёмника*)

reference ~ базовый край (*магнитной ленты*)

sample ~ *вчт* конец образца (*определённого*) звука в цифровой форме, конец оцифрованного образца (*определённого*) звука, *проф.* конец сэмпла

shaft ~ конец вала со стороны привода

endec 1. кодек (*1. устройство 2. компьютерная программа; алгоритм или метод*) **2.** модем (*напр. в системе с дельта-модуляцией*)

endian *вчт* относящийся к порядку записи байт слова, определяющий выбор записываемого по наименьшему адресу байта, *проф.* конечный (*от названия партий «остроконечных» и «тупоконечных» в романе Свифта «Путешествия Гулливера»*)

ending *вчт* **1.** флексия, окончание **2.** конечный слог слова **3.** конечная *или* заключительная часть; заключение

endleaf *вчт* форзац (*печатного издания*)

endnote *вчт* затекстовое примечание

endogeneity эндогенность

endogenous эндогенный; внешний

endomorph *крист.* эндоморф

endoplasm *биол.* эндоплазма

endoradiosonde радиокапсула

endosmosis эндоосмос

endothermic эндотермический

endpaper *вчт* форзац (*печатного издания*)

endpoint *вчт* **1.** конечная точка (*напр. кривой*); граница (*напр. интервала*) **2.** оконечная точка (*уст-*

ройства передачи или обработки данных); точка ввода *или* вывода (*данных*)
  additional ~ дополнительная оконечная точка
  input ~ оконечная точка ввода (*данных*)
  output ~ оконечная точка вывода (*данных*)
  zero ~ нулевая оконечная точка (*для инициализации и управления работой устройства*)
endsheet *вчт* форзац (*печатного издания*)
endurance 1. стойкость; выносливость; усталостная прочность 2. износостойкость 3. срок службы; долговечность
  cold ~ холодостойкость
  fatigue ~ усталостная стойкость
  heat ~ теплостойкость
enemy 1. противник; оппонент (*напр. в криптоанализе*) 2. неприятель; враг || неприятельский; вражеский
energetics энергетика
energize 1. подводить электрическую энергию; подключать к источнику (электро)питания 2. запасать электрическую энергию; заряжаться 3. потреблять электрическую энергию 4. активизировать; усиливать
energizer 1. источник электрической энергии 2. средство активизации *или* усиления
  bass ~ усилитель нижних (звуковых) частот
energy 1. энергия 2. источник энергии; энергетический ресурс ◊ **~ per mode** энергия моды; **~ per pulse** энергия импульса
  ~ of photon энергия фотона
  acceptor ionization ~ энергия ионизации акцепторов
  activation ~ энергия активации
  allowed ~ разрешённый (энергетический) уровень
  anisotropy ~ энергия анизотропии
  band-edge ~ энергия, соответствующая границе энергетической зоны
  binding ~ энергия связи
  Bloch line ~ *магн.* энергия блоховской линии
  Bloch point ~ *магн.* энергия блоховской точки
  bond ~ энергия связи
  carrier-pair creation ~ энергия рождения пар носителей
  condensation ~ энергия конденсации
  correlation ~ корреляционная энергия
  Coulomb ~ энергия кулоновского [электростатического] взаимодействия
  demagnetization ~ энергия размагничивающего поля
  diffusion activation ~ энергия активации диффузии
  dipolar ~ дипольная энергия
  dipolar interaction ~ энергия дипольного взаимодействия
  dipole ~ дипольная энергия
  domain ~ энергия домена
  domain wall ~ энергия доменной границы
  donor ionization ~ энергия ионизации доноров
  eigen ~ собственное значение энергии
  elastic(-strain) ~ упругая энергия, энергия упругих деформаций
  electric ~ электрическая энергия
  electromagnetic ~ электромагнитная энергия
  electron ~ энергия электрона
  electron affinity ~ энергия сродства к электрону
  electron binding ~ 1. энергия связи электрона 2. энергия ионизации
  electrostatic ~ электростатическая энергия
  EM ~ *см.* **electromagnetic energy**
  evaporation ~ энергия испарения, энергия парообразования
  excess ~ избыточная энергия
  exchange (interaction) ~ энергия обменного взаимодействия, обменная энергия
  excitation ~ энергия возбуждения
  Fermi ~ энергия Ферми
  field ~ энергия поля
  free ~ свободная энергия, энергия Гельмгольца
  gap ~ ширина энергетической щели
  Gibbs ~ энергия Гиббса, свободная энтальпия
  gradient ~ градиентная энергия; энергия неоднородностей
  Hartree ~ энергия Хартри (27,211396 эВ)
  heat ~ тепловая энергия
  Helmholtz ~ свободная энергия, энергия Гельмгольца
  hole ~ энергия дырки
  implantation ~ энергия имплантируемых ионов
  impurity activation ~ энергия активации примеси
  injection ~ энергия инжекции
  instantaneous acoustic kinetic ~ per unit volume мгновенная объёмная плотность акустической кинетической энергии
  instantaneous acoustic potential ~ per unit volume мгновенная объёмная плотность акустической потенциальной энергии
  interaction ~ энергия взаимодействия
  interfacial ~ поверхностная энергия
  interparticle ~ энергия взаимодействия между частицами
  ionization ~ энергия ионизации
  Josephson coupling ~ *свпр* джозефсоновская энергия связи
  kinetic ~ кинетическая энергия
  light ~ световая энергия
  luminous ~ световая энергия
  magnetic ~ магнитная энергия
  magnetic anisotropy ~ энергия магнитной анизотропии
  magnetization ~ энергия намагничивания
  magnetocrystalline anisotropy ~ энергия магнитокристаллической анизотропии
  magnetoelastic ~ магнитоупругая энергия
  magnetostatic ~ магнитостатическая энергия
  magnon ~ энергия магнона
  Neel line ~ *магн.* энергия неелевской линии
  optical ~ световая энергия
  particle ~ энергия частицы
  photon ~ энергия фотона
  plasmon ~ энергия плазмона
  potential ~ потенциальная энергия
  pump(ing) ~ энергия накачки
  quadrupole interaction ~ энергия квадрупольного взаимодействия
  quantum ~ энергия кванта
  radiant ~ энергия излучения; лучистая энергия
  radio-frequency ~ РЧ-энергия
  resonance ~ резонансная энергия
  self- ~ энергия покоя
  solar ~ солнечная энергия

energy

sound ~ звуковая [акустическая] энергия
specific magnetic ~ **in outer space** удельная магнитная энергия во внешнем пространстве
spike leakage ~ просачивающаяся энергия пика (*разрядника*)
spin-orbital (interaction) ~ энергия спин-орбитального взаимодействия, спин-орбитальная энергия
stacking fault ~ *фтт* энергия дефекта упаковки
stray field ~ энергия поля рассеяния
surface ~ поверхностная энергия
thermal ~ тепловая энергия
threshold ~ пороговая энергия; энергетический порог
total ~ полная энергия
trap-level ~ энергия уровня ловушки
wall ~ энергия доменной границы
Zeeman ~ зеемановa энергия, энергия взаимодействия с полем подмагничивания
zero-point ~ энергия нулевых колебаний

enforce 1. вынуждать; принуждать; заставлять **2.** обеспечивать соблюдение (*напр. стандартов*) или выполнение (*напр. условий*)

enforcement 1. вынуждение; принуждение **2.** обеспечение соблюдения (*напр. стандартов*) или выполнения (*напр. условий*)

enforcer *вчт* программа проверки соблюдения (*напр. стандартов*) или выполнения (*напр. условий*)
  standard ~ программа проверки соблюдения стандартов

engage 1. входить в контакт; соприкасаться **2.** зацепляться; сцепляться **3.** обязательство || брать обязательство; налагать обязательство **4.** занятие; дело || занимать(ся); вовлекать в дело

engagement 1. вхождение в контакт; соприкосновение **2.** зацепление; сцепление **3.** обязательство **4.** занятие; дело
  tip ~ вдавливание (магнитной) головки

Engine:
  Analytical ~ Аналитическая машина (*механический компьютер Ч. Бэббиджа*)
  Difference ~ Разностная машина (*механический компьютер Ч. Бэббиджа*)

engine 1. двигатель, мотор **2.** механическое устройство; механизм; машина **3.** механическая часть прибора *или* устройства **4.** сущность, суть (*напр. явления*); механизм (*напр. процесса*) **5.** *вчт* обработчик программ на языке программирования; компилятор, транслятор; интерпретатор **6.** *вчт* основная часть программы; блок программы, задающий способ управления и манипулирования данными, *проф.* «машина», «движок» **7.** процессор; микропроцессор **8.** математическая модель (*реальных событий и явлений*)
  3D ~ блок программы, задающий способ управления и манипулирования трёхмерными [объёмными] графическими данными, *проф.* трёхмерный [объёмный] движок
  advanced dynamic execution ~ блок программы, реализующий улучшенный метод динамического исполнения (*напр. в процессорах Pentium IV*)
  analogical constraint mapping ~ модель отображений с ограничениями на уровне аналогий, модель ACME
  black-write ~ механизм печати с переносом на барабан чёрных фрагментов документа, *проф.* механизм чёрной печати (*напр. в лазерных принтерах*)
  Canon ~ механизм работы копировальных устройств фирмы Canon
  compression converter ~ программа манипулирования файловыми архивами (*напр. в оболочке Norton Commander*)
  database ~ блок программы, задающий способ управления и манипулирования базой данных, процессор базы данных, *проф.* машина базы данных
  electromagnetic rocket ~ плазменный двигатель
  geometric ~ блок программы, задающий способ управления и манипулирования геометрическими примитивами, *проф.* геометрический движок
  graphic ~ блок программы, задающий способ управления и манипулирования графическими данными, *проф.* графический движок
  hollow-ring ion ~ трубчатый ионный двигатель
  ICC ~ *см.* International Color Consortium engine
  inference ~ блок программы, реализующий извлечение правил (*напр. из баз данных*) и построение умозаключений, *проф.* машина вывода (*часть экспертной системы*)
  International Color Consortium ~ блок программы, реализующий поддержку стандартов Международного консорциума по проблемам цвета
  knowledge base ~ блок программы, задающий способ управления и манипулирования базой знаний, процессор базы знаний, *проф.* машина базы знаний
  network services ~ механизм сетевого обслуживания
  Penning ~ ионный двигатель на разряде Пеннинга
  photon ~ фотонный двигатель
  plasma ~ плазменный двигатель
  polygon ~ блок программы, задающий способ управления и манипулирования полигональными графическими примитивами, *проф.* полигональный движок
  print ~ механизм печати
  printer ~ механизм принтера
  processor's execution ~ исполняющая программа процессора
  search ~ *вчт* поисковая машина
  structure mapping ~ структурно отображающий механизм, модель структурного отображения, модель SME
  thermoelectron ~ термоэлектронный [термоэмиссионный] преобразователь
  voxel ~ блок программы, задающий способ управления и манипулирования вокселями, *проф.* воксельный движок
  white-write ~ механизм печати с переносом на барабан белых фрагментов документа, *проф.* механизм белой печати (*напр. в лазерных принтерах*)

engineer 1. инженер || выполнять функции инженера **2.** проектировать; разрабатывать; конструировать
  communications ~ инженер по (теле)коммуникациям, инженер по связи
  customer ~ инженер по эксплуатации, ремонту и профилактическому обслуживанию
  design ~ инженер-разработчик
  electrical ~ инженер-электротехник
  electronic ~ инженер по электронике

enhancement

field ~ инженер по эксплуатации, ремонту и профилактическому обслуживанию
knowledge ~ инженер по знаниям; специалист по созданию базы знаний (*напр. экспертной системы*)
radio ~ радиоинженер
service ~ инженер по ремонту и техническому обслуживанию
systems ~ инженер по системотехнике

engineering 1. техника; технология; инженерия 2. проектирование; разработка; конструирование
assembly/test quality and reliability ~ техника контроля качества и надёжности сборки (*напр. ИС*)
basic IC ~ базовая технология ИС
circuitry [circuits] ~ схемотехника
communication ~ техника связи
computer ~ компьютерная техника
computer-aided ~ автоматизированное конструирование
computer-aided software ~ автоматизированная разработка программного обеспечения
control ~ техника автоматического управления; техника автоматического регулирования
cryogenic ~ криогенная техника
data ~ информационная техника; информационная технология; *проф.* инженерия данных
display system ~ техника систем отображения; техника систем индикации
domain ~ *вчт* проектирование и разработка домена
electrical~ электротехника
electronic ~ электронная техника
genetic ~ генетическая [генная] инженерия
human (factor) ~ эргономика
IC ~ технология ИС
installation ~ техника монтажа оборудования
integrated computer-aided software ~ средства интегрированной разработки программного обеспечения
knowledge ~ инженерия знаний
logistic ~ техника логистики
long-lines ~ техника линий передачи
mask-making ~ технология изготовления шаблонов
optical ~ оптическая техника; техническая оптика
photomask-making технология изготовления фотошаблонов
plastic package ~ технология изготовления пластмассовых корпусов (*напр. ИС*)
process control ~ техника систем автоматического управления процессами
production ~ технология производства
quantum radio ~ квантовая радиотехника
radio ~ радиотехника
reliability ~ техника (обеспечения) надёжности
requirements ~ разработка требований
research ~ техника научных исследований
reverse ~ обратное конструирование; восстановление конструкции, структуры *или* алгоритма (*по готовому образцу*)
safety ~ техника безопасности
service ~ правила эксплуатации и техника безопасности
social ~ 1. индустриальная социология 2. *вчт* метод проникновения в защищённые системы, основанный на использовании индивидуальной *или* социальной психологии
software ~ теоретические и практические основы программирования (*отрасль науки*)
systems ~ системотехника
television ~ телевизионная техника
usability ~ проектирование с учётом удобства использования; эргономичное проектирование

English 1. английский язык ǁ английский 2. язык запросов к базам данных в операционной системе Pick, язык English
structured ~ структурированный английский язык

english *вчт* 1. миттель, кегль 14 (*размер шрифта*) 2. *проф.* программа на языке высокого уровня

engrave *микр.* гравировать

engraving *микр.* гравирование
electronic ~ электронное гравирование (*с фотоэлектрическим считыванием оригинала*)

enhance 1. увеличивать; усиливать; интенсифицировать 2. улучшать; повышать качество 3. усовершенствовать; расширять (*напр. функциональные возможности*) 4. повышать качество изображения (*напр. в компьютерной графике*) 5. выделять контуры; очерчивать смазанные контуры (*изображения*) 6. *тлв* осуществлять апертурную коррекцию 7. увеличивать отношение сигнал/шум; выделять сигнал из шумов 8. *пп* обогащать (*напр. носителями*)

enhanced 1. улучшенный 2. усовершенствованный; расширенный

enhancement 1. увеличение; усиление; интенсификация 2. улучшение; повышение качества 3. усовершенствование; расширение (*напр. функциональных возможностей*) 4. повышение качества изображения (*напр. в компьютерной графике*) 5. выделение контуров; очерчивание смазанных контуров (*изображения*) 6. *тлв* апертурная коррекция 7. увеличение отношения сигнал/шум; выделение сигнала из шумов 8. *пп* обогащение (*напр. носителями*)
~ of atmospherics усиление атмосфериков
~ of moving targets выделение сигналов от движущихся целей
band ~ расширение (энергетической) зоны
contour ~ 1. выделение контуров 2. апертурная коррекция
contrast ~ увеличение контрастности (*изображения*)
edge ~ 1. выделение контуров 2. апертурная коррекция
electron ~ обогащение электронами
hole ~ обогащение дырками
image ~ повышение качества изображения
Kerr-effect ~ усиление эффекта Керра
line ~ 1. выделение сигнала в линии из шумов 2. горизонтальная апертурная коррекция
microwave ~ of superconductivity усиление сверхпроводимости под действием СВЧ-излучения
query ~ расширение запроса
signal ~ увеличение отношения сигнал — шум; выделение сигнала из шумов
speech ~ повышение разборчивости речи
sudden ~ of atmospherics внезапное усиление атмосфериков
virtual (80)86 mode ~ *вчт* расширение режима (эмуляции виртуального процессора) (80)86 (*в IBM-совместимых компьютерах*)

enhancer 1. увеличитель; усилитель **2.** программное *или* аппаратное средство расширения функциональных возможностей, расширитель функциональных возможностей **3.** программное *или* аппаратное средство повышения качества изображения (*напр. в компьютерной графике*) **4.** программное *или* аппаратное средство выделения контуров; выделитель контуров (*изображения*) **5.** *тлв* апертурный корректор **6.** схема увеличения отношения сигнал/шум; схема выделения сигнала из шумов

    adaptive ~ адаптивное устройство увеличения отношения сигнал — шум, адаптивное устройство выделения сигнала из шумов

    audible Doppler ~ выделитель доплеровской частоты звукового диапазона

    image ~ апертурный корректор; корректор чёткости изображения

    keyboard ~ программное *или* аппаратное средство расширения функциональных возможностей клавиатуры, расширитель функциональных возможностей клавиатуры

    line ~ 1. схема выделения сигнала из шумов в линии **2.** горизонтальный апертурный корректор

    signal-to-noise ~ схема увеличения отношения сигнал — шум, схема выделения сигнала из шумов

enharmonic энгармонический
enlarge увеличивать(ся); укрупнять(ся); расширять(ся)
enlargement увеличение; укрупнение; расширение
enlarger увеличитель
enqueue ставить в очередь
enquiry 1. запрос **2.** *вчт* символ «запрос», символ ♣, символ с кодом ASCII 05h
enrich обогащать
enrichment обогащение
ensemble ансамбль

    ~ of particles ансамбль частиц
    canonical ~ канонический ансамбль
    message ~ ансамбль сообщений
    neuron ~ *биол.* нейронный ансамбль
    quantum-mechanical ~ квантово-механический ансамбль
    string ~ I *вчт* ансамбль струнных I (*музыкальный инструмент из набора General MIDI*)
    string ~ II *вчт* ансамбль струнных II (*музыкальный инструмент из набора General MIDI*)

entanglement *вчт, кв. эл.* перепутывание, взаимосопряжённость, сцепленность (*состояний*)
Enter *вчт* клавиша ввода команды; клавиша перевода каретки; клавиша «Enter» ‖ нажимать клавишу ввода команды; нажимать клавишу перевода каретки; нажимать клавишу «Enter»
enter 1. вводить (*данные*) **2.** входить (*напр. в процедуру*) **3.** включать (*напр. в список*); заносить (*напр. в реестр*)
enterprise 1. предприятие **2.** фирма; компания

    small and medium size ~s мелкие и средние предприятия

entertainment развлечения; досуг

    home ~ бытовая аудио-, видео и компьютерная техника

enthalpy энтальпия

    elastic ~ механическая энтальпия
    electric ~ электрическая энтальпия
    free ~ энергия Гиббса, свободная энтальпия
    molar ~ молярная энтальпия
    partial ~ парциальная энтальпия

enthrakometer плёночный болометр с сетчатой структурой, размещаемый на боковой стенке волновода
enthymeme *вчт* энтимема, сокращённый силлогизм
enthymematic *вчт* энтимематический
entirety *вчт* целостность; полнота
entity 1. объект (*1. предмет; вещь 2. статистическая единица 3. вчт сущность, элемент предметной области базы данных*) **2.** сущность; существо (*напр. проблемы*) **3.** организм; система

    addressable ~ адресуемая сущность, адресуемый объект
    dependent ~ зависимая сущность, зависимый объект
    display ~ графический примитив, базовый графический элемент (*в компьютерной графике*)
    homogeneous ~ однородная сущность, однородный объект
    independent ~ независимая сущность, независимый объект
    logical ~ логическая сущность, логический объект
    maintenance ~ система технического обслуживания
    named ~ поименованная сущность, поименованный объект
    physical ~ физическая сущность, физический объект
    regular ~ регулярная сущность, регулярный объект
    support ~ система поддержки
    weak ~ слабая сущность, слабый объект

entity-relationship модель сущность – связь, модель объект – отношение, ER-модель (*см. также* **ER**)
entity-relationship-attribute сущность – связь – атрибут, объект – отношение – атрибут (*схема представления ER-модели*)
entrapment ловушка
entrepreneur 1. предприниматель **2.** антрепренёр
entrepreneurship 1. предпринимательство **2.** антрепренёрство
entropy энтропия

    ~ of fusion энтропия плавления
    beam ~ энтропия пучка (*частиц*)
    binary ~ двоичная энтропия
    conditional ~ условная энтропия
    configurational ~ конфигурационная энтропия
    cross— ~ кросс-энтропия
    differential ~ дифференциальная энтропия
    epsilon ~ эпсилон-энтропия
    negative ~ негэнтропия
    plasma ~ энтропия плазмы
    probability-distribution ~ энтропия распределения вероятностей
    random-variable ~ энтропия случайной величины
    Renyi ~ энтропия Реньи
    spin ~ спиновая энтропия
    ε- ~ эпсилон-энтропия

entry 1. ввод; вход; подача **2.** точка входа; точка ввода **3.** *вчт* ввод данных (*1. процесс ввода данных в компьютерную систему 2. процесс преобразования данных в форму, пригодную для ввода в ком-*

пьютерную систему 3. MIDI–сообщение 4. MIDI–контроллер № 6 или № 38) 4. вчт вводимые данные; введённые данные 5. запись; занесение (напр. в реестр); регистрация 6. записанные данные, запись; занесённые (напр. в реестр) данные; зарегистрированные данные 7. описание (напр. библиографическое) 8. статья; позиция (в словаре или энциклопедии); название [заголовок] статьи; определяемое понятие (в словаре или энциклопедии) ◊ to clear ~ очищать (напр. память) от (неиспользованных) входных данных
abbreviated ~ сокращённое описание
action ~ вчт вход действий (в таблице решений)
analytical ~ аналитическое описание
batch ~ пакетный ввод
bibliographic(al) ~ библиографическое описание
code ~ вводимая кодовая комбинация
condition ~ вчт вход условий (в таблице решений)
conversational job ~ диалоговый [интерактивный] ввод задания
data ~ 1. вчт ввод данных 2. вчт вводимые данные; введённые данные 3. записанные данные, запись; занесённые (напр. в реестр) данные; зарегистрированные данные 4. элемент данных; информационный элемент 5. вчт контроллер «ввод данных», MIDI–контроллер № 6
deferred ~ 1. задержанный вход (в подпрограмму) 2. отсроченный ввод (данных)
dictionary ~ словарная статья
direct data ~ вчт прямой [непосредственный] ввод данных
input work queue ~ таблица очереди входных работ
job ~ вчт ввод заданий
keyboard ~ ввод с клавиатуры
logic ~ ввод логических данных
name ~ авторское описание
page directory ~ вчт запись в каталоге страниц, строка каталога страниц
page table ~ вчт запись в таблице страниц, строка таблицы страниц
remote job ~ дистанционный ввод заданий
single ~ вчт единственная точка входа (в программу)
speedy note ~ вчт ускоренный ввод нот (в музыкальных редакторах)
title ~ 1. описание под заголовком 2. название [заголовок] статьи; определяемое понятие
vocabulary ~ словарная статья
entry-level 1. предназначенный для неподготовленных (пользователей); относящийся к начальному уровню; 2. начальный; простейший; вводный (напр. курс обучения)
enumerable 1. (про)нумерованный; представленный в виде нумерованного перечня или списка; перечисленный по пунктам 2. счётный (напр. о множестве)
enumerate 1. нумеровать; представлять в виде нумерованного перечня или списка; перечислять по пунктам 2. считать; подсчитывать; определять общее количество
enumeration 1. нумерация; представление в виде нумерованного перечня или списка; перечисление по пунктам 2. счёт; подсчёт; определение общего количества 3. перечислимый тип (напр. данных)

bus ~ нумерация подключаемых к шине устройств
enumerator нумерованный объект; элемент нумерованного перечня или списка; пункт перечисления
envelop 1. заключать в оболочку; обёртывать; помещать в обложку 2. ограничивать; ставить границу 3. помещать в конверт (напр. о письме) 4. вчт использовать конверт (в сообщении напр. электронной почты) 5. огибать
envelope 1. оболочка; обёртка; обложка 2. ограничивающая поверхность; граница 3. конверт (1. упаковка напр. для писем 2. вчт часть сообщения напр. электронной почты) 4. огибающая (1. кривая, отображающая изменение амплитуды модулированного сигнала 2. огибающая семейства кривых или поверхностей)
ADSDR ~ см. attack - decay - sustain decay - release envelope
ADSR ~ см. attack - decay – sustain - release envelope
attack - decay - sustain decay – release ~ огибающая (звука) типа «атака – затухание – стабильный участок с затуханием – отпускание»
attack-decay-sustain-release ~ огибающая (звука) типа «атака – затухание – стабильный участок - отпускание»
beam ~ огибающая луча; огибающая пучка
disk ~ конверт для дискеты
electron ~ электронная оболочка
in-phase ~ синфазная составляющая огибающей
modulation ~ огибающая модулированного сигнала
noise ~ шумовая огибающая
nonaverage ~ несглаженная огибающая
pulse ~ огибающая радиоимпульса
Rayleigh ~ рэлеевская огибающая
side lobe ~ огибающая (максимумов) боковых лепестков (диаграммы направленности антенны)
signal-wave ~ огибающая радиосигнала
spike ~ кв. эл. огибающая пичков
tube ~ баллон электровакуумного прибора
vacuum ~ баллон электровакуумного прибора
wandering ~ плавающая огибающая
window ~ конверт с прозрачным окошком
work ~ рабочая зона (робота)
environics системный подход к обеспечению условий работоспособности аппаратуры
environment 1. окружающая среда; условия окружающей среды; обстановка 2. вчт окружение (1. операционная система и аппаратное обеспечение для приложений 2 область памяти, резервируемая для переменных, используемых приложением (в операционной системе MS DOS) 3. процедура, окаймлённая операторами начала и окончания процедуры (в системе L^AT_EX))
application ~ 1. условия эксплуатации 2. окружение прикладных программ
application program support ~ окружение поддержки прикладных программ
artificial ~ искусственная окружающая среда
client/server open development ~ открытая среда разработки программ типа «клиент-сервер»
common open software ~ общая среда открытого программного обеспечения, стандарт COSE
cross-platform ~ кросс-платформенное окружение
database ~ окружение базы данных

environment

dead acoustic ~ безэховое звуковое окружение
design ~ условия проектирования
distributed computing ~ распределённая вычислительная среда
electromagnetic ~ электромагнитная обстановка
electromagnetic pulse ~ импульсное электромагнитное излучение, создаваемое ядерным взрывом
electronic ~ электромагнитная обстановка
embedded ~ *вчт* встроенное окружение
embedded advanced sampling ~ встроенная среда опроса с дополнительными возможностями, система сбора и анализа статистики по сетевому трафику для администратора
EMP ~ *см.* **electromagnetic pulse environment**
event-driven ~ событийно-управляемая среда
GNU network object model ~ сетевая среда моделирования объектов для операционной системы GNU, графическая среда (пользователя) GNOME
graphical user ~ графическая среда пользователя
ground ~ 1. условия наземной эксплуатации 2. наземные средства обеспечения
hardware ~ аппаратное окружение
induced ~ искусственная окружающая среда
integrated development ~ интегрированная среда разработки (программ)
integrated development and debugging ~ интегрированная среда разработки и отладки (программ)
interactive ~ интерактивная среда
ISO development ~ среда разработки ISO; реализация верхних уровней модели *ISO/OSI*
Java runtime ~ среда исполнения Java, среда JRE
luminous ~ *тлв* световая обстановка
multicarrier ~ режим работы с несколькими несущими
multipath ~ условия многолучевого распространения
multi-user simulation ~ многопользовательская среда моделирования, среда MUSE
nested ~ среда с вложениями; среда с гнездовой структурой
normal input/output control ~ окружение со стандартным управлением вводом и выводом
nuclear ~ радиационная обстановка
open collaboration ~ среда открытого сотрудничества
operating ~ рабочая среда
operational ~ условия эксплуатации
programming ~ среда программирования
radiation ~ радиационная обстановка
real-life ~ нормальные условия
reentry ~ условия при вхождении (*КЛА*) в плотные слои атмосферы
rugged ~ неблагоприятные условия окружающей среды
semiautomatic ground ~ «Сейдж» (*система противовоздушной обороны с автоматизированным управлением и обработкой разведданных*)
service ~ условия эксплуатации
severe ~ неблагоприятные условия окружающей среды
simple communications programming ~ среда программирования для поддержки простой связи между компьютерами, среда SCOPE
simulated ~ искусственная окружающая среда
software ~ программное окружение
space ~ космические условия
structured and open ~ структурированная и открытая среда, проект STONE (*германского Министерства научных исследований и технологии*)
test ~ условия испытаний
use ~ условия эксплуатации
virtual machine ~ окружение виртуальной машины, операционная система VME для мейнфреймов
windowing ~ *вчт* среда с оконным представлением
windows ~ *вчт* среда с оконным представлением

enzyme *биол.* фермент, энзим
eolotropy анизотропия
eosin эозин (*краситель*)
e(-)payment электронные платежи
ephemeris 1. эфемериды, таблицы положения небесных тел 2. эфемеридная информация (*напр. о координатах ИСЗ*)
epicenter эпицентр
epich(e)irema *вчт* эпихейрема, энтимема из энтимем
epich(e)iremata *pl* от **epich(e)irema**
epicycle эпицикл
epicycloid эпициклоида
epidiascope эпидиаскоп, эпидиапроектор
epilayer эпитаксиальный слой
epiphenomenalism эпифеноменализм, учение о сознании как форме проявления физиологических процессов
epiphenomenon эпифеномен (*1. побочное сопутствующее явление 2. сознание, рассматриваемое как сопутствующее физиологическим процессам явление*)
episcope эпископ, эпипроектор
episcotister стробоскопический диск
episode эпизод (*напр. компьютерной игры*)
episodic 1. эпизодный, относящийся к эпизоду 2. эпизодический, происходящий эпизодически
epistatis влияние одной переменной на другую; взаимозависимость переменных
epistemic *вчт* эпистемологический, относящийся к знанию
epistemological *вчт* эпистемологический, относящийся к знанию
epistemology *вчт* эпистемология, наука о знаниях
  evolutionary ~ эволюционная эпистемология
epistle письмо || писать
e-pistle(s) электронная почта
epitaxy эпитаксия
  atomic layer ~ эпитаксия атомных слоёв
  electron-beam ~ электронно-лучевая эпитаксия
  gaseous(-phase) ~ эпитаксия из газовой фазы
  horizontal-boat ~ эпитаксия в горизонтальной лодочке
  hydrothermal ~ гидротермальная эпитаксия
  liquid(-phase) ~ эпитаксия из жидкой фазы, жидкостная эпитаксия
  molecular(-beam) ~ молекулярная [молекулярно-пучковая] эпитаксия
  selective ~ селективная [избирательная] эпитаксия
  solid(-phase) ~ эпитаксия из твёрдой фазы
  vacuum ~ вакуумная эпитаксия, эпитаксия в вакууме
  vapor(-phase) ~ эпитаксия из паровой фазы
  vapor-transport ~ газотранспортная эпитаксия

wafer ~ эпитаксия на подложке
epitome аннотация
epitope *бион* антигенный детерминант, эпитоп
epoch 1. эпоха (*1. отдельный цикл эволюционного алгоритма 2. отдельная итерация 3. период развития с характерными особенностями 4. единица геохронологической шкалы*) 2. период; цикл
  timing ~ период синхронизации
  training ~ цикл обучения
epoxide (органическое) соединение, содержащее эпоксидные группы
epoxy эпоксидная смола
  cast ~ литая эпоксидная смола
  conductive ~ проводящая эпоксидная смола
  glass impregnated ~ эпоксидная смола с примесью стекла
  silver-loaded ~ серебросодержащая эпоксидная смола
  transparent ~ прозрачная эпоксидная смола
epoxy-encapsulated герметизированный эпоксидной смолой
e(-)procurement 1. электронное материально-техническое снабжение 2. электронное приобретение (*напр. оборудования*); электронные закупки 3. электронный набор персонала
epsilon эпсилон (*1. буква греческого алфавита,* Ε, ε *2. бесконечно малая (величина)*) ◊ ~ **over** эпсилон-окрестность, бесконечно малая окрестность; ~ **squared** эпсилон-квадрат, бесконечно малая (величина) второго порядка (малости); **within** ~ **of** в эпсилон-окрестности, в бесконечно малой окрестности; **within** ~ **of working** *проф.* практически не работающий (*напр. о программе*)
Epson корпорация Seiko Epson (*производитель компьютерной периферии*)
e(-)publishing 1. электронная публикация, издание *или* выпуск в электронном виде 2. компьютерная редакционно-издательская система
equality равенство
  extensional ~ *вчт* экстенсиональное равенство
  intensional ~ *вчт* интенсиональное равенство
equalization 1. (активное) формирование амплитудно-частотной характеристики; коррекция амплитудно-частотной характеристики; выравнивание амплитудно-частотной характеристики; частотные предыскажения и коррекция (*в звукозаписи и звуковоспроизведении*) 2. *вчт, тлв* (активное) формирование передаточной характеристики; коррекция цветопередачи (*при формировании изображений*) 3. коррекция (*для устранения частотной зависимости параметров устройства или линии связи*) 4. уравнивание; выравнивание 5. компенсация
  amplitude ~ амплитудная коррекция
  bass ~ коррекция нижних (звуковых) частот
  bias level ~ система BLE, система автоматической калибровки для определения оптимальной величины тока подмагничивания, уровня записи и коррекции частотной характеристики (*с тестовыми частотами 400 Гц и 10 кГц*)
  channel ~ коррекция канала
  corrective ~ частотная коррекция
  decision-feedback ~ коррекция с решающей обратной связью
  diameter ~ коррекция на диаметр (*высокочастотная коррекция для компенсации уменьшения диаметра канавки записи*)
  frequency-response ~ частотная коррекция
  group-delay ~ коррекция группового времени задержки
  mid-range ~ коррекция средних (звуковых) частот
  phase ~ фазовая коррекция
  standard ~ стандартная коррекция амплитудно-частотной характеристики (*напр. при звукозаписи и звуковоспроизведении*)
  treble ~ коррекция верхних (звуковых) частот
  wide-band ~ широкополосная коррекция
equalize 1. формировать амплитудно-частотную характеристику; использовать коррекцию амплитудно-частотной характеристики; выравнивать амплитудно-частотную характеристику; использовать частотные предыскажения и коррекцию 2. *вчт, тлв* формировать передаточную характеристику; корректировать цветопередачу (*при формировании изображений*) 3. использовать коррекцию 4. уравнивать; выравнивать 5. компенсировать
equalizer 1. эквалайзер (*в звукозаписи и звуковоспроизведении*) 2. *вчт, тлв* схема (активного) формирования передаточной характеристики; схема коррекция цветопередачи (*при формировании изображений*) 3. корректор (*для устранения частотной зависимости параметров устройства или линии связи*) 4. выравниватель 5. уравнительное соединение 6. компенсатор
  adaptive ~ адаптивный корректор
  amplitude ~ амплитудный корректор
  attenuation ~ корректор затухания
  baseband ~ корректор канала прямой [безмодуляционной] передачи (*сигнала*)
  bump ~ корректор криволинейной амплитудно-частотной характеристики (*по трём точкам*)
  conventional linear ~ стандартный линейный корректор
  cosine ~ косинусный корректор (*видеомагнитофона*)
  decision-feedback ~ корректор с решающей обратной связью
  delay ~ корректор группового *или* фазового времени задержки
  derivative ~ корректор по производной
  dialogue ~ корректор системы передачи голосовых [речевых] сигналов
  feedforward ~ корректор с управлением по входному воздействию
  frequency-response ~ корректор амплитудно-частотной характеристики
  graphic ~ графический эквалайзер (*с отображающим формируемую характеристику дисплеем*)
  group-delay ~ корректор группового времени задержки
  head ~ корректор видеоголовок
  hi-lo ~ эквалайзер верхних и нижних (звуковых) частот
  line ~ корректор линии передачи
  master ~ общий корректор (*видеомагнитофона*)
  mid-range ~ эквалайзер средних (звуковых) частот
  octave ~ октавный эквалайзер
  one-third-octave ~ третьоктавный эквалайзер
  parametric ~ параметрический эквалайзер
  phase ~ фазовый корректор
  presence ~ эквалайзер для создания эффекта присутствия

equalizer

pulse ~ выравниватель импульсов
record ~ частотный корректор канала воспроизведения грамзаписи
slope ~ (активный) корректор затухания (*линии передачи*)
stereo ~ стереофонический эквалайзер
stereo graphic ~ стереофонический графический эквалайзер
transversal ~ корректор на основе трансверсального фильтра, трансверсальный корректор

equalizing 1. (активное) формирование амплитудно-частотной характеристики; коррекция амплитудно-частотной характеристики; выравнивание амплитудно-частотной характеристики; частотные предыскажения и коррекция (*в звукозаписи и звуковоспроизведении*) **2.** *вчт, тлв* (активное) формирование передаточной характеристики; коррекция цветопередачи (*при формировании изображений*) **3.** коррекция (*для устранения частотной зависимости параметров устройства или линии связи*) **4.** уравнивание; выравнивание **5.** компенсация
pressure ~ выравнивание давлений (*в звуковой колонке*)

equatability возможность представления в виде уравнения
equate 1. представлять в виде уравнения **2.** приравнивать
equation уравнение ◊ ~ **of time** уравнение для определения разности между кажущимся и средним солнечным временем
algebraic ~ алгебраическое уравнение
approximate ~ приближённое уравнение
behavioral ~ уравнение поведения
Benjamen-Ono ~ уравнение Бенджамена — Оно
Benny-Roskes-Davey-Stewartson ~ уравнение Бенни — Роскерса — Дэви — Стюартсона
Bethe-Salpeter ~ уравнение Бете — Солпитера
biquadratic ~ биквадратное уравнение
Boltzmann ~ уравнение Больцмана
Boolean ~ булево уравнение
Boussinesq ~ уравнение Буссинеска
branch ~ уравнение ветвей (*в теории графов*)
canonical ~ каноническое уравнение
characteristic ~ характеристическое уравнение
charge-transport ~ уравнение переноса заряда
Child-Langmuir(-Schottky) ~ закон (степени) трёх вторых, закон Чайлда — Лэнгмюра — Богуславского
chiral field ~ уравнение кирального [хирального] поля
chord ~ уравнение хорд (*в теории графов*)
class ~ уравнение класса
color ~ цветовое уравнение
consistent ~s совместимые уравнения
constraint ~ уравнение связей
continuity ~ уравнение непрерывности
cubic ~ кубическое уравнение
cut-set ~ уравнение сечения (*в теории графов*)
design ~ уравнение для расчёта (*чего-либо*); расчётная формула
difference ~ уравнение в конечных разностях
differential ~ дифференциальное уравнение
differential ~ **of n-th order** дифференциальное уравнение n-го порядка
diffusion ~ уравнение диффузии
diode ~ уравнение диода
Diophantine ~s диофантовы уравнения
Dirac ~ уравнение Дирака
discretized ~ дискретизованное уравнение
drift ~ уравнение дрейфа
Duffing ~ уравнение Дуффинга
eigenvalue ~ характеристическое уравнение
eikonal ~ *опт.* уравнение эйконала
electromagnetic field ~s уравнения Максвелла
elliptic ~ (дифференциальное) уравнение эллиптического типа
envelope ~ уравнение огибающей
equilibrium ~ уравнение равновесия
estimator-defining ~ уравнение задания оценок
estimator-generating ~ уравнение порождения оценок
Euler ~ уравнение Эйлера
evolutionary ~ эволюционное уравнение
exactly identified ~ точно идентифицируемое (регрессионное) уравнение
exactly integrated ~ точно интегрируемое уравнение
finite-difference ~ уравнение в конечных разностях
fluid ~ гидродинамическое [жидкостное] уравнение (*для плазмы*)
Fokker-Planck ~ уравнение Фоккера — Планка
Fredholm integral ~ интегральное уравнение Фредгольма
free-space radar ~ уравнение для энергии радиолокационного сигнала в свободном пространстве
function ~ функциональное уравнение
fuzzy ~ нечёткое уравнение
Gelfand-Levitan ~ уравнение Гельфанда — Левитана
Hill ~ уравнение Хилла
Hirota ~ уравнение Хироты
homogeneous ~ однородное уравнение
hyperbolic ~ (дифференциальное) уравнение гиперболического типа
identical ~ тождество
inconsistent ~s несовместные уравнения
integer ~ целочисленное уравнение
integrable ~ интегрируемое уравнение
integral ~ интегральное уравнение
integral ~ **of n-th kind** интегральное уравнение n-го рода
integro-differential ~ интегро-дифференциальное уравнение
interpolation ~ интерполяционная формула
Josephson ~ *свпр* уравнение Джозефсона
Kadomtsev-Petviashvili ~ уравнение Кадомцева — Петвиашвили
kinetic ~ кинетическое уравнение
Korteweg-deVries ~ уравнение Кортевега — де Вриза, уравнение КдВ
Kuramoto-Sivashinsky ~ уравнение Курамото — Сивашинского
Landau-Lifschitz ~ уравнение Ландау — Лифшица
Langevine's ~ уравнение Ланжевена
Laplace ~ уравнение Лапласа
Lax ~ уравнение Лакса
likelihood ~s уравнения правдоподобия

linear ~ линейное уравнение
linearized ~ линеаризованное уравнение
logic ~ логическое уравнение
logistic ~ логистическое уравнение
Londons' ~s *свпр* уравнения Лондонов
Lorentz (force) ~ формула для силы Лоренца, уравнение Лоренца
Lorentz (-Abragam force) ~ формула для силы Лоренца — Абрагама, уравнение Лоренца — Абрагама
Lotka-Volterra ~ уравнение Лотки — Вольтерра
mass-energy ~ соотношение Эйнштейна
Mathieu ~ уравнение Матье
matrix ~ матричное уравнение
Maxwell's ~s уравнения Максвелла
micromagnetic ~ микромагнитное уравнение
moment ~s уравнения для моментов
motion ~ уравнение движения
non-integrable ~ неинтегрируемое уравнение
nonlinear ~ нелинейное уравнение
nonlinear Schrödinger ~ нелинейное уравнение Шредингера
normal ~s нормальные уравнения
numerical ~ численное уравнение
one-fluid ~ уравнение одножидкостной теории (*плазмы*)
operator ~ операторное уравнение
over-identified ~ сверхидентифицируемое (регрессионное) уравнение
parabolic ~ (дифференциальное) уравнение параболического типа
parametric ~ параметрическое уравнение
partial differential ~ дифференциальное уравнение в частных производных
path ~ уравнение траектории
Poisson's ~ уравнение Пуассона
quadratic ~ квадратное уравнение
quartic ~ уравнение четвёртой степени
quintic ~ уравнение пятой степени
radar range ~ уравнение для максимальной дальности действия РЛС
Rayleigh ~ уравнение Рэлея
recurrence ~s реккурентные уравнения
register-transfer ~ уравнение межрегистровой передачи
regression ~ уравнение регрессии
resolvent ~ *вчт* резольвентное уравнение, резольвента
response ~ уравнение отклика
Richardson ~ формула Ричардсона — Дэшмана
scalar ~ скалярное уравнение
Schrödinger ~ уравнение Шредингера
secular ~ вековое [секулярное] уравнение
Sellmeier ~ формула Коши (*для зависимости показателя преломления от длины волны*)
simultaneous ~s уравнения связей, *проф.* одновременные уравнения (*в эконометрике*)
sin-Gordon ~ синусоидальное уравнение Гордона
solvable ~ разрешимое уравнение
stationary Schrödinger ~ стационарное уравнение Шредингера
steady-state ~ уравнение для установившегося состояния
syntax ~ синтаксическое уравнение
telegrapher's ~ телеграфное уравнение
tensor ~ тензорное уравнение
three-halves power ~ закон (степени) трёх вторых, закон Чайлда — Лэнгмюра — Богуславского
transient ~ уравнение для неустановившегося состояния
transport ~ уравнение переноса
trend ~ уравнение тренда
trigonometric ~ тригонометрическое уравнение
unsolvable ~ неразрешимое уравнение
unstable wave envelope ~ уравнение для огибающей неустойчивой волны
van der Pol ~ уравнение Ван-дер-Поля
variational ~ вариационное уравнение
vector ~ векторное уравнение
wave ~ волновое уравнение
Yule-Walker ~s уравнения Юла — Уокера
Zakharov ~ уравнение Захарова
equator 1. экватор 2. небесный экватор
  celestial ~ небесный экватор
  Earth's ~ экватор Земли
  magnetic ~ магнитный экватор
equatorial экваториальный
equiangular равноугольный
equidirectional всенаправленный
equidistance эквидистантность
equidistant эквидистантный
equilateral равносторонний многоугольник ‖ равносторонний
equilibrate 1. уравновешивать; устанавливать равновесие 2. находиться в состоянии равновесия; уравновешиваться
equilibration 1. уравновешивание, установление равновесия 2. равновесие; состояние равновесия
  electron-ion ~ установление равновесия между электронами и ионами
equilibrium равновесие; состояние равновесия ‖ равновесный
  cross-relaxation ~ *кв. эл.* кросс-релаксационное равновесие
  crystal-growth ~ равновесие при росте кристалла
  dynamic ~ динамическое равновесие
  kinetic ~ кинетическое равновесие
  labile ~ неустойчивое равновесие
  long-run ~ долговременное динамическое равновесие
  metastable ~ метастабильное состояние равновесия
  short-run ~ кратковременное динамическое равновесие
  solid-liquid ~ равновесие между твёрдой и жидкой фазами
  solid-solid ~ равновесие между твёрдыми фазами
  stable ~ устойчивое состояние равновесия
  thermal ~ тепловое равновесие
  unstable ~ неустойчивое состояние равновесия
  vapor-liquid ~ равновесие между паровой и жидкой фазами
equinoctial 1. равноденственный, относящийся к равноденствию 2. небесный экватор ‖ экваториальный (*применительно к небесному экватору*)
equinox 1. равноденствие 2. точка равноденствия
  autumnal ~ осеннее равноденствие
  vernal ~ весеннее равноденствие
equinumerosity *вчт* равночисленность
equip оборудовать; снабжать

equipartition равнораспределение
equipment оборудование; аппаратура
    airport surface detection ~ РЛС наблюдения за наземным движением в районе аэропорта и подъездных путей
    ancillary ~ дополнительное *или* вспомогательное оборудование; резервное оборудование
    antenna-pattern-measuring ~ аппаратура для измерения диаграммы направленности антенны
    artwork ~ оборудование для изготовления оригиналов шаблонов
    automatic answerback ~ *тлф* устройство автоматического ответа
    automatic calling ~ *тлф* устройство автоматического вызова
    automatic computing ~ автоматический вычислитель
    automatic control ~ аппаратура автоматического управления *или* контроля
    automatic data processing ~ аппаратура автоматической обработки данных
    automatic test ~ (перепрограммируемая) аппаратура автоматического контроля (*компонентов и систем*)
    auxiliary ~ 1. дополнительное *или* вспомогательное оборудование; резервное оборудование 2. *вчт* не управляемое центральным процессором оборудование
    auxiliary ground ~ дополнительное *или* вспомогательное наземное оборудование; резервное наземное оборудование
    baseband ~ оборудование для прямой [безмодуляционной] передача (*сигнала*), оборудование для передачи (*сигнала*) без преобразования спектра
    BIT ~ *см.* **built-in test equipment**
    built-in test ~ аппаратура системы встроенного контроля
    business ~ оргтехника
    CAD ~ *см.* **computer-aided [computer-assisted] design equipment**
    calling ~ *тлф* устройство вызова, вызывное устройство
    channelizing ~ аппаратура распределения каналов
    ciphony ~ аппаратура для шифрованной телефонной *или* радиосвязи (*со скремблером и дескремблером*)
    clean-room ~ *микр.* оборудование для чистых комнат
    commercial ~ серийная аппаратура
    common ~ групповое оборудование; оборудование многоканальной системы
    communications-electronics ~ электронная аппаратура средств связи
    component-insertion [component-placement] ~ *микр.* оборудование для монтажа компонентов
    computer-aided [computer-assisted] design ~ аппаратные средства автоматизированного проектирования
    computer-based ~ аппаратура с управлением от компьютера
    consumer ~ бытовая аппаратура
    control and switching ~ аппаратура управления и коммутации
    controlling ~ аппаратура управления
    customer premises ~ оборудование на территории пользователя

    data circuit-terminating ~ аппаратура передачи данных, АПД, DCE-устройство (*в стандарте RS-232-C*)
    data communication ~ аппаратура передачи данных, АПД, DCE-устройство (*в стандарте RS-232-C*)
    data-logging ~ аппаратура регистрации данных
    data-processing ~ аппаратура обработки данных
    data terminal ~ оконечное оборудование (*для*) данных, ООД, DTE-устройство (*в стандарте RS-232-C*); подключаемое к сети оборудование пользователя
    data-transmission ~ аппаратура передачи данных
    desoldering ~ оборудование для демонтажа (*напр. компонентов*)
    dialing ~ *тлф* номеронабиратель
    diffusion (processing) ~ оборудование для проведения процесса диффузии
    digital intercontinental conversion ~ цифровой преобразователь телевизионных стандартов
    digital multiplex(ing) ~ аппаратура уплотнения цифровой линии связи; аппаратура объединения цифровых сигналов
    disk playing ~ 1. проигрыватель компакт-дисков, CD-плейер 2. электропроигрывающее устройство, ЭПУ
    display ~ средства отображения; средства индикации
    distance-measuring ~ дальномерная система ДМЕ (*для гражданской авиации*)
    domestic radio ~ бытовая радиоаппаратура
    E-beam ~ *см.* **electron-beam equipment**
    ECM ~ *см.* **electronic countermeasures equipment**
    electron-beam ~ электронно-лучевые приборы
    electronic ~ электронная аппаратура, электронное оборудование
    electronic countermeasures ~ средства радиоэлектронного подавления, средства РЭП
    electronic data gathering ~ электронная аппаратура сбора данных
    electronic skyscreen ~ электронная аппаратура траекторных измерений
    electronic test ~ контрольно-испытательная электронная аппаратура; электронная аппаратура для тестирования
    error-control ~ устройство защиты от ошибок
    etchant regeneration ~ оборудование для регенерации травителя
    evacuating ~ вакуумное оборудование
    facsimile transmission ~ факсимильная аппаратура
    fire-control ~ приборы управления стрельбой, ПУС
    ground communications ~ наземная аппаратура связи
    ground control ~ наземная аппаратура управления
    ground data ~ наземная аппаратура обработки данных
    ground guidance ~ наземная аппаратура наведения
    ground instrumentation ~ наземная контрольно-измерительная аппаратура
    ground-support ~ средства наземного обеспечения
    handheld electronic ~ ручная электронная аппаратура, электронная аппаратура типа «палмтоп»
    high-end stereo ~ стереоустановка высшего класса
    high-performance ~ аппаратура с высокими эксплуатационными характеристиками

equipment

hybrid soldering ~ оборудование для пайки ГИС
hydrothermal ~ оборудование для гидротермального роста (*кристаллов*)
IC processing ~ технологическое оборудование для производства ИС
industrial heating ~ оборудование для индукционного *или* диэлектрического нагрева
industrial, scientific and medical ~ электронное оборудование для промышленных, научных и медицинских целей
input ~ входное устройство; устройство ввода
insertion ~ оборудование для монтажа компонентов
instrumentation ~ контрольно-измерительная аппаратура
interference suppression ~ помехоподавляющее оборудование
ion-implantation ~ установка для ионной имплантации
ionospheric sounding ~ аппаратура для ионосферного зондирования
lead forming ~ оборудование для формовки выводов
line ~ *тлф* линейная аппаратура
lithographic [lithography] ~ оборудование для литографии
low-end stereo ~ стереоустановка низшего класса
manipulating ~ манипулятор
mask-making ~ оборудование для изготовления шаблонов
microlithographic ~ оборудование для литографии микронного разрешения
mobile telephone ~ аппаратура мобильной радиотелефонной связи
monophonic ~ монофоническая аппаратура
multiplexing ~ аппаратура уплотнения (*линии связи*); аппаратура объединения (*сигналов*)
noise measuring ~ аппаратура для измерения параметров шумовых сигналов
off-line ~ автономное оборудование
on-line ~ 1. оборудование, работающее с центральным процессором 2. оборудование, работающее в реальном масштабе времени
output ~ выходное устройство; устройство вывода
palmtop electronic ~ ручная электронная аппаратура, электронная аппаратура типа «палмтоп»
peripheral ~ *вчт* периферийные устройства
photolithographic [photolithography] ~ оборудование для фотолитографии
photomask-making ~ оборудование для изготовления фотошаблонов
photoresist developing ~ оборудование для проявления фоторезиста
placement ~ оборудование для монтажа компонентов
processing ~ технологическое оборудование
projection aligning ~ установка совмещения (и экспонирования) для проекционной литографии
projection-printing ~ оборудование для проекционной литографии
radar interface and control ~ аппаратура сопряжения и управления РЛС
radar pilotage ~ радиолокационные аэронавигационные средства
radar-processing ~ аппаратура обработки радиолокационных сигналов
radio receiving ~ радиоприёмные устройства
radio sighting ~ устройство радиовизирования; радиопеленгационное устройство
radio transmitting ~ радиопередающие устройства
random-access computer ~ вычислительная система с произвольным доступом
receiving [reception] ~ приёмные устройства
recording ~ записывающая аппаратура, аппаратура записи
reel-to-reel ~ катушечный лентопротяжный механизм
remote-control ~ аппаратура дистанционного управления, аппаратура телеуправления
reproduction ~ аппаратура воспроизведения
resist developing ~ оборудование для проявления резиста
semiconductor production ~ 1. оборудование для производства полупроводниковых приборов 2. оборудование для производства полупроводников
signal-conversion ~ устройство преобразования сигналов
simulation ~ аппаратура моделирования
single-channel per carrier PCM multiple access demand assignment ~ ИКМ-система с множественным доступом, с предоставлением каналов по требованию и независимыми несущими для каждого канала; ИКМ-система с многостанционным доступом, с предоставлением каналов по требованию и независимыми несущими для каждого канала, система «Спейд»
slotted standing-wave ratio measuring ~ измеритель КСВ (*на основе измерительной линии*)
soldering ~ оборудование для пайки
standby ~ резервное оборудование
step-and-repeat ~ оборудование для последовательной шаговой мультипликации (*напр. фотоповторитель*)
stereo(phonic) ~ стереофоническая аппаратура
tabulating ~ оборудование, использующее перфокарты
telemetric ~ телеметрическое оборудование
telemetry automatic reduction ~ аппаратура автоматической обработки телеметрических данных
terminal ~ 1. оборудование терминала 2. оконечное оборудование
test (and monitoring) ~ контрольно-испытательная аппаратура; аппаратура для тестирования
training ~ тренажёр
trimming ~ *микр.* оборудование для подгонки (*номиналов*)
ultrasonic ~ ультразвуковое оборудование
ultrasonic testing ~ средства ультразвуковой дефектоскопии
user ~ абонентское оборудование; оборудование пользователя
versatile automatic test ~ универсальная аппаратура для автоматических испытаний (*электронных систем ракет*)
wafer-fabrication ~ *микр.* оборудование для производства пластин
wafer handling ~ *микр.* оборудование для межоперационного перемещения и подачи пластин
wire-bonding ~ оборудование для термокомпрессионной сварки

equipoise 1. равновесие; баланс; уравновешивание устанавливать равновесие; балансировать; уравновешивать **2.** противовес

equipotential эквипотенциаль; эквипотенциальная поверхность || эквипотенциальный

equipotentiality эквипотенциальность

equiprobability равновероятность

equiprobable равновероятный

equisignal *рлк* равносигнальный

equity 1. равноправие; равенство **2.** справедливость
  computer ~ компьютерное равноправие; равные права на доступ к компьютерной технике

equivalence эквивалентность || эквивалентный
  ~ **of algorithms** эквивалентность алгоритмов
  ~ **of categories** эквивалентность категорий
  absolute ~ абсолютная эквивалентность
  affine ~ аффинная эквивалентность
  algebraic ~ алгебраическая эквивалентность
  analytic(al) ~ аналитическая эквивалентность
  asymptotic(al) ~ асимптотическая эквивалентность
  automata ~ эквивалентность автоматов
  behavioral ~ поведенческая эквивалентность
  bilateral ~ двусторонняя эквивалентность
  canonical ~ каноническая эквивалентность
  cardinality ~ эквивалентность мощностей
  chain ~ цепная эквивалентность
  complete ~ полная эквивалентность
  conditioned ~ условная эквивалентность
  conformal ~ конформная эквивалентность
  deductive ~ дедуктивная эквивалентность
  empirical ~ эмпирическая эквивалентность
  formal ~ формальная эквивалентность
  full ~ полная эквивалентность
  fuzzy ~ нечёткая эквивалентность
  geometric ~ геометрическая эквивалентность; конгруэнтность
  logical ~ логическая эквивалентность
  observational ~ эквивалентность с точки зрения наблюдателя, неотличимость
  one-to-one ~ взаимно однозначная эквивалентность
  partial ~ частичная эквивалентность
  permutation ~ перестановочная эквивалентность
  projective ~ проективная эквивалентность
  quantitative ~ количественная эквивалентность
  recursive ~ рекурсивная эквивалентность
  reversible ~ обратимая эквивалентность
  semantic ~ семантическая эквивалентность
  statistic ~ статистическая эквивалентность
  strategic ~ стратегическая эквивалентность
  strict ~ строгая эквивалентность
  syntactic ~ синтаксическая эквивалентность
  topologic(al) ~ топологическая эквивалентность; гомоморфизм

equivalency эквивалентность

equivalent 1. эквивалент **2.** эквивалентная схема; схема замещения **3.** эквивалент нагрузки, поглощающая нагрузка **4.** эквивалентный
  asymptotic(al) ~ асимптотический эквивалент
  asymptotically ~ асимптотически эквивалентный
  complete ~ полный эквивалент
  diode ~ диодный эквивалент (*многоэлектродной лампы*)
  load ~ эквивалент нагрузки, поглощающая нагрузка
  locally ~ локально эквивалентный
  mechanical ~ **of light** механический эквивалент света
  noise ~ шумовая эквивалентная схема
  observationally ~ эквивалентный с точки зрения наблюдателя, неотличимый
  partial ~ частичный эквивалент
  roentgen ~ **(in) man** биологический эквивалент рентгена, бэр
  sidetone ~ *тлф* эквивалент затухания местного эффекта
  stopping ~ эквивалентная тормозная способность
  Thevenin ~ эквивалентная схема Тевенина
  volume ~ *тлф* эквивалент затухания

equivariance эквивариантность

equivariant эквивариантный

equivocation 1. неоднозначность; неопределённость **2.** (преднамеренное) использование выражений, допускающих неоднозначное толкование (*логическая ошибка*)
  Bayesian ~ байесовская неопределённость
  minimax ~ минимаксная неопределённость

ER модель сущность – связь, модель объект – отношение, ER-модель
  extended ~ расширенная модель сущность – связь, расширенная модель объект – отношение, расширенная ER-модель

era эра
  technetronic ~ технотронная эра

erasable *вчт* **1.** стираемый; допускающий возможность стирания **2.** перезаписываемый (*об оптическом диске*)

erase 1. размагничивание || размагничивать **2.** схема размагничивания (*напр. кинескопа*) **3.** размагничивающее устройство, РУ (*напр. для рулонов магнитной ленты*) *вчт* **4.** стирание, уничтожение || стирать, уничтожать (*напр. файл или каталог без возможности последующего восстановления*) **5.** программа стирания (*файла или каталога без возможности последующего восстановления*) **6.** позиция экранного меню для запуска программы стирания
  ac ~ стирание переменным током
  dc ~ стирание постоянным током
  partial tape ~ частичное стирание ленты (*в ЗУ резервного копирования*)
  quick tape ~ быстрое стирание ленты (*в ЗУ резервного копирования*)
  tunnel ~ *вчт* туннельная подчистка (*для формирования чётких междорожечных интервалов при записи информации на дискету*)

eraser 1. схема размагничивания (*напр. кинескопа*) **2.** размагничивающее устройство, РУ (*напр. для рулонов магнитной ленты*) **3.** схема стирания (*магнитной записи*) **4.** *вчт* ластик (*1. изделие из резины или специальной ткани для стирания чего-либо написанного или нарисованного 2. инструмент для локального стирания, локального изменения цвета или прозрачности выбранных участков изображения в графических редакторах*)
  background ~ *вчт* ластик для фона (*инструмент для стирания или глобального увеличения прозрачности однородно окрашенных фрагментов изображения*)
  bulk ~ размагничивающее устройство для рулонов магнитной ленты

error

magic ~ *вчт* волшебный ластик (*инструмент для глобального увеличения прозрачности однородно окрашенных фрагментов изображения*)
mass ~ размагничивающее устройство для рулонов магнитной ленты
media ~ размагничивающее устройство
tape ~ 1. размагничивающее устройство для рулонов магнитной ленты 2. схема стирания записи на магнитной ленте
UV-~ устройство стирания ППЗУ УФ-излучением
erasing 1. размагничивание 2. стирание (*магнитной записи*) 3. *вчт* удаление, стирание (*напр. файла или каталога без возможности последующего восстановления*)
   ac ~ стирание переменным током
   accidental ~ случайное стирание
   dc ~ стирание постоянным током
   HF-~ стирание ВЧ-током
   rearside ~ стирание со стороны основы (магнитной) ленты
   selective ~ селективное [избирательное] стирание
   single-pass ~ стирание за один проход (*лазерной головкой компакт-диска*)
erasure 1. размагничивание 2. стирание (*магнитной записи*)
   tape ~ 1. размагничивание магнитной ленты 2. стирание записи на магнитной ленте
   tunnel ~ *вчт* туннельная подчистка (*для формирования чётких междорожечных интервалов при записи информации на дискету*)
e(-)readiness готовность к компьютеризации и использованию электронных методов во всех сферах человеческой деятельности, *проф.* электронная готовность
erect 1. собирать; монтировать; сооружать 2. *опт.* прямой, неперевёрнутый (*напр. об изображении*) 3. устанавливать в вертикальном положении || установленный в вертикальном положении; вертикальный
erection 1. сборка; монтаж; сооружение 2. установка в вертикальное положение
erg эрг, э
ergodic эргодический
ergodicity эргодичность
ergograph эргограф
ergometer эргометр
ergonomics эргономика
Erlang эрланг
erode подвергаться эрозии, эродировать
erosion эрозия
   contact ~ эрозия контактов
   electrical ~ электрическая эрозия
   field ~ полевая эрозия
   subatomic ~ *микр.* субатомная эрозия
errata (*pl* от **erratum**) список опечаток
erratic ошибочный
erratum 1. ошибка 2. список опечаток
   flag ~ ошибка формирования флагов (*при выполнении действий над отрицательными числами с плавающей запятой в процессорах Pentium Pro и Pentium II*), ошибка Dan-0411
erroneous ошибочный; ложный
error 1. ошибка; погрешность 2. рассогласование; сигнал рассогласования 3. отклонение; расхождение; невязка

~ in addition ошибка при сложении
~ in subtraction ошибка при вычитании
~s in variables ошибки в переменных
~ of measurement ошибка измерения
~ of position 1. ошибка определения местоположения 2. координатная невязка
~ of the first kind альфа-ошибка, ошибка первого рода, ошибочное отклонение нулевой гипотезы, ошибка типа «пропуск цели»
~ of the second kind бета-ошибка, ошибка второго рода, ошибочное принятие нулевой гипотезы, ошибка типа «ложная тревога»
absolute ~ абсолютная ошибка; абсолютная погрешность
accidental ~ случайная ошибка
accumulated ~ накопленная ошибка
accuracy ~ систематическая ошибка
actual ~ фактическая ошибка; фактическая погрешность
admissible ~ допустимая ошибка; допустимая погрешность
aliasing ~ 1. ошибка из-за наложения спектров (*дискретизованного сигнала при частоте дискретизации, меньшей частоты Найквиста*) 2. ошибка из-за смешивания эффектов (*в дробном факторном эксперименте*)
alignment ~ 1. ошибка при юстировке; ошибка при установке 2. ошибка при настройке; ошибка при регулировке 3. *микр.* ошибка при совмещении 4. нарушение синхронизации; ошибка фазирования 5. ошибка в выставке [выставлении] направления (*напр. навигационной системы*)
alpha-~ альфа-ошибка, ошибка первого рода, ошибочное отклонение нулевой гипотезы, ошибка типа «пропуск цели»
altering ~ случайная ошибка
angular ~ 1. угловая ошибка; угловая погрешность 2. угловая невязка
antenna tilt ~ ошибка в наведении [выставлении] главного лепестка диаграммы направленности] антенны по углу места
associated ~ сопутствующая ошибка
asymptotic standard ~ асимптотическая средняя квадратическая ошибка
autoregressive ~s авторегрессионные ошибки
average ~ средняя ошибка
beam pointing ~ ошибка в наведении [выставлении главного лепестка диаграммы направленности] антенны
beamwidth ~ ошибка РЛС, обусловленная конечной шириной луча
bearing ~ средняя ошибка в пеленге
beta-~ бета-ошибка, ошибка второго рода, ошибочное принятие нулевой гипотезы, ошибка типа «ложная тревога»
biased ~ смещение (оценки); систематическая ошибка (при оценивании)
bit ~ *вчт* ошибка в разряде
boresight ~ угловое отклонение электрической оси (*антенны*), равносигнального направления или оси сканирования от опорного направления
burst ~ пакет ошибок
can't happen ~ *вчт. проф.* ошибка типа «невозможное событие», ошибка типа «can't happen»
channel ~s искажения в канале передачи

error

checksum ~ *вчт* ошибка в контрольной сумме
chip ~ ошибка в элементе сигнала
circular probable ~ радиус круга рассеяния
closing [closure] ~ невязка
CMOS checksum ~ *вчт* ошибка в контрольной сумме КМОП-памяти
code ~ *вчт* ошибка в программе
coefficient standard ~ средняя квадратическая ошибка коэффициента
common ~ 1. распространённая [часто встречающаяся] ошибка 2. *вчт* ошибка в описании общего блока
common-mode ~ (выходная) синфазная ошибка (*в дифференциальном усилителе*)
compile time ~ *вчт* ошибка, обнаруживаемая при трансляции
conformance ~ погрешность, обусловленная отклонением калибровочной кривой от заданной
connectivity ~ ошибка в межсоединениях
constant ~ 1. систематическая ошибка 2. смещение (оценки); систематическая ошибка (при оценивании)
contributory ~ вносимая ошибка
copying ~ ошибка при копировании
correctable ~ исправимая ошибка
course ~ 1. угол между курсом и курсом следования 2. угол сноса
cratered ~ *вчт проф.* «воронка» (*ошибка, блокирующая дальнейшее выполнение программы*)
critical ~ критическая ошибка
crude ~ грубая ошибка
curved-path ~ ошибка, обусловленная искривлением траектории (*в дальномерных системах*)
data ~ ошибка в данных
data-boundary ~ *вчт* нарушение границы данных
decoding ~ ошибка декодирования
double ~ двойная ошибка
design ~ ошибка проектирования
detectable ~ обнаружимая ошибка
deterministic ~ детерминированная ошибка
disk ~ ошибка при обращении к диску; ошибка при считывании с диска
dropout ~ выпадение сигнала (*напр. при воспроизведении магнитной записи*)
dynamic ~ динамическая погрешность
electrostatic ~ ошибка, обусловленная антенным эффектом (*в рамочной антенне*)
equilibrium ~ отклонение от равновесия
essential ~ существенная ошибка
estimation ~ ошибка оценивания
experimental ~ ошибка эксперимента
fatal ~ катастрофическая ошибка
FDD controller ~ *см.* floppy disk controller error
fencepost ~ *вчт проф.* «пропуск в частоколе» (*ошибка на единицу в числе циклов*)
fixed ~ 1. систематическая ошибка 2. смещение (оценки); систематическая ошибка (при оценивании)
floating point ~ ошибка математического сопроцессора
floppy disk controller ~ ошибка контроллера дисководов гибких (магнитных) дисков
forecast ~ ошибка прогноза
fractional ~ относительная ошибка; относительная погрешность

framing ~ нарушение кадровой синхронизации
full-scale ~ погрешность (*измерительного прибора*) при максимальном показании
generalization ~ ошибка обобщения
geometric ~s геометрические искажения
grammatical ~ грамматическая ошибка
grouping ~ ошибка группировки
guidance ~ ошибка наведения; ошибка управления при самонаведении
hard ~ 1. неисправимая ошибка 2. *вчт* аппаратная ошибка
hard disk controller ~ ошибка контроллера дисководов жёстких (магнитных) дисков
hardware ~ *вчт* аппаратная ошибка
HDD controller ~ *см.* hard disk controller error
heteroscedasticity and autocorrelation consistent standard ~ средняя квадратическая ошибка в форме Невье — Веста, состоятельная средняя квадратическая ошибка с учётом гетероскедастичности и автокорреляции
heteroscedasticity consistent standard ~ средняя квадратическая ошибка в форме Уайта, состоятельная средняя квадратическая ошибка при наличии гетероскедастичности
homophone ~ омофоническая ошибка
human ~ субъективная ошибка
hysteresis ~ ошибка, обусловленная гистерезисом
identification ~ ошибка идентификации
image reconstruction ~ ошибка при восстановлении изображения
implementation ~ инструментальная погрешность
inherent ~ систематическая ошибка
inherited ~ унаследованная ошибка
input/output ~ ошибка ввода-вывода
instrumental ~ инструментальная погрешность
intentional ~ преднамеренная ошибка
intermittent ~ перемежающаяся ошибка
interpolation ~ ошибка интерполяции
introduced ~ вносимая ошибка
ionosphere ~ ошибка (*радионавигационной системы*), обусловленная отражением от ионосферы
keyboard(ing) ~ ошибка клавиатуры
lateral tracking angle ~ угловая погрешность горизонтального следования (*при воспроизведении механической звукозаписи*)
linearity ~ ошибка, обусловленная отклонением кривой от заданной
literal ~ опечатка
l-multiple ~ *l*-кратная ошибка (*в АПД*)
loading ~ ошибка, обусловленная нагрузкой
logic(al) ~ логическая ошибка
loop ~ ошибка управления в системе с обратной связью
machine ~ *вчт* машинная ошибка
marginal ~ нарушение границы (*напр. интервала*)
matching ~ ошибка, обусловленная рассогласованием
mean ~ средняя ошибка
mean absolute percentage ~ средняя абсолютная ошибка в процентах
mean-root-square ~ средняя квадратическая ошибка
mean-squared ~ средняя квадратическая ошибка
measurement ~ ошибка измерения
memory parity ~ *вчт* ошибка чётности памяти
meter ~ погрешность (измерительного) прибора

error

metering ~ ошибка измерения
minimum-mean-square ~ минимальная средняя квадратическая ошибка
mismatch ~ ошибка, обусловленная рассогласованием
moving-average ~s ошибки метода скользящего среднего
multiple ~ многократная ошибка
Newey-West standard ~ средняя квадратическая ошибка в форме Невье — Веста, состоятельная средняя квадратическая ошибка с учётом гетероскедастичности и автокорреляции
nondetectable ~ необнаружимая ошибка
nonrecoverable ~ неисправимая ошибка
nonrecoverable read ~s **per bits read** относительная частота появления неисправимых ошибок при считывании (*напр. с жёстких магнитных дисков*)
numeric ~ численная ошибка
observable ~ наблюдаемая ошибка
observational ~ ошибка наблюдения
octantal ~ октантная ошибка (*в радионавигационных системах*)
off-board parity ~ ошибка чётности (памяти) на плате расширения (*компьютера*)
off-by-one ~ *вчт проф.* ошибка на единицу (*в числе подсчитываемых объектов*)
omission ~ ошибка из-за пропуска сигнала
on-board parity ~ ошибка чётности (памяти) на материнской плате (*компьютера*)
one-multiple ~ однократная ошибка
operator ~ ошибка оператора
output ~ ошибка на выходе, выходная ошибка
parity ~ *вчт* ошибка чётности
permanent ~ 1. систематическая ошибка 2. смещение (оценки); систематическая ошибка (при оценивании)
permissible ~ допустимая ошибка; допустимая погрешность
personal ~ субъективная ошибка
phase ~ фазовая ошибка
pointing ~ ошибка в наведении [выставлении главного лепестка диаграммы направленности] антенны
polarization ~ ошибка, обусловленная изменением поляризации принимаемого сигнала (*в радиопеленгаторах*)
positional ~ *рлк* позиционная погрешность
positioning ~ ошибка позиционирования
prediction [predictive] ~ ошибка предсказания
printer's ~ ошибка принтера
probable ~ вероятная ошибка
processing ~ ошибка при обработке (*данных*)
programming ~ ошибка программирования
program-sensitive ~ ошибка, обнаруживаемая в ходе выполнения программы
propagated ~ распространяющаяся ошибка
propagation ~ результирующая ошибка, обусловленная искривлением траектории и движением цели (*в дальномерных системах*)
propagation-velocity ~ ошибка, обусловленная движением цели (*в дальномерных системах*)
pulse-duration ~ *рлк* ошибка, обусловленная конечной длительностью зондирующего импульса
quadrantal ~ квадрантная ошибка (*в радиопеленгаторах*)
quantization ~ ошибка квантования
random ~ случайная ошибка
range ~ *рлк* ошибка по дальности
range-rate ~ *рлк* ошибка по скорости
read ~ ошибка считывания
recoverable ~ исправимая ошибка
recoverable read ~s **per bits read** относительная частота появления исправимых ошибок при считывании (*напр. с жёстких магнитных дисков*)
recurrent ~ повторяющаяся ошибка
reflection ~ ошибка (*радионавигационной системы*), обусловленная мешающими отражениями
registration ~ *микр.* ошибка совмещения
relative ~ относительная ошибка; относительная погрешность
repeatability ~ погрешность, возникающая при многократном измерении величины
repetitive ~ повторяющаяся ошибка
residual ~ остаточная ошибка
resolution ~ ошибка за счёт недостаточной разрешающей способности *или* малой разрядности
response ~ ошибка отклика
resultant ~ результирующая ошибка
RMS ~ *см.* root-mean-square error
root-mean-square ~ средняя квадратическая ошибка
rounding ~ ошибка округления
round-off ~ ошибка округления
run-time ~ ошибка при выполнении программы
sample ~ ошибка выборки, выборочная ошибка
sampling ~ ошибка выборки, выборочная ошибка
seek ~ *вчт* ошибка при поиске носителя (*данных*)
seek ~s **per seek** относительная частота появления ошибок при поиске (*напр. в жёстких магнитных дисках*)
select ~ *вчт* ошибка при поиске носителя (*данных*)
semantic ~ семантическая ошибка
sequence ~ нарушение порядка следования
severe ~ серьёзная ошибка
ship ~ ошибка (*радионавигационной системы*) за счёт отражения от (металлического) корпуса корабля
sighting ~ ошибка визирования; ошибка пеленгации
single ~ одиночная ошибка
site ~ ошибка (*радионавигационной системы*) за счёт отражения от местных предметов
sky ~ ошибка (*радионавигационной системы*), обусловленная отражением от ионосферы
sky-wave station ~ ошибка (определения местоположения) в системе «Лоран» при синхронизации ведомой станции пространственной радиоволной
smoothing ~ ошибка сглаживания
socket ~ *вчт* ошибка сокета (*при попытке входа в компьютерную сеть*)
soft ~ 1. исправимая ошибка 2. программная ошибка
software ~ программная ошибка
specification ~ ошибка спецификации
spelling ~ орфографическая ошибка
spot-size ~ *рлк* ошибка, обусловленная конечным размером пятна (*на экране индикатора*)
square ~ квадрат ошибки
standard ~ средняя квадратическая ошибка
static ~ статическая ошибка

error

statistical ~ статистическая ошибка (*напр. в счетных трубках*)
stationary ~ установившаяся ошибка (*напр. в системе автоматического регулирования*)
status ~ *вчт* ошибка определения статуса
steady-state ~ установившаяся ошибка (*напр. в системе автоматического регулирования*)
step-and-repeat ~ *микр.* ошибка при последовательной шаговой мультипликации
stochastic ~ стохастическая ошибка
subjective ~ субъективная ошибка
sum-squared ~ суммарная квадратическая ошибка, сумма квадратов ошибок (*в нейронной сети*)
synchronization ~ 1. нарушение синхронизации 2. ошибка (*радионавигационной системы*), обусловленная неточной синхронизацией
syntax ~ синтаксическая ошибка
system ~ ошибка системы автоматического регулирования
systematic ~ 1. систематическая ошибка 2. смещение (оценки); систематическая ошибка (при оценивании)
tape-speed ~ скоростная ошибка (*при воспроизведении магнитной записи*)
target ~ целевая ошибка; допустимая ошибка (*напр. при обучении нейронной сети*)
temporary ~ случайная ошибка
terminal ~ катастрофическая ошибка
terrain ~ ошибка (*радионавигационной системы*), обусловленная профилем трассы
tilt ~ ошибка (*радионавигационной системы*), обусловленная искривлением радиоволн в неоднородной ионосфере
timeout ~ превышение лимита времени (*на выполнение определённого действия или операции*), истечение времени ожидания (*события*), *проф.* ошибка типа «тайм-аут»
timing ~ сбой синхронизации
tolerated ~ допустимая ошибка
topological ~ топологическая ошибка
total ~ суммарная ошибка
tracking ~ (угловая) погрешность следования (*при воспроизведении механической звукозаписи*)
transient ~ 1. случайная ошибка 2. ошибка, обусловленная переходными процессами
transmission ~s искажения при передаче
truncation ~ ошибка усечения; ошибка округления
tuning ~ ошибка настройки
type I ~ альфа-ошибка, ошибка первого рода, ошибочное отклонение нулевой гипотезы, ошибка типа «пропуск цели»
type II ~ бета-ошибка, ошибка второго рода, ошибочное принятие нулевой гипотезы, ошибка типа «ложная тревога»
typographic ~ типографская ошибка, ошибка при наборе текста; опечатка
unbiased ~ случайная ошибка
uncorrectable data ~ неисправимая ошибка данных
undefined ~ *вчт* неопределённая ошибка
undetectable ~ необнаружимая ошибка
unrecoverable ~ неисправимая ошибка
velocity ~ скоростная ошибка (*при воспроизведении магнитной записи*)

vertical tracking angle ~ угловая погрешность вертикального следования (*при воспроизведении механической записи*)
white noise ~s ошибки типа белого шума
White standard ~ средняя квадратическая ошибка в форме Уайта, состоятельная средняя квадратическая ошибка при наличии гетероскедастичности
write ~ ошибка записи
write-protect ~ *вчт* попытка записи на защищённый диск
zero ~ *рлк* нулевая погрешность калибровки дальности
zero-drift ~ ошибка, обусловленная дрейфом нуля
error-free безошибочный
error-prone подверженный ошибкам
erupt извергать(ся); выбрасывать(ся); выплёскивать(ся)
eruption извержение; выброс; всплеск
radioelectric ~ всплеск радиоизлучения
eruptive 1. извергаемый; выбрасываемый; выплёскиваемый 2. *проф.* эруптивный (*напр. о солнечных вспышках*)
erythrosin эритрозин (*краситель*)
Esc(ape) *вчт* (служебная) клавиша отмены команды или выхода из программы, клавиша «Esc»
escape 1. избежание (*напр. возникновения конфликтных ситуаций*); уход (*напр. от осложнений*) ‖ избегать (*напр. возникновения конфликтных ситуаций*); уходить (*напр. от осложнений*) 2. выход ‖ выходить (*напр. из программы*) 3. утечка (*напр. газа*) 4. *вчт* управляющий символ 5. символ «выход », символ ←, символ с кодом ASCII 1Bh
carrier ~ *пп* рассасывание носителей
data link ~ управляющий символ канала передачи данных, символ ▶, символ с кодом ASCII 10h
particle ~ уход частиц (*из плазмы*)
escapement механизм смещения каретки на ширину знака (*в печатающих устройствах*)
escrow соглашение, хранящееся у третьего лица и вступающее в силу при выполнении определённого условия
key ~ соглашение о передаче ключей (*для расшифровки секретной информации*) правительственным органам через третье лицо при условии подтверждения необходимости получения затребованной информации
source code ~ соглашение о передаче исходной программы разработчиком на хранение третьему лицу и переходе права на собственность к покупателю в случае прекращения разработчиком поддержки данного программного продукта
esculin эскулин (*краситель*)
escutcheon декоративный щиток (*напр. прибора*), декоративная панель (*напр. ЭПУ*), декоративная рамка
e(-)serial 1. электронный сериал 2. электронное издание, выпускаемое с продолжением
e(-)service электронный сервис; электронные услуги; электронное обслуживание
e(-)shop электронный магазин
Esperanto эсперанто
espionage шпионаж; разведка
establish устанавливать (*напр. соединение*)
established установленный
Establishment:
Radar Research and Development ~ Научно-исследовательский институт радиолокации (*США*)

estimator

Royal Signals and Radar ~ Британский королевский институт радиолокации и связи
establishment установление (*напр. соединения*)
   circuit ~ установление соединения
   connection ~ установление соединения
estate *микр.* **1.** площадь, занимаемая телом корпуса (*компонента*) на плате; знакоместо **2.** площадь (платы), доступная для монтажа
   real ~ 1. площадь, занимаемая телом корпуса (*компонента*) на плате; знакоместо **2.** площадь (платы), доступная для монтажа
estimable оцениваемый; поддающийся оценке
estimand оцениваемая величина, оцениваемое
estimate оценка ‖ оценивать ◊ **to ~ recursively** оценивать рекурсивно
   approximate ~ приближённая оценка
   a priori ~ априорная оценка
   asymptotically efficient ~ асимптотически эффективная оценка
   Bayes ~ байесовская оценка
   biased ~ смещённая оценка
   bispectral ~ биспектральная оценка
   conditional maximum likelihood ~ условная оценка максимального правдоподобия
   consistent ~ состоятельная оценка
   efficient ~ эффективная оценка
   exact maximum likelihood ~ точная оценка максимального правдоподобия
   formula ~ аналитическая оценка
   inconsistent ~ несостоятельная оценка
   joint efficient ~ совместно-эффективная оценка
   joint sufficient ~ совместно-достаточная оценка
   judgemental ~ экспертная оценка
   maximum likelihood ~ оценка максимального правдоподобия
   ML ~ *см.* **maximum likelihood estimate**
   non-parametric ~ непараметрическая оценка
   OLS ~ *см.* **ordinary least squares estimate**
   ordinary least squares ~ оценка методом наименьших квадратов
   point ~ точечная оценка
   pooled ~ of variance объединённая оценка дисперсии
   population ~ оценка (закона распределения *или* параметров) совокупности (*в математической статистике*)
   pulse-pair ~ *рлк* оценка методом парных импульсов; ковариационная оценка
   qualitative utility ~s for science and technology метод количественной оценки полезности науки и техники, метод QUEST
   regression ~ регрессионная оценка
   regular ~ регулярная оценка
   restricted ~ ограниченная оценка, оценка с ограничением
   sample ~ выборочная оценка
   semiparametric ~ полупараметрическая оценка
   subjective ~ субъективная оценка
   sufficient ~ достаточная оценка
   superconsistent ~ суперсостоятельная оценка
   unbiased ~ несмещённая оценка
   visual ~ визуальная оценка
   waveform ~ *тлв* оценка огибающей (*напр. в спектральном корректоре*)
   windowed ~ взвешенная оценка
estimated оценённый
estimating оценивающий
estimation оценивание
   Bayesian ~ байесовское оценивание
   biased ~ смещённое оценивание
   conservative ~ консервативное оценивание, оценивание по требованию
   consistent ~ состоятельное оценивание
   covariance ~ *рлк* ковариационное оценивание; оценивание методом парных импульсов
   decision-directed ~ оценивание с управлением по решению
   efficient ~ состоятельное оценивание
   forward ~ прямое оценивание
   interval ~ интервальное оценивание
   kernel ~ ядерное оценивание
   linear ~ линейное оценивание
   maximum likelihood ~ оценивание методом максимального правдоподобия
   mixed ~ смешанное оценивание
   nonlinear ~ нелинейное оценивание
   non-parametric ~ непараметрическое оценивание
   parameter ~ оценивание параметров
   parametric ~ параметрическое оценивание
   point ~ точечное оценивание
   projection pursuit density ~ оценивание плотности методом (адаптивного) поиска (оптимальных) проекций (*при отображении*)
   pulse-pair ~ *рлк* оценивание методом парных импульсов; ковариационное оценивание
   recursive ~ рекурсивное оценивание
   sample-by-sample ~ последовательное выборочное оценивание
   semiparametric ~ полупараметрическое оценивание
   target position ~ определение местоположения цели
   two-step ~ двухшаговое оценивание
estimator 1. алгоритм *или* метод оценивания; формула оценки; функция оценки **2.** устройство оценки; оцениватель
   Aitken ~ алгоритм оценивания методом Эйткена, алгоритм оценивания обобщённым методом наименьших квадратов
   autocorrelation consistent ~ состоятельный при автокорреляции алгоритм оценивания, алгоритм оценивания Ньюи — Уэста
   best ~ наилучший алгоритм оценивания
   best linear unbiased ~ наилучший линейный алгоритм оценивания без смещения
   biased ~ алгоритм оценивания со смещением
   consistent ~ состоятельный алгоритм оценивания
   efficient ~ эффективный алгоритм оценивания
   exponentially weighted ~ алгоритм оценивания с экспоненциальным взвешиванием
   generalized least squares ~ алгоритм оценивания обобщённым методом наименьших квадратов, алгоритм оценивания методом Эйткена
   heteroscedasticity consistent ~ состоятельный при гетероскедастичности алгоритм оценивания, алгоритм оценивания Уайта
   inconsistent ~ несостоятельный алгоритм оценивания
   instrumental variables ~ алгоритм оценивания методом инструментальных переменных

estimator

IV ~ *см.* instrumental variables estimator
least squares ~ алгоритм оценивания методом наименьших квадратов
linear ~ линейный алгоритм оценивания
maximum likelihood ~ алгоритм оценивания методом максимального правдоподобия
minimum expected loss ~ алгоритм оценивания с минимизацией ожидаемых потерь
minimum-variance ~ алгоритм оценивания с минимальной дисперсией
minimum-variance unbiased ~ алгоритм оценивания с минимальной дисперсией без смещения
moving average ~ алгоритм оценивания на основе скользящего среднего
Newey-West ~ алгоритм оценивания Ньюи — Уэста, состоятельный при автокорреляции алгоритм оценивания
OLS ~ *см.* ordinary least squares estimator
one-step efficient ~ одношаговый эффективный алгоритм оценивания
ordinary least squares ~ алгоритм оценивания методом наименьших квадратов
phase ~ фазовый компаратор
polynomial ~ полиномиальный алгоритм оценивания
single equation ~ алгоритм оценивания одного уравнения (*из системы одновременных уравнений*)
statistically consistent ~ статистически состоятельный алгоритм оценивания
system ~ алгоритм оценивания системы (*одновременных*) уравнений
unbiased ~ алгоритм оценивания без смещения
unsupervised density ~ автоассоциатор, соревновательная нейронная сеть с квантованием обучающего вектора
White ~ алгоритм оценивания Уайта, состоятельный при гетероскедастичности алгоритм оценивания
es-zet *вчт* острое S, символ ß
eta эта (*буква греческого алфавита,* Н, η)
etalon 1. эталон **2.** эталон Фабри — Перо
Fabry-Perot ~ эталон Фабри — Перо
e(-)taxes электронная система взимания налогов
etch 1. травление ‖ травить **2.** травитель **3.** гравирование ‖ гравировать
chemical ~ **1.** химическое травление **2.** химический травитель
complexed copper nitrate ~ комплексный травитель на основе нитрата меди
crystallographically sensitive ~ **1.** анизотропное травление **2.** анизотропный травитель
dislocation ~ травитель для выявления дислокаций
isolation ~ изолирующее травление
orientation dependent ~ **1.** анизотропное травление **2.** анизотропный травитель
polishing ~ **1.** полирующее травление **2.** полирующий травитель
silicon-dioxide ~ **1.** травление диоксида кремния **2.** травитель для диоксида кремния
wet ~ жидкий травитель
etchability *микр.* способность к обработке методом травления
etchant травитель
acid ~ кислотный травитель
alkaline ~ щелочной травитель
anisotropic ~ анизотропный травитель
chemical ~ химический травитель
impurity-sensitive ~ травитель, чувствительный к примесям
etcher 1. установка (для) травления **2.** гравёр
diode (ion-beam sputter) ~ двухэлектродная установка (для) ионного травления
ion(-beam sputter) ~ установка (для) ионного травления
spray ~ установка (для) травления методом распыления
triode (ion-beam sputter) ~ трёхэлектродная установка (для) ионного травления
etching травление ◊ ~ **to frequency** подгонка резонансной частоты кварцевой пластины методом травления
anisotropic ~ анизотропное травление
channel ~ *пп* вытравливание каналов
deep ~ глубокое травление
dry ~ сухое травление
dry plasma ~ плазменное травление
electrolytic ~ электролитическое травление
gas ~ газовое травление
ion(-beam sputter) ~ ионное травление
isotropic ~ изотропное травление
jet ~ струйное травление
lift-off ~ травление методом обратной [взрывной] эпитаксии
mask(ed) ~ травление через маску
mesa ~ *пп* вытравливание мезаструктур
oxide ~ травление оксида
photochemical ~ фотохимическое травление
photoresist-mask ~ травление через маску из фоторезиста
plasma ~ плазменное травление
reactive ion ~ реактивное ионное травление
reactive plasma ~ реактивное плазменное травление
RF sputter ~ травление методом ВЧ-распыления
selective ~ избирательное [селективное]травление
silicon ~ травление кремния
silicon dioxide ~ травление диоксида кремния
sputter ~ травление методом распыления
substration ~ избирательное [селективное] травление
surface ~ травление поверхности
thermal ~ термическое травление
vapor(-phase) ~ газовое травление
wet ~ влажное травление
e(-)tender электронный тендер
e(-)text электронный текст, текстовая информация в электронном виде
ether эфир (*1. гипотетическая среда 2. прямой эфир* (*о радио- или телепередаче*) *3. химическое соединение*) ◊ **over the** ~ по радио
absolute ~ абсолютный эфир
physical ~ физический эфир
Ethernet 1. локальная сеть с пропускной способностью 10 Мбит/с и максимальной длиной пакета 1518 байт, (локальная) сеть (стандарта) Ethernet (*с использованием стандарта IEEE 802.3*) **2.** стандарт Ethernet (для локальных сетей)
Fast ~ **1.** локальная сеть с пропускной способностью 100 Мбит/с, (локальная) сеть (стандарта) Fast Ethernet **2.** стандарт Fast Ethernet (для локальных сетей)
full duplex switched ~ дуплексная коммутируемая сеть Ethernet

Gigabit ~ 1. локальная сеть с пропускной способностью 1 Гбит/с, (локальная) сеть (стандарта) Gigabit Ethernet 2. стандарт Gigabit Ethernet (для локальных сетей)

Ethertalk реализация (локальной) сети (стандарта) Ethernet для Apple-совместимых компьютеров

ethics этика
  computer ~ компьютерная этика
  hacker ~ этика хакеров

ethnomethodology этнометодология

ethology *биол.* этология

Eudora программа(-клиент) Eudora (*для обслуживания электронной почты*)

eufunction эвфункция, полезная функция

Eureka наземный радиолокационный маяк системы «Ребекка-Эврика»

Eurovision Евровидение

eutectic эвтектика || эвтектический

evacuate 1. откачивать; создавать вакуум; разрежать 2. удалять (*что-либо изнутри*); опорожнять

evacuation 1. откачка; создание вакуума; разрежение 2. удаление (*чего-либо изнутри*); опорожнение

evaluable 1. вычислимый; рассчитываемый; поддающийся численному расчёту; позволяющий определить численное значение 2. оцениваемый; поддающийся оценке

evaluate 1. вычислять; рассчитывать; определять численное значение 2. оценивать

evaluating 1. вычисляющий; рассчитывающий; определяющий численное значение 2. оценивающий

evaluation 1. вычисление; расчёт; определение численное значение 2. оценка (*1. оценивание; процедура оценки 2. алгоритм или метод оценивания; функция оценки; формула оценки*)
  accuracy ~ оценка точности
  approximate ~ приближённый расчёт
  colorimetric ~ колориметрическая оценка (*напр. фотоматериала*)
  computer aided system ~ автоматизированная оценка систем
  conservative ~ консервативное вычисление, вычисление по требованию
  eager ~ упреждающее вычисление
  engineering ~ инженерная оценка
  error ~ оценка ошибок
  expert ~ экспертная оценка
  formula ~ расчёт по формуле
  heuristic ~ эвристическое оценивание
  job ~ 1. оценка работы 2. *вчт* оценка задания
  lazy ~ вычисление с учётом частоты запросов, *проф.* ленивое вычисление
  lenient ~ квазиупреждающее вычисление, *проф.* мягкое вычисление
  logic ~ логическая оценка
  Monte-Carlo ~ оценка методом Монте-Карло
  numeric(al) ~ 1. численный расчёт 2. численная оценка
  qualitative ~ качественная оценка
  quantitative ~ количественная оценка
  reliability ~ оценка надёжности
  resource ~ оценка ресурсов
  risk ~ оценка риска
  short-circuit ~ укороченная оценка (*булевых выражений*)
  speculative ~ виртуальное вычисление, вычисление без гарантии востребования результата
  strict ~ строгое вычисление, вычисление с передачей параметров по значению
  threat ~ оценка угроз (*в теории игр*)
  tradeoff ~ компромиссная оценка
  user-centered software ~ оценивание программного обеспечения с точки зрения пользователя
  utility ~ оценка полезности
  what-if ~ оценка методом «что, если…»
  yield ~ оценка процента выхода годных

evaluator 1. алгоритм *или* метод оценивания; формула оценки; функция оценки 2. устройство оценки; оцениватель 3. имитационная модель для оценивания параметров *или* характеристик (*напр. системы*)
  user system ~ устройство оценки системы пользователя

evanescent исчезающий; сильно затухающий; нераспространяющийся

evaporant 1. испаряемое вещество 2. напыляемое вещество, термически испаряемое в вакууме вещество (*напр. для получения плёнок*)

evaporate 1. испарять 2. напылять (*плёнки*); производить термическое испарение (*с целью напыления плёнок*)

evaporation 1. испарение 2. напыление (*плёнок*), термическое испарение в вакууме (*с целью получения плёнок*)
  direct ~ прямое напыление
  dopant ~ испарение легирующей примеси
  E-beam ~ *см.* electron-beam evaporation
  electron-beam ~ электронно-лучевое напыление
  electron-gun ~ испарение с помощью электронного прожектора
  explosive ~ взрывное испарение
  filament ~ испарение с нити накала
  flash ~ взрывное испарение
  flux ~ испарение расплава
  indirect ~ косвенное напыление
  laser-induced ~ испарение лазерным лучом
  reactive ~ 1. реактивное испарение 2. реактивное напыление
  solvent ~ испарение растворителя
  successive ~ последовательное напыление
  thermal ~ напыление, термическое испарение в вакууме
  thin-film ~ напыление тонких плёнок
  vacuum ~ напыление, термическое испарение в вакууме

evaporative-cooled с испарительным охлаждением

evaporator 1. испаритель 2. установка для напыления, установка для термического испарения в вакууме
  electron-beam ~ электронно-лучевая установка для напыления
  vacuum ~ установка для напыления, установка для термического испарения в вакууме

EVC 1. гибридный (коаксиально-штырьковый) соединитель для подключения периферийных устройств к системному блоку, соединитель (стандарта) EVC 2. стандарт EVC (на интерфейс между периферийными устройствами и системным блоком)
  base ~ базовая реализация стандарта EVC (*с каналом передачи видеоданных и каналом DDC*)
  full ~ полная реализация стандарта EVC (*с полным набором каналов и использованием монито-*

ра в качестве коммутационного центра для подключения периферийных устройств)

multimedia ~ мультимедийная реализация стандарта EVC (*с каналами передачи аудио- и видеоданных и каналом DDC*)

even 1. плоский; ровный **2.** находящийся на одном уровне; параллельный **3.** однородный; регулярный **4.** *вчт* чётный (*1. кратный двум* (*о целом числе*) *2. не изменяющий знак при изменении знака аргумента* (*о функции*)) ◊ **evenly ~** кратный четырём; **oddly [unevenly] ~** кратный двум, но не кратный четырём

event 1. событие; акт; случай **2.** исход; результат
 accidental ~ случайное событие
 antecedent ~ предшествующее событие
 antithetic ~s несовместные события
 base ~ основное событие
 can't happen ~ *вчт проф.* невозможное событие
 certain ~ достоверное событие
 chained ~s сцепленные события
 chance ~ случайное событие
 coincident ~s совпадающие события
 complementary ~ дополняющее событие
 compound ~ составное событие
 data-driven ~ событие, управляемое данными
 dependent ~ зависимое событие
 desired ~ 1. благоприятное событие **2.** благоприятный исход; успех
 dummy ~ фиктивное событие
 elemental [elementary] ~ элементарное событие
 endogenous ~ внешнее событие
 equiprobable ~s равновероятные события
 exhaustive ~s полная система событий
 exogenous ~ внешнее событие
 file ~ *вчт* обращение к файлу
 flux transfer ~s явления переноса (магнитного) потока
 fuzzy ~ нечёткое событие
 hypothetical ~ гипотетическое событие
 impossible ~ невозможное событие
 independent ~s независимые события
 initial ionizing ~ первичный акт ионизации
 invariant ~ инвариантное событие
 logically related ~s логически связанные события
 media ~ событие, представляющее интерес для средств массовой информации
 MIDI ~ 1. MIDI-событие **2.** MIDI-сообщение
 mutually exclusive ~s взаимно исключающие события
 mutually independent ~s взаимно независимые события
 null ~ невозможное событие
 pairwise independent ~s попарно независимые события
 power down and resume ~s *вчт* события, определяющие выбор режима энергопотребления (*компьютера и монитора*)
 primary ionizing ~ первичный акт ионизации
 random ~ случайное событие
 realizable ~ возможное событие
 scalar ~ скалярное событие
 simple ~ элементарное событие
 tail ~ маловероятное событие
 triggering ~ инициирующее событие
 undesired ~ 1. неблагоприятное событие **2.** неблагоприятный исход; неудача
 vector ~ векторное событие
 wake up ~ событие, инициирующее перевод (*компьютера или монитора*) в режим с увеличенным энергопотреблением, *проф.* «пробуждающее» событие

event-driven событийно-управляемый

evidence 1. доказательство; обоснование; основа ‖ служить доказательством; являться обоснованием; представлять собой основу **2.** свидетельство; признак; знак ‖ свидетельствовать; служить признаком; означать
 direct ~ прямое доказательство
 empiric(al) ~ эмпирическое доказательство
 experimental ~ экспериментальное доказательство
 indirect ~ косвенное доказательство
 logical ~ логическое доказательство

evoke вызывать (*напр. ответную реакцию*); побуждать (*к определённым действиям*)

evoked вызванный (*напр. о потенциале*)

evolute *вчт* эволюта
 ~ of curve эволюта кривой
 ~ of surface эволюта поверхности

evolution 1. эволюция **2.** извлечение корня
 ~ of chaos эволюция хаоса
 artificial ~ искусственная эволюция (*напр. аппаратного обеспечения*)
 chaotic ~ хаотическая эволюция
 emergent ~ *вчт, бион.* эмерджентная эволюция, эволюция путём скачкообразного возникновения новых качеств
 optimized network ~ оптимизированная эволюция сетей, концепция ONE развития сетей связи (*на базе системы коммутации цифровых сигналов EWSD*)
 process ~ эволюция процесса
 signal ~ эволюция сигнала
 soliton ~ эволюция солитона
 wave ~ эволюция волны

evolve эволюционировать

evolvent *вчт* эвольвента
 circle ~ эвольвента окружности

e(-)voting электронное голосование

ex *вчт* экс, ширина строчной буквы x латинского алфавита (*относительная мера ширины шрифта*)

exa- 1. экса..., Э, 10^{18} (*приставка для образования десятичных кратных единиц*) **2.** *вчт* экса..., Э, = 260

Exabyte *вчт* кассета (формата) Exabyte, кассета с 8-мм магнитной лентой ёмкостью до 2 гигабайт

exact точный

examination 1. исследование; диагностика; осмотр; экспертиза **2.** экзамен; тест **3.** экзаменационный билет; текст теста **4.** ответы на экзаменационные вопросы; результаты теста
 diagnostic ultrasound ~ ультразвуковая диагностика
 external ~ внешний осмотр
 internal ~ внутренний осмотр
 public ~ общественная экспертиза
 screening ~ конкурсный экзамен
 visual ~ визуальный осмотр

examine 1. исследовать; диагностировать; осматривать; производить экспертизу **2.** экзаменовать; подвергать тесту

exchange

examinee 1. объект исследования, диагностики, осмотра *или* экспертизы **2.** экзаменуемый; тестируемый

examiner 1. исследователь, специалист по диагностике; эксперт **2.** экзаменатор; тестирующий

example 1. пример **2.** случай; ситуация; событие

ex ante до; априори

Excel:
   Microsoft ~ программа корпорации Microsoft для работы с электронными таблицами, программа Microsoft Excel

exception исключение (*1. отступление от правила 2. удаление; устранение; недопущение 3. вчт непредусмотренная ситуация; нарушающая нормальный ход выполнения программы или процесса вычислений ошибка*)
   arguable ~ спорное исключение
   coprocessor ~ исключение на уровне сопроцессора
   hardware ~ исключение аппаратного уровня
   instruction ~ исключение на уровне инструкции
   machine check ~ исключение машинного контроля
   processor-level ~ исключение на уровне процессора
   software ~ исключение программного уровня
   user-defined ~ исключение [отступление от правила], определяемое пользователем

excess 1. избыток || избыточный **2.** эксцесс, коэффициент эксцесса (*характеристика асимметрии распределения случайной величины*) **3.** остаток || остаточный **4.** дефект (*напр. массы*)
   ~ **of approximation** дефект аппроксимации
   ~ **of electrons** *пп* избыток электронов
   ~ **of holes** *пп* избыток дырок
   ~ **of matrix** дефект матрицы
   angular ~ угловой избыток
   mass ~ дефект массы

Exchange:
   Federal Information ~ Федеральный центр обмена информацией(*США*)
   Federal Information ~ **East** Федеральный восточный центр обмена информацией (*шт. Мериленд, США*)
   Federal Information ~ **West** Федеральный западный центр обмена информацией (*шт. Калифорния, США*)

exchange 1. коммутационная станция; коммутатор **2.** телефонная станция **3.** телефонная сеть **4.** обмен || обменивать(ся) **5.** *фтт* обменное взаимодействие
   ~ **for a system of extensions** коммутатор системы с добавочными номерами
   Alaska integrated communication ~ сеть радиостанций тропосферного рассеяния, обслуживающая РЛС дальнего обнаружения системы ПВО США
   analog ~ аналоговая АТС
   anisotropic ~ анизотропное обменное взаимодействие
   area ~ зоновая телефонная сеть; местная телефонная сеть
   auto-manual telephone ~ полуавтоматическая телефонная станция
   automatic ~ **1.** автоматическая коммутационная станция **2.** автоматическая телефонная станция, АТС
   automatic message ~ станция автоматической коммутации сообщений
   automatic telephone ~ автоматическая телефонная станция, АТС
   branch ~ телефонная станция с исходящей и входящей связью
   circuit switching ~ центр коммутации каналов
   common-battery ~ телефонная станция ЦБ
   community automatic ~ внутрирайонная АТС
   computerized branch ~ компьютеризованная телефонная станция с исходящей и входящей связью
   crossbar ~ координатная АТС
   data ~ обмен данными
   data switching ~ центр коммутации данных
   data-transmission ~ коммутационная станция системы передачи данных
   dial ~ коммутационная АТС
   digital ~ цифровая АТС
   digital matrix ~ цифровой матричный коммутатор
   direct ~ прямое обменное взаимодействие
   double ~ двойное обменное взаимодействие
   dynamic data ~ динамический обмен данными
   electronic (automatic) ~ электронная АТС
   enterprise mail ~ автоматическая коммутация электронных сообщений в сети масштаба предприятия
   frame relay ~ обмен с ретрансляцией кадров
   global Internet ~ служба глобального обмена трафиком в Internet
   graphics ~ обмен графической информацией
   group selector ~ АТС с групповыми искателями
   heat ~ теплообмен
   indirect ~ косвенное обменное взаимодействие
   intergranular ~ межзёренное обменное взаимодействие
   international ~ международная телефонная сеть
   international program ~ международный обмен телевизионными программами
   Internet key ~ **1.** обмен ключами в Internet **2.** протокол обмена ключами в Internet, протокол IKE
   internetwork packet ~ **1.** межсетевой обмен пакетами **2.** протокол межсетевого обмена пакетами, (дейтаграммный) протокол IPX (фирмы Novell)
   ion ~ ионный обмен
   isotropic ~ изотропное обменное взаимодействие
   key ~ обмен ключами (*напр. к шифру*)
   local ~ местная телефонная сеть
   magneto ~ телефонная станция с индукторным вызовом
   manual ~ ручная телефонная станция, РТС
   metallic crosspoint ~ АТС с контактными коммутационными элементами
   minor ~ телефонная подстанция
   momentum ~ *фтт* обмен импульсами
   negative ~ отрицательное обменное взаимодействие
   office network ~ станция учрежденской сети связи
   open systems message ~ обмен сообщениями открытых систем
   packet switching ~ станция коммутации пакетов
   parent ~ центральная станция (*в спутниковой связи*)
   positive ~ положительное обменное взаимодействие
   private ~ частная телефонная станция
   private automatic ~ частная АТС без исходящей и входящей связи
   private automatic branch ~ частная АТС с исходящей и входящей связью
   private branch ~ частная телефонная станция с исходящей и входящей связью

exchange

private manual branch ~ частная РТС с исходящей и входящей связью
quasi-electronic ~ квазиэлектронная АТС
query ~ *вчт* обмен по запросам
radiation ~ радиационный обмен
retransmission ~ ретрансляционная станция
satellite ~ спутниковая станция с автоматической коммутацией каналов
self-contained automatic ~ автономная АТС
semiautomatic ~ полуавтоматическая телефонная станция
semielectronic ~ квазиэлектронная АТС
sequenced packet ~ 1. последовательный обмен пакетами 2. протокол последовательного обмена пакетами, протокол SPX
software ~ обмен программным обеспечением
space-division ~ АТС с пространственным разделением каналов
step-by-step ~ шаговая АТС, АТС с шаговыми искателями
stored-program controlled telephone ~ АТС с программным управлением
strong ~ сильное обменное взаимодействие
tandem ~ узловая станция исходящего и входящего сообщения
telegraph ~ телеграфная станция
telephone ~ телефонная станция
teletypewriter ~ телеграфная коммутационная станция
telex ~ телексная станция
terminal ~ оконечная телефонная станция
trunk ~ междугородная телефонная станция
tunneled ~ of light туннельная перекачка света
TV program ~ обмен телевизионными программами
weak ~ слабое обменное взаимодействие

exchanger система обмена; устройство обмена (*напр. сообщениями*)
  heat ~ теплообменник
  ion ~ ионно-обменная установка
  mail ~ система обмена электронной почтой; сервер электронной почты

exchangestriction обменострикция, обменная магнитострикция

excimer *кв. эл.* эксимер

exciplex *кв.эл.* эксиплекс
  triplet ~ триплетный эксиплекс

excise *микр.* вырубка (смонтированной) ИС (*с кристаллоносителем на гибкой ленте*) || вырубать (смонтированную) ИС (*с кристаллоносителем на гибкой ленте*)

excitability *бион.* возбудимость
  reflectory ~ рефлекторная возбудимость

excitation 1. возбуждение 2. сигнал на управляющей сетке (*электронной лампы*)
  ~ of antenna array возбуждение антенной решётки
  antiphase ~ противофазное возбуждение
  band-to-band ~ *пп* межзонное возбуждение
  Cerenkov ~ черенковское возбуждение
  coherent ~s когерентные возбуждения
  collision ~ *кв. эл.* возбуждение при столкновениях
  cyclotron ~ циклотронное возбуждение
  double-discharge ~ *кв. эл.* возбуждение двойным разрядом
  electron-beam ~ возбуждение электронным лучом; возбуждение электронным пучком
  elementary ~s элементарные возбуждения
  exciton ~s экситонные возбуждения
  field-enhanced ~ возбуждение, усиленное полем
  impact ~ ударное возбуждение
  impulse ~ 1. ударное возбуждение 2. возбуждение импульсом *или* импульсами
  impurity ~ примесное возбуждение
  incoherent ~s некогерентные возбуждения
  in-phase ~ синфазное возбуждение
  light ~ оптическое возбуждение, фотовозбуждение
  magnetic ~s магнитные возбуждения
  multifrequency ~ многочастотное возбуждение
  multiphoton ~ многофотонное возбуждение
  nonequilibrium ~ неравновесное возбуждение
  optical ~ оптическое возбуждение, фотовозбуждение
  parallel ~ параллельное возбуждение
  parametric ~ параметрическое возбуждение
  polaron ~ поляронные возбуждения
  pulse ~ 1. ударное возбуждение 2. возбуждение импульсом *или* импульсами
  radiation ~ 1. фотоионизация 2. радиационное возбуждение
  ringing ~ ударное возбуждение
  saw-tooth ~ пилообразное возбуждение
  selective ~ селективное возбуждение
  separate ~ независимое возбуждение
  series ~ последовательное возбуждение
  shock ~ ударное возбуждение
  soliton ~ возбуждение солитонов
  spin ~s спиновые возбуждения
  spin-wave parametric ~ параметрическое возбуждение спиновых волн
  step-by-step ~ ступенчатое возбуждение
  Stoner ~s *фтт* стонеровские возбуждения
  thermal ~ термическое возбуждение
  voice ~ голосовое [речевое] возбуждение

excite 1. возбуждать 2. подавать сигнал на управляющую сетку (*электронной лампы*)

exciter 1. активный элемент (*антенны*) 2. облучатель (*антенны*) 3. задающий генератор 4. петля возбуждения; возбуждающий штырь (*в волноводе или резонаторе*) 5. звукочитающая лампа (*кинопроектора*) 6. возбудитель электрической машины
  antenna ~ 1. активный элемент антенны 2. облучатель антенны
  control ~ регулирующий возбудитель
  main ~ главный возбудитель
  pilot ~ подвозбудитель

exciton экситон
  bound ~ связанный экситон
  even ~ чётный экситон
  free ~ свободный экситон
  Frenkel ~ экситон Френкеля
  odd ~ нечётный экситон
  triplet ~ триплетный экситон
  Vanier-Mott ~ экситон Ванье — Мотта

excitron экситрон

exclude исключать

exclusion 1. исключение 2. исключение доступа (*напр. к телефонному каналу*) 3. пп эксклюзия (*носителей заряда*)

mutual ~ 1. взаимное исключение 2. *вчт* объект с функцией взаимного исключения (*параллельных процессов*)

exclusive 1. исключённый; исключаемый; не принимаемый во внимание; исключающий (*напр. доступ к телефонному каналу*) 2. недоступный; с ограниченным доступом (*напр. канал*) 3. исключительный; ограниченный определёнными пределами; привилегированный 4. единственный 5. эксклюзив, эксклюзивный материал; эксклюзивный репортаж; эксклюзивное интервью (*напр. в вещательной программе*) || эксклюзивный 6. эксклюзивное право (*на использование, показ или публикацию*) 7. несовместимый

MIDI ~ *вчт* исключительное [привилегированное] (системное) MIDI-сообщение

system ~ *вчт* исключительное [привилегированное] системное MIDI-сообщение

excursion 1. отклонение от равновесного положения или значения 2. размах, двойная амплитуда (*напр. колебаний*)

amplitude ~ размах, двойная амплитуда

frequency ~ полоса качания частоты

peak-to-peak ~ размах, двойная амплитуда

signal ~ размах (двойная амплитуда] сигнала

voltage ~ размах [двойная амплитуда] напряжения

exdirectory не включённый в телефонный справочник (*о номере телефона*)

exe *вчт* расширение имени исполняемого файла

executable осуществимый; выполнимый; исполняемый (*напр. файл*); программный

execute 1. осуществлять (*напр. план*); выполнять (*напр. программу*); исполнять (*напр. команду*) 2. выполнять условия

direct memory ~ прямое использование оперативной памяти видеоускорителем (*в компьютерах с шиной расширения стандарта AGP*), метод DIME

execution 1. осуществление (*напр. плана*); выполнение (*напр. программы*); исполнение (*напр. команды*) 2. техника исполнения

advanced dynamic ~ улучшенный метод динамического исполнения (*программы*)

dynamic ~ динамическое исполнение, метод исполнения (*программы*) по предположению с многократным предсказанием переходов и анализом потоков данных

concurrent program ~ параллельное выполнение программ

out-of-order ~ исполнение с изменением последовательности (*напр. инструкций*)

parallel ~ параллельное выполнение; параллельное исполнение

rules ~ выполнение правил

speculative ~ исполнение по предположению, исполнение без гарантии востребования результата, *проф.* спекулятивное исполнение

executive 1. исполнитель 2. исполнительный орган 3. исполнительный 4. руководитель; администратор; должностное лицо *вчт* 5. (программа-)диспетчер; управляющая программа 6. операционная система 7. лист бумаги формата 18,4×26,7 см²

central ~ основной исполнитель

real-time ~ операционная система реального времени

resident ~ резидентная операционная система

time-sharing ~ операционная система разделения времени

executor исполнительное устройство

exemplar экземпляр

exerciser 1. тренажёр для приобретения навыков составления и отладки программ и работы с компьютерной периферией 2. программа тестирования (*напр. дисплея*)

exhaust откачка; создание вакуума; разрежение || откачивать; создавать вакуум; разрежать

exhaustion откачка; создание вакуума; разрежение

exhaustive полный; исчерпывающий

exhaustivity исчерпывающая полнота

Exhibition:

Computer Dealers ~ Выставка посредников-поставщиков компьютерного оборудования, COMDEX

exhibition выставка

exit *вчт* 1. выход (*напр. из программы*); окончание (*напр. работы*); прекращать (*напр. процесс*) || выходить (*напр. из программы*); заканчивать (*напр. работу*); прекращение (*напр. процесса*) 2. точка выхода (*напр. из программы*); точка вывода (*напр. данных*)

deferred ~ задержанный выход

graceful ~ элегантный выход (*из критических ситуаций*)

single ~ единственная точка выхода (*из программы*)

user ~ *вчт* возможность внесения пользователем изменений в программное *или* аппаратное обеспечение, *проф.* выход на пользователя

exitance светимость

luminous ~ светимость

radiant ~ энергетическая светимость

self-radiant ~ собственная энергетическая светимость

thermal radiant ~ тепловая энергетическая светимость

exjunction разноимённость, строгая дизъюнкция

exobiology экзобиология

exoelectron экзоэлектрон

exoemission экзоэлектронная эмиссия

exoergic экзотермический

exogeneity экзогенность

strict ~ строгая экзогенность

strong ~ сильная экзогенность

super ~ сверхэкзогенность

weak ~ слабая экзогенность

exogenous экзогенный; внутренний

exosmosis экзоосмос

exosphere экзосфера, геокорона (*внешняя область атмосферы в интервале высот более 500 – 600 км с диссипацией молекул в космическое пространство*)

exothermic экзотермический

expand 1. расширять; растягивать 2. экспандировать, расширять динамический диапазон (*сигнала*) 3. *вчт* разуплотнять данные 4. разлагать (*напр. в ряд*); раскрывать (*напр. формулу*)

expandability возможность расширения функциональных возможностей

expanded 1. расширенный; растянутый 2. экспандированный, с расширенным динамическим диапазоном (*о сигнале*) 3. *вчт* разуплотнённый (*о данных*) 4. разложенный (*напр. в ряд*); раскрытый

expander

(*напр. о формуле*) 5. широкий, расширенный (*о шрифте*)

expander 1. расширитель, устройство расширения; устройство растягивания 2. экспандер
- **automatic volume** ~ экспандер
- **beam** ~ расширитель пучка
- **bubble** ~ расширитель ЦМД
- **complementary** ~ дополняющий экспандер
- **digital** ~ цифровой экспандер
- **frequency level** ~ система FLEX, система динамической коррекции спектра в области верхних звуковых частот (*в сторону приближения к обратно пропорциональной зависимости спектральных составляющих от частоты*) при воспроизведении магнитофонных записей
- **gate** ~ логический расширитель
- **hierarchy** ~ иерархический расширитель
- **macro** ~ макрорасширитель
- **sweep** ~ устройство растягивания развёртки
- **syllabic** ~ инерционный [слоговый] экспандер
- **volume** ~ экспандер

expansion 1. расширение; растягивание 2. экспандирование, расширение динамического диапазона (*сигнала*) 3. вчт разуплотнение данных 4. разложение (*напр. в ряд*); раскрытие (*напр. формулы*) 5. вчт (аппаратное) расширение (*1. использование технических средств для обеспечения дополнительных возможностей или повышения эффективности 2. техническое средство для обеспечения дополнительных возможностей или повышения эффективности*) ◊ ~ **in plane waves** разложение по плоским волнам
- **algorithmic** ~ алгоритмическое расширение
- **asymptotic** ~ асимптотическое разложение
- **automatic volume** ~ экспандирование
- **axon** ~ *биол.* расширение аксона
- **bubble** ~ расширение ЦМД
- **center** ~ растягивание развёртки в центре экрана ЭЛТ
- **ciphertext** ~ увеличение объёма шифротекста (*по сравнению с открытым текстом*)
- **contrast** ~ увеличение контрастности (*в факсимильной связи*)
- **data** ~ 1. увеличение объёма данных (*напр. при блочном шифровании*) 2. развёртывание сжатых данных
- **Edgeworth** ~ разложение Эджворта
- **harmonic** ~ разложение в ряд Фурье
- **hierarchy** ~ расширение иерархии
- **hydrodynamic plasma** ~ гидродинамическое расширение плазмы
- **macro** ~ *вчт* 1. макрорасширение 2. макроподстановка
- **multimedia** ~**s** *вчт* мультимедийные расширения
- **plasma** ~ расширение плазмы
- **query** ~ расширение запроса
- **scan** ~ растягивание развёртки
- **serial** ~ разложение в ряд
- **simple communications programming** ~ среда программирования для поддержки простой связи между компьютерами, среда SCOPE
- **stochastic** ~ стохастическое разложение
- **sweep** ~ растягивание развёртки
- **system** ~ расширение системы
- **Taylor** ~ разложение в ряд Тейлора
- **thermal** ~ тепловое расширение
- **token** ~ *вчт* раскрытие лексемы
- **vector** ~ расширение вектора
- **volume** ~ экспандирование

expectance, expectanc/y 1. ожидание 2. ожидаемое событие 3. математическое ожидание, среднее значение (*случайной величины*)
- **life** ~ *т. над.* предполагаемая [ожидаемая] долговечность

expectation 1. ожидание 2. ожидаемое событие 3. математическое ожидание, среднее значение (*случайной величины*)
- **adaptive** ~ адаптивное ожидание
- **backward-looking** ~ ретроспективное ожидание
- **conditional** ~ условное математическое ожидание, условное среднее значение
- **data-based** ~ ожидание, основанное на данных
- **marginal** ~ маргинальное ожидание
- **mathematical** ~ математическое ожидание, среднее значение
- **rational** ~ рациональное ожидание
- **regressive** ~ регрессивное ожидание
- **static** ~ статическое ожидание
- **unbiased** ~ несмещённое ожидание
- **unconditional** ~ безусловное математическое ожидание, безусловное среднее значение

expected ожидаемый

expedance комплексное сопротивление с отрицательной вещественной частью

expedience целесообразность

expedient 1. целесообразный 2. приём *или* средство достижения цели

expedition 1. экспедиция 2. быстрота; срочность; незамедлительность

experience 1. квалификация 2. опыт (работы)

experienced 1. квалифицированный 2. опытный, с большим опытом (работы)

experiment 1. эксперимент; опыт ‖ проводить эксперимент(ы); ставить опыты 2. экспериментирование ‖ экспериментировать
- **factorial** ~ факторный эксперимент
- **fractional factorial** ~ дробный факторный эксперимент
- **Monte Carlo** ~ опыт Монте-Карло, статистическое испытание
- **numerical** ~ *вчт* численный эксперимент

experimental экспериментальный

experimentalism теория и практика проведения экспериментов

experimenter экспериментатор

expert 1. эксперт (*1. высококвалифицированный специалист; компетентный специалист; опытный специалист 2. лицо, дающее квалифицированное заключение по существу рассматриваемой проблемы 3. нейроэксперт, искусственная нейронная сеть для аппроксимации функций многих переменных*) 2. *вчт* экспертная система 3. экспертный 4. подвергать экспертизе 5. высококвалифицированный; опытный
- **articulate** ~ *вчт* открытая экспертная система, экспертная система со средствами объяснения
- **artificial** ~ *вчт* экспертная система
- **certified network** ~ сертифицированный эксперт по сетям
- **domain** ~ эксперт по определённой области знаний
- **independent** ~ независимый эксперт

expression

opaque ~ *вчт* закрытая экспертная система, экспертная система без средств объяснения
technical ~ технический эксперт
expertise 1. письменное заключение эксперта; результаты экспертизы 2. компетентность эксперта
 automated cable ~ автоматическое диагностирование кабельных линий
expertize 1. проводить экспертизу 2. давать экспертное заключение
expiration окончание; истечение (*срока*)
expire оканчиваться; истекать (*о сроке*)
expireware устаревшие программные средства
expiry окончание; истечение (*срока*)
explainer *вчт* средства объяснения
explanandum экспланандум, объясняемое
explanans эксплананс, объясняющее
explanation объяснение
 causal ~ причинное объяснение
 folk psychological ~ объяснение на уровне психологии простого народа
explication детальное описание *или* объяснение; экспликация (*напр. звуковая*)
 sound ~ звуковая экспликация (*напр. фильма*)
explicit 1. явный (*1. выраженный в явном виде; представленный в виде формулы 2. ясный; определённый; точный*) 2. детальный; подробный
explode 1. взрывать(ся) 2. дискредитировать; опровергать
exploder взрыватель
 mail ~ множитель (электронной) почты (*часть почтовой системы для отправления сообщений по спискам рассылки*); система групповой рассылки сообщений
exploit эксплуатировать
exploitation эксплуатация
exploration исследование
exploratory исследовательский; экспериментальный
explore исследовать; заниматься исследованиями
Explorer:
 Internet ~ *вчт* программа просмотра для Internet корпорации Microsoft, браузер Internet Explorer
 Windows ~ менеджер файлов в операционной системе Windows (*для версий Windows 95 и старше*), программа Windows Explorer
explorer исследователь
explosion взрыв
 combinatorial ~ *вчт* комбинаторный взрыв, лавинообразное увеличение затрат машинного времени при незначительном усложнении задачи
 information ~ информационный взрыв
 parts ~ пространственное разнесение деталей конструкции на чертеже (*для облегчения восприятия*)
explosion-proof взрывобезопасный (*напр. переключатель*)
exponent 1. показатель (степени), индекс 2. *вчт* порядок (*в формате с плавающей запятой*)
 critical ~ критический показатель (степени), критический индекс
 Lyapunov characteristic ~ характеристический показатель Ляпунова
exponential 1. показательное выражение || показательный; степенной 2. экспоненциальное выражение || экспоненциальный
exponentiation возведение в степень

export экспорт || экспортировать (*напр. данные*)
 ~ clipboard экспорт через буфер обмена
 data ~ экспорт данных
 file ~ экспорт файла
 knowledge ~ экспорт знаний
exportation экспортирование
expose 1. экспонировать (*1. воздействовать светом на фоточувствительный материал 2. производить публичный показ*) 2. раскрывать (*напр. ключ к шифру*)
ex post после; апостериори
exposure 1. экспонирование (*1. воздействие светом на фоточувствительный материал 2. публичный показ*) 2. экспозиция (*1. воздействие светом на фоточувствительный материал 2. произведение освещённости светочувствительного материала на время выдержки 3. совокупность или размещение экспонатов для публичного показа*) 3. раскрытие (*напр. ключа к шифру*)
 authentication ~ раскрытие процедуры аутентификации
 double ~ 1. двойная экспозиция 2. метод двойной экспозиции 3. изображение, полученное методом двойной экспозиции (*напр. фотоснимок*)
 E-beam ~ *см.* electron-beam exposure
 electron-beam ~ электронно-лучевое экспонирование (*резиста*)
 holographic ~ голографическое экспонирование (*дифракционных решёток*)
 ion ~ ионно-лучевое экспонирование
 light ~ 1. оптическое экспонирование 2. экспозиция
 mask ~ экспонирование (*резиста*) через фотошаблон, экспонирование маски
 multiple-pulse ~ многократное экспонирование
 proximity ~ экспонирование при фотолитографии с (микро)зазором, экспонирование с (микро)зазором
 radiant ~ энергетическая экспозиция
 resist ~ экспонирование резиста
 single-pulse ~ однократное экспонирование
 spatially varying ~ and color программируемое изменение времени экспозиции и цвета пикселей (*в цифровых камерах*)
 spatially varying pixel ~ программируемое изменение времени экспозиции пикселей (*в цифровых камерах*)
 step-and-repeat ~ экспонирование с последовательной шаговой мультипликацией
 time ~ 1. ручная установка экспозиции 2. фотоснимок, полученный при ручной установке экспозиции
 ultraviolet ~ экспонирование (*резиста*) ультрафиолетовым [УФ-]излучением
 UV ~ *см.* ultraviolet exposure
 X-ray ~ рентгеновское экспонирование (*резиста*)
Express:
 Serial ~ *вчт* 1. масштабируемый когерентный интерфейс для организации взаимодействия кластеризованных систем, интерфейс стандарта SCI 2. стандарт SCI (*для организации взаимодействия кластеризованных систем*)
expression 1. выражение 2. представление (*напр. в виде символов*) 3. выразительность звука; экспрессивность исполнения (*напр. мелодии*) 4. *вчт* контроллер «выразительность звука», MIDI-конт-

expression

роллер № 11 ◊~ **of closed form** представление в замкнутом виде; ~ **under integral sign** подынтегральное выражение
absolute ~ абсолютное выражение
algebraic ~ алгебраическое выражение
ambiguous ~ неоднозначное выражение
analytical ~ аналитическое выражение
approximate ~ приближённое выражение
arithmetic ~ арифметическое выражение
asymptotic ~ асимптотическое выражение
atomic ~ *вчт* атомарное выражение
Boolean ~ булево [логическое] выражение
bracketed ~ выражение в скобках
canonical ~ каноническое представление
conditional ~ логическое [булево] выражение
constant ~ константное выражение, выражение, содержащее только константы; статическое выражение
convergent ~ сходящееся выражение
defining ~ определяющее выражение
designational ~ обозначающее выражение
deterministic ~ детерминированное выражение
divergent ~ расходящееся выражение
emitted ~ *вчт* генерируемое выражение
exact ~ точное выражение
explicit ~ явное выражение
exponential ~ экспоненциальное выражение
formal ~ формальное выражение
functional ~ функциональное выражение
fuzzy ~ нечёткое выражение
graphic ~ графическое представление
implicit ~ неявное выражение
integer ~ целочисленное выражение
integral ~ интегральное представление
invariant ~ инвариантное выражение
irrational ~ иррациональное выражение
literal ~ литеральное выражение
logical ~ логическое [булево] выражение
mathematical ~ математическое выражение
matrix ~ матричное выражение
MIDI ~ *вчт* выражение в MIDI-стандарте
nested ~ итерационное представление
numerical ~ численное выражение
operator ~ операторное выражение
parenthesized ~ выражение в скобках
predicate ~ *вчт* предикативное выражение
radical ~ подкоренное выражение
range ~ представление интервала (*в электронных таблицах*)
rational ~ рациональное выражение
regular ~ регулярное выражение
relational ~ реляционное выражение
relocatable ~ переместимое выражение; перемещаемое выражение
rotationally-invariant ~ вращательно-инвариантное выражение
scalar ~ скалярное выражение
static ~ статическое выражение; константное выражение, выражение, содержащее только константы
symbolic ~ символьное представление
tree ~ древовидное представление
trigonometric ~ тригонометрическое выражение
unique ~ однозначное выражение
variable ~ выражение, содержащее переменные

vector ~ векторное выражение
extend 1. расширять (*1. вчт обеспечивать дополнительные возможностей или повышать эффективность 2. удлинять; вытягивать; растягивать*) **2.** удлиняться; вытягиваться; растягиваться
extended расширенный(*1. вчт обладающий дополнительными возможностями или повышенной эффективностью 2. удлинённый; вытянутый; растянутый*)
extender расширитель (*1. вчт техническое или программное средство для обеспечения дополнительных возможностей или повышения эффективности 2. удлинитель; растягиватель*)
antenna ~ удлинитель антенны
bus ~ *вчт* **1.** расширитель (функциональных возможностей) шины **2.** переходная плата для подключения к шине вне корпуса компьютера
DOS ~ утилита, позволяющая программам под управлением DOS использовать оперативную память более 640 Кбайт, *проф.* расширитель DOS
input ~ схема для увеличения коэффициента объединения по входу
range ~ расширитель диапазона
extensibility *вчт* расширяемость
language ~ расширяемость языка
extensible *вчт* расширяемый
extension 1. *вчт* расширение (*1. использование технических или программных средств для обеспечения дополнительных возможностей или повышения эффективности 2. техническое или программное средство для обеспечения дополнительных возможностей или повышения эффективности 3. трёхсимвольное дополнение к имени файла 4. дополнительный набор символов 5. продолжение, формальное распространение (напр. множества)*) **2.** протяжённость; размеры **3.** увеличение протяжённости; удлинение; расширение; растягивание **4.** (электрический) удлинитель **5.** параллельный телефонный аппарат **6.** *тлф* добавочный (номер) **7.** *вчт* экстенсия, объём понятия (*класс объектов, к которым применимо данное понятие*)
~**s to T$_E$X** расширения языка T$_E$X
ActiveX server ~ серверное расширение программных средств ActiveX
address ~ *вчт* расширение адреса
application ~ *вчт* прикладное расширение
CD-ROM ~ расширение операционной системы для работы с компакт-дисками формата CD-ROM (*напр. программа mscdex.exe для DOS*)
coherence length ~ *кв. эл.* увеличение длины когерентности
command ~ растягивание командного цикла (*напр. в процессоре*)
debugging ~ расширение отладки
default ~ *вчт* расширение (*имени файла*), присваиваемое по умолчанию
error ~ размножение ошибок
HTML ~ *см.* **hypertext markup language extension**
hypertext markup language ~ расширение (стандартного) языка описания структуры гипертекста, расширение языка HTML
lexicographic ~ лексикографическое расширение
logical ~ логическое расширение

matrix math ~s расширение системы команд центрального процессора для реализации SIMD-архитектуры, *проф.* ММХ-технология

matrix math ~s 2 второй вариант расширения системы команд центрального процессора для реализации SIMD-архитектуры, *проф.* ММХ2-технология, новый набор команд Katmai (*ядра процессоров Pentium III*), набор KNI

multipurpose Internet mail ~s стандарт на многоцелевое расширение функций электронной почты в Internet, стандарт MIME (*для передачи нетекстовой информации, напр. графиков, аудиоданных, факсов и др.*)

numeric processor ~ математический сопроцессор

page size ~ расширение объёма страниц

paging global ~ глобальное расширение страничной переадресации

physical address ~ расширение физического адреса

predicate ~ *вчт* предикативное расширение

processor ~ сопроцессор

range ~ расширение диапазона

real-time ~ расширение для операционной системы реального времени

secure multipurpose Internet mail ~s стандарт на многоцелевое расширение функций шифрованной электронной почты в Internet, стандарт S-MIME

semantic ~ семантическое расширение (*напр. языка программирования*)

shaft ~ конец вала (*электрической машины*)

sign ~ *вчт* расширение знакового разряда

streaming SIMD ~s расширенная архитектура (компьютера) с одним потоком команд и несколькими потоками данных, SSE-архитектура (*напр. в компьютерах с процессором Pentium*)

streaming SIMD ~s 2 второй вариант расширенной архитектуры (компьютера) с одним потоком команд и несколькими потоками данных, SSE2-архитектура (*напр. в компьютерах с процессором Pentium IV*)

threshold ~ порогопонижение

VESA BIOS ~s стандартизованные VESA расширения функций видеосервиса BIOS, стандарт VBE

extensional 1. увеличивающий протяжённость; удлиняющий; расширяющий; растягивающий **2.** продольный (*о волне или колебании*) **3.** *вчт* экстенсионал, предметное значение понятия ‖ экстенсиональный, относящийся к объёму понятия, предметный

extensionality *вчт* экстенсиональность, объёмность понятия

extent 1. протяжённость; размеры; диапазон; область **2.** степень; мера; (относительная) величина **3.** *вчт* связная область (*напр. памяти*), *проф.* экстент, **4.** *вчт* якорь (*отправной или конечный пункт ссылки внутри гипертекста*)

~ of beam длина луча

destination ~ конечный якорь, якорь пункта назначения

file ~ связная область памяти для (конкретного) файла, *проф.* экстент файла

geographical ~ географическая область

geometric ~ геометрическая длина луча

highlighted ~ выделенный [высвечиваемый] якорь

indefinite ~ неопределённая область

logical ~ логически связная область (*напр. памяти*)

optical ~ оптическая длина луча

physical ~ физически связная область (*напр. памяти*)

program ~ связная область памяти для (конкретной) программы, *проф.* экстент программы

source ~ отправной якорь

two-dimensional ~ протяжённость по двум измерениям; площадь

exterior, external внешнее пространство; внешняя область ‖ внешний

exteroceptor *биoн.* экстероцептор

extinction 1. *опт.* экстинция **2.** гашение; тушение

forced ~ принудительное гашение (*напр. разряда*); принудительное тушение

extinguish гасить; тушить

extinguisher огнетушитель

fire ~ огнетушитель

extinguishment гашение; тушение

extract 1. извлекать; удалять; вытаскивать **2.** выделять (*напр. контуры изображения*) **3.** *вчт* извлекать корень **4.** решать (*задачу*); получать (необходимую) информацию (*численными или аналитическими методами*); рассчитывать (*напр. структуру поля*) **5.** *вчт* декодировать (*файла*)

extraction 1. извлечение; удаление; вытаскивание **2.** экстракция (*1.* выделение (*напр. контуров изображения*) *2.* извлечение (корпусированных) компонентов (*из гнёзд на плате*)) **3.** *вчт* извлечение корня **4.** решение (*задачи*); получение (необходимой) информации (*численными или аналитическими методами*); расчёт (*напр. структуры поля*) **5.** *вчт* декодирование (*файла*)

beam ~ вывод пучка

bubble ~ вывод ЦМД

contour ~ выделение контуров (*напр. при распознавании образов*)

edge ~ выделение контуров (*напр. при распознавании образов*)

feature ~ выделение признаков (*напр. при распознавании образов*)

formant ~ выделение формант (*в формантном вокодере*)

hot-carrier ~ *пп* извлечение горячих носителей

keyword ~ выделение ключевых слов

signal ~ выделение сигнала

timing ~ восстановление тактовой синхронизации

extractor 1. экстрактор (*1.* выделитель (*напр. контуров*) *2.* инструмент для извлечения (корпусированных) компонентов (*из гнёзд на плате*) *3.* *вчт* алгоритм или реализация алгоритма обработки образованных объединителем комбинаций) *2.* *вчт* схема извлечения корня **3.** программа решения (*задачи*); программа для получения (необходимой) информации (*численными или аналитическими методами*); расчётная программа, программа расчёта (*напр. структуры поля*) **4.** *вчт* программа декодирования (*файлов*)

2D ~ программа расчёта для двумерной модели

clock ~ выделитель тактовой частоты

contour ~ 1. выделитель контуров (*напр. при распознавании образов*) **2.** *тлв* контурный корректор

cryptographic ~ криптографический экстрактор

equation-based ~ программа расчёта на основе использования уравнений

feature ~ выделитель признаков (*напр. при распознавании образов*)

extractor

formant ~ выделитель формант (*в формантном вокодере*)
IC ~ экстрактор ИС
inductance ~ программа расчёта индуктивностей (*цепи*)
interconnect timing ~ программа расчёта условий синхронизации с учётом межсоединений (*в ИС*)
pitch ~ выделитель основного тона (*в вокодере*)
square IC ~ экстрактор ИС с квадратным корпусом
extranet *вчт* экстрасеть, сеть для электронного обмена структурированными данными между партнёрами по бизнесу *или* между подразделениями внутри организации
extrapolant экстраполируемый объект
extrapolate экстраполировать
extrapolation 1. экстраполяция (*1. аппроксимация значений функции вне области определения 2. распространение полученных в какой-либо области или для какого-то отрезка времени выводов на другую область или другой отрезок времени*) 2. экстраполирование (*процедура или процесс экстраполяции*) ◊ **by analogy** экстраполяция по аналогии
   adaptive ~ адаптивная экстраполяция
   best-fit ~ наилучшая экстраполяция
   envelope ~ экстраполяция огибающей
   least-squares ~ экстраполяция методом наименьших квадратов
   parabolic ~ параболическая экстраполяция
   polynomial ~ полиномиальная экстраполяция
   simple ~ линейная экстраполяция
   spline ~ сплайновая экстраполяция
   weighted ~ экстраполяция со взвешиванием
extrasensory экстрасенсорный
extraterrestrial внеземной
extravehicular внеорбитальный
extremum экстремум
   absolute ~ абсолютный экстремум
   conditional ~ условный экстремум
   global ~ глобальный экстремум
   lexicographic ~ лексикографический экстремум
   local ~ локальный экстремум
   relative ~ относительный экстремум
extrinsic 1. внешний; посторонний; несвойственный 2. *пп* примесный
extropy термодинамическая характеристика тенденции к увеличению порядка в системе, *проф.* экстропия (*антоним энтропии*)
eye 1. глазок (*визира*) 2. видоискатель 3. глаз 4. *тлв* глазковая диаграмма
   dancing ~**s** *вчт проф.* танцующие глаза (*дефект MPEG-изображения*)
   electric ~ 1. электронный индикатор настройки 2. (электровакуумный) фотоэлемент
   magic ~ электронный индикатор настройки
   red ~**s** *вчт проф.* красные глаза (*дефект изображения или цифровой фотографии*)
   solder ~ монтажная петелька (*на конце провода*)
   tuning ~ электронный индикатор настройки
eyeballing визуальный контроль
eyeglass 1. окуляр 2. очки 3. монокль
eyehole 1. глазок 2. небольшое круглое отверстие
eyelens передняя линза окуляра
eyelet 1. монтажное отверстие (*печатной платы*) 2. контактная пластинка цоколя 3. глазок

eyephone *вчт* информационный шлем (*системы виртуальной реальности*)
eyepiece окуляр
eyewear приборы для коррекции дефектов зрения *или* для защиты глаз
e-zine электронный журнал
Ezra кодовое наименование процессоров и ядра фирмы Via Technologies с рабочей частотой до 1,5 ГГц

F

F 1. буквенное обозначение десятичного числа 15 в шестнадцатеричной системе счисления 2. (допустимое) буквенное обозначение *i*-го ($2 \leq i \leq 26$) логического диска, съёмного устройства памяти *или* компакт-диска (*в IBM-совместимых компьютерах*) 3. фа (*нота*)
~ **sharp** фа-диез
F+ положительный вывод источника напряжения накала
F− отрицательный вывод источника напряжения накала
fab производство; изготовление
fabless не производящий; не имеющий собственных производственных мощностей (*напр. о фирме-разработчике оборудования*)
fabricate 1. производить; изготавливать 2. монтировать; собирать 3. фабриковать; подделывать
fabricated 1. произведённый; изготовленный; сделанный 2. смонтированный; собранный 3. сфабрикованный; подделанный; фальшивый
fabrication 1. производство; изготовление 2. монтаж; сборка 3. фабрикация; подделка; фальшивка
   batch ~ изготовление групповым методом
   continuous-running ~ непрерывное производство
   electron-beam ~ изготовление по электронно-лучевой технологии
   IC ~ изготовление ИС
   mask ~ 1. *микр.* изготовление масок 2. изготовление шаблонов *или* трафаретов
   PC ~ *см.* printed-circuit fabrication
   printed-circuit ~ изготовление печатных схем
   routine ~ серийное производство
Fabry-Perot 1. интерферометр Фабри — Перо 2. эталон Фабри — Перо
   confocal-mirror ~ интерферометр Фабри — Перо с конфокальными зеркалами
face 1. плоскость; поверхность 2. грань (*напр. кристалла или геометрической фигуры*) 3. дно баллона (*ЭЛТ*); экран (*ЭЛТ*) 4. шкала (*напр. прибора*); циферблат (*напр. часов*) 5. лицо; лицевая сторона || располагать(ся) лицевой стороной (*к чему-либо*); поворачивать(ся) лицевой стороной (*к чему-либо*) 6. рабочая поверхность (*напр. инструмента*) 7. внешний вид (*объекта*) *вчт* 8. шрифт 9. начертание [стиль] шрифта; гарнитура шрифта
   adjacent ~ смежная грань
   acting [active] ~ рабочая поверхность
   array ~ полотно (*плоской антенной решётки или яруса трёхмерной антенной решётки*)

facsimile

body ~ шрифт основной части (*текстового документа*)
card ~ лицевая сторона перфокарты
cavity ~ *кв. эл.* зеркало резонатора
cleavage ~ *крист.* плоскость спайности
close-packed ~ *крист.* плотноупакованная грань
crystal ~ грань кристалла
developed ~ развитая грань
display ~ 1. выделительный шрифт 2. дисплейный шрифт
end ~ торцевая поверхность
flat ~ плоская грань
front ~ лицевая поверхность
head ~ рабочая поверхность (*магнитной*) головки
laser diode ~ грань лазерного диода
lateral ~ боковая поверхность
major ~ большая [главная] грань
major apex ~ большая околовершинная грань
minor apex ~ малая околовершинная грань
misoriented ~ вицинальная грань
mounting ~ установочная поверхность
natural ~ *крист.* естественная грань
natural cleavage ~ *крист.* плоскость естественной спайности
pole ~ поверхность полюса (*постоянного магнита или электромагнита*)
reading ~ измерительная шкала
rear ~ задняя поверхность
serif ~ шрифт с засечками
side ~ боковая поверхность
simplex ~ *вчт* грань симплекса
tube ~ дно баллона ЭЛТ; экран *ЭЛТ*
type ~ *вчт* 1. шрифт 2. начертание [стиль] шрифта; гарнитура шрифта
vicinal ~ вицинальная грань
face-centered гранецентрированный
faceplate 1. дно баллона (*ЭЛТ*); экран (*ЭЛТ*) 2. лицевая панель (*напр. прибора*)
fiber-optics ~ волоконно-оптическая планшайба
mosaic ~ *тлв* мозаика, мозаичная мишень
neutral-density ~ *тлв* экран с нейтральным светофильтром
phosphor-dot ~ точечный люминофорный экран (*в цветном кинескопе*)
spherical ~ сферический экран
facet 1. грань (*кристалла*) || гранить; огранять 2. *фтт* фасетка || образовывать фасетки 3. фаска || снимать фаску 4. художественный фильтр, основанный на объединении близких по цвету пикселей в одноцветные блоки (*в растровой графике*)
growth ~ фасетка роста
surface burnishing ~ полирующая фаска (*в механической звукозаписи*)
faceting 1. огранение; огранка 2. *фтт* образование фасеток 3. снятие фаски 4. объединение близких по цвету пикселей в одноцветные блоки (*в растровой графике*)
facilitate 1. облегчать; устранять трудности; создавать удобства 2. способствовать; содействовать; помогать; продвигать; оказывать услуги
facilitation 1. облегчение; устранение трудностей; создание удобств 2. способствование; содействие; помощь; продвижение; оказание услуг
facilit/y 1. средство; приспособление; устройство; установка 2. *pl* средства; возможности; услуги; удобства 3. *pl* оборудование; аппаратура; база (*напр. технологическая*) 4. канал обслуживания
audiovisual ~ies аудиовизуальные средства
blocked ~ занятый канал обслуживания
browse ~ies *вчт* средства просмотра
bunching ~ группирователь
cable ~ies средства кабельной связи
CAD ~ies *см.* **computer-aided design facilities**
check-out ~ies контрольная аппаратура
communication ~ies средства связи
computer-aided design ~ies средства автоматизированного проектирования
computer-aided test and repair integrated ~ комплексная автоматизированная установка тестирования и ремонта
design automation ~ies средства автоматического проектирования
diagnostic ~ies средства диагностики
empty ~ свободный канал обслуживания
field-test ~ies аппаратура для полевых испытаний
host command ~ командный процессор главного компьютера
IC ~ies *см.* **integrated-circuit facilities**
integrated-circuit ~ies оборудование для производства ИС
landline ~ies наземные линии связи
maintenance ~ies средства технического обслуживания
mask-making ~ies оборудование для изготовления шаблонов
omnibearing-distance ~ дальномерная система ДМЕ с всенаправленным курсовым радиомаяком (*для гражданской авиации*)
presentation graphics ~ies средства представления графических данных, пакет PGF (*часть пакета программ GDDM/PGF для мейнфреймов компании IBM*)
production ~ies производственное оборудование
radio ~ies средства радиосвязи
repair ~ies ремонтное оборудование
resource access control ~ies *вчт* средства управления доступом к ресурсам
secure access ~ies **for enterprise** средства доступа к защищённым данным в сети масштаба предприятия
service ~ канал обслуживания
standby ~ies резервные средства
support ~ies средства технического обслуживания
survival ~ies средства жизнеобеспечения
test ~ies испытательное оборудование
transmission ~ 1. средства связи 2. средства передачи (*напр. данных*)
vacant ~ свободный канал обслуживания
warning ~ies *рлк* средства обнаружения
white-room ~ies *микр.* оборудование для чистых комнат
X.25 ~ средства сети с коммутацией пакетов, средства сети с использованием протокола X.25, средства сети X.25
facsimile 1. факсимильная связь || использовать факсимильную связь 2. факсимильный аппарат, *проф.* факс || передавать по факсимильному аппарату, *проф.* передавать по факсу 3. факсимильная копия || воспроизводить в виде факсимиле; изготавливать факсимильную копию

facsimile

color ~ цветная факсимильная связь
laser ~ лазерная факсимильная связь
type-A ~ штриховая факсимильная связь
type-B ~ полутоновая факсимильная связь

fact 1. факт (*1. событие; явление 2. фактическое знание 3. структурообразующая единица данных в системах представления знаний*) 2. *pl* (фактические) данные; результаты
  derived ~ производный факт
  initial ~ исходный факт
  positional ~ позиционный факт
  template ~ шаблонный [непозиционный] факт
  testing ~s результаты испытаний
  training ~s результаты обучения

faction коалиция (*в теории игр*)

factor 1. коэффициент; множитель ‖ выносить за скобки; разлагать на множители 2. фактор (*1. коэффициент; константа; постоянная 2. поправочный коэффициент; корректирующий множитель 3. причина или движущая сила процесса или явления 4. исследуемый группирующий или иной признак (в математической статистике*)) 3. делитель (*числа или выражения*) 4. регрессор
  ~ of production фактор производства
  absorption ~ коэффициент поглощения
  accountable ~ учитываемый фактор
  alternating-quantity form ~ формфактор [коэффициент формы] переменной величины
  amplification ~ коэффициент усиления
  amplifier distortion ~ коэффициент нелинейных искажений [КНИ] усилителя
  amplitude ~ коэффициент амплитуды, пик-фактор
  array ~ множитель решётки
  AT form ~ типоразмер AT (*для корпусов и материнских плат компьютеров*)
  attenuation ~ коэффициент затухания, декремент; коэффициент ослабления
  ATX form ~ типоразмер ATX (*для корпусов и материнских плат компьютеров*)
  autonomous ~ автономный фактор; экзогенный фактор
  avalanche multiplication ~ *пп* коэффициент лавинного умножения
  average noise ~ средний коэффициент шума
  Baby AT form ~ типоразмер Baby AT (*для корпусов и материнских плат компьютеров*)
  bandwidth ~ коэффициент расширения полосы частот
  base-transport ~ коэффициент переноса носителей через базу
  beam compression ~ коэффициент сжатия пучка
  between ~ межобъектный *или* межсубъектный фактор; группирующий фактор (*в математической статистике*)
  blocking ~ кратность блочности, количество логических записей в физической записи
  Boltzmann ~ фактор Больцмана
  branching ~ *вчт* коэффициент ветвления
  bunching ~ коэффициент группирования
  capacitive branch quality ~ добротность ёмкостной ветви (*параллельного резонансного контура*)
  causal ~ причинный фактор
  chance ~ случайный фактор
  chill ~ холодоветровой коэффициент
  coincidence ~ коэффициент одновременности
  collector-current multiplication ~ коэффициент (лавинного) умножения коллекторного тока
  color correction ~ поправочный коэффициент физического фотометра
  commutation ~ коэффициент коммутации (*газоразрядной лампы*)
  commutative ~ коммутативный множитель
  compensation ~ 1. *пп* степень компенсации 2. коэффициент компенсации (*компенсационной ионизационной камеры*)
  complex ~ комплексный коэффициент; комплексный множитель
  complexity ~ 1. степень сложности 2. *микр.* степень интеграции
  confidence ~ доверительный уровень, доверительная вероятность
  constant ~ постоянный коэффициент; постоянный множитель
  constraint ~ ограничивающий фактор
  correction ~ поправочный коэффициент; поправочный множитель
  correlation ~ коэффициент корреляции
  coupling ~ коэффициент связи
  crest ~ коэффициент амплитуды, пик-фактор
  cross-modulation ~ коэффициент перекрёстных искажений
  current-amplification ~ коэффициент усиления по току
  current-multiplication ~ коэффициент (лавинного) умножения тока
  current-stability ~ *пп* отношение изменения тока эмиттера к изменению обратного тока между коллектором и базой
  cyclic duration ~ продолжительность включения
  damping ~ коэффициент затухания, декремент
  daylight ~ коэффициент естественной освещённости
  Debye-Waller ~ фактор Дебая — Уоллера
  deflection ~ коэффициент отклонения (*ЭЛТ*)
  deflection uniformity ~ коэффициент нелинейности отклонения
  degeneracy ~ степень вырождения
  degeneration ~ коэффициент отрицательной обратной связи
  demagnetization curve fullness ~ коэффициент выпуклости кривой размагничивания
  demagnetizing ~ размагничивающий фактор, коэффициент размагничивания
  demand ~ коэффициент спроса
  depolarization ~ деполяризующий фактор, коэффициент деполяризации
  depreciation ~ коэффициент запаса
  derating ~ коэффициент снижения рабочих значений тока, напряжения *или* мощности (*для повышения надёжности или обеспечения работоспособности при повышенных температурах*)
  determining ~ определяющий фактор
  design ~ 1. расчётный 2. конструктивный параметр
  dielectric dissipation ~ тангенс угла диэлектрических потерь
  dielectric filling ~ коэффициент заполнения диэлектриком
  dielectric loss ~ коэффициент диэлектрических потерь

factor

dielectric power ~ синус угла диэлектрических потерь
diffusion ~ коэффициент диффузии
dimension ~ размерный коэффициент; размерный множитель
dimensionless ~ безразмерный коэффициент; безразмерный множитель
directivity ~ коэффициент направленности (*микрофона*); коэффициент осевой концентрации (*громкоговорителя*)
dissipation ~ 1. затухание (*колебательного контура*) 2. тангенс угла (диэлектрических *или* магнитных) потерь
distortion ~ коэффициент нелинейных искажений, КНИ
distribution ~ коэффициент распределения обмотки
diversity ~ коэффициент разновременности
duty ~ коэффициент заполнения (*для импульсной последовательности*)
electrical form ~ электрический формфактор
element ~ множитель элемента (*антенной решётки*)
elimination ~ *вчт* показатель неполноты (*информационно-поисковой системы*)
exogenous ~ экзогенный фактор; автономный фактор
exponential ~ экспоненциальный множитель
feedback ~ коэффициент обратной связи
ferrite filling ~ коэффициент заполнения ферритом
fill(ing) ~ коэффициент заполнения
filter ~ коэффициент пропускания светофильтра
fineness ~ *опт.* коэффициент резкости
fixed ~ постоянный коэффициент; постоянный множитель
flare ~ коэффициент расширения рупора (*громкоговорителя*)
flex-ATX form ~ типоразмер flex-ATX (*для корпусов и материнских плат компьютеров*)
force ~ коэффициент электромеханической связи (*электромеханического или электроакустического преобразователя*)
form ~ формфактор (*1. коэффициент формы (переменной величины) 2. типоразмер; конструктив 3. кв.эл. электромагнитный формфактор*)
free ~ свободный множитель
frequency multiplication ~ коэффициент умножения частоты
fudge ~ *вчт проф.* «запас на ошибку»
fullness ~ *магн.* коэффициент выпуклости
g~ g-фактор, фактор магнитного расщепления, множитель Ланде
gap ~ коэффициент взаимодействия (*в электронно-лучевых СВЧ-приборах*)
gas-amplification ~ коэффициент газового [ионного] усиления
gas-content ~ вакуум-фактор
gas-multiplication ~ коэффициент газового [ионного] усиления
geometric ~ отношение изменения навигационной координаты к изменению расстояния
geometry ~ геометрический фактор (*пучка*)
greatest common ~ наибольший общий делитель
greatest prime ~ наибольший общий делитель

grouping ~ группирующий фактор; межобъектный *или* межсубъектный фактор (*в математической статистике*)
growth ~ коэффициент нарастания, инкремент
harmonic distortion ~ коэффициент нелинейных искажений, КНИ
heat conductivity ~ коэффициент теплопроводности
human ~ человеческий фактор
hysteresis ~ коэффициент потерь на гистерезис
impedance mismatch ~ коэффициент согласования (*с нагрузкой*)
improvement ~ выигрыш в отношении сигнал — шум
inductive branch quality ~ добротность индуктивной ветви (*параллельного резонансного контура*)
injection ~ коэффициент инжекции
interlace ~ *тлв* кратность скачковой развёртки
interleave ~ *вчт* коэффициент чередования (*секторов магнитного диска*)
K- ~ *тлв* К-фактор
Kell ~ *тлв* Келл-фактор
Landé ~ множитель Ланде, g-фактор, фактор магнитного расщепления
leakage ~ коэффициент магнитной утечки
literal ~ буквенный коэффициент
load ~ коэффициент использования мощности
loss ~ коэффициент потерь
lowest common ~ наименьшее общее кратное
LPX form ~ типоразмер LPX (*для корпусов и материнских плат компьютеров*)
luminosity ~ спектральная световая эффективность
luminous ~ коэффициент яркости
magnetic dissipation ~ тангенс угла магнитных потерь
magnetic form ~ магнитный формфактор
magnetic leakage ~ коэффициент магнитной утечки
magnetic loss ~ коэффициент магнитных потерь
magnetic power ~ синус угла магнитных потерь
magnetic splitting ~ фактор магнитного расщепления, g-фактор, множитель Ланде
magnetostrictive sensitivity ~ коэффициент магнитострикционной чувствительности
magnification ~ *опт.* кратность увеличения (*напр. объектива*)
magnitude ~ амплитудный множитель
mains decoupling ~ коэффициент переноса помех
mains-interference immunity ~ сетевой коэффициент помехозащищённости
mechanical quality ~ механическая добротность
micro-ATX form ~ типоразмер micro-ATX (*для корпусов и материнских плат компьютеров*)
mini-ATX form ~ типоразмер mini-ATX (*для корпусов и материнских плат компьютеров*)
mismatch(ing) ~ 1. коэффициент согласования (*с нагрузкой*) 2. коэффициент отражения; отражательная способность
modifying ~ поправочный коэффициент; поправочный множитель
modulation ~ 1. коэффициент (амплитудной) модуляции 2. приведённая девиация частоты (*для ЧМ-колебаний*) 3. коэффициент взаимодействия (*в электронно-лучевых СВЧ-приборах*)
mu ~ статический коэффициент усиления (*многоэлектродной лампы*)

factor

multiplication ~ *пп* коэффициент (лавинного) умножения
multiplying ~ множитель шкалы
mutual inductance ~ коэффициент взаимной индукции
nature ~ природный фактор
NLX form ~ типоразмер NLX (*для корпусов и материнских плат компьютеров*)
noise ~ коэффициент шума
noise improvement ~ выигрыш в отношении сигнал — шум
nonlinear distortion ~ коэффициент нелинейных искажений, КНИ
nuclear g~ ядерный g-фактор, ядерный фактор магнитного расщепления, ядерный множитель Ланде
nuclear Landé ~ ядерный множитель Ланде, ядерный g-фактор, ядерный фактор магнитного расщепления
nuclear magnetic splitting ~ ядерный фактор магнитного расщепления, ядерный g-фактор, ядерный множитель Ланде
numerical ~ численный коэффициент; численный множитель
operation ~ коэффициент использования (*оборудования*)
output ~ коэффициент отдачи
overload ~ коэффициент перегрузки
packing ~ плотность упаковки
peak ~ коэффициент амплитуды, пик-фактор
penetration ~ проницаемость (*электронной лампы*)
performance ~ коэффициент полезного действия, кпд
permeability rise ~ коэффициент возрастания магнитной проницаемости
phase ~ 1. коэффициент мощности 2. *фтт* фазовый множитель (*аргумент структурного фактора*)
photomultiplication ~ коэффициент фотоумножения
piezoelectric coupling ~ коэффициент электромеханической связи пьезоэлектрического преобразователя
pitch ~ коэффициент удлинения *или* сокращения шага (*намотки*)
plane-Earth ~ множитель ослабления для плоской Земли (*при распространении радиоволн*)
polarization mismatch ~ коэффициент поляризационной согласованности антенны
polarization receiving ~ коэффициент поляризационной согласованности приёмной антенны
post-deflection acceleration ~ показатель послеускорения
power ~ коэффициент мощности
propagation ~ 1. постоянная распространения 2. множитель ослабления (*при распространении радиоволн*)
propagation terrain ~ множитель ослабления, учитывающий влияние рельефа местности (*при распространении радиоволн*)
proximity ~ множитель ослабления, учитывающий влияние Земли (*при распространении радиоволн*)
pulse duty ~ коэффициент заполнения для импульсной последовательности
punch-through ~ степень прокола базы, степень смыкания
Q- ~ *см.* **quality factor**

quality ~ 1. добротность 2. фактор качества (*в материалах с ЦМД*)
radiance ~ коэффициент энергетической яркости
reactive ~ отношение реактивной мощности к кажущейся
readiness ~ *т. над.* коэффициент готовности
receiver noise ~ коэффициент шума приёмника
rectification ~ коэффициент выпрямления
rectifier form ~ коэффициент формы [формфактор] выпрямленного тока
reduced quality ~ приведённая добротность
reflection ~ 1. коэффициент отражения; отражательная способность 2. коэффициент согласования (*с нагрузкой*)
regularization ~ коэффициент упорядочения
relative erythemal ~ относительная эритемная способность
relative severity ~ *т. над.* коэффициент нагрузки
reliability ~ коэффициент надёжности
relocation ~ *вчт* величина смещения адресов при модификации, *проф.* величина смещения адресов при «настройке»
repairability ~ *т. над.* коэффициент ремонтопригодности
repeatability ~ коэффициент повторяемости
repeating measure ~ фактор, допускающий многократные измерения; внутриобъектный *или* внутрисубъектный фактор (*в математической статистике*)
restorability ~ *т. над.* коэффициент восстанавливаемости
RF demagnetizing ~ размагничивающий фактор по переменному полю
ripple ~ коэффициент пульсаций
rolloff ~ крутизна спада (*напр. частотной характеристики*)
SA ~ *см.* **selective availability factor**
safety ~ коэффициент запаса
saturation ~ коэффициент насыщения
scale ~ 1. масштабный множитель 2. множитель шкалы 3. *микр.* масштабный коэффициент, коэффициент масштабирования
scaling ~ 1. коэффициент пересчёта (*схемы*) 2. коэффициент пропорциональности 3. *микр.* масштабный коэффициент, коэффициент масштабирования 4. коэффициент подобия (*в теории подобия*)
secondary-electron emission ~ коэффициент вторичной электронной эмиссии
sector interleave ~ *вчт* коэффициент чередования секторов (*магнитного диска*)
selective availability ~ коэффициент избирательной доступности (*ресурсов спутниковых систем радиоопределения*)
shadow ~ множитель ослабления для сферической Земли (*при распространении радиоволн*)
shape ~ коэффициент формы (*катушек индуктивности*)
shield(ing) ~ коэффициент экранирования
signal-to-noise ~ выигрыш в отношении сигнал — шум
skip ~ коэффициент пропуска, число не обозначаемых делений шкалы (*для откладываемой по оси графика или диаграммы величины*)
sky ~ геометрический коэффициент естественной освещённости

slowing ~ коэффициент замедления
smoothing ~ коэффициент сглаживания
space ~ коэффициент заполнения окна медью (*для трансформатора*)
space-charge growth ~ *пп* коэффициент нарастания объёмного заряда
speed-up ~ коэффициент ускорения (*процесса вычислений*)
spherical-Earth ~ множитель ослабления для неидеально проводящей сферической Земли (*при распространении радиоволн*)
spot noise ~ дифференциальный коэффициент шума
spread ~ коэффициент распределения обмотки
stability ~ коэффициент устойчивости
stabilization ~ *кв. эл.* фактор стабилизации
standing-wave loss ~ коэффициент рассогласования (*в линии передачи*)
storage ~ добротность
structure ~ *фтт* структурный фактор
surround ~ фоновый коэффициент
switching ~ *магн.* коэффициент переключения
time-scaling ~ масштабный коэффициент времени
transfer ~ постоянная передачи (*четырёхполюсника*)
transition ~ 1. коэффициент согласования (*с нагрузкой*) 2. коэффициент отражения; отражательная способность
transmission ~ коэффициент пропускания; коэффициент прохождения
transport ~ *пп* коэффициент переноса
unitary ~ комплексное число с модулем, равным единице
unity power ~ коэффициент мощности, равный единице
unloaded dissipation ~ собственное затухание (*колебательного контура*)
utilization ~ 1. коэффициент использования светового потока 2. коэффициент технического использования
vacuum ~ вакуум-фактор
velocity ~ коэффициент замедления (*волны*)
visibility ~ коэффициент потерь индикаторного устройства
voltage amplification ~ коэффициент усиления по напряжению
weight(ing) ~ весовой коэффициент, весовой множитель
windchill ~ холодноветровой коэффициент
winding ~ обмоточный коэффициент
within ~ внутриобъектный *или* внутрисубъектный фактор; фактор, допускающий многократные измерения (*в математической статистике*)
WTX form ~ типоразмер ATX (*для корпусов и материнских плат компьютеров*)
Y ~ коэффициент шума приёмника, измеренный методом двух температур
Z ~ термоэлектрическая эффективность
μ ~ *см.* **mu factor**
factorial 1. факториал 2. факторный анализ ‖ факторный
  complete ~ полный факторный анализ
  whole ~ полный факторный анализ
factoring вынесение за скобки; разложение на множители

factorization 1. вынесение за скобки; разложение на множители 2. *вчт* факторизация
  polynomial ~ разложение полинома на множители
factorize выносить за скобки; разлагать на множители
factory фабрика; завод
  think ~ центр аналитических разработок, прогнозирования и планирования
  virtual ~ виртуальная фабрика
factory-programmable программируемый изготовителем
factual 1. фактический, относящийся к фактическим данным; реальный 2. фактографический, описывающий факты (*например, об информации*)
facture 1. изготовление; производство 2. изделие
fade 1. (постепенное) исчезновение; (плавное) пропадание ‖ (постепенно) исчезать; (плавно) пропадать; вызывать (постепенное) исчезновение; приводить к (плавному) пропаданию 2. замирание (*сигнала*) ‖ замирать (*о сигнале*) 3. потеря контрастности *или* яркости; потускнение ‖ терять контрастность *или* яркость; приводить к потере контрастности *или* яркости; тускнеть 4. обесцвечивание; выцветание ‖ обесцвечивать(ся); выцветать; приводить к выцветанию; блёкнуть 5. плавное увеличение *или* уменьшение уровня сигнала (*напр. звукового*) ‖ плавно увеличивать *или* уменьшать уровень сигнала (*напр. звукового*) 6. постепенное появление изображения (*напр. телевизионного*); *проф.* выход из затемнения; уход шторки ‖ появляться постепенно (*об изображении*); применять метод постепенного появления изображения; *проф.* выходить из затемнения; использовать уход шторки 7. постепенное исчезновение изображения (*напр. телевизионного*); *проф.* затемнение; вытеснение затемнением, шторка, закрытие шторкой ‖ исчезать постепенно (*об изображении*); применять метод постепенного исчезновения изображения; *проф.* использовать затемнение; вытеснять затемнением, использовать шторку, закрывать шторкой 8. стирание (*напр. различий*); слияние (*напр. оттенков*) ‖ стирать(ся) (*напр. о различиях*); сливаться (*напр. об оттенках*) 9. *вчт* плавный переход от цвета мазка (*кистью*) к фоновому цвету ‖ осуществлять плавный переход от цвета мазка (*кистью*) к фоновому цвету (*в графических редакторах*) ◊ **~ away** (постепенно) исчезать; (плавно) пропадать; вызывать (постепенное) исчезновение; приводить к (плавному) пропаданию; **~ down** 1. плавно уменьшать уровень сигнала (*напр. звукового*) 2. исчезать постепенно (*об изображении*); применять метод постепенного исчезновения изображения; *проф.* использовать затемнение; вытеснять затемнением, использовать шторку, закрывать шторкой; **~ in** 1. плавно увеличивать уровень сигнала (*напр. звукового*) 2. появляться постепенно (*об изображении*); применять метод постепенного появления изображения; *проф.* выходить из затемнения; использовать уход шторки; **~ out** 1. исчезать постепенно (*об изображении*); применять метод постепенного исчезновения изображения; *проф.* использовать затемнение; вытеснять затемнением, использовать шторку, закрывать шторкой 2. плавное затухание; постепенное ослабление (*напр. звука*) ‖ плавно затухать; постепенно ослаблять

fade

(*напр. о звуке*); ~ **over** осуществлять наплыв, плавно вытеснять одно изображение (*напр. телевизионное* другим; ~ **up** плавно увеличивать уровень сигнала (*напр. звукового*) **2.** появляться постепенно (*об изображении*); применять метод постепенного появления изображения; *проф.* выходить из затемнения; использовать уход шторки
  cross ~ **1.** (плавный) монтажный переход (*напр. при монтаже видеоматериала*) **2.** плавное микширование (*напр. фонограммы*); *проф. вчт* перекрёстное слияние (*напр. звуковой петли в сэмплерах*)
  radar ~ замирание радиолокационного сигнала
  reverse cross ~ **1.** обращённый (плавный) монтажный переход (*напр. при монтаже видеоматериала*) **2.** обращённое плавное микширование (*напр. фонограммы*); *проф. вчт* обращённое перекрёстное слияние (*напр. звуковой петли в сэмплерах*)
  side curtain ~ (боковое) затемнение; вытеснение (боковым) затемнением, (боковая) шторка, закрытие (боковой) шторкой
  target ~ замирание радиолокационного сигнала
  X~ *см.* **cross fade**
fadeaway (постепенное) исчезновение; (плавное) пропадание
fadeback выделение главного объекта изображения (*например, более яркими красками*)
fade-down 1. плавное уменьшение уровня сигнала (*напр. звукового*) **2.** постепенное исчезновение изображения (*напр. телевизионного*); *проф.* затемнение; вытеснение затемнением, шторка, закрытие шторкой
fade-in 1. плавное увеличение уровня сигнала (*напр. звукового*) **2.** постепенное появление изображения (*напр. телевизионного*); *проф.* выход из затемнения; уход шторки
  curtain ~ уход шторки
fade-off движение исполнителя от микрофона (*в процессе выступления*)
fade-on движение исполнителя к микрофону (*в процессе выступления*)
fade-out 1. глубокое замирание **2.** плавное уменьшение уровня сигнала (*напр. звукового*) **3.** постепенное исчезновение изображения (*напр. телевизионного*); *проф.* затемнение; вытеснение затемнением, шторка, закрытие шторкой **4.** плавное затухание; постепенное ослабление (*напр. звука*)
  curtain ~ закрытие шторкой
  Delinger ~ полное глубокое замирание
  radio ~ глубокое замирание
fade-over наплыв, плавное вытеснение одного изображения (*напр. телевизионного*) другим путём наплыва
fader 1. регулятор уровня сигнала **2.** *тлв* видеомикшер **3.** копия сигнала с замираниями **4.** переменный резистор микшера
  automatic ~ автоматический регулятор уровня сигнала
  channel ~ канальный регулятор уровня сигнала
  gram ~ регулятор уровня сигнала в ЭПУ
  group ~ групповой регулятор уровня сигнала
  master ~ общий регулятор уровня сигнала
  rotary ~ поворотный регулятор уровня сигнала
fade-up 1. плавное увеличение уровня сигнала (*напр. звукового*) **2.** постепенное появление изображения (*напр. телевизионного*); *проф.* выход из затемнения; уход шторки

fading 1. (постепенное) исчезновение; (плавное) пропадание **2.** замирание (*сигнала*) **3.** потеря контрастности *или* яркости; потускнение **4.** обесцвечивание; выцветание **5.** плавное увеличение *или* уменьшение уровня сигнала (*напр. звукового*) **6.** постепенное появление изображения (*напр. телевизионного*); *проф.* выход из затемнения; уход шторки **7.** постепенное исчезновение изображения (*напр. телевизионного*); *проф.* затемнение; вытеснение затемнением, шторка, закрытие шторкой **8.** стирание (*напр. различий*); слияние (*напр. оттенков*) **9.** *вчт* плавный переход от цвета мазка (*кистью*) к фоновому цвету (*в графических редакторах*) **10.** обучение с переходом от полного выполнения программы к отдельным её частям
  absorption ~ замирание при изменении поглощения
  amplitude ~ амплитудное замирание
  Faraday ~ замирание, обусловленное эффектом Фарадея
  flat ~ амплитудное замирание
  interference ~ интерференционное замирание
  long-term ~ медленное замирание
  multipath ~ замирание, обусловленное многолучевым распространением
  polarization ~ поляризационное замирание
  rainfall ~ замирание, обусловленное ливневыми осадками
  Rayleigh ~ рэлеевское замирание, замирание с рэлеевским распределением
  selective ~ избирательное [селективное] замирание
  short-term ~ быстрое замирание
  skip ~ замирание, обусловленное рассеянием радиоволн на неоднородностях ионосферы
  sound ~ *тлв* замирание сигнала звукового сопровождения
  sunrise ~ замирание при восходе Солнца
  sunset ~ замирание при заходе Солнца
  synchronous ~ одновременное замирание
  vision ~ *тлв* замирание сигнала изображения
fail 1. отказ; выход из строя ‖ отказывать; выходить из строя **2.** отказ от выполнения ‖ отказываться от выполнения (*напр. команды*) **3.** *вчт* получать отрицательный результат; окончиться неудачей **4.** *вчт* не выполняться (*об условии*); оказаться ложным (*о суждении*) **4.** *вчт проф.* запятая
  power ~ выход напряжения (электро)питания за допустимые пределы
  soft ~ одиночный отказ, обусловленный случайными причинами (*напр. космическими лучами*)
fail-over восстановление после отказа
failproof безотказный; защищённый от отказов
fail/restart перезагрузка [перезапуск] (*компьютера*) после отказа
  power ~ перезагрузка [перезапуск] (*компьютера*) после отказа из-за выхода напряжения (электро)питания за допустимые пределы
fail-safe *вчт* отказоустойчивая система ‖ отказоустойчивый
fail-soft *вчт* система с амортизацией отказов ‖ амортизирующий отказы, с амортизацией отказов

fail-stop *вчт* прекращающий работу при появлении ошибки, застопоривающий при ошибках

failure 1. отказ; выход из строя 2. отказ от выполнения; неисполнение (*напр. команды*) 3. *бион.* недостаточность; нарушение 4. нехватка; дефицит 5. неудача (*один из двух возможных исходов испытания в статистике*)
~ **of oscillations** срыв генерации
catastrophic ~ катастрофический отказ
chance ~ внезапный отказ
CMOS checksum ~ *вчт* ошибка в контрольной сумме КМОП-памяти
complete ~ полный отказ
corona ~ отказ, обусловленный коронированием
creeping ~ постепенный отказ
critical ~ критический отказ
degradation ~ постепенный частичный отказ
dependent ~ зависимый отказ
device operating ~s отказы устройства *или* прибора в период эксплуатации
di/dt ~ отказ, обусловленный превышением максимально допустимой скорости нарастания тока (*в тиристорах*)
disk boot ~ отказ при (начальной) загрузке с диска, отказ при запуске (*компьютера*) с диска
drift ~ постепенный отказ
drive parameter activity ~ *вчт* отказ при обработке запроса о параметрах диска
dv/dt ~ отказ, обусловленный превышением максимально допустимой скорости нарастания напряжения (*в тиристорах*)
electromigration ~ *пп* отказ, обусловленный электромиграцией
externally caused ~ отказ, обусловленный внешними причинами
FDD controller ~ *см.* **floppy disk controller failure**
floppy disk controller ~ отказ контроллера дисководов гибких (магнитных) дисков
gate-triggered di/dt ~ отказ, обусловленный превышением максимально допустимой скорости нарастания тока управляющего электрода (*в тиристорах*)
gate-triggered dv/dt ~ отказ, обусловленный превышением максимально допустимой скорости нарастания напряжения управляющего электрода (*в тиристорах*)
gradual ~ постепенный отказ
hard ~ катастрофический отказ
hard disk controller ~ отказ контроллера дисководов жёстких (магнитных) дисков
hardware ~ *вчт* аппаратный отказ
HDD controller ~ *см.* **hard disk controller failure**
independent ~ независимый [одиночный] отказ
infant (mortality) ~ катастрофический отказ в период приработки
inherent weakness ~ отказ в нормальных условиях эксплуатации
initial ~ отказ в период приработки
intercrystalline ~ межкристаллитное разрушение
intermittent ~ временный отказ; самоустраняющийся отказ
in-warranty ~ неисправность до истечения гарантийного срока
major ~ существенный отказ

marginal checking ~ отказ при матричных [граничных] испытаниях
minor ~ несущественный отказ
misuse ~ отказ при ускоренных испытаниях
multiple ~ зависимый отказ
open ~ отказ, обусловленный обрывом (электрической) цепи
partial ~ частичный отказ
power ~ отказ в системе (электро)питания; выход напряжения (электро)питания за допустимые пределы
predictable ~ предсказуемый отказ
predictive ~ неадекватность предсказаний
primary ~ независимый [одиночный] отказ
progressive ~ постепенный отказ
radio guidance ~ отказ в аппаратуре радионаведения *или* радиоуправления
random ~ внезапный отказ
relevant ~ ожидаемый отказ; прогнозируемый отказ
reset ~ ошибка при сбросе
rogue ~ внезапный отказ
secondary ~ зависимый отказ
sense operation ~ *вчт* ошибка операции определения типа носителя
seek operation ~ *вчт* ошибка операции поиска
short(-circuit) ~ отказ, обусловленный коротким замыканием
short-duration ~ временный отказ; сбой
shunt leakage ~ отказ, обусловленный шунтирующей утечкой
single ~ независимый [одиночный] отказ
slow-path ~ отказ из-за чрезмерно большой задержки в межсоединении (*ИС*)
software ~ *вчт* программный отказ
sudden ~ внезапный отказ
system ~ отказ системы
transgranular ~ транскристаллитное разрушение
unpredictable ~ непредсказуемый отказ
wear-out ~ отказ, обусловленный изнашиванием системы
yield ~ отказ, обусловленный текучестью материала

fair 1. *вчт* равноправный; равнодоступный; без дискриминации (*напр. пользователей*) 2. честный; справедливый (*в теории игр*) 3. обтекаемый ∥ придавать обтекаемую форму
fairing обтекатель
fairlead обтекаемый ввод самолётной антенны
fairness 1. *вчт* равноправие; равнодоступность; отсутствие дискриминации (*напр. пользователей*) 2. честность; справедливость (*в теории игр*) 3. обтекаемость
fairy фея; эльф (*персонаж компьютерных игр*)
fall 1. падение; спад, снижение ∥ падать; спадать, снижаться 2. высвечивание (*люминофора*) ∥ высвечиваться ◊ **to ~ in step** впадать в синхронизм; **to ~ out of step** выпадать из синхронизма
~ **back** автоматическое снижение скорости передачи данных (*в модемной связи*)
~ **forward** автоматическое увеличение скорости передачи данных (*в модемной связи*)
~ **of potential** падение напряжения
anode (potential) ~ анодное падение напряжения (*в тлеющем разряде*)

cathode (potential) ~ катодное падение напряжения (*в тлеющем разряде*)
phosphor ~ высвечивание люминофора
potential ~ падение напряжения
pressure ~ перепад давления
temperature ~ перепад температуры

fallacy софизм, (преднамеренная) логическая ошибка
~ **of ambiguity** логическая ошибка типа «неопределённость тезиса»
~ **of insufficient evidence** логическая ошибка типа «недостаточность основания»
~ **of irrelevance** логическая ошибка типа «подмена тезиса»
~ **of the misuse of logic** логическая ошибка в умозаключении
accent ~ (преднамеренное) использование предложений, смысл которых зависит от логического ударения
composition ~ композиционная логическая ошибка, вывод об истинности целого на основании истинности его составляющих
division ~ логическая ошибка разделения, вывод об истинности составляющих на основании истинности целого
genetic ~ генетическая логическая ошибка, подмена критики тезиса критикой его источника
symbolic ~ логическая ошибка на уровне символов, сведение осмысливания к замене одной системы символов другой

fallback *вчт* активизация системы резервирования (*для устранения последствий сбоя или отказа*)
fallout 1. отказ в период приработки 2. радиоактивные *или* техногенные осадки
false 1. «ложь»(*логическое значение*) || имеющий значение «ложь» 2. ложный, фиктивный; поддельный
absolutely ~ абсолютно ложный
identically ~ тождественно ложный
logically ~ логически ложный
falsification 1. искажение; фальсификация (*напр. данных*) 2. подделывание (*напр. подписи*) 3. доказательство ложности (*напр. утверждения*); опровержение 4. ложное утверждение
falsify 1. искажать; фальсифицировать (*напр. данные*) 2. подделывать (*напр. подпись*) 3. доказывать ложность (*напр. утверждения*); опровергать 4. делать ложное утверждение
family 1. семейство 2. серия; ряд 3. семья
~ **of compatible codes** семейство совместимых кодов
~ **of curves** семейство кривых
~ **of distributions** семейство распределений
~ **of planes** семейство плоскостей
~ **of rays** семейство лучей
~ **of surfaces** семейство поверхностей
~ **of vectors** семейство векторов
Bloggs ~ *вчт проф.* семья Блогг (*типичный пример в представлении знаний для иллюстрации разницы между экстенциональными и интенциональными объектами*)
bubble memory ~ серия ЗУ на ЦМД
chip ~ серия ИС
closed ~ замкнутое семейство
collector ~ семейство выходных [коллекторных] характеристик (*транзистора*)
computer ~ семейство компьютеров

contingency ~ семейство сопряжённости
countable ~ счётное семейство
exponential ~ семейство экспоненциальных распределений
font ~ *вчт* семейство шрифтов
generating ~ порождающее семейство
indexed ~ индексированное семейство
INMOS transputer ~ семейство транспьютеров корпорации INMOS
integrated-circuit ~ серия ИС
normal ~ семейство нормальных распределений
typeface ~ *вчт* семейство гарнитур шрифта

fan 1. вентилятор || обдувать 2. развёртывать веером (*стопку бумаги напр. перед закладкой в подающее устройство принтера*)
cooling ~ вентилятор для охлаждения (*напр. процессора*), *проф.* кулер
CPU ~ вентилятор для охлаждения процессора, *проф.* кулер процессора

fanfold *вчт* укладывание бумаги гармошкой
fan-in коэффициент объединения (*логического элемента*) по входу
fan-out коэффициент разветвления (*логического элемента*) по выходу
ac ~ предельное значение коэффициента разветвления (*логического элемента*) по выходу на высоких частотах

FAQ *вчт* часто задаваемые вопросы с приложением ответов (*напр. во многих группах новостей Usenet и в некоторых телеконференциях*)
farad фарада, Ф
international ~ международная фарада (0,9995 Ф)
faradic *бион.* фарадический (*напр. ток*)
faradization *бион.* фарадизация
faradize *бион.* использовать фарадизацию
faradmeter фарадметр
farm ферма || содержать ферму; вести фермерское хозяйство
~ **out** 1. использовать субподряд 2. *вчт* распределять работу между исполнительными процессорами (*в процессорной ферме*)
processor ~ *вчт проф.* процессорная ферма, построенная по принципу «фермер - наёмные работники»; двухуровневая иерархическая многопроцессорная система
far-point дальняя точка интервала аккомодации глаза
farsightedness *опт.* дальнозоркость, гиперметропия
fast-acting быстродействующий
fast-forward (ускоренно) перематывать вперёд (*напр. магнитную ленту*)
fast-motion 1. *тлв* полученный методом замедленной съёмки (*обеспечивающим ускорение при воспроизведении с нормальной скоростью*) 2. ускоренный (*о воспроизведении видеозаписи*)
FAT 1. таблица размещения файлов 2. файловая система для операционных систем MS-DOS и Windows, (файловая) система FAT
FAT12 1. 12-разрядная таблица размещения файлов 2. файловая система для операционных систем MS-DOS и Windows с 12-разрядной таблицей размещения файлов, (файловая) система FAT12
FAT16 1. 16-разрядная таблица размещения файлов 2. файловая система для операционных систем MS-DOS и Windows с 16-разрядной таблицей размещения файлов, (файловая) система FAT16

FAT32 1. 32-разрядная таблица размещения файлов 2. файловая система для операционных систем MS-DOS и Windows с 32-разрядной таблицей размещения файлов, (файловая) система FAT32

fatbits *вчт* 1. сильно увеличенный фрагмент растрового изображения, *проф.* «жирные» пиксели (*в растровой графике*) 2. возможность редактирования отдельных пикселей (*в растровой графике*)

father 1. предок, родитель, отец (*в иерархической структуре* || родительский, отцовский (*в иерархической структуре*) 2. предшественник || предшествующий 3. порождающий (*объект*) || порождающий (*об объекте*) 4. металлический оригинал (*напр. компакт-диска*) 5. штамп (*для мелкосерийного производства, напр. компакт-дисков*)

fathom 1. измерять глубину 2. изобата, линия равной глубины 3. морская сажень, *проф.* фатом (*6 футов, 182 см*)

fathometer эхолот

   topside ~ эхолот верхнего обзора (*на подводных лодках*)

   upward-looking ~ эхолот верхнего обзора (*на подводных лодках*)

fatigue 1. утомление (*напр. люминофора*) || утомляться; испытывать утомление 2. усталость (*материала*) || уставать; испытывать усталость || усталостный

   ~ **of photocathode** утомление фотокатода

   bending ~ усталость при изгибе

   bulk ~ объёмная усталость

   compression ~ усталость при сжатии

   contact ~ контактная усталость

   corrosion ~ коррозионная усталость

   dielectric ~ усталость диэлектрика

   friction ~ фрикционная усталость

   share ~ усталость при сдвиге

   surface ~ поверхностная усталость

   tensile ~ усталость при растяжении

   thermal ~ термическая усталость

   visual ~ утомление зрения

fatware непомерно раздутое программное обеспечение

fault 1. повреждение; неисправность 2. ошибка; сбой || ошибаться, совершать ошибку; испытывать сбой; сбиваться 3. *вчт* отказ (*1. невыполнение инструкции 2. исключение, обнаруживаемое и обслуживаемое до выполнения вызывающей ошибку инструкции*) || отказывать(ся) 4. *фтт* дефект; дефект упаковки ◊ ~ **to frame** замыкание на корпус; пробой на корпус

   cable ~ повреждение кабеля

   cold ~ *вчт проф.* холодный сбой, наблюдаемый только во время прогрева (*напр. компьютера*) сбой

   contact ~ нарушение (электрического) контакта

   disconnection ~ обрыв (электрической) цепи

   double ~ двойной отказ

   earth ~ короткое замыкание на землю

   electrical ~ повреждение электрической цепи

   electrically active stacking ~ электрически активный дефект упаковки

   extrinsic stacking ~ несобственный дефект упаковки; атом внедрения

   general protection ~ отказ при попытке нарушения защищённого режима (*работы процессора*)

   ground ~ короткое замыкание на землю

   growth ~ *крист.* ростовой дефект

   hardware ~ аппаратная неисправность

   insulation ~ повреждение (электрической) изоляции

   intermittent ~ перемежающееся повреждение; перемежающаяся неисправность

   intrinsic stacking ~ собственный дефект упаковки; вакансия

   isolated stacking ~ изолированный дефект упаковки

   latent ~ скрытая неисправность

   line ~ повреждение линии

   logical ~ логическая ошибка

   mechanical ~ механическая неисправность

   page ~ *вчт* отказ при обращении к (несуществующей) странице

   physical ~ физическая неисправность

   picture ~ дефект изображения

   sessile ~ неподвижный дефект

   spot ~ пятно; точечный дефект (*напр. изображения*)

   stacking ~ дефект упаковки

   stuck-at ~ постоянная неисправность

   tape-recorder ~ неисправность магнитофона

fault-tolerant устойчивый по отношению к ошибкам

favorites *вчт* закладки (*1. записанный перечень адресов, используемых пользователем информационных ресурсов в Internet 2. позиция экранного меню браузера*), *проф.* «любимые страницы»

fax 1. факсимильная связь || использовать факсимильную связь 2. факсимильный аппарат, *проф.* факс || передавать по факсимильному аппарату, *проф.* передавать по факсу 3. факсимильная копия || воспроизводить в виде факсимиле; изготавливать факсимильную копию

   ~ **over Internet Protocol** факсимильная система по протоколу передачи данных в Internet, факсимильная система по протоколу IP, система FoIP

   ~ **over IP** *см.* **fax over Internet Protocol**

fax-back факс с голосовым меню

fax-mailbox факсимильный почтовый ящик

fax-modem факс-модем

fax-on-demand факс по запросу

fax-server факс-сервер

feasible 1. допустимый; возможный; правдоподобный 2. выполнимый; осуществимый

feather 1. перо; объект в форме пера || придавать форму пера *вчт* 2. растушёвка (*плавный переход между пикселами выделения и окружением*) || растушёвывать 3. варьирование интерлиньяжа || варьировать интерлиньяж

feathering 1. придание формы пера *вчт* 2. растушёвка (*плавный переход между пикселами выделения и окружением*) 3. варьирование интерлиньяжа

feature 1. (характерное) свойство; особенность; признак; отличительная черта || характеризовать(ся); служить особенностью; представлять собой признак *или* отличительную черту || отмечать признак *или* отличительную черту || характерный; свойственный; особенный; отличительный 2. *микр.* характерный размер (*элемента ИС*), *проф.* топологический размер (*элемента ИС*) 3. входная переменная (*напр. в нейронных сетях*) 4. *тлв* главный фильм в кинопрограмме

feature

acoustic ~ акустический признак
conductive ~ характерный размер межсоединения; характерный размер коммутационной дорожки
derived ~ производный признак
design ~ конструктивная особенность
distinctive ~ отличительный признак
geometric ~ геометрический признак
image ~ признак изображения
fail-safe ~отказобезопасность
key ~s основные характеристики
original ~ исходный признак
problem-oriented ~ проблемно-ориентированный признак
ranking ~ ранжирующий признак
textural ~ текстурный признак
visual ~s особенности начертания символов (*используемые для распознавания письменной речи*)
feature-length *тлв* полнометражный (*о фильме*)
featurism:
 creeping ~ *вчт проф.* ползучий «улучшизм» (*стремление к постоянному усложнению программы путём несущественных улучшений*)
federate объединять; интегрировать ‖ объединённый; интегрированный
federating объединение; интеграция
 ~ **of subsystem** интеграция подсистем
Federation:
 ~ **against Software Theft** Федерация против воровства программного обеспечения (*Великобритания*)
 ~ **of American Research Networks** Федерация сетей американских научно-исследовательских организаций
 ~ **of American Scientists** Федерация американских учёных
 American ~ **for Information Processing Societies** Американская федерация обществ обработки информации
 International ~ **for Information Processing** Международная федерация по обработке информации
 International ~ **of Automatic Control** Международная федерация по автоматическому управлению
fee 1. плата; вознаграждение (*напр. за услуги*) ‖ платить; вознаграждать (*напр. за услуги*) 2. гонорар ‖ выплачивать гонорар
 flat ~ твёрдая ставка оплаты
feed 1. возбуждение (*напр. антенны*); подача сигнала (*напр. на вход схемы*); подвод (электро)питания (*напр. к устройству*) ‖ возбуждать (*напр. антенну*); подавать сигнал (*напр. на вход схемы*); подводить (электро)питание (*напр. к устройству*) 2. схема возбуждения (*напр. антенны*); схема подачи сигнала (*напр. на вход схемы*); схема подвода (электро)питания (*напр. к устройству*) 3. облучатель (*антенны*) 4. линия передачи, фидер 5. протягивание; транспортирование (*напр. ленты*); подача (*напр. бумаги в принтер*) ‖ протягивать; транспортировать (*напр. ленту*); подавать (*напр. бумагу в принтер*) 6. лентопротяжный механизм; механизм транспортирования ленты 7. механизм подачи бумаги (*напр. в принтер*) 8. вставлять диск в отверстие дисковода 9. распространение (*программ местного теле- и радиовещания*) по сети или через спутник связи ‖ распространять

(*программы местного теле- и радиовещания*) по сети или через спутник связи
 antenna ~ 1. возбуждение антенны 2. схема возбуждения антенны 3. облучатель (*антенны*) 4. антенная линия передачи, антенный фидер
 auto sheet ~ автоподача [автоматическая подача] листов бумаги (*напр. в принтер*)
 Cassegrain ~ схема Кассегрена для возбуждения антенны
 corporate ~ параллельное возбуждение (*антенной решётки*)
 current ~ возбуждение в пучности тока
 cut-form ~ автоподача [автоматическая подача] листов бумаги (*напр. в принтер*)
 Cutler ~ двухщелевой точечный облучатель (*с излучением «назад»*)
 cut-sheet ~ автоподача [автоматическая подача] листов бумаги (*напр. в принтер*)
 dipole-disk ~ вибраторный облучатель с плоским (контр)рефлектором
 direct ~ прямое возбуждение
 dual series ~ двойное последовательное возбуждение (*антенной решётки*)
 form ~ *вчт* 1. перевод страницы (*1. прогон одного листа бумаги в принтере или смещение позиции курсора на одну страницу 2. сигнал перевода страницы*) 2. символ «перевод страницы», символ ♀, символ с кодом ASCII 0Ch
 four-horn ~ четырёхрупорный облучатель
 friction ~ фрикционная подача (*напр. бумаги в принтер*)
 front ~ облучатель с излучением «вперёд»
 horn ~ рупорный облучатель
 hybrid-mode ~ гибридно-модовый облучатель
 indirect ~ косвенное возбуждение
 line ~ *вчт* 1. перевод строки (*1. смещение бумаги в принтере или позиции курсора на одну строку 2. сигнал перевода строки*) 2. символ «перевод строки», символ ■, символ с кодом ASCII 0Ah
 manual ~ ручная подача (*напр. бумаги в принтер*)
 multielement ~ многоэлементный облучатель
 multihorn ~ многорупорный облучатель
 multiple-beam ~ облучатель с многолепестковой диаграммой направленности
 news ~ подача новостей (*служба в UseNet*)
 nutating ~ облучатель антенны с коническим сканированием
 optical ~ пространственное возбуждение (*антенной решётки*)
 paper ~ подача бумаги (*напр. в принтер*)
 parallel ~ 1. параллельное возбуждение (*антенной решётки*) 2. подача (*перфокарт*) узкой стороной
 pin ~ подача перфорированной бумаги (*напр. в принтер*) шипованными роликами
 point(-source) ~ точечный облучатель
 pure-mode ~ одномодовый облучатель
 rear ~ облучатель с излучением «назад»
 series ~ последовательное возбуждение (*антенной решётки*)
 sheet ~ автоподача [автоматическая подача] листов бумаги (*напр. в принтер*)
 shunt ~ параллельное возбуждение (*антенной решётки*)
 sideways ~ подача (*перфокарт*) узкой стороной

space ~ пространственное возбуждение (*антенной решётки*)
sprocket ~ подача перфорированной бумаги (*напр. в принтер*) звёздочками
subarray ~ секционированное возбуждение (*антенной решётки*)
tape ~ 1. протягивание [транспортирование] ленты 2. лентопротяжный механизм; механизм транспортирования ленты
tractor ~ подача перфорированной бумаги (*напр. в принтер*) шипованными лентами
traveling-wave ~ возбуждение бегущей волной
tray ~ подача из лотка; подача из поддона (*напр. бумаги в принтер*)
twist reflectarray ~ облучатель в виде отражательной решётки с поворотом плоскости поляризации
vertex ~ возбуждение в узле напряжения
voltage ~ возбуждение в пучности напряжения
waveguide ~ волноводный облучатель

feedback 1. обратная связь 2. ответная реакция; отклик
 accidental ~ паразитная обратная связь
 acoustical ~ акустическая обратная связь
 active ~ активная обратная связь
 active-error ~ обратная связь за счёт усиления сигнала ошибки
 analog ~ аналоговая обратная связь
 audible ~ слуховая обратная связь (*напр. в системах виртуальной реальности*)
 beam-current ~ обратная связь по току пучка
 best-guess ~ обратная связь, действующая по методу наилучшего выбора
 bridge(-type) ~ обратная связь мостикового типа
 capacitance [capacitive] ~ ёмкостная обратная связь
 center-of-gravity information ~ информационная обратная связь по центру тяжести
 ciphertext ~ 1. обратная связь по шифротексту в системах с автоключом 2. режим обратной связи по шифротексту в системах с автоключом, режим CFB (*для блочных шифров*)
 collector ~ коллекторная обратная связь
 current ~ обратная связь по току
 deadbeat ~ апериодическая обратная связь
 decision ~ решающая [управляющая] обратная связь
 degeneration [degenerative] ~ отрицательная обратная связь
 delayed ~ запаздывающая обратная связь
 delayless ~ безынерционная обратная связь
 derivative ~ обратная связь по производной
 digital ~ цифровая обратная связь
 distributed ~ распределённая обратная связь
 electrocutaneous ~ *вчт* электротактильная [электроосязательная] обратная связь (*напр. в системах виртуальной реальности*)
 electrostatic ~ ёмкостная обратная связь
 emitter ~ эмиттерная обратная связь
 external ~ внешняя обратная связь
 frequency ~ обратная связь по частоте, частотная обратная связь
 frequency modulation ~ обратная связь с частотной модуляцией
 global ~ глобальная обратная связь
 impedance ~ импедансная обратная связь
 incoherent optical ~ некогерентная оптическая обратная связь
 inductive ~ индуктивная [трансформаторная] обратная связь
 information ~ информационная обратная связь
 instant ~ немедленная ответная реакция; немедленный отклик
 intrinsic ~ внутренняя обратная связь
 inverse ~ отрицательная обратная связь
 local ~ местная обратная связь
 motional ~ механическая обратная связь (*напр. в акустической системе*)
 multiple ~ многократная обратная связь
 multiple-loop ~ многоконтурная обратная связь
 multistage ~ многокаскадная обратная связь
 multivariable ~ многомерная обратная связь
 negative ~ отрицательная обратная связь
 on-off ~ релейная обратная связь
 optical ~ оптическая обратная связь
 output ~ 1. обратная связь по выходу 2. обратная связь по шифротексту в системах без автоключа 3. режим обратной связи по шифротексту в системах без автоключа, режим OFB (*для блочных шифров*)
 passive ~ пассивная обратная связь
 performance ~ обратная связь по рабочей характеристике
 position ~ обратная связь по положению, позиционная обратная связь
 positive ~ положительная обратная связь
 primary ~ сигнал управления, поступающий по цепи обратной связи
 quantized ~ квантованная обратная связь
 regenerative ~ положительная обратная связь
 relevant ~ *вчт* адекватная обратная связь, *проф.* релевантная обратная связь (*напр. в поисковых машинах с возможностью последовательного уточнения предмета поиска*)
 resistive ~ резистивная обратная связь
 reversed ~ отрицательная обратная связь
 sequential ~ последовательная обратная связь
 single-loop ~ одноконтурная обратная связь
 spurious ~ паразитная обратная связь
 stabilized ~ отрицательная обратная связь
 stray ~ паразитная обратная связь
 strong ~ сильная обратная связь
 sync ~ обратная связь по синхросигналу
 tactile ~ *вчт* тактильная [осязательная] обратная связь (*напр. в системах виртуальной реальности*)
 thermal ~ *пп* тепловая обратная связь
 thermal-magnetic ~ *свпр* термомагнитная обратная связь
 voltage ~ обратная связь по напряжению
 wavelength-selective distributed ~ *кв. эл.* распределённая селективная обратная связь
 weak ~ слабая обратная связь

feeder 1. линия передачи, фидер 2. антенная линия передачи, антенный фидер 3. устройство автоподачи, устройство автоматической подачи; подающий механизм (*напр. отдельных листов бумаги в принтер*)
 antenna ~ антенная линия передачи, антенный фидер
 balanced ~ симметричная линия передачи
 cut-sheet ~ устройство автоподачи отдельных листов бумаги, устройство автоматической пода-

feeder

чи отдельных листов бумаги (*напр. в принтер*), листоподающий механизм; *проф.* самонаклад(чик)
leaky ~ линия передачи с вытекающей волной
loop ~ линия передачи с цепочечной структурой
open-wire ~ двухпроводная воздушная линия передачи
sheet ~ устройство автоподачи отдельных листов бумаги, устройство автоматической подачи отдельных листов бумаги (*напр. в принтер*), листоподающий механизм; *проф.* самонаклад(чик)
trunk ~ магистральная линия передачи
twin(-wire) ~ двухпроводная линия передачи
web ~ устройство автоподачи рулонной бумаги, устройство автоматической подачи рулонной бумаги (*напр. в принтер*)

feedforward 1. прямая связь, прямая передача 2. упреждение; предварение
multiple ~ многократная прямая связь, многократная прямая передача

feedline линия передачи, фидер

feedthrough 1. межслойное соединение (*в печатной схеме или ИС*) 2. проходной (*напр. изолятор*) 3. проникание; просачивание (*напр. сигналов из одного канала в другой*) || проникающий; просачивающийся (*напр. сигнал*)

feel осязание; тактильное ощущение || осязать; ощущать тактильно
tactile ~ тактильное ощущение

feep *вчт проф.* монотонное жужжание (*работающего терминала*)

Felapton *вчт* название правильного сильного модуса третьей фигуры силлогизма

femto- фемто..., ф, 10^{-15} (*приставка для образования десятичных дольных единиц*)

fence 1. сеть РЛС дальнего обнаружения 2. экранирующее ограждение передатчика РЛС 3. *вчт* забор (*1. проф.* группирователь, ограничитель, группирующий [ограничивающий] символ или группирующая [ограничивающая] совокупность символов 2. *проф.* сигнальная метка напр. для выхода из цикла 3. аппаратное или программное средство блокирования оптимизации некоторых функций компьютера*)
McGill ~ рубеж радиолокационного обнаружения «Мак-Джилл» (*сеть РЛС дальнего обнаружения между 55 и 56 параллелями в Канаде*)
radar ~ сеть РЛС дальнего обнаружения

fencing использование (*внешних*) уровней с таблицами подстановок (*напр. в шифре (стандарта) DES*)

Ferio *вчт* название правильного сильного модуса первой фигуры силлогизма

Ferison *вчт* название правильного сильного модуса третьей фигуры силлогизма

fermata фермата; знак ферматы, символ ⁀
fermion фермион
heavy ~ тяжёлый фермион

fernico фернико (*магнитный сплав*)

ferpic сегнетоэлектрическое устройство записи и воспроизведения изображений (*с оптическим считыванием*)

ferret бортовая станция радиотехнической разведки
ferric железосодержащий
ferrielectric сегнетиэлектрик || сегнетиэлектрический
ferrimagnet ферримагнетик
collinear ~ коллинеарный ферримагнетик
noncollinear ~ неколлинеарный ферримагнетик
two-sublattice ~ двухподрешёточный ферримагнетик

ferrimagnetic ферримагнетик || ферримагнитный
ferrimagnetics ферримагнетизм, учение о ферримагнитных явлениях
ferrimagnetism ферримагнетизм, ферримагнитные явления
ferrite феррит || ферритовый
garnet(-type) ~ феррит-гранат
hard ~ магнитно-твёрдый [магнитно-жёсткий] феррит
hexagonal ~ гексаферрит
hot-pressed ~ феррит, изготовленный методом горячего прессования
isolator ~ ферритовый вентиль
laminated ~ слоистый феррит
liquid-phase epitaxy ~ ферритовая плёнка, выращенная методом жидкостной эпитаксии
microwave ~ СВЧ-феррит
mixed ~ смешанный феррит
narrow line-width ~ феррит с узкой шириной линии ферромагнитного резонанса
polycrystalline ~ поликристаллический феррит
pressure-sintered ~ феррит, изготовленный методом горячего прессования
rare-earth ~ редкоземельный феррит
single-crystal ~ монокристаллический феррит
sintered ~ феррит, изготовленный методом спекания
soft ~ магнитно-мягкий феррит
spinel(-type) ~ феррит-шпинель
square-loop ~ феррит с прямоугольной петлёй гистерезиса
substitution ~ замещенный феррит

ferritin ферритин || ферритиновый
ferrobielectric сегнетобиэлектрик || сегнетобиэлектрический
ferrocholesteric феррохолестерик || феррохолестерический
ferrod ферритовая стержневая антенна
ferroelastic ферроэластик || ферроэластический
ferroelastic ферроэластоэлектрик || ферроэластоэлектрический
ferroelectric сегнетоэлектрик || сегнетоэлектрический
displacive ~ ионный сегнетоэлектрик, сегнетоэлектрик типа смещения
ferrodistortive ~ ферродисторсионный сегнетоэлектрик
hydrogen-bond ~ сегнетоэлектрик с водородными связями
improper ~ несобственный сегнетоэлектрик
multiaxial ~ многоосный сегнетоэлектрик
order-disorder ~ дипольный сегнетоэлектрик, сегнетоэлектрик типа порядок — беспорядок
reorientable ~ переориентируемый сегнетоэлектрик
uniaxial ~ одноосный сегнетоэлектрик

ferroelectricity сегнетоэлектричество
ferroelectromagnet сегнетомагнетик
ferroelectromagnetic сегнетомагнетик || сегнетомагнитный
ferrofluid ферромагнитная жидкость,феррожидкость
ferroic ферроик || ферроический
~ **of high order** ферроик высшего порядка

ferromagnet ферромагнетик
ferromagnetic ферромагнетик ‖ ферромагнитный
    frustrated ~ фрустрированный ферромагнетик
    granular ~ гранулированный ферромагнетик
    Heisenberg ~ гейзенберговский ферромагнетик
    hexagonal ~ гексагональный ферромагнетик
    incipient ~ парамагнетик с усиленным обменным взаимодействием
    itinerant ~ материал с ферромагнетизмом коллективизированных электронов
    metallic ~ металлический ферромагнетик
    organic ~ органический ферромагнетик
    planar ~ двумерный ферромагнетик
    polarized ~ насыщенный ферромагнетик
    strong itinerant ~ материал с сильным ферромагнетизмом коллективизированных электронов
    weak ~ слабый ферромагнетик, антиферромагнетик со слабым ферромагнетизмом
    weak itinerant ~ материал со слабым ферромагнетизмом коллективизированных электронов
ferromagnetics ферромагнетизм, наука о ферромагнитных явлениях
ferromagnetism ферромагнетизм, ферромагнитные явления
    incipient ~ парамагнетизм с усиленным обменным взаимодействием
    itinerant ~ ферромагнетизм коллективизированных электронов
    parasitic ~ слабый ферромагнетизм
    weak ~ слабый ферромагнетизм
ferromagnetoelastic ферромагнетоэластик ‖ ферромагнетоэластический
ferromagnetoelectric ферромагнетоэлектрик ‖ ферромагнетоэлектрический
ferromagnetography феррографическая запись (*в факсимильных аппаратах*)
ferrometer феррометр
ferron *фтт* феррон
ferronematic сегнетонематик ‖ сегнетонематический
ferrosmectic сегнетосмектик ‖ сегнетосмектический
ferrospinel феррит-шпинель
ferrous содержащий железо в двухвалентном состоянии; железистый
ferroxcube феррокскуб (*магнитно-мягкий феррит*)
ferroxdure ферроксдюр (*магнитно-жёсткий феррит*)
ferrule 1. изоляционная трубка 2. зажим (*для соединения проводников*)
Fesapo *вчт* название правильного сильного модуса четвёртой фигуры силлогизма
Festino *вчт* название правильного сильного модуса второй фигуры силлогизма
FET полевой транзистор, ПТ
    anodized ~ полевой транзистор, изготовленный методом анодирования
    barrier-gate ~ полевой транзистор с затвором (в виде барьера) Шотки, полевой транзистор с барьером Шотки
    bi- ~ 1. прибор на биполярных и полевых транзисторах 2. (комбинированная) технология изготовления ИС на биполярных и полевых транзисторах
    bulk(-channel) ~ полевой транзистор с объёмным каналом
    channel-injection ~ полевой транзистор с канальной инжекцией
    collector ~ полевой транзистор с каналом на эпитаксиальном коллекторном слое
    common-drain ~ полевой транзистор, включенный по схеме с общим стоком
    common-gate ~ полевой транзистор, включенный по схеме с общим затвором
    common-source ~ полевой транзистор, включенный по схеме с общим истоком
    depletion mode ~ полевой транзистор, работающий в режиме обеднения
    double-gate ~ двухзатворный полевой транзистор
    electron-conducting ~ полевой транзистор с каналом n-типа
    enhancement mode ~ полевой транзистор, работающий в режиме обогащения
    epitaxial-diffused ~ эпитаксиально-диффузионный полевой транзистор
    ferroelectric ~ сегнетоэлектрический полевой транзистор
    floating-gate ~ полевой транзистор с плавающим затвором
    gallium-arsenide ~ полевой транзистор на арсениде галлия
    gallium-nitride ~ полевой транзистор на нитриде галлия
    grounded-drain ~ полевой транзистор, включенный по схеме с общим стоком
    grounded-gate ~ полевой транзистор, включенный по схеме с общим затвором
    grounded-source ~ полевой транзистор, включенный по схеме с общим истоком
    heterojunction ~ полевой транзистор на гетеропереходе
    heterojunction-gate ~ полевой транзистор с затвором на гетеропереходе
    hole-conducting ~ полевой транзистор с каналом p-типа
    induced-channel ~ полевой транзистор с индуцированным каналом
    infrared metal-oxide-semiconductor ~ (полевой) МОП-транзистор, чувствительный к ИК-излучению
    insulated-gate ~ полевой транзистор с изолированным затвором, (полевой) МДП-транзистор
    internal-channel ~ полевой транзистор с встроенным каналом
    JG ~ *см.* **junction(-gate) FET**
    junction (-gate) ~ полевой транзистор с управляющим p—n-переходом
    metal-gate ~ полевой транзистор с металлическим затвором
    metal-insulator-semiconductor ~ (полевой) МДП-транзистор, полевой транзистор с изолированным затвором
    metal-oxide-semiconductor ~ (полевой) МОП-транзистор, полевой транзистор с изолированным затвором
    metal-oxide-silicon ~ (полевой) МОП-транзистор, полевой транзистор с изолированным затвором
    metal-Schottky ~ полевой транзистор с затвором (в виде барьера) Шотки, полевой транзистор с барьером Шотки
    microwave ~ полевой СВЧ-транзистор
    MOD ~ *см.* **modulation doped FET**
    modulation doped ~ полевой транзистор с модулированным легированием

monolithic ~ монолитный полевой транзистор
multichannel ~ многоканальный полевой транзистор
multilayer-gate ~ полевой транзистор с многослойным затвором
n-channel ~ полевой транзистор с каналом n-типа
p-channel ~ полевой транзистор с каналом p-типа
photoconductive ~ полевой фототранзистор
photosensitive ~ полевой фототранзистор
pinched-base ~ полевой транзистор со смыканием, полевой транзистор с проницаемой базой, ТПБ
planar ~ планарный полевой транзистор
p-n-junction ~ полевой транзистор с управляющим p — n-переходом
punch-through ~ полевой транзистор со смыканием, полевой транзистор с проницаемой базой, ТПБ
remote-cutoff ~ полевой транзистор с удалённой отсечкой
resonant-gate ~ полевой транзистор с резонансным затвором
Schottky-barrier [Schottky-gate] ~ полевой транзистор с затвором (в виде барьера) Шотки, полевой транзистор с барьером Шотки
self-aligned gate ~ полевой транзистор с самосовмещенным затвором
short-channel ~ полевой транзистор с коротким каналом
short-gate ~ полевой транзистор с коротким затвором
single-channel ~ одноканальный полевой транзистор
submicron gate ~ полевой транзистор с субмикронным затвором
surface-channel ~ полевой транзистор с поверхностным каналом
two-gate ~ двухзатворный полевой транзистор
two-junction ~ полевой транзистор с двумя управляющими p — n-переходами
uniform-channel ~ полевой транзистор с однородным каналом
vertical ~ вертикальный полевой транзистор, полевой транзистор с вертикальным каналом, ВПТ
fetch *вчт* вызов (*напр. команды*); выборка (*напр. данные из памяти*) || вызывать (*напр. команду*); производить выборку, выбирать (*напр. данные из памяти*)
  demand ~ вызов по запросу
  instruction ~ вызов команды; выборка команды
fetching *вчт* вызов (*напр. команды*); выборка (*напр. данные из памяти*)
FETlington пара полевой транзистор — биполярный составной транзистор
fetron полевой транзистор в корпусе с ламповым цоколем
fiber 1. волокно; нить 2. (оптическое) волокно, оптоволокно 3. волоконно-оптическая линия связи, ВОЛС 4. фибра
  alumina ~ алундовая вата
  birefringence [birefringent] ~ волокно с дву(луче)преломлением, дву(луче)преломляющее волокно
  capillary ~ волокно капиллярного типа
  cladded ~ волокно с оболочкой *или* покрытием; плакированное волокно
  copper ~ *рлк* медный игольчатый дипольный отражатель
  crystalline ~ кристаллическое волокно
  dielectric ~ диэлектрическое волокно
  dielectric-tube ~ волокно в диэлектрической трубке
  downstream ~ волоконно-оптическая линия для приёма входящих (*к пользователю*) сообщений
  glass ~ стекловолокно
  graded(-index) ~ волокно с плавным изменением показателя преломления
  highly birefringence ~ волокно с сильным дву(луче)преломлением, сильно дву(луче)преломляющее волокно
  hollow-core ~ волокно с полым сердечником
  laser ~ лазерное волокно
  liquid-core ~ волокно с жидким сердечником
  liquid-core scintillating optical ~ стекловолокно с сцинтиллирующим жидким сердечником
  low-loss ~ волокно с малыми потерями
  monomode ~ одномодовое волокно
  multimode ~ многомодовое волокно
  muscle ~ *бион.* мышечное волокно
  nerve ~ *бион.* нервное волокно
  optical ~ 1. оптическое волокно 2. световод, светопровод
  optical scintillating ~ стекловолокно с сцинтиллирующим сердечником
  parabolic(-index) ~ волокно с изменением показателя преломления по параболическому закону
  polarization-maintaining ~ волокно с сохранением поляризации
  polycrystalline ~ поликристаллическое волокно
  Purkinje ~ *бион.* волокно Пуркинье
  quartz ~ 1. кварцевое волокно 2. кварцевая нить
  rectangular ~ волокно квадратного поперечного сечения
  round ~ волокно круглого поперечного сечения
  scintillating-core optical ~ стекловолокно с сцинтиллирующим сердечником
  silica glass ~ кварцевое стекловолокно, волокно из плавленого кварца
  single-crystal ~ монокристаллическое волокно
  single-material ~ волокно из единого материала
  single-mode ~ одномодовое волокно
  solid-core ~ волокно с твердотельным сердечником
  square ~ волокно квадратного поперечного сечения
  step(-index) ~ волокно со ступенчатым изменением показателя преломления
  thin-core ~ волокно с тонким сердечником
  twin-core ~ волокно с двумя сердечниками
  twisted ~ скрученное волокно
  uncladded ~ волокно без оболочки *или* покрытия
  upstream ~ волоконно-оптическая линия для передачи исходящих (*от пользователя*) сообщений
  vulcanized ~ фибра
fiber-optic волоконно-оптический
fiber-optics волоконная оптика
fiberscope волоконно-оптическое устройство для передачи *или* воспроизведения изображений
  hypodermic ~ волоконно-оптический прибор для подкожных исследований
fibre *см.* fiber
fiche микрофиша
fiction 1. беллетристика, художественная литература 2. фикция; вымысел

field

interactive ~ интерактивная компьютерная игра
science ~ (научная) фантастика (*1. специфическая форма отображения действительности 2. «музыкальный инструмент» из набора General MIDI*)

fictitious 1. беллетристический, относящийся к художественной литературе **2.** фиктивный; вымышленный; нереальный

fiddle *вчт* уличная скрипка (*музыкальный инструмент из набора General MIDI*)

fidelity 1. верность передачи *или* воспроизведения; верность звуковоспроизведения *или* цветовоспроизведения **2.** критерий верности передачи *или* воспроизведения; критерий верности звуковоспроизведения *или* цветовоспроизведения **3.** точность; достоверность

color ~ *тлв, вчт* цветовая верность; верность цветопередачи; верность цветовоспроизведения

data ~ верность передачи *или* воспроизведения данных

electric ~ верность передачи *или* воспроизведения электрических сигналов

high ~ высокая верность передачи *или* воспроизведения; высокая верность звуковоспроизведения *или* цветовоспроизведения

visual contrast ~ *тлв* градационная верность, верность передачи градаций

Fido, FIDO *см.* FidoNet

FidoNet 1. глобальная некоммерческая любительская виртуальная компьютерная сеть FidoNet (*использующая в качестве среды передачи обычные коммутируемые телефонные линии*) **2.** набор стандартов и процедур FidoNet

fiducial фидуциальный

field 1. поле (*1. физическое поле (напр. электромагнитное) 2. величина, характеризующая физическое поле 3.* (*открытое*) *пространство; область; зона 4. тлв, вчт* полукадр (*в системах отображения с чересстрочной развёрткой*) *5. вчт* поименованная группа данных; элемент данных; столбец данных *6. вчт* обрабатываемая отдельно группа разрядов *7. вчт* кольцо с ненулевыми элементами, образующими абелеву группу по операции умножения *8.* сфера деятельности; область интересов) ‖ полевой; относящийся к полю **2.** *опт.* поле зрения **3.** обмотка возбуждения **4.** *рлк* карта местности (*на экране индикатора*) **5.** полигон **6.** поле боя (*напр. в компьютерных играх*)

~ of algebraic numbers *вчт* поле алгебраических чисел

~s of atom **1.** *фтт* внутриатомные поля **2.** *вчт* поля атома (*в языке* T_EX)

~ of complex numbers *вчт* поле комплексных чисел

~ of events *вчт* поле событий

~ of force поле сил

~ of functions *вчт* поле функций

~ of order N поле порядка N, содержащее N элементов поле

~ of quotients *вчт* поле частных

~ of relations *вчт* поле отношений

~ of search зона поиска (*напр. РЛС*)

~ of selection *тлф* контактное поле искания

~ of values *вчт* поле значений

~ of view **1.** *опт.* поле зрения **2.** зона обслуживания (*в спутниковой связи*)

~ of vision поле взора (*глаза*)

~ without sources поле без источников, вихревое [соленоидальное] поле

~ without vortices поле без вихрей, безвихревое [потенциальное] поле

~ with sources поле с источниками, безвихревое [потенциальное] поле

~ with vortices поле с вихрями, вихревое [соленоидальное] поле

Abelian ~ *вчт* абелево поле

ac ~ переменное поле, поле переменного тока

accelerating ~ ускоряющее поле

acoustoelectric ~ акустоэлектрическое поле

address ~ *вчт* поле адреса

affine ~ *вчт* аффинное поле

aiding drift ~ *пп* ускоряющее дрейфовое поле

alphanumeric ~ *вчт* алфавитно-цифровое поле

alternate ~s *тлв* чередующиеся поля

alternating-gradient ~ поле со знакопеременным градиентом

angular ~ **of view** *опт.* угловое поле зрения

anisotropy ~ поле анизотропии

antenna ~ поле антенны

aperture ~ поле в раскрыве, поле в апертуре

applied ~ внешнее [приложенное] поле

authentication ~ аутентификационное поле (*в блочных шифрах*)

auxiliary ~ вспомогательное поле (*в суперсимметрийных теориях*)

avalanche ~ *пп* поле лавинного пробоя

axial ~ аксиальное поле

backscattered ~ поле обратного рассеяния

backward ~ поле в заднем полупространстве

base ~ поле в базе (*транзистора*)

base sweeping ~ ускоряющее поле в базе (*дрейфового транзистора*)

bias(ing) magnetic ~ поле подмагничивания, подмагничивающее поле

biomagnetic ~s биомагнитные поля

bit ~ *вчт* битовое поле (*напр. в C++*)

block information ~ *вчт* информационное поле блока

blue ~ *тлв* синее поле

breakdown ~ поле пробоя

built-in ~ **1.** встроенное поле **2.** поле $p - n$-перехода

calculated ~ *вчт* рассчитываемый элемент данных

canonical ~ *вчт* каноническое поле

card ~ *вчт* поле перфокарты

caustic ~ *опт.* каустическая поверхность, каустика

central ~ центральное поле

chain ~ *вчт* поле логических связей

character ~ *вчт* символьное поле

charge-separation ~ поле, обусловленное разделением зарядов (*в плазме*)

chiral ~ киральное [хиральное] поле

circuital ~ вихревое [соленоидальное] поле

coercive ~ коэрцитивное поле (*сегнетоэлектрика*)

collapse ~ поле коллапса (*ЦМД*)

color ~ *тлв* цветное поле

compressing ~ сжимающее поле

computed ~ рассчитываемый элемент данных

confining ~ удерживающее поле

conservative ~ безвихревое [потенциальное] поле

constant ~ постоянное [стационарное] поле

field

containing ~ удерживающее поле
control ~ 1. управляющее поле 2. *вчт* поле ключа (*элемента данных*)
Coulomb ~ кулоновское поле
countable ~ *вчт* счётное поле
counterrotating ~ поле с обратным направлением вращения (*плоскости поляризации*)
coupled ~s связанные поля
critical ~ критическое поле
CRC ~ *см.* cyclic redundancy check field
crossed ~s скрещённые поля
crystal [crystal lattice, crystalline] ~ внутрикристаллическое поле
curl(ing) ~ вихревое [соленоидальное] поле
cusped magnetic ~ магнитное поле с точкой возврата
cutoff ~ 1. поле отсечки 2. критическое поле (*магнетрона*)
cyclic redundancy check ~ *вчт* поле данных контроля циклическим избыточным кодом, поле контрольной суммы CRC
cylinder number ~ *вчт* поле номера цилиндра (*магнитного диска*)
data ~ *вчт* поле данных
dc ~ постоянное поле, поле постоянного тока
decelerating ~ замедляющее [тормозящее] поле
deflection ~ 1. отклоняющее поле 2. максимальный угол отклонения (*луча*)
degaussing ~ размагничивающее поле
demagnetizing ~ размагничивающее поле
derived ~ *вчт* производный элемент данных
destination ~ *вчт* поле адреса назначения
diffracted ~ дифрагированное поле
dipole ~ поле диполя
dipole sound ~ поле акустического вибратора
display ~ (рабочее) поле экрана дисплея
disturbed ~ возмущённое поле
disturbing ~ возмущающее поле
domain erasing ~ поле уничтожения доменов
domain nucleation ~ *магн.* поле старта
drift ~ *пп* дрейфовое поле
dynamic ~ динамическое поле
dynamic threshold ~ динамическое пороговое поле
E ~ *см.* electric field
Earth's electric ~ электрическое поле Земли
Earth's magnetic ~ магнитное поле Земли
edge diffracted ~ поле, обусловленное дифракцией на крае
effective ~ эффективное поле
effective ~ of magnetic anisotropy эффективное поле магнитной анизотропии
electric ~ 1. электрическое поле 2. напряжённость электрического поля
electromagnetic ~ электромагнитное поле
electrostatic ~ электростатическое поле
EM ~ *см.* electromagnetic field
emit ~ *вчт* задающее поле (*команды*)
entrance ~ *свпр* первое критическое поле
equilibrium ~ равновесное поле
erasure ~ стирающее поле
even ~ *тлв* чётное поле
evoked magnetic ~s of brain вызванные магнитные поля мозга
exchange ~ обменное поле, (эффективное) поле обменного взаимодействия

extension ~ *вчт* поле расширения
external ~ внешнее [приложенное] поле
extraneous ~ поле рассеяния
far ~ поле в дальней зоне
far-radiated ~ поле излучения в дальней зоне
far-scattered ~ поле рассеяния в дальней доне
far-zone ~ поле в дальней зоне
Fermat ~ *вчт* простое числовое поле Ферма
file ~ *вчт* элемент данных файла
finite ~ 1. поле (*напр. электрическое*) с конечной напряжённостью 2. *вчт* конечное поле, поле Галуа, поле с конечным числом элементов
first ~ *тлв* нечётное поле
first critical ~ *свпр* первое критическое поле
fixed-length ~ *вчт* поле фиксированной длины
flag ~ *вчт* поле признака
focusing ~ фокусирующее поле
force-free magnetic ~ бессиловое магнитное поле
forward ~ поле в переднем полупространстве
frame number ~ *вчт* поле номера кадра
Fraunhofer ~ поле в зоне Фраунгофера
free(-space) ~ поле в свободном пространстве
Fresnel ~ поле в зоне Френеля (*в области вне зоны Фраунгофера*)
fringing ~ краевое поле
fringing ~ of junction краевое поле $p - n$-перехода
frozen ~ *свпр* вмороженное поле
gage ~ калибровочное поле
Galois ~ *вчт* поле Галуа, конечное поле, поле с конечным числом элементов
Galois ~ p^n *вчт* поле Галуа GF(p^n), конечное поле многочленов степени не выше (n−1) с коэффициентами 0, 1, 3,…(p−1) из поля простых чисел
gate-to-drain ~ поле между затвором и стоком (*полевого транзистора*)
geometrical optics ~ поле в приближении геометрической [лучевой] оптики
gradient ~ градиентное поле
gravitational ~ гравитационное поле
green ~ *тлв* зелёное поле
guide [guiding] ~ ведущее [направляющее] поле
H ~ магнитное поле
halaxy magnetic ~ галактическое магнитное поле
Hall (electric) ~ *пп* (электрическое) поле Холла
harmonic ~ гармоническое поле
head number ~ *вчт* поле номера головки (*магнитного диска*)
heating (electric) ~ *пп* нагревающее (электрическое) поле
helical ~ поле спиральной волны, поле геликона
heliotron magnetic ~ гелиотронное магнитное поле
high-frequency ~ высокочастотное поле
holographically reconstructed ~ голографически восстановленное поле
homogeneous ~ однородное поле
hyperfine ~ поле сверхтонкого взаимодействия
I- ~ *см.* information field
ID ~ *см.* identifier field
identifier ~ *вчт* поле идентификатора
illuminating ~ 1. поле в раскрыве антенны 2. поле РЛС подсвета цели
impressed ~ внешнее [приложенное] поле
incident ~ поле падающего излучения

field

inducing ~ индуцирующее поле
induction ~ **1.** поле электромагнитной индукции **2.** поле в зоне индукции, поле в ближней зоне
infinite ~ **1.** поле (*напр. электрическое*) с бесконечной напряжённостью **2.** бесконечное поле, поле с бесконечным числом элементов
information ~ информационное поле
inhomogeneous ~ неоднородное поле
in-plane ~ поле в плоскости
instruction ~ *вчт* поле команды; поле кода операции
integer ~ *вчт* поле целых чисел
interlaced ~ *тлв* нечётное поле
internal ~ внутреннее поле
interplanetary magnetic ~ межпланетное магнитное поле
irrotational ~ безвихревое [потенциальное] поле
jack ~ *тлф* коммутационное поле
junction ~ поле $p - n$-перехода
Kerr ~ поле в ячейке Керра
key ~ *вчт* поле ключа (*элемента данных*)
label ~ *вчт* поле метки
lamellar ~ безвихревое [потенциальное] поле
laser ~ поле излучения лазера
lateral ~ горизонтальное поле (*в ИС*)
leakage ~ поле рассеяния
local ~ локальное поле
localized ~ локализованное поле
local receptive ~ локальное рецептивное поле (*напр. в нейронных сетях*)
macroscopic ~ макроскопическое поле
magnetic ~ **1.** магнитное поле **2.** напряжённость магнитного поля
magnetic ~s of eye магнитные поля глаза
magnetic bias ~ поле подмагничивания, подмагничивающее поле
magnetic mirror ~ поле магнитного зеркала
magnetization reversal ~ поле перемагничивания
magnetizing ~ намагничивающее поле
magnetostatic ~ магнитостатическое поле
magnetron critical ~ критическое поле магнетрона
maximum permeability ~ поле максимальной проницаемости
Mersenne ~ *вчт* простое числовое поле Мерсенна
message ~ поле сообщений
microscopic ~ микроскопическое поле
mirror ~ **1.** поле зеркального изображения (*заряда или тока*) **2.** поле магнитного зеркала
modulating [modulation] ~ модулирующее поле
molecular ~ *магн.* молекулярное поле
monochromatic ~ монохроматическое поле
multibeam ~ многолучевое поле
multidimensional ~ многомерное поле
near(-zone) ~ **1.** поле в ближней зоне, поле в зоне индукции **2.** поле в промежуточной зоне
noise ~ шумовое поле, поле шумов
noncircuital ~ безвихревое [потенциальное] поле
nonstationary ~ нестационарное [переходное] поле
nonuniform ~ неоднородное поле
normal-mode ~ поле нормальной [собственной] моды
nucleation ~ *фтт* поле зародышеобразования
numeric ~ *вчт* числовое поле
nutation ~ поле антенны при коническом сканировании

object ~ **1.** *опт.* поле объекта, предметное поле **2.** *вчт* поле объектов
odd ~ *тлв* нечётное поле
orderable ~ *вчт* упорядочиваемое поле
ordered ~ *вчт* упорядоченное поле
operand ~ *вчт* поле операнда
operation ~ *вчт* поле команды; поле кода операции
particle switching ~ поле перемагничивания частиц
penumbra ~ область полутени
periodic ~ периодическое поле
perpendicular critical ~ *свпр* критическое поперечное поле
perturbed ~ возмущённое поле
physical optics ~ поле в приближении физической оптики
piezoelectric ~ пьезоэлектрическое поле
polarization ~ поляризующее поле
poloidal ~ полоидальное поле
potential ~ потенциальное [безвихревое] поле
primary color ~ *тлв* поле основных цветов
prime ~ *вчт* простое поле
privilege ~ *вчт* поле привилегий
proper ~ собственное поле
protected ~ *вчт* защищённое поле
pseudoscalar ~ псевдоскалярное поле
pump(ing) ~ поле накачки
punched-card ~ *вчт* поле перфокарты
quadrupolar ~ квадрупольное поле
quadrupolar ~ with X(-type) neutral point квадрупольное (магнитное) поле с нулевой [нейтральной] точкой X-типа
quantum ~ квантовое поле
quasi-potential ~ квазипотенциальное поле
quotient ~ *вчт* поле отношений
radial ~ радиальное поле
radiated [radiation] ~ поле излучения
radio-frequency ~ радиочастотное поле
radio influence ~ поле радиопомех
reactive ~ поле индукции (*антенны*)
receptive ~ рецептивное поле (*напр. сетчатки*)
reconstructed ~ *кв. эл.* восстановленное поле
red ~ *тлв* красное поле
rediffracted ~ поле вторичной дифракции
reference ~ *кв. эл.* опорное поле
reflected ~ поле отражённой волны
repeating ~ *вчт* поле с повторами (*в базах данных*)
reradiated ~ поле вторичного излучения
residual ~ остаточное поле
residue class ~ *вчт* поле класса остатков
resonance ~ резонансное поле
retarding ~ замедляющее [тормозящее] поле
RF ~ радиочастотное поле
rotating ~ вращающееся поле
rotational ~ вихревое [соленоидальное] поле
satellite's ~ of view зона обслуживания спутника
scalar ~ скалярное поле
scattered ~ поле рассеяния, поле рассеянного излучения
second ~ *тлв* чётное поле
second critical ~ *свпр* второе критическое поле
sector number ~ *вчт* поле номера сектора (*магнитного диска*)

field

seed ~ *свпр* затравочное поле
self-consistent ~ самосогласованное поле
shadow ~ область тени
shaping ~ формирующее поле
signal ~ поле сигнала
skipped ~ *тлв* пропущенное поле
solenoidal ~ соленоидальное [вихревое] поле
sort ~ *вчт* поле (элемента) сортировки; ключ сортировки
sound ~ звуковое [акустическое] поле
source ~ 1. поле источника 2. *вчт* исходное поле
source-to-drain ~ поле между истоком и стоком (*полевого транзистора*)
space-charge ~ поле объёмного заряда
spinor ~ спинорное поле
spontaneous magnetic ~s of brain спонтанные магнитные поля мозга
starting ~ *магн.* поле трогания
static ~ статическое поле
stationary ~ стационарное [постоянное] поле
stochastic ~ стохастическое поле
stray ~ поле рассеяния
superposed ~ внешнее [приложенное] поле
surface superconducting ~ *свпр* третье критическое поле (*граница области существования поверхностной сверхпроводимости*)
sweeping ~ 1. ускоряющее поле 2. *пп* тянущее поле
switching ~ 1. поле переключения; коммутирующее поле 2. поле включения; поле выключения 3. *магн.* поле перемагничивания
symbol ~ *вчт* поле символов
tag ~ *вчт* поле тегов
television ~ поле (телевизионного) кадра
tensor ~ тензорное поле
thermal ~ тепловое поле
thermal radiation ~ поле теплового излучения
third critical ~ *свпр* третье критическое поле (*граница области существования поверхностной сверхпроводимости*)
threshold ~ пороговое поле
topological ~ топологическое поле
transient ~ нестационарное [переходное] поле
transition ~ поле (фазового) перехода, критическое поле (*при фазовом переходе*)
trapped ~ захваченное поле
traveling ~ бегущее поле
tunneling ~ поле туннелирования
two-turn ~ двухзаходное поле
uniform ~ однородное поле
unit electric ~ электрическое поле единичной напряжённости
unperturbed ~ невозмущённое поле
vanishing ~ исчезающе малое поле
variable ~ 1. переменное поле (*1. поле переменного тока 2. вчт элемент структуры данных с непостоянным значением*) *вчт* 2. поле переменной 3. поле переменной длины
variable-length ~ *вчт* поле переменной длины
variant ~ *вчт* поле признака
vector ~ 1. векторное поле 2. *вчт* поле векторов
visual ~ поле взора (*глаза*)
vortex ~ вихревое поле
wall creation ~ поле образования доменной границы

wave ~ волновое поле
waveguide ~ поле в волноводе
write ~ записывающее поле
zero-approximation ~ поле нулевого приближения
fielding *вчт* упорядочение расположения (*напр. текста или числовых данных*)
fieldistor полевой транзистор, ПТ
field-programmable с эксплуатационным программированием
fifth 1. пятый 2. (одна) пятая; пятая часть 3. квинта
figure 1. цифра || обозначать цифрами 2. *pl* арифметика 3. численное значение (*величины*) || вычислять; рассчитывать 4. небуквенный символ 5. коэффициент; показатель 6. фигура (*1. форма; контур 2. рисунок; чертёж; иллюстрация 3. геометрическая фигура; геометрическое тело*) || представлять в виде фигуры (*в виде рисунка, чертежа или иллюстрации*) 7. *вчт* фигура речи, стилистическая фигура || использовать фигуры речи, использовать стилистические фигуры
~ of merit добротность
~ of merit of antenna отношение коэффициента усиления антенны к шумовой температуре
~ of speech фигура речи, стилистическая фигура
~ of syllogism фигура силлогизма
acoustooptic ~ of merit акустооптическая добротность
actual noise ~ реальный коэффициент шума
amplifier ~ of merit добротность усилителя
Arabic ~s арабские цифры (*цифры 0, 1, 2, 3, 4, 5, 6, 7, 8 и 9*)
average noise ~ интегральный коэффициент шума
Chladni ~s фигуры Хладни
congruent ~s конгруэнтные фигуры
conoscopic ~ коноскопическая фигура
enantiomorphic ~s энантиоморфные фигуры
etch ~s фигуры травления
flutter ~ коэффициент высокочастотной [ВЧ-] детонации
geometric(al) ~ геометрическая фигура
homothetic ~s гомотетичные фигуры
interference ~ интерференционная картина
lay ~ модель (*напр. человека*); манекен
Lissajous ~s фигуры Лиссажу
logic ~ of merit логический коэффициент качества
magnetic ~s *магн.* порошковые фигуры, фигуры Акулова — Биттера
magnetic ~ of merit магнитная добротность
magnetooptic ~ of merit магнитооптическая добротность
N-dimensional ~ N-мерная фигура
noise ~ коэффициент шума (*в децибелах*)
overall noise ~ общий коэффициент шума
plane ~ плоская [двумерная] фигура
pulling ~ коэффициент затягивания частоты
pushing ~ крутизна характеристики электронной перестройки, коэффициент электронного смещения частоты (*клистрона или магнетрона*)
radar performance ~ *рлк* отношение мощности излучаемого импульса к мощности минимального обнаруживаемого сигнала
significant ~ *вчт* значащая цифра
space ~ объёмная [трёхмерная] фигура
spot noise ~ дифференциальный коэффициент шума

thermoelectric ~ of merit термоэлектрическая эффективность
wow ~ коэффициент низкочастотной [НЧ-] детонации

filament 1. волокно; волосок **2.** нить; шнур **3.** нить накала **4.** катод прямого накала
  carbonized ~ карбидированный катод прямого накала
  coated ~ оксидный катод прямого накала
  discharge ~ 1. шкур разряда **2.** канал разряда
  flashed ~ катод, подвергнутый прокаливанию
  flux ~ *свпр* вихревая нить
  high-current ~ шнур с высокой плотностью тока
  hot ~ термоэлектронный катод прямого накала
  lamp ~ нить накала
  light ~ *кв. эл.* световая нить
  microplasma ~ микроплазменный шнур
  plasma ~ плазменный шнур
  thoriated ~ торированный катод прямого накала
  tungsten ~ 1. вольфрамовая нить **2.** вольфрамовый катод прямого накала
  vortex ~ *свпр* вихревая нить

filamentary 1. волокнистый; волосковый **2.** нитевидный; шнуровидный

filamentous волокнистый; волосковый

file 1. файл || формировать файл; хранить (*данные*) в файле **2.** список; реестр; каталог || включать в список; заносить в реестр *или* каталог; регистрировать **3.** упорядоченный набор *или* массив; колонка || формировать набор *или* массив; размещать в определённом порядке; располагать в виде колонки **4.** папка для бумаг; скоросшиватель || помещать в папку *или* скоросшиватель; подшивать (*напр. документы*) **5.** передавать сводку новостей по радио *или* телевидению **6.** представлять (*напр. документ на рассмотрение*); подавать (*напр. заявление*) **7.** принимать заказ (*к исполнению*) **8.** напильник || обрабатывать напильником
  access configuration ~ файл конфигурации доступа (*к защищённым каталогам*), ACF-файл
  accounting ~ файл учётных записей, файл записей о текущем финансовом состоянии и о выполненных финансовых операциях (*юридического лица, абонента или пользователя*)
  active ~ открытый файл
  alias ~ список псевдонимов
  amendments ~ файл изменений
  application ~ файл приложения
  archive ~ архивный файл (*1.* файл в архиве *2.* файл с атрибутом «архивный», модифицированный файл без резервной копии)
  archived ~ архивированный [запакованный] файл
  ASCII ~ текстовый файл, ASCII-файл
  back(ed)-up ~ файл с резервной копией; резервный файл, резервная копия файла
  batch ~ *вчт* **1.** командный файл **2.** сценарий
  binary ~ двоичный файл, файл в двоичном формате
  bubble-lattice ~ *вчт* массив на решётке ЦМД
  card ~ файл на перфокартах
  cassette ~ кассетный файл
  change ~ файл изменений
  chained ~ цепочечный файл
  circular ~ *вчт* мусорная корзина
  closed ~ закрытый файл (*1. нерабочий файл 2. файл, недоступный для чтения или модификации*)
  comma-delimited ~ файл данных с разделителями в виде запятой
  command ~ командный файл
  compressed ~ сжатый файл
  computer-generated ~ создаваемый компьютером файл (*напр. файл данных типа «cookie»*)
  concordance ~ файл данных для алфавитного *или* тематического указателя
  configuration ~ конфигурационный файл
  contiguous ~ непрерывный файл, нефрагментированный (*при записи*) файл
  contiguous-disk ~ *вчт* массив со схемой продвижения ЦМД на соприкасающихся дисках
  cookie ~ *вчт* **1.** файл данных типа «cookie» **2.** файл с развлекательными материалами (*напр. анекдотами или афоризмами*), используемыми для заполнения паузы при входе *или* выходе из системы
  corrupted ~ испорченный файл
  Creative (Labs) music ~ (файловый) формат CMF, формат файлов с блоком музыкальной информации формата MIDI и блоком информации для синтезатора формата SBI
  cross-linked ~s файлы с перекрёстными связями
  damaged ~ повреждённый файл
  data ~ файл данных
  data-storage ~ файл хранения данных
  dead ~ потерянный файл
  destination ~ выходной файл
  detail ~ файл изменений
  device-independent ~ аппаратно независимый файл, не зависящий от устройства файл (*напр. в языке T_EX*), dvi-файл
  difference ~ файл различий
  direct(-access) ~ файл прямого доступа
  directory ~ каталог
  disk ~ файл на диске
  display ~ *вчт* дисплейный файл
  dot ~ файл с именем с префиксом в виде точки, скрытый файл, *проф.* файл с точкой (*в UNIX*)
  error ~ файл регистрации ошибок, журнал ошибок
  exe(cutable) ~ исполняемый файл
  external ~ внешний файл
  external data ~ файл внешних данных
  fact ~ фактографический файл
  father ~ файл-родитель, файл-предок, исходный файл; оригинал файла
  flat ~ *вчт* двумерный массив данных; бесструктурный файл, *проф.* плоский файл
  fully inverted ~ полностью инвертированный файл, файл с индексами по всем вторичным ключам
  galley ~ *вчт* файл-гранка
  global kill ~ *вчт* файл глобального удаления (*в системе UseNet*)
  grandfather ~ файл-прародитель, предок файла-предка, предок исходного файла; предок оригинала файла
  header ~ файл-заголовок
  hidden ~ файл с атрибутом «скрытый», скрытый файл
  HTML ~ файл формата HTML

file

image ~ 1. файл данных об изображении, *проф.* файл изображения 2. файл образа задачи; загрузочный модуль
index ~ индексный файл
indexed ~ индексированный файл
Indian ~ колонка
indirect ~ командный файл
input ~ входной файл, файл исходных данных
internal ~ внутренний файл
inverted ~ инвертированный файл, файл с индексами по вторичным ключам
JEDEC ~ файл формата JEDEC
job ~ файл задания
journal ~ журнальный файл, журнал
key ~ файл ключей
kill ~ *вчт* файл-ликвидатор (*нежелательных сообщений*)
link ~ файл связей
locked ~ заблокированный файл
logical ~ логический файл
logon ~ *вчт* командный *или* конфигурационный файл для обеспечения входа в систему; командный *или* конфигурационный файл для обеспечения начала сеанса (*напр. работы в локальной сети*)
lost ~ потерянный файл
master ~ основной файл
MIDI ~ MIDI-файл, звуковой файл формата MIDI
multi-data carrier ~ многотомный файл
multivolume ~ многотомный файл
music ~ (звуковой) музыкальный файл
object ~ объектный файл
open ~ открытый файл (*1. рабочий файл 2. файл, доступный для чтения или модификации*)
output ~ выходной файл, файл выходных данных
page ~ файл подкачки
page-image ~ файл изображения страницы
paging ~ файл подкачки
password ~ файл паролей
permalloy-bar ~ *вчт* массив со схемой продвижения ЦМД на пермаллоевых аппликациях
permanent swap(ping) ~ постоянный файл подкачки
piggyback ~ файл с возможностью добавления записей (*без использования операции сохранения*)
premastered ~ файл в виде тома стандарта ISO 9660 (*для записи на компакт-диск*)
profile ~ файл профиля (*пользователя или программы*)
program ~ программный файл
program information ~ файл информации о программе
protected ~ защищённый файл
random ~ файл прямого доступа
read-only ~ файл с атрибутом «только для чтения», немодифицируемый файл
reference ~ эталонный файл
register retirement ~ файл для извлекаемых из регистров микроопераций (*в процессорах Pentium*)
relative ~ файл прямого доступа
remote ~ файл на диске другого компьютера (*для работы с которым необходим дистанционный доступ*), *проф.* удалённый файл
report ~ файл выходных данных; файл результатов

resource ~ файл ресурса (*файл данных и карты распределения ресурса*)
scan ~ файл данных об отсканированном изображении
scratch ~ временный файл, временная копия рабочего файла
security ~s защищённые резервные копии файлов (*с важной информацией*)
segment ~ файл сегментов
sequential ~ последовательный файл
server side include ~ файл с макросами включения (*языка HTML*) на стороне сервера, файл с выполняемый сервером макросами (*языка HTML*) для включения в данный файл содержимого другого файла, SSI-файл (*языка HTML*)
shareable ~ допускающий совместное использование файл; разделяемый файл; общий файл
shareable image ~ многопользовательский загрузочный модуль
shared ~ совместно используемый (*в данный момент*) файл; разделяемый файл; общий файл
single ~ колонка
slide ~ файл диапозитивов
son ~ файл-потомок, обновлённая версия (*исходного*) файла
source ~ 1. исходный файл; оригинал файла 2. файл с исходным текстом программы
speech ~ речевой файл
spill ~ фрагментированный файл
spool ~ буферный файл
SSI ~ *см.* server side include file
stream-oriented ~ потоко-ориентированный файл
swap(ping) ~ файл подкачки
system ~ файл с атрибутом «системный», системный файл
system recorder ~ файл системной регистрации
tab-delimited ~ файл данных с разделителями на основе табуляции
temporary ~ 1. временный файл 2. рабочий файл
text(-only) ~ текстовый файл, ASCII-файл
threaded ~ цепочечный файл
transaction ~ 1. файл изменений 2. журнал транзакций
transferred ~ переданный файл
unformatted text ~ неформатированный текстовый файл
update ~ 1. файл записи данных об обновлении (*программных продуктов*) 2. файл изменений
updated ~ обновлённый файл
virtual ~ виртуальный файл
volatile ~ (часто) изменяемый файл; критичный по времени доступа файл
volume ~ файл в виде тома
watermarked ~ файл с (цифровым) водяным знаком (*напр. для защиты от копирования*)
work ~ рабочий файл
working-data ~ файл рабочих данных
filename имя файла
long ~ длинное (*более 8 символов*) имя файла
short ~ короткое (*не более 8 символов*) имя файла
filer *вчт* 1. файловая система 2. утилита для работы с файловой системой
filespec *вчт* спецификация файла (*в MS DOS*)
filing 1. *вчт* формирование файлов; хранение (*данных*) в файлах 2. включение в список; занесение в

реестр *или* каталог; регистрация **3.** размещение в определённом порядке; расположение в виде колонки **4.** помещение в папку или скоросшиватель; подшивка (*напр. документов*) **5.** передача сводки новостей по радио *или* телевидению
electronic ~ формирование файлов; хранение (*данных*) в файлах
fill 1. заполнение (*1. наполнение 2. вчт заполнение путём вставки неинформативных символов 3. заливка, закраска (замкнутых контуров в компьютерной графике)*) **2.** заполнять(ся); наполнять(ся) **3.** вчт заполнять (*путём вставки неинформативных символов*) **4.** заполнять, заливать, закрашивать (*замкнутые контуры в компьютерной графике*) **5.** соединение перемычкой; использование вставки; перекрытие || соединять перемычкой; использовать вставку; перекрывать **6.** коэффициент использования (*напр. линии связи*) **7.** исполнять; выполнять (*напр. заказ*)
cable ~ коэффициент использования кабельных пар
memory ~ заполнение памяти
raster ~ заливка [закраска] пробельных участков растра (*в компьютерной графике*)
region ~ заливка [закраска] областей (*в компьютерной графике*)
storage ~ заполнение памяти
filler 1. заполнитель; наполнитель **2.** вчт (символ-)заполнитель, неинформативный символ (*напр. пробел*) **3.** перемычка; вставка
cable ~ наполнитель кабеля
fuse ~ плавкая вставка предохранителя
gap ~ вспомогательная РЛС для перекрытия мёртвых зон
filling 1. заполнение (*1. наполнение 2. вчт заполнение путём вставки неинформативных символов 3. заливка, закраска (замкнутых контуров в компьютерной графике)*) **2.** заполнитель; наполнитель **3.** соединение перемычкой; использование вставки; перекрытие **4.** исполнение; выполнение (*напр. заказа*) ◊ **of order** выполнение заказа
~ **of states** заполнение состояний, заполнение (энергетических) уровней
gap ~ *рлк.* перекрытие мёртвых зон
thermal ~ термическое заполнение (*напр. энергетических уровней*)
film 1. плёнка || наносить плёнку **2.** киноплёнка; фотоплёнка **3.** фильм || производить киносъёмку; снимать кинофильм **4.** *pl* кинематография; киноиндустрия; кинематографическая продукция **5.** заниматься кинематографией; работать в кинематографической сфере **6.** экранизировать (*напр. литературное произведение*)
adsorbed ~ адсорбированная плёнка
alloy ~ плёнка сплава
amorphous ~ аморфная плёнка
annealed ~ отожжённая плёнка
anodic ~ анодная плёнка
anodized ~ плёнка, полученная методом анодирования
art ~ *тлв* художественный фильм
as-grown ~ плёнка непосредственно после выращивания
Beilby ~ нарушенный слой, слой Бильби
biaxial magnetic ~ двуосная магнитная плёнка

blanket ~ поверхностная плёнка
bubble ~ плёнка с ЦМД
capped garnet ~ плёнка граната со слоем для замыкания (магнитного) потока
cathode ~ катодная плёнка
cermet ~ металлокерамическая [керметовая] плёнка
composite ~ **1.** композиционная плёнка **2.** многослойная плёнка
continuous ~ сплошная плёнка
coupled ~s связанные плёнки
dielectric ~ диэлектрическая плёнка
epitaxial ~ эпитаксиальная плёнка
evaporated ~ напылённая плёнка
exchange-coupled ~s обменно-связанные плёнки
exposed ~ экспонированная плёнка
feature ~ *тлв* главный фильм в кинопрограмме
fine-grain ~ мелкозернистая плёнка
garnet ~ гранатовая плёнка, плёнка граната
giant-magnetoresistance ~ плёнка с гигантским магниторезистивным эффектом, плёнка с гигантским магнитосопротивлением
GMR ~ *см.* **giant-magnetoresistance film**
granular ~ зернистая плёнка
heteroepitaxial ~ гетероэпитаксиальная плёнка
holographic ~ голографическая плёнка
homoepitaxial ~ гомоэпитаксиальная плёнка
infrared ~ плёнка, чувствительная к ИК-излучению
insulating ~ изолирующая плёнка
ion-implanted ~ ионно-имплантированная плёнка
isoepitaxial ~ гомоэпитаксиальная плёнка
kapton ~ каптоновая плёнка
Langmuir ~ плёнка Лэнгмюра (— Блоджетт)
large-grain ~ крупнозернистая плёнка
LC ~ *см.* **liquid-crystal film**
lenticular ~ линзорастровая плёнка
light-emitting ~ светоизлучающая плёнка
light-guiding ~ плёночный световод
liquid-crystal ~ жидкокристаллическая плёнка
magnetic ~ магнитная плёнка
magnetic-bubble ~ плёнка с ЦМД
magnetostatically coupled ~s магнитостатически связанные плёнки
magnetron-sputtered ~ плёнка, полученная методом магнетронного распыления
medium-grain ~ плёнка со средним размером зёрен
metal-insulator-metal ~ плёнка со структурой типа металл — диэлектрик — металл, МДМ-плёнка
metal(lic) ~ металлическая плёнка
metallized ~ металлизированная плёнка
monolayer ~ мономолекулярная [монослойная] плёнка; монослой
monomolecular ~ мономолекулярная [монослойная] плёнка; монослой
multilayer ~ многослойная плёнка
mylar ~ лавсановая плёнка
nonannealed ~ неотожжённая плёнка
normal ~ *свпр* плёнка в нормальной фазе
organic ~ органическая плёнка
passivating ~ пассивирующая плёнка
patterned ~ структурированная плёнка
photochromic ~ фотохромная плёнка
photopolymer ~ фотополимерная плёнка
photoresist ~ плёнка фоторезиста

film

piezoelectric ~ пьезоэлектрическая плёнка
plasma-anodized ~ плёнка, полученная методом анодирования в плазме
Polaroid ~ *фирм.* полароидная плёнка
polymer compensator ~ *опт.* полимерная компенсирующая плёнка (*в жидкокристаллических дисплеях*)
resist ~ плёнка резиста
RF sputtered ~ плёнка, полученная методом ВЧ-распыления
semiconducting [semiconductor] ~ полупроводниковая плёнка
serrated magnetic ~ зубчатая магнитная плёнка
short ~ короткометражный фильм; клип
single-crystal ~ монокристаллическая пленка
single-oxide ~ монооксидная плёнка
size-quantized ~ размерно-квантованная плёнка
small-grain ~ мелкозернистая плёнка
snuff ~ *проф.* фильм с показом реальных убийств, насилия, смерти и других жестоких сцен
solid photoresist ~ плёнка сухого фоторезиста
sound ~ звуковой фильм
spacer ~ плёночная прокладка
spin-valve ~ плёнка для спиновых вентилей
sputtered ~ плёнка, полученная методом распыления
stacking ~ многослойная плёнка
submonolayer ~ субмонослойная плёнка
superconducting ~ сверхпроводящая плёнка
surface ~ поверхностная плёнка
thick ~ толстая плёнка
thin ~ тонкая плёнка
ultra thin ~ сверхтонкая плёнка
uniaxial ~ 1. (оптически) одноосная плёнка 2. магнитоодноосная плёнка
vacuum-evaporated ~ плёнка, полученная методом термического испарения в вакууме
vapor-deposited ~ плёнка, осаждённая из паровой фазы
very thin ~ очень тонкая плёнка (*до 10 нм*)
vesicular ~ везикулярная плёнка
video ~ видеофильм
X-ray ~ рентгеновская плёнка, плёнка, чувствительная к рентгеновскому излучению
yttrium-iron garnet ~ плёнка железоиттриевого граната, плёнка ЖИГ
filmdom киноиндустрия
filmization экранизация (*напр. литературного произведения*)
filmland киноиндустрия
filmmaker кинорежиссёр
filmography фильмография
filmstrip 1. диафильм 2. кинофильм
 sound ~ фильмофонограмма
filter 1. фильтр || фильтровать; использовать фильтр 2. светофильтр, оптический фильтр ◊ **to** ~ **off** отфильтровывать; **to** ~ **out** отфильтровывать
 absorption ~ 1. поглощающий фильтр 2. абсорбционный светофильтр
 acceptance ~ входной полосовой фильтр
 acoustic ~ фильтр на акустических волнах
 acoustic surface-wave ~ фильтр на поверхностных акустических волнах, фильтр на ПАВ
 acoustic-wave ~ фильтр на акустических волнах
 acoustooptical ~ акустооптический фильтр
 active ~ активный фильтр
 ActiveX server ~ серверный фильтр программных средств ActiveX
 adaptive ~ адаптивный фильтр
 air ~ воздушный фильтр
 air-spaced ~ светофильтр с воздушным зазором
 all-pass ~ фазовый фильтр
 all-pole ~ полюсный фильтр, фильтр (с передаточной характеристикой) с одними полюсами
 all-zero ~ бесполюсный фильтр, фильтр (с передаточной характеристикой) с одними нулями
 ambient-light ~ *тлв* фильтр для уменьшения внешней засветки экрана
 amplitude ~ амплитудный фильтр
 analog-computer(-type) ~ фильтр с аналоговым моделированием
 antialiasing ~ фильтр защиты от наложения спектров (*дискретизованного сигнала при частоте дискретизации, меньшей частоты Найквиста*)
 apodized ~ аподизованный фильтр
 array-processing ~ фильтр для обработки сигналов антенной решётки
 avalanche matched ~ лавинный согласованный фильтр
 balanced ~ симметричный фильтр
 band-elimination [band-exclusion] ~ режекторный фильтр
 bandpass ~ полосовой фильтр
 band-rejection ~ режекторный фильтр
 band-splitting ~ разделительный фильтр
 band-stop ~ режекторный фильтр
 barometric (air) ~ барометрический (воздушный) фильтр (*напр. в герметизированном корпусе жёсткого магнитного диска*)
 Bessel ~ бесселевский фильтр, фильтр с линейной фазочастотной характеристикой
 binary ~ двоичный фильтр
 binary transversal ~ двоичный трансверсальный фильтр
 binomial ~ биномиальный фильтр
 biquad ~ биквадратный фильтр
 biquartic ~ перестраиваемый активный фильтр на операционном усилителе
 birefringent (optical) ~ светофильтр на эффекте дву(луче)преломления
 bleaching ~ просветляющий светофильтр
 bogon ~ *вчт проф.* фильтр «богонов»
 Bozo ~ *вчт* фильтр для защиты от глупых *или* некомпетентных сообщений, *проф.* фильтр «защита от идиотов»; фильтр-ликвидатор (*нежелательных сообщений*)
 BP ~ *см.* **bandpass filter**
 breather ~ барометрический (воздушный) фильтр (*напр. в герметизированном корпусе жёсткого магнитного диска*)
 bridge ~ мостовой фильтр
 bridged-T ~ перекрытый Т-образный мостовой фильтр
 broadcast ~ *вчт* фильтр вещательных программ (*на стороне пользователя сети*)
 brute-force ~ сглаживающий фильтр (*нерезонансного типа*)
 Butterworth ~ фильтр Баттерворта, фильтр с максимально плоской амплитудно-частотной характеристикой

filter

canonical recursive ~ канонический рекурсивный фильтр
capacitor-input ~ (сглаживающий) фильтр с ёмкостным входом
carrier transfer ~ фильтр передачи несущей
Cauer ~ фильтр Кауэра
cavity ~ резонаторный фильтр
cavity-coupled ~ фильтр с резонаторной связью
CCTT ~ *см.* **continuous capacitive tapping transversal filter**
ceramic ~ керамический фильтр
channel ~ канальный фильтр
channel-bank ~ многоканальный фильтр
channel-separation ~ фильтр разделения каналов
Chebyshev ~ чебышевский фильтр, фильтр с равноволновой амплитудно-частотной характеристикой
chirp-generating ~ фильтр для формирования сигнала с внутриимпульсной линейной частотной модуляцией
choke-input ~ (сглаживающий) фильтр с дроссельным входом
Christiansen ~ (жидкостный) светофильтр Христиансена
chroma ~ фильтр сигнала цветности
click ~ сглаживающий фильтр для срезания щелчков (*при работе телеграфным ключом*)
clutter suppression ~ *рлк* фильтр подавления сигналов, обусловленных мешающими отражениями
C-message ~ псофометрический фильтр
coaxial ~ коаксиальный фильтр
coherent memory ~ когерентный фильтр с памятью
color ~ цветной светофильтр
colored-glass ~ светофильтр на цветном стекле
color separation ~ цветоделительный светофильтр
comb ~ гребенчатый фильтр
compensating ~ 1. корректирующий фильтр 2. компенсационный светофильтр
complex spatial ~ сложный пространственный фильтр, сложный фильтр пространственных частот
composite ~ составной фильтр
constant-current ~ фильтр источника тока
constant-K ~ фильтр постоянной K, фильтр типа K
continuous capacitive tapping transversal ~ трансверсальный фильтр с ёмкостными отводами
continuous inductive tapping transversal ~ трансверсальный фильтр с индуктивными отводами
continuously tunable ~ плавно перестраиваемый фильтр
continuous resistive tapping transversal ~ трансверсальный фильтр с резистивными отводами
convolution ~ свёрточный фильтр
correction [corrective] ~ корректирующий фильтр
crystal ~ кварцевый фильтр
dechirping ~ фильтр для сжатия сигналов с внутриимпульсной линейной частотной модуляцией
deconvolution ~ фильтр с обращением свёртки, восстанавливающий фильтр
decoupling ~ развязывающий фильтр
deemphasis ~ фильтр коррекции предыскажений
delay-line ~ фильтр на линии задержки
delta-modulation ~ фильтр дельта-модулятора
demodulator ~ фильтр демодулятора
demodulator band ~ полосовой фильтр демодулятора

dereverberation ~ фильтр (подавления) реверберации
dichroic ~ дихроичный светофильтр
dielectric ~ 1. диэлектрический фильтр 2. диэлектрический светофильтр
dielectric slab ~ фильтр с диэлектрической вставкой
digital ~ цифровой фильтр
digital frequency mapping ~ цифровой спектроанализатор
digitally tuned ~ фильтр со ступенчатой перестройкой
digital matched ~ цифровой согласованный фильтр
digital spectral mapping ~ цифровой спектроанализатор
directional ~ направленный фильтр
discrete ~ дискретный фильтр
discrimination ~ разделительный фильтр
dispersion [dispersive] ~ дисперсионный светофильтр
dm ~ *см.* **delta-modulation filter**
Doppler ~ фильтр доплеровских частот
dynamic tracking ~ динамический следящий фильтр
electric(-wave) ~ электрический фильтр
electronically tunable ~ фильтр с электронной перестройкой
elliptic(-function) ~ эллиптический фильтр, фильтр с передаточной характеристикой, описываемой эллиптическими функциями
enhancement ~ корректирующий фильтр, повышающий отношение сигнал — шум
extended Kalman ~ улучшенный фильтр Калмана
Fabry-Perot (interference) ~ интерференционный светофильтр Фабри — Перо
feed-forward MTI radar ~ радиолокационный фильтр селекции движущихся целей с череспериодной компенсацией
feedthrough ~ проходной фильтр
fiber ~ волоконно-оптический фильтр
finite(-duration) impulse-response ~ фильтр с импульсной характеристикой конечной длительности, КИХ-фильтр
fin-line ~ фильтр на волноводе с продольной (металлической) вставкой
FIR ~ *см.* **finite(-duration) impulse-response filter**
first-order ~ фильтр первого порядка
fixed(-frequency) ~ неперестраиваемый фильтр
fixed-point digital ~ цифровой фильтр с фиксированной запятой
floating-point digital ~ цифровой фильтр с плавающей запятой
formant ~ формантный фильтр
Fourier transform ~ фильтр на основе преобразования Фурье
four-port ~ четырёхплечий (волноводный) фильтр
FP ~ *см.* **Fabry-Perot (interference) filter**
Frechet ~ фильтр Фреше
frequency ~ частотный фильтр
frustrated total reflection ~ светофильтр на эффекте нарушенного полного внутреннего отражения
gelatin ~ желатиновый светофильтр
generating ~ формирующий фильтр
glare ~ противобликовый фильтр
glass ~ стеклянный фильтр

filter

graded ~ фильтр выпрямителя для питания выходного каскада (*приёмника или усилителя*)
gray ~ серый светофильтр
grounded-capacitor low-pass ~ фильтр нижних частот с заземлёнными конденсаторами
gyrator ~ фильтр на гираторах
harmonic ~ фильтр (подавления) гармоник
heat ~ тепловой фильтр
HF ~ высокочастотный [ВЧ-]фильтр
high ~ фильтр (подавления) ВЧ-помех (*в бытовой радиоаппаратуре*)
high-cut ~ фильтр нижних частот, ФНЧ
high-frequency ~ высокочастотный [ВЧ-]фильтр
high-order ~ фильтр высшего порядка
high-pass ~ фильтр верхних частот, ФВЧ
hiss ~ фильтр (подавления) шипения (*в ЭПУ*)
hologram [holographic] ~ голографический фильтр
IIR ~ *см.* infinite(-duration) impulse-response filter
inductive-input ~ (сглаживающий) фильтр с индуктивным входом
infinite(-duration) impulse-response ~ фильтр с импульсной характеристикой бесконечной длительности, БИХ-фильтр
infrared ~ ИК-светофильтр
in-line ~ проходной фильтр
integrated-and-dump ~ интегрирующий фильтр со сбросом
integrating ~ интегрирующий фильтр
interference ~ 1. фильтр (подавления) помех по цепям питания 2. интерференционный светофильтр 3. режекторный фильтр (подавления) несущей
interferential polarizational ~ интерференционно-поляризационный светофильтр
intermediate-frequency ~ фильтр промежуточной частоты, фильтр ПЧ
interpolation ~ интерполяционный фильтр, фильтр-интерполятор
interstage ~ межкаскадный фильтр
inverse ~ обратный фильтр
inverse-feedback ~ резонансный фильтр усилителя с отрицательной обратной связью
ion-implanted array ~ фильтр на ионно-имплантированной решётке
IR ~ ИК-светофильтр
iterative ~ фильтр, согласованный с нагрузкой
junction ~ *тлг* разделительный фильтр
Kalman ~ фильтр Калмана
key-click [keying] ~ сглаживающий фильтр для срезания щелчков (*при работе телеграфным ключом.*)
kill ~ *вчт* фильтр-ликвидатор (*нежелательных сообщений*)
L- ~ фильтр с Г-образными (полу)звеньями
ladder-type ~ многозвенный фильтр лестничного типа
lattice ~ фильтр с Х-образными звеньями
lead-zirconate-titanate ~ (пьезоэлектрический) фильтр на основе цирконата-титаната свинца
leapfrog ~ фильтр со стробированием по задержке
light ~ светофильтр, оптический фильтр
line ~ 1. фильтр в линии ВЧ-связи, линейный фильтр 2. фильтр (подавления) помех по цепям питания
linear ~ линейный фильтр
linear FM pulse compression ~ фильтр сжатия импульсов с линейной ЧМ

linear space-invariant ~ линейный пространственно-инвариантный фильтр, ЛПИ-фильтр
linear space-noninvariant ~ линейный пространственно неинвариантный фильтр, ЛПНИ-фильтр
liquid ~ жидкостный светофильтр
long-wavelength cutoff ~ светофильтр, задерживающий длинноволновое излучение
loop ~ фильтр нижних частот синхронного детектора
lossless ~ фильтр без потерь
low ~ фильтр (подавления) НЧ-помех (*в бытовой радиоаппаратуре*)
low-and-high-pass ~ режекторный фильтр
low-cut ~ фильтр верхних частот, ФВЧ
low-pass ~ фильтр нижних частот, ФНЧ
LP ~ *см.* low-pass filter
L-section [L-type] ~ фильтр с Г-образными (полу)звеньями
lumped-constant ~ фильтр на элементах с сосредоточенными параметрами
Lyot ~ *опт.* фильтр Лио
magic-T ~ фильтр на основе двойного (волноводного) тройника
magnetically tuned ~ фильтр с магнитной перестройкой
magnetooptical ~ магнитооптический фильтр
magnetostatic-wave ~ фильтр на магнитостатических волнах
magnetostrictive ~ магнитострикционныи фильтр
matched ~ согласованный фильтр
matched spatial ~ согласованный пространственный фильтр
matching ~ согласующий фильтр
m-derived ~ производный фильтр типа m
mechanical(-wave) ~ механический фильтр
median ~ медианный фильтр
microwave ~ СВЧ-фильтр
MIDI ~ MIDI-фильтр, фильтр MIDI-данных
minimum-delay [minimum-phase] ~ минимально-фазовый фильтр
mismatched ~ несогласованный фильтр
mode ~ фильтр мод. модовый фильтр; фильтр типов волн
modulation ~ фильтр модулятора
multiple-bandpass ~ многополосный фильтр, фильтр с несколькими полосами пропускания
multiple-reflection ~ светофильтр на эффекте многократного отражения
multiple-resonant-circuit ~ многорезонаторный фильтр
multi-resonator ~ многорезонаторный фильтр
multisection ~ многозвенный фильтр
multistage ~ многокаскадный фильтр
narrow-band ~ узкополосный фильтр
narrow-cut ~ селективный светофильтр с резкими границами пропускания
ND ~ *см.* neutral(-density) filter
network ~ частотный фильтр
neutral(-density) ~ нейтральный [неселективный] светофильтр
neutral gray ~ нейтральный [неселективный] светофильтр
noise ~ 1. фильтр шума 2. фильтр (подавления) помех по цепям питания
nonlinear ~ нелинейный фильтр

filter

nonrecursive ~ нерекурсивный фильтр
nonselective ~ неселективный [нейтральный] светофильтр
notch ~ узкополосный режекторный фильтр, фильтр-пробка
n-section ~ *n*-звенный фильтр
one-dimensional median ~ одномерный медианный фильтр
optical ~ светофильтр, оптический фильтр
packet ~ *вчт* фильтр пакетов, пакетный фильтр
parallel-T notch ~ узкополосный режекторный фильтр на основе двойного Т-образного моста
parametric ~ параметрический фильтр
partitioned adaptive ~ разделённый адаптивный фильтр
passive ~ пассивный фильтр
phase ~ фазовый фильтр
photopic ~ корректирующий светофильтр (*для дневного света*)
piezoelectric ~ пьезоэлектрический фильтр
piezoelectric ceramics ~ пьезокерамический фильтр
piezoelectric crystal ~ пьезокристаллический фильтр
pi-section ~ фильтр с П-образными звеньями
plasma electroacoustic resonance ~ фильтр на основе электроакустического резонанса в плазме
plastics ~ пластмассовый светофильтр
polarization interference ~ поляризационно-интерференционный светофильтр
polarizing [polaroid] ~ поляризационный светофильтр, полароид
pole-zero ~ фильтр (с передаточной характеристикой) с полюсами и нулями
polynomial ~ полиномиальный фильтр
pop ~ фильтр для защиты от дыхания исполнителя (*в микрофоне*)
postemphasis [postequalization] ~ фильтр коррекции предыскажений
powder ~ порошковый светофильтр
power-line ~ фильтр (подавления) помех по цепям питания
powerpack ~ фильтр вторичного источника питания
prediction ~ фильтр с предсказанием, фильтр прогнозирования
prediction-error ~ фильтр ошибки предсказания, фильтр ошибки прогнозирования
preemphasis [preequalization] ~ фильтр коррекции предыскажений
prewhitening ~ отбеливающий фильтр
programmable binary transversal ~ программируемый двоичный трансверсальный фильтр
pseudo-noise matched ~ согласованный фильтр для псевдослучайных сигналов
pulse-compression ~ фильтр сжатия импульсов
PZT ~ *см.* **lead-zirconate-titanate filter**
quadrature ~ квадратурный фильтр
quasi-optical ~ квазиоптический фильтр
radio-frequency interference ~ фильтр (подавления) радиопомех
range ~ фильтр канала дальности
RC~ *см.* **resistance-capacitance filter**
recirculating (air) ~ рециркуляционный (воздушный) фильтр (*напр. в герметизированном корпусе жёсткого магнитного диска*)
rectifier ~ сглаживающий фильтр выпрямителя

recurrent extended Kalman ~ улучшенный рекуррентный фильтр Калмана
recursive ~ рекурсивный фильтр
reflection ~ светофильтр на эффекте селективного отражения
reflection holographic ~ отражательный голографический фильтр
rejection ~ режекторный фильтр
resistance-capacitance ~ резистивно-ёмкостный [RC-]фильтр
resonant ~ резонансный фильтр
reverberation suppression ~ фильтр (подавления) реверберации
RF ~ РЧ-фильтр
RFI ~ *см.* **radio-frequency interference filter**
ripple ~ сглаживающий фильтр
roof ~ фильтр нижних частот, ФНЧ
rumble ~ фильтр (подавления) рокота (*напр. при звуковоспроизведении*)
sampled-data ~ фильтр выборочных значений
SAW ~ *см.* **surface(-acoustic)-wave filter**
SC ~ *см.* **switched-capacitor filter**
scatter ~ рассеивающий светофильтр
scratch ~ фильтр подавления поверхностного шума (*механической сигналограммы*)
seasonal ~ фильтр сезонной составляющей, сезонный фильтр
selective ~ селективный светофильтр
sending ~ *тлф* фильтр передачи
separation ~ разделительный фильтр
series m-derived ~ последовательно-производный фильтр типа m
SFG ~ *см.* **signal-flow-graph filter**
shaping ~ формирующий фильтр
sharp-cutoff ~ фильтр с крутым срезом (*характеристики затухания*)
short-term adaptive ~ адаптивный фильтр с малой постоянной времени
short-wavelength cutoff ~ светофильтр, задерживающий коротковолновое излучение
shunt m-derived ~ параллельно-производный фильтр типа m
signal-flow-graph ~ фильтр сигнального орграфа
signal-separation ~ канальный фильтр
single-sideband ~ фильтр одной боковой полосы, фильтр ОБП
slope ~ фильтр с плавно нарастающей *или* спадающей характеристикой вносимых потерь
slot(ted) ~ щелевой фильтр
smoothing ~ сглаживающий фильтр
solid organic-dye ~ светофильтр на твёрдом органическом красителе
solid-state ~ твердотельный фильтр
sound-effect ~ фильтр для создания специальных звуковых эффектов
spatial ~ пространственный фильтр, фильтр пространственных частот
spatial frequency ~ фильтр пространственных частот, пространственный фильтр
spatial median ~ медианный пространственный фильтр, медианный фильтр пространственных частот
spin-wave ~ фильтр на спиновых волнах
stacked crystal ~ составной кварцевый фильтр
state-variable ~ (активный) фильтр схемы селекции параметров состояния

filter

strip-line ~ полосковый фильтр
superconducting ~ сверхпроводящий фильтр
surface-acoustic-wave ~ фильтр на поверхностных акустических волнах, фильтр на ПАВ
surface-wave chirp ~ фильтр на поверхностных (*акустических или магнитостатических*) волнах для сжатия импульсов с линейной частотной модуляцией
surface-wave comb ~ гребенчатый фильтр на поверхностных волнах
swept ~ следящий фильтр
switched-capacitor ~ фильтр с коммутируемыми конденсаторами
systolic ~ систолический фильтр
tapped-delay-line ~ (трансверсальный) фильтр на линии задержки с отводами
tee ~ фильтр с Т-образными звеньями
temporal median ~ временной медианный фильтр
thin-film ~ тонкоплёночный фильтр
thin-metal-film ~ светофильтр на тонкой металлической плёнке
through ~ *тлф* транзитный фильтр
time-dependent ~ нестационарный фильтр
time-invariant ~ стационарный фильтр
time-varying ~ нестационарный фильтр
tracking ~ следящий фильтр
transmission ~ светофильтр на эффекте селективного пропускания
transmission-line ~ фильтр на линиях передачи
transparency ~ оптический транспарант
transversal ~ трансверсальный фильтр
T-section ~ фильтр с Т-образными звеньями
tunable ~ перестраиваемый фильтр
tuned ~ резонансный фильтр
twin-T ~ двойной Т-образный мостовой фильтр
two-dimensional ~ двумерный фильтр
two-dimensional median ~ двумерный медианный фильтр
two-port ~ двуплечий фильтр
ultraviolet ~ ультрафиолетовый [УФ-]светофильтр
unvoiced ~ фильтр невокализированных звуков (*для коррекции речевых сигналов*)
UV ~ *см.* ultraviolet filter
variable ~ перестраиваемый фильтр
velocity ~ *рлк* фильтр системы селекции движущихся целей; фильтр доплеровских частот
vestigial-sideband ~ фильтр частичного подавления боковой полосы
voice ~ низкочастотный [НЧ-]фильтр акустической системы
voltage-controlled variable-bandwidth ~ фильтр с электронной перестройкой ширины полосы пропускания
wave ~ электрический фильтр
waveguide ~ волноводный фильтр
weighted ~ фильтр со взвешиванием
whitening ~ отбеливающий фильтр
wide-angle ~ широкоапертурный (интерференционный) светофильтр
wide-band ~ широкополосный фильтр
wide-cut ~ селективный светофильтр с плавными границами пропускания
Wiener ~ фильтр Винера, винеровский фильтр
Wratten ~ желатиновый светофильтр
YIG ~ *см.* yttrium-iron garnet filter
yttrium-iron garnet ~ фильтр на железо-иттриевом гранате, фильтр на ЖИГ
zero-memory ~ безынерционный фильтр

filtering фильтрация
adaptive ~ адаптивная фильтрация
anisotropic ~ *вчт* анизотропная фильтрация, способ усреднения цвета пиксела по *N* соседним пикселам (*N = 8, 16, 32 или 64*) с учётом пространственного положения обрабатываемой поверхности (*в компьютерной графике*)
bandpass ~ полосовая фильтрация
bilinear ~ *вчт* билинейная фильтрация, способ усреднения цвета пиксела по 4-м соседним (*в компьютерной графике*)
comb ~ фильтрация гребенчатым фильтром
content ~ *вчт* фильтрация содержимого
convolutional ~ фильтрация в виде формирования свёртки
delta-modulation ~ фильтрация с использованием дельта-модуляции
digital ~ цифровая фильтрация
directional ~ направленная фильтрация
discrete-time linear ~ линейная фильтрация в дискретном времени
Doppler ~ фильтрация доплеровских частот
Fourier ~ фильтрация посредством преобразования Фурье
frequency ~ частотная фильтрация
frequency-plane ~ фильтрация в частотной плоскости
HF ~ фильтрация по высокой частоте
high-pass ~ фильтрация верхних частот
holographic ~ голографическая фильтрация
homomorphic ~ гомоморфная фильтрация
IF ~ фильтрация по промежуточной частоте
inverse ~ обратная фильтрация
Kalman ~ калмановская фильтрация
linear ~ линейная фильтрация
low-pass ~ фильтрация нижних частот
matched ~ согласованная фильтрация
median ~ медианная фильтрация
message ~ *вчт* фильтрация сообщений
multi-dimensional ~ многомерная фильтрация
noise ~ фильтрация шума
nonlinear ~ нелинейная фильтрация
on-chip ~ поэлементная фильтрация
one-dimensional ~ одномерная фильтрация
optical ~ оптическая фильтрация
optimum ~ оптимальная фильтрация
packet ~ *вчт* фильтрация пакетов
postdetection ~ последетекторная фильтрация
predetection ~ додетекторная фильтрация
radar data ~ фильтрация радиолокационных данных
resist ~ *микр.* фильтрование резиста
robust ~ робастная фильтрация
signal ~ фильтрация сигналов
spatial ~ пространственная фильтрация
spatial-frequency ~ фильтрация пространственных частот, пространственно-частотная фильтрация
spatial median ~ пространственная медианная фильтрация
temporal median ~ временная медианная фильтрация
text ~ *вчт* фильтрация текста
texture ~ фильтрация текстур (*в компьютерной графике*)

trilinear ~ *вчт* трилинейная фильтрация, способ усреднения цвета пиксела по соседним в обрабатываемой поверхности и в двух ближайших плоскостях (*в компьютерной графике*)
two-dimensional ~ двумерная фильтрация

fin 1. ребро (*напр. радиатора*) **2.** имеющий форму плавника; килеобразный; ножевого типа
attenuator ~ (поглощающая) пластина аттенюатора ножевого типа
cooling ~ охлаждающее ребро (*напр. радиатора*)
waveguide ~ продольная (металлическая) вставка в волноводе

finalization 1. завершение (*напр. использования ресурса*) **2.** придание окончательной формы **3.** *вчт* закрытие сессии, закрытие сеанса (*при записи на компакт-диск*)

finalize 1. завершать (*напр. использование ресурса*) **2.** придавать окончательную форму **3.** *вчт* закрывать сессию, закрывать сеанс (*при записи на компакт-диск*)

find 1. поиск ‖ искать; осуществлять поиск **2.** *вчт* команда *или* программа поиска **3.** *тлф, тлг* искание ‖ производить искание **4.** отыскание; обнаружение ‖ находить, отыскивать; обнаруживать **5.** пеленгация; радиопеленгация ‖ пеленговать; производить радиопеленгацию **6.** получение данных, сведений *или* результатов; установление факта *или* фактов ‖ получать данные, сведения *или* результаты; устанавливать факт(ы) **7.** заключение; вывод(ы) ‖ давать заключение; приходить к выводу *или* выводам
~ and replace *вчт* **1.** поиск и замена (*напр. одной группы символов на другую*) ‖ искать и заменять; осуществлять поиск и замену (*напр. одной группы символов на другую*) **2.** команда *или* программа поиска и замены (*напр. одной группы символов на другую*)

finder 1. *вчт* программа поиска **2.** *тлф, тлг* искатель **3.** видоискатель (*напр. камеры*); визир **4.** пеленгатор; радиопеленгатор
acoustic depth ~ эхолот
Adcock direction ~ радиопеленгатор с антенной в виде двух пар вертикальных противофазных вибраторов
airborne (radio) direction ~ бортовой (радио)пеленгатор
angle ~ видоискатель с поворотом изображения
anomaly ~ автоматизированная судовая система обнаружения геофизических аномалий
aural null direction ~ радиопеленгатор с настройкой по минимуму звукового сигнала
automatic (radio) direction ~ (самолётный) автоматический радиокомпас, АРК
automatic range ~ автоматический дальномер
bearing ~ пеленгатор; радиопеленгатор
cable ~ кабелеискатель
call ~ *тлф* искатель вызовов, ИВ
camera view ~ видоискатель камеры
cathode-ray direction ~ радиопеленгатор с индикатором на ЭЛТ
commutated-antenna direction ~ секторный фазовый радиопеленгатор
compensated-loop direction ~ радиопеленгатор с рамочной антенной с компенсацией поляризационной ошибки
correlation direction ~ корреляционно-базовый радиопеленгатор
depth ~ эхолот
direction ~ радиопеленгатор
Doppler direction ~ доплеровский радиопеленгатор
echo depth ~ эхолот
fault ~ искатель повреждений (*в линиях передачи*)
frame direction ~ радиопеленгатор с рамочной антенной, рамочный радиопеленгатор
frame view ~ рамочный видоискатель
height ~ радиолокационный высотомер, радиовысотомер, РВ
high-frequency direction ~ коротковолновый радиопеленгатор
homing ~ *тлф* вращательный искатель с исходным положением
HT ~ *см.* **height finder**
jammer ~ радиопеленгатор источника активных преднамеренных радиопомех
lightning direction ~ пеленгатор молний
line ~ 1. *тлф* линейный искатель, ЛИ **2.** *вчт* искатель строки
location ~ пеленгатор; радиопеленгатор
loop direction ~ радиопеленгатор с рамочной антенной, рамочный радиопеленгатор
manual direction ~ (самолётный) полуавтоматический радиокомпас
naval radio direction ~ радиопеленгатор для военно-морских сил
optical range ~ оптический дальномер
position ~ радиопеленгатор
radio direction ~ пеленгатор; радиопеленгатор
range ~ 1. дальномер **2.** устройство для наводки на резкость (*напр. в видеокамере*)
reflex ~ зеркальный видоискатель
semiautomatic height ~ *рлк* полуавтоматическая система записи высоты и азимута цели
sense direction ~ пеленгатор *или* радиопеленгатор с система обеспечения однозначности отсчёта пеленга
sonic depth ~ эхолот
spaced-antenna direction ~ радиопеленгатор с разнесёнными антеннами
spaced-loop direction ~ радиопеленгатор с разнесёнными рамочными антеннами
target ~ целеуказатель
transmitter ~ *тлг* искатель трансмиттера
ultrasonic depth ~ ультразвуковой эхолот
very high-frequency direction ~ радиопеленгатор УКВ-диапазона
view ~ видоискатель

finding 1. поиск **2.** *вчт* команда *или* программа поиска **3.** *тлф, тлг* искание **4.** отыскание; обнаружение **5.** пеленгация; радиопеленгация **6.** получение данных, сведений *или* результатов; установление факта *или* фактов **7.** (полученные) данные, сведения *или* результаты **8.** заключение; вывод(ы)
antidirection ~ антипеленгация, защита от пеленгации
automatic direction ~ пеленгация с использованием (самолётного) автоматического радиокомпаса
automatic track ~ 1. автоматическое нахождение дорожки и автотрекинг **2.** система автоматического нахождения дорожки и автотрекинга
cathode-ray direction ~ радиопеленгация с использованием индикатора на ЭЛТ

finding

commutated-antenna direction ~ секторная фазовая радиопеленгация
direction ~ радиопеленгация
fault ~ отыскание повреждений (*в линиях передачи*)
frame direction ~ радиопеленгация с использованием рамочной антенны
height ~ измерение высоты
high-frequency direction ~ радиоопределение по двум радиомаякам в ВЧ-диапазоне
line ~ искание вызовов
loop direction ~ радиопеленгация с использованием рамочной антенны
radar direction ~ радиолокационная пеленгация
radioacoustic position ~ радиоакустическая пеленгация
radio-direction [radio-position] ~ радиопеленгация
radio range ~ радиодальнометрия
reflection direction ~ радиолокационная пеленгация
sonar direction ~ гидролокационная пеленгация

FindWhat *вчт* поисковая машина FindWhat

fine 1. орган [ручка, рукоятка] точной регулировки *или* настройки 2. точный; плавный (*напр. о настройке*) 3. высококачественный; совершенный 4. делать мелкозернистым || мелкозернистый 5. уменьшать характерный размер структуры, делать мелкоструктурным *или* мелкоразмерным || тонкий (*о структуре*); обладающий тонкой структурой; мелкоструктурный; мелкоразмерный 6. резкий; чёткий (*об изображении*) 7. очищенный; рафинированный; беспримесный; высокой пробы (*о благородных металлах*)
bias ~ орган [ручка, рукоятка] точной регулировки тока подмагничивания (*в магнитофонах*)

fine-grain 1. мелкозернистый 2. тонкий (*о структуре*); обладающий тонкой структурой; мелкоструктурный; мелкоразмерный

fineness 1. точность; плавность (*напр. о настройке*) 2. высококачественность; совершенство 3. мелкозернистость 4. мелкоструктурность; мелкоразмерность 5. резкость; чёткость (*изображения*) 6. чистота; отсутствие примесей 7. степень чистоты; проба (*о благородных металлах*)

fine-tune производить точную настройку

Finger 1. протокол запроса на предоставление информации о пользователях хоста, протокол Finger 2. утилита Finger, сетевая утилита, позволяющая получить информацию о пользователях хоста

finger 1. палец (*1. часть тела 2. столбик; штифт; штырь; выступающая цилиндрическая деталь (напр. механизма)*) 2. указатель || указывать 3. мера длины, равная 4,5 дюймов (*11 см*)
aligner ~ направляющий штырь
conductor ~ штырь (электрического) соединителя; вывод; ввод
contact ~ *тлф* выбирающий палец (*в многократном координатном соединителе*)
lead ~ столбиковый вывод, контактный столбик
manipulator ~ палец манипулятора
metal ribbon ~ металлический ленточный вывод
robot ~ палец (руки) робота
spring ~ подпружиненный штырь

fingerboard гриф (*струнного музыкального инструмента*)

fingerprint 1. отпечатки пальцев || снимать отпечатки пальцев 2. генетическая экспертиза || выполнять генетическую экспертизу 3. лабиринтная (доменная) структура (*напр. в жидком кристалле или магнитной плёнке*) 4. характерные особенности структуры || выявлять характерные особенности структуры

fingerprinting 1. снятие отпечатков пальцев 2. генетическая экспертиза 3. выявление характерных особенностей структуры
location ~ система (радио)определения местоположения по ландшафтным особенностям местности

fingerspelling дактилология, ручная азбука (*для глухонемых*)

finish 1. завершение; окончание; финал || завершать(ся); заканчивать(ся); финишировать 2. отделка; (окончательная) обработка; доводка (*поверхности*) || отделывать; подвергать (окончательной) обработке; доводить (*поверхность*) 3. покрытие (*поверхности*) || покрывать (*поверхность*)
bright ~ отделка до блеска; зеркальная полировка
coarse ~ грубая отделка
dull ~ матовая отделка
fine ~ тонкая [прецизионная] отделка
glossy ~ глянцевая отделка
insulating ~ изолирующее покрытие
mat(te) ~ матовая отделка
mirror ~ зеркальная полировка; отделка до блеска
precise ~ прецизионная [тонкая] отделка

finishing 1. завершение; окончание; финал || завершающий; конечный; окончательный; финальный; *проф.* финишный 2. отделка; (окончательная) обработка; доводка (*поверхности*) 3. покрытие (*поверхности*)
grinding ~ отделка шлифованием
lapped ~ притирка
optical ~ оптическая полировка

finite *вчт* 1. конечное множество; конечная последовательность; конечная функция 2. конечный; имеющий предел(ы); ограниченный 3. финитный
asymptotically ~ асимптотически конечный
locally ~ локально конечный

finite-dimensional *вчт* конечномерный

finline волновод с продольной (металлической) вставкой

fire 1. огонь; пламя || разводить огонь; воспламенять(ся) 2. горение || гореть 3. искра; искры 4. пожар || зажигать; поджигать 5. возникновение разряда; зажигание (*разряда*) || инициировать разряд; зажигать (*разряд*) 6. обжиг || обжигать 7. свечение || светить(ся) 8. светящийся объект 9. нагрев; обогрев || нагревать(ся); обогревать(ся) 10. возбуждение; запуск || возбуждать; запускать 11. огонь; стрельба || вести огонь; стрелять (*в компьютерных играх*)
electric ~ электрический обогреватель
open ~ открытый огонь
spontaneous ~ самовозгорание
St. Elmo's ~ огни святого Эльма (*разновидность коронного разряда*)

firewall 1. брандмауэр, средства защиты (*корпоративных сетей и информационных систем*) от несанкционированного доступа 2. защитный код брандмауэра 3. программные средства защиты от ошибок типа «невозможное событие», программные средства защиты от ошибок типа «can't happen»

FireWire высокопроизводительная последовательная шина (расширения), шина (расширения стандарта) HPSB, шина FireWire, шина (стандарта) IEEE 1394 (*напр. шина SCSI-3*)

firing 1. разведение огня; воспламенение 2. горение 3. зажигание; поджог 4. возникновение разряда; зажигание (*разряда*) 5. обжиг 6. свечение 7. нагрев; обогрев 8. возбуждение; запуск 9. огонь; стрельба (*в компьютерных играх*)
 laser ~ возбуждение лазера
 neuron ~ возбуждение нейрона
 thick-film ~ обжиг толстых плёнок

firm 1. фирма 2. жёсткий; твёрдый
 knowledge-intensive ~ фирма с активным использованием знаний
 N~ *см.* **network firm**
 network ~ сетевая фирма, фирма с «плоской» организационной структурой
 one-firm ~ *проф.* фирма одной фирмы

firmware 1. встроенные [защитные] программы (*в ПЗУ*) 2. микропрограммное обеспечение; микропрограммы 3. микропрограммный

first 1. начало 2. первая часть 3. первый член серии 4. *pl* изделия *или* компоненты высшего качества
 earliest deadline ~ стратегия диспетчеризации по принципу приоритетного выполнения задачи с ближайшим сроком завершения, стратегия EDF
 multicast open shortest path ~ протокол маршрутизации по принципу выбора кратчайшего пути при множественной адресации, протокол OSPF при множественной адресации (*при рассылке одного сообщения многим адресатам*)
 open shortest path ~ протокол маршрутизации по принципу выбора кратчайшего пути, протокол OSPF
 shortest path ~ алгоритм маршрутизации с предпочтением кратчайшего пути, алгоритм SPF

first-in, first-out обратного магазинного типа; на основе последовательной очереди; в порядке поступления; по алгоритму FIFO

first-in, last out магазинного типа; на основе обратной последовательной очереди; в порядке, обратном поступлению; по алгоритму FILO

first-in, random out в не зависящем от поступления случайном порядке; по алгоритму FIRO

fish *вчт* метасинтаксическая переменная

Fishbowl гидролокационная станция системы обнаружения подводных лодок «Цезарь»

fishpaper лакированная бумага (*для межобмоточной и межслоевой изоляции трансформаторов*)

fishpole микрофонная удочка

fissure 1. трещина; расщелина || растрескиваться; расщеплять(ся) 2. скол || скалывание

fist знак указателя, символ ☞

fit 1. соответствие || соответствовать 2. подгонка || подгонять 3. установка; монтаж || устанавливать; монтировать 4. аппроксимация; приближение; интерполяция; экстраполяция || аппроксимировать; приближать; интерполировать; экстраполировать 5. межбуквенный просвет, апрош 6. соответствующий; подходящий; адекватный; пригодный
 good ~ 1. хорошее соответствие; адекватность 2. хорошая аппроксимация; хорошее приближение

parsimonious ~ экономная аппроксимация; экономное приближение
 polynomial ~ полиномиальная аппроксимация; полиномиальное приближение
 poor ~ 1. плохое соответствие; неадекватность 2. плохая аппроксимация; плохое приближение
 press ~ монтаж методом прессования

Fitabyte *фирм.* контроллер Fitabyte для локальной сети Ethernet

fitness 1. пригодность; работоспособность; соответствие (*определённым условиям или требованиям*) 2. выживаемость; приспособленность (*особи*)
 Darwinian ~ выживаемость

fitter 1. специалист по установке *или* монтажу (*напр. оборудования*) 2. *вчт* аппроксиматор
 electrical ~ электрик

fitting 1. соответствие 2. подгонка 3. установка; монтаж (*напр. оборудования*) 4. аппроксимация (*1 аппроксимирование, приближённая замена математических объектов (выражений, функций, кривых, поверхностей и др.) более простыми 2. аппроксимирующий (математический) объект (выражение, функция, кривая, поверхность и др.); приближение; приближённое значение*) 5. интерполяция; экстраполяция 6. соответствующий; подходящий; адекватный; пригодный 7. аксессуары; арматура; установочные изделия; оснастка
 bayonet ~ арматура с байонетным соединителем
 best ~ *вчт* оптимальная подгонка (*метод выделения сегментированной памяти по запросу*)
 cable ~**s** кабельная арматура
 copy ~ *вчт* 1. *проф.* «примерка» страницы (*печатного издания*), сопоставление страницы (*печатного издания*) с заданным форматом 2. подгонка страницы (*печатного издания*) под заданный формат
 curve ~ аппроксимирование (*экспериментальных зависимостей*) кривыми
 edge ~ аппроксимация контура (*в распознавании образов*)
 least-mean-square ~ аппроксимирование методом наименьших квадратов
 lighting ~ *тлв* светильник
 model ~ подгонка модели
 polynomial ~ полиномиальное аппроксимирование
 surface ~ *вчт* подгонка поверхностей

fix 1. местоположение 2. определение местоположения || определять местоположение 3. радионавигационная точка (*на трассе*), радиоориентир 4. *рлк* защита приёмника 5. задавать значения переменных 6. фиксировать (*1. закреплять, обрабатывать фиксажем (фоточувствительный материал) 2. устанавливать в определённом положении; помещать в определённое место; закреплять 3. делать(ся) неизменным*) 7. *вчт* исправление ошибок || исправлять ошибки 8. ремонт || ремонтировать
 clutter ~ защита приёмника от эхо-сигналов, обусловленных мешающими отражениями
 code ~**es** *вчт* координаты местоположения (*напр. ошибки*) в программе
 cold ~ исправление ошибок *или* ремонт без отключения (электро)питания

Dicke ~ защита приёмника от активных преднамеренных радиопомех с быстрой частотной модуляцией

holding ~ 1. дальняя приводная радиостанция 2. маяк зоны ожидания 3. радионавигационная точка, радиоориентир

hot ~ исправление ошибок *или* ремонт с отключением (электро)питания

Loran ~ местоположение, определённое с помощью системы «Лоран»

position ~ определение местоположения

quick ~ временное решение проблемы (*в случае возникновения ошибок или необходимости ремонта*)

radar ~ радиолокационное определение местоположения

radio ~ радиоопределение местоположения

fixation 1. определение местоположения 2. задание значения переменных 3. фиксирование (*1. закрепление, обработка фиксажем (фоточувствительного материала) 2. установка в определённом положении; помещение в определённое место; закрепление 3. придание неизменности*) 4. *вчт* исправление ошибок 5. ремонт

fixative 1. закрепитель, фиксаж (*фоточувствительного материала*) 2. фиксатив

fixed 1. с определённым местоположением 2. заданный (*о значении переменной*) 3. фиксированный (*1. закреплённый, обработанный фиксажем (о фоточувствительном материале) 2. установленный в определённом положении; помещённый в определённое место; закреплённый 3. постоянный; неизменный*) 4. *вчт* исправленный (*об ошибке*) 5. отремонтированный

~ **in repeated samples** постоянный в повторяющихся выборках

fixedness фиксированность; постоянство; неизменность

functional ~ функциональное постоянство

fixed-point *вчт* с фиксированной точкой, с фиксированной запятой

fixed-tuned с фиксированной настройкой

fixer станция (радио)определения местоположения

fixture 1. аксессуары; арматура; установочные изделия; оснастка 2. зажим; оправка; фиксатор

test ~ измерительная оправка

flag 1. *тлв* светозащитная шторка (*камеры*) 2. держатель геттера 3. *вчт* флаг, флажок; признак 4. флажок ноты 5. пометка; отметка || помечать; отмечать 6. разделитель кадров

auxiliary ~ флаг дополнительного переноса

carry ~ флаг переноса

device ~ флаг устройства

direction ~ флаг управления направлением

event ~ флаг события

interrupt enable ~ флаг разрешения прерываний

nested task ~ флаг вложенной задачи

overflow ~ флаг переполнения

parity ~ флаг чётности

process ~ флаг процесса

resume ~ флаг возобновления

shutdown ~ признак окончания работы

sign ~ флаг знака

trap ~ флаг внутреннего прерывания

virtual interrupt ~ флаг виртуального прерывания

zero ~ флаг нулевого результата

flake 1. слой || отслаиваться 2. чешуйка; *pl* хлопья || шелушиться; падать хлопьями

flamage *вчт* 1. рассылка сообщений оскорбительного *или* провокационного содержания; электронный дебош (*напр. в электронных форумах*) 2. оскорбительное *или* провокационное содержание (*сообщения*)

flame 1. пламя || гореть; вспыхивать 2. факел 3. *вчт* сообщение оскорбительного *или* провокационного содержания || посылать сообщение *или* сообщения оскорбительного *или* провокационного содержания; устраивать электронный дебош (*напр. в электронных форумах*) 4. *вчт* бурная дискуссия (*напр. в электронных форумах*) ◊ **to ~ on** инициировать электронный дебош

dictionary ~ бурная дискуссия терминологического характера

plasma ~ плазменный факел

flamer *вчт* 1. автор сообщений оскорбительного *или* провокационного содержания (*напр. в электронных форумах*); электронный дебошир, поджигатель 2. инициатор бурной дискуссии (*напр. в электронных форумах*)

flange 1. фланец 2. щека; щёчка (*напр. катушки*) 3. *вчт* смешивание основного звукового сигнала с модулированным по частоте задержанным сигналом при очень малом времени задержки, *проф.* «флэндж» (*цифровой звуковой спецэффект*)

blind ~ глухой фланец, заглушка

choke ~ дроссельный фланец (*волновода*)

circular ~ круглый фланец

connector ~ фланец (электрического) соединителя

feed ~ фланец облучателя (*антенны*)

header ~ цокольный фланец; несущий фланец

rectangular ~ прямоугольный фланец

waveguide ~ волноводный фланец

flangeless бесфланцевый (*напр. о соединении*)

flap 1. тангента (*полевого телефонного аппарата*) 2. клапан; накладка 3. *вчт проф.* освобождать компьютер (*для другого пользователя*) 4. сматывать ленту (*с магнитофона*)

jacket ~ *вчт* клапан суперобложки

key ~ клапан для ключа (*в корпусе компьютера*)

flare 1. раструб; плавное расширение || расходиться раструбом; плавно расширять(ся) 2. рупор (*напр. громкоговорителя*) 3. рупорная антенна 4. факел; объект в форме факела || гореть факелом; иметь форму факела 5. блеск; сверкание; сияние || блестеть; сиять; сверкать 6. засветка (*напр. экрана*); блик (*напр. в объективе*) 7. *рлк* размытие отметки цели (*из-за чрезмерной яркости*) 8. вспышка || вспыхивать 9. солнечная вспышка

bottom ~ *тлв* засветка в нижней части экрана

cathode ~ катодный факел

color ~ *тлв* цветная зацветка

compact ~ компактная вспышка

edge ~ *тлв* краевая засветка

E-plane ~ раструб в плоскости E (*волновода*)

eruptive solar ~ эруптивная солнечная вспышка

H-plane ~ раструб в плоскости H (*волновода*)

laser ~ лазерный факел

lens ~ блик в объективе

optical ~ блик

pulse ~ импульсная вспышка

pyramidal ~ пирамидальный раструб
solar ~ солнечная вспышка
stellar ~ звёздная вспышка
top ~ *тлв* засветка в верхней части экрана
flarp *вчт* метасинтаксическая переменная
Flash *вчт* 1. карта флэш-памяти 2. сетевой файловый формат для интерактивной векторной графики и анимации, формат Flash, формат flash
   ATA Data ~ карта флэш-памяти (стандарта) ATA Data Flash
flash 1. вспышка || вспыхивать 2. облой (*в механической звукозаписи*) 3. мерцание (*напр. курсора*) 4. прокаливать катод 5. испарять геттер 6. слой нанометровой толщины, нанослой; слой с толщиной в несколько межатомных расстояний 7. *вчт проф.* «решётка», символ # 8. *тлф* имитация кратковременного отбоя (*префикс команды для АТС с входящей и исходящей связью*) 9. *вчт* карта флэш-памяти 10. *вчт* сетевой файловый формат для интерактивной векторной графики и анимации, формат flash, формат Flash
   electronic ~ импульсная лампа
   energetic ~ мощная импульсная лампа
   form ~ изображение бланка на экране дисплея
   gold ~ слой золота нанометровой толщины, золотой нанослой
   hook ~ *тлф* имитация кратковременного отбоя (*префикс команды для АТС с входящей и исходящей связью*)
   lightning ~ вспышка молнии
   multiple-stroke lightning ~ вспышка многократной молнии
   shockwave ~ *вчт* сетевой файловый формат для интерактивной векторной графики и анимации, формат flash, формат Flash
   speed ~ электронная лампа-вспышка, электронная фотовспышка
flash-arc дуговая вспышка
flashbulb импульсная лампа
flasher импульсная лампа
   thermal ~ биметаллический прерыватель
flash-gun синхроконтакт фотовспышки
flashing 1. вспышки; последовательность вспышек || вспыхивающий 2. мерцание (*напр. курсора*) || мерцающий (*напр. курсор*) 3. прокаливание катод 4. испарение геттера
flashlamp импульсная лампа
   coaxial ~ коаксиальная импульсная лампа
   helical ~ спиральная импульсная лампа
   high-power ~ импульсная лампа высокой мощности
   xenon-filled ~ ксеноновая импульсная лампа
flash-light 1. проблесковый огонь 2. лампа-вспышка, фотовспышка
flashover (поверхностный) пробой
   impulse ~ импульсный (поверхностный) пробой
FlashPath карта флэш-памяти (стандарта) FlashPath
flash-tube импульсная лампа
flask 1. сосуд с узким горлом; бутыль; колба 2. баллон
   Dewar ~ сосуд Дьюара, дьюар
   graduated ~ мерная колба
flat 1. плоская поверхность; плоский объект || делать плоским; выравнивать || плоский; ровный 2. плоский участок на прижимном ролике магнитофона (*результат изнашивания*) 3. *тлв* задник 4. *вчт* бесструктурный объект; однородный объект || бесструктурный, однородный 5. матовый 6. бемоль, знак бемоля, символ ♭
flat-file *вчт* с бесструктурными файлами, файловый неиерархический (*напр. о базе данных*)
flatness 1. плоскостность; постоянство 2. пологость (*напр. кривой*); отсутствие экстремумов (*напр. на кривой*)
   asymptotic ~ асимптотическая плоскостность
   bandpass ~ плоскостность амплитудно-частотной характеристики; равномерность амплитудно-частотной характеристики
   gain ~ постоянство (коэффициента) усиления
   local ~ локальная плоскостность
   spectral ~ плоскостность спектральной характеристики; равномерность спектральной характеристики
   surface ~ плоскостность поверхности
flatpack плоский корпус с одно-, двух-, трёх- или четырёхсторонним расположением выводов (*параллельно плоскости основания*), корпус типа FP, FP-корпус
   ceramic quad ~ плоский керамический корпус с четырёхсторонним расположением выводов, корпус типа CQFP, CQFP-корпус
   heat-sink quad ~ плоский корпус с четырёхсторонним расположением выводов и радиатором, корпус типа HQFP, HQFP-корпус
   high-density plastic quad ~ плоский пластмассовый корпус с четырёхсторонним расположением выводов с общим числом выводов более 196 и с шагом расположения выводов не менее 0,4 мм, корпус типа HD-PQFP, HD-PQFP-корпус
   plastic quad ~ плоский пластмассовый корпус с четырёхсторонним расположением выводов, корпус типа PQFP, PQFP-корпус
   quad ~ плоский корпус с четырёхсторонним расположением выводов, корпус типа QFP, QFP-корпус
   ultra thin (profile) quad ~ сверхтонкий плоский корпус с четырёхсторонним расположением выводов, сверхтонкий корпус типа QFP, сверхтонкий QFP-корпус
   very shrink pitch quad ~ плоский корпус с четырёхсторонним расположением выводов со сверхмалым шагом, корпус типа QFP со сверхмалым шагом расположения выводов, QFP-корпус со сверхмалым шагом расположения выводов
flattener выравниватель
   spectrum ~ выравниватель спектра
flatworm *вчт* знак подчёркивания, *проф.* «плоский червь», символ _
flavorful *вчт* красивый *или* изящный (*напр. о программе*); *проф.* «с изюминкой»
Flavors язык программирования Flavors, объектно-ориентированное расширение языка LISP
flavo(u)r 1. аромат (*напр. кварка*) 2. *вчт проф.* разновидность (*напр. команды*); вариант 3. тип; сорт; вид 4. класс (*в объектно-ориентированном программировании*) 5. *вчт* красота *или* изящество (*напр. программы*); *проф.* «изюминка» ◊ **yield a** ~ придавать красоту *или* изящество; обладать «изюминкой»
flaw 1. дефект; изъян; несовершенство; недостаток; слабое место || создавать дефекты; приводить к

flaw

изъянам; вызывать несовершенство; приводить к недостаткам; портить 2. трещина; повреждение || вызывать появление трещин; трескаться; повреждать 3. брак || приводить к браку

floating point ~ ошибка при выполнении действий с плавающей запятой (*напр. в первых моделях процессора Pentium*)

flection 1. изгиб; изгибание *вчт* 2. окончание, флексия 3. словоизменение *или* словообразование с помощью окончаний 4. слово с окончанием

FLEX стандарт FLEX для систем поискового вызова

flex 1. изгиб; изгибание || изгибать || гибкий 2. гибкий электрический шнур *или* провод 3. гибкая печатная плата 4. технология изготовления гибких печатных плат

   dynamic ~ гибкая печатная плата, устойчивая к непрерывному динамическому изгибу

   rigid ~ жёстко-гибкая печатная плата, печатная плата с жёсткими и гибкими секциями

   static ~ статически деформируемая гибкая печатная плата

flexibility гибкость (*1. эластичность; податливость 2. адаптивность; приспосабливаемость; допустимость изменений*)

   embedded ~ встроенная гибкость

   manufacturing ~ гибкость производства

   software ~ гибкость программного обеспечения

   suspension ~ гибкость подвески (*напр. громкоговорителя*)

flexibilizer *микр.* пластификатор

flexible гибкий (*1. эластичный; податливый 2. адаптивный; приспосабливающийся; допускающий изменения*)

flexi-disk *вчт* гибкий (магнитный) диск, дискета, флоппи-диск

flexion *см.* flection

flexode *пп* гибкий диод, флексод

flexography флексография

flexowriter устройство для печати с перфоленты

flex-time скользящий график (*работы*)

flexure 1. изгиб; изгибание || изгибать 2. состояние изгиба

flexural изгибный

flick *проф.* кино- *или* видеофильм

   computer ~ компьютерный видеофильм

flicker 1. мерцание, мерцания; мелькание, мелькания || мерцать; мелькать 2. шум мерцания, фликкер-шум

   angle-of-arrival ~ флуктуации угла прихода волны

   chromaticity ~ *тлв* мерцания цветности

   color ~ *тлв* цветовые мерцания

   image ~ *тлв* мерцания изображения

   interfield ~ *тлв* мерцания полей

   interline ~ *тлв* междустрочные мерцания

   luminance ~ *тлв* яркостные мерцания

   screen ~ мерцания экрана (*напр. дисплея*)

flip переброс (*из одного состояния в другое*) || перебрасывать (*из одного состояния в другое*)

   spin ~ 1. переворот спина (*на 180°*) 2. (фазовый) переход с обращением в нуль вектора антиферромагнетизма (*в коллинеарном антиферромагнетике*), *проф.* спин-флип

flip-flop 1. внезапное изменение (*напр. направления*) || внезапно изменяться (*напр. о направлении*) 2. триггер (*бистабильное электронное устройство,* *управляемое внешними сигналами*) 3. бистабильная ячейка, БЯ 4. бистабильный мультивибратор 5. *микр.* метод перевёрнутого кристалла

   asynchronous ~ асинхронный [нетактируемый] триггер

   binary ~ Т-триггер, триггер со счётным запуском

   clocked ~ тактируемый [синхронный] триггер

   D ~ *см.* delay flip-flop

   dc level-triggered ~ триггер, тактируемый уровнем напряжения

   delay ~ D-триггер, триггер задержки

   D-R-S ~ (комбинированный) DRS-триггер

   D-V ~ DV-триггер, триггер задержки с управляемым приёмом информации по одному входу

   E ~ E-триггер, запоминающий триггер-повторитель

   edge-triggered ~ триггер, тактируемый перепадом напряжения

   falling-edge triggered ~ триггер, тактируемый срезом импульса

   JK ~ JK-триггер, универсальный триггер

   J-K-R-S ~ (комбинированный) JKRS-триггер

   J-K-T ~ (комбинированный) JKT-триггер, тактируемый [синхронный] JK-триггер

   level-triggered ~ триггер, тактируемый уровнем напряжения

   magnetic ~ бистабильный магнитный усилитель

   master-slave ~ MS-триггер, тактируемый [синхронный] двухступенчатый триггер

   M-S ~ *см.* master-slave flip-flop

   R ~ *см.* reset flip-flop

   raceless ~ триггер без соревнования

   reset ~ R-триггер, (запоминающий) триггер с преимуществом по отключению, (запоминающий) триггер с преобладанием отключающего сигнала

   reset-set ~ RS-триггер, триггер с раздельной установкой 0 и 1

   rising-edge triggered ~ триггер, тактируемый фронтом импульса

   R-S ~ *см.* reset-set flip-flop

   R-S-T ~ (комбинированный) RST-триггер, тактируемый [синхронный] RS-триггер

   S ~ *см.* set flip-flop

   Schmitt ~ триггер Шмитта

   set ~ S-триггер, (запоминающий) триггер с преимуществом по включению, (запоминающий) триггер с преобладанием включающего сигнала

   synchronous ~ тактируемый [синхронный] триггер

   T ~ *см.* trigger flip-flop

   thermionic ~ ламповый триггер

   transistor ~ транзисторный триггер

   trigger ~ T-триггер, триггер со счётным запуском

   unlocked ~ асинхронный [нетактируемый] триггер

flipping переброс (*из одного состояния в другое*)

   bit ~ 1. инвертирование бит, замена нулей единицами и единиц нулями 2. манипулирование данными на уровне бит; поразрядная обработка данных; поразрядные операции 3. использование изощрённых приёмов программирования

   magnetic ~ магнитное пересоединение без участия нулевых [нейтральных] точек, *проф.* магнитное проскальзывание (*в плазме*)

flippy *вчт проф.* переворачиваемая (односторонняя) дискета, односторонняя дискета с записью на не используемой по техническим условиям поверхности

flippy-floppy *вчт проф.* переворачиваемая (односторонняя) дискета, односторонняя дискета с записью на не используемой по техническим условиям поверхности

float 1. свободно перемещающийся объект; плавающий объект || свободно перемещаться; плавать 2. свободный объект; незакреплённый объект || быть свободным; не иметь закрепления 3. пассивный интервал (*времени*); период отсутствия *или* снижения активности; свободное время; незанятое время 4. представлять на рассмотрение

floating 1. свободно перемещающийся; плавающий 2. свободный, незакреплённый 3. пассивный; неактивный; свободный; незанятый (*об интервале времени*) 4. представляемый на рассмотрение

floating-point *вчт* с плавающей точкой, с плавающей запятой

flock 1. пушинка; ворсинка; очёсок 2. ворсистое покрытие (*напр. диска ЭПУ*) || наносить ворсистое покрытие (*напр. на поверхность диска ЭПУ*), *проф.* флокировать 3. толпа; скопление || толпиться; скапливаться *бион.* 4. стая; стадо || собираться в стаю *или* стадо 5. регуляция положения особей в стае *или* стаде || регулировать положение особей в стае *или* стаде

flocking 1. нанесение ворсистого покрытия (*напр. на поверхность диска ЭПУ*), *проф.* флокирование *бион.* 2. образование стаи *или* стада 3. регуляция положения особей в стае *или* стаде

flood 1. производить считывание (*в запоминающей ЭЛТ*) 2. *рлк* облучать пространство антенной с широкой диаграммой направленности 3. *вчт* производить лавинную маршрутизацию

flooding 1. считывание (*в запоминающей ЭЛТ*) 2. облучение пространства антенной с широкой диаграммой направленности 3. *вчт* лавинная маршрутизация

floodlight 1. *рлк* облучение пространства антенной с широкой диаграммой направленности || облучать пространство антенной с широкой диаграммой направленности *тлв* 2. заливающий свет || освещать заливающим светом 3. лампа заливающего света

floodlighting 1. *рлк* облучение пространства антенной с широкой диаграммой направленности 2. *тлв* освещение заливающим светом

floor 1. минимальный уровень; нижний предел 2. пол; настил
  elevated ~ фальшпол (*напр. в компьютерных центрах или классах*)
  noise ~ минимальный уровень шума

floorplanning поуровневое планирование (*напр. в САПР*)

flop 1. переброс (*из одного состояния в другое*) || перебрасывать (*из одного состояния в другое*) 2. отказ; выход из строя 3. триггер; бистабильная ячейка. БЯ 4. бистабильный мультивибратор
  spin ~ 1. опрокидывание спина (*на угол, меньший 180°*) 2. (фазовый) переход с разворотом вектора антиферромагнетизма перпендикулярно вектору напряженности магнитного поля (*в коллинеарном антиферромагнетике*), *проф.* спин-флоп

flopover *тлв* дрейф изображения по вертикали

floppy *вчт* гибкий (магнитный) диск, дискета, флоппи-диск

  legacy ~ гибкий (магнитный) диск предыдущего поколения
  stringy ~ кассетное запоминающее устройство на магнитной ленте специального формата

floppynet архитектура сети, обеспечивающей только физический перенос данных с одного компьютера на другой

FLOPS, flops число выполняемых за одну секунду операций с плавающей запятой, *проф.* флопс (*единица измерения производительности процессора*)
  G ~ 10^9 операций с плавающей запятой за одну секунду

floptical гибкий магнитооптический диск, диск для записи магнитными головками с оптической [лазерной] системой позиционирования

flow 1. поток || течь; протекать 2. электрический ток
  ~ **of direct current** постоянный электрический ток
  ~ **of electricity** электрический ток
  ~ **of funds** поток фондов
  ~ **of goods** поток товаров
  ~ **of magnetic lines** магнитный поток
  ~ **of services** поток услуг
  ~ **with high value added** поток с высокой добавленной стоимостью
  charge ~ поток зарядов
  convection [convective] ~ конвекционный поток
  current ~ электрический ток
  data ~ поток данных; поток информации
  diffusion ~ диффузионный поток
  electron ~ поток электронов
  hydrodynamic ~ гидродинамический поток
  magnetic ~ магнитный поток
  plasma ~ течение плазмы
  power ~ поток энергии
  primary (carrier) ~ *пп* поток основных носителей
  production ~ производственный поток
  random events ~ поток случайных событий
  streamline ~ ламинарный поток
  supercurrent ~ сверхпроводящий ток
  turbulent ~ турбулентный поток

flowchart 1. блок-схема (*программы или алгоритма*) 2. временная диаграмма (*процесса*) 3. схема технологического процесса; технологическая карта
  automated ~ блок-схема, изображённая с помощью компьютера
  fuzzy ~ нечёткая блок-схема
  program ~ блок-схема программы
  structured ~ структурированная блок-схема
  system ~ блок-схема системы

flowcharter компьютерная программа для изображения блок-схем

flower клавиша с изображением листа клевера, (служебная) клавиша управления модификацией кодов других клавиш, клавиша «Alt» (*на клавиатуре Apple Macintosh*)

flowline соединительная линия на блок-схеме

fluctuate 1. флуктуировать 2. вызывать флуктуации; служить причиной флуктуаций

fluctuation флуктуации
  angle-of-arrival ~ флуктуации угла прихода (*радиоволны*)
  angular ~ угловые флуктуации
  compositional ~ флуктуации состава
  doping ~ флуктуации концентрации примесей

fluctuation

    electric ~ электрические флуктуации
    electron density ~ флуктуации концентрации электронов
    long-term ~ долговременные флуктуации
    mesoscopic ~ мезоскопические флуктуации
    quantized ~ *свпр* квантованные флуктуации
    short-term ~ кратковременные флуктуации
    signal strength ~ флуктуации интенсивности сигнала
    spin ~ спиновые флуктуации
    thermal ~ тепловые флуктуации
    voltage ~ флуктуации напряжения

flue 1. проход для жидкости *или* газа; воздухопровод; трубопровод **2.** дульце (*духового музыкального инструмента*)

fluence флюенс, интеграл по времени от плотности потока частиц
    electron ~ флюенс электронов
    energy ~ флюенс потока энергии
    neutron ~ флюенс нейтронов
    particle ~ флюенс, интеграл по времени от плотности потока частиц

fluerics пневмогидроструйная техника

fluid 1. жидкость ∥ жидкий; текучий **2.** газ ∥ газообразный
    magnetic ~ магнитная жидкость

fluidics пневмогидроструйная техника

fluidity текучесть

fluorene флуорен (*краситель*)

fluoresce флуоресцировать

fluorescein флуоресцеин (*краситель*)
    acidic ~ кислый флуоресцеин
    basic ~ щелочной флуоресцеин

fluorescence флуоресценция
    impact ~ ударная флуоресценция
    laser-induced ~ лазерная флуоресценция
    resonance ~ резонансная флуоресценция
    superradiant ~ сверхизлучательная флуоресценция

fluorescent 1. флуоресцирующий; флуоресцентный **2.** люминесцентный (*о светильнике или лампе*) **3.** люминофор (*в светильнике или лампе*)

fluoride фторид
    antiferromagnetic ~ антиферромагнитный фторид

fluorimeter флуориметр

fluorite флюорит (*эталонный минерал с твёрдостью 4 по шкале Мооса*)

fluorod стержень из люминофора (*для дозиметров*)

fluorometer флуорометр

flush 1. *вчт проф.* удалять ненужную информацию (*из памяти*); очищать (*память*) **2.** *вчт проф.* выключать(ся) **3.** выравнивать; устанавливать на одном уровне ∥ ровный; установленный на одном уровне **4.** *вчт* набирать текст без абзацных отступов ∥ набранный без абзацных отступов (*о тексте*) **5.** *вчт* выравнивать (*строки по вертикали*) по левому и правому полю, *проф.* выключать (*строки*) ∥ выровненный по левому и правому полю (*о тексте*), *проф.* выключенный (*о строках*) ◊ ~ **left** *вчт* выравнивать (*строки по вертикали*) по левому полю ∥ выровненный по левому полю (*о тексте*); ~ **right** *вчт* выравнивать (*строки по вертикали*) ∥ выровненный по правому полю (*о тексте*)

flute *вчт* флейта (*музыкальный инструмент из набора General MIDI*)

    Pan ~ *вчт* флейта Пана (*музыкальный инструмент из набора General MIDI*)

flutter 1. дрожание; вибрация **2.** искажения, обусловленные дрожанием антенны **3.** высокочастотная [ВЧ-]детонация (*в диапазоне выше 10 Гц*) **4.** амплитудные *или* фазовые искажения (*под действием сигнала на другой частоте*) **5.** порхающее эхо
    aircraft [airplane] ~ *тлв* хаотические визуальные помехи, обусловленные отражениями от летящего самолёта
    auditory [aural] ~ высокочастотная [ВЧ-] детонация
    CD ~ вибрация компакт-диска
    echo ~ *рлк* многократное эхо
    ground ~ *рлк* мешающие отражения от земной поверхности *или* наземных предметов
    low-frequency ~ низкочастотная [НЧ-] детонация
    relay ~ дребезг контактов реле
    time(-base) ~ дрожание развёртки

flux 1. поток (*напр. магнитный*) ∥ течь; протекать **2.** плотность потока (*напр. магнитного*) **3.** *крист.* расплав ∥ плавить; расплавлять **4.** *микр.* флюс (*для пайки*) ∥ флюсовать ◊ ~ **per unit area** поверхностная плотность потока
    axial ~ аксиальный магнитный поток
    bactericidal ~ бактерицидный поток
    bogon ~ *вчт проф.* поток «богонов»
    bombardment ~ поток бомбардирующих частиц
    critical ~ *свпр* критический поток
    displacement ~ поток электрического смещения, поток электрической индукции
    electric ~ **1.** поток электрического смещения, поток электрической индукции **2.** электрические силовые линии
    electrostatic ~ поток электрического смещения, поток электрической индукции
    enclosed ~ *свпр* захваченный поток
    energy ~ **1.** поток энергии **2.** плотность потока энергии
    erythemal ~ эритемный поток
    frozen(-in) ~ *свпр* вмороженный поток
    geothermal ~ геотермальный поток
    germicidal ~ бактерицидный поток
    heat ~ тепловой поток
    internal heat ~ геотермальный поток
    intrinsic ~ собственный магнитный поток
    leakage ~ поток рассеяния
    light ~ световой поток
    lower hemispherical (luminous) ~ нижний полусферический световой поток
    luminous ~ световой поток
    luminous sector ~ двугранно-угловая плотность светового потока
    magnetic ~ **1.** магнитный поток **2.** магнитные силовые линии
    particle ~ поток частиц
    phosphor ~ флюс люминофора
    radiant ~ поток излучения; лучистый поток
    short-circuit ~ **of magnetic tape** поток короткого замыкания магнитной ленты
    soldering ~ флюс для (низкотемпературной) пайки
    sound-energy ~ поток звуковой энергии
    specific sound-energy ~ интенсивность звука
    spectral radiant ~ спектральная плотность лучистого потока

trapped ~ *свпр* захваченный поток
upper hemispherical (luminous) ~ верхний полусферический световой поток
vacancy ~ *фтт* поток вакансий
fluxing *микр.* флюсование
fluxion 1. течение; поток; протекание **2.** непрерывное изменение **3.** производная (*напр. функции*) по времени
fluxmeter флюксметр, веберметр
fluxoid *свпр* флюксоид, (квантованный) вихрь потока
  pinned ~ захваченный флюксоид
fluxor *вчт* флюксор
fluxquantum *свпр* флюксон, квант магнитного потока
flyback обратный ход (*луча*)
  frame ~ обратный ход по кадру
  horizontal ~ обратный ход по строке
  line ~ обратный ход по строке
  vertical ~ обратный ход по полю; обратный ход по кадру
fly-by полёт космического летательного аппарата по сопутствующей (*небесному телу*) орбите
fly-by-wire инструментальный, относящийся к полёту по приборам
flyer парящая (магнитная) головка (*жёсткого диска*)
flying 1. *тлв* бегущий (*о луче*) **2.** парящий (*напр. о магнитной головке*) **3.** полёт; парение
  blind ~ инструментальный полёт, полёт по приборам
  instrumental ~ инструментальный полёт, полёт по приборам
fly-leaf *вчт* форзац (*печатного издания*)
flytrap брандмауэр, средства защиты от несанкционированного доступа в локальную сеть
  Venus ~ брандмауэр, средства защиты от несанкционированного доступа в локальную сеть
flywheel 1. маховик, маховое колесо **2.** инерционный механизм || инерционный
  biperipheral ~ (полый) маховик (*ведущего вала*) с приводом с внутренней и внешней стороны
  capstan ~ маховик ведущего вала (*лентопротяжного механизма*)
flywire *микр.* тонкий проволочный вывод
FM частотная модуляция, ЧМ
  companded ~ частотная модуляция с компандированием
  discrete ~ дискретная частотная модуляция
  double ~ двойная частотная модуляция
  high-index ~ частотная модуляция с большим индексом
  hyperbolic ~ гиперболическая частотная модуляция
  incidental ~ побочная частотная модуляция
  indirect ~ косвенная частотная модуляция
  linear ~ линейная частотная модуляция, ЛЧМ
  multiplex ~ система уплотнения каналов с использованием частотной модуляции
  narrow-band ~ узкополосная частотная модуляция, УЧМ
  parabolic ~ параболическая частотная модуляция
  quadratic ~ квадратичная частотная модуляция
  quantized ~ частотная модуляция с квантованием
  residual ~ модуляционный шум несущей, шумовая остаточная модуляция несущей
  stereo ~ система стереофонического радиовещания с частотной модуляцией и пилот-тоном
  swept ~ линейная частотная модуляция, ЛЧМ
  tamed ~ частотная модуляция со сглаживанием и индексом модуляции 0,5
  tangent ~ тангенциальная частотная модуляция
  trapezoidal ~ трапецеидальная частотная модуляция
  V-shaped ~ V-образная частотная модуляция
  wide-band ~ широкополосная частотная модуляция
focal фокусный; фокальный
foci *pl от* **focus**
  astigmatic ~ фокальные линии при астигматизме
focometer прибор для измерения фокусного расстояния
focus 1. фокус (*1. опт. фокальная точка 2. опт. фокусное расстояние 3. вчт фокус кривой 2-го порядка 4. особая точка на фазовой плоскости*) **2.** фокусировка || фокусировать **3.** резкость (*изображения*) || быть резким **4.** наводка на резкость || наводить на резкость **5.** механизм наводки на резкость; клавиша *или* кнопка наводки на резкость
  apparent ~ мнимый фокус
  back ~ задний [второй] фокус
  conjugate ~ сопряжённый фокус
  front ~ передний [первый] фокус
  image(-side) ~ задний [второй] фокус
  object(-side) ~ передний [первый] фокус
  plasma ~ плазменный фокус
  postdeflection ~ фокусировка после отклонения луча (*в ЭЛТ*)
  primary ~ передний [первый] фокус
  principal ~ главный фокус
  secondary ~ задний [второй] фокус
  soft ~ смягчение; использование мягко рисующей оптики (*при фотографировании*)
  static ~ фокусировка до отклонения луча (*в ЭЛТ*)
focuser 1. фокусирующее устройство **2.** устройство наводки на резкость **3.** *кв. эл.* сортирующее устройство
  multipole ~ мультипольное сортирующее устройство, мультипольный конденсатор
focusing 1. фокусировка **2.** наводка на резкость
  alternating-gradient ~ фокусировка полем со знакопеременным градиентом
  automatic ~ *тлв* автоматическая фокусировка
  ballistic ~ баллистическая фокусировка
  dynamic ~ динамическая фокусировка
  electric ~ электрическая фокусировка
  electromagnetic ~ магнитная фокусировка
  electrostatic ~ электростатическая фокусировка
  field-reversal permanent-magnet ~ фокусировка знакопеременным полем постоянных магнитов
  gas ~ ионная [газовая] фокусировка
  ionic ~ ионная [газовая] фокусировка
  magnetic ~ магнитная фокусировка
  M-type ~ фокусировка М-типа
  O(-type) ~ фокусировка О-типа
  periodic permanent-magnet ~ фокусировка периодической структурой постоянных магнитов
  permanent-magnet ~ фокусировка постоянными магнитами
  phase ~ фазовая фокусировка (*напр. в магнетроне*)
  PPM ~ *см.* **periodic permanent-magnet focusing**
  solenoid ~ фокусировка соленоидом
  space-charge ~ ионная [газовая] фокусировка

uniform magnetic-field ~ фокусировка однородным магнитным полем

fog 1. вуаль (*1. дефект телевизионного или фотографического изображения 2. художественный спецэффект*) **2.** иметь вуаль, обладать дефектом типа вуали **3.** вуалировать, использовать вуаль (*как спецэффект*) **4.** туман || затуманивать (*напр. в компьютерной графике*) **5.** тлв защитный интервал

fogging 1. вуалирование, использование вуали (*как спецэффекта*) **2.** затуманивание (*напр. в компьютерной графике*)

foil 1. фольга || фольгировать **2.** контраст; фон || служить контрастом; выделять на фоне

fold *вчт* **1.** фальц, сгиб; складка || фальцевать, сгибать; складывать; укладывать **2.** фальцовка, сгибание; складывание; укладывание

  accordion ~ фальцовка гармошкой
  blade ~ 1. ножевой фальц **2.** ножевая фальцовка
  broad ~ альбомная фальцовка
  buckle ~ 1. кассетный фальц **2.** кассетная фальцовка
  concertina ~ фальцовка гармошкой
  fan ~ фальцовка гармошкой
  gate ~ *проф.* фальцовка «калиткой»
  landscape ~ альбомная фальцовка
  magazine ~ 1. кассетный фальц **2.** кассетная фальцовка
  vocal ~ *биол.* голосовые связки
  zigzag ~ фальцовка гармошкой

foldback *тлв* обратная подача звука в студию

folder *вчт* **1.** папка; (файловый) каталог **2.** фальцевальное устройство **3.** укладчик (*напр. бумаги*)

  blister ~ упаковка в виде прозрачного контейнера на картонном основании, упаковка типа «блистер» (*напр. для плат*)
  shared ~ совместно используемая папка
  system ~ *вчт* системная папка

foldover 1. *тлв* заворачивание изображения **2.** наложение спектров (*при дискретизации сигнала*) **3.** наклон резонансной кривой (*из-за нелинейных эффектов*)

folio 1. фолио (*формат бумаги*) **2.** номер страницы (*при сплошной пагинации*) || нумеровать страницы

follow 1. следствие; результат || следовать; быть следствием; являться результатом; проистекать из **2.** следование; копирование; повторение || следовать; копировать; повторять **3.** сопровождение; слежение; отслеживание || сопровождать; следить; отслеживать **4.** следовать; последовать; происходить после (*чего-либо*)

  contact ~ ход контактной пары (*реле*) после замыкания

follower 1. следящее устройство **2.** повторитель ◊ **~ with gain** повторитель с усилением, повторитель с неполной отрицательной обратной связью

  anode ~ анодный повторитель
  automatic chart-line ~ автоматический корректор отклонений от курсовой линии на карте
  automatic track ~ автоматический корректор отклонений от курсовой линии на карте
  cathode ~ катодный повторитель
  complementary emitter ~ эмиттерный повторитель на комплементарных транзисторах
  curve ~ графоповторитель
  double-emitter ~ пара Дарлингтона
  emitter ~ эмиттерный повторитель
  graph ~ графоповторитель
  sound ~ синхронизирующая приставка звукового сопровождения
  source ~ истоковый повторитель
  voltage ~ повторитель напряжения
  wall ~ *вчт* программист *или* алгоритм, использующий допотопные приёмы, *проф.* «идущий вдоль стены» (*напр. при решении задачи о выходе из лабиринта*)

following 1. следующий; являющийся следствием *или* результатом; проистекающий из **2.** следование; копирование; повторение || следующий; копирующий; повторяющий **3.** сопровождение; слежение; отслеживание || сопровождающий; следящий; отслеживающий **4.** (по)следующий; происходящий после (*чего-либо*)

  automatic track ~ 1. автотрекинг **2.** система автотрекинга
  dynamic track ~ система динамического слежения, автотрекинг с сигналами идентификации, система DTF (*в видеомагнитофоне*)
  edge ~ отслеживание контуров

follow-on 1. дополнение; продолжение || дополнительный; являющийся продолжением **2.** относящийся к следующему этапу *или* поколению (*напр. компьютер*) **3.** сопровождение; слежение; отслеживание || сопровождающий; следящий; отслеживающий

follow-up 1. дополнение; продолжение || дополнительный; являющийся продолжением **2.** относящийся к следующему этапу *или* поколению (*напр. компьютер*) **3.** сопровождение; слежение; отслеживание || сопровождающий; следящий; отслеживающий

  system ~ сопровождение (новой) системы
  target-data ~ *рлк* отработка целеуказания

font *вчт* шрифт

  Adobe Type 1 ~ шрифт в формате (Adobe) Type 1, шрифт в формате Postscript Type 1
  algorithmic ~ алгоритмический шрифт
  base ~ базовый шрифт (*документа*)
  bit-mapped ~ растровый шрифт
  black ~ жирный шрифт
  bold ~ полужирный шрифт
  boldface ~ полужирный шрифт
  bold italic ~ полужирный курсив
  book ~ нормальный шрифт
  built-in ~ встроенный шрифт
  cartridge ~ шрифт, загружаемый (*в принтер*) из специального картриджа
  computer ~ компьютерный шрифт
  Computer Modern ~ шрифт основного семейства языка T_EX
  condensed ~ узкий [сжатый] шрифт
  current ~ текущий шрифт; рабочий шрифт
  decorative ~ декоративный шрифт
  default ~ шрифт, устанавливаемый по умолчанию
  demi-bold ~ полужирный шрифт
  derived ~ производный (*полученный масштабированием или модификацией*) шрифт
  digital ~ цифровой шрифт
  display ~ 1. выделительный шрифт **2.** дисплейный шрифт **3.** изображение (*выбранного*) шрифта на экране дисплея

document base ~ базовый шрифт документа
downloadable ~ загружаемый шрифт
expanded ~ широкий [расширенный]шрифт
extensible ~ широкий [расширенный] шрифт
extra black ~ сверхжирный шрифт
extra bold ~ сверхжирный шрифт
extra light ~ очень светлый шрифт
fixed-width ~ моноширинный шрифт
flat ~ жирный шрифт
gothic ~ готический шрифт
hard ~ встроенный шрифт
heavy(face) ~ жирный шрифт
hollow ~ полый шрифт
initial base ~ начальный базовый шрифт (документа)
internal ~ встроенный шрифт
intrinsic ~ встроенный шрифт
italic ~ курсив
laser ~ шрифт для лазерных принтеров
light ~ светлый шрифт
loaded on demand ~ шрифт, загружаемый по требованию
monospace ~ моноширинный шрифт
normal ~ нормальный шрифт
obese ~ сверхжирный шрифт
outline ~ контурный шрифт
permanent ~ (загружаемый) резидентный шрифт
pictorial ~ художественный шрифт
plain ~ нормальный шрифт
plotter ~ шрифт графопостроителя
Postscript Type 1 ~ шрифт в формате (Adobe) Type 1, шрифт в формате Postscript Type 1
preloaded ~ предварительно загружаемый шрифт
printer ~ принтерный шрифт
raster ~ растровый шрифт
regular ~ нормальный шрифт
resident ~ встроенный шрифт
roman ~ 1. нормальный шрифт 2. шрифт с засечками (в операционной системе Microsoft Windows)
sans serif ~ шрифт без засечек; рубленый шрифт
scalable ~ масштабируемый шрифт
screen ~ экранный шрифт
script ~ рукописный шрифт
semi-bold ~ полужирный шрифт
serif ~ шрифт с засечками
slanted ~ наклонный шрифт
small caps ~ капитель
soft ~ загружаемый шрифт
swiss ~ рубленый шрифт с переменной толщиной штрихов (в операционной системе Microsoft Windows)
symbolic ~ символьный шрифт
temporary ~ временный шрифт
text ~ текстовый шрифт
thin ~ светлый шрифт
title ~ титульный шрифт
TrueType ~ шрифт в формате TrueType, TrueType-шрифт
Type 1 ~ шрифт в формате (Adobe) Type 1, шрифт в формате Postscript Type 1
type ~ комплект символов шрифта
ultra black ~ сверхжирный шрифт
ultra light ~ очень светлый шрифт
unavailable ~ отсутствующий шрифт
unslanted italic ~ прямой курсив

vector ~ векторный [штриховой] шрифт
very condensed ~ сверхузкий шрифт
very expanded ~ сверхширокий шрифт
foo вчт метасинтаксическая переменная
  munching ~s вчт проф. «жующие» фигурки (галлюциногенное изображение)
foobar вчт метасинтаксическая переменная
fool-proof защищённый от неквалифицированного вмешательства, проф. «с защитой от дурака»
foot 1. нижнее поле (страницы) 2. ножка (напр. корпуса прибора)
  rubber ~ резиновая ножка
  running ~ вчт нижний колонтитул
footage тлв отснятый кино- или телесюжет
  file ~ архив отснятых кино- или телесюжетов (массовых сцен, городской хроники, происшествий и др.)
footer вчт нижний колонтитул
  page ~ нижний колонтитул
footlights тлв огни рампы
footnote вчт сноска; подстрочное примечание или пояснение ‖ делать сноску; давать подстрочное примечание или пояснение
  explanatory ~ поясняющая сноска
  hanging ~ висячая сноска
footprint 1. площадь, охватываемая линией пересечения диаграммы направленности антенны с определённой поверхностью (по уровню заданного коэффициента усиления) 2. зона обслуживания (в спутниковой связи) 3. опорная поверхность (напр. корпуса ИС) 4. размер(ы) опорной поверхности; габарит(ы) опорной поверхности; площадь опорной поверхности 5. вчт последовательность записей об изменении состояния данного объекта или о выполненных над данным объектом операциях, проф. след аудита; след проверки 6. последовательность записей о работе отказавшей программы (до момента отказа), след проверки отказавшей программы 7. занимаемый программой или файлом объём памяти или дискового пространства
  beam ~ площадь, охватываемая линией пересечения диаграммы направленности антенны с определённой поверхностью (по уровню заданного коэффициента усиления)
  composite ~ тлв композитные искажения (в системе PAL)
  computer ~ площадь опорной поверхности компьютера
  IC package ~ 1. опорная поверхность корпуса ИС 2. площадь опорной поверхности корпуса ИС
  maximum ~ максимальный габаритный размер опорной поверхности
  notebook ~ площадь опорной поверхности портативного компьютера
footswitch педальный переключатель
Force:
  Desktop Management Task ~ Подразделение проблем управления настольными системами, Подразделение DMTF
  Internet Engineering Task ~ Оперативное техническое подразделение Internet
  Internet Research Task ~ Оперативное научно-исследовательское подразделение Internet
force 1. сила 2. влияние; воздействие ‖ влиять; воздействовать; 3. вынуждение; принуждение ‖ вы-

нуждать; принуждать 4. *вчт* вмешиваться в ход выполнения программы 5. корректировать работу системы автоматического регулирования 6. форсировать; ускорять

acoustoelectric electromotive ~ акустоэлектродвижущая сила, акустоэдс
anomalous photoelectromotive ~ аномальная фотоэлектродвижущая сила, аномальная фотоэдс
antiskating ~ противоскатывающая сила (*звукоснимателя*)
attractive ~ сила притяжения
back electromotive ~ противоэлектродвижущая сила, противоэдс
brute ~ *вчт* «грубая силы»; лобовая атака (*о методе решения проблем*)
central ~ центральная сила
chemical electromotive ~ химическая электродвижущая сила, химическая эдс
coercive ~ коэрцитивная сила
compelling ~ вынуждающая сила
contact ~ контактное усилие
contact electromotive ~ контактная разность потенциалов
Coulomb ~ кулоновская сила
counter-electromotive ~ противоэлектродвижущая сила, противоэдс
deflecting ~ отклоняющая сила
demagnetizing ~ напряжённость размагничивающего поля
Dember electromotive ~ *пп* электродвижущая сила Дембера, эдс Дембера
elastic ~ упругая сила
electric ~ напряжённость электрического поля
electromagnetic electromotive ~ электромагнитная электродвижущая сила, электромагнитная эдс
electromotive ~ электродвижущая сила, эдс
electrostatic electromotive ~ электростатическая электродвижущая сила, электростатическая эдс
exchange ~s обменные силы
grasping ~ давление охвата (*робота*)
image ~ сила, создаваемая зеркальным изображением заряда
induced electromotive ~ наведённая электродвижущая сила, наведённая эдс
intrinsic coercive ~ собственная коэрцитивная сила
labor ~ рабочая сила
levitating ~ левитационная сила
lift ~ подъёмная сила
long-range ~ дальнодействующая сила
Lorentz ~ сила Лоренца
Lorentz-Abragam ~ сила Лоренца — Абрагама
low insertion ~ малое усилие сочения (*электрического*) соединителя
magnetic [magnetizing] ~ напряжённость магнитного поля
magnetic-induction coercive ~ коэрцитивная сила по магнитной индукции
magnetization coercive ~ коэрцитивная сила по намагниченности
magnetomotive ~ магнитодвижущая [намагничивающая] сила
needle ~ прижимная сила (*звукоснимателя*)
peak magnetizing ~ максимальная напряжённость магнитного поля

photoelectromotive ~ фотоэлектродвижущая сила, фотоэдс
piezoelectric electromotive ~ пьезоэлектрическая электродвижущая сила, пьезоэдс
pinning ~ *свпр* сила пиннинга
ponderomotive ~ пондеромоторная сила
psophometric electromotive ~ псофометрическая эдс
quantum-mechanical ~s квантово-механические силы
relaxation coercive ~ релаксационная коэрцитивная сила
repulsive ~ сила отталкивания
rotational coercive ~ коэрцитивная сила (для) поворота доменной границы
Sasaki electromotive ~ *пп* электродвижущая сила Сасаки, эдс Сасаки
short-range ~ короткодействующая сила
skating ~ скатывающая сила (*звукоснимателя*)
static grip ~ статическое давление охвата (*робота*)
strong ~ сила, обусловленная сильным взаимодействием
stylus ~ прижимная сила (*звукоснимателя*)
surface photoelectromotive ~ поверхностная фотоэлектродвижущая сила, поверхностная фотоэдс
thermal electromotive [thermoelectromotive] ~ термоэлектродвижущая сила, термоэдс
thermionic electromotive ~ термоионная электродвижущая сила, термоионная эдс
Thomson electromotive ~ термоэлектродвижущая сила, термоэдс
tracking ~ прижимная сила (*звукоснимателя*)
tractive ~ втягивающая сила (*напр. действующая на ферромагнетик в неоднородном магнитном поле*)
vertical stylus ~ прижимная сила (*звукоснимателя*)
volume photoelectromotive ~ объёмная фотоэлектродвижущая сила, объёмная фотоэдс
wall coercive ~ коэрцитивная сила (для) движения доменной границы
weak ~ сила, обусловленная слабым взаимодействием
work ~ рабочая сила
zero insertion ~ нулевое усилие сочения (*электрического*) соединителя

forced вынужденный; принудительный
forearm предплечье
  robot ~ предплечье (руки) робота
forecast прогноз ‖ прогнозировать
  back ~ обратный прогноз
  conditional ~ условный прогноз
  dynamic ~ динамический прогноз
  exploratory ~ поисковый прогноз
  interval ~ интервальный прогноз
  multi-step ~ многошаговый прогноз
  one-step ~ одношаговый прогноз
  point ~ точечный прогноз
  static ~ статический прогноз
forecasting прогнозирование
  conditional ~ условное прогнозирование
  long-term ~ долгосрочное прогнозирование
  short-term ~ краткосрочное прогнозирование
  technological ~ технологическое прогнозирование
  unconditional ~ безусловное прогнозирование

foreground 1. передний план ‖ расположенный на переднем плане, переднего плана 2. *вчт* приоритетный процесс; приоритетная задача ‖ приоритетный 3. *вчт* область памяти, отводимая для приоритетной задачи 4. *вчт* приоритетный режим 5. передовые позиции; видное место 6. *тлв* авансцена ◊ **to run in the ~** исполняться в приоритетном режиме (*о программе*)
   display ~ передний план изображения (*на экране дисплея*)
forepump форвакуумный насос
   vacuum ~ форвакуумный насос
foreshorten изображать в перспективе (*напр. в компьютерной графике*)
forest лес (*1. несвязный граф в виде объединения деревьев 2. совокупность нитевидных кристаллов или дендритов*)
   ~ of lasers лес нитевидных лазерных кристаллов, *проф.* лес лазеров
   nanowire ~ лес нанопроволок
   self-organized ~ самоорганизующийся лес (*нитевидных кристаллов или дендритов*)
foreword *вчт* предисловие
forge:
   sound ~ *вчт* программа обработки и синтеза звука, *проф.* «кузница звуков»
forgery *вчт* подлог (*напр. в электронной почте*)
forgetting забывание
fork 1. вилка; объект в форме вилки ‖ придавать форму вилки 2. камертон 3. разветвление; развилка ‖ разветвлять(ся) 4. ответвление; ветвь ‖ ответвляться; ветвиться 5. ветвь; часть файла (*в файловой системе для компьютеров Apple Macintosh*) 6. системная операция для создания порождённого процесса, системная операция для копирования родительского процесса (*в операционной системе UNIX*)
   data ~ ветвь данных (*файла*)
   resource ~ ветвь ресурсов (*файла*)
   tuning ~ камертон
form 1. форма; вид; представление; формат ‖ формировать; придавать вид; представлять; использовать формат 2. шаблон; бланк (*для заполнения данными*)
   analog ~ аналоговая форма
   Backus-Naur ~ *вчт* (нормальная) форма Бэкуса — Наура, метаязык Бэкуса
   Boyce-Codd normal ~ четвёртая нормальная форма, нормальная форма Бойса — Кодда (*в реляционных базах данных*)
   canonical ~ каноническая форма
   Cayley ~ форма Кэли
   clipped ~ краткая форма (*напр. слова*)
   Codd's first normal *см.* **first normal form**
   coil ~ каркас катушки индуктивности
   continuous ~ непрерывная форма, бумага в виде непрерывной ленты
   cut ~ листовая форма, бумага в виде отдельных листов
   data entry ~ форма для ввода данных (*напр. в базах данных*)
   default numeric ~ числовой формат, устанавливаемый по умолчанию
   digital ~ цифровая форма
   disjunctive normal ~ дизъюнктивная нормальная форма, ДНФ
   fifth normal ~ пятая нормальная форма, нормальная форма с объединённой проекцией (*в реляционных базах данных*)
   first normal ~ первая нормальная форма (*в реляционных базах данных*)
   fourth normal ~ четвёртая нормальная форма, нормальная форма Бойса — Кодда (*в реляционных базах данных*)
   free ~ свободная форма; свободный формат
   functional ~ функциональная форма
   Hermitian ~ эрмитова форма
   HTML ~ форма представления документов на языке HTML, HTML-форма
   hybrid ~ гибридное исполнение (*схемы*)
   IC ~ *см.* **integrated-circuit form**
   inductor ~ каркас катушки индуктивности
   input ~ форма ввода; формат ввода
   integrated-circuit ~ интегральное исполнение (*схемы*)
   Killing ~ форма Киллинга
   letter ~ *вчт* форма символов (*шрифта*)
   linguistic ~ *вчт* лингвистическая форма, единица языка
   multipart ~ многостраничная форма (*с вкладками копировальной бумаги*)
   N~ *см.* **network form**
   network ~ сетевая форма (*организационной структуры*)
   network common data ~ машинно-независимый файловый формат для обмена научной информацией
   normal ~ *вчт* нормальная форма (*1. метаязык для описания синтаксиса языков программирования 2. форма структурирования информации в реляционных базах данных*)
   normalized ~ нормализованная форма (*представления чисел с плавающей запятой*)
   perfect disjunctive normal ~ совершенная дизъюнктивная нормальная форма
   predicate ~ предикативная форма
   preprinted ~ предварительно отпечатанная форма; бланк
   printer design ~ *вчт* схема печати, схема размещения печатного материала
   projection-joint normal ~ пятая нормальная форма, нормальная форма с объединённой проекцией (*в реляционных базах данных*)
   quadratic ~ квадратичная форма
   reduced ~ приведённая форма
   restricted ~ ограниченная форма
   restricted reduced ~ ограниченная приведённая форма
   second normal ~ вторая нормальная форма (*в реляционных базах данных*)
   speech ~ *вчт* лингвистическая форма, единица языка
   state-space ~ представление (системы) в пространстве состояний
   structural ~ структурная форма
   third normal ~ третья нормальная форма (*в реляционных базах данных*)
   turnaround ~ оборотная форма; бланк оборотного документа
   unrestricted reduced ~ неограниченная приведённая форма

form

wave ~ 1. форма волны 2. графическое представление волнового процесса 3. сигнал; форма сигнала 4. волновое образование; волновой пакет

formalism формализм
   algebra ~ формализм алгебры
   canonical ~ канонический формализм
   Hamiltonian ~ гамильтонов формализм
   Hirota ~ формализм Хироты
   Lagrangian ~ лагранжев формализм
   mathematical ~ математический формализм
   matrix ~ матричный формализм
   operator ~ операторный формализм
   quantum mechanics ~ формализм квантовой механики
   semantic ~ семантический формализм

formalization формализация
   language ~ формализация языка
   logical ~ логическая формализация
   partial ~ частичная формализация
   problem ~ формализация задачи

formalize формализовать

formant форманта (*1. тембрoобразующая компонента звука речи 2. любой из спектральных максимумов звука речи*)

format 1. формат (*1. тип; стиль; совокупность отличительных признаков 2. структура; организация 3. (геометрические) размеры; соотношение (геометрических) размеров; типоразмер; конструктив 4. вчт способ представления и схема размещения данных на носителе, в памяти и др. 5. имя команды операционной системы или утилиты для форматирования носителя данных*) || форматировать (*1. выбирать тип; определять стиль 2. структурировать; организовывать 3. задавать способ представления и схему размещения данных на носителе, в памяти и др. 4. вчт инициализировать носитель данных, подготавливать носитель данных к записи*) 2. форма; вид || придавать форму; представлять в виде 3. разметка || размечать

   address ~ формат адреса
   ASCII ~ ASCII-формат, текстовый формат
   audio interchange file ~ (файловый) формат AIFF, формат файлов для обмена аудиоданными
   B ~ формат B (*профессиональной аналоговой композитной сегментированной видеозаписи*)
   Beta ~ формат Beta (*бытовой аналоговой композитной видеозаписи с вариантами Beta-I, Beta-II, Beta-III*)
   Betacam ~ формат Betacam (*профессиональной аналоговой компонентной видеозаписи для видеожурналистики*)
   Betacam SP ~ формат Betacam SP (*профессиональной аналоговой компонентной видеозаписи для видеожурналистики*), улучшенный вариант формата Betacam с возможностью записи ЧМ-звука
   Betacam SX ~ формат Betacam SX (*профессиональной цифровой компонентной видеозаписи для видеожурналистики*)
   Betamax ~ формат Betamax (*бытовой аналоговой композитной видеозаписи*)
   binary ~ двоичный формат
   bootable CD ~ формат загружаемых компакт-дисков
   C ~ формат C (*профессиональной аналоговой несегментированной композитной видеозаписи*)
   CCTV ~ *см.* closed-circuit television format
   cell ~ формат ячейки (*электронной таблицы*)
   character ~ формат экрана (*дисплея*) в текстовом режиме
   closed-circuit television ~ формат видеозаписи в замкнутой телевизионной системе
   CMF ~ *см.* Creative (Labs) music file format
   comma number ~ формат представления чисел с запятыми – разделителями
   Creative (Labs) music file ~ (файловый) формат CMF, формат файлов с блоком музыкальной информации формата MIDI и блоком информации для синтезатора формата SBI
   currency number ~ денежный формат представления чисел
   D1 ~ формат D1 (*профессиональной цифровой компонентной видеозаписи с цифровой записью звука*)
   D2 ~ формат D2 (*профессиональной цифровой композитной видеозаписи с цифровой записью звука для телевизионных систем NTSC и PAL*)
   D3 ~ формат D3 (*профессиональной цифровой композитной видеозаписи с цифровой записью звука для видеожурналистики*)
   D5 ~ формат D5 (*профессиональной цифровой компонентной видеозаписи с цифровой записью звука*)
   D6 ~ формат D6 (*профессиональной цифровой композитной видеозаписи с цифровой записью звука для телевидения высокой чёткости*)
   D7 ~ формат D7 (*профессиональной цифровой компонентной видеозаписи с цифровой записью звука на металлопорошковую ленту шириной 6,35 мм*)
   DAT ~ (кассетный) формат DAT для цифровой записи звука
   data ~ формат данных
   data interchange ~ (файловый) формат DIF, (файловый) формат обмена данными
   date ~ вчт формат представления дат
   date numeric ~ вчт формат представления чисел в виде дат
   DCC ~ (кассетный) формат DCC для цифровой записи звука
   digital ~ цифровой формат
   digital audio stationary head ~ (катушечный) формат DASH для цифровой записи звука (неподвижными магнитными головками)
   Digital Betacam ~ формат Digital Betacam (*профессиональной цифровой компонентной видеозаписи с цифровой записью звука*)
   disk record ~ формат записи на диск (*напр. на магнитный диск*)
   display ~ формат отображения информации
   DLT ~ (кассетный) формат DLT для цифровой записи звука
   document ~ формат документа
   drawing exchange ~ формат обмена графической информацией, файловый формат DXF
   DVC ~ (кассетный) формат DVC для цифровой записи видео
   file ~ формат файла, файловый формат
   fixed number ~ фиксированный формат представления чисел

format

foreign ~ *вчт* формат, не предназначенный для использования данной операционной системой *или* данным устройством, *проф.* «чужой» формат

GEM file ~ файловый формат в менеджере графического окружения, файловый формат графического интерфейса пользователя GEM (*фирмы Digital Research*)

general ~ *вчт* общий формат (*представления чисел*); формат (*представления чисел*) по умолчанию

global ~ глобальный формат (*электронной таблицы*)

graphic interchange ~ формат обмена графикой (*фирмы CompuServe*), (файловый) формат GIF

graphics file ~ формат графического файла

Hi-8 ~ формат Hi-8 (*бытовой аналоговой композитной видеозаписи с цифровой записью звука*), улучшенный вариант формата Video-8

hidden number ~ скрытый формат представления чисел

high-level ~ формат высокого уровня; логический формат (*напр. жёсткого диска*)

High Sierra (Group) ~ стандарт HSF [стандарт HSG] на формат файловой системы компакт-дисков

HSB ~ *тлв* формат HSB

HTML ~ (файловый) формат HTML, (файловый) формат документов на языке HTML

IBK ~ *см.* **instrument bank file format**

input ~ формат ввода; форма ввода

instruction ~ формат команды

instrument bank file ~ (файловый) формат IBK, формат файлов с информацией для синтезатора 128-и музыкальных инструментов

interchange file ~ (файловый) формат IFF, (файловый) формат для обмена структурированными данными

ISO 9660 ~ стандарт ISO 9660 на формат файловой системы компакт-дисков

JAR file ~ формат архивных файлов в Java, файловый формат JAR

Joliet ~ стандарт Joliet на формат файловой системы компакт-дисков для операционных систем Windows 95/NT

logical ~ логический формат; формат высокого уровня (*напр. жёсткого диска*)

low-level ~ формат низкого уровня; физический формат (*напр. жёсткого диска*)

M II ~ формат M II (*профессиональной аналоговой компонентной видеозаписи*)

message ~ формат сообщения

MIDI ~ (файловый) формат MIDI, формат звуковых файлов в MIDI-стандарте

modulation ~ вид модуляции

NAB ~ формат видеофонограммы Национальной ассоциации вещательных организаций (*США*)

NARTB ~ формат видеофонограммы Национальной ассоциации радио- и телевизионного вещания (*США*)

native file ~ файловый формат, используемый (*данной программой*) по умолчанию, *проф.* «родной» файловый формат

numeric ~ *вчт* формат представления чисел, числовой формат

office document interchange ~ формат обмена открытыми документами, формат стандарта ODIF

open document interchange ~ формат обмена открытыми документами, формат стандарта ODIF

operator ~ операторная форма записи

percent number ~ формат представления чисел в процентах

physical ~ физический формат; формат низкого уровня (*напр. жёсткого диска*)

printer ~ формат печати

proprietary file ~ собственный файловый формат (*изготовителя или разработчика программного или аппаратного обеспечения*)

Q ~ формат Q (*профессиональной аналоговой квадруплексной композитной видеозаписи*)

quadruplex ~ формат четырёхголовочной видеозаписи

quadruplex transverse recording ~ формат четырёхголовочной поперечно-строчной видеозаписи

range ~ формат интервала (*в электронных таблицах*)

raster image file ~ (файловый) формат RIFF, формат файлов растровых изображений

record ~ **1.** формат записи **2.** формат сигналограммы

register retirement ~ файл для извлекаемых из регистров микроопераций

resource interchange file ~ (файловый) формат RIFF, формат файлов для (межплатформенного) обмена ресурсами

rich text ~ (файловый) формат RTF, обогащённый формат текстовых файлов

RGB ~ *тлв* формат RGB

Rock Ridge ~ расширение стандарта ISO 9660 на формат файловой системы компакт-дисков для операционной системы UNIX

safe ~ метод безопасного форматирования (*без разрушения информации*)

SBI ~ *см.* **sound bluster instrument file format**

scientific number ~ научный [экспоненциальный] формат представления чисел

SMPTE type B ~ формат SMPTE B (*видеофонограммы*)

SMPTE type C ~ формат SMPTE C (*видеофонограммы*)

sound bluster instrument bank file ~ (файловый) формат IBK, формат файлов с информацией для синтезатора 128-и музыкальных инструментов

sound bluster instrument file ~ (файловый) формат SBI, формат файлов с информацией для синтезатора музыкальных инструментов

standard messaging ~ стандартный формат передачи сообщений

start-stop ~ стартстопный формат; асинхронный формат

Super VHS ~ формат S-VHS (*бытовой аналоговой композитной видеозаписи*), улучшенный вариант формата VHS

S-VHS ~ *см.* **Super VHS format**

tagged image file ~ (файловый) формат TIFF, теговый формат файла изображения

TAR ~ *см.* **tape archival and retrieval format**

tape archival and retrieval ~ формат TAR, файловый формат для взаимодействия с внешними ЗУ на магнитных лентах в различных операционных средах

television ~ *вчт* телевизионный формат, TV-формат

format

text ~ ASCII-формат, текстовый формат
text interchange ~ формат обмена текстами
text numeric ~ текстовый [формульный] формат представления чисел, представление чисел расчётными формулами
text-only ~ ASCII-формат, текстовый формат
TV ~ *см.* television format
two-column ~ двухколоночный формат
U-~ U-формат, *проф.* формат «Ю-матик» (*профессиональной аналоговой композитной видеозаписи для видеожурналистики*)
U-~ H U-формат H, широкополосный U-формат (*профессиональной аналоговой композитной видеозаписи для видеожурналистики*)
U-~ SP U-формат SP (*профессиональной аналоговой композитной видеозаписи для видеожурналистики*), улучшенный вариант U-формата H
universal disk ~ универсальный формат диска, стандарт Ассоциации по технике оптических ЗУ на файловую систему оптических дисков
VHS ~ формат VHS (*бытовой аналоговой композитной видеозаписи*)
VHS-C ~ формат VHS-C (*бытовой аналоговой композитной видеозаписи на кассеты уменьшенного размера*)
Video-8 ~ формат Video-8 (*бытовой аналоговой композитной видеозаписи с цифровой записью звука*)
video record ~ формат видеограммы
Windows metafile ~ метафайловый формат для операционной системы Windows, файловый формат WMF
word ~ формат слова
YUV ~ *тлв* формат YUV
+/− numeric ~ формат представления чисел в виде комбинации знаков + и −
formation формирование; образование
~ of vortex образование вихря (*напр. магнитного потока*)
cluster ~ образование кластеров
color ~ формирование цвета
filament ~ образование шнура, шнурование
hologram ~ формирование голограммы
impurity band ~ образование примесной (энергетической) зоны
interconnection ~ *микр.* формирование межсоединений
parity ~ *вчт* формирование чётности
pattern ~ 1. *микр.* формирование рисунка 2. формирование диаграммы направленности антенны
step ~ образование ступеней (*при росте кристалла*)
thin-film ~ формирование тонкой плёнки
vacancy ~ образование вакансий
formatter *вчт* форматер
command-driven ~ форматер, работающий в командном режиме
formatting 1. форматирование (*1. выбор типа; задание стиля 2. структурирование; организация 3. задание способа представления и схемы размещения данных на носителе, в памяти и др. 4. вчт инициализация носителя данных, подготовка носителя данных к записи*) 2. формирование, придание формы; представление в виде 3. разметка
borders ~ форматирование границ и рамок

bullets ~ форматирование нецифровых символов для выделения элементов перечня
column ~ форматирование колонок (*текста*)
diskette ~ форматирование дискеты
font ~ форматирование шрифта
hard disk ~ форматирование жёсткого диска
high-level ~ форматирование высокого уровня; логическое форматирование (*напр. жёсткого диска*)
logical ~ логическое форматирование; форматирование высокого уровня (*напр. жёсткого диска*)
low-level ~ форматирование низкого уровня; физическое форматирование (*напр. жёсткого диска*)
numbering ~ задание стиля нумерации (*напр. элементов перечня*)
off-screen ~ форматирование (*текста*) без отображения результатов на экране
on-screen ~ форматирование (*текста*) с прямым отображением результатов на экране
on-the-fly ~ форматирование в процессе записи, *проф.* форматирование «на лету»
paragraph ~ форматирование абзаца
physical ~ физическое форматирование; форматирование низкого уровня (*напр. жёсткого диска*)
shading ~ выбор типа оттенения (*фона или окна*)
table ~ форматирование таблицы
tape ~ форматирование (магнитной) ленты
text ~ форматирование текста
track ~ форматирование дорожки (*напр. жёсткого диска*)
former 1. формирователь (*напр. импульсов*) 2. устройство для формовки (*напр. выводов*) 3. предшествующий; более ранний 4. первый (*из двух вышеупомянутых*)
axial lead ~ устройство для формовки аксиальных выводов
beam ~ 1. формирователь луча; формирователь пучка 2. формирователь диаграммы направленности антенны
coil ~ каркас катушки индуктивности
complex ~ *фтт* комплексообразователь
component lead ~ *микр.* установка для формовки выводов компонентов
frame ~ формирователь кадра (*напр. в телеметрии*)
pulse ~ формирователь импульсов
formfeed *вчт* 1. перевод страницы (*1. прогон одного листа бумаги в принтере или смещение позиции курсора на одну страницу 2. сигнал перевода страницы*) 2. символ «перевод страницы», символ ♀, символ с кодом ASCII 0Ch
forming 1. формирование (*напр. импульсов*) 2. формовка (*напр. выводов*)
battery plate ~ формовка аккумуляторных пластин
beam ~ 1. формирование луча; формирование пучка 2. формирование главного лепестка диаграммы направленности антенны
dynamic beam ~ динамическое формирование (электронного) луча
electrical ~ *пп* электроформовка
initial ~ начальная формовка
lead ~ формовка выводов
pulse ~ формирование импульса
formula формула (*1. формулировка 2. математическое выражение 3. символьное представление состава или структуры химических соединений*)

associativity ~ формула ассоциативности
Bayes(ian) ~ формула Байеса
Bethe-Salpeter ~ формула Бете — Солпитера
Cauchy (dispersion) ~ формула Коши
Cayley ~ формула Кэли
dispersion ~ формула Коши
Erlang(ian) ~ формула Эрланга
external reference ~ *вчт* формула с внешней ссылкой
invariant under stuttering ~ инвариантная по отношению к прореживанию формула
Moivre ~ формула Муавра
molecular ~ молекулярная формула
Nyquist ~ формула Найквиста
Parseval's ~ формула Парсеваля
predicate ~ предикативная формула
Sabine ~ формула Сэбина
satisfiable ~ *вчт* выполнимая формула
Shockley-Read ~ формула Шокли — Рида
Steinmetz ~ формула для удельных потерь на магнитный гистерезис
Stirling's ~ формула Стирлинга
string ~ *вчт* строковая формула
structural ~ структурная формула
syntactically monotone ~ синтаксически монотонная формула

formulaic *вчт* полученный по формуле; расчётный
formulate 1. формулировать 2. представлять (*в определённом виде*); записывать в виде формулы
formulation 1. формулировка 2. представление (*в определённом виде*); запись в виде формулы
matrix ~ матричное представление
operator ~ операторное представление
tensor ~ тензорное представление
formulization *см.* formulation
formulize *см.* formulate
FORTH язык программирования Форт
for the rest of them *вчт проф.* 1. не имеющий себе равных; значительно превосходящий (*аналоги*) 2. с убогим пользовательским интерфейсом; неинтерактивный (*о программе*)
for the rest of us *вчт проф.* 1. не имеющий себе равных; значительно превосходящий (*аналоги*) 2. с убогим пользовательским интерфейсом; неинтерактивный (*о программе*)
Fortran язык программирования Фортран
Fortrash *проф.* язык программирования Фортран
Forum:
~ **of Incident Response and Security Teams** Форум для координации действий при возникновении инцидентов и угроз для безопасности компьютерных сетей
Enterprise Computer Telephony ~ Форум предпринимателей по компьютерной телефонии
Independent Software Developers ~ Форум независимых разработчиков программного обеспечения
WAP ~ Координационный совет по использованию протокола (сетевых) приложений с радиодоступом, WAP-форум
World Telecommunication ~ Всемирный форум электросвязи
forum *вчт* форум
forward 1. переадресовывать (*напр. вызов*); пересылать (*напр. сообщение*) 2. выполнять (ускоренную) прямую перемотку (*напр. магнитной ленты*), перематывать (*напр. магнитную ленту*) вперёд 3. расположенный впереди; направленный вперёд; движущийся вперёд 4. будущий; относящийся к будущему 5. заблаговременный; предваряющий
fast ~ клавиша *или* кнопка (ускоренной) прямой перемотки (*магнитной ленты*), клавиша *или* кнопка (ускоренной) перемотки (*магнитной ленты*) вперёд
forwarding 1. переадресация (*напр. вызова*); пересылка (*напр. сообщения*) 2. *вчт* маршрутизация 3. (ускоренная) прямая перемотка (*напр. магнитной ленты*), (ускоренная) перемотка (*напр. магнитной ленты*) вперёд
call ~ *тлф* автоматическая переадресация вызова
layer-2 ~ протокол пересылки сообщений 2-го уровня в модели ISO/OSI, протокол L2F
forwardpropagation 1. алгоритм прямого распространения, *проф.* прямопоточный алгоритм (*для обучения нейронных сетей*) 2. нейронная сеть прямого распространения, нейронная сеть с прямой связью, *проф.* прямопоточная нейронная сеть
FOSSIL 1. спецификация драйверов для доступа к последовательному порту, спецификация FOSSIL 2. драйвер последовательного порта, программа FOSSIL (*напр. для модемной связи*)
fossil *вчт проф.* ископаемое; окаменелость (*1. устаревшее аппаратное или программное обеспечение, 2. ошибка в программе, обнаруживаемая только в историческом контексте*)
Foster название ядра и процессора Pentium IV в серверном варианте (*изготовленного с литографическим разрешением 0,18 или 0,13 мкм*)
Foundation:
~s **of Computer Science** Фонд компьютерных наук (*США*)
Electronic Frontier ~ Фонд борьбы с нарушением конфиденциальности и гражданских свобод с помощью электронных технологий
Free Software ~ Фонд бесплатного программного обеспечения
National Science ~ Национальный научный фонд (*США*)
Open Software ~ Открытый фонд программ
foundation 1. основы; основные принципы; фундамент 2. фонд
foundry:
font ~ *проф.* компания-разработчик компьютерных шрифтов (*напр. Adobe Systems*)
silicon ~ технология проектирования кремниевых кристаллов СБИС, *проф.* цех кремниевого литья
four группа из четырёх предметов, четвёрка
spiral ~ звёздная четвёрка (*тип кабеля*)
four-channel 1. четырёхканальный 2. квадрафонический
four-dimensional четырёхмерный
four-pole четырёхполюсный ◊ ~ **double-throw** 1. четырёхполюсный двухпозиционный (*о переключателе*) 2. четырёхполюсная группа переключающих контактов; ~ **single-throw** 1. четырёхполюсный (*о выключателе*) 2. четырёхполюсная группа замыкающих или размыкающих контактов
Fox стандартное слово для буквы *F* в фонетическом алфавите «Эйбл»

Foxtrot

Foxtrot стандартное слово для буквы *F* в фонетическом алфавите «Альфа»
fractal *вчт* фрактал || фрактальный
 ~ **of pores** фрактал пор
 affine ~ аффинный фрактал
 algebraic ~ алгебраический фрактал
 branching ~ ветвящийся фрактал
 geometric ~ геометрический фрактал
 information ~ информационный фрактал
 Mandelbrot ~ фрактал Мандельброта
 mass ~ массовый фрактал
 nonlinear ~ нелинейный фрактал
 ordered ~ упорядоченный фрактал
 randomized ~ рандомизованный фрактал
 self-affine ~ самоаффинный фрактал
 stochastic ~ стохастический фрактал
 surface ~ поверхностный фрактал
fractile квантиль
 sample ~ выборочный квантиль
fraction 1. *вчт* дробь 2. *вчт* нецелое рациональное число 3. доля || делить 4. часть; фрагмент; фракция 5. разрыв; излом
 built-up ~ надстроенная дробь
 common ~ простая дробь
 complex ~ сложная дробь
 compound сложная дробь
 continued ~ цепная дробь
 decimal ~ десятичная дробь
 Fechner ~ *тлв* пороговый контраст; контрастная чувствительность глаза
 improper ~ неправильная дробь
 partial ~ простейшая дробь
 proper ~ правильная дробь
 simple ~ простая дробь
fractional 1. *вчт* дробный 2. фракционный
fracture *крист.* излом
fragment 1. *вчт* фрагмент || быть фрагментированным; фрагментировать 2. художественный фильтр, основанный на создании 4-х копий пикселей выделения, усреднении их по цвету и смещении относительно друг друга (*в растровой графике*)
fragmentary *вчт* фрагментированный
fragmentation *вчт* фрагментация (*напр. жёсткого магнитного диска*)
 disk ~ фрагментация (жёсткого магнитного) диска
 file ~ фрагментация файла
 horizontal ~ горизонтальная фрагментация (*в реляционных базах данных*)
 vertical ~ вертикальная фрагментация (*в реляционных базах данных*)
frame 1. стойка: рама; рамка; корпус 2. кадр 3. *вчт* фрейм (*1. структурированный блок данных для описания концептуального объекта 2. элемент языка HTML 3. независимо заполняемая область HTML-документа с возможностью прокрутки содержания 4. фрейм стека, блок данных о переменных в области действия идентификатора и о связях, проф. запись активации*) 4. система координат; система отсчёта; репер 5. формат (*факсимильной копии*) 6. цикл (*временного объединения цифрового сигнала*) 7. станина (*статора*) 8. рамка; граница 9. пакет (*данных*) 10. помещать в рамку 11. рамочный (*напр. об антенне*) 12. *вчт* один такт (на нотоносце) (*в музыкальных редакторах*)
 ◊ ~ **by frame** покадровый

~ **of reference** система координат; система отсчёта
 arbitrary ~ произвольная система координат
 B ~ *см.* **bidirectional frame**
 bidirectional ~ *вчт* B-кадр, двунаправленный кадр, кадр со ссылками на предыдущий и последующий кадры (*при сжатии видеоданных*)
 bleeder-line vacuum ~ *микр.* вакуумная рамка с отводящими линиями
 data ~ фрейм (*1. структурированный блок данных для описания концептуального объекта 2. фрейм стека, блок данных о переменных в области действия идентификатора и о связях, проф. запись активации*)
 delta ~ *вчт* дельта-кадр, кадр изменений (*при сжатии видеоданных*)
 display ~ анимационный кадр
 distributing [distribution] ~ *тлф* коммутационный щит
 drop ~s *вчт* отбрасываемые кадры (*при обработке видеоданных*)
 end-shift ~ сдвигающийся корпус
 facsimile ~ формат факсимильной копии
 ferrite ~ ферритовый сердечник
 fixed-length ~ равномерный цикл
 fixed reservation ~ кадр с закрепленными резервными позициями (*в телеметрии*)
 freeze ~ стоп-кадр
 full ~ *тлв, вчт* 1. кадр 2. полноэкранное представление (*изображения*)
 global space ~ глобальный пространственный фрейм
 half~ *тлв, вчт* поле, полукадр (*в системах отображения с чересстрочной развёрткой*)
 hold ~ стоп-кадр
 home ~ базовый пакет (*в системах поискового вызова*)
 I ~ *см.* **intra frame**
 index ~ кадр с указателем, индексный кадр (*в телетексте*)
 inertial ~ инерциальная система координат
 intra ~ *вчт* I-кадр, кадр без ссылок; ключевой кадр (*при сжатии видеоданных*)
 key ~ *вчт* ключевой кадр; кадр без ссылок, I-кадр (*при сжатии видеоданных*)
 laminated ~ шихтованный корпус
 lead ~ *микр.* выводная рамка
 link ~ *тлф* контактное поле (*искателя*)
 moving ~ движущаяся система координат
 node information ~ кадр информации об узле
 P ~ *см.* **predicted frame**
 page ~ *вчт* страничный блок; страница (*памяти*)
 power ~ стойка питания
 predicted ~ *вчт* P-кадр, предсказанный кадр, кадр со ссылкой на предыдущий кадр (*при сжатии видеоданных*)
 problem ~ *вчт* фрейм задачи
 rest ~ неподвижная система координат
 sampling ~ основа выборки
 scanning ~ *тлв* развёртываемый кадр
 slotted ~ кадр, разделённый на временные интервалы (*в телеметрии*)
 SMPTE time-code ~ *тлв* кадр временного кода SMPTE
 solution ~ *вчт* фрейм решения

stack ~ фрейм стека, блок данных о переменных в области действия идентификатора и о связях, *проф.* запись активации
still ~ стоп-кадр
telemetry ~ телеметрический кадр
time ~ временная система отсчёта
vacuum ~ *микр.* вакуумная рамка, вакуумный держатель
variable-length ~ неравномерный цикл

framer 1. *тлв* схема формирования кадра 2. устройство фазирования (*факсимильного аппарата*)
facsimile ~ устройство фазирования факсимильного аппарата

framesnatch блок формирования стоп-кадра (*в кабельном телевидении*)

Framework:
International Cryptography ~ Международная криптографическая система, система ICF
SCSA TAO ~ стандарт прикладного программирования для компьютерной телефонии, стандарт SCSA TAO Framework

framework 1. каркас; остов 2. рама; обрамление 3. (инфра)структура; общая схема 4. основа; базис; подход 5. *вчт* каркас приложения (*напр. из библиотеки классов MFC*) 6. интегрированный пакет программ для обработки и представления текстовой и символьной информации (*с включением текстового процессора, электронных таблиц, баз данных и генератора графических символов*)
ActiveX server ~ интегрированный пакет серверных расширений программных средств ActiveX
application ~ каркас приложения
asynchronous ~ асинхронная схема
Bayesian ~ байесов подход
common ~ обычный [стандартный] подход
file system ~ структура файловой системы
printing ~ структура печатающих устройств
programming ~ библиотека базовых классов для объектно-ориентированного программирования
standard ~ стандартный [обычный] подход
unit test ~ структура устройств тестирования

framing 1. кадрирование 2. кадровая синхронизация 3. формирование кадра 4. фазирование (*факсимильных аппаратов*) 5. *тлг* цикловая синхронизация

fraud 1. мошенничество; жульничество 2. мошенник; жулик
computer ~ 1. компьютерное мошенничество; компьютерное жульничество 2. компьютерный мошенник; компьютерный жулик
telephone ~ 1. телефонное мошенничество; телефонное жульничество 2. телефонный мошенник; телефонный жулик

freak внезапное прекращение *или* восстановление радиоприёма

fred *вчт* метасинтаксическая переменная

freedom:
value ~ свобода от оценочных суждений

free-hand(ed) выполненный в свободном стиле (*о рисунке*), нарисованный от руки (*в компьютерной графике*)

Freenet бесплатная сеть; организация свободного доступа в Internet на определённой территории или для определённого круга лиц (*напр. через библиотеки или компьютерные клубы*)

free-standing автономный

freeware (лицензированное) бесплатное программное обеспечение (*без права копирования, модификации и дальнейшего распространения*)

freeze 1. замораживание; затвердевание || замораживать(ся); затвердевать 2. вымораживание || вымораживать 3. кристаллизация || кристаллизоваться 4. блокирование; блокировка; фиксация || блокировать; фиксировать(ся); залипать 5. фотографирование (*напр. движущегося объекта*) с малым временем экспозиции; получение стоп-кадра || фотографировать (*напр. движущийся объект*) с малым временем экспозиции; получать стоп-кадр 6. (при)остановка; (временное) прекращение || (при)останавливать; (временно) прекращать

freeze-out 1. *тлф* задержка установления соединения (*в системе с интерполяцией речи*) 2. *фтт* вымораживание (*напр. носителей*)

freezing 1. замораживание; затвердевание 2. *фтт* вымораживание (*напр. носителей*) 3. кристаллизация 4. блокирование; блокировка; фиксация; залипание 5. фотографирование (*напр. движущегося объекта*) с малым временем экспозиции; получение стоп-кадра 6. (при)остановка; (временное) прекращение
loop ~ замораживание цикла
magnetic ~ залипание якоря реле
planar ~ направленная кристаллизация
system ~ *вчт* блокировка системы; *проф.* «подвешивание» системы

freezing-out 1. *тлф* задержка установления соединения (*в системе с интерполяцией речи*) 2. *фтт* вымораживание (*напр. носителей*)
carrier ~ вымораживание носителей

frequency 1. частота (*1. величина, обратная периоду; величина, пропорциональная обратному периоду (напр. круговая частота) 2. частота появления случайного события, отношение встречаемости к числу испытаний*) || частотный 2. встречаемость (*случайного события*); периодичность
absolute cutoff ~ низшая критическая частота волновода
acoustic(al) ~ акустическая частота; звуковая частота
actual ~ измеренная резонансная частота кварцевого резонатора
air(-to)-ground radio ~ частота, выделенная для связи на участке ЛА — Земля
alias ~ паразитная низкочастотная [НЧ-] составляющая (*в спектре дискретизованного сигнала при частоте дискретизации, меньшей частоты Найквиста*)
alpha cutoff ~ граничная частота коэффициента передачи тока в схеме с общей базой
alternate ~ резервная частота
angular ~ угловая [круговая] частота, угловая скорость
antenna resonant ~ резонансная частота антенны
antiferromagnetic resonance ~ частота антиферромагнитного резонанса
antiresonant ~ 1. частота параллельного резонанса, частота резонанса напряжений 2. антирезонансная частота (*электромеханического преобразователя*)
anti-Stokes ~ антистоксова компонента

frequency

assigned ~ присвоенная (*станции*) частота
atomic ~ частота спектральной линии атома
audio ~ 1. звуковая частота 2. *тлг* тональная частота
aural center ~ средняя частота несущей, модулированной звуковым сигналом
authorized ~ присвоенная (*станции*) полоса частот
avalanche ~ *пп* лавинная частота
base ~ опорная частота
base-transport cutoff ~ *пп* граничная частота коэффициента переноса
basic ~ частота основной гармоники
bass ~ нижняя (звуковая) частота
beat ~ частота биений
beta cutoff ~ граничная частота коэффициента передачи [коэффициента усиления] тока в схеме с общим эмиттером
bias ~ частота подмагничивания
Bragg ~ брэгговская частота
break ~ частота сопряжения (*логарифмической амплитудно-частотной характеристики*)
bubble-propagation ~ частота продвижения ЦМД
bus ~ (рабочая) частота шины
carrier ~ частота несущей
center ~ 1. средняя частота несущей 2. средняя частота несущей звука, средняя частота несущей звукового сопровождения 3. резонансная частота
channel ~ частота канала связи
characteristic ~ характеристическая частота
chopping ~ частота прерываний
circular ~ угловая (круговая] частота, угловая скорость
clock ~ тактовая частота; частота синхронизации
co-channel sound ~ частота несущей звука, частота несущей звукового сопровождения
collision ~ частота столкновений, частота соударений
combination ~ комбинационная частота
commercial ~ промышленная частота
complex ~ комплексная частота
constant ~ постоянная частота; неизменная частота
core ~ (рабочая) частота ядра (*напр. процессора*)
corner ~ частота сопряжения (*логарифмической амплитудно-частотной характеристики*)
critical ~ 1. критическая частота; предельная частота; граничная частота 2. длинноволновая [красная] граница (*фотоэффекта*)
critical fusion ~ *тлв* частота слияния мельканий
crossover ~ 1. частота перехода (*в грамзаписи*) 2. частота разделения каналов (*напр. в разделительном фильтре громкоговорителя*)
cumulative relative ~ кумулятивная [накопленная] частота
cutoff ~ 1. предельная частота; граничная частота; критическая частота 2. частота среза (*фильтра*) 3. частота отсечки
cyclotron ~ циклотронная частота
data ~ периодичность данных
data communications ~ функция передачи данных
3-dB ~ граничная частота по уровню 3 дБ
dedicated ~ выделенная частота
difference ~ 1. разностная частота 2. частота разностного сигнала, частота сигнала S (*в стереофонии*)

diffusion ~ *пп* диффузионная частота
distress ~ частота сигнала бедствия (500 кГц)
Doppler(-beat) ~ доплеровская частота
Doppler-shifted ~ частота, смещённая за счёт эффекта Доплера
down-link ~ (рабочая) частота линии связи ЛА — Земля
drift ~ дрейфовая частота
driving ~ частота возбуждения
dynamic-scattering cutoff ~ граничная частота динамического рассеяния
echo ~ *рлк* частота флуктуаций амплитуды эхо-сигнала
electron Langmuir ~ электронная плазменная частота
electron paramagnetic resonance ~ частота электронного парамагнитного резонанса
electron plasma ~ электронная плазменная частота
expected ~ ожидаемая встречаемость (*в математической статистике*)
extinction ~ верхняя граничная частота (*при воспроизведении магнитной записи*)
extremely high ~ крайне высокая частота, КВЧ
extremely low ~ крайне низкая частота, КНЧ
facsimile picture ~ частота факсимильного видеосигнала
ferrimagnetic-resonance ~ частота ферримагнитного резонанса
ferromagnetic-resonance ~ частота ферромагнитного резонанса
field ~ *тлв* частота полей
fixed ~ фиксированная частота
flicker-fusion ~ *тлв* частота слияния мельканий
flutter ~ частота высокочастотной детонации
folding ~ максимальная частота спектра сигнала (*при регулярном опросе*)
forward-bias cutoff ~ *пп* граничная частота при прямом смещении
frame ~ *тлв* частота кадров
free-running ~ частота свободной генерации
fundamental ~ 1. основная частота 2. частота основной моды
fundamental scanning ~ максимальная частота чёрного поля (*в факсимильной связи*)
fusion ~ *тлв* частота слияния мельканий
gap ~ *пп* граничная частота фундаментального [собственного] поглощения
gliding ~ 1. плавно изменяющаяся частота 2. контроль амплитудно-частотной характеристики звуковоспроизводящей аппаратуры с использованием генератора плавно изменяющейся частоты (*от 20 Гц до 20 кГц*) 3. контроль проскальзывания (*магнитной ленты*) методом частотной модуляции
ground(-to)-air ~ частота, выделенная для связи на участке Земля — ЛА
group ~ групповая частота
Gunn ~ ганновская частота
half-power ~ частота, соответствующая половинной мощности
harmonic ~ частота гармоники
helicon ~ частота спиральной волны, частота геликона
heterodyne ~ частота гетеродинирования
high ~ высокая частота, ВЧ

frequency

highest probable ~ 1. оптимальная рабочая частота, ОРЧ (*для слоя F_2*) 2. максимальная применимая частота, МПЧ (*для слоя E*)
horizontal-line [**horizontal-scanning**] ~ *тлв* частота строк
hyperfine (**transition**) ~ частота перехода, обусловленного сверхтонким расщеплением
hyperhigh ~ гипервысокая частота, ГВЧ
idler ~ холостая частота
image ~ частота зеркального канала
imaginery ~ мнимая частота
IMPATT- ~ частота генерации в лавинно-пролётном режиме
impingement ~ частота столкновений, частота соударений
impulse ~ частота повторения импульсов
infralow ~ инфранизкая частота, ИНЧ
infrasonic ~ 1. инфразвуковая частота 2. *тлв* подтональная частота
instantaneous ~ мгновенная частота
intercarrier ~ *тлв* разностная частота
intermediate ~ промежуточная частота, ПЧ
intermodulation (**component**) ~ комбинационная частота
inversion-layer cutoff ~ *пп* граничная частота инверсионного слоя
ion cyclotron ~ ионная циклотронная частота
ionization ~ скорость ионизации
ion plasma ~ ионная плазменная частота
jittered pulse-recurrence ~ *рлк* хаотически изменяющаяся частота повторения импульсов
Josephson ~ *свпр* джозефсоновская частота
keying ~ 1. частота манипуляции 2. максимальная частота чёрного поля (*в факсимильной связи*)
knee ~ частота сопряжения (*логарифмической амплитудно-частотной характеристики*)
Langmuir plasma ~ плазменная частота
Larmor ~ ларморова частота
laser(**-emission**) ~ частота излучения лазера
lattice vibration ~ *фтт* частота колебаний решётки
line ~ *тлв* частота строк
line screen ~ *вчт* число точек на дюйм (*при воспроизведении полутоновых изображений*)
lobe ~ частота переключения положения лепестков (*диаграммы направленности антенны*)
local-oscillator ~ частота гетеродина
locking ~ частота синхронизации
low ~ низкая частота, НЧ
lower side ~ нижняя боковая частота
lowest observed ~ наименьшая наблюдаемая частота
lowest useful (**high**) ~ наименьшая применимая частота, НПЧ
magnetohydrodynamic ~ магнитогидродинамическая частота
magnetoplasma ~ магнитоплазменная частота
mains ~ промышленная частота
maser(**-emission**) ~ частота излучения мазера
master ~ задающая частота
maximum ~ **of oscillation** максимальная частота генерации
maximum keying ~ максимальная частота чёрного поля (*в факсимильной связи*)
maximum modulating ~ максимальная частота факсимильного видеосигнала

maximum observed ~ максимальная наблюдённая встречаемость
maximum usable ~ максимальная применимая частота, МПЧ
medium ~ средняя частота, СЧ
microwave ~ сверхвысокая частота, СВЧ
midband ~ присвоенная частота
mode ~ частота моды
modulation ~ частота модуляции
multiple ~ кратная частота
natural ~ 1. собственная частота 2. наинизшая резонансная частота (*напр. антенны*)
nominal ~ номинальная резонансная частота (*пьезоэлектрического резонатора*)
notch ~ частота настройки фильтра-пробки
note ~ частота биений
Nyquist ~ частота Найквиста, минимально допустимая частота дискретизации
observed ~ 1. наблюдаемая частота 2. наблюдённая встречаемость
operating ~ рабочая частота
optical ~ оптическая частота
optimum working ~ оптимальная рабочая частота, ОРЧ (*для слоя F_2*)
penetration ~ критическая частота (*для ионосферного распространения радиоволн*)
photoelectric threshold ~ длинноволновая [красная] граница спектральной чувствительности (*фотоприёмника*)
picture ~ 1. *тлв* частота кадров 2. частота (*факсимильного*) видеосигнала
piezoelectric crystal antiresonant ~ антирезонансная частота пьезоэлектрического резонатора
piezoelectric crystal resonant ~ резонансная частота пьезоэлектрического резонатора
pilot ~ контрольная частота
plasma ~ плазменная частота
power(**-line**) ~ частота (напряжения) сети (*электропитания*)
precession ~ частота прецессии
primary ~ частота, отведённая первичной службе
pulse-recurrence [**pulse-repetition**] ~ частота повторения импульсов
pump(**ing**) ~ частота накачки
quasi-optical ~ квазиоптическая частота
quench(**ing**) ~ частота срыва колебаний (*в сверхрегенеративном радиоприёмнике*)
quiescent ~ собственная частота (*перестраиваемого генератора*)
radian ~ угловая [круговая] частота, угловая скорость
radio ~ радиочастота, РЧ
rated ~ номинальная рабочая частота
reactive cutoff ~ реактивная частота отсечки (*туннельного диода*)
real ~ вещественная частота
reference ~ 1. относительная частота 2. опорная частота
relative ~ *т. над.* частость события
relative ~ относительная частота
repetition ~ частота повторения импульсов
resistive cutoff ~ резистивная частота отсечки (*туннельного диода*)
resonance [**resonant**] ~ резонансная частота
rest ~ собственная частота (*перестраиваемого генератора*)

frequency

resting ~ средняя частота несущей
ringing ~ *тлф* вызывная частота
ripple ~ частота пульсаций
scan(ning-line) ~ скорость развёртки факсимильного изображения
screen ~ *вчт* экранная частота (*при воспроизведении полутонов*)
secondary ~ частота, отведённая вторичной службе
second-channel ~ частота зеркального канала
self-neutralization ~ частота самонейтрализации обратной связи
self-resonant ~ собственная частота генерации
SH ~ *см.* subharmonic frequency
side ~ боковая частота
sonic ~ 1. звуковая частота 2. *тлв* тональная частота
sound ~ звуковая частота
sound carrier ~ *тлв* частота несущей звукового сопровождения
sound center ~ средняя частота несущей, модулированной звуковым сигналом
space ~ частота паузы
spark ~ частота повторения радиоимпульсов искрового генератора
spatial ~ пространственная частота
speech ~ *тлв* тональная частота
spike ~ *кв. эл.* частота повторения пичков
spin ~ частота колебаний спинов
spot ~ дискретная частота; фиксированная частота
standard ~ стандартная частота
Stokes ~ стоксова компонента
subaudio ~ 1. инфразвуковая частота 2. *тлг* подтональная частота
subcarrier ~ частота поднесущей
subharmonic ~ частота субгармоники
sub-Nyquist ~ не превышающая частоту Найквиста частота дискретизации, не превышающая минимально допустимое значение частота дискретизации, *проф.* частота субдискретизации
subsonic ~ 1. инфразвуковая частота 2. *тлг* подтональная частота
sub-telephone ~ *тлг* подтональная частота
sum ~ 1. суммарная частота 2. частота суммарного сигнала, частота сигнала М (*в стереофонии*)
summation ~ суммарная частота
superaudio ~ 1. ультразвуковая частота 2. *тлг* надтональная частота
superhigh ~ сверхвысокая частота, СВЧ
supersonic ~ 1. ультразвуковая частота 2. *тлг* надтональная частота
super-telephone ~ *тлг* надтональная частота
supply ~ частота сети
suppression ~ частота срыва колебаний (*в сверхрегенеративном радиоприёмнике*)
sweep ~ частота развёртки
synchronizing ~ частота синхронизации
threshold ~ 1. длинноволновая [красная] граница (*фотоэффекта*) 2. пороговая частота
timed radio ~ прямого усиления (*о приёмнике*)
timing ~ 1. хронирующая частота, частота хронирования 2. частота синхронизации
toggle ~ тактовая частота
tone ~ тональная частота
top baseband ~ верхняя частота группового спектра
transition ~ 1. частота перехода (*в грамзаписи*) 2. частота разделения каналов (*напр. в разделительном фильтре громкоговорителя*)
transit-time ~ пролётная частота
transit-time cutoff ~ *пп* граничная частота переноса
transmission ~ частота передачи
TRAPATT [trapped plasma] ~ частота генерации в лавинно-ключевом режиме
treble ~ верхняя (звуковая) частота
turnover ~ частота перехода (*в грамзаписи*)
ultra-audible ~ 1. ультразвуковая частота 2. *тлг* надтональная частота
ultrahigh ~ ультравысокая частота, УВЧ
ultrasonic ~ 1. ультразвуковая частота 2. *тлг* надтональная частота
unassigned ~ свободная частота
undamped ~ собственная частота
uniform precession ~ частота однородной прецессии
unity-gain ~ граничная частота коэффициента передачи в схеме с общим эмиттером
up-link ~ (рабочая) частота линии связи Земля — ЛА
upper side ~ верхняя боковая частота
variable ~ регулируемая частота
vertical ~ 1. *тлв* частота полей; частота кадров 2. частота воспроизведения [обновления] кадров на экране дисплея
very high ~ очень высокая частота, ОВЧ
very low ~ очень низкая частота, ОНЧ
video ~ видеочастота
vision (carrier) [visual carrier] ~ частота несущей изображения
voice ~ *тлг* тональная частота
voltage gain cutoff ~ граничная частота коэффициента передачи по напряжению
waveguide cutoff ~ критическая частота волновода
window ~ частота окна прозрачности (*атмосферы*)
wow ~ частота низкочастотной [НЧ] детонации
frequency-agile с быстрой перестройкой частоты
frequency-hour использование фиксированной частоты в течение 1 часа (*в международной КВ-связи*)
Fresison *вчт* название правильного сильного модуса четвёртой фигуры силлогизма
Fresnel терагерц, 10^{12} Гц, ТГц
fret лад (*грифа струнного музыкального инструмента*) ‖ снабжать ладами
fretboard гриф с ладами (*струнного музыкального инструмента*)
  guitar ~ гитарный гриф с ладами
fricative фрикативный звук ‖ фрикативный (*о звуке*)
friction трение
frictional фрикционный, относящийся к трению
friction-feed с фрикционной подачей (*напр. бумаги в принтер*)
fried сгоревший, вышедший из строя (*о приборе или компоненте прибора или устройства*)
friend *вчт* 1. объект, имеющий доступ к защищённым членам класса, *проф.* «друг» 2. дружественная функция
friend-or-foe радиолокационное опознавание государственной принадлежности цели
  identification ~ радиолокационное опознавание государственной принадлежности цели
friendliness дружественность (*напр. интерфейса*)
  interface ~ *вчт* дружественность интерфейса
fringe 1. кайма; кромка; граница ‖ окаймлять; располагать(ся) на кромке или границе 2. *тлв* окантовка ‖ окантовывать 3. интерференционная полоса

~s of equal chromatic order интерференционные полосы равного хроматического порядка
color ~ цветная окантовка
Fabry-Perot ~s (интерференционные) полосы интерферометра Фабри — Перо
hologram interference ~s интерференционные полосы голограммы
interference ~ интерференционные полосы
moire ~s муаровые интерференционные полосы
speckle correlation ~s (интерференционные) полосы корреляции спекл-структур
friode сгоревший [вышедший из строя] диод
frit *микр.* фритта
fritterware *проф.* программное обеспечение с огромными функциональными возможностями, не находящими практического применения
frob 1. выступающая рукоятка 2. цапфа 3. удобный для манипулирования объект *вчт* 4. *проф.* (бесцельно) манипулировать (*напр. клавиатурой или мышью*) 5. команда установки уровня мастерства игрока (*в компьютерных играх*) 6. *проф.* «программка»
frobni *pl* от **frobnitz**
frobnicate *вчт проф.* (бесцельно) манипулировать (*напр. клавиатурой или мышью*)
frobnitz *вчт проф.* объект с неопределёнными свойствами; чёрный ящик
frogging 1. изменение распределения частот (*между службами*) с целью обеспечения электромагнитной совместимости 2. перекроссирование (*групп каналов*)
frequency ~ изменение распределения частот (*между службами*) с целью обеспечения электромагнитной совместимости
front 1. фронт (*1. фронт импульса 2. движущаяся переходная область или граница между двумя объектами или субстанциями 3. объединение; коалиция 4.сфера или направление коллективной деятельности 5. линия фронта; область соприкосновения или противостояния с противником; зона боевых действий*) 2. относящийся к фронту (*напр. импульса*) 3. фронтовой, относящийся к зоне боевых действий 4. противостоять 5. фронтальная [передняя] сторона *или* часть (*объекта*); фасад, фасадная сторона *или* часть (*объекта*); лицо, лицевая сторона *или* часть (*объекта*) || находиться с передней стороны; располагать(ся) спереди; размещать(ся) на лицевой стороне || фронтальный; передний; фасадный; лицевой 6. произносить заднеязычный гласный, произносить гласный заднего ряда [заднеязычный, заднего ряда (*о гласном*) 7. передний обрез (*книги*) || делать передний обрез 8. печатать на лицевой стороне листа
avalanche shock ~ *пп* фронт ударной волны лавинной генерации
cold ~ холодный фронт (*в атмосфере*)
conjugate wave ~ обращенный волновой фронт
crystallization ~ фронт кристаллизации
depolarization ~ *бион.* фронт волны (*электрической*) деполяризации
excitation ~ *бион.* фронт возбуждения
hi-tech ~ фронт высоких технологий; сфера высоких технологий
phase ~ фазовый фронт
pulse ~ фронт импульса

shock ~ фронт ударной волны
sputtering ~ *микр.* фронт распыления
warm ~ тёплый фронт (*в атмосфере*)
wave ~ волновой фронт
front-end 1. внешний; ближайший; фасадный 2. внешний интерфейс || внешний интерфейсный 3. связной [коммуникационный] процессор || связной, коммуникационный 4. предварительный; буферный 5. препроцессор, процессор для предварительной обработки данных; буферный процессор 6. связной [коммуникационный] контроллер 7. внешняя часть; ближайшая часть, *проф.* «фасадная» часть (*напр. системы*) 8. входные каскады (*приёмника*) || входной 9. *тлв* переключатель телевизионных каналов, ПТК
analog ~ аналоговые внешние интерфейсные аппаратные средства
in-order issue ~ препроцессор с упорядоченным вводом команд
frontier граница
stochastic ~ стохастическая граница
frontispiece *вчт* фронтиспис (*печатного издания*)
front-office *вчт* верхний уровень архитектуры банковских приложений, уровень ввода информации и внешних взаимодействий
fruit *рлк* несинхронная импульсная взаимная помеха (*в системах с активным ответом*)
frustrated *фтт* фрустрированный
frustration *фтт* фрустрация; структурная неравновесность
geometrical ~ геометрическая фрустрация
magnetic ~ магнитная фрустрация
ordered ~ упорядоченная фрустрация
fry выводить (*прибор или схему*) из строя (*перегревом или избыточным электрическим током*), *проф.* «сжигать» (*прибор или схему*)
frying 1. «шипение» (*при звуковоспроизведении*) 2. *тлф* микрофонный шум 3. вывод (*прибора или схемы*) из строя (*перегревом или избыточным электрическим током*), *проф.* «сжигание» (*прибора или схемы*)
FTP 1. стандарт протоколов передачи файлов (*включая протокол ftp*), стандарт FTP 2. удалённая компьютерная система с доступом по протоколу стандарта FTP, FTP-сайт; FTP-сервер 3. адрес удалённой компьютерной системы с доступом по протоколу стандарта FTP, адрес FTP-сайта; адрес FTP-сервера
anonymous ~ *проф.* анонимный FTP (*1. метод доступа без регистрации по протоколу стандарта FTP к удалённой компьютерной системе 2. удалённая компьютерная система с возможностью доступа без регистрации по протоколу стандарта FTP, анонимный FTP-сайт; анонимный FTP-сервер 3. адрес удалённой компьютерной системы с возможностью доступа без регистрации по протоколу стандарта FTP, адрес анонимного FTP-сайта; адрес анонимного FTP-сервера*)
trivial ~ тривиальный протокол передачи файлов, упрощённый вариант протокола стандарта FTP, протокол TFTP
ftp 1. протокол передачи файлов, протокол ftp 2. удалённая компьютерная система с доступом по протоколу ftp, ftp-сайт; ftp-сервер 3. адрес удалённой

компьютерной системы с доступом по протоколу ftp, адрес ftp-сайта; адрес ftp-сервера

fudge *вчт проф.* 1. «стряпня», наспех «состряпанная» программа 2. подгонка под ответ

fugacity фугитивность (*термодинамическая функция*)

fugitive *микр.* летучий

fugitivity *микр.* летучесть

fulcra *pl* от **fulcrum**

fulcrum 1. точка опоры; опора 2. центр вращения; ось вращения
  pickup ~ точка опоры (поворотная ножки) тонарма

full-adder полный сумматор

Full-AT горизонтальный корпус (*системного блока компьютера*), корпус (*системного блока компьютера*) с горизонтальным рабочим положением, корпус типа Desktop

full-duplex дуплексный, одновременный двусторонний (*о режиме связи*)

fullerene *микр.* фуллерен, бакибол (*молекула углерода C_{2n} в форме полого выпуклого многогранника*)
  endohedral (-structure) ~ эндоэдральный фуллерен
  metal ~ металлофуллерен

fulleride *микр.* фуллерид, химическое соединение с молекулами фуллерена в качестве составного структурного элемента

fullerite *микр.* фуллерит, твёрдая фаза фуллерена
  endohedral (-structure) ~ эндоэдральный фуллерит

full-length *тлв* полнометражный (*о фильме*)

full-scale 1. (показанный или изображённый) в натуральную величину 2. полномасштабный; всеобъемлющий

full-screen *вчт* полноэкранный (*о режиме показа изображения или рабочего окна*)

full-speed *вчт* полноскоростной; высокоскоростной

full-wave двухполупериодный

function 1. функция 2. функционировать; находиться в работоспособном состоянии 3. выполнять функцию; играть роль 4. (дополнительное) функциональное устройство, *проф.* функция (*в стандарте USB*) 5. *вчт* отображение || отображать
  activation ~ функция активации, активационная функция (*нейрона*); передаточная функция; характеристическая функция
  actuating transfer ~ 1. передаточная функция исполнительного механизма; передаточная функция исполнительного органа 2. передаточная функция привода 3. передаточная функция электромеханического преобразователя 4. передаточная функция электростатического возбудителя (*микрофона*)
  additive ~ аддитивная функция
  additive/multiplicative ~ аддитивно-мультипликативная функция, АМ-тивная функция
  admittance ~ адмиттансная функция
  advanced communication ~ группа программ (*корпорации Microsoft*) распределённой обработки (данных) и разделения ресурсов для сетей с архитектурой SNA, программы ACF
  affine Boolean ~ аффинная булева функция
  aggregate ~ агрегатная функция
  algebraic ~ алгебраическая функция
  all-pass transfer ~ передаточная функция фазового фильтра
  all-pole ~ мероморфная функция
  all-zero ~ целая функция
  alternating ~ периодическая функция с нулевым средним значением
  ambiguity ~ функция неопределённости
  amplitude ~ частотно-контрастная характеристика, ЧКХ
  amplitude distribution ~ функция распределения амплитуды
  AM-tive ~ **additive/multiplicative function**
  anode work ~ работа выхода анода
  aperture phase ~ функция распределения фазы по апертуре (*антенны*)
  apodizing ~ аподизирующая функция
  application program ~ функция прикладного программирования
  autocorrelation ~ автокорреляционная функция
  automatic azimuth alignment ~ функция автоматической установки угла перекоса рабочего зазора (магнитной) головки (*в видеомагнитофонах*)
  band-limited ~ функция с ограниченным [финитным] спектром
  base station control ~ функция управления базовой станции
  basis ~ базисная функция
  Bellman ~ функция Беллмана
  bent ~ кусочно-постоянная (булева) функция, функция с равными по модулю коэффициентами быстрого преобразования Уолша
  Bessel ~ функция Бесселя
  Bessel ~ **of imaginary argument** функция Бесселя мнимого аргумента
  beta ~ бета-функция
  bijection ~ биективная [реализующая взаимно однозначное отображение] функция
  bijective ~ биективная [реализующая взаимно однозначное отображение] функция
  binary activation ~ двоичная (*монополярная*) функция активации, двоичная (*монополярная*) активационная функция (*нейрона*)
  binary sigmoid ~ двоичная (*монополярная*) сигмоидная функция
  binate ~ *вчт* бинатная функция
  bipolar sigmoid ~ биполярная сигмоидная функция
  bi-state ~ функция двузначной логики (*с состояниями 0 и 1*)
  bivariate distribution ~ двумерная функция распределения
  Boolean ~ булева [логическая] функция
  Bose-Einstein distribution ~ функция распределения Возе — Эйнштейна
  bounded ~ ограниченная функция
  boxcar ~ функция в виде единичного прямоугольного импульса
  Brillouin ~ функция Бриллюэна
  built-in ~ встроенная функция
  Butterworth ~ функция Баттерворта
  carpet ~ выстилающая функция
  carrier ~ несущая функция
  cathode work ~ работа выхода катода
  characteristic ~ характеристическая функция; передаточная функция; функция активации, активационная функция (*нейрона*)
  circular ~ тригонометрическая функция
  closed ~ замкнутая формула

function

closed-loop transfer ~ передаточная функция замкнутой системы
clutching ~ склеивающая функция
coherence ~ функция когерентности
color matching ~s функции сложения цветов
comb ~ гребенчатая функция
combination ~ объединяющая функция (*для объединения входов и весов в нейронных сетях*)
combining ~ объединяющая функция (*для объединения входов и весов в нейронных сетях*)
competitive ~ соревновательная активационная функция (*нейронной сети*)
complementary ~ дополнительная функция
complementary error ~ дополнительная функция ошибок
composite ~ сложная функция
computable ~ вычислимая функция
concentrated likelihood ~ концентрированная функция правдоподобия
continuous ~ непрерывная функция
contrast transfer ~ частотно-контрастная характеристика, ЧКХ
control ~ функция управления
convolution ~ свёртка, функция свёртки
correlation ~ корреляционная функция
cost ~ функция стоимости
covariance generating ~ производящая функция ковариации
criterion ~ функция критерия; целевая функция
cross-correlation ~ взаимная корреляционная функция
cryptographic hash~ криптографическая хэш-функция
cumulative distribution ~ кумулятивная функция распределения
current potential ~ токовая потенциальная функция (*в теории цепей*)
current transfer ~ передаточная функция по току
curried ~ *вчт* функция N переменных, рассматриваемая как функция одной векторной переменной с размерностью (N − 1)
data communications ~ функция передачи данных
data-path ~ функция пути данных
decision ~ решающая функция
degate ~ *вчт* блокирующая функция
degating ~ *вчт* блокирующая функция
delta ~ единичный импульс, дельта-импульс, дельта-функция (Дирака)
demand ~ функция спроса
density ~ функция плотности распределения (вероятности)
descrambling ~ дескремблирующая функция
describing ~ описывающая функция
difference transfer ~ дифференциальная передаточная функция замкнутой системы
differentiable ~ дифференцируемая функция
digamma ~ дигамма-функция, логарифмическая производная гамма-функции
Dirac (delta) ~ единичный импульс, дельта-импульс, дельта-функция (Дирака)
disconnect-reconnect ~ функция периодической коммутации
discriminant ~ дискриминантная функция
distribution ~ функция распределения
driving-point ~ входная функция

eikonal ~ эйконал
electron wave ~ волновая функция электронов
embedding ~ *вчт* инъективная функция (*1. реализующая вложение функция, реализующая инъективное отображение функция 2. увеличивающая число аргументов функция*)
encryption ~ функция шифрования
ergodic ~ эргодическая функция
error ~ функция ошибок, интеграл (вероятности) ошибок
excitation ~ функция возбуждения
explicit ~ *вчт* явная функция
exponential ~ экспоненциальная функция, экспонента
extensional ~ *вчт* экстенсиональная функция
external ~ внешняя функция
failure density ~ частота отказов
feedback transfer ~ передаточная функция цепи обратной связи
Fermi ~ функция Ферми
Fermi-Dirac distribution ~ функция распределения Ферми — Дирака
force ~ силовая функция
forward transfer ~ передаточная функция цепи прямой передачи
frequency ~ плотность (распределения) вероятности
frequency-generating ~ производящая функция частот
frequency-response ~ амплитудно-частотная характеристика, АЧХ
friend ~ *вчт* дружественная функция
FS ~ *см.* full-speed function
full-speed ~ полноскоростное (дополнительное) функциональное устройство; высокоскоростное (дополнительное) функциональное устройство; *проф.* полноскоростная функция; высокоскоростная функция
fuzzy ~ нечёткая функция
fuzzy objective ~ нечёткая целевая функция
fuzzy utility ~ нечёткая функция полезности
gage ~ калибровочная функция
Gaussian ~ функция Гаусса
Gaussian radial basis ~ 1. гауссова радиальная базисная функция, гауссова функция ядра (*тип активационной функции искусственного нейрона*) 2. *pl* алгоритм обучения (искусственных) нейронных сетей с использованием гауссовых радиальных базисных функций, гауссов RBF-алгоритм 3. *pl* (искусственная) нейронная сеть с обучением на основе гауссовых радиальных базисных функций, гауссова RBF-сеть
generalized ~ обобщённая функция
generic ~ производящая функция
global implicit ~ глобальная неявная функция (*в теории цепей*)
global inverse ~ глобальная обратная функция (*в теории цепей*)
Green ~s *вчт* кнопка включения (и выключения) энергосберегающего режима (*работы компьютера*)
Green's ~ функция Грина
Hamilton ~ функция Гамильтона
Hankel ~ функция Ханкеля
hard limit activation ~ ступенчатая функция активации (*нейрона*)

function

hash-~ *вчт* хэш-функция, функция расстановки ключей
hashing ~ *вчт* хэш-функция, функция расстановки ключей
hazard ~ функция риска
head-related transfer ~ 1. передаточная функция слухового аппарата человека 2. модель передаточной функции слухового аппарата человека, модель HRTF
Heaviside step ~ единичная ступенчатая функция, функция Хевисайда
Huber ~ функция Хубера
hyperbolic ~ гиперболическая функция
hyperbolic tangent activation ~ функция активации (*нейрона*) в виде гиперболического тангенса
idempotent ~ идемпотентная функция
image ~ отображающая функция
impedance ~ импедансная функция
implicit ~ *вчт* неявная функция
injection ~ *вчт* инъективная функция (*1. реализующая вложение функция, реализующая инъективное отображение функция 2. увеличивающая число аргументов функция*)
injective ~ *вчт* инъективная функция (*1. реализующая вложение функция, реализующая инъективное отображение функция 2. увеличивающая число аргументов функция*)
inline ~ *вчт* встраиваемая функция
intensional ~ *вчт* интенсиональная функция
interference ~ функция выбора при обслуживании конкурирующих запросов
interworking ~ функция межсетевого обмена
inverse ~ обратная функция
inverse distribution ~ обратная функция распределения
invertible mapping ~ обратимая отображающая функция
inverting ~ *вчт* функция отрицания
kernel ~ функция ядра
Lagrange's ~ функция Лагранжа, лагранжиан
Langevin ~ функция Ланжевена
latent ~ латентная функция
Legendre ~ of the first kind функция [полином] Лежандра первого рода
Legendre ~ of the second kind функция [полином] Лежандра второго рода
Legendre associated ~ of the first kind присоединённая функция [присоединённый полином] Лежандра первого рода
Legendre associated ~ of the second kind присоединённая функция [присоединённый полином] Лежандра второго рода
lexical ~ лексическая функция
likelihood ~ функция правдоподобия
linear ~ линейная функция
linear logic ~ линейная логическая функция
line search ~ процедура поиска экстремума функции в заданном направлении
logic ~ логическая [булева] функция
logistic ~ логистическая функция
logistic sigmoid ~ логистическая сигмоидная функция
log-likelihood ~ логарифмическая функция правдоподобия
log-linear ~ логлинейная функция, линейная в полулогарифмическом масштабе функция

log-log ~ линейная в логарифмическом масштабе функция
look-up ~ *вчт* функция поиска
loss ~ функция потерь
low-speed ~ низкоскоростное (дополнительное) функциональное устройство, *проф.* низкоскоростная функция
LS ~ *см.* **low-speed function**
luminosity ~ функция относительной спектральной световой эффективности
macro ~ макрофункция (*для программирования логической матрицы*)
main ~ *вчт* главная функция
mapping ~ отображающая функция
Markov ~ марковская функция
member ~ функция-элемент (*напр. множества*); *вчт проф.* функция-член (*напр. класса*)
membership ~ *вчт* функция принадлежности (*нечёткого множества*)
memo(ised) ~ *вчт* функция с памятью (*автоматически воспроизводящая при вызове своё значение для последних используемых значений аргументов*)
memoized ~ *вчт* функция с памятью (*автоматически воспроизводящая при вызове своё значение для последних используемых значений аргументов*)
maintenance entity ~ функция технического обслуживания
majorized ~ мажорируемая функция
majorizing ~ мажорирующая функция, мажоранта
mathematical ~ математическая функция
minorized ~ минорируемая функция
minorizing ~ минорирующая функция, миноранта
modified Bessel ~ модифицированная функция Бесселя
modular hash-~ модульная хэш-функция, модульная функция расстановки ключей
modulating ~ модулирующая функция
modulation transfer ~ 1. модуляционная передаточная функция (*оптического прибора*) 2. частотно-контрастная характеристика, ЧКХ (*ЭЛТ*)
moment-generating ~ производящая функция моментов
monotonic ~ монотонная функция
Morse ~ функция Морса
multi-input multi-output transfer ~ передаточная функция цепи со многими входами и выходами
multi-valued ~ многозначная функция
multivariate distribution ~ многомерная функция распределения
mutual coherence ~ функция взаимной когерентности
natural trigonometric ~ тригонометрическая функция
never-decreasing ~ неубывающая функция
never-increasing ~ невозрастающая функция
non-decreasing ~ неубывающая функция
non-increasing ~ невозрастающая функция
nonlinear ~ нелинейная функция
normalized Gaussian radial basis ~ 1. нормализованная гауссова радиальная базисная функция, нормализованная гауссова функция ядра (*тип активационной функции искусственного нейрона*) 2. *pl* алгоритм обучения (искусственных) нейрон-

function

ных сетей с использованием нормализованных гауссовых радиальных базисных функций, нормализованный гауссов RBF-алгоритм 3. *pl* (искусственная) нейронная сеть с обучением на основе нормализованных гауссовых радиальных базисных функций, нормализованная гауссова RBF-сеть

normalized radial basis ~s with equal heights 1. алгоритм обучения (искусственных) нейронных сетей с использованием нормализованных базисных функций равной высоты, нормализованный RBF-алгоритм с равными высотами 2. (искусственная) нейронная сеть с обучением на основе нормализованных радиальных базисных функций равной высоты, нормализованная RBF-сеть с равными высотами

normalized radial basis ~s with equal volumes 1. алгоритм обучения (искусственных) нейронных сетей с использованием нормализованных базисных функций равного объёма, нормализованный RBF-алгоритм с равными объёмами 2. (искусственная) нейронная сеть с обучением на основе нормализованных радиальных базисных функций равного объёма, нормализованная RBF-сеть с равными объёмами

normalized radial basis ~s with equal widths 1. алгоритм обучения (искусственных) нейронных сетей с использованием нормализованных базисных функций равной ширины, нормализованный RBF-алгоритм с равными ширинами 2. (искусственная) нейронная сеть с обучением на основе нормализованных радиальных базисных функций равной ширины, нормализованная RBF-сеть с равными ширинами

normalized radial basis ~s with equal widths and heights 1. алгоритм обучения (искусственных) нейронных сетей с использованием нормализованных базисных функций равной ширины и высоты, нормализованный RBF-алгоритм с равными ширинами и высотами 2. (искусственная) нейронная сеть с обучением на основе нормализованных радиальных базисных функций равной ширины и высоты, нормализованная RBF-сеть с равными ширинами и высотами

normalized radial basis ~s with unequal widths and heights 1. алгоритм обучения (искусственных) нейронных сетей с использованием нормализованных базисных функций неравной ширины и высоты, нормализованный RBF-алгоритм с неравными ширинами и высотами 2. (искусственная) нейронная сеть с обучением на основе нормализованных радиальных базисных функций неравной ширины и высоты, нормализованная RBF-сеть с неравными ширинами и высотами

objective ~ целевая функция
one-one ~ инъективная [реализующая вложение] функция
one-to-one ~ реализующая взаимно однозначное отображение функция, биективная функция
one-way ~ односторонняя [(вычислительно) необратимая] функция
one-way hash ~ односторонняя [(вычислительно) необратимая] хэш-функция
open-loop transfer ~ передаточная функция разомкнутой системы

optical transfer ~ оптическая передаточная функция
ordinary Gaussian radial basis ~ 1. обычная гауссова радиальная базисная функция, обычная гауссова функция ядра (*тип активационной функции искусственного нейрона*) **2.** *pl* алгоритм обучения (искусственных) нейронных сетей с использованием обычных гауссовых радиальных базисных функций, обычный гауссов RBF-алгоритм **3.** *pl* (искусственная) нейронная сеть с обучением на основе обычных гауссовых радиальных базисных функций, обычная гауссова RBF-сеть
ordinary radial basis ~s with equal widths 1. алгоритм обучения (искусственных) нейронных сетей с использованием обычных радиальных базисных функций равной ширины, обычный RBF-алгоритм с равными ширинами **2.** (искусственная) нейронная сеть с обучением на основе обычных радиальных базисных функций равной ширины, обычная RBF-сеть с равными ширинами
ordinary radial basis ~s with unequal widths 1. алгоритм обучения (искусственных) нейронных сетей с использованием обычных радиальных базисных функций неравной ширины, обычный RBF-алгоритм с неравными ширинами **2.** (искусственная) нейронная сеть с обучением на основе обычных радиальных базисных функций неравной ширины, обычная RBF-сеть с неравными ширинами
orthogonal ~s ортогональные функции
overlapped ~s перекрывающиеся функции
partial autocorrelation ~ парциальная [частная] автокорреляционная функция
penalty ~ штрафная функция
perfect hash-~ совершенная хэш-функция, совершенная функция расстановки ключей
phase transfer ~ фазочастотная характеристика
photoelectric work ~ фотоэлектронная работа выхода
photopic response ~ функция относительной спектральной световой эффективности
piecewise constant ~ кусочно-постоянная функция
piecewise linear ~ кусочно-линейная функция
piecewise polynomial ~ кусочно-полиномиальная функция; сплайн
Pierce ~ функция ИЛИ НЕ
point-spread ~ аппаратная функция оптического прибора
polynomial ~ полиномиальная функция; полином
positive linear ~ положительно-линейная функция
postsynaptic potential ~ постсинаптическая потенциальная функция, PSP-функция
power ~ 1. функция мощности **2.** линейная в логарифмическом масштабе функция
power ~ of test функция мощности критерия
predefined ~ предопределённая [встроенная] функция
predicate ~ предикативная функция
probability ~ функция вероятности
probability density ~ плотность (распределения) вероятности
probability mass ~ функция распределения масс, распределение вероятностей дискретной случайной величины
production ~ производственная функция

function

projection ~ *вчт* проективная функция (*1. реализующая проективное отображение функция 2. извлекающая все аргументы или часть аргументов функция*)

projective ~ *вчт* проективная функция (*1. реализующая проективное отображение функция 2. извлекающая все аргументы или часть аргументов функция*)

propagation ~ закон распространения возбуждения (*в нейронных сетях*)

propositional ~ предикат

PSP ~ *см.* postsynaptic potential function

pulsating ~ периодическая функция с отличным от нуля средним значением

pure virtual ~ *вчт* чистая виртуальная функция

quadratic error ~ квадратичная функция ошибок

radial basis ~ 1. радиальная базисная функция, функция ядра (*тип активационной функции искусственного нейрона*) 2. *pl* алгоритм обучения (искусственных) нейронных сетей с использованием радиальных базисных функций, RBF-алгоритм 3. *pl* (искусственная) нейронная сеть с обучением на основе радиальных базисных функций, RBF-сеть

radial combination ~ радиальная объединяющая функция (*для объединения входов и весов в нейронных сетях*)

ramp ~ пилообразная функция

range weighting ~ *рлк* весовая функция, задающая зависимость мощности (зондирующего) сигнала от дальности

reactance ~ реактансная функция

register ~ регистровая операция

regression ~ функция регрессии

resolvent ~ *вчт* резольвентная функция

response ~ частотная характеристика

restricted ~ *вчт* функция, выполняемая только при определённых условиях (*напр. в привилегированном режиме работы процессора*)

risk ~ функция риска

saturating linear ~ линейная функция с насыщением

scalar ~ скалярная функция

scaling ~ масштабная функция

scattering ~ функция рассеяния

scedastic ~ скедастическая функция, функция (условной) дисперсии ошибки

Schrödinger wave ~ волновая функция Шредингера

scrambling ~ скремблирующая функция

screen size-viewing distance ~ функция, определяющая зависимость расстояния наблюдения от размера экрана

self-inverse ~ взаимно-обратная функция, инволюта

semilinear ~ полулинейная [дифференцируемая невозрастающая] функция

sensing ~ функция очувствления (*напр. робота*)

sentential ~ предикат

shape ~ функция формы, форм-функция

sigmoid ~ сигмоид(аль)ная функция, сигмоид

sigmoid activation ~ сигмоид(аль)ная функция активации (*нейрона*)

sign ~ сигнум (*функция*)

signal ~ передаточная функция; характеристическая функция; функция активации, активационная функция (*нейрона*)

signum ~ сигнум (*функция*)

signum activation ~ активационная функция (*нейрона*) типа сигнум

smooth ~ гладкая функция

socket library ~ *вчт* функция из библиотеки сокетов

softmax activation ~ многопеременная логистическая активационная функция

spectral ~ спектральная функция

spectral density ~ функция спектральной плотности

spectral radiance ~ функция спектральной плотности энергетической яркости

spline ~ сплайн-функция

spot ~ *вчт* отображение точек (*при многоцветной печати методом не перекрывающихся точек*)

spread ~ аппаратная функция оптического прибора

square-integrable ~ квадратично интегрируемая функция

square-law transfer ~ квадратичная передаточная функция

squashed sign ~ модифицированный сигнум, сигнум с несколькими перепадами на интервале от -1 до $+1$

squashing ~ ограниченная функция с бесконечной областью определения

state ~ функция состояния

state query ~ функция опроса состояния

steering ~ управляющая функция; задающая функция

step ~ единичная ступенчатая функция, функция Хевисайда

stream ~ потоковая функция

summing ~ суммирующая функция

support ~ опорная функция

supported ~ *вчт* поддерживаемая функция

support entity ~ функция системы поддержки

surjection ~ сюръективная [реализующая сюръективное отображение] функция

surjective ~ сюръективная [реализующая сюръективное отображение] функция

survival ~ функция выживания; функция наработки до отказа

switch(ing) ~ логическая функция

switch-type ~ логическая функция

symmetric saturating linear ~ нечётная линейная функция с насыщением

tame ~ *вчт проф.* ручная функция; нормальная функция (*отображающая функция с конечным числом критических точек и подмножествами значений с конечными числами Бетти*)

tan-sigmoid activation ~ активационная функция (*нейрона*) типа гиперболического тангенса

target ~ целевая функция

tensor ~ тензорная функция

tesseral ~ тессеральная функция

testing ~ пробная функция

tetragamma ~ тетрагамма-функция

thermionic work ~ термоэлектронная работа выхода

threshold ~ пороговая функция

through transfer ~ передаточная функция цепи прямой передачи

transcendental ~ трансцендентная функция

transfer ~ передаточная функция; характеристическая функция; функция активации, активационная функция (*нейрона*)
trial ~ пробная функция
trigamma ~ *вчт* тригамма-функция
trigonometric ~ тригонометрическая функция
tri-state ~ функция трёхзначной логики (*с состояниями 0, 1 и Z, где Z - высокоимпедансное состояние*)
typematic ~ функция автоповтора скан-кода клавиши (*при удерживании в нажатом состоянии*)
unate ~ *вчт* унатная функция
uncurried ~ *вчт* функция N переменных, не рассматриваемая как функция одной векторной переменной с размерностью (N - 1)
unit impulse ~ единичный импульс, дельта-импульс, дельта-функция (Дирака)
unit step ~ единичная ступенчатая функция, функция Хевисайда
unsupported ~ *вчт* неподдерживаемая функция
user-defined ~ *вчт* определяемая пользователем функция
utility ~ функция полезности
vector ~ векторная функция
virtual ~ виртуальная функция
visibility ~ функция относительной спектральной световой эффективности
voltage potential ~ потенциальная функция напряжения (*в теории цепей*)
voltage transfer ~ передаточная функция по напряжению
Walsh ~s функции Уолша
wave ~ волновая функция
wave-number limited ~ функция с ограниченной вариацией волнового числа
weighting ~ весовая функция
window ~ оконная [финитная взвешивающая] функция, *проф.* окно
work ~ работа выхода
@ ~ встроенная функция, обозначаемая префиксом в виде символа @

functional 1. функционал 2. функциональный 3. функционирующий; находящийся в работоспособном состоянии 4. выполняющий функцию; играющий роль
analytical ~ аналитический функционал
characteristic ~ характеристический функционал
continuous ~ непрерывный функционал
correlative ~ корреляционный функционал
differentiable ~ дифференцируемый функционал
gage ~ калибровочный функционал
generating ~ производящий функционал
Ginsburg–Landau ~ функционал Гинзбурга — Ландау
invariant ~ инвариантный функционал
Kasimir ~ функционал Казимира
Lagrangian ~ функционал Лагранжа, лагранжиан
Lyapunov ~ функционал Ляпунова
maximum likelihood ~ функционал максимального правдоподобия
nonlinear ~ нелинейный функционал
operator ~ операторный функционал
payoff ~ функция выигрыша
performance ~ функционал характеристики
probability ~ функционал вероятности
singular ~ сингулярный функционал
wave ~ волновой функционал

functionalism функционализм, относящийся к обработке информации раздел когнитивистики
structural ~ структурный функционализм

functionality многофункциональность; функциональные возможности
chip ~ *микр.* функциональные возможности кристалла

functor *вчт* функтор, оператор над типами (*в теории категорий*)
~ of points функтор точек
additive ~ аддитивный функтор
algebraic ~ алгебраический функтор
amnestic ~ забывающий [стирающий] функтор
balanced ~ функтор
bijective ~ биективный функтор, биектор
binary ~ бинарный функтор
canonic ~ канонический функтор
closed ~ замкнутый функтор
complete ~ полный функтор
composition ~ функтор композиции
conjunction ~ функтор конъюнкции
derived ~ производный функтор
disjunction ~ функтор дизъюнкции
embedding ~ функтор вложения
extensional ~ экстенсиональный функтор
family ~ функтор семейств
free ~ свободный функтор
hereditary ~ наследственный функтор
homology ~ гомологический функтор
homotopy ~ гомотопический функтор
immersion ~ функтор погружения
inclusion ~ функтор включения
injective ~ инъективный функтор, инъектор
intensional ~ интенсиональный функтор
logical ~ логический функтор
negation ~ функтор отрицания
one-place ~ одноместный функтор
open ~ открытый функтор
product ~ функтор произведения
projective ~ проективный функтор, проектор
Radon ~ функтор Радона
resolvent ~ *вчт* резольвентный функтор
singular ~ сингулярный функтор
statement ~ функтор утверждения
sum ~ функтор суммы
surjective ~ сюръективный функтор, сюръектор
two-place ~ двуместный функтор
unary ~ одноместный функтор
zero-argument ~ нульместный функтор

fundament основы; основные принципы; фундамент
fundamental 1. основная частота 2. частота основной моды 3. *pl* основы; основные принципы; фундамент 4. основной; фундаментальный
fungiproofing плесенестойкость
furnace печь ◊ **~ for annealing** печь для отжига
arc ~ дуговая печь
conveyor ~ конвейерная печь
diffusion ~ диффузионная печь
direct-arc ~ дуговая печь непосредственного [прямого] нагрева
high-frequency induction ~ высокочастотная индукционная печь
horizontal tube ~ горизонтальная трубчатая печь

furnace

indirect-arc ~ дуговая печь косвенного нагрева
induction ~ индукционная печь
low-frequency induction ~ низкочастотная индукционная печь
muffle ~ муфельная печь
noninductively-wound tube ~ трубчатая печь с безындуктивной спиралью
one-zone ~ однозонная печь, печь с одной зоной
oxidation ~ печь (для термического) оксидирования
pulling ~ печь для выращивания кристаллов методом вытягивания
resistance (heated) ~ печь сопротивления
tipping ~ печь с качающейся лодочкой
two-zone ~ двухзонная печь, печь с двумя зонами
vacuum ~ вакуумная печь
vertical tube ~ вертикальная трубчатая печь

fuse 1. плавкий предохранитель ‖ плавить(ся), расплавлять(ся) 2. *пп* затравка 3. *пп* вплавлять, сплавлять 4. плавкая перемычка (*в ПЛМ*) 5. технология изготовления программируемых логических матриц с плавкими перемычками 6. взрыватель (*см. тж.* fuze)

anti- ~ *микр.* проводящий мостик (*формируемый методом плавления под действием электрического тока*)
cartridge ~ трубчатый плавкий предохранитель
diode ~ плавкий предохранитель, включенный последовательно с полупроводниковым диодом (*в схеме выпрямителя*)
expulsion ~ взрывной предохранитель
grasshopper ~ плавкий предохранитель с пружинным размыкателем и системой тревожной сигнализации с визуальной индикацией
plug ~ плавкий предохранитель с ламповым цоколем, *проф.* «пробка»
quick-break ~ быстродействующий плавкий предохранитель
renewable ~ сменный плавкий предохранитель
safety ~ плавкий предохранитель
slow-blow ~ инерционный плавкий предохранитель
time-delay ~ плавкий предохранитель с задержкой срабатывания

fuse-base основание плавкого предохранителя
fuse-carrier держатель плавкого предохранителя
fuse-disconnector, fuse-isolator предохранитель разъединитель
fuse-link плавкая вставка

enclosed ~ закрытая плавкая вставка

fusing плавление; расплавление

toner ~ плавление тонера (*напр. в лазерных принтерах*)

fusion 1. *пп* сплавление, вплавление 2. *тлв* слияние 3. *опт.* фузия, слияние изображений стереопары (*на сетчатке*)

flame ~ кристаллизация в пламени
infrared ~ радиационное сплавление ИК излучением

futurology футурология
fuze взрыватель

ambient ~ неконтактный взрыватель
electronic ~ радиовзрыватель
influence ~ неконтактный взрыватель
longitudinal ~ радиовзрыватель на эффекте Доплера
proximity ~ неконтактный взрыватель
radar ~ радиолокационный взрыватель
radio ~ радиовзрыватель
variable(-time) ~ неконтактный взрыватель
VT ~ *см.* variable(-time) fuze

fuzz 1. делать(ся) нечётким или неопределённым; размывать(ся); становиться нерезким 2. *вчт проф.* «фаз» (*спецэффект при игре на гитаре*)

Fuzzbuster антирадар (*электронный прибор для предупреждения водителя автомобиля о попадании в зону действия РЛС дорожно-патрульной службы*)

fuzzification введение нечёткости, преобразование дискретного множества в нечёткое, *проф.* векторизация, «фазификация»

fuzzifier программа введения нечёткости, программа преобразования дискретного множества в нечёткое, *проф.* программа векторизации, программа «фазификации»

fuzzify вводить нечёткость, преобразовывать дискретное множество в нечёткое, *проф.* векторизовать, «фазифицировать»

fuzziness нечёткость (*напр. логики*); неопределённость (*напр. поведения системы*); размытость; нерезкость

fuzzy нечёткий (*напр. о логике*); неопределённый (*напр. о поведении системы*); размытый; нерезкий

G

G 1. (допустимое) буквенное обозначение i-го ($2 \leq i \leq 26$) логического диска, съёмного устройства памяти *или* компакт-диска (*в IBM-совместимых компьютерах*) 2. стандарт МСЭ для телевизионного вещания в метровом диапазоне длин волн, стандарт G 3. соль (*нота*)

~ flat соль-бемоль
~ sharp соль-диез

G.711 стандарт МСЭ для передачи речевых сообщений без сжатия в полосе 3,1 кГц со скоростью до 64 кбит/с в компьютерной телефонии, стандарт G.711 (*входит в стандарт H.320*)

G.722 стандарт МСЭ для передачи речевых сообщений без сжатия в полосе 7 кГц со скоростью до 64 кбит/с в компьютерной телефонии, стандарт G.722

G.723 стандарт МСЭ для передачи речевых сообщений с 12-кратным сжатием со скоростью до 6,3 кбит/с в компьютерной телефонии, стандарт G.723 (*входит в стандарт H.320*)

G.724 стандарт МСЭ для адаптивной дифференциальной импульсно-кодовой модуляции в компьютерной телефонии, стандарт G.724

G.729 стандарт МСЭ для передачи речевых сообщений с 8-кратным сжатием со скоростью до 8 кбит/с в компьютерной телефонии, стандарт G.729 (*входит в стандарт H.320*)

gable треугольный (*напр. о распределении*)
gadget техническая новинка; полезное приспособление; дополнительная оснастка; изобретение
gadgeteer новатор; изобретатель
gadgetry технические новинки; полезные приспособления; дополнительная оснастка; изобретения

474

gaffer *тлв* 1. директор по свету; главный осветитель 2. главный электрик

gag 1. *тлв* шутка; острота; реприза; комическая вставка 2. затычка; пробка

sight ~ *тлв* комический эффект, достигаемый чисто визуальными средствами

wind ~ ветрозащитный экран (*микрофона*)

Gage:
American Wire ~ Американский сортамент проводов
B and S ~ *см.* **Brown and Sharpe gage**
Birmingham Wire ~ Бирмингемский сортамент проводов
British Standard Wire ~ Британский сортамент проводов
Brown and Sharpe ~ Американский сортамент проводов

gage 1. контрольные измерения ‖ выполнять контрольные измерения 2. контрольно-измерительный прибор; контрольно-измерительный инструмент 3. (первичный) измерительный преобразователь, датчик, *проф.* сенсор 4. калибр (*1. инструмент для контроля размеров, формы и взаимного расположения частей изделия 2. размер, масса или другая характеристика объекта в специальной системе мер*) 5. калибровка (*1. использование калибра для контроля размеров, формы и взаимного расположения частей изделия 2. описание размера, массы или другой характеристики объекта в специальной системе мер; отнесение объекта к определённому калибру 3. проверка точности измерительного прибора 4. использование условия или условий калибровки (в теории поля)*) ‖ калибровать (*1. использовать калибр для контроля размеров, формы и взаимного расположения частей изделия 2. описывать размер, массу или другую характеристику объекта в специальной системе мер; относить объект к определённому калибру 3. проверять точность измерительного прибора 4. использовать условие или условия калибровки (в теории поля)*) 6. условие или условия калибровки, калибровка (*в теории поля*) 7. сортамент (*проводов*) 8. протяжённость; размах; объём; масштаб

acoustic strain ~ частотный тензодатчик со струнным чувствительным элементом

alpha-ray vacuum ~ ионизационный вакуумметр с источником альфа-излучения

axial ~ аксиальная калибровка

backscattering thickness ~ толщиномер на эффекте обратного рассеяния ионизирующего излучения

Bayard-Alpert ~ ионизационный вакуумметр Байярда — Альперта

beta(-absorption) ~ толщиномер на эффекте поглощения бета-излучения

bonded strain ~ наклеенный тензодатчик

bore ~ нутромер

Buckley ~ ионизационный вакуумметр для измерения малых давлений

capacitive ~ ёмкостный первичный измерительный преобразователь, ёмкостный датчик

cold-cathode magnetron ionization ~ магнетронный (ионизационный) вакуумметр с холодным катодом

contour ~ профильный калибр

Coulomb ~ условие калибровки Кулона, кулоновская калибровка

depth ~ глубиномер

differential pressure ~ дифференциальный манометр

Feynman ~ условие калибровки Фейнмана, фейнмановская калибровка

fiber-optical ~ волоконно-оптический первичный измерительный преобразователь, волоконно-оптический датчик

fuel ~ *вчт проф.* анимированная столбиковая [анимированная столбчатая] диаграмма (*напр. для контроля за процессом загрузки по линии связи*)

gamma-ray thickness ~ толщиномер на эффекте поглощения гамма-излучения

Hamiltonian ~ условие калибровки Гамильтона, гамильтонова калибровка

height ~ прибор для измерения высоты шрифта, *проф.* ростомер

hot-cathode ionization ~ ионизационный вакуумметр

inductive ~ индуктивный первичный измерительный преобразователь, индуктивный датчик

ion [ionization, ionization vacuum] ~ ионизационный вакуумметр

laser ~ лазерный первичный измерительный преобразователь, лазерный датчик

light-cone ~ калибровка светового конуса

liquid-level ~ уровнемер для жидкостей

Lorentz ~ условие калибровки Лоренца, лоренцева калибровка

magnetron vacuum ~ магнетронный (ионизационный) вакуумметр

McLeod ~ манометр Мак-Леода

metal thickness ~ толщиномер для металлических плёнок

penetration-type thickness ~ радиоизотопный толщиномер на эффекте поглощения ионизирующего излучения

piezoelectric ~ пьезоэлектрический (первичный) измерительный преобразователь, пьезоэлектрический датчик

Pirani ~ вакуумметр сопротивления, вакуумметр Пирани

pressure ~ манометр

quartz pressure ~ кварцевый радиочастотный манометр

radioactive thickness ~ радиоизотопный толщиномер

radiometric vacuum ~ радиометрический вакуумметр

Redhead ~ инверсно-магнетронный вакуумметр

resistance strain ~ тензорезистор

resistivity ~ прибор для измерения удельного (электрического) сопротивления

resonance ~ резонансный контрольно-измерительный прибор

standard wire ~ сортамент проводов

strain ~ тензочувствительный (первичный) измерительный преобразователь, тензодатчик

strain vacuum ~ деформационный вакуумметр

tape pressure/tension ~ измерительный преобразователь натяжения (магнитной) ленты, датчик натяжения (магнитной) ленты

thermocouple vacuum ~ термопарный вакуумметр
thickness ~ толщиномер
ultrasonic thickness ~ ультразвуковой толщиномер
vacuum ~ вакуумметр, вакуумный манометр
wire ~ сортамент проводов
X-ray thickness ~ рентгеновский толщиномер
gage-invariant калибровочно-инвариантный
gaging 1. контрольные измерения 2. калибровка (*1. использование калибра для контроля размеров, формы и взаимного расположения частей изделия 2. описание размера, массы или другой характеристики объекта в специальной системе мер; отнесение объекта к определённому калибру 3. проверка точности измерительного прибора 4. использование условия или условий калибровки (в теории поля)*)
  direct ~ прямые контрольные измерения
  indirect ~ косвенные контрольные измерения
  in-process ~ текущие контрольные измерения
  post-process ~ послеоперационные контрольные измерения
gain 1. усиление ‖ усиливать 2. коэффициент усиления; коэффициент передачи 3. выигрыш; увеличение ‖ выигрывать; увеличивать 4. коэффициент усиления антенны (*в данном направлении*); максимальный коэффициент усиления антенны ◊ ~ **in a given direction** коэффициент усиления антенны в данном направлении; ~ **per pass** *кв. эл.* усиление за проход; ~ **per transit** *кв. эл.* усиление за проход; ~ **per unit length** погонное усиление
  ~ **of antenna** 1. коэффициент усиления антенны (*в данном направлении*) 2. максимальный коэффициент усиления антенны
  absolute ~ **of antenna** 1. коэффициент усиления антенны (*в данном направлении*) 2. максимальный коэффициент усиления антенны
  acoustoelectric ~ акустоэлектрическое усиление
  active element pattern ~ коэффициент усиления активного элемента антенной решётки(*в данном направлении.*)
  amplifier ~ коэффициент усиления усилителя
  antenna field ~ (максимальный) относительный коэффициент усиления передающей антенны (*по сравнению с полуволновым симметричным вибратором для горизонтальной поляризации*)
  antenna power ~ 1. коэффициент усиления антенны 2. максимальный коэффициент усиления антенны
  antenna receive ~ коэффициент усиления антенны при приёме
  antenna transmit ~ коэффициент усиления антенны при передаче
  available ~ согласованный коэффициент усиления
  available power ~ согласованный коэффициент усиления по мощности
  backward ~ коэффициент передачи в обратном направлении
  Bayes(ian) ~ байесовский выигрыш
  bridging ~ коэффициент передачи преобразователя с эталонной нагрузкой на входе
  charge ~ зарядовое усиление
  closed-loop ~ коэффициент усиления при замкнутой цепи обратной связи; коэффициент усиления замкнутой системы
  collector-to-base current ~ коэффициент передачи [коэффициент усиления] по току в схеме с общим эмиттером
  collector-to-emitter current ~ коэффициент передачи по току в схеме с общей базой
  common-base ~ коэффициент передачи в схеме с общей базой
  common-drain ~ коэффициент усиления в схеме с общим стоком
  common-emitter ~ коэффициент передачи [коэффициент усиления] в схеме с общим эмиттером
  common-gate ~ коэффициент усиления в схеме с общим затвором
  common-mode ~ коэффициент усиления синфазного сигнала
  common-source ~ коэффициент усиления в схеме с общим истоком
  completely matched power ~ номинальный согласованный коэффициент усиления по мощности
  conversion ~ коэффициент передачи преобразователя
  correlation ~ выигрыш в отношении сигнал/шум при корреляционной обработке
  current ~ 1. коэффициент усиления по току 2. усиление тока
  differential ~ 1. дифференциальный коэффициент усиления 2. *тлв* дифференциальное усиление
  directional ~ индекс направленности (*микрофона или громкоговорителя*)
  directive ~ 1. коэффициент направленного действия, КНД (*антенны в данном направлении*) 2. максимальный коэффициент направленного действия, максимальный КНД (*антенны.*)
  direct-sequence process ~ выигрыш в отношении сигнал — шум при обработке сигналов с расширенным спектром
  diversity ~ коэффициент усиления при приёме на разнесённые антенны
  double-channel ~ двухполосный [двухканальный] коэффициент усиления (*параметрического усилителя*)
  efficiency ~ выигрыш в эффективности
  expected ~ ожидаемый выигрыш
  feedback network ~ коэффициент передачи цепи обратной связи
  forward ~ коэффициент передачи в прямом направлении
  full beam ~ максимальный коэффициент усиления антенны
  grounded-base current ~ коэффициент передачи по току в схеме с общей базой
  grounded-base power ~ коэффициент усиления по мощности в схеме с общей базой
  grounded-base voltage ~ коэффициент усиления по напряжению в схеме с общей базой
  grounded-collector current ~ коэффициент усиления по току в схеме с общим коллектором
  grounded-collector voltage ~ коэффициент усиления по напряжению в схеме с общим коллектором
  grounded-emitter current ~ коэффициент передачи [коэффициент усиления] по току в схеме с общим эмиттером
  grounded-emitter power ~ коэффициент усиления по мощности в схеме с общим эмиттером

grounded-emitter voltage ~ коэффициент усиления по напряжению в схеме с общим эмиттером
incremental ~ дифференциальный коэффициент усиления
input ~ усиление на входе, входное усиление
insertion ~ вносимое усиление
internal loop ~ коэффициент усиления внутреннего контура (*для системы с обратной связью*)
inverse ~ коэффициент передачи в обратном направлении
isotropic ~ of antenna коэффициент усиления изотропной антенны
large-signal power ~ коэффициент усиления по мощности при большом сигнале
laser ~ коэффициент усиления лазера
level-dependent ~ дифференциальный коэффициент усиления
logarithmic ~ затухание передачи фильтра
loop ~ петлевое усиление (*в схеме с обратной связью*)
low-level [low-signal] current ~ коэффициент усиления по току при малом уровне сигнала
luminous ~ коэффициент усиления светового потока
matched power ~ согласованный коэффициент усиления по мощности
net ~ полный [общий] коэффициент усиления
neutralized stable ~ коэффициент усиления при полной нейтрализации обратной связи
nonreciprocal ~ *кв. эл.* невзаимное усиление
obstacle ~ усиление на препятствии (*при распространении радиоволн*)
off-axis ~ 1. коэффициент усиления антенны в направлении, не совпадающем с осью главного лепестка диаграммы направленности **2.** *кв. эл.* внеосевое усиление
on-axis ~ 1. максимальный коэффициент усиления антенны **2.** *кв. эл.* усиление при прохождении вдоль оси
one-pass ~ *кв. эл.* усиление за проход
open-circuit voltage ~ коэффициент усиления по напряжению в режиме холостого хода
open-loop ~ коэффициент усиления при разомкнутой цепи обратной связи; коэффициент усиления разомкнутой системы
optical ~ оптическое усиление
optimum ~ оптимальное усиление
output ~ усиление на выходе, выходное усиление
parametric ~ параметрическое усиление
partial ~ of antenna парциальный коэффициент усиления антенны (*для данной поляризации*)
partial realized ~ of antenna парциальный коэффициент усиления антенны (*для данной поляризации*) с учётом потерь на рассогласование
photoconductivity ~ фоторезистивное усиление
power ~ 1. коэффициент усиления по мощности **2.** усиление мощности **3.** коэффициент усиления антенны **4.** максимальный коэффициент усиления антенны
process(ing) ~ выигрыш в отношении сигнал — шум при обработке сигналов
radiant ~ коэффициент усиления лучистого потока
realized ~ коэффициент усиления антенны с учётом потерь на рассогласование

reciprocal ~ взаимное усиление
relative ~ of antenna (максимальный) относительный коэффициент усиления антенны (*по сравнению с эталонной антенной*)
relative partial ~ of antenna (максимальный) относительный коэффициент усиления антенны (*по сравнению с эталонной антенной для данной поляризации*)
reverse ~ коэффициент передачи в обратном направлении
ride ~ управление динамическим диапазоном схемы с учётом показаний индикатора уровня
round-trip ~ *кв. эл.* усиление при двукратном прохождении (*активной среды*)
saturated ~ 1. коэффициент усиления в режиме насыщения **2.** усиление в режиме насыщения
screen ~ коэффициент яркости экрана
servo loop ~ петлевое усиление сервосистемы, петлевое усиление (следящей) системы автоматического регулирования (*механической величины*)
single-channel ~ однополосный [одноканальный] коэффициент усиления (*параметрического усилителя*)
single-pass ~ *кв. эл.* усиление за проход
small-signal ~ коэффициент усиления при малом уровне сигнала
spectral-conversion luminous ~ коэффициент преобразования светового потока (*в оптоэлектронных приборах*)
spectral-conversion radiant ~ коэффициент преобразования лучистого потока (*в оптоэлектронных приборах*)
spectral luminous ~ коэффициент усиления светового потока (*на данной длине волны*)
spectral radiant ~ коэффициент усиления лучистого потока (*на данной длине волны*)
speed ~ выигрыш в быстродействии
threshold ~ пороговое усиление
total ~ of antenna сумма парциальных коэффициентов усиления антенны (*в данном направлении*) для двух ортогональных поляризаций
transducer ~ коэффициент передачи преобразователя
transmission ~ коэффициент передачи
turn-off thyristor ~ коэффициент усиления тиристора в фазе выключения
turn-on thyristor ~ коэффициент усиления тиристора в фазе включения
unilateral ~ *пп* коэффициент однонаправленного усиления
unsaturated ~ коэффициент усиления в отсутствие насыщения
voltage ~ 1. коэффициент усиления по напряжению **2.** усиление напряжения
gain-bandwidth произведение коэффициента усиления на ширину полосы пропускания
galactic галактический
Galaxy Галактика, Млечный Путь
galaxy галактика
  quasi-stellar ~ квазаг, квазизвёздная галактика, квазизвёздный галактический источник радиоизлучения, *проф.* «контрабандист»
  radio ~ радиогалактика
  Seyfert ~ сейфертовская галактика, спиральная галактика с активным ядром

galaxy

spiral ~ спиральная галактика
galena *пп* галенит, свинцовый блеск
Galileo западноевропейский вариант глобальной (спутниковой) системы (радио)определения местоположения, система Galileo (GPS)
Gallatin кодовое название ядра и процессора Foster *(процессора Pentium IV в серверном варианте, изготовленного с литографическим разрешением 0,13 мкм)*
gallery 1. галерея *(1. тип помещения 2. коллекция; группа)* **2.** видеорежиссёрская аппаратная
  inspection ~ смотровая галерея
  mirror ~ *тлв* зеркальная галерея *(спецэффект в видео)*
  picture ~ картинная галерея
  shooting ~ тир *(в компьютерных играх)*
  whispering ~ 1. шепчущая галерея *(вогнутая поверхность, создающая условия для многократного переотражения радиоволн)* **2.** эффект шепчущей галереи *(при распространении радиоволн)*
galley пробный оттиск; гранка
galvanic гальванический
galvanism 1. электрические явления **2.** электрохимические явления **3.** гальванизация
galvanization гальванизация
galvanoluminescence гальванолюминесценция
galvanometer гальванометр
  astatic ~ астатический гальванометр
  ballistic ~ баллистический гальванометр
  D'Arsonval ~ магнитоэлектрический гальванометр с подвижной катушкой
  differential ~ дифференциальный гальванометр
  direct-writing ~ прямозаписывающий гальванометр
  Einthoven ~ струнный гальванометр
  electrostatic ~ электростатический гальванометр
  mirror ~ зеркальный гальванометр
  moving-coil ~ магнитоэлектрический гальванометр с подвижной катушкой
  potential ~ гальванометр с большим внутренним сопротивлением
  reflecting ~ зеркальный гальванометр
  string ~ струнный гальванометр
  superconducting low-inductance undulatory ~ сверхпроводящий низкоиндуктивный ондуляторный гальванометр, *проф.* «слаг»
  torsion ~ гальванометр с подвижной опорной головкой
  torsion-string ~ гальванометр с подвесом подвижной части на двух нитях
  vibrational ~ вибрационный гальванометр
Game:
  Organizational ~ «Организационная игра» *(концептуальный подход к проектированию автоматизированных систем с участием пользователей)*
game 1. игра *(1. вид развлечения 2. математическая модель принятия оптимальных решений в условиях конфликта)* || играть **2.** цель *(при воздушном перехвате)* ◊**~ is a draw** игра закончилась вничью;
  ~ is over игра окончена
  ~ of approach игра сближения
  ~ of chance азартная игра
  ~ of luck азартная игра
  ~ on graph игра на графе
  ~ with a single experiment игра с единичным испытанием
  ~ with complete information игра с полной информацией
  ~ with constant cost игра с постоянной стоимостью
  ~ with constant sum игра с постоянной суммой
  ~ with convex payoff игра с выпуклой функцией выигрыша
  ~ with delayed information игра с запаздывающей информацией
  ~ without constraints игра без ограничений
  achievement ~ игра на выигрыш
  action ~ игра-боевик
  adaptive ~ адаптивная игра
  adventure ~ приключенческая игра
  alliance ~ коалиционная игра
  alternative ~ поочерёдная игра
  antagonistic ~ антагонистическая игра
  arcade ~ аркадная игра, аркада
  attrition ~ игра на выживание
  battle ~ игра-бой; игра-сражение; игра-битва; игра-поединок
  biased ~ смещённая игра
  bluffing ~ игра с блефом
  business ~ деловая игра
  card ~ карточная игра
  coalition ~ коалиционная игра
  coin-operated arcade video ~ аркадная видеоигра с использованием автомата с монетоприёмником
  Colonel Blotto ~ игра Блотто
  combat racing ~ игра-гонки со сражениями
  computer ~ компьютерная игра
  constrained ~ игра с ограничениями
  constant cost ~ игра с постоянной стоимостью
  constant sum ~ игра с постоянной суммой
  cooperative ~ коалиционная [кооперативная] игра
  3D action ~ трёхмерная игра-боевик
  decision-making ~ игра с принятием решений
  dilemma ~ игра с дилеммой
  Doom-like ~ игра типа Doom, трёхмерная [объёмная] игра-боевик от первого лица
  economic ~ экономическая игра
  feedback ~ рекурсивная игра
  finite resources ~ игра с конечными ресурсами
  first-person ~ игра от первого лица
  fuzzy ~ нечёткая игра
  guessing ~ игра на угадывание
  hierarchical ~ игра с иерархической структурой
  imitation ~ имитационная игра *(1. игра-тренажёр 2. тест Тьюринга, тест для определения машинного интеллекта)*
  infinite move ~ игра с бесконечным числом ходов
  learning ~ обучающая игра
  logic ~ логическая игра
  management ~ управленческая игра
  market ~ рыночная игра
  matrix ~ матричная игра
  microprocessor-based video ~ видеоигра с использованием микропроцессора
  mixed strategy ~ игра со смешанной стратегией
  negative-sum ~ суммарно отрицательная игра, игра с отрицательной суммой
  network ~ сетевая игра
  noncooperative ~ некоалиционная игра

nonzero-sum ~ суммарно ненулевая игра, игра с ненулевой суммой
ordered set ~ игра на упорядоченном множестве
perfect information ~ игра с полной информацией
polynomial ~ полиномиальная игра
positional ~ позиционная игра
positive-sum ~ суммарно положительная игра, игра с положительной суммой
prisoners ~ дилемма заключённых, проблема выбора оптимальной смешанной стратегии в играх на выживание (*с одинаковыми интересами участников*), *проф.* игра «два бандита»
programmable video ~ программируемая видеоигра
pursuit ~ игра на преследование
puzzle ~ игра-головоломка
quota ~ долевая игра
real-time strategy ~ стратегическая игра в реальном масштабе времени
recursive ~ рекурсивная игра
resource ~ ресурсная игра
role-playing ~ ролевая игра
RTS ~ *см.* real-time strategy game
search ~ игра на поиск
sequential ~ игра с последовательной выборкой
shooter ~ игра-боевик (*обычно от первого лица*); игра со стрельбой, *проф.* «стрелялка»
simulation ~ имитационная игра, игра-тренажёр
sport ~ спортивная игра
statistical ~ статистическая игра
strategy ~ стратегическая игра
submarine chasing ~ игра «охота за подводной лодкой»
survival ~ игра на выживание
symmetrical ~ симметричная игра
tactical ~ тактическая игра
take-away ~ игра с выбыванием
television ~ телевизионная игра, телеигра
thriller ~ игра-триллер
truncated sequential ~ игра с усечённой последовательной выборкой
two-person ~ игра (для) двух лиц
video ~ 1. видеоигра 2. компьютерная игра
war ~ военная игра
winning ~ игра на выигрыш
zero-sum ~ суммарно нулевая игра, игра с нулевой суммой
zero-sum two-person ~ антагонистическая игра
gamer любитель компьютерных игр
gaming игры; учения в форме игры
gamma 1. гамма (*1. буква греческого алфавита*, Γ, γ *2. тлв показатель гамма 3.* псевдослучайная числовая последовательность в алгоритмах шифрования открытых данных) 2. коэффициент контрастности 3. гамма-частица; гамма-излучение
camera-tube ~ (показатель) гамма передающей ЭЛТ
display ~ (показатель) гамма дисплея
image ~ коэффициент контрастности
picture-tube ~ (показатель) гамма кинескопа
point ~ 1. *тлв* дифференциальное значение (показателя) гамма 2. градиент контраста
strong ~ криптостойкая гамма
television ~ (показатель) гамма (*кинескопа или передающей ЭЛТ*)

gammate *тлв* использовать гамма-коррекцию
gammation *тлв* гамма-коррекция
gamming гаммирование, процесс наложения гаммы шифра на открытые данные
gamut (полный) диапазон; (полная) гамма
color ~ цветовой охват
gang 1. комплект; набор; блок 2. управлять с помощью одной ручки 3. бригада
emergency ~ аварийная бригада
maintenance ~ бригада (технического) обслуживания; бригада (текущего) ремонта
ganging одноручечное управление
ganglia *pl от* ganglion
ganglion *биол.* ганглий
gap 1. зазор; щель; интервал, промежуток 2. *фтт, пп* запрещённая (энергетическая) зона, энергетическая щель; ширина запрещённой (энергетической) зоны, ширина щели 3. минимум диаграммы направленности антенны 4. отсутствие импульса; отсутствие сигнала 5. *рлк* мёртвая зона 6. разрядный промежуток 7. разрядник 8. пауза, перерыв в работе
air ~ 1. воздушный зазор (*напр. в магнитопроводе*) 2. разрядный промежуток 3. искровой разрядник
arc ~ дуговой разрядник
back ~ дополнительный зазор (*магнитной головки*)
band ~ запрещённая зона, энергетическая щель; ширина запрещённой зоны, ширина щели
BCS energy ~ *свпр* энергетическая щель Бардина — Купера — Шриффера, энергетическая щель БКШ
block ~ межблочный (защитный) интервал (*напр. при магнитной записи*)
buncher ~ зазор входного резонатора (*клистрона*)
catcher ~ зазор выходного резонатора (*клистрона*)
contact ~ зазор между замыкающими контактами реле (*в разомкнутом положении*)
differential ~ зона неоднозначности; гистерезис
direct (band) ~ запрещённая зона с прямыми переходами
distributed ~ распределённый зазор (*сердечника*)
energy (band) ~ запрещённая зона, энергетическая щель; ширина запрещённой зоны
file ~ межфайловый (защитный) интервал (*напр. при магнитной записи*)
forbidden ~ запрещённая зона, энергетическая щель; ширина запрещённой зоны
front ~ рабочий зазор (*магнитной головки*)
head ~ 1. зазор магнитной головки 2. ширина зазора магнитной головки
indirect (band) ~ запрещённая зона с непрямыми переходами
input ~ зазор входного резонатора (*клистрона*)
interaction ~ зазор [пространство] взаимодействия
inter-block ~ межблочный (защитный) интервал (*напр. при магнитной записи*)
inter-record ~ межблочный (защитный) интервал (*напр. при магнитной записи*)
inter-track ~ междорожечный (защитный) интервал (*напр. при магнитной записи*)
laser-triggered spark ~ лазероуправляемый искровой разрядник

magnet ~ зазор в магнитопроводе
magnetic ~ 1. рабочий зазор магнитной головки 2. зазор в магнитопроводе
magnetic head ~ рабочий зазор магнитной головки
main ~ 1. основной разрядный промежуток 2. промежуток катод — анод
oil-filled spark ~ разрядник с масляным заполнением
orthogonal erase ~ ортогональный зазор стирающей магнитной головки
output ~ зазор выходного резонатора (*клистрона*)
post-index ~ послеиндексный [пост-индексный] (защитный) интервал (*при магнитной записи на жёсткий диск*)
pre-index ~ предындексный (защитный) интервал (*при магнитной записи на жёсткий диск*)
pressurized spark ~ искровой разрядник с повышенным давлением
proximity ~ микрозазор (*в фотолитографии*)
quenched spark ~ самогасящийся искровой разрядник
radial air ~ основной разрядный промежуток
read ~ зазор считывающей (магнитной) головки
rear ~ дополнительный зазор (*магнитной головки*)
record ~ межзонный промежуток (*на магнитной ленте*)
residual ~ остаточный зазор (*между якорем реле и полюсом*)
resonant ~ 1. разрядный промежуток резонансного разрядника 2. резонансный разрядник
rod ~ разрядник со стержневыми электродами
rotary (spark) ~ искровой разрядник с вращающимся диском
semantic ~ семантический разрыв, разрыв между конструкциями машинного языка и конструкциями языка программирования высокого уровня
spark ~ 1. искровой разрядник 2. искровой промежуток (*напр. искрового генератора*)
sphere ~ разрядник со сферическими электродами
standard sphere ~ искровой разрядник со стандартными (металлическими) сферическими электродами
synaptic ~ *биол.* синаптическая щель
triggered vacuum ~ управляемый вакуумный разрядник, УВР
undirect ~ запрещённая зона с непрямыми переходами
unquenched spark ~ несамогасящийся искровой разрядник
untriggered vacuum ~ неуправляемый вакуумный разрядник
write ~ зазор записывающей (магнитной) головки
write turn-off ~ (защитный) интервал выключения записи (*на жёсткий диск*)
write turn-on ~ (защитный) интервал включения записи (*на жёсткий диск*)
gapper *вчт* периодическое перемежение основного звукового сигнала с краткими участками молчания, *проф.* «гэппер» (*цифровой звуковой спецэффект*)
garage 1. нерабочее положение печатающей головки (*в струйных принтерах*) 2. контейнер для картриджа с чернилами (*в струйных принтерах*)
garbage 1. перекрёстные помехи, обусловленные избыточной шириной спектра 2. *вчт* бессмысленные или ошибочные данные, *проф.* «мусор», «грязь»

garbage-in garbage-out *вчт* «каков вопрос, таков и ответ», «мусор на входе - мусор на выходе» (*выражение для характеристики факта получения бессмысленного результата при вводе ошибочных данных*)
garble 1. (преднамеренное или непреднамеренное) искажение (*напр. информации*) || (преднамеренно или непреднамеренно) искажать (*напр. информацию*) 2. *рлк* синхронная импульсная помеха || использовать синхронную импульсную помеху
garnet гранат
bismuth substituted ~ висмутзамещённый [висмутсодержащий] гранат
bubble-domain ~ гранат с ЦМД
calcium bismuth vanadium ~ кальций-висмут-ванадиевый гранат
calcium gallium germanium ~ кальций-галлий-германиевый гранат
calcium-germanium substituted ~ кальций-германий-замещённый гранат
compensation-point ~ гранат с точкой (магнитной) компенсации
diamagnetic ~ диамагнитный гранат
dysprosium aluminum ~ алюмодиспрозиевый гранат
epitaxial yttrium iron ~ эпитаксиальная плёнка железоиттриевого граната, эпитаксиальная плёнка ЖИГ
erbium-iron ~ железоэрбиевый гранат, эрбиевый феррит-гранат
europium iron ~ железоевропиевый гранат, европиевый феррит-гранат
ferrimagnetic ~ ферримагнитный гранат
gadolinium gallium ~ гадолиний-галлиевый гранат, ГГГ
gadolinium scandium aluminum ~ гадолиний-скандий-алюминиевый гранат
high-mobility ~ гранат с высокой подвижностью доменных границ
iron ~ железосодержащий [железистый] гранат
low-mobility ~ гранат с низкой подвижностью доменных границ
magnetic ~ магнитный гранат
magnetic bubble ~ гранат с ЦМД
mixed ~ смешанный гранат
neodymium gallium ~ неодим-галлиевый гранат, НГГ
nonmagnetic ~ немагнитный гранат
polycrystalline ~ поликристаллический гранат
rare earth ~ редкоземельный гранат
samarium-iron ~ железосамариевый гранат, самариевый феррит-гранат
single-crystal ~ монокристаллический гранат, монокристалл со структурой граната
substitution ~ замещённый (феррит-)гранат
terbium iron ~ железотербиевый гранат, тербиевый феррит-гранат
uniaxial ~ одноосный гранат
ytterbium-iron ~ железоиттербиевый гранат, иттербиевый феррит-гранат
yttrium aluminum ~ алюмоиттриевый гранат, АИГ
yttrium gallium ~ иттрий-галлиевый гранат, ИГГ
yttrium iron ~ железоиттриевый гранат, ЖИГ, феррит-гранат иттрия (*см. тж.* **YIG**)
garply *вчт* метасинтаксическая переменная

gas газ
    Bose ~ Бозе-газ
    carrier ~ *крист.* газ-носитель
    degenerate electron ~ вырожденный электронный газ
    doping ~ *микр.* легирующий газ
    electron ~ электронный газ
    inert ~ инертный газ
    ionized ~ ионизированный газ
    noble ~ инертный газ
    nondegenerate electron ~ невырожденный электронный газ
    occluded ~ окклюдированный газ
    phonon ~ фононный газ
    photon ~ фотонный газ
    quenching ~ гасящий газ (*в счётных трубках*)
    residual ~ остаточный газ (*в электровакуумном приборе*)
    two-dimensional electron ~ двумерный электронный газ
    two-dimensional hole ~ двумерный дырочный газ
gas-discharge газоразрядный
gaseous газообразный
gasetron ртутный вентиль
gas-filled газонаполненный
gasket уплотнитель; герметизирующая *или* уплотнительная прокладка; сальник
    asbestos ~ асбестовая прокладка
    conductive ~ проводящая прокладка (*напр. для устранения излучения в волноводных соединениях*)
    flange ~ фланцевый уплотнитель
    teflon ~ тефлоновая прокладка
    waveguide ~ проводящая прокладка (*для устранения излучения*) в волноводных соединениях
gassiness наличие газа (*напр. в электровакуумном приборе*)
gassing газообразование; выделение газа (*напр. в электровакуумном приборе*)
gate 1. логический элемент, ЛЭ; (логическая) схема; *проф.* вентиль; шлюз ‖ управлять (*напр. работой устройства*) с помощью логических элементов *или* логических схем; использовать логические элементы *или* логические схемы 2. селекторный [стробирующий] импульс, строб-импульс ‖ осуществлять селекцию во времени; стробировать 3. временной селектор 4. затвор (*напр. полевого транзистора*) 5. *пп* управляющий электрод (*напр. тиристора*) ◊ **to~ in** вводить (*сигнал*); **to ~ out** выделять; (*сигнал*), **to ~ through** пропускать (*сигнал*)
    ~ A20 *вчт* логический элемент линии A20 адресной шины
    alternative denial ~ логический элемент И НЕ
    amplitude ~ ограничитель сверху и снизу, ограничитель по максимуму и по минимуму
    AND ~ логический элемент И
    AND-INVERT ~ логический элемент И НЕ
    AND-NOT ~ логический элемент И НЕ
    anode ~ анодный управляющий электрод (*тиристора*)
    back ~ нижний затвор
    biconditional ~ логический элемент эквивалентности, логический элемент равнозначности
    binary-logic ~ двоичный логический элемент
    bottom ~ нижний затвор
    burst ~ *тлв* импульс цветовой синхронизации
    call ~ *вчт* логический элемент вызова (*процедур*)
    capacitor-resistor-diode ~ элемент резисторно-конденсаторной диодной логики
    cathode ~ катодный управляющий электрод (*тиристора*)
    clocked ~ тактируемый логический элемент
    CML ~ *см.* **current-mode (logic) gate**
    coincidence ~ логический элемент И
    complement ~ логический элемент дополнительного кода
    conjunction ~ логический элемент И
    control ~ 1. затвор 2. управляющий электрод
    CRD ~ *см.* **capacitor-resistor-diode gate**
    current-field-access swap ~ логический элемент обмена между регистрами с доступом по току и по магнитному полю (*в ЗУ на ЦМД*)
    current-mode (logic) ~ логический элемент на переключателях тока
    difference ~ логический элемент исключающее ИЛИ
    diode ~ диодная логическая схема
    diode-transistor logic ~ элемент диодно-транзисторной логики
    discrete ~ 1. схема на дискретных компонентах 2. логический элемент ИС с низкой степенью интеграции
    disjunction ~ логический элемент (включающее) ИЛИ
    dispersion ~ логический элемент И НЕ
    diversity ~ логический элемент исключающее ИЛИ
    DTL ~ *см.* **diode-transistor logic gate**
    dual ~ двойной затвор
    EITHER-OR ~ логический элемент (включающее) ИЛИ
    emitter-coupled ~ элемент логики с эмиттерными связями
    enabling ~ отпирающая схема
    equality [equivalence] ~ логический элемент эквивалентности, логический элемент равнозначности
    equivalent ~ эквивалентный логический элемент, логический эквивалент (*единица измерения степени интеграции СБИС*)
    except ~ логический элемент запрета
    exclusive NOR ~ логический элемент исключающее ИЛИ НЕ
    exclusive OR ~ логический элемент исключающее ИЛИ
    fault-free ~ исправный логический элемент
    faulty ~ неисправный логический элемент
    ferroelectric light ~ сегнетоэлектрический оптический логический элемент
    film ~ кадровое окно (*кинокамеры*)
    floating ~ плавающий затвор
    flux ~ феррозонд
    GaAs logic ~ логический элемент на арсениде галлия
    guard ~ охранный затвор
    IC logic ~ интегральная логическая схема
    identity ~ логический элемент эквивалентности, логический элемент равнозначности
    if-A-then-NOT-B ~ логический элемент И НЕ
    I^{2}L ~ *см.* **integrated injection logic gate**

gate

in ~ 1. входной логический элемент 2. входной затвор (*ПЗС*)
inclusive NOR ~ логический элемент (включающее) ИЛИ НЕ
inclusive OR ~ логический элемент (включающее) ИЛИ
indicator ~ *рлк* селекторный [стробирующий] импульс индикатора
information ~ селектор параметров (*телеметрируемого процесса*)
inhibition ~ логический элемент запрета
input ~ 1. входной логический элемент 2. входной затвор (*ПЗС*)
insulated ~ изолированный затвор
integrated injection logic ~ элемент интегральной инжекционной логики, элемент И^{2}Л
interrupt ~ *вчт* логический элемент (обслуживания) прерываний
inverting logic ~ логический элемент НЕ, инвертор
joint denial ~ логический элемент (включающее) ИЛИ НЕ
Josephson(-junction) logic ~ логический элемент на приборах с переходами Джозефсона
junction ~ плоскостной затвор
latching Boolean ~ логический элемент с фиксацией состояния, *проф.* логический элемент с «защёлкой»; логическая схема с фиксацией состояния, *проф.* логическая схема с «защёлкой»
logic(al) ~ логический элемент; логическая схема
magnetic ~ магнитный логический элемент
majority ~ мажоритарный логический элемент
match ~ логический элемент эквивалентности, логический элемент равнозначности
meshed ~ сетчатый затвор (*полевого транзистора*)
metal ~ металлический затвор (*МОП-структуры*)
metal-oxide-semiconductor ~ 1. логический элемент на МОП-транзисторах 2. затвор МОП-структуры
mix ~ логический элемент (включающее) ИЛИ
molibdenum ~ молибденовый затвор (*МОП-структуры*)
MOS ~ *см.* metal-oxide-semiconductor gate
multiemitter ~ логический элемент на многоэмиттерном транзисторе
multiple-level (logic) ~ многоуровневый логический элемент
NAND ~ логический элемент И НЕ
n-channel silicon ~ кремниевый затвор МОП-структуры с каналом *n*-типа
negation ~ логический элемент НЕ, инвертор
negative AND ~ логический элемент И НЕ
negative OR ~ логический элемент (включающее) ИЛИ НЕ
negative unate ~ логический элемент отрицающего множества
NEITHER-NOR ~ логический элемент (включающее) ИЛИ НЕ
N-input ~ логический элемент с N-входами
nitride ~ затвор с изолирующим слоем из нитрида кремния
NMOS silicon ~ кремниевый затвор МОП-структуры с каналом *n*-типа
noise ~ пороговый шумоподавитель
nonconjunction ~ логический элемент И НЕ

nondisjunction ~ логический элемент (включающее) ИЛИ НЕ
nonequality [nonequivalence] ~ логический элемент исключающее ИЛИ
nonunate ~ логический элемент неотрицающего множества
NOR ~ логический элемент (включающее) ИЛИ НЕ
NOT ~ логический элемент НЕ, инвертор
NOT-AND ~ логический элемент И НЕ
one-nanosecond ~ логический элемент с задержкой сигнала на 1 нс
opaque ~ непрозрачный затвор
optical ~ оптический логический элемент
OR ~ логический элемент (включающее) ИЛИ
OTHER-OR ~ логический элемент включающее ИЛИ
out ~ выходной логический элемент
outer ~ внешний затвор
overlapping ~s перекрывающиеся затворы
p-channel silicon ~ кремниевый затвор МОП-структуры с каналом *p*-типа
PMOS silicon ~ кремниевый затвор МОП-структуры с каналом *p*-типа
p-n junction ~ логический элемент на основе *p — n*-перехода
polysilicon ~ поликристаллический кремниевый затвор
positive unate ~ логический элемент позитивного множества
primitive logic ~ базовый логический элемент; базовая логическая схема
pulse ~ селекторный [стробирующий] импульс, строб-импульс
range ~ 1. *рлк* селектор по дальности 2. селекторный импульс дальности
readout ~ логический элемент считывания
refractory ~ затвор из тугоплавкого металла
replicate ~ репликатор (*в ЗУ на ЦМД*)
resistive insulated ~ резистивный изолированный затвор
resistively connected ~s резистивно-связанные затворы
resistor-transistor logic ~ элемент резисторно-транзисторной логики, элемент РТЛ
RTL ~ *см.* resistor-transistor logic gate
sampling ~ схема выборки отсчётов
scan ~ сканирующий затвор (*ПЗС*)
sealed ~ изолированный затвор
searching ~ качающийся строб-импульс
self-aligned [self-registered] ~ самосовмещённый затвор
Shottky(-barrier) ~ затвор (в виде барьера) Шотки
silicon ~ кремниевый затвор
stacked ~ многоуровневый затвор
stated ~ логический элемент с фиксацией состояния, *проф.* логический элемент с «защёлкой»; логическая схема с фиксацией состояния, *проф.* логическая схема с «защёлкой»
stateful ~ логический элемент с фиксацией состояния, *проф.* логический элемент с «защёлкой»; логическая схема с фиксацией состояния, *проф.* логическая схема с «защёлкой»
stateless ~ логический элемент без фиксации состояния, *проф.* логический элемент без «защёл-

ки»; логическая схема без фиксацией состояния, *проф.* логическая схема без «защёлки»
storage ~ затвор хранения (*ПЗС*)
substrate ~ нижний затвор
swap ~ логический элемент обмена
synchronous ~ синхронный временной селектор
task ~ *вчт* логический элемент (переключения) задач
threshold ~ пороговый логический элемент
thyratron ~ логический элемент И на многоэлектродном тиратроне
time ~ временной селектор
T²L ~ *см.* **transistor-transistor logic gate**
top ~ верхний затвор
transfer ~ 1. передающий затвор (*ПЗС*) 2. логический элемент передачи
transistor-transistor logic ~ элемент транзисторно-транзисторной логики, элемент ТТЛ
trap ~ *вчт* логический элемент (обслуживания) ловушек
TTL ~ *см.* **transistor-transistor logic gate**
tunneling cryotron ~ управляющий провод туннельного криотрона
variable-threshold ~ логический элемент с переменным порогом
V-groove MOS ~ логический элемент на МОП-транзисторах с V-образными канавками
video ~ видеоселектор
VMOS ~ *см.* **V-groove MOS gate**
write ~ *вчт* сигнал включения режима записи
XNOR ~ логический элемент исключающее ИЛИ НЕ
XOR ~ логический элемент исключающее ИЛИ
zero-match ~ логический элемент ИЛИ НЕ
gatekeeper *вчт* посредник, программа с таблицами маршрутизации для шлюза
gateway *вчт* (межсетевой) шлюз
   CORE ~ *см.* **Council of Registrars gateway**
   Council of Registrars ~ шлюз, включённый в число центральных Советом регистраторов, CORE-шлюз
default ~ шлюз(, используемый) по умолчанию
dual-homed ~ шлюз между разнородными сетями
Internet telephony ~ шлюз для Internet-телефонии, IT-шлюз
mail ~ шлюз для электронной почты, почтовый шлюз
network ~ (меж)сетевой шлюз
proxy ~ шлюз-посредник, шлюз с программным обеспечением для обработки и пересылки запросов пользователей и получения ответов, *проф.* прокси-шлюз
trusted ~ доверенный шлюз
gatewidth длительность селекторного [стробирующего] импульса, длительность строб-импульса
gather 1. сбор (*напр. информации*) || собирать (*напр. информацию*) 2. скопление; объединение || собираться; скапливаться; объединяться
gathering 1. сбор (*напр. информации*) 2. скопление; объединение
   data ~ сбор данных; сбор информации
   electronic news ~ электронная служба новостей (*с использованием портативной видео- и аудиоаппаратуры*); электронная журналистика (*теле-, радио- или видеожурналистика*)

gating 1. выполнение логических операций 2. стробирование 3. селекция
   amplitude ~ селекция по амплитуде
   aurora ~ *рлк* стробирование приёмника для устранения авроральных эхо-импульсов
   azimuth ~ *рлк* увеличение яркости определённого сектора по азимуту в ИКО
   clutter ~ *рлк* стробирование приёмника для устранения эхо-импульсов, обусловленных мешающими отражениями
   control ~ логическое управление
   electrooptical ~ электрооптическое стробирование
   range ~ селекция по дальности
   receiver ~ стробирование приёмника
   time ~ временная селекция
gauge *см.* **gage**
gauss гаусс, Гс ($1 \cdot 10^4$ Т)
gaussistor гауссистор (*полупроводниковый усилитель на основе магниторезистивного эффекта*)
gaussmeter измеритель магнитной индукции, ИМИ
   digital ~ цифровой измеритель магнитной индукции
   Hall-effect ~ измеритель магнитной индукции на эффекте Холла
gauze 1. сетчатая ткань; сетчатый материал 2. сетчатый конструктивный элемент
   fine-plastic ~ тонкий сетчатый пластмассовый экран (*напр. ветрозащитный экран микрофона*)
gazelle *вчт* небольшое быстро развивающееся предприятие, вовлечённое в корпоративную сеть, *проф.* газель
gear 1. принадлежности; средства; оборудование 2. механизм 3. зубчатая передача || использовать зубчатую передачу 4. шестерня 5. *вчт* звёздочка, *проф.* «шестерёнка», символ * 6. улавливание; выделение || улавливать; выделять 7. *рлк* самонаведение || самонаводиться
   brake ~ тормозной механизм
   brush rocker ~ регулятор щёточной траверсы
   cam ~ кулачковый механизм
   degaussing ~ средства размагничивания (*судов*)
   echo sounding ~ акустические средства определения глубины (*напр. эхолот*)
   magnetic ~ электромагнитная фрикционная передача
   molecular ~ *микр.* молекулярная шестерня
   photographic ~ фотографические принадлежности; фотографические средства; фотографическое оборудование
   remote control ~ средства дистанционного управления, средства телеуправления
   research ~ аппаратура для научных исследований
   sniffer ~ самонаведение по запаху (*отработанных газов двигателя подводных лодок*)
   stepped-boss ~ многоступенчатая насадка вала ведущего двигателя (*магнитофона*)
   telemetering ~ средства телеметрирования
   worm ~ 1. червячная передача 2. червячное колесо
gearmotor (электрический) двигатель с редуктором
gedanken *вчт проф.* «недоделанный» (*напр. алгоритм*)
geek *вчт проф.* невежественный компьютерный фанатик
   computer ~ невежественный компьютерный фанатик

geek

turbo ~ невежественный компьютерный фанатик
geek out *вчт проф.* быть компьютерным фанатиком; полностью отстраняться от внешнего мира ради работы на компьютере
gel 1. гель || образовывать гель, желатинизировать(ся) 2. желатиновый диапозитив, желатиновый слайд
silica ~ силикагель, гель кремниевой кислоты
gelatin желатин
dichromated ~ дихромированный желатин (*среда для регистрации голограмм*)
hardened ~ задубленный желатин
photographic ~ фотографический желатин
sensitized ~ сенсибилизированный желатин
gender 1. род (*в лингвистике*) 2. пол (*в генетических алгоритмах*) 3. тип (*электрического*) соединителя (*по признаку: штырьковый или гнездовой*)
gender-bender переходной (электрический) соединитель; переходной кабель; *проф.* переходник (*между двумя однотипными соединителями*)
gender-blender переходной (электрический) соединитель; переходной кабель; *проф.* переходник (*между двумя однотипными соединителями*)
gender-changer переходной (электрический) соединитель; переходной кабель; *проф.* переходник (*между двумя однотипными соединителями*)
gender-mender переходной (электрический) соединитель; переходной кабель; *проф.* переходник (*между двумя однотипными соединителями*)
gene *биол.* ген
generality общность ◊ **without loss of** ~ без ограничения общности
generalization обобщение (*1. переход на более высокий уровень абстракции 2. способность нейронной сети к распознаванию образов, отсутствующих в обучающем множестве*) ◊ ~ **by induction** обобщение по индукции
~ **of concept** обобщение понятия
~ **of object** обобщение предметов
algebraic ~ алгебраическое обобщение
constructive ~ конструктивное обобщение
hasty ~ поспешное обобщение (*логическая ошибка*)
semantic ~ семантическое обобщение
general-purpose неспециализированный; общего назначения
generate 1. генерировать (*1. создавать; производить 2. преобразовывать один вид энергии в другой 3. рождать; порождать*) 2. формировать; образовывать
generation 1. генерация (*1. создание; производство 2. преобразование одного вида энергии в другой 3. рождение; порождение*) 2. поколение (*напр. компьютеров*) 3. формирование; образование
~ **of hole-electron pairs** генерация электронно-дырочных пар
~ **of module** генерация модулей
~ **of system** генерация систем
artwork ~ *микр.* генерация оригиналов (*шаблонов*)
automatic mesh ~ автоматическое создание сетки (*напр. при трассировке*)
automatic test-pattern ~ автоматическая генерация тестовых структур
background ~ фоновая генерация
Bloch line ~ *магн.* генерация блоховских линий
bubble ~ генерация ЦМД
bulk ~ *пп* генерация (*носителей*) в объёме
carrier ~ 1. генерация несущей 2. генерация носителей (*заряда*)
computer ~ поколение компьютеров
computer-aided artwork ~ *макр.* автоматизированная генерация оригиналов (*шаблонов*)
condition ~ *вчт* условное порождение
content ~ *вчт* создание содержимого
controlled bubble state ~ управляемое создание состояний ЦМД
depletion region ~ *пп* генерация (*носителей*) в обеднённой области
digital image ~ цифровая генерация изображений
display ~ формирование изображения на экране дисплея
entity ~ формирование графического примитива, формирование базового графического элемента (*в компьютерной графике*)
giant pulse ~ *кв. эл.* генерация гигантского импульса
harmonic ~ генерация гармоник
holographic contour ~ голографическое формирование контура
IC artwork ~ *микр.* генерация оригиналов (*шаблонов*) для ИС
IC pattern ~ *микр.* генерация рисунка ИС
image ~ генерация изображений
intracavity second harmonic ~ внутрирезонаторая генерация второй гармоники
macro ~ *вчт* макроподстановка
magnetohydrodynamic power ~ магнитогидродинамическое генерирование энергии
MHD power ~ *см.* magnetohydrodynamic power generation
molecular ~ *кв. эл.* молекулярная генерация
monopulse ~ генерация моноимпульса
parametric ~ параметрическая генерация
pattern ~ 1. генерация изображений 2. *микр.* генерация рисунка (*ИС*) 3. *тлв* генерация испытательных сигналов
photo-pattern ~ *микр.* генерация фотошаблонов
precision artwork ~ *микр.* генерация прецизионных оригиналов (*шаблонов*)
procedural ~ процедурная генерация
real-time image ~ *вчт* генерация изображений в реальном времени
report ~ создание [генерация] отчётов (*в системах управления базами данных*)
second harmonic ~ генерация второй гармоники
specification-driven system ~ генерация систем на основе описаний
speech ~ генерация речи
symbol ~ генерация символов
system ~ создание [инстал(л)яция *или* перенос] операционной системы
target data ~ *рлк* формирование данных о цели
test ~ генерация тестов
test-pattern ~ 1. генерация тестовых структур 2. *тлв* генерация испытательных сигналов
text ~ создание [генерация] текста
third harmonic ~ генерация третьей гармоники
generator 1. генератор (*1. генерирующее устройство, устройство для создания или производства чего-либо; производящий объект 2. вчт программное*

generator

или аппаратное средство для создания или производства чего-либо 3. *производящий элемент (группы)* 4. *преобразователь одного вида энергии в другой* 5. *порождающий объект; порождающая функция* 2. формирующее устройство, формирователь

ac ~ электрический генератор переменного тока
acoustic ~ излучатель звука
ac tacho- ~ тахогенератор переменного тока
action ~ генератор действий
acyclic ~ униполярный электрический генератор
additive random number ~ аддитивный генератор случайных чисел
analog signal ~ генератор аналоговых сигналов
annular induction MHD ~ кольцевой индукционный МГД-генератор
application ~ генератор приложений, генератор прикладных программ
arbitrary function ~ генератор произвольных функций
arbitrary waveform ~ генератор колебаний произвольной формы
artwork ~ *микр.* генератор оригиналов (*шаблонов*)
audio(-frequency) signal ~ звуковой генератор сигналов, ЗГС
balanced ~ балансный генератор
bar ~ *тлв* генератор (сигналов) полос
base ~ генератор развёртки
bivariant function ~ генератор функций двух переменных
blanking pulse ~ *тлв* генератор гасящих импульсов
bootstrapped sawtooth ~ генератор пилообразного [линейно изменяющегося] напряжения с компенсационной обратной связью
bubble ~ генератор ЦМД
burst ~ *тлв* генератор сигналов цветовой синхронизации
carrier ~ генератор несущей
character ~ *вчт* знакогенератор, генератор знаков; генератор символов
chirp ~ генератор радиоимпульсов с линейной частотной модуляцией
code ~ *вчт* 1. генератор (объектного) кода 2. генератор (прикладных) программ
code-sequence ~ генератор кодовых последовательностей
color-bar ~ *тлв* генератор (сигналов) цветных полос
command ~ генератор команд
commutating-pole ~ электрический генератор с добавочными полюсами
complex-wave ~ генератор несинусоидальных колебаний
constant-current ~ стабилизированный источник тока
crossed-field ~ СВЧ-генератор М-типа, СВЧ-генератор магнетронного типа
crosshatch ~ *тлв* генератор (сигналов) сетчатого поля
cross-reference ~ генератор перекрёстных ссылок
current ~ генератор тока
cursor ~ *тлв* генератор маркерных импульсов
cyclic address ~ циклический генератор адресов
dc ~ электрический генератор постоянного тока

DCW ~ *см.* diagonal conducting wall generator
delay ~ 1. генератор задержки 2. схема задержки
diagonal conducting wall ~ (магнитогидродинамический) генератор с диагонально проводящими стенками
digital delay ~ цифровой генератор задержки
digitally tunable ~ генератор с дискретной перестройкой
diode function ~ генератор функций с диодными формирующими цепями
diverter pole ~ генератор для зарядки аккумуляторов
dot ~ *тлв* генератор (сигналов) точечного поля
dot-matrix character ~ *вчт* точечный знакогенератор, генератор точечных знаков; точечная матрица знакогенератора; растровый генератор символов
double-current ~ генератор постоянно-переменного тока
driving ~ задающий генератор
E-beam pattern ~ *см.* electron-beam pattern generator
E-beam photomask ~ электронно-лучевой генератор фотошаблонов
electron-beam ~ 1. *микр.* электронно-лучевой генератор 2. генераторный электроннолучевой прибор 3. электронный прожектор
electron-beam pattern ~ *микр.* электроннолучевой генератор рисунков (*ИС*)
electronic ~ 1. электронный генератор 2. высокочастотный [ВЧ-] генератор индукционного (электро)нагревателя
electron-tube ~ ламповый генератор
electrostatic ~ электростатический генератор
equivalent noise ~ эквивалентный шумовой генератор, эквивалентный генератор шума
expanded-sweep ~ генератор растянутой развёртки
fixed-format dot (character) ~ *вчт* точечный знакогенератор с фиксированным форматом, генератор точечных знаков с фиксированным форматом
font ~ *вчт* генератор шрифтов
fuel-cell ~ генератор на топливных элементах, топливный генератор
function ~ генератор функций
functional block ~ генератор функциональных блоков (*в САПР*)
gate(-pulse) ~ генератор селекторных [стробирующих] импульсов, генератор строб-импульсов
Gaussian noise ~ генератор гауссовского шума
gold-device pattern ~ генератор тестовых структур, использующий принцип эталона
Hall ~ генератор [преобразователь] Холла, датчик Холла
hand ~ *тлф* вызывной индуктор
harmonic ~ генератор гармоник
heteropolar ~ многополюсный электрический генератор
homopolar ~ униполярный электрический генератор
horizontal sweep ~ 1. генератор горизонтальной развёртки 2. *тлв* генератор строчной развёртки
impulse ~ 1. генератор импульсов малой длительности 2. блокинг-генератор
impulse-noise ~ широкоспектральный генератор импульсных помех

generator

induction ~ асинхронный электрический генератор
inductor ~ индукторный электрический генератор
integrated coherent infrared ~ интегральный лазер ИК-диапазона
interference ~ генератор помех
klystron ~ 1. генераторный клистрон 2. клистронный генератор
laser image ~ лазерный генератор изображений
line-segment ~ *вчт* генератор линейных отрезков
lower sideband ~ генератор нижней боковой полосы
macro ~ *вчт* макропроцессор, программа (выполнения) макроподстановки
magnetoelectric ~ 1. магнитоэлектрический генератор 2. магнето 3. *тлф* индуктор
magnetohydrodynamic ~ магнитогидродинамический [МГД-] генератор
marker ~ 1. генератор временных меток 2. *рлк* генератор масштабных меток
mask ~ *микр.* генератор шаблонов
MHD ~ *см.* magnetohydrodynamic generator
MIDI sound ~ MIDI-совместимый звуковой генератор
modulated signal ~ генератор модулированных сигналов
molecular ~ молекулярный генератор
m-sequence ~ генератор *m*-последовательностей
multilevel-interconnection ~ генератор многоуровневых межсоединений
natural-gas fueled ~ топливный генератор на природном газе
negative-effective-mass ~ генератор на носителях с отрицательной эффективной массой
negative-grid ~ генератор с отрицательной сеткой
noise ~ шумовой генератор, генератор шума
noise-current ~ генератор шумового тока
noise-voltage ~ генератор шумового напряжения
nonequilibrium MHD ~ неравновесный МГД-генератор
output ~ выходной генератор
parametric ~ параметрический генератор
parity ~ генератор (сигнала контроля) чётности, микросхема для имитации контроля чётности (*в модулях памяти*)
parser ~ *вчт* генератор правил для синтаксического анализатора
pattern ~ 1. генератор изображений 2. *микр.* генератор рисунков (*ИС*) 3. *тлв* генератор испытательных сигналов
phase ~ активный калиброванный фазовращатель
phase-locked ~ генератор с фазовой автоподстройкой частоты, генератор с ФАПР
photoelectric pulse ~ фотоэлектрический генератор импульсов
photomask (pattern) ~ *микр.* генератор фотошаблонов
photo-pattern ~ *микр.* генератор фотошаблонов
PLA ~ *см.* programmable logic array generator
plasma ~ плазменный генератор
program ~ (программа-)генератор
programmable logic array ~ генератор программируемых логических матриц, генератор ПЛМ
PR sequence ~ *см.* pseudo-random sequence generator

pseudo-random number ~ генератор псевдослучайных чисел
pseudo-random pattern ~ генератор псевдослучайных последовательностей
pseudo-random sequence ~ генератор псевдослучайных последовательностей
pulse ~ генератор импульсов, импульсный генератор
pulsed ~ генератор колебаний с импульсной модуляцией
pulse-train ~ генератор импульсной последовательности
radio-frequency signal ~ генератор стандартных сигналов, ГСС
rainbow ~ *тлв* генератор (сигналов) цветных полос
ramp ~ 1. генератор линейной функции 2. генератор пилообразного [линейно изменяющегося] напряжения, ГЛИН
random impulse ~ генератор случайной импульсной последовательности, генератор случайных импульсов
random noise ~ генератор флуктуационного шума
random number ~ генератор случайных чисел
random pulse ~ генератор случайной импульсной последовательности, генератор случайных импульсов
rate ~ преобразователь угловой скорости в напряжение постоянной частоты
reference ~ генератор опорного сигнала
regenerative ~ регенеративный генератор, генератор с положительной обратной связью
relaxation ~ релаксационный генератор
report ~ генератор отчётов (*в системах управления базами данных*)
RF ~ 1. радиочастотный [РЧ-] генератор 2. высокочастотный [ВЧ-] генератор индукционного (электро)нагревателя
sawtooth ~ генератор пилообразного [линейно изменяющегося] напряжения, ГЛИН
scanned keyboard tone ~ генератор тональных посылок поисковой системы кнопочного набора
scanner ~ *вчт* генератор правил для лексического анализатора
screen ~ *вчт* генератор экранных форм
segmented electrode ~ (МГД-) генератор с секционированными электродами
self-contained ~ автогенератор
selsyn ~ сельсин-генератор
SH ~ *см.* subharmonic generator
shading ~ *тлв* генератор сигнала компенсации чёрного пятна
signal ~ генератор сигналов, сигнал-генератор, СГ
simulative ~ имитирующий генератор
sine-cosine ~ синус-косинусный вращающийся трансформатор, СКВТ
sliding pulse ~ генератор импульсной последовательности с линейно изменяющейся частотой повторения
software-simulator pattern ~ генератор тестовых структур с программным имитатором
solar ~ солнечная батарея
sort ~ *вчт* генератор программ сортировки
sort/merge ~ генератор программ сортировки — объединения

spark-gap ~ искровой генератор
speech ~ синтезатор речи
square-law function ~ генератор квадратичной функции
square-wave ~ генератор прямоугольных импульсов
staircase ~ генератор ступенчато изменяющегося напряжения
standard-frequency ~ 1. генератор стандартных сигналов, ГСС 2. генератор эталонной частоты
standard-signal ~ генератор стандартных сигналов, ГСС
standard-voltage ~ генератор сигналов, сигнал-генератор, СГ
step(-function) ~ генератор ступенчатой (убывающей *или* нарастающей) функции
stroke character ~ *вчт* генератор штриховых символов
stroke-format ~ *вчт* генератор штриховых символов
stroke-pattern character ~ *вчт* генератор штриховых символов
subaudio-frequency ~ инфразвуковой генератор
subharmonic ~ генератор субгармоник
surge ~ 1. генератор импульсов малой длительности 2. блокинг-генератор
sweep ~ 1. генератор развёртки 2. генератор качающейся частоты, ГКЧ
swept-frequency ~ генератор качающейся частоты, ГКЧ
switch(-type) function ~ *вчт* генератор переключательных функций
symbol ~ *вчт* генератор символов
sync(-pulse) ~ генератор синхронизирующих импульсов, генератор синхроимпульсов; генератор тактовых импульсов
synchro ~ сельсин-генератор
synchro differential ~ дифференциальный сельсин-генератор
synchronous ~ синхронный генератор (*переменного тока*)
synchronous command ~ генератор синхронных команд
tacho- ~ тахогенератор
tandem pulse ~ генератор сдвоенных [парных] импульсов
test-pattern ~ 1. генератор тестовых структур 2. *тлв* генератор испытательных сигналов
thermal noise ~ тепловой генератор шума на электронных лампах
thermionic ~ термоэлектронный [термоэмиссионный] преобразователь, ТЭП
thermoelectric (power) ~ термоэлектрический генератор
time-base ~ генератор развёртки
time code ~ генератор кода времени
time-mark ~ 1. генератор временных меток 2. *рлк* генератор масштабных меток
tone ~ звуковой генератор, ЗГ
tone burst ~ генератор тональных посылок
transferred-electron ~ ганновский генератор, генератор на эффекте Ганна, генератор на эффекте междолинного переноса электронов
trapezoidal ~ генератор трапецеидальных сигналов

triangular ~ генератор треугольных импульсов
trigger ~ генератор запускающих импульсов
ultrasonic ~ 1. ультразвуковой генератор 2. ультразвуковой преобразователь
unipolar ~ униполярный электрический генератор
upper sideband ~ генератор верхней боковой полосы
variable-format dot character ~ *вчт* точечный знакогенератор с переменным форматом, генератор точечных символов с переменным форматом
variable-pulse ~ генератор импульсов переменной длительности
variable-velocity MHD induction ~ индукционный МГД-генератор с переменной скоростью рабочего тела
vertical sweep ~ 1. генератор вертикальной развёртки 2. *тлв* генератор полевой развёртки 3. *тлв* генератор кадровой развёртки
video ~ генератор видеосигнала
voltage ~ генератор напряжения
warble-tone ~ генератор качающейся частоты инфразвукового диапазона
waveform ~ генератор сигналов специальной формы
white noise ~ генератор белого шума
wind-driven ~ ветроэлектрический генератор
wing-spot ~ *рлк* генератор отметки в виде крыльев (*на экране индикатора G-типа*)
word ~ генератор слов

generatrix генератриса; образующая (*геометрической поверхности*)
gen-lock *тлв* 1. система принудительной синхронизации 2. внешняя синхронизация
generic 1. родовой; общий для всех членов класса *или* вида; обобщённый 2. общий термин; общее понятие 3. порождающий; производящий 4. изделие *или* продукт без торговой марки || не имеющий торговой марки; без торговой марки
genetic генетический
genetics генетика
    molecular ~ молекулярная генетика
genome геном
genotype генотип (*представление особи в генетическом алгоритме*)
genre жанр
Gentex система «Гентекс» (*система международной автоматической телеграфной связи общего пользования*)
genus класс; вид
geoacoustics геоакустика
geocoding *вчт* отображение географических объектов с координатной привязкой
geodimeter оптоэлектронный дальномер
geoid геоид
geolocation определение местоположения на земной поверхности, определение широты и долготы
geomagnetism земной магнетизм, геомагнетизм
geometry геометрия (*1. раздел математики 2. форма; структура 3. расположение; конфигурация 4. размеры; габариты*)
    affine ~ аффинная геометрия
    beam ~ форма луча; форма пучка
    computational ~ вычислительная геометрия
    descriptive ~ начертательная геометрия
    Euclidean ~ евклидова геометрия

filamentary ~ нитевидная структура
fine(-line) [fine-pattern] ~ геометрия ИС с элементами уменьшенных размеров
fractal ~ фрактальная геометрия
gross ~ габариты
interdigitated ~ встречно-штыревая [встречно-гребенчатая] структура
lateral ~ горизонтальная геометрия (*МОП-структуры*)
Manhattan ~ геометрические фигуры, образованные отрезками прямых
mesh ~ ячеистая структура (*напр. катода*)
network ~ геометрия схемы
overlay ~ многоэмиттерная структура
planar ~ *микр.* планарная структура
Riemann(ian) ~ риманова геометрия
solid ~ стереометрия
spherical ~ сферическая геометрия
stripe ~ полосковая геометрия
submicrometer [submicron] ~ геометрия ИС с элементами субмикронных размеров
geophone геофон
geophysics геофизика
George стандартное слово для буквы *G* в фонетическом алфавите «Эйбл»
geostationary геостационарный, геосинхронный
geosynchronous геосинхронный, геостационарный
geotomography геотомография
germ 1. зародыш; источник 2. *вчт* ядро 3. *вчт* росток
~ **of catastrophe** росток катастрофы
~ **of function** росток функции
~ **of manifold** росток многообразия
~ **of mapping** росток отображения
~ **of smoothing** ядро сглаживания
analytical ~ аналитический росток
group ~ ядро группы
irreducible ~ неприводимый росток
primary ~ первичный росток
reducible ~ приводимый росток
set ~ росток множества
germanate германат
bismuth ~ германат висмута
garnet-structured ~ германат со структурой граната
lead ~ германат свинца
germanium германий, Ge (*полупроводниковый материал*)
compensated ~ компенсированный германий
doped ~ легированный германий
epitaxial ~ эпитаксиальный германий
intrinsic ~ германий с собственной электропроводностью
n(-type) ~ германий (с электропроводностью) *n*-типа
p(-type) ~ германий (с электропроводностью) *p*-типа
uncompensated ~ некомпенсированный германий
Gestalt гештальт; целостное (*в гештальтпсихологии*)
get *вчт* (про)читать (*напр. запись в файле*)
getter геттер (*1.* хемосорбционный газопоглотитель *2. микр.* среда для удаления и дезактивации примесей (*напр. с поверхности подложек*); геттерирующий слой) || геттерировать (*1.* поглощать газ за счёт хемосорбции *2. микр.* удалять и дезактивировать примеси (*напр. с поверхности подложек*))

nitride ~ нитридный геттер, нитридный геттерирующий слой
polysilicon ~ геттер [геттерирующий слой] из поликристаллического кремния
zinc ~ цинковый геттер, цинковый геттерирующий слой
gettering геттерирование (*1. газопоглощение за счёт хемосорбции 2. микр. удаление и дезактивация примесей (напр. с поверхности подложек)*)
abrasive ~ геттерирование методом абразивной обработки
backside ~ геттерирование нерабочей поверхности (*подложки*)
contact ~ контактное геттерирование
damage ~ геттерирование с помощью нарушенного слоя
diffusion ~ геттерирование методом диффузионного легирования
dispersal ~ геттерирование методом диспергирования
implantation ~ геттерирование методом (ионной) имплантации
impurity ~ геттерирование примесей
laser ~ геттерирование методом лазерного облучения
polysilicon ~ геттерирование с помощью слоя из поликристаллического кремния
porous silicon ~ геттерирование с помощью слоя из пористого кремния
ghost 1. *рлк* паразитный отражённый сигнал, «духи» 2. повторное изображение (*на экране телевизора или дисплея*) 3. дефект стереоскопического изображения в виде соседних образов (*по обеим сторонам от истинного*) 4. дух; привидение; призрак (*персонаж компьютерных игр*) || появляться в виде духа, привидения *или* призрака
grating ~s «духи», паразитные линии дифракционного спектра
leading ~ повторное изображение слева
negative ~ негативное повторное изображение
positive ~ позитивное повторное изображение
retrace ~ паразитное изображение при обратном ходе луча
trailing ~ повторное изображение справа
travelling ~ перемещающееся повторное изображение
ghosting 1. *рлк* появление паразитных отражённых сигналов, появление «духов» 2. появление повторных изображений (*на экране телевизора или дисплея*) 3. появление соседних образов у стереоскопического изображения (*по обеим сторонам*) 4. появление в виде духа, привидения *или* призрака (*в компьютерных играх*)
giant гигант (*1. объект или субъект очень большого размера среди себе подобных 2. огромное предприятие или организация 3. звезда очень большого размера*) || гигантский
red ~ красный гигант (*о звезде*)
white ~ белый гигант (*о звезде*)
gibberish 1. *вчт* ненужные данные 2. неразборчивая речь; неразборчивый текст 3. изобилующая малопонятными *или* профессиональными терминами речь; перегруженный специальными терминами текст
gibbsite *крист.* гиббсит

giga- 1. гига..., Г, 10^9 (*приставка для образования десятичных кратных единиц*) 2. *вчт* гига..., Г, 2^{30}
gigaflops число миллиардов выполняемых за одну секунду операций с плавающей запятой, *проф.* гигафлопс (*единица измерения производительности процессора*)
gimmick конденсатор малой ёмкости из скрученных изолированных проводников
girl:
   Gibson ~ портативный аварийный передатчик (*используемый пилотами при вынужденной посадке в море*)
   script ~ *тлв* помощница режиссёра
girth 1. окружность; о(б)хват; периметр поперечного сечения || окружать; о(б)хватывать 2. обход || обходить 3. пояс(ок) || опоясывать
   ~ of graph обход графа
glare 1. (сильный) блеск || (сильно) блестеть 2. блик; блики || давать блики; бликовать 3. блестящая поверхность 4. блёсткость
   direct ~ прямая блёсткость
   disability ~ слепящая блёсткость
   discomfort ~ дискомфортная блёсткость
   indirect ~ периферическая блёсткость
   reflected ~ отражённая блёсткость
glareless матовый (*напр. о бумаге*)
glare-resistant безбликовый
glaring набранный жирным выделительным шрифтом
glass 1. стекло 2. стеклянные части (*прибора*); стеклянная оптика 3. *pl* очки 4. *проф.* кремний
   anaglyph ~ анаглифные (стерео)очки
   chalcogenide ~ *пп* халькогенидное стекло
   cluster ~ кластерное стекло
   cluster spin ~ кластерное спиновое стекло
   compositionally modulated metallic ~ металлическое стекло с модуляцией состава
   conductive ~ проводящее стекло
   cover ~ покровное стекло (*напр. солнечной батареи*)
   crown ~ кронглас (*оптический материал*)
   depolished ~ матированное стекло
   face ~ дно баллона (*ЭЛТ*)
   field ~(es) полевой бинокль
   flint ~ флинтглас (*оптический материал*)
   frit ~ стеклянная фритта
   ground ~ матированное стекло
   ideal spin ~ идеальное спиновое стекло
   laser ~ лазерное стекло
   looking ~ зеркало
   magnifying ~ увеличительное стекло, лупа
   metallic ~ металлическое стекло, метгласс
   mictomagnetic spin ~ миктомагнитное спиновое стекло
   nonbrowning ~ стекло, не темнеющее под действием электронной бомбардировки (*в ЭЛТ*)
   object ~ объектив
   optical ~ оптическое стекло
   phosphate ~ *кв.эл.* фосфатное стекло
   photochromic ~ фотохромное стекло
   random-bond spin ~ спиновое стекло со случайными [неупорядоченными] связями
   silica ~ кварцевое стекло, плавленый кварц
   spin ~ спиновое стекло
glassine лакированная бумага (*для межобмоточной и межслойной изоляции трансформаторов*)
glassivation 1. герметизация стеклом 2. пассивация стеклом
glass-sealed запаянный в стекло
glint *рлк* мерцание || мерцать (*об отметке цели*)
   target ~ *рлк* мерцание отметки цели
glitch 1. незначительная неисправность (*в РЭА*) 2. сбой; кратковременный отказ 3. *тлв вчт* кратковременное *или* внезапное подёргивание изображения 4. *вчт* прокрутка изображения на экране дисплея (*на несколько строк*) 5. кратковременный перерыв в подаче (электро)питания 6. *вчт* внутренний код для изменения вида представления графических данных (*напр. для подчёркивания текста*) 7. *вчт* штрих (*надстрочный знак в математических формулах*), символ ´ 8. закрывающая кавычка, символ ' 9. *вчт проф.* «заскок» (*напр. у программиста*)
   back ~ *вчт* обратный штрих (*надстрочный знак*), символ ` 2. открывающая кавычка, символ '
   power ~ кратковременный перерыв в подаче (электро)питания
glitter *рлк* мерцание || мерцать (*об отметке цели*)
global глобальный
globalization глобализация
   ~ of product глобализация производства
Globalstar система Globalstar (*низкоорбитальная глобальная спутниковая система персональной связи*)
glockenspiel *вчт* колокольчики (*музыкальный инструмент из набора General MIDI*)
glork *вчт* испытывать сбой, *проф.* «сбиваться»
gloss 1. глосса; толкование (*слова или фрагмента текста*); комментарий (*к слову или фрагменту текста*) || составлять глоссарий; давать толкование (*слова или фрагмента текста*); снабжать комментарием (*слово или фрагмент текста*) 2. глянец; лоск || глянцевать; лощить || глянцевый; лощёный
   ~ of surface глянец поверхности
glossary 1. глоссарий, толковый словарь терминов (*по специальной области знаний*) 2. комментарии (*в виде сносок, заметок на полях или в форме помещаемого в конце печатного издания списка*); *проф.* словник
glossing *вчт* комментарий
glossmeter глянцемер
glossy (finish) глянцевый; лощёный (*напр. о бумаге*)
glove перчатка
   antistatic ~s антистатические перчатки
   data ~ перчатка с блоком первичных измерительных преобразователей в системе виртуальной реальности, перчатка с блоком датчиков в системе виртуальной реальности (*для управления движением руки персонажа на экране дисплея*)
   hearing ~ тактильная [осязательная] слуховая перчатка (*для глухих*)
   insulating ~s изоляционные перчатки
   rubber ~s резиновые (изоляционные) перчатки
   sensor ~s сенсорные перчатки (*в системах виртуальной реальности*)
glow 1. свечение || светиться 2. тлеющий разряд
   abnormal ~ аномальный тлеющий разряд
   anode ~ анодное свечение (*тлеющего разряда*)
   blue ~ голубое свечение (*электронной лампы с ртутными парами*)

glow

 cathode ~ первое катодное свечение, катодная светящаяся плёнка (*тлеющего разряда*)
 electrical ~ коронный разряд
 negative ~ отрицательное тлеющее свечение, второе катодное свечение (*тлеющего разряда*)
 positive ~ положительное тлеющее свечение, положительный столб (*тлеющего разряда*)
glue клей (*1. адгезив для соединения поверхностей 2. команда языка T_EX для регулирования расстояния между словами*) || склеивать(ся); приклеивать(ся) || клеевой
 fast-setting ~ быстроотверждающийся клей
 flexible ~ пластифицированный клей
 hot-melt ~ термоклей
glyph 1. *вчт* изображение (кодируемого) символа, *проф.* глиф 2. пиктограмма 3. иероглиф 4. рельефное *или* скульптурное изображение 5. символ с невербальной информацией (*напр. изображение черепа со скрещёнными костями*)
 ASCII ~ изображение символа ASCII-кода
gnomon гномон (*1. изображение осей трёхмерной системы координат на плоскости 2. геометрическая фигура, представляющая собой разность двух подобных параллелограммов с общей вершиной 3. младшие члены квадратного уравнения 4. астрономический инструмент*)
gnomonic гномонический (*напр. о проекции*)
GNU 1. проект GNU, (рекурсивный) акроним для названия проекта Фонда бесплатного программного обеспечения по разработке заменяющей UNIX операционной системы 2. операционная система GNU
go 1. двигаться; перемещаться 2. действовать; работать; функционировать 3. придерживаться определённого курса; следовать определённой процедуре 4. иметь тенденцию 5. становиться; делаться; переходить в; принимать вид 6. го (*игра*)
 ~ **beyond** выходить за пределы
 ~ **down** 1. испытывать катастрофический отказ; утрачивать работоспособность (*напр. об электронном приборе*) 2. *вчт* испытывать фатальный сбой; завершать работу вследствие аварии 3. ломаться; разрушаться; выходить из строя
 ~ **over** переходить в; принимать вид
goal 1. цель || целевой 2. целевая функция
 attainable ~ достижимая цель
 unattainable ~ недостижимая цель
gobble *вчт проф.* «поглощать», «выхватывать» (*напр. данные из буферной памяти*) ◊ ~ **down** «отхватить» (*напр. дефицитную программу*)
gob 1. куча; груда 2. *pl* *млв* колоколообразные искажения
gobbler *вчт проф.* схема высвобождения всех входных линий
Gobi процессор шестого поколения фирмы Cyrix с расширенными возможностями, процессор Cyrix MII+, процессор Gobi
goblin *вчт* 1. гоблин (*персонаж компьютерных игр*) 2. *pl* гоблины; призраки («*музыкальный инструмент*» *из набора General MIDI*)
gobo 1. звукопоглощающий ветрозащитный экран (*микрофона*) 2. *тлв* экран для защиты камеры от внешней засветки
God-sim *вчт* имитатор бога, стратегическая компьютерная игра с участием творца

Godzillagram *проф.* Годзиллаграмма (*1. дейтаграмма глобальной рассылки 2. дейтаграмма максимального размера (65536 октетов)*)
Golf стандартное слово для буквы G в фонетическом алфавите «Альфа»
gong звонковая чашка
goniometer гониометр
 X-ray ~ рентгеновский гониометр
goniophotometer гониофотометр
goodness-of-fit согласие; точность аппроксимации, приближения *или* экстраполяции; качество подгонки
 distribution ~ качество подгонки распределения
Google *вчт* поисковая машина Google
google *вчт проф.* использовать поисковую машину Google; наводить справки с помощью поисковой машины Google
Gopher интерактивная поисковая служба Gopher (*типа «клиент - сервер»*)
 ~ **Plus** интерактивная поисковая служба Gopher с расширенными сервисными возможностями
Gopherspace рабочее пространство службы Gopher
gov *вчт* имя домена верхнего уровня для правительственных учреждений
governor регулятор
 ac feedback ~ регулятор скорости (движения) ленты с обратной связью, использующий дополнительный генератор переменного тока (*на одном валу с ведущим двигателем*)
 astatic ~ астатический регулятор
 centrifugal ~ *млг* центробежный регулятор
 electronic ~ электронный регулятор скорости (движения) ленты
 fan ~ *млг* центробежный регулятор
 load ~ регулятор нагрузки
 mechanical ~ механический регулятор скорости (движения) ленты
 power ~ регулятор мощности
 speed ~ регулятор скорости
gozinta *вчт* вертикальная черта, *проф.* прямой слэш, символ |
GPS глобальная (спутниковая) система (радио)определения местоположения, система GPS
 augmented ~ глобальная (спутниковая) система (радио)определения местоположения с ответчиками на частоте запроса, система GPS с ответчиками на частоте запроса
 differential ~ дифференциальная глобальная система (радио)определения местоположения, дифференциальная система GPS
 Galileo ~ западноевропейский вариант глобальной (спутниковой) системы (радио)определения местоположения, система Galileo (GPS)
 Navstar ~ американский вариант глобальной (спутниковой) системы (радио)определения местоположения, система Navstar (GPS)
 nonaugmented ~ глобальная (спутниковая) система (радио)определения местоположения без ответчиков на частоте запроса, система GPS без ответчиков на частоте запроса
 server-assisted ~ глобальная система (радио)определения местоположения с использованием серверов, система GPS с использованием серверов
GPSS проблемно-ориентированный язык GPSS для разработки моделирующих систем

grab 1. схватывание; (быстрый) захват; (быстрое) захватывание; хватание || схватывать; (быстро) захватывать; хватать 2. захваченный объект 3. захват с удерживанием || захватывать и удерживать 4. устройство (механического) захвата; захват; схват; зажим 5. *вчт* захват и перемещение (*напр. выделенного фрагмента текста*) с помощью курсора || захватывать и перемещать (*напр. выделенный фрагмент текста*) с помощью курсора 6. *вчт* средство захвата данных; устройство сбора данных || захват данных; сбор данных 7. формирование стоп-кадра (*напр. в видеотехнике*), захват видеокадра, захват и запись (*на диск*) текущего содержимого экрана дисплея || формировать стоп-кадр (*напр. в видеотехнике*); захватывать видеокадр, захватывать и записывать (*на диск*) текущее содержимое экрана дисплея 8. стоп-кадр (*напр. в видеотехнике*); захваченный видеокадр, файл с записью текущего содержимого экрана дисплея 9. преобразование телевизионных сигналов *или* видеосигналов в цифровую форму, оцифровка телевизионных сигналов *или* видеосигналов || преобразовывать телевизионные сигналы *или* видеосигналы в цифровую форму, оцифровывать телевизионные сигналы *или* видеосигналы

grabber 1. устройство (*механического*) захвата; захват; схват 2. зажим с фиксатором; зажим типа «крокодил» 3. *вчт* средство захвата данных; устройство сбора данных 4. программа *или* устройство формирования стоп-кадра (*напр. в видеотехнике*); средство захвата видеокадра; программа захвата и записи (*на диск*) текущего содержимого экрана дисплея 5. карта [плата] для оцифровки видеосигналов *или* телевизионных сигналов, карта [плата] цифрового видеопреобразователя 6. курсор-захват; курсор с функцией захвата и перемещения (*напр. выделенного фрагмента текста*)
 frame ~ 1. программа *или* устройство формирования стоп-кадра (*напр. в видеотехнике*); средство захвата видеокадра; программа захвата и записи (*на диск*) текущего содержимого экрана дисплея 2. карта [плата] для оцифровки видеосигналов *или* телевизионных сигналов, карта [плата] цифрового видеопреобразователя
 hand ~ курсор-захват в виде ладони, курсор в виде ладони с функцией захвата и перемещения
gradation градация
 gray ~ *тлв* градация серого
 image ~ градация изображения
 tonal ~ *тлв* градация яркости
grade 1. качество; сорт; степень совершенства; чистота (*напр. материала*) 2. разряд; ранг; ступень; категория; класс 3. оценка; отметка 4. градус 5. склон; уклон; наклон
 ~ of service *тлф* категория обслуживания, вероятность отказа при установлении соединения
 circuit ~ пропускная способность канала связи
 semiconductor ~ *микр.* полупроводниковая чистота
 service ~ категория обслуживания
 spectrum ~ спектрографическая чистота
 voice ~ использующий (обычную) телефонную сеть
gradient 1. градиент (*1. вчт дифференциальный оператор 2. вчт градиент скалярного или векторно-* го поля 3. скорость изменения какой-либо величины с расстоянием 3. кривая зависимости скорости изменения какой-либо величины от расстояния 5. *вчт* инструмент для заливки выделенной области несколькими цветами с плавными переходами между ними, инструмент для (*многоцветной*) градиентной заливки (*в графических редакторах*)) || градиентный 2. склон; уклон; наклон || имеющий склон или уклон; наклонный 3. наклонная поверхность; наклонная плоскость
 ~ of function градиент функции
 ~ of scalar градиент скаляра
 ~ of scalar field градиент скалярного поля
 ~ of tensor градиент тензора
 ~ of vector градиент вектора
 ~ of vector field градиент векторного поля
 alternating ~ знакопеременный градиент
 bias field ~ градиент поля подмагничивания
 composition ~ градиент состава
 concentration ~ градиент концентрации; градиент плотности
 conditional ~ условный градиент
 conjugate ~s сопряжённые градиенты
 contrast ~ 1. *тлв* градиент контраста 2. *тлв* дифференциальное значение (показателя) гамма
 density ~ градиент плотности; градиент концентрации
 diffusion ~ градиент концентрации примеси при диффузии
 electrochemical ~ градиент электрохимического потенциала
 electron ~ градиент концентрации электронов
 field ~ градиент поля
 hole ~ градиент концентрации дырок
 impurity ~ градиент концентрации примеси
 logarithmic ~ логарифмический градиент
 noise ~ *вчт* шумовой градиент, инструмент для градиентной заливки с раздельным выбором градиента по каждому цвету и возможностью размытия границ переходов
 potential ~ градиент потенциала
 reduced ~ приведённый градиент
 resistivity ~ градиент удельного сопротивления
 solid ~ *вчт* сплошной градиент, инструмент для сплошной градиентной заливки
 spatial ~ пространственный градиент
 surface ~ поверхностный градиент
 temperature ~ градиент температуры, температурный градиент
 thermal ~ градиент температуры, температурный градиент
 torque ~ градиент вращающего момента (*в сельсине*)
 voltage ~ градиент напряжения
grading 1. постепенное изменение; плавный переход 2. сортировка; классификация
 priority ~ классификация уровней приоритета
 unsymmetrical ~ *тлф* асимметричное ступенчатое включение
gradiometer градиентометр
 magnetic ~ магнитный градиентометр
graduate 1. градуировать 2. мензурка; мерная колба 3. обладатель диплома о высшем образовании; выпускник института *или* университета
graduation 1. градуировка 2. деление (*шкалы*)

graduation

linear ~ линейная градуировка
major ~ большое [основное] деление (*шкалы*)
minor ~ малое [вспомогательное] деление (*шкалы*)
nonlinear ~ нелинейная градуировка
scale ~ деление шкалы

graftal *вчт* геометрический фрактал

grain 1. зерно 2. зернистость; зернистая [гранулярная] структура, грануляция, гранулярность || формировать или образовывать зернистую структуру 3. грануляция на Солнце, зернистая структура солнечной фотосферы 4. *pl* спеклы; спекл-структура 5. гранула || гранулировать 6. размер зерна; мера *или* масштаб зернистости 7. мелкая частица; дробинка || измельчать; разделять на мелкие части; дробить; раздроблять 8. размер (мелкой) частицы; степень измельчения; масштаб дробления 9. *вчт* степень дробления программы (*напр. при распараллеливании*) (микро)кристаллит 10. (микро)кристаллическая структура 11. волокно; прожилка 12. волокнистая структура; структура с прожилками
crystal ~ кристаллит

graininess 1. размер зерна; мера *или* масштаб зернистости 2. размер (мелкой) частицы; степень измельчения; масштаб дробления 3. *вчт* степень дробления программы (*напр. при распараллеливании*)

grain-oriented текстурированный (*напр. о поликристалле*)

gram, gramophone 1. граммофон 2. электропроигрывающее устройство, ЭПУ

grammar *вчт* 1. грамматика 2. грамматический корректор
ambiguous ~ неоднозначная грамматика
ATN ~ *см.* **augmented transition network**
attribute ~ атрибутная грамматика
augmented transition ~ грамматика, заданная в виде расширенной сети переходов, ATN-грамматика
bounded-context ~ грамматика с ограниченным контекстом
categorical ~ категориальная грамматика
Chomsky ~ грамматика Хомского
constituent ~ грамматика непосредственных составляющих, НС-грамматика
context-free ~ контекстно-свободная [бесконтекстная грамматика], КС-грамматика
context-sensitive ~ контекстно-зависимая [контекстная] грамматика
correspondence ~ грамматика соответствия
dependency ~ грамматика зависимостей
double-level ~ двухуровневая грамматика, грамматика Ван Вейгартена
finite-state ~ регулярная [автоматная] грамматика
formalized ~ формализованная грамматика
functional ~ функциональная грамматика
fuzzy ~ нечёткая грамматика
generative ~ порождающая грамматика
immediate constituent ~ грамматика непосредственных составляющих, НС-грамматика
left-recursive ~ левокурсивная грамматика
normative ~ нормативная грамматика
parenthesis ~ скобочная грамматика
phrase-structure ~ грамматика непосредственных составляющих, НС-грамматика
polynomial ~ полиномиальная грамматика
precedence ~ грамматика предшествования
regular ~ регулярная [автоматная] грамматика
semantic ~ семантическая грамматика
surface ~ поверхностная грамматика
transformational ~ трансформационная грамматика
tree ~ грамматика деревьев
universal ~ универсальная грамматика
van Wijngaarden ~ двухуровневая грамматика, грамматика Ван Вейгартена
VW- ~ *см.* **van Wijngaarden grammar**

grandfather предок предка, дед (*напр. в генетических алгоритмах*)

grandparent предок отца *или* матери (*напр. в генетических алгоритмах*)

grant 1. грант; дотация; обеспечение финансирования || давать грант; предоставлять дотацию; обеспечивать финансирование 2. разрешение; выдача (разрешения) || разрешать; выдавать (разрешение) ◊ **to ~ a license** выдавать лицензию
bus ~ *вчт* разрешение шинам

granular 1. зернистый; гранулярный 2. гранулированный 3. измельчённый; раздробленный 4. микрокристаллический 5. волокнистый; с прожилками

granularity 1. зернистость; зернистая [гранулярная] структура, грануляция, гранулярность 2. грануляция на Солнце, зернистая структура солнечной фотосферы 3. спекл-структура; спеклы 4. размер зерна; мера *или* масштаб зернистости 5. степень измельчения; масштаб дробления 6. *вчт* степень дробления программы (*напр. при распараллеливании*) 7. (микро)кристаллическая структура 8. волокнистая структура; структура с прожилками
~ of allocation масштаб дробления при распределении (*напр. памяти на жёстком магнитном диске*)
~ of parallelism степень дробления программы при распараллеливании; масштаб распараллеливания
ionospheric ~ гранулярность ионосферы
phase ~ гранулярность фазы

granulation 1. зернистость; зернистая [гранулярная] структура, грануляция, гранулярность 2. грануляция на Солнце, зернистая структура солнечной фотосферы 3. спекл-структура; спеклы 4. гранулирование 5. измельчённость; раздробленность (микро)кристаллическая структура 6. волокнистая структура; структура с прожилками

granule гранула

graph 1. граф 2. график; кривая || строить график; вычерчивать кривую 3. диаграмма || представлять в виде диаграммы 4. *вчт* моносимвольная графема, граф ◊ **~ with color edges** граф с цветными рёбрами; **~ with loops** граф с циклами
~ of contiguous channels граф смежных каналов
~ of strictly partial order граф строго частичного упорядочения
acyclic ~ ациклический граф
alternating ~ альтернирующий граф
alternating-composition ~ граф чередующейся композиции
animated bar ~ *вчт* анимированная столбиковая [анимированная столбчатая] диаграмма (*напр. для контроля за процессом загрузки по линии связи*)

graph

area ~ зонная диаграмма, диаграмма площадей
associated undirected ~ соотнесённый неориентированный граф
atomic ~ атомический граф (*при распознавании образов*)
attachment ~ соединяющий граф
balanced signed ~ балансированный помеченный граф
bar ~ столбиковая [столбчатая] диаграмма (*горизонтальная или вертикальная*); гистограмма (*вертикальная столбиковая диаграмма с соприкасающимися столбцами*)
basis ~ базисный граф
bicolorable ~ двураскрашиваемый граф
bicolored ~ двураскрашенный граф
bipartite ~ двудольный граф
block ~ граф блоков
bunch ~ сетчатая номограмма
Cayley's ~ граф Кэли
circuit closed ~ циклически замкнутый граф
circuit connected ~ связный граф
circuit-free ~ граф без циклов
clique ~ граф клик
color ~ цветной граф
colored ~ раскрашенный граф
column ~ столбиковая [столбчатая] вертикальная диаграмма; гистограмма (*вертикальная столбиковая диаграмма с соприкасающимися столбцами*)
columnar ~ гистограмма
communication ~ граф связей
complete ~ полный граф
connected ~ связный граф
converse ~ обратный граф
coordinate ~ график
critical ~ критический граф
current ~ 1. текущий [рабочий] график 2. текущая [рабочая] диаграмма
cyclic ~ циклический граф
data flow ~ граф потока данных
Desargues' ~ граф Дезарга
descendence ~ граф потомства
directed ~ ориентированный граф, орграф
dual Y-axis ~ график с двумя разномасштабными осями ординат
Euler(ian) ~ эйлеров граф
even ~ чётный граф
exclusion ~ граф исключения
exploded pie ~ наглядная круговая [наглядная секторная] диаграмма с пространственно разнесёнными секторами
finite ~ конечный граф
flat ~ плоский [планарный] граф
fractal ~ фрактальный граф
function ~ график функции
fuzzy ~ нечёткий граф
general ~ общий граф
graceful ~ совершенный граф
Hamilton(ian) ~ гамильтонов граф
high/low/close/open ~ диаграмма типа «наибольшее/наименьшее/конечное/начальное значение»
HLCO ~ *см.* high/low/close/open graph
horizontal bar ~ горизонтальная гистограмма
identity ~ тождественный граф
implication ~ вводящий граф
infinite ~ бесконечный граф
interaction ~ граф взаимодействий
interchange ~ граф смежности рёбер, смежностный граф
interval ~ граф интервалов
isomorphic ~ изоморфный граф
k-chromatic ~ k-хроматический граф
k-colorable ~ k-раскрашиваемый граф
k-edge connected ~ k-рёберно-связный граф
knot ~ граф узла, узловой граф
labeled ~ помеченный граф
labeled semantic ~ помеченный семантический граф
levelized ~ ранжированный граф
line ~ 1. рёберный граф 2. график (*зависимости одной или нескольких величин от другой*) в виде ломаных; линейная диаграмма
linked pie-column ~ связанные круговая [секторная] и столбиковая [столбчатая] вертикальная диаграммы
line-symmetric ~ рёберно-симметрический граф
lobe ~ блоковый граф
locally finite ~ локально конечный граф
locally restricted ~ локально ограниченный граф
logarithmic ~ график в логарифмическом масштабе
l-vertex connected ~ l-вершинно-связный граф
maximal strongly singular ~ максимальный сильносингулярный граф
mixed ~ смешанный граф
mixed column/line ~ линейно-столбчатая диаграмма
m-partite ~ m-дольный граф
multidimensional ~ многомерный граф
mutually connected ~ бисвязный граф
net ~ сетевой граф
network ~ сетевой график
nonseparable ~ неразложимый граф
numbered undirected ~ нумерованный неориентированный граф
one hundred percent column ~ столбиковая [столбчатая] вертикальная диаграмма с относительным отображением данных (*в каждом столбце*) в процентах
one-way ~ однонаправленный граф
operator ~ график оператора
oriented ~ ориентированный граф, орграф
paired bar ~ спаренная столбиковая [спаренная столбчатая] диаграмма (*горизонтальная или вертикальная*); спаренная гистограмма (*вертикальная столбиковая диаграмма с соприкасающимися столбцами*)
paired pie ~ спаренная круговая [спаренная секторная] диаграмма
Pappus' ~ граф Паппа
Petersen ~ граф Петерсена
phonetic ~ фонетический граф
picture ~ символьная вертикальная диаграмма, наглядная столбиковая [наглядная столбчатая] вертикальная диаграмма
pie ~ круговая [секторная] диаграмма
planar [plane] ~ плоский [планарный] граф
point-symmetric ~ вершинно-симметрический граф
proportional pie ~ пропорциональная круговая [пропорциональная секторная] диаграмма

graph

R- ~ *см.* **recursively structured graph**
recursively structured ~ рекурсивно структурированный граф
reduced-flow ~ приведённый ориентированный граф
region adjacency ~ граф соседства областей
regular ~ **of degree n** однородный граф степени *n*
reproduction ~ граф воспроизведения
rigid circuit ~ циклически жесткий граф
rooted ~ корневой граф
scatter ~ график с отображением функциональных зависимостей точками, *проф.* диаграмма рассеяния; точечный график
sectional ~ усечённый граф
self-complementary ~ самодополнительный граф
self-negational signed ~ самонегативный помеченный граф
semilogarithmic ~ график в полулогарифмическом масштабе
signal ~ сигнальный граф
signal-flow ~ сигнальный ориентированный граф
signed ~ знаковый граф
signed labeled ~ знаковый помеченный граф
singular ~ сингулярный [вырожденный] граф
spanning ~ остовный граф
stacked column ~ многослойная столбиковая [многослойная столбчатая] вертикальная диаграмма; многослойная гистограмма (*многослойная вертикальная столбиковая диаграмма с соприкасающимися столбцами*)
star ~ звёздный граф
state ~ граф состояния
strongly cyclically closed ~ сильно ориентированно-циклически замкнутый граф
strongly cyclic edge connected ~ сильно ориентированно-циклически-рёберно-связный граф
subdivision ~ граф подразбиения
symmetric ~ симметрический граф
total ~ тотальный граф
transaction ~ граф транзакций
transition ~ граф переходов
transitive ~ транзитивный граф
transmission ~ передаточный граф
tripartite ~ трёхдольный граф
two-dimensional lattice ~ двумерный решётчатый граф
two-partite ~ двудольный граф
undirected ~ неориентированный граф
unicyclic ~ уницикличский граф
vertex critical ~ вершинно-критический граф
vertical bar ~ вертикальная гистограмма
x-y ~ график в координатах x-y

graphechon *тлв* графекон
grapheme *вчт* графема
graphemics *вчт* графика, наука о соотношении графем и фонем (*раздел лингвистики*)
grapher самописец
graphic *вчт* **1.** графика (*1. вид изобразительного искусства 2. графический и иллюстративный материал 3. изображения, полученные с помощью компьютера*) **2.** графический

   anchor ~ *вчт* изображение с якорем, изображение с точкой привязки

   floating ~ *вчт* изображение без якоря, изображение без точки привязки, *проф.* плавающее изображение

   JPEG ~ *вчт* изображение в графическом формате JPEG

   portable network ~ **1.** формат графических файлов для работы в сети, файловый формат PNG **2.** расширение имени файла в формате PNG

graphicist *вчт* специалист по компьютерной графике
graphics *вчт* графика (*1. графический и иллюстративный материал 2. средства создания графического и иллюстративного материала 3. совокупность средств письменности*)

   2D ~ *см.* **two-dimensional graphics**
   3D ~ *см.* **three-dimensional graphics**
   accelerated graphics port ~ ускоренный графический порт, порт (стандарта) AGP (*1. шина расширения стандарта AGP для подключения видеоадаптеров 2. стандарт AGP*)
   AGP ~ *см.* **accelerated graphics port graphics**
   all-points addressable ~ *вчт* растровая графика
   analysis ~ графика средств анализа
   analytical ~ аналитическая графика
   animated ~ анимационная графика
   ANSI ~ *вчт* ANSI-графика, графика с использованием набора кодов ANSI
   APA ~ *см.* **all-points addressable graphics**
   ASCII ~ *вчт* псевдографика
   bit-mapped ~ *вчт* растровая графика
   block ~ *вчт* псевдографика
   business ~ деловая графика, бизнес-графика
   calligraphic ~ каллиграфическая графика
   character ~ *вчт* псевдографика
   color ~ цветная графика
   computer ~ компьютерная [машинная] графика
   contiguous ~ **1.** (аналитическая) графика с отображением функциональных зависимостей непрерывными кривыми **2.** графика с представлением символов в виде соприкасающихся элементов
   coordinate ~ координатная графика
   high-resolution ~ графика высокого разрешения
   hi-res ~ *см.* **high-resolution graphics**
   hybrid ~ гибридная [векторно-растровая] графика
   image ~ *вчт* растровая графика
   interactive ~ интерактивная графика
   interactive computer ~ интерактивная компьютерная графика
   line-art ~ штриховая графика
   low-res ~ *см.* **low-resolution graphics**
   low-resolution ~ графика низкого разрешения
   management ~ графика для управленческого персонала; презентационная графика
   object-oriented ~ объектно-ориентированная графика
   passive ~ пассивная графика; работа в графическом режиме без участия оператора (*под управлением программы*)
   pixel ~ *вчт* растровая графика
   presentation ~ презентационная графика
   raster ~ *вчт* растровая графика
   scalable vector ~ масштабируемая векторная графика, стандарт SVG (Консорциума WWW)
   scatter ~ (аналитическая) графика с отображением функциональных зависимостей точками
   separated ~ *вчт* графика с автоматическим разделением символов пробелами
   sprite(-oriented) ~ спрайтовая графика
   structured ~ объектно-ориентированная графика

text ~ *вчт* псевдографика
three-dimensional ~ трёхмерная графика
translucent ~ полупрозрачная графика
turtle ~ графика на базе относительных команд
two-dimensional ~ двумерная графика
vector ~ векторная графика
video ~ компьютерная графика
WordPerfect ~ 1. формат графических файлов в текстовом редакторе WordPerfect, файловый формат WPG 2. расширение имени графического файла формата WPG

graphing 1. построение графика; вычерчивание кривой 2. представление в виде диаграммы

graphoepitaxy графоэпитаксия

graser лазер гамма-излучения, гамма-лазер, γ-лазер

grasping (механический) захват (*напр. детали роботом*); зажим

grass *рлк* шумовая дорожка (*на экране индикатора*)

graticule 1. масштабная сетка 2. окулярная сетка
screen ~ масштабная сетка на экране ЭЛТ

grating 1. дифракционная решётка 2. решётка || решётчатый 3. фильтр типов волн на решётке (*напр. в волноводе*)
absorption ~ поглощательная дифракционная решётка
amplitude ~ амплитудная дифракционная решётка
attenuator ~ ослабляющая дифракционная решётка
blazed ~ отражательная рельефно-фазовая дифракционная решётка
bleached holographic ~ отбелённая голографическая дифракционная решётка
coarse ~ грубая дифракционная решётка
coaxial sheet ~ фильтр типа волн на коаксиальной решётке (*в коаксиальной линии передачи*)
chirped ~ дифракционная решётка с линейно изменяющимся периодом
concave ~ вогнутая дифракционная решётка
crystal ~ кристаллическая дифракционная решётка
dielectric-coated ~ дифракционная решётка с диэлектрическим покрытием
diffraction ~ дифракционная решётка
echelette ~ *опт.* эшелет
echelle ~ *опт.* эшель
echelon ~ *опт.* эшелон Майкельсона
elastooptic ~ упругооптическая дифракционная решётка
electrooptic ~ электрооптическая дифракционная решётка
fast-wave ~ дифракционная решётка, возбуждающая быструю волну
field-induced phase ~ индуцируемая полем фазовая дифракционная решётка
hologram ~ голограммная дифракционная решётка
holographic ~ голограммная дифракционная решётка
isometric bar ~ дифракционная решётка с изометрическими штрихами
liquid-crystal ~ дифракционная решётка на жидком кристалле
lossless ~ дифракционная решётка без потерь
lossy ~ дифракционная решётка с потерями
magnetooptic ~ магнитооптическая дифракционная решётка
metallic bar ~ дифракционная решётка из металлических полос
phase ~ фазовая дифракционная решётка
photomask ~ решётка на фотошаблоне
photopolymer ~ фотополимерная дифракционная решётка
planar [plane] ~ плоская дифракционная решётка
radial ~ радиальная решётка
random ~ нерегулярная дифракционная решётка
reflecting [reflection] ~ отражательная дифракционная решётка
refraction ~ преломляющая дифракционная решётка
regular ~ регулярная дифракционная решётка
replica ~ копия дифракционной решётки
Ronchi ~ дифракционная решётка Ронки
sheet ~ фильтр типов волн на решётке из металлических пластин
sine-wave [sinusoidal] ~ синусоидальная дифракционная решётка
slit ~ щелевая дифракционная решётка
space [spatially varying] ~ пространственная дифракционная решётка
synthesized [synthetic] hologram ~ синтезированная голограммная дифракционная решётка
thick hologram ~ трёхмерная голограммная дифракционная решётка
thin ~ двумерная дифракционная решётка
three-dimensional hologram ~ трёхмерная голограммная дифракционная решётка
transmission [transmitting] ~ пропускающая [прозрачная] дифракционная решётка
two-dimensional ~ двумерная дифракционная решётка
ultrasonic ~ ультразвуковая дифракционная решётка
ultrasonic cross ~ ультразвуковая дифракционная решётка, образованная пересекающимися пучками
unbleached holographic ~ неотбелённая голограммная дифракционная решётка
variable-depth ~ дифракционная решётка переменной глубины
waveguide ~ фильтр типов волн на решётке в волноводе
weighted ~ дифракционная решётка переменной глубины
wire ~ фильтр типов волн на проволочной решётке

grault *вчт* метасинтаксическая переменная

grave *вчт* грав, диакритический знак ` (*напр. в символе è*)

gravity 1. гравитация, тяготение 2. сила тяжести 3. вес 4. ускорение свободного падения
specific ~ удельный вес
zero ~ невесомость

gray 1. серый цвет || серый || делать(ся) серым 2. ахроматический цвет || ахроматический 3. грэй, Гр

graybody *опт.* серое тело

grayish 1. сероватый 2. грязный (*о цвете*)

grayscale *тлв, вчт* серая шкала, (равномерная) градационная шкала ахроматических цветов (*в интервале от чёрного до белого*); шкала яркостей || относящийся к серой шкале; серый; ахроматический

greater than

greater than больше, чем (*результат операции сравнения, отображаемый символом >*)

greater than or equal to больше, чем или равно (*результат операции сравнения, отображаемый символом ≥*)

greeking вчт использование букво- или строкозаменителей (*напр. прямоугольников или серых блоков*) при невозможности воспроизведения текста

Green вчт кнопка включения (и выключения) энергосберегающего режима (*работы компьютера*)

green 1. зелёный, З, G (*основной цвет в колориметрической системе RGB и цветовой модели RGB*) **2.** сигнал зелёного (цвета), З-сигнал, G-сигнал
  brilliant ~ бриллиантовый зелёный (*краситель*)
  methylene ~ метиленовый зелёный (*краситель*)
  naphthalene ~ нафталиновый зелёный (*краситель*)

green-room тлв артистическое фойе, комната отдыха исполнителей

grey 1. серый цвет ‖ серый ‖ делать(ся) серым **2.** ахроматический цвет ‖ ахроматический

grid 1. сетка (*1. электрод электронного прибора 2. деталь химического источника тока или солнечной батареи 3. решётка (конструкционный или декоративный элемент); решётчатая конструкция 4. координатная сетка 5. сетка для интерполяции или аппроксимации функций 6. географическая сетка; градусная сетка*) **2.** использовать решётку (*как конструкционный или декоративный элемент*); применять решётчатую конструкцию **3.** наносить сетку (*напр. координатную*); использовать сетку (*напр. для интерполяции или аппроксимации функций*) **4.** отсчитывать по сетке; привязывать к сетке (*напр. координатной*) **5.** управляющий провод (*криотрона*) **6.** сеть (*напр. станций*) **7.** электрическая сеть; сеть линий электропередачи **8.** вчт проф. «решётка», символ #
  accelerating ~ ускоряющая сетка
  barrier ~ барьерная сетка
  battery ~ решётка (для пластин) батареи аккумуляторов
  chip ~ микр. сетка размещения кристаллов (*на плате*)
  collector ~ коллекторная сетка
  collimating ~ коллимирующая решётка
  color-switching ~ цветокоммутирующая сетка
  communication ~ опорная сеть связи
  control ~ управляющая сетка
  coordinate ~ координатная сетка
  deionizing ~ деионизационная сетка (*тиратрона*)
  embedded ~ встроенная сетка
  floating ~ плавающая сетка, сетка с плавающим потенциалом
  focus(ing) ~ **1.** фокусирующая сетка **2.** лучеобразующий электрод (*лучевого тетрода*)
  frame ~ рамочная сетка, сетка рамочной конструкции
  free ~ плавающая сетка, сетка с плавающим потенциалом
  injection ~ гетеродинная сетка
  klystron control ~ управляющий электрод клистрона
  photo-island ~ тлв мозаичный фотоэкран
  polar ~ север координатной сетки; север градусной сетки
  resonator ~ сетка резонатора
  Ronchi ~ дифракционная решётка Ронки
  screen ~ экранирующая сетка
  shadow ~ теневая сетка
  shield ~ защитная сетка
  signal ~ сигнальная сетка
  space-charge ~ катодная сетка
  suppressor ~ антидинатронная сетка
  surveillance ~ сеть обзорных РЛС
  variable-pitch ~ сетка с переменным шагом

grid-controlled с сеточным управлением

gridded 1. с нанесённой сеткой (*напр. координатную*) **2.** с использованием сетки (*напр. для интерполяции или аппроксимации функций*) **2.** отсчитываемый по сетке; привязанный к сетке (*напр. в компьютерной графике*); с координатной привязкой (*напр. в навигации*)

gridding 1. нанесение сетки (*напр. координатной*); использование сетки (*напр. для интерполяции или аппроксимации функций*) **2.** отсчёт по сетке; привязка к сетке (*напр. в компьютерной графике*); координатная привязка (*напр. в навигации*)

gridiron 1. сетка (*1. решётка (конструкционный или декоративный элемент); решётчатая конструкция 2. координатная сетка 3. сетка для интерполяции или аппроксимации функций 4. географическая сетка; градусная сетка*) **2.** использовать решётку (*как конструкционный или декоративный элемент*); применять решётчатую конструкцию **3.** наносить сетку (*напр. координатную*); использовать сетку (*напр. для интерполяции или аппроксимации функций*) **4.** отсчитывать по сетке; привязывать к сетке (*напр. координатной*) **5.** сеть (*напр. станций*) **6.** электрическая сеть; сеть линий электропередачи

gridistor гридистор (*многоканальный полевой транзистор*)

gridsheet вчт электронная таблица (*1. программа обработки больших массивов данных, представленных в табличной форме 2. пустой или заполненный бланк электронной таблицы*)

grill(e) 1. защитная или декоративная решётка (*напр. прибора*) **2.** перфорированный экран (*напр. громкоговорителя*) **3.** проволочная апертурная решётка (*напр. кинескопа*)
  aperture ~ проволочная апертурная решётка

grind 1. измельчать; диспергировать **2.** шлифовать вчт проф. **3.** «шлифовать», придавать эстетический вид (*напр. программе*) **4.** «перемалывать», многократно «прокручивать» (*бесполезную задачу*)

grinding 1. измельчение; диспергирование **2.** шлифование; шлифовка вчт проф. **3.** «шлифовка», придание эстетического вида (*напр. программе*) **4.** «перемалывание», многократное «прокручивание» (*бесполезной задачи*)

grip 1. захватывание; зажатие ‖ захватывать; схватывать; зажимать **2.** захват; схват; зажим

gripper захват; схват; зажим
  robot ~ схват робота; захватное устройство робота
  two-fingered ~ двухпальцевый схват (*робота*), двухпальцевое захватное устройство (*робота*)

grisaille вчт гризайль (*полутоновое монохромное изображение*)

Group

grok *вчт проф.* быть знатоком; разбираться в тонкостях; использовать недокументированные возможности (*напр. операционной системы*)

grommet 1. отверстие с защитной втулкой 2. проходная изоляционная втулка

gronk *вчт проф.* отключать (*напр. устройство*)

gronked *вчт проф.* 1. полностью не работоспособный (*об устройстве или программе*) 2. обессиленный (*о фанатичном программисте*)

groove 1. паз; канавка; проточка; бороздка; выемка ‖ делать паз *или* канавку; протачивать; делать бороздку *или* выемку 2. канавка записи 3. штрих (*дифракционной решётки*) 4. шаблон; трафарет ‖ использовать шаблон *или* трафарет

    blank ~ немодулированная канавка записи

    choke ~ дроссельная канавка (*напр. в волноводном фланце*)

    coarse ~ широкая канавка записи

    concentric ~ заключительная концентрическая канавка записи

    dovetail ~ трапецеидальный паз; канавка трапецеидальная канавка (*с меньшим наружным основанием*), паз *или* канавка типа «ласточкин хвост»

    eccentric ~ заключительная эксцентрическая канавка записи

    fast ~ канавка записи с большим шагом

    fine ~ узкая канавка записи, микроканавка записи

    finishing ~ заключительная канавка записи

    grating ~ штрих дифракционной решётки

    large ~ широкая канавка записи

    lead-in ~ вводная канавка записи

    lead-out ~ выводная канавка записи

    lead-over ~ соединительная канавка записи

    locked ~ заключительная канавка записи

    marginal ~ немодулированная канавка записи

    modulated ~ модулированная канавка записи

    oil ~s смазочные канавки

    pin ~ шпоночный паз, шпоночная канавка

    plain ~ немодулированная канавка записи

    polarizing ~ поляризующий паз (*электрического соединителя*)

    rectangular ~ прямоугольный паз, канавка прямоугольная канавка

    run-in ~ вводная канавка записи

    run-out ~ выводная канавка записи

    screw ~ шлиц головки (*болта, винта или шурупа*)

    semicircular ~ полукруглый паз, полукруглая канавка

    spread ~ соединительная канавка записи

    thermal ~s *крист.* канавки термического травления

    unmodulated ~ немодулированная канавка записи

    virginal ~ немодулированная канавка записи

    V-shaped ~ *микр.* V-образная канавка

    wavy ~ модулированная канавка записи

grope действовать без необходимой подготовки *или* без предварительного исследования; *проф.* двигаться ощупью

groper субъект, действующий без необходимой подготовки *или* без предварительного исследования; *проф.* двигающийся ощупью

    packet Internet ~ утилита для проверки достижимости пункта назначения в Internet с помощью пакетов методом «запрос отклика»

Grossberg нейронная сеть Гроссберга

    additive ~ нейронная сеть Гроссберга с аддитивным обучением

    shunting ~ нейронная сеть Гроссберга с параллельным обучением

ground 1. заземление ‖ заземлять ‖ заземляющий 2. земля ‖ наземный 3. *фтт* основное состояние 4. полигон 5. основание; мотив; причина

    antenna ~ заземление антенны

    chassis ~ заземление шасси, *проф.* «корпусная земля»

    dead ~ полное заземление

    protect ~ защитное заземление

    proving ~ 1. испытательный стенд; полигон для проведения экспериментов 2. поле деятельности по проверке правильности теории

    signal ~ 1. заземление в цепи сигнала, *проф.* «схемная земля» 2. управляющий сигнал «схемная земля» (интерфейса RS-232C)

    solder ~ соединение с землёй из-за неаккуратной пайки

    Wagner ~ заземление подвижного контакта переменного резистора (*в мостах переменного тока*)

grounded 1. заземлённый 2. обоснованный; аргументированный

    directly ~ непосредственно заземлённый

    effectively ~ надёжно заземлённый

    reactance ~ заземлённый через цепь с реактивным сопротивлением

    resistance ~ заземлённый через цепь с активным сопротивлением

    solidly ~ непосредственно заземлённый

ground-guided управляемый с Земли

grounding заземление

    mesh ~ система заземления

    single-point ~ заземление в общей точке

groundless необоснованный, неаргументированный

Group:

    ~ 1 стандарт МСЭ для факсимильных аппаратов, стандарт G1

    ~ 2 стандарт МСЭ для факсимильных аппаратов, стандарт G2

    ~ 3 стандарт МСЭ для факсимильных аппаратов и факсимильных плат, стандарт G3

    ~ 4 стандарт МСЭ для цифровой факсимильной связи, стандарт G4

    Copy Protection Technical Working ~ Техническая рабочая группа по защите от (несанкционированного) копирования

    European Unix Users ~ Европейская ассоциация пользователей *UNIX*

    Frankfurt ~ Франкфуртская группа, группа фирм-разработчиков стандарта многосеансовой записи на компакт-диски

    Government Electronics ~ Правительственная группа по электронике (*США*)

    High Sierra ~ 1. группа High Sierra, группа фирм-разработчиков стандарта HSF [стандарта HSG] на формат файловой системы компакт-дисков 2. стандарт HSF [стандарт HSG] на формат файловой системы компакт-дисков

    Hollywood Digital Video Advisory ~ Голливудская консультативная группа по цифровому видео

    Internet Engineering and Planning ~ Группа развития и управления Internet

    Internet Engineering Steering ~ Группа технического управления Internet

Group

Joint Photographic Expert ~ 1. Объединённая группа экспертов по фотографии, JPEG **2.** алгоритм JPEG (для сжатия видеоданных о неподвижных изображениях) **3.** графический формат JPEG

Joint Test Action ~ 1. Объединённая группа (Института инженеров по электротехнике и радиоэлектронике) по тестированию, JTAG **2.** стандарт Объединённой группы (Института инженеров по электротехнике и радиоэлектронике) по тестированию для интегральных схем, стандарт JTAG (для тестирования интегральных схем), стандарт IEEE 1149.1 (для тестирования интегральных схем) **3.** последовательный интерфейс JTAG (для тестирования цифровых устройств)

Moving Picture Experts ~ 1. Группа экспертов по видео **2.** разработанный Группой экспертов по видео международный стандарт сжатия видео- и аудиоданных, стандарт MPEG

MUMPS User ~ Группа пользователей языка MUMPS

Object Management ~ компания OMG, разработчик объектно-ориентированных вычислительных систем

Open ~ консорциум (разработчиков программного обеспечения) Open Group

Peripheral Component Interconnect(ion) Industrial Computers Manufacturers ~ Ассоциация производителей промышленных компьютеров с компактным вариантом архитектуры подключения периферийных компонентов, Ассоциация производителей промышленных компьютеров с архитектурой CompactPCI, ассоциация PICMG

Post Office Code Standardization Advisory ~ 1. Консультативная группа стандартизации кодов почтовой связи **2.** международный стандарт POCSAG для систем поискового вызова

Rock Ridge ~ группа Rock Ridge, группа фирм-разработчиков расширения стандарта ISO 9660 на формат файловой системы компакт-дисков для операционной системы UNIX

Special Interest ~ for CD Applications and Technology Группа (Ассоциации по вычислительной технике США) по направлению «Технология и применения компакт-дисков»

Special Interest ~ for Computer Graphics Группа (Ассоциации по вычислительной технике США) по направлению «Компьютерная графика»

Special Interest ~ for Human-Computer Interaction Группа (Ассоциации по вычислительной технике США) по направлению «Человеко-машинное взаимодействие»

Speech Coding Experts ~ Экспертная группа по кодированию речи

Standards Promotion and Application ~ вчт Европейская ассоциация групп содействия внедрению и применению стандартов

Super Post Office Code Standardization Advisory ~ международный стандарт S-POCSAG для систем поискового вызова

T$_E$X Users ~ Группа пользователей языка T$_E$X

Universal Asymmetric Digital Subscriber Line Working ~ Рабочая группа по стандартизации универсальных асимметричных цифровых абонентских линий

Universal Messaging Interoperability ~ Группа по универсализации процессов приёма и передачи сообщений

group 1. группа || группировать; образовывать группу; входить в группу || групповой **2.** тлф группа; пучок || формировать группу; формировать пучок **3.** кв. эл. радикал

~ of antisymmetry группа антисимметрии, шубниковская группа; чёрно-белая кристаллографическая (магнитная) группа симметрии

~ of permutations группа перестановок

~ of pictures группа изображений

~ of symmetry группа симметрии

~ of transformations группа преобразований

~ of trunks тлф магистральная группа; пучок соединительных линий

Abel(ian) ~ фтт абелева группа

active element ~ группа активных элементов (единица измерения степени интеграции БИС)

additional crystal(lographic) magnetic ~ чёрно-белая кристаллографическая магнитная группа (симметрии); группа антисимметрии, шубниковская группа (симметрии)

antitranslation ~ группа антитрансляций

Belov color symmetry ~ цветная группа симметрии Белова

bicolored crystal(lographic) magnetic ~ чёрно-белая кристаллографическая магнитная группа (симметрии); группа антисимметрии, шубниковская группа (симметрии)

black-and-white symmetry ~ чёрно-белая кристаллографическая (магнитная) группа (симметрии); группа антисимметрии, шубниковская группа (симметрии)

black crystal(lographic) ~ чёрная [белая] кристаллографическая (магнитная) группа; фёдоровская кристаллографическая (магнитная) группа (симметрии)

Bravais (space) ~ (пространственная) группа Браве, симморфная (пространственная) группа

built-in ~s вчт встроенные группы (напр. для обеспечения доступа к общим ресурсам)

classical crystal(lographic) ~ фёдоровская кристаллографическая (магнитная) группа (симметрии); чёрная [белая] кристаллографическая (магнитная) группа (симметрии)

closed user ~ 1. закрытая группа пользователей **2.** создание закрытой группы пользователей (1. услуга службы сотовой связи 2. стандартная функция протокола X.25)

code ~ кодовая группа

color symmetry ~ цветная группа симметрии

common user ~ тлф полнодоступный пучок

computer user ~ вчт группа пользователей

cyclic ~ фтт циклическая группа

direct trunk ~ тлф прямая магистральная группа; прямой пучок соединительных линий

empty ~ пустая группа

Fedorov crystal(lographic) ~ фёдоровская кристаллографическая (магнитная) группа (симметрии); чёрная [белая] кристаллографическая (магнитная) группа (симметрии)

final ~ тлф пучок последнего выбора

focus ~ целевая группа, группа для целевого воздействия, проф. фокус-группа

font ~s группы шрифтов (с засечками, без засечек и выделительные или декоративные)

fuzzy ~ нечёткая группа

gage ~ калибровочная группа
glide ~ группа скользящих отражений
global ~ *вчт* глобальная группа
grey crystal(lographic) ~ серая [немагнитная] кристаллографическая группа (*симметрии*)
helating ~ *фтт* хелатная группа
heterocyclic ~ *фтт* гетероциклическая группа
high usage ~ *тлф* пучок высокого использования
holohedral ~ голоэдрическая группа
inversion rotation ~ группа инверсионных вращений
limited-availability ~ *тлф* пучок с ограниченной доступностью, неполнодоступный пучок
limiting ~ **of symmetry** предельная группа симметрии
linkage ~ *биол.* группа сцепления (*генов*) группа наследуемых как целое генов
local ~ *вчт* локальная группа
mail ~ *вчт* 1. группа (*пользователей*) для получения электронной почты, почтовая группа 2. запись в DNS-ресурсе о включении (*пользователя*) в группу для получения электронной почты, MG-запись
master ~ третичная группа каналов (*в системах с частотным уплотнением*)
monocolored crystal(lographic) ~ белая [чёрная] кристаллографическая (магнитная) симметрия; фёдоровская кристаллографическая (магнитная) симметрия
multimaster ~ четвертичная группа каналов (*в системах с частотным уплотнением*)
non-Bravais (space) ~ несимморфная (пространственная) группа
nonmagnetic crystal(lographic) ~ немагнитная [серая] кристаллографическая группа (*симметрии*)
nonsymmorphic (space) ~ несимморфная (пространственная) группа
parent ~ родительская группа (*в базах данных*)
peer ~ группа равных
point ~ точечная группа
primary [principal] ~ главная группа (*в базах данных*)
process ~ *вчт* группа процесса
pulse ~ группа импульсов
record ~ блок записей
reflection ~ группа отражений
renormalization ~ *фтт* ренормализационная группа
repository data ~ группа архивных данных
robot ~ группа роботов
rotation ~ группа вращений
rotation-reflection ~ группа вращений и отражений
screw ~ группа винтовых вращений
Shubnikov symmetry ~ группа антисимметрии, шубниковская группа симметрии; чёрно-белая кристаллографическая (магнитная) группа симметрии
space ~ пространственная группа
special interest ~ группа по интересам (*напр. в сети*); группа по направлению
status ~ статусная группа
symmetric ~ симметрическая группа

symmetry ~ группа симметрии
symmorphic (space) ~ симморфная (пространственная) группа, (пространственная) группа Браве
symplecric ~ симплектическая группа
through ~ *тлф* транзитная группа
translation ~ группа трансляций
trunk ~ *тлф* магистральная группа; пучок соединительных линий
twelve-channel ~ двенадцатиканальная первичная группа (*в системах с частотным уплотнением*)
two-dimensional space ~ двумерная пространственная группа
uncolored ~ немагнитная [серая] кристаллографическая группа (*симметрии*)
Usenet ~ группа системы Usenet
user ~ *вчт* группа пользователей
volume ~ *вчт* группа томов
white crystal(lographic) ~ белая [чёрная] кристаллографическая (магнитная) группа; фёдоровская кристаллографическая (магнитная) группа (*симметрии*)
grouping 1. группирование; образование групп(ы) 2. *тлф* группообразование; формирование пучка *или* пучков; организация магистральной сети 3. группирование линий (*в факсимильной связи*) 4. группирование канавок записи
groupoid *вчт* группоид
fuzzy ~ нечёткий группоид
groupware программное обеспечение (для) рабочих групп
grovel *вчт проф.* 1. «рыскать», бесцельно просматривать (*напр. файлы*) 2. «штудировать» (*напр. документацию*)
grow 1. расти; вырастать; увеличиваться; развиваться 2. растить; выращивать (*напр. кристалл*)
grower 1. установка для выращивания кристаллов 2. специалист по выращиванию кристаллов
crystal ~ 1. установка для выращивания кристаллов 2. специалист по выращиванию кристаллов
growing 1. рост; увеличение; развитие ‖ возрастающий; увеличивающийся; развивающийся 2. рост; выращивание (*напр. кристалла*) ‖ растущий (*напр. кристалл*) ‖ ростовой
growler прибор для обнаружения короткозамкнутых витков
grown *крист.* выращенный; синтезированный
epitaxially ~ эпитаксиально выращенный
flux ~ выращенный из расплава
growth 1. рост; увеличение; развитие 2. рост; выращивание (*напр. кристалла*) 3. прирост; увеличение ◊ ~ **by decomposition reaction** выращивание методом разложения; ~ **by diffuse interface mechanism** рост по механизму размытой межфазной границы; ~ **by disproportionation** выращивание методом диспропорционирования; ~ **by exsolution** рост посредством выпадения преципитатов, экстрактивный рост; ~ **by flux evaporation** выращивание методом испарения расплава; ~ **by halide reduction** выращивание методом восстановления галогенидов; ~ **by irreversible reactions** выращивание методом необратимых реакций; ~ **by open-tube process** выращивание в проточной системе, выращивание методом открытой трубы; ~ **by polymorphic transition** выращивание методом полиморфного превращения; ~ **by reversible reac-**

growth

tions выращивание методом обратимых реакций; ~ **by screw dislocation mechanism** рост по механизму винтовых дислокаций; ~ **by sintering** выращивание методом спекания; ~ **by slow cooling** выращивание методом медленного охлаждения; ~ **by surface nucleation** рост по механизму двумерного зарождения; ~ **by temperature differential method** выращивание методом температурного перепада; ~ **from liquid solution** выращивание из жидкого раствора; ~ **from melt** выращивание из расплава; ~ **in horizontal boat** выращивание в горизонтальной лодочке; ~ **in open boat** выращивание в открытой лодочке, выращивание методом Чалмерса
~ **of metastable phases** рост метастабильных фаз
~ **of wave** нарастание волны
abnormal grain ~ аномальный рост зёрен
aqueous(-solutlon) ~ выращивание из водного раствора
arc-image ~ выращивание посредством радиационного нагрева дуговой лампой
boat ~ выращивание в лодочке
cellular ~ ячеистый рост
Chalmers' ~ выращивание в открытой лодочке, выращивание методом Чалмерса
chemical reaction ~ выращивание посредством химического взаимодействия, выращивание методом химических реакций
conservative crystal ~ консервативный рост кристалла
continuous grain ~ непрерывный рост зёрен
controlled dendritic ~ управляемое дендритное выращивание
convection-limited ~ рост, лимитируемый процессами конвекции
crucibleless ~ бестигельное выращивание
crystal ~ 1. рост кристаллов 2. выращивание кристаллов
crystal-pulling ~ выращивание кристаллов методом вытягивания
crystal-pushing ~ выращивание кристаллов методом пьедестала, выращивание кристаллов методом выталкивания
Czochralski ~ выращивание кристаллов методом Чохральского
dendrite-ribbon [dendrite-web] ~ выращивание дендритных полос
dendritic ~ 1. дендритный рост 2. выращивание дендритов
diffusion-controlled [diffusion-limited] ~ рост, лимитируемый процессами диффузии
discontinuous grain ~ неравномерный рост зёрен
domain ~ рост доменов; прорастание доменов
electrochemical ~ выращивание посредством электрохимических реакций
epitaxial ~ 1. эпитаксиальный рост 2. эпитаксиальное выращивание
epitaxial film ~ эпитаксиальное выращивание плёнок
epitaxial vacuum ~ эпитаксиальное выращивание в вакууме
exaggerated grain ~ чрезмерный рост зёрен
facet ~ рост (с образованием) фасеток
fernlike ~ папоротникообразный рост
flame-fusion ~ выращивание методом кристаллизации в пламени, выращивание методом Вернейля

flux ~ выращивание из расплава
fractal ~ фракталоподобный рост
gaseous(-phase) ~ выращивание из газовой фазы
gel ~ выращивание в геле
grain ~ рост зёрен
heteroepitaxial ~ 1. гетероэпитаксиальный рост 2. гетероэпитаксиальное выращивание
high-temperature ~ 1. высокотемпературный рост 2. высокотемпературное выращивание
homoepitaxial ~ 1. гомоэпитаксиальный рост 2. гомоэпитаксиальное выращивание
hopper ~ воронкообразный рост
horizontal Bridgman-Stockbarger ~ выращивание горизонтальным методом Бриджмена (— Стокбаргера)
hydrothermal ~ 1. гидротермальный рост 2. выращивание методом гидротермального синтеза
ingot ~ выращивание слитков
irreversible ~ необратимый рост
isotropic ~ изометричный рост
Kruger-Finke ~ выращивание методом Крюгера — Финке, выращивание методом температурного градиента
Kyropoulos ~ выращивание методом Киропулоса
layer ~ послойный рост
liquid-metal solvent ~ выращивание из растворов в жидких металлах
liquid-phase ~ выращивание из жидкой фазы
logistic ~ логистический рост
low-temperature ~ 1. низкотемпературный рост 2. низкотемпературное выращивание
melt ~ выращивание из расплава
molten-salt ~ выращивание из расплавленных солей
monocomponent ~ выращивание в монокомпонентной системе
multiwafer film ~ одновременное выращивание плёнок на нескольких подложках
nonconservative ~ неконсервативное выращивание
normal grain ~ нормальный рост зёрен
oriented ~ 1. упорядоченный рост 2. упорядоченное выращивание
oxide ~ создание плёнки оксида
pedestal ~ выращивание методом пьедестала, выращивание методом выталкивания
poly ~ выращивание поликристаллического материала
preferential ~ избирательное [селективное] выращивание
pseudomorphic ~ 1. псевдоморфный рост 2. псевдоморфное выращивание
rate ~ выращивание с изменяющейся скоростью
rheotaxial ~ реотаксиальное выращивание
seeded ~ выращивание на затравках
selective ~ избирательное [селективное] выращивание
sheet ~ выращивание плоских кристаллов, выращивание кристаллов в форме тонких пластин
single-crystal ~ 1. рост монокристаллов 2. выращивание монокристаллов
solid-liquid ~ выращивание из жидкой фазы
solid-solid ~ твердофазное выращивание
solutioh ~ выращивание из раствора
spherulitic ~ сферолитный рост

spiral ~ спиральный рост
sublimation-condensation ~ выращивание методом сублимации — конденсации
thermal ~ 1. термический рост 2. термическое выращивание
thermal-gradient ~ выращивание методом температурного градиента, выращивание методом Крюгера — Финке
transport-limited ~ рост, лимитируемый процессами переноса
unintentional ~ спонтанный [самопроизвольный] рост
vapor ~ выращивание из паровой фазы
vapor-liquid-solid ~ выращивание на основе механизма пар — жидкость — кристалл
vapor-phase [vapor-solid] ~ выращивание из паровой фазы
Verneuil ~ выращивание методом Вернейля, выращивание методом кристаллизации в пламени
vertical Bridgman-Stockbarger ~ выращивание вертикальным методом Бриджмена(— Стокбаргера)
V-L-S ~ *см.* **vapor-liquid-solid growth**
whisker ~ 1. рост нитевидных кристаллов 2. выращивание нитевидных кристаллов
zero-gravity crystal ~ выращивание кристаллов в условиях невесомости

grummet *см.* **grommet**

gruppetto группетто (*мелизм*)

guard 1. защита; предохранение, ограждение || защищать; предохранять; ограждать 2. защитная решётка; защитная сетка 3. защитный интервал 4. радионаблюдение; дежурство в эфире || осуществлять радионаблюдение; дежурить в эфире 5. станция радионаблюдения
call negotiation ~ сигнал предупреждения о вызове (*в факсимильной и модемной связи*)
groove ~ защита канавок записи
radio (communication) ~ (подвижная) станция радионаблюдения
safescan perimeter ~ система предупредительной сигнализации для охраны объекта по периметру
voice ~ диктофон с системой тональной сигнализации, срабатывающей при отсутствии движения ленты

gubbish *вчт* бессмысленные *или* ошибочные данные, *проф.* «мусор», «грязь»

guess 1. предположение; догадка; угадывание || предполагать; делать предположение; угадывать 2. приближение; приближённая оценка || использовать приближение; делать приближённую оценку
first ~ нулевое приближение

guessing 1. предположение; догадка; угадывание 2. приближение; приближённая оценка
error ~ поиск ошибок методом угадывания

guesstimate 1. предполагать; делать предположение; угадывать 2. использовать приближение; делать приближённую оценку

guest *вчт* гость || гостевой (*об уровне привилегий при пользовании удалённым ресурсом*)

guidance 1. наведение 2. система наведения 3. канализация (*напр. волн*) 4. навигация
~ **and control** наведение и управление
~ **of waves** канализация волн
active homing ~ активное самонаведение
aerial ~ наведение с помощью астронавигационных средств
azimuth ~ наведение по азимуту
beam-rider ~ наведение по (радио)лучу
booster ~ инерциальная система наведения с бескарданным подвесом
bubble ~ продвижение ЦМД
cable ~ 1. наведение по проводам 2. система наведения по проводам
celestial ~ 1. астронаведение 2. система астронаведения
celestial-inertial ~ 1. астроинерциальное наведение 2. астроинерциальная система наведения
command ~ 1. командное наведение 2. система командного наведения
Doppler radar ~ радиолокационное наведение с помощью доплеровской радионавигационной системы
drone-type ~ 1. радионаведение 2. система радионаведения
electronic(s) ~ 1. радионаведение 2. система радионаведения
external ~ телеуправление
final ~ наведение на конечном участке траектории
ground ~ наведение (по командам) с Земли
heat-seeking ~ радиотеплолокационное самонаведение
homing ~ самонаведение
hyperbolic ~ 1. гиперболическое наведение 2. гиперболическая система наведения
inertial ~ 1. инерциальное наведение 2. инерциальная система наведения
infrared ~ радиотеплолокационное самонаведение
internal ~ 1. автономное наведение 2. автономное управление
laser ~ лазерное наведение
lateral ~ наведение по курсу
launching (phase) ~ наведение на стартовом участке траектории
lock-on ~ самонаведение
loran ~ самонаведение с помощью системы «Лоран»
magnetic ~ наведение по магнитному полю цели
map-matching ~ самонаведение по радиолокационной карте местности
midcourse ~ наведение на среднем участке траектории
mode ~ канализация моды
multimissile ~ (одновременное) наведение нескольких ракет
optical ~ лазерное наведение
optical track command ~ командное наведение с оптическим сопровождением ЛА
passive ~ 1. пассивное наведение 2. пассивная система наведения
passive homing ~ пассивное самонаведение
photoelectric ~ фотоэлектрическое самонаведение
preset ~ 1. программное наведение 2. система программного наведения
pursuit-course ~ наведение методом погони
quasi-active homing ~ квазиактивное самонаведение (*с передатчиком на ЛА и автономным приёмником*)
radar ~ 1. радиолокационное наведение 2. радиолокационная система наведения

guidance

radar command ~ радиолокационное командное наведение
radar repeat-back ~ наведение с Земли по сигналам бортовой РЛС обнаружения целей
radar track command ~ командное наведение с раздельными РЛС сопровождения ЛА и цели
radio ~ 1. радионаведение 2. система радионаведения
radio-inertial ~ 1. радиоинерциальное наведение 2. радиоинерциальная система наведения
radio navigation ~ наведение с помощью радионавигационных средств
reentry ~ наведение при вхождении в плотные слои атмосферы
semiactive homing ~ полуактивное самонаведение
star-tracking ~ 1. астронаведение 2. система астронаведения
stellar ~ 1. астронаведение 2. система астронаведения
television repeat-back ~ наведение с Земли по сигналам бортовой телевизионной станции
terminal ~ наведение на конечном участке траектории
terrain-matching ~ наведение по данным о местности
terrestrial-magnetic ~ наведение по данным о магнитном поле Земли
terrestrial-reference ~ наведение по данным о магнитном поле Земли, гравитационном поле и атмосферном давлении
track-command ~ командное наведение с раздельными РЛС сопровождения ЛА и цели
wire ~ 1. наведение по проводам 2. система наведения по проводам

guidance, navigation and control наведение, навигация и управление

Guide:
~ **to the Use of Standards** вчт Руководство по использованию стандартов

guide 1. волновод 2. световод, светопровод 3. направляющая (*1. направляющее устройство или приспособление 2. вспомогательная линия напр. в компьютерной графике*) || направлять 4. переносящий электрод (*в декатроне*) 5. наводить; использовать наведение 6. канализировать (*напр. волны*) 7. руководство (*напр. по использованию*); наставление; инструкция
acoustic ~ акустический волновод
air ~ направляющая потока воздуха
cutting ~ направляющая для резки магнитной ленты (*при монтаже*)
diagonal slit ~ направляющая с наклонной щелью для резки магнитной ленты (*при монтаже*)
dielectric ~ диэлектрический волновод
dielectric-loaded ~ волновод, нагруженный диэлектриком, волновод с диэлектрическими вставками
disk ~s направляющие дискеты (*в дисководах*)
entrance ~ подающий направляющий ролик
exit ~ приёмный направляющий ролик
female ~ вакуумная направляющая (*видеомагнитофона*)
fiber light ~ волоконный световод
film ~ плёночный световод
flux ~ магнитный шунт
gas lens ~ световод с газовыми линзами
gradient ~ световод с плавным изменением показателя преломления
insulated ~ направляющая (*автостопа*) с изолированной верхней частью (*магнитофона*)
lens ~ линзовый волновод
light ~ световод, светопровод
O ~ линия передачи поверхностных волн на полом цилиндре из диэлектрической плёнки
radiating ~ излучающий волновод
retractable vacuum ~ отводимая вакуумная направляющая (*видеомагнитофона*)
rotating tape ~ вращающийся направляющий ролик (*магнитофона*)
split ~ направляющая (*автостопа*) с изолированной верхней частью (*магнитофона*)
surface (light) ~ поверхностный световод
tape ~ 1. направляющий ролик (*магнитофона*) 2. направляющая (*видеомагнитофона*)
tape input ~ подающий направляющий ролик
tape output ~ приёмный направляющий ролик
tapered light-focusing ~ конусный фокусирующий световод, фокон
trough ~ желобковая линия передачи
vacuum ~ вакуумная направляющая (*видеомагнитофона*)
X ~ X-образная линия передачи поверхностных волн

guidebook руководство (*напр. по использованию*); наставление; инструкция
guideline 1. направляющая (*вспомогательная линия напр. в компьютерной графике*) 2. *pl* руководство(*напр. по использованию*); наставление; инструкция
guiding 1. наведение 2. канализирование (*напр. волн*) 3. направление
light ~ канализация света
guiltware *проф.* (лицензированное) условно-бесплатное программное обеспечение с неявной *или* явной просьбой возместить автору трудозатраты по созданию программы
guiro гуиро (*ударный музыкальный инструмент*)
long ~ вчт длинное гуиро (*музыкальный инструмент из набора ударных General MIDI*)
short ~ вчт короткое гуиро (*музыкальный инструмент из набора ударных General MIDI*)
guitar гитара
acoustic ~ гитара
clean electric ~ электрическая гитара (*музыкальный инструмент из набора General MIDI*)
distortion ~ электрическая гитара с искажениями, *проф.* электрическая гитара с эффектом «дисторшн» (*музыкальный инструмент из набора General MIDI*)
electric ~ электрическая гитара
jazz electric ~ джазовая электрическая гитара (*музыкальный инструмент из набора General MIDI*)
muted electric ~ приглушённая электрическая гитара (*музыкальный инструмент из набора General MIDI*)
nylon (strings) acoustic ~ гитара с нейлоновыми струнами (*музыкальный инструмент из набора General MIDI*)
overdriven ~ электрическая гитара с перемодуляцией (*музыкальный инструмент из набора General MIDI*)

steel (strings) acoustic ~ гитара со стальными струнами (*музыкальный инструмент из набора General MIDI*)

Gulch:
   Silicon ~ Кремниевая долина (*местность в Санта-Клара Вэлли (Калифорния, США) с огромной концентрацией предприятий электронной промышленности*)

gulp (небольшая) группа байт

gun 1. электронный прожектор, электронная пушка **2.** инжектор **3.** плазменная пушка **4.** паяльный пистолет **5.** *вчт проф.* преднамеренно прерывать (*работу бесполезной программы*) ◊ **~ down** преднамеренно прерывать (*работу бесполезной программы*)
   annular-cathode electron ~ электронный прожектор с кольцевым катодом
   blue ~ *тлв* «синий» прожектор
   Charles ~ электронный прожектор Чарльза
   coaxial(-accelerating) plasma ~ коаксиальная плазменная пушка
   crossed-field plasma ~ плазменная пушка со скрещенными полями
   desoldering ~ пистолет для демонтажа (*схем*)
   electron ~ 1. электронный прожектор, электронная пушка **2.** инжектор электронов
   erasing ~ стирающий прожектор
   field-emitting electron ~ электронный прожектор с холодным катодом
   flood(ing) ~ считывающий электронный прожектор (*запоминающей ЭЛТ*)
   glow-discharge ~ электронный прожектор с тлеющим разрядом
   green ~ *тлв* «зелёный» прожектор
   holding ~ прожектор поддерживающего пучка (*запоминающей ЭЛТ*)
   immersed ~ иммерсионный электронный прожектор
   in-line ~s *тлв* копланарные прожекторы
   ion ~ ионный инжектор
   light ~ световое перо
   magnetron injection ~ магнетронный инжекционный прожектор
   Marshall ~ коаксиальная плазменная пушка
   multipactor(ing) electron ~ мультипакторный электронный инжектор
   offset ~ электронный прожектор, смещённый относительно оси ЭЛТ
   on-line ~ электронный прожектор, расположенный на оси ЭЛТ
   Pierce ~ электронный прожектор Пирса, однопотенциальный электронный прожектор
   plasma ~ плазменная пушка
   plasma-cathode (electron) ~ электронный прожектор с плазменным катодом
   reading ~ считывающий прожектор
   red ~ *тлв* «красный» прожектор
   resist spray ~ *микр.* пистолет-распылитель резиста
   shadow-gridded electron ~ электронный прожектор с теневой сеткой
   soldering ~ паяльный пистолет
   spray ~ *микр.* пистолет-распылитель
   sputter ~ 1. *микр.* электронная пушка для ионного распыления **2.** *микр.* пистолет-распылитель
   welding ~ сварочный пистолет
   writing ~ записывающий прожектор

gunlayer наводчик
   radar ~ радиолокационный прицел

gunshot *вчт* выстрел («*музыкальный инструмент*» *из набора General MIDI*)

gunzip программа gunzip, утилита распаковки архивов для операционной системы GNU || распаковывать архив, созданный утилитой gzip

guru знаток и популяризатор (*напр. компьютеров*) *проф.* «гуру»

gustsonde сбрасываемый парашютный радиозонд для определения степени турбулентности атмосферы

gutter 1. промежуток между полосами набора **2.** два смежных внутренних поля (*разворота печатного издания*) **3.** дополнительное внутреннее поле (*разворота печатного издания*

guy(-wire) оттяжка (*антенны*)
   back ~ задняя оттяжка
   head ~ продольная оттяжка
   side ~ поперечная [боковая] оттяжка

gypsum гипс (*эталонный минерал с твёрдостью 2 по шкале Мооса*)

gyrate двигаться по кругу *или* спирали; прецессировать

gyration 1. движение по кругу *или* спирали; прецессия **2.** *крист.* гирация

gyrator гиратор
   acoustic ~ акустический гиратор
   capacitor-transformer ~ конденсаторно-трансформаторный гиратор
   cryotron ~ криотронный гиратор
   de-coupled ~ гиратор со связями по постоянному току
   Faraday-effect ~ гиратор на эффекте Фарадея
   floating(-port) ~ незаземлённый гиратор
   Hall-effect ~ гиратор на эффекте Холла
   hybrid integrated-circuit ~ гиратор на ГИС
   IC ~ гиратор на ИС
   lossy ~ гиратор с потерями
   microwave ~ СВЧ-гиратор
   multiterminal ~ многополюсный гиратор
   transistor ~ транзисторный гиратор
   two-port ~ двухплечий гиратор

gyratory двигающийся по кругу *или* спирали; прецессирующий

gyro *см.* gyroscope

gyrocompass гирокомпас

gyroelectric гироэлектрический

gyrofrequency циклотронная частота

gyromagnetic гиромагнитный

gyromonotron гиромонотрон, однорезонаторный генераторный гиротрон

gyropilot автопилот

gyroscope гироскоп
   cryogenic ~ гироскоп со сферическим сверхпроводящим ротором на магнитной подушке
   electrostatic ~ электростатический гироскоп (*с вращающимся бериллиевым шариком*)
   fiber-optic ~ волоконно-оптический гироскоп
   free ~ свободный гироскоп
   integrating ~ интегрирующий гироскоп
   laser ~ лазерный гироскоп
   magnetic-induction ~ гироскоп на эффекте ядерного магнитного резонанса

gyroscope

MEMS (-based) ~ *см.* **microelectromechanical system (-based) gyroscope**
microelectromechanical system (-based) ~ гироскоп на основе микроэлектромеханических систем
optical ~ лазерный гироскоп
rate ~ гиротахометр
ring-laser ~ лазерный гироскоп
vibratory ~ вибрационный гироскоп
gyroscopic гироскопический
gyroscopics наука о гироскопах и гироскопических явлениях (*раздел механики*)
gyrostabilization гиростабилизация
gyrostabilized гиростабилизированный
gyrostabilizer гиростабилизатор
gyrostat гиростабилизатор
gyrostatic гиростабилизирующий
gyrotron гиротрон (*1. прибор миллиметрового диапазона, основанный на взаимодействии электронного пучка с быстрой электромагнитной волной 2. камертонный прибор для обнаружения движения системы отсчёта*)
traveling-wave ~ гиротрон бегущей волны
gyrotropic гиротропный
gyrotropy гиротропия
induced ~ индуцированная гиротропия
natural ~ естественная гиротропия
gzip программа gzip, утилита создания архивов для операционной системы GNU ‖ создавать архив

H

H (допустимое) буквенное обозначение i-го ($2 \leq i \leq 26$) логического диска, съёмного устройства памяти *или* компакт-диска (*в IBM-совместимых компьютерах*)
H.100 1. стандарт ECTF на средства компьютерной телефонии, стандарт H.100 **2.** цифровая шина расширения стандарта H.100 для компьютерной телефонии, шина (расширения стандарта) H.100
H.110 стандарт ECTF на средства компьютерной телефонии для компьютеров с архитектурой CompactPCI, стандарт H.110
H.221 стандарт МСЭ на реализацию видеоконференций по сетям ISDN, стандарт H.221
H.225 стандарт МСЭ на реализацию функций пакетирования и синхронизации аудио- и видеоданных при передаче в компьютерной телефонии, стандарт H.225
H.243 стандарт МСЭ на реализацию многотерминальных видеоконференций по цифровым сетям, стандарт H.243
H.245 стандарт МСЭ на реализацию функций управления передачей аудио- и видеоданных в компьютерной телефонии, стандарт H.245
H.245 Profile упрощённая версия стандарта H.245 МСЭ для голосовых терминалов, стандарт H.245 Profile
H.261 стандарт МСЭ на реализацию функций сжатия видеоданных, стандарт H.261

H.263 стандарт МСЭ на реализацию видеоконференций по аналоговым коммутируемым телефонным сетям, стандарт H.263
H.282 стандарт МСЭ на реализацию функций дистанционного управления камерами при организации видеоконференций, стандарт H.282
H.320 базовый стандарт МСЭ для компьютерной телефонии и видеоконференций с использованием выделенных или коммутируемых цифровых линий, стандарт H.320
H.323 базовый стандарт МСЭ для компьютерной телефонии и видеоконференций с использованием распределённых сетей с коммутацией пакетов, стандарт H.323
H.324 стандарт МСЭ на реализацию видеоконференций с помощью модемов по аналоговым телефонным сетям, стандарт H.324
habit 1. форма, габитус (*кристалла*) **2.** привычка **3.** привыкание (*напр. к компьютеру*)
crystal ~ форма [габитус] кристалла
crystal growth ~ форма [габитус] роста кристалла
habituate приучать (*напр. к стимулу*)
habituation приучение (*напр. к стимулу*)
háček «галочка», диакритический знак ˇ (*напр. в символе ě*)
hack *вчт* **1.** оптимизация системных ресурсов и использование недокументированных возможностей программных продуктов ‖ оптимизировать системные ресурсы и использовать недокументированные возможности программных продуктов **2.** созданная на высоком профессиональном уровне программа, *проф.* «ювелирная работа», «конфетка» **3.** примитивная разработка *или* модификация программных продуктов, *проф.* «поделка» **4.** компьютерный взлом; разработка и реализация способов несанкционированного проникновения в защищённые компьютерные системы и программные продукты **5.** *проф.* «влезать» в программу; «взламывать» программу **6.** *проф.* «забава»; «курьёз» ‖ «забавляться» (*при работе на компьютере*); «общаться» (*с компьютером*) **7.** *проф.* слоняться без дела (*в ожидании работы на компьютере*) ◊ **for ~ value** «ради забавы» (*о необычной, но бесполезной программе*); **~ together** «сколачивать», компоновать (*программу*) наспех; **~ on 1.** выполнять «поделку» **2.** целенаправленно работать; **~ up 1.** выполнять «поделку» **2.** целенаправленно работать
display ~ 1. *проф.* программное обеспечение для создания галлюциногенных изображений **2.** галлюциногенное изображение
hacker *вчт* хакер (*1. программист высокого уровня, способный оптимизировать системные ресурсы и использовать недокументированные возможности программных продуктов 2. продуктивно работающий программист среднего уровня 3. компьютерный взломщик; программист, специализирующийся на разработке и реализации способов несанкционированного проникновения в защищённые компьютерные системы и программные продукты*)
true ~ настоящий хакер (*программист высокого уровня, способный оптимизировать системные ресурсы и использовать недокументированные возможности программных продуктов*)

hackerese *вчт* язык хакеров
hackering *вчт* процесс работы хакера
hacking *вчт* 1. оптимизация системных ресурсов и использование недокументированных возможностей программных продуктов 2. компьютерный взлом; разработка и реализация способов несанкционированного проникновения в защищённые компьютерные системы и программные продукты
  patriot ~ взлом сайтов террористических организаций
hackish *вчт проф.* «ювелирный», изящный (*о работе программиста*)
hackishness *вчт* изящество, *проф.* «ювелирность» (*о работе программиста*)
hackmem *вчт проф.* «памятка» хакера
hacksaw ножовка
hadron *фтт* адрон
hair 1. волос; волосок 2. *вчт проф.* сложная работа (*по написанию программ*) ◊ **to a ~** совершенный до мельчайших деталей
  cross ~s перекрестье
  infinite ~ *вчт проф.* «адски» сложная работа (*по написанию программ*)
hairline *вчт* 1. волосная линия (*1. соединительный штрих литеры 2. минимально допустимая толщина линии или минимально допустимый интервал между элементами набора*) 2. засечка (*литеры*)
hair-space *вчт* волосная [тонкая] шпация
hair-spring волосковая пружинка, волосок (*напр. часового механизма*)
hairstroke *вчт* 1. волосная линия (*1. соединительный штрих литеры 2. минимально допустимая толщина линии или минимально допустимый интервал между элементами набора*) 2. засечка (*литеры*)
hairy *вчт проф.* 1. сложный; трудоёмкий (*о работе по написанию программ*) 2. знающий; понимающий (*о программисте*)
hakspek *вчт проф.* метод сокращённой записи звуков в электронной почте, электронных досках объявлений и пр. (*напр. «before I see you tomorrow» записывается как «b4 i c u 2moro»*)
halation ореол (*1. оптическое явление 2. тлв, вчт дефект изображения 3. элемент палитры инструментов в компьютерной графике*)
half половина || половинный ◊ **by ~** намного; в значительной степени; **not (the) ~ of it** незначительный
half-adder *вчт* полусумматор
half-bridge *вчт* полумост
half-card *вчт* короткая плата, плата половинной длины
half-cell электрод сравнения
  calomel ~ каломельный электрод сравнения
  glass ~ стеклянный электрод сравнения
  hydrogen ~ водородный электрод сравнения
  mercury-oxide ~ ртутно-оксидный электрод сравнения
  quinhydrone electrode ~ хингидронный электрод сравнения
  silver-chlorine ~ хлорсеребряный электрод сравнения
half-circuit симплексный [односторонний] канал
half-closed наполовину завершённый (*о конечной стадии процесса обмена данными в сети*)
half-coil полукатушка

half-cycle полупериод
half-duplex полудуплексная [поочерёдная двусторонняя] связь, полудуплекс || полудуплексный, поочерёдный двусторонний
half-frame *тлв, вчт* поле, полукадр (*в системах отображения с чересстрочной развёрткой*)
half-life период полураспада
half-loop *фтт* полупетля
  dislocation ~ дислокационная полупетля
half-period полупериод
half-section полузвено (*фильтра*)
half-splitting дихотомический метод отыскания неисправности в цепи
half-step полутон (*наименьшее расстояние между звуками в 12-тоновой системе*)
half-tone 1. полутон (*1. наименьшее расстояние между звуками в 12-тоновой системе 2. переход от светлого к тёмному*) 2. полутоновое изображение (*1. изображение с переходами от светлого к тёмному 2. растровое изображение*) || полутоновый (*1. содержащий переходы от светлого к тёмному 2. растровый*) 3. растровая печать 4. растровая репродукция
  color ~ 1. полутоновое изображение 2. художественный фильтр, основанный на объединении близких по цвету пикселей в одноцветные круговые области с радиусом, пропорциональным локальной яркости изображения (*в растровой графике*)
  phantom ~ фантомное полутоновое изображение, полутоновое изображение с показом внутриобъёмных деталей (*объекта*)
half-toning 1. использование полутонов 2. растрирование
half-turn 1. полувиток 2. половина оборота; полуоборот
half-wave 1. полуволновый 2. однополупериодный
half-wavelength половина длины волны
half-word *вчт* полуслово
hall 1. холл; вестибюль 2. коридор; проход 3. аудитория (*напр. лекционная*); зал (*напр. концертный*) 4. павильон; студия
  ~ of fame зал славы (*в компьютерных играх*)
  assembly ~ зал заседаний, конференц-зал
  conference ~ конференц-зал; зал заседаний
  exhibition ~ 1. выставочный зал 2. выставочный павильон
  lecture ~ лекционная аудитория
  reading ~ читальный зал
  recording ~ павильон звукозаписи; студия звукозаписи
hall-mark проба || ставить пробу
hallucination галлюцинация
  multi-user shared ~ *вчт* общая галлюцинация в многопользовательской среде, многопользовательская среда MUSH (*разновидность среды MUD*)
halo 1. гало 2. ореол (*1. оптическое явление 2. тлв, вчт дефект изображения 3. элемент палитры инструментов в компьютерной графике*) || образовывать ореол(ы); использовать ореол(ы)
  ~ around the moon гало вокруг луны
  black ~ чёрный ореол
  color ~ цветной ореол
  neutron ~ нейтронное гало

halt

halt 1. остановка; прекращение работы || останавливать(ся); прекращать работу *вчт* 2. останов 3. команда останова || выполнять команду останова
~ **on all** останов при любой ошибке
~ **on error** останов при ошибке
dead ~ необратимый останов; останов без возможности возврата к состоянию до ошибки
drop dead ~ необратимый останов; останов без возможности возврата к состоянию до ошибки
end-of-page ~ останов в конце страницы (*при печати*)
halve 1. делить пополам 2. уменьшать в 2 раза
halyard оттяжка (*напр. опоры антенны*)
ham радиолюбитель
Hamiltonian гамильтониан, оператор Гамильтона
Heisenberg ~ *магн.* гамильтониан Гейзенберга
Hubbard ~ *магн.* гамильтониан Хаббарда
interaction ~ гамильтониан взаимодействия
spin ~ спиновый гамильтониан
Hammer семейство 64-разрядных процессоров фирмы AMD
hammer 1. молоток; молоточек (*напр. в принтерах ударного действия*) 2. наносить удар(ы) 3. испытывать (*программные или аппаратные средства*) в тяжёлых условиях
hamster беспроводная мышь, мышь с инфракрасным интерфейсом *или* радиоинтерфейсом
hand 1. рука; кисть || ручной (*неавтоматический*) 2. рука (*1. курсор-захват в виде ладони, курсор в виде ладони с функцией захвата и перемещения 2. инструмент для прокрутки изображения в графических редакторах*) 3. почерк 4. подпись 5. знак указателя, символ ☞ 6. стрелка (*напр. часов*) ◊ **by** ~ вручную, ручным способом
artificial ~ эквивалент руки оператора
free ~ свободный стиль (*рисунка*), рисование от руки (*в компьютерной графике*)
grabber ~ рука, курсор-захват в виде ладони, курсор в виде ладони с функцией захвата и перемещения
hour ~ часовая стрелка
minute ~ минутная стрелка
robot ~ кисть (руки) робота; рука робота; схват робота
second ~ секундная стрелка
working ~ рабочая кисть (*робота*)
hand(-)book 1. руководство (*напр. по использованию*); наставление; инструкция 2. справочник
handedness киральность [хиральность] системы координат
handheld ручной (*напр. сканер*)
Handie-Talkie портативная дуплексная радиостанция
handle 1. ручка; рукоятка 2. обрабатывать 3. управлять 4. манипулятор (*1. механизм, повторяющий движения руки оператора 2. устройство подачи и перемещения (напр. компонентов)*) || манипулировать (*1. управлять механизмом, повторяющим движения руки оператора 2. выполнять операции подачи и перемещения (напр. компонентов)*) 5. *вчт* метка-манипулятор (*напр. в графических или музыкальных редакторах*) 6. *вчт* (цифровой) идентификатор; идентификационный номер; электронный псевдоним (*объекта или субъекта*) 7. *вчт* программа обработки, обработчик 8. *вчт* указатель на указатель; двойной указатель ◊ **as-**

sign a ~ *вчт* назначать селективный адрес (*напр. выбранной плате стандарта PnP при автоматическом конфигурировании*)
bat ~ ручка тумблера
binding ~ идентификатор связи между клиентом и сервером
driver ~ ручка отвёртки
file ~ идентификатор файла
insulated ~ изолирующая ручка (*напр. электромонтажного инструмента*)
probe ~ ручка щупа; ручка пробника
ratch type driver ~ ручка отвёртки (древовидного типа) с трещоткой
reversible driver ~ ручка отвёртки (древовидного типа) с реверсом
handler 1. устройство обработки 2. устройство управления 3. манипулятор (*1. механизм, повторяющий движения руки оператора 2. устройство подачи и перемещения (напр. компонентов)*) 4. *вчт* обработчик (*1. программа обработки 2. блок обработки*)
A20 ~ обработчик сигналов управления линией A20
alarm ~ обработчик сигналов тревоги
associated ~ ассоциированный обработчик
callback ~ *вчт* 1. обработчик процедур обратного вызова 2. блок обработки обратных вызовов (*в схеме аутентификации пользователя*)
cassette ~ лентопротяжный механизм кассетного магнитофона
component ~ *микр.* манипулятор для компонентов; устройство подачи и перемещения компонентов
critical-error ~ обработчик критических ошибок
data ~ обработчик данных
event(-driven) ~ обработчик событий
exception ~ обработчик исключений
first-level ~ обработчик первого уровня
first-level interruption ~ обработчик прерываний первого уровня
IC ~ манипулятор для ИС; устройство подачи и перемещения ИС
interrupt ~ обработчик прерываний
log ~ обработчик записей в журнале *или* файле регистрации
magnetic-tape [magtape] ~ лентопротяжный механизм
periodic ~ периодический обработчик
queue ~ обработчик очередей
reel-to-reel ~ лентопротяжный механизм катушечного магнитофона
signal ~ обработчик сигналов
SMI ~ *см.* system management interrupt handler
SMM ~ *см.* system management mode handler
source list ~ обработчик исходного списка
system management interrupt ~ обработчик прерываний от (средств) системного управления
system management mode ~ обработчик прерываний от (средств) системного управления
tape ~ лентопротяжный механизм
transaction ~ обработчик транзакций
trap ~ обработчик прерываний в особой ситуации
wake-up ~ *вчт* 1. программное *или* аппаратное средство управления процессом возобновления (*процесса обработки данных или исполнения про-*

hardcard

граммы *после режима ожидания*) **2.** программное средство управления процессом активизации (*аппаратного средства*); программное *или* аппаратное средство управления процессом перевода в режим номинального энергопотребления (*после режима ожидания*) **3.** устройство управления будильником

handling 1. обработка **2.** управление **3.** манипулирование (*1. управление механизмом, повторяющим движения руки оператора 2. выполнение операций подачи и перемещения (напр. компонентов)*)
~ **of calls** *тлф* распределение вызовов
beam ~ управление лучом; управление пучком
bit ~ поразрядная обработка данных; поразрядные операции; манипулирование данными на уровне бит
data ~ **1.** обработка данных **2.** манипулирование данными
deadlock ~ обработка тупиковых ситуаций
document ~ обработка документов
dynamic ~ динамическая обработка
electronic payment ~ обработка электронных платежей
error ~ обработка ошибок
exception ~ обработка исключений
file ~ обработка файлов
gradient-fill ~ градиентная закраска, градиентная заливка (*в цветной компьютерной графике*)
information ~ обработка информации
interaction [interactive] ~ интерактивная обработка
interrupt ~ обработка прерываний
message ~ обработка сообщений
optical data ~ оптическая обработка данных
paper ~ средства подачи и укладки бумаги (*в принтере*)
slice ~ *микр.* подача и перемещение пластин; межоперационная транспортировка пластин
string ~ *вчт* обработка строковых переменных
wafer ~ *микр.* подача и перемещение пластин; межоперационная транспортировка пластин

handoff 1. сдача дежурства (*напр. оператором*) **2.** эстафетная передача; передача управления (*напр. вызовом*)
radar ~ сдача дежурства оператором РЛС (*без прекращения наблюдения*)

handover 1. эстафетная передача; передача управления (*напр. вызовом*) **2.** передача обслуживания; перевод *или* переход на более высокий уровень обслуживания

hand-reset с ручным сбросом; с ручной установкой в состояние «0»

handset микротелефонная трубка
one-piece dial-in ~ микротелефонная трубка с номеронабирателем
rotary dialing ~ микротелефонная трубка с дисковым номеронабирателем

Hands Free радиотелефон с речевым [голосовым] набором и креплением на активной подставке *или* на головной стяжке, радиотелефон типа «свободные руки», радиотелефон типа Hands Free

hands-free *тлф* полный громкоговорящий режим и голосовой набор, *проф.* режим «свободные руки при разговоре»

handshake, handshaking *вчт* **1.** квитирование установления связи (*1. (аппаратное) подтверждение установления связи 2. предварительное (программное) согласование условий связи*); процедура установления связи путём квитирования **2.** протокол квитирования установления связи
acceptor ~ квитирование установления связи с получателем данных
hardware ~ аппаратное квитирование [аппаратное подтверждение] установления связи
software ~ программное квитирование установления связи, предварительное программное согласование условий связи
source ~ квитирование установления связи с отправителем данных
XON/XOFF ~ квитирование установления связи по протоколу XON/XOFF

hands-on практический (*об опыте*); приобретённый в процессе практического использования

handwave *вчт* волнообразные движения руками; пассы (*напр. в компьютерных играх*)

hand-write писать от руки

handwriting 1. написанное от руки; рукописный документ **2.** почерк

handy 1. доступный; имеющийся под рукой **2.** полезный **3.** удобный (*в использовании*)

hang 1. зависание; подвешивание (*компьютера*) ‖ зависать; подвешивать(ся) (*о компьютере*) **2.** наклонять(ся); иметь наклон **3.** ставить в зависимость; обусловливать; находиться в зависимости **4.** оставаться незавершённым; откладывать(ся); продолжать(ся) ◊ ~ **on** *тлф* ожидать ответа (*после установления соединения*); ~ **over** оставаться незавершённым; откладывать(ся); продолжать(ся); ~ **up** *тлф* **1.** давать отбой; разъединять **2.** зависать; подвешивать(ся) (*о компьютере*)

hanging зависание; подвешивание (*компьютера*)

hangover 1. оставление в незавершённом состоянии; откладывание; продолжение **2.** *тлв* динамическое тянущееся продолжение **3.** «затягивание» (*в факсимильной связи*)

hang-up 1. *тлф* отбой; разъединение **2.** зависание; подвешивание (*компьютера*)

hard 1. *вчт, проф.* аппаратное обеспечение ‖ аппаратный, относящийся к аппаратному обеспечению **2.** жёсткий (*1. твёрдый, трудно деформируемый 2. магнитно-твёрдый, магнитно-жёсткий 3. документальный; проф. твёрдый (о копии) 4. жёсткий магнитный (о диске) 5. с высокой проникающей способностью (об ионизирующем излучении) 6. неплавный; резкий; ступенчатый 7. контрастный 8. постоянный; фиксированный (напр. о соединении)*) **3.** стойкий; устойчивый (*к внешним воздействиям*) **4.** объективный (*напр. об информации*); документальный; документированный; точный (*напр. о науке*) **5.** *вчт* задача определённого уровня сложности, *проф.* трудная задача **6.** трудный
nondeterministic polynomial time ~ NP-трудная задача, полиномиальная для недетерминированной машины Тьюринга задача (поиска), решаемая за полиномиальное время на недетерминированной машине Тьюринга задача (поиска)

hardback 1. печатное издание в (твёрдом) переплёте **2.** (твёрдый) переплёт ‖ в (твёрдом) переплёте

hardcard 1. запоминающее устройство для резервного копирования (данных) на плате расширения **2.** плата жёсткого диска

hard-coded

hard-coded с жёсткой кодировкой (*о программе*)
hardcopy *вчт* документальная копия, *проф.* твёрдая копия || документальный; *проф.* твёрдый (*о копии*)
hardcover 1. печатное издание в (твёрдом) переплёте 2. (твёрдый) переплёт || в (твёрдом) переплёте
harden 1. упрочнять 2. отверждать; твердеть 3. задубливать (*напр. резист*)
hardener 1. упрочняющий агент 2. отвердитель 3. дубитель
   alloy ~ упрочняющий агент (для) сплава
   epoxy ~ отвердитель эпоксидной смолы
hardening 1. упрочнение 2. отверждение; твердение 3. отвердитель 4. задубливание (*напр. резиста*) 5. дубитель
   age ~ дисперсионное твердение
   anisotropic ~ анизотропное упрочнение
   dispersion ~ дисперсионное твердение
   kinematic ~ кинематическое упрочнение
   magnetic ~ магнитное твердение
   nuclear ~ повышение радиационной стойкости
   precipitation ~ дисперсионное твердение
   radiation ~ повышение радиационной стойкости
   strain ~ деформационное упрочнение
   surface ~ поверхностное твердение
   work ~ деформационное упрочнение
hardline проводная линия связи
hardness 1. жёсткость (*1. твёрдость, трудная деформируемость 2. магнитная жёсткость, магнитная твёрдость 3. обладание высокой проникающей способностью (об ионизирующем излучении) 4. неплавность; резкость 5. контрастность 6. неплавность; ступенчатость*) 2. твёрдость (*относительная количественная характеристика степени деформируемости твёрдых тел*) 3. стойкость; устойчивость (*к внешним воздействиям*) 4. объективность (*напр. информации*); документальность; документированность; точность (*напр. науки*) 5. трудность
   abrasive ~ абразивная стойкость
   ball ~ твёрдость по шкале Бринелля, твёрдость по Бринеллю
   Brinell ~ твёрдость по шкале Бринелля, твёрдость по Бринеллю
   bubble ~ жёсткость ЦМД
   diamond-pyramid ~ твёрдость по шкале Виккерса, твёрдость по Виккерсу
   Mohs ~ твёрдость по шкале Мооса, твёрдость по Моосу
   radiation ~ жёсткость излучения
   Vickers ~ твёрдость по шкале Виккерса, твёрдость по Виккерсу
   X-ray ~ жёсткость рентгеновского излучения
hard-set 1. фиксированный 2. определённый
hardware 1. *вчт* аппаратное обеспечение; аппаратные средства; аппаратура || аппаратный 2. *вчт* аппаратный, аппаратно реализуемый; встроенный аппаратными средствами, *проф.* зашитый 3. *вчт* комплектующие 4. технические средства; оборудование
   adaptive ~ адаптивное аппаратное обеспечение
   basic ~ основное аппаратное обеспечение
   bio-inspired ~ аппаратное обеспечение, создаваемое и самоорганизующееся по законам биосистем
   computer ~ аппаратное обеспечение компьютера
   configurable ~ (однократно *или* малое число раз) конфигурируемое аппаратное обеспечение
   digital ~ цифровое аппаратное обеспечение
   display ~ аппаратное обеспечение системы отображения (*информации*)
   dynamically configurable ~ динамически конфигурируемое аппаратное обеспечение
   graphics input ~ входное аппаратное обеспечение графики, аппаратное обеспечение преобразования изображений в цифровую форму
   graphics output ~ выходное аппаратное обеспечение графики, аппаратное обеспечение преобразования цифровых данных в изображение
   imaging ~ аппаратное обеспечение для компьютерной графики
   in-home ~ оборудование пользователя
   logic ~ логическое аппаратное обеспечение
   machine ~ аппаратное обеспечение компьютера
   modular ~ модульное аппаратное обеспечение
   on-line evolvable ~ развёртываемое в интерактивном режиме аппаратное обеспечение
   radar ~ радиолокационная аппаратура
   reconfigurable ~ (многократно) переконфигурируемое аппаратное обеспечение
   remote ~ удалённое аппаратное обеспечение
   remotely reconfigurable ~ дистанционно переконфигурируемое аппаратное обеспечение
   self-repaid ~ самовосстанавливающееся аппаратное обеспечение
   self-replicated ~ самовоспроизводящееся аппаратное обеспечение
   sprite ~ аппаратная поддержка спрайтовой графики
   virtual ~ виртуальное аппаратное обеспечение (*динамически конфигурируемое аппаратное обеспечение с сохранением информации при конфигурации*)
   VLSI ~ аппаратное обеспечение на СБИС
hardware-dependent *вчт* аппаратно-зависимый
hard(-)wired 1. с фиксированным монтажом 2. *вчт* аппаратный, аппаратно реализуемый; встроенный аппаратными средствами, *проф.* «зашитый» (*о программе, функции или возможности*) 3. подключаемый с помощью кабеля (*напр. о терминале*); предусматривающий возможность разводки с помощью перемычек (*напр. о плате*)
hard(-)wiring 1. фиксированный монтаж 2. *вчт* аппаратная реализация, реализация аппаратными средствами 3. подключение с помощью кабеля (*напр. терминала*); возможность разводки с помощью перемычек (*напр. на плате*)
harmodotron гармодотрон (*генераторный прибор миллиметрового или субмиллиметрового диапазона*)
harmonic 1. гармоника || гармонический 2. обертон 3. *pl* музыкальная акустика
   aural ~s субъективные обертоны
   backward space ~ обратная пространственная гармоника
   even ~ чётная гармоника
   first ~ первая гармоника
   forward space ~ прямая пространственная гармоника
   fractional ~ дробная гармоника
   fundamental ~ основная гармоника

guitar ~s *вчт* гитарные гармоники («*музыкальный инструмент» из набора General MIDI*)
higher ~ высшая гармоника
mixed ~ комбинационная гармоника
n-th ~ *n*-я гармоника
odd ~ нечётная гармоника
out-of-band ~ внеполосная гармоника
RF ~ гармоника несущей
second ~ вторая гармоника
sectorial ~ секториальная сферическая гармоника
space ~ пространственная гармоника
space-time ~ пространственно-временная гармоника
spatial ~ пространственная гармоника
surface ~ поверхностная сферическая гармоника
tesseral spherical ~ тессеральная сферическая гармоника
zonal spherical ~ зональная сферическая гармоника

harmonica *вчт* губная гармошка (*музыкальный инструмент из набора General MIDI*)
harness жгут (*проводов или кабелей*)
  interference suppression ignition cable ~ жгут проводов системы зажигания с помехоподавлением
  wiring ~ монтажный жгут
harp *вчт* арфа (*музыкальный инструмент из набора General MIDI*)
harpsichord *вчт* клавесин (*музыкальный инструмент из набора General MIDI*)
hartley хартли (*единица количества информации, равная* $log_2 10 = 3,323$ *бит*)
hash 1. радиопомехи от электротехнического оборудования **2.** *рлк* шумовая дорожка (*на экране индикатора*); *вчт* бессмысленное изображение, *проф.* «мусор» (*на экране дисплея*) **3.** *вчт* хэш, хэш-блок, хэш-значение, значение хэш-функции || хэшировать, расставлять ключи **4.** *вчт* хэш-функция, функция расстановки ключей **5.** *вчт* символ #, *проф.* «хэш», «кранч»
  ~ of data хэш данных
  CRC ~ *см.* cyclic redundancy check hash
  cryptographic ~ криптографическая хэш-функция
  cyclic redundancy check ~ хэш-значение при контроле циклическим избыточным кодом, CRC-хэш
  error-check ~ хэш-функция для обнаружения ошибок
  linear ~ линейная хэш-функция
  message ~ хэш(-блок) сообщения
  nonlinear ~ нелинейная хэш-функция
hash-block хэш, хэш-блок, хэш-значение, значение хэш-функции
hash-function хэш-функция, функция расстановки ключей
  cryptographic ~ криптографическая хэш-функция
hashing *вчт* хэширование, расстановка ключей
  double ~ двойное хэширование
  extendible ~ расширяемое хэширование
  modular ~ модульное хэширование
  multiplicative ~ мультипликативное хэширование
  ordered ~ упорядоченное хэширование
  universal ~ универсальное хэширование
hash-table хэш-таблица, таблица расстановки ключей
  extendible ~ расширяемая хэш-таблица
hash-value хэш, хэш-блок, хэш-значение, значение хэш-функции
Hat:
  Mexican ~ соревновательная (нейронная) сеть Mexican Hat
hat 1. циркумфлекс, диакритический знак ˆ, *проф.* «шляпка» (*напр. в символе ê*) **2.** *вчт* педальная тарелка, *проф.* хэт, чарльстон (*музыкальный инструмент из набора ударных General MIDI*)
  closed high ~ закрытая педальная тарелка, *проф.* закрытый хэт, закрытый чарльстон (*музыкальный инструмент из набора ударных General MIDI*)
  high ~ педальная тарелка, *проф.* хэт, чарльстон (*музыкальный инструмент из набора ударных General MIDI*)
  pedal high ~ педальная тарелка, *проф.* хэт, чарльстон (*музыкальный инструмент из набора ударных General MIDI*)
hatch *вчт* штриховка || штриховать
hatching *вчт* штриховка
  cross ~ перекрёстная диагональная штриховка
haversine *вчт* квадрат синуса половинного угла
hay-wire *проф.* неисправный
hazard 1. риск || рисковать **2.** неопределённость; непредвиденные обстоятельства **3.** опасность; наличие опасных факторов; опасные *или* вредные условия **4.** интенсивность отказов **5.** разновидность игры в кости (*компьютерная игра с двумя кубиками*)
  airport ~ опасность в зоне аэропорта
  approach area ~ опасность в зоне захода на посадку
  chemical ~ химическая опасность
  climatic ~ опасные климатические условия
  dust ~ опасная концентрация пыли
  energy ~ опасные энергетические воздействия
  environmental ~ опасные условия окружающей среды
  ergonomic ~ опасные эргономические условия
  explosion ~ взрывоопасность
  fire ~ пожароопасность
  health ~ опасность для здоровья
  ionizing radiation ~ наличие ионизирующего излучения; радиационная опасность
  laser ~ наличие лазерного излучения
  occupational ~ опасность, связанная с профессией; профессиональная вредность
  radiation ~ радиационная опасность
  storage ~ опасность при хранении
HDA блок памяти на пакетированных жёстких магнитных дисках (с головками и двигателем), блок дисковой памяти
  shock-isolated ~ блок дисковой памяти с противоударной подвеской
  shock-mounted ~ блок дисковой памяти с противоударной подвеской
head 1. головка (*1. конструктивно выделенная часть устройства или прибора, выполняющая основную функцию 2. устройство или приспособление для фиксации, перемещения или смены рабочего инструмента 3. верхняя или выступающая часть объекта 4. овальная часть нотного знака*) **2.** магнитная головка **3.** рекордер **4.** блок звуковоспроизведения (*в кинопроекторе*) **5.** *вчт* заголовок; заглавие **6.** *вчт* дескриптор **7.** голова **8.** глава; руководитель; начальник
  ~ 0 нижняя (магнитная) головка, (магнитная) головка 0 (*привода для двусторонних дискет*)

head

~ 1 верхняя (магнитная) головка, (магнитная) головка 1 (*привода для двусторонних дискет*)
ac erase [ac wipe] ~ головка стирания переменным полем
air-floating magnetic ~ плавающая магнитная головка
artificial talking ~ *проф.* искусственная «говорящая голова» (*напр. в робототехнике*)
audio ~ 1. аудиоголовка 2. головка звукового канала (*видеомагнитофона*)
ball ~ *вчт* шарообразная печатающая головка (*принтера*)
banner ~ крупный заголовок во всю ширину наборного поля, *проф.* флаговый заголовок, «шапка»
bias ~ головка подмагничивания
bolt ~ головка болта
bottom ~ нижняя (магнитная) головка, (магнитная) головка 0 (*привода для двусторонних дискет*)
cable distribution ~ кабельная распределительная коробка
camera ~ камерная головка
capacitance pickup ~ ёмкостная головка звукоснимателя
ceramic pickup ~ керамическая головка звукоснимателя
clock ~ сервоголовка (*напр. жёсткого магнитного диска*)
closing ~ замыкающая головка (*заклёпки*)
combined ~ комбинированная головка
confidence ~ головка контрольного воспроизведения
contact ~ контактная (магнитная) головка (*магнитного диска*)
control track ~ (магнитная) головка канала управления (*видеомагнитофона*)
cross-field bias ~ головка поперечного подмагничивания
crystal cutter ~ пьезоэлектрический рекордер
crystal pickup ~ пьезоэлектрическая головка звукоснимателя
cue recording ~ (магнитная) головка записи режиссёрского канала (*видеомагнитофона*)
cut-in ~ заголовок в окне (*текста*), *проф.* «форточка»
cutter [cutting] ~ рекордер
dc erase [dc wipe] ~ головка стирания постоянным полем
die ~ закладная головка (*заклёпки*)
digital audio stationary ~ 1. (магнитная) лента для цифровой записи звука в (катушечном) формате DASH (неподвижными магнитными головками), лента (формата) DASH 2. (катушечный) формат DASH для цифровой записи звука (неподвижными магнитными головками)
dirty ~ засаленная (магнитная) головка
disk ~ головка диска
disk read ~ головка воспроизведения диска (*напр. перезаписываемого компакт-диска*)
disk write ~ головка записи диска (*напр. перезаписываемого компакт-диска*)
double-gap erase ~ (магнитная) головка стирания с двумя зазорами
double pole-piece magnetic ~ двухполюсная магнитная головка
double-sided metal-in-gap ~ симметричная магнитная головка типа MIG, ферритовая головка с двусторонним ограничением зазора накладками из магнитно-мягкого металла
drive ~ головка диска
DSMR ~ *см.* dual-stripe magneto-resistive head
dual-gap MR ~ магниторезистивная головка с двумя зазорами, блок из считывающей магниторезистивной и записывающей тонкоплёночной (магнитной) головок
dual-stripe magneto-resistive ~ двухполосковая магниторезистивная головка
dummy ~ эквивалент головы слушателя
echo ~s (магнитные) головки для создания (искусственного) эха
electrodynamic cutter ~ магнитный рекордер
electrodynamic pickup ~ магнитная головка звукоснимателя
electrooptic ~ электрооптическая головка
erase [erasing] ~ головка стирания
feedback cutter ~ рекордер с обратной связью
ferrite ~ ферритовая головка
film reproducing ~ блок звуковоспроизведения (*в кинопроекторе*)
floating magnetic ~ плавающая магнитная головка
full-track ~ головка (для) однодорожечной записи (*по всей ширине магнитной ленты*)
giant magnetoresistance ~ головка на гигантском магниторезистивном эффекте
GMR ~ *см.* giant magnetoresistance head
half-track ~ головка (для) двухдорожечной записи
high-tension ~ головка высоковольтного щупа; головка высоковольтного пробника
homing ~ головка самонаведения
inductive ~ индукционная головка
in-line ~s коллинеарные головки
insertion ~ установочная монтажная головка (*для сборки печатных плат*)
integrated ~ тонкоплёночная головка
interlaced ~s шахматный узел магнитных головок
laminated ~ многослойная головка
laser ~ лазерная головка
logical ~ логическая головка (*жёсткого диска*)
magnetic ~ магнитная головка
magnetic cutter ~ магнитный рекордер
magnetic reading ~ магнитная головка воспроизведения
magnetic recording ~ 1. магнитная головка записи 2. магнитный рекордер
magnetic reproducing ~ магнитная головка воспроизведения
magnetic variable-reluctance pickup ~ магнитная головка звукоснимателя с переменным магнитным сопротивлением
magnetodynamic pickup ~ магнитная головка звукоснимателя с подвижным магнитом
magneto-resistive ~ магниторезистивная головка, головка на магниторезистивном эффекте
manipulator work ~ рабочая головка манипулятора
master erase ~ основная головка стирания
mechanical recording ~ рекордер
message ~ заголовок сообщения
metal-in-gap ~ магнитная головка типа MIG, ферритовая головка с ограничением зазора накладками из магнитно-мягкого металла

microgroove reproducing ~ головка звукоснимателя для микроканавки, головка звукоснимателя для узкой канавки
MIG ~ *см.* metal-in-gap head
monitor ~ контрольная головка
monophonic pickup ~ монофоническая головка звукоснимателя
MR ~ *см.* magneto-resistive head
multi-tapped magneto-resistive ~ многоотводная магниторезистивная головка
multitrack record ~ головка (для) многодорожечной записи
pan(-and-tilt) ~ *тлв* панорамная (*камерная*) головка
permanent-magnet erasing ~ головка стирания на постоянных магнитах
photoelectric (pickup) ~ фотоэлектрическая головка звукоснимателя
photometer ~ фотометрическая головка
pickup ~ головка звукоснимателя
playback ~ головка воспроизведения
plug-in ~ съёмная головка звукоснимателя
pm erasing ~ *см.* permanent-magnet erasing head
preread ~ головка предварительного воспроизведения
print(ing) ~ печатающая головка (*принтера*)
projection ~ проекционная головка
quarter-track ~ головка (для) четырёхдорожечной записи
read(ing) ~ головка воспроизведения
read/write ~ универсальная головка записи — воспроизведения
record ~ головка записи
recording ~ 1. головка записи 2. рекордер
recording/playback [recording/reproducing] ~ универсальная головка записи — воспроизведения
replaceable ~ съёмная головка звукоснимателя
replay ~ головка воспроизведения
reproduce ~ головка воспроизведения
RF ~ радиолокационная головка (*напр. самонаведения*)
ring magnetic ~ кольцевая магнитная головка
rivet ~ закладная головка заклёпки
robot ~ голова работа
rotating ~ поворотная головка
R/P ~ *см.* recording/playback head
running ~ *вчт* 1. заголовок; заглавие 2. верхний колонтитул
scan(ning) ~ сканирующая головка
semiconductor (pickup) ~ полупроводниковая головка звукоснимателя
servo ~ сервоголовка (*напр. жёсткого магнитного диска*)
set ~ закладная головка (*заклёпки*)
side ~ боковой заголовок, боковик, *проф.* «фонарик»
single pole-piece magnetic ~ однополюсная магнитная головка
single-sided metal-in-gap ~ несимметричная магнитная головка типа MIG, ферритовая головка с односторонним ограничением зазора накладкой из магнитно-мягкого металла
sound ~ 1. головка звукового канала (*видеомагнитофона*) 2. блок звуковоспроизведения (*в кинопроекторе*)
sound erase ~ головка стирания звукового канала (*видеомагнитофона*)
sound recording ~ головка записи звукового канала (*видеомагнитофона*)
spin-valve ~ спин-вентильная головка
stacked ~s коллинеарные головки
stationary ~ неподвижная головка
stereo cutting ~ рекордер для стереофонической записи
streamer ~ головка стримера
string ~ *вчт* голова строки
swage ~ закладная головка (*заклёпки*)
talking ~ *тлв проф.* «говорящая голова» (*1. диктор 2. крупный план говорящего 3. тестовый объект для видеокодека*)
tape ~ магнитная головка (*магнитофона или видеомагнитофона*)
TF ~ *см.* thin-film (magnetic) head
thin-film (magnetic) ~ тонкоплёночная (магнитная) головка
top ~ верхняя (магнитная) головка, (магнитная) головка 1 (*привода для двусторонних дискет*)
tunnel-erase ~ *вчт* (магнитная) головка туннельной подчистки (*для формирования чётких междорожечных интервалов при записи информации на дискету*)
turret ~ турель; револьверная головка
ultrasonic ~ ультразвуковая сварочная головка
U-shaped ~ U-образная (магнитная) головка
video ~ 1. видеоголовка 2. *pl* блок вращающихся головок, БВГ
video confidence ~ головка контрольного воспроизведения звукозаписи
video rotary ~ блок вращающихся видеоголовок
work ~ изношенная (магнитная) головка
write ~ головка записи
headband стяжка головных телефонов, *проф.* стяжка наушников
head(-)end 1. головная организация; головное предприятие; главный офис || головной; главный 2. головная станция кабельного телевидения 3. головной узел (*сети*); узловая ретрансляционная станция || узловой 4. вход приёмного устройства || приёмный
cable ~ 1. головная станция кабельного телевидения 2. головной узел кабельной сети
local ~ головной узел локальной сети
regional ~ головной узел региональной сети
header 1. цоколь (*напр. реле*); основание; подложка 2. держатель 3. кристаллодержатель; кристаллоноситель 4. *вчт* заголовок; заглавие 5. *вчт* верхний колонтитул
block ~ заголовок блока
cell ~ заголовок ячейки
ceramic ~ керамическое основание
crystal ~ кристаллодержатель; кристаллоноситель
extra ~ дополнительный заголовок (*напр. сообщения*)
file ~ заголовок файла
graphics ~ заголовок графического файла
metallic ~ металлическое основание
package ~ основание корпуса
page ~ верхний колонтитул
sector ~ заголовок сектора (*напр. магнитного диска*)

track ~ заголовок дорожки (*напр. магнитного диска*)
zone ~ заголовок зоны (памяти) (*в компьютерах Apple Macintosh*)
heading 1. курс **2.** направление **3.** *вчт* заголовок; заглавие **4.** титул ◊ **to hold on the** ~ выдерживать заданный курс
chapter ~ заголовок главы
dead ~ постоянный колонтитул
desired ~ заданный курс
general ~ общая рубрика
live ~ переменный колонтитул
magnetic ~ магнитный курс
program ~ заголовок программы
relative ~ курс
subject ~ предметный указатель
true ~ истинный курс
headlight самолётная радиолокационная антенна, размещаемая на передней кромке крыла
headline *вчт* **1.** заголовок; заглавие **2.** колонтитул **3.** верхняя строка
one-line ~ однострочный заголовок
running ~ **1.** колонтитул **2.** колонтитульная строка
headphone 1. головной телефон *или* головные телефоны, *проф.* наушник *или* наушники **2.** *pl* стереофонические головные телефоны, стереотелефоны, *проф.* стереонаушники
bone-conduction ~ остеофон, телефон костной проводимости
crystal ~ пьезоэлектрический головной телефон *или* пьезоэлектрические головные телефоны, *проф.* пьезоэлектрический наушник *или* пьезоэлектрические наушники
dynamic ~ динамический головной телефон *или* динамические головные телефоны, *проф.* динамический наушник *или* динамические наушники
electret ~ электретный головной телефон *или* электретные головные телефоны, *проф.* электретный наушник *или* электретные наушники
electrostatic ~ электростатический головной телефон *или* электростатические головные телефоны, *проф.* электростатический наушник *или* электростатические наушники
stereo ~ стереофонические головные телефоны, стереотелефоны, *проф.* стереонаушники
headroom 1. расстояние от головы оператора до нависающего предмета **2.** разность между номинальным и максимально допустимым значением (*напр. входного сигнала усилителя*) **3.** способность усилителя обеспечивать дополнительное увеличение выходной мощности для коротких входных импульсов
headset 1. головной телефон *или* головные телефоны, *проф.* наушник *или* наушники **2.** *pl* стереофонические головные телефоны, стереотелефоны, *проф.* стереонаушники
active ~ **1.** активный головной телефон *или* активные головные телефоны, *проф.* активный наушник *или* активные наушники **2.** *pl* активные стереофонические головные телефоны, активные стереотелефоны, *проф.* активные стереонаушники
passive ~ **1.** пассивный головной телефон *или* пассивные головные телефоны, *проф.* пассивный наушник *или* пассивные наушники **2.** *pl* пассивные стереофонические головные телефоны, пассивные

стереотелефоны, *проф.* пассивные стереонаушники
headshell головка звукоснимателя
headwheel барабан (видео)головок
headword *вчт* колонтитул
heap *вчт* **1.** динамически распределяемая область (*напр. памяти*), *проф.* куча **2.** пирамида, дерево с приоритетом
application ~ выделенная для приложений динамически распределяемая область памяти
index ~ индексная пирамида, индексное дерево с приоритетом
local ~ локальная динамически распределяемая область памяти
menu ~ выделенная для меню динамически распределяемая область памяти
user ~ выделенная пользователю динамически распределяемая область памяти
heapify *вчт* устанавливать пирамидальный порядок (*в дереве*)
heapifying *вчт* установление пирамидального порядка (*в дереве*)
heapsort пирамидальная сортировка, сортировка по дереву с приоритетом, сортировка методом Уильямса
hear 1. слушать **2.** слышать; воспринимать на слух
hearing 1. слушание; выслушивание; прослушивание **2.** слуховое восприятие **3.** предел слышимости ◊ **out of** ~ вне пределов слышимости; **within** ~ в пределах слышимости
binaural ~ бинауральное слуховое восприятие
monaural ~ монауральное слуховое восприятие
hearing-impaired с пониженным *или* ослабленным слухом; тугоухий (*напр. о телезрителе*)
heart 1. сердце (*1. центральный орган кровеносной системы 2. центр; ядро; центральная и важнейшая часть (напр. системы)*) **2.** сердцевина; ядро **3.** сердечник **4.** (игральная) карта червовой масти **5.** *pl* черви, червовая масть (*игральных карт*) **6.** *pl* карточная игра (*разновидность виста*) **7.** суть; сущность; существо
computer ~ центральный процессор компьютера, *проф.* сердце компьютера
problem ~ суть проблемы
heat 1. тепло || подводить тепло **2.** нагрев; подогрев; разогрев || нагревать(ся); подогревать(ся); разогревать(ся) **3.** теплота; количество теплоты **4.** источник тепла **5.** каление (*напр. красное*); степень нагрева || калить; накаливать(ся)
dark ~ **1.** красное каление **2.** инфракрасное [ИК]-излучение
latent ~ *фтт* скрытая теплота
radiant ~ тепловое излучение
specific ~ **1.** удельная теплота **2.** удельная теплоёмкость
total ~ энтальпия
white ~ белое каление
heater 1. нагреватель **2.** подогреватель (*катода*)
cathode ~ подогреватель катода
coreless-type induction ~ индукционный нагреватель без ферромагнитного сердечника
core-type induction ~ индукционный нагреватель с ферромагнитным сердечником
dual-frequency induction ~ двухчастотный индукционный нагреватель

electronic ~ высокочастотный генератор индукционного нагревателя
electron-tube ~ подогреватель катода электронной лампы
high-frequency ~ высокочастотный индукционный нагреватель
hysteresis ~ гистерезисный нагреватель
immersion ~ (*погружаемый*) электрический кипятильник
induction ~ индукционный нагреватель
knife ~ нагреватель ножевого типа
low-frequency ~ низкочастотный индукционный нагреватель
plasma ~ плазменный нагреватель
radiation ~ радиационный нагреватель
ring ~ кольцевой нагреватель
space ~ внешний нагреватель
substrate ~ *микр.* нагреватель подложки
tapped ~ секционированный нагреватель

heating нагрев; разогрев
arc ~ дуговой нагрев
arc-image ~ радиационный нагрев дуговой лампой
back ~ разогрев катода возвращающимися электронами (*в магнетроне*)
beam ~ разогрев пучка
carrier ~ разогрев носителей заряда
current-induced ~ токовый нагрев
dielectric ~ диэлектрический нагрев
direct induction ~ прямой индукционный нагрев
eddy-current ~ индукционный нагрев
electric ~ электрический нагрев
electron-beam ~ электронно-лучевой нагрев
electron-bombardment ~ нагрев электронной бомбардировкой
electron-cyclotron resonance ~ нагрев (*плазмы*) методом электронного циклотронного резонанса
electronic ~ высокочастотный индукционный нагрев
glue-line ~ канальный диэлектрический нагрев
high-frequency ~ высокочастотный индукционный нагрев
hysteresis ~ гистерезисный нагрев
indirect induction ~ косвенный индукционный нагрев
induction ~ индукционный нагрев
infrared ~ радиационный нагрев ИК-излучением
ion(-bombardment) ~ ионный нагрев, нагрев ионной бомбардировкой
laser-induced ~ лазерный нагрев
lower-hybrid resonance ~ нагрев (*плазмы*) методом нижнего гибридного резонанса
magnetic-compression ~ магнитокомпрессионный нагрев
magnetic-pumping ~ нагрев (*плазмы*) методом магнитной накачки
magnetosound ~ магнитозвуковой нагрев (*плазмы*)
microwave ~ СВЧ-нагрев
nonohmic ~ неомический нагрев (*плазмы*)
plasma ~ нагрев плазмы
radiant [radiation] ~ радиационный нагрев
radio-frequency ~ высокочастотный индукционный нагрев
resistance ~ резистивный нагрев

space ~ внешний нагрев
wave ~ нагрев бегущей волной

heat-proof термостойкий
heatseeker радиотеплолокационная система самонаведения
heatsink радиатор (*напр. транзистора*); теплоотвод
heat-treat подвергать термообработке
heavy-duty предназначенный для работы в тяжёлых условиях
heavy-tailedness наличие широких хвостов (*у распределения случайной величины*)
hecto- гекто..., г, 10^2 (*приставка для образования десятичных кратных единиц*)
hedgepodge смесь (*разнородных материалов*) ǁ смешивать
heft насыщенность [степень жирности] шрифта; чернота шрифта
height 1. высота **2.** амплитуда (*импульса*) ◊ **antenna ~ above average terrain** высота антенны относительно среднего уровня местности
~ of reflection высота отражения слоя (*при распространении радиоволн*)
actual ~ максимальная высота рефракции радиоволн
barrier ~ высота (энергетического) барьера
box ~ высота блока (*напр. в языке T_EX*)
cap ~ высота прописной буквы
character ~ высота символа
effective ~ действующая высота (*антенны*)
electrical ~ электрическая высота (*напр. антенны*)
equivalent ~ действующая высота (*ионосферы*)
eye ~ *тлв* высота глазковой диаграммы
head ~ высота (магнитной) головки
head floating ~ высота парения (магнитной) головки
head slider ~ высота ползунка (магнитной) головки
ionospheric virtual ~ действующая высота ионосферы
letter ~ высота буквы, *проф.* рост буквы; высота литеры; высота символа; высота элемента алфавита
line ~ высота строки (*текста*)
pile ~ высота стопы (*напр. бумаги*)
physical ~ геометрическая высота
pulse ~ амплитуда импульса
Schottky barrier ~ высота барьера Шоттки
type ~ высота шрифта, *проф.* рост шрифта
virtual ~ действующая высота (*ионосферы*)
x- ~ *вчт* высота строчной буквы без выносных элементов

helical спиральный; геликоидальный; винтовой
helicity спиральность
magnetic ~ магнитная спиральность
magnetic self-~ собственная магнитная спиральность
mutual magnetic ~ взаимная магнитная спиральность

helicoid спираль; геликоид
helicoidal спиральный; геликоидальный; винтовой
helicon спиральная волна, геликон
helicone спиральная антенна осевого излучения с коническим рупором
helicopter 1. вертолёт **2.** *вчт* звук вертолёта («*музыкальный инструмент*» *из набора General MIDI*)

helimagnet

helimagnet гелимагнетик, магнетик с геликоидальной [спиральной] магнитной структурой

helimagnetic гелимагнетик, магнетик с геликоидальной [спиральной] магнитной структурой ‖ гелимагнитный, геликоидальный магнитный

helimagnetism гелимагнетизм, магнитные явления в средах с геликоидальной [спиральной] магнитной структурой

heliogram гелиограмма, переданное по гелиографу сообщение

heliograph 1. гелиограф (*1. прибор для автоматической записи продолжительности солнечного сияния 2. телескоп для фотографирования Солнца 3. светосигнальное устройство связи*) 2. передавать сообщения по гелиографу

helionics гелиотехника

heliosphere гелиосфера, область действия солнечного ветра

heliospheric гелиосферный

heliotaxis *бион.* гелиотаксис

helipot проволочный переменный резистор со спиральной обмоткой

helitron ЛОВ с электростатической фокусировкой

helix 1. спираль (*1. геометрический объект 2. объект в форме спирали 3. спиральная замедляющая система ЛБВ*) 2. виток спирали 3. спиральная антенна ◊ **~ with cylindrical outer conductor** спираль с цилиндрическим внешним проводником
  bifilar ~ 1. бифилярная спираль (*с обмоткой одним вдвое сложенным проводом*) 2. двухпроводная спираль
  coaxial ~s коаксиальные спирали
  contrawound ~ спираль со встречной намоткой
  coupled ~s связанные спирали
  cross-wound ~ спираль со встречной намоткой
  dextrorsal ~ спираль с правой намоткой
  dielectric-embedded ~ спираль в диэлектрической оболочке
  dielectric-filled ~ спираль с диэлектрическим заполнением
  double ~ двойная спираль
  endless ~ бесконечная спираль
  flattened ~ спираль в виде ломаной линии
  large-diameter ~ спираль большого диаметра
  left-hand ~ спираль с левой намоткой
  levorsal ~ спираль с левой намоткой
  multifilar ~ многопроводная спираль
  nonreciprocal ~ невзаимная спираль
  right-hand ~ спираль с правой намоткой
  shielded ~ экранированная спираль
  single-wound ~ однопроводная спираль
  strapped ~ ленточная спираль
  tape ~ ленточная спираль
  tapered ~ спираль с переменным шагом
  traveling-wave ~ спираль с бегущей волной
  twin ~ двойная спираль
  two-tape contrawound ~ ленточная спираль со встречной намоткой

helmet шлем; каска
  radio safety ~ шлемофон

help 1. помощь; содействие ‖ помогать; оказывать содействие *вчт* 2. справка (*1. интерактивная справочная система 2. контекстно-зависимая подсказка*) 3. позиция экранного меню для вызова справки

context-sensitive ~ контекстно-зависимая справка, контекстно-зависимая подсказка
on-line ~ 1. оперативная помощь 2. интерактивная справочная система; справка
on-screen ~ экранная справка; экранная подсказка

Helvetica *вчт* шрифт Гельветика

hematite *крист.* гематит

hemicycle 1. полуокружность 2. полувиток 3. полуцикл

hemisphere 1. полусфера 2. полушарие
  eastern ~ восточное полушарие
  western ~ западное полушарие

henry генри, Гн

heptacamethine гептакаметин (*краситель*)

heptode гептод

heredity наследственность

heritability *биoн.* наследуемость, генотипическая обусловленность изменчивости признака для популяции

hermaphroditic гибридный, штырьково-гнездовой (*о электрическом соединителе*)

hermeneutics герменевтика, теория и метод интерпретации осмысленных действий

hermetic герметик ‖ герметичный

hermeticity герметичность

herring:
  red ~ бессмысленный аргумент, используемый для подмены тезиса, *проф.* «красная селёдка» (*логическая ошибка*)

hertz герц, Гц

Hessian *вчт* гессиан, матрица Гессе

heterarchical гетерархический

heterarchy древовидная структура, допускающая существование циклов и многих владельцев у поддеревьев, *проф.* гетерархия

heteroassociation гетероассоциация

heteroatom гетероатом

heteroboundary *пп* граница гетероперехода

heterocharge гетерозаряд (*электрета*)
  electret ~ гетерозаряд электрета

heterochromatic полихромный, многоцветный

heterode гетеродиод, диод на гетеропереходе, гетероструктурный диод, диод на гетероструктуре

heterodesmic *крист.* гетеродесмический, с разнотипными связями

heterodiode гетеродиод, диод на гетеропереходе, гетероструктурный диод, диод на гетероструктуре
  electroluminescent ~ светоизлучающий гетеродиод
  light-emitting ~ светоизлучающий гетеродиод
  tunnel ~ туннельный гетеродиод

heterodyne гетеродин ‖ гетеродинировать ◊ **to ~ down** гетеродинировать с понижением частоты;
  to ~ up гетеродинировать с повышением частоты

heterodyning гетеродинирование
  collinear ~ *опт.* коллинеарное гетеродинирование
  double ~ двойное гетеродинирование
  laser ~ лазерное гетеродинирование
  optical ~ оптическое гетеродинирование
  photoconductive ~ гетеродинирование на фоторезисторе

heteroepitaxial гетероэпитаксиальный

heteroepitaxy гетероэпитаксия

heterofullerene гетерофуллерен

heterogeneity 1. гетерогенность 2. неоднородность
  ~ of variance неоднородность дисперсии (*случайных величин*), *проф.* гетероскедастичность

heterogeneous 1. гетерогенный 2. неоднородный

heterojunction *пп* гетеропереход
    abrupt ~ резкий гетеропереход
    alloy(ed) ~ сплавной гетеропереход
    amorphous-crystalline ~ гетеропереход аморфное вещество — кристалл
    anisotype ~ анизотипный гетеропереход
    base-collector ~ гетеропереход база — коллектор
    chalcogenide-silicon ~ гетеропереход халькогенидное стекло — кремний
    double ~ двойной гетеропереход
    double-depleted ~ гетеропереход с двусторонним обеднением
    emitter-base ~ гетеропереход эмиттер — база
    epitaxial ~ эпитаксиальный гетеропереход
    forward-biased ~ прямосмещённый гетеропереход
    germanium-silicon ~ гетеропереход германий — кремний
    graded(-gap) ~ плавный гетеропереход
    isotype ~ изотипный гетеропереход
    modulation-doped ~ селективно легированный гетеропереход, гетеропереход с модуляцией концентрации легирующей примеси
    n-n ~ *n* — *n*-гетеропереход, электронно-электронный гетеропереход
    n-p ~ *n* — *p*-гетеропереход, электронно-дырочный гетеропереход
    perpendicular-illuminated ~ гетеропереход, освещаемый перпендикулярно поверхности раздела
    p-n ~ *p* — *n*-гетеропереход, дырочно-электронный гетеропереход
    p-p ~ *p* — *p*-гетеропереход, дырочно-дырочный гетеропереход
    reverse-biased ~ обратносмещённый гетеропереход
    semiconductor ~ полупроводниковый гетеропереход
    silicon-silicon dioxide ~ гетеропереход кремний — диоксид кремния
    single-crystal ~ монокристаллический гетеропереход
    thin-film ~ тонкоплёночный гетеропереход
    trapless ~ гетеропереход без ловушек
heterolaser гетеролазер, лазер на гетеропереходах, гетероструктурный лазер, лазер на гетероструктурах
heteronym *вчт* гетерофонетический орфографический омоним (*с совпадением по написанию, но с различием по произношению*); гетероним; омограф
heteropoiesis *вчт* создание, производство *или* сотворение других объектов (*отличных от создающего, производящего или творящего объекта*); *проф.* гетеропоэз
heteropoietic *вчт* создающий, производящий *или* творящий другие объекты (*отличные от создающего, производящего или творящего объекта*); *проф.* гетеропоэтический
heteroscedasticity неоднородность дисперсии (*случайных величин*), *проф.* гетероскедастичность
    autoregressive conditional ~ авторегрессионная условная гетероскедастичность
    conditional ~ условная гетероскедастичность

    multiplicative ~ мультипликативная гетероскедастичность
heterosphere гетеросфера (*неоднородная по составу область атмосферы в интервале высот более 140 км*)
heterostructure гетероструктура
    buried ~ скрытая гетероструктура
    double ~ двойная гетероструктура
    light-emitting ~ светоизлучающая гетероструктура
    modulation-doped ~ селективно легированная гетероструктура, гетероструктура с модуляцией концентрации легирующей примеси
    multiple-layer ~ многослойная гетероструктура
    selectively doped ~ селективно легированная гетероструктура, гетероструктура с модуляцией концентрации легирующей примеси
    separate-confinement ~ гетероструктура с раздельным ограничением
heterotransistor гетеротранзистор, транзистор на гетеропереходах, гетероструктурный транзистор, транзистор на гетероструктурах
    bipolar ~ биполярный гетеротранзистор, БГТ
heuristic *вчт* эвристический
heuristics *вчт* эвристика (*1. наука о продуктивном мышлении 2. методы продуктивного мышления 3. способ обучения*)
    design ~ эвристика проектирования и разработки
hex 1. *см.* **hexadecimal** 2. *вчт* префиксный признак шестнадцатеричной константы, *проф.* «решётка», символ #
hexadecimal шестнадцатеричный
hexit *вчт* цифра шестнадцатеричной системы счисления (*0, 1,...9, A, B, ...F*)
hexode гексод
hiding 1. *вчт* сокрытие информации; инкапсуляция 2. скрытность
    information ~ сокрытие информации; инкапсуляция
    signal ~ скрытность передачи сигналов
hierarchical иерархический
hierarchism иерархический принцип
hierarchization иерархизация
hierarchy иерархия, древовидная структура без циклов и с единственным владельцем у каждого поддерева
    ~ **of types** иерархия типов
    ~ **plus input-processing-output** трёхстадийный метод иерархического сетевого планирования, метод HIPO
    Ablovitz-Kaup-Newell-Segur ~ иерархия Абловица — Каупа — Ньюэлла — Сегура, AKNS-иерархия, АКНС-иерархия
    AKNS ~ *см.* **Ablovitz-Kaup-Newell-Segur hierarchy**
    alternative newsgroup ~ *вчт* альтернативная иерархическая группа новостей (*напр. в UseNet*)
    analytical ~ аналитическая иерархия
    centralized ~ централизованная иерархия
    circuit ~ схемная иерархия
    class ~ иерархия классов
    conceptual ~ концептуальная иерархия
    constrained ~ иерархия с ограничениями
    decision-making ~ иерархия принятия решений

hierarchy

data ~ иерархия данных
digital transmission ~ иерархия цифровых систем передачи данных
exponential ~ степенная иерархия
finite ~ конечная иерархия
first-order ~ иерархия первого порядка
flexible ~ гибкая иерархия
functional ~ функциональная иерархия
infinite ~ бесконечная иерархия
inheritance ~ иерархия наследования
language ~ иерархия языков
layout ~ иерархия топологий
local newsgroup ~ *вчт* локальная иерархическая группа новостей (*напр. в UseNet*)
memory ~ иерархия памяти
model ~ иерархия моделей
multilevel ~ многоуровневая иерархия
multilevel control ~ многоуровневая иерархия управления
nested ~ иерархия с вложениями
partitioning ~ иерархия с разбиением
plesiochronous digital ~ иерархия плезиохронных [близких к синхронным] цифровых систем, стандарт PDH
predicate ~ иерархия предикатов
projective ~ проективная иерархия
protocol ~ иерархия протоколов
resource ~ иерархия ресурсов
second-order ~ иерархия второго порядка
standard newsgroup ~ *вчт* стандартная иерархическая группа новостей (*напр. в UseNet*)
storage ~ иерархия памяти
synchronous digital ~ иерархия синхронных цифровых систем, стандарт SDH
testing ~ 1. иерархия испытаний 2. иерархия контроля 3. иерархия тестирования
transfinite ~ трансфинитная иерархия
hieroglyph *вчт* иероглиф
hieroglyphic *вчт* иероглиф ‖ иероглифический
hieroglyphics *вчт* иероглифическое письмо
hi-fi высокая верность передачи *или* воспроизведения; высокая верность звуковоспроизведения *или* цветовоспроизведения
high 1. (наи)высшая точка; (наи)высший уровень ‖ (наи)высший; превосходящий обычный уровень 2. высокий 3. имеющий определённую высоту 4. приподнятый; расположенный выше (*чего-либо*) 5. дорогостоящий; высококачественный 6. производительный; обладающий значительной энергией; с большими потенциальными возможностями 7. повышенный; с повышенным содержанием (*чего-либо*) 8. (более) высокий по тону (*о звуке*) 9. *pl* *проф.* высокие частоты ◊ ~ **and low** повсюду; где угодно; в любом месте
active ~ (сигнал) с активным верхним уровнем (*соответствующим логической единице*)
bypassed mixed ~**s** *тлв* сигнал яркости, полученный смешением высокочастотных компонент трёх сигналов основных цветов и передаваемый в обход модулятора *или* демодулятора цветовой поднесущей
mixed ~**s** *тлв* сигнал яркости, полученный смешением высокочастотных компонент трёх сигналов основных цветов

high-end 1. высококачественный; удовлетворяющий самым высоким требованиям; высшего класса 2. высокопроизводительный
high-frequency высокочастотный; относящийся к диапазону высоких частот
high-grade 1. высокочистый, высокой чистоты (*о материале*) 2. относящийся к верхней части диапазона измерений (*прибора*)
high-level относящийся к высокому *или* высшему уровню; высокого *или* высшего уровня (*напр. о языке программирования*)
highlight 1. *pl* *тлв* наиболее яркая область изображения 2. *pl* *вчт* светлые тона 3. блик 4. *вчт* выделять (*напр. путём высвечивания на экране дисплея*), высвечивать (*напр. фрагмент текста*)
highlighting *вчт* выделение (*напр. путём высвечивания на экране дисплея*), высвечивание (*напр. фрагмента текста*)
display ~ выделение на экране дисплея (*путём высвечивания или подчёркивания, использования цветного или жирного шрифта, за счёт применения мерцания или повышенного контраста*)
high-order высшего порядка (*напр. о бесконечно малой величине*); старший (*напр. о разряде в позиционной системе счисления*)
high-pitched высокого тона (*о звуковом сигнале*)
high-power мощный; с большой выходной мощностью; предназначенный для работы при большом уровне мощности; силовой; способный выдерживать большую мощность
high-powered с большим увеличением (*напр. о микроскопе*)
high-pressure высокого давления; предназначенный для работы при высоком давлении; способный выдерживать высокое давление
high-res *см.* **high-resolution**
high-resolution с высоким разрешением, высокого разрешения (*напр. о дисплее*)
high-rez *вчт* *проф.* разбирающийся в технике человек
high-setting испытания на электрическую прочность
high-speed 1. высокоскоростной (*напр. модем*) 2. светосильный (*напр. объектив*) 3. высокочувствительный (*напр. фотоматериал*)
high-tech *см.* **high-technology**
high-technology высокая технология ‖ высокотехнологичный, относящийся к сфере высоких технологий
high-tension высоковольтный
highway *проф.* магистраль (*1. высокоскоростная магистральная линия связи; высокоскоростной магистральный тракт передачи информации 2. вчт шина; группа функционально объединённых проводников, образующих канал обмена информацией между различными частями компьютера*)
group ~ групповая магистраль
information ~ информационная магистраль (*глобальная высокоскоростная сеть передачи цифровых данных, речи и видеоинформации по спутниковым, кабельным и оптоволоконным линиям связи*)
input ~ входная магистраль
intergroup ~ межгрупповая магистраль
output ~ выходная магистраль
wide-band channel ~ магистраль с широкополосными каналами

high-yield с высоким выходом годных
hijack похищение и несанкционированное использование сетевого соединения ‖ похищать и несанкционированно использовать сетевое соединение
hijacking похищение и несанкционированное использование сетевого соединения
hill 1. *микр.* холмик (*дефект*) 2. (*потенциальный*) барьер 3. максимум (*функции*); горб (*на кривой*)
   Gaussian ~ гауссов горб
   potential ~ потенциальный барьер
   spirally terraced ~ холмик со спиральными террасами
hillock *микр.* холмик (*дефект*)
   etch ~ холмик травления
   growth ~ холмик роста
hinder 1. препятствовать, служить препятствием; мешать, быть помехой 2. задерживать, приводить к задержке; останавливать 3. предотвращать
hindrance 1. препятствие 2. помеха 3. задержка; остановка 4. характеристика сопротивления выключателя (*равная нулю в замкнутом состоянии и единице — в разомкнутом*)
   steric ~ стерическое препятствие
hinge шарнир; петля
   micromechanical ~ микрошарнир
hint *вчт* 1. подсказка; намёк; ключ к разгадке (*напр. в компьютерной игре*) ‖ подсказывать; намекать; давать ключ к разгадке 2. хинт (*пара разметочных линий в программах управления растеризацией символов*)
   horizontal ~ горизонтальный хинт
   vertical ~ вертикальный хинт
hinting *вчт* масштабирование и округление координат и толщины хинтов
hipernik гайперник (*магнитный сплав*)
hiragana *вчт* хирагана (*слоговая японская азбука для записи собственно японских слов*)
hiran система «Хиран» (*радионавигационная система ближней навигации*)
hi-res *см.* **high-resolution**
hirsute *вчт проф.* 1. сложный; трудоёмкий (*о работе по написанию программ*) 2. знающий; понимающий (*о программисте*)
hiss шипение (*напр. при звуковоспроизведении*)
   microphone ~ шипение микрофона
   tape ~ шипение магнитной ленты
histogram гистограмма (*вертикальная столбиковая диаграмма с соприкасающимися столбцами*)
   area ~ зонная гистограмма
   frequency ~ частотная гистограмма
   gray-level ~ гистограмма уровней серого, градационная гистограмма
   one-dimensional ~ одномерная гистограмма
   sample ~ гистограмма выборки
   two-dimensional ~ двумерная гистограмма
histogrammic гистограммный
histogramming представление в виде гистограммы; построение гистограммы
history 1. история 2. систематическое изложение последовательности событий 3. *вчт* предыстория (*1. сведения о рассматриваемом объекте или процессе в предшествующий рассмотрению период времени 2. вчт файл с записью предшествующих действий пользователя внутри определённой программы 3. вчт файл с записью наиболее часто посещаемых пользователем сайтов при работе в сети 4. вчт позиция экранного меню для вызова содержимого файла с предысторией на экран*) 4. *тлв* передача на историческую тему
   formula ~ вывод формулы
   previous ~ предыстория
   space ~ пространственная предыстория
   system ~ предыстория системы
   time ~ временна́я предыстория
   training ~ история обучения
hit 1. удар; толчок ‖ наносить удар; толкать 2. *вчт* удар по клавише, быстрое нажатие и отпускание клавиши 3. столкновение ‖ испытывать столкновение, сталкиваться 4. попадание (*в цель*); поражение (*цели*) ‖ попадать (*в цель*); поражать (*цель*) 5. *вчт* присутствие затребованных данных (*напр. при поиске с помощью информационно-поисковой системы*); *проф.* попадание 6. достигать определённого уровня 7. (шумный) успех; (большая) удача ‖ достигать (шумного) успеха или (большой) удачи 8. хит (*продукт кино- или телеиндустрии с высоким рейтингом*) 9. игра на выигрыш 10. оказывать (сильное) влияние; воздействовать 11. импульсная помеха; (случайный) выброс *или* скачок 12. кратковременное нарушение радиосвязи 13. вспышка ‖ вспыхивать 14. просьба; запрос 15. *вчт* посещение сайта, обращение к сайту ◊ **~ it** угадать; попасть в точку
   box-office ~ высокодоходный хит
   cache ~ присутствие затребованных данных в кэше, кэш-попадание
   gain ~ скачок коэффициента усиления
   orchestra ~ *вчт* оркестровый акцент («*музыкальный инструмент*» *из набора General MIDI*)
   phase ~ скачок фазы
   power ~ скачок напряжения (*электропитания*)
   smash ~ *проф.* сногсшибательный хит
hit-and-miss метод проб и ошибок
hi-tech *см.* **high-technology**
hobbit *вчт* старший разряд
hodectron ртутный вентиль с зажиганием дугового разряда импульсом магнитного поля
hodograph годограф
   vector ~ годограф вектора
hodometer 1. измеритель (пройденного) пути 2. шагомер 3. автопрокладчик
hodoscope годоскоп (*счётчиков частиц*)
hog распределять *или* делить неравномерно; захватывать бо́льшую долю
hogging неравномерное распределение *или* деление; захват бо́льшей доли
   current ~ 1. перераспределение токов в системе параллельно соединённых компонентов (*напр. в результате повреждения или неисправности одного из них*) 2. перехват тока (*в логических схемах*)
hohlraum чёрное тело, полный излучатель, излучатель Планка
   microwave ~ *рлк* мощный газоразрядный источник шумового СВЧ-излучения, полностью согласованный с приёмной антенной (*для калибровки приёмников*)
hold 1. синхронизация ‖ синхронизировать 2. фиксация состояния; фиксация воздействия; удерж(ив)ание ‖ фиксировать состояние; фиксировать воздействие; удерживать 3. блокировка ‖ блокировать 4. хранение (*информации*) ‖ хранить (*ин-*

hold

формацию) **5.** *тлф* занятие линии; удержание линии ‖ занимать линию; удерживать линию **6.** фермата; знак ферматы, символ ⁀ ◊ **~ down** продолжать функционировать; сохранять работоспособность; **~ in** удерживать(ся) в синхронизме; **~ off** выпадать из синхронизма; **~ on** *тлф* ожидать ответа; **get ~ of** использовать телефонную связь; *проф.* связываться по телефону; звонить
 forward ~ *тлф* прямое занятие
 horizontal ~ *тлв* строчная синхронизация
 localizer ~ выдерживание курса по курсовому посадочному радиомаяку
 vertical ~ *тлв* полевая синхронизация

holder 1. держатель **2.** кристаллодержатель; кристаллоноситель **3.** патрон (*напр. лампы*)
 bayonet ~ байонетный патрон
 beamsplitter ~ 1. держатель расщепителя пучка **2.** держатель светоделительного элемента
 brush ~ щёткодержатель
 cartridge ~ 1. держатель картриджа **2.** держатель (однокатушечной) кассеты **3.** держатель головки звукоснимателя
 cassette ~ держатель (двухкатушечной) кассеты
 copy ~ оригиналодержатель, наклонная подставка с держателем для оригинала (*печатного текста*)
 crystal ~ кристаллодержатель; кристаллоноситель
 fan ~ держатель вентилятора (*в корпусе компьютера*)
 fuse ~ патрон плавкого предохранителя
 IC ~ кристаллодержатель ИС
 magnetic ~ магнитный держатель
 lamp ~ патрон лампы
 laser-head ~ держатель лазерной головки
 patent ~ держатель патента
 reel ~ подкассетник (*магнитофона*)
 sample ~ держатель образца
 screw ~ резьбовой патрон
 seed ~ *крист.* держатель затравки
 slice ~ *микр.* **1.** держатель пластин **2.** кассета для пластин
 slide ~ рамка диапозитива; рамка слайда
 spool ~ подкассетник (*магнитофона*)
 substrate ~ *микр.* **1.** держатель подложек **2.** кассета для подложек
 supply reel ~ подающий подкассетник (*магнитофона*)
 take-up reel ~ принимающий подкассетник (*магнитофона*)
 transparency ~ рамка диапозитива; рамка слайда
 vacuum ~ вакуумный держатель
 wafer ~ *микр.* **1.** держатель пластин **2.** кассета для пластин

hold-in удерживание в синхронизме

holding 1. синхронизация **2.** фиксация состояния; фиксация воздействия; удерж(ив)ание **3.** блокировка **4.** хранение (*информации*) **5.** *тлф* занятие (*линии*); удержание линии
 call ~ *тлф* удерживание вызова
 information ~ хранение информации
 peak ~ пиковое детектирование

hole 1. *пп* дырка **2.** отверстие **3.** *pl* перфорация
 access ~ монтажное окно; монтажное отверстие (*в многослойной ИС или печатной плате*)
 altitude ~ мёртвая зона на экране индикатора радиовысотомера
 black ~ чёрная дыра (*1. космический объект 2. вчт гиперсвязь с несуществующим или удалённым документом, устаревшая связь*)
 breather ~ отверстие барометрического воздушного фильтра (*напр. в герметизированном корпусе жёсткого магнитного диска*)
 captured ~ *пп* захваченная дырка
 clamping ~ посадочное отверстие (*компакт-диска*)
 component ~ монтажное отверстие для (вывода) компонента
 component lead ~ монтажное отверстие для вывода компонента
 contact(ing) ~ *микр.* контактное окно
 coupling ~ отверстие связи (*напр. в волноводе*)
 die ~ фильера, канал волочильной пластины (*напр. для вытягивания волокна*)
 drive-pin ~ направляющее отверстие в грампластинке (*смещенное относительно центра*)
 electron ~ *пп* дырка
 equilibrium ~s *пп* равновесные дырки
 excess [extra] ~ *пп* избыточная дырка
 extra high-density media-sensor ~ отверстие для датчика сверхвысокой плотности записи (*в конвертах для дискет*)
 fabrication ~ фиксирующее отверстие (*печатной платы*); установочное отверстие
 feed ~s ведущая перфорация
 free ~ *пп* свободная дырка
 heavy ~ *пп* тяжёлая дырка
 high-density media-sensor ~ отверстие для датчика высокой плотности записи (*в конвертах для дискет*)
 hot ~ *пп* горячая дырка
 hub ~ отверстие для опорной втулки (*в конвертах для дискет*)
 index ~ индексное отверстие (*в конвертах для дискет и в дискетах*)
 indexing ~ фиксирующее отверстие (*печатной платы*); установочное отверстие
 injected ~ *пп* инжектированная дырка
 Lamb ~ *кв. эл.* лэмбовский провал, провал Лэмба
 landed ~ *микр.* окно с контактной площадкой
 landless ~ *микр.* окно без контактной площадки
 lead ~ монтажное отверстие
 lead through~ 1. монтажное отверстие **2.** метод монтажа в отверстия платы
 light ~ *пп* лёгкая дырка
 location ~ фиксирующее отверстие (*печатной платы*)
 Lorentz [Lorentzian-shaped] ~ *кв. эл.* провал лоренцовой формы
 mask ~ окно в маскирующем слое, окно в маске
 media-density selector ~ отверстие для датчика плотности записи на носителе (*в конвертах для дискет*)
 memory ~ *вчт* неадресуемая область памяти
 minority ~ *пп* неосновная дырка
 mobile ~ *пп* подвижная дырка
 mounting ~ крепёжное отверстие (*напр. печатной платы*)
 not ~ символ НЕ (*на логической блок-схеме*)
 pilot ~s поляризующие отверстия (*напр. соединителя*)
 pin ~ 1. (микро)отверстие; точечный прокол **2.** точечная диафрагма **3.** гнездо (*электрического соединителя*)

plated through- [plated thru-] ~ **1.** металлизированное монтажное отверстие (*платы*) **2.** метод монтажа в металлизированные отверстия платы
printed-circuit ~ монтажное отверстие (*печатной платы*)
spindle-access ~ отверстие для шпинделя (*в дискетах*)
split-pin ~ отверстие под шплинт
sprocket ~**s** перфорационные отверстия транспортной дорожки, перфорационные отверстия для зубчатых колёсиков, перфорационные отверстия для звёздочек (*для перемещения бумаги*)
stray ~ *пп* блуждающая дырка
through-[thru-] ~ **1.** монтажное отверстие **2.** метод монтажа в отверстия платы
trapped ~ *пп* захваченная дырка
tunneling ~ *пп* туннелирующая дырка
via ~ *микр.* **1.** межслойный переход, межслойное переходное отверстие **2.** теплоотводящее межслойное отверстие
write ~ пробел в записи, *проф.* «дыра» записи
hole-burning *кв. эл.* выгорание провала (*напр. на линии излучения*)
holodiagram *кв. эл.* голодиаграмма
hologram голограмма ◊ ~ **without reference beam** интермодуляционная голограмма
  2-D ~ двумерная голограмма
  3-D ~ трёхмерная голограмма
  acoustical [acoustically formed] ~ акустическая голограмма
  aerial image ~ голограмма пространственного изображения
  amplitude ~ амплитудная голограмма
  amplitude-contrast ~ амплитудно-контрастная голограмма
  amplitude-phase ~ амплитудно-фазовая голограмма
  bichromatic ~ бихроматическая [двуцветная] голограмма
  binary ~ бинарная голограмма
  black-and-white ~ чёрно-белая голограмма
  blazed ~ отражательная рельефно-фазовая голограмма
  bleached ~ отбелённая голограмма
  Bragg-effect ~ трёхмерная голограмма
  coded ~ кодированная голограмма
  coded reference beam ~ голограмма с кодированным опорным пучком
  coherent ~ когерентная голограмма
  color(ed) ~ цветная голограмма
  complementary ~ дополнительная голограмма
  composite ~ составная голограмма
  computer-generated [computer-synthesized] ~ цифровая голограмма
  conical ~ коническая голограмма
  control ~ контрольная голограмма
  copied [copying] ~ голограмма-копия
  cylindrical ~ цилиндрическая голограмма
  Denisyuk ~ трёхмерная контрголограмма, голограмма (Липпмана — Брэгга —) Денисюка
  desensitized ~ десенсибилизированная голограмма
  dichromated gelatin ~ голограмма на дихромированном желатине, дихромат-желатиновая голограмма
  difference ~ разностная голограмма
  diffuse ~ голограмма, полученная при диффузном освещении (*объекта*)
  discriminating ~ дискриминирующая голограмма
  double-beam ~ голограмма Лейта
  double-exposure [double-recorded] ~ совмещённая голограмма с двойным экспонированием
  electronic ~ электронная голограмма
  erasable ~ стираемая голограмма
  exponential ~ экспоненциальная голограмма
  far-field ~ голограмма Фраунгофера
  focused-image ~ голограмма сфокусированного изображения
  Fourier-transform ~ голограмма Фурье
  Fraunhofer (diffraction) ~ голограмма Фраунгофера
  frequency swept ~ голограмма, формируемая методом частотного сканирования
  Fresnel-diffraction [Fresnel-transform] ~ голограмма Френеля
  Gabor-type ~ голограмма Габора
  gas-laser ~ голограмма, полученная при освещении (*объекта*) газовым лазером
  giant-pulse ~ голограмма, полученная при освещении (*объекта*) моноимпульсным лазером
  gray ~ полутоновая голограмма
  half-tone ~ полутоновая голограмма
  high-efficiency ~ голограмма с высокой дифракционной эффективностью
  highly redundant ~ голограмма с высокой избыточностью
  high-resolution ~ голограмма с высоким разрешением
  image ~ **1.** голограмма изображения **2.** изобразительная голограмма
  improved-efficiency ~ голограмма с повышенной дифракционной эффективностью
  incoherent ~ некогерентная голограмма
  infrared ~ инфракрасная голограмма
  in-line ~ голограмма Габора
  intensity mapping ~ голограмма распределения интенсивности
  interferometric ~ интерферометрическая голограмма
  laser ~ лазерная голограмма
  Leight-Upatnieks ~ голограмма Лейта
  lens-assisted ~ голограмма, записанная с помощью линзы
  lensless ~ безлинзовая голограмма
  light ~ оптическая голограмма
  Lippmann-Bragg-Denisyuk ~ трёхмерная контрголограмма, голограмма (Липпмана — Брэгга —) Денисюка
  liquid ~ жидкостная голограмма, голограмма на поверхности жидкости
  liquid-crystal ~ жидкокристаллическая голограмма, голограмма на жидкокристаллическом носителе
  liquid-surface ~ жидкостная голограмма, голограмма на поверхности жидкости
  local reference beam ~ голограмма с локальным опорным пучком
  long-wave ~ радиоголограмма
  low-noise ~ голограмма с низким уровнем шума
  magnetic ~ магнитная голограмма
  magnetooptic ~ магнитооптическая голограмма, голограмма на магнитооптическом носителе

hologram

microwave ~ СВЧ-голограмма
monochrome ~ монохромная [одноцветная] голограмма
moving-target ~ кинематическая голограмма
multicolor ~ цветная голограмма
multiple-exposed [multiple-exposure] ~ совмещённая голограмма
multiple-object beam [multiplexed] ~ многоракурсная голограмма; мультиплексная голограмма
noncoherent ~ некогерентная голограмма, полученная при использовании некогерентного света голограмма
nondiffused (illumination) ~ голограмма, полученная при недиффузном освещении (*объекта*)
nonlinearly recorded ~ нелинейно записанная голограмма
nonoptical ~ неоптическая голограмма
ocular ~ окулярная голограмма
off-axis (reference-beam) ~ голограмма Лейта
offset (reference) ~ голограмма Лейта
on-axis (reference-beam) ~ голограмма Габора
optical [optically generated] ~ оптическая голограмма
original ~ голограмма-оригинал
panoramic ~ панорамная голограмма
phase ~ фазовая голограмма
phase-contrast ~ фазоконтрастная голограмма
phase-only ~ чистофазовая голограмма
photochromic ~ фотохромная голограмма, голограмма на фотохромном носителе
photoetched ~ голограмма, полученная методом фототравления
photographic ~ галогенидосеребряная голограмма, голограмма на галогенидосеребряном носителе
photopolymer ~ фотополимерная голограмма, голограмма на фотополимерном носителе
planar ~ двумерная голограмма
point(-source) ~ безлинзовая Фурье-голограмма
polarization ~ поляризационная голограмма
product ~ сдвоенная голограмма
pulsed-laser ~ голограмма, полученная при освещении (*объекта*) импульсным лазером
quasi-Fourier ~ квази-Фурье голограмма
rainbow ~ радужная голограмма
real-time ~ голограмма в реальном масштабе времени
reconstructed ~ восстановленная голограмма
reflecting [reflection] ~ отражательная голограмма
replicated ~ голограмма-копия
sideband ~ голограмма Лейта
single-beam ~ голограмма Габора
single-exposed [single-exposure] ~ голограмма с однократным экспонированием
solid-state ~ твердотельная голограмма, голограмма на твердотельном носителе
space-division ~s пространственно разделённые голограммы
spatial carrier ~ голограмма на пространственной несущей; голограмма Лейта
still ~ голограмма неподвижных объектов
superimposed ~ совмещённая голограмма
synthesized [synthetic] ~ синтезированная голограмма
temporal reference ~ (акустическая) голограмма «с временным репером»

thermomagnetic ~ голограмма, полученная методом термомагнитной записи
thermoplastic ~ фототермопластическая голограмма, голограмма на фототермопластическом носителе
thick ~ трёхмерная голограмма
thick-emulsion ~ голограмма, записанная на толстослойной эмульсии
thin ~ двумерная голограмма
thin-emulsion ~ голограмма, записанная на тонкослойной эмульсии
three-dimensional ~ трёхмерная голограмма
time-average ~ усреднённая во времени голограмма
transmission [transmitting-type] ~ пропускающая голограмма
two-beam ~ голограмма Лейта
two-color ~ двуцветная [бихроматическая] голограмма
two-dimensional ~ двумерная голограмма
ultrasonic ~ ультразвуковая голограмма
ultraviolet ~ ультрафиолетовая голограмма
unbleached ~ неотбелённая голограмма
uniaxial ~ голограмма Лейта
variable-attenuation ~ голограмма с переменным затуханием
variable-transparency ~ голограмма с переменной прозрачностью
volume ~ трёхмерная голограмма
white-light ~ голограмма, восстанавливаемая в белом свете
wide-angle ~ широкоугольная голограмма
xerographic ~ ксерографическая голограмма, голограмма на ксерографическом носителе

holograph 1. запись голограмм(ы); получение голограмм(ы); формирование голограмм(ы) ∥ записывать голограмму *или* голограммы; получать голограмму *или* голограммы; формировать голограмму *или* голограммы 2. голограмма 3. использовать голографию

holographer установка *или* система записи голограмм; установка *или* система получения голограмм; установка *или* система формирования голограмм
radar ~ радиолокационная система формирования радиоголограмм

holographic голографический

holography голография (*1. теория и методы получения голограмм 2. процесс записи, получения или формирования голограмм*)
acoustic ~ акустическая голография
additive ~ аддитивная голография
bistatic ~ бистатическая радиоголография
black-and-white ~ черно-белая голография
color ~ цветная голография
computer-generated ~ цифровая голография
correlation ~ корреляционная голография
difference ~ разностная голография
digital ~ цифровая голография
electronic ~ электронная голография
Fourier ~ получение голограмм Фурье
Fraunhofer ~ получение голограмм Фраунгофера
frequency swept ~ получение голограмм методом частотного сканирования
Fresnel ~ получение голограмм Френеля
Gabor ~ получение голограмм Габора

infrared ~ инфракрасная голография
in-line ~ получение голограмм Габора
interferometric ~ интерферометрическая голография, голографическая интерферометрия
inverted reference-beam ~ получение голограмм с обращенным опорным лучом
laser ~ лазерная голография
lensless ~ безлинзовая голография
light ~ оптическая голография
long-range ~ голография удалённых объектов
long-wave ~ радиоголография
magnetic ~ магнитная голография
magnetooptic ~ магнитооптическая голография
microscopic ~ микроголография
microwave ~ СВЧ-голография
moving-target ~ кинематическая голография
multicolor ~ цветная голография
multiple-exposed ~ получение совмещенных голограмм
non-real-time ~ голография с восстановлением не в реальном масштабе времени
off-axis ~ получение голограмм Лейта
on-axis ~ получение голограмм Габора
optical ~ оптическая голография
panoramic ~ панорамная голография
phase ~ получение фазовых голограмм
phase-object ~ получение голограмм фазовых объектов
polarization ~ поляризационная голография
pulse ~ импульсная голография
pulsed-laser ~ получение голограмм при освещении (*объекта*) импульсным лазером
reflection ~ получение отражательных голограмм
RF ~ радиоголография
scanned ~ получение голограмм методом сканирования
scanned-beam ~ получение голограмм методом сканирования луча
scanned-receiver ~ получение голограмм методом сканирования приёмника
seismic ~ сейсмическая голография
simple flash ~ получение голограмм при освещении (*объекта*) импульсной лампой
single-beam ~ получение голограмм Габора
space-invariant ~ пространственно-инвариантная голография
subfringe interferometric ~ голографическая интерферометрия на пространственной поднесущей
subtractive ~ субтрактивная голография
temporal reference ~ (акустическая) голография «с временным репером»
thermoplastic ~ получение голограмм на термопластическом носителе
three-dimensional ~ получение трёхмерных голограмм
two-beam ~ получение голограмм Лейта
two-dimensional ~ получение двумерных голограмм
ultrasonic ~ ультразвуковая голография
ultraviolet ~ ультрафиолетовая голография
volume ~ получение трёхмерных голограмм
weak-signal-enhancement ~ голография с усилением слабоконтрастных изображений
white-light ~ получение голограмм, восстанавливаемых в белом свете
wide-angle ~ широкоугольная голография

X-ray ~ рентгеновская голография
holomicrography голографическая микроскопия
home 1. дом (*1. жилище; место постоянного проживания 2. здание 3. цель; пункт назначения (напр. в компьютерных играх*)) || двигаться (по направлению) к дому || домашний (*напр. компьютер*) **2.** отечество; родина || отечественный; произведенный внутри страны (*напр. об изделии или продукте*) **3.** штаб-квартира; центральный офис (*напр. фирмы*); основное подразделение; главная организация || центральный; основной; главный **4.** цель || двигаться к цели; наводить(ся) на цель **5.** самонаводиться, находиться в режиме самонаведения **6.** двигаться в направлении источника радиоизлучения (*напр. приводной радиостанции или приводного радиомаяка*) **7.** исходная позиция (*в шаговом распределителе*) **8.** *вчт* начало, стартовая позиция (*напр. курсора*) на экране дисплея; позиция (*напр. курсора*) в левом верхнем углу дисплея || переместить (*напр. курсор*) в начало, переместить (*напр. курсор*) в стартовую позицию на экране дисплея; переместить (*напр. курсор*) в левый верхний угол дисплея

digital ~ *вчт проф.* цифровой дом (*мощный домашний компьютер с широкополосным выходом в глобальную сеть и с возможностью радиоуправления цифровыми и аналоговыми бытовыми электронными приборами*)

homebrew любительский; самодельный; кустарный, *проф.* доморощенный (*о приборе или устройстве*)
homeomorphic гомеоморфный
homeomorphism гомеоморфизм
homeomorphous гомеоморфный
homeostasis гомеостаз(ис), способность системы противостоять изменениям и сохранять постоянство структуры и свойств
homeostatic гомеостатический, относящийся к гомеостаз(ис)у
homepage домашняя [базовая] страница (*гипертекстового документа*)
homer 1. приводная радиостанция **2.** приводной радиомаяк **3.** система самонаведения
homing 1. движение (по направлению) к дому **2.** движение к цели; наведение на цель **3.** самонаведение **4.** движение в направлении источника радиоизлучения (*напр. приводной радиостанции или приводного радиомаяка*) **5.** привод (*напр. на аэродром*) **6.** возврат в исходную позицию (*в шаговом распределителе*) **7.** *вчт* перемещение (*напр. курсора*) в начало, перемещение (*напр. курсора*) в стартовую позицию на экране дисплея; перемещение (*напр. курсора*) в левый верхний угол дисплея

acoustic ~ акустическое самонаведение
active ~ активное самонаведение
active water ~ самонаведение по радиоактивной морской воде (*на подводные лодки с ядерной энергетической установкой*)
collision-course ~ самонаведение с упреждением
cursor ~ перемещение курсора в начало, перемещение курсора в стартовую позицию на экране дисплея; перемещение курсора в левый верхний угол дисплея
directional ~ самонаведение по неизменному относительному пеленгу

fully active ~ полностью автономное активное самонаведение
heat ~ радиотеплолокационное самонаведение
infrared ~ радиотеплолокационное самонаведение
interferometer ~ интерферометрическое самонаведение
lead ~ самонаведение с упреждением
odoriferous ~ самонаведение по запаху (*отработанных газов двигателя подводных лодок*)
passive ~ пассивное самонаведение
pursuit ~ самонаведение по кривой погони
radar ~ 1. радиолокационное самонаведение **2.** активное радиолокационное самонаведение
radiometric ~ радиометрическое самонаведение
semiactive ~ полуактивное самонаведение
track ~ самонаведение по кривой погони
true ~ самонаведение по истинному пеленгу

homocentric 1. гомоцентрический **2.** концентрический
homocharge гомозаряд (*электрета*)
homochromatic 1. одноцветный **2.** монохроматический
homochromatism 1. одноцветность **2.** монохроматичность
homodesmic *крист.* гомодесмический, с однотипными связями
homodyne преобразование на нулевую частоту биений ‖ преобразовывать на, нулевую частоту биений
optical ~ преобразование оптического сигнала на нулевую частоту биений
homoepitaxy гомоэпитаксия
homogeneity 1. гомогенность **2.** однородность
~ of variance однородность дисперсии (*случайных величин*), *проф.* гомоскедастичность
homogeneous 1. гомогенный **2.** однородный
homograph *вчт* орфографический омоним (*с совпадением по написанию и с совпадением или различием по произношению*); омограф
homojunction гомопереход, гомоструктурный переход
p-n-~ гомоструктурный *р — n*-переход
homologous 1. гомологичный **2.** гомологический
homology 1. гомология **2.** гомологичность
simplicial ~ *вчт* симплициальная гомология
homomorphic гомоморфный
homomorphism гомоморфизм
clone ~ гомоморфизм клонов
eligible ~ допустимый гомоморфизм
inflation ~ гомоморфизм инфляции
homomorphous гомоморфный
homonym *вчт* **1.** фонетико-орфографический омоним (*с совпадением по написанию и по произношению*) **2.** орфографический омоним (*с совпадением по написанию и с совпадением или различием по произношению*); омограф **3.** фонетический омоним (*с совпадением по произношению и с совпадением или различием по написанию*); омофон
homophone фонетический омоним (*с совпадением по произношению и с совпадением или различием по написанию*); омофон
homophonic 1. гомофонический (*о многоголосии в музыке*) **2.** омофонический, совпадающий по произношению

homoscedasticity однородность дисперсии (*случайных величин*), *проф.* гомоскедастичность
homosphere гомосфера (*однородная по составу область атмосферы в интервале высот от нуля до 100 — 110 км*)
homothetic *вчт* гомотетичный, подобный
homothety *вчт* гомотетия (*1. подобие 2. преобразование подобия*)
homotopic *вчт* гомотопический
homotopy *вчт* гомотопия
homunculus гомункулус, бесконечно-рекурсивная модель мозга (*в искусственном интеллекте*)
honeycomb гексагональная решётка; плотноупакованная гексагональная структура, сотовая структура ‖ плотноупакованный гексагональный, сотовый
hood 1. крышка; колпак; кожух ‖ использовать крышку или колпак; покрывать кожухом **2.** тубус; бленда **3.** *микр.* вытяжной шкаф
draft ~ вытяжной шкаф
exhaust ~ вытяжной шкаф
instrumental panel ~ кожух приборной панели
lens ~ бленда объектива
viewfinder ~ тубус видоискателя
viewing ~ тубус
hook 1. крюк, крючок **2.** *пт* коллекторная ловушка **3.** *вчт* возможность внесения пользователем изменений в программное *или* аппаратное обеспечение, *проф.* выход на пользователя ◊ **~ in** вносить пользовательские изменения в программное *или* аппаратное обеспечение, *проф.* использовать выход на пользователя; **~ up** соединять, подключать (*напр. к источнику электропитания*); связывать, устанавливать связь (*напр. телефонную*); **off the ~** (микротелефонная) трубка снята (*с рычажного переключателя*); **~ around lug** изогнутый контакт для монтажной петельки
driver ~ возможность внесения пользователем изменений в драйвер, *проф.* выход на пользователя в драйвере
program ~ возможность внесения пользователем изменений в программу, *проф.* выход на пользователя в программе
sky ~ антенна
sound ~ звукопоглощающий акустический экран
switch ~ рычажный переключатель (*телефонного аппарата*)
telephone ~ рычажный переключатель (*телефонного аппарата*)
hook-flash *тлф* имитация кратковременного отбоя (*префикс команды для АТС с входящей и исходящей связью*)
hooking 1. *вчт* предоставление пользователю возможности внесения изменений в программное *или* аппаратное обеспечение, *проф.* использование выхода на пользователя **2.** *тлв* искривление верхней части изображения
hook(-)up 1. соединение; подключение (*напр. к источнику электропитания*); установление связи (*напр. телефонной*) **2.** устройство *или* приспособление для соединения, подключения (*напр. к источнику электропитания*) *или* установления связи (*напр. телефонной*) **3.** сборка; монтаж **4.** собранная цепь; смонтированная установка; агрегат **5.** одновременная передача одной и той же про-

граммы по нескольким станциям ‖ передавать одну и ту же программу одновременно по нескольким станциям

hop 1. прыжок; скачок; перескок; резкое изменение ‖ прыгать; совершать прыжки; скакать; перескакивать; резко изменяться, претерпевать резкие изменения 2. скачок (*1. однократное отражение радиоволн при ионосферном распространении 2. прохождение многократно ретранслируемого сигнала через отрезок [интервал] линии связи между соседними приёмно-передающими устройствами, напр. между соседними станциями радиорелейной линии 3. передача сообщения из одного узла маршрутизируемой сети в другой*) ‖ относящийся к скачку или скачкам, скачковый 3. отрезок [интервал] линии связи (*между соседними приёмно-передающими устройствами, напр. между соседними станциями радиорелейной линии*); звено (*передачи сообщения из одного узла маршрутизируемой сети в другой*) 4. получать доступ к удалённому компьютеру
    double ~s двойной скачок
    microwave ~ прохождение СВЧ-сигнала от передающей антенны к приёмной
    multiple ~s многократный скачок
    single ~ (однократный) скачок
    weighted ~ взвешенный скачок, скачок с весовым коэффициентом
hop-by-hop последовательность скачков ‖ относящийся к последовательности скачков
Hopfield нейронная сеть Хопфилда
    continuous ~ непрерывная нейронная сеть Хопфилда
    discrete ~ дискретная нейронная сеть Хопфилда
hopoff резкое изменение сопротивления (*при вращении ручки переменного резистора*)
hopper 1. контейнер для разбрасывания дипольных отражателей 2. подающий карман (*напр. для перфокарт*) 3. *микр.* бункер; загрузочная воронка; бункерный питатель 4. устройство скачкообразной перестройки частоты
    card ~ подающий карман для перфокарт
    frequency ~ устройство скачкообразной перестройки частоты
hopping 1. (последовательные) прыжки *или* скачки; перескок(и); резкие изменения ‖ прыжковый; скачковый; скачкообразный; претерпевающий резкие изменения 2. многоскачковое распространение (*радиоволн при отражении от ионосферы*) 3. многоскачковая передача сообщения (*в маршрутизируемых сетях*) 4. перескок мод 5. прыжковый механизм (*электропроводности*) 6. скачкообразная перестройка частоты
    channel ~ *вчт* быстрое переключение каналов (*напр. в системе IRC*)
    frequency ~ 1. скачкообразная перестройка частоты 2. система связи со скачкообразной перестройкой частоты
    mode ~ перескок мод
    slow frequency ~ медленная скачкообразная перестройка частоты
horizon 1. горизонт 2. видимый горизонт; плоскость видимого горизонта (*небесной сферы*) 3. математический горизонт; плоскость математического горизонта (*небесной сферы*)

    apparent ~ кажущийся горизонт
    artificial ~ авиагоризонт
    celestial ~ математический горизонт; плоскость математического горизонта
    event ~ горизонт событий (*чёрной дыры*)
    forecasting ~ горизонт прогнозирования
    geometric ~ геометрический горизонт
    gyro ~ 1. авиагоризонт 2. гирогоризонт
    gyroscopic ~ гирогоризонт
    intermediate ~ промежуточный горизонт (*для закрытых трасс*)
    optical ~ оптический горизонт
    radar ~ радиолокационный горизонт
    radio ~ радиогоризонт
    sensible ~ видимый горизонт; плоскость видимого горизонта
    true ~ истинный горизонт
horizontal 1. горизонталь ‖ горизонтальный 2. горизонтальная линия *или* плоскость
horn 1. рупор 2. мегафон; электромегафон 3. рупорная антенна 4. рупорный громкоговоритель; громкоговоритель 5. телефон; радиотелефон
    ~ s of groove рога канавки записи (*дефект канавки механической записи в виде наплывов у краёв*)
    acoustic ~ мегафон
    air ~ рупор с диафрагмой
    aperture-matched ~ рупор с согласованным раскрывом
    biconical ~ биконический рупор
    box ~ коробчатый рупор
    bull ~ мегафон
    cellular ~ многосекционный рупор
    circular ~ рупор с круговым поперечным сечением
    compound ~ 1. пирамидальный рупор с разными углами раствора в двух взаимно перпендикулярных плоскостях 2. составной рупор из двух секторных рупоров, расширяющихся во взаимно перпендикулярных плоскостях 3. двухрупорный громкоговоритель с рупором нормального типа и свёрнутым рупором
    conical ~ конический рупор
    corrugated ~ гофрированный [ребристый] рупор
    cross-shaped ~ рупор с профилированным сечением
    curled exponential ~ изогнутый экспоненциальный рупор
    dual-mode ~ двухмодовый рупор
    electric ~ рупор электростатического громкоговорителя
    electromagnetic ~ рупорная антенна
    English ~ *вчт* английский рожок (*музыкальный инструмент из набора General MIDI*)
    exponential ~ экспоненциальный рупор
    feed ~ рупорный облучатель антенны
    folded ~ 1. свёрнутый рупор 2. изогнутый рупор
    French ~ *вчт* валторна (*музыкальный инструмент из набора General MIDI*)
    hybrid-mode ~ рупор с (возбуждением) гибридной модой
    hyperbolic ~ гиперболический рупор
    hypex ~ рупор низкочастотного громкоговорителя
    inverted exponential ~ обращённый экспоненциальный рупор
    logarithmic ~ логарифмический рупор

horn
    multicellular ~ 1. решётка рупорных излучателей **2.** многосекционный рупор
    Potter ~ многомодовый конический рупор с многократным ступенчатым изменением диаметра
    pyramidal ~ пирамидальный рупор
    rectangular ~ рупор с прямоугольным поперечным сечением
    ridged ~ гребенчатый рупор
    sector(i)al ~ секторный [секториальный] рупор
    small-flare-angle ~ рупор с малым углом раскрыва
    standard-gain ~ рупор (*громкоговорителя*) с калиброванным индексом направленности
    straight ~ рупор нормального типа, несвёрнутый рупор
    wide-flare-angle ~ рупор с большим углом раскрыва
horopter *опт.* гороптер (*бинокулярного зрения*)
    binocular ~ гороптер бинокулярного зрения
    dynamic monocular ~ динамический гороптер монокулярного зрения
horse:
    Trojan ~ троянский конь (*разновидность неразмножающихся компьютерных вирусов*)
horse-power лошадиная сила, л. с., 745,7 Вт
host 1. ведущий вещательной программы || вести вещательную программу **2.** *пп, крист.* материал-хозяин; материал-основа *вчт* **3.** хост, узловой компьютер (*предоставляющий услуги Internet*) **4.** главный компьютер; ведущий компьютер **5.** хост-устройство, устройство для приёма и передачи данных и команд **6.** предоставлять услуги по размещению, хранению и сопровождению информации
    bastion ~ шлюз-посредник, шлюз с программным обеспечением для обработки и пересылки запросов пользователей и получения ответов, *проф.* прокси-шлюз
    crystalline ~ *кв. эл.* основа кристалла
    Internet ~ хост, узловой компьютер (*предоставляющий услуги Internet*)
    local ~ локальный хост
    multihomed ~ хост, подключённый к нескольким разнородным сетям
    phase change cholesteric-nematic guest-~ дисперсная матрица типа холестерик-нематик с фазовым переходом
    relay ~ промежуточный хост (*при передаче данных*), хост-ретранслятор
    remote ~ удалённый хост
    served ~ обслуживаемый хост
    SMBus ~ *см.* **system management bus host**
    system management bus ~ хост-устройство системной управляющей шины (*в приборах с питанием от интеллектуального аккумулятора*)
    virtual ~ виртуальный хост
hosting *вчт* предоставление дисковой памяти для размещения Web-страниц, *проф.* хостинг
hostless децентрализованный
hostname имя хоста
hot подключённый к источнику питания
HotBot *вчт* поисковая машина HotBot
Hotel стандартное слово для буквы *H* в фонетическом алфавите «Альфа»
hotline *тлф* **1.** линия прямого вызова, *проф.* «горячая линия» **2.** телефон экстренного вызова

hotlist *вчт* список часто используемых адресов *или* адресов наиболее известных серверов, *проф.* «горячий список»
hot-spotting *пп* образование горячих точек
hour 1. час (*1. единица измерения времени, 3600 с 2. короткий или ограниченный период времени 3. выделенный или назначенный период времени*) **2.** *pl* время, отведенное для работы *или* определённых занятий **3.** *pl* трудоёмкость; трудозатраты
    busy ~ час наибольшей (телефонной) нагрузки
    component operating ~s заданная наработка компонента
    heavy ~ час наибольшей (телефонной) нагрузки
    peak busy ~ час наибольшей (телефонной) нагрузки
    power on ~s ожидаемое время наработки на отказ во включённом состоянии
    working ~s of failure shooting *т. над.* трудоёмкость обнаружения отказов
    working ~s of failure shooting and repair *т. над.* трудоёмкость обнаружения отказов и устранения неисправностей
    working ~s of preventive maintenance *т. над.* трудоёмкость профилактического обслуживания
    working ~s of repair *т. над.* трудоёмкость устранения неисправности
house компания; фирма; предприятие; организация
    electronic publishing ~ электронное издательство
    e(-)publishing ~ *см.* **electronic publishing house**
    printing ~ типография
    publishing ~ издательство
    software ~ компания-разработчик программного обеспечения
    systems ~ *вчт* компания-разработчик информационных систем
housekeeping *вчт* служебные [вспомогательные] действия (*программы или системы программирования*)
housing корпус, кожух; оболочка
    hermetic ~ герметизированный корпус
    instrument ~ корпус измерительного прибора
    light-tight ~ светонепроницаемый корпус
    mouse ~ *вчт* корпус мыши
    radar (scanner) ~ обтекатель антенны РЛС
    vacuum ~ вакуумный кожух
    watertight ~ водонепроницаемый корпус
How стандартное слово для буквы *H* в фонетическом алфавите «Эйбл»
howitzer гаубица (*для испытаний электронных приборов*)
howl 1. подвывания (*нелинейные искажения звукового сигнала, обусловленные электрической или акустической обратной связью*) **2.** акустическая обратная связь; микрофонный эффект
    fringe ~ подвывания на пороге генерации
howler 1. *рлк* .устройство звуковой сигнализации о появлении отметки цели **2.** *тлф* зуммер
howling 1. подвывания (*нелинейные искажения звукового сигнала, обусловленные электрической или акустической обратной связью*) **2.** акустическая обратная связь; микрофонный эффект
how-to 1. руководство(*напр. по использованию*); наставление; инструкция || руководящий, наставительный; инструктивный **2.** справочник || справочный
how-toer руководитель; наставник; инструктор

hqx расширение имени файла в формате BinHex
HREF 1. гиперссылка, ссылка в гипертексте; гиперсвязь **2.** команда ввода гиперссылки (*в HTML*)
HTM расширение имени файла с гипертекстовым документом, расширение имени файла на языке HTML (*в DOS*)
HTML 1. (стандартный) язык описания структуры гипертекста, язык HTML **2.** расширение имени файла с гипертекстовым документом, расширение имени файла на языке HTML
  dynamic ~ динамический язык описания структуры гипертекста, язык DHTML
  extensible ~ расширяемый язык описания структуры гипертекста, язык XHTML
  server-parsed hypertext markup ~ содержащая интерпретируемые сервером специальные команды версия стандартного языка описания структуры гипертекста, язык SHTML, язык SPML
HTTP протокол передачи гипертекста, протокол HTTP
  secure ~ протокол передачи гипертекста со средствами шифрования, протокол S-HTTP
hub 1. гнездо коммутационной панели **2.** сердечник (*для намотки носителя записи или сигналограммы в форме ленты*) **3.** зона прижима (*компакт-диска*) **4.** опорная втулка (*дискеты*) **5.** концентратор, *проф.* хаб (*1.* многопортовый повторитель с дополнительными функциональными возможностями *2.* сайт с развитой адресной справочной службой) **6.** *тлв* центральный коммутатор (*радиотелевещательного центра*)
  cross-platform ~ кросс-платформенный концентратор
  digital ~ цифровой концентратор
  modular ~ модульный концентратор
  multi-services ~ многоцелевой концентратор, концентратор с возможностью обслуживания сетей различного типа
  n-port ~ n-портовый концентратор
  root ~ центральный [корневой] концентратор
  telecommunications ~ телекоммуникационный концентратор
huckster специалист по радио- и телевизионной рекламе
hue 1. (основной) цветовой тон **2.** оттенок
hueless 1. бесцветный **2.** не содержащий оттенков; с резкими переходами
huff-duff система радиоопределения по двум радиомаякам в ВЧ-диапазоне
hull 1. оболочка **2.** каркас; остов
  convex ~ выпуклая оболочка
  linear ~ линейная оболочка
hum 1. фон (от сети) переменного тока **2.** гудение (*напр. трансформатора*)
  mains ~ фон от сети переменного тока
  relay ~ гудение реле
Humancasting 1. *вчт* системный подход Humancasting к снижению информационной перегрузки, концептуальная система поиска необходимой информации на основе использования элементов рационального мышления, стратегического исследования и сжатия данных **2.** персонально ориентированное вещание
humidifier *микр.* кондиционер с возможностью регулирования влажности воздуха в помещении

humidity влажность
  absolute ~ абсолютная влажность
  ambient ~ влажность окружающей среды
  environmental ~ влажность окружающей среды
  relative ~ относительная влажность
  specific ~ массовая доля влаги
hummer зуммер
  microphone ~ микрофонный зуммер
humming 1. фон переменного тока **2.** гудение (*напр. трансформатора*)
  transformer ~ гудение трансформатора
humor:
  vitreous ~ стекловидное тело (*глаза*)
hump горб; максимум; выступ; выброс (*напр. на кривой*) ◊ **~ in the curve** горб на кривой
hunter *тлф* искатель вызова
  jammer ~ панорамный приёмник поиска станций активных преднамеренных радиопомех
hunting 1. *тлф* свободное искание **2.** нерегулярные колебания (*в следящей системе*); перерегулирование; рыскание **3.** *тлв* качания
  automatic ~ свободное искание
  continuous ~ свободное искание
  horizontal ~ качания
  path ~ свободное искание пути (*при коммутации*)
  rotary ~ свободное искание в одной декаде
  trunk ~ свободное искание соединительной линии
hybernation (искусственная) гибернация (*1.* глубокая нейроплегия, искусственно вызванное состояние замедленной жизнедеятельности *2.* режим энергосбережения в период бездействия компьютера*)
hybrid 1. гибридное [мостовое] соединение **2.** гибридная ИС, ГИС **3.** *тлф* дифференциальная система, дифсистема **4.** гибридный
  bridge ~ гибридное [мостовое] кольцевое соединение, гибридное кольцо
  custom ~ заказная ГИС
  180°-degree ~ двойной тройник
  digital ~ цифровая ГИС
  folded-tee ~ гибридное [мостов.] соединение в виде свёрнутого двойного волноводного тройника, свёрнутый двойной Т-мост, свёрнутый двойной волноводный тройник
  large(-scale) ~ большая ГИС, БГИС
  magic tee ~ гибридное [мостовое] соединение в виде двойного волноводного тройника, двойной Т-мост, двойной волноводный тройник
  multichip ~ многокристальная ГИС
  quadrature ~ квадратурное гибридное [квадратурное мостовое] соединение
  resistive ~ резистивное гибридное [резистивное мостовое] соединение
  ring ~ гибридное [мостовое] кольцевое соединение, гибридное кольцо
  semicustom ~ полузаказная ГИС
  short-slot ~ гибридное [мостовое] соединение с короткими щелями
  transformer ~ трансформаторное гибридное [трансформаторное мостовое] соединение
  transmission-line ~ гибридное [мостовое] соединение на отрезках линии передачи
hydration *крист.* гидратация
hydride гидрид
  hard magnet ~ магнитно-твёрдый [магнитно-жёсткий] гидрид

hydroacoustics гидроакустика
hydromagnetics магнитная гидродинамика, МГД
hydrometeor гидрометеор
hydrometer плотномер для контроля зарядки аккумулятора
hydrophone гидрофон
   crystal ~ пьезоэлектрический гидрофон
   directional ~ направленный гидрофон
   gradient ~ гидрофон-приёмник градиента давления
   line ~ линейный гидрофон
   magnetostriction ~ магнитострикционный гидрофон
   moving-coil ~ катушечный электродинамический гидрофон, гидрофон с подвижной катушкой
   moving-conductor ~ электродинамический гидрофон
   omnidirectional ~ всенаправленный гидрофон
   pressure ~ гидрофон-приёмник давления
   split ~ расщеплённый гидрофон
   unidirectional ~ однонаправленный гидрофон
   velocity ~ **1.** ленточный гидрофон **2.** тепловой гидрофон
hydrophotometer гидрофотометр
hydrosphere гидросфера
hydroxycoumarin гидроксикумарин (*краситель*)
hygristor влагочувствительный резистор
hyperalgebra гипералгебра
   polynomial ~ полиномиальная гипералгебра
hyperbola гипербола
   degenerate ~ вырожденная гипербола
   equilateral ~ равнобочная гипербола
   geodesic ~ геодезическая гипербола
   spherical ~ сферическая гипербола (*в радионавигации*)
hyperbolic гиперболический
hyperboloid гиперболоид
   ~ **of revolution** гиперболоид вращения
   confocal ~ s конфокальные гиперболоиды
   elliptical ~ эллиптический гиперболоид
   hyperbolic ~ гиперболический гиперболоид
   one-sheet ~ однополостный гиперболоид
   parabolic ~ параболический гиперболоид
   parted ~ двухполостный гиперболоид
   two-sheet ~ двухполостный гиперболоид
hyperboloidal гиперболоидальный
Hypercard 1. гипертекстовая система Hypercard для платформы Apple Macintosh **2.** интерфейсная плата Hypercard для платформы Apple Macintosh
hypercardioid гиперкардиоидная характеристика направленности (*микрофона*)
hypercompetition гиперконкуренция
hypercube гиперкуб
hyperemittance гиперэмиттанс
hyperfocal гиперфокальный
hyperframe гиперкадр
heperfullerene *микр.* гиперфуллерен
hypergraph гиперграф
hypergroup четвертичная группа каналов (*в системах с частотным уплотнением*)
hyperlink *вчт* гиперсвязь; гиперссылка, ссылка в гипертексте
hypermedia *вчт* (система) гипермедиа, гипертекст(овая система) с использованием (системы) мультимедиа || гипермедийная
hypermetropia *опт.* гиперметропия, дальнозоркость
hypernetwork гиперсеть
   regional ~ региональная гиперсеть
hyperon гиперон
hyperopia *опт.* гиперметропия, дальнозоркость
hyperparameter гиперпараметр
hyperplane гиперплоскость
hyperpolarizability гиперполяризуемость
hyperpolarization *биол.* гиперполяризация
hyperreality гиперреальность
hypersonic гиперзвуковой
hypersonics акустика гиперзвука; СВЧ-акустика
hypersound гиперзвук
hyperspace гиперпространство
hypersphere гиперсфера
hyperstructure гиперструктура
hypersurface гиперповерхность
hypersymbol гиперсимвол
hypertape (магнитная) лента в кассете
hypertext *вчт* гипертекст
HyperTransport *вчт* высокопроизводительная шина типа HyperTransport, высокопроизводительная шина типа LDT
hypervisor *вчт* гипервизор
hypervolume гиперобъём
hyphen *вчт* **1.** дефис (*1.* знак переноса *2.* знак полуслитного написания) **2.** переносить (*слова в тексте*) **3.** писать через дефис; использовать дефис
   discretionary ~ необязательный [мягкий] дефис (*знак переноса*)
   explicit ~ явный дефис (*обязательный или неразрывный*)
   hard ~ обязательный [обычный, твёрдый] дефис (*знак полуслитного написания*)
   required ~ обязательный [обычный, твёрдый] дефис (*знак полуслитного написания*)
   soft ~ необязательный [мягкий] дефис (*знак переноса*)
   unbreakable ~ неразрывный дефис (*знак полуслитного написания в составных терминах типа «усилитель-инвертор»*)
hyphenate *вчт* **1.** переносить (*слова в тексте*) **2.** писать через дефис; использовать дефис
hyphenation *вчт* **1.** перенос (*слов в тексте*) **2.** написание через дефис; использование дефиса
   automatic ~ автоматический перенос (*напр. в текстовых редакторах*)
hypnology гипнология
hypnopedia гипнопедия
hypnosis гипноз
hypocycloid гипоциклоида
hyponym *вчт* гипоним
hypotaxis *вчт* гипотаксис, подчинение, подчинительная связь (*предикатов*)
hypot(h)enuse гипотенуза
hypothesis гипотеза
   alternative ~ альтернативная гипотеза
   composite ~ сложная [составная] гипотеза
   dual network ~ гипотеза о дуальных сетях
   ergodic ~ эргодическая гипотеза
   false ~ ложная [неверная] гипотеза
   general linear ~ общая линейная гипотеза
   implicit ~ неявная [подразумеваемая] гипотеза
   interval ~ интервальная гипотеза
   linear ~ линейная гипотеза
   nested ~ вложенная гипотеза
   non-nested ~ невложенная гипотеза

non-parametric ~ непараметрическая гипотеза
null ~ нулевая гипотеза, нуль-гипотеза
one-sided alternative ~ односторонняя альтернативная гипотеза
parametric ~ параметрическая гипотеза
research ~ альтернативная гипотеза
Sapir-Whorf ~ гипотеза Сепира — Уорфа, гипотеза о воздействии языка на процессы мышления
scaling ~ *фтт* гипотеза подобия
simple ~ простая гипотеза
statistical ~ статистическая гипотеза
true ~ истинная [верная] гипотеза
two-sided alternative ~ двусторонняя альтернативная гипотеза
Whorfian ~ гипотеза Сепира — Уорфа, гипотеза о воздействии языка на процессы мышления
working ~ рабочая гипотеза

hypothesize предлагать гипотезу; быть предметом гипотезы

hypothetical 1. гипотетическая ситуация; гипотетический объект; гипотетическое предположение **2.** гипотетический

hyrotron ртутный вентиль с управлением дугой посредством вращающегося магнитного поля

hysteresigraph, hysteresimeter гистерезиграф
Kerr-effect ~ гистерезиграф на эффекте Керра
magnetooptical ~ магнитооптический гистерезиграф

hysteresis 1. гистерезис **2.** жёсткий режим возбуждения (*генератора*) **3.** неоднозначная зависимость; область неоднозначности
~ of oscillator жёсткий режим возбуждения генератора
arc ~ гистерезис динамической вольтамперной характеристики дугового разряда
counter-tube ~ неоднозначная зависимость скорости счёта от перенапряжения счётной трубки
dielectric ~ диэлектрический гистерезис
elastic ~ упругий гистерезис
electric ~ электрический гистерезис
ferroelectric ~ диэлектрический гистерезис в сегнетоэлектриках, сегнетоэлектрический гистерезис
frequency ~ гистерезис частоты (*автоколебаний*)
magnetic ~ магнитный гистерезис
magnetoelastic ~ магнитомеханический гистерезис
magnetostrictive ~ магнитострикционный гистерезис
optical ~ оптический гистерезис
rotational ~ вращательный гистерезис
strain ~ упругий гистерезис
thermal magnetic ~ температурный магнитный гистерезис
unidirectional ~ однонаправленный гистерезис

I

I (допустимое) буквенное обозначение *i*-го ($2 \leq i \leq 26$) логического диска, съёмного устройства памяти или компакт-диска (*в IBM-совместимых компьютерах*)

IBM корпорация International Business Machines, корпорация IBM
IBM 3080 мэйнфрейм серии IBM 3080
IBM 3090 мэйнфрейм серии IBM 3090
IBM ES/9000 мэйнфрейм серии IBM ES/9000

IBOC метод передачи цифровых и аналоговых сигналов в общей полосе частот по общему каналу связи, метод IBOC
all-digital ~ метод передачи только цифровых сигналов в отсутствие аналоговых сигналов в общей полосе частот по общему каналу связи, цифровой метод IBOC
hybrid ~ метод передачи цифровых и аналоговых сигналов в общей полосе частот по общему каналу связи, метод IBOC

IC интегральная схема, ИС; микросхема
alumin(i)um-gate MOS ~ МОП ИС с алюминиевыми затворами
array ~ матричная ИС
beam-lead ~ ИС с балочными выводами
bipolar integrated ~ ИС на биполярных транзисторах, биполярная ИС
bulk-effect ~ ИС на приборах с объёмным эффектом
charge-coupled device ~ ИС на ПЗС
chemically-assembled ~ ИС с химической сборкой
chip ~ бескорпусная ИС
CMOS ~ *см.* **complementary MOS IC**
collector-diffusion isolated ~ ИС с изоляцией методом коллекторной диффузии
compatible ~ совместимая ИС
complementary (symmetry) MOS ~ ИС на комплементарных МОП-структурах, ИС на КМОП-структурах, КМОП ИС
consumer ~ ИС для бытовой аппаратуры
crosspoint ~ ИС координатного переключателя
custom (product) ~ заказная ИС
custom-wired ~ ИС с заказной разводкой
dead-on-arrival ~ ИС, вышедшая из строя до использования
dedicated ~ специализированная ИС
deep-submicron ~ ИС с зазором между элементами менее 0,1 мкм
deposited ~ ИС, изготовленная методом осаждения
die ~ бескорпусная ИС
dielectric isolated ~ ИС с диэлектрической изоляцией
diffused-isolation ~ ИС с изоляцией методом диффузии
digital ~ цифровая ИС
diode (array) ~ ИС с диодной матрицей
down-scaled ~ масштабированная ИС
dry-processed ~ ИС, изготовленная по сухой технологии (*без применения жидких реактивов*)
dual-in-line ~ ИС в плоском корпусе с двусторонним расположением выводов (*перпендикулярно плоскости основания*), ИС в корпусе типа DIP, ИС в DIP-корпусе
elevated-electrode ~ ИС с выступающими электродами
emitter-follower logic ~ логическая ИС на эмиттерных повторителях, ИС на ЭПЛ, ЭПЛ ИС
epitaxial ~ ИС, изготовленная методом эпитаксии, эпитаксиальная ИС
face-down ~ ИС, смонтированная методом перевёрнутого кристалла

IC

field-programmable ~ программируемая (пользователем) ИС; ИС с эксплуатационным программированием
film ~ плёночная ИС
fine-line [fine-pattern] ~ ИС с элементами уменьшенных размеров
flat-pack ~ ИС в плоском корпусе с одно-, двух-, трёх- *или* четырёхсторонним расположением выводов (*параллельно плоскости основания*), ИС в корпусе типа FP, ИС в FP-корпусе
flip-chip ~ ИС, смонтированная методом перевёрнутого кристалла
fully ~ монолитная ИС
game - ИС для электронных игр
general-purpose ~ универсальная ИС
guard-ring isolated ~ ИС с изоляцией компонентов охранным кольцом
Gunn-effect logic ~ логическая ИС на приборах Ганна
high-temperature superconductor ~ ИС на высокотемпературных сверхпроводниках
hybrid ~ гибридная ИС, ГИС
hybrid thin-film ~ тонкоплёночная гибридная ИС, тонкоплёночная ГИС
imaging ~ ИС формирователя сигналов изображения
injection ~ логическая ИС с инжекционным питанием, И^{2}Л-схема
insulated-substrate ~ ИС на диэлектрической подложке
intelligent network termination ~ интеллектуальная сетевая оконечная ИС
inverting ~ ИС инвертора, ИС для преобразования постоянного тока в переменный
ion-implanted MOS ~ ионно-имплантированная ИС на МОП-структурах
isoplanar(-based) ~ ИС, изготовленная по изопланарной технологии, изопланарная ИС
junction-isolation ~ ИС с изоляцией $p - n$-переходами
large-scale ~ ИС с высокой степенью интеграции, большая ИС, БИС
linear ~ линейная ИС
link ~ ИС уровня связей
logic ~ логическая ИС
low-temperature superconductor ~ ИС на низкотемпературных сверхпроводниках
magnetic ~ магнитная ИС
master-slice ~ ИС на основе базового кристалла
matrix ~ матричная ИС
medium-scale ~ ИС со средней степенью интеграции, средняя интегральная схема, СИС
metal-dielectric-semiconductor integrated ~ ИС на структурах металл – диэлектрик – полупроводник, ИС на МДП-структурах, МДП ИС
metal-oxide-semiconductor [metal-oxide-silicon] ~ ИС на МОП-структурах, МОП ИС
metal-oxide-semiconductor large scale integration ~ БИС на МОП-структурах, МОП БИС
microcomputer ~ однокристальный микрокомпьютер; однокристальный персональный компьютер, однокристальный ПК
microelectronic ~ интегральная схема, ИС; микросхема
microprocessor ~ ИС микропроцессора, микропроцессорная ИС

microwave ~ ИС СВЧ-диапазона, СВЧ ИС
mixed-signal ~ цифро-аналоговая ИС
molecular ~ молекулярная ИС
monobrid ~ однокристальная ГИС
monolithic ~ монолитная ИС
monophase ~ однофазная ИС
MOS ~ ИС на МОП-структурах, МОП ИС
MOS-on-sapphire ~ МОП ИС типа «кремний на сапфире»
multichip ~ многокристальная ИС
multifunctional ~ многофункциональная ИС
multilevel-metallized ~ ИС с многоуровневой металлизацией
multiphase ~ многофазная ИС
naked ~ бескорпусная ИС
nanotube ~ ИС на нанотрубках
N-bit ~ N-разрядная ИС (*напр. процессора*)
n-channel logic MOS ~ логическая МОП ИС с каналами n-типа
nonredundant ~ ИС без резервирования
off-the-shelf ~ стандартная [серийная] ИС
one-chip ~ однокристальная ИС
optical ~ оптическая ИС
optoelectronic ~ оптоэлектронная ИС
optron ~ оптронная ИС
oxide-isolated ~ ИС с оксидной изоляцией
packaged ~ ИС в корпусе, корпусированная ИС
passivated ~ пассивированная ИС
passive-circuit ~ пассивная ИС
p-channel logic MOS ~ логическая МОП ИС с каналами p-типа
peripheral ~ периферийная ИС
physical ~ ИС физического уровня
planar ~ ИС, изготовленная по планарной технологии, планарная ИС
planex ~ ИС, изготовленная по планарно-эпитаксиальной технологии, планарно-эпитаксиальная ИС
plastic(-encapsulated) ~ ИС в пластмассовом корпусе
p-n junction isolated ~ ИС с изоляцией $p - n$-переходами
polymer ~ полимерная ИС, ИС на полимерах
proprietary ~ ИС собственной разработки
radiation hardened ~ радиационно-стойкая ИС
RAM ~ ИС оперативной памяти
rapid single flux quantum ~ ИС с устройствами на одиночных быстрых квантах (магнитного) потока, *проф.* ИС с быстрыми одноквантовыми устройствами
redundant ~ ИС с резервированием
reprogrammable ~ перепрограммируемая [многократно программируемая] ИС
RSFQ ~ *см.* rapid single flux quantum IC
sample-and-hold ~ ИС выборки и хранения
scaled ~ масштабированная ИС
sealed-junction ~ ИС с герметизированными переходами
semiconductor ~ полупроводниковая ИС
semicustom ~ полузаказная ИС
silicon ~ кремниевая ИС
silicon-gate MOS ~ МОП ИС с кремниевыми затворами
silicon-on-sapphire ~ ИС типа «кремний на сапфире»

identification

single-chip ~ однокристальная ИС
sixteen-bit ~ 16-разрядная ИС (*напр. процессора*)
sixty-four-bit ~ 64-разрядная ИС (*напр. процессора*)
small-scale ~ ИС с низкой степенью интеграции, малая интегральная схема, МИС
software ~ встраиваемый программный модуль, *проф.* программная интегральная схема
solid-state ~ твердотельная ИС
sound ~ ИС для звуковых карт
static-induction transistor ~ ИС на полевых транзисторах с управляющим *p — n*-переходом и вертикальным каналом
submicron ~ ИС с элементами субмикронных размеров
supervisory ~ ИС супервизора
support ~ поддерживающая ИС (*для микропроцессоров*)
telephone ~ ИС для телефонной аппаратуры
thick-film ~ толстоплёночная ИС
thin-film ~ тонкоплёночная ИС
thirty-two-bit ~ 32-разрядная ИС (*напр. процессора*)
transistor ~ ИС с транзисторами
transmitter ~ ИС передатчика
tri-mask integrated ~ ИС, изготовленная с помощью трёх фотошаблонов
UHS ~ *см.* **ultra-high-speed IC**
ultra-high-speed ~ сверхбыстродействующая ИС
unipolar ~ ИС на полевых транзисторах
unpacked ~ бескорпусная ИС
vacuum ~ вакуумная ИС
vacuum-deposited ~ ИС, изготовленная методом вакуумного осаждения
very high-speed ~ сверхбыстродействующая ИС
very large-scale ~ сверхбольшая интегральная схема, сверхбольшая ИС, СБИС
Viterbi-decoder ~ ИС декодера Витерби
Viterbi-encoder ~ ИС кодера Витерби
wafer-on-scale ~ ИС на целой пластине
watch ~ ИС для электронных часов

I²C 1. стандартный интерфейс для шины ACCESS.Bus, интерфейс стандарта I²C **2.** стандарт I²C

icon *вчт* пиктограмма (*на рабочем столе графического интерфейса пользователя*)
   application ~ пиктограмма приложения
   dimmed ~ тусклая пиктограмма, пиктограмма рабочего *или* недоступного объекта
   document file ~ пиктограмма файла документа
   image ~ пиктограмма изображения
iconoscope иконоскоп
   direct pickup ~ иконоскоп для натурных съёмок
   image ~ суперіконоскоп
iconotron иконотрон
ID 1. идентификация; опознавание; распознавание **2.** устройство идентификации; устройство опознавания; устройство распознавания; система идентификации; система опознавания; система распознавания **3.** идентификатор **4.** *тлф* обнаружитель вызова **5.** идентификационные данные **6.** декодер инструкций
   account ~ *вчт* **1.** идентификационные данные счёта **2.** идентификатор учётной записи, идентификатор записи о текущем финансовом состоянии и о выполненных финансовых операциях (*юридического лица, абонента или пользователя*)

   caller ~ **1.** идентификация вызывающего абонента **2.** *тлф* автоматический определитель номера, АОН
   device ~ идентификатор устройства
   login ~ *вчт* идентификационное [регистрационное] имя (пользователя) (*запрашиваемое до пароля*), имя (пользователя) для входа в систему
   program ~ идентификация программы
   registry ~ *вчт* идентификатор центра регистрации, идентификатор регистратуры (*сети*)
   resource ~ идентификатор ресурса
   SCSI ~ идентификатор подключаемого к интерфейсу (стандарта) SCSI устройства, идентификатор SCSI-устройства
   sector ~ идентификатор сектора (*магнитного диска*)
   vendor ~ идентификатор производителя (*напр. устройства*)
IDE 1. интерфейс (дисковода) с встроенной электроникой управления, интерфейс (стандарта) IDE; интерфейс (стандарта) ATA **2.** стандарт IDE; стандарт ATA **3.** устройство с интерфейсом (стандарта) IDE, IDE-устройство
   enhanced ~ **1.** усовершенствованный интерфейс (дисковода) с встроенной электроникой управления, интерфейс (стандарта) EIDE; интерфейс стандарта ATA-2 **2.** стандарт EIDE; стандарт ATA-2
   intelligent ATA ~ интеллектуальное IDE-устройство со способностью выполнения расширенных ATA-команд
   intelligent zoned recording ~ интеллектуальное IDE-устройство с зонным форматом записи
   non-intelligent ~ неинтеллектуальное IDE-устройство
ideal *вчт* идеал (*вид подмножества кольца*)
   ~ **of ring** идеал кольца
   ~ **of set** идеал множества
   block ~ блочный идеал
   disjunctive ~ дизъюнктный идеал
   field ~ идеал поля
   general solution ~ идеал общего решения
   inertial ~ инерциальный идеал
   left ~ левый идеал
   polynomial ~ полиномиальный идеал
   ramification ~ идеал ветвления
   resultant ~ идеал результантных форм
   right ~ правый идеал
   singular solution ~ идеал особого решения
   two-sided ~ двусторонний идеал
idealism идеализм
idempotent *вчт* идемпотент, идемпотентный элемент || идемпотентный
idempotency *вчт* идемпотентность
identical идентичный; тождественный
identifiability идентифицируемость
   asymptotic ~ асимптотическая идентифицируемость
identifiable идентифицируемый
identification 1. идентификация; опознавание; распознавание **2.** устройство идентификации; устройство опознавания; устройство распознавания; система идентификации; система опознавания; система распознавания
   ~ **of modes** идентификация мод
   automatic number ~ автоматическое определение номера

identification

biometric ~ биометрическая идентификация (*личности*)
caller ~ идентификация вызывающего абонента
calling-line ~ определение номера вызывающего абонента
central processing unit ~ идентификация центрального процессора
display ~ *вчт* идентификация дисплея
extended display ~ *вчт* 1. расширенная идентификация дисплея 2. блок расширенной идентификации дисплея
face ~ идентификация лица
fixed-frequency (friend-or-foe) ~ совмещённая система опознавания государственной принадлежности цели
friend-or-foe ~ радиолокационное опознавание государственной принадлежности цели
lead ~ маркировка выводов
level ~ *фтт, кв. эл.* идентификация (энергетического) уровня
location area ~ идентификационный номер зоны расположения
machine ~ *вчт* идентификация машины
model ~ идентификация модели
monitor ~ *вчт* идентификация монитора
object ~ распознавание объектов; распознавание образов
odor ~ распознавание запахов
parallel ~ *вчт* параллельная идентификация (*дисплея*)
pattern ~ распознавание образов
point ~ *вчт* идентификация точки (*изображения на экране дисплея*)
problem ~ идентификация проблемы
program ~ идентификация программы
radar (target) ~ радиолокационное опознавание целей
run-time type ~ идентификация типа во время исполнения программы (*напр. в С++*)
signal ~ распознавание сигналов
speaker ~ идентификация говорящего
state ~ *фтт, кв. эл.* идентификация состояний
subscriber call waiting ~ идентификация ожидающего вызова абонента
target ~ опознавание целей
television ~ телевизионная система опознавания
transition ~ *фтт, кв. эл* идентификация переходов
underwater-sounds ~ идентификация подводных звуков (*в гидроакустике*)
voice-print ~ идентификация речи
workpiece ~ распознавание обрабатываемых деталей; распознавание обрабатываемых изделий; распознавание заготовок

identified идентифицированный
  exactly ~ точно идентифицированный
  poorly ~ плохо идентифицированный

identifier 1. устройство идентификации; устройство опознавания; устройство распознавания; система идентификации; система опознавания; система распознавания 2. *вчт* идентификатор
  base ~ основной [базовый] идентификатор
  character set ~ идентификатор кодового набора символов
  data link connection ~ идентификатор подключения к линии передачи данных
  data link control ~ идентификатор управления линией передачи данных
  destination ~ устройство опознавания адреса назначения
  generic ~ обобщённый дескриптор, имя тега
  label ~ идентификатор метки
  leg ~ идентификатор ветви (*программы*)
  machine ~ *вчт* идентификатор машины
  network user ~ идентификатор пользователя сети
  node ~ идентификатор узла
  optical fiber ~ идентификатор оптических волокон (*при сращивании кабелей*)
  predictor-correlator ~ корреляционное прогнозирующее устройство распознавания
  process ~ идентификатор процесса
  registry ~ *вчт* идентификатор центра регистрации, идентификатор регистратуры (*сети*)
  revision ~ *вчт* идентификатор области данных просмотра (*для режима системного управления*)
  symbol ~ идентификатор символов
  uniform resource ~ *вчт* единообразный идентификатор ресурса
  user ~ идентификатор пользователя

identify идентифицировать; опознавать; распознавать

identity 1. идентичность; тождественность 2. тождество 3. единичный элемент, единица (*напр. множества*); элемент тождественности 4. обладание специфическими опознавательными признаками; идентифицируемость ‖ опознавательный; идентификационный 5. идентификационный номер; идентификатор
  access rights ~ идентификатор полномочий доступа
  additive ~ единичный элемент по операции сложения
  algebraic ~ алгебраическое тождество
  instance ~ *вчт* идентификатор объекта
  international mobile (station) equipment ~ международный идентификационный номер оборудования подвижной станции
  international mobile subscriber ~ международный идентификационный номер подвижного абонента
  international portable equipment ~ международный идентификационный номер портативной станции
  international portable user ~ международный идентификационный номер пользователя портативной станции
  left ~ левый единичный элемент, левая единица
  multiplicative ~ единичный элемент по операции умножения
  network user ~ *вчт* идентификатор пользователя сети
  node ~ *вчт* идентификатор узла (*сети*)
  object ~ *вчт* идентификатор объекта
  radio fixed part ~ идентификационный номер стационарной части радиостанции
  resolvent ~ *вчт* резольвентное тождество
  right ~ правый единичный элемент, правая единица
  scalar ~ скалярное тождество
  structural ~ структурная идентичность
  temporary mobile subscriber ~ временный (международный) идентификационный номер подвижного абонента
  universal ~ универсальный идентификатор
  vector ~ векторное тождество

ideogram *вчт* 1. идеограмма 2. логограмма
ideograph *вчт* 1. идеограмма 2. логограмма
ideography *вчт* идеография, использование идеограмм
idiochromatic обладающий собственным внутренним фотоэффектом
idiom *вчт* идиома, идиоматизм; фразеологическая единица, фразеологизм
   lexical ~ лексическая идиома
   morphological ~ морфологическая идиома
   parallel programming ~ идиома параллельного программирования
   syntactical ~ синтаксическая идиома
idiomatic *вчт* идиоматический; фразеологический
idiomatics *вчт* идиоматика
idiomaticity *вчт* идиоматичность; фразеологичность
idiomography *вчт* идиомография
idiomology *вчт* идиомология; фразеология
idle 1. бездействие; простой; пауза; ожидание ‖ бездействующий; простаивающий; ожидающий 2. паузная комбинация (*напр. в дельта-модуляции*) 3. холостой; ненагруженный; неиспользуемый 4. незанятый; свободный (*напр. канал*) 5. паразитный; вспомогательный
   synchronous ~ *вчт* символ синхронизации, символ ▬, символ с кодом ASCII 16h
idler паразитный ролик (*напр. магнитофона*)
   capstan ~ прижимной ролик
   drive ~ паразитный ролик ведущего узла
   fast-forward ~ паразитный ролик для (ускоренной) перемотки вперёд
   FF ~ *см.* **fast-forward idler**
   relay ~ соединительный паразитный ролик
   rewind ~ паразитный ролик для (ускоренной) перемотки назад
   supply ~ направляющий ролик
IDS система обнаружения (несанкционированного) вторжения *или* проникновения (*напр. в вычислительную сеть*); *проф.* система обнаружения «взлома» (*напр. системы*)
   active ~ активная система обнаружения (несанкционированного) вторжения *или* проникновения
   anomaly-detection ~ система обнаружения (несанкционированного) вторжения *или* проникновения методом выявления аномалий
   computer-based ~ автономная система обнаружения (несанкционированного) вторжения *или* проникновения
   host-based ~ автономная система обнаружения (несанкционированного) вторжения *или* проникновения
   network-based ~ сетевая система обнаружения (несанкционированного) вторжения *или* проникновения
   passive ~ пассивная система обнаружения (несанкционированного) вторжения *или* проникновения
   signature-detection ~ сигнатурная система обнаружения (несанкционированного) вторжения *или* проникновения
IEEE:
   ~ **488** стандарт на универсальную интерфейсную шину (корпорации Hewlett-Packard), стандарт IEEE 488, стандарт (на шину расширения GPIB), стандарт (на шину расширения) HPIB

   ~ **696/S-100** стандарт IEEE (на шину расширения S-100), стандарт IEEE 696/S-100
   ~ **802** комитет IEEE по стандартам для локальных и городских сетей
   ~ **802.1** спецификация соотношения стандартов IEEE 802 и модели OSI/ISO, стандарт IEEE 802.1
   ~ **802.2** стандарт IEEE на протокол управления логической связью, стандарт IEEE 802.2
   ~ **802.3** стандарт IEEE на сетевую шину для систем с множественным доступом с контролем несущей и обнаружением конфликтов, стандарт IEEE 802.3
   ~ **802.4** стандарт IEEE на сетевую шину для систем с множественным доступом с передачей маркера, стандарт IEEE 802.4
   ~ **802.5** стандарт IEEE на кольцевую сеть с передачей маркера, стандарт IEEE 802.5
   ~ **802.11** стандарт IEEE на систему радиосвязи с радиусом действия не более 10м и использованием скачкообразной перестройки частоты, стандарт BlueTooth
   ~ **1284** стандарт IEEE на параллельный интерфейс, стандарт IEEE 1284
   ~ **1394** стандарт IEEE на высокопроизводительную последовательную шину (расширения) (*напр. шину SCSI-3*), стандарт IEEE 1394, стандарт (на шину расширения) HPSB, стандарт (на шину расширения) FireWire
if-A-then-NOT-B И НЕ (*логическая операция*), отрицание конъюнкции
IFF радиолокационное опознавание государственной принадлежности цели
   fixed-frequency ~ совмещённая система опознавания государственной принадлежности цели
ignistor транзистор и стабилитрон в общем корпусе
ignition зажигание
   capacitive-discharge ~ ёмкостное зажигание
   electronic ~ электронное зажигание
   primer ~ зажигание вспомогательного разряда
ignitor 1. зажигатель, игнайтер (*игнитрона*) 2. электрод вспомогательного разряда, поджигающий электрод (*разрядника*)
   starting ~ зажигатель, игнайтер
ignitron игнитрон
   rectifier ~ выпрямительный игнитрон
   sealed ~ запаянный игнитрон
   single-grid ~ односеточный игнитрон
   steel-envelope ~ игнитрон в стальном корпусе
   water-cooled ~ водоохлаждаемый игнитрон
   welder [welding] ~ сварочный игнитрон
ignore *вчт* 1. игнорировать (*напр. ошибку*) 2. пропускать (*напр. операцию*)
ignoring *вчт* 1. игнорирование (*напр. ошибки*) ‖ игнорирующий (*напр. ошибку*) 2. пропуск (*напр. операции*) ‖ пропускающий (*напр. операцию*)
   accidental keystrokes ~ *вчт* игнорирование случайных нажатий на клавиши, игнорирование случайных ударов по клавишам
ill-conditioned плохо обусловленный
illegal 1. нелегальный, незаконный; несанкционированный 2. *вчт* недопустимый (*напр. символ*); запрещённый (*напр. о команде*)
illness:
   terminal ~ *вчт* выжигание растра
illocution *вчт* побудительное высказывание

illocutionary

illocutionary *вчт* побудительный (*о высказывании*)
illuminance освещённость
   adaptation ~ освещённость поля адаптации
   preadaptive ~ освещённость до адаптации
   total ~ полная освещённость
   visual field ~ освещённость поля зрения
illuminant источник света
   standard ~s стандартные источники света (*типа A, B, C, D, E*)
illuminate 1. освещать 2. облучать 3. *рлк* подсвечивать цель
illumination 1. освещение 2. освещённость 3. облучение 4. распределение поля в раскрыве антенны 5. *рлк* подсвет цели
   ambient ~ *тлв* внешняя засветка экрана
   anti-flare ~ *тлв* бестеневое освещение, *проф.* стиль Нотан
   aperture ~ распределение поля в раскрыве антенны
   back ~ тыловое освещение
   bright-field ~ освещение методом светлого поля
   dark-field ~ освещение методом тёмного поля
   diffused ~ диффузное освещение
   fiber-optic laser ~ облучение лазером по волоконно-оптическому световоду
   front ~ фронтальное освещение
   global ~ *вчт проф.* глобальное освещение (*метод создания реалистичного освещения трёхмерных объектов в компьютерной графике*)
   image ~ освещённость изображения
   laser ~ 1. облучение лазером 2. лазерный подсвет цели
   mirror ~ распределение поля по зеркалу (*лазера*)
   off-axis ~ освещённость на краях поля изображения
   polarized ~ освещение поляризованным светом
   pulse-length-limited ~ подсвет в пределах длительности импульса
   radar ~ подсвет цели
   rear ~ тыловое освещение
   tapered ~ спадающее (*к периферии*) распределение поля в раскрыве антенны
   tilted ~ 1. наклонное освещение 2. наклонное облучение
illuminator 1. осветитель 2. облучатель 3. РЛС подсвета цели
   catadioptric ~ зеркально-линзовый [катадиоптрический] осветитель
   catoptric ~ зеркальный [катоптрический] осветитель
   radar ~ РЛС подсвета цели
   tracking ~ РЛС сопровождения и подсвета цели
illuminometer люксметр
illusion иллюзия
Illustrator *вчт* программа обработки графических изображений Adobe Illustrator
   Adobe ~ программа обработки графических изображений Adobe Illustrator
image 1. изображение || изображать; формировать изображение 2. зеркальное изображение 3. образ (*1. вчт отображение (напр. множества) 2. вчт точная логическая копия данных, хранимых запоминающей средой; зеркальная копия 3. файловый образ компакт-диска, представление предназначенных для записи на компакт-диск данных в виде файла стандарта ISO (с разметкой на секторы)*)

4. зеркальная боковая полоса частот 5. *микр.* рисунок || формировать рисунок 6. *тлв* имидж || создавать имидж
   2D ~ двумерное [плоское] изображение
   3D ~ трёхмерное [объёмное] изображение
   acoustic ~ акустическое изображение
   aerial [antenna] ~ зеркальное изображение антенны
   archival ~ изображение архивного качества
   aural ~ звуковой образ
   background ~ фоновое изображение
   binary ~ двухградационное изображение
   bit ~ битовый [двоичный] образ
   bitmap ~ растровое изображение
   bitonal ~ двухцветное изображение (*с содержанием только цветов фона и переднего плана*)
   black-and-white ~ чёрно-белое изображение
   blurred ~ нечёткое изображение; размытое изображение
   bootable ~ загружаемый образ (*напр. загрузочной дискеты на компакт-диске*)
   bright-field ~ изображение, полученное методом яркого поля
   broad ~ нечёткое изображение; размытое изображение
   burned-in ~ *тлв* послеизображение
   card ~ образ перфокарты
   CD ~ *см.* **compact disk image**
   character ~ *вчт* изображение символа (*в символьном прямоугольнике*)
   charge ~ потенциальный рельеф
   chemically resistant ~ *микр.* химически стойкий рисунок
   cine-oriented ~ видеоизображение со стандартной ориентацией (*на микрофильме*)
   circuit ~ *микр.* рисунок схемы
   CMY ~ CMY-изображение, изображение с представлением цветов по модели CMY
   CMYK ~ CMYK-изображение, изображение с представлением цветов по модели CMYK
   coded ~ закодированное изображение
   color(ed) ~ цветное изображение
   comic strip-oriented ~ повёрнутое на 90° видеоизображение (*на микрофильме*)
   compact-disk ~ 1. образ компакт-диска, виртуальный компакт-диск (*напр. на жёстком диске*) 2. файловый образ компакт-диска, представление предназначенных для записи на компакт-диск данных в виде файла стандарта ISO (*с разметкой на секторы*)
   conjugate ~ сопряжённое изображение
   continuous-tone ~ плавнотоновое изображение, изображение с плавным изменением тона; нерастровое изображение
   contrast ~ контрастное изображение
   dark-field ~ изображение, полученное методом тёмного поля
   diffraction ~ дифракционная картина
   digital ~ цифровое изображение
   digitized ~ дискретизованное изображение
   disk ~ *вчт* образ диска
   display ~ отображаемое изображение, изображение на экране дисплея
   double ~ *тлв* повторное изображение
   duotone ~ двухцветное изображение

image

echo ~ *тлв* повторное изображение
electric ~ 1. потенциальный рельеф 2. зеркальный заряд
electron ~ 1. электронное изображение 2. потенциальный рельеф
four-color ~ четырёхцветное изображение
fractal ~ фрактальный образ
Fraunhofer ~ дифракционная картина в зоне Фраунгофера, изображение дифракционной картины в дальней зоне
Fresnel ~ дифракционная картина в зоне Френеля
frozen ~ стоп-кадр
fuzzy ~ 1. нечёткое изображение; размытое изображение 2. нечёткий образ
ghost ~ 1. *рлк* паразитный отражённый сигнал, «духи» 2. *тлв* повторное изображение
glyph ~ *вчт* изображение (кодируемого) символа, *проф.* глиф
gray-level [grayscale] ~ полутоновое чёрно-белое изображение (*1. изображение с градациями серого 2. растровое изображение с градациями серого*)
half-tone ~ полутоновое изображение (*1. изображение с переходами от светлого к тёмному 2. растровое изображение*)
hard [harsh] ~ контрастное изображение
high-contrast ~ высококонтрастное изображение
HLS ~ HLS-изображение, изображение с представлением цветов по модели HLS
hologram ~ изображение голограммы
holographic ~ голографическое изображение
holographic twin ~ сопряжённое голографическое изображение
HSV ~ HSV-изображение, изображение с представлением цветов по модели HSV
indexed color ~ изображение с индексированными цветами
infrared ~ ИК-изображение
in-line ~ встроенное изображение
inverted ~ 1. перевёрнутое изображение 2. инвертированное изображение
ISO ~ файловый образ компакт-диска, представление предназначенных для записи на компакт-диск данных в виде файла стандарта ISO (*с разметкой на секторы*)
L*a*b* ~ L*a*b*-изображение, изображение с представлением цветов по модели L*a*b*
latent ~ 1. скрытое [латентное] изображение 2. потенциальный рельеф
LCH ~ LCH-изображение, изображение с представлением цветов по модели LCH
line-printer ~ построчно напечатанное изображение
luminescent ~ люминесцентное изображение
magnetic ~ магнитное изображение
map ~ изображение карты (*на экране индикатора*)
mask ~ рисунок шаблона; рисунок маски
mirror ~ зеркальное изображение
monotone ~ одноцветное изображение
multichannel ~ изображение с многоканальным представлением цветов
multiple ~ *тлв* повторное изображение
negative ~ негативное изображение
negative ghost ~ *тлв* негативное повторное изображение

n-th order holographic ~ голографическое изображение *n-го* порядка
one-color ~ одноцветное изображение
operator ~ *вчт* образ оператора
page ~ *вчт* изображение страницы
partial ~ фрагмент изображения
phantom ~ 1. паразитное изображение 2. *рлк* паразитный отражённый сигнал, «духи»
phase-contrast ~ изображение, полученное методом фазового контраста
picture ~ *вчт* неподвижное изображение, *проф.* «картинка»
pixel ~ пиксельный образ (*изображения*)
positive ~ позитивное изображение
positive ghost ~ *тлв* позитивное повторное изображение
powder ~ порошковое изображение (*в электрофотографии*)
projected ~ проецируемое изображение
pseudoscopic ~ псевдоскопическое [обращенное стереоскопическое] изображение
quadtone ~ четырёхцветное изображение
radar ~ радиолокационное изображение
radiographic ~ радиографическое изображение
Radon ~ радоновский образ
raster ~ растровое изображение
real ~ действительное изображение
reconstructed holographic ~ восстановленное голографическое изображение
recorded ~ записанное изображение
reference ~ опорное изображение
replicated ~ *микр.* мультиплицированное изображение
residual ~ остаточное изображение
resist ~ *микр.* изображение на резисте
retained ~ *тлв* послеизображение
reversed ~ 1. обращённое изображение 2. негативное изображение
RGB ~ RGB-изображение, изображение с представлением цветов по модели RGB
scanned ~ 1. сканируемое изображение 2. развёртываемое изображение
schlieren ~ теневое изображение, изображение, полученное теневым методом
scrambled ~ закодированное изображение
second ~ *тлв* повторное изображение
shadow ~ теневое изображение, изображение, полученное теневым методом
sharp ~ чёткое изображение
single system ~ единый системный образ
snowy ~ *тлв* изображение с импульсным точечным узором, изображение с помехой типа «снег»
soft ~ неконтрастное изображение
sound ~ звуковой образ
speckled ~ изображение со спекл-структурой
split ~ расщепленное изображение
stationary ~ неподвижное изображение
stereoscopic ~ стереоскопическое изображение
sticking ~ *тлв* послеизображение
stigmatic ~ стигматическое изображение
stored ~ записанное изображение
superimposed ~ наложенное изображение
synthesized ~ синтезированное изображение
tactile ~ *бион.* тактильный образ
thermal ~ тепловизионное изображение

image

three-color ~ трёхцветное изображение
three-dimensional ~ трёхмерное [объёмное] изображение
tomographic ~ томографическое изображение
tritone ~ трёхцветное изображение
TV ~ телевизионное изображение
twin ~ сопряжённое (голографическое) изображение
two-color ~ двухцветное изображение
two-dimensional ~ двумерное [плоское] изображение
ultrasonic ~ ультразвуковое изображение
ultraviolet ~ УФ-изображение
unwanted ~ зеркальная боковая полоса частот
vector ~ векторное изображение
vesicular ~ везикулярное изображение
virtual ~ 1. мнимое изображение 2. виртуальное изображение
virtual focal ~ 1. виртуальное фокальное изображение 2. система формирования виртуального фокального изображения (*в цифровых видеокамерах*)
visible [visual] ~ видимое изображение
volume ~ трёхмерное [объёмное] изображение
X-ray ~ рентгеновское изображение

imager 1. формирователь изображений 2. формирователь сигналов изображения
charge-coupled device ~ формирователь сигналов изображения на ПЗС
charge-injection ~ формирователь сигналов изображения на приборах с инжекцией заряда
linear ~ линейный формирователь сигналов изображения
Michelson Doppler ~ доплеровский формирователь сигналов изображения с интерферометром Майкельсона
pyroemissive ~ пироэмиссионный формирователь сигналов изображения
solid-state ~ твердотельный формирователь сигналов изображения
thermal ~ тепловизор

imagemaker *тлв* имиджмейкер
imagemap изображение карты гиперсвязей (*в гипертекстовом документе*)
imagery 1. изображения; образы 2. формирование изображений; получение изображений 3. формирование сигналов изображения *микр.* 4. рисунок 5. формирование рисунка
diffraction ~ дифракционное формирование изображений
extremely high resolution ~ телевидение сверхвысокой чёткости
holographic ~ голографическое формирование изображений
photographic ~ фотографическое получение изображений
satellite ~ получение изображений с помощью ИСЗ

imagesetter фотонаборная машина, устройство для непосредственного вывода результатов компьютерной вёрстки на фотоплёнку *или* на печать
digital ~ цифровая фотонаборная машина
Linotronic laser ~ название серии лазерных фотонаборных машин с разрешением более 1200 точек на дюйм

imaginary *вчт* мнимое число || мнимый
imaging 1. формирование изображений; получение изображений 2. формирование сигналов изображения 3. визуализация 4. *микр.* формирование рисунка 5. компьютерная графика
acoustic ~ 1. формирование акустических изображений; акустоскопия 2. визуализация акустических изображений
active acoustic ~ активная акустоскопия
Bragg-diffraction ~ формирование изображений методом брэгговской дифракции
contour ~ формирование контурных изображений
domain boundary ~ визуализация доменных границ
Doppler ~ формирование изображений путём обработки доплеровских сигналов
dynamic ripple ~ визуализация методом динамической деформации поверхности
fine-line ~ формирование рисунка с высоким разрешением, формирование рисунка с элементами уменьшенных размеров
frequency swept ~ формирование изображений методом сканирования частоты
heterodyne ~ гетеродинное формирование изображений
hologram ~ формирование изображений голограмм
holographic ~ голографическое формирование изображений
infrared ~ ИК-видение
magnetic resonance ~ получение изображений методом ядерного магнитного резонанса
microwave ~ СВЧ-радиовидение
multiplex ~ формирование сигналов изображения с уплотнением, формирование уплотнённых сигналов изображения
optical ~ 1. формирование оптических изображений 2. *микр.* формирование рисунка методом фотолитографии
passive acoustic ~ пассивная акустоскопия
radar ~ получение радиолокационных изображений
radio camera ~ радиовидение
radiographic ~ рентгенография
radio-wave ~ радиовидение
static ripple ~ визуализация методом статической деформации поверхности
stigmatic ~ стигматическое формирование изображений
synthetic aperture radar ~ получение изображений с помощью РЛС с синтезированной апертурой
thermal ~ тепловидение
three-dimensional ~ получение трёхмерных [объёмных] изображений
two-dimensional ~ получение двумерных [плоских] изображений
ultrasonic ~ ультразвуковая акустоскопия
ultraviolet ~ УФ-видение
wavefront reconstruction ~ голографическое формирование изображений
X-ray ~ получение рентгеновских изображений

imbalance 1. неустойчивость 2. несогласованность
salience ~ несогласованность характерных признаков (*напр. при структурном отображении*)

impedance

imidization *микр.* имидизация
imitate 1. имитировать 2. моделировать 3. воспроизводить; копировать
imitation 1. имитация 2. моделирование 3. воспроизведение; копирование
imitator 1. имитирующее устройство, имитатор; тренажёр 2. моделирующее устройство, модель; моделирующая программа, программа моделирования 3. воспроизводящее устройство; копирующее устройство
immaculate *вчт* не содержащий ошибок (*напр. о тексте*)
immersion 1. погружение 2. *вчт* вложение 3. *опт.* иммерсия
immitance иммитанс (*термин, объединяющий понятия полного сопротивления и полной проводимости*)
    conjugated ~s сопряжённые иммитансы
    input ~ входной иммитанс
    open-circuit ~ иммитанс холостого хода
    output ~ выходной иммитанс
    short-circuit ~ иммитанс короткого замыкания
    source ~ иммитанс источника
immune 1. невосприимчивый; устойчивый (*по отношению к каким-либо внешним воздействиям*) 2. обладающий иммунитетом; неприкосновенный 3. иммунный
immunity 1. невосприимчивость; устойчивость (*по отношению к каким-либо внешним воздействиям*) 2. иммунитет; неприкосновенность 3. иммунность
    interference ~ помехоустойчивость; помехозащищенность
    noise ~ помехоустойчивость; помехозащищенность
immunofluorescence иммунофлуоресценция
impact 1. столкновение; соударение; соприкосновение; контакт || сталкиваться; соударяться; соприкасаться; приходить в контакт 2. воздействие; влияние; эффект || воздействовать; оказывать влияние; иметь эффект
    central ~ центральное соударение
    eccentric ~ нецентральное соударение
    elastic ~ упругое соударение
    electron ~ столкновение электронов
    environmental ~ воздействие на окружающую среду
    inelastic ~ неупругое соударение
    ion ~ столкновение ионов
    transverse ~ поперечное соударение
impairment ухудшение качества (*напр. передачи или воспроизведения сигнала*); искажения (*напр. при передаче или воспроизведении сигнала*)
    annoying ~s недопустимые искажения
    imperceptible ~s неразличимые искажения
    perceptible, but not annoying ~s слаборазличимые искажения
    perceptible, slightly annoying ~s критические искажения
    transmission ~ ухудшение качества передачи
    very annoying ~s полные искажения
imparity *вчт* нечётность
impart передавать (*информацию*); сообщать; информировать
impedance 1. полное сопротивление, импеданс 2. сопротивление 3. пассивный компонент схемы
    ac ~ полное сопротивление (по) переменному току
    acoustic ~ акустическое полное сопротивление
    active ~ of array element полное сопротивление элемента антенной решётки (*при условии возбуждения всех остальных элементов*)
    anode-load ~ полное сопротивление анодной нагрузки
    antenna (input) ~ входное полное сопротивление антенны
    asynchronous ~ асинхронное полное сопротивление
    avalanche ~ полное сопротивление (*диода*) в области лавинного пробоя
    blocked ~ 1. механическое входное полное сопротивление холостого хода электромеханического преобразователя 2. электрическое входное полное сопротивление зажатого электромеханического преобразователя
    blocked electrical ~ электрическое входное полное сопротивление зажатого электромеханического преобразователя
    blocked mechanical ~ механическое входное полное сопротивление холостого хода электромеханического преобразователя
    branch ~ полное сопротивление ветви
    breakdown ~ полное сопротивление (*диода*) в области пробоя
    cathode-coating ~ полное сопротивление катодного покрытия
    cathode-interface (layer) ~ полное сопротивление промежуточного слоя катода
    cavity ~ полное сопротивление объёмного резонатора
    characteristic ~ 1. характеристическое сопротивление (*напр. фильтра*) 2. волновое сопротивление (*линии передачи*)
    characteristic wave ~ характеристическое сопротивление волны
    closed ~ сопротивление (*тиристора*) в закрытом состоянии
    closed-loop input ~ входное полное сопротивление операционного усилителя с обратной связью
    closed-loop output ~ выходное полное сопротивление операционного усилителя с обратной связью
    common-mode input ~ входное полное сопротивление операционного усилителя для синфазных сигналов
    complex ~ полное сопротивление, импеданс
    conjugate ~s сопряжённые полные сопротивления
    dc ~ полное сопротивление (по) постоянному току
    differential-input ~ дифференциальное входное полное сопротивление (*дифференциального или операционного усилителя*)
    driving ~ внесённое полное сопротивление электромеханического преобразователя
    driving-point ~ 1. входное полное сопротивление линии передачи 2. внесённое полное сопротивление электромеханического преобразователя 3. полное сопротивление в рабочей точке характеристики 4. входное полное сопротивление на рабочих зажимах
    dynamic ~ резонансное сопротивление (*параллельного колебательного контура*)
    dynamic plate ~ внутреннее полное сопротивление электронной лампы
    electrical ~ полное сопротивление, импеданс

impedance

electrode ~ полное сопротивление электрода
feed-point ~ входное полное сопротивление
filter characteristic ~ характеристическое сопротивление фильтра
free ~ входное полное сопротивление свободного электромеханического преобразователя
free-motional ~ внесённое полное сопротивление свободного электромеханического преобразователя
free-space characteristic ~ волновое сопротивление свободного пространства
gate-to-drain ~ полное сопротивление (перехода) затвор — сток
gate-to-source ~ полное сопротивление (перехода) затвор — исток
image ~s характеристические сопротивления несимметричного четырёхполюсника
input ~ входное полное сопротивление
input antenna ~ входное полное сопротивление антенны
interaction ~ сопротивление связи (*напр. в ЛБВ*)
internal input ~ входное полное сопротивление прибора
internal output ~ выходное полное сопротивление прибора
intrinsic ~ входное полное сопротивление антенны
isolated ~ of array element полное сопротивление изолированного элемента антенной решётки
iterative ~ 1. характеристическое сопротивление (*напр. фильтра*) 2. волновое сопротивление (*линии передачи*)
large-signal ~ полное сопротивление в режиме большого сигнала
line ~ входное полное сопротивление линии передачи
load ~ полное сопротивление нагрузки
loaded ~ входное полное сопротивление нагруженного преобразователя
loop ~ полное контурное сопротивление
loudspeaker ~ номинальное сопротивление звуковой катушки громкоговорителя
low-signal ~ полное сопротивление в режиме малого сигнала, малосигнальное полное сопротивление
lumped ~ сосредоточенное полное сопротивление
magnetic ~ магнитное полное сопротивление
matched ~ согласованное полное сопротивление
matching ~ согласующее полное сопротивление
mechanical ~ механическое полное сопротивление
mesh ~ полное контурное сопротивление
modal ~ характеристическое сопротивление моды
motional ~ внесённое полное сопротивление электромеханического преобразователя
mutual ~ передаточное полное сопротивление холостого хода
negative ~ полное сопротивление с отрицательной вещественной частью
nominal ~ номинальное полное сопротивление
normal ~ входное полное сопротивление свободного электромеханического преобразователя
normalized ~ нормированное полное сопротивление
off ~ сопротивление (*тиристора*) в закрытом состоянии
on ~ сопротивление (*тиристора*) в открытом состоянии

open-circuit ~ полное сопротивление холостого хода
open-circuit forward-transfer ~ *пп* полное сопротивление прямой передачи в режиме холостого хода на выходе
open-circuit input ~ *пп* входное полное сопротивление в режиме холостого хода на выходе
open-circuit output ~ *пп* выходное полное сопротивление в режиме холостого хода на входе
open-circuit reverse-transfer ~ *пп* полное сопротивление обратной передачи в режиме холостого хода на входе
opened ~ сопротивление (*тиристора*) в открытом состоянии
open-loop output ~ выходное полное сопротивление операционного усилителя без обратной связи
parasitic ~ паразитное полное сопротивление
plate(-load) ~ полное сопротивление анодной нагрузки
plate-to-plate ~ полное сопротивление между анодами (*в двухтактном ламповом усилителе*)
radiation ~ сопротивление излучения
reciprocal ~ обратное полное сопротивление
reduced ~ нормированное полное сопротивление
reflected ~ вносимое полное сопротивление
rejector ~ резонансное сопротивление параллельного колебательного контура (*схемы режекции*)
resistive ~ активное сопротивление
self- ~ входное полное сопротивление холостого хода
sending-end ~ входное полное сопротивление линии передачи
short-circuit ~ полное сопротивление короткого замыкания
short-circuit input ~ *пп* входное полное сопротивление в режиме короткого замыкания на входе
single-ended input ~ полное сопротивление несимметричного входа
skin ~ поверхностное полное сопротивление
small-signal ~ полное сопротивление в режиме малого сигнала, малосигнальное полное сопротивление
source ~ внутреннее сопротивление источника
speaker ~ номинальное сопротивление звуковой катушки громкоговорителя
specific acoustic ~ полное удельное акустическое сопротивление
spurious ~ паразитное полное сопротивление
superconducting-surface ~ поверхностное полное сопротивление сверхпроводника
surface ~ поверхностное полное сопротивление
surface transfer ~ поверхностное полное сопротивление среды
surge ~ волновое сопротивление (*линии передачи*)
synchronous ~ синхронное полное сопротивление
terminal [terminating] ~ входное *или* выходное полное сопротивление ненагруженной схемы
thermal ~ тепловое полное сопротивление
transfer ~ передаточное полное сопротивление
tube ~ внутреннее полное сопротивление электронной лампы
unit-area acoustic ~ полное удельное акустическое сопротивление
vector ~ полное сопротивление, импеданс
wave ~ характеристическое сопротивление волны

Zener ~ полное сопротивление (*диода*) в области лавинного пробоя

impedometer прибор для измерения полных сопротивлений

impedor полное сопротивление (*в эквивалентной схеме*)

imperative 1. императив (*1. обязательное [абсолютно необходимое] условие или требование 2. основополагающий принцип*) || императивный (*1. обязательный, абсолютно необходимый 2. относящийся к основополагающему принципу*) **2.** команда; приказ || командный; приказной **3.** повелительное наклонение
   biologic ~ *вчт* биологический императив
   categorical ~ *вчт* категорический императив
   hypothetical ~ *вчт* гипотетический императив

imperfection дефект; несовершенство
   chemical ~ химический дефект (*кристалла*)
   crystal [crystalline] ~ структурный дефект, дефект кристаллической решётки
   lattice ~ дефект кристаллической решётки, структурный дефект
   line ~ **1.** линейный дефект (*кристалла*) **2.** повреждение разводки
   physical ~ физический дефект (*кристалла*)
   point ~ точечный дефект (*кристалла*)
   surface ~ **1.** поверхностный дефект **2.** несовершенство поверхности (*напр. волновода, зеркала*)

impermeability 1. магнитная непроницаемость **2.** непроницаемость

impersonation *вчт, тлф* использование чужого пароля

implant имплантант; имплантируемый ион; имплантируемая примесь || имплантировать, внедрять (*напр. ионы*)
   barrier ~ примесь, имплантируемая для формирования *p — n*-перехода

implantation имплантация, внедрение (*напр. ионов*)
   arsenic ion ~ имплантация ионов мышьяка
   bipolar ion ~ ионная имплантация для изготовления биполярных ИС
   boron ion ~ имплантация ионов бора
   double-ion ~ двукратная ионная имплантация
   high-energy ion ~ имплантация ионов высокой энергии
   ion (-beam) ~ ионная имплантация, ионное внедрение
   local ion ~ локальная ионная имплантация
   masked ion ~ ионная. имплантация через маску
   MOS ion ~ ионная имплантация для формирования МОП-структур
   n-type ion ~ имплантация ионов донорной примеси
   phosphorous ion ~ имплантация ионов фосфора
   p-type ion ~ имплантация ионов акцепторной примеси

implanter установка (для) имплантации, установка (для) внедрения (*напр. ионов*)
   ion ~ установка (для) ионной имплантации, установка (для) ионного внедрения

implement 1. средство *или* орудие (*труда*); инструмент; инвентарь || обеспечивать средствами *или* орудиями (*труда*); снабжать инструментами *или* инвентарём **2.** реализо(вы)вать (*1. вчт разрабатывать (напр. программный продукт) 2. осуществлять; воплощать; претворять*) **3.** *вчт* реализо(вы)вать совместимость (*напр. форматов файловой системы для различных операционных систем или различных платформ*) **4.** *вчт* устанавливать программное обеспечение, *проф.* инстал(л)ировать

implementation 1. обеспечение средствами *или* орудиями (*труда*); снабжение инструментами *или* инвентарём **2.** реализация (*1. вчт разработка (напр. программного продукта) 2. осуществление; воплощение; претворение*) **3.** *вчт* реализация совместимости (*напр. форматов файловой системы для различных операционных систем или различных платформ*) **4.** *вчт* установка программного обеспечения, *проф.* инстал(л)яция
   circuit ~ реализация схемы
   imperfect ~ несовершенная реализация
   naive ~ нулевое приближение
   physical ~ физическая реализация
   SGML ~ *см.* **standard generalized markup language implementation**
   standard generalized markup language ~ реализация стандартного обобщённого языка описания документов, реализация языка SGML
   system ~ реализация системы

implement(at)or разработчик

implication 1. *вчт* импликация **2.** следствие; вывод; следование **3.** включение **4.** (неявный) смысл; значение
   inverse ~ **1.** обратная импликация **2.** обратное следствие; обратный вывод; обратное следование **3.** принадлежность

implicit 1. неявный (*1. не выраженный в явном виде; не представленный в виде формулы 2. подразумеваемый*) **2.** безусловный; абсолютный; безоговорочный

imply подразумевать; означать; заключать в себе

import *вчт* импорт; импортирование || импортировать (*напр. файл*)
   data ~ импорт данных
   file ~ импорт файла
   picture ~ импорт изображения

impose *вчт* верстать; компоновать страницы

imposition *вчт* верстка; компоновка страниц

impregnant пропиточное вещество

impregnation пропитка; насыщение (*чем-либо*)
   jelly ~ твёрдая пропитка
   monomer ~ пропитка мономерами
   polymer ~ пропитка полимерами
   silicon ~ насыщение кремнием
   vacuum ~ вакуумная пропитка

impress 1. индуцировать; наводить (*напр. напряжение*) **2.** оттиск; отпечаток || получать оттиск, оттискивать; отпечатывать

impression 1. индуцирование; наведение (*напр. напряжения*) **2.** получение оттиска; отпечатывание **3.** тираж (*печатного издания*)

imprint *вчт* выходные данные (*печатного издания*)
   printer's ~ название и местонахождение типографии
   publisher's ~ год выпуска издания, название и местонахождение издательства

improve улучшать(ся); усовершенствовать(ся)

improvement улучшение; усовершенствование
   design ~ усовершенствование конструкции
   maintenance ~ улучшение технического обслуживания

improvement

receiver transfer ~ коэффициент улучшения передаточной характеристики приёмника

impulse 1. короткий импульс **2.** короткий радиоимпульс **3.** единичный импульс, дельта-импульс, дельта-функция (Дирака) **4.** импульс силы
- **anticoincidence ~** импульс антисовпадения
- **coincidence ~** импульс совпадения
- **mark ~** *тлг* рабочая [токовая] посылка
- **nerve ~** *биол.* нервный импульс
- **space ~** *тлг* бестоковая посылка, пауза
- **unit ~** единичный импульс, дельта-импульс, дельта-функция (Дирака)
- **variable-duration ~** импульс переменной длительности

impurity 1. примесь **2.** загрязнение
- **acceptor ~** акцепторная примесь, акцептор
- **aliovalent ~** алиовалентная [разновалентная] примесь
- **amphoteric ~** амфотерная примесь
- **asymmetric ~** алиовалентная [разновалентная] примесь
- **background ~** фоновая примесь
- **chemical ~** примесь
- **compensated ~** скомпенсированная примесь
- **compensating ~** компенсирующая примесь
- **contaminating ~** загрязнение
- **crystal ~** примесь в кристалле
- **deep-level [deep-lying] ~** примесь, создающая глубокий уровень
- **diffusing ~** диффундирующая примесь, диффузант
- **donor ~** донорная примесь, донор
- **dopant [doping] ~** легирующая примесь
- **electrically active ~** электрически активная примесь
- **foreign ~** посторонняя примесь
- **hydrogen-like ~** водородоподобная примесь
- **implanted ~** имплантированная примесь
- **insoluble ~** нерастворимая примесь
- **interstitial ~** примесь внедрения
- **ionic ~** ионная примесь
- **ionizable ~** ионизируемая примесь
- **ionized ~** ионизированная примесь
- **isoelectronic ~** изоэлектронная примесь
- **isovalent ~** изовалентная примесь
- **lifetime killing ~** примесь, уменьшающая время жизни носителей
- **localized ~** локализованная примесь
- **magnetic ~** магнитная примесь
- **majority ~** основная примесь
- **minority ~** неосновная примесь
- **multilevel ~** примесь, создающая несколько уровней
- **noncompensated ~** некомпенсированная примесь
- **n-type ~** донорная примесь, донор
- **polarizable ~** поляризуемая примесь
- **polarized ~** поляризованная примесь
- **p-type ~** акцепторная примесь, акцептор
- **radioactive ~** радиоактивная примесь
- **residual ~** остаточная примесь
- **sensitizing ~** сенсибилизирующая примесь
- **shallow-level [shallow-lying] ~** примесь, создающая мелкий уровень
- **soluble ~** растворимая примесь
- **stoichiometric ~** стехиометрическая примесь
- **substitutional ~** примесь замещения
- **surface ~** поверхностная примесь
- **symmetric ~** изовалентная примесь
- **trace ~** следы примеси
- **trap ~** примесь, создающая ловушки
- **volatile ~** летучая примесь

imref квазиуровень Ферми

in 1. вход (*напр. сигнала*); ввод (*напр. результатов*) **2.** уровень сигнала на входе **3.** входной **4.** внутренний
- **MIDI ~** MIDI-вход, входной порт MIDI-интерфейса

inaccessible *вчт* недоступный (*напр. сервер*)

inaccuracy 1. неточность **2.** погрешность

inaction пассивное *или* нерабочее состояние; бездействие

inactivate переводить в пассивное *или* нерабочее состояние

inactivation перевод в пассивное *или* нерабочее состояние

inactive 1. пассивный; нерабочий **2.** неоткрытый (*напр. о файле*) **3.** (химически) инертный **4.** не обладающий оптической активностью (*о кристалле*)

inadequacy неадекватность; несоответствие
- **model ~** неадекватность модели

inalterable неизменяемый
- **cast-based ~** анимация с независимыми персонажами; ролевая анимация
- **role-based ~** анимация с независимыми персонажами; ролевая анимация

inanimate неживой (*о существе*); неодушевлённый (*объект*)

inapplicability неприменимость; непригодность; несоответствие

inapplicable неприменимый; непригодный; несоответствующий

inappropriate несоответствующий

inappropriateness несоответствие

inarticulate неразборчивый (*о речи*)

inarticulation неразборчивость (*речи*)

inauthentic неаутентичный

inauthenticity отсутствие аутентичности

in-betweening преобразование одного графического объекта в другой через промежуточные формы

inbox (электронный) почтовый ящик для входящей корреспонденции
- **user ~** (электронный) почтовый ящик пользователя для входящей корреспонденции

in-built 1. встроенное оборудование; встроенный прибор; встроенный элемент ‖ встроенный **2.** характерный; присущий; неотъемлемый

incalculable 1. не поддающийся расчёту **2.** неопределённый

incalescence нагрев(ание); подвод тепла

incalescent нагреваемый

incandescence 1. тепловое излучение в видимом диапазоне волн, температурное свечение **2.** белое каление **3.** накал(ивание); каление

incandescent 1. с тепловым излучением в видимом диапазоне волн, с температурным свечением **2.** белого каления; раскалённый добела **2.** накалённый (*напр. катод*)

inch дюйм, 0,0254 м

inching толчковый режим (*электродвигателя*)

incidence 1. падение (*напр. луча*) **2.** угол падения **3.** *вчт* инцидентность **4.** сфера действия; зона влияния **5.** эффективность воздействия
- **Bragg ~** падение под углом Брэгга

broadside ~ нормальное падение
end-on ~ приход луча вдоль оси главного лепестка диаграммы направленности приёмной антенны
grazing ~ скользящее падение
near-vertical ~ квазинормальное падение
normal ~ нормальное падение
oblique ~ наклонное падение
off-beam ~ приход луча под углом к оси главного лепестка диаграммы направленности приёмной антенны
off-normal ~ наклонное падение
perpendicular ~ нормальное падение
vertical ~ вертикальное падение

incident 1. падающий (*напр. луч*) **2.** событие; случай **3.** *вчт* инцидентный (*напр. о вершинах графа*); смежный

inclination 1. наклон; угол наклона **2.** магнитное наклонение **3.** наклонная плоскость **4.** полярный угол **5.** угол между прямыми *или* плоскостями
~ **of line** угол наклона прямой
~ **of orbit** наклонение орбиты (*относительно плоскости эклиптики*)
magnetic ~ магнитное наклонение
polarization ~ наклон поляризационного эллипса

incline наклон; наклонная плоскость || наклонять(ся)

inclinometer 1. измеритель угла наклона **2.** прибор для измерения магнитного наклонения

inclosure 1. кожух; оболочка; корпус **2.** *вчт* вложение (*напр. в сообщение*)
camera ~ корпус камеры
message ~ вложение в сообщение

include включать (*1.* содержать в себе; охватывать *2.* вставлять; добавлять)
server side ~ макрос включения (*языка HTML*) на стороне сервера, выполняемый сервером макрос (*языка HTML*) для включения в файл содержимого другого файла, SSI-макрос (*языка HTML*)

inclusion 1. включение **2.** *вчт* импликация
Boolean ~ булево включение
flux ~ включение расплава
magnetic ~ магнитное включение
topological ~ топологическое включение

incoherence некогерентность
incoherent некогерентный
income доход
incommensurability несоизмеримость
incommensurable несоизмеримый
incommensurate несоизмеримый
incompatibility несовместимость
electromagnetic ~ электромагнитная несовместимость
format ~ несовместимость форматов
hardware ~ аппаратная несовместимость
software ~ программная несовместимость
incompatible 1. *pl* несовместимые объекты *или* явления **2.** несовместимый
incomplete неполный
incompleteness неполнота
algebraic ~ алгебраическая неполнота
Gödel ~ гёделевская неполнота
syntactic ~ синтаксическая неполнота
incompressibility несжимаемость
incompressible несжимаемый
incomputable не поддающийся расчёту
incongruence неконгруэнтность

incongruent неконгруэнтный
inconsistence, inconsistency 1. несовместимость; несогласованность; противоречивость **2.** *вчт* несостоятельность (*напр. оценки*)
formal ~ формальная противоречивость
logical ~ логическая противоречивость
status ~ противоречивость статуса
inconsistent 1. несовместимый; несогласованный; противоречивый **2.** *вчт* несостоятельный (*напр. об оценке*)
incorrect 1. некорректный (*напр. о задаче*) **2.** неточный; несоответствующий
incorrectness 1. некорректность (*напр. задачи*) **2.** неточность; несоответствие
increductor ферровариометр с насыщаемым сердечником
increment 1. инкремент (*1.* коэффициент нарастания, *2.* положительное приращение, увеличение значения) **2.** увеличивать **3.** шаг (*при увеличении*)
bearing ~ шаг разрешения по азимуту
data ~ увеличение значения данных
parameter ~ увеличение значения параметра
phase ~ приращение фазы
quantization ~ шаг квантования
range ~ шаг разрешения по дальности
registered parameter number ~ *вчт* **1.** увеличение номера зарегистрированного параметра на единицу **2.** контроллер «увеличение номера зарегистрированного параметра на единицу», MIDI-контроллер № 96
RPN ~ *см.* **registered parameter number increment**
incremental 1. инкрементный; выполняемый с помощью приращений **2.** (по)шаговый
incrementation увеличение значения (*процесс*)
address ~ *вчт* увеличение значения адреса
incursion набег (*напр. фазы*)
phase ~ набег фазы
incus наковальня (*уха*)
indecipherability недешифруемость
indecipherable недешифруемый
indefinite неопределённый
indefiniteness неопределённость
form ~ неопределённость формы
indegree степень входа (*вершины орграфа*)
indent *вчт* отступ || использовать отступ (*напр. абзацный*)
hanging ~ обратный абзацный отступ
paragraph ~ абзацный отступ
reverse ~ обратный абзацный отступ
indention *вчт* **1.** отступ **2.** использование отступа
independence независимость
~ **of irrelevant alternatives** независимость от посторонних альтернатив
~ **of random variables** независимость случайных величин
asymptotic ~ асимптотическая независимость
conditional ~ условная независимость
data ~ независимость данных
device ~ *вчт* независимость от устройства, аппаратная независимость (*напр. о программе*)
linear ~ линейная независимость
platform ~ *вчт* независимость от платформы, платформенная независимость (*напр. о локальной сети*)
speaker ~ независимость от говорящего; отсутствие необходимости обучения на образцах речи говорящего (*о системе распознавания речи*)

independence

statistical ~ статистическая независимость
stochastic ~ стохастическая независимость
independent независимый; не зависящий от условий или обстоятельств
  asymptotically ~ асимптотически независимый
  device ~ вчт не зависящий от устройства, аппаратно независимый (*напр. о программе*)
  linearly ~ линейно независимый
  mutually ~ взаимно независимый
  serially ~ сериально независимый
indeterminable неопределённый
indetermination неопределённость
  logical ~ логическая неопределённость
index вчт **1.** индекс (*1. условное обозначение объекта в выбранной системе классификации 2. буквенное, цифровое или комбинированное обозначение элемента массива 3. упорядоченная таблица ссылок 4. список; реестр; (алфавитный или предметный) указатель 5. надстрочный или подстрочный цифровой, буквенный или комбинированный указатель у символа 6. показатель степени 7. (обобщённый) показатель; коэффициент (по сводной шкале); численная характеристика нескольких разнородных параметров, характеризующих предмет или явление 8. опосредованная численная характеристика неизмеримых параметров 9. константа для модификации адреса*) || индексировать (*1. присваивать условные обозначения объектам в соответствии с выбранной системой классификации; снабжать индексами 2. присваивать буквенные, цифровые или комбинированные обозначения элементам массива 3. вносить в список; заносить в реестр; помещать в (алфавитный или предметный) указатель 4. использовать надстрочные или подстрочные цифровые, буквенные или комбинированные указатели у символов 5. модифицировать численное значение одного или нескольких параметров или показателей в связи с изменением других*) **2.** каталог **3.** оглавление **4.** вчт поисковая машина **5.** знак указателя, символ ☞ **6.** индикатор || служить индикатором
  ~ of absorption показатель поглощения
  ~ of competitiveness показатель конкурентоспособности
  ~ of extinction показатель поглощения
  ~ of real wages индекс реальной заработной платы
  ~ of refraction показатель преломления
  ~ of subgroup индекс подгруппы
  absolute refractive ~ абсолютный показатель преломления
  active ~ вчт активный индекс (*напр. в системах управления базами данных*)
  articulation ~ индекс артикуляции
  azimuth ~ азимутальный индекс
  channel utilization ~ коэффициент использования канала
  cladding ~ of refraction показатель преломления оболочки (*волоконно-оптического световода*)
  color-rendering ~ индекс цветопередачи
  Comdisco vulnerability ~ вчт индекс уязвимости Comdisco
  complex refractive ~ комплексный показатель преломления
  cooperation ~ индекс [модуль] взаимодействия (*в факсимильной связи*)
  core ~ of refraction показатель преломления сердцевины (*волоконно-оптического световода*)
  critical ~ фтт критический показатель (степени), критический индекс
  cross(-reference) ~ вчт указатель перекрёстных ссылок
  cycle ~ вчт параметр цикла
  destination ~ индекс места назначения
  diametral ~ of cooperation индекс [модуль] взаимодействия при барабанной развёртке (*в факсимильной связи*)
  dielectric loss ~ коэффициент диэлектрических потерь
  directivity ~ индекс направленности (*микрофона или громкоговорителя*) в децибелах
  Dow Jones ~ индекс Доу-Джонса
  dummy ~ немой индекс
  extended task status ~ вчт расширенный индекс состояния задачи
  extraordinary (refraction) ~ показатель преломления необыкновенной волны
  fine ~ вчт детальный [вторичный] индекс
  fuzziness ~ вчт индекс нечёткости
  general color-rendering ~ общий индекс цветопередачи
  go/no-go ~ показатель годности (*прибора или устройства*)
  gross ~ вчт главный [первичный] индекс
  group (refractive) ~ групповой показатель преломления (*волоконно-оптического световода*)
  guide ~ показатель преломления волоконного световода
  international ~ of cooperation индекс [модуль] взаимодействия при барабанной развёртке
  interruptibility ~ вчт индекс прерываемости
  inverted ~ вчт инвертированный индекс (*в базах данных*)
  keyword-in-context ~ список ключевых слов в контексте
  KWIC ~ см. keyword-in-context index
  line ~ индекс строки (*в кэше*)
  loss ~ коэффициент потерь
  magnetic loss ~ коэффициент магнитных потерь
  main ~ вчт главный [первичный] индекс
  master ~ вчт главный [первичный] индекс
  mode ~ индекс моды
  modified ~ of refraction модифицированный показатель преломления (*учитывающий рефракцию радиоволн в тропосфере*)
  modulation ~ 1. индекс модуляции (*для ЧМ-колебаний*) **2.** коэффициент модуляции (*для АМ-колебаний*)
  ordinary (refraction) ~ показатель преломления обыкновенной волны
  oversampling ~ показатель избыточности при дискретизации; коэффициент передискретизации
  plasma-refraction ~ показатель преломления плазмы
  rapid speech transmission ~ коэффициент передачи быстрой речи
  refractive ~ показатель преломления
  relative refractive ~ относительный показатель преломления
  reliability ~ показатель надёжности

reverberation ~ индекс [коэффициент] реверберации

room ~ индекс помещения (*в акустике*)

scanning-line ~ of cooperation индекс [модуль] взаимодействия при плоскостной развёртке (*в факсимильной связи*)

secondary ~ *вчт* детальный [вторичный] индекс

source ~ индекс источника

special color-rendering ~ частный индекс цветопередачи

speed ~ показатель быстродействия

track ~ индекс дорожки

task status ~ индекс состояния задачи

tree ~ древовидный индекс

umbral ~ немой индекс

visual ~ *микр.* установочная [ориентирующая] метка

vulnerability ~ индекс уязвимости (*напр. информационных систем*)

indexer индексатор

indexicality *вчт* индексность; контекстная зависимость

indexing 1. индексация, индексирование (*1. присвоение условных обозначений объектам в соответствии с выбранной системой классификации; снабжение индексами 2. присвоение буквенных, цифровых или комбинированных обозначений элементам массива 3. внесение в список, занесение в реестр; помещение в (алфавитный или предметный) указатель 4. использование надстрочных или подстрочных цифровых, буквенных или комбинированных указателей у символов 5. модификация численного значения одного или нескольких параметров или показателей в связи с изменением других*) **2.** индексация

auto(matic) ~ автоматическое индексирование

base ~ цоколёвка (*электронной лампы*)

beam ~ индикация положения луча (*в индексных кинескопах*)

coordinate(d) ~ координатное индексирование

statistic ~ статистическое индексирование

target ~ *рлк* индексация цели

index-linking индексация, индексирование, модификация численного значения одного или нескольких параметров или показателей в связи с изменением других

India стандартное слово для буквы *I* в фонетическом алфавите «Альфа»

indicate 1. производить индикацию **2.** служить индикатором; выполнять функции индикатора **3.** указывать; показывать **4.** являться признаком *или* симптомом; означать; свидетельствовать; сигнализировать **5.** делать набросок; представлять в общих чертах

indication 1. индикация (*визуальное, звуковое, тактильное или одорологическое отображение воспринимаемой информации*) **2.** указание **3.** признак; симптомом; знак; свидетельство; сигнал **4.** показание; отсчёт (*прибора*) **5.** набросок

auditory ~ звуковая индикация

automatic polarity ~ автоматическая индикация полярности

digital ~ цифровая индикация

display ~ индикация на дисплее

equipment status ~ индикация состояния аппаратуры

fixed-target ~ *рлк* селекция неподвижных целей

misframe ~ индикация ложной цикловой синхронизации

moving-target ~ *рлк* селекция движущихся целей, СДЦ

out-of-lock ~ индикация срыва автоматического сопровождения

received signal strength ~ индикация уровня принимаемого сигнала

remote ~ телеиндикация

trouble ~ индикация неисправностей

visual ~ визуальная индикация

indicator 1. индикатор (*1. прибор или устройство для визуального, звукового, тактильного или одорологического отображения воспринимаемой информации 2. дисплей 3. химический индикатор 4. признак наличия или отсутствия; сопутствующий процесс или явление 5. знак или средство указания; указательная надпись 6. вчт флаг, признак*) **2.** стрелочный или световой указатель (*измерительного прибора*) **3.** кодовое обозначение ключа (*в криптографии*)

A- ~ индикатор А-типа (*индикатор дальности с линейной развёрткой и амплитудным отклонением*)

airborne moving-target ~ самолётный бортовой селектор движущихся целей

air-position ~ навигационный координатор ЛА

airspeed ~ индикатор воздушной скорости

alphabet ~ буквенный индикатор

alpha (nu)meric ~ алфавитно-цифровой индикатор

antenna position ~ индикатор положения оси диаграммы направленности антенны

attitude ~ индикатор положения (*ЛА*)

automatic direction ~ автоматический указатель курса

azel ~ модифицированный индикатор кругового обзора с дополнительным отображением третьей координаты

azimuth-elevation ~ индикатор азимут — угол места

azimuth-stabilized plan-position ~ индикатор кругового обзора, стабилизированный по азимуту

B- ~ индикатор B-типа (*индикатор дальности и азимута с прямоугольной растровой развёрткой*)

bearing ~ индикатор пеленга

bearing deviation ~ индикатор ошибки по истинному *или* бортовому пеленгу (*в пеленгаторах*)

blown-fuse ~ неоновая лампа для индикации перегорания предохранителя

C- ~ индикатор C-типа (*индикатор азимута и угла места с прямоугольной растровой развёрткой*)

call ~ *тлф* указатель вызовов

capacitance level ~ ёмкостный уровнемер

cathode-ray (tube) ~ электронно-лучевой индикатор, индикатор на ЭЛТ

cathode-ray tuning ~ электронно-световой индикатор настройки

ceiling-height ~ облакомер

character ~ знакосинтезирующий индикатор

chargeable time ~ счётчик оплачиваемого времени (*телефонного разговора*)

clearing ~ *тлф* указатель свободной линии

coherent moving-target ~ селектор движущихся целей когерентно-импульсной РЛС

colorama tuning ~ цветовой индикатор настройки

indicator

column ~ *вчт* указатель столбца (*напр. в электронных таблицах*)
communication zone ~ система станций ионосферного зондирования для определения условий радиосвязи
continuous (-reading) ~ индикатор с непрерывным отсчётом
course-line ~ индикатор курса с прицельным перекрестием
course-line deviation ~ индикатор курсовой ошибки
crossed-pointer ~ индикатор системы инструментальной посадки с перекрестием
CRT ~ *см.* cathode-ray (tube) indicator
D- ~ индикатор D-типа (*индикатор азимута и угла места с прямоугольной растровой развёрткой и дополнительным отображением информации о дальности в виде амплитуды отметки*)
delayed plan-position ~ индикатор кругового обзора с задержанной развёрткой
density ~ плотномер
depression-deviation ~ индикатор ошибки по углу наклона цели (*в гидролокационных станциях*)
depth-deviation ~ индикатор ошибки по глубине цели (*в гидролокационных станциях*)
dew-point ~ фотоэлектрический индикатор точки росы
digital ~ цифровой индикатор
direct ~ индикатор с непосредственным отсчётом
direction ~ указатель курса
direction finder bearing ~ индикатор истинного или бортового пеленга (*в пеленгаторах*)
direct-reading ~ индикатор с непосредственным отсчётом
drive activity ~ индикатор активности (жёсткого) диска
drop ~ *тлф* вызывной клапан
E- ~ индикатор E-типа (*индикатор дальности и угла места с прямоугольной растровой развёрткой*)
echo-Doppler ~ индикатор доплеровской РЛС
electroluminescent ~ электролюминесцентный индикатор
electronic position ~ 1. электронный навигационный координатор; электронный индикатор положения (*транспортного средства*) 2. система EPI, импульсно-дальномерная радионавигационная система для судов
elevation-deviation ~ индикатор ошибки по углу места
elevation-position ~ индикатор дальность — угол места
expanded plan-position ~ модифицированный индикатор кругового обзора с дополнительным отображением третьей координаты
F- ~ индикатор F-типа (*индикатор ошибок наведения по азимуту и углу места с прямоугольной растровой развёрткой*)
failure ~ указатель отказов
fault ~ индикатор повреждений; индикатор неисправностей
flight ~ авиагоризонт
flight-path deviation ~ индикатор отклонения от заданной траектории полёта
frequency ~ частотомер; волномер
G- ~ индикатор G-типа, индикатор типа «крылья» (*индикатор ошибок наведения по азимуту и углу места с прямоугольной растровой развёрткой и дополнительным отображением изменения дальности в виде «крыльев»*)
gamma-ray level ~ гамма-уровнемер
glow-discharge ~ индикатор тлеющего разряда
ground ~ индикатор замыкания на землю
ground-position ~ индикатор положения ЛА в наземной системе координат
H- ~ индикатор H-типа (*индикатор B-типа с дополнительным отображением информации об угле места цели в виде наклонной чёрточки*)
height-position ~ индикатор угол места — высота
height-range ~ индикатор дальность — высота
I- ~ индикатор I-типа (*индикатор дальности с радиальной развёрткой и отображением ошибки наведения по угловым координатам путём изменения яркости части кольца дальности*)
in-lock ~ индикатор захвата цели на автоматическое сопровождение
J- ~ индикатор J-типа (*индикатор дальности с круговой развёрткой и радиальным отклонением отметки цели*)
K- ~ индикатор K-типа (*индикатор дальности с двойной линейной развёрткой и отображением ошибки по азимуту в виде относительного изменения амплитуд отметок*)
key status ~ *вчт* индикатор статуса клавиш
L- ~ индикатор L-типа (*индикатор дальности с вертикальной линейной развёрткой с отображением цели в виде отклонения электронного пятна в горизонтальном направлении*)
landing-direction ~ индикатор посадочного курса
level ~ уровнемер
local ~ индикатор оператора РЛС
loran ~ бортовой индикатор отображения сигналов станций системы «Лоран»
luminescent ~ люминесцентный индикатор
M- ~ индикатор M-типа (*индикатор дальности с линейной развёрткой и измерением расстояния путём совмещения опорного импульса с отметкой цели*)
message ~ индикатор сообщений
mnemonic ~ мнемонический индикатор
mode ~ индикатор режима
moving-target ~ селектор движущихся целей, СДЦ
multiple LED tuning ~ светодиодный индикатор настройки
N- ~ индикатор N-типа (*индикатор с линейной развёрткой, со ступенчатым электронным визиром дальности и с отображением отклонения цели по азимуту в виде двух отметок, не равных по амплитуде*)
needle ~ стрелочный индикатор
neon ~ индикатор на неоновой лампе
neutralizing ~ индикатор степени нейтрализации обратной связи
noncoherent moving-target ~ селектор движущихся целей с использованием отражения радиоволн от поверхности Земли
null ~ нуль-индикатор
null-frequency ~ индикатор нулевых биений
numeric ~ цифровой индикатор
off-center plan-position ~ индикатор кругового обзора со смещённым центром

induction

omnibearing ~ индикатор пеленга относительно всенаправленного радиомаяка
open-center plan-position ~ индикатор кругового обзора с открытым центром
optical groove locating ~ оптический индикатор расположения дорожек записи
output ~ индикатор выхода (*радиоприёмника*)
overload ~ индикатор перегрузки
overrange ~ индикатор неправильной установки диапазона
P- ~ индикатор кругового обзора, ИКО
panoramic ~ панорамный индикатор
plan-position ~ индикатор кругового обзора, ИКО (*см. тж.* **PPI**)
position ~ навигационный координатор; индикатор положения (*транспортного средства*)
power-level ~ измеритель выхода, ИВ
precision plan-position ~ ИКО с индикатором В-типа для точного указания координат цели
proximity warning ~ индикатор системы предупреждения столкновений
radar ~ радиолокационный индикатор
radar-coverage ~ индикатор предельной дальности сопровождения цели
radiation ~ 1. индикатор излучения 2. дозиметр
radio magnetic ~ индикатор автономной радионавигационной системы ЛА
range ~ индикатор дальности
range-height ~ индикатор дальность — высота
recording level ~ индикатор уровня записи
remote ~ выносной индикатор
resonance ~ индикатор резонанса
resonant-circuit-type frequency ~ резонансный частотомер
RF ~ индикатор РЧ-мощности
ring ~ индикатор вызова (*1. устройство 2. управляющий сигнал интерфейса RS-232C*)
RMI ~ *см.* **radio magnetic indicator**
shadow tuning ~ электронный индикатор настройки
sign ~ знаковый индикатор
solid-state frequency ~ твердотельный частотомер
standing-wave ~ измеритель коэффициента стоячей волны, измеритель КСВ
status ~ индикатор состояния
supervisory ~ *тлф* указатель свободной линии
tape-position ~ индикатор положения ленты
terrain-clearance ~ высотомер малых высот с частотной модуляцией
to-from ~ указатель направления полёта относительно радиомаяка
tuning ~ индикатор настройки
visual approach slope ~ глиссадный огонь
visual Doppler ~ визуальный индикатор доплеровских частот
visual glide path ~ визуальный указатель глиссады
visual-tuning ~ визуальный индикатор настройки
volume (-unit) ~ измеритель выхода, ИВ
VU ~ *см.* **volume(-unit) indicator**
wind ~ ветроуказатель
zone-beat ~ индикатор нулевых биений
zone-position ~ *рлк* индикатор зоны
indicatrix индикатриса, указательная поверхность
~ **of diffusion** индикатриса диффузного рассеяния; диаграмма диффузного рассеяния
~ **of tangents** индикатриса касательных
conductivity ~ индикатриса удельной электропроводности
elastic stiffness ~ индикатриса коэффициента упругости
functional ~ функциональная индикатриса
optical ~ оптическая индикатриса
scattering ~ индикатриса рассеяния; диаграмма рассеяния
spherical ~ сферическая индикатриса
indices *pl* от **index**
indicia особые отметки
indifferent 1. нейтральный 2. недифференцированный 3. стандартный; обычный
in-diffusion прямая диффузия, диффузия внутрь объёма
indirect 1. косвенный 2. отклоняющийся от прямой линии; нелинейный
indirection 1. косвенное действие 2. косвенный метод; косвенная процедура 3. *вчт* косвенность, использование косвенной адресации
indiscrete недискретный; не разделённый на части
indiscriminating недискриминируемый, неразличимый; неразрешимый, неразрешаемый
indissoluble нерастворимый
indistinct нечёткий, неотчётливый; нерезкий
induce 1. индуцировать, наводить (*напр. ток*) 2. доказывать (*напр. теорему*) методом индукции; утверждать на основе использования метода индукции 3. вынуждать; заставлять
induced 1. индуцированный, наведённый 2. полученный методом индукции 3. вынужденный, индуцированный (*напр. об излучении*)
inductance 1. индуктивность 2. катушка индуктивности ◊ ~ **per unit length** погонная индуктивность
antenna ~ 1. индуктивность антенны 2. (удлинительная) катушка индуктивности антенны
control-winding ~ индуктивность обмотки управления
critical ~ критическая индуктивность дросселя (*фильтра двухфазного регулируемого выпрямителя*)
distributed ~ распределённая индуктивность
end-turn ~ индуктивность торцевых витков
intracoupling ~ индуктивность внутренних межсоединений
kinetic ~ *свпр* кинетическая индуктивность
leakage ~ индуктивность рассеяния
lumped ~ сосредоточенная индуктивность
mutual ~ взаимная индуктивность
plasma ~ индуктивность плазмы
primary ~ индуктивность первичной обмотки
secondary ~ индуктивность вторичной обмотки
self- ~ собственная индуктивность
spurious ~ паразитная индуктивность
stray ~ индуктивность рассеяния
tank ~ индуктивность колебательного контура
time-varying ~ индуктивность, изменяющаяся во времени
trimming ~ подстроечная катушка индуктивности
variable ~ 1. переменная индуктивность 2. вариометр, катушка переменной индуктивности
induction 1. индукция (*1. электростатическая индукция 2. электромагнитная индукция 3. магнитная индукция 4. математический или логический*

induction

метод доказательства) **2.** индуцирование, наведение (*напр. тока*) **3.** *вчт* индуктивное умозаключение
   delta ~ *вчт* плотность дельта-потока
   electric ~ электрическое смещение, электрическая индукция
   electromagnetic ~ электромагнитная индукция
   electrostatic ~ электростатическая индукция
   fast fluorescence ~ быстрое индуцирование флуоресценции
   ferric ~ собственная магнитная индукция
   incremental ~ дифференциальная магнитная индукция
   interference ~ наведение помех
   intrinsic ~ собственная магнитная индукция
   magnetic ~ **1.** магнитная индукция **2.** электромагнитная индукция
   mutual ~ взаимная индукция
   noise ~ наведение шумов
   nuclear ~ ядерная магнитная индукция
   opponent chromatic ~ цветовая противоиндукция
   remanent ~ остаточная (магнитная) индукция (*при нулевой магнитодвижущей силе*)
   residual (magnetic) ~ остаточная (магнитная) индукция (*при нулевом магнитном поле после симметричного циклического перемагничивания*)
   saturation (magnetic) ~ (магнитная) индукция насыщения
   self- ~ самоиндукция
   technical saturation (magnetic) ~ магнитная индукция технического насыщения
   unipolar ~ униполярная индукция
inductive 1. индукционный **2.** индуктивный (*1. относящийся к индуктивности; имеющий положительную мнимую компоненту полного сопротивления 2. использующий метод индукции*) **3.** вынуждающий, индуцирующий
inductivity 1. индуктивность **2.** диэлектрическая проницаемость
inductometer измеритель индуктивности
inductor 1. катушка индуктивности **2.** индуктор
   adjustable ~ катушка со ступенчатым изменением индуктивности
   air-core ~ катушка индуктивности без сердечника
   antenna tuning ~ катушка настройки антенного контура
   ceramic-core ~ катушка индуктивности с керамическим сердечником
   continuously adjustable ~ вариометр, катушка переменной индуктивности
   electrically variable ~ реактор [высоковольтная катушка индуктивности] с электрическим управлением
   fixed ~ катушка постоянной индуктивности
   flat ~ плоская катушка индуктивности
   floating ~ катушка индуктивности с незаземлёнными выводами
   iron-core ~ катушка индуктивности с магнитным сердечником
   magnetic-core ~ катушка индуктивности с магнитным сердечником
   mutual ~ вариометр с регулировкой взаимной индуктивности
   plastic-core ~ катушка индуктивности с пластмассовым сердечником
   plate ~ катушка индуктивности анодной цепи
   plug-in ~ съёмная катушка индуктивности; сменная катушка индуктивности
   printed ~ печатная катушка индуктивности
   superconducting ~ сверхпроводящая катушка индуктивности
   thin-film ~ тонкоплёночная катушка индуктивности
   tuning ~ подстроечная катушка индуктивности
   variable ~ вариометр, катушка переменной индуктивности
inductuner вариометр с плавным изменением числа витков
industrial 1. промышленные изделия; промышленные товары ‖ промышленный; индустриальный **2.** производственный
industry 1. промышленность; индустрия **2.** производство
   electronic ~ электронная промышленность
   integrated-circuit ~ отрасль промышленности, выпускающая ИС
   knowledge ~ индустрия знаний
   motion-picture ~ киноиндустрия
   recording ~ индустрия записи (*аудио-, видео- и любой другой информации*)
   semiconductor equipment ~ отрасль промышленности, выпускающая оборудование для полупроводниковой электроники
inefficiency неэффективность
   charge-transfer ~ неэффективность переноса заряда (*в ПЗС*)
   transfer ~ неэффективность переноса заряда (*в ПЗС*)
inefficient неэффективный
inelastic неэластичный; негибкий
inequality 1. неравенство (*1. математическое выражение 2. неодинаковость; несходство*) **2.** разница; различие **3.** возмущение (*орбиты небесного тела*) **4.** шероховатость; неровность (*поверхности*)
   algebraic ~ алгебраическое неравенство
   asymptotic ~ асимптотическое неравенство
   Bonferroni ~ неравенство Бонферрони
   bounding ~ ограничивающее неравенство
   Chebychev's ~ неравенство Чебышева
   chrominance-luminance delay ~ время задержки сигналов цветности относительно сигналов яркости
   chrominance-luminance gain ~ различие коэффициентов усиления каналов сигналов цветности и яркости (*в процентах*)
   conditional ~ условное неравенство
   Cramer-Rao ~ неравенство Крамера — Рао
   delay ~ время задержки сигналов цветности относительно сигналов яркости
   gain ~ различие коэффициентов усиления каналов сигналов цветности и яркости (*в процентах*)
   Jensen ~ неравенство Йенсена
   Kraft ~ неравенство Крафта
   Lyapunov ~ неравенство Ляпунова
   scalar ~ скалярное неравенство
   slack ~ нестрогое неравенство; нежёсткое неравенство
   strict ~ строгое неравенство
   unconditional ~ безусловное неравенство

information

inequivalence *вчт* неэквивалентность
inertance акустическая масса (*акустический эквивалент индуктивности*)
  acoustic ~ акустическая масса
inertia инерция
  carrier ~ инерция носителя заряда
  electr(omagnet)ic ~ 1. постоянная времени (*электрической цепи*) 2. самоиндукция
inertial инерционный
inexact неточный
infect *вчт* инфицировать, внедрять (компьютерный) вирус
infection *вчт* инфекция, внедрение (компьютерного) вируса
inference *вчт* 1. вывод (*из суждений*) 2. умозаключение
  ~ **by analogy** вывод по аналогии
  ~ **by intuition** вывод по интуиции
  abductive ~ абдуктивное умозаключение
  Bayesian ~ байесовский вывод
  chain ~ вывод из цепочки суждений
  deductive ~ дедуктивное умозаключение
  fuzzy ~ 1. нечёткий вывод 2. нечёткое умозаключение
  grammatical ~ индуктивное умозаключение
  inductive ~ индуктивное умозаключение
  knowledge-based ~ вывод, основанный на знаниях
  logical ~ 1. логический вывод 2. логическое умозаключение
  logical ~s per second число логических умозаключений за секунду (*характеристика быстродействия напр. экспертных систем*)
  probabilistic ~ вероятностный вывод
  statistical ~ статистический вывод
inferior 1. низший; младший 2. нижний 3. нижний [подстрочный] индекс || подстрочный
  first order ~ нижний [подстрочный] индекс первого порядка
  left ~ левый нижний [левый подстрочный] индекс
  right ~ правый нижний [правый подстрочный] индекс
  second order ~ нижний [подстрочный] индекс второго порядка
infiltration *микр.* инфильтрация; просачивание
  chemical vapor ~ химическая инфильтрация из паровой фазы (*метод получения тонких плёнок*)
infinite *вчт* 1. бесконечность (*бесконечно удалённая во времени или в пространстве точка*) 2. бесконечное множество; бесконечная последовательность; бесконечная функция 3. бесконечный; не имеющий предела; неограниченный 4. инфинитный
infinite-dimensional *вчт* бесконечномерный
infinitesimal *вчт* бесконечно малая (величина) || бесконечно малый
infinity бесконечность (*1. бесконечно удалённая во времени или в пространстве точка 2. неограниченное число 3. знак бесконечности, символ ∞ 4. положение объектива камеры при наводке на резкость*)
infinum точная нижняя граница, инфинум (*множества*)
infix *вчт* 1. инфиксная операция || инфиксный 2. инфикс || использовать инфикс
inflate 1. накачивать; наполнять газом 2. вздуваться; вспучиваться 3. *вчт* разуплотнять данные, сжатые по алгоритму Лемпеля — Зива 1977 г., разуплотнять данные, сжатые по алгоритму LZ77 4. чрезмерно возрастать; резко увеличиваться; испытывать инфляцию 5. завышать (*напр. оценку*)
inflated 1. накачанный; наполненный газом 2. вздутый; вспученный 3. *вчт* разуплотнённый (о данных, сжатых по алгоритму Лемпеля — Зива 1977 г.) 4. чрезмерно увеличенный; испытывающий инфляцию 5. завышенный (*напр. об оценке*)
inflation 1. накачка; наполнение газом 2. вздутие; вспучивание 3. *вчт* разуплотнение данные, сжатых по алгоритму Лемпеля — Зива 1977 г., разуплотнение данных, сжатых по алгоритму LZ77 4. чрезмерный рост; резкое увеличение; инфляция 5. завышение (*напр. оценки*)
inflection 1. изгиб 2. модуляция голоса *вчт* 3. перегиб (*кривой*) 4. окончание, флексия 5. словоизменение *или* словообразование с помощью окончаний 6. слово с окончанием
InFLEXion стандарт InFLEXion для систем поискового вызова
inflexion *см.* **inflection**
influence 1. влияние; действие; эффект || влиять; действовать; оказывать эффект 2. оказывающий влияние объект, фактор *или* процесс; воздействие; стимул 3. испытывающий влияние объект
  direct ~ прямое [непосредственное] воздействие
  external ~ внешнее воздействие
  indirect ~ косвенное воздействие
  intersymbol ~ межсимвольная интерференция
  line frequency ~ влияние частоты электропитания (*на работу оборудования или результаты измерений*)
  physical ~ физическое воздействие
  radio ~ радиопомеха от линии электропередачи
  random ~ случайное воздействие
influential влияющий, оказывающий влияние; влиятельный; оказывающий действие, воздействующий; эффективный
infobahn информационная магистраль (*глобальная высокоскоростная сеть передачи цифровых данных, речи и видеоинформации по спутниковым, кабельным и оптоволоконным линиям связи*)
infobot программа-робот базы данных системы групповых дискуссий в Internet
infomercial *тлв* рекламная передача в форме информационного сообщения *или* ток-шоу
infopreneur предприниматель, занимающийся сбором, обработкой и предоставлением информации
informant предприниматель, занимающийся сбором, обработкой и предоставлением информации
informatics информатика (*1. отрасль науки 2. информационная техника, проф. информационная технология*)
information 1. информация (*1. вчт данные 2. сведения; факты; новости*) 2. количество информации 3. информирование 4. информационная служба; служба новостей; сотрудник информационной службы *или* службы новостей
  accounting ~ учётная информация
  analog ~ аналоговая информация
  associated ~ присоединённая информация
  audio ~ аудиоинформация
  background ~ 1. вспомогательная, дополнительная *или* справочная информация 2. биографиче-

information

ские данные; данные о происхождении *или* образовании
basic ~ базовая информация; исходные данные
binary ~ двоичная информация
binary coded ~ **1.** усовершенствованное двоично-десятичное представление, усовершенствованный двоично-десятичный код, BCI-код **2.** данные в усовершенствованном двоично-десятичном представлении, данные в BCI-коде
business ~ деловая информация, *проф.* бизнес-информация
chromaticity ~ *тлв* информация о цветности
ciphered ~ шифрованная информация
clock ~ синхроданные; синхрослова
coded ~ кодированная информация
color ~ информация о цвете
commercial ~ коммерческая информация
configuration ~ информация о конфигурации, конфигурационные данные
consumer ~ информация для потребителей
context ~ контекстная информация
control ~ управляющая информация
cookie ~ *вчт* данные типа «cookie»
coordinate ~ данные о местоположении (*напр. цели*); координаты (*напр. цели*)
critical ~ критическая информация
current ~ текущая информация
customer ~ **1.** информация для заказчиков *или* покупателей **2.** информация для абонентов *или* пользователей
data search ~ информация для системы поиска данных (*напр. в компакт-дисках формата DVD-Video*)
deciphered ~ дешифрованная информация
decoded ~ декодированная информация
descriptive ~ **1.** описательная информация **2.** ключевые слова
design ~ проектно-конструкторская информация
diagnostic ~ диагностическая информация
digital ~ цифровая информация; дискретная информация
digitized ~ **1.** дискретизованная информация **2.** *проф.* оцифрованная информация
distributed ~ распределяемая информация
document-based ~ документированная информация
dummy ~ фиктивная информация
electronic ~ электронная информация
error-free ~ достоверная информация
essential ~ существенная информация
excess ~ избыточная информация
external ~ внешняя информация
extra ~ избыточная информация
extraneous ~ внешняя информация
factual ~ фактографическая информация; фактографические данные
false ~ ложная информация; дезинформация
financial ~ финансовая информация
framing ~ синхроданные кадра
general ~ общая информация
graphical [graphics] ~ графическая информация
holographic ~ голографическая информация
ID ~ *см.* **identification information**
identification ~ идентификационные данные
identifying ~ идентифицирующие данные

image ~ графическая информация
injected ~ вводимая информация
input ~ входная информация
interdependent ~ взаимозависимые данные
internal ~ внутренняя информация
macroeconomic ~ макроэкономическая информация
management ~ управляющая информация
manufacturer ~ информация для производителей
margin ~ информация, размещаемая на полях (*экрана индикатора*)
market ~ рыночная информация
memory-protection ~ *вчт* данные для системы защиты памяти
meta~ метаданные
misleading ~ дезориентирующая информация; дезинформация
multidimensional ~ многомерная информация
non-essential ~ несущественная информация
numeric(al) ~ числовая информация
on-line ~ **1.** оперативная информация; данные в памяти (*компьютера*) **2.** информация, доступная в интерактивном режиме
ordered ~ упорядоченная информация
ordering ~ служебная информация
organizational ~ организационная информация
output ~ выходная информация
overlapping ~ перекрывающиеся данные
pattern ~ графическая информация
perfect ~ полная информация
pictorial [picture] ~ графическая информация
politically-loaded ~ политизированная информация
pragmatic ~ *вчт* прагма, псевдокомментарий (*стандартизованная форма указания компилятору*)
presentation control ~ информация для управления способом представления данных
pricing ~ информация о ценах
prior ~ априорная информация
processed ~ обработанная информация
processing ~ текущая информация; поступающая информация
production ~ производственная информация
profiling ~ профиль компьютерной программы, информация о ходе выполнения программы
program chain ~ информация о (физическом) размещении секторов на треках (*напр. в компакт-дисках формата DVD-Video*)
protocol control ~ *вчт* протокольная управляющая информация
raw ~ необработанная информация; исходная информация; первичная информация
real-time ~ информация, поступающая в реальном масштабе времени
received ~ полученная информация
reduced ~ обработанная информация
redundant ~ избыточная информация
reference ~ справочная информация
relevant ~ относящаяся к делу информация; подходящая информация; соответствующая ситуации информация; *проф.* релевантная информация
routing ~ данные таблицы маршрутизации
run-time type ~ информация о типе (*напр. объекта*) во время исполнения программы

sample ~ выборочная информация
sampled ~ **1.** дискретизованная информация **2.** *проф.* оцифрованная информация
scheduling ~ данные для диспетчеризации процессов (*в многозадачном режиме*)
secret ~ секретная информация
security ~ секретная информация
semantic context ~ семантически контекстная информация
sensitive ~ **1.** совершенно секретная информация **2.** информация личного характера
servo ~ (рабочие) данные для сервосистемы, сервоинформация, серводанные, сервокод (*на жёстком магнитном диске*)
side ~ дополнительная информация
signaling ~ передаваемая информация
sound ~ звуковая информация
spoken ~ речевая информация
state ~ информация о состоянии
statistical ~ статистические данные
status ~ информация о статусе
stock ~ информация о товарах
stored ~ накопленная информация; хранимая информация
structural ~ структурная информация
style ~ стилевая информация
summarized ~ суммарная информация
symbolic ~ символьная информация
syntactic context ~ синтаксически контекстная информация
synthetic ~ синтетическая информация
table ~ табличная информация
technical ~ техническая информация
telemetry ~ телеметрическая информация
temporal ~ временная информация
text(ual) ~ текстовая информация
timing ~ синхроданные; синхрослова
tourist ~ *вчт* отображаемая на экране дополнительная информация о текущем состоянии системы
traffic ~ информация о трафике
transferred ~ *вчт* пересылаемая информация
transmitted ~ передаваемая информация
up-to-date ~ **1.** новейшая информация **2.** текущая информация
useful ~ полезная информация
user ~ пользовательская информация, информация для пользователя
video ~ видеоинформация; видеоданные
visual ~ визуальная информация
zero ~ отсутствие информации
Information Security Systems компания Information Security Systems, компания ISS
informer предприниматель, занимающийся сбором, обработкой и предоставлением информации
infotainment информация, образование и развлечения
infrared инфракрасная [ИК-] область спектра ‖ инфракрасный
    far ~ дальняя ИК-область спектра (0,75 — 3 мкм)
    middle ~ средняя ИК-область спектра (3 — 30 мкм)
    near ~ ближняя ИК-область спектра (30 — 3000 мкм)
infrasonic инфразвуковой
infrasound инфразвук
Infrastructure:

National Information ~ Национальная информационная инфраструктура (*США*)
infrastructure инфраструктура
    kinetic ~ кинетическая инфраструктура
    public-key ~ инфраструктура открытых ключей, техника PKI
    Web ~ инфраструктура глобальной гипертекстовой системы WWW для поиска и использования ресурсов Internet, инфраструктура Web-системы, инфраструктура WWW-системы, *проф.* инфраструктура «всемирной паутины»
infringement нарушение (*напр. авторского права*)
    patent ~ нарушение патентного права, нарушение прав держателя патента
inglish *вчт проф.* простейший английский (*в приключенческих компьютерных играх*)
ingot *крист.* слиток; выращенный кристалл; буля
    Czochralski grown ~ кристалл, выращенный методом Чохральского
    melting ~ плавящийся слиток
    polycrystalline ~ поликристаллический слиток
    single crystalline ~ монокристаллический слиток
    test ~ образцовый слиток
inherent 1. неотъемлемый; присущий; свойственный **2.** систематический (*об ошибке*)
inherit наследовать (*1. получать генетическую информацию от старшего поколения 2. передавать свойства в иерархической системе объектов по нисходящему принципу 3. формировать подклассы по иерархическому принципу*)
inheritance наследование (*1. получение генетической информации младшим поколением от старшего 2. передача свойств в иерархической системе объектов по нисходящему принципу 3. формирование подклассов по иерархическому принципу*)
    built-in ~ встроенное наследование
    code ~ программируемое наследование
    dynamic ~ динамическое наследование
    hierarchical ~ иерархическое наследование
    multiple ~ множественное наследование, формирование одних и тех же подклассов из разных базовых классов
    repeated ~ повторяемое наследование.
    single ~ уникальное наследование, формирование каждого подкласса только из одного базового класса
    spaghetti ~ чрезмерно усложнённое наследование, *проф.* наследование по принципу «спагетти»
inhibit 1. *вчт* запрет ‖ запрещать **2.** *микр.* ингибировать **3.** задерживать; тормозить
inhibition 1. *вчт* запрет **2.** *микр.* ингибирование **3.** задержка; торможение
    lateral ~ *биол.* поперечное торможение
inhibitor 1. *вчт* схема запрета **2.** *микр.* ингибитор
inhomogeneity 1. неоднородность **2.** неоднородный объект
    ~ **of variance** неоднородность переменных
    atmospheric ~ неоднородность атмосферы
    optical ~ оптическая неоднородность
    spatial ~ пространственная неоднородность
    waveguide ~ неоднородность в волноводе
inhomogeneous неоднородный
in-house внутренний, предназначенный для внутреннего использования; внутриведомственный; собственный

initgame

initgame *вчт* игра с партнёром на разгадывание аббревиатуры при возможности использования только неместоименных вопросов
initial 1. инициал (*1. укрупнённая заглавная буква раздела 2. начальная буква имени, отчества или фамилии*) **2.** начальный; исходный
   cocked-up ~ врезанный в текст инициал
   drop ~ врезанный в текст инициал
   outline ~ контурный инициал
   stickup ~ возвышающийся над текстом инициал
initialization инициализация (*1. подготовка к работе или использованию 2. присвоение переменным начальных значений 3. форматирование носителя информации*)
   arbitrary ~ произвольная инициализация
   bus ~ инициализация шины
   modem ~ инициализация модема, задание активной конфигурации (*вместо заводской*)
   multiple ~ многократная инициализация
   population ~ инициализация популяции
   sync ~ вхождение в синхронизм
   system ~ инициализация системы
initializator *вчт* инициализатор
initialize инициализировать (*1. подготавливать к работе или использованию 2. присваивать переменной начальное значение 3. форматировать носитель информации*)
initiate инициировать || инициированный
initiated инициированный
initiation инициирование
   discharge ~ инициирование разряда
   double-injection switching ~ инициирование переключения биполярной инжекцией
   electric ~ *кв. эл.* электрическое инициирование
   electrothermal ~ *кв. эл.* электротермическое инициирование
   flash photolysis ~ *кв. эл.* импульсное фотолитическое инициирование
   laser ~ инициирование лазера
   luminescence ~ инициирование люминесценции
   photolytic ~ *кв. эл.* фотолитическое инициирование
   program ~ инициирование программы
Initiative:
   CAD Framework ~ Центр инициативных исследований и стандартизации в области САПР
   Fiber Channel System ~ совместная программа корпораций Sun Microsystems, IBM и Hewlett-Packard по развитию систем волоконно-оптической связи, программа FCSI
   Secure Digital Music ~ Инициативная группа по обеспечению защиты авторских прав в сфере цифровой музыки (*США*)
   Strategic Defense ~ Стратегическая оборонная инициатива, СОИ, *проф.* «звёздные войны»
initiative 1. инициатива **2.** инициирующий **3.** инициативный
   innovation ~ инновационная инициатива
   strategic computing ~ стратегическая инициатива в области вычислительной техники
initiator инициатор (*1. инициирующий объект или субъект 2. выступающий с инициативой 3. вчт инициирующее обмен данными устройство (в стандарте SCSI)*)
   single program ~ инициатор одиночных программ
initiator-terminator *вчт* инициатор-терминатор

injection 1. инжекция (*носителей заряда*) **2.** подача сигнала **3.** ввод (*напр. данных*) **4.** *вчт* инъекция (*1. вложение, инъективное отображение 2. инъективная [увеличивающая число аргументов] функция*)
   ~ **of extra carriers** инжекция избыточных носителей заряда
   antiparallel ~ антипараллельная [встречная] инжекция
   avalanche ~ лавинная инжекция
   charge carrier ~ инжекция носителей заряда
   contact ~ контактная инжекция
   current-carrier ~ инжекция носителей заряда
   double ~ биполярная инжекция
   dynamic current ~ динамическая инжекция заряда (*в ПЗС*)
   edge ~ краевая инжекция
   electrical ~ электрическая инжекция
   electron ~ инжекция электронов
   external ~ внешняя инжекция
   fill-and-spill ~ инжекция способом заливки и сброса, инжекция способом предзарядки (*в ПЗС*)
   forward ~ прямая инжекция
   high-level ~ сильная инжекция
   hole ~ инжекция дырок
   hot-carrier ~ *пп* инжекция горячих носителей
   in-line ~ прямая инжекция
   light carrier ~ световая модуляция (*в факсимильной связи*)
   local-oscillator ~ регулировка амплитуды сигнала гетеродина
   low-level ~ слабая инжекция
   minority (-carrier) ~ инжекция неосновных носителей заряда
   neutral ~ инжекция нейтральных атомов
   one-carrier ~ монополярная инжекция
   optical ~ фотоинжекция
   parallel ~ параллельная инжекция
   radial ~ радиальная инжекция
   signal ~ подача сигнала
   single ~ монополярная инжекция
   steady-state ~ стационарная инжекция
   tangential ~ тангенциальная инжекция
   tunnel (ing) ~ туннельная инжекция
   two-carrier ~ биполярная инжекция
   unidirectional ~ однонаправленная инжекция
injective инъективный (*1. реализующий вложение, реализующий инъективное отображение 2. увеличивающий число аргументов (о функции)*)
injector 1. инжектор **2.** устройство ввода (*напр. данных*) **3.** инъектор (*1. инъективный функтор 2. оператор инъекции*)
   dither ~ генератор сигнала, используемого для «подмешивания» вибраций (*напр. в перьевых самописцах*)
   double-diffused ~ инжектор, изготовленный методом двойной диффузии
   electron ~ инжектор электронов
   hole ~ инжектор дырок
   horizontal ~ горизонтальный инжектор
   integrated logic ~ инжектор логической ИС
   key ~ устройство ввода шифра
   neutral ~ инжектор нейтральных атомов
   plasma ~ плазменный инжектор
   self-aligned ~ самосовмещённый инжектор

signal ~ генератор контрольного сигнала (*в системах встроенного контроля работоспособности аппаратуры*)
spacistor ~ инжектор спейсистора
vertical ~ вертикальный инжектор
injectron инжектрон (*трёхэлектродная импульсная модуляторная или управляющая лампа*)
injury повреждение; вред
overuse strain ~ *вчт* перенапряжение мышц *или* заболевания (*напр. лучезапястного сустава*) типа тендовагинита в результате длительного повторения однотипных движений (*напр. при работе с мышью*)
repetitive strain ~ *вчт* перенапряжение мышц *или* заболевания (*напр. лучезапястного сустава*) типа тендовагинита в результате длительного повторения однотипных движений (*напр. при работе с мышью*)
ink 1. чернила (*напр. для самописца*) **2.** краска (*для печати*) **3.** *микр.* паста (*для трафаретной печати*)
conductive ~ **1.** проводящие чернила **2.** проводящая паста
electrographic ~ печатная краска для электрографии
electronic ~ метод создания чёрно-белого изображения на дисплейных панелях за счёт перемещения черных и белых частиц под действием электрического поля, *проф.* метод «электронных чернил»
india ~ тушь
luminescent ~ люминесцентные чернила
magnetic ~ **1.** магнитные чернила **2.** краска для магнитной печати
nonreflective ~ чернила, создающие распознаваемый электронными методами текст; неотражающие чернила, *проф.* считываемые чернила
phosphorescent ~ люминесцентные чернила
read ~ чернила, создающие распознаваемый электронными методами текст; неотражающие чернила, *проф.* считываемые чернила
solid ~ *проф.* твёрдые чернила
thick-film ~ паста для нанесения толстых плёнок (*методом трафаретной печати*)
wax-based ~ воскосодержащие чернила
inlay 1. инкрустация; мозаика ‖ инкрустировать; использовать мозаику **2.** вставка; врезка вставлять; врезать
inleads выводы электродов (*электронной лампы*)
inlet ввод ‖ вводить
cable ~ кабельный ввод
inline *вчт* **1.** встраиваемый (*напр. о подпрограмме*) **2.** встроенный (*напр. об изображении внутри текста*)
INMARSAT 1. Международная организация морской спутниковой связи, ИНМАРСАТ **2.** система ИНМАРСАТ (*среднеорбитальная глобальная спутниковая система подвижной связи для обслуживания морских и сухопутных объектов*)
~**A** система ИНМАРСАТ-А (*высокоскоростная передача данных и телефонная, телексная и факсимильная связь с судовыми терминалами*)
~**B** система ИНМАРСАТ-В (*высокоскоростная цифровая передача данных и цифровая телефонная, телексная и факсимильная связь с судовыми терминалами*)
~**C** система ИНМАРСАТ-С (*передача данных и телексных сообщений на судовые терминалы с промежуточным накоплением*)
~**D** система ИНМАРСАТ-D (*односторонняя передача сообщений подвижным пользователям от абонентов наземных сетей общего пользования*)
~**M** система ИНМАРСАТ-М (*интерфейс для обмена данными в сетях пакетной коммутации и электронной почты, высокоскоростная цифровая передача данных, и цифровая телефонная, телексная и факсимильная связь с компьютеризованными судовыми терминалами*)
~**P** система ИНМАРСАТ-Р (*персональные спутниковые телефоны с терминалом для определения местоположения абонента*)
inner 1. внутренний **2.** неочевидный; скрытый **3.** *вчт* внутренняя процедура **4.** квадратная подматрица (*в теории цепей*)
innovate 1. использовать инновации; вводить новшества; применять новые технические решения; использовать новые аппаратные или программные средства **2.** изобретать **3.** порождать
innovation 1. инновация (*1. новшество; нововведение; новые технические решения; новые аппаратные или программные средства 2. внедрение новшеств; применение новых технических решений; использование новых аппаратных или программных средств 3. новообразование (в лингвистике)*) ‖ инновационный **2.** изобретение **3.** внедрение изобретений **4.** порождение **5.** порождённый процесс **6.** порождённая случайная величина
basic ~ фундаментальная инновация
macro-~ макро-инновация
modifying ~ модифицирующая инновация
process ~ инновация процессов
innovator 1. новатор; рационализатор **2.** изобретатель
in-phase синфазный
input 1. вход; ввод ‖ подавать на вход; подключать к входу; подводить; ‖ вводить ‖ входной; вводной; подводимый; вводимый **2.** входной сигнал **3.** входная мощность; подводимая мощность **4.** ввод данных **5.** устройство ввода (*напр. данных*); входное устройство **6.** входные данные; вводимые данные
analog ~ **1.** аналоговый вход **2.** ввод аналоговых данных
anode power ~ мощность, рассеиваемая анодом
antenna ~ **1.** вход антенны **2.** мощность, подводимая к антенне
asynchronous ~ асинхронный ввод данных
balanced ~ симметричный вход
battery power ~ вход для подключения батарейного питания
blanking ~ запирающий вход
clock ~ **1.** вход синхронизации **2.** тактовый вход (*триггера*)
clocked ~ синхронизируемый вход
common-mode ~ синфазный входной сигнал (*операционного усилителя*)
data ~ ввод данных
differential ~ дифференциальный вход
digital ~ **1.** цифровой вход **2.** ввод цифровых данных
enable ~ разрешающий входной сигнал
excitatory ~ возбуждающий входной сигнал (*в нейронных сетях*)

input

feature ~ ввод признаков
floating ~ 1. незаземлённый вход. 2. дифференциальный вход
fuzzy ~ нечёткие входные данные
graphic ~ графический ввод
grounded ~ экранированный вход
height ~ *рлк* ввод данных о высоте
high-frequency ~ 1. высокочастотный [ВЧ-] вход 2. высокочастотный входной сигнал, входной ВЧ-сигнал
inhibit ~ запрещающий входной сигнал
inhibitory ~ тормозящий входной сигнал (*в нейронных сетях*)
instrumental ~ *вчт* инструментальные входные данные; вводимые (*в компьютер*) показания измерительных приборов
inverting ~ инвертирующий вход
irrelevant ~ неадекватные входные данные
jittered ~ входные данные с искусственным шумом
keyboard ~ 1. ввод данных с клавиатуры 2. данные, вводимые с клавиатуры
manual ~ 1. ручной ввод данных 2. данные, вводимые вручную
multiple ~ многоканальный вход
noisy ~ входной сигнал с шумами, *проф.* зашумленный входной сигнал
noninverting ~ неинвертирующий вход
peak-to-peak signal ~ размах [удвоенная амплитуда] входного сигнала
plate power ~ мощность, рассеиваемая анодом
Poisson ~ пуассоновский входной поток
ramp ~ пилообразный [линейно изменяющийся] входной сигнал
redundant ~ избыточные входные данные
reference ~ 1. вход опорного сигнала 2. опорный входной сигнал 3. контрольный ввод данных 4. контрольные входные данные 5. эталонное внешнее воздействие (*в системе автоматического управления*)
reset ~ *вчт* 1. вход сигнала сброса; вход сигнала установки в состояние «0» 2. входной сигнал сброса; входной сигнал установки в состояние «0»
sampled ~ дискретизованный входной сигнал
set ~ *вчт* 1. вход сигнала установки в состояние «1» 2. входной сигнал установки в состояние «1»
speech ~ *вчт* устройство ввода речи; входное устройство распознавания речи
step ~ ступенчатый входной сигнал
stream ~ потоковый ввод
tach ~ вход сигнала датчика оборотов (*напр. в магнитофоне*)
test data ~ входные тестовые данные
touch ~ сенсорный ввод данных
trainee ~ данные, вводимые обучаемым (*субъектом*)
trigger(ing) ~ ввод пусковых импульсов
unbalanced ~ несимметричный вход
verbal ~ 1. голосовой [речевой] ввод данных 2. голосовые [речевые] входные данные
video ~ 1. вход видеосигнала 2. входной видеосигнал
voice ~ 1. голосовой [речевой] ввод данных 2. голосовые [речевые] входные данные 3. устройство ввода речи; входное устройство распознавания речи

input/output 1. вход/выход; ввод/вывод ‖ входной/выходной; вводимый/выводимый 2. ввод/вывод данных; обмен данными 3. устройство ввода/вывода (*напр. данных*); входное/выходное устройство 4. входные/выходные данные; данные ввода/вывода
  error ~ ошибка ввода-вывода
  intelligent ~ интеллектуальный ввод/вывод (*данных*), интеллектуальный обмен (*данными*)
  parallel ~ параллельный ввод/вывод (*данных*), параллельный обмен (*данными*)
  programmed ~ программируемый ввод/вывод, программируемый обмен (*данными*)
  serial ~ последовательный ввод/вывод (*данных*), последовательный обмен (*данными*)
  simultaneous ~ одновременный ввод/вывод (*данных*), одновременный обмен (*данными*)
  verbal ~ голосовой [речевой] ввод-вывод данных
inputting ввод (*данных*)
inquire 1. запрашивать 2. опрашивать 3. наводить справки; справляться 4. исследовать
inquiring 1. запрашивание; посылка запроса; использование запроса 2. опрашивание; проведение опроса 3. наведение справок 4. исследование
inquiry 1. запрос 2. опрос 3. наведение справок 4. исследование
  advance ~ 1. предварительный запрос 2. предварительное исследование
inquisition 1. запрашивание; посылка запроса; использование запроса 2. опрашивание; проведение опроса
inquisitor *рлк* запросчик
  beacon ~ запросчик радиомаяка
in-sample в пределах выборки
inscribe 1. *вчт* вписывать (1. заносить в список 2. выполнять геометрическую операцию вписывания одного объекта в другой) 2. делать надпись, надписывать
inscriber устройство для нанесения надписей (*напр. на изделие*)
  MICR ~ *вчт* устройство для нанесения надписей магнитными чернилами
insensitive 1. нечувствительный 2. невосприимчивый
  case ~ не учитывающий состояние регистра, не учитывающий различие строчных и прописных букв
insensitivity 1. нечувствительность; игнорирование 2. невосприимчивость
  case ~ игнорирование состояния регистра, игнорирование различия строчных и прописных букв
inseparability *вчт* несепарабельность
inseparable *вчт* несепарабельный
insert 1. вилка (*электрического соединителя*); штепсель; штекер 2. вставка ‖ вставлять 3. установка; монтаж (*компонентов*) ‖ устанавливать; монтировать (*компоненты*) 4. *тлв* вставка; врезка ‖ использовать вставку *или* врезку; вставлять; врезать
  coaxial ~ коаксиальная вставка
  commercial ~ *тлв* рекламная вставка
  connector ~ вилка электрического соединителя
  moving-film ~ *тлв* киновставка
  video ~ *тлв* видеовставка
  waveguide ~ волноводная вставка
inserter 1. блок ввода 2. установка для монтажа компонентов 3. инструмент для установки (корпусированных) компонентов (*в гнёзда на плате*)

component ~ установка для монтажа компонентов
DC ~ *тлв* блок ввода уровня гашения (*луча*)
IC ~ инструмент для установки ИС
pantograph ~ пантографическая установка для монтажа компонентов
square IC ~ инструмент для установки ИС с квадратным корпусом
insertion 1. вставка 2. установка; монтаж (*компонентов*) 3. *тлв* вставка; врезка
  component ~ *микр.* монтаж компонентов
  data ~ вставка данных
  dynamic ~ *вчт* динамическая вставка
  splay ~ *вчт* вставка со скосом (*в двоичное дерево*)
  symbol ~ вставка символов
  tree ~ *вчт* вставка в дерево
insetting *тлв* инкрустация
Insignia Solutions фирма Insignia Solutions
insignificant незначительный; несущественный
insolubilization перевод *или* переход (*чего-либо*) в нерастворимое состояние
  resist ~ перевод *или* переход резиста в нерастворимое состояние
insolvency несостоятельность
insolvent несостоятельный
inspection проверка; контроль; осмотр
  acceptance ~ приёмочный контроль
  installation ~ контроль перед установкой
  program ~ *вчт* проверка программы независимыми экспертами, *проф.* инспекция программы
  random ~ выборочный контроль
  stateful multilayer ~ 1. многоуровневая проверка с сопровождением состояния (*на сервере*) 2. протокол защиты от несанкционированного доступа методом многоуровневой проверки с сопровождением состояния (*на сервере*), протокол SMLI
  ultrasonic ~ контроль методом ультразвуковой дефектоскопии
  visual ~ визуальный осмотр
inspector прибор *или* устройство для инспекции, *проф.* инспектор
  MEMS (-based) space ~ *см.* microelectromechanical system (-based) space inspector
  microelectromechanical system (-based) space ~ прибор *или* устройство для инспекции космических объектов на основе микроэлектромеханических систем, *проф.* космический инспектор на основе микроэлектромеханических систем
  space ~ прибор *или* устройство для инспекции космических объектов, *проф.* космический инспектор
instability 1. неустойчивость 2. нестабильность
  absolute ~ абсолютная неустойчивость
  amplifier ~ неустойчивость усилителя
  amplitude ~ нестабильность амплитуды
  ballooning ~ баллонная неустойчивость (*плазмы*)
  beam ~ пучковая [потоковая] неустойчивость (*плазмы*)
  Benjamen-Feir ~ неустойчивость Бенджамина — Фейра
  bremsstrahlung ~ тормозная неустойчивость (*плазмы*)
  built-in ~ замороженная неустойчивость (*плазмы*)
  capillary ~ капиллярная неустойчивость
  cone ~ конусная неустойчивость (*плазмы*)
  convective ~ конвективная неустойчивость
  corkscrew ~ винтовая неустойчивость (*плазмы*)
  cyclotron ~ циклотронная неустойчивость (*плазмы*)
  decay ~ распадная неустойчивость
  drift ~ дрейфовая неустойчивость
  dynamic ~ динамическая неустойчивость
  elastic ~ упругая неустойчивость
  elastically pumped ~ неустойчивость при упругой накачке
  electric ~ электрическая неустойчивость
  electrohydrodynamic ~ электрогидродинамическая неустойчивость
  electrojet ~ неустойчивость токовых струй (*в ионосфере*)
  electron-sound ~ электронно-звуковая неустойчивость
  electrostatic ~ электростатическая неустойчивость
  electrothermal ~ электротермическая неустойчивость
  explosive ~ взрывная неустойчивость
  firehose ~ шланговая неустойчивость (*плазмы*)
  flute ~ желобковая неустойчивость (*плазмы*)
  frequency ~ нестабильность частоты
  generator ~ нестабильность генератора
  global ~ глобальная неустойчивость
  gravitational ~ гравитационная неустойчивость
  Gunn ~ *пп* ганновская неустойчивость
  helical ~ винтовая неустойчивость (*плазмы*)
  high-power ~ неустойчивость при высоком уровне мощности
  hydromagnetic ~ гидромагнитная неустойчивость (*плазмы*)
  image ~ неустойчивость изображения
  ion-sound ~ ионно-звуковая неустойчивость
  kinetic ~ кинетическая неустойчивость
  lateral ~ поперечная неустойчивость
  lattice ~ неустойчивость (кристаллической) решётки
  long-term ~ долговременная нестабильность (*напр. частоты*)
  loop ~ неустойчивость замкнутой системы автоматического регулирования
  magnetic ~ магнитная неустойчивость
  magnetoacoustic ~ магнитоакустическая неустойчивость
  magnetoelastic-wave ~ неустойчивость магнитоупругих волн
  mode ~ неустойчивость мод
  modulation ~ модуляционная неустойчивость
  negative bias ~ неустойчивость при отрицательном смещении
  oscillator ~ нестабильность генератора
  parallel pumped ~ неустойчивость (*спиновых волн*) при параллельной накачке
  parametric ~ параметрическая неустойчивость
  phase ~ 1. *фтт* нестабильность фазы 2. нестабильность фазы
  pinch ~ неустойчивость относительно образования самостягивающегося разряда
  plasma ~ неустойчивость плазмы
  resistive ~ резистивная неустойчивость (*плазмы*)
  screw ~ винтовая неустойчивость (*плазмы*)
  self-field ~ *свпр* неустойчивость под действием собственного (магнитного) поля тока
  short-term ~ кратковременная нестабильность (*напр. частоты*)

instability

spin-wave ~ неустойчивость спиновых волн
static ~ статическая неустойчивость
stochastic ~ стохастическая неустойчивость
stream(ing) ~ потоковая [пучковая] неустойчивость
structural ~ структурная неустойчивость
surface-state ~ *пп* неустойчивость поверхностных состояний
tearing(-mode) ~ разрывная неустойчивость, *проф.* тиринг-неустойчивость (*в плазме*)
thermal ~ 1. тепловая [термическая] неустойчивость 2. температурная нестабильность
timing ~ нестабильность синхронизации
transit-time ~ пролётная неустойчивость
transversely pumped ~ неустойчивость (*спиновых волн*) при поперечной накачке
trapped-particle ~ неустойчивость захваченных частиц
two-beam [two-stream] ~ двухпучковая [двухпотоковая] неустойчивость (*плазмы*)
very-short-term ~ мгновенная нестабильность (*напр. частоты*)
wriggle ~ изгибная неустойчивость (*плазмы*)
instable 1. неустойчивый 2. нестабильный 3. подвижный; нестационарный 4. нестойкий
install устанавливать (*1. монтировать 2. размещать; располагать; развёртывать 3. вчт устанавливать программное обеспечение, проф. инсталлировать*)
installation 1. установка (*1. монтаж 2. размещение; расположение; развёртывание 3. вчт установка программного обеспечения, проф. инсталляция 4. комплекс; оборудование; аппаратура*) 2. компьютерная система
computer ~ компьютерная система
drive ~ установка дисковода
electric ~ электрическая установка, электроустановка
electronic ~ электронное оборудование; электронная аппаратура
external (unit) ~ установка внешнего устройства
hard disk ~ установка жёсткого (магнитного) диска
internal (unit) ~ установка внутреннего устройства
port radar ~ РЛС, обеспечивающая вход, выход и маневрирование кораблей в порту
process ~ технологическая установка
program ~ установка [инсталляция] программы
radio ~ радиостанция
robotic ~ роботизированная установка
software ~ установка [инсталляция] программного обеспечения
system ~ установка системы
tape drive ~ установка запоминающего устройства на (магнитной) ленте
vacuum ~ вакуумная установка
installation-dependent зависящий от типа компьютерной системы; машинно-зависимый
installer 1. специалист по установке *или* монтажу оборудования 2. *вчт* утилита для установки программного обеспечения, *проф.* инстал(л)ятор
installment 1. процесс установки; процесс монтажа; действия по размещению *или* расположению (*напр. оборудования*) 2. *вчт* процесс установки программного обеспечения, *проф.* процесс инстал(л)яции

instance 1. пример; конкретный случай; факт || приводить в качестве примера; опираться на конкретный случай *или* факт 2. *вчт* экземпляр (*класса*); элемент (*множества*); (отдельный) объект (*из группы однотипных объектов*) 3. *вчт* совпадение (*элементов данных, напр. при поиске с помощью информационно-поисковой системы*); *проф.* попадание 4. инстанция
~ **of entity** *вчт* экземпляр сущности (*в реляционных базах данных*)
event ~ факт события
record ~ элемент записи
instant 1. мгновение; момент; бесконечно малый промежуток времени || мгновенный; моментальный 2. момент; время совершения события || текущий, относящийся к данному моменту времени 3. немедленный; безотлагательный ◊ **at the ~ of breakdown** в момент пробоя
discrete ~s in time дискретные моменты времени
given ~ данный момент (*времени*)
sampling ~ момент выборки
instantaneous 1. мгновенный; моментальный 2. текущий, относящийся к данному моменту времени
instantiate 1. приводить в качестве примера; ссылаться на конкретный случай *или* факт 2. подтверждать (*примером*) 3. конкретизировать 4. *вчт* создавать экземпляр (*класса*), элемент (*множества*) или (отдельный) объект (*из группы однотипных объектов*)
instantiation 1. приведение в качестве примера; ссылка на конкретный случай *или* факт 2. подтверждение (*примером*) 3. конкретизация 4. *вчт* создание экземпляра (*класса*), элемента (*множества*) или (отдельного) объекта (*из группы однотипных объектов*)
~ **of hypothesis** подтверждение гипотезы
template ~ *вчт* конкретизация шаблона
universal ~ *вчт* универсальное подтверждение
instanton инстантон (*солитон в четырёхмерном пространстве-времени*)
Instar 1. (итерационный) алгоритм «входная звезда», (итерационный) алгоритм Instar (*для аппроксимации арифметического среднего или центроида*) 2. «входная звезда», фрагмент нейронных сетей с обучением по алгоритму Instar
Institute:
~ **for Certification of Computer Professionals** Институт аттестации специалистов в области компьютерной техники (*США*)
~ **for New Generation Computer Technology** Институт вычислительной техники нового поколения (*США*)
~ **of Electrical and Electronics Engineers** Институт инженеров по электротехнике и радиоэлектронике
~ **of High Fidelity** Институт высокой верности воспроизведения
~ **of Molecular Manufacturing** Институт молекулярной технологии (*Пало-Альто, США*)
~ **of Scientific Information** Институт научной информации (*США*)
~ **of Telecommunications Engineers** Институт инженеров электросвязи
American ~ of Radio Engineers Американский институт радиоинженеров

instrument

American National Standards ~ Американский национальный институт стандартов
British Standards ~ Британский институт стандартов
Charles Babbage ~ Институт Чарльза Бэббиджа
Computer Security ~ Институт компьютерной безопасности (*США*)
European Telecommunications Standards ~ Европейский институт стандартов связи
National ~ of Standards and Technologies Национальный институт стандартов и технологий (*США*)
Robot ~ of America Американский институт роботов
Software Engineering ~ Институт по разработке программного обеспечения (*США*)
University of Southern California Information Sciences ~ Институт информатики Университета Южной Калифорнии

instruction 1. инструкция (*1. вчт команда; оператор 2. руководство; свод правил; указания*) **2.** обучение **3.** приобретение знаний, умений и навыков (*в поведенческом плане*), *проф.* научение **4.** машинная команда
absolute ~ команда на машинном языке
arithmetic ~ арифметическая инструкция; арифметический оператор
basic ~ немодифицированная исходная команда
blank ~ пустая команда
branch(ing) ~ команда перехода
breakpoint ~ команда прерывания
built-in macro ~ встроенная макрокоманда
call ~ команда вызова (*подпрограммы или функции*), команда передача параметров и управления (*подпрограмме или функции*)
communications electronics ~ инструкция для специалистов по электронике средств связи
comparison ~ инструкция сравнения; оператор сравнения
computer ~ **1.** машинная команда **2.** программированное обучение
computer-aided [computer-assisted] ~ программированное обучение
computer-based ~ программированное обучение
computer-managed ~ обучение под управлением компьютера
conditional jump ~ команда условного перехода
conversion ~ инструкция преобразования; оператор преобразования (*напр. форматов*)
data transfer ~ инструкция передачи данных; оператор передачи данных
decision ~ команда условного перехода
display ~ команда для дисплея
dummy ~ пустая команда
emulation ~ эмулирующая команда
erase ~ команда стирания
executive ~ команда операционной системы
halt ~ команда останова
indirect addressing ~ команда косвенной адресации
input/output ~s команды ввода/вывода
inquiry ~ команда запроса
integer ~ целочисленная инструкция
jump ~ команда перехода
Katmai new ~s новый набор команд Katmai (*ядра процессоров Pentium III*), набор KNI, второй вариант расширения системы команд центрального процессора для реализации SIMD-архитектуры, *проф.* MMX2-технология
LD ~ *см.* load instruction
load ~ команда загрузки
logic ~ логическая инструкция; логический оператор
look-up ~ команда поиска
machine ~ машинная команда
macro ~ макрокоманда
maintenance ~ инструкция по техническому обслуживанию
micro ~ микрокоманда
multiple-address ~ многоадресная команда
no-address ~ безадресная команда
non-privileged ~ непривилегированная команда
no-op(eration) ~ пустая команда
null ~ пустая команда
one-address ~ одноадресная команда
optional stop ~ команда условного останова
parameter setting ~ команда установки (значения) параметра, *проф.* команда настройки параметра
pop ~ *вчт* команда выталкивания (из стека), команда снятия (со стека) (*с уменьшением указателя вершины*)
PR ~ *см.* process instruction
presumptive ~ немодифицированная исходная команда
primitive ~ элементарная команда
privileged ~ привилегированная команда
process ~ команда обработки
programmed ~ программированное обучение
pull ~ *вчт* команда выталкивания (из стека), команда снятия (со стека) (*с уменьшением указателя вершины*)
push ~ *вчт* команда вталкивания (в стек), команда помещения (на стек) (*с увеличением указателя вершины*)
red tape ~ служебная команда
register transfer ~s команды пересылки содержимого регистров
repertory ~s система команд (*напр. языка программирования*)
repetition ~ команда повторения; команда организации цикла
reserved ~ зарезервированная [запрещённая] команда
service ~ инструкция по техническому обслуживанию
shift ~ инструкция сдвига; команда сдвига; оператор сдвига
single-address ~ одноадресная команда
spoken ~ голосовая [речевая] команда
stop ~ команда останова
supervisor call ~ команда вызова супервизора
symbolic ~ символическая команда
unconditional jump ~ команда безусловного перехода
unmodified ~ немодифицированная исходная команда
waiting ~ ожидающая инструкция
zero-address ~ безадресная команда

instructional 1. командный; операционный 2. учебный
instrument 1. измерительный прибор; средство измерения; измерительная аппаратура ‖ оснащать из-

instrument

мерительными приборами, средствами измерения *или* измерительной аппаратурой ‖ относящийся к измерительным приборам, средствам измерения *или* измерительной аппаратуре, приборный, *проф.* инструментальный **2.** оборудование ‖ оборудовать **3.** (ручной) инструмент (*для обработки материалов*) **4.** (официальный) документ; акт; свидетельство; обязательство **5.** анкета; опросный лист; вопросник **6.** музыкальный инструмент

alternating-current ~ измерительный прибор переменного тока
analog ~ аналоговый измерительный прибор
bolometric ~ болометрический измерительный прибор
bow(ed) ~ смычковый (струнный) музыкальный инструмент
cathode-ray ~ электронно-лучевой измерительный прибор
D'Arsonval ~ магнитоэлектрический измерительный прибор с подвижной катушкой
deadbeat ~ апериодический измерительный прибор
destructive test ~ прибор для разрушающего контроля
diffraction ~ дифрактометр
digital ~ цифровой измерительный прибор
direct-acting recording ~ самопишущий измерительный прибор прямого действия
direct-current ~ измерительный прибор постоянного тока
direct-reading ~ измерительный прибор с непосредственным отсчётом
electrodynamic ~ электродинамический измерительный прибор
electron-beam ~ электронно-лучевой измерительный прибор
electronic ~ электронный измерительный прибор
electronic musical ~ электронный музыкальный инструмент
electronic telephone ~ электронный телефонный аппарат
electrostatic ~ электростатический измерительный прибор
electrothermic ~ термоэлектрический измерительный прибор
embouchure ~ язычковый (духовой) музыкальный инструмент с амбушюром
end ~ (первичный) измерительный преобразователь, датчик
ferrodynamic ~ ферродинамический измерительный прибор
fingered (musical) ~ щипковый (струнный) музыкальный инструмент
flue ~ дульцевый [лабиальный] музыкальный инструмент
flush-type ~ щитовой измерительный прибор
graphic ~ самопишущий измерительный прибор
hot-wire ~ тепловой измерительный прибор
indicating ~ показывающий измерительный прибор
indirect-acting recording ~ самопишущий измерительный прибор косвенного действия
induction (-type) ~ электродинамический измерительный прибор
in-situ ~ измерительный прибор прямого действия для текущего контроля
integrating ~ интегрирующий измерительный прибор
keyboard ~ клавишный музыкальный инструмент
labial ~ лабиальный [дульцевый] музыкальный инструмент
light-beam ~ измерительный прибор со световым указателем (*шкалы*)
logarithmic computing ~ логарифмический вычислительный прибор
mask alignment ~ установка совмещения фотошаблона с пластиной (и экспонирования)
microfluidic-based analytical ~ *биoн.* микрожидкостный анализатор
mouthpiece ~ язычковый (духовой) музыкальный инструмент с амбушюром
moving-iron ~ магнитоэлектрический измерительный прибор с подвижным магнитом
moving-magnet ~ магнитоэлектрический измерительный прибор с внутрирамочным подвижным магнитом
musical ~ музыкальный инструмент
navigation ~ навигационный прибор
nondestructive test ~ прибор для неразрушающего контроля
percussion ~ ударный музыкальный инструмент (*струнный, пластинчатый или мембранный*)
permanent-magnet moving-coil ~ магнитоэлектрический измерительный прибор с подвижной катушкой
permanent-magnet moving-iron ~ магнитоэлектрический измерительный прибор с подвижным магнитом
pizzicato (musical) ~ щипковый (струнный) музыкальный инструмент
polarized-vane ~ магнитоэлектрический измерительный прибор с подвижным магнитом в форме лопасти
polytimbral ~ многотембровый музыкальный инструмент
radiation survey ~ прибор радиометрического контроля
recording ~ самопишущий измерительный прибор, самописец
rectifier ~ измерительный прибор постоянного и переменного токов с выпрямителем
reed ~ язычковый [тростевой] (духовой) музыкальный инструмент
self-contained ~ автономный измерительный прибор
solid-state ~ твердотельный измерительный прибор
stringed ~ струнный музыкальный инструмент
string-shadow ~ струнный магнитоэлектрический измерительный прибор
suppressed-zero ~ измерительный прибор с безнулевой шкалой
survey ~ прибор радиометрического контроля
thermal ~ тепловой измерительный прибор
thermionic ~ ламповый измерительный прибор
thermistor ~ терморезисторный измерительный прибор
thermocouple ~ термоэлектрический измерительный прибор
touch-sensitive control ~ измерительный прибор с сенсорным управлением
ultrasonic test ~ ультразвуковой дефектоскоп

universal operator panel ~s универсальная инструментальная панель оператора
wind ~ духовой музыкальный инструмент
woodwind ~ деревянный духовой музыкальный инструмент
instrumental инструментальный (*1. приборный; осуществляемый с помощью приборов 2. исполняемый на музыкальных инструментах*)
instrumentalism инструментализм
instrumentation 1. измерительные приборы; средства измерения; измерительная аппаратура **2.** использование измерительных приборов, средств измерения *или* измерительной аппаратуры **3.** оснащение измерительными приборами, средствами измерения *или* измерительной аппаратурой **4.** измерительная техника **5.** измерения **6.** оборудование; оснащение **7.** инструментовка (*в музыке*)
  aerospace ~ авиационно-космическая измерительная аппаратура
  control ~ 1. контрольно-измерительная аппаратура **2.** контрольные измерения
  electronic ~ электронная измерительная аппаратура
  field ~ 1. полевая измерительная аппаратура **2.** полевые измерения
  microwave ~ 1. измерительная СВЧ-аппаратура **2.** СВЧ-измерения
  radio-frequency interference ~ измерительная аппаратура контроля внешних радиопомех
  RFI ~ *см.* **radio-frequency interference instrumentation**
  test ~ 1. измерительная аппаратура для проведения испытаний **2.** измерения при испытаниях
insulant изоляционный материал
insulate изолировать
insulation 1. изоляция **2.** изоляционный материал
  air ~ воздушная изоляция
  asbestos ~ асбестовая изоляция
  beaded ~ шайбовая изоляция
  cable ~ изоляция кабеля
  ceramic ~ керамическая изоляция
  cotton ~ хлопчатобумажная изоляция
  dual-dielectric gate ~ *микр.* изоляция затвора двухслойным диэлектриком
  electrical ~ электрическая изоляция
  enamel ~ эмалевая изоляция
  fiber [fibrous] ~ волокнистая изоляция
  field ~ изоляция защитным слоем оксида
  film ~ плёночная изоляция
  flexible ~ гибкая изоляция
  graded ~ метод постепенного заземления (*напр. импульсного трансформатора*)
  impregnated ~ пропитанная изоляция
  interturn ~ междувитковая изоляция
  laminated ~ слоистая изоляция
  mica ~ слюдяная изоляция
  mineral ~ минеральная изоляция
  multilayer ~ многослойная изоляция
  paper ~ бумажная изоляция
  plastic ~ пластмассовая изоляция
  sealing ~ герметизирующая изоляция
  silk ~ шёлковая изоляция
  splice ~ изоляция сростка
  surface ~ изоляция пластин (*шихтованного магнитопровода*)
  thermal ~ теплоизоляция
  turn-to-turn ~ межвитковая изоляция
  waxed cotton ~ вощёная хлопчатобумажная изоляция
insulator 1. изолятор **2.** диэлектрик
  antenna ~ антенный изолятор
  base ~ опорный изолятор (*антенны*)
  crossover ~ изолятор пересечения проводников
  electric ~ электрический изолятор
  excitonic ~ экситонный диэлектрик
  feedthrough ~ проходной изолятор
  lead-in ~ проходной изолятор
  low-loss ~ диэлектрик с малыми потерями
  magnetic ~ магнитный диэлектрик, магнитодиэлектрик
  metallic ~ (четвертьволновый) металлический изолятор
  organic ~ органический диэлектрик
  post (-type) ~ штыревой изолятор
  standoff ~ опорный изолятор
  suspension ~ подвесной изолятор
  wide-band gap ~ широкозонный диэлектрик
insusceptibility невосприимчивость
in-sync синхронный
int *вчт* имя домена верхнего уровня для международных организаций
integer *вчт* целое (число) || целый, целочисленный
  based ~ 1. целое с основанием **2.** смещённое целое
  binary ~ двоичное целое
  Church ~ целое Чёрча
  coerced ~ смещённое целое
  computer ~ машинное целое
  decimal ~ десятичное целое
  long ~ длинное целое
  non-negative ~ натуральное число
  short ~ короткое целое
  signed ~ целое со знаком
  unsigned ~ целое без знака
  von Neumann ~ фон-неймановское целое
integer-valued *вчт* целый, целочисленный
integrability 1. *микр.* допустимость интегрального исполнения **2.** *вчт* интегрируемость (*напр. функции*)
integrable 1. *микр.* допускающий интегральное исполнение **2.** *вчт* интегрируемый (*напр. о функции*)
integral *вчт* **1.** целый, целочисленный **2.** целостный **3.** встроенный (*напр. модем*) **4.** интеграл || интегральный **5.** примитив, базовый элемент **6.** элемент множества однотипных объектов
  Airy ~ интеграл Эйри
  collision ~ интеграл столкновений
  complex Fourier ~ комплексный интеграл Фурье
  convolution ~ интеграл свёртки
  definite ~ определённый интеграл
  diffracted [diffraction] ~ дифракционный интеграл
  Fourier ~ интеграл Фурье
  Fresnel ~ интеграл Френеля
  fuzzy ~ нечёткий интеграл
  improper ~ несобственный интеграл
  indefinite ~ неопределённый интеграл
  ionization ~ интеграл ионизации
  Kirchhoff-Huygens ~ интеграл Кирхгофа — Гюйгенса
  overlap ~ интеграл перекрытия (*напр. волновых функций*)

integral

phase ~ *фтт* фазовый интеграл, действие
probability ~ интеграл вероятностей
Radon ~ интеграл Радона
resolvent ~ *вчт* резольвентный интеграл
Riemann ~ определённый интеграл
integral-valued *вчт* целый, целочисленный
integrand *вчт* подынтегральное выражение
integrate 1. интегрировать (*1. производить интеграцию, объединять в один физический объект (напр. схемные элементы) или в одну функциональную единицу (напр. программные средства) 2. осуществлять экономическую интеграцию или интеграцию производства 3. вычислять интеграл*) **2.** накапливать
integrated интегрированный
integratedness интегрированность
integration 1. интегрирование (*1. интеграция, объединение в один физический объект (напр. схемных элементов) или в одну функциональную единицу (напр. программных средств) 2. степень интеграции (напр. программных средств) 2. степень интеграции интегральная схема, ИС 4. накопление 5. экономическая интеграция; интеграция производства* ◊ ~ **with prediction** интегрирование с предсказанием
bipolar ~ ИС на биполярных транзисторах, биполярная ИС
chip ~ интеграция на уровне кристаллов
circuit ~ интеграция на уровне схем
coherent ~ когерентное накопление
complete ~ полная интеграция
component ~ интеграция на уровне компонентов
computer-telephony ~ компьютерно-телефонная интеграция; компьютерная телефония, КТ
conceptual ~ концептуальная интеграция
device ~ интеграция на уровне приборов *или* устройств
double ~ **with prediction** двойное интегрирование с предсказанием
extra large-scale ~ **1.** ультравысокая степень интеграции (*более 100 000 активных элементов на кристалле*) **2.** ИС с ультравысокой степенью интеграции
fixed interconnection pattern large-scale ~ БИС с фиксированными (меж)соединениями
full ~ полная интеграция
full slice ~ **1.** интеграция на целой пластине **2.** ИС на целой пластине
gigascale ~ **1.** степень интеграции на уровне 10^9 активных элементов на кристалле **2.** ИС со степенью интеграции на уровне 10^9 активных элементов на кристалле
grand scale ~ **1.** высокая степень интеграции (*100 – 5000 активных элементов на кристалле*) **2.** ИС с высокой степенью интеграции, большая интегральная схема, БИС
high-density ~ ИС с высокой плотностью упаковки
high scale ~ **1.** высокая степень интеграции (*100 – 5000 активных элементов на кристалле*) **2.** ИС с высокой степенью интеграции, большая интегральная схема, БИС
horizontal ~ горизонтальная (экономическая) интеграция
hybrid large-scale ~ гибридная БИС
implicit ~ неявное интегрирование

large scale ~ **1.** высокая степень интеграции (*100 – 5000 активных элементов на кристалле*) **2.** ИС с высокой степенью интеграции, большая интегральная схема, БИС
large-scale hybrid ~ гибридная БИС
medium scale ~ **1.** средняя степень интеграции (*10 – 100 активных элементов на кристалле*) **2.** ИС со средней степенью интеграции, средняя интегральная схема, СИС
microcomputer ~ ИС микроЭВМ
mobile network ~ объединение сетей подвижной связи
monolithic ~ монолитная ИС
network ~ интеграция на уровне цепей
postdetection ~ последетекторное накопление
pulse ~ интегрирование импульсов
right-scale ~ **1.** оптимальная степень интеграции **2.** ИС с оптимальной степенью интеграции
seamless ~ интеграция без осложнений; интеграция, не требующая дополнительных усилий
small scale ~ **1.** низкая степень интеграции (*до 10 активных элементов на кристалле*) **2.** ИС с низкой степенью интеграции, малая интегральная схема, МИС
standard-scale ~ **1.** стандартная степень интеграции **2.** ИС со стандартной степенью интеграции
super large scale ~ **1.** сверхвысокая степень интеграции (*50 000 – 100 000 активных элементов на кристалле*) **2.** ИС со сверхвысокой степенью интеграции, сверхбольшая интегральная схема, СБИС
system ~ системная интеграция, интеграция систем; системотехника
ultrahigh-speed ~ сверхбыстродействующая ИС
ultra large-scale ~ **1.** ультравысокая степень интеграции (*более 100 000 активных элементов на кристалле*) **2.** ИС с ультравысокой степенью интеграции
vertical ~ вертикальная (экономическая) интеграция
very large scale ~ **1.** очень высокая степень интеграции (*5 000 – 50 000 активных элементов на кристалле*) **2.** ИС с очень высокой степенью интеграции
video ~ интегрирование видеосигнала
wafer-scale ~ *микр.* интеграция на уровне пластин
integrator 1. интегрирующее устройство, интегратор **2.** интегрирующая схема; интегрирующая цепь **3.** накопитель ◊ ~ **with prediction** интегратор с предсказанием
bootstrap ~ интегратор с компенсационной обратной связью
boxcar ~ **1.** интегратор с узкополосным фильтром **2.** накопитель с набором узкополосных фильтров (*в доплеровской РЛС*)
capacitance [capacitive] ~ интегрирующая RC-цепь
coherent ~ когерентный накопитель
digital ~ цифровой интегратор
gated ~ стробируемый интегратор
grounded-capacitor ideal ~ идеальное интегрирующее устройство [идеальный интегратор] с заземлённым конденсатором
inductive ~ интегрирующая LR-цепь
leaky ~ квазиинтегратор
light-pulse ~ интегратор световых импульсов

Miller ~ интегратор Миллера (*разновидность интегрирующего усилителя*)
moving-window ~ интегратор со скользящим окном
neural ~ *бион.* нейроинтегратор
regenerative ~ интегратор с положительной обратной связью
solion ~ солионный [электрохимический] интегратор
system ~ системный интегратор (*1. специалист по системотехнике 2. предприятие, специализирующееся на системотехнике*)

integrity 1. целостность **2.** полнота **3.** соблюдение этических принципов (*напр. при работе в сети*)
business ~ соблюдение этических принципов в бизнесе
clock ~ отсутствие сбоев в тактовой синхронизации
data ~ целостность данных
dielectric ~ диэлектрическая целостность
message ~ целостность сообщения
model ~ целостность модели
referential ~ *вчт* ссылочная целостность
signal ~ целостность сигнала

integro-differential интегро-дифференциальный
integro-power интегро-степенной
intellect 1. интеллект **2.** интеллектуал
artificial ~ искусственный интеллект
intellection 1. интеллектуальное мышление **2.** интеллектуальная мысль
intellectual интеллектуал ‖ интеллектуальный
intellectualize использовать интеллектуальный подход; применять интеллектуальный анализ
intelligence 1. интеллект **2.** передаваемые данные; передаваемая информация **3.** разведка **4.** разведданные **5.** разведывательный орган
acoustic ~ данные акустической разведки
algorithmic ~ алгоритмический интеллект
artificial ~ искусственный интеллект
communications ~ радиоразведка (*обнаружение и перехват передач связных радиостанций*)
computer ~ компьютерный [машинный] интеллект; искусственный интеллект
creative ~ творческий интеллект
dispersed ~ *вчт* рассредоточенный интеллект (*в сети*)
distributed ~ *вчт* распределённый интеллект (*в сети*)
electronic ~ 1. радиотехническая разведка **2.** система радиотехнической разведки ВВС США
heuristic ~ эвристический интеллект
local ~ *вчт* локальный интеллект (*напр. терминала*)
machine ~ машинный [компьютерный] интеллект; искусственный интеллект
natural ~ *вчт* естественный интеллект (*напр. нейронной сети*), не являющийся искусственным интеллект
radar ~ радиотехническая разведка для обнаружения и опознавания РЛС
radio ~ радиотехническая разведка, РТР
signal ~ радиоразведка и радиотехническая разведка
sonar ~ гидроакустическая разведка
intelligent интеллектуальный
intelligibility 1. разборчивость (*напр. речи*) **2.** наличие смысла; доступность для понимания (*напр. об открытом тексте*)
~ of phrases фразовая разборчивость
discrete sentence ~ разборчивость предложений
discrete word ~ словесная разборчивость
percent ~ разборчивость (*речи*)
sound ~ звуковая разборчивость
speech ~ разборчивость речи
syllable ~ слоговая разборчивость

intelligible 1. разборчивый (*напр. о речи*) **2.** осмысленный; доступный для понимания (*напр. об открытом тексте*) **3.** концептуальный; мысленный
intense интенсивный; напряжённый
intensification 1. усиление (*напр. яркости или контраста изображения*) **2.** интенсификация; увеличение напряжённости
image ~ усиление яркости *или* контраста изображения
light ~ оптическое усиление
intensifier усилитель (*напр. яркости или контраста изображения*)
beam ~ послеускоряющий электрод
echo ~ *рлк* усилитель отражённого сигнала
image ~ 1. усилитель яркости изображения **2.** электронно-оптический преобразователь, ЭОП
light ~ усилитель света, оптический усилитель
microchannel image ~ электронно-оптический преобразователь с микроканальной пластиной
intensify 1. усиливать (*напр. яркость или контраст изображения*) **2.** интенсифицировать; становиться более интенсивным, усиливаться; становиться более напряжённым
intension *вчт* интенсия, содержание понятия (*набор атрибутов, характеризующих объём данного понятия*)
intensional *вчт* интенсионал, содержательное значение понятия ‖ интенсиональный, относящийся к содержанию понятия, содержательный
intensionality *вчт* интенсиональность, содержательность понятия
intensitometer дозиметр
intensity 1. интенсивность **2.** напряжённость (*поля*) **3.** *тлв, вчт* яркость **4.** сила света **5.** насыщенность цвета
antenna radiation ~ угловая плотность мощности излучения антенны
beam ~ интенсивность пучка
directional luminous ~ сила света
dual ~ способность принтера *или* дисплея к выделению (*фрагментов текста*), способность принтера *или* дисплея воспроизводить шрифт с двумя уровнями насыщенности цвета
echo ~ *рлк* яркость отметки цели
electric (-field) ~ напряжённость электрического поля
field ~ напряжённость поля
free-running ~ интенсивность излучения лазера в режиме свободной генерации
free-space field ~ напряжённость поля в свободном пространстве
illumination ~ освещённость
incident field ~ напряжённость поля падающего излучения
line ~ интенсивность спектральной линии
luminous ~ сила света
magnetic (-field) ~ напряжённость магнитного поля
magnetization ~ намагниченность

intensity

noise ~ напряжённость шумового поля, напряжённость поля шумов
photometric ~ фотометрическая сила света
pumping ~ интенсивность накачки
radiant ~ 1. интенсивность излучения 2. угловая плотность мощности излучения 3. энергетическая сила света; сила излучения
radiation ~ 1. интенсивность излучения 2. угловая плотность мощности излучения
radio-noise field ~ напряжённость радиошумового поля, напряжённость поля радиошумов
signal ~ напряжённость поля сигнала
sound ~ интенсивность звука
spectral radiant ~ спектральная плотность энергетической силы света; спектральная плотность силы излучения
threshold ~ пороговая интенсивность
total luminous ~ of source полная сила света источника
traffic ~ *вчт* 1. интенсивность трафика, интенсивность потока данных, интенсивность информационного потока 2. трафик, число посетителей сайта за единицу времени *или* число соединений с сайтом за единицу времени 3. отношение количества постановок в очередь к количеству удалений из очереди
wave ~ плотность потока энергии
intent 1. цель; намерение 2. замысел; план; схема
rendering ~ схема цветопередачи; схема цветовоспроизведения
intention 1. цель; намерение 2. *вчт* отношение (*между логическими понятиями*)
fuzzy ~ нечёткая цель; нечёткое намерение
intentional 1. целенаправленный; преднамеренный 2. целевой; относящийся к цели *или* намерению 3. феноменологический; умозрительный
intentionality 1. целенаправленность; преднамеренность 2. феноменологичность; умозрительность
interact взаимодействовать
interactant взаимодействующий (*с другим объектом или другими объектами*) объект
interaction взаимодействие
~ **of variables** взаимодействие переменных
acoustic-electric ~ акустоэлектрическое взаимодействие
acoustooptic ~ акустооптическое взаимодействие
additive ~ аддитивное взаимодействие
adhesive ~ адгезионное взаимодействие
antiferromagnetic ~ антиферромагнитное взаимодействие
beam surface-wave ~ взаимодействие пучка с поверхностной волной
bubble ~ взаимодействие ЦМД
bubble-permalloy ~ взаимодействие ЦМД с пермаллоевыми аппликациями
carrier ~ взаимодействие носителей (*заряда*)
charge-transfer ~ взаимодействие с переносом заряда
classroom ~ взаимодействие классной комнаты
codirectional ~ сонаправленное взаимодействие
coherent phase ~ когерентное фазовое взаимодействие
collective ~s коллективные взаимодействия
collinear exchange ~ коллинеарное обменное взаимодействие
competitive exchange ~s конкурирующие обменные взаимодействия
constructive ~ конструктивное взаимодействие
contact Fermi ~ контактное взаимодействие Ферми
contradirectional ~ противонаправленное взаимодействие
conversational ~ *вчт* диалоговое [интерактивное] взаимодействие (*человека с компьютером*)
Coulomb ~ кулоновское [электростатическое] взаимодействие
destructive ~ деструктивное взаимодействие
dipole ~ дипольное взаимодействие
distributed ~ распределённое взаимодействие
double-exchange ~ двойное обменное взаимодействие
Dzyaloshinski-Moriya ~ взаимодействие Дзялошинского — Мории
electric ~ электрическое взаимодействие
electron ~ электронное взаимодействие
electron beam-plasma ~ взаимодействие электронного пучка с плазмой
electron-defect ~ взаимодействие электронов с дефектами
electron-impurity ~ взаимодействие электронов с примесями
electron-magnon ~ электрон-магнонное взаимодействие
electron-phonon ~ электрон-фононное взаимодействие
electron-sound wave ~ взаимодействие электронов со звуковой волной
electron-vibrational ~ электронно-колебательное взаимодействие
electrostatic ~ электростатическое [кулоновское] взаимодействие
exchange ~ обменное взаимодействие
exchange ~ between sublattices межподрешёточное обменное взаимодействие
exchange-correlation ~ обменно-корреляционное взаимодействие
first-order ~ взаимодействие первого порядка
homogeneous exchange ~ однородное обменное взаимодействие
human-computer ~ взаимодействие человека и компьютера, человеко-машинное взаимодействие
hyperfine ~ сверхтонкое взаимодействие
hyperfine electron-nuclear ~s сверхтонкие электронно-ядерные взаимодействия
indirect exchange ~ via conduction electrons косвенное обменное взаимодействие через электроны проводимости, косвенное обменное взаимодействие Рудермана — Киттеля — Касуйи — Иосиды
inhomogeneous exchange ~ неоднородное обменное взаимодействие
interionic ~ межионное [ион-ионное] взаимодействие
interlattice exchange ~ межподрешёточное обменное взаимодействие
intralattice exchange ~ внутриподрешёточное обменное взаимодействие
ion-ion ~ межионное [ион-ионное] взаимодействие
Kramers indirect exchange ~ косвенное обменное взаимодействие Крамерса

interchange

lattice-electron ~ электрон-решёточное взаимодействие
local ~ локальное взаимодействие
L-S ~ L-S-взаимодействие, спин-орбитальное взаимодействие
magnetic ~ магнитное взаимодействие
magnetic-dipole ~ магнитное дипольное взаимодействие
magnetic-quadrupole ~ магнитное квадрупольное взаимодействие
magnetoelastic ~ магнитоупругое взаимодействие
magnetohydrodynamic ~ магнитогидродинамическое взаимодействие
magnetostatic ~ магнитостатическое взаимодействие
magnon-phonon ~ магнон-фононное взаимодействие
man-computer ~ человеко-машинное взаимодействие, взаимодействие человека и компьютера
man-machine ~ человеко-машинное взаимодействие, взаимодействие человека и компьютера
MHD — *см.* **magnetohydrodynamic interaction**
microwave-plasma ~ взаимодействие плазмы с СВЧ-полем
multiplicative ~ мультипликативное взаимодействие
multivalley ~ *пп* многодолинное взаимодействие
multivariable ~ многофакторное взаимодействие
noncollinear ~ неколлинеарное взаимодействие
nonlinear ~ нелинейное взаимодействие
nonreciprocal ~ невзаимное взаимодействие
n-th order ~ взаимодействие n-го порядка
octopolar ~ октупольное взаимодействие
one-way ~ однонаправленное взаимодействие
optical ~ оптическое взаимодействие
pairwise ~s парные взаимодействия
parametric ~ параметрическое взаимодействие
phonon-electron ~ фонон-электронное взаимодействие
phonon-phonon ~ фонон-фононное взаимодействие
phonon-spin ~ спин-фононное взаимодействие
plasmon ~ плазмонное взаимодействие
predator-pray ~ взаимодействие типа «хищник - жертва»
quadrupole ~ квадрупольное взаимодействие
Raman (-type) ~ рамановское взаимодействие
residual ~ остаточное взаимодействие
Rudermann-Kittel-Kasuya-Iosida ~ косвенное обменное взаимодействие Рудермана — Киттеля — Касуйи — Иосиды, косвенное обменное взаимодействие через электроны проводимости
screened Coulomb ~ экранированное кулоновское [экранированное электростатическое] взаимодействие
selective ~ селективное взаимодействие
soliton ~ взаимодействие солитонов
solute-solute ~ *крист.* взаимодействие типа растворённое вещество — растворённое вещество
solvent-solvent ~ *крист.* взаимодействие типа растворитель — растворитель
spin-lattice ~ спин-решёточное взаимодействие
spin-orbital ~ спин-орбитальное взаимодействие, L-S-взаимодействие
spin-spin ~ спин-спиновое взаимодействие
Stark ~ штарковское взаимодействие
step ~ *крист.* взаимодействие ступеней роста
strong ~ сильное взаимодействие
Suhl-Nakamura ~ взаимодействие Сула — Накамуры
superexchange ~ суперобменное [сверхобменное] взаимодействие
superfine ~ сверхтонкое взаимодействие
two-soliton ~ двухсолитонное взаимодействие
vortex-dislocation ~ *свпр* взаимодействие вихрей с дислокациями
vortex-vortex ~ *свпр* взаимодействие между вихрями
weak ~ слабое взаимодействие
Zeeman ~ взаимодействие с внешним магнитным полем, зеемановo взаимодействие

interactionism интеракционизм
 Cartesian ~ декартов интеракционизм
interactivity 1. взаимодействующий 2. *вчт* интерактивный; диалоговый
 digital video ~ система DVI, система сжатия видеоданных о движущихся изображениях (*с коэффициентом до 160:1*) и записи звукового сопровождения (*методом ИКМ*)
interactive 1. взаимодействие (*акт или процесс*) 2. *вчт* интерактивность; возможность диалоговой коммуникации
interatomic межатомный
intercalate 1. вставлять (*дополнительно*); добавлять 2. производить процесс интеркаляции
intercalated 1. вставной; добавочный 2. интеркалированный (*о соединении*)
intercalation 1. вставка; добавление 2. интеркаляция
intercept 1. перехват || перехватывать 2. *тлф* подслушивание || подслушивать 3. *вчт* (отсекаемый) отрезок (*прямой*); (отсекаемая) дуга (*кривой*) || устанавливать границы; отсекать 4. *вчт* точка пересечения (*прямой или плоской кривой*) с осью координат
 abscissa ~ отрезок, отсекаемый (прямой) на оси абсцисс
 radar ~ радиолокационный перехват
 radio ~ 1. радиоперехват 2. перехваченное радиосообщение 3. служба радиоперехвата
 wil(l)ful ~ преднамеренный перехват (*сообщений*)
intercepting 1. перехват 2. *тлф* подслушивание 3. направление вызова к телефонистке *или* автоответчику 4. *вчт* установка границ (*прямой или кривой*); отсечение
interception 1. перехват 2. *тлф* подслушивание 3. направление вызова к телефонистке *или* автоответчику 4. *вчт* установка границ (*прямой или кривой*); отсечение
 air ~ перехват воздушных целей
 ground-controlled ~ перехват воздушных целей по командам наземного пункта управления
 radio ~ радиоперехват
interceptor станция перехвата
interchange 1. (взаимный) обмен, взаимообмен || обменивать(ся) 2. чередование || чередовать(ся) 3. *вчт* совместимость (*напр. форматов файловой системы*) || обеспечивать совместимость
 electronic data [electronic document] ~ 1. электронный обмен данными 2. стандарт электронного обмена деловыми документами, стандарт EDI (*Ассоциации по стандартам обмена данными*)

559

interchange

functional ~ функциональная совместимость
heat ~ теплообмен
information ~ обмен информацией
time slot ~ взаимообмен временными интервалами
interchangeability 1. взаимозаменяемость 2. *вчт* совместимость (*напр. форматов файловой системы*)
   media ~ взаимозаменяемость (рабочих) сред
   module ~ взаимозаменяемость модулей
interchangeable 1. взаимозаменяемый 2. *вчт* совместимый
interchanging (взаимный) обмен, взаимообмен
intercom 1. система внутренней связи 2. переговорное устройство, ПУ
   coded address ~ система внутренней связи с кодированными адресами
   hands-free answer ~ система внутренней связи с полным громкоговорящим режимом, *проф.* система внутренней связи с режимом «свободные руки при разговоре»
   voice ~ переговорное устройство, ПУ
intercommunicate 1. связывать(ся); сообщаться; устанавливать (двустороннюю) связь (*напр. телефонную*) 2. передавать (информацию); обмениваться (информацией) 3. использовать систему внутренней связи
intercommunication 1. (двусторонняя) связь; установление (двусторонней) связи (*напр. телефонной*) 2. передача (информации); обмен (информацией) 3. система внутренней связи 4. переговорное устройство, ПУ
intercommunicator 1. средство (двусторонней) связи 2. средство передачи (информации); средство обмена (информацией) 3. система внутренней связи 4. переговорное устройство, ПУ
interconnect 1. соединять(ся); объединять(ся) 2. связывать(ся); сообщаться; обмениваться информацией 3. устанавливать связь; реализовать возможность обмена информацией между объектами 4. *фтт* иметь (химическую) связь; обладать (химической) связью 5. устанавливать (электрический) контакт; соединять; подключать (*напр. к источнику электропитания*) 6. *тлф* имеющий исходящую и входящую связь (*напр. о частной АТС*)
   advanced chip ~ *вчт* усовершенствованная шина связи между ИС, шина ACI
interconnection 1. соединение (*результат или процесс*); объединение (*результат или процесс*) 2. связь (1. возможность обмена информацией между объектами 2. *фтт* химическая связь) 3. установление связи; реализация возможности обмена информацией между объектами 4. наличие (химической) связи; обладание (химической) связью 5. канал связи; линия связи; коммуникация 6. установление (электрического) контакта; реализация (электрического) соединения; подключение (*напр. к источнику электропитания*) 7. *микр.* внешнее межсоединение, *pl* разводка, (внешние) межсоединения
   beam-lead ~ соединение балочными выводами
   bonded-wire ~ сварное проволочное межсоединение
   broadcast ~ циркулярная связь
   cell ~ *микр.* соединение между ячейками
   compact peripheral component ~ компактный вариант архитектуры подключения периферийных компонентов, компактный вариант архитектуры PCI, архитектура CompactPCI; стандарт CompactPCI
   custom ~s заказная разводка
   dense wired ~s разводка высокой плотности
   discretionary ~s избирательные межсоединения
   evaporated ~ напылённое межсоединение
   free ~ *фтт* свободная связь
   free-space optical ~ 1. фотонная связь 2. фотонное межсоединение
   global ~ глобальная связь
   high-density ~s разводка высокой плотности
   holographic ~s голографические межсоединения
   hybrid (basic set) ~ гибридная связь с использованием базового множества
   integrated-circuit ~ межсоединение ИС
   local ~ *фтт* локальная связь
   localized ~ *фтт* локализованная связь
   metal ~ металлизированное межсоединение
   multilayer ~s многоуровневая разводка
   open system ~ 1. взаимодействие открытых систем 2. стандарт взаимодействия открытых систем, стандарт OSI
   optical ~ 1. оптическая связь (*волоконно-оптическая, волноводная, фотонная или голографическая*) 2. оптическое межсоединение 3. оптронная связь
   peripheral component ~ 1. архитектура подключения периферийных компонентов, архитектура PCI; стандарт PCI 2. (локальная) шина для подключения периферийных компонентов, (локальная) шина (стандарта) PCI
   polysilicon ~ межсоединение из поликристаллического кремния
   programmable ~s программируемые межсоединения
   selective ~s избирательная разводка
   single signal ~ односигнальное соединение
   space-invariant ~ *фтт* пространственно-инвариантная связь
   space-variant ~ *фтт* пространственно-изменяемая связь
   superconducting ~s сверхпроводящие межсоединения
   thin-film ~ тонкоплёночное межсоединение
interconversion взаимное преобразование
intercut 1. перебивка || использовать перебивку (*напр. в телевизионной передаче*) 2. видеоматериал с перебивкой
intercutting использование перебивки (*напр. в телевизионной передаче*); монтаж (*напр. видеоматериала*) с перебивкой
interdependence взаимная зависимость, взаимозависимость
   logical ~ логическая взаимозависимость
interdiffusion взаимная диффузия
   solid-liquid ~ взаимная диффузия на границе раздела жидкость — твёрдое тело
interdigitate применять встречно-штыревую [встречно-гребенчатую] конструкцию
interdigitation встречно-штыревая [встречно-гребенчатая] конструкция
interexchange 1. междугородная телефонная сеть 2. точка отсчёта тарифного пояса (*при оплате междугородных телефонных разговоров*)
interface 1. граница раздела; поверхность раздела || разделять; являться границей *или* поверхностью

interface

раздела ‖ граничный; расположенный на границе или поверхности раздела (*двух сред*); разделяющий **2.** вчт интерфейс (*программное или аппаратное средство взаимодействия и обмена информацией между устройствами, между программами, между устройствами и программами или между человеком и компьютером*) ‖ представлять собой интерфейс; служить интерфейсом; снабжать интерфейсом ‖ интерфейсный **3.** сопряжение; стык; согласование ‖ сопрягать; стыковать; согласовывать ‖ сопрягающий; стыковочный; согласующий **4.** устройство сопряжения; стыковочный узел; согласующее устройство **5.** взаимодействие; связь ‖ взаимодействовать; связывать(ся) ‖ взаимодействующий; связанный **6.** средство взаимодействия; устройство связи **7.** смежная область (*напр. наук*) ‖ смежный; относящийся к смежной области (*напр. наук*) ◊ ~ **to operator** средство взаимодействия с оператором
advanced configuration and power ~ **1.** усовершенствованный интерфейс управления конфигурацией и энергопотреблением, интерфейс (стандарта) ACPI **2.** стандарт ACPI
advanced SCSI programming ~ **1.** усовершенствованный программный интерфейс SCSI, интерфейс (стандарта) ASPI **2.** стандарт ASPI
advanced technology attachment packet ~ **1.** пакетный интерфейс для подключения внешних устройств в AT-совместимых компьютерах, интерфейс (стандарта) ATAPI **2.** стандарт ATAPI
advanced technology attachment software programming ~ **1.** программный интерфейс для внешних устройств в AT-совместимых компьютерах, интерфейс (стандарта) ATASPI **2.** стандарт ATASPI
AES/EBU ~ *см.* **Audio Engineering Society / European Broadcasting Union interface**
air-epi ~ граница раздела эпитаксиальный слой — свободное пространство
Apple desktop ~ **1.** (пользовательский) интерфейс (стандарта) ADI (*для Apple-совместимых компьютеров*) **2.** стандарт ADI
application binary ~ **1.** цифровой двоичный интерфейс прикладных программ, интерфейс типа ABI (*Консорциума 88open*) **2.** стандарт ABI
application programming ~ **1.** интерфейс прикладного программирования, интерфейс (стандарта) API **2.** стандарт API
application transaction management ~ **1.** интерфейс управления транзакциями приложений, интерфейс (стандарта) ATMI **2.** стандарт ATMI
attachment unit ~ **1.** интерфейс подключаемого (сетевого) устройства (*напр. приёмопередатчика*), интерфейс (стандарта) AUI **2.** стандарт на интерфейс подключаемого (сетевого) устройства (*напр. приёмопередатчика*), стандарт AUI
audio ~ сопряжение по звуковой частоте
Audio Engineering Society / European Broadcasting Union ~ **1.** (цифровой) интерфейс стандарта Общества инженеров-акустиков и Европейского союза радиовещания, (цифровой) интерфейс (стандарта) AES/EBU **2.** стандарт AES/EBU на (цифровой) интерфейс
baseband ~ сопряжение по групповому спектру
basic rate ~ **1.** базовый интерфейс (*в цифровых сетях передачи данных*), интерфейс для систем передачи данных с двумя B-каналами и одним D-каналом, интерфейс типа 2B+1D, интерфейс (стандарта) BRI **2.** стандарт BRI
BlueTooth ~ интерфейс системы Bluetooth
Borland graphic ~ графический интерфейс фирмы Borland
brain-machine ~ человеко-машинный интерфейс
broadband ~ широкополосный интерфейс (*в сетях стандарта ISDN*)
call-level ~ (программный) интерфейс для организации доступа прикладных программ к базам данных (*в языке SQL*), интерфейс CLI
cathode ~ промежуточный слой катода
CD-ROM ~ интерфейс CD-ROM-дисковода
channel ~ интерфейс канала связи
chatbot ~ интерфейс программы-робота системы групповых дискуссий в Internet
command(-line) ~ интерфейс командной строки, интерфейс CLI
common gateway ~ **1.** общий шлюзовый интерфейс, интерфейс (стандарта) CGI **2.** стандарт CGI, стандарт на общий шлюзовый интерфейс **3.** протокол CGI, протокол для запускаемых клиентами на сервере программ
common programming ~ **for communications 1.** связной программный интерфейс общего назначения, интерфейс (стандарта) CPI-C **2.** стандарт CPI-C
communication ~ связной интерфейс
composite video ~ интерфейс монитора с композитным видео, интерфейс монитора с одним входом для объединённых сигналов яркости и цветности
computer ~ интерфейс компьютера
computer graphics ~ **1.** интерфейс компьютерной графики, интерфейс (стандарта) CGI **2.** стандарт CGI, стандарт на интерфейс между аппаратно-независимой и аппаратно-зависимой частями программного обеспечения для компьютерной графики
computer-to-cassette ~ интерфейс (типа) компьютер — кассетное ЗУ (*на магнитной ленте*)
computer-to-PBX ~ интерфейс (типа) компьютер — частная телефонная станция с исходящей и входящей связью
copper distributed data ~ **1.** интерфейс высокоскоростных локальных кабельных вычислительных сетей с маркерным доступом, интерфейс (стандарта) CDDI **2.** стандарт высокоскоростных локальных кабельных вычислительных сетей с маркерным доступом, стандарт CDDI, модификация стандарта FDDI для соединений витой парой
data trunk ~ интерфейс магистральной линии передачи данных
deposit-substrate ~ граница раздела подложка — осаждённый слой
desktop management ~ **1.** интерфейс управления настольными системами, интерфейс (стандарта) DMI **2.** стандарт DMI
dielectric ~ граница раздела диэлектрических сред
diffuse ~ диффузная [размытая] граница раздела
digital-multiplexed ~ цифровой мультиплексный интерфейс
direct driver ~ интерфейс прямого программирования драйверов
display control ~ **1.** интерфейс управления дисплеем, (программный) интерфейс (стандарта) DCI (*для операционных систем Windows*) **2.** стандарт DCI

interface

DOS protected mode ~ интерфейс защищённого режима для DOS, интерфейс DPMI
EIA ~ стандартизованный EIA интерфейс для соединения двух оконечных устройств, интерфейс (стандарта) RS232C
electrical ~ электрический интерфейс
enhanced IDE ~ *см.* **enhanced integrated device electronics interface**
enhanced integrated device electronics ~ **1.** усовершенствованный интерфейс (дисковода) с встроенной электроникой управления, интерфейс (стандарта) EIDE; интерфейс (стандарта) ATA-2 **2.** стандарт EIDE; стандарт ATA-2
enhanced small disk ~ **1.** усовершенствованный интерфейс (дисковода) для малых дисков, интерфейс (стандарта) ESDI **2.** стандарт ESDI
epi-substrate ~ граница раздела эпитаксиальный слой — подложка
expansion ~ интерфейс расширения
fiber channel ~ волоконно-оптический интерфейс
fiber distributed data ~ **1.** интерфейс высокоскоростных волоконно-оптических локальных вычислительных сетей с маркерным доступом, интерфейс (стандарта) FDDI **2.** стандарт высокоскоростных волоконно-оптических локальных вычислительных сетей с маркерным доступом, стандарт FDDI
film-substrate ~ граница раздела плёнка — подложка
flat panel ~ *вчт* интерфейс плоских (экранных) панелей
FP ~ *см.* **flat panel interface**
friendly user ~ дружественный интерфейс пользователя
front-end ~ **1.** внешний интерфейс **2.** входное устройство сопряжения
general circuit ~ **1.** унифицированный схемный интерфейс, интерфейс типа GCI (*для сетей стандарта ISDN*) **2.** стандарт GCI
graphical user ~ графический интерфейс пользователя
graphic device ~ **1.** интерфейс графического устройства, интерфейс (стандарта) GDI **2.** стандарт GDI
growth ~ поверхность роста (*кристаллов*)
hard disk ~ интерфейс жёсткого (магнитного) диска
hardware ~ аппаратный интерфейс
head-disk ~ область контакта головки с (магнитным) диском
heterojunction ~ граница раздела в гетеропереходе
high performance parallel ~ **1.** высокопроизводительный параллельный интерфейс, интерфейс (стандарта) HIPPI **2.** стандарт HIPPI
human-computer ~ человеко-машинный интерфейс
human-machine ~ человеко-машинный интерфейс
iconic ~ пиктографический интерфейс
IDE ~ *см.* **integrated device electronics interface**
infrared ~ инфракрасный интерфейс
input/output ~ интерфейс ввода-вывода данных
integrated device electronics ~ **1.** интерфейс (дисковода) с встроенной электроникой управления, интерфейс (стандарта) IDE; интерфейс (стандарта) ATA **2.** стандарт IDE; стандарт ATA

intelligent ~ интеллектуальный интерфейс
intelligent instrumentation ~ интеллектуальный интерфейс контрольно-измерительных приборов
intelligent peripheral ~ интеллектуальный периферийный интерфейс
interactive ~ интерактивный интерфейс
inter-carrier ~ коммуникационный интерфейс между телефонными сетями различной принадлежности
Internet server application programming ~ **1.** интерфейс прикладного программирования сервера сети Internet, интерфейс (стандарта) ISAPI **2.** стандарт ISAPI
inter-network ~ межсетевой интерфейс
intuitive user ~ интуитивный интерфейс пользователя
Java naming and directory ~ интерфейс для служб каталогов и именования в Java, (программный) интерфейс JNDI
JTAG ~ **1.** последовательный интерфейс (стандарта) JTAG (*для тестирования цифровых устройств*) **2.** стандарт Объединённой группы (Института инженеров по электротехнике и радиоэлектронике) по тестированию для интегральных схем, стандарт JTAG (для тестирования интегральных схем), стандарт IEEE 1149.1 (для тестирования интегральных схем)
keyboard ~ интерфейс клавиатуры
land ~ наземный интерфейс
layered ~ многоуровневый интерфейс
license server application programming ~ **1.** интерфейс прикладного программирования для сервера лицензий, интерфейс (стандарта) LSAPI **2.** стандарт LSAPI
local distributed data ~ **1.** локальный интерфейс распределённых данных, интерфейс (стандарта) LDDI **2.** стандарт ANSI на локальный интерфейс распределённых данных, стандарт LDDI
local management ~ **1.** интерфейс локального управления (*в сети*) **2.** протокол управления соединением соседних узлов сети Frame Relay, протокол LMI
logical ~ логический интерфейс
man-computer ~ человеко-машинный интерфейс
man-machine ~ человеко-машинный интерфейс
media control ~ **1.** интерфейс управления средами (*передачи данных*) **2.** интерфейс (стандарта) MCI, мультимедийный интерфейс в операционной системе Windows **3.** стандарт MCI
medium dependent ~ зависящий от среды (*передачи данных*) интерфейс
medium independent ~ не зависящий от среды (*передачи данных*) интерфейс
memory ~ интерфейс ЗУ
message passing ~ интерфейс передачи сообщений, библиотека функций для поддержки параллельных процессов на уровне передачи сообщений
messaging application programming ~ **1.** интерфейс прикладного программирования для сообщений, интерфейс (стандарта) MAPI **2.** стандарт MAPI на интерфейс прикладного программирования для сообщений, стандарт MAPI
Mitsumi ~ интерфейс Mitsumi (*для дисководов CD-ROM*)

interface

mouse ~ (пользовательский) интерфейс, использующий мышь, *проф.* «мышиный» интерфейс

multiple document ~ многодокументальный интерфейс

musical instrument digital ~ **1.** цифровой интерфейс (электро)музыкальных инструментов, двунаправленный последовательный асинхронный интерфейс для сопряжения компьютера с записывающей и воспроизводящей электромузыкальной аппаратурой, MIDI-интерфейс **2.** MIDI-стандарт, стандартный протокол обмена информацией между компьютером и записывающей и воспроизводящей электромузыкальной аппаратурой

network application programming ~ сетевой интерфейс прикладного программирования

network terminal ~ интерфейс сетевого терминала

network-to-network ~ межсетевой интерфейс

object-oriented ~ объектно-ориентированный интерфейс

open applications ~ интерфейс открытых приложений

open data-link ~ **1.** интерфейс открытого канала передачи данных, интерфейс (стандарта) ODI **2.** стандарт (*фирм Novell и Apple*) на открытый канал передачи данных, стандарт ODI

open prepress ~ открытый интерфейс подготовки к печати, открытый интерфейс допечатной подготовки

Panasonic ~ интерфейс Panasonic (*для дисководов CD-ROM*)

parallel ~ параллельный интерфейс

peripheral ~ периферийный интерфейс

phantom ~ фантомный интерфейс

p-n (junction) ~ *p* — *n*-переход

physical ~ физический интерфейс

planar ~ плоская граница раздела

plastic ~ модельный интерфейс

portable operating system ~ **1.** интерфейс переносимой операционной системы, интерфейс (стандарта) POSIX **2.** стандарт POSIX для обеспечения переносимости прикладных программ на разные платформы в среде Unix

primary rate ~ **1.** интерфейс первого уровня (*в цифровых сетях передачи данных*), интерфейс для систем передачи данных с 23-мя B-каналами и одним D-каналом (*в США и Японии*) или с 30-ю B-каналами и одним D-каналом (*в остальных странах*), интерфейс типа 23B+1D (*в США и Японии*) или 30B+1D (*в остальных странах*), интерфейс (стандарта) PRI **2.** стандарт PRI

processor ~ интерфейс процессора

processor-to-cassette ~ интерфейс (типа) процессор — кассетное ЗУ (*на магнитной ленте*)

program ~ программный интерфейс

programmable ~ программируемый интерфейс

programmable communications ~ программируемый связной интерфейс

programmable peripheral ~ программируемый периферийный интерфейс

radar-computer ~ интерфейс (типа) РЛС — компьютер

remote desktop management ~ интерфейс дистанционного управления настольными системами, интерфейс RDMI

remote user ~ интерфейс удалённого пользователя

RGB analog ~ аналоговый интерфейс монитора с раздельным вводом сигналов трёх основных цветов

RGB TTL ~ (цифровой) интерфейс монитора с раздельным вводом сигналов трёх основных цветов для ТТЛ, (цифровой) RGB-TTL интерфейс

RS232 ~ **1.** последовательный внешний интерфейс для асинхронного обмена данными, интерфейс (стандарта) RS-232 **2.** стандарт RS-232

RS232C ~ **1.** последовательный внешний интерфейс для асинхронного обмена данными, интерфейс (стандарта) RS-232C **2.** стандарт RS-232C (*третья версия стандарта RS-232*)

RS-422 ~ **1.** последовательный внешний интерфейс для асинхронного обмена данными при длине кабеля более 15 м, интерфейс (стандарта) RS-422 **2.** стандарт RS-422

satellite ~ **1.** интерфейс ретранслятора **2.** вспомогательный интерфейс

scalable coherent ~ **1.** масштабируемый когерентный интерфейс для организации взаимодействия кластеризованных систем, интерфейс (стандарта) SCI **2.** стандарт SCI (*для организации взаимодействия кластеризованных систем*)

SCSA device programming ~ программный интерфейс для аппаратного обеспечения компьютерной телефонии в архитектуре открытых моделей, интерфейс типа SCDPI (для стандарта SCSA)

SCSI parallel ~ параллельный интерфейс стандарта SCSI

seed-melt ~ граница раздела затравка — расплав

serial ~ последовательный интерфейс

serial communication ~ последовательный асинхронный интерфейс связи

serial communication ~ **plus** последовательный асинхронный интерфейс связи с возможностью использования в качестве последовательного синхронного периферийного интерфейса

serial peripheral ~ последовательный синхронный периферийный интерфейс

server-requestor programming ~ программный интерфейс сервер-клиент

shielded distributed data ~ интерфейс передачи данных по экранированной витой паре

slider-disk ~ область контакта плавающей головки с (жёстким магнитным) диском

small computer system ~ **1.** интерфейс малых вычислительных систем, интерфейс (стандарта) SCSI, *проф.* интерфейс «скази» **2.** стандарт на интерфейсы малых вычислительных систем, стандарт SCSI

social user ~ дружественный интерфейс пользователя

software ~ программный интерфейс

Sony ~ интерфейс Sony (*для дисководов CD-ROM*)

Sony/Philips digital ~ **1.** цифровой интерфейс Sony/Philips **2.** стандарт Sony/Philips на цифровые интерфейсы, стандарт S/PDIF

speaker voice identification application programming ~ **1.** интерфейс прикладного программирования для систем распознавания голоса, интерфейс (стандарта) SVAPI **2.** стандарт SVAPI

speech application programming ~ интерфейс прикладного программирования для передачи голосовых [речевых] сообщений, интерфейс (стандарта) SAPI **2.** стандарт SAPI

interface

speech recognition application programming ~ 1. интерфейс прикладного программирования для систем распознавания речи, интерфейс (стандарта) SRAPI 2. стандарт SRAPI
standard ~ стандартный интерфейс
status control ~ интерфейс управления статусом
studio ~ студийное устройство сопряжения
subscriber-line ~ интерфейс абонентской линии
subscriber line acoustic processing ~ интерфейс абонентской линии с обработкой звука
superconducting-normal ~ граница раздела сверхпроводник — нормальный металл
system ~ системный интерфейс
system programming ~ 1. интерфейс системного программирования, интерфейс (стандарта) SPI 2. стандарт SPI
tape (backup) drive ~ интерфейс (запоминающего) устройства для (резервного) копирования на магнитную ленту
telephony application programming ~ 1. интерфейс прикладного программирования для телефонной связи, интерфейс (стандарта) TAPI 2. стандарт TAPI
telephony server application programming ~ 1. интерфейс прикладного программирования для телефонной связи с серверным модулем, интерфейс (стандарта) TSAPI 2. стандарт TSAPI
terminal ~ терминальный интерфейс
transmitter-receiver ~ приемопередающий интерфейс
twisted-pair distributed data ~ 1. интерфейс высокоскоростных локальных кабельных вычислительных сетей с маркерным доступом, интерфейс (стандарта) CDDI 2. стандарт высокоскоростных локальных кабельных вычислительных сетей с маркерным доступом, стандарт CDDI, модификация стандарта FDDI для соединений витой парой
user ~ 1. интерфейс пользователя 2. абонентский интерфейс
user(-to-)network ~ 1. сетевой интерфейс пользователя 2. спецификация UNI, перечень требований к сетевому интерфейсу пользователя
virtual control program ~ программный интерфейс виртуального управления, интерфейс VCPI (*альтернативный вариант интерфейса защищённого режима для DOS*)
virtual device ~ интерфейс виртуального устройства
visual ~ графический интерфейс пользователя
WIMP ~ многооконный человеко-машинный интерфейс с пиктограммами, меню и указателями, многооконный человеко-машинный интерфейс с пиктограммами, ниспадающими меню и управлением от мыши, WIMP-интерфейс

interfacial 1. граничный; расположенный на границе *или* поверхности раздела (*двух сред*); разделяющий 2. относящийся к границе *или* поверхности раздела (*двух сред*) 3. интерфейсный 4. сопрягающий; стыковочный; согласующий 5. взаимодействующий; связанный 6. смежный; относящийся к смежной области (*напр. наук*)

interfacing 1. программное *или* аппаратное взаимодействие *или* обмен информацией между устройствами, между программами, между устройствами и программами *или* между человеком и компьютером 2. граничный; расположенный на границе *или* поверхности раздела (*двух сред*); разделяющий 3. относящийся к границе *или* поверхности раздела (*двух сред*) 4. интерфейсный 5. сопрягающий; стыковочный; согласующий 6. взаимодействующий; связанный 7. смежный; относящийся к смежной области (*напр. наук*)

interfere 1. являться помехой, представлять собой помеху; оказывать мешающее действие 2. интерферировать

interference 1. помеха, помехи 2. интерференция
acceptable ~ приемлемая помеха
active ~ активная помеха
additive ~ аддитивная помеха
adjacent-channel ~ помеха от соседнего канала
alternate-channel ~ помеха от канала, следующего за соседним
anisotropic ~ анизотропная интерференция
antenna-conducted ~ помеха, обусловленная нежелательным излучением антенны
atmospheric ~ атмосферная помеха
attractor ~ интерференция аттракторов
background ~ фоновая помеха
back-lobe ~ помеха, принимаемая по заднему лепестку диаграммы направленности антенны
beat ~ гетеродинный свист
broad-band ~ широкополосная помеха
broadcast ~ помеха при приёме вещательных программ
burst ~ импульсная помеха
co-channel ~ помеха по основному каналу, внутриканальная помеха
common-mode ~ синфазная помеха (*в дифференциальных схемах*)
conducted ~ помеха по цепи питания
constructive ~ конструктивная интерференция
corona-generated ~ помеха, обусловленная коронным разрядом
cosmic ~ космическая помеха
cross-color ~ перекрёстные искажения типа «яркость — цветность»
cross-polarization ~ кросс-поляризационная помеха
cross-talk ~ перекрёстная помеха
destructive ~ деструктивная интерференция
diathermy ~ помеха от диатермических установок
electrical ~ 1. помеха от электрического оборудования 2. радиопомеха
electromagnetic ~ 1. электромагнитная помеха 2. радиопомеха
electronic ~ помеха от электронного оборудования
Gaussian ~ шумовая помеха с гауссовым распределением
harmful ~ неприемлемая помеха
harmonic ~ помеха, обусловленная излучением на гармониках
heterodyne ~ гетеродинный свист
ignition ~ помеха от системы зажигания
image ~ помеха от зеркального канала
in-band ~ внутриполосная помеха
inductive ~ помеха, обусловленная явлением электромагнитной индукции
industrial ~ индустриальная помеха
interchannel ~ межканальные помехи
intermediate-frequency harmonic ~ помехи от комбинационных побочных каналов
intermodulation ~ помехи от интермодуляционных побочных каналов

interferometer

interpulse ~ межсимвольная интерференция
intersymbol ~ межсимвольная интерференция
malicious ~ преднамеренная помеха
man-made ~ индустриальная помеха
microwave ~ СВЧ-помеха (*напр. от систем спутниковой связи*)
modal ~ интерференция мод
multipath ~ многолучевая интерференция
multiple ~ многократная помеха
multiple-beam ~ многолучевая интерференция
multiplicative ~ мультипликативная помеха
multitone ~ многочастотная помеха
mutual ~ взаимные помехи
narrow-band ~ узкополосная помеха
natural ~ естественная помеха
noise ~ шумовая помеха
optical ~ оптическая интерференция
oscillator harmonic ~ помехи от комбинационных побочных каналов
out-of-band ~ внеполосная помеха
over-reach ~ помехи от соседних станций (*напр. в радиорелейной линии*)
partial-band ~ помеха с частичным перекрытием по полосе (*с сигналом*)
passive ~ пассивная помеха
power-line ~ помеха от линии электропередачи
pulse ~ импульсная помеха
radiated ~ 1. помеха от линии электропередачи 2. помеха от электротехнического оборудования
radio ~ радиопомеха
radio-frequency ~ радиопомеха
radio-station ~ помеха от радиостанции
scanning-line ~ помехи, обусловленные строчной структурой
second-channel ~ помеха от канала, следующего за соседним
selective ~ узкополосная помеха
sideband ~ помеха от соседнего канала
side-lobe ~ помеха, принимаемая по боковому лепестку диаграммы направленности антенны
spread-spectrum ~ широкополосная псевдослучайная помеха
spur ~ структуроподобная помеха
telegraph ~ телеграфные помехи
television ~ помеха при приёме телевизионных программ
transient ~ интерференция в переходном режиме
two-beam ~ двухлучевая интерференция
wave ~ интерференция волн

interferer источник помех
  multiple-band ~ многодиапазонный источник помех
  tone ~ источник гармонических помех

interferogram интерферограмма
  background ~ интерферограмма фона
  differential ~ дифференциальная интерферограмма
  digital ~ цифровая интерферограмма
  holographic ~ голографическая интерферограмма
  laser ~ лазерная интерферограмма
  multiple-beam ~ многолучевая интерферограмма
  multiple-pass ~ многопроходная интерферограмма
  reflection ~ интерферограмма в отражённом свете, интерферограмма в режиме «на отражение»
  speckle ~ спекл-интерферограмма
  transmission ~ интерферограмма в проходящем свете, интерферограмма в режиме «на проход»

interferometer интерферометр
  acoustic(al) ~ акустический интерферометр
  active ~ активный интерферометр
  antiresonant ring ~ антирезонансный кольцевой интерферометр
  automatic fringe-counting ~ интерферометр с автоматическим подсчётом числа полос
  cliff ~ щелевой интерферометр
  confocal ~ конфокальный интерферометр
  curved-mirror ~ интерферометр с искривленными зеркалами
  Dyson (-type) ~ интерферометр Дайсона
  Fabry-Perot ~ интерферометр Фабри — Перо
  fiber-optic ~ волоконно-оптический интерферометр
  Fizeau ~ интерферометр Физо
  flat-plate ~ интерферометр с плоскими пластинами
  F-P ~ *см.* **Fabry-Perot interferometer**
  gaseous ~ газовый интерферометр
  grating ~ дифракционный интерферометр
  high-resolution ~ интерферометр с высоким разрешением
  holographic ~ голографический интерферометр
  intensity ~ амплитудный интерферометр
  Josephson ~ сверхпроводящий квантовый интерференционный датчик, сквид
  Kösters ~ интерферометр Кёстерса, интерференционный компаратор
  laser ~ лазерный интерферометр
  laser speckle (pattern) ~ интерферометр с использованием лазерной спекл-структуры
  LBL ~ *см.* **long-baseline interferometer**
  long-baseline ~ интерферометр с длинной базой
  Mach-Zehnder ~ интерферометр Маха — Цендера
  magnetostrictively scanned ~ интерферометр с магнитострикционным сканированием
  maser ~ мазерный интерферометр
  Michelson ~ интерферометр Майкельсона
  microwave ~ СВЧ-интерферометр
  mirror ~ интерферометр с использованием зеркального отражения радиоволн от морской поверхности
  multiple-aerial ~ интерферометр с несколькими антеннами
  multiple-beam ~ многолучевой интерферометр
  multiple-wave ~ многолучевой интерферометр
  one-junction Josephson ~ сверхпроводящий квантовый интерференционный датчик с одним переходом Джозефсона, однопереходный сквид
  optical ~ оптический интерферометр
  passive ~ пассивный интерферометр
  phase ~ фазовый интерферометр
  phase-sensitive ~ фазочувствительный интерферометр
  phase-sweeping ~ интерферометр с плавным изменением фазы
  phase-switching ~ интерферометр с коммутацией фазы
  phase-tracking ~ интерферометр со слежением за фазой
  plane-parallel mirror ~ интерферометр с плоско-параллельными зеркалами

interferometer

polarization ~ поляризационный интерферометр
radio ~ радиоинтерферометр
Rayleigh ~ интерферометр Рэлея
rotating-lobe ~ интерферометр с вращением лепестков диаграммы направленности антенны
scanning ~ сканирующий интерферометр
semiconfocal ~ полуконфокальный интерферометр
speckle-shearing ~ интерферометр с разделением спеклов
spherical-mirror ~ интерферометр со сферическими зеркалами
stellar ~ звёздный интерферометр
swept-lobe ~ интерферометр с качающейся диаграммой направленности антенны
switched-lobe ~ интерферометр с переключением положения лепестков диаграммы направленности антенны
switching ~ коммутационный интерферометр
thin-film ~ тонкоплёночный интерферометр
tunable ~ перестраиваемый интерферометр
twin-wave ~ двухлучевой интерферометр
two-junction Josephson ~ сверхпроводящий квантовый интерференционный датчик с двумя переходами Джозефсона, двухпереходный сквид
Twynian-Green ~ интерферометр Тваймана — Грина
variable-baseline ~ интерферометр с переменной базой
vertical ~ интерферометр с вертикальными антеннами
very long baseline ~ интерферометр со сверхдлинной базой
VLB ~ *см.* **very long-baseline interferometer**
wavefront-reversing ~ интерферометр с обращением волнового фронта
wavefront-shearing ~ интерферометр с разделением волнового фронта
wavefront-solitting ~ интерферометр с расщеплением волнового фронта
X-ray ~ рентгеновский интерферометр
interferometric интерферометрический
interferometry интерферометрия
  hologram ~ голографическая интерферометрия
  hologram-moire ~ голографическая интерферометрия, основанная на использовании муаровых фигур
  holographic ~ голографическая интерферометрия
  intensity ~ амплитудная интерферометрия
  laser ~ лазерная интерферометрия
  multiple-beam ~ многолучевая интерферометрия
  radio ~ радиоинтерферометрия
  real-time ~ интерферометрия в реальном масштабе времени
  speckle ~ спекл-интерферометрия
  two-beam ~ двухлучевая интерферометрия
  two-dimensional ~ двумерная интерферометрия
interfix *вчт* интерфикс || использовать интерфикс
interflection многократные отражения
intergalactic межгалактический
interionic межионный
interior внешнее пространство; внешняя область || внешний
interlace 1. чередование; перемежение || чередовать; перемежать 2. *тлв* чересстрочная развёртка; скачковая развёртка || использовать чересстрочную развёртку; использовать скачковую развёртку
  address ~ *вчт* чередование адресов
  dot ~ точечное перемежение
  frequency ~ *тлв* частотное перемежение
  line ~ чересстрочная развёртка; скачковая развёртка
  random ~ несинхронная скачковая развёртка (*в промышленном телевидении*)
  triple ~ *тлв* скачковая развёртка с кратностью 3:1
  two-field ~ *тлв* чересстрочная развёртка
interlaced 1. чередующийся; перемежающийся 2. чересстрочный; скачковый (*о развёртке*)
interlacing 1. чередование; перемежение *тлв* 2. чересстрочная развёртка; скачковая развёртка 3. использование чересстрочной развёртки; использование скачковой развёртки
  dot ~ *тлв* перемежение точек
  even-line ~ скачковая развёртка с чётным числом строк
  line ~ чересстрочная развёртка; скачковая развёртка
  multiple ~ скачковая развёртка с большой кратностью
  odd-line ~ скачковая развёртка с нечётным числом строк
  pulse ~ перемежение импульсов
interlayer *микр.* промежуточный слой
interleave чередование; перемежение || чередовать; перемежать
  consecutive sector ~ последовательное чередование секторов (*магнитного диска*), чередование секторов с кратностью 1:1
interleaver перемежитель
interleaving чередование; перемежение
  address ~ *вчт* чередование адресов (*напр. в пакетном цикле кэша*)
  bank ~ *вчт* чередование банков (*памяти*)
  code ~ кодовое перемежение
  digit ~ *вчт* посимвольное чередование
  frequency ~ *тлв* частотное перемежение
  packet ~ перемежение пакетов
  pulse ~ перемежение импульсов
  sector ~ *вчт* чередование секторов (*магнитного диска*)
  three-way ~ *вчт* чередование трёх банков (*памяти*)
  time ~ временное перемежение
  two-way ~ *вчт* чередование двух банков (*памяти*)
interline располагать между строк || межстрочный
Interlingua интерлингва (*международный вспомогательный язык*)
interlink 1. (внешнее) соединение; (внешняя) связь || соединять; связывать 2. межканальный (*в технике связи*)
interlinkage система (внешних) соединений; система (внешних) связей
interlock 1. взаимная блокировка, взаимоблокировка; блокировка; запирание || взаимно блокировать; блокировать; запирать 2. устройство взаимной блокировки; блокирующее устройство; запирающее устройство 3. система взаимной блокировки; система блокировки; запирающая система 4. соединять(ся); стыковать(ся); сочленять(ся) 5. *тлв* ведомая синхронизация; ведомый режим синхронизации
  erase ~ блокировка от случайного стирания

interloper квазаг, квазизвёздная галактика, квазизвёздный галактический источник радиоизлучения, *проф.* «контрабандист»

interlude *вчт* служебные [вспомогательные] действия (*программы или системы программирования*)

intermediacy *вчт* промежуточность

intermediary посредник || посреднический

intermediate промежуточная форма; промежуточное звено; промежуточный продукт || промежуточный

intermetallic интерметаллическое соединение || интерметаллический

intermission 1. прерывание; (временное) прекращение (*работы*) **2.** перерыв, пауза (*в работе*)

intermit 1. прерывать(ся); (временно) прекращать(ся) **2.** перемежать(ся)

intermittence, intermittency 1. прерывистость **2.** перемежаемость
  on-off ~ бистабильная перемежаемость
  Pomeau-Manneville ~ перемежаемость Помо — Манневиля

intermittent 1. прерывистый **2.** перемежающийся

intermode межмодовый

intermodulation интермодуляция

intermolecular межмолекулярный

internal внутреннее пространство; внутренняя область || внутренний

Internet Интернет, Internet (*1. глобальная совокупность компьютерных сетей с протоколом связи TCP/IP, предоставляющая услуги пользователям 2. сообщество пользователей Internet*)
  ~ **via e-mail** получение информации из Internet по электронной почте (*через специальные серверы*)

internet 1. internet, intemet (*совокупность сетей и межсетевых шлюзов с общим протоколом связи*) **2.** технология межсетевого взаимодействия (*основанная на семействе протоколов TCP/IP*) **3.** межсетевой

InterNetNews программное обеспечение серверов межсетевых новостей (*напр. в Usenet*), программный пакет INN (*в UNIX*)

internetwide межсетевой

internetwork совокупность сетей и межсетевых шлюзов с общим протоколом связи || межсетевой

internetworking межсетевой

interneuron *биол.* интернейрон

interoceptor *биол.* интероцептор

interoperability функциональная совместимость, возможность совместной работы *или* совместного использования

interoperate функционировать совместно

Interpedia электронная энциклопедия Internet (*проект*)

interphase *биол.* интерфаза

interphone 1. система внутренней телефонной связи **2.** переговорное устройство, ПУ

interpolate интерполировать

interpolation интерполяция
  bivariate ~ двумерная интерполяция
  digital signal ~ цифровая интерполяция речи; статистическое уплотнение цифровых [речевых] голосовых сигналов
  digital speech ~ цифровая интерполяция речи; статистическое уплотнение цифровых [речевых] голосовых сигналов
  motion-adaptive frame ~ кадровая интерполяция с адаптацией к движению
  nearest-neighbor ~ интерполяция по ближайшим соседним элементам
  nonlinear ~ нелинейная интерполяция
  one-sided ~ односторонняя интерполяция
  polynomial ~ полиномиальная интерполяция
  signal ~ интерполяция сигнала
  slice ~ кусочная интерполяция
  sparse ~ интерполяция по точкам
  speech ~ интерполяция речи; статистическое уплотнение [речевых] голосовых сигналов
  straight-line ~ интерполяция отрезками прямых линий
  time-assignment speech ~ система статистического уплотнения [речевых] голосовых сигналов с временным разделением каналов, система TASI

interpolator интерполятор
  nonlinear ~ нелинейный интерполятор
  piecewise-linear ~ кусочно-линейный интерполятор

interpole добавочный полюс (*электрической машины*)

interpose 1. вставлять; ставить между; оказываться между **2.** прерывать; вмешиваться

interposition 1. помещение между; нахождение между **2.** прерывание; вмешательство

interpret *вчт* **1.** интерпретировать (*1. транслировать и выполнять программу программы последовательным способом 2. строить модели для абстрактных систем исчисления; конкретизировать абстрактные символы 3. объяснять; давать толкование*) **2.** переводить (*с одного языка на другой*)

interpretability интерпретируемость, возможность или допустимость интерпретации (*1. возможность построения моделей для абстрактных систем исчисления; возможность конкретизации абстрактных символов 2. возможность объяснения или толкования*)

interpretation *вчт* **1.** интерпретация (*1. трансляция и выполнение программы последовательным способом 2. построение моделей для абстрактных систем исчисления; конкретизация абстрактных символов 3. объяснение; толкование*) **2.** перевод (*с одного языка на другой*)
  abstract ~ абстрактная интерпретация
  concrete ~ конкретная интерпретация; физическая интерпретация
  extensional ~ экстенсиональная интерпретация
  image ~ интерпретация изображений
  instruction ~ интерпретация команд
  intensional ~ аналитическая абстракция интенсиональная интерпретация
  physical ~ физическая интерпретация; конкретная интерпретация

interpreter *вчт* **1.** интерпретатор (*программа трансляции и выполнения исходной программы последовательным способом*) **2.** переводчик (*с одного языка на другой*)
  byte-code ~ интерпретатор байт-кода
  command ~ интерпретатор команд; командный процессор
  command-line ~ интерпретатор командной строки
  dial-pulse ~ интерпретатор импульсов набора
  punched-card ~ перфокарточный интерпретатор

inter-reflection многократные отражения

interrelation взаимная зависимость, взаимозависимость

interrobang *вчт* **1.** комбинация восклицательного и вопросительного знаков, символ ‽ **2.** восклицательный знак, символ !
interrogate 1. *рлк* запрашивать **2.** *вчт* опрашивать
interrogation 1. *рлк* запрос **2.** *вчт* опрос
　IFF ~ запрос системы радиолокационного опознавания государственной принадлежности цели
　pulse ~ импульсный запрос
　side-lobe ~ запрос по направлению боковых лепестков диаграммы направленности антенны
interrogator 1. *рлк* передатчик запросчика **2.** *вчт* (под)программа опроса **3.** *вчт* опрашивающее устройство
　beacon ~ передатчик запросчика радиомаяка
　coded ~ передатчик запросчика с кодированием
　ground ~ передатчик наземного запросчика
　ground-based ~ передатчик запросчика наземного базирования
　IFF ~ передатчик запросчика системы радиолокационного опознавания государственной принадлежности цели
interrogator-responder, interrogator-responsor *рлк* запросчик
interrogator-transmitter *рлк* передатчик запросчика
interrupt 1. прерывание ‖ прерывать(ся) **2.** сигнал прерывания
　armed ~ разрешённое [немаскированное] прерывание
　BIOS hardware ~ аппаратное прерывание базовой системы ввода/вывода, аппаратное прерывание BIOS
　clock ~ прерывание по таймеру
　communication port ~ прерывание от устройства, подключённого к последовательному порту
　disabled ~ заблокированное прерывание
　disarmed ~ заблокированное [маскированное] прерывание
　edge-triggered ~ прерывание по перепаду
　enabled ~ разрешенное прерывание
　error ~ **1.** прерывание в результате ошибки **2.** прерывание обработки ошибки
　external ~ внешнее прерывание
　hardware ~ аппаратное прерывание
　internal ~ внутреннее прерывание
　ISA ~ прерывание шины ISA
　keyboard ~ прерывание от клавиатуры
　level-sensitive ~ прерывание по уровню
　maskable ~ маскируемое прерывание
　masked ~ заблокированное [маскированное] прерывание
　memory protection ~ прерывание по защите памяти
　multiprocessor system ~ прерывание в мультипроцессорной системе
　non(-)maskable ~ немаскируемое прерывание
　non(-)masked ~ разрешённое [немаскированное] прерывание
　operator external ~ внешнее прерывание от оператора
　page fault ~ прерывание по отсутствию страницы (*при обращении к виртуальной памяти*)
　parity ~ прерывание сигналом контроля по чётности
　PCI ~ прерывание шины PCI
　pending ~ отложенное прерывание; необработанное прерывание
　printer port ~ прерывание от устройства, подключённого к параллельному порту
　priority ~ прерывание с приоритетом
　processor ~ прерывание процессора
　program ~ программное прерывание
　protected-mode virtual ~ виртуальное прерывание в защищённом режиме
　real time ~ прерывание реального времени
　reflecting ~ отражённое прерывание
　service ~ служебное прерывание
　software ~ программное прерывание
　spurious ~ ложное прерывание
　supervisor ~ прерывание супервизором
　supervisor-call ~ прерывание при обращении к (программе-)супервизору
　system-call ~ системное прерывание
　system management ~ прерывание от (средств) системного управления
　task ~ прерывание задачи
　timer ~ прерывание по таймеру
　unmasked ~ разрешённое [немаскированное] прерывание
　vector ~ прерывание по вектору
　virtual storage ~ прерывание по отсутствию страницы (*при обращении к виртуальной памяти*)
interrupt-driven управляемый прерыванием *или* прерываниями
interrupter прерыватель
　buzzer ~ прерыватель зуммера
　electrolytic ~ электролитический прерыватель
　vacuum ~ вакуумный прерыватель
interruptible прерываемый; способный функционировать с прерываниями
interruptibility прерываемость; способность функционировать с прерываниями
interruption 1. прерывание **2.** *тлф* разъединение
　attention ~ прерывание клавишей «внимание»
　clock ~ прерывание по таймеру
　disabled ~ заблокированное [маскированное] прерывание
　enabled ~ разрешённое [немаскированное] прерывание
　external ~ внешнее прерывание
　internal ~ внутреннее прерывание
　machine check ~ прерывание по сигналу аппаратного контроля компьютера
　peripheral ~ прерывание от периферийного устройства
　program ~ программное прерывание
　time ~ временное прерывание
intersect 1. пересекать(ся) **2.** рассекать; делить **3.** перекрещивать(ся); скрещивать(ся)
intersection 1. пересечение; точка пересечения **2.** *вчт* пересечение, логическое произведение (*двух множеств*) **3.** *вчт* точная [наибольшая] нижняя граница (*множества*)
　mutual ~ взаимное пересечение, взаимопересечение
　self-~ самопересечение
interspace 1. интервал; промежуток **2.** разрядка ‖ использовать разрядку (*в тексте*)
interspacing разрядка (*в тексте*)
interstage межкаскадный
interstellar межзвёздный
interstice 1. *фтт* междоузлие **2.** временной интервал, промежуток времени

interstitial *фтт* 1. расположенный в междоузлии; междоузельный 2. дефект внедрения
intertoll *тлф* междугородный
interval 1. интервал (*1. промежуток; отрезок 2. отношение двух звуков по частоте*) 2. пауза; перерыв
   confidence ~ доверительный интервал
   energy ~ энергетический интервал
   frequency ~ интервал (*отношение двух звуков по частоте*)
   fuzzy ~ нечёткий интервал
   marking ~ *тлг* длительность рабочей [токовой] посылки
   non-central confidence ~ нецентральный доверительный интервал
   Nyquist ~ интервал Найквиста, интервал дискретизации
   one-sided confidence ~ односторонний доверительный интервал
   photochromic ~ фотохромный интервал
   prediction ~ интервал предсказаний
   probability ~ интервал вероятности
   pulse(-recurrence) ~ период повторения импульсов
   reflection ~ *рлк* время запаздывания отражённого сигнала
   retrace [return] ~ время обратного хода луча
   sampling ~ интервал Найквиста, максимально допустимый период дискретизации
   significant ~ значащий интервал
   silent ~ пауза (*при передаче речи*)
   sound ~ интервал (*отношение двух звуков по частоте*)
   spacing ~ *тлг* длительность бестоковой посылки, длительность паузы
   statistical coverage ~ статистически накрывающий интервал
   tolerance ~ допустимый интервал
   trace ~ время прямого хода луча
   two-sided confidence ~ двусторонний доверительный интервал
   unit ~ единичный интервал
   vertical ~ *тлв* интервал гасящего импульса полей
intervalometer измеритель временных интервалов
interview 1. *тлв* интервью || давать интервью; брать интервью 2. опрос || производить опрос (*в системном анализе*) 3. собеседование при приёме на работу || проводить собеседование при приёме на работу
interworking обеспечение межсетевого обмена
intracellular *биол.* внутриклеточный
intraconnection *микр.* внутреннее межсоединение
   multilayered ~s многоуровневые внутренние межсоединения
intragalactic внутригалактический
intramolecular внутримолекулярный
intranet *вчт* интрасеть, частная корпоративная сеть с общением по протоколу TCP/IP
   corporate ~ корпоративная интрасеть
intrinsic 1. *вчт* встроенный; предопределённый (*напр. о функции*) 2. неотъемлемый, присущий; собственный; внутренний 3. *пп* с собственной электропроводностью
intro введение, вводная часть; предисловие
introduce 1. делать вводные замечания; предварять; предпосылать 2. вводить в курс дела; знакомить; обучать 3. вводить в употребление; (впервые) использовать; предлагать (*к использованию*); представлять 4. внедрять; вводить (*напр. примеси*)
introduction 1. введение, вводная часть; предисловие 2. вводный курс; элементарный курс; введение (*в научную дисциплину*); основы 3. введение в курс дела; знакомство; обучение 4. нововведение; введение в употребление; (первое) использование; предложение (*к использованию*); представление 5. внедрение; введение (*напр. примесей*)
   ~ of impurities легирование, введение примесей
introductory вводный; предварительный
introspection интроспекция, самонаблюдение
intrude 1. осуществлять несанкционированное вторжение, вторгаться; проникать; *проф.* «влезать» (*напр. в вычислительную сеть*); *проф.* «взламывать» (*напр. систему*) 2. прерывать телефонный разговор (*напр. для оповещения о предстоящем междугородном вызове*)
intruder 1. субъект, осуществляющий несанкционированное вторжение *или* проникновение (*напр. в вычислительную сеть*); *проф.* «взломщик» (*напр. системы*); злоумышленник (*в криптографии*) 2. оператор, прерывающий телефонный разговор (*напр. для оповещения о предстоящем междугородном вызове*)
intrusion 1. (несанкционированное) вторжение *или* проникновение (*напр. в вычислительную сеть*); *проф.* «взлом» (*напр. системы*) 2. прерывание телефонного разговора (*напр. для оповещения о предстоящем междугородном вызове*)
intuit *вчт* иметь интуитивное представление; понимать *или* воспринимать интуитивно
intuition *вчт* интуиция
   artificial ~ искусственная интуиция
intuitive интуитивный; воспринимаемый на интуитивном уровне
invade 1. вторгаться, осуществлять вторжение (*напр. в защищённую систему*) 2. посягать (*напр. на авторские права*)
invalid 1. *вчт* недопустимый; незаконный; неправильный; ошибочный 2. необоснованный; недостоверный 3. неаттестованный, не имеющий аттестации 4. некомплектный (*о наблюдении в математической статистике*) 5. незадействованный (*напр. о выводе электрического соединителя*)
invalidate 1. *вчт* аннулировать 2. лишать обоснования; не подтверждать достоверность
invalidation 1. *вчт* аннулирование 2. лишение обоснования; неподтверждение достоверности
   line ~ аннулирование строк
invalidity 1. *вчт* недопустимость; незаконность; неправильность; ошибочность 2. необоснованность; недостоверность
invar инвар || инварный
invariable 1. статический; неизменяемый 2. постоянный; неизменяющийся
invariance *вчт* 1. инвариантность 2. постоянство; неизменяемость
   ~ under linear transformations инвариантность по отношению к линейным преобразованиям
   broken ~ нарушенная инвариантность
   C-~ C-инвариантность, инвариантность по отношению к зарядовому сопряжению

invariance

CP-~ CP- инвариантность, инвариантность по отношению к комбинированному [зарядово-пространственному] преобразованию, инвариантность по отношению к произведению операций зарядового сопряжения и инверсии пространства

CPT-~ CPT- инвариантность, инвариантность по отношению к произведению операций зарядового сопряжения, инверсии пространства и инверсии времени

gage ~ калибровочная инвариантность

P-~ P- инвариантность, инвариантность по отношению к операции инверсии пространства, пространственная инвариантность

parameter ~ инвариантность параметра

parity ~ P- инвариантность, инвариантность по отношению к операции инверсии пространства, пространственная инвариантность

scale ~ *фтт* масштабная инвариантность, скейлинг

space ~ пространственная инвариантность, P- инвариантность, инвариантность по отношению к операции инверсии пространства

T-~ T- инвариантность, инвариантность по отношению к операции инверсии времени

time-reversal ~ инвариантность по отношению к операции инверсии времени, T- инвариантность

translation ~ трансляционная инвариантность

invariant *вчт* 1. инвариант || инвариантный 2. постоянный; неизменяющийся

 ~ under inversion инвариантный относительно инверсии

 ~ under mirror reflection инвариантный относительно зеркального отражения

 ~ under rotations инвариантный относительно вращений

 ~ under translations инвариантный относительно трансляций

 adiabatic ~ адиабатический инвариант

 algebraic ~ алгебраический инвариант

 analytic ~ аналитический инвариант

 characteristic ~ характеристический инвариант

 differential ~ дифференциальный инвариант

 geometric ~ геометрический инвариант

 homotopy ~ гомотопический инвариант

 Hopf ~ инвариант Хопфа

 irreducible ~ неприводимый инвариант

 loop ~ инвариант цикла

 motion ~ инвариант движения

 Poincare ~ инвариант Пуанкаре

 polynomial ~ полиномиальный инвариант

 Riemann ~ инвариант Римана

 scalar ~ скалярный инвариант

 singular ~ сингулярный инвариант

 tensor ~ тензорный инвариант

 topological ~ топологический инвариант

 transformation ~ инвариант преобразования

 vector ~ векторный инвариант

invasion 1. вторжение (*напр. в защищённую систему*) 2. посягательство (*напр. на авторские права*)

 unauthorized ~ несанкционированное вторжение

invent изобретать

inventer *см.* **inventor**

invention изобретение

 contrarian ~ изобретение, опровергающее существующие представления (*о чём-либо*)

 patentable ~ патентуемое изобретение

inventor изобретатель

inventory *вчт* 1. опись; перечень; список || делать опись; составлять перечень *или* список; вносить в перечень *или* список 2. опись имущества; инвентарная книга || описывать имущество; вести инвентарную книгу 3. имущество; материально-технические ресурсы 4. инвентарь (*напр. в компьютерных играх*) 5. инвентаризация || производить инвентаризацию 6. каталог || составлять каталог; заносить в каталог

inverse 1. противоположность; противоположное условие *или* состояние; обратная последовательность; обратный порядок || заменять на противоположное *или* обратное; обращать || противоположный; обратный; обращённый 2. инвертировать (*1. выполнять преобразование инверсии; использовать операцию инверсии 2. нарушать обычный порядок или обычное распределение*) 3. инвертированный (*1. полученный в результате использования преобразования инверсии или операции инверсии 2. обладающий нарушенным по отношению к обычному порядком*) 4. инверсный (*обладающий нарушенным по отношению к обычному распределением*) 5. обратная функция 6. обратный элемент (*напр. по операции умножения*) 7. *тлг* переводить регистр

 ~ of element обратный элемент

 ~ of matrix обратная матрица

 additive ~ обратный элемент по операции сложения

 left ~ левый обратный элемент

 multiplicative ~ обратный элемент по операции умножения

 right ~ правый обратный элемент

inversion 1. противоположность; противоположное условие *или* состояние; обратная последовательность; обратный порядок 2. замена на противоположное *или* обратное; обращение 3. инвертирование (*1. выполнение преобразования инверсии или операции инверсии 2. нарушение обычного порядка или обычного распределения*) 4. инверсия (*1. геометрическое преобразование 2. операция симметрии 3. логическая операция НЕ*) 5. вычисление обратной функции 6. *тлг* перевод регистра

 adiabatic fast-passage ~ *кв. эл.* инверсия за счёт адиабатического быстрого прохождения

 alternate mark ~ 1. чередование полярности посылок (*при кодировании*) 2. кодирование с чередованием полярности посылок

 continuous population ~ *кв. эл.* постоянная инверсия заселённости

 critical ~ *кв. эл.* критическая инверсия

 cross-relaxation assisted [cross-relaxation compatible] ~ *кв. эл.* инверсия, облегчаемая кросс-релаксацией

 F-~ *см.* **Fourier inversion**

 Fourier ~ обратное преобразование Фурье

 frequency ~ инверсия спектра

 gap ~ *свпр* инверсия щели

 image ~ инверсия изображения

 input ~ инверсия входного сигнала

 nonuniform ~ *кв. эл.* неоднородная инверсия

 phase ~ инверсия фазы

 picture ~ инверсия изображения

ionization

polarity ~ инверсия полярности (*сигнала*)
population ~ *кв. эл.* инверсия заселённости
space ~ *фтт* инверсия пространства
spectrum ~ инверсия спектра
surface ~ *пп* поверхностная инверсия
time ~ *фтт* инверсия времени
uniform ~ *кв. эл.* однородная инверсия

invert 1. перевёрнутый объект || переворачивать 2. изменять знак; изменять направление (*на противоположное*) 3. преобразовывать постоянный ток в переменный 4. *вчт* инвертировать (*1. заменять 1 на 0 и 0 на 1 в двоичном коде 2. обращать контраст; заменять белый цвет чёрным и чёрный белым на экране дисплея 3. снабжать файл индексами по вторичным ключам*)

inverter 1. инвертор 2. инвертирующий усилитель, усилитель-инвертор 3. *вчт* логическая схема НЕ, схема функции отрицания
   chroma ~ инвертор фазы сигнала цветности
   complementary ~ инвертор на комплементарных [дополняющих] транзисторах
   dc-to-ac ~ инвертор (*устройство для преобразования постоянного тока в переменный*)
   digital ~ *вчт* логическая схема НЕ, схема функции отрицания
   frequency ~ инвертор спектра (*в криптографии*)
   interference ~ *тлв* подавитель помех
   linear ~ инвертирующий усилитель, усилитель-инвертор
   measurement ~ модулятор (*УПТ*)
   mercury-arc ~ инвертор на ртутном вентиле
   multiport ~ многоплечий инвертор
   phase ~ 1. инвертор фазы 2. фазоинвертор
   relaxation ~ инвертор с релаксационным генератором
   sign ~ *вчт* знакоинвертор
   speech ~ скремблер (*в криптографии*)
   synchronous ~ двигатель-генератор
   thyratron ~ тиратронный инвертор

invertible обратимый

inverting 1. переворачивание 2. изменение знака; изменение направления (*на противоположное*) 3. преобразование постоянного тока в переменный 4. *вчт* инвертирование (*1. замена 1 на 0 и 0 на 1 в двоичном коде 2. обращение контраста; замена белого цвета чёрным и чёрного белым на экране дисплея 3. снабжение файла индексами по вторичным ключам*)

invest вкладывать капитал, инвестировать
investigate исследовать; изучать
investigation исследование; изучение
investor инвестор
invisible 1. невидимый 2. *вчт* недоступный (*для использования или просмотра*) 3. неявный; неочевидный
   ~ **for user** невидимый для (определённого) пользователя сети, недоступный для (определённого) пользователя сети в интерактивном режиме
invister инвистер (*полевой ВЧ-транзистор*)
invocation *вчт* вызов (*напр. процедуры*); активизация (*напр. процесса*)
   Java remote method ~ метод удалённого вызова Java-процедур, метод JRMI
   task ~ вызов задачи
invoke *вчт* вызывать (*напр. процедуру*); активизировать (*напр. процесс*)

involute инволюта, самоинверсная функция || инволютный, самоинверсный
involution инволюция, самоинверсное отображение
involve 1. содержать; включать в себя; заключать в себе 2. вовлекать; привлекать 3. помещать; заключать (*напр. в оболочку*) 4. заполнять; занимать 5. усложнять; запутывать 6. закручивать(ся) по спирали
involvement 1. содержание; включение в себя; заключение в себе 2. вовлечение; привлечение 3. помещение; заключение (*напр. в оболочку*) 4. заполнение; занятие 5. усложнение; запутывание 6. закручивание по спирали
   user ~ вовлечение пользователя (*напр. в процесс разработки системы*)
iodopsin иодопсин (*колбочковый зрительный пигмент с максимумом спектральной чувствительности на длине волны 562 нм*)
ion ион
   background ~ фоновый ион
   encapsulated ~ инкапсулированный ион
   energetic ~ ион высокой энергии
   excess ~ избыточный ион
   fast ~ быстрый ион; лёгкий ион
   fullerene-encapsulated ~ инкапсулированный в фуллерен ион
   heavy ~ тяжёлый ион
   high-energy ~ ион высокой энергии
   highly-stripped ~ многозарядный ион, высокоионизированный атом
   implanted ~ имплантированный ион
   incident ~ падающий ион
   Jahn-Teller ~ ян-теллеровский ион
   Langevin ~ тяжёлый ион
   large ~ тяжёлый ион
   laser ~ ион активного вещества лазера
   light ~ лёгкий ион
   maser ~ ион активного вещества мазера
   missing ~ ионная вакансия
   negative ~ отрицательный ион, анион
   plasma ~ ион плазмы
   positive ~ положительный ион, катион
   reactive ~ химически активный ион
   slow ~ медленный ион; тяжёлый ион
   small ~ лёгкий ион
   trapped ~ захваченный ион
ionic ионный
ionization ионизация
   ambient ~ фоновая ионизация
   artificial ~ искусственная ионизация верхних слоёв атмосферы (*с целью улучшения условий радиосвязи*)
   Auger ~ оже-ионизация
   auroral ~ авроральная ионизация
   avalanche ~ лавинная ионизация
   collision ~ ударная ионизация
   cumulative ~ лавина Таунсенда
   dissociative ~ диссоциативная ионизация
   field ~ автоионизация, полевая ионизация
   impact ~ ударная ионизация
   impurity ~ ионизация примеси
   initial ~ первичная ионизация
   linear ~ линейная ионизация
   Lorentz ~ лоренцева ионизация
   meteor (-caused) ~ метеорная ионизация

ionization

    Penning ~ ионизация Пеннинга
    photoelectric ~ фотоионизация
    primary ~ первичная ионизация
    radiation ~ фотоионизация
    residual ~ остаточная ионизация
    secondary ~ вторичная ионизация
    specific ~ удельная ионизация
    spontaneous ~ спонтанная ионизация
    sporadic-E ~ ионизация спорадического слоя E (*ионосферы*)
    surface ~ поверхностная ионизация, термоионная эмиссия
    thermal ~ термическая ионизация, термоионизация
    Townsend ~ лавина Таунсенда
    volumetric ~ объёмная ионизация
    X-ray (deposited) ~ ионизация рентгеновским излучением
ionize 1. ионизировать **2.** распадаться на ионы
ionogen неактивированный электролит
ionogram ионограмма
    bottomside (sounder) ~ ионограмма наземного зондирования
    normal ~ ионограмма вертикального зондирования
    oblique ~ ионограмма наклонного зондирования
    topside (sounder) ~ ионограмма внешнего зондирования
    vertical ~ ионограмма вертикального зондирования
ionography ионография (*метод электростатической печати*)
    image transfer ~ ионография с переносом изображения
ionometer рентген(о)метр
ionophone ионофон (*мощный безмембранный громкоговоритель*)
ionophore *биол.* ионофор
ionosonde ионозонд
    digital ~ цифровой ионозонд
ionosphere ионосфера
    bottomside ~ внутренняя ионосфера
    high-latitude ~ высокоширотная ионосфера
    incompressible ~ несжимаемая ионосфера
    innermost ~ внутренняя ионосфера
    lower ~ нижние слои ионосферы
    low-latitude ~ низкоширотная ионосфера
    outermost ~ внешняя ионосфера
    plane-stratified ~ плоскослоистая ионосфера
    quiet ~ невозмущённая ионосфера
    spherically stratified ~ сферически-слоистая ионосфера
    steady-state ~ стационарная ионосфера
    topside ~ внешняя ионосфера
    upper ~ верхние слои ионосферы
ionospheric ионосферный
iota иота (*буква греческого алфавита*, I, ι)
IP (протокол) IP
    ~ next generation IP следующего поколения
    ~ version 4 IP версии 4, действующий в настоящее время протокол IP
    ~ version 6 IP версии 6, разрабатываемой для замены ныне действующей версии протокола IP
    dial-up ~ доступ по протоколу IP (по телефонной линии) с автоматическим набором номера
    mobile ~ IP для беспроводной связи
i-Pager система отправки сообщений на пейджер через Internet, система i-Pager

iraser иразер (*квантовый генератор или усилитель ИК-диапазона*)
irdome обтекатель антенны радиотеплолокационной станции
iris 1. диафрагма **2.** *опт.* ирисовая диафрагма **3.** (плавное) введение *или* выведение изображения диафрагмированием ‖ (плавно) вводить *или* выводить изображение диафрагмированием (*объектива видеокамеры*) **4.** радужная оболочка **5.** радуга ◊ **~ -in** (плавное) введение изображения диафрагмированием ‖ (плавно) вводить изображение диафрагмированием; **~ -out** (плавное) выведение изображения диафрагмированием ‖ (плавно) выводить изображение диафрагмированием
    adjustable ~ регулируемая диафрагма
    capacitive ~ ёмкостная диафрагма
    coupling ~ диафрагма связи
    inductive ~ индуктивная диафрагма
    mode control ~ диафрагма (для) селекции мод
    motor-driven ~ диафрагма с сервоприводом
    power dividing ~ диафрагма (для) деления мощности
    resonant ~ резонансная диафрагма
    waveguide ~ волноводная диафрагма
irk 1. *вчт* штрих (*надстрочный знак в математических формулах*), символ ´ **2.** закрывающая кавычка, символ ʼ
iron 1. железо ‖ железный **2.** *вчт* аппаратное обеспечение; аппаратные средства; аппаратура, *проф.* «железо» ‖ аппаратный, относящийся к «железу»
    big ~ *вчт* мэйнфрейм, *проф.* «большой компьютер» (*большая многопользовательская вычислительная система*);
    carbonyle ~ карбонильное железо
    climbing ~ когти (*приспособление для подъёма на деревянные опоры телеграфной или электрической сети*)
    core ~ трансформаторное железо
    electric soldering ~ электрический паяльник
    electrolythic ~ электролитическое железо
    pulse dot soldering ~ инструмент для точечной импульсной пайки
    soldering ~ паяльник
    technical-grade ~ технически чистое железо
    temperature-controlled soldering ~ паяльник с регулируемым нагревом
    ultrasonic soldering ~ ультразвуковой паяльник
irradiance энергетическая освещённость; облучённость
irradiate 1. облучать **2.** излучать; испускать (*напр. лучи*)
irradiation 1. облучение **2.** облучённость **3.** луч; пучок **4.** иррадиация (*1. иллюзия иррадиации (оптическая иллюзия) 2. распространение процессов возбуждения и торможения в нервной системе*) **5.** радиотерапия
    equivalent dark-current ~ энергетический эквивалент темнового тока
    equivalent noise ~ энергетический эквивалент шумов
irrational иррациональное число; иррациональное выражение ‖ иррациональный
irrecoverable 1. невосстанавливаемый (*напр. файл*) **2.** неисправимый (*напр. об ошибке*); неустранимый (*напр. о неисправности*) **3.** нерегенерируемый; некуперируемый

irrecoverabilit/y, irrecoverableness 1. невосстанавливаемость (*напр. файла*) **2.** неисправимость (*напр. ошибки*); неустранимость (*напр. неисправности*) **3.** нерегенерируемость; нерекупируемость
irreducibilit/y вчт неприводимость
  polynomial ~ неприводимость полиномов
irreducible вчт неприводимый
irreducibleness вчт неприводимость
irregular 1. нерегулярный (*1. неоднородный 2. неравномерный*) **2.** неровный; шероховатый (*о поверхности*) **3.** нестандартное изделие; бракованное изделие; несовершенный материал; материал с дефектами || нестандартный; бракованный; несовершенный; дефектный **4.** асимметричный объект; неупорядоченная структура || асимметричный; неупорядоченный
irregularit/y 1. нерегулярность (*1. неоднородность 2. неравномерность*) **2.** неровность; шероховатость (*поверхности*) **3.** препятствие (*напр. для распространения радиоволн*) **4.** нестандартность; брак; несовершенство; дефект **5.** асимметричность; неупорядоченность
  ~ies of electron density неоднородности концентрации электронов
  auroral ~ies авроральные неоднородности
  impedance ~ неоднородность полного сопротивления (*линии передачи*)
  ionosphere ~ies неоднородности ионосферы
  large-scale ~ крупномасштабная неоднородность
  off-path ~ препятствие вне трассы
  on-path ~ препятствие на трассе
  refractive ~ies неоднородности показателя преломления
  scattering ~ рассеивающая неоднородность
  small-scale ~ мелкомасштабная неоднородность
  turbulent ~ турбулентная неоднородность
irrelevance, irrelevancy вчт несоответствие (*напр. запросу*); неадекватность; неуместность; *проф.* нерелевантность
irrelevant вчт не относящийся к делу; неподходящий; несоответствующий (*напр. запросу*); неадекватный; неуместный; *проф.* нерелевантный
irreparability 1. неремонтопригодность **2.** неустранимость
irreparable 1. неремонтопригодный **2.** неустранимый
irresolubility вчт неразрешимость
irresoluble вчт неразрешимый
irreversibility 1. необратимость **2.** нереверсируемость
  ~ of process необратимость процесса
  logical ~ логическая необратимость
  physical ~ физическая необратимость
irreversible 1. необратимый **2.** нереверсируемый
irrotational 1. не связанный с вращением *или* поворотом; невращательный; неповоротный **2.** не связанный с циклическим изменением **3.** безвихревой; потенциальный (*о поле*)
isaurore изохазма полярных сияний
ISDN 1. глобальная цифровая сеть с комплексными услугами, сеть (стандарта) ISDN **2.** всемирный стандарт для цифровых сетей с комплексными услугами, стандарт ISDN
  basic rate ~ базовая сеть (стандарта) ISDN
  broadband ~ широкополосная сеть (стандарта) ISDN
  primary rate ~ первичная сеть (стандарта) ISDN

island 1. остров; изолированный участок; изолированный объект **2.** *микр.* островок || образовывать островки
  bonding ~ контактная площадка
  information ~ недоступная информация (*напр. для пользователей сети*), *проф.* информационный остров
  magnetic ~ магнитный остров (*в плазме*)
  silicon ~ кремниевый островок
ISO 1. Международная организация по стандартизации **2.** стандарт ISO, стандарт Международной организации по стандартизации **3.** система ISO для обозначения чувствительности фотоэмульсии
  ~ 9660 стандарт ISO 9660 на формат файловой системы компакт-дисков
  ~ Latin 1 набор символов ISO Latin 1 для западноевропейских языков
isobath изобата, линия равной глубины
isocandela изокандела, кривая равной силы света
isochasm изохазма полярных сияний
  auroral ~ изохазма полярных сияний
isochromate изохромата
isochromatic 1. изохроматический **2.** ортохроматический
isochronal изохронный
isochrone изохрона
isochronism изохронизм
isoclinal изоклинный
isocline изоклина
isocon *тлв* изокон
  image ~ суперизокон
isocost изокоста, линия равных издержек производства
isodel *рлк.* линия постоянного значения времени задержки
isodop *рлк* линия постоянного значения доплеровской частоты
isoelectronic изоэлектронный
isoepitaxy *микр.* гомоэпитаксия, изоэпитаксия
isogyre *опт.* изогира
ISO/IEC стандарт ISO/IEC, стандарт Международной комиссии по стандартизации и Международной электротехнической комиссии
  ~ 13346 стандарт ISO/IEC 13446 на формат файловой системы компакт-дисков
  ~ 13490 стандарт ISO/IEC 13490 на формат файловой системы компакт-дисков
isolate 1. изолировать **2.** развязывать **3.** выделять (*напр. сигнал*) **4.** локализовать (*напр. отказ*) **5.** разъединять
isolation 1. изоляция **2.** развязка **3.** коэффициент развязки; переходное затухание **4.** выделение (*напр. сигнала*) **5.** локализация (*напр. отказа*) **6.** разъединение **7.** изолированность; обособленность; уединение ◊ **~ between antennas** коэффициент развязки между антеннами; **~ between channels** переходное затухание между каналами
  ~ of transaction вчт изолированность транзакции
  air ~ изоляция воздушными промежутками
  base-diffusion ~ *микр.* изоляция методом базовой диффузии
  beam ~ 1. развязка лучей **2.** коэффициент развязки лучей
  beam-lead ~ *микр.* изоляция методом балочных выводов
  card ~ выделение [изоляция] платы стандарта PnP (*при автоматическом конфигурировании*)

isolation

ceramic ~ *микр.* керамическая изоляция
collector-diffusion ~ *микр.* изоляция методом коллекторной диффузии
cross-polarization ~ развязка по поперечной поляризации
dielectric ~ *микр.* диэлектрическая изоляция
diffused (junction) ~ *микр.* изоляция диффузионными p-n-переходами
diode ~ *микр.* изоляция p-n-переходами
dioxide-polysilicon ~ *микр.* изоляция диоксидом кремния и поликристаллическим кремнием
double-poly ~ *микр.* изоляция двойным слоем поликристаллического кремния
epitaxial ~ *микр.* изоляция методом эпитаксии
etch-out and backfill ~ изоляция вытравленными канавками, заполненными диэлектриком
failure ~ локализация отказа
fault ~ локализация повреждения; локализация неисправности
frequency ~ развязка по частоте
ground ~ развязка по земле
input-output ~ развязка между входом и выходом
insulated ~ *микр.* диэлектрическая изоляция
isoplanar ~ *микр.* изоляция изопланарным методом
junction ~ *микр.* изоляция p — n-переходами
mesa ~ *микр.* изоляция мезаструктурами
object ~ выделение объекта (*в распознавании образов*)
optical ~ оптическая развязка
oxide ~ *микр.* изоляция оксидом
p-i-n ~ *микр.* изоляция p — i — n-структурами
p-n junction ~ *микр.* изоляция p — n-переходами
polycrystal ~ *микр.* изоляция поликристаллическим кремнием
power ~ развязка по цепям питания
recessed oxide ~ изоляция канавками, заполненными диэлектриком
resistive ~ *микр.* резистивная изоляция
reverse ~ развязка
reverse-biased diode [reverse-biased junction] ~ *микр.* изоляция обратносмещёнными p — n-переходами
shape-back dielectric ~ *микр.* диэлектрическая изоляция методом шлифовки обратной стороны подложки
signal ~ выделение сигнала
SiO₂ ~ *микр.* изоляция диоксидом кремния
stereophonic receiver channel ~ переходное затухание между каналами в стереофоническом приёмнике
transmit-receive ~ развязка между приёмным и передающим трактами
undercut ~ *микр.* подрезанная изоляция

isolator 1. вентиль **2.** разъединитель
antiferromagnetic ~ вентиль на антиферромагнетике
antiferromagnetic-resonance ~ вентиль на антиферромагнитном резонансе
circular-waveguide resonance ~ резонансный вентиль на круглом волноводе
coaxial ~ коаксиальный вентиль
coaxial resonance ~ коаксиальный резонансный вентиль
dielectric-loaded ~ вентиль с диэлектрическим заполнением
electrooptic ~ электрооптический вентиль
Faraday-effect [Faraday-rotation] ~ фарадеевский вентиль, вентиль на эффекте Фарадея
ferrite ~ ферритовый вентиль
field-displacement ~ вентиль со смещением поля
Hall-effect ~ вентиль на эффекте Холла
helical line ~ вентиль на спиральной линии
load ~ вентиль
microwave ~ СВЧ-вентиль
optical ~ **1.** оптический вентиль **2.** оптопара, оптрон
optically-coupled ~ оптопара, оптрон
photon-coupled ~ оптопара, оптрон
pump ~ вентиль цепи накачки
rectangular-waveguide ~ вентиль на прямоугольном волноводе
resistance-sheet ~ вентиль с поглощающим слоем
resonance(-type) ~ резонансный вентиль
spark-gap optical ~ оптический вентиль с искровым разрядником
strip-line ~ вентиль на полосковой линии
thin-film optical ~ тонкоплёночный оптический вентиль
waveguide ~ волноводный вентиль

isoline изолиния
isomagnetic изомагнитная линия || изомагнитный
isomer изомер
isomerism изомерия
isometric изометрия || изометрический
isomorph изоморф, изоморфный объект
isomorphic изоморфный
isomorphism изоморфизм
isophotometer денситометр с двумерным отображением данных
isoplanar *микр.* изопланарная технология
isosceles *вчт* равнобедренный
isotherm изотерма
  Langmuir ~ изотерма Ленгмюра
isotropic изотропный
isotropy изотропия
  ~ **of free space** изотропия свободного пространства
  ~ **of space-time** изотропия пространства-времени
  ~ **of vacuum** изотропия вакуума
isotype изотипный (*напр. гетеропереход*)
issue 1. *вчт* запуск [ввод] команды *или* инструкции (*для исполнения*) || запускать [вводить] команду или инструкцию (*для исполнения*) **2.** выпуск; издание || выпускать; издавать **3.** номер; выпуск; экземпляр (*печатного издания*) **4.** тираж **5.** исход; результат || происходить; быть результатом **6.** предмет обсуждения; обсуждаемая тема; проблема **7.** *pl* прибыль; доход ◊ **in the** ~ в результате, в итоге; **the point of** ~ предмет обсуждения
italic *вчт* курсив || курсивный
italicize *вчт* набирать курсивом; использовать курсив
Itanium 64-разрядный процессор первого поколения фирмы Intel, процессор Itanium
Item стандартное слово для буквы *I* в фонетическом алфавите «Эйбл»
item 1. элемент; пункт, позиция, параграф; строка **2.** представлять в виде перечня *или* списка; перечислять по пунктам **3.** объект, статистическая единица **4.** предмет; изделие; объект
  boundary ~ граничный элемент
  configuration ~ конфигурируемый объект

data ~ элемент данных
deleted ~**s** 1. удалённые элементы 2. удалённая (электронная) корреспонденция, удалённые сообщения
display ~ элемент отображения
menu ~ *вчт* элемент [позиция, пункт] меню
itemize 1. представлять в виде перечня *или* списка; перечислять по пунктам 2. классифицировать; составлять спецификацию
iterate *вчт* 1. использовать метод итераций 2. выполнять цикл
iteration *вчт* 1. метод итераций 2. итерация; последовательное приближение 3. шаг цикла
iterative итерационный
iterator *вчт* итератор
itinerant *магн.* 1. связанный с переходами электронов с узла на узел; обусловленный электронами проводимости 2. зонный (*напр. магнетик*)

J

J 1. джоуль, Дж 2. (допустимое) буквенное обозначение *i*-го (2≤*i*≤26) логического диска, съёмного устройства памяти *или* компакт-диска (*в IBM-совместимых компьютерах*)
jack 1. гнездо (*электрического соединителя*) 2. валет (*в игральных картах*) 3. домкрат; переносное подъёмное приспособление ‖ поднимать с помощью домкрата
answering ~ *тлф* гнездо местного поля
antenna ~ антенное гнездо
auxiliary ~ *тлф* вспомогательное гнездо
banana ~ однополюсное гнездо для вилки с пружинящими боковыми накладками
branch (ing) ~ *тлф* параллельное гнездо
break ~ разделительное гнездо, гнездо с размыкающимся контактом
bridging ~ параллельное гнездо
busy back ~ *тлф* гнездо занятости
calling ~ *тлф* вызывное гнездо
cutoff ~ разделительное гнездо, гнездо с размыкающимся контактом
dc in ~ гнездо для подключения внешнего источника постоянного напряжения
earth ~ гнездо заземлении
echo-reverberation unit ~ гнездо для подключения внешнего устройства для создания (искусственного) эха и реверберации
external antenna ~ антенное гнездо
external dc power ~ гнездо для подключения внешнего источника постоянного напряжения
external speaker ~ гнездо для подключения внешней акустической системы
grounding ~ гнездо заземления
hand ~ ручной домкрат
headphone ~ гнездо для подключения головного телефона
line ~ *тлф* линейное гнездо
line input ~ гнездо для подключения радиотрансляционной линии

listening ~ гнездо местного поля
local ~ гнездо местного поля
modular ~ 1. стандартный 6-контактный телефонный соединитель, соединитель типа RJ-11 2. гнездо стандартного 6-контактного телефонного соединителя, гнездо соединителя типа RJ-11
monitoring ~ гнездо прослушивания
multiple ~ *тлф* 1. гнездо многократного поля 2. параллельное гнездо
open-circuit ~ гнездо разомкнутого типа
operator's telephone ~ гнездо гарнитуры телефонистки
out-of-service ~ гнездо блокировки
patching ~ коммутационное гнездо
phone ~ телефонное гнездо
phono ~ гнездо для подключения электропроигрывающего устройства
pin ~ однополюсное гнездо миниатюрного штепсельного соединителя
pup ~ однополюсное гнездо
RCA ~ гнездо безрезьбового коаксиального электрического соединителя, гнездо соединителя типа RCA, *проф.* гнездо (соединителя типа) «тюльпан», гнездо (соединителя типа) «азия» (*в аудио- и видеоаппаратуре*)
registered ~ **11** 1. стандартный 6-контактный телефонный соединитель, соединитель типа RJ-11 2. гнездо стандартного 6-контактного телефонного соединителя, гнездо соединителя типа RJ-11
registered ~ **45** 1. стандартный 8-контактный соединитель для последовательного порта, соединитель типа RJ-45 2. гнездо стандартного 8-контактного телефонного соединителя, гнездо соединителя типа RJ-45
remote control ~ гнездо для подключения пульта дистанционного управления
rhythm-in ~ гнездо для подключения электромузыкального инструмента
spring ~ гнездо с контактной пружиной
SWBD ~ *см.* switchboard jack
switch ~ гнездо переключателя
switchboard ~ коммутационное гнездо
telephone ~ телефонное гнездо
test ~ 1. *тлф* параллельное гнездо 2. контрольное гнездо
through ~ *тлф* гнездо транзитной связи
tip ~ однополюсное гнездо
transfer ~ *тлф* передаточное гнездо
tube ~ гнездо ламповой панели
twin ~**s** спаренные гнёзда
wiring harness ~ гнездовой соединитель для монтажного жгута
jacket 1. кожух; чехол 2. оболочка (*напр. кабеля*); обшивка *вчт* 3. контейнер (*напр. дискеты*); футляр (*напр. кассеты*); конверт (*напр. для компакт-диска*) 4. суперобложка (*печатного издания*)
book ~ суперобложка
disk ~ контейнер дискеты
dust ~ 1. пыленепроницаемый кожух 2. суперобложка
optical fiber ~ защитная оболочка оптического волокна
water-proof ~ водонепроницаемая оболочка
jackknife метод складного ножа ‖ относящийся к методу складного ножа (*для оценки смещения статистики*)

jackknifing

jackknifing использование метода складного ножа (*для оценки смещения статистики*)

jackpot *тлв* крупный приз; (накапливающийся) выигрыш; *проф.* «джекпот» (*напр. в телевикторинах*)

jackscrew винт для сочленения и расчленения электрического соединителя

Jacobian *вчт* якобиан

jaff *проф.* радиоэлектронное (активное *или* пассивное) подавление

jag 1. *тлв, вчт* зубец, *проф.* зубчик; ступенька; неровность ‖ иметь зубцы, ступеньки *или* неровности (*напр. на прямой линии или на краях изображения*) **2.** зуубчатые искажения краёв факсимильной копии (*обусловленные кратковременным срывом синхронизации*)

jagged зубчатый; ступенчатый; неровный (*напр. о прямой линии и крае изображения*)

jaggies *тлв, вчт* зубцы, *проф.* зубчики; ступеньки; неровности (*напр. на прямой линии или на краях изображения*)

jaggy см. **jagged**

jalousie вытеснение одного изображения (*напр. телевизионного*) другим с использованием жалюзи (*горизонтальных или вертикальных*), *проф.* жалюзи

fade ~ плавное вытеснение одного изображения (*напр. телевизионного*) другим с использованием жалюзи (*горизонтальных или вертикальных*), *проф.* жалюзи

horizontal ~ вытеснение одного изображения (*напр. телевизионного*) другим с использованием горизонтальных жалюзи, *проф.* горизонтальные жалюзи

vertical ~ вытеснение одного изображения (*напр. телевизионного*) другим с использованием вертикальных жалюзи, *проф.* вертикальные жалюзи

jam 1. *вчт* затор, столкновение (потоков) данных **2.** *вчт* сигнал затора, сигнал о столкновении (потоков) данных ‖ сигнализировать о заторе **3.** заклинивание (*напр. механизма*); заедание (*напр. магнитной ленты*) ‖ заклинивать(ся); заедать **4.** смятие (*напр. бумаги при подаче в принтер*) ‖ смять(ся); сминать(ся) **5.** активная преднамеренная радиопомеха ‖ создавать активные преднамеренные радиопомехи **6.** *тлв* встреча музыкальных групп, *проф.* «джем» ‖ принимать участие во встрече музыкальных групп

tape ~ заедание ленты

traffic ~ **1.** *вчт* затор, столкновение (потоков) данных **2.** транспортная пробка

jammer станция активных преднамеренных радиопомех, станция активного радиоэлектронного подавления

automatic-search ~ станция радиотехнической разведки и автоматического активного радиоэлектронного подавления

barrage ~ станция активных заградительных радиопомех

circumstance ~ станция активных преднамеренных радиопомех с анализом помеховой обстановки

communication ~ станция активных преднамеренных помех средствам радиосвязи

deception ~ станция активных имитирующих радиопомех

electronic ~ станция активных преднамеренных радиопомех, станция активного радиоэлектронного подавления

repeater ~ станция активных ответных радиопомех

search ~ станция радиотехнической разведки и активного радиоэлектронного подавления

sweep ~ станция активных радиопомех с частотной модуляцией

jamming 1. *вчт* затор, столкновение (потоков) данных **2.** *вчт* передача сигнала затора, передача сигнала о столкновении (потоков) данных; сигнализация о заторе **3.** заклинивание (*напр. механизма*); заедание (*напр. магнитной ленты*) **4.** смятие (*напр. бумаги при подаче в принтер*) **5.** создание активных преднамеренных радиопомех, активное радиоэлектронное подавление **6.** *тлв* участие во встрече музыкальных групп

accidental ~ случайное активное радиоэлектронное подавление (*собственными радиосредствами*)

active ~ создание активных преднамеренных радиопомех, активное радиоэлектронное подавление

angle ~ создание пассивных преднамеренных радиопомех с угловой модуляцией

barrage ~ создание активных заградительных радиопомех

chaff ~ создание активных преднамеренных радиопомех с помощью дипольных отражателей

confusion ~ создание активных имитирующих радиопомех

cw ~ создание активных преднамеренных радиопомех в виде непрерывного излучения (*с постоянными амплитудой и частотой*)

deception ~ создание активных имитирующих радиопомех

electronic ~ создание активных преднамеренных радиопомех, активное радиоэлектронное подавление

frequency-modulated ~ создание активных преднамеренных радиопомех с частотной модуляцией

intermediate-frequency ~ создание активных преднамеренных радиопомех по ПЧ

inverse conical scan ~ создание имитирующих радиопомех для срыва автоматического сопровождения по азимуту путём переизлучения сигнала с обратной модуляцией

mechanical ~ создание пассивных преднамеренных радиопомех

narrow-band ~ создание активных прицельных радиопомех

noise ~ создание активных преднамеренных шумовых радиопомех

off-target ~ создание активных преднамеренных радиопомех станцией, удалённой от места расположения основных собственных средств

passive ~ создание пассивных преднамеренных радиопомех

pulse-modulated ~ создание активных преднамеренных импульсных радиопомех (*с различной длительностью и частотой повторения импульсов*)

radar ~ создание активных преднамеренных радиопомех РЛС

radio ~ активное радиоэлектронное подавление средств радиосвязи

reflective ~ создание пассивных преднамеренных радиопомех
repeat ~ создание активных ответных радиопомех
sine-wave modulated ~ создание непрерывных преднамеренных радиопомех с амплитудной гармонической модуляцией
spot ~ создание активных узкополосных прицельных радиопомех
sweep ~ создание активных преднамеренных радиопомех с частотной модуляцией
swept-spot ~ создание активных узкополосных прицельных радиопомех с частотной модуляцией
window ~ создание пассивных преднамеренных радиопомех с помощью дипольных отражателей

jamproof *рлк* защищённый от активных преднамеренных радиопомех

jam-resistant *рлк* устойчивый к воздействию активных преднамеренных радиопомех

Jansky Янский, Ян (*радиоастрономическая единица поверхностной спектральной плотности потока излучения, равная* 10^{-26} *Вт/(м² · Гц)*)

jar 1. сосуд; контейнер; *проф.* вместилище **2.** формат архивных файлов в Java, файловый формат jar **3.** расширение имени файла формата jar
cookie ~ *вчт* **1.** область памяти для хранения данных типа «cookie» **2.** *проф.* список паролей для взлома многопользовательских компьютеров

jargon *вчт* профессиональная лексика; жаргон || использовать профессиональную лексику; использовать жаргон
computer ~ профессиональная компьютерная лексика; компьютерный жаргон

Java *вчт* язык (высокого уровня) Java, объектный язык виртуальных машин

JavaBeans *вчт* объектная модель JavaBeans

JavaScript *вчт* (открытый межплатформенный) язык программирования JavaScript (*для написания сценариев*)

jaw захват; схват; зажим; *pl* зубчатые губки (*напр. плоскогубцев*)
robot ~ схват робота; захватное устройство робота

jaw-breaker *вчт* труднопроизносимое слово

jazz джаз; джазовая музыка || исполнять джазовую музыку

jazzy джазовый

jellyware *вчт проф.* **1.** человеческие ресурсы (*компьютерной техники*); персонал **2.** человеческий мозг; нервная система человека

Jesebel пассивный радиогидроакустический буй типа «Джезебель»

jet 1. струя; струйное течение || струиться; течь струёй; образовывать струи || струйный **2.** жиклёр **3.** реактивный двигатель **4.** реактивный самолёт
electron ~ электронная струя
ion ~ ионная струя
separatrix ~ сепаратрисная струя
turbulence ~ турбулентная струя

Jig стандартное слово для буквы *J* в фонетическом алфавите «Эйбл»

jig 1. (направляющий) шаблон; образец || обрабатывать по (направляющему) шаблону; использовать образец **2.** зажимное приспособление; (фиксирующая) оправка

jingle 1. *проф.* звонок по телефону **2.** *pl* позывные

JIT «точно в нужный момент времени» (*1. метод динамической компиляции для ускорения исполнения JAVA-приложений, метод JIT 2. концепция организации бизнес-процессов, концептуальная система JIT*)

jitter 1. дрожание; подёргивание || дрожать; подёргиваться **2.** фазовое дрожание **3.** шум мерцания, фликкер-шум **4.** *тлг* случайные искажения **5.** искусственный шум
beam ~ дрожание диаграммы направленности антенны
facsimile ~ качание развёртывающего элемента факсимильного аппарата
fortuitous ~ *тлв* случайные искажения
frame-to-frame ~ дрожание кадров
frequency ~ дрожание частоты
image ~ дрожание изображения
interlace ~ дрожание строк, обусловленное неустойчивостью чересстрочной развёртки
laser beam ~ дрожание лазерного луча
line ~ *тлв* дрожание строк
multiplex ~s фазовые дрожания в системе с объединением сигналов
phase ~ фазовое дрожание
pulse ~ фазовое дрожание импульса
pulse-time ~ дрожание длительности импульса
short-term frequency ~ кратковременное дрожание частоты
short-term phase ~ кратковременное фазовое дрожание
time ~ дрожание развёртки
timing ~ фазовое дрожание синхронизирующих импульсов
transponder reply ~ фазовое дрожание импульса ответчика

jitteriness дрожание; подёргивание

jitterizer алгоритм *или* реализация алгоритма удаления элементов последовательности по псевдослучайному закону

jittery дрожащий; подёргивающийся

job 1. *вчт* задание || выполнять задание **2.** задача; проблема; проект; работа || решать задачу; разрешать проблему; работать над проектом; выполнять работу **3.** работа; деятельность || работать; действовать **4.** обработка || обрабатывать **5.** обрабатываемое изделие; объект обработки **6.** наём || нанимать на работу || наёмный
active ~ выполняемое задание
background ~ фоновая задача
batch ~ пакетное задание
copying ~s копировальные работы; тиражирование
foreground ~ приоритетная задача
one-shot ~ разовое задание
pending ~ невыполненное задание; повисшее задание
remote ~ дистанционное задание
trainee ~ стажировка

jock(ey) 1. диск-жокей **2.** видеожокей **3.** *вчт проф.* «жокей», программист без творческих начал
computer ~ *вчт проф.* «жокей», программист без творческих начал
disk ~ ведущий дискотеки, диск-жокей
video ~ видеожокей

joe *вчт* пользователь (*сети*) с одинаковыми именем и паролем *или* с легко определяемым паролем, *проф.* простак

jog 1. толчок; подталкивание; сталкивание || толкать(ся); подталкивать; сталкивать **2.** покадровая

протяжка (*напр. киноленты*) || производить покадровую протяжку (*напр. киноленты*) **3.** выравнивание листов бумаги в пачке || выравнивать листы бумаги в пачке (*напр. перед загрузкой в лоток принтера*) **4.** неровность; шероховатость (*напр. поверхности*) **5.** ступенька; излом; изгиб || изменяться ступенчатым образом; испытывать излом; изгибать(ся)
dislocation ~ дислокационная ступенька
double dislocation ~ двойная дислокационная ступенька
sessile dislocation ~ сидячая дислокационная ступенька
surface ~ ступенька на поверхности
jogger сталкивающее устройство; сталкиватель (*напр. листа бумаги из принтера после печати*)
jogging 1. толчок; подталкивание; сталкивание **2.** толчковый режим работы (*напр. электродвигателя*) **3.** толчковый запуск **4.** покадровая протяжка (*напр. киноленты*) **5.** выравнивание листов бумаги в пачке (*напр. перед загрузкой в лоток принтера*)
frame ~ покадровая протяжка (*напр. киноленты*)
join 1. соединение (*1. сочленение; стык; контакт; место контакта; граница 2. соединение отношений (в реляционной алгебре) 3. соединение точек или линий на графике (линиями или кривыми); способ соединения точек или линий на графике*) **2.** соединять(ся); сочленять(ся); стыковать(ся); приводить(ся) в контакт; контактировать; граничить **3.** соединять отношения (*в реляционной алгебре*) **4.** соединять точки *или* линии на графике (*линиями или кривыми*) **5.** объединение (*1. слияние (воедино) 2. вчт объединение множеств*) **6.** объединять(ся); сливать(ся) **7.** вчт объединять множества **8.** присоединение || присоединять(ся) **9.** склейка (*напр. магнитной ленты*); сросток (*напр. кабеля*) || склеивать (*напр. магнитную ленту*); сращивать (*напр. кабель*)
~ **of relation** соединение отношений (*в реляционной алгебре*)
~ **of set** объединение множеств
corner line ~ угловое соединение линий
cut line ~ срезанное соединение линий
inner ~ внутреннее соединение отношений (*в реляционной алгебре*)
line ~ соединение линий; способ соединения линий (*в компьютерной графике*)
outer ~ внешнее соединение отношений (*в реляционной алгебре*)
rounded line ~ скруглённое соединение линий
joining 1. соединение (*процесс*); сочленение (*процесс*); стыкование, стыковка; приведение в контакт; контактирование || соединяющий, соединительный; сочленяющий; стыкующий, стыковочный; приводящий в контакт **2.** соединение (*процесс*) точек или линий на графике (*линиями или кривыми*) || соединительный (*о линии или кривой*), соединяющий точки *или* линии на графике **3.** объединение; слияние (*воедино*) || объединяющий; объединительный **4.** присоединение || присоединяющий; присоединительный **5.** склеивание (*напр. магнитной ленты*); сращивание (*напр. кабеля*) || склеивающий (*напр. магнитную ленту*); сращивающий (*напр. кабель*)

joint 1. соединение; сочленение; стык; контакт; место контакта; граница || соединять(ся); сочленять(ся); стыковать(ся); приводить(ся) в контакт; контактировать; граничить **2.** сустав (*напр. робота*) **3.** стык (*в системе передачи данных*) **4.** совместный; объединённый; общий **5.** комбинированный; гибридный **6.** узел (*1. вчт узел сети 2. узел сетки (при интерполяции) 3. контактный узел*) || узловой
articulated ~ шарнирное сочленение (*напр. робота*)
ball(-and-socket) ~ шаровой шарнир (*напр. робота*)
butt ~ **1.** соединение встык **2.** *микр.* вывод для стыкового контакта, I-образный вывод **3.** контактное фланцевое соединение (*волноводов*)
choke ~ дроссельное фланцевое соединение (*волноводов*)
compression-bonded ~ соединение обжимом
crimp ~ **1.** соединение обжимом **2.** беспаечное соединение
dry ~ непропаянное соединение
elbow ~ локтевой сустав (*робота*)
high-resistance ~ высокоомное соединение
hook [lap] ~ соединение внахлёстку
knuckle ~ плоское сочленение (*напр. робота*)
matched ~ согласованное (*по коэффициентам теплового расширения*) паяное соединение
mechanical ~ механическое соединение
rosin ~ непропаянное соединение
rotary [rotating] ~ вращающееся соединение (*волноводов*)
shielded ~ экранированное соединение (*кабелей*)
soft-soldered ~ соединение, паянное легкоплавким припоем
sold(ed) ~ **1.** паяное соединение **2.** паяный контактный узел
solder (ed) ~ паяное соединение
solderless ~ **1.** беспаечное соединение **2.** беспаечный контактный узел
superconducting ~ сверхпроводящее соединение
superconductor-to-lead ~ соединение сверхпроводника с токовводом
T- ~ Т-образное соединение накруткой
toggle ~ коленно-рычажное сочленение
twisted ~ соединение накруткой
universal ~ универсальное сочленение; универсальный шарнир
waveguide rotary ~ волноводное вращающееся соединение
welded ~ сварное соединение
Western Union ~ соединение накруткой с опайкой
wire-wrapped ~ соединение накруткой
Joliet стандарт Joliet на формат файловой системы компакт-дисков для операционных систем Windows 95/NT
joule джоуль, Дж
journal 1. журнал (*1. файл регистрации событий или транзакций в компьютере или сети; протокол изменений 2. научное или профессиональное периодическое печатное издание*) **2.** *вчт* заносить в журнал; регистрировать; вести протокол; протоколировать **3.** журнальный **4.** (*ежедневная*) газета
electronic ~ электронный журнал (*1. файл регистрации событий или транзакций в компьютере*

или сети; протокол изменений **2.** *электронное научное или профессиональное периодическое печатное издание*)
journaling *вчт* занесение в журнал; регистрация; протоколирование; *проф.* журнализация
journalism **1.** журналистика **2.** пресса **3.** журнальный *или* газетный материал
  broadcast ~ теле- *или* радиожурналистика
  checkbook ~ *тлв* практика взятия платных интервью
  electronic ~ электронная журналистика (*теле-, радио- или видеожурналистика*)
  video ~ видеожурналистика
journalist **1.** журналист **2.** владелец газеты *или* журнала
journalize *вчт* заносить в журнал; регистрировать; вести протокол; протоколировать
journalizing *вчт* занесение в журнал; регистрация; протоколирование; *проф.* журнализация
journo журналист
Jovial язык программирования Jovial
joystick **1.** *вчт* джойстик (*манипулятор рычажного типа для управления курсором*) **2.** регулятор положения луча (*в ЭЛТ*)
  ~ **with fire buttons** джойстик с (дополнительными) кнопками ведения стрельбы (*в компьютерных играх*)
  ~ **with hat switch** джойстик с (дополнительным) кнопочным переключателем на головке рукоятки (*напр. для изменения режима работы*)
  ~ **with turbo/auto fire buttons** джойстик с (дополнительными) кнопками ведения непрерывной стрельбы (*в компьютерных играх*)
  ~ **with X-Y trimmers** джойстик с подстроечными резисторами для установки нуля и регулировки чувствительности по осям X и Y
JPEG **1.** Объединённая группа экспертов по фотографии, JPEG **2.** алгоритм JPEG (для сжатия видеоданных о неподвижных изображениях) **3.** графический формат JPEG
  Motion ~ **1.** алгоритм M-JPEG (для сжатия видеоданных о движущихся изображениях) **2.** графический формат M-JPEG
jpg расширение имени графического файла в формате JPEG
judder **1.** интенсивная вибрация || интенсивно вибрировать **2.** качание развёртывающего элемента факсимильного аппарата
  horizontal ~ *тлв* подёргивание строк
  vertical ~ *тлв* подёргивание кадров
jug *вчт* вызывать зубчатые искажения изображения линий (*в растровой графике*)
jugging *вчт* зубчатые искажения изображения линий (*в растровой графике*)
juice *проф.* (электрический) ток
jukebox проигрыватель-автомат, проигрыватель с автоматической сменой носителей записи (*напр. компакт-дисков*)
  optical ~ проигрыватель с автоматической сменой компакт-дисков
Julia система «Джулия» (*активная гидроакустическая система обнаружения подводных лодок с использованием букв «Джезебель»*)
Juliet стандартное слово для буквы *J* в фонетическом алфавите «Альфа»

jump **1.** скачок; перепад; резкое изменение || испытывать скачок; иметь перепад; резко изменяться **2.** пропуск; пробел || пропускать; иметь пробел **3.** *вчт* переход || выполнять переход ◊ ~ **in potential** скачок потенциала; ~ **on carry** переход по переносу; ~ **on minus** переход по знаку минус; ~ **on no carry** переход по отсутствию переноса; ~ **on parity even** переход по чётности; ~ **on parity odd** переход по нечётности; ~ **on positive** переход по знаку плюс; ~ **on zero** переход по нулю
  brightness ~ перепад яркости
  conditional ~ условный переход
  conductivity ~ скачок удельной электропроводности
  downward ~ *кв. эл.* переход на более низкий уровень, переход вниз
  energy ~ *фтт* энергетический переход
  far ~ *вчт* дальний переход; межсегментный переход
  flux ~ *свпр* скачок потока
  groove ~ перескок воспроизводящей иглы (*из одной канавки в другую*)
  intersegment ~ *вчт* межсегментный переход; дальний переход
  intrasegment ~ *вчт* внутрисегментный переход (*короткий или ближний*)
  magnetization ~s скачки Баркгаузена, эффект Баркгаузена
  mode ~ перескок с одного вида колебаний на другой (*в магнетроне*)
  near ~ *вчт* ближний переход (*в пределах всего сегмента*)
  phase ~ скачок фазы
  quantum ~ квантовый переход
  short ~ *вчт* короткий переход (*в пределах изменения адреса от −128 байт до +127 байт*)
  stimulated ~ *кв. эл.* индуцированный [вынужденный] переход
  stylus ~ перескок воспроизводящей иглы (*из одной канавки в другую*)
  unconditional ~ безусловный переход
  upward ~ *кв. эл.* переход на более высокий уровень, переход вверх
  voltage ~ скачок напряжения
jump-cut переворачивание грампластинки
jumper **1.** (съёмная) перемычка, *вчт проф.* джампер; навесной соединительный провод **2.** кабель для зарядки аккумулятора
  DC ~ *см.* **disk changed jumper**
  disk changed ~ (съёмная) перемычка для установки сигнала смены дискеты
  disk select ~ (съёмная) перемычка для установки порядка следования дисководов
  DS ~ *см.* **disk select jumper**
  flash recovery ~ (съёмная) перемычка для установки режима восстановления данных флэш-BIOS
  master/slave ~s (съёмные) перемычки для установки режима использования жёсткого (магнитного) диска, группа (съёмных) перемычек «ведущий - ведомый»
  terminal ~ клеммная перемычка
jumping **1.** скачкообразное поведение; перепады; резкие изменения **2.** *тлв* пляска, вертикальное подёргивание (*изображения*)

error ~ скачки ошибки (*напр. при обучении нейронной сети*)
flux ~ *свпр* эффект Мейснера

junction 1. соединение (*процесс*); сочленение (*процесс*); стыкование, стыковка; приведение в контакт; контактирование **2.** соединение; сочленение; стык; контакт; место контакта; граница **3.** *пп, фтт* переход; область перехода (*между разнородными материалами*) **4.** разветвление (*волноводов*) **5.** узел (*электрической цепи*)
abrupt ~ резкий переход
alloy (ed) ~ сплавной переход
aperture-coupled ~ разветвление со связью через отверстие
backward-biased p-n ~ обратносмещённый $p-n$-переход
bead ~ бусинковый контакт (*из припоя*)
blooming inhibitor ~ *тлв* противоореольное покрытие
boron (-diffused) ~ переход, полученный методом диффузии бора
bottom gate ~ переход нижнего затвора (*полевого транзистора*)
circular ~ круглый переход
closely-coupled ~s сильно связанные переходы
cold ~ теплопоглощающий спай (*термоэлемента*)
collector (-to-base) ~ коллекторный переход
conversion ~ конверсионный переход
cylindrical p-n ~ цилиндрический $p-n$-переход
degenerate ~ вырожденный переход
deposited ~ осаждённый переход
DH ~ *см.* **double-heterostructure junction**
diffused ~ диффузионный переход
distributed tunnel ~ распределённый туннельный переход
doped ~ переход, полученный методом легирования (*в процессе роста*)
double-doped ~ переход, полученный методом двойного легирования
double-heterostructure ~ двойной гетеропереход
drain ~ стоковый переход (*полевого транзистора*)
E-H T- ~ гибридное [мостовое] соединение в виде двойного волноводного тройника, двойной волноводный тройник
electrochemical ~ переход, полученный электрохимическим методом
electron(-beam) switched p-n ~ $p-n$-переход с коммутацией электронным пучком
emitter(-to-base) ~ эмиттерный переход
emitting p-n ~ (свето)излучающий $p-n$-переход
epitaxial [epitaxially grown] ~ эпитаксиальный переход
E-plane T- ~ Т-образное разветвление в плоскости Е, Е-плоскостной волноводный тройник
Esaki ~ туннельный переход
exponential [exponentially graded] ~ экспоненциальный переход
field-limiting ~ переход, ограничивающий поле
flat ~ планарный переход
floating ~ плавающий переход
formed ~ формованный переход
forward-biased p-n ~ прямосмещённый $p-n$-переход
fused [fusion] ~ сплавной переход

gate ~ переход затвора (*полевого транзистора*)
gate-(to-)channel ~ переход затвор—канал (*полевого транзистора*)
gate-(to-)drain ~ переход затвор — сток (*полевого транзистора*)
gate-(to-)source ~ переход затвор — исток (*полевого транзистора*)
graded ~ переход, изготовленный методом изменения скорости роста
gradient ~ плавный переход
graph ~ узел графа
grown ~ выращенный переход
grown-diffused ~ переход, полученный методами выращивания и диффузии
heterogeneous ~ гетеропереход
high-voltage ~ высоковольтный переход
homogeneous ~ гомопереход, гомоструктурный переход
horizontal ~ горизонтальный переход (*в ИС*)
hot ~ тепловыделяющий спай (*термоэлемента*)
H-plane T- ~ Т-образное разветвление в плоскости Н, Н-плоскостной волноводный тройник
hybrid ~ гибридное [мостовое] соединение
hybrid ring ~ гибридное [мостовое] кольцевое соединение, гибридное кольцо
hyperabrupt ~ сверхрезкий переход
hysteretic Josephson ~ переход Джозефсона с гистерезисом, нешунтированный переход Джозефсона
ideal ~ полностью согласованное соединение (*линий передачи*)
implanted ~ ионно-имплантированный переход
interacting p-n ~s взаимодействующие $p-n$-переходы
ion-bombardment [ion-implanted] ~ ионно-имплантированный переход
isolation(-substrate) ~ изолирующий переход (*в ИС*)
Josephson ~ переход Джозефсона, джозефсоновский переход
laser p-n ~ светоизлучающий $p-n$-переход
light-emitting p-n ~ светоизлучающий $p-n$-переход
linear [linearly graded] ~ линейныйпереход
low-voltage ~ низковольтный переход
magic T ~ гибридное [мостовое] соединение в виде двойного волноводного тройника, двойной Т-мост, двойной волноводный тройник
magnetic tunnel ~ магнитный туннельный переход
matched ~ согласованное соединение
mesa ~ мезаструктурный переход
metallurgical ~ металлургический переход
metal-(to-)semiconductor ~ переход металл — полупроводник; барьер Шотки
microalloy(ed) ~ микросплавной переход
multiplying ~ умножающий переход
narrow-base ~ переход с короткой базой
n-i ~ $n-i$-переход
n-n ~ $n-n$-переход
nonhysteretic Josephson ~ переход Джозефсона без гистерезиса, шунтированный переход Джозефсона
nonreciprocal ~ невзаимное соединение
nonrectifying ~ невыпрямляющий [омический] переход

nonsymmetrical ~ несимметричный переход
nonuniform ~ неоднородный переход
normal metal-barrier-superconductor ~ переход нормальный металл — барьер — сверхпроводник
n-p ~ $n - p$-переход
ohmic ~ омический [невыпрямляющий] переход
one-sided ~ несимметричный переход
oxide-barrier tunnel ~ *свпр* туннельный переход со слоем оксида
oxide-gap Josephson ~ джозефсоновский переход со слоем оксида
phase slip ~ *свпр* переход с проскальзыванием фазы
phosphorus(-diffused) ~ переход, полученный методом диффузии фосфора
p-i-n ~ $p - i - n$-переход
planar [plane] ~ планарный переход
plane cylindrical ~ плоскоцилиндрический переход
plane parallel ~ плоскопараллельный переход
p-n ~ $p - n$-переход
point ~ узел схемы; узел цепи
point-contact ~ точечный переход
post-alloy diffused ~ переход, полученный методом послесплавной диффузии
p-p ~ $p - p$-переход
pulled ~ выращенный переход
rate-grown ~ переход, изготовленный методом изменения скорости роста
reciprocal ~ взаимное соединение
recrystallized ~ переход, полученный методом рекристаллизации
rectifier [rectifying] ~ выпрямляющий переход
remelt ~ переход, полученный методом рекристаллизации
resistance ~ резистивное гибридное [резистивное мостовое] соединение
resistor-isolation ~ переход резистор — изолирующий слой (*в ИС*)
resistor-substrate ~ переход резистор — подложка (*в ИС*)
reverse-biased ~ обратносмещённый $p - n$-переход
ring ~ кольцевой переход
Schottky barrier ~ барьер Шотки; переход металл — полупроводник
sealed ~ герметизированный переход
segregation ~ переход, полученный методом сегрегации примесей
semiconductor ~ полупроводниковый переход
semiconductor-barrier (sandwich) superconductor ~ переход сверхпроводник — полупроводник — сверхпроводник
series T~ Т-образное разветвление в плоскости Е, Е-плоскостной волноводный тройник
shallow ~ неглубокий переход
shunted ~ шунтированный переход
shunted Josephson ~ шунтированный переход Джозефсона, переход Джозефсона без гистерезиса
shunt T~ Т-образное разветвление в плоскости Н, Н-плоскостной волноводный тройник
SNS ~ *см.* **superconductor-normal metal-superconductor junction**
solder (blob) ~ бусинковый контакт из припоя
source ~ истоковый переход (*полевого транзистора*)

spin-dependent tunnel ~ (магнитный) туннельный переход, зависящий от спина
spherical p-n ~ сферический $p - n$-переход
step ~ ступенчатый переход
substrate ~ переход на границе с подложкой (*в ИС*)
superconducting ~ сверхпроводящий переход
superconducting weak-link ~ сверхпроводящий переход со слабой связью
superconductor-normal metal-superconductor ~ переход сверхпроводник — нормальный металл — сверхпроводник
superconductor-oxide-superconductor tunnel ~ туннельный переход сверхпроводник — оксид — сверхпроводник
surface ~ поверхностный переход
symmetrical ~ симметричный переход
T~ *см.* **tee junction**
tapered-ridge ~ коаксиально-волноводный переход с согласующим шлейфом на ребристом волноводе
tee ~ Т-образное разветвление, волноводный тройник
thermoelectric ~ спай термоэлемента
thin ~ узкий переход
through-diffused ~ вертикальный переход (*в ИС*)
top gate ~ переход верхнего затвора (*полевого транзистора*)
tunnel(ing) ~ туннельный переход
two-sided ~ симметричный переход
unbiased ~ несмещенный переход
unshunted Josephson ~ нешунтированный переход Джозефсона, переход Джозефсона с гистерезисом
vapor-deposited ~ переход, полученный методом осаждения из паровой фазы
vertical ~ вертикальный переход (*в ИС*)
waveguide ~ волноводное разветвление
weld(-ed) ~ сварной переход
wide ~ широкий переход
wye ~ Y-образное разветвление, Y-образный волноводный тройник
Y- ~ *см.* **wye junction**

junctor *тлф* внутристанционная соединительная линия
juncture 1. ограничительная пауза (*речевого такта*) 2. точка соприкосновения 3. кризис; чрезвычайная ситуация
junk 1. *вчт* сообщение в виде бессмысленного набора символов, *проф.* хлам 2. нефункционирующий связной ИСЗ
justification 1. *вчт* выравнивание (*строк по вертикали*) по левому и правому полю, *проф.* выключка (*строк*); выравнивание (*строк по вертикали*) по одному из полей 2. *вчт* изменение вертикального расположения чисел в столбце относительно друг друга (*в соответствии с выбранным правилом*) 3. согласование скорости передачи (*напр. символов*)
full ~ выравнивание (*строк по вертикали*) по левому и правому полю, *проф.* выключка (*строк*)
left ~ выравнивание (*строк по вертикали*) по левому полю
microspace ~ *вчт* точное выравнивание (*строк по вертикали*) по левому и правому полю
pulse ~ согласование скорости передачи импульсов
right ~ выравнивание (*строк по вертикали*) по правому полю

justification

vertical ~ вчт интерлиньяж
justify 1. вчт выравнивать (*строки по вертикали*) по левому и правому полю, *проф.* производить выключку (*строк*); выравнивать (*строки по вертикали*) по одному из полей **2.** вчт изменять вертикальное расположение чисел в столбце относительно друг друга (*в соответствии с выбранным правилом*) **3.** согласовывать скорость передачи (*напр. символов*)
just-in-time концепция «точно в нужный момент времени», концептуальная система JIT
jut выброс; выступ ‖ иметь выброс; выступать

K

K 1. Кельвин, К **2.** (допустимое) буквенное обозначение *i*-го ($2 \leq i \leq 26$) логического диска, съёмного устройства памяти *или* компакт-диска (*в IBM-совместимых компьютерах*)
K5 (микро)процессор пятого поколения фирмы AMD, процессор K5
K6 (микро)процессор шестого поколения фирмы AMD, процессор K6
K6-2 (микро)процессор шестого поколения фирмы AMD с частотой системной шины 100 МГц и поддержкой набора инструкций 3Dnow!, процессор K6-2
K6-2+ изготовленный методом литографии с разрешением 0,18 мкм (микро)процессор шестого поколения фирмы AMD с частотой системной шины 100 МГц и поддержкой набора инструкций 3Dnow!, процессор K6-2+
K6-III (микро)процессор шестого поколения фирмы AMD типа K6-2 с внутренней кэш-памятью второго уровня, процессор K6-III
K7 (микро)процессор шестого поколения фирмы AMD (*с архитектурой, отличной от используемой фирмой Intel*), процессор K7, процессор Athlon
K75 процессор K7 с внутренними межсоединениями из алюминия, процессор K75
K76 процессор K7 с внутренними межсоединениями из меди, процессор K76
K.21 стандарт ITU-T на систему защиты модемов от перенапряжения в сети, стандарт K.21
kalimba вчт калимба (*музыкальный инструмент из набора General MIDI*)
kalvar кальвар, фотоплёнка с термическим проявлением и фиксированием
kana вчт кана (*слоговая японская азбука*)
kanji вчт кандзи (*китайские иероглифы, используемые в японской системе письменности*)
Kanoodle вчт поисковая машина Kanoodle
kappa каппа (*буква греческого алфавита, К, к*)
karaoke система караоке (*от японского «kara oke» — пустой оркестр*), система приглушения (*до полного подавления*) голоса профессионального исполнителя при воспроизведении песни с одновременной подачей (*через микрофонный вход*) и усилением голоса слушателя (*в магнитофонах и проигрывателях компакт-дисков*)

katakana вчт катакана (*слоговая японская азбука для записи заимствованных слов*)
Katmai название ядра процессоров Pentium III
keep 1. держать(ся); оставаться; сохранять(ся); хранить **2.** продолжать(ся) **3.** соблюдать (*напр. условия*); следовать (*напр. правилам*) **4.** содержать; обеспечивать ◊ **to ~ a reserve** иметь запас; **to ~ account** вести учёт; **to ~ in repair** содержать в исправном состоянии; **to ~ order** соблюдать порядок; **to ~ records** вести учёт; **to ~ tabs on** вести учёт; **to ~ watch** дежурить; находиться на дежурстве
keeper 1. защёлка; задвижка; запор **2.** якорь (*постоянного магнита*)
   magnet ~ якорь постоянного магнита
keepout рлк зона обзора
keiretsu вчт японская система организации цепочки поставок, система Кейрецу
kelvin Кельвин, К
kenopliotron диод-триод
kenotron кенотрон
Kermit протокол асинхронной передачи данных по телефонным сетям, протокол Kermit
kern 1. керн (*1. деталь механической системы электроизмерительного прибора 2. выступающие элементы символа*) **2.** вчт кернинг ‖ использовать кернинг
kernel 1. ядро (*1. внутренняя или центральная часть объекта; сердцевина 2. базовая часть; существенная часть 3. вчт часть операционной системы, программа или совокупность программ, контролирующая функции низкого уровня 4. ядро преобразования 5. атомное ядро*) **2.** внутренний; центральный **3.** базовый; существенный **4.** ядерный; относящийся к ядру
   ~ of Boolean function ядро булевой функции
   ~ of competence ядро компетентности
   ~ of homomorphism ядро гомоморфизма
   ~ of integral equation ядро интегрального уравнения
   ~ of propagation ядро распространения (*при трассировке*)
   ~ of security вчт защищённое ядро (*напр. операционной системы*)
   audio video ~ ядро программы сжатия аудио- и видеоданных в системе DVI
   autocorrelation ~ автокорреляционное ядро
   convolution ~ ядро свёртки
   divergent ~ расходящееся ядро
   ergodic ~ эргодическое ядро
   Fourier ~ ядро Фурье
   indecomposable ~ неразложимое ядро
   integrable ~ интегрируемое ядро
   object ~ объектное ядро
   operator ~ ядро оператора
   operating system ~ ядро операционной системы
   organization ~ организационное ядро
   program ~ ядро программы
   resolvent ~ вчт разрешающее ядро, резольвента
   secure ~ защищённое ядро (*напр. операционной системы*)
   security ~ вчт защищённое ядро (*напр. операционной системы*)
   sequence ~ ядро последовательности
   singular ~ сингулярное ядро
   spectrum ~ ядро спектра
   stochastic ~ стохастическое ядро

key

    structure ~ структурное ядро
    symmetric ~ симметричное ядро
    system ~ ядро системы
    technological ~ технологическое ядро
    transformation ~ ядро преобразования
    variation ~ вариационное ядро
kerning *вчт* кернинг
    explicit ~ явный кернинг
    pair ~ парный кернинг
ket *кв. эл.* кет-вектор, вектор состояния
kettledrum литавра (*ударный музыкальный инструмент*)
key **1.** ключ (*1. инструмент, приспособление или устройство для запирания или отпирания (напр. замка) или для блокирования и деблокирования доступа к чему-либо 2. инструмент, приспособление или устройство для открывания, закрывания или приведения в действие чего-либо 3. телеграфный ключ; манипулятор 4. вчт идентификатор записи в базе данных 5. вчт средство подтверждения права доступа (напр. к базе данных) 6. ключ к шифру, криптографический [шифровальный] ключ 7. подсказка; ключ к разгадке; ответ 8. направляющий ключ (напр. цоколя лампы) 9. ключевой знак тональности (в музыке) 10. гаечный ключ*) || использовать ключ (*1. запирать или отпирать (напр. замок); блокировать или деблокировать доступ к чему-либо; поворачивать ключ 2. открывать, закрывать или приводить в действие что-либо 3. работать телеграфным ключом; манипулировать 4. вчт вводить идентификатор записи в базе данных 5. вчт использовать средство подтверждения права доступа (напр. к базе данных) 6. применять ключ к шифру, применять криптографический [шифровальный] ключ 7. подсказывать; давать ключ к разгадке; приводить ответ 8. снабжать направляющим ключом (напр. цоколь лампы) 9. использовать ключевой знак тональности (в музыке) 10. работать гаечным ключом*) **2.** ключевой объект, процесс *или* субъект || ключевой; определяющий; основной; главный **3.** клавишный (*напр. музыкальный инструмент*); кнопочный (*напр. переключатель*) **4.** клавишный *или* кнопочный переключатель (с самовозвратом); клавиша; кнопка || замыкать *или* размыкать цепь клавишным или кнопочным переключателем (с самовозвратом); нажимать клавишу; нажимать кнопку **5.** манипулировать; производить манипуляцию, осуществлять скачкообразную модуляцию амплитуды, частоты *или* фазы квазигармонического сигнала **6.** *вчт* вводить данные с клавиатуры; набирать текст на клавиатуре **7.** *микр.* реперные знаки, знаки совмещения (*напр. на фотошаблоне*) || совмещать реперные знаки (*напр. на фотошаблоне и подложке*) **8.** список сокращений, условных обозначений *или* помет || использовать список сокращений, условных обозначений *или* помет **9.** тон; тембр; высота (*звука*) || выбирать тон, тембр *или* высоту (*звука*) **10.** тональность; лад || задавать тональность *или* лад (*в музыке*) **11.** клапан (*духового музыкального инструмента*) **12.** тон; тона; гамма тонов (*изображения*) || придавать (определённые) тона; использовать (определённую) гамму тонов **13.** фон; задний план (*в видеотехнике*) || создавать фон; создавать задний план **14.** *тлв* электронная рир-проекция; *вчт* замена *или* редактирование фона изображения программными и аппаратными средствами || *тлв* использовать электронную рир-проекцию; *вчт* производить замену *или* редактирование фона изображения программными *или* аппаратными средствами **15.** чёрный (цвет) (*в системе CMYK и цветовой модели CMYK*) **16.** шпонка; шпилька; клин || соединять с помощью шпонки, шпильки *или* клина **17.** координировать; гармонизировать; приводить в соответствие **18.** согласовывать; настраивать **19.** *рлк* переключать положение главного лепестка диаграммы направленности антенны ◊ **in a high** ~ в светлых тонах (*об изображении*); **in a low** ~ в тёмных тонах (*об изображении*); **in a middle** ~ в средних тонах (*об изображении*); **to** ~ **to disk** вводить данные с клавиатуры на (магнитный) диск; **to** ~ **to tape** вводить данные с клавиатуры на (магнитную) ленту; **to** ~ **in** вводить данные с клавиатуры; набирать текст на клавиатуре

    access ~ ключ доступа (*напр. к базе данных*)
    alias ~ псевдоним ключа
    aligning ~ направляющий ключ (*напр. цоколя лампы*)
    alpha(nu)meric ~ алфавитно-цифровая клавиша
    Alt ~ *см.* **Alternation key**
    alternate ~ *вчт* альтернативный ключ (*напр. в реляционных базах данных*)
    Alternation ~ *вчт* (служебная) клавиша управления модификацией кодов других клавиш, клавиша «Alt»
    answering ~ *тлф* опросный ключ
    Apple ~ клавиша (с логотипом корпорации) Apple (Computer)
    Applications ~ (служебная) клавиша «Applications», клавиша перехода в контекстно-зависимое меню Windows-приложения
    application shortcut ~ *вчт* клавиша ускоренного доступа к приложения, *проф.* «быстрая» клавиша для вызова приложения
    arrow ~ *вчт* клавиша управления курсором
    assignment ~ *тлф* вызывной ключ
    authenticating ~ ключ аутентификации
    auxiliary ~ *вчт* вторичный ключ
    Backspace ~ *вчт* (служебная) клавиша удаления (*символа, расположенного слева от курсора, или выделенного фрагмента документа*), клавиша «Backspace»
    beanie ~ клавиша с изображением листа клевера, (служебная) клавиша управления модификацией кодов других клавиш, клавиша «Alt» (*на клавиатуре Apple Macintosh*)
    black ~ чёрная клавиша, клавиша промежуточной ступени натурального звукоряда (*напр. на MIDI-клавиатуре*)
    Break ~ *вчт* (служебная) клавиша прерывания, клавиша «Break»
    break ~ *тлг* разъединяющий ключ
    busy ~ *тлф* ключ занятости
    calling ~ *тлф* вызывной ключ
    cancel(ing) ~ кнопка отмены
    candidate ~ *вчт* возможный ключ
    Cap(ital)s Lock ~ *вчт* клавиша фиксации верхнего регистра, клавиша «Caps Lock»

key

Carriage Return ~ *вчт* клавиша ввода команды; клавиша перевода каретки; клавиша «CR»
character ~ алфавитно-цифровая клавиша
check ~ контрольная кнопка
chroma ~ *тлв* цветная электронная рирпроекция
clover ~ клавиша с изображением листа клевера, (служебная) клавиша управления модификацией кодов других клавиш, клавиша «Alt» (*на клавиатуре Apple Macintosh*)
command ~ клавиша с изображением листа клевера, (служебная) клавиша управления модификацией кодов других клавиш, клавиша «Alt» (*на клавиатуре Apple Macintosh*)
compound ~ *вчт* сцепленный ключ
concatenated ~ *вчт* сцепленный ключ
Control ~ *вчт* (служебная) клавиша управления модификацией кодов других клавиш, клавиша «Control»
corporate author search ~ ключ поиска по коллективному автору
CR ~ *см.* Carriage Return key
cryptographic ~ ключ к шифру, криптографический [шифровальный] ключ
CTRL ~ *см.* Control key
Ctrl ~ *см.* Control key
cursor (control) ~ *вчт* клавиша управления курсором
cursor–movements ~s *вчт* клавиши перемещения курсора
dark ~ тёмный тон; тёмные тона; тёмная гамма тонов
data ~ клавиша набора данных
database ~ *вчт* ключ базы данных
data encryption ~ ключ шифрования данных
dead ~ (функциональная) клавиша для набора диакритических знаков, *проф.* мёртвая клавиша
DEL ~ *см.* Del(ete) key
Del(ete) ~ *вчт* (служебная) клавиша удаления (*файла, символа, расположенного справа от курсора, или выделенного фрагмента документа*), клавиша «Del»
direction ~ *вчт* клавиша управления курсором
Down ~ *вчт* клавиша перемещения курсора на одну позицию вниз, клавиша «Down»
duplicate ~ *вчт* ключ-дубликат (*в базе данных*)
Edit ~ *вчт* клавиша перехода в режим 8-разрядного отображения символов, клавиша «Edit»
editing ~ *вчт* клавиша редактирования
electronic ~ электронный ключ, аппаратное средство защиты (*напр. от несанкционированного проникновения*)
encryption ~ *вчт* ключ шифрования
End ~ *вчт* клавиша перемещения курсора в правый нижний угол экрана, в конец строки *или* в конец документа, клавиша «End»
Enter ~ *вчт* клавиша ввода команды; клавиша перевода каретки; клавиша «Enter»
erase ~ кнопка стирания
Erase-Ease ~ *вчт* клавиша «Erase-Ease», клавиша быстрого удаления
Esc(ape) ~ *вчт* (служебная) клавиша отмены команды *или* выхода из программы, клавиша «Esc»
external ~ *вчт* внешний ключ
F1, F2,... ~ *вчт* функциональная клавиша F1, F2,...
feature ~ *вчт* 1. функциональная клавиша 2. клавиша с изображением листа клевера, (служебная) клавиша управления модификацией кодов других клавиш, клавиша «Alt» (*на клавиатуре Apple Macintosh*)
flover ~ клавиша с изображением листа клевера, (служебная) клавиша управления модификацией кодов других клавиш, клавиша «Alt» (*на клавиатуре Apple Macintosh*)
Fn ~ дополнительная функциональная клавиша Fn (*в портативных клавиатурах*)
foreign ~ *вчт* внешний ключ
function ~ *вчт* функциональная клавиша
hand-delivered ~ ключ (*к шифру*), передаваемый из рук в руки
hardware ~ *вчт* аппаратный (защитный) ключ (*напр. ключ от замка на передней панели компьютера*); (подключаемый к параллельному *или* последовательному порту) электронный защитный ключ (*для предотвращения несанкционированного использования программных продуктов или для обеспечения компьютерной безопасности*)
Help ~ *вчт* клавиша для вызова справки
high ~ светлый тон; светлые тона; светлая гамма тонов
Home ~ *вчт* клавиша перемещения курсора в левый верхний угол экрана, в начало строки *или* в начало документа, клавиша «Home»
hot ~ *вчт* клавиша ускоренного доступа (*к позиции экранного меню*), *проф.* «горячая» клавиша
individual ~ индивидуальный ключ
Ins(ert) ~ *вчт* (служебная) клавиша переключения режимов «вставка – замена» (*напр. при редактировании текста*), клавиша «Ins(ert)»
intelligent ~ интеллектуальный ключ
interruption ~ *тлф* разъединяющий ключ
Left ~ *вчт* клавиша перемещения курсора на одну позицию влево, клавиша «Left»
left Windows ~ левая (служебная) клавиша «Windows»
light ~ светлый тон; светлые тона; светлая гамма тонов
listening-and-speaking ~ *тлф* опросный ключ
locking ~ *тлф* ключ с арретиром
low ~ тёмный тон; тёмные тона; тёмная гамма тонов
magnetic card ~ ключ на магнитной карте (*при криптографической защите*)
major ~ *вчт* 1. главный ключ 2. первичный ключ 3. мажорный ключ, ключевой знак мажорной тональности 4. мажорная тональность; мажорный лад
major sort ~ *вчт* главный ключ сортировки
memory ~ *вчт* ключ (защиты) памяти
message ~ ключ к сообщению (*в криптографии*)
middle ~ средний тон; средние тона; средняя гамма тонов
minor ~ *вчт* 1. дополнительный ключ 2. вторичный ключ 3. минорный ключ, ключевой знак минорной тональности 4. минорная тональность; минорный лад
minor sort ~ *вчт* дополнительный ключ сортировки
modifier ~ *вчт* (служебная) клавиша управления модификацией кодов других клавиш (*напр. клавиша «Alt»*)
monitoring ~ *тлф* ключ прослушивания; контрольный ключ

multi-part ~ *вчт* сцепленный ключ
multiple messages ~ сеансовый ключ (*в криптографии*)
multiple-word ~ фразовый ключ, ключ из нескольких слов (*в шифрах*)
N-bit ~ *вчт* N-разрядный ключ
nonlocking ~ *тлф* ключ без арретира
numbered ~ *тлф* кнопка номеронабирателя
numerical ~ **1.** цифровой ключ (*для сортировки*) **2.** цифровая клавиша (*напр. пульта*)
Num(eric) Lock ~ *вчт* клавиша включения (и выключения) режима ввода цифр с дополнительной цифровой клавиатуры, клавиша «Num(cric) Lock»
operating ~ телеграфный ключ
operator talk ~ разговорный ключ телефонистки
Option ~ *вчт* функциональная клавиша для модификации опций (*напр. на клавиатуре Apple*)
Page Down ~ *вчт* клавиша прокрутки документа на одну экранную страницу вниз, клавиша «Page Down»
Page Up ~ *вчт* клавиша прокрутки документа на одну экранную страницу вверх, клавиша «Page Up»
partial ~ *вчт* частичный ключ
party line ringing ~ *тлф* ключ избирательного вызова по групповой абонентской линии
pass ~ *вчт* пароль
Pause ~ *вчт* клавиша останова прокрутки документа, клавиша «Pause»
personal unblocking ~ персональный (кодовый) ключ разблокировки, персональный код разблокировки (*напр. для мобильных телефонов*)
PgDn ~ *см.* **Page Down key**
PGP ~ *см.* **pretty good privacy key**
PgUp ~ *см.* **Page Up key**
physical electronic ~ *вчт* аппаратный электронный ключ
pretty good privacy ~ ключ в системе шифрования (стандарта) PGP
primary ~ *вчт* первичный ключ
Print Scr(ee)n ~ *вчт* клавиша распечатки содержимого экрана, клавиша «Print Scr(ee)n»
private ~ секретный ключ
program function ~**s** функциональные клавиши программы
programmable function ~ программируемая функциональная клавиша
programmed ~ *вчт* программируемая клавиша
protected disk ~ ключ доступа к защищённому диску
protection ~ защитный ключ
PrtSc ~ *см.* **Print Scr(ee)n key**
public ~ открытый ключ (*в криптографии*)
pulsing ~ *тлф* кнопка номеронабирателя
record ~ ключ записи
release ~ *тлф* ключ отбоя
repeat ~ **1.** *вчт* клавиша с автоповтором скан-кода (*при удерживании в нажатом состоянии*) **2.** *тлф* кнопка повторного вызова абонента (*без набора номера*)
Reset ~ *см.* **reset key**
reset ~ **1.** кнопка сброса, кнопка аппаратного перезапуска, кнопка «reset» или «Reset» (*на передней панели компьютера*) **2.** комбинация клавиш для аппаратного перезапуска компьютера (*напр. Ctrl+Alt+Del*)

Return ~ *вчт* клавиша ввода команды; клавиша перевода каретки; клавиша «Return»
reverse ~ переключатель полярности
Right ~ *вчт* клавиша перемещения курсора на одну позицию вправо, клавиша «Right»
right Windows ~ правая (служебная) клавиша «Windows»
ring-back ~ *тлф* ключ обратного вызова
ringing ~ *тлф* ключ вызывной бобины
Rivest-Shamir-Adleman ~ ключ шифра с алгоритмом Ривеста — Шамира — Адлемана
round ~ раундовый ключ (*напр. в шифре Файстеля*)
RSA ~ *см.* **Rivest-Shamir-Adleman key**
running ~ бегущий ключ (*в криптографии*)
Scroll Lock ~ *вчт* (служебная) клавиша для модификации режима работы клавиш управления курсором *или* изменения способа прокрутки документа, клавиша «Scroll Lock»
search ~ *вчт* ключ поиска
secondary ~ *вчт* вторичный ключ
secret ~ секретный ключ (*в криптографии*)
selector ~ *тлф* ключ избирательного вызова
sending ~ *тлф* передающий ключ
sequencing ~ ключ упорядочения
session ~ сеансовый ключ (*в криптографии*)
Shift ~ *вчт* клавиша смены регистра, клавиша «Shift»
Shift Lock ~ *вчт* клавиша смены регистра с фиксацией, клавиша «Shift Lock»
shortcut ~ *вчт* клавиша ускоренного доступа (*к команде или диалоговому окну*), проф. «быстрая» клавиша
signaling ~ **1.** телеграфный ключ **2.** *вчт* манипулятор (*в системах виртуальной реальности*)
signed ~ заверенный (*напр. цифровой подписью*) ключ (*в криптографии*)
soft ~ программируемая клавиша
software ~ *вчт* программный (защитный) ключ (*для предотвращения несанкционированного использования программных продуктов или для обеспечения компьютерной безопасности*)
sort(ing) ~ ключ сортировки
sounder ~ *тлг* клопферный ключ
spacebar ~ клавиша пробела
speaking ~ *тлф* опросный ключ
special function ~ *вчт* специальная функциональная клавиша
specific ~ конкретный ключ (*в криптографии*)
splitting ~ *тлф* разделительный ключ
storage ~ *вчт* ключ (защиты) памяти
storage protection ~ ключ защиты памяти
strap ~ кнопочный переключатель с самовозвратом
stuck ~ залипшая клавиша
surrogate ~ уникальный первичный ключ, ключ-суррогат
switching ~ кнопочный переключатель с самовозвратом
Sys(tem) Req(est) ~ *вчт* (служебная) клавиша для обеспечения возможности работы компьютера в качестве терминала мейнфрейма, клавиша «SysReq»
Tab(ulation) ~ *вчт* клавиша табуляции, клавиша «Tab»
talking ~ *тлф* переговорный ключ

key

talk-ringing ~ *тлф* опросно-вызывной ключ
telegraph ~ телеграфный ключ
transfer ~ *тлф* передаточный ключ
typematic ~ *вчт* клавиша с автоповтором скан-кода (*при удерживании в нажатом состоянии*)
Up ~ *вчт* клавиша перемещения курсора на одну позицию вверх, клавиша «Up»
user ~ ключ пользователя
user-defined ~ *вчт* 1. ключ пользователя 2. клавиша с определяемым пользователем функциональным назначением
variable-size ~ ключ переменной длины (*в криптографии*)
virtual ~ виртуальный ключ (*в криптографии*)
white ~ белая клавиша, клавиша основной ступени натурального звукоряда (*напр. на MIDI-клавиатуре*)
WIN ~ (служебная) клавиша Windows
Windows ~ (служебная) клавиша Windows
write ~ *вчт* ключ записи
↑ ~ *см.* **Up key**
↓ ~ *см.* **Down key**
← ~ *см.* **Left key**
→ ~ *см.* **Right key**
keybar штанга клавиши
keyboard 1. клавишный пульт; кнопочный пульт **2.** *вчт* клавиатура || вводить данные с клавиатуры; набирать текст на клавиатуре
83-key ~ клавиатура типа XT, 83-клавишная клавиатура с однонаправленным интерфейсом
84-key ~ клавиатура типа AT, 84-клавишная клавиатура с двунаправленным интерфейсом
101/102-key enhanced ~ расширенная клавиатура, стандартная 101/102-клавишная клавиатура (*для IBM-совместимых компьютеров*)
104-key Windows ~ 104-клавишная клавиатура для компьютеров с операционной системой Windows, Windows-клавиатура
~ **with PS/2 mouse port** клавиатура с PS/2-портом для подключения мыши
alphanumeric ~ алфавитно-цифровая клавиатура
ASCII ~ клавиатура с генерацией ASCII-кодов при нажатии клавиш; ASCII-клавиатура
AT ~ клавиатура типа AT, 84-клавишная клавиатура с двунаправленным интерфейсом
auto-switchable ~ автоматически переключающаяся клавиатура; машинно-независимая клавиатура
AZERTY ~ клавиатура с расположением символов A, Z, E, R, T и Y слева в верхнем ряду буквенной части, клавиатура типа AZERTY
blind ~ клавиатура для ввода символов без визуального отображения, *проф.* «слепая» клавиатура
chiclet ~ миниатюрная клавиатура с квадратными клавишами
chord ~ аккордовая клавиатура
compact ~ компактная клавиатура
companion ~ выносная клавиатура
cordless ~ беспроводная клавиатура, клавиатура с инфракрасным интерфейсом *или* радиоинтерфейсом
decade button ~ декадный кнопочный пульт
desktop ~ настольная клавиатура, клавиатура для настольного компьютера
detachable ~ подключаемая клавиатура
Dvorak(-Dealey) ~ клавиатура с учитывающим частотность и соседство букв английского языка расположением клавиш, клавиатура Дворака(— Дили)
Dvorak(-Dealey) simplified ~ упрощённая клавиатура Дворака(— Дили)
enhanced ~ расширенная клавиатура, стандартная 101/102-клавишная клавиатура (*для IBM-совместимых компьютеров*)
ergonomic ~ эргономичная клавиатура
full-size ~ полноразмерная клавиатура
full travel ~ *вчт* клавиатура с полным [стандартным] ходом клавиш (*около 3 мм*)
HID-compliant ~ *см.* **human interface device compliant keyboard**
human interface device compliant ~ клавиатура, удовлетворяющая предъявляемым к устройствам (для) взаимодействия с компьютером требованиям
IBM ~ клавиатура (корпорации) IBM
infrared ~ клавиатура с инфракрасным интерфейсом
integral ~ встроенная клавиатура
Kinesis ergonomic ~ эргономичная клавиатура
Knight ~ многофункциональная клавиатура Найта
Lexmark ~ клавиатура (фирмы) Lexmark
locked-up ~ заблокированная клавиатура
Maltron ~ клавиатура с раскладкой типа Maltron
master (MIDI) ~ *вчт* системная MIDI-клавиатура
membrane ~ мембранная клавиатура
Microsoft natural ~ 105/106-клавишная клавиатура Microsoft
MIDI ~ *вчт* MIDI-клавиатура
mother (MIDI) ~ *вчт* системная MIDI-клавиатура
motorized ~ клавиатура с механическим приводом
Natural Microsoft ~ эргономичная клавиатура (корпорации) Microsoft
numeric ~ цифровая клавиатура
Olivetti ~ клавиатура фирмы Olivetti (*83-, 86- или 101/102-клавишная*)
original Macintosh ~ стандартная клавиатура для компьютеров Apple Macintosh
portable ~ портативная клавиатура, клавиатура для портативных компьютеров
pressure-sensitive ~ клавиатура из двух листов диэлектрика и схемой замыкания контактов, использующей проводящие чернила
programmable ~ программируемая клавиатура
QWERTY ~ клавиатура с расположением символов Q, W, E, R, T и Y слева в верхнем ряду буквенной части, клавиатура типа QWERTY, стандартная клавиатура
sculptured ~ клавиатура с рельефными клавишами, рельефная клавиатура
Selectric ~ клавиатура с расположением клавиш аналогично пишущей машинке Selectric
soft ~ **1.** программируемая клавиатура **2.** экранная клавиатура (*для набора символов с помощью курсора*)
space-cadet ~ многофункциональная клавиатура типа «юный астронавт» (*с возможностью набора более 8000 символов*)
system (MIDI) ~ *вчт* системная MIDI-клавиатура
tactile ~ сенсорная клавиатура
terminal ~ клавиатура терминала
typematic ~ клавиатура с автоповтором скан-кода клавиш (*при удерживании в нажатом состоянии*)

typewriter ~ клавиатура с расположением клавиш аналогично пишущей машинке
universal serial bus ~ клавиатура с подключением к порту USB, USB-клавиатура
USB ~ *см.* **universal serial bus keyboard**
Windows ~ 104-клавишная клавиатура для компьютеров с операционной системой Windows, Windows-клавиатура
XT ~ клавиатура типа XT, 83-клавишная клавиатура с однонаправленным интерфейсом

keyboarder *вчт* оператор, работающий на клавиатуре
keyboarding *вчт* ввод данных с клавиатуры; набор текста на клавиатуре
keycap кнопка [нажимной колпачок] клавиши
  removable ~ съёмная кнопка клавиши, съёмный нажимной колпачок клавиши
key-down нажатие на клавишу, удар по клавише
keyer 1. *тлг* манипулятор 2. устройство для манипуляции, устройство для скачкообразной модуляции амплитуды, частоты *или* фазы квазигармонического сигнала; блок манипуляции 3. *рлк* модулятор 4. *тлв* блок электронной рир-проекции; *вчт* программные *или* аппаратные средства для замены *или* редактирования фона изображения 5. *тлв* коммутатор спецэффектов (*видеомикшера*)
  automatic ~ генератор кодовых посылок автоматической судовой системы тревожной сигнализации
  chroma ~ *тлв* блок цветной электронной рир-проекции
  title ~ блок электронной рирпроекции для ввода надписей
keyframe 1. клавиатура 2. *вчт* ключевой кадр; кадр без ссылок, I-кадр (*при сжатии видеоданных*)
keying 1. использование ключа (*1. запирание или отпирание (напр. замка); блокирование или деблокирование доступа к чему-либо; поворачивание ключа 2. открывание, закрывание или приведение в действие чего-либо 3. работа телеграфным ключом; манипуляция, манипулирование* 4. *вчт* введение идентификатора записи в базе данных 5. *вчт* использование средства подтверждения права доступа (напр. к базе данных) 6. применение ключа к шифру, применение криптографического [шифровального] ключ 7. подсказка; предоставление ключа к разгадке; приведение ответа 8. снабжение направляющим ключом (напр. цоколя лампы) 9. использование ключевого знака тональности (в музыке) 10. работа гаечным ключом) 2. замыкание *или* размыкание цепи клавишным *или* кнопочным переключателем (с самовозвратом); нажатие на клавишу; нажатие на кнопку 3. манипуляция, скачкообразная модуляция амплитуды, частоты *или* фазы квазигармонического сигнала 4. *вчт* ввод данных с клавиатуры; набор текста на клавиатуре 5. *микр.* совмещение реперных знаков (*напр. на фотошаблоне и подложке*) 6. использование списка сокращений, условных обозначений *или* помет 7. выбор тона, тембра *или* высоты (*звука*) 8. задание тональности *или* лада (*в музыке*) 9. придание (определённых) тонов (*изображению*); использование (определённой) гаммы тонов (*изображения*) 10. создание фона; создание заднего плана (*в видеотехнике*) 11. *тлв* электронная рир-проекция; использование электронной рир-проекции; *вчт* замена *или* редактирование фона изображения программными *или* аппаратными средствами 12. соединение с помощью шпонки, шпильки *или* клина 13. координация; гармонизация; приведение в соответствие 14. согласование; настройка 15. *рлк* переключение положения главного лепестка диаграммы направленности антенны
  amplitude(-shift) ~ амплитудная манипуляция, АМн
  amplitude-phase(-shift) ~ амплитудно-фазовая манипуляция, АФМн
  anode ~ анодная манипуляция
  audio-frequency (-shift) ~ тональная частотная манипуляция
  back-shunt ~ манипуляция с включением искусственной нагрузки при отжатом ключе
  beam(-lobe) ~ *рлк* переключение положения главного лепестка диаграммы направленности антенны
  binary-coded frequency(-shift) ~ двухпозиционная частотная манипуляция
  binary frequency(-shift) ~ двухтональная частотная манипуляция, двухтональная ЧМн
  binary on-off ~ двухпозиционная амплитудная манипуляция, двухпозиционная АМн
  binary phase(-shift) ~ двухпозиционная фазовая манипуляция
  blocked-grid ~ сеточная манипуляция с запиранием по цепи смещения
  break-in ~ манипуляция с включением приёмника при отжатом ключе
  cathode ~ катодная манипуляция
  center-tap ~ катодная манипуляция через автотрансформатор со средней точкой
  chaotic shift ~ хаотическая манипуляция, манипуляция с использованием (псевдо)случайной последовательности
  chroma ~ цветная электронная рир-проекция
  code(-shift) ~ кодовая манипуляция
  coherent phase(-shift) ~ когерентная фазовая манипуляция
  color ~ электронная рир-проекция с использованием разделительного цвета
  continuous-phase frequency(-shift) ~ частотная манипуляция без разрыва фазы
  cyclic code shift ~ манипуляция циклическими кодовыми последовательностями
  differential ~ относительная [разностная] манипуляция; дифференциальная манипуляция
  differentially coherent phase(-shift) ~ когерентная фазоразностная манипуляция
  differentially encoded coherent phase(-shift) ~ когерентная фазоразностная манипуляция с относительным перекодированием
  differential phase(-shift) ~ относительная фазовая манипуляция, ОФМн, фазоразностная манипуляция, ФРМ
  differential quadrature phase(-shift) ~ относительная квадратурная фазовая манипуляция
  discontinuous-phase frequency(-shift) ~ частотная манипуляция с разрывом фазы
  double frequency(-shift) ~ двойная частотная манипуляция
  dynamic ~ режим шифрования с динамически изменяемым ключом
  electronic ~ электронная манипуляция

fast frequency(-shift) ~ быстрая частотная манипуляция, БЧМн
frequency(-shift) ~ частотная манипуляция, ЧМн
frequency hopped frequency(-shift) ~ частотная манипуляция со скачкообразным изменением частоты
Gaussian minimum shift ~ гауссовская манипуляция минимальным фазовым сдвигом
M-ary orthogonal ~ M-точечная ортогональная манипуляция
minimum shift ~ манипуляция минимальным фазовым сдвигом
multilevel frequency(-shift) ~ многоуровневая частотная манипуляция
multilevel phase(-shift) ~ многоуровневая фазовая манипуляция
multiple amplitude(-shift) ~ многоуровневая амплитудная манипуляция
multiple frequency(-shift) ~ многоуровневая частотная манипуляция
nodal-point ~ манипуляция в узле напряжения анодного контура (*передатчика с искровым генератором*)
noncoherent frequency(-shift) ~ некогерентная частотная манипуляция
N-phase pulse(-shift) ~ N-позиционная импульсная манипуляция
octonary phase(-shift) ~ восьмипозиционная фазовая манипуляция
offset phase(-shift) ~ фазовая манипуляция со сдвигом
offset quadrature phase(-shift) ~ квадратурная фазовая манипуляция со сдвигом
on-off ~ амплитудная манипуляция, АМн
phase-reversal ~ двукратная относительная фазовая манипуляция
phase(-shift) ~ фазовая манипуляция, ФМн
plate ~ анодная манипуляция
polar ~ полярная манипуляция
quadrature phase(-shift) ~ квадратурная манипуляция фазовым сдвигом, квадратурная фазовая манипуляция
quadriphase(-shift) ~ двукратная фазовая манипуляция
quaternary phase(-shift) ~ четырёхпозиционная фазовая манипуляция
shift ~ манипуляция
single-tone ~ однотональная манипуляция
skip ~ *рлк.* уменьшение частоты повторения импульсов (*в целое число раз*)
staggered phase(-shift) ~ двукратная фазовая манипуляция со сдвигом
transmitter ~ манипуляция в передатчике
two-source frequency ~ двухчастотная манипуляция
two-tone ~ двухтональная манипуляция
unbalanced quadriphase(-shift) ~ несимметричная двукратная фазовая манипуляция
vacuum-tube ~ электронная манипуляция

keyline контур; абрис
keylock *вчт* ключ блокировки клавиатуры
keypad 1. вспомогательная клавиатура; специализированная клавиатура (*с небольшим набором клавиш для ввода специальных символов*) **2.** *тлф* кнопочный номеронабиратель

numeric ~ вспомогательная цифровая клавиатура
keypal друг по электронной переписке
keypunch клавишный перфоратор
keyset кнопочный номеронабиратель
keyshelf *тлф* ключевая панель
keyspace ключевое пространство, число возможных преобразований данных в шифре при выбранной длине ключа
keystone-shaped трапецеидальный
keystoning *тлв* трапецеидальное искажение
keystream ключевой поток (*в криптографии*)
keystroke 1. (одиночное) нажатие на клавишу, (одиночный) удар по клавише **2.** клавиатура
accidental ~ случайное (одиночное) нажатие на клавишу, случайный (одиночный) удар по клавише
extended ASCII ~ (одиночное) нажатие на клавишу для генерации расширенного ASCII-кода, (одиночный) удар по клавише для генерации расширенного ASCII-кода
multiple ~ многократные нажатия на клавишу, многократные удары по клавише
keyswitch 1. ключ; клавиша; кнопка **2.** клавишный *или* кнопочный переключатель (с самовозвратом) **3.** кнопка включения тонального сигнала
capacitive ~ ёмкостный клавишный *или* кнопочный переключатель
foam element mechanical ~ механический клавишный *или* кнопочный переключатель с замыкающей накладкой на пористом элементе
membrane mechanical ~ мембранный механический клавишный *или* кнопочный переключатель
nonmechanical ~ немеханический клавишный *или* кнопочный переключатель
pure mechanical ~ чисто механический клавишный *или* кнопочный переключатель
return spring mechanical ~ механический клавишный *или* кнопочный переключатель с возвратной пружиной
rubber dome mechanical ~ механический клавишный *или* кнопочный переключатель с резиновым куполообразным контактно-возвратным элементом
stuck ~ залипшая клавиша
key-to-address ключ-адресный, типа «ключ — адрес» (*о преобразовании при хешировании*)
keytop *вчт* нажимная площадка клавиши
half-size ~ нажимная площадка клавиши половинного размера (*по сравнению со стандартной клавиатурой*)
key-up отпускание клавиши
keyword ключевое слово
command ~ ключевое слово команды
free language ~ ключевое слово на любом языке
request ~ ключевое слово запроса
subject ~ предметное ключевое слово
keyword-in-context 1. ключевое слово в контексте **2.** (автоматический) поиск по ключевым словам в контексте
Khornerstone название эталонного теста для определения производительности рабочих станций системы UNIX при выполнении операций с плавающей запятой
kick 1. удар; толчок ‖ ударять; наносить удар; испытывать удар; толкать **2.** отдача; испытывать отдачу

inductive ~ выброс обратного напряжения (*на индуктивности*)
kickback выброс обратного напряжения (*на индуктивности*)
kick-sorter амплитудный анализатор импульсов, анализатор амплитуды импульсов
kid 1. радиослушатель *или* телезритель детского *или* подросткового возраста **2.** юный знаток; юный профессионал; вундеркинд **3.** *pl* группа; сообщество
  codes ~s группа хакеров, специализирующихся на несанкционированном проникновении в Internet через телефонную сеть, *проф.* похитители кодов
kid-vid видеопродукция для детей; телевизионные передачи для детей
kill 1. уничтожение (*напр. данных*); прекращение (*напр. процесса*) || уничтожать (*напр. данные*); прекращать (*напр. процесс*) **2.** удаление, стирание || удалять, стирать (*файл, символ или выделенный фрагмент документа без возможности последующего восстановления*) **3.** подавление; устранение || подавлять; устранять ◊ **to ~ file** удалять [стирать] файл; **to ~ process** прекращать процесс
killer *вчт* **1.** программа для удаления или стирания (*напр. дубликатов файлов*) **2.** подавитель; устранитель (*конкурентов*)
  color ~ *тлв* выключатель цветности
  dup ~ программа для обнаружения и удаления дубликатов файлов
  gun ~ переходная панель цветного кинескопа с возможностью отключения любого из трёх лучей
  luminescence ~ тушитель люминесценции
  noise ~ шумоподавитель
  spark ~ искрогаситель
  tree ~ *вчт проф.* **1.** принтер **2.** создатель объёмистой бесполезной документации; компьютерный графоман
Kilo стандартное слово для буквы *K* в фонетическом алфавите «Альфа»
Kilo- *вчт* Кило..., К, 1024 = 2^{10}
kilo- кило.., к, 10^3 (*приставка для образования десятичных кратных единиц*)
kine 1. кинескоп **2.** запись с экрана приёмной телевизионной трубки
kinematic(al) кинематический
kinematics 1. кинематика **2.** автоматизированное проектирование кинематических звеньев; анимационное представление кинематических процессов
kinescope 1. кинескоп **2.** запись с экрана приёмной телевизионной трубки
  aperture-grill(e) ~ кинескоп с проволочной апертурной решёткой
  aperture-mask ~ масочный кинескоп
  black-and-white ~ чёрно-белый кинескоп
  color ~ цветной кинескоп
  control ~ контрольный кинескоп
  dot-matrix ~ масочный кинескоп с круглыми отверстиями
  dot-phosphor ~ кинескоп с мозаичным экраном
  focus(ing)-grid ~ сеточный кинескоп
  focus(ing)-mask ~ масочный кинескоп
  grid-controlled color ~ хроматрон
  monitor ~ контрольный кинескоп
  monochrome ~ 1. монохромный кинескоп **2.** чёрно-белый кинескоп
  one-gun ~ однопрожекторный кинескоп
  shadow-mask ~ масочный кинескоп
  slot-matrix ~ масочный кинескоп со щелевыми отверстиями
  three-gun ~ трёхпрожекторный кинескоп
kinetic(al) кинетический
kinetics кинетика
  adsorption ~ кинетика адсорбции
  business ~ кинетика бизнеса
  closed ~ кинетика в закрытой системе
  diffusion ~ кинетика диффузии
  open ~ кинетика в открытой системе
  physical ~ физическая кинетика
King стандартное слово для буквы *K* в фонетическом алфавите «Эйбл»
king 1. король (*1. шахматная фигура 2. игральная карта*) **2.** дамка (*в шашках*)
kink 1. излом; точка излома **2.** «кинк», солитон типа «кинк»
  plasma ~ излом плазменного шнура
kinoform *кв. эл.* киноформ
kiosk 1. *вчт* (информационный) киоск; компьютер в режиме (информационного) киоска **2.** кабина таксофона, телефонная будка
  information ~ (информационный) киоск; компьютер в режиме (информационного) киоска
  telephone ~ кабина таксофона, телефонная будка
kit 1. комплект; набор **2.** оснастка || оснащать
  bubble memory ~ комплект ЗУ на ЦМД
  computer/electronic services tool ~ набор инструментов для сборки, ремонта и обслуживания компьютеров и электронных приборов
  distribution ~ дистрибутивный комплект, дистрибутив (*программы*)
  head-cleaning ~ набор для чистки (магнитных) головок
  Java development ~ пакет программ для разработки приложений на языке Java
  memory ~ комплект ЗУ
  microcomputer ~ комплект для микрокомпьютера
  microcomputer development ~ средства автоматизированного проектирования микрокомпьютеров
  microcomputer interfacing ~ комплект интерфейсов для микрокомпьютеров
  microprocessor ~ микропроцессорный комплект
  modular ~ модульный комплект
  prototyping ~ модельный комплект
  software development ~ пакет программ для разработки приложений
  tool ~ набор инструментов
  upgrade ~ *вчт* **1.** набор (программ) для обновления версии (*программного продукта*) **2.** комплект (для) расширения (*функциональных возможностей аппаратного средства*)
kite уголковый отражатель
Klamath название ядра первых процессоров типа Pentium II
klu(d)ge *вчт проф.* «клудж» (*1. «топорное» или временное решение проблемы; временная замена 2. наспех собранная схема или установка 3. малоэффективная или медленно работающая программа 4. программное или аппаратное средство для обхода технических ограничений или определённых условий*) ◊ **~ around** обходить трудности; **~ up** использовать «топорное» или временное решение проблемы; временно заменять

klu(d)gy

klu(d)gy вчт проф. **1.** «топорный», неизящный (*о способе решения проблемы*) **2.** временный; временно заменяющий **3.** наспех собранный (*о схеме или установке*) **4.** малоэффективный; медленно работающий (*о программе*) **5.** обходный (*о программном или аппаратном средстве для обхода технических ограничений или определённых условий*)

klystron клистрон
  amplifier ~ усилительный клистрон
  biased gap ~ клистрон со смещением на зазоре
  broad-band ~ широкополосный (многорезонаторный) клистрон (*с расстроенными резонаторами*)
  cascade-amplifier ~ трёхрезонаторный усилительный клистрон
  distributed interaction ~ клистрон с распределённым взаимодействием
  double-cavity ~ двухрезонаторный клистрон
  electronically swept [electronically tuned] ~ клистрон с электрической перестройкой частоты
  extended interaction ~ клистрон с распределённым взаимодействием
  external-cavity ~ клистрон с внешним резонатором
  floating drift-tube ~ клистрон с плавающей трубой дрейфа
  frequency-multiplier ~ частотно-умножительный клистрон
  high-power ~ мощный клистрон
  integral-cavity ~ клистрон с внутренним резонатором
  mechanically swept [mechanically tuned] ~ клистрон с механической перестройкой частоты
  microwave ~ СВЧ-клистрон
  modulating-anode ~ клистрон с трубой дрейфа и модулирующим электродом
  multicavity ~ многорезонаторный клистрон
  multiple-beam ~ многолучевой клистрон
  multiplier ~ частотно-умножительный клистрон
  multiresonator ~ многорезонаторный клистрон
  optical ~ клистрон оптического диапазона, оптический клистрон
  oscillating [oscillator] ~ генераторный клистрон
  plug-in ~ клистрон со штепсельными контактами
  reflex ~ отражательный клистрон
  solid-state ~ твердотельный клистрон
  stagger-tuned ~ клистрон с расстроенными резонаторами
  synchronously tuned ~ клистрон с синхронной настройкой
  three-cavity ~ трёхрезонаторный клистрон
  traveling-wave ~ клистрон бегущей волны
  wide-band ~ широкополосный клистрон
  π**-mode** ~ клистрон с колебаниями π-вида

knapsack криптографическая система типа «укладка в рюкзак»
  trapdoor ~ криптографическая система типа «укладка в рюкзак» с функцией-ловушкой

knee 1. колено; звено; отдельное сочленение; отрезок **2.** изгиб; излом (*напр. кривой*) ◊ ~ **in characteristic** излом характеристики

knob кнопка; ручка, рукоятка
  antiskating ~ ручка регулятора противоскатывающей силы (*в ЭПУ*)
  automatic-tuning ~ кнопка автоматической настройки
  fader ~ ручка регулятора уровня
  gain ~ ручка регулировки усиления

knocker блок синхронизации (*в станциях управления стрельбой*)

knockout 1. разборная конструкция ‖ разборный **2.** удаляемая заглушка (*напр. приборного соединителя*) **3.** вчт вытеснение цвета (*при многоцветной печати*) **4.** вчт проф. «выворотка» (*светлый шрифт на тёмном фоне*)

knot вчт узел (*напр. сетки при интерполяции*); вершина (*напр. графа*) ‖ являться узлом или вершиной; образовывать узел или вершину

knowbot программа-робот информационно-поисковой системы

know-how профессиональное знание; профессиональный секрет, *проф.* «ноу-хау»

knoware вчт проф. обеспечение на уровне профессиональных знаний; интеллектуальное обеспечение; алгоритмическое обеспечение

knowledge знание, знания
  applicative ~ прикладное знание
  assertional ~ знание в виде (утвердительных) суждений, знание в виде утверждений
  borrowed ~ заимствованное знание
  casual ~ случайное знание
  commonsense ~ повседневное знание
  compiled ~ собранное знание
  conceptual ~ концептуальное знание
  declarative ~ декларативное знание
  default ~ знание, используемое по умолчанию
  derived ~ производное знание
  descriptive ~ дескриптивное знание
  domain ~ знания в предметной области
  engineered ~ сконструированное знание
  erroneous ~ ошибочное знание
  expert ~ экспертное знание
  factual ~ фактическое знание
  framed ~ систематизированное знание
  fundamental ~ фундаментальное знание
  fuzzy ~ нечёткое знание
  hardwired ~ встроенное знание
  heuristic ~ эвристическое знание
  meta– метазнание, знание о знании
  personal ~ персональные знания
  piecewise ~ фрагментарное знание
  prior ~ априорное знание
  prescriptive ~ предписывающее знание
  procedural ~ процедурное знание
  propositional ~ знание в виде высказываний, знание в виде суждений
  semantic ~ семантическое знание
  structured ~ структурированное знание

knowledge-based основанный на знании

knurl накатка ‖ накатывать

knurling накатка

koto вчт кото (*музыкальный инструмент из набора General MIDI*)

Kovar ковар (*сплав*)

kurtic относящийся к эксцессу, относящийся к коэффициенту эксцесса (*распределения случайной величины*)

kurtosis эксцесс, коэффициент эксцесса (*распределения случайной величины*)

kymogram кимограмма

kymograph кимограф

L

L 1. ламберт, Лб 2. (допустимое) буквенное обозначение i-го ($2 \le i \le 26$) логического диска, съёмного устройства памяти или компакт-диска (*в IBM-совместимых компьютерах*)

label 1. *вчт* метка (*1. идентификатор части программы или переменной 2. управляющая запись в начале тома или файла 3. описательное имя в электронных таблицах, идентифицирующее группу ячеек, поименованную величину или формулу; заголовок столбца или строки таблицы; текст или идентифицирующее число в ячейке таблицы 4. марка, маркировочный знак; ярлык; этикетка; фирменный знак*) 2. снабжать меткой; использовать метку 3. помечать; маркировать; снабжать ярлыком *или* этикеткой; использовать фирменный знак 4. обозначение; наименование ‖ указывать обозначение и (*или*) наименование (*откладываемой по оси графика или диаграммы величины*); численное значение ‖ проставлять численное значение (*деления шкалы на оси графика*) 5. адресный признак ‖ присваивать адрес; адресовать (*при маршрутизации в сетях*) 6. помета (*словарной статьи*) ‖ помечать (*словарную статью*) 7. меченый индикатор (*атом или соединение*) ‖ метить

axis ~ обозначение и (*или*) наименование откладываемой по оси графика *или* диаграммы величины

beginning-of-volume ~ *вчт* метка тома

compact-disk ~ этикетка компакт-диска

external ~ 1. ярлык; этикетка 2. постоянная [непрограммируемая] метка

file ~ метка файла (*напр. на магнитной ленте*)

header ~ *вчт* метка заголовка

magnetic tape ~ метка магнитной ленты

message ~ метка сообщения

programmable ~ программируемая метка

record ~ 1. метка записи 2. этикетка грампластинки

repeating ~ метка повтора символа (*напр. в электронных таблицах*)

security ~ гриф секретности

statement ~ *вчт* метка оператора; номер оператора

tape ~ метка (магнитной) ленты

tick ~ цифровая надпись, определяющая численное значение деления шкалы (*напр. на оси графика*)

trailer ~ *вчт* метка конца

volume ~ *вчт* метка тома

label(l)ing 1. *вчт* снабжение меткой; использование метки 2. нанесение метки; маркирование; снабжение ярлыком *или* этикеткой; использование фирменного знака 3. указание обозначения и (*или*) наименования (*откладываемой по оси графика или диаграммы величины*); проставление численного значения (*деления шкалы на оси графика*) 4. присвоение адреса; адресация (*при маршрутизации в сетях*) 5. снабжение пометой (*словарной статьи*) 6. использование меченых индикаторов (*атомов или соединений*)

labile неустойчивый; лабильный

lability неустойчивость; лабильность

laboratorian сотрудник лаборатории

Laborator/y:

Bell ~**ies** Лаборатории Белла, филиал компании AT&T

CAD Framework ~ Лаборатория инициативных исследований и стандартизации в области САПР

Central Radio Propagation ~ Центральная лаборатория распространения радиоволн (*США*)

National Software Testing ~ Национальная лаборатория тестирования программного обеспечения (*США*)

Naval Electronics ~ Лаборатория электроники ВМС(*США*)

Radio Standards ~ Лаборатория радиостандартов (*США*)

Underwriters' ~ 1. некоммерческая организация Underwriters' Laboratory (*США*), осуществляющая независимую проверку безопасности бытовой техники 2. этикетка на бытовом приборе *или* устройстве, подтверждающая безопасность эксплуатации на основе теста организации Underwriters' Laboratory

Wave Propagation ~ Лаборатория распространения волн (*США*)

laborator/y лаборатория ‖ лабораторный

calibration ~ поверочная лаборатория

language ~ лингафонный кабинет

research ~ научно-исследовательская лаборатория

space ~ космическая лаборатория

standard ~ метрологическая лаборатория

laborious трудоёмкий

laboriousness трудоёмкость

labware лабораторное оборудование

labyrinth лабиринт (*1. сооружение со сложным и запутанным планом 2. сложное запутанное положение или отношение 3. лабиринтная доменная структура 4. акустический лабиринт (в акустических системах) 5. внутреннее ухо*) ‖ лабиринтный

acoustical ~ акустический лабиринт

choke ~ дроссельный лабиринт

labyrinthic, labyrinthine лабиринтный

lace 1. шнур ‖ шнуровать; стягивать шнуром 2. объединять (*несколько изолированных проводников*) в жгут 3. пропускать в отверстие; заправлять (*напр. магнитную ленту*)

lace-up пропускание в отверстие; заправка (*напр. магнитной ленты*) ‖ пропускать в отверстие; заправлять (*напр. магнитную ленту*)

tape ~ заправка (магнитной) ленты

vacuum column ~ заправка (магнитной) ленты с помощью вакуумной направляющей

lacing 1. шнурование; стягивание шнуром 2. объединение (*нескольких изолированных проводников*) в жгут 3. пропускание в отверстие; заправка (*напр. магнитной ленты*)

lack 1. нехватка; недостаток; отсутствие ‖ не хватать; недоставать; испытывать недостаток; отсутствовать. 2. потеря ‖ терять

~ **of connectivity** потеря связности (*в сети*)

~ **of fit** неадекватность; несоответствие

~ **of synchronization** потеря синхронизации

lacquer лак ‖ покрывать лаком

bakelite ~ бакелитовый лак

enamel ~ эмалевый лак

lacquer

insulating ~ изоляционный лак
photosensitive ~ *микр.* фоточувствительный лак, фотолак
lacuna *вчт* лакуна
lacunarity *вчт* лакунарность
ladar лазерный локатор
ladder 1. лестничная структура **2.** схема с последовательно-параллельной организацией; (многозвенная) схема лестничного типа (*с чередованием последовательного и параллельного включения ветвей*) **3.** лестничный; имеющий лестничную структуру
 bubble ~ схема на ЦМД с последовательно-параллельной организацией
 resistor ~ резисторная схема лестничного типа
laddie *вчт* логическая схема лестничного типа на многоотверстном магнитном сердечнике
lag 1. запаздывание; задержка; отставание ‖ запаздывать; задерживать; отставать **2.** *проф.* лаг (*в математической статистике*) ‖ обладать лагом **3.** запаздывание по фазе **4.** инерционность **5.** время задержки **6.** выдержка времени (*напр. в реле*) **7.** постоянная времени фототока (*в фотоэлектрических приборах*) **8.** послесвечение (*экрана*) **9.** *тлв* тянущееся продолжение за движущимися объектами, *проф.* динамическая «тянучка»
 adjustment ~ лаг приспособления
 Almon ~ лаг Олмон, полиномиальный распределенный лаг
 autoregressive distributed ~ авторегрессионный распределенный лаг
 definite time ~ независимая выдержка времени
 dependent time ~ зависимая выдержка времени
 distance-velocity ~ транспортное запаздывание
 distributed ~ **1.** распределённое запаздывание; распределённая задержка **2.** распределенный лаг
 domain nucleation ~ задержка зародышеобразования
 expectation-formation ~ лаг в формировании ожиданий
 expectations ~ лаг ожиданий
 exponential ~ экспоненциальный лаг
 finite ~ конечный лаг
 geometric ~ геометрический лаг, лаг Койка
 group ~ групповая задержка
 high-light ~ тянущееся продолжение за движущимися светлыми объектами
 independent time ~ независимая выдержка времени
 information ~ информационное запаздывание
 inverse and definite time ~ выдержка времени, обратно пропорциональная силе тока до достижения минимальной выдержки
 inverse time ~ обратнозависимая выдержка времени, обратно пропорциональная силе тока выдержка времени
 Koyck ~ лаг Койка, геометрический лаг
 linear ~ линейный лаг
 long fluorescent ~ длительное послесвечение экрана
 magnetic ~ магнитное последействие
 mean ~ **1.** среднее запаздывание; средняя задержка **2.** средний лаг
 nuclei growth ~ задержка роста зародышей
 phase ~ **1.** фазовая задержка **2.** запаздывание по фазе

 polynomial ~ полиномиальный лаг
 polynomial distributed ~ полиномиальный распределенный лаг, лаг Олмон
 rational ~ рациональный лаг
 short fluorescent ~ кратковременное послесвечение экрана
 signal ~ запаздывание сигнала; задержка сигнала
 time ~ **1.** запаздывание; задержка; отставание **2.** лаг
 variable ~ регулируемая задержка
lagged 1. запаздывающий; задержанный; отстающий **2.** *проф.* лагированный, относящийся к предыдущему моменту времени
lagging 1. запаздывание; задержка; отставание ‖ запаздывающий **2.** *проф.* лагирование ‖ лагированный, относящийся к предыдущему моменту времени
Lagrangian лагранжиан, функция Лагранжа
lambda 1. лямбда (*буква греческого алфавита,* Λ, λ) **2.** длина волны
lambert ламберт, Лб $(3,18 \cdot 10^3$ кд/м$^2)$
lamina 1. слой; (тонкая) пластина; (тонкий) лист; плёнка **2.** (тонкое) покрытие
laminate 1. слоистая структура; слоистая конструкция ‖ изготавливать в виде слоистой структуры; использовать слоистую конструкцию ‖ слоистый **2.** слоистый материал; ламинат **3.** расслаивать(ся); расщеплять(ся) на слои **4.** наносить (тонкое) покрытие; ламинировать **5.** прокатывать в виде (тонких) листов **6.** пластина (*шихтованного магнитопровода*)
 copper-clad ~ слоистая структура с защитным медным покрытием
lamination 1. слоистая структура; слоистая конструкция **2.** изготовление слоистой структуры; использование слоистой конструкции **3.** слоистый материал; ламинат **4.** расслоение; расщепление на слои **5.** нанесение (тонкого) покрытия; ламинирование **6.** прокатывание в виде (тонких) листов **7.** пластина (*шихтованного магнитопровода*)
laminator установка для нанесения (тонких) слоёв; ламинатор
lamp 1. (электрическая) лампа **2.** источник света
 Aldis ~ лампа для передачи сигналов в коде Морзе
 answer ~ *тлф* опросная [опросно-вызывная] лампа
 arc ~ дуговая лампа
 atomic ~ вакуумная люминесцентная лампа с возбуждением ядерным излучением
 ballast ~ баретер
 bare ~ неэкранированная лампа
 busy ~ *тлф* лампа занятости
 calling ~ *тлф* вызывная лампа
 candle ~ пламеобразная лампа
 carbon arc ~ дуговая угольная лампа
 cathode-ray ~ электронно-лучевая лампа (*электрическая лампа с нагревом излучающего тела электронным лучом*)
 cesium-vapor ~ цезиевая лампа
 chargeable ~ лампа индикации продолжительности (телефонного) разговора
 coaxial flash ~ *кв.эл.* импульсная коаксиальная лампа
 cold-start ~ лампа с зажиганием в холодном состоянии
 comparison ~ лампа сравнения

Cooper-Hewitt ~ ультрафиолетовая ртутная лампа
crater ~ лампа тлеющего разряда с катодным кратером
dial ~ лампа подсветки шкалы
discharge ~ разрядная лампа
electric-discharge ~ разрядная лампа
electrodeless ~ безэлектродная лампа
electroluminescent ~ электролюминесцентная лампа
electronic flash ~ электронная лампа-вспышка, электронная фотовспышка
exciter ~ звукочитающая лампа (*кинопроектора*)
exposed ~ неэкранированная лампа
flame arc ~ плазменная дуговая лампа
flash ~ импульсная лампа
flood ~ *тлв* лампа заливающего света
fluorescent(-mercury) ~ ртутная люминесцентная лампа
gas-discharge ~ газоразрядная лампа
gas-filled ~ газополная лампа накаливания
glow ~ лампа тлеющего разряда
halogen ~ галогенная лампа
Hefner ~ лампа Гефнера
high-pressure mercury-vapor ~ ртутная лампа высокого давления
hold ~ *тлф* лампа, сигнализирующая об установлении соединения
hollow-cathode ~ лампа с полым катодом
hot-cathode ~ лампа с горячим катодом
hydrogen ~ импульсный водородный тиратрон
incandescent ~ лампа накаливания
indicating ~ индикаторная лампа тлеющего разряда
indicator ~ сигнальная лампа
infrared ~ инфракрасная [ИК-] лампа
instant-start ~ лампа с зажиганием в холодном состоянии
Kromayer ~ ультрафиолетовая ртутная лампа
line ~ *тлф* вызывная лампа
long ~ лампа с длинной дугой
low-inductance coaxial ~ *кв. эл.* малоиндуктивная коаксиальная лампа
low-pressure ~ лампа низкого давления
mercury(-vapor) ~ ртутная лампа
metal halide ~ металлогалогенидная лампа
microminiature ~ микроминиатюрная лампа накаливания
music-controlled ~ лампа для контроля уровня громкости
neon (glow) ~ неоновая лампа
Nernst ~ штифт Нернста
panel ~ приборная лампа
pea ~ сверхминиатюрная лампа накаливания
photoflash ~ лампа-вспышка
photo-flood ~ *тлв* лампа заливающего света
pilot ~ сигнальная лампа
point-source ~ точечная лампа
preheat fluorescent ~ ртутная люминесцентная лампа с зажиганием в горячем состоянии
pulsed ~ импульсная лампа
pulsed xenon ~ импульсная ксеноновая лампа
quartz ~ кварцевая лампа
rapid-start fluorescent ~ ртутная люминесцентная лампа с зажиганием в холодном состоянии
recording ~ записывающая лампа (*при озвучивании кинофильма*)
repeater ~ контрольная сигнальная лампа
resistance ~ реостатная лампа
resonance ~ резонансная лампа
self-ballasted mercury ~ лампа смешанного света
short-arc ~ лампа с короткой дугой
signal ~ сигнальная лампа
sodium vapor ~ натриевая лампа
solid-state ~ светодиод, светоизлучающий диод, СИД
spectroscopic ~ спектральная лампа
speed ~ электронная лампа-вспышка, электронная фотовспышка
starterless fluorescent ~ люминесцентная лампа без стартерного зажигания
strobe ~ импульсная лампа для создания спецэффектов
switch-start fluorescent ~ люминесцентная лампа со стартерным зажиганием
ultraviolet ~ ультрафиолетовая (УФ-)лампа
vacuum ~ вакуумная лампа
vacuum fluorescent ~ вакуумная люминесцентная индикаторная лампа
vapor ~ паросветная лампа
visual busy ~ *тлф* лампа занятости
xenon ~ ксеноновая лампа

lampholder патрон лампы
lamphouse экран лампы
lamp-light искусственное освещение
LAN локальная сеть
  virtual ~ виртуальная локальная сеть
  zero slot ~ локальная сеть с подключением компьютеров через последовательные порты (*без использования сетевых плат*)
lanac радионавигационная система с активным ответом для предупреждения столкновений самолётов
lance 1. улан (*в компьютерных играх*) 2. пика; копьё (*в компьютерных играх*) 3. наёмный (работник)
  e- ~ надомник, выполняющий рабочие функции с помощью электронной почты, *проф.* электронно-наёмный работник
  free ~ вольнонаёмный
land 1. поле (*механической сигналограммы*) 2. *микр.* контактная площадка 3. (микро)выступ, (микро)гребень, невыжженный участок (*дорожки записи лазерного диска*) 4. производить посадку; приземляться (*о ЛА*)
  contact ~ контактная площадка
  terminal ~ контактная площадка
  test ~ тестовая контактная площадка, контактная площадка для тестирования
lander спускаемый космический аппарат
landing посадка; приземление (*ЛА*)
  blind ~ инструментальная посадка, посадка по приборам
  ground-controlled ~ посадка по командам наземного пункта управления
landline наземная линия связи; подземный кабель связи
landscape 1. ландшафт || ландшафтный 2. *вчт* ландшафтная [альбомная] ориентация (*напр. листа бумаги*), горизонтальная ориентация (*напр. экрана дисплея*) || ландшафтный, альбомный (*об ориентации листа бумаги*), горизонтальный (*напр. экран дисплея*)
  fitness ~ количество экологических ниш в фазовом пространстве организма

lane 1. дорожка (*на магнитном носителе*) **2.** фазовая дорожка (*индикатора радионавигационной системы*)
  safety ~ предохранительная дорожка
langley лэнгли, 1 кал/см^2 (*единица измерения плотности потока солнечного излучения*)
language 1. язык (*1. естественный язык, средство человеческого общения 2. система знаков, жестов или сигналов для передачи или хранения информации 3. стиль 4. речь 5. язык программирования*) **2.** языкознание, лингвистика
  abstract machine ~ язык описания абстрактных машин
  actor ~ объектно-ориентированный язык с использованием понятия «актёр»
  agent communication ~ язык общения агентов
  a hardware programming ~ язык программирования аппаратного обеспечения, язык AHPL
  algebraic logic functional ~ функциональный язык алгебраической логики, язык ALF
  algorithmic ~ **1.** алгоритмический язык **2.** язык программирования ALGOL
  amorhic ~ аморфный язык
  application-oriented ~ проблемно-ориентированный язык
  applicative ~ функциональный язык, язык функционального программирования
  a programming ~ язык программирования (высокого уровня) APL
  artificial ~ искусственный язык
  assembler [assembly] ~ язык ассемблера, ассемблер
  assignment ~ язык программирования без присваивания
  author(ing) ~ авторский язык, язык программирования для авторских разработок (*напр. гипермедийных документов*)
  axiomatic architecture description ~ язык аксиоматического описания архитектуры, язык AADL
  basic combined programming ~ машинно-независимый язык системного программирования BCPL
  block-structured ~ блочно-структурированный язык
  boundary scan description ~ язык описания (цифровых устройств) при периферийном опросе, язык BSDL (*для интерфейса JTAG*)
  business-oriented ~ язык программирования ANS COBOL
  business-oriented programming ~ бизнес-ориентированный язык программирования
  categorical ~ категориальный язык
  categorical abstract machine ~ категориальный язык описания абстрактных машин, язык CAML
  cellular ~ клеточный язык
  configuration ~ конфигурационный язык программирования (*напр. Darwin*)
  constraint ~ язык ограничений
  combined programming ~ язык программирования CPL
  command ~ командный язык (*1. язык управления заданиями 2. входной язык приложения*)
  common ~ неспециализированный язык программирования; язык программирования общего назначения; универсальный язык
  common business-oriented ~ язык программирования Кобол, COBOL
  compiled ~ компилируемый язык
  compiler ~ исходный язык компилятора
  computer ~ язык программирования
  computer-dependent ~ машинно-зависимый язык
  computer hardware description ~ язык описания архитектуры аппаратного обеспечения компьютера, язык CHDL
  computer-independent ~ машинно-независимый язык
  computer-oriented ~ машинно-ориентированный язык
  computer-sensitive ~ машинно-зависимый язык
  concurrent ~ язык параллельного программирования
  configuration ~ язык описания конфигурации
  context-free ~ контекстно-свободный язык
  context-sensitive ~ контекстно-зависимый язык
  conversational ~ диалоговый язык программирования
  coordinate ~ координирующий язык
  database ~ язык базы данных
  database query ~ язык запросов к базе данных
  data definition ~ язык определения данных, язык описания данных
  data description ~ язык описания данных, язык определения данных
  data manipulation ~ язык манипулирования данными, язык DML
  data structure ~ язык описания структуры базы данных
  digital system design ~ язык проектирования цифровых систем
  declarative ~ декларативный язык
  declarative markup ~ декларативный язык разметки, язык DML
  definitional ~ язык с однократным присваиванием (*значения имени*)
  definitional constraint ~ язык с определением ограничений целостности
  design ~ язык проектирования
  device media control ~ язык управления рабочими средами устройств (*в базах данных*)
  document style semantics and specification ~ язык спецификации и семантики стиля документа, язык DSSSL, стандарт ISO на оформление переносимых документов
  domain-specific ~ проблемно-ориентированный язык
  dynamically scoped ~ вчт язык с использованием динамических областей действия идентификаторов
  dynamic hypertext markup ~ динамический язык описания структуры гипертекста, язык DHTML
  dynamic simulation ~ язык динамического моделирования, язык DSL
  elementary formalized ~ элементарный формализованный язык, формализованный язык первого порядка
  embedding ~ встраивающий язык
  event-driven ~ событийно-управляемый язык
  expression ~ язык выражений
  extensible ~ расширяемый язык
  extensible hypertext markup ~ расширяемый язык описания структуры гипертекста, язык XHTML
  extensible markup ~ расширяемый язык разметки (гипертекста), язык XML

language

fabricated ~ символический (псевдо)язык; немашинный язык (*напр. язык программирования*)
fifth-generation ~ язык (программирования) пятого поколения; язык (программирования) на основе использования искусственного интеллекта; естественный язык
first-generation ~ язык (программирования) первого поколения, язык машины
formal ~ формальный язык
formalized ~ формализованный язык
fourth-generation ~ язык (программирования) четвёртого поколения, непроцедурный язык (программирования); язык управления базами данных
frame ~ язык представления знаний в фреймовой модели
functional (programming) ~ функциональный язык, язык функционального программирования
function graph ~ язык программирования FGL
geometrical layout description ~ язык описания геометрической топологии
graphics ~ язык машинной графики
graph-oriented ~ графо-ориентированный язык
hardware description ~ язык описания аппаратного обеспечения, язык HDL
Hewlett-Packard graphics ~ язык машинной графики компании Hewlett-Packard, язык HPGL
Hewlett-Packard printer control ~ язык управления принтерами компании Hewlett-Packard, язык HPPCL
high-level ~ язык высокого уровня
high-order ~ язык высокого уровня
host ~ включающий язык
hypertext markup ~ стандартный язык описания структуры гипертекста, язык HTML
hypertext markup ~ plus предлагаемая новая версия (стандартного) языка описания структуры гипертекста, надмножество языка HTML, язык HTML+
hypersymbol ~ язык гиперсимволов
imperative ~ императивный язык
in-line ~ встраиваемый язык
input ~ входной язык
intelligent ~ интеллектуальный язык программирования
interactive ~ интерактивный язык (программирования)
interactive set ~ интерактивный язык множеств, язык программирования ISETL
intermediate ~ промежуточный язык
interpreted ~ интерпретируемый язык
Java interface definition ~ язык определения (программных) интерфейсов Java, язык JIDL
Java (programming) ~ язык (программирования) Java, объектно-ориентированный язык для загрузки и исполнения программ с сервера
job control ~ язык управления заданиями (*1. командный язык 2. язык JCL*)
Jules' own version of the international algorithmic ~ язык программирования Jovial
knowledge query and manipulation ~ язык запросов и манипулирования знаниями, язык (общения агентов) KQML
left-associative ~ язык программирования с ассоциативностью слева направо
lexically scoped ~ *вчт* язык с использованием статических областей действия идентификаторов

list-processing ~ язык обработки списков
low-level ~ язык низкого уровня
machine ~ машинный язык, язык машины
machine-independent ~ машинно-независимый язык
machine-oriented ~ машинно-ориентированный язык
macro ~ макроязык
manipulator ~ язык управления роботами, язык программирования ML
man-machine ~ человеко-машинный язык
mathematical markup ~ язык разметки математических формул в гипертекстовом документе, язык MathML
matrix-based programming ~ матрично-ориентированный язык программирования
meta ~ метаязык
mnemonic ~ мнемонический язык
musical ~ язык для ввода музыкальных символов в память компьютера
my favorite toy ~ *вчт проф.* 1. язык, используемый для передачи кратких сообщений 2. язык, предпочитаемый данным программистом
native(-mode) ~ транслируемый в собственную систему команд (*данного компьютера*) язык, *проф.* «родной» язык
natural ~ естественный язык (*средство человеческого общения*)
network control ~ язык управления сетью
network description ~ язык описания схем
noninteractive ~ неинтерактивный язык (программирования)
nonprocedural ~ непроцедурный язык
object ~ объектный [выходной] язык
object-oriented ~ объектно-ориентированный язык
page description ~ язык программирования PDL, язык описания страниц
parallel object-oriented ~ язык (объектно-ориентированного) программирования POOL
partial differential equation ~ язык программирования для решения дифференциальных уравнений с частными производными, язык программирования PDELAN
pattern-matching ~ язык программирования с функцией сопоставления с образцом
physical ~ язык физики; язык физического описания
picture query ~ язык видеозапросов
portable ~ переносимый язык программирования
portable standard ~ язык программирования PSL, переносимая версия языка программирования LISP
polymorphic ~ полиморфный язык
practical extraction and report ~ язык написания сценариев в UNIX, язык PERL
prescriptive ~ процедурный язык; процедурно-ориентированный язык
print control ~ язык управления печатью
problem-oriented ~ проблемно-ориентированный язык
problem statement ~ язык постановки проблем, язык PSL (*в системах автоматизированной разработки программ*)
procedural ~ процедурный язык; процедурно-ориентированный язык
procedure-oriented ~ процедурный язык; процедурно-ориентированный язык

language

program(ming) ~ язык программирования
publishing ~ язык программирования для редакционно-издательских систем
query ~ язык запросов
question-answering ~ вопросно-ответный язык
register-transfer ~ язык межрегистровых передач
regular ~ регулярный язык
relational ~ реляционный язык
right-associative ~ язык программирования с ассоциативностью справа налево
robot(-level) ~ язык общения с роботами
robotic control ~ язык управления роботами
rule ~ язык правил
rule-oriented ~ продукционный язык; язык логического программирования
scientific programming ~ язык программирования для научных применений
script ~ язык сценариев
scripting ~ язык написания сценариев
second-generation ~ язык (программирования) второго поколения, язык ассемблера
sense ~ язык элементарных ощущений; язык элементарных чувственных образов
server-parsed hypertext markup ~ содержащая интерпретируемые сервером специальные команды версия стандартного языка описания структуры гипертекста, язык SHTML, язык SPML
set ~ язык множеств, язык программирования SETL
simulation ~ язык моделирования
sign ~ 1. дактилологический язык, язык жестов глухонемых 2. язык жестов
single-assignment ~ язык с однократным присваиванием (*значения имени*)
software command ~ командный язык (*1. язык управления заданиями 2. входной язык приложения*)
source ~ 1. язык оригинала 2. *вчт* исходный язык
special-purpose programming ~ специализированный язык программирования, язык программирования специального назначения
specification ~ язык спецификаций
specification and assertion ~ язык спецификаций и утверждений, язык SPECIAL
stack-based ~ язык программирования для стековой архитектуры
standard generalized markup ~ стандартный обобщённый язык описания документов, язык SGML
statically scoped ~ *вчт* язык с использованием статических областей действия идентификаторов
stratified ~ стратифицированный язык
stream ~ потоко-ориентированный язык
string-handling ~ язык программирования с функцией обработки строковых переменных
string-oriented symbolic ~ строчно-ориентированный символический язык, язык программирования SNOBOL
string-processing ~ язык программирования с функцией обработки строковых переменных
strongly-typed ~ язык со строгим контролем типов
structural design ~ язык структурного проектирования, язык программирования STRUDL
structured query ~ язык структурированных запросов, язык SQL
subset ~ подмножество (основного) языка
symbolic ~ символический (псевдо)язык; немашинный язык (*напр. язык программирования*)
symbolic layout description ~ символический (псевдо)язык описания топологии
synchronized multimedia integration ~ язык интеграции синхронизированных мультимедийных данных, язык SMIL
target ~ 1. язык перевода 2. *вчт* объектный [выходной] язык
thing ~ язык вещей; язык реальных объектов и событий
third-generation ~ язык (программирования) третьего поколения; процедурно- *или* объектно-ориентированный язык (программирования)
threaded ~ транслируемый в шитый код язык
tone ~ тональный язык
two-dimensional pictorial query ~ язык запросов с наглядным двумерным представлением
typed ~ язык с контролем типов
typeless ~ язык без типов
unchecked ~ язык без контроля типов
unformalized ~ неформализованный язык
universal ~ универсальный язык; неспециализированный язык программирования; язык программирования общего назначения
unstratified ~ нестратифицированный язык
untyped ~ язык без типов
user-oriented ~ язык программирования, ориентированный на пользователя
very high-level ~ язык (программирования) четвёртого поколения, непроцедурный язык (программирования); язык управления базами данных
very-high-speed integrated circuit hardware description ~ язык описания аппаратного обеспечения на быстродействующих ИС, язык VHDL
Vienna definition ~ язык программирования VDL
virtual reality modeling ~ язык моделирования виртуальной реальности, язык VRML
visual ~ язык визуального общения
well-structured programming ~ хорошо структурированный язык программирования
wireless markup ~ язык разметки гипертекстовых документов для беспроводной связи, язык WML

lap 1. *микр.* полировка; шлифовка ‖ полировать; шлифовать 2. *микр.* полировальный *или* шлифовальный станок 3. *микр.* скос, косой срез; косой шлиф ‖ скашивать; делать косой шлиф 4. перекрывающая *или* перекрываемая часть, накладывающаяся часть ‖ перекрывать(ся); накладывать(ся) 5. соединение внахлёстку ‖ соединять внахлёстку 6. колени (*сидящего оператора*)
angle ~ косой шлиф
planarizing ~ выравнивающая шлифовка
laptop 1. наколенное (*размещаемое на коленях сидящего оператора*) устройство 2. портативный персональный компьютер типа «лэптоп», наколенный (*размещаемый на коленях сидящего оператора*) портативный персональный компьютер
large 1. большой; крупный 2. увеличенный размер (*напр. шрифта*); крупный кегль
large-print набранный крупнокегельным шрифтом
large-sample относящийся к большой выборке
large-scale 1. крупномасштабный (*1. выполненный в крупном масштабе 2. значительный; массовый*)

2. *микр.* обладающий высокой степенью интеграции

laryngophone ларингофон
laryngoscopy ларингоскопия
lasant лазерный материал, лазерная среда
lase генерировать когерентное оптическое излучение
laser лазер ‖ лазерный ◊ **to build up a ~** возбуждать лазер; **~ with bleaching filters** лазер с просветляющимися фильтрами

~ on supersonic jet лазер со сверхзвуковой прокачкой

~ with dynamic liquid crystal mirrors лазер с динамическими жидкокристаллическими зеркалами
acidic umbelliferone ~ лазер на кислом растворе умбеллиферона
acoustooptically-tuned ~ лазер с акустооптической перестройкой
acquisition ~ лазер системы захвата цели на автоматическое сопровождение
active infrared detection ~ инфракрасный [ИК-] лазер системы активного обнаружения целей
actively mode-locked ~ лазер с активной синхронизацией мод
actively Q-switched ~ лазер с активной модуляцией добротности
alignment ~ юстировочный лазер
alkali-halide ~ щёлочно-галогенидный лазер
alpha-particle ~ лазер с накачкой альфа-частицами
amorphous ~ 1. лазер на аморфной среде 2. лазер на стекле
amplitude stabilized ~ амплитудно-стабилизированный лазер
anisotropic ~ лазер на анизотропной среде
anorganic vapor ~ лазер на парах неорганических соединений
antisubmarine ~ лазер системы противолодочной обороны
Ar ~ аргоновый лазер
arc-driven ~ дуговой электроразрядный лазер
arc-excited ~ дуговой электроразрядный лазер
argon ~ аргоновый лазер
atmospheric pressure ~ лазер, работающий при атмосферном давлении
atomic ~ атомарный лазер
atomic-beam ~ лазер на атомарном пучке
Au vapor ~ лазер на парах золота
avalanche injection ~ лавинный инжекционный лазер
axially excited ~ лазер с аксиальной накачкой
beam-expanded ~ лазер с расширителем пучка
BH injection ~ *см.* **buried-heterostructure injection laser**
bidirectional ~ двунаправленный лазер
bistable ~ бистабильный лазер
black-body (pumped) ~ лазер с накачкой излучением чёрного тела
blue ~ генерирующий голубой свет лазер, *проф.* голубой лазер (*напр. на нитриде галлия*)
Bragg ~ брэгговский лазер
Brewster-angled ~ лазер с окнами Брюстера
bromine vapor [Br vapor] ~ лазер на парах брома
bulk ionized ~ лазер с объёмной ионизацией
buried-heterostructure injection ~ инжекционный лазер со скрытой гетероструктурой
butt-coupled ~ (гетеро)лазер, состыкованный с торцом стекловолокна

C ~ лазер на парах углерода
Ca ~ лазер на парах кальция
cadmium selenide ~ лазер на селениде кадмия
cadmium sulfide ~ лазер на сульфиде кадмия
cadmium vapor ~ лазер на парах кадмия
calcium vapor ~ лазер на парах кальция
carbazine ~ лазер на карбазине
carbon dioxide ~ лазер на углекислом газе, лазер на диоксиде углерода, CO_2-лазер
carbon monoxide ~ лазер на (моно)оксиде углерода, CO-лазер
carbon vapor ~ лазер на парах углерода
carbopyronine ~ лазер на карбопиронине
cascade ~ каскадный лазер
cataphoresis pumping ~ катафорезный лазер
cavity ~ резонаторный лазер
Cd ~ лазер на парах кадмия
ceramic ~ керамический лазер, лазер на керамике
chain-reaction ~ лазер на цепной реакции
chelate ~ лазер на хелатах
chemical ~ химический лазер
chemically excited [chemically pumped] ~ лазер с химической накачкой
chemical transfer ~ химический лазер с передачей энергии возбуждения
chirped ~ лазер с внутриимпульсной линейной частотной модуляцией излучения
chlorine ~ лазер на хлоре
circular ring ~ кольцевой лазер
circulated-liquid ~ жидкостный лазер с циркуляцией активной смеси
Cl ~ лазер на хлоре
close-confinement ~ гетеролазер, лазер на гетеропереходах, гетероструктурный лазер, лазер на гетероструктурах
closed-cycle ~ лазер с замкнутым циклом
CO ~ лазер на (моно) оксиде углерода, CO-лазер
CO_2 ~ лазер на углекислом газе, лазер на диоксиде углерода, CO_2-лазер
coaxial ~ коаксиальный лазер
coaxial-flow ~ лазер с коаксиальной прокачкой
color-center ~ лазер на центрах окраски
combustion (powered) ~ газодинамический лазер с камерой сгорания
composite-rod ~ лазер с составным стержнем
Compton ~ комптоновский лазер
condensed-phase ~ лазер на конденсированной среде
confined-phase ~ лазер с ограниченной активной областью
confocal ~ лазер с конфокальными зеркалами
CO_2+N_2+He ~ лазер на смеси CO_2+N_2+He
continuously operated ruby ~ непрерывный рубиновый лазер
continuously pumped ~ лазер с непрерывной накачкой
continuously running ~ непрерывный лазер, работающий в непрерывном режиме лазер
continuous-wave ~ непрерывный лазер, работающий в непрерывном режиме лазер
convectively-cooled ~ лазер с конвективным охлаждением
copper iodide ~ лазер на иодиде меди
copper vapor ~ лазер на парах меди
corner-cube ~ лазер с уголковыми отражателями**

laser

coumarin ~ лазер на кумарине
coupled-cavity ~ лазер со связанными резонаторами
cross-beam ~ лазер с поперечной накачкой
cross-discharge ~ лазер с поперечным возбуждением разряда
cross-field [cross-pumped] ~ лазер с поперечной накачкой
cryogenic ~ криогенный лазер
crystalline ~ лазер на кристалле
Cu ~ лазер на парах меди
CW ~ *см.* **continuous-wave laser**
dc-excited ~ лазер с возбуждением постоянным током
deflection ~ лазер с неустойчивым резонатором
deuterium fluoride ~ лазер на фториде дейтерия
DFB ~ *см.* **distributed-feedback laser**
dielectric gas ~ лазер на газообразном диэлектрике
dielectric solid-state ~ лазер на твёрдом диэлектрике
diffraction-limited ~ лазер с расходимостью пучка, определяемой дифракционным пределом
diffraction-stabilized ~ лазер со стабилизирующей дифракционной обратной связью
diffused ~ диффузионный (полупроводниковый) лазер
diffusion-cooled ~ лазер с диффузионным охлаждением
dimer ~ лазер на димерах
diode ~ полупроводниковый лазер
diode-pumped ~ лазер с накачкой светодиодами
direct-gap injection ~ инжекционный лазер с прямыми переходами
directly modulated ~ лазер с внутренней модуляцией
disk ~ дисковый лазер (*на стекле*)
distributed ~ лазер с распределёнными параметрами
distributed-feedback ~ лазер с распределённой обратной связью
double-beam ~ двухлучевой лазер
double-discharge ~ лазер с двойным разрядом
double-frequency ~ двухчастотный лазер
double-heterojunction [double-heterostructure] ~ лазер на двойном гетеропереходе, лазер на двойной гетероструктуре
double-injection ~ (полупроводниковый) лазер с двойной инжекцией
double-mode ~ двухмодовый лазер
double-pulse ~ двухимпульсный лазер
double-quantum ~ двухфотонный лазер
doubly mode-locked ~ лазер с двойной синхронизацией мод
dual ~ двухчастотный лазер с выводом излучения на каждой из частот через противоположные торцы резонатора
dye ~ лазер на красителе
dye-doped polymethylmethacrylate ~ лазер на красителе, внедрённом в полиметилметакрилат
E-beam-controlled ~ лазер с электронным управлением
E-beam-pumped ~ лазер с электронным возбуждением
electrically excited ~ лазер с электрическим возбуждением

electric-discharge ~ электроразрядный лазер
electroionization ~ электроионизационный лазер
electron-beam(-excited) ~ лазер с электронным возбуждением
electron-beam-initiated ~ лазер с электронным инициированием
electron-beam plasma ~ плазменный лазер с электронным возбуждением
electron-beam-pumped ~ лазер с электронным возбуждением
electron-beam-stabilized ~ лазер с электронной стабилизацией
electron-beam-triggering ~ лазер с электронным инициированием
electron-collisionally excited ionic ~ ионный лазер, возбуждаемый электронным ударом
electronic transition ~ лазер на электронных переходах
electronic-vibrational transition ~ лазер на электронно-колебательных переходах
electrooptically tuned ~ лазер с электрооптической перестройкой частоты
ELION ~ *см.* **electroionization laser**
end-pumped ~ лазер с торцевой накачкой
epitaxial(-grown) ~ эпитаксиальный (полупроводниковый) лазер
equilateral triangular ~ кольцевой лазер с резонатором в виде равностороннего треугольника
erasing ~ стирающий лазер
erbium-glass ~ лазер на эрбиевом стекле
evanescent-field-pumped ~ лазер с накачкой нераспространяющейся волной
evanescent-wave-pumped ~ лазер с накачкой нераспространяющейся волной
excimer ~ эксимерный лазер
excited-state dimer ~ эксимерный лазер
exciting ~ лазер накачки
exciton ~ экситонный лазер
explosion [explosively pumped] ~ лазер с взрывной накачкой
externally excited ~ лазер с внешним возбуждением
external-mirror ~ лазер с внешними зеркалами
extrinsically tuned ~ лазер с внешней перестройкой
face-pumped ~ лазер с торцевой накачкой
far-infrared ~ лазер, работающий в дальней ИК-области спектра
far-ultraviolet ~ лазер, работающий в дальней УФ-области спектра
fast-flowing ~ лазер с быстрой прокачкой
feedback ~ лазер с обратной связью
fiber ~ волоконный лазер
fiber-tailed ~ лазер со стекловолоконными выводами
fixed-frequency ~ лазер с фиксированной длиной волны излучения
flame ~ лазер с инициированием пламенем
flashlamp-pumped ~ лазер с накачкой импульсной лампой
flowing gas ~ прокачной газовый лазер
flowing molecular ~ прокачной молекулярный лазер
four-level ~ четырёхуровневый лазер
free-electron ~ лазер на свободных электронах
free-running ~ лазер в режиме свободной генерации

frequency-controlled ~ лазер с перестройкой частоты, перестраиваемый лазер
frequency-doubled ~ лазер с удвоением частоты
frequency-modulated ~ частотно-модулированный [ЧМ-] лазер
frequency-multiplied ~ лазер с умножением частоты
frequency-tuned ~ лазер с перестройкой частоты, перестраиваемый лазер
fundamental-mode ~ лазер, работающий на основной моде
Ga-As ~ лазер на арсениде галлия
gain-guided ~ лазер на активной волноводной структуре
gain-switched ~ лазер с модуляцией коэффициента усиления
gallium arsenide ~ лазер на арсениде галлия
gallium nitride ~ лазер на нитриде галлия
gamma-ray ~ лазер гамма-излучения, гамма-лазер, γ-лазер
gas ~ газовый лазер
gas-discharge ~ газоразрядный лазер
gas-dynamic ~ газодинамический лазер
giant-pulse ~ лазер с гигантскими импульсами излучения
giant-pulse ruby ~ рубиновый лазер с гигантскими импульсами излучения
glass ~ лазер на стекле
gold vapor ~ лазер на парах золота
grating-controlled ~ лазер с распределённой обратной связью на дифракционной решётке
grating-coupled ~ лазер с распределённой обратной связью на дифракционной решётке
green ~ генерирующий зелёный свет лазер, *проф.* зелёный лазер (*напр. аргоновый*)
green argon ~ аргоновый лазер, генерирующий зелёный свет, зелёный аргоновый лазер
HCI vibrational-rotational ~ лазер на колебательно-вращательных переходах молекулы HCI
heat-pumped ~ лазер с тепловой накачкой
heavy doped ~ сильнолегированный лазер
helium-iodine ~ гелий-йодный лазер
helium-krypton ~ гелий-криптоновый лазер
helium-xenon ~ гелий-ксеноновый лазер
He-Ne ~ гелий-неоновый лазер
heterojunction [heterostructure, heterostructure injection] ~ гетеролазер, лазер на гетеропереходах, гетероструктурный лазер, лазер на гетероструктурах
Hg ~ лазер на парах ртути
high-current ion ~ сильноточный ионный лазер
high-energy ~ лазер с высокой энергией излучения
high-gain ~ лазер с высоким коэффициентом усиления в активной среде
high-intensity ~ лазер с высокой плотностью потока излучения
highly coherent ~ лазер с высокой когерентностью излучения
high-power ~ мощный лазер
high-pressure ~ газовый лазер высокого давления
high-repetition-rate ~ лазер с высокой частотой повторения импульсов
hollow-cathode ~ лазер с полым катодом
holmium glass ~ лазер на гольмиевом стекле

homogeneously broadened ~ лазер с однородным уширением линии излучения
homogeneously pumped ~ лазер с однородной накачкой
homojunction [homostructure] ~ гомолазер, лазер на гомопереходе, лазер на гомоструктурном переходе, лазер на гомоструктуре
hybrid ~ гибридный лазер
hydrogen ~ водородный лазер
hydrogen halide ~ лазер на галогеноводородах
I ~ лазер на иоде, йодный лазер
illuminating ~ освещающий лазер (*в дисплеях*)
incoherently pumped ~ лазер с некогерентной накачкой
index-guided ~ лазер на пассивной волноводной структуре
indirect-gap injection ~ инжекционный лазер с непрямыми переходами
infrared ~ лазер ИК-диапазона, иразер
inhomogeneously broadened ~ лазер с неоднородным уширением линии излучения
inhomogeneously pumped ~ лазер с неоднородной накачкой
initiated ~ инициируемый лазер
initiating ~ инициирующий лазер
injection ~ инжекционный лазер
injection-locking ~ лазер с внешней синхронизацией
injection-plasma ~ инжекционный лазер
inorganic-liquid ~ лазер на неорганической жидкости
integral compact glass ~ лазер на стекле в виде единого модуля
internal-mirror ~ лазер с внутренними зеркалами
intracavity modulated ~ лазер с внутрирезонаторной модуляцией
iodine ~ лазер на иоде, йодный лазер
ion ~ ионный лазер
ionization-assisted gas ~ газовый лазер с предварительной ионизацией
ionized ~ ионный лазер
IR ~ *см.* infrared laser
Javan's ~ гелий-неоновый лазер
junction ~ полупроводниковый лазер
Kerr-cell switched ~ лазер с модуляцией добротности на ячейке Керра
Kr [krypton] ~ криптоновый лазер
Lamb-dip stabilized ~ лазер со стабилизацией частоты по лэмбовскому провалу
large-aperture ~ лазер с большой апертурой
large-optical-cavity ~ лазер с большим оптическим резонатором
laser-pumped ~ лазер с лазерной накачкой
layered ~ лазер на многослойной структуре
lead selenide ~ лазер на селениде свинца
lead sulfide ~ лазер на сульфиде свинца
lead telluride ~ лазер на теллуриде свинца
lead tin telluride ~ лазер на теллуриде свинца-олова
lead vapor ~ лазер на парах свинца
light-emitting-diode pumped ~ лазер со светодиодной накачкой
light-pumped ~ лазер с оптической накачкой
liquid ~ жидкостный лазер
liquid-dye ~ лазер на жидком красителе

laser

LOC ~ *см.* **large-optical-cavity laser**
longitudinal-flow ~ лазер с продольной прокачкой
longitudinal-pumped ~ лазер с продольной накачкой
long-wavelength ~ лазер субмиллиметрового диапазона
low-power ~ маломощный лазер
low-pressure ~ газовый лазер низкого давления
low-threshold ~ лазер с низким порогом генерации
magnetically confined ion gas ~ газовый лазер с магнитным удержанием ионов
magnetohydrodynamic ~ магнитогидродинамический [МГД-]лазер
magnetooptical ~ магнитооптический лазер
manganese vapor ~ лазер на парах марганца
many-element ~ лазер с составным стержнем
mass-transport buried heterostructure ~ лазер со скрытой гетероструктурой, полученной методом массообмена
master ~ задающий лазер
mercury vapor ~ лазер на парах ртути
mesa ~ меза-лазер
metal vapor ~ лазер на парах металла
MHD ~ *см.* **magnetohydrodynamic laser**
microwave-pumped ~ лазер с СВЧ-накачкой
millimeter(-wave) ~ лазер миллиметрового диапазона
mirror-angle tuned ~ лазер, перестраиваемый изменением углового положения зеркал
mirrorless ~ беззеркальный лазер
Mn vapor ~ лазер на парах марганца
mode-controlled ~ лазер с селекцией мод
mode-coupled ~ лазер с синхронизацией мод
mode-limited ~ лазер с ограничением числа мод
mode-locked ~ лазер с синхронизацией мод
mode-selected ~ лазер с селекцией мод
molecular ~ молекулярный лазер
molecular nitrogen discharge ~ электроразрядный лазер на молекулярном азоте
MTBH ~ *см.* **mass-transport buried heterostructure laser**
multicolor ~ многочастотный лазер
multifrequency ~ многочастотный лазер
multiline ~ многомодовый лазер
multilongitudinal-mode ~ лазер с несколькими продольными модами
multimodal [multimode] ~ многомодовый лазер
multiphoton ~ многофотонный лазер
multiple-dye ~ лазер на смеси красителей
multiple-pulse ~ лазер, генерирующий последовательность импульсов
multiple quantum-well ~ лазер на структуре с множественными квантовыми ямами
multiple-wavelength ~ многочастотный лазер
multiprism ~ многопризменный лазер
mutually pumped injection ~ инжекционный лазер с взаимной накачкой
Nd-doped yttrium-aluminum-garnet ~ лазер на алюмоиттриевом гранате, легированном неодимом
Nd-glass ~ лазер на неодимовом стекле
Nd-YAG ~ *см.* **Nd-doped yttriuni-aluminum-garnet laser**
Ne ~ неоновый лазер
near-IR ~ лазер, работающий в ближней ИК-области спектра
neodymium-doped phosphorous chloride ~ лазер на хлориде фосфора с растворённым неодимом
neodymium glass ~ лазер на неодимовом стекле
neodymium liquid ~ лазер на неорганической жидкости с растворённым неодимом
neodymium-selenium oxychloride ~ лазер на оксихлориде селена с растворённым неодимом
neodymium-ytterbium glass ~ лазер на неодим-иттербиевом стекле
neodymium-yttrium-erbium glass ~ лазер на неодим-иттрий-эрбиевом стекле
neon ~ неоновый лазер
neutral gas ~ атомарный газовый лазер
nitrogen ~ азотный лазер
nitrogen-carbon dioxide ~ лазер на смеси азота с углекислым газом
noble-gas ~ лазер на благородном газе
noncavity ~ безрезонаторный лазер
nonmode-selected ~ лазер без селекции мод
nonspiking ~ лазер, работающий в беспичковом режиме
nuclear ~ ядерный лазер
nuclear-charged self-sustaining ~ самоподдерживающийся лазер с ядерным возбуждением
nuclear-pumped ~ лазер с ядерной накачкой
nuclear γ ~ ядерный γ-лазер
O ~ лазер на кислороде
optical-avalanche ~ лазер на оптической лавине
optical fiber ~ волоконный лазер
optically pumped ~ лазер с оптической накачкой
organic ~ лазер на органическом соединении
organic-dye ~ лазер на органическом красителе
overtone ~ лазер с умножением частоты
oxazine ~ лазер на оксазине
oxygen ~ лазер на кислороде
P ~ лазер на парах фосфора
parallel-plate ~ лазер с плоскопараллельным резонатором
passively mode-locked ~ лазер с пассивной синхронизацией мод
passively Q-switched ~ лазер с пассивной модуляцией добротности
Pb ion ~ ионный лазер на парах свинца
phase-conjugate ~ лазер с обращением волнового фронта
phase-locked ~ лазер с фазовой синхронизацией
phosphorous vapor ~ лазер на парах фосфора
photochemical ~ фотохимический лазер
photodissociation ~ фотодиссоциационный лазер
photoexcitation ~ лазер с фотовозбуждением
photoinitiated ~ фотоинициируемый лазер
photoionization [photoionized] ~ фотоионизационный лазер
photorecombination ~ рекомбинационный лазер
pigtailed ~ лазер со стекловолоконными выводами
pinched-plasma ~ лазер с накачкой самостягивающимся разрядом в плазме
pink-ruby ~ лазер на кристалле розового рубина
planar stripe ~ планарный полосковый лазер
plane-resonator ~ лазер с плоским резонатором
plasma ~ плазменный лазер
p-n (junction) ~ инжекционный лазер

laser

polycrystalline ~ лазер на поликристалле
positive-column-discharge ~ лазер на разряде с положительным столбом
potassium bromide ~ лазер на бромиде калия
p-p-n-n ~ лазер на $p-p-n-n$-гетеропереходе
preionization [preionized] ~ лазер с предварительной ионизацией
premixed chemical ~ химический лазер с предварительным смешением
pressure-tuned ~ лазер, перестраиваемый с помощью изменения давления
prism dye ~ лазер на красителе с призменным резонатором
prism-tuned ~ лазер, перестраиваемый с помощью призмы
PS ~ *см.* **planar stripe laser**
pulsed ~ импульсный лазер, лазер, работающий в импульсном режиме
pulsed electrical ~ импульсный лазер с электрическим возбуждением
pulsed ruby ~ импульсный рубиновый лазер
pulsed water-vapor ~ импульсный лазер на парах воды
pulse-initiated chemical ~ химический лазер с импульсным инициированием
pumped ~ лазер с накачкой
pumping ~ лазер накачки
pyrotechnically pumped ~ лазер с пиротехнической накачкой
Q-spoiled [Q-switched, Q-switching] ~ лазер с модуляцией добротности
quantum-well ~ лазер на структуре с квантовой ямой
quartz ~ кварцевый лазер
quasi-continuous ~ квазинепрерывный лазер, лазер, работающий в квазинепрерывном режиме
radial-discharge ~ лазер с радиальным разрядом
Raman ~ рамановский [комбинационный]лазер
rare-earth chelate ~ лазер на хелатах редкоземельных элементов
rare-gas electrical-discharge ~ электроразрядный лазер на инертном газе
reading ~ считывающий лазер
recombination ~ рекомбинационный лазер
red ~ генерирующий красный свет лазер, *проф.* красный лазер (*напр. гелий-неоновый*)
regularly pulsing ~ лазер, работающий в пичковом режиме
repetitively pumped ~ лазер с периодической накачкой
resonanit ~ резонаторный лазер
RF excited ~ лазер с РЧ-накачкой
rhodamine ~ лазер на родамине
rhodamine 6G ~ лазер на родамине 6Ж
Ridley-Watkins-Hillsum-mechanism ~ лазер, работающий на механизме Ридли — Уоткинса — Хилсума
ring ~ 1. кольцевой лазер 2. лазерный гироскоп
roof-top ruby ~ лазер на рубиновом стержне с клинообразным торцом
rotation ~ лазер на вращательных переходах
ruby ~ рубиновый лазер
RWH-mechanism ~ *см.* **Ridley-Watkins-Hillsum-mechanism laser**
S ~ лазер на парах серы
scan ~ сканирующий лазер
SCH ~ *см.* **separate-confinement heterostructure laser**
sealed-off ~ отпаянный лазер
selenium vapor ~ лазер на парах селена
self-contained ~ лазер на самоограниченных переходах
self-focusing ~ самофокусирующийся лазер
self-locked ~ самосинхронизирующийся лазер
self-mode-locking ~ лазер с самосинхронизацией мод
self-Q-switching ~ лазер с самомодуляцией добротности
self-starting ~ самовозбуждающийся лазер
self-sustained ~ лазер с самоподдерживающимся разрядом
self-terminating ~ лазер на самоограниченных переходах
self-tuned ~ лазер с самонастройкой
semiconductor ~ полупроводниковый лазер
separate-confinement heterostructure ~ лазер на гетероструктуре с раздельным ограничением
shock-tube ~ лазер с ударной трубой
shock-wave pumped ~ лазер с накачкой ударной волной
short-pulsed ~ лазер с короткими импульсами излучения
Si [silicon vapor] ~ лазер на парах кремния
single-frequency ~ одночастотный лазер
single-heterojunction [single-heterostructure] ~ лазер на одиночном гетеропереходе, лазер на одиночной гетероструктуре
single-longitudinal-mode ~ одномодовый лазер на продольной моде
single-mode ~ одномодовый лазер
single-mode pumped ~ лазер с одномодовой накачкой
single-shot pumped ~ лазер с моноимпульсной накачкой
single-wavelength ~ одночастотный лазер
slave ~ лазер с внешней синхронизацией
SLM ~ *см.* **single-longitudinal-mode laser**
slotted cathode ~ лазер со щелевым катодом
slow-flowing ~ лазер с медленной прокачкой
software ~ *вчт* лавинообразное размножение сообщения (*из-за ошибки в протоколе передачи электронной почты*), *проф.* программный лазер
solar-pumped ~ лазер с солнечной накачкой
solid ~ лазер на основе твёрдого тела, твердотельный лазер
solid-dye ~ лазер на твёрдом красителе
solid rare-earth ion ~ твердотельный лазер на редкоземельных ионах
solid-state ~ лазер на основе твёрдого тела, твердотельный лазер
spikeless ~ лазер, работающий в беспичковом режиме
spiking ~ лазер, работающий в пичковом режиме
spin-flip ~ (перестраиваемый) полупроводниковый лазер на эффекте переворота спинов (*на 180°*)
Sr ~ лазер на парах стронция
storage ~ лазер с накоплением энергии
storage-ring ~ лазер с накопительным кольцом
streamer ~ лазер со стримерной накачкой
stripe(-geometry) ~ полосковый лазер

laser

strontium vapor ~ лазер на парах стронция
submillimeter ~ лазер субмиллиметрового диапазона
subsonic-flow ~ лазер с дозвуковой прокачкой
sulfur-hexafluoride ~ лазер на гексафториде серы
sulfur-vapor ~ лазер на парах серы
sun-pumped ~ лазер с солнечной накачкой
superlattice ~ лазер на сверхрешётке
superluminescent ~ сверхлюминесцентный [суперлюминесцентный] лазер
superpower ~ сверхмощный лазер
superradiant [superradiative] ~ сверхлюминесцентный [суперлюминесцентный] лазер
supersonic ~ лазер со сверхзвуковой прокачкой
synchronously-pumped ~ лазер с синхронной накачкой
TEA ~ *см.* **transverse-excitation atmospheric (pressure) laser**
telescopic-resonator ~ лазер с телескопическим резонатором
temperature-controlled ~ лазер с температурной перестройкой частоты
thallium vapor ~ лазер на парах таллия
thermally controlled ~ лазер с температурной перестройкой частоты
thermally excited ~ лазер с тепловой накачкой
thermally pumped ~ лазер с тепловой накачкой
thick-cavity junction ~ инжекционный лазер с широким резонатором
thin-film ~ тонкоплёночный лазер
thin-film diode ~ тонкоплёночный полупроводниковый лазер
three-level ~ трехуровневый лазер
tin vapor ~ лазер на парах олова
tracking ~ лазер системы сопровождения цели
transfer chemical ~ химический лазер с передачей энергии возбуждения
transverse electrically initiated ~ лазер с поперечным электроинициированием
transverse-excitation atmospheric (pressure) ~ лазер с поперечным возбуждением, работающий при атмосферном давлении
transverse-flow ~ лазер с поперечной прокачкой
transverse-flow mixing ~ лазер с поперечной прокачкой и перемешиванием
traveling-wave ~ лазер бегущей волны
triode ~ газовый лазер с сеточной модуляцией, лазер-триод
tunable ~ лазер с перестройкой частоты, перестраиваемый лазер
tunable diode ~ перестраиваемый полупроводниковый лазер, полупроводниковый лазер с перестройкой частоты
tunnel(-injection) ~ лазер с туннельной инжекцией
two-frequency ~ двухчастотный лазер
two-isotope active medium ~ лазер с двухизотопной активной средой
two-photon pumped ~ лазер с двухфотонной накачкой
ultraviolet ~ лазер ультрафиолетового диапазона, УФ-лазер
uncontrolled ~ лазер в режиме свободной генерации
unidirectional ~ однонаправленный лазер
unimodal ~ одномодовый лазер
unstable-resonator ~ лазер с неустойчивым резонатором
UV ~ *см.* **ultraviolet laser**
vacuum-ultraviolet ~ лазер, работающий в области вакуумного ультрафиолета
variable pulse-length ~ лазер с переменной длительностью импульса
variable-wavelength ~ лазер с перестройкой частоты, перестраиваемый лазер
vernier interferometric ~ перестраиваемый интерферометрический лазер
vibrational-rotation ~ лазер на колебательно-вращательных переходах
vibrational-transition ~ лазер на колебательных переходах
visible ~ лазер, работающий в видимой области спектра
VUV ~ *см.* **vacuum-ultraviolet laser**
waveguide ~ волноводный лазер
waveguide-pumping ~ лазер с волноводной накачкой
writing ~ записывающий лазер
Xe ~ ксеноновый лазер
xenon ion ~ ксеноновый ионный лазер
X-ray ~ лазер рентгеновского излучения, рентгеновский лазер, разер
ytterbium glass ~ лазер на иттербиевом стекле
Zeeman ~ зеемановский лазер
zero-order-mode ~ лазер с основной модой
zinc oxide ~ лазер на оксиде цинка
zinc-oxide nanowire ~ лазер на нанопроволоке из оксида цинка
zinc sulfide ~ лазер на сульфиде цинка
zinc vapor ~ лазер на парах цинка
Zn ~ лазер на парах цинка

LaserCard карта (формата) LaserCard, ЗУ в форме карты с оптической записью и считыванием информации
LaserDisk оптический диск (формата) LaserDisk (*для аналоговой видеозаписи в системе LaserVision*)
lasering *см.* **lasing**
LaserJet название серии лазерных принтеров компании Hewlett-Packard
laserscope лазерный локатор с объёмным отображением целей
LaserVision 1. система LaserVision (*фирмы Philips*) аналоговой видеозаписи на оптические диски **2.** оптический диск (формата) LaserDisk
LaserWriter название серии лазерных принтеров компании Apple Computer
lasherism *вчт проф.* стремление решать стандартные задачи оригинальными методами
lasing лазерная генерация
  CW ~ непрерывная лазерная генерация
  filamentary ~ нитевидная лазерная генерация
  multimode ~ многомодовая лазерная генерация
  pulse ~ импульсная лазерная генерация
  single-frequency ~ одночастотная лазерная генерация
  vacuum-ultraviolet ~ лазерная генерация в области вакуумного ультрафиолета
  VUV ~ *см.* **vacuum-ultraviolet lasing**
lasso *вчт* лассо (*инструмент для выделения фрагмента изображения в графических редакторах*) ‖ использовать лассо

free-hand ~ лассо свободного стиля
magnetic ~ магнитное лассо (*с привязкой к контуру*)
polygonal ~ многоугольное лассо
last-in, first out магазинного типа; на основе обратной последовательной очереди; в порядке, обратном поступлению; по алгоритму FILO
last-in, last-out обратного магазинного типа; на основе последовательной очереди; в порядке поступления; по алгоритму FIFO
latch 1. защёлка; задвижка; запор || защёлкивать; запирать **2.** ключевая схема с фиксацией состояния; релейный элемент с фиксацией воздействия **3.** триггер; D-триггер, тактируемый уровнем напряжения, триггер-защёлка **4.** *вчт* фиксатор || фиксировать
quad ~ ключевая схема с фиксацией состояния на четвёрке транзисторов с параллельно-последовательным включением
shift-register ~ фиксатор сдвигового регистра
latching 1. защёлкивание; запирание **2.** фиксация состояния; фиксация воздействия; удерживание **3.** фиксирование данных
latchup ключевой режим с фиксацией состояния; релейный режим с фиксацией воздействия
latency 1. латентность, скрытое состояние **2.** *вчт* время ожидания (*напр. при обращении к жёсткому диску*) **3.** задержка; время задержки **4.** *бион.* латентный период
answer ~ время ожидания ответа
average ~ среднее время ожидания
CAS ~ *см.* **column address strobe latency**
column address strobe ~ *вчт* время задержки строб-импульса адреса столбца
functional ~ функциональная латентность; скрытая пассивность (*напр. в логических матрицах*)
no bus ~ *вчт* без задержки на шине
zero ~ нулевое время ожидания
latensification латенсификация, усиление скрытого изображения
latent скрытый, латентный
lateral боковая часть; ответвление || боковой; поперечный
L^AT_EX редакционно-издательская система L^AT_EX
lathe токарный станок || обрабатывать на токарном станке
latitude 1. фотографическая широта **2.** широта **3.** *тлв* допустимый диапазон изменения освещённости объектов передачи
latitudinal широтный
latter 1. последующий; более поздний **2.** второй (*из двух вышеупомянутых*)
lattice 1. (кристаллическая) решётка **2.** решётка || образовывать решётку **3.** сетка (*радионавигационной системы*) **4.** *вчт* структура, решётка (*тип частично упорядоченного множества*)
amorphous ~ *фтт* аморфная решётка
base-centered ~ *фтт* базоцентрированная решётка
body-centered ~ *фтт* объёмноцентрированная решётка
Bravais ~ *фтт* решётка Браве
bubble ~ решётка ЦМД
close-packed hexagonal ~ плотноупакованная гексагональная решётка

color Bravais ~ *фтт* цветная решётка Браве
color three-dimensional ~ *фтт* цветная трёхмерная решётка
color two-dimensional ~ *фтт* цветная двумерная решётка
complete ~ завершенная кристаллическая решётка
crystal ~ кристаллическая решётка
cubic ~ *фтт* кубическая решётка
diffraction ~ дифракционная решётка
direct ~ *фтт* прямая решётка
edge-centered ~ *фтт* рёберноцентрированная решётка
end-centered ~ *фтт* базоцентрированная решётка
face-centered ~ *фтт* гранецентрированная решётка
flux ~ *свпр* решётка квантованных вихрей потока
fractal ~ фрактальная решётка
hexagonal ~ *фтт* гексагональная решётка
hexagonal close-packed ~ *фтт* гексагональная плотноупакованная решётка
host ~ кристаллическая решётка основного вещества, кристаллическая решётка основы
interpenetrating ~s *фтт* взаимопроникающие решётки
ionic ~ ионная решётка
Kondo ~ *магн.* Кондо-решётка
line ~ *фтт* линейная решётка
magnetic Bravais ~ магнитная решётка Браве
Manhattan ~ *фтт* манхэттанская решётка
one-dimensional ~ одномерная решётка
perfect ~ *фтт* идеальная решётка
point ~ *фтт* точечная решётка
reciprocal ~ *фтт* обратная решётка
space ~ **1.** кристаллическая решётка **2.** трёхмерная решётка
strip ~ решётка полосовых доменов
three-dimensional ~ трёхмерная решётка
Toda ~ *фтт* решётка Тоды
two-dimensional ~ двумерная решётка
vortex ~ *свпр* решётка квантованных вихрей потока
lattice-matched с аналогичной кристаллической решёткой (*о кристалле*); согласованный по параметру решётки (*об эпитаксиальном слое*)
launch 1. запуск (*напр. схемы*); старт; инициирование (*напр. разряда*); возбуждение (*напр. волны*) || запускать (*напр. схему*); стартовать; инициировать (*напр. разряд*); возбуждать (*напр. волну*) **2.** выпуск (*напр. новой продукции*) || выпускать (*напр. новую продукцию*)
program ~ *вчт* запуск программы
launcher устройство запуска (*напр. схемы*); стартовый комплекс; блок инициирования (*напр. разряда*); возбудитель (*напр. волны*)
chaff ~ разбрасыватель дипольных противорадиолокационных отражателей
coaxial ~ коаксиальный возбудитель (*волновода*); коаксиально-волноводный переход, КВП
coaxial-slot surface-wave ~ коаксиально-щелевой возбудитель поверхностной волны
dual-polarization ~ возбудитель с двойной поляризацией
orbiting picosatellite automatic ~ орбитальная платформа для запуска пикоспутников, платформа OPAL

launcher

waveguide ~ волноводный возбудитель
launching 1. запуск (*напр. схемы*); старт; инициирование (*напр. разряда*); возбуждение (*напр. волны*) **2.** выпуск (*напр. новой продукции*)
launchpad стартовая площадка
law 1. закон; правило; принцип **2.** теорема **3.** формула, уравнение **4.** закон; право; юриспруденция || законный; правовой; юридический
~ **of averages** *вчт* (предельная) теорема Бернулли
~ **of conservation of energy** закон сохранения энергии
~ **of conservation of momentum** закон сохранения импульса
~ **of electric charges** закон взаимодействия (*одноимённых и разноимённых*) электрических зарядов
~**s of electric networks** правила Кирхгофа
~ **of electromagnetic induction** закон электромагнитной индукции
~ **of electromagnetic systems** вариационный принцип для электромагнитных систем
~ **of electrostatic attraction** закон Кулона
~ **of excluded middle** закон исключённого третьего
~ **of induced current** закон Ленца
~ **of large numbers** *вчт* закон больших чисел
~ **of magnetism** закон взаимодействия (одноимённых и разноимённых) магнитных полюсов
A- ~ закон компандирования с А-характеристикой, А-характеристика (*Западная Европа*)
Ampere's ~ закон Ампера
Beer's ~ закон Бугера — Ламберта — Бера
Biot's ~ закон Био
Bosanquet ~ закон Ома для магнитной цепи
Bouguer ~ закон Бугера — Ламберта — Бера
Bragg's ~ условие Брэгга—Вульфа
Brewster ~ закон Брюстера
Child's ~ закон (степени) трёх вторых, закон Чайлда— Лэнгмюра — Богуславского
Chynoweth's ~ *вчт* закон Чиновета
companding ~ закон компандирования
compressing [compression] ~ закон компрессии, закон сжатия динамического диапазона (*сигнала*)
conservation ~ закон сохранения (*напр. импульса*)
constitutive ~ материальное уравнение
cosine emission ~ закон Ламберта для диффузно светящейся поверхности
Coulomb ~ закон Кулона
Curie ~ закон Кюри
Curie-Weiss ~ закон Кюри — Вейса
empirical ~ эмпирический закон
encoding ~ закон кодирования
expanding ~ закон экспандирования
Faraday's ~ **of electromagnetic induction** закон электромагнитной индукции, закон Фарадея
FDS ~ *см.* Fermi-Dirac-Sommerfield law
Fechner ~ закон Вебера — Фехнера (*для интенсивности зрительного ощущения*)
Fermi-Dirac-Sommerfield (velocity distribution) ~ распределение Ферми — Дирака
Fick's ~ закон Фика
Fourier's ~ закон Фурье
frequency-scaling ~ соотношение между габаритами и рабочей частотой
Gauss' electrostatic ~ электростатическая теорема Гаусса — Остроградского
Gauss' magnetic ~ магнитостатическая теорема Гаусса
Gestalt ~**s of organization** законы организации в гештальтпсихологии
Gestalt ~**s of perception** законы восприятия в гештальтпсихологии
Hartley ~ формула Хартли
Hooke's ~ закон Гука
Hopfield ~ правило Хопфилда, алгоритм Хопфилда для обучения нейронной сети
inverse square ~ **1.** закон обратных квадратов **2.** закон Кулона
Joule's ~ закон Джоуля — Ленца
Kapitza ~ *магн.* закон Капицы
Kelvin ~ закон сохранения энергии в присутствии магнитного поля
Kirchhoff's ~**s** правила Кирхгофа
Kirchhoff's current ~ правило Кирхгофа для токов
Kirchhoff's radiation ~ закон излучения Кирхгофа
Kirchhoff/s voltage ~ правило Кирхгофа для напряжений
Kohlrausch ~ закон Кольрауша
Kohonen's learning ~ правила Кохонена для обучения нейронной сети
Kundt ~ закон аномальной дисперсии света, закон Кундта
Lambert's ~ закон Ламберта
Lambert's absorption ~ закон Бугера — Ламберта — Бера
Lambert's illumination ~ закон Ламберта для освещённости, создаваемой точечным источником света
Laplace's ~ закон Био — Савара
lens ~ уравнение тонкой линзы
Lenz ~ правило Ленца
linear threshold ~ линейное пороговое условие (*в нейронных сетях*)
Little's ~ увеличение производительности сервера при стремлении к единице отношения времени ответа ко времени ожидания
Lorenz-Lorentz ~ формула Лоренц — Лоренца
M- ~ закон компандирования с М-характеристикой, М-характеристика (*США, Япония*)
magnetic saturation ~ закон приближения к насыщению
Maxwell-Boltzmann ~ распределение Максвелла
Maxwell's ~**s** уравнения Максвелла
Moore's ~ *вчт проф.* закон Мура, тенденция к удвоению достижимой плотности записи *или* числа транзисторов ИС за 1,5 года
Moseley ~ закон Мозли
Murphy's (first) ~ *вчт проф.* (первый) закон Мэрфи
Ohm's ~ закон Ома
Parkinson's ~ *проф.* закон Паркинсона, саморасширяемость задачи при наличии резерва времени на её выполнение
phonetic ~ произносительная норма, фонетическое правило
Planck's radiation ~ закон излучения Планка
quantization ~ закон квантования
Rayleigh ~ закон Рэлея
Rayleigh magnetization ~ закон намагничивания Рэлея

layer

Rowland ~ закон Ома для магнитной цепи
scaling ~ **1.** *фтт* правило скейлинга **2.** *микр.* правило масштабирования
segmented A~ закон компандирования с сегментированной А-характеристикой, сегментированная А-характеристика
segmented encoding ~ сегментный закон кодирования
Snell ~ of refraction закон Снеллиуса, закон преломления света
software ~ закон *или* нормативный акт, регулирующий взаимоотношения в сфере распространения и использования программного обеспечения
sound ~ произносительная норма, фонетическое правило
Stefan-Boltzmann ~ закон Стефана — Больцмана
Stokes ~ **1.** закон Стокса **2.** правило Стокса
twin ~ *крист.* закон двойникования
Weber-Fechner ~ закон Вебера — Фехнера (*для интенсивности зрительного ощущения*)
Wiedemann-Franz ~ закон Видемана — Франца
Wien displacement ~ закон смещения Вина
Wien radiation ~ закон излучения Вина
μ- ~ закон компандирования с μ-характеристикой, μ-характеристика

lawnmower предварительный усилитель приёмника РЛС (*снижающий уровень шумовой дорожки на экране индикатора*)

lay 1. размещение; (рас)положение ∥ размещать; располагать; помещать **2.** прокладывание; укладка (*напр. кабеля*) ∥ прокладывать; укладывать (*напр. кабель*) **3.** повив (*в кабеле*) **4.** свивать; сплетать; скручивать **5.** шаг скрутки **6.** прокладывать курс; следовать (определённым) курсом **7.** наводить; нацеливать; прицеливаться **8.** закладывать основы; подготавливать базу ◊ **~ out 1.** планировать; проектировать; изготавливать чертёж; представлять схему; рисовать (*напр. эскиз*) **2.** *вчт* выбирать формат (*напр. страницы*)

layer 1. слой; плёнка ∥ формировать слой *или* слои; наносить плёнку **2.** прокладка; разделительный слой ∥ использовать прокладку; разделять слоем **3.** расслаивать(ся); отслаиваться **4.** *вчт* уровень ∥ вводить уровни; использовать многоуровневое представление (*напр. иерархической системы*) **5.** уровень шифрования, один из (последовательно применяемых неидентичных) шагов шифрования (*в блочных шифрах*)
~ of units слой нейронов (*в нейронных сетях*)
~ of weaker air movement слой слабых воздушных течений, переходный слой на нижней границе тропопаузы
~ of weights слой взвешиваемых (*синаптических*) связей (*в нейронных сетях*)
accumulation ~ *пп* обогащенный слой
adhesion ~ адгезионный слой
Appleton ~ слой F (*ионосферы*)
application ~ уровень приложений, прикладной уровень (*в модели ISO/OSI*)
ATM adaptation ~ уровень адаптации протокола асинхронной передачи (данных), уровень AAL протокола ATM
atom ~ атомарная область (*атмосферы*)
barrier ~ **1.** *пп* обеднённый слой **2.** *микр.* пассивирующий слой
base ~ базовый слой
Beilby ~ слой Бильби, нарушенный слой
blocking ~ *пп* обеднённый слой
bonding ~ связующий слой (*напр. между двумя подложками в компакт-дисках формата DVD*)
bottom ~ приземный слой (*атмосферы*)
boundary ~ (по)граничный слой
buried ~ *пп* скрытый слой
cathode ~ **1.** катодная плёнка (*в аккумуляторах*) **2.** промежуточный слой катода
Chapman ~ слой D (*ионосферы*)
charge ~ слой заряда
collector ~ коллекторный слой
competitive ~ соревновательный слой (*нейронной сети*)
confusion ~ уровень перемешивания (*в криптографии*)
control ~ управляющий слой (*напр. в светоклапанных системах*)
D ~ слой D (*ионосферы*)
data-link ~ канальный уровень, уровень канала связи (*в модели ISO/OSI*)
daytime ~ дневной слой (*ионосферы*)
dead ~ *фтт* мёртвый слой
depletion ~ *пп* обеднённый слой
deposited ~ осажденный слой
diffusion ~ **1.** *пп* диффузионный слой **2.** уровень рассеивания (*в криптографии*)
dipole ~ двойной заряженный слой
doped ~ легированный слой
ducting ~ волноводный слой (*атмосферы*)
E ~ слой E (*ионосферы*)
E_s ~ спорадический слой E, слой E_c (*ионосферы*)
electroluminescent powder ~ слой электролюминесцентного порошка (*индикаторной панели*)
electron-barrier ~ *пп* электронный инверсионный слой
elevated ~ приподнятый (волноводный) слой (*атмосферы*)
embedded metal ~ внедрённый металлический слой (*в полупроводниковом кристалле*)
emitter ~ эмиттерный слой
enriched ~ *пп* обогащенный слой
epitaxial ~ эпитаксиальный слой
evaporation ~ *микр.* напылённый слой
F ~ слой F (*ионосферы*)
F_1 ~ слой F_1 (*ионосферы*)
F_2 ~ слой F_2 (*ионосферы*)
fencing ~ (внешний) уровень с таблицами подстановок (*напр. в шифре (стандарта) DES*)
fused ~ *микр.* вплавленный слой
Gaussian-doped ~ *пп* слой с гауссовским распределением концентрации (легирующей) примеси
gettering ~ геттерирующий слой
Grossberg ~ слой Гроссберга (*в нейронной сети*)
half-value ~ толщина слоя половинного поглощения (*ионизирующего излучения*)
hardware abstraction ~ аппаратный абстрактный уровень
Heaviside ~ слой E (*ионосферы*)
heteroepitaxial ~ гетероэпитаксиальный слой
hidden ~ of neural network скрытый слой нейронной сети
hole-barrier ~ дырочный инверсионный слой
homoepitaxial ~ гомоэпитаксиальный слой

layer

i ~ слой с собственной электропроводностью, *i*-слой
implanted ~ имплантированный слой
input ~ **of neural network** входной слой нейронной сети
interfacial ~ слой на границе раздела (*двух сред*)
intrinsic ~ слой с собственной электропроводностью, *i*-слой
inversion ~ *пп* инверсионный слой
ion-implanted ~ *микр.* ионно-имплантированный слой
Kennelly-Heaviside ~ слой E (*ионосферы*)
Kohonen ~ слой Кохонена (*в нейронной сети*)
light-blocking ~ *пп* светозапорный слой
link ~ *вчт* уровень связей (*напр. в протоколе IEEE 1394*)
liquid-crystal ~ жидкокристаллический [ЖК-]слой
low-latitude boundary ~ низкоширотный пограничный слой (*магнитосферы*)
metal ~ металлический слой
metallization ~ *микр.* металлизация
microtwinned ~ *крист.* микродвойниковый слой
microvia ~ *микр.* слой с микропереходами, слой с переходными микроотверстиями
momentum boundary ~ *крист.* гидродинамический пограничный слой
n ~ слой с электронной электропроводностью, *n*-слой
narrow band-gap ~ слой с узкой запрещённой (энергетической) зоной
near-intrinsic ~ слой с квазисобственной электропроводностью
network ~ сетевой уровень (*в модели ISO/OSI*)
neural ~ слой нейронной сети
optical waveguiding ~ световодный слой
output ~ **of neural network** выходной слой нейронной сети
overgrown ~ наращенный слой
oxide ~ слой оксида, оксидный слой
ozone ~ озоновый слой
p ~ слой с дырочной электропроводностью, *p*-слой
passivation ~ *микр.* пассивирующий слой
phosphor ~ *тлв* слой люминофора
photoconductive control ~ слой с управляемой фотопроводимостью (*индикаторной панели*)
physical ~ физический уровень (*напр. в модели ISO/OSI или в протоколе IEEE 1394*)
pi ~ *пп* π-слой, высокоомный *p*-слой
plasma sheet boundary ~ пограничный слой плазменной области (*магнитосферы*)
polysilicon ~ слой из поликристаллического кремния, слой из поликремния
presentation ~ уровень представления данных, презентационный уровень (*в модели ISO/OSI*)
recording ~ рабочий слой носителя записи
secure sockets ~ *вчт* (протокольный) уровень безопасных сокетов, протокол шифрования низкого уровня для транзакций, протокол SSL
self-assembled ~ *микр.* слой с самосборкой, слой с самоорганизующейся структурой
semi-transparent ~ полупрозрачный слой
sensor ~ сенсорный [нулевой] слой (*в нейронных сетях*)
separating ~ переходный слой на нижней границе тропопаузы, слой слабых воздушных течений
session ~ сеансовый уровень (*в модели ISO/OSI*)

signal ~ слой сигнальной разводки; слой сигнальных (меж)соединений
space-charge ~ слой объёмного заряда (*в твердотельных приборах*); слой пространственного заряда (*в электровакуумных приборах*)
spontaneous inversion ~ *пп* спонтанный инверсионный слой
sporadic-E ~ спорадический слой E, слой E_c (*ионосферы*)
surface boundary ~ приземный слой (*атмосферы*)
swept-out ~ *пп* обеднённый слой
transaction ~ *вчт* уровень транзакций (*напр. в протоколе IEEE 1394*)
transition ~ 1. переходный слой 2. *пп* обеднённый слой
transport ~ уровень передачи данных, транспортный уровень (*в модели ISO/OSI*)
tropospheric ~ тропосферный слой
unswept ~ *пп* квазинейтральный слой
unswept epitaxial ~ *пп* квазинейтральная область эпитаксиального слоя
vacuum-deposited ~ *микр.* слой, осаждённый в вакууме
vacuum-evaporated ~ *микр.* слой, напылённый в вакууме
wide band-gap ~ слой с широкой запрещённой (энергетической) зоной
wiring ~ слой разводки; слой (меж)соединений
v ~ *пп* v-слой, высокоомный *n*-слой
π ~ *пп* π-слой, высокоомный *p*-слой

layering 1. формирование слоя *или* слоёв; нанесение плёнки 2. || использование прокладки; разделение слоем 3. расслоение, стратификация; отслаивание 4. *вчт* введение уровней; использование многоуровневого представления (*напр. иерархической системы*)
cloud ~ расслоение облака
intrinsic ~ разделение двух полупроводников с примесной электропроводностью слоем полупроводника с квазисобственной электропроводностью
protocol ~ многоуровневое представление протоколов

laying 1. размещение; (рас)положение 2. прокладывание; укладка (*напр. кабеля*) 3. свивание; скручивание 4. прокладывание курса; следование (определённым) курсом 5. наведение; нацеливание; прицеливание 6. закладывание основ; подготовка базы 7. планирование; проектирование; изготовление чертёжа; представление схемы 8. *вчт* выбор формата (*напр. страницы*)

layout 1. размещение; расположение; компоновка 2. план; чертёж; схема; рисунок (*напр. печатного монтажа*) 3. *микр.* топология; топологический чертёж 4. проектирование топологии 5. *вчт* макет; разметка (*напр. страницы*); формат 6. конфигурация; структура 7. раскладка (*клавиатуры*) 8. набор; комплект (*напр. инструментов*); принадлежности
character-based symbolic ~ символическое проектирование топологии со знаковым кодированием
circuit ~ 1. рисунок схемы 2. топология схемы
class ~ *вчт* структура класса
component ~ схема расположения компонентов

lead

computational ~ схема вычислений
computer-aided ~ топология, разработанная на компьютере
connection ~ схема электрических соединений
data ~ структура данных
equipment ~ размещение оборудования
ergonomic ~ эргономичная конфигурация
file ~ структура файла
fixed-grid ~ проектирование топологии по координатной сетке с фиксированным шагом
hand-drafted ~ проектирование топологии вручную
integrated-cincuit ~ топология ИС
interconnection ~ схема межсоединений
international keyboard ~ международная раскладка клавиатуры
keyboard ~ раскладка клавиатуры
loose ~ свободная схема расположения
mask ~ топология маски
master-circuit ~ топология фотошаблона
memory ~ структура памяти
object ~ *вчт* структура объекта
page ~ макет страницы; разметка страницы
record ~ *вчт* структура записи
record track ~ расположение дорожек (*напр. на магнитной ленте*)
relative-grid symbolic ~ символическое проектирование топологии по относительной сетке
simple-grid symbolic ~ символическое проектирование топологии по простой сетке
sticks ~ проектирование топологии с учётом конечной ширины межсоединений
strip ~ полосковая структура
symbolic ~ 1. топология; топологический чертёж 2. символическое проектирование топологии
tool ~ технологическая карта
topological ~ топологический чертёж
two-dimensional ~ двумерная топология
two-way ~ схема бинарного выбора (*в математической статистике*)
wiring ~ 1. монтажная схема 2. схема межсоединений

layout-versus-layout *микр.* программа проверки соответствия топологий
leach *микр.* 1. экстракция || экстрагировать, выщелачивать; подвергаться экстрагированию, выщелачиваться 2. экстрагент 3. экстракт 4. экстрактор
leachate *микр.* экстракт
leaching *микр.* экстрагирование, выщелачивание
lead 1. ввод; вывод; подвод; отвод || вводить; выводить; подводить; отводить 2. провод; проводник; проводка 3. указатель; направляющий знак || указывать; направлять 4. заправка (*напр. магнитной ленты*); подача || заправлять (*напр. магнитную ленту*); подавать 5. опережение (*напр. по фазе*); упреждение || опережать (*напр. по фазе*); упреждать; вводить упреждение 6. угол опережения (*по фазе*); время опережения; угол упреждения 7. управление; главенство || управлять; возглавлять 8. начальная часть; начальный участок; первая стадия; начальный этап; старт || начинать; приступать; стартовать 9. фронт (*напр. импульса*) 10. лидер (*напр. в газовом разряде*) 11. заголовок; преамбула || использовать заголовок; снабжать преамбулой 12. служить *или* являться результатом; приводить (*к чему-либо*) 13. *вчт* соло (*1. солирующий музыкальный инструмент или исполнитель 2. сольная партия*) 14. соло-гитара 15. свинец || свинцовый 16. шпон || использовать шпон; увеличивать интерлиньяж 17. гарт (*типографский сплав*)

antimonial ~ гарт
axial ~ аксиальный вывод
beam ~ *микр.* балочный вывод
black ~ графит
bus ~ шина
butt ~ *микр.* вывод для стыкового контакта, I-образный вывод
calliope ~ *вчт* соло-каллиопа (*музыкальный инструмент из набора General MIDI*)
charang ~ *вчт* соло-чаранг (*музыкальный инструмент из набора General MIDI*)
chiff ~ *вчт* соло-чиф (*музыкальный инструмент из набора General MIDI*)
component ~ *микр.* вывод компонента
current ~ токоввод
down ~ снижение антенны
dual in-line ~s *микр.* выводы с двусторонним расположением (*перпендикулярно плоскости основания корпуса*)
E and M ~s выводы двухпроводной системы сигнализации
evaporated ~ напылённый вывод
extension ~ (электрический) удлинитель
external ~s внешние выводы (*для входного и выходного сигналов, электропитания и заземления*)
eyelet ~ вывод с монтажной петелькой
fifth ~ *вчт* соло-гитара с квинтовым обертоном (*музыкальный инструмент из набора General MIDI*)
finish ~ наружный вывод катушки индуктивности
flying ~ тонкий проволочный вывод (*ИС*)
hard ~ гарт
I-~ *микр.* 1. I-образный вывод, вывод для стыкового контакта 2. штыревой вывод
inside ~ внутренний вывод катушки индуктивности
instrument compensatory ~s кабель для подключения измерительного прибора, не влияющий на результат измерений
instrument shunt ~s выводы измерительного прибора для подключения шунта
J-~ *микр.* J-образный вывод
load ~s выводы для подключения нагрузки
main ~ *тлф* магистральный провод
nail-headed ~ штыреобразный вывод
outside ~ наружный вывод катушки индуктивности
package ~ вывод корпуса
phase ~ опережение по фазе
press ~ впай
radial ~ радиальный вывод
saw-tooth ~ *вчт* электрическая соло-гитара с пилообразным выходным сигналом (*музыкальный инструмент из набора General MIDI*)
sea-gull ~ *микр.* вывод в виде крыла чайки
shunt ~s выводы (*измерительного прибора*) для подключения шунта
square ~ *вчт* электрическая соло-гитара с выходным сигналом в форме меандра (*музыкальный инструмент из набора General MIDI*)

lead

start ~ внутренний вывод катушки индуктивности
tap ~ отвод катушки индуктивности
thermocompression bonded ~ вывод, присоединённый методом термокомпрессии
twin ~ двухпроводная линия
voice ~ *вчт* соло-гитара с голосовым тембром (*музыкальный инструмент из набора General MIDI*)
wire ~ проволочный вывод

leader 1. начальный [зарядный, заправочный] ракорд (*напр. магнитной ленты*) 2. начальный участок (*напр. магнитной ленты*) 3. *вчт* заголовок (*напр. сообщения*); преамбула (*напр. программы*) 4. *вчт* пунктирная линейка (*напр. в оглавлении*) 5. лидер (*1.* плазменный канал в газовом разряде 2. *вчт* образующий элемент (*напр. класса*) 3. глава; руководитель)
file ~ заголовок файла
head ~ начальный [зарядный, заправочный] ракорд (*напр. магнитной ленты*)
positive ~ положительный лидер (*в газовом разряде*)
protective ~ защитный ракорд (*напр. магнитной ленты*)
tail ~ конечный ракорд (*напр. магнитной ленты*)
tape ~ 1. начальный [зарядный, заправочный] ракорд ленты (*напр. магнитной*) 2. начальный участок ленты (*напр. магнитной*); *вчт* участок до маркера начала (магнитной) ленты

lead-in 1. ввод; подвод || вводной; подводящий 2. снижение антенны 3. зона ввода; зона вводной дорожки (*компакт-диска*) 4. предшествующая рекламе часть вещательной программы

leading 1. вводной; подводящий; выводной; отводящий 2. указание; инструкция; наставление || указывающий; направляющий 3. подающий, доставляющий 4. опережающий, упреждающий 5. руководство || ведущий; руководящий 6. начальный; стартовый 7. *проф.* интерлиньяж (*межстрочный пробел, междустрочие*) 8. солирующий

lead-out 1. вывод; отвод || 2. зона вывода; зона выводной дорожки (*компакт-диска*)

leaf 1. страница, лист (*печатного издания*) || листать; перелистывать 2. (тонкий) листовой материал; фольга; листок; тонкий слой || листовой 3. *вчт* лист, концевая вершина (*древовидной структуры*) 4. *вчт* листовое множество
~ **of Descartes** декартов лист
Desarguesian ~ дезаргов лист
directed ~ ориентированное листовое множество
end ~ *вчт* форзац (*печатного издания*)
fly ~ *вчт* форзац (*печатного издания*)
singular ~ сингулярное листовое множество
tree ~ *вчт* лист дерева

leaflet листовка; (небольшая) брошюра; проспект || распространять листовки, брошюры *или* проспекты

League:
American Radio Relay ~ Американская лига радиолюбителей

leak 1. утечка; течь || утекать; течь 2. рассеяние || рассеиваться (*о магнитном потоке*) 3. просачивание || просачиваться 4. утечка данных (*1.* утечка информации 2. удаление данных при несанкционированном проникновении в компьютерную систему)
carrier ~ просачивание несущей (*в системах с однополосной модуляцией*)

electrical ~ утечка тока
grid ~ резистор в цепи управляющей сетки
ground ~ утечка на землю
memory ~ потеря доступа к памяти (*при выполнении программы*), *проф.* утечка данных (*1.* утечка информации 2. удаление данных при несанкционированном проникновении в компьютерную систему)
oxide ~ *микр.* утечка через слой оксида

leakage 1. утечка 2. рассеяние (*о магнитном потоке*) 3. просачивание 4. утечка информации
charge ~ утечка заряда
clock ~ просачивание сигнала тактовой частоты
current ~ утечка тока
data ~ утечка данных
diffusion ~ диффузионная утечка (*носителей заряда*)
direct ~ прямое прохождение сигнала
direct-current ~ утечка по постоянному току
electromagnetic ~ просачивание электромагнитных волн
electrostatic ~ утечка заряда
flux ~ рассеяние магнитного потока
insulation ~ утечка через изоляцию
interelectrode ~ межэлектродная утечка
junction ~ *пп* утечка через переход
magnetic (flux) ~ рассеяние магнитного потока
radiation ~ потери излучения
spectra ~ просачивание спектральных составляющих
surface ~ поверхностная утечка

leakance проводимость изоляции

lean наклон; отклонение || наклонять(ся); отклонять(ся)

leaning наклон; отклонение

leapfrog 1. (периодическое) чередование (*двух или более объектов или событий*) || (периодически) чередовать(ся) 2. соединение звеньев цепочки через одно, черезвенное соединение (*напр. в многозвенном фильтре*) 3. стробирование по задержке || стробировать по задержке 4. *вчт* программа «чехарда» для тестирования памяти (*с автоматической периодической перезаписью на границу протестированной области*) || тестировать память с помощью программы «чехарда»

leapfrogging 1. (периодическое) чередование (*двух или более объектов или событий*) 2. соединение звеньев цепочки через одно, черезвенное соединение (*напр. в многозвенном фильтре*) 3. стробирование по задержке 4. *вчт* программа «чехарда» для тестирования памяти

learn учить(ся); обучать(ся)

learning 1. обучение (*1.* процесс передачи и (или) приобретения знаний 2. целенаправленный процесс изменения синаптических связей в искусственных нейронных сетях) 2. знание; (по)знания
~ **by doing** обучение на собственном опыте
~ **by example** обучение на примерах
~ **by generalization** обучение путём обобщений
~ **from mistakes** обучение на ошибках, обучение по принципу «на ошибках учатся»
~ **from scratch** обучение с самого начала, *проф.* обучение от стартовой черты
associative ~ обучение с учителем, контролируемое [управляемое] обучение

Bayesian ~ байесово обучение
competitive ~ соревновательное обучение
computational ~ обучение индуктивным методом
computer-aided ~ программированное обучение
computer-assisted ~ программированное обучение
computer-based ~ программированное обучение
concept ~ концептуальное обучение
distance ~ дистанционное обучение, *проф.* телеобучение
DR ~ *см.* **driver-reinforcement learning**
driver-reinforcement ~ стимулированное обучение (*нейронной сети*)
explanation-based ~ обучение, основанное на объяснении
fixed-increment perceptron ~ обучение перцептрона методом фиксированных приращений
fully supervised ~ полностью контролируемое [полностью управляемое] обучение
guided discovery ~ обучение методом направляемых открытий
Hebb's ~ (само)обучение по Хеббу
heuristic ~ эвристическое обучение
incremental ~ обучение методом приращений; обучение методом постепенного усложнения заданий
knowledge-intensive domain-dependent ~ предметное обучение с активным усвоением знаний
multimedia ~ обучение с использованием мультимедийных средств
off-line ~ обучение (*нейронной сети*) с однократным изменением синаптических связей (*после получения всей обучающей выборки*), *проф.* оффлайновое обучение
on-line ~ обучение в реальном масштабе времени, *вчт проф.* онлайновое обучение
organizational ~ организационное обучение
programmed ~ программированное обучение
rate ~ ускоренное обучение
real-time ~ обучение в реальном масштабе времени, *вчт проф.* онлайновое обучение
real-time recurrent ~ обучение с обратной связью в реальном масштабе времени
reinforcement ~ стимулированное обучение, обучение по алгоритму типа «кнут и пряник»
remote ~ дистанционное обучение, *проф.* телеобучение
rote ~ обучение методом заучивания наизусть
self-organizing ~ обучение без учителя, самообучение, неконтролируемое [неуправляемое] обучение
situated ~ ситуационное обучение
state-dependent ~ обучение, зависящее от состояния субъекта
supervised ~ обучение с учителем, контролируемое [управляемое] обучение
teacherless ~ обучение без учителя, самообучение, неконтролируемое [неуправляемое] обучение
Web ~ обучение с помощью глобальной гипертекстовой системы WWW, Web-обучение
lease 1. лизинг, предоставление услуг по (долгосрочной) аренде || заниматься лизингом, предоставлять услуги по (долгосрочной) аренде **2.** объект лизинга **3.** срок лизинга
full-time ~ круглосуточный лизинг (*напр. каналов*)
multiple user ~ коллективный лизинг

satellite ~ лизинг каналов спутниковой связи
leasing лизинг, предоставление услуг по (долгосрочной) аренде || лизинговый
least-square(s) относящийся к методу наименьших квадратов
lector лектор (*лицо, читающее лекцию*)
lectorship чтение лекции *или* лекций
lecture лекция || читать лекцию *или* лекции
  video ~ видеолекция
lecturer лектор (*1. лицо, читающее лекцию 2. преподавательская должность низшего уровня в западных колледжах и университетах*)
LED светодиод, светоизлучающий диод, СИД
  alert ~ светодиодный индикатор системы предупредительной сигнализации
  DH ~ *см.* **double-heterostructure LED**
  double-heterostructure ~ светодиод на двойной гетероструктуре
  edge-emitting ~ светодиод торцевого излучения
  green ~ светодиод зелёного свечения
  high-radiance ~ светодиод с высокой энергетической яркостью
  infrared ~ излучающий диод ИК-диапазона
  multicolor ~ многоцветный светодиод
  organic ~ органический светодиод
  red ~ светодиод красного свечения
  single-heterostructure ~ светодиод на одинарной гетероструктуре
  strip ~ полосковый светодиод
  visible ~ светодиод, светоизлучающий диод, СИД
ledge ступень(ка), уступ (*напр. на поверхности кристалла*)
left-handed левовинтовой; вращающийся против часовой стрелки
left-justified *вчт* выровненный (*по вертикали*) по левому полю (*о тексте*)
leg 1. вывод; ножка (*баллона лампы*) **2.** плечо; ветвь (*цепи*) **3.** *вчт* ветвь (*программы*) **4.** магнитопровод **5.** равносигнальная зона (*курсового радиомаяка*)
  core ~ полукольцо сердечника (*магнитной головки*)
  dial ~ *тлф* провод для сигналов набора
  radio-range ~ равносигнальная зона
  terminal ~ кабель с концевой муфтой
  thermoelectric ~ ветвь термоэлемента
legacy *вчт* унаследованное аппаратное *или* программное обеспечение, аппаратное *или* программное обеспечение предыдущего поколения; вынужденно используемое устаревшее аппаратное *или* программное обеспечение || унаследованный, относящийся к предыдущему поколению; устаревший, но вынужденно используемый (*об аппаратном или программном обеспечении*)
legal 1. легальный, законный; санкционированный **2.** *вчт* допустимый *или* допускаемый (*напр. символ*); разрешённый (*напр. о команде*) **3.** лист бумаги формата 21,6×35,6 см^2
legato легато (*в музыке*)
legend *вчт* **1.** список условных обозначений **2.** описание (*напр. графического объекта*); пояснения к рисунку *или* графику **3.** легенда; миф (*напр. в компьютерных играх*)
  urban ~ *проф.* городская легенда
legibility разборчивость; распознаваемость (*напр. текста*)

legible

legible разборчивый; распознаваемый (*напр. текст*)
legitimate легализовать, делать законным; санкционировать ‖ легальный, законный; санкционированный
lemma 1. *вчт* лемма **2.** предмет рассмотрения; обсуждаемая тема **3.** комментируемое *или* поясняемое слово; комментируемый *или* поясняемый фрагмент текста **4.** ведущее [гнездовое] слово (*в словаре или глоссарии с алфавитно-гнездовой системой*)
lemmatize формировать гнёзда; определять ведущие слова и сортировать словосочетания (*в словаре или глоссарии с алфавитно-гнездовой системой*)
lemmatization формирование гнёзд; определение ведущих слова и сортировка словосочетаний (*в словаре или глоссарии с алфавитно-гнездовой системой*)
length 1. длина; расстояние **2.** длительность; продолжительность **3.** время задержки (*в микросекундах*) **4.** долгота звука (*речи*)
~ **of filename** длина имени файла
~ **of waveguide** отрезок волновода
algorithm ~ длина алгоритма
ambipolar-diffusion ~ диффузионная длина при амбиполярной диффузии
angular ~ электрическая длина в градусах *или* радианах
antenna effective ~ действующая длина антенны
back-focal ~ заднее фокусное расстояние
block ~ *вчт* длина блока
bond ~ *фтт, кв. эл.* длина связи
burst ~ длина пакета импульсов
characteristic material ~ *магн.* характеристическая длина материала
charge-carrier diffusion ~ диффузионная длина носителей заряда
coherence ~ длина когерентности
constraint ~ длина кодового ограничения
correlation ~ корреляционная длина, радиус корреляции
critical twist ~ *свпр* критическая длина скручивания
Debye (shielding) ~ дебаевский радиус экранирования
diffusion ~ диффузионная длина
diffusion relaxation ~ диффузионная длина, обусловленная процессами релаксации
dispersion ~ дисперсионная длина, длина пробега волнового пакета без заметного расплывания
drift ~ *пп* длина дрейфа
effective antenna ~ действующая длина антенны
electrical ~ электрическая длина (*в градусах, радианах или длинах волн*)
electron diffusion ~ диффузионная длина электронов
fixed word ~ *вчт* фиксированная длина слова
focal ~ фокусное расстояние
gap ~ ширина рабочего зазора (*магнитной головки*)
gate ~ длительность селекторного [стробирующего] импульса, длительность строб-импульса
geometrical ~ геометрическая длина
grid ~ расстояние по координатной сетке
head slider ~ длина ползунка (магнитной) головки
hole diffusion ~ диффузионная длина дырок
hot-electron cooling ~ *пп* длина остывания горячих электронов
interaction ~ *фтт, кв. эл.* длина взаимодействия
lag ~ *вчт* длина лага
maximal ~ регистр сдвига, формирующий псевдослучайные последовательности максимальной длины
minimum description length ~ *вчт* принцип минимальной длины описания
optical path ~ оптическая длина пути
path ~ **1.** протяжённость трассы (*напр. распространения*) **2.** длина тракта **3.** длина пробега (*частицы*) **4.** длина магнитной силовой линии
phase(-path) ~ электрическая длина в градусах *или* радианах
physical ~ геометрическая длина
ping ~ пространственная протяжённость звукового *или* ультразвукового импульса (*гидролокатора*)
plasma ~ дебаевский радиус экранирования
plateau ~ протяжённость плато (*в счётных трубках*)
prefix ~ *вчт* длина префикса
program ~ длина программы
propagation ~ дальность распространения
pulse ~ длительность импульса
radiation ~ радиационная длина свободного пробега
record ~ *вчт* длина записи
register ~ *вчт* разрядность регистра
run ~ *вчт* длина (непрерывной) серии, длина непрерывной последовательности одинаковых элементов (*число единиц между нулями или нулей между единицами в двоичном коде*)
scale ~ длина шкалы
scanning-line ~ длина строки развёртки
string ~ *вчт* длина строки
sweep ~ длительность развёртки
track ~ длина дорожки (*записи*)
variable word ~ *вчт* переменная длина слова
word ~ *вчт* длина слова
lengthen удлинять(ся); расширять(ся)
lengthener удлинитель; расширитель
boxcar ~ расширитель периодической последовательности импульсов (*без изменения амплитуды и частоты повторения*)
bubble ~ расширитель ЦМД
line ~ удлинитель линии передачи
pulse ~ расширитель импульсов
lens 1. линза **2.** объектив; окуляр **3.** линзовая антенна **4.** электростатическая (электронная) линза **5.** магнитная (электронная) линза **6.** акустическая линза **7.** искусственный хрусталик **8.** производить киносъёмку; снимать кинофильм
achromatic ~ ахромат
acoustic ~ акустическая линза
antenna ~ линзовая антенна
aplanatic ~ апланат
apochromatic ~ апохромат
artificial dielectric ~ линза из искусственного диэлектрика
Bertrand ~ линза Бертрана
bi-concave ~ двояковогнутая линза
bi-convex ~ двояковыпуклая линза
coated ~ линза с просветляющим покрытием
collimating ~ коллимирующая линза
color ~ цветная (контактная) линза

compound ~ составная линза
concave ~ вогнутая линза
concave-convex ~ вогнуто-выпуклая линза, положительный мениск
condenser [condensing] ~ конденсорная линза; конденсор
constant-k ~ сферическая линза с постоянным показателем преломления
contact ~ контактная линза
converging ~ собирающая [положительная] линза
convex ~ выпуклая линза
convex-concave ~ выпукло-вогнутая линза, отрицательный мениск
correction ~ *тлв* корректирующая линза
crown ~ линза из кронгласа
crystalline ~ искусственный хрусталик
cylindrical ~ цилиндрическая линза
delay ~ замедляющая линза
dielectric ~ диэлектрическая линза
diverging ~ рассеивающая [отрицательная] линза
echelon ~ линза Френеля
electromagnetic ~ электромагнитная линза
electron ~ электронная линза
electrostatic ~ электростатическая линза
equiconcave ~ двояковогнутая линза
equiconvex ~ двояковыпуклая линза
expansion ~ линза расширителя пучка
ferrite ~ ферритовая линза
fiber ~ волоконная линза
field ~ коллективная линза, коллектив
fish-eye ~ линза типа «рыбий глаз», линза Максвелла
fly's-eye ~ *микр.* 1. фасеточная линза типа «мушиный глаз» 2. фасеточный объектив типа «мушиный глаз»
Fresnel ~ линза Френеля
gas ~ газовая линза (*в газонаполненных световодах*)
geodesic ~ геодезическая линза
hard ~ твёрдая (контактная) линза
helical gas ~ спиральная газовая линза
high-gain ~ линзовая антенна с высоким коэффициентом усиления
holographic [holographically generated] ~ голографическая линза
horn ~ рупорно-линзовая антенна
infrared ~ линза ИК-диапазона
kinoform ~ киноформная линза
lattice ~ решётчатая линза
LCS ~ *см.* liquid-crystal shutter lens
liquid-crystal shutter ~ линза с жидкокристаллическим (оптическим) прерывателем (*для компьютерных стереоочков*)
Luneberg ~ линза Люнеберга
macro ~ *тлв* макрообъектив, объектив для съёмки с предельно малых расстояний
magnetic ~ магнитная линза
magnetic quadrupole ~ магнитная квадрупольная линза
matching ~ согласующая линза
meniscus ~ мениск
metallic antenna ~ металловоздушная линзовая антенна
metal-plate ~ металлопластинчатая линза
microwave ~ линзовая СВЧ-антенна
modified Luneberg ~ модифицированная линза Люнеберга, линза Гутмана
negative ~ рассеивающая [отрицательная] линза
negative meniscus ~ отрицательный мениск, выпукло-вогнутая линза
object(ive) ~ объектив
path-length ~ геодезическая линза
plano-concave ~ плосковогнутая линза
plano-convex ~ плосковыпуклая линза
positive ~ собирающая [положительная] линза
positive meniscus ~ положительный мениск, вогнуто-выпуклая линза
projection ~ проекционный объектив
reconstructing ~ линза для восстановления волнового фронта (*в голографии*)
Relay ~ объектив Рэлея
relay ~ промежуточная линза
Rinehart ~ линза Райнхарта
rotationally symmetric ~ осесимметричная линза
R-2R ~ линза R-2R
schlieren ~ шлирен-линза
self-cleaning ~ самоочищающаяся линза (*напр. в дисководах CD-ROM*)
soft ~ мягкая (контактная) линза
spherical [spherically symmetric] Luneberg ~ сферическая линза Люнеберга
stepped ~ зонированная линза
stepped-index Luneberg ~ линза Люнеберга со ступенчатым изменением показателя преломления
surface-wave ~ линза Люнеберга на поверхностных волнах
telephoto ~ телеобъектив
thermal ~ тепловая линза
thin ~ тонкая линза
two-dimensional ~ цилиндрическая линза
two-tube electrostatic ~ электростатическая линза из двух цилиндров
variable-focal-length ~ объектив с переменным фокусным расстоянием
varifocal ~ объектив с переменным фокусным расстоянием
waveguide ~ волноводная линза
wide-angle ~ 1. широкоапертурная линза 2. широкоугольный объектив
zoom ~ панкратический объектив (*1. вариобъектив 2. трансфокатор*)

lensless безлинзовый
lenslike линзоподобный
lenticular 1. линзовый 2. линзоподобный 3. двояковыпуклый
lenticule 1. *тлв* микролинза (*линзового или автоколлимационного экрана*) 2. двояковыпуклая линза
leptokurtic лептокуртический, имеющий положительный эксцесс (*превышающий эксцесс нормального распределения*)
leptokurtosis положительный эксцесс (*превышающий эксцесс нормального распределения*)
lepton *фтт* лептон
less than меньше, чем (*результат операции сравнения, отображаемый символом* <)
less than or equal to меньше, чем или равно (*результат операции сравнения, отображаемый символом* ≤)
letter *вчт* 1. буква; литера; символ; элемент алфавита ‖ обозначать буквами *или* символами 2. письмо 3. лист бумаги формата 21,6×27,9 см^2

amateur-station call ~s позывные радиолюбительской станции
black ~ текст, староанглийский готический шрифт
block ~ 1. буква гротескового шрифта; буква рубленого шрифта 2. печатная буква
capital ~ прописная [заглавная] буква
chained ~s вчт пирамида писем, пирамида (сообщений) в электронной почте
computer ~ вчт стандартное письмо
customized-form ~ вчт специализированное письмо
dead ~ вчт недоставленное письмо; потерянное письмо
double ~ лигатура
form ~ вчт стандартное письмо
initial ~ инициал (1. укрупнённая заглавная буква раздела 2. начальная буква имени, отчества или фамилии)
international call ~s международные позывные
lower-case ~ строчная буква
personalized form ~ вчт персонализированное стандартное письмо
signal ~s позывные
small ~ строчная буква
text ~ шрифт готического типа
upper-case ~ прописная [заглавная] буква
lettered обозначенный буквой
letterhead вчт 1. заголовок письма 2. бланк письма с заголовком
lettering вчт 1. буквенное обозначение 2. начертание букв 3. набор букв 4. надпись
letterpair пара (соседних) букв
letter-quality вчт высокого качества (о печати деловой корреспонденции)
level 1. уровень (1. возможное значение энергии микро- или макрообъекта 2. ранг; позиция; категория; иерархическое положение 3. амплитуда; интенсивность; относительное значение 4. нивелир; ватерпас) 2. регулировать уровень; устанавливать уровень (напр. освещённости) 3. приводить к одинаковому уровню; выравнивать; сглаживать; устранять отличия; нивелировать 4. громкость || регулировать громкость 5. ранжировать; определять позицию; относить к (определённой) категории; устанавливать степень субординации в иерархии 6. горизонтальная линия или плоскость; ровная [плоская] поверхность || устанавливать в горизонтальной плоскости; выравнивать; нивелировать; устанавливать по уровню или ватерпасу 7. степень (напр. интеграции) 8. ряд контактов (в шаговом распределителе) 9. ярус (дерева) 10. рлк нацеливать; наводить; прицеливаться ◊ ~ **above threshold** уровень звукового давления выше порога слышимости
~ **of details** вчт уровень детализации (для текстур с варьируемым разрешением)
~ **of integration** микр. степень интеграции
~ **of interactivity** уровень интерактивности
~ **within factor** уровни фактора
acceptable quality ~ допустимый уровень качества (напр. продукции)
acceptable reliability ~ допустимый уровень надёжности (напр. системы)
acceptor (impurity) ~ акцепторный (примесный) уровень
accuracy ~ уровень точности
activity ~ активация, уровень активности (нейрона); состояние нейрона
adaptation ~ яркость поля адаптации
algorithmic ~ алгоритмический уровень
allowed (energy) ~ разрешенный (энергетический) уровень
alpha ~ уровень значимости (критерия)
alpha-geometric ~ алфавитно-геометрический уровень представления
alphamosaic ~ алфавитно-мозаичный уровень представления
ambient ~ уровень внешних шумов
amplitude-modulation noise ~ уровень шумовой амплитудной модуляции
atomic energy ~ энергетический уровень атома
audio-signal output ~ тлв уровень сигнала звукового сопровождения
average picture ~ средний уровень освещённости или яркости
background ~ уровень фона
back-lobe ~ уровень задних боковых лепестков (диаграммы направленности антенны)
band-gap ~ уровень в запрещенной (энергетической) зоне
band-power ~ уровень звуковой мощности в (определённой) полосе частот
band-pressure ~ уровень звукового давления в (определённой) полосе частот
base ~ опорный уровень (импульса)
behavioral ~ поведенческий уровень
bit ~ уровень битов
black ~ тлв уровень чёрного
blacker-than-black ~ тлв уровень чернее черного
blanking ~ тлв уровень гашения (луча)
brightness ~ яркость поля адаптации
bus interface ~ уровень интерфейса шины
call-tone ~ тлф громкость вызывного сигнала
carrier ~ уровень несущей
carrier-noise ~ уровень модуляционных шумов несущей, уровень шумовой остаточной модуляции несущей
charged trapping ~ заряженный уровень ловушек
charge-storage ~ различимая градация потенциального рельефа (в запоминающих ЭЛТ)
chorus ~ вчт 1. глубина эффекта хорового исполнения, глубина хорового эффекта, проф. глубина хоруса 2. MIDI-контроллер «глубина эффекта хорового исполнения»
chromatic ~ цветность
circuit noise ~ относительный уровень шумов схемы
clamp ~ уровень фиксации
clearance ~ вчт уровень доступа
clipping ~ уровень ограничения
common ~ кв. эл. общий уровень
compatibility ~ уровень совместимости
composite picture signal output ~ уровень полного телевизионного сигнала
concentration ~ степень легирования
confidence ~ доверительный уровень
contamination ~ степень загрязнения
conventional significance ~ вчт стандартный уровень значимости
cross-product ~ уровень комбинационных составляющих

level

C-scale sound ~ in decibels уровень среднего звукового давления в децибелах по шкале С шумомера (*с взвешиванием в диапазоне частот от 70 до 4000 Гц*)
current privilege ~ *вчт* текущий уровень привилегий
cutoff ~ уровень отсечки
data-flow ~ уровень информационных потоков
datagram ~ *вчт* уровень дейтаграмм
data service ~ уровень цифровой системы передачи данных; уровень цифрового сигнала, DS-уровень (*по Североамериканской иерархии цифровых систем передачи данных*)
deep(-lying) ~ глубокий уровень
defect ~ количество дефектов
descriptor privilege ~ *вчт* уровень привилегий дескриптора
device ~ уровень устройств
digital signal ~ уровень цифрового сигнала, DS-уровень; уровень цифровой системы передачи данных (*по Североамериканской иерархии цифровых систем передачи данных*)
discrete (energy) ~ дискретный (энергетический) уровень
donor (impurity) ~ донорный (примесный) уровень
doping ~ степень легирования
DS ~ *см.* **digital signal level**
effective privilege ~ эффективный уровень привилегий
electric ~ электрический уровень
electronic Zeeman ~ электронный зеемановский уровень
energy ~ энергетический уровень
entry ~ начальный уровень; базовый уровень
equivalent loudness ~ эквивалентный уровень громкости
equivalent peak ~ эквивалентный максимальный уровень
exchange ~ *вчт* уровень обмена
exchange-split ~ *кв.эл.* обменно-расщеплённый уровень
excitation ~ возбуждённый уровень
exciton ~ экситонный уровень
extra ~ дополнительный уровень
facsimile-signal ~ уровень факсимильного сигнала
Fermi (characteristic energy) ~ (энергетический) уровень Ферми
FIDO/opus/Seadog standard interface ~ 1. спецификация драйверов для доступа к последовательному порту, спецификация FOSSIL **2.** драйвер последовательного порта, программа FOSSIL
filled energy ~ заполненный энергетический уровень
floating ~ *кв. эл.* плавающий уровень
FM noise ~ уровень шумовой частотной модуляции
foreground ~ уровень сигнала переднего плана изображения
free energy ~ свободный энергетический уровень
function(al) ~ функциональный уровень; уровень функциональных устройств
gate ~ уровень логических элементов
gray ~ *вчт, тлв* уровень серого; яркость (*ахроматического изображения*)
ground (state) ~ основной уровень, (энергетический) уровень, соответствующий основному состоянию

HFS ~ *см.* **hyperfine-structure level**
high ~ высокий уровень
higher bias ~ повышенный уровень подмагничивания
high logic ~ высокий логический уровень
hum ~ уровень фона переменного тока
hyperfine-structure ~ уровень сверхтонкого расщепления
impedance ~ значение входного *или* выходного полного сопротивления схемы
implementation ~ *вчт* уровень реализации совместимости форматов файловой системы компакт-дисков (*напр. по стандарту ISO 9660*)
impurity (energy) ~ примесный (энергетический) уровень
injection ~ уровень инжекции
input ~ уровень входного сигнала
input/output privilege ~ уровень привилегий ввода/вывода
integration ~ *микр.* степень интеграции
intensity ~ уровень интенсивности звука
interchange ~ *вчт* уровень совместимости форматов файловой системы компакт-дисков (*напр. по стандарту ISO 9660*)
intermediate (energy) ~ промежуточный (энергетический) уровень
intrinsic ~ собственный уровень
inversion ~ *кв. эл.* **1.** уровень с инверсной заселённостью **2.** коэффициент инверсии
inverted ~ уровень с инверсной заселённостью
ISO 9660 implementation ~ уровень реализации совместимости форматов файловой системы компакт-дисков в стандарте ISO 9660 (*уровни 1 и 2*)
ISO 9660 interchange ~ уровень совместимости форматов файловой системы компакт-дисков в стандарте ISO 9660 (*уровни 1, 2 и 3*)
jet stream ~ область струйных течений (*в атмосфере*)
jumbo cell ~ уровень крупных ячеек
layout ~ топологический уровень
light ~ уровень освещённости
line ~ (относительный) уровень сигнала в (данной точке) линии (*связи*)
local ~ локальный уровень
logic ~ логический уровень
logical device ~ уровень логических устройств
loudness ~ уровень громкости
lower (energy) ~ нижний (энергетический) уровень
lowest (energy) ~ наинизший (энергетический) уровень
low-field ~ (энергетический) уровень в слабом поле
low logic ~ низкий логический уровень
luminescent ~ излучательный уровень
mask ~ *микр.* уровень масок
maximum record ~ максимальный уровень записи сигнала
maximum relative side-lobe ~ относительный уровень наибольшего бокового лепестка (*диаграммы направленности антенны*)
metastable ~ *кв. эл.* метастабильный уровень
multiplet ~ *кв. эл.* мультиплетный уровень
neutral ~ нейтральный уровень
noise ~ уровень шумов; уровень помех
occupied energy ~ заполненный энергетический уровень

level

octave-band pressure ~ уровень звукового давления в октавной полосе частот
operate ~ **of echo suppressor** порог срабатывания эхо-заградителя
orbital energy ~ орбитальный энергетический уровень
overload ~ уровень перегрузки
partially filled [partially occupied] ~ частично заполненный (энергетический) уровень
peak signal ~ максимальный уровень сигнала
peak sound-pressure ~ пиковый уровень звукового давления
pedestal ~ *тлв* уровень гашения (*луча*)
perceived noise ~ воспринимаемый уровень шумов
perturbed (energy) ~ возмущённый (энергетический) уровень
phonon ~ фононный уровень
power ~ уровень мощности
power spectrum ~ спектральная плотность звуковой мощности
precedence ~ уровень приоритета
pressure spectrum ~ спектральная плотность звукового давления
price ~ уровень цен; текущая цена
printthrough ~ относительный уровень копирэффекта
probability ~ уровень вероятности
program ~ уровень звукового сигнала в единицах громкости
pumping ~ уровень накачки
quantization [quantizing] ~ 1. уровень квантования 2. *вчт* степень выравнивания (длительности *или* положения нот) (*в музыкальных редакторах*)
quasi-Fermi ~ квазиуровень Ферми
recording ~ уровень записи
redundancy ~ уровень резервирования
reference ~ 1. опорный уровень 2. уровень отсчёта 3. номинальный уровень записи
reference black ~ *тлв* опорный уровень чёрного
reference white ~ *тлв* опорный уровень белого
register transfer ~ уровень (меж)регистровых передач
relative co-polar side-lobe ~ относительный уровень боковых лепестков (*диаграммы направленности антенны*) с собственной (основной) поляризацией
relative cross-polar side-lobe ~ относительный уровень боковых лепестков (*диаграммы направленности антенны*) с кросс-поляризацией
reorder ~ минимально допустимый уровень запасов, точка возобновления заказов (*напр. на поставку комплектующих изделий*)
requested privilege ~ запрошенный уровень привилегий
resistivity ~ величина удельного сопротивления
resonance ~ резонансный уровень
risk ~ уровень риска
rotational (energy) ~ вращательный (энергетический) уровень
saturation ~ уровень насыщения
sensation ~ уровень звукового давления выше порога слышимости
shallow impurity ~ мелкий примесный уровень
side-lobe ~ уровень боковых лепестков (*диаграммы направленности антенны*)

signal ~ уровень сигнала
significance ~ *вчт, т. над.* уровень значимости
singlet ~ *кв.эл.* синглетный уровень
soil ~ степень загрязнения
sound ~ уровень звукового давления
sound-energy flux density ~ уровень интенсивности звука
sound-power ~ уровень звуковой мощности
sound-pressure ~ уровень звукового давления
specific sound-energy flux ~ уровень интенсивности звука
speech ~ уровень чувствительности микрофона
strong-field ~ (энергетический) уровень в сильном поле
surface ~ поверхностный уровень
switching ~ коммутационный уровень
sync [synchronizing] ~ *тлв* уровень синхронизирующих импульсов, уровень синхроимпульсов
system ~ системный уровень
television ~ уровень телевизионного сигнала
testing ~ уровень тестирования
test's significance ~ уровень значимости критерия
threshold ~ пороговый уровень
through ~ уровень ретранслируемого сигнала
timing ~ уровень согласования (действий *или* операций) во времени
tolerable noise ~ допустимый уровень шумов; допустимый уровень помех
transducer overload ~ уровень перегрузки преобразователя
transmission ~ уровень передаваемого сигнала
trapping ~ уровень ловушек
trigger ~ *рлк* пороговый уровень срабатывания передатчика ответчика
triplet ~ *кв. эл.* триплетный уровень
true ~ истинный [математический] горизонт
turntable spirit ~ спиртовой уровень диска ЭПУ (*для установки диска в горизонтальное положение*)
unaffected ~ неизменный уровень (*при компандировании сигнала*)
unfilled (energy) ~ свободный (энергетический) уровень
unoccupied (energy) ~ свободный (энергетический) уровень
upper (energy) ~ верхний (энергетический) уровень
usable ~s различимые градации потенциального рельефа (*в запоминающих ЭЛТ*)
vacant energy ~ свободный энергетический уровень
vacuum ~ уровень вакуума
variable quantizing ~ переменный уровень квантования
variation ~ *вчт* контроллер «уровень вариаций», MIDI-контроллер № 94
velocity ~ уровень колебательной скорости (*в звуковой волне*)
vibrational (energy) ~ колебательный (энергетический) уровень
virtual (energy) ~ виртуальный (энергетический) уровень
voltage ~ уровень напряжения
weighted noise ~ взвешенный уровень шума
white ~ *тлв* уровень белого

Zeeman energy ~ *кв. эл.* зеемановский энергетический уровень

zero ~ **1.** нулевой уровень **2.** слой, соответствующий инверсии направления перемещения воздушных масс (*в атмосфере*)

leveling 1. регулировка уровня; установка уровня (*напр. освещённости*) **2.** приведение к одинаковому уровню; выравнивание; сглаживание; устранение отличий; нивелирование **3.** регулировка громкости **4.** ранжирование; определение позиции; отнесение к (определённой) категории; установка степени субординации в иерархии **5.** установка в горизонтальной плоскости; выравнивание; нивелирование; установка по уровню *или* ватерпасу **6.** *рлк* нацеливание; наведение; прицеливание

   automatic video noise ~ автоматическая регулировка уровня шумов в полосе частот видеосигнала

   disk wear ~ выравнивание степени износа (поверхности жёсткого магнитного) диска, свипирование (поверхности жёсткого магнитного) диска

   resource ~ равномерное распределение запросов на ресурс

   ripple ~ сглаживание пульсаций

   turntable ~ установка диска ЭПУ по уровню (*в горизонтальное положение*)

   wear ~ выравнивание степени износа (*напр. поверхности жёсткого магнитного диска*)

   zone ~ *пп* зонное выравнивание (*распределения примесей*)

level-sensitive чувствительный к уровню (*напр. напряжения*); тактируемый уровнем (*напр. напряжения*)

lever рычаг ‖ использовать рычаг; перемещать *или* поднимать с помощью рычага

   auto stop ~ рычаг автостопа (*магнитофона*)

   head-lock release ~ рычаг высвобождения (магнитной) головки (*в приводах съёмных дисков*)

   joystick ~ рукоятка джойстика

   pitch bend(er) ~ *вчт* рычаг челночного контроллера смены высоты тона (*в MIDI-устройствах*)

   selector ~ *тлг* наборный рычаг

leverage 1. рычажное действие **2.** выигрыш в силе при использовании рычага **3.** показатель влиятельности, мера степени влияния изменения переменной на коэффициенты регрессионной матрицы, *проф.* балансировка (*в математической статистике*)

levitate находиться в состоянии левитации

levitation левитация

   attractive ~ левитация с притяжением

   cryogenic ~ криогенная левитация

   electromagnetic ~ электромагнитная левитация

   magnetic ~ магнитная левитация

   radio-frequency ~ высокочастотная [ВЧ-] левитация

   repulsive ~ левитация с отталкиванием

levitator левитатор

levitron левитрон (*система удержания плазмы*)

levo *см.* levorotatory

levorotatory *крист.* левовращающий, вращающий против часовой стрелки

levorotation левовинтовое вращение, вращение против часовой стрелки (*о плоскости поляризации света*)

levorsal *крист.* левовращающий, вращающий против часовой стрелки

levorse *крист.* левовинтовое двойникование

lexicography лексикография

   comparative ~ сравнительная лексикография

lexicology лексикология

lexicon 1. лексикон **2.** толковый словарь

   base-form ~ словарь базовых форм (*напр. в системе распознавания речи*)

lexis 1. лексика **2.** толковый словарь

lha 1. архиватор lha, утилита создания и распаковки архивов типа lhz для операционной системы MS-DOS **2.** расширение имени архива, созданного утилитой lharc

lharc архиватор lharc, утилита создания и распаковки архивов типа lha для операционной системы MS-DOS

lhz расширение имени архива, созданного утилитой lha

librarian 1. библиотекарь (*специалист или программа*) **2.** *вчт* специалист, ответственный за составление каталогов, учёт и контроль использования данных, хранящихся на носителях, *проф.* библиотекарь данных

   data ~ специалист, ответственный за составление каталогов, учёт и контроль использования данных, хранящихся на носителях, *проф.* библиотекарь данных

   file ~ *проф.* библиотекарь файлов (*специалист или программа*)

   programming ~ *проф.* библиотекарь программ (*член команды программистов*)

   software ~ библиотекарь программного обеспечения

   tape ~ специалист, ответственный за составление каталогов, учёт и контроль использования данных, хранящихся на магнитных лентах, *проф.* библиотекарь данных на магнитных лентах

library библиотека

   ~ **of primitives** *вчт* библиотека примитивов

   cell ~ *вчт* библиотека ячеек

   class library ~ *вчт* библиотека классов

   data ~ *вчт* библиотека данных

   disk ~ *вчт* библиотека дисков (*с данными*)

   dynamic link ~ библиотека динамических связей, библиотека динамической компоновки (*объектных модулей*)

   function ~ *вчт* библиотека функций

   macro(definition) ~ *вчт* макробиблиотека, библиотека макроопределений

   open graphics ~ открытая библиотека графических функций, многоплатформенный программный интерфейс для аппаратных средств компьютерной графики, интерфейс OpenGL

   program ~ библиотека программ

   program production ~ библиотека для создания программ

   program support ~ библиотека для поддержки программ

   project ~ библиотека проектов

   socket ~ *вчт* библиотека сокетов

   software ~ библиотека программ

   source-module ~ библиотека исходных модулей

   standard ~ стандартная библиотека (*напр. в языках программирования*)

support ~ библиотека поддержки
tape ~ библиотека данных на магнитных лентах, *проф.* лентотека
video ~ видеотека
virtual ~ виртуальная библиотека
virtual shareware ~ виртуальная библиотека (лицензированного) условно-бесплатного программного обеспечения
vision ~ библиотека программ для технического зрения (*роботов*)
libration либрация
librational либрационный
libron *фтт* либрон
licence *см.* license
license лицензия, разрешение на право использования; сертификат; || лицензировать, выдавать разрешение на право использования; сертифицировать || лицензионный; сертифицированный
commercial operator ~ лицензия оператора коммерческой радиостанции
extra-class ~ лицензия радиолюбителя высшего класса
General Public ~ общая лицензия (*на программные продукты Фонда бесплатного программного обеспечения*)
site ~ *вчт* лицензия на многократное копирование и использование (*программного продукта*) в пределах организации *или* учреждения
software ~ лицензия на программное обеспечение
technician ~ лицензия радиолюбителя-оператора
licensed 1. лицензионный; сертифицированный; имеющий лицензию 2. санкционированный; разрешённый
licensee обладатель лицензии
lid съёмная *или* откидывающаяся крышка || использовать съёмную *или* откидывающуюся крышку
lever ~ рычажная крышка
sliding ~ сдвигаемая крышка
lidar лидар, метеорологический лазерный локатор ИК-диапазона
airborne ~ бортовой лидар летательного аппарата
automatic tracking ~ лидар с автоматическим сопровождением цели
bistatic ~ бистатический [двухпозиционный] лидар
Doppler ~ доплеровский лидар
infrared ~ лидар
monopulse ~ моноимпульсный лидар
monostatic ~ моностатический [однопозиционный] лидар
Raman ~ рамановский лидар
solar-blind ~ лидар, нечувствительный к солнечному освещению
spaceborne ~ бортовой лидар космического летательного аппарата
variable-wavelength ~ перестраиваемый лидар
LIFE *вчт* игра «Жизнь» Джона Конуэя, простейшая модель клеточного автомата
life 1. жизнь 2. *фтт* время жизни 3. долговечность; срок службы 4. ресурс 5. наработка на отказ
artificial ~ *вчт* искусственная жизнь
assessed (mean) ~ прогнозируемая (средняя) наработка на отказ
average ~ 1. время жизни 2. средняя долговечность

calendar ~ срок службы
design ~ расчётная долговечность
extrapolated (mean) ~ экстраполируемая (средняя) наработка на отказ
fatigue ~ предел выносливости (*материала*) при постоянном (упругом) напряжении
in-use ~ эксплуатационная долговечность
load ~ долговечность при полной нагрузке
mean ~ 1. время жизни 2. средняя наработка на отказ 3. технический ресурс
normal operating ~ стандартный срок службы
observed (mean) ~ наблюдаемая (средняя) наработка на отказ
operating ~ 1.эксплуатационная долговечность 2. эксплуатационный ресурс
overhaul ~ срок службы до капитального ремонта
rated ~ номинальный срок службы
service ~ эксплуатационная долговечность
shelf ~ срок сохранности
specified ~ гарантийная наработка на отказ
storage ~ срок сохранности
useful ~ срок службы в период нормальной эксплуатации
γ-percentile ~ гамма-процентный ресурс
life-cycle *вчт, биом.* жизненный цикл
software ~ жизненный цикл программного обеспечения
life-support относящийся к системам жизнеобеспечения
lifetime *фтт* время жизни
absorber ~ время жизни возбуждённого состояния поглотителя
adatom ~ время жизни адатома
asymptotic ~ асимптотическое время жизни
base ~ время жизни носителей (*заряда*) в базовой области
bulk ~ объёмное время жизни
carrier ~ время жизни носителей (*заряда*)
collector ~ время жизни носителей (*заряда*) в коллекторной области
electron ~ время жизни электронов
emitter ~ время жизни носителей (*заряда*) в эмиттерной области
excess-carrier ~ время жизни избыточных носителей (*заряда*)
hot-electron ~ время жизни горячих электронов
hot-hole ~ время жизни горячих дырок
low-level ~ время жизни носителей (*заряда*) при малом уровне сигнала
majority-carrier ~ время жизни основных носителей (*заряда*)
minority-carrier ~ время жизни неосновных носителей (*заряда*)
radiative ~ *кв. эл.* радиационное время жизни уровня
recombination ~ *пп* рекомбинационное время жизни
spontaneous-emission ~ *кв. эл.* время жизни уровня по отношению к спонтанному излучению
triplet ~ *кв. эл.* время жизни триплетного состояния
volume ~ объёмное время жизни
lift 1. *тлв* защитный интервал 2. подъём; поднятие || поднимать(ся) 3. подъём частотной характеристики || поднимать частотную характеристику 4. увеличивать громкость 5. высота подъёма 6. подъём-

ная сила 7. поднимаемый вес 8. подъёмное устройство; подъёмник; лифт 9. прекращать; останавливать
   aerodynamic ~ аэродинамическая подъёмная сила
   jet ~ реактивная подъёмная сила
   presence ~ подъём частотной характеристики для создания эффекта присутствия
   vertical ~ вертикальный подъём
lifter подъёмное устройство; подъёмник; лифт
   antenna ~ подъёмник антенны
   tape ~ устройство, отводящее ленту от головок во время перемотки
lift(-)off 1. отрыв (*от поверхности*); отслаивание **2.** момент отрыва (*от поверхности*) **3.** обратная [взрывная] эпитаксия **4.** обратная [взрывная] литография
   bond ~ отслаивание термокомпрессионного соединения
   epitaxial ~ обратная [взрывная] эпитаксия
   metallization ~ *микр.* отслаивание металлизации
   resist ~ *микр.* отслаивание резиста
ligand *фтт* лиганд
   bidentate ~ бидентатный лиганд
   monodentate ~ монодентатный лиганд
   polydentate ~ полидентатный лиганд
ligature 1. лигатура (*1. легирующие металлы или вспомогательные сплавы, используемые в процессе легирования 2. комбинация букв, передающих один звук или один знак, передающий сочетание букв 3. буква или транскрипционный знак, образованные соединением двух или более букв или транскрипционных знаков*) **2.** связь; связка ‖ связывать **3.** лига (*над нотами одинаковой высоты*)
   three-letter ~ трёхбуквенная лигатура
   two-letter ~ двухбуквенная лигатура
light 1. свет (*1. световое [видимое электромагнитное] излучение 2. оптическое излучение (с длиной волны от 1 нм до 1 мм) 3. видимость; освещённость 4. светлое время суток 5. аппаратура и система создания необходимой освещённости и световых эффектов в теле- и киноиндустрии*) **2.** источник света; светильник; огонь; сияние ‖ светить(ся); излучать свет; давать огонь; сиять **3.** освещать(ся) **4.** включать источник света; *проф.* давать свет **5.** *вчт* светлый участок изображения **6.** система зажигания
   access ~ *вчт* световой индикатор обращения (к диску)
   achromatic ~ ахроматическое световое излучение
   actinic ~ *микр.* актиничное световое излучение
   ambient ~ *тлв* внешняя засветка экрана
   band-gap ~ *пп* излучение на длине волны собственного поглощения
   beta ~ вакуумная люминесцентная лампа с возбуждением бета-излучением
   black ~ невидимое (инфракрасное *или* ультрафиолетовое) узлучение
   capacitive-discharge pilot ~ система ёмкостного зажигания с газовой форсункой
   chopped ~ модулированное световое излучение
   circularly polarized ~ свет с круговой поляризацией, циркулярно поляризованный свет
   code ~ кодовый огонь
   coherent ~ когерентный свет
   cold ~ люминесцентное *или* флуоресцентное излучение

   deep UV ~ дальнее ультрафиолетовое [УФ-] излучение
   dial ~ лампа подсветки шкалы
   elliptically polarized ~ свет с эллиптической поляризацией, эллиптически поляризованный свет
   flash ~ **1.** проблесковый огонь **2.** лампа-вспышка, фотовспышка
   fluorescent ~ флуоресцентное излучение
   formation ~ огонь построения
   idiot ~ *проф.* световой индикатор
   image-forming ~ световой пучок, формирующий изображение
   incoherent ~ некогерентный свет
   infrared ~ инфракрасное [ИК-] излучение
   isophase ~ равнопроблесковый огонь
   laser ~ лазерное излучение
   linearly polarized ~ свет с линейной поляризацией, линейно поляризованный [плоскополяризованный] свет
   luminescent ~ люминесцентное излучение
   monochromatic ~ монохроматический свет
   neon ~ неоновая лампа
   neon indicating ~ неоновая индикаторная лампа
   night-sky ~ свечение ночного неба
   northern ~s полярное сияние [авроральное свечение, аврора] в северном полушарии
   occulting ~ затмевающийся огонь
   partially coherent ~ частично когерентный свет
   pilot ~ сигнальная лампа
   plane-polarized ~ свет с линейной поляризацией, линейно поляризованный [плоскополяризованный] свет
   polar ~s полярное сияние, авроральное свечение, аврора
   polarized ~ поляризованный свет
   pump(ing) ~ *кв. эл.* световое излучение накачки
   Raman-scattered ~ световое излучение при комбинационном [рамановском] рассеянии
   readout ~ считывающий световой пучок
   rhythmic ~ проблесковый огонь
   scattered ~ рассеянное световое излучение
   signal ~ сигнальная лампа
   southern ~s полярное сияние [авроральное свечение, аврора] в южном полушарии
   speed ~ электронная лампа-вспышка, электронная фотовспышка
   stimulated ~ вынужденное [индуцированное] световое излучение
   stray ~ рассеянное световое излучение
   thermal ~ инфракрасное [ИК-] излучение
   trouble ~ переносный источник аварийного освещения, переносная лампа, *проф.* переноска
   ultraviolet ~ ультрафиолетовое [УФ-] излучение
   unpolarized ~ неполяризованный свет
   visible ~ видимое излучение
   writing ~ записывающий световой пучок
   zodiacal ~ зодиакальный свет
light-activated со световым возбуждением
lighten 1. освещать(ся) **2.** светлеть; осветлять, делать более светлым; увеличивать яркость (*напр. изображения*)
light-face *вчт* светлый шрифт ‖ светлый (*о шрифте*)
lighthouse *тлв* осветительное гнездо
lighting освещение; подсветка
   accent ~ направленное освещение

lighting

diffused ~ диффузное освещение
direct ~ прямое освещение
directional ~ направленное освещение
general diffused ~ рассеянное [полуотражённое] освещение
indirect ~ отражённое освещение
Phong(-style) ~ *вчт* создание подсветки методом Фонга (*по базису из вершинных нормалей аппроксимирующих поверхность многоугольников*)
searching ~ *рлк* круговой обзор; секторный обзор
semidirect ~ преимущественно прямое освещение
semiindirect ~ преимущественно отраженное освещение

light-negative с отрицательной фотопроводимостью
lightness 1. светлота (*1. содержание белого или чёрного в цвете 2. относительная характеристика различия световых ощущений от смежных одноцветных поверхностей*) **2.** бледная окраска (*напр. изображения*)
Lightning:
   Blue ~ *проф.* микропроцессор корпорации IBM
   Green ~ *проф.* микропроцессор корпорации IBM
lightning молния, грозовой разряд
   ball ~ шаровая молния
   band ~ ленточная молния
   bead ~ чёточная молния
   chain ~ чёточная молния
   multiple-stroke ~ многократная молния
   ribbon ~ ленточная молния
   streak ~ линейная молния
light-of-the-night-sky свечение ночного неба
light-positive с положительной фотопроводимостью
lightproof светонепроницаемый
light-sensitive 1. светочувствительный **2.** фоточувствительный
light-struck засвеченный (*о фоточувствительном материале*)
light-tailedness наличие узких хвостов (*у распределения случайной величины*)
light-tight светонепроницаемый
light-tightness светонепроницаемость
lightwave световая волна
likelihood *вчт* **1.** правдоподобие **2.** функция правдоподобия **3.** вероятность
   ~ of hypothesis правдоподобие гипотезы
   concentrated ~ концентрированная функция правдоподобия
   conditional ~ условная функция правдоподобия
   estimated ~ оцениваемое правдоподобие
   maximum ~ 1. максимальное правдоподобие **2.** метод максимального правдоподобия
   partial-response maximum ~ *вчт* **1.** максимальное правдоподобие частичного отклика **2.** считывание методом максимального правдоподобия частичного отклика (*напр. в жёстких дисках*)
   relative ~ относительное правдоподобие
likely 1. правдоподобный **2.** вероятный
Lima стандартное слово для буквы *L* в фонетическом алфавите «Альфа»
limaçon *вчт* улитка Паскаля
limb 1. лимб (*1. диск с круговой градуированной шкалой 2. видимый край диска небесного тела*) **2.** (первичная) ветвь (*напр. графа*) **3.** наружный магнитопровод (*трансформатора*) **4.** конечность (*робота*)

~ of magnet наружный магнитопровод
~ of the sun лимб солнца
forbidden ~ запрещённая ветвь
tree ~ ветвь дерева
limen порог
   absolute difference ~ дифференциальный порог
   difference ~ дифференциальный порог
   difference ~ for frequency дифференциальный порог частоты
   difference ~ for intensity дифференциальный порог интенсивности
limit 1. предел; граница || устанавливать предел; ограничивать; служить границей **2.** *pl* интервал значений ◊ **~ from the left** предел слева; **~ from the right** предел справа; **~s of integration** пределы интегрирования; **withing the ~s of** в пределах
   ~ of accuracy предел точности
   ~ of function предел функции
   ~ of range граница интервала
   ~ of sequence предел последовательности
   ~ of variable интервал значений переменной
   absorption ~ край полосы поглощения
   angular ~ угловой предел
   aperiodicity ~ предел апериодичности
   asymptotic ~ асимптотический предел
   audibility ~ 1. порог слышимости **2.** порог болевого ощущения
   Bayesian ~ байесов предел
   bilateral ~ двусторонний предел
   bottom ~ нижний предел; нижняя граница
   confidence ~ доверительная граница
   continual ~ континуальный предел
   convergence ~ предел сходимости; радиус сходимости
   destructive di/dt ~ деструктивная максимальная скорость нарастания тока (*в тиристорах*)
   detour ~ предельное отклонение
   di/dt ~ максимально допустимая скорость нарастания тока (*в тиристорах*)
   dv/dt ~ максимально допустимая скорость нарастания напряжения (*в тиристорах*)
   graphics ~s *вчт* границы изображения, границы рисунка, граничная рамка (*в графическом режиме работы дисплея*)
   long-wavelength ~ длинноволновая [красная] граница спектральной чувствительности (*фотоприёмника*)
   lower ~ нижний предел; нижняя граница
   lower-frequency ~ нижняя граничная частота
   lower range ~ нижняя граница диапазона
   nondestructive di/dt ~ недеструктивная максимальная скорость нарастания тока (*в тиристорах*)
   output ~ максимальный выходной сигнал
   permissible ~ допустимый предел; допустимая граница
   physical ~s физические ограничения (*на работу прибора*)
   prescribed ~ заданный предел; заданная граница
   probability ~ вероятностный предел
   proportionality ~ предел пропорциональности
   radio-frequency interference ~s допустимый уровень радиопомех
   ratio ~ предел отношения
   recursive ~ рекурсивный предел

RFI ~ *см.* **radio-frequency interference limits**
risk current ~ предельное значение текущего риска
Shannon ~ пропускная способность канала, максимальная скорость передачи информации
short-wavelength ~ коротковолновая граница спектральной чувствительности (*фотоприёмника*)
significance ~ *вчт* предел значимости
single-ended ~ односторонний предел
stability ~ *вчт* предел устойчивости; граница устойчивости; *pl* интервал устойчивости
statistical coverage ~s статистически накрывающие границы
stochastic ~ стохастический предел
tolerance ~s допустимые пределы
topological ~ топологический предел
translation ~ *вчт* предельное значение единицы трансляции
transmission ~ критическая частота *или* длина волны (*напр. в волноводе*)
uncertainty ~ граница неопределённости
upper ~ верхний предел; верхняя граница
upper ~ of ozone layer верхняя граница озонового слоя
upper-frequency ~ верхняя граничная частота
upper range ~ верхняя граница диапазона

limiting 1. ограничение (*1. ограничивающее условие; связь 2. предел; граница 3. процесс ограничения*) **2.** ограничивающий; лимитирующий **3.** предельный; граничный

limitation 1. ограничение (*1. ограничивающее условие; связь 2. предел; граница 3. процесс ограничения*) **2.** ограниченность; лимитируемость; наличие ограничений **3.** *pl* недостатки
 bandwidth ~ ограничение по полосе пропускания
 side-lobe ~ ограничение уровня излучения по боковым лепесткам
 space-charge ~ ограничение пространственным зарядом; ограничение объёмным зарядом

limitative ограничивающий; лимитирующий
limited ограниченный
 run-length ~ 1. кодирование по сериям ограниченной длины, RLL-кодирование **2.** алгоритм RLL, алгоритм сжатия данных с использованием кодирования по сериям ограниченной длины

limiter 1. (двусторонний) амплитудный ограничитель, (двусторонний) ограничитель амплитуды **2.** ограничитель
 amplitude ~ амплитудный ограничитель, ограничитель амплитуды
 amplitude selector ~ односторонний ограничитель
 audio(-frequency) peak ~ ограничитель амплитуды по максимуму в тракте звуковой частоты (*радиоприёмника*)
 automatic noise ~ автоматический ограничитель шумов
 automatic peak ~ ограничитель амплитуды по максимуму, ограничитель амплитуды сверху
 automatic video noise ~ автоматический ограничитель шумов в полосе частот видеосигнала
 bandpass ~ полосовой ограничитель
 base ~ ограничитель амплитуды по минимуму, ограничитель амплитуды снизу
 bridge ~ мостиковый ограничитель
 coincidence ~ *магн.* ограничитель на совпадении (основного и дополнительного) резонансов
 current ~ ограничитель тока
 demand ~ ограничитель потребления (тока)
 diode ~ диодный ограничитель
 Dolby noise ~ система (шумопонижения) Долби
 double ~ двухкаскадный ограничитель
 double-diode ~ ограничитель на двойном диоде
 dynamic noise ~ система шумопонижения фирмы «Филипс»
 ferrimagnetic ~ ферримагнитный ограничитель
 ferrite ~ ферритовый ограничитель
 field-concentration ~ ограничитель на эффекте концентрации поля
 frequency-selective ~ частотно-избирательный ограничитель
 frequency-shift ~ ограничитель на эффекте сдвига резонансной частоты
 garnet ~ ограничитель на гранате
 gyromagnetic-coupling ~ ограничитель с гиромагнитной связью
 hard ~ 1. ограничитель с жёстким порогом **2.** ступенчатая функция активации (*нейрона*)
 high-power ~ ограничитель на высокий уровень мощности
 inverse ~ обратный амплитудный ограничитель, ограничитель амплитуды в заданном интервале значений
 low-distortion ~ ограничитель, вносящий малые искажения
 microwave ~ ограничитель мощности СВЧ-диапазона
 neon-bulb ~ амплитудный ограничитель на неоновой лампе
 noise ~ ограничитель шумов; ограничитель помех
 nonreciprocal ~ невзаимный ограничитель
 oscillating ~ генератор-ограничитель
 parametric ~ параметрический ограничитель
 peak ~ ограничитель амплитуды по максимуму, ограничитель амплитуды сверху
 piecewise linear ~ ограничитель с кусочно-линейной характеристикой
 plate-return triode ~ триодный усилитель-ограничитель
 power ~ ограничитель мощности
 Schmitt ~ триггер Шмитта
 slope ~ ограничитель наклона (*в дельта-модуляции*)
 soft ~ ограничитель с плавным порогом
 solid-state ~ твердотельный ограничитель
 subsidiary-resonance ~ *магн.* ограничитель на дополнительном резонансе
 symmetrical fractional-voltage ~ симметричный амплитудный ограничитель напряжения
 sync ~ *тлв* ограничитель синхронизирующих импульсов, ограничитель синхроимпульсов
 TR ~ *см.* **transmit-receive limiter**
 transmit-receive ~ разрядник защиты приёмника
 traveling-wave tube ~ ограничитель на ЛБВ
 varactor ~ варакторный ограничитель
 voltage ~ ограничитель напряжения
 volume ~ ограничитель динамического диапазона
 YIG ~ ограничитель на ЖИГ

limiting 1. ограничение (*1. ограничивающее условие; связь 2. предел; граница 3. процесс ограничения*) **2.** предельный; граничный
 automatic modulation ~ автоматическое ограничение уровня модуляции

limiting

automatic video noise ~ автоматическое ограничение шумов в полосе частот видеосигнала
bandpass ~ полосовое ограничение
current ~ режим ограничения тока (*в стабилизированных источниках тока*)
cutoff ~ ограничение в режиме отсечки
double ~ двустороннее ограничение
grid ~ ограничение за счёт последовательно включенного в цепь управляющей сетки резистора
hard ~ 1. ограничение с резким порогом, резкое ограничение 2. использование ступенчатой функции активации (*нейрона*)
parametric ~ параметрическое ограничение
phase-distortionless ~ ограничение, не вносящее фазовых искажений
power ~ ограничение мощности
saturation ~ ограничение в режиме насыщения
soft ~ ограничение с плавным порогом, плавное ограничение

limitless не имеющий предела *или* пределов; безграничный; неограниченный
linage 1. *крист.* малоугловая граница 2. *вчт* число строк (*текста*)
Line:
  International Date ~ линия перемены даты
  International Date ~ East восточная часть часового пояса Международной линии перемены даты
  International Date ~ West западная часть часового пояса Международной линии перемены даты
  Phase Alternation ~ система ПАЛ (*система цветного телевидения*)
  Slim ~ низкопрофильный горизонтальный корпус (*системного блока компьютера*), корпус типа Slim Line
line 1. линия (*1. одномерный геометрический объект; прямая; кривая 2. квазиодномерный элемент изображения 3. линия связи; канал связи; линия передачи; канал передачи 4. инструмент для рисования линий в графических и текстовых редакторах*) 2. рисовать *или* проводить линию 3. строка (*1. горизонтальный ряд символов 2. строка развертки*) 4. провод; шина 5. спектральная линия; линия поглощения; линия испускания 6. соединение (*напр. телефонное*) 7. контур; очертание 8. штрих ‖ штриховой 9. линейка (*нотного стана*) 10. партия; серия 11. конвейер; поточная линия 12. очередь ◊ ~ **in** вход сигнала с линии (*напр. от радиоприёмника*); ~ **out** выход сигнала на линию (*напр. на внешний усилитель*)
  ~ **of code** *вчт* строка программы
  ~s **of force** силовые линии
  ~ **of graph** ребро графа
  ~ **of position** линия положения (*в радионавигации*)
  ~ **of sight** 1. линия прямой видимости 2. линия визирования
  ~s **per inch** количество однотипных линий растра на 1 дюйм (*единица измерения линиатуры растра*)
  ~s **per minute** число строк в минуту (*характеристика скорости работы принтера*)
  absorption ~ линия поглощения
  access ~ линия доступа
  aclinic ~ магнитный экватор
  acoustic delay ~ акустическая линия задержки
  acoustic transmission ~ акустическая линия передачи

active ~ *тлв* активная строка
active acoustoelectric delay ~ акустоэлектронная линия задержки с усилением
address(ing) ~ *вчт* линия адреса, адресная линия; адресная шина
aerial ~ воздушная линия передачи
agonic ~ изолиния нулевого магнитного склонения
analog ~ аналоговая линия (*связи*)
analog delay ~ аналоговая линия задержки
antiferromagnetic-resonance ~ линия [кривая] антиферромагнитного резонанса
anti-Stokes ~ антистоксова линия; антистоксова компонента
artificial delay ~ искусственная линия задержки
ascender ~ *вчт* линия расположения верхнего выносного элемента (*литеры*)
assembly ~ сборочная линия
associated ~ *тлф* линия совместного пользования
asymmetric digital subscriber ~ асимметричная цифровая абонентская линия, линия типа ADSL
available ~ 1. *тлф* свободная линия 2. рабочий участок строки (*факсимильного изображения*)
backbone ~ магистральная линия связи
background ~ *кв. эл.* фоновая линия спектра
backward-magnetostatic-wave delay ~ линия задержки на обратных магнитостатических волнах
balanced ~ 1. симметричная линия 2. изохронная конвейерная линия
balanced multiphase ~ симметричная многофазная линия
balanced transmission ~ 1. симметричная линия передачи 2. двухпроводная линия
base ~ 1. базовая линия 2. линия развёртки 3. база (*напр. интерферометра*)
beaded transmission ~ коаксиальная линия передачи с диэлектрическими шайбами
bit ~ разрядная шина, шина бит
blank ~ *вчт* пустая строка
Bloch ~ *магн.* блоховская линия
bridging ~ *тлф* линия совместного пользования
bucket-brigade delay ~ линия задержки на ПЗС типа «пожарная цепочка»
bulk-magnetostatic-wave delay ~ линия задержки на объёмных магнитостатических волнах
bus ~ (электрическая) шина
busy ~ *тлф* занятая линия
bypass ~ шина обхода
cache ~ строка кэша
called ~ *тлф* вызываемая линия
calling ~ *тлф* вызывающая линия
carrier ~ линия ВЧ-связи
clean ~ чистая [немодифицированная] строка, строка кэша после записи в основную память
clock ~ канал синхронизации
closed-loop delay ~ рециркулярная линия задержки
club ~ *вчт* висячая строка
coaxial (transmission) ~ коаксиальная линия передачи
comb ~ гребенчатая линия
command ~ *вчт* командная строка
common-talking [common-use] ~ *тлф* линия совместного пользования
communication ~ линия связи

concentric ~ коаксиальная линия передачи
conductor ~ токоведущая шина
control ~ 1. линия управления 2. управляющая шина 3. *вчт* направляющая [контрольная] линия (*кривой Безье*)
coplanar transmission ~ копланарная линия передачи
coupled transmission ~s связанные линии передачи
course ~ курс
credit ~ ссылка на первоисточник (*в печатном издании*)
cryogenic delay ~ криогенная линия задержки
current(-flow) ~ линия тока
customer ~ *тлф* абонентская линия
D~ D-линия (*натриевого дублета*)
date ~ линия перемены даты
data ~ 1. линия передачи данных 2. строка данных
datum ~ опорная линия
dedicated ~ 1. выделенная линия; закреплённая линия (*напр. связи*); арендованная линия 2. специализированная линия (*напр. связи*)
dee ~ резонансная дуантная линия (*циклотрона*)
descender ~ *вчт* линия расположения нижнего выносного элемента (*литеры*)
delay ~ линия задержки
DEW ~ *см.* distant early-warning line
dial-up ~ коммутируемая телефонная линия
diffraction delay ~ дифракционная линия задержки
digital ~ цифровая линия (*связи*)
digital delay ~ цифровая линия задержки
digital subscriber ~ 1. цифровая абонентская линия, линия типа DSL 2. метод реализации высокоскоростной цифровой связи по обычным телефонным сетям, метод DSL 3. семейство протоколов для высокоскоростной цифровой связи по обычным телефонным сетям, семейство протоколов DSL, протокол(ы) DSL
direct ~ *тлф* линия прямой связи
direction ~ *вчт* направляющая [контрольная] линия (*кривой Безье*)
dirty ~ грязная [модифицированная] строка, требующая записи в основную память строка кэша
disengaged ~ *тлф* свободная линия
disk delay ~ дисковая линия задержки
dislocation ~ *крист.* линейная дислокация
dispersive SAW delay ~ дисперсионная линия задержки на ПАВ
dispersive transmission ~ дисперсионная линия передачи
display ~ строка на экране дисплея
dissipation ~ безындуктивная поглощающая нагрузка (*для мощных передатчиков*)
dissipationless ~ линия передачи без потерь
distant early-warning ~ *рлк* система дальнего обнаружения
distributed-constant ~ линия с распределёнными параметрами
Doppler-broadened ~ (спектральная) линия с доплеровским уширением
drive ~ 1. линия управления 2. управляющая шина
dual-use ~ линия связи двойного назначения
duplex artificial ~ дуплексная искусственная линия
dynamic-load ~ нагрузочная линия, линия нагрузки

E-~s электрические силовые линии
echo delay ~ линия задержки с многократными отражениями
edit ~ строка состояния для режима редактирования
electric ~s of force электрические силовые линии
electric delay ~ электрическая линия задержки
electric field ~s электрические силовые линии
electric flux ~s линии электрического смещения, линии электрической индукции
electroacoustic delay ~ электроакустическая линия задержки
electromagnetic delay ~ линия задержки на отрезке линии передачи
electronically variable delay ~ линия задержки с электронной перестройкой
emission ~ *кв. эл.* линия испускания
empty ~ *вчт* пустая строка
engaged ~ *тлф* занятая линия
entry ~ *вчт* строка ввода (*напр. в электронных таблицах*)
equipotential ~ эквипотенциальная линия
equivalent periodic ~ периодическая система, эквивалентная линии передачи
exchange ~ *тлф* абонентская линия
exciting ~ 1. линия управления 2. управляющая шина
exclusive ~ эксклюзивная строка (*кэша*)
exclusive exchange ~ *тлф* линия основного аппарата
exponential transmission ~ экспоненциальная линия передачи
feed ~ 1. линия передачи, фидер 2. антенная линия передачи, антенный фидер
feedforward delay ~ линия задержки с прямой связью
ferrimagnetic-resonance ~ линия [кривая] ферримагнитного резонанса
ferrite delay ~ ферритовая линия задержки
ferrite-dielectric transmission ~ феррит-диэлектрическая линия передачи
ferromagnetic-resonance ~ линия [кривая] ферромагнитного резонанса
fiber(-optic) delay ~ волоконно-оптическая линия задержки
field ~ силовая линия
flat ~ линия передачи с бегущей волной; согласованная линия передачи
flux ~ 1. линия магнитной индукции 2. линия электрического смещения, линия электрической индукции 3. *свпр* флюксоид, (квантованный) вихрь потока
flyback ~ *тлв* линия обратного хода
folded delay ~ свёрнутая линия задержки
forbidden ~ запрещённая (спектральная) линия
foreign exchange ~ *тлф* абонентская линия подключения к «чужой» АТС
forward magnetostatic-wave delay ~ линия задержки на прямых магнитостатических волнах
Fraunhofer ~s фраунгоферовы линии
frozen field ~ вмороженная силовая линия
G ~ *см.* Goubau line
generation ~ *кв. эл.* линия генерации
ghost ~s «духи», паразитные линии дифракционного спектра

line

global data ~ глобальная линия передачи данных
Goubau ~ линия поверхностной волны
grating delay ~ дифракционная линия задержки
grid ~ линия сетки (*1. линия координатной сетки 2. линия сетки для интерполяции или аппроксимации функций 3. линия географической сетки; линия градусной сетки*)
guide ~ направляющая (*вспомогательная линия напр. в компьютерной графике*)
Guillemin ~ *рлк* искусственная линия на последовательно соединённых параллельных резонансных контурах для формирования прямоугольных импульсов
H- ~**s** магнитные силовые линии
half-wave transmission ~ полуволновый отрезок линии передачи
heavy ~ жирная линия (*напр. на графике*)
helical delay ~ спиральная линия задержки
helix transmission ~ спиральная линия передачи
hidden ~ невидимая линия; скрытая линия (*напр. в компьютерной графике*)
high data-rate digital subscriber ~ цифровая абонентская линия с высокой скоростью передачи данных, линия типа HDSL
home ~ местная линия связи
horizontal ~ *тлв* строка развёртки
horizontal Bloch ~ *магн.* горизонтальная блоховская линия
horizontal retrieval ~ *тлв* линия обратного хода луча по строкам
hot ~ *тлф* 1. линия прямого вызова, *проф.* «горячая линия» 2. телефон экстренного вызова
hyperfine ~ линия сверхтонкой структуры
idle ~ *тлф* свободная линия
incoming ~ *тлф* входящая линия
individual ~ *тлф* абонентская линия
infinite ~ эквивалентная бесконечная линия передачи
inhibit(ing) ~ *вчт* шина запрета
inhomogeneously broadened ~ неоднородно уширенная линия
interdigital ~ встречно-штыревая [встречно-гребенчатая] линия
interrupt request ~ канал запроса прерывания
interswitchboard ~ *тлф* межкоммутаторная соединительная линия
invalid ~ незадействованная строка (*кэша*)
IRQ ~ *см.* **interrupt request line**
ISDN digital subscriber ~ цифровая абонентская линия для сетей (стандарта) ISDN, линия типа IDSL
isobathic ~ изобата, линия равной глубины
isocandela ~ изокандела, кривая равной силы света
isochromatic ~ изохромата
isoclinic ~ изоклина
isocost ~ изокоста, линия равных издержек производства
isolux ~ изолюкса
isomagnetic ~ изомагнитная линия
junction ~ соединительная линия
Kikuchi ~**s** кикучи-линии (*на электронограмме*)
Kossel ~**s** линии Косселя (*при дифракции рентгеновского излучения*)
ladder ~ (многозвенная) линия лестничного типа (*с чередованием последовательного и параллельного включения ветвей*)

laser ~ 1. лазерная линия связи 2. линия излучения лазера
LD ~ *см.* **long-distance line**
leased ~ 1. арендованная линия; выделенная линия; закреплённая линия (*напр. связи*) 2. индикатор работы модема в режиме связи по выделенной линии
Lecher ~ лехеровская (измерительная) линия
liquid delay ~ жидкостная линия задержки
liquidus ~ линия ликвидуса, ликвидус
load ~ нагрузочная линия, линия нагрузки
loaded ~ 1. пупинизированная линия 2. нагруженная линия
local ~ местная линия связи
localizer on-course ~ равносигнальная линия курсового посадочного радиомаяка
locked-in ~ телефонная линия с фиксацией вызова
long ~ длинная линия
long-distance ~ междугородная линия связи
long-transmission ~ длинная линия передачи
loran ~ линия положения на навигационной карте системы «Лоран»
loss-free [lossless] ~ линия передачи без потерь
lossy ~ линия передачи с большими потерями
low-loss ~ линия передачи с малыми потерями
luminescence ~ *кв.эл.* линия люминесценции
lumped-constant ~ линия с сосредоточенными параметрами
MAD ~ *см.* **microwave acoustic delay line**
magnetic ~**s of force** магнитные силовые линии
magnetic-core delay ~ линия задержки с магнитными сердечниками
magnetic delay ~ магнитная линия задержки
magnetic field ~**s** магнитные силовые линии
magnetic flux ~**s** линии магнитной индукции
magnetoacoustic [magnetoelastic] delay ~ магнитоакустическая [магнитоупругая] линия задержки, линия задержки на магнитоакустических [магнитоупругих] волнах
magnetostatic delay ~ магнитостатическая линия задержки, линия задержки на магнитостатических волнах
magnetostrictive delay ~ магнитострикционная линия задержки
main ~ магистральная линия связи
matched transmission ~ согласованная линия передачи
meander ~ меандровая линия
mercury delay ~ ртутная линия задержки
metastable Bloch ~ *магн.* метастабильная блоховская линия
microstrip (transmission) ~ микрополосковая [несимметричная полосковая] линия передачи
microwave acoustic delay ~ акустическая линия задержки СВЧ-диапазона
microwave relay ~ радиорелейная линия [РРЛ] СВЧ-диапазона
modified ~ модифицированная строка (*кэша*)
monolithic delay ~ монолитная линия задержки
MOS neuristor ~ нейристорная линия на МОП-транзисторах
multiconductor transmission ~ многопроводная линия передачи
multidrop ~ многоотводная линия связи; многопунктовая линия связи

multilayer delay ~ многослойная линия задержки
multiplexed ~ линия связи с уплотнением
multipoint ~ многопунктовая линия связи; многоотводная линия связи
multistation party ~ *тлф* групповая абонентская линия
multitapped delay ~ линия задержки с отводами
narrow-band data ~ узкополосная линия передачи данных
Neel ~ *магн.* неелевская линия
neutral ~ нейтральная [нулевая] линия (*линия нулевого магнитного или электрического поля*)
new ~ *вчт* 1. новая строка 2. символ новой строки
nondispersive delay ~ бездисперсионная линия задержки
nonresonant ~ линия передачи с бегущей волной; согласованная линия
nonspectral ~ *опт.* линия неспектральных цветов (*на цветовом графике*)
nonswitched ~ некоммутируемая линия
nonuniform transmission ~ неоднородная линия передачи
null ~ нулевая [нейтральная] линия (*линия нулевого магнитного или электрического поля*)
omnibearing ~ направление на всенаправленный радиомаяк
one-port delay ~ одноплечая линия задержки
one-way ~ однонаправленная линия связи
one-way transmission ~ однонаправленная линия передачи
open-wire transmission ~ двухпроводная воздушная линия передачи
operating ~ нагрузочная линия, линия нагрузки
optical delay ~ оптическая линия задержки
optical transmission ~ оптическая линия передачи
order-wire ~ служебная линия
orphan ~ *вчт* висячая начальная (абзацная) строка
oscillating ~ *кв. эл.* линия генерации
outgoing [outward] ~ *тлф* исходящая линия
overhead ~ воздушная линия
overhead transmission ~ воздушная линия передачи
parallel-wire ~ двухпроводная линия передачи
party ~ 1. *тлф* групповая абонентская линия 2. линия селекторной связи 3. *тлф* группа подключенных к общей линии устройств, работающих под управлением центрального процессора
periodic ~ линия передачи с периодически изменяющимися параметрами
perpendicular diffraction delay ~ дифракционная линия задержки с перпендикулярными (дифракционными) решётками
phase equilibrium ~ линия фазового равновесия, линия фазового перехода
phase transition ~ линия фазового перехода, линия фазового равновесия
phasing ~ фазировочный участок строки (*факсимильного изображения*)
piled-up Bloch ~s *магн.* сгруппированные блоховские линии
point-to-point ~ *тлф* двухпунктовая линия связи; линия прямой связи
pole ~ воздушная линия на опорах
polygonal delay ~ многоугольная линия задержки
potted ~ схема формирования импульсов с масляной ванной
power ~ 1. линия электропередачи, ЛЭП 2. шина питания 3. сетевой шнур; силовой кабель
printer ~ линия телетайпной связи
private ~ частная линия связи
privately leased ~ арендованная частным лицом линия; выделенная в частную собственность линия; закреплённая за частным лицом линия (*напр. связи*)
production ~ сборочная линия
propagation ~ траектория [путь распространения] радиоволны
pulse-forming ~ искусственная линия для формирования импульсов, формирователь импульсов на искусственной линии
punched-through Bloch ~ *магн.* блоховская линия, прорвавшаяся на поверхность плёнки
quantized-flux ~ *свпр* флюксоид, квантованный вихрь потока
quarter-wave (transmission) ~ четвертьволновый отрезок линии передачи
quartz delay ~ кварцевая линия задержки
quasi-digital delay ~ квазицифровая линия задержки
radar ~ **of sight** линия прямой видимости РЛС
radial transmission ~ радиальная линия передачи
radio ~ **of position** линия положения по радиопеленгатору
radio-frequency (transmission) ~ линия передачи РЧ-диапазона
Raman ~ линия комбинационного [рамановского] рассеяния
Ramsey ~ *кв. эл.* рамзеевская линия
rate adaptive digital subscriber ~ цифровая абонентская линия с адаптированной скоростью передачи данных, линия типа RADSL
Rayleigh ~ рэлеевская линия; рэлеевская компонента
recirculating delay ~ рециркуляционная линия задержки
recoil ~ *магн.* прямая возврата
recording ~ записываемая строка
reference ~ линия отсчёта
regression ~ линия регрессии
relay ~ радиорелейная линия, РРЛ
repeater ~ ретрансляционная линия
resonance ~ *фтт* резонансная линия, резонансная кривая
resonant ~ резонансная линия; линия передачи со стоячей волной
retrace [return] ~ *тлв* линия обратного хода луча
rhumb ~ локсодромия, локсодрома
satellite communications ~ спутниковая линия связи
SAW delay ~ *см.* **surface-acoustic-wave delay line**
scanning ~ *тлв* строка развёртки
scribe ~ *пп* линия скрайбирования
sense ~ шина считывания
serial ~ линия последовательной передачи данных
service ~ служебная линия
shared ~ 1. совместно используемая строка (*кэша*) 2. *тлф* групповая абонентская линия
shared service ~ *тлф* групповая абонентская линия

line

shebang ~ строка со знаком начала сценария (*в UNIX*), строка с символами #!
shielded transmission ~ экранированная линия передачи
signal ~ **1.** сигнальная линия **2.** сигнальная шина
single-ended echo ~ линия задержки с многократными отражениями на одном преобразователе
single-line digital subscriber ~ симметричная цифровая абонентская линия на витой паре, линия типа SDSL
single-pair symmetrical digital subscriber ~ симметричная цифровая абонентская линия на витой паре, линия типа SDSL
single-wire (transmission) ~ однопроводная линия передачи
slip ~ *крист.* линия скольжения
slotted ~ измерительная линия
solid ~ сплошная линия
solid-state transmission ~ твердотельная линия передачи
solidus ~ линия солидуса, солидус
sonic delay ~ акустическая линия задержки
space communications ~ линия космической связи
spectral [spectrum] ~ спектральная линия
spin delay ~ спиновая линия задержки, линия задержки на спиновых волнах
spiral delay ~ спиральная линия задержки
spontaneous ~ *кв. эл.* линия спонтанного излучения
spur ~ *тлф* абонентская линия
staff ~ линейка нотного стана
status ~ *вчт* строка состояния
Stokes ~ стоксова линия; стоксова компонента
strip ~ **1.** полосковая линия передачи **2.** симметричная полосковая линия передачи
strip delay ~ полосковая линия задержки
strip transmission ~ симметричная полосковая линия передачи
strobe ~ селекторная линия
strong ~ *кв. эл.* сильная линия
stub-supported ~ линия с четвертьволновыми коаксиальными опорами
subscriber ~ *тлф* абонентская линия
superconducting coaxial delay ~ сверхпроводящая коаксиальная линия задержки
surface-acoustic-wave delay ~ линия задержки на ПАВ
surface-magnetostatic-wave delay ~ линия задержки на поверхностных магнитостатических волнах
surface-wave delay ~ линия задержки на поверхностных волнах
surface-wave transmission ~ линия поверхностной волны
survey ~ визирная линия
switched ~ коммутируемая линия
symmetrical digital subscriber ~ симметричная цифровая абонентская линия на витой паре, линия типа SDSL
T(-)1 ~ линия (связи) T1, линия передачи цифрового сигнала первого уровня, линия передачи сигнала типа DS(-)1, синхронный цифровой поток со скоростью передачи исходных данных T1=1,54 Мбит/с (*24 речевых канала по Североамериканской иерархии цифровых систем передачи данных*)
T(-)1C ~ линия (связи) T1C, линия передачи цифрового сигнала уровня 1C, линия передачи сигнала типа DS(-)1C, синхронный цифровой поток со скоростью передачи исходных данных T1C=3,15 Мбит/с (*48 речевых каналов по Североамериканской иерархии цифровых систем передачи данных*)
T(-)2 ~ линия (связи) T2, линия передачи цифрового сигнала второго уровня, линия передачи сигнала типа DS(-)2, синхронный цифровой поток со скоростью передачи исходных данных T2=6,31 Мбит/с (*96 речевых каналов по Североамериканской иерархии цифровых систем передачи данных*)
T(-)3 ~ линия (связи) T3, линия передачи цифрового сигнала третьего уровня, линия передачи сигнала типа DS(-)3, синхронный цифровой поток со скоростью передачи исходных данных T3=44,736 Мбит/с (*672 речевых канала по Североамериканской иерархии цифровых систем передачи данных*)
T(-)4 ~ линия (связи) T4, линия передачи цифрового сигнала четвёртого уровня, линия передачи сигнала типа DS(-)4, синхронный цифровой поток со скоростью передачи исходных данных T4=274,1 Мбит/с (*4032 речевых канала по Североамериканской иерархии цифровых систем передачи данных*)
tapered transmission ~ волновод переменного сечения
tapped delay ~ линия задержки с отводами
telegraph ~ телеграфная линия
terminated ~ согласованная линия передачи
terrestrial ~ наземная линия связи
thin ~ тонкая (сплошная) линия (*напр. на графике*)
tie ~ *тлф* **1.** соединительная (*межстанционная или внутристанционная*) линия **2.** частный канал учрежденческой телефонной станции с исходящей и входящей связью
time ~ *вчт* очередь по времени поступления (*напр. запросов*)
time-delay ~ линия задержки
toll ~ магистральная линия связи; междугородная линия связи
transmission ~ линия передачи
transmission test ~ линия проверки качества передачи
trend ~ линия тренда (*в математической статистике*)
trough ~ желобковая линия передачи
trunk ~ **1.** магистральная линия (*связи*); магистральный тракт (*передачи информации*) **2.** *тлф* соединительная (*межстанционная или внутристанционная*) линия **3.** *вчт* шина
twin ~ двухпроводная линия передачи
two-port delay ~ двуплечая линия задержки
ultrasonic delay ~ ультразвуковая линия задержки, линия задержки на ультразвуковых волнах
unbalanced ~ несимметричная линия
unconditioned ~ линия, не отвечающая техническим условиям
unicursal ~ уникурсальная линия (*в теории графов*)
uniform ~ однородная линия передачи

universal asymmetric digital subscriber ~ универсальная асимметричная цифровая абонентская линия

unwinding Bloch ~ *магн.* раскручивающаяся блоховская линия

variable delay ~ регулируемая линия задержки

vector ~ силовая линия векторного поля

vertical ~ 1. вертикальная линия 2. *вчт* вертикальная черта, *проф.* прямой слэш, символ |

vertical Bloch ~ *магн.* вертикальная блоховская линия

vertical return ~ *тлв* линия обратного хода луча по полю

very high data-rate digital subscriber ~ цифровая абонентская линия со сверхвысокой скоростью передачи данных (*до 56 Мбит/с*), линия типа VDSL

voice over digital subscriber ~ цифровая абонентская линия для компьютерной телефонии, линия типа VoDSL

W ~ коаксиальная линия с диэлектрическим покрытием на внутреннем проводнике

waveguide delay ~ волноводная линия задержки

wedge dispersive delay ~ клинообразная дисперсионная линия задержки

weighted tapped ~ линия задержки со взвешенными отводами

widow ~ *вчт* 1. висячая концевая (абзацная) строка 2. неполная концевая (абзацная) строка

word ~ числовая шина, шина слов

wrap-around delay ~ цилиндрическая линия задержки

write ~ шина записи

x digital subscriber ~ цифровая абонентская линия семейства DSL, линия типа xDSL

lineage *крист.* малоугловая граница

linear линейный

linearity линейность
   approximate ~ приближённая линейность
   asymptotic ~ асимптотическая линейность
   differential ~ дифференциальная линейность (*аналого-цифрового преобразователя*)
   frame ~ *тлв* линейность по кадрам
   line ~ *тлв* линейность по строкам
   piecewise ~ кусочная линейность
   raster ~ линейность растра
   scanning ~ линейность развёртки
   sweep ~ линейность развёртки
   transfer ~ линейность передаточной характеристики

linearization линеаризация
   broadband ~ широкополосная линеаризация
   global ~ глобальная линеаризация
   local ~ локальная линеаризация
   piecewise ~ кусочная линеаризация
   predistortion ~ линеаризация с предыскажением

linearize линеаризовать

linearized линеаризованный

linearizer линеаризатор
   baseband ~ линеаризатор характеристики группового тракта
   broadband ~ широкополосный линеаризатор
   phase ~ линеаризатор фазовой характеристики

lineation *вчт* 1. составление чертежа *или* плана; формирование рисунка 2. нанесение контуров; оконтуривание; очерчивание 3. набор линий; группа линий

lineature линиатура (*растра*), пространственная частота растра, количество однотипных линий на единице длины растра

linefeed *вчт* 1. перевод строки (*1. смещение бумаги в принтере на позицию курсора на одну строку 2. сигнал перевода строки*) 2. символ «перевод строки», символ ■, символ с кодом ASCII 0Ah

lineman электромонтёр; монтёр-телефонист; монтёр-телеграфист

line-of-sight в пределах прямой видимости (*о распространении радиоволн*)

line-operated с питанием от сети, работающий от сети, сетевой

liner 1. вкладыш; втулка; гильза 2. прокладка; прослойка 3. футляр; оболочка; конверт (*напр. для компакт-диска*) 4. лайнер (*в установках удержания плазмы*)
   conducting ~ проводящий лайнер

linespacing *проф.* интерлиньяж (*межстрочный пробел, междустрочие*)

line-up 1. ряд; линия (*предметов*) || располагать в форме ряда; выравнивать (*вдоль линии*) 2. *тлв* испытательная сигналограмма, записываемая перед программным материалом 3. *тлв* регулировка уровней записи и воспроизведения с использованием испытательной сигналограммы 4. программа (*вещательных*) передач 5. список действующих лиц и исполнителей (*напр. телесериала*); список исполнителей (*напр. телешоу*) 6. перечень товаров и услуг (*предоставляемых фирмой-изготовителем*)

linewidth *фтт* ширина линии, ширина кривой
   antiferromagnetic resonance ~ ширина линии [ширина кривой] антиферромагнитного резонанса
   effective ~ эффективная ширина линии, эффективная ширина кривой
   ferrimagnetic resonance ~ ширина линии [ширина кривой] ферримагнитного резонанса
   ferromagnetic resonance ~ ширина линии [ширина кривой] ферромагнитного резонанса
   magnetic resonance ~ ширина линии [ширина кривой] магнитного резонанса
   micron ~ *микр.* микронная ширина линии (*элементов ИС*)
   spin-wave ~ ширина линии [ширина кривой] для спиновых волн
   transition ~ ширина линии [ширина кривой] перехода

lingo 1. профессиональная лексика 2. словарь профессиональной лексики

lingual языковой

linguist 1. лингвист, языковед 2. полиглот

linguistic 1. лингвистический, языковедческий 2. языковой

linguistics лингвистика, языковедение, языкознание
   algebraic ~ алгебраическая лингвистика; математическая лингвистика
   computational ~ компьютерная лингвистика
   computer ~ компьютерная лингвистика
   descriptive ~ дескриптивная лингвистика
   diachronic ~ диахроническая лингвистика
   mathematical ~ математическая лингвистика; алгебраическая лингвистика

programming ~ лингвистика языков программирования; лингвистика языков межсистемного общения
social ~ социолингвистика
structural ~ структурная лингвистика
synchronic ~ синхроническая лингвистика
systemic ~ системная лингвистика
link 1. связь (*1. соединительный элемент; соединение 2. химическая связь 3. ограничение числа степеней свободы*) ‖ связывать(ся); соединять(ся); сцеплять(ся) ‖ связывающий; соединяющий; сцепляющий **2.** средство связи *или* коммуникации; линия связи; линия передачи; канал связи; канал передачи **3.** элемент системы связи; участок линии связи; отрезок линии передачи; участок трассы (*при распространении радиоволн*) **4.** звено (*1. составная часть целого 2. базовый элемент цепи или цепочечной структуры 3. звено данных (при телеобработке*)) **5.** перемычка (*напр. клеммная*); вставка (*напр. плавкого предохранителя*) **6.** кинематическая пара; элемент многозвенного плоского механизма **7.** хорда (*графа*) **8.** *вчт* компоновать, собирать (*напр. загрузочный модуль*); связывать; устанавливать связи; редактировать связи (*напр. между объектными модулями*) **9.** указатель; ссылка ‖ указывать; ссылаться **10.** *вчт* связка (*логическая или лингвистическая*) ‖ являться связкой ‖ представляющий собой связку
AC ~ цифровая двунаправленная шина интегрированной в материнскую плату высококачественной звуковой подсистемы с архитектурой AC'97
automatic binary data ~ линия автоматической передачи двоичных данных; канал автоматической передачи двоичных данных
automatic data ~ линия автоматической передачи данных; канал автоматической передачи данных
bandwidth-limited ~ линия связи с ограниченной шириной полосы пропускания
BlueTooth radio ~ линия радиосвязи системы Bluetooth
burst-error ~ канал связи с пакетированием ошибок
cable ~ кабельная линия
capacitance [capacitor] ~ ёмкостная хорда
cold ~ *вчт* (динамическая) связь с ручным обновлением присоединённых документов при изменении документа-источника, *проф.* «холодная связь»
command ~ канал управления
communication ~ линия связи; канал связи
connection ~ соединение; связь
cross ~ *вчт, фтт* перекрёстная связь ‖ обладать перекрёстной связью; использовать перекрёстную связь
data ~ **1.** линия передачи данных; канал передачи данных **2.** звено данных (*при телеобработке*)
Dayern bridge weak ~ *свпр* слабое звено на мостике Дайема
disconnecting ~s *тлф* шнуровая пара
domestic ~ региональная линия связи
fiber ~ волоконно-оптическая линия связи, ВОЛС
frequency and time-division data ~ линия связи с частотным и временным разделением каналов
frequency-division data ~ линия передачи данных с частотным разделением каналов
functional ~ функциональная связь

fuse [fusible] ~ плавкая перемычка; плавкая вставка
graph ~ хорда графа
hardened ~s линии передачи с повышенной радиационной стойкостью
high-speed data ~ высокоскоростной канал передачи данных
hot ~ **1.** линия прямого вызова, *проф.* «горячая линия» **2.** телефон экстренного вызова **3.** *вчт* (динамическая) связь с автоматическим обновлением присоединённых документов при изменении документа-источника, *проф.* «горячая связь»
I ~ высокопроизводительная последовательная шина (расширения), шина (расширения стандарта) HPSB, шина FireWire, шина (стандарта) IEEE 1394 (*напр. шина SCSI-3*)
inductance [inductor] ~ индуктивная хорда
information ~ линия передачи информации; канал передачи информации
intelligence ~ линия передачи данных; канал передачи данных
interprocessor ~ межпроцессорная связь
intersatellite ~ межспутниковая линия связи
knowledge ~ связь знаний
line-of-sight ~ линия связи, работающая в пределах прямой видимости; радиорелейная линия, РРЛ
linguistic ~ лингвистическая связка
logic ~ логическая связка
long-haul ~ линия дальней связи
LOS ~ *см.* line-of-sight link
mastergroup ~ третичная группа каналов (*в системах с частотным уплотнением*)
meteor-burst ~ линия метеорной связи
mirrored server ~ *вчт* линия связи с зеркальными серверами
missing ~ недостающее звено
multipoint data ~ многопунктовое звено данных (*при телеобработке*)
multisatellite ~ межспутниковая линия связи
operations and maintenance ~ канал управления и обслуживания
optical communication ~ оптическая линия связи
optical fiber ~ волоконно-оптическая линия связи, ВОЛС
OTH ~ *см.* over-the-horizon link
over-the-horizon ~ линия загоризонтной связи
parallel communication ~ канал параллельной передачи данных
phasing ~ **1.** фазирующий отрезок линии **2.** фазирующее звено
point-contact weak ~ *свпр* точечное слабое звено
point-to-point data ~ **1.** двухпунктовая линия связи **2.** двухпунктовое звено данных
radar ~ линия передачи радиолокационных данных
radio ~ линия радиосвязи
radio relay ~ радиорелейная линия, РРЛ
radio signaling ~ линия радиосигнализации
reliable ~ надёжная линия связи
resistance [resistor] ~ резистивная хорда
retransmission ~ ретрансляционная линия связи
satellite ~ спутниковая линия связи
satellite-to-satellite ~ межспутниковая линия связи
serial ~ линия последовательной передачи данных
shell ~ канал связи через (загружаемую с сервера) оболочку

shielded data ~ вчт (электрический) соединитель для экранированной линии связи, (электрический) соединитель типа SDL (*для подключения клавиатуры*)
short-haul ~ линия ближней связи
single-fiber ~ моноволоконная оптическая линия связи
skywave-radio ~ ионосферная линия связи
space ~ космическая линия связи
spur ~ абонентская линия связи
stale ~ вчт устаревшая связь, гиперсвязь с несуществующим *или* удалённым документом, *проф.* чёрная дыра
studio-transmitter ~ тлв соединительная линия «студия-передатчик»
superconducting weak ~ сверхпроводящее слабое звено
terrestrial ~ земная линия связи
time-division data ~ линия передачи данных с временным разделением каналов
transhorizon ~ линия загоризонтной связи
troposcatter ~ тропосферная линия связи
video data ~ линия передачи видеоданных; канал передачи видеоданных
warm ~ вчт (динамическая) связь с командным обновлением присоединённых документов при изменении документа-источника, *проф.* «тёплая связь»
weak ~ свпр слабое звено
wide-band data ~ широкополосный канал передачи данных

linkability 1. возможность установления связи **2.** вчт компонуемость, пригодность для компоновки **3.** вчт связываемость; допустимость установления *или* редактирования связей **4.** возможность использования указателей *или* ссылок
linkable 1. связуемый, допускающий установление связи **2.** вчт компонуемый, пригодный для компоновки **3.** вчт связываемый, с устанавливаемыми связями; с редактируемыми связями **4.** допускающий использование указателей *или* ссылок
linkage 1. связь (*1. соединительный элемент; соединение 2. химическая связь 3. ограничение числа степеней свободы*) **2.** система связей **3.** структура связей; способ организации связей **4.** *биол.* сцепление генов **5.** *магн.* потокосцепление **6.** многозвенный плоский механизм **7.** вчт компоновка, сборка (*напр. загрузочного модуля*) **8.** вчт связывание, установление связей; редактирование связей (*напр. между объектными модулями*) **9.** система указателей *или* ссылок
amide ~ микр. амидная связь
armature flux ~ потокосцепление обмотки ротора
azo ~ микр. азосвязь
basic ~ базовое связывание
computing ~ решающая связь
ester ~ микр. эфирная связь
flux ~ потокосцепление
smart ~ интеллектуальное связывание
subroutine ~ связывание подпрограмм
type-safe ~ связывание, безопасное по типам
linked 1. связанный **2.** вчт скомпонованный, собранный **3.** вчт с установленными связями; с отредактированными связями **4.** снабжённый указателями *или* ссылками

linker вчт компоновщик; редактор связей, *проф.* «линкер»
linking 1. связь ∥ связывающий; реализующий связь **2.** вчт компоновка, сборка (*напр. загрузочного модуля*) ∥ компонующий, собирающий **3.** вчт связывание, установление связей; редактирование связей (*напр. между объектными модулями*) ∥ связывающий, устанавливающий связи; редактирующий связи **4.** использование указателей *или* ссылок ∥ использующий указатели *или* ссылки **5.** вчт представляющий собой связку (*логическую или лингвистическую*)
application ~ вчт связывание приложений
object ~ and embedding вчт связывание и внедрение объектов, связывание и встраивание объектов, OLE-метод
program ~ связывание программ
software ~ связывание программного обеспечения
link-up 1. соединение **2.** устройство связи; элемент связи; цепь связи
Linotronic название серии лазерных фотонаборных машин с разрешением более 1200 точек на дюйм
Linpack вчт программа тестирования производительности компьютера при решении уравнений в режиме плавающей запятой
lint вчт транслятор *или* интерпретатор с контролем синтаксических и орфографических ошибок
Linux операционная система Linux, свободно распространяемая многоплатформенная реализация операционной системы UNIX
lip-sync тлв синхронизация изображения и речевых сигналов (*при монтаже программ*)
liquid жидкость ∥ жидкий
liquidus ликвидус, линия ликвидуса
LISP язык программирования LISP
Common ~ версия языка программирования LISP, разработанная консорциумом компаний (*под эгидой DARPA*), язык программирования Common LISP
list 1. список; перечень ∥ составлять список; перечислять; заносить в список *или* перечень **2.** таблица **3.** вчт печатать; распечатывать **4.** полоска **5.** наклон; крен
~ of stylus поперечный наклон резца *или* воспроизводящей иглы
~ of symbols список условных обозначений
access control ~ список управления доступом
access rights ~ список полномочий доступа
association ~ ассоциативный список
argument ~ список параметров
attribute-value ~ список свойств
blackhole ~ *проф.* чёрный список (*напр. нарушителей правил пользования Internet*)
bulleted ~ перечень с нецифровым выделением элементов
chained ~ вчт список с указателями следующего элемента *или* следующего и предыдущего элементов
circular ~ вчт циклический список с указателями следующего элемента *или* следующего и предыдущего элементов
contact ~ вчт список контактов (*напр. пользователя сети*)
data ~ список данных
dense ~ линейный список (*с указанием конечного элемента*)

list

display ~ *вчт* дисплейный файл
distributed real-time black ~ обновляемый в реальном масштабе времени чёрный список спаммеров
distribution ~ список рассылки
double-linked ~ *вчт* список с указателями следующего и предыдущего элементов
edit decision ~ *тлв* монтажный лист, перечень всех операций в текущем сеансе монтажа (видеофонограмм)
empty ~ пустой список
export ~ *вчт* список экспорта
history ~ *вчт* список ранее использованных адресов, *проф.* «предыстория»
hot ~ *вчт* список часто используемых адресов *или* адресов наиболее известных серверов, *проф.* «горячий список»
ignore ~ *вчт* список игнорируемых пользователей сети
import ~ *вчт* список импорта
instrument ~ *вчт* список инструментов
inverted ~ инвертированный список
invisible ~ *вчт* список лиц, которым не сообщается о работе пользователя сети в интерактивном режиме, *проф.* список невидимости
linear ~ линейный список (*с указанием конечного элемента*)
linked ~ *вчт* список с указателями следующего элемента *или* следующего и предыдущего элементов
mail(ing) ~ 1. список рассылки (*корреспонденции*) 2. группа переписки; почтовый дискуссионный клуб (*в Internet*)
mail abuse prevention system real-time blackhole ~ оперативно обновляемый «чёрный список» (сетей и адресов) международной системы предотвращения злоупотреблений в электронной почте, оперативно обновляемый «чёрный список» (сетей и адресов) системы MAPS
multi-linked ~ *вчт* список с указателями двух и более элементов
multi-threaded ~ *вчт* мультисписок, список с множественными указателями по различным параметрам упорядочения
net ~ таблица связей (*базовых модулей*)
null ~ пустой список
opt-in ~ *вчт* список включения в число подписчиков
opt-out ~ *вчт* список исключения из числа подписчиков
parts ~ спецификация, перечень составных частей и элементов изделия и их характеристик
price ~ прейскурант, *проф.* прайс-лист
property ~ список свойств
push-down ~ *вчт* стек
push-up ~ *вчт* очередь
requirements ~ технические требования; техническое задание (*напр. на разработку аппаратного или программного средства*)
sequential ~ линейный список (*с указанием конечного элемента*)
simple ~ простой список
skip ~ *вчт* список пропусков (*напр. узлов дерева*)
source ~ исходный список
stopword ~ *вчт* список слов, игнорируемых информационно-поисковой системой (*напр. артиклей, наречий и др.*)
threaded ~ *вчт* список с указателями следующего элемента *или* следующего и предыдущего элементов
visible ~ *вчт* список лиц, которым сообщается о работе пользователя сети в интерактивном режиме, *проф.* список видимости
waiting ~ *вчт* очередь
wire ~ таблица монтажных соединений
listbot программный робот для автоматической модификации списка пользователей (*электронной почты*) по запросу, программа типа listbot
listed 1. перечисленный; занесённый в список; входящий в перечень 2. внесённый в телефонный справочник (*о номере телефона*)
listen 1. слушать; прослушивать 2. прислушиваться ◊ ~ **in** 1. слушать радиопередачу; прослушивать запись 2. *тлф* подслушивать; ~ **on headphones** прослушивать запись через головной телефон *или* головные телефоны, *проф.* прослушивать запись через наушник *или* наушники
listener 1. радиослушатель 2. приёмная сторона (*напр. канала связи*)
broadcast ~ радиослушатель
listenership аудитория радиослушателей
listening слушание; прослушивание ◊ ~ **on prefade** прослушивание (*звукозаписи*) с плавным увеличением уровня в начале дорожки
unauthorized ~ подслушивание
listening-in *тлф* прослушивание линии
listing *вчт* 1. список; перечень 2. составление списка; перечисление; занесение в список *или* перечень 3. содержание списка *или* перечня 4. распечатка
assembly ~ распечатка программы на языке ассемблера
program ~ распечатка программы
source program ~ распечатка исходной программы
lite *вчт* функционально упрощённый; усечённый (*о версии программы*)
literacy грамотность
computer ~ компьютерная грамотность
literal 1. *вчт* литерал, самозначимый символ *или* самозначимая группа символов, *проф.* буквальный символ *или* буквальная группа символов (*в тексте программы*) 2. опечатка 3. буквенный 4. буквальный, дословный 5. точный
literate 1. грамотный человек || грамотный 2. образованный *или* знающий человек || образованный; знающий
lithograph 1. литография || литографировать 2. литографский оттиск
lithographer литограф
lithographic литографический
lithography 1. литография 2. офсетная печать, офсет
beamwriter ~ литография со сканированием, сканирующая литография
contact ~ контактная литография
electron-beam ~ электронолитография, электронная [электронно-лучевая] литография
EUV ~ *см.* **extreme ultraviolet litography**
extreme ultraviolet ~ фотолитография с использованием наиболее коротковолновой части ультрафиолетовой области спектра
fine-line ~ прецизионная литография
hard-contact ~ литография с плотным контактом

ion-beam ~ ионная [ионно-лучевая] литография
laser ~ лазерная литография
lift-off ~ обратная [взрывная] литография
micron ~ литография для формирования элементов микронных размеров
multiple-beam ~ многолучевая (электронная) литография
offset ~ офсетная печать, офсет
optical ~ фотолитография
projection ~ проекционная литография
proximity ~ литография с микрозазором
scan(ning) electron-beam ~ растровая электронолитография
soft-contact ~ литография с мягким контактом
step-and-repeat [step-on-wafer] ~ литография с последовательным шаговым экспонированием
submicron ~ литография для формирования элементов субмикронных размеров
ultraviolet ~ литография с использованием ультрафиолетового [УФ-]излучения, ультрафиолетовая [УФ-]литография
UV ~ см. ultraviolet lithography
wafer-stepping ~ литография с последовательным шаговым экспонированием всей пластины
X-ray ~ рентгенолитография, рентгеновская литография

lithosphere литосфера

little-endian *вчт* 1. относящийся к формату слова с записью младшего байта по наименьшему адресу, *проф.* «младшеконечный» 2. ориентированная на «младшеконечный» формат слов архитектура (*компьютера*)

live 1. подключенный к источнику (электро)питания 2. реальный, *проф.* живой (*напр. звук*) 3. происходящий в реальном масштабе времени 4. существующий; активный; действующий 5. *тлв* прямая передача

liveware *вчт проф.* 1. человеческие ресурсы (*компьютерной техники*); персонал 2. человеческий мозг; нервная система человека

load 1. нагрузка ǁ нагружать 2. *вчт* загрузка ǁ загружать 3. заправка (*напр. ленты*) ǁ заправлять (*напр. ленту*) 4. *вчт* (про)чтение (*напр. записи в файле*) ǁ (про)читать (*напр. запись в файле*) 5. *вчт* помещение (*напр. дискеты в дисковод*); установка (*напр. компакт-диска на выдвижной лоток*) ǁ вставлять; помещать (*напр. дискету в дисковод*); устанавливать (*напр. компакт-диск на выдвижной лоток*) 6. *вчт* заполнение ǁ заполнять (*напр. базу данных*)
artificial ~ эквивалент нагрузки, поглощающая нагрузка
balanced ~ симметричная нагрузка
capacitance ~ ёмкостная нагрузка
cavity ~ нагрузка резонатора
coaxial dry ~ поглощающая нагрузка из смеси песка с графитом для коаксиальной линии передачи
connected ~ подключенная нагрузка
control storage ~ загрузка управляющего ЗУ
dead ~ эквивалент нагрузки, поглощающая нагрузка
discontinuous ~ изменяющаяся нагрузка
dummy ~ эквивалент нагрузки, поглощающая нагрузка
electrical ~ электрическая нагрузка
full ~ полная нагрузка
high-resistance ~ высокоомная нагрузка
inductive ~ индуктивная нагрузка
initial program ~ *вчт* начальная загрузка, самозагрузка
lagging ~ индуктивная нагрузка
leading ~ ёмкостная нагрузка
line ~ нагрузка линии связи; нагрузка канала связи
low-resistance ~ низкоомная нагрузка
matched ~ согласованная нагрузка
multichannel [multiplexed] ~ информационная нагрузка многоканальной системы
noninductive ~ безындуктивная нагрузка
nonreflecting ~ согласованная нагрузка
optimum ~ согласованная нагрузка
peak ~ пиковая нагрузка; максимальная нагрузка
plate ~ анодная нагрузка
reactive ~ реактивная нагрузка
reflecting ~ несогласованная нагрузка
remote program ~ дистанционная загрузка программ
resistive ~ активная нагрузка
sand ~ поглощающая нагрузка (*линии передачи*) из смеси графита с песком
sliding ~ скользящая нагрузка
terminating ~ оконечная нагрузка
traffic ~ информационная нагрузка (*системы*); интенсивность обмена информацией
ultimate ~ предельная нагрузка
unmatched ~ несогласованная нагрузка
water ~ водяная поглощающая нагрузка (*волноводной линии передачи*)
waveguide dummy ~ волноводный эквивалент нагрузки, волноводная поглощающая нагрузка
work ~ 1. рабочая нагрузка 2. предполагаемый *или* выполнимый объём работы

loadable 1. нагружаемый 2. *вчт* загружаемый (*напр. шрифт*) 3. *вчт* заполняемый

load-and-go загрузка и исполнение (*программы*) за один прогон

loaded 1. нагруженный 2. *вчт* загруженный 3. *вчт* заполненный

loader *вчт* загрузчик
automatic ~ программа автоматической, автоматический загрузчик, автозагрузчик
boot(strap) ~ программа (начальной) загрузки, начальный загрузчик; программа самозагрузки, самозагрузчик
dynamic ~ динамический загрузчик
initial program ~ программа начальной загрузки, начальный загрузчик
linking ~ компоновщик-загрузчик, компонующий загрузчик
relocatable ~ перемещаемый [перемещаемый] загрузчик
relocatable linking ~ перемещаемый [перемещаемый] компоновщик-загрузчик
relocating ~ перемещающий загрузчик, переназначающий адреса загрузчик, модифицирующий адреса (*напр. ячеек памяти*) загрузчик, *проф.* «настраивающий» загрузчик
system ~ системный загрузчик

loadhigh загрузка в верхнюю область памяти ǁ загрузить в верхнюю область памяти (*команда DOS*)

loading 1. нагрузка; нагруживание 2. искусственное увеличение индуктивности линии связи; крарупизация; пупинизация 3. *вчт* загрузка 4. заправка (*напр. ленты*) 5. *вчт* (про)чтение (*напр. записи в файле*) 6. *вчт* помещение (*напр. дискеты в дисковод*); установка (*напр. компакт-диска на выдвижной лоток*) 7. *вчт* заполнение (*напр. базы данных*)
  antenna ~ 1. нагрузка антенны 2. удлинительная индуктивность антенны; укорачивающая ёмкость антенны
  beam ~ нагрузка, обусловленная электронным пучком
  bootstrap ~ *вчт* (начальная) загрузка; самозагрузка
  carrier ~ высокочастотная [ВЧ-]пупинизация
  cartridge ~ прижимная сила звукоснимателя
  cathode ~ катодная нагрузка
  coil ~ пупинизация
  conductor ~ механическая нагрузка на воздушную линию (*из-за собственного веса, ветра и обледенения*)
  continuous ~ крарупизация
  electrical ~ искусственное увеличение индуктивности линии связи
  factor ~ факторная нагрузка (*в математической статистике*)
  front ~ фронтальная акустическая нагрузка (*громкоговорителя*)
  gap ~ полная проводимость зазора
  information ~ 1. информационная нагрузка 2. загрузка информации
  initial program ~ начальная загрузка, самозагрузка
  lumped ~ пупинизация
  M~ М-образная схема заправки магнитной ленты (*в видеомагнитофонах*)
  multipactor gap ~ мультипакторная полная проводимость зазора
  multiple program ~ многопрограммная загрузка
  negative beam ~ отрицательная нагрузка, обусловленная электронным пучком
  network ~ загрузка сети
  primary transit-angle gap ~ проводимость зазора, обусловленная немодулированным электронным потоком
  reactive beam ~ реактивная нагрузка, обусловленная электронным пучком
  resistive beam ~ активная нагрузка, обусловленная электронным пучком
  secondary electron gap ~ проводимость зазора, обусловленная вторичными электронами
  series ~ искусственное увеличение индуктивности линии связи методом последовательного включения; пупинизация; крарупизация
  shunt ~ искусственное увеличение индуктивности линии связи методом параллельного включения
  storm ~ механическая нагрузка на воздушную линию (*из-за собственного веса, ветра, и обледенения*)
  U~ U-образная схема заправки магнитной ленты (*в видеомагнитофонах*)
loan *вчт* иноязычное заимствование
loan-shift *вчт* изменение *или* расширение значения слова под влиянием иноязычного заимствования
loan-word *вчт* иноязычное заимствование

lobe 1. лепесток (*напр. диаграммы направленности антенны.*) 2. дифракционный максимум 3. кулачок 4. блок, блоковое множество (*графа*)
  antenna ~ лепесток диаграммы направленности антенны
  back ~ задний лепесток
  co-polar side ~ боковой лепесток с собственной [основной] поляризацией
  cross-polar side ~ боковой лепесток с кросс-поляризацией
  diffraction ~ дифракционный максимум
  diffraction-pattern ~s максимумы дифракционной картины
  directional ~ лепесток диаграммы направленности антенны
  end-fire ~ осевой лепесток
  grating ~ 1. дифракционный максимум решётки 2. побочный лепесток
  luminance distribution ~ диаграмма распределения яркости
  main [major] ~ главный лепесток
  minor ~ боковой лепесток
  n-th order grating ~ дифракционный максимум решётки n-го порядка
  pattern ~ лепесток диаграммы направленности антенны
  radiation ~ лепесток диаграммы направленности антенны
  secondary ~ боковой лепесток
  shoulder ~ боковой лепесток, перекрывающийся с главным лепестком
  side ~ боковой лепесток
  vestigial ~ боковой лепесток, перекрывающийся с главным лепестком
  zero order grating ~ дифракционный максимум решётки нулевого порядка
lobed 1. обладающий лепестками (*напр. о диаграмме направленности антенны*) 2. блоковый (*о графе*)
lobewidth ширина лепестка (*напр. диаграммы направленности антенны*)
lobing пеленгация цели равносигнальным методом
  sequential ~ пеленгация цели равносигнальным методом с последовательным сравнением сигналов
  simultaneous ~ пеленгация цели равносигнальным методом с одновременным сравнением сигналов
local 1. передача местной вещательной станции 2. локальный; местный
locale 1. (географическое) местоположение (*напр. компьютера*) 2. *тлв* место действия (*напр. в телесериале*)
localhost 1. локальный хост 2. локальное имя домена, имя localhost (*в системе DNS*)
locality локализация (*1. ограничение места действия, распространения или развития процесса или явления; отнесение к определённому месту 2. расположение в определённом месте; концентрация или объединение в определённой области*)
  spatial ~ пространственная локализация
  temporal ~ временна́я локализация
localization 1. локализация (*1. ограничение места действия, распространения или развития процесса или явления; отнесение к определённому месту 2. расположение в определённом месте; концентрация или объединение в определённой области*

3. разработка иноязычной версии программного продукта (для конкретной страны или группы стран с общим языком)) **2.** определение местоположения; обнаружение *(напр. цели)*
   face ~ локализация [определение местоположения] лица *(среди других объектов на изображении)*
   error ~ локализация ошибок
   trouble ~ локализация неисправностей *или* повреждений

localize 1. локализовать *(1. ограничивать место действия, распространения или развития процесса или явления; относить к определённому месту 2. располагать в определённом месте; концентрировать или объединять в определённой области 3. разрабатывать иноязычную версию программного продукта (для конкретной страны или группы стран с общим языком))* **2.** определять местоположение; обнаруживать *(напр. цель)*

localizer курсовой посадочный радиомаяк
   equisignal ~ равносигнальный курсовой посадочный радиомаяк
   glide-path ~ глиссадный радиомаяк
   phase ~ фазовый посадочный радиомаяк
   tone ~ амплитудный равносигнальный курсовой посадочный радиомаяк

LocalTalk кабели и соединители для локальной вычислительной сети AppleTalk

locate 1. располагать; помещать *(в определённом месте)* **2.** определять местоположение; обнаруживать; пеленговать *(напр. цель)* вчт **3.** располагать в ячейке памяти; помещать в ячейку памяти *(с определённым адресом)* **4.** адресовать, указывать адрес *или* адреса *(напр. ячеек памяти)* **5.** назначать адрес *или* адреса; присваивать адрес *или* адреса *(напр. ячейкам памяти)* **6.** указывать позицию *(напр. курсора)*

location 1. расположение; помещение *(в определённом месте)* **2.** определение местоположения; обнаружение, пеленгация *(напр. цели)*; локация вчт **3.** расположение в ячейке памяти; помещение в ячейку памяти *(с определённым адресом)* **4.** небольшая область памяти определённого размера и с определённым адресом; ячейка памяти (с адресом) **5.** адрес *(напр. ячейки памяти)* **6.** адресация, указание адреса *или* адресов *(напр. ячеек памяти)* **7.** назначение адреса *или* адресов; присвоение адреса *или* адресов *(напр. ячейкам памяти)* **8.** указание позиции *(напр. курсора)*
   active ~ **1.** спутниковая радионавигационная система с активным ответом **2.** активная локация
   assumed-reachable ~ предположительно достижимая ячейка памяти
   beyond-the-horizon ~ загоризонтное обнаружение
   cache ~ ячейка памяти кэша
   caller ~ местоположение абонента *(телефонной сети)*
   direction-of-arrival ~ определение направления прихода радиоволны
   face ~ определение местоположения лица *(среди других объектов на изображении)*
   fixed ~ фиксированный адрес
   laser ~ лазерная локация
   operand ~ адрес операнда
   optical ~ оптическая локация

   over-the-horizon ~ загоризонтное обнаружение
   palette ~ положение палитры *(в окне на экране дисплея)*
   passive ~ пассивная локация
   range-difference ~ разностно-дальномерная локация
   storage ~ **1.** расположение в ячейке памяти; помещение в ячейку памяти *(с определённым адресом)* **2.** небольшая область памяти определённого размера и с определённым адресом; ячейка памяти (с адресом) **3.** адрес ячейки памяти **4.** адресация, указание адреса *или* адресов ячеек памяти **5.** назначение адреса *или* адресов; присвоение адреса *или* адресов ячейкам памяти
   trouble ~ отыскание неисправности; отыскание повреждения
   virtual device ~ виртуальный адрес устройства

locator локатор *(1. обнаружитель; пеленгатор (напр. цели) 2. определитель местоположения 3.* вчт *указатель позиции (напр. курсора))*
   infrared ~ оптический локатор ИК-диапазона, ИК-локатор
   jamming ~ обнаружитель источников активных преднамеренных помех; пеленгатор источников активных преднамеренных помех
   left ~ вчт левый локатор, левый указатель позиции *(напр. в музыкальных редакторах)*
   personal ~ персональный определитель местоположения
   pulse-Doppler ~ импульсный доплеровский локатор
   relative uniform resource ~ относительный единообразный определитель местоположения ресурса *(в сети)*
   right ~ вчт правый локатор, правый указатель позиции *(напр. в музыкальных редакторах)*
   sound ~ шумопеленгатор
   uniform resource ~ единообразный определитель местоположения ресурса *(в сети)*, указатель URL
   vehicular ~ **1.** локатор на транспортном средстве; обнаружитель цели на транспортном средстве **2.** определитель местоположения на транспортном средстве

loci *pl* от **locus**

lock 1. синхронизация ‖ синхронизировать **2.** автоматическая подстройка [автоподстройка] частоты, АПЧ **3.** захватывание частоты ‖ захватывать частоту **4.** блокировка ‖ блокировать **5.** фиксация *(состояния или воздействия)* ‖ фиксировать *(состояние или воздействие)* **6.** захватывать цель на автоматическое сопровождение **7.** замок; запор ‖ запирать(ся) **8.** вчт захват, монопольное использование *(ресурса)* ‖ захватывать, использовать монопольно *(ресурс)* ◊ вчт **to ~ door** запирать дверцу *(дисковода)*, запрещать смену носителя; **to ~ in** устанавливать синхронизм; захватывать цель на автоматическое сопровождение; **to ~ on** захватывать цель на автоматическое сопровождение; **to ~ up** вчт блокировать; *проф.* «подвешивать» *(напр. систему)*
   chase ~ следящая синхронизация *(звукозаписывающего магнитофона)* по временному коду *(при наложении звука или озвучивании)*
   data sync VFO ~ *см.* **data synchronization variable-frequency oscillator lock**

data synchronization variable-frequency oscillator ~ синхронизация перестраиваемого генератора перед считыванием данных (*с жёсткого магнитного диска*)
dead ~ тупик (*1. тупиковая ситуация; безвыходное положение 2. вчт взаимная блокировка*) || заходить в тупик (*1. попадать в тупиковую ситуацию; находиться в безвыходном положении 2. вчт взаимно блокировать*)
frequency ~ метод точного определения частоты модуляции ОБП-передатчика (*в приёмнике системы ВЧ-связи по линиям электропередачи*)
horizontal ~ *тлв* строчная синхронизация
identifier variable-frequency oscillator ~ синхронизация перестраиваемого генератора перед считыванием идентификатора сектора (*жёсткого магнитного диска*)
ID VFO ~ *см.* **identifier variable-frequency oscillator lock**
phase ~ фазовая автоматическая подстройка частоты, ФАПЧ
vertical ~ *тлв* 1. полевая синхронизация 2. кадровая синхронизация
voice ~ *проф.* «речевой замок»
zone ~ региональный кодовый замок (*напр. для компакт-дисков формата DVD-Video*)
lock-box *тлв* электронный замок (*в системе кабельного телевидения*)
lock-in 1. установление синхронизма 2. захват цели на автоматическое сопровождение 3. синхронизация двух генераторов (*на одной или кратных частотах*)
locking 1. синхронизация 2. автоматическая подстройка [автоподстройка] частоты, АПЧ 3. захватывание частоты 4. блокировка 5. фиксация (*состояния или воздействия*) 6. захват цели на автоматическое сопровождение 7. запирание 8. *вчт* захват, монопольное использование (*ресурса*) ◊ ~ **a disk** защита диска от записи
active mode ~ активная синхронизация мод
file ~ блокировка доступа к (используемому) файлу, *проф.* захват файла (*одной программой или одним пользователем*)
frequency ~ захватывание частоты
general ~ внешняя синхронизация
IF ~ синхронизация по ПЧ
injection ~ внешняя синхронизация
laser mode ~ синхронизация мод лазера
mode ~ синхронизация мод
passive mode ~ пассивная синхронизация мод
record ~ блокировка доступа к (используемой) записи, *проф.* захват записи (*одной программой или одним пользователем*)
locking-in 1. установление синхронизма 2. захват цели на автоматическое сопровождение 3. синхронизация двух генераторов (*на одной или кратных частотах*)
locknut контргайка
lock-on захват цели на автоматическое сопровождение
automatic ~ автоматический захват цели на автоматическое сопровождение
lockout 1. блокировка 2. нарушение телефонной связи 3. *вчт* захват, монопольное использование (*ресурса*)

sweep ~ блокировка развёртки
lock-up тупик (*1. тупиковая ситуация; безвыходное положение 2. вчт взаимная блокировка*) || заходить в тупик (*1. попадать в тупиковую ситуацию; находиться в безвыходном положении 2. вчт взаимно блокировать*)
locomote *биол.* двигаться; перемещаться
locomotion *биол.* локомоция
locus 1. множество [геометрическое место] точек 2. место; расположение 3. годограф 4. источник; центр
~ **of marginal legibility** *опт.* множество [геометрическое место] точек предельной различимости
achromatic ~ область белых цветов
admittance ~ годограф полной проводимости
control ~ пусковая область (*тиратрона*)
impedance ~ годограф полного сопротивления
Nyquist ~ годограф Найквиста
Planckian ~ линия цветностей чёрного тела
spectral [spectrum] ~ линия спектральных цветностей
locution *вчт* 1. оборот речи (*слово, фраза, выражение*) 2. стиль речи; фразеология
locutionary *вчт* информационный; нейтральный (*о высказывании*)
lodar радиопеленгатор системы «Лоран» с компенсацией ночного эффекта
lodestone магнетит
log 1. запись; регистрация || записывать; регистрировать 2. регистрационный список действующих радио- и телевизионных станций || регистрировать действующие радио- и телевизионные станции 3. *вчт* журнал, файл регистрации; протокол || делать записи в журнале *или* файле регистрации; вести протокол 4. журнал регистрации вещательных программ || делать записи в журнале регистрации вещательных программ 5. радиограмма 6. логарифм ◊ ~ **in** входить в систему, начинать сеанс (*работы*), регистрироваться (*при получении доступа к сети*); ~ **off** выходить из системы, заканчивать сеанс (*работы*); ~ **on** входить в систему, начинать сеанс (*работы*), регистрироваться (*при получении доступа к сети*); ~ **out** выходить из системы, заканчивать сеанс (*работы*)
audit ~ *вчт* контрольный журнал
mail ~ журнал регистрации (электронной) почты
system ~ *вчт* системный журнал
time ~ хронологический журнал, файл хронологической регистрации (*напр. действий и событий в компьютерной системе*)
logarithm логарифм
Braggian ~ десятичный логарифм
common ~ десятичный логарифм
hyperbolic ~ натуральный логарифм
Napierian ~ натуральный логарифм
natural ~ натуральный логарифм
logarithmic логарифмический
logger регистрирующее устройство, регистратор
data ~ регистратор данных
multichannel ~ многоканальный регистратор
system ~ *тлф* системное регистрирующее устройство
logging 1. запись; регистрация 2. регистрация действующих радио- и телевизионные станций 3. *вчт* запись в журнал *или* файл регистрации; протоколирование 4. ведение записей в журнале регист-

рации вещательных программ ◊ ~ **in** вход в систему, начало сеанса (*работы*), регистрация (*при получении доступа к сети*); ~ **off** выход из системы, окончание сеанса (*работы*); ~ **on** вход в систему, начало сеанса (*работы*), регистрация (*при получении доступа к сети*); ~ **out** выход из системы, окончание сеанса (*работы*)
data ~ *вчт* запись данных (*о событиях*) в журнал или файл регистрации; протоколирование данных (*о событиях*)

logic логика (*1. наука о способах доказательств и опровержений 2. законы и формы правильного мышления 3. логическая схема; логические схемы*)
acquisition ~ логика устройства захвата цели на автоматическое сопровождение
active ~ активные логические схемы
application ~ производственная логика, законы и формы правильного мышления в производстве
assertion-level ~ *вчт* логика высказываний
assisted Gunning transceiver ~ трансиверная логика Ганнинга с дополнительными буферами, логические схемы типа AGTL
asynchronous ~ асинхронные логические схемы; логические схемы, работающие в асинхронном режиме
base-coupled ~ логические схемы с базовыми связями
binary ~ двузначная логика
bipolar ~ логические схемы на биполярных транзисторах
bit-serial ~ разрядно-последовательная логика
bubble ~ логические схемы на ЦМД
buffered ~ логические схемы с буферными усилительными элементами
buried-load ~ логические схемы со скрытыми нагрузочными транзисторами
business ~ бизнес-логика, законы и формы правильного мышления в бизнесе
cache ~ кэш-логика (*в виртуальных логических схемах*)
cellular ~ 1. клеточная логика 2. клеточные логические схемы
charge-coupled (device) ~ логические схемы на ПЗС
chroma invert ~ логическая схема управления инверсией сигнала цветности (*в магнитной видеозаписи*)
clocked ~ 1. синхронные логические схемы, логические схемы, работающие в синхронном режиме 2. тактируемые логические схемы
closed C-MOS ~ кольцевые логические схемы на комплементарных МОП-транзисторах
collector-coupled ~ логические схемы с коллекторными связями
combination ~ 1. комбинаторная логика 2. логическая схема, выходное состояние которой определяется текущим входным состоянием; логическая схема без запоминания, *проф.* комбинационная логика
compatible ~ совместимые логические схемы
compatible current-sinking ~ совместимые логические схемы с (временным) снижением тока
complementary constant-current ~ комплементарные транзисторно-транзисторные логические схемы с барьерами Шотки
complementary resistor-diode-transistor ~ комплементарные резисторно-диодно-транзисторные логические схемы
complementary-transistor ~ комплементарные транзисторные логические схемы
complementary transistor-resistor ~ комплементарные резисторно-транзисторные логические схемы
computer ~ компьютерная логика, компьютерные логические схемы
control ~ управляющая логика, управляющие логические схемы
core ~ 1. ферритовые логические схемы, логические схемы на ферритовых сердечниках 2. *вчт* базовый набор логических ИС
core-transistor ~ феррит-транзисторные логические схемы
current-hogging ~ логические схемы с перехватом тока
current-hogging injection ~ инжекционные логические схемы с перехватом тока
current-merged ~ интегральные логические схемы с инжекционным питанием, интегральная инжекционная логика, И²Л; И²Л-схема
current-mode ~ логические схемы на переключателях тока, логика на переключателях тока, ПТЛ; ПТЛ-схема
current-sinking ~ логические схемы с (временным) снижением тока
current-sourcing ~ логические схемы с (временным) увеличением тока
degating ~ блокирующая логика
designer choice ~ логические схемы с межсоединениями по выбору проектировщика
digital summation threshold ~ 1. цифровая суммирующая пороговая логика 2. цифровые суммирующие логические схемы на пороговых элементах
diode ~ диодные логические схемы
diode-transistor ~ диодно-транзисторные логические схемы, диодно-транзисторная логика, ДТЛ; ДТЛ-схема
direct-coupled ~ логические схемы с непосредственными связями
direct-coupled field-effect-transistor ~ логические схемы на полевых транзисторах с непосредственными связями
direct-coupled transistor ~ транзисторные логические схемы с непосредственными связями
direct-coupled unipolar transistor ~ логические схемы на полевых транзисторах с непосредственными связями
distributed ~ логика системы распределённого управления
domain-tip-propagation ~ логические схемы на ПМД
domain-wall ~ логические схемы на доменных границах
double-railed ~ парафазная логика
dynamic ~ динамические логические схемы
emitter-coupled ~ логические схемы с эмиттерными связями, эмиттерно-связанная логика, ЭСЛ; ЭСЛ-схема
emitter-coupled ~ temperature compensated логические схемы с эмиттерными связями с температурной компенсацией

logic

emitter-coupled current-steering ~ логические схемы с эмиттерной связью по току
emitter-coupled transistor ~ транзисторные логические схемы с эмиттерными связями
emitter-emitter coupled ~ логические схемы с эмиттерно-эмиттерными связями
emitter-follower ~ логические схемы на эмиттерных повторителях, логика на эмиттерных повторителях, ЭПЛ; ЭПЛ-схема
emitter-function ~ эмиттерно-функциональные логические схемы
extensional ~ *вчт* экстенсиональная логика
field-effect transistor ~ логические схемы на полевых транзисторах
first-order (predicate) ~ логика предикатов первого порядка
formal ~ формальная логика
full ~ система полного электронного управления магнитофоном (*без механических тяг*)
functional ~ функциональные логические схемы
fuse-programmable array ~ матричные логические схемы, программируемые плавкими перемычками
fuzzy ~ нечёткая логика
glue ~ интерфейсные логические схемы
Gunning transceiver ~ трансиверная логика Ганнинга, логические схемы типа GTL (*по имени разработчика - William Gunning, фирма Fairchild*)
half-line delay ~ логическая схема включения задержки на половину строки (*в магнитной видеозаписи*)
hardware ~ *вчт* аппаратная логика
hard-wired ~ «зашитая» [встроенная] логика, аппаратно-реализованный алгоритм
high-level ~ логические схемы с высокими логическими уровнями
high-level transistor-transistor ~ транзисторно-транзисторные логические схемы с высокими логическими уровнями
high-noise immunity ~ логические схемы с высокой помехоустойчивостью
high-power ~ мощные логические схемы
high-threshold ~ логические схемы с высоким пороговым напряжением
Horn clause ~ логика (на базе дизъюнктов) Хорна
integrated-circuit ~ интегральные логические схемы, логические ИС
integrated injection ~ интегральные логические схемы с инжекционным питанием, интегральная инжекционная логика, И²Л; И²Л-схема
integrated Schottky ~ интегральные транзисторные логические схемы с барьерами Шотки
intensional ~ *вчт* интенсиональная логика
isoplanar integrated injection ~ изопланарные интегральные логические схемы с инжекционным питанием, изопланарная интегральная инжекционная логика, И³Л; И³Л-схема
Josephson ~ логические схемы на переходах Джозефсона
latching ~ логические схемы с фиксацией состояния, логика с фиксацией состояния, *проф.* логические схемы с «защёлками»
local-control ~ логика локального управления
locked-pair ~ логические схемы на спаренных элементах

look-ahead carry ~ логические схемы с предсказанием переносов
low-level ~ логические схемы с низкими логическими уровнями
low-power ~ маломощные логические схемы
low-power diode-transistor ~ маломощные диодно-транзисторные логические схемы
low-power resistor-transistor ~ маломощные резисторно-транзисторные логические схемы
low-power Schottky transistor-transistor ~ маломощные транзисторно-транзисторные схемы с барьерами Шотки
low-threshold ~ логические схемы с низким пороговым напряжением
low-voltage ~ низковольтные логические схемы
low-voltage transistor-transistor ~ низковольтные транзисторно-транзисторные логические схемы
machine ~ компьютерная логика, компьютерные логические схемы
magnetic domain-wall ~ логические схемы на границах магнитных доменов
magnetoelectronic ~ магнитоэлектронные логические схемы
magnetooptical ~ магнитооптические логические схемы
majority ~ мажоритарная логика
mathematical ~ математическая [символическая] логика, логистика
merged transistor ~ интегральные логические схемы с инжекционным питанием, интегральная инжекционная логика, И²Л; И²Л-схема
metal-oxide-semiconductor transistor ~ логические схемы на МОП-транзисторах
microcontrol ~ управляющая логика для микропрограммирования, управляющие логические схемы огика для микропрограммирования
micropower ~ микромощные логические схемы
microwatt ~ микроваттные логические схемы
microwave ~ логические схемы СВЧ-диапазона
modal ~ модальная логика
multiaperture-device ~ логическая схема на многоотверстных (магнитных) сердечниках
multiemitter-transistor ~ логические схемы на многоэмиттерных транзисторах
multilevel ~ 1. многоуровневая [многозначная] логика 2. многоуровневые [многозначные] логические схемы
multiphase ~ многофазные логические схемы
multitarget acquisition ~ логика устройства захвата нескольких целей на автоматическое сопровождение
multivalued ~ многозначная логика
nanosecond ~ наносекундные логические схемы
negative ~ отрицательная логика
neighborhood ~ 1. клеточная логика 2. клеточные логические схемы
negative (true) ~ дуальная логика, *проф.* отрицательная логика
n-level ~ 1. *n*-уровневая [*n*-значная] логика 2. *n*-уровневые [*n*-значные] логические схемы
one-line delay ~ логическая схема включения задержки на строку (*в магнитной видеозаписи*)
operation ~ операционная логика
optical ~ оптические логические схемы
optoelectronic ~ оптоэлектронные логические схемы

pass-transistor ~ логические схемы проходного типа на МОП-транзисторах
positive (true) ~ нормальная логика, *проф.* положительная логика
predicate ~ логика предикатов
programmable ~ программируемые логические схемы
programmable array ~ программируемая логическая матрица типа PAL, ПЛМ типа PAL (*с возможностью программирования только массивов элементов И*)
quadded ~ логические схемы на четвёрках транзисторов с параллельно-последовательным включением
Rambus signaling ~ логические схемы фирмы Rambus для (оперативной) динамической памяти типа RDRAM, RSL-схема
random ~ произвольная логика
rapid single flux quantum ~ логические схемы на одиночных быстрых квантах (магнитного) потока, *проф.* быстрые одноквантовые логические схемы, быстрая одноквантовая логика, БОКЛ
reacquisition ~ *рлк* логика устройства повторного захвата цели на автоматическое сопровождение
Reed-Müller ~ логические схемы на элементах исключающее ИЛИ и исключающее ИЛИ НЕ
register transfer ~ логика (меж)регистровых передач
resistor-capacitor diode-transistor ~ диодно-транзисторные логические схемы с резистивно-ёмкостными связями
resistor-capacitor transistor ~ транзисторные логические схемы с резистивно-ёмкостными связями
resistor-coupled transistor ~ транзисторные логические схемы с резистивными связями
resistor-transistor ~ резисторно-транзисторные логические схемы, резисторно-транзисторная логика, РТЛ; РТЛ-схема
RSFQ ~ *см.* rapid single flux quantum logic
sampling-type ~ синхронные логические схемы, логические схемы, работающие в синхронном режиме
saturated ~ логические схемы с насыщением
save-carry ~ логические схемы с сохранением переноса
Schottky-diode FET ~ логические схемы на полевых транзисторах с барьерами Шотки
Schottky transistor ~ транзисторные логические схемы с барьерами Шотки
Schottky transistor-transistor ~ транзисторно-транзисторные схемы с барьерами Шотки, ТТЛ с барьерами Шотки, ТТЛШ
self-aligned superinjection ~ самосовмещённые логические схемы со сверхинжекционным питанием
sequential ~ логическая схема, выходное состояние которой определяется предыдущим входным состоянием; логическая схема с запоминанием, *проф.* последовательная логика
shared ~ *вчт* совместно используемая логика
solid(-state) ~ твердотельные логические схемы
standard ~ двузначная логика
static ~ статические логические схемы
stored ~ встроенная логика, *проф.* «зашитая» логика; «зашитый» алгоритм

substrate-fed ~ логические схемы с подложечным инжектором
symbolic ~ символическая [математическая] логика, логистика
symmetrical emitter-coupled ~ симметричные логические схемы с эмиттерными связями
synchronous ~ синхронные логические схемы, логические схемы, работающие в синхронном режиме
ternary [tertiary] ~ трёхзначная логика
threshold ~ **1.** пороговая логика **2.** логические схемы на пороговых элементах
tightly-packed ~ логические схемы с высокой плотностью упаковки
track monitoring ~ *рлк* логика устройства сопровождения цели
transistor ~ транзисторные логические схемы
transistor-coupled ~ логические схемы с транзисторными связями
transistor current-steering ~ транзисторные логические схемы с (временным) снижением тока
transistor-diode ~ диодно-транзисторные логические схемы, ДТЛ
transistor-resistor ~ резисторно-транзисторные логические схемы, резисторно-транзисторная логика, РТЛ; РТЛ-схема
transistor-transistor ~ транзисторно-транзисторные логические схемы, транзисторно-транзисторная логика, ТТЛ; ТТЛ-схема
tri-state ~ логические схемы с тремя устойчивыми состояниями, тристабильные логические схемы, тристабильная логика
tunnel-diode ~ логические схемы на туннельных диодах
tunnel-diode charge-transformer ~ логические схемы на туннельных диодах и диодах с накоплением заряда
tunnel-diode coupled ~ логические схемы со связями на туннельных диодах
tunnel-diode transistor ~ логические схемы на транзисторах и туннельных диодах
unsaturated ~ логические схемы без насыщения
variable-threshold ~ логические схемы на элементах с переменным порогом
vertical injection ~ И^{2}Л-схема с вертикальными инжекторами
virtual ~ виртуальные логические схемы (*динамически конфигурируемые логические схемы с сохранением информации при конфигурации*)
voltage-stage ~ логические схемы с передачей информации уровнями напряжения, *проф.* «вольтовая» логика
wired program ~ зашитая [встроенная] логика, аппаратно-реализованный алгоритм

logical логический
logician специалист в области логики
login *вчт* **1.** вход в систему, начало сеанса (*работы*), регистрация (*при получении доступа к сети*) ‖ входить в систему, начинать сеанс (*работы*), регистрировать(ся) (*при получении доступа к сети*) **2.** имя пользователя (*для получения доступа к сети*)
e-mail ~ электронное имя пользователя (*для получения доступа к электронной почте*)
guest ~ гостевой вход в систему

login

remote ~ дистанционный вход в систему, дистанционная регистрация (*при получении доступа к сети*)
logistic логистический
logistics 1. логистика (*1. наука или практическая деятельность, связанная с движением товаров или продукции от источника до потребителя* 2. *математическая [символическая] логика*) 2. материально-техническое снабжение 3. логицизм
    business ~ бизнес-логистика; производственная логистика
    distribution ~ распределительная логистика
    integrated ~ интегрированная логистика
    marketing ~ маркетинговая логистика
    production ~ производственная логистика; бизнес-логистика
    supply ~ снабженческая логистика
logit модель вероятности с логистическим распределением, *проф.* logit-модель
    multinomial ~ полиномиальная модель вероятности с логистическим распределением, *проф.* полиномиальная logit-модель
    ordered ~ порядковая модель вероятности с логистическим распределением, *проф.* порядковая logit-модель
loglikelihood логарифмическая функция правдоподобия
loglinear логлинейный, логарифмически линейный
lognormal *вчт* логнормальный, логарифмически нормальный (*о распределении случайной величины*)
LOGO язык программирования LOGO
logo *вчт* 1. логограмма 2. логотип
logoff *вчт* выход из системы, окончание сеанса (*работы*)
logogram *вчт* логограмма
logograph *вчт* логограмма
logogriph *вчт* логогриф; анаграмма
logon *вчт* вход в систему, начало сеанса (*работы*), регистрация (*при получении доступа к сети*)
logotype *вчт* логотип
logout *вчт* выход из системы, окончание сеанса (*работы*)
log-transform логарифмическое преобразование
long-distance *тлф* междугородный
longevity долговечность
    data ~ долговечность хранения информации
    guarantee ~ гарантированная долговечность
    individual ~ индивидуальная долговечность
    mean ~ средняя долговечность
longevous долговечный
long-haul 1. *тлф* междугородный 2. дальний (*напр. о связи*)
LongHorn операционная система LongHorn (*корпорации Microsoft*)
longitude долгота
longitudinal 1. продольный 2. долготный
long-playing долгоиграющий (*о грампластинке*)
long-range 1. дальний; дальнодействующий; с большим радиусом действия 2. долгосрочный (*напр. прогноз*); долговременный
long-run долгосрочный (*напр. прогноз*); долговременный
long-term долгосрочный (*напр. прогноз*); долговременный
look 1. *рлк, вчт* обзор; поиск || осуществлять обзор; искать 2. осмотр; просмотр || смотреть; осматривать; просматривать ◊ ~ **on** наблюдать; ~ **up** искать

~ **aside** *вчт* одновременный параллельный поиск (*в кэше и в основной памяти*)
~ **through** *вчт* сквозной последовательный поиск (*в кэше до фиксации промаха*)
look-alike имитация; близкая к оригиналу копия (*аппаратного или программного обеспечения*) || имитирующий; копирующий
looking 1. *рлк, вчт* обзор; поиск 2. осмотр; просмотр
    all-around ~ круговой обзор
    forward ~ передний обзор
    side ~ боковой обзор
lookout наблюдательный пункт
LookSmart *вчт* поисковая машина LookSmart
look-through 1. кратковременный перерыв в работе станции активных преднамеренных радиопомех для контроля эффективности радиоэлектронного подавления 2. наблюдение полезного сигнала во время перерыва в работе станции активных преднамеренных радиопомех противника
look-up 1. *рлк, вчт* обзор; поиск 2. осмотр; просмотр
    electronic ~ электронный поиск
    name ~ *вчт* поиск по имени, *проф.* разрешение имени
    table ~ табличный поиск
loom 1. гибкая защитная изоляция; оплётка (*проводника*) || помещать в гибкую защитную изоляцию; снабжать оплёткой 2. объединять (*проводники*) в жгут; свивать (*проводники*) 3. ткацкий станок
    Jacquard ~ ткацкий станок Жаккара (*с автоматическим управлением с помощью перфокарт*)
loop 1. петля; рамка; виток; контур 2. петля гистерезиса 3. рамочная антенна 4. пучность 5. цикл (*программы или графа*) || организовывать цикл или циклы (*в программе*); обладать циклом или циклами (*о графе*) 6. кольцевой регистр (*в ЗУ на ЦМД*) 7. замкнутая (*электрическая или магнитная*) цепь || замыкать (*электрическую или магнитную*) цепь 8. (*замкнутая*) система (*напр. автоматического управления*) 9. кольцевая линия (*связи*); кольцевой канал (*передачи данных*); *тлф* шлейф || использовать кольцевую линию (*связи*), кольцевой канал (*передачи данных*) или шлейф 10. бесконечная петля магнитной ленты 11. *тлв* записывать *или* перезаписывать звук (*при монтаже фильма*) 12. петля || образовывать петлю *или* петли; придавать форму петли 13. петлять; осуществлять петлеобразное движение 14. *вчт* звуковая петля (*в сэмплерах*) 15. ленточный конвейер
    Alford ~ квадратная рамочная антенна
    analog phase-locked ~ аналоговая система фазовой автоматической подстройки частоты, аналоговая система ФАПЧ
    articulatory ~ артикуляционная петля (*в рабочей памяти мозга*)
    asymmetrical hysteresis ~ асимметричная петля гистерезиса
    asymmetric digital subscriber ~ асимметричная цифровая абонентская линия, линия типа ADSL
    asynchronous digital subscriber ~ 1. асинхронный цифровой абонентский шлейф 2. метод асинхронной передачи сжатых видеосигналов по обычной телефонной сети (*со скоростью 1,5 Мбит/с*)
    automatic frequency control ~ система автоматической подстройки частоты, система АПЧ
    B-H ~ петля магнитного гистерезиса по индукции

loop

biased hysteresis ~ смещённая петля гистерезиса
bubble storage ~ накопительный кольцевой регистр на ЦМД
capacitance ~ ёмкостный контур
closed ~ 1. замкнутый контур 2. замкнутая цепь (*обратной связи*) 3. замкнутый цикл 4. контур, простой цикл (*в графе*) 5. кольцевой регистр (*в ЗУ на ЦМД*) 6. замкнутая система (*напр. автоматического управления*) 7. кольцевая линия (*связи*); кольцевой канал (*передачи данных*); *тлф* шлейф 8. бесконечная петля магнитной ленты
cold ~ холодная магнитная петля (*напр. в плазме солнечной короны*)
control ~ замкнутая система автоматического управления
Costas ~ схема Костаса, синфазно-квадратурная схема восстановления несущей
counting ~ *вчт* цикл со счётчиком
coupling ~ петля связи
cross-fade ~ звуковая петля с плавным микшированием, *проф.* звуковая петля с перекрёстным слиянием (*границ петли*)
current ~ 1. рамка с током 2. пучность тока 3. *вчт* последовательный интерфейс типа «токовая петля»
D-E ~ диэлектрическая петля гистерезиса по электрическому смещению, диэлектрическая петля гистерезиса по электрической индукции
decision-feedback ~ система с решающей обратной связью
delay-lock ~ система автоматической подстройки по задержке
delay-lock tracking ~ система автоматического отслеживания задержки
dielectric-hysteresis ~ петля диэлектрического гистерезиса
digital adapter subscriber ~ абонентский шлейф с цифровым адаптером
digital phase-locked ~ цифровая система фазовой автоматической подстройки частоты, цифровая система ФАПЧ
digital subscriber ~ цифровая абонентская линия; цифровой абонентский шлейф
dislocation ~ *фтт* дислокационная петля
do ~ *вчт* цикл с постусловием, цикл с условием завершения
do-while ~ *вчт* цикл с предусловием, цикл с условием продолжения
driving ~ петля возбуждения
dynamic ~ динамическая петля гистерезиса
embedded ~ *вчт* вложенный цикл
empty ~ *вчт* пустой цикл
endless ~ 1. (бесконечная) петля (магнитной) ленты 2. *вчт* бесконечный цикл
Euler(ian) ~ эйлеров цикл (*в графе*)
extrinsic hysteresis ~ внешняя петля гистерезиса
feedback ~ цепь обратной связи
feedback control ~ система управления с обратной связью, замкнутая система управления
ferroelectric hysteresis ~ петля диэлектрического гистерезиса сегнетоэлектрика, сегнетоэлектрическая петля гистерезиса
fiber channel arbitrated ~ 1. интерфейс волоконно-оптических каналов с кольцевой топологией, интерфейс (стандарта) FCAL 2. стандарт FCAL

flare ~ вспышечная магнитная петля (*напр. в плазме солнечной короны*)
flux transfer ~ *свпр* петля трансформатора (магнитного) потока
for ~ цикл с параметром
frequency-locked ~ система автоматической подстройки частоты, система АПЧ
ground ~ паразитный контур с замыканием через землю (*в схемах с несколькими точками заземления*)
group ~ паразитный контур с замыканием через землю (*в схемах с несколькими точками заземления*)
Hamilton(ian) ~ гамильтонов цикл (*в графе*)
hot ~ горячая магнитная петля (*напр. в плазме солнечной короны*)
hybrid phase-locked ~ гибридная система фазовой автоподстройки частоты, гибридная система ФАПЧ
hysteresis ~ петля гистерезиса
hysteresis of maximum permeability cycle петля гистерезиса цикла максимальной проницаемости
incremental hysteresis ~ частная петля гистерезиса
infinite ~ *вчт* бесконечный цикл
infinite recursive ~ *вчт* бесконечный рекурсивный цикл
inner ~ *вчт* внутренний цикл
intrinsic hysteresis ~ внутренняя петля гистерезиса
line ~ *тлф* шлейф
local ~ 1. локальная кольцевая линия (*связи*); локальный кольцевой канал (*передачи данных*); *тлф* локальный шлейф 2. (абонентский) шлейф местной телефонной станции
local hysteresis ~ локальная петля гистерезиса
magnetic ~ магнитная петля (*напр. в плазме*)
magnetic-hysteresis ~ петля магнитного гистерезиса
magnetic induction hysteresis ~ петля гистерезиса по магнитной индукции
magnetization hysteresis ~ петля гистерезиса по намагниченности
main ~ *вчт* главный цикл
major ~ 1. основной контур системы автоматического управления 2. кольцевой регистр связи (*в ЗУ на ЦМД*)
major hysteresis ~ предельная петля гистерезиса
metastable persistent-current ~ *свпр* метастабильный незатухающий кольцевой ток
minor ~ 1. вспомогательный контур системы автоматического управления 2. накопительный кольцевой регистр (*в ЗУ на ЦМД*)
minor hysteresis ~ частная петля гистерезиса
multiturn ~ многовитковый контур
nested ~ *вчт* вложенный цикл
Murray ~ мостовая схема для определения места замыкания на землю (*в линиях связи*)
open ~ 1. разомкнутая цепь (*обратной связи*) 2. разомкнутый контур 3. система без обратной связи, разомкнутая система (*напр. автоматического управления*)
open-wire ~ ответвление от основной воздушной линии; абонентская воздушная линия передачи
oscillating ~ колебательный контур

loop

overdamping ~ контур со сверхкритическим затуханием
paging ~ рамочная антенна системы поискового вызова
partial-dislocation ~ частичная дислокационная петля
perminvar-like hysteresis ~ перетянутая петля гистерезиса
phase-comparison ~ фазосравнивающая цепь
phase-correcting ~ цепь фазовой коррекции
phase-locked ~ система фазовой автоматической подстройки частоты, система ФАПЧ (*см. тж.* PLL)
pickup ~ петля связи
point-defect ~ петля точечных дефектов
polygonal current ~ многоугольная рамка с током
polynomial ~ полиномиальная петля
post-flare ~ послевспышечная магнитная петля (*напр. в плазме солнечной короны*)
program ~ цикл программы
quantizing (inductance) ~ квантующая (*магнитный поток*) индуктивная петля
Rayleigh hysteresis ~ рэлеевская петля гистерезиса
recoil ~ цикл возврата
rectangular hysteresis ~ прямоугольная петля гистерезиса
remote ~ удалённая кольцевая линия (*связи*); удалённый кольцевой канал (*передачи данных*); *тлф* удалённый шлейф
repeat-until ~ *вчт* цикл с постусловием, цикл с условием завершения
resource ~ *вчт* цикл ресурсов
saturation hysteresis ~ предельная петля гистерезиса
simple ~ простой цикл (*в графе*)
single-line digital subscriber ~ симметричная цифровая абонентская линия на витой паре, линия типа SDSL
sound ~ звуковая петля
square hysteresis ~ прямоугольная петля гистерезиса
static hysteresis ~ статическая петля гистерезиса
stop ~ *вчт* ждущий цикл
subscriber ~ абонентская линия; абонентский шлейф
symmetrical hysteresis ~ симметричная петля гистерезиса
tape ~ петля [кольцо] ленты
telephone ~ телефонный шлейф
tristable hysteresis ~ петля гистерезиса с тремя устойчивыми состояниями
two-dimensional magnetic ~ двумерная магнитная петля (*напр. в плазме*)
uncontrolled ~ *вчт* неуправляемый [логически не завершённый] цикл
underdamping ~ контур с докритическим затуханием
video intermediate-frequency phase-locked ~ система фазовой автоматической подстройки промежуточной частоты видеосигнала
voltage ~ пучность напряжения
wait ~ *вчт* ждущий цикл
while ~ *вчт* цикл с предусловием, цикл с условием продолжения
wireless local ~ беспроводный локальный шлейф

loopback кольцевая проверка (*линии связи или канала передачи данных*); *тлф* проверка с помощью шлейфа
   analog ~ кольцевая проверка (*линии связи или канала передачи данных*) в аналоговом режиме; *тлф* проверка с помощью шлейфа в аналоговом режиме
   digital ~ кольцевая проверка (*линии связи или канала передачи данных*) в цифровом режиме; *тлф* проверка с помощью шлейфа в цифровом режиме
   local ~ локальная кольцевая проверка (*линии связи или канала передачи данных*); *тлф* проверка с помощью локального шлейфа
   modem ~ кольцевая проверка модема, проверка модема с помощью шлейфа
   remote ~ удалённая кольцевая проверка (*линии связи или канала передачи данных*); *тлф* проверка с помощью удалённого шлейфа
looped 1. *вчт* имеющий цикл *или* циклы; с циклами 2. *тлф* снабжённый шлейфом 3. петлеобразный; с петлями
loophole *вчт* ошибка, приводящая к зацикливанию (*программы*)
looping *вчт* организация циклов
lorad радиопеленгатор системы «Лоран» с компенсацией ночного эффекта
loran система «Лоран» (*импульсная разностно-дальномерная гиперболическая радионавигационная система*)
   cycle-matching ~ система «Лоран», работающая в диапазоне 100—200 кГц
   LF ~ *см.* low-frequency loran
   low-frequency ~ система «Лоран», работающая в диапазоне 100—200 кГц
loran C прецизионная система «Лоран», работающая в диапазоне 90—110 кГц
loran D тактическая система «Лоран», работающая в сочетании с бортовыми инерциальными навигационными приборами
loss 1. потеря; потери 2. потери передачи, потери при передаче 3. затухание, ослабление ◊ ~ **per pass** потери за один проход; ~ **per transit** потери за один проход; ~ **per unit length** потери на единицу длины, погонные потери
   ~ **of data** потеря данных; потеря информации
   ~ **of efficiency** потеря эффективности
   ~ **of frame alignment** потеря цикловой синхронизации (*в цифровых сигналах данных*)
   ~ **of gate control** потеря управления по управляющему электроду (*в тиристорах*)
   ~ **of lock rate** нарушение синхронизма
   absorption ~ 1. потери на поглощение 2. потери, обусловленные связью с соседними каналами
   acoustic ~ акустические потери
   air ~ потери за счёт нагрузки воздухом (*для ПАВ*)
   angle [angular] deviation ~ угловые потери (*микрофона или громкоговорителя*)
   apparent power ~ потери кажущейся мощности
   arc ~ потери в разряде (*в разрядниках*)
   arc-drop ~ потери в дуге
   attenuation ~ потери на затухание
   azimuth ~ потери перекоса (*волновые потери воспроизведения, вызываемые непараллельностью рабочего зазора головки воспроизведения и магнитного штриха сигналограммы*)

loss

beam-shape ~ потери, обусловленные формой диаграммы направленности антенны
bending ~ потери на изгибах
branching ~ потери за счёт ответвления
bremsstrahlung ~ потери за счёт тормозного излучения
bridging ~ обратный коэффициент передачи преобразователя с эталонным сопротивлением, шунтирующим вход
bulk ~ потери в объёме
cable ~ потери в кабеле
cavity ~ потери в резонаторе
cladding ~ потери, обусловленные оболочкой световода
coax ~ потери в коаксиальном кабеле
coil ~ потери в обмотке; потери в меди (*для трансформатора*)
coincidence ~ потери на совпадение (*в счётных трубках*)
cold ~ потери в нерабочем режиме
conduction ~ диэлектрические потери на электропроводность •
conversion ~ потери преобразования
copper ~ потери в меди (*для трансформатора*); потери в обмотке
core ~ потери в сердечнике
corona ~ потери на коронный разряд, потери на коронирование
counting ~ потери счёта (*в счётчиках*)
cross-polarization ~ потери на кросс-поляризацию
crosstalk ~ *тлф* уровень переходных разговоров
detail ~ потеря чёткости изображения
dielectric ~ диэлектрические потери
diffraction ~ дифракционные потери, потери на дифракцию
display ~ коэффициент потерь индикаторного устройства
dissociation ~ потери на диссоциацию
divergence ~ потери на расходимость пучка
eddy-current ~ 1. потери на вихревые токи 2. потери воспроизведения из-за вихревых токов
edge ~ краевые потери
end ~ краевые потери
equivalent articulation ~ *тлф* эквивалент потерь артикуляции
forward power ~ рассеиваемая мощность диода при прямом напряжении на переходе
fractional counting ~ относительные потери счёта (*в счётчиках*)
free-space ~ потери в свободном пространстве
Fresnel ~ потери на отражение
friction ~ потери на трение
gap ~ щелевые потери (*волновые потери воспроизведения, определяемые соотношением линейного размера воспроизводящего элемента и длины волны*)
guide material ~ потери в материале волновода
head alignment ~ потери за счёт неправильной юстировки (магнитной) головки
heat ~ тепловые потери
high-field ~ потери в сильном поле
high-frequency ~ потери воспроизведения на высоких частотах
in-and-out ~ потери преобразования на входе и на выходе (*напр. в акустоэлектронном усилителе*)

incidental ~ дополнительные потери
incremental hysteresis ~ дифференциальные потери на гистерезис
insertion ~ 1. вносимые потери 2. холодные потери (*разрядника*)
interaction ~ потери на взаимодействие (*величина, обратная коэффициенту взаимодействия*)
inverse ~ обратные потери
I^2R ~ 1. активные [омические] потери 2. потери в меди (*для трансформатора*), потери в обмотке
iron ~ потери в сердечнике
Joule heat ~ тепловые потери
junction ~ телефонные потери
line ~ потери в линии
line-of-sight ~ потери на трассе прямой видимости
low-field ~ потери в слабом поле
low-frequency ~ потери воспроизведения на низких частотах
magnetic ~ магнитные потери
magnetic hysteresis ~ магнитные потери на гистерезис
magnetic lag ~ магнитные потери на вязкость
minimum expected ~ минимальные ожидаемые потери
mirror conduction ~ потери за счёт электропроводности зеркала
mirror transmission ~ потери за счёт пропускания зеркала
mismatch ~ потери на рассогласование
mode-dependent ~ потери, зависящие от структуры моды
net ~ полные [общие] потери
no-load ~ потери (*в трансформаторе*) в режиме холостого хода
offset ~ потери из-за взаимного смещения оптических волокон (*в соединителе*)
ohmic ~ активные [омические] потери
passband ~ потери в полосе пропускания
path ~ потери на трассе
piezoelectric ~ пьезоэлектрические потери
playback ~ частотные потери воспроизведения
pointing ~ *рлк* потеря целеуказания
polarization mismatch ~ потери за счёт поляризационного рассогласования
power ~ вносимое затухание
processing ~ потери в процессе обработки сигналов
propagation ~ потери на распространение
radiation ~ 1. потери на излучение 2. *фтт* радиационные потери
recording ~ частотные потери записи
reflection ~ потери на отражение
refraction ~ 1. потери на преломление 2. потери на рефракцию (*при распространении радиоволн*)
relaxation ~ релаксационные потери
residual ~ остаточные потери
resistance [resistive] ~ активные [омические] потери
return ~ обратные потери
reverse power ~ рассеиваемая мощность диода при обратном напряжении на переходе
rotational hysteresis ~ потери на вращательный гистерезис
round-trip ~ потери за двойной (*прямой и обратный*) проход

loss

    scanning ~ *рлк* потери при сканировании
    scattering ~ потери на рассеяние
    selective ~ селективные потери
    self-field ~ *свпр* потери за счёт собственного магнитного поля
    separation ~ контактные потери (*за счёт воздушного зазора между магнитной головкой и лентой*)
    single-pass ~ потери за один проход
    spacing ~ контактные потери (*за счёт воздушного зазора между магнитной головкой и лентой*)
    specific ~ удельные потери
    spillover ~ потери за счёт утечки энергии за края зеркала; потери на боковое излучение
    spreading ~ потери на расходимость пучка
    structural return ~ структурно-отражательные потери (*в коаксиальном кабеле*)
    superradiant-fluorescent ~ потери на сверхизлучательную флуоресценцию
    thermoelastic ~ термоупругие потери
    thickness ~ потери на слоистость (*в магнитной ленте*)
    through ~ общие потери (*в линии связи*)
    tilt ~ потери, обусловленные непараллельностью оптических волокон (*в соединителе*)
    tolerance ~ потери за счёт неточности изготовления
    tracking ~ срыв слежения (*за целью*); срыв сопровождения (*цели*)
    transducer ~ потери преобразования
    transformer ~ потери в трансформаторе
    transformer load ~ потери в трансформаторе под нагрузкой
    transformer no-load ~ потери в трансформаторе в режиме холостого хода
    transformer total ~ суммарные потери в трансформаторе
    transition ~ переходные потери
    translation ~ частотные потери воспроизведения
    transmission ~ потери передачи, потери при передаче
    two-way ~ потери за счёт двунаправленности
    vignetting ~ потери на виньетирование
    volt-ampere ~ потери кажущейся мощности
    walk-off ~ потери на излучение в (открытом) резонаторе
lossage серьёзная неисправность; серьёзная ошибка
losser 1. элемент *или* компонент с потерями 2. материал с потерями
lossy обладающий потерями; вносящий потери
lot партия; группа; серия; лот
loudhailer мегафон
loudness громкость; уровень громкости
    ambisonic ~ тонкомпенсированная громкость
    equivalent ~ эквивалентный уровень громкости
loudspeaker громкоговоритель; акустическая система
    acoustical-labyrinth ~ акустическая система с акустическим лабиринтом
    active ~ активный громкоговоритель, громкоговоритель с встроенным усилителем
    air-column ~ громкоговоритель с воздушной колонной
    capacitor ~ электростатический громкоговоритель
    coaxial ~ коаксиальный громкоговоритель
    compressed-air ~ пневматический громкоговоритель
    condenser ~ электростатический громкоговоритель
    cone ~ конусный громкоговоритель
    corner ~ громкоговоритель, расположенный в переднем углу консоли
    crystal ~ пьезоэлектрический громкоговоритель
    curvilinear cone ~ конусно-параболический громкоговоритель
    direct radiator ~ громкоговоритель прямого излучения
    double-sided push-pull electrostatic ~ двухсторонний двухтактный электростатический громкоговоритель
    dynamic ~ электродинамический громкоговоритель
    effects ~ громкоговоритель для создания звуковых эффектов
    electrodynamic ~ электродинамический громкоговоритель
    electromagnetic ~ электромагнитный громкоговоритель
    electrostatic ~ электростатический громкоговоритель
    excited-field ~ (электродинамический) громкоговоритель с подмагничиванием
    extended-range ~ громкоговоритель с расширенным диапазоном частот
    flat ~ плоский громкоговоритель
    full-range ~ широкодиапазонный громкоговоритель
    horn ~ рупорный громкоговоритель
    induction ~ электродинамический громкоговоритель
    ionic ~ ионофон
    labyrinth ~ акустическая система с акустическим лабиринтом
    magnetic(-armature) ~ электромагнитный громкоговоритель
    magnetostriction ~ магнитострикционный громкоговоритель
    mains-energized ~ (электродинамический) громкоговоритель с подмагничиванием
    modulated air-flow ~ пневматический громкоговоритель
    monitor ~ контрольный громкоговоритель
    motional feedback ~ активный громкоговоритель
    moving-armature ~ электромагнитный громкоговоритель
    moving-coil [moving-conductor] ~ электродинамический громкоговоритель
    multiple-cone ~ многосекционный конусный громкоговоритель
    multi-unit ~ многоэлементный громкоговоритель
    paging ~ *тлф* громкоговоритель системы поискового вызова
    pancake ~ плоский громкоговоритель
    passive ~ пассивный громкоговоритель
    permanent-magnet ~ электродинамический громкоговоритель
    piezoelectric ~ пьезоэлектрический громкоговоритель
    plastic-film ~ электростатический громкоговоритель на металлизированной пластмассовой плёнке
    PM ~ *см.* permanent-magnet loudspeaker
    pneumatic ~ пневматический громкоговоритель
    public-address ~ громкоговоритель системы озвучения и звукоусиления
    subaqueous ~ гидроакустический подводный излучатель

voice-coil ~ электродинамический громкоговоритель
wafer ~ плоский громкоговоритель
louver 1. защитная *или* декоративная решётка громкоговорителя **2.** вентиляционная решётка **3.** экранирующая решётка **4.** жалюзи
   MEMS (-based) ~ *см.* **microelectromechanical system (-based) louver**
   microelectromechanical system (-based) ~ жалюзи на основе микроэлектромеханических систем
Love стандартное слово для буквы *L* в фонетическом алфавите «Эйбл»
low 1. нижний *или* низший уровень; нижняя *или* низшая точка **2.** нижний; низший **3.** низкий; малый; невысокий **4.** простейший; примитивный
   active ~ (сигнал) с активным нижним уровнем (*соответствующим логическому нулю*)
low-end 1. низкокачественный; удовлетворяющий самым невысоким требованиям; низшего класса **2.** низкопроизводительный
lower 1. опускать(ся); перемещать(ся) вниз **2.** снижать(ся); понижать(ся); уменьшать(ся) **3.** нижний
lower-case *вчт* нижний регистр; строчные буквы || печатать в нижнем регистре; печатать строчными буквами || нижнего регистра; строчный
lowering 1. опускание; перемещение вниз **2.** снижение; понижение; уменьшение
   barrier ~ *пп* снижение (потенциального) барьера, уменьшение высоты барьера
   image-force barrier ~ *пп* снижение (потенциального) барьера за счёт силы зеркального изображения
   intrinsic barrier ~ *пп* собственное снижение (потенциального) барьера
   pickup ~ опускание звукоснимателя
   Schottky ~ *пп* снижение (потенциального) барьера за счёт эффекта Шотки
low-grade 1. низкосортный; низкой чистоты (*о материале*) **2.** относящийся к нижней части диапазона измерений (*прибора*)
low-level относящийся к низкому *или* низшему уровню; низкого *или* низшего уровня (*напр. о языке программирования*)
low-order низшего порядка (*напр. о бесконечно малой величине*); младший (*напр. о разряде в позиционной системе счисления*)
low-pitched низкого тона (*о звуковом сигнале*)
low-power(ed) 1. маломощный (*напр. передатчик*) **2.** *опт.* с малым увеличением (*напр. о микроскопе*)
low-res *см.* **low-resolution**
low-resolution с низким разрешением, низкого разрешения (*напр. о дисплее*)
low-rez *вчт проф.* не разбирающийся в технике человек
low-tech *см.* **low-technology**
low-technology простая технология || не высокотехнологичный, не относящийся к сфере высоких технологий
low-tension низковольтный
loxodrome локсодромия, локсодрома
loxodromic локсодромический
LPX 1. стандарт LPX (*на корпуса и материнские платы*) **2.** (низкопрофильный) корпус (стандарта) LPX **3.** материнская плата (стандарта) LPX (*размером 330×229 мм²*)
   mini-~ 1. стандарт mini-LPX (*на корпуса и материнские платы*) **2.** (низкопрофильный) корпус (стандарта) mini-LPX **3.** материнская плата (стандарта) mini-LPX (*размером 264×208 мм²*)
LSI большая интегральная схема, БИС
   catalog ~ типовая БИС
   custom ~ заказная БИС
   discretionary ~ БИС с избирательными (меж)соединениями
   extra ~ ИС со степенью интеграции выше сверхвысокой
   fixed-interconnection pattern ~ БИС с фиксированными (меж)соединениями
   hardware customized ~ БИС с аппаратной реализацией требований заказчика
   processor-oriented ~ процессорно-ориентированная БИС
   programmable ~ программируемая БИС
   semicustom ~ полузаказная БИС
   software customized ~ БИС с программной реализацией требований заказчика
lubricant смазочный материал, смазка
lubricate смазывать, использовать смазку; служить смазкой
lubrication смазка, использование смазки
   magnetic-recording ~ использование смазки в процессе магнитной записи
Lucero запросчик-ответчик системы радиолокационного опознавания государственной принадлежности и системы «Ребекка-Эврика»
lucigenin люцигенин (*краситель*)
lug 1. ушко; проушина **2.** монтажная петелька (*на конце провода*); наконечник (*провода*); монтажный лепесток
   soldering ~ монтажная петелька; монтажный лепесток
   spade ~ плоский наконечник с отверстием для крепёжного болта
luggable переносный (*о приборе или устройстве*)
lumakeying *вчт* управление яркостью изображения на уровне отдельных пикселей
lumen люмен, лм
luminance 1. яркость **2.** *тлв* сигнал яркости
   adaptation ~ яркость поля адаптации
   average ~ средняя яркость
   basic ~ приведённая яркость
   equivalent ~ эквивалентная яркость
   equivalent veiling ~ яркость эквивалентной вуали
   field ~ яркость поля адаптации
   highlight ~ *тлв* яркость белого
   image ~ яркость изображения
   nonimage screen ~ яркость экрана в отсутствие изображения
lumination экспозиция
luminesce люминесцировать
luminescence люминесценция
   avalanche ~ лавинная люминесценция
   background ~ фоновая люминесценция, люминесценция фона
   beam ~ люминесценция пучка
   cooperative ~ кооперативная люминесценция
   deep-center ~ люминесценция глубоких центров
   donor-acceptor pair ~ люминесценция донорно-акцепторных пар
   exciton ~ экситонная люминесценция
   molecular ~ молекулярная люминесценция
   night-sky ~ свечение ночного неба
   parametric ~ параметрическая люминесценция
   photosensitized ~ фотосенсибилизированная люминесценция

luminescence

    polarized ~ поляризованная люминесценция
    recombination ~ рекомбинационная люминесценция
    resonance ~ резонансная люминесценция
    self-activated ~ самоактивируемая люминесценция
luminescent люминесцентный; люминесцирующий
luminiferous светоизлучающий
luminophor люминофор
luminosity 1. спектральная световая эффективность 2. яркость
    background ~ яркость фона
    relative ~ относительная спектральная световая эффективность
    surround ~ яркость фона
    unit ~ единичная яркость
luminous 1. светящийся; излучающий *или* отражающий свет; сияющий; яркий 2. (ярко) освещённый
lump устойчивый двумерный солитон (*описываемый уравнением Кадомцева — Петвиашвили*), *проф.* «ламп»

lunar лунный
lunarian селенолог
lunation лунный месяц
lurk 1. оставаться незамеченным; скрываться 2. скрытно наблюдать; *вчт* принимать пассивное участие в электронных форумах, дискуссиях *или* телеконференциях
lurker 1. скрытый объект *или* субъект 2. скрытный наблюдатель; *вчт* пассивный участник электронных форумов, дискуссий *или* телеконференций
lurking 1. сокрытие 2. скрытное наблюдение; *вчт* пассивное участие в электронных форумах, дискуссиях *или* телеконференциях
lux люкс, лк
luxmeter люксметр
Lycos *вчт* поисковая машина Lycos
Lyot *опт* фильтр Ли
lyrics *вчт* 1. лирические стихотворные произведения; лирика 2. текст вокальной партии (*в нотной записи*)

Издательство «Р У С С О»
предлагает:

Англо-русский политический словарь (60 000 терминов)

Англо-русский медицинский словарь-справочник «На приеме у английского врача»

Англо-русский металлургический словарь (66 000 терминов)

Англо-русский словарь по вычислительным системам и информационным технологиям (55 000 терминов)

Англо-русский словарь по машиностроению и автоматизации производства (100 000 терминов)

Англо-русский словарь по нефти и газу (24 000 терминов и 4 000 сокращений)

Англо-русский словарь по общественной и личной безопасности (17 000 терминов)

Англо-русский словарь по оптике (28 000 терминов)

Англо-русский словарь по патентам и товарным знакам (11 000 терминов)

Англо-русский словарь по пищевой промышленности (42 000 терминов)

Англо-русский словарь по психологии (20 000 терминов)

Англо-русский словарь по рекламе и маркетингу с Указателем русских терминов (40 000 терминов)

Англо-русский словарь по телекоммуникациям (34 000 терминов)

Англо-русский словарь по химии и переработке нефти (60 000 терминов)

Англо-русский словарь по химии и химической технологии (65 000 терминов)

Англо-русский словарь по экономике и праву (40 000 терминов)

Англо-русский словарь по электротехнике и электроэнергетике (около 45 000 терминов)

Адрес: 119071, Москва, Ленинский пр-т, д. 15, офис 317.
Тел./факс: 955-05-67, 237-25-02.
Web: www.russopub.ru
E-mail: russopub@aha.ru

Издательство «Р У С С О»
предлагает:

Англо-русский и русско-английский автомобильный словарь с Дополнением (28 000 терминов)
Англо-русский и русско-английский лесотехнический словарь (50 000 терминов)
Англо-русский и русско-английский медицинский словарь (24 000 терминов)
Англо-русский и русско-английский словарь по виноградарству, виноделию и спиртным напиткам (24 000 терминов)
Англо-русский и русско-английский словарь по солнечной энергетике (12 000 терминов)
Англо-русский юридический словарь (50 000 терминов)
Большой англо-русский политехнический словарь (в 2-х тт.) (200 000 терминов)
Новый англо-русский биологический словарь (более 72 000 терминов)
Новый англо-русский медицинский словарь (75 000 терминов) с компакт-диском
Современный англо-русский словарь (50 000 слов и 70 000 словосочетаний) с компакт-диском
Современный англо-русский словарь по машиностроению и автоматизации производства (15 000 терминов)
Социологический энциклопедический англо-русский словарь (15 000 словарных статей)
Новый русско-английский юридический словарь (23 000 терминов)
Русско-английский геологический словарь (50 000 терминов)
Русско-английский словарь по нефти и газу (35 000 терминов)
Русско-английский политехнический словарь (90 000 терминов)
Русско-английский словарь религиозной лексики (14 000 словарных статей, 25 000 английских эквивалентов)
Русско-английский физический словарь (76 000 терминов)
Экономика и право. Русско-английский словарь (25 000 терминов)

Адрес: 119071, Москва, Ленинский пр-т, д. 15, офис 317.
Тел./факс: 955-05-67, 237-25-02.
Web: www.russopub.ru
E-mail: russopub@aha.ru

Издательство «Р У С С О»
предлагает:

Немецко-русский словарь по автомобильной технике и автосервису (31 000 терминов)

Немецко-русский словарь по атомной энергетике (20 000 терминов)

Немецко-русский политехнический словарь (110 000 терминов)

Немецко-русский словарь по пищевой промышленности и кулинарной обработке (55 000 терминов)

Немецко-русский словарь по пиву (15 000 терминов)

Немецко-русский словарь по психологии (17 000 терминов)

Немецко-русский словарь-справочник по искусству (9 000 терминов)

Немецко-русский строительный словарь (35 000 терминов)

Немецко-русский словарь по химии и химической технологии (56 000 терминов)

Немецко-русский электротехнический словарь (50 000 терминов)

Немецко-русский юридический словарь (46 000 терминов)

Большой немецко-русский экономический словарь (50 000 терминов)

Краткий политехнический словарь / русско-немецкий и немецко-русский (60 000 терминов)

Современный немецко-русский словарь по горному делу и экологии горного производства (70 000 терминов)

Русско-немецкий автомобильный словарь (13 000 терминов)

Русско-немецкий словарь по электротехнике и электронике (25 000 терминов)

Русско-немецкий и немецко-русский медицинский словарь (70 000 терминов)

Русско-немецкий политехнический словарь в 2-х томах (140 000 терминов)

Новый русско-немецкий экономический словарь (30 000 терминов)

Популярный немецко-русский и русско-немецкий юридический словарь (22 000 терминов)

Транспортный словарь / немецко-русский и русско-немецкий (41 000 терминов)

Адрес: 119071, Москва, Ленинский пр-т, д. 15, офис 317.
Тел./факс: 955-05-67, 237-25-02.
Web: www.russopub.ru
E-mail: russopub@aha.ru

Издательство «Р У С С О»
предлагает:

Самоучитель французского языка с кассетой «Во Франции — по-французски»

Французско-русский словарь (14 000 слов) (с транскрипцией) Раевская О.В.

Французско-русский медицинский словарь (56 000 терминов)

Французско-русский словарь по нефти и газу (24 000 терминов)

Французско-русский словарь по сельскому хозяйству и продовольствию (85 000 терминов)

Французско-русский технический словарь (80 000 терминов)

Французско-русский юридический словарь (35 000 терминов)

Русско-французский словарь (15 000 слов) (с транскрипцией) Раевская О.В.

Русско-французский юридический словарь (28 000 терминов)

Иллюстрированный русско-французский и французско-русский авиационный словарь (7 000 терминов)

Итальянско-русский политехнический словарь (106 000 терминов)

Русско-итальянский политехнический словарь (120 000 терминов)

Медицинский словарь (английский, немецкий, французский, итальянский, русский) (12 000 терминов)

Словарь лекарственных растений (латинский, английский, немецкий, русский) (12 000 терминов)

Словарь ресторанной лексики (немецкий, французский, английский, русский) (25 000 терминов)

Адрес: 119071, Москва, Ленинский пр-т, д. 15, офис 317.
Тел./факс: 955-05-67, 237-25-02.
Web: www.russopub.ru
E-mail: russopub@aha.ru

ДЛЯ ЗАМЕТОК

СПРАВОЧНОЕ ИЗДАНИЕ

ЛИСОВСКИЙ
Фёдор Викторович

НОВЫЙ
АНГЛО-РУССКИЙ
СЛОВАРЬ ПО
РАДИОЭЛЕКТРОНИКЕ

Том I

Ответственный за выпуск
ЗАХАРОВА Г.В.

Ведущий редактор
МОКИНА Н. Р.

Редакторы
НИКИТИНА Т. В.
КОЛПАКОВА Г.М.

ISBN 5-88721-289-6

Подписано в печать 29.07.2005 г. Формат 70х100/16
Печать офсетная. Печ. л. 46
Тираж 1060 экз. Заказ № 4222

«РУССО», 119071, Москва, Ленинский пр-т, д. 15, офис 317.
Телефон/факс: 955-05-67, 237-25-02.
Web: www.russopub.ru
E-mail: russopub@aha.ru

ISBN 5-93208-180-5

«Лаборатория Базовых Знаний», 119071, Москва,
Ленинский пр-т, д. 15.
Телефон/факс: 955-04-21, 955-03-98
Web: www.lbz.ru
E-mail: lbz@aha.ru

При участии ООО ПФ «Сашко»

Отпечатано в полном соответствии с качеством
предоставленных диапозитивов
во ФГУП ИПК «Ульяновский Дом печати»
432980, г. Ульяновск, ул. Гончарова, 14